# 现代水泥矿山工程手册

于宝池　主编

北　京
冶金工业出版社
2013

## 内 容 提 要

本手册介绍水泥矿山生产工艺、矿山装备优化配置、节能环保、矿山工程建设等内容，是水泥矿山企业必备的工具书。手册内容全面，数据可靠，注重体现科学性、实用性、可靠性、先进性和前瞻性，充分体现当代水泥矿山工程的特点。手册以总结国内水泥矿山工作者所积累的丰富经验为主，同时结合国情选入部分国外的先进技术装备和经验，为广大水泥矿山工作者日常生产管理提供技术支持。

本手册可供水泥矿山行业的生产、设计、科研、管理人员查阅参考。

**图书在版编目（CIP）数据**

现代水泥矿山工程手册/于宝池主编 . —北京：冶金工业
出版社，2013.10
ISBN 978-7-5024-6405-9

Ⅰ.①现… Ⅱ.①于… Ⅲ.①水泥—矿山开采—技术手册
Ⅳ.①TD873－62

中国版本图书馆 CIP 数据核字（2013）第 233048 号

出 版 人　谭学余
地　　　址　北京北河沿大街嵩祝院北巷 39 号，邮编 100009
电　　　话　（010）64027926　电子信箱　yjcbs@cnmip.com.cn
责任编辑　刘小峰 等　美术编辑　彭子赫　版式设计　孙跃红
责任校对　石 静 刘 倩　责任印制　牛晓波
ISBN 978-7-5024-6405-9
冶金工业出版社出版发行；各地新华书店经销；三河市双峰印刷装订有限公司印刷
2013 年 10 月第 1 版，2013 年 10 月第 1 次印刷
210mm×285mm；59.75 印张；6 彩页；1905 千字；925 页
**360.00 元**

**冶金工业出版社投稿电话：（010）64027932　投稿信箱：tougao@cnmip.com.cn**
**冶金工业出版社发行部　电话：（010）64044283　传真：（010）64027893**
**冶金书店　地址：北京东四西大街 46 号（100010）　电话：（010）65289081（兼传真）**
（本书如有印装质量问题，本社发行部负责退换）

# 《现代水泥矿山工程手册》
# 编辑出版委员会

# 前 言

    水泥是国民经济建设的重要基础原材料。进入新世纪以来，随着我国工业化、城市化进程的推进，在基础建设和房地产行业的拉动下，水泥工业实现了跨越式发展，满足了国家基础建设和城乡建设需要。这一时期，是水泥工业发展的"黄金时代"，水泥工业在经济建设中，发挥了越来越重要的作用。据中国水泥协会初步统计，截至2012年底，全国投产的新型干法水泥生产线1637条，设计熟料产能达16亿吨，新型干法水泥熟料产能占总产能的90%以上。日产4000吨及以上熟料的产能近60%。新型干法水泥比例占总产量90%以上，我国水泥工业已经全面进入新型干法时代。中国水泥产量占世界水泥总产量50%以上，成为名符其实的水泥生产大国和消费大国。

    古语讲：兵马未动，粮草先行。水泥工业要发展，矿山必须要先行。矿山是水泥行业赖以生存的原材料供应基地，它为企业提供源源不断的生产原料，为企业健康快速发展起到了保驾护航的作用。2012年，我国水泥产量达22.1亿吨，水泥矿山年剥总量超过30亿吨。水泥工业对资源的消耗量大，在建设资源节约型、环境友好型社会的进程中，提升水泥矿山综合管理和技术装备水平，提高矿山的资源利用效率，具有十分重要的意义。

    党的"十八大"把生态文明建设作为我国经济社会建设与发展的战略任务。绿色发展是建设美丽中国的必由之路。国土环境资源部也提出了发展绿色矿业、建设绿色矿山的战略目标。发展绿色矿业，建设绿色矿山，是贯彻落实科学发展观，推动经济发展方式转变的必然选择；是加快转变矿山发展方式的现实途径；是落实企业责任加强行业自律，保证矿山健康发展的重要手段。

    目前，中国水泥行业正处于兼并重组、产业集中度不断提高的阶段，今后的一段时间将是水泥行业对矿产资源整合重要的时期。随着生产线规模大型化、企业规模集团化的进程，产业集中度的不断提高，对矿山资源的要求将越来越高，资源供需的矛盾将日益尖锐。水泥行业是资源消耗型产业，特别是行业延伸产业链，向砂石骨料、商品混凝土领域进军，水泥矿山的科学合理开采在资源综合利用中起着举足轻重的作用。

工欲善其事，必先利其器。技术装备是矿山开采的根本保证。水泥矿山开采技术装备要进一步优化和提高。目前大水泥企业集团矿山已经使用世界一流设备，为水泥行业的快速发展提供了有力的保障。水泥矿山要采取各种有效措施，减少大气污染物排放，降低环境污染，节能降耗，复垦绿化，综合利用矿产资源，积极利用低品位原料，提高资源利用率。要从根本上转变水泥矿山传统的开采模式，逐步实现矿产资源低成本、低消耗、高效利用，最终实现水泥矿山开采的零排放，达到矿山资源的最大化利用，实现合理利用和有效保护矿产资源，为水泥工业保持平稳健康较快发展打下牢固基础。

在水泥工业快速发展的背景下，应业界同仁的殷切期望，2008 年我们开始着手组织编写《现代水泥矿山工程手册》（下称《手册》）。《手册》是我国改革开放以来第一部水泥矿山工程专业工具书，旨在全面反映现代水泥矿山工程技术的发展现状，总结水泥矿山生产工艺流程各阶段的实践经验，积极推动我国水泥矿山工作上档次、上水平，努力促进水泥企业矿山管理水平提高，普及专业技术知识，为水泥企业管理者和矿山技术人员提供智力支持。

《手册》近 200 万字，共计 22 章，内容涵盖水泥矿山有关专业，每章各具特色。第一章总论；第二章矿山地质；第三章水泥原料与矿产资源综合利用；第四章采矿工程；第五章露天矿穿孔设备；第六章矿山爆破工程；第七章矿山挖掘与铲装设备；第八章露天矿汽车运输设备；第九章露天矿溜井（溜槽）平硐开拓运输；第十章原料破碎工程；第十一章矿山带式输送机；第十二章矿山辅助作业设备；第十三章矿山设备现代化管理；第十四章矿山工程电气及自动化；第十五章矿山防水与排水；第十六章矿山安全；第十七章环境保护与节能减排；第十八章边坡工程；第十九章砂石骨料工程；第二十章矿山经济技术评价；第二十一章矿山建设工程；第二十二章矿山开采法规、规范和规程。附录收集了矿山工程常用技术资料和数据。

《手册》全方位、多角度力求反映现代水泥矿山开采工艺和技术进步、装备优化、节能环保等最新技术成就和进展；在内容上力求全面综合，数据可靠，注重体现科学性、实用性、可靠性、先进性和前瞻性，充分体现当代水泥矿山工程的特点，同时也体现手册类工具书信息量大的特色。《手册》集理论性与实用性于一体，以总结国内水泥矿山工作者所积累的丰富经验为主，同时结合国情选入部分国外的先进技术装备和经验。在编写形式上力求做到文、图、表并茂，介绍典型实例，便于读者参考，对有关理论的介绍力求简明扼要。

　　读者可从《手册》中了解水泥矿山工程的技术特点，解决矿山在设计、建设、生产、管理、升级改造等诸多方面的疑难问题。《手册》内容涉及水泥矿山生产工艺，矿山装备优化配置，汇集技术标准、管理规程、技术规范、各类规章制度等重要文献，是水泥矿山企业必备的一本工具书。

　　《手册》在编写过程中，得到了中国水泥协会老领导雷前治会长，副会长兼秘书长孔祥忠，原副会长、矿山专业委员会主任曾学敏女士的多方关怀，特别是曾学敏女士和矿山专业委员会王郁涛主任还分别担任编委会主任、副主任，给予《手册》各方面的支持与帮助，在此致以衷心的敬意和谢意！

　　于宝池、唐光荣两位教授级高工多次组织编务会议，确定调整编写指导思想，拟订编撰框架大纲，讨论编辑撰写计划，安排撰稿人员分工，协调内容章节衔接，最终审定全书稿件，同时还亲自撰写部分章节。特别要提的是，王荣祥教授、黄东方教授级高工为编写《手册》倾心竭力，付出了大量的心血，自始至终，一以贯之，非常令人钦佩。

　　参加《手册》编写和提供资料案例的有大专院校、科研设计院所、水泥企业、矿山公司、技术装备厂商共计几十家，数十位专家学者、教授、教授级高级工程师、研究员及青年工程师。他们以极其负责的态度和精益求精的精神，牺牲了自己大量的业余休息时间，废寝忘食、辛勤耕耘，历时近五年多的时间终于完成全部书稿。在此向全体参编者致以衷心的敬意和谢意！

　　中国水泥杂志社总编辑张建新为《手册》的总策划，在选题策划、编撰框架、编辑审校、装帧设计、印刷出版、商务运作等方面做了大量具体工作；冶金工业出版社谭学余社长、任静波总编、原副社长侯盛锃、刘小峰主任以及各部门工作人员在时间紧的情况下，想办法、出主意，使《手册》得以按时、高质量出版。在此一并表示感谢！

　　在《手册》即将付梓之际，向为《手册》编写出版过程中提供资料和参与编著、审查及关心、支持的各级领导、专家及有关人员再次表示衷心感谢！

　　由于《手册》是初次编写，虽参考了国内外大量文献及资料，并经行业有关专家多次审查和修改，但由于编著水平所限，疏漏不足之处望有关领导和专家批评指正。我们将不断地修改、充实、完善，使之更好地满足水泥矿山生产的需要。

《现代水泥矿山工程手册》编委会

2013 年 10 月 8 日

# 目　录

# 第一章 总 论

矿业是人类社会生存和发展的支柱产业，是国民经济的基础，为我国经济社会发展提供资源保障。

矿业发展有其固有的特性：

（1）矿体赋存差异性。矿体生存地质环境差异巨大且复杂；矿体位置，形态、空间分布变化无穷；矿石元素组成多变。

（2）矿山生产多变性。矿山开采是多层次、多环节的复杂系统，与其他生产工艺比，具有工艺离散性，随机因素众多、工作面多的分散性。

（3）矿产资源不可再生性，矿产资源属储量耗竭型。

我国目前 90% 的一次能源、80% 的工业原材料、70% 以上的农业生产资料，均依赖矿产资源。

采矿工程是在自然界三维空间拓展的系统工程。从地质勘探、矿山设计、生产到采矿终结（闭坑），按照资源利用集约化、矿山开采低碳化、工艺环节生态化，实现矿产资源开发与生态环境保护协调发展。

2012 年，我国水泥产量为 21.8 亿吨，占全世界水泥总量 58%，连续 20 年居世界第一。全世界 6 条最大的熟料单产 12000t/d 新型预热分解窑，我国拥有 5 条。全世界 80% 以上新建水泥生产线，均由我国设计、装备制造和配套、安装调试，并迅速达标。我国水泥生产工艺、管理、装备配套，施工建设水平等方面均跃居世界先进行列。水泥工业的迅速发展，促使我国水泥矿山向大型化、现代化发展。

目前，水泥矿山和国内外矿山一起，向以下几个方面发展：开采规模大型化、矿山生产高效化、节能减排低碳化、资源利用无废化、生产工艺连续化、矿山智能数字化等。

## ➤ 开采规模大型化

2012 年，我国水泥原料矿山采剥总量超过 30 亿吨，仅次于煤炭行业。建设大型矿山，可以采用大型设备，提高劳动生产率，降低矿石开采成本。随着预分解窑熟料生产线 5000 ~ 12000t/d（年产水泥 200 万 ~ 450 万吨）的投产，涌现出一大批年产 100 万 ~ 500 万吨级矿石的大型矿山。目前，海螺铜陵、芜湖、池州、英德、冀东丰润、南方水泥长兴等年产矿石超过千万吨级矿山正不断展现实力。

世界上最大的露天油页岩矿，年采剥总量高达 20 亿吨。美国莫伦西铜矿、宾尼姆铜钼矿、纽曼山铁矿等诸多露天矿，年采剥量均超过 1 亿吨。我国德兴铜矿、鞍钢齐大山铁矿矿年采矿量大于 1000 万吨。

地下金属矿山阶段矿房法（VCR）、阶段强制崩落法朝着 100 ~ 140m 高阶段、30 ~ 45m 高分段、100 ~ 140m 矿段的大采场、采准与切割合一、一步回采方向发展。以铲运机为核心的无轨采矿、载重 35 ~ 80t 井下运输汽车、钻孔直径 165 ~ 200mm、孔深 50 ~ 90m 井下钻机，有效提高地下采矿效率。世界最大地下矿山智利埃尔特尼恩特（EL Teniente）铜矿年产矿石 3500 万吨。

## ➤ 矿山生产高效化

### 采矿规模化、集成化为矿山高效生产创造条件

矿山设备大型化、智能化，推动采矿工艺变革，大幅度提高劳动生产率。

冀东水泥采用钻孔直径 150mm 高风压液压潜孔钻机、斗容 6.5m³ 液压挖掘机、载重 40t 矿用卡车，矿山全员劳动生产率达到 4.5 万 ~ 5.5 万吨/（人·年），比 20 世纪 90 年代提高 4 ~ 5 倍。

我国水泥矿山，目前主要应用中风压（1.2 ~ 1.8MPa）、高风压（2.2 ~ 2.5MPa）潜孔钻机和全液压钻机，钻孔直径 120 ~ 200mm。部分矿山用牙轮钻机，普通风压（0.6 ~ 0.8MPa）潜孔钻机均已淘汰。推

荐选用穿孔设备效率高、钻孔直径大的钻机。

冀东水泥公司丰润矿山,早在20世纪80年代,根据矿岩性质,选用直径$\phi=250mm$的牙轮钻机,取得了良好的效果。

全液压钻机以其速度快、节能的显著优点,在水泥矿山受到好评,应适当增大钻孔直径,提高延米矿量,满足矿山生产大型化的需要。

历史悠久、全球最大的牙轮钻机生产厂家——美国比塞洛斯-伊利B-E(Bucyrus-Erie)公司生产的65R、67R牙轮钻机,把全部控制显示功能集合成一体,自动找平、钻进,监视钻机速度和孔深。钻孔同时进行地质辨别,分辨不同矿岩种类,精确定位矿层位置、厚度和赋存情况,以达到优化爆破和铲装作业。B-E公司的59R型牙轮钻机,钻孔直径406~445mm,应用在美国明塔克铁矿,钻孔速度28.3 m/h,钻头寿命3317m。哈尼希弗格P&H公司(Harnisch Feget)生产的P&H型牙轮钻机,轴压力68t,最大孔径达559mm。

水泥矿山在配备主力钻孔设备的同时,还应配备较小孔径的辅助钻机,钻孔直径多样、可调,满足生产爆破的不同需要。

### 铲装设备液压化,正反液压铲和轮式装载机合理配用

我国水泥矿山沿用机械铲(电铲),斗容4m³的电铲为主力铲。机械铲自重大,行动迟缓,效率低,逐步为液压挖掘机所代替。液压挖掘机和轮式装载机重量轻,机动灵活,作业率高,易于实现无级调速和自动控制。

我国大型水泥矿山多用6~8m³液压挖掘机(正铲),部分用4m³液压反铲,斗容2m³的液压反铲作为辅助铲装设备。液压挖掘机(反铲),不受下一台阶准备工作面的限制,不受爆堆高度的约束,在一定条件下,更具灵活性,且效率高。

年采剥总量大于千万吨级以上的特大型矿山,可考虑使用8~10m³斗容的液压挖掘机,日本水泥石灰石矿挖掘机斗容多在8m³以上。

德国O&K公司生产了当今最大的RH400液压挖掘机,标准斗容为40~50m³,总功率为2500kW,机重达500t。

轮式装载机以其行走速度快,操纵便捷,在配合主力液压挖掘机作业的同时,也可作主力装载机使用。

台泥京阳公司矿山配备2台斗容为6.3m³ CAT-988F轮式装载机、1台KOM-PC750斗容为4.3m³液压挖掘机,均作为主力铲装设备。

大型水泥矿山宜采用40~70t较大载重吨位的矿用汽车。

## ➤ 节能减排低碳化

### 开拓运输系统低碳运行、矿石开采工艺节能减排应摆在首位

平硐竖井开拓系统溜井自重放矿,可有效缩短运输距离,克服高差。

应用半移动破碎机的半连续工艺,特别是以移动破碎站为核心的全连续开采工艺,环保节能,可实现连续化生产。

### 露天采矿机创新无爆破开采新工艺

近年来,露天采矿机是矿山装备发展的新型设备,集切削、破碎、装载于一体,连续作业,简化采矿工艺,与环保兼容。该设备配备激光/GPS,按设计要求,可得任意倾斜角度和任意曲线面,并结合矿山三维模型数据,进行混合开采和精细选别开采。

国外露天采矿机生产厂家包括:美国的威猛、Huron公司;德国塔克拉夫、维特根、蒂森-克虏伯公司;意大利Tesmec公司等。露天采矿机在国外应用范围逐步扩大,我国尚处初步应用阶段,有望在中硬

岩石以下矿山采用。

### 采用新型破碎筛分系统

"多筛少碎"是破碎系统节能降耗的重大措施。在破碎系统中，将入料合格粒级产品筛出，该部分细粒级产品不再进入破碎腔。

石灰石矿受地质构造、赋存条件和爆破破坏作用影响，爆破后爆堆粒度级配变化甚大，小于75～100mm粒级块度占爆破矿量近1/3，可经预筛分筛出。

破碎和筛分系统中，筛分的能量消耗远小于破碎的能耗。因此，在矿石进入破碎机前，建立预筛分系统。

### 推行精细爆破和现场混装炸药技术

矿山爆破在保护生态环境的基础上，推行"环保"、"绿色"的"生态爆破"和"精细爆破"。用性能优良的环保爆破器材和先进的爆破技术，精准施工，严谨管理，严格控制爆炸能量、矿石破碎、抛掷，把爆破危害掌控在规定的范围内。

现场混装炸药技术有以下优点：

（1）现场炸药混装系统集原材料运输、炸药现场混制、机械化装药于一身，效率彰显：安全、可靠，消除炸药生产、运输、储存、装药过程中危险因素；

（2）生产效率高。装药速度200～450kg/min；1～2min装完一个炮孔，装药效率比人工提高10倍，可实现大区域、高速度中深孔强化爆破；

（3）优化炮孔组合装药，调整炮孔线装药密度，根据阻抗匹配调节不同能量级炸药装药量；

（4）炮孔装药耦合性好，可扩大孔网参数，增加延米矿量；

（5）计量准，装药量误差小于±2%；

（6）降低废孔率，有效克服含水炮孔给装药带来的困难。

因此，现场混装炸药装备，在现代化矿山设备地位中，反辅为主，跃升为矿山生产主体设备之一。

### 地下矿产资源的一体化开发

早在20世纪80年代，福建南平石灰石矿开始进行地下开采。随着地下无轨采矿设备的迅速发展，在特定条件下，石灰石矿山地下开采也应运而生。福建龙岩新罗矿区22个地下石灰石矿山，年采矿总量550万吨，其中含年产60万吨石灰石矿山。只采矿房不回收矿柱，施行一步骤回采，采用矿柱永久支撑处理采空区的留矿法进行采矿，矿石回采率达到40%～55%，矿石生产成本得到有效控制，开创了水泥矿山地下开采应对环境约束、矿产资源短缺新方法。

东北大学孙豁然教授提出矿产资源地下采选一体化方案，将选矿场直接建在地下，实现矿石短距离提升、地下选矿、精矿管道输送、尾砂就近地下充填等一体化开发，从而大幅度减少矿石提升量，保护生态环境的同时做到节能、减排、低碳。

### ➢ 资源利用无废化

综合利用矿产资源，努力实现零排放，是最有效的节能减排。

冀东水泥本部石灰石矿储量4.879亿吨，夹石层2273万吨，矿山以系统动态价值分析方法为手段，建立矿山资源管理品位方法和保证体系，应用均化开采，充分利用夹石和表外矿3000万吨，少占耕地0.33km$^2$。

广州越堡水泥矿山为凹陷露天开采，矿区周围人口稠密、经济发达、土地稀缺。矿山表层覆盖土平均厚度20m，剥离总量达2800万立方米。矿山处地势低洼鱼塘区，剥离土含水量高达20%～40%，堆积困难，堆积面积大于2km$^2$。

对覆盖层剥离勘探分析，其化学组分可作为水泥生产硅、铝制原料，可搭配使用。常熟仕名重型机械公司廖正光教授为越堡矿山首次研发石灰石加黏湿料破碎机，LPC1020D22 双转子单段锤式破碎机，破碎能力 1300t/h，效果显著：矿山实现零排放，减少开采硅、铝制原料矿对土地的破坏，减少矿山表土剥离废土占用地 $2km^2$，减少矿山表土剥离废土场费用 5 亿元。废弃土的综合利用，延长了矿山服务年限。

### ➤ 生产工艺连续化

开采工艺连续化是当前国内外采矿发展趋势和方向，其优越性在于：

（1）可以全面取代矿山汽车运输。矿用汽车机动灵活，是水泥矿山传统的运输方法，但也给矿山生产带来负面效应。

为充分利用矿产资源，25% 水泥矿山正逐步过渡到露天凹陷开采，年产千万吨级矿石以上的冀东水泥集团丰润矿山，凹陷开采最低标准高将降为 −180m 水平，如采用汽车重载爬坡运输，将制约矿山生产。

（2）连续化采矿生产工艺，可用长距离胶带运输机将移动破碎机破碎的矿石，连续输送到碎石储库。凹陷露天开采，利用陡角胶带运输机克服高差，将破碎后的碎石运出坑外。

平朔东露天矿，2010 年引进德国 KRUPP 公司大型自移式破碎机成套设备，采用 PH4100XP 系列、斗容 $55m^3$ 单斗挖掘机匹配生产能力 8000t/h 自移式破碎机的连续工艺，具有效率高、成本低、污染排放少的显著优势，年节省岩石剥离费用 2000 万元。

### ➤ 矿山智能数字化

数字矿山是建立在数字化、信息化、智能化和集成化基础上，具有信息数字化、生产过程虚拟化、管理控制一体化、处理决策集成化，从而实现矿山综合自动化。

矿山 3S（地理信息系统 GIS、全球卫星定位系统 GPS、遥感系统 RS）、OA（自动办公系统）、GDS（指挥调度系统）五位一体技术对矿山全过程、全周期数字化管理、指挥与调度。

国外遥控采矿、无人矿井已在加拿大、美国、澳大利亚等国实施。加拿大国际镍公司（INCO）应用遥控采矿工艺自动钻岩、装药与爆破、自动装岩、转运、卸岩，高精度地下定向定位系统的精度达到毫米级。2001 年，INCO 公司实现从地面对地下矿山进行控制，从 400km 以外中控室对地下镍矿生产进行远距离遥控。

天津水泥设计研究院在三维地质采矿设计系统中，建立整个矿床立体空间模型，在采矿边界条件约束下，对每一个采矿单元进行赋值，计算品位值、矿岩量、剥离比等参数，编制采掘计划，进行矿石质量搭配。该系统成功用于国内外几个矿山总承包项目，取得显著效果。

综上所述，露天矿山开采工艺技术发展总的趋势是：设备大型化、开采规模化、采矿工艺连续化和综合化。连续化和半连续化采矿工艺的推广使用，将促进生产环节的合并和开采工艺的简化。随着矿山开采大型化，强化开采势在必行，由于开采深度日益增加和矿床赋存条件复杂多变，传统的、单一的间断式采矿工艺将不能完全适应现代开采的发展需要。以移动式破碎站为核心，以经济、高效、环保、连续输送的带式运输机为纽带的连续化采矿工艺，是露天矿山开采工艺技术发展的主流和趋势。

撰稿、审定：于宝池（唐山冀东装备工程股份有限公司）
　　　　　　唐光荣（中国水泥协会）

# 第二章　矿　山　地　质

## 第一节　水　泥　原　料

地球的表面称为地壳，平均厚度约33km。组成地壳的岩石，按其成因可分为岩浆岩、沉积岩和变质岩三大类。

岩浆岩又称为火成岩，占地壳总质量的95%，是地壳深处的岩浆沿地壳裂隙上升，冷凝而成。如辉绿岩、闪长岩、闪长玢岩、安山岩、花岗岩等。

沉积岩约占地壳总量的5%，但就地表分布而言，则占75%左右，是地壳最上部的成层岩石。暴露在地表的各种已成岩石，由于受到各种地质作用的影响而崩裂分解，有的变成松散的碎块和砂粒，有的改变了化学成分，有的则溶解于水中。这些分解后的物质，在原地或由流水等搬运到适宜的地方，经过压固、脱水、胶结及重结晶作用成为沉积岩。水泥原料矿床中常见的石灰岩、泥灰岩、砂岩、粉砂岩、页岩、黏土等都属于沉积岩。

变质岩是指由原来的已成岩石（岩浆岩、沉积岩、变质岩）在地壳中受到高温高压以及化学成分渗入的影响，在固体状态下，发生剧烈变化后形成的新的岩石。变质岩不仅具有自身独特的特点，而且还常常保留着原岩的某些特征。如板岩、千枚岩、大理岩、石英岩、构造角砾岩等都属于变质岩。

当前，我国用于生产水泥的天然原料包括石灰质原料、黏土质原料、硅质原料、铝质原料和铁质校正原料等，其中石灰质原料作为生产水泥的主要原料，所占比例通常在80%左右。

### 一、石灰质原料

天然石灰质原料以石灰岩为主，其次为泥灰岩、大理岩，个别厂使用白垩、贝壳、珊瑚等作为石灰质原料。

#### （一）石灰岩

1. 石灰岩的分类

石灰岩是一种沉积岩，主要成分由碳酸盐岩矿物方解石组成，内含少量白云岩、菱镁矿、菱锰矿、石膏、黄铁矿、赤铁矿、石英、炭质或黏土质等。当黏土矿物含量达25%～50%时，称为泥质岩；白云石含量达25%～50%时，称为白云质灰岩。根据沉积环境，石灰岩分为海相沉积和陆相沉积，但以海相沉积居多。

（1）按成因分类。石灰岩矿床按成因可分为化学沉积、碎屑沉积、生物沉积及次生矿床（重结晶）四种矿床类型。

1）化学沉积矿床。该类型矿床是最主要的水泥石灰岩矿床类型，按其岩性又可分为泥晶灰岩和鲕状灰岩两种。泥晶灰岩矿床的成矿时代与分布范围广泛，几乎各主要赋矿地层中均有产出，多数水泥石灰岩矿床都属于此类型，典型矿床有新丰旗石岗灰岩矿、池州北山灰岩矿、铜陵敕山伞形山灰岩矿、大冶金山灰岩矿、昌江燕窝岭灰岩矿、易县八里庄灰岩矿等。此类型矿床矿体形态一般较简单，呈层状或似层状，走向延伸可达几千米，厚度几米至几十米甚至上百米。矿石一般呈灰～深灰色，泥晶结构，块状构造，化学成分纯净，杂质含量少，CaO含量高的可达55%，MgO含量低，是优质水泥石灰质原料。泥晶灰岩一般在水能量较低的浅海、泻湖环境中较发育。泥晶颗粒一般小于0.01mm，其来源主要是由于海

水中 $CaCO_3$ 饱和而产生化学沉淀。

鲕粒灰岩的形成与波浪水流作用有关,常具大型交错层理。鲕粒是在潮汐作用下的沙坝或三角洲地区形成的,其外壳是由无机沉淀下来的文石在运动的鲕粒的鲕核上短期间断性沉淀而成。鲕粒石灰岩矿床在我国北方分布较广,如枣庄虎头山灰岩矿、鹿泉东焦灰岩矿、昌平文殊峪灰岩矿、登封李家门灰岩矿、辽阳台子沟灰岩矿等均属于此种类型。此种矿床矿体形态以层状为主,层位较稳定,厚度几米至几十米。矿石颜色由浅至暗色均有,粒屑结构,亮晶胶结为主,块状构造,化学成分中 CaO 含量一般 48% ~ 50%,MgO 含量因易于白云岩化而变化较大,含量过高时易形成夹石,使矿体结构复杂化。

2）碎屑沉积矿床。该类型矿床主要分布于我国北方寒武系上统和奥陶系下统,南方上泥盆统和下三叠统也有产出。一般是在海水进退频繁,振荡运动强烈,沉积环境常常变化的条件下,由于潮汐波浪对碳酸盐沉积物反复剥蚀、搬运、沉积的结果,在潮上带或潮间带成矿。岩性以砾屑、砂屑、粉屑石灰岩为主,常夹有泥晶石灰岩和鲕粒石灰岩。大同七峰山灰岩矿、怀仁悟道灰岩矿、大连长兴岛榆树山灰岩矿、平顶山青草岭灰岩矿等均属于此类型。矿体形态呈层状、似层状,厚几米至十几米,矿床规模为小~大型。矿石呈浅灰,灰褐或灰黄色,粒屑结构、薄层状构造,泥晶或亮晶胶结,泥质、铁质含量较高,常见生物碎屑如腕足类、三叶虫、介形虫、棘皮屑等,化学成分变化较大,CaO 含量一般较低,由于沉积环境蒸发作用较强烈,易形成高镁卤水使石灰岩发生白云岩化,因而 MgO 含量往往偏高。

3）生物化学沉积矿床。目前尚未发现典型的生物石灰岩矿床,常见的是一些以富含生物碎屑为标志,与生物成因密切相连的石灰岩矿床。浙江、江苏、安徽、江西等地石炭系中统的黄龙灰岩是以海百合化石为主的生物碎屑石灰岩,其上的石炭系上统船山灰岩是以核形石及其他生物碎屑为主的生物碎屑石灰岩;富阳大同灰岩矿、建德洞山灰岩矿、广德鼻家山灰岩矿、南京孔山灰岩矿等均属于此种类型石灰岩;广西、贵州、云南等地泥盆系中上统藻球（团）粒石灰岩也是生物化学沉积矿床,如武宣龙头山灰岩矿、田阳陇邦灰岩矿、贵州惠水大坝灰岩矿、蓟县震旦系叠层石灰岩及藻灰岩等,所构成的石灰岩矿床也属于此类型。矿床形成于正常盐度的温暖、清洁、透光的浅海环境中,受生物种类、繁盛程度、保存程度的制约。矿体常呈层状产出,形态较稳定,厚度几米至几十米甚至几百米。矿石呈灰~黑色,粉屑结构,块状构造,含有的生物碎屑种类多,如有孔虫、介形虫、腕足类、腹足类、层孔虫等,常夹有泥晶、粉晶石灰岩。由生物骨骼堆积而成的生物碎屑石灰岩矿石中,CaO 含量一般在 50% 以上,MgO 含量低,是优良的水泥石灰质原料。此外,全部由微体生物组成的白垩和现代海滩堆积的贝壳,也可作为石灰质原料。

4）次生（重结晶）矿床。此类型矿床是由于岩浆侵入和区域变质作用,石灰岩经重结晶后而形成的。黑龙江省所探明的水泥用大理岩矿床均属于此类型;此类矿床在西藏、新疆等地也有分布,如哈尔滨新明、宾县孙家窑、新疆和静热乎、拉萨加木沟等大理岩矿床。石灰岩经重结晶后成为结晶灰岩或大理岩,重结晶完全时,形成各种晶粒结构,方解石矿物结晶较粗;当重结晶不完全时,则形成各种原生结构的残余结构,具有块状构造。由于岩石重结晶后孔隙度降低,因此矿石密度较大,硬度增高。此类矿床矿体形态一般较复杂,有层状、似层状,也有透镜状、巢状等,不同矿床矿体厚度变化很大,一般厚度为几米至几十米,有的可达二三百米。大理岩的化学成分较稳定,CaO 含量一般大于 52%,MgO 含量低,但常因硅化作用对矿石质量造成不良影响,岩脉穿插往往破碎了矿体的完整性,给开发利用带来困难。

（2）按水泥工业对原料品位要求分类见表 2 - 1。

表 2 - 1 按水泥工业对原料品位要求分类

| 岩石名称 | CaO 含量/% | MgO 含量/% | 备 注 |
|---|---|---|---|
| 纯石灰岩 | ≥54 | <1.0 | |
| 石灰岩（Ⅰ级品） | 48 ~ 54 | ≤3.0 | $SiO_2$ ≤1,可用于制造特种水泥 |
| 石灰岩（Ⅱ级品） | 45 ~ 48 | 3.0 ~ 3.5 | |
| 泥灰岩 | 35 ~ 45 | ≤3.0 | |

（3）按结构构造特征分类。按矿石的性质和结构构造特征,石灰岩可分为致密块状石灰岩、虎皮状

石灰岩、结晶石灰岩、薄层状石灰岩四种类型。

1）致密块状石灰岩，多为厚层状；性脆、质纯，主要由相互镶嵌的细小方解石颗粒所组成，质量好、品级高，是生产水泥的主要矿石类型。

2）虎皮状石灰岩，也称豹皮灰岩，是矿石风化后外观具虎皮（或豹皮）状构造及具浅红色、灰色或褐色斑点，该类型矿石质量一般。

3）结晶石灰岩，矿石质量较纯，结晶颗粒大，肉眼一般可辨，有时含白云质，烧结性能不好。

4）薄层状石灰岩，矿石性脆，易破碎成薄片，常常呈深浅不一的灰色，隐晶结构，薄层状构造，含杂质较高，质量较差。

2. 石灰岩的性质及化学成分

（1）石灰岩的物理性质。

颜色：灰白、浅灰、灰色、深灰及浅黄、浅红等。纯石灰岩呈青灰色、断口浅灰色。

加工性：良好。

磨光性：良好。

解理：极完全解理。

光泽：玻璃光泽。

条痕：无色。

密度：介于 $2.5 \sim 2.8 t/m^3$ 之间，一般为 $2.7 t/m^3$。

体重：介于 $2.5 \sim 2.8 t/m^3$ 之间，一般为 $2.6 \sim 2.7 t/m^3$。体重随石灰岩的孔隙度、杂质含量和结构构造不同而异。

湿度：一般小于1%。湿度与孔隙度、气候及赋存标高有关。通常我国北方地区的石灰岩湿度较低，南方多雨地区的石灰岩湿度相对较高；赋存在山坡上的石灰岩湿度一般较低，而在地表下部的石灰岩湿度相对较高。

抗压强度：垂直层理面的抗压强度一般在 $50 \sim 150 MPa$，平行层理面的抗压强度一般在 $40 \sim 120 MPa$。

硬度：3（普氏硬度系数 $f$ 值一般为 $8 \sim 12$）。

松散系数：一般为 $1.5 \sim 1.8$。

国内部分石灰岩矿山的石灰岩物理力学性质见表2-2。

表2-2　国内部分石灰岩物理力学性质

| 矿山名称 | 体重/t·m$^{-3}$ | 湿度/% | 抗压强度/MPa | | 松散系数 |
| --- | --- | --- | --- | --- | --- |
| | | | 垂直层面 | 平行层面 | |
| 邯郸鼓山石灰石矿 | 2.66 | <0.1 | 118.1 | 101.0 | |
| 大同七峰山石灰石矿 | 2.63 | | 130.4 | 126.4 | |
| 耀县宝鉴山石灰石矿 | 2.70 | | 36.4~54.0 | 32.5~50.3 | |
| 黄石黄金山石灰石矿 | 2.64 | 0.17~0.28 | 37.0~142.3 | 32.9~106.8 | |
| 峨眉黄山石灰石矿 | 2.59 | 0.21 | 116.1 | 104.5 | |
| 龙里岩后石灰石矿 | 2.71 | | 72.94 | 97.19 | |
| 武宣龙头山石灰石矿 | 2.72 | 0.02 | 38.1~91.6 | 31.2~136.8 | |
| 富平频山石灰石矿 | 2.69 | | 57.0~71.9 | | 1.65 |
| 永登大闸子石灰石矿 | 2.70 | | 80~100 | | |
| 新丰旗冈石灰石矿 | 2.69 | 0.26 | 34~57.7 | | |
| 建德洞山石灰石矿 | 2.68 | | 27.52 | 50.56 | |
| 万年鹅岭石灰石矿 | 2.61 | | 94.2~132.6 | 145.2 | |

| 矿山名称 | 体重/t·m⁻³ | 湿度/% | 抗压强度/MPa | | 松散系数 |
| --- | --- | --- | --- | --- | --- |
| | | | 垂直层面 | 平行层面 | |
| 合浦盐田石灰石矿 | 2.69 | 0.11 | 78.5 | | |
| 田阳陇邦石灰石矿 | 2.70 | 0.03 | 36～107.2 | 34.8～64 | |
| 阳春木瓜坳石灰石矿 | 2.68 | 0.26 | 46.3～77.9 | | |
| 富川石岭头石灰石矿 | 2.69 | 0.43 | 58.1 | 118.4 | |
| 黎塘凤凰山石灰石矿 | 2.69 | | 94.0 | 111.6 | |
| 平顶山青草岭石灰石矿 | 2.66 | | 52.1～113.7 | 41.5～113.5 | 1.62 |
| 枣庄虎头山石灰石矿 | 2.72 | | 46.4～91.9 | 35.2～109 | |
| 新绛石门峪石灰石矿 | 2.69 | 0.04 | 88.1～103.1 | 64.3～78.4 | 1.70 |
| 忻州岩峰石灰石矿 | 2.67 | 0.07 | 45.6～144.3 | 33.1～109.2 | |
| 鹿泉东焦石灰石矿 | 2.70 | 0.11 | 124.1 | 123.6 | |
| 辽阳台子沟石灰石矿 | 2.64 | | 38.5～85.9 | 27.3～58.6 | |
| 吉林磐石石灰岩矿 | 2.72 | | 65.4～76 | 66.2～74 | 1.58 |
| 嘉峪关豁硌河石灰石矿 | 2.69 | 0.043 | 80 | 165.1 | |
| 泾阳蔡家沟石灰石矿 | 2.67 | 0.044 | 88.75 | 109.9 | |
| 阳泉高脑庄石灰石矿 | 2.70 | | 106.7～138.8 | 96～115.5 | |
| 太原洪子峪石灰石矿 | 2.63 | 0.06 | 109.3～128.4 | 78.8～144.2 | |
| 确山独山石灰石矿 | 2.70 | | 70.1 | 79.7 | |
| 枞阳海螺石灰石矿 | 2.68 | 0.27 | 41.4～140.36 | 79.8 | 1.66 |
| 海南燕窝岭石灰石矿 | 2.66 | 0.44 | 71.1 | | |
| 武穴圆椅山石灰石矿 | 2.65 | | 128.6 | 127.9 | |
| 大冶金山石灰石矿 | 2.66 | 0.30 | 62.8～96.3 | 51.6～102.3 | |
| 铜陵伞形山石灰石矿 | 2.70 | 0.65 | 55～120 | 29.6～93.6 | 1.65 |
| 池州北山石灰石矿 | 2.69 | | 88.6 | 44.2 | |
| 英德长腰山石灰石矿 | 2.68 | 0.94 | 58.4～103.5 | | 1.64 |
| 宜阳石板沟石灰石矿 | 2.71 | 0.18 | 74.3 | | |
| 泾阳黑云沟石灰石矿 | 2.67 | | 94.4 | 104.6 | |

需要说明的是，国外某些石灰岩与表 2－2 所列石灰岩的物理力学性质存在较大的差异，在进行国外工程设计时要引起足够的重视。如埃及实施的 GOE 和纳哈达项目，其石灰岩物理性质与国内石灰岩差异相当大，矿石体重只有 2.0t/m³ 左右，岩石也比国内的软一些，抗压强度当然也要小得多。

（2）石灰岩的化学性质。石灰岩不溶于水，易溶于饱和硫酸，能和强酸发生反应并形成相应的钙盐，同时放出 $CO_2$。石灰岩煅烧至 900℃ 以上（一般为 1000～1300℃）时分解转化为生石灰（CaO），放出 $CO_2$。生石灰遇水潮解，立即形成熟石灰（$Ca(OH)_2$），熟石灰溶于水后可调浆，在空气中易硬化。石灰岩的主要化学成分为 $CaCO_3$，易发生溶蚀，故在石灰岩地区多形成石林和溶洞，称为喀斯特地形地貌。

（3）石灰岩的化学成分。石灰岩的矿物成分主要为方解石，伴有白云石、菱镁矿及其他碳酸盐岩矿物，还混有其他一些杂质。纯石灰岩的化学成分接近于方解石的理论成分，其中 CaO 含量占 56.04%，$CO_2$ 含量占 43.96%。这种纯石灰岩在自然界非常罕见，绝大多数石灰岩均含有一定比例的 $SiO_2$、$Al_2O_3$、$Fe_2O_3$、MgO 等，同时还含有少量的 $K_2O$ 和 $Na_2O$、$SO_3$、$Cl^-$、$TiO_2$、$P_2O_5$、$Mn_3O_4$ 等，其他元素含量则很少。

目前，国内水泥厂所用石灰岩化学成分一般为：CaO 45%～55%；MgO 0.2%～3.5%；$SiO_2$ 0.9%～

8.8%；$Al_2O_3$ 0.4%～2.5%；$Fe_2O_3$ 0.4%～1.5%；$SO_3$ <0.1%。

3. 石灰岩的分布及地质特征

在我国，生产水泥用的石灰岩的分布非常广泛，几乎各地区均有石灰岩的分布。根据现已查明的石灰岩资源情况，我国从元古代开始往后的各地质年代里均有石灰岩的沉积。成矿时代具有北早南晚的特点，北方地区从古元代早期就开始成矿，南方地区则从新元古代晚期开始。重要赋矿层位北方地区以寒武系、奥陶系为主，南方地区以泥盆系、石炭系、二叠系、三叠系为主。

（1）震旦纪。震旦纪石灰岩主要沉积于末期，以浅海相石灰岩建造为主。不少地区震旦纪灰岩中往往夹有硅质灰岩、燧石灰岩、白云质灰岩、砂岩、泥灰岩、页岩等。震旦系地层主要分布于吉林南部、辽东半岛、燕山地区、苏北、河南南部及湖北、四川等地，主要是藻灰岩、叠层石灰岩和白云石化石灰岩。目前用作水泥石灰质原料的仅有辽东半岛的震旦系中统营城子组、甘井子组地层的石灰岩，以及河北燕山地区的蓟县系铁岭组地层的石灰岩。

营城子组、甘井子组灰岩为厚层灰岩，上部受轻微变质而成结晶灰岩，质优层厚。铁岭组灰岩亦为厚层灰岩，但常夹有白云质灰岩，燧石灰岩、硅质页岩等，故其烧制的水泥质量较差。

部分使用震旦纪灰岩的水泥矿山赋矿地层及地质特征见表2-3。

表2-3　部分使用震旦纪灰岩的水泥矿山赋矿地层及地质特征

| 矿山名称 | 赋矿地层 | 矿床地质特征 |
| --- | --- | --- |
| 大连南山 | 震旦系中统南山组 | 矿石由灰岩、含泥质灰岩、泥质灰岩等组成，隐晶质和微晶质结构，块状及条带状构造。<br>矿体内含14条低钙高硅夹层，CaO一般43%～47%，$SiO_2$一般6%～10%，总量只有300万吨，生产中可搭配利用。<br>矿石平均化学成分：CaO 50.56%、MgO 1.06%、$SiO_2$ 4.67%、$Al_2O_3$ 0.93%、$Fe_2O_3$ 0.41%、Loss 41.89%。<br>资源储量：3184万吨 |
| 大连玉山 | 震旦系中统营城子组 | 矿石由灰岩、含泥质灰岩组成，隐晶质和微晶质结构，块状构造。矿区岩石裸露，内部夹层少，剥采比小。<br>平均化学成分：CaO 52.03%、MgO 1.03%、$SiO_2$ 2.99%、$Al_2O_3$ 0.68%、$Fe_2O_3$ 0.50%、$R_2O$ 0.34%、Loss 42.17%。<br>资源储量：15540万吨 |
| 蓟县大火尖山 | 震旦系铁岭组 | 矿石由薄层灰岩、波纹状叠层石灰岩、小圆柱状叠层石灰岩、大环状叠层石灰岩、小环状叠层石灰岩五种矿石类型组成。全矿分5个矿层、4个夹层，矿体总厚度109.45m，夹层总厚度39.24m。矿床内夹层MgO含量大多在3.5%～6.0%之间，可加工成建筑石利用，属Ⅲ类勘查类型。<br>矿石平均化学成分：CaO 49.13%、MgO 2.32%、$SiO_2$ 6.40%、$Al_2O_3$ 0.82%、$Fe_2O_3$ 0.40%、$R_2O$ 0.30%、Loss 40.45%。<br>资源储量：5581万吨 |

（2）寒武纪。寒武纪代表古生代第一次海侵，多为浅海相，对各种生物繁殖极为有利。岩层沉积程序也极有规律，由砂岩、页岩到灰岩。在华北及东北南部，早寒武世以紫红色页岩为主夹灰岩，中寒武世以厚层鲕状灰岩为主，晚寒武世主要为薄层灰岩及竹叶状灰岩。

中寒武世张夏组是我国北方地区重要的石灰岩赋矿层位，主要分布于吉林南部、辽宁南部、内蒙古南部、北京、河北、山西、河南、山东、江苏北部、安徽北部等地。晚寒武世在河北、山东、北京、山西等地，广泛分布砾屑（竹叶状）石灰岩矿床，主要赋存于崮山、长山、凤山、炒米店组地层中。

张夏灰岩所见特点主要为灰黑色的鲕状灰岩、致密条带状灰岩和豹皮灰岩组成，夹有页岩、白云岩、砂岩、竹叶状灰岩等；炒米店灰岩则主要由竹叶状鲕状灰岩、薄层灰岩、白云岩和泥质条带灰岩组成，夹有泥灰岩、页岩、砂质页岩等。

浙江所见寒武纪石灰岩分布在江山—绍兴断裂带西北侧，属扬子地层区江南地层分区，主要为低钙高镁石灰岩，石灰岩中白云岩含量高，不宜单独利用，需要与高钙低镁的优质石灰石搭配方可利用。

贵州、云南所见的中晚寒武世灰岩（如娄山关组）多为薄层，以泥质白云质灰岩、硅质灰岩为主，目前尚未被用来烧制水泥。

部分使用寒武纪灰岩的水泥矿山赋矿地层及地质特征见表2-4。

表 2-4    部分使用寒武纪灰岩的水泥矿山赋矿地层及地质特征

| 矿山名称 | 赋矿地层 | 矿床地质特征 |
|---|---|---|
| 平顶山青草岭 | 中寒武统张夏组 | 矿体长 3000m，宽 120～450m。<br>矿体产状：倾向 250°，倾角 60°～80°。矿体内有 16 个夹层，其中 5 个为高镁夹层，11 个为高碱夹层。<br>矿石类型：条带状或豹皮细鲕灰岩、条带状豆鲕灰岩、豹皮灰岩。<br>矿石平均化学成分：CaO 50.09%、MgO 2.00%、$SiO_2$ 3.61%、$Al_2O_3$ 1.25%、$Fe_2O_3$ 0.67%、$R_2O$ 0.56%、Loss 41.72%。<br>资源量：18401.9 万吨；剥采比：0.41:1$m^3/m^3$ |
| 登封李家门 | 中寒武统张夏组 | 矿体长 3640m，出露宽度平均 216m。<br>矿体产状：倾向 140°，倾角 15°。<br>矿石类型：亮晶鲕粒灰岩、豹皮状微晶云质灰岩、不等晶生物屑鲕粒灰岩。<br>矿石平均化学成分：CaO 50.78%、MgO 1.77%、$SiO_2$ 2.98%、$Al_2O_3$ 0.77%、$Fe_2O_3$ 0.93%、$R_2O$ 0.39%、Loss 41.20%。<br>资源量：9373.17 万吨；剥采比：0.27:1$m^3/m^3$ |
| 济南围子山 | 上寒武统炒米店组 | 矿体控制长 1800m，平均出露宽度 671m。<br>矿体产状：倾向 315°，倾角 5°～9°，分 KC01、KC02 两个矿层。矿体只有一个低钙高碱夹层。<br>化学成分：CaO 43.18%、$R_2O$ 1.70%。<br>矿石类型：豹皮灰岩、鲕状灰岩及少量竹叶状灰岩及条带状灰岩。<br>矿石平均化学成分：CaO 50.90%、MgO 1.65%、$SiO_2$ 3.37%、$Al_2O_3$ 0.78%、$Fe_2O_3$ 0.56%、$R_2O$ 0.46%、Loss 42.10%。<br>资源量：14034.43 万吨；剥采比：0.21:1$m^3/m^3$ |
| 枣庄虎头山 | 中寒武统张夏组 | 矿体沿走向长 1472m，沿倾向宽 480～1294m。<br>矿体产状：倾向 275°～290°，倾角 5°～8°，分 KC01、KC02 两个矿层。矿体中有一个夹层，位于 KC02 中，岩性为豹皮灰岩，厚度 2.0～25.03m。<br>化学成分：CaO 49.04%、MgO 3.58%、$R_2O$ 0.40%。<br>矿石平均化学成分：CaO 50.48%、MgO 2.23%、$SiO_2$ 3.08%、$Al_2O_3$ 0.84%、$Fe_2O_3$ 0.53%、$R_2O$ 0.38%、Loss 41.82%。<br>资源量：15496.02 万吨；剥采比：0.09:1$m^3/m^3$ |
| 怀仁悟道 | 中寒武统张夏组 | 矿体长 2700m，厚 200.51m。<br>矿体产状：倾向南东，倾角 60°～85°。矿床中共有 14 个夹层，为低钙高碱灰岩，夹层平均化学成分 CaO 37.53%、MgO 2.23%、$R_2O$ 1.26%。<br>矿石类型：鲕状灰岩、条带状灰岩、致密状灰岩、竹叶状灰岩。<br>矿石平均化学成分：CaO 49.92%、MgO 1.03%、$SiO_2$ 6.63%、$Al_2O_3$ 1.29%、$Fe_2O_3$ 1.21%、$R_2O$ 0.40%。<br>资源量：14990.97 万吨；剥采比：0.22:1$m^3/m^3$ |
| 鹿泉东焦 | 中寒武统张夏组 | 矿体南北长 1500m，东西宽约 580m，平均厚度为 88.30m。矿层中有一较薄的高碱夹层，平均厚 9.01m。<br>化学成分：CaO 48.47%、$R_2O$ 0.87%。<br>矿石平均化学成分：CaO 52.27%、MgO 1.49%、$SiO_2$ 2.15%、$Al_2O_3$ 0.54%、$Fe_2O_3$ 0.57%、$R_2O$ 0.31%、Loss 42.52%。<br>资源量：15365 万吨；剥采比：0.15:1$m^3/m^3$ |
| 易县八里庄 | 上寒武统凤山组 | 矿体沿走向长 398m，厚 120m。位于八里庄倒转背斜的西翼，产状：倾向 130°左右，倾角 19°～32°。<br>矿石平均化学成分：CaO 50.15%、MgO 1.53%、$R_2O$ 0.46%。<br>资源量：4330 万吨；剥采比：0.27:1$m^3/m^3$ |
| 辽阳台子沟 | 中寒武统张夏组 | 矿体东西长 1500m，南北宽 300～1200m。<br>矿体产状：倾向 340°，倾角 19°。矿床分 Ⅰ、Ⅱ 两个矿层，矿体有 6 个夹层。<br>化学组分：CaO 44.92%～48.1%、MgO 3.34%～4.88%、$R_2O$ 0.56%～0.86%。<br>矿石平均化学成分：CaO 49.34%、MgO 2.32%、$SiO_2$ 3.07%、$Al_2O_3$ 1.32%、$Fe_2O_3$ 0.55%、$R_2O$ 0.47%、Loss 41.41%。<br>资源量：15975.34 万吨；剥采比：0.11:1$m^3/m^3$ |
| 淮南小武山 | 中寒武统张夏组 | 矿体控制长度 800m，出露宽 515.6m。<br>矿体产状：倾向 82°～100°，倾角 17°～19°。矿层中夹石 CaO 含量 51% 左右，MgO 的含量 3.0%～4.3%，且厚度较薄，可全部与矿石搭配利用。<br>矿石类型：条带状灰岩、瘤状微晶含白云质灰岩、鲕粒微晶灰岩。<br>矿石平均化学成分：CaO 51.31%、MgO 1.33%、$SiO_2$ 2.32%、$Al_2O_3$ 0.69%、$Fe_2O_3$ 0.69%、$R_2O$ 0.35%。<br>资源量：10902.54 万吨；剥采比：0.007:1$m^3/m^3$ |

| 矿山名称 | 赋矿地层 | 矿床地质特征 |
|---|---|---|
| 昌平文殊峪 | 中寒武统张夏组 | 矿体出露宽500~600m，控制最大斜深约300m。<br>矿体产状：倾向126°~140°，倾角30°~35°，全矿共分三个矿层。<br>矿石类型：鲕状灰岩、含鲕致密块状灰岩、致密块状灰岩、泥质条带灰岩。<br>矿石化学成分：一矿层CaO 52.32%、$R_2O$ 0.17%；二矿层CaO 49.68%、$R_2O$ 0.29%；三矿层CaO 50.05%、$R_2O$ 0.65%。<br>资源量：26666.5万吨；剥采比：0.66:1$m^3/m^3$ |
| 徐州焦山 | 中寒武统张夏组 | 矿体延伸长2000m，控制最大厚度约121m。<br>矿体产状：倾向西，倾角8°~12°。全矿共分4个矿层、5个夹层，夹层平均成分CaO 49.73%、MgO 3.17%、$R_2O$ 0.43%。<br>矿石类型：鲕粒灰岩、薄层灰岩、角砾状灰岩、豹皮灰岩。<br>矿石平均化学成分：CaO 51.64%、MgO 2.18%、$SiO_2$ 1.49%、$Al_2O_3$ 0.55%、$Fe_2O_3$ 0.38%、$R_2O$ 0.29%、Loss 42.34%。<br>资源量：8527.79万吨；剥采比：0.24:1$m^3/m^3$ |

（3）奥陶纪。奥陶系灰岩在我国分布很广，并被大量用作水泥石灰质原料。部分使用奥陶系灰岩的水泥矿山赋矿地层及地质特征见表2-5。

表2-5 部分使用奥陶系灰岩的水泥矿山赋矿地层及地质特征

| 矿山名称 | 赋矿地层 | 矿床地质特征 |
|---|---|---|
| 唐山王官营 | 下奥陶统冶里组 | 矿体以向斜形态赋存于王官营向斜构造盆地之中。<br>矿床规模：长轴约3500m，短轴约2250m，矿体延深最低标高约-180m；全矿共圈出$LS_1$、$LS_2$、$LS_3$、$LS_4$、$LS_5$五个矿体。夹层分层间夹层和层内夹层，主要是$R_2O$含量超标。<br>矿石类型：豹皮灰岩、致密块状灰岩、条带状灰岩、竹叶状灰岩、薄层灰岩。<br>矿石平均化学成分：CaO 49.74%、MgO 0.83%、$Al_2O_3$ 1.14%、$R_2O$ 0.62%。<br>资源量：78532.9万吨；剥采比：0.78:1$m^3/m^3$ |
| 葫芦岛星星山 | 下奥陶统冶里组、亮甲山组 | 矿体延伸长度2000m，出露宽280m。<br>矿体产状：倾向110°~190°，倾角30°~50°。矿床共分4个矿层，矿体内见有9个夹层及6条花岗斑岩脉。<br>矿石类型：泥晶灰岩和斑花状泥晶灰岩。<br>矿石平均化学成分：CaO 49.21%、MgO 1.14%、$R_2O$ 0.79%。<br>资源量：7043万吨；剥采比：0.63:1$m^3/m^3$ |
| 嘉峪关豁硌河南 | 中奥陶统妖魔山组 | 矿体延伸长度1735m，厚度201~283m。<br>矿体产状：倾向275°~308°，倾角40°~75°。矿区共有6个矿层，9个夹层。<br>矿石类型：厚层状细晶灰岩、中厚层状细晶灰岩、薄层细晶灰岩。<br>矿石平均化学成分：CaO 51.20%、MgO 1.00%、$SiO_2$ 3.76%、$Al_2O_3$ 1.03%、$Fe_2O_3$ 0.59%、$R_2O$ 0.16%、Loss 41.62%。<br>资源量：9642.41万吨；剥采比：0.05:1$m^3/m^3$ |
| 察右后旗二道湾 | 下中奥陶统阿牙登组 | 矿体东西长700m，南北宽300m。<br>矿体产状：走向近东西、倾向南，倾角20°~39°。矿区共有4个矿层。<br>矿石类型：薄层灰岩、结晶灰岩、白云质灰岩。<br>矿石平均化学成分：CaO 52.24%、MgO 1.30%、$SiO_2$ 1.26%、$Al_2O_3$ 0.41%、$Fe_2O_3$ 0.23%、$R_2O$ 0.16%、Loss 43.21%。<br>资源量：40383.88万吨；剥采比：0.15:1$m^3/m^3$ |
| 泾阳蔡家沟 | 中奥陶统泾河组 | 矿体东西长1900m，南北宽2000m。<br>矿体产状：倾向190°~230°，倾角25°~50°。矿床共分3个矿层。<br>矿石类型：中厚~厚层状灰岩、中厚层状灰岩、团块状灰岩。<br>矿石平均化学成分：CaO 55.19%、MgO 0.27%、$SiO_2$ 0.56%、$Al_2O_3$ 0.20%、$Fe_2O_3$ 0.09%、$R_2O$ 0.06%、Loss 42.52%。<br>资源量：26161万吨；剥采比：0 |
| 忻州岩峰 | 中奥陶统马家沟组 | 矿体延伸长度2500m，出露宽400m。矿区为一背斜，西侧地层呈北西向倾斜，倾角50°~70°；东侧地层呈南东向倾斜，倾角为40°~60°。矿床共分5个矿层。矿床内有4个低钙高镁夹层，CaO 34.09%~49.9%，MgO 3.89%~19.59%。<br>矿石类型：泥晶灰岩和花斑灰岩。<br>矿石平均化学成分：CaO 52.20%、MgO 1.58%、$SiO_2$ 2.34%、$Al_2O_3$ 0.72%、$Fe_2O_3$ 0.24%、$R_2O$ 0.19%、Loss 42.90%。<br>资源量：12952.35万吨；剥采比：0.46:1$m^3/m^3$ |

| 矿山名称 | 赋矿地层 | 矿床地质特征 |
|---|---|---|
| 富平宝丰寺 | 中奥陶统马家沟组 | 矿体延伸长度 2600m，出露宽 600～1200m。矿床分上、下两个矿体，有 4 个低钙高镁夹层，CaO 39.7%～47.15%、MgO 7.7%～11.12%。<br>矿石类型：灰～深灰色厚层状灰岩、浅灰色厚层状灰岩、浅肉红色泥晶灰岩。<br>矿石平均化学成分：CaO 54.71%、MgO 0.52%、$SiO_2$ 0.52%、$Al_2O_3$ 0.15%、$Fe_2O_3$ 0.06%、$R_2O$ 0.06%、Loss 43.10%。<br>资源量：59102 万吨；剥采比：0.07∶1$m^3/m^3$ |
| 盂县脉坡 | 中奥陶统马家沟组 | 矿体出露长度 4400～6500m，全矿共分 9 个矿层，6 个高镁夹层，夹层岩性为泥质白云岩。<br>矿石类型：青灰色泥晶灰岩。<br>矿石平均化学成分：CaO 52.45%、MgO 1.75%、$SiO_2$ 1.27%。<br>资源量：11616 万吨；剥采比：1.05∶1$m^3/m^3$ |
| 新乡驼腰山 | 中奥陶统马家沟组 | 矿体沿走向延伸长 1100m，出露宽 1300m。<br>矿体产状：倾向北西，倾角 4°～15°。矿体由上、下两矿层组成，两矿层之间有一不连续低钙高镁夹层，CaO 45.99%，MgO 6.73%。<br>矿石类型：致密块状泥粉晶灰岩。<br>矿石平均化学成分：CaO 53.07%、MgO 1.00%、$SiO_2$ 2.06%、$Al_2O_3$ 0.54%、$Fe_2O_3$ 0.27%、$R_2O$ 0.29%、Loss 42.40%。<br>资源量：2625.03 万吨；剥采比：0.23∶1$m^3/m^3$ |
| 白山江沿 | 中奥陶统马家沟组 | 矿体沿走向延伸长 850m，出露宽 230m。<br>矿体产状：走向北东 20°～35°，倾向南东，倾角 30°，矿床由三层矿组成。矿体中有两个低钙高镁夹层，平均化学成分：CaO 43.39%，MgO 4.39%。<br>矿石类型：中厚层与薄层灰岩、豹斑灰岩、泥质灰岩。<br>矿石平均化学成分：CaO 51.63%、MgO 0.82%、$SiO_2$ 3.73%、$Al_2O_3$ 0.84%、$Fe_2O_3$ 0.58%、$R_2O$ 0.39%、Loss 41.40%。<br>资源量：1631.25 万吨；剥采比：0.30∶1$m^3/m^3$ |
| 阿拉善牛石头山 | 中奥陶统马家沟组 | 矿体沿走向延伸长 1300m，出露宽 662m。<br>矿体产状：走向北东 20°～35°，倾向 350°，倾角 25°～28°。矿体中有 10 个泥质粉沙质条带灰岩及少量白云质灰岩夹层，CaO 46.2%～51.7%，$fSiO_2$ 4.4%～8.36%。<br>矿石类型：微晶、隐晶质厚层状石灰岩。<br>矿石平均化学成分：CaO 51.31%、MgO 0.86%、$fSiO_2$ 2.74%、$R_2O$ 0.20%。<br>资源量：14634.7 万吨；剥采比：0.09∶1$m^3/m^3$ |
| 宁夏青铜峡卡子庙 | 中奥陶统马家沟组 | 矿体沿走向延伸长 1300m，厚度 134.31～240.87m，延伸大于 170m。全矿分上下两个含矿层，中间夹一层稳定的泥灰岩。矿体中有 8 个夹层，大多呈透镜体，CaO 含量一般 43%～45%。<br>矿石类型：中厚层状泥晶灰岩、薄层状泥晶灰岩、薄层泥灰岩、碎裂泥灰岩。<br>矿石平均化学成分：CaO 49.23%、MgO 2.12%、$SiO_2$ 6.12%、$Al_2O_3$ 0.79%、$Fe_2O_3$ 0.51%。<br>资源量：5064.45 万吨；剥采比：0.11∶1$m^3/m^3$ |

在河北、辽宁一些水泥厂使用的奥陶系下统冶里组灰岩多为薄层灰岩和竹叶状灰岩，夹有泥质灰岩、白云质灰岩、豹斑灰岩、含燧石夹层及页岩等，含氧化镁较高，氧化钙较低。如唐山王官营、葫芦岛后富隆山、葫芦岛星星山、唐山巍山等石灰石矿。

奥陶系中统马家沟组灰岩与寒武系中统张夏组灰岩一样，是我国北方地区重要的赋矿层位，在华北、东北、西北、华东、长江中下游等地均有分布。我国使用马家沟组灰岩作水泥原料的水泥厂有很多，通常石灰石质量较好，规模较大。但个别地区的矿床中有白云岩、白云化灰岩或薄层白云化泥质灰岩夹于矿体中，含氧化镁高，呈层状，有一定规律，如吉林磐石、山西盂县脉坡、山西忻州岩峰、河南焦作柿园等石灰石矿床中均夹有一定厚度的高镁夹层。

在陕西泾阳一带的奥陶系中统泾河组灰岩为中厚层～厚层状灰岩，质纯致密，块状构造，粉晶～细晶结构，主要由粒状方解石组成，含量在 95% 以上，其次有极少量的白云石和褐铁矿、泥质。CaO 含量一般为 55.10%～55.45%，MgO 含量为 0.25%～0.28%，是非常好的石灰质原料。

（4）志留系。在奥陶纪后期，华北地区上升成为陆地，直到中石炭纪才又开始沉积，因此在华北地区没有从上奥陶系到下石炭系的海相沉积灰岩地层。志留系地层在华中、西南地区发育较好，以砂岩、笔石页岩为主，一般不易形成具有工业规模的灰岩矿床，有的地区虽有，但规模不大。黑龙江大兴安岭及吉林省中部地区有志留纪地层，主要为千枚质页岩夹泥质灰岩及结晶灰岩，这些结晶灰岩一般厚度不大，不宜用作水泥原料。又如近期在川西北旺苍地区早志留世南江组中首次发现了鲕粒灰岩，通常以10cm左右的薄层夹持在页岩或粉砂质泥岩中，很难用来烧制水泥。

（5）泥盆纪。在泥盆纪时期，我国北部地区仍为陆地，仅局部有海侵。西南、华南地势发生较大的变化，四川、贵州、湖北部分地区上升，云南、广西、广东、湖南、贵州的部分地区相对下降，开始有海水侵入。故泥盆纪灰岩在广西、广东北部、湖南南部比较发育。广西东部和中部上泥盆统的桂林灰岩和融县灰岩总厚度达 $300 \sim 1000m$，CaO 含量一般大于 $51\%$，MgO 含量一般小于 $2.0\%$，$K_2O$ 含量一般小于 $0.2\%$，是品质非常好的石灰质原料。

目前国内开采泥盆系灰岩的水泥用石灰石矿有南宁董必山及狗头山矿区，黎塘凤凰山矿区、富川石岭头矿区、武宣龙头山矿区、云安竹山矿区、云浮大石山及小雾山矿区、罗定塘木矿区、云安石冲顶矿区、双峰大木冲矿区等。在黑龙江大兴安岭地区、新疆天山南北、青海昆仑山北麓以及西藏喜马拉雅山褶皱带地区发现有泥盆纪的结晶灰岩、薄层灰岩或泥质灰岩。

部分使用泥盆系灰岩的水泥矿山赋矿地层及地质特征见表 2-6。

表 2-6　部分使用泥盆系灰岩的水泥矿山赋矿地层及地质特征

| 矿山名称 | 赋矿地层 | 矿 床 地 质 特 征 |
|---|---|---|
| 云安竹山 | 上泥盆统天子岭组 | 矿体沿走向长 280m，倾向宽 800m。<br>矿体产状：倾向 124°～153°，倾向 10°～30°。全矿分 9 个矿层，有两个钙质砂岩夹层，夹层化学成分：CaO 13.14%、$SiO_2$ 58.34%。<br>矿石类型：中厚层灰岩、粉砂质灰岩。<br>矿石平均化学成分：CaO 47.99%、MgO 0.82%、$SiO_2$ 10.40%、$Al_2O_3$ 0.79%、$Fe_2O_3$ 0.61%、$R_2O$ 0.12%、Loss 38.78%。<br>资源量：6044.06 万吨；剥采比：0.02:1m³/m³ |
| 罗定塘木 | 中泥盆统东岗岭组 | 矿体沿走向长 1065m，倾向宽 851m。北东翼倾向 170°～285°，倾角 25°～40°，南西翼倾向 35°～75°，倾角 10°～25°。<br>矿石类型：中厚层灰岩、粉砂质灰岩。<br>矿石平均化学成分：CaO 47.99%、MgO 0.82%、$SiO_2$ 10.40%、$Al_2O_3$ 0.79%、$Fe_2O_3$ 0.61%、$R_2O$ 0.12%、Loss 38.78%。<br>资源量：6044.06 万吨；剥采比：0.02:1m³/m³ |
| 云浮大石山 | 上泥盆统天子岭组 | 矿体长 700m，宽 600m。<br>矿体产状：倾向 120°～150°，倾角 5°～15°。矿区圈定 8 个低钙、高镁夹层。<br>矿石类型：厚层状灰岩、中厚层状灰岩、薄层灰岩。<br>矿石平均化学成分：CaO 51.27%、MgO 1.20%、$SiO_2$ 4.21%、$Al_2O_3$ 1.09%、$Fe_2O_3$ 0.54%、$R_2O$ 0.33%、Loss 40.88%。<br>资源量：4176.9 万吨；剥采比：0.004:1m³/m³ |
| 黎塘凤凰山 | 中泥盆统东岗岭组 | 矿体长 600m，宽 780m，厚 240m。<br>矿体产状：倾向 320°～340°，倾角 25°～30°。<br>矿石类型：灰色假鲕状灰岩、浅灰色致密块状灰岩。<br>矿石平均化学成分：CaO 54.47%、MgO 0.75%、$SiO_2$ 0.73%、$Al_2O_3$ 0.17%、$Fe_2O_3$ 0.13%、$R_2O$ 0.16%、Loss 43.21%。<br>资源量：5727.84 万吨；剥采比：0.06:1m³/m³ |
| 富川石岭头 | 上泥盆统桂林组 | 矿体出露长 1900m，宽 800～1100m，厚 110m。<br>中南部呈单斜构造，北部为背斜构造。矿体中有 7 个白云岩夹层，CaO 30.82%～43.23%，MgO 10.06%～20.64%。<br>矿石类型：泥晶灰岩、粉晶灰岩。<br>矿石平均化学成分：CaO 51.96%、MgO 1.92%、$SiO_2$ 1.62%、$Al_2O_3$ 0.45%、$Fe_2O_3$ 0.18%、$R_2O$ 0.09%、Loss 43.20%。<br>资源量：12533 万吨；剥采比：0.07:1m³/m³ |

续表 2 − 6

| 矿山名称 | 赋矿地层 | 矿 床 地 质 特 征 |
|---|---|---|
| 武宣龙头山 | 上泥盆统融县组 | 矿体南北长 2100m，东西宽 250 ~ 600m。<br>矿体产状：倾向 120° ~ 135°，倾角 75° ~ 89°。矿床共分两个矿层，内有 13 个低钙高镁夹层，CaO 32.7% ~ 49.8%，MgO 4.42% ~ 19.42%。<br>矿石类型：粉泥晶灰岩。<br>矿石平均化学成分：CaO 54.16%、MgO 1.17%、$SiO_2$ 0.17%、$Al_2O_3$ 0.06%、$Fe_2O_3$ 0.05%、$R_2O$ 0.07%、Loss 43.53%。<br>资源量：7954.98 万吨；剥采比：0.10∶$1m^3/m^3$ |
| 双峰大木冲 | 中泥盆统棋梓桥组 | 矿体沿走向长 2100m，出露宽 1000m。<br>矿体产状：倾向 140° ~ 165°，倾角 12° ~ 15°。矿床共分Ⅰ、Ⅱ、Ⅲ共三个含矿层，内有两个高镁夹层，夹层化学成分：CaO 42.18% ~ 50.85%，MgO 2.82% ~ 6.66%。<br>矿石类型：厚 ~ 巨厚层状泥晶灰岩、团块状或透镜状含白云质灰岩。<br>矿石平均化学成分：CaO 52.83%、MgO 1.09%、$SiO_2$ 1.38%、$Al_2O_3$ 0.51%、$Fe_2O_3$ 0.32%、$R_2O$ 0.14%、Loss 43.02%。<br>资源量：19585 万吨；剥采比：0.03∶$1m^3/m^3$ |

（6）石炭纪。石炭纪灰岩在我国分布较广。东北地区石炭纪灰岩主要分布在吉林省中部，如长春市双阳区的羊圈顶子矿区、磐石县的杨木顶子矿区等，其 CaO 含量一般在 54% 以上，MgO 小于 1.0%，$R_2O$ 小于 0.5%，是很好的水泥原料。黑龙江省内的石炭纪灰岩往往变质成大理岩或结晶灰岩，如牡丹江的庙岭大理岩矿床和哈尔滨的小岭大理岩矿床，厚度达 380m。

西北地区石炭纪灰岩分布较广，如新疆和静艾维尔沟、吐鲁番桃树园子及柳树沟石灰岩矿床，为生物灰岩和生物碎屑灰岩，质纯层厚。在青海省德令哈一带分布的下石炭统怀头他拉组灰岩，走向一般为北西或北西西向，矿体延伸长度非常大，矿石为泥晶 ~ 亮晶生物碎屑灰岩，CaO 含量一般大于 55% 以上，是不可多得的水泥原料，同时又是化工行业用来制碱和生产电石的优质石灰石原料，如德令哈旺尕秀石灰石矿床。

在我国中部河南省，石炭纪灰岩亦有分布。如内乡北岗石灰石矿床就赋存在下石炭统梁沟组地层中，由条带状灰岩、白灰灰岩、隐晶灰岩、含生物碎屑灰岩、含燧石条带灰岩等五种矿石类型组成，矿石品级高、质量好，矿体内无夹层，是很好的水泥原料矿床。

在我国南方诸省，石炭纪灰岩广泛分布。

下石炭统大塘阶石磴子组灰岩是广东省水泥用灰岩的重要层位，由深灰、灰黑或浅灰色灰岩及白云质灰岩组成，夹薄层泥质灰岩、钙质页岩、碳质页岩，偶含燧石结核或燧石层，如：英德长腰山矿区、花都赤泥矿区、花都青龙岗矿区、英德龙尾山矿区等均为此组灰岩。下石炭统孟公坳组灰岩在广东及广西亦有分布，如新丰旗石岗矿区、合浦盐田矿区即为此组灰岩。

中石炭统的威宁组和上石炭统的马平组灰岩在贵州和四川都有分布，如四川江油张坝沟、贵州惠水大坝石灰岩矿床等。

中石炭统黄龙灰岩及上石炭统船山灰岩在我国南部及长江中下游地区分布较广。部分矿床所见的黄龙灰岩多为灰白色、致密块状构造、厚层、性脆、质纯的石灰岩，其下部常见颜色较深的白云质灰岩或白云岩和硅质灰岩。某些矿床的船山灰岩为灰色、厚层状的致密灰岩，性脆，质纯，夹白云质条带，底部有薄层灰岩及砂页岩，顶部有时含燧石结核灰岩。广德鼻家山矿区、桐庐阆苑矿区、建德洞山矿区、富阳大同矿区、万年鹅岭矿区、英德龙头山前山矿区、南京孔山和茨山矿区等均为此组灰岩。

部分使用石炭系灰岩的水泥矿山赋矿地层及地质特征见表 2 − 7。

表2-7　部分使用石炭系灰岩的水泥矿山赋矿地层及地质特征

| 矿山名称 | 赋矿地层 | 矿床地质特征 |
|---|---|---|
| 长春羊圈顶子 | 上石炭统石嘴子组 | 矿体东西长约1000m，南北出露宽500~750m，矿体总厚度240~750m。<br>矿体产状：走向100°~120°，倾向北东，倾角20°~70°。矿体中有13条高硅夹层，化学成分：CaO一般45%~53%，$SiO_2$一般4%~16%。<br>矿石类型：中厚~巨厚层状纯质灰岩。<br>矿石平均化学成分：CaO 55.36%、MgO 0.36%、$Al_2O_3$ 0.22%、$Fe_2O_3$ 0.16%、$R_2O$ 0.03%、Loss 43.05%。<br>资源量：18094万吨；剥采比：0.13:1$m^3/m^3$ |
| 和静艾维尔沟 | 中石炭统巴音沟组 | 矿体延伸长度1660m，出露宽350m。呈一走向280°陡倾斜的对称背斜出现。矿石中的燧石及硅灰质主要为石英、玉髓，$SiO_2$一般82.83%~83.28%，CaO一般7.99%~8.64%。<br>矿石类型：块状灰岩、生物碎屑灰岩、含燧石及硅灰质灰岩、团块状灰岩、角砾状灰岩。<br>矿石平均化学成分：CaO 53.03%、MgO 0.78%、$SiO_2$ 3.67%、$Al_2O_3$ 0.38%、$Fe_2O_3$ 0.18%、$R_2O$ 0.10%。<br>资源量：15240.76万吨；剥采比：0.07:1$m^3/m^3$ |
| 英德长腰山 | 下石炭统石磴子组 | 矿体沿走向延伸长度1422m，出露宽360~600m。<br>矿体产状：倾向北西，倾角32°~73°。矿体分上、下两个矿层，夹有5个泥灰岩夹层，生产中可搭配利用。<br>矿石类型：中厚~厚层状灰岩、薄~中层状砂（泥）质灰岩。<br>矿石平均化学成分：CaO 51.38%、MgO 0.80%、$SiO_2$ 4.80%、$Al_2O_3$ 0.78%、$Fe_2O_3$ 0.35%、$R_2O$ 0.18%、Loss 41.19%。<br>资源量：30091.95万吨；剥采比：0.24:1$m^3/m^3$ |
| 新丰旗石岗 | 下石炭统孟公坳组 | 矿体沿走向长1300m，出露宽471~568m，延深270~350m。<br>矿体产状：倾向115°~135°，倾角30°~50°。矿床内只有一个矿体，4个透镜体夹层，其中两个高镁夹层（MgO含量4.71%），两个辉绿岩脉，数量极少。<br>矿石类型：中厚~厚层状灰岩、中厚~厚层状含白云质灰岩。<br>矿石平均化学成分：CaO 52.80%、MgO 1.31%、$SiO_2$ 2.24%、$Al_2O_3$ 0.50%、$Fe_2O_3$ 0.21%、$R_2O$ 0.15%、Loss 42.30%。<br>资源量：25387.2万吨；剥采比：0.006:1$m^3/m^3$ |
| 广德鼻家山 | 中石炭统黄龙组、上石炭统船山组、下二叠统栖霞组 | 矿体赋存于上石炭统黄龙组、船山组和下二叠统栖霞组下段灰岩中，矿体长2600m，宽800m。<br>矿体产状：倾向310°~342°，倾角42°~65°。矿床中有三个透镜体夹层，其中两个游离高硅夹层，一个铝土质黏土夹层。<br>矿石类型：泥晶~微晶灰岩、球粒灰岩、角砾状灰岩、粒晶灰岩。<br>矿石平均化学成分：CaO 54.18%、MgO 1.58%、$SiO_2$ 1.58%、$Al_2O_3$ 0.30%、$Fe_2O_3$ 0.22%、$R_2O$ 0.08%、Loss 42.81%。<br>资源量：6876.3万吨；剥采比：0.097:1$m^3/m^3$ |
| 富阳大同 | 中石炭统黄龙组、上石炭统船山组 | 矿体控制长800m，出露宽1200m，总厚330.5m。矿区位于向斜的中段，南东翼倾角30°~40°，北西翼倾角35°~50°。<br>矿石类型：含燧石团块微晶~泥晶灰岩、含生物碎屑内碎屑泥晶~微晶灰岩、含生物碎屑内碎屑微晶~泥晶灰岩。<br>矿石平均化学成分：CaO 54.02%、MgO 0.61%、$SiO_2$ 1.55%、$Al_2O_3$ 0.16%、$Fe_2O_3$ 0.12%、$R_2O$ 0.06%、Loss 43.10%。<br>资源量：26024万吨；剥采比：0.009:1$m^3/m^3$ |
| 万年鹅岭 | 中石炭统黄龙组 | 矿体东西长2000m，南北宽40~595m，平均厚度145m。矿床为轴向近东西、向西倾伏的不对称的向斜构造，北翼倾角为24°~27°，南翼倾角为7°~12°。内含4个粉砂岩夹层。<br>矿石类型：厚层状灰岩、薄层状灰岩。<br>矿石平均化学成分：CaO 55.06%、MgO 0.04%、$SiO_2$ 0.32%、$Al_2O_3$ 0.17%、$Fe_2O_3$ 0.07%、$R_2O$ 0.06%、Loss 43.42%。<br>资源量：9412万吨；剥采比：0.107:1$m^3/m^3$ |
| 内乡北岗 | 下石炭统梁沟组 | 矿体呈北西~南东向展布，长2600m，宽度由东向西逐渐变大，由500m变至1500m。矿体厚度自东向西逐渐变厚由50~400m。矿体无夹层和顶板围岩。<br>矿石类型：条带状灰岩、白灰岩、隐晶灰岩、含生物碎屑灰岩、含燧石条带（团块）灰岩。<br>矿石平均化学成分：CaO 53.40%、MgO 0.50%、$SiO_2$ 2.94%、$Al_2O_3$ 0.40%、$Fe_2O_3$ 0.23%、$R_2O$ 0.10%、Loss 42.04%。<br>资源量：42940万吨；剥采比：0 |

| 矿山名称 | 赋矿地层 | 矿床地质特征 |
|---|---|---|
| 惠水大坝 | 中石炭统马平组 | 矿体走向长 1603.93m，出露宽 282.39 ~ 304.18m。<br>矿体产状：倾向 274° ~ 295°，倾角 70° ~ 86°，矿区自下而上划分为下、上两个矿层，矿体内有一细砂岩夹层和三个白云岩透镜体。<br>矿石类型：厚层状泥粉晶灰岩。<br>矿石平均化学成分：CaO 54.53%、MgO 0.63%、SiO₂ 1.04%、Al₂O₃ 0.18%、Fe₂O₃ 0.09%、R₂O 0.04%、Loss 42.84%。<br>资源量：8002 万吨；剥采比：0.239:1m³/m³ |
| 洋县大岭梁 | 下石炭统 | 矿体东西长 1460m，南北宽 460 ~ 700m。矿体中有一条稳定的低钙高镁夹层，CaO 44.03%，MgO 6.64%。<br>矿石类型：中 ~ 厚层灰岩和薄 ~ 中厚层灰岩。<br>矿石平均化学成分：CaO 50.62%、MgO 0.99%、SiO₂ 3.92%、Al₂O₃ 1.27%、Fe₂O₃ 0.46%、R₂O 0.43%、Loss 41.80%。<br>资源量：17158.8 万吨；剥采比：0.018:1m³/m³ |
| 田阳陇邦 | 石炭系未分上统（C₃）、下二叠系栖霞组 | 矿体长 340 ~ 750m，宽 90 ~ 695m。<br>矿体产状：倾向 0° ~ 33°，倾角 22° ~ 30°。矿体中仅发现一厚 3.9m 白云质灰岩透镜体夹层，CaO 49.93%，MgO 5.25%，因数量少不需要剔除。<br>矿石类型：厚层状粉晶灰岩。<br>矿石平均化学成分：CaO 55.08%、MgO 0.46%、SiO₂ 0.23%、Al₂O₃ 0.09%、Fe₂O₃ 0.05%、R₂O 0.06%、Loss 43.46%。<br>资源量：7857.45 万吨；剥采比：0 |

（7）二叠纪。二叠纪灰岩主要分布在我国南方诸省，在西北亦有分布，东北地区的二叠纪灰岩基本变质成大理岩。

某些矿床的栖霞组灰岩多为深灰、黑色厚层块状灰岩，富含燧石结核，下部富含沥青质（有臭灰岩之称），底部常夹硅质灰岩、砂页岩、燧石层、碳质页岩等。在含燧石较少的地区，栖霞灰岩是一种好的水泥原料。如：南京牛头山矿区和茨山矿区、陕西南郑上梁山矿区、都江堰大尖包矿区等均为该组灰岩。

上二叠统沉积灰岩在我国西南和长江中下游一带统称长兴灰岩。云南等地小型水泥厂开采利用的长兴灰岩多为灰黑色块状灰岩，常含有燧石结核、夹泥质灰岩，一般泥质较高。

下二叠统茅口组灰岩在四川、湖北、陕西等省均有分布，岩性呈浅灰，灰、深灰或黑灰色中 ~ 厚层状灰岩、生物碎屑灰岩，有时夹泥质灰岩和白云质灰岩，中、下部含燧石结核，底部为钙质泥岩、泥灰岩及泥质灰岩，常与栖霞组灰岩一起出露，部分矿山栖霞组、茅口组往往不分。峨眉黄山矿区、都江堰大尖包矿区、昆明观音山矿区、陕西南郑上梁山矿区、京山麒麟观矿区、河池马鞍山矿区等均为此组灰岩。

部分使用二叠系灰岩的水泥矿山赋矿地层及地质特征见表 2 – 8。

**表 2 – 8 部分使用二叠系灰岩的水泥矿山赋矿地层及地质特征**

| 矿山名称 | 赋矿地层 | 矿床地质特征 |
|---|---|---|
| 昌江燕窝岭 | 下二叠统鹅顶组 | 矿体东西长 950m，南北宽约 650 ~ 900m，延深大于 600m。总体走向北西 ~ 南东，倾向北东，倾角 30° ~ 50°。矿床共有 8 个低钙高硅夹层，化学成分 CaO 34.61% ~ 47.51%，SiO₂ 12.46% ~ 22.17%。<br>矿石类型：中厚层状灰岩、中 ~ 厚层状含燧石团块灰岩、薄 ~ 中厚层含泥炭质灰岩。<br>矿石平均化学成分：CaO 51.48%、MgO 0.93%、SiO₂ 3.36%、Al₂O₃ 0.40%、Fe₂O₃ 0.27%、R₂O 0.26%、Loss 43.10%。<br>资源量：27410.27 万吨；剥采比：0.10:1m³/m³ |
| 上栗东源 | 上二叠统长兴组 | 矿体延伸长度 2300m，出露宽 131 ~ 152m。矿区有高硅夹石 11 条，高镁夹石 5 条，高镁高硅夹石 2 条。<br>矿石类型：含硅质团块微晶生物灰岩。<br>矿石平均化学成分：CaO 53.36%、MgO 1.24%、SiO₂ 1.43%、Al₂O₃ 0.10%、Fe₂O₃ 0.08%、R₂O 0.03%、Loss 43.11%。<br>资源量：2808.51 万吨；剥采比：0.45:1m³/m³ |

| 矿山名称 | 赋矿地层 | 矿床地质特征 |
|---|---|---|
| 漳县苟家寨 | 二叠系下统 | 矿体东西长大于1000m，南北宽1000m，厚度196～493m。<br>矿体产状：倾向30°～40°，倾角70°～80°。矿区共圈定5条小夹层。<br>矿石类型：厚层～块状泥晶灰岩、厚层～块状泥质灰岩。<br>矿石平均化学成分：CaO 51.50%、MgO 0.55%、$SiO_2$ 1.61%、$Al_2O_3$ 0.13%、$Fe_2O_3$ 0.39%、$R_2O$ 0.014%、Loss 43.33%。<br>资源量：3955.47万吨；剥采比：0.073∶$m^3/m^3$ |
| 都江堰大尖包 | 下二叠统栖霞组、茅口组 | 矿体为一飞来峰构造岩体，控制长大于1500m，出露宽大于340m，平均厚388.64m。矿床有一个连续灰质白云岩夹层，为矿区标志层，平均厚10.73m。<br>化学成分：CaO 32.22%～52.11%，MgO 2.94%～19.74%；另有22个透镜体夹石。<br>矿石类型：厚～巨厚层状粉晶及含生物泥粉晶灰岩。<br>矿石平均化学成分：CaO 54.11%、MgO 0.84%、$SiO_2$ 0.68%、$Al_2O_3$ 0.22%、$Fe_2O_3$ 0.18%、$R_2O$ 0.054%、Loss 43.28%。<br>资源量：33943.62万吨；剥采比：0.047∶$m^3/m^3$ |
| 南郑上梁山 | 下二叠统栖霞茅口组 | 矿体南北控制长1200m，东西宽580m，平均厚度198m。<br>矿体产状：倾向180°～250°，倾角20°～50°。矿床有6个矿层、5个夹层，矿层与夹层相间产出。矿体内有燧石质夹层4条，硅质及白云质夹层各一条。<br>矿石类型：含生物碎屑砂屑亮晶泥晶灰岩、鲕粒亮晶泥晶灰岩、鲕粒泥晶及白云岩化灰岩。<br>矿石平均化学成分：CaO 54.62%、MgO 0.54%、$SiO_2$ 0.70%、$Al_2O_3$ 0.13%、$Fe_2O_3$ 0.11%、$R_2O$ 0.06%、Loss 43.17%。<br>资源量：9687万吨；剥采比：0.33∶$m^3/m^3$ |
| 京山麒麟观 | 下二叠统茅口组 | 矿体沿走向长度大于1800m，平均厚94.01m。<br>矿体产状：倾向98°～130°，倾角42°～82°。矿体中部有一夹层，岩性为微薄层黑色炭质灰岩，长150m，最宽50m。<br>矿石类型：厚～巨厚层状生物屑、砂屑、粒屑亮晶灰岩。<br>矿石平均化学成分：CaO 54.61%、MgO 0.35%、$SiO_2$ 0.27%、$Al_2O_3$ 0.12%、$Fe_2O_3$ 0.13%、$R_2O$ 0.04%、Loss 43.53%。<br>资源量：3609.99万吨；剥采比：0.164∶$m^3/m^3$ |
| 河池马鞍山 | 下二叠统茅口组 | 矿体长670m，宽410m，厚224m。<br>矿体产状：倾向135°～155°，倾角14°～18°。矿床局部夹有不连续薄层白云质灰岩透镜体16个，厚度1.1～4.0m，大于2.0m的夹层有5个，化学成分CaO 40.92%～52.38%，MgO 3.02%～12.95%。<br>矿石类型：厚层状泥晶、粉晶生物碎屑灰岩灰岩。<br>矿石平均化学成分：CaO 54.73%、MgO 0.97%、$SiO_2$ 0.08%、$Al_2O_3$ 0.05%、$Fe_2O_3$ 0.03%、$R_2O$ 0.11%、Loss 43.95%。<br>资源量：5795万吨；剥采比：0.0027∶$m^3/m^3$ |

（8）三叠纪。我国北方地区成为陆地，南方地区仍为大海。早三叠纪在长江下游的江苏、安徽及浙江一带的灰岩属于下三叠统青龙群，曾经被称为青龙灰岩，现在青龙群自下而上被划分为殷坑组、和龙山组、南陵湖组、东马鞍山组。南陵湖组灰岩是安徽省的最重要的水泥用灰岩赋矿层位，其下部为紫红、灰绿色中薄层瘤状灰岩夹钙质页岩、青灰色中薄层微晶灰岩，上部为青灰色薄至中厚层蠕虫状柔皱灰岩，为浅海相沉积，CaO含量一般在52%以上，MgO小于1.0%，$R_2O$小于0.5%，矿层内的夹层基本可以搭配利用，绝大多数属于大型矿床。正在开采的长兴凉帽山灰岩矿、芜湖白马山灰岩矿、铜陵伞形山救山灰岩矿、枞阳海螺灰岩矿、狄港小岭山灰岩矿、广德牛头山灰岩矿、池州北山灰岩矿等均为此组灰岩。

下三叠统大冶组灰岩在湖北、江西、湖南、贵州等地分布较多，是湖北省最主要的水泥用灰岩赋矿层位。岩性为薄层灰岩夹页岩，分为下、中、上三部分，下部为黄、灰黄、黄绿色页岩及钙质页岩夹薄层泥灰岩，中部为浅灰、青灰色薄层灰岩夹页岩，上部为青灰、灰白色厚层灰岩，大冶组灰岩中的泥灰岩通常可以搭配利用。贵州龙里岩后灰岩矿、贵阳屯上灰岩矿、瑞昌黄婆岩灰岩矿、黄石黄金山灰岩矿、武穴圆椅山灰岩矿、武穴莲花心和朱家垴灰岩矿、大冶金山灰岩矿等均为大冶组灰岩。

中三叠纪的嘉陵江灰岩在四川比较发育，以灰白色薄层灰岩为主，夹泥质灰岩、白云质灰岩及页岩等。重庆及川北的水泥厂用它做原料，如重庆付家大坡与马鞍坡矿区石灰石就赋存在此组地层中。

部分使用三叠系灰岩的水泥矿山赋矿地层及地质特征见表2-9。

表2-9 部分使用三叠系灰岩的水泥矿山赋矿地层及地质特征

| 矿山名称 | 赋矿地层 | 矿床地质特征 |
|---|---|---|
| 遵义三岔 | 下三叠统夜郎组 | 矿体沿走向延伸长2000m，出露宽90～415m，平均厚94.11m。<br>矿体产状：倾向321°～325°，倾角16°～18°。矿层中仅有一个形态为直径14～18m的云质灰岩透镜体夹石，其MgO含量为3.19～7.09%。<br>矿石类型：厚层块状泥粉晶灰岩和中厚层状泥晶生物碎屑灰岩。<br>矿石平均化学成分：CaO 53.66%、MgO 1.05%、$SiO_2$ 1.16%、$Al_2O_3$ 0.48%、$Fe_2O_3$ 0.21%、$R_2O$ 0.17%、Loss 42.85%。<br>资源量：7864.39万吨；剥采比：0.061:$1m^3/m^3$ |
| 溧阳芝山 | 下三叠统下青龙组 | 矿体沿走向长2100m，出露宽200～1300m，厚度44.12～599.35m。<br>矿体产状：总体走向30°，倾向北西，一般倾角25°～45°。矿体内见有16个厚度较小的透镜状夹层，按化学组分分为粗安岩夹层、页岩夹层、高镁夹层、泥灰岩夹层四类。<br>矿石类型：薄层灰岩、中厚层灰岩、角砾状灰岩。<br>矿石平均化学成分：CaO 52.10%、MgO 0.57%、$SiO_2$ 3.01%、$Al_2O_3$ 1.06%、$Fe_2O_3$ 0.52%、$R_2O$ 0.20%、Loss 41.88%。<br>资源量：11412.92万吨；剥采比：0.012:$1m^3/m^3$ |
| 永定西坑 | 下三叠统溪口组 | 矿床由下至上共分8个矿层，矿层总体走向北西西至近南北，倾向东，倾角20°～35°，含矿层总厚度230m。矿床有6个钙质细粉砂岩非矿岩层，CaO 36.02%～43.38%、$SiO_2$ 12.9%～22.92%。Ⅶ、Ⅷ号矿体各有3个高硅夹层，CaO 45.07%～47.24%、$SiO_2$ 6.28%～12.08%。<br>矿石类型：亮晶鲕粒灰岩、泥（微）晶石灰岩灰岩。<br>矿石平均化学成分：CaO 52.08%、MgO 0.75%、$SiO_2$ 2.52%、$Al_2O_3$ 0.98%、$Fe_2O_3$ 0.49%、$R_2O$ 0.20%、Loss 42.65%。<br>资源量：7341.91万吨；剥采比：0.268:$1m^3/m^3$ |
| 重庆付家大坡、马鞍坡 | 下三叠统嘉陵江组 | 矿体沿走向出露长1212m，宽大于800m。根据化学成分，Ⅱ级品矿石居多。矿体中夹石极少，主要为灰质白云岩和泥灰岩。<br>矿石类型：微晶灰岩、生物碎屑砂屑灰岩、含砾屑砂屑灰岩。<br>矿石平均化学成分：CaO 51.73%、MgO 0.99%、$SiO_2$ 4.28%、$Al_2O_3$ 1.26%、$Fe_2O_3$ 0.73%、$R_2O$ 0.64%、Loss 40.76%。<br>资源量：11857.5万吨；剥采比：0 |
| 大冶金山 | 下三叠统大冶组 | 矿体总体呈北西—南东走向，延伸长度大于3000m，出露宽350～480m，平均厚367m。矿体为一单斜构造，倾向南偏西，倾角58°～76°。<br>矿石类型：粉晶～细晶灰岩、粉晶～细晶含白云质灰岩、粉晶～微晶灰岩、灰岩角砾岩。<br>矿石平均化学成分：CaO 48.85%、MgO 0.86%、$SiO_2$ 6.87%、$Al_2O_3$ 1.81%、$Fe_2O_3$ 1.01%、$R_2O$ 0.34%、Loss 39.43%。<br>资源量：13923万吨；剥采比：0.08:$1m^3/m^3$ |
| 铜陵伞形山 | 下三叠统南陵湖组 | 矿床分敉山和伞形山两个矿段，两山在标高160m处连成整体。矿体沿走向长3500m，宽1000～1500m。南陵湖组灰岩从下至上共分10层，其中$T_1n^1$、$T_1n^2$、$T_1n^4$、$T_1n^6$、$T_1n^8$、$T_1n^{10}$为矿层，$T_1n^3$、$T_1n^5$、$T_1n^7$、$T_1n^9$为夹层。夹层岩性主要为泥质灰岩和泥质条带状灰岩，化学成分CaO一般44.79%～47.21%，$R_2O$一般0.49%～1.08%。<br>矿石类型：泥晶灰岩、泥～微晶灰岩，塑性砾屑灰岩，似瘤状灰岩。<br>矿石平均化学成分：CaO 52.00%、MgO 0.90%、$SiO_2$ 3.13%、$Al_2O_3$ 0.77%、$Fe_2O_3$ 0.39%、$R_2O$ 0.43%、Loss 41.84%。<br>资源量：76945.7万吨；剥采比：伞形山0.08:$1m^3/m^3$，敉山0.16:$1m^3/m^3$ |
| 池州北山 | 三叠系下统南陵湖组、中统东马鞍山组 | 矿体东西长1482m，南北宽778～1528m，平均宽1174m，属特大型矿床。<br>矿区总体上由一个向斜和一个背斜组成，北部为向斜，南部为背斜。矿区内夹石体共11个，分高镁夹石和低钙夹石两种。高镁夹石CaO平均46.10%，MgO平均7.09%。低钙夹石CaO平均39.76%，MgO平均2.32%。<br>矿石类型：泥晶灰岩、角砾状灰岩。<br>矿石平均化学成分：CaO 52.98%、MgO 0.59%、$SiO_2$ 2.59%、$Al_2O_3$ 0.63%、$Fe_2O_3$ 0.36%、$R_2O$ 0.20%、Loss 42.40%。<br>资源量：35702.9万吨；剥采比：0.007:$1m^3/m^3$ |

（9）侏罗纪、白垩纪。三叠纪末，海水基本退出了我国大陆，除喜马拉雅地区和闽粤沿海一带有一些海相沉积外，其他地区基本上都是陆相沉积。内陆湖相沉积的灰岩分布不广，规模也不大。如四川达县申家山矿床，赋存于侏罗纪中、下统自流井组地层中，矿层为浅灰、灰、深灰色中至薄层状灰岩，结晶灰岩，介壳灰岩，包括夹层在内的厚度为60.75m。

白垩纪在我国尚未有发现石灰岩的沉积。

（10）第三纪、第四纪。第三纪、第四纪的石灰岩在我国台湾省广泛分布，为海相沉积，厚度大，质量好，矿床储量大。如台湾省的宜兰西帽山、花莲三线溪、新竹赤山、台南关子岭等石灰石矿，CaO含量为52.1%~54.9%，MgO为0.29%~1.56%，都是非常好的水泥原料矿山。在大陆地区，这一时期沉积的水泥灰岩非常稀少。

### （二）其他石灰质原料

#### 1. 泥灰岩

泥灰岩是介于黏土岩与石灰岩之间的过渡类型沉积岩，主要由方解石和黏土质矿物组成，其中方解石含量50%~75%，黏土矿物含量10%~25%，其次有少量或微量石英、有机质成分。粒度一般在0.1mm以下，呈微晶或泥晶结构，块状构造。颜色呈灰黑色、浅灰色，断口参差不一，硬度3左右，密度一般小于石灰岩，大多数在2.4~2.5t/m$^3$之间，易破碎。通常含CaO 35%~45%、SiO$_2$ 10%~20%，不溶于水。

泥灰岩常分布在石灰岩与黏土岩之间的过渡地带，多为石灰岩中的夹层。在我国北方多分布于寒武纪、奥陶纪灰岩中，在南方则多分布于三叠纪和石炭纪灰岩中。为了充分利用矿产资源和减少矿山剥离成本，设计中通常会考虑将泥灰岩与优质灰岩搭配利用。黄石黄金山、大冶金山、武穴大塘和莲花心、英德长腰山、英德龙头山、花都赤泥矿区、大同七峰山、北京周口店、铜陵伞形山等石灰石矿床均将泥灰岩进行了搭配利用。

部分水泥矿山泥灰岩赋矿地层及化学组分见表2-10。

**表2-10　部分水泥矿山泥灰岩赋矿地层及平均化学组分**　　　　　　　　（%）

| 矿山名称 | 赋矿地层 | 地层代号 | 化 学 组 分 | | | | | | 备注 |
|---|---|---|---|---|---|---|---|---|---|
| | | | CaO | MgO | SiO$_2$ | Al$_2$O$_3$ | Fe$_2$O$_3$ | Loss | |
| 大冶金山 | 下三叠统大冶组 | T$_1$d$^3$ | 45.33 | 0.77 | 10.76 | 2.94 | 1.59 | 36.98 | 东矿段 |
| | | | 46.29 | 0.69 | 9.93 | 2.69 | 1.38 | 37.65 | 西矿段 |
| 武穴莲花心 | 下三叠统大冶组 | T$_1$d$^{1-1}$ | 44.28 | 1.00 | 12.95 | 3.26 | 1.38 | 35.98 | |
| 英德长腰山 | 下石炭统石磴子组 | C$_1$sh$^7$ | 42.14 | 0.64 | 15.63 | — | | | |
| 英德龙头山 | 下石炭统石磴子组 | C$_1$sh$^3$ | 42.40 | 1.12 | 14.00 | 5.29 | 1.57 | 34.56 | |
| 大同七峰山 | 中寒武统张夏组 | ∈$_2$z | 44.36 | 2.44 | 10.92 | 3.06 | 1.72 | 37.46 | |
| 北京周口店 | 中奥陶统周口店组 | O$_2$zh | 44.44 | 1.44 | 11.90 | 3.94 | 1.16 | 35.70 | |

#### 2. 大理岩

大理岩是一种变质岩，又称大理石，因在我国云南省大理县盛产这种岩石而得名，由碳酸盐类岩石经接触变质或区域变质作用而成。水泥用大理岩主要由方解石颗粒组成，粗晶粒状结构，块状构造。颜色多呈灰色、灰白色，但也因含有各种杂质而呈现各种色彩。

大理岩的物理化学性能与石灰岩相近。通常情况下，密度略高于石灰岩，抗压强度则略低于石灰岩，纯度略高于石灰岩，易烧性也比石灰岩差一些。

我国大理岩分布甚广，许多大理岩被用作建筑石材，也有很多被用来烧制水泥。黑龙江省采用大理岩作为石灰质原料烧制水泥的矿山较多，甘肃、西藏、安徽、陕西、新疆、福建、山东、内蒙古、河南等地也有利用大理岩烧制水泥的。黑龙江宾州孙家窑、阿城新明、嫩江关鸟河、桦南老秃子、拉萨加木沟、甘肃白银榆树沟、安徽怀宁马子山、陕西蓝田大茂嘴、新疆和静热乎等大理岩矿床均被用作水泥厂的石灰质原料矿山。

部分水泥矿山大理岩矿赋矿地层及地质特征见表 2 – 11。

表 2 – 11　部分水泥矿山大理岩矿赋矿地层及地质特征

| 矿山名称 | 赋矿地层 | 矿床地质特征 |
|---|---|---|
| 白银榆树沟 | 中寒武统第三岩组 | 矿体沿走向出露长度1200m，最大宽度为400m。矿体总体走向50°左右，倾向北西，倾角多为50°。矿区内大理岩的白云岩化作用较为明显，仅地表就有大小不等的白云岩团块49个。<br>矿石类型：青灰白色、灰白色中厚层状大理岩和青灰白色薄层状大理岩。<br>矿石平均化学成分：CaO 53.80%、MgO 0.41%、SiO₂ 1.90%、Al₂O₃ 0.63%、Fe₂O₃ 0.41%、R₂O 0.12%、Loss 42.49%。<br>资源量：3024.27 万吨；剥采比：0.019∶1m³/m³ |
| 拉萨加木沟 | 上侏罗统多底沟组 | 矿体沿走向延伸约2km，平均厚度约280m，矿体走向近东西，倾向南，倾角70°～85°矿区内夹石主要呈岩株和岩脉侵位、穿插于大理岩矿体中。岩株有两个，岩性为二长花岗斑岩。脉岩22条，其中花岗细晶岩脉17条、斑岩脉2条、花岗岩脉3条。<br>矿石类型：大理岩化灰岩和大理岩。<br>矿石平均化学成分：CaO 54.84%、MgO 0.32%、SiO₂ 0.93%、Al₂O₃ 0.30%、Fe₂O₃ 0.24%、R₂O 0.06%、Loss 42.95%。<br>资源量：22341.02 万吨；剥采比：0.144∶1m³/m³ |
| 宾州孙家窑 | 下二叠统土门岭组 | 矿床分Ⅰ、Ⅱ、Ⅲ、Ⅳ共四个矿体。Ⅰ号矿体沿走向长为840m，宽187～383m；Ⅱ号矿体沿走向长为450m，宽240～258m；Ⅲ号矿体沿走向长为340m，宽174～193m；Ⅳ号矿体沿走向长为468m，控制宽度79～234m。各矿体脉夹石不发育。<br>矿石类型：灰白色、白色块状～厚层状大理岩。<br>矿石平均化学成分：CaO 53.35%、MgO 0.24%、SiO₂ 2.67%、Al₂O₃ 0.61%、Fe₂O₃ 0.27%、R₂O 0.23%、Loss 41.41%。<br>资源量：12806.23 万吨；剥采比：0.27∶1m³/m³ |
| 阿城新明 | 下二叠统玉泉组 | 矿体走向长1400m，倾向宽340m左右，矿体总厚度277.5m。<br>矿体产状：倾向南东130°，倾角55°～70°。<br>矿石类型：灰白、乳白色大理岩。<br>矿石平均化学成分：CaO 51.36%～55.63%、MgO 0.05%～1.63%、SiO₂ 1.00%、Al₂O₃ 0.29%、Fe₂O₃ 0.19%、Loss 42.52%。<br>资源量：9874.89 万吨；剥采比：0.15∶1m³/m³ |
| 怀宁马子山 | 下三叠统南陵湖组 | 矿体沿走向延伸长1762m，倾向宽400～650m，矿体厚度606m。<br>矿体产状：倾向北北西，倾角30°～60°。<br>矿石类型：中厚层大理岩、薄层大理岩、条带状大理岩、瘤状大理岩。<br>矿石平均化学成分：CaO 51.94%、MgO 0.60%、R₂O 0.23%。<br>资源量：12274.0 万吨；剥采比：0.05∶1m³/m³ |

### 3. 白垩

白垩是一种海相及湖相生物化学沉积岩，富含生物化石，主要由方解石组成，常呈黄白色、乳白色，有时因风化及含有杂质而呈浅黄褐色、浅褐红色等。质地松软，体重较小，隐晶结构，容易开采和粉碎，是一种较好的水泥用石灰质原料。在河南新乡、陕西周至、安徽濉溪等地，白垩被用作一些小型水泥厂的石灰质原料。

### 4. 贝壳、珊瑚

贝壳、珊瑚等主要分布在沿海诸省，如河北、山东、浙江、福建、广东、海南等地均有产出，主要成分为比较纯的生物碳酸钙，含杂质很少，但采掘贝壳和蛎壳时往往夹有大量的泥质和细砂等，需经冲洗后才能利用，但水分较高，有时可达16%左右。钙质珊瑚石主要分布在海南岛、台湾省及东沙、西沙、中沙和南沙群岛。目前，仅有个别小型水泥厂利用贝壳、珊瑚石来生产水泥。

部分水泥矿山泥灰岩赋矿地层及平均化学组分见表 2 – 12。

表2－12　部分水泥矿山泥灰岩赋矿地层及平均化学组分　（％）

| 名　称 | Loss | CaO | MgO | $SiO_2$ | $Al_2O_3$ | $Fe_2O_3$ | 合计 | 硅酸率 |
|---|---|---|---|---|---|---|---|---|
| 白　垩 | 39.80 | 49.00 | 1.40 | 6.60 | 1.80 | 0.80 | 99.40 | 2.54 |
|  | 36.37 | 45.84 | 0.81 | 12.22 | 3.26 | 1.40 | 99.90 | 2.64 |
| 蛎　壳 | 43.36 | 52.62 | 0.54 | 2.08 | 0.71 | 0.26 | 99.57 | 2.14 |
| 钙质珊瑚石 | — | 52.34 | 0.42 | 1.62 | 0.11 | 0.73 | — | 1.93 |
| 珊瑚礁 | 42.50 | 54.81 | 0.42 | 0.56 | 0.22 | 0.96 | 99.50 | 0.47 |

## 二、黏土质原料

我国水泥工业采用的天然黏土质原料种类较多，有黄土、黏土、页岩、泥岩、粉砂岩及河泥等。为尽量不占用农田，近几年新建的水泥熟料生产线采用黄土和黏土作为黏土质原料进行配料的越来越少，越来越多的水泥厂采用页岩、粉砂岩及河泥进行配料，部分水泥厂采用赤泥、粉煤灰、煤矸石、硫酸渣进行原料配料，水泥生产企业不予农征地已成为一种广泛的共识。

### （一）黄土类

黄土类包括黄土和黄土状亚黏土。原生的黄土以风积为主，一般多形成于第四系更新统，主要分布于华北、西北及黄河中下游地区。黄土状亚黏土为次生，以冲积成因为主，亦有坡积、洪积、冲洪积、淤积等成因，一般形成于第四系全新统。黄土的特点是：

（1）黄土中的矿物主要是石英，其次为长石、白云母、方解石、石膏等。黄土中的黏土矿物以伊利石为主，蒙脱石及拜来石等为辅。

（2）黄土颜色呈淡黄色，化学成分一般为：$SiO_2$ 含量为50%～70%，$Al_2O_3$ 含量为10%～15%，$Fe_2O_3$ 含量为4%～6%，CaO含量为5%～20%，MgO含量为2%～3%，$K_2O+Na_2O$ 含量为3.5%～4.5%。

（3）黄土硅酸率较高，一般为3.0～4.0，铝氧率一般在2.3～2.8之间。

（4）黄土的塑性指数较低，一般为10～12；黄土状亚黏土的塑性指数一般大于12。

（5）黄土水分较低，常在6%～17%之间。颗粒分析表明，黄土中粗粉砂（0.05～0.01mm）级颗粒一般占25%～50%，黏粒级（小于0.005mm）占20%～40%。

（6）黄土密度介于2.6～2.7t/m³ 之间，体重为1.4～2.0t/m³。

黄土赋存条件较好，厚度大而稳定，质量变化小，利于开采；缺点是若过分开采黄土，必然会占用大量的耕地，破坏植被，对生态环境保护非常不利，这也是越来越多的水泥生产企业不采用黄土进行配料的主要原因。

### （二）黏土类

黏土类的主要特征是颗粒级配中黏粒级占大多数，达40%～70%，包括华北、西北地区的第三系红土、东北地区的黏土、南方地区的红壤、黄壤等均属于黏土类。第三系黄壤中的主要矿物为长石、方解石、白云母等，主要黏土矿物为伊利石和高岭石。红土的化学组成中 $SiO_2$ 含量较低，$Al_2O_3$、$Fe_2O_3$ 含量较高，硅酸率一般小于2.9，塑性指数为18～27。

东北地区的黏土形成于第四系，以冲积成因为主，少量为坡积和淤积成因，颜色呈灰色或灰黄色。主要矿物以石英为主，其次为长石、方解石、云母等；主要黏土矿物为水云母和蒙脱石。黏粒级约占40%～50%左右，塑性指数在17～20之间。黏土中含水量较高，一般在15%～20%，雨季时可达25%左右，黏性大，冬季时还容易结冻。黏土化学成分：$SiO_2$ 含量为60%～70%，$Al_2O_3$ 含量为13%～20%，$Fe_2O_3$ 含量为5%～6.5%，CaO含量为1.2%～3.0%，MgO含量小于2%，$K_2O+Na_2O$ 含量一般为3.5%～5.0%。硅酸率一般为2.7～3.1，铝氧率一般为2.6～2.9。矿床一般较大，有一定厚度，质量稳定。

南方地区的红壤、黏土、黄壤主要形成于第四系更新统，以冲积、坡积、残积成因为主。主要矿物为石英、长石、赤铁矿等，主要黏土矿物为高岭石，其次为伊利石、叙永石、三水铝石等。黏粒级约占 40% ~70%，含水分较高，塑性指数也较高，塑性指数一般为 20 ~25。一般化学成分为：$SiO_2$ 50% ~78%，$Al_2O_3$ 11% ~20%，$Fe_2O_3$ 6.0% ~8.0%，CaO 1.0% ~2.0%，MgO 小于 1%，$K_2O+Na_2O$ 2.0% ~4.0%。硅酸率一般为 2.7 ~3.1，南部硅酸率偏低，配料时往往需要加入硅质校正原料。南方地区的黏土矿床往往比较分散，厚度和质量变化也较大，加上南方地区降水量大，降水时间长，黏土的黏性大，矿山开采管理难度较大。

### （三）页岩、泥岩、粉砂岩类

页岩、泥岩、粉砂岩是沉积岩中分布较为广泛的一种岩石，其成因有海相沉积、陆相沉积，也有海陆交互相沉积，在我国很多地质时代和地区均有分布和出露。页岩一般形成于寒武系、志留系和三叠系，泥岩和粉砂岩则多形成于侏罗系、白垩系、第三系和第四系。由于所含矿物不同，其颜色也多不相同，一般为灰黄、灰褐、灰绿、黑色及紫红色等。主要矿物为石英、长石、云母、方解石及其他岩石碎屑。此类岩石一般比黏土硬，原岩抗压强度在 9.8 ~60MPa 之间，风化后抗压强度一般小于 10MPa。湿度一般小于 10%，多在 3% ~5% 之间；体重一般为 2.1 ~2.5t/$m^3$；化学成分一般为：$SiO_2$ 50% ~67%，$Al_2O_3$ 15% ~21%，$Fe_2O_3$ 5% ~8%，CaO 1% ~15%，MgO 0.5% ~3.5%，$K_2O+Na_2O$ 2.0% ~4.0%。硅酸率：页岩较低，一般为 2.1 ~2.8，粉砂岩一般大于 3，铝氧率为 2.4 ~3。

### （四）河泥、湖泥等

靠近江河湖泊的水泥厂可利用河底、湖底淤泥作为黏土质原料，尤其是一些城市周边的水泥厂可以利用城市污泥作为黏土质原料。这一类原料一般储量大，并不断自行补充，化学组成稳定，颗粒级配均匀，生产成本低，且不占农田，尤其是处理城市污泥，对城市生态环境保护大有益处。

部分黏土质原料的化学成分和塑性指数见表 2 – 13。

表 2 – 13　部分黏土质原料的化学成分和塑性指数

| 产　地 | 类　别 | 平均化学组分/% | | | | | | | | 塑性指数 |
|---|---|---|---|---|---|---|---|---|---|---|
| | | Loss | $SiO_2$ | $Al_2O_3$ | $Fe_2O_3$ | CaO | MgO | $R_2O$ | SM | |
| 北　京 | 黄　土 | 4.55 | 67.54 | 13.99 | 5.25 | 3.71 | 1.67 | 5.18 | 3.51 | 13 |
| 甘　肃 | 黄　土 | 9.58 | 57.23 | 11.34 | 4.75 | 9.35 | 3.21 | 3.94 | 3.40 | 12 |
| 河　南 | 黄　土 | 8.17 | 61.82 | 12.64 | 4.98 | 7.02 | 1.80 | 3.64 | 3.45 | 13 |
| 甘　肃 | 红　土 | 9.56 | 56.10 | 15.64 | 6.12 | 4.15 | 2.40 | 3.60 | 2.55 | 19 |
| 青　海 | 红　土 | 10.96 | 52.74 | 15.08 | 5.93 | 9.05 | 2.91 | 2.84 | 2.54 | 18 |
| 河　北 | 红　土 | 8.72 | 53.83 | 25.46 | 5.32 | 2.54 | 1.72 | 2.09 | 1.75 | 25 |
| 黑龙江 | 黏　土 | 6.32 | 63.52 | 17.76 | 5.96 | 2.13 | 1.73 | 2.86 | 2.68 | 19 |
| 辽　宁 | 黏　土 | 4.93 | 65.22 | 17.19 | 5.83 | 1.65 | 1.62 | 2.96 | 2.81 | 18 |
| 江　苏 | 黏　土 | 5.70 | 67.38 | 15.77 | 4.87 | 1.77 | 1.75 | 2.04 | 3.31 | 16 |
| 海　南 | 黏　土 | 2.65 | 60.19 | 18.54 | 7.45 | 0.14 | 1.58 | 3.26 | 2.54 | 21 |
| 安　徽 | 黏　土 | 8.06 | 65.93 | 14.45 | 5.93 | 0.66 | 1.05 | 2.87 | 3.24 | — |
| 广　西 | 页　岩 | 7.49 | 60.76 | 18.63 | 8.20 | 0.40 | 1.32 | 3.73 | 2.30 | 18 |
| 贵　州 | 页　岩 | 14.00 | 41.36 | 15.18 | 9.20 | 15.00 | 3.55 | 1.78 | 1.70 | — |
| 广　东 | 砂页岩 | 2.87 | 74.7 | 12.70 | 5.44 | 0.19 | 0.64 | 3.25 | 2.68 | — |
| 安　徽 | 砂页岩 | 6.35 | 63.05 | 15.23 | 7.59 | 2.24 | 1.09 | 2.62 | 2.76 | — |
| 安　徽 | 粉砂岩 | 6.47 | 69.67 | 13.97 | 6.64 | — | — | 2.06 | 3.40 | — |

| 产　地 | 类　别 | 平均化学组分/% | | | | | | | | 塑性指数 |
|---|---|---|---|---|---|---|---|---|---|---|
| | | Loss | SiO$_2$ | Al$_2$O$_3$ | Fe$_2$O$_3$ | CaO | MgO | R$_2$O | SM | |
| 福　建 | 粉砂岩 | 5.53 | 65.29 | 16.60 | 7.52 | 0.08 | 0.27 | 2.92 | — | — |
| 云　南 | 粉砂岩 | 17.21 | 47.64 | 8.49 | 4.14 | 16.77 | 3.31 | 1.61 | 3.77 | — |
| 安　徽 | 湖泥 | 7.27 | 63.60 | 12.43 | 5.33 | 5.11 | 2.28 | 3.64 | 3.58 | 12 |
| 上　海 | 湖泥 | 8.19 | 63.22 | 12.82 | 6.35 | 4.76 | 2.41 | 2.07 | 3.30 | 13 |
| 江　苏 | 河泥 | 5.70 | 71.74 | 13.44 | 5.18 | 1.86 | 0.82 | — | 3.85 | |
| 浙　江 | 河泥 | 5.79 | 70.60 | 11.22 | 4.24 | 3.22 | 1.42 | — | 4.57 | |

除上述天然黏土质原料外，赤泥、煤矸石、粉煤灰、炉渣等工业废料也被广泛地用作黏土质原料使用。

## 三、硅质原料

当采用硅酸率较低的黏土质原料或石灰质原料中硅酸率较低时，需用硅质校正原料。一般采用较多的是砂岩，个别厂采用河沙。砂岩是源区岩石经风化、剥蚀、搬运在盆地中堆积形成，按其沉积环境可划分为石英砂岩、长石砂岩和岩屑砂岩三大类。砂岩的胶结物主要有黏土质、石灰质和铁质等。作为硅质校正原料时一般选用的 SiO$_2$ 含量为 75% ~90%。长石砂岩和泥质砂岩含碱量一般为 3% ~5%，石英砂岩含碱一般为 1% ~3%，Al$_2$O$_3$ 多为 10% ~17%，Fe$_2$O$_3$ 为 2% ~6%；硅酸率较高，变化范围为 3~19，一般在 4~6。抗压强度随矿物成分、胶结物成分及风化程度的不同而不同，在 20~100MPa 之间。

砂岩在我国不少地区、各地质年代均有分布。采用较多的为三叠纪、侏罗纪、白垩纪的砂岩。

部分水泥厂所用硅质原料的化学成分见表 2 - 14。

**表 2 - 14　部分水泥厂硅质原料的平均化学成分**　　　　　　　　　　（%）

| 产　地 | 地质年代 | 类　别 | Loss | SiO$_2$ | Al$_2$O$_3$ | Fe$_2$O$_3$ | CaO | MgO | R$_2$O | SM |
|---|---|---|---|---|---|---|---|---|---|---|
| 广西南宁 | 第四系 | 砂岩 | 1.74 | 88.95 | 5.14 | 2.35 | 0.25 | 0.21 | 0.26 | — |
| 湖北大冶 | 侏罗系 | 砂岩 | 1.27 | 89.68 | 4.09 | 3.65 | 0.04 | 0.07 | 0.38 | — |
| 内蒙古 | 第三系 | 砂岩 | 3.15 | 77.39 | 10.89 | 1.94 | 1.05 | 0.54 | 3.55 | |
| 秦皇岛 | — | 石英砂岩 | 0.31 | 96.27 | 0.95 | 1.14 | 0.05 | 0.87 | 0.33 | — |
| 安徽枞阳 | 三叠系 | 砂岩 | 3.76 | 76.25 | 12.01 | 4.99 | 0.11 | 0.29 | 0.92 | 4.49 |
| 辽宁辽阳 | | 砂岩 | 0.79 | 91.71 | 3.30 | 1.61 | 0.34 | 1.10 | 1.00 | 21.54 |
| 甘肃白银 | | 砂岩 | 1.51 | 89.80 | 3.54 | 0.71 | 1.08 | 0.70 | 2.04 | 21.23 |
| 阿拉善盟 | | 砂岩 | 0.91 | 84.51 | 7.58 | 1.38 | 0.89 | 0.38 | 4.35 | 9.43 |
| 重　庆 | 侏罗系 | 砂岩 | 3.89 | 77.03 | 12.75 | 2.39 | 1.20 | 0.77 | | 5.09 |
| 贵　州 | 三叠系 | 砂岩 | 4.25 | 75.98 | 12.1 | 3.00 | 0.50 | 0.07 | | 5.03 |
| 安徽巢湖 | 志留系 | 砂岩 | 1.55 | 79.60 | 10.38 | 4.12 | 1.62 | 0.72 | 1.84 | 5.09 |
| 广东英德 | | 河沙 | 0.53 | 89.68 | 6.22 | 1.34 | 1.18 | 0.75 | 2.76 | 11.86 |

# 第二节　矿山设计前期地质资料的分析与研究

矿山设计前期地质资料的分析与研究是矿山设计过程中的一项重要内容，其主要任务是在设计前的地质勘查阶段，根据矿山建设需要和地质勘查规范的规定，通过现场调查研究和资料分析，从实际出发，提出地质勘查程度的合理要求，并进行地质咨询。内容包括：矿点的选择，矿床工业指标的制定，储量计算范围的确定，高级储量位置的确定，共、伴生矿床的综合勘查，协助地勘单位布置高级储量等项工作。

## 一、矿点的选择

矿点的选择是在地方主管部门或项目建设方的要求下进行，它不仅要考虑矿床本身，同时还要考虑其他建厂条件。矿点的选择涉及的知识面较多，问题也较复杂，矿点的选择工作实质是为水泥工厂厂址选择打基础的工作。

对于建厂区域内有一个以上可供选择的矿点时，应该坚持多矿点比选，本着先易后难、全面研究、保证品质的原则进行比选。根据各矿点赋存条件和可能的开拓运输方案，通过技术、经济、环境、政策等方面综合研究比较，结合水泥工厂厂址选择协助地勘单位选择一个理想的矿点。

矿点的选择是一项综合性的技术经济工作，除了要求参加地质配合的人员具备采矿学的知识外，还应具备有一定的地质学、岩石学、矿物学的相关知识，同时还要了解地区的相关产业政策和市场供求情况。矿点选择不合理，往往会造成水泥厂的总体布置和长期的生产不合理，从而增大矿山生产成本，甚至达不到预期的产量要求。

矿点选择时，应优先选择构造简单，质量均匀，厚度稳定，覆盖层薄，夹层少，有益组分含量高、有害组分含量低，开采条件好的矿床。对于构造复杂和伴有次生变质作用的矿床，由于很难保证生产，选择时要特别慎重。

如20世纪60年代在四川江油地区建设的江油水泥厂，由于时间紧，未进行认真的区域地质工作就确定对天井山灰岩矿床进行地质勘探，同时根据天井山的位置确定了工厂厂址位置并动工兴建，随着地质勘探工作的深入，发现天井山矿床内部次生白云化现象很严重，不适合开采。幸好在距工厂厂址6~7km处发现了张坝沟灰岩矿床，这样运距增加了，而且必须通过铁路运输，使工厂的矿石供应十分被动，严重时还造成工厂停产。

邯郸金隅太行水泥有限责任公司也是20世纪60年代建成的，受当时形势的影响，来不及对矿床进行比选就将鼓山的南段作为石灰石矿山进行勘探，与此同时就在矿山附近建设水泥厂，后来经过深入地质工作后，发现矿石中MgO含量过高无法使用。可是工厂很多土建工程已完成，只能委托地质队在附近探寻石灰石矿，所幸的是，距离原矿区2km多的地方发现了优质石灰石矿床。这样一来，矿山距离工厂距离增加了，工厂被迫修建一条2.6km长的窄轨铁路来专门运送石灰石。从而增加了建设投资，增大了运输成本，还造成了矿山的延期投产。

上述两个案例都是没有进行多矿点比选所产生的后果，若事先进行了认真的、足够的区域普查，并坚持多矿点比较的话，这些错误是完全可以避免的。

当然，关于矿点的选择，成功的案例还是很多的。

保定太行和易水泥有限公司建厂初期，当地有关部门已委托地勘单位对八里庄南矿区做了地质详查报告，由于储量只有约2000多万吨，满足3000t/d水泥熟料生产线生产30年有一些困难，加上矿山开采条件不好，开采中会损失较多的矿石，设计院建议业主在八里庄地区寻找新的矿点作为补充。在同地质勘查单位交流的过程中，设计院通过查看区域地质图，指出距离该矿区约2km处的北矿区地层与南矿区完全相同，都是寒武系凤山组的灰岩，但只有普查资料，故建议业主对北矿区进行地质详查工作，并协助地勘单位布置了勘探线及钻孔的位置。通过地质详查工作，北矿区共求得资源储量5000余万吨，单独开采就可以满足水泥工厂的生产需求，且该矿床是一个山坡露天矿，开采条件也较南矿区要好得多。该矿山投产后，生产情况一直较好。

2009年，吉林亚泰水泥集团根据图们地区的市场条件及产业布局，准备在吉林省图们市建设一条5000t/d水泥熟料生产线。由于图们附近没有多的灰岩矿点可供选择，故亚泰水泥集团委托地勘单位对图们市碧水水泥用大理岩矿区进行了地质详查工作。详查报告出来后，设计院发现该矿床十分复杂，主要表现在矿区夹层较多且全部为透镜体，岩浆岩出露也较多，矿体厚度变异系数较大，为水泥矿山中最为复杂的Ⅲ类勘查类型。鉴于该矿床地质条件的复杂性，设计院认为依靠详查报告建厂会存在较大的风险，建议业主对该矿床进行地质勘探。勘探结果表明，夹层几乎又增多了一倍，总剥采比达到0.69∶1，首采区剥采比达0.84∶1，考虑开采贫化与损失后，生产剥采比将超过1∶1，意味着生产成本及基建投资要增加约80%，而且更为严重的是，即使按1∶1的剥采比进行开采，也很难开采出合格的矿石量，故设计院建议业主修改水泥厂规模或者在附近由近及远地寻找优质的石灰岩资源进行搭配利用。鉴于当地市场环境及资源条件，业主决定在该地区先期建设一座粉磨站（该粉磨站现已投产），待业主探寻到新的优质石灰石资源后，再行建设水泥熟料生产线。如果当初不配合业主和地勘单位进行大量的地质工作，一旦5000 t/d水泥熟料生产线建成投产后将肯定会导致没有石灰质原料资源的不良后果。

综上所述，不论遇到什么情况，对矿点的选择一定要慎重。矿点的选择工作应在建设方、地勘单位、设计院的共同参与下，进行技术经济分析比较之后确定。否则，就会给企业带来不必要的经济损失。

## 二、矿床工业指标的制定

### （一）水泥原料一般工业指标

1. 石灰质原料质量一般要求

| 一级品： | 二级品： |
| --- | --- |
| $CaO \geqslant 48\%$ | $CaO \geqslant 45\%$ |
| $MgO \leqslant 3\%$ | $MgO \leqslant 3.5\%$ |
| $K_2O + Na_2O \leqslant 0.6\%$ | $K_2O + Na_2O \leqslant 0.8\%$ |
| $SO_3 \leqslant 1.0\%$ | $SO_3 \leqslant 1.0\%$ |
| $SiO_2$：燧石质$\leqslant 4\%$ | $SiO_2$：燧石质$\leqslant 4\%$ |
| 石英质$\leqslant 6\%$ | 石英质$\leqslant 6\%$ |
| $Cl^- \leqslant 0.015\%$ | $Cl^- \leqslant 0.015\%$ |

2. 黏土质原料一般质量要求

硅酸率（SM）$\geqslant 3\% \sim 4\%$　　　　　　　　一类

硅酸率（SM）$\geqslant 2\% \sim 3\%$　　　　　　　　二类

$MgO \leqslant 3\%$

$K_2O + Na_2O \leqslant 4\%$

$SO_3 \leqslant 2\%$

$Cl^- \leqslant 0.015\%$

3. 硅质原料一般质量要求

$SiO_2 \geqslant 80\%$

$MgO \leqslant 3\%$

$K_2O + Na_2O \leqslant 2\%$

$SO_3 \leqslant 2\%$

$Cl^- \leqslant 0.015\%$

4. 露天开采技术条件要求

（1）最低开采标高：一般不低于矿区附近的最低地平面标高，如低于最低地平面标高，需经技术经济论证确定。

（2）剥采比：覆盖层、脉岩、夹层、边坡围岩的剥离总量与矿石总量之比，一般不大于$0.5∶1$（$m^3/m^3$）。

（3）可采厚度。

石灰岩、白云岩：大、中型矿一般8m，小型矿4m。

黏土质原料、硅质原料：岩石状一般4m，松软状一般1.5m。

（4）夹石剔除厚度：岩石状矿一般2m，松软状矿一般1m。

（5）采场最终边坡角：岩石状一般 50°~60°，松软状一般 45°。

（6）采场最终底盘最小宽度。

岩石状矿：大中型一般不小于 60m，小型矿一般不小于 40m。

松软状矿：大中型一般不小于 40m，小型矿一般不小于 20m。

（7）爆破安全距离：矿床开采边界对公路、居民区和其他重要建构筑物的爆破安全距离一般不小于 300m，如爆破安全距离小于 300m 时，应与投资者商定。对于矿山周边有高压线、铁路线、输气管道、通讯光缆的，爆破安全距离的确定应遵守相关规定和条例执行。

圈矿时，允许在任意连续 8m 内进行加权平均，达到矿石质量指标的按矿石处理，反之应按夹石剔除。

## （二）矿床工业指标制定的条件和基本要求

矿床工业指标是计算资源储量的技术经济参数，对于预查、普查阶段可采用上面的一般工业指标要求，而详查、勘探阶段应采用矿床的具体工业指标。矿床具体工业指标制定要突出经济意义，不仅要考虑矿石质量、数量，还要考虑矿山工程建设的内、外部条件，矿产品的供应情况等，结合可行性研究或预可行性研究进行配料论证，制定合理的工业指标。

1. 矿床工业指标制定的条件

作为矿山企业设计依据的地质勘查（勘探或详查）报告，其矿床工业指标的制定应具备以下条件：

（1）矿床勘查阶段的野外工作已经结束，勘查程度基本达到了地质勘查规范要求。

（2）已取得了与矿石性质复杂程度相当的矿石加工技术试验结果。

（3）矿床地质勘查报告的编制和提交已列入地质勘查单位的工作计划。

（4）地质勘查单位已提出了矿床工业指标的建议。

2. 地质资料依据

在制定作为矿山设计依据的地质勘查报告的矿床工业指标时，地质勘查单位应向设计单位提供如下资料：

（1）矿区地形地质图及地质剖面图。

（2）矿床成矿地质条件和矿体产出情况的说明。

（3）矿床开采技术条件的说明。

（4）系统的取样化验分析资料，包括基本分析和必要的组合样分析。

（5）对该矿床工业指标的建议和其他相关资料。

3. 制定工业指标的基本要求

（1）在上述地质资料基础上，设计单位应进行详细的地质配矿计算和技术经济分析，确定最优方案为推荐指标，并按有关规定进行报批。

（2）推荐工业指标所圈定的矿体，应符合矿床地质特征，并保持矿体的连续性和完整性。

（3）推荐指标所计算的储量，应当在当前技术经济条件下，能为拟建水泥厂获得良好的经济效益，并有利于自然的保护和充分利用。

（4）按优质优用的原则，做到不同性质的矿石分级圈定和分别计算储量。如湖北省大冶市金山石灰石矿床，赋存于三叠系下统大冶组（$T_1d$）地层中，按岩性特征划分为七个岩性段，其中第二段（$T_1d^2$）、第四段（$T_1d^4$）、第五段（$T_1d^5$）为优质的石灰石，化学组分均能满足水泥原料一般工业指标的要求。而第三段（$T_1d^3$）为泥灰岩，CaO 含量一般在 41%~47%，平均含量 44%，根据一般工业指标要求，地质勘查单位将其圈定为夹层。由于第三段（$T_1d^3$）位于矿床中间，平均厚度约 120m，这样一来第二段（$T_1d^2$）也无法圈入。地勘单位只是将第四段（$T_1d^4$）、第五段（$T_1d^5$）圈为矿体，矿体长约 3000m，宽度只有 150~200m，且为一面坡，矿山开采难度非常大。后来设计单位原料、矿山技术人员通过原料配料试算和可能进行的质量搭配方案，认为只要找到高品质的灰岩和砂岩进行配料就可以将第三段（$T_1d^3$）

泥灰岩综合利用，后来在距离该矿床 10km 处找到了品级很好的砂岩矿；至于优质石灰石，由于矿床较长，单独在西面布置一个工作面专门开采第四段（$T_1d^4$）、第五段（$T_1d^5$）优质矿石，就能解决质量搭配问题。经过上述工作，设计单位提出了如下工业指标：

1）一级品：遵照一般工业指标的规定；

2）二级品：CaO 含量不小于 41%。

通过修改二级品的工业指标，地勘单位将第三段（$T_1d^3$）泥灰岩划为矿体，同时将第二段（$T_1d^2$）优质灰岩一并圈入，矿山开采条件比原来好得多，节省了基建投资和降低了生产成本，同时充分利用最宝贵的矿产资源。

河北唐山王官营石灰石矿床，由马头山、马蹄山、大盖山、刺儿山、杨家铺后山等几个山头组成，前后共进行了三次大的地质勘查工作和一次生产勘探工作才将整个矿床探查清。从水泥厂的生产情况看，王官营矿山最主要的指标是要控制矿石中的 $K_2O + Na_2O$ 含量。由于马头山、马蹄山、大盖山、刺儿山、杨家铺后山等地质赋存条件差异很大，完全采用一个全矿指标显然无法满足要求。所以在制定工业指标时，根据不同山头的实际情况分别制定了 $K_2O + Na_2O$ 含量的圈矿指标。马头山和马蹄山由于 $LS_2$ 矿层出露多，矿石质量较好，当时制定的工业指标为 $K_2O + Na_2O \leqslant 0.60\%$；大盖山、杨家铺进行地质工作时，出露的 $LS_3$ 矿层较多，当时制定的工业指标为 $K_2O + Na_2O \leqslant 0.80\%$；后来由于矿山生产规模的扩大，将质量最差的刺儿山纳入圈矿范围，此时制定的工业指标为 $K_2O + Na_2O \leqslant 1.00\%$。

## 三、储量计算范围的确定

### （一）资源储量要求

水泥原料矿山通常为水泥工厂的一个生产车间，其生产的矿产品主要供应水泥工厂烧制水泥熟料，故矿山生产规模一般取决于水泥工厂的生产规模，大、中型水泥厂矿山服务年限通常不应小于 30 年。根据这一原则，不同规模的水泥熟料生产线需要的矿产资源储量见表 2-15。

表 2-15 不同规模水泥熟料生产线对应的矿产资源储量

| 水泥熟料生产线规模/$t \cdot d^{-1}$ | 建设设计需要的矿产资源储量/万吨 | |
| --- | --- | --- |
| | 石灰质原料 | 黏土质、硅质原料 |
| 2500 | ≥3500 | ≥600 |
| 5000 | ≥7500 | ≥1200 |
| 10000 | ≥15000 | ≥2500 |

表 2-15 中的数字并非绝对的，如果某地区水泥市场条件较好，而且附近还有一定数量的远景储量，即使地质报告提交的资源储量少一些也是可以建厂的。

### （二）资源储量计算范围的确定

通常，勘查范围在沿矿体倾向方向应贯通矿体的全部厚度；沿走向方向，当矿体较长，资源储量非常大时，可允许截取其中一段作为勘查的对象，否则应一次全部勘查。对于沿走向截取一段进行勘查的矿床，其截取部位除应有足够的资源储量外，还应考虑剩余部分具备日后单独开采的可能性，以免造成资源的浪费。沿走向截取位置不能随心所欲，通常应以自然沟谷为界，切忌以山头为界。

勘查范围不合理，不仅有可能造成资源的浪费，也有可能造成基建投资的浪费。这方面做得不好的例子也有一些：如周口店矿山就属于未能全部勘探而截取其中一段造成资源不能充分利用的；黄金山矿则属于勘探工程在垂直走向方向未能贯穿矿层全厚，造成矿体顶部盖着"无级品"大帽者，由于矿山来不及进行补充勘探，设计中只能将其当做废石处理。

在这方面成功的例子也有很多，如铜陵海螺石灰石矿山由相毗邻的伞形山和救山两个矿段组成，矿区总长约 3.5 km，宽 1.0～1.5km，近东西走向，救山位于伞形山的东部。伞形山和救山在标高 160m 标高处相连，可形成一个完整的矿区。详查地质工作结束后，地勘单位在进行勘探设计时只选择了条件较好的伞形山东部进行地质勘探，地质配合时设计单位提出应将救山一并进行勘探，理由是救山山体较小，一旦将毗连的伞形山东部开采完毕，救山的开拓道路将无法展开，可能会造成资源浪费，后来有关部门采纳了设计单位的意见，将伞形山东部和救山一并进行了勘探，充分利用了矿产资源。

### 四、高级储量位置的确定

高级储量块段是建设投资的依据，它必须处于矿山的首期开采地段，从而保证矿山投产后能保质保量地生产出矿石，满足工厂水泥熟料生产线的正常生产。

高级储量所在部位，应该根据开采方法，由设计单位向地质勘查单位提出。而设想的开采方法往往要在具备了初勘资料之后才能进行，这就需要设计单位与地勘单位进行配合。以往发生过地质勘查单位单方面确定高级储量位置而不处于首采地段的情况。水泥原料矿山基本还是以露天开采方式为主，采用自上而下水平分层开采法，所以高级储量必须布置在矿床的上部。对于山坡露天矿床，高级储量应该布置在山体的顶部地带。

对于地质勘查中需要求多少高级储量，也是必须要注意的。高级储量所占比例过少，地勘报告的可信度就低，甚至会影响矿山的正常生产；高级储量所占比例过大，所提交的地质储量可信度当然就高，但带来的缺点是勘查工程量增加、勘查费用增大。

以前，地质勘探规范对各级储量分类比例是有一个明确的规定的。现在正在执行的勘查规范对储量分类比例没有明确规定，而是阐明在市场经济条件下，资源储量分类比例可按投资者要求确定。在这种情况下进行地质配合时，要向业主阐明储量分类的原则、目的及各级储量的用途，提出一个合适的储量分类比例。

如拉萨加木沟大理岩矿床是一个典型的山坡露天矿床，在进行地质勘查时，地勘单位最初就是将高级储量位置布置在山脚下，而对于设计中准备作为首期开采的地段未布置勘查工程。设计院在进行地质配合时认为这样布置勘查工程非常不合理，地质勘查资料不能满足设计要求，要求地勘单位将高级储量布置在首期准备开采的位置，地勘单位最终按设计院的意见修改了勘探设计，将高级储量布置在了山体的顶部。

### 五、关于共、伴生矿岩的综合勘查和评价工作

石灰岩矿石中的共、伴生矿床通常有砂页岩、黏土、板岩等，有时这部分废石（对石灰岩矿而言）所占比例还不低，数量也相对集中。对于这部分废石是否能综合利用，应由地勘单位进行取样和化学分析，做出是否能综合利用的评价。有些地勘单位为了减少自身的工作量，对于这部分废石只取少数几个样，也不做评价，导致矿山剥采比增大，增加矿山的生产成本，同时还需要设置较大容积的废石场来排弃这些废石。

如枞阳某石灰石矿山，东部矿区有一片范围很大的覆盖土，覆盖厚度不清楚，也没有覆土等厚线图，可以说地勘单位对这部分覆盖土未做任何取样化验工作，只是大致估算了该覆盖土的数量，将其计入废石剥离。后来设计院在进行基本设计时提出能否将该部分覆盖土综合利用，业主才委托地勘单位进行物探和取样化验，结果表明，该覆盖土是非常合适的黏土质原料，可以进行配料。为该矿山实现零废石剥离创造了条件，增加了企业经济效益。

又如黑龙江某大理岩矿床，矿石上部覆盖物为板岩，地质勘查时设计院要求地勘单位对这部分板岩进行连续刻槽取样，结果表明该板岩是较好的硅铝质原料，可以进行搭配利用。

矿床中除了常常伴有砂页岩、黏土、板岩外，有很多石灰岩矿还赋存一些高镁夹层和高碱夹层。

石灰岩矿石中的镁是水泥原料的有害成分，是评价水泥原料石灰岩矿床的一项主要质量指标。因此，查清高镁夹层的空间分布规律是极为必要的。如天津蓟县大火尖山石灰岩矿床，矿石品位低、质量差、

地质构造复杂，属典型的Ⅲ类石灰岩矿床，但天津地区又难以找到更好的石灰石资源，只能使用它，但废石的剥离量很大，正常情况下开采这样的矿石很不经济。设计院在进行地质配合研究时，提出能否将高镁夹层加工成建筑石料出售，这就需要地勘单位对高镁夹层的物理力学性能进行补测。试验结果表明，该高镁夹层抗压强度较高，完整性也很好，完全可以加工成建筑骨料。故在矿山建设中配套建了一条骨料生产线，确保了矿岩的综合利用，这当然是一个好的例子。不好的例子也有，如昆明水泥厂观音山矿床，由于地勘报告未查明高镁夹层的空间分布情况，导致矿山生产出的矿石不合格，水泥厂正常生产受到了影响。

### 六、关于地勘单位的勘查设计

设计单位在参加勘查设计方案审查时，除了对矿床勘查类型、共伴生物综合利用等提出建议外，还应充分发挥自己的专业优势，根据可能采用的开拓系统和开采运输方案，提出建议。

对于一个矿床存在几个山头的，当初期需要同时开采的，均应求出一定数量的高级储量。

对于比高大、地形险峻的矿床，可能非常适合采用溜井平硐系统，此时要根据已有地质资料初步选定溜井平硐系统的位置，提请地勘单位在适合建设溜井的位置布设一个地质钻孔，该钻孔除了控制资源储量外，还要取到工程勘察钻孔的作用。要求地勘单位对该钻孔进行围岩分级、对围岩完整性做出评价、查明水文地质条件，得出该钻孔是否可建设矿山溜井的结论，从而节省建设周期。

如新丰越堡水泥旗石岗石灰石矿，山体比高大，地形较陡，单纯从地形地貌条件看，比较适合采用溜井平硐开拓运输系统，业主也希望采用这种开拓运输方式。故设计院在进行地质配合时，选择了合适的溜井位置布设了一个地质钻孔，该钻孔同时起到资源勘查和工程地质勘察的作用。从该钻孔的工程地质条件看，该处岩石偏软，属Ⅳ～Ⅴ级围岩，不太适合建设溜井。虽然没有建成溜井平硐系统，但也没有浪费业主的建设时间，若是等地质勘查结束后再重新进行溜井的工程地质勘察，肯定会浪费宝贵的建设时间，从而影响矿山的正常投产。

## 第三节　矿山设计所需地质资料及勘查工作评价

### 一、矿山设计所需地质资料

#### （一）矿山设计依据的地质资料要求

（1）根据"国土资发〔1999〕205号"文件的规定，作为矿山开采设计和建设依据的矿产资源储量报告，必须经过国土资源部或省、自治区、直辖市人民政府地质矿产主管部门的评审、备案。

（2）对作为设计依据的矿产勘查报告，规定如下：

1）新建大、中型矿山原则上应达到勘探，简单矿床应达到详查、并符合开采设计要求；

2）改、扩建大、中型矿山扩大开采范围时原则上应达到详查、并符合开采设计要求；

3）小型矿山原则上应为未达标的详查，并符合开采设计要求。

（3）对于没有按现行规范编制的矿产资源储量报告和被乱采、乱挖的矿区，按现行规范衡量或矿山现实情况，资源储量发生了重大变化的，必须重新核实并办理相关手续，才能作为矿山设计依据。

（4）作为改扩建矿山设计依据的矿产资源储量报告，应充分利用矿山生产地质资料，在最终评价扩大区实际达到的工作程度时，也应把矿山生产地质资料考虑在内。

#### （二）地质勘查报告主要内容

地质勘查报告应包括文字部分及附图、附表和附件。矿床地质勘查报告应根据国土资源部于2003年3月1日发布实施的《固体矿产勘查/矿山闭坑编写规范》（DZ/T 0033—2002）要求进行编制，主要内容如下：

（1）文字部分。绪论，区域地质概况，矿区地质，矿床地质（矿体规模及特征、矿石质量特征、矿石类型和品级、矿体围岩和夹石、矿床成因及找矿标志、矿床共、伴生矿产综合评价），矿石加工技术性能，矿床开采技术条件（水文地质、工程地质、环境地质），勘查工作及其质量评述，资源/储量估算，矿床开发经济意义概略研究，结论等内容。

（2）附图。矿区地形地质图，矿区实际材料图，勘探线及储量估算剖面图，采样平面图，矿体（层）纵剖面图，缓倾斜矿体（层）顶底板等高线图，矿体（层）水平断面图或中段平面图，资源/储量估算水平投影或垂直纵投影图，钻孔柱状图、槽探、浅井、坑道工程素描图，工程地质钻孔综合柱状图。

（3）附表。测量成果表，钻探工程质量表，采样及样品分析结果表，矿岩物理性能测定及岩石力学试验成果表，各工程、各剖面、各块段的矿体平均品位表，矿石体重、湿度测定结果表，矿体资源/储量表。

（4）附件。矿石加工技术性能试验报告，可行性研究或预可行性研究报告，有关确定工业指标的文件，如勘查许可证或采矿许可证（复印件）、投资人的委托勘查合同书、矿产资源储量主管部门对资源/储量的评审备案证明等。

## 二、对地质勘查工作的评价

### （一）地质资料评价的基本依据

（1）《固体矿产地质勘查规范总则》（GB/T 13908—2002）。

（2）《冶金、化工石灰岩及白云岩、水泥原料矿产地质勘查规范》（DZ/T 0213—2002）。

### （二）地质资料评价的方法

为了保质保量地给水泥厂提供合格的水泥原料，在进行矿山项目申请报告或初步设计时，应先对地质资料进行分析、评价，重点审查勘查研究程度、控制程度、工作质量、矿床工业指标及应用、资源储量估算可靠性等是否符合现行勘查规范的要求。然后对所掌握的地质资料能否作为设计依据作出结论，对尚不能满足设计要求的提出补救意见。评价地质资料时，可根据其内容，列出要点，按顺序进行分析，发现问题，逐一记录，而后进行研究合适的解决方案。对矿体对应连接关系及勘探控制程度等重要问题，也可以采用制作辅助图件的方法，以发现问题。通常可按下列几个方面进行分析评价：

（1）地质基础资料是否可靠、齐全，是否满足设计阶段的要求。

（2）勘查研究程度是否满足规范要求。勘查区地质研究程度、矿体地质（矿体特征、矿石特征）的研究和控制程度、综合评价、开采技术条件的研究程度、勘查工作质量等。

（3）资源/储量计算问题。工业指标应用是否合理、矿体圈定和对应连接是否正确、资源/储量计算公式选择和各种参数确定是否可靠、资源/储量分类确定是否符合规范要求。

（4）地质勘查报告的文字、附图、附表、附件是否齐全，内容和数据是否一致，图纸的精度是否符合要求。

### （三）对设计开采矿区的勘查程度要求

1. 新建的大、中型矿山

通过地质勘探工作，矿产资源已详细查明，其成果可以作为项目可行性研究或初步设计的依据。勘探工作程度应以确保工作质量为前提，其要求是：

（1）区域地质。收集勘探区与成矿有关的地层、构造、岩浆岩、变质岩及矿产资料，详细查明成矿地质条件。

（2）矿区地质。

1）详细划分地层层序，岩性组合，建立标志层，确定准确的含矿（控矿）地层年代；研究沉积环境与成矿的关系；确定矿体赋存层位及矿体在地层中的空间分布。

2）详细查明对矿体影响较大的褶皱、断层和破碎带的性质、规模、产状、分布规律以及对矿体的破坏程度和对矿石质量的影响。

3）详细查明对矿体影响较大或较多的岩浆岩体（包括脉岩）的种类、形态、规模、产状对矿体的破坏程度和对矿石质量的影响，详细研究岩体与围岩、构造、成矿的关系。

4）详细查明变质岩的种类、形态、规模、产状对矿体的破坏程度和对矿石质量的影响。

5）详细查明矿床风化带的深度、分布范围。

6）基本查明石灰岩、白云岩矿岩溶的形态、规模、分布范围和变化规律、充填程度、充填物种类、矿物成分和化学成分以及对矿石质量和开采的影响。

7）详细查明覆盖层的厚度变化。编制厚度大于2m的覆盖层等厚线图。

（3）矿体地质。

1）详细查明矿体的空间分布及范围；

2）详细查明主要矿体数量、规模、形态、产状、夹石分布；

3）详细查明矿石类型、品级、分布；

4）详细查明矿石矿物成分、化学成分、结构与构造；

5）详细查明矿体中夹石的种类、规模、产状及可利用性。

（4）矿石加工技术试验要求。根据投资者的需求进行矿石加工技术的试验。干法生产应做易磨性、磨蚀性、可磨性、可破性、辊磨易磨性、易烧性等试验项目。

（5）开采技术条件。

1）调查研究区域水文地质条件；查明矿区的含水层、隔水层的层数和水文地质特征，地下水的补给、径流、排泄条件、补给来源，指出矿山排水方向，提出矿山工业用水和生活用水的水源方向；查明主要构造带、风化破碎带、岩溶发育带的分布和富水性及其与其他各含水层和地表水体的水力联系程度；查明主要充水、含水层的富水性，地下水径流场特征、水头高度，水文地质边界条件，预测矿坑的正常和最大涌水量；查明地表水体的水文地质特征及其对矿床开采的影响程度，老窿分布、积水情况等；确定矿床充水因素、充水方式和途径，确定矿床水文地质条件的复杂程度。

2）详细研究矿床的工程地质条件，划分岩（土）体工程地质岩组；查明对矿床开采不利的地质岩组的性质、产状与分布；查明矿体及围岩的物理力学性质、岩体结构与质量，各类结构面的特征和岩石风化带的发育程度和分布，确定矿床工程地质条件的复杂程度。对地质岩组的稳定性进行评价，预测矿山开采可能发生的主要工程地质问题，提出防治建议。

（6）环境地质条件。

1）详细调查区域及附近地震活动情况、新构造活动特征，评价矿区稳定性；调查区内岩溶、岩崩、滑坡、泥石流等自然地质现象；调查区内地表水、地下水的质量及其他有害物质含量；对矿床开采前的环境地质条件进行评价。

2）对矿床开采中可能产生的环境污染和破坏进行预测评述，对废水、废气和废渣提出治理意见。

（7）共、伴生矿床的综合勘查评价。对勘查范围内确认有工业价值，并具社会效益和经济效益的共、伴生矿产，包括夹石、脉岩、覆盖层、围岩等，详细查明其数量、规模、形态、产状、化学成分及可利用性。

2. 改扩建大、中型矿山

在整个设计改扩建范围（即生产矿山原有生产系统深部和外围区域扩大开采区范围）内，通过地质详查工作，矿产资源已基本查明，勘查成果可以作为矿山改扩建可行性研究或初步设计的依据。详查工作程度应以确保工作质量为前提，其要求是：

（1）区域地质。收集详查区与成矿有关的地层、构造、岩浆岩、变质岩及矿产资料，基本查明成矿地质条件。

（2）矿区地质。

1）详细划分地层层序，岩性组合，建立标志层，确定准确的含矿（控矿）地层年代；研究沉积环境与成矿的关系，确定矿体赋存层位及矿体在地层中的空间分布。

2）研究矿区构造与矿体空间分布关系，基本查明对矿体影响较大的褶皱、断层和破碎带的性质、规模、产状、分布规律以及对矿体的破坏程度和对矿石质量的影响。研究节理裂隙的性质、产状、分布规律和发育层位、地段及程度。

3）基本查明对矿体影响较大或较多的岩浆岩体（包括脉岩）的种类、形态、规模、产状、矿物成分与化学成分、分布规律以及与成矿的关系、对矿体的破坏程度和对矿石质量的影响。

4）基本查明变质岩的种类、形态、规模、产状、矿物成分和化学成分、分布规律，研究变质作用的性质、范围以及与成矿的关系、对矿体的破坏程度和对矿石质量的影响。

5）基本查明矿床风化带的深度、分布范围、矿石的物理性能、化学成分、风化作用对矿石质量及开采的影响。

6）大致查明石灰岩、白云岩矿岩溶的形态、规模、分布范围和变化规律。研究岩溶发育层位、地段和程度。研究岩溶充填程度、充填物种类、矿物成分和化学成分以及对矿石质量和开采的影响。

7）基本查明覆盖层的分布规律、厚度变化。研究覆盖层的种类、物理性能、矿物成分、化学成分及胶结程度。当矿区覆盖层分布面积较大，厚度大于2m时，要编制覆盖层等厚线图。

（3）矿体地质。

1）基本查明矿体形态、规模、产状、厚度及其变化规律。

2）基本查明矿石类型、品级、分布及变化规律。

3）基本查明矿石矿物成分、化学成分、结构与构造，研究松散状黏土质原料、硅质原料的粒度、矿物成分、化学成分及黏土质原料的塑性。

4）基本查明矿体中夹石的种类、规模、产状、分布规律。

5）基本查明夹石的矿物成分、化学成分、结构与构造。

（4）矿石加工技术试验要求。根据投资者的需求进行矿石加工技术的试验。当不再进行地质勘探时，干法生产应做易磨性、磨蚀性、可磨性、可破性、辊磨易磨性、易烧性等试验项目。

（5）开采技术条件。

1）调查研究区域水文地质条件。

2）基本查明矿区的含水层、隔水层、主要构造带、风化破碎带、岩溶发育带的水文地质特征、发育程度和分布规律。

3）基本查明主要地表水体的分布范围和平水期、洪水期、枯水期的水位、流速、流量、水质、水源、水量、历年最高洪水位及其淹没范围。

4）基本查明地下水的补给、径流、排泄条件，地表水与含水层的水力联系；确定矿床主要充水因素、充水方式及途径。确定矿床水文地质条件的复杂程度。

5）初步预测矿坑涌水量。

6）调查研究可供利用的供水水源的水量、水质和利用条件，指出供水方向。

7）初步研究矿床的工程地质条件，划分岩（土）体工程地质岩组，测定主要矿石、岩石的物理力学性质；基本查明构造、岩溶的发育程度、分布规律和岩石风化、蚀变强度以及软岩、软弱岩夹层分布规律及其工程地质特征，研究开采范围内的矿、岩稳固性和露天边坡的稳定性；初步确定矿床工程地质条件的复杂程度。

（6）环境地质条件。调查矿区及附近地震活动及各种自然地质现象（岩溶、岩崩、滑坡、泥石流等）、地表水、地下水的质量及其他有害物质含量，对矿床开采前的环境地质条件进行初步评价。基本查明矿岩和地下水对人体有害的元素、放射性、瓦斯及其他有害气体的成分和含量情况。对矿床开采中可能产生的环境污染和破坏进行预测评述。

（7）共、伴生矿床的综合勘查评价。对勘查范围内确认有工业价值，并具社会效益和经济效益的共、伴生矿产，包括夹石、脉岩、覆盖层、围岩等，基本查明其数量、规模、形态、产状、化学成分及可利用性。

3. 对设计开采矿床的工作程度要求

无论是新建的还是改扩建的大中型矿山，其设计开采范围内的矿产资源，一般由探明的、控制的和推断的资源储量组成。

（1）探明的资源储量：一般以验证和论证控制的矿块资源量的可靠性为目的，且分布于首期开采地段，是矿山首期开采设计依据的资源储量，可行度高。该级别资源储量对勘查程度的要求如下：

1）详细控制矿体和连续夹层的产状、形态、规模和空间位置，基本查明不连续夹石种类、比例及分布规律，层位对比连接可靠；

2）详细查明矿石类型、品级、比例及分布规律；

3）详细控制对矿床开采有影响的较大构造及其产状和分布；

4）详细控制对矿床开采有影响的较大岩浆岩体或变质岩体；

5）详细查明覆盖层、风化层的分布。

（2）控制的资源储量：基本查明了矿床的主要地质特征，可信度较高，是矿山建设设计依据的资源储量。该级别资源储量对勘查程度的要求如下：

1）基本控制矿体和连续夹层的产状、形态、规模和空间位置，初步查明不连续夹石种类、比例及分布规律，层位对比连接基本可靠；

2）基本查明矿石类型、品级、比例及分布规律；

3）基本控制对矿床开采有影响的较大构造及其产状和分布；

4）基本控制对矿床开采有影响的较大岩浆岩体或变质岩体；

5）基本查明覆盖层、风化层的分布。

（3）推断的资源储量：在普查区范围内大致查明了矿床的主要地质特征，在详查和勘探区范围内是由探明的矿块和控制的矿块的外推的部分。由于信息有限，不确定因素多，矿体的连续性也是推断的，矿产资源量估算可信度较低，一般可以作为矿山延长服务年限使用。该级别资源储量对勘查程度的要求如下：

1）初步控制矿体和连续夹层的产状、形态、规模和空间位置，大致查明不连续夹石种类、比例及分布规律，层位对比连接基本可靠；

2）初步查明矿石类型、品级、比例及分布规律；

3）初步控制对矿床开采有影响的较大构造及其产状和分布；

4）初步控制对矿床开采有影响的较大岩浆岩体或变质岩体；

5）初步查明覆盖层、风化层的分布。

4. 对地质资料的评述

对地质资料的评述是矿山设计中的一项重要内容，要引起广大设计人员的充分重视。评述时，要阐明设计所依据地质资料的性质及其评审备案情况，从设计需要出发指出地质资料的齐全性、完整性、实用性；根据所掌握的资料，按上述两个层次内容的工作程度要求，进行全面、认真的核查，对地质资料和资源储量的可信度进行评价，对存在的问题或不足提出处理意见和建议。

（四）地质资料评价结论

经过以上的分析评价，肯定成绩，指出存在的问题，按性质进行归纳，根据其对矿山建设和生产的影响程度，做出能否作为设计依据的结论，一般有以下几种情况：

（1）地质资料完整，地质勘查报告、附图、附件齐全，矿山设计所需的地质勘查报告无缺项，资料便于使用；勘查程度符合要求，资源/储量计算可靠，可以作为设计依据。

（2）地质资料基本能满足设计需求，但需进行局部修改和适当补充，勘查程度中存在的问题，可以在基建勘探或生产勘探中解决。

（3）地质资料不全，矿床勘查程度达不到国家或行业的标准和规范的要求，影响矿山设计方案的确定，对此应及时通报探矿权人或采矿权人，由探矿权人或采矿权人申请上级主管部门安排进行补充勘查。

### （五）地质资料评价的技术要点

#### 1. 矿床勘查类型研究

矿床勘查类型是矿床勘查难易程度的分类。确定勘查类型时，应根据矿床中占70%以上资源/储量的主矿体（一个或几个矿体）的地质特征来进行。当不同的主矿体或同一主矿体的不同地段，其地质特征和勘查程度差别很大时，也可划分为不同的勘查类型。由于地质因素的复杂性，允许有过渡类型存在。勘查类型划分主要依据矿体的内部结构复杂程度、矿体厚度稳定程度、地质构造复杂程度、岩浆岩出露与岩石变质程度、岩溶发育程度等因素来确定，工业指标有时也成为重要的影响因素。它是指导勘查阶段的勘查手段选择和工程间距确定的理论基础，也是评价勘查成果可靠性的重要因素。评价矿床勘探程度时，应重视勘查类型的分析研究，就勘查类型划分的依据是否充分、类型划分是否正确等做出结论。

（1）影响勘查类型划分的主要地质因素。

1）矿体内部结构程度。

①简单：矿石质量稳定或变化有规律，不含或含少量不连续夹层；

②中等：矿石质量较稳定，含不连续夹层，分布无规律；

③复杂：矿石质量不稳定，含较多的不连续夹层，分布无规律。

2）矿体厚度稳定程度。

①稳定：矿体连续，厚度变化小或呈有规律变化，厚度变化系数小于40%；

②较稳定：矿体基本连续，厚度变化不大，厚度变化系数40%～70%；

③不稳定：矿体连续性差，厚度变化大，变化无规律，厚度变化系数大于70%。

3）构造复杂程度。

①简单：矿体呈单斜或宽缓向、背斜，产状变化小，一般没有较大断层切割矿体，所见少量断层对矿体形态影响小；

②中等：矿体呈单斜或宽缓向、背斜，产状变化较大，有少数较大断层切割矿体，对矿体圈定、对应连接有一定影响；

③复杂：矿体呈单斜或中常向斜、背斜，产状变化大，有一些较大断层或较多断层切割矿体，破坏了矿体的完整性，对矿体圈定、对应连接影响较大。

4）岩浆岩与变质岩发育程度。

①不发育：一般没有较大脉岩、岩株、变质岩等分布，所见岩浆岩及变质岩不发育对矿体影响小；

②较发育：有一些较大脉岩、岩株、变质岩等分布，所见岩浆岩及变质岩较发育对矿体影响较大；

③发育：有较多较大脉岩、岩株、变质岩等分布，所见岩浆岩及变质岩发育对矿体影响大；

5）岩溶发育程度。

①不发育：有少量较大溶洞分布，地表、地下岩溶率小于3%，对开采影响小；

②较发育：分布有较多、较大的溶洞，地表、地下岩溶率一般为3%～10%，开采有一定影响；

③发育：分布大量溶洞，地表、地下岩溶率一般在10%以上，对开采有较大影响。

（2）勘查类型的划分。冶金、化工用石灰岩及白云岩、水泥原料矿床勘查类型，主要依据上述地质因素是否简单、中等和复杂来划分，勘查类型分为Ⅰ类型、Ⅱ类型、Ⅲ类型。具体划分及举例见表2－16。

表 2-16 冶金、化工用石灰岩及白云岩、水泥原料矿产勘查类型

| 勘查类型 | 矿体内部结构 | 矿体厚度稳定程度 | 构造 | 岩浆岩与变质岩 | 岩溶 | 矿床实例 |
|---|---|---|---|---|---|---|
| I | 简单 | 稳定 | 简单中等 | 不发育较发育 | 不发育较发育 | 广东新丰旗石岗石灰岩矿<br>安徽池州北岗石灰岩矿<br>陕西富平频山石灰岩矿<br>陕西耀县宝鉴山石灰岩矿<br>四川都江堰大尖包石灰岩矿<br>河北鹿泉东焦石灰岩矿<br>山西盂县脉坡溶剂石灰岩矿 |
| II | 中等 | 较稳定 | 中等复杂 | 较发育发育 | 较发育发育 | 甘肃永登大闸子石灰岩矿<br>吉林元宝山电石石灰岩矿<br>海南昌江燕窝岭石灰岩矿<br>广东花都赤泥石灰岩矿<br>黑龙江宾县孙家窑大理岩矿<br>广西南宁天堂岭硅质岩矿 |
| III | 复杂 | 不稳定 | 复杂 | 发育 | 发育 | 吉林图们碧水矿区大理岩矿<br>黑龙江伊春浩良河大理岩矿<br>天津蓟县东营房石灰岩矿<br>广东东莞白头桂黏土矿 |

2. 勘查工程间距的确定

评价一个矿床的勘查程度时，最主要的是要研究其勘查工程间距。由于水泥原料矿床大多为沉积矿床，赋存条件相对比较简单，故地质工作时通常采用与同类矿床类比的方法来确定勘查工程间距。判定勘查工程间距是否符合要求，通常可据已完工的勘查成果，运用地质统计学的方法，论证勘查工程分布的合理性。勘查工程间距通常要取决于勘查类型，勘查类型简单，勘查工程间距就大；勘查类型复杂，勘查工程间距就小。

石灰岩矿勘查工程参考间距见表 2-17。黏土质原料、硅质原料矿勘查工程参考间距见表 2-18。

表 2-17 石灰岩矿参考勘查工程间距 （m）

| 勘查类型 | 探明的 | 控制的 |
|---|---|---|
| I | 200 | 400 |
| II | 100 | 200 |
| III | | 100 |

表 2-18 黏土质原料、硅质原料矿参考勘查工程间距 （m）

| 勘查类型 | 探明的 | 控制的 |
|---|---|---|
| I | 150 | 300 |
| II | 75 | 150 |
| III | | 75 |

3. 矿床地质构造查明程度研究

矿床地质构造是控制矿体形态、产状、规模和空间位置的重要条件，对矿岩稳定性和对应连接有较大影响。设计中，在分析评价地质构造查明程度时，应着重研究：

（1）对控制矿体的构造和破坏矿体的断层、破碎带等，看其走向延长、倾斜延伸以及断层、破碎带宽度和断距等是否有勘查工程控制，是否查明了断层的性质、产状及规模。

（2）重点研究首期开采地段控制矿体的构造及断层、破碎带的查明程度，以保证初期生产的正常进行。

（3）对影响开采境界圈定的构造，应有实际工程控制其产状和规模。

4. 首采地段勘查程度的研究

首采地段矿体是矿山设计确定基建开拓、采准工程位置、基建工程量、基建投资和基建进度的重要依据，因此首采地段的勘查程度是矿山建设能否顺利投产和达产的前提条件。评价矿床地质报告时，要重点研究首采地段的勘查程度是否满足以下要求：

（1）首采地段矿体的勘查程度是否高于其他地段，主矿体储量级别是否达到（111b）或（111b）+

（122b），简单矿体的储量级别要达到（122b）。（333）资源量不能作为矿山设计的依据。

（2）首采地段矿体的形态、产状、空间位置是否可靠或基本可靠，对矿体有影响的构造是否已查明其性质、产状和规模。

（3）首采地段的矿石性质、矿石类型和品级分布是否探明。

5. 矿床开采技术条件查明程度研究

矿床开采技术条件反映矿床开采的难易程度，直接影响矿床开拓方案的选择、开拓工程布置和采矿场边坡角的确定。故在评价矿床开采技术条件查明程度时，要重点注意以下几个方面：

（1）矿岩物理力学性质。地质报告中是否系统阐明了矿体的体重、硬度、抗压强度、抗剪强度、抗拉强度、湿度、松散系数、自然安息角和内摩擦角、内聚力等物理力学性质试验数据，数据的取得是否符合有关规范要求。

（2）露天边坡稳定性。石灰岩矿山绝大部分为露天开采，仅在个别省的少数矿山采用了地下开采。对于采用露天开采的矿山，应对边坡稳定性进行研究并提供边坡稳定性资料。研究边坡稳定性时要分析地质资料是否查明矿区各类岩层的岩性、产状、分布情况；是否查明了岩层层理、劈理、节理、裂隙、断层等各种不连续结构面的产状、规模、空间分布与发育程度、风化程度、充填情况、含水程度；是否详细查明了矿区水文地质条件和工程地质条件。对于地质条件复杂的高边坡，需要委托专门的工程勘察单位进行勘察。

# 第四节    生产勘探和生产取样工作

## 一、生产勘探工作

### （一）生产勘探的目的和任务

生产勘探是在矿山基建投产后，根据开采需要，在地质勘查（详查、勘探）基础上，为了进一步详细查明矿床地质条件所进行的探矿工作。

生产勘探的目的是提高生产开拓、采准范围内矿床的控制程度和研究程度，将地质勘查报告中的资源/储量根据需要进行储量升级，为编制采掘进度计划和合理开发利用资源提供可靠的地质依据，以指导矿山正常、持续的生产。

生产勘探的任务包括：

（1）准确地探明近期开采范围内的地质构造，确定矿体和夹层的形态、产状、规模、空间位置及不同矿石类型、品级的储量、质量和分布情况，确定夹层的类型（高碱、高镁、高硅或低钙），提出夹层搭配利用的指导性意见。

（2）提高近期开采范围内的储量级别，使矿山经常保有（111b）以上级别储量 1~3 年。

（3）准确掌握近期开采台阶的岩溶大小、充填情况、充填物的化学成分以及是否可以综合利用。

（4）进一步查明矿床开采技术条件和水文地质条件，如露天采矿场最终边坡区段的地层、岩性、地质构造、含水性以及各种岩体的力学强度，为确定最终边坡提供计算参数。

（5）进一步探明采矿场范围内和矿体边缘部分的零散小矿体，以便增加储量，延长矿山服务年限。

为了保证矿山正常生产，生产勘探应与开采保持一定的超前关系，通常应超前于矿山开采一年以上。

### （二）生产勘探手段和网度的确定

1. 生产勘探手段的选择

生产勘探手段主要根据矿床地质特征和开采方式确定，同时应尽量利用采矿工程进行探矿，力求做到以较少的资金获得较大的探矿效果。

当前，国内水泥原料矿山的生产勘探手段主要为平台槽探、井探、岩芯钻探以及钻孔取样等。对于倾斜和急倾斜矿床以平台槽探为主，浅孔、浅井为辅；对于近水平和缓倾斜矿床以浅孔为主、其他手段为辅。

2. 探矿工程间距

确定一个矿区的生产勘探工程间距和网度，应全面地研究矿床地质因素、开采技术条件、矿区开采贫化、损失等因素。对于赋存条件相对简单的石灰岩矿床，通常是按原勘探工程网度的 25% ~50% 选取。

同一矿床中，由于局部地质特征复杂程度不一，对生产勘探工程网度影响很大、一般在矿体的边部、端部，矿体和围岩接触界线不规则和构造复杂地段，以及岩溶发育的石灰石矿床，需布置较密的网度予以控制。

以上为确定生产勘探工程间距和网度的一般原则。针对某一矿床的具体情况来决定生产勘探网度时，常常采用类比法和探采对比法。但在矿山生产初期，由于矿床地质特点揭露尚不充分，只好根据矿床地质特征和长期在各矿床勘探工作中总结出的勘探类型进行对比，选择适合具体矿山特点的工程间距和网度。当矿山生产一段时间后，由于积累了一些台阶。块段的生产探矿资料时，则可根据该矿体厚度、产状、形态、边界、矿量、矿石类型、品级等参数的变化特征和允许误差范围，修正今后生产地质的勘探网度。

3. 生产勘探工程量计算

年生产勘探工程量可按式（2-1）计算：

$$年勘探工程量（m）= \frac{矿石年产量（t）}{每米勘探工程控制矿石量（t/m）} \qquad (2-1)$$

式（2-1）计算出的探矿工程量，均为每年正常条件下的工程量，由于矿床地质因素变化的影响，尚应考虑 1.15 ~1.30 的不均衡系数。

4. 取样、化验工作量

取样工作量一般按式（2-2）计算：

$$取样工作量（个）= \frac{年勘探工程量（m）}{样长（m/个）} \qquad (2-2)$$

取样长度可参考地质勘探的取样长度确定，一般采用 2 ~4m。

化验工作量应根据样品数量、化验种类和化验分析项目等因素确定。一般矿山的化验种类为基本分析和组合样分析。矿石中有用、有害组分复杂或某些组分尚未探明时，则应进行全分析。生产勘探全部样品均需进行基本分析，组合分析样品数量一般为基本分析样品总数的 10% ~20% 。

## 二、生产取样工作

矿山生产取样的目的是进一步查明矿体边界、夹石分布、矿石质量和储量，为矿山生产编制月度、季度采掘计划，为矿石质量搭配和废石综合利用提供可靠地质资料，以保证矿山正常、均衡生产。生产取样一般分为露天采场取样和采下矿石取样。

### （一）露天采场取样

露天采场取样一般在开采平台上利用采矿钻孔进行，矿体形态、产状和矿石质量复杂时，尚需在生产工作面进行拣块、剥层、刻槽取样。取样的间距根据矿、岩界线规则程度以及矿石质量稳定程度确定。

钻孔取样即采取钻机穿孔时排出的岩粉。质量较均匀的块段，每孔取一个平均样，质量变化较大的块段，可分成两段取样，然后沿走向方向每 2 ~3 个孔组合成一个样，垂直走向方向不进行组合。年取样工作量可按式（2-3）计算：

$$年取样工作量（个）= \frac{矿山年采掘量（t）}{每孔爆破量（t）×组合孔数（个）} \qquad (2-3)$$

### （二）采下矿石取样

为了进一步掌握采下矿石的质量，满足水泥工厂对矿石质量的要求，并为矿山中和配矿和废石综合利用提供依据，需对采下矿石进行取样。采下矿石取样一般分爆堆取样、胶带机取样和矿车取样。

**1. 爆堆取样**

爆堆取样是在采矿场爆破后的矿石堆上，用方格网拣块法取样。取样间距为 5 ~ 10m，沿工作面延长方向每 20 ~ 30m 合为一个样。不同品级的块段之间不能组合。年取样工作量可按式（2-4）计算：

$$年取样工作量（个）= \frac{矿山年采掘量（t）}{每孔样品代表的矿石量（t）} \tag{2-4}$$

**2. 胶带机取样**

在破碎后的进厂胶带机上取样，取样间隔时间为 0.5h 一次，每 2 ~ 4h 的样品混合成一个样。以胶带机样品的化验结果作为衡量矿山质量计划完成情况的主要依据。年取样工作量可按式（2-5）计算：

$$年取样工作量（个）= \frac{年工作天数 \times 班制 \times 班工作时间}{组合样间隔时间} \tag{2-5}$$

需要说明的是，国内已有少量矿山在胶带机上安装有 γ 射线在线分析仪，可以随时掌握进厂石灰石的化学成分。

**3. 矿车取样**

矿车取样分为运矿汽车及外运火车取样。前者是为了鉴定各采区、采矿工作面采出矿石的质量，后者是为了鉴定矿山外运矿石成品的质量。上述取样是在车厢内均匀布置一定数量的取样点进行拣块。矿石质量变化不大时，可隔一个车厢或几个车厢取样；矿石质量变化大时，则每个车厢均应取样，将一定车数或一定时间内所取试样合并成一个样品。年取样工作量可按式（2-6）计算：

$$年取样工作量（个）= \frac{矿石年产量（t）}{每个组合样品代表的矿石量（t/个）} \tag{2-6}$$

### 三、矿山生产测量

#### （一）矿山生产测量的任务

在矿山生产过程中，测量工作主要任务是：

（1）按国家三、四等三角网和三、四等水准网的要求，建立或补充矿区地面控制网，作为矿区范围内各项测量工作的基础。

（2）矿区大比例测量和地面建筑工程测量。

（3）在地面基本控制网基础上进一步加密测量，建立符合精度要求的露天采场工作控制网，作为日常测量工作的依据。

（4）生产过程中的日常测量工作。包括生产探矿工程和采矿爆破孔的定位测量，生产中联络道路的修建测量，岩石移动或露天边坡稳定性的定期监控观测等。

#### （二）生产矿山地质测量设备的配置

**1. 地质设备的配置**

为了做好矿山生产勘探工作，矿山一般应配备适当数量的刻槽取样机和地质钻机。地质钻机以浅孔钻为主，一般大中型矿山可配备深度为 100m 以下的钻机 1 ~ 2 台；根据刻槽工作量大小，大中型矿山可配备 2 ~ 4 台风动刻槽取样机。

**2. 测量设备配备**

大中型矿山一般应配备全站仪 1 台，另外还应配备水准仪、经纬仪、平板仪、地质罗盘等各 1 台。

撰稿、审定：周杰华（天津水泥工业设计研究院有限公司）

# 第三章　水泥原料与矿产资源综合利用

## 第一节　水泥原料与矿产资源综合利用情况简述

### 一、水泥原料情况简述

我国是世界上石灰岩矿资源较为丰富的国家之一。除上海、香港、澳门外，在各省、直辖市、自治区均有分布。据原国家建材局地质中心统计，全国石灰岩分布面积达 43.8 万平方千米（未包括西藏和台湾省），约占国土面积的 1/20，其中可作为水泥原料的石灰岩资源量约占总资源量的 1/4～1/3。为了满足环境保护、生态平衡，防止水土流失，风景旅游等方面的需要，特别是随着我国小城镇建设规划的不断完善和落实，可供水泥石灰岩的开采量还将减少。据我国矿产储量数据库的资料，水泥用石灰岩潜在的资源总量约 3.5 万亿吨，水泥用石灰质原料总资源约 1.5 万亿吨。截至 2005 年底，查明有资源储量的石灰岩矿区 1.733 处，累计查明资源储量 814.71 亿吨，其中基础储量 439.52 亿吨。2005 年查明资源储量净增 57.36 亿吨，增长率为 8.05%，低于当年水泥熟料 15.52% 的增长率；查明的资源储量中达到勘探程度占 46.89%，详查程度占 34.99%，普查占 18.12%。《关于 2005 年度全国矿山企业非油、气矿产资源开发利用情况的通报》（国土资通［2006］6 号）的数据显示，2005 年水泥用灰岩矿山企业数 4785 个，其中大型企业 115 个，中型 111 个，小型 2689 个，小矿 1870 个。大中型矿山只占矿山总数的 4.7%，95% 以上的矿山都是小型矿山或民采矿点。由于矿山规模结构的不合理必然带来一系列弊端。

随着新型干法水泥生产线的快速普及，我国水泥工厂的现代化程度从整体上得到快速的提升，但是水泥矿山行业的发展却难以令人乐观。大型矿山往往能正规组织设计，采用节能环保的采矿工艺流程、采购先进的大型开采设备，并有效进行矿山生产管理，这部分矿山的生产管理水平和以往相比，有了很大的提升，也代表了我国建材矿山行业的发展方向。由于这部分矿山较好地进行了矿山规划设计，矿石资源利用程度普遍较高，绝大部分矿山资源利用率可达到 90% 以上，部分矿山资源利用率可达到 98%。与此同时，部分民营水泥厂的石灰石矿山为了片面追求前期基建的低投资，后期生产的低成本，矿山采用了"外包"方式，或者干脆将矿山开采转包给私人承包主，采用"民采民运"，自己只管坐等收购矿石。这种开采方式往往会造成很大的资源浪费，部分矿山的资源利用率仅为 40% 左右。

针对目前我国石灰石矿山资源情况来看，总的情况并能不令人乐观。从设计院反馈的情况，近些年，已经很难找到地质与地形条件均好的矿山了，好的矿山基本上已经或者正在被开采着，新找到的矿山的资源条件在迅速恶化，设计利用的难度在逐年加大，开采的成本不断攀升。此种情况下，加大对矿山资源的综合利用程度就成了当务之急的任务。

### 二、矿产资源综合利用的必要性

矿产资源综合利用是我国经济和社会发展中一项长远的战略方针，也是一项重大的技术经济政策，对提高资源利用效率，发展循环经济，建设节约型社会具有十分重要的意义。矿产资源综合利用是水泥原料矿山从地质勘查、工程设计、项目施工、矿山开采等各个环节中必须贯彻的原则，也是建设"绿色矿山"的核心内容之一。

2012 年，我国水泥产量达 22 亿吨，已占世界水泥总产量的 60% 以上。以生产 1.0t 普通硅酸盐水泥约消耗石灰石 1.0t、黏土质 0.2t 计按此计算，生产这么多的水泥每年约需消耗石灰质原料 22 亿吨、黏土质原料4.4亿吨。此外，水泥与砂、石料的消耗比例大约是1:5，每年还需要消耗110亿吨砂石骨料，其中相当大的一部分是石灰石骨料。根据石灰岩每年消耗的实际情况，对低品位矿石、夹石及其他废石的综合利用，是水泥行业采矿工作者多年的努力目标。在生产实践活动中，也逐步摸索与积累了一些对矿、岩体进行综合开发、综合利用的途径与经验，在很多矿山中，综合利用了低品位的矿石及废石，实现了零排废。通过对低品位矿石及废石的综合利用，延长了矿山的使用寿命，减少了排废场地，保护了环境，消除了地质灾害的隐患，企业获得了良好的经济效益与社会效益。

在生产出合格水泥产品的前提下，矿山开采有很多工作可做。根据我国石灰石矿山的实际情况，几乎所有的矿山或多或少都有一定量的剥离物存在，但石灰岩这种沉积岩矿床的特点决定其剥离物往往并不是一定要全部扔掉的矿物，往往都是覆盖土、低品位夹石或者有害组分超标的夹石等。事实上，只要开采搭配工作得当，这部分废石的适量掺入并不会影响到最终水泥成品的品质。另外，目前我国绝大多数水泥厂都针对此种情况设置了原料预均化堆场，可以对矿岩搭配效果起到更好的促进作用。例如掺入部分废石之后，进厂石灰石的CaO的标准偏差达到8%左右，但是经过预均化堆场（均化效率一般可达5~8）均化后，取出来的原料的标准偏差值可以降低到1.5%左右，完全能满足水泥工艺生产线的要求。在普通硅酸盐水泥的生料中，CaO的含量其实仅为43%左右，只要预均化后的石灰石原料的其他化学成分满足配料的要求就可以了。因此这就给了广大矿山企业生产者一个启示，完全可以根据自己企业的实际情况去制订更为经济合理的原料进厂指标，从而达到最大程度的利用废石的目的。

### （一）矿产资源是不可再生

石灰岩在自然界中分布很广，其重要地位也不可低估。在现代工业中，石灰岩是制造水泥、石灰、电石的主要原料；是冶金工业中的熔剂灰岩，是制碱行业的碱石灰岩；是制造混凝土的优质骨料；优质石灰石经超细粉磨后，被广泛应用于造纸、橡胶、油漆、涂料、医药、化妆品、饲料、密封、黏结、抛光等产品的制造中。随着科学技术的不断进步和纳米技术的发展，石灰石的应用领域还将进一步拓宽。因此，除水泥行业外，建筑、冶金、化工、交通等行业也大量地消耗着石灰石资源。

水泥生产的主要石灰质原料——石灰岩生成于中生代侏罗纪至中上元古代震旦纪，这些资源是不可再生的，用一点少一点。另外，有相当一部分石灰石资源是无法开发利用的，如：有的石灰岩资源在交通干线2km的可视范围内，有的资源在风景名胜区和自然保护区内，还有一些资源在交通困难的大山深处等。为了保护环境、平衡生态，防止水土流失，满足风景旅游等方面的需求，特别是城镇化率不断提高，可供开采的水泥石灰岩量将继续减少，因此更凸显了石灰石资源的宝贵性和重要性。

我们在工程建设中已深深地感到：水泥厂的规模越建越大，水泥厂建设得越来越多，而好的矿山是越来越难找。地质条件好、储量大、交通方便的矿山在我国东、中部地区已越来越少见。而Ⅲ类型地质条件的复杂矿床却越来越多地出现在矿山的资源勘查名单上。有远见的企业集团在资源问题上早已先下手为强，占据了大量的优良的石灰石资源。显然，除加大地质勘查工作的力度、增加矿石资源/储量，对资源综合利用，将废石、夹石用掉是十分必要的。

### （二）剥离夹层与覆盖层增大了采矿成本

夹石的剥离成本与矿石的采矿成本大体相当，从穿孔、爆破、采掘、运输到排弃几个工艺环节，夹石的剥离成本一般不会低于矿石的采矿成本。除了采矿场到废石场的运输距离低于采矿场到破碎卸矿场运输距离时，废石的运输成本会稍低，其他成本大致是一样。覆盖层（表土）如不需爆破则省掉穿孔爆破的成本，其余环节成本与采矿成本相当。夹石层的剥离成本20~30元/m³左右，覆盖层（表土）的剥离成本10~20元/m³左右，这些费用均需分摊到吨矿石成本上，无疑加大了矿石开采成本。

### （三）废石场是地质灾害产生的高发区

矿山剥离物堆弃于废石场，在废石场容易发生泥石流、滑坡等地质灾害。为了防治地质灾害，工程建设中常常采用设置截水沟、挡石坝、堆石坝、石笼坝等措施，这样又加大了建设投资。

如华北某石灰石矿，每年大量堆弃筛下物粉料，每逢雨季就易形成泥石流。

又如华东某石灰石矿由于废石场堆放废石的高差较大，而且在废石场中间又有泉眼，导致形成了泥石流。泥石流威胁了下方水库及居民点的安全，又花重资修建相当规模的挡石坝。

### （四）废石剥离加重了矿山的经济负担

石灰石是低附加值产品，虽然在 1990 年即提出石灰石的不变价格为 20 元/吨，但是多年来，石灰石价格一直偏低。

这对依属于水泥厂的石灰石矿来说影响不大，矿山只是水泥厂的一个生产车间，总的经济评价体现在工厂的最终产品——水泥之中。但对于独立的矿山（或采石场）来说。低价的石灰石为最终产品，矿山盈利甚微，经营困难，日子不太好过。如果再将剥离费用摊加进去，矿山的经济效益更要大打折扣。

### （五）矿产资源的综合利用得到国家政策的支持

当前，我国正着手建设资源"节约型社会"，矿产资源的综合利用得到了国家政策的大力支持。工业废弃物（煤矸石、粉煤灰、化铁炉渣等），河流淤泥、工业废料（废轮胎、废塑料、木柴、城市可燃生活垃圾（压制处理成块状））及一些有毒有害物均可作为水泥原燃料使用。而采矿的废石也是国家鼓励使用的固体废物之一。当这些物质占到了工厂原料的 30% 以上时，国家实行增值税即征即退的政策。

在目前执行的国家发展和改革委员会、财政部、国家税务总局"发改环资〔2004〕73 号"文中明确指出"采矿废石"属于资源综合利用目录中的一项，不少水泥工厂，从矿产资源的综合利用中得到国家免税的优惠。有的水泥厂每年减税达数千万元，企业取得了切实的经济利益。考虑到石灰石基本上属于低附加值的产品，能得到国家免税的优惠，对于企业就极为重要了。

综上所述，综合利用矿产资源是利在当代、功在千秋的一件事情，是建设"节约型建材工业"的具体体现，是建设"绿色矿山"的核心内容之一，是水泥原料矿山的必由之路。

# 第二节　矿产资源综合利用的途径

## 一、重视矿山地质工作

地质工作是矿产资源管理、矿山建设和生产的基础，地质资料是矿山设计和生产的依据。在没有全面开展生产地质工作之前，首采地段采矿工程设计的确定、矿石质量均衡生产等工作都要依靠地质勘查报告的成果。因此，地质勘查一定要采取生产、设计、勘查等单位三结合的形式进行。矿山地质、采矿技术人员要参加地质勘查设计审查、中间成果验收和最终地质报告评审工作。

### （一）重视矿山地质勘探成果的研究和利用

地质勘查成果评审的原则是按照国家颁发的有关地质勘探规范，以满足矿山的设计开拓工程布置、生产规模、服务年限的确定、设备选型及生产工艺流程设计、工业场地的选择、开采初期的采矿工程布置等标准。不能将矿山生产地质工作的任务强加到地质勘查阶段完成，也要避免地质勘查阶段留下大量工作由矿山生产地质阶段完成。

对地质勘查成果的研究和利用是一项长期的工作，特别是已经生产的矿山，更要不断地进行该项工作，以便为今后的生产地质工作进一步明确方向。如吉林磐石双顶子石灰石矿，生产中发现地质报告与实际赋存情况出入很大，断层在勘探线剖面图中的延伸方向与地形图所出露的标高不一致，属于同一矿床的两个矿体勘探线没有统一标定，闪长玢岩浸入的研究不够，这些给研究矿山资源综合利用带来一定的困难。

## （二）加强生产地质工作

矿山生产地质工作应贯彻"勘探先行，探采结合"的原则，进一步弄清矿岩的分布规律，指导矿山开采和资源综合利用。生产地质工作是地质勘查工作的继续，也是地质认识的继续，通过生产地质工作，矿山可取得较详细、较可靠的地质资料，为矿山进一步的开采设计、编制采掘进度计划、指导生产提供地质依据，同时可以进一步查明开采技术条件，使矿山生产技术部门能更合理地选择采矿工艺和减少贫化损失。

生产勘探除了可以将地质勘查报告中的低级储量升级为高级储量外，还可以探查矿区开采范围以外的资源赋存情况，继续探查地质期间未发现的断失矿体、盲矿体及新矿种，并追索矿体边部及深部的延展情况，做到"横向到边，纵向到底"，以扩大矿石储量、延长矿山服务年限，提高矿产资源的综合利用。

## 二、采矿方法的研究是资源综合利用的重要手段

采矿方法是矿床开采的中心环节，它决定着开采方式、矿床的开采强度和经济效益，从而影响矿产资源综合利用的程度。要在深入研究地质勘探报告的基础上，选择和确定有利于矿产资源综合利用的采矿方法。

## （一）分期分区开采方法

对于采场范围大、采区分散且品质差异大的矿床，宜采用分期分区开采的方案，实现从时间和空间上进行不同品质矿岩的搭配开采，提高资源综合利用水平。

唐山王官营石灰石矿分布范围大，整个矿区面积约 $5.05km^2$。总体上可分南北两大采区，北采区包括马头山采场和纱帽山采场，南采区包括马蹄山采场、大盖山采场、刺儿山采场和杨家铺采场。地质勘探共圈定 5 个矿层，自下而上分别编号为 $LS_1$、$LS_2$、$LS_3$、$LS_4$、$LS_5$，除 $LS_1$ 矿层产于寒武系凤山阶顶部外，其他矿层均产于奥陶系冶里组内，其中 $LS_2$、$LS_3$ 为本矿床的主要矿体，以 $LS_2$ 质量最佳，储量最多（占矿床总储量的 49.5%）。各矿层主要化学成分见表 3 - 1。

表 3 - 1　各矿层主要化学成分　　　　　　　　　　　　　　　　　（%）

| 矿层编号 | CaO | | MgO | | $K_2O + Na_2O$ | |
|---|---|---|---|---|---|---|
| | 一　般 | 平　均 | 一　般 | 平　均 | 一　般 | 平　均 |
| $LS_1$ | 47.78 ~ 50.93 | 48.22 | 0.73 ~ 1.49 | 1.00 | 0.34 ~ 0.99 | 0.89 |
| $LS_2$ | 47.63 ~ 51.87 | 50.01 | 0.38 ~ 2.50 | 0.69 | 0.16 ~ 0.90 | 0.48 |
| $LS_3$ | 46.35 ~ 50.63 | 49.45 | 0.42 ~ 2.14 | 0.94 | 0.42 ~ 0.95 | 0.78 |
| $LS_4$ | 46.20 ~ 51.30 | 49.94 | 0.61 ~ 3.22 | 1.00 | 0.61 ~ 0.98 | 0.76 |
| $LS_5$ | 46.50 ~ 49.58 | 49.52 | 1.00 ~ 3.47 | 1.54 | 0.74 ~ 1.01 | 0.82 |

矿层赋存情况为：

（1）矿层倾角缓，$K_2O + Na_2O$ 含量较低的 $LS_2$ 矿层被压在其他矿层之下，各个山头基本如此。

（2）该矿区主要为向斜构造，$K_2O + Na_2O$ 含量较低的 $LS_2$ 矿层均出露于各勘探线的两端，除马蹄山外，都分布在矿区标高较低部位。

（3）马头山采区：111 ~ 75m 标高间 $LS_2$ 矿层的矿量较大，但其与 $LS_3$ 等矿层的矿量比约为 0.65 ~ 0.7，只有在 50m 标高以下 $LS_2$ 矿层的矿量才超过 $LS_3$ 等矿层。

（4）大盖山采区：大量的 $LS_2$ 矿层出露在 75m 以下。

（5）杨家铺采区：大量的 $LS_2$ 矿层出露在 50m 以下。

对该矿床的资源进行综合利用问题，实质上就是要利用低碱的 $LS_2$ 矿层与碱含量偏高的 $LS_1$、$LS_3$、

$LS_4$、$LS_5$ 矿层进行搭配开采。

鉴于各采场质量较好的 $LS_2$ 矿层赋存标高不同，设计中提出采用分期分区开采方案。对马头山、大盖山、刺儿山、杨家铺等按山头分布范围分区开采，从而有利于矿山在每一时期均有质量较好的 $LS_2$ 矿层与质量较差的 $LS_1$、$LS_3$、$LS_4$、$LS_5$ 等矿层进行质量搭配，确保了石灰石进厂质量指标，最大限度地利用了品级相对较差的石灰石矿石。

## （二）陡帮开采和组合台阶开采法

对于矿石质量在垂直方向变化较大，且采矿场尺寸受限，上部矿岩需强化开采或推迟开采的矿床，为实现在竖直方向和水平方向上联合质量均化或均衡生产剥采比，可以考虑采用陡帮开采和组合台阶开采。

如滦县桃山石灰石矿，矿床圈出 Ⅰ、Ⅱ、Ⅲ、Ⅳ、Ⅴ、Ⅵ、Ⅶ、Ⅷ、Ⅸ共九个矿体，其形态受地层及向斜构造控制。矿体层位稳定，分别赋存于张夏组、局部凤山组、冶里组和亮甲山组地层中，按分布层位自下而上编号。Ⅱ、Ⅲ矿体为主矿体，Ⅶ、Ⅷ、Ⅸ为零星小矿体。Ⅱ矿体分布于 0 ～ 24 勘探线，长1700m，最大延伸800m，平均厚40.77m，北翼走向90°～100°，倾向南，倾角35°～55°；南翼走向135°～145°，倾向北，倾角 25°～45°。Ⅲ矿体分布于 0 ～ 22 勘探线，长 1500m，最大延伸 550m，平均厚 23.84m，产状基本与Ⅱ矿体相同。

矿区矿石类型主要为豹皮状灰岩、鲕状灰岩及条带状、竹叶状灰岩等，主要矿物为方解石（85%～90%），次为白云石，矿石质量较好，其中Ⅰ、Ⅱ矿体为一级品，其余均为二级品，其主要化学成分见表3-2。

表 3-2　主要化学成分　　　　　　　　　　　　　　　　　　　　　　（%）

| 化学成分 | CaO | MgO | $K_2O + Na_2O$ | $fSiO_2$ | $Cl^-$ |
|---|---|---|---|---|---|
| 一级品 | 50.50 | 0.86 | 0.42 | 3.23 | 0.01 |
| 二级品 | 50.09 | 0.94 | 0.76 | 1.15 | 0.018 |

在Ⅱ、Ⅲ、Ⅳ、Ⅴ、Ⅵ各矿体间均分布有一层夹石，厚3.66～11.28m，另外在Ⅰ、Ⅳ矿体内各有一层夹石，Ⅲ矿体内有两层夹石，其中较稳定者一层，厚4.57m，夹石主要为泥质条带灰岩、泥灰岩。根据各矿体的产状特征和矿石质量情况看，要充分搭配各矿体间夹石和矿体内夹石，在矿石开采顺序上应尽早揭露埋藏在下部的Ⅱ号矿体，以满足质量均衡的需要。沿矿体走向方向采用陡帮开采，在竖直方向上同时布置三个水平，工作平台宽度满足最小工作平台宽度，采场内运输采用移动坑线，采矿作业时，上下三个水平保持等距同步推进，工作面布置平行矿体走向属纵向开采，这样就可以使下部和矿区西部翘起的Ⅱ号矿体尽早暴露出来，搭配上部的其他矿体和夹石；在水平方向上，采用组合台阶，工作面布置垂直矿体走向属于横向开采，工作平台宽度宜适当放宽，为移动坑线开拓留出空间，采场的推进视质量搭配的进度适时掌握。通过陡帮开采和组合台阶联合应用的时间，实现该矿山局部强化开采和整体均衡生产的有机结合，达到横采工艺和纵采工艺的有效组合，使原计划剥离的废石得以全部利用。

## （三）横向开采方法

在资源综合利用中，采场搭配的手段，是任何其他手段所不能代替的，而横向开采工艺的实施，使采场均化功能得到了充分的发挥。

唐山王官营石灰石矿在初步设计中，选择了垂直矿体走向布置工作面，沿走向方向推进的横向开采工艺。但在建矿初期的 2～3 年里，受各种因素的影响，逐渐演变成为纵向开采工艺。因此，造成180m水平以上遗留大量废石难以搭配的局面。鉴于这种情况，该矿于1988年果断提出变纵向开采为横向开采的决定。横向开采工艺使工作面横切各个矿层，便于进行质量搭配开采，在一个工作面上，就有几个矿层同时开采，若是多个采场多个工作面同时生产，就有若干种不同品位的矿石进行搭配开采。它可以在同一个阶段开出较多个工作面，且各个工作面暴露的矿层数目多，一般在同一个阶段上生产就能满足产量和质量上的搭配要求。若在垂直方向上有 2～3 个台段同时作业，则质量中和就更有利了。

横向开采工艺的实施拉长剥离时间，推缓剥离高峰，在一定时期内，实现了无剥离开采。该矿表土覆盖层很薄，绝大部分矿岩都出露于地表，主要剥离物是矿床中的夹石。采用横向开采工艺之后，就可以在满足水泥配料的前提下，进行均质开采，对劣质的矿层进行先后有序的选择开采。这样，一些劣质矿层和废石就可以在生产当中，在一定的时间范围内逐步搭配利用，尽量减少剥离或不剥离。

### 三、加强质量管理和均衡生产是资源综合利用的重要保证

矿石质量管理和均衡生产是水泥企业充分利用矿产资源，实现"三废"利用，保证产品质量、降低成本的重要组成部分，要作为一项长期任务常抓不懈。

矿石质量管理和均衡生产重点是抓好以下几个方面的工作：一是编制质量计划；二是开展矿石质量调查；三是制定矿岩质量均衡方案；四是碎石储库与均化堆场的质量控制。

#### （一）矿石质量计划的编制

1. 编制质量计划的目的

通过质量计划可以衡量在计划期间内矿石生产能否达到规定的矿石质量指标的要求，以便及时发现问题，预先采取措施，调整生产计划；同时可以有目标、有计划地指导矿石质量均衡工作，最终以实现规定的矿石质量指标。

2. 编制质量计划的作用

（1）明确不同时期所生产的各种品级、不同类型的矿石能达到的质量指标。

（2）根据计划地段内矿床的具体地质条件，提出保证矿石质量指标的具体技术措施。

（3）进行矿石质量均衡的具体安排。

3. 编制质量计划的一般步骤

（1）安排采矿计划进度线和采矿量，进度线与采矿量必须在正规作业和采掘顺序合理的前提下安排。

（2）计算计划地段内的矿石平均地质品位。在进度线与矿石量安排后，就可以在计划图上计算矿石的平均地质品位，计算时可按矿石工业类型以及阶段、爆区分别进行。

（3）预计计划采掘进度线范围内的矿石贫化率。根据相应矿段内的岩石夹层的分布、厚度、产状等条件，分析分穿分爆分采的可能性与必要性，并以矿山的采矿技术水平计算预计贫化率。

（4）计算采出矿石的预计平均品位。应分别按矿石类型、开采部位进行。

（5）提出矿石质量均衡安排。

（6）提出防治与降低开采中的矿石损失与贫化的措施。

#### （二）矿石质量调查及指标的预计

在编制质量计划中应预计出矿石的质量指标，预计不仅是编制质量计划的需要，也为采矿生产及矿石加工（厂内配料）利用部门及时提出预告，以便在水泥熟料生产过程中及时掌握矿石质量动态，不断修正工艺技术措施，因此矿石质量指标预计工作是矿石质量管理工作中的核心部分。

1. 影响矿石质量指标的因素

（1）矿床因矿化程度的变化或受变质或岩浆岩侵入等影响，可使有益或有害成分局部提高或降低。

（2）矿体内夹层数量、厚度以及性质等变化。一般来说矿体内夹层的数量越多，厚度（分层厚度）越薄，则矿石贫化程度将越高。

（3）矿石和围岩松软和裂隙发育程度。围岩松软易于造成过挖过采等情况，使矿石贫化率提高。

（4）有害组分及杂质的赋存状态。有害组分如果成散点状或均匀状分布时，则由于不易进行挑选而提高矿石的贫化率。

（5）采矿方法及机械化程度。同样地质条件下，高效率的采矿方式和大型机械化设备，一般贫化率较高。

2. 矿石质量指标及贫化率预计的方法

质量指标的预计，可采用如下计算公式：

$$c_n = c(l - P) \tag{3-1}$$

式中　$c_n$——预计采出的矿石品位；

　　　$c$——原矿石平均地质品位；

　　　$P$——预计贫化率。

在使用式（3-1）时，必须首先求预计贫化率。对水泥生产而言，其贫化率主要考虑有害组分的混入对生料配料的影响，满足配料要求，适当增加入厂矿石的贫化，对提高资源利用率是有益的。

### （三）矿石质量均衡的方法

矿石质量均衡是指利用采矿过程中的设计、计划、开采、运输、储存、破碎等各个环节、有计划有目的地按比例搭配不同品位的矿石，使之混合均匀，以保证生产的矿石中有害和有益组分的平均含量达到矿石利用部门所要求的指标所采取的措施和手段。矿石质量均衡是保证采出矿石质量均匀，充分利用国家资源的有效措施。此项工作贯穿于从开采设计到矿石破碎、入库储存等一系列生产过程。

1. 编制采掘进度计划时的质量均衡安排

在编制年、季、月的采掘进度计划时，应有针对性的安排各爆区、各阶段的矿石出矿顺序及产量比例，以满足矿石质量均衡，保证质量指标。

2. 生产过程各工序的质量均衡

设计和采掘计划所考虑的质量均衡方案和措施，可通过下列工序予以实现：

（1）爆破均衡。合理安排不同品位的各爆区的爆破量及爆破顺序、使爆破下来的矿石得以自然混合或经采装设备倒堆混合。

（2）采矿工艺的选择。选择合理的采矿工艺，如横向开采等，使工作面横切各个矿体，实现不同品位的矿石搭配开采；陡帮和组合台阶开采，实现竖直方向搭配；分期分区开采，实现不同时间、不同地点的矿石质量搭配。

（3）采场搭配。采场搭配是质量中和必不可少的手段，其他所有手段都不能替代它。在搭配开采时，要根据各采场矿石质量特点，合理安排出矿顺序和数量，把装载各个采场不同品位矿石的矿车进行编组，指定挖掘机进行铲装作业。

（4）在线控制。矿石通过破碎从矿山输送至碎石储存库或均化库，为加强每班的质量控制，要在破碎机出料口下皮带上设取样点，每隔一定时间取一次样送化验室跟班化验，以便及时掌握当班质量情况，适时调整挖掘机作业位置。如果碎石直接入储存库，要对每个库所入的矿石质量做到记录清楚，以便出库时搭配生产。

### 四、做好矿山规划设计

在水泥厂的建设中，有一些业主不做矿山设计，甚至不建矿山。以所谓"外购矿石"来满足工厂对原料的需要。以前是1000~2000t/d的工厂，后来有的5000t/d的工厂也不建矿山。规模较大的水泥厂在没有自己主要原料来源的基础上建设，其投资风险是不言而喻的。随着环境保护、安全生产、水土保持等各项法规的逐步健全与执行，无序开采的小矿点的供料程度将越来越困难，完全靠低价的"外购矿石"来保证一个大型水泥厂的需要，即使是一时降低了投资与经营费用，那也是难以为继的。不占有矿山，不做好矿山的规划设计，就保证不了工厂可持续的发展，更谈不上去搞矿产资源综合利用。要做好矿山规划设计，必须注意如下几个方面：

（1）合理圈定矿山的开采境界线。以地质勘查资料为依据，以资源充分利用为基础，设计圈定出矿山开采境界线。

（2）进行分层矿量计算。在圈定的开采境界内进行分层矿量计算，掌握开采境界内各水平的矿石量、夹石量、夹石搭配后的矿量，剥采比等数据。

（3）确定合理的开采方法。对山坡露天矿床采用自上而下水平分层开采法，采用采矿工作面垂直或斜交矿体走向布置，沿走向推进的横向采掘法。

（4）编制采剥进度计划。依据地质资料，矿山设备、采矿工作面的布置与分层矿量。编制几年内的采剥进度计划，指导矿山生产。

### 五、资源综合利用的几种具体途径

#### （一）把"采矿废石"加工成建筑石料

建筑石料有巨大的市场需求。以水泥与砂、石料的消耗比例 1∶5 制成商品混凝土，2012 年生产的 22 亿吨水泥需消耗砂石骨料约 110 亿吨，建筑用石料实际已成为我国消耗量最大的矿种。有多种矿岩可作混凝土骨料，其中以膨胀性较小的石灰岩类为性能较好的粗骨料。石灰石矿山的夹石层，作为水泥原料其某些成分的化学品位超标，但作为建筑用石是甚为适宜的。

把"采矿废石"加工成建筑用石，使废石变成有用矿物，是水泥原料矿山综合利用矿产资源的重要途径之一。目前，不少企业集团成立了专门混凝土公司、矿山成立了专门骨料生产部门，由专人负责。其中骨料的重要来源之一是由"采矿废石"加工成的。

如北京凤山石灰石矿，矿体中有厚大夹层及深 60~70m 的大溶洞（有充填物）。在矿体圈定时，设计计算的剥采比 1.1∶1(t/t)。在实际生产中，为了保证供给工厂低碱矿石，生产剥采比曾达 2∶1(t/t)。矿山设计规模为 80 万吨/年，而剥离规模达 88~160 万吨/年。剥离出的废石堆往坛子峪与默河峪两个废石场，如此大的废石量曾使矿山不堪重负。凤山矿产生的废石数量巨大，不加以综合利用势必对资源造成极大浪费与破坏，单纯的矿山开采必将制约企业发展。2000 年该矿采取集资建厂的方式，从矿山各车间抽调技术人员，经过近 4 个月的努力，第一条年产 20 万吨的骨料生产线建成投产，当年就实现了可观的利润。2002 年，该矿有先后建成一条年产 50 万吨骨料生产线和一条年产 10 万吨的混料厂。随着国家取缔河道沙石厂力度的加大，北京禁采永定河等河卵石，其建筑石料销售形势日益看好，销售量大幅增加。骨料厂的建成投产，有效地利用了矿产资源，极大地缓解了矿山生产压力，不但可将当年排出的废石全部处理，还可逐步处理多年排放在废石场的废石，有效治理环境，消除排废场发生泥石流危害下游村庄的可能性。截至 2010 年，该矿累计生产砂石骨料约 580 万吨，逐步将废石资源化，从而产生经济效益。

#### （二）把覆盖土、砂页岩夹层作为水泥硅铝质原料利用

在地质勘查时，把覆盖土、砂页岩按矿体对待，符合水泥硅铝质原料成分要求的即可作为水泥原料使用。

如广东青龙岗石灰石矿，第四系覆盖土平均厚度 15.87m，其化学成分符合硅铝质原料的配料要求，大部分将在生产中逐步回收利用，少部分将用于回填采场的最终平台，以便于复垦植树种草。因此，矿山基建期间的剥离物，按化学成分和拟定用途分别堆放，以便后续利用。选定矿区南部 14—18 勘探线的境界范围为矿山建设期间的第四系剥离物临时堆场。在堆场坡脚周围修建排水沟，以便雨季时将雨水引入矿区南部的沉淀池，避免泥浆污染周边环境。该矿矿区面积为 1.167km²，矿石资源储量约 1.46 亿吨，黏土覆盖层量约为 2800 万吨。矿山设计中将黏土与石灰石一并加工利用，设计年产石灰石 275.7 万吨、年产第四系覆盖土 46 万吨。经爆破后的矿石，由大型矿车运到破碎机破碎，一级破碎后与剥离土形成的混合料，再通过约 10km 长的胶带输送机输送至厂区预均化堆场储存，作为生产水泥的原料。

#### （三）将页岩夹层（覆盖层）作为烧制页岩空心砖的原料

目前，全国砖瓦企业占用土地 600 多万亩，每年取土毁田数十万亩，最近，通往浙江宁波的杭甬线还

发生了因取土烧砖而造成铁路大段沉陷的严重事故。以页岩和煤矸石为原料，生产性能优良的新型节能保温墙体材料取代被禁止生产使用的实心黏土砖，是节土、节地、资源综合利用的最佳措施之一。以年烧制12000万块的实心黏土砖厂为例，其用土量约20万立方米，按挖地深5m计，需挖地约60亩。而矿山剥离出的覆盖页岩层的堆弃又需占据大量的土地，将其作为制砖材料，则有一举两得之利。

如蓟县大火尖山石灰石矿，矿床的间接底板是蓟县系洪水庄组的砂质页岩、石英砂岩，间接顶板围岩是青白口系下马岭组的页岩。目前，间接顶板围岩已广泛出露，仅2004年剥离页岩10万吨以上，剥离出的页岩全部供给了蓟县开发区的页岩砖厂，作为烧制砖的原料，矿山取得了可观的经济效益。

### 六、利用低钙高硅灰岩作为水泥石灰质原料

低钙高硅灰岩包括泥质灰岩、硅质灰岩、含燧石结核灰岩等石灰岩岩体。据统计，低品位的泥质灰岩及其他低钙高硅灰岩约占石灰石总储量的70%以上，充分利用低品位的泥质灰岩及其他低钙高硅灰岩将有效地缓解高品位石灰岩不足的矛盾。泥质灰岩具有易破、难磨、易烧性好的特点，含燧石结核灰岩则难破、难磨。所以，在使用此类原料时，需在工厂设计阶段之前，进行原料工艺性能的试验研究。要做原料的金属磨蚀性试验、易磨性试验、易烧性试验。以科学的试验数据来决定工厂破碎系统，生料制备系统等的工艺配置，使水泥工厂的工艺系统适合所选定的原料特点。20世纪80年代，国外一些期刊就已经提出水泥原料从高品质石灰石（CaO 54% ~56%）、泥灰质石灰石（CaO 50% ~54%）到石灰质泥灰岩（CaO 42% ~50%）、泥灰岩（CaO 22% ~42%）、黏土质泥灰岩（CaO 5.6% ~22%）、泥灰质黏土（CaO 2.2% ~5.6%）和黏土（CaO 0% ~2.2%），只要搭配合理，都可作为水泥原料；而且要优先选用已天然混合好的合适原料，而不是纯的石灰石和黏土。很多水泥企业，在生产实践中已经充分掌握了低钙高硅灰岩的利用技术。

如海南芸红岭石灰岩矿矿体中有20多条夹层。原料控制CaO 43% ~46%，$SiO_2$ 10.5% ~13.5%。窑控制三率值：KH 0.87 ~0.91、SM 2.4 ~3.0、AM 1.4 ~1.7。既搭配使用了大量要排弃的"废石"，又生产出合格的熟料。

再如烟台山水水泥有限公司使用的"石灰质泥灰岩及泥灰岩（CaO 38% ~50%）"在原料配比中已占到了95% ~96%。其关键就是已经使用"低钙高硅灰岩"，即石灰质泥灰岩（CaO 42% ~50%）到泥灰岩（CaO 38% ~42%）作为水泥原料。

# 第三节　矿块模型技术在资源综合利用方面的应用

### 一、概述

矿块模型技术是地质圈矿设计领域在三维技术基础之上的具体应用之一，该项技术的成功应用为水泥原料矿山的资源综合利用提供了坚实的技术支持。行业内的几家主要设计院均在这方面有一些应用，而且应用的项目正不断增多。以天津水泥工业设计院有限公司为例，该公司对矿块模型技术的研制截至现在已历经二十余年，其间历经三代软件更新。鉴于石灰石矿层状矿床以及多元素搭配的特点，在考虑一般矿块模型技术的特点之外，充分把石灰石矿床的特点融入软件，在引进国外相关软件的基础上，配套开发了一套完全适合我国水泥用石灰石矿山特点的计算机三维矿块模型技术，该项技术可以对地质圈矿部分从与传统设计手段相比更高层面上进行更为精确的设计，该项设计成果内容丰富，图面表达清晰，数据量大，从不同角度对于矿山的地质设计进行了解析，对于今后矿山的实际生产，具有更为明确的指导意义。该项技术先后已在多个国内外矿山项目中进行了应用，如大宇泗水、辽宁小屯、埃及GOE、拉法基都江堰、拉法基三岔等项目矿山等。从这些项目上的运用情况来看，效果良好。

地质圈矿是矿山设计的重点，在业主提供详尽的地质报告前提下，该项技术通过对矿山地质信息进行全方位多角度的三维分析，采用适当的运算方法，通过对矿岩品位搭配计算并结合矿山开采技术参数，

输出矿山采剥进度计划表，以达到对矿山生产的实际针对性指导作用。

## 二、矿块模型技术的功能与用途

### （一）矿块模型技术的功能

该项技术设计过程是全三维设计，成果图可以是二维或者三维输出，主要包括如下功能：

（1）地质数据库建模。

（2）地质库数据数理分析与结果输出（全矿质量多角度分析）。

（3）地形地质岩性品位等模型的建立。

（4）三维地形模型图、矿岩分布图等的形成与输出。

（5）水平分层品位图、矿岩分布图的形成与输出。

（6）矿岩质量搭配过程分析，采剥进度计划表的编制与输出等。

### （二）设计成果的用途

（1）详细指导具体采矿生产，有利于采矿过程中的矿岩搭配，以达到较为精确地控制进厂矿石各项品位指标的目的。

（2）对于矿山的资源综合利用有很明确的指导作用，可以做到少剥离、多搭配，为业主创造最大的经济效益。

## 三、应用实例

下面以都江堰大尖包石灰石矿为例，来说明该技术在矿山设计中，是如何对废石进行综合利用的。

### （一）地质概况

都江堰大尖包石灰岩矿矿区地层呈单斜层状产出，地层总体产状156°~206°∠58°~83°。矿体赋存于二叠系下统栖霞、茅口组（$P_1q+m$）地层中，为一飞来峰构造岩体。矿体呈板块状，出露宽度大于340m，控制厚度239.22~485.78m，平均厚度388.64m，控制走向长度大于1500m。矿体直接顶板为二叠系上统龙潭组（$P_2l$）之紫色铁铝质页岩，与含矿层界线清楚。矿体直接底板为二叠系下统栖霞组下段（$P_1q^1$）之黄灰色中~厚层白云质灰岩、灰质白云岩、灰色石灰岩夹黄褐色泥岩，与含矿层岩性差异明显，界线清楚。

矿区内含矿层夹有1个灰质白云岩、白云质灰岩夹层；18个夹石透镜体，其中14个为灰质白云岩或白云质灰岩夹石透镜体，4个辉绿岩脉。

表土主要分布在矿区中下部，分布面积广，主要为黄褐色黏土。

### （二）样品数据统计与回归分析

根据地质勘查报告，矿区范围内参与数据统计分析的钻孔共16个，其中水平钻孔12个，45°倾斜钻孔4个；参与数据统计分析的探槽10条。钻孔、探槽中的单样数据共计2010组，其中钻孔单样数据1221组，探槽单样数据789组。

对钻孔、探槽中的全部单样数据的主要化学成分进行基本统计分析，可知全部样品中CaO元素平均品位为52.60%，95%的样品元素品位在46.20%以上；MgO元素平均品位为1.30%，90%样品元素品位在2.56%以下；$K_2O+Na_2O$元素平均品位为0.1092%，95%样品元素品位在0.2285以内；$SO_3$元素平均品位为0.084%，95%样品元素品位在0.240%以内；$SiO_2$元素平均品位为1.86%，95%样品元素品位在3.10%以内。钻孔、探槽中全部样品的CaO、MgO和$K_2O+Na_2O$元素品位数据统计柱状与正态分布图和饼图如图3-1~图3-6所示。

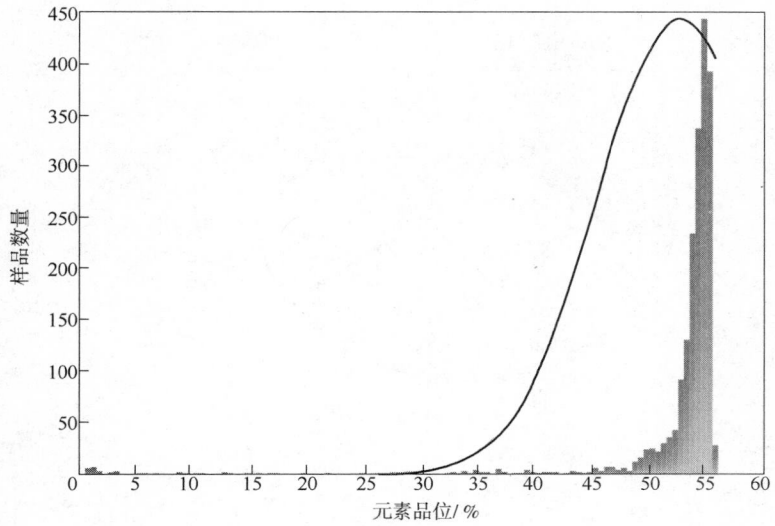

图 3-1　CaO 元素品位分布柱状与正态分布图

样品数量 =1991；　　样柱宽度 =0.5；　　最低品位 =0.53%；　　最高品位 =55.71%；　　平均值 =52.60%；
中位值 =54.36%；　　5.0% 累积值 =46.20%；　　10.0% 累积值 =50.47%；　　标准偏差 =7.21；　　变异系数 =0.14

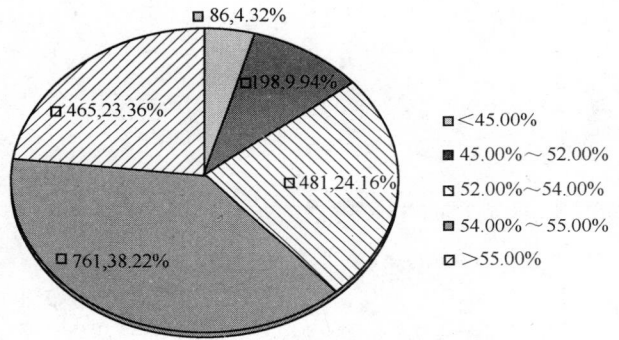

图 3-2　CaO 元素品位分布饼图

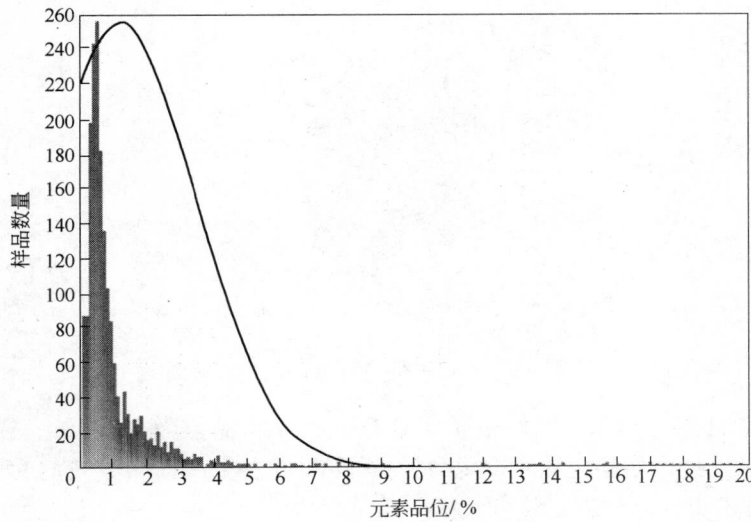

图 3-3　MgO 元素品位分布柱状与正态分布图

样品数量 =1991；　　样柱宽度 =0.1；　　最低品位 =0.08%；　　最高品位 =19.74%；　　平均值 =1.30%；中位值 =0.65%；
75.0% 累积值 =1.25%；　　90.0% 累积值 =2.56%；　　95.0% 累积值 =3.95%；　　标准偏差 =2.23；　　变异系数 =1.71

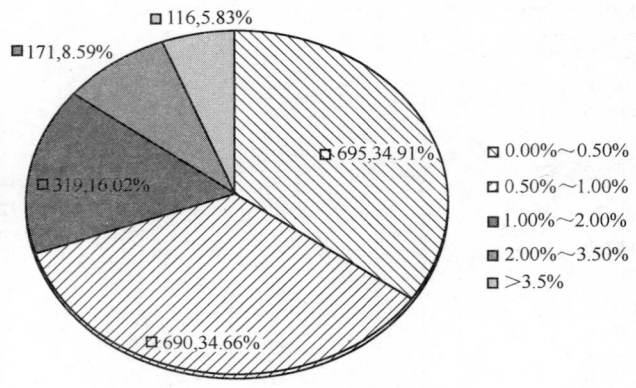

图 3 - 4 MgO 元素品位分布饼图

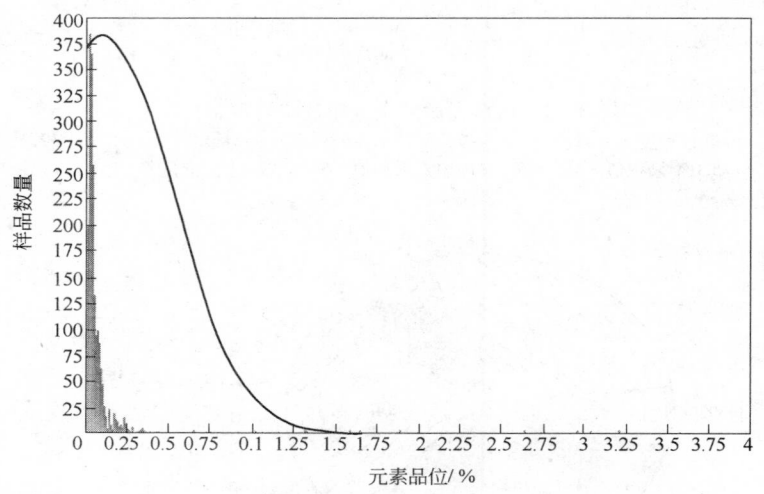

图 3 - 5 K₂O + Na₂O 元素品位分布柱状与正态分布图

样品数量 = 1974 ；　　　样柱宽度 = 0.01；　　　最低品位 = 0.006%；　　　最高品位 = 7.05%；　　平均值 = 0.1092%；　中位值 = 0.0379%；
75% 累积值 = 0.0700% ；　90% 累积值 = 0.1370%；　95% 累积值 = 0.2285%；　标准偏差 = 0.4111；　变异系数 = 3.7631

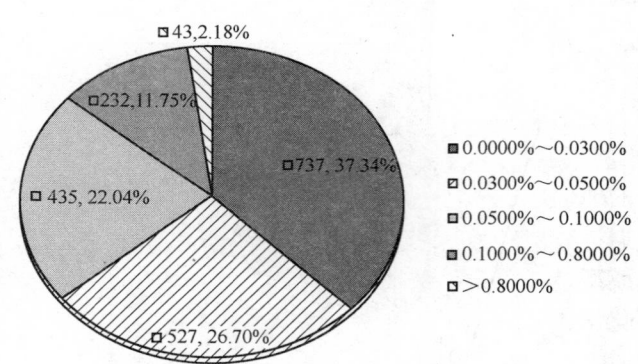

图 3 - 6 K₂O + Na₂O 元素品位分布饼图

　　由图 3 - 1 和图 3 - 2 可知，钻孔、探槽中样品 CaO 元素平均品位为 52.60%，样品数据的标准偏差为 7.21，变异系数为 0.14，且样品品位在 45% 以上的样品数量占全部样品数量的 95.68%，表明矿区 CaO 元素化学成分变化幅度不大，品位稳定优良，矿石质量颇佳。

　　由图 3 - 3 和图 3 - 4 可知，钻孔、探槽中样品 MgO 元素的平均品位为 1.30%，样品数据的标准偏差为 2.23，变异系数为 1.71，元素品位小于 3.5% 的样品数量占全部样品数量的 94.17%，表明该矿区 MgO 元素化学成分变化幅度不大，质量优良，能够满足现行规范工业指标的要求。

由图 3 - 5 和图 3 - 6 可知，钻孔、探槽中样品 $K_2O + Na_2O$ 元素含量的平均品位为 0.1092%，样品数据的标准偏差为 0.4111，变异系数为 3.7631，$K_2O + Na_2O$ 元素含量品位小于 0.80% 的样品数量占总样品数量的 97.82%，表明该矿区 $K_2O + Na_2O$ 元素含量成分稳定，品位稳定，质量优良，能够达到现行规范工业指标的要求。

矿床中的夹层和顶底板样品元素品位分布范围较宽，变异较大，样品 CaO、MgO 和 $K_2O + Na_2O$ 元素的平均品位分别为 37.91%、5.46% 和 0.7625%，超出矿石 II 级品的要求，但超标幅度不大，在实际矿山开采中可以考虑将部分质量较好、品位较高的夹石和顶底板与矿石搭配利用，以合理利用资源。

### (三) 矿区地表模型

该矿区属龙门山前山中~低山区，海拔标高在 1060~1606.9m 之间，相对高差约 546.9m，山势陡峻。最低开采标高为 1170m，矿区开采面积约 1.0152km²。构成开采边坡的岩石主要以石灰岩为主，其次为铁铝质页岩、灰质白云岩、白云质灰岩及泥岩夹煤线。矿区地质构造和水文地质条件相对简单，岩溶不发育。由三维软件 Surpac 所建立的矿区地表模型如图 3 - 7 所示。

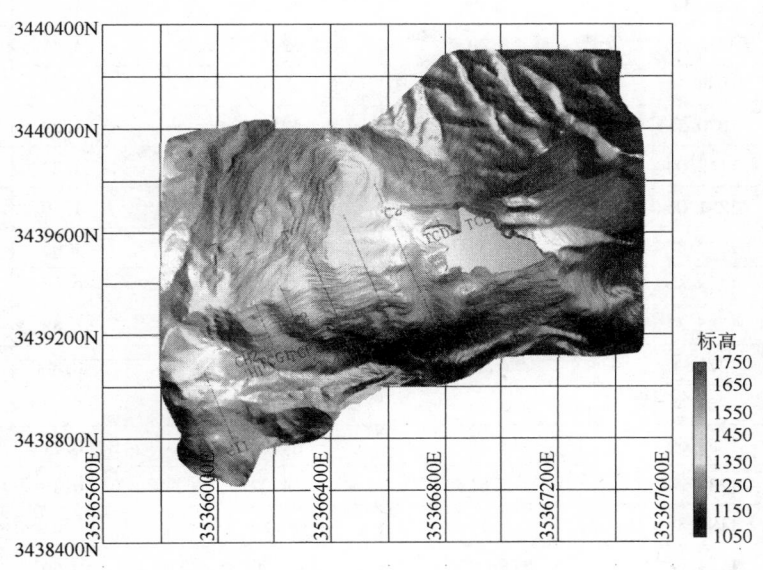

图 3 - 7　矿区地表模型与探槽布置

### (四) 地质设计

根据地质报告及其附带的地形地质图、各勘探线地质剖面图和储量计算图等资料，在对矿区内各勘探线上的钻孔、探槽样品数据进行统计分析后，精确圈定各勘探线上矿体、夹石以及顶底板的范围，以此建立该石灰石矿山的矿体模型，并在此基础上进行矿山采矿基本设计，矿区基建终了鸟瞰图如图 3 - 8 所示；各台阶矿岩量与主要化学成分统计见表 3 - 3~表 3 - 6。

表 3 - 3　各台阶矿石量与元素平均品位统计表

| 台　阶 | 矿石量/万吨 | 废石量/万立方米 | 矿体元素平均品位/% | | |
| --- | --- | --- | --- | --- | --- |
| | | | CaO | MgO | $K_2O + Na_2O$ |
| 1540~1530m | 17.05 | 0.83 | 52.78 | 2.09 | 0.0191 |
| 1530~1518m | 39.23 | 1.59 | 52.93 | 2.00 | 0.0187 |
| 1518~1506m | 91.81 | 1.81 | 53.00 | 1.82 | 0.0303 |
| 1506~1494m | 133.85 | 0.77 | 52.89 | 1.79 | 0.0406 |

续表 3 - 3

| 台 阶 | 矿石量/万吨 | 废石量/万立方米 | 矿体元素平均品位/% | | |
|---|---|---|---|---|---|
| | | | CaO | MgO | $K_2O + Na_2O$ |
| 1494～1482m | 165.54 | 3.69 | 52.71 | 1.82 | 0.0504 |
| 1482～1470m | 168.03 | 1.29 | 52.23 | 2.00 | 0.0541 |
| 1470～1458m | 174.80 | 0.38 | 52.11 | 2.01 | 0.0623 |
| 1458～1446m | 188.00 | 1.09 | 52.07 | 1.97 | 0.0761 |
| 1446～1434m | 222.93 | 5.29 | 52.00 | 1.91 | 0.0988 |
| 1434～1422m | 406.20 | 9.64 | 52.08 | 1.68 | 0.1175 |
| 1422～1410m | 564.39 | 13.62 | 51.85 | 1.54 | 0.1377 |
| 1410～1398m | 664.96 | 17.46 | 51.51 | 1.49 | 0.1504 |
| 1398～1386m | 760.72 | 19.69 | 51.53 | 1.45 | 0.1455 |
| 1386～1374m | 852.17 | 15.30 | 51.69 | 1.42 | 0.0889 |
| 1374～1362m | 938.14 | 10.44 | 52.23 | 1.40 | 0.0620 |
| 1362～1350m | 984.75 | 8.90 | 52.66 | 1.41 | 0.0971 |
| 1350～1338m | 1039.71 | 9.63 | 52.80 | 1.35 | 0.0942 |
| 1338～1326m | 1070.51 | 6.91 | 52.91 | 1.29 | 0.0910 |
| 1326～1314m | 1142.04 | 6.58 | 53.13 | 1.22 | 0.0808 |
| 1314～1302m | 1251.02 | 5.73 | 53.40 | 1.10 | 0.0706 |
| 1302～1290m | 1283.87 | 5.35 | 53.57 | 1.05 | 0.0642 |
| 1290～1278m | 1275.86 | 5.04 | 53.73 | 0.97 | 0.0620 |
| 1278～1266m | 1285.32 | 4.46 | 53.87 | 0.88 | 0.0593 |
| 1266～1254m | 1271.90 | 4.25 | 53.93 | 0.82 | 0.0589 |
| 1254～1242m | 1282.37 | 3.76 | 54.00 | 0.77 | 0.0592 |
| 1242～1230m | 1257.59 | 3.80 | 54.06 | 0.71 | 0.0592 |
| 1230～1218m | 1239.24 | 4.61 | 54.02 | 0.66 | 0.0601 |
| 1218～1206m | 1190.86 | 5.19 | 53.88 | 0.62 | 0.0612 |
| 1206～1194m | 1159.08 | 5.08 | 53.70 | 0.60 | 0.0628 |
| 1194～1182m | 880.28 | 6.84 | 53.44 | 0.56 | 0.0626 |
| 1182～1170m | 653.52 | 7.94 | 53.11 | 0.53 | 0.0605 |
| 合计/平均值 | 23655.76 | 196.96 | 53.19 | 1.06 | 0.0758 |

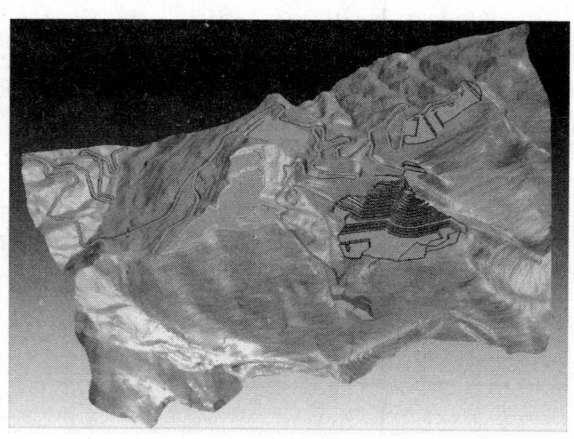

图 3 - 8    矿区基建终了鸟瞰图

表 3 - 4　全矿体 **CaO** 元素品位矿量分布

| 元素品位/% | 质量/万吨 | 比例/% | 元素平均品位/% | | |
|---|---|---|---|---|---|
| | | | CaO | MgO | $K_2O + Na_2O$ |
| <35.00 | 50.68 | 0.214 | 31.04 | 1.41 | 1.3255 |
| 35.00~45.00 | 263.93 | 1.116 | 41.50 | 1.69 | 0.6798 |
| 45.00~48.00 | 615.86 | 2.603 | 46.91 | 2.54 | 0.2664 |
| 48.00~50.00 | 807.13 | 3.412 | 49.06 | 2.29 | 0.1757 |
| 50.00~52.00 | 3295.66 | 13.932 | 51.28 | 2.02 | 0.1064 |
| 52.00~54.00 | 6099.75 | 25.785 | 53.09 | 1.29 | 0.0701 |
| 54.00~56.60 | 12522.75 | 52.937 | 54.66 | 0.54 | 0.0458 |
| 合计/平均值 | 23655.76 | 100.000 | 53.19 | 1.06 | 0.0758 |

表 3 - 5　全矿体 **MgO** 元素品位矿量分布

| 元素品位/% | 质量/万吨 | 比例/% | 元素平均品位/% | | |
|---|---|---|---|---|---|
| | | | MgO | CaO | $K_2O + Na_2O$ |
| 0.00~1.00 | 15265.98 | 64.534 | 0.53 | 54.11 | 0.0621 |
| 1.00~2.00 | 4237.378 | 17.913 | 1.49 | 52.28 | 0.1151 |
| 2.00~3.00 | 3351.968 | 14.170 | 2.31 | 51.20 | 0.1082 |
| 3.00~3.50 | 374.5896 | 1.584 | 3.24 | 49.87 | 0.1231 |
| 3.50~5.00 | 308.418 | 1.304 | 4.03 | 48.35 | 0.1457 |
| >5.00 | 117.4074 | 0.496 | 5.49 | 47.53 | 0.1264 |
| 合计/平均值 | 23655.76 | 100.000 | 1.06 | 53.19 | 0.0758 |

表 3 - 6　全矿体 $K_2O + Na_2O$ 元素品位矿量分布

| 元素品位/% | 质量/万吨 | 比例/% | 元素平均品位/% | | |
|---|---|---|---|---|---|
| | | | $K_2O + Na_2O$ | CaO | MgO |
| 0.00~0.05 | 10218.07 | 43.195 | 0.0341 | 54.35 | 0.87 |
| 0.05~0.10 | 9558.94 | 40.409 | 0.0714 | 53.25 | 0.97 |
| 0.10~0.20 | 2853.54 | 12.063 | 0.1224 | 51.33 | 1.91 |
| 0.20~0.60 | 715.62 | 3.025 | 0.3197 | 48.66 | 1.52 |
| 0.60~0.80 | 118.27 | 0.500 | 0.6812 | 44.62 | 1.85 |
| >0.80 | 191.31 | 0.809 | 1.1225 | 38.99 | 1.66 |
| 合计/平均值 | 23655.76 | 100.000 | 0.0758 | 53.19 | 1.06 |

以 1434m 水平为例，分别建立的 1434m 综合水平分层平面图（图 3 - 9）以及 CaO、MgO、$K_2O +$

$Na_2O$ 三种化学成分的水平分层分布图（图 3 - 10 ~ 图 3 - 12）。通过对圈入开采境界内的各水平矿石、夹层和顶底板围岩进行化学组分计算，确定矿岩搭配比例，实现资源的综合利用。

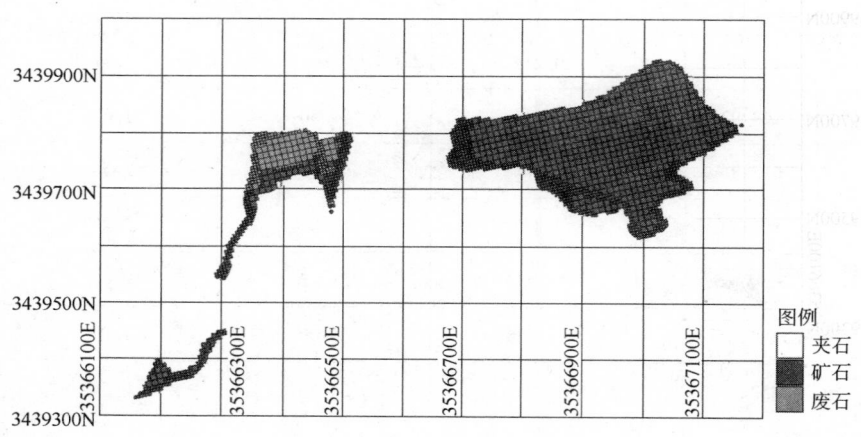

图 3 - 9　1434m 水平分层平面图

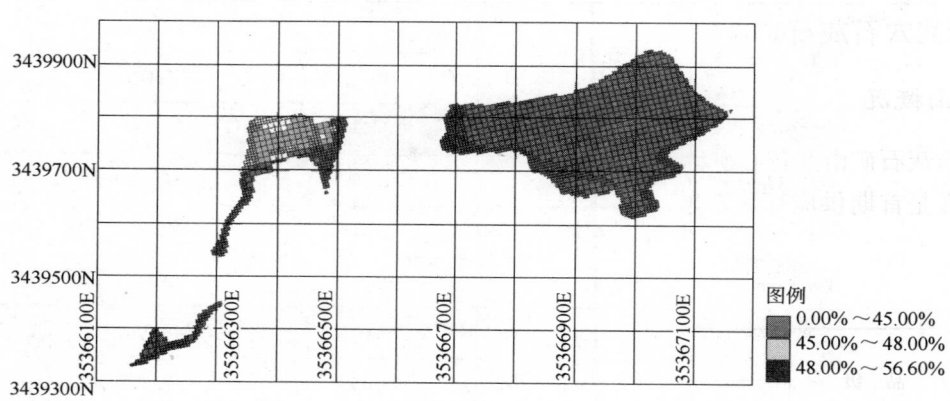

图 3 - 10　1434m 水平分层平面图（CaO）

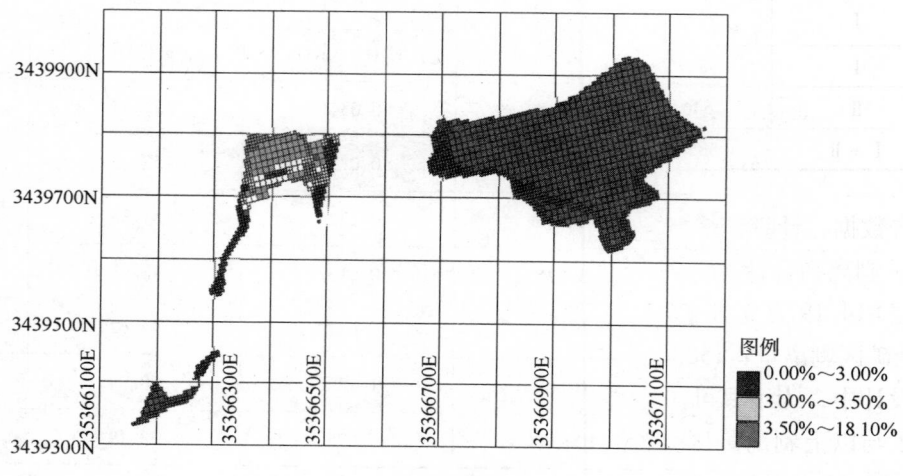

图 3 - 11　1434m 水平分层平面图（MgO）

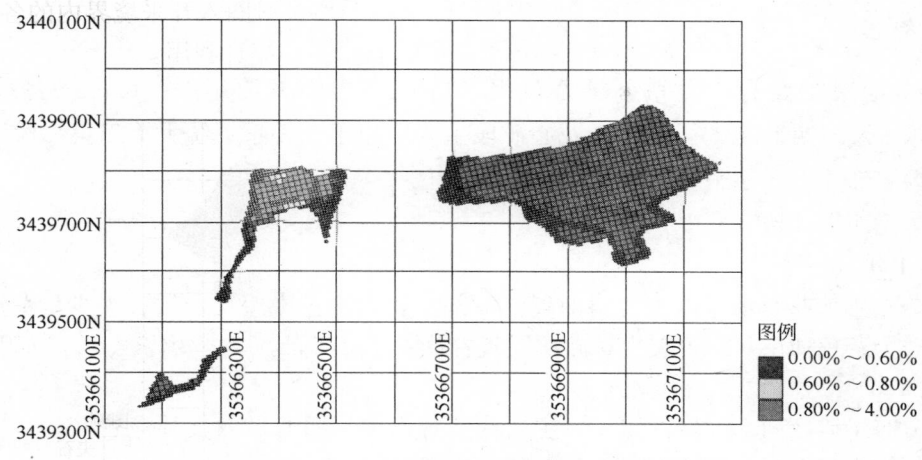

图 3 - 12　1434m 水平分层平面图（$K_2O + Na_2O$）

图例
- 0.00% ～ 0.60%
- 0.60% ～ 0.80%
- 0.80% ～ 4.00%

# 第四节　矿产资源综合利用实例

## 一、华新武穴石灰石矿合理规划综合利用实例

### （一）矿山概况

华新武穴石灰石矿由莲花心矿段、大塘矿段和朱家垴矿段组成，由莲花心矿段及大塘矿段所组成的莲花心大塘矿区是首期供应厂区 2 × 6000t/d 生产线的石灰石矿山原料基地，该矿区共有资源储量见表 3 - 7。

表 3 - 7　莲花心和大塘矿段资源储量

| 矿　段 | 品　级 | 资源量/储量/万吨 | | | | 占矿区总量比例/% |
| --- | --- | --- | --- | --- | --- | --- |
| | | 111b | 122b | 333 | 合　计 | |
| 莲花心 | I | 2589.2 | 3920.5 | 2135.7 | 8645.4 | 81.38 |
| | II | 546.6 | 1135.7 | 295.9 | 1978.2 | 18.62 |
| | I + II | 3135.8 | 5056.2 | 2431.6 | 10623.6 | 100 |
| 大　塘 | I | 2215.1 | 5123.1 | 6368.2 | 13706.4 | 100 |
| 全矿区 | I | 4804.3 | 9043.6 | 8503.9 | 22351.8 | 91.87 |
| | II | 546.6 | 1135.7 | 295.9 | 1978.2 | 8.13 |
| | I + II | 5350.9 | 10179.3 | 8799.8 | 24330.0 | 100 |

根据地质报告数据，计算该矿区的理论剥离量如下：莲花心矿段的顶板盖层 37.59 万立方米，夹石层 438.13 万立方米，剥离物合计 475.72 万立方米，平均剥采比 0.12:1m³/m³；大塘矿段的顶板盖层 287.42 万立方米，夹石层 814.19 万立方米，表土 11.34 万立方米，剥离物合计 1112.95 万立方米，平均剥采比 0.22:1m³/m³；全矿区剥离量：1588.67 万立方米，平均剥采比 0.15:1m³/m³。

实际在开采设计中，为了尽可能地多开采一些矿石，还将剥离掉部分覆盖在矿层上的顶板围岩，此部分在设计中为了与以上剥离量区分计算，称为外剥离量。因此该矿山的实际剥采比将超过 0.15:1m³/m³。按供应 2 × 6000t/d 水泥熟料生产线的矿石量计算，年所需矿石将达到 500 万吨左右，年剥离量将达到 100 万吨，数量巨大，如不加以综合利用，将会对开采、运输以及排弃等系统造成极大的压力。

## （二）地质概况

该矿区内分布地层主要有二叠系下统茅口组（$P_1m$）、中统龙潭组（$P_2l$），三叠系下统大冶组（$T_1d$）、中统（$T_2^1$）及第四系（Q）。其中莲花心矿段主要分布于三叠系下统大冶组第二段（$T_1d^2$）地层中，大塘矿段主要分布于三叠系中统大冶组（$T_2^1$）地层中。

三叠系下统大冶组第二段（$T_1d^2$）分为五层。

### 1. 第一层（$T_1d^{2-1}$）

第一层主要分布于莲花心水库以东背斜两翼。下部主要为灰色中厚层灰岩，夹少量薄层灰岩，层理发育。中上部主要为灰色薄层灰岩，夹少量微薄层灰岩及中厚层灰岩。厚度变化较大，为22.7~120.7m。

### 2. 第二层（$T_1d^{2-2}$）

第二层主要分布于矿区南部。岩性单一，主要为灰色微薄－页片状含泥质条带灰岩，夹少量薄层灰岩。该套地层内揉皱现象发育。厚度17.6~129.9m。

### 3. 第三层（$T_1d^{2-3}$）

第三层主要分布于矿区中南部，背斜北东翼。主要岩性为灰色薄－中厚层灰岩夹少量厚层灰岩。顶部有一层厚约60cm的厚层灰岩，为分层标志。厚度7.2~42m。

### 4. 第四层（$T_1d^{2-4}$）

第四层主要分布于矿区中南部，背斜北东翼。岩性主要为灰色薄－中厚层灰岩，中下部夹少量黄灰色含泥质薄层灰岩。底部为红色薄层灰岩、含泥质灰岩，夹少量灰色薄层灰岩，厚度变化大，为8.9~46.2m。

### 5. 第五层（$T_1d^{2-5}$）

第五层主要分布于矿区中部，背斜北东翼。岩性特征：下部为灰色中－厚层灰岩，层理发育，中上部为浅灰－灰色、淡－浅肉红色厚层~块状灰岩，含白云质灰岩。层理不甚明显，发育缝合线构造。厚度17.5~69.8m。

各矿层矿石质量较为稳定，莲花心矿段各矿层平均化学成分见表3-8，大塘矿段矿层化学成分见表3-9。

**表3-8  莲花心矿段各矿层平均化学成分**　　　　　　　　　　　　　　　　　　　　（％）

| 矿层 | CaO | MgO | $SiO_2$ | $Al_2O_3$ | $Fe_2O_3$ | $R_2O$ | $SO_3$ | $Cl^-$ | 损失 |
|---|---|---|---|---|---|---|---|---|---|
| $P_1m$ | 53.97 | 0.38 | 2.53 | 0.24 | 0.17 | 0.066 | 0.030 | 0.005 | 42.30 |
| $T_1d^{1-2}$ | 47.05 | 1.12 | 9.22 | 2.09 | 1.03 | 0.442 | 0.415 | 0.003 | 38.35 |
| $T_1d^{2-1}$ | 52.82 | 0.63 | 2.82 | 0.63 | 0.35 | 0.118 | 0.152 | 0.004 | 42.13 |
| $T_1d^{2-2}$ | 49.26 | 0.51 | 6.68 | 1.72 | 0.70 | 0.343 | 0.149 | 0.004 | 39.76 |
| $T_1d^{2-3}$ | 50.28 | 0.79 | 5.27 | 1.37 | 0.55 | 0.362 | 0.169 | 0.007 | 40.60 |
| $T_1d^{2-4}$ | 49.75 | 0.67 | 5.81 | 1.44 | 0.58 | 0.431 | 0.209 | 0.007 | 40.26 |
| $T_1d^{2-5}$ | 52.74 | 1.30 | 1.92 | 0.51 | 0.28 | 0.107 | 0.098 | 0.008 | 42.80 |

**表3-9  大塘矿段各矿层平均化学成分**　　　　　　　　　　　　　　　　　　　　（％）

| 矿层 | CaO | MgO | $SiO_2$ | $Al_2O_3$ | $Fe_2O_3$ | $R_2O$ | $SO_3$ | $Cl^-$ | 损失 |
|---|---|---|---|---|---|---|---|---|---|
| $T_2^1$ | 52.69 | 0.78 | 2.78 | 0.68 | 0.28 | 0.162 | 0.069 | 0.010 | 42.14 |

莲花心矿段的矿体顶板分布于0勘探线以东，矿段东南部枫树洞一带。由三叠系下统大冶组第三段（$T_1d^3$）组成。岩性为灰、浅灰色－浅肉红色厚层白云岩、白云质灰岩。厚度大于100m，平均化学成分CaO 43.08%，MgO 10.23%。矿体底板分布于矿区中部山顶，总体走向北西南东，与山脉总体走向一致。矿体直接底板为三叠系大冶组第二段第五层（$T_1d^{2-5}$）顶部的灰－浅灰色厚层含云质灰岩。矿体内夹石

主要分布于矿区东南部 $F_3$ 断层附近和 I 线附近深部，共有 $J_1$、$J_2$、$J_3$、$J_4$、$J_5$ 五组夹层，各夹层平均化学成分见表 3 – 10。

**表 3 – 10  莲花心矿段夹层平均化学成分** （%）

| 夹层 | CaO | MgO | SiO₂ | Al₂O₃ | Fe₂O₃ | R₂O | SO₃ | Cl⁻ | 损失 |
|---|---|---|---|---|---|---|---|---|---|
| J₁ | 43.52 | 0.85 | 11.43 | 2.72 | 1.48 | 0.662 | 0.059 | 0.006 | 41.22 |
| J₂ | 44.28 | 1.00 | 12.95 | 3.26 | 1.58 | 0.707 | 0.307 | 0.003 | 35.98 |
| J₃ | 10.54 | 0.60 | 50.79 | 9.15 | 3.84 | 1.8 | 0.01 | 0.001 | 15.76 |
| J₄ | 51.51 | 0.92 | 4.93 | 0.22 | 0.24 | 0.028 | 0.067 | 0.006 | 41.40 |
| J₅ | 49.37 | 3.69 | 2.27 | 0.66 | 0.40 | 0.103 | 0.155 | 0.007 | 42.99 |

大塘矿段的矿体顶板为三叠系下统大冶组第三段（$T_1d^3$）分布于矿区中部山顶，岩性为浅灰色 – 浅肉红色厚层白云岩、白云质灰岩。厚度大于 200m，平均化学成分 CaO 35.57%，MgO 13.89%。矿体底板也为三叠系大冶组（$T_1d^3$），岩性为浅灰 – 灰色、浅红色薄 – 中厚层含白云岩、云质灰岩。平均化学成分 CaO 35.25%，MgO 15.52%。矿体夹石为三叠系中统第二段（$T_2^2$），岩性复杂，主要为厚层 ~ 块状浅红色、浅灰色白云岩、白云质灰岩、角砾状白云岩等，向走向、倾向及厚度方向化学成分变化均较大，剥离量为 919 万立方米。大塘矿段夹层平均化学成分见表 3 – 11。

**表 3 – 11  大塘矿段夹层平均化学成分** （%）

| 夹层 | CaO | MgO | SiO₂ | Al₂O₃ | Fe₂O₃ | R₂O | SO₃ | Cl⁻ | 损失 |
|---|---|---|---|---|---|---|---|---|---|
| T₂² | 41.80 | 9.82 | 2.54 | 0.49 | 0.34 | 0.065 | 0.051 | 0.015 | 43.90 |

由以上矿岩化学成分及分布可知，莲花心、大塘矿段的剥离物可分为两种类型：一种是内剥离物，即矿体内部的夹层，此部分主要为低钙高硅型，通过与矿石的合理搭配，可以生产出合格熟料来，但要控制搭配量；另一种剥离物为外剥离物，即矿体的顶底板，此部分均为高镁的白云质灰岩，MgO 含量平均值在 10% 左右，通过原料的配料计算，仅有少部分可以与矿石搭配进厂，大部分只能排弃。

根据采剥进度计划表，可以清楚地看出该矿山基建投产后每年的分类剥离量，详见表 3 – 12。

**表 3 – 12  基建投产后每年的分类剥离量** （万吨）

| 年 份 | 矿石量 | 剥离量 | | | 可搭配的剥离量 | 需排弃的剥离量 |
|---|---|---|---|---|---|---|
| | | 内剥离量 | 外剥离量 | 合 计 | | |
| 第一年 | 504 | 77.0 | 118.9 | 195.9 | 83 | 112.9 |
| 第二年 | 504 | 68.8 | 83.0 | 151.8 | 83 | 68.8 |
| 第三年 | 504 | 105.4 | 83.7 | 189.1 | 90 | 99.1 |
| 第四年 | 504 | 167.8 | 130.0 | 297.8 | 90 | 207.8 |
| 第五年 | 504 | 136.0 | 126.8 | 262.8 | 90 | 172.8 |
| 第六年 | 504 | 132.3 | 115.0 | 247.3 | 92 | 155.3 |
| 第七年 | 504 | 122.2 | 115.5 | 237.7 | 92 | 145.7 |
| 第八年 | 504 | 127.9 | 123.0 | 250.9 | 92 | 158.9 |
| 第九年 | 504 | 122.0 | 123.0 | 245.0 | 92 | 153.0 |
| 第十年 | 504 | 120.0 | 125.1 | 245.1 | 92 | 153.1 |

## （三）综合利用情况

通过表 3 – 12 可知，该矿山投产后的前十年内，每年总的剥离物数量在 150 ~ 300 万吨之间，平均每年为 230 万吨，考虑可搭配的部分之后，每年还需排弃约 150 万吨。此部分不仅将加大矿山的生产运营费用，还将需要额外征地来建设废石场，也将对矿山安全与周边环境产生不利影响。

本矿山剥离物的综合利用主要从以下两个方面解决：

（1）通过对生产的精心组织，工作面上采用多台段搭配开采，在满足矿石进厂指标的前提下，部分剥离物被送入水泥生产线去生产水泥。

（2）剩余部分主要是外剥离物，其抗压强度、有害成分等关键指标均符合国家标准《建设用卵石、碎石》（GB/T 14685）中的相关规定，因此将被利用，建设砂石骨料生产线，所生产的砂石骨料可以用来生产商品混凝土出售，这样既可以回收此部分剥离物的开采成本，还将产生一部分利润。

由以上设计计算可知，前十年内每年需外排的剥离物为 150 万吨左右。因此业主在矿区附近一块可以利用的空地，建设了年产 150 万吨的砂石骨料生产线，骨料产品分为 0 ~ 5mm、5 ~ 10mm、10 ~ 20mm、20 ~ 31.5mm 四种粒径。骨料生产线工艺流程如图 3 - 13 所示。

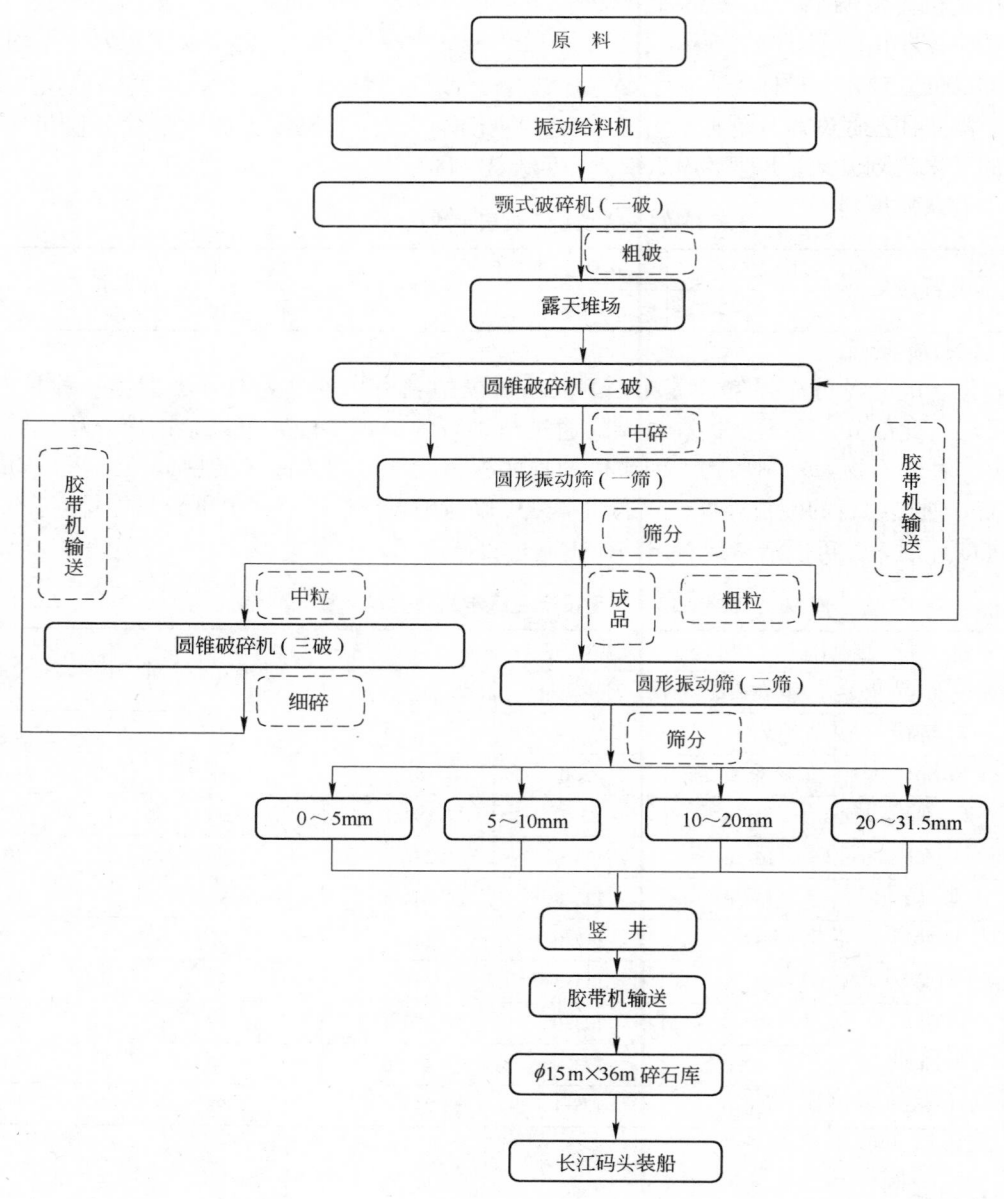

图 3 - 13 华新武穴骨料生产线工艺流程

## 二、北京龙宝峪和黄院石灰石矿资源整合设计实例

### （一）项目情况简介

北京金隅矿业有限公司所属的龙宝峪和黄院石灰石矿已经有几十年的开采历史。现矿区内有 7 个小的采石场，均由北京市国土资源局于 2007～2009 年颁发采矿许可证。各采场均采用潜孔钻穿孔、液压挖掘机采装、汽车运输的方式，合计年生产石灰石矿石约 150 万吨。由于整个矿区未能做到统一规划、协调开采，造成对矿区地形地貌完整性的破坏，同时由于各采场重采轻剥，造成采剥失衡，剥离欠账较多，存在较大的安全隐患。另外，在开采、运输及破碎筛分等环节过程中，这些小采石场极不注重环保，给当地环境造成污染。

北京市有关政府部门批准实施此项目的目的，一是想借此机会关停现有七家混乱开采的小采石场；二是借金隅集团的大公司之手，对本矿山的资源进行综合利用，确保矿山的开采绿化与环保双达标。金隅集团也可以借此机会整合并扩大矿山产能，以满足自身水泥生产线对石灰石矿石的需求。但是从已有的地质资料来看，该矿山剥采比较大，理论剥采比超过 1:1，如果不同时采取有效措施来消化大量的剥离物，那么政府部门的立项目标就难以达到。

设计院与金隅集团经过对地质资料的反复研究，并进行了大量的设计计算与调研工作，最终确定了该矿山零排废的开采规划方案，即对开采下来的矿岩进行三种用途的划分：一是将合格石灰石矿石供应给现有水泥厂当石灰质原料；二是新建骨料生产线，利用剥离物生产建筑石料；三是将矿山无法搭配利用的表层土与部分夹层以及骨料生产线中产生的需要外排的土石混合物等作为道路路基材料，这样一来矿山可以不用再设置废石场。

### （二）矿区地质概况

矿体赋存于奥陶系马家沟组第一段、第三段以及冶里组地层中，矿体呈层状，产状与地层产状基本一致，总体倾向北东，倾角 40°～50°。由于受到以往开采影响，矿体连续性遭到破坏，有些地段形成矿坑。

整个矿区由龙宝峪矿段、连接矿段与黄院矿段等三部分组成，龙宝峪矿段由 K1 和 K2 二个矿体组成。连接矿段为龙宝峪矿段与黄院矿段之间连接的部分，黄院矿段由 Ⅰ、Ⅱ、Ⅲ、Ⅳ 四个矿体组成。

龙宝峪矿段矿体呈单斜层状产出，与地层产状一致，倾向北东 25°左右，倾角 40°～50°。矿体受褶皱构造影响分布零乱，厚度变化和空间位置均变得较为复杂。矿石自然类型主要为厚层状粉～砂晶灰岩，其次为豹斑状粉～砂晶灰岩。矿石品位较稳定，工业品级主要为 Ⅰ 级品。矿体顶板围岩为马家沟组第四段泥～粉晶白云岩与粉～砂晶灰岩互层，底板为马家沟组第二段粉～砂晶白云岩，豹斑状粉～砂晶灰岩。矿体与顶板界线清楚，肉眼易于区分。矿体底板为 K1、K2 矿体间夹石，但矿体在 E7、E8、E10 线以东与 K1 矿体合二为一，矿体间夹石尖灭。

连接矿段核实区内均连续出露，总体呈 NW295°～320°方向不均匀带状分布，厚度变化较大。矿石自然类型为青灰色砂晶灰岩，CaO 含量较高，一般达到 48% 以上，最高达 52.59%；MgO 含量最低为 0.29%，最高达 3.38%，平均为 1.23%；但 $K_2O$ 含量普遍较高，最低 0.26%，一般为 0.5%～1.0%，平均为 0.77%，达到 Ⅱ 级品矿石质量要求，属于高钙高碱石灰岩。含矿层顶板为亮甲山组泥质条带灰质白云岩、白云岩，含矿层底板为寒武系炒米店组泥质、粉砂质条带粉晶泥灰岩。含矿层与顶底板岩石界线较清楚，肉眼均可区别。

黄院矿段赋存于马家沟组第一段（$O_2m^1$）中，矿层在本矿段出露长度 1900m 以上，工程控制长度 1351.58m，为该矿段主矿体。矿体出露地表部分受地形切割影响，标高变化较大，最高 345.3m，最低 203.8m，延深最低控制标高为 178m。矿体沿走向产状较稳定，总体走向 290°，倾向 15°～40°，倾角一般 40°～50°，局部地段倾角变化较大，如 7 线 1 号矿体最缓处仅 26°。经地表追索，矿体除局部被第四系覆盖外，大部露头连续，厚度稳定。矿体最大厚度在 EX6 采样线为 70.10m，最小厚度在 TC5 槽，仅

37.17m，平均厚度 54.43m，厚度变化系数为 18.81%。矿体中矿石自然类型主要为厚层状粉～砂晶灰岩，其次为豹斑状粉～砂晶灰岩。矿体底板为亮甲山组第四段，岩性为膏溶角砾岩，顶板为马家沟组第二段粉～砂晶白云岩，含灰或灰质白云岩夹灰岩。矿体与围岩界线清楚，较易区分。

以 2010 年 3 月 31 日为评估基准日，核实区内保有水泥用灰岩矿资源储量总计为 5390.90 万吨（龙宝峪矿段 2336.01 万吨、黄院矿段 1731.09 万吨、连接矿段 1323.80 万吨），其中（122b）基础储量为 3966.56 万吨，（333）内蕴资源量为 100.54 万吨、（334）? 资源量为 1323.80 万吨。

### （三）矿床资源综合利用情况

经过地质圈矿，计算出开采境界内共有水泥灰岩矿石 7645.9 万吨，剥离物 4486.06 万立方米，剥采比为 1.53∶1（m³/m³）。

圈定矿石量比地质报告圈定矿量多的原因是：地质报告中南部冶里组圈矿时只计算了连接矿段的矿量，本次圈矿时将黄院矿区和龙宝峪矿区冶里组矿量全部计算在内。龙宝峪矿段 E4 西部储量地质报告没有计算储量，本次圈矿时本着充分利用资源的原则也计算在内了。

矿山总的生产规模设计为 1000 万吨/年，其中水泥用石灰岩生产规模为 400 万吨/年，剥离物生产规模为 600 万吨/年。剥离物根据岩性不同分为两种用途，性能符合砂石骨料生产要求的剥离物约为 560 万吨/年，将被用来加工成砂石骨料，每年可生产砂石骨料成品约为 510 万吨左右，砂石骨料加工过程中产生的需要外排的废渣约 50 万吨/年；还有约 40 万吨/年的剥离物为一些软弱岩石，既不能生产水泥，也不能加工成砂石骨料，设计中考虑将此部分剥离物连同骨料生产过程中产生的废渣一共 90 万吨/年作为将来道路铺路石等用途，矿山最终将做到"零排废"生产。

矿山设计采用水平分层开采法，台阶高度为 15m，最小工作平台宽度 40～50m。工作面垂直矿层走向布置，沿走向推进。为了均衡地、持续地开采矿石，必须有计划地进行矿山准备工作，确保矿山生产能力和各台阶顺利进线。矿山生产统筹规划，编制合理采掘进度计划，加强生产组织和管理，确保矿山均衡生产。

矿山生产采用高风压潜孔钻机穿孔，中深孔逐孔微差爆破，液压挖掘机铲装，矿用自卸汽车运输。

水泥灰岩破碎系统的破碎车间设在矿区东侧的金子沟，与建筑石生产线在同一生产区场地，卸料平台标高为 205m，破碎车间标高为 195m，碎石库 2×φ15m，单库容量 6000t，库设在车场标高为 175m，上库胶带机设计敞开式胶带机廊道，胶带机水平长约 185m。

建筑骨料生产线的破碎筛分系统设在矿区东侧的金子沟，物料经棒条振动给料机剔除天然细料和土，原矿经过棒条振动给料机喂入颚式破碎机初破后，通过出料胶带机送至第一筛分机，筛分后物料将被分成两部分：第一部分为小于 5mm 的废土，通过胶带机直接送至堆场作为道路路基材料，用于矿山内部运输道路或矿区外部道路的日常维护使用，或者采矿场的覆土绿化等；第二部分为大于 5mm 的矿石，由胶带机送至反击式破碎机。

物料反击式破碎机中碎后，通过胶带机送至第二筛分机，筛分后物料被分为三个部分：第一部分为大于 50mm 的超标矿石，由胶带机返送回二破，实现破碎筛分闭环；第二部分为 25～50mm 的矿石，通过胶带机送至立轴破碎机继续破碎，经三破破碎后的物料经胶带机运至筛分机，筛分将物料分为三组分，分别为 0～5mm、5～15mm、15～25mm。其中 0～5mm 物料用胶带机运至石料储存库；第三部分为 0～25mm 的成品，通过筛分分别为 0～5mm、5～15mm、15～25mm。其中 0～5mm 物料用胶带机运至石料储存库。

## 三、Ⅲ类型复杂矿床资源综合利用实例

### （一）矿山概况

蓟县大火尖山石灰石矿最早是天津市水泥厂的石灰质原料基地，该矿山于 1982 年开工建设，1986 年建成投产，设计规模为 90 万吨/年（水泥石 49 万吨/年，建筑石 41 万吨/年），石灰石进厂品位要求：

$CaO \geqslant 48\%$，$MgO \leqslant 2.5\%$。

1999年，随着天津市振兴水泥厂2000t/d水泥熟料生产线的上马，矿山进行了提产改造，设计规模为260万吨/年（水泥石210万吨/年，建筑石50万吨/年），石灰石进厂品位要求：$CaO \geqslant 46.5\%$，$MgO \leqslant 3.2\%$。随着市场需求量的增大，该矿实际生产能力已超过300万吨/年。

早在矿山地质勘探时期，在对北京建材地质总队提交的地质报告审批中认为：该矿层位于震旦亚界蓟县系铁岭组，属浅滨海相沉积。因燧石结核、白云质斑块不规律的分布，造成化学组分变化复杂。地质队虽用较密的工程，求出的B级储量仍然很少，该矿属于典型的Ⅲ类复杂矿床，并在国家储委颁布的《水泥原料矿地质勘探规范》中作为复杂矿床的实例举出。1999年该矿扩建时，在设计院内曾引起不小的技术争论，也引起了有关部门与专业人士的关注与重视，对矿山可否作为2000t/d以上水泥熟料生产线的合格原料基地也引起了担心。

1. 地质概况

矿床主要赋存于中上元古界蓟县系铁岭组地层中，主要岩性为厚－中厚层状石灰岩及柱状或波纹状叠层石灰岩。矿层以层状产出，构造简单，除局部层面有缓波状褶曲外，均为单斜层，矿体走向北西319°，倾向南西，倾角30°～40°。矿床沿走向长度为1100m，出露厚度为600m。依据矿石化学成分、矿体赋存层位及空间位置，自下而上将矿床划分为Ⅰ～Ⅴ五个矿层。

根据地质报告提供的数据，经加权统计计算，各矿体层位、厚度及平均化学成分见表3-13。

表3-13 各矿体层位、厚度及平均化学成分

| 矿体 | 赋矿层位 | 平均厚度/m | 成分/% | | | | | | | | |
|---|---|---|---|---|---|---|---|---|---|---|---|
| | | | 损失 | $SiO_2$ | $Al_2O_3$ | $Fe_2O_3$ | CaO | MgO | $K_2O$ | $Na_2O$ | $SO_3$ |
| Ⅰ | $Pt_2jt_2^{1-2}$ | 47.51 | 39.46 | 8.62 | 0.84 | 0.40 | 48.12 | 2.22 | 0.26 | 0.02 | 0.02 |
| Ⅱ | $Pt_2jt_2^2$ | 14.25 | 42.18 | 3.11 | 0.48 | 0.25 | 50.68 | 2.55 | 0.20 | 0.01 | 0.01 |
| Ⅲ | $Pt_2jt_2^3$ | 11.89 | 42.56 | 2.49 | 0.49 | 0.27 | 50.70 | 2.71 | 0.19 | 0.01 | 0.01 |
| Ⅳ | $Pt_2jt_2^5$ | 21.18 | 42.13 | 3.18 | 0.64 | 0.37 | 50.33 | 2.28 | 0.32 | 0.07 | 0.02 |
| Ⅴ | $Pt_2jt_2^{5-6}$ | 14.62 | 40.35 | 5.97 | 1.27 | 0.68 | 48.64 | 2.19 | 0.53 | 0.02 | 0.03 |
| 平均 | | | 40.45 | 6.40 | 0.82 | 0.40 | 49.13 | 2.32 | 0.27 | 0.03 | 0.02 |

矿床底板为锰质、硅质灰岩$Pt_2jt_2^1$，顶板为条带状硅质石灰岩$Pt_2jt_2^7$。矿区内有四个较大的高镁夹层，平均厚度4.87～14.12m。矿区基岩出露较好，节理裂隙较为发育，裂隙充填物主要为黏土和灰岩，总裂隙率5.3%。矿区内燧石结核与硅质结核较为发育（主要赋存于Ⅰ矿体中），总平均结核率大于4%。夹石、裂隙充填物和结核的平均化学成分见表3-14。

表3-14 夹石、裂隙充填物和结核的平均化学成分 （%）

| 成分 | 损失 | $SiO_2$ | $Al_2O_3$ | $Fe_2O_3$ | CaO | MgO | $K_2O$ | $Na_2O$ | $SO_3$ |
|---|---|---|---|---|---|---|---|---|---|
| 夹石 | | | | | 45.30 | 5.59 | | | |
| 裂隙充填物 | 28.23 | 24.21 | 8.54 | 4.27 | 32.02 | 1.06 | 0.91 | 0.22 | 0.02 |
| 燧石结核 | 14.33 | 66.42 | 0.68 | 1.84 | 13.36 | 2.04 | | | |
| 硅质结核 | 25.61 | 40.19 | 0.73 | 0.54 | 30.26 | 1.77 | | | |

2. 生产情况

由于天津市无法找到合适的石灰质原料基地，即使该矿山的地质情况如此复杂，也要尽量加以利用。1986年，按水泥厂的需要，将矿层及部分可搭配的夹层作为水泥石（水泥灰岩）生产，其余品位不合格的夹层，全部作为建筑石（建筑灰岩）生产。当时设计中采用了两套溜井系统，分别卸入水泥石或建筑石，并分别经过装车硐室装入6.5m³侧卸式矿车运往破碎卸料仓。

1999年，振兴水泥厂上马时，再按以前的石灰石进厂指标肯定无法组织生产，设计院经过试验指出，

可酌情将矿石中 MgO 的进厂指标由不大于 2.5% 变为不大于 3.2%。据此进厂指标，设计院利用三维彩色矿块模型系统对该矿山进行了详尽的地质建模、品位建模、矿岩建模等，计算出了各台阶的 CaO、MgO 化学成分。通过计算，确定 195m、180m、165m 三个台阶的夹层可全部搭配利用，150m、135m、120m 三个台阶可掺入一半夹层，105~60m 台阶可掺入三分之一的夹层；未考虑掺入的夹层可加工成建筑石料对外销售。

矿山自 1986 年投产至今，已累计生产 27 年，历年产量统计见表 3-15。

表 3-15　蓟县东营房水泥石矿历年产量统计

| 年　份 | 水泥石/万吨·年⁻¹ | 建筑石/万吨·年⁻¹ | 合计/万吨·年⁻¹ | 建筑石:水泥石 $n(t/t)$ | 总　　计 | | | | 统计年份 |
|---|---|---|---|---|---|---|---|---|---|
| | | | | | 水泥石/万吨·年⁻¹ | 建筑石/万吨·年⁻¹ | 合计/万吨·年⁻¹ | 建筑石:水泥石 $n(t/t)$ | |
| 1986 | 12.69 | 2.72 | 15.41 | | | | | | |
| 1987 | 15.17 | 31.77 | 46.94 | | | | | | |
| 1988 | 28.77 | 41.90 | 70.67 | | | | | | |
| 1989 | 24.29 | 50.87 | 75.16 | | | | | | |
| 1990 | 22.21 | 38.37 | 60.58 | | | | | | |
| 1991 | 24.63 | 58.23 | 82.86 | | 321.09 | 452.26 | 773.35 | 1.41:1 | 1986~1997 |
| 1992 | 24.87 | 34.80 | 59.67 | | | | | | |
| 1993 | 37.54 | 44.39 | 81.93 | | | | | | |
| 1994 | 30.09 | 44.11 | 74.20 | | | | | | |
| 1995 | 24.14 | 37.55 | 61.69 | | | | | | |
| 1996 | 44.88 | 32.49 | 77.37 | | | | | | |
| 1997 | 31.81 | 35.06 | 66.87 | | | | | | |
| 小计 | 321.09 | 452.26 | 773.35 | 1.41:1 | | | | | |
| 1998.6~1998.12 | 47.49 | 13.42 | 60.91 | | | | | | |
| 1999 | 108.76 | 9.53 | 118.28 | 0.28:1 | 781.76 | 486.44 | 1266.20 | 0.62:1 | 1986~2001 |
| 2000 | 137.97 | 5.06 | 143.03 | | | | | | |
| 2001 | 166.68 | 5.94 | 172.62 | | | | | | |
| 2002 | 200.49 | 0.81 | 201.30 | 0.004:1 | 982.25 | 487.02 | 1490.93 | 0.52:1 | 1986~2002 |
| 2003 | 210.28 | 3.55 | 213.83 | 0.017:1 | 1192.76 | 490.57 | 1673.33 | 0.41:1 | 1986~2003 |
| 2004 | 232.12 | 8.00 | 242.12 | 0.035:1 | 1424.88 | 498.57 | 1923.45 | 0.35:1 | 1986~2004 |
| 2005 | 264.03 | 38.65 | 302.68 | 0.02:1 | 1688.91 | 537.22 | 2226.13 | 0.32:1 | 1986~2005 |
| 2006 | 327.75 | 0.07 | 327.82 | 0.002:1 | 2016.66 | 537.18 | 2553.84 | 0.27:1 | 1986~2006 |
| 2007 | 306.00 | 1.00 | 307.00 | 0.003:1 | 2323.66 | 538.18 | 2861.84 | 0.23:1 | 1986~2007 |
| 2008 | 289.00 | 3.47 | 292.47 | 0.012:1 | 2612.66 | 541.65 | 3154.31 | 0.21:1 | 1986~2008 |
| 2009 | 282.30 | — | 282.30 | 0.000:1 | 2894.96 | 541.65 | 3436.61 | 0.19:1 | 1986~2009 |
| 2010 | 303.35 | — | 303.35 | 0.000:1 | 3198.31 | 541.65 | 3739.96 | 0.17:1 | 1986~2010 |
| 2011 | 317.00 | 20.00 | 337.00 | 0.06:1 | 3515.31 | 561.65 | 4076.96 | 0.16:1 | |
| 2012 | 357.9 | 80.00 | 437.9 | 0.22:1 | 3873.21 | 641.65 | 4514.86 | 0.14:1 | |
| 1998.6~2012 | | | | | 3873.81 | 189.39 | 4063.20 | 0.049:1 | 1998.6~2012 |
| 1986~2012 | | | | | 4093.77 | 641.65 | 4735.42 | 0.16:1 | 1986~2012 |

从表 3-15 可以看出：由 1986~1998 年，其建筑石与水泥石之比为 1.41:1(t/t)。而在 1998 年 6 月振兴水泥厂的新型干法线投产之后，由于水泥厂的配料与工艺设计是针对矿山铁岭组灰岩的特征进行的，

设计上采取了一系列的有效措施，矿山与水泥厂生产中又有效地进行了质量控制与管理，矿山生产的建筑石与水泥石之比降到 0.049∶1(t/t)，使矿产资源得到了充分的利用。

### （二）原料均化链

针对原料的特点，在水泥厂工艺设计上也采取了多项生产控制措施。在均化、配料及煅烧上，各项设计的方案措施都是行之有效的。以下仅就原料均化链的几个环节做简要叙述。

**1. 矿山开采方面**

依据三维彩色矿块模型系统进行地质采矿设计，采用工作面垂直或斜交走向布置、沿走向推进的横向采掘法进行采矿，这样同一工作面矿层与夹层均暴露出来，有利于矿岩质量搭配与均衡开采。

**2. 原料预均化方面**

（1）在工厂设置石灰石预均化堆场（为 φ80m 圆形均化堆场），储存量为 28000t，进一步进行矿石品级搭配。

（2）针对砂岩、铁矿石、铝矾土和煤的均化，设置了矩形预均化堆场。

**3. 原料调配方面**

原料调配站设置了四个配料仓：石灰石、砂岩、铝矾土和铁矿石仓，并设置 X 荧光分析仪，检测半成品及成品，将根据分析出的各个率值、数值，及时调整原料配比。

**4. 采用新型多点流式生料均化库**

采用天津水泥设计院自行开发的 TP-1 型生料均化库，库底带中心锥，库底环形充气区耗气量少，每个卸料口上部有钢制减压锥，入库生料经溢流式生料分配器使生料在库内均匀分布。库底有套筒式小仓，小仓集称重、喂料、搅拌作用于一体，出库生料 CaO 的标准偏差小于 0.25%。

生产实践证明，2000t/d 预分解窑可以利用低品位石灰石生产出优质低碱熟料。窑的热力强度高，适应能力强。熟料结粒细小，均匀，没有黄心料，磨制的水泥呈浅灰色。从岩相分析结果证明，烧出的熟料结构致密，矿物晶体发育规则，比较完整。

合理调整熟料率值。经多次调整，可以将率值控制为：

KH = 0.90 ± 0.02

SM = 2.7 ± 0.1，1M = 1.3 ± 0.1

当 KH 值在 0.92 以下时，熟料中的 fCaO 都能得到很好的控制。

### （三）矿石质量控制及均化配矿措施

**1. 矿石质量控制措施**

矿石质量控制措施包括：

（1）加强生产勘探。矿山配备地质钻机和探槽取样机，按 50m×50m 网度进行取样化验，编录并绘制矿石、夹石品位分布图，准确掌握采矿工作面矿岩分布情况。

（2）闭路式的质量控制体系。生产中加强生产地质工作，进行钻孔取样、爆堆取样、铲窝取样、水泥石入仓取样、车皮取样等多重联合取样体系，根据样品化验结果即使调整矿岩搭配方案，从而控制进厂石灰石质量。

（3）编制采矿计划。根据生产勘探资料和生产地质工作资料，可以准确地了解矿石和夹石的品级分配情况，从而编制年度、季度、月度采掘进度计划，做到有计划地进行矿岩质量搭配。

通过以上多重措施的实施，在水泥生产的均化链中，使矿山开采这一环节的均化作用，达到充分体现。

**2. 配矿和均化措施**

大火尖山石灰石矿的矿体赋存条件复杂，CaO 和 MgO 成分波动性大。除 I 矿体较稳定外，其他矿体走向与倾向的化学品位变化均较大。而且矿体薄，质量控制非常困难。为了提高石灰石资源的利用率，采取的配矿和均化措施如下：

（1）矿山配矿方案。在潜孔钻孔岩粉取样，钻孔的取样方法：钻孔均为隔孔取样，每个样代表约 1500m³ 的矿岩体。

生产班组质量控制原则：CaO 控制 46.5% ~ 47%，MgO 控制 2.95% ~ 3.2%。

下面简要介绍采矿场配矿实例：

表 3 - 16 ~ 表 3 - 19 分别为 2011 年 8 月 1 日至 2011 年 8 月 20 日四次爆破的钻孔检验结果。

表 3 - 16　138 ~ 123m 水平西中北部钻孔检验结果

| 钻孔编号 | 爆破日期 | 检验结果/% | |
| --- | --- | --- | --- |
| | | CaO | MgO |
| 1 | 2011.8.1 | 48.55 | 4.58 |
| 2 | 2011.8.1 | 48.71 | 3.72 |
| 3 | 2011.8.1 | 46.16 | 5.69 |
| 4 | 2011.8.1 | 48.31 | 4.72 |
| 5 | 2011.8.1 | 48.07 | 5.06 |
| 6 | 2011.8.1 | 48.47 | 3.40 |
| 平　均 | | 48.05 | 4.53 |

表 3 - 17　123 ~ 108m 水平北部钻孔检验结果

| 钻孔编号 | 爆破日期 | 检验结果/% | |
| --- | --- | --- | --- |
| | | CaO | MgO |
| 1 | 2011.8.5 | 46.32 | 3.18 |
| 2 | 2011.8.5 | 46.16 | 2.49 |
| 3 | 2011.8.5 | 46.16 | 2.66 |
| 4 | 2011.8.5 | 44.89 | 3.18 |
| 5 | 2011.8.5 | 41.71 | 3.86 |
| 平　均 | | 45.05 | 3.08 |

表 3 - 18　138 ~ 123m 水平北部钻孔检验结果

| 钻孔编号 | 爆破日期 | 检验结果/% | |
| --- | --- | --- | --- |
| | | CaO | MgO |
| 1 | 2011.8.8 | 49.03 | 2.66 |
| 2 | 2011.8.8 | 48.47 | 2.46 |
| 3 | 2011.8.8 | 49.90 | 2.06 |
| 4 | 2011.8.8 | 48.71 | 2.66 |
| 5 | 2011.8.8 | 48.55 | 3.40 |
| 6 | 2011.8.8 | 49.82 | 2.60 |
| 7 | 2011.8.8 | 48.23 | 4.61 |
| 8 | 2011.8.8 | 48.39 | 3.35 |
| 平　均 | | 48.89 | 2.98 |

表 3 - 19　138 ~ 123m 水平北中东部钻孔检验结果

| 钻孔编号 | 爆破日期 | 检验结果/% | |
| --- | --- | --- | --- |
| | | CaO | MgO |
| 1 | 2011. 8. 20 | 46. 92 | 1. 76 |
| 2 | 2011. 8. 20 | 48. 90 | 1. 76 |
| 3 | 2011. 8. 20 | 47. 87 | 2. 30 |
| 4 | 2011. 8. 20 | 47. 64 | 2. 93 |
| 平　均 | | 47. 83 | 2. 19 |

通过数据分析可以看出：

表 3 - 16（138 ~ 123m 水平西中北部）为 Ⅱ 夹层，CaO 在 48% 左右，MgO 在 4% ~ 5% 之间，颜色为灰绿色，属于高 CaO、高 MgO 灰岩。

表 3 - 17（123 ~ 108 m 水平北部）为 Ⅰ 夹层，CaO 在 45% 左右，MgO 在 3% 左右，颜色为黄灰色，属于低 CaO、中高 MgO 灰岩。

表 3 - 18（138 ~ 123m 水平北部）为 Ⅲ 矿体和 Ⅱ 夹层组成，CaO 在 49% 左右，MgO 在 3% 左右，Ⅱ 夹层颜色为灰红色，部分 Ⅲ 矿体为鸡血红色，属于高 CaO、高 MgO 灰岩。

表 3 - 19（138 ~ 123m 水平北中东部）基本为 Ⅰ 矿体，CaO 在 47% 左右，MgO 在 3% 以下，颜色为灰色，属于低 CaO、低 MgO 灰岩，并且品位波动性较小。

根据以上四次爆破的钻孔检验的结果，具体配矿方法如下：

1）配矿方法一：123 ~ 108m 水平北：138 ~ 123m 水平北中东：138 ~ 123m 水平西中北：138 ~ 123m 水平北配矿比例为 2:2:1:1；

2）配矿方法二：123 ~ 108m 水平北：138 ~ 123m 水平北中东：138 ~ 123m 水平西中北：138 ~ 123m 水平北配矿比例为 2:1:1:2。

以上两方法利弊比较，方法一是 138 ~ 123m 水平北中东比例为 2，（该矿石是矿山缺乏的低 CaO，低 MgO 灰岩）；方法二是 138 ~ 123m 水平北可以单装，没有比例限制，起到往上调 CaO 的作用。

生产实践认为，方法二是合理配矿方法，既节约了低 CaO、低 MgO 灰岩，又保证了石灰石进厂质量。

（2）矿山对石灰石矿石的均化。矿山属于低品位石灰石矿，地质结构复杂，质量控制难度较大。为了保证石灰石用户质量，矿山起到石灰石矿石的初步均化作用。

在矿石的生产流程中，矿山也起到一些均化的作用。如矿石在溜井的混合、从溜井往电机车矿车斗的放料、矿车斗翻料进原矿仓、两级破碎的过程、矿石装入 48 个成品仓、由成品仓放入铁路车厢，都有一定的混合与均化效果。

多年来，蓟县东营房石灰石矿为资源综合利用，做了大量工作，积累了宝贵的利用低品位矿石的经验。

## 四、挖掘潜力延长老矿山服务年限案例

黄石黄金山石灰石矿是华新水泥黄石公司的石灰质原料矿山，自投产至今已经有 40 余年的开采历史，累计采出石灰石矿石 5500 万吨。生产期间，该矿山始终把石灰石资源的综合开采和合理利用放在第一位，尽量减少剥离土排弃和排土场的征地费用，防止了水土流失和对周围环境的污染和破坏，大大降低了矿石开采成本，同时延长了矿山的服务年限。

### （一）矿山概况

1. 矿区地质概况

黄石地区石灰石资源丰富，华新黄石公司的黄金山石灰石矿床，位于黄石市石灰窑区，地理坐标大

致为东经 115°0′45″，北纬 30°11′30″。矿区地形高度在 330~30m 标高之间。

1958~1959 年鄂南地质队勘探此矿区，编制《大冶黄金山石灰石矿床勘探报告》，1960 年 3 月经委批准储量 17382.3 万吨；1963 年鄂东地质队在鄂南地质队基础上进行补充勘探，1964 年湖北省储委批准了 B+Cl+C2 储量共计为 18702.3 万吨；其中 B 级储量为 3979 万吨。

矿石平均化学成分：CaO 52.38%，MgO 1.08%。

（1）矿区地层。矿区位于大地构造上下扬子凹陷西南，鄂东断折北缘，大冶复向斜之北黄金山向斜北翼中部，矿区出露地层为下三叠统大冶组（$T_1$）和中三叠统嘉陵江组（$T_2$）。

1）下三叠统大冶组（$T_1$）。下三叠统大冶组（$T_1$）根据岩性自下而上分为四层：

下部（$T_1^1$）：黄灰色钙质页岩与钙质页岩互层，含泥灰片扁豆体，性柔，易折断，层理极发育，风化后呈黄色薄片状，厚度 170m，为矿体间接底板。

中下部（$T_1^2$）：灰色~深灰色薄层状泥质灰岩，层理极发育，分层厚 2~10mm，层间有泥质和碳质薄膜，分界处有一层 12m 厚的中厚层石灰岩，化学成分：CaO 40%、MgO 1.16%、$SiO_2$ 16.7%，厚度 134m，为矿体直接底板。

中上部（$T_1^3$）：青灰色中厚层状石灰岩，分层厚 5~50mm，间夹薄层灰岩、质纯，厚度为 60m，为下矿层。

上部（$T_1^4$）：浅灰~深灰色厚层块状石灰岩，夹中厚、巨厚层状灰岩及白云质灰岩，厚度 405.5m，该层的下部为上矿层；上部白云质灰岩呈高镁团块，分布规律在勘探中难控制，为矿体顶板。

2）中三叠统嘉陵江组（$T_2$）。中三叠统嘉陵江组（$T_2$）根据岩性分为两个岩性层：

第一层（$T_2^1$）：含红色钙质团块白云质灰岩（中厚、厚层状），该层最下部，与 $T_1^4$ 接触处，有约层厚 18m 的白云质角砾片、砾石成分以石灰岩为主，次为含白云质灰岩及白云岩，砾石块径大小不等，多在 2~80cm 之间，分选性极差。

第二层（$T_2^2$）：灰、淡红白云质角砾岩，岩石由大小不等，棱角尖锐的石灰岩组成，被淡红色白云石胶结，厚 24m，出露于黄金山顶部。

（2）矿床地质特征。

1）矿床规模及质量特征。矿层的总厚度巨大，达 350m，质量稳定，地表为第四纪浮土层，平均厚度为 1m。矿区矿石类型分中厚层状灰岩和厚层块状灰岩，质量特征分述如下：

①中厚层状灰岩：赋存于下三叠统大冶组中上部（$T_1^3$）地层中，颜色呈深灰色，单层厚 5~50cm，多在 5~20cm 之间，含少量白云石、石英、泥质及氧化铁，中下部常含泥质条带，局部夹有灰黑色薄层泥灰岩或页岩。该层石灰岩与底板泥质灰岩（$T_1^2$）为整合接触，二者之间地貌有明显界限。中厚层灰岩的厚度较稳定，最薄处 55m，最厚处 65m，平均化学成分：CaO 51.87%、MgO 0.90%、$Fe_2O_3$ 0.45%、$Al_2O_3$ 0.87%、$SiO_2$ 3.39%，Loss 41.62%。沿走向 CaO、MgO 变化不大，CaO 为 52.7%~50.6%、MgO 小于 1%，总的来说该层质量较好。

②厚层块状灰岩：赋存于下三叠统大冶组上部（$T_1^4$）地层中，颜色呈深灰色，局部地段颜色较淡，细粒结构，块状构造。该矿层有夹层 7 条，合乎质量的矿层有 291m 厚。该层矿石质量波动大，CaO 平均为 52.22%、平均为 MgO 1.16%。总的看来，厚层灰岩上部含夹层较多，靠近顶板 MgO 显著增高，因而越往上夹层越多，变化越趋复杂，如单独开采此层时，剥采比达 0.4:1(t/t)。

2）夹层特征。矿体中共有 8 条夹层，编号为 D、E、G、J、H、P、R、S（CaO<47%，MgO>2.7%），其中 G、H、S 的厚度在 4~25m，夹层中的 MgO 含量最高达 8.21%，是矿体中的主要夹层。

2. 矿山现状

矿山由原北京水泥工业设计院于 1960 年设计，设计产量为 70 万吨/年，设计矿山石灰石开采储量为 5435.04 万吨。采用溜井平硐开拓方式，采矿场最低开采标高 90m，采掘终了最小底盘宽度 80m，采矿场开采最大深度 170mm，矿区平均剥采比为 0.097:1(t/t)。矿山设计了石马红和魏家塆两座废石场。矿山采用钢丝绳冲击钻穿孔，中深孔爆破，斗容为 1.9$m^3$ 和 2.5$m^3$ 的电动挖掘机进行采装，载重量为 8t（贝利特牌）和 5t（解放牌）的自卸汽车进行运输。

随着水泥工厂规模的扩大，矿山也进行了多次改扩建工作。目前矿山规模由最初的 70 万吨/年增大到 350 万吨/年，采矿场的长度达到 1050m，宽度达到 700m，主要生产水平为 240m、225m、210m 水平。矿山在规模逐渐扩大的过程中不断更新装备，目前矿山采用全液压潜孔钻机穿孔，WK－4 型电动挖掘机（斗容 4.6m$^3$）和大斗容轮式装载机（斗容 6.1m$^3$）进行采装，载重量为 42t 级矿用自卸汽车进行运输，矿山建有两套独立的石灰石破碎系统。其中一套为露天布置的单段锤式破碎机，破碎机能力为 500～600 t/h，另一套为硐室内布置的单段锤式破碎机，破碎机能力为 1000t/h。

### （二）矿产资源的综合利用

矿山投产初期，工厂对石灰石的产品粒度要求高，受当时技术水平的限制，矿山采用了三段破碎系统，一段破碎采用颚式破碎机，二、三段破碎采用锤式破碎机，石灰石进厂粒度为 10mm，筛余量小于 10%。

根据原设计，地表覆盖层必须由人工挖出，由汽车运输到废石场，否则极大地影响破碎机生产能力。若是在雨季，溜井矿仓有水，有泥土时破碎机根本无法生产。废石夹层则在爆破后用电动挖掘机装车，汽车运输到废石场排弃。当时矿山生产几乎没有搭配废石，剥采比一度达到 0.3:1(t/t)，设计的石马红废石场不到 5 年时间就堆满，并多次形成泥石流，危及矿山周边民房的安全，只能将该废石场停用，另行建设废石场。

如何综合利用矿山的废石，减少因废石排弃对当地环境造成的污染，已成为该矿山急待解决的问题。

1. 矿山投产初期因地制宜、适当扩大采区境界

矿山初期开采首先开拓 225m、245m、267m 水平，其中 225m 水平开拓到矿山溜井处，当时矿山东部开采境界外 50～100m 处有知青林场工作场地，其标高为 225m，从 267m 水平和知青林场以及采区外矿石取样分析，质量尚可，于是考虑向外扩大开采境界，考虑到当时设备能力，把矿山开采境界外推 50m，增加矿石储量 2537 万吨，矿山开采设计储量扩大到 7972 万吨。

2. 质量搭配手段加强、回收利用高镁夹层

按设计要求，矿山范围内约有 534 万吨高镁夹层需剔除，不仅需要大量的剥离费用，还需进行废石场征地和设置挡石坝。

矿山化验站加强了质量控制和管理手段，建立了矿山生产过程的质量控制，通过详细的开采区拣块取样，爆区钻孔取样，爆堆取样，提前掌握各个平台、各个爆堆的矿石质量，高镁夹层厚度、走向及品位，从而为生产搭配方案的制订提供依据。

在生产组织上还采取每班的装载区取样，指导汽车合理搭配各采矿工作面的高镁夹层，至 1978 年底共搭配高镁夹层 80 万吨，减少了高镁废石的排弃量。

3. 破碎工艺改善、全矿完全取消了剥离工作

1994 年，随着公司 2000t/d 水泥熟料生产线的建设，在矿山开采境界北部新建了一套露天破碎系统，采用了单段锤式破碎机，处理能力为 600t/h，出料粒度 25mm（占 90% 以上）。破碎出料粒度的放大，增强了矿山生产对泥土的适应性。

根据水泥厂对石灰石的进厂质量要求：$CaCO_3 \geqslant 91\%$、$MgO < 2.6\%$。生产中开始将适量的废土同质量好的矿石搭配一起进入破碎机破碎，发现只要搭配合理就不会影响破碎机的产量。

1999 年，由于水泥厂规模的进一步扩大（新建了一条 5000t/d 水泥熟料生产线），对矿山在此进行了改扩建。矿山新建了一套块石溜井平硐系统，硐室内单段锤式破碎机能力为 1000t/h，出料粒度 75mm（占 90% 以上）。

两台单段锤式破碎机的相继投产，为表土搭配创造了良好条件。根据当地气候情况，利用秋季和晴好天气，将表土作为硅质原料使用，按 10% 左右的物料配比掺入石灰石搭配，此后矿山便彻底取消了表土剥离工作，实现无夹石剥离、无覆盖层剥离、无地表土剥离的零剥离开采。

### 4. 优化开采设计、继续拓宽开采境界

随着公司 4 号、5 号干法窑相继投产，公司年需石灰石用量增大，矿山生产能力提高到 350 万吨/年。意味着黄金山石灰石矿山随着开采量增大，矿山服务年限缩短，因此进一步挖掘矿产资源，减缓台阶下降速度，提高现有矿山服务年限，提高矿山可采矿量和采场能力，改善矿山质量状况是当务之急。

根据矿山实际情况，矿山开采顶板已经接触到 290m 标高以上的，$T_2^1$ 地层的白云岩及白云质灰岩，其 MgO 含量全在 3% 以上，最高含量达 18.63% ~19.42%，要对此岩石进行综合利用已经不可能。

1998 年，公司向世纪宏伟工程长江三峡大坝提供中热硅酸盐水泥，要求矿石的 MgO 含量控制为 2.8% ~5.0%；矿山上部 245 ~310m 水平的石灰石开采结束，主采区水平已经下降到 225m，高镁夹石不多，不能满足大坝水泥生产的需求量，所需的高镁石灰石大部分要从外购买，所购买的高镁石灰石价格高而且质量波动比较大，对熟料中 MgO 控制难度增大。

大坝水泥生产计划有 8 ~10 年的供货期，给矿山充分利用高镁废石有了新的机会。1999 年，该矿山开始进行矿区南部扩大开采境界工作，经过方案对比选择了向南部顶板外扩 100m 以利用含 MgO 15% 以上的高镁层扩境方案。方案设计中重新开拓从 245m 至 310m 水平的出入沟，开采顶部高镁石灰石，倒运到 245m 水平集中，再根据水泥生产品种的需要将高镁石灰石按比例搭配，用于大坝水泥生产。

经过几年的努力矿山东南部扩境工作接近尾声，开采了高镁白云石 130 万吨，矿区面积增加了 8 万平方米，现在采场出露面积可达 46 万立方米，累计增加了矿石量 6000 万吨。

### 5. 回收利用多年前排弃的废石

矿山东南部扩大开采境界工作完成后，矿山进入正常的开采状态，基本上每 3 年要下降一个台段，这时对每个台段相对而言表土含量减少。

为了更加科学地利用石灰石资源，矿山计划有选择地回收多年的排土场。矿山有废石场 4 座，废石场主要是储存矿区内的表土、岩溶裂隙充填物以及矿层中的高镁夹石等。

### (三) 经验小结

该矿山自投产以来，由于长期坚持计划开采，每五年认真修订和完善矿山发展规划，每年制定年度开采计划，指导矿山开采工作，贯彻"贫富兼采，难易兼采"的原则，充分利用了矿产资源。拓宽开采境界，增加了矿石资源量，延长了矿山服务年限，矿山先后进行了三次开采境界外扩，累计增加了开采矿量 11849 万吨。累计搭配低品位石灰石 460 万吨，生产高镁石灰石 630 万吨。

矿山的综合利用减少了剥离及废石场征地费用，防止了泥石流和水土流失，保护和改善了周围环境；也节约了矿山开采成本，实现清洁生产，安全生产。

生产管理上，该矿山注重矿石质量管理，由矿山和化验室等相关人员建立矿山质量网，加强质量计划和调度，降低石灰石成分标准偏差和遵循 PDCA 循环开展活动等手段，根据各个采矿工作面的质量状况和化验室要求，严格按比例搭配下山，及时调整采矿工作面推进方向和搭配比例，作好爆破均化、铲装均化、破碎均化、堆放均化等工作，在综合利用的基础上确保矿石质量均衡稳定，从而保证水泥生产的质量稳定。

## 五、青海大通石灰石矿资源综合利用实例

青海大通石灰石矿是青海水泥股份有限公司的石灰质原料矿山，地处祁连山南麓的群山之中，矿区海拔 2390m，是一座典型的高海拔山坡露天矿，生产能力为年产石灰石 125 万吨。自 20 世纪 70 年代初建矿以来，累计剥离了近 500 多万吨废石，废石场根据地形堆积成四个台阶。

### (一) 矿床地质概况

矿区内覆盖十分广泛，约占总面积的 70% 左右，覆盖物成分多样，而且厚度变化较大。矿区岩性种类较多，有下寒武统的白云岩、白云质灰岩、安山玄武岩；中寒武统的凝灰质石灰角砾岩、中厚层泥质

条带灰岩、钙质页岩夹薄层灰岩、中厚层条带及生物灰岩、灰白色块状石灰岩；上寒武统的浅黄色角砾状硅质白云岩。区内石灰岩矿体有三个：Ⅰ矿体位于矿区北部，矿体内次生白云岩化范围大，顶板为上寒武统的浅黄色角砾状硅质白云岩；Ⅱ矿体位于矿区中部偏南；Ⅲ矿体位于矿区南部，为一大透镜体，规模不大，矿体内部有不少小透镜状钙质页岩夹层，Ⅰ～Ⅱ、Ⅱ～Ⅲ矿体之间是两层黑色钙质页岩夹薄层灰岩夹层。喀斯特在三个矿体中均有分布，其中Ⅰ、Ⅱ矿体中较多，充填物以第三系紫红色泥沙及石英卵石为主。矿区内主要岩层的平均化学成分见表3-20。

表3-20　岩矿层的平均化学成分

| 岩矿层 | 成分/% | | | 平均厚度/m | 岩矿层类型 |
|---|---|---|---|---|---|
| | CaO | MgO | SiO$_2$ | | |
| Ⅰ矿体顶板 | 30.2 | 17.4 | 7.9 | 50 | 浅黄色角砾状硅质白云岩 |
| Ⅰ矿体 | 52.6 | 1.1 | 3.5 | 170 | 灰白色块状石灰岩 |
| Ⅰ—Ⅱ矿体间夹层 | 23.8 | 1.0 | 36.8 | 35 | 黑色钙质页岩夹薄层灰岩 |
| Ⅱ矿体 | 49.6 | 1.0 | 7.5 | 80 | 中厚层条带及生物灰岩 |
| Ⅱ—Ⅲ矿体间夹层 | 26.7 | 1.3 | 36.1 | 25 | 黑色钙质页岩夹薄层灰岩 |
| Ⅲ矿体 | 46.7 | 0.8 | 8.4 | 50 | 中厚层泥质条带灰岩 |
| 喀斯特充填物 | 34.5 | 0.5 | 26.7 | | 紫红色泥沙及石英卵石 |
| Ⅰ矿体次生白云岩 | 38.3 | 14.1 | 4.4 | | |

## （二）矿产资源综合利用

鉴于矿区地质条件极为复杂，覆盖层、夹层、岩溶充填物、白云岩化等有害成分多，数量大，生产中废石剥离任务繁重。另外，过去水泥生产技术及工艺落后，大量的低品位石灰石甚至质量波动较大的石灰石都不得不作为废料剥离出去，因而生产剥采比曾高达2.5:1（t/t）。近年来，随着水泥生产工艺技术的提高，水泥窑对石灰石原料的品质要求有所降低，在这种情况下，矿山采取多种途径和方法进行矿产资源综合利用，取得了显著的经济效益。

### 1. 回收利用废石场的废料

经过扩建和技术改造，公司两条新型干法窑对高硅或高镁石灰石的适应性比较好，以往剥离出去的废料可以与优质石灰石按一定的比例搭配利用，经计算能满足质量搭配要求并具备回收条件的废石剥离物约有150万吨，这些剥离物分为两个回采区域，废石剥离物的平均化学成分见表3-21。

表3-21　废石剥离物的平均化学成分

| 回采区域 | 工作台段 | 回收数量/万吨 | 平均品位/% | | |
|---|---|---|---|---|---|
| | | | CaO | MgO | SiO$_2$ |
| 第一采区 | 2990～2975 | 2 | 33.2 | 4.7 | 23.2 |
| | 2975～2960 | 5 | | | |
| | 2960～2930 | 13 | | | |
| 第二采区 | 2930～2915 | 50 | 27.4 | 3.8 | 32.1 |
| | 2915～2900 | 40 | | | |
| | 2900～2885 | 40 | | | |
| 合　计 | | 150 | | | |

（1）质量控制指标。进厂石灰石质量控制指标为：CaO≥48%、MgO≤3%、SiO$_2$ 4%～9%。废石场料堆CaO或SiO$_2$的高低按式（3-2）及式（3-3）进行计算和确定，式中采用的CaO控制目标值为49，SiO$_2$控制目标值为7，配矿比例及进厂品位见表3-22。

CaO: $$X(c_1 - 49) = Y(49 - c_2) \qquad (3-2)$$
SiO$_2$: $$X(c_1 - 7) = Y(7 - c_2) \qquad (3-3)$$

式中 $X$——I 矿体优质矿石的配矿比例;

$\quad\quad\ c_1$——I 矿体爆堆工作面品位;

$\quad\quad\ Y$——废石场料堆的配矿比例;

$\quad\quad\ c_2$——废石场料堆品位。

表 3 - 22 配矿比例及最终品位

| 矿体及回采区 | 工作面品位/% | | | 配矿比例 | 进厂品位/% | | |
|---|---|---|---|---|---|---|---|
| | CaO | MgO | SiO$_2$ | | CaO | MgO | SiO$_2$ |
| I 矿体 | 52.6 | 1.1 | 3.5 | 5 | 49.4 | 1.7 | 6.8 |
| 废石场一回采区 | 33.2 | 4.7 | 23.2 | 1 | | | |
| I 矿体 | 52.6 | 1.1 | 3.5 | 6 | 49.0 | 1.5 | 7.6 |
| 废石场二回采区 | 27.4 | 3.8 | 32.1 | 1 | | | |

(2) 年回收废石剥离物。以公司两条水泥熟料生产线石灰石需求量 125 万吨/年计算,第一回采区回收的废石量为 4 万吨/年,第二回采区回收的废石量为 2.5 万吨/年,矿山每年可回收废石剥离物 6.5 万吨。

2. 做好各种品位矿石的计划开采和质量搭配工作

(1) 根据地质勘探资料,尤其是生产勘探的有关资料,全面了解和掌握工作面各矿块的品位高低及变化规律,夹层等有害组分的产状变化及分布情况,并绘制出各开采平台的品级分布图,作为编制开采计划和质量管理的依据。

(2) 在编制年度、季度、月度开采计划时,对不同品位矿石的搭配开采问题,作为计划内容的一个重要方面加以认真研究,科学合理安排各矿体、各台阶的开采顺序和产量比例关系。尽可能多的回收利用低品位矿石,同时保证进厂石灰石质量的合格和各项指标的稳定。

(3) 爆破前要对钻孔的岩粉采样化验,绘制爆堆矿石质量分布图,根据不同爆堆的质量数据再确定合理的搭配比例及车铲比例。

(4) 矿石经过溜井、破碎、均化后要进行采样化验,根据化验结果来检验质量搭配方案、搭配比例是否合理,并采取措施加以纠正。

经过多年的生产实践,采用这些措施该矿将许多低品位矿石、岩溶充填物、部分夹层及覆盖物等都搭配利用了,每年的剥离量由过去的 50 余万吨降低到了 20 余万吨,同时充分利用了矿产资源,延长矿山的服务年限。

3. 利用浅黄色角砾状硅质白云岩进行配料生产大坝水泥

黄河上游大型电站建设中对坝用水泥提出了非常严格的质量要求,要求水泥中 MgO 含量为 3.5% ~ 5.0%、K$_2$O + Na$_2$O 含量不大于 0.6%。在此条件下,要求石灰石的进厂质量应满足:CaO≥48%(合格率达到 90%)、SiO$_2$ 6% ±2%(合格率达到 90%)、MgO 2.4% ~3%(合格率达到 95%),这给矿山的配料造成了不小的困难。经过研究,矿山采用 I 矿体顶板的浅黄色角砾状硅质白云岩进行配料,由于该白云岩的化学成分比较稳定,配料获得了成功。配矿比例及品位见表 3 - 23。

表 3 - 23 配矿比例及进厂石灰石品位

| 矿体及岩层 | 爆堆品位/% | | | 配矿比例 | 进厂品位/% | | |
|---|---|---|---|---|---|---|---|
| | CaO | MgO | SiO$_2$ | | CaO | MgO | SiO$_2$ |
| I 矿体 | 52.6 | 1.1 | 3.5 | 7 | 49.8 | 2.8 | 4.4 |
| 浅黄色硅质白云岩 | 30.2 | 17.4 | 7.9 | 1 | | | |
| II 矿体 | 50.1 | 0.7 | 7.6 | 1 | | | |

　　生产中，矿山除了对Ⅰ矿体顶板进行扩帮开采外，也回收了废石场第一回采区域内以往排弃的白云岩，近两年累计开采和回收了近12万吨白云岩。

　　4.用黑色页岩顶替黏土

　　传统黏土配料生产的水泥碱含量一般比较高，为了满足市场对中热低碱水泥的需求，该矿充分利用了三个矿体之间及Ⅲ矿体内的黑色钙质页岩夹薄层灰岩，其化学成分与黏土接近，但碱含量相对较低。现在，该矿每年可利用黑色页岩近10万吨，充分利用了矿产资源。黑色页岩与黏土平均化学成分见表3-24。

表3-24　黑色页岩与黏土平均化学成分　　（%）

| 项　目 | CaO | MgO | $SiO_2$ | $Al_2O_3$ | $K_2O$ | $Na_2O$ |
| --- | --- | --- | --- | --- | --- | --- |
| 钙质页岩夹薄层灰岩 | 20.33 | 2.55 | 41.29 | 9.06 | 1.89 | 0.28 |
| 黏　土 | 10.35 | 2.25 | 47.45 | 13.28 | 2.44 | 0.98 |

　　　撰稿、审定：郝汝铤　王爱玲（天津矿山工程有限公司）
　　　　　　　　　黄东方　周杰华（天津水泥工业设计研究院有限公司）
　　　　　　　　　梁　　刚（唐山冀东装备工程股份有限公司）

# 第四章 采矿工程

## 第一节 水泥原料矿山规模

一般来讲,水泥原料矿山是水泥厂的一个车间或分厂,其规模取决于水泥厂的规模。一条 2500t/d 级水泥熟料生产线年需石灰石 90~120 万吨,一条 5000t/d 级水泥熟料生产线年需石灰石 200~230 万吨。按原建设部制定和公布的建材行业建设项目设计规模划分表:120 万吨/年以上为大型石灰石矿山,120~80 万吨/年为中型石灰石矿山,80 万吨/年以下为小型石灰石矿山。

近年来,按照国家水泥产业政策及随着水泥熟料生产线建设吨成本的大幅降低,2×5000t/d 级及10000t/d 级水泥熟料生产线发展迅猛,老厂也不断扩建,与之相配套的主要原料矿山——石灰石矿山采矿规模比以前成倍甚至数倍增加。我国石灰石矿山行业一改以前小而落后的面貌,已涌现出了不少千万吨级超大规模的现代化石灰石矿山。见表 4-1。

表 4-1 我国目前部分石灰石矿山规模 （万吨/年）

| 矿 山 名 称 | 矿山采矿规模 | 矿 山 名 称 | 矿山采矿规模 |
|---|---|---|---|
| 冀东丰润水泥公司王官营石灰石矿山 | 1300 | 祁连山水泥古浪公司石灰石矿山 | 220 |
| 冀东扶风水泥公司石灰石矿山 | 460 | 亚泰水泥双阳公司石灰石矿山 | 1020 |
| 冀东滦县水泥公司石灰石矿山 | 490 | 亚泰水泥明城公司石灰石矿山 | 420 |
| 冀东泾阳水泥公司石灰石矿山 | 500 | 亚泰水泥哈尔滨公司石灰石矿山 | 360 |
| 芜湖海螺水泥公司石灰石矿山 | 2080 | 青铜峡水泥公司石灰石矿山 | 220 |
| 铜陵海螺水泥公司石灰石矿山 | 1620 | 宁夏赛马实业股份有限公司石灰石矿山 | 360 |
| 池州海螺水泥公司石灰石矿山 | 1160 | 天山水泥叶城公司石灰石矿山 | 240 |
| 获港海螺水泥公司石灰石矿山 | 1020 | 溧阳天山水泥公司石灰石矿山 | 440 |
| 建德海螺水泥公司石灰石矿山 | 430 | 宜兴天山水泥公司石灰石矿山 | 330 |
| 礼泉海螺水泥公司石灰石矿山 | 440 | 伊犁天山水泥公司石灰石矿山 | 250 |
| 华润水泥平南公司石灰石矿山 | 1300 | 尧柏特种水泥蒲城公司石灰石矿山 | 210 |
| 华润水泥封开公司石灰石矿山 | 880 | 蓝天尧柏水泥公司石灰石矿山 | 230 |
| 华润水泥贵港公司石灰石矿山 | 460 | 和田尧柏水泥公司石灰石矿山 | 240 |
| 华润水泥南宁公司石灰石矿山 | 460 | 洛阳黄河同力水泥公司石灰石矿山 | 500 |
| 华润水泥昌江公司石灰石矿山 | 490 | 天瑞集团水泥禹州公司石灰石矿山 | 510 |
| 华润水泥珠江公司石灰石矿山 | 470 | 华新水泥武穴公司石灰石矿山 | 630 |
| 祁连山水泥永登公司石灰石矿山 | 340 | 华新水泥阳新公司石灰石矿山 | 580 |
| 祁连山水泥青海公司石灰石矿山 | 285 | 华新水泥黄石公司石灰石矿山 | 310 |
| 祁连山水泥漳县公司石灰石矿山 | 420 | 华新水泥宜昌公司石灰石矿山 | 450 |

注:表中数据为设计能力,可能与实际有所出入。

# 第二节 露天矿出矿能力的确定

矿山生产能力主要是根据水泥厂生产规模所对应的对矿石的要求、矿山资源条件、开采技术可能和经济合理、矿山装备水平等综合因素分析确定。

按照矿山资源条件和开采条件可能性确定矿山生产能力，主要依据矿体开采强度验证。一般使用两种方法，即：按矿山工程延深速度确定生产能力或按可能布置的挖掘机工作面确定生产能力。

对于改建或扩建的矿山一般还要对运输通过能力进行验证。

根据上述方法确定产量后，再通过编制采掘进度计划进行最终验证和确定。

## 一、按矿山工程延深速度

矿山工程系指堑沟工程及相应的扩帮工程（为报下一水平掘沟所需扩帮的工程量）。矿山工程延深速度是根据新水平的准备时间、所完成的延深阶段高度，折合成每年下降进尺（m/a），即为矿山工程延深速度。

矿山工程延深速度与采矿工程工程延深速度不同，从理论上讲虽然采矿工程延深速度接近于实际，但由于使用中受各种条件和因素的影响，因此矿山工程延深速度更容易计算和确定。在水泥矿山山坡露天矿矿山工程延深速度实际上等于采矿工程延深速度，与凹陷露天矿很接近。

露天矿生产能力与延深速度的关系为：

$$A = \frac{v}{H}p\eta(1+e) \tag{4-1}$$

式中　$A$——露天矿生产能力，t/a；
　　　$v$——矿山工程延深速度，m/a；
　　　$H$——阶段高度，m；
　　　$p$——所选用的有代表性的水平分层矿量，t；
　　　$\eta$——矿石回采率，%；
　　　$e$——废石混入率，%，水泥矿山对于废石混入率的校核与其他行业的矿山不同，水泥矿山更重视废石的综合利用率，此处 $e$ 值为废石利用率。

此法不适用于开采水平矿床的矿体（倾角不大于10°）年产量的确定。对于水平矿体年产量验证按可能布置的挖掘机工作面确定。

对于同一矿体，不同开采区段延深速度也不一样。例如，开采山坡部分时延深速度较快；而开采深凹部分时，由于受掘沟、排水和运输等条件的影响，则延深速度较慢。

矿山工程延深速度一般通过编制新水平准备进度计划确定。

## 二、按可能布置的挖掘机工作面

首先确定一个采矿台阶可能布置的挖掘机台数 $N$：

$$N = \frac{L_采}{L_挖} \tag{4-2}$$

式中　$L_采$——一个采矿台阶矿石工作线长度，m；
　　　$L_挖$——一台挖掘机成长工作所需工作线长度，m。

然后计算可能同时采矿的台阶数。同时进行采矿的台阶数取决于矿体厚度、倾角、工作面帮坡角以及工作面推进方向，采场的几何尺寸等。可以按以下几何关系计算：

当确定从上盘向下盘推进时（图4-1），同时进行采矿的台阶数 $n$：

$$n = \frac{M}{1-\cot\gamma\tan\varphi} \cdot \frac{1}{B+H\cot\alpha} \tag{4-3}$$

式中　$M$——矿体水平厚度，m；

$B$——工作平台宽度，m；

$H$——阶段高度，m；

$\gamma$——矿体倾角，（°）；

$\varphi$——工作帮坡倾角，（°）；

$\alpha$——阶段坡倾角，（°）。

当确定从下盘向上盘推进时（图4-2），同时进行的采矿台阶数 $n$：

$$n = \frac{M}{1 + \cot\gamma\tan\varphi} \cdot \frac{1}{B + H\cot\alpha} \qquad (4-4)$$

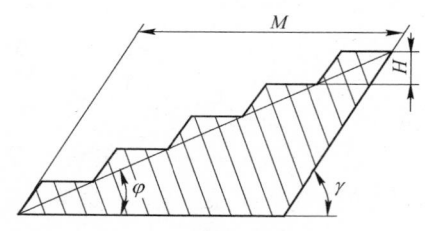

图4-1 从上盘向下盘推进顺序

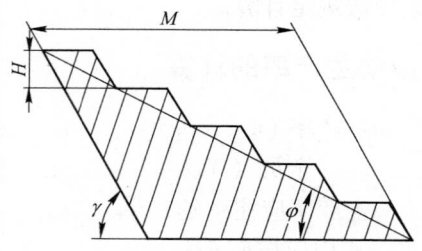

图4-2 从下盘向上盘推进顺序

露天矿可能的矿石产量为：

$$A = NnQ \qquad (4-5)$$

式中　$A$——露天矿可能的矿石产量，t/a；

　　　$Q$——工作面挖掘机的平均出产能力，t/a。

对水泥灰岩露天矿山而言，其工作面数量的确定要满足不同品质灰岩搭配生产的需要。因此，在实际生产中对上述 $n$ 值要有适当的修订。此时，挖掘机年生产能力的确定也要乘上时间利用系数。对两班制作业的矿山，对挖掘机移动的频次和时间要充分考虑其有效作业时间，而选择在其非生产作业时间移动。同时为提高挖掘的效率，减少其数量，在设备选型时，应尽可能选择移动灵活的设备，如液压挖掘机或装载机等。

矿山工程延深速度的确定，取决于新水平的准备。新水平准备工程所需的资料包括：

（1）阶段水平分层地质平面图；

（2）各阶段的矿岩量表；

（3）露天采矿场最终境界图；

（4）采取的开拓运输方式，开采推进方向和采掘要素；

（5）斜沟和段沟的掘进速度。

## 第三节　露天矿工作制度

水泥矿山工作制度传统上，一般采取两班作业。但是随着水泥矿山规模越来越大型化和其自身特点，其工作制度也将发生变化。在制订工作制度时，要充分考虑职工定员和劳动生产率。

### 一、职工定员

矿山设计和生产运行实际中，矿山企业定员可划分为生产人员和非生产人员两种。生产人员包括直接生产人员（如采矿、运输、破碎等车间中直接操作生产工具或手工生产活动的全部人员）和辅助生产人员（如机修、汽修、动力、供排水等全部人员）；非生产人员包括管理人员（如办公室和车间内的行政人员、政工人员、工程技术人员等）和服务人员（如食堂、浴池、锅炉房、卫生保健、警卫、消防及其他工作人员）。

生产人员的编制是根据企业生产工艺过程、工作地点和技术装备，按岗位定员劳动定额进行编制的。

非生产人员的编制，可参照类似矿山进行编制，鉴于水泥矿山一般都不是独立的法人单位的特点，因此，非生产人员的编制，在精简高效的原则下，尽量压缩人数。一般不设招待所、幼儿园、住宅管理及维修等岗位。

为保证正常生产的需要，根据不同工种的需要，以及生产岗位休年休假和法定假等，设置必要的在籍系数：

$$在籍系数 = 年工作天数/每人每年平均法定出勤天数 \qquad (4-6)$$

同一矿山工作制度不同的工段（或车间）分别按不同规定计算在籍系数。

不需要连续工作的非工作人员不考虑设置在籍系数，需要连续工作制度的非工作人员（如调度员）其在籍系数应按规定计算。

## 二、劳动生产率的计算

矿山劳动生产率（t/（人·年））的计算公式如下：

$$全员（工人）劳动生产率 = 年产量/企业全员（工人）在籍人员总数 \qquad (4-7)$$

计算劳动生产率应注意的几个问题：

（1）水泥矿山应按矿石总量计算劳动生产率。

（2）水泥矿山计算采矿车间和破碎车间应分别计算其劳动生产率。

辅助生产人员和非生产人员的职工其劳动生产率分配办法如下：

（1）对供电、供水设施人员按采矿车间的设备用电量和用水量进行分配。

（2）机修、汽修车间人员按各车间设备的数量、设备能力分配。

（3）管理人员及服务人员按采矿的直接定员分配。

## 三、露天矿工作制度

按照上述职工定员和劳动生产率的确定方法，水泥矿山工作制度应视具体情况，按如下原则确定：

（1）直接生产人员可根据矿山规模参照表 4-2 制订工作制度。

表 4-2　矿山规模及工作制度

| 矿山规模/万吨 | 工作制度 | 矿山规模/万吨 | 工作制度 |
| --- | --- | --- | --- |
| ≥200 | 两班或三班作业 | 80~150 | 一班或两班作业 |
| 150~200 | 两班作业 | <80 | 一班作业 |

注：1. 正常班工作时间为 8h，班作业时间的制定一定要满足安全生产要求基础上，随采矿和汽车运输而定；

　　2. 破碎机及长皮带的作业时间视矿石储存库及采矿生产而定；

　　3. 厂内矿石均化堆场的使用事实上增加矿石的储存功能。因此，直接生产人员的工作制度在满足安全生产的条件下，可更加灵活的设置。

采矿车间和汽运车间在设置工作制度时应充分考虑矿石质量搭配的需要。

（2）非生产人员的工作制度。

1）调度人员和部分食堂、卫生所、浴池、锅炉房人员应做到直接生产人员工作时，上述岗位有工作人员。

2）供电、供水岗位应保证每天每时都有工作人员。

3）矿山其他岗位应为日常白班工作制。

在充分考虑上述因素的条件下，水泥矿山工作制度参照表 4-3 制订。

表 4-3　水泥矿山工作制度

| 矿山规模 | 年工作天数/d | 工作班数/班 | 班工作时数/h |
| --- | --- | --- | --- |
| 大中型 | 300 | 2（3） | 8（12） |
| 小　型 | >280 | 1~2 | 8 |

## 第四节　露天开采境界的确定

### 一、确定露天开采境界的原则

露天矿开采境界是矿床用露天方法开采后的最终境界，它由露天矿的底平面、开采深度和最终边坡等要素组成。露天矿开采境界的确定实质上是剥采比大小的控制、矿床开采范围的圈定和矿山服务年限的确定。

过去水泥矿山露天开采境界的确定主要根据服务年限、矿石质量好坏和勘探程度确定合理的开采深度和范围；近年来，随着我国水泥工业的快速发展，特别是水泥工艺技术的不断竞争和进步，水泥企业大型化带来水泥矿山的大型化，在全国范围内特大型水泥矿山不断出现。因此，水泥矿山露天开采境界的确定的原则也在发生着根本性的变化。应遵循以下原则：

（1）应保证探明工业储量得到充分的利用。

（2）圈定的矿产储量应满足矿山服务年限的要求。

（3）开采范围与国家铁路、公路、工厂、居民住宅及重要建筑物之间的距离，应符合现行国家标准《爆破安全规程》（GB 6722）的规定。

（4）应对构成边坡的地质构造、水文地质等条件进行调整研究，确定满足采矿场边坡稳定的边坡角，有条件的矿山应避开严重影响边坡稳定的不稳定岩层或构造带，保证最终边坡的安全稳定。

（5）采用分期开采的矿山，应保证首期开采位于勘探程度高、开采条件好、矿石质量高且稳定、剥采比较小及基建工程量小的采区，并应做到生产过渡期不出现剥离高峰。

（6）应充分考虑矿山资源的综合利用和开发。尽可能多的将矿石圈定在露天开采境界内，发挥露天开采的优越性。

（7）剥采比的确定原则。传统的水泥矿山一般要求剥采比不超过 $0.5:1\mathrm{m}^3/\mathrm{m}^3$。但随着水泥矿山向大型化的发展和水泥企业集中度的不断提高，水泥企业的盈利能力将会不断增强，特别是水泥矿床赋存条件和开采条件发生了深刻变化。因此，水泥矿山也应逐渐采用境界剥采比大于经济合理剥采比的原则来确定露天矿采深。

经济合理剥采比的确定方法有：原矿成本比较法；精矿成本比较法；盈利比较法。美国关于经济合理剥采比的计算方法：

$$E_{\mathrm{ST}} = \frac{PA_{\mathrm{s}}R_{\mathrm{e}} - a - c - N_{\mathrm{r}}}{b} \qquad (4-8)$$

式中　$E_{\mathrm{ST}}$——经济合理剥采比，t/t；

　　$P$——矿石中每1%品位价格，元；

　　$A_{\mathrm{s}}$——矿石平均品位，%；

　　$R_{\mathrm{e}}$——回收率（包括采矿回收率和选矿回收率），%；

　　$N_{\mathrm{r}}$——矿石每1%品位盈利，元；

　$a$，$b$——每吨废石的剥离和运输费，元；

　　$c$——其他未摊入 $a$、$b$ 的费用，元。

水泥矿山在进行经济合理剥采比的研究时，宜采用盈利比较法。这种方法综合考虑了采出矿石的数量、质量、采选回收率、产品的盈利能力等因素，是未来特大水泥矿山或大型凹陷水泥露天矿山进行露天开采境界圈定中经济合理剥采比确定的重要方法。

### 二、露天矿设计中常用的几种剥采比

露天矿设计中常用的几种剥采比见表4-4。

表 4-4　水泥矿山设计中常用剥采比

| 名　称 | 图　示 | 计算公式 | 代表符号 |
|---|---|---|---|
| 平均剥采比 $n_平$ | | $n_平 = \dfrac{V}{A}$ | $V$—露天矿的全部岩石量，$m^3$；<br>$A$—露天矿的全部工业矿量，$m^3$ |
| 分层剥采比 $n_层$ | | $n_平 = \dfrac{V'}{A'}$ | $V'$—分层的岩石量，$m^3$；<br>$A'$—同一分层的工业矿量，$m^3$ |
| 生产剥采比 $n_出$ | | $n_出 = \dfrac{V''}{A''}$ | $V''$—某段生产时间的剥岩量，$m^3$；<br>$A''$—同一段生产时间的采矿量，$m^3$ |
| 境界剥采比 $n_境$ | | $n_境 = \dfrac{\Delta V}{\Delta A}$ | $\Delta V$—当境界延深 $\Delta h$ 时增加的岩石量，$m^3$；<br>$\Delta A$—同境界延深 $\Delta h$ 时增加的矿石量，$m^3$ |
| 经济合理剥采比 $n_经$ | | 式（4-8） | 采用盈利计算法 |

## 三、影响露天开采境界的重要因素

影响露天开采境界的重要因素包括：

（1）自然因素。矿床赋存条件，如矿体形态、大小、厚度、倾角等，矿石种类及品位，矿石和围岩性质，地形，矿体附近的河流，工程和水文地质等。

（2）技术组织因素。开采技术水平，装备水平，矿山附近的主要建筑物和构筑物，如铁路、高速公路等。

（3）经济因素。基建投资、基建时间和达产时间、矿石的开采成本和销售价格、开采过程中矿石的贫化和损失以及国民经济的发展水平。

（4）在上述诸因素对水泥矿山的矿石综合利用程度，对于不同矿床条件，其影响程度是不同的，在确定露天矿境界时应综合考虑。

## 四、用剥采比确定露天境界应遵循的几种原则

用剥采比确定露天境界应遵循的原则包括：

（1）境界剥采比不大于经济合理剥采比（$n_境 < n_综合$），其实质是在开采境界内边界层矿石的露天开采费用最小或总盈利最大。此原则在应用上简单方便，国内外露天矿设计普遍采用。在有些情况下，该原则要用平均剥采比不大于经济合理剥采比（即 $n_平 \leqslant n_经济$）的原则进行校验。

（2）平均剥采比不大于经济合理剥采比（$n_平 \leqslant n_经济$），其实质是露天开采境界内全部储量用露天开采的总费用最小或总盈利最大。水泥矿山普遍适用和采用这一原则。

（3）生产剥采比不大于经济合理剥采比。生产剥采比不大于经济合理剥采比（$n_出 \leqslant n_经济$），其实质是露天矿山生产时期按正常作业的工作帮坡角进行生产时，其生产剥采比不超过经济合理剥采比，它反映了露天开采的生产剥采比的变化规律。用该原则圈定的露天开采境界能较好地反映露天开采的优越性。但一个矿山的生产剥采比通常只能在圈定了露天开采境界，并且相应的确定了开拓方式和开采程序之后

才能确定，因此，最大生产剥采比出现的时间、地点、极值及其变化规律都有很大不确定性，给开采境界的确定带来了一定的困难。

　　水泥矿山在采用上述剥采比确定露天开采境界时，特别应注意分层剥采比的变化规律，以达到矿产资源的综合利用和实现经济效益最大化。应该指出，确定露天开采境界的诸原则都是以经济合理剥采比为依据的，而经济合理剥采比与国民经济和科学技术水平密切相关，其值是变化的。因此，设计中圈定的露天开采境界，只是在一定时期、一定条件下的合理值。随着科学技术的进步和国民经济的不断发展，露天开采经济效益的不断改善，经济合理剥采比趋向增大，原来设计的露天开采境界也终将会随之扩大或延伸。因此，随着矿山服务年限的延长，露天矿也会在开采后期进行扩帮延伸或进行二期开采。

# 第五节　露天矿采场最终边坡构成要素

## 一、影响采场最终边帮稳定的因素

　　露天最终边坡由阶段高度、阶段坡面角、清扫平台、安全平台、运输平台等要素组成。影响最终边帮稳定的要素有：

　　（1）岩石的物理力学性质：包括岩石硬度，凝聚力和内摩擦角等。

　　（2）地质构造：包括由破碎带、断层、节理裂缝和层理面构成的弱面，不稳定软岩夹层，以及遇水膨胀的软岩层等。

　　（3）水文地质条件：地下水的静压力和动压力；地下水活动对岩层稳定性的影响。

　　（4）强烈地震的影响。

　　（5）开采技术条件和边帮存在的时间。

　　为保证采场最终边坡的稳定，边帮的形成一般可采取如下技术措施：

　　（1）靠近最终边帮的1～2排炮孔采用斜孔光面爆破、加密孔距、交错孔深等控制爆破。

　　（2）减少炮孔装药量，采用微差爆破、预裂爆破等以减少爆破对边帮的震动。

　　（3）水文地质复杂的矿山，进行专门的疏干工作。

## 二、最终帮坡角

　　露天最终帮坡角是采场最下一阶段的坡底线和最上一个阶段的坡顶线构成的假想平面和水平面的夹角（图4-3）。

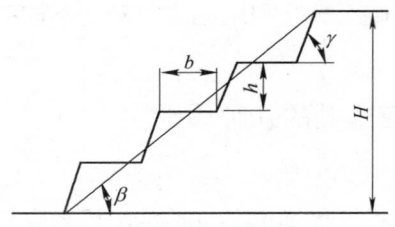

图 4-3　最终帮坡角示意图

*H*—采场最终高度；*h*—台段高度；*β*—采场边帮角；*γ*—阶段坡面角；*b*—安全平台宽度

　　最终帮坡角应根据边帮的岩石性质、地质构造和水文地质条件，并考虑安全稳定因素及布置运输系统的要求来确定。为了减少剥离量，在保证安全需要的安全前提下，最终边帮角应尽可能大些。

　　大型矿山及边坡地质条件复杂的矿山在进行初步设计之前，应进行系统的边坡稳定性研究工作，设计部门应以该研究成果作为帮坡角设计的依据。

　　国内外露天矿山帮坡角的选取见表4-5。

表4-5　国内外露天矿山帮坡角的选取　(°)

| 岩石硬度系数 $f$ | 采场深度 | | | |
|---|---|---|---|---|
| | 90m 以内 | 180m 以内 | 240m 以内 | 300m 以内 |
| 15 ~ 20 | 60 ~ 68 | 57 ~ 65 | 53 ~ 60 | 48 ~ 54 |
| 8 ~ 14 | 50 ~ 60 | 48 ~ 57 | 45 ~ 53 | 42 ~ 48 |
| 3 ~ 7 | 40 ~ 53 | 41 ~ 48 | 39 ~ 45 | 36 ~ 43 |
| 1 ~ 2 | 30 ~ 43 | 25 ~ 41 | 26 ~ 39 | 24 ~ 36 |
| 0.6 ~ 0.8 | 21 ~ 30 | 20 ~ 28 | — | — |

按稳定条件确定的露天采场非工作帮坡角选取见表4-6。

表4-6　露天采场非工作帮坡角选取

| 岩石类型 | 岩石特征 | 非工作帮坡角 |
|---|---|---|
| 硬岩，抗压强度大于 $8 \times 10^7$ Pa | 裂隙不发育的硬岩、弱面显露不明 | 55° |
| | 裂隙不发育的硬岩、弱面呈急倾斜状（>60°）或呈缓倾斜状（<15°） | 40° ~ 45° |
| | 裂隙不发育的和中等发育的硬岩，弱面倾角（向采空区）为35° ~ 55° | 30° ~ 45° |
| | 裂隙不发育的和中等发育的硬岩，弱面倾角（向采空区）为20° ~ 30° | 20° ~ 30° |
| 不坚固的硬岩、中硬岩，抗压强度为 $8 \times 10^6$ ~ $8 \times 10^7$ Pa | 边帮的岩石相对稳定，弱面不明显 | 40° ~ 45° |
| | 边帮的岩石相对稳定，弱面倾角（向采空区）为35° ~ 55° | 30° ~ 40° |
| | 边帮的岩石严重风化 | 30° ~ 35° |
| | 一组岩石、弱面倾角（向采空区）为20° ~ 30° | 20° ~ 30° |
| 软岩和松散的岩石，抗压强度小于 $8 \times 10^6$ Pa | 延展性黏土，无旧滑落面，岩层与弱面的接触带不明 | |
| | 延展性黏土和其他黏质土岩，弱面位于边帮中部或下部 | |

按边坡稳定性进行岩石分类和露天采场帮坡角确定推荐的数值，见表4-7。

表4-7　不同地质条件下帮坡角推荐数字

| 岩石分类 | 岩石的一般特点 | 确定边坡稳固的基本要素和岩石稳定性指标 | 地质条件 | 帮坡角 |
|---|---|---|---|---|
| I | 坚硬（基岩）岩石：火山岩和变质岩，石英砂岩和硅质砾岩，样品强度：$\sigma \geq 7848 \times 10^4$ Pa | 弱面（断层破坏层理长度很大的构造节理等）的方向很不利 | 具有弱裂缝的硬岩，没有方向不利的弱面，弱面对开控面的倾角是急倾斜（>60°）或缓倾斜（<15°）的 | <55° |
| | | | 地质条件同上，但岩石具有裂缝 | 40° ~ 45° |
| | | | 具有弱裂缝或节理的硬岩，弱面对开控面的倾角为35° ~ 55° | 30° ~ 45° |
| | | | 具有弱裂缝的硬岩，弱面对开控面的倾角为20° ~ 30° | 20° ~ 30° |
| II | 中硬岩石：风化程度不同的火山岩与变质岩、黏土质、砂质－黏土质页岩、黏土质砂岩、泥板岩、粉砂岩、泥灰岩等样品强度：$\sigma_{压} = 785 \times 10^4$ ~ $7848 \times 10^4$ Pa | 样品岩石的强度弱面的方向不利、岩石的风化趋势 | 斜坡的岩石相对稳定，没有方向不利的弱面，或对开控面呈急倾斜（>60°）或缓倾斜（<15°）的弱面 | <40° |
| | | | 同上，有对开控面呈35° ~ 55°倾角 | 30° ~ 40° |
| | | | 边坡的岩石强烈风化（泥质岩，黏土质砂岩，黏土质页岩等）以及容易碎散和剥落的岩石，弱面对开控面呈20° ~ 30°倾角的所有岩类 | 20° ~ 30° |
| III | 软岩（对黏土质与砂质－黏土质岩石）样品强度：$\sigma_{压} \leq 785 \times 10^4$ Pa | 对于黏结性（黏土质）岩石；样品强度；弱面（软弱夹层，层间接触面）取向不利。对于非黏结性岩石：力学特性动水压力渗透速度 | 没有塑性黏土，古老滑面，曾经的软弱接触面和其他弱面 | 20° ~ 30° |
| | | | 在边坡的中部或下部有弱面 | 15° ~ 20° |

注：弱面倾角越大，帮坡角越陡。

### 三、阶段高度和阶段坡面角

#### （一）阶段高度

阶段高度主要取决于矿岩性质和装载设备规格。

对不需要穿爆松散的软岩，阶段高度一般不超过挖掘机最大挖掘高度。

对需要穿爆松散的硬岩，阶段高度不超过挖掘机最大挖掘高度的1.25倍。

水泥矿山的阶段高度一般为15m，随着液压挖掘机的广泛应用，阶段高度宜为10~12m。

如果组成最终边帮的岩层稳定性较好，允许有较陡的帮坡角时，可考虑把2~3个阶段合并为一个阶段。

#### （二）阶段坡面角

阶段坡面角与岩石的性质、岩层倾角和倾向、节理、层理和断层、阶段高度以及穿爆方法等因素有关。

阶段坡面角见表4-8。

**表4-8    阶段坡面角**　　　　　　　　　　　　　　　　　　　　　　　　　　（°）

| 岩石硬度系数$f$ | 15~20 | 8~14 | 3~7 | 1~2 |
|---|---|---|---|---|
| 阶段坡面角 | 75~85 | 70~75 | 60~65 | 45~60 |

### 四、最终平台宽度

露天采场最终平台分安全平台、清扫平台和运输站。

安全平台和清扫平台的宽度与已定的采场最终帮坡面角有一定的几何关系，一般可用计算确定。即先计算平台的平均宽度，然后按平台组成分别确定安全平台和清扫平台宽度。

$$a = (L - nb)/(n - 1) \tag{4-9}$$

式中　$a$——安全平台和清扫平台平均宽度，m；

　　　$L$——最终边帮水平宽度，m；

　　　$n$——阶段数；

　　　$b$——阶段坡面水平宽度，m。

安全平台宽度一般大于2m。一般设计规定每间隔2~3个阶段设一个清扫平台（最终并段时，可不设安全平台）。清扫平台宽度根据拟采用的平台清扫手段决定。如平台上有排水沟时，其宽度应考虑排水沟的技术要求。

运输平台位置，由开拓的运输线路而定。其宽度和纵坡根据运输设备类型和规格决定。

我国水泥矿山采场内均采用汽车运输，汽车运输平台最小宽度见表4-9。

美国部分矿山公路最小宽度见表4-10。

**表4-9    汽车运输平台最小宽度**

| 车身计算宽度/m | | 2.5 | 3.0 | 3.5 | 5.0 | 6.0 | 7.0 |
|---|---|---|---|---|---|---|---|
| 载重量/t | | 7 | 20 | 32 | 68 | 100 | 154 |
| 运输平台宽度/m | 单线 | 8 | 9 | 10 | 12 | 15 | 18 |
| | 双线 | 11.5 | 13 | 14.5 | 17.5 | 22.5 | 26 |

表 4 - 10　美国部分矿山公路最小宽度

| 汽车载重/t | 汽车宽度/m | 4 倍汽车宽度/m | 公路宽度/m |
|---|---|---|---|
| 31 | 3.7 | 14.8 | 15.0 |
| 77 | 5.4 | 21.6 | 23.0 |
| 108 | 5.9 | 23.6 | 25.0 |
| 154 | 6.4 | 25.6 | 30.0 |

## 五、露天采场底部最小宽度

水泥矿山采用汽车运输时，露天采场底部最小宽度见表 4 - 11。

表 4 - 11　露天采场底部最小宽度　　　　　　　　　　（m）

| 铲装设备 | 运输设备 | 最小底宽 |
|---|---|---|
| 1m³ 挖掘机 | 7t 汽车 | 16 |
| 4m³ 挖掘机 | 10 ~ 32t 汽车 | 20 |
| 6 ~ 12m³ 挖掘机 | 100 ~ 154t 汽车 | 30 |

采用回转式、折返式调整方式（见图 4 - 4）时，露天采场底部最小宽度分别为：

$$B_{\min} = 2R_{\min} + 2(0.5T + E) \tag{4-10a}$$
$$B_{\min} = R_{\min} + 0.5T + 2E + 0.5L_{c} \tag{4-10b}$$

式中　$B_{\min}$——露天矿最小底宽，m；

$R_{\min}$——汽车最小转弯半径，m；

$T$——运输设备最大宽度，m；

$E$——挖掘机、运输设备和阶段坡面三者之间的安全间隙，一般取 $E = 0.5m$；

$L_{c}$——汽车长度，m。

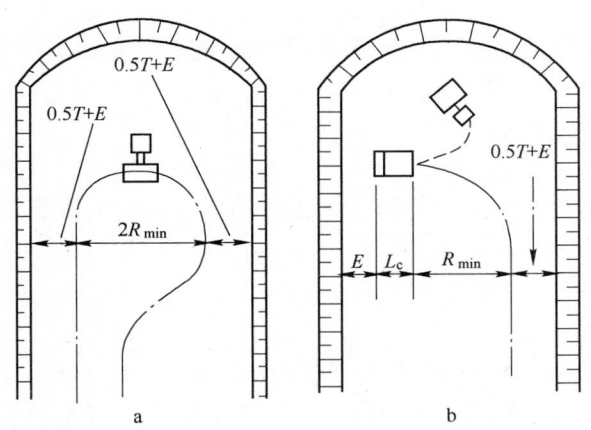

图 4 - 4　露天采场底部最小宽度示意图

a—回转式调车；b—折返式调车

露天采场底部位置的确定，矿体水平厚度小于露天采场底部最小宽度时，底部平面按最小底宽确定；矿体水平厚度与最小底宽接近时，则露天采场底宽等于矿体水平厚度；矿体水平厚度大于露天最小宽度时，以最小底宽确定露天矿底部平面，这时露天矿底部位置按露天开采经济效果最大的原则决定。

## 第六节 开采程序相关概念

### 一、概述

水泥矿山露天矿的开采程序是指在既定的开采境界内，采剥工程在时间和空间上的发展变化方式，即采剥工程的初始位置、在水平方向的扩展方式、在垂直方向上的降深方式以及工作帮的构成特征等。

对露天水泥矿山开采程序的基本要求是技术上要求可靠、经济合理、能满足生产需要；既能安全持续生产，又能花费少的投资和生产费用，获得最大的经济效益；在矿石的产量、品种、质量和提供时间上满足计划要求。

### 二、影响开采程序的主要因素

影响开采程序的主要因素包括：

（1）矿床埋藏条件。矿山的地形地物、矿体产状、矿石品种、质量及分布特征等，对一个矿山来讲是最重要的客观条件，开采程序的选择与确定必须首先适应这些客观条件，要在这些客观条件的基础上寻求技术可靠、经济合理，并且满足其他特定要求的开采程序方案。

（2）露天采场的尺寸和几何形状。露天采场的尺寸和几何形状往往限制开拓沟道的布置和运输方式的选择，因此也就间接影响开拓程序的选择。一般情况下开拓运输方式和开采程序要适应开采境界的几何条件。

（3）生产工艺系统。生产工艺系统与开采程序有密切联系，不同的生产工艺系统往往要求采用不同的水平扩展方式和垂直降深方式。例如单斗挖掘机配汽车运输的间断生产工艺系统，可以采用较灵活多变的开采程序；单斗挖掘机配铁路运输的生产工艺系统，对水平扩展方式和垂直降深方式的限制比较严格。而轮斗挖掘机—胶带输送机的生产工艺系统，则对开采程序的要求就更严格一些。当在采空区设置内部废石场时，需要采用与其相适应的开采程序，这时生产工艺的要求往往是确定开采程序的关键因素。

（4）开拓方式。开拓沟道的位置及工程发展方式与开采程序有密切关系。铁路开拓时要求有较长的展线位置和比较规则的平面形状，因此采剥工程的平面扩展方式、垂直降深方式以及工作线长度、形状等都必须与之相适应；公路开拓方式对开采程序的要求不像铁路开拓那样严格，较容易适应各种开采程序的要求。

（5）其他影响因素。对改扩建的矿山，开采程序的确定还必须考虑矿山开采现状，对现行生产不要有太大的影响。

### 三、开采程序的构成要素

开采程序的构成要素，主要有开采台阶划分形式、采场延深及工作线布置和推进方式，以及工作帮构成。

#### （一）开采台阶划分

首先要确定台阶形式，即划分水平台阶还是倾斜台阶，或者二者兼有，其次要确定台阶高度。

在一般条件下采场被划分为水平台阶。但在某些特殊条件下，如近水平或缓倾斜的单层或多层薄矿体，也可以划分为若干个高度不相等的倾斜台阶，还可以水平台阶和倾斜台阶二者兼有。为了某种工艺上的需要，有时还要把一个台阶再划分成若干个分台阶。

台阶形式和台阶高度的确定，应满足以下基本要求：

（1）生产作业安全。

（2）主要生产设备正常作业，并获得高效率。

（3）有利于合理利用矿产资源，减少矿石损失及贫化。

（4）影响确定台阶形式和台阶高度的因素是多方面的，在不同条件下起决定作用的因素也不相同，要根据每个矿山的具体条件经分析比较确定。

### 1. 水平台阶

为便于主要穿孔、采装、运输设备作业，一般是把采场划分为具有一定高度的水平台阶。

台阶高度主要取决于采掘设备的挖掘高度、装载方式（上装或平装）和穿爆等因素，此外，还受工作线推进方式、推进速度以及分采等条件限制。

当矿体倾角较缓、厚度较薄、品级和夹层较多时，为减少开采损失贫化、台阶高度不宜过大。因为矿岩接触的断面积（即发生矿石损失和岩石混入的开采地段）和台阶高度平方（$H^2$）成正比，如图4-5所示。

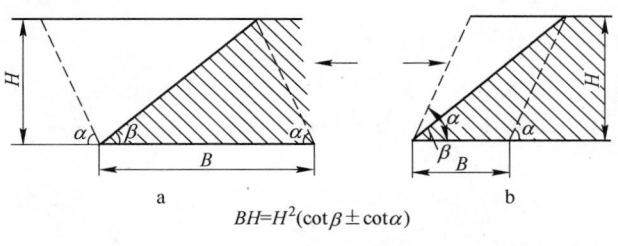

$$BH=H^2(\cot\beta\pm\cot\alpha)$$

▨▨▨—矿体；　——→ 推进方向

图4-5　缓倾斜薄矿体划分水平台阶状态

$H$—高度；$\beta$—倾角；$\alpha$—台阶坡面角；$B$—混合带宽度

同一矿山采矿和剥离台阶高度可以不一致，不同开采时期（不同空间位置）台阶高度也可以不一致，这些都应根据具体条件和实际需要确定。但是台阶高度不同，水平推进速度不同，不要使这种速度上的差异影响正常生产。

### 2. 倾斜台阶

缓倾斜单层或多层薄矿体的露天矿，划分水平台阶时，在划定的开采台阶高度内往往由两种以上的矿岩组成，如图4-6所示。

在这种情况下要实现矿岩分采，降低减少开采损失贫化是极为困难的，甚至无法采出质量合格的产品。因此在采矿地段可以考虑采用如图4-7所示的倾斜台阶开采，而在覆盖层中仍采用水平台阶开采。

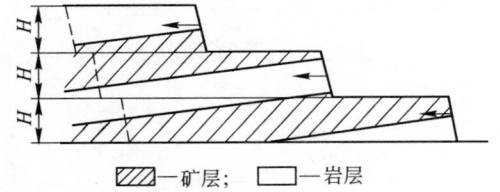

▨▨—矿层；　□—岩层

图4-6　缓倾斜薄矿体矿岩互层划分水平台阶时矿岩组成状态

$H$—水平台阶高度

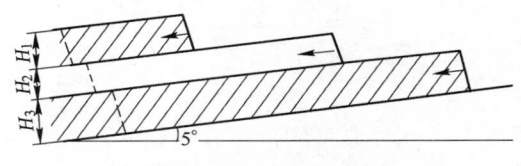

▨▨—矿层；　□—岩层

图4-7　缓倾斜薄矿体矿岩互层采用倾斜台阶开采状态

$H_1$，$H_2$，$H_3$—矿岩倾斜台阶高度

倾斜台阶的倾角应与矿层的倾角一致，倾斜台阶的高度应与矿层及岩石夹层的厚度一致，以保证每一个倾斜台阶高度内矿石或岩石单一化，即全部为矿石或全部为岩石。主要设备的选择要与按上述原则确定的台阶高度及倾角相适应。当矿层或岩层的厚度超过设备正常安全作业的高度时，应按设备安全作业要求确定倾斜台阶的高度，将矿层或岩层划分成两个或数个倾斜台阶。很明显，采用倾斜台阶开采还有一个先决条件，就是矿层倾角必须满足主要设备安全作业的要求，即小于穿孔、挖掘、运输设备在斜面上作业的最大允许角度。

在开采缓倾斜多层薄矿体时，由于采用倾斜台阶在减少矿石的损失贫化方面具有突出的优越性，所以，尽管在生产管理上要复杂一些，设备效率可能要受些影响，也要尽量采用。有些生产矿山为了扩大倾斜台阶开采的应用范围，采取了某些技术措施，如在倾斜台阶上留临时的三角平台或铺设临时的水平垫层，以保持设备作业场所呈水平状态，然后在非作业区再把临时的三角平台或水平垫层清除，或沿伪倾斜方向布置采剥工作线，以减少纵向坡度，或尽可能采用能克服较大坡角的皮带输送机等机械设备。

### （二）采场延深及工作线布置和推进方式

采场延深表明采剥工程在垂直方向自上而下的发展特征，它主要研究和解决以下问题：

（1）采场延深开始地点与采场的相对位置；

（2）采场延深方向；

（3）采场延深角；

（4）采场延深速度。

台阶开段沟的位置表明采场延深工作从什么地方开始，当不用开段沟（即无沟）准备新水平时，采场延深位置可理解为出入沟到达新水平开始扩帮的位置。

采场延深方向指上台阶开段沟和下台阶开段沟轴线的移动方向，无沟准备时，即上下台阶开始扩帮位置移动的方向。

采场延深角是指上下台阶开段沟轴线间的垂线与水平面的夹角（用小于90°的夹角表示），无沟准备时即上下台阶开始扩帮位置之间的连线与水平面之间的夹角。

采场延深速度是指新水平准备工程每年垂直下降的深度。

如图4-8所示，矢量线段$ABCDEF$用来表示采场延深的位置、方向和角度。$A$、$B$、$C$、$D$、$E$、$F$各点分别表示不同开采台阶采场延深的开始位置，标高$-20m$以上为沿矿体下盘垂直延深（线段$AC$），标高$-30 \sim -70m$为沿下盘开采境界延深（线段$CF$），$\theta_1$、$\theta_2$分别表示这两个区间的延深角。

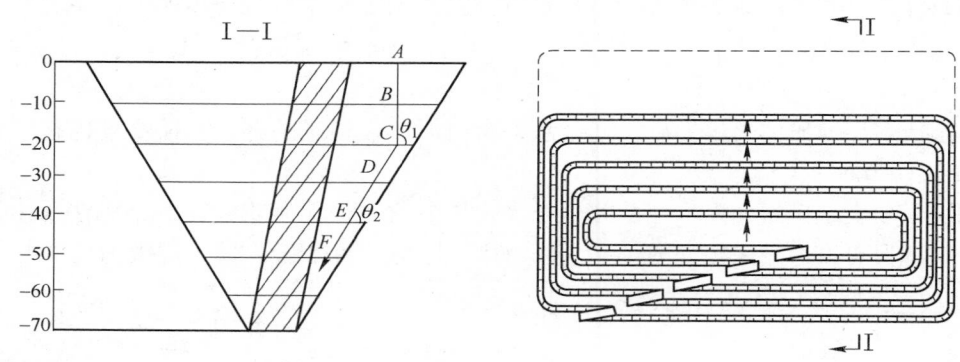

图4-8 采场延深方向示意图

露天矿几种典型的延深方式如下：

（1）沿下盘境界延深、沿走向布置工作线、垂直走向单侧推进（图4-9）。此延深方式的具体特征是：水平划分台阶、沿下盘境界延深、沿走向（采场长轴）布置工作线、垂直走向单侧推进、纵向工作帮、台阶独立作业（非组合台阶或相邻多台阶同时作业）。这种方式适合于运输干线设在下盘固定帮上。但工作面从矿体下盘向上盘推进，矿石损失率和废石混入率大。如果其他要素不变，只把延深方式由沿下盘境界延深改为沿上盘境界延深，就变成沿上盘境界延深、沿走向布置工作线、垂直走向单侧推进。这种方式可减小矿石损失率和废石混入率。

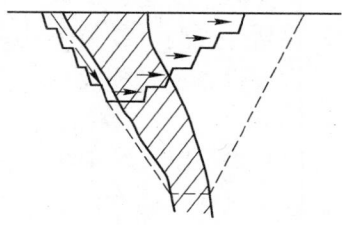

图4-9 沿下盘境界延深、沿走向布置工作线、垂直走向单侧推进

（2）沿矿体下盘（上盘）延深、沿走向布置工作线、垂直走向双侧推进（图4-10）。此方式的具体特征是：水平划分台阶、沿矿体下盘延深、沿走向双侧布置工作线、垂直走向双侧推进，纵向工作帮，台阶独立作业。该方式的优点是见矿快；但采场内运输干线常处于移动状态。

如果其他要素不变，把沿矿体下盘延深改为沿矿体上盘延深，或开始沿下盘再转为沿下盘境界延深，或开始沿矿体上盘再转为沿上盘境界延深。

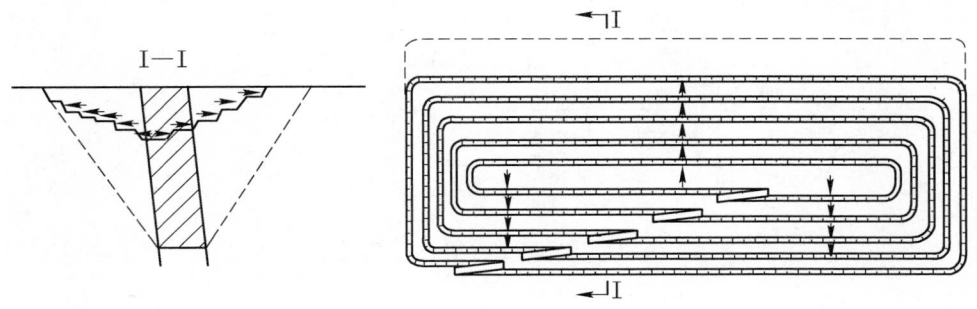

图4-10 沿矿体下盘延深、沿走向布置工作线、垂直走向双侧推进

（3）沿采场端部延深、垂直走向布置工作线、平行走向单侧推进（图4-11）。此方式具体特征是：水平划分台阶、沿采场端部境界延深、垂直走向布置工作线、平行走向单侧推进、纵向工作帮、台阶独立作业。

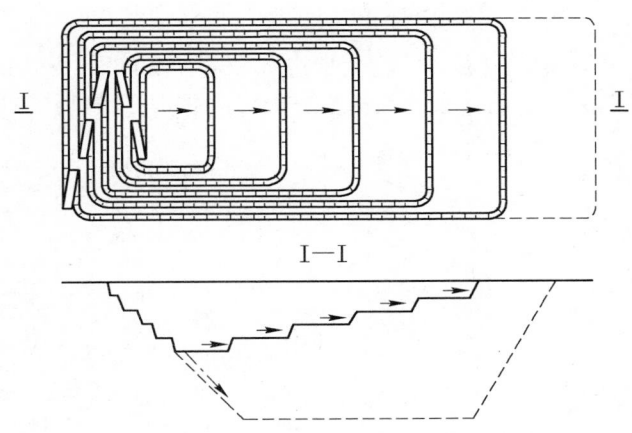

图4-11 沿采场端部延深、垂直走向布置工作线、平行走向单侧推进

（4）垂直走向布置工作线、垂直延深、双侧推进（图4-12）。此方式的具体特征是：水平划分台阶、开段沟垂直走向、垂直延深、双侧布置工作线、沿走向双侧平行推进、纵向工作帮、台阶独立作业。

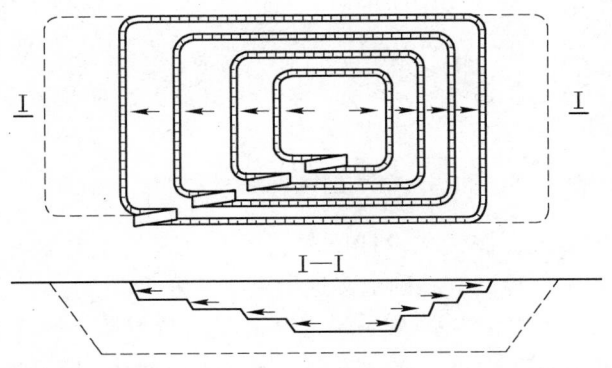

图4-12 垂直走向布置工作线、垂直延深、双侧推进

（5）沿端帮延深、多向工作线、多向推进（图 4-13）。此方式的具体特征是：水平划分台阶，沿采场端部境界延深、多向布置工作线。扩展式多向推进，纵向工作帮、台阶独立作业。

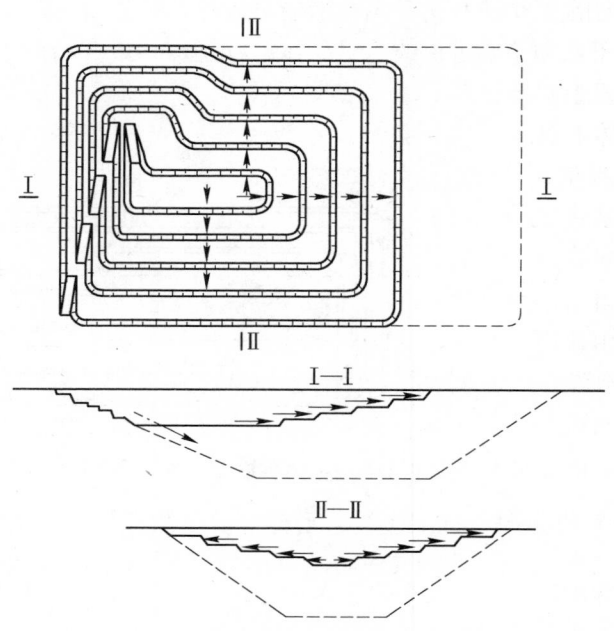

图 4-13　沿端帮延深、多向工作线、多向推进

（6）沿周边布置，螺旋式延深，扇形或非均衡推进（图 4-14）。此方式的具体特征是：水平划分台阶、沿采场境界周边螺旋式延深、沿周边布置工作线、扇形或非均衡推进、纵向工作帮、台阶独立作业。

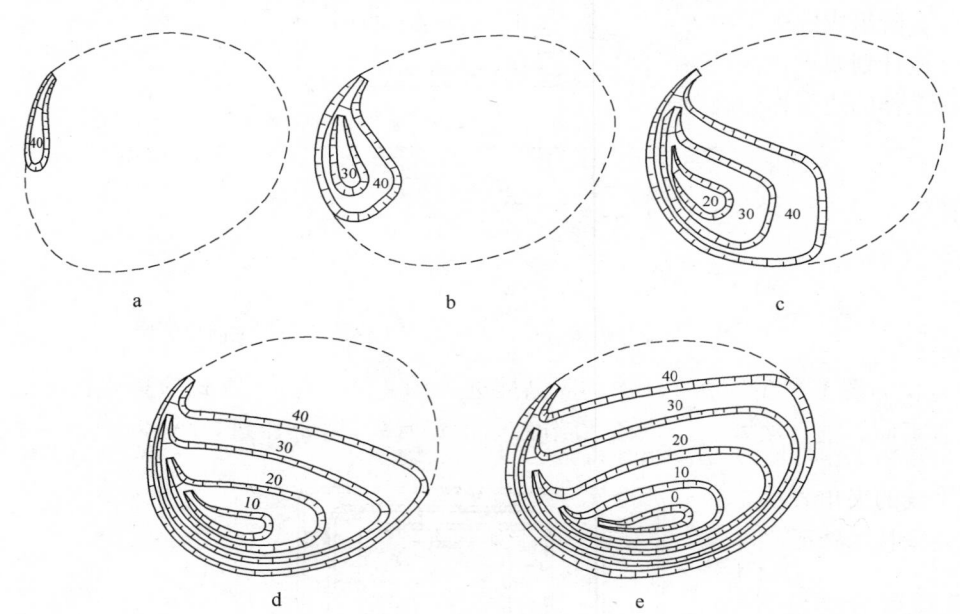

图 4-14　沿周边布置工作线、螺旋式延深、扇形推进

随着主要采掘运输设备的发展，按优化设计要求，还可以有其他更加灵活多变的延深方式，根据矿体实际埋藏条件和开采技术条件因地制宜地确定，这里不一一列出。

采场延深方式与采场的几何形状及矿体与采场之间的相对位置等条件密切联系。延深位置直接影响基建工程量大小和矿山的投产、达产时间。延深方向和延深角直接影响工作线布置方式和水平推进强度、延深速度，从而影响矿山的生产能力，因此，必须全面考虑相关的工艺技术因素和综合经济效果，经分析比较后加以确定。

上述几种典型的延深方式中，沿走向布置工作线平行推进的方法多应用于铁路运输，因为受露天矿采场几何尺寸限制，垂直走向的宽度往往无法满足布置线路的要求。这种情况下，着重研究延深方式往往具有决定性意义。沿矿体下盘境界或上盘境界延深，开始就可以采用固定坑线，运输工作比较简单。但急倾斜矿体条件下延深位置距矿体较远，基建剥离工程量较大，使投产达产时间推迟，特别是沿上盘境界延深的方式尤甚。沿矿体上盘或下盘延深，在采剥工程发展未到最终境界位置以前，则必须采用移动坑线，运输线路的移设工程量大，组织管理工作比较复杂。但由于延深位置距矿体近，可以早出矿，缩短投产、达产时间和减少基建工程量。总之，延深位置可以紧靠矿体，也可以距矿体一定距离，延深方向和延深角可根据实际情况确定。

当开采条件适宜，安排得当，垂直走向布置工作线具有许多优点：有利于选择优先开采部位；有利于减少基建工程量和加快矿山建设速度；同时采矿的台阶比较多，有利于采场配矿和质量中和；新水平准备工程量小，有利于提高延深速度和达到较大的开采规模；以及工作面绕行运距短等。

多向布置工作线较垂直布置工作线更加灵活，运用得当时，可以取得更好的效果，但这种方式由于延深和工作线布置的变化大，所以要求运输方式必须灵活，才能适应其多变的特点，因此这种方式只适应于采用汽车运输的露天矿。也可以说，工作线的多向布置，灵活推进，是采用汽车运输的一种必然结果。

沿采场周边境界螺旋延深的方式多用于团块状矿体，采场近于圆形或椭圆形的短深露天矿，这时采用螺旋固定坑线运输，可以改善采场运输条件。

### （三）工作帮及工作帮坡角

露天采矿场的边帮按其存在性质可以分为工作帮、临时非工作帮和非工作帮三种形式如图4-15所示。由若干工作台阶组成的边帮称为工作帮。采剥工作达到最终境界位置以后不再进行采剥作业的边帮称为非工作帮。按计划要求，在最终开采境界内形成的暂时不开采，但过一段较长时间后，还要继续开辟台阶进行采剥工作的边帮称为临时非工作帮。

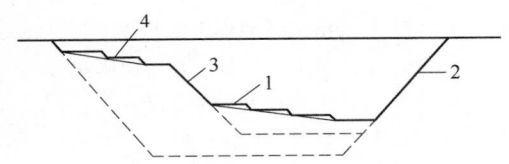

图4-15 采场边帮的划分
1—工作帮；2—非工作帮；3—临时非工作帮；4—扩帮工作帮

工作帮坡角是指工作帮坡面与水平面的夹角，用工作帮中最下一个台阶和最上一个台阶的坡底线之间的连线与水平线的夹角表示。

工作帮按开采技术特征，可分为缓帮开采和陡帮开采。

### 四、开采程序分类及其特征

开采程序是研究采剥工程在露天开采境界内空间、时间的发展变化的。因此，按采剥工程的发展变化，根据在空间上它与开采境界的相对位置特征，以及在时间上它的先后顺序特征，可把开采程序分为四大类，即全境界开采、分期开采、分区开采和分区分期开采。在每一大类中，按构成开采程序的五个要素，即开采台阶划分方式、采场降（延）深方式、工作线布置方式、工作线水平推进方式、工作帮构成方式，形成每一大类的具体技术特征，这样构成开采程序的两级分类法，按此原则确定的分类如图4-16所示。

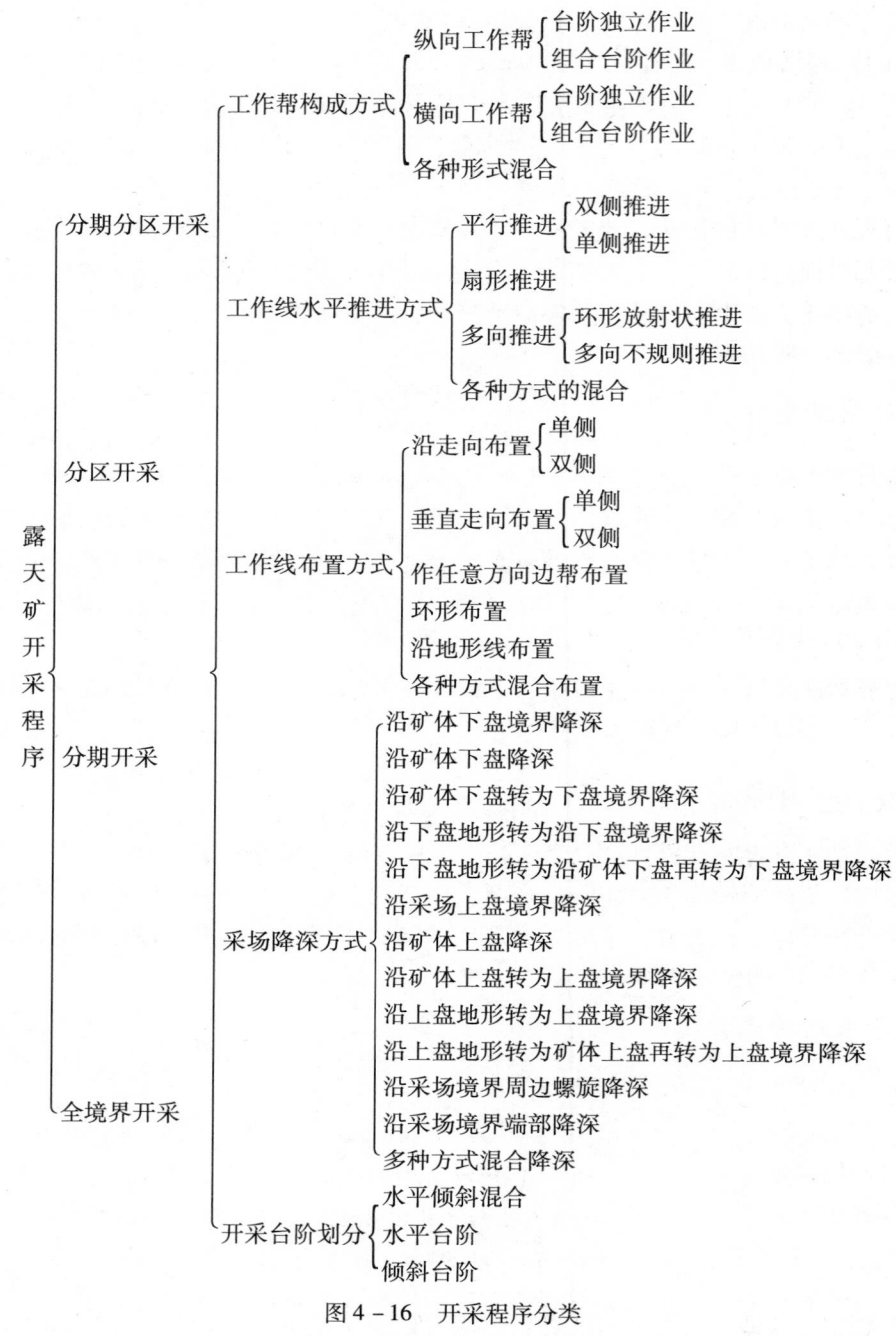

图 4 - 16　开采程序分类

# 第七节　开采范围及分期开采

## 一、全境界开采

全境界开采是指采剥工程按划定的开采台阶，沿水平方向连续扩展到最终开采境界，在垂直方向按开采全深范围逐层连续向下降深，直到最终开采深度为止。我国水泥原料露天矿绝大部分采用全境界开采。这种开采程序与分期开采和分区开采相比可以有较大的生产能力，生产组织管理工作比较简单。但它要求在设计时一次确定最终开采境界，因此矿山资源必须一次勘探清楚，勘探时间长，一次工作量大。对有利部位的优先开采选择性较差；基建工程量大，基建时间长；生产剥采比的调节余地较小，峰值出现较早，峰值较高等严重缺点。随之造成初期使用的设备数量多，投资大，生产费用高，影响矿山开采（特别是初期开采的）经济效果。对于大型水泥矿山可采用分期、分区开采法，减少各时期矿石的运输距离。

## 二、分期开采

在已确定的合理开采境界内，人为地划定一个小的临时开采范围，作为初期开采境界进行开采，以后还可以根据需要和可能，继续把整个采场划分为若干期，前一期临时境界的平面尺寸和开采深度一般小于后一期，每一期小境界的平面尺寸和开采深度均小于已经确定的合理开采境界（或最终开采境界），这就是分期开采。分期开采的根本目的是为了获得较好的经济效果，特别是初期的经济效果。

### （一）分期开采的条件和原则

分期开采的条件和原则包括：

（1）储量比较大，开采年限较长的矿山。

（2）在某些特定条件下，如采场范围内有剥离量很大的高山，有需要迁移的地表水体和重要交通线路、有需要报废和搬迁的重要建筑物等，为了推迟剥离、迁移、报废、搬迁时间，也可以采用分期开采。

（3）有的矿山受勘探程度的影响，开始只能按已探明的资源储量确定开采境界进行生产。随着探明资源储量的加大，逐步扩大开采范围。

（4）由于生产规模加大，原有采场不能适应生产能力的要求，需要扩大开采范围，这样在客观上也形成了分期开采。

（5）分期开采的第一期境界的生产年限一般应大于还贷年限。

（6）扩帮过渡期间，矿山生产量不应降低。

（7）首采区（第一期）应选择在开采条件好，矿石品位高、剥采比及基建剥离量小的区域。

（8）首采区的圈定应考虑足够的扩帮时间，扩帮过渡期间的生产剥采比不应超过经济合理剥采比，并力争与第一期生产剥采比相差不大，避免出现剥离高峰。

### （二）分期开采的特点

图 4-17 所示为分期开采横剖面示意图，图中 ABCD 为第一期开采的临时境界，开采深度为 $H_1$；EFGD 为最终开采境界，开采深度为 $H_2$；$\varphi$ 为工作帮坡角，$\beta$ 和 $\gamma$ 为最终边坡角；AHIJD 为由第一期开采向第二期开采过渡时的第一期开采状态，开采深度为 H。AH 为当时形成的临时非工作帮；开采深度由 $H_0$ 降到 $H_1$（即由 IJ 降到 BC）为由第一期转入下一期开采的过渡期。过渡结束时的工作状态为 CBK，过渡期的采剥量为 AHIJCBKE，第二期的生产工作从 CBK 开始向下按实际条件进行安排。显然，面积 AHME 即为分期开采与全境界开采在开采深度下降到 $H_0$ 时的缓剥岩量，这是分期开采的经济效果所在。由于推迟剥离的岩石量要在过渡期内剥离，这就造成过渡期的生产剥采比值加大，往往是整个露天生产期间的最高值，转入第二期生产后，剥采比则显著下降。全境界开采与分期过渡开采生产剥采比的发展变化趋势可以从图 4-17 中明显看出。

图 4-18 中，ABCD 为矿石产量发展曲线，AEFG 为第一期临时境界开采终了时的岩石采出量发展曲线，AEFHIJKD 为分期开采全过程岩石采出量的发展曲线，ALMNKD 为全境界开采时的岩石采出量发展曲线，EFPL 为分期开采与全境界开采相比较第一期缓剥的岩石量，这部分缓剥岩石量大约推迟了 10 年左右，需要在过渡时期内采出，即图中的 HPMNJI，这就形成了过渡时期的剥离洪峰。

从图 4-17 中还可以明显看出，为了保证露天矿持续生产，必须在第一期生产的中后期，即开采深度达到 $H_1$ 以前就要开始过渡，不然若在 $H_1$ 时才开始过渡，则只有剥除岩石 ABKE 以后才能形成第二期的正常开采状态 CBK，造成矿石生产减少或停顿，即所谓停产过渡或减产过渡。一般情况下，这是不允许的。因此，所谓第一期境界只是一个实际不允许完全出现的假想境界。圈定这个境界的目的在于指导露天矿第一期和过渡期的生产。

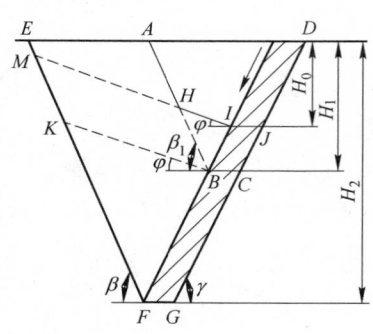

图4-17 分期开采工作

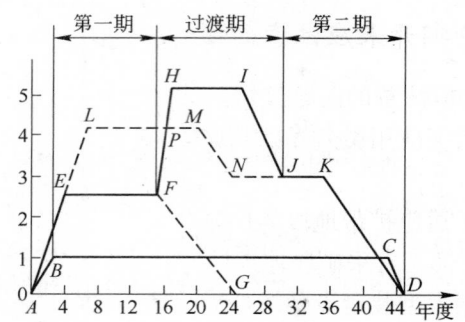

图4-18 分期开采与不分期开采采剥量发展曲线

从上述可以看出，第一期临时开采境界的划定，决定于 $H_0$、$H_1$、$\beta$、$\varphi$ 和过渡期时间的长短等。它们直接影响第一期中缓剥岩石量及生产剥采比的降低值和过渡期中剥岩量及生产剥采比增加值等，这些是决定分期过渡开采技术可能性和经济合理性的重要参数，必须妥善解决。从理论上讲，可以利用最终帮坡角、工作帮坡角、分期境界边帮间的水平距离、开采下降速度、扩帮能力、采剥生产能力等参数，通过几何推导得出扩帮开始时间。但由于大部分矿山的矿体赋存条件较为复杂、境界形态不规则等原因，纯几何计算公式的应用价值很小。只有通过多方案的比较或建立矿床模型，应用运筹学手段对开采顺序进行全面优化才能真正解决问题。

从图4-17中看出，分期境界临时非工作帮坡角 $\beta_1$ 可能有三种形式可供选择：按最终边坡角或接近于最终边坡角；按组合台阶形式形成的边坡角；按每个台阶留有一个小于工作平台但大于安全平台宽度的平台组成的边坡，这个平台宽度一般可等于新水平准备时的开段沟宽度，如 20m。第一种形式的临时非工作帮最陡，经济效果最显著，但是扩帮工作的难度最大；第二种形式的边坡角介于一、三两者之间；第三种形式的临时工作帮最缓，扩帮过渡较易，但是经济效果最差。在可能的条件下，应该尽量采取第一种形式。但分期开采的临时边帮不允许并段。

图4-19是分三期开采的剖面示意图。图中 *ABCD* 为最终开采境界。*AEFG*、*EHIJ*、*HBCD* 分别为第 Ⅰ、Ⅱ、Ⅲ期开采的境界。第一期开采境界的工作帮发展到 *KLPG* 位置时，剥离工程开始往第二期开采境界扩帮过渡，生产剥采比加大；工作帮达 *EFQJ* 位置后，过渡结束，工作帮在第二期开采境界内发展，生产剥采比逐步下降，为充分利用露天矿已有的设备生产能力，开始往第三期开采境界扩帮过渡，使生产剥采比保持相对稳定；工作帮发展到 *MNRSTD* 后，需增添设备加速扩帮，生产剥采比再次增大，工作帮达 *HIUD* 位置后，生产剥采比开始逐步下降，直至露天开采结束。由上可见，当开采境界分期数超过二期的情况下，实际上是处于连续过渡状态，即向某一期开采境界过渡结束的时候，就是向下一期开采境界过渡的开始。

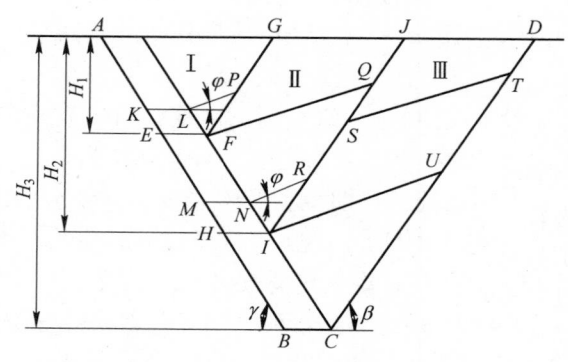

图4-19 划分三期开采剖面示意图

扩帮过渡有缓帮过渡和陡帮过渡两种形式。为降低过渡期剥采比，国内外普遍采用陡帮过渡。

### （三）分期开采应注意的问题

分期开采应注意的问题包括：

（1）尽可能应用微差爆破和压渣爆破等技术，以防止和减少扩帮爆破滚石对下部采矿地段的安全造成威胁。

（2）为了适应扩帮地段的作业条件和有较高的开采强度，扩帮作业应采用汽车运输。为了确保运输作业安全和下部正常采矿段连续生产，一般在扩帮作业区下部的临时固定帮上不应有主要运输干线通过。

（3）采用大型装运设备对分期开采的露天矿是必要的。可以减少同时扩帮的水平数，使生产组织工作简化。在下部正常采矿地段采用大型设备，可以减少装矿工作点，减少同时在上下两部分作业的干扰，有利于安全管理。

（4）有充足的多种用途的辅助设备，如大型前装机等。一旦发生了对生产和安全有影响的情况，可以做到及时处理，尽快排除影响。

（5）在境界内有几处边帮需要外扩时，为了确保运输系统的畅通，可以采用分区扩帮的方式。

### 三、分区开采

分区开采是在已确定的合理开采境界内，在相同开采深度条件下在平面上划分若干小的开采区域，根据每个区域的开采条件和生产需要，按一定顺序分区开采，以改善露天开采的经济效果。与分期开采方式相比，这两种开采方式考虑问题的出发点和想要达到的目的都是相同的，优缺点也基本一样。不同的是分区开采是在平面上划分开采分区，不同分区它可以是接替开采，也可以是同时开采；而分期开采一般是在深度上划分采区，后期与前期之间必然存在扩帮过渡。

采用分区开采的矿山，各分区内部的开采程序如延深方法、工作线布置及推进、工作帮形式等都需要根据具体条件确定。此外还应注意解决好各分区生产的正常衔接。

### 四、分期分区开采

分期分区开采一般适用于开采范围和储量大、开采年限长的矿山，既有分期开采的特征又有分区开采的特征，从总体上看是分期开采，但分期中又有分区，或总体上看是分区开采，但分区中又有分期。分期是以一定的年限为基础划分的，分区是按平面范围为基础划分的。

我国海螺、冀东等水泥集团石灰石矿山采用分期分区开采。

# 第八节 采剥方法

## 一、概述

露天开采是指用一定的采装运设备，在敞开的空间里从事开采作业。为了采出矿石，需将矿体周围的岩石及其覆盖岩层剥离。在水泥原料石灰石露天矿采矿生产过程中，矿山生产工艺由穿孔、爆破、采装、运输和排废工作组成。坚硬的矿岩必须进行穿孔、爆破，以达到疏松和破碎矿岩的目的，为采装、运输工作创造良好条件；比较松软的水泥原料如黏土矿、页岩矿等可采用无爆破法开采。

根据矿床赋存条件，露天矿分为山坡露天矿和深凹露天矿。它们是以露天开采封闭圈划分的，封闭圈以上为山坡露天矿，封闭圈以下为深凹露天矿。

露天开采时，通常把矿岩划分为一定高度的分层，自上而下逐层开采，并保持一定的超前关系，在开采过程中各工作水平在空间上构成了阶梯状，每个阶梯就是一个台阶。台阶是露天采场的基本构成要素之一，是进行独立采剥作业的单元体。

掘沟、剥离和采矿是露天采场在生产过程中的三个重要矿山作业环节。它们的生产工艺过程基本是相同的，一般都包括穿孔爆破、采装和运输工作。

在深凹露天矿，由上而下进行掘沟、剥离和采矿工作，上部工作水平依次推进到最终境界，下部水平依次开拓和准备出来，旧的工作水平不断结束，新的水平陆续投产。这是露天矿在整个开采期间的客观规律。掘沟、剥离和采矿三者之间是相互依存又相互制约的。

## 二、采剥方法的选择要考虑的因素

采剥方法对露天矿的经济效益影响较大，确定时必须慎重考虑。

影响采剥方法选择的主要因素有：

（1）矿体埋藏条件，如矿体储量、厚度、倾角、表土层厚度、矿体的平面形状和尺寸、矿石质量及矿石品位的空间分布、地形条件、矿岩物理力学性质等。

（2）露天矿的装备水平，如使用的穿孔、采装、运输设备的规格及型号、运输方式、辅助作业设备的类型等。

（3）所用的开拓方式，如固定坑线或移动坑线开拓、螺旋坑线开拓、回返坑线开拓等。

选择采剥方式时，需根据矿体埋置条件和开采技术条件经过技术分析和经济技术比较能确定。比较的内容有：在建工程量、投产及达产时间、生产剥采比、矿石损失和贫化指标、矿岩内部运输距离、矿岩开采成本及露天开采的经济效益等，然后择优选用。

## 三、生产剥采比的均衡

露天矿开采过程中，在满足水泥生产最基本的矿石生产量和供应量基础上，同时又两个问题需要得到妥善的解决：一是如何利用最小的资金（投资）获取最大的经济效果，露天矿最终开采境界的确定、生产能力的确定、主要采装运输设备的选择都属于这类问题；二是投资总额确定以后，如何让有限的资金发挥最大的效能，使其经济效果最佳。当露天矿最终境界圈定后，整个工程量、生产剥采比、开采顺序、首采地的选择等都属于这类问题。

露天矿在设计和生产过程中充分考虑资金的时间价值，充分考虑技术进步和劳动生产率提高的时间效能。是这样随着时间的推移，露天矿的采剥成本将大幅度降低，有资料显示，随着时间的推移和技术的不断进步，产品的必要劳动生产时间减少，成本将下降，剥离成本每年下降4%；随着工人劳动熟练程度的增加，工人的劳动生产率将增加，工人劳动生产率每年增加4.2%～5.5%。由此可以看出，露天矿生产剥采比的调整和均衡是十分必要的。

### （一）调整和均衡生产剥采比的意义

露天矿的产量决定着露天矿采剥设备及其辅助设施，决定着矿山的基建投资。若矿石产量较稳定，而生产剥采比很大，见高峰期又很集中，从而所需的采剥设备和运输、排土设备及其附属设备很多，造成前期投资大，剥离高峰过后又要削减，这在经济上是不合理的。为此，要调整生产剥采比，使其相对均衡，使露天矿的设备和附属设备的投入也较均衡。

露天矿山有主要的一些特点，而这些特点是生产过程中，进行生产剥采比均衡不能忽视的问题。

（1）大量剥离岩土。地下矿山一般只采矿，很少剥离岩土，故一般采出的岩石量很少，而露天矿都不同，为了采矿，有时不得不剥离大量的岩石。过去，水泥矿山境界剥采比都比较小，而现在随着特大型和大型凹陷露天矿的不断涌现，其境界剥采比也有增大的趋势，生产剥采比也随之增大，因此露天矿经济效益的好坏取决于剥岩工程，对水泥矿山而言生产剥采比的均衡时搭配均衡生产。

（2）超前剥离。露天开采时，不但要剥离岩石，为了采矿的需要还要提前剥离岩石。当露天矿按境界剥采比工作时，各个部门的岩石量既不超前剥离也不推后剥离，例如剥离岩石条带Ⅸ′Ⅲ″，就是为了开采矿量Ⅸ。这时多剥岩石不需要，少剥岩石也不行，如图4-20所示。

但在实际生产中,露天矿不是按非工作帮推进,而是按工作帮推进的,前者小,后者大,如图4-20所示,因此一部分岩石需要提前剥离出来,如 $\Delta V'\Delta V''$,这部分剥离量本应在开采矿量Ⅳ时才剥出,现在却要提前到开采矿量Ⅱ时就剥离出来了。工作帮坡角越缓,超前剥离的岩石量越高。超前剥离的岩量越多,前期的生产剥采比就越大,剥离高峰就越往前移,境界深度 $H$、境界剥采比 $n_{境}$ 和工作帮坡角分别在15°、20°、30°时的生产剥采比关系如图4-21所示。

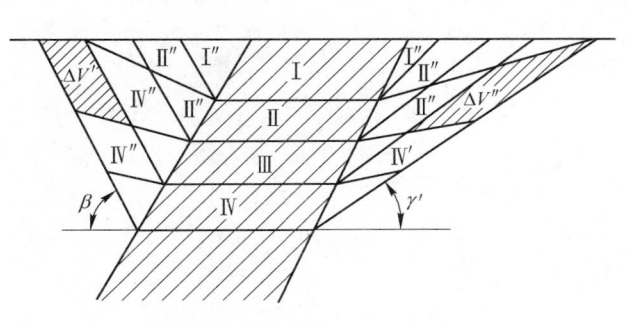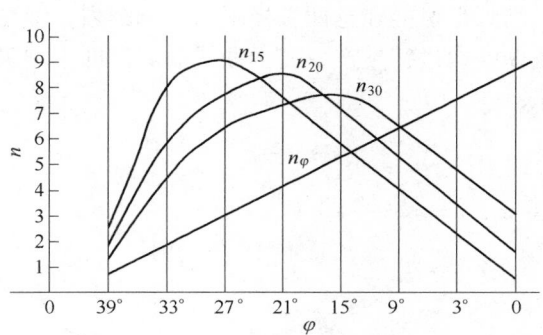

图4-20　露天矿采剥关系　　　　　图4-21　$n=f(\varphi)$ 曲线

从图4-21可以看出,露天矿各方面的生产剥采比 $n_{15}$、$n_{20}$、$n_{30}$ 均在境界剥采比 $n_{境}$ 上方,故前期的生产剥采比大于境界剥采比。其前期的剥采比大,就意味着前期超前剥离量大。因为露天矿不可能按境界剥采比生产,所以超前剥离量是肯定的,这是露天矿的另一个特点。

超前剥离量是可以调整的。虽然露天矿超前剥离量大,但可以进行调整,是可以人为控制的。实质上,超前剥离量的调整部位是均衡生产剥采比的一个重要组成。

### (二) 均衡生产剥采比的原则

应根据下述原则,选取最优的生产剥采比方案,即基建剥离量少、初期剥采比小的分期均衡方案:

(1) 稳定生产后要尽快达量,达产后的第一期生产剥采比应尽量小,以减少初期设备及投资,降低初期的矿石成本。

(2) 大中型露天矿服务时间较长,可分期均衡生产剥采比,一期约5~15年,石灰石剥离量较小,其均衡时限可缩短为3~5年。

(3) 生产剥采比应由小到大逐渐增加,并由大到小逐渐减少。

### (三) 均衡生产剥采比的方法

1. 采用矿岩变化曲线 $V=f'(P)$ 均衡生产剥采比

矿山工程发展过程中,矿山每延深一个台阶,即采出一定的矿石和岩石量,如图4-22所示。

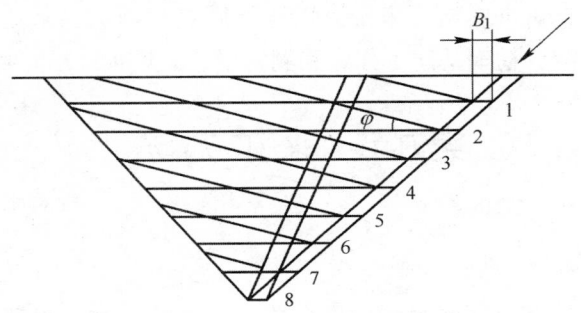

图4-22　矿山延深采出矿石量的变化

$B_1$—开段沟底宽

当矿山工程发展程序及最小工作平盘宽度确定后，可以利用剖面或平面计算出延深至各水平时相应的矿岩量。以延深至各水平的剥岩量计量（$V$）作为纵坐标，延深至各水平的矿石量计量（$P$）作为横坐标，在直角坐标系中，做出按最小工作平盘宽度进行采掘，即按最大工作帮坡角（$\varphi = \varphi_{max}$）进行采掘的曲线。同理，若矿山工程只在一个台阶上进行采掘，采完一个水平后再下降到下一个水平，即工作平盘宽度取最大值，工作帮坡角可视为零，可做出 $\varphi = 0$ 的曲线。

露天矿可能在这两种极限条件范围内，即在最大工作帮坡角（$\varphi = \varphi_{max}$）和最小工作帮坡角（$\varphi = 0$）两条曲线内进行生产，图中曲线的斜率即为剥采比，可在两条极限曲线之内均衡生产剥采比，如图 4 – 23 所示。

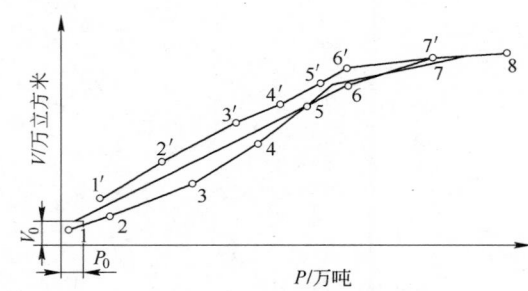

图 4 – 23    工作帮坡角与剥采比的关系

在两条极限曲线之间，技术上可能的均衡生产剥采比的极限很多，因为所确定的生产剥采比与基建工程量、投产和达产时间、矿山的投资和成本等许多指标有关，要综合分析研究，从中选出最优的生产剥采比方案。

2. 参照分层平均剥采比均衡生产剥采比

水泥矿山传统上一般采取缓帮开采，同时工作的台阶不多，生产剥采比很接近分层剥采比，可把若干个台阶构成一个开采时期，第一时期的生产剥采比参照此时期内各个台阶的分层剥采比值来确定，即：

$$n = \frac{\sum V}{\sum A} \tag{4 – 11}$$

式中    $n$——每一时期的生产剥采比；

$\quad\quad \sum V$——该时期内各台阶的总岩量，t；

$\quad\quad \sum A$——该时期内各台阶的总矿量，t。

按式（4 – 11）确定的生产剥采比应在编制剥采进度计划时加以验证和核实。同时，在编制进度计划时，还可以通过改变工作平盘的宽度、改变工作线的布置和开段沟的长度等办法来调整、均衡生产剥采比。有时候可以将部分剥岩量留下来，矿山工程暂时不推到最终境界，以减少初期剥岩量。待矿山工程往下延深，分层剥采比减少后把留下的岩石采出，以达到调整和均衡剥采比的目的。水泥矿山应充分发挥综合利用的有利条件，尽量减少初期基建工程量和剥岩量，工厂生产后，尽可能多地搭配均衡生产。

# 第九节  采 矿 方 法

## 一、采矿方法分类

水泥原料露天矿山应采用自上而下、水平分层台阶开采方法，为了保证露天矿正常持续生产，它们在空间和时间上必须保持一定的超前关系，按照"采剥并举，剥离先行"的方针组织生产。

硬质矿物采矿方法可按表 4 – 12 分类。

表4-12 硬质矿物采矿方法分类

| 采掘方式 | 横向采掘、纵向采掘 |
|---|---|
| 作业形式 | 循环或循环—流水作业 |
| 岩体松散方式 | 穿孔 |
| 装载方式 | 爆破 挖掘机 装载机 |
| 粉碎方式 | 破碎机 |
| 运输方式 | 矿用汽车 带式输送机 (汽车) 矿用汽车 |

软质矿物采矿方法可按表4-13分类。

表4-13 软质矿物采矿方法分类

| 采掘方式 | 横向采掘 | 纵向采掘 | 横向采掘 | 横向或纵向采掘 |
|---|---|---|---|---|
| 作业形式 | 循环作业 | | 连续作业 | 连续或循环作业 |
| 挖掘采装运输 | 挖掘机 | 推土机 | 斗轮挖掘机 | 挖泥船 |
| | | 装载机、铲运机 | 水 枪 | |
| | 汽车、带式输送机、泵及管道 | | | 驳 船 |

## 二、采掘工作线布置方式和推进方式

工作线布置及推进方式表明采剥工程在水平方向的发展特征。它与采场延深密切相连，主要取决于矿体产状、地形条件，此外，也受采场运输方式的限制。对同一个采场，工作线布置及推进方式不同，具备的采、剥工作线长度及推进强度不同，因而影响采剥生产能力和生产管理上的难易程度。一般露天矿工作线布置及推进的几种典型方式有：

（1）沿走向（采场长轴）一侧平行布置工作线，垂直走向推进（图4-24）。

（2）沿走向（采场长轴）两侧布置工作线，垂直走向推进（图4-25）。

（3）垂直走向（采场长轴）布置工作线，平行走向一侧推进（图4-26）。

（4）垂直走向（采场长轴）布置工作线，沿走向两侧推进（图4-27）。

（5）双向（沿走向和垂直走向）单侧布置工作线，双向（垂直和平行走向）推进（图4-28）。

（6）双向单双侧平行布置工作线，三向推进（图4-29）。

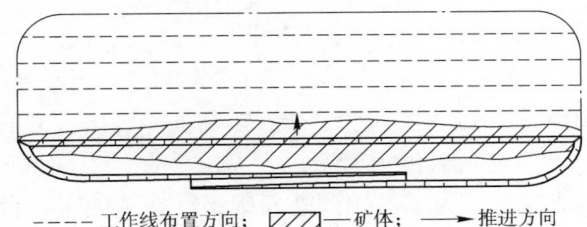

- - - - 工作线布置方向； ▨▨▨ 矿体； ⟶ 推进方向

图4-24 沿走向布置工作线垂直走向一侧推进

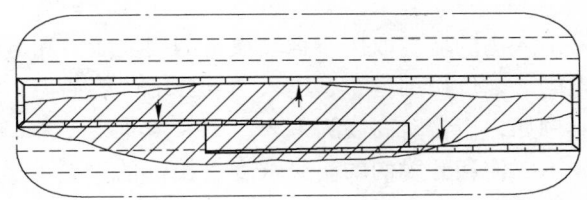

图4-25 沿走向两侧布置工作线、垂直走向推进

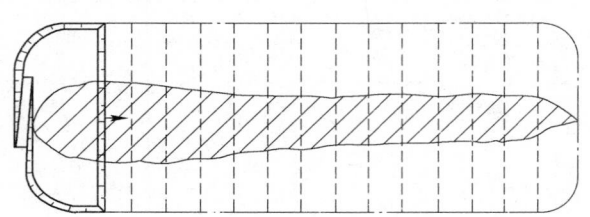

图 4-26　垂直走向布置工作线平行走向一侧推进

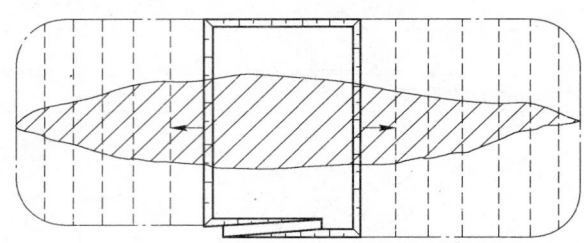

图 4-27　垂直走向布置工作线平行走向两侧推进

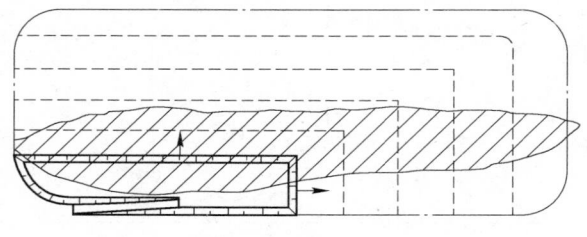

图 4-28　双向单侧布置工作线、双向推进

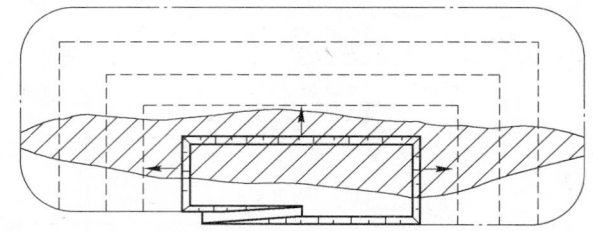

图 4-29　双向单双侧布置工作线、三向推进

以上几种典型工作线布置和推进方式，根据实际情况互相结合，还可以产生若干种其他方式，可灵活运用。

### 三、出入沟和开段沟（采准工作面）参数的确定

露天开采是分台阶进行的，由于采装与运输设备一般是在工作台阶的坡底面水平作业，所以，必须在新台阶顶面的某一位置开一道斜沟，使采运设备到达作业水平，即出入沟；而后以段沟为初始工作面向前、向外推进，形成新台阶初始工作面，即开段沟。因此，掘沟是新台阶开采的开始。

深凹露天矿的掘沟如图 4-30 所示，假设 152m 水平已被揭露出足够的面积，根据采掘计划，现需要在被揭露区域的一侧开挖通达 140m 水平的出入沟，以便开采 140~152m 台阶。掘沟工作一般分为两阶段进行：首先挖掘出入沟，以建立起上、下两个台阶水平的运输联系；然后开掘段沟，为新台阶的开采推进提供初始作业空间。

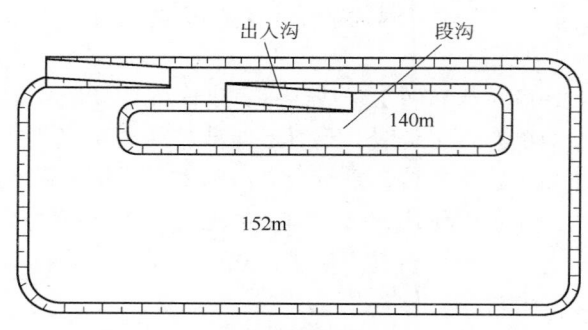

图 4-30　出入沟与段沟示意图

出入沟的坡度取决于运输设备的爬坡能力和运输安全要求。现代大型水泥原料露天矿多采用载重 45t 以上的大吨位矿用汽车，出入沟的坡度一般约为 8%~10%。出入沟的长度等于台阶高度除以出入沟的坡度。例如，当台阶高度为 12m、出入沟的坡度为 8% 时，出入沟的长度为 150m。

出入沟和开段沟的沟底宽度是掘沟的重要参数。一般说来，为了尽快到达新水平，在新的工作台阶形成生产能力，应尽量减少掘沟工作量。因此沟底宽度应尽量小一些。最小沟底宽度是满足采运设备基本的作业空间要求的宽度，其值取决于岩石性质、掘沟设备规格、运输方式及设备型号。

出入沟、开段沟的宽度在挖掘机平装车、汽车运输时可参考表 4 - 14 选取。

表 4 - 14　出入沟、开段沟宽度

| 台阶高度/m | 铲斗容积/m³ | 汽车载重量/t | 出入沟宽度/m |
|---|---|---|---|
| 10 | 0.5 ~ 1.0 | 3.5 ~ 7.0 | 16 |
| 12 | 2.0 ~ 4.0 | 7.0 ~ 25.0 | 20 |
| 15 | 2.0 ~ 4.0 | 7.0 ~ 25.0 | 20 |
| | 4.0 ~ 6.0 | 25.0 以上 | 22 |

扩帮运输堑沟宽度可按表 4 - 15 选取，不需爆破即可直接挖掘的黏土类矿岩，可参考表 4 - 14 选取。

表 4 - 15　扩帮运输堑沟宽度

| 台阶高度/m | 铲斗容积/m³ | 汽车载重量/t | 堑沟宽度/m | |
|---|---|---|---|---|
| | | | $f < 6$ | $f \geq 6$ |
| 10 | 0.5 ~ 1.0 | 3.5 ~ 7.0 | 18 | 20 |
| 12 | 2.0 ~ 4.0 | 7.0 ~ 25.0 | 20 | 24 |
| 15 | 2.0 ~ 4.0 | 7.0 ~ 25.0 | 24 | 28 |
| | 4.0 ~ 6.0 | 25.0 以上 | 30 | 34 |

### 四、纵向开采法

纵向开采中，根据开段沟的设置位置，有上盘向下盘推进、下盘向上盘推进及中间（矿层与上、下盘岩层接触带）掘沟向两侧推进三种。在倾斜矿层，自上盘向下盘推进，矿岩不易混杂，有利于分级开采。但如果各单层间结合不紧密时，易产生滑落，造成砸机伤人事故。自下盘向上盘推进，炮孔需要更长的超深，炸药消耗量也较大，在开采夹层多的倾斜矿床时，不易挑出夹层，从而降低矿石品位。中间掘沟向两侧推进则主要是为了减少初期剥采比，但此时常需设置临时坑线。

### 五、横向开采法

横向采掘，就是当出入沟达到开采水平标高后，在出入沟端部挖掘横切矿层的开段沟，垂直矿岩走向布置采掘带，进行横向采掘。它具有如下的一些基本特点：

（1）采掘带的方向垂直于矿岩走向，顺向爆破，抵抗线的方向沿着矿岩走向，爆破阻抗力小，炸药能量充分用于矿岩的破碎，爆破后的后冲角陡，改善了爆破条件，爆破质量较好。

（2）因为爆破质量较好，爆堆集中，可为提高挖掘机装车效率创造良好的条件。

（3）采用大区微差爆破和汽车运输，故垂直矿岩走向的工作面很短，无需专门挖掘新水平的开段沟。因而，新水平开拓工程量小，准备速度快。

（4）可缩短矿山的内部运输距离，提高了汽车的运输效率，降低了运费。

（5）能够增加工作面的数量，多设置挖掘机，矿山能达到更高的生产能力；岩石的剥离量也比较均匀。

（6）横向推进是顺向爆破，矿岩不易混杂，有利于分级开采或质量中和。

一般的横向采掘，按开段沟设置位置不同，而有一端开沟向另一端推进；两端开沟向中间推进及中间开沟向两端推进之分，可结合具体条件应用。

鉴于横向开采法具有以上优点，目前，天津水泥工业设计研究院设计的水泥原料露天矿山只要矿体赋存条件及地形允许，均采用横向开采法。

### 六、缓帮开采法

缓帮开采一般自上而下分台阶依次采剥至最终开采境界。上下台阶保持在最小工作平台宽度以上，工作帮帮坡角一般小于18°。

缓帮开采法的生产管理简单，设备上下调动少。但基建剥离量大、投产和达产时间较长、均衡生产剥采比的幅度小。只有当开采深度较浅、基建剥离量小、投产和达产时间均较短时，采用缓帮开采法才会获得较好的经济效益。

我国水泥原料矿山大多覆盖量较少，与其他行业矿山相比剥采比低，因此大多采用缓帮开采法。

### 七、陡帮开采法

陡帮开采一般指采场上部剥离区段的剥离作业为陡帮开采，工作帮帮坡角一般为18°~35°，下部主要采矿区各相邻台阶仍以宽工作平台进行采矿作业。

#### （一）陡帮开采方式

陡帮开采法常采用的开采方式有组合台阶开采和倾斜条带开采两种方式。

组合台阶开采是把剥岩工作帮的台阶分为若干组，每组为一个采剥单元，由一个工作台阶和若干个临时非工作台阶组成。组合台阶内的每个台阶自上而下依次开采至要求的宽度。

倾斜条带开采是在采剥工作帮上按要求的一次采剥带宽度自上而下各台阶尾随式作业。同时工作的台阶数根据要求的工作帮下降速度和挖掘机数量确定。各工作台阶的作业段留较宽的工作平台，其余区段仅留安全平台或运输平台。

#### （二）陡帮开采方法要素

组合台阶构成要素如图4-31所示。

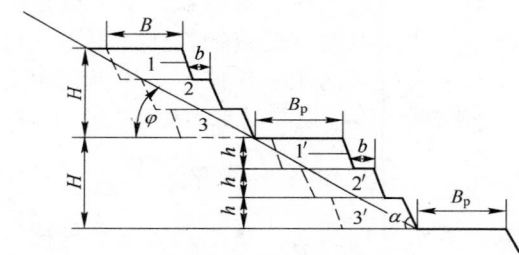

图4-31　组合台阶构成要素

$B$—组合台阶一次推进宽度；$b$—安全平台宽度；$B_p$—工作平台宽度；$H$—每组台阶高度；$h$—台阶高度；

$\alpha$—台阶坡面角；$\varphi$—工作帮坡角；1，2，3，1′，2′，3′—分别为上下组台阶开采顺序

1. 组合台阶开采

（1）组合台阶高度$H$。与组合台阶高度$H$有关的因素有：单台挖掘机的生产能力$q$（m³/（台·年））、一次扩帮周期$T$、一次扩帮推进宽度$B$、扩帮带长度$L$。

$$H = nqT/(BL) \qquad (4-12)$$

式中　$n$——组合台阶中工作的挖掘机台数。

计算得$H$后，取$H$为台阶高度的整数倍。实际工作中组合台阶高度一般由3~5个台阶组成。

（2）一次扩帮推进宽度$B$。一次扩帮推进宽度$B$(m)取决于一次扩帮循环周期内要求的采矿工程下降速度$v$(m/a)：

$$B = vT(\mathrm{ctg}\varphi + \mathrm{ctg}\theta) \qquad (4-13)$$

式中　$T$——一次扩帮循环周期，一般为1~5a；

　　　　$\varphi$——工作帮坡角，（°）；

　　　　$\theta$——采场延深角（即延深方向与水平方向的夹角），（°）。

（3）安全平台宽度$b$。安全平台（临时非工作平台）宽度$b$是按在台阶上进行采剥作业时，爆破物料

尽量少向下部台阶滚落为原则确定。$b$ 值越小，工作帮坡角越大，均衡生产剥采比的效果越好。从方便生产，减少各台阶之间相互影响出发，$b$ 值大些有利。

（4）工作平台宽度 $B_p$。工作平台宽度 $B_p$，主要按采装运设备正常作业要求确定，其值是一次扩帮宽度和安全平台宽度之和。当安全平台宽度确定后，一次扩帮宽度值必须满足工作平台宽度的要求，即 $B \leq B_p - b$。

（5）工作帮坡角 $\varphi$。

$$\tan\varphi = \frac{nh}{B_p + (n-1)b + nh\mathrm{ctg}\alpha} \tag{4-14}$$

式中　$n$——组合台阶中台阶个数，个；

$h$——台阶高度，m；

$\alpha$——工作台阶坡面角，（°）。

2. 倾斜条带式开采

倾斜条带式开采构成要素如图 4-32 所示。

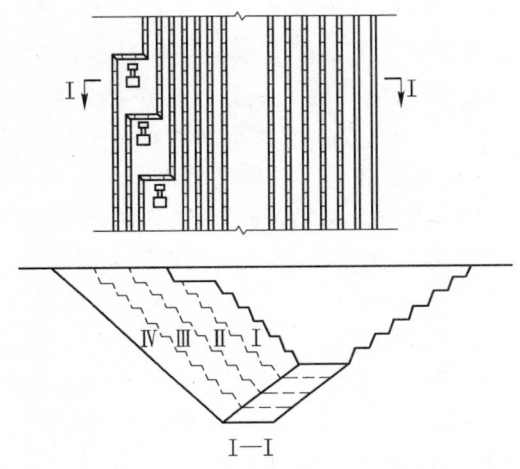

图 4-32　倾斜条带式开采构成要素

（1）一次扩帮推进宽度。一次扩帮推进宽度和工作平台宽度确定方法同组合台阶式开采。

（2）安全平台宽度。当安全平台设有直接进出运输设备时，按能截住上台阶爆破滚石要求的宽度和运输平台宽度综合考虑，取其中最大值。

（3）倾斜条带的帮坡角 $\varphi$。

$$\tan\varphi = \frac{nh}{B_p + (n-1)b + nh\mathrm{ctg}\alpha} \tag{4-15}$$

（4）尾随作业的上下台阶工作面的超前距离，主要依据爆堆长度、爆堆宽度和采装运输设备正常作业的要求确定，一般最小超前距离为 150～200m。

陡帮开采法具有建设周期短，投资省、见效快，均衡生产剥采比幅度大等优点，但设备调动较频繁，生产管理较复杂，上下两组台阶之间、上部剥岩区和下部采矿区之间的超前关系必须紧密配合。当矿山开采深度较大、基建剥离量和前期生产剥采比较大时，采用陡帮开采法能获得明显的经济效益。

**（三）《金属非金属矿山安全规程》（GB 16423—2006）有关陡帮开采的规定**

陡帮开采应遵守下列规定：

（1）陡帮开采工艺的作业台阶，不应采用平行台阶的排间起爆方式，宜采用横向起爆方式。

（2）爆区最后一排炮孔，孔位应成直线，并控制炮孔装药量，以利于为下一循环形成规整的临时非工作台阶。

（3）在爆区边缘部位形成台阶坡面处进行铲装时，应严格按计划线铲装，以保证下一循环形成规整的临时非工作台阶。

（4）爆破作业后，在陡帮开采作业区的坑线上、临时非工作台阶的运输通道上，应及时处理爆渣中的危险石块，汽车不应在未经处理的线路上运行。

（5）上部采剥区段在第一采掘带作业时，下部临时帮上运输线不应有运输设备通过。

（6）临时非工作台阶作运输通道时，其上部临时非工作平台的宽度应大于该台阶爆破的旁冲距离。

（7）临时非工作台阶不作运输通道时，其宽度应能截住上一台阶爆破的滚石。

（8）组合台阶作业区之间或组合台阶与采场下部作业区之间，应在空间上错开，两个相邻的组合台阶不应同时进行爆破；作业区超过300m时，应按设计规定执行。

## 八、分期分区开采法

分期开采时在设计最终露天矿境界内划分为几期开采，每一期的境界都按最终边坡角或按接近最终边坡角设计。每一期的开采年限比较短。一般多在矿体上盘和端帮剥岩量大的部位采用这种方法。国外深凹露天矿采用分期开采方式比较多。水泥矿山由于不同品质矿岩生产的需要，采用这种方法更有利于降低成本，提高效益，延长矿山服务年限。露天矿分期开采的目的是在储量大，开采年限较长时，选择矿石多、岩石少、开采条件好的地段作为第一期开采，以较少的基建投资（包括基建工程量和设备数量），降低的矿石成本，使矿山早日投产和达产。把大量的岩石推迟到以后剥离，对水泥矿山而言，上部矿体品位均匀性较差，厚度较大时采用分期开采效果更好。

对倾斜或急倾斜矿体延续较深、厚度较大时，可在深度上划分几个时期，从上而下分期开采。这种方法对水泥矿山而言，有利于在垂直方向上整体均衡矿石的产量和质量。

对缓倾斜和水平矿体沿走向较长，覆盖岩石厚度、矿体厚度及质量变化较大时，可沿走向方向划分若干个开采区域，按一定顺序先后开采；应优先在覆盖层较薄、矿量多、矿石品位高、开采条件好的区段先开采，这种方法亦称为分区开采。对在一个矿区内同时有几个采区作业矿山亦称其为分期开采。水泥矿山采用这种方法有利于实现不同采区，不同品质矿石的相互搭配生产。如冀东集团马头山石灰石矿由大盖山采区、马蹄山采区、马头山采区和利儿山采区组成。

一般地，采用分期开采具有以下特点：

（1）分期开采时经济效果显著，初期达产快。

（2）整个露天矿的储量大，服务年限在50年以上为宜。

（3）露天矿第一期的生产年限（指开挖过度以前的时期）应大于15年，特殊情况亦不得小于10年。

（4）露天矿在过渡期间，矿山产量不应降低。

（5）露天矿过渡时期的剥采比不应超过经济合理剥采比，并力求维持与第一期生产剥采比相近似。

（6）第一期生产的排土场应设在后期最终境界以外，以免排土场二次排土。特殊情况下排土场若需放在最终境界内，必须进行经济技术比较后确定。

（7）扩帮过渡时间不宜太短，原则每年安排的过渡工程量很大，使剥采比过大且过渡后设备不能充分利用。

（8）采场内有需要迁移的地表河流和重要交通线路，有需要搬迁的重要建筑物等，为了推迟其搬迁，尽可能把它们圈定在第一期生产境界之外。

## 九、生产矿量保存量

露天矿生产环节很多，各环节常会发生一些意外事故，影响矿山的正常生产工作，为保证矿山连续稳定的生产，需保持一定的生产矿量。现在水泥露天矿山将储备矿量分为两级，即开拓矿量和备采矿量。

（1）开拓矿量是指开拓工程已经完成，主要运输枢纽已经形成，并已具备了进行采装工作的条件，形成了完整的运输系统的最下一个阶段底板标高以上的矿量。

（2）备采矿量时开拓矿量的一部分，在台阶上矿体的上面和侧面已经被揭露出来，最小工作平台宽度以外的各阶段矿量的总和。

储备矿量的划分方法见表 4 - 16。

表 4 - 16　储备矿量的划分方法

| 阶段开拓情况 | 图　　示 |
|---|---|
| 阶段开拓工程刚完成时情况，开拓矿量最多 | |
| 正常扩帮时情况，开拓矿量逐渐减少 | |
| 阶段开拓工程将要完成情况，开拓量最少 | |

注：◇◇—备采矿量；▨—开拓矿量；$B_{min}$—最小工作平台宽度。

## 十、生产矿量保有期限

生产矿量保有期限和保有矿量的长短与多少与开采设备、开采方法、开采技术水平和开采强度有关。在过去由于采矿设备能力较小、开采技术水平较低，开采阶段较少，开采的灵活性较差，因此要求储备较多的储备矿量，以维持正常生产。在新的条件下，开采的上述条件已经得到根本性的改变。有时只需调动一台大型挖掘机就可以在需要的地方集中强化开采。同时随着矿山管理水平的提高，完成开采目标和应对紧急情况的能力也大大提升，生产中的意外事故也大大减少，因此，减少储备矿量势在必行。这样有利于推迟剥离，减少资金积压和占用，降低生产剥采比，实现均衡生产。

我国四个工业部门分别对本系统矿山规定的生产矿量保有期限见表 4 - 17。

表 4 - 17　生产矿量保有期限

| 工业部门 | 开拓矿量 | 备采矿量 | 备　　注 |
|---|---|---|---|
| 黑色冶金矿山 | 2~3 年 | 1~3 个月 | 冶金工业部 1988 年 8 月《关于颁发试行〈黑色冶金矿山采矿设计及选矿设计若干原则规定〉的通知》 |
| 有色冶金矿山 | 1 年 | 6 个月 | 中国有色金属工业总公司 1986 年《关于加强矿山正规开采及合理利用资源若干问题的暂行规定》 |
| 化工原料矿山 | 1 年 | 6 个月 | 中国有色金属工业总公司 1986 年《关于加强矿山正规开采及合理利用资源若干问题的暂行规定》 |
| 建材矿山 | 1 年以上 | 6 个月以上 | 1972 年《非金属矿山年度采掘计划管理办法》 |

# 第十节　采场采掘面要素

采场采掘面要素包括台阶高度、工作平台宽度、工作台阶坡面角、挖掘机工作线长度等。

## 一、台阶高度

通常对于松软的岩土，用挖掘机直接挖取时，台阶高度不宜超过所选挖掘机的最大挖掘高度，也不宜低于挖掘机推压轴（钢绳式挖掘机）高度的 2/3。需爆破矿岩的台阶高度与矿床赋存条件、岩性、穿爆方法、采装方式和设备在保证安全的前提下矿岩的稳定性及穿孔规格等因素有关。在保证安全、满足台阶高度规定要求的情况下，应选取较高的台阶高度以减少台阶交换次数。

从国内石灰石矿山使用情况看，前端装载机作为主要挖掘设备，台阶高度一般在 10~12m，当同时配备有反铲斗容的液压挖掘机作为其辅助设备时，台阶高度可取上限，即台阶高度宜为前端装载机最大挖掘高度的 1.8~2.0 倍，换算成爆堆高度即为最大挖掘高度的 1.5 倍。

### 二、工作平台宽度

工作平台宽度应根据采装设备规格、运输方式、台阶高度和爆堆宽度等确定。对于水泥原料矿山绝大部分采矿工作面采用汽车运输，其最小工作平盘宽度为（图 4-33）：

$$L = A + F \tag{4-16}$$

式中　$L$——最小工作平盘宽度，m；

　　　$A$——采掘带宽度（采用单排斜孔爆破时，$A$ 值取 3~5m，采用挤压爆破和多排孔微差爆破时，$A$ 值需实际计算），m；

　　　$F$——开段沟宽度，m：

$$F = (B - A) + C + D$$

　　　$B$——爆堆宽度，一般为 (1.8~2.4)$H$，m；

　　　$C$——运输道路宽度，m；

　　　$D$——安全距离，根据相关安全规定取值；在这个距离内，若需放置压气管道、动力电杆及照明线路等时，一般可取 4.5m。

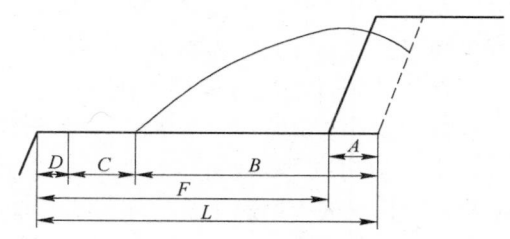

图 4-33　最小工作平盘宽度示意图

按式（4-16）确定的最小平盘宽度值后，必须用汽车在平盘上回转调车所需要的最小宽度进行校核，最后取其大值。

汽车运输最小工作平台宽度可按表 4-18 的规定进行选取。

表 4-18　汽车运输最小工作平台宽度　　　　　　　　　　　　　　　（m）

| 台阶高度 | 平台初始宽度 | 正常生产时最小平台宽度 |
| --- | --- | --- |
| ≤12 | 20~26 | 35~40 |
| >12 | 26~35 | 45~50 |

注：采用横向开采时表中数值应适当增加。

### 三、工作台阶坡面角

工作台阶坡面角的大小应根据矿岩性质、爆破方法、剥采推进方向、矿岩层理方向和矿层倾角等确定。在层理比较发育的急倾斜矿山中（倾角大于 45°），采用从上盘往下盘方向推进时，工作台阶坡面角往往与岩层的倾角一致。当采掘推进方向由下盘向上盘推进并采用斜孔爆破时，其台段坡面角基本上与钻孔倾斜角相一致。当矿岩较软，节理裂隙又较发育，爆破后为了保持工作面原岩的基本稳定，工作台段坡面角应取小些。由挖掘机直接挖掘而不需爆破的水泥原料矿山（例如黏土矿、软质粉砂岩矿等），台段坡面角往往与挖掘机的铲挖角相一致。

一般条件下，水泥矿山工作台阶坡面角可参照表4-19选取。

表4-19　工作台阶坡面角

| 矿 岩 特 性 | 工作台阶坡面角/(°) |
|---|---|
| f=6~8以上的硬岩及中硬岩，包括大部分石灰岩、部分砂岩和未风化的火成岩 | 65~75 |
| f=3~6的软质岩，包括大部分砂岩及粉砂岩、页岩，受构造破坏后风化的石灰岩及火成岩 | 55~65 |
| f<3的砂质及黏土质岩石、严重破碎风化的硬岩及中硬岩 | 45~55 |

## 四、工作线长度

最小工作线长度应根据采装设备规格、运输方式和爆破参数确定。

### （一）挖掘机最小工作线长度

挖掘机最小工作线长度可按表4-20的规定进行选取。

表4-20　挖掘机最小工作线长度

| 挖掘设备斗容/m³ | 最小工作线长度/m | |
|---|---|---|
| | 一般爆破 | 多排孔微差爆破 |
| <2.0 | 90 | 60 |
| 2.0~4.0 | 120 | 90 |
| >4.0 | 150 | 120 |

最小工作线长度应满足每台挖掘机有5~10天的待装矿量和调车的要求。当矿山规模较小、工作面狭窄以及采用横向采掘时，表4-20中数值可适当减少，但不宜小于50m。

对于可以直接挖掘的软质岩土，挖掘机的最小工作场地以满足挖掘回转装车和车辆调行来确定。如果矿石质量波动不易控制，宜在另一部位增加作业场地一处，以利于质量的调配。

### （二）装载机工作线长度

装载机工作线长度仍取决于爆破方式，但用装载机进行采装时不适宜采用挤压爆破。

（1）当爆破工作要求分为采装区段、待爆区段和穿孔区段时，工作线长度可按式（4-17）计算：

$$L = \frac{3NQn}{HA} \tag{4-17}$$

式中　$L$——工作线，m；

　　　$N$——装载机日工作班数；

　　　$Q$——装载机班生产能力（实方），m³；

　　　$n$——采装区段的可采天数，一般为5~10天；

　　　$H$——台段高度，m；

　　　$A$——采掘带宽度，m。

（2）当可以进行边穿孔边采装，而不等处理台段坡底后再穿孔时，则可按式（4-17）减少1/3。

（3）装载机具有很高的机动性，当一个水平的工作线不能满足它工作时，一台装载机允许在数个水平工作。

## 第十一节    生产能力验证

### 一、概述

水泥原料矿山大多为山坡露天矿，地形变化大，开采范围狭小，生产能力受水泥工厂的制约，故需对矿山生产能力进行验证。绝大多数矿山随着开采场地不断扩大，有效工作线长度逐渐增大，生产条件逐步改善，生产能力提高较快，故只需对矿山初期生产能力进行验证。某些矿山可能在某个部位开采条件恶化，如夹层的大量出露或构造的急剧变化，也应对该处进行生产能力验证，提出解决办法。有些矿山转入凹陷开采时，凹陷封闭圈范围窄小，应预计生产能力降低的比例和时间，以供提前建设新矿山作参考。

### 二、生产能力验证方法

#### （一）以采矿工作线长度和工作台阶数验证

（1）在验证期中，有关台阶允许布置的矿石采装设备数量 $N_i$ 应按式（4-18）计算：

$$N_i = \frac{L_{ci}}{L_{ch}} \tag{4-18}$$

式中    $L_{ci}$——验证期中某台阶提供的采矿工作线长度，m
　　　　$L_{ch}$——每台采装设备需要的工作线长度，m/台。

（2）需要同时采矿的台阶数 $i$。由矿山完成采矿任务需要的采装设备总数 $N$ 和验证期间有关台阶能够布置的数量 $n_i$ 而定，应按式（4-19）计算：

$$N = n_1 + n_2 + \cdots + n_i \tag{4-19}$$

式中    $n_1$，$n_2$，$\cdots$，$n_i$——验证期间相邻有关台阶能够布置的采装设备的数量；
　　　　　$i$——同时采矿的台阶数。

#### （二）按新水平准备时间验证

新水平准备时间是指完成该水平的开拓与采准工程所需要的时间。开拓工程一般指供运输车辆通行、矿物运输的出入沟及有关的通道，采准工程是指计划转入新水平的采装设备需要占用的工作线范围而进行的准备工程。

新水平采准工程需要在上一个台阶推进到一定的距离，腾出了需要的空间后才能进行。在新水平准备工程尚未结束前，上部台阶仍应保有足够的回采矿量。因此，可以列出如下不等式：

$$12\left(\frac{B-C}{A}\right) - T_h > T_{zh} \tag{4-20}$$

式中    $B$——被验证水平的矿石储量，万吨；
　　　　$C$——本台阶采准以及为新水平腾出拉沟位置需要超前的空间所占有的矿石量，万吨；
　　　　$A$——验证期间矿山的生产能力，万吨/年；
　　　$T_h$——回采矿量保有期，月；
　　　$T_{zh}$——新水平的准备时间，月。

当多个台阶开采时，被验证水平的矿石储量可近似的当作被验证期间同时生成的几个水平的平均储量来进行验算。如果几个台阶的地形及储量变化较大时，式（4-20）的精度不足，可根据具体实际安排来进行验证。

新水平的准备时间的长短与工程量大小、施工方法、施工设备数量和能力、能否平行施工等有关。

# 第十二节　采剥进度计划的编制

## 一、编制采剥进度计划的目的和要求

编制采剥进度计划的目的是指导矿山建设和生产，确定均衡的生产剥采比和矿岩生产能力、矿山基建工程量及矿山投产和达产时间，同时进一步验证矿山生产规模，保证水泥工厂对矿石数量和质量的要求。

一般以设计计算年（剥离量不再增大的这一年就确定为设计计算年）的采剥总量作为计算主要采装运设备数量以及材料、定员、生产成本的依据。设计计算年是指露天矿采剥总量开始达到最大规模，并在一段较长时间内矿石产量保持稳定。

采剥进度计划编制要求如下：

（1）根据露天矿的具体情况，应尽可能地减少基建工程量，并尽快达到设计的生产规模并保持较长一段时间的稳定，一般稳产时间不小于矿山服务年限的2/3。

（2）保持规定的各级矿量（开拓矿量、可采矿量）指标，以保证产量的均衡。当要进行质量搭配，需要开采多品级矿石时，应注意各品级矿石的配比，满足质量中和的要求，还要求各种品级的矿石产量和质量保持稳定或呈规律性变化。

（3）正确处理剥离和采矿的矛盾。贯彻"采剥并举，剥离先行"的方针，尽量均衡生产剥采比，降低前中期的生产剥采比。

（4）在扩帮条件允许的情况下，要按计划及时开拓准备新水平。扩帮过程中，一定要遵守选定的矿山工程发展程序。

（5）上、下台阶的工作线要保持一定的超前距离，使平台宽度不小于最小工作平台宽度。保证线路的最小曲线半径及各台阶的运输通路，采掘设备调动不要过于频繁。

（6）随着采矿工作线的不断推进，把各台阶采装、运输在时间上和空间上有机联系起来。

（7）编制采剥进度计划以采掘设备的生产能力为计算单元，同时还要注意穿爆、运输等环节的配合。采掘设备的数量不要过剩，也不要频繁调动。

## 二、编制采剥进度计划的基础资料

编制采剥进度计划时，一般应具备下列资料：

（1）比例尺为1∶1000或1∶2000的分层平面图，图上绘有矿床的地质界线、露天采场的开采境界线等；需要质量搭配时，要有各品级矿石分布情况的分层平面图。

（2）开采境界内的分层矿岩量表。

（3）开拓运输系统图和改、扩建矿山的开采现状图。

（4）矿山总平面图，图上应标明破碎站（或卸矿点）和废石场位置以及各台阶的进出车方向。

（5）开采程序和开采要素，如采矿工程延深方向、工作线推进方向、挖掘机工作线长度、最小工作平台宽度等。

（6）采剥、运输设备的型号和效率。

（7）矿石的开采损失率和废石混入率。

（8）矿山开始基建时间和要求投产、达产的预测时间。

## 三、编制采剥进度计划的方法与步骤

采剥进度计划的编制是以挖掘机生产能力为计算单元的。各种工作条件下的挖掘机生产能力（如掘沟、扩帮、剥离和采矿等），可通过计算或按类似矿山的实际指标选取。在一般情况下，因初期操作技术不熟练，基建期间的挖掘机生产能力比正常时期低10%~30%，正常生产时的掘沟和选择开采时挖掘机能力比正常时期低20%左右。

同时工作台阶数受矿体赋存条件和平台宽度的限制，每个台阶的生产能力取决于该台阶能布置的挖掘机数量和挖掘机生产能力。

编制采剥进度计划的步骤如下：

（1）绘制各台阶年末工作线图。在分层平面图上逐年逐台阶确定年末工作线位置，并把挖掘机编号、年份及矿岩采掘量标于图上。上、下两相邻台阶必须保持一定的超前关系和最小工作平台宽度的要求，工作线应尽量平直，转弯处必须满足运输设备的最小平曲线半径要求，以便互相对照、校核和修正。进度计划表上的逐年矿石产量应是考虑了矿石开采损失和废石混入后的实际矿石量。如果累计当年的各台阶的采出矿量或品级不符合要求时，要对年末线的位置进行调整。当得出第一个台阶第一年的采掘量并对下一个台阶已具备一定的超前关系时，即可进行确定第二个台阶第一年的采掘量和年末工作线位置，这样逐层逐年继续进行下去。

（2）确定新水平投入生产时间。如前所述，上下两相邻台阶应保持一定的超前关系，只有当上一个台阶推出一定宽度后，下一个台阶方可开始掘沟。挖掘机在上一个台阶采出该宽度所需要的时间，即为下一个台阶滞后开采的时间。因此，当多台阶同时进行开采时，上、下台阶的推进应当是协调的。

（3）绘制采矿场综合年末图。根据已编制的采掘进度计划表和各台阶年末工作线图绘制采矿场综合年末图。综合年末图上应绘出各台阶在该年的开采现状、各台阶的运输线路及至破碎站和废石场的运输道路。

（4）编制采剥进度计划表。采剥进度计划表与各台阶年末采剥工作线图同时编制，表中应表示出每台挖掘机的工作台阶，起止作业时间及采剥量，新水平准备，出入沟、开段沟和各台阶开采的起止时间，同时还要表示逐年的生产剥采比，主要设备数量，投产、达产、设计计算年的时间等。为了保证矿山生产的持续稳定，进度计划表从第一年开始，通常应编制到设计计算年后3~5年左右，分层矿岩量变化大、开采技术条件复杂的矿山，编制的年限应更长。

### 四、用矿山开采软件系统编制采剥进度计划

在建立矿床矿块模型基础上，计算出每个采矿单元及台段矿石量、废石量，以及矿石、废石品位质量，结合矿山实际生产情况，合理确定矿石、废石搭配比例，尽可能利用矿产资源。

近几年，天津水泥工业设计研究院有限公司应用三维矿山开采软件系统，对比较复杂的矿山进行三维设计及编制采剥进度计划，达到了合理开采，尽量搭配利用全部废石，以保护环境，节约资源。

### 五、露天矿储备矿量

为了保证露天矿持续均衡的供矿能力，使矿山在所有时期都能持续生产，露天矿要有与它的矿石产量相符的储备矿量。所谓储备矿量系指已完成一定的开拓、准备工程能提供近期生产的矿量。按开采程度，水泥原料露天矿山的储备矿量分为开拓矿量和可采矿量。

开拓矿量是指开拓工程已经完成、出矿和废石的运输系统已经形成、具备了进行采准工作的条件、完成了开拓工程的最下一个台阶水平标高以上的矿量。

开拓矿量的计算公式如下：

$$开拓矿量 = （开拓露出的开拓长度 \times 矿体平均横断面积 - 开拓矿量储备期内$$
$$不能开采的矿体体积）\times 矿石平均体重 \times 采矿回收率 \qquad (4-21)$$

可采矿量是开拓矿量的一部分，指生产中能连续采出的矿量，即在台阶上矿体上面和侧面已经被揭露出来，保留最小工作平台宽度以外能采出的矿量。

可采矿量的计算公式为：

$$可采矿量 = （采掘带长度 \times 矿体平均横断面积 - 可采矿量储备期内不能开采的矿体体积）\times$$
$$矿石平均体重 \times 采矿回收率 \qquad (4-22)$$

水泥原料露天矿山的储备矿量应满足表4-21的规定。

表4-21　水泥原料矿山的储备矿量

| 工程项目 | 开拓矿量 | 可采矿量 |
|---|---|---|
| 新建、改扩建矿山 | 12个月矿石产量 | 6个月矿石产量 |

# 第十三节　矿体圈定实例

## 一、矿区概况

某矿区距水泥厂约9km，位于黄土高原南缘与关中盆地接壤处，是黄土台塬南部孤丘状山脉的一部分，属低山丘陵地貌。区内主体山脉近东西向展布，地形切割强烈，北高南低，最高处海拔1293.7m，最低处海拔760m，相对高差553.7m。

矿区地层出露简单，奥陶系广泛分布。主要为下奥陶统亮甲山组（$O_1l$）、中奥陶统泾河组上段（$O_2j^3$）和上奥陶统东庄组上段（$O_3d^2$），第四系主要分布在矿区南部边缘。

## 二、矿床特征

矿床呈层状赋存于中奥陶统泾河组上段（$O_2j^3$），矿层（体）厚度变化很小，矿石质量极稳定，有益成分高，有害成分低。勘探工程控制的矿层（体）属中奥陶统泾河组上段的中上部，根据岩性特征可分为三个岩性层（$O_2j^{3-1}$、$O_2j^{3-2}$、$O_2j^{3-3}$），对应矿层（体）编号分别为$j^{3-1}$、$j^{3-2}$、$j^{3-3}$。控制的矿层（体）平均厚度421.54m，其中$j^{3-3}$、$j^{3-2}$为主要矿层（体），$j^{3-1}$矿层（体）受出露标高限制控制不全，未见矿体底板；顶板为上奥陶统东庄组上段（$O_3d^2$），由粉砂质页岩夹薄层砂岩、灰岩透镜体组成，仅分布在矿区西南部边缘。

矿层（体）总体呈向南西方向倾斜的规则板状体，勘探的主矿层（体）产状比较稳定，介于190°~230°∠25°~50°之间，与近南北方向的蔡家沟主滟呈小角度斜交，向南东方向产状稍有变化，但不影响其完整性和稳定性。勘探工作地表探槽和深部钻孔控制的矿层（体）南北长度为1400m，东西平均宽度846m，最大宽度1140m。

## 三、地质资源储量

根据2003年12月22日国土资源规划与评审中心下发的评审意见书，批准全矿区800m标高以上水泥用石灰岩资源储量如下：

（111b）：20290万吨；

（122b）：6537万吨；

（333）：2060万吨；

（111b）+（122b）+（333）：28887万吨。

## 四、矿山境界圈定及开采程序

本矿床地质资源量多（28887万吨），矿山范围大（长1500m，宽600~900m），开采比高大（相对高差550m），如果整个矿床采用一次圈矿，自上而下分水平开采，则整个矿山的基建投资高，基建周期长。为了降低基建投资，节省基建时间，在满足工厂5000t/d水泥熟料生产线对石灰质原料需求的前提下，经过设计人员仔细研究，本矿床采用分期圈矿、分期分区开采的方案。

一期开采境界圈定的范围为：北边以Ⅲ勘探线向北120m为界，东、西两侧以地质圈矿范围为界，南边以Ⅶ勘探线为界；其余部分留待二期开采时圈定。一期开采境界内共圈入矿石量11354.8万吨，可满足工厂5000t/d水泥熟料生产线生产使用56.8年。对于一期开采境界内的矿石我们又采用分期开采，经比较，采用分期圈矿分期开采的方案比采用矿床整体开采方案，在矿山生产前20年每年节约运营成本200多万元，节省基建投资1800万元。

一期圈定的开采境界尺寸：

（1）底平面：沿走向长约380m，沿倾向宽约720m。

（2）地表面：沿走向长约750m，沿倾向宽约880m。

（3）矿山最高标高：1100m。

（4）采矿场最低开采标高：800m。

采场要素如下：

（1）台段高度：15m。

（2）最低开采标高：800m。

（3）台段终了边坡角：65°。

（4）最终边帮角：北面（临时）：48.4°；东、西面：51.3°；南面：50.1°。

（5）保安平台与清扫平台交替布置。保安平台宽4m；清扫平台宽8m。

根据上述圈定范围，采用平行断面结合分层平面图进行资源量计算，一期开采境界内共圈入矿石量11354.8万吨，可满足工厂5000t/d水泥熟料生产线生产使用56.8年。各台段的矿石量及服务年限见表4-22。

表4-22　各台段矿石量及服务年限

| 工作台段/m | 矿石量/万吨 | 服务年限/年 | 累计服务年限/年 |
|---|---|---|---|
| 1040～1025 | 107.3 | 0.54 | 0.54 |
| 1025～1010 | 185.1 | 0.93 | 1.47 |
| 1010～995 | 259.9 | 1.30 | 2.77 |
| 995～980 | 319.2 | 1.60 | 4.37 |
| 980～965 | 389.8 | 1.95 | 6.32 |
| 965～950 | 493.1 | 2.46 | 8.78 |
| 950～935 | 598.1 | 2.99 | 11.77 |
| 935～920 | 734.8 | 3.67 | 15.44 |
| 920～905 | 845.3 | 4.23 | 19.67 |
| 905～890 | 1018.3 | 5.09 | 24.76 |
| 890～875 | 1022.1 | 5.11 | 29.87 |
| 875～860 | 1093.6 | 5.47 | 35.34 |
| 860～845 | 1107.8 | 5.54 | 40.88 |
| 845～830 | 1118.2 | 5.59 | 46.47 |
| 830～815 | 1059.7 | 5.30 | 51.77 |
| 815～800 | 1006.1 | 5.03 | 56.80 |
| 合　计 | 11358.4 | 56.80 | / |

注：1. 表中未计入1040m标高以上基建削顶的矿石量；

　　2. 矿山生产规模按200万吨/年计算。

# 第十四节　石灰石矿山开采设计实例

## 一、矿山概况

根据上级集团整体规划要求，某矿区需于 2006 年上半年与配套工厂同期投产，2007 年达产形成年采原矿 300 万吨的生产能力。

该矿区内地形多呈丘陵台地，海拔高程在 1150m 左右，比高不大，一般在 100~200m 左右，最高点海拔 1253m，属中低山区。

由于中奥陶世以来的长期剥蚀，含矿层位（$O_2f^2$）的厚度变化比较大，而赋存其中的矿体厚度还要叠加岩性变化的影响，变化就更大一些。根据钻孔资料统计，矿体厚度一般在 15~20m，最小 1.97m，最大 34.29m，平均厚度 18.20m，变化系数为 47%。

## 二、矿山开采境界圈定

### （一）圈定原则

（1）平均剥采比不大于经济剥采比，保证整个矿床开采获得最佳经济效益。
（2）开采境界内矿石的工业储量不少于 20 年的服务年限。
（3）保证探明的工业储量得到充分利用。
（4）爆破安全距离符合国家现行的《爆破安全规程》的规定。
（5）采矿场必须具有安全稳定的最终边坡。

### （二）矿区整体开发与分区分期开采及圈定范围

本矿床赋存于中奥陶系峰峰组第二段（$O_2f^2$），矿体形状、产状与地层一致，比较平缓，走向 NWW—SEE，倾角一般 5°~15°。矿体分布范围：东西最大长度约 2.1km，南北最大 1.9km，面积约 3.99km²。由于地形切割，矿体被沟谷切成三个采（矿）区，第一冲沟以南、第二冲沟以东的 10~26 勘探线部分为东采区，第二冲沟以西、第三冲沟以南的 26~46 勘探线部分为西采区，第三冲沟以北部分为北采区。由于三个采区相对独立，且矿床覆盖层较厚，需要在采空区内进行内排土，因此本矿床宜采用分期开采、分期圈矿的原则圈定开采境界。

本次地质工作只对北采区的少部分进行了勘探，且勘探储量级别低，整个北采区储量级别全部为（334?），尚不能作为设计的依据，因此本期矿山设计只圈定东、西两个采区，北采区留待二期矿山设计时进行圈定。

另外，24~26 勘探线第一冲沟以北、第三冲沟以南部分（地质报告中的 332—1 块段）由于覆盖层厚度大，矿层薄（平均约为 5~7m），且矿层中有部分 II 级品，境界剥采比大于 3.0，经同业主研究本次设计未予圈定；东采区 14~16 勘探线 ZK14-6、ZK16-6 以北的山头由于矿层薄，覆盖层厚度大，本次设计也未圈定；东采区 10~14 勘探线距离村庄小于 200m 的地质储量，本次设计也未予以圈定。

本次设计开采境界圈定的范围为：南面除以地质勘探报告圈定的矿区界线为界外，还将东采区南部的几个民采区圈入开采境界，北面第三冲沟及第一冲沟为界（不包括第一冲沟以北、第三冲沟以南部分），西面以 46 勘探线作为坡底向上放坡的界线为界，东面按距离村庄 200m 圈定境界。

本次圈定的开采境界尺寸如下：
（1）底平面：沿走向长 60m，沿倾向宽 360m。
（2）地表面：沿走向长 1900m，沿倾向宽 200~920m。
（3）矿山最高标高：1187m。
（4）采矿场最低开采标高：975m。

## （三）采场要素

根据该矿床矿层薄（矿层厚度一般 15 ~ 20m，平均厚度 18.20m）、覆盖层厚（5 ~ 50m 厚度不等）及矿层缓倾斜（倾角一般 5° ~ 15°）等赋存特点，为了取得理想的资源利用率，降低矿石的贫化率，采场要素确定为：

（1）台段高度：8m、12m。
（2）台段工作坡面角：75°。
（3）台段终了坡面角：60°。
（4）最终边帮角：≤45°。
（5）安全平台及清扫平台宽度：8m。
（6）运输平台宽度：12m。

第一剥离台段标高 1143m，第一采矿平台标高 1119m。东采区设有 1143m、1131m、1119m、1111m、1103m、1092m、1087m、1079m、1071m、1063m、1055m、1047m 共 12 个水平，西采区设有 1147m、1135m、1123m、1111m、1103m、1095m、1087m、1079m、1071m、1063m、1055m、1047m、1039m、1031m、1023m、1015m、1007m、999m、991m、983m、975m 共 21 个水平。西采区 1123m 以上为剥离台段，其余各台段均为剥离采矿共同作业台段。

## （四）圈定范围矿岩量

根据上述圈定范围，采用水平分层平面图结合地质剖面图计算出开采境界内共有矿石 6188.41 万吨，按每年开采 300 万吨计算，可以开采 20.6 年。全矿共有废石 3117.84 万立方米，东矿区剥采比 1.03:1 $m^3/m^3$，西矿区剥采比 1.47:1 $m^3/m^3$。

各采区资源利用情况详见表 4-23。

表 4-23　资源利用情况　　　　　　　　　　　　　　　　　　　　　（万吨）

| 储 量 类 型 | 东采区 | | 西采区 | | 北采区 | |
|---|---|---|---|---|---|---|
| | 地质储量 | 圈定矿量 | 地质储量 | 圈定矿量 | 地质储量 | 圈定矿量 |
| 331 | 2374.56 | 2065.01 | 0 | 0 | 0 | 0 |
| 332 | 0 | 0 | 3225.56 | 2830.73 | 0 | 0 |
| 333 | 90.87 | 9.24 | 1271.81 | 1283.43 | 0 | 0 |
| 334 | 0 | 0 | 0 | 0 | 2199.64 | 0 |
| 331 + 332 + 333 + 334 | 2465.43 | 2074.25 | 4497.37 | 4114.16 | 2199.64 | 0 |
| 各采区资源利用率 | 84.13% | | 91.48% | | 0 | |
| 全矿区资源利用率 | 6188.41/9162.44 = 67.54% | | | | | |

注：1. 西采区圈定的 333 资源量比地质报告提交的数据多 11.62 万吨，原因是地质报告以 46 勘探线为界计算储量，设计是以 46 勘探线为坡底向上放坡的界线为界；
　　2. 全矿区资源利用率偏低的原因是由于北采区资源量级别低，尚不能作为设计依据而未圈入造成的。

东、西采区各开采水平的矿石量、废石量、剥采比详见表 4-24 和表 4-25。

表 4-24　东采区矿量计算

| 序号 | 台段/m | 剥离/万立方米 | 矿 石 | | 剥采比 （$m^3/m^3$） |
|---|---|---|---|---|---|
| | | | 体积/万立方米 | 矿石量/万吨 | |
| 1 | 1155 以上 | 34.71 | 0.00 | 0.00 | |
| 2 | 1143 ~ 1155 | 94.84 | 3.03 | 7.97 | 31.14:1 |
| 3 | 1131 ~ 1143 | 161.30 | 23.12 | 60.79 | 6.98:1 |

| 序号 | 台段/m | 剥离/万立方米 | 矿　石 | | 剥采比（m³/m³） |
| --- | --- | --- | --- | --- | --- |
| | | | 体积/万立方米 | 矿石量/万吨 | |
| 4 | 1119～1131 | 178.01 | 90.73 | 238.62 | 1.96:1 |
| 5 | 1111～1119 | 113.00 | 95.50 | 251.17 | 1.18:1 |
| 6 | 1103～1111 | 84.74 | 138.97 | 365.50 | 0.61:1 |
| 7 | 1095～1103 | 63.82 | 110.53 | 290.70 | 0.58:1 |
| 8 | 1087～1095 | 38.21 | 91.30 | 240.12 | 0.42:1 |
| 9 | 1079～1087 | 13.09 | 86.17 | 226.63 | 0.15:1 |
| 10 | 1071～1079 | 17.68 | 62.50 | 164.37 | 0.28:1 |
| 11 | 1063～1071 | 13.17 | 48.69 | 128.05 | 0.27:1 |
| 12 | 1055～1063 | 2.13 | 29.81 | 78.40 | 0.07:1 |
| 13 | 1047～1055 | 1.06 | 8.34 | 21.93 | 0.13:1 |
| 14 | 剥离总量 | 815.76 | | | |
| 15 | 矿量合计 | | 788.69 | 2074.25 | |
| 16 | 剥采比 | 1.03 m³/m³ | | | |

**表 4－25　西采区矿量计算**

| 序号 | 台段/m | 剥离/万立方米 | 矿　石 | | 剥采比（m³/m³） |
| --- | --- | --- | --- | --- | --- |
| | | | 体积/万立方米 | 矿石量/万吨 | |
| 1 | 1147 以上 | 18.07 | 0.00 | 0.00 | |
| 2 | 1135～1147 | 37.37 | 0.00 | 0.00 | |
| 3 | 1123～1135 | 161.36 | 0.00 | 0.00 | |
| 4 | 1111～1123 | 269.77 | 11.30 | 29.72 | 23.87:1 |
| 5 | 1103～1111 | 228.07 | 31.43 | 82.66 | 7.26:1 |
| 6 | 1095～1103 | 213.66 | 90.58 | 238.23 | 2.36:1 |
| 7 | 1087～1095 | 146.12 | 203.42 | 534.99 | 0.72:1 |
| 8 | 1079～1087 | 137.31 | 218.03 | 573.42 | 0.63:1 |
| 9 | 1071～1079 | 110.79 | 220.57 | 580.09 | 0.50:1 |
| 10 | 1063～1071 | 169.79 | 144.95 | 381.23 | 1.17:1 |
| 11 | 1055～1063 | 117.71 | 86.36 | 227.14 | 1.36:1 |
| 12 | 1047～1055 | 123.20 | 82.62 | 217.28 | 1.49:1 |
| 13 | 1039～1047 | 120.72 | 85.64 | 225.23 | 1.41:1 |
| 14 | 1031～1039 | 107.80 | 90.42 | 237.81 | 1.19:1 |
| 15 | 1023～1031 | 99.69 | 62.88 | 165.37 | 1.59:1 |
| 16 | 1015～1023 | 76.33 | 50.49 | 132.78 | 1.51:1 |
| 17 | 1007～1015 | 55.97 | 56.23 | 147.88 | 1.00:1 |
| 18 | 999～1007 | 49.91 | 50.76 | 133.51 | 0.98:1 |
| 19 | 991～999 | 23.73 | 38.40 | 100.99 | 0.62:1 |
| 20 | 983～991 | 19.00 | 27.71 | 72.88 | 0.69:1 |
| 21 | 975～983 | 15.71 | 12.53 | 32.94 | 1.25:1 |
| 22 | 剥离合计 | 2302.08 | | | |
| 23 | 矿量合计 | | 1564.32 | 4114.16 | |
| 24 | 剥采比 | 1.47m³/m³ | | | |

### 三、矿山生产能力及其验证

#### (一) 矿山工作制度

矿山采用连续周工作制,每年工作 330 天,每天 2 班,每班 8h。爆破和机修作业在白班进行。

#### (二) 矿山生产规模

为满足工厂配套生产系统每年需 195 万吨 20~60mm 成品矿的要求,考虑成品矿出矿率不小于 68.25% 及雨雪天对筛分的影响 (糊筛子),则需原矿为 300 万吨/年。根据圈定境界范围内扣除基建剥离量后全矿平均剥采比 1.21:1 $m^3/m^3$,剥离量为 363 万吨/年。

矿山生产规模:300 + 363 = 663 万吨/年

#### (三) 矿山生产能力

矿山生产能力见表 4-26。

表 4-26　生产能力

| 项　目 | 采　矿 | 剥　离 | 采剥总量 |
|---|---|---|---|
| 平均日产量/t·d$^{-1}$ | 9091 | 11000 | 20091 |
| 平均班产量/t·班$^{-1}$ | 3030 | 3667 | 6697 |
| 最大日产量/t·d$^{-1}$ | 10000 | 12100 | 22100 |
| 最大班产量/t·班$^{-1}$ | 3333 | 4033 | 7366 |

注:日生产不均衡系数取 1.10。

#### (四) 对矿山初期生产能力验证

对矿山初期生产能力验证如下:

(1) 按露天布设设备数量验证。经过多方案比选,本次设计选用履带式液压挖掘机 (斗容为 5.5~6.5m³) 2 台、轮式装载机 (斗容为 5.0~6.2m³) 1 台作为主要装载设备,另选用 2 台斗容为 1.6~2.0m³ 液压挖掘机作为辅助装载设备。

根据矿床赋存条件,开采初期在东采区 1143m、1131m、1119m、1111m、1103m 水平设 5 个工作面,其中 1143m、1131m 水平主要为剥离工作面,1111m、1103m 水平主要为采矿工作面,1119m 水平兼作采矿与剥离。1143m 水平剥离工作面工作线长度为 150m,1131m 水平剥离工作面工作线长度为 400m,1119m 水平采矿、剥离工作面工作线长度为 470m,1111m 水平采矿工作面工作线长度为 250m,1103m 水平剥离工作面工作线长度为 300m。矿山装备生产能力可达到:

$$A_d = 250 \times 2 + 210 \times 1 + 60 \times 2 = 830 \text{ 万吨/年}$$

根据采剥进度计划编制表,矿山最大年采剥总量为 772 万吨,显然可以满足要求。

(2) 按矿山服务年限验证。露天采矿场内可采矿石 6188.41 万吨,按采矿规模 300 万吨/年计,可采 20.6 年,另外北区尚有推测的资源量,可作为东、西采区的接替采区。

(3) 通过编制采掘进度计划,可以满足持续生产要求。

### 四、矿区整体开发利用与分区、分期开采及采矿方法

该矿床矿体厚度一般在 15~20m,最小 1.97m,最大 34.29m,平均厚度 18.20m,矿层倾角一般 5°~15°。根据矿床赋存条件,设计中对水平台阶开采和倾斜台阶开采两种方法进行了对比,鉴于矿山开采运输设备在倾斜工作面行走困难,难以做到安全生产,且生产管理复杂,本次设计总体仍采用水平台阶开采法。

鉴于矿体厚度较薄,决定了采矿的台阶高度应尽量小;为充分发挥采矿设备的效率,采矿的台阶高

度也不宜过小。综合以上两方面因素考虑，采矿台阶高度定为8m，对于以废石剥离为主的台段，其台阶高度定为12m。

由于矿床沿走向出露长度达2.1km，纵向坡度大，东西两端矿体底板高度相差较大，且覆盖层厚，为降低基建投资及初期生产成本，本矿床宜采用分区开采。鉴于东采区覆盖层相对较薄，剥采比小，开采条件好，作为第Ⅰ区在生产初期开采；西采区26～38勘探线间矿体开采条件次之，为第Ⅱ区；西采区38～46勘探线间矿体由于剥采比大，开采条件差，为第Ⅲ区。第Ⅰ区（东采区）前3.5年开采时由于未形成采空区，剥离物需向外部排弃，3.5年后将形成一定的采空区，此时剥离物可排弃至采空区内。

矿山仍采用传统的爆破开采法，即采用液压潜孔钻机穿孔，微差爆破，液压挖掘机或前端轮式装载机采装，矿用自卸汽车运输。

针对本矿床缓倾斜、矿体薄以及矿体顶板、底板、夹层起伏不平的特点，设计中着重研究了如何剔除顶底板、夹层，采出小三角矿体，提高矿石回采率，减少废石混入率。矿石顶、底板及夹层剔除方法分述如下（图4-34）：

（1）矿体顶板围岩的剔除方法：将8m高的台阶高度细分层两段，减少三角矿体的体积，细分台阶高度后形成的两个小三角矿体与顶板岩石一起爆破，然后采用液压反铲将矿岩混合体中的矿石尽量勾出，降低矿石损失和废石混入率。

（2）矿体底板围岩的剔除方法：开采靠近矿体底板的台阶，可沿着矿体底板倾斜面开采，而不必采用水平开采，降低矿石损失和废石混入率。

（3）位于台阶上部夹层的剔除方法：先将上部夹层剔除，再回收矿石，对于剔除夹层后该台阶高度不足4m时，将该台阶矿石并入下一台阶回收。对于夹层赋存倾角小于6%时，生产中可沿倾斜面开采。

（4）位于台阶中部夹层的剔除方法：可将夹层上部矿石并入上一台段回收，再单独剔除中间夹层，夹层下部矿石并入下一台段回收。对于夹层赋存倾角小于6%时，生产中可沿倾斜面开采。

（5）位于台阶下部夹层的剔除方法：先将上部矿石采出后再单独剔除夹层，对于该台阶矿石厚度不足4m时，应将该台段矿石并入上一台段回收。对于夹层赋存倾角小于6%时，生产中可沿倾斜面开采。

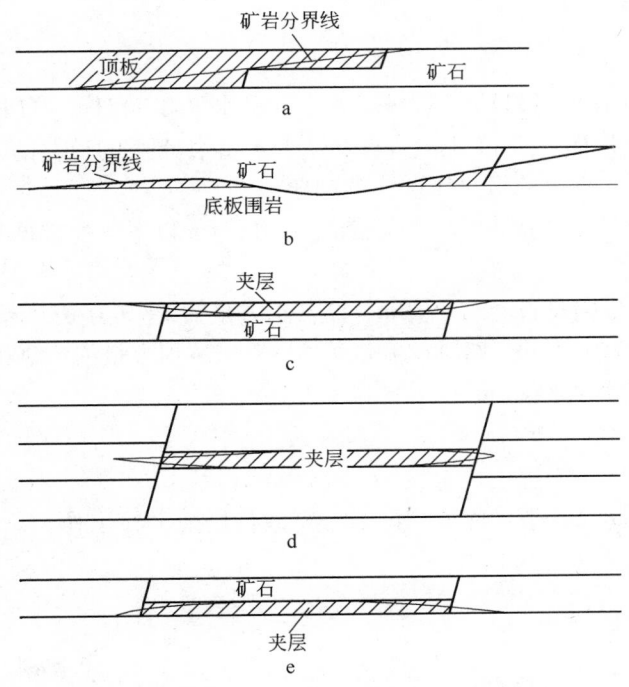

图4-34　矿层顶底板及夹层剔除方法

a—矿体顶板的剔除方法；b—矿体底板的剔除方法；c—夹层位于台阶上部的剔除方法；
d—夹层位于台阶中部的剔除方法；e—夹层位于台阶下部的剔除方法

为降低矿石损失和废石混入率，提高矿石回收率，生产中台阶高度应灵活掌握，可适当加大或减小。

## 五、基建工程

### （一）基建剥离

鉴于东采区地质勘探程度高，相对西采区剥采比较小，所以确定矿山基建工程设在东采区为首采区，生产后期开采为西采区。

由于矿床上部的石炭系中统本溪组（$C_2b$）、上统太原组（$C_3t$）和第四系（Q）覆盖层不能混入矿石中，为了确保矿山初期生产的顺利进行，必须进行基建剥离。考虑到矿山配备的生产设备数量，剥离、采矿台段总数不宜过多，同时也要考虑尽量减少基建工程量，减小矿山的基建投资和矿石成本，又要保证矿山投产初期可采矿量不少于 6 个月，开拓矿量不少于 1 年。经过认真研究和计算，确定矿山基建剥离工程如下：

1155m 以上覆盖层总量共 34.71 万立方米，确定为全部削顶。

1143～1155m 剥离台段推进到 ZK18－5 和 ZK18－1 之间，剥离工作面初始平台宽度约 35m，剥离量 47.95 万立方米。

1131～1143m 台段推进到 ZK18－1 附近，剥离量 96.31 万立方米。

1119～1131m 台段北部推进到 ZK18－4 和 ZK18－5 之间，东部至 18 勘探线附近转入采矿台阶，采准剥离量 96.31 万立方米。

1111～1119m 台段北部推进到 ZK22－1 和 ZK20－3 之间，东部至 20 勘探线附近，采准剥离量 20.33 万立方米。本水平为生产初期的首采工作面之一。

1103～1111m 台段北部推进到 22～20 勘探线附近，采准剥离量 18.21 万立方米。本水平为扩大生产初期工作面的开拓矿量。

东采区基建剥离量合计 267.45 万立方米（其中土方为 55 万立方米）。可采矿量 80 万吨，开拓矿量约 350 万吨。

### （二）基建道路

东采区投产初期设有 1103m、1111m、1119m 三个开采水平和 1131m、1143m 剥离台段，其中 1111m 和 1119m 水平为主要采矿工作面。至 1111m、1119m、1131m 各水平的道路的末端 200m 左右为平坡，这样其下各水平可以向前推进，避免道路"压矿"的问题。

为减少基建道路的投资并考虑降低生产中运输成本，1131m 以下各台段每两个台段的道路支线连接至干线，最后连接至主干线。

基建运矿道路和运废石道路总长度约 3980m，路基挖方量约 19.9 万立方米，填方量约 50000$m^3$。

矿山外部运输道路全长约 1.5km，路基挖方量约 50000$m^3$，填方量约 80000$m^3$。

其他联络道路挖方量总计约 20000$m^3$。

### （三）场地整平

矿山一破车间、二破车间、胶带机廊道等设施需要进行场地平整工作，总计挖方量约 100000$m^3$，填方量约 30000$m^3$。

## 六、采剥进度计划

### （一）编制采剥进度计划的依据

（1）1:2000 比例水平分层平面图。

（2）各水平矿岩量计算表。

（3）矿床开拓系统及总平面图。

（4）铲装设备生产能力：5.5～6.5m³ 液压挖掘机生产定额为 250 万吨/（台·年），5.0～6.2m³ 前端轮式装载机生产定额为 210 万吨/（台·年），1.6～2.0m³ 液压挖掘机生产定额为 60 万吨/（台·年），生产定额已考虑各铲装设备的大修时间。

（5）第一年采矿能力按 180 万吨编制，从第二年开始采矿能力按 300 万吨编制。

（6）根据业主规划意见，本矿山应在 2006 年 3 月底投产，采剥进度计划表第一年系指 2006 年 4～12 月，第二年为 2007 年 1～12 月，其余以此类推。

### （二）编制结果

根据台段划分情况，东采区分为 12 个台段，西采区分为 21 个台段，因采矿台段采出矿石量不大，故采用多台段组合开采法，每年至少保持 5 个工作面同时推进（其中 2～3 个采矿台段），所以生产采准剥岩工作量较大，根据编制的采剥进度计划，矿山投产后的前三年，每年需在东采区完成一个台段的生产采准，即第一年完成东采区 1095m 水平生产采准，第二年完成东采区 1087m 水平生产采准，第三年完成东采区 1079m 水平生产采准。为了保证矿山持续、均衡生产，从第三年开始修筑至西采区 1135m 水平的开拓运输道路，至第五年末，陆续开拓完成西采区 1123m、1111m、1103m、1095m、1087m 水平 5 个台段的采准剥离、采矿工作面。

## 第十五节　三维矿山开采设计实例

### 一、矿山概况

某矿区面积约 2.73km²，已有乡村公路与其相连。

该矿区石灰岩矿赋存于三叠系下统夜郎组第二段（$T_1y^2$）地层的第二层与第三层中，为潮坪—半深海相沉积型石灰岩矿床。根据岩性特征从下至上可分为下矿层（$T_1y^{2-2}$）与上矿层（$T_1y^{2-3}$）两层。

矿体沿走向延伸约 2000m，厚 86～112m，平均厚度 94.11m，厚度变化系数 23%，出露宽度 90～415m，矿体最大倾向延深 368m，矿体产状 321°～325°∠16°～18°。

第二层（$T_1y^{2-2}$）：为矿体的下矿层，位于矿区南西部，整合覆于夜郎组第二段第一层（$T_1y^{2-1}$）地层之上。该层厚 24～39m，平均厚度 30.01m。

第三层（$T_1y^{2-3}$）：为矿体的上矿层。位于矿区南西部，整合覆于下矿层之上。矿体沿走向延伸长约 2000m，厚 51～80m，平均厚度 62.56m。

矿体底板为夜郎组第二段第一层（$T_1y^{2-1}$），岩性为灰黑色薄层片状灰岩夹中厚层状灰岩，其顶部为一层约 0.20～0.30m 厚的深灰色薄层片状灰岩，界线清楚，标志明显，肉眼可识别。

矿体顶板为夜郎组第二段第四层（$T_1y^{2-4}$），地层下部 0～10m 为灰黑色厚层块状白云质灰岩间夹灰白色中～厚层块状灰岩，岩石表面常风化细小的刀砍状条纹，界线清楚，标志明显，肉眼可识别。

矿层中有一个夹石体，位于矿体北东部的Ⅸ—Ⅸ′勘探线的上矿层，其形态为直径 14～18m 的云质灰岩透镜体，其 MgO 含量为 3.19%～7.09%，与上下矿层加权均达不到现行水泥规范的要求，故开采时应予以剔除。

根据工艺物料平衡表计算，水泥厂年需石灰石 2219465t，考虑开采运输损失 4%，矿山生产规模定为 231 万吨/年。

矿山采用水平分层开采法，台段高度为 12m，最小工作平台宽度 35～40m。工作面沿矿层走向布置，垂直走向推进。矿山生产采用潜孔钻机穿孔，微差爆破，液压挖掘机铲装，矿用自卸汽车运输。

### 二、三维采矿设计

根据该石灰岩矿勘探地质报告及其附带的地形地质图、剖面图和储量计算图等，对矿区内的钻孔、探槽样品数据进行基本统计分析，确定各条勘探线上矿体、夹石以及顶底板的界线，以此建立石灰石矿的矿体模型，再在此基础上进行矿山三维采矿设计，所得矿区基建终了平面图如图 4 - 35 ~ 图 4 - 37 所示。

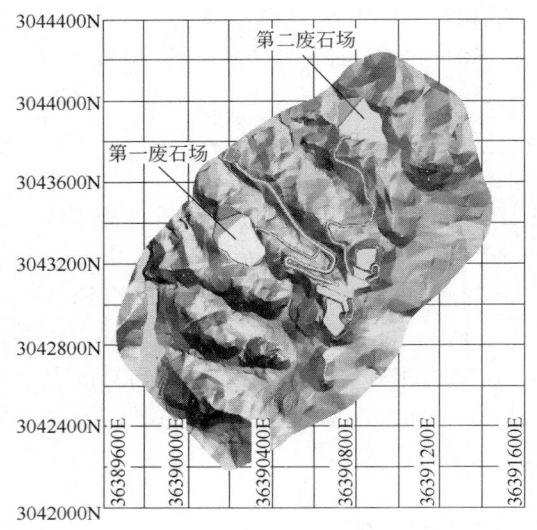

图 4 - 35　矿区基建终了平面图一

图 4 - 36　矿区基建终了平面图二

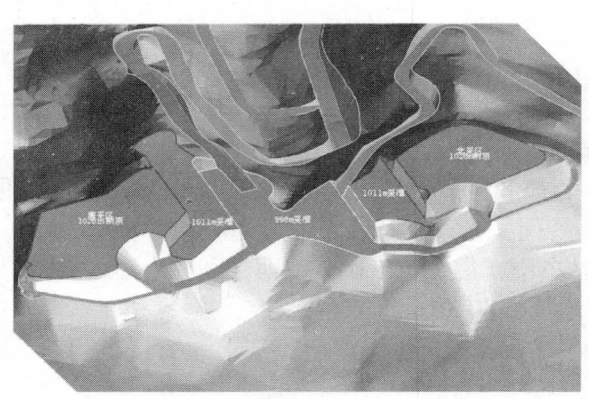

图 4 - 37　矿区基建终了平面图（采准、削顶区）

图 4 - 35 和图 4 - 36 中，第一、第二废石场设计容积量分别约为 68.83 万立方米和 57.75 万立方米，均设计有运矿道路与采场 996m 水平采准平台相连接。根据统计计算，矿区采剥完毕时的废石量约为 410.05 万立方米，剥离下来的废石可通过与矿石合理搭配使用，无需新增废石场堆排废石。图中蓝色模型为破碎站的卸料平台和破碎平台，采区开采下来的石灰石用矿用汽车通过主运矿道路运至卸料平台破碎。图 4 - 37 中，矿区 1026m 标高以上为基建削顶区，分南北两个削顶区，南采区削顶平台工程量约 18.38 万立方米，北采区削顶平台工程量约 6.55 万立方米。1011m 水平分南北采区共布置两个采准平台，南采区采准平台工程量约 9.65 万立方米，北采区采准平台工程量约 4.02 万立方米。996m 水平布置一个采准平台，工程量约 9.97 万立方米。各采准平台、削顶平台之间均通过联络道路或钻机道路连接。

图 4 - 38 ~ 图 4 - 40 所示为矿区开采完毕时所形成的矿区采剥终了平面图，矿区采矿设计 1026m 标高以上削顶，1011m 和 996m 水平台段高度为 15m，996m 水平以下各个台段高度均为 12m，共计形成 1026m、1011m、996m、984m、972m、960m、948m、936m、924m、912m 和 900m 水平共 11 个开采台段。所形成的采矿坑各台段坡面角按 70°设计施工，矿区西北部与岩石倾向相对区域，安全平台与清扫平台分

别按4m和8m宽度相隔布置；矿区东南部与岩石倾向相同区域，平台宽度根据实际地质条件和矿体、废石分布情况，考虑合适采矿剥采比，合理加宽，以确保安全，保证生产。经计算，矿区可采矿石总量约为7935.52万吨，废石量约410.05万立方米，剥采比0.140，可服务约37.30年，各台段矿石量、废石量等具体统计数据详见表4-27。

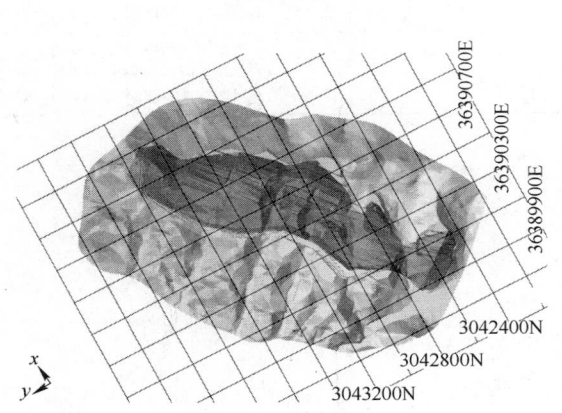

图4-38 矿体三维模型与采剥终了平面图

注：图中红色三维模型为矿体模型，土黄色二维模型为矿区采剥终了远景图。

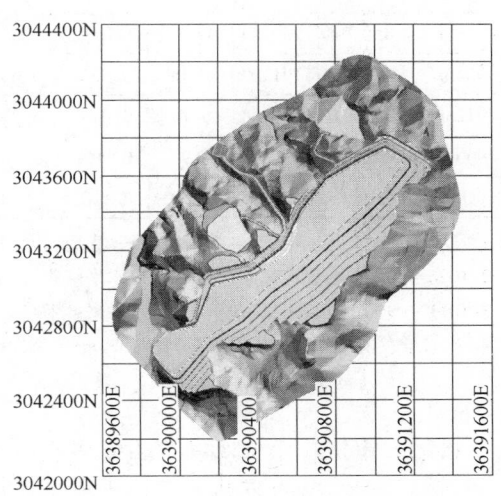

图4-39 采剥终了平面图一

注：图中表达内容分别为第一、第二废石场、破碎站卸料平台和破碎平台、主运矿道路、联络道等。

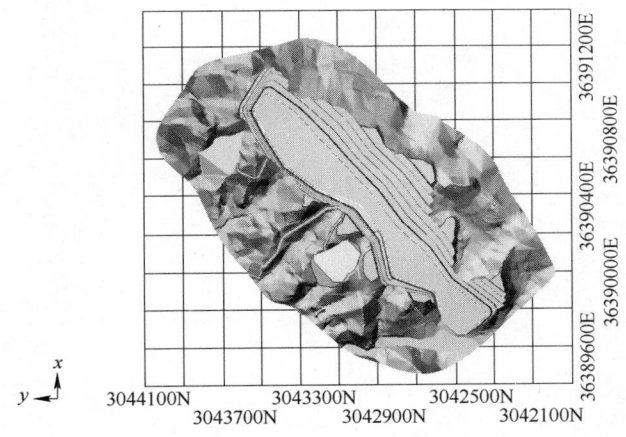

图4-40 采剥终了平面图二

表4-27 各台段矿石量与元素品位统计

| 台 段 | 矿石量 | | 废石量/万立方米 | 剥采比(m³/m³) | 服务年限/a | 矿体元素平均品位/% | | | | | | | | |
|---|---|---|---|---|---|---|---|---|---|---|---|---|---|---|
| | 体积/万立方米 | 重量/万吨 | | | | CaO | MgO | SiO₂ | Fe₂O₃ | Al₂O₃ | K₂O | Na₂O | SO₃ | K₂O+Na₂O |
| 1026m 水平以上 | 25.02 | 67.56 | 0.58 | — | — | 53.42 | 1.06 | 1.45 | 0.22 | 0.38 | 0.02 | 0.00 | 0.02 | 0.02 |
| 1026~1011m | 40.07 | 108.18 | 13.54 | 0.338 | 0.51 | 53.43 | 1.02 | 1.45 | 0.20 | 0.37 | 0.04 | 0.00 | 0.03 | 0.04 |
| 1011~996m | 116.63 | 341.90 | 32.47 | 0.278 | 1.48 | 53.10 | 1.17 | 1.66 | 0.25 | 0.44 | 0.07 | 0.01 | 0.06 | 0.08 |
| 996~984m | 184.47 | 498.08 | 51.34 | 0.278 | 2.34 | 53.26 | 1.25 | 1.50 | 0.24 | 0.41 | 0.08 | 0.01 | 0.08 | 0.09 |
| 984~972m | 267.81 | 723.10 | 74.24 | 0.277 | 3.40 | 53.37 | 1.28 | 1.36 | 0.22 | 0.37 | 0.08 | 0.01 | 0.09 | 0.09 |
| 972~960m | 348.00 | 939.61 | 99.95 | 0.287 | 4.42 | 53.32 | 1.22 | 1.49 | 0.22 | 0.39 | 0.08 | 0.01 | 0.10 | 0.10 |

| 台 段 | 矿石量 | | 废石量/万立方米 | 剥采比(m³/m³) | 服务年限/a | 矿体元素平均品位/% | | | | | | | | |
|---|---|---|---|---|---|---|---|---|---|---|---|---|---|---|
| | 体积/万立方米 | 重量/万吨 | | | | CaO | MgO | SiO₂ | Fe₂O₃ | Al₂O₃ | K₂O | Na₂O | SO₃ | K₂O + Na₂O |
| 960~948m | 404.30 | 1091.61 | 80.18 | 0.198 | 5.13 | 53.33 | 1.18 | 1.71 | 0.24 | 0.43 | 0.10 | 0.01 | 0.13 | 0.11 |
| 948~936m | 458.94 | 1239.14 | 35.54 | 0.077 | 5.82 | 53.20 | 1.18 | 1.78 | 0.27 | 0.45 | 0.11 | 0.02 | 0.15 | 0.12 |
| 936~924m | 441.47 | 1191.97 | 14.08 | 0.032 | 5.60 | 53.15 | 1.10 | 1.77 | 0.28 | 0.46 | 0.11 | 0.02 | 0.16 | 0.13 |
| 924~912m | 377.71 | 1019.83 | 6.74 | 0.018 | 4.79 | 52.97 | 1.06 | 1.93 | 0.30 | 0.56 | 0.13 | 0.02 | 0.19 | 0.15 |
| 912~900m | 299.67 | 809.11 | 1.97 | 0.007 | 3.80 | 52.79 | 0.98 | 2.18 | 0.32 | 0.69 | 0.16 | 0.02 | 0.23 | 0.18 |
| 合 计 | 2939.08 | 7935.52 | 410.05 | 0.140 | 37.30 | 53.18 | 1.15 | 1.72 | 0.26 | 0.47 | 0.10 | 0.01 | 0.14 | 0.12 |

注：1. 合计矿量中不包括 1026m 标高以上基建削顶平台工程量；

2. 1026~1011m 台段矿量不包括 1011m 水平南北两个采准平台 13.67 万立方米的基建工程量；

3. 1011~996m 台段矿量不包括 996m 水平采准平台 9.97 万立方米的基建工程量；

4. 矿石量、剥采比和服务年限不包含 1026m 标高以上基建削顶。

撰稿、审定：于宝池（唐山冀东装备工程股份有限公司）
　　　　　　张万利（天津水泥工业设计研究院有限公司）

# 第五章　露天矿穿孔设备

　　露天矿采掘工作，特别是对于建材石料矿山的较坚硬岩石，通常采用炮采工艺；在岩层上钻凿炮孔，必须使用相应的钻机来完成，行业中称这些钻机为"穿孔设备"。

　　目前，国内外金属矿山和建材矿山使用的穿孔设备主要是牙轮钻机、潜孔钻机和凿岩钻车；煤矿、软锰矿和钾盐等某些软岩矿山使用切削式回转钻机。牙轮钻机是技术较先进的大孔径（250~410mm）钻机，它已成为大中型露天矿山的主要穿孔作业设备；潜孔钻机对较硬矿岩的适应性较好，它主要用于穿凿中等孔径（150~200mm）的中小型矿山；露天凿岩钻车机动灵活，孔位多样，但所钻孔径较小（80~100mm），它主要用于小型矿山。早年使用的钢绳冲击式钻机，由于设备技术落后，已经很少使用。

## 第一节　潜孔钻机的分类及主要结构

　　潜孔钻机是露天矿的主要穿孔设备之一。它由回转机构带动前端装有冲击器及钻头的钻杆旋转，冲击器潜入炮孔底部冲击钻头，在矿岩中钻凿出所需炮孔。这种钻机广泛用于以中硬及坚硬矿岩采掘为主的各类矿山。

### 一、潜孔钻机的分类

　　潜孔钻机主要有露天矿用和地下矿用两种机型，其分类方式如图 5-1 所示。

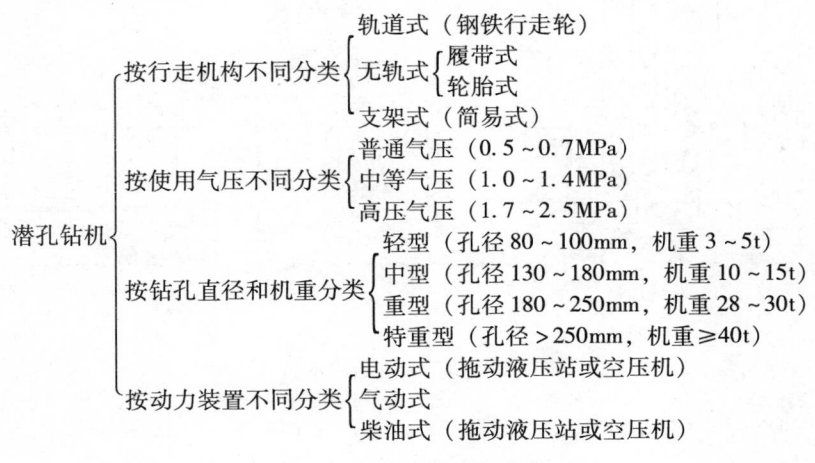

图 5-1　潜孔钻机的分类

　　露天矿山主要使用履带式中型电拖潜孔钻机，部分大型矿山使用重型潜孔钻机，很少矿山使用特重型潜孔钻机。

### 二、潜孔钻机的特点及适用范围

　　在条件适宜的露天矿山使用潜孔钻机，与牙轮钻机比较，具有以下优点：

　　(1) 结构简单，操作方便，机动灵活，穿孔角度变化范围大。

　　(2) 冲击力直接作用于钻头，钻杆不消耗冲击能量，适合钻凿深孔和斜孔。

　　(3) 以高压气体排出孔底岩渣，少有重复破碎现象，孔壁光滑，孔径均等。

（4）工作面噪声低，捕尘容易，维修工作量少，工作条件较好。

（5）因是冲击力破碎岩石，所以适合钻凿中硬及坚硬岩石。

当露天矿山采用高气压潜孔钻机时，钻孔速度可提高数倍。如工作气压提高到原来的 2～3 倍，冲击功功率将提高 3～5 倍；在高气压下作业，每钻 1m 孔的钻具消耗减小，并可采用结构简单、效率高的无阀冲击器，节省压气，降低能源消耗。虽然牙轮钻机在某些露天矿已占主导地位，但在中等硬度及坚硬矿岩的中、小型露天矿山，潜孔钻机仍广为使用。

潜孔钻机除作为露天矿钻凿主爆破孔外，还用于钻凿矿山的预裂孔、锚索孔、边坡处理孔以及地下水疏干孔，也可钻凿通风孔、充填孔、管缆孔等，用途比较广泛。

### 三、潜孔钻机的主要机构组成

露天潜孔钻机的结构如图 5-2 所示，主要有冲击机构、回转供气机构、推进机构、排渣机构和行走机构等。

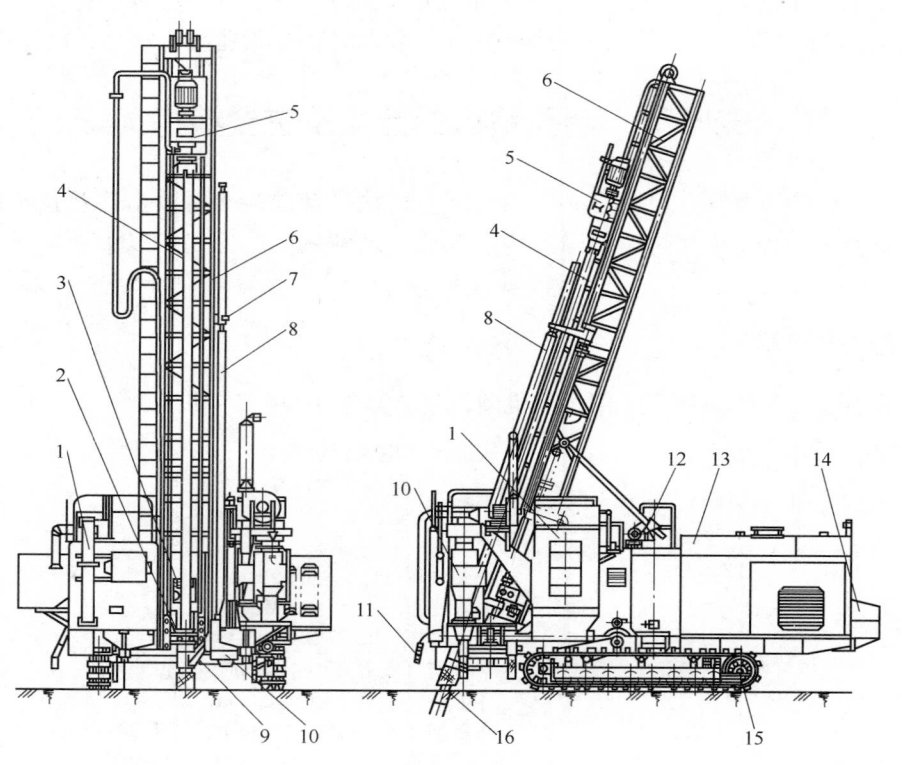

图 5-2　潜孔钻机结构示意图

1—司机室空气净化装置；2—定心环；3—托杆器；4—主钻杆；5—回转机构；6—钻架；7—送杆器；8—副钻杆；9—捕尘罩；10—沉降箱；11—手动按钮站；12—起落架机构；13—机棚；14—电焊机；15—履带行走机构；16—冲击器

### （一）回转供气机构

一般潜孔钻机的回转供气机构采用三速电动机驱动、齿轮减速和中心供气的结构方式；在回转供气机构的前接头处与钻杆之间设置减振器。该减振器能有效延长回转供气机构及钻机的使用寿命。回转供气机构的前接头及主、副钻杆接头，均采用锥管螺纹。

### （二）行走机构

露天矿山使用的潜孔钻机多数采用履带式行走机构。履带架采用多承载轮和少拖轮方案，行走阻力小，机动灵活；履带采用"油缸张紧-弹簧缓冲"结构，可防止履带脱轨掉链和跑牙等现象。

（三）除尘装置

潜孔钻机可采用干式或湿式除尘。干式除尘（见图 5-3）一般采用旋流二级袋式集尘方式，95% 以上的岩渣和粉尘在一级旋流器中滤掉，未被分离的极细粉尘则进入二级袋式集尘箱中进一步过滤。布袋的清灰采用电磁阀控制的球式振荡器进行高频振动清理。

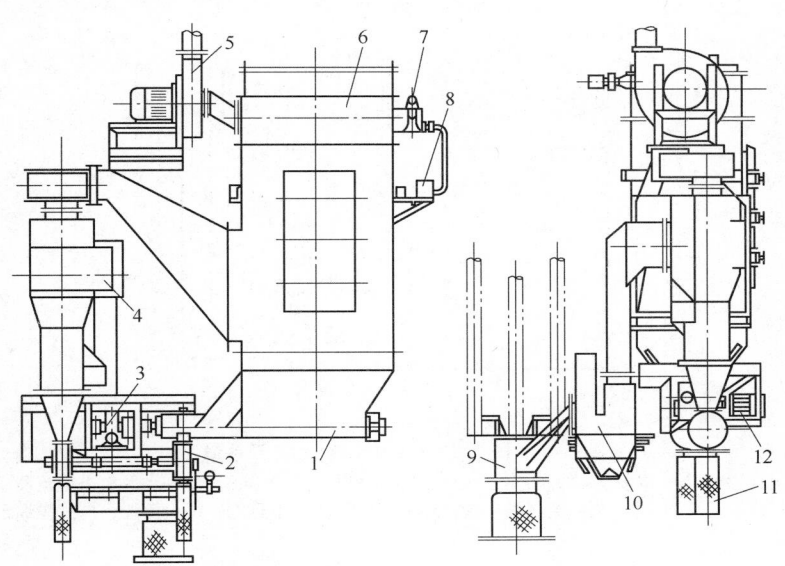

图 5-3　干式除尘系统图

1—螺旋清灰器；2—格式阀；3—减速器；4—旁室旋风除尘器；5—离心通风机；6—脉冲布袋除尘器；
7—脉冲阀；8—喷吹控制器；9—捕尘罩；10—沉降箱；11—放灰胶管；12—电动机

湿式除尘器采用电控计量水泵，水泵将压力水注入冲击供水管内，实现水雾湿式除尘（见图 5-4）。在凿岩过程中，可根据排粉情况随时调节水量，使除尘效果和用水量均控制在最佳状态。湿式除尘所用水箱，用双层钢板中间加保温板焊接为封闭式箱体，其容积为 $1m^3$，可供 3 个台班的除尘用水（该水箱为无压力容器）。

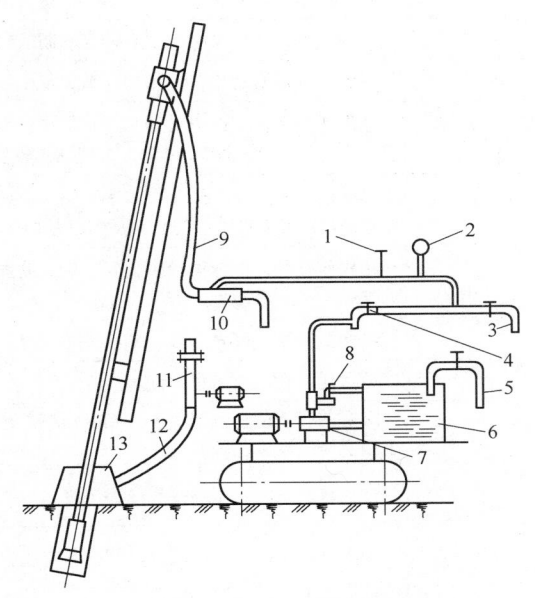

图 5-4　水泵加压供水系统图

1—控制阀；2—水压表；3—直接加水口；4—逆止阀；5—水箱加水口；6—水箱；7—水泵；
8—调压阀；9—主压气管；10—风水接头；11—通风机；12—帆布管；13—捕尘罩

尽管潜孔钻机装设了除尘设备，但有的还不能达到满意的除尘效果。为了确保钻机司机的身体健康和机电设备的安全运转，还必须在钻机上设置空气增压净化装置，用以净化司机室和机械间的空气，最后将粉尘浓度降到国家规定指标之下。一般将司机室空气增压净化装置安装在司机室的顶部，其结构组成及工作原理如图5－5所示。

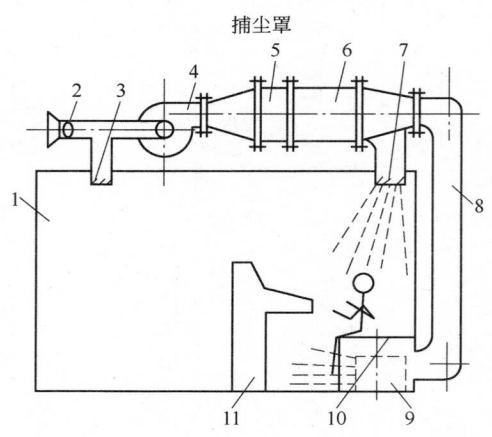

图5－5　司机室空气增压净化装置系统图
1—司机室；2—室外进风阀门；3—室内循环百叶窗；4—通风机；5—水平直进旋流器组；
6—高效过滤器；7—顶部通风百叶窗；8—净化管；9—电热器；10—座椅；11—操纵台

## （四）潜孔冲击器

冲击器是潜孔钻机的重要工作部件之一，它的功能优劣直接影响潜孔钻机的技术指标。冲击器的规格型号较多，分类方法也有多种，通常是按配气形式、排粉方式、活塞结构和驱动介质等进行分类。冲击器的具体类别及其特点见表5－1。

表5－1　潜孔冲击器的分类与特点

| 分类方法 | | | 主要特点 |
|---|---|---|---|
| 按配气形式分 | 有阀型 | 片状阀 | 在有阀型中，结构最简单，动作灵敏，但加工精度要求较高，耗气量较大 |
| | | 蝶形阀 | 结构简单，动作灵敏，要有较高的制造精度，耗气量较大 |
| | | 筒状阀 | 最大优点是寿命长，但结构复杂，很少使用 |
| | 无阀型 | 中心杆配气，活塞配气，活塞与缸体联合配气 | 结构更简单，工作更可靠，耗气量小；由于进气时间受限制，冲击能力较小，故需工作气压在0.63MPa以上，活塞结构较复杂 |
| 按吹粉排渣方式分 | 旁侧排气吹粉 | | 结构较简单，零件数目少；缺点是：（1）对钻头冷却不好，且压气不能直接进入孔底，排渣效果较差；（2）进排气路较多，压力损失较大；（3）内缸工艺性较差 |
| | 中心排气吹粉 | | 结构较复杂，配合面较多，要求较高的加工精度，但它基本消除了旁侧排气存在的缺点 |
| 按活塞结构分 | 同径活塞 | | 结构最简单，仅老式C-100冲击器使用 |
| | 异径活塞 | | 结构比串联活塞简单，使用广泛 |
| | 串联活塞 | | 活塞的有效工作面积加大，相应提高了冲击能和冲击效率，但结构复杂，要求加工精度与装配工艺都高 |
| 按驱动介质分 | 压气驱动（俗称风动） | 低气压型（一般0.5~0.7MPa） | 过去普遍采用的压缩空气压力等级 |
| | | 高气压型（一般1.05MPa以上） | 优点是钻速快、成本低，但需配高气压空压机或采用增压机 |
| | 高压水驱动 | | 兼有气动潜孔冲击器无接杆处能量损失、炮孔精度好于液压凿岩机、节能高效的优点；但对材质、密封等问题应很好解决；目前仅瑞典个别矿山使用Wassara水压潜孔冲击器 |

目前，我国露天矿使用较多的是 J-200B 型、W200J 型和 CGWZ165 型潜孔冲击器，它们的结构特点及性能分述如下：

（1）J-200B 型冲击器（见图5-6）。其内有配气阀，中心排气，有直通排粉气路；可根据矿岩密度和管路气压不同，更换节流塞，可使风速增大，排渣干净。

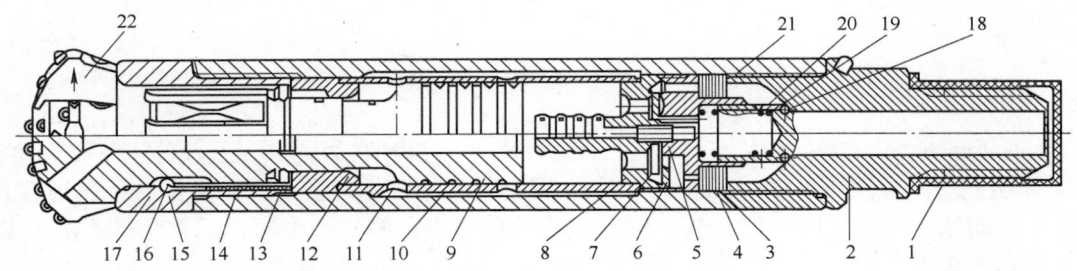

图5-6　J-200B 型有阀中心排气潜孔冲击器

1—螺纹保护套；2—接头；3—调整圈；4—蝶形弹簧；5—节流塞；6—阀盖；7—阀片；8—阀座；9—活塞；10—外缸；11—内缸；12—衬套；13—柱销；14，20—弹簧；15—卡钎套；16—钢丝；17—圆键；18—密封圈；19—逆止阀；21—磨损片；22—钻头

（2）W200J 型冲击器（见图5-7）。中心排气，但无配气阀，依靠活塞和气缸壁实现配气。零件较少，加工组装简便，动力消耗少，与有阀冲击器比较，耗气量可节省 20%～30%。

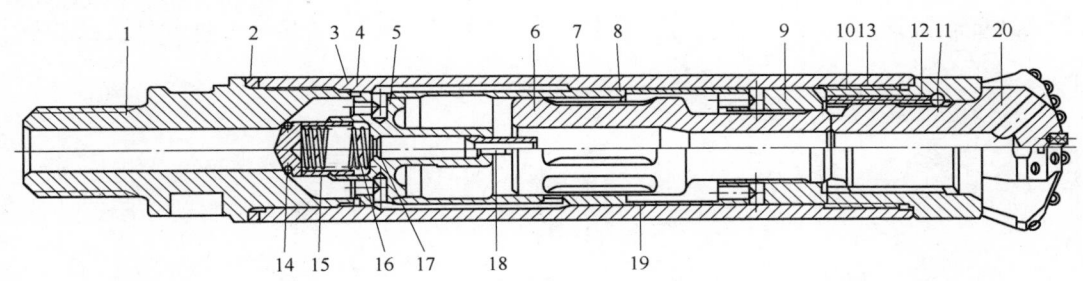

图5-7　W200J 型无阀中心排气潜孔冲击器

1—接头；2—钢垫圈；3—调整圈；4—胶垫；5—配气座；6—活塞；7—外缸；8—内缸；9—衬套；10—卡钎套；11—圆键；12—柱销；13，16—弹簧；14—密封圈；15—逆止塞；17—弹性挡圈；18—喷嘴；19—隔套；20—钻头

（3）CGWZ165 型冲击器（见图5-8）。采用高压（1.1～1.7MPa）压气驱动，无阀配气，气路压力损失小，总输出功率高，钻进速度提高 50%～70%，并有利于提高钻头寿命和成孔质量。

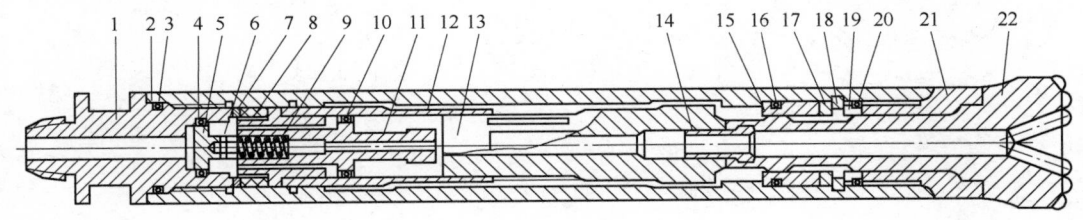

图5-8　CGWZ165 型冲击器结构示意图

1—后接头；2—外套管；3，4，10，16，20—胶圈；5—逆止塞；6—尼龙销；7—后垫圈；8—蝶形簧；9—弹簧；11—配气座；12—气缸；13—活塞；14—钎尾管；15—导向套；17—前垫圈；18—内卡簧；19—卡环；21—前接头；22—钻头

冲击器的选择必须考虑适应工作气压、钻孔尺寸和岩石特性的要求。软岩应使用高频低能型冲击器，硬岩建议使用高能低频型冲击器。使用中要确保气水系统清洁和润滑系统正常工作，不允许将冲击器长时间停放在孔底，以免泥水倒灌进冲击器。此外还应注意以下两点：

（1）工作压力。不能简单认为气压越高，凿岩速度越快，只有选择与高气压相适应的冲击器，其凿岩速度才能越快。冲击器是根据特定的压力设计的，它只是在给定的设计压力区段内性能最优。远离设计压力值来使用冲击器，不仅不能发挥其应有的效率，反而会导致冲击器不能工作或过早损坏。因此，必须根据压力等级来选配相应的冲击器。

（2）冲击能量。冲击器的冲击能量必须保证钻头有合理的单位比能，才能有效地破碎岩石，获得较经济的凿碎比能和较高的凿孔速度。冲击能量过大，不仅会造成能量的浪费，还会缩短钻头寿命；冲击能量过小，不能有效地破碎岩石，降低钻孔速度。不同的岩石需要不同的凿碎比能，因而需要选用不同冲击功的冲击器。

### （五）钻头

按钻头上所镶硬质合金片齿的形状不同，钻头分为刃片型、柱齿型、刃柱混装型及分体型（见图5-9）。

（1）刃片型钻头。这是一种镶焊硬质合金片的钻头，它的主要缺陷是不能根据磨蚀载荷合理地分派硬质合金量，因而钻刃距钻头回转中心越远时，承载负荷越大，磨钝和磨损也越快。钻刃磨损20%以上时，容易出现卡钻现象，穿孔速度明显下降。这种钻头只适合小直径浅孔凿岩作业。

（2）柱齿型（整体型）潜孔钻头。它与刃片型钻头相比，主要特点是：钻头柱齿在钻孔过程中钝化周期较长，并使钻头的钻进速度趋于稳定；柱齿潜孔钻头便于根据受力状态合理布置合金柱齿，并且不受钻头直径限制；柱齿损坏20%时钻头仍可继续工作，而刃片型钻头在崩角后便不能使用；而且柱齿型钻头嵌装工艺简单，一般用冷压法嵌装即可。

（3）刃柱混装型（整体型）潜孔钻头。它是一种边刃和中齿混装的复合型潜孔钻头。钻头的周边嵌焊刃片，中心凹陷处嵌装柱齿。这是根据钻头中心破碎岩石体积小，而周边破碎岩石体积大的特点设计的。混装钻头还能较好地解决钻头径向快速磨损问题，使用寿命较长。显然，这种钻头边刃钝化后需要重复修磨。

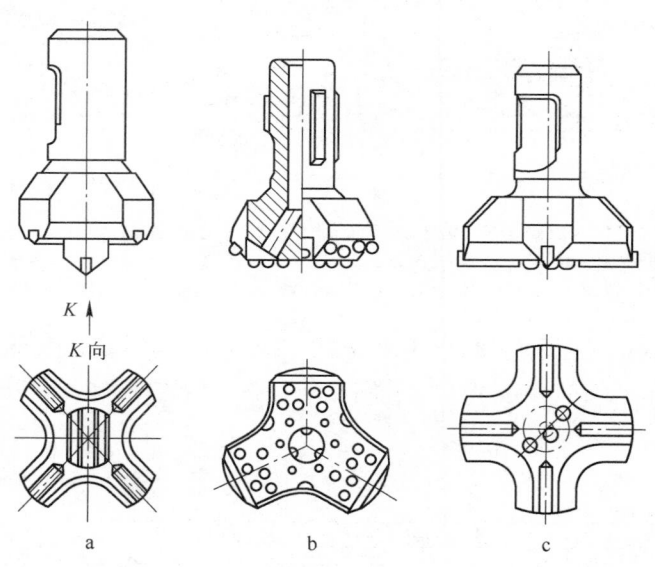

图5-9 钻头结构示意图
a—十字形中间超前刃合金片钻头；b—球柱齿钻头；c—混合型钻头

在特定的岩石中凿岩，必须选择合适的钻头，才能取得较高的凿岩速度和较低的穿孔成本。一般来说应考虑以下几点：

（1）钻凿坚硬岩石的比功较大，每个柱齿和钻头体都承受较大的载荷，要求钻头体和柱齿具有较高的强度，因此，钻头的排渣槽个数不宜太多，一般选双翼型钻头，排渣槽的尺寸也不宜过大，以免降低钻头体的强度。同时，钻头合金齿最好选择球齿，且球齿的外露高度不宜过大。

（2）在可钻性比较好的软岩中钻进时，凿岩速度较快，相对排渣量较大，这就要求钻头具有较强的排渣能力，最好选择三翼型或四翼型钻头，排渣槽可以适当大一些，深一些；合金齿的齿高应相对高一些；当柱齿的磨蚀面直径达到柱齿直径的1/2时，必须进行修磨。

（3）在节理比较发育的破碎带中钻进时，为避免偏斜，最好选用导向性比较好的中间凹陷型或中间凸出型钻头。避免轻压下的重冲击和重压下的纯回转，钻杆不可摇摆。

（4）在含黏土的岩层中凿岩时，中间排渣孔常常被堵死，最好选用侧排渣钻头。

## （六）钻杆

钻杆又称钻管，其作用是把冲击器和钻头送至孔底，传递扭矩和轴推（压）力，并通过钻杆中心孔向冲击器输送压气。

钻杆在钻孔中承受着冲击振动、扭矩及轴压力等复杂载荷，其外壁与岩渣有强烈磨蚀，工作条件十分恶劣。因此要求钻杆有足够的强度、刚度和冲击韧性。钻杆一般采用厚壁无缝钢管与两端螺纹接头焊接构成。其直径大小，应满足排渣的要求。由于供风量是一定的，排出岩渣的回风速度则取决于孔壁与钻杆之间的环形断面积的大小。对于一定直径的钻孔，钻杆外径越大，回风速度应越大；一般要求回风速度为 25～30m/s。

露天潜孔钻机用的钻杆一般有两根，即主钻杆和副钻杆，其结构尺寸完全一样。它们之间是用方形螺纹直接连接。一般都采用中空厚壁无缝钢管制成，每根各长约9m。采用高钻架的潜孔钻机，用一根长钻杆钻凿18m深的炮孔，从而省去了接卸钻杆的辅助时间。钻机结构简单，钻进效率较高。

钻杆外径影响凿岩效率的情况往往被使用者所忽视。根据流体力学理论可知，只有当钻杆和孔壁所形成的环形通道内的气流速度大于岩渣的悬浮速度时，岩渣才能顺利地排出孔外，该通道内的气流速度主要由通道的截面积、通道长度以及冲击器排气量决定。通道截面积越小，流速越高；通道越长，流速越低。因此，钻杆直径越大，气流速度越高，排渣效果越好。但不能使岩渣难以通过，同时过高的排渣速度会对钻杆产生过大的磨蚀作用。所以，一般环形截面的环宽应取 10～25mm；深孔取下限，高气压取上限。

钻杆的选择不仅要考虑排渣效果，还要考虑其抗弯扭强度以及质量。在保证强度和刚度的前提下，尽可能让管壁薄一点，以减轻质量，壁厚一般为4～7mm。要保持钻杆接头螺纹的同心度，弯曲的钻杆要及时更换，否则不仅会加快钻杆的损坏，还会加速钻头的磨损。同时，要保持丝扣及内孔的清洁，不用时装上保护帽。

使用长钻杆和副钻杆的潜孔钻机，有时会引起钻凿超压，降低钻杆的稳定性，加之短时出现超载和堵转，可能导致电机烧毁和减速器损坏。采用合适的缓冲器可以缓解这一矛盾。

潜孔钻机使用的缓冲装置主要有橡胶缓冲装置、气垫缓冲装置和弹簧缓冲装置等。橡胶缓冲装置的优点是：在冲击器尾部即可将振幅降低，有利于保护其上部的所有部件，结构简单，修换方便。其主要缺点是：橡胶在强烈冲击下易于损坏或失效。气垫减振装置的优点是结构简单，缓冲柔和。其缺点是缓冲参数不易控制，当缓冲室的密封间隙因磨损而增大之后，会降低缓冲效果。弹簧缓冲装置由于在比较高的冲击频率及振动下工作，圆柱形螺旋弹簧易于疲劳和损坏。另外，它需要较大的空间，整个缓冲器结构比较庞大，因此在生产中很少采用圆柱形螺旋弹簧缓冲装置。近年来，在钻机上应用较多的是蝶形弹簧缓冲装置。它的主要工作部件是直列蝶形弹簧（见图5-10和图5-11）。实践证明，这种缓冲器在潜孔钻机上应用效果良好，可使回转机构的振幅由8～10mm降到2～3mm，从而使工作稳定性和回转机构各部件的寿命显著提高。

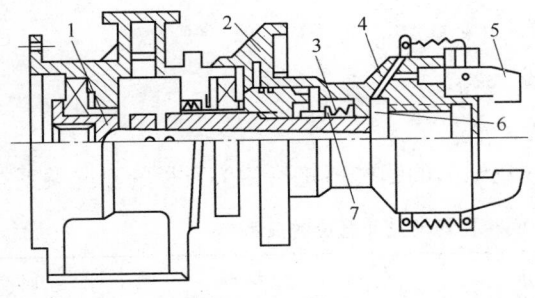

图5-10　缓冲回转器

1—空心主轴；2—联结套；3—直列蝶形弹簧；4—钻杆接头；
5—风动爪；6—下垫板；7—上垫板

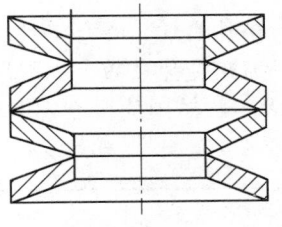

图5-11　直列弹簧装置

## 第二节 潜孔钻机主要工作参数计算

### 一、钻孔冲击功

如已知钻孔直径，可按下式计算冲击器所需的冲击功 $A$：

$$A = 1.53D^{1.73} \tag{5-1}$$

式中 $D$——钻孔直径，cm。

如已知冲击器各部尺寸，可按下式计算其实际的冲击功：

$$A = 10^4 \alpha p_0 F_1 \Delta S \tag{5-2}$$

式中 $\alpha$——气缸特性系数，地面取 0.65，井下取 0.55，设计时可取中间值；

$p_0$——压气压力，MPa；

$F_1$——活塞工作行程时压力作用面积，$cm^2$；

$\Delta$——活塞行程损失系数，取 0.85~0.9；

$S$——活塞结构行程，cm。

### 二、钻杆与冲击器的回转速度

如已知钻孔直径，可按下式确定钻杆与冲击器的回转速度 $n(r/min)$：

$$n = \left(\frac{6500}{D}\right)^{0.78~0.95} \tag{5-3}$$

式中 $D$——钻孔直径，mm。

生产实践证明，回转速度与钻头直径的合理匹配见表 5-2。

表 5-2　回转转速与钻头直径的关系

| 钻头直径 $D$/mm | 回转转速 $n$/r·min$^{-1}$ | 钻头直径 $D$/mm | 回转转速 $n$/r·min$^{-1}$ |
|---|---|---|---|
| 100 | 30~40 | 200 | 10~20 |
| 150 | 15~25 | 250 | 8~15 |

### 三、回转扭矩

潜孔钻机在钻凿炮孔时，回转减速器输出轴处的力矩即为钻具的回转扭矩。它主要用来克服钻头与孔底的摩擦阻力及剪切阻力、钻具与孔壁的摩擦阻力以及因炮孔不规则造成的多种附加阻力。实践证明，钻具必须有足够的回转扭矩才能克服各种阻力，有效地破碎孔底岩石。

回转扭矩 $M(N \cdot m)$ 可用下式计算：

$$M = K_M \frac{D^2}{8.5} \tag{5-4}$$

式中 $D$——钻孔直径，mm；

$K_M$——力矩变化系数，一般取 0.8~1.2。

根据国内一些矿山的生产实践和工业试验总结出的回转扭矩与钻头直径的匹配关系见表 5-3。

表 5-3　回转扭矩与钻头直径的关系

| 钻头直径 $D$/mm | 回转扭矩 $M$/N·m | 钻头直径 $D$/mm | 回转扭矩 $M$/N·m |
|---|---|---|---|
| 100 | 500~1000 | 200 | 3500~5500 |
| 150 | 1500~3000 | 250 | 6000~9000 |

## 四、合理轴压力

潜孔凿岩时，孔底轴压力的选择是否恰当，不仅对钻头寿命有很大影响，而且直接影响钻孔速度。因此，必须根据生产现场的实际条件选择一个合理的轴压力。通常可按下列经验公式计算孔底合理轴压力 $F(N)$：

$$F = (30 \sim 50)Df \tag{5-5}$$

式中　$D$——炮孔直径，cm；

　　　$f$——岩石坚固系数，最佳实验值为 $6 \sim 16$。

如果风压提高时（正常时按 0.6MPa），则将冲击器后坐力的增加值与表 5-4 所给的合理轴压力值相加，即可得到压力提高后的合理轴压力。生产实践证明，当风压为 $0.6 \sim 0.7$MPa 时，采用表 5-4 推荐的轴压力比较合理。

表 5-4　合理的孔底轴压力

| 钻头公称直径 $D$/mm | 合理轴压力 $F$/N | 钻头公称直径 $D$/mm | 合理轴压力 $F$/N |
|---|---|---|---|
| 100 | 4000 ~ 6000 | 200 | 10000 ~ 14000 |
| 150 | 6000 ~ 10000 | 250 | 14000 ~ 18000 |

## 五、提升力和提升速度

### （一）提升力

可用如下经验公式计算提升力 $P$：

$$P = k(G_1 + G_2)\sin\alpha + (G_1 f_1 + G_2 f_2)\cos\alpha \tag{5-6}$$

式中　$k$——附加阻力系数（考虑孔壁不光滑等因素的影响），取 $k = 1.3 \sim 1.5$；

　　　$\alpha$——钻架与地面的倾角，一般为 $60° \sim 90°$；

$G_1$，$G_2$——钻具与回转机构的重力；

$f_1$，$f_2$——摩擦系数，钢对岩石 $f_1 = 0.35$，钢对钢 $f_2 = 0.15$。

### （二）提升速度

提升速度的确定既要考虑避免提升钻具时产生冲击载荷，又要尽可能减少辅助作业时间，提高劳动生产率。提升速度一般为 $8 \sim 16$m/min。但国外有的钻机提升速度高达 30m/min。根据国内使用经验，露天潜孔钻机提升速度取 $12 \sim 20$m/min 较为适宜。

## 六、潜孔冲击器的耗气量

潜孔冲击器耗气量 $Q(\text{m}^3/\text{min})$ 按下式计算：

$$Q = 60k(D^2 - d^2)Sf(10p_0 + 1) \tag{5-7}$$

式中　$k$——耗气量折算系数，取 $k = (1.9 \sim 2.4) \times 10^{-6}$；

　　　$D$——气缸内径，mm；

　　　$d$——配气杆直径，mm；

　　　$S$——冲击器活塞行程，mm；

　　　$f$——冲击频率，Hz；

　　　$p_0$——工作系统的压气压力，MPa。

## 七、除尘系统和净化器所需风量

除尘系统通风机的排风量 $Q_T(\text{m}^3/\text{min})$ 可按下式计算：

$$Q_T = (1.6 \sim 2.0)Q' \qquad (5-8)$$

式中 $Q'$——钻机空气压缩机的排风量，$m^3/min$。

空气增压净化器所需风量 $Q_Z(m^3/h)$ 可用下式计算：

$$Q_Z = knV \qquad (5-9)$$

式中 $k$——漏风损失系数，一般取 $k=1.25$；

$n$——每小时换气次数，当室外温度低于35℃时，取 $n=150$；

$V$——司机室有效容积，$m^3$。

## 八、潜孔钻机的生产能力

潜孔钻机的穿孔速度 $v(cm/min)$ 可按下式计算：

$$v = \frac{240Wfk_0k_1}{\pi Ad^2} \qquad (5-10)$$

式中 $W$——冲击器单次冲击功，$J$；

$f$——冲击频率，$Hz$；

$k_0$——钻机工作不均衡系数，取1.1；

$k_1$——钻机能量利用系数，取0.6～0.8；

$A$——凿碎比功，$J/cm^3$，见表5-5；

$d$——钻孔直径，$cm$。

表5-5 凿碎比功A值

| 矿岩等级 | 岩石硬度f | 软硬程度 | 凿碎比功A值/$J \cdot cm^{-3}$ |
|---|---|---|---|
| I | <3 | 极软 | <200 |
| II | 3～6 | 软 | 200～300 |
| III | 6～8 | 较软 | 300～400 |
| IV | 8～10 | 中硬 | 400～500 |
| V | 10～15 | 较硬 | 500～600 |
| VI | 15～20 | 硬 | 600～700 |
| VII | >20 | 极硬 | >700 |

潜孔钻机台班生产能力 $B(m/(台 \cdot 班))$ 可按下式计算：

$$B = 60vph \qquad (5-11)$$

式中 $v$——穿孔速度，$m/min$；

$p$——钻机每班工作时间利用率，取40%～70%；

$h$——钻机每班日历工作时间，$h$。

在进行矿山设计和组织生产中，确定潜孔钻机台班效率指标往往采用类比法，取值可参考表5-6和表5-7。

表5-6 潜孔钻机计算效率指标

| 矿岩硬度f | 钻头直径/mm | | | |
|---|---|---|---|---|
| | 80 | 150 | 170 | 200 |
| | 效率指标/m·(台·班)$^{-1}$ | | | |
| 4～8 | 25～30 | 30～35 | 30～40 | 30～40 |
| 8～12 | 20～25 | 25～30 | 25～30 | 25～30 |
| 12～16 | | | | 20～25 |

表 5-7 各类露天矿山潜孔钻机实际效率指标

| 矿山类型 | 矿山规模 | 钻机型号 | 设备效率/m·(台·年)⁻¹ | | 设备实际年工作天数 | | 平均先进定额统计值范围/m·(台·年)⁻¹ | 备 注 |
|---|---|---|---|---|---|---|---|---|
| | | | 平均先进 | 平均 | 平均先进 | 平均 | | |
| 露天铁矿 | 大型 | KQ-200 | 16600 | 13823 | 242 | 210 | 10000~15000 | 工作天数统计资料齐全 |
| | | KQ-150A | 11039 | 7483 | 250 | 210 | 4000~20000 | |
| | 中型 | KQ-150A | 6711 | 5488 | 209 | 200 | 4000~15000 | |
| | 小型 | KQ-150A | 7416 | 6271 | | | 4000~15000 | 工作天数因资料少，未能统计 |
| 露天有色金属矿 | 大型 | KQ-150A | 14120 | 12611 | 294 | 286 | 10000~18000 | |
| | 中小型 | KQ-150A | | 17076 | | 285 | 15000 | 统计资料不全 |
| 露天石灰石矿 | 大型 | KQ-150A | 13676 | 11573 | 241 | 223 | 8000~9000 | |
| | 中型 | KQ-150A | 8474 | 8160 | 218 | 212 | 5000~10000 | |
| 露天铝土矿及磷矿 | | KQ-150A | 18309 | 14393 | | 160 | 10000~26000 | 资料基本齐全 |

## 九、矿山潜孔钻机数量的确定

矿山所需潜孔钻机台数 $N$（台）可按下式确定：

$$N = \frac{AK}{nt_n EB\eta} \tag{5-12}$$

式中　$A$——露天矿年爆破矿岩量，$m^3/a$；

$K$——产量不均衡系数，一般取 1.1~1.2；

$n$——钻机每天工作班数；

$t_n$——钻机年工作天数（按政府规定）；

$E$——每米钻孔可爆破矿岩量，$m^3/m$；

$B$——钻机台班生产能力，m/(台·班)；

$\eta$——钻凿成孔率，一般可取 0.9~0.95。

计算时，每米炮孔爆破量可参见表 5-8 选取。潜孔钻机不设备用量，但不应少于两台。

表 5-8 潜孔钻机每米炮孔爆破量

| 钻机型号 | | 段高 10m | | | | 段高 12m | | | | 段高 15m | | | |
|---|---|---|---|---|---|---|---|---|---|---|---|---|---|
| | | $f$ | | | | $f$ | | | | $f$ | | | |
| | | 4~6 | 8~10 | 12~14 | 15~20 | 4~6 | 8~10 | 12~14 | 15~20 | 4~6 | 8~10 | 12~14 | 15~20 |
| KQ-150 | 底盘抵抗线/m | 5.5 | 5.0 | 4.5 | | 5.5 | 5.0 | 4.5 | | | | | |
| | 孔距/m | 5.5 | 5.0 | 4.5 | | 5.5 | 5.0 | 4.5 | | | | | |
| | 排距/m | 4.8 | 4.4 | 4.0 | | 4.8 | 4.4 | 4.0 | | | | | |
| | 孔深/m | 12.64 | 12.64 | 12.64 | | 14.77 | 14.77 | 14.77 | | | | | |
| | 米孔爆破量/m³·m⁻¹ | 20.86 | 17.33 | 14.13 | | 21.42 | 17.80 | 14.51 | | | | | |
| KQ-200 | 底盘抵抗线/m | 6.5 | 6.0 | 5.5 | 5.0 | 7 | 6.5 | 6.0 | 5.5 | 7 | 6.5 | 6 | 5.5 |
| | 孔距/m | 6.5 | 6.0 | 5.5 | 5.0 | 7 | 6.5 | 6.0 | 5.5 | 7 | 6.5 | 6 | 5.5 |
| | 排距/m | 5.5 | 5.0 | 4.5 | 4.0 | 6 | 5.5 | 5 | 4.5 | 6 | 5.5 | 5 | 4.5 |
| | 孔深/m | 12.64 | 12.64 | 12.64 | 12.64 | 14.77 | 14.77 | 14.77 | 14.77 | 17.96 | 17.96 | 17.96 | 17.96 |
| | 米孔爆破量/m³·m⁻¹ | 28.56 | 24.14 | 20.03 | 16.33 | 34.3 | 29.32 | 24.76 | 20.57 | 35.26 | 30.16 | 25.45 | 21.14 |
| KQ-250 | 底盘抵抗线/m | 8.5 | 8.0 | 7.5 | | 9 | 8.5 | 8 | | 9.5 | 9 | 8.5 | |
| | 孔距/m | 6.5 | 6.0 | 5.5 | | 7 | 6.5 | 6 | | 7.5 | 7 | 6.5 | |
| | 排距/m | 5.5 | 5 | 4.5 | | 6 | 5.5 | 5 | | 6.5 | 6 | 5.5 | |
| | 孔深/m | 11.3 | 11.6 | 12.0 | | 13.56 | 13.92 | 14.4 | | 16.95 | 17.4 | 18 | |
| | 米孔爆破量/m³·m⁻¹ | 35.61 | 29.56 | 24.01 | | 41.3 | 34.69 | 28.57 | | 47.41 | 40.23 | 33.55 | |

## 第三节 常见潜孔钻机及冲击器的主要技术参数

几种国产潜孔钻机的主要技术参数见表 5 – 9。长沙矿山研究院 CS 系列潜孔钻机的技术参数见表 5 – 10。宣化采掘机械公司 KQ 系列气动潜孔钻机的技术参数见表 5 – 11。山河智能公司 SWD 系列液压潜孔钻机的技术参数见表 5 – 12。瑞典 Atlas Copco 公司 ROC 系列潜孔钻机的主要技术参数见表 5 – 13。美国和日本几种潜孔钻机的主要技术参数见表 5 – 14。几种国产潜孔冲击器的技术参数见表 5 – 15。瑞典 Atlas Copco 公司几种潜孔冲击器的主要技术参数见表 5 – 16 和表 5 – 17。

**表 5 – 9 几种国产潜孔钻机的主要技术参数**

| 型 号 | 钻 孔 直径/mm | 钻 孔 深度/m | 工作气压 /MPa | 推进力 /kN | 扭矩 /kN·m | 推进长度 /m | 转速 /r·min⁻¹ | 耗气量 /L·s⁻¹ | 驱动方式 | 生产厂家 （公司） |
|---|---|---|---|---|---|---|---|---|---|---|
| CLQ15 | 105 ~ 115 | 20.0 | 0.63 | 10.0 | 1.70 | 3.30 | 50.0 | 240 | 气动 – 液压 | 天水风动 机械有限公司 |
| KQLG115 | 90 ~ 115 | 20.0 | 0.63 ~ 1.20 | 12.0 | 1.70 | 3.30 | 50.0 | 333 | 气动 – 液压 | |
| KQLG165 | 155 ~ 165 | 水平 70.0 | 0.63 ~ 2.00 | 31.0 | 2.40 | 3.30 | 30.0 | 580 | 气动 – 液压 | |
| CLQG15 | 105 ~ 130 | 20 | 1.0 ~ 1.5 | 13.0 | 1.90 | 3.30 | | 400 | 气动 | |
| TC308A | 105 ~ 130 | 40 | 0.63 ~ 2.1 | 15.0 | 2.10 | 3.30 | | 300 | | |
| KQL120 | 90 ~ 115 | 20.0 | 0.63 | | 0.90 | 3.60 | 50.0 | 270 | 气动 – 液压 | 沈阳凿岩机 股份有限公司 |
| KQC120 | 90 ~ 120 | 20.0 | 1.00 ~ 1.60 | 12.0 | 0.90 | 3.60 | 50.0 | 300 | 气动 – 液压 | |
| KQL150 | 150 ~ 175 | 17.5 | 0.63 | 13.0 | 2.40 | | 50.0 | 290 | | |
| CLQ80A | 80 ~ 120 | 30.0 | 0.63 ~ 0.70 | 10.0 | 1.50 | 3.00 | 50.0 | 280 | 气动 – 液压 | 宣化 英格索兰公司 |
| CM – 220 | 105 ~ 115 | 25.0 | 0.70 ~ 1.20 | 10.0 | 1.70 | 3.00 | 72.0 | 330 | 气动 – 液压 | |
| CM – 351 | 165 | 30.0 | 1.05 ~ 2.46 | 13.6 | 2.20 | 3.66 | 72.0 | 350 | 气动 – 液压 | |
| CM – 120 | 80 ~ 130 | 25.0 | 0.63 | 10.0 | 1.70 | 3.00 | 40.0 | 280 | 气动 – 液压 | |
| KQG – 100 | 100 | 40.0 | 1.05 ~ 2.5 | 9.0 | 1.80 | 3.00 | 38.0 | 220 | 气动 – 液压 | 宣化 双联公司 |
| KQG – 150 | 100 | 17.5 | 1.05 ~ 2.5 | 10.0 | | 9.0 | 29.0 | 100 ~ 150 | 气动 – 液压 | |
| KQ150S | 155、165 | 17.5 | 1.8 ~ 2.2 | 19.0 | 2.3、2.4 | 9.0 | 24.49 | 260 ~ 300 | 气动 – 液压 | |
| KQ150Y | 155、165 | 17.5 | 1.8 ~ 2.2 | 19.0 | 2.3、2.4 | 9.0 | 24.49 | 260 ~ 300 | 气动 – 液压 | |
| KQGN | 105 ~ 165 | 30.0 | 1.0 ~ 2.0 | 8.0 | 1.0 | 4.6 | 65 | 100 ~ 150 | 柴油 – 液压 | |

**表 5 – 10 CS165/CS225 系列潜孔钻机的技术参数**（长沙矿山研究院）

| 型 号 | | LSC – 165E/CS – 165D | | LSC – 225E/CS – 225D | |
|---|---|---|---|---|---|
| 动 力 | 驱动形式 | 柴/电双动 | 柴动 | 柴/电双动 | 柴动 |
| | 发动机型号 | B3.3/电动 | B3.3 | B3.3/电动 | B3.3 |
| | 发动机功率/kW | 60/45 | 60 | 60/45 | 60 |
| 工作压力 | 驱动形式 | 电动 | 柴动 | 电动 | 柴动 |
| | 压缩机型号 | SSR160 – 2S | 825XH | MH200 | 1050H |
| | 工作压力/MPa | 1.4 | 13.8 | 10.5 | 9.7 |
| | 排气量/m³·min⁻¹ | 22.2 | 23.4 | 30.2 | 29.7 |
| | 功率/kW | 160 | 246 | 200 | 246 |
| 钻 孔 | 钻孔直径/mm | 140 ~ 178 | | 178 ~ 250 | |
| | 钻孔深度/m | 30 | | 24 | |
| | 钻孔方向 | 多种角度 | | 多种角度 | |

| | 型　号 | LSC - 165E/CS - 165D | LSC - 225E/CS - 225D |
|---|---|---|---|
| 推　进 | 推进方式 | 油马达链条 | 油马达链条 |
| | 推进行程/mm | 6500 | 6500 |
| | 推进力/N | 0 ~ 39000 | 0 ~ 39000 |
| 回　转 | 原动力 | 液压马达 | 液压马达 |
| | 转速/r · min⁻¹ | 0 ~ 50 | 0 ~ 50 |
| | 扭矩/N · m | 3800 | 6500 |
| 行　走 | 行走方式 | 油马达履带 | 油马达履带 |
| | 速度/km · h⁻¹ | 0 ~ 1.5 | 0 ~ 1.5 |
| | 爬坡能力/(°) | 25 | 25 |
| 接卸杆 | 钻杆直径/mm | 114 | 150 |
| | 钻杆长度/mm | 6000 | 6000 |
| | 储杆能力 | 4 | 3 |
| | 接卸杆方式 | 油缸夹持式 | 油缸夹持式 |
| 定位方式 | | 动臂多自由度定位 | 动臂多自由度定位 |
| 除尘方式 | | 湿式孔底除尘 | 湿式孔底除尘 |
| 驾驶室设施 | | 冷、暖空调，微增压 | 冷、暖空调，微增压 |
| 工作尺寸（长×宽×高）/mm | | 9490 × 3400 × 3700 | 9490 × 3400 × 3700 |
| 整机质量/kg | | 22500 | 24000 |

表 5 - 11　气动潜孔钻机的技术参数（宣化采掘）

| 型　号 | KQGS - 150，KQGS - 150Y 高压风 | KQ - 150，KQ - 150A | KQG - 150，KQG - 150Y 高压风 | KQG - 100 高压风 | KQ - 100 |
|---|---|---|---|---|---|
| 钻孔直径/mm | 152，165（标准配置） | 150，170 | 152，165（标准配置） | 105，115 | 80，100 |
| 钻孔深度/m | ≥25 | 17.5 | 17.5 | 向下30，水平40 | 18 |
| 钻孔角度/(°) | KQGS - 150：60，70，90；KQGS - 150Y：75，90 | 60，75，90 | KQG - 150Y：75，90；KQG - 150：60，70，90 | 横向内外30 ~ 90，纵向内0 ~ 90 | 0 ~ 90 |
| 适应岩种 | 各种矿岩 | 各种矿岩 | 各种岩石矿石 | 各种岩石矿石 | 各种矿岩 |
| 钻具转速/r · min⁻¹ | 24，33，49 | 24.9，33.2，49.8 | 24，33，49 | 38.6 | 30 ~ 50 |
| 回转扭矩/N · m | 2430/2340/2080 | 2400/2316/2060 | 2430/2340/2080 | 490 ~ 735 | |
| 推进力（孔底）/N | 4100 ~ 19000 | 4100 ~ 19000 | 0 ~ 15000 | 10000 | |
| 一次推进行程/m | 9 | 9（接杆），18（不接杆） | 9 | 3 | 3 ~ 6 |
| 提升速度/m · min⁻¹ | 16 | 16 | 16 | | 15 ~ 20 |
| 提升力/N | 25000 | | 25000 | | 9800 |
| 钻杆直径/mm | 133 | 133 | 133 | 76 | 60，70 |
| 除尘方式 | 湿式（钻机自带），干式（另配） | 湿式（自带），干式（另配 FC - 20） | 湿式（自带），干式（另配） | 干式（另配） | 干式，湿式 |
| 行走速度/km · h⁻¹ | 1 | 1 | 1 | 1 | 1 |
| 爬坡能力/(°) | 14 | 14 | 14 | 20 | |
| 履带接地压/MPa | 0.063 | | 0.063 | 0.05 | |
| 使用风压/MPa | 1.05 ~ 2.5 | 0.5 ~ 0.7 | 0.7 ~ 1.05 ~ 2.5 | 0.7 ~ 1.2 | 0.49 ~ 0.69 |
| 耗风量/m³ · min⁻¹ | 8 ~ 26 | 17.5 | 16 ~ 26 | 12 | 3 ~ 10 |
| 使用电压/V | 380 | 380 | 380 | 380 | |

续表 5－11

| 型　号 | KQGS－150，KQGS－150Y 高压风 | KQ－150，KQ－150A | KQG－150，KQG－150Y 高压风 | KQG－100 高压风 | KQ－100 |
|---|---|---|---|---|---|
| 电机总容量/kW | 70 | 58.5 | 70 | 70 | 50 |
| 钻进时最大功率/kW | 27 | | 27 | | |
| 行走时最大功率/kW | 22 | | 22 | 22 | |
| 主风管内径/mm | 50 | | 50 | | 50 |
| 外形尺寸（长×宽×高）/mm | 6590×3420×12900 | 6440×3125×12900 | 6590×3420×12900 | 7050×2580×2810 | 6560×2450×2550 |
| 整机质量/t | 17 | 14 | 16.5 | 9 | 6～7 |
| 备　注 | | 配用冲击器：CIR－150，CIR－170；KQ－150A 电机：6135K－16 | | 配用冲击器 DHD340A，DH4 | |

表 5－12　SWD 系列液压潜孔钻机的技术参数（山河智能）

| 型　号 | SWDA120，SWD980 | SWDA120，SWDB120 | SWDA138，SWDB138 | SWDA165，SWDB165 | SWDA200，SWDB200 |
|---|---|---|---|---|---|
| 钻孔直径/mm | 90～105 | 90～138 | 100～152 | 138～180 | 165～255 |
| 钻孔深度/m | 24 | 21 | 24 | 30 | 30 |
| 钻孔角度/(°) | 60～90 | 60～90 | 0～90 | 60～90 | 60～90 |
| 钻杆直径/mm | 76 | 76，89，102 | 89，102，110 | 110，133 | 133，146，168 |
| 钻杆长度/m | 4 | 7 | 8 | 10 | 10 |
| 钻杆库容量/根 | 5 | 2 | 2 | 2 | 2 |
| 钻具转速/r·min⁻¹ | 10～70 | 10～70 | 10～60 | 10～50 | 10～40 |
| 回转扭矩/N·m | 2500 | 2500 | 4000 | 4000 | 4000 |
| 推进行程/m | 4.5 | 7.5 | 8.5 | 10.5 | 10.5 |
| 推进轴压/kN | 2～20 | 2～20 | 2～40 | 2～40 | 2～60 |
| 提升能力/kN | 40 | 40 | 50 | 50 | 100 |
| 提升速度/m·min⁻¹ | 25 | 25 | 25 | 22 | 20 |
| 行走方式 | 液压履带 | 液压履带 | 液压履带 | 液压履带 | 液压履带 |
| 行走速度/km·h⁻¹ | 0～2 | 0～2 | 0～2 | 0～2 | 0～2 |
| 爬坡能力/(°) | 25 | 25 | 30 | 30 | 25 |
| 工作气压/MPa | 1.05～1.4 | 1.05～1.2 | 1.05～1.4 | 1.05～1.4 | 1.05～1.4 |
| 总耗气量/m³·min⁻¹ | 12 | 14 | 17 | 21 | 28 |
| 除尘方式 | 旋风＋层流 | 旋风＋层流 | 旋风＋层流 | 旋风＋层流 | 旋风＋层流 |
| 液压系统压力/MPa | 25 | 25 | 25 | 25 | 25 |
| 油箱容积/L | 600 | 600 | 800 | 800 | 1000 |
| 装机总功率/kW | 155 | 185 | 217 | 285 | 345 |
| 主风管内径/mm | 50 | 50 | 50 | 50 | 75 |
| 钻头形式 | 柱齿整体式 | 柱齿整体式 | 柱齿整体式 | 柱齿整体式 | 柱齿整体式 |
| 外形尺寸（长×宽×高）/mm | 7300×3000×3200 | 9800×3200×3500 | 10300×3500×4200 | 12300×3600×4300 | 12300×3600×4300 |
| 整机质量/t | 12.5 | 15.5 | 18 | 23 | 30 |

表5-13　Atlas Copco 公司 ROC 系列潜孔钻机的主要技术参数

| 型　号 | | ROC L6 | ROCL6I | ROC L8 | ROC460HF |
|---|---|---|---|---|---|
| 推荐钻孔直径（配备不同冲击器）/mm | COP34 | 95～105 | | （COP 44）110～130 | （COP 44）110～130 |
| | COP44 | 110～152 | | （COP 54）134～152 | （COP 54）134～152 |
| | COP54 | 134～152 | | （COP 64）156～165 | （COP 64）156～165 |
| 液压回转头 | 型　号 | DHR 48H－45 | | DHR 48H－56 | DHR 48H－56 |
| | 最大回转速度/r·min$^{-1}$ | 136 | | 136 | 136 |
| | 回转速度/r·min$^{-1}$ | 0～112 | | 20～45 | 0～110 |
| | 最大扭矩/N·m | 3250 | | 4250 | 3250 |
| 推进梁 | 总长/mm | 8760 | | 11250 | 5630 |
| | 推进行程/mm | 5420 | | 8100 | 3730 |
| | 推进梁补偿/mm | 1300 | | 1300 | 1300 |
| | 最大推进速度/m·s$^{-1}$ | 0.92 | | 0.92 | 0.33 |
| | 最大推进力/kN | 20 | | 40 | 34.5 |
| 行走性能 | 最大速度/km·h$^{-1}$ | 3.4 | | 3.4 | 2.5 |
| | 最大牵引力/kN | 120 | | 110 | 45 |
| | 爬坡角度/(°) | 20 | | 20 | 30 |
| | 履带架摆动角度/(°) | 10/8 | | 10/8 | 12/12 |
| | 离地间隙/mm | 405 | | 405 | 405 |
| 钻管 | 直径/mm | 76/89/102 | | 89/102/114 | 76/89 |
| | 长度/m | 5 | | 6 | 5 |
| 最大孔深/m | | 45 | | 54 | 45 |
| 柴油发动机 | 型　号 | CAT C10 | CAT C12 | CAT C14 | CAT C10 |
| | 功率（2000r/min）/kW | 272 | 317 | 350 | 272 |
| | 油箱容积/L | 780 | 780 | 900 | 780 |
| 液压机 | 型　号 | Atlas Copco 螺杆式 XRV9 空压机 | | | |
| | 工作压力/MPa | 2.5 | | 2.5 | 2.5 |
| | 排量（FAD）/L·s$^{-1}$ | 295 | 405 | 405 | 295 |
| | 质量/kg | 19000 | 19200 | 19200 | 19000 |

表5-14　美国和日本几种潜孔钻机的主要技术参数

| 型　号 | DM-3 | DM-4 | DM-5 | CM-695D | CM-760D | HCR23 |
|---|---|---|---|---|---|---|
| 钻孔直径/mm | 102～105 | 127～200 | 178～228 | 100～152 | 115～165 | 140～165 |
| 回转方式 | 气动马达 | 液压马达 | 气动马达 | 液压马达-链条 | 液压马达 | 液压马达 |
| 回转转速/r·min$^{-1}$ | 0～75 | 0～100 | 0～75 | 25～130 | 0～175 | 0～124 |
| 回转扭矩/N·m | | 5760 | | 4068 | 6101 | 4410 |
| 推进方式 | 气动马达-链条 | 双液压缸-链条 | 气动马达-链条 | 液压马达-链条 | 液压马达-链条 | 液压马达-链条 |
| 推进力/t | 0～15 | 0～18 | 0～48 | 0～4.48 | 0～4 | 0～15 |
| 行走方式 | 履带 | 液压履带 | 履带 | 液压履带 | 液压履带 | 履带 |
| 工作气压/MPa | 0.7 | 2.47 | 0.7 | 2.4 | 2.4 | 2.4 |
| 总耗气量/m³·min$^{-1}$ | 16.8 | 29.7 | 25.5 | 24.4 | 22 | 17 |
| 原动机功率/kW | | 213 | | 231 | 317 | 313 |

续表 5 – 14

| 型 号 | DM – 3 | DM – 4 | DM – 5 | CM – 695D | CM – 760D | HCR23 |
|---|---|---|---|---|---|---|
| 外形尺寸（长×宽×高）/mm | 5400×3400×11900 | 8700×2400×10900 | 7200×4200×15800 | | | 6500×3975×11030 |
| 总质量/t | 15 | 22～27 | 30 | 18.6 | 20.8 | 23 |
| 生产厂家（公司） | 美国英格索兰（Ingersoll – Rand）公司 | | | | | 日本古河公司 |

**表 5 – 15 几种国产潜孔冲击器的技术参数**

| 型 号 | 钻孔直径/mm | 全长/mm | 工作气压/MPa | 冲击能量/J | 冲击频率/Hz | 耗气量/L·s⁻¹ | 质量/kg | 生产厂家（公司） |
|---|---|---|---|---|---|---|---|---|
| QCW150 | 150～155 | 938 | 0.50～0.70 | 254.0～291.0 | 16.00 | 133 | 81.0 | 通化风动工具有限责任公司 |
| QCW170 | 170～185 | 1193 | 0.50～0.70 | 333.0～392.0 | 15.00 | 200 | 100.0 | |
| QCW200 | 200～210 | 1190 | 0.50～0.70 | 392.0～460.0 | 14.00 | 300 | 152.0 | |
| QCW200B | 200～210 | 1190 | 0.49 | 392.0 | 14.30 | 350 | 152.0 | |
| J – 80B | 90～95 | 854 | 0.63 | 108.0 | 16.00 | 100 | 19.0 | 嘉兴冶金机械厂 |
| J – 100B | 105～120 | 870 | 0.63 | 165.0 | 16.00 | 150 | 30.0 | |
| J – 150B | 155～165 | 1012 | 0.63 | 400.0 | 16.00 | 250 | 81.0 | |
| J – 170B | 175～194 | 1036 | 0.63 | 430.0 | 15.00 | 94.0 | | |
| J – 200B | 210～235 | 1249 | 0.63 | 520.0 | 17.20 | 400 | 163.0 | |
| J – 250B | 250～300 | 1250 | 0.63 | 560.0 | 16.20 | 500 | 208.0 | |
| K1121 | 105～120 | 459 | 0.50 | 70.0 | 30.00 | 75 | 13.3 | |
| K1151 | 155～165 | 573 | 0.50 | 150.0 | 20.00 | 180 | 42.0 | |
| JG – 80 | 90～95 | 860 | 1.00 | 120.0 | | | 23.0 | |
| JG – 100A | 105～120 | 1051 | 1.00 | 210.0 | 19.20 | 90 | 37.5 | |
| JG – 150 | 155～165 | 1510 | 1.00 | 560.0 | 18.20 | 300 | 118.0 | |
| JW – 150 | 155～165 | 1248 | 1.05～2.45 | 509.0 | 19.00 | 317 | 95.0 | |
| QCC80 | 80 | 390 | 1.05～2.45 | 77.0 | 28.00 | 110 | 11.0 | 黄石风动机械有限公司 |
| QCC90 | 90 | 770 | 0.50～0.70 | 90.0 | 23.00 | 112 | 17.5 | |
| QCC100 | 100 | 815 | 0.50～0.70 | 108.0 | 17.00 | 116 | 30.0 | |
| CIR90 | 90 | 815 | 0.50～0.70 | 90.0 | 23.00 | 112 | 17.5 | |
| JH100 | 100 | 815 | 0.50～0.70 | 140.0 | 17.00 | 138 | 31.0 | |
| DHD340A | 105～108 | 1138 | 0.50～0.70 | | 21.7～30.0 | | 47.0 | 宣化英格索兰公司 |
| DHD360 | 152～165 | 1450 | 0.50～0.70 | | 20.0～27.5 | | 129.0 | |
| CIR65A | 65，75 | 745 | 0.50～0.70 | 37.2 | 20.70 | 42 | 12.0 | |
| CIR80 | 83 | 860 | 0.50～0.70 | 79.5 | 13.50 | 83 | 21.0 | |
| CIR – 90 | 90，100 | 860 | 0.50～0.70 | 107.9 | 14.20 | 120 | 17.0 | |
| CIR110 | 110，120 | 871 | 0.50～0.70 | 176.6 | 14.25 | 200 | 36.0 | |
| CIR130 | 130，140 | 950 | 0.50～0.70 | 313.9 | 14.00 | 233 | | |
| CIR150A | 155，165 | 1008 | 0.50～0.70 | 411.6 | 14.00 | 275 | 89.0 | |
| CIR170A | 175，185 | 1142 | 0.50～0.70 | | 14.08 | 317 | 119.0 | |
| CIR200W | 200 | 1360 | 0.50～0.70 | | | 333 | 180.0 | |
| QCZ – 90 | 90～95 | 800 | 0.50 | 78.0 | 13.30 | 80 | 21.0 | 宣化采掘机械集团有限公司 |
| QCZ – 150 | 155～165 | 1070 | 0.50 | | 18.60 | 217 | | |
| QCZ – 170 | 165～170 | 1040 | 0.50 | 275.0 | 14.00 | 250 | 90.0 | |

续表 5-15

| 型 号 | 钻孔直径/mm | 全长/mm | 工作气压/MPa | 冲击能量/J | 冲击频率/Hz | 耗气量/L·s⁻¹ | 重量/kg | 生产厂家（公司） |
|---|---|---|---|---|---|---|---|---|
| J-60C | 65 | 801 | 0.4~0.7 | 47 | 8.3 | 4 | 10.2 | |
| J-80B | 85~100 | 775 | 0.4~0.7 | 88.2 | 14 | | 16.5 | |
| J-100B | 110~140 | 790 | 0.4~0.7 | 147 | 13.7 | 9 | 35 | |
| J-150B | 155~165 | 990 | 0.4~0.7 | 323.4 | 13.3 | 16 | 82 | |
| J-200C | 210~220 | 1200 | 0.4~0.7 | | | | 160 | |
| JW-80 | 90~100 | 864 | 0.7~1.7 | 137 | 20.8 | 3.6~7.2 | 29 | 长沙矿山研究院机械厂 |
| JW-100 | 100~120 | 950 | 0.7~1.7 | 235~400 | 18.8~24.5 | 4.8~10.2 | 32 | |
| JW-130 | 135~155 | 1085 | 0.7~1.7 | | | | 63 | |
| JW-150 | 155~178 | 1172 | 0.7~1.7 | 260~560 | 16 | 7.8~29 | 95 | |
| HQ3（QD70） | 75~85 | 931 | 1.0~2.5 | | | | 15 | |
| HQ4A（DHD340） | 105~115 | 1059 | 1.0~2.5 | | | | 36 | |
| HQ4B（QL4） | 105~127 | 1045 | 1.0~2.5 | | | | 35 | |
| HQ5 | 130~150 | 1214 | 1.0~2.5 | | | | 72 | |
| HQ6 | 152~178 | 1335 | 1.0~2.5 | | | | 101.1 | |

表 5-16 CIR 系列潜孔冲击器的主要技术参数（Atlas Copco 公司）

| 型 号 | CIR65A | CIR70 | CIR80 | CIR80X | CIR90 | CIR110 |
|---|---|---|---|---|---|---|
| 配用钻头直径/mm | 68 | 76 | 83 | 83 | 90，100，130 | 110，123 |
| 外径/mm | 57 | 65 | 72 | 72 | 80 | 98 |
| 总长/mm | 777 | 811 | 795 | 759 | 795 | 838 |
| 质量/kg | 13 | 13.5 | 18 | 21 | 21 | 36 |
| 风压/MPa | 0.5~0.7 | 0.5~0.7 | 0.5~0.7 | 0.5~0.7 | 0.5~0.7 | 0.5~0.7 |
| 耗风量/m³·min⁻¹ | 3.5 | 4 | 5.5 | 4.3 | 7.2 | 12 |
| 单次冲击能/kg·m⁻¹ | 5.1 | 7 | 8.1 | 6.8 | 11 | 18 |
| 冲击频率/次·min⁻¹ | 810 | 810 | 800 | 980 | 820 | 830 |
| 配用钻头 | QT65 | CIR70-18 | QT80 | QT80 | QT90B，QT90C，QT90D | CIR110-16A，CIR110-16B |
| 连接方式 | 外：T42×10×1.5 | 基面节径（内锥）：48.8×4.2 | 外：T48×10×2 | 基面节径（内锥）：48.8×4.2 | 外：T48×10×2 | 内：API2-3/8″ |

| 型 号 | CIR110W | CIR150 | CIR150A | CIR170 | CIR170A | CIR200W |
|---|---|---|---|---|---|---|
| 配用钻头直径/mm | 110，123 | 155，165 | 155，165 | 175，185 | 175，185 | 200 |
| 外径/mm | 98 | 136.5 | 142 | 156 | 159 | 182 |
| 总长/mm | 932 | 904 | 909 | 1022 | 1033 | 1252 |
| 质量/kg | 38.36 | 85 | 89 | 102 | 119 | 180 |
| 风压/MPa | 5~12 | 5~7 | 5~7 | 5~7 | 5~7 | 5~7 |
| 耗风量/m³·min⁻¹ | 0.6~1.2 | 1.59 | 1.65 | 1.8 | 1.8 | 2.0 |
| 单次冲击能/kg·m⁻¹ | 27 | 34 | 42 | 44 | 50 | 65 |
| 冲击频率/次·min⁻¹ | 920~1250 | 800 | 790 | 790 | 850 | 835 |
| 配用钻头 | CIR110-16A，CIR150-17B | CIR150-17A，CIR150-17B | CIR150-17A，CIR150-17B | CIR170-17A，CIR170-17B | CIR170-17A，CIR170-17B | CIR200W-16 |
| 连接方式 | API2-3/8″ | 内：T75×10×2.5 | 内：T75×10×2.5 | 外：T100×28×10 | 外：T100×28×10 | 外：T120×40×10 |

表 5 - 17　CWG、DHD、QL 和 SF 系列中、高压潜孔冲击器的主要技术参数（Atlas Copco 公司）

| 型　号 | CWG76 | CWG90 | DHD3.5 | DHD340A | QL40 | DHD350Q | HDH350R | DHD5.5QH |
|---|---|---|---|---|---|---|---|---|
| 配用钻头直径/mm | 80 | 90 | 90 | 105，115 | 102 | 140 | 133 | 140 |
| 外径/mm | 68 | 80 | 79 | 92 | 94 | 122 | 114 | 124 |
| 总长/mm | 912 | 1011 | 972 | 1138 | 1026 | 1254 | 1387 | 1295 |
| 质量/kg | 20 | 35 | 29.5 | 47 | 32.3 | 90 | 68.5 | 73.6 |
| 风压/MPa | 0.7~2.1 | 0.7~2.1 | 0.7~2.1 | 0.7~2.1 | 0.7~2.1 | 0.7~2.1 | 0.7~2.1 | 0.7~2.41 |
| 耗风量/m³·min⁻¹ | 2.8~15 | 3~16 | 4.3~14.2 | 3.5~18 | 4.3~15 | 6.5~21 | 5.7~20 | 4.9~21.5 |
| 单次冲击能/kg·m⁻¹ | 17.2 | 25 | 20.9 | 30.4 | — | 65.1 | 59 | |
| 冲击频率/次·min⁻¹ | 900~1410 | 950~1500 | 950~1500 | 850~1450 | — | 850~1510 | 810~1470 | |
| 配用钻头 | CWG76 -15A | CWG90 -15A | DHD3.5 -18A | DHD340A-15A, DHD340-15B | 51875114 | DHD350C -19E | DHD350R -17A | DHD350R -17B |
| 连接方式 | 外： T42×10×1.5 | 外： API2-3/8″ | 外： 2-3/8″ | 内： API2-3/8″ | 外： API2-3/8″ | 外： API2-3/8″ | 外： 3-1/2″（公） | 31/2″REG （公） |

| 型　号 | DHD360 | DH6 | SF6 | DHDSF 6.5QM | DHD380M | DHD380W | CWG200 | DHD112W |
|---|---|---|---|---|---|---|---|---|
| 配用钻头直径/mm | 152，165 | 152，165 | 152，165 | 165 | 203，254 | 203，254 | 203，254 | 380，505 |
| 外径/mm | 136 | 136.7 | 136.7 | 146.1 | 181 | 181 | 180 | 276 |
| 总长/mm | 1450 | 1404.6 | 1404.6 | 1404.6 | 1613 | 1613 | 1734 | 2212 |
| 质量/kg | 126 | 102.7 | 102.7 | 102.7 | 203 | 177 | 277 | 642 |
| 风压/MPa | 0.7~2.1 | 0.7~2.41 | 0.7~2.41 | 0.7~2.41 | 0.7~2.41 | 0.7~2.41 | 0.7~2.1 | 0.7~2.1 |
| 耗风量/m³·min⁻¹ | 8.5~25 | 10.3~42.3 | 5.5~25.9 | 5.5~25.9 | 8.6~32.6 | 9.7~43.4 | 12~31 | 12~28 |
| 单次冲击能/kg·m⁻¹ | 82.2 | 82.2 | 82.9 | 85.5 | 156 | 156 | 156 | 241 |
| 冲击频率/次·min⁻¹ | 820~1475 | 820~1475 | 820~1475 | 850~1500 | 860~1510 | 860~1510 | 971~1446 | |
| 配用钻头 | DHD360-19A, DHD360-19B | DHD360-19A, DHD360-19B | DHD360-19A, DHD360-19B | DHD360-19B | CWG200-19A, CWG200-19B | CWG200-19A, CWG200-19B | CWG200-19A, CWG200-19B | — |
| 连接方式 | 内： API3-1/2″ | 31/2″REG （公） | 31/2″REG （公） | 31/2″REG （公） | 41/2″REG （公） | 41/2″REG （公） | 外： API4-1/2″ | 外： API6-5/8″ |

# 第四节　潜孔钻机常见故障的排除

露天潜孔钻机常见故障的排除方法见表 5 - 18。

表 5 - 18　潜孔钻机的故障原因及排除方法

| 故障现象 | 产　生　原　因 | 排除或处理方法 |
|---|---|---|
| 钻孔速度不正常 | 1. 回转供风机构的电机过载；<br>2. 压气压力不够，低于 0.35~0.40MPa；<br>3. 钻架摆动严重；<br>4. 炮孔片帮严重 | 1. 调整钻具轴压；<br>2. 停止钻孔，调高气压；<br>3. 减小轴压；<br>4. 填黄泥维护孔壁 |
| 回转供风机构减速器发热或不能正常转动 | 1. 轴承润滑不良；<br>2. 减速器传动润滑不良；<br>3. 有的轮齿断裂或变形；<br>4. 齿轮轴折断 | 1. 按规定添加润滑油；<br>2. 处理漏油并加足润滑油；<br>3. 修理或更换已损齿轮；<br>4. 更换齿轮轴 |
| 钻具提升较慢或不能提起钻具 | 1. 钢丝绳跳出滑轮的绳槽；<br>2. 制动器闸带过紧；<br>3. 轴承润滑不良 | 1. 调正滑轮，使钢丝绳入槽；<br>2. 调整制动间隙；<br>3. 按规定注油 |

| 故障现象 | 产　生　原　因 | 排除或处理方法 |
|---|---|---|
| 行走速度较慢或不能行走 | 1. 摩擦盘离合器发生卡滞或失效；<br>2. 传动链条长短不合适、或链条被石头卡住、或因操作过猛出现急弯而使链条折断；<br>3. 履带与主动轮之间有石头等杂物卡住，履带脱轨；<br>4. 履带板凸爪磨平，履带脱轨；<br>5. 履带绷得过紧，履带板折断；<br>6. 操作过猛，使连接销轴变形或折断；<br>7. 履带板质量不好，脆性折断 | 1. 修理或更换元件；<br>2. 修理或更换链条断节，调整链条的松紧程度；<br>3. 清除障碍物，调节履带的松紧程度；<br>4. 堆焊修补或更换履带板；<br>5. 调节履带的松紧程度；<br>6. 按照操作规程操作机器；<br>7. 更换新件并做试验 |
| 接卸钎杆机构动作较慢、不同步或不动作 | 1. 调整螺丝松扣；<br>2. 气缸活塞杆弯曲变形；<br>3. 在冬季，气缸内结冰 | 1. 重新调整并固定牢靠；<br>2. 检修校直或换新件；<br>3. 除冰，检修气缸 |
| 冲击器只有响声而无进尺 | 1. 钎尾被打断；<br>2. 钻头锁键被打碎；<br>3. 钻头掉在孔里；<br>4. 气缸因磨损而间隙过大 | 1. 更换钻头；<br>2. 修整钎尾，更换锁键；<br>3. 退出冲击器，打捞钻头；<br>4. 重新配装活塞或缸内镀铬 |

# 第五节　露天凿岩钻车的分类及结构特点

## 一、露天凿岩钻车的分类

与露天牙轮钻机和潜孔钻机相比，露天凿岩钻车是一种小型机械化设备。它的规格型号很多，通常按如下方法分类：

（1）按工作动力不同分类，分为气动式、气液联合式、全液压式。

（2）按行走装置不同分类，分为轮胎式、履带式、轨轮式。

在露天矿使用较多的是履带气动式和气液联合式凿岩钻车。

## 二、露天凿岩钻车的特点

露天凿岩钻车多是单臂单机头结构（见图 5 – 12），它结构简单、轻便灵活、耗能较少、操作方便、维修容易、开孔和定向准确迅速。而且，它也便于实现采场多机台操作自动化。凿岩钻车对提高凿岩效率、改善劳动条件、进行多品种矿石的分采，均较为有利。

凿岩钻车和露天钻机是两类不同的设备，它们的主要区别如下：

（1）露天钻机的钻孔孔径较大，一般为 150 ~ 380mm。凿岩钻车的钻孔孔径较小，一般为 50 ~ 120mm。钻孔孔径在 80mm 以下的钻车一般配用重型导轨式外回转凿岩机。孔径在 80 ~ 120mm 范围的则配用潜孔冲击器。

（2）凿岩钻车的钻孔方位多。钻孔方位最少的露天钻车，其钻孔方位可分布在机体横向各 45°和纵向 0° ~ 105°之间。这一点露天钻机是无法达到的。所以露天钻车可以用来钻凿各种方位的预裂爆破孔。

（3）凿岩钻车机体轻，爬坡能力大。一般国产钻车的爬坡能力可达 25°，国外有些钻车的最大爬坡能力可达 30°。因此凿岩钻车适应复杂地形上的作业调度。

（4）钻车整机质量轻，装机功率小；如液压钻车的能耗仅为潜孔钻车的 1/4，钻速却为潜孔钻机的 2.5 ~ 3 倍。

（5）钻车与气腿式凿岩机相比，钻孔效率高，劳动强度小，适宜坚硬大块矿岩的二次破碎，作业条件较好。

（6）ROC 系列液压顶锤式钻车（见图 5 – 13）结构紧凑、质量轻，机重仅有 7.5t；折叠式钻臂，其钻臂可长达 5.2m；双扶钎器，其配备有使用油缸推进的铝制推进器；如果合理配置各种 COP 型液压凿岩机，它能适应恶劣作业环境，可满足各种地形条件下的作业需要。

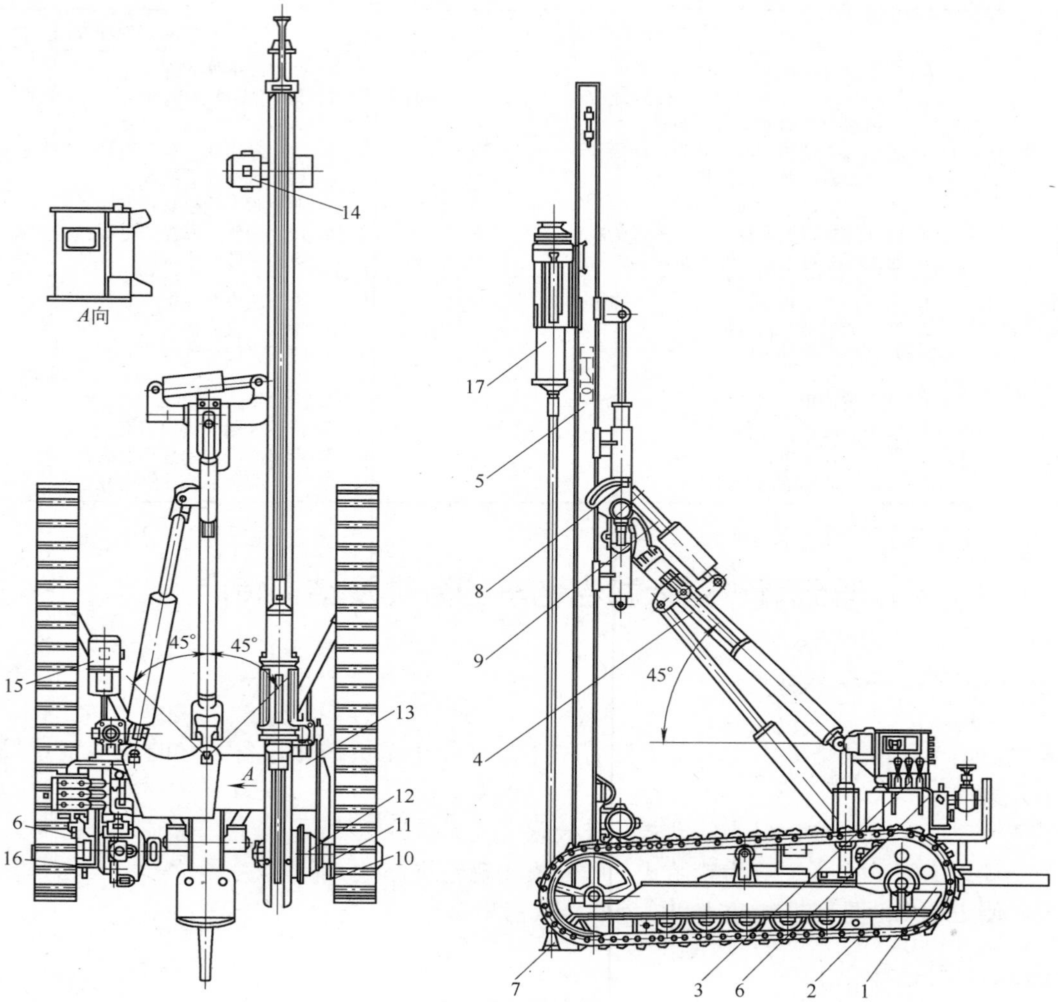

图 5 – 12　履带式凿岩钻车结构示意图

1—驱动轮；2—履带板；3—液压控制阀手柄；4—桁架；5—滑架；6—空气节止阀手柄；
7—钎头；8—滑架倾斜油缸活塞杆销子；9—滑架倾斜油缸活塞杆；10—脚踏板；11—行走二次变速器；
12—行走一次变速器；13—车架；14—推进风马达；15—油泵风马达；16—行走风马达；17—凿岩机

图 5 – 13　正在现场工作的顶锤式钻车

### 三、凿岩钻车的使用范围

在大型露天矿生产中，使用的穿孔设备主要是牙轮钻机、潜孔钻机、回转钻机等。但在中、小型露天矿，除可使用上述一些穿孔设备外，还可使用凿岩钻车及气腿式凿岩机。凿岩钻车的使用范围如下：

（1）用于中小型露天矿较浅炮孔凿岩。气腿式凿岩机穿凿孔深为 3～5m，凿岩钻车的穿凿孔深为 8～12m，甚至更深一些。

（2）用于露天矿边坡修理、采场中三角体处理、二次破碎以及清除根底等工作的浅孔凿岩。

（3）用于露天矿采场大爆破时开挖硐室、开凿沟槽和疏干矿床积水钻凿炮孔作业。

（4）露天凿岩钻车主要用于坚硬或中坚硬矿岩的钻孔作业，钻孔直径的最佳范围为 80～100mm，最大孔径可达 150mm。气动露天凿岩钻车与气液联合式露天凿岩钻车，因为其采用的气动凿岩机功率较小，一般适用于钻凿孔径小于 80mm、孔深小于 20m 的炮孔；全液压露天凿岩钻车，因为其采用的全液压凿岩机功率较大，钻孔孔径可以达到 150mm，孔深可达 30m，最深可达 50m。

此外，凿岩钻车及某些手持式或气腿式凿岩机还可用于采石场、土建工程、道路工程及国防工程等。

### 四、露天凿岩钻车的生产能力

凿岩钻车的生产效率决定着整个露天矿山所应配备钻车的数量，而钻车数量的多少又直接关系到矿山生产的经济指标。凿岩钻车如果常常在很短时间内即可完成任务，说明设备利用率太低；如果常常不能完成任务，就应考虑更换效率较高的钻车或增加钻车数量。

凿岩钻车的小时生产效率可用下式计算：

$$M = \frac{60lNe}{\frac{lt_a}{L} + t_n + \frac{l}{v}} \qquad (5-13)$$

式中　$M$——单人操纵的钻车生产能力，m/h；

$l$——推进器的一次推进长度，m；

$N$——单人操纵的钻车钻臂数；

$e$——钻车工时利用率，一般取 0.5～0.8；

$t_a$——更换一次钎头的时间，min，一般为 1.5～3min；

$L$——更换一次钎头所能钻凿的孔深，m；

$t_n$——退钎、重新定位和开眼的时间，min，一般为 1.5～2min；

$v$——平均穿孔速度，m/min，根据岩石性质选取。

凿岩钻车每班的工作量可根据每米炮孔的爆破量来计算。据国内外一些矿山统计，浅孔爆破量一般为 4～5t/m，深孔崩矿量一般为 7～8t/m，有的可达 10～15t/m。

## 第六节　常见露天凿岩钻车的主要技术参数

几种国产露天钻车的主要技术参数见表 5-19。天水风动机械公司 TROC 系列全液压钻车的主要技术参数见表 5-20。泰安新龙钻机公司 CTQ 系列液压钻车的主要技术参数见表 5-21。瑞典 Atlas Copco 公司 ROC 系列露天顶锤式钻车的技术参数见表 5-22。日本古河公司 HCR 系列露天液压钻车的技术参数见表 5-23。

表 5-19　几种国产露天凿岩钻车的主要技术参数

| 钻车型号 | CL10 | TC308 | CLQ15 | CL15 | CLY20 | CLN30 |
|---|---|---|---|---|---|---|
| 总质量/kg | 5300 | 5300 | 5000 | 5000 | 16000 | 7700 |
| 外形尺寸（长×宽×高）/mm | 5400×2200×1500 | 6000×2400×1550 | 5650×2560×1985 | 5650×2560×1985 | 9400×3400×3500 | 6500×2350×2600 |

| 钻车型号 | CL10 | TC308 | CLQ15 | CL15 | CLY20 | CLN30 |
|---|---|---|---|---|---|---|
| 水平凿孔最高/mm | 3000 | 3300 | 3100 | 3100 | 6500 | 3500 |
| 水平凿孔最低（横位）/mm | 300 | 320 | 300 | 300 | 600 | 350 |
| 爬坡能力/(°) | ≥20 | 30 | 25 | 25 | ≥17 | ≥20 |
| 行走速度/km·h$^{-1}$ | ≥3 | 3 | 2 | 2 | ≥1 | ≥3 |
| 凿孔直径/mm | 50~80 | 105~142 | 105~115 | 65~100 | 120 | 110~150 |
| 验收气压/MPa | 0.63 | 0.63，1.0~2.4 | 0.63 | 0.63 | 0.63 | 0.63 |
| 凿岩深度/mm | ≥20 | 40 | 25 | 300 | ≥20 | ≥20 |
| 总耗气量/L·s$^{-1}$ | ≤283 | 350 | 300 | 300 | — | — |
| 配用凿岩设备 | QC100 冲击器 | TA620 冲击器 | QC100 冲击器 | YGZ170 凿岩机 | YGZ170 凿岩机 | YGZ170 凿岩机 |
| 履带调平范围/(°) | ±10 | ±10 | ±10 | ±10 | ±10 | ±10 |
| 推进行程/mm | 3000 | 3000 | 3000 | 3000 | 3800 | 4000 |
| 推进补偿长度/mm | 1000 | 1300 | 1300 | 1300 | 1000 | 1200 |
| 最大推拉力/N | ≥9800 | ≥22000 | ≥10000 | ≥10000 | ≥19600 | ≥35000 |

表 5-20  TROC 系列全液压钻车主要技术参数（天水风动）

| 钻车型号 | TROC712HC-00 | TROC712HC-01 | TROC812HCS-00 |
|---|---|---|---|
| 质量/kg | 29650 | 9900 | 10800 |
| 柴油机功率/kW | 104 | 104 | 125 |
| 行走速度/km·h$^{-1}$ | 1.5/3.7 | 1.5/3.7 | 1.5/3.7 |
| 牵引力/kN | 75 | 75 | 75 |
| 离地间隙/mm | 370 | 370 | 370 |
| 履带调平角度/(°) | ±10 | ±10 | ±10 |
| 爬坡能力/(°) | 30 | 30 | 30 |
| 空压机最大工作压力/MPa | 0.8 | 0.8 | 1.05 |
| 正常工作压力（海拔1000m时）/MPa | 0.7 | 0.7 | 0.95 |
| 空压机排气量/L·s$^{-1}$ | 82.5（0.7MPa） | 82.5（0.7MPa） | 120（1.05MPa） |
| 推进长度/mm | 4400 | 4400 | 4400 |
| 最大推拉力/N | 13 | 13 | 20 |
| 凿岩机型号 | | COP1238ME | |
| 质量/kg | 150 | 150 | 150 |
| 冲击功率/Hz | 40~60 | 40~60 | 40~60 |
| 回转速度/r·min$^{-1}$ | 0~250 | 0~250 | 0~200 |
| 冲击工作压力/MPa | 12~24 | 12~24 | 15~25 |
| 岩孔直径/mm | 48~89 | 48~89 | 64~115 |
| 钻杆形式 | R32T38T45 | R32T38 | T38T45 |

表 5-21  CTQ 系列液压钻车的主要技术参数（泰安新龙）

| 钻车型号 | CTQ-Z120Y | CTQ-D100Y | CTQ-Z110 |
|---|---|---|---|
| 整机质量/kg | 4600 | 2800 | 3500 |
| 钻机直径/mm | 90~130 | 90~130 | 90~130 |
| 外形尺寸（长×宽×高）/mm | 5200×2030×2300 | 4100×2030×2020 | 5200×2060×2020 |

| 钻 车 型 号 | CTQ－Z120Y | CTQ－D100Y | CTQ－Z110 |
|---|---|---|---|
| 钻孔深度/m | 25 | 30 | 30 |
| 行走速度/km·h⁻¹ | 2 | 2 | 2 |
| 一次推进行程/m | 3000 | 2 | 3 |
| 爬坡能力/(°) | 25 | 30 | 30 |
| 工作气压/MPa | 0.7～1.6 | 0.5～0.7 | 0.7～1.6 |
| 最小离地间隙/mm | 250 | 250 | 250 |
| 耗气量/m³·min⁻¹ | 10～12 | 7～10 | 10～12 |
| 滑架俯仰角度/(°) | 上、下共100 | 上、下共100 | 上、下共100 |
| 主机功率/kW | 33 | 18.6 | 33 |
| 滑架倾斜摆角/(°) | 左90，右45 | 左35，右10 | 左35，右10 |
| 适用岩层硬度 f | 6～20 | 6～20 | 6～20 |
| 滑架补偿长度/mm | 1020 | 900 | 900 |
| 冲击频率/r·min⁻¹ | 950～1500 | 840 | 950～1500 |
| 回转机转速/r·min⁻¹ | 0～70 | 0～70 | 0～70 |
| 回转扭矩/N·m | 2000 | 2000 | 2200 |
| 最大提升力/N | 18000 | 18000 | 2000 |
| 钻臂俯仰角度/(°) | 上、下共70 | 上、下共70 | 上、下共70 |
| 钻臂摆动角度/(°) | 左、右各45 | 左、右各45 | 左、右各45 |

**表 5－22　ROC 系列露天顶锤式钻车的技术参数**

| | 型　号 | ROC D3 | | | ROC D5 RRC | | ROC D7 RRC | | ROC D5 | | ROC D7 | |
|---|---|---|---|---|---|---|---|---|---|---|---|---|
| 凿岩机 | 型　号 | 1032HB | 1838LE | 1238ME | 1238ME | 1838ME | 1238ME | 1838ME | 1838ME/HE | 1238ME | 1838ME/HE | 1238ME |
| | 功率/kW | 8 | 16 | 12 | 12 | 16 | 12 | 16 | 18 | 12 | 18 | 12 |
| | 孔径/mm | 35～64，35～64，35～89 | | | 35～89（R32，T38，T45） | | 64～102（T38，T45），89～115（T51） | | 35～89（R32，T38，T45） | | 64～102（T38，T45），89～115（T51） | |
| | 孔深/m | 10～28 | | | 28 | | 28，21（T51） | | 28 | | 28，21（T51） | |
| 空压机 | 型　号 | XA 70 | | | C 106 | | C 106 | | C 106 | | C 106 | |
| | 气压/MPa | 0.85 | | | 0.85/1.05 | | 0.85/1.05 | | 1.05 | | 1.05 | |
| | 排量/L·s⁻¹ | 70 | | | 85/105 | | 85/105 | | 105 | | 105 | |
| 发动机 | 型　号 | BF4M1013EC | | | CAT3126B | | CAT3126B | | CAT3126B | | CAT3126B | |
| | 转速/r·min⁻¹ | 2300 | | | 2200 | | 2200 | | 2200 | | 2200 | |
| | 功率/kW | 107 | | | 131 | | 149 | | 131 | | 149 | |
| 油箱容积/L | | 190 | | | 280 | | 280 | | 280 | | 280 | |
| 推进器 | 长度/mm | 6000 | | | 7140 | | 7140 | | 7140 | | 7140 | |
| | 行程/mm | 4070 | | | 4240 | | 4240 | | 4240 | | 4240 | |
| | 补偿长度/mm | | | | 1400 | | 1400 | | 1400 | | 1400 | |
| | 推进速度/m·s⁻¹ | 0.33 | | | | | | | | | | |
| | 推进力/kN | 12 | | | 20 | | 20 | | 20 | | 20 | |
| 行走机构 | 速度/km·h⁻¹ | 3 | | | 3.1 | | 3.1 | | 3.1 | | 3.1 | |
| | 牵引力/kN | 72 | | | 110 | | 110 | | 110 | | 110 | |
| | 爬坡能力/(°) | 30 | | | 20 | | 20 | | 20 | | 20 | |
| | 摆动角/(°) | ±15 | | | ±12 | | ±12 | | ±12 | | ±12 | |
| | 离地间隙/mm | 340 | | | 455 | | 455 | | 455 | | 455 | |

续表 5 - 22

| 型　号 | | ROC D3 | ROC D5 RRC | ROC D7 RRC | ROC D5 | ROC D7 |
|---|---|---|---|---|---|---|
| 工作尺寸/mm | 长 | 8700 | 10710 | 10710 | 10710 | 10710 |
| | 宽 | 2390 | 2370 | 2370 | 2370 | 2370 |
| | 高 | 2800 | 3100 | 3100 | 3100 | 3100 |
| 质量/kg | | 7500 | 11700 | 13000 | 12500 ~ 13600 | 12500 ~ 13600 |

| 型　号 | | ROC D7C | ROC F7 | ROC F9 | ROC 17 |
|---|---|---|---|---|---|
| 孔径/mm | | 64 ~ 102（T38，T45），89 ~ 115（T51） | 76 ~ 115（T45，T51） | 89 ~ 127（T51） | 109 ~ 127（T51） |
| 孔深/m | | 28，21（T51） | 28 | 30 | 31 |
| 空压机 | 型　号 | C 106 Screw | XAH2 Screw | Screw | Size 1. 5 ~ OLS L106 |
| | 气压/MPa | 1. 05 | 1. 05 | 1. 2 | 1. 05 |
| | 排量/L·s$^{-1}$ | 105/127 | 148 | 213 | 288 |
| 发动机 | 型　号 | CAT 3126B | CAT 3126B | CAT C9 | CAT C10 |
| | 转速/r·min$^{-1}$ | 2200 | 2000 | 2000 | 2000 |
| | 功率/kW | 149 | 186 | 224 | 272 |
| 油箱容积/L | | 280 | 400 | 400 | 780 |
| 推进器 | 长度/mm | 7135 | 8100 | 8100 | 11250 |
| | 行程/mm | 4240 | 4770 | 4770 | 7616 |
| | 补偿长度/mm | 1400 | | 1300 | 1150 |
| | 推进速度/m·s$^{-1}$ | 0. 92 | 0. 92 | 0. 92 | 0. 92 |
| | 推进力/kN | 20 | 20 | 20 | 30 |
| 行走机构 | 速度/km·h$^{-1}$ | 3. 1 | 3. 6 | 3. 6 | 3. 4 |
| | 牵引力/kN | 115 | 112 | 112 | 120 |
| | 爬坡能力/(°) | 20 | 20（无绞盘），35（带绞盘） | 20 | 20 |
| | 摆动角/(°) | ± 12 | ± 10 | ± 10 | ± 10/ - 8 |
| | 离地间隙/mm | 455 | 405 | 405 | 405 |
| 工作尺寸/mm | 长 | 11610 | 13000（折叠臂），12300（单一臂） | 12300 | 11250 |
| | 宽 | 2370 | 2490 | 2490 | 2500 |
| | 高 | 3200 | 3200（折叠臂），3200（单一臂） | 3200 | 3560 |
| 质量/kg | | 13600 | 15700（折叠臂），15100（单一臂） | 15600（ROC F9 - 10），16200（ROC F9 - 11） | 19000 |

表 5 - 23　日本古河公司 HCR 系列露天液压钻车的技术参数

| 钻车型号 | HCR900 - D | DCR900 | DCR900 - ED | DCR900 - E |
|---|---|---|---|---|
| 质量/kg | 9830 | 9050 | 10080 | 9360 |
| 凿岩机 | | HD709 | | |
| 马达功率（2500 r/min）/kW | | 123（康明斯 6BT5. 9） | | |
| 排气量/m$^3$·min$^{-1}$ | | 6. 1 | | |
| 大臂形式 | 固定臂 | | 伸展臂 | |
| 钻头直径/mm | | 64 ~ 89 | | |
| 钻杆规格 | | 32H 38R 45R（38H） | | |
| 钻杆长度/mm | | 3050，3660 | | |

| 钻 车 型 号 | HCR1200 - D | HCR1200 - ED | HCR1200 - EW | HCR1200 |
|---|---|---|---|---|
| 质量/kg | 11900 | 12800 | 12900 | 11300 |
| 凿岩机 | HD712 | | | |
| 马达功率 (2500r/min) /kW | 149 （康明斯 6BAT A5.9） | | | |
| 排气量/m³·min⁻¹ | 8.1 | | | |
| 大臂形式 | 固定臂 | | 伸展臂 | |
| 钻头直径/mm | 64 ~ 120 | | | |
| 钻杆规格 | 32H 38R 45R 51R | | | |
| 钻杆长度/mm | 3050，3660 | | | |
| 钻 车 型 号 | HCR1500 - D20 | HCR1500 - ED | | HCR1500 - EW |
| 质量/kg | 14500 | 15550 | | 15850 |
| 凿岩机 | HD715 | | | |
| 马达功率 （2500r/min）/kW | 224 （康明斯 6CTAA 8.2 - C） | | | |
| 排气量/m³·min⁻¹ | 12.3 | | | |
| 大臂形式 | 固定臂 | | 伸展臂 | |
| 钻头直径/mm | 89 ~ 135 | | | |
| 钻杆规格 | 51R | | | |
| 钻杆长度/mm | 6610，3660 | | | |

# 第七节　露天凿岩钻车常见故障的排除

露天凿岩钻车常见故障的排除方法见表 5 - 24。

### 表 5 - 24　露天凿岩钻车的故障原因及排除方法

| 故障现象 | 产生原因 | 排除或处理方法 |
|---|---|---|
| 机械传动系统噪声大或工作不正常 | 1. 传动丝杠螺母螺纹倒牙或连接键松动；<br>2. 丝杆回转受力不匀或键已损坏；<br>3. 风马达或电机与传动机的装配不正确；<br>4. 风马达及叶片有故障；<br>5. 传动齿轮或传动架损坏 | 1. 检查或更换螺母和键；<br>2. 调整丝杠中心线并换键；<br>3. 调整风马达和电机的安装位置；<br>4. 检修风马达，更换严重磨损的零件；<br>5. 检修或更换齿轮及传动架 |
| 液压缸振动或爬行蠕动 | 1. 密封件损坏，缸内有渗漏；<br>2. 缸内混入空气；<br>3. 操纵阀有漏损现象或阀内混入杂物 | 1. 更换失效的密封件；<br>2. 检查排气孔，排除空气；<br>3. 检修操纵阀，更换失效的密封件 |
| 油泵不能正常工作 | 1. 泵的排气阀有漏损现象；<br>2. 控制阀的阀芯卡在阀体内或阀内有脏物；<br>3. 油的黏度不合适或油太脏；<br>4. 油泵出现故障 | 1. 检修或更换排气阀；<br>2. 清洗或检修控制阀内部构件；<br>3. 更换合适的干净油；<br>4. 检修或更换油泵 |
| 运行动作过快 | 1. 阀的流量过大；<br>2. 节流孔调节螺丝松脱；<br>3. 阀芯的补偿装置内装偏或卡住 | 1. 调节阀孔或换阀；<br>2. 适当拧紧调节螺丝或换装新件；<br>3. 检查和调整阀芯装配状态 |
| 工作装置不能动作 | 1. 溢流阀的调整值不合适，使系统压力过低；<br>2. 阀芯与阀体磨损严重，使配合间隙过大；<br>3. 压力调节弹簧或密封圈失效；<br>4. 有关部分的驱动油缸卡滞或密封件损坏；<br>5. 液压锁失灵 | 1. 重新调整溢流阀，使压力符合要求；<br>2. 检修或更换阀芯；<br>3. 换装新件，使压力调节灵敏；<br>4. 检修驱动油缸，更换失效的密封件；<br>5. 更换阀芯及密封件 |

| 故障现象 | 产 生 原 因 | 排除或处理方法 |
|---|---|---|
| 阀内产生严重噪声 | 1. 调节螺丝的调定位置不对；<br>2. 调节压力弹簧失效；<br>3. 阀荷超限；<br>4. 溢流阀平衡孔堵塞 | 1. 重新调节并准确定位；<br>2. 更换弹簧；<br>3. 重新选择合适的阀型；<br>4. 疏通阀孔 |
| 液压系统油生泡沫 | 1. 油箱油面太低；<br>2. 油的性能不符合要求；<br>3. 油泵及油缸漏气；<br>4. 油泵管附件的接头漏气；<br>5. 液压系统混入空气 | 1. 加油至规定的油面高度；<br>2. 更换合适的液压油；<br>3. 更换失效的密封件；<br>4. 检查和更换密封件；<br>5. 检查放气孔并排除空气 |

撰稿、审定：王荣祥　任效乾　张晶晶（太原科技大学）

李爱峰（太原重型机械集团）

王巨堂（山西平朔露天矿）

# 第六章　矿山爆破工程

## 第一节　概　述

### 一、工程爆破沿革

#### （一）工业炸药历史与变迁

工程爆破应用的工业炸药，溯源于我国黑火药的发明与发展。黑火药是工业炸药的始祖，是我国对人类作出杰出贡献的"四大发明"之一。唐代，我国就发明了硫、硝、炭三种成分配方的黑火药。南宋时期已成功将黑火药用于军事，制造出惊现世界第一个爆炸性武器"震天雷"。黑火药 11 ~ 12 世纪传入阿拉伯国家，13 世纪在欧洲应用。1627 年匈牙利将黑火药用于矿山开采，开创应用爆破技术的先河，持续 200 余年。

1771 年，美国奥尔夫（D. Woulfe）合成苦味酸。

1799 年，英国高尔瓦德发明雷汞炸药。

1863 年，德国维尔布兰德（T. Wilbrand）制造出 TNT。

1865 年，瑞典诺贝尔（A. Nobrl）发明以硝化甘油为主要组分的达纳迈特（Dynamitr）炸药。

1867 年，奥尔森（Olsson）、诺宾（Norrben）发明硝酸铵和各种燃料组成的混合炸药，工业炸药跨入多品种时代。

1899 年，亨宁（C. Henning）发明猛炸药黑索今。

1924 年，以梯恩梯为敏化剂的粉状硝酸铵炸药问世。

1941 年，赖特（G. Fwright）、巴克曼（W. E. Bachmarm）发明奥克托今（HMX）。

1956 年，美国迈尔文·库克（M. A. COOK）发明浆状炸药，并在 20 世纪 70 年代研制成功乳化炸药，从根本上解决硝铵类炸药防水问题。

工业炸药历经三次革命性的发展历程：

（1）瑞典化学家诺贝尔（A. Nobel）发明的硝化甘油炸药，是工业炸药的第一次革命；

（2）以硝酸铵为主要成分的硝铵炸药成功应用，是工业炸药发展的第二个里程碑；

（3）乳化炸药的问世，防水抗水炸药广泛应用，把工业炸药发展推向第三个阶段。

随着国民经济的发展，我国铵油炸药、乳化炸药研制和生产水平不断提高；铵沥蜡炸药、铵松蜡炸药、水胶炸药等多品种炸药相继问世。采用连续化、自动化生产工艺技术和设备生产多品种乳化炸药。我国独创发明粉状乳化炸药，乳化技术处世界领先水平。

#### （二）爆破器材变革

国外 1919 年研制以太安为药芯的导爆索，1946 年生产毫秒电雷管，1967 年瑞典诺贝尔公司发明导爆管非电起爆系统。

新中国成立初期，我国只能生产导火索、火雷管和瞬发电雷管。随后，开始生产和应用毫秒延期电雷管和秒延期电雷管。20 世纪 70 年代初期，导爆索—继爆管毫秒延期起爆系统开始应用。70 年代末期，我国生产和运用塑料导爆管和配套的非电毫秒雷管。80 年代中期，生产磁电雷管。近年来，30 段等间隔毫秒延期雷管推广使用。

根据工程需要，我国生产了低能导爆索（3g/m、1.5g/m）、高能导爆索（34g/m 以上）、普通导爆索和安全导爆索配套系列产品。

数码电子雷管为新型电能起爆器材，在爆破工程中得到初步应用。

我国已停止生产导火索、火雷管和铵梯炸药，标志民爆产品质量达到一个新的阶段。

### （三）爆破工程与钻孔设备

水泥矿山爆破与钻孔设备息息相关，钻孔设备的发展推动爆破技术的进步，历经三个阶段。

（1）1967 年以前，水泥矿山普遍使用手持式风动凿岩机，采用高台阶（段高 30~120m）、浅孔小爆破或硐室大爆破，爆破作业危险，效率低，劳动强度大。

（2）1967~1990 年，水泥矿山普遍使用 YQ-150、KQ-150 低风压（5~7 MPa）、固定供风的潜孔钻机，推行中深孔爆破，爆破作业条件改善，爆破质量提高。

（3）1991~2012 年，水泥矿山淘汰低风压、固定式供风的压气装置，配置中风压（11~14MPa）、高风压（20~24MPa）的移动空气压缩机设备，以及与其配套的潜孔钻机。部分矿山采用全液压钻机，钻孔速度快，爆破效果高，爆破规模不断扩大。

### （四）爆破技术现状

随着国民经济的迅速发展，我国工程爆破技术水平不断提高。硐室爆破、中深孔爆破，地下采掘爆破、建构筑物拆除爆破、水下爆破等积累了丰富经验。

1. 硐室爆破

20 世纪 50~80 年代硐室爆破得到大量应用，冯叔瑜院士率先在铁路建设应用硐室爆破技术。1956 年，首次采用定向抛掷爆破。铁路和公路 20 世纪 50~60 年代广泛采用硐室爆破。水利水电应用定向抛掷爆破技术修筑水坝。

1966 年，我国首次采用条形药包技术，得到广泛应用和发展，条形药包作为主要布药方式取代集中药包。

1956~1992 年，我国共进行三次万吨级炸药硐室爆破：

（1）1956 年，白银露天矿剥离硐室爆破，炸药总用量达 15640t，爆破方量 9077000m$^3$。

（2）1975 年，攀钢朱家包包铁矿剥离硐室爆破，炸药总用量 10630t，爆破方量 11400000m$^3$。

（3）1992 年，珠海炮台山条形药包加强松动和抛掷爆破，炸药总用量 12000t，爆破方量 10852000m$^3$。

2. 中深孔爆破技术

中深孔爆破技术是工程爆破中应用最广泛的爆破方法，代表现代工程爆破的主要发展方向。

## 二、爆破工程在国民经济建设中的作用

改革开放 30 年来，我国基础设施建设和能源开发的迅速发展，为工程爆破技术提供了新的机遇和挑战。工程爆破应用于采矿、道路建设、基础开挖、建筑物拆除、水下爆破、材料加工等诸多领域，在国民经济建设中作出积极的贡献。

中深孔爆破，是矿山开采基本生产手段，也是道路建设、水利水电基础开挖的有效技术。水泥原料矿山 2011 年采剥总量近 30 亿吨，中深孔爆破技术得到全面深入的应用，实现大区多排微差爆破，有效提高矿山生产的综合效益。

硐室爆破在一定条件下，得到应用和发展。我国历经 3 次万吨级炸药用量的工程爆破，为矿山大剥离、填海造地高速高效施工，创造了条件。采用条形药包、毫秒延时起爆技术和边坡预裂爆破控制技术，

硐室爆破有害效应得到严格控制。

建筑物爆破拆除，拥有完整设计和防护技术。建筑物原地坍塌、定向倾倒、双向折叠、三向折叠等拆除技术，从构件破碎过程失稳、解体、倒塌机理研究，取得丰富经验。已拆除40余座16层以上高层楼房；拆除高度大于100m钢筋混凝土烟囱数量已超过40余座。

港口整治、岩坎、挡水围堰拆除、水下岩塞爆破、冰下炸礁石、淤泥爆破加固等水下工程爆破技术得到有效应用。

利用爆炸能量实施爆炸成型、爆炸复合、爆炸硬化、爆炸焊接、爆炸合成金刚石等技术，完成爆炸加工的特殊任务。

### 三、工程爆破技术发展趋势

工程爆破技术发展趋势主要有：

（1）工业炸药。不断完善乳化炸药、粉状乳化炸药、膨化硝酸铵炸药、铵油炸药、重铵油炸药，实现炸药在体积威力、抗水等性能上品种多样化、系列化。

努力发展乳胶远程配送系统和铵油炸药现场混装，实现炮孔装药、填塞机械化，提高装药、充填质量和速度。

彻底淘汰有毒有害的铵梯炸药。根据不同类型爆破的需要，生产高抗水、高威力、耐高压、耐高温和缓性炸药。

（2）发展新型、安全、低感度可靠的爆破器材，向高质量、多品种、低成本方向发展。研制和开发数码电子雷管起爆系统与遥控起爆系统，实现远程安全控制爆破作业。完善30段等间隔毫秒延期雷管，实现准确延时、安全可靠起爆。

（3）实现工程爆破、网络化、智能化、可视化"数字化"爆破。经过编码实施起爆顺序和时差随时调整，实现爆破设计、结果预测的全自动控制。

（4）推动绿色爆破，爆破技术精细化。研究爆破安全与环境保护的控制技术，研究爆破地震、空气冲击波、飞石、噪声、爆破粉尘的产生与传播规律，采取有效的防治技术。

（5）研究爆炸能量控制技术，降低爆破有害效应，控制爆破能量释放、介质破碎、抛掷等全过程。

## 第二节　岩石爆破作用机理

### 一、岩石爆破破坏基本理论

炸药能量破碎岩石，以爆炸冲击波和爆炸气体两种方式释放出来。对此，有三种不同的岩石爆破破碎作用观点：

（1）爆炸气体膨胀作用理论。炸药爆炸导致的岩石破坏主要为高温高压气体产物膨胀做功所致。爆破生成的气体膨胀引起岩石质点的径向位移，最小抵抗线方向位移速度最高。由于相邻岩石质点移动速度差异，产生剪切应力和剪切破坏，在爆破产生的气体膨胀推动下，沿径向抛出，产成爆破漏斗。

（2）爆炸应力波反射拉伸理论。爆炸在岩石中爆轰时，所产生的高温高压冲击波，粉碎炮孔周围的岩石。爆炸冲击波在岩石中产生切向拉应力，导致径向裂隙和环状裂隙向自由面方向发展，当达到自由面时，压缩应力波从自由面反射成拉伸应力波，克服岩石的抗拉伸强度，将岩石拉断，岩石发生片落。随着反射波继续传播，将爆破漏斗范围内岩石全部拉断。岩石破碎是入射波和反射波共同作用的结果，爆炸气体用作仅作为岩石辅助破碎和抛掷。

（3）爆生气体和应力波综合作用理论。爆炸气体膨胀和爆炸应力波的综合作用，加强了岩石破碎效果。反射拉伸波增加径向裂隙和环状裂隙的扩展，但作用时间短暂。爆破产生的气体膨胀促进裂隙发展，作用时间长，岩石最初裂隙的形成是由冲击波（应力波）造成的，而后爆生成气体扩展裂隙，炸药在岩石中爆炸的动作用和静作用完成爆破破碎过程。

## 二、爆破漏斗

### （一）爆破漏斗的形成

将药包埋置在一定深度的坚固、均质岩石内，爆破时，将最小抵抗线方向的岩石表面鼓起、破碎、抛掷形成倒锥形凹坑，即为爆破漏斗。

### （二）爆破漏斗构成要素

爆破漏斗形成的构成要素（图6-1）如下：
（1）自由面：被爆破岩石与空气接触的岩石表面，又称临空面，如图6-1中 $AB$ 面。
（2）最小抵抗线 $W$：药包中心至自由面的最短距离。
（3）爆破漏斗半径 $r$：爆破漏斗在自由面上的底圆半径。
（4）爆破漏斗作用半径 $R$：药包重心到爆破漏斗底圆周上任一点的距离，又称为破裂半径。
（5）爆破漏斗深度 $D$：爆破漏斗顶点到自由面的最短距离。
（6）爆破漏斗可见深度 $h$：爆破漏斗底部渣堆最低点到自由面的最短距离。
（7）爆破漏斗张开角 $\theta$：爆破漏斗的顶角。

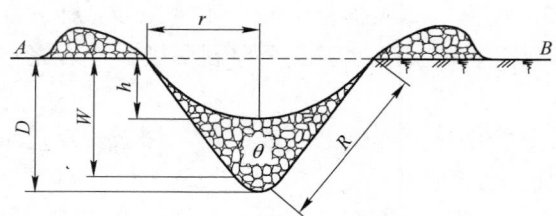

图6-1    爆破漏斗形成的几何参数

### （三）爆破漏斗常见形式

根据爆破作用指数 $n$ 值大小，爆破漏斗有四种基本形式，即松动爆破漏斗（图6-2a）、减弱抛掷爆破漏斗（图6-2b）、标准抛掷漏斗（图6-2c）、加强抛掷爆破漏斗（图6-2d）。

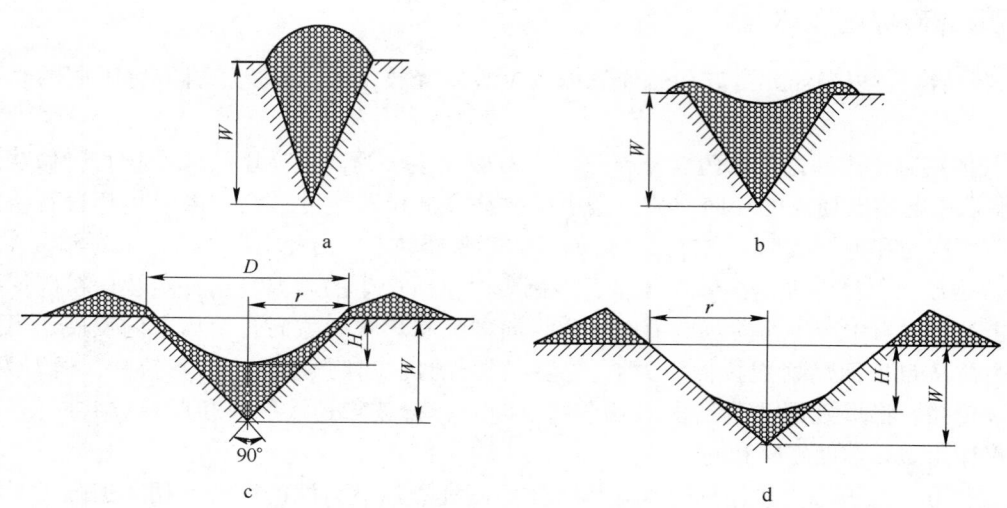

图6-2    爆破漏斗的四种基本形式
a—松动爆破漏斗；b—减弱抛掷爆破漏斗（加强松动漏斗）；c—标准抛掷爆破漏斗；d—加强抛掷爆破漏斗

（1）松动爆破漏斗。药包爆破后，爆破漏斗内岩石被破坏、松动，并不抛出漏斗外，不形成可见的爆破漏斗，爆破作用指数 $n \leqslant 0.75$。松动爆破可细分为减弱松动爆破和加强松动爆破。松动爆破产生爆破有害效应小，振动较小，碎石飞散距离小，常用于矿山回采作业。

（2）减弱抛掷爆破漏斗，又称加强松动爆破漏斗。爆破作用指数 $0.75 < n < 1$，漏斗张开角 $\theta < 90°$。减弱抛掷爆破是井巷掘进中常用的爆破形式。

（3）标准抛掷漏斗。标准抛掷漏斗爆破作用指数 $n = r/W = 1$、漏斗张开角 $\theta = 90°$。工程爆破中，在确定不同种类岩石的单位炸药消耗量，或确定和比较不同炸药的爆炸性能时，一般用标准爆破漏斗的体积作为计算的依据。

（4）加强抛掷爆破漏斗。爆破作用指数 $n > 1$，漏斗张开角 $\theta > 90°$。在工程爆破中，加强抛掷爆破漏斗的爆破作用指数 $1 < n < 3$；根据爆破具体要求，在一般情况下，取 $n = 1.2 \sim 2.5$，是露天矿大爆破、定向抛掷爆破常用的形式。

实施加强抛掷爆破，药室至自由面的距离间的岩石全部破碎，大部分岩块被抛出一定的距离。当 $n > 3$ 时，爆破漏斗的有效破坏范围不随 $n$ 值增加而明显增大。

### 三、利文斯顿爆破漏斗理论

美国利文斯顿（C. W. Livingston）1956 年首先推出以能量平衡为准则的爆破漏斗理论。论述在不同类型岩石中，用不同药量和药包不同埋设深度，进行大量爆破漏斗试验。

李夕兵教授主编的《凿岩爆破工程》一书中有如下论述："炸药在岩体内爆破时传给岩体的能量和爆炸速度，取决于岩石性质、炸药性能和药包规格、填塞长度、位置以及起爆方法等因素，论证了炸药能量分配给药包周围岩石、地表空气的方式。"

#### （一）影响爆炸能量传递主要因素

岩石性质、炸药性能、药包大小和形状、药包埋设深度作为影响爆炸能量传递的主要因素。岩石性质和炸药性能是影响能量互为因果不可分割的两个因素。

#### （二）临界深度和岩石应变能系数

当岩石和炸药类型一定时，保持药包大小不变，而把药包埋深小到某一深度，此时地表恰好发生破坏，并产生隆起，此时药包的埋置深度称为临界深度。

临界深度与装药之间存在如下关系：

$$H = E_s \sqrt[3]{Q}$$

式中　$H$——岩石表面开始破坏时，药包埋置深度，m；
　　　$E_s$——应变能系数，$m/kg^{1/3}$；
　　　$Q$——药包质量，kg。

岩石应变能系数的物理意义是：在一定药量条件下，岩石表面开始破裂时，岩石可能吸收的最大爆破能量。当装药和岩石性质一定时，应变能系数 $E_s$ 是一个常数。

#### （三）爆炸能量分配随药包埋置深度变化规律

药包埋深逐渐移向地表并靠近地表爆炸时，则传给岩石能量将逐步减少，而传给空气中的能量逐渐增加。药包埋置深度不变而增加药包质量与药包质量不变而改变药包埋置深度，两者效果一致，证明应变能系数 $E_s$ 是一个常数的结论。

#### （四）爆破漏斗体积与药包埋置深度的关系

药包品种、质量保持不变，药包埋置深度 $W$ 从临界深度 $H$ 再进一步减小，则药包径向破裂达到表面，爆破漏斗体积开始增大；当药包埋藏深度减小到某一值时，爆破漏斗体积达到最大值，此时炸药能量转变为岩石的破坏能量最多，炸药能量得到最充分利用，此时药包埋深称为最佳埋深 $W_i$；典型的爆破漏斗体积特性曲线如图 6-3 所示。当药包埋深为最佳深度 $W_i$ 时，相应深度比称为最佳深度比为 $\Delta_i$，最佳深度比与装药量关系为：

$$W_i = \Delta_i E_s \sqrt[3]{Q}$$

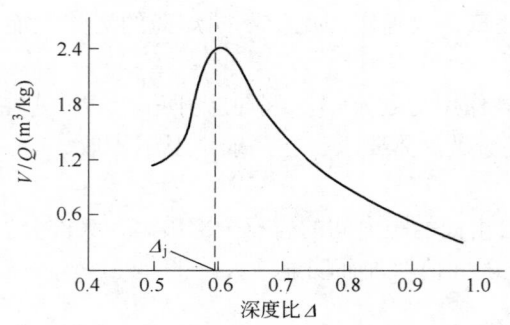

图 6-3    铁燧岩的爆破漏斗体积特性曲线

## （五）岩石爆破破坏形式分类

利文斯顿据岩石爆破作用与能量（进入空气的能量和岩石中的能量），按药包埋深与岩石破坏和变形关系，岩石破坏形式划分为弹性变形带、冲击破碎带、碎化带及空爆带，如图 6-4 所示。

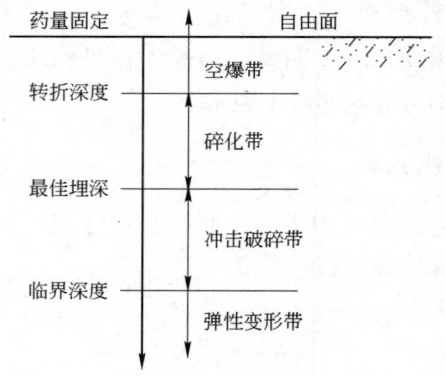

图 6-4    药包不同埋深与岩石破坏形式的关系

弹性变形带是指药包埋深大于临界深度 $H$ 时的岩石破坏形式，爆破后地表不产生破坏，炸药能量完全消耗在药包附近岩石压缩破坏和震动区的弹性变形上。

冲击破碎带是指药包埋深小于临界深度、大于最佳埋深时的岩石爆破破坏形式。此时爆破作用达到地表，爆破后径向破裂达到表面，出现明显的层裂现象。

随着药包埋深从最佳深度不断减小，传给空气中的能量不断增加，岩石吸收的能量不断减少，当药包埋置深度减小到某一深度时，传递给空气中的能量与岩石吸收的能量相等，该深度称为转折深度。碎化带系指药包埋置深度大于转折深度、小于最佳埋深的岩石爆破破坏形式。此时爆破作用产生的爆破漏斗体积比最佳深度时小，岩石破坏块度较小，岩石抛掷距离、空气冲击波和响声较大。

空爆带是指药包埋深小于转折深度时的岩石爆破破坏形式。在空爆带内，药包埋置深度从转折深度进一步减小，岩石破碎块度更小、抛掷更远、响声更大，传给空气的能量超过了岩石吸收的能量。

### 四、装药量计算原理

工程爆破中的装药量计算，多在各种经验公式的基础上，结合实践经验确定装药量。体积公式是装药计算中最为常用的一种经验公式。

#### （一）体积公式

在一定的炸药和岩石条件下，爆落的岩石体积与所用的装药量成正比。体积公式的形式为：

$$Q = qV$$

式中　$Q$——装药量，kg；

　　　$q$——爆破单位体积岩石的炸药消耗量，$kg/m^3$；

　　　$V$——被爆落岩石的体积，$m^3$。

体积公式仅限被爆岩石松散、最小抵抗线变化不大才宜使用。

#### （二）松动爆破药量计算公式

兰格福尔斯（U. Langefors）在《现代岩石爆破》一书中提出一般岩石松动爆破药量计算公式：

$$Q = 0.07W^2 + 0.35W^3 + 0.004W^4$$

当抵抗线 $1m < W \leqslant 20m$ 时，爆炸能量的能量主要用于使介质变形所需要药量计算公式为：

$$Q = k_3 W^3$$

$k_3 = 0.35$ 是工程爆破常用的药量计算公式。

#### （三）集中药包装药量计算

1. 集中药包标准抛掷爆破装药量

标准抛掷爆破、爆破作用指数 $n = 1$，标准抛掷爆破装药量 $Q_{标}$ 为：

$$Q_{标} = q_{标} W^3$$

式中　$q_{标}$——形成标准抛掷爆破漏斗的单位体积岩石的炸药消耗量，$kg/m^3$。

2. 集中药包非标准抛掷爆破装药量

集中药包非标准抛掷爆破装药量计算公式为：

$$Q = f(n) k_b W^3$$

式中　$k_b$——标准抛掷爆破单位体积岩石的炸药消耗量，$kg/m^3$。

我国工程爆破广泛应用前苏联鲍列斯科夫的经验公式：

$$f(n) = 0.4 + 0.6n^3$$

鲍列斯科夫公式适用于抛掷爆破装药量计算，集中药包抛掷爆破装药量计算公式：

$$Q_p = (0.4 + 0.6n^3) k_b W^3$$

3. 集中药包松动爆破的装药量

集中药包松动爆破装药量公式：

$$Q_s = k_s W^3$$

式中　$Q_s$——集中药包形成松动爆破的装药量，kg；

　　　$k_s$——集中药包形成松动爆破单位体积的炸药消耗量，$kg/m^3$。

#### （四）延长药包药量计算

工程爆破广泛应用延长药包。浅孔爆破法、深孔爆破法使用柱状药包，硐室爆破法中的条形药包，均属延长药包。

我国条形药包普遍采用的公式：

$$q = \frac{Q}{L} = kW^2 f(n)$$

式中　$q$——炸药线装药密度，kg/m；

　　　$Q$——条形药包装药量，kg；

　　　$L$——条形药包长度，m；

　　　$k$——标准抛掷爆破单位用药量，kg/m³；

　　　$W$——最小抵抗线，m。

### 五、影响爆破作用的因素

影响爆破作用的诸多因素可归纳为钻孔质量、爆破材料、岩体性质、爆破工艺和爆破管理五个方面。

### （一）钻孔质量对爆破作用的影响

钻孔质量是影响爆破作用的重要因素，保证钻孔质量是取得良好爆破效果的根本保证。

钻孔方位角和倾角是确保爆破质量的关键因素。建立中深孔爆破炮孔验收标准，炮孔方位角和倾角误差为 ±1°30′。

预裂爆破、光面爆破炮孔按设计要求在一个布孔面上钻孔，钻孔偏斜误差不大于1°。

硐室爆破药室中心坐标误差不大于 ±0.3m。

### （二）爆破材料对爆破作用的影响

1. 延发雷管的延时精度直接影响毫秒延期爆破质量

大区域微差爆破的孔内微差、孔间微差、排间微差、孔网区域微差，对延期微差时间均有不同的要求。高精度延发雷管、等间隔延发雷管、电子雷管为微差爆破质量提高、安全准爆创造了条件。

2. 炸药和岩石的阻抗匹配

岩石波阻抗对爆炸能量在岩石中传播效率有直接影响，当炸药波阻抗与岩石波阻抗相匹配时，炸药传递给岩石的能量大，岩石中产生的应变值增加。对于中等坚固性岩石（如石灰岩）宜选用爆速和威力中等级别的炸药，如铵油炸药。工程爆破常用的工业炸药，如膨化硝铵炸药、铵油炸药等波阻抗比较小，而坚硬致密岩石的波阻抗大。为使炸药的波阻抗接近岩石的波阻抗，可提高装药密度，或利用应力波作用和爆炸气体作用的爆炸能量有效利用，力求炸药和岩石的合理匹配。

### （三）岩体性质对爆破作用的影响

1. 地质结构面对爆破的影响

（1）结构面对硐室爆破作用影响巨大。断层面、层理面等结构面，分布在爆破漏斗范围内，因结构面与药包相对位置和产状不同，导致破坏范围和漏斗形状的改变，不能达到预期的抛掷方向和爆堆集中度。中国水利水电科学院研究认为，结构面发育程度对较大粒径的块度分布有控制性影响。

控制断层对爆破作用有很大影响。因此可避开断层带，在断层两侧布置分集药包。

（2）结构面对深孔爆破的影响。增加药包最小抵抗线与岩层走向的夹角，能有效提高爆破破碎质量，设计起爆顺序，尽可能选择最小抵抗线与岩层面垂直。

2. 岩石性质对爆破作用的影响

岩石性质决定了岩石的可爆性。岩石的密度增加，移动单位体积岩石所消耗的能量越大，抵抗爆破作用越强。

岩石三轴抗压强度大于单轴抗压强度，抗剪强度大于抗拉强度，而抗拉强度一般仅为抗压强度的十分之一。工程爆破要充分利用岩石的强度特性。

### （四）爆破工艺对爆破作用的影响

### 1. 自由面的大小和方向

自由面能有效增强爆破作用，自由面的大小和方向对爆破作用有巨大影响。

爆炸应力波遇到自由面则发生反射，压缩应力波转变为拉伸波，导致岩石片落和径向裂隙的拉伸。

自由面改变岩石的强度极限。岩石强度在自由面附近，近似于单向强度；自由面位置对爆破作用产生重大影响，炮孔装药在自由面上投影面积增大，有利于爆炸应力波反射。

### 2. 装药结构

装药结构影响炸药在炮孔方向的能量分布，也影响爆炸能量有效利用。

（1）爆破坚硬致密的岩石，耦合装药有利用激发岩石中的应力波。

（2）间隔装药降低作用在炮孔的峰值压力，减少了炮孔周围岩石的过度粉碎，增加了应力波作用时间，应力波能量增加，应力波作用时间也随之延长。

### 3. 填塞

炮孔填塞，阻止爆轰气体从孔口过早逸散，孔内爆轰保持较长时间高压状态。炮孔填塞加强对炮孔约束，有利于炸药充分爆轰，提高炸药的热效率。

炮孔填塞主要靠填塞物的性质与孔壁摩擦力阻止爆轰气体喷出。当岩石节理、裂隙发育时，可增加填塞长度。

## 第三节　爆炸与炸药基本概念

### 一、炸药的起爆和感度

#### （一）炸药的起爆

工程爆破利用起爆药的爆炸冲能，利用雷管、导爆索等起爆装置爆炸产生的高温、高压气体和压力在瞬间爆轰波（强冲击波）的作用，引爆次发炸药。

#### （二）炸药的感度

工业炸药在外界起爆能作用下，发生爆炸反应的难易程度称该炸药的感度（敏感度）。一般用激起炸药爆炸反应的起爆能多少来衡量炸药感度。

影响炸药感度的因素包括炸药的化学结构和炸药的物理性质。

（1）炸药的化学结构。炸药分子结构牢固程度越低，炸药感度就越高。混合炸药的感度取决于炸药结构中最脆弱成分的感度。

（2）炸药的物理性质。

1）装药密度。粉状炸药装药密度增加，超过一定值后，随密度增加，炸药的感度降低。因为装药密度增加，起爆能量作用于炸药每个颗粒上单位能量减少。与此同时，炸药晶体移动可能性减小，产生灼热核的机会变小。装药密度过大时，往往导致"压死"现象。

2）炸药的粒度。作为猛炸药的炸药，颗粒越细小，感度越高。因为炸药颗粒总表面积越大，接收的冲击能量越多，易产生更多热点，有利于起爆。对起爆药，晶粒越大，则感度越高，因较大的晶粒之间空隙大，有利于热点的形成。

3）惰性掺和物。炸药中加入一定的掺和物可促使炸药感度发生显著变化。高熔点、高硬度且具棱角的惰性掺和物如铝粉、石英砂，促使炸药提高撞击和摩擦感度。石蜡、石墨等惰性较软物质掺和物在炸药颗粒表面形成包裹薄层，减少炸药颗粒间摩擦作用而降低炸药感度。

## 二、炸药爆轰过程

### （一）爆轰波

工业炸药起爆时，最先在爆发点发生爆炸反应而产生大量高温、高压、高速气流，在炸药分子中激发冲击波。冲击波波阵面以其高温、高速、高密度等生成的高能促使炸药分子活化而产生化学反应，冲击波以其传播速度和波阵面压力向前传播，其后紧跟炸药化学反应以同等速度向前传播。该冲击波称为爆轰波。爆轰波传播速度，简称爆速。

于亚伦教授主编的《工程爆破理论与技术》一书认为："在爆轰波稳定传播和一维流动条件下，无论反应区传播至何处，其中任一截面上的状态参数都是固定不变的。在这种情况下，反应区又称为稳恒区。稳恒区末端称为 C—J 面，通常将 C—J 面称为爆轰波波头。冲击波阵面和紧随其后的化学反应区合起来称为爆轰波阵面。"

"爆轰波具有以下特点：

（1）爆轰波只存在于炸药的爆轰过程中，爆轰波的传播随爆轰的结束而终止。

（2）爆轰波中的高速化学反应，是爆轰得以稳定传播的基本保证。爆轰波阵面的宽度通常为 $A$—$B$ 0.1 ~ 1.0mm。爆轰波参数常是 $B$—$B$ 面上的状态参数（图 6 - 5）。

（3）爆轰波具有稳定性，爆轰波阵面上的参数及其宽度不随时间变化，直到爆轰终止。"

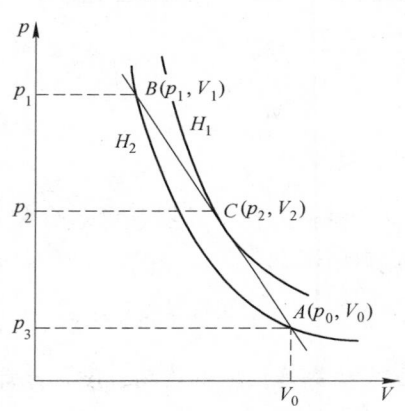

图 6 - 5    爆轰波雨果尼奥曲线

### （二）影响炸药稳定传播的因素

炸药爆炸后，以稳定不变的爆轰速度进行传播自始至终完成整个爆破的过程，称为爆轰稳定传播。

工程爆破中，起爆能量、密度、爆破约束条件等因素对炸药稳定传播有重大影响。

（1）起爆能量对炸药稳定传播的影响。顾毅成教授等所著《工程爆破安全》一书，对铵油炸药等炸药起爆状态有以下论述：

1）起爆能很大，起爆药的爆轰速度远大于被起爆药的爆速，被起爆炸药初始阶段的传爆速度、高于稳定爆速（图 6 - 6 AB 段），这时炸药威力得到很好的发挥，而且初始阶段由于起爆能的增强，炸药威力稍有提高。

2）起爆能适中，被起爆炸药的传爆速度接近或等于稳定爆速（图 6 - 6 CB 段），这种情况下炸药的爆炸威力也能充分发挥出来。

3）起爆能不够，被起爆炸药初始阶段的传爆速度低于稳定爆速，经历一段延缓时间才能达到稳定爆速（图 6 - 6 DE 段），这时炸药的爆炸威力在其达到稳定爆速前不能得到充分发挥。

4）起爆能太小，在被起爆药不能激起自行加速的爆炸，炸药的传爆很快衰减（图 6 - 6 DF 段）。

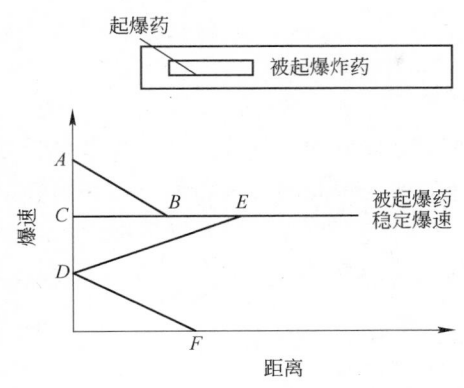

图6-6　铵油炸药和浆状炸药起爆状态

增加起爆能量是充分利用炸药爆炸能量重要手段。深孔爆破柱状装药，增加起爆药包直径和起爆药包质量、采用中继药包实施强力起爆，促使被起爆炸药快速达到稳定爆轰。

（2）装药密度对炸药稳定传播的影响。工业用混合炸药，爆速随装药密度增加而增加，当密度增大到某一定值时，爆速达到其最大值，爆速反而下降，当密度大到超过某一极限值时，出现"压死"现象。

（3）炸药粒度对稳定传播的影响对同一种炸药，炸药粒度减小能提高化学反应速度，减小反应时间和反应区厚度，从而减小临界直径和极限直径，爆速增加。

混合炸药中不同成分的粒度，其中敏感成分中的粒度细，则临界直径减小，爆速提高。

### 三、炸药的爆炸性能

#### （一）爆速

爆轰波在炸药中的传爆速度称为爆炸速度，简称爆速。爆速是炸药的重要性能之一，是目前唯一能准确测量的爆轰参数。爆速的单位为 m/s。

影响爆速的主要因素：

（1）装药直径的影响。随药包直径的增加，爆速相应增大；当药包直径持续增加，爆速不再升高，趋于一恒定值为 $d_{极}$，称为药包极限直径。随药包直径减小，爆速逐渐下降，当药包直径下降到 $d_{临}$ 时，药包直径持续下降，则爆轰中断，$d_{临}$ 称为药包的临界直径。

（2）药包约束条件的影响。药包外壳对爆速影响很大，坚固的外壳可使炸药的临界直径减小，减少炸药爆炸膨胀所引起的能量损失。

（3）装药密度的影响。混合装药，爆速随装药密度增加而增大，当密度增加到某一值时，爆速达最大值，该密度称为最佳密度。

#### （二）威力

炸药威力系指炸药作有效功的能力。应用中把炸药威力分为静效应（推进威力、作功效应）和动效应（冲击威力，破坏效应）。静效应是爆炸生成气体做功所致；动效应是冲击威力，由炸药爆速、猛度大小决定。

随装药密度不同，出现"重量威力"和"体积威力"两个标准。

#### （三）猛度

炸药的猛度，表征炸药的动作用、系指炸药瞬间爆轰波和爆轰产物对介质冲击、破碎能力。猛度的单位为 mm。

猛度显示炸药做功的强度，即做功功率和爆炸冲击波和应力波的强度，是衡量炸药爆炸特性和爆炸作用的重要指标。

### （四）殉爆

炸药主发药包发生爆炸时引起其不相接触的邻近炸药（被发药包）爆炸的现象称为殉爆。

主发药包爆炸时，引爆被发药包的两药包间的最大距离，称为殉爆距离。殉爆距离单位为 cm。

为保证相邻药包殉爆，炮孔装药尽可能使相邻药包紧密接触。

在炸药的说明书中，都注明炸药的殉爆距离。现场试验殉爆距离，是最简便可行的方法，可判定炸药储运过程中有无变质。

### （五）沟槽效应

药卷与炮孔壁间存在月牙形空间，炮孔药柱爆炸能量逐渐衰减直至拒爆，该现象称沟槽效应，亦称间隙效应，管道效应。沟槽效应对小直径炮孔爆破作用影响甚大，克服沟槽效应的措施有：

（1）加大药卷直径。

（2）增加起爆能量，条件适宜可多点起爆，或沿药包全长敷设导爆索起爆。

（3）填充炮孔与药包间月牙形空间。

（4）炮孔装散装炸药，达到炸药与炮孔全耦合装药。

### （六）聚能效应

利用炮孔中炸药爆炸产物，运动方向与装药表面垂直或近于垂直的规律，制成特殊形状的炸药，促使爆炸产物集聚，提高能流密度，增加爆炸能量，该现象称为聚能效应。

将装药药包前端制成空穴，当爆轰波传播至空穴表面时，爆轰产物改变运动方向，在装药轴线上汇聚，产生高压，在装药轴线方向上形成高速运动的聚能流。

在工程爆破中，聚能效应可有效增强雷管和起爆药包的起爆能力，改善孔内装药的殉爆和传爆性能。

# 第四节　工业炸药

## 一、工程爆破对工业炸药的基本要求

工程爆破对工业炸药的基本要求包括：

（1）爆炸性能好，有足够的威力满足各类矿岩的爆破要求。

（2）有较低的机械感度和适度的起爆感度，即能保证生产、储存、运输和使用安全，又能保证有效地被起爆。

（3）炸药配比接近零氧平衡，以保证爆炸产物中有毒气体生成量少。

（4）炸药组分中不含或尽量减少对人体和环境危害和污染的成分。

（5）有适当的稳定储存期。在规定的储存期内，炸药不会变质失效。

（6）原料来源广泛，加工工艺简单，操作安全，价格低廉。

## 二、常用工业炸药

### （一）铵油炸药

铵油炸药（ANFO）是一种无梯炸药，广泛应用的铵油炸药由94.5%粒状硝酸铵与5.5%轻柴油混合物，可加入适量的木粉作为疏松剂，用以防止铵油炸药结块。

多孔粒状硝酸铵，表面充满空穴，吸油率较高，有良好的松散性和流动性，不结块，爆热高达

41860kJ/kg，显著提高炸药威力。多用于露天矿深孔爆破机械化装药。柴油在炸药中可作燃烧剂，有较高的黏性和挥发性，能有效渗入炸药颗粒中，保证炸药组分混合的均匀和致密。应根据当地气温选择柴油。一般多采用 0 号、10 号、20 号轻柴油。为防严冬冻结可用 -10 号、-20 号、-30 号轻柴油。

1. 铵油炸药主要特点

（1）成分简单，原料来源充足，成本低，制造使用安全。

（2）感度低，起爆比较困难。

（3）吸潮及固结趋势强烈。吸湿、结块后炸药爆炸性能恶化，一般现场加工现用。

2. 铵油炸药品种

多孔粒状铵油炸药性能指标见表 6-1。粉状铵油炸药组分、性能见表 6-2。

表6-1　多孔粒状铵油炸药性能指标

| 项　目 | 性能指标 | |
|---|---|---|
| | 包装产品 | 混装产品 |
| 水分/% | ≤0.30 | — |
| 爆速/m·s⁻¹ | ≥2800 | ≥2800 |
| 猛度/mm | ≥15 | ≥15 |
| 作功能力/mL | ≥278 | — |
| 使用有效期/d | 60 | 30 |

表6-2　粉状铵油炸药组分、性能

| 组分与性能 | | 1 号铵油炸药 | 2 号铵油炸药 | 3 号铵油炸药 |
|---|---|---|---|---|
| 组分/% | 硝酸铵 | 92±1.5 | 92±1.5 | 94.5±1.5 |
| | 柴油 | 4±1 | 1.8±0.5 | 5.5±1.5 |
| | 木粉 | 4±0.5 | 6.2±1 | — |
| 性能指标 | 药卷密度/g·cm⁻³ | 0.9~1.0 | 0.8~0.9 | 0.9~1.0 |
| | 水分含量/% | ≤0.25 | ≤0.80 | ≤0.80 |
| | 爆速/m·s⁻¹ | ≥3300 | ≥3800 | ≥3800 |
| | 爆力/mL | ≥300 | ≥250 | ≥250 |
| | 猛度/mm | ≥12 | ≥18 | ≥18 |
| | 殉爆距离/cm | ≥5 | — | — |

### （二）乳化炸药

乳化炸药以无机含氧酸盐水溶液为分散相，以不溶于水的可液化的碳质燃料为连续相，借助乳化作用和敏化剂的敏化作用而形成一种油包水（W/O）型特殊相结构的含水混合炸药。不含爆炸性的敏化剂，也不含浆状炸药胶凝剂。乳化炸药乳化剂将氧化剂水溶液（水相或内相）均匀地分散在含有气泡的连续介质（油相或水相）中，生成油包水特殊内部结构的乳胶体。

1. 乳化炸药主要组分

乳化炸药主要组分包括：

（1）氧化剂水溶液。氧化剂水溶液以硝酸铵为主，加入适量硝酸钠，降低乳化炸药析晶点，提高炸药爆炸性能、稳定性。硝酸铵:硝酸钠=（3~4）:1，约占乳化炸药质量90%。雷管敏化的乳化炸药，水分含量为在8%~12%。露天矿大直径炮孔泵送乳化炸药的含水量为15%~18%。

（2）油相材料。油相材料属非水溶性有机物，形成乳化炸药的连续相（内相），是乳化炸药的关键组分之一，与氧化剂水溶液共同形成 W/O 型乳化液，具良好抗水性。油相材料含量2%~6%。

（3）乳化剂。乳化炸药多用亲水亲油平衡值 HLB（hydrophilic lipophilic balance）为 3～7 的乳化剂。HLB 是衡量乳化性的常用指标，在油－水体系中加入乳化剂后，亲水基溶于水中，亲油基溶于油中，在油水两相之间形成一层致密的界面膜，降低界面张力，对液滴进行保护。HLB 低表示乳化剂的亲油性强，生成油包水型（W/O）体系。利用 HLB 有一定的亲和性，制备不同 HLB 值系列乳化液或多种乳化剂。国产乳化炸药多用失水山梨糖醇单油酸酯。

（4）敏化剂。敏化剂用来调整密度。通过加亚硝钠等某些化学物质，发生分解反应的微小气泡，也可加封密性带气体的固体微粒空心玻璃球、膨胀珍珠岩微粒、空心树脂微球。

（5）少量添加剂。添加剂含乳化促进剂、晶形改性剂、稳定剂，添加量为 0.1%～0.5%。添加剂对乳化炸药质量、爆炸性能、储存稳定性均有显著提高作用。

部分国产乳化炸药成分与性能见表 6-3。国标规定的乳化炸药主要性能指标见表 6-4。

**表 6-3 部分国产乳化炸药成分与性能**

| 炸药系列或型号 | | EL 系列 | CLH 系列 | SB 系列 | RJ 系列 | MR 系列 | MRY-3 | RL-2 | 岩石型 |
|---|---|---|---|---|---|---|---|---|---|
| 组成/% | 硝酸铵 | 63～75 | 50～70 | 67～80 | 53～80 | 78～80 | 60～65 | 65 | 65～86 |
| | 硝酸钠 | 10～15 | 15～30 | | 5～15 | | 10～15 | 15 | |
| | 油相材料 | 2.5 | 228 | | 2～5 | 3～5 | 3～6 | 2～5 | 3～5 |
| | 水 | 10 | 4～12 | 8～13 | 8～15 | 10～13 | 10～15 | 10 | 8～13 |
| | 乳化剂 | 1～2 | 0.5～2.5 | 0.8～1.2 | 1～3 | 0.5～2 | 1～2.5 | 3 | 0.8～1.2 |
| | 铝粉 | 2～4 | — | | | | | | |
| | 密度调节剂 | 0.3～0.5 | | | 0.7 | | 0.1～0.5 | | |
| | 添加剂 | 2.1～2.2 | 10～15 | | 0.5～2 | 5～6.5 | | | 1～3 |
| | 尿素 | — | | | | | | | |
| 性能 | 猛度/mm | 16～19 | 15～17 | 15～18 | 16～18 | 18～20 | 16～19 | 12～20 | 12～17 |
| | 爆力/mL | | | | | | | | |
| | 爆速/m·s⁻¹ | 4500～5000 | 4000～4500 | 4500～5000 | 4500～5400 | 4700～5800 | 4500～5200 | 3500～4200 | 3900 |
| | 殉爆距离/cm | 8～12 | 5～10 | 7～12 | >8 | 5～10 | 8 | 5～23 | 6～8 |
| | 临界直径/mm | 12～16 | 12～18 | 12～16 | 13 | 12～18 | | | 20～25 |
| | 储存期/月 | 6 | 8 | >6 | 3 | 3 | | | 3～4 |

**表 6-4 国标规定的乳化炸药主要性能指标**

| 项目 | 露天乳化炸药 | | | 岩石乳化炸药 | |
|---|---|---|---|---|---|
| | 现场混装无雷管感度 | 无雷管感度 | 有雷管感度 | 1 号 | 2 号 |
| 药卷密度/g·cm⁻³ | — | — | 0.95～1.25 | 0.95 | 1.3 |
| 炸药密度/g·cm⁻³ | 0.95～1.25 | 1.00～1.35 | 1.00～1.25 | 1.00 | 1.3 |
| 爆速/m·s⁻¹ | ≥4.2×10³ | ≥3.5×10³ | ≥3.2×10³ | ≥4.5×10³ | ≥3.5×10³ |
| 猛度/mm | — | — | ≥10.0 | ≥16.0 | ≥12.0 |
| 殉爆距离/cm | — | — | ≥2 | ≥4 | ≥3 |
| 作功能力/mL | — | — | ≥240 | ≥300 | ≥260 |
| 摩擦感度/% | — | — | 爆炸概率≤8% | | |
| 撞击感度/% | — | — | 爆炸概率≤8% | | |
| 热感度/% | — | — | 不爆炸、不燃烧 | | |
| 爆炸后有毒气体量 | | | ≤60% | | |
| 使用保质期/d | 15 | 30 | 120 | 180 | 120 |

2. 乳化炸药特点

（1）密度可调范围宽。由于加入含微孔材料，可通过控制其含量调节乳化炸药密度，其变化范围为 $0.8 \sim 1.45 g/cm^3$，适用范围较宽、可根据爆破作业实际需要制成不同密度的乳化炸药品种。

（2）抗水性强。在常温下浸泡水中 7 天后，炸药性能不会发生明显变化，认可用 8 号雷管起爆。由于密度大，可沉于水下，解决了露天矿水孔和水下爆破作业问题。

（3）爆炸性能好。爆速和猛度较高。32mm 小直径药卷爆速可达 $4000 \sim 5500 m/s$。猛度可达 17 ～ 20mm；临界直径 12 ～ 16mm，8 号雷管可以起爆。

（4）安全性能好。机械感度低，爆轰感度高。

### （三）重铵油炸药

重铵油炸药又称为乳化铵油炸药，是由乳胶基质和粒状铵油炸药混合后制备的一种混合物。由硝酸铵水溶液在高温下和柴油、气泡、乳化剂等结合而成的乳胶体（乳胶基质）。乳胶体与铵油炸药混合后，乳胶体包覆在硝酸铵颗粒表面并充填硝酸铵颗粒间空隙。从而提高粒状铵油炸药的相对体积威力，并改善铵油炸药抗水性。重铵油炸药乳胶体加入量的变化，可在较大范围内改变，以此调整重铵油炸药的密度、爆速、威力和抗水性能。

不同配比重铵油炸药性能见表 6-5。

表 6-5　重铵油炸药不同配比性能指标

| 铵油炸药∶乳胶基质 | 密度/g·cm$^{-3}$ | 爆速/m·s$^{-1}$ | 威力（铵油炸药∶1） | 抗水性 |
|---|---|---|---|---|
| 95∶5 | 0.95 ～ 1.00 | 3000 ～ 4000 | 1.04 | 不好 |
| 90∶10 | 1.00 ～ 1.05 | 3000 ～ 4000 | 1.10 | 尚可 |
| 80∶20 | 1.15 ～ 1.20 | 3000 ～ 4000 | 1.12 | 较好 |
| 70∶30 | 1.25 ～ 1.30 | 3000 ～ 4000 | 1.16 | 很好 |

露天矿山应用重铵油炸药，采用炸药混装车进行制备和装药。混装由两部分组成：

（1）由地面生产系统（地面站）生产乳胶基质。

（2）运输乳胶基质和装填炸药的混装车。采用机械化混装技术，实现机械化装药。在调节重铵油炸药中的乳胶基质，调节炸药的密度和威力，以满足不同岩石爆破需要。

### （四）膨化硝铵炸药

膨化硝铵炸药是一种有发展前途新型粉状工业炸药，属无梯炸药。膨化硝铵炸药是一种自敏化改性硝酸铵，是硝酸铵饱和溶液在专用表面活性剂作用下经真空强制析晶，制备大量微孔气泡，呈蜂窝状膨化硝酸铵，微气泡代替梯恩梯敏化作用。与普通硝酸铵比，膨化硝酸铵比表面积大 4 倍，堆积密度小，吸湿结块性低，吸油能力强，具自身敏化作用。

根据用途不同，膨化硝酸铵炸药可制备岩石膨化硝酸铵炸药，抗水膨化硝酸铵炸药，低速膨化硝酸铵炸药和高威力膨化硝酸铵炸药。其中，岩石膨化硝酸铵炸药，由膨化硝酸铵燃料油、木粉混合而成。爆炸性能优良，爆轰速度快。无梯膨化硝酸铵炸药，从根本上消除毒害和环境污染。

膨化硝酸铵炸药组分、性能分别见表 6-6 和表 6-7。

表 6-6　膨化硝酸铵炸药组分　　　　　　　　　　　　　　（%）

| 组分含量 | | 硝酸铵 | 油 相 | 木 粉 |
|---|---|---|---|---|
| 炸药名称 | 岩石膨化硝酸铵炸药 | 90.0 ～ 94.0 | 3.0 ～ 5.0 | 3.0 ～ 5.0 |
| | 露天膨化硝酸铵炸药 | 89.5 ～ 92.5 | 1.2 ～ 2.5 | 6.0 ～ 8.0 |

表6-7　膨化硝酸铵炸药性能指标

| 炸药名称 | | 岩石膨化硝酸铵炸药 | 露天膨化硝酸铵炸药 |
|---|---|---|---|
| 性能指标 | 水分/% | ≤0.3 | ≤0.3 |
| | 药卷密度/g·cm$^{-3}$ | 0.8~1.0 | 0.8~1.0 |
| | 爆速/m·s$^{-1}$ | ≥3200 | ≥2400 |
| | 猛度/mm | ≥12 | ≥10 |
| | 做功能力/mL | 298 | 228 |
| | 殉爆距离/cm | ≥3（水分≥3%） | — |
| | 有毒气体含量/L·kg$^{-1}$ | ≤80 | — |
| | 有效期/d | 180 | 120 |

## （五）粉状乳化炸药

粉状乳化炸药是将油包水型的乳胶体，经喷雾制粉、旋转内蒸或冷却固化粉碎粉状而制成的。

粉状乳化炸药，具有高分散乳化结构的固态炸药。爆炸性能优良，组分不含 TNT 等猛炸药，抗水性良好，储存性能稳定，使用方便，是近年来发展起来的新品种工业炸药，兼有乳化炸药和粉状炸药优点，具有高分散乳化结构的固态炸药。

岩石粉状乳化炸药的组分和性能见表6-8。

表6-8　岩石粉状乳化炸药的组分和性能

| 组分/% | | 硝酸铵 | 复合油相 | 水分 |
|---|---|---|---|---|
| | | 91.0±2.0 | 6.0±1.0 | 0~5.0 |
| 爆破性能 | 装药密度/g·cm$^{-3}$ | 0.85~1.05 | | |
| | 爆速/m·s$^{-1}$ | ≥3400 | | |
| | 猛度/mm | ≥13 | | |
| | 殉爆距离/cm　浸水前 | ≥5 | | |
| | 　　　　　　　浸水后 | ≥4 | | |
| | 爆力/mL | ≥320 | | |
| | 撞击感度/% | ≤8 | | |
| | 摩擦感度/% | ≤8 | | |
| | 有毒气体量/L·kg$^{-1}$ | ≤100 | | |
| | 有效期/d | 180 | | |

## （六）改性铵油炸药

改性铵油炸药，是对其组分硝酸铵、燃料油、木粉进行改性而成。利用表面活性技术降低硝酸铵表面能，将复合蜡、松香等表面活性剂配制改性燃料油，提高硝酸铵颗粒与改善燃料油的亲和力，进而提高改性铵油炸药爆炸性能和储存稳定性。

改性铵油炸药的组分见表6-9。

表6-9　改性铵油炸药的组分

| 组分 | 硝酸铵 | 木粉 | 复合油 | 改性剂 |
|---|---|---|---|---|
| 质量分数/% | 89.8~92.8 | 3.3~4.7 | 2.0~3.0 | 0.8~1.2 |

### （七）铵松蜡与铵沥蜡炸药

铵松蜡炸药以硝酸铵，松香和石蜡为主要成分；铵沥蜡以硝酸铵沥青和石蜡为主要成分。炸药组分中松香、沥青、石蜡是防水剂和还原剂，松香、沥青、石蜡均为憎水物质，包覆在硝酸铵颗粒表面起憎水层作用，达到炸药抗水、防结块能力。

铵松蜡和铵沥蜡炸药与铵梯炸药和铵油炸药相比，具有一定的防水能力，且比乳化炸药等抗水炸药成本低，材料来源广、制造工艺简单，在防水条件要求不高条件下，宜大量应用。铵松蜡炸药特点是有毒气体生成量偏高，其有毒气体生成量为 2 号岩石硝铵炸药的 1.4 倍左右。铵松蜡炸药的组分和性能见表 6-10。

表 6-10 铵松蜡炸药的组分和性能

| 组分与性能 | | | 1 号铵松蜡炸药 | 2 号铵松蜡炸药 | 3 号铵松蜡炸药 |
|---|---|---|---|---|---|
| 组分/% | 硝酸铵 | | 91±1.5 | 91±1.5 | 90 |
| | 松香 | | 1.7±0.3 | 1.7±0.3 | |
| | 石蜡 | | 0.2±0.8 | 0.2±0.8 | 1.0 |
| | 沥青 | | | | 1.0 |
| | 木粉 | | 6.5±1.0 | 5.0±0.5 | 8 |
| 爆破性能 | 殉爆距离/cm | 浸水前 | 5~9 | 5~7 | 1 |
| | | 浸水后 | 5~9 | 5~7 | |
| | 猛度/mm | 浸水前 | 13~15 | 13~16 | 9 |
| | | 浸水后 | 12.5~14.5 | 12~15 | |
| | 爆力/mL | 浸水前 | 310~320 | 310~330 | 240 |
| | | 浸水后 | 310~320 | 310~330 | |

### （八）缓性炸药

缓性炸药是预裂（光面）控制爆破专用炸药。

为控制爆破对边坡的破坏，降低对炮孔壁的冲击，应采用低密度、低爆速、传爆性能好的炸药。国内多用中等威力硝铵类炸药小直径药包不耦合装药预裂爆破和光面等控制爆破。

原淮南矿业学院在硝铵炸药中加入高分子发泡材料作为密度调节剂，制备光面爆破专用炸药。炸药密度 0.3~0.7g/cm³，爆速 1200~2000m/s。

国外在铵油炸药中掺和微球和木粉，制成低密度炸药。

澳大利亚 Oyica 公司生产能量可变的 Novalate 系列炸药，该炸药密度变化范围见表 6-11。

表 6-11 Novalate 系列炸药密度与爆速

| 产品名称 | 密度/g·cm⁻³ | 爆速/km·s⁻¹ |
|---|---|---|
| Novalate 1100 | 1.1 | 4.3 |
| Novalate 800 | 0.8 | 3.6 |
| Novalate 600 | 0.6 | 3.2 |
| Novalate 450 | 0.45 | 2.7 |
| Novalate 300 | 0.3 | 2.2 |

低爆速炸药具有较大的极限直径，极限爆速一般为 1500~2000m/s。

### （九）水胶炸药

水胶炸药是在浆状炸药的基础上发展的一种含水抗水炸药。用硝酸甲胺为主要水溶性敏化剂，改善氧化剂耦合状况，获得较好的炸药性能。水胶炸药组分包括：

（1）氧化剂。氧化剂主要为硝酸铵和硝酸钠。

（2）敏化剂。敏化剂主要为甲基胺硝酸盐（MANN）水溶液。在水胶炸药中作为敏化剂又是可燃剂。可用不同含量甲基胺硝酸盐制备不同感度的水胶炸药。

（3）黏胶剂。黏胶剂国内主用田菁胶、槐豆胶。

水胶炸药的优点：抗水性强，感度较高，具有较好的爆炸性能，可塑性好，储存稳定，使用安全。但成本较高，不耐用，不抗冻。

GB 18094—2000 规定的水胶炸药的性能指标见表 6 - 12。

表 6 - 12    水胶炸药的性能指标

| 水 胶 炸 药 | | 1 号岩石水胶炸药 | 2 号岩石水胶炸药 |
|---|---|---|---|
| 性能指标 | 炸药密度/g·cm$^{-3}$ | 1.05 ~ 1.30 | 1.05 ~ 1.30 |
| | 殉爆距离/cm | ≥4 | ≥3 |
| | 爆速/m·s$^{-1}$ | ≥4.2×10$^3$ | ≥3.2×10$^3$ |
| | 猛度/mm | ≥16 | ≥12 |
| | 作功能力/mL | ≥320 | ≥260 |
| | 炸药爆炸有毒气体含量/L·kg$^{-1}$ | ≤80 | ≤80 |
| | 撞击感度 | 爆炸概率≤8% | 爆炸概率≤8% |
| | 摩擦感度 | 爆炸概率≤8% | 爆炸概率≤8% |
| | 热感度 | 不燃烧、不爆炸 | 不燃烧、不爆炸 |
| | 使用保质期/d | 270 | 270 |

### （十）含退役发射的工业炸药

西安 204 研究所利用大量退役发射药研制成的炸药。该炸药密度由 0.85 ~ 1.39g/cm$^3$，爆速 4200 ~ 6260m/s，防潮性能好，化学稳定性强。

汪旭光院士主编《爆破手册》认为："退役火药在水中粉碎成一定细度的粉末，再加入到混合炸药中，与其他成分进行混合交联，制备含退役火药的工业炸药。"

某厂生产含退役单基药的乳化炸药组成及含量见表 6 - 13。MT/T 1039—200J 规定的含退役火药乳化炸药的主要性能指标见表 6 - 14。

表 6 - 13    含退役单基药的乳化炸药的组成及含量

| 原料名称 | 硝酸铵 | 硝酸钠 | 机 油 | 石 蜡 | 退役火药 | 乳化剂 |
|---|---|---|---|---|---|---|
| 含量/% | 33.6 | 7.0 | 1.5 | 1.5 | 55.0 | 1.4 |

表 6 - 14    含退役火药乳化炸药的主要性能指标

| 项 目 | 性 能 指 标 | | | |
|---|---|---|---|---|
| | 含退役火药岩石乳化炸药 | | 含退役火药露天乳化炸药 | |
| | 1 号 | 2 号 | 有雷管感度 | 无雷管感度 |
| 药卷密度/g·cm$^{-3}$ | 1.00 ~ 1.30 | 1.10 ~ 1.30 | 1.20 ~ 1.35 | |
| 炸药密度/g·cm$^{-3}$ | 1.03 ~ 1.33 | 1.13 ~ 1.33 | 1.23 ~ 1.38 | |

| 项 目 | 性 能 指 标 | | | |
|---|---|---|---|---|
| | 含退役火药岩石乳化炸药 | | 含退役火药露天乳化炸药 | |
| | 1 号 | 2 号 | 有雷管感度 | 无雷管感度 |
| 爆速/m·s⁻¹ | ≥4500 | ≥4500 | ≥4500 | ≥4500 |
| 猛度/mm | ≥16 | ≥12 | ≥12 | — |
| 殉爆距离/cm | ≥4 | ≥3 | ≥3 | — |
| 作功能力/mL | ≥320 | ≥298 | ≥298 | — |
| 摩擦感度/% | 爆炸概率≤15 | | | |
| 撞击感度/% | 爆炸概率≤15 | | | |
| 爆炸后有毒气体量/L·kg⁻¹ | ≤80 | | — | — |
| 使用保证期/d | 180 | | | |

## （十一） 单质猛炸药

### 1. 梯恩梯（TNT）

梯恩梯又名三硝基甲苯，工业上和军事上用得较多。梯恩梯到达50℃具备可塑性，利用该特性，常与黑索今等猛炸药混制成熔铸状炸药，如黑梯熔柱药包可作为露天深孔爆破中继续起爆药包。梯恩梯常作为雷管中的加强药，与硝酸铵混合作为工业炸药的乳化剂。

梯恩梯主要爆炸性能：

爆发点：290～300℃；

撞击感度：4%～8%（锤重10kg，落高25cm，药量0.03g，表面积0.5cm²）；

摩擦感度：10次均为爆炸；

起爆感度：最小起爆药量叠氮化铅0.16g，二硝基重氮酚为0.163g；

做功能力：285～330mL；

猛度：16～17mm（密度为1g/cm³时）；

爆速：4700m/s；

爆热：992×4.1868kJ/kg。

梯恩梯有毒性，其粉尘、蒸气入侵人体皮肤和呼吸道而中毒，制备梯恩梯的废液（红水）严重污染环境。

### 2. 黑索今

黑索今（RDX）为单质猛炸药，其化学成分为环三次甲基三硝铵 $C_3H_6N_3(NO_2)_3$，为白色晶体，熔点204.5℃，爆发点230℃，热安定性好，机械感度高于梯恩梯。

黑索今爆炸性能指标：

猛度：24.9mm；

爆力：500mL；

爆速：5980～8741 m/s；

爆热：5145～6322 kJ/kg。

黑索今有一定的毒性，威力比梯恩梯高。在工业上用作雷管的加强药，工业雷管的二次装药，制作导爆索、导爆管和混合炸药，同梯恩梯混合制作起爆药包。

### 3. 太安

太安，即季四醇四硝酸酯 $C(CH_2ONO_2)_4$，简称 PETN、白色晶体，撞击和摩擦感度较高，易燃，不稳定，密度 $1.773g/cm^3$。

太安爆炸性能指标：

爆速：8400m/s；

爆热：5895kJ/kg；

猛度：15mm（25g）；

爆力：500mL。

太安主要用于高效雷管炸药，制造传爆药柱、导爆索和导爆管，有时用于混合炸药组分。

### 4. 奥克托今

奥克托今，简称 HMX，分子式 $(CH_2)_4(NNO_2)_4$，晶体，易燃，难溶于水。

奥克托今主要爆炸性能指标：

爆速：9100m/s；

爆热：6092 kJ/kg；

安定性：很好；

稳定性：稳定。

奥克托今主要用于装填雷管、制造传爆药柱，作为工业用雷管底药、导爆索芯，也可作为混合炸药的组分。

## （十二）铵梯炸药

铵梯炸药指以硝酸铵（氧化剂）梯恩梯（敏化剂）和木粉（可燃剂）为主要成分的炸药，通常为粉状，又称粉状硝铵炸药。铵梯炸药按运用范围划分为露天铵梯炸药、岩石铵梯炸药、煤矿许用铵梯炸药三类。岩石硝铵炸药组成、性能见表 6 – 15。

表 6 –15　岩石硝铵炸药组成、性能

| 炸药品种 | | 1 号岩石硝铵炸药 | 2 号岩石硝铵炸药 | 3 号岩石硝铵炸药 |
|---|---|---|---|---|
| 组分/% | 硝酸铵 | $82 \pm 1.5$ | $82 \pm 1.5$ | $84 \pm 1.5$ |
| | 梯恩梯 | $14 \pm 1.0$ | $11 \pm 1.0$ | $11 \pm 1.0$ |
| | 木 粉 | $4 \pm 1.5$ | $4 \pm 0.5$ | $4.2 \pm 0.5$ |
| | 沥 青 | | | $0.4 \pm 0.1$ |
| | 石 蜡 | | | $0.4 \pm 0.1$ |
| 性 能 | 水分/% | $\geqslant 0.3$ | $\geqslant 0.3$ | $\geqslant 0.3$ |
| | 密度/$g \cdot cm^{-3}$ | $0.95 \sim 1.10$ | $0.95 \sim 1.10$ | $0.95 \sim 1.10$ |
| | 猛度/m | $\geqslant 13$ | $\geqslant 12$ | $\geqslant 12$ |
| | 爆力/mL | $\geqslant 350$ | $\geqslant 320$ | $\geqslant 320$ |
| | 殉爆（浸水前）/cm | 6 | 5 | 3 |
| | 爆速/$m \cdot s^{-1}$ | | 3600 | 3750 |
| | 爆热/$kJ \cdot kg^{-1}$ | 4078 | 3688 | 3512 |

铵梯炸药含梯恩梯毒害人体，污染环境，故已停产。工业炸药应用无梯硝铵炸药替代铵梯炸药。

# 第五节　起爆材料与起爆方法

## 一、起爆方法分类

起爆方法一般分为电力起爆法和非电起爆法两大类，后者又分为导爆管雷管起爆法和导爆索起爆法。起爆方法分类如下：

$$起爆方法\begin{cases} 雷管起爆法 \begin{cases} 电雷管起爆法 \\ 导爆管雷管起爆法 \end{cases} \\ 导爆索起爆法 \end{cases}$$

## 二、电雷管与电力起爆法

### （一）电雷管

电雷管是一种用电流起爆的雷管。

常用电雷管品种分为瞬发电雷管、延时电雷管和特殊电雷管。延时电雷管根据延时的时间间隔不同，分以秒为单位的延时电雷管和以毫秒为单位的毫秒延时电雷管。

根据装药量的不同，电雷管可分为6号和8号两种。

### （二）电雷管性能参数

1. 电雷管电阻

电雷管在电流作用下，通过桥丝点燃引火头引爆炸药。根据焦耳—楞次定律，电流通过灼热的桥丝产生的热量。

$$Q = I^2 Rt$$

式中　$Q$——电流通过桥丝放出的热量，J；

$I$——电流强度，A；

$R$——桥丝电阻值，$\Omega$；

$t$——桥丝通电时间，s。

当$I$、$t$为定值时，若$R$不同，则桥丝放出热量不同。电雷管组成的起爆网路，若某一发电雷管电阻过大，有可能过早点燃起爆药，早爆的雷管导致起爆网路失效。而电阻小的雷管桥丝发热量小，不能点燃引火头，出现雷管拒爆。

电雷管的电阻为桥丝电阻与脚线电阻之和，称为电雷管的全电阻。

GB 6722—2003《爆破安全规程》规定：同一爆破网络使用同厂、同批和同型号电雷管，康铜桥丝电雷管的电阻值差不大于$0.3\Omega$，镍铬桥丝电雷管的电阻值差不大于$0.8\Omega$。

电雷管在使用前，应先测定每发电雷管的电阻。只准使用专用导通器和爆破电桥。电阻测量仪表分辨刻度不大于$0.1\Omega$，测量电流不大于30mA。

2. 安全电流

安全电流系指给单发电雷管通以恒定直流电通电时间5min，受试电雷管均不起爆的电流值，国家标准规定，电雷管的安全电流不大于0.18A。

工业电雷管的电性能指标见表6-16。

表6-16　工业电雷管的电性能指标

| 工业电雷管类型 | 普通型 | 铵感型 | 高感型 |
|---|---|---|---|
| 安全电流/A | ≥0.20 | ≥0.30 | ≥0.80 |
| 发火电流/A | ≤0.45 | ≤1.00 | ≤2.50 |

| 工业电雷管类型 | 普通型 | 铵感型 | 高感型 |
|---|---|---|---|
| 发火冲能/ $A^2 \cdot ms$ | 2.0 ~ 7.9 | 8.0 ~ 18.0 | 80.0 ~ 140.0 |
| 串流起爆电流/A | ≤1.2 | ≤1.5 | ≤3.5 |
| 测静电感度的充电电压/ kV | ≥8 | ≥10 | ≥10 |

注：摘自《工业电雷管》（GB 8031—2005）。

**3. 最小发火电流**

最小发火电流也称为最低准爆电流。给单发电雷管通以恒定直流电 5min，能把 20 发测试雷管全起爆的最低电流。

国家标准规定，电雷管最低准爆电流不大于 0.45A。

**4. 串联起爆电流**

串联起爆电流系指串联连接的 20 发电雷管通以恒定直流电，受试的所有电雷管全部起爆的电流值。按表 6 – 16 规定，通以 1.2A 恒定直流电流，串联的 20 发雷管应全部爆炸。

工程爆破规定电爆网路中通过每发电雷管的电流值，直流电不小于 2A，交流电不小于 2.5A；对硐室爆破，直流电不小于 2.5A，交流电不小于 4A。

**5. 延期时间**

工业电雷管延期时间见表 6 – 17 和表 6 – 18，表中列出各段的名义延期时间和该段的上规格限和下规格限。任何一段延期电雷管的上规格限（U）而下规格限（L）为该段名义延期时间与下段名义时间的中值加上一个末位数。末段延期电雷管的上规格限可用本段名义延期时间与下规格限之差，加上名义延期时间。例如，3 段毫秒延期时间的上规格限为 U =（50ms + 75ms）÷ 2 = 62.5ms，下规格限为 L =（50ms + 25ms）÷ 2 + 0.1ms = 37.6ms。

**表 6 – 17 工业电雷管延期时间毫秒系列要求**

| 段 别 | 第一毫秒系列/ms | | | 第二毫秒系列/ms | | | 第三毫秒系列/ms | | |
|---|---|---|---|---|---|---|---|---|---|
| | 名义延期时间 | 下规格限 | 上规格限 | 名义延期时间 | 下规格限 | 上规格限 | 名义延期时间 | 下规格限 | 上规格限 |
| 1 | 0 | 0 | 12.5 | 0 | 0 | 12.5 | 0 | 0 | 12.5 |
| 2 | 25 | 12.6 | 37.5 | 25 | 12.6 | 37.5 | 25 | 12.6 | 37.5 |
| 3 | 50 | 37.6 | 62.5 | 50 | 37.6 | 62.5 | 50 | 37.6 | 62.5 |
| 4 | 75 | 62.6 | 92.5 | 75 | 62.6 | 87.5 | 75 | 62.6 | 87.5 |
| 5 | 110 | 92.6 | 130 | 100 | 87.6 | 112.4 | 100 | 87.6 | 112.5 |
| 6 | 150 | 130.1 | 175 | | | | 125 | 112.6 | 137.5 |
| 7 | 200 | 175.1 | 225 | | | | 150 | 137.6 | 162.5 |
| 8 | 250 | 225.1 | 280 | | | | 175 | 162.6 | 187.5 |
| 9 | 310 | 280.1 | 345 | | | | 200 | 187.6 | 212.5 |
| 10 | 380 | 345.1 | 420 | | | | 225 | 212.6 | 237.5 |
| 11 | 460 | 420.1 | 505 | | | | 250 | 237.6 | 262.5 |
| 12 | 550 | 505.1 | 600 | | | | 275 | 262.6 | 287.5 |
| 13 | 650 | 600.1 | 705 | | | | 300 | 287.6 | 312.5 |
| 14 | 760 | 705.1 | 820 | | | | 325 | 312.6 | 337.5 |
| 15 | 880 | 820.1 | 950 | | | | 350 | 337.6 | 362.5 |
| 16 | 1020 | 950.1 | 1110 | | | | 375 | 362.6 | 387.5 |
| 17 | 1200 | 1110.1 | 1300 | | | | 400 | 387.6 | 412.5 |

续表6-17

| 段别 | 第一毫秒系列/ms | | | 第二毫秒系列/ms | | | 第三毫秒系列/ms | | |
|---|---|---|---|---|---|---|---|---|---|
| | 名义延期时间 | 下规格限 | 上规格限 | 名义延期时间 | 下规格限 | 上规格限 | 名义延期时间 | 下规格限 | 上规格限 |
| 18 | 1400 | 1300.1 | 1550 | | | | 425 | 412.6 | 437.5 |
| 19 | 1700 | 1550.1 | 1850 | | | | 450 | 437.6 | 462.5 |
| 20 | 2000 | 1850.1 | 2149.9 | | | | 475 | 462.6 | 487.5 |
| 21 | | | | | | | 500 | 487.6 | 518.4 |

表6-18 工业电雷管延期时间秒系列要求

| 段别 | 1/4秒系列/s | | | 半秒系列/s | | | 秒系列/s | | |
|---|---|---|---|---|---|---|---|---|---|
| | 名义延期时间 | 下规格限 | 上规格限 | 名义延期时间 | 下规格限 | 上规格限 | 名义延期时间 | 下规格限 | 上规格限 |
| 1 | 0 | 0 | 0.125 | 0 | 0 | 0.25 | 0 | 0 | 0.50 |
| 2 | 0.25 | 0.126 | 0.375 | 0.5 | 0.76 | 0.75 | 1.00 | 0.51 | 1.50 |
| 3 | 0.50 | 0.376 | 0.625 | 1.00 | 1.26 | 1.25 | 2.00 | 1.51 | 2.50 |
| 4 | 0.75 | 0.626 | 0.875 | 1.50 | 1.76 | 1.75 | 3.00 | 2.51 | 3.50 |
| 5 | 1.00 | 0.876 | 1.125 | 2.00 | 2.26 | 2.25 | 4.00 | 3.51 | 4.50 |
| 6 | 1.25 | 1.126 | 1.375 | 2.50 | 2.76 | 2.75 | 5.00 | 4.51 | 5.50 |
| 7 | 1.50 | 1.376 | 1.624 | 3.00 | 3.26 | 3.25 | 6.00 | 5.51 | 6.50 |
| 8 | | | | 3.50 | 3.76 | 3.75 | 7.00 | 6.51 | 7.50 |
| 9 | | | | 4.00 | 3.76 | 4.25 | 8.00 | 7.51 | 8.50 |
| 10 | | | | 4.50 | 4.26 | 4.74 | 9.00 | 8.51 | 9.50 |
| 11 | | | | | | | 10.00 | 9.51 | 10.49 |

## （三）起爆电源

1. 照明电和动力电

我国照明电和动力电线路多为220V和380V，作为起爆电源，应设计并核定电源的输出功率。

照明电和动力电，适宜电爆网络大规模电雷管的并联、串并联爆破。

2. 起爆器

起爆器是工程爆破运用广泛的起爆手段。起爆器具有质量轻、便于携带、使用简单的显著优点。目前普遍使用的电容式起爆器，亦称高能脉冲起爆器。电容器积蓄高压脉冲电能在极短的时间内（脉冲电流持续时间均小于10ms），峰值电压达几千伏电容式起爆器输出电能不足够大，不能满足起爆并联支路较多的电爆网路。

国产电容式起爆器的性能见表6-19。

表6-19 部分国产电容式起爆器的性能

| 型 号 | KG-300 | KG-200 | KG-150 | MFd-100 | MFd-200 |
|---|---|---|---|---|---|
| 最高脉冲电压/V | 3000 | 2500 | 1800 | 1800 | 2900 |
| 最大允许负载电阻（串联）/Ω | 1220 | 920 | 620 | 620 | 1220 |
| 引爆电容器容量/μF | — | — | — | 33 | 47 |
| 发火冲能/$A^2 \cdot ms$ | ≥8.7 | | | ≥8.7 | |
| 准爆能力/发　铜脚线 | 300 | 200 | 150 | — | — |
| 准爆能力/发　铁脚线 | 200 | 150 | 100 | 100 | 200 |

### （四）电爆网路检测

电爆网路必须使用导通器（欧姆表）、爆破电桥等专用爆破测量仪表检查和标定。这些仪表输出电流必须小于30mA。

### （五）电线

电爆网路中的电线一般采用铜线和铝线。爆破网路的电线按其在网路中的位置分为：

（1）端线。在深孔和硐室爆破中，因雷管脚线短，需加接一段电线称为端线。端线截面为1～1.5mm²。

（2）连接线。在爆区连接各孔或药室之间的电线，一般采用截面为1～4mm² 铝芯的塑料线或橡皮电线。

（3）区域线。连接线和主线之间的连接线。断面一般为6～35mm²。

（4）主线。连接区域线和爆破电源之间电线，采用面积为16～150mm² 的铜芯、铝芯塑料或橡皮电线。

### （六）电爆网路的基本形式

1. 串联网路

将电雷管脚线依次成串连接，再与电源线相连，构成串联电路。串联电线和网路计算简单，操作容易，导线消耗少，串联网路所需的总电流小。串联网路主要缺点是若有一个雷管断路，将使整个网路断路而拒爆。串联网路如图6-7所示。

电爆网路总电阻：

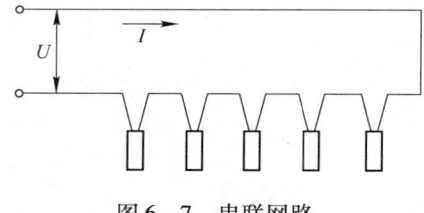

$$R = R_x + nr$$

式中　$R_x$——导线电阻，Ω；

　　　$n$——串联电雷管个数；

　　　$r$——单个电雷管电阻，Ω。

网路总电流：

图6-7　串联网路

$$I = U/(R_x + nr)$$

式中　$U$——电源电压，V。

2. 并联网路

并联网路是将所有电雷管脚线分别连在两条导线上，让这两条导线与电源连接而构成的网路，如图6-8所示。并联网路网路的总电阻小，不会因一个雷管拒爆断路而引起其他雷管的拒爆。缺点是网路总电流大，连接线消耗较多，少数电雷管漏接不易发现。

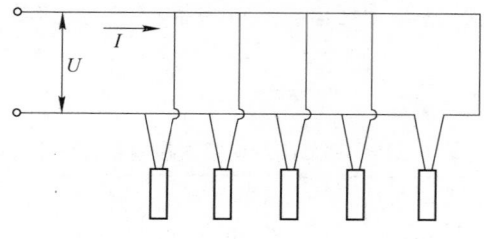

图6-8　并联网路

并联网路总电阻：

$$R = R_x + \frac{r}{m}$$

式中　$m$——并联电雷管个数。

并联网路总电流：

$$I = \frac{U}{R_x + \dfrac{r}{m}}$$

每个电雷管所得电流：

$$I_1 = \frac{U}{mR + r}$$

### 3. 混联网路

混联网路是在电爆网路中由串联和并联进行组合连接的混合连接。

（1）串并联电爆网路（图6-9）。将若干组串联连接的电雷管并联在两根导线上，后与电源相连，构成并串联电爆网路，提高了网路起爆的可靠性。

串并联网路总电阻：

$$R = R_1 + \frac{1}{2}(nR_2 + nr)$$

串并联网路总电流：

$$I = \frac{U}{R_1 + \dfrac{1}{2}(nR_2 + nr)}$$

通过每个电雷管的电流：

$$I = \frac{U}{2\left[R_1 + \dfrac{1}{2}(nR_2 + nr)\right]}$$

（2）并串联电爆网路（图6-10）。采用两发电雷管并联成一组，后再接成串联网路，增加了每个起爆点起爆能和准爆率，适用于电容式起爆器。

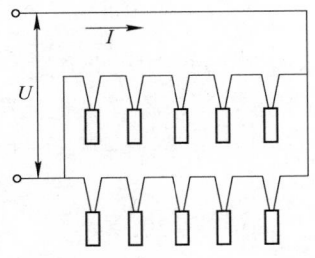

图6-9　串并联网路

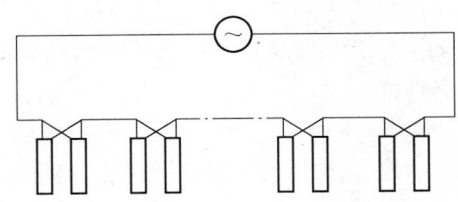

图6-10　并串联电爆网路示意图

（3）串并联电爆网路（图6-11）。将电雷管分成若干组，每组电雷管串联，成一条支路，再将各条支路并联组成串并联，网路。

（4）并串并联电爆网路（图6-12）。串并联网路中每一条支路采用并串联连接方式。该网路显著优点是每个起爆点用两发电雷管，提高准爆率。

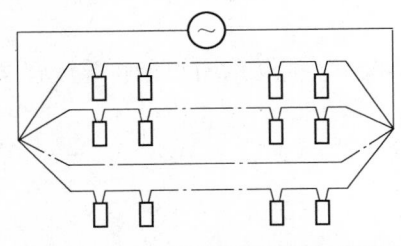

图6-11　串并联电爆网路示意图

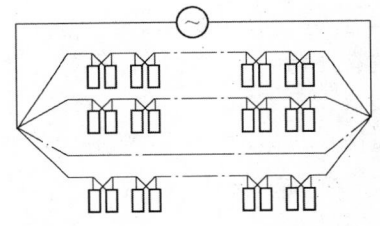

图6-12　并串并联电爆网路示意图

### 三、导爆管起爆法

非电塑料导爆管起爆法，简称导爆管起爆法。该系统不用电能，又称非电起爆系统，瑞典称为 Nobel 起爆系统。导爆管起爆法安全可靠、经济、轻便，便于操作，不受杂散电流、静电、射频或雷电干扰，是一种新型起爆法，在各类爆破中得到广泛应用。

#### （一）导爆管起爆系统

导爆管起爆系统由导爆管和导爆管雷管、击发元件、起爆元件和连接元件等部件组合成起爆系统。

1. 导爆管

塑料导爆管是用高压聚乙烯熔融后拉伸出的空心管，内径 1.5mm，外径 3mm。管的内壁有极薄层炸药，药量为 16~20mg/m。炸药是由 91% 的奥克托今和 9% 的黑索今、0.25%~0.5% 石墨粉或硬脂酸盐等组成。

按爆速不同，导爆管产品可分为 H-1 型（爆速 1600±50m/s）和 H-2 型（爆速 1950±50m/s）两种。

利用冲击波的管道效应，施行冲击波的低爆速传播。外能在管中激发的冲击波促使薄层炸药发生爆炸反应，释放出能量补充冲击波传播中的能量损失，维持冲击波的强度。导爆管中激发的冲击波以 1600~2000m/s 速度稳定传播，管内出现闪电似的白光，伴随不大的声响。冲击波传播后管壁完整无损。

导爆管的作用是传播爆轰波，用以起爆雷管中的起爆药，再通过雷管起爆炸药。

近年来，一些厂家生产不同颜色的塑料导爆管，爆轰波从导爆管传播后导爆管从外观颜色改变，解决了导爆管是否传爆的判读问题。

常用塑料导爆管的机械强度能满足工程爆破的需要，但在爆破作业中，遭受机械能意外损伤导致导爆管拒爆。因此，高强度塑料导爆管的生产，可防止塑料导爆管网路意外受损。高强度导爆管对管壁材料进行改性，提高管壁材料纯度；利用复合层（双层、三层、多层）管壁材料，提高导爆管抗水、耐温性能。高强度导爆管类别代号为 DBGG。

导爆管性能主要包括：

（1）起爆性能。导爆管可用雷管、导爆索、火帽、电火花、击发枪等能产生冲击波的起爆具击发。一发 8 号工业电雷管可击发紧贴在其外用四周的两层（30~50 根）导爆管，俗称"大把抓"。

（2）传爆性能。国产一根长度为数千米塑料导爆管，可以稳定传爆。导爆管内断药长度不大于 10cm 时，可以正常传爆。

（3）传爆速度。国产导爆管传爆速度分别为 1950m/s±50m/s、1580m/s±30m/s。

（4）抗冲击性能。一般机械冲击不能激发塑料导爆管。

（5）抗水性能。导爆管与金属雷管组合后，在水下 80m 深处，放置 48h，仍能正常起爆。

（6）抗电性能。塑料导爆管能抗 30kV 以下直流电。

（7）破坏性能。导爆管传爆时，不会损伤自身管壁，不污染环境。

（8）导爆管强度。国产塑料导爆管在 5~7kg 拉力作用下，导爆管不变细，传爆性能不变。

（9）耐火性能。火焰不能击发导爆管。用火焰燃烧导爆管，只能像塑料一样燃烧。

导爆管在下列条件将发生拒爆：

（1）导爆管内有大于 20cm 的断药。

（2）导爆管内有炸药结节，即混合药粉涂层在管堆集成节，传爆时有可能将导爆管炸断或炸裂。

（3）导爆管裂口大于 1cm。

（4）导爆管腔被水、沙粒、木屑等异物堵塞，或过分对折。

（5）水下使用管壁出现破洞。

2. 导爆管雷管

导爆管雷管是利用导爆管传递的冲击波直接起爆的雷管，由导爆管和雷管组装而成。当击发元件激发的冲击波在管内传播时，产生一种特殊的爆轰波。当爆轰波传递到雷管内时，引爆雷管，最后由雷管起爆工业炸药。

导爆管雷管具有抗雷电、抗射频、抗静电、抗杂散电流的能力，安全可靠等优点。

导爆管雷管按抗拉性能分为普通型导爆管雷管和高强度导爆管雷管。

导爆管雷管按延期时间分为毫秒延期导爆管雷管、1/4 秒延期导爆管雷管、半秒延期导爆管雷管和秒延期导爆管雷管。

导爆管雷管的延期时间见表 6 – 20。

表 6 – 20　导爆管雷管的延期时间

| 段别 | 延 期 时 间 | | | | | | | |
|---|---|---|---|---|---|---|---|---|
| | 毫秒延期导爆管雷管/ms | | | 1/4 秒延期导爆管雷管/s | 半秒延期导爆管雷管/s | | 秒延期导爆管雷管/s | |
| | 第一系列 | 第二系列 | 第三系列 | 第一系列 | 第一系列 | 第二系列 | 第一系列 | 第二系列 |
| 1 | 0 | 0 | 0 | 0 | 0 | 0 | 0 | 0 |
| 2 | 25 | 25 | 25 | 0.25 | 0.50 | 0.50 | 2.50 | 1.0 |
| 3 | 50 | 50 | 50 | 0.50 | 1.00 | 2.00 | 4.0 | 2.0 |
| 4 | 75 | 75 | 75 | 0.75 | 1.5 | 2.5 | 6.0 | 3.0 |
| 5 | 110 | 110 | 110 | 1.00 | 2.00 | 3.00 | 8.0 | 4.0 |
| 6 | 150 | 125 | 125 | 1.25 | 2.50 | 3.50 | 10.0 | 5.0 |
| 7 | 200 | 150 | 150 | 1.50 | 3.00 | 4.00 | | 6.0 |
| 8 | 250 | 175 | 175 | 1.75 | 3.60 | 4.50 | | 7.0 |
| 9 | 310 | 200 | 200 | 2.00 | 4.50 | | | 8.0 |
| 10 | 380 | 225 | 225 | 2.25 | 5.50 | | | 9.0 |
| 11 | 460 | 250 | 250 | — | — | — | — | — |
| 12 | 550 | 275 | 275 | — | — | — | — | — |
| 13 | 650 | 300 | 300 | — | — | — | — | — |
| 14 | 760 | 325 | 325 | — | — | — | — | — |
| 15 | 880 | 350 | 350 | — | — | — | — | — |
| 16 | 1020 | 375 | 400 | — | — | — | — | — |
| 17 | 1200 | 400 | 450 | — | — | — | — | — |
| 18 | 1400 | 425 | 500 | — | — | — | — | — |
| 19 | 1700 | 450 | 550 | — | — | — | — | — |
| 20 | 2000 | 475 | 600 | — | — | — | — | — |
| 21 | — | 500 | 650 | — | — | — | — | — |
| 22 | — | — | 700 | — | — | — | — | — |
| 23 | — | — | 750 | — | — | — | — | — |
| 24 | — | — | 800 | — | — | — | — | — |
| 25 | — | — | 850 | — | — | — | — | — |
| 26 | — | — | 950 | — | — | — | — | — |
| 27 | — | — | 1050 | — | — | — | — | — |
| 28 | — | — | 1150 | — | — | — | — | — |
| 29 | — | — | 1250 | — | — | — | — | — |
| 30 | — | — | 1350 | — | — | — | — | — |

## (二) 导爆管网路连接形式

导爆管网路可用导爆管雷管连接，采用延期导爆管雷管时，可进行孔外延期爆破。当导爆管网路采用连通管连接时，爆破网路地表无雷管，避免导爆管雷管产生射流和飞石切断导爆管的可能。

导爆管网路常用的连接形式：

(1) 簇联法。从炮孔内引出的导爆管分成若干束，各束导爆管用胶布将一发导爆管雷管捆联在一起 (图 6-13)。该方法简便可行，多用于炮孔比较密集和孔内延时的网路。

(2) 串联法 (图 6-14)。导爆管的串联网路，由各起爆元件依次串联在传播元件的传播雷管上。串联法网路明晰，但接点多，为防止网路中断传播，将网路首尾相接。

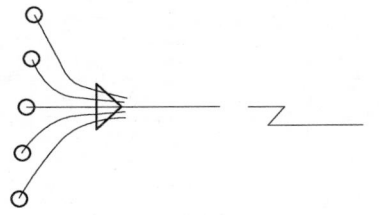
图 6-13　导爆管簇联网路

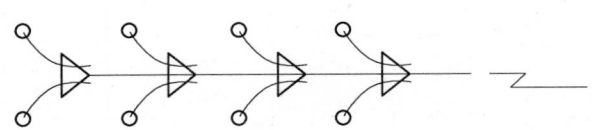
图 6-14　导爆管串联网路

(3) 并联法。导爆管并联起爆网路如图 6-15 所示。

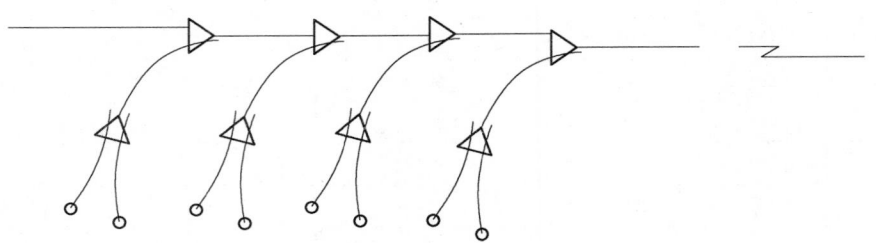
图 6-15　导爆管并联网路

(4) 导爆管复式起爆网路。网路上每个炮孔放置两支雷管，分别组成两套起爆网路再组合在一起构成复式起爆网路 (图 6-16)，孔内用高段雷管，孔外雷管的起爆时间远超前于孔内起爆时间，以免先爆炮孔产生的飞石和岩体移动损坏后续起爆网路，实现用较少段数雷管完成大区微差爆破。

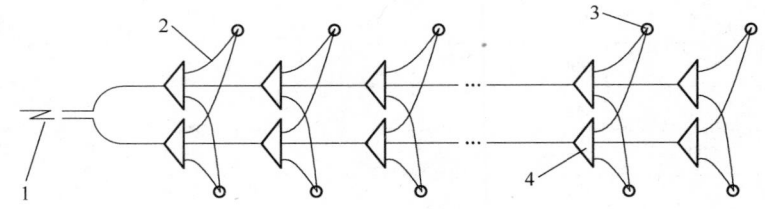
图 6-16　导爆管接力单复式起爆网路示意图
1—击发点；2—孔内导爆管雷管；3—炮孔 (药包)；4—传播结点

## (三) 敷设导爆管雷管起爆网路操作要点

敷设导爆管雷管起爆网路操作要点包括：

(1) 导爆管接长时，先将导爆管密封接头剪掉，后将两根导爆管插入塑料套管中，圆心相对，用胶布将套管绑紧，禁止将两根导爆管搭接。

(2) 导爆管在连接中禁止打结，不能对折，防止异物进入导爆管，孔内导爆管不应有接头。

（3）孔外相邻传爆雷管之间应留有足够的距离，以免相互错爆和切断网路。

（4）为防止雷管聚能穴指向与导爆管的传爆方向相反的方向，雷管应捆绑距导爆管端头大于10cm的距离。

（5）如果导爆管被截断，其端头一定要密封，可烧熔导爆管端头，然后用手捏紧。使用时，把端头剪去10cm。

（6）应对导爆管进行外观检查，不允许破损、进水、断药、拉细、塑化不良，封口不严。

（7）每卷导爆管两端封口处应切除5cm后方能使用。露在孔外的导爆管封口不应切掉。

### 四、导爆索起爆法

导爆索可直接引爆工业炸药。

导爆索起爆网路均不安设雷管，起爆网路不受雷电、杂散电流等外来电影响，属非电起爆。爆破安全性优于电力起爆和导爆管起爆。运用导爆索起爆法，可提高炸药爆速和传爆的可靠性。

导爆索起爆法成本较高，不能检查起爆网路质量。裸露导爆索爆炸产生一定强度的冲击波和较大的噪声。

一般将导爆索作为辅助起爆网路，用于预裂爆破、光面爆破、硐室爆破等工程爆破。导爆索起爆网路由导爆索继爆管、雷管组成。

导爆索以猛炸药黑索今或太安为索芯，以棉线、麻线或人造纤维为被覆材料传递爆轰波的索状起爆器材。

#### （一）导爆索的分类

工程爆破常用普通导爆索，爆速不小于6500m/s。以黑索今为药芯的药量为12~14g/m，爆速为6700m/s。塑料导爆索更适宜水下爆破作业。

普通导爆索外径为5.7~6.2mm，每50m±0.5m为一卷，有效期2年。

高能导爆索药芯黑索今含量为35~40g/m，可用于强力起爆。

低能导爆索药芯黑索今药量小，线装药密度仅为3.5~5g/m，爆速5000~6200m/s。一般不能直接起爆炸药，用于孔外导爆索网路的敷设。在深孔爆破中，引爆起爆药柱。

#### （二）导爆索连接方式

导爆索与起爆雷管的连接距导爆索端部150mm处绑扎雷管，起爆雷管的聚能穴必须朝向导爆索的传爆方向。

导爆索与导爆索之间的连接，应使每一支路接头迎向传爆方向，夹角应大于90°，导爆索之间搭接方式分平行搭接、水手结、套接、三角形连接等方式（图6-17）。搭接方法最简单，广泛使用。水手结用得较少，因雷管引爆导爆索后，存在传爆方向性问题。在复杂网路中，导爆索连接头较多，无论主导爆索传爆方向指向何处，三角形连接法均保证可靠传爆。

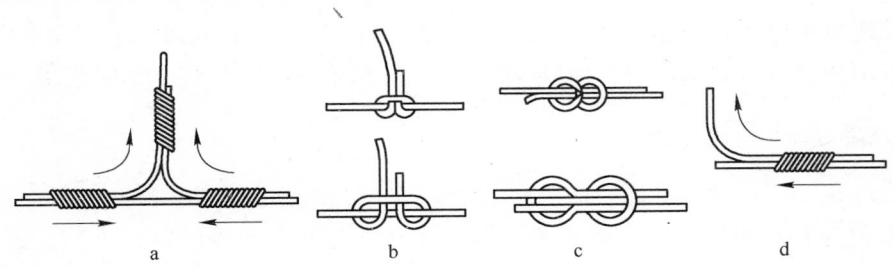

图6-17 导爆索连接方式
a—搭接；b—水手结；c—套接；d—三角形连接

## （三）导爆索爆破网路的连接

导爆管爆破网路由雷管、主导爆索、支导爆索组成（图6-18）。搭接时，两根导爆索重叠长度不小于15cm，连接导爆索中不应打结或打圈。交叉敷设时，两根导爆索交叉之间应设置厚度不小于10cm的木质垫块。

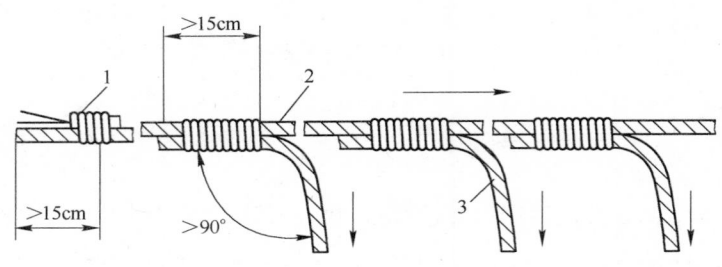

图6-18  导爆索爆破网路的连接
1—雷管；2—主导爆索；3—支导爆索

## 五、混合网路起爆法

为了提高起爆网路的可靠性和安全性，根据各类起爆器材的不同特性和工程爆破要求，将两类和两类以上不同的起爆方法，形成混合起爆网路，亦即混合网路，被广泛用于安全性和可靠性要求较高的工程爆破。

### （一）电雷管—导爆索起爆网路

控制爆破如预裂爆破、光面爆破和硐室爆破的条形药包，均采用不耦合装药，需要把导爆索沿药包全长敷设，在药包外部采用电雷管起爆，构成电雷管—导爆索起爆网路。

导爆索起爆网路具有爆速高、传爆性能好，能直接起爆炸药，全部药包均能可靠起爆；而电爆网路能有效控制延期时间，可用仪表检查起爆网路导通情况，导爆索和电力联合起爆，是优势互补，相得益彰。

### （二）电雷管—导爆管起爆网路

大区微差爆破，当采用导爆管起爆网路时，为了增加起爆网路的可靠、安全性，用电力起爆，多点击发导爆管网路。当爆区爆破分区，各分区距离较远时，便于长距离连接。

导爆管网路灵活方便、操作简便、安全，但导爆管强度较低、爆速较低。因此，可用不同段别电雷管分别起爆不同爆区的导爆管网路实施，大区多排炮孔毫秒延时爆破。

### （三）导爆索—导爆管起爆网路

在有杂散电流等外来电干扰的情况下，可采用导爆管—导爆索联合起爆网路。深孔预裂爆破和光面炮孔爆破，主炮孔应用导爆管起爆网路，预裂爆破孔、光面爆破孔采用导爆索同时起爆。

### （四）起爆网路敷设注意事项

起爆网路敷设注意事项包括：

（1）导爆索和导爆管网路检查。导爆索和导爆管网路均为非电起爆网路，无法检查网路导通情况，特别是导爆管网路，往往因为多种原因引爆拒爆。应严格按起爆点—网路连接顺序检查，从网路设计、布置、连接、逐一检查，杜绝疏漏。

（2）重要工程爆破，可采用复式起爆网路或综合起爆网路。

## （五）混合起爆网路操作要点

混合起爆网路操作要点：

（1）避免电力起爆网路中个别药包因为电流强度或非电起爆网路中单根起爆线路过长导致雷管的拒爆或迟爆。

（2）根据爆区周边环境、气象条件选择适宜的起爆系统。雷雨天气，避免电力起爆。

（3）禁止起爆网路相互交叉，消除起爆网路混乱。

## 六、数码电子雷管起爆法

20世纪80年代到90年代，诺贝尔（Nobel）公司、AECJ公司分别研制第一代数码电子雷管，随后诺贝尔等公司研究开发了PBS2000数码电子雷管及其起爆系统，电子雷管技术渐趋成熟，进入试验阶段。数码电子雷管可根据工程爆破需要，可任意设定、精准控制发火延期的起爆时间，具有安全可靠、设定灵活等显著优点。

我国北方邦杰科技发展有限公司研制的"隆芯一号"数码起爆系统，实现在线编程、在线检测，该系统已通过项目验收，投入生产。"隆芯一号"数码电子雷管具有高安全、高精度、宽延期范围、在线可编程雷管等特点，其主要技术指标见表6-21。

表6-21　"隆芯一号"数码电子雷管技术指标

| 名　称 | 指　标 |
| --- | --- |
| 延期精度 | 0~100ms 偏差<1ms，101~16000ms 偏差<1‰ |
| 延期范围 | 0~16000ms，最小间隔时间1ms |
| 延期方式 | 在线设置 |
| 检测方式 | 在线检测 |
| 抗电性能 | 抗200V交流电、50V直流电、25kV静电、射频及杂散电流 |
| 起爆方法 | 起爆器登录密码、起爆授权密码 |
| 通讯方式 | 两线制双向无极性组网通信 |

## 七、中继起爆药包

中继起爆药包又名中继传爆药包或起爆具，中继起爆药包具有高的起爆感度和高输出冲能。起爆弹是指没有安装雷管和导爆索，且在包（柱）中预设空心功能孔。中继起爆药包用于起爆没有雷管感度钝感的工业炸药。

中深孔爆破，为尽快达到炸药爆炸稳定爆轰，可在深孔药柱中设置中继起爆药包，以强化起爆能力。

中继起爆药包按起爆方法可分为：

（1）双雷管起爆具中继药包。中继起爆药包上有两个雷管孔，配置两个雷管起爆，以保准爆。

（2）双导爆索中继包。中继包上有两根导爆索孔，设置两根导爆索起爆，起双保险作用。

（3）一般中继药包。中继药包安设一个雷管孔、一个导爆索孔。敷设雷管或导爆索，均可起爆。

中继起爆药包按功能可分为：

（1）ZJ型中继起爆药包。ZJ型中继起爆药包由太安、梯恩梯、黑索今组成，采用嵌装结构，以增加装药密度。该起爆包可用导爆索、电雷管起爆，也可用塑料导爆管非电起爆系统起爆。

ZJ型中继起爆药包有两种型号：ZJ-1型中继起爆药包，冬季或低温地区使用；ZJ-0型中继起爆药包，常温下使用。

（2）HT型中继起爆药包。HT型中继起爆药包采用黑索今：梯恩梯=1:1配方铸装而成。当前生产的圆柱状黑梯药柱装药密度大于 1.3g/cm³，有 φ60mm×65mm、重 300g±10g 和 φ70mm×80mm、重 500g±10g 两种规格。

HT 型中继起爆药包采用分装式结构，药柱组装时预留出深 30mm 起爆雷管孔，在爆破现场组装雷管。

（3）微型起爆药柱。微型起爆药柱中继包为 φ25mm、φ32mm 小孔径炮孔用，用高能塑性炸药制备的药量为 5g、10g 的小药包，利于炸药能量释放。

根据行业标准 WT 9045—2004 规定，起爆具的性能指标见表 6-22。

表 6-22 起爆具的性能指标

| 项 目 | 性 能 要 求 | |
|---|---|---|
| | I | II |
| 起爆感度 | 起爆可靠 | 爆炸安全 |
| 炸药密度/g·cm⁻³ | ≥1.50 | 1.20~1.50 |
| 抗水性 | 在压力为 0.3MPa 的室温水中浸 48h 后，起爆感度不变 | |
| 爆速/m·s⁻¹ | ≥7000 | 5000~7000 |
| 跌落安全性 | 12m 高处自由下落到硬地面上，应不燃不爆，允许结构变形和外壳损伤 | |
| 耐温耐油性 | 在 80℃±2℃ 的 0 号轻柴油中自然降温，浸水后应不燃不爆 | |

## 第六节 爆破工程地质

爆区地质条件，在很大程度上影响爆破效果，爆破与地质结构的作用受到日益关注。

研究爆区地形、地质和环境条件，选择适宜的爆破方法和爆破参数；研究与地质条件有关的爆破作用产生的不安全因素和有效的安全防护措施；根据岩体构造对爆破后岩体围岩、边坡基岩，安全评述地质次生灾害。

### 一、岩石性质及工程分级

#### （一）岩石分类

1. 岩浆岩

岩浆岩又称为火成岩，主要成分为硅酸盐，是由埋藏在地壳深处的岩浆上升冷凝或喷出地表形成的岩石，直接在地下凝结形成的岩浆岩称侵入岩；喷出地表形成的岩浆岩称为喷出岩（火山岩）。

常见的岩浆岩有花岗岩、玄武岩、辉绿岩等岩石。

2. 变质岩

岩浆岩、沉积岩在高温高压或其他因素作用下生成变质岩。由岩浆岩形成的变质岩称为正变质岩，如花岗片麻岩；由沉积岩形成的变质岩称为副变质岩，如大理石、石英岩、千枚岩等。

3. 沉积岩

地表母岩经风化剥离或溶解后，再经过搬运和沉积，在常温常压下固结形成的岩石称为沉积岩。

按结构和矿物成分的不同，沉积岩又分为化学岩、生物岩、碎屑岩、黏土岩，沉积岩分布最广泛的为页岩、砂岩和石灰岩。

#### （二）岩石基本性质

1. 密度

单位体积岩石的质量称为密度。因含水率的不同，岩石的密度分天然密度、干密度和饱和密度。当未说明岩石含水情况时，一般指干密度。

**2. 容重**

包括孔隙和水分在内的岩石总质量与总体积之比称为容重。

**3. 孔隙率（孔隙度）**

岩石中孔隙体积，含气相、液相所占体积与岩石所占总体积之比。孔隙比 $e$ 常用于表示孔隙状态，系指孔隙体积与固体体积之比。

$$e = \frac{n}{100 - n} \times 100\%$$

式中　$n$——岩石的孔隙率，% 。

**4. 含水率**

岩石中所含水分质量与岩石烘干后质量之比称为含水率。

根据岩石含水状态不同，岩石的含水率分为天然含水率、吸水率、饱和吸水率。

**5. 渗透系数**

渗透系数是岩石透水能力强弱的指标。

按照达西定律，透水系数为：

$$K = \frac{Q}{AI}$$

式中　$K$——渗透系数，m/s；

$Q$——渗透量，$m^3/s$；

$A$——过水断面积，$m^2$；

$I$——水头梯度。

当岩石渗透系数 $K < 10^{-7}$ cm/s 时，该岩石实际不透水。

部分岩石的吸水率、渗透系数见表6－23。

表6－23　岩石的吸水率、渗透系数

| 岩石名称 | 吸水率/% | 渗透系数/m·s⁻¹ | |
| --- | --- | --- | --- |
| 石灰岩 | 0.1~4.5 | $3 \times 10^{-14} \sim 6 \times 10^{-12}$（致密） | $9 \times 10^{-7} \sim 3 \times 10^{-6}$（孔隙较发育） |
| 页岩 | 0.5~3.2 | $2 \times 10^{-12} \sim 8 \times 10^{-8}$ | |
| 砂岩 | 0.2~9.0 | $10^{-15} \sim 2.5 \times 10^{-10}$（致密） | $5.5 \times 10^{-8}$（孔隙较发育） |
| 大理岩 | 0.1~1.0 | | |

**6. 岩石的强度**

岩石的强度系指岩石受外力作用发生破坏前所能承受的极限应力值，表示岩石抵抗外来荷载破坏的能力，是衡量岩石力学性质的主要指标。

单轴抗压强度系指岩石试件在单轴压力作用下发生破坏时的极限强度。单轴抗拉强度系指岩石试件在单轴拉力作用下发生破坏时的极限强度，抵抗剪切破坏的最大能力称抗剪强度。在不同受力状态下，岩石的极限强度相差甚远。单向抗压强度 $R_c$ 与单向抗拉强度 $R_t$、抗剪强度 $\tau$ 之间存在以下数量关系：

$$R_t = (\frac{1}{5} \sim \frac{1}{38}) R_c$$

$$\tau = (\frac{1}{2} \sim \frac{1}{15}) R_c$$

影响岩石强度因素甚多，诸如岩石组分、颗粒大小、胶结程度、层理、裂隙发育情况、风化程度等直接影响岩石强度。岩石强度值见表6－24。

表 6 – 24　岩石强度值　　　　　　　　　　　　　　　（MPa）

| 岩石名称 | 抗压强度 | 抗拉强度 | 抗剪强度 |
|---|---|---|---|
| 石灰岩 | 10 ~ 200 | 0.6 ~ 11.8 | 0.9 ~ 16.5 |
| 大理岩 | 70 ~ 140 | 2.0 ~ 4.0 | 4.8 ~ 9.6 |
| 页　岩 | 20 ~ 40 | 1.4 ~ 2.8 | 1.7 ~ 3.3 |
| 石英岩 | 87 ~ 360 | 2.5 ~ 10.2 | 5.9 ~ 24.5 |
| 花岗岩 | 70 ~ 200 | 2.1 ~ 5.7 | 5.1 ~ 13.5 |
| 玄武岩 | 120 ~ 250 | 3.4 ~ 7.1 | 8.1 ~ 17.0 |
| 板　岩 | 120 ~ 140 | 3.4 ~ 4.0 | 8.1 ~ 9.5 |

#### 7. 岩石的波阻抗

振动所产生的应力（应变波），在弹性介质中传播，称为弹性波。弹性波按振动力学性质可分为体波和表面波。体波系在无限介质或弹性体内部传播的波。体波按其振动方式分为纵波（P 波）和横波（S 波）。

振动在弹性体中各质点运动方向平行于弹性波的传播的波动称为纵波。纵波的波速大小由介质的泊松比、弹性模量、密度等介质特性决定。岩体中传播的弹性波可以表征岩体的一些物理力学性质，可进行岩体波阻抗等岩体的计算，进而计算爆破中炸药的阻抗匹配。

振动质点在弹性体中传播方向和质点振动方向一致的波动称为横波。在横波中，质点运动分垂直分量和水平分量。横波可引起介质体形的变化，产生剪切变形。

岩石的波阻抗为其纵波速度与岩石密度的积。

岩石波阻抗和炸药波阻抗越接近、越匹配，越能取得良好爆破效果。某些岩石的波阻抗见表 6 – 25。

表 6 – 25　某些岩石的波阻抗

| 岩石名称 | 密度/g·cm$^{-3}$ | 纵波传播速度/m·s$^{-1}$ | 波阻抗/kg·(cm$^2$·s)$^{-1}$ |
|---|---|---|---|
| 石灰岩 | 2.3 ~ 2.8 | 3200 ~ 5500 | 700 ~ 1900 |
| 大理岩 | 2.6 ~ 2.8 | 4400 ~ 5900 | 1200 ~ 1700 |
| 砂　岩 | 2.1 ~ 2.9 | 3000 ~ 4600 | 600 ~ 1300 |
| 石英岩 | 2.65 ~ 2.9 | 5000 ~ 6500 | 1100 ~ 1900 |
| 花岗岩 | 2.6 ~ 3.0 | 4000 ~ 6800 | 800 ~ 1900 |
| 页　岩 | 2.2 ~ 2.4 | 1830 ~ 3970 | 430 ~ 930 |
| 白云岩 | 2.5 ~ 2.6 | 5200 ~ 6700 | 1200 ~ 1900 |
| 玄武岩 | 2.8 ~ 3.0 | 4500 ~ 7000 | 1400 ~ 2000 |

#### 8. 岩石的碎胀性

岩石破碎后体积增加的特性称为岩石的碎胀性，用松散系数 $K$ 表示。

$$K = \frac{V_1}{V}$$

式中　$V_1$——岩石破碎后总体积；

　　　$V$——岩石破碎前总体积。

#### 9. 岩石的风化程度

岩石在地质内力和外力作用下，产生疏松破坏。随着风化程度增大，强度降低。由于风化程度差异，岩石物理力学性质变化甚大。按 GB 50218—1994《工程岩体分级标准》，岩石风化程度的划分见表 6 – 26。某些岩石物理力学特性见表 6 – 27。

**表 6 - 26 某些岩石风化程度划分**

| 名 称 | 风 化 特 性 |
|---|---|
| 未风化 | 结构构造未变 |
| 微风化 | 结构构造、矿物色泽基本未变，部分裂隙面有铁猛质渲染 |
| 弱风化 | 结构构造部分破坏，矿物色泽较明显变化，裂隙表面出现风化矿物或存在风化夹层 |
| 强风化 | 结构构造大部分破坏，矿物色泽明显变化，长石、云母等多风化次生产物 |
| 全风化 | 结构构造全部破坏，矿物成分除石英外，大部分呈风化土状 |

**表 6 - 27 某些岩石物理力学特性**

| 岩石名称 | 密度/kg·m⁻³ | 孔隙率/% | 抗压强度/MPa | 纵波速度/m·s⁻¹ | 横波速度/m·s⁻¹ | 吸水率/% | 体积密度/t·m⁻³ |
|---|---|---|---|---|---|---|---|
| 石灰岩 | 2300 ~ 2770 | 5.0 ~ 20 | 90 ~ 160 | 3200 ~ 5500 | 1450 ~ 3500 | 0.1 ~ 4.5 | 2.46 ~ 2.65 |
| 大理岩 | 2600 ~ 2750 | 0.1 ~ 6.0 | 6.0 ~ 1900 | 4400 ~ 5900 | 2700 ~ 3500 | 0.1 ~ 1.0 | 2.5 |
| 砂 岩 | 2200 ~ 2710 | 5.0 ~ 25 | 35 ~ 150 | 3000 ~ 4600 | — | 0.2 ~ 9.0 | 2.0 ~ 2.8 |
| 页 岩 | 2300 ~ 2600 | 0.4 ~ 10.0 | 20 ~ 40 | 1830 ~ 3970 | — | 0.5 ~ 3.2 | 2.0 ~ 2.8 |
| 泥灰岩 | — | 3.7 ~ 7.0 | — | 1800 ~ 2800 | — | 0.3 ~ 3.0 | — |
| 花岗岩 | 2300 ~ 2600 | 0.5 ~ 4.0 | 100 ~ 250 | 4500 ~ 6500 | — | 0.1 ~ 4.0 | 2270 ~ 3800 |
| 泥质石灰岩 | — | — | — | 2000 ~ 3500 | 1200 ~ 2200 | — | — |
| 白云岩 | 2700 ~ 3000 | 1.0 ~ 5.0 | 120 ~ 140 | 5200 ~ 6700 | 1500 ~ 3600 | — | 2.3 ~ 2.4 |

## （三）岩石分级

### 1. 按岩石坚固性分级

1926 年，苏联普洛托吉雅柯诺夫 A. A. 教授提出按岩石坚固性分级的方法。普氏认为，岩石的坚固性在各方面大体一致。岩石的坚固性是综合凿岩性、破坏性和采掘性，按岩石强度、凿岩速度、凿碎单位体积岩石所消耗的功和单位炸药消耗量等多项指标表征岩石的坚固性。

普氏岩石性质系数直接用岩石的单轴抗压强度确定：

$$f = \frac{R}{10}$$

式中　$f$——普氏坚固性系数；

　　$R$——岩石单轴抗压强度，MPa。

实际上，岩石 $R$ 值超过 300 ~ 400MPa 也多见。为了保持普氏系数最大值 $f = 20$，前苏联巴隆将公式修正为：

$$f = \frac{R}{30} + \sqrt{\frac{R}{3}}$$

普氏岩石坚固性分级，是利用岩石抵抗各种爆破方式能力趋于一致的这个特性，用岩石坚固性系数 $f$ 表示共性，简单明确，定量清楚，在工程爆破中广泛应用。但普氏分级有很大的局限性，而一些岩石的坚固性在各方面的反应并不一致，因而普氏分级法是一种粗略的分级方法。

### 2. 爆破漏斗综合分级法

岩石爆破最基本准则，是能量平衡准则。爆破漏斗体积、爆破块度级配，直接反应爆炸能量消耗和爆破效果，因而表征岩石可爆性。岩石节理、裂隙等结构特征，影响爆破块度粒径，因而岩石弹性波速度、波阻抗也是岩石爆破性分级的重要判据。东北大学（原东北工学院）在 20 世纪 80 年代初，综合分析爆破材料、工艺、参数后进行爆破漏斗试验和声波测定，得岩石爆破性指数：

$$F = \ln\left( \frac{e^{67.22} k_d^{7.42} (\rho c)^{2.03}}{e^{38.44V} k_p^{1.89} k_x^{4.75}} \right)$$

式中　　$F$——岩石可爆性指数；

　　　　$e$——自然对数之底；

　　　　$k_d$——大块率，%；

　　　　$\rho c$——岩石波阻抗，$kg/(mm^2 \cdot s)$；

　　　　$\rho$——岩石密度，$g/cm^3$；

　　　　$c$——岩石纵波速度，$m/s$；

　　　　$k_p$——平均合格率，%；

　　　　$k_x$——小块率，%。

3. 苏氏分级

20 世纪 30 年代，苏联苏哈诺夫认为确定岩石坚固性基础取决于某一特定情况下运用具体的采掘方法，用炸药单位消耗（$kg/m^3$）和单位爆落矿量的炮孔长度（$m/m^3$）表征岩石的爆破性。

## 二、地质构造

在岩层和岩体中因地质构造变动留下构造形迹，称为地质构造。工程爆破与地质构造条件息息相关。地质构造形体、地质构造的接触面类型、空间分布特征叙述如下。

### （一）岩层的产状

岩层在空间的位置的产状要素（图 6 - 19）：

（1）岩层层面与水平线交线的方向，称为岩层的走向，走向线两端延伸方向均为岩层的走向。

（2）岩层层面上与走向线垂直并沿倾斜面向坡下所引的直线，表示岩层的最大坡度。

（3）岩层面上的倾斜线及其在水平面上投影的夹角，称为倾角。

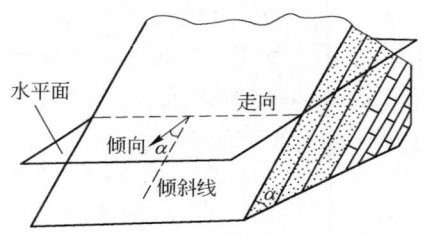

图 6 - 19　岩层的产状要素

$\alpha$—倾角

### （二）水平构造与单斜构造

未经构造变动的沉积岩层，保持岩层形成时原始水平状态称水平构造。新老岩层自上而下顺序排列。受地壳运动的影响，原系水平的岩层向同一个方向倾斜，形成单斜构造。

### （三）褶皱构造

在构造作用即地应力作用下，岩层产生多种形式弯曲而不丧失其连续性的构造称为褶皱构造。两个或两个以上褶曲组合为褶皱（图 6 - 20）。

1. 褶曲形态

褶曲是褶皱构造的组成单元。褶皱基本形态分背斜和向斜两类（图 6 - 21）。背斜岩层向上弯曲。背斜岩层以褶皱轴为中心向两翼倾斜，核心部分岩层较老，从轴部向两翼依次出现为较新的岩层。向斜岩层向下弯曲，两翼岩层均向褶皱的轴部倾斜。褶皱构造往往出现背斜和向斜相间排列，彼此相连，连续出现。

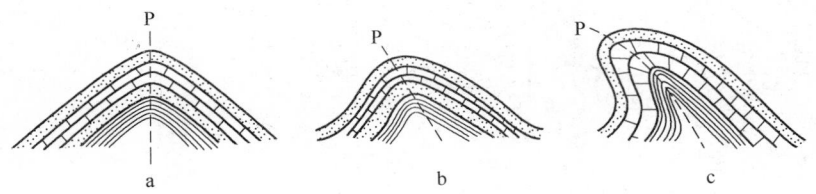

图 6 – 20　根据轴面 P 产状划分的褶曲横剖面形态
a—直立褶曲；b—倾斜褶曲；c—倒转褶曲

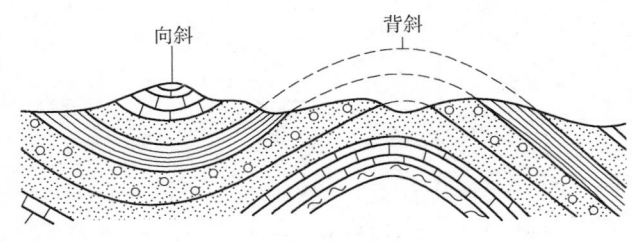

图 6 – 21　褶皱构造

2. 褶皱要素

（1）褶皱核。褶皱核为褶曲的中心部分，为褶曲中央最里面的一个岩层。

（2）褶曲翼。褶曲翼是指位于褶曲核部两侧岩石。

（3）轴面。从褶曲顶部平面褶曲两翼的轴面。

（4）轴。褶曲的轴面与水平面的交线。轴的方位即为褶曲的方向，轴的长度为褶曲的长度。

## （四）断裂构造

岩层或岩体，受构造应力作用产生变形，岩层遭受破坏，发生断裂和破坏，一般根据岩层断裂面相对位移程度，断裂构造分为节理和断层面类。

1. 节理

断裂构造两侧的岩层未产生显著位移称为节理。

节理亦称裂隙，在坚硬岩石中成组有规律出现，或多组以上节理系同时存在。

根据节理产生的力学性质，节理分为张节理和剪节理两类。

（1）张节理。在褶曲构造中的纵节理和横节理均属张节理。张节理产状一般不稳定，多呈现张开和裂开，节理面粗糙不平；节理间距较大，常呈平行出现。

（2）剪节理。剪节理亦称剪切节理，产状较稳定，沿走向延伸较远，常具紧闭裂开，节理面平直、光滑。

2. 断层

岩体发生断裂且两侧岩体沿断裂面产生较大位移的断裂面及其附近的破碎带统称为断层。断层上方的岩体称上盘，下方的岩体称下盘。上下盘错动的距离称断距。

断层的类型如图 6 – 22 所示。

根据断层上下盘两盘相对位移关系，将断层分为正断层、逆断层和平推断层三类。

（1）正断层。正断层为上盘沿断层面下降，下盘上升的断层（图 6 – 23），断层面线较顺直，断层面的倾向较陡。

（2）逆断层。上盘沿断层面上升，下盘下降的断层称为逆断层（图 6 – 24），断层线方向一般和岩层走向趋于一致。

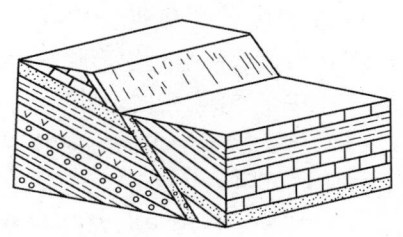

图 6 – 22　断层的类型

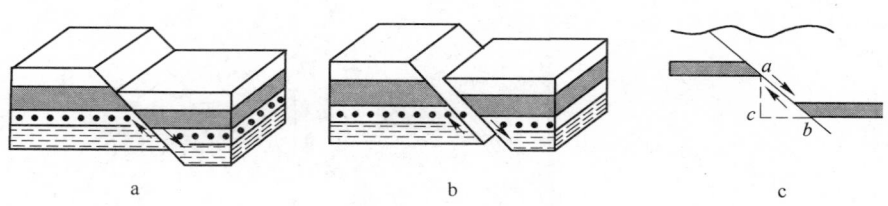

图 6 – 23 正断层
a—上盘顺断层面倾向向上滑动；b—上盘顺断层面斜向向上滑动；c—正断层剖面示意图

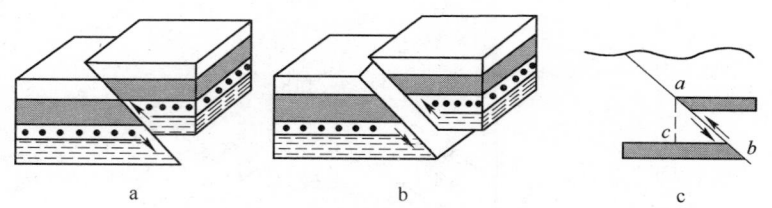

图 6 – 24 逆断层
a—上盘顺断层面倾向滑动；b—上盘顺断层面斜向滑动；c—正断层剖面示意图

（3）平推断层。断层两盘沿断层面产生相对水平错动位移。平断层倾角近于垂直，断层线较平直。

## 三、地质条件对爆破的影响

### （一）岩体中地质构造面对爆破作用的影响

1. 应力集中作用

岩体结构面破坏了岩体的连续性，岩体在爆破中，首先从强度最低的弱面开始，并在裂开过程中，裂隙尖端产生了应力集中，有利于爆炸应力的扩展。

2. 应力波的反射增强作用

结构面中的软弱带遭遇到爆炸应力波，在界面上产生反射波，其与跟随而来的波相叠加，应力波得以增强，岩石弱面破坏加剧。

3. 能量吸收作用

爆炸应力波因结构面的反射、散射作用和软弱带的压缩变形与破裂吸收了能量，降低了应力波能量，减轻岩体的破坏。

4. 泄能作用

岩体软弱带穿过爆源通向临空面、在爆破作用范围内存在溶洞等空洞，爆炸能量将以"冲炮"等形式喷泄，产生重大爆破事故。

5. 楔入作用

由于高温高压爆炸气体膨胀作用下，高速沿岩体弱面楔入，导致岩体沿软弱带产生楔裂破坏。

### （二）地质地形条件对深孔爆破影响

1. 深孔爆破延长药包与地形临空面关系

深孔延长药包平行地形临空面爆破效果好，深孔台阶爆破应充分利用地形临空面。

2. 岩层产状与孔网参数关系

（1）炮孔沿岩层走向方向布置，当台阶坡面倾向与岩层倾向相反时，岩体位移和后冲较小，但爆堆高，台阶底部阻力较大。

（2）炮孔沿岩层走向方向布置，当台阶坡面倾向与岩层倾向相同且岩层倾角小于台阶坡面角时，岩石抛出的距离大于设计距离，后冲较大，爆堆较低，台阶上部出现欠爆。

（3）炮孔与岩层走向斜交或垂直布置，当台阶面方向岩层较多，则将产生不规则的台阶坡面和不同的后冲。

（4）岩层呈水平状态，沿延长药包长度方向的抵抗线相等。炮孔孔距应加大，排距和抵抗线应减小。

（5）岩层的层理面垂直于台阶临空面，炮孔孔距应减小，而排距和抵抗线应加大。

（6）炮孔超钻与岩性产状关系。当岩体坚硬完整，超钻应大些；而较软岩体，超钻可小些甚至不超钻。当岩层倾向台阶面爆破时，超钻可小些或不超钻；当岩层面向台阶面里倾斜时，应加大超钻。若岩层水平时，或台阶底有软层界面时，可不超钻。

（7）装药结构和岩性、岩层产状关系。装药结构应考虑地质结构和岩性条件，在炮孔内把炸药布置在硬岩部位，当炮孔穿越岩层软硬不同、结构各异的岩石，应分段装药或调整线装药密度。

（8）深孔爆破中预裂或光面等控制爆破，一般应在坚硬完整的岩石中进行，能取得较好的预期爆破效果。地质构造面对预裂和光面爆破影响甚大，应对岩体情况、孔网参数仔细研究。

# 第七节　露天深孔爆破

露天深孔爆破广泛用于矿山、交通运输、水利水电、土石方开挖等爆破工程，深孔爆破优越性更为显著。

矿山开采、土石方开挖规模日益扩大，随着爆破器材、爆破技术的发展和提高，以及钻孔和装运设备的大型化，中深孔爆破规模不断增大，水泥矿山年采剥总量千万吨级以上特大型矿山正在涌现。一次爆破爆落矿量达到几十万吨级乃至上百万吨级。

深孔爆破为大区毫秒延期爆破、宽孔距小抵抗线爆破、挤压爆破、预裂爆破等控制爆破先进技术运用提供宽广、深厚、活跃平台，有效提高爆破质量，为采掘作业，装载、运输、破碎后续工艺综合效益提高打下了坚实基础。

深孔爆破有效利用炸药爆炸能量，有效降低爆破有害效应。

以下详细介绍露天深孔爆破设计。

## 一、台阶要素

深孔爆破台阶要素如图 6－25 所示。

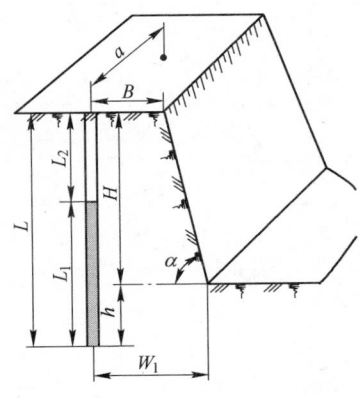

图 6－25　台阶要素示意图

$H$—台阶高度，m；$W_1$—前排钻孔的底盘抵抗线，m；$W$—炮孔最小抵抗线，m；$L$—钻孔深度，m；$L_1$—装药长度，m；$L_2$—堵塞长度，m；$h$—超深，m；$a$—孔距，m；$B$—台阶坡面上从钻孔中心至坡顶线的安全距离，m；$\alpha$—台阶坡面角，（°）

## 二、露天深孔布置方式

露天深孔爆破钻孔形式主要分为垂直钻孔和倾斜钻孔两种（图 6－26）。

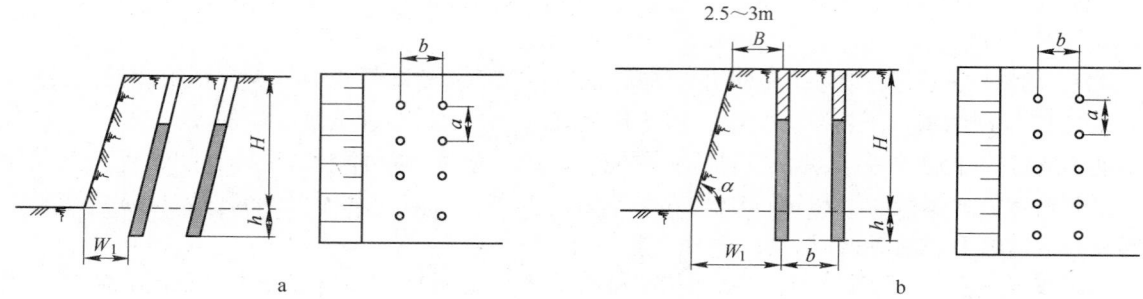

图 6-26 露天深孔布置方式
a—垂直深孔（交错布置）；b—倾斜深孔（平行布置）
H—台阶高度；h—超深；b—排间距；a—孔间距；α—台阶坡面角

与垂直深孔相比，倾斜深孔优点如下：
（1）抵抗线比较均匀，岩石破碎质量好。
（2）爆落岩块堆积形态较好，易于控制爆堆高度。
（3）梯段比较稳固，易于保持台阶坡面角和坡面的平整。
（4）钻孔设备与台阶坡顶线之间的距离较大，较安全。
倾斜深孔也存在一定的不足之处：
（1）倾斜钻孔操作技术比较复杂，钻孔过程中有时发生卡钻和堵孔。
（2）人工装药时，装药比较困难，易堵孔。
（3）同一爆区斜孔钻孔长度比垂直深孔长。

## 三、布孔方式

布孔方式分单排布孔和多排布孔两类，一般在个别情况下用单排孔。多排布孔分为方形、矩形、三角形（梅花形）三种，如图 6-27 所示。按能量均匀分布情况出发，等边三角形布孔较为理想，方形、矩形布孔多用于沟堑爆破。

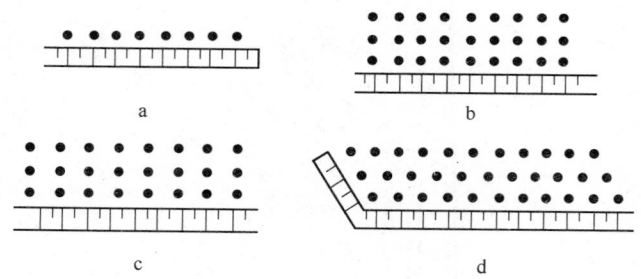

图 6-27 深孔布置方式
a—单排布孔；b—方形布孔；c—矩形布孔；d—三角形布孔

## 四、深孔台阶爆破参数

### （一）台阶高度与孔深

台阶高度是露天采矿场重要构成要素，影响台阶高度的因素有：
（1）台阶高度大小，直接影响矿山采准工作量。矿体范围小时为减少采准工作量，避免频繁降段，一般采用较高的台阶高度。
（2）矿石质量复杂，且变化较大，为了分别开采，往往采用较小的台段高度。
（3）台阶高度加大，相应增加炮孔长度，有利于炮孔装药结构优化，调整线装药密度，提高爆破质量。

水泥原料矿山台阶高度一般为 14~16m，少数高台段开采的台阶高度为 18~20m。

## （二）孔径

露天深孔爆破炮孔直径是最基本的穿爆参数，炮孔直径影响爆破效果。炮孔直径大小取决于岩石性质、采矿规模和装运破碎设备规格。

我国大型金属露天矿炮孔直径为 250~310mm，或更大炮孔直径；中型矿山炮孔直径为 150~250mm，水泥矿山炮孔直径大都为 120~160mm，少数大型矿山炮孔直径为 200~250mm。

## （三）底盘抵抗线

底盘抵抗线是指爆区第一排炮孔中心至台阶坡脚的最短距离。底盘抵抗线是与爆破效果相关的核心参数。底盘抵抗线的大小同钻孔直径、炸药威力、岩石性质等因素密切相关。底盘抵抗线过大导致根底增多，大块率增加；过小则增加钻孔工作量，爆落岩块易抛散。

底盘抵抗线算式：

（1）根据钻孔作业安全条件：

$$W_d \geq H\cot\alpha + B$$

式中　$W_d$——底盘抵抗线，m；

$\alpha$——台阶坡面角，一般 60°~70°；

$H$——台阶高度，m；

$B$——钻孔中心至坡顶线的安全距离，$B \geq 2.5~3m$。

（2）按炮孔孔径倍数确定底盘抵抗线：

$$W_d = (20~50)d$$

式中　$d$——炮孔直径，mm。

（3）迈利尼科夫公式（巴隆公式）在满足确定的炸药单位消耗量的条件下，按炮孔装药量应等于爆破的岩石体积所需药量的原理提出算式：

$$W_d = d\sqrt{\frac{7.85\Delta\tau L}{qmH}}$$

式中　$d$——钻孔直径，dm；

$\Delta$——装药密度，g/mL；

$\tau$——深孔装药系数，一般取 $\tau = 0.6~0.7$；

$q$——单位炸药消耗量，kg/m³；

$m$——炮孔密集系数。

（4）根据体积原理，单位长度药包能爆破的岩石体积与药包的断面积成正比。

$$W_d = Kd^2$$

式中　$K$——比例系数，一般 $K = 22~45$，岩石坚硬、致密时取下限，反之取上限。

## （四）孔距与排距

孔距 $a$ 是指同一排深孔中相邻两钻孔中心线间的距离。

$$a = mW_1$$

炮孔密集系数 $m$ 是孔网布置的重要参数。露天矿山大区多排孔毫秒延迟爆破中，大孔距小抵抗线爆破时，$m = 4~8$。在孔网负担面积一定的条件下，改变起爆方式，如斜线起爆，可增加炮孔密集系数。当炮孔密集系数 $m = 2~4$ 时，爆破效果甚佳。当 $m < 0.6$ 时，爆破质量严重恶化。

排距 $b$（行距）指平行台阶坡顶线布置的相邻两排孔之间的距离，按排间顺序起爆的条件下，排距即为后排孔的抵抗线。

采用等边三角形布孔时：

$$b = a\sin60° = 0.866a$$

多排孔爆破时，当炮孔直径一定时，每个炮孔均有一个合理的负担面积：

$$S = ab \quad 或 \quad b = (S/m)^{0.5}$$

### （五）炮孔超深

炮孔超深（超钻）是指超过台阶底盘水平的深度，用以降低装药的中心，以便克服炮孔底盘的阻力，防止产生根底，形成平整的底部平盘。

超深选取过大，增大对下一个台阶顶盘的破坏，增加钻孔和炸药的费用，加大爆破地震效应。超深不足则产生根底、抬高台阶底部平盘。

采用炮孔组合装药，炮孔底部采用高威力炸药时，可适当减少超深，若台阶底盘有弱层和天然分离面，可不超深；当台阶底盘岩石需要保护，可预留一定厚度的保护层。

计算超深经验公式：

$$h = (0.15 \sim 0.35)W_1$$
$$h = (0.12 \sim 0.25)H$$
$$h = (8 \sim 12)d$$

以上各式中，岩石坚硬、致密，超深 $h$ 取大值。

### （六）堵塞充填长度

炮孔药柱顶面至孔口段不装药的长度称为炮孔堵塞长度。确定合理的充填长度，保证填塞质量，对提高爆炸能量利用率具有重要作用。填塞长度过大，台阶上部岩石破碎质量下降；填塞长度过短，产生较强的空气冲击波、噪声，爆破飞石危及安全。

炮孔填塞长度 $L_2$ 计算公式：

$$L_2 \geqslant 0.75W_d \quad 或 \quad L_2 = (20 \sim 40)d$$

### （七）单位炸药消耗量

影响单位炸药消耗量因素主要有岩石的可爆性、炸药特性、自由面条件、爆破破碎粒度级配。合理选用单位炸药消耗量，一般经过多次试验和生产实践验证。

以2号岩石硝铵炸药为标准，单位炸药消耗量可参照表6-28选取。

表6-28 单位炸药消耗量 $q$

| 岩石坚固性系数 $f$ | 6～8 | 8～10 | 10～12 | 12～16 | 16～20 |
|---|---|---|---|---|---|
| 单位炸药消耗量 $q/\text{kg} \cdot \text{m}^{-3}$ | 0.36～0.40 | 0.40～0.45 | 0.45～0.50 | 0.50～0.55 | 0.55～0.60 |

### （八）每孔装药量

（1）单排孔爆破或多排孔爆破的第一排孔每孔装药量 $Q$：

$$Q = qaW_dH$$

式中　$q$——单位炸药消耗量，$\text{kg/m}^3$；

　　　$a$——孔距，m；

　　　$W_d$——底盘抵抗线，m；

　　　$H$——台阶高度，m。

（2）多排孔爆破时，从第二排孔起，以后各排孔的每孔装药量 $Q$：

$$Q = KqabH$$

式中 $K$——受前面各排孔的岩石阻力而增加的系数，$K = 1.1 \sim 1.2$；

$b$——排距，m。

我国部分露天矿深孔爆破参数见表 6-29。

表6-29 我国部分露天矿深孔爆破参数

| 项 目 | 广州珠江水利有限公司 | 北方水利庙岭矿山 | 大连石灰石矿 | 南京白云石矿 | 首钢水厂铁矿 | 大冶铁矿 |
|---|---|---|---|---|---|---|
| 岩石种类 | 石灰石 | 大理石 | 白云岩 | 白云岩 | 层状磁铁矿 | 花岗闪长岩 |
| 岩石坚固性系数 $f$ | 6~9 | 8~12 | 6~8 | 6~8 | 12~14 | 10~12 |
| 孔径/mm | 140 | 150 | 250 | 150 | 250 | 170~200 |
| 段高/m | 20 | 15 | 12~13 | 12 | 12 | 12 |
| 底盘抵抗线/m | 3.8~4.2 | 4.0~4.5 | 9~10 | 6~7 | 7~8 | 6 |
| 排距/m | 3.5~4.0 | 4.0 | 6~6.5 | 4.0 | 5.5~6 | 4~4.5 |
| 孔距/m | 9.0~9.6 | 6.0 | 10~11 | 6~7 | 5.5~6 | 4~4.5 |
| 炮孔密集系数前排/后排 | —/2.5 | —/— | 1.1/1.7 | 1/1.6 | 8~9 | 3~3.5 |
| 孔深/m | 22~22.5 | 17.0 | 13.5~15.5 | 13.5~14.5 | 13.5~14.5 | 14.5~15 |
| 填塞高度/m | 3.5~4.0 | | 6~6.5 | 4~5 | 5.5~6.5 | 7~8 |
| 后排孔药量增加系数 | 不增加 | 不增加 | 不增加 | 1.2 | 1.2 | 1.3~1.5 |
| 单位炸药消耗量/kg·m⁻³ | 0.41~0.48 | 0.56 | 0.3~0.4 | 0.4~0.5 | 0.4~0.5 | 0.5~0.6 |
| 延米爆破量/t·m⁻¹ | 100~105 | 65 | 160~165 | 50~60 | 140~150 | 37~40 |

### （九）装药结构

露天矿深孔爆破，按炸药在炮孔中装填状态，装药结构分为：

（1）连续装药结构。炸药沿炮孔轴向方向连续装填，是深孔爆破普遍使用的一种装药结构，操作简便，便于机械化装药。但炮孔填塞高度大，爆区顶部爆破大块增多。由于炸药在台阶高度分布不均匀，爆破粒度级配恶化，影响爆破质量。

（2）分段装药结构。将炮孔中药柱分为两段或若干段，提高装药高度，炸药分布比较均匀，增强爆破效果，但装药施工比较复杂，延长爆破作业时间。分段装药结构又分为：

1）惰性材料间隔分段装药。用砂、土、岩屑等惰性材料作为分段间隔材料。

2）用空气间隔进行分段装药。根据空气间隔在炮孔中部位，可分为炮孔底部空气间隔和炮孔中部空气间隔装药。采用空气间隔装药，可降低爆炸冲击波的峰值压力，延长应力作用时间，岩石爆破破碎块度比较均匀。

3）混合装药结构。炮孔底部装威力高的炸药，炮孔上部装威力中等的炸药。

### （十）深孔爆破起爆顺序

深孔爆破起爆顺序包括排间顺序起爆、孔间毫秒延时爆破、楔形顺序起爆和斜线起爆。

（1）排间顺序起爆。排间顺序起爆亦称排起爆，排间顺序起爆，设计、施工简便，爆堆比较均匀整齐，是使用简单、应用广泛的一种方式，一般呈三角形布孔。当爆破规模大时，由于同段药量过大，爆破地震危及安全。

排间顺序起爆分为全区顺序起爆和排间分区顺序起爆，如图6-28所示。

（2）孔间毫秒延时爆破。

1）波浪形孔间毫秒延时爆破。在爆区同一排炮孔按奇、偶数分组顺序起爆方式，前段爆破为后段爆破创造了较多自由面，如图6-29a所示。

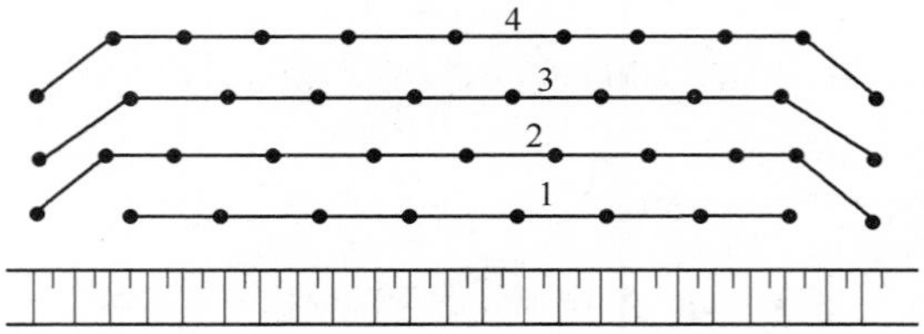

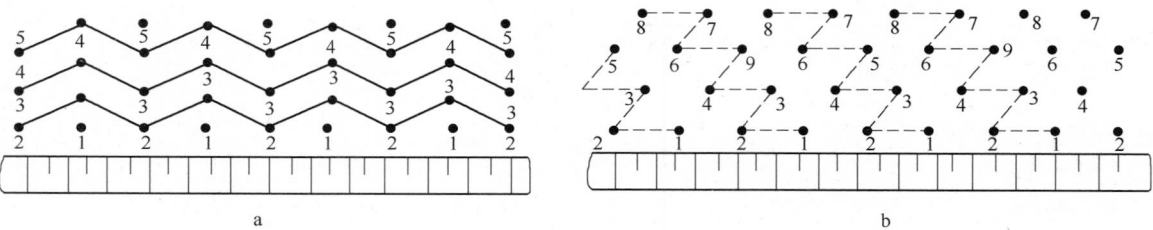

图 6 - 28  排间顺序起爆
1~4—起爆顺序

2）阶梯形孔间毫秒延时爆破。该起爆顺序在爆破过程中岩体受到来自多方面的爆破作用，并增加爆破作用时间，提高爆破效果，如图 6 - 29b 所示。

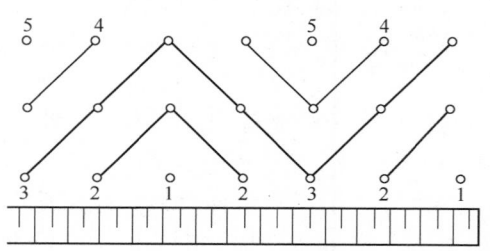

图 6 - 29  孔间毫秒延时爆破
a—波浪形；b—阶梯形
1~9—起爆顺序

（3）楔形顺序起爆。爆区第一排中间若干个孔，一般 1~3 个孔率先起爆，形成一个楔形（梯形、V形）空间，而后两侧孔按顺序向楔形空间爆破。楔形顺序起爆特点：第一排孔的后续各排孔起爆方向改变，则实际最小抵抗线比设计最小抵抗线小，实际孔间距比设计孔间距大，如图 6 - 30 所示。提高爆破破碎质量，但第一排孔破碎效果较差，爆堆集中且高度大。

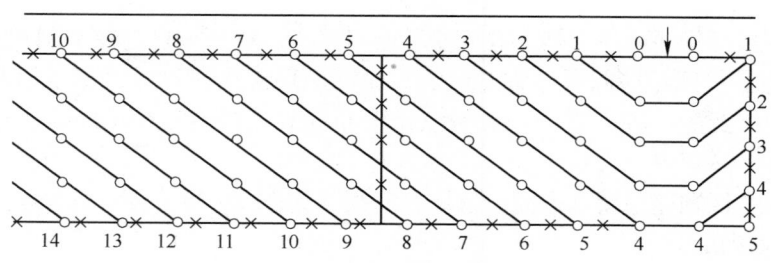

图 6 - 30  楔形起爆网路

（4）斜线起爆。斜线起爆，又称对角线起爆，如图 6 - 31 所示。起爆从爆区侧翼开始，起爆的各排孔均与台阶坡顶线斜交，同一排孔实现孔间毫秒延期爆破，爆区最后一排孔系逐孔起爆，减少后冲。

图 6 - 31  对角线顺序起爆
1~14—起爆顺序

# 第八节 预裂爆破

预裂爆破是沿设计开挖边界钻一排小孔距的平行深孔，采用不耦合装药结构或装低威力缓性炸药，在主爆区之前起爆，在爆区与保留区之间形成一条有一定宽度的贯穿裂缝。预裂缝宽度可达 10~20mm。

由于在主爆区和保留区之间预先形成的预裂缝，将主爆区爆破应力波传播到预裂缝时被反射掉一部分，则透射到保留岩体中的应力波强度降低。预裂缝切断爆区传播的裂缝扩展。采用预裂爆破，减少开挖面的超欠挖量，提高保留岩体的稳定性。

## 一、炮孔直径

预裂炮孔直径直接影响孔壁上留下的预裂痕迹。一般孔径小，孔痕率提高。应采用炮孔直径为 110~150mm 潜孔钻机。

## 二、不耦合系数

预裂爆破不耦合系数 $K_c$：

$$K_c = \frac{d}{r}$$

式中　$d$——炮孔直径，mm；

　　　$r$——药卷直径，mm。

预裂爆破不耦合系数以 2~5 为宜，不耦合系数可随孔距减小而适当增大。当岩石强度大，坚硬致密，应选取较小的不耦合系数。

## 三、线装药密度

线装药密度（$q_{线}$）系指炮孔装药量对不包括填塞部分炮孔长度之比。

### （一）预裂爆破经验公式

（1）用于深孔爆破：

$$q_{线} = 0.042[\sigma_{压}]^{0.5}a^{0.6}$$

式中　$q_{线}$——炮孔线装药密度，kg/m；

　　$[\sigma_{压}]$——岩石极限抗压强度，MPa；

　　　$a$——预裂炮孔间距，m。

（2）保证不损坏孔壁的线装药密度：

$$q_{线} = 2.75[\sigma_{压}]^{0.53}Y^{0.38}$$

式中　$Y$——预裂孔半径，mm。

（3）保证形成贯通相邻炮孔的线装药密度：

$$q_{线} = 0.36[\sigma_{压}]^{0.63}a^{0.67}$$

（4）长江科学院计算公式：

$$q_{线} = 0.034[\sigma_{压}]^{0.63}d^{0.67}$$

### （二）经验数据法

预裂爆破参数经验数值见表 6-30。

表 6-30 预裂爆破参数经验数值

| 岩 石 性 质 | 岩石抗压强度/MPa | 钻孔直径/mm | 钻孔间距/m | 线装药量/g·m$^{-1}$ |
|---|---|---|---|---|
| 软弱岩石 | <50 | 80 | 0.6~0.8 | 100~180 |
| | | 100 | 0.8~1.0 | 150~250 |
| 中坚硬岩石 | 50~80 | 80 | 0.6~0.8 | 180~300 |
| 次坚硬岩石 | 80~120 | 100 | 0.8~1.0 | 250~350 |
| 坚硬岩石 | <120 | 90 | 0.8~0.9 | 250~400 |
| | | 100 | 0.8~1.0 | 300~450 |
| | | 90~100 | 0.8~1.0 | 300~700 |

注：药量以2号岩石铵梯炸药为标准，间距小者取小值，大者取大值；节理裂隙发育者取小值，反之取大值。

我国某些工程采用的预裂爆破参数见表6-31。

我国部分露天金属矿山预裂爆破参数见表6-32。

表 6-31 我国某些工程采用的预裂爆破参数

| 工程名称 | 地质条件 | 孔深/m | 孔径/mm | 孔距/cm | 全孔装药量/kg | 填塞长度/m | 顶部减弱装药 长度/m | 顶部减弱装药 装药量/g | 中部正常装药 长度/m | 中部正常装药 装药量/g | 底部加强装药 长度/m | 底部加强装药 装药量/g | 全孔平均线装药密度/g·m$^{-1}$ | 中部正常线装药密度/g·m$^{-1}$ | 炸药品种 | 爆破效果 |
|---|---|---|---|---|---|---|---|---|---|---|---|---|---|---|---|---|
| 东江水电站 | 花岗岩 | 3 | 40 | 35 | 1.05 | 0.75 | | | 2.25 | 1050 | | | 350 | 466 | 2号岩石硝铵炸药 | 效果好，壁面平整 |
| 龙羊峡水电站 | 新鲜花岗闪长岩 | 8 | 75 | 90 | 4.8 | 1.0 | 1.0 | 300 | 5 | 3000 | 1.0 | 1500 | 600 | 600 | 2号岩石硝铵炸药 | 预裂缝张开2.04cm，半孔率90% |
| 官厅水库 | 石灰岩 | 5 | 100 | 75 | 1.42 | 1.5 | 1.0 | 224 | 1.5 | 563 | 1.0 | 633 | 284 | 375 | 2号岩石硝铵炸药 | 地表及孔内预裂缝宽0.5~1.0cm |
| 贵新高速 | 石灰岩 | 19 | 100 | 100 | 8.6 | 1.5 | 4.5 | 900 | 8 | 3200 | 4.0 | 4500 | 453 | 400 | 2号岩石硝铵炸药 | 预裂加硐室爆破，预裂面平整光滑，半孔率96%以上 |
| 焦晋高速 | 石灰岩 | 20 | 100 | 120 | 9.0 | 2.0 | 5.0 | 1000 | 9 | 3600 | 4.0 | 4400 | 450 | 400 | 2号岩石硝铵炸药 | 多台阶预裂加硐室爆破，预裂面平整效果好，半孔率90%以上 |

表 6-32 我国部分露天金属矿山预裂爆破参数

| 矿山名称 | 地质条件 | 普氏坚固性系数f | 孔深/m | 孔径/mm | 孔距/m | 全孔装药量/kg | 填塞长度/m | 平均线装药密度/kg·m$^{-1}$ | 炸药品种 |
|---|---|---|---|---|---|---|---|---|---|
| 南山铁矿 | 闪长玢岩 | 8~12 | 17 | 150 | 1.5~1.8 | 22.1 | 3.0 | 1.3 | 铵油炸药 |
| | 安山岩 | 6~8 | 13.5~14.5 | 140 | 2~2.5 | 12~13 | 1.5 | 1 | 岩石乳化炸药 |
| 兰尖铁矿 | 角闪岩 | 10~14 | 17 | 140 | 1.3~1.5 | 20.4~21 | 1.5~2 | 1.2 | 岩石乳化炸药 |
| | 辉长岩 | 14~16 | 18 | 160 | 1.0 | 21~22.2 | 1.5 | 1.2 | |

## 四、预裂爆破孔距

预裂爆破孔距

$$a_{预} = nd$$

式中　$n$——孔距计算系数，$n = 8 \sim 12$。

岩石坚硬完整、孔径小取大值；反之取小值。

## 五、炮孔深度与炮孔填塞

预裂爆破深度不应小于主爆区炮孔的超深深度，预裂炮孔超深范围为 $0.5 \sim 2m$，岩石坚硬完整取大值。

预裂孔两端在预裂爆破范围外各延伸 $5 \sim 10m$。

预裂爆破应适当填塞，用以延长爆炸气体在孔内作用时间，有利增加预裂缝宽度。填塞长度一般为 $1 \sim 2m$。

## 六、起爆

预裂爆破预裂孔应同时起爆。有时为降低爆破地震效应，也可分区分段起爆。

# 第九节　爆破地震效应

## 一、爆破地震波

### (一) 爆破地震波分类

炸药在岩体中爆炸，爆破地震传播区的特征是弹性效应。爆破地震波在岩体内首先传播的形式为体波。体波是岩体内传播的特性波，包括纵波和横波。

纵波，又称 P 波，因其传播速度最快，又称初至波。纵波的传播方向与振动方向一致，传播垂直应力将介质压缩或膨胀变形，故称纵波为压缩波。

横波，又称 S 波、剪切波。介质质点振动与波的传播方向相垂直时，引起介质的剪切变形。

表面波，表面波质点振幅随至界面距离的增加，按指数减少，波形沿界面传播。

接近地表爆破中，存在纵向应力波（P 波）、纵向稀疏波（N 波）、剪切波（S 波）、瑞利表面波（R 波）四种波。按波的传播速度快慢，划分：$v_P > v_N > v_S > v_R$。

### (二) 爆破地震波作用

爆破中体积波，尤其是纵波（P 波）对岩石生产压缩和拉伸变形，是爆破导致岩石破裂的主要原因。表面波中，特别是瑞利波（R 波），传播过程中携带大量能量，是造成地震破坏的主要原因。

体波在爆破近区起主要作用；表面波频率低、衰减慢、携带能量较多，在爆破远区起主要作用。

若按震源辐射出的能量为 100，则各类波所占能量为：纵波（P 波）7%、横波（S 波）26%、表面波 67%。

### (三) 爆破地震波特性

爆破地震是由岩石中炸药爆炸产生的特性波传播引发的大地震动。爆破地震波主要特征如下：

（1）爆源。

1）爆破能量：炸药类型、药量大小；

2）爆破的几何特征：爆破作用指数 $n$ 值、装药结构、药包形状、临空面数目；

3）爆破方法：瞬间起爆、分段延时起爆。

（2）离爆源距离。

（3）爆破地震波传播区地质地形情况。

### （四）爆破地震与自然地震

爆破地震有别于自然地震：

（1）爆破地震振动频率较高（10～100Hz），而自然地震振动频率较低（2～5Hz），与一般工程结构自振频率相近，破坏性大。

（2）爆破地震持续时间短，一般在0.55s左右；而天然地震持续时间长，多在10～40s之间。

（3）自然地震能量巨大、频率低、衰减慢、持续时间长，危害甚巨，远大于爆破地震。

（4）工程爆破，可掌控爆破规模、振动强度、作用方向。

爆破地震的实际破坏远比相同烈度的自然地震小。

## 二、爆破地震安全判据

爆破振动一般用爆破地震波幅值来表达。爆破振动幅值有质点振动位移、振动速度和振动加速度。实验和观测表明，被爆介质质点振速大小与爆破地震破坏程度相关性最佳，岩土性质和地震波传播关系比较稳定。

于亚伦教授论述用质点振动速度衡量爆破振动强度的合理性："地面建筑物的爆破振动判据要采用质点峰值振动速度和主振频率两个指标，因为（1）从理论上讲地震动是由不同频率、不同幅值在一个有限时间范围内组合的随机过程。地震动的最大振幅、频率和持续时间是表征地震的三要素，而最大振幅又与速度、加速度密切相关。（2）从工程上看，结构在爆破作用下的反应与频率特性的关系也十分密切。（3）从国外发展趋势看，采用速度—频率作为地震强度指标也是势在必行的。"

### （一）爆破振动速度公式

前苏联萨道夫斯基得出与介质性质有关的系数 $K$ 和衰减指数 $\alpha$ 的爆破地面振动速度算式，该公式为工程爆破普遍应用，也是我国《爆破安全规程》采用的计算公式：

$$v = K\left(\frac{\sqrt[3]{Q}}{R}\right)^{\alpha}$$

式中　$v$——地面质点峰值振动速度，cm/s；

　　　$Q$——装药量，kg，齐发爆破时为总药量，延迟爆破时为最大一段药量；

　　　$R$——爆区中心至观测点的距离，m；

　$K$，$\alpha$——与爆破点至保护对象间的地形、地质条件有关的系数和衰减指数。

我国《爆破安全规程》列出了 $K$ 值和 $\alpha$ 值的计算选取范围（表6-33），也可通过类似工程或现场试验确定。

表6-33　$K$ 值和 $\alpha$ 值与岩性关系

| 岩　性 | $K$ | $\alpha$ |
| --- | --- | --- |
| 坚硬岩石 | 50～150 | 1.3～1.5 |
| 中硬岩石 | 150～250 | 1.5～1.8 |
| 软岩石 | 250～350 | 1.8～2.0 |

### （二）爆破振动强度物理量

顾毅成等人提出表征爆破振动强度物理量的表达式：

$$A = KQ^m R^n$$

式中　　$A$——爆破振动强度物理量（振动速度或加速度）；

　　　　$R$——测点到爆点的距离；

　　$m$，$n$——反映不同爆破方式、地质、场地条件因素的系数。

对药量指数 $m$ 值，有人提出，对于集中药包爆破，$m = 1/3$；对于延长药包爆破，$m = 1/2$。

### （三）爆破振动速度的三个分量

顾毅成等编著的《工程爆破安全》认为："爆破振动速度横向、倾向、垂直向三个分量一般具有相同的数量级，应同时测量相互垂直的三个分量。但在许多情况下并不要求矢量和，而仅要求三分量中的最大一个，一般只需记录垂直分量中的最大一个，在测量结构物时，还可仅测量影响最大的一个分量。"

计算三个分量的矢量和时，为求得质点振动的最大速度，应将三个分量的最大振动速度进行合成：

$$v_{\max} = \sqrt{v_{T\max}^2 + v_{V\max}^2 + v_{L\max}^2}$$

式中　　$v_{T\max}$——横向最大振动速度；

　　　　$v_{V\max}$——垂直向最大振动速度；

　　　　$v_{L\max}$——纵向最大振动速度。

## 三、爆破地震效应影响因素

### （一）爆源对爆破地震效应的影响

长沙矿山研究院就爆源对地震波振动强度的影响，研究成果认为：

（1）药包分散性影响。当炸药药量相等，而药包分散程度不一时，爆破地震效应不一样。与单个药包相比，随着药包的分数，在垂直炮孔连线与炮孔连线方向上振速变化规律不同，在炮孔连线方向上，药包越分散，振速降低幅值越大，其降低值为 25.2% ~ 46%；垂直炮孔连线方向在药包半径 $r$ 的 400 ~ 500 倍范围内，随着药包的分散，地面振动速度并未降低，反而有所提高，但在 400 ~ 500 倍药包半径范围外振速则急剧下降。

（2）药包爆破作用性质的影响。随着爆破作用指数 $n$ 的增加，药包爆破时赋予地震效应的能量相对减少。即当松动爆破转变为抛掷爆破时，爆破地震效应降低。实验时炮孔布置成三排九孔，松动爆破时 $n = 0.81$，抛掷爆破时 $n = 1.5$，总药量均为 2.6kg。

比较实验资料得出，抛掷爆破（$n = 1.5$）与松动爆破（$n = 0.81$）相比，振动速度平均降低 4.0% ~ 22.6%；抛掷爆破与单孔松动药包相比，振动速度平均降低 27.1% ~ 31.8%。

（3）爆破方法对振动速度的影响。毫秒延时爆破是指各药包在极短时间间隔内（一般为 15 ~ 100ms）起爆，各药包爆破后引起的地震波相互干涉而使地震效应降低。实验时药包布置成三排九孔，各排毫秒延时起爆间隔时间 25ms，药包药量按大中小不同方案组成。

比较实验资料得出：

1）与单个药包相比，毫秒延时起爆引起的地面振动速度均减少，在沿炮孔连线方向减少 49.9% ~ 67.8%，在垂直炮孔连接方向（背向）减少 34.2% ~ 50.7%。

2）炮孔布置形式相同，与齐发爆破相比，毫秒延时爆破的振速均降低，在沿炮孔中心线方向降低 46.8% ~ 55%，垂直炮孔中心连线方向降低 15.3% ~ 35.6%。

3）毫秒延时爆破中，各组质量不同的药包组合时，振速降低的最佳方案为小、大、中药包组合起爆。

（4）爆破作用方向对地面振动速度的影响。沿炮孔中心连线方向振速变化受爆破条件、爆破方法改变的影响较大，而对垂直于炮孔中心连线方向则上述影响不显著。沿炮孔中心连线方向的振速普遍比垂直炮孔连线方向的振速要低。这一现象在铁路路堑大量爆破中也很明显。铁路路堑大量爆破药包布置的特点是沿线路布置成一长列，而且一般抛掷爆破中的抛掷方向垂直线路方向，在这种情况下，抛掷爆破的地震效应在抵抗线背向（即抛掷方向背后）的振动强度比爆破地段两侧的同一距离要大，相应的爆破范围也要远一些。

### （二）地形条件对爆破地震效应的影响

爆破振动波的强度随地面垂直高度的增加呈放大趋势。据此，长江科学院提出了爆破振动强度随高程变化的公式：

$$v = K \left( \frac{\sqrt[3]{Q}}{R} \right)^{\alpha} \left( \frac{\sqrt[3]{Q}}{H} \right)^{\beta}$$

$$v = K \left( \frac{\sqrt[3]{Q}}{R} \right)^{\alpha} e^{\beta H}$$

式中　$v$——质点振动速度，cm/s；

$\quad\quad Q$——最大单响药量，kg；

$\quad\quad R$——爆源至测点的水平距离，m；

$\quad\quad H$——爆源至测点的垂直距离，m；

$\quad K，\alpha$——与地形和地质条件有关的参数；

$\quad\quad \beta$——高程影响系数。

当地震波传播途径低于爆源标高的沟谷，爆破地震效应降低，破坏范围相应缩小。

被爆岩体增加一个临空面，爆破地震可降低10%～15%。

### （三）地质条件对爆破地震效应的影响

铁道科学院研究认为：爆源周围介质及观测点地质条件对爆破地震效应有明显的影响，岩石等级越松软破碎，爆破地震波在其中所反映的地震强度越大。不同地质条件下爆破振动强度比较见表6-34。

表6-34　不同地质条件下爆破振动强度比较

| 工点名称 | 地质条件 | $q = \sqrt[3]{Q}/R$[①] | $v$/cm·s$^{-1}$ |
|---|---|---|---|
| 沙 湾 | 玄武岩 | 0.10～0.125 | 1.2～2.0 |
| 道林子 | 石灰岩 | 0.10～0.125 | 1.8～2.6 |
| 小河子 | 砂石、页岩，风化破碎 | 0.10～0.125 | 3.8～5.4 |
| 龙门沟 | 黄黏土、沙黏土夹孤石 | 0.10～0.125 | 4.7～5.7 |

① $q$—折算距离；$Q$—炸药量，kg；$R$—爆区至测点距离，m。

## 四、爆破地震效应破坏判据

### （一）爆破振动安全允许标准

我国爆破安全规程规定，爆破振动安全允许标准见表6-35。选取建筑物安全允许振动速度时，应综合考虑建筑物的重要性、建筑质量、新旧程度、自振频率、地基条件等因素。

表6-35　爆破振动安全标准

| 序号 | 保护对象类别 | 安全允许质点振动速度 $v$/cm·s$^{-1}$ | | |
|---|---|---|---|---|
| | | $f \leqslant 10Hz$ | $10Hz < f \leqslant 50Hz$ | $f > 50Hz$ |
| 1 | 土窑洞、土坯房、毛石房屋 | 0.15～0.45 | 0.45～0.9 | 0.9～1.5 |
| 2 | 一般民用建筑物 | 1.5～2.0 | 2.0～2.5 | 2.5～3.0 |
| 3 | 工业和商业建筑物 | 2.5～3.5 | 3.5～4.5 | 4.2～5.0 |

| 序号 | 保护对象类别 | | 安全允许质点振动速度 $v/cm \cdot s^{-1}$ | | |
|---|---|---|---|---|---|
| | | | $f \leqslant 10Hz$ | $10Hz < f \leqslant 50Hz$ | $f > 50Hz$ |
| 4 | 一般古建筑与古迹 | | 0.1 ~ 0.2 | 0.2 ~ 0.3 | 0.3 ~ 0.5 |
| 5 | 运行中的水电站及发电厂中心控制室设备 | | 0.5 ~ 0.6 | 0.6 ~ 0.7 | 0.7 ~ 0.9 |
| 6 | 水工隧洞 | | 7 ~ 8 | 8 ~ 10 | 10 ~ 15 |
| 7 | 交通隧道 | | 10 ~ 12 | 12 ~ 15 | 15 ~ 20 |
| 8 | 矿山巷道 | | 15 ~ 18 | 18 ~ 25 | 20 ~ 30 |
| 9 | 永久性岩石高边坡 | | 5 ~ 9 | 8 ~ 12 | 10 ~ 15 |
| 10 | 新浇大体积混凝土（C20） | 龄期：初凝 ~ 3d | 1.5 ~ 2.0 | 2.0 ~ 2.5 | 2.5 ~ 3.0 |
| | | 龄期：3 ~ 7d | 3.0 ~ 4.0 | 4.0 ~ 5.0 | 5.0 ~ 7.0 |
| | | 龄期：7 ~ 28d | 7.0 ~ 8.0 | 8.0 ~ 10.0 | 10.0 ~ 12 |

注：1. 表中质点振动速度为横向、纵向、垂直三个分量中的最大值；
　　2. 表列频率为主频率，系指最大振幅所对应力波的频率；
　　3. 频率范围可据类似工程或现场实例波形选取，或按下列数据选取：露天深孔爆破 $f < 10 ~ 60Hz$，硐室爆破 $f < 20Hz$，露天浅孔爆破 $f < 40 ~ 100Hz$；
　　4. 爆破振动监测应同时测量质点振动相互垂直的三个分量。

## （二）地面破坏程度与振动速度关系

铁道部铁道科学院提出地面破坏程度与地面垂直最大速度关系见表 6 - 36。

**表 6 - 36　地面破坏程度与地面垂直最大速度之间的关系**

| 地面垂直最大速度/$cm \cdot s^{-1}$ | 地 面 破 坏 程 度 |
|---|---|
| 1.5 ~ 5.0 | 高陡边坡上的碎石、砾石、土可能少量掉落 |
| 5.0 ~ 10.0 | 靠近陡坎的覆盖层中出现细小裂隙，干彻片石可能有少量错动 |
| 10.0 ~ 20.0 | 临空面处原有裂隙轻微张开，沙土、弃石渣开始溜坍，干彻片石垛可能局部坍塌 |
| 20.0 ~ 35.0 | 高陡边坡可能有较多的落石和少量塌方，碎石土堆成的堤坝产生塌落 |
| 35.0 ~ 55.0 | 缓坡上的块度发生移动，硬土地面可见开裂，顺层理面或节理面可能轻微张开、错动 |
| 55.0 ~ 80.0 | 硬土地面产生大裂隙，原有大裂隙宽度可能加大 |
| 80.0 ~ 110.0 | 基岩层面出现裂隙，原有大裂隙宽度可能挤压变小 |
| > 110.0 | 基岩大面积破坏，边坡发生大的滑坡和塌陷 |

## （三）质点振动速度与建筑物破坏关系

一些研究者提出爆破振动对建筑物破坏的工程标准见表 6 - 37，砖式建筑物和构筑物的破坏与地面最大振速的关系见表 6 - 38。

**表 6 - 37　国外一些研究者提出的爆破振动破坏的工程标准**

| 序　号 | 研　究　者 | 工　程　标　准 | 建筑物破坏程度 |
|---|---|---|---|
| 1 | V. 兰格福尔斯<br>B. 基尔斯特朗<br>H. 韦斯特伯格 | $v = 7.1cm/s$<br>$v = 10.9cm/s$<br>$v = 16cm/s$<br>$v = 23.1cm/s$ | 无破坏<br>细的裂缝、抹灰脱落<br>开裂<br>严重开裂 |
| 2 | A. T. 爱德华兹<br>A. D. 诺思伍德 | $v \leqslant 5.08cm/s$<br>$v = 5.08 ~ 10.2cm/s$<br>$v > 10.2cm/s$ | 安全<br>可能发生破坏<br>破坏 |

| 序　号 | 研　究　者 | 工程标准 | 建筑物破坏程度 |
|---|---|---|---|
| 3 | A. 德沃夏克 | $v = 1.0 \sim 3.0 cm/s$<br>$v = 3.0 \sim 6.0 cm/s$<br>$v > 6.1 cm/s$ | 开始出现细小裂缝<br>抹灰脱落，出现细小裂缝<br>抹灰脱落，出现大裂缝 |
| 4 | 美国矿务局 | $a < 0.1g$<br>$0.1g < a < 1g$<br>$a > 1g$ | 无破坏<br>轻微破坏<br>破坏 |
| 5 | M. A. 萨道夫斯基 | $v < 10 cm/s$ | 安全 |

**表 6 - 38　砖式建筑物和构筑物的破坏与地面最大振速的关系**

| 砖式建筑物和构筑物的破坏情况 | 地面最大振速/cm · s$^{-1}$ | |
|---|---|---|
| | I | II |
| 抹灰中有细裂缝，掉白粉；原有裂缝有发展，掉小块抹灰 | 0.75 ~ 1.5 | 1.5 ~ 3 |
| 抹灰中有裂缝，抹灰成块掉落，墙和墙中间有裂缝 | 1.5 ~ 6 | 3 ~ 6 |
| 抹灰中有裂缝并破坏，墙上有裂缝，墙间联系破坏 | 6 ~ 25 | 6 ~ 12 |
| 墙壁中形成大裂缝，抹灰大量破坏，砌体分离 | 25 ~ 37 | 12 ~ 24 |
| 建筑物严重破坏，构件联系破坏，柱和支承墙间有裂缝，屋檐、墙可能倒塌，不太好的新老建筑物破坏 | 37 ~ 60 | 24 ~ 28 |

注：I 为 A. B. Сафонов 等人的资料；II 为 C. B. Медведев 的资料。

### （四）建筑物抗震烈度

地震烈度是指某一地震在某一地点引起振动的强度标准，作为工程建筑抗震设计的依据。我国地面建筑物爆破振动判据采用质点峰值振动速度和主振频率两个指标。爆破振动安全允许标准可参考类似工程或保护对象所在地的设计抗震烈度值用以确定振动极限速度值，见表 6 - 39。

**表 6 - 39　建筑物抗震烈度与相应地面质点振动速度的关系**

| 建筑物设计抗震烈度 | 5 | 6 | 7 |
|---|---|---|---|
| 允许地面质点振动速度/cm · s$^{-1}$ | 2 ~ 3 | 3 ~ 5 | 5 ~ 8 |

### 五、爆破地震效应的控制

爆破地震效应与爆破介质性质、爆破工艺参数、建筑物结构等诸多因素相关，一般采取以下措施控制和降低爆破地震效应：

（1）控制分段爆破最大一段炸药用量，增加分段爆破次数。

（2）选用最优毫秒延期降震时间。延期间隔时间一般为 100ms 以上，也可通过现场爆破振动测试确定合理降震间隔时间。

（3）改变起爆方向和起爆顺序。

（4）预裂爆破或减震沟降震。

（5）采用降低爆破振动的装药结构：分段装药和孔内微差、空气间隔。

## 第十节　空气冲击波、爆破噪声和飞石

爆炸冲击波噪声和爆破飞石是工程爆破的有害效应，严重威胁生命财产的安全。在距爆源一定范围内，爆炸冲击波和飞石对人员具有杀伤力，对建筑物、设备造成破坏。岩石钻孔爆破产生的空气冲击波，

多为爆炸气体冲出炮孔和裂缝压缩界面空气而形成。

## 一、空气冲击波

### （一）空气冲击波产生原因

空气冲击波产生原因主要有：

（1）炮孔填塞长度小，填塞质量差，炸药爆炸产生的高压气体从孔口冲出而产生空气冲击波。

（2）炮孔局部抵抗线太小，爆炸高压气体沿该处冲出，产生空气冲击波。

（3）大区域微差爆破，起爆顺序失控，造成后续爆破一些炮孔抵抗线变小，造成空气冲击波。

（4）在地质构造断层、褶皱、破碎带溶洞等弱面处爆炸气体冲出产生空气冲击波。

（5）裸露地面炸药、地表导爆索网路爆炸和起爆引起的空气冲击波。

（6）硐室爆破，鼓包破裂后冲出的气浪。

### （二）露天深孔爆破冲击波

露天岩石钻孔爆破，因为爆炸气体膨胀以超声速度从孔内冲出形成的冲击波。空气冲击波的超压计算式：

$$\Delta p = K\left(\frac{\sqrt[3]{q}}{R}\right)^{Q}$$

式中　$\Delta p$——空气冲击波阵面超压，$10^5 \mathrm{Pa}$；

$K$，$Q$——系数，台阶爆破时 $K=1.48$，$Q=1.55$；炮孔法破碎大块时 $K=0.67$，$Q=1.31$。

冲击波的破坏作用主要取决于冲击波超压峰值 $\Delta p$，冲击波超压对保护物的破坏程度见表6-40。

表6-40　空气冲击波超压对保护物的破坏程度

| 破坏等级 | | | 1 | 2 | 3 | 4 | 5 | 6 | 7 |
|---|---|---|---|---|---|---|---|---|---|
| 破坏等级名称 | | | 基本无破坏 | 次轻度破坏 | 轻度破坏 | 中等破坏 | 次严重破坏 | 严重破坏 | 完全破坏 |
| 超压 $\Delta p/10^5\mathrm{Pa}$ | | | <0.02 | 0.02~0.09 | 0.09~0.25 | 0.25~0.40 | 0.40~0.55 | 0.55~0.76 | >0.76 |
| 建筑物破坏程度 | 玻璃 | 偶然破坏 | 少部分破碎呈大块，大部分呈小块 | 大部分破碎呈小块到粉碎 | 粉碎 | — | — | — | — |
| | 木门窗 | 无损坏 | 窗扇少量破坏 | 窗扇大量破坏，门扇、窗框破坏 | 窗扇掉落、内倒，窗框、门扇大量破坏 | 门、窗扇摧毁，窗框掉落 | — | — | — |
| | 砖外墙 | 无损坏 | 无损坏 | 出现小裂缝，宽度小于5mm，稍有倾斜 | 出现较大裂缝，缝宽5~50mm，明显倾斜，砖垛出现小裂缝 | 出现大于50mm的大裂缝，严重倾斜，砖垛出现较大裂缝 | 部分倒塌 | 大部分或全部倒塌 | |
| | 木屋盖 | 无损坏 | 无损坏 | 木屋面板变形，偶见折裂 | 木屋面板、木檩条折裂，木屋架支座松动 | 木檩条折断，木屋架杆件偶见折断，支座错位 | 部分倒塌 | 全部倒塌 | |
| | 瓦屋面 | 无损坏 | 少量移动 | 大量移动 | 大量移动到全部掀动 | — | — | — | — |
| | 钢筋混凝土屋盖 | 无损坏 | 无损坏 | 无损坏 | 出现小于1mm的小裂缝 | 出现1~2mm宽的裂缝，修复后可继续使用 | 出现大于2mm的裂缝 | 承重砖墙全部倒塌，钢筋混凝土承重柱严重破坏 | |

续表6-40

| 破坏等级 | | 1 | 2 | 3 | 4 | 5 | 6 | 7 |
|---|---|---|---|---|---|---|---|---|
| 建筑物破坏程度 | 顶棚 | 无损坏 | 抹灰少量掉落 | 抹灰大量掉落 | 木龙骨部分破坏，出现下垂缝 | 塌落 | — | — | |
| | 内墙 | 无损坏 | 板条墙抹灰少量掉落 | 板条墙抹灰大量掉落 | 砖内墙出现小裂缝 | 砖内墙出现大裂缝 | 砖内墙出现严重裂缝至部分倒塌 | 砖内墙大部分倒塌 | |
| | 钢筋混凝土柱 | 无损坏 | 无损坏 | 无损坏 | 无损坏 | 无损坏 | 有倾斜 | 有较大倾斜 | |

### （三）空气冲击波的安全距离

空气冲击波对地面建筑物的安全距离的计算公式为：

$$R_B = K_B \sqrt{Q}$$

式中　$R_B$——空气冲击波的安全距离，m；

　　　$Q$——装药量，kg；

　　　$K_B$——爆破条件及影响程度系数。

空气冲击波超压对人体危害见表6-41。

表6-41　空气冲击波超压对人体危害

| 序　号 | 超压值/MPa | 伤害程度 | 伤害情况 |
|---|---|---|---|
| 1 | <0.002 | 安全 | 安全无伤 |
| 2 | 0.02~0.03 | 轻微 | 轻微损伤 |
| 3 | 0.03~0.05 | 中等 | 听觉、气管损伤；中等损伤、骨折 |
| 4 | 0.05~0.1 | 严重 | 内脏受到严重损伤；可能造成伤亡 |
| 5 | >0.1 | 极严重 | 大部分人死亡 |

### （四）爆破冲击波的控制

爆破冲击波的控制主要有：

（1）采用毫秒延时爆破，控制分段起爆炸药量，分散布药，充分利用爆破冲击波的相互干扰衰减作用。

（2）合理选择最小抵抗线数值和方向，保证填塞质量和充填长度；优化装药结构，充分利用爆炸能量。

（3）布孔和装药避免岩土介质弱面。

（4）关注爆破作业时气候，不在清晨或傍晚实施爆破。

（5）设置波阻屏障，削弱空气冲击波强度。

## 二、爆破噪声

### （一）爆破噪声的产生

工程爆破，爆炸空气冲击波超压 $\Delta p < 0.02MPa$，冲击波蜕变为声波。

### （二）爆破噪声危害

以波动形式向外传播，产生爆破噪声。空气冲击波与噪声的区别，据美国矿业局的标准，把超压 $\Delta p$

>7kPa 的称为空气冲击波，把超压 $\Delta p$ >7kPa、频率 20Hz 称为噪声。空气冲击波随传播距离增加，高频率成分的能量很快衰减，低频率的亚声波衰减较慢，因其频率接近建筑物的固有频率，引发门窗、玻璃的振动。

爆破噪声属于间歇性脉冲噪声，受地形和气象等因素影响，噪声频率 20～20000Hz 的可闻域范围内，为人们耳朵所闻，会对周围环境和日常生活带来干扰；人们心情不愉快，产生压力。当噪声的声压级为 100dB 时，长期连续作业，听力减弱，在 150dB 条件下，人们的听力发生障碍。

### （三）爆破噪声安全评价标准

我国爆破作用噪声控制标准见表 6 – 42。

表 6 – 42　我国爆破作用噪声控制标准

| 声环境功能类别 | 对应区域 | 不同时段控制标准 | |
| --- | --- | --- | --- |
| | | 昼间 | 夜间 |
| 0 类 | 康复疗养区、有重病号的医疗卫生区或生活区；养殖动物区（冬眠期） | 65 | 55 |
| 1 类 | 居民住宅、一般医疗卫生、文化教育、科研设计、行政办公为主要功能，需要保持安静的区域 | 90 | 70 |
| 2 类 | 以商业金融、集市贸易为主要功能，或者居住、商业、工业混杂，需要维护住宅安静的区域；噪声敏感动物集中养殖区，如养鸡场等 | 100 | 80 |
| 3 类 | 以工业生产、仓储物流为主要功能，需要防止工业噪声对周围环境产生严重影响的区域 | 110 | 85 |
| 4 类 | 人员警戒边界，非噪声敏感动物集中养殖区，如养猪场等 | 120 | 90 |
| 施工作业区 | 矿山、水利、交通、铁道、基建工程和爆炸加工的施工场区内 | 125 | 110 |

## 三、爆破飞石

爆破飞石是指爆破时被爆物体脱离爆堆飞散较远的碎块。

由于爆破飞石飞行方向无法预测、飞行距离难于控制。工程爆破飞石造成的安全事故，为数较多。据统计，露天爆破飞石伤亡事故占整个爆破事故的 27%。

### （一）爆破飞石产生原因

（1）爆破飞石往往产生于爆区第一排孔，且炮孔直径越大，飞石危险越大。沿炮孔长度方向抵抗线变化大，当抵抗线过小时，会引起严重抛掷。

（2）单位炸药消耗量过高，爆破作用指数过大，产生飞石。

（3）岩体断层、裂隙、软弱夹层削弱阻碍爆破的能力。

（4）起爆顺序有误，后爆炮孔受到夹制作用。

（5）炸药爆速高、猛度大，且薄层岩石性脆，易产生大量飞石。

（6）钻孔误差大，堵塞质量差，堵塞长度控制不准。

### （二）爆破飞石安全距离

《爆破安全规程》对人员安全距离的规定见表 6 – 43。

表 6-43　爆破时个别飞散物对人员安全距离的规定

| 爆破类型和方法 | | 最小安全允许距离/m |
|---|---|---|
| 1. 露天岩石爆破 | 浅孔爆破法破大块 | 300 |
| | 浅孔台阶爆破 | 200（复杂地质条件下或未形成台阶工作面时不小于 300） |
| | 深孔台阶爆破 | 按设计，但不小于 200 |
| | 硐室爆破 | 按设计，但不小于 300 |
| 2. 水下爆破 | 水深小于 1.5m | 与露天岩石爆破相同 |
| | 水深大于 1.5m | 由设计确定 |
| 3. 破冰工程 | 爆破薄冰凌 | 50 |
| | 爆破覆冰 | 100 |
| | 爆破阻塞的流冰 | 200 |
| | 爆破厚度大于 2m 的冰层或爆破阻塞流冰一次用药量超过 300kg | 300 |
| 4. 爆破金属物 | 在露天爆破场 | 1500 |
| | 在装甲爆破坑中 | 150 |
| | 在厂区内的空场中 | 由设计确定 |
| | 爆破热凝结物和爆破压接 | 按设计，但不小于 30 |
| | 爆炸加工 | 由设计确定 |
| 5. 拆除爆破、城镇浅孔爆破及复杂环境深孔爆破 | | 由设计确定 |
| 6. 地震勘探爆破 | 浅井或地表爆破 | 按设计，但不小于 100 |
| | 在深孔中爆破 | 按设计，但不小于 30 |

注：沿山坡爆破时，下坡方向的个别飞散物安全允许距离应增大 50%。

撰稿、审定：唐光荣（中国水泥协会）
　　　　　　金昌男（汪清圆鑫矿业有限公司）
　　　　　　李继良（唐山冀东装备工程股份有限公司）

# 第七章　矿山挖掘与铲装设备

## 第一节　挖掘机的分类及其应用范围

### 一、挖掘机的分类

露天矿山适用的挖掘机种类很多，一般按其铲装方式、传动和动力装置、设备规格及用途不同进行分类。

按铲装方式不同，分为正铲、反铲、刨铲和拉铲（索斗铲）等机型。其中斗容小于$4m^3$的为小型；斗容$4 \sim 10m^3$的为中型；斗容大于$10m^3$的为大型。

按传动装置不同，有机械传动式、液压传动式和混合传动式。

按动力装置不同可分为电力驱动式、内燃驱动式和复合驱动式。

按行走装置不同可分为履带、迈步机构、轮胎和轨道等形式。

单斗挖掘机的分类如图7-1所示。

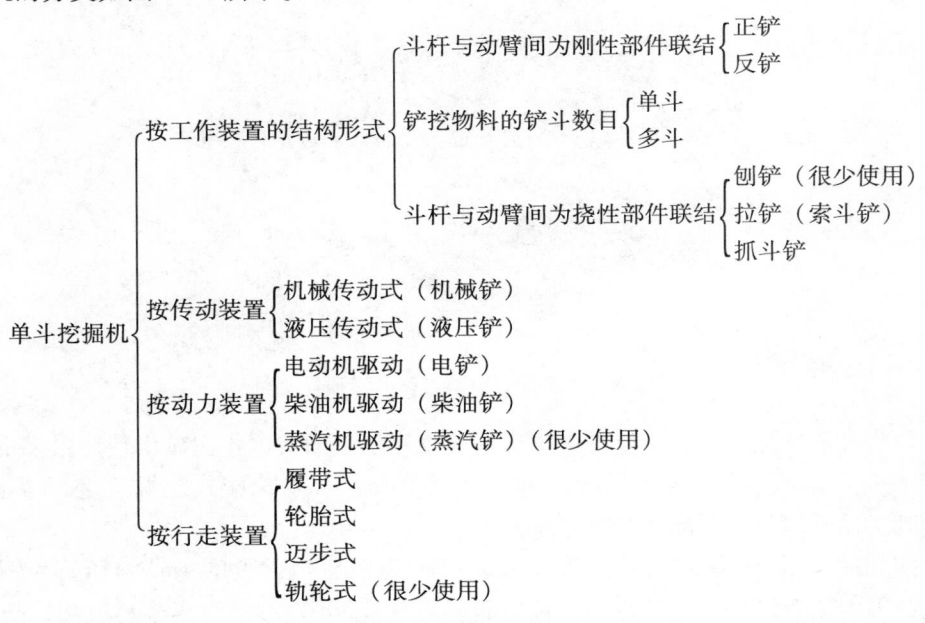

图 7 - 1　矿用挖掘机的主要类型及其主要用途

### 二、各类挖掘机的特点及其应用范围

常见的单斗正铲机械式履带行走的电动挖掘机（简称电铲，见图7-2）的优点很多，适宜露天矿山的高强度作业，广泛用于金属矿、非金属矿及煤炭露天矿的各种土质和软硬矿岩的铲装作业；也可用于水利、建筑和修路等工程的铲装、排土和倒堆作业，常见斗容为$4 \sim 35m^3$。此外，其工作装置稍加改装后可作为吊车使用。由于电铲具有显著的优越性，设计制造水平发展很快，国产最大斗容规格已达$55m^3$，跻身于世界先进行列。

图7-2　正在进行工作的机械式单斗挖掘机（电铲）

　　液压挖掘机（简称液压铲，见图7-3）与同规格的电铲相比，质量轻35%~40%，动作灵活，行速较快；可以比较准确地控制铲斗的插入和撬动，在需要选别回采时具有下铲准确的优点。它比前端式装载机的生产能力高，并可用于前装机达不到的高阶段工作面。因此，近几十年来液压铲得到了很大发展。但是国产设备主要还是集中于中小斗容的机型，主要为斗容在4m³及以下的，且设备性能与进口的相比还有不小的差距。现在我国建材水泥矿山的液压挖掘机设备中，进口设备占据相当大的市场份额。

图7-3　正在进行铲装工作的液压挖掘机

　　电铲由于其自身性能特点限制，已经越来越少地被采用。目前我国水泥矿山使用最多的电铲是WK-2型与WK-4型两种。太原重型机械集团和一重集团等制造厂，对机械式挖掘机进行了多项技术改进，使其主要性能达到了国外同类型产品的先进水平。

　　目前被广泛使用的液压挖掘机的斗容一般在1.8~7m³之间。以常见的4m³液压铲为例，年产量可达到150万吨左右，因为该型设备年产量适中，且与额定装载量30t左右的汽车容易匹配，故该型设备目前被我国石灰石矿山大量采用。

# 第二节　机械式单斗正铲挖掘机（电铲）

## 一、挖掘机的工作过程

　　机械式单斗正铲（电铲）可以作为剥离和出矿的主要铲装设备。与其配套的运输设备，可以是有轨车辆、无轨车辆或高强度长距离胶带输送机。

正铲挖掘机主要由工作装置、回转装置和履带行走装置三部分组成。它的作业循环为：铲装、满斗提升和回转、卸载、空斗返回。正铲挖掘岩土的过程为：当挖掘作业开始时，机器靠近工作面，铲斗的挖掘始点位于推压机构正下方的工作面底部，铲斗前面与工作面的交角为45°～50°。铲斗通过提升绳和推压机构的联合作用，使其做自下而上的轨迹为弧形曲线的强制运动，使斗刃在切入岩土的过程中，把一层岩土切削下来（见图7-4）装满铲斗。

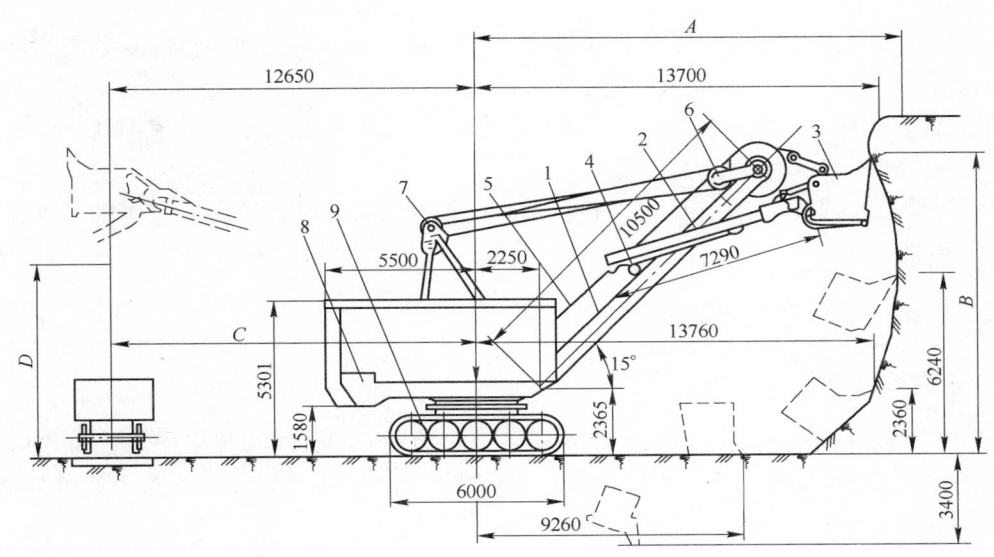

图7-4　WK-4型正铲挖掘机工作示意图

1—大臂；2—斗杆；3—铲斗；4—齿条推压机构；5—提升钢丝绳；6—滑轮组；7—A形架；8—回转平台；9—履带行走装置；

A—最大挖掘机半径14400mm；B—最大挖掘高度10100mm；C—最大卸载半径12650mm；D—最大卸载高度6300mm

正铲铲斗的运动轨迹是一条复杂的曲线，它决定于岩土的性质和状态、铲斗切削边的状态以及铲斗的提升和推压速度。在理想状态下，斗齿挖掘轨迹的开始段近乎水平面，而后，要求斗杆以较大的速度外伸和以较大的速度提升。随着铲斗的升举，推压速度下降，待斗齿处于与推压机构同一水平高度时，推压速度降为零。铲斗的提升钢丝绳拉力几乎保持一个定值，所以，斗齿运动中的后一大段轨迹是一条变曲率弧形曲线。

斗齿的切入深度由推压机构通过斗杆的伸缩和在竖直平面内的回转来调整。每完成一次挖掘作业，就挖取一层弧形断面岩土体。若岩土均匀时，各层弧形岩土体的曲线形状相似。其一次切削厚度为0.1～0.8m。

在实际工作中，斗杆并不完全伸出，一般仅伸出全伸缩行程的2/3。这样，正铲每挖完一个工作面，机器前移的位移量等于斗杆伸缩全行程的0.5～0.75倍。

挖掘后的平台运转称为回转过程。回转角度决定于工作面的布置方式和运输车辆的待装位置，一般在180°以内。当回转角度大于180°时，往往沿同一个方向回转360°返回，这样可减少回转运动中的加速、减速时间，耗能较少。铲斗从挖掘终点位置转到卸载位置时，铲斗的提升运动和转台的回转运动是同时进行的，这就要求回转速度、推压速度和提升速度之间保持一定的合理关系。通常这种关系以机械回转45°时，铲斗能从最低工作面（一般为推压轴高度的1/5）提升至平均卸载高度和半径作为计算的依据之一。

转台的回转时间占挖掘工作循环时间的一半以上。加大回转速度以减少回转时间，对提高生产率有很大的影响。然而，它又受到发动机功率及行走装置与地面间黏着力的限制。所以，其角加速度限制在0.06～0.7rad/s²，最大角速度限制在0.15～0.75rad/s。

正铲的卸载与回转行程同时（或部分同时）进行。对车辆卸载时，卸载行程只限制在几十厘米以内，且卸载时的回转速度为正常回转速度。为保证对车辆卸载的准确性及防止碰坏车辆，运输车辆的容量应大于斗容量的 3 ~ 4 倍。铲斗的下降应在卸载完毕后迅速进行，其速度视实际工作尺寸而定，由制动器来控制降速。正铲挖掘机在工作过程中的位移次数和移动距离决定于斗杆伸缩行程和岩土状况。铲挖硬质岩土时，斗杆以较小外伸较为有利，否则挖掘力会变小而装不满铲斗，且机器移动频繁，反而增加非工作时间。一般机器位移一次需 15 ~ 40s，为缩减这段时间，要求被铲挖成的地面尽可能平整。

正铲挖掘机的主要特点是：

（1）正铲挖掘时，大臂倾斜角度不变，斗杆和铲斗做转动和推压运动，形成复杂的运动轨迹，满足工作要求。

（2）由于大臂和斗杆的布置和连接的结构特点，使这种正铲挖掘机不适宜挖掘低于停机面以下的工作面，而适用于挖掘高出停机平面的工作面。

（3）因其有足够大的提升力和推压力，并且是推压提升联合运动，因此，它可用于各级岩土，特别适宜铲装爆后岩堆的散料。

## 二、机械式单斗挖掘机的形式选择

### （一）长臂铲的选择

在一般露天矿采场，当挖掘机与运输车辆在同一台阶的平面时，应选择工作装置为"标准臂"的挖掘机（见图 7 – 2）。当需要向停在上一台阶的运输车辆装载时，则应该选择长臂铲（见图 7 – 5）。对于某种选定的机型，由"标准臂"改装为长臂，其斗容应相应减小。

图 7 – 5　长臂铲正在向停在上一个台阶地面的车辆装载

此外，当露天矿在坑底挖掘堑沟时，由于沟内地面狭窄，运输车辆只能停在堑沟上部，这时也应选择长臂铲。

### （二）工作装置的选择

挖掘机铲斗及斗杆的推压与抽回动作，由工作装置的推压机构驱动。推压机构的传动组合有"齿轮－齿条"传动和"钢丝绳－滑轮组"传动两种方式。

采用"齿轮－齿条"传动的铲斗及斗杆，推压和铲取有力；司机对清底和扒大块的"直觉性"较好，工作平稳可靠。但这种传动方式引起的冲击振动较大，而且位于大臂中部的推压机构，总成质量较大，挖掘机上部回转时形成很大的回转惯性矩，使工作装置受力恶化，给结构件带来损害。

"钢丝绳－滑轮组"传动方式的缓冲性较好，机体所受冲击振动较小；其钢丝绳的卷扬机置于挖掘机的回转平台上，形成的回转惯性矩很小。而且这种传动方式多采用圆形断面斗杆，组成"无扭结构"，受力良好（见图 7 – 6 和图 7 – 7）；但当挖掘机进行清底和扒大块时，工作不够平稳，容易翻斗，而且钢丝绳的磨损比较严重，维修和更换工作量较大。

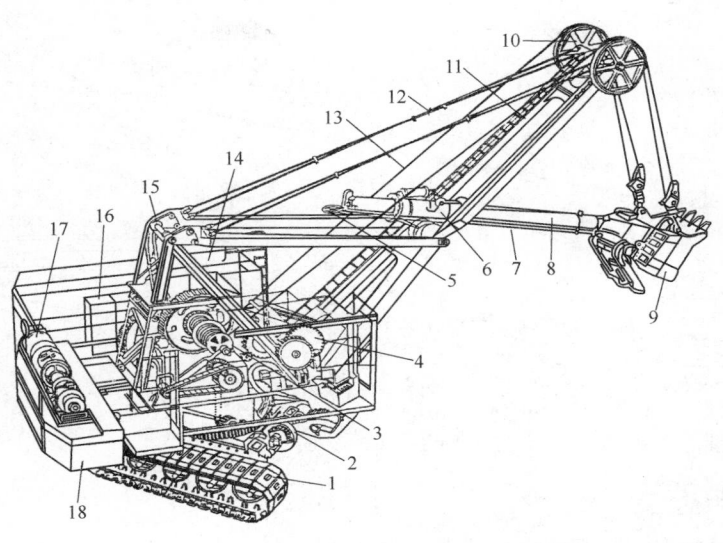

图 7-6　采用"钢丝绳-滑轮组"推压方式的挖掘机结构示意图

1—行走履带；2—驱动轴离合器；3—提升卷筒；4—推压机构；5—平衡滑轮；6—扶柄套；7—推压钢绳；8—斗杆；9—铲斗；
10—提升滑轮；11—双梁动臂；12—动臂绷绳；13—提升钢绳；14—机棚；15—A形架；16—电气控制柜；17—变流机组；18—配重

图 7-7　采用"钢丝绳-滑轮组"推压机构的挖掘机在工作

## （三）挖掘机的总体结构和技术参数

目前，国产挖掘机已有多个品种和规格，其设计制造技术已达到世界先进水平，基本能够满足矿业迅速发展的需要。从我国露天矿多年的生产实践看，采用"齿轮-齿条"推压机构的挖掘机比较受欢迎，使用者觉得操作维护简便，工作安全可靠。所以，机型品种较多，开拓创新较快。采用"钢丝绳-滑轮组"推压机构的挖掘机，矿山应用数量相对较少，甚至有的露天矿将使用不久的这种挖掘机搁置起来。

采用"齿轮-齿条"推压机构的挖掘机，其典型的总体布置如图 7-8 和图 7-9 所示。

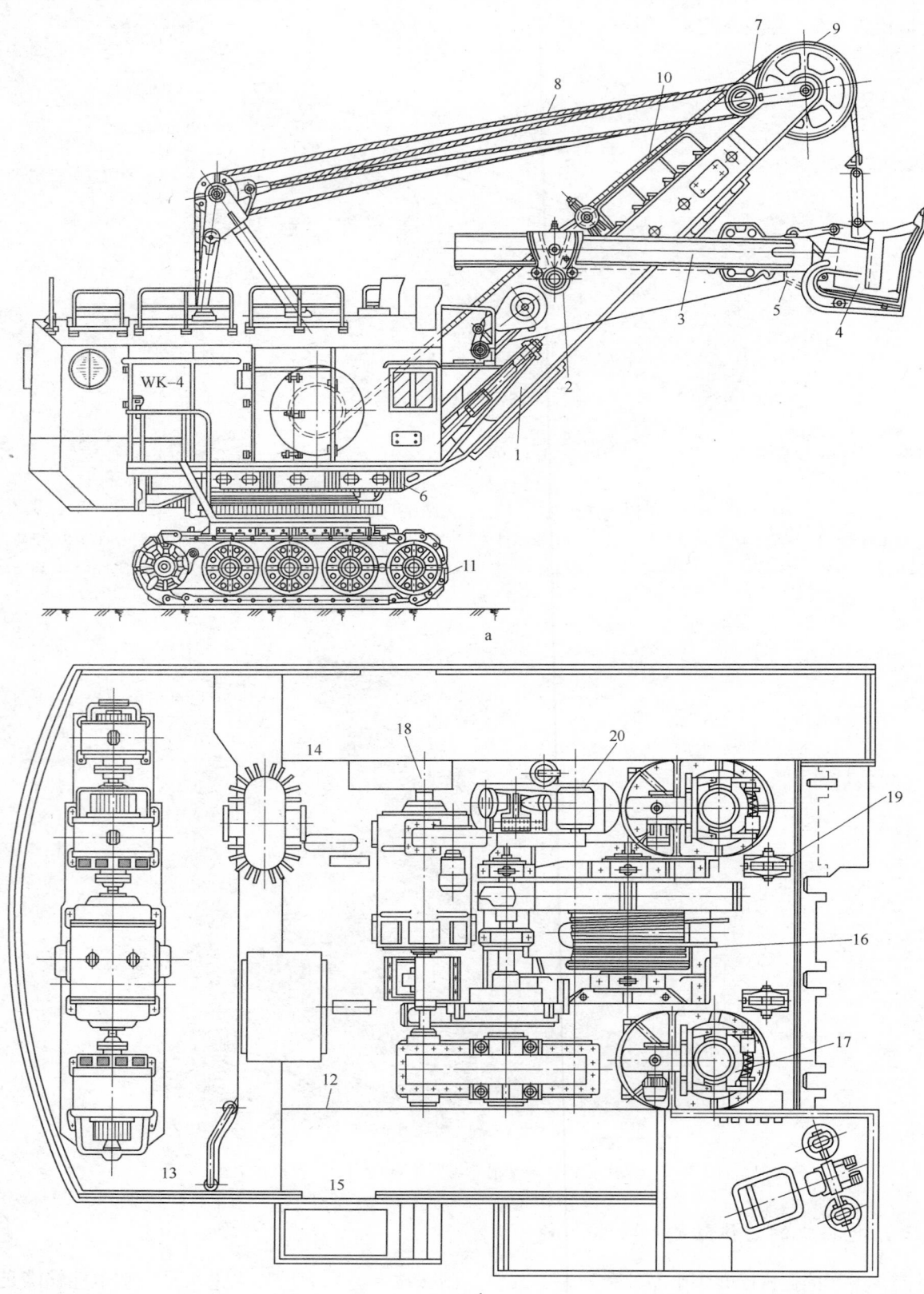

图 7 - 8    WK - 4 型正铲矿用挖掘机布置图

1—大臂；2—推压机构；3—斗杆；4—铲斗；5—开斗机构；6—回转平台；7—大臂变幅滑轮组；8—变幅钢绳；
9—顶部提升滑轮；10—提升钢绳；11—履带行走装置；12—转台；13—配重箱；14—左走台；15—右走台；
16—铲斗提升机构；17—回转机构；18—大臂提升机构；19—A 形架；20—空气压缩机

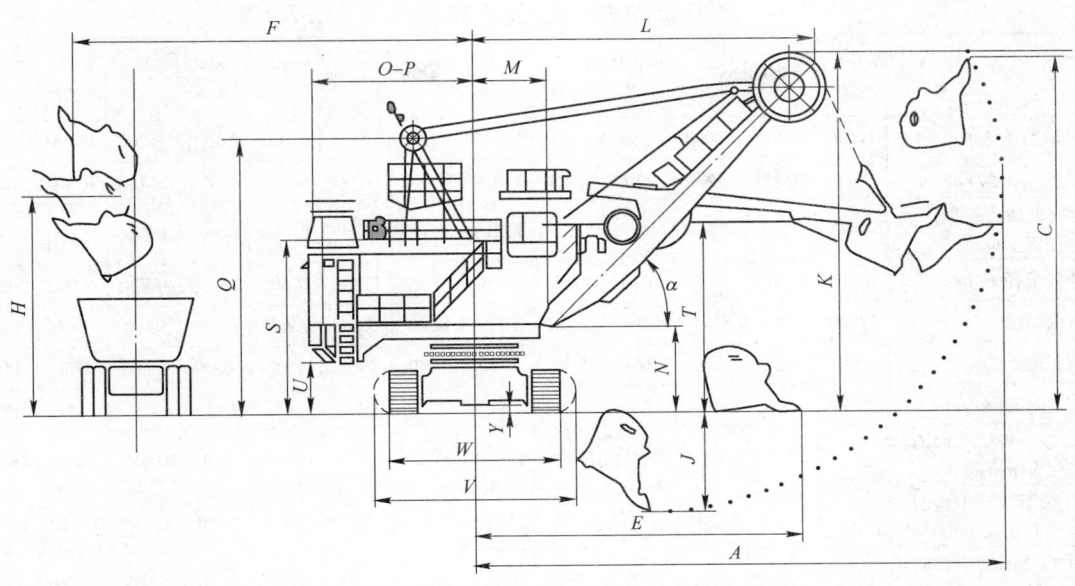

图7-9 机械式单斗挖掘机的尺寸参数

国产机械式单斗挖掘机和机械式单斗正铲挖掘机的主要技术参数分别见表7-1和表7-2。

表7-1 常见国产机械式单斗挖掘机的主要技术参数

| 型 号 | WK-2 | WD200A | FWK-4A | FWK-12 | WK-4B | WK-10B | WD1200 | WK-12 | 195B |
|---|---|---|---|---|---|---|---|---|---|
| 铲斗容积/m³ | 2 | 2 | 4 | 12 | 4 | 10 | 12 | 12 | 12.9 |
| 理论生产率/m³·h⁻¹ | 300 | 280 | 600 | 1550 | 570 | 1230 | 1290 | 1540 | 1400 |
| 最大挖掘半径/m | 11.6 | 11.5 | 14.3 | 19.1 | 14.4 | 18.9 | 19.1 | 18.9 | 16.9 |
| 最大挖掘高度/m | 9.5 | 9.0 | 10.1 | 13.9 | 10.1 | 13.6 | 13.5 | 13.6 | 12.7 |
| 最大挖掘深度/m | 2.2 | 2.2 | 3.2 | 3.5 | 3.4 | 3.4 | 2.6 | 3.4 | 3.0 |
| 最大卸载半径/m | 10.1 | 10.0 | 12.5 | 16.5 | 12.7 | 16.4 | 17.0 | 16.4 | 14.8 |
| 最大卸载高度/m | 6.0 | 6.0 | 6.3 | 8.5 | 6.3 | 8.6 | 8.3 | 8.5 | 8.0 |
| 回转90°时工作循环时间/s | 24 | 18 | 24 | 24 | 25 | 29 | 28 | 28 | 25 |
| 最大提升力/kN | 265 | 300 | 450 | 1100 | 530 | 1029 | 1150 | 1029 | 1020 |
| 提升速度/m·s⁻¹ | 0.62 | 0.54 | 0.87 | 1.1 | 0.88 | 1.0 | 1.08 | 1.0 | 1.1 |
| 最大推压力/kN | 128 | 244 | 230 | 620 | 340 | 617 | 690 | 617 | 710 |
| 推压速度/m·s⁻¹ | 0.51 | 0.42 | 0.45 | 0.65 | 0.53 | 0.65 | 0.69 | 0.65 | 0.70 |
| 大臂长度/m | 9.0 | 8.6 | 10.5 | 13.5 | 10.5 | 13.0 | 15.3 | 13.0 | 12.7 |
| 接地比压/MPa | 0.13 | 0.13 | 0.19 | 0.24 | 0.25 | 0.23 | 0.28 | 0.23 | 0.25 |
| 最大爬坡能力/(°) | 15 | 17 | 12 | 13 | 12 | 13 | 20 | 13 | 16 |
| 行走速度/m·s⁻¹ | 1.22 | 1.46 | 0.45 | 0.65 | 0.45 | 0.69 | 1.22 | 0.69 | 2.22 |
| 整机质量/t | 84 | 79 | 212 | 480 | 190 | 440 | 465 | 485 | 334 |
| 主电动机功率/kW | 150 | 155 | 250 | 2×750 | 250 | 750 | 760 | 2×800 | 448 |
| 主要制造厂家（公司） | 杭州重型机械有限公司，抚顺挖掘机制造有限公司 | 杭州重型机械有限公司，江西采矿机械厂 | 抚顺矿机集团公司 | | 太原重工有限公司，抚顺挖掘机制造有限公司 | 太原重工有限公司 | 抚顺挖掘机制造有限公司 | 太原重工有限公司 | 衡阳冶金机械厂，江西采矿机械厂 |

$\text{理论生产率/m}^3 \cdot \text{h}^{-1}$

表7-2　常见国产机械式单斗正铲挖掘机的主要技术参数

| 型　号 | WK-2（杭州） | WK-4B | WK-10B | WD1200（标准） | WK-12 | 195B | 290B | 295B | 2300XP | 2800XP | WK-20 | WK-27 | WK-35 | WK-55 |
|---|---|---|---|---|---|---|---|---|---|---|---|---|---|---|
| 最大挖掘半径 $A$/mm | 11500 | 14300 | 18900 | 19000 | 18900 | 17120 | 19940 | 20574 | 21080 | 23290 | 21200 | 23400 | 24000 | 23850 |
| 最大挖掘高度 $C$/mm | 9500 | 10100 | 13630 | 13500 | 13630 | 13030 | 14460 | 14783 | 14330 | 16030 | 14400 | 16300 | 16200 | 18100 |
| 停机地面上最大挖掘半径 $E$/mm | 8500 | 9260 | 13120 | 13000 | 13120 | 11810 | 13410 | 13487 | 15270 | 14990 | 15280 | 15100 | 15800 | 16900 |
| 最大卸载半径 $F$/mm | 10000 | 12650 | 16350 | 17000 | 16350 | 14610 | 17220 | 17830 | 18690 | 20960 | 18700 | 21000 | 20900 | 20400 |
| 最大卸载高度 $H$/mm | 57000 | 6300 | 8450 | 8300 | 8450 | 7670 | 8890 | 9296 | 8990 | 10160 | 9100 | 9900 | 9400 | 10060 |
| 挖掘深度 $J$/mm | 1500 | 3200 | 3400 | 2600 | 3400 | 2740 | 1980 | 1905 | 3500 | 4000 | 5510 | 4550 | 4450 | 1930 |
| 大臂对停机平面的倾角 $\alpha$/(°) | 53 | 45 | 45 | 45 | 45 | 45 | 45 | 43 | 45 | 45 | 45 | 45 | 45 | 45 |
| 顶部滑轮上缘至停机平面的高度 $K$/mm | | 10750 | 13800 | 15000 | 13800 | 13030 | 16870 | 15834 | 15900 | 16840 | 16080 | 18240 | 18540 | 21720 |
| 顶部滑轮外缘至回转中心的距离 $L$/mm | | 10630 | 13500 | 14450 | 13500 | 13100 | 15850 | 15470 | 15270 | 15930 | 15450 | 17350 | 17300 | 19240 |
| 大臂支脚中心至回转中心的距离 $M$/mm | 1800 | 2250 | 3080 | 2905 | 3080 | 3100 | 2870 | 2565 | 3350 | 3510 | 3360 | 3500 | 3510 | 3810 |
| 大臂支脚中心高度 $N$/mm | 1600 | 2365 | 3430 | 3360 | 3430 | 3500 | 3580 | 3708 | 3990 | 4440 | 4000 | 4500 | 4750 | 6290 |
| 机棚尾部回转半径 $O$/mm | 4560 | 5560 | 7350 | 6600 | 7350 | 7400 | 7010 | 7390 | 7920 | 8430 | 7950 | 8400 | 9950 | 9880 |
| 机棚宽度 $P$/mm | 4000 | 5028 | 6600 | 6480 | 6600 | 7420 | 9060 | 10566 | 8530 | 8530 | 8550 | 8550 | 9400 | 10620 |
| 双脚支架顶部至停机平面高度 $Q$/mm | 6170 | 7709 | 10570 | 11150 | 10570 | 10600 | 10400 | 11684 | 11250 | 12010 | 11260 | 12100 | 12450 | 14300 |
| 机棚顶至地面高度 $S$/mm | | 5248 | 7220 | 6330 | 7220 | 7300 | 8440 | 9347 | 7340 | 7840 | 7500 | 7950 | 8350 | 8820 |
| 司机水平视线至地面高度 $T$/mm | | 4200 | 7100 | 5860 | 7100 | 6320 | 7140 | 7722 | 7850 | 7800 | 7800 | 8420 | 9550 | 10100 |
| 配重箱底面至地面高度 $U$/mm | 1400 | 1690 | 2160 | 2000 | 2160 | 2200 | 2590 | 2616 | 2240 | 2460 | 2230 | 2450 | 2700 | 24200 |
| 履带部分长度 $V$/mm | 5100 | 6000 | 8400 | 8025 | 8400 | 8500 | 8800 | 1010 | 8710 | 10160 | 8720 | 10200 | 10800 | 11700 |
| 履带部分宽度 $W$/mm | 4000 | 5200 | 7100 | 6740 | 7100 | 7200 | 8600 | 9150 | 7920 | 9040 | 8150 | 9040 | 9050 | 10490 |
| 底架下部至地面最小高度 $Y$/mm | 370 | 350 | 510 | 450 | 510 | 550 | 580 | 603 | 640 | 710 | 620 | 700 | 1000 | 660 |

## 三、机械式单斗挖掘机的实际生产能力指标

挖掘机的生产能力与很多因素有关，其数值在生产过程中的变化幅度也很大。用计算式算出的数据，通常只是近似值。在实际生产中，当选用挖掘机时还常常依据大量的矿山生产统计数据。我国金属露天矿山推荐的挖掘机选型生产能力参考指标见表7-3。

表7-3　每台挖掘机生产能力推荐参考指标

| 铲斗容积/m³ | 计量单位 | 矿岩硬度系数 $f$ | | |
|---|---|---|---|---|
| | | <6 | 8~12 | 12~20 |
| 1.0 | m³/班 | 160~180 | 130~160 | 100~130 |
| | m³/a | $14 \times 10^4 \sim 17 \times 10^4$ | $11 \times 10^4 \sim 15 \times 10^4$ | $8 \times 10^4 \sim 12 \times 10^4$ |
| | 万吨/年 | 45~51 | 36~45 | 24~36 |
| 2.0 | m³/班 | 300~330 | 210~300 | 200~250 |
| | m³/a | $26 \times 10^4 \sim 32 \times 10^4$ | $23 \times 10^4 \sim 28 \times 10^4$ | $19 \times 10^4 \sim 24 \times 10^4$ |
| | 万吨/年 | 84~96 | 60~84 | 57~72 |

| 铲斗容积/m³ | 计量单位 | 矿岩硬度系数 f | | |
|---|---|---|---|---|
| | | <6 | 8~12 | 12~20 |
| 3.0~4.0 | m³/班 | 600~800 | 530~680 | 470~580 |
| | m³/a | 60×10⁴~76×10⁴ | 50×10⁴~65×10⁴ | 45×10⁴~55×10⁴ |
| | 万吨/年 | 180~218 | 150~195 | 125~165 |
| 6.0 | m³/班 | 970~1015 | 840~880 | 680~790 |
| | m³/a | 93×10⁴~100×10⁴ | 80×10⁴~85×10⁴ | 65×10⁴~75×10⁴ |
| | 万吨/年 | 279~300 | 240~255 | 195~225 |
| 8.0 | m³/班 | 1489~1667 | 1333~1489 | 1222~1333 |
| | m³/a | 134×10⁴~150×10⁴ | 120×10⁴~134×10⁴ | 110×10⁴~120×10⁴ |
| | 万吨/年 | 400~450 | 360~400 | 330~360 |
| 10.0 | m³/班 | 1856~2033 | 1700~1856 | 1556~1700 |
| | m³/a | 167×10⁴~183×10⁴ | 153×10⁴~167×10⁴ | 140×10⁴~153×10⁴ |
| | 万吨/年 | 500~550 | 460~500 | 420~460 |
| 12.0~15.0 | m³/班 | 2589~2967 | 2222~2589 | 2222~2411 |
| | m³/a | 233×10⁴~267×10⁴ | 200×10⁴~233×10⁴ | 200×10⁴~217×10⁴ |
| | 万吨/年 | 700~800 | 600~700 | 600~650 |

注：1. 表中数据按每年工作 300 天、每天 3 班、每班 8h 作业计算；

　　2. 均匀侧面装车，矿岩容重按 3t/m³ 计算；

　　3. 汽车运输或山坡露天矿采剥取表中上限值，铁路运输或深凹露天矿取表中下限值。

当挖掘机在特殊情况下作业时，它的生产效率比表 7-3 的推荐值还要低一些。在下列情况下可做特殊处理：

（1）挖掘机在挖沟或采用选别开采作业时，一般取正面装车，工作条件劣于侧面装车，致使工作效率降低。

（2）在矿山基建初期，由于技术熟练程度和管理水平比正常生产时期差一些，因此设备效率也得不到充分发挥。

挖掘机挖沟作业生产指标见表 7-4。挖掘机在某些特殊条件下作业时，生产效率降低值见表 7-5。国外挖掘机的实际生产效率统计值列于表 7-6。

表 7-4　挖掘机挖沟作业（正面装车）生产指标参考值

| 铲斗容积/m³ | 年台班数 | 电动机车运输量/m³·a⁻¹ | 自卸卡车运输量/m³·a⁻¹ |
|---|---|---|---|
| 1.0 | 700 | 105000 | 143500 |
| 2.0 | 700 | 294000 | 416000 |
| 4.0 | 700 | 366000 | 475000 |
| 8.0 | 700 | 500000 | 650000 |
| 10.0 | 700 | 800000 | 950000 |

表 7-5　挖掘机在特殊条件下作业效率降低参考值

| 挖掘机工作条件 | 运输方式 | 作业效率降低值/% |
|---|---|---|
| 出入沟 | 机车运输 | 30 |
| 出入沟 | 汽车运输 | 10~15 |
| 开段沟 | 机车运输 | 20~30 |

| 挖掘机工作条件 | 运输方式 | 作业效率降低值/% |
|---|---|---|
| 开段沟 | 汽车运输 | 10 ~ 20 |
| 选别开采 | 机车运输 | 10 ~ 30 |
| 选别开采 | 汽车运输 | 5 ~ 10 |
| 基建剥离 | 机车运输 | 30 |
| 基建剥离 | 汽车运输 | 20 |
| 移动干线 | 机车运输 | 10 |
| 三角工作面装车 | 机车运输 | 10 |

表 7 - 6　国外挖掘机采剥作业的台年生产效率

| 挖掘机型号 | 挖掘机斗容/m³ | 汽车实际载重量/t | 最高台年生产率/万吨·年⁻¹ |
|---|---|---|---|
| 120B | 3.6 | 85 | 200 |
| 150B | 4.6 | 85 | 300 |
| 190B | 6.1 | 100 | 470 |
| ЭКГ - 4 | 4.6 | 75 | 400 |
| ЭКГ - 8 | 8.0 | 75 | 1000 |
| 280B | 9.2 | 160 | 1032 |
| P&H2100BL | 11.5 | 116 | 1679 |
| P&H2100BL | 11.5 | 162 | 1679 |
| P&H2300 | 16.8 | 120 | 2011 |
| P&H2300 | 16.8 | 150 | 2011 |

注：矿岩硬度系数 $f$ 为 8 ~ 14；距离为 0.5 ~ 1.0km。

　　基本建设时期挖掘机逐年生产能力一般为：第一年为设计能力的 70%，第二年为设计能力的 85%，第三年可达到 100%。

# 第三节　机械式挖掘机（电铲）常见故障的排除

　　机械式挖掘机（电铲）的常见故障及其排除方法见表 7 - 7 和表 7 - 8。

表 7 - 7　机械式挖掘机（电铲）机械部分的常见故障的原因及排除方法

| 故障现象 | 产生原因 | 排除或处理方法 |
|---|---|---|
| 电铲在转动中，大架子根部有响声 | 1. 大架子根部装配不正确；<br>2. 支撑杆螺丝拧得过松；<br>3. 大架子根部支承铰接点缺油 | 1. 堆焊并调整大架子根窝中心；<br>2. 拧紧支承杆螺丝；<br>3. 给该根部铰接点加油 |
| 卷扬机减速箱有较大声响，在换向时产生更为明显的"咯噔咯噔"声音 | 1. 卷扬二轴与大人字齿轮连接键活动或滚键，齿轮与轴有相对移动；<br>2. 靠大人字齿轮一侧的轴头防松垫损坏，或螺丝自动退扣 | 1. 换装新零件；<br>2. 更换防松垫或紧固螺丝 |
| 提升钢丝绳错乱 | 1. 提升换向接点不灵敏；<br>2. 操作时卷扬松绳过度或铲斗提梁没有绷紧钢丝绳；<br>3. 提升控制器滑触板绝缘不良，有短路现象或接点脱不开；<br>4. 换钢丝绳时，事先没有松劲，而使钢丝绳容易跳槽 | 1. 修理换向接点；<br>2. 回斗时要保持提梁绷紧钢丝绳；<br>3. 修理提升控制器接点和滑触板；<br>4. 换钢丝绳时，事先要适当松劲 |

| 故障现象 | 产 生 原 因 | 排除或处理方法 |
|---|---|---|
| 大架子绷绳脱槽 | 1. 铲斗挖掘时有支起大架子现象；<br>2. 大架子起得过高；<br>3. A形支架平轮没装支板 | 1. 调整大架子角度保持在45°；<br>2. 调至规定高度；<br>3. 正确地安装支板 |
| 卷筒大齿轮牙齿被打坏 | 1. 主轴瓦盖螺丝松动；<br>2. 提升操作时用力过猛 | 1. 拧紧瓦盖螺丝；<br>2. 操作要平稳 |
| 斗杆与绷绳干涉或磨损绷绳 | 1. 推压齿条错牙或松动；<br>2. 大架子根部安装位置不正；<br>3. A形支架位置不正；<br>4. 斗杆弯曲；<br>5. 推压大轴两端间隙不等，有窜动现象；<br>6. 推压轴承座不正 | 1. 检修推压齿条并精确找正；<br>2. 焊修并找正大架子及A形架；<br>3. 调整支架位置；<br>4. 换装调直的斗杆；<br>5. 调整推压轴两端间隙，使轴复位；<br>6. 找正并焊接推压轴承座 |
| 斗杆不能伸缩 | 1. 斗杆侧面与滑板间隙过小；<br>2. 斗杆滑配平面缺油；<br>3. 推压机构抱闸过松或损坏；<br>4. 推压电机齿轮联结销脱落或滚槽；<br>5. 推压电机出轴断裂；<br>6. 推压小齿轮掉牙或有土岩挤住；<br>7. 抱闸有故障而打不开；<br>8. 电机底脚螺丝松动致使电机下沉，齿轮啮合不良 | 1. 调整滑板垫，增大间隙；<br>2. 涂抹润滑油；<br>3. 调整抱闸或更换电机；<br>4. 修复或更换齿轮联结销；<br>5. 更换电机轴或换电机；<br>6. 清理堵挤的杂物；<br>7. 排除故障，修理抱闸；<br>8. 调整齿轮啮牙状态并拧紧电机底脚螺丝 |
| 斗杆左右摆动 | 1. 推压齿轮铜套间隙和鞍形轴承间隙过大；<br>2. 推压机构二轴断裂；<br>3. 大臂支撑杆螺丝松动；<br>4. 固定轴承座铜垫磨损量超限 | 1. 换装新铜套和鞍形轴承；<br>2. 更换二轴及附件；<br>3. 紧固支撑杆螺丝；<br>4. 换装新铜垫 |
| 推压机构齿轮啮合声音不正常 | 1. 电机底脚螺丝松动或脱落，使电机移动或下沉；<br>2. 推压机构抱闸齿轮变形或损坏；<br>3. 电机齿轮与二轴抱闸齿轮啮合间隙过小；<br>4. 抱闸挡板脱落，齿轮窜动，碰罩板 | 1. 调整电机位置，拧紧螺丝并加焊挡铁；<br>2. 更换抱闸齿轮；<br>3. 调整齿轮啮合间隙；<br>4. 装好挡板，紧固螺丝 |
| 回转减速箱发生异常声响 | 1. 齿轮啮合不良或掉牙；<br>2. 回转二轴滚动轴承损坏；<br>3. 润滑油泵柱塞与二轴间隙不合适；<br>4. 主轴间隙过大或轴头螺帽退扣 | 1. 检修或更换齿轮；<br>2. 更换滚动轴承；<br>3. 调整油泵柱塞与二轴间隙；<br>4. 调整间隙或紧固螺帽 |
| 回转中心轴有不正常声响 | 1. 中心大螺帽过紧；<br>2. 中心轴挡铁与轴之间有间隙或发生移位；<br>3. 缺少润滑油 | 1. 调松中心大螺帽；<br>2. 重新焊固挡铁；<br>3. 加注润滑油 |
| 回转大齿圈掉牙 | 1. 大齿圈牙齿磨损超限；<br>2. 回转启动或制动过猛；<br>3. 中心大轴套间隙过大 | 1. 更换回转大齿圈；<br>2. 要遵守操作规程；<br>3. 检查或调整轴套间隙 |
| 回转盘有异常声响或小托轮下沉 | 1. 小托轮磨损量超限或缺少润滑油；<br>2. 小托轮底挡板防松螺丝脱落；<br>3. 回转主轴下套松动；<br>4. 回转主轴螺帽松扣或倒扣 | 1. 更换小托轮，加注润滑油；<br>2. 换装防松螺丝；<br>3. 换装轴套；<br>4. 分解油箱，检查或更换螺帽 |
| 打开铲斗困难 | 1. 斗底插销过长；<br>2. 插销孔不光滑；<br>3. 斗底开合折页不灵活或卡滞；<br>4. 插销弯曲；<br>5. 开斗链子过长；<br>6. 销轴损坏而有卡滞现象 | 1. 加耳环垫圈使插销长度适当；<br>2. 经常给插销孔加油；<br>3. 调整开合折页并加油；<br>4. 调直或更换插销；<br>5. 缩短链子长度；<br>6. 检修或更换销轴 |
| 斗底自动打开 | 1. 斗底插销端部磨短；<br>2. 铲斗前壁磨损过薄已卡不住插销；<br>3. 开斗链子过紧；<br>4. 润滑油过多 | 1. 减少耳环垫圈或换装新插销；<br>2. 更换铲斗或在前壁加护板；<br>3. 调长开斗链子；<br>4. 抹去过多的润滑油并注意平时不要加油过多 |

| 故障现象 | 产 生 原 因 | 排除或处理方法 |
|---|---|---|
| 斗底关不上 | 1. 斗底插销与插销孔不对位；<br>2. 斗底尺寸过大；<br>3. 插销孔内有土岩等杂物；<br>4. 插销过长 | 1. 在折页轴上加垫调整；<br>2. 适当切割斗门多余部分；<br>3. 清除插销孔内的杂物；<br>4. 调整插销 |
| 电铲挖掘时尾部翘起 | 1. 中心轴螺帽松脱；<br>2. 回转平台后部配重不够；<br>3. 电铲所停地面太软 | 1. 检查中心螺帽并紧固；<br>2. 测算并挂足配重；<br>3. 垫实地面或更换停机地点 |
| 电铲开不走 | 1. 发电机他激绕组系统接触不良；<br>2. 行走对轮螺丝全部断掉；<br>3. 行走抱闸未打开；<br>4. 行走对轮滚动轴承损坏；<br>5. 履带主动轮掉牙挤住；<br>6. 小集电环断线 | 1. 检查修理接点；<br>2. 换装新螺丝；<br>3. 修理或调整抱闸；<br>4. 更换滚动轴承；<br>5. 更换履带主动牙轮；<br>6. 修复小集电环边线 |
| 行走减速箱有异常声响 | 1. 齿轮牙齿脱落；<br>2. 滚动轴承损坏；<br>3. 柱型油泵不上油 | 1. 换装新齿轮；<br>2. 更换滚动轴承；<br>3. 检修或调整油泵 |
| 行走离合器开合不灵 | 1. 离合器拨动卡子动作不灵活；<br>2. 气阀或电磁阀产生故障 | 1. 检修并清洗；<br>2. 检修气阀或电磁阀 |
| 空压机不能正常工作 | 1. 空气过滤器堵塞；<br>2. 吸气阀装反或阀片太脏；<br>3. 活塞胀圈磨损超限；<br>4. 空压机拖动皮带过松 | 1. 清洗疏通堵塞处；<br>2. 调整吸气阀并清洗阀片；<br>3. 更换活塞胀圈；<br>4. 调整电机底脚螺丝 |
| 空压机压气压力不足 | 1. 空气过滤器部分堵塞；<br>2. 吸气阀与阀座接触不良；<br>3. 气阀或管路漏气；<br>4. 高低压气缸串气 | 1. 清洗疏通；<br>2. 调整气阀；<br>3. 检修气阀与管路；<br>4. 检修高低压气缸 |

**表 7 - 8　机械挖掘机（电铲）电气部分常见故障的原因及排除方法**

| 故障现象 | 产 生 原 因 | 排除或处理方法 |
|---|---|---|
| 各部抱闸打不开 | 1. 励磁开关接触器线圈烧毁；<br>2. 抱闸闸皮过紧，间隙过小；<br>3. 气缸活塞胶碗磨损量过限或变形，间隙过大，严重漏气；<br>4. 气路堵塞或漏气，气压不够；<br>5. 电磁阀不吸合；<br>6. 气缸或管路有水及结冰 | 1. 检修或更新线圈；<br>2. 调整闸皮松紧及间隙；<br>3. 调整胶碗间隙或换装新件；<br>4. 疏通检修气路系统；<br>5. 检修或更换元件；<br>6. 加热熔化，清除冰水 |
| 各部抱闸失灵不抱 | 1. 电磁阀失灵不吸合；<br>2. 抱闸闸皮磨损量超限；<br>3. 闸皮与闸轮工作面有油；<br>4. 抱闸弹簧不起作用；<br>5. 抱闸间隙过大或不均匀；<br>6. 闸带外壳断裂；<br>7. 抱闸底脚螺丝及调整螺丝断裂或松扣；<br>8. 闸轮联结键滚键 | 1. 检修或更换电磁阀；<br>2. 更换闸皮；<br>3. 清除油脂和污垢；<br>4. 调整、检修或更换；<br>5. 调整间隙并使之均匀；<br>6. 更换闸带外壳；<br>7. 更换螺丝并紧固；<br>8. 换装新件 |
| 电机组产生严重振动 | 1. 电机安装不正确；<br>2. 电机组底脚螺丝松动或断裂；<br>3. 电机组底座钢板裂纹或变形；<br>4. 轴承与瓦盖螺丝松动 | 1. 调整电机安装位置；<br>2. 紧固或更换底脚螺丝；<br>3. 检修与焊接底座；<br>4. 紧固螺丝 |
| 发电机组轴承过热 | 1. 润滑油过少或过多；<br>2. 所用油不适当或太脏；<br>3. 滚珠架损坏 | 1. 保持润滑油适量；<br>2. 更换润滑油；<br>3. 换装新轴承 |

| 故障现象 | 产生原因 | 排除或处理方法 |
|---|---|---|
| 回转盘高压集电环冒火（花） | 1. 装卡的配重铁太轻；<br><br>2. 中心轴大螺帽太松；<br>3. 集电环铁刷或钢环磨损超限；<br>4. 集电环瓷瓶放电；<br>5. 工作接触太脏或有杂物；<br>6. 弹簧变形或折断 | 1. 调整或增加配重铁质量；当铲斗装满时，应使轨道间隙保持在 4～10mm；<br>2. 先将大螺帽拧至最紧，然后再退回一扣即可；<br>3. 检查集电环磨损程度，如严重超限则应更换；<br>4. 检查和清扫瓷瓶，更换已损件；<br>5. 清扫接触面，排除杂物；<br>6. 检修或更换弹簧 |
| 手动操作低压断路器时，接点不能闭合 | 1. 贮藏弹簧变形，导致闭合力减小；<br>2. 反作用弹簧的力量过大；<br>3. 锁键和搭钩严重磨损，合闸时脱钩；<br>4. 在机器运行中，断路器的过热脱扣装置未冷却，没有复位；<br>5. 电源电压太低，欠压脱扣器的线圈磁力太小 | 1. 检修或换装合适的贮能弹簧；<br>2. 重新调整弹簧的反作用力；<br>3. 修复或更换锁键及搭钩；<br>4. 停机等待，当脱扣器复位后再合闸；<br><br>5. 检查或调整电源电压，如线圈已烧坏则应更换 |
| 电动操作低压断路器时接点不能闭合 | 1. 电磁线圈损伤断线或线头脱焊断路；<br><br>2. 电磁铁拉杆行程太短；<br>3. 电动机的操作定位开关失灵；<br>4. 控制器硅元件或电容损坏；<br>5. 操作电压太低 | 1. 用细砂纸打磨断头，涂以无酸性焊油用锡焊牢；如线圈已烧毁，则应更换；<br>2. 调整拉杆行程；<br>3. 修复或更换操作元件；<br>4. 调整电源电压 |
| 电流已达额定值，但低压断路器不断开 | 1. 有金属片损坏，变换失灵不到位；<br>2. 过电流脱扣装置的衔铁行程不合适；<br>3. 主接点卡滞或脱焊 | 1. 换装合格的双金属片，或调换空气开关；<br>2. 调整衔铁行程或更换弹簧；<br>3. 排除卡阻故障或更换接点 |
| 电流尚未达到额定值，低压断路器误动作 | 1. 锁键和搭钩严重磨损，稍有振动即脱扣；<br><br>2. 整定电流调整不准确；<br>3. 热元件或半导体延时电路元件老化失效 | 1. 调整锁键和搭钩，并经几次试合成功后，投入运行；<br>2. 重新调整电流整定值；<br>3. 换装合格的元件，协调电路 |
| 接触器不能吸合或吸不紧 | 1. 电源电压太低或波动太大；<br><br>2. 操作回路电源容量不足或有断路；<br><br>3. 线圈参数及使用条件不符合要求；<br>4. 可动部分有卡滞现象；<br><br>5. 弹簧的反作用力和接点超行程过大 | 1. 调整电源电压，使其额定值略大于线路工作电压；<br>2. 检查配线及接点，测试容量，几次试合后投入运行；<br>3. 换装合适的线圈，改善工作条件；<br>4. 检查或修理转轴及钩键等元件，消除锈蚀，涂抹润滑油；<br>5. 调整弹簧压力及动接点的超行程 |
| 接触器不释放或释放缓慢 | 1. 触头接点脱焊；<br>2. 可动部分卡滞；<br>3. 弹簧的反作用力太小；<br>4. 铁心极面有油垢；<br>5. 铁心老化，去磁气隙消失，剩磁增大；<br>6. 极面间隙过大 | 1. 更换接点，必要时改用较大容量的元件；<br>2. 除锈、检修并涂以润滑油；<br>3. 调整弹簧压力，使之灵活可靠；<br>4. 清除污垢并涂以防锈油；<br>5. 更换铁心或刮磨去磁气隙；<br>6. 调整机械部分，减小间隙 |
| 接触器线圈过热或烧损 | 1. 电源电压过高或过低；<br><br>2. 衔铁与铁心工作端面有污垢和杂物；<br>3. 操作频率过高或工作条件恶化，已使接触器不能承受；<br>4. 线圈参数或使用条件不符合要求；<br>5. 铁心极面不平或去磁气隙过大；<br>6. 线圈受潮或机械损伤，使匝间短路；<br>7. 连锁接点不释放，使线圈升温 | 1. 调整电源电压，使线圈额定电压等于（或略大于）控制回路的工作电压；<br>2. 清理污垢及障碍杂物；<br>3. 选择合适的接触器替换旧件；<br><br>4. 换装合适的线圈；<br>5. 修整极面，调整气隙，必要时则更换铁心；<br>6. 烘干（或更换）线圈；<br>7. 对于直流操作双线圈，可重新调整连锁机构接点 |

| 故障现象 | 产生原因 | 排除或处理方法 |
|---|---|---|
| 热继电器接通后，主电路或控制回路不通 | 1. 接线螺钉或热元件被烧坏；<br>2. 常闭接点烧毁或动接点弹性消失；<br>3. 刻度盘与调整螺钉相对位置不当，接点被顶开 | 1. 检查接点，紧固螺钉；更换已损坏的热元件；<br>2. 检查、打磨和修复烧损的接点；<br>3. 调整刻度盘及螺钉位置，使常闭接点闭合 |
| 操作时，热继电器误动作 | 1. 操作频率太高，继电器承受大电流时间过长；<br>2. 继电器的整定值偏小；<br>3. 电动机启动时间过长，超出继电器承受能力；<br>4. 挖掘机工作时有强烈振动，使继电器失稳；<br>5. 继电器及热元件在系统中联结或安装不稳妥 | 1. 检修或更换继电器，可选用带速保和电流互感器的热继电器；<br>2. 调整电流整定值，或更换符合要求的继电器；<br>3. 在启动时间内将继电器短接，或选择具有相应可返回时间级数的热继电器；<br>4. 选择带有防冲击、防振动装置的热继电器；<br>5. 检查和稳固继电器及元件的安装联结情况 |
| 操作主令控制器时，推压动作或提升动作失控 | 1. 电机激磁回路断路；<br>2. 空气开关跳闸或熔断器烧损；<br>3. 电压负反馈丢失，致使操作时工作速度时显增加；<br>4. 电流负反馈丢失，致使过流保护继电器动作；<br>5. 电流反馈稳压管击穿，致使启动缓慢和挖掘无力；<br>6. 电压负反馈绕组极性调整不正确，致使主令控制器两个方向操作时，发电机电压都上升或一升一降；<br>7. 电流负反馈绕组极性调整不正确，致使主令控制器两个方向操作时，发电机电流都增加或一增一减 | 1. 检查或修复系统各接线端点；<br>2. 检测单相半控桥空气开关及熔断器，更换已损件；<br>3. 检查和修理负反馈回路和电位计，紧固外进线各接点；<br>4. 立即停机，检查和修理继电器具接触器，必要时更换元件；<br>5. 检查反馈线路，更换损坏的电流反馈截止稳压管；<br>6. 检测反馈绕组极性，当测试时，若发现电压都下降，表示极性正确；如不正确，应首先倒换发电机的一个他激绕组，正反给定时均为负反馈性即可；<br>7. 测试电流负反馈绕组极性，如两个操作方向主回路电流都减少，表示极性正确；如果一增一减，则应更换已有故障的磁性触发器 |

# 第四节　液压式单斗挖掘机（液压铲）

## 一、液压挖掘机的特点

单斗液压挖掘机是在机械传动式正铲挖掘机的基础上发展起来的高效率装载设备。它们都由工作装置、回转装置和运行（行走）装置三大部分组成，而且工作过程与机械式挖掘机也基本相同。两者的主要区别在于动力装置和工作装置传动不同。液压挖掘机是在动力装置与工作装置之间采用了容积式液压传动系统（即采用各种液压元件），直接控制各系统机构的运动状态，从而进行挖掘工作的。液压挖掘机分为全液压传动和非全液压传动两种。若其中有一个机构的动作采用机械传动，即称为非全液压传动。一般情况下，对于液压挖掘机，其工作装置及回转装置必须是液压传动，只有行走机构可为液压传动也可为机械传动。

液压挖掘机的大臂结构，有铰接式和伸缩臂式。回转装置也有全回转和非全回转之分。根据结构的不同，行走装置又可分为履带式、轮胎式、汽车式和悬挂式、自行式和拖式等。

露天矿生产，常采用 $2m^3$ 以上的较大斗容的铰接大臂正铲液压挖掘机；它的主要结构组成如图 7 - 10 所示。只有小型矿山使用斗容为 $1 \sim 1.6m^3$ 的反铲液压挖掘机（见图 7 - 11）。

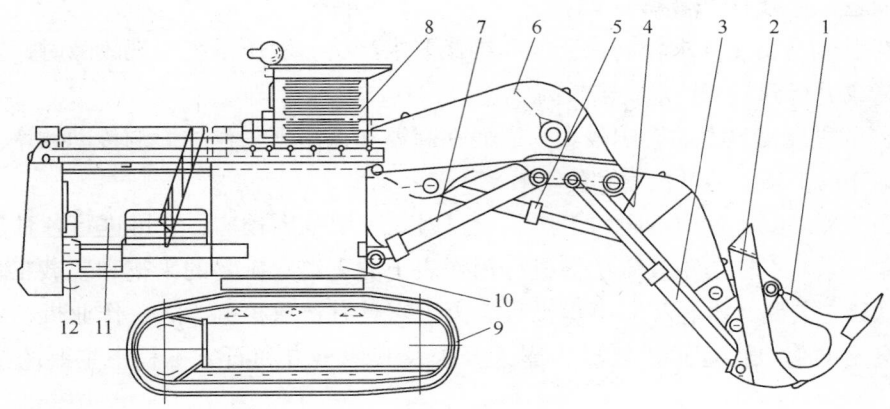

图 7－10　单斗正铲液压挖掘机结构示意图

1—铲斗；2—铲斗托架；3—转斗油缸；4—斗臂；5—斗臂油缸；6—大臂；7—大臂油缸；
8—司机室；9—履带；10—回转台；11—机棚；12—配重

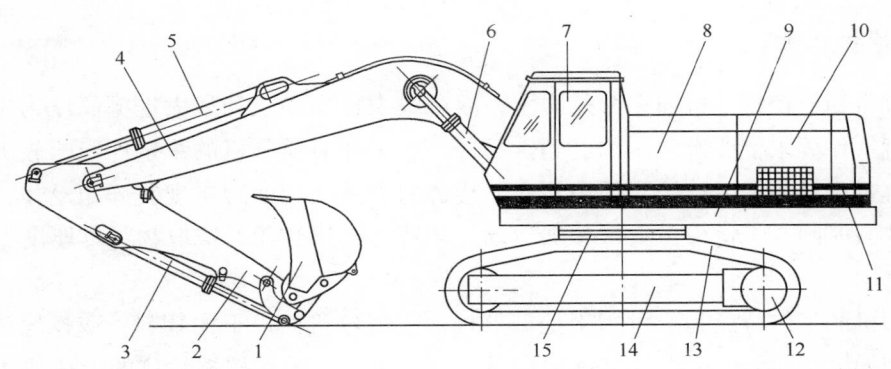

图 7－11　单斗反铲液压挖掘机结构示意图

1—铲斗；2—斗臂；3—转斗油缸；4—大臂；5—斗臂油缸；6—大臂油缸；7—司机室；8—机棚；
9—回转平台；10—发动机；11—配重；12—履带轮；13—履带；14—履带架；15—回转盘

液压挖掘机具有以下优点：

（1）质量轻。当执行系统传动相同功率时，液压传动装置比机械传动装置的尺寸小、结构紧凑，质量轻，其质量可减轻 30% ~ 40% 。

（2）能实现无级调速，调速范围大。它的最高与最低速度比可达 1000∶1。采用柱塞式油马达，可获得稳定转速 1r/min。在快速运行时，液压元件产生的运动惯性小，可实现高速反转，也容易实现变速传动。

（3）传动平稳，工作可靠。液压系统中可设置各种安全阀、溢流阀，即使偶然出现过载或误操作的情况，也不会发生人身事故或损坏机器。

（4）操作简单、灵活、省力，改善了司机的工作条件，而且液压系统容易实现自动化操纵，可与电动、气动联合组成自动控和遥控系统。

（5）工作装置的形式可以变化。易于配置各种新型的工作装置，如组合型大臂、伸缩式大臂、底卸式装载铲斗等；另外，便于替换和调节工作装置，一般小型液压挖掘机可配有 30 ~ 40 种替换工作装置。

（6）维护检修简便。由于液压挖掘机不需要庞大而复杂的中间机械传动系统，简化了结构，易损件减少 50% 左右，故维护、检修工作大为简化。

（7）液压元件易于实现标准化、系列化和通用化，便于组织专业化生产和大批量生产，可提高质量和降低成本。

液压挖掘机的主要缺点是：

（1）液压元件的制造精度要求较高，装配和维修要求严格。液压系统出现故障时，要确定事故发生的原因、排除故障或进行调整，技术要求较高。

（2）工作油液的黏度受温度的影响较大，因而在高温和低温下工作均影响传动效率。另外，油液的泄漏，也会影响动作的平稳、传动精度和传动效率。

由于液压挖掘机可以配备各种不同的工作装置，因此应用范围较广，它可进行各种形式的土方和石方铲挖工作。在露天采矿中，单斗液压挖掘机可用作表土的剥离、矿物的采掘和装载工作。此外，它广泛应用于建筑、铁路、公路、水利和军事等工程。由于它具有铲取挖掘力大、作业机动灵活、安全可靠和生产效率高等突出的优点，近年来已成为露天开采及其他土方和石方工程中主要的挖掘和装载设备之一。

总之，液压铲是一种性能和结构比较先进的新型机械，它的使用范围越来越广泛。随着我国液压技术的发展和液压元件制造质量的提高，大、中型液压铲也必将得到迅速发展。

## 二、液压挖掘机的选择

### （一）液压挖掘机的适应性

正铲液压挖掘机用于挖掘停机面以上的岩土，故以最大挖掘半径和最大挖掘高度为主要尺寸。它的工作面较大，挖掘工作要求铲斗有一定的转角。另外，在工作时受整机的稳定性影响较大，所以正铲挖掘机常用斗臂油缸进行挖掘。正铲铲斗采用斗底开启卸料方式，用油缸实现其开闭动作，这样可以增加卸载高度和节省卸载时间。正铲中，大臂参加运动，斗臂无推压运动，铲取物料堆厚度主要用转斗油缸来控制和调节。

反铲液压挖掘机的工作特点是：可用于挖掘停机面上或停机面以下的物料，或挖壕沟、基坑等。由于各油缸可以分别操纵和联合操纵，故挖掘动作显得更加灵活。铲斗挖掘轨迹的形成取决于对各油缸的操纵。当采用大臂油缸工作而进行挖掘作业时（斗臂和铲斗油缸不工作），就可以得到最大的挖掘半径和最大的挖掘行程，这就有利于在较大的工作面上工作。挖掘的高度和挖掘的深度决定于大臂的最大上倾角和下倾角，亦即决定于大臂油缸的行程。

用于矿山生产的液压挖掘机，其大臂的结构形式主要有整体单节大臂和双节可调大臂两种；前者主要用于中型和大露天矿山，后者多用于小型矿山和建筑工程。

整体单节大臂的特点是：结构简单，制造容易，质量轻，有较大的大臂转角。铲取作业时，不会摆动，操作准确，挖掘的壁面干净，挖掘特性好，装载效率高。

双节可调大臂多半用于负荷不大的中、小型液压挖掘机上。按工况变化常需要改变上、下大臂间的夹角和更换不同的作业机具。另外，在上下大臂间可变的双铰接连接，可改变大臂的长度及弯度；这样，既可调节大臂的长度，又可调节上下大臂的夹角，可得到不同的工作参数，适应不同的工况要求，增大作业范围；互换性和通用性较好。

### （二）液压挖掘机的挖掘轨迹包络图（挖掘域）

液压挖掘机的工作尺寸，可根据它的结构形式及其结构尺寸，利用作图法求出挖掘轨迹的包络图（挖掘域），从而控制和确定挖掘机在任一正常位置的工作范围。为防止因塌坡而使机器倾翻，在包络图上还须注明停机点与坑壁的最小允许距离。另外，考虑到机器的稳定与工作的平衡，挖掘机不可能在任何位置都发挥最大的挖掘力。在一般情况下，挖掘包络图（挖掘域）的面积越大，挖掘机工作装置的结构越趋于合理，而且希望停机面以上的挖掘域最大化。这是鉴别液压挖掘机工作性能优劣的主要指标之一。

　　图7-12～图7-16所示为几种液压挖掘机的典型包络图（挖掘域）。常见几种液压挖掘机包络图的比较如图7-17所示。

　　液压挖掘机的生产能力计算和所需设备台数确定，可参考"机械式单斗挖掘机"一节内容进行。但要注意，液压挖掘机所适应的露天开采台阶高度比机械式挖掘机低一些。

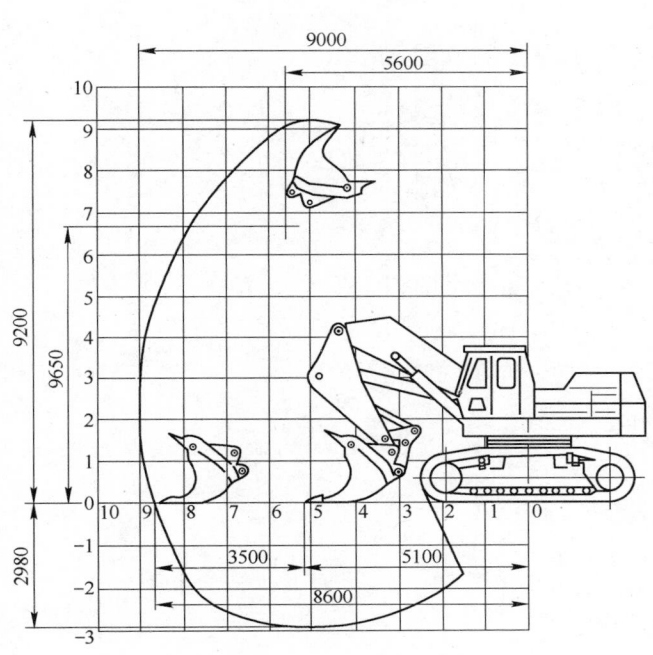

图7-12　WY-250型液压挖掘机的挖掘域

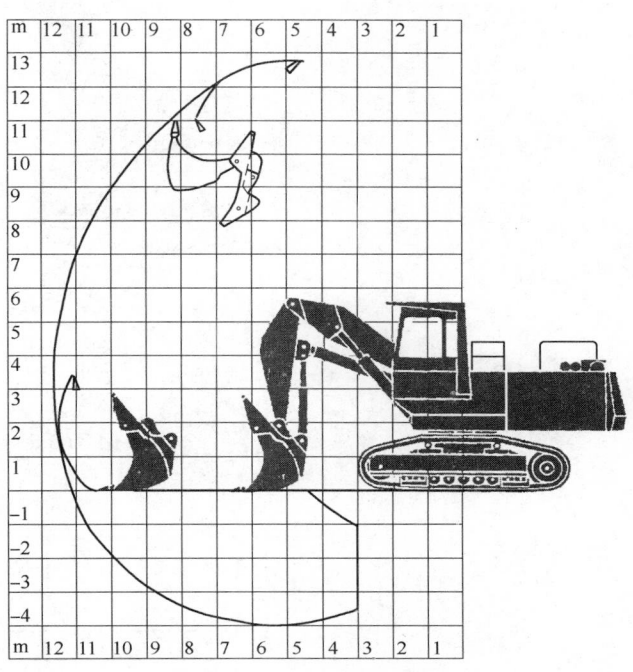

图7-13　H121型液压挖掘机（正铲）的挖掘域

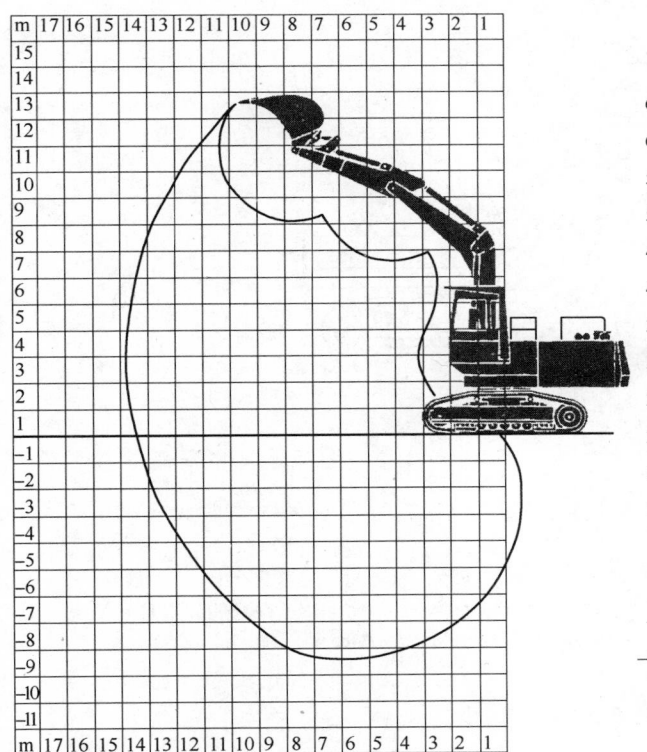

图7-14　H121型液压挖掘机（反铲）的挖掘域

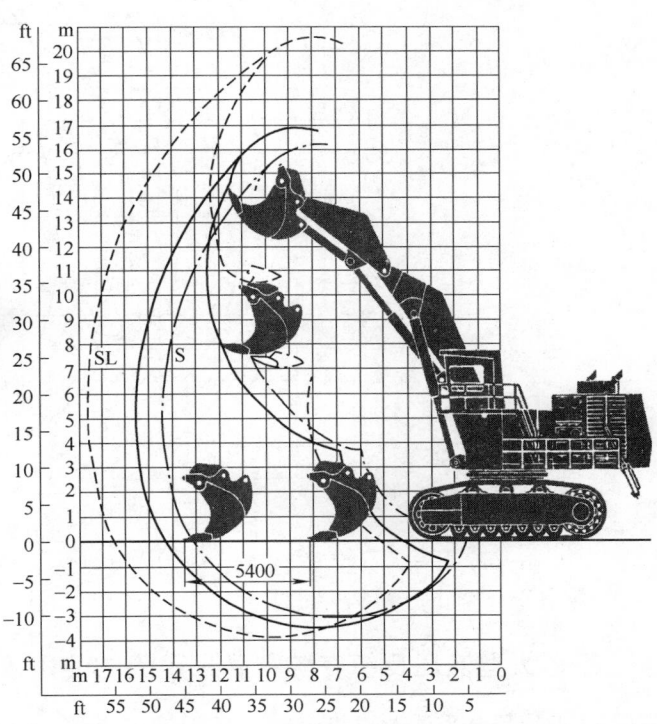

图7-15　H285型液压挖掘机的挖掘域

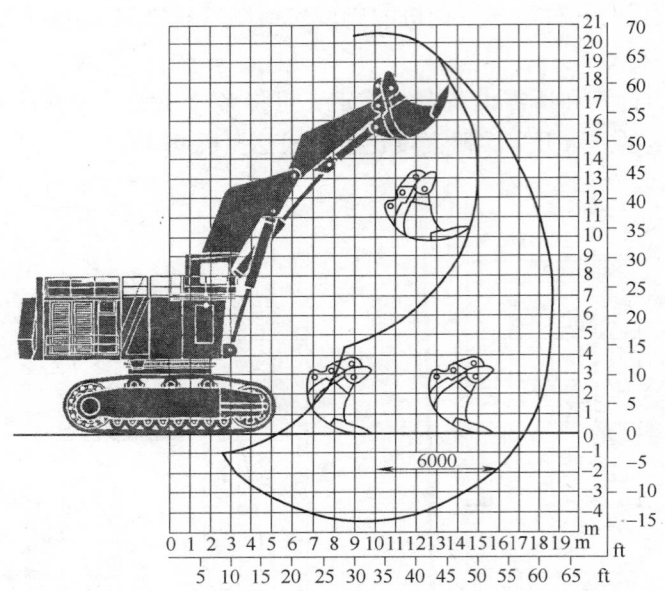

图 7 - 16　H485 型液压挖掘机的挖掘域

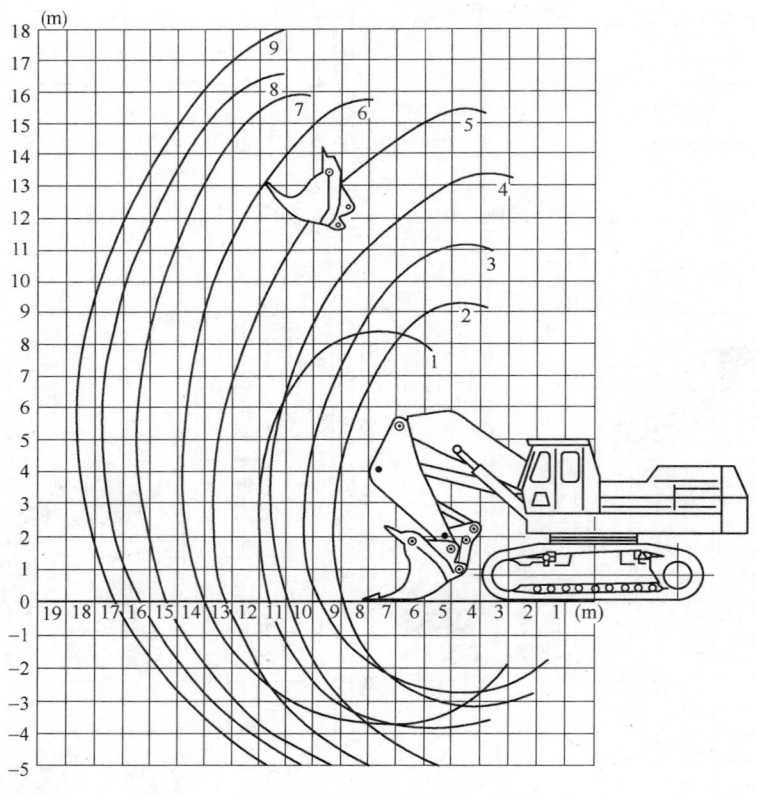

图 7 - 17　几种液压挖掘机包络图的比较

1—H121 型（7.5m³）；2—WY250 型（2.5m³）；3—H85 型（5.5m³）；4—EX1100 型（6.3m³）；5—EX1800 型（14m³）；
6—CAT5230 型（17m³）；7—RH300 型（22m³）；8—ЭГ20 型（20m³）；9—H485 型（18m³）

### 三、大型液压反铲在陡帮开采矿山的使用效果

由于陡帮开采法可以推迟露天矿山的剥离量，缩小生产剥采比，降低采矿成本，提高经济效益，近年来推广很快。而大型液压反铲在这种采矿方法中凸显出独特的优越性。采用液压反铲不但工作平台宽

度要求小，陡帮更陡，而且移动灵活，有利于采场生产组织，以达到某一阶段效益的最大化。据现场统计，在陡帮开采中采用小松 PC - 400 型液压反铲比普通电铲的工作帮坡角提高 3°~5°，设备调动时间反铲仅为电铲的 5%~6%，有利于采场运输坑线的筑路。大多数露天矿都采用汽车运输移动坑线开拓方式，其坑线位置和工作线推进方向比较灵活，但最大缺点是筑路生产效率低，而且坑线变化大。而采用液压反铲筑路，可以快速在爆堆上修筑坑线路面。对于台阶高度 12m，路面宽度 20m，坡度 8% 的出入沟修筑工程，PC - 400 型反铲比 WK - 4 电铲可提前 4~5 天完成，生产效率明显提高。另外液压铲还可用于山坡露天矿的路面施工，不仅爬坡能力强，而且机动性也好。实践证明，大型液压反铲用于陡帮开采还有以下几方面的优点：

（1）有利于采场下台阶的地下水疏干。采用露天坑下固定泵站开采的采场，在涌水量大的情况下，采场最下台阶是最困难的采剥地点，工作面出水快，处于水中作业的采剥设备及运输设备容易损坏，生产效率较低，而且安全管理工作难点多，采用反铲可以彻底改变这一不利局面。液压反铲在最下台阶作业时，可优先在采剥推进方向的起点开挖水坑，使用潜水泵由水坑向水仓排水。液压铲位于工作台阶之上采用下挖后退式开采，既保证有良好的采剥工作条件，可完成电铲难以完成的工作，又利于采场的延伸与稳定生产能力，总体生产效率可以提高 35%~45%。

（2）有利于降低矿石的损失与贫化。目前，露天矿正向着高台阶、大型设备的方向发展，生产效率显著提高，因为反铲具有灵活性、挖掘易操作性及对矿岩夹层工作面的分辨性等特点，对地质条件复杂的各种矿体可采用分采分堆的方式处理。对矿体上部覆盖的大量废石，可逐一进行清理，对倾斜矿体顶板覆盖的废石可逐一剥离，从而降低矿山贫化与损失，减少资源浪费，提高矿石质量，降低矿石生产成本。经过生产统计，矿山采用 PC - 400 型反铲铲装作业，贫化率可由 6.5% 降到 4.2%，损失率由 5.9% 降到 4.5%。

（3）有利于工作面的平整工作。目前，大多数露天采场均配备推土机整理工作面，保持采场台阶平整和运输道路畅通，穿孔、采装运设备能正常运作。液压反铲可以替代推土机，利用其自身的性能对工作面加以平整，灵活快捷，可减少推土设备，降低作业成本。特别在第四系表土较厚的矿山，工作面条件差，大型电铲设备易发生陷铲事故，采用液压反铲可通过在作业面前下方挖出松软层回填岩石，以改善工作面状况，提高开采工作面推进速度，降低各种材料消耗。

（4）有利于安全生产。液压反铲与电铲相比，在安全管理上，前者优势明显。由于电铲拖带电缆，日晒雨淋、地面拖动、爆破飞石击撞，容易使电缆受损降低绝缘等级，造成高压触电事故。另外，在采掘工作面，电铲机体笨重，移动缓慢，对塌方、滚石反应迟钝，易造成设备被砸事故。而液压反铲比较轻便，动作迅速，对突发事故反应较快，利于安全管理和处理事故。

## 四、常见液压挖掘机的主要技术参数

常见国产液压挖掘机的主要技术参数见表 7-9~表 7-11。日立建机大型液压挖掘机的主要技术参数见表 7-12。常见国外单斗液压挖掘机的主要技术参数及国内外技术参数对比见表 7-13~表 7-16。

**表 7-9　常见国产液压挖掘机的主要技术参数（一）**

| 型　号 | W2 - 100 | W2 - 200 | R962 | R972 | R982 | WY - 160 | WU - 250 | H55 | H85 |
|---|---|---|---|---|---|---|---|---|---|
| 正铲斗容/m³ | | 2.0 | 2.8~3.4 | 3.1~3.8 | 4.3~5.1 | 1.6~2.5 | 2.5 | 3.3, 2.7 | 7.5, 4.2 |
| 反铲斗容/m³ | 1.0 | 1.0~1.6 | 0.85~3.6 | 0.85~3.6 | 1.05~5.6 | 0.8~2.5 | 1.0~1.6 | 3.0, 1.7 | 5, 1.8 |
| 平台最大回转速度/r·min⁻¹ | 8.0 | 6.0 | 7.5 | 7.5 | 7.6 | 7.6 | 5.35 | 7.4 | 5.8 |
| 液压系统最大压力/MPa | 32.0 | 30.0 | 30.0 | 30.0 | 30.0 | 30.0 | 30.0 | 30.0 | 30.0 |
| 最大行走速度/km·h⁻¹ | 3.4 | 1.8 | 1.8 | 2.0 | 2.0 | 1.8 | 2.0 | 2.2 | 2.2 |
| 最大爬坡能力/% | 40 | 40 | 45 | 45 | 45 | 45 | 40 | 45 | 45 |

续表 7-9

| 型号 | W2-100 | W2-200 | R962 | R972 | R982 | WY-160 | WU-250 | H55 | H85 |
|---|---|---|---|---|---|---|---|---|---|
| 平均接地比压/MPa | 0.52 | 1.06 | 0.75 | 0.75 | 0.75 | 0.9 | 1.2 | 1.2 | 1.6 |
| 发动机额定功率/kW | 98 | 180 | 192 | 233 | 252 | 129~156 | 225 | 188 | 328 |
| 机器总重/t | 25 | 56 | 54.9~56.6 | 63~63.7 | 85.6~88.3 | 38~38.5 | 60 | 55 | 85 |
| 主要制造厂家（公司） | 杭州重型机械有限公司 | | 长江挖掘机股份有限公司 | | | | 杭州重型机械有限公司 | | |

表 7-10 常见国产液压挖掘机的主要技术参数（二）

| 型号 | WY40A | R942 | H185 | H121 | WY902 |
|---|---|---|---|---|---|
| 铲斗容积/m³ | 1.7 | 2.0 | 10~15 | 7.5 | 8.0 |
| 理论生产率/m³·h⁻¹ | 300 | 310 | 1800 | 1000 | 1200 |
| 最大挖掘深度/m | 6.6 | 6~8 | 4 | 4.0 | 4.5 |
| 最大挖掘半径/m | 10.7 | 11.5 | 13.4 | 11.5 | 11.5 |
| 最大卸载高度/m | 6.8 | 6.3 | 10.1 | 8.1 | 8.5 |
| 回转速度/r·min⁻¹ | 7.6 | 7.8 | 5.5 | 4.6 | 6.0 |
| 总功率/kW | 149 | 125 | 788 | 352 | 382 |
| 作业循环时间/s | 20~25 | 18~20 | 23~25 | 23~25 | 20~25 |
| 行走速度/km·h⁻¹ | 2.5 | 2.6 | 2.35 | 2.2 | 1.8 |
| 最大爬坡能力/% | 40 | 45 | 55 | 60 | 40 |
| 液压系统工作压力/MPa | 30 | 29.1 | 31.0 | 31.0 | 30.1 |
| 机器总重/t | 40 | 45 | 180 | 110 | 90 |
| 外形尺寸（长×宽×高）/m | 10.5×3.3×3.7 | 10.2×3.5×3.4 | 13.5×5.4×6.7 | 12.0×4.7×5.6 | 13.5×5.1×6.0 |
| 主要制造厂家（公司） | 柳州工程机械公司 | 上海建机集团公司 | 太原重工有限公司 | | 长沙挖掘机股份有限公司 |

表 7-11 Volvo 中小型液压挖掘机的主要技术参数

| 型号 | | | EC200B | EC210B | EC240BLC | EC290BLC |
|---|---|---|---|---|---|---|
| 最大操作质量/kg | | | 20500 | — | — | 29600 |
| 整机工作质量/kg | | | — | 20500 | — | — |
| 铲斗容积（ISO标准）/m³ | | | 0.85 | 0.92 | 1.3 | 1.4 |
| 履带板宽度/mm | | | 600 | 600 | 600/700/800/900 | 600 |
| 接地压力/kPa | | | 42.2 | 45.6 | 34.0~49.2 | 57.1 |
| 回转速度/r·min⁻¹ | | | 11.0 | 11.6 | 11.3 | 10.1 |
| 行走速度/km·h⁻¹ | | | 5.5/3.2 | 5.5/3.2 | 5.5/3.3 | 5.1/3.2 |
| 爬坡能力/(°) | | | 35（70%） | 35（70%） | 35（70%） | 35（70%） |
| 铲斗挖掘力（ISO标准）/kN | | | 136/147 | 136/147 | 166/176 | 182/193 |
| 小臂挖掘力（ISO标准）/kN | | | 98/145 | 98/105 | 115/122 | 156/166 |
| 发动机 | 型号 | | Volvo D6E | Volvo D6D | Volvo D7E EBE2 | Volvo D7E EBE2 |
| | 形式 | | 共轨直喷系统 | 涡轮增压式 | 自动急速系统 | 自动急速系统 |
| | 额定功率/kW | 净功率 | 110 | 107 | 130 | 143 |
| | | 总功率 | 123 | 119 | 138 | 153 |
| | 行程总容积（总排量）/L | | 5.71 | 5.71 | 7.11 | 7.11 |

| 型　号 | | EC200B | EC210B | EC240BLC | EC290BLC |
|---|---|---|---|---|---|
| 液压装置 | 液压泵形式 | 变量柱塞泵×2，齿轮泵×1 | | | |
| | 主安全阀调定压力/MPa | 32.4/34.3 | 32.4/34.3 | 32.4/34.3 | 32.4/34.3 |
| | 回转液压马达形式 | 带机械制动闸的轴向柱塞液压马达 | | | |
| | 行走液压马达形式 | 轴向柱塞液压马达 | | | |
| 油类容量 | 燃油箱容积/L | 350 | 350 | 380 | 470 |
| | 液压油油箱容积/L | 总计 295 | 总计 295 | 总计 320 | 总计 400 |
| | 发动机油更换量/L | 25 | 25 | 30 | 30 |
| 最大挖掘范围 $A$/mm | | 9940 | 9940 | 10260 | 10160 |
| 最大地面挖掘距离 $B$/mm | | 9750 | 9750 | 10080 | 9950 |
| 最大挖掘深度 $C$/mm | | 6730 | 6730 | 6980 | 6830 |
| 最大挖掘深度 $D$（2.44m 水平）/mm | | 6510 | 6510 | 6740 | 6590 |
| 最大垂直挖掘深度 $E$/mm | | 5830 | 5830 | 5970 | 5440 |
| 最大切割高度 $F$/mm | | 9450 | 9450 | 9690 | 9620 |
| 最大倾翻高度 $G$/mm | | 6650 | 6650 | 6800 | 6690 |
| 最小前部回转半径 $H$/mm | | 3650 | 3650 | 3890 | 4220 |

**表 7-12　日立建机大型液压挖掘机的主要技术参数**

| 型　号 | | | EX1200-5C | | EX1900-5 | | EX2500-5 | | EX3600-5 | | EX5500-5 | |
|---|---|---|---|---|---|---|---|---|---|---|---|---|
| | | | 反铲 | 正铲 | 反铲（BE） | 正铲 | 反铲（BE） | 正铲 | 反铲（BE） | 正铲 | 反铲（BE） | 正铲 |
| 工作质量/kg | | | 108000 | 111000 | 186500 | 185900 | 239000 | 242000 | 348000 | 350000 | 518000 | |
| 铲斗容量（满斗）/m³ | | | 5.0 | 6.5 | 12.0 | 11.0 | 15.0 | 15.0 | 22.0 | 21.0 | 29.0 | 27.0 |
| 发动机 | 形式 | | Hitachi S6R-Y2TAA-2 | | Hitachi S12A2-Y1TAA1 | | Cummins QSK45-C | | Hitachi S16R-Y1TAA1 | | Cummins QSK45-C | |
| | 额定功率/kW | | 480/1650 (653/1650r/min) | | 720/1800 (979/1800r/min) | | 971/1800 (1320/1800r/min) | | 1400/1600 (1900/1600r/min) | | 971/1800 (1320/1800r/min)×2 | |
| 最大挖掘力/kN | 斗杆 | | 411 | 583 | 620 | 710 | 762 | 918 | 951 | 1200 | 1240 | 1570 |
| | 铲斗 | | 457 | 589 | 671 | 660 | 832 | 843 | 1050 | 1130 | 1370 | 1570 |
| 回转速度/r·min⁻¹ | | | 5.8 | | 4.7 | | 3.8（3.5）[1] | | 3.2 | | 3.3 | |
| 行走速度/km·h⁻¹ | 高 | | 3.5 | | 2.8 | | 2.3 | | 2.3 | | 2.3 | |
| | 低 | | 2.4 | | 2.1 | | 1.6（2.2（1.5））[1] | | 1.7 | | 1.6 | |
| 接地比压/MPa | | | 1.36 | | 1.78 | | 1.72 | 1.74 | 1.80 | 1.81 | 2.30 | |
| 爬坡能力/(°) | | | 35（70%） | | 30（60%） | | 30（60%） | | 30（60%） | | 30（60%） | |
| 履带轮轴距 $A$/mm | | | 5000 | | 5780 | | 6120 | | 6660 | | 7000 | |
| 下部行走体长度 $B$/mm | | | 6410 | | 7480 | | 7870 | | 8700 | | 9350 | |
| 配重离地间隙 $C$/mm | | | 1790 | | 1995 | | 2230 | | 2540 | | 3000 | |
| 后端回转半径 $D$/mm | | | 4850 | | 6010 | | 6290 | | 6780 | | 7750 | |
| 后端长度 $D'$/mm | | | 4740 | | 5930 | | 6190 | | 6650 | | 7450 | |
| 总宽度 $E$/mm | | | 5430 | | 6260 | | 6350 | | 9030 | | 9850 | |
| 上部回转平台总宽度 $F'$/mm | | | 5380 | | 5890 | | 6200 | | 9030 | | 9850 | |
| 驾驶室总高度 $F$/mm | | | 4320（5410）[2] | | 6820 | | 7040 | | 7750 | | 8500 | |
| 最小离地间隙 $H$/mm | | | 990 | | 795 | | 800 | | 905 | | 1100 | |

| 型 号 | EX1200 – 5C | | EX1900 – 5 | | EX2500 – 5 | | EX3600 – 5 | | EX5500 – 5 | |
|---|---|---|---|---|---|---|---|---|---|---|
| | 反铲 | 正铲 | 反铲（BE） | 正铲 | 反铲（BE） | 正铲 | 反铲（BE） | 正铲 | 反铲（BE） | 正铲 |
| 轨距 l/mm | 3900 | | 4600 | | 5000 | | 5500 | | 6000 | |
| 履带板宽度 J/mm | 710 | | 800 | | 1000 | | 1270 | | 1400 | |
| 下部行走体宽度 K/mm | 4610 | | 5400 | | 6000 | | 6770 | | 7400 | |
| 大臂长度/m | 9.1 | | 8.3 | | 9.0 | | 9.6 | | 10.6 | |
| 斗杆长度/m | 7.0 | | 3.6 | | 4.2 | | 4.5 | | 5.3 | |
| 最大挖掘半径/mm | 15340 | 11400 | 15250 | 13430 | 17050 | 14060 | 18190 | 15220 | 20900 | 16600 |
| 最大挖掘深度/mm | 9340 | 5240 | 8180 | 5920 | 8570 | 3720 | 8580 | 3910 | 9000 | 4550 |
| 最大垂直挖深/mm | 7620 | | 3860 | | 5070 | | 4060 | | 5500 | |
| 最大切削高度/mm | 13490 | 12350 | 14140 | 14610 | 16160 | 15010 | 17690 | 16300 | 20600 | 18900 |
| 最大卸载高度/mm | 8920 | 8740 | 9060 | 10440 | 10360 | 10350 | 11590 | 10990 | 13000 | 13100 |
| 铲斗最大开启宽度/mm | | 1880 | | 2100 | | 2150 | | 1950 | | 2700 |

①电动机驱动型（860 kW）；
②正铲。

**表 7 – 13　常见国外单斗液压挖掘机的主要技术参数（一）**

| 公 司 | | 德国奥科（Orenstein – Koppel）公司 | | | | 德国德马克（Demag）公司 | | | | 美国凯宁（Koehring）公司 |
|---|---|---|---|---|---|---|---|---|---|---|
| 型 号 | | RH40C | RH75C | RH300 | RH120C | H85 | H121 | H185 | H241 | 1166E |
| 铲斗容量/m³ | 正铲 | 3.6 ~ 5.3 | 5.5 ~ 12.0 | 8.0 ~ 24 | 8.5 ~ 13.0 | 4.2 ~ 7.5 | 5.5 ~ 10.5 | 7.5 ~ 15 | 9.0 ~ 12 | 4.2 ~ 6.9 |
| | 反铲 | 1.8 ~ 5.0 | 4.5 ~ 9.0 | 7.5 ~ 31 | 5.0 ~ 13.0 | 2.0 ~ 5.4 | 2.0 ~ 10.5 | 7.0 ~ 15 | 5.0 ~ 21 | 4.0 ~ 6.0 |
| 最大挖掘高度/m | | 8.3 | 8.5 | 11.2 | 12.8 | 11.2 | 13 | 14.0 | 15.5 | 11.3 |
| 反铲最大挖掘深度/m | | 12.1 | 11.8 | 15.8 | 9.0 ~ 14 | 7.0 ~ 12.2 | 8.5 ~ 15 | 8.0 | 8.0 ~ 14.5 | 3.4（正铲） |
| 正铲最大挖掘半径/m | | 17.0 | 17.4 | 28.4 | 12.8 | 10 | 11.8 | 13.4 | 14.5 | 10.5 |
| 最大卸载高度/m | | 11.6 | 12.0 | 24.2 | 10.5 | 6.5 | 8.0 | 10.1 | 11.2 | 8.5 |
| 最大满斗质量/t | | 13.3 | 30.0 | 85.0 | 32.5 | 18.7 | 26.2 | 37.5 | 52.5 | 17.2 |
| 最大挖掘力/kN | 正铲 | 400 | 600 | 2000 | 900 | 400 | 470 | 700 | 910 | 308 |
| | 反铲 | 330 | 400 | 1000 | 750 | 210 | 500 | 620 | 850 | 250 |
| 机器工作质量/t | | 84.6 ~ 87.4 | 129.3 ~ 145.8 | 480 | 182 | 86.5 | 112 | 188 | 287 | 234 |
| 接地比压/MPa | | 0.9 ~ 1.2 | 1.2 ~ 1.5 | 2.2 | 1.45 ~ 1.70 | 0.8 ~ 1.0 | 0.9 ~ 1.1 | | 1.0 ~ 1.3 | 0.9 |
| 液压系统工作压力/MPa | | 30.0 | 30.0 | 30.0 | 30.0 | 30.0 | 30.0 | 30.0 | 30.0 | 20.7 ~ 38.0 |
| 工作装置种类 | | 正、反铲 | 正、反铲 | 正、反铲 | 正、反铲 | 正、反铲 | 正、反铲 | 正、反铲 | 正、反铲 | 正、反铲 |
| 行走速度/km·h⁻¹ | | 2.4 | 2.0 | 2.7 | 2.64 | 2.2 | 2.2 | 2.35 | 2.5 | 3.1 |
| 爬坡能力/% | | 70 | 70 | 70 | 70 | 60 | 60 | 55 | 60 | 70 |
| 履带接地长度/m | | 4.5 | 4.8 | 6.5 | 5.72 | | 4.87 | 6.0 | 6.2 | 5.5 |
| 尾部回转半径/m | | 4.2 | 5.4 | 7.3 | 6.0 | 4.0 | 4.7 | 5.5 | 6.2 | 4.3 |

续表 7-13

| 公司 | 德国奥科（Orenstein-Koppel）公司 | | | | 德国德马克（Demag）公司 | | | | 美国凯宁（Koehring）公司 |
|---|---|---|---|---|---|---|---|---|---|
| 型号 | RH40C | RH75C | RH300 | RH120C | H85 | H121 | H185 | H241 | 1166E |
| 平台底部距地高度/m | 1.6 | 1.8 | 2.7 | 2.31 | 1.7 | 1.8 | 1.7 | 2.7 | 1.6 |
| 履带板宽度/m | 0.7~1.0 | 0.8~1.0 | 1.5 | 0.8~1.0 | 0.7~0.8 | 0.8~1.0 | 0.8 | 1.45 | 0.813 |
| 履带轨距/m | 3.8 | 3.8 | 5.6 | 4.5 | 3.5 | 3.9 | 4.6 | 5.1 | 3.4 |
| 机器高度/m | 3.9 | 5.6 | 7.1 | 6.26 | 4.0 | 5.6 | 6.7 | 6.8 | 3.9 |
| 机器长度/m | 9.8 | 11.7 | 16.2 | | 9.7 | 10.7 | 13.5 | 15.2 | 10.4 |
| 机器宽度/m | 4.9 | 5.8 | 7.6 | 6.4 | 3.3 | 4.5 | 5.4 | 6.2 | 3.9 |
| 最小离地间隙/m | 0.71 | 0.813 | 1.013 | 1.15 | 0.6 | 0.71 | 0.9 | 0.9 | 0.55 |
| 发动机 型号 | BF12L413F | NTA-885-C | KTA2300C-1200 | | KTA28-C | | KTA38C-1050 | | 12V71N |
| 发动机 台数/台 | 1 | 2 | 2 | 2 | 1 | 1 | 1 | 1 | 1 |
| 发动机 总功率/kW | 300 | 522 | 1763 | 900 | 342 | 551 | 788 | 788 | 316 |
| 发动机 转速/r·min⁻¹ | 2100 | 1950 | 1950 | 2100 | 2100 | 1000 | 1900 | 1900 | 2100 |

表 7-14 常见国外单斗液压挖掘机的主要技术参数（二）

| 公司 | | 法国波克兰（Poclain）公司 | | | 法国利勃海尔（Liebherr）公司 | | 美国哈尼斯菲格（P&H）公司 | | 日本日立公司 | |
|---|---|---|---|---|---|---|---|---|---|---|
| 型号 | | 400 | 600 | 1000 | R982LC/R982HD | R991 | 1200 | 2200 | UH30 | UH80 |
| 铲斗容量/m³ | 正铲 | 3.4~5.5 | 5.5~7.5 | 7.0~15.3 | 4.3~5.1 | 5.2~12.3 | 8.3~13.3 | 16.3~30.6 | 3.7 | 8.4~12 |
| | 反铲 | 2.2~3.7 | 2.5~4.7 | 5.0~10.0 | 1.1~5.6 | 2.7~11.5 | | | 3.0 | |
| 最大挖掘高度/m | | 11.4 | 12.9 | 13.8 | 10.5 | 11.0 | 13.7 | 18.1 | 11.3 | 13.7 |
| 反铲最大挖掘深度/m | | 8.6 | 4.1 | 4.1 | 10.0 | 9.0 | 2.9（正铲） | 4.1（正铲） | 10.7 | 5.4（正铲） |
| 正铲最大挖掘半径/m | | 9.8 | 11.3 | 12.4 | 15.0 | 16.0 | 12 | 17.5 | 10.4 | 12.4 |
| 最大卸载高度/m | | 10.0 | 12.6 | 12.9 | 9.8 | 11.0 | 9.6 | 13.3 | 8.3 | 10.4 |
| 最大满斗质量/t | | 17.6 | 30.9 | 50.0 | 12.8 | 30.0 | 33.0 | 43.7 | 9.2 | 30.0 |
| 最大挖掘力/kN | 正铲 | 44 | 605 | 820 | 415 | 550 | 630 | 2000 | | 620 |
| | 反铲 | 305 | 365 | 523 | 310 | 590 | | | 380 | |
| 机器工作质量/t | | 78.7 | 107 | 190 | 67.5, 84.6 | 163.6 | 177 | 463 | 73 | 157 |
| 接地比压/MPa | | 0.8~1.3 | 1.1~1.6 | 1.5~2.6 | 0.9~1.6 | 1.5 | 1.2~1.4 | 1.8~2.3 | 1.0 | 1.7 |
| 液压系统工作压力/MPa | | 40.0 | 40.0 | 40.0 | 30.0 | 28.0 | 28.2 | 30.0 | 23.0 | 25.0 |
| 工作装置种类 | | 正、反铲 | 正、反铲 | 正、反铲 | 正、反铲 | 正、反铲 | 正铲 | 正铲 | 正、反铲 | 正铲 |
| 行走速度/km·h⁻¹ | | 2.9 | 2.7 | 1.8 | 1.8, 2.4 | 2.1 | 1.0 | 1.6 | 2.0 | 2.5 |
| 爬坡能力/% | | 60 | 61 | 53 | 90 | 60 | 70 | 55 | 60 | 58 |
| 履带接地长度/m | | 4.4 | 4.9 | 5.0 | 4.6 | 6.2 | 6.1 | 7.5 | 4.4 | 5.3 |
| 尾部回转半径/m | | 4.5 | 4.5 | 5.6 | 3.8 | 6.0 | 5.6 | 7.4 | 4.5 | 5.8 |
| 平台底部距地高度/m | | 1.8 | 1.9 | 2.0 | 1.4, 1.6 | 2.1 | 1.9 | 2.7 | 1.6 | 2.0 |

| 公司 | 法国波克兰<br>（Poclain）公司 | | | 法国利勃海尔<br>（Liebherr）公司 | | 美国哈尼斯<br>菲格（P&H）公司 | | 日本日立<br>公司 | |
|---|---|---|---|---|---|---|---|---|---|
| 型号 | 400 | 600 | 1000 | R982LC/R982HD | R991 | 1200 | 2200 | UH30 | UH80 |
| 履带板宽度/m | 0.44 | 0.49 | 0.5 | 0.5～0.7，<br>0.5～0.6 | 0.8 | 0.864～<br>1.0 | 1.22～<br>1.52 | 0.7 | 0.8 |
| 履带轨距/m | 4.5 | 4.5 | 5.6 | 3.7, 3.8 | 4.5 | 4.6 | 6.6 | 3.3 | 4.2 |
| 机器高度/m | 3.7 | 4.1 | 5.6 | 3.9, 4.5 | 5.3 | 7.1 | 8.6 | 3.6 | 5.9 |
| 机器长度/m | 13.8 | 15.7 | 17.9 | 7.8 | 12.6 | 12.9 | 18.3 | 10.5 | 13.4 |
| 机器宽度/m | 4.3 | 5.0 | 5.3 | 3.9 | 5.5 | 5.6 | 7.8 | 3.2 | 5.3 |
| 最小离地间隙/m | 0.67 | 0.82 | 0.65 | 0.62, 0.815 | 0.763 | 0.853 | 1.1 | 0.67 | 0.79 |
| 发动机　型号 | BF12L413F | F12L413 | KT1500 | NT855-C360 | NYA855<br>-C | KT-1150<br>C-450 | KT-2300<br>-1200 | E120 | KY1150<br>-C450 |
| 发动机　台数/台 | 1 | 2 | 2 | 1 | 2 | 2 | 2 | 1 | 2 |
| 发动机　总功率/kW | 186 | 463 | 677 | 257 | 540 | 684 | 1787 | 300 | 600 |
| 发动机　转速/r·min⁻¹ | 2150 | 2150 | 1950 | 2100 | 2100 | 1800 | 2000 | 2000 | 1800 |

**表 7-15　常见国外单斗液压挖掘机的主要技术参数（三）**

| 厂家与型号 | 小松 | 卡特彼勒 | 日立 | O&K | 小松 | 卡特彼勒 | 德马克 | 卡特彼勒 |
|---|---|---|---|---|---|---|---|---|
| | PC4000-6 | 5230B | Zx3600 | RH170 | PC1800-6 | 5130B | H135S | 5110B |
| 挖掘机工作质量/kg | 370000 | 328100 | 350000 | 360000 | 180000 | 182000 | 134100 | 127000 |
| 标准铲斗容量/m³ | 17.9 | 16.5 | 21 | 16 | 11 | 11 | 9.5 | 8 |
| 铲斗容量范围/m³ | 16.0～28 | 15.5～17.6 | 21～23 | 14.5～21 | | 8.5～18.3 | | 8.1～13.6 |
| 工作范围　最大挖掘深度/m | 2.80 | 3.80 | 3.91 | 2.53 | 3.22 | 3.20 | 8.00 | 2.84 |
| 工作范围　最大挖掘高度/m | 17.30 | 15.20 | 16.30 | 14.00 | 14.42 | 13.40 | 14.00 | 11.27 |
| 工作范围　最大挖掘半径/m | 5.60 | 5.50 | 5.05 | 5.12 | 4.85 | 4.30 | 13.00 | 11.50 |
| 工作范围　最大卸载高度/mm | 11.90 | 10.40 | 11.00 | 10.00 | 9.64 | 9.10 | 10.00 | 10.30 |
| 工作范围　最大行驶速度/km·h⁻¹ | 2.10 | 2.00 | 2.20 | 2.60 | 2.70 | 3.30 | 2.40 | 2.50 |
| 尺寸　全长（运送）/m | 14.10 | 13.95 | 15.85 | 13.51 | 13.23 | 13.68 | | 14.26 |
| 尺寸　全高（运送）/m | 9.00 | | | 8.18 | | | 6.23 | 5.31 |
| 尺寸　全宽（履带）/m | 7.65 | 7.51 | 9.03 | 6.90 | 6.02 | 6.62 | 4.88 | 4.16 |
| 尺寸　履带长度/m | 8.37 | 8.17 | 8.70 | 8.05 | 7.45 | 7.27 | 6.45 | 5.84 |
| 尺寸　履带轨距/m | 5.35 | 5.20 | 5.50 | 5.40 | 4.60 | 4.72 | 3.85 | 3.51 |
| 尺寸　履带板宽度/mm | 1200 | 1100 | 1270 | 1200 | 810 | 650 | 800 | 650 |
| 发动机　厂家 | Komatsu | Caterpillar | Isuzu | Cummins | Komatsu | Caterpillar | Cummins | Caterpillar |
| 发动机　型号 | SDA16V16C | 3516B EUI | S16R-Y1TAA1 | KT38-C925*2 | SAA6D140E*2 | 3508B | VTA28-C-800 | 3456 ATTAC |
| 发动机　功率/转速（kW/(r/min)） | 1400/1800 | 1156/1750 | 1400/1800 | 1240/1800 | 676/1800 | 597/1750 | 597/1800 | 519/1750 |
| 发动机　活塞排量/L | 60.2 | 69 | 65.4 | 37.7 | 15.24 | 34.5 | 28 | 15.24 |

续表 7-15

| 厂家与型号 | 小松 PC4000-6 | 卡特彼勒 5230B | 日立 Zx3600 | O&K RH170 | 小松 PC1800-6 | 卡特彼勒 5130B | 德马克 H135S | 卡特彼勒 5110B |
|---|---|---|---|---|---|---|---|---|
| 液压系统 液压泵 | | | | | | | GFC260-1008 | |
| 液压系统 最大油流量/L | 2×1100 | 2×1200 | 2×1200 | 2×750 | 2×410 | 2×750 | 2×680 | 2×410 |
| 容量 燃油箱/L | 6400 | 5330 | 7200 | 6300 | 2750 | 2600 | 1800 | 880 |
| 容量 液压油箱/L | 3800 | 3500 | 2100 | 900 | 850 | 1610 | 1410 | 810 |

**表 7-16　国内外单斗液压挖掘机的主要技术参数（四）**

| 厂家与型号 | 四川邦立 CE900-6 | 卡特彼勒 385BL | 卡特彼勒 385B | 小松 PC750-7 | 日立 Zx800 | 四川邦立 CE(D)550-6 | 四川邦立 CE(D)460-5 | 四川邦立 CE420-6 | 四川邦立 CE400-6 |
|---|---|---|---|---|---|---|---|---|---|
| 挖掘机工作质量/kg | 94000 | 83510 | 82900 | 76000 | 77700 | 58000 | 46000 | 42000 | 40000 |
| 标准铲斗容量/m³ | 5.1 | | | | | 3.5 | 2.5 | 2 | 2 |
| 铲斗容量范围/m³ | | 3.5~6.0 | 1.9~5.8 | 4.5~5.1 | 3.6~4.4 | | | | |
| 工作范围 最大挖掘深度/m | 7.16 | 10.42 | 10.42 | 3.54 | 5.06 | 2.72 | 2.24 | 2.35 | 2.93 |
| 工作范围 最大挖掘高度/m | 11.69 | 14.75 | 14.75 | 10.64 | 10.85 | 9.66 | 9.24 | 7.92 | 8.3 |
| 工作范围 最大挖掘半径/m | 11.97 | 15.94 | 15.94 | 9.92 | 9.6 | 8.86 | 8.26 | 7.92 | 8.2 |
| 工作范围 最大卸载高度/mm | 7.68 | 10.81 | 10.81 | 7.18 | 7.9 | 8.18 | 6.63 | 6.89 | 5.8 |
| 工作范围 最大行驶速度/km·h⁻¹ | | 4.5 | 4.5 | 4.2 | 4.3 | | 4.2 | 4.1 | |
| 工作范围 最大挖掘力/kN | 287 | 592 | 592 | | | 324 | 230 | 244 | 180 |
| 尺寸 全长（运送）/m | 15.23 | 14.62 | 14.62 | 9.87 | 13.85 | 11.964 | 11.634 | 11.17 | 11.285 |
| 尺寸 全高（运送）/m | 4.88 | 3.8 | 3.8 | 5.64 | 4.9 | 4.112 | 3.275 | 3.5 | 3.654 |
| 尺寸 全宽（履带）/m | 4.942 | 3.84 | 3.5 | 4.33 | 4.36 | 3.3 | 3.3 | 3.38 | 3.18 |
| 尺寸 履带长度/m | | 6.36 | 5.84 | 5.81 | 6.35 | | | | |
| 尺寸 履带轨距/m | | 2.75 | 2.94 | | | 3.3 | 2.8 | 2.8 | 2.6 |
| 尺寸 履带板宽度/mm | | 750 | 750 | 650 | 650 | 660 | 536 | 536 | 520 |
| 发动机 厂家 | Cummins | Caterpillar | Caterpillar | Komatsu | Isuzu | Cummins | Deutz | Cummins | Cummins |
| 发动机 型号 | KTA19-C | 3456 ATAAC | 3456 ATAAC | SAA6D140E-3 | BB-6WGIT | M11-C | F8L413F | M11-C290 | C8.3-C |
| 发动机 功率/转速 (kW/(r/min)) | 373/2000 | 382/1800 | 382/1800 | 338/1800 | 340/1800 | 246/2100 | 140/2000 | 216/2100 | 194/2000 |
| 发动机 活塞排量/L | 18.9 | 15.8 | 15.8 | 15.24 | 15.68 | 10.80 | 12.80 | 10.8 | 8.3 |
| 液压系统 液压泵 | 通轴变量柱塞双泵 | 变量双泵 | 变量双泵 | | | 通轴变量柱塞双泵 | 斜轴变量柱塞双泵 | 通轴变量柱塞双泵 | |
| 液压系统 最大油流量/L | 2×485 | 2×490 | 2×490 | | | 2×400 | 2×250 | 2×321 | 2×264 |
| 容量 燃油箱/L | 1312 | 1240 | 1240 | 880 | 901 | 726 | | 510 | 520 |
| 容量 液压油箱/L | 1012 | 810 | 810 | | | 628 | 650 | 425 | 300 |

# 第五节 液压式单斗挖掘机（液压铲）常见故障的排除

液压挖掘机的常见故障及排除方法见表 7 – 17。

**表 7 – 17 液压挖掘机的常见故障及排除方法**

| 故障现象 | 产 生 原 因 | 排除或处理方法 |
|---|---|---|
| （一）整机部分 | | |
| 机器工作效率明显下降 | 1. 柴油机输出功率不足；<br>2. 油泵磨损；<br>3. 主溢流阀调整不当；<br>4. 工作排油量不足；<br>5. 吸油管路吸进空气 | 1. 检查、修理柴油机气缸总成；<br>2. 检查、更换磨损严重的零件；<br>3. 重新调整溢流阀的整定值；<br>4. 检查油质、泄漏及元件磨损情况；<br>5. 排出空气，紧固接头，完善密封 |
| 操纵系统控制失灵 | 1. 控制阀的阀芯受压卡紧或破损；<br>2. 滤油器破损，有污物；<br>3. 管路破裂或堵塞；<br>4. 操纵连杆损坏；<br>5. 控制阀弹簧损坏；<br>6. 滑阀液压卡紧 | 1. 清洗、修理或更换损坏的阀芯；<br>2. 清洗或更换已损坏的滤油器；<br>3. 检查、更换管路及附件；<br>4. 检查、调整或更换已损坏的连杆；<br>5. 更换已损坏的弹簧；<br>6. 换装合适的阀零件 |
| 挖掘力太小，不能正常工作 | 1. 油缸活塞密封不好，密封圈损坏，内漏很严重；<br>2. 溢流阀调压太低 | 1. 检查密封及内漏情况，必要时更换油缸组件；<br>2. 重新调节阀的整定值 |
| 液压输注油管破裂 | 1. 调定压力过高；<br>2. 管子安装扭曲；<br>3. 管夹松动 | 1. 重新调整压力；<br>2. 调直或更换；<br>3. 拧紧各处管夹 |
| 工作、回转和行走装置均不能动作 | 1. 油泵产生故障；<br>2. 工作油量不足；<br>3. 吸油管破裂；<br>4. 溢流阀损坏 | 1. 更换油泵组件；<br>2. 加油至油位线；<br>3. 检修、更换吸油管及附件；<br>4. 检查阀与阀座、更换损坏 |
| 工作、回转和行走装置工作无力 | 1. 油泵性能降低；<br>2. 溢流阀调节压力偏低；<br>3. 工作油量减少；<br>4. 滤油器堵塞；<br>5. 吸油管进油量不足 | 1. 检查油泵，必要时更换；<br>2. 检查并调节至规定压力；<br>3. 加油至规定油位；<br>4. 清洗或更换；<br>5. 拧紧吸油管路，并放掉空气 |
| （二）履带行走装置 | | |
| 行走速度较慢或单向不能行走 | 1. 溢流阀调压不能升高；<br>2. 行走油马达损坏；<br>3. 工作油量不足 | 1. 检查和清洗阀件，更换损坏的弹簧；<br>2. 检修油马达；<br>3. 按规定加足工作油 |
| 行驶时阻力较大 | 1. 履带内夹有石块等异物；<br>2. 履带板张紧度过度；<br>3. 缓冲阀调压不当；<br>4. 油马达性能下降 | 1. 清除石块等异物，调整履带；<br>2. 调整到合适的张紧度；<br>3. 重新调整压力值；<br>4. 更换已损零件，完善密封 |
| 行驶时有跑偏现象 | 1. 履带张紧左右不同；<br>2. 油泵性能下降；<br>3. 油马达性能下降；<br>4. 中央回转接头密封损坏 | 1. 调整履带张紧度，使左右一致；<br>2. 检查、更换严重磨损件；<br>3. 检查、更换严重磨损件；<br>4. 更换已损零件，完善密封 |
| （三）轮胎行走装置 | | |
| 行走操作系统不灵活 | 1. 伺服回路压力低；<br>2. 分配阀阀杆夹有杂物；<br>3. 转向夹头润滑不良；<br>4. 转向接头不圆滑 | 1. 检查回路各调节阀，调整压力值；<br>2. 检查调整阀杆，清除杂物；<br>3. 检查转向夹头并加注润滑油；<br>4. 检修接头，去除卡滞毛刺 |

续表 7 - 17

| 故障现象 | 产生原因 | 排除或处理方法 |
|---|---|---|
| 变速箱有严重噪声 | 1. 润滑油浓度低；<br>2. 润滑油不足；<br>3. 齿轮磨损或损坏；<br>4. 轴承磨损或损坏；<br>5. 齿轮间隙不合适；<br>6. 差速器、万向节磨损 | 1. 按要求换装合适的润滑油；<br>2. 加足润滑油到规定油位；<br>3. 修复或换装新件；<br>4. 换装新轴承并调整间隙；<br>5. 换装新齿轮并调整间隙；<br>6. 修复或换装新件 |
| 变换手柄挂挡困难 | 1. 齿轮齿面异状，花键轴磨损；<br>2. 换挡拨叉固定螺钉松动、脱落；<br>3. 换挡拨叉磨损过度 | 1. 检修或更换已严重磨损件；<br>2. 拧紧螺钉并完善防松件；<br>3. 修复或更换拨叉 |
| 驱动桥产生杂声 | 1. 轴承壳破损；<br>2. 齿轮啮合间隙不合适；<br>3. 润滑油黏度不合适；<br>4. 油封损坏，漏油 | 1. 检查、修理或更换轴承件；<br>2. 调整啮合间隙，必要时更换齿轮；<br>3. 检测润滑油黏度，换装合适的油；<br>4. 更换油封，完善密封 |
| 轮边减速器漏油 | 1. 轮壳轴承间隙过大；<br>2. 润滑油量过多，过稠；<br>3. 油封损坏，漏油 | 1. 调整轴承间隙并加强润滑；<br>2. 调整油量和油质；<br>3. 更换油封，完善密封 |
| 制动时制动漏油 | 1. 制动鼓中流入黄油；<br>2. 壳内进入齿轮油；<br>3. 摩擦片表面有污物或油渍 | 1. 清洗制动鼓并完善密封；<br>2. 清洗壳体；<br>3. 检查和清洗摩擦片 |
| 制动器操纵失灵 | 1. 油缸活塞杆间隙过大；<br>2. 储气筒产生故障；<br>3. 制动块间隙不合适；<br>4. 制动衬里磨损；<br>5. 液压系统侵入空气 | 1. 检查活塞杆密封件，必要时换装新件；<br>2. 拆检储气筒，更换已损件；<br>3. 检查制动块并调整间隙；<br>4. 换装新件；<br>5. 排除空气并检查、完善各密封处 |
| （四）回转部分 | | |
| 机身不能回转 | 1. 溢流阀或过载阀偏低；<br>2. 液压平衡阀失灵；<br>3. 回转油马达损坏 | 1. 更换失效弹簧，重新调整压力；<br>2. 检查和清洗阀件，更换失效弹簧；<br>3. 检修马达 |
| 回转速度太慢 | 1. 溢流阀调节压力偏低；<br>2. 油泵输油量不足；<br>3. 输油管路不畅通 | 1. 检测并调整阀的整定值；<br>2. 加足油箱油量，检修油泵；<br>3. 检查并疏通管道及附件 |
| 启动有冲击或回转制动失灵 | 1. 溢流阀调压过高；<br>2. 缓冲阀调压偏低；<br>3. 缓冲阀的弹簧损坏或被卡住；<br>4. 油泵及马达产生故障 | 1. 检测溢流阀，调节整定值；<br>2. 按规定调节阀的整定值；<br>3. 清洗阀件，更换损坏的弹簧；<br>4. 检修油泵及马达 |
| 回转时产生异常声响 | 1. 传动系统齿轮副润滑不良；<br>2. 轴承辊子及滚道有损坏处；<br>3. 回转轴承总成联结件松动；<br>4. 油马达发生故障 | 1. 按规定加足润滑脂；<br>2. 检修滚道，更换损坏的辊子；<br>3. 检查轴承各部分，紧固；<br>4. 检修油马达联结件 |
| （五）工作装置 | | |
| 重载举升困难或自行下落 | 1. 油缸密封件损坏，漏油；<br>2. 控制阀损坏，泄漏；<br>3. 控制油路串通 | 1. 拆检油缸，更换损坏的密封件；<br>2. 检修或更换阀件；<br>3. 检查管道及附件，完善密封 |
| 动臂升降有冲击现象 | 1. 滤油器堵塞，液压系统产生气穴；<br>2. 油泵吸进空气；<br>3. 油箱中的油位太低；<br>4. 油缸体与活塞的配合不适当；<br>5. 活塞杆弯曲或法兰密封件损坏 | 1. 清洗或更换滤油器；<br>2. 检查吸油管路，排除空气，完善密封；<br>3. 加油至规定油位；<br>4. 调整缸体与活塞的配合松紧程度；<br>5. 校正活塞杆，更换密封件 |

| 故障现象 | 产生原因 | 排除或处理方法 |
|---|---|---|
| 工作操纵手柄控制失灵 | 1. 单向阀污染或阀座损坏；<br>2. 手柄定位不准或阀芯受阻；<br>3. 变量机构及操纵阀不起作用；<br>4. 安全阀调定压力不稳、不当 | 1. 检查和清洗阀件，更换已损件；<br>2. 调整联动装置，修复严重磨损件；<br>3. 检查和调整变量机构组件；<br>4. 重新调整安全阀整定值 |
| （六）转向系统 | | |
| 转向速度不符合要求 | 1. 变量机构阀杆动作不灵；<br>2. 安全阀整定值不合适；<br>3. 转向油缸产生故障；<br>4. 油泵供油量不符合要求 | 1. 调整或修复变量机构及阀件；<br>2. 重新调整阀的整定值；<br>3. 拆检油缸，更换密封圈等已损件；<br>4. 检修油泵 |
| 方向盘转动不灵活 | 1. 油位太低，供油不足；<br>2. 油路脏污，油流不畅通；<br>3. 阀杆有卡滞现象；<br>4. 阀不平衡或磨损严重 | 1. 加油至规定油位；<br>2. 检查和清洗管路，换装新油；<br>3. 清洗和检修阀及阀杆；<br>4. 检修或更换阀组件 |
| 转向离合器不到位 | 1. 油位太低，油量不足；<br>2. 吸入滤油网堵塞；<br>3. 补偿油泵磨损严重，所提供的油压偏低；<br>4. 主调整阀严重磨损，泄漏 | 1. 加油至规定油位；<br>2. 清洗或更换滤油阀；<br>3. 用流量计检查油泵，检修或更换油泵组件；<br>4. 检修或更换阀组件 |
| （七）制动系统 | | |
| 制动器不能制动 | 1. 制动操纵失灵；<br>2. 制动油路有故障；<br>3. 制动器损坏；<br>4. 联结件松动或损坏 | 1. 检修或更换阀组件；<br>2. 检修管道及附件，使油流畅通；<br>3. 检修制动器，更换已损件；<br>4. 更换并紧固联结件 |
| 制动实施太慢 | 1. 制动管路堵塞或损坏；<br>2. 制动控制阀调整不当；<br>3. 油位太低，油量不足；<br>4. 工作系统油压偏低 | 1. 疏通和检修管道及附件；<br>2. 检查阀并重新调整整定值；<br>3. 加足工作油并保持油位；<br>4. 检查油泵，调整工作压力 |
| 制动器制动后脱不开 | 1. 制动控制阀调整不当或失效；<br>2. 系统压力不足；<br>3. 管路堵塞，油流不畅；<br>4. 制动油缸有故障；<br>5. 制动装置损坏 | 1. 检修或调整阀组件；<br>2. 检修油泵及阀，保持额定工作压力；<br>3. 检查并疏通管道及附件；<br>4. 拆检油缸，更换已损件；<br>5. 修复或更换联动装置组件 |

# 第六节　单斗挖掘机与载重汽车的配套关系

露天矿山生产实践证明，挖掘机铲斗容积和载重汽车吨级（或箱容）与矿山的产量都成一定的比例关系。因此，对于某座具体矿山，所选用的挖掘机斗容与汽车箱容之间也应有一定的比例关系。如果斗容与箱容配合不当，将会影响挖掘机和载重汽车的装满系数及装车周转作业时间。

根据国内外 140 多个露天矿山生产统计资料分析，其所选挖掘机和载重汽车与矿山产量的关系分别如图 7－18 和图 7－19 所示。

在露天矿采掘工作现场普遍认为，当用单斗挖掘机向载重汽车装载时，一般以 1 车不少于 3 铲斗、不多于 7 铲斗比较合适。如果装载斗数过少，将延长挖掘机装车时的准确对位和卸载时间；如果装载斗数过多，则会增加汽车待装时间。比如用斗容为 $2m^3$ 的挖掘机向载重为 45t 的汽车装载时，需要 10～12 斗才能装满一车，装车时间为 8～9min，约占一次周转时间的 30%～35%。因此，当载重汽车运行不够均衡时，由于车型过大，配套的车辆较少，使挖掘机等空车或汽车待装时间的比例增加，设备工作效率降低。据统计资料介绍，世界几个地区的露天矿山所采用的"斗容与箱容配套关系"一般如下：

|  |  |
| --- | --- |
| 美　国（代表美洲） | 1:4～1:6（个别矿山为 1:3～1:6） |
| 俄罗斯（代表欧洲） | 1:3～1:4（个别矿山为 1:3～1:5） |
| 中　国（代表亚洲） | 1:3～1:5（个别矿山为 1:4～1:6） |

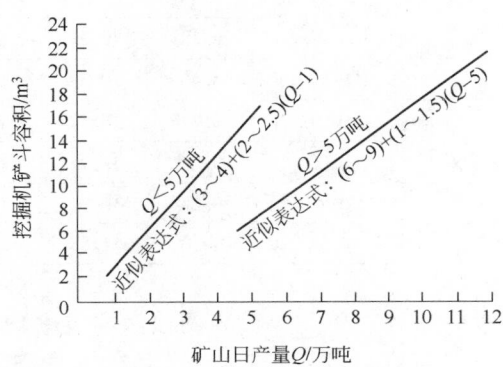

图 7-18　挖掘机载重量与矿山产量的关系

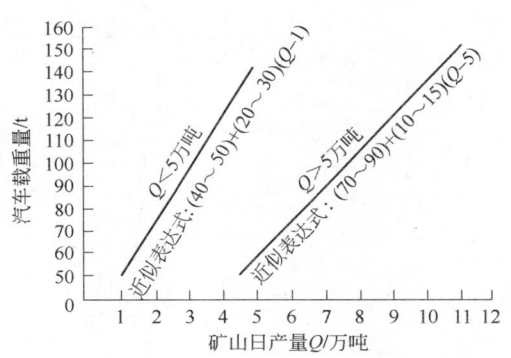

图 7-19　汽车载重量与矿山产量的关系

如就载重汽车周转次数而论，当运距为 1km、满箱斗数为 1～2 时，汽车的工作效率最高，但挖掘机的工作效率显著下降。如图 7-20 所示，当满箱斗数由 4 斗减少为 1 斗时，时间利用系数 $\beta$ 值曲线上升速度很快；当满箱斗数大于 6 时，$\beta$ 值曲线趋于平缓。矿山生产实践证明，运距为 1km、满箱为 2～4 斗，运距为 2km、满箱为 3～5 斗，运距为 3～5km、满箱为 4～6 斗的配合方案比较合适，即图 7-20 中各曲线的粗线段为较优值。由现场标定证明，当用同一台（斗容一定）挖掘机装载不同的车型时（箱容不同），一次作业循环时间将会随着车箱容积的增大而减少。当车箱容积与铲斗容积比例达到 1:5 时，一次作业循环时间较铲斗容积与车箱容积的比例为 1:1 时减少 35%～40%。

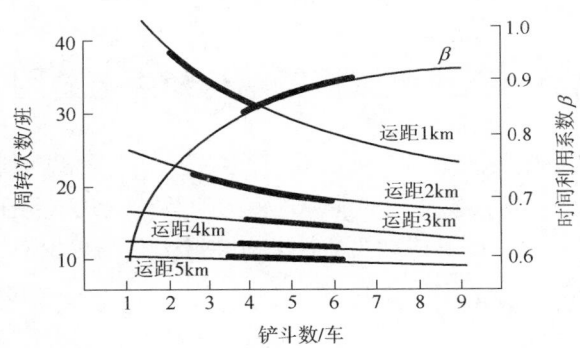

图 7-20　车辆周转次数、满箱斗数与运距的关系

在确定挖掘机斗容与载重汽车箱容的匹配关系时，也可以引进适当的比例系数，依据挖掘机斗容与汽车载重量的比例关系进行计算。多数国家计算汽车载重量 $Q_q$（t）所用的计算式如下：

$$Q_q = V_m K_p$$

式中　$V_m$——挖掘机斗容，$m^3$；

　　　$K_p$——挖掘机斗容与汽车箱容的匹配系数。

在建立此计算式时，已考虑到装满系数 $K_H$ 及矿岩容重 $r$ 对匹配系数 $K_p$ 的影响。匹配系数 $K_p$ 及其与其他计算系数的数值比例关系见表 7-18。

此外还应该说明，据有关统计资料介绍，国内外露天矿山使用的载重汽车，有一些由于车箱容积偏小或所用挖掘机不配套，每车的实际载重量往往小于汽车允许载重量，这对载重汽车和挖掘机的生产效率都有影响。因此，在设计制造矿用载重汽车及生产矿山选型配套规划时，要注意考虑车箱容积与铲斗容积的实际配套状况。

**表7-18　挖掘机斗容与汽车载重量的匹配系数 $K_p$ 值**

| 矿石容重 /t·m⁻³ | 装满系数 $K_H$ | 装车斗数 | | | 矿石容重 /t·m⁻³ | 装满系数 $K_H$ | 装车斗数 | | |
|---|---|---|---|---|---|---|---|---|---|
| | | 4 | 5 | 6 | | | 4 | 5 | 6 |
| 1.4 | 1.01 | 5.66 | 7.10 | 8.48 | 2.1 | 0.94 | 7.89 | 9.87 | 11.80 |
| 1.5 | 1.00 | 6.00 | 7.50 | 9.00 | 2.2 | 0.93 | 8.18 | 10.23 | 12.20 |
| 1.6 | 0.99 | 6.34 | 7.92 | 9.50 | 2.3 | 0.92 | 8.46 | 10.58 | 12.69 |
| 1.7 | 0.98 | 6.66 | 8.33 | 9.99 | 2.4 | 0.91 | 8.73 | 10.92 | 13.10 |
| 1.8 | 0.97 | 6.98 | 8.73 | 10.47 | 2.5 | 0.90 | 9.00 | 11.25 | 13.50 |
| 1.9 | 0.96 | 7.29 | 9.12 | 10.44 | 2.6 | 0.89 | 9.25 | 11.57 | 13.88 |
| 2.0 | 0.95 | 7.60 | 9.87 | 11.40 | 2.7 | 0.88 | 9.50 | 11.88 | 14.25 |

　　根据国内外矿山生产经验，挖掘机铲斗的装满系数一般取 0.90~0.92，矿岩的松散容重平均取 2.0 t/m³ 比较合适。美国、日本和我国矿用载重汽车的箱容和载重的关系列于表7-19，可作为选型配套时考虑。

**表7-19　几个国家载重汽车箱容与载重量的关系**

| 美国 | 载重/t | 20 | 25 | 31.8 | 50 | 77.1 | 108.8 | 136 |
|---|---|---|---|---|---|---|---|---|
| | 容积/m³ | 14.5 | 17 | 22 | 34 | 45.9 | 47.4 | 73 |
| 日本 | 载重/t | 20 | 22 | 35 | 51 | 75 | 120 | 132 |
| | 容积/m³ | 12 | 15.2 | 20 | 32 | 44 | 45 | 70 |
| 中国 | 载重/t | 20 | 25 | 32 | 42 | 60 | 100 | 110 |
| | 容积/m³ | 13 | 15.5 | 16 | 22 | 31 | 48 | 50 |

# 第七节　露天装载机的结构特点与适用条件

　　露天装载机，是指以铲斗在轮胎或履带自行式机体前端进行铲装和卸料的装载设备；在矿山又常称为前端式装载机（简称前装机）。露天矿使用的前装机多为轮胎行走式，与土石方工程中的轮胎式装载机结构相似；采用履带行走的装载机，因其机动灵活性差，在露天采场很少使用。

## 一、露天矿用轮式装载机的结构

　　露天矿使用的轮式装载机，其工作装置多为反转六连杆机构（见图7-21）和正转六连杆机构（见图7-22），斗容通常在 5m³ 以上。斗容小于 5m³ 的轮式装载机，只用于某些小型露天矿山。

## 二、轮式装载机的优缺点

　　在条件适宜的露天矿，采用轮式转载机可凸显以下几方面的优越性：

　　（1）轮胎式前装机行走速度快，工作循环时间短，装载效率高。据矿山标定资料介绍，斗容为 5~8m³ 的前装机时速可达 35km/h 以上，比电铲快 30~90 倍，每个工作循环仅需 40~45s，平均台班生产能力可达 3500~4000t，平均劳动生产率可提高 50%~100%。

　　（2）轮胎式前装机的自重较轻，相当于相同斗容挖掘机质量的 1/8~1/6，节省了大量钢材，制造成本仅是挖掘机的 1/4~1/3，价格比挖掘机便宜，可以减少矿山的生产设备投资，缩小固定资产比例。

　　（3）轮胎式前装机爬坡能力强，机动灵活性较好，可在挖掘机不允许的斜坡工作面上进行装载作业，尤其是在缺少电力的新建矿山工地也能正常进行工作，从而可加快矿山开拓建设和缩短建设周期。

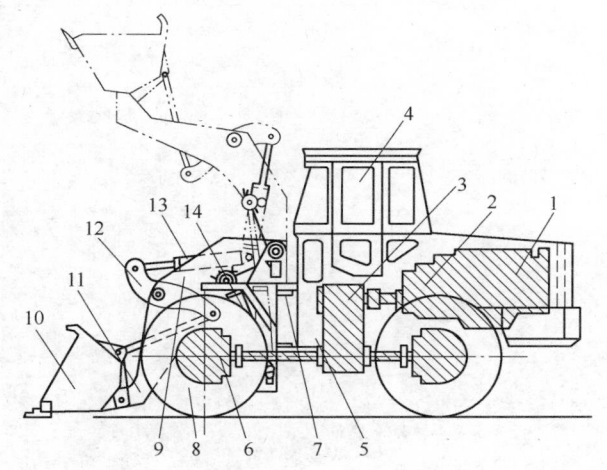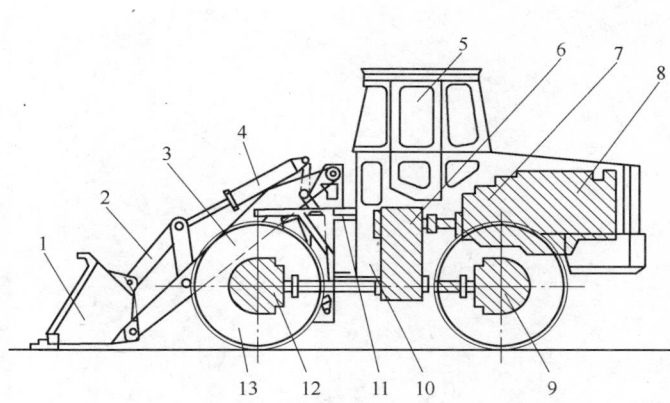

图 7 - 21　ZL 系列（反转六杆）轮式装载机结构示意图
1—柴油发动机；2—液力变矩器；3—行星变速箱；4—驾驶室；
5—车架；6—前后桥；7—转向铰接装置；8—车轮；9—工作机构；
10—铲斗；11—动臂；12—转斗杆件；13—转斗油缸；14—举升油缸

图 7 - 22　QJ 系列（正转六杆）轮式装载机结构示意图
1—铲斗；2—连杆；3—动臂；4—转斗油缸；5—驾驶室；
6—变速箱；7—液力变矩器；8—发动机；9—后桥；10—车架；
11—转向铰接装置；12—前桥；13—车轮

（4）轮胎式前装机调度方便，一机多能，在采装作业中可有效地进行铲、装、运、推、排和堆集等多项作业；在中小型矿山可取代电铲和汽车；在新开工作面、狭窄工作面及条件较差的工作面上，也能自如地进行装载作业；而且在采场爆破后能够自己清理工作面，清理中即可装载，不需其他辅助设备，因此可降低矿山生产的综合费用。据国外统计资料介绍，欧美一些国家使用轮胎式装载机的装载作业成本可比挖掘机降低 20% ~ 30% 。

（5）轮胎式前装机的折旧年限仅为挖掘机的 1/4 ~ 1/8，工作 5 ~ 6 年即可更换新的比较先进的设备，便于矿山管理和维修工作，有利于设备的更新换代。

（6）轮胎式前装机比挖掘机容易操纵，因而可缩短司机培训时间，同时一台装载机仅需一名司机操作，可节省人力、物力和财力。

但是，前装机与挖掘机相比，在生产中也有些缺点：

（1）轮胎式前装机比挖掘机的挖掘能力小，当爆破质量不好、大块较多时，其工作效率将明显降低；对于黏性较强的物料需要松动之后才能进行铲装作业和其他辅助作业。

（2）与挖掘机相比，前装机的工作机构尺寸较小；由于安全条件的限制，不宜在爆堆较高的工作面作业，采场台阶高度一般不得超过 12m。

（3）前装机的轮胎磨损较快，使用寿命较短。近年来虽然已有加装保护链环或采用垫式履带板等措施，可以减轻轮胎磨损，但轮胎寿命也不过在 1500h 左右，轮胎费用在生产设备费用中所占比重仍然很大（约为 40% ~ 50% ，甚至高达 60% ）。

虽然前装机作为露天矿山主要生产设备时，有上述一些缺点和问题，但随着制造技术的飞速发展和不断地采取有效措施，这些缺点和问题正在迅速得到克服和解决。轮胎式前装机在世界各国都将得到广泛使用和推广，经济效益和社会效益也会逐步提高。

过去，在国外大型露天矿中，前装机主要是用于清理采场工作面、修筑和养护矿山道路等辅助作业，同时也用于清理边坡、混匀矿石、填塞炮孔、清除积雪和排土等，基本上属于辅助设备。但随着前装机的设计和工艺技术水平的提高，近年来前装机在国外一些中小型金属露天矿山已逐渐成为主要装载设备，或同时兼作采装设备和辅助设备。我国的小型矿山采用的轮胎式前装机也越来越多（见图 7 - 23 和图 7 - 24）。

图 7-23    ZL 型（反转六杆）前装机在工作    图 7-24    QJ 型（正转六杆）前装机在工作

合理地采用大型前装机作为露天矿的装载设备，可以显著提高铲装作业生产效率和降低作业成本，国外采矿界对此都很重视。凡是采用挖掘机装载矿岩的中小型露天矿，现在都力求采用前装机。如在加拿大的矿山，目前前装机使用量已达到 51%，斗容为 8m³ 以下的挖掘机使用量下降了 15%。使用最广泛的是斗容为 10~20m³ 的轮胎式装载机，它可代替斗容为 6~15m³ 的挖掘机与载重量为 30~80t 的自卸汽车联合作业，其生产效率可提高 30%~50%。目前世界各国露天矿所使用的装载设备中，挖掘机和轮胎式前装机两者均各占 50%。

### 三、轮式装载机的适用范围

国内外多年的生产实践证明，轮式装载机适合进行下列几方面工作：

（1）用于露天矿山开拓剥离、铁路筑基和修铺道路等工程建设中的装载、推排土、起重和牵引等多种作业。

（2）在中小型露天矿山用来代替挖掘机和汽车作为矿山的主要采、装、运设备；可与汽车联合作业，也可向破碎站装运矿岩。

（3）在某些大型露天矿，配合挖掘机在复杂条件下（如选别开采、工作面尽头、爆堆分散、挖掘堑沟等）进行采装工作及其他辅助作业。

（4）可用于坡度较大的工作面进行采、装、运联合作业，完成难度较大的出矿工作。

常见的轮胎式、履带式两种前装机各有其特点。虽然履带式前装机的牵引力和铲取力较大，越野和爬坡等性能较好，但它速度低、不灵活，转移作业地点有时需要拖车，施工成本较高。因此，露天矿山很少采用履带式前装机，世界各国矿山使用最普遍的是轮胎式装载机，所以其生产数量较多，制作技术也发展很快，最大机型斗容已达 40m³。

## 第八节    矿山常用轮式装载机的主要技术参数

我国已有许多制造厂可以生产轮式装载机，特别是中小型装载机，规格品种很多。柳州工程机械公司、厦门重工机械公司、徐州工程机械公司和沈阳山河工程机械厂等，可以制造较大型的轮式装载机。

常见国产 QJ 系列和 ZL 系列轮式装载机的主要技术参数见表 7-20。常见进口轮式装载机的主要技术参数见表 7-21。常见国外轮式装载机的主要技术参数见表 7-22~表 7-24。

表 7-20　常见国产轮胎式装载机的主要技术参数

| 型　号 | ZL40B | ZL50B | ZL50C | ZL-50C-Ⅱ | ZL50F | ZL60D | WA420 | ZLM60 | ZL60E | ZL70 | ZL90 | QJ-5 |
|---|---|---|---|---|---|---|---|---|---|---|---|---|
| 额定斗容/m³ | 2.0 | 3.1 | 2.7 | 3.0 | 3.0 | 3.3 | 3.5 | 3.5 | 3.3 | 4.0 | 4.5 | 5.0 |
| 额定载重量/t | 4 | 5.5 | 5 | 5 | 5 | 6 | 6 | 6 | 6 | 7 | 9 | 10 |
| 最大卸载高度/mm | 2890 | 2910 | 2980 | 3090 | 3090 | 3100 | 3000 | 3010 | 3060 | 3310 | 3320 | 3600 |
| 卸载距离/mm | 930 | 1150 | 1100 | 1250 | 1250 | 1240 | 1210 | 1150 | 1230 | 1440 | 1780 | 1600 |
| 最大牵引力/kN | 108 | 119 | 118 | 135 | 135 | 120 | 175 | 172 | 170 | 245 | 285 | 288 |
| 最大爬坡能力/(°) | 25 | 28 | 25 | 25 | 25 | 25 | 30 | 30 | 25 | 30 | 25 |
| 最小转弯半径/mm | 5650 | 6450 | 6200 | 6250 | 6250 | 6440 | 5650 | 5960 | 6780 | 7520 | 8330 | 7480 |
| 最高挡位行速/km·h⁻¹ | 35 | 42 | 35 | 35 | 35 | 42 | 32 | 35 | 43 | 34 | 32 | 31 |
| 倒挡位速度/km·h⁻¹ | 15 | 42 | 16 | 15 | 15 | 42 | 34 | 33 | 27 | 15 | 13 | 29 |
| 机器最大长度/mm | 7010 | 7540 | 7680 | 7938 | 7938 | 8410 | 8320 | 8100 | 8100 | 9000 | 9160 | 9360 |
| 机器最大宽度/mm | 2720 | 2970 | 3000 | 3013 | 3013 | 3070 | 2820 | 2870 | 3100 | 3300 | 3400 | 3660 |
| 机器行走高度/mm | 3220 | 3320 | 3330 | 3363 | 3363 | 3560 | 3400 | 3550 | 3460 | 3800 | 3900 | 3900 |
| 机器工作质量/t | 13.5 | 17.1 | 16.2 | 16.2 | 16.5 | 20.1 | 18.4 | 19.5 | 20.3 | 27.1 | 36.1 | 37.1 |
| 轴距/mm | 2840 | 3170 | 3105 | 3250 | 3250 | 3350 | 3300 | 3300 | 3350 | 3650 | 3800 | 3600 |
| 轮距/mm | 2050 | 2250 | 2250 | 2250 | 2250 | 2250 | 2200 | 2200 | 2250 | 2500 | 3680 | 2670 |
| 发动机功率/kW | 125 | 154 | 162 | 162 | 162 | 184 | 167 | 162 | 161 | 222 | 296 | 296 |
| 动臂举升时间/s | 6.5 | 7.5 | 7.0 | 5.4 | 5.4 | 7.4 | 7.5 | 6.8 | 7.1 | 7.9 | 9.5 | 9.8 |
| 液力变矩系数 | 4.7 | 4.7 | 4.7 | 4.7 | 4.7 | 4.7 | 4.7 | 4.7 | 4.7 | 3.4 | 4.7 | 3.7 |
| 轮胎规格 | 20.5-25 | 24-25 | 23.5-25 | 23.5-25 | 23.5-25 | 24-25 | 24-25 | 24-25 | 26-25 | 29-29 | 29-29 | 29-29 |
| 主要制造厂家（公司） | 徐州工程机械公司，成都工程机械厂，青州工程机械厂，山东工程机械厂，宜春工程机械厂 | | 徐州工程机械公司，厦门重工机械公司，柳州工程机械公司，锦州工程机械厂，成都工程机械厂 | | 厦门重工机械公司，柳州工程机械公司，郑州工程机械厂 | | 徐州工程机械公司，厦门重工机械公司，柳州工程机械厂，常州工程机械厂，宣化工程机械厂 | | | 徐州工程机械公司，厦门重工机械公司，柳州工程机械公司，常州工程机械厂，沈阳矿山机器厂 | | 柳州工程机械公司，沈阳矿山机器厂 |

表 7-21　常见进口轮胎式装载机的主要技术参数

| 型　号 | 966D | 998 | 72-71 | KLD100 | 992 | 475B | 992C |
|---|---|---|---|---|---|---|---|
| 额定斗容/m³ | 3.1 | 4.2 | 4.9 | 5 | 7.6 | 7.6 | 10.3 |
| 额定载重量/t | 5.5 | 8 | 10 | 8.8 | 13.6 | 13.6 | 18.4 |
| 最大卸载高度/mm | 2690 | 3300 | 3500 | 3600 | 4000 | 4160 | 4170 |
| 卸载距离/mm | 1416 | 1450 | 1500 | 1600 | 2210 | 1750 | 3300 |
| 最大牵引力/kN | 170 | 271 | 316 | 284 | 391 | 401 | 662 |

| 型　号 | 966D | 998 | 72-71 | KLD100 | 992 | 475B | 992C |
|---|---|---|---|---|---|---|---|
| 最大爬坡能力/(°) | 25 | 30 | 30 | 25 | 30 | 30 | 30 |
| 最小转弯半径/mm | 6700 | 7300 | 8010 | 6750 | 8850 | 9040 | 9910 |
| 最高挡位行速/km·h⁻¹ | 34 | 35 | 28 | 33 | 36 | 29 | 28 |
| 倒挡位速度/km·h⁻¹ | 38 | 38 | 29 | 29 | 38 | 28 | 29 |
| 机器最大长度/mm | 6378 | 8600 | 9200 | 9400 | 11400 | 11890 | 13080 |
| 机器最大宽度/mm | 3090 | 3100 | 3480 | 3250 | 3650 | 3900 | 4750 |
| 机器行走高度/mm | 3560 | 3500 | 4030 | 4000 | 4450 | 5020 | 5490 |
| 机器工作质量/t | 19.9 | 31.2 | 35.1 | 36.1 | 54.2 | 55.1 | 86.1 |
| 轴距/mm | 3350 | 3550 | 3970 | 3750 | 4300 | 4620 | 4830 |
| 轮距/mm | 2210 | 2330 | 2670 | 2600 | 2930 | 2830 | 3360 |
| 发动机功率/kW | 150 | 240 | 248 | 310 | 407 | 452 | 530 |
| 动臂举升时间/s | 6.3 | 7.1 | 7.5 | 7.1 | 9.5 | 9.5 | 11.4 |
| 液力变矩系数 | 3.7 | 3.7 | 3.7 | 3.7 | 3.7 | 3.7 | 3.7 |
| 轮胎规格 | 24-25 | 29-29 | 29-29 | 29-29 | 37-35 | 37-35 | 37-35 |
| 主要制造厂家（公司） | 美国卡特彼勒公司 | | 美国特雷克斯公司 | 日本川奇公司 | 美国卡特彼勒公司 | 美国密执安公司 | 美国卡特彼勒公司 |

表 7-22　常见国外轮胎式装载机的主要技术参数（一）

| 厂家与型号 | | 沃尔沃 L150E | 沃尔沃 L120E | 川奇 85ZIV-2 | 卡特彼勒 966G | 卡特彼勒 962GⅡ | 卡特彼勒 950GⅡ | 卡特彼勒 821C | 小松 WA380-5 | 沃尔沃 L90E | 利勃海尔 L544 |
|---|---|---|---|---|---|---|---|---|---|---|---|
| 工作质量/kg | | | 19110 | 19940 | 22750 | 18601 | 17845 | 17192 | 16230 | 15160 | 15000 |
| 标准铲斗容量/m³ | | 3.1~12 | 3.0~9.5 | 3.1~3.6 | 3.3~4.0 | 2.7~3.6 | 2.7~3.5 | 2.68~3.06 | 2.7~4.0 | 2.3~7.0 | 2.8~6.0 |
| 轮胎规格 | | 26.5-R25 | 23.5-R25 | 26.5-25-20PR | 26.5-R25XHA | 23.5-R25 | 23.5-R25XHA(L3) | 23.5-25-12PR(L2) | 20.5-25-16PR(L3) | 20.5-R25 | 23.5-R25(L2) |
| 最大前进速度/km·h⁻¹ | | 37.3 | 35.1 | 34 | 37.3 | 37 | 37 | 37.8 | 31.5 | 37.1 | 38 |
| 最小转弯半径/mm | | 6445 | 5425 | 5665 | 6630 | 7016（铲外） | | | 5620 | 5145 | |
| 尺寸 | 全长（运送）/mm | 8640 | 8240 | 8090 | 8825 | 7990 | 7968 | 8050 | 8195 | 7470 | 7715 |
| | 全高（运送）/mm | 3580 | 3350 | 3535 | 3550 | 3401 | 3401 | 3330 | 3315 | 3260 | 2355 |
| | 车身宽/mm | 2950 | 2670 | 2930 | 2965 | 2892 | 2892 | 2700 | 2695 | 2490 | 2610 |
| | 轴距/mm | 3550 | 3200 | 3300 | 3450 | 3350 | 3350 | 3200 | 3300 | 3000 | 3150 |
| | 离地间隙/mm | 460 | 390 | 520 | 430 | 412 | 412 | 401 | 390 | 400 | 530 |
| | 卸载高度/mm | 3000 | 2750 | 2945 | 3100 | 2917 | 2917 | 2970 | 2885 | 2820 | 2970 |
| | 卸载距离/mm | 1220 | 1310 | 1150 | 1305 | 1195 | 1195 | 1110 | 1210 | 1060 | 990 |
| 发动机 | 厂家 | 沃尔沃 | 沃尔沃 | 康明斯 | 卡特彼勒 | 卡特彼勒 | CAT | CASE | 小松 | 沃尔沃 | 利勃海尔 |
| | 型号 | D108 | D7D | M11-C | 3306DITA | 3126B | 3126B | 6TTAA-8304 | SAA6D114E-2 | D6DLAE2 | D9241TI-E |
| | 功率/转速 (kW/(r/min)) | 198/1600 | 164/1800 | 189/2000 | 175/2200 | 152/2200 | 136/2200 | 152/2000 | 151/2000 | 121/1900 | 121/2000 |
| | 活塞排量/L | 9.6 | 7.1 | 10.82 | 10.46 | 7.20 | 7.2 | 8.3 | 8.27 | 5.7 | 6.64 |

表7-23　常见国外轮胎式装载机的主要技术参数（二）

| 厂家与型号 | | 川奇 70ZV | 迪尔 624H | JCB 426ZX | 日立 LX160-7 | 大宇 MEGA250-5 | 小松 WA430-5 | 沃尔沃 L110E | 利勃海尔 L554 | 川奇 80ZIV-2 | 迪尔 644H |
|---|---|---|---|---|---|---|---|---|---|---|---|
| 工作质量/kg | | 14330 | 13560 | 12650 | 16800 | 13800 | 18350 | 18110 | 17220 | 16330 | 17631 |
| 标准铲斗容量/m³ | | 2.5~3.1 | 2.3~2.7 | 1.8~2.7 | 3.2 | 2.4 | 3.1~4.6 | 2.7~9.5 | 3.1~3.6 | 2.7~3.1 | 2.7~3.3 |
| 轮胎规格 | | 20.5-25-12PR（L2） | 20.5-25-12PR（L3） | 20.5-25（L3） | 23.5-25-16PR | 20.5-25 | 23.5-R25-16PR | 23.5-R25（L3） | 23.5-R25 | 23.5-25-16PR（L3） | 23.5-R25（L2） |
| 最大前进速度/km·h⁻¹ | | 37.8 | 39.5 | 38.5 | 34.5 | 37 | 33.2 | 36.2 | 38 | 35.5 | 35.4 |
| 最小转弯半径/mm | | 5215 | | | 6530 | 5166 | 5700 | 5730 | | 5430 | 5500 |
| 尺寸 | 全长（运送）/mm | 7600 | 7610 | 6990 | 8145 | 7500 | 8375 | 7850 | 8040 | 7865 | 8045 |
| | 全高（运送）/mm | 3335 | 3300 | 3112 | 3240 | 3320 | 3380 | 3360 | 3355 | 3375 | 3400 |
| | 车身宽/mm | 2585 | 2625 | 2403 | 2720 | | 2820 | 2680 | 2610 | 2685 | 2875 |
| | 轴距/mm | 3050 | 3030 | 3000 | 3250 | 3020 | 3350 | 3200 | 3150 | 3200 | 3200 |
| | 离地间隙/mm | 405 | 406 | 375 | 470 | 430 | 460 | 440 | 530 | 460 | 461 |
| | 卸载高度/mm | 2815 | 2858 | 2960 | 2830 | 2760 | 3125 | 2880 | 3145 | 2760 | 2945 |
| | 卸载距离/mm | 1090 | 1038 | 946 | 1210 | 1160 | 1110 | 1110 | 1005 | 1220 | 1071 |
| 发动机 | 厂家 | 康明斯 | 迪尔 | Perkins | Isuzu | Daewoo | 小松 | 沃尔沃 | 利勃海尔 | 康明斯 | 迪尔 |
| | 型号 | Q5B5.9 | 6068H | 1006-TW | BB-6HK1T | D1146T | SAA6D125E-3 | D7DLBE2 | D942TI-EA2 | C-8.3-C | 6081H |
| | 功率/转速（kW/(r/min)） | 125/2400 | 128/2200 | 107.5/2200 | 143/2200 | 127/2200 | 162/2200 | 154/1700 | 137/2000 | 133/2200 | 134/2200 |
| | 活塞排量/L | 5.89 | 6.80 | 5.99 | 7.79 | 8.07 | 11.04 | 7.1 | 6.64 | 8.27 | 8.1 |

表7-24　常见国外轮胎式装载机的主要技术参数（三）

| 厂家与型号 | 卡特彼勒 980GLL | 小松 WA500-3 | 沃尔沃 L180E | 利勃海尔 L574 | 川奇 90ZIV-2 | 现代 HL770 | 卡特彼勒 972G | 小松 WA470-3 | 小松 WA480-3 | 小松 WA470-5 |
|---|---|---|---|---|---|---|---|---|---|---|
| 工作质量/kg | 29860 | 28220 | 26690 | 24420 | 21710 | 22500 | 24931 | 21920 | 24145 | 21600 |
| 标准铲斗容量/m³ | 3.8~5.7 | 4.3~5.5 | 4.2~7.8 | 4.0~5.0 | 3.5~4.2 | 3.3~4.3 | 3.8~4.7 | 3.6~5.2 | 3.8~6.1 | 3.6~5.2 |
| 轮胎规格 | 29.5-R25 | 26.5-25-20PR | 26.5-R25 | 26.5-R25 | 26.5-25-20PR | 26.5-25-20PR | 26.5-R25XHA | 23.5-25-20PR | 26.5-25-20PR | 23.5-25-20PR |
| 最大前进速度/km·h⁻¹ | 37.4 | 33.0 | 37.2 | 38 | 31 | 36 | 37 | 31.5 | 34.3 | 33.1 |
| 最小转弯半径/mm | | 7390 | 7390（铲外） | 6980（铲外） | 5800 | | 6263 | 5820 | 5900 | 5900 |

| | 厂家与型号 | 卡特彼勒 980GLL | 小松 WA500-3 | 沃尔沃 L180E | 利勃海尔 L574 | 川奇 90ZIV-2 | 现代 HL770 | 卡特彼勒 972G | 小松 WA470-3 | 小松 WA480-3 | 小松 WA470-5 |
|---|---|---|---|---|---|---|---|---|---|---|---|
| 尺寸 | 全长（运送）/mm | 9335 | 9055 | 8860 | 8695 | 8445 | 8395 | 9035 | 8690 | 9155 | 8815 |
| | 全高（运送）/mm | 3753 | 3815 | 3590 | 3540 | 3535 | 3530 | 3550 | 3395 | 3500 | 3395 |
| | 车身宽/mm | 3248 | 3090 | 2970 | 2930 | 2930 | | 2965 | 2920 | 3010 | 2920 |
| | 轴距/mm | 3700 | 3600 | 3550 | 3450 | 3400 | 3440 | 3450 | 3400 | 3450 | 3450 |
| | 离地间隙/mm | 467 | 405 | 480 | 550 | 515 | 505 | 430 | 460 | 525 | 460 |
| | 卸载高度/mm | 3374 | 3025 | 3080 | 3375 | 2940 | 3022 | 3290 | 3120 | 3205 | 3120 |
| | 卸载距离/mm | 1469 | 1490 | 1290 | 1190 | 1320 | 1273 | 1280 | 1255 | 1410 | 1305 |
| 发动机 | 厂家 | 卡特彼勒 | 小松 | 沃尔沃 | 利勃海尔 | 康明斯 | 康明斯 | 卡特彼勒 | 小松 | 小松 | 小松 |
| | 型号 | 3406E EUI | SA6D140E-3 | D12CL CE2 | D926TI-EA2 | M11-C | M11-C | 3306 | SA6D 125E | SAA6D 125E-3 | SAA6D 125E-3 |
| | 功率/转速（kW/(r/min)） | 232/2000 | 235/2100 | 221 | 195/2000 | 191/2100 | 209/2100 | 196/2200 | 194/2200 | 202/2000 | 195/2000 |
| | 活塞排量/L | 14.6 | 15.2 | 12 | 9.96 | 10.82 | 10.80 | 10.46 | 11.04 | 11.04 | 11.04 |

典型轮式装载机的外形尺寸及工作尺寸如图7-25～图7-30所示。

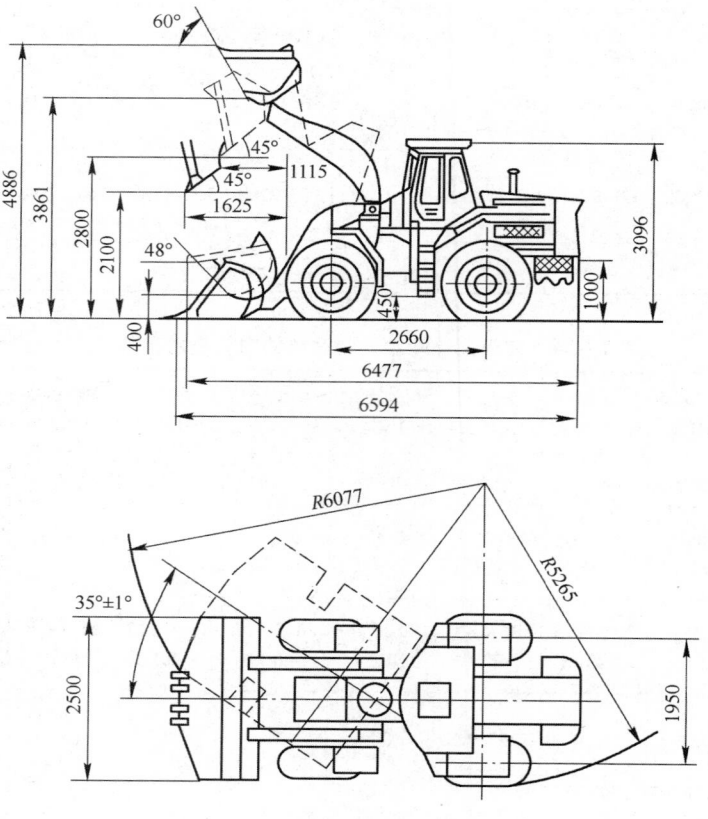

图7-25　ZL40型轮胎式前装机工作尺寸示意图

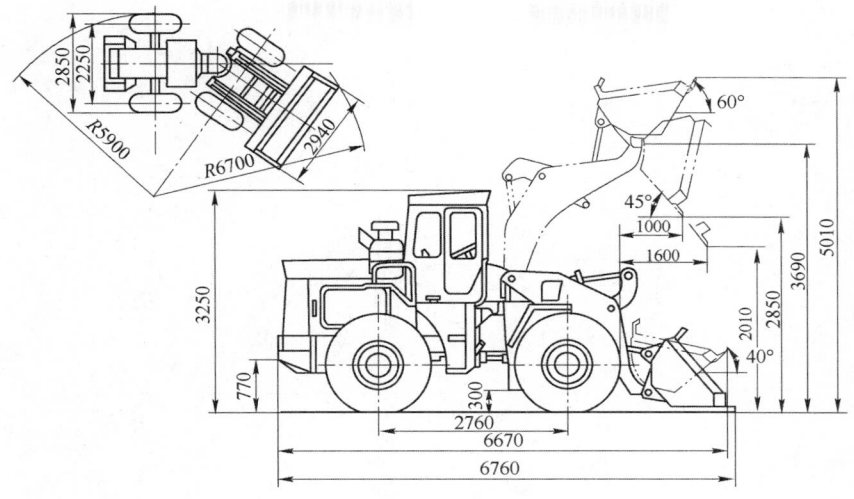

图 7 - 26　ZL50 型轮胎式前装机工作尺寸示意图

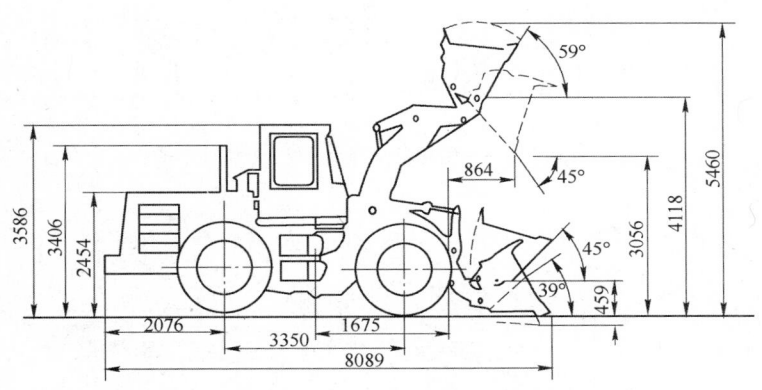

图 7 - 27　ZL60E 型轮胎式前装机工作尺寸示意图

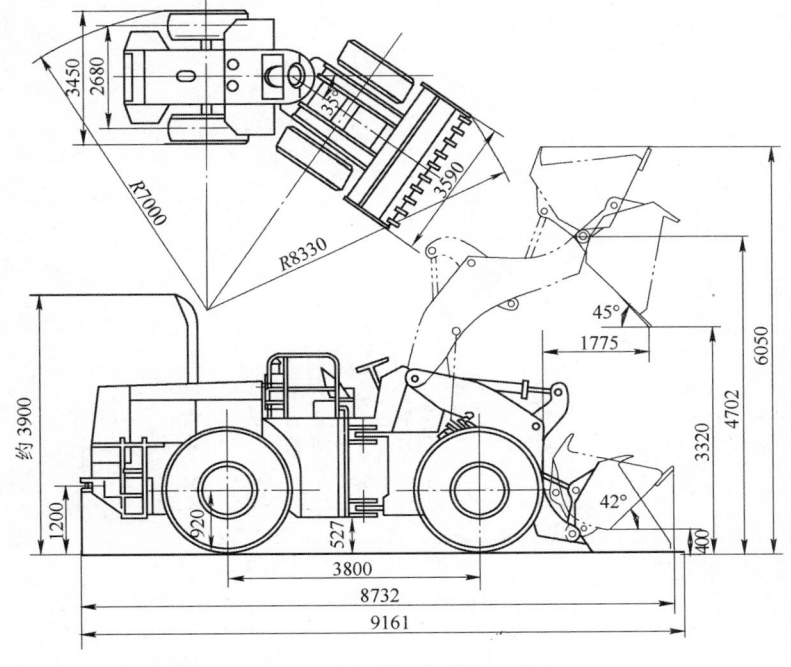

图 7 - 28　ZL90 型轮胎式前装机工作尺寸示意图

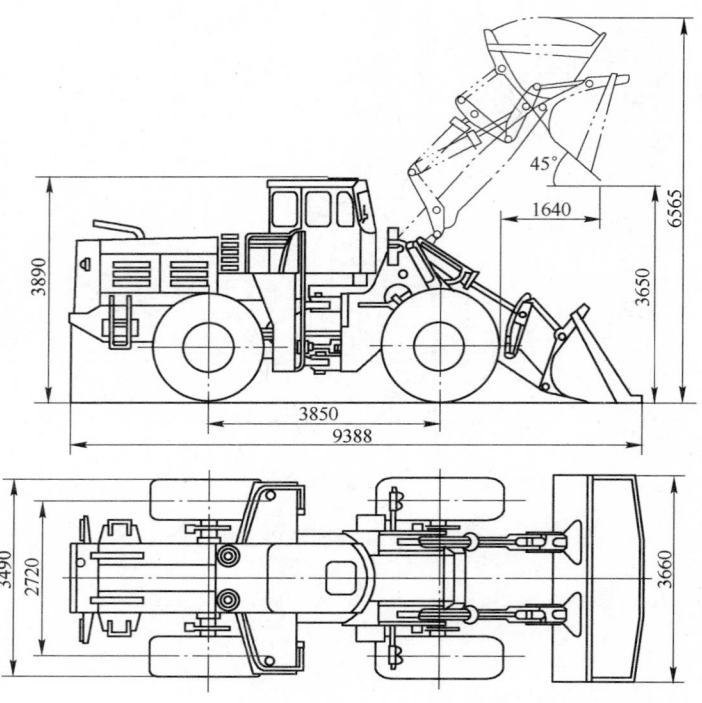

图 7-29　QJ-5 型轮胎式前装机工作尺寸示意图

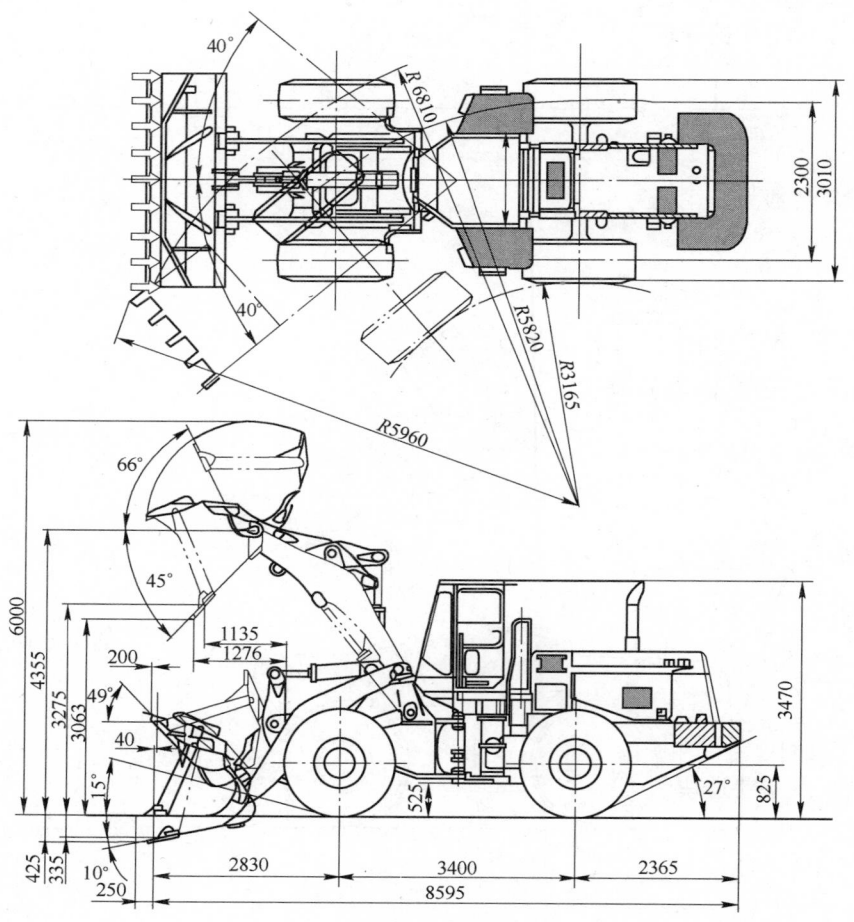

图 7-30　WA470-3 型轮胎式前装机工作尺寸示意图

## 第九节　前装机的选型原则和配套关系

### 一、选型原则

（1）选择前装机（轮胎式装载机）应以系列产品为主，并且尽量使设备型号一致，给矿山管理和维修工作提供方便，从而延长前装机的使用寿命和降低运营成本。

（2）前装机作为露天矿主要采装设备时，应进行生产能力计算。要选择铲取力和功率较大、适应性较强的装载机，并能与采用的汽车等运输设备相互配套。

（3）前装机作为露天矿辅助设备时，不但要考虑额定载重量和牵引力等主要技术性能是否适应矿山生产复杂性的要求，而且还要考虑作业项目的零散性对装载机效率的影响。

（4）前装机的选择，除应计算其生产能力外，还应根据所装物料的物理力学性质和工作环境进行铲取力、插入力、牵引力和发动机功率的校核计算，做到科学地、合理地选用矿山生产铲装设备。

### 二、前装机与挖掘机的配套关系

在国内外的大型露天矿山，前装机主要作为辅助设备使用。如爆堆的堆积、清理工作面、堵塞炮孔、修筑道路和排土倒堆等。其作用与推土机相似。当把前装机作为辅助设备时，其台数与挖掘机台数之比为 (1 ～ 1.5):1，其斗容与挖掘机斗容之比为 (0.8 ～ 1):1。

前装机具有机动灵活、质量轻、操作方便和造价较低等许多优点。所以在中小型矿山它已有可能逐渐成为主采设备，取代单斗挖掘机。

露天矿采用前装机时，随着矿山产量的增大，前装机斗容量也相应增大。生产实践证明，露天矿山所配用前装机的斗容大约与挖掘机斗容相等。所以，前装机斗容与矿山产量之间的关系相当于挖掘机斗容与矿山产量的关系。关于前装机台数的确定，目前普遍认为，如果完全用前装机代替挖掘机承担正规装载作业，其斗容及台数为采用相应单斗挖掘机的 1.3～1.5 倍比较合适。

## 第十节　前装机在露天矿的应用

### 一、前装机作为主要采装设备

当用前装机作为露天矿山的主要采装设备时，其效能和工况主要取决于与汽车的布置形式和采场工作面尺寸。

#### （一）前装机与汽车配合作业方案布置形式

（1）前装机与汽车斜交。如图 7 - 31a 所示，汽车与工作面布置成 30°～45°角，前装机与汽车相互斜交。当前装机向工作面前进和驶往汽车卸载时，都必须转向才能达到目的。这种布置方案在国外露天矿采用比较广泛。

（2）前装机与汽车直交。如图 7 - 31b 所示，使待装汽车往返地平行于工作面前进和后退。这种方案的作业循环时间较长。主要适用于带刚性车架结构的轮胎式前装机或履带式前装机，以及工作面狭窄或前装机不可能转向的作业场所。

（3）前装机与汽车平行。如图 7 - 31c 所示，前装机挖掘方向与汽车行驶方向平行，汽车可以布置在干线上。这种方案增加了前装机工作过程的运行距离，但却避免了汽车在不好的工作面上运行。有些矿山（黏土矿）的工作面条件恶劣，难于行车，多采用这种方案。

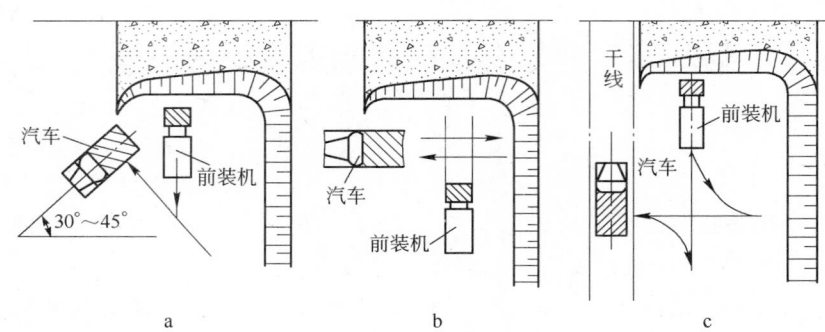

图 7 - 31　前装机与汽车配合作业时的装载工作布置
a—前装机与汽车斜交；b—前装机与汽车直交；c—前装机与汽车平行

### （二）采场工作台阶尺寸

前装机的规格确定之后，要使采场工作台阶尺寸与使用设备相适应。据国外资料介绍，在各种露天矿山条件下，台阶高度为 2 ~ 20m 时可使用前装机。但考虑铲装安全问题，使用最广泛的台阶高度是 8 ~ 15m。

斗容为 3m³ 的前装机向 10 ~ 15t 级汽车装载，工作台阶的宽度一般为 25 ~ 28m；斗容为 5m³ 的前装机向 25 ~ 30t 级汽车装载，工作台阶的宽度可为 30 ~ 35m。如果前装机与移动式破碎站和胶带机相配合，则应根据布置情况和前装机的最小转弯半径确定工作面宽度。

## 二、前装机作为装运卸设备

当前装机作为装运卸设备时，影响其生产效率的主要因素是运距和坡度。而运距与坡度参数的确定则应综合考虑矿山生产现场和许多具体条件。

### （一）合理运距的确定

用前装机代替挖掘机与汽车配合工作时，其合理运距的确定，目前各国所考虑的因素不尽相同，数据差别较大。如日本石灰石矿山的合理运距推荐值为 100 ~ 150m 为宜；俄罗斯矿山则认为，前装机的合理运距与矿山产量、前装机载重量及道路条件有关，当矿山年产量为 30 万 ~ 50 万吨时，俄罗斯矿山确定的合理运距是 100 ~ 300m。美国一些公司认为，如果前装机的采装运一次工作循环时间不大于 3min 时，运距则是合理的（实际运距相当于 100 ~ 300m）。

据国外经验介绍，前装机的最大运距和合理运距与其斗容大小的关系见表 7 - 25。

表 7 - 25　前装机斗容与运距的关系

| 斗容/m³ | 2.0 | 3.0 | 4.5 | 7.5 | 9.0 |
|---|---|---|---|---|---|
| 最大运距/m | 120 | 150 | 170 | 250 | 300 |
| 合理运距/m | 50 | 65 | 80 | 125 | 150 |

### （二）运输方案的布置

前装机作为装运卸设备时，可直接向溜矿井、移动式破碎站的受矿斗以及其他装载设备卸载，布置方案都应在合理运距范围内。工作面的具体布置如图 7 - 32 所示。

## 三、前装机作为辅助设备

由于前装机一机多能，它在现代大型露天矿的辅助作业中也得到了广泛应用。如爆岩的堆积、工作

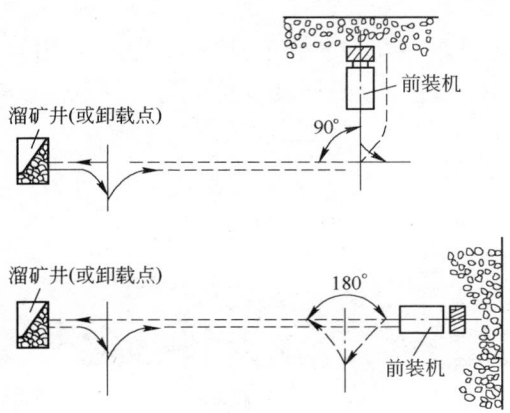

图 7-32　前装机向溜矿井（或卸载地点）卸载时的工作面布置

面及漏斗中不合格大块岩石的挑运、修建和维护道路、转移剥离的岩石、平整采矿场和排土场、给露天设备运送油料及备品备件等。此外，还可以用于掘沟工程作业。

前装机进行辅助作业的工作面布置方案根据现场具体条件而定。当用前装机掘沟时，沟的坡度应小于20%，沟的宽度可以减小到6m（用挖掘机和汽车时的宽度一般为18～20m）。如果堑沟很深，可以分层掘进，一般每个分层厚度为3～6m。

由上述可知，前装机可作为生产中的主要设备，也可作为辅助设备，既可以单独完成装运卸工作，也可以与汽车配合使用。

国内外统计资料都表明，以前装机代替挖掘机进行正规装载作业，在技术上是可能的，经济上是合适的。今后我国在考虑露天矿山装运设备的配套问题时，在条件适宜的矿山，可采用前端式装载机作业方案。

# 第十一节　前端式轮式装载机

## 一、前端式轮式装载机的特点

现有的装载设备如液压正铲挖掘机、液压反铲挖掘机以及前端式轮式装载机全都各具强项，各种装载工具类型都具有最适合的应用。如液压正铲挖掘机综合了高挖掘力与大容量铲斗的优点，针对作业平台狭窄、松软或起伏的地面，较高的、爆破不良的工作台段的情况下，以液压正铲挖掘机为主装载设备为佳。液压反铲挖掘机在多种物料形态下可提供较高的挖掘力，可适应各种条件下作业。尤其在具有高堆放角度物料上部平台装载作业时，具有较高生产率。而同时又因其多功能性如剥离、边坡整理等而被广泛使用。但无论液压正铲还是反铲，其局限性也非常突出，如移动性差，不适用多点开采。需要辅助设备清理平台，无法处理超大物料等。而大型前端式轮式装载机以其灵活机动、一贯的高铲斗装载系数而获得较高的生产率。它们可被用于爆破作业后的快速场地清理，以便卡车进入后马上生产作业。可在各个平台间转场装载，能从装载区域搬运出超大物料。机器在遇到诸如物料自由流动或物料堆放角度低的工作条件下，仍有较高的生产率。正是由于这些原因及更低的运营成本（和其他类型的装载工具相比），通常在世界范围内，前端式轮式装载机都是各种集料作业中最受欢迎的装载设备。从图7-33中可看出三种不同的装载设备适用范围。

随着中国水泥工业不断发展，水泥矿山资源也随之由充足而变得稀缺，各矿山不得不采取多点开采、资源搭配等方式来满足石灰石中氧化钙的比例要求。而大型前端轮式装载机以其快速灵活机动、多功能、不需要辅助支持设备等特性，在水泥矿山开采作业中被越来越广泛地应用。同时，随着水泥生产线由日产2500～5000t，甚至10000t的不断发展，水泥石灰石矿山不断地走向正规化、大型化，并且对大型前端轮式装载机的配置和应用也相应地提出了新的要求：设备斗容至少在 $6m^3$ 以上，以满足装载 45~55t 运输卡车和直接近距离搬运的要求。发动机净功率不低于 397kW（530 马力），以保证为设备提供足够的动力来提升作业效率。工作重量应不小于 50t，以确保设备在铲装过程中，充分利用设备自重来增大轮周牵引力，实现最大限度的铲斗效率。

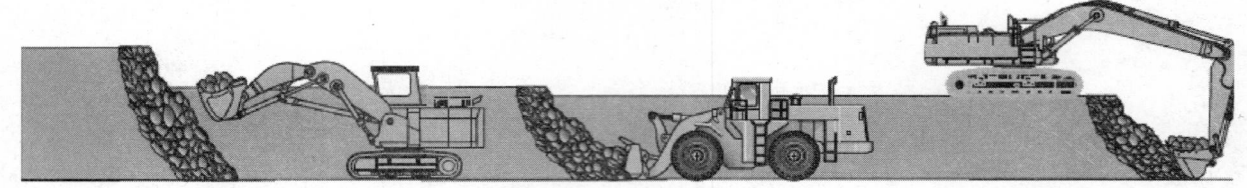

图 7-33　三种不同的装载设备

作为全球最大的矿山和建筑设备制造商卡特彼勒公司，自 1963 年推出第一代大型轮式装载机 988 至今，产品已经过几次升级换代，被广泛地应用于全球各地水泥矿山。作为装置设备，其高生产率、低运营成本已被实践所证明。下面就以卡特彼勒 988H 大型前端轮式装载机（见图 7-34）为例，就其产品设计结构特点和应用，作一介绍。

图 7-34　卡特彼勒 988H 大型前端轮式装载机

## 二、卡特彼勒 988H 大型前端轮式装载机的技术性能

卡特彼勒 988H 大型前端轮式装载机的主要性能参数：

| | |
|---|---|
| 发动机型号 | CATC18 |
| 功　率 | 414kW（555 马力） |
| 排　量 | 18.1L |
| 整机工作重量 | 50144kg |
| 额定装载重量 | 11400kg |
| 铲斗容积 | 6.4~6.9m³ |
| 最大卸载高度 | 4095mm |
| 最高行驶速度 | 前进 38.6km/h，后退 25.1km/h |

## （一）发动机

卡特彼勒 C18（图 7-35）是一款排量为 18.1L、6 缸直列式、顶置单凸轮轴驱动、电子控制单体泵，废气门涡轮增压器以及空-空中冷发动机。采用卡特彼勒一系列持续不断创新的 ACERT 技术，其先进的电子控制，精确的燃油喷射，优化的进、排气管理等使发动机在提供强劲动力和快速响应的同时，还能满足各地排放标准。其排放可满足美国和欧洲非公路第三阶段排放标准。通过将 ACERT 技术与新的经济模式和功率管理相结合，客户可兼顾性能和燃油经济性需求，以适应自身的需要和应用。

图 7 - 35　卡特彼勒 C18 发动机

### （二）传动箱

988H 装载机传动箱采用泵轮离合和机械锁止功能的高效液力变扭器，结合电子离合器压力控制（ECPC）前进 4 挡、后退 3 挡行星齿轮变速装置，高效且平稳地将发动机功率转化为轮边牵引力。

拥有泵轮离合和锁止功能的高效液力变扭器，将发动机输出功率有效转化为轮边牵引力的同时，在因地面湿软车轮出现打滑时，又可通过对泵轮离合器的控制来减少扭矩输出，从而有效缓解打滑直至消失。并可利用此项功能在装载机装载完毕后退过程中，需要快速提升铲斗时，以减少发动机的功率传递至车轮，而更多的转化为液压系统提升动力，从而缩短作业循环时间，提高工作效率。而锁止功能除第一挡外，可将液力变扭器的泵轮和涡轮机械锁定为一个整体，从而实现发动机至车轮间更为高效的机械传动。对于设备转场和利用装载机进行短距离装运，此功能将大幅度提高作业效率，降低消耗。

而电子离合器压力控制（ECPC）的应用，改变了传统电磁 - 液压控制通过机械式阻尼阀来调整离合器液压啮合压力，以减小换挡冲击的方式。其根据负载变化，通过脉冲信号控制电磁阀高频开闭高压油路，以斩波方式来调整离合器液压啮合压力，使其压力随负载渐增，从而实现离合器摩擦片平稳啮合，换挡顺利过渡。这不仅减小了换挡冲击，同时也降低了因冲击带来的机械损耗，延长设备使用寿命。

### （三）液压系统

988H 正流量控制液压系统（PFC）为液压响应、性能和效率设立了新的标准。执行系统中所装备的一只电子控制的全变量活塞泵更快速高效。正流量控制液压系统（PFC）拥有同步泵和阀控制，其通过一综合电磁阀以及保持排量的力量反馈系统来实现最优化的泵控制。通过最优化的泵控制，使液压流量成比例地、均衡地推动杠杆行程。

### （四）驾驶室（图 7 - 36）

3.18m³ 的宽大空间，小于 72dB 的安静环境，按照人类工程学设计的操纵平台，使所有操纵开关、按钮以及监视屏都布置在操作手触手可及的部位。空气悬浮并可选加热的司机座椅，配合正压过滤空调通风的增压司机室。即使在环境相对恶劣的石灰石矿山，也能提供一个安全而舒适的操作空间。而一个感觉舒适的操作手才会是一个高产的操作员，是卡特彼勒持之以恒追求的理念。

### （五）转向及前后挡位控制系统

卡特彼勒首创的集转向和前后挡位控制于一体的手柄控制模式（STIC，见图 7 - 37），可让操作手仅仅通过左手及指尖就可轻松完成左右转向以及前进后退挡位切换，这种电 - 液控制方式大幅度地降低了操作手的劳动强度，提高了作业效率。

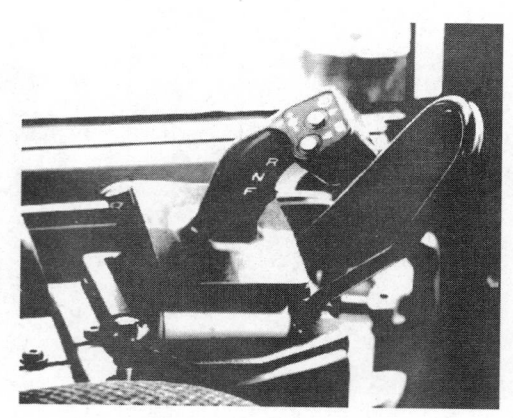

图7-36    卡特彼勒988H大型前端
轮式装载机的驾驶室

图7-37    卡特彼勒集转向和前后挡位
控制于一体的控制手柄模式

## （六）牵引力控制系统

在传动箱一节中介绍了通过对泵轮离合器的控制可改变传动系统扭矩输出，减少轮胎打滑，降低磨损，让操作手轻松切换发动机动力至液压系统以达到提高生产效率的目的。那么操作手是如何实现这项操作的呢？在操作手左侧有一脚踏板，操作手可通过踩踏方式调整踏板深度，调节控制轮周牵引力在100%～25%的范围内变化。当牵引力减少至25%而进一步踩踏踏板时，可以用来实现制动，如图7-38所示。

与此同时，操作手也可通过设在驾驶室里的一个牵引力控制系统（RCS）开关，根据现场运行条件，来设定70%、80%、90%或100%最大牵引力。以减低轮胎打滑和过度磨损的风险，同时不减少液压系统作业效率。

## （七）冷却系统（图7-39）

由六个单独部件组成的平行流量散热器，大大地增强了散热能力。同时在检修时因没有顶部水箱需要移开，而改善了服务性。

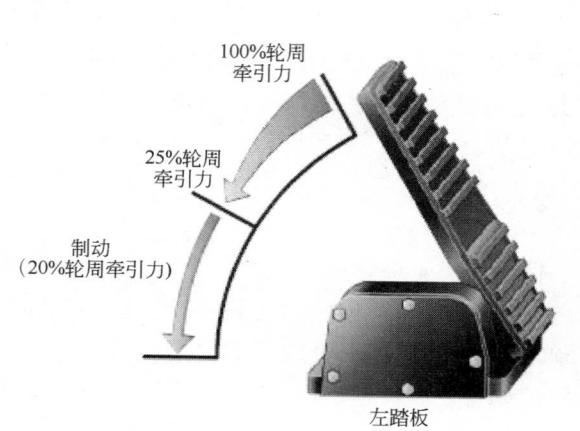

100%轮周
牵引力

25%轮周
牵引力

制动
（20%轮周牵引力）

左踏板

图7-38    牵引力控制系统

图7-39    冷却系统

而电控C18发动机则通过不断地收集参数信息来控制所需要的冷却风扇转速，并提供持续的净功率而不受运营环境影响。此种对风扇变化负载进行补偿既保证了机器维持在一正常工作温度范围，又降低了燃油消耗。

## （八）自动怠速、停机及燃油管理系统

任何设备在作业过程中不可避免的会出现等待时刻，如装车时等待下一辆卡车，转运时等待物料等，几乎占到各种应用的 20%~30%。而此时发动机如仍处于较高转速或长时间的低怠速，将不仅会造成不必要的燃油消耗和排放污染环境，同时也会加速发动机和传动件的磨损，造成浪费。而自动怠速以及停机控制系统将可避免上述问题的发生。系统会自动检测机器，如在一定时间内（出厂设定为 5s）操作手无任何操纵，发动机转速将会先自动降到怠速位。而再怠速运行 5min（出厂设定）仍然无任何操纵，发动机将自动停机。自动怠速功能可通过一设在操作台上的开关来实现；而自动停机功能则无需操作，开关为出厂设定，但可通过检测电脑在现场重新关闭或开启此功能，同时也可对等待时间重新设置。

通过安装在驾驶室内的一开关设置为全功率、均衡功率和省油模式的燃油管理系统，结合自动怠速和停机功能，可灵活应对任何水泥矿山应用。当矿山或因前期天气等原因造成库存不足需要满负荷生产以保证石灰石库存时，可将燃油管理系统开关设置在全功率模式。此时，发动机最大转速可达 2120 r/min，而使装载机以最高性能运行。在挖掘作业时发动机维持在额定转速 1800~1900r/min 工作，此模式追求的是产量最大化。而当完成库存任务恢复正常生产时，将开关设置为均衡功率模式可允许发动机在挖掘作业时发动机维持在额定转速 1800~1900r/min 工作以获得最大挖掘力，而在非挖掘运行阶段发动机转速最高为 1800r/min，以降低主泵的流量从而取得燃油经济性和输出动力的平衡，获取均衡的投入和产出。而开关设置为省油模式则可应用于因窑年检石灰石需求量下降或者一般作业时。此模式在挖掘作业时发动机仍然维持在额定转速 1800~1900r/min 以确保挖掘装斗能力，而在非挖掘运行阶段发动机转速最高为 1700r/min。经过大量测试数据表明，此模式与全功率模式相比，可以节省 20% 的油耗而获得 88% 的产量。

### 三、卡特彼勒 988H 大型前端轮式装载机的维护和保养

以最方便、最快捷的方式完成日常维护和保养，以减少停机时间是卡特彼勒的设计理念。具体体现在 988H 装载机上为：在地面即可观测到所有油标和主要部件，以及发动机停机开关、转向应急锁定拉杆。而电路切断开关和液压油路锁定开关可允许技工在机器处于静态下从事维护和保养。两边可开启的动力室侧门，非常方便地进行机油油位检查和加注、各种滤芯更换以及油样采集接口。严格遵守操作保养规程是设备完好率和设计寿命得以实现。而人性化的结构设计又为遵守规程提供了方便。

### 四、卡特彼勒 988H 大型前端轮式装载机的安全性

保护客户人生安全和效益是卡特彼勒的第一要务，卡特彼勒在其 85 年的发展过程中，始终将安全放在首位。这不仅体现在其企业文化中，更体现在其产品设计中。

988H 以其出色的视野、宽畅的进出通道、防滑冲压钢板平台、符合人体工程学的操作室内部布置，以确保操作手每天工作在安全的环境之中。在机手和维修技工所能抵达的任何部位，都保证有三点可接触。

### 五、卡特彼勒 988H 大型前端轮式装载机成功的应用实例

卡特彼勒大型轮式装载机 988H 被国内众多水泥生产企业所采用，如海螺、华润、亚泥、台泥、珠江水泥、亚泰以及中材祁连山等。在实际生产应用中，无论是匹配装载 32t、45t 甚至 55t 级矿用卡车，都以其高效、高可靠性、低成本和长寿命而著称。如珠江水泥 1989 年引进的两台 988B 系列，5.4m³ 斗装载机至今仍在使用。海螺池州基地 2002 年购进一台 988G 系列装载机，虽经过 1.8 万小时发动机和传动箱第一次大修以及 3.3 万小时整车大修，但其完好率仍然保持在 92% 以上。从上述案例中我们可了解其高可靠性和长寿命，而下面两个实例则充分说明其高效率和低成本。

实例一：中国中材祁连山（永登）水泥有限公司石灰石矿山采用山顶竖井方式卸料破碎，其装载作

业点距井口约 150m。以一台卡特彼勒 988H 配两台 Terex3305 – 32 吨级卡车来进行装载、运输作业。988H 装载机操作手以每车三斗，平均耗时约 1 分 15 秒熟练装车，而卡车行驶和卸料平均时间约为 1 分 15 秒，当一台卡车完成装载后，另一台卡车刚好赶到，在两台卡车以约 15 秒钟换车作业时，988H 装载机已铲装好第一斗石料，并举斗定位卡车，马上进行第二车的装载。以每车平均装载 28t 计，平均 2 分 45 秒装载两车，则小时产量可达 1221t。考虑到平台、爆堆整理等作业以及操作手在长时间工作时需要休息，每小时以 45min 计，其产量也可达 916t。而其油耗每小时平均约 47L。图 7 – 40 为作业现场。

从实例一中可得出装载和运输设备的匹配对产量和效率非常重要。

实例二：江西亚东水泥有限公司自 2000 年投产至 2011 年时拥有 4 条水泥生产线，自营石灰石矿山年产量约为 760 万吨，是国内为数不多的只采用单班日产作业的水泥矿山之一。其充分发挥大型轮式装载机运转灵活机动的特点，以 6 台卡特彼勒 998F 及 H 系列装载机为主装设备，采用多点开采作业方式，得以实现单班有效工作时间 7h 而完成 2.6 万吨石灰石之生产任务。单台装载机最大装载量可达 5000t/班。平均小时油耗约为 43L。同时在开采平台平整，撒漏石料清理等方面充分发挥其机动、不需辅助设备之特点，不仅将装载作业处清理、铺垫平整，而且随时可清理运输道路上撒落的石料（见图 7 – 41）。这不仅大幅度延长了装载机和矿用车的轮胎寿命，降低成本，更主要的是消除了安全隐患。

图 7 – 40　卡特彼勒 988H 装载机作业现场

图 7 – 41　大型前端轮式装载机在清理运输道路上撒落的石料

从图 7 – 42 中可看出在江西亚东所使用的装载机无论前、后轮都未采用安装钢制链条保护措施，这同样应归功于其对现场作业平台的有效整理，而使其轮胎寿命远高于卡特彼勒所推荐的 4000h。针对装载机轮胎是否安装防护链条，如果作业现场因冰、雪和泥泞而不得不采用加装防护链来增加轮胎摩擦力，卡特彼勒推荐可加装防护链。但如果加装防护链的目的主要是防止轮胎被切割和磨损，如不加装轮胎寿命也能超过 4000h 的，则慎重考虑加装。主要原因是加装了防护链虽然延长了轮胎寿命，但其造成的油耗增

图 7 – 42　卡特彼勒 988H 装载机作业现场

加和机械传动磨损以及链条本身所带来的成本增长，反而可能高于轮胎寿命延长部分成本。所以卡特彼勒推荐平台清理投入，而不是简单加装防护链。

综合以上各系统功能特点和拥有先进管理理念的矿山的使用实例可以看出，正确选择大型前端式轮式装载机，液压正铲、反铲挖掘机，结合水泥矿山具体需求和作业面特征，使各自优势得以充分发挥。除了充分满足生产需求，更能将经济效益体现在单位成本上。在适合大型前端式轮式装载机的现场条件下，其高效、低运营成本以及灵活机动的优越性在越来越多的水泥矿山得到体现。随着中国水泥行业的发展和走出国门，必将迎来更大的发展机遇。

# 第十二节　轮式装载机常见故障的排除

轮式装载机（含内燃机驱动铲运机）的常见故障及其排除方法见表7-26。

**表7-26　轮式装载机（含内燃机驱动铲运机）的常见故障及其排除方法**

| 故障现象 | 故障原因 | 排除方法 |
|---|---|---|
| 发动机不能启动或启动困难 | 1. 燃油断绝或不足，喷油泵上不上油；<br>2. 松开放气螺塞后，无燃油流出；<br>3. 松开放气螺塞后，有气泡出现 | 1. 检查燃油箱油位，不足则添；<br>2. 清洗燃油管，检查燃油泵的功能；<br>3. 放出液压系统混入的空气 |
| 发动机正常运转，但铲运机不能行驶 | 1. 手刹车闸把未松开；<br>2. 换向式变速操纵杆未推上；<br>3. 换速离合齿轮未合上；<br>4. 变矩器和变速箱中的油位过低；<br>5. 压力调节器的活塞卡在开口位置；<br>6. 供油泵流量过小或损坏；<br>7. 变速箱油槽中的粗滤油器堵塞；<br>8. 缸体中柱塞卡在切断油路的位置；<br>9. 离合器活塞环断裂扣磨损量超限；<br>10. 管接头松弛或吸油管损坏，油泵吸入空气 | 1. 松开手刹车闸把；<br>2. 推上换向或变速操纵杆；<br>3. 将操纵杆扳到所需挡位的极限位置；<br>4. 加油至需要油位；<br>5. 清洗活塞和阀体；<br>6. 更换供油泵；<br>7. 清洗粗滤油器和油槽；<br>8. 更换复位弹簧，清洗柱塞和缸体；<br>9. 更换损坏或失效的活塞环；<br>10. 拧紧所有管接头或更换损坏的油管 |
| 机器能够后退，而不能前进 | 1. 后退离合器摩擦片卡住；<br>2. 后退离合器活塞卡住；<br>3. 操纵杆拉不到位 | 1. 检查和修理离合器摩擦片；<br>2. 检查和修理离合器活塞；<br>3. 将操纵杆推拉到挡位的极限位置 |
| 全踏下油门踏板，而机器速度降低 | 1. 变矩器和变速箱中的油位过低；<br>2. 变矩器的压力调节阀失灵；<br>3. 气阀柱塞没有回到正常位置；<br>4. 吸油口磁性过滤器堵塞；<br>5. 变速箱的离合器内油压不足 | 1. 按照规定油位，加足油量；<br>2. 检查或更换调节弹簧；<br>3. 更换失效弹簧，清洗柱塞和缸体；<br>4. 放掉减速箱的油，清洗过滤器；<br>5. 检查或更换阀弹簧和密封件 |
| 机器只能单方向行驶 | 1. 换向阀操作联动杆安装不适当；<br>2. 离合器内有泄漏 | 1. 检查和处理操作杆系的故障；<br>2. 检查阀弹簧密封件 |
| 机器只能在一个方向或一个速度有效工作 | 1. 换向操纵杆系统的动作不符合要求；<br>2. 变速离合器中在某方向油压过低 | 1. 检查杆系的联结处，调整或更换故障件；<br>2. 检查或更换阀弹簧和密封件 |
| 变矩器和变速箱过热 | 1. 变矩器和变速箱中的油位过低；<br>2. 铲运机工作的速比不当；<br>3. 传动系统过载，发动机过热；<br>4. 换向和变速离合器中的油压过低，离合器打滑；<br>5. 油泵损坏或吸油管漏气；<br>6. 变矩器旁通安全阀弹簧损坏或阀部分开放；<br>7. 冷却器堵塞或回油管不畅通；<br>8. 离合器主动摩擦片和被动摩擦片在接合位置自锁 | 1. 按照规定油位，加足油量；<br>2. 选择并控制机器的合适速比；<br>3. 减少负荷或排除冷却系统故障；<br>4. 检查或更换阀弹簧和密封件，消除泄漏并调节至合适压力；<br>5. 检查或修理油泵、吸油管及接头；<br>6. 检查球形阀座状况，更换弹簧；<br>7. 清洗冷却器及油管；<br>8. 立即停机，更换损坏的摩擦片 |
| 变矩器中的油压增高 | 1. 安全阀失效；<br>2. 控制阀孔道堵塞或错位；<br>3. 压力表失灵 | 1. 拆检和清洗安全阀；<br>2. 拆检和清洗控制阀；<br>3. 更换压力表 |

| 故障现象 | 故障原因 | 排除方法 |
|---|---|---|
| 机器行驶操纵不灵 | 1. 离合器摩擦片黏住，操纵杆在"中位"不能停车；<br>2. 操纵杆件空行程间隙过大；<br>3. 换向阀芯卡住；<br>4. 操纵杆变形或断裂 | 1. 拆检离合器，更换摩擦片；<br><br>2. 调整杆系，更换磨损越限的杆件；<br>3. 拆检换向阀，更换失效零件；<br>4. 修焊或更换操纵杆 |
| 变矩器和变速箱声音不正常 | 1. 传动齿轮磨损超限；<br>2. 油泵零件磨损超限；<br>3. 轴承磨损超限或损坏；<br>4. 箱内混入被损零件的碎屑 | 1. 更换磨损的齿轮；<br>2. 更换磨损的油泵零件；<br>3. 更换磨损或损坏的轴承；<br>4. 清洗变速箱并换新油 |
| 大臂不能正常升降 | 1. 油泵不上油或使油压过低；<br>2. 油箱油位过低；<br>3. 液压系统密封不好；<br>4. 阀孔关闭或溢流阀卡住；<br>5. 大臂油缸工作不正常 | 1. 检查油泵工作状况，使之正常运转；<br>2. 加油到规定油位；<br>3. 检查或更换损坏的密封件及管件；<br>4. 检查阀体并调整有关调节螺丝；<br>5. 检查油封、活塞杆密封圈及活塞杆，更换变形及损坏者 |
| 铲斗不能正常翻转 | 1. 液压工作系统油压过低；<br>2. 转斗油缸工作不正常 | 1. 检查阀、管件及密封件；<br>2. 检查油封、活塞杆密封圈及活塞杆，更换变形及损坏者 |
| 转向系统工作失灵 | 1. 泵的流量不足，系统油压过低；<br>2. 液压系统密封不好；<br>3. 阀孔关闭或溢流阀柱塞卡滞；<br>4. 转向油缸不能正常工作；<br>5. 油箱油位过低 | 1. 检修油泵，使之正常运转；<br>2. 检查或更换损坏的密封件及管件；<br>3. 拆检阀体，清洗孔道，并做调整；<br>4. 检查油封，活塞杆密封圈及活塞杆，更换变形及损坏者；<br>5. 加油到规定油位 |

# 第十三节 地下矿山无轨采矿设备

因为受到石灰石矿床开采经济性因素的限制，现在我国矿山采用的都是开采工艺比较简单、成本相对较低的露天开采方式，到目前还没有采用真正意义上的地下开采方式的石灰石矿山。但随着开采条件好的石灰石资源的日益匮乏，部分地区例如福建一带已开始出现了采用"硐采"方式来进行采矿的矿山。这种矿山的开采规模一般都不大，在年产几十万吨左右。"硐采"与地下开采有很多类似的地方，从其开采工艺上来划分，实际上也可以认为是地下开采的一种特殊方式。

据了解，目前采用"硐采"开采方式的矿山所采用的生产设备中，既有少部分是露天矿山经常使用的，也有部分是地下矿专用的设备。关于露天矿山使用的设备请参见本手册的相关章节，本节专门将目前我国地下矿山使用的部分主要设备做介绍，供同行们参考使用。

地下矿山无轨采矿设备，是指具有不需轨道的行走机构（轮胎和履带）的自行式设备。矿山坑道和采场使用这种设备，不需铺设轨道和架设牵引导线；可采用旋线斜巷开拓方案，缩短矿山投产建设时间；无轨设备出矿，能够简化采准巷道布置和采场底部结构，减少运输巷道和溜井的数量；无轨自行设备机动灵活，一机多能，从而减少采、装、运设备的总数，提高了设备利用率，减少了维修工作量和备品配件的库存；无轨设备系统易于实现采掘作业全面机械化，生产效率高，工作人员少，并改善了生产安全条件。

根据用途不同，无轨采矿设备分为主体设备（钻孔、铲装、运输等设备）和辅助设备（装药、锚杆、喷浆等设备）。以掘进钻车、采矿钻车、装运机、铲运机和运矿车为主体的采矿设备，其技术水平和开拓创新直接影响矿山生产的发展、经济效益和社会效益，已成为矿业装备行业关注的重点。

凿岩钻车是随着采矿工业不断发展而研制的一种高效凿岩作业设备。它最早出现于 1950 年代，这种设备是一种将一台或几台凿岩机连同自动推进器一起安装在特制的钻臂上，并配有行走机构（轮胎式或履带式），使凿岩作业实现了机械化，减轻了工人的劳动强度。凿岩钻车广泛应用于矿山巷道掘进和采矿作业中，也可用于铁路交通隧道掘进、水利工程和国防工程施工中。随着矿山凿岩爆破工艺的不断改进，凿岩钻车在生产建设中越来越显出它的优越性。

## 一、掘进凿岩钻车

掘进凿岩钻车的钻臂指向前方，主要用于开凿矿山巷道和铁路交通隧道。

进入21世纪以来，"十五"和"十一五"国民经济计划的胜利完成，使各行各业对能源材料的需求剧增，因而促使矿业开发和矿业装备得以高速发展。为了满足矿山生产建设需求，张家口矿山建设机械公司、宣化华泰矿冶机械公司、石家庄煤矿机械公司和南京风动凿岩机械公司等分别研制了 CMJ 系列、NH 系列和 HT 系列掘进钻车，它们的主要技术参数见表 7 - 27。

表 7 - 27　近年常见几种掘进凿岩钻车的主要技术参数

| 机　型 | | CMJ - 17 | CMJ - 17HTC | HT - 81 | CMJ - 17A | NH - 170C |
|---|---|---|---|---|---|---|
| 凿岩机型号 | | YHD200 | YHD200 | YHD200 | YHD200 | COP1238ME |
| 钻凿孔深/m | | 2.15 | 3.1 | 3.9 | 2.15 | 5.2 |
| 钻凿孔径/mm | | 27 ~ 42 | 33 ~ 43 | 42 ~ 76 | 27 ~ 42 | 42 ~ 80 |
| 钻孔速度/m·min$^{-1}$ | | 2.0 | 2.0 | 2.0 | 2.0 | 3.1 |
| 行走机构形式 | | 履带 | 履带 | 轮胎 | 履带 | 轮胎 |
| 行走速度/km·h$^{-1}$ | | 2.4 | 2.5 | 14 | 3 | 14 |
| 爬坡角度/(°) | | 14 | 14 | 14 | 25 | 25 |
| 电机功率/kW | | 45 | 55 | 65 | 45 | 2 × 45 |
| 使用电压/V | | 380, 660 | 380, 660 | （电动机、内燃机） | 380, 660 | 660, 1140 |
| 外形尺寸/m | 长 | 7.20 | 7.90 | 11.05 | 7.20 | 13.5 |
| | 宽 | 1.03 | 1.20 | 1.85 | 1.03 | 3.10 |
| | 高 | 1.60 | 1.80 | 2.10 | 1.80 | 3.50 |
| 适应断面/m × m | | 5 × 3.5 | 5 × 4 | 6.5 × 6 | 5 × 4 | 12 × 10 |
| 整机质量/t | | 8.0 | 9.2 | 12.0 | 8.0 | 25.0 |
| 制造厂家 | | 石家庄煤矿机械公司 | 华泰矿冶机械公司 | 华泰矿冶机械公司 | 张家口矿山建设机械公司 | 南京风动凿岩机械公司 |

新一代掘进凿岩钻车在采用液压传动技术方面有很大改进，充分展现了设备结构紧凑、机动灵活、工作稳定、移动性能好、爬坡能力强等特点，大幅度提高了施工效率和施工质量，并改善了现场工作条件（见图 7 - 43）。

图 7 - 43　近年开发制造的掘进凿岩钻车

采用现代设计方法，进一步提高液压化和自动化水平，实现"一机多用"和"一机多能"，是掘进凿岩钻车创新发展的主要趋势，并已取得一定成绩：

（1）钻撬一体。当掘进凿岩钻车进入经过爆破出渣后的工作面，准备钻孔之前，必须首先处理顶板和两帮浮石（现场称撬毛）。钻车前端加装的专用工作台可为这一工作提供方便，大大减轻了工人的劳动强度（见图7-44）。

（2）钻锚一体。当工作面顶板需要采用锚杆加固支护时，钻车的工作机构即可钻凿锚杆孔，并按要求装卡锚杆，不需再用专用锚杆钻机进入工作面，既提高了设备利用率，节约了设备投资，又缩短了凿岩爆破的辅助工作时间。

（3）锚铲一体。掘进工作面出渣或处理顶板及边帮后，经常遗留一些散碎岩石，带有铲斗的工作机构，可很方便地清除岩石，保持工作面整洁，以利于凿岩钻孔工作（见图7-45）。

图7-44　带有撬毛工作台的掘进凿岩钻车

图7-45　带有清矿铲斗的掘进凿岩钻车

## 二、采矿凿岩钻车

采矿凿岩钻车的钻臂指向上方或两侧，主要用于采场钻凿落矿炮孔工作。采矿凿岩钻车的应用和技术发展，提高了采矿工作效率，加快了回采工作速度，也推进了采矿工艺改革，提高了矿产资源的回收率。

采矿工艺方法不同，所用采矿凿岩钻车的结构形式也不同。采用较多的是单臂式或双臂式两种，早期的采矿凿岩钻车采用压气驱动；1980年以后已普遍采用液压传动技术。

"九五"和"十五"期间，我国矿山生产高速发展，采矿工艺方法也有改革创新，从而促使采矿凿岩钻车的设计制造技术水平上了一个新台阶。大部分钻车更新换代，液压钻车成为主导机型，钻孔直径由30~50mm提高到50~80mm，钻孔深度由3~15mm提高到15~30mm，并引入电-液控制技术，定位系统可靠，钻孔精度较高，可在大断面一次稳车钻凿中深平行孔，大幅度提高了单位爆破产量。

在地下矿山采掘装运作业的各环节中，凿岩钻车是实现"地下无人矿山"的关键设备之一。地下矿山自行式凿岩钻车的创新发展趋势可概括如下：

（1）采用现代设计方法，进一步提高钻车的液压化、自动化、智能化和结构模块化设计水平，实现自动定位、自动开孔、自动接杆，达到设定孔深自动返回、自动卸杆。

（2）设备制造采用新材料、新工艺，强化钻车的稳定性和可靠性，提高钻车对岩石条件变化的适应能力，并可自动处理卡钎故障和进行参数补偿。

（3）采用"机-电-液"一体化和数控技术，提升钻车的状态监测和故障诊断分析能力；保证钻孔精度和成孔质量，及时反馈和调整钎具的冲击功、冲击频率、轴压及反弹力等参数，确保在一个循环过程中，整个钎具链中的任一环节都不会损坏，以使"无人矿山"成为可能，并提高采掘作业效率。

近年常用的几种采矿凿岩钻车的主要技术参数见表7-28。

表 7 - 28　近年常用采矿凿岩钻车的主要技术参数

| 机　型 | CTCY - 10 | CTC - 14B | HT - 71 | Simba322 | BU - 141 |
|---|---|---|---|---|---|
| 钻臂形式及数量 | 摆式，1 | 摆式，1 | 回转，1 | 复摆，2 | 回转，1 |
| 上向平行孔范围/mm | 2000 | 2000 | 3000 | 3800 | 3000 |
| 凿岩机型号 | YYG120 | YGZ - 90 | HC - 109 | COP130EL | COP130EL |
| 炮孔直径/mm | 38 ~ 46 | 50 ~ 80 | 50 ~ 100 | 50 ~ 65 | 40 ~ 60 |
| 推进器形式 | 油缸 - 钢绳 | 气动丝杆 | 油缸 - 丝杆 | 气动、液压 | 气动、液压 |
| 一次推进行程/mm | 1400 | 1400 | 1220 | 1830 | 3000 |
| 最大孔深/m | 30 | 30 | 31 | 31 | 31 |
| 行走动力功率/kW | 22 | 2 × 5.5 | 55 | 4 × 3.7 | 10.2 |
| 最小转弯半径/m | 3.8 | 6.0 | 5.1 | 3.8 | 3.2 |
| 爬坡能力/(°) | 14 | 18 | 18 | 15 | 15 |
| 行走时长度/mm | 7260 | 4830 | 7500 | 6500 | 6000 |
| 行走时高度/mm | 1800 | 2300 | 2000 | 2000 | 2000 |
| 宽度/mm | 1800 | 1900 | 2100 | 2500 | 1700 |
| 行走速度/km·h⁻¹ | 0.65 | 0.51 | 12 | 0.70 | 0.70 |
| 整机质量/t | 8.0 | 4.0 | 12.5 | 9.9 | 3.8 |
| 制造厂家 | 沈阳风动机械公司 | 南京风动公司 | 华泰矿冶机械公司 | 瑞典引进技术 | 瑞典引进技术 |

## 三、地下铲运机

在地下矿山的"钻爆 - 铲装 - 运输"工艺循环过程中，铲装工作所占工时比例最大，一般可达50%~60%。研制适用的高效铲装设备，历来是行业关注的重点。轮胎自行式铲装设备的出现，使采掘作业效率大幅度提高，特别是在"端部放矿 - 溜井卸矿"工艺系统中，可使出矿效率达到或接近最大化。

由于装运机后面拖着供气软管，运输距离受到限制，不能满足大型矿山的出矿要求。20世纪80年代我国从波兰引进一批内燃机驱动的LK - 1铲运机，并在一些矿山试用后很快"国产化"，制造出我国第一代铲运机。铲运机的主要结构特点和在现场的工作状况分别如图7 - 46和图7 - 47所示。

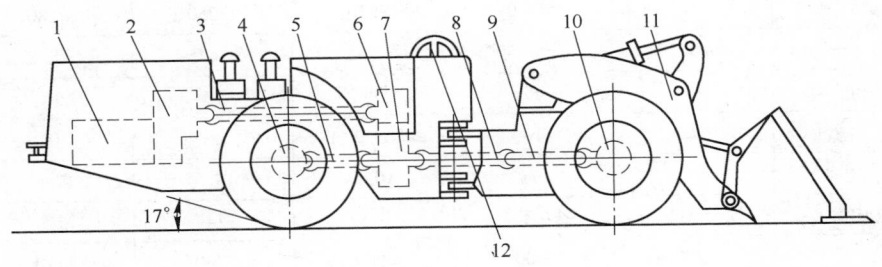

图 7 - 46　铲运机整体结构示意图
1—发动机；2—传动箱；3—传动箱传动轴；4—后桥；5—后桥驱动轴；6—变矩器；7—变速箱；<br>8—中间传动轴；9—前桥驱动轴；10—前桥；11—工作机构；12—转向机构

这种铲运机没有"尾巴"，在工作面调度方便，其经济运输距离可达300~400m，大大增加了使用运行范围，从而可以减少采场溜井布置数量，节约井巷开凿工程投资。

由内燃机驱动的铲运机没有储矿仓，设备前端装有一个大容积铲斗，装满后直接驶往溜井卸载，一机同时具有"装—运—卸"功能。由于铲运机多采用前后两部铰接车架，油缸牵动车架折腰转向，因此整机转弯半径较小，机动灵活，爬坡能力强，对于地下矿山较恶劣的工作条件，适应性较好。

图 7-47  正在现场工作（卸载）的铲运机

进入 21 世纪以来，衡阳力达机械公司、南昌通用机械公司、金川金格车辆公司和北京安期生技术公司等，采用现代设计方法和先进制造技术，分别研发出 CY 系列、CYE 系列、WJ 系列、WJD 系列、JCCY 系列和 ACY 系列等地下铲运机。无论是内燃铲运机还是电动铲运机，在规格型号、整机结构、技术性能等方面，都已赶上国外先进水平，完全可以满足矿山生产需要。以上部分厂家近年制造的地下铲运机的主要技术参数分别见表 7-29 和表 7-30。

表 7-29  南昌通用机械公司铲运机的主要技术参数

| 机　型 | | WJD/WJ-0.75 | WJD/WJ-1 | WJD/WJ-1.5 | WJD/WJ-2 | WJD/WJ-3 | WJD/WJ-4 |
|---|---|---|---|---|---|---|---|
| 额定斗容（堆装）/m³ | | 0.75 | 1 | 1.5 | 2 | 3 | 4 |
| 额定载重量/t | | 1.5 | 2 | 3 | 4 | 6 | 8 |
| 铲取力/kN | WJD 型（电动） | 39 | 45 | 52 | 65 | 77 | 110 |
| | WJ 型（内燃） | 36 | 45 | 50 | 65 | 77 | 110 |
| 牵引力/kN | WJD 型（电动） | 41 | 50 | 62 | 90 | 115 | 140 |
| | WJ 型（内燃） | 40 | 50 | 70 | 90 | 120 | 140 |
| 卸载高度/mm | | 1080 | 1100 | 1460 | 1780 | 1670 | 1600 |
| 铲斗举升高度/mm | | 3650 | 3120 | 3630 | 4000 | 4000 | 4270 |
| 爬坡能力（低速额定载荷）/(°) | | ≥12 | ≥12 | ≥12 | ≥12 | ≥12 | ≥12 |
| 离地间隙/mm | | ≥165 | ≥190 | ≥220 | ≥250 | ≥280 | ≥300 |
| 转弯半径（外侧）/m | | ≤4.5 | ≤4.5 | ≤5 | ≤6.5 | ≤6.5 | ≤7 |
| 功率/kW | WJD 型（电动） | 37 | 45 | 55 | 75 | 90 | 132 |
| | WJ 型（内燃） | 42 | 49 | 63.2 | 86 | 102 | 150 |
| 机重/t | WJD 型（电动） | 6.7 | 7 | 10.5 | 14.5 | 17.5 | 24 |
| | WJ 型（内燃） | 6.3 | 6.5 | 9.5 | 14 | 17 | 19 |
| 外形尺寸/mm | 长 | 5900 | 5900 | 7000 | 7740 | 8720 | 9620 |
| | 宽 | 1260 | 1270 | 1600 | 1850 | 2090 | 2230 |
| | 高 | 1900 | 1950 | 2100 | 2000 | 2240 | 2440 |

表 7-30  金川金格机械公司铲运机的主要技术参数

| 机　型 | JCCY-2 | JCCY-4 | DCY-4 | JCCY-6 |
|---|---|---|---|---|
| 额定载荷/kg | 4000 | 8000 | 8000 | 12000 |
| 标准斗容（SAE 堆装）/m³ | 2 | 4 | 4 | 6 |
| 最大铲取力/kN | 110 | 178 | 180 | 350 |
| 最大牵引力/kN | 104 | 199 | 170 | 330 |

续表 7-30

| 机　型 | | JCCY-2 | JCCY-4 | DCY-4 | JCCY-6 |
| --- | --- | --- | --- | --- | --- |
| 铲斗举升时间/s | | 4.5 | 6~7 | 7 | 6 |
| 倾翻时间/s | | 4 | 6~7 | 4.5 | 5.1 |
| 铲斗下降时间/s | | 2.8 | 4.5 | 3.5 | 3.2 |
| 行驶速度/km·h$^{-1}$ | Ⅰ挡：进/退 | 0~3.6 | 0~5.1 | 0~3.2 | 0~5 |
| | Ⅱ挡：进/退 | 0~7.6 | 0~11.7 | 0~7.4 | 0~9 |
| | Ⅲ挡：进/退 | 0~12.5 | 0~18.4 | 0~12.6 | 0~16 |
| | Ⅳ挡：进/退 | 0~20 | 0~25 | | 0~26 |
| 爬坡能力/km·h$^{-1}$ | | 14%挡3.5<br>34%挡2.2 | 14%挡4.0 | 14%挡3.85 | 14%挡4.0 |
| 整机长度（铲斗平放）/mm | | 7060 | 9070 | 9250 | 11067 |
| 车体宽度/mm | | 1768 | 2360 | 2360 | 2602 |
| 铲斗宽度/mm | | 1880 | 2400 | 2400 | 2714 |
| 整机高度（带顶棚）/mm | | 1880 | 2200 | 2120 | 2498 |
| 最大卸载高度/mm | | 1830 | 2100 | 1900 | 1885 |
| 卸载距离/mm | | 900 | 900 | 900 | 1060 |
| 卸载角/(°) | | 42.2 | 42 | 42 | 42 |
| 轴距/mm | | 2540 | 3300 | 3300 | 3860 |
| 最大转向/(°) | | 40 | 42 | 42 | 42 |
| 角转向半径/mm | 内　侧 | 2800 | 3578 | 3148 | 3770 |
| | 外　侧 | 5100 | 6125 | 6181 | 7250 |
| 整体操作质量/kg | | 12500 | 23000 | 24000 | 31875 |
| 整机质量/kg | | 16500 | 31000 | 32000 | 43875 |

地下铲运机是设计制造技术比较复杂的矿山设备之一。近年来，随着采矿工业的迅速发展，铲运机进入一个新的发展时期，技术发展的重点是提升自动化水平，改善作业条件，体现以人为本，严格贯彻安全环保节能标准规范要求，开发适应不同工作环境的新产品、新装备。

## 四、运矿卡车

地下运矿卡车是无轨采矿工艺的主要设备之一。采用这种设备运输矿岩，不但可以提高矿山劳动生产率和总产量，促进矿山生产规模不断扩大，而且还可以改变矿山的采矿方法和掘进运输系统，促进地下矿朝着全面无轨开采的综合机械化方向发展。地下自卸运矿卡车整体结构如图 7-48 所示。

运矿卡车与自行矿车不同，它的后部是个大车厢，采用铰接车架，载重量较大，较大车型可达 70~80t。运矿卡车与普通卡车相比，车身较矮，四轮驱动，一般车型全高为 2~3m；爬坡能力强，折腰转向，转弯半径较小。

运矿卡车的卸载方式分为推卸式和后卸式两种。推卸式卡车的车厢底部有一个可伸缩的底盘和推板，卸载时，液压缸驱动推板，将物料从车厢后端卸下，而车厢不必倾翻。后卸式卡车的车厢，可由液压缸顶起向后倾翻，实现卸料（见图 7-49）。由于推卸式运矿卡车结构比较复杂，而且卸载高度较低，因此使用范围有一定局限性。近年来，后卸式运矿卡车成为使用最广泛的机型。

我国自 20 世纪 70 年代中期开始研制地下自卸运矿卡车。进入 80 年代，随着汽车工业的发展和矿业装备制造业基础条件的完善，同时消化和借鉴国外先进技术，国内地下矿用自卸卡车的研制水平迅速提

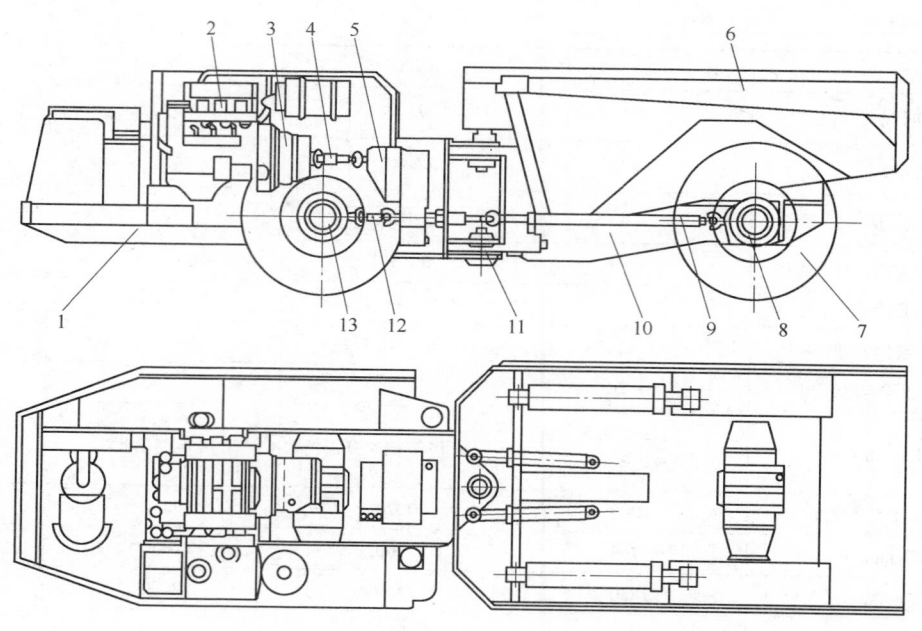

图 7 - 48　地下自卸运矿卡车整体结构示意图

1—前车架；2—发动机；3—液力变矩器；4—传动轴；5—变速箱；6—车厢；7—后轮；8—后桥；
9—后传动轴；10—后车架；11—中央铰接；12—前传动轴；13—前桥

图 7 - 49　正在现场工作的运矿卡车

高，先后由太原矿山机器厂、金川有色公司机械厂、石家庄矿冶机械厂和北京安期生技术公司等厂家陆续研制成功 UK 系列、JCCY 系列、AJK 系列和 CA 系列等矿用自卸卡车（见图 7 - 50 和图 7 - 51）。其中部分厂家的设备的主要技术参数分别见表 7 - 31 和表 7 - 32。

图 7 - 50　UK 系列地下自卸运矿卡车

图 7 - 51　AJK 系列地下自卸运矿卡车

表 7 - 31　UK 系列地下运矿卡车的主要技术参数（太原矿机集团）

| 机　型 | | UK－12 | UK－12A | UK－25 |
|---|---|---|---|---|
| 额定载重量/t | | 12 | 12 | 25 |
| 车箱额定容积/m³ | | 6.0（平装），6.6（堆装） | 6.0（平装），6.6（堆装） | 12.5（平装），14（堆装） |
| 爬坡能力/% | | 25 | 25 | 25 |
| 行驶速度/km·h⁻¹ | I 挡 | 3.5 | 4.5 | 5.0 |
| | II 挡 | 7.0 | 10.9 | 11.0 |
| | III 挡 | 13.0 | 17.0 | 19.0 |
| | IV 挡 | 23.0 | 23.0 | 26.0 |
| 转弯半径/mm | 内侧 | 5.3 | 5.26 | 5.2 |
| | 外侧 | 7.9 | 7.90 | 9.2 |
| 操作质量/t | | 14.6 | 14 | 25 |
| 发动机 | 型　号 | Deutz F6L413FW | Deutz F6L413FW | Deutz F12L413FW |
| | 额定功率（2300r/min）/kW | 102 | 102 | 204 |
| 变速箱 | 形　式 | 电液换挡 | 电液换挡 | 电液换挡 |
| | 型　号 | Clark R28421 | Clark R28000 | Clark R34420 |
| | 传动比（1～4挡） | 4.83，2.29，1.32，0.73 | 4.83，2.29，1.32，0.73 | 4.83，2.29，1.32，0.73 |
| 变矩器 | 形　式 | 单级，三元件 | 单级，三元件 | 单级，三元件 |
| | 型　号 | Clark C273 | Clark C273 | Clark C5472 |
| | 变矩系数 | 2.73 | 2.73 | 2.73 |
| 前后桥 | 形　式 | 行星式刚性桥 | 行星式刚性桥 | 行星式刚性桥 |
| | 型　号 | Clark 15D1841 | Tykj K2300 | Clark 19D2748 |
| | 总传动比 | 25.434 | 25.434 | 25.866 |
| 轮胎规格 | | 14.00－24 | 14.00－24 | 18.00－25 |
| 转向泵 | 形　式 | 叶片泵 | 叶片泵 | 叶片泵 |
| | 排量/mL·r⁻¹ | 34 | 34 | 30 |
| 制动泵 | 形　式 | 齿轮泵 | 齿轮泵 | 齿轮泵 |
| | 排量/mL·r⁻¹ | 6 | 6 | 9 |
| 工作制动 | 形　式 | 全封闭液压式湿式多盘制动器 | 全封闭液压式湿式多盘制动器 | 全封闭液压式湿式多盘制动器 |
| | 位　置 | 桥两端 | 桥两端 | 桥两端 |
| 停车制动 | 形　式 | 全封闭湿式多盘制动器 | 液压制动器 | 钳盘式弹簧施压液压松闸制动器 |
| | 位　置 | 变速箱 | 变速箱 | 后桥 |
| 电压/V | | 24 | 24 | 24 |

表 7 - 32　AJK 系列地下运矿卡车的主要技术参数（北京安期生技术有限公司）

| 机　型 | | AJK－10 | AJK－12 | AJK－20 | AJK－25 |
|---|---|---|---|---|---|
| 空载质量/kg | | 11000 | 11600 | 19000 | 23000 |
| 满载质量/kg | | 22000 | 23600 | 39000 | 48000 |
| 容积/m³ | 堆　装 | 5.5 | 6.0 | 11 | 15 |
| | 平　装 | 4.5 | 5.7 | 9.5 | 12 |
| 工作时间/s | 车厢举升时间 | 16～18 | 18 | 19 | 19 |
| | 车厢降下时间 | 11 | 11 | 12 | 12 |
| | 转向时间（高怠速） | 6.0 | 6.0 | 5.5 | 6.0 |

续表 7-32

| 机　型 | | | AJK-10 | AJK-12 | AJK-20 | AJK-25 |
|---|---|---|---|---|---|---|
| 发动机 | 结构特点 | | 新型水冷 Deutz 柴油机，增压中冷型 | | 风冷 Deutz 两极燃烧柴油机，增压中冷型 | 风冷 Deutz 两极燃烧柴油机带有高海拔功率补偿装置和废气净化装置 |
| | 型　号 | | BF4M1013C | | F8L413FWB | F10L413FWB |
| | 功率/kW | | 104（2300r/min） | | 130（2300r/min） | 170（2300r/min） |
| | 输出扭矩/N·m | | 419（1500r/min） | | 650（1500r/min） | 840（1500r/min） |
| 传动 | 变矩器 | | Dana C270 单级工业型，带有转向工作泵驱动口 | Dana C270 单级工业型，带有转向工作液压系统泵驱动口 | Dana C5000 单级工业型、带有转向工作液压系统泵驱动口 | |
| | 动力变速箱 | | Dana R28000 动力换挡前进、后退各四挡 | Dana R28000 动力换挡前进、后退各四挡 | Dana R3600 动力换挡前进、后退各四挡 | |
| | 驱动桥 | | SOMA C103 带有中央差速器和轮边行星减速的刚性驱动桥 | | Dana 19D2748 带有中央差速器和轮边行星减速的刚性驱动桥 | |
| 制动 | 工作制动 | | 全液压动力湿式多盘全封闭制动器，作用在 4 个车轮上全液压动力双管路系统 | | 全液压动力湿式多盘全封闭制动器，作用在 4 个车轮上全液压动力双管路系统 | |
| | 23km/h 时的制动距离/m | 空载 | 5.6 | | 5.65 | 6.75 |
| | | 重载 | 7.3 | | 8.02 | 9.12 |
| | 停车制动 | | WABCO 手动阀和蓄能缸组成弹簧制动，液压释放的制动系统，通过变速箱输出轴作用到 4 个驱动轮 | | 弹簧制动，液压释放制动系统，通过前桥，作用到 4 个驱动轮 | |
| | 驻坡能力/% | 空载 | 50 | | 50 | 50 |
| | | 重载 | 30 | | 30 | 25 |
| 轮胎 | 型号，前后桥 | | 14.00-24，L-3STL | | 18.00-25，L-3STL | |
| 转向 | 形　式 | | 全动力液压转向系统，铰接式双缸结构 | | 全动力液压转向系统，铰接式双转向缸结构 | |
| | 转弯半径/mm | 内侧 | 4820 | 4772 | 5466 | 5247 |
| | | 外侧 | 7290 | 7290 | 8944 | 9209 |
| | 转向角/(°) | | 40 | 42 | 42 两侧 | |
| 运行速度/km·h⁻¹ | I 挡 | | 3.5 | | 5.3 | |
| | II 挡 | | 7 | | 11.4 | |
| | III 挡 | | 13 | | 19.5 | |
| | IV 挡 | | 23 | | 26 | |
| 最大爬坡能力/% | | | 25 | | 28 | 22 |

20 世纪 90 年代以来，国产自卸运矿卡车在一些矿山得以迅速推广。几年的生产实践证明，这些运矿卡车设计合理、技术先进、性能稳定、安全可靠，主要技术指标达到了国外同类型产品水平，具有较好的性价比和广阔的应用前景。

撰稿、审定：王荣祥　任效乾　张晶晶　王志霞（太原科技大学）

李爱峰（太原重型机械集团）

王巨堂（山西平朔露天矿）

张　翼（卡特彼勒（中国）投资有限公司）

# 第八章 露天矿汽车运输设备

## 第一节 自卸汽车的结构特点及分类

### 一、自卸汽车的结构特点

露天矿山使用的自卸汽车，一般为双轴式或三轴式结构（见图 8-1）。双轴式可分为单轴驱动和双轴驱动，常用车型多为后轴驱动，前轴转向。三轴式自卸汽车由两个后轴驱动，一般为大型自卸汽车所采用。从其外形看，矿用自卸汽车与一般载重汽车的不同点是驾驶室上面有一个保护棚，它与车厢焊接成一体，可以保护驾驶室和司机不被散落的矿岩砸伤。

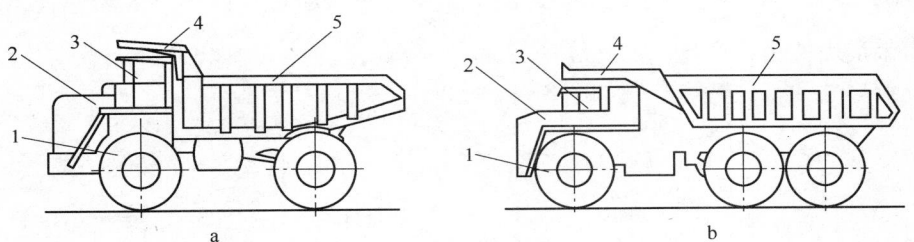

图 8-1 自卸载重汽车轮轴布置形式示意图

a—双轴式；b—三轴式

1—行走系统；2—动力系统；3—驾驶室；4—保护棚；5—车厢

自卸汽车的外形结构如图 8-2 所示。它主要由车体、发动机和底盘三部分组成。底盘包括传动系统、行走系统、操纵系统、转向系统、制动系统和卸载机构等。

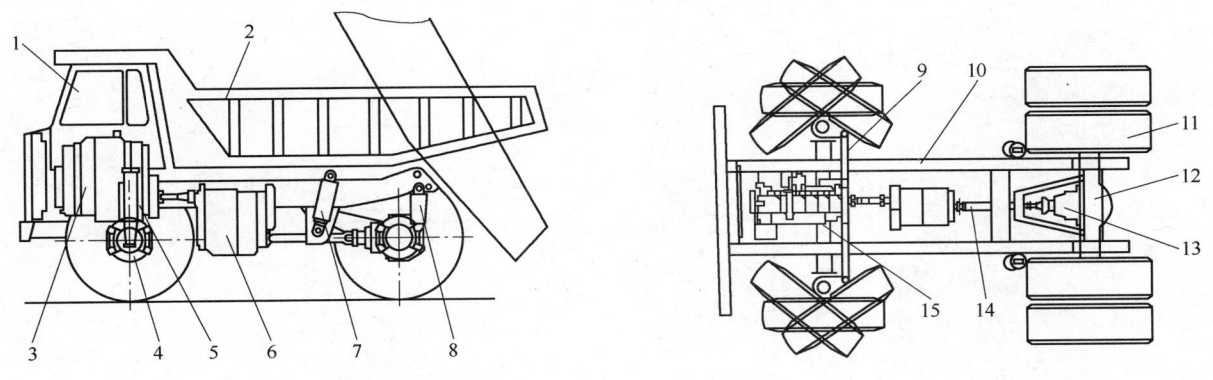

图 8-2 自卸载重汽车外形结构示意图

1—驾驶室；2—货箱；3—发动机；4—制动系统；5—前悬挂；6—传动系统；7—举升缸；8—后悬挂；9—转向系统；
10—车架；11—车轮；12—后桥（驱动桥）；13—差速器；14—转动轴；15—前桥（转向桥）

重型自卸汽车主要构件的外形特征及相互安装位置如图 8-3 所示。

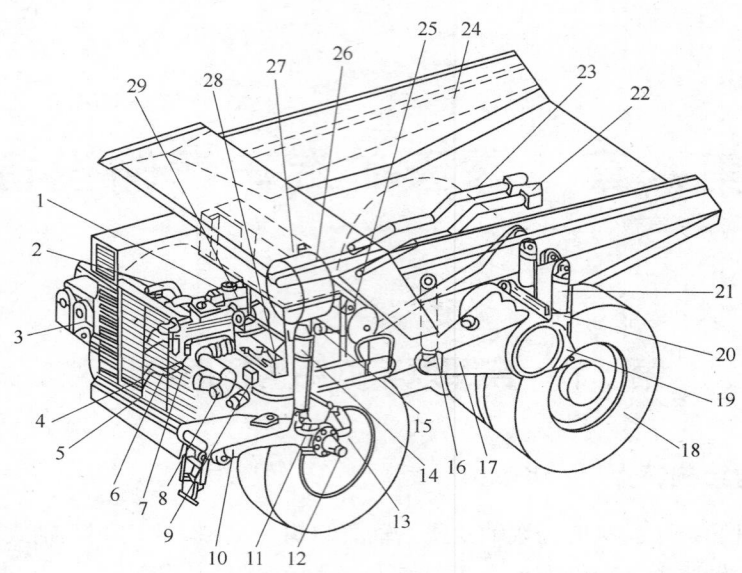

图 8-3　矿用自卸汽车主要构件布置图

1—发动机；2—回水箱；3—空气滤清器；4—水泵进水管；5—水箱；6,7—滤清器；8—进气管总成；9—预热器；10—牵引臂；11—主销；
12—羊角；13—横拉杆；14—前悬挂油缸；15—燃油泵；16—倾卸油缸；17—后桥壳；18—行走车轮；19—车架；20—系杆；21—后悬挂油缸；
22—进气室转轴箱；23—排气管；24—车厢；25—燃油粗滤器；26—单向阀；27—燃油箱；28—减速器踏板阀；29—加速器踏板阀

　　我国水泥露天矿山所用自卸汽车的吨级一般为 10～60t 之间；其中以 Terex33-07 型自卸汽车为典型代表，它们的外形尺寸和行驶特性分别如图 8-4～图 8-6 所示。

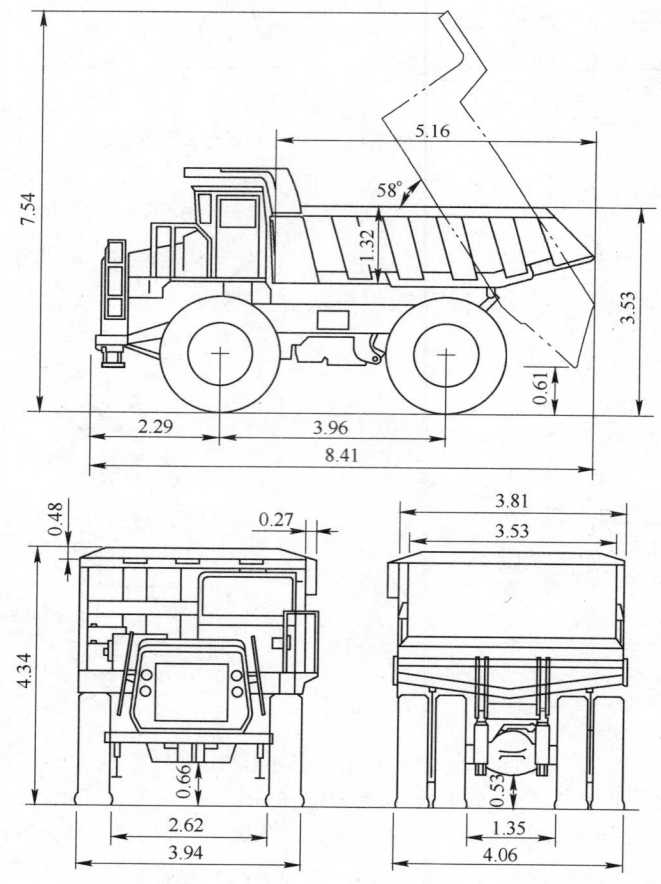

图 8-4　Terex33-07 型自卸汽车外廓图（单位：m）

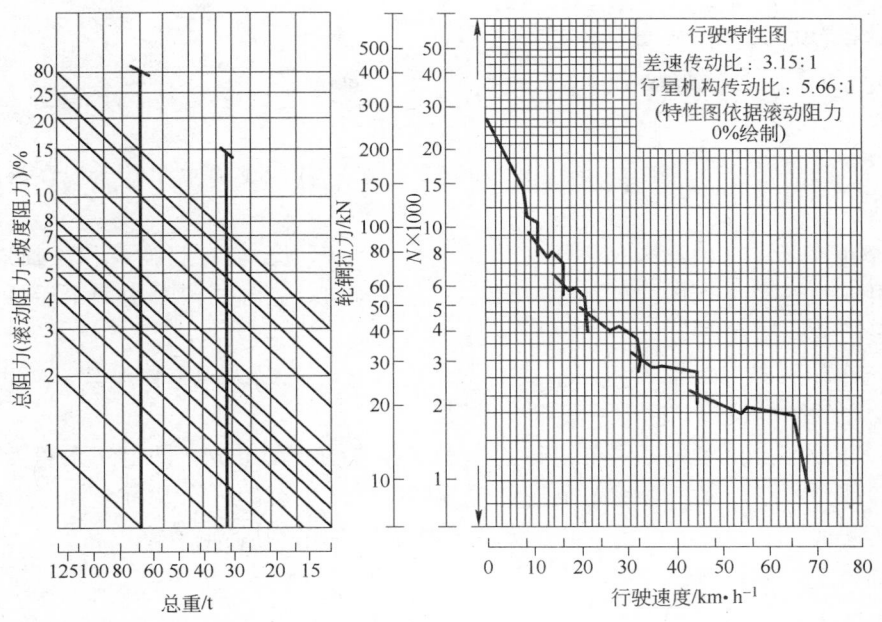

图 8-5　Terex33-07 型自卸汽车行驶特性图

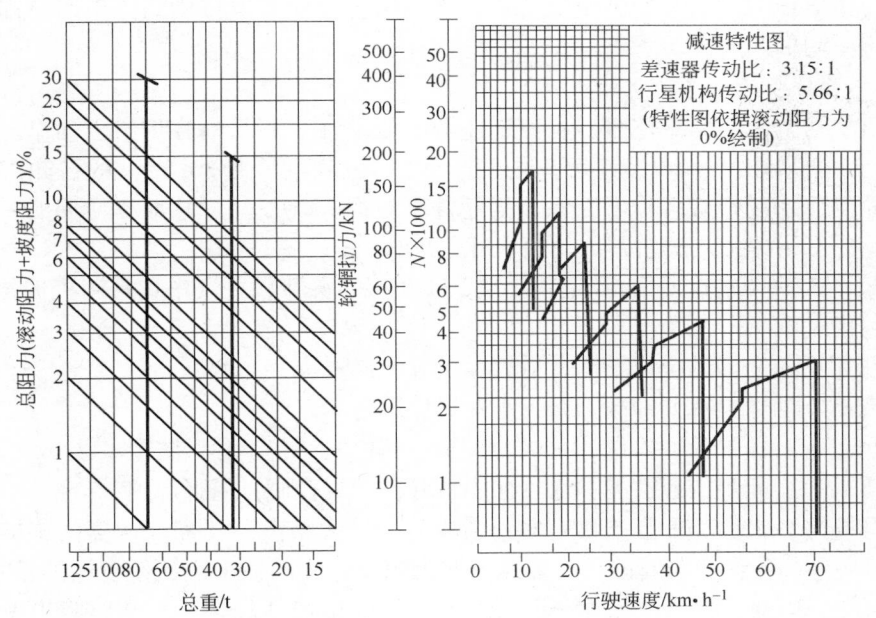

图 8-6　Terex33-07 型自卸汽车减速特性图

近几年来，由于矿业开发迅速发展，我国的矿用重型自卸汽车制造业发展很快，能够成批生产百吨以上自卸汽车的有北方重型汽车股份有限公司、北京重型汽车制造厂等多个厂家（公司）。其中北方重型汽车股份有限公司生产的"MT 系列"（见图 8-7）矿用自卸汽车的最大吨级已达 326t，它可与斗容为 55m³ 的挖掘机相匹配，装备年产 2000 万吨以上的大型露天矿。

图 8-7　MT5500AC（326t）矿用自卸载重汽车

## 二、自卸汽车的分类

### (一) 按卸载方式分类

露天矿使用的自卸汽车分为后卸式、底卸式和汽车列车三种。我国水泥矿山现在基本上均使用后卸式载重汽车。

(1) 后卸式载重汽车。这种汽车是露天矿山普遍采用的车型,它有双轴式和三轴式两种结构形式。双轴载重汽车虽可以四轮驱动,但通常为后桥驱动,前桥转向。三轴式汽车由两个后桥驱动,它用于特重型汽车或转向灵活的铰接式汽车。

(2) 底卸式汽车。可分为双轴式和三轴式两种结构形式。可以采用整体车架,可也采用铰接车架。底卸式汽车需有配套的卸矿设施,矿山一般很少使用。

(3) 自卸式汽车列车。汽车列车主要由鞍式牵引车和单轴挂车组成,即由一人驾驶两节以上的挂车组。由于它的装卸部分可以分离,因此无需整套的备用设备。也有的列车,每个挂车上都装有独立操纵的发动机和一根驱动轴。较大运量重载运输系统多采用列车形式,其运输效率较高。

### (二) 按动力传动形式分类

国内外矿用自卸汽车种类很多,载重吨位也各不相同,其主传动系统的特点最能凸显车型功能特征。矿用自卸汽车分为机械传动式、液力机械传动式、静液压传动式和电传动式。矿用自卸汽车根据用途和规格不同,可采用不同形式的传动系统。

1. 机械传动式汽车

由发动机发出的动力,通过离合器、机械变速器、传动轴及驱动轴等传给主动车轮。采用人工操作的常规齿轮变速箱,通常在离合器上装有气压助推器。一般载重量在30t以下的自卸汽车多采用机械传动,它具有结构简单、制造容易、使用可靠、传动效率较高等优点。这是最早使用的一种传动形式,设计和使用经验多,加工制造工艺成熟,传动效率可达90%。

例如,交通SH361型、别拉斯2566型和北京BJ370型等自卸载重汽车均采用机械传动系统。这种自卸汽车的主要结构特点如下:

(1) 车体采用耐磨而坚固的金属结构,适宜运送坚硬矿岩。

(2) 机械化卸载,动作灵活,卸载干净,车厢复位迅速。

(3) 司机棚顶上设有保护板,以保证司机的安全,司机室严密,利于防尘。

(4) 制动装置可靠,起步加速性能和通过性能良好,操纵轻便,视野开阔。

随着汽车载重量的增加,变速箱挡数增多,结构复杂,大型离合器和变速器的旋转质量也增大,给换挡造成一定困难。踩离合器换挡时间长,变速器的齿轮有强烈的撞击声,使齿轮的轴承受到严重损坏,因而要求驾驶员有较高的操作技巧。另外,由于变速器有级地改变转矩,当道路阻力发生变化时不能及时换挡,发动机工作不稳定、极易熄火,尤其是在矿区使用的汽车,道路条件较差,换挡频繁,驾驶员易于疲劳,离合器磨损极其严重,机械传动系统难以满足大吨位自卸载重汽车的工作要求,所以机械传动仅适宜小型矿用汽车。

2. 液力机械传动式汽车

由发动机通过液力变矩器和机械变速器,再通过传动轴、差速器和半轴把动力传给主动车轮,这种传动为液力机械传动(见图8-8)。

在传动系统中增设液力变矩器,省去主离合器,减少了变速箱挡数,操纵容易,维修工作量小。由于液力变矩器具有较好的传递扭矩自适应性能,它可自动地随着道路阻力的变化而改变输出扭矩,能够衰减传动系统的扭转振动,防止传动过载,从而延长发动机和传动系统的使用寿命。因此,近年来,液力机械传动已完全有效地应用于100t以上乃至160t的矿用自卸汽车上,车辆的性能完全可与同级电动轮汽车媲美。

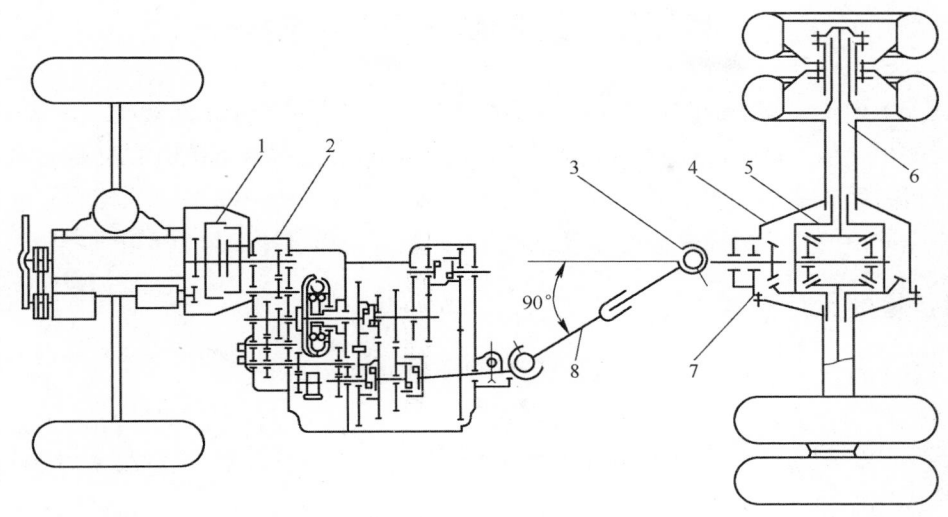

图 8－8　自卸汽车液力机械传动系统图
1—离合器；2—变速器；3—万向节；4—驱动器；5—差速器；6—半轴；7—主减速器；8—传动轴

上海 SH380 型、俄罗斯别拉斯 540 型、美国豪拜 35C 型和 75B 型汽车都采用液力机械传动系统。

为了综合利用液力和机械传动的优点，某些矿用汽车在低挡时采用液力传动，起步后正常运转时使用机械传动。

### 3. 静液压传动式汽车

由发动机带动液压泵，使高压油驱动装于主动车轮内的液压马达，因而省去了复杂的机械传动件，自重系数小，操纵比较轻便。但液压元件要求制造精度高，易损件的修复比较困难。主要用于中、小型自卸汽车上。少数国家在载重量为 77t、104t 等矿用自卸汽车上也采用这种传动形式。

### 4. 电传动式汽车（又称电动轮汽车）

它以柴油机为动力，带动主发电机产生电能，通过电缆将电能送到与轮边减速器结合在一起的电动机，驱动车轮转动；调节发电机和电动机的励磁电路和改变电路的连接方式来实现汽车的前进、后退及变速、制动等多种工况。电传动汽车省去了机械变速系统，维修量小，操纵方便，运输成本较低，但整车制造成本较高。近年出现的采用架线辅助系统的双能源矿用自卸车，是电传动汽车的一种发展产品，它分别采用柴油机和架空输电作为动力，爬坡能力可达 18%；在大坡度的固定段上采有架空电源驱动时，汽车牵引电机的功率可达柴油机额定功率的 2 倍以上；在临时路段上，则由本身的柴油机驱动。这种双能源汽车兼有汽车和无轨电车的优点，牵引功率大，可提高运输车辆的平均行驶速度；而在路况经常变化的运输路段上，不用架空输电线，可简化在装载点和排土场上作业的组织工作。

目前重型自卸汽车均采用柴油发动机（多为四冲程），柴油机比汽油机有更多的优点。

柴油机与汽油机相比，其主要优点是：

（1）柴油机的热效率高，约为 30% ~ 36%，柴油机比汽油机的经济性好。

（2）柴油机燃料供给系统和燃烧过程都较汽油机可靠，所以不易出现故障。

（3）柴油机所排出的废气中，对大气污染的有害成分相对少一些。

（4）柴油的着火点高，不易引起火灾，有利于安全运行。

柴油机的缺点主要是结构复杂、质量大；燃油供给系统主要装置必须材质优良，加工精度要求高，制造成本较高。柴油机启动时需要的动力大；运转时噪声级较高，排气中所含 $SO_2$ 与游离碳较多。

目前我国水泥矿山尚未采用电力传动系统的汽车。

## 第二节 自卸载重汽车的选择

多年来的露天矿山生产实践证明，汽车运输具有很多优点，所以采用汽车运输系统的矿山越来越多，汽车运输在露天矿山运输方案中已有很重要的地位。汽车运输可作为露天矿山的主要运输方式之一，也可以与其他运输设备联合使用。随着露天矿山生产和汽车工业技术的不断发展，汽车运输必将得到更加广泛的应用。根据矿山的具体情况，选择合理的运输方式是露天矿设计工作的重要内容。

### 一、汽车运输的适用条件

国内外矿山企业普遍认为，汽车运输适合具有下列条件的矿山：

（1）多为矿点分散的矿床，采场运输路段经常变移。

（2）山坡露天矿的高差或凹陷露天矿深度在 100～200m，矿体赋存条件和地形条件复杂，采用汽车运输系统相对较容易布置。

（3）所需岩层或矿石品种多，需分采分运或陡帮开采。

（4）矿岩运距较小，多在 3km 以内，最大不超过 5km。

（5）有条件与胶带输送机等组成联合开拓运输方案。

### 二、汽车运输的优点

露天矿采用汽车运输，主要有以下优点：

（1）汽车运输具有较小的弯道半径和较陡的坡度，机动灵活，特别是对采场范围小、矿体埋藏复杂而分散、需要分采的露天矿更为有利。

（2）调度灵活，可缩短挖掘机停歇时间和作业循环时间，能充分发挥挖掘机的生产能力，与铁路运输比较，可使挖掘机效率提高 10%～20%。

（3）公路与铁路运输相比，线路铺设和移动的劳动力消耗可减少 30%～50%。

（4）排土简单有利，如采用推土机辅助排土，不但所用劳动力少，排土成本较铁路运输可降低 20%～25%。

（5）缩短新水平的准备时间，提高采矿工作下降速度；汽车运输方案采矿下降速度每年可达 15～20m，铁路运输的下降速度只能达到 4～7m。

（6）汽车运输能较方便地采用横向剥离。

### 三、汽车运输的不足

露天矿采用汽车运输，主要有以下缺点：

（1）司机及修理人员较多，汽车寿命短，出车率较低，保养和修理费用较高。

（2）燃油和轮胎耗量大，轮胎费用约占运营费的 1/5～1/4，因而运输成本较高。

（3）合理经济运输距离较短，一般在 3km 以内，运输受气候影响较大，尤其是在北方地区。

（4）路面结构必须随着汽车质量的增加而加厚，道路建筑及保养工作量较大。

### 四、自卸汽车的选型

影响露天矿自卸汽车选型的因素很多，其中最主要的是矿岩的年运量、运距、铲装设备规格及道路技术条件等。

在露天矿汽车运输设备中，普遍采用后卸式自卸汽车。水泥露天矿广泛采用 10～60t 之间的机械传动的柴油自卸汽车。

为了充分发挥汽车与挖掘机的综合效率,汽车车厢容量与挖掘机的斗容应优化匹配,一般一车应装4~5斗,最大不超过6~7斗。

自卸汽车载重量等级与挖掘机斗容配比可参考表8-1。

表8-1  自卸汽车载重量等级与挖掘机斗容配比

| | 汽车载重吨级/t | 7 | 15 | 20 | 32 | 45 | 60 | 100 | 150 |
|---|---|---|---|---|---|---|---|---|---|
| | 挖掘机斗容/m³ | 1 | 2 | 2.5~3 | 4 | 5~6 | 5~6 | 10~12 | 15~17 |
| 装车斗数/斗 | 物料松散密度2.2t/m³ | 4 | 4 | 4 | 4 | 4 | 5 | 5 | 5 |
| | 物料松散密度1.8t/m³ | 5 | 4 | 5 | 5 | 5 | 6 | 6 | 6 |

露天矿自卸汽车的选型,还应考虑汽车本身工作可靠、结构合理、技术先进、质量稳定、能耗低等条件,以及确保备品、备件的供应,车厢强度能适应大块矿石的冲砸。当有多种车型规格可供选择时,应进行技术经济比较,推荐最优车型规格。一个露天矿应尽可能选用同一规格型号的汽车。

汽车吨位确定以后,就要选择具体的车型结构。选择车型结构应该把汽车质量的好坏放到首位来考虑。在费用方面,不仅要考虑新车的购置价格,而且还要考虑生产后的运行费用、保修费用、备件价格高低等。

生产实践证明,在选择自卸载重汽车时,应注意以下一些问题:

(1)最大车速对于汽车运输是一个很重要的参数,但对于矿用汽车而言,由于运距较短、道路曲折、坡道较多,其行车速度受行车安全条件限制,因此,产品铭牌最大车速不是反映运输效率的性能指标。

(2)最大爬坡与爬坡耐久性指标对矿用汽车的使用性能影响较大。汽车应标明爬坡的耐久时间。若矿山坡度较大,坡道较长,更应了解清楚,才能决策。

(3)汽车的空载系数是个重要指标。其值较大,虽在一定程度上反映了汽车的强度和过载能力较好,但过载能力还涉及发动机的储备功率,车架、轮胎和悬架的强度等很多因素。另外,空车质量较大,汽车的燃油经济性必然较差,故需要进行综合考虑。

(4)汽车的比功率一般能表明汽车动力性的好坏,但动力性还涉及总传动比和传动效率等其他因素。而且,增大比功率,虽能改善动力性,但由于储备功率过大,汽车经常不在发动机的经济工况下工作,汽车的经济性较差。

(5)从理论上说,车厢的举升和降落时间将会影响整个循环作业时间,影响运输效率。但是不同车型的时间差不过几秒最多十几秒,因此对总的效率影响不大,可以不作重点考虑。

(6)同吨位不同车型的矿用汽车的转弯半径差异不大,一般都能够适应矿山道路规范的要求。但是,三轴自卸汽车的转弯半径大得多,往往很难适应矿山的道路。因此,小型矿山若选用三轴自卸汽车,就应慎重地考察其适应性。

(7)如果矿山爆破后矿岩的块度较大,汽车又装得很满,加之道路坑洼较多,容易掉石,就应注意汽车最小离地间隙的大小能否适应,或在实际使用中采取防护措施,以防止前车掉石撞坏后车的底部。

(8)汽车的制动性能如何,不仅关系着行车安全,而且也是下坡行车车速的主要制约因素,直接影响生产效率的高低,因此应作重点考虑。对于以重载下坡为主的山坡露天矿,一定要选用具有辅助减速装置(例如电动轮汽车的动力制动,液力机械传动中的下坡减速器)的汽车。

(9)燃油消耗(即燃油经济性)是汽车的重要指标。汽车生产厂家所给资料数据往往差别不大,为实地考察得到的数据,但由于各矿生产条件各异,加之管理工作因素,真实的油耗很难获得,缺少可比性,必须具体分析,然后确定。

(10)汽车的可靠性、保养维修的方便性、各种油管的防火安全措施以及技术服务或供应零配件的保证性等,虽然较难用具体的数值表示,却是十分重要的因素,应充分予以重视。为此,在矿用汽车选型时,除广泛收集各种车型的性能指标并进行比较筛选外,还要通过各种渠道,收集一般资料上未能反映出的使用寿命、可靠性和维修性等情况。对进口车型样本所载指标，应择其重要的，经过国内使用核实。

（11）对备件供应问题，必须在购车之时就给予重视。对厂商售后服务的实际情况，应做切实的考察，对常用备件的国内供应保障，应在购车时就同步地具体落实。对于主要总成和重要的零配件，近期内无法落实供应或质量不能保证的车型，即使整车购置价格便宜，购置时也应十分慎重。

# 第三节　汽车主要消耗指标

## 一、油料消耗指标

矿用自卸汽车的燃油消耗量参见表8-2。

表8-2　矿用自卸汽车燃油消耗指标

| 车型吨位/t | 3.5 | 5 | 7 | 10 | 15 | 25 | 27 | 45 | 60 |
|---|---|---|---|---|---|---|---|---|---|
| 百公里柴油机消耗/kg | 25 | 35 | 35~40 | 60~80 | 90~100 | 120~150 | 135~170 | 220~280 | 250~320 |

机油的消耗指标：载重15t以下的自卸汽车按燃油消耗指标的8%计算，载重25t以上的自卸汽车按燃油消耗指标的12%~15%计算。

## 二、轮胎消耗指标及寿命计算

### （一）轮胎消耗指标

矿用自卸汽车轮胎消耗指标按行驶里程计算：汽车载重量不大于5t时，轮胎行驶里程为27000~30000km；汽车载重量为7~15t时，轮胎行驶里程为15000~30000km；汽车载重量不小于20t时，轮胎行驶里程为10000~20000km。

轮胎的使用寿命主要决定于两个因素：一是道路路面平整坚实程度；二是充气压力要恰当，超过或降低充气压力，都会降低轮胎使用寿命，其合理值见表8-3。国内几个矿山关于自卸汽车油料和轮胎消耗量的统计数据列于表8-4。

表8-3　轮胎充气压力与使用寿命的关系

| 充气压力倍数 | 1.35 | 1.20 | 1.00 | 0.90 | 0.86 |
|---|---|---|---|---|---|
| 寿命/% | 80 | 92 | 100 | 95 | 48 |

表8-4　国内几个矿山的实际油耗和轮胎消耗指标

| 项　目 | 山东鲁南水泥有限公司 | 中联巨龙淮海水泥有限公司 | 华新水泥股份有限公司 | 华新水泥股份有限公司阳新分公司 |
|---|---|---|---|---|
| 在用车/台 | 6 | 11 | 8 | 4 |
| 日历台时/h | 29680 | 10272 | 51166 | 17568 |
| 完好台时/h | 29314.936 | 10038.83 | 47906.73 | 16419.05 |
| 完好率/% | 98.77 | 97.73 | 93.63 | 93.46 |
| 总货运量/t | 1815125.96 | 1512000 | 1843914.24 | 3359996.64 |
| 周转量/t·km | 4537814.9 | 4536000 | 4536029.03 | 4535995.46 |
| 运距/km | 2.5 | 3 | 2.46 | 1.35 |
| 台年效率/t·km·(台·年)$^{-1}$ | 756302.4 | 412363.64 | 567003.63 | 1133998.87 |
| 作业率/% | 88.57 | 24.06 | 50.93 | 76.92 |
| 柴油单耗/kg·(万吨·km)$^{-1}$ | 672.71 | 488.82 | 410.1 | 463.68 |

| 项　目 | 山东鲁南水泥有限公司 | 中联巨龙淮海水泥有限公司 | 华新水泥股份有限公司 | 华新水泥股份有限公司阳新分公司 |
|---|---|---|---|---|
| 机油单耗/kg·（万吨·km）$^{-1}$ | 7.08 | 7.82 | 3.56 | 4.88 |
| 液压油单耗/kg·（万吨·km）$^{-1}$ | 6.72 | 7.45 | 6.81 | 7.23 |
| 轮胎单耗/条·（万吨·km）$^{-1}$ | 0.069 | 0.075 | 0.071 | 0.0688 |
| 备件单耗/个·（万吨·km）$^{-1}$ | 0.035 | 0.041 | 0.033 | 0.042 |

矿用汽车的轮胎消耗费用占汽车运输经营费用的比例很大，据国外统计资料介绍一般为20% ~ 30%，有的比例更大，所以延长轮胎寿命即可降低运输成本，这个问题应予以足够的重视。

### （二）轮胎寿命计算

轮胎使用寿命受许多作业条件的影响，诸如路面、速度、坡度、弯道曲线、维修保养等因素，要准确计算是比较困难的，下述计算方法可作参考。

首先考虑各种不同作业条件，得出轮胎的可能寿命。假定工程型轮胎在有利条件下最大使用寿命为6000h，利用下面各组有关系数与6000h相乘，其乘积便是所求的轮胎寿命。

轮胎寿命系数推荐值如下：

（1）A组——保养（包括充气）状态：较好1.1；中等1.0；较差0.7；非常差0.4。

（2）B组——最大行速：20km/h 时 1.2；30km/h 时 1.0；50km/h 时 0.8；60km/h 时 0.5。

（3）C组——道路曲线情况：无曲线1.1；适度1.0；困难（双轮）0.7；困难（双后轴轮）0.6。

（4）D组——路面状态：压实雪路，路面不暴露3.0；土路、压实硬土路1.0；养护良好的砾石路0.9；带一些岩石的软土路0.8；养护不良的砾石路0.7；带岩石的泥泞路0.5。

爆破矿岩路面：软煤0.9；软页岩、石灰岩0.7；花岗岩、片麻岩、玄武岩0.6；硬页岩、石灰岩0.6；软岩、片岩0.4；硬面熔岩0.3；黑岩、火山作用速凝岩、燧石0.1。

黑色片岩路面：清洁、湿1.4；冷天1.2；热天（10 ~ 38℃）0.8；大于38℃0.5。

（5）E组——轮胎载荷情况：按轮胎规定荷载1.0；荷载不足50%1.2；荷载不足20%1.1；超载10%1.0；超载20%0.8；超载40%0.5。

（6）F组——轮胎位置：拖车1.0；前轮（非驱动轮）0.9；驱动轮（单后轴后卸式汽车）0.8；驱动轮（双后轴后卸式汽车）0.7；自行式铲运机0.6。

（7）G组——坡度情况：平坡1.0；硬路面最大坡度6%0.9；硬路面最大坡度10%0.8；硬路面最大坡度15%0.7；硬路面最大坡度25%0.4；松软的或较滑的路面最大坡度6% ~ 10%0.6，最大坡度15%0.4。

（8）H组——其他条件及综合情况：有利或因素相抵消1.5；没有利1.0；不利0.8；非常不利0.6。

轮胎寿命计算举例：

（1）确定有关系数值。养护：中等取1.0；最高车速48.3km/h取1.0；曲线：适度取1.0；路面：养护良好的砾石路取0.9；载荷：超载10%取1.0；轮胎位置：前轮取0.9，驱动轮取0.8；坡度：最大为8%取0.85；无其他条件：取1.0。

（2）轮胎寿命计算（略去1.0系数值）：

前轮：　　　　　　　　$0.8 \times 0.9 \times 0.9 \times 0.85 = 0.551$，$0.551 \times 6000 = 3306$（h）

后轮：　　　　　　　　$0.8 \times 0.9 \times 0.8 \times 0.85 = 0.49$，$0.49 \times 6000 = 2940$（h）

前后轮平均寿命：　　　　$(3306 + 2940)/2 = 3123$（h）

特殊防滑深纹轮胎寿命应增加40%，则有：$3123 \times 40\% = 4370$（h）（不考虑轮胎翻修）。

常见矿用自卸汽车的轮胎规格见表8 – 5。

表8 – 5　常见矿用自卸汽车轮胎规格

| 轮胎规格 | 层　数 | 线　质 | 轮胎气压/MPa | 最大负荷/kN | 备　注 |
|---|---|---|---|---|---|
| 27.00 – 49 | 28 | 尼龙线 | 0.65 | 220 | 90 ~ 100t 汽车用 |

续表 8－5

| 轮胎规格 | 层　数 | 线　质 | 轮胎气压/MPa | 最大负荷/kN | 备　注 |
|---|---|---|---|---|---|
| 25.00－25 | 26 | 尼龙线 | 0.6 | 200 | 60t 汽车用 |
| 24.00－35 | 24 | 尼龙线 | 0.65 | 180 | 60t 汽车用 |
| 21.00－24 | 20 | 棉帘 | 0.28 | 73 | |
| 18.00－25 | 20 | 尼龙线 | 0.6 | 100 | 32t 汽车用 |
| 18.00－24 | 20 | 尼龙线 | 0.35 | 63 | 27t 汽车用 |
| 17.00－32 | 18 | 尼龙线 | 0.5 | 80 | 25t 汽车用 |
| 17.00－34 | 24 | 棉帘 | 0.45 | 80 | |
| 16.00－20 | 12 | 尼龙线 | 0.12 | 43 | |
| 14.00－24 | 16 | 尼龙线 | 0.65 | 55 | 10～15t 汽车用 |
| 14.00－20 | 12 | 尼龙线 | 0.32 | 43 | |
| 14.00－20 | 20 | 棉帘 | 0.65 | 18 | 黄河牌车用 |
| 12.00－20 | 14 | 棉帘 | 0.55 | 24 | 15t 汽车用 |
| 12.00－20 | 16 | 棉帘 | 0.65 | 24 | |
| 12.00－20－22 | 14 | 棉帘 | 0.55 | 26.5 | 10t 汽车用 |
| 12.00－22 | 16 | 棉帘 | 0.6 | 29 | |
| 12.00－24 | 16 | 棉帘 | 0.6 | 30 | |
| 11.00－20 | 14 | 棉帘 | 0.56 | 22 | 10t 汽车用 |
| 11.00－20 | 16 | 棉帘 | 0.67 | 25 | |
| 10.00－20 | 12 | 棉帘 | 0.5 | 18 | |
| 9.00－20 | 10 | 棉帘 | 0.45 | 155 | 5t 汽车用 |
| 9.00－20 | 12 | 棉帘 | 0.56 | 175 | |
| 9.15－20 | 12 | 棉帘 | 0.5 | 170 | 4t 汽车用 |

# 第四节　常见矿用自卸汽车的主要技术参数

北方重型汽车股份有限公司制造的矿用自卸汽车的主要技术参数见表 8－6。中环动力（北京）重型汽车有限公司制造的矿用自卸汽车的主要技术参数见表 8－7。本溪重型汽车有限责任公司制造的矿用自卸汽车的主要技术参数见表 8－8。北京首钢重汽和湘潭电机股份有限公司制造的矿用自卸汽车的主要技术参数见表 8－9。常见国外公司自卸汽车的主要技术参数见表 8－10。美国卡特彼勒自卸汽车的主要技术参数见表 8－11。白俄罗斯别拉斯自卸汽车的主要技术参数见表 8－12。

表 8－6　Terex 矿用汽车主要技术参数（北方股份）

| | 型　号 | TR100 | TR60 | TR50 | 3303D | TA25 | TA27 | TA30 | TA40 |
|---|---|---|---|---|---|---|---|---|---|
| 重量参数 | 车辆自重/kg | 68620 | 41250 | 33380 | 20000 | 20870 | 21900 | 22420 | 30730 |
| | 额定载重量/kg | 91000 | 54430 | 45000 | 25000 | 23000 | 25000 | 28000 | 36500 |
| | 车厢容积（堆装/平装）/m³ | 57/41.6 | 35/26 | 27.5/21.5 | 16.3/12.7 | 13.5/10.0 | 15.5/12.5 | 17.5/13.8 | 22/17.0 |
| | 车辆最大总重/t | 16000 | 95680 | 80000 | 45000 | 43870 | 46900 | 50420 | 67230 |
| 发动机参数 | 型　号 | Cummins KTA38－C | Cummins QSK19－C650 | Cummins Q×15－C | Cummins M11－C300 | Cummins QSC8.3 | Cummins QSL9 | Cummins QSM11 | 底特律 60 系列柴油发动机 |
| | 形　式 | 4 冲程、水冷、涡轮增压空气冷却 | 4 冲程、涡轮增压/中冷 | | | 水冷、增压空-空中冷、直喷式柴油机 | | | 4 冲程、水冷、涡轮增压空气冷却 |
| | 总功率/kW | 783（2100） | 485（2100） | 392（2100） | 224（2100） | 224（2000） | 246（2100） | 261（2100） | 232（2200） |
| | 净功率/kW | 727（2100） | 457（2100） | 368（2100） | 214（2100） | 198（2200） | 234（2100） | 248（2100） | 214（2200） |
| | 最大扭矩/N·m | 4631（1300） | 3085（1300） | 2440（1440） | 1376（1300） | 1230（1300） | 1532（1400） | 1776（1400） | 1376（1350） |
| | 缸数/形式 | 12 缸/V 形 | 6 缸/直列 | 6 缸/直列 | 6 缸/直列 | 6 缸/直列 | 6 缸/直列 | 6 缸/直列 | 6 缸/直列 |
| | 缸径×行程/mm×mm | 159×159 | 159×159 | 137×169 | 125×147 | 114×135 | 114×144 | 125×147 | 130×160 |
| | 排量/L | 37.7 | 18.9 | 15 | 10.8 | 8.3 | 8.9 | 10.8 | 12.7 |

| | 型　号 | TR100 | TR60 | TR50 | 3303D | TA25 | TA27 | TA30 | TA40 |
|---|---|---|---|---|---|---|---|---|---|
| 变速箱 | 形　式 | DP-8963 ATEC | Allison M6610AR型 | Allison M5610AR型 | MRT-11710B | ZF6WG210 | 6WG260 | 6WG310 | ZF6WG310 |
| | 前进挡/挡 | 6 | 6 | 6 | 10 | 6 | 6 | 6 | 6 |
| | 后退挡/挡 | 1 | 2 | 2 | 2 | 3 | 3 | 3 | 2 |
| 传动比 | 主减速器 | 2.16:1 | 3.73:1 | 3.15:1 | 2.50:1 | 3.44:1 | 3.44:1 | 3.44:1 | 4.86:1 |
| | 轮边减速器 | 13.75:1 | 5.80:1 | 5.66:1 | 4.59:1 | 6.35:1 | 6.35:1 | 6.35:1 | 4.94:1 |
| | 总减速比 | 29.70:1 | 21.63:1 | 17.83:1 | 11.48:1 | 21.85:1 | 21.85:1 | 21.85:1 | 24.0:1 |
| 悬挂装置 | 前悬挂 | 具有自容式可变氮/油比悬挂缸的独立转向主销式悬挂 | | | | 前桥与带有导向定位支臂的拓架固定用销轴与主车架相铰接，由复合橡胶弹簧和4支重型液压减振器悬撑 | | | |
| | 后悬挂 | 与A型架和横向稳定杆相匹配的自容式可变氮/油比悬挂缸 | | | | 每个后桥均由3根橡胶衬套的边杆和一根横向稳定杆与车架连接，铰接于车架两侧的平衡摆臂均分前后桥负荷 | | | |
| | 最大冲程（前部×后部）/mm | 235×175 | 251×182 | 251×182 | 225×160 | 105×115 | | | |
| | 后桥最大摆角/(°) | ±7 | ±6.5 | ±6.5 | ±8 | | | | ±9.0 |
| 轮胎 | 轮胎规格 | 27.00-49 | 24.00-35 | 21.00-35 | 18.00-25 | 25.00-19.50 | 25.00-19.50 | 25.00-19.50 | 25.00-25 |
| | 轮辋宽度/m | 19.5 | 17 | 15 | 13 | | | | |
| 制动系统 前轮 | 制动方式 | 干盘制动 | 干盘制动 | 制动蹄片 | 制动蹄片 | 每一车轮上均装有先进的全液压促动、重型双卡钳干盘式制动器制动系统，前后回路独立 | | | 在所有的车桥上装有全液压系统，密封，强制油冷多盘制动 |
| | 制动盘直径/mm | 965 | 710 | 660 | 508 | | | | |
| | 制动盘总面积/cm² | 2015 | 1394 | 3890 | 3459 | | | | |
| 后轮 | 制动方式 | 油冷却多片盘式 | 复合油冷盘 | 制动蹄片 | 制动蹄片 | | | | |
| | 总制动表面积/cm² | 87567 | 4715 | 11940 | 7782 | | | | |
| 转向系统 | 方　式 | 配有中位常闭式转向阀，储能器和压力补偿柱塞泵的独立液压系统 | | | 两支双向作用转向缸的全液压动力转向系统 | 由一齿轮油泵供压，两支单级、双作用油缸驱动全液压动力转向 | | | |
| | 最大转向角/(°) | 39 | 39 | 39 | 40 | 45 | 45 | 45 | 45 |
| 举升系统 | 系统压力/kPa | 19000 | 19000 | 19000 | | 22000 | 22000 | 22000 | 17200 |
| | 工作时间（举升/下降）/s | 16.3/18 | 16/14 | 13/9 | 13/9 | 12/7.5 | 12/7.5 | 12/7.5 | 16/12 |

**表8-7　中环动力矿用自卸汽车的主要技术参数**

| 型号（车型） | | BZKD20 | BZKD25 | BZKD32 | BZKD52 |
|---|---|---|---|---|---|
| 整车整备质量/t | | 16 | 18.2 | 21 | 40 |
| 最大载重质量/t | | 20 | 25 | 32 | 52 |
| 最大总质量/t | | 36 | 43.2 | 53 | 92 |
| 外形尺寸（长×宽×高）/mm | | 7365×2909×3110 | 7155×3417×3365 | 7496×3710×3670 | 9200×4770×4750 |
| 轴距/mm | | 3600 | 3500 | 3350 | 4390 |
| 轮距/mm | 前轮 | 2382 | 2160 | 2680 | 3760 |
| | 后轮 | 2070 | 2290 | 2350 | 3120 |
| 最高车速/km·h⁻¹ | | 38（普通挡）50（超速挡） | 50 | 50 | 54 |
| 最大爬坡能力/% | | 29 | 30 | 35 | 35 |
| 最小转弯半径/m | | ≤8.5 | ≤8.5 | ≤8.5 | ≤11.8 |

| 型号（车型） | | BZKD20 | BZKD25 | BZKD32 | BZKD52 |
|---|---|---|---|---|---|
| 发动机 | 型 号 | 康明斯 NT855－C250 | 康明斯 M11－C290 | 康明斯 M11－C330 | 康明斯 QSK19－C600（TAA） |
| | 功率/kW | 186（2100r/min） | 220（2100r/min） | 246（2100r/min） | 447（2100r/min） |
| | 扭矩/N·m | 1019（1500r/min） | 1250（1400r/min） | 1458（1300r/min） | 2644（1400r/min） |
| 离合器 | | 14″双片干式 | 15″双片干式 | 15″双片干式 | |
| 变速器 | | 富勒 8JS118C | RT－11509C | 伊顿 MRT－12710B | AllisonM6610AR |
| 后桥总速比 | | 13.78:1（带轮边减速器） | 11.16:1（带轮边减速器） | 11.86:1（带轮边减速器） | 20.92:1（带轮边减速器） |
| 转向系统工作压力/MPa | | 14（GX110C） | 14（全液压转向） | 12.25（全液压转向） | 14（全液压转向） |
| 制动系统工作压力/kPa | | 750（双管路气制动） | 750（双管路气制动） | 690~820（双管路气制动） | 800（双管路气制动） |
| 举升、下落时间/s | | ≤20 | <18 | <22 | <25 |
| 车厢容积/m³ | 平装 | 10.7 | 12 | 16 | 23 |
| | 堆装 | 13.9（SAE2:1） | 16.2（SAE2:1） | 21（SAE2:1） | 32（SAE2:1） |
| 轮 胎 | | 14.00－24 | 16.00－25 | 18.00－25 | 21.00－35 无内胎 |
| 电气系统额定电压/V | | 24 | 24 | 24 | 24 |

**表8－8　本溪重汽矿用自卸汽车的主要技术参数**

| 型 号 | | BZQ31470 | BZQ31120 | BZQ3950 | BZQ3770 | BZQ3720 | BZQ3630 | BZQ3390 | BZQ3371 |
|---|---|---|---|---|---|---|---|---|---|
| 额定载重/t | | 86.2 | 68 | 55 | 45 | 42 | 35 | 25 | 22 |
| 自重/t | | 61.22 | 54.5 | 40.34 | 32 | 30 | 31.38 | 22.6 | 15.6 |
| 发动机 | 型 号 | 康明斯 KT38－C | 康明斯 VTA－28C | 康明斯 KTTA－19C | 康明斯 KTA－19C | 康明斯 KTA－C600 | 康明斯 KTA－19C | 康明斯 NT855－C250 | 康明斯 NT855－C250 |
| | 功率/kW | 690 | 503.6 | 386 | | 361.8 | | 183 | |
| 变速箱 | | Allison DP－8963 | Allison DP－8963 | Allison M6600AR | Allison M5600AR | 液力机械变速器 | Allison M5600AR | 机械常啮合式 | 机械常啮合式 |
| 最大转向角/(°) | | 39 | 39 | 39 | 39 | 39 | 39 | 39 | 39 |
| 驱动桥速比（主减/轮边） | | 3.38/5.53 | 3.06/5.40 | 3.06/5.40 | | 3.416/6.0 | — | 3.08/4.5 | 3.08/4.5 |
| 制动器 | | 前后蹄式 | 蹄式制动，气顶油加 | 液压制动钳盘式，气控油式 | 钳盘式，液控 | | 前轮干钳盘式，后轮油冷全盘式 | | |
| 缓 行 | | 液力缓行器 | 变速箱－液力缓行器 | 液力缓行器 | | 蹄式制动器 | | 鼓式制动 | 内胀蹄片式 |
| 停车制动 | | BENDIX 式杠杆操作，压缩空气解除 | 蹄式制动，弹簧施加，液压解除 | 制动变速器后端，弹簧制动，液压解除 | | 变速箱－液力缓行器 | | 无 | — |
| 车斗容积（2:1 堆装）/m³ | | 51.3 | 43.6 | 23.8 | 21.0 | 22.5 | 16.4 | 13.9 | 10.7 |
| 轮 胎 | | 27.00－49 | 24.00－35 | 24.00－35 | 21.00－35 | 21.00－33 | 18.00－33 | 14.00－24 | 14.00－24 |
| 前轮距/mm | | 4170 | 3660 | 3480 | | 2800 | | 2350 | |
| 后轮距/mm | | 3450 | 3300 | 2920 | | 2540 | | 2070 | |
| 轴距/mm | | 4700 | 4060 | 4060 | | 4200 | 4000 | 3600 | |
| 最大爬坡度/% | | 35 | 35 | 35 | 35 | 38 | 38 | 38 | 38 |
| 最高车速/km·h⁻¹ | | 61.5 | 70.31 | 56.7 | 57.3 | 57.3 | 57.3 | 37.52 | 37.52 |
| 外形尺寸（长×宽×高）/mm | | 11.34×5.38×5.26 | 9.60×4.79×4.78 | 9.09×4.17×4.36 | 8.68×3.97×4.28 | 8.5×3.7×3.95 | 8.1×3.63×3.94 | 7.9×2.9×3.2 | 7.61×2.9×3.14 |

表8-9　首钢重汽和湘潭电机矿用自卸汽车的主要技术参数

| 型　号 | | SGA3550 | SGA3722 | SGA3723 | SF32601 电动轮 | SF31904 电动轮 | SF32220 电动轮 | SF3100 电动轮 |
|---|---|---|---|---|---|---|---|---|
| 额定载重量/t | | 32 | 42 | 45 | 154 | 108 | 120 | 100 |
| 自重/t | | 23 | 30 | 27 | 106 | 85 | 102 | 75 |
| 发动机 | 型　号 | 康明斯 M11-C350 | 康明斯 KTA-19 | 康明斯 QSX15-C525 | 康明斯 K1800E | 康明斯 KAT38-C | | |
| | 功率/kW | 261 | 392 | 391 | 1343 | 895 | 915 | 735 |
| 变速箱 | | 5+2液力变速器 | 5+2液力变速器 | 5+2液力变速器 | | | | |
| 最小转弯半径/m | | 10 | 10 | 10 | 12.4 | 12 | 12 | 12 |
| 驱动桥速比（主减/轮边） | | 2.8:1/4.47:1 | 3.72:1/6:1 | 3.72:1/6:1 | 28.8:1 | 27.3:1 | | |
| 制动器 | | 鼓式制动 | 鼓式制动 | 盘式制动 | 全液压盘式 | 全液压盘式 | | |
| 缓　行 | | 变速箱-液力缓行器 | 变速箱-液力缓行器 | 变速箱-液力缓行器 | | | | |
| 停车制动 | | 鼓式制动 | 鼓式制动 | 制动主减速器输入端 | | | | |
| 车斗容积（2:1堆装）/m³ | | 16 | 21 | 22.5 | 103 | 63 | 63 | 50 |
| 车圈规格 | | 18.00-25（32PR） | 21.00-33 | 21.00-33 | 26.00-51 | 22.00-51 | 33.00-51 | 30.00-51 |
| 货箱举升时间/s | | 10 | 25 | 10 | | | | |
| 前轮距/mm | | 3100 | 2833 | 3290 | 3350 | 2982 | 4970 | 4680 |
| 后轮距/mm | | 2665 | 2508 | 2858 | 3100 | 2800 | 3950 | 4030 |
| 轴距/mm | | 3650 | 4200 | 4250 | 5440 | 5100 | 5400 | 5100 |
| 最大制动距离/m | | 11.4 | 18 | 18 | 24 | 18 | 18 | 18 |
| 最大爬坡度/% | | 25 | 35 | 35 | 17.5 | 17.5 | 18 | 18 |
| 最高时速/km·h⁻¹ | | 50.56 | 56 | 56 | 54.7 | 45.6 | 50 | 40 |
| 生产厂家（公司） | | 北京首钢重型汽车制造股份有限公司 | | | 湘潭电机股份有限公司 | | | |

表8-10　常见国外公司自卸汽车的主要技术参数

| 型　号 | 载重/t | 箱容/m³ | 自重/t | 功率/kW | 最大行速/km·h⁻¹ | 最小转弯半径/m | 最大爬坡度/% | 轮胎规格 |
|---|---|---|---|---|---|---|---|---|
| 贝利特OM3 | 15 | 10~12 | 11 | 133 | 63 | 10.5 | 45 | 12.00-20 |
| 贝利特T-25 | 30 | 13~18 | 23.6 | 232 | 63 | 9.0 | 33 | 18.00-25 |
| 贝利特T-60 | 60 | 35~45 | 42 | 467 | 65 | 9.6 | 35 | 21.00-33 |
| 苏码MTP-2 | 12 | 6~8 | 11.3 | 110 | 63 | 7.3 | 40 | 12.00-20 |
| 苏码MTP-3 | 20 | 9~12 | 14.5 | 130 | 65 | 8.0 | 33 | 18.00-25 |
| 斯可达760RM | 6.5 | 5.0 | 6.1 | 107 | 55 | 8.5 | 35 | 12.00-20 |
| 太脱拉111R | 10.3 | 5.5 | 8.5 | 129 | 60 | 10.5 | 30 | 10.5-20 |
| 太脱拉138S4 | 12 | 5.4 | 10.3 | 96 | 60 | 7.5 | 50 | 12.00-20 |

表8-11　美国卡特彼勒自卸汽车的主要技术参数

| 型　号 | 775D | 777D | 785C | 789C | 793C | 769D | 771D | 773E |
|---|---|---|---|---|---|---|---|---|
| 额定载重量/t | 69.9 | 100 | 136 | 170~195 | 240 | 37.4 | 41 | 54.4 |
| 最大总质量/t | 106.6 | 161 | 249.5 | 317.5 | 384 | 68.2 | 75.7 | 99.3 |
| 发动机 | CAT3142E | CAT3508B | CAT3512B | CAT3516B | CAT3516B | CAT3408E | CAT3408E | CAT3412E |

| 型 号 | 775D | 777D | 785C | 789C | 793C | 769D | 771D | 773E |
|---|---|---|---|---|---|---|---|---|
| 变速箱 | CAT 七速自动变速箱 | CAT 7 挡自动变速箱 | CAT 6 挡自动变速箱 | CAT 6 挡自动变速箱 | CAT 6 挡自动变速箱 | CAT 六速自动变速箱 | CAT 六速自动变速箱 | CAT 七速自动变速箱 |
| 最大转向角/(°) | 31 | 31.8 | 36 | 36 | 36 | 39 | 39 | 31 |
| 驱动桥速比（主减/轮边） | 3.64:1/4.8:1 | 2.74:1/7:1 | 2.35:1/10.83 | 2.35:1/10.83 | 1.8:1/16:1 | 2.74:1/4.8:1 | 2.74:1/4.8:1 | 3.64:1/4.8:1 |
| 制动器 | 湿式多盘制动器 | 湿式多盘制动器 | 湿式多盘制动器 | 湿式多盘制动器 | 湿式多盘制动器 | 湿式多盘制动器 | 湿式多盘制动器 | 湿式多盘制动器 |
| 缓 行 | 由变速箱与后轮制动器共同实现 | 由变速箱与后轮制动器共同实现 | 由变速箱与后轮制动器共同实现 | 由变速箱与后轮制动器共同实现 | 由变速箱与后轮制动器共同实现 | 由变速箱与后轮制动器共同实现 | 由变速箱与后轮制动器共同实现 | 由变速箱与后轮制动器共同实现 |
| 停车制动 | 湿式多盘制动器 | 湿式多盘制动器 | 湿式多盘制动器 | 湿式多盘制动器 | 湿式多盘制动器 | 湿式多盘制动器 | 湿式多盘制动器 | 湿式多盘制动器 |
| 车斗容积(2:1 堆装)/m³ | 41.5 | 60.1 | 78 | 105 | 定制 | 24.2 | 27.5 | 35.2 |
| 轮 胎 | 24.00－R35 | 27.00－R49 | 33.00－R51 | 37.00－R57 | 40.00－R57 | 18.00－R33 | 18.00－R33 | 24.00－R35 |
| 货箱举升时间/s | 9.5 | 15 | 15.2 | 18.86 | 20.25 | 7.5 | 7.5 | 9.5 |
| 前轮距/mm | 3275 | 4173 | 4850 | 5430 | 5610 | 3102 | 3103 | 3275 |
| 后轮距/mm | 2927 | 3576 | 4285 | 4622 | 4963 | 3632 | 2470 | 2927 |
| 轴距/mm | 4191 | 4570 | 5180 | 5700 | 5900 | 3713 | 3713 | 4191 |

**表 8－12　白俄罗斯别拉斯自卸汽车的主要技术参数**

| 系 列 | | 75131 | | 7514 | | 7521 | | 7530 | | | 7540 |
|---|---|---|---|---|---|---|---|---|---|---|---|
| 型 号 | | 75131 | 75132 | 7514－10 | 75145 | 75215 | 75216 | 75303 | 75304 | 75306 | 7540 |
| 发动机 | | KTA－50C | 8DM－21AMC | 8DM－21AM | KTA－38C | 12ЧНА26/26 | | 12DM－21AM | 8CHH 26/26 | QSK－60 | YAMZ－240PM₂ |
| 传 动 | | 交直流电电传动 | | 交直流电电传动 | | 机械电传动 | | 机械传动 | | | 液力机械传动 |
| 牵引发电机 | 型 号 | CGD 89/38 | | CGD 2－89/38 | | GC－517A | | CGD－101/32 | GC－517A | CGD－101/32－8 | |
| | 功率/kW | 800 | | 800 | | 1400 | | 1765 | 1765 | 1865 | 800 |
| 牵引电动机 | 型 号 | EK－420 | | DK－772 | | GC－517A | | DK－724DM/ED－136/TED－6 | | | |
| | 功率/kW | 420 | | 360 | | 560 | | 590/640 | | | 309 |
| 轮 胎 | | 33.00－51 | | 33.00－51 | | 40.00－57 | | 40.00－57 | | | 18.00－25 |
| 最大速度/km·h⁻¹ | | 45 | | 45 | | 40 | | 40 | | | 50 |
| 转弯半径/m | | 13 | | 13 | | 16 | | 15 | | | 8.7 |
| 质量/t | | 107 | | 95 | | 163 | | 152.7, 155.5, 150 | | | 22.5 |
| 外形尺寸(长×宽×高)/mm | | 11500×6900×5720 | | 11380×6140×5580 | | 14580×7780×6460 | | 13360×7780×6520 | | | 7110×3880×3930 |
| 容积①/m³ | | 47/70 | | 47/61 | | 91/125, 84/125 | | 80/140, 80/130 | | | 15.1/19.2 |
| 最大载重量/t | | 130 | | 120 | | 190 | | 220 | | | 32 |
| 系 列 | | 7547 | | | | 7548 | | | | 7549 | | 7555 | |
| 型 号 | | 75471 | 75473 | 7547 | 7547D | 7548 | 75483 | 7548A | 7548D | 75491 | 75492 | 755A | 7555D | 7555E |
| 发动机 | 型 号 | YAMZ－8401.10－86 | KTA－190C | YAMZ－240HM | DEUTZ BF8M 1015C | YAMZ－8401.10－06 | KTA－190C | YAMZ－240HM | DEUTZ BF8M 1015C | KTA－38C | 6DM 21AM | YAMZ－845－10 | KTA－190C | QSK－19 |
| | 功率/kW | 405 | 448 | 368 | 400 | 405 | 448 | 368 | 400 | 630 | 630 | 537 | 515 | 522 |

| 系　列 | 7547 | 7548 | 7549 | 7555 |
|---|---|---|---|---|
| 牵引电动机 | GMP (5＋2) | GMP (5＋2) | DK－722GMP | (6＋1) |
| 轮　胎 | 21.00－35 | 21.00－33 | 27.00－49 | 24.00－35 |
| 最大速度/km·h⁻¹ | 50 | 50 | 50 | 55 |
| 转弯半径/m | 10.2 | 10.7 | 11 | 9 |
| 质量/t | 33 | 30 | 72.5 | 40.5 |
| 外形尺寸（长×宽×高）/mm | 8090×4620×4390 | 8090×4620×4280 | 10300×5420×5350 | 8890×5240×4610 |
| 容积①/m³ | 19/26 | 16/21 | 35/46 | 49/56 |
| 最大载重量/t | 45 | 45 | 50 | 55 |

①密封/平装比例为2∶1。

# 第五节　卡特彼勒非公路刚性自卸车

在长期投资的水泥行业，其石灰石矿山资源至少拥有15～30年的开采周期。根据矿山的开采条件，爆破作业后由爆堆用大型液压正铲、反铲挖掘机，或大型装载机直接装车，通过相对固定的、坡度不超过10%矿山道路，绝大部分为重载下坡的运输方式，将矿石运送到破碎站，是水泥石灰石矿山通常的运营方式。具有满足矿山特定需求功能的，高品质非公路刚性卡车将是矿石运输设备的首选。相比于其他运输设备，非公路刚性卡车以其动力强劲（大功率发动机）、安全（备份制动系统）、可靠（刚性车架）、寿命周期长（至少两个大修周期），而被广泛地应用在水泥矿山开采中。

作为全球最大的矿山和建筑设备制造商卡特彼勒公司，自1963年推出第一代非公路刚性矿用卡车769至今，产品已经过几次升级换代，装载吨位从36.3吨级到363吨级，被广泛地应用于全球各地水泥、有色和露天煤矿等矿山。作为运输设备，以其安全、可靠和高效而著称。下面就以卡特彼勒45吨级非公路刚性矿用卡车772为例，就其产品设计结构特点和应用作一介绍。

## 一、卡特彼勒772型非公路刚性矿用卡车技术性能特点

卡特彼勒45吨级非公路刚性矿用卡车772的技术参数：

| | |
|---|---|
| 发动机型号 | CATC18 |
| 功率 | 446kW |
| 排量 | 18.1L |
| 整机最大工作质量 | 82100kg |
| 额定装载量 | 45t（最大：50t） |
| 车厢堆装容积 | 32m³ |
| 运营尺寸（长×宽×高） | 8796mm×4780mm×4211mm |
| 车厢最大卸载高度 | 8357mm |
| 重载平道最高行驶速度 | 71.7km/h |

## （一）发动机

卡特彼勒45吨级非公路刚性矿用卡车772采用卡特彼勒C18发动机（图8-9），是一款排量为18.1L、6缸直列式、顶置单凸轮轴驱动、电子控制单体泵，废气门涡轮增压器以及空-空中冷发动机。采用卡特彼勒一系列持续不断创新的ACERT技术，其先进的电子控制、精确的燃油喷射，优化的进、排气管理等使发动机在提供强劲动力和快速响应的同时，还能满足各地排放标准。其排放可满足美国和欧

洲非公路第三阶段排放标准。通过将 ACERT 技术与新的经济模式和功率管理相结合，客户可兼顾性能和燃油经济性需求，以适用自身的需要和应用。在海拔低于 3000m 不需功率修正，同时发动机制动可被选用。其与卡特彼勒大型装载机 988H 为同一型号发动机，绝大部分零件可通用。

图 8 - 9　卡特彼勒 C18 发动机

### （二）传动箱

772 传动箱采用带机械锁止功能的高效液力变扭器，配合新型先进生产力电子控制策略的前进 7 挡、后退一挡行星齿轮变速装置，与拥有 ACERT 技术的 C18 发动机完美匹配，将发动机功率持续、高效地转化为宽广的运营速度范围。

锁止功能可实现在卡车运行速度超过 8km/h，将液力变扭器的泵轮和蜗轮机械锁定为一个整体，从而实现发动机至车轮间更为高效的机械传动。这不仅仅提高了运行速度，也将大幅度降低油耗。

电子离合器压力控制（ECPC）的应用，改变了传统电磁－液压控制通过机械式阻尼阀来调整离合器液压啮合压力，以减小换挡冲击的方式。其根据负载变化，通过脉冲信号控制电磁阀高频开闭高压油路，以斩波方式来调整离合器液压啮合压力，使其压力随负载渐增，从而实现离合器摩擦片平稳啮合，换挡顺利过渡。这不仅减小了换挡冲击，同时也降低了因冲击带来的机械损耗，延长设备使用寿命。

### （三）驾驶室（图 8 - 10）

开创性的中间司机室不仅拥有 3.96m³ 的超大空间，以更加合理的人类工程学来布置操纵台，提供完美的驾乘环境，更为重要的是两侧宽敞的发动机检修平台和进出司机室通道，为操作、维修人员提供了安全保证。一览无余的全方位视野，降低了驾驶员的疲劳感，增强了安全信心，提高了生产效率。卡特彼勒四支柱整体式防翻滚及坠物保护结构 ROPS/FOPS 为驾驶员和添乘者提供了安全保障。弹性的整体安装方式使噪声和震动被充分隔离，室内噪声不超过 76dB 使驾乘环境更加舒适。

图 8 - 10　卡特彼勒 772 型非公路刚性矿用卡车的驾驶室

### （四）车架（图 8 - 11）

箱型结构的设计以及在应力集中区采用 15 块铸件，结合深度穿透性连续焊接，使卡车车架在不增加额外重量的前提下，增强了抗拒扭曲负载能力，从而提高车架使用寿命。而贯穿于整个车架所采用的低碳钢即使在寒冷气候下，也具备良好的柔韧性、耐久性和抗击负载冲击能力，同时易于现场焊接修复。

卡特彼勒所有结构件都经过结构分析系统（SSA）动态的模拟现场作业环境以及鉴别潜在的应力集中区域，通过诸多因素如道路、负载以及环境等分析，不断完善和改进设计结构，以实现车架结构件的长寿命。

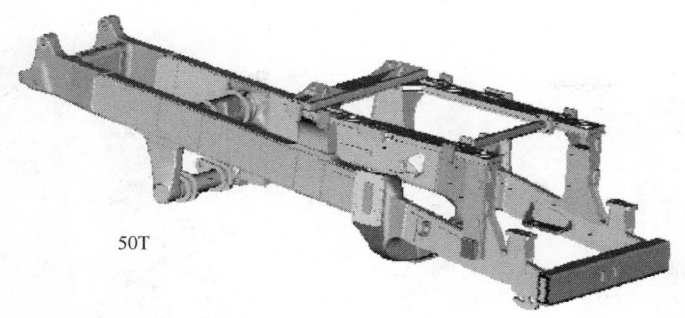

图 8-11　卡特彼勒 772 型非公路刚性矿用卡车的车架

## （五）车厢

车厢的整体结构同样采用低碳钢深度穿透性连续焊接形式，提供良好的柔韧性、耐久性和抗击负载冲击能力，易于现场焊接修复基础。而宽大的侧板加强筋通过厢底形成一个整体，形成带状结构提供增强的侧保护。车厢内侧所有物料接触面均采用布氏 400 度钢，提供了卓越的耐磨性和抗冲击性，而 9 条底部箱型加强筋又为车厢抗击冲击提供了保障。合理的结构设计和精良的用料是卡特彼勒卡车车厢经久耐用的制胜法宝。更为关键的是卡特彼勒独有的 10/10/20 载荷管理指导方针（见图 8-12），即：超过额定载重量 1.1 倍以上的装载次数不要超过总次数的 10%，90% 的装载量应在额定载重量的 80%～110% 范围内，不得超过额定载重量 1.2 倍。

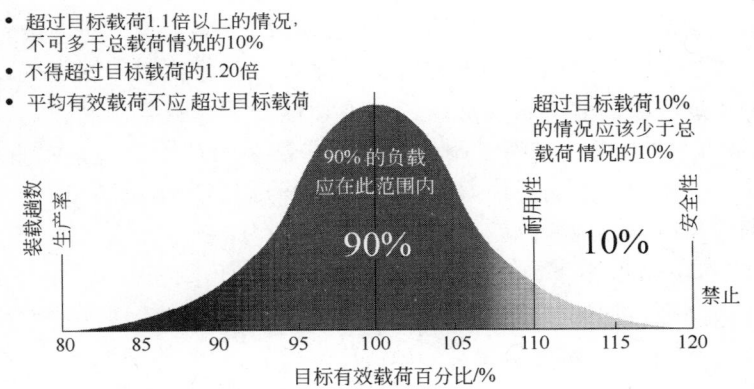

图 8-12　卡特彼勒独有的 10/10/20 载荷管理指导方针

依照此指导方针可以得出，卡特彼勒非公路卡车在其设计理念中，不仅仅针对车厢、车架，而是所有零部件都以额定载重量的 110% 为指标，来进行可靠性、耐久性和安全性设计制造的。这意味着客户如严格遵守此指导方针，即可获得超出其预期的使用寿命。

## （六）转向及悬挂系统

卡特彼勒整体式转向和悬挂系统（见图 8-13）提供了精确的转向控制和机动性，其使轮胎磨损最小化而同时使驾乘舒适最大化。双重作用油缸在任何路面都能实现精确控制。为防止从其他系统中交叉污染和过热，转向系统油路为独立回路与其他液压系统分开。并且安装有一套以电池为动力的备用转向系统，即使发动机出现故障，此系统仍可利用压力蓄能器来完成三次 90° 的转向。

积四十余年不断完善的经验，卡特彼勒悬挂系统可靠之优势体现在油封和轴承，以及较少的维护要求。简单的系统结构消除路面和负载冲击，提供更舒适的驾乘和延长车架寿命。四组独立悬挂的氮/油比悬浮汽缸（见图 8-14）吸收着恶劣路面的冲击。

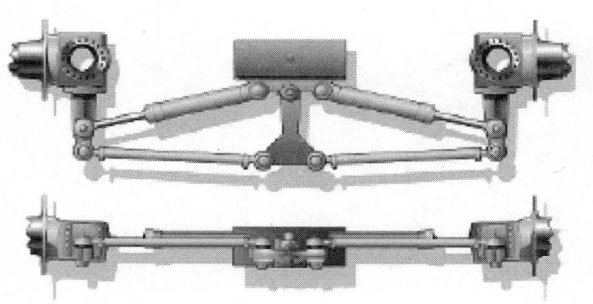

图 8 - 13　卡特彼勒 772 型非公路刚性矿用卡车的　　　　　图 8 - 14　卡特彼勒 772 型非公路刚性矿用卡车的
整体式转向和悬挂系统　　　　　　　　　　　　　氮/油比悬浮汽缸

### （七）制动及减速系统（ARC）

　　多拉快跑是运输设备追求的目标。当额定装载量确定后，如何实现快跑就将是提高生产力的唯一途径。这不仅仅需要强劲的牵引动力，还必须拥有一套安全可靠、高效的制动系统。尤其针对绝大部分是重车下坡的水泥矿山，制动系统的可靠性更为重要。它不仅影响着生产效率，更事关安全之大局。

　　卡特彼勒 772 型非公路刚性卡车采用了全液压制动、标配自动加手动减速器以及联合备用制动系统的停车制动等。全方位地提供了制动安全保障，不仅制动可靠，而且在连续重载下坡道路上利用自动减速控制，可实现比单一手动减速控制高 10% ~15% 的安全下坡速度（见图 8 - 15），从而达到快跑的目的。

　　当踩动制动踏板时，全液压制动系统开启液压阀直接作用于前干式、后油冷式制动盘，减少了中间环节，极大地提升了可靠性、响应时间和操纵性。后油冷式多盘制动器采用连续强制油冷，全密封而无需调整。各制动盘之间形成油膜而非直接接触，依靠剪切油分子来吸收制动力，并带走热量，从而避免了因散热不良而造成的制动力衰竭，提高了制动安全，并延长制动器寿命。而通过电 - 液控制的减速、备用制动以及停车制动，又由车载控制器根据传感器反馈信号而实现全自动和集成控制。

　　自动减速控制由两组传感器分别检测发动机转速和车速，控制器根据反馈信息自动发出指令来调整发动机转速使之维持在 1950r/min 上下，并提供发动机超速保护而不论油门踏板所处位置。控制器同时根据车速发出指令给电 - 液阀来自动调节车速，使之维持在下坡时的初始速度。在坡度陡变时，结合手动减速拨挡（见图 8 - 16），使车速始终控制在安全运行范围内。

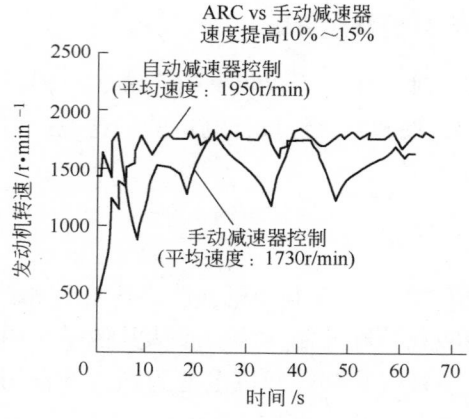

图 8 - 15　卡特彼勒 772 型非公路刚性矿用卡车的　　　图 8 - 16　卡特彼勒 772 型非公路刚性矿用卡车的
自动加手动减速控制效果　　　　　　　　　　　手动减速拨挡

　　自动减速器的应用，通过保持发动机更高的转速，使卡车下坡平均速度比手动控制减速器更快，从而提高生产力。而全自动的调节，使驾驶员能集中更多精力关注路面行车，减轻了劳动强度，极大地提高安全性。不同于传动箱内液力减速器，卡特彼勒减速控制依然通过制动盘来实现制动力。即使是长时间使用，其同样可产生与正常制动相同的制动效果，而不会过热。不像液力制动减速器那样受制于液力冷却系统能力，因长时间制动将车辆动能转化为液力油热能而易过热。

### （八）集成控制电气系统

集成控制电气系统集合了所有关键传动部件（见图 8-17），使其更加智能化地联合工作，从而优化整车的综合性能。

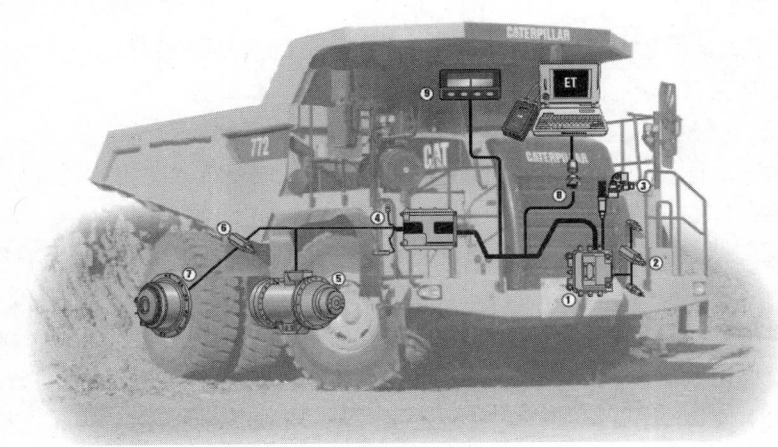

图 8-17 卡特彼勒 772 型非公路刚性矿用卡车的集成控制电气系统

1—发动机控制模块；2—传感器；3—机电装置喷嘴（MEUI）；4—行车控制模块，包括自动减速控制系统（ARC）、
牵引力控制系统（TCS）和传动装置/底盘控制系统（TCC）；5—传动装置；6—车轮传感器；7—制动系统；
8—CAT 数据连接；9—CAT 信息显示器

如图 8-17 所示，发动机控制模块（1）由一条主数据线与行车控制模块（4）相连，分享着各自传感器所采集和各种运行数据，结合操纵指令，统一协调各传动部件从发动机到轮胎牵引力之间所有相关参数，使之最优化，从而实现以下功能：

（1）优化的换挡控制。将传动箱换挡点设定在发动机最适合的转速和扭矩区域，使车辆无论在上坡还是下坡都能保持最佳的牵引力，从而缩短运行时间以提高生产力。同时结合最新的换挡扭矩管理控制，减少了换挡瞬间峰值扭矩对离合器的冲击，改善了整个传动系的耐久性。因传动效率的提高使发动机燃油经济性得以改进，而换挡冲击的降低又改善了驾乘舒适性和可操纵性。

（2）换向管理控制。在车辆换向期间，当换向手柄经过空挡位时，调节发动机转速防止因高转速对传动系造成的伤害。

（3）空挡滑行保护控制。当车辆速度高于 8km/h 时，将抑制挡位进入空挡，以防止传动箱因供油不足而润滑不良。

（4）车厢下降进挡保护控制。在卡车车厢举升卸料后，并完全下降至车架前。该控制将禁止传动箱挡位提升到预先用电子工具（ET）或信息屏设置的速度以上。用以防止车厢未落稳前，司机快速行驶，消除安全隐患。

（5）自动回空挡保护控制。当传动箱换向手柄在后退挡位时，如果触动车厢举升手柄，传动箱挡位将自动切换到空挡挡位。避免车辆在翻斗卸料时后退而发生意外。

（6）发动机超速保护控制。在车辆运行中通过传感器监测发动机转速，如有超速风险将自动升挡，并在最高挡位时解除变扭器锁止功能，确保发动机转速工作在允许范围内。

（7）车辆速度限定。根据现场应用需要，通过可编程序来设置车辆运行速度，而不是通过限定齿轮挡位来设定车辆运行速度。相比齿轮挡位限定，程序控制将提供更低的燃油消耗，并在需要时控制自动减速器来维持最高车速。

（8）设定最高挡位。可根据现场安全需要，用电子工具（ET）或者车载信息屏预先设定车辆运行最高挡位，来限定车辆最高运行速度，使车辆在任何情况下都无法运行至设定挡位之上。

（9）降挡抑制保护。如发动机有超速的可能，则传动箱挡位将自动维持在现有挡位而不降挡，直到发动机转速达到安全的降挡转速时，传动箱挡为才会自动切换到下一挡。

（10）二挡起步控制。允许客户设置一挡或二挡起步，如在二挡起步但车辆需要更大牵引力时，控制系统将自动将回一挡。该功能可提升运行速度，缩短巡回时间，从而提高生产力。

（11）经济模式。客户可根据自身产量和应用需求，用电子工具（ET）来直接修正发动机功率，最大可降低15%，出厂时缺省值为10%。适用于控制产量时。

（12）自适应经济模式。此项功能基于客户对省油和产量的平衡，通过操作台上一开关，可将正常模式转换为自适应模式，从而获取最优化的单位油耗产量。

（13）自动停机及延时停机功能。当卡车因等待物料或其他原因而怠速5分钟，发动机将自动停机以减少燃油损耗和排放污染。而延时停机功能则能使发动机在长时间工作后温度较高时，即使关闭启动钥匙，发动机仍将怠速至合适温度再停机，以防止对增压器和排气可能的损害。

（14）油门锁定控制。针对长大上坡道路需要发动机全负荷工作时，驾驶员可在踩足油门踏板后，通过设置在驾驶台上一油门锁定开关，即可锁定油门而减轻长时间踩踏油门疲劳，降低劳动强度。

（15）自动回空挡功能。在车辆运行中通常会出现驾驶员脚踏刹车作短暂停留，而挡位手柄仍处在驱动挡位之情况。此时变扭器的涡轮被锁住而反馈至泵轮使发动机提升扭矩，从而造成油耗增加。而自动回空挡功能则在此状况下使传动箱自动进入空挡控制状态，可使传动箱输入轴（连接变扭器涡轮）自由旋转，而不反馈至发动机。一旦松开刹车或加油，此功能自动释放。

（16）牵引力控制系统（TCS）（选项）。牵引力控制系统用以监测和控制车辆后轮牵引力，当某后轮因地面湿滑而出现打滑现象时，控制系统将控制该后轮油冷制动盘设施制动，以降低车轮转速，扭矩将自动转移到车轮上以获得更好的牵引力。

上述各项功能，整合了安全、性能和可控，使772非公路刚性卡车在各种矿山应用中，都能充分发挥其综合优势。

## 二、卡特彼勒水泥矿用自卸车产品系列（770、772、773 和 775）

除上述45吨级非公路刚性卡车772外，卡特彼勒同样可提供36吨级的770以及55吨级773，甚至65吨级775应用于水泥矿山，基本可以满足各种规模水泥矿山的生产要求。

拥有了功能完备、高品质的非公路刚性卡车，为矿山高效稳定运行提供了良好的基础，但其优势是否能被充分发挥出来，更主要的是拥有让其发挥优势的条件。矿山运输道路的优劣对运输设备性能的发挥、使用寿命乃至成本起到至关重要的作用。因此，运输道路的布局、转弯半径、道路宽度、坡度及路面压实程度等影响生产效率和长期成本的因素也应当予以重视。例如，实验数据表明：车轮每下陷1in（25.4mm），就相当于增加了1%上坡阻力。而路面阻力每增加5%，则意味着产量至少下降15%而成本将增加35%，见图8-18。

那么什么样的矿山运输道路才能被称之为状况良好呢？在地质条件允许的前提下，矿山运输道路应尽可能做到：

（1）最大坡度不超过10%，将有利于轮胎寿命。

（2）尽可能使坡度连续一致，会延长设备寿命并降低油耗。

（3）道路宽度：双向直道3.5倍车宽，双向弯道4倍车宽，可提高安全性和生产效率。

（4）路面要求：卡车以不低于40km/h速度行驶不产生跳动。这不仅仅使非公路刚性卡车性能得以充分发挥，提高生产力，更能降低油耗、设备维护以及轮胎成本。实践表明，良好的路面条件，仅轮胎寿命就可提高1~2倍。

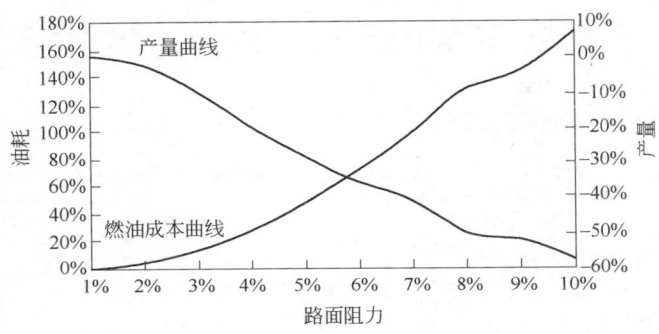

图 8-18　油耗和产量与路面阻力的关系

毫无疑问，拥有相应的矿山道路辅助设备如推土机、压路机、平地机以及洒水车等，是创建良好矿山道路的前提。

### 三、成功的应用实例

实例一：广州珠江水泥厂于1999年购置3台卡特彼勒772卡车前身771D，工作时间超过35000h。传动系统虽经大修，但车架和车厢依然完好。2003年，珠江水泥又从武警水利部队购进4台二手卡特彼勒32吨级769D，至今仍在运行中，车架和车厢同样结构完好正常使用，如图8-19所示。

图 8-19　卡特彼勒771D矿用卡车

实例二：江西亚东水泥有限公司自2000年投产第一批购置的5台773D（773E前身），平均工作时间超过30000h。同样经过一次大修外，整车状态良好（见图8-20），始终保持不低于91%的出勤率。而其平均每小时约26L的油耗，更体现出高效、低成本。

图 8-20　卡特彼勒773D矿用卡车

# 第六节　矿用自卸汽车常见故障的排除

矿用自卸汽车的常见故障及其排除方法见表8－13。

表8－13　矿用自卸汽车的常见故障及其排除方法

| 故障现象 | 产 生 原 因 | 排除或处理方法 |
|---|---|---|
| 发动机不能启动或启动困难 | 1. 配合间隙已超过0.1mm；<br>2. 蓄电池温度过低，电火花程度太弱；<br>3. 电刷与整流子接触；<br>4. 启动开关或电机损坏；<br>5. 压缩压力不足或油路中有空气；<br>6. 活塞连杆系统机械阻力过大；<br>7. 润滑油黏度太大；<br>8. 燃油油面过低；<br>9. 喷油系统不畅通；<br>10. 气门间隙过小或密封损坏；<br>11. 油中有水分和空气 | 1. 紧固极桩或搭铁；<br>2. 对蓄电池保暖，适当减小断电触点的间隙并清除污垢；<br>3. 调整电刷压紧弹簧；<br>4. 检修或更换已损坏的零部件；<br>5. 检查气门间隙，增加压力并排除油器中的空气；<br>6. 调整安装间隙并加强润滑；<br>7. 换用黏度合适的润滑油；<br>8. 加足燃油；<br>9. 检修油泵、滤清器、喷油器及喷油嘴；<br>10. 调整气门间隙并更换已损密封件；<br>11. 分离油中水分和空气 |
| 发动机启动之后工作不正常 | 1. 调节机构不灵活，转速时快时慢；<br>2. 有的泵柱塞或调速弹簧折断；<br>3. 喷油器供油不均匀；<br>4. 齿杆卡死在不供油位置，随即熄火；<br>5. 油路中有水或空气；<br>6. 发动机过冷或润滑油不良；<br>7. 气缸垫窜气及压缩压力不一致；<br>8. 各气缸的喷油量或喷油提前角不一致 | 1. 检查或更换控制阀套、泵柱塞及齿杆；<br>2. 检查或更换柱塞弹簧及调速弹簧；<br>3. 检查和调整喷油器；<br>4. 检修或更换齿杆；<br>5. 分离并排除油路中的水或空气<br>6. 预热发动机和润滑油；<br>7. 检查气缸，更换已损零件；<br>8. 调整喷油器和气门 |
| 机油压力太低 | 1. 机油泵或液压阀工作不正常；<br>2. 油面过低，黏度过稀；<br>3. 机油冷却喷嘴控制器失灵；<br>4. 机油压力感应件或仪表失灵；<br>5. 各部间隙过大或管路漏油 | 1. 检修或更换泵及阀的已损零件；<br>2. 选用黏度合适的油，并加足油量；<br>3. 检查或更换控制阀；<br>4. 检查或更换已损件；<br>5. 调整间隙，更换密封件 |
| 转速达不到额定值 | 1. 调速器动作失灵；<br>2. 喷油嘴喷射性能恶化，针阀卡滞或燃油雾化不良；<br>3. 内燃机的工作温度太低；<br>4. 加速踏板连接件失灵 | 1. 调整或更换高速弹簧；<br>2. 检修或更换喷油嘴及针阀；<br>3. 继续预热内燃机；<br>4. 检修踏板及附件 |
| 发动机功率不足 | 1. 油路或滤清器堵塞；<br>2. 输油泵或喷油器损坏；<br>3. 增压器或中冷器工作不正常；<br>4. 气门间隙调整不当；<br>5. 压力太低，配气不正常；<br>6. 油路系统有水或空气；<br>7. 发动机过热，温升太高 | 1. 检查和清洗油路及滤清器；<br>2. 检修或更换喷油嘴及喷油器；<br>3. 检修或更换已损件；<br>4. 重新调整间隙；<br>5. 检查增压器，提高压缩压力；<br>6. 排除水或空气；<br>7. 使发动机冷却降温 |
| 发动机排放黑烟 | 1. 机器负荷过大或连续有冲击载荷；<br>2. 气缸压缩压力不足或气门间隙过大；<br>3. 气温太低，工作温升不够；<br>4. 气路堵塞，进入气缸的空气量减少；<br>5. 燃烧室内积炭过多；<br>6. 燃油质量不好，黏度大；<br>7. 喷入各气缸的油量不均或油量过大；<br>8. 个别气缸雾化不良，不工作 | 1. 操作时避免超载；<br>2. 检查增压器和中冷器，调整气门间隙；<br>3. 预热机器，提高工作温度；<br>4. 清洗滤油器及管道；<br>5. 清洗滤油器及附件；<br>6. 换用质量符合要求的燃油；<br>7. 调整喷油器的供油量；<br>8. 调节各气缸的供油及喷化系统 |
| 发动机排放蓝烟 | 1. 油底壳油面太高，机油窜入燃烧室；<br>2. 机油温度过高，黏度下降；<br>3. 机油质量不合格；<br>4. 活塞环磨损严重或装反；<br>5. 活塞与缸壁间隙过大或出现反椭圆 | 1. 适当降低机油油面；<br>2. 冷却机油，使之降温；<br>3. 清洗油底壳，换装合格的机油；<br>4. 检查并更换磨损超限的活塞环；<br>5. 检查并更换磨损超限的活塞及缸套 |

| 故障现象 | 产生原因 | 排除或处理方法 |
|---|---|---|
| 发动机突然熄火 | 1. 油中混入水分或空气；<br>2. 输油泵零件损坏，工作不正常；<br>3. 齿轮及齿条系统发生卡滞现象；<br>4. 工作温度过高，零件间抱死；<br>5. 机油压力过压，零件之间润滑不良，零件互相抱死 | 1. 分离油中的水分和空气；<br>2. 检修或更换出油阀及柱塞弹簧等已损件；<br>3. 检修或更换已损件；<br>4. 检修或更换传动件；<br>5. 检查机油润滑系统，加强润滑 |
| 发动机过热 | 1. 水泵运转不正常，供水量不足；<br>2. 散热器或节温器工作不正常；<br>3. 冷却液面过低；<br>4. 冷却管路水垢过厚或堵塞；<br>5. 冷却风扇皮带过松或风扇离合器损坏 | 1. 检修水泵并更换已损零件；<br>2. 检修或更换散热器及节温器；<br>3. 提高冷却水液面；<br>4. 检修管路，除去水垢或其他污物；<br>5. 检修风扇，更换已损件 |
| 转轴振动严重 | 1. 气缸压力不均匀；<br>2. 个别气缸不工作或工作不正常；<br>3. 各气缸活塞组合件的质量不平衡；<br>4. 飞轮或曲轴不平衡；<br>5. 曲轴端隙或轴瓦间隙过大；<br>6. 各气缸供油时间或点火时间不一致 | 1. 检查增压器及气缸垫，更换已损件；<br>2. 检查和调整喷油泵及喷嘴；<br>3. 调配各活塞组合件，使其质量尽量相等；<br>4. 调整飞轮或曲轴的平衡重；<br>5. 调整轴端及曲轴瓦的间隙；<br>6. 检查调整喷油泵及正时齿轮 |
| 发动机工作中发生不正常声响 | 1. 曲轴衬瓦间隙过大或合金烧蚀；<br>2. 曲轴弯曲或端隙过大；<br>3. 连杆衬瓦间隙过大或合金烧蚀；<br>4. 连杆弯曲或装置不当，撞击油底壳；<br>5. 活塞销断裂或衬套磨损；<br>6. 活塞碰撞气缸壁；<br>7. 活塞环在环槽中过松、断裂或卡住；<br>8. 气缸漏气，压力不足；<br>9. 气门处有关间隙不合适；<br>10. 喷油压力不当或各气缸供油量不均；<br>11. 气缸点火正时不当或个别气缸不工作；<br>12. 皮带轮、飞轮或磁电机松动窜位；<br>13. 发电机电枢撞击磁铁或轴承润滑不良；<br>14. 发动机过热，产生早燃现象 | 1. 检查衬瓦并更换已损件；<br>2. 修理曲轴并调整端隙；<br>3. 修理或更换已损件；<br>4. 调整或更换连杆；<br>5. 检查活塞销，更换已损件；<br>6. 更换活塞，调整活塞与气缸的间隙；<br>7. 检查活塞环及环槽，更换已损或不合适的活塞环；<br>8. 检查或更换密封垫；<br>9. 检查和调整气门、挺杆和导管等处的配合间隙；<br>10. 检查和调整喷油泵，使压力及供油量符合要求；<br>11. 检查和调整正时齿轮间隙；<br>12. 检查并拧紧固定螺栓；<br>13. 调整轴承间隙并加强润滑；<br>14. 检查并调整冷却系统，使发动机降温 |
| 发生"飞车"现象 | 1. 调速器的杆件卡滞；<br>2. 调速器内有水结冰或机油过多且油太黏；<br>3. 两极式调速器连接销松脱；<br>4. 调速器飞块脱落或折断；<br>5. 大量润滑油窜入气缸并燃烧；<br>6. 调节齿杆卡在最大供油位置上 | 1. 检查和调整调速器；<br>2. 排除水和冰，换用合适的机油；<br>3. 检查并固定轴销；<br>4. 修理或更换飞块；<br>5. 调整润滑油适量并截止窜流；<br>6. 排除卡滞，调回正确位置 |
| 离合器打滑 | 1. 离合器压紧力降低；<br>2. 摩擦片沾有油污，摩擦系数低；<br>3. 摩擦片磨损严重，铆钉外露，工作失效 | 1. 调节踏板行程和弹簧压紧力；<br>2. 清洗摩擦片；<br>3. 换装新摩擦片 |
| 离合器分离不彻底 | 1. 踏板行程过大或分离杠杆高度不一致；<br>2. 摩擦片过厚或盘面挠曲不平；<br>3. 中压盘分离机构失灵或分离弹簧折断；<br>4. 工作缸缺油或混入空气；<br>5. 工作缸的压力不足 | 1. 调整踏板行程和杠杆高度；<br>2. 校正和修磨摩擦片；<br>3. 调整分离机构，更换已损弹簧；<br>4. 排出空气，加足油量；<br>5. 检查密封圈并更换已损件 |
| 离合器踏板沉重 | 1. 助力系统气压不足或管路漏气；<br>2. 气压作用缸活塞密封圈磨损；<br>3. 排气阀漏气；<br>4. 随动控制阀失灵 | 1. 检查管路，更换失效的密封件；<br>2. 更换已损密封件；<br>3. 检查更换密封件；<br>4. 检修调整控制阀各杆件及管路 |
| 变速器发生不正常声响 | 1. 轴承磨损，发生松旷现象；<br>2. 齿轮间啮合状态恶化，传动时发生撞击；<br>3. 齿轮出现断齿；<br>4. 轴变形或花键严重磨损 | 1. 检查和更换轴承；<br>2. 检修或更换严重磨蚀的齿轮；<br>3. 更换已损齿轮；<br>4. 修理或更换已损件 |

| 故障现象 | 产 生 原 因 | 排除或处理方法 |
|---|---|---|
| 变速器跳挡 | 1. 啮合齿断面已磨损成锥形；<br>2. 自锁机构弹簧力减弱或折断；<br>3. 变速叉轴定位槽磨损超限；<br>4. 变速叉变形和端面磨损严重；<br>5. 轴承松旷，轴心线不正 | 1. 更换已损齿轮；<br>2. 更换失效的弹簧；<br>3. 修理定位槽或换装新件；<br>4. 修理或更换变速叉；<br>5. 检查和更换严重磨损的轴承 |
| 换挡困难或乱挡 | 1. 变速叉变形或损坏；<br>2. 远距离操纵机构变形及卡滞；<br>3. 变速杆定位销松旷或折断；<br>4. 变速杆球头磨损严重；<br>5. 各杆件配合间隙过大，挡位感不明显 | 1. 校正修理或更换；<br>2. 校正和调整操纵杆件；<br>3. 检查变速杆，更换已损件；<br>4. 修理球头或更换变速杆；<br>5. 调整间隙或更换磨损超限的杆件 |
| 驱动桥产生不正常声音 | 1. 轴承松旷或损坏；<br>2. 螺旋锥齿轮间隙过大；<br>3. 行星齿轮与十字轴卡滞；<br>4. 轮边减速器齿轮磨损严重 | 1. 检查和调整轴承间隙，更换已损件；<br>2. 调整啮合间隙；<br>3. 调整十字轴间隙或更换已损件；<br>4. 调整间隙，更换已损件 |
| 制动不良或失灵 | 1. 制动气压不足；<br>2. 制动压力不稳定；<br>3. 制动液压系统混入空气；<br>4. 制动间隙过大或凸轮轴卡滞；<br>5. 制动蹄与鼓之间有油质或污物；<br>6. 摩擦片靠合面积过小或制动鼓变形失圆；<br>7. 摩擦片磨损严重，铆钉外露 | 1. 检查或清洗滤清器、气阀及密封装置，更换已损零件；<br>2. 检查和调整压力调节器及安全阀；<br>3. 排除空气，检查加压器、制动分泵和油缸，更换已损密封件；<br>4. 调整制动闸及凸轮轴；<br>5. 清扫制动间隙工作面；<br>6. 修理或更换失效零件；<br>7. 换装新摩擦片 |
| 制动时跑偏 | 1. 某一侧制动器或制动器室失灵；<br>2. 两侧的摩擦片型号和质量不一致；<br>3. 摩擦片磨损不均匀 | 1. 检查并调整制动器，使两侧制动力平衡；<br>2. 选配型号及质量相同且符合要求的零件；<br>3. 调整摩擦片，使其磨损均匀 |
| 制动时锁住 | 1. 制动蹄与鼓之间的间隙过小；<br>2. 制动蹄回位弹簧力不足或弹簧断裂；<br>3. 制动蹄支承销、凸轮轴与衬套装配过紧或润滑不良；<br>4. 制动阀或快放阀工作不正常；<br>5. 制动液压系统不畅通；<br>6. 制动分泵自动回位机构失效；<br>7. 摩擦片变形或转动盘花键齿卡住 | 1. 适当调大制动间隙；<br>2. 检查和调整回位弹簧，更换已损件；<br>3. 调整部件装配间隙并加强润滑；<br>4. 调整或更换阀件；<br>5. 清洗系统中的堵塞污物；<br>6. 检查或更换紧固片及紧固轴，使配合松紧合适；<br>7. 校正和修理摩擦片及花键齿 |
| 转向沉重 | 1. 液压系统缺油，使转向加力作用不足；<br>2. 液压系统内有空气；<br>3. 油泵磨损，内部漏油严重，使压力或排量不足；<br>4. 油泵安全阀漏油或弹簧太软使压力不足；<br>5. 驱动油泵的皮带打滑；<br>6. 油泵、动力缸或分配阀的密封圈损坏，泄漏严重，压力不足；<br>7. 滤清器堵塞，使油泵供油不足；<br>8. 压力供油管路接头漏油或油路堵塞；<br>9. 转向器或分配阀轴承预紧力过大，使转向轴转动困难；<br>10. 转向系统各活动关节处缺乏润滑油；<br>11. 前轮胎充气压力不足；<br>12. 主销推力轴承损坏或有缺陷 | 1. 检查油罐油面高度，按规定加足油并排气，检查并排除漏油现象；<br>2. 排气并检查油面高度和管路及各元件的密封性；<br>3. 更换或拆检油泵，排除故障；<br>4. 修理安全阀，换装合适弹簧并调整油压；<br>5. 调整皮带张力；<br>6. 更换密封圈，排除泄漏故障；<br>7. 清洗滤清器，更换滤芯；<br>8. 更换与清洗管路和接头；<br>9. 重新调整轴承间隙；<br>10. 加注润滑油；<br>11. 按规定压力给轮胎充气；<br>12. 更换轴承 |

| 故障现象 | 产 生 原 因 | 排除或处理方法 |
|---|---|---|
| 前轮摆头 | 1. 转向器支架、转向管柱支架、悬挂支架等松动；<br>2. 转向拉杆球销间隙过大；<br>3. 分配阀定心弹簧损坏或定心弹臂弹力小于转向器逆传动阻力，使滑阀不能保持在中间位置或正常运动；<br>4. 液压系统缺油；<br>5. 液压系统内有空气；<br>6. 曲泵流量过大，使系统过于灵敏；<br>7. 前轴安装不正；<br>8. 减振器堵塞或失灵；<br>9. 前轮胎充气压力不同；<br>10. 前轮胎磨损不均；<br>11. 前轮毂轴承间隙过大；<br>12. "U"形骑马螺栓松动；<br>13. 转向节臂松动；<br>14. 车轮松动或不平衡 | 1. 紧固各支架及附件；<br>2. 调整球销间隙；<br>3. 更换弹簧；<br><br>4. 加足油并排气；<br>5. 排气并充油；<br>6. 重新考虑油泵选型或调整参数；<br>7. 校正前轴；<br>8. 更换减振器；<br>9. 量准轮胎气压并充气；<br>10. 更换轮胎；<br>11. 调整轴承间隙；<br>12. 紧固"U"形骑马螺栓；<br>13. 锁紧转向节臂；<br>14. 紧固轮胎螺母并进行动平衡试验 |
| 在行驶中不能保持正确方向 | 1. 分配阀定心弹簧损坏或定心弹簧弹力小于转向器逆传动阻力，滑阀不能及时回位；<br>2. 分配阀的滑阀与阀体台肩位置偏移，滑阀不在中间位置；<br>3. 分配阀的滑阀与阀体台肩处有毛刺；<br>4. 由于油泵流量过大和管路布置欠妥，使液压系统管路及节流损失过大，在动力缸活塞两侧造成压力差过大而引起车轮摆动；<br>5. 前轴安装不正；<br>6. 前轮胎磨损不均；<br>7. 一个前轮胎气压不足；<br>8. 一个前轮经常处于制动状态；<br>9. 一个前轮轴承卡住 | 1. 更换阀弹簧；<br><br>2. 更换或调整分配阀总成，消除偏移；<br>3. 清除毛刺；<br>4. 降低管路及节流损失，减小油泵流量，重新布置管路等；<br><br>5. 校正前轴；<br>6. 更换轮胎；<br>7. 量准轮胎气压并充气；<br>8. 调整、检修制动器；<br>9. 调整轴承间隙或更换轴承 |
| 左右转向轻重不同 | 1. 分配阀的滑阀偏离于阀体的中间位置，或因制造误差，虽处在中间位置但台肩两侧的顶开间隙不等；<br>2. 滑阀内有脏物、棉纱等，使滑阀或反作用柱塞卡住，造成左右移动的阻力不等；<br>3. 整体式转向器中液压行程调节器开启动作过早 | 1. 更换或调整分配阀总成；<br><br>2. 清洗分配阀，去除脏物、棉纱等；<br><br>3. 调整液压行程调节器 |
| 快转方向盘时感到沉重 | 1. 油泵供油量不足；<br>2. 选用的油泵流量过小，供油不足，引起转向滞后；<br>3. 高压胶管在高压下变形太大而引起滞后 | 1. 调整油泵供油量；<br>2. 重新考虑选用的油泵；<br>3. 更换高压胶管 |
| 方向盘抖动 | 1. 液压装置内未完全排除空气；<br>2. 油罐中缺油，使油泵吸入空气；<br>3. 油泵吸油管路密封不良，吸进空气 | 1. 排气并充油；<br>2. 加油并排气；<br>3. 修复或更换密封元件 |
| 方向盘自由间隙太大 | 1. 转向传动杆件的连接部位磨损严重，间隙过大、松旷；<br>2. 转向摇臂轴承销松动；<br>3. 转向器内部传动副磨损，使间隙增大；<br>4. 转向器支架松动 | 1. 调整间隙或更换杆件；<br><br>2. 修复或更换；<br>3. 调整或修复；<br>4. 紧固支架螺栓 |
| 方向盘回正困难 | 1. 转向传动杆连接部位缺少润滑油（脂），使回转阻力增大；<br>2. 转向器阻滞；<br>3. 分配阀中有脏物，使滑阀阻滞；<br>4. 转向臂柱（轴）轴承咬死或卡滞；<br>5. 分配阀定心弹簧损坏或太软 | 1. 加注润滑油（脂）；<br><br>2. 检查转向器，消除阻滞；<br>3. 清洗分配阀，清除脏物；<br>4. 更换轴承，加注润滑油（脂）；<br>5. 更换弹簧 |
| 液压油耗损严重 | 1. 油罐盖松动向外窜油；<br>2. 油泵、分配阀和动力缸的油封或密封圈损坏；<br>3. 油管和接头损坏或松动 | 1. 拧紧油罐盖；<br>2. 更换油封和密封圈；<br>3. 修复或更换油管和接头 |
| 油泵压力不足 | 1. 驱动皮带打滑；<br>2. 安全阀泄漏严重或弹簧压力不够；<br>3. 溢流阀泄漏严重；<br>4. 油泵磨损严重，造成泄漏或油泵损坏；<br>5. 油液黏度太低，易于泄漏 | 1. 调整皮带张力；<br>2. 修复安全阀或更换压力弹簧；<br>3. 修复溢流阀；<br>4. 更换油泵及附件；<br>5. 检查油液，更换黏度合适的液压油 |

| 故障现象 | 产 生 原 因 | 排除或处理方法 |
|---|---|---|
| 油泵压力过高 | 1. 安全阀堵塞、失灵；<br>2. 安全阀弹簧太硬 | 1. 检查并消除堵塞；<br>2. 更换合适的压力弹簧 |
| 油泵流量不足 | 1. 驱动皮带打滑；<br>2. 溢流阀弹簧太软；<br>3. 安全阀、整流阀泄漏严重；<br>4. 油罐欠油或油泵吸油管堵塞；<br>5. 油泵磨损严重 | 1. 调整皮带张力；<br>2. 更换阀弹簧；<br>3. 更换或修复安全阀、溢流阀；<br>4. 加油并检查油管，消除堵塞；<br>5. 更换油泵及附件 |
| 油泵流量太大 | 1. 溢流阀卡住；<br>2. 溢流阀弹簧太硬 | 1. 修复并调整阀体；<br>2. 更换弹簧 |
| 油泵噪声大 | 1. 油罐中油面过低，使油泵吸入空气；<br>2. 液压系统中的空气尚未排完；<br>3. 出油滤清器堵塞或破裂，使油泵吸油管堵塞；<br>4. 管路和接头破裂或松动而吸进空气；<br>5. 油泵磨损严重或损坏 | 1. 加油并排气；<br>2. 排气并充油；<br>3. 清除油罐或管路中的滤清器碎片，更换滤清器；<br>4. 修复或更换管路接头；<br>5. 检查并更换油泵 |

撰稿、审定：王荣祥　任效乾　张晶晶（太原科技大学）

李爱峰（太原重型机械集团）

王巨堂（山西平朔露天矿）

张　翼（卡特彼勒（中国）投资有限公司）

# 第九章　露天矿溜井（溜槽）平硐开拓运输

## 第一节　溜井（溜槽）开拓运输组成及适用条件

溜井（溜槽）平硐联合开拓方式，在我国比高较大的山坡露天矿应用广泛。它是利用矿区地形，布置溜井（溜槽）和平硐，建立采矿场与卸矿站（对水泥行业而言卸矿站就是指水泥厂）之间的联系。溜井（溜槽）平硐开拓运输系统由溜井（溜槽）、贮矿仓、破碎硐室或出矿硐室、平硐、通风巷道组成，设置贮矿仓是为了保护出矿设备免遭高速溜下的矿石砸坏，同时为了调节工作面开采运输与破碎站之间的生产不均衡。

溜井（溜槽）平硐开拓运输方式适用于各种生产规模的山坡露天矿，生产规模从每年几十万吨到几百万吨，有的甚至达到近千万吨。目前，水泥用石灰石矿山单个溜井平硐开拓运输系统的生产规模超过了400万吨。

采用溜井（溜槽）平硐开拓运输系统的矿山生产工艺流程为：工作面采用潜孔钻机穿孔，微差爆破，挖掘机或大斗容的前装机进行采装，矿用自卸汽车沿采场或运矿道路运至溜井卸矿口（也有部分矿山是先破碎后卸入溜井），矿石通过自重落入溜井下部及矿仓内，由仓底重型板式喂料机喂入破碎机内进行破碎，破碎后的矿石经胶带机运输至水泥厂，也有部分矿山采用窄轨铁路或大块胶带输送机将块石运至外面破碎。该系统充分利用了汽车运输的机动灵活性和溜井运输能耗低、成本低的优点，以及具有节省运输设备、通过能力大、溜井中还能储存一定数量的矿石、有利于矿山的均衡生产等特点，从20世纪50年代就开始在我国水泥行业的石灰石矿山中应用。几十年来，先后在峨眉黄山石灰石矿、大同七峰山石灰石矿、永登花鹿坪石灰石矿、永登大闸子石灰石矿、南京孔山石灰石矿、邯郸鼓山石灰石矿、蓟县大火尖山石灰石矿、双阳羊圈顶子石灰石矿、拉萨加木沟大理岩矿、富平宝峰寺石灰石矿、泾阳蔡家沟石灰石矿、建德洞山石灰石矿、昌江燕窝岭石灰石矿、都江堰大尖包石灰石矿等几十个石灰石矿山采用了溜井平硐开拓运输系统。尤其是最近几年来，采用溜井（溜槽）平硐开拓方式的矿山有进一步增多的迹象。上述石灰石矿山广泛分布在我国的东北、西北、华北、华中、华南、西南、华东等地区，尽管这些矿山在气候条件、矿床赋存条件、地形地貌及矿岩性质等方面存在较大差别，但经过多年的生产实践表明，只要设计合理、精心管理，都能保证矿山取得良好的经济效益。

### 一、溜井（溜槽）运输的适用条件

（1）山坡露天矿床，地形自然坡度较陡，开采比高较大，采用溜井（溜槽）平硐联合开拓运输方式的技术经济指标优于采用其他开拓运输方式。

（2）溜井（溜槽）穿过的岩层具有岩质坚硬（$f \geq 6$）、稳定性和完整性较好，并能避开较大的破碎带、溶洞、断层及节理裂隙发育的地带。

（3）溜井（溜槽）穿过的岩层含水量少，水文地质条件简单。

（4）溜放的矿石黏结性小，泥土和粉料少。

（5）对于雨量充沛、矿体含土量大的地区不宜采用长度较大的溜槽运输，避免大量泥水涌入溜井造成溜井堵塞和发生跑矿事故。

## 二、溜井（溜槽）的位置选择

相对于露天采矿的位置，溜井（溜槽）有采场内和采场外两种布置方式。其主要特点和适用条件见表9－1。

表9－1　采场内、外溜井（溜槽）位置选择

| 项　目 | 采场内溜井 | 采场外溜井 |
|---|---|---|
| 主要特点 | （1）汽车平均运输距离短；<br>（2）溜井随采场开采水平下降而降段；<br>（3）除上部少数水平，大部分水平保持采场平坡运输；<br>（4）溜井降段时对生产有一定影响；<br>（5）生产人员少，年经营费用低 | （1）汽车平均运输距离长；<br>（2）溜井在开采境界外，不需要降段，不会因溜井降段而影响生产；<br>（3）溜井卸料平台标高固定，需上坡、下坡运输；<br>（4）生产人员多，年经营费用高 |
| 适用条件 | （1）采矿场内拟建溜井穿过的岩层坚硬稳固、整体性好，围岩级别为Ⅰ、Ⅱ类；<br>（2）没有大的断层、破碎带及较多的节理等地质构造，溜井不需要支护；<br>（3）采矿场内水文地质条件简单 | （1）采场内工程地质条件较差，岩矿体普遍较破碎，不适合建设采场内溜井（溜槽）；<br>（2）采矿场内水文地质条件复杂；<br>（3）采矿场外岩体坚硬稳固、完整性好，有条件布置溜井（溜槽）；<br>（4）矿山比高较大，且只有山体上部为矿层，山体下部为非矿层，可布置采场外溜井（溜槽） |

在确定溜井（溜槽）平硐系统位置时，应根据矿床赋存特点，尽量将溜井布置在采矿场矿量中心位置，缩短采矿场内汽车运输距离，同时使平硐长度和平硐口至水泥厂运距最短。国内绝大部分水泥矿山都将溜井布置在了采矿场内。

## 三、溜井平硐系统工程对工程地质的要求

### （一）一般规定

初步设计（或基本设计）经过技术经济比较确定采用溜井平硐开拓系统后，在进行施工图设计前，应委托具有资质的勘察单位对拟选溜井平硐系统进行工程地质勘察，并按溜井平硐系统工程勘察任务书要求提交工程地质勘察报告。

当具有下列条件之一时，可考虑不打检查钻孔，但应提交工程地质勘察报告。

（1）已有勘探资料查明拟选溜井穿过岩层的岩质坚硬稳固、完整性好，并避开了较大的破碎带、溶洞、断层及节理裂隙发育地带，工程地质和水文地质条件简单。

（2）溜井周围15m范围内已有钻孔，并有符合检查钻孔要求的工程地质和水文地质资料。

### （二）检查钻孔的布置和技术要求

（1）检查钻孔应布置在拟选溜井位置的周围15m范围内。

（2）溜井检查钻孔的终孔深度应大于下部硐室±0.000m标高8～10m，终孔直径应不小于91mm。

（3）检查钻孔每钻进20～30m应测斜一次，测出该钻孔的倾角、方位角、钻孔的偏斜率，偏斜率应控制在1.5%以内。

（4）整个钻孔应全孔提取岩芯，岩芯采取率应不小于75%。

（5）应做好简易水文观测工作，对各主要含水层应分层进行抽水试验。

溜井平硐工程地质勘察应提交的内容见表9－2。

表9-2　溜井平硐系统工程地质勘察技术要求

| 工程名称 | | ××××××××× | | | |
|---|---|---|---|---|---|
| 设计概况 | 溜井中心坐标 | $X=$　　；　$Y=$　　　； | | 溜井直径：　　m | |
| | 平硐定位坐标 | $X_1=$　　；　$Y_1=$　　；<br>$X_2=$　　；　$Y_2=$　　； | | 平硐断面 | |
| | 井口标高：　　m | | 井底标高：　　m | 溜井深度：　　m | |
| | 矿仓部分高度：　m | | 矿仓断面： | 主硐室断面： | |
| | 溜放矿石粒度： | | 溜放矿石硬度： | 溜井倾角： | |
| | 拟采用的施工方法 | | | | |
| 勘察报告应包含的内容 | （1）查明溜井四周表土的厚度；<br>（2）基岩部分：查明溜井穿过各岩层的厚度、倾角、容重、岩石普氏系数$f$、内摩擦角、泊松比、弹性模量、围岩类型、岩层地质构造（层理、节理、裂隙、断层、破碎带、溶洞、老窿）要素和特征、$RQD$值；<br>（3）水文地质情况：地层各含水层厚度，地下水位标高，水质情况、渗透系数以及预测溜井的出水量；<br>（4）地层内含有的有害气体情况；<br>（5）要求提交的附件：钻孔地质柱状图、化验室及试验室报告；<br>（6）工程地质勘察报告应对拟选溜井位置是否适合开凿溜井平硐工程作出明确结论或提出更改位置的建议 | | | | |

# 第二节　溜井（溜槽）平硐系统的布置

## 一、溜井（溜槽）平硐系统类型

露天矿溜井（溜槽）平硐系统类型如图9-1所示，各类型适用条件、优缺点及使用效果见表9-3。

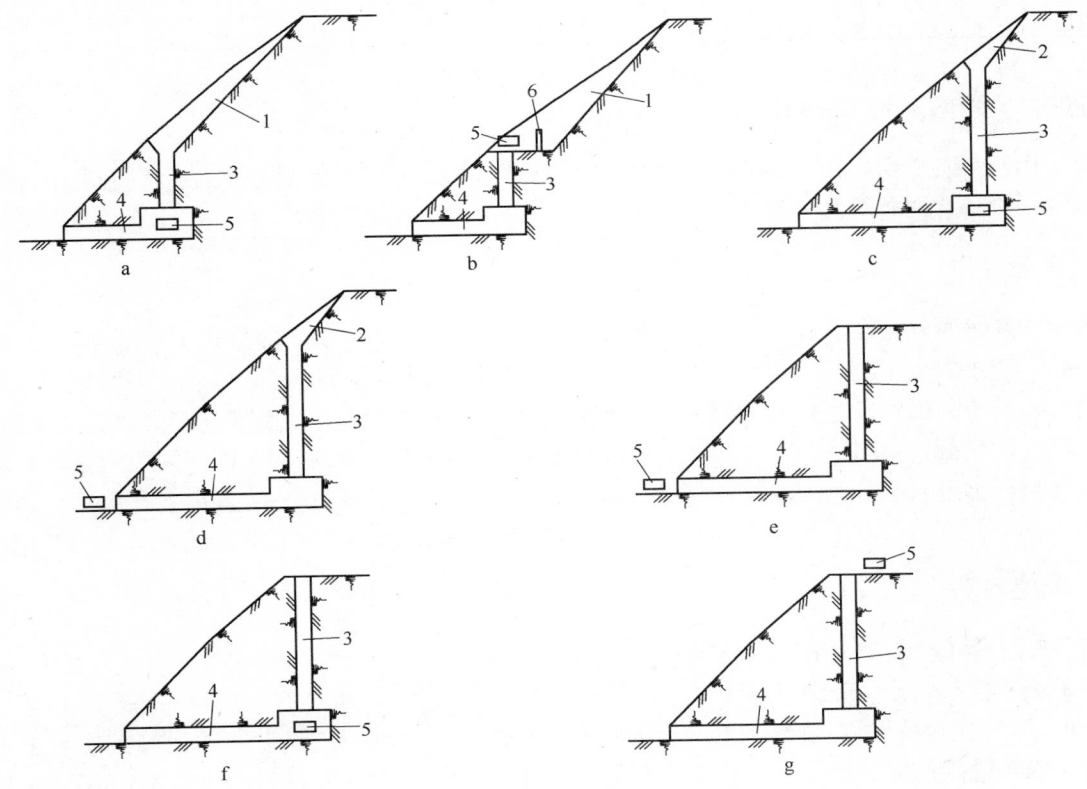

图9-1　露天矿溜井（溜槽）平硐系统类型

a—长溜槽→溜井→硐内破碎→平硐；b—长溜槽→破碎→溜井→平硐；c—短溜槽→溜井→硐内破碎→平硐；
d—短溜槽→溜井→平硐→破碎；e—溜井→平硐→破碎；f—溜井→硐内破碎→平硐；g—破碎→溜井→平硐
1—长溜槽；2—短溜槽；3—溜井；4—平硐；5—破碎站；6—挡石墙

表9-3 不同类型溜井（溜槽）平硐系统的适用条件、优缺点及使用效果

| 系统类型 | 适用条件 | | | 优缺点及使用效果 | | | |
|---|---|---|---|---|---|---|---|
| | 地形地质条件 | 气象条件 | 平硐运输方式 | 工程量 | 施工及管理 | 磨损情况 | 堵塞情况 | 生产可靠性 |
| 图 9-1a | 山坡坡度在48°左右，比高大，围岩坚硬稳固、完整性好 | 降雨量少 | 胶带机 | 较大 | 施工难度较大，生产管理复杂 | 溜槽两帮及底板磨损严重，溜井受矿石冲击磨损严重 | 粉矿较多且不连续出矿时，易在溜井口及井底端堵塞 | 较高 |
| 图 9-1b | 山坡坡度在48°左右，比高大，围岩坚硬稳固、完整性好 | 降雨量少 | 胶带机 | 小 | 施工方便，生产管理复杂 | 溜槽两帮及底板磨损严重，溜井磨损较轻 | 不易发生堵塞 | 较低 |
| 图 9-1c | 山坡较陡，比高大，围岩坚硬稳固、完整性好 | 降雨量较少 | 胶带机 | 大 | 施工难度大，生产管理一般 | 溜槽两帮及底板磨损较严重，溜井受冲击磨损严重 | 矿石块度控制不好时易在溜井底端堵塞 | 高 |
| 图 9-1d | 山坡较陡，比高大，围岩坚硬稳固、完整性好 | 降雨量较少 | 大块胶带机或窄轨铁路 | 较小 | 施工方便，生产管理复杂 | 溜槽两帮及底板磨损较严重，溜井受冲击磨损严重 | 矿石块度控制不好时易在溜井底端堵塞 | 大块胶带机可靠性低 |
| 图 9-1e | 山坡较陡，比高大，围岩坚硬稳固、完整性好 | 不受降雨量影响 | 大块胶带机或窄轨铁路 | 较小 | 施工方便，生产管理复杂 | 溜井受矿石冲击磨损较严重 | 矿石块度控制不好时易在溜井底端堵塞 | 大块胶带机可靠性低 |
| 图 9-1f | 山坡较陡，比高大，围岩坚硬稳固、完整性好 | 不受降雨量影响 | 胶带机 | 大 | 施工难度大，生产管理一般 | 溜井受矿石冲击磨损较严重 | 矿石块度控制不好时易在溜井底端堵塞 | 高 |
| 图 9-1g | 山坡较陡，比高大，围岩较坚硬稳固、完整性较好 | 不受降雨量影响 | 胶带机 | 小 | 施工方便，生产管理简单 | 溜井受矿石冲击磨损较轻 | 很少发生堵塞 | 高 |

## 二、溜井（溜槽）结构形式

国内水泥用石灰石矿山采用的溜井（溜槽）结构形式较多，按其外形特征及转运设施可分为溜槽溜井、单段溜井、阶梯式溜井等几种。

### （一）溜槽溜井

矿山采用溜井平硐开拓运输方式时，使用最多的还是溜槽溜井方式。通常是矿山顶部的 1~3 个台阶（不超过3个）采用明溜槽运矿，溜槽下部直接接溜井。当山坡地形较陡时，采用这种方案尤为理想。因为溜槽开挖工程量小，投资省，维护费用低，同时减小了溜井的开挖深度，但溜槽长度不应超过《水泥原料矿山工程设计规范》（GB 50598—2010）的相关规定。对于南方多雨地区，即使采用短溜槽也可能会使大量雨水夹杂泥土进入溜井，造成溜井堵塞和发生跑矿事故，一般不建议在溜井上方接一段溜槽。对于北方地区，冬季下雪结冻对溜槽放矿影响不大，因此溜槽溜井结构形式对北方少雨地区更加实用。

### （二）单段溜井

单段溜井又分为单段斜溜井和单段直溜井。

对于岩矿层赋存条件是急倾斜（倾角大于55°）的石灰石矿山，当其中有一层岩石坚硬、稳固、完整性较好时，可以采用单段斜溜井结构。为了确保矿石顺利通过斜溜井，斜溜井溜矿段倾角应大于矿石的自然安息角，贮矿段倾角应大于矿石的粉矿堆积角。对于含土量较多、黏结性较高的矿石不适合采用斜溜井结构，避免溜井发生堵塞。当不希望矿石过于粉碎时，采用斜溜井结构比采用直溜井结构的效果要好一些。

国内钢铁、有色等行业有的矿山为了缩短运输平硐的长度，减少平硐的开挖工程量采用了斜溜井结

构的形式，也取得了较好的效果。但对于水泥石灰石矿山而言，由于矿床中的节理、裂隙、岩溶也较发育，往往岩溶中会充填较多的黏土，裂隙土也比较发育，对于斜溜井非常不利。目前，水泥石灰石矿山很少有采用斜溜井结构这种形式的，今后如果条件允许，也可以对斜溜井结构进行实践。

单段直溜井结构简单、可靠性高、管理方便，因而在国内各行业得到了广泛应用。对于降水量大以及泥土多的南方地区，单段直溜井结构优势更加明显。鉴于单段直溜井结构的优越性，国内水泥用石灰石矿山大多采用了这种结构形式。

为了减少矿石对溜井底部结构的冲击，在溜井下方须设置贮矿段，贮存一定高度的矿石。这样可以调节上、下阶段的运输不平衡，保证矿山连续正常生产。

## （三）阶梯式溜井

阶梯式溜井的特点是将溜井分成几段，上、下段溜井之间用平硐运输连接，这种方式适合于比高极大的矿山。采用这种布置方式的优点是减少了块石溜井的开挖工程量和溜井的施工难度，两个系统可以平行施工、互不影响，节省建设时间，万一溜井发生堵塞时因单个溜井深度小易于处理，溜井的磨损会小一些；缺点是需要设置两个硐室，每个溜井下方要设置贮矿仓，增加了系统的工程量，增加转运环节和建设投资，使生产管理复杂。

## 三、溜井（溜槽）平硐系统布置实例

### （一）案例一

某石灰岩矿属中–低山区，海拔标高 $1060 \sim 1606.9m$，相对高差 $546.9m$。矿区地形陡峭，山势险峻，沟谷纵横，为不良工程地质条件地区。矿区属亚热带气候，气温在 $-7.1 \sim 34℃$ 之间，平均气温 $15.1℃$；年降雨量为 $713.5 \sim 1605.4mm$，年平均降雨量 $1218.4mm$。

矿区位于懒板凳–白石飞来峰北东段的懒板凳向斜北西翼。矿区地层呈单斜层状产出，由南向北依次分布二叠系上统龙潭组，二叠系下统栖霞、茅口组，二叠系下统梁山组及泥盆系中统观雾山组，局部地层倒转，地层总体产状：倾向 $156° \sim 206°$，倾角 $58° \sim 83°$。

矿区发育有四条断层，由南至北编号依次为 $F_1$、$F_2$、$F_3$、$F_4$。$F_1$ 分布于资源储量估算范围之外，对矿体形态及矿石质量无影响。$F_2$、$F_3$ 和 $F_4$ 分布于资源储量估算范围之内，断层线平面上形态不规则。$F_2$ 断层面倾向自西向东，由 $135°$ 变至 $202°$，倾角由西向东由 $52°$ 逐渐变缓至 $32°$，水平断距 $116 \sim 221m$，矿区东部最宽；垂直断距 $148 \sim 155m$，重复矿体厚度 $62.11 \sim 73.58m$，断层面不平，断层附近岩石破碎，破碎带一般小于 $10m$，局部大于 $10m$。三个构造钻孔揭示，$F_3$ 断层断距不祥，破碎带大于 $5m$。$F_4$ 断层断距不祥，破碎带小于 $5m$。$F_2$、$F_3$ 和 $F_4$ 断层对矿体形态及完整性有一定影响，对矿体质量影响较小。

矿区节理主要发育在勘探区中部及北部，共 6 组节理。

该矿区未见大面积岩浆岩体，仅在中部二叠系下统（$P_1q+m$）中见有四条辉绿岩脉（$\beta\mu$）。辉绿岩，呈灰绿色，块状，地表风化后呈黄褐色，松散状，岩脉产状 $330° \sim 340° \angle 40° \sim 67°$，脉宽 $3.87 \sim 7.99m$，延伸长大于 $127m$。

矿床赋存于二叠系下统栖霞、茅口组（$P_1q+m$）地层中，呈层状单斜产出，受飞来峰内部构造 $F_2$ 断层的影响，矿体在 D 勘探线以东标高约 $1330m$ 以下的灰岩较破碎。矿体出露宽大于 $340m$，控制厚度 $239.22 \sim 485.78m$，平均厚度 $388.64m$；控制走向长大于 $1500m$，矿体平面形态呈近长条形。矿区内有 1 个白云质灰岩夹层，22 个夹石透镜体，大部分夹石可搭配利用。矿石平均化学成分为：$CaO$ 54.11%、$MgO$ 0.84%、$SiO_2$ 0.68%、$Al_2O_3$ 0.22%、$Fe_2O_3$ 0.18%、$K_2O$ 0.042%、$Na_2O$ 0.059%、$SO_3$ 0.059%、$Cl^-$ 0.0044%、Loss 43.28%。

矿体顶板为二叠系上统龙潭组（$P_2l$）的紫色铁铝质页岩，矿体底板为二叠系下统栖霞组下段（$P_1q^1$）的黄灰色中～厚层白云质灰岩、灰质白云岩。

矿区地形有利于大气降水自然排泄，汇入矿区东南侧的白沙河（其水位标高 $840m$），最终汇入泯江。

资源储量范围内岩（矿）体中不含地下水，矿区水文地质条件简单。

矿体裸露地表，零星分布表土和夹缝土，少量 $D_2g$ 和 $P_1l$ 的盖层，矿体内厚度小的夹石体（废石）的空间部位已查明，矿床总剥比 0.040:1，剥离量不大，在资源储量估算范围内岩溶不发育，矿层内部有泥岩和煤线软弱夹层，其分布位置、厚度基本查清，地质构造简单。断层和部分节理裂隙和软弱夹层（泥岩和煤线）对边坡稳定性有一定影响，工程地质条件简单 – 中等复杂。

矿区分为东采区、西采区和北采区。其中东采区、西采区位于山体的外部，山头最高标高为 1478m；北采区位于山体的里面，山头最高标高为 1570.5m。该矿山与水泥工厂一样，也是分三期建设完成的，一期工程开采东采区，二期工程开采西采区，三期工程开采北采区。

1. 一、二期工程长溜槽开拓系统

根据水泥厂生产规模，矿山一、二期工程开采规模分别为 150 万吨/年和 324 万吨/年。东采区第一台阶标高为 1440m，矿山附近地面标高 950m，相对高差 490m。鉴于矿山开采比高大，地形陡峭、沟谷纵横、地质条件较差，设计中采用了长溜槽—挡石墙—露天破碎站—碎石溜井—胶带输送机联合开拓运输方案。工作面采用 3 台 Ranger600 型液压顶锤式钻机钻孔（孔径 89mm），3 台 RH30E 液压挖掘机（斗容 5.5 $m^3$）装车，1 台大宇 $1m^3$ 反铲用于处理边坡及生产降段，2 台 3305E（载重 32t）自卸汽车运输。采场开采的矿石经溜槽溜放到设于 1190m 标高的挡石墙内，由 2 台 L330D（斗容 6.7 $m^3$）装载机转运到紧邻的破碎站进行破碎。

该开拓运输方式技术参数如下：

（1）溜槽上口标高 1410m，溜槽下部贮矿区最低标高 1190m，溜槽底宽 10m，溜槽帮角 85°。溜槽沿走向分三个纵坡段，各段溜槽倾角为：1410～1331.6m 标高段 50°，1331.6～1210m 标高段 45°，1210～1190m 标高段（贮矿区）30°，1190m 标高建有装载机作业平台。溜槽高差 220m，斜长约 317m。

（2）在距溜槽底部 37m 处设置钢筋混凝土挡石墙，内侧挂高锰钢板。挡石墙长 35m，墙高 20m。挡石墙底部设 3 个装矿口，装矿口宽 8.0m、高 7.5m、间距 3.0m。

露天破碎站全部采用钢结构，无混凝土基础。

碎石溜井深 180m，溜井直径 $\phi$3.0m，矿仓高 30m，矿仓断面直径 $\phi$8.0m。

溜井（槽）系统生产流程：长溜槽→1190m 落矿平台→2 台 L330D（斗容 6.7 $m^3$）装载机铲装→破碎站→出料胶带机→碎石溜井（$\phi$3m）→贮矿仓→仓底板式喂料机→4 段总长约 6km 的钢芯胶带运输机（$B$800mm，带速 3.15m/s）→厂区石灰石预均化堆场。

矿山一、二期工程溜槽底部挡石墙如图 9-2 所示。

图 9-2 矿山溜槽底部挡石墙

2. 三期工程阶梯式溜井平硐开拓系统

随着公司三期工程 4600t/d 水泥熟料生产线的建设，矿山生产规模也相应扩大到 534 万吨/年，原有矿山开拓运输系统不能满足生产需求，需新建一套开拓运输系统。鉴于北采区标高比一、二期工程开采的西采区和东采区标高高 100m，很显然公路—汽车开拓运输方案不适合于该采区，除了运输成本较高外，修建运矿道路及购买自卸矿车投资也非常大。同时由于运矿道路过长，公路平面拐弯多，还存在较大的安全隐患。而长溜槽方案在一、二期工程应用效果不太理想，主要是矿石含泥质较大，加上都江堰地区雨水较多，导致大量泥土富集在长溜槽底部而影响长溜槽使用，而清除长溜槽底部的泥土难度很大。在现场已基本看不到长溜槽的位置，取而代之的是在一个大的斜面在溜矿，从而带来较大的安全隐患。现场管理人员认为长溜槽方案不适合于该矿山。

在这种情况下，设计中只能考虑采用溜井平硐方案。鉴于矿床比高极大，采用单段溜井时存在施工难度大，生产中一旦发生堵塞处理难度大，设计推荐采用二段阶梯式溜井开拓运输方式，系统设计生产能力为 1300t/h。

该开拓运输方式技术参数如下：

（1）1 号块石溜井井口标高 1450m，溜井深 157.9m，溜井直径 $\phi 5.0m$；矿仓断面 8.5m×8.5m，高度 25m；破碎硐室采用半圆拱，长 21.0m，跨度 14.5m；平硐为马蹄形拱，长 301.6m，跨度 4.6m；通风井为半圆拱，长 313.2m，跨度 1.8m。

（2）2 号碎石溜井井口标高 1254.5m，溜井深 259m，溜井直径 $\phi 3.2m$；矿仓断面 $\phi 8.0m$，高度 25m；转载硐室采用半圆拱，长 17.5m，跨度 10m；平硐为马蹄形拱，长 525.3m，跨度 4.0m；通风井为半圆拱，长 270.7m，跨度 1.8m。

溜井系统生产流程：1 号块石溜井（$\phi 5.0m$）→贮矿仓→仓底板式喂料机→双转子锤式破碎机（能力 1300t/h）→出料胶带机（$B1800mm$，带速 1.6m/s）→1 号平硐胶带输送机（$B1200mm×344136mm$，带速 3.15m/s）→2 号碎石溜井（$\phi 3.2m$）→井下板式喂料机→4 段总长约 6km 的钢芯胶带运输机（$B1200mm$，带速 3.15m/s）→厂区石灰石预均化堆场。

该矿三期工程阶梯式溜井开拓系统如图 9－3 所示。

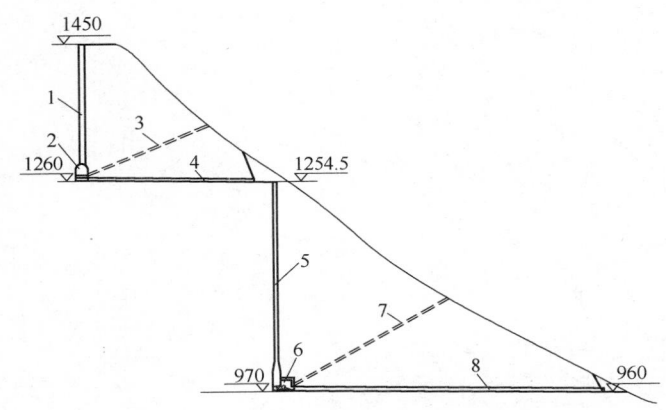

图 9－3 三期工程阶梯式溜井开拓系统

1—1 号块石溜井；2—破碎硐室；3—1 号通风斜井；4—1 号平硐；5—2 号碎石溜井；
6—转载硐室；7—2 号通风斜井；8—2 号平硐

一、二、三期开拓系统平面图如图 9－4 所示。

## （二）案例二

某大理岩矿海拔标高 3720～4427.8m，相对高差 727.8m，是国内海拔最高的水泥用原料矿山。矿区地形陡峭，山势险峻，沟谷纵横。矿区属内陆高原半干燥季风气候，年平均气温 8℃，最高气温 29.9℃，最低气温 -16.5℃，雨季多集中于 5～10 月间，年平均降雨量为 426.5mm。

矿区内出露的地层有侏罗系上统多底沟组（$J_3d$）、侏罗系上统 - 白垩系下统林布宗组（$J_3 - K_3$）以及第四系（Q）。

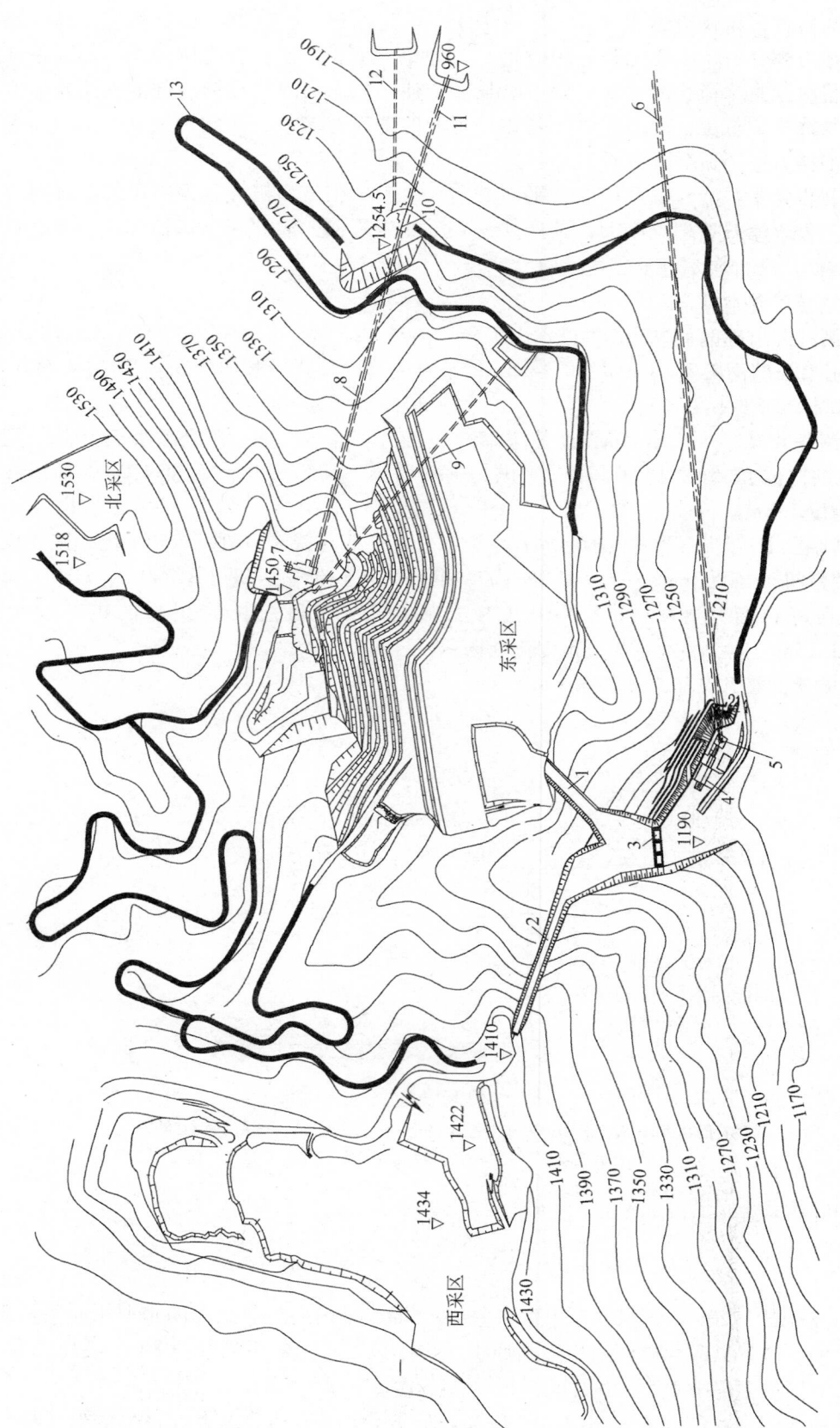

图 9-4 石灰石矿开拓系统

1——期长溜槽；2——二期长溜槽；3—挡石墙；4——期破碎站；5—期碎石溜井；6——期平硐；7—1号块石溜井；
8—1号平硐；9—1号通风井；10—2号碎石溜井；11—2号平硐；12—2号通风井；13—上山道路

矿区内的褶皱有加热—麻热背斜，轴向近东西，其核部由多底沟组大理岩化灰岩和泥晶灰岩构成，两翼为林布宗组黑色粉砂岩和砂板岩，北翼出露地层较薄，南翼出露地层巨厚。该背斜为倒转背斜、背斜转拉端呈尖棱状，在背斜的核部有后期的小岩株和小岩脉侵位。

矿区内出露的断裂有 $F_1$ 和 $F_2$ 断层。$F_1$ 断层在矿区内出露长约400m，总体宽约3～5mm，走向110°，断层面倾向北，属压扭性逆冲断层，系加热—麻热背斜北翼多底沟组与林布宗组的分界断裂。$F_2$ 规模较大，在矿区内出露长约2km，宽5～10mm，总体走向115°，属压扭性逆冲断层，系加热—麻热背斜北翼多底沟组与林布宗组的分界断裂，沿该断层走向，断层下部多底沟组地层出露不一致。

矿区内的节理、裂隙较为发育，普遍发育的节理有3组，其中最为发育的节理当属走向60°～85°和285°～300°两组，该两组节理密集处平均12条/m，一般平均为5条/m，较小的宽2～5mm的节理中充填有方解石脉，较大的层间裂隙中充填有0.5～5m宽的岩脉。

矿区岩浆活动强烈，出露的岩浆岩种类较多，主要有二长花岗斑岩、细中粒黑云角闪二长花岗岩、细中粒斑状角闪黑云二长花岗岩及脉岩。

加木沟石灰石矿体由矿区内多底沟组下部的大理岩化灰岩和大理岩构成，呈一大的块状体，总体走向近东西，倾向南，倾角70°～85°，走向延伸约2km，平均厚度约280m，矿体沿走向品位变化不大。大理岩矿石平均化学成分为：CaO 54.84%、MgO 0.32%、$SiO_2$ 0.93%、$Al_2O_3$ 0.30%、$Fe_2O_3$ 0.24%、$K_2O$ 0.035%、$Na_2O$ 0.021%、$SO_3$ 0.048%、$Cl^-$ 0.005%、Loss 42.95%。

矿区地貌属高山深切割区，多表现为悬崖、峭壁，地形高差大，有利于大气降水的排泄。矿床开采范围内无地表水体，最低开采标高位于当地基准侵蚀面以上。矿区内虽有一些岩溶裂隙水，但其补给来源主要是大气降水，矿山开采过程中的涌水主要受大气降水的影响，矿区水文地质条件属简单型。

主矿体大理岩的两翼（背斜的两翼）为 $J_3-K_1$，大理岩矿体为核部。该区内各类岩体的节理、裂隙的发育程度均随深度增加迅速降低，其完整度渐增。地表裂隙为10～18条/$m^2$，往下一般在6～12条/$m^2$。在矿体与岩体接触部位，无软弱夹层。各类岩组的自然边坡比较稳定，不存在矿体和岩体的崩塌，工程地质条件好。

矿山设计规模为128万吨/年。鉴于矿山开采比高大，地形陡峭，工程地质条件较好，设计中推荐采用了长溜槽—溜井—硐内破碎—平硐—胶带机联合开拓运输方式，工作面选用2台中风压露天潜孔钻机进行穿孔作业，选用2台斗容为 $4.0m^3$ 的电动挖掘机进行采装，选用6台载重量为20t的矿用自卸汽车进行运输。

该矿山开拓运输方式技术参数如下：溜槽上部标高4010m，溜槽下部标高3905m，溜槽底宽4m，溜槽侧帮倾角75°，溜槽纵向倾角为50°，溜槽高差105m，斜长约137m；溜槽与溜井连接时的喇叭口：上部直径 $\phi$25m，深度15m；溜井上口标高3905m，直径 $\phi$5.0m，深度86.5m；溜井与矿仓之间喇叭口高15m；矿仓断面8.5m×8.5m，高度22.4m；破碎硐室采用三心拱，长20.5m，跨度17.5m；平硐采用三心拱，长280m，跨度4.2m；通风井为半圆拱，长240m，跨度1.8m。

溜井（槽）生产流程：长溜槽→溜井→贮矿仓→仓底板式喂料机→单转子锤式破碎机（生产能力500t/h）→出料胶带机（B1800mm，带速1.25m/s）→长约0.9km的胶带输送机（B1000mm，带速2.5m/s）→厂区石灰石预均化堆场。

该矿开拓系统如图9-5所示。

为了减少高速溜下的矿石对溜井井壁进行直接冲击，设计中溜槽与溜井没有直接相接，而是设计成具有缓冲平台的漏斗结构。这样一来，即使在溜槽槽底磨损一定程度后仍能保证矿石先落在该缓冲平台上，被吸收了大量动能的矿石再从缓冲平台落入溜井，可以减少矿石对溜井井壁的冲击。此种漏斗结构形式简单，漏斗开挖工程量小，施工方便，能保证溜槽溜下的矿石全部落入溜井。该缓冲平台漏斗结构如图9-6所示。

## （三）案例三

某石灰石矿区属低山丘陵地貌，海拔标高39.80～514.70m，相对高差474.9m。区内大部分地区岩石

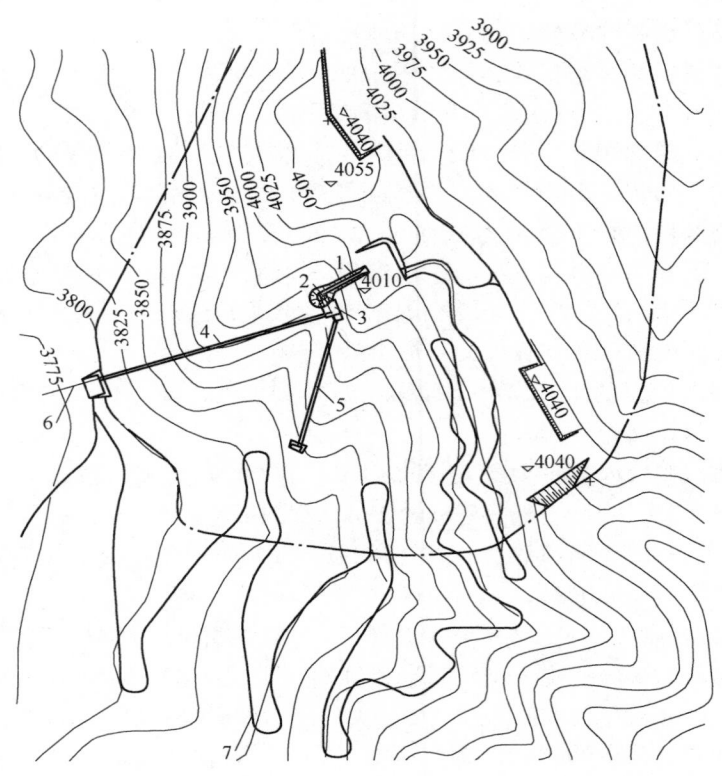

图 9 – 5    矿山开拓系统图

1—长溜槽；2—块石溜井；3—破碎硐室；4—平硐；5—通风斜井；6—胶带输送机；7—上山公路

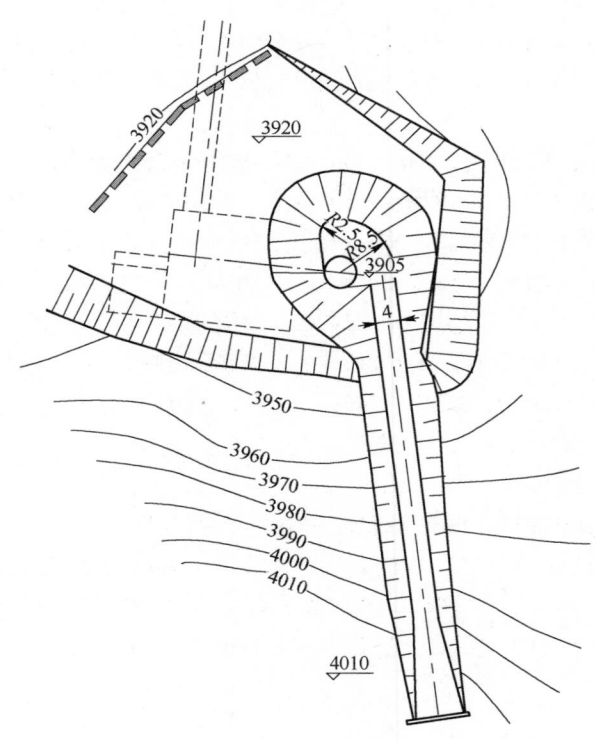

图 9 – 6    矿山溜槽溜井相连处的缓冲平台漏斗结构

裸露，属自然露头山。

区内水系较为发育，南阳溪沿矿区北侧环绕，在矿区西侧汇入昌化江。矿区属热带海洋性气候，夏季湿热多雨，冬季较为干旱。年平均气温24.3℃，年降水量1480mm，多集中于5~10月，夏秋季常有台风灾害。

矿区出露的断裂有 F$_1$、F$_2$、F$_3$、F$_4$ 断层。F$_1$、F$_2$ 分布于矿区的边缘，对矿体无明显破坏作用，对矿区开采技术条件无影响。F$_3$、F$_4$ 两断层在地表呈一向北开口的"U"字形，而沿倾向随着断裂面的变缓在深部相接，从而形成两断层间地层呈一断块相对向北—北北西方向平推下降的小型地堑构造，破坏了矿区西侧矿体的连续性，并造成局部矿体厚度缺失，对矿床的局部矿石质量及完整性等有一定的影响。

矿区主要发育有近南北向、北西向和北东东向三组节理。近南北向节理走向355°~10°，倾向南东东-东，倾角75°~88°，为张性节理，地表张开0.1~1m，延深60cm至数米，其密度与岩性及构造部位有关，因地而异，一般为0.7~5条/m。北西向节理走向310°~340°，倾向南西，倾角70°~86°，为张性节理，与北北东向节理呈小夹角交叉出现，宽0.1~0.4m，无充填物，密度为0.1~1条/m。北东东向节理走向80°~90°，倾向南-南南西，倾角60°~86°，为张性节理，与南北向节理呈较大夹角交叉出现，宽0.1~0.4m，无充填物，密度为0.3~2条/m。

区内岩浆岩不发育，仅见零星分布的蚀变花岗斑岩脉。

矿区地表受风化剥蚀，岩溶发育一般，岩石表面以溶沟、溶槽和石牙为主，地表则以深沟、峭壁和溶蚀洼地为特征，并见数个大小不等的溶洞。溶沟、溶槽的宽度一般为0.4~1.2m，延深数十厘米至数米，最大延深15m。溶洞口宽一般1.5~2.5m，最宽可达6m。个别溶洞规模较大，如燕窝洞。矿区地表岩溶系数平均为2.77%，深部岩溶系数为1.62%。

矿体属早二叠世台地相碳酸盐沉积型矿床，赋存于二叠系下统鹅顶组地层中，沿走向出露长度950m，沿倾向出露宽650~900m，延伸大于600m，在平面上大致呈不规则椭圆状，矿石主要由二叠系沉积的灰岩、含燧石灰岩等组成。总体看，矿区岩层完整性较好，岩质坚硬，抗压强度较大。

根据水泥厂熟料生产线生产规模，矿山设计规模定为450万吨/年。根据矿床地形地质条件，设计中推荐采用了溜井—平硐—大块胶带机—硐外破碎—胶带机联合开拓运输方式，工作面选用2台全液压潜孔钻机进行穿孔，斗容为4m³的液压挖掘机3台进行采装，载重量为32t的矿用自卸汽车进行运输。

溜井平硐系统技术参数如下：溜井上口标高305m，直径φ5.0m，溜井深度180.5m；溜井与矿仓之间喇叭口高7.5m；矿仓断面7.0mm×7.0m，高度15.7m；转载硐室采用三心拱，长16m，跨度11m，拱高12.3m；平硐采用三心拱，长295.2m，跨度4.5m，拱高3.5m；通风井为半圆拱，长205m，跨度1.6m，拱高2.0m。

溜井系统生产流程：溜井口条形格筛→溜井→贮矿仓→矿仓底部板式喂料机→平硐内大块胶带输送机（B2000mm×353238mm，带速1.6m/s）→山下一次破碎（旋回破碎机，能力1250~1480t/h）→筛分机（筛孔70mm，能力800t/h，2台）→山下二次破碎（2台圆锥破碎机，能力600t/h）→4条进厂胶带机（B1200mm，带速3.5m/s，总长约17km）运输至厂区。

矿山开拓系统如图9-7所示。

## （四）案例四

某石灰石矿区属低山丘陵区，海拔标高23.5~450m，最大相对高差426.5m。山脉总体走向为北西南东向，呈北高南低趋势。矿区由三个矿段组成，其中两个矿段在235m标高时组成一个采区，另一矿段距离第一个矿段约1.0km，将单独形成一个采区。

矿区属亚热带湿热气候，夏季炎热多雨，冬季温湿偏寒，四季分明，平均气温16.8℃，极端最低温度-15.6℃，极端最高温度39.7℃；平均降水量1349.7mm，日最大降水量214.7mm。

矿体属早三叠世浅海相碳酸盐沉积型矿床，由三叠系下统大冶组第一段第二层（T$_1$d$_1^{1-2}$）、第二段（T$_1$d$^2$）及二叠系下统茅口组（P$_1$m）上部组成，沿走向延伸长度约1200m，出露宽度250~400m。矿体

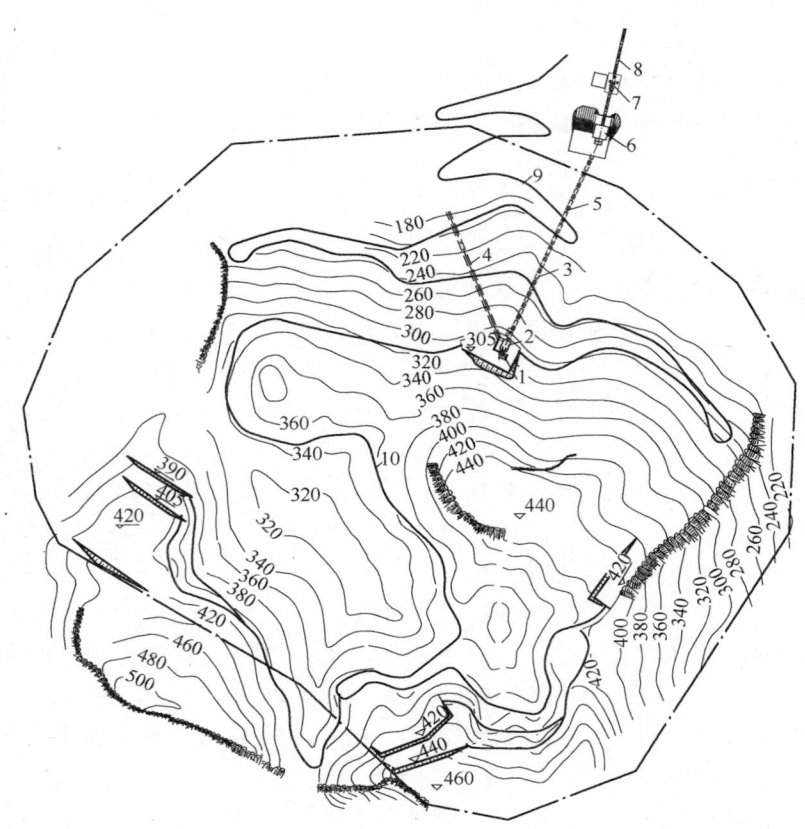

图 9 - 7 石灰石矿山开拓系统图

1—块石溜井；2—转载硐室；3—平硐；4—通风井；5—大块胶带输送机；6——次破碎；

7—二次破碎；8—进厂胶带机；9—上山公路；10—运矿道路

内断裂构造发育，大致可分为近东西向、北西南东向及北北东向三组断裂构造共 15 条断层，断裂构造影响了矿体的连续性，对矿石的完整性影响不大。

矿区内无地表水体，岩溶、节理裂隙不发育，大气降水是矿区充水主要来源，地形有利于自然排水，岩层透水性和富水性均较差，矿区水文地质条件属简单类型。矿区内矿层和围岩为沉积岩，属薄 - 中厚 - 厚层状，致密块状，层状结构，抗压强度高在 58.6 ~ 169.2MPa 之间，绝大部分岩层的抗压强度大于 80MPa，属于坚硬岩石。

该矿山配套水泥厂熟料规模为 3 条 6000t/d 水泥熟料生产线，分两期建设，前 2 条 6000t/d 水泥熟料生产线将开采第一矿区的石灰石，第 3 条 6000t/d 水泥熟料生产线将开采第二矿区的石灰石。根据水泥厂生产规模，第一矿区设计规模为 520 万吨/年。

根据矿床地形地质条件，设计中推荐采用了溜井平硐—硐内破碎—胶带机联合开拓运输方式，工作面选用两台全液压潜孔钻机进行穿孔，斗容为 7.0m³ 的液压挖掘机两台进行采装，载重量为 45t 的矿用自卸汽车进行运输。

溜井平硐系统技术参数如下：溜槽上部标高 220m，溜槽下部标高 185m，溜槽底宽 6.0m，溜槽侧帮倾角 60°，溜槽纵向倾角为 46°，溜槽高差 35m，斜长约 49m；溜井上口标高 185m，直径 $\phi$6.0m，深度 106m；溜井与矿仓之间喇叭口高 7m；矿仓断面 8.5m × 8.5m，高度 20.5m；破碎硐室采用圆弧拱，长 22.3m，跨度 17.5m，拱顶高 19.0m；主平硐采用三心拱，长 330m，跨度 6.8m（预留一条胶带机安装位置）；通风井为半圆拱，长 276m，跨度 1.8m。

溜井（槽）生产流程：短溜槽→溜井→贮矿仓→仓底板式喂料机→双转子单段锤式破碎机（生产能力 1200t/h）→出料胶带机（$B$1800mm，带速 1.25m/s）→1 号胶带输送机（$B$1200mm × 1129250mm，带速 2.5m/s）→2 号胶带输送机（$B$1200mm × 653750mm，带速 3.15m/s）→厂区石灰石预均化堆场。

矿山第一矿区开拓系统如图 9 - 8 所示。

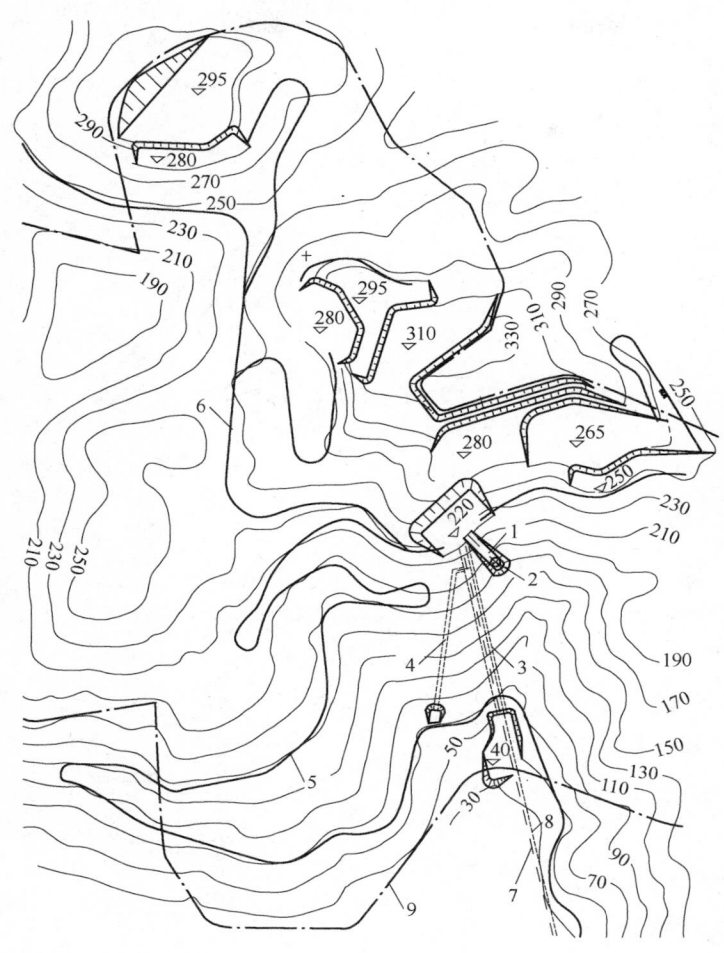

图 9 - 8　石灰石矿第一矿区开拓系统图
1—短溜槽；2—块石溜井；3—平硐；4—通风井；5—上山道路；6—运矿道路；
7—平硐内胶带输送机；8—预留胶带机位置；9—矿区开采境界线

## （五）案例五

某石灰石矿区属低山丘陵地形，开采境界内最高海拔约 538.0m，比高 398.0m，地形坡度南东坡较缓，北西相对较陡。矿区属亚热带季风气候，夏热冬冷，雨量充沛，年平均气温 16.9℃，年平均降雨量 1420.0mm。

矿体属上古生代石炭纪浅海相沉积矿床，赋存于石炭系中统黄龙组及上统船山组地层中。矿体内断层不发育，水文地质及工程地质条件均属简单型。

根据矿床地形地质条件，设计中推荐采用了碎石溜井—平硐—胶带机联合开拓运输方式，工作面选用两台全液压潜孔钻机进行穿孔，斗容为 6.5m³ 的轮式前端装载机两台进行采装，载重量为 32t 的矿用自卸汽车进行运输。矿山破碎机设在南面 380m 标高上，两台破碎机并排布置，破碎后的石灰石碎石由胶带机运至碎石溜井。

碎石溜井平硐系统技术参数如下：碎石溜井井口标高 340m，溜井深 126m，溜井直径 φ4.0m；溜井与矿仓之间喇叭口高 7m；矿仓断面 φ8.0m，高度 37m；中间仓断面 9.0m×6.0m，高度 15.4m；转载硐室采用圆弧拱，长 15.0m，跨度 10m；平硐为三心拱，长 401m，跨度 4.0m；通风井为半圆拱，长 310m，跨度 1.8m。

矿山生产流程：石灰石破碎站→进井胶带输送机（$B1200\text{mm} \times 165000\text{mm}$，带速$2.5\text{m/s}$）→碎石溜井→贮矿仓→仓底板式喂料机→胶带输送机（$B1200\text{mm} \times 440000\text{mm}$，带速$2.5\text{m/s}$）→工厂堆料胶带机→工厂石灰石预均化堆场。

矿山开拓系统如图9-9所示。

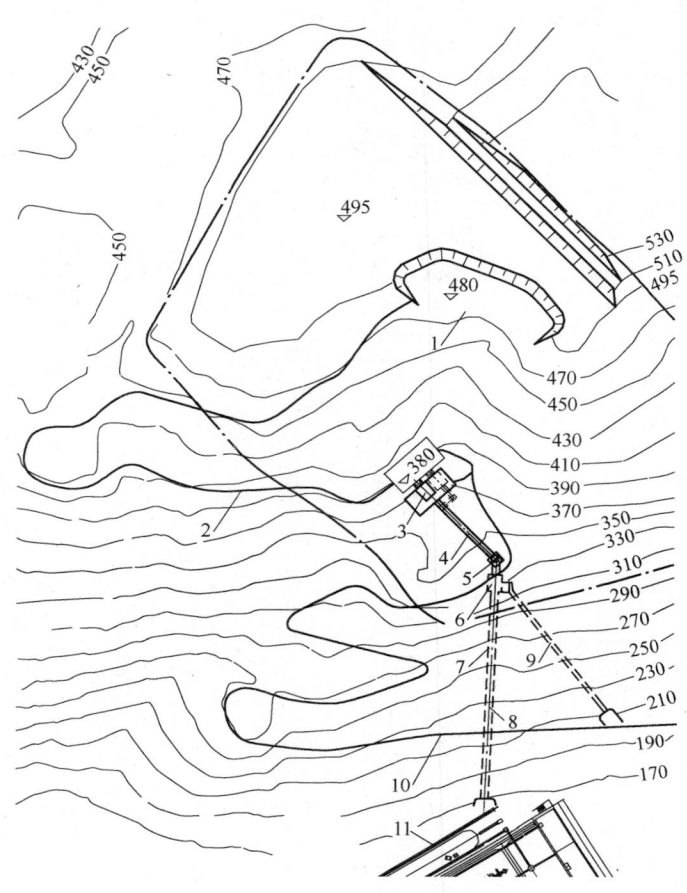

图9-9 石灰石矿开拓系统图

1—采矿工作面；2—运矿道路；3—露天破碎站；4—进井胶带机；5—碎石溜井；6—转载硐室；
7—平硐；8—平硐胶带机；9—通风斜井；10—上山道路；11—至石灰石堆场胶带机

# 第三节 溜井（溜槽）平硐系统参数及出矿设备

## 一、溜井

### （一）溜井断面尺寸及形状

溜井断面尺寸主要取决于所溜放块石的最大块度、矿石的颗粒组成情况、湿度、内摩擦角、黏结力、粉矿含量等因素。

溜井断面形状一般设计成圆形、矩形，也可设计成方形或椭圆形。圆形断面的垂直溜井具有受力情况好、井筒稳定性好、断面利用率高、井壁磨损比较均匀、施工方便等优点，在断面相同的情况下，垂直溜井多设计成圆形断面，斜溜井多设计成矩形或拱形断面。国内水泥用石灰石矿山基本都采用了圆形断面的垂直溜井布置形式。

通常，溜井直径（或最小边长）可由式（9-1）确定：

$$D \geqslant kd_{max} \tag{9-1}$$

式中　$D$——溜井直径（或最小边长），m；

　　　$k$——溜井断面内矿石的通过块数，一般取 $k \geqslant 5$；

　　$d_{max}$——矿石最大块度尺寸，m。

溜井直径（或最小边长）的选择可参照表9-4确定。

表9-4　溜井直径（或最小边长）

| 溜放矿石块度/mm | 通过式溜井直径或最小边长/mm | 贮矿式溜井直径或最小边长/mm | |
|---|---|---|---|
| | | 一般矿石 | 泥及粉料较多的矿石 |
| 0~350 | 2500 | 3000 | 3500 |
| 0~600 | 3000 | 4000 | 4500 |
| 0~800 | 3500 | 4500 | 5000 |
| 0~1000 | 4000 | 5000 | 6000 |

### （二）溜井的深度

目前在设计中主要以生产实践积累的经验作为依据来确定单段溜井的深度。影响溜井深度的主要因素是溜放矿石的性质、溜井的使用方法、溜井的施工方法及施工单位的技术水平。当溜放无黏结性矿石时，只要溜井结构设计合理，生产中做到满井生产，此时溜井的深度实际上取决于施工方法和施工单位的技术水平。通过式溜井的深度不宜超过300m，贮矿式单段垂直溜井的最大深度可达600m。最近20年来，国内石灰石矿山设计基本都采用了贮矿式单段垂直溜井，溜井深度一般不超过300m。

从施工方面看，水泥行业使用的溜井当深度在300m以内时，基本是采用了一段施工，不需要在中间开凿施工巷道。当溜井深度超过300m时，需要开凿中间施工巷道分段开凿溜井。目前，水泥行业溜井的施工方法主要是采用吊罐法。

### （三）溜井倾角

溜井倾角主要取决于溜放的矿石块度、矿石粒度组成、粉矿率以及矿床赋存条件、矿石及围岩的性质等。垂直溜井与倾斜溜井相比具有开凿工程量小、施工难度小、投资低、磨损均匀、建设周期短的优点，水泥矿山的溜井全部采用了圆形垂直溜井。对于某些特定赋存条件的矿床，也可以采用倾斜溜井。对于倾斜溜井，为防止底部结泥、堆积粉矿和发生堵塞，倾角不应小于60°。

## 二、溜槽

### （一）溜槽的倾角

倾角是影响溜槽正常使用的最关键的参数。倾角过大，矿石下溜速度过快，易飞出槽外；倾角过小，料粉易积存槽底，矿石无法下溜。当溜放矿石中掺杂黏土较多时，槽底易黏结一层泥土，严重时会影响溜槽的正常使用。通常，溜槽倾角可参照表9-5选取。

表9-5　溜槽倾角

| 矿石特性 | 溜槽倾角/(°) |
|---|---|
| 一般的矿石 | 42~48 |
| 薄层片状矿石 | 45~50 |
| 含较多粉料的矿石 | 50~55 |

根据山坡地形，槽底倾角可以有所变化。但其倾角必须是从高往低逐渐减小，以减少矿石下滑速度和防止矿石的弹跳或飞起。

矿石在溜槽中的运动方式多为滚动和跳动，溜槽越长，速度就会越快，跳动也越大，不仅溜槽磨损严重，溜槽下部的承料漏斗会承受较大的冲击负荷。溜槽越长，暴露在地表的汇水面积越大，大量雨水汇入槽内会给矿石的溜放及生产管理增加困难。这些因素限制了溜槽的长度和落差不宜过大，目前国内水泥矿山正在使用的溜槽落差最大有220m。但根据我国目前水泥矿山诸多正在使用的长溜槽的实际情况，从安全角度出发，《水泥原料矿山工程设计规范》（GB 50598—2010）中对溜槽长度作出了相关规定，今后设计的溜槽斜长度不得超过50m，且不得采用单一的长溜槽方法从山上直接往山下溜矿。

### （二）溜槽的断面形状及尺寸

溜槽一般采用上宽下窄的梯形断面，槽底宽度应根据溜放矿石的粒度、卸矿方式及卸矿设备宽度来确定，一般应大于矿石最大粒度的3倍，最小不应小于3m。溜槽横断面在横向槽底和两帮间宜做成圆弧形（见图9-10），方便矿石的溜放和减少矿石对溜槽的冲刷。

溜槽两侧帮的边坡角根据溜槽所穿过岩层的稳定性和溜槽的深度 h 来确定，一般情况下可参照表9-6选取。

表9-6 溜槽两侧帮边坡角

| 溜槽穿过岩层的岩石硬度系数 $f$ | 6~8 | 8~14 | 15~20 |
|---|---|---|---|
| 侧帮边坡角 $\alpha/(°)$ | 65~70 | 70~80 | 75~85 |

槽的深度以保证矿石不从槽内跳出为原则，由于矿石在溜槽内滚动速度是越到溜槽下部速度越快，因此溜槽的深度也是越到下部越深，以防矿石从槽内跳出。在溜槽起始点处的最小深度应不小于3m，其他各处的溜槽深度可通过计算求得，计算如图9-11所示，计算公式如下：

$$8h_x \geq kx + h_0 \tag{9-2}$$

式中　$h_x$——距溜槽起始点为 $x$ 处的溜槽深度，m；

　　　$k$——系数，建议取 $k$ 为 1/12~1/30；

　　　$h_0$——起始点溜槽的深度，$h_0 = 3.0$m。

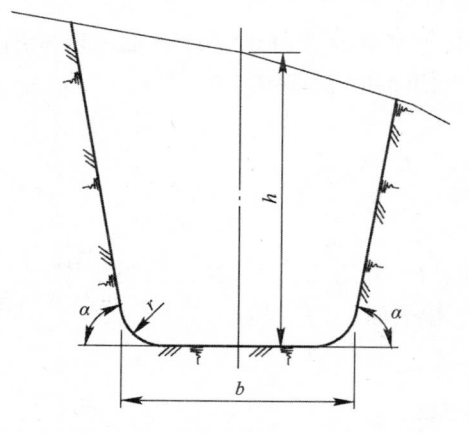

图9-10　弧形槽底溜槽横断面图

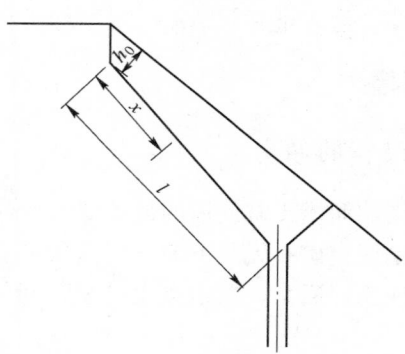

图9-11　溜槽纵断面图

根据图9-11可知，适合开挖溜槽的自然地形是基岩的坡面角应较溜槽倾角小3°~5°，当自然地形的坡面角更小时，溜槽开挖工程量会较大。

为了约束矿石在溜槽中的运动方向，防止矿石在槽中反复冲击两帮，槽身在平面上应保持一条直线，不得折曲。

## 三、矿仓

### （一）结构参数

溜井下部设置矿仓，具有如下优点：

（1）对于通过式溜井，可以贮存一定数量的矿石，实现均衡生产。

（2）当溜井放空后，再往溜井内卸矿时，矿石不会直接冲击放矿溜口和出矿设备。

（3）增加溜井底部的流动断面，故矿石在溜口处发生堵塞的几率大大降低。

（4）矿石在矿仓中可以得到二次松散，使溜井中矿石的夯实作用得以减弱。

（5）设置矿仓后，底部的板式给料机负荷会适当减少，降低了矿石的生产成本。

矿仓的断面一般为带圆角的矩形或圆形，其直径或边长不应小于溜放矿石最大粒度的 8 倍。矿仓高度应以溜井下口不致被仓底砸实的粉料堵塞为原则来确定，当生产规模不大时（小于 200 万吨/年）矿仓的有效容积通常不宜少于 2h 的生产量；当生产规模较大时（大于 400 万吨/年），矿仓的有效容积不宜少于 1h 的生产量。不论溜井中心线同矿仓中心线是否重合，矿仓顶端收缩后与溜井衔接的收缩角不应小于 60°。

### （二）矿仓中矿石压力的计算

和认识一切事物一样，对于贮矿仓压力的认识也是逐步加深的。最早出现的是一般散体压力理论，使人们对散体物料的性质有了初步的认识，即散体和流体有着本质的不同，它的压力比流体要小得多。后来，有人通过试验和研究提出，当矿仓的贮料高度达到仓体直径或边长的一定倍数后，底部压力不再随贮料高度的增加而增大的理论，并提出了深仓散料压力的计算公式。

当矿仓中矿石的贮存高度 $h < 20\rho$ 时，可视为浅仓，其压力为：

$$P_V = \gamma h \tag{9-3}$$

当矿仓中矿石的贮存高度 $h > 20\rho$ 时，可视为深仓，其压力见式（9-4）及式（9-5）：

$$P_V = \gamma\rho/(\lambda\mu) \cdot (1 - e^{-h\mu\lambda/\rho}) \tag{9-4}$$

$$P_h = P_V\lambda \tag{9-5}$$

式中  $P_V$——矿仓承受的垂直压力，$t/m^2$

$\gamma$——矿仓中物料的容重，$t/m^3$；

$h$——溜井中最大贮矿高度，m；

$\lambda$——侧压系数，$\lambda = \tan(45° - \varphi/2)$，其中，$\varphi$ 为矿石的内摩擦角，（°）；

$\rho$——通过断面的水力半径，m；对于圆形断面，$\rho = D/4$（D 为溜井或矿仓直径，m）；对于矩形断面，$\rho = 0.5AB/(A + B)$（A、B 为矩形溜井或矿仓的边长，m）；

e——常数，e = 2.71828…；

$\mu$——矿石与仓壁之间的摩擦系数；

$P_h$——矿仓承受的侧向压力，$t/m^2$。

式（9-4）中，当矿石贮存高度 h 足够大时，$(1 - e^{-h\mu\lambda/\rho})$ 数值趋于 1，所以在实际应用时通常可采用式（9-6）计算：

$$P_V = \gamma\rho/(\lambda\mu) \tag{9-6}$$

几种常见松散物料的容重、内摩擦角与摩擦系数见表 9-7；不同内摩擦角对应的侧压系数 λ 值见表 9-8。

表 9 - 7　松散物料的容重、内摩擦角及内摩擦系数

| 物料名称 | 松散容重/t·m⁻³ | 内摩擦角 $\varphi$/(°) | | 内摩擦系数 $\mu = \tan\varphi$ | |
|---|---|---|---|---|---|
| | | 静 | 动 | 静 | 动 |
| 大块石灰石 | 1.6~2.0 | 40~45 | 30~35 | 0.8~1.0 | 0.6~0.7 |
| 细粒石灰石 | 1.2~1.5 | 45 | — | 1.0 | — |
| 破碎后石灰石 | 1.45 | 40~45 | 35 | 0.8~1.0 | 0.7 |
| 砾　石 | 1.5~1.9 | 40~45 | 30 | 0.8~1.0 | 0.6 |
| 干　砂 | 1.4~1.65 | 30~35 | 32 | 0.6~0.7 | 0.6 |

表 9 - 8　不同内摩擦角对应的侧压系数 $\lambda$ 值

| 内摩擦角 $\varphi$/(°) | $\lambda$ 值 | 内摩擦角 $\varphi$/(°) | $\lambda$ 值 | 内摩擦角 $\varphi$/(°) | $\lambda$ 值 |
|---|---|---|---|---|---|
| 20 | 0.490 | 34 | 0.283 | 48 | 0.147 |
| 22 | 0.455 | 35 | 0.271 | 50 | 0.132 |
| 24 | 0.422 | 36 | 0.260 | 53 | 0.112 |
| 25 | 0.406 | 38 | 0.238 | 55 | 0.099 |
| 26 | 0.390 | 40 | 0.217 | 58 | 0.082 |
| 28 | 0.361 | 42 | 0.198 | 60 | 0.072 |
| 30 | 0.333 | 44 | 0.180 | 63 | 0.058 |
| 32 | 0.307 | 45 | 0.172 | 65 | 0.049 |
| 33 | 0.295 | 46 | 0.163 | 68 | 0.038 |

## 四、放矿口与放矿设备

目前，新建水泥矿山基本都采用了底部板式给料机强制连续出矿方式，只有个别矿山采用下部振动放矿机松动连续出矿方式，侧面闸门重力放矿方式已基本不采用。

为了保证溜井和矿仓中的矿石顺利放出，合理选择放矿口的尺寸是一个关键。通常，放矿口的宽度不应小于最大出矿块度的 2 倍，放矿口的长度不应小于最大出矿块度的 3 倍，出矿口的高度应为最大出矿块度的 2.5~3.5 倍。

对于破碎机设在外部时，矿仓底部的出矿口可采用水平布置。当采用硐室破碎时，为了降低破碎硐室的高度，一般应将板式给料机向上倾斜布置，倾角一般宜采用 20°~23°。

用板式给料机出矿的矿仓有设中间检修闸门和不设检修闸门两种，为了减少溜井平硐系统的开挖工程量，降低建设投资，目前基本不对矿仓设置设中间检修闸门。当板式给料机需要检修时，需要将矿仓中的存料放空。为了防止从溜井落下的矿石直接砸在出矿口上，溜井与矿仓出矿口应错开布置。

目前，常用的放矿设备为重型板式给料机，其宽度有 1500mm、1800mm、2000mm、2200mm、2300mm、2400mm、2600mm 等几种，详见表 9 - 9。

表 9 - 9　重型板式给料机参数

| 序号 | 型　号 | 槽板宽度/mm | 给料能力/t·h⁻¹ | 头尾轮中心距/mm | 给料速度/m·s⁻¹ | 装机功率/kW |
|---|---|---|---|---|---|---|
| 1 | BZ1500 | 1500 | 100~300 | 3600~16000 | 0.04~0.12 | 15~30 |
| 2 | BZ1800 | 1800 | 200~600 | 3600~18000 | 0.04~0.12 | 22~45 |
| 3 | BZ2000 | 2000 | 300~1000 | 5000~20000 | 0.04~0.12 | 37~75 |
| 4 | BZ2200 | 2200 | 500~1500 | 5000~20000 | 0.04~0.14 | 55~90 |
| 5 | BZ2300 | 2300 | 1000~2000 | 5000~20000 | 0.04~0.14 | 75~110 |
| 6 | BZ2400 | 2400 | 1200~2200 | 5000~20000 | 0.04~0.14 | 90~132 |
| 7 | BZ2600 | 2600 | 1200~2600 | 5000~20000 | 0.04~0.14 | 90~160 |

# 第四节　卸矿平台、通道及破碎（或转载）硐室

## 一、卸矿平台

卸矿平台是汽车往溜井或溜槽卸料的设施，根据其是否需要拆除可分为固定式卸矿平台及移动式卸矿平台。设于开采境界外不受溜井或溜槽降段影响的宜采用固定式卸矿平台；设于开采境界内的溜槽或溜井，当服务年限大于 10 年时也可考虑采用固定式卸矿平台，当服务年限小于 5 年时应采用移动式卸矿平台。

卸矿平台的设计应注意以下两点：一是要有足够的位置供汽车调转并进行卸矿；二是要保证卸矿时的安全。

汽车卸矿时，卸矿平台应设置卸车挡。车挡的最小长度可按式（9-7）计算：

$$L = nB + 2b_1 + (n-1)b_2 \qquad (9-7)$$

式中　$L$——卸车挡的最小长度，m；

　　　$n$——同时卸车台数；

　　　$B$——汽车的宽度，m，当矿山有多种型号的汽车时，应选取最大一种车型的宽度作为汽车的宽度进行计算；

　　　$b_1$——车挡外侧的安全长度，一般取 1~1.5m；

　　　$b_2$——两辆以上汽车同时卸矿时汽车的最小安全距离，一般取 1.5~2.0m。

车挡的横断面尺寸（高度及宽度）应根据汽车的轮胎大小及载重量计算确定。通常，车挡的高度不应小于汽车轮胎直径的 2/5。

某大理岩矿移动式卸矿平台（20t 自卸汽车）如图 9-12 所示。

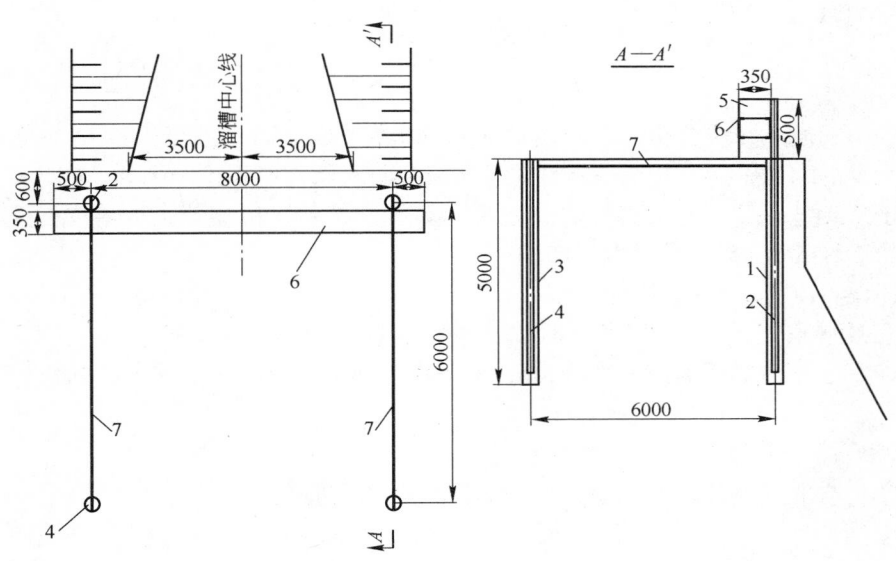

图 9-12　某大理岩矿溜槽口移动式卸矿平台

1，3—φ150mm 钻孔，深 5000mm；2—废旧钎杆或 φ40mm 钢筋，长 5200mm；4—废旧钎杆或 φ40mm 钢筋，长 5000mm；5—枕木，9000mm×350mm×183mm×3；6—扒钉；7—钢丝绳

某石灰石矿三期工程溜井口固定式卸矿平台（45t 自卸汽车，两台汽车同时卸车）如图 9-13 所示。溜井井口的卸车点经常变动时，常常使用简易车挡。简易车挡如图 9-14 所示。

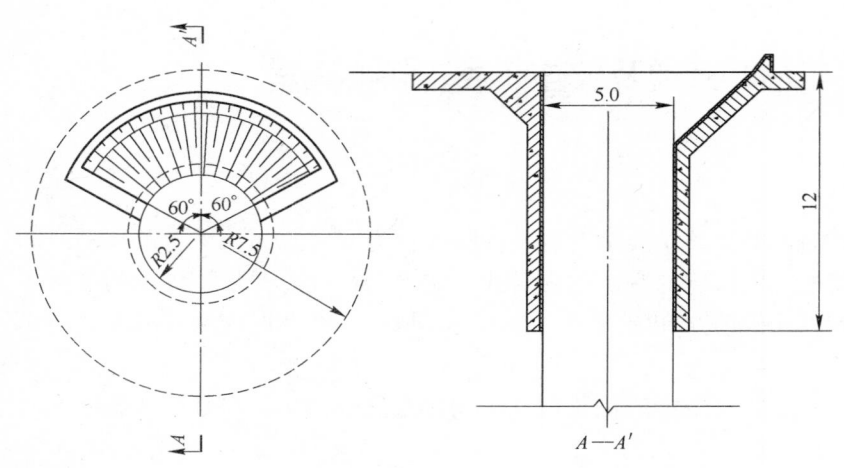

图 9－13　某石灰石矿溜井口固定式卸矿平台（双车位）

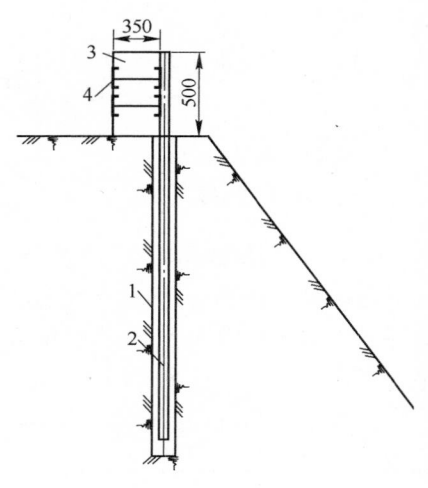

图 9－14　简易车挡
1—φ150mm 钻孔，深 5000mm；2—废旧
钎杆 4~6 根；3—枕木；4—扒钉

## 二、通道

### （一）检查巷道及检查天井

溜井平硐系统在溜井贮矿段的变坡、变向、断面变化处，一般应设置检查巷道和检查天井。

检查天井高度应高出贮矿段的高度，断面尺寸为 1.6m×2.0m 或 2.0m×2.0m，其内应设梯子间。检查巷道断面尺寸一般为 1.6m×2.0m，巷道与溜井连接处应设牢靠的密闭门。检查巷道及检查天井内应有良好的照明设施和新鲜空气供应。

大部分水泥矿山的矿仓下部由板式给料机连续出矿，控制入井矿石的块度，保持经常性的放矿制度，检查天井高度位于喇叭口下部的矿仓处，生产运转也十分正常。

### （二）通风井

溜井平硐系统中的通风井往往作为破碎硐室或转载硐室的第二个安全出口，应与地面就近相通，其布置方式可以是水平的、倾斜的，甚至是垂直的。通风井的断面一般不小于 1.8m×2.0m。兼作安全出口的通风井坡度小于 7°时，只需对地面进行防滑处理；坡度在 7°~15°时应设人行踏步；坡度在 15°~45°时应设人行踏步及扶手；大于 45°时应设人行梯子。

人行梯子间的设置应符合下列规定：

（1）梯子倾斜度应不大于 80°，宽度应不小于 0.4m，蹬间距离应不大于 0.4m。

（2）上下两个梯子平台的距离应不大于 8m；上下平台梯子孔要错开，梯子孔的长和宽应分别不小于 0.7m 和 0.6m。

（3）梯子上端应高于平台 1m，下端距井壁应不小于 0.6m。

当破碎硐室已有两个安全出口时，通风天井可不兼作人行通道。

## 三、平硐

### （一）断面尺寸

溜井系统的平硐一般采用三心拱形断面，拱矢高为平硐净宽的 1/3 或 1/4（取决于岩层的稳定程度）；当围岩条件较差时，还可采用半圆拱形断面或马蹄拱形断面。通常，露天矿山溜井平硐系统中的平硐除作为出矿通道外，还应考虑将其作为人行和大件运输通道，平硐断面尺寸通常按如下方式确定：

（1）带式输送机两侧应设人行道，经常行人侧的人行道宽度应不小于 1.0m，另一侧应不小于 0.6m。

（2）考虑大件运输时，大件本身的尺寸、大件与平硐侧墙及胶带机的间隙一般不小于200mm。通常，平硐兼作大件运输通道时其断面尺寸可按表9-10选用。

表9-10　平硐兼作大件运输通道时的断面尺寸

| 硐室类型 | 胶带机规格/mm | 平硐断面尺寸（宽×高）/mm |
|---|---|---|
| 破碎硐室 | B800 | 4100×3300 |
| | B1000 | 4300×3300 |
| | B1200 | 4600×3300 |
| | B1400 | 4800×3300 |
| 转载硐室 | B800 | 3500×3200 |
| | B1000 | 3800×3200 |
| | B1200 | 4000×3200 |
| | B1400 | 4200×3200 |

## （二）排水沟

传统设计中通常是将排水沟布置在人行道一侧，对于采用电机车运输的平硐无疑是合适的，但对于采用胶带机运输的平硐则不尽然。现场调查表明，排水沟布置在人行道下面往往不如布置在胶带机下面，这是因为：

（1）通常水中含泥量较大，沟的坡度一般会较小（受平硐坡度的影响），水的流速不大，往往会造成泥沙沉淀和发生水沟堵塞，从而导致平硐内积水，使胶带机支腿长期浸泡在泥浆中，导致锈蚀毁坏现象严重；同时也使劳动环境变得十分恶劣。

（2）每块排水沟盖板的质量偏大，移动起来十分不便，给清淤工作带来困难。

近十几年来，设计中已将平硐内的排水沟位置从人行道一侧移至胶带机的下部，同时增大排水沟的宽度，且不设置排水沟盖板，能大大方便排水沟的清淤工作。实践证明，平硐内排水沟布置在胶带机下部是行之有效的。

## （三）平硐支护

平硐支护一般以工程类比法为主，必要时可进行理论验算。支护设计应充分利用围岩自身的承载能力，改善平硐的周边应力条件，减少支护量。平硐支护设计应优先采用锚喷支护。当岩石地质条件较差时，可采用先临时后永久的两次支护方法。当采用混凝土或钢筋混凝土支护时，其强度等级不应小于C30。

设计和施工时应根据围岩的性质和稳定程度选用不同的支护方法，以节省建设投资。各种支护方法的适用条件见表9-11。

表9-11　各种支护方法的适用条件

| 支护方法 | 作用 | 服务年限/年 | 适用条件 | 不适用条件 |
|---|---|---|---|---|
| 不支护 | | 不限 | 岩石坚固系数 $f \geq 6$，裂隙等级小于3，完整性好，不易风化的岩层 | 易风化的岩层 |
| 锚杆 | 主动承压 | 不限 | 岩石坚固系数 $f \geq 4$，裂隙等级小于或等于3，完整性一般，不易风化的岩层 | 节理裂隙特别发育（裂隙等级为4）岩层及易风化岩层 |
| 锚喷 | 防止风化主动承压 | >5 | 岩石坚固系数 $f \geq 4$，裂隙等级小于或等于3，完整性一般，易风化的岩层 | 与砂浆不黏结的岩层、具有膨胀性的岩层、大面积渗水的岩层、极不稳定岩层 |
| 喷射混凝土 | 防止风化主动承压 | 不限 | 岩石坚固系数 $f \geq 4$，裂隙等级为4 | 与砂浆不黏结的岩层、具有膨胀性的岩层、大面积渗水的岩层、极不稳定岩层 |
| 砌体 | 被动承压 | ≥5 | 岩石坚固系数 $f \leq 4$，裂隙等级为4 | |
| 钢筋混凝土 | 被动承压 | ≥5 | 岩质松软，有动压及不稳定岩层 | |

## （四）平硐硐门

（1）平硐硐门应设在开挖石方费用与平硐掘进费用的等价点上，同时还要考虑到该处围岩的稳固性及是否可能成硐。

（2）硐门设计时应充分考虑拟建平硐口位置的自然条件，合理选择边坡坡度，以保证安全施工和正常使用。

（3）正常情况下硐门可设计成一字形，必要时可加设边墙。

（4）平硐口及上方岩层坚硬、稳固、完整性好，且不易发生风化，可不作硐门，只需作环框。

（5）硐门的墙面及墙背多采用平行的1∶0.1的坡度和平行的垂直立墙。

（6）仰坡坡脚至硐门墙背距离不小于1.5m，硐顶挡渣墙高度自仰坡坡脚算起不小于0.5m，水沟底面距离拱顶外缘应大于1.0m。

（7）硐门周围应设置截排水设施。

（8）硐门端墙和边墙时应设置直径不小于10cm的泄水孔，泄水孔距为2～3m。

（9）当平硐硐口处于陡壁底下或仰坡上岩层不够稳定并常有滚石下落时，根据地形可以设置一段明硐，明硐一般采用平顶，上铺一定厚度的松土作为缓冲层，以防滚石砸坏硐顶。

## （五）平硐及硐口布置实例

主平硐断面如图9－15和图9－16所示。平硐硐口布置如图9－17所示。

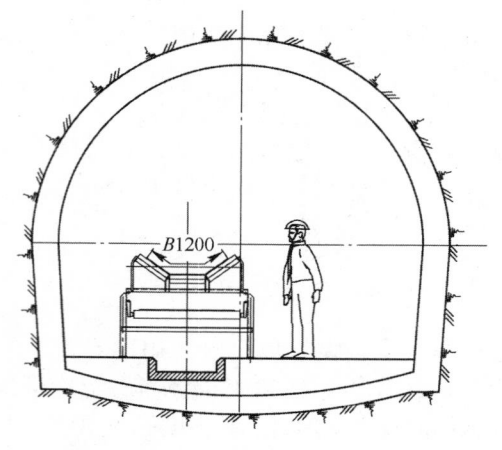

图9－15　马蹄拱形主平硐布置图

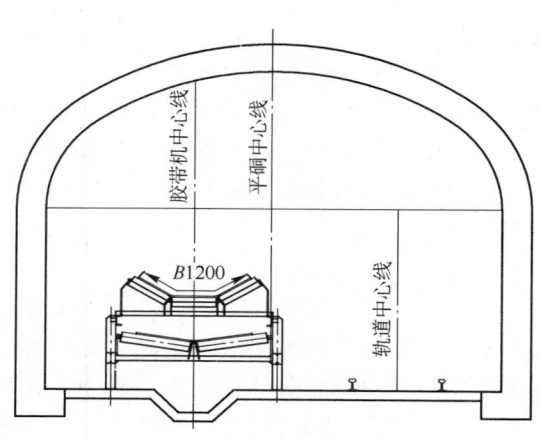

图9－16　三心拱形主平硐布置图

## 四、破碎硐室和转载硐室

### （一）布置原则

（1）破碎硐室、转载硐室设计必须有可靠的工程地质和水文地质资料，并宜布置在坚硬、稳固、完整性较好的岩层中。为了充分利用岩层自身的承载能力，减少爆破震动对围岩的破坏，建议采用光面爆破进行施工。

（2）在满足使用的条件下，尽量缩小破碎硐室、转载硐室的跨度和高度，减少硐室开挖量，增大硐室的安全稳定性。

（3）破碎硐室、转载硐室应有两个安全出口，一条为人行联络通道，一条为大件运输通道，大件运输通道应能满足设备最大件通过的需要。

（4）破碎硐室、转载硐室应设置独立的通风除尘系统和排水系统。

（5）破碎硐室、转载硐室应设手动或电动桥式起重机，以利设备安装和检修，起重机梁一般采用可拆式钢桁架。

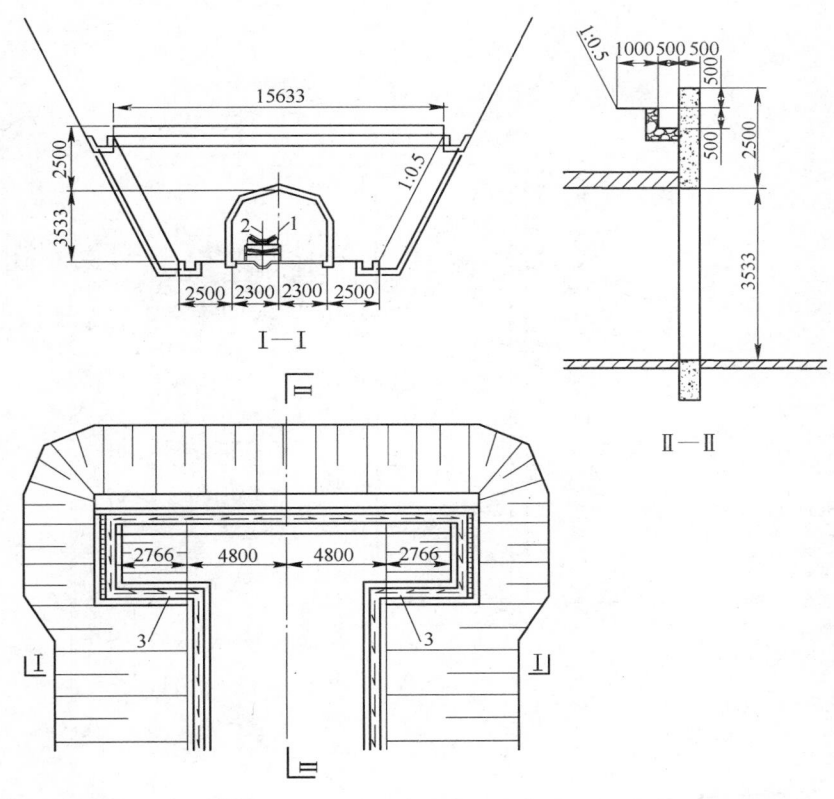

图 9 – 17　平硐硐口布置图

1—平硐中心线；2—胶带机中心线；3—急流水沟

（6）破碎硐室、转载硐室的平面尺寸一般根据设备外形尺寸、通道宽度、操作维修需要的场地尺寸确定，硐室高度由检修时起重机的起重高度确定。为了减少破碎硐室的跨度和长度，部分辅助设备宜布置在其他的辅助硐室内。

（7）破碎硐室使用年限一般较长，加上石灰岩易于风化，通常应采用钢筋混凝土支护，支护厚度可采用工程类比法确定，必要时可通过理论计算确定。

转载硐室在一般情况下也应采用钢筋混凝土支护。当转载硐室较小、围岩极其坚硬稳固时，可采用锚喷支护和锚喷网支护形式，设计采用何种支护形式应由结构专业确定。

（8）溜井下部采用颚式破碎机、锤式破碎机、反击式破碎机等破碎设备破碎矿石时，应采用重型板式给料机给矿；若以旋回式破碎机破碎矿石时，可采用闸门放矿；破碎后的矿石直接由胶带输送机运至水泥厂。

（9）破碎硐室的断面形状宜优先采用直墙圆弧拱形，矢跨比一般为 1/3 ~ 1/4，当围岩条件好且跨度较大时，矢跨比可减小至 1/5 ~ 1/8；当破碎硐室跨度较小、围岩条件较好时，也可采用三心拱形，矢跨比一般为 1/3 ~ 1/4。

因转载硐室断面较小，设计中宜优先采用直墙三心拱形，矢跨比一般为 1/3 ~ 1/4；当跨度较大时，也可采用直墙圆弧拱形；对于工程地质条件较差的，可采用马蹄拱形。

（10）破碎机硐室与胶带机中心线的关系有相互垂直和平行两种形式，设计中应优先采用相互垂直的形式，同时应满足破碎工艺的要求。

转载硐室与胶带机中心线的关系，应优先采用相互平行的形式。

## （二）布置实例

双转子单段锤式破碎机（能力 1400t/d）硐室布置图如图 9 – 18 所示，单转子单段锤式破碎机（能力 750t/d）硐室布置图如图 9 – 19 所示，不带中间仓转载硐室布置图如图 9 – 20 所示，带中间仓转载硐室布置图如图 9 – 21 所示。

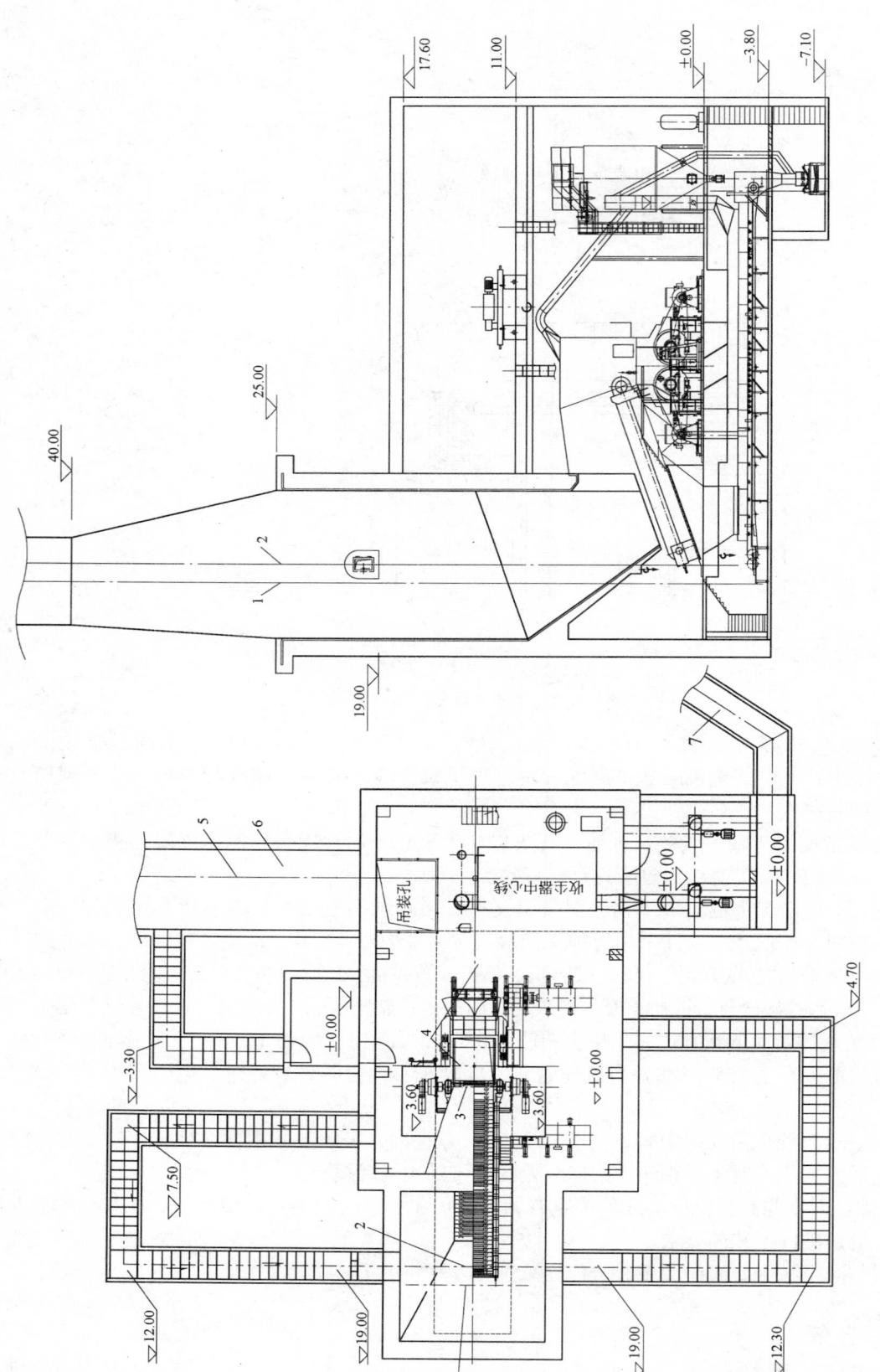

图 9-18 某石灰石矿工程双转子单段锤式破碎机硐室布置图

1—溜井中心线；2—矿仓中心线；3—板喂机头轮中心线；4—破碎机中心线；5—平硐胶带机中心线；6—平硐

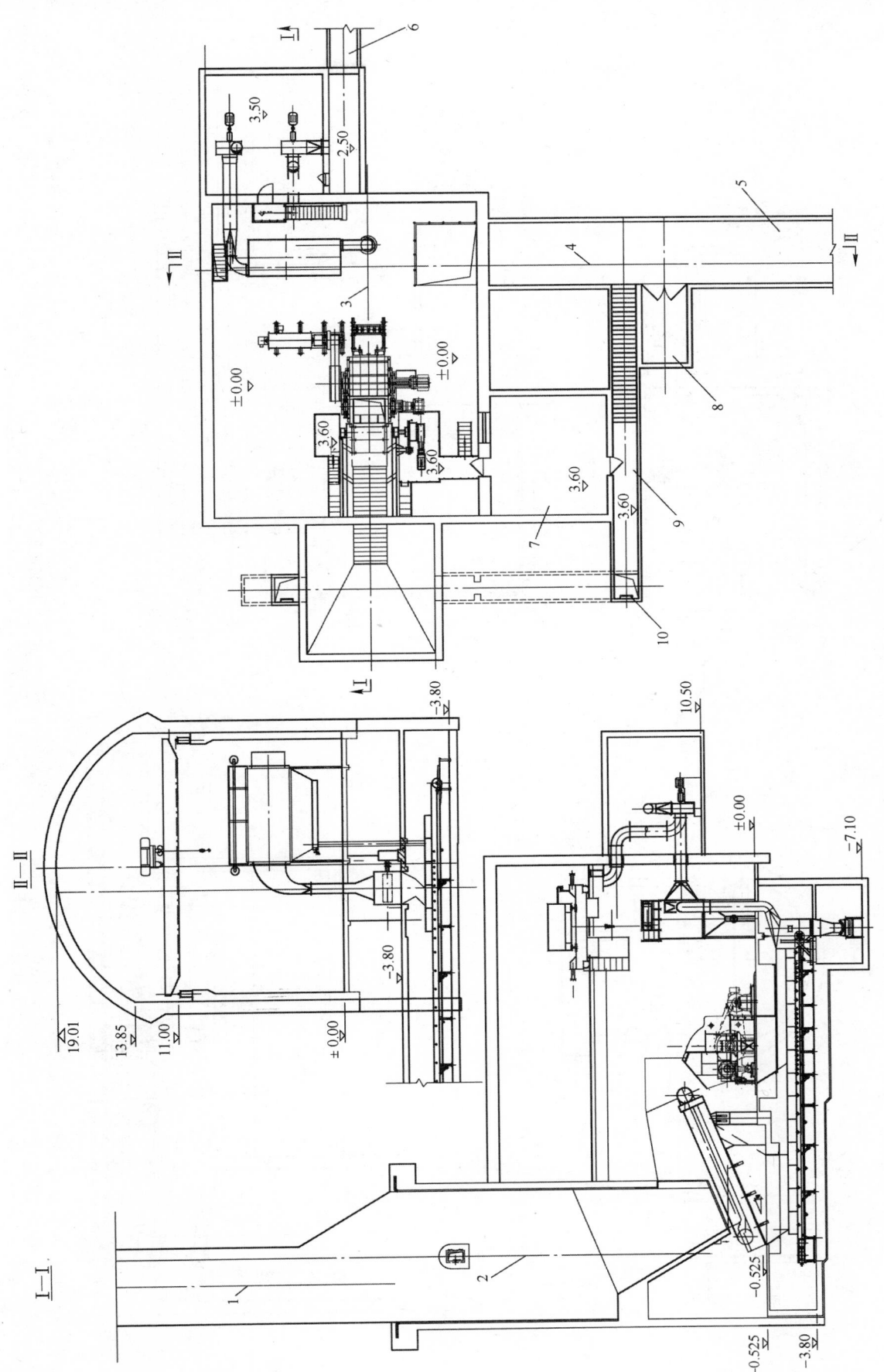

图 9-19　某大理岩矿单转子单段锤式破碎机硐室布置图

1—溜井中心线；2—矿仓中心线；3—破碎机中心线；4—胶带机中心线；5—平硐；6—通风斜井；7—电气室；8—变压器室；9—检查巷道；10—爬梯

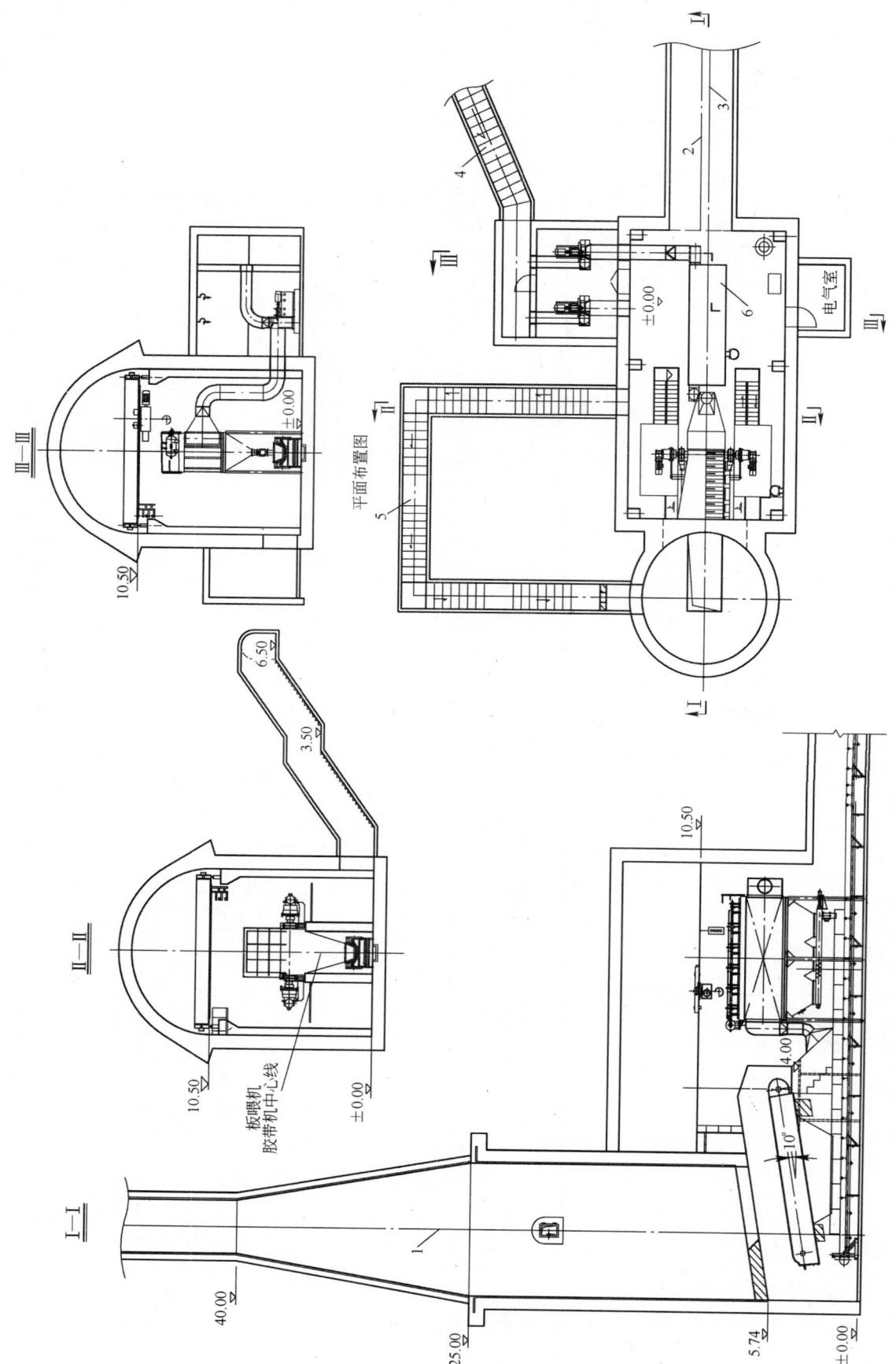

平面布置图

图 9-20 某石灰石矿不带中间仓工程转载硐室布置图

1—溜井（矿仓）中心线；2—平硐中心线；3—胶带机中心线；4—通风斜井；5—检查巷道；6—收尘器

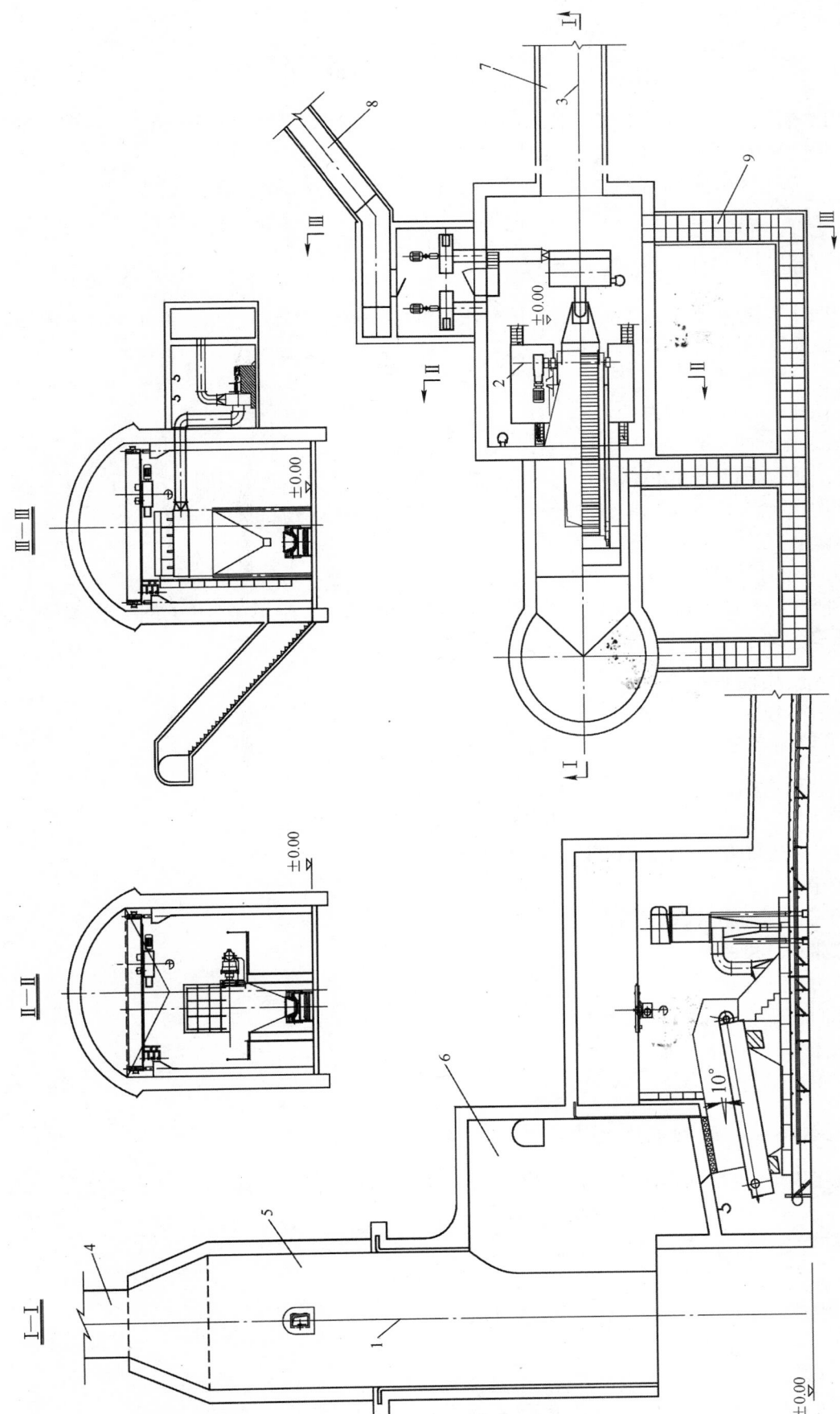

图9-21 某石灰石矿带中间仓转载硐室布置图

1—溜井（矿仓）中心线；2—板喂机头轮中心线；3—胶带机中心线；4—碎石溜井；5—矿仓；6—中间仓；7—平硐；8—通风斜井；9—检查巷道

## 第五节　溜井（溜槽）平硐系统的通过能力

目前，国内水泥用石灰石矿的单溜井系统的生产能力大多数超过了 200 万吨/年，个别矿山单溜井系统的生产能力超过了 600 万吨/年，而且还有相当大的发展潜力。

溜井（溜槽）平硐系统的生产能力与上部、下部运输所选设备的大小有关，也与卸矿平台、破碎设备等设计有关。通常，溜井（溜槽）平硐系统的生产能力应从以下几个环节加以验算。

### 一、溜井（溜槽）上口卸矿能力验算

目前，国内水泥用石灰石矿工作面都是采用矿用自卸汽车运输。自卸汽车在卸矿平台上的卸矿能力 $Q_1$ 按式（9 - 8）验算：

$$Q_1 = 3600TnQ_yf/t \tag{9-8}$$

式中　$Q_1$——自卸汽车的卸矿能力，t/班；

　　　$T$——班工作时间，h，$T = 8h$；

　　　$t$——汽车的卸车时间（包括调车），s，一般取 $t = 90s$，卸车和调车时间各占一半；

　　　$n$——卸矿平台允许的同时卸车数，一般 $n = 1 \sim 2$，根据需要完成的卸矿能力而定；

　　　$Q_y$——汽车的有效载重量，t；

　　　$f$——班工作时间利用系数，一般取 $0.65 \sim 0.75$。

若上部采用 32t 的自卸汽车运输，汽车的有效载重量按 30t 考虑，采用单车位的卸矿平台往溜井卸矿，其卸矿能力为 6720t/班。

### 二、平硐运输的通过能力

#### （一）采用胶带机运输时的通过能力

平硐内胶带机输送能力按式（9 - 9）计算：

$$Q_2 = B^2 k_{断} k_v v\gamma Tf \tag{9-9}$$

式中　$Q_2$——平硐胶带机输送能力，t/班；

　　　$B$——胶带机宽度，m；

　　$k_{断}$——胶带机断面系数；

　　　$k_v$——胶带机速度系数；

　　　$v$——胶带机速度，m/s；

　　　$\gamma$——物料容重，t/m³；

　　　$T$——班工作时间，h，$T = 8h$；

　　　$f$——班工作时间利用系数，一般取 $0.7 \sim 0.8$。

#### （二）采用铁路运输时的通过能力

当平硐内采用铁路运输且用闸门放矿时，平硐内铁路运输的通过能力按式（9 - 10）计算：

$$Q_3 = 60Tknqf/(t_1 + t_z) \tag{9-10}$$

式中　$Q_3$——平硐内铁路的运输能力，t/班；

　　　$T$——班工作时间，h，$T = 8h$；

　　　$k$——平硐运输不均衡系数，一般 $k = 1.0 \sim 1.2$；

　　　$n$——列车牵引矿车数量；

　　　$q$——矿车有效载重量，t；

　　　$f$——班工作时间利用系数，一般取 $0.65 \sim 0.75$；

$t_1$——列车入换时间，min；

$t_z$——列车装矿时间（包括对位），min。

## 三、放矿口的出矿能力

当采用硐室破碎时，出矿设备的出矿能力和破碎机的生产能力往往也是需要验算的一个重要环节。以出矿设备和破碎机的能力进行验算时，应计入一定的工作时间利用系数（作为设备检修或其他未知因素的影响时间）。

通常，采用连续出矿或硐室破碎的矿山，放矿口的出矿能力按式（9－11）计算：

$$Q_4 = Q_p T f \tag{9-11}$$

式中　$Q_4$——放矿口的出矿能力，t/班；

　　　$Q_p$——连续出矿设备在给定条件下的平均出矿能力，t/h；

　　　$T$——班工作时间，h，$T=8h$；

　　　$f$——班工作时间利用系数，一般取 0.7～0.8。

# 第六节　溜井平硐系统的通风除尘及排水

## 一、通风除尘

### （一）粉尘的危害

矿岩在装卸、运输及破碎过程中都会产生大量的粉尘，粉尘的危害性非常之大，它的存在不但导致生产环境恶化，加剧机械设备磨损，缩短机械设备的使用寿命，更重要的是危害人体身体健康，引起各种职业病。人体长期吸入粉尘，轻者会引起呼吸道炎症，重者会引起尘肺病。游离二氧化硅普遍存在于各种矿岩中，其含量对尘肺病的发生和发展起着重要作用，二氧化硅的含量越高，其危害性越大。

国家卫生标准对作业场所空气中总粉尘和呼吸性粉尘的浓度规定详见表9－12。

表 9 – 12　作业场所空气中粉尘浓度标准

| 粉尘中游离 $SiO_2$ 含量/% | 最高允许浓度/mg·m⁻³ | |
|---|---|---|
| | 总粉尘 | 呼吸性粉尘 |
| <10 | 10 | 3.5 |
| 10～<50 | 2 | 1.0 |
| 50～<80 | 2 | 0.5 |
| ≥80 | 2 | 0.3 |

溜井在放矿及矿石在破碎过程中都会产生较多的粉尘，因此对破碎硐室和转载硐室必须进行通风除尘。

目前，水泥矿山的溜井平硐系统均设有机械通风装置，同时要求尽量做到在风机停机时仍能进行自然通风，矿石比较潮湿不易扬尘时也可用自然通风。

### （二）通风除尘方法

破碎硐室和转载硐室通风除尘的基本要求是：应具有贯通风流的通风，同时对主要扬尘点进行密闭，以吸尘罩集中抽气除尘。破碎硐室的操作室可以单设专门的供风系统，供给操作人员清洁而温度适宜的空气，有条件的应尽可能将操作室布置在平硐以外。

破碎硐室的布置设计，应尽可能使矿仓处于破碎机后的尽头，以便于利用吸尘罩抽气时在硐室内形成贯通风流。当受到某种外界因素的限制，单靠吸尘罩抽气硐室的大部分空间处于死角中时，需要另增一套硐室换气的通风系统。目前水泥矿山破碎硐室大多采用了这种通风除尘方式。

### （三）通风除尘系统布置中应注意的问题

（1）破碎硐室、转载硐室应设有回风井巷。当利用独头巷道通风且风管较短，而污风已经除尘处理后，含尘量已符合国家卫生标准时，可以允许沿进风巷道敷设风管排出地面。

（2）通风除尘及通风换气均应采用抽出式，操作室的供气则应采用压入式。

（3）所有扬尘点均应进行密闭，并装设喷雾器。喷雾器水管的敷设应便于随时启闭和调节水量。

（4）通风除尘系统由如下环节组成：装在密封罩上的吸尘罩—含尘风管—除尘器—风管—通风机—排风管—回风井巷。为了避免粗颗粒矿粉沉降于风管之中，影响通风除尘工作，含尘风管应采取垂直或急倾斜敷设，尽量不采用水平或缓倾斜敷设，同时除尘器应靠近扬尘点以缩短含尘风管的长度。

（5）除尘风管采用垂直方向敷设时，风速一般应为 8～12 m/s；采用倾斜或急倾斜方向敷设时，风速一般应为 12～16m/s；特殊情况需要采用水平或缓倾斜方向敷设风管时，风速宜采用 18～22m/s，且水平或缓倾斜除尘风管不宜过长。

（6）除尘风管每隔一定的距离应装设清扫孔，以便定期清扫管中的积灰。

（7）吸尘通风机与抽风换气的通风机宜设在同一间通风机室内，便于管理。

### 二、系统的排水

（1）尽量防止采矿场内的雨水汇集流入溜槽、溜井之中，通常可在溜井、溜槽附近设置截水沟和排水沟。

（2）为了防止溜井、矿仓中的泥浆流入破碎硐室，破碎硐室要做好排水设计，并与平硐的排水沟连成一个整体排水系统。

（3）南方多雨地区，若矿石中含土量较大，雨季前必须清理排水沟的积泥，以保证排水通畅。其他地区的溜矿系统的排水沟也应定期清理。根据地处西南的都江堰大尖包石灰石矿的生产情况表明，只要注意及早清理，是可以保证水沟的通畅的。

## 第七节 采矿场内溜井降段

### 一、溜井降段的原则

溜井布置在采矿场内时，随着开采台阶的下降溜井要进行降段，正常情况下，每次降段的高度与准备的新水平台阶高度相同，以便新台阶卸矿。为了使溜井在降段时生产不致中断，通常是将半壁溜井先降段，另半壁溜井暂时保留供原开采台阶卸矿，直到该台阶矿石全部回采完毕后再进行降段。

采矿场内溜井降段的原则如下：

（1）加快溜井降段速度，减少降段时影响生产的时间，有条件时将溜井降段的时间尽量与水泥厂停窑检修的时间相一致。

（2）防止降段时大块矿石掉入溜井，造成溜井堵塞而影响生产。

### 二、直接爆破降段法

直接爆破降段法是沿溜井口四周进行穿孔、爆破，爆破后的矿石直接落入溜井内。为了减小直接落入溜井的矿石块度，防止大块矿石堵塞溜井，实施时应加密炮孔，增加炮孔装药量，严格控制大块矿岩的产生，改善爆破质量。为避免溜井下部给矿设备、矿仓底部结构受爆破矿石流的冲击，溜井内仍应保持一定高度的贮矿缓冲保护层。

采用直接爆破降段法时，溜井降段期间的放矿作业可与降段的穿孔作业同时进行，溜井降段期间停产时间短；爆破的矿石可直接进入溜井或通过挖掘机、推土机搡入溜井，节省汽车运输环节，从而减少溜井降段的总费用。

通常，采用直接爆破降段法的溜井应具备以下条件：

（1）溜井周围矿体的可爆性较好，通过采取适当措施（如加密炮孔、增大装药量）后确实能杜绝大块矿石的产生。

（2）溜井穿过的岩体全部为矿石，或虽存在少量夹石但爆破后混入溜井，不影响石灰石的进厂质量。

（3）溜井断面较大或使用若干年后已磨损扩大，采用直接爆破降段时不易发生溜井堵塞事故。

（4）该方法只适合于部分块石溜井的降段，不适合碎石溜井的降段。

### 三、贮矿爆破降段法

溜井贮矿降段的特点是在降段爆破之前先将溜井充满矿石，然后进行降段作业，从而避免降段爆破产生的大块矿石进入溜井造成溜井堵塞。该方法最大的优点是安全可靠，适合于在矿山投产初期或碎石溜井降段时采用。

贮矿式溜井降段的具体步骤如下：

（1）先在溜井周围不影响卸矿平台的部位进行穿孔。

（2）溜井停止放矿，集中运输设备将溜井贮满。

（3）在卸料平台上进行穿孔后，装药起爆。

（4）爆破完毕后，先将溜井口及周围的矿石用液压挖掘机倒运到附近位置，清除大块矿石。

（5）溜井溜放矿石，恢复溜井生产。

### 四、堑沟降段法

堑沟降段法非常适用于采矿场内部单溜井的降段，是国内水泥用石灰石矿山最常用的溜井降段方法。由于掘进堑沟的位置不同，可细分为直进沟降段法和螺旋沟降段法。

#### （一）直进沟降段法

为了保证溜井在降段时生产不致中断，通常是将溜井口漏斗分成两部分，先将卸矿平台的对面半边溜井进行降段，保留原卸矿平台供原开采台阶卸矿，最后再对另半壁溜井进行降段。直进沟降段法具体步骤如下：

（1）在公路连接方便的地方，距溜井一定距离向溜井方向掘进纵坡约10%的临时出入沟，当堑沟掘进到溜井附近时，达到拟准备的新水平标高。有条件的矿山可直接掘进纵坡为7%～8%的永久性出入沟。

（2）在先降段的半壁溜井口漏斗附近穿孔、爆破。为防止爆破时大块矿石滚入溜井造成溜井堵塞，靠近溜井口的炮孔应予以加密并适当增大装药量。当采取措施后仍不能保证进口爆破不产生大块时，可考虑将溜井贮满矿石。

（3）由溜井口新水平向外开挖段沟。对于最开始采用掘临时出入沟的，此时还应再掘出入沟。

（4）当原开采台阶矿石回收完毕后，再削去开始保留的另半壁溜井。

溜井直进沟降段示意图如图9－22所示。

#### （二）螺旋沟降段法

螺旋沟降段法的特点是在扩大了的溜井漏斗口边上环绕溜井向下掘进单壁堑沟，下降到新水平标高后再向外开段沟。由于入车沟处在溜井漏斗边缘上，穿爆作业条件相对较好，爆破后的矿石可直接用液压挖掘机、推土机捣入溜井内，不需要装车运输，因此降段速度较快。螺旋沟降段法的具体步骤如下：

（1）降段前先将溜井口原有漏斗扩大，以便沿溜井口漏斗挖掘螺旋出入沟。

（2）因螺旋出入沟仅行驶空车，且为临时沟，故可将纵坡增大至12%，以缩短出入沟长度。为保证挖掘机工作安全，出入沟宽度不宜小于15m。

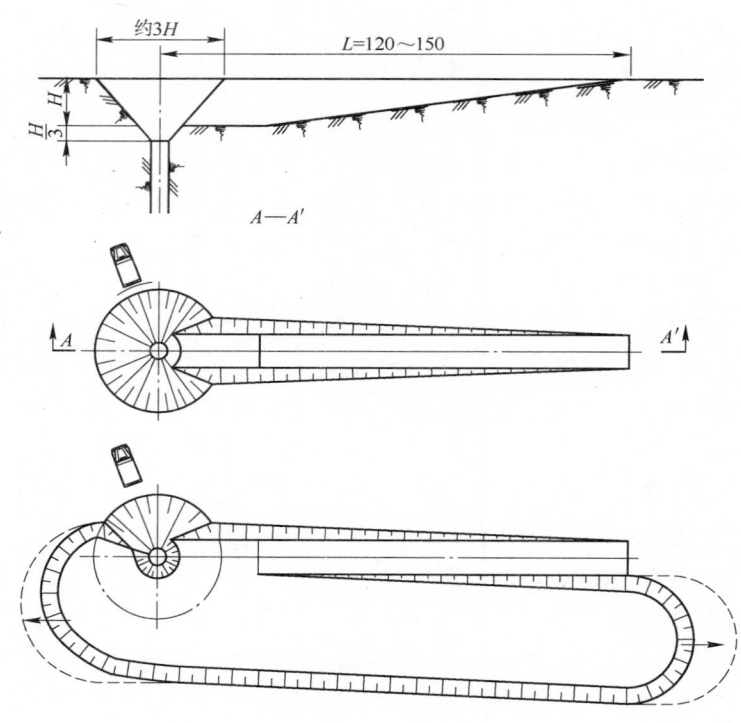

图 9 – 22 溜井直进沟降段示意图

（3）开挖新开采水平的开段沟，修建上、下台阶联系的出入沟。
螺旋沟降段程序如图 9 – 23 所示。

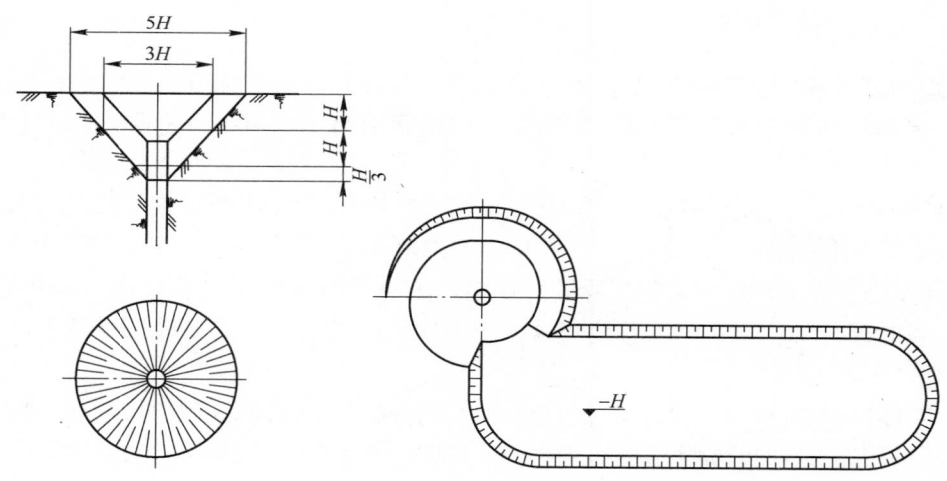

图 9 – 23 溜井螺旋沟降段示意图

## 第八节 溜矿系统的磨损原理

### 一、垂直块石溜井

垂直块石溜井的磨损一般分为冲击磨损和接触移动磨损两种。冲击磨损是通过式溜井及贮矿溜井的非贮矿段井壁的主要磨损方式，接触移动磨损则是溜井贮矿段井壁的主要磨损方式。

## （一）冲击磨损

当溜井口没有设置格筛时，卸入溜井的矿石的运动轨迹是以卸入角为 $\theta$（$\theta \neq 90°$）的一条抛物线，它在下落到一定深度时碰撞对面井壁，碰撞井壁后反弹回的矿石又将在下落一个更大的深度后碰撞另一面的井壁（俗称矿石在溜井内来回打"乒乓球"）。井筒上的这些受碰撞部位在很大的瞬时冲击力和高速摩擦下被破碎，并逐渐扩大而成凹坑，矿石经几次折返后以接近垂直方向下落，因此井筒上段的磨损不均匀，局部磨损很大。井筒下段的磨损一般较弱，且相对均匀。

通过现场调查可知，当溜井口未设置格筛时，溜井上段大体在40m以内的磨损较下段要大很多，这主要是由于冲击磨损产生的。

## （二）接触移动磨损

接触移动磨损是矿石水平侧压力对井壁所产生的摩擦力在相对移动中发生的磨损，该磨损发生在溜井的贮矿段，磨损程度一般较均匀，对溜井的影响也相对较小。当溜井口设置条形格筛后，由于矿石基本是垂直下落的，此时溜井的磨损基本上未接触移动磨损，磨损程度也相对比较均匀。

## 二、碎石溜井

通常，破碎后的石灰石碎石是采用胶带输送机运送至碎石溜井的，此时矿石的运动轨迹基本处于自由落体运动，加上破碎后的矿石粒度较小（基本上小于350mm），对溜井侧壁冲击力非常有限，故碎石溜井的磨损基本为接触移动磨损，该磨损通常会比较均匀，对溜井的正常使用影响不大。

## 三、斜溜井

斜溜井上段（非贮矿段）的磨损也属冲击磨损，主要磨损部位取决于溜井的形状，对于矩形断面的斜溜井主要是底板磨损最重。矿石在斜溜井中的运动方式一般呈波形跳跃，在底板上出现不等距离的冲击坑。斜溜井下段（贮矿段）中的矿石，在运动中往往还会发生自然分级，靠近顶板部分的矿石块度大，流动速度快，对顶板井壁磨损程度较大；沿溜井底板的矿石通常为细料和粉料，移动速度最小，因而底板的磨损最小。当倾角小到一定程度时甚至不移动，这样一来又会造成溜井堵塞。

## 四、溜槽

溜槽犹如无顶板的斜溜井。通常矿石在溜槽中的运动状态并非全滑动，团块状的矿石除滚动外也按照不等波长的波形沿槽跳跃而下，溜槽越长，速度越大，跳动也越大，因而在底板上形成不等距离的冲击坑。这种冲击坑又常导致矿块的歪斜弹跳而冲击溜槽的侧帮。溜槽若在中途有折转，沿着矿流折转处的磨损会进一步增大，出现更大的冲击坑。

当矿石中夹带有较多的塑性黏土时，常常会在溜槽底板黏结一层黏土层，该黏土层能减轻溜槽底板的磨损。与此同时，由于溜槽底板黏土层的存在，会导致矿石在溜槽中的滑动运动状态大为减少，几乎全部变成跳跃运动，矿石对溜槽侧帮的冲击磨损会进一步加剧，故黏土层的存在会加大溜槽的磨损。同时，由于溜槽底板上富集的黏土层通常为不透水层，经反复砸实后要想清除难度非常大，往往会在雨水附着到一定程度后突然垮塌，产生泥石流。如四川峨眉水泥厂的长溜槽曾经就发生过泥石流事故，导致溜槽下方的设备被损坏。故对于黏土含量多和降水量大的矿区要慎用长溜槽开拓运输方式。

## 五、矿仓

矿仓内的磨损基本为接触移动磨损。由于矿仓下部直接与板式喂料机相连，故矿仓四壁的磨损情况则不相同。一般而言，仓壁的磨损与该部位矿石的流动方式和速度有关，通常靠近溜口上部仓壁的矿石流动速度较快，磨损也相对较大。另外，由于溜口放矿时，仓内矿石是按拱形传递崩落的，矿石经常会冲击溜口前面的额墙，严重者甚至击穿或冲垮额墙。大同七峰山、永登花鹿坪石灰石矿溜井的溜口额墙背后钢板及工字钢均被冲坏过数次，因及时修复后才未酿成大祸，而个别其他石灰石矿由于未及时发现并予以修复，加上溜井堵塞后处理措施不当，导致了重大事故的发生。靠近矿仓侧壁的矿石由于流动速度通常会较低，故磨损也较轻。矿仓后壁及底板，由于会有一些粉矿堆积，几乎不会有什么磨损。

### 六、影响溜井磨损的因素

根据对正在使用的溜井系统进行调查和研究分析，影响溜井磨损的因素如下：

（1）溜井深度的影响。在垂直溜井的非贮矿段内，不论溜井井壁岩层坚硬与否，均会有明显的冲击点。通常第一个冲击点的磨损最大，以后各冲击点磨损逐渐减弱，一般经过若干个冲击点之后变为中心落矿，故冲击磨损主要发生在溜井的上段约40m深的范围内，溜井深度的增加不会加大冲击磨损的深度。

（2）溜井直径大小对冲击磨损的影响。随着溜井直径的增大，第一个冲击点的深度和冲击力也会增大，各冲击点之间的间距均相应加大，但冲击次数会相应减少。故适当增大溜井的直径，除了能减少溜井发生堵塞几率，还有利于减少矿石对井壁的冲击次数，减轻矿石对溜井的冲击磨损。

（3）卸矿口结构对冲击磨损的影响。卸矿口结构直接决定矿石从卸矿口进入溜井的方向和运动速度，对矿石冲击井壁的次数和冲击磨损程度有重大影响。因此，为了减轻矿石对溜井井壁的冲击磨损，以延长溜井使用寿命，必须合理地选择卸矿口结构。如生产中可以在溜井口增加钢格筛，一方面可以控制入井的矿石块度，从而降低溜井发生堵塞的几率，另一方面可以改变矿石进入溜井的方向，使矿石垂直落入溜井，使矿石对溜井井壁的冲击磨损基本消除。另外，设计中还可以在垂直溜井的上部布置一段短溜槽（约为一个正常台阶的高度），并适当将溜槽的角度放缓，可以降低矿石进入溜井的速度，也就是降低矿石的动能，从而达到减少对溜井井壁冲击磨损的目的。

（4）溜井围岩物理力学性质对磨损的影响。溜井的磨损程度和速度，在很大程度上取决于溜井所穿过岩层的岩质坚固性和完整性情况。对于开凿在抗冲击性和耐磨性较好的围岩中的溜井系统，溜井的磨损程度肯定会较低；而那些开凿在松软围岩中的溜井，毫无疑问，矿石对井壁的冲击磨损会十分严重。实践表明，对于抗冲击性好的岩石，受冲击后易形成冲击坑，往往在坑内自然堆积粉矿，从而减弱了冲击磨损的发展，而对于软弱和抗冲击性差的岩石，受到冲击后不能形成冲击坑堆积粉矿，因此磨损继续扩大。

（5）溜放矿石的块度对井壁磨损的影响。溜放矿石的块度越大，矿石受到空气的阻力越小，矿石的速度会越快，矿石接触到溜井井壁时的动能就越大，动能大必然对溜井井壁产生的冲击磨损大，故生产中要尽量控制大块矿石进入溜井的几率。生产实践表明，碎石溜井受到的冲击磨损几乎可以忽略不计，其磨损主要是接触移动磨损。一般而言，建设碎石溜井时工程地质条件可以不那么严格要求，这主要是基于碎石溜井中几乎没有冲击磨损，而接触移动磨损虽然对溜井的使用有一定影响，但程度远不及冲击磨损大。

此外，溜井溜放矿量的多少、溜井施工质量及生产管理等因素均会对溜井井壁磨损造成影响。通常，溜井溜放的矿量越多，井壁磨损也就越大，但不会是一个正比关系，一般初期单位磨损值较大，后期单位磨损值会较小，这主要是因为晚期溜井井筒的平均直径相应增大，井壁磨损随之相应减少的缘故。溜井施工质量是指开凿溜井的垂直度、岩帮表面光滑度或加固结构的平整性和牢固性等，这些也会影响溜井的磨损程度。在生产管理方面则要求在保证不堵塞的前提下，尽量增高溜井贮矿高度，有条件的要尽量做到满井生产，溜井经常放空是造成溜井井壁磨损加剧的重要原因，在生产中应该切实避免。

## 第九节　溜矿系统的加固

某一石灰石矿在选用溜井平硐开拓方式前，通常会委托工程勘察单位对拟建溜井系统进行工程地质勘察，溜井系统基本能避开较大的破碎带、溶洞、断层及节理裂隙发育地带，否则会调整溜井的位置，故一般不需考虑对整条块石溜井进行加固的情况。但溜井穿越的岩层中局部出现小的断层、破碎带、溶洞的可能性还是很大的，此时可对其局部进行加固。对于碎石溜井，由于井壁基本不存在冲击磨损，在不得已的情况下，可以进行全溜井加固。一般而言，为了保证矿仓下面的喂料设备和破碎机设备的安全运转，不管围岩工程地质条件如何，都应对矿仓进行加固，通常矿仓应采用钢筋混凝土加固，内衬钢轨或高锰钢板，从而降低矿石对混凝土矿仓的磨损。几个石灰石矿溜井系统的加固实例介绍如下。

## 一、某石灰石矿 1 号、2 号溜井的加固

某石灰岩矿属中 - 低山区，海拔标高 1060 ~ 1606.9m，相对高差 546.9m。矿区地形陡峭，山势险峻，溜井平硐开拓运输方式是比较合理的选择。

1 号块石溜井工程地质条件为：溜井穿过的地层从新到老依次为第四系全新统残坡积粉质黏土、崩坡积物，三叠系上统长石石英砂岩、粉砂岩夹页岩、薄煤层、炭质页岩，三叠系下统石灰岩，二叠系上统石灰岩，二叠系下统石灰岩。破碎硐室地层为石灰岩（$P_1m$），细晶结构，薄 - 中厚层、块状构造，节理裂隙较发育，岩质较硬，抗压强度 44.76 ~ 89.14MPa，$RQD$ 指数为 70%；地下水主要为基岩裂隙水，硐室标高处地下水贫乏，水文地质条件简单。溜井勘探范围内围岩稳定性整体较好，主要为Ⅲ级围岩，少部分Ⅳ级围岩，局部为Ⅴ级围岩。

2 号碎石溜井工程地质条件为：转载硐室地层为石灰岩（$P_2c$），细 - 中晶结构，薄 - 中厚层状构造，节理、裂隙发育，局部裂隙间充填有煤线、泥炭质土等，为较软岩，岩体破碎，岩芯呈碎块状及短柱状。天然极限抗压强度 18.30 ~ 53.08MPa，$RQD$ 指数为 40%；竖井内岩体完整性属于破碎类，勘探揭露 2 号溜井中岩石的基本质量级别为Ⅴ级，岩石稳定性差，且厚度较大，局部岩体极破碎，开挖过程中及开挖后遇水、震动极易大面积塌落。设计及施工时应充分考虑井口、井壁的稳定性等一系列岩土工程问题。

1 号块石溜井主要是在Ⅲ类围岩中开挖，施工过程不会存在太多风险，但生产中可能会导致溜井井口及井筒磨损过快的问题，针对具体情况，设计中对 1 号块石溜井进行了锁口设计，并增加了一段短溜槽，同时对溜井最上部易遭受冲击磨损的部分进行了钢筋混凝土加固，避免了溜井井口被冲刷得过快而影响溜井系统的使用。

对于 2 号碎石溜井，由于布置在Ⅴ类围岩中，设计中对整段溜井从上到下进行了钢筋混凝土加固，为了防止接触移动磨损对混凝土磨损过快，井壁内衬 16mm 厚的锰钢板。溜井加固分两阶段进行，即采用初期支护和二次衬砌。初期加固前先单层钢筋网，钢筋采用 $\phi$8mm，网格间距 20cm × 20cm，采用 C25 微纤维混凝土喷射，厚度为 170mm，并沿溜井径向布设 $\phi$32 中空注浆锚杆，锚杆长 2.0m，锚杆间距：1.0m × 1.0m（环 × 纵），梅花形布置。二次衬砌采用 C30 钢筋混凝土支护。2 号碎石溜井加固方法如图 9 - 24 所示。

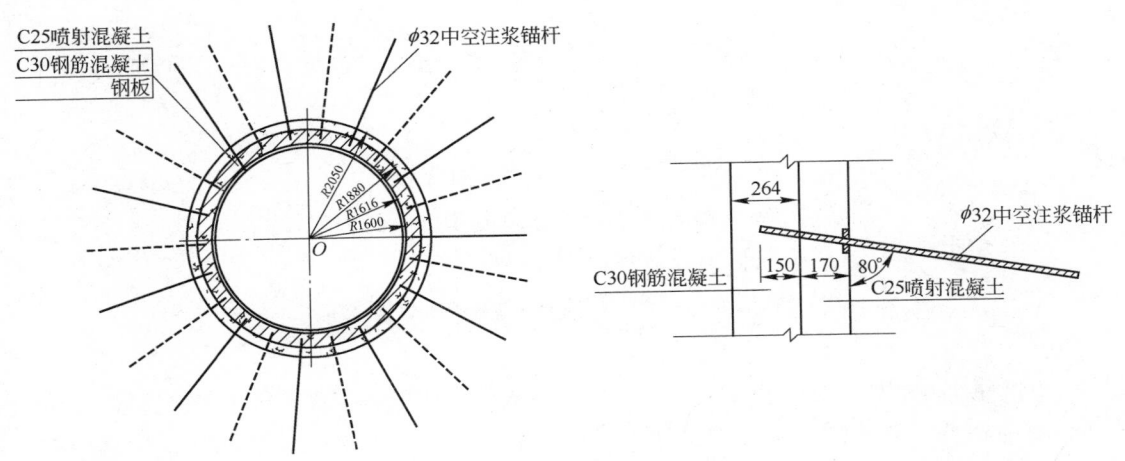

图 9 - 24　某石灰石矿 2 号碎石溜井加固方法图

## 二、块石溜井的加固

某石灰岩矿床根据工程勘察资料，溜井穿过的岩层主要为寒武系地层。上部为青灰色厚层状致密块状灰岩，厚约80m。岩层走向北东，倾向南东，倾角40°~60°；中部为含鲕致密块状灰岩，微粉晶结构，致密块状构造；下部为泥质块状灰岩，岩质坚硬，抗压强度在69.1~149.2MPa之间，适合建设溜井工程。

整个溜井施工过程中，在距离井口73m高度位置发现一个较大的溶洞，后来业主请来了地勘单位的有关技术人员，经现场踏勘，他们认为该溶洞延深长度非常有限，只需将其充实即可。施工中，首先将该溶洞中的充填物清除干净，然后直接往溶洞中充填混凝土，直至将整个溶洞充满为止。实践证明，局部碰到溶洞后采用混凝土充填是一个行之有效的方法。

## 三、碎石溜井的加固

某石灰石矿山根据溜井平硐工程岩土工程勘察报告书：溜井穿越地层为中风化灰岩，岩体质量级别为Ⅲ~Ⅴ，岩石饱和单轴抗压强度基本在40MPa左右，岩体强度不足；同时，在Ⅵ、Ⅴ类岩体中的 *RQD* 为0~27%，节理裂隙发育，岩芯极破碎。溜井深度80m（海拔1480~1400m），其中岩体为Ⅲ类的厚度为27.46m，占溜井总深的34.3%；岩体为Ⅳ、Ⅴ类的厚度为52.54m，占溜井总深的65.7%，且基本分布在溜井下部及矿仓中。岩体的自稳能力差，属不稳定岩层。鉴于该矿山的溜井溜放的矿石为粗破后的石灰石碎石，冲击磨损远小于溜放块石的溜井，设计中决定对该溜井进行全断面加固。溜井加固分两阶段进行，即采用初期支护和二次衬砌。初期加固前先单层钢筋网，钢筋采用 $\phi8mm$，网格间距20cm×20cm，采用C25微纤维混凝土喷射，厚度为170mm，并沿溜井径向布设 $\phi32$ 中空注浆锚杆，锚杆长2.0m，锚杆间距：1.0m×1.0m（环×纵），梅花形布置。二次衬砌采用C30钢纤维混凝土加固，厚度280mm。碎石溜井加固方法如图9-25所示。

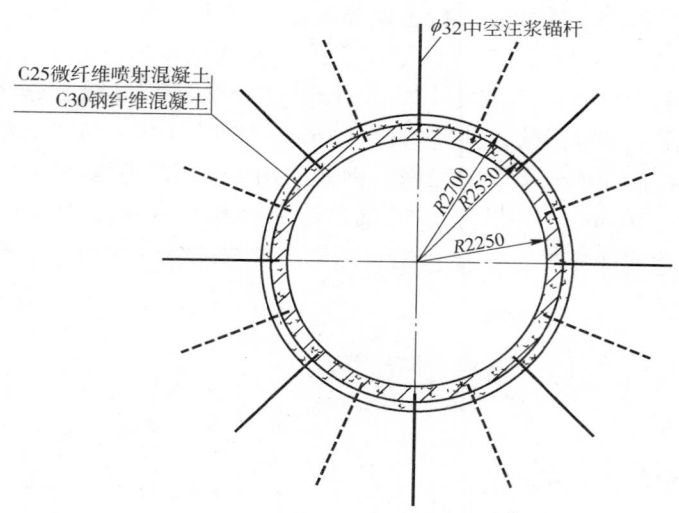

图9-25 碎石溜井的加固方法示意图

## 第十节 减少溜井磨损的措施

溜井系统的磨损原因很多，适度的磨损是正常的，也是允许的，但如果不加以控制，有可能会导致磨损的意外加速，减少系统使用寿命，甚至酿成事故。故不论何种情况下，在实际使用过程中，均应针对性的采用一些方法来减少系统的磨损速度，延长系统使用寿命。

一般来说，以下方法可以供各使用厂家予以参考：

（1）溜井系统应设置在岩质坚硬稳固、完整性好的岩层中。选择溜矿系统的位置时，除了要从开采方法、开拓系统的技术经济合理性来考虑外，还应重点研究拟选溜井系统穿过岩层是否坚硬稳固。对于溜放碎石（破碎后）的溜井，工程地质条件可适当降低，不得已时还可对溜井进行加固。

（2）合理地设计溜矿系统。溜井系统最好采用圆形断面的垂直溜井，溜井直径应不小于溜放矿石的5倍，溜井下部通常要设置贮矿仓，矿仓下部宜采用板式给料机强制连续出矿。设计中应尽量少用分枝溜道往溜井中卸矿，块石溜井系统应尽量布置在采场内，溜井可随采矿场同期降段；对于一些地质条件不太好而进行加固的碎石溜井，由于其降段难度较大，设计中应尽量将溜井布置在采场外。

（3）井口建议增设条形钢格筛，控制矿石入井角度，实现溜井中心落矿。石灰石矿山多数采用矿体内单溜井系统，解决中心卸矿问题最有效的办法就是在溜井口加设条形钢格筛，减少矿石入井时对井壁的冲击磨损。

（4）增加溜井的贮矿深度，尽量做到满井生产，可以减少矿石对井壁的冲击次数，降低矿石对井壁的冲击磨损。对于围岩不太好的深溜井采用这种办法来保护井筒，其效果更为显著。

（5）控制进入溜井的矿石块度，防止大块矿石进入溜井，既可降低矿石的冲击动能，又可以减少大块矿石发生堵塞的机会。如永登大闸子石灰石矿，生产管理人员充分研究了矿岩的物理力学特性，经多次试验得出符合该矿山的爆破参数，降低了矿石的大块率，进入溜井的矿石粒度均在600mm以下，对于超过600mm的大块矿石则用液压碎石机将其击碎后装车。

（6）加强现场施工监理，提高溜井系统的施工质量。施工时应保证开凿的溜井、溜槽满足设计要求，确保溜井、溜槽中心线笔直，井筒及槽底爆破圆滑平顺。

（7）对于进行局部加固的溜井或矿仓要定期进行检查，严重磨损的部位应及时加固，检查时间可安排在工厂回转窑检修时同时进行。

实践证明，上述几种以防为主的减轻溜井磨损的措施，简单易行、生产成本低，并能保证矿山正常生产，在大多数采用溜井平硐系统的石灰石矿山中得到了广泛的应用。

# 第十一节　预防和处理溜井堵塞

## 一、溜井堵塞原因分析

通过对多个石灰石矿山溜井系统的使用情况调查表明，溜井发生堵塞的原因主要有：

（1）溜井系统参数设计不合适。如有的矿山由于溜井直径偏小，生产初期容易造成溜井堵塞，当生产几年后，随着溜井的逐渐刷大，发生堵塞的几率逐渐降低。

（2）溜井系统施工质量差。有的溜井采用分段施工时接头处连接不正，有的矿山溜井井壁和溜槽槽底凹凸不平，这些都是造成溜井堵塞的原因。

（3）溜井局部岩层的工程地质较差。有的矿山溜井大部分都处在岩质坚硬、完整性好的岩层中，只有局部岩层工程地质条件稍差，当受到溜放矿石的冲击后有时会造成局部垮塌，从而产生大块和造成溜井堵塞。

（4）爆破参数不合适，进入溜井的矿石粒度大，大块比例高，当几块矿石互相挤压咬死时容易发生溜井堵塞。经验表明，进入溜井最大矿石粒度不得大于溜井直径的1/3。

（5）生产初期矿山含土量大，生产中往往是连矿带土一并卸入溜井。由于粉泥混合黏聚力和内摩擦角较大，在冲击压力作用下松散矿体间的黏聚力增大产生固结，易形成黏性拱堵塞。

（6）水泥厂停窑检修时期，溜井中存放了较多的矿石而未及时放出，随着贮矿时间的延长，在重力、内外摩擦力及黏聚力的共同作用下，松散岩块重新排列和改变结构，导致其压实度增大，引起内摩擦系数及黏聚力进一步增大。当压实度及黏聚力增大到一定程度时，溜井中松散物料会失去松散性，导致结拱堵塞。

（7）部分废弃的钢材、木材、钢丝绳等杂物进入溜井，阻止了矿石在溜井内的正常溜放，从而造成堵塞。

## 二、预防溜井堵塞的措施

通过对多个石灰石矿山溜井系统的使用情况调查表明，只要溜井系统各参数选择合适，施工质量得到保证，严格按溜井放矿规律组织生产，溜井发生堵塞的几率可以减小到很低的程度。下面将调查过的几个石灰石矿山预防溜井堵塞的措施归纳总结如下：

（1）设计时要仔细研究已知的地质资料，正确选择溜矿通道的各个参数，确保溜矿系统的结构合理。

（2）选择优秀的施工单位，重视溜矿系统的施工质量。施工中对于分段施工溜井时接头必须要对正，防止溜井断面有突然地收缩及转折，溜井井壁和溜槽槽底不得凹凸不平。对于局部加固的地方要保持平整并严格按设计要求进行施工，保证施工质量。

（3）生产中要加强溜井平硐系统的日常管理，定期对溜井、溜槽或矿仓进行维护检修。建立健全溜矿系统的放矿制度，落实各级人员的岗位责任制，加强监督检查，发现违反规定时应及时制止和纠正。

（4）严格控制块石溜井的入料粒度。一般情况下，入料粒度不大于800mm应占90%以上，对于生产中粒径大于1000mm的矿石应在开采工作面采用液压碎石机将其击碎后装车，严禁将大于1000mm的块石卸入溜井。

（5）为避免矿石来回冲击溜井井壁，最好在溜井口安装可拆卸的条形钢格筛，尽量使矿石垂直落入溜井内，减少矿石对溜井井壁的冲击磨损。

（6）生产初期应加强矿山的表土剥离，控制矿石中的含土量，雨季时尤其要严格控制。对容易造成堵塞的杂物，如废旧钢材、木材、钢丝绳及含水量较大的黏性物料等均不得卸入溜井。

（7）矿山生产中，应保持满井生产和经常性放矿制度，一旦发现溜井下矿不畅时，应停止向溜井内卸矿，并立刻向主管领导报告发生的情况。主管领导应及时组织有关人员进行分析和排查，找出溜井下矿不畅的原因并详细备案，以便吸取教训、总结经验、预防同类堵塞事故的重复发生。待溜井正常放矿后，方可恢复生产。

（8）生产中严禁将溜井、矿仓放空，避免矿石直接冲击溜井下部的土建结构和设备，同时要对矿仓中安装的料位计进行经常性保养与维护，保证料位计工作正常。

（9）井口应按设计要求保持良好的排水系统，保证外部水源不进入溜井内。一旦发现溜井积水时，不得再向溜井内卸入粉矿，并应采取安全措施，妥善处理积水后方可放矿。

（10）水泥厂停窑大修时，矿山也应同时停止生产，并将溜井中的矿石放至只留有底部保护层厚度的位置，防止大量物料在溜井中停留时间过长而发生堵塞。在此期间，要对整个溜矿系统进行检修和维护，确保溜矿系统能正常使用。含泥土较多的矿山，每年雨季前应清除矿仓或溜槽的积土。

（11）溜井遇意外情况需要停止下矿时，应每隔一定时间开启破碎机和板式喂料机，生产0.5~1h，以防止溜井"结拱堵塞"。

## 三、处理溜井堵塞的方法

矿山溜井一旦堵塞，若不及时处理，将会严重影响矿山的生产。目前，国内石灰石矿山常用的处理溜井堵塞的方法有以下几种：

（1）竹杆爆破法。这种方法是将药包捆扎在竹杆上，放在堵塞物下面进行爆破。该法处理堵塞效果较好，但需人员到溜井内安置药包，危险性比较大，它能够处理的堵塞高度一般仅在十几米以内，超过十几米后就不能采用这种方法了。

（2）灌水法。此法应慎重使用。该方法是将水从溜井上口灌入，靠水的重力作用不断渗透到堵塞物中，以减小堵塞物之间的黏结力，破坏堵塞物的拱平衡，使堵塞物自然垮落。这种方法可以处理不同的堵塞高度，但潜在的危险性非常大，一旦水灌入井内，整个溜井周围就形成危险区域，而且堵塞物垮落时间无法预料，时间短的需要几小时，时间长的可能需要几天或者更长。当堵塞物突然垮落后，溜井内的水与堵塞物会形成一股强大的泥石流，冲击破坏整个溜井底部结构，有的甚至会将破碎硐室内的设备冲坏，从而造成第二次停产。

（3）气球携带炸药爆破法。将炸药绑在氢气球上，由氢气球将炸药升至堵塞物的下方进行爆破，靠爆破振动破坏堵塞物的拱平衡，从而使堵塞物垮落。这种方法与竹杆爆破法采用的原理是一致的，但处理堵塞高度要比竹杆爆破法大，在一些石灰石矿山中得到了较多的应用。

（4）矿用火箭弹爆破法。该方法是采用矿用火箭弹直接在堵塞物下面爆炸，尤其是在溜井堵塞时间不长时，处理效果较佳。这种方法处理溜井的堵塞高度不受任何限制，施工简单，成本低。

矿用火箭弹是我国矿山针对溜井堵塞处理自行加工制作的一种专用爆破器材，国内有的矿山自20世纪70年代初就已开始使用。国内目前尚无矿用火箭弹统一标准，现使用的几种矿用火箭弹主要结构基本相同，它由三部分组成，即发射装置、炸药装置和撞击（引信）装置。其工作原理是利用发射装置内的发射药燃烧产生推力，将矿用火箭弹发射升空，当弹体撞击到堵塞物时，撞击装置在惯性作用下引爆炸药。

总之不论采用何种方法，首先应当保证操作人员的安全。各个矿山应该根据自己矿山的具体情况，摸索出一套适合于自己矿山的处理溜井堵塞的方法来，不宜盲目照搬其他矿山的做法。

### 四、处理溜井堵塞时的注意事项

（1）溜井发生堵塞后，应成立以公司主管领导、矿长为首以及具备丰富事故处理经验的人员组成事故处理小组。

（2）发生溜井堵塞事故后，事故处理小组以外的任何人员不得以任何理由进入平硐。

（3）调查溜井堵塞位置时，每次进入人员一次不宜超过3人，并应临时指定其中的1名为负责人。其他人员可轮流编组进入，所有参与事故处理人员不应从下部进入溜井。

（4）溜井堵塞清理过程中，应有专人负责观察溜井堵塞拱在施工过程中是否有变化，施工人员的站位一定要呈一字排开，便于紧急情况下的紧急撤离。

（5）采用爆破震动处理溜井堵塞时，每次进入人员不得超过3人，装药连线后，所有人员应立即撤离至避险硐室或平硐外，严禁任何人员滞留除避险硐室以外的其他硐室。爆破人员应在避险硐室或平硐外面起爆，爆破后应派专人检查爆破效果，每次派入人员不宜超过2人，轮流进行。

撰稿、审定：周杰华（天津水泥工业设计研究院有限公司）

# 第十章　原料破碎工程

## 第一节　基本概念

在水泥生产中，进厂的原燃料乃至半成品的熟料都需要粉碎。由原料加工成的生料，其粒度需达0.08mm，方能在窑炉中高温煅烧下发生化学反应，形成水泥熟料矿物。燃煤需要粉碎成0.09mm以下的煤粉，才能喷入窑炉内产生良好的燃烧速度和燃烧稳定性。熟料是颗粒状的烧结料，需要粉碎到0.074mm以下的细度，才具有良好的水化和凝结性能。伴随熟料一起粉碎的还有起缓凝作用的石膏及其他添加料。在整个水泥生产过程中，自始至终都有着物料的粉碎作业，而且消耗的电能占总量的2/3以上，可见其重要性。

粉碎是破碎和粉磨的总称。粉磨不仅在能耗上占主要份额，而且建设费用也相当昂贵。为了使它们充分发挥效能，为它们提供合格的物料粒度是破碎机的首要任务。不同的粉磨方式对进料粒度有不同的要求：球磨机一般小于25mm，并且希望物料中细料愈多愈好；立式辊磨的进料粒度可达60～80mm，而且还要求有一定的粗料作为料床的骨架，过多的粉料不利于料床的稳定；辊压机的进料粒度介于两者之间。

生产水泥的原料种类繁多，属于钙质原料的有石灰石、泥灰岩、白垩、大理岩等，属于硅铝质原料的有黏土、页岩、粉砂岩、砂岩、千枚岩等。作为生产水泥的添加料还有凝灰岩、火山灰，作为缓凝剂的石膏以及燃煤、石油焦等，都需要破碎。

石灰石是生产水泥的主要原料，其用量约占总量的80%左右，而石灰石又是冶炼金属的熔剂料，在化学工业、食品加工、造纸、制糖等工业中也有用处。它们对石灰石的化学成分要求有一定的差异，由于生产方式不同，对粒度也有不同要求，各自开采都有一些作为废料丢弃，共同开采可以互补，物尽其用。开采矿床剥离的废石夹层、覆盖岩石若物理力学性质可以满足建筑骨料的要求，还可以生产石碴。因此，具有这种综合利用的矿床需要建设时，要采用特殊的破碎系统。

不仅需要破碎的原料类别很多，而且同一类原料中的可破碎性差异也很大，这是因为各自的生成地质条件和后期地壳运动变化等因素千差万别而致。以石灰石为例，不同产地和生成年代的石灰石，不仅化学成分有差异，而且矿物晶粒结构、矿体的致密度、单体层厚、断层裂隙等构造因素，乃至夹杂层的混入都有很大的差别，这就给破碎机的选型带来了难度。

在破碎过程中，施加的机械力使物体分裂，施加的外力方式和大小与物体抵抗破坏的能力有关。物体抵抗外力的能力是它的一种物理力学性质，一些晶粒排列紧密和规则的矿物体，如火成岩和变质岩，质地坚硬，强度大而不易破碎。沉积岩的晶粒和形状大小不一，它们之间有各种胶结物质，硅质和钙质的胶结较强，而泥质胶结性则差。矿物体的非均质性与破碎的难易程度也有关，非均质性表现在它的结构单位，黏结度，晶间质，孔隙的形状、大小、分布与排列。矿物体的单层状态有块状、巨厚层、厚层、中厚层、薄层之分，层理的稀密程度也影响破碎的难易程度。矿物体存在于自然界，受到地壳变动而产生断裂、褶皱、破碎等外力产生的损坏也影响破碎的难易度，此外还有含水率、黏性、韧性等因素。因此，只测得强度和硬度并不能完全判断破碎的难易程度。

矿岩破碎的难易度一般用实验法测得，目前主要是取样进行冲击功指数的测定，冲击功指数小于8kW/t的属易碎矿石，8～12kW/t的属中等易碎矿石，大于12kW/t属难破碎矿石。

　　矿岩破碎性的另一项重要指标是它对金属的磨蚀性，即破碎时金属的消耗量，它也需要取样进行磨蚀性试验才能了解。

　　矿岩在自然状态下的含水率和黏附性也是需要了解的重要因素。硬质岩石很少吸收过多的水分而造成黏附，而细颗粒非固结性物料，例如黏土、泥灰岩、白垩等则能吸收过多的水分，而具有黏性。

# 一、粒度

## （一）粒形特征

　　物料颗粒形状的特征以长、宽、厚三边的比例表示。

　　　颗粒状物料　　　　　　　1：1：>0.5
　　　片状物料　　　　　　　　1：1：<0.5
　　　针状物料　　　　　　　>1.5：1：<0.5

## （二）粒度的表示方法

　　粒度的表示方法取决于用途。在选择破碎机的进料粒度时，通常都以最大料块的长边尺寸作为粒度的标志。而破碎机的排出粒度则常以90%（或95%）通过的筛孔尺寸作为标志。在水泥企业的生产管理中常以规定筛孔尺寸的合格率（即通过率）为标准。例如，规定25mm筛孔的合格率不低于85%。在评价破碎机的工作效率时，需要对排出料的颗粒组成状态和能耗等进行深入的研究，这时对粒度的表示有比较严格的要求。

　　1. 单颗粒的名义粒径 $d$

　　若以 $a$、$b$、$c$ 分别表示颗粒的长、宽、厚，则：

　　算术平均法的名义粒径　　　　　　　　$d = \dfrac{a+b+c}{3}$

　　几何平均法的名义粒径　　　　　　　　$d = \sqrt[3]{abc}$

　　用筛析法确定粒径时　　　　　　　　　$d = b$

　　2. 群体颗粒的粒度表示法

　　将某一颗粒群以粒度大小为横坐标，以质量累计的百分率为纵坐标绘制的图形称为累计粒度曲线。以数学方式表达粒度组成，最为常用的有以式（10-1）和式（10-2）。

　　Gates - Gaudin - Schahman 式，简称 GGS 式：

$$y = 100(x/k)^m \tag{10-1}$$

式中　$y$——所粉碎的产品中小于某粒级 $x$ 的累计质量分数，%；

　　　$k$——粒度系数，为100%小于某粒级的颗粒大小，$k$ 值越大，物料越粗；

　　　$m$——级配系数，表示粒度分布范围的宽窄程度，$m$ 越大，粒度分布越窄。

　　Rosin - Rammler - Bennet 式，简称 RRB 式：

$$R = 100\mathrm{e}^{-(x/x_0)^n} \tag{10-2}$$

式中　$R$——粉碎产品中某一粒级 $x$ 的累计筛余质量分数，%；

　　　$x_0$——特征粒径，相当于筛余 $\dfrac{100}{\mathrm{e}}$% 时的粒径，$x_0$ 越大物料越粗；

　　　$n$——均匀性系数，它表示粒度分布范围宽窄程度，$n$ 越大，粒度分布越窄。

　　以上两式中，一般的破碎机的出料粒度通常用 GGS 式表示，工作速度高的锤式破碎机使用 RRB 式更为接近。

　　3. 平均粒径

　　算术平均粒径 $\overline{d_1}$

$$\overline{d_1} = \frac{x_1 d_1 + x_2 d_2 + \cdots + x_n d_n}{x_1 + x_2 + \cdots + x_n} = \frac{\sum (x_i d_i)}{\sum x_i} \tag{10-3}$$

几何平均粒径 $\overline{d_2}$

$$\overline{d_2} = (x_1 d_1 \times x_2 d_2 \times \cdots \times x_n d_n) / \sum x_i \tag{10-4}$$

调和平均粒径 $\overline{d_3}$

$$\overline{d_3} = \frac{x_1 + x_2 + x_3 + \cdots + x_n}{x_1 \dfrac{1}{d_1} + x_2 \dfrac{1}{d_2} + \cdots + x_n \dfrac{1}{d_n}} = \frac{100}{\sum(\dfrac{x_i}{d_i})} \tag{10-5}$$

式中　$d_1$，$d_2$，$\cdots$，$d_n$——群体颗粒中每一颗粒范围的平均粒径；

　　　$x_1$，$x_2$，$\cdots$，$x_n$——各粒级的质量分数。

## 二、破碎比

原来最大粒径为 $D$ 的物料群，经过破碎机破碎之后的粒径为 $d$，两者的比值 $D/d = i$ 称为该破碎作业的破碎比。由采矿场采得矿石的最大粒径视开采规模和使用的挖掘机铲斗容积大小而定，小型矿山一般为 0.8~1m，大型矿山可达 1.5m。而原料粉磨设备允许的入磨粒度为 25~80mm。由此可见，需要由破碎机担负的破碎比大致是 20~40。

每一种破碎机所能达到的破碎比有一定的范围，当所选用的破碎机达不到要求的破碎比时，就需要由另一台破碎机接着破碎。由二次串联的破碎称为二级破碎，由三次串联的破碎称为三级破碎。在多级破碎下总的破碎比为各级破碎比的乘积，即：

$$i = i_1 \times i_2 \times \cdots \times i_n$$

# 第二节　粉碎的能耗理论

物料块在破碎时，会沿着最脆弱面断裂开。在破碎后所生成的碎块上，这个脆弱面就不存在了或者减少了。所以在破碎时，脆弱面、脆弱点随着粒度的减小逐渐消失，同时在外力作用下又产生更微小的新脆弱面。随着物料粒度的减小，物料变得越来越坚固。因此，破碎较小的物料在相同的破碎比下要消耗更多的能量，粉磨的能耗要高于破碎的能耗。粉碎的能耗理论就是阐述粉碎过程与能耗的关系，破碎和粉磨过程是一个非常复杂的物料块尺寸的减缩过程，因为其中很多因素无法估量。除了形成破碎抗力的物料块的坚固性、硬度、强度和韧性之外，料块的形状、尺寸、水分及均质性，物料块群在实施破碎和粉磨过程中相互分布状况，有害夹杂物的含量及干扰程度，所使用机器的施力方式对该物体的适用度等，都使得粉碎过程的物理变化复杂化，以至于至今尚没有建立一种严密完整的数理理论。目前，主要有表面积假说、体积假说和裂纹理论。在实际应用中，我们往往还需要借助于一些实际资料的分析研究。

## 一、表面积假说

1876 年，P. R. Rittinger 提出，粉碎物消耗的能量与粉碎过程中新增加的表面积成正比：

$$W = k_1 (S_2 - S_1) = k_1 (\frac{k_2 d_m^2}{k_3 \gamma d_m^3} - \frac{k_2 D_m^2}{k_3 \gamma D_m^3}) = c(\frac{1}{d_m} - \frac{1}{D_m}) \tag{10-6}$$

式中　　　$W$——粉碎单位质量物料消耗的能量，J/kg；

　　　$d_m$——粉碎后物料的平均粒径，m；

　　　$D_m$——粉碎前物料的平均粒径，m；

　　　$S_2$——粉碎后物料的比表面积，$m^2/kg$；

　　　$S_1$——粉碎前物料的比表面积，$m^2/kg$；

$k_1$，$k_2$，$k_3$，$c$——比例常数，$c = \dfrac{k_1 k_2}{\gamma k_3}$；

$\gamma$——物料的表观密度，$kg/m^3$。

以粉碎比 $i = \dfrac{D_m}{d_m}$ 表示时

$$W = c\left(\frac{i-1}{D_m}\right) \tag{10-6a}$$

## 二、体积假说

1885 年，F. Kick 提出：在相同的技术条件下，使几何形状相似的同类物体的形状发生同一变化消耗的能量与物料的体积或质量成正比。物体在经受外力作用下内部引起应力，随着外力的增加，物体的内应力及变形也随之增大。当应力达到物料的强度限时，稍有增加即告破坏。相对于脆性岩而言，受到外力后的变形符合直线变形法则，若物料沿压力的作用方向为等截面，根据虎克定律，它的变形为 $\Delta L = PL/EF$，物体变形所需的功为 $W$：

$$W = \frac{\sigma^2 V}{2E} \tag{10-7}$$

式中　$\sigma$——压强，$\sigma = P/F$；

$V$——变形物体的体积，$V = LF$；

$E$——物体的弹性模数。

若两个几何形状相似的同类物体，其体积分别为 $V_1$ 和 $V_2$，则可得：$W_1/W_2 = V_1/V_2$；此式即表明破碎同类物料所消耗的能量与这些物料的体积成正比。因此，粉碎 $m$kg 物料所需的功可以写为 $W = km$（$K$ 为系数，它随矿石性质而定，是抗压强度 $\sigma$ 和弹性模数 $E$ 的函数，与矿石破碎比无关、与矿石比重有关）。各矿石的 $K$ 值不等。

如果有 $Q$ 重量单位，粒度为 $D$ 的物料，被碎成粒度为 $d$ 的碎块，总破碎比 $I = D/d$，所进行的破碎级数是 $n$ 级，每级的破碎比为 $i$，则 $R = i^n$。那么每级破碎的能耗等于 $W_i = KQ$，根据 F. Kick 假说，在相同破碎比下，能量消耗与粒度无关，所以总能耗等于

$$W = W_1 + W_2 + W_3 + \cdots + W_n = nkQ \tag{10-8}$$

由于 $I = i^n$，$\lg I = n \lg i$，$n = \dfrac{\lg I}{\lg i}$，代入式（10-8），得：

$$W = \frac{\lg I}{\lg i}kQ = CQ\lg I = CQ\lg\frac{D}{d} = CQ\left(\lg\frac{1}{d} - \lg\frac{1}{D}\right) \tag{10-8a}$$

在式（10-8a）中，因为物料的破碎比 $i$ 一定，那么 $k$ 与 $i$ 都是常数，$k/\lg I = C$。$C$ 值相当于粉碎单位体积（或质量）的物料、破碎比为 10 时的能量消耗，它与物料的物理机械性质有密切关系。

式（10-8a）也表明：破碎的能量消耗只与破碎比有关，而与破碎物料的粒度无关。

## 三、裂纹理论

1955 年，F. C. Bond 提出粉碎物料所消耗的能量与生成颗粒直径的平方根成反比（颗粒直径是假定物料中 80% 质量能通过的筛孔尺寸）。F. C. Bond 解释物料破碎的实质是：物料一定要在压力下产生变形，积累一定能量之后产生裂纹，最后才能粉碎。即物料在粉碎前一定要有超过某种程度的变形，而且一定要有裂纹，最后才能粉碎。粉碎所需的功和裂纹的长度成正比，裂纹又和粉碎颗粒尺寸的平方根成反比：

$$W = \frac{10W_i}{\sqrt{d_{80}}} - \frac{10W_i}{\sqrt{D_{80}}} \tag{10-9}$$

式中　$W$——粉碎每短吨（907kg）物料所消耗的能量，$kW \cdot h/st$；

$D_{80}$——被粉碎物体 80% 通过的筛孔尺寸，$\mu m$；

$d_{80}$——产品 80% 通过的筛孔尺寸，$\mu$m；

$W_i$——功指数，由 $D_{80} \rightarrow \infty$ 粉碎到 $d_{80} = 100 \mu$m 时单位质量物料所消耗的能量，kW·h/kg。

$$W_I = k\left(\frac{1}{\sqrt{100}} - \frac{1}{\sqrt{\infty}}\right) = k\frac{1}{\sqrt{100}}, \quad k = 10W_i$$

表面积假说只考虑生成新表面积的能量消耗，它忽略了大多数物料都是非均质的因素。体积假说只考虑物料变形消耗的能量，而没有考虑生成新表面积、克服摩擦、反抗物体内聚力和其他有关的能量损失，也没有考虑物体三向强度的不均匀性。同时，物料的抗压强度和弹性模数也难以准确测定。Bond 理论是在进行了大量的实验的基础上归纳出的，较为实用。Bond 解释物料的粉碎是在外力下产生变形积累一定的能量后产生裂纹，最后才能粉碎。粉碎所需的功和裂纹长度成正比，而裂纹长度既与颗粒体积有关，又与颗粒表面积有关，即：

$$A \quad \sqrt{VS} \quad \sqrt{D^3 D^2} D^{2.5}$$

对于单位体积而言，则与 $D^{2.5}/D^3 = 1/\sqrt{D}$ 成比例。输入的功既然是用于形成裂缝，它与裂缝长度成正比，则 $1/\sqrt{D}$ 就含有裂纹长度的意义。新生成的裂纹长度正比于 $(1/\sqrt{d_m} - 1/\sqrt{D_m})$，则粉碎物料所需的功即为式（10-9）所示。

功指数 $W_i$ 可以从实验室试验测得，也可以从生产实际数据中获得。如果物料是均质的，$W_i$ 值在全部粉碎阶段将保持恒定值。但是，通常矿石的结构是非均质的，粗破碎阶段颗粒的薄弱面多于粉碎阶段颗粒的薄弱面，因此其实际值也会降低。

# 第三节　物料的可破碎性和磨蚀性

## 一、硬度和强度

物料的硬度是指它抵抗另一种物体在外力作用下侵入（或被刻出痕迹）的能力。目前，常用莫氏分类法将矿石和岩石按相对刻划能力分为 10 个等级。标准矿物的莫氏硬度和各种侵入硬度列于表 10-1 中。

表 10-1　标准矿物的莫氏硬度和各种侵入硬度

| 标准矿物 | 莫氏硬度 | 侵入硬度/N·mm$^{-2}$ | | | | | | 动硬度/N·m·cm$^{-3}$ |
| | | 赫兹硬度 | 维氏硬度 | | | 平端压头 | | |
| | | | 圆锥 | 棱锥 | 扁锥 | 史氏 | 巴氏 | |
|---|---|---|---|---|---|---|---|---|
| 滑　石 | 1 | 50 | | 240 | | 50 | 30 | 50 |
| 石　膏 | 2 | 140 | 222 | 360 | 410 | 204 | 160 | 180 |
| 方解石 | 3 | 920 | 818 | 1090 | 1170 | 1170 | 840 | 890 |
| 萤　石 | 4 | 1100 | 1500 | 1890 | 1540 | 1600 | 1230 | 1300 |
| 磷灰石 | 5 | 2370 | 2660 | 5360 | 4260 | 2410 | 1600 | 2520 |
| 长　石 | 6 | 2530 | 4150 | 7950 | 5600 | 2930 | 2870 | 3200 |
| 石　英 | 7 | 3080 | 5840 | 11200 | 7670 | 4830 | 4450 | 3530 |
| 黄　石 | 8 | 5250 | | 14270 | 11450 | 2020 | 4930 | |
| 刚　玉 | 9 | 11500 | | 20600 | 19500 | 7100 | 5420 | |
| 金刚石 | 10 | 25000 | | 100600 | 82500 | | | |

硬度只能表示接触面局部发生粉碎或显著变形时的静压强或比动量。多数石灰石的莫氏硬度在 3~4 之间，白垩和泥灰岩在 2~3 之间，变质的泥硅质矿岩可高达 6。

强度是物料抵抗外力破坏的能力。按所施加外力的不同，可分为抗压、抗剪、抗弯、抗拉等应力。

物料的抗压应力最大，抗拉应力最小，它只有抗压应力的 1/20 ~ 1/30，抗剪应力为抗压应力的 1/15 ~ 1/20，抗弯应力为抗压应力的 1/6 ~ 1/10。

物体在外力作用下达到破坏的极限应力视施力类别而称为抗压强度、抗剪强度、抗弯强度、抗拉强度。但是，由于矿岩普遍存在裂纹、弱面缺陷以及方向的不均匀性等诸多因素的影响，在尚未达破碎前，应力和应变已经不符合弹性规律，所以这种破坏已不遵守常规力学的规律。然而，强度仍是矿岩性质的一种表征。

最为常见的强度是抗压强度。在抗压强度的测试中，试块尺寸不同，测得数值相差很大，小试块获得的数值高于大试块，我国使用边长 5cm 的立方体或直径与高均为 5cm 的圆柱体，但国际上尚无统一的标准，有使用边长为 5cm、3cm、2.5cm 立方体的，也有使用 $\phi 8 \sim 2.5$cm 径高比相等的圆柱体的。因此，在使用这些数据时，需要了解试块尺寸的大小，以做出判断。

## 二、韧性和脆性

韧性和脆性是两个对应的性质，可用于表征物体抵抗断裂的能力。在相同强度下，破碎脆性物料消耗的能量较少。

可以用如下试验了解矿岩的韧度（ASTMD - 3）：

（1）石样规格：$\phi 25$mm × 25mm 的圆柱体。

（2）球面撞嘴放在石样上，以 2kg 重的重锤冲击，冲击落差以每次 1cm 的间隔递增。

（3）当石样碎裂时的相应落差即为该石样的韧度 $H$(cm)。

## 三、含水率和黏结性

含水率与矿岩结构（颗粒结构、孔隙率）、水分补给条件有关。致密的硬质灰岩通常只有外表水，一般小于 1% ~ 2%，处于地下水位以下的某些泥灰岩可能含有较高水分而不致发黏和泥化。白垩的含水率可能高达 20%，泥质的松软岩可能达到很高的含水率。塑性物质可以含有较高的水分而不稀释，造成破碎机腔的堵塞。因此，需要了解矿岩在自然状态下的含水率。

为了了解半松软的泥岩、砂页岩在含水状态下的物理性质，还应该进行吸水性试验。其方法如下：

取粒径为 32 ~ 63mm 的试样若干块洗净表面浮尘盛于筛桶中，将筛桶放入水池中浸泡不少于 24 ± 0.5h 后取出，用干布沾去试块的表面水后称重；然后将试样于 110 ± 5℃ 下烘干并再次称重，吸水性指数乃前后两次质量差的百分值。有些软岩在吸水后发生膨胀崩解，有的软化，这些特性都是需要了解的。

## 四、可破碎性

矿岩由不同坚固程度的矿物组成，常带有很多弱面，且外加载荷又常是动态的集中力，它研究的已不是材料力学中的压、拉、弯、剪力的破坏，而是在外力作用下的破碎程度和功耗。不同的施力方式具有不同的效果，在工程应用中有冲击破碎、切削破碎、挤压破碎、研磨破碎等的可破碎难易程度，因此应采用模拟相似工作原理的小型试验机进行试验后取得功耗指数。例如，用摆锤试验机测定岩石的 Bond 冲击功指数，天津水泥工业设计研究院也利用锤式试验机测定矿岩的 Bond 冲击功指数，KHD 公司是在一台反击试验机上进行岩石可破碎性和磨蚀性的测定的。Metso 公司则在另一种装置内进行岩石的可破碎性和磨蚀性的测定。

## 五、矿岩对金属的磨蚀性和抗磨性

在破碎矿岩的过程中，工作介质要受到磨损，测定矿岩对金属的磨蚀量是选择破碎机的重要依据之一。岩石的磨蚀性与它的莫氏硬度有关，硬度高时磨蚀性大，当岩石含有硬的矿物（如石英）时，磨蚀性增大。磨蚀性还与硬矿物的晶粒粗细有关，粗粒结构的砂岩较之中细粒砂岩磨蚀性更大。此外，破碎功指数高表明施力的行径长，也意味着磨蚀性的增加。一些研究表明，工作介质的磨损还与它在作业时的速度有关，打击件的磨损率与其速度的二次方成正比，而静止的工作件（如破碎板、箅子板）的磨耗则要小很多。

目前，国内用宾州粉碎机公司磨蚀指数测试法测定矿岩的磨蚀性指数。该装置由一个盛试样的转鼓和一根插在转鼓轴心并夹有打击试样的金属片的转轴构成。转鼓和转轴同向旋转，旋转的转鼓将试样带起并抛落而被更高转速旋转的转轴上的金属叶片所打击。经过一定时间的打击后测量金属叶片的损失量即为该矿石的金属磨蚀指数。转鼓的转速是 70r/min，夹有金属叶片的转轴的转速是 632r/min。试样是经过方孔筛分选的 13~20mm 颗粒的需测试物料 1600g，分为 4 份，每份 400g 装入转鼓中，运转 15min 后取出，经 4 次运转后取下金属叶片洗净表面粉尘并烘干后称重，可求得叶片的磨损量（精度为 0.1mg）即为该物料的宾州法磨蚀指数 $A_i$。由转鼓取出的物料收集在一起进行筛析，并确定 80% 通过的粒径 $P_{80}$，注意只有当 $P_{80} < 13250\mu m$ 时，才能认为试验是合格的。

根据天津水泥工业设计研究院进行的测试，石灰石的宾州磨蚀性指数由 <0.001~0.07，某厂灰岩中的燧石团块为 0.3017，河南铁门石英砂岩达 0.8853，雷庄石英砂岩达 0.9270。

此外，有些公司使用洛杉矶试验法作磨损性测定（ASTM C131），称洛杉矶抗磨百分率。它主要反映物料抵抗磨损和抗冲击的能力，抗磨百分率愈低，则物料愈耐用，因此，它是骨料评价的重要指标。

洛杉矶试验机由一个两端封闭的中空钢筒制成，内径 711mm，内长 510mm，钢筒的转速为 30~33 r/min，它需要转动 500 转。筒圈内面带一块高 89mm 的扬料板，它可以带起物料和钢球抛落到筒体的对面。筒内除了物料之外还装有 11 个钢球，钢球的平均直径是 47mm，单重 390~445g。

试样的粒度和用量：用于试验的物料粒度在 9.52~12.7mm 之间为 2500g，粒度在 12.7~19mm 之间为 2500g，合计 5000g（试样必须经过冲洗并烘干）。将全部试样和 11 个钢球装入试验机内，旋转 500 转（大致是 16min），经过规定的转数后从钢筒内倒出试验物料，并在 1.68mm 筛孔的筛子过筛，通过该筛孔的物料占总量的百分率即为洛杉矶抗磨百分率。

## 六、KHD 公司的岩石可破碎性和磨蚀性测定

KHD 公司用一台小型冲击式粉碎机测定岩石的可破碎性和磨蚀性。试样为 5~18mm 的碎料 6kg。经试验机粉碎后过筛，以大于 1mm 的百分率表示可破碎性的量度，同时称得试验机板锤的金属耗失量作为磨蚀性的量度，并列于表 10-2 中。

表 10-2 KHD 公司的岩石可破碎性和磨蚀性分类

| 在 1.0mm 筛上的筛余/% | 可破性分类 | 磨蚀率/$g \cdot t^{-1}$ | 磨蚀性分类 |
|---|---|---|---|
| <80 | 容易破碎 | <2 | 低 |
| 80~86 | 一般 | | |
| 86~90 | 一般 | 2~6 | 一般 |
| 90~94 | 很难破碎 | | |
| >94 | 极难破碎 | >6 | 高 |

据介绍，白垩、泥灰岩、化石灰岩、胶结脆弱的细晶-中晶灰岩的筛余低于 86%，属于容易破碎和一般可破碎类的岩石；致密的隐晶-中晶灰岩的筛余达 94%，属难破碎和很难破碎类的岩石。可破碎性与磨蚀性之间也没有确定的关系，而且灰岩中的石英含量与磨蚀性之间也观察不出直接关系，还需要了解石英的矿物粒度和分布状况，相等石英含量（约 9%）的两种石灰石，在光学显微镜下观察石英晶粒小而分布均匀的石灰石磨蚀性几乎难以测出，而石英颗粒在 0.1~0.05mm 之间的石灰石的磨蚀性则很高。石灰石中氧化镁含量超过 4% 时，磨蚀性也增大。松散岩石中若伴有砂粒也要增加磨蚀性。页岩类主要是泥质组分的颗粒，颗粒的大小对磨蚀性的影响不明显。花岗岩、玄武岩、粗面岩的磨蚀性很高。

利用取样法获得的样品所作的测试只能代表试样本身，对整体矿层而言难免具有局限性，还需要根据宏观观察的情况给予修正。例如，判断采得矿石的含泥量和泥土性质，矿层中是否含有燧石及其分布

状况等。

### 七、Metso 公司的可破碎度和磨蚀性的测定

该公司通过它的测试法确定物料的磨蚀指数，并评价该物料破碎的难易程度。所使用的测试器是一个平放的圆筒盆，盆内径 90mm，盆高 100mm，盆中心有一根立轴，立轴下端开槽夹住一块打击金属叶片，叶片的尺寸是 50mm×35mm×5mm，立轴以 4500r/min 高速旋转打击盛于盆中的物料以检验叶片的磨损量。

试样是 4~6.3mm 的碎料（重 500g），放入盆内，叶片旋转 5min 后将盆中物料卸空，物料由筛孔 1.6mm 的筛子过筛，并将筛下物称重。同时又将叶片洗净、干燥后称重（叶片使用前也需称重）。磨蚀性指数 ABR 由式（10-10）求得：

$$ABR = \frac{M_1 - M_2}{0.5} \times 1000 \tag{10-10}$$

式中　$ABR$——磨蚀性指数，g/t；

　　　$M_1$——叶片使用前干燥状态下的质量，g；

　　　$M_2$——叶片使用后清洗干净并烘干后的质量，g。

物料的可破碎度 CR 可由式（10-11）计算：

$$CR = \frac{M_{-1.6mm}}{500} \tag{10-11}$$

式中　$CR$——可破碎度，它以经过磨蚀性试验后通过 1.6mm 筛孔的细料占试样总量的比例表示；

　　　$M_{-1.6mm}$——物料试验后通过 1.6mm 筛孔的质量，g。

# 第四节　破碎机类型及适用条件

### 一、粉碎方法

粉碎是破碎和粉磨的总称。

粉碎机械种类很多，但粉碎方法不外乎挤压、弯曲、冲击、剪切、拉伸、研磨等。在粉碎机械中施力情况很复杂，往往有多种作用力同时存在，而其中起主要作用的是一两种。

（1）压碎。将物料置于两工作面之内，施加压力，物料在压力作用下内应力达到抗压强度后破碎（见图 10-1a 和图 10-1c）。

（2）劈碎。将物料置于一个平面和一个带尖棱的平面之间施加压力时，物料将沿尖棱作用线的方向劈裂。劈裂的原因是由于劈裂平面上的拉应力达到或超过物料的拉伸强度限（见图 10-1b）。

（3）折碎。物料置于两个环形面的空间内挤压时，或者在两个均带有尖棱的平面内受挤压时，物料犹如承受集中载荷的二支点简支梁或多支点梁，物料承受的弯曲应力达到或超过弯曲强度限时，即被折断（见图 10-1d 和图 10-1e）。

（4）击碎。物料受冲击力作用而破碎（见图 10-1f）。它的破碎力是瞬间作用的，对于脆性物料，接触瞬间产生的冲击波穿透物体而使它破坏。冲击破碎有如下几种方式：

1）运动的工作体对放置的物料的冲击，可称为打击、或砸击；

2）高速运动的物料向固定的工作面冲击，可称为撞击；

3）高速运动的物料互相冲击，可称为碰撞；

4）高速运动的工作体向悬空的物料的冲击，可称为抛击。

（5）磨碎。物料与运动的工作表面之间受到一定的压力和剪切力作用后，其剪切应力达到物料的剪切强度限时，其作用部分从母体上分离（见图 10-1g）。物料之间在外力作用下也有类似情况发生。

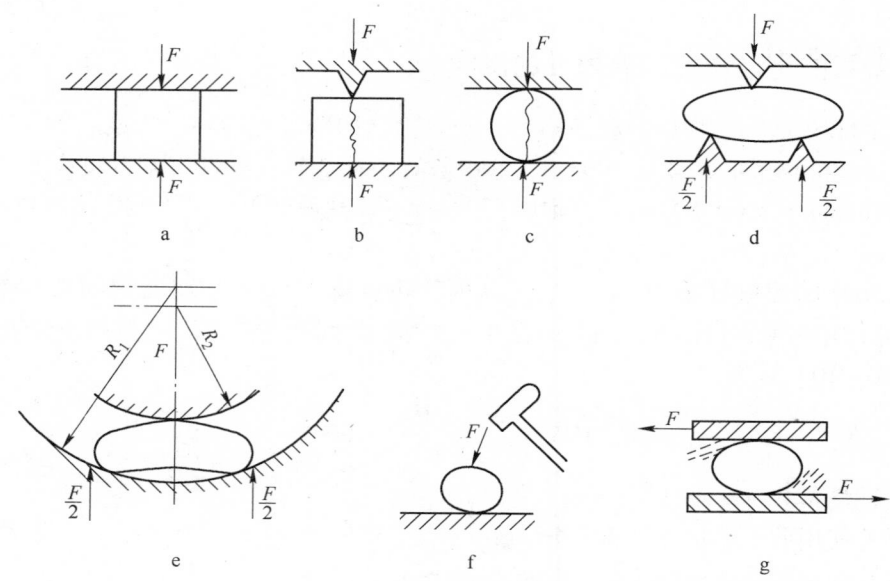

图 10-1　物料的基本粉碎方法

## 二、破碎机类型及基本特征

水泥厂中常见的破碎机和主要的破碎方法如下：

（1）主要以挤压方法工作的有颚式破碎机、旋回式破碎机和圆锥式破碎机。颚式破碎机是一种粗碎机，有一种开口较小的颚式破碎机也可作中碎机使用，但是产能很小。旋回式破碎机是粗碎机，而且产能比颚式破碎机更大。圆锥式破碎机是中碎和细碎使用的破碎机。以挤压方法工作的破碎机的破碎比一般较小。

（2）以冲击法工作的破碎机有锤式破碎机、反击式破碎机。由于冲击破碎的破碎比较大，这类破碎机在粗、中、细碎领域都有相应的机型（粗碎型、中碎型和细碎型），乃至跨两段（粗＋中、中＋细）的机型，也称为单段破碎机。

（3）兼有剪切和挤压方法工作的有齿辊式破碎机和辊式切刀破碎机。

水泥厂中常用的破碎机的基本特征见表 10-3。

表 10-3　水泥厂中常用的破碎机的基本特征

| 机　型 | 锤式破碎机、反击式破碎机 | 旋回式、圆锥式、颚式破碎机 | 辊式破碎机、辊式切刀破碎机 |
|---|---|---|---|
| 工作范围 | 粗碎、中碎、细碎、粗＋中、中＋细 | 粗碎、中碎、细碎 | 粗碎、中碎、细碎 |
| 破碎比 | 20:1（粗、中、细）<br>80:1（粗＋中、中＋细） | 6:1（旋回式、圆锥式）<br>5:1（颚式） | 10:1 |
| 磨损性 | 适中 | 极好 | 良好 |
| 能　耗 | 适中 | 低 | 较低 |
| 颗粒级配 | 较好 | 偏粗 | 偏粗 |
| 对黏湿料适应能力 | 一般 | 不好 | 极好 |
| 粉尘量 | 高 | 低 | 低 |

以能耗而论，挤压破碎的能耗最少，依次是打击、剪切，碾磨能耗最多。以磨损而论，挤压破碎的磨损最少，依次是剪切、打击，碾磨磨损最大。因此，利用挤压力工作的破碎机能耗最少、磨损最少。选择破碎机除了考虑以上两个因素之外，还有一些其他因素起着重要作用。例如，生产系统要求的破碎比，要求的产品颗粒级配，原料的黏附性和含水率，机械结构复杂性、可靠性及建设费用等等。

一般大型水泥厂石灰石矿山采出的原矿最大粒度可达1.5m，中小型水泥厂石灰石矿山采出的原矿粒度也接近1m。原料粉磨的入磨粒度取决于磨机类型，使用立式辊磨时为70～80mm，使用球磨机时为25mm，使用辊压机时居间。因此，破碎系统的破碎比在第一种情况是（15～20）：1，在第二种情况达（40～60）：1。由以上介绍可见，锤式和反击式破碎机具有最大的破碎比，可以用一段破碎完成其他机型需要两段甚至三段才能完成的破碎作业，它的系统简单，使用设备少，厂房小，建设费用低。打击型破碎的金属磨耗和能耗虽高于挤压型破碎，但是增幅也随矿石特性而异。对于磨耗性低的脆性矿石，破碎成本中包括金属消耗、能耗、劳动力费用和折旧费在内并不高于挤压型破碎，应是首选方案。但是当矿石磨耗性高或者难破时，由此使得生产成本增加显著，节省的建设费用将很快抵消。而频繁更换机件会使生产的稳定性也受影响，则不宜采用。这时可选用挤压型的两段破碎，或者第一段为挤压型、第二段为打击型的两段破碎。

选用多段破碎时，应注意到旋回式、颚式、圆锥式破碎机对黏湿料的敏感性，它们很容易造成破碎腔的堵塞。以黏湿料为主体的原料既不宜用挤压型破碎，也不宜用打击型破碎，对于这类原料（例如白垩、泥灰岩、页岩、黏土），辊式破碎机更为适宜。但是，常规的齿辊式破碎机不能破碎抗压强度较高的物料。因此，夹杂一些硬砾石的高黏湿原料是比较难处理的。

# 第五节 破 碎 系 统

破碎作业可以通过不同的破碎系统来完成。根据物料的物理机械性质、来料粒度、要求的破碎比、出料粒度和级配状态，拟选破碎机具备的破碎比等因素而可能有多种破碎系统。

破碎系统包含破碎段数和每段中的流程两个方面。破碎系统的段数主要取决于工厂对该种原料要求的破碎比（可称为总破碎比 $i_0$）与选用破碎机的破碎比存在差距，需要多段串联方可达到而产生。

高破碎比的破碎机已达到需要的破碎比，只要一段破碎即可，称为单段破碎机。使用单段破碎机的破碎系统最简单，应该优先选用。由于原料性质方面的原因，在不适于单段破碎时，就需要两段或三段破碎。

每段的流程有多种形式（见图10-2），a为直通式流程，系统最简单；b为带预筛分流程；c为带检查筛分的流程；d为带预筛分和检查筛分的流程。a、b又称为开路系统，c、d又称为闭路系统，可以获得完全符合粒度的产品，通常是在最后一段采用。b、d因带有预筛分，可以筛除来料中不需要破碎的细料，系统的总产量增加，动力消耗量减少，同时破碎机工作部件的磨损也相应减少，但是增加了筛分设备和相应的建筑，因此通常是在原矿中细料占有一定量（例如大于20%）的情况下，或者必须筛除含泥料才能让破碎机正常工作的情况下使用。

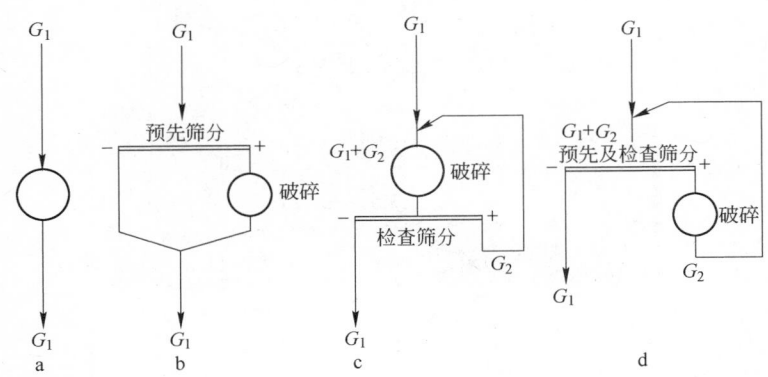

图10-2 破碎系统的基本流程

大宇泗水水泥公司、江南小野田水泥公司均采用二段开路破碎系统，石灰石粗碎后进行筛分，筛上物进入中碎机破碎。泗水破碎系统的生产能力是1500t/h，粗碎用旋回式粗碎机，出料经筛分筛除50%的合格料（小于 80mm），筛上料进入反击式破碎机破碎，中碎机的生产能力是 750t/h。江南小野田破碎系统的生产能力是 1000t/h。粗碎用颚式破碎机，中碎用圆锥式破碎机。由颚式破碎机和锤式中碎机组成的两段破碎系统的破碎比可达（40～50）:1，可以达到球磨机需要的粒度。这是单段破碎尚未出现前惯用的破碎系统，新建水泥厂中已不多见，但是当矿石磨蚀性较高时仍是可取的方案。作者曾在双阳水泥厂扩建工程中采用了这种两段破碎系统。其原因是该厂石灰石的 $SiO_2$ 较高，老系统（为单段破碎）一套锤头的寿命低于 20 万吨。此外，要求新建的破碎系统提供两种规格的碎石，自用料为小于 25mm，外销料是小于 250mm。该破碎系统的生产能力为 600t/h，其流程如图 10-3 所示。当系统生产外销石灰石时，中碎机停止运转。使用表明，锤式中碎机的锤头寿命已超过 60 万吨，比原有寿命提高 2 倍，证明这种系统对于磨蚀性较高的原料是有效的。其系统中的中碎机有别于老式的中碎机，它是一种可逆转无算子的锤式中碎机，它完全靠打击原理工作，锤头磨损量小，而且锤头又采用了更耐磨的材料制造，是一种能适应原料磨蚀性较高的新型中碎机（见图 10-4）。这种系统已在多个磨蚀性较高的水泥工程中使用，向球磨机提供较细的矿石。

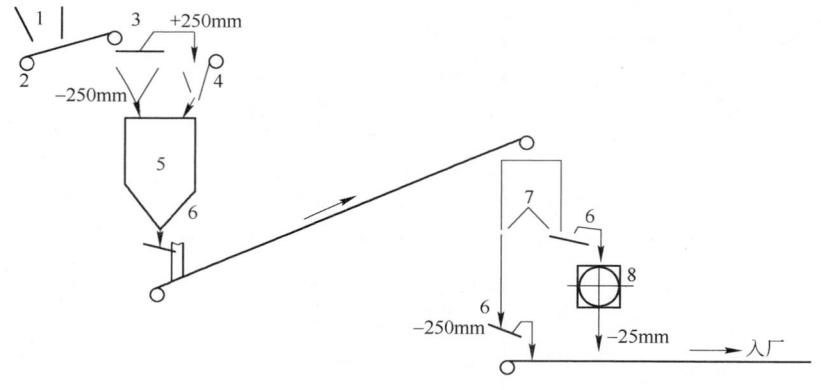

图 10-3　双阳水泥厂 2 号破碎系统
1—受料仓；2—板式给料机；3—大块预筛分机；4—单肘颚式破碎机；5—跌落仓；
6—振动给料机；7—分配仓；8—可逆转无算子的锤式中碎机

图 10-4　可逆转无算子锤式中碎机

　　旋回式、颚式破碎机的排料量常是不均匀的，受来料块大小而变化，时多时少，它与第二段破碎之间宜设储仓予以调节，否则第二段破碎机的生产能力应大于第一段的能力。

　　破碎机前设置预筛分机将合格料筛分出来走旁路可以提高整个破碎系统的生产能力，减少破碎机的磨损。由于碎料中含泥量较高，经过预筛分后又减少了破碎机堵塞的机会。亚东水泥公司的砂岩矿是石英砂岩和薄层的泥质粉砂岩、页岩呈互层产出，前者质硬，又具有高磨蚀性，后者质软，又具有黏湿性，难以在一台破碎机中加工，但是如将黏湿料预先筛除，就能成为适应单一性质的破碎机可破碎的原料。首套系统于 2000 年投入使用，实践证明它是处理这种混合料最简单的生产系统，完全实现了将混合料中的泥土和碎料与块料的分离，破碎机不堵塞，整个系统生产良好，板锤寿命远高于预期值，不仅投资省，经营费也很低。这套系统的开发成功，使得国内经常遇到的高磨蚀性和黏湿混杂的硅质矿床得以有效利用，扩大了资源的利用范围，已成为国内 2000 ~ 10000t/d 新型干法水泥生产线上此类硅质原料的主要破碎方式。

有的石灰石矿床，矿石的品位偏低，如果这是由于含有页岩、薄层泥灰岩夹层牵累所致，这些夹层层薄、质软、易碎，爆破后它们在碎料中含量较多，采取预筛分和抛尾后，则可以成为可用矿石。

前已述及，生产水泥的原料不仅需要石灰石，还要有含硅、铝、铁的黏土、砂岩、页岩等相配合使用。因此，破碎方法不能将各种原料孤立地进行研究。例如，石灰石矿床的覆盖多数是泥质或硅质物，是否不作为废石排弃而加以利用。某些多雨地区需要使用黏土配料时，具有高塑性、高水分的黏土的单独加工、运输、堆存和掘取一系列过程都十分复杂。在这种情况下，采用石灰石与黏土类矿物的混合破碎，将是一种较好的解决方法。这种石灰石加黏湿料的混合破碎系统首先在越堡水泥公司使用获得成功，并摸索出一套防止堵塞的加工方法和措施。

越堡水泥公司的黏土配入量是 15%，而有的用户要求提高到 25%，甚至 30%，为此又发展了混配机，将石灰石与黏土在进破碎机之前做一次预混合，这种生产系统用在伊拉克苏莱曼尼亚 5000t/d 水泥生产线上达到了预期效果。

# 第六节　原料可破碎性研究

我们需要加工的是取之于自然界的矿物原料，它们因产地不同，形成的环境及其后经历的自然条件的变化各异，即使定名相同的矿石，不仅化学成分有差异，且矿物晶粒组织、结构、致密程度、抗压抗冲击强度、硬度、对金属的磨蚀性、黏附性、吸水性等也有相当大的差异。因此，人们创造了各种类型的破碎机械，它们的工作原理不同，其适用条件自然也不一样。因此，在工程建设中究竟应该如何选择破碎机、如何配置破碎系统成为需要首先研究和解决的课题。

## 一、现状

水泥工厂原料的破碎很简单，但是有的工程因为忽视了这一步骤，也给工厂的生产带来了很大的麻烦。例如，破碎机在雨季常被泥土堵塞，需要不断地进机剔泥，严重者甚至闷车拉断传动带；有的破碎机锤头（或板锤）寿命极短，更换频繁，不仅成本增加，而且出料粒度难以稳定，也牵制了后续磨机的稳定生产。

位于我国南方的某水泥厂的一个砂页岩矿建设的是一套最终一段带预筛分和检查筛分的三段破碎系统，一破使用旋回式破碎机，二破和三破使用圆锥式破碎机，在二破和三破之间装有振动筛，筛上物进三破破碎后返回振动筛，筛下物为合格产品。所使用的设备除粗碎机外均由瑞典 Svedala 公司制造。矿石类型和强度如下：石英砂岩占总量的 31%，抗压强度为 131 ~ 191MPa；泥质粉砂岩约占 15%，强度为 25 ~ 11MPa；水云母页岩约占 54%，强度为 6 ~ 59MPa。当地年平均降雨 1413.9mm，日最大降雨 150.3mm，连续降雨最长达 15 天。矿床表层风化严重，最小风化深 5.09m，最大深度达 23.78m。风化矿石的吸水性强，石英砂岩为 1.57%；泥质粉砂岩为 5.98%；水云母页岩为 8.96%。矿床顶部尚有第四纪坡积和残积物（黏土、亚黏土、亚沙土、沙土和碎石）。风化的粉砂岩浸泡后如土状，干后如岩石状，水云母页岩爆破后经风吹日晒遇水即崩解并大量吸水，而石英砂岩则很坚硬。上述破碎系统建成一投产就暴露出严重问题，无法正常运转。为此在矿山建了可供生产 11 天的大型储料棚存储干料供雨天使用，还选择了一处无风化层的地带开辟一处采矿工作面供雨季使用。尽管如此，破碎系统的堵塞仍频繁发生，据 1995 年统计，仅二破堵塞已有 31 个班。至于短时堵塞，该年 8 月份就高达 39 次。三破只破碎筛上料，也常发生堵塞。振动筛故障频繁,严重威胁工厂的生产,迫不得已将双层筛的下层 20mm×20mm 钢丝网取消,将上层 60mm×60mm 胶孔筛换为 40mm×40mm 筛网,进厂粒度放大到 40mm 使用。

上述事件是具有地质资料而不加以利用盲目建设造成的恶果,然而类似现象仍时有发生。因此,有必要将原料的可破碎研究作为工程建设前期的不可短缺的一个程序来抓。这项工作可以委托科研设计部门进行,也可以由设备承包商来做。研究工作包括现场考察,了解地质情况、开采方式,取样和加工试验,在对原料的可破碎性能有了基本了解和研究之后,提出合理的破碎系统和相应的破碎机型。根据该种原料的处理难易程度可繁可简,只要达到目的即可。由于影响矿石破碎性的某些因素可能是相互矛盾的,需要综合权衡,不能仅凭个别因素做出错误的判断,造成决策的失误。报告的全面性还在于除了技术内容之外,也应该有经济内容。

## 二、国外经验介绍

国外的知名水泥公司在建厂时都很注意对原料加工性的研究,根据原料性质制定最佳的破碎系统,以保证取得合格的原料。现以印度海德堡水泥公司为例,该公司的 Damoh 水泥厂扩建工程因原有矿山已枯竭,需要在厂区西 19km 的 Patharia 新建一个石灰石矿山,规模为 450.7 万吨/年。

当地的自然条件如下:

海拔:360～390 m

降雨量:年最大 1350mm,年最小 465mm,年平均 800mm

　　　　24h 最大降雨 203mm

降雨强度(平均):冬季(12～2 月)50mm

　　　　　　　　　季风前期(3～5 月)35mm

　　　　　　　　　季风期(6～9 月)670mm

　　　　　　　　　季风后期(10～11 月)45mm

　　　　　　　　　(因此最大降雨集中在季风期)

气温:最高 45.5℃,最低 4.5℃

湿度:最大(季风期)88%,最小(夏季)31%

矿床基本情况如下:

石灰石为灰 - 青灰色,细晶结构,薄层构造,石灰石矿层的平均厚度为约 9m。石灰石矿层中夹有页岩夹层,并有黏土包裹体在内。预计采出的原矿中混有 10%～15% 的黑棉土和页岩。石灰石的游离硅含量约为 5%～5.5%。

石灰石体重为 2.5t/m³。

水分:石灰石 2.5%～3%(最大 7%);黏土 10%～15%(雨季)。

印度海德堡水泥公司技术中心于 2008 年 1 月、2009 年 11 月、2010 年 4 月先后三次在现场用爆破法取得矿石共 170.8t,进行了各种粒级占有率和氧化钙含量的测定(见表 10 - 4～表 10 - 9),最后得出结论,需要将细碎料进行抛尾,方能达到配料要求的指标(见表 10 - 10),并将抛尾定在 20mm。上述矿石尚需外购约 2.4% 高钙灰岩配合使用。

表 10 - 4　爆堆样—1 统计表(样重:34.461Mt)

| 筛孔尺寸/mm | 质量/Mt | 筛余百分比/% | 累计筛余百分比/% | CaO/% | 累计平均 CaO/% |
|---|---|---|---|---|---|
| 200 | 20.21 | 58.64 | 58.64 | 45.64 | 45.64 |
| 80 | 3.79 | 10.99 | 69.63 | 45.35 | 45.60 |
| >60～80 | 2.7 | 7.83 | 77.46 | 43.65 | 45.40 |
| >40～60 | 1.08 | 3.13 | 80.59 | 43.12 | 45.31 |
| >20～40 | 0.82 | 2.38 | 82.97 | 41.13 | 45.19 |
| -20 | 5.85 | 16.97 | 99.94 | 31.35 | 42.84 |
| 总　　计 | 34.45 | 99.94 | | | |

表 10-5 爆堆样—2 统计表（样重：37.31Mt）

| 筛孔尺寸/mm | 质量/Mt | 筛余百分比/% | 累计筛余百分比/% | CaO/% | 累计平均 CaO/% |
|---|---|---|---|---|---|
| 200 | 19.85 | 53.2 | 53.2 | 45.21 | 45.21 |
| 80 | 3.79 | 10.15 | 63.35 | 42.06 | 44.70 |
| >60~80 | 1.4 | 3.75 | 67.10 | 41.64 | 44.53 |
| >40~60 | 2.86 | 7.66 | 74.76 | 43.86 | 44.46 |
| >20~40 | 4.15 | 11.12 | 85.88 | 38.5 | 43.69 |
| <20 | 5.2 | 13.93 | 99.81 | 32.2 | 42.09 |
| 总 计 | 37.25 | 99.81 | | | |

表 10-6 爆堆样—3 统计表（样重：27.45Mt）

| 筛孔尺寸/mm | 质量/Mt | 筛余百分比/% | 累计筛余百分比/% | CaO/% | 累计平均 CaO/% |
|---|---|---|---|---|---|
| 200 | 14.4 | 52.46 | 52.46 | 44.90 | 44.90 |
| >80~200 | 4.99 | 18.18 | 70.64 | 41.52 | 44.03 |
| >50~80 | 0.39 | 1.42 | 72.06 | 43.73 | 44.02 |
| >25~50 | 2.465 | 8.98 | 81.04 | 41.10 | 43.70 |
| >15~25 | 1.39 | 5.06 | 86.1 | 33.32 | 43.09 |
| >10~15 | 1.055 | 3.84 | 89.94 | 33.74 | 42.69 |
| <10 | 2.76 | 10.06 | 100 | 27.86 | 37.12 |
| 总 计 | 27.45 | 100 | | | |

表 10-7 爆堆样—4 统计表（样重：25.240Mt）

| 筛孔尺寸/mm | 质量/Mt | 筛余百分比/% | 累计筛余百分比/% | CaO/% | 累计平均 CaO/% |
|---|---|---|---|---|---|
| 200 | 7.1 | 28.13 | 28.13 | 43.51 | 43.51 |
| >80~200 | 3.74 | 14.82 | 42.95 | 43.82 | 43.62 |
| >50~80 | 2.96 | 11.73 | 54.68 | 37.00 | 42.20 |
| >25~50 | 2.06 | 8.16 | 62.84 | 33.28 | 41.04 |
| >15~25 | 1.7 | 6.74 | 69.58 | 25.38 | 39.52 |
| <15 | 7.68 | 30.42 | 100 | 14.94 | 32.04 |
| 总 计 | 25.24 | 100 | | | |

表 10-8 爆堆样—5 统计表（样重：23.650Mt）

| 筛孔尺寸/mm | 质量/Mt | 筛余百分比/% | 累计筛余百分比/% | CaO/% | 累计平均 CaO/% |
|---|---|---|---|---|---|
| 200 | 10.55 | 44.74 | 44.74 | 45.35 | 45.35 |
| >80~200 | 3.94 | 16.71 | 61.45 | 40.80 | 44.11 |
| >50~80 | 0.7 | 2.97 | 64.42 | 38.91 | 43.87 |
| >40~50 | 1.35 | 5.72 | 70.14 | 30.71 | 42.80 |
| >30~40 | 0.49 | 2.08 | 72.22 | 27.98 | 42.37 |
| >25~30 | 0.5 | 2.12 | 74.34 | 23.06 | 41.82 |
| >19~25 | 0.76 | 3.22 | 77.56 | 26.57 | 35.51 |
| >13~19 | 0.95 | 4.03 | 81.59 | 25.19 | 29.07 |
| <13 | 4.34 | 18.41 | 100 | 18.91 | 22.99 |
| 总 计 | 23.58 | 100 | | | |

**表 10 - 9 爆堆样—6 统计表**（样重：22.700Mt）

| 筛孔尺寸/mm | 质量/Mt | 筛余百分比/% | 累计筛余百分比/% | CaO/% | 累计平均 CaO/% |
|---|---|---|---|---|---|
| 200 | 13.2 | 58.38 | 58.38 | 45.44 | 45.44 |
| >80～200 | 1.99 | 8.8 | 67.18 | 38.01 | 44.47 |
| >50～80 | 2.0 | 8.85 | 76.03 | 39.51 | 43.89 |
| >40～50 | 0.45 | 1.99 | 78.02 | 28.36 | 43.49 |
| >30～40 | 0.49 | 2.17 | 80.19 | 21.34 | 42.90 |
| >25～30 | 0.73 | 3.23 | 83.42 | 27.86 | 42.31 |
| >19～25 | 0.53 | 2.34 | 85.76 | 24.84 | 34.15 |
| >13～19 | 0.85 | 3.76 | 89.52 | 24.72 | 31.04 |
| <13 | 2.37 | 10.48 | 100 | 9.85 | 18.65 |
| 总　计 | 22.7 | 100 | | | |

**表 10 - 10 抛尾后石灰石要求达到的质量指标** （%）

| LOI | $SiO_2$ | $Al_2O_3$ | $Fe_2O_3$ | CaO | MgO | $SO_3$ | $Na_2O$ | $K_2O$ | $Cl^-$ |
|---|---|---|---|---|---|---|---|---|---|
| 36.50 | 13.10 | 2.20 | 1.51 | 43.50 | 2.40 | 0.07 | 0.12 | 0.6 | 0.004 |

### 三、东亚水泥公司砂岩的可破碎性研究

东亚水泥公司 2000t/d 水泥生产线系利用亚行环保贷款项目，并采取公开招标方式选取设备，其中原料破碎部分标书中要求投标商应充分研究原料状况，并赴现场调查矿床赋存条件，取样进行加工试验，据此提出最佳的破碎系统和最先进的破碎机型。

遗憾的是十三家投标商没有一家到过现场，也没有取样进行过试验，对于标书中提出的原料情况基本不予正面研究。其结果自然是没有一家提出满足业主要求的设备。最终受业主委托，某设备厂商承担了本砂岩矿可破碎性的研究，下面对主要成果内容进行介绍。

#### （一）原始条件和业主要求

1. 系统的描述

来自矿山的砂岩由卡车卸入受料仓，然后通过安装在受料仓下的板式给料机喂入破碎机。破碎后物料卸到胶带输送机上，之后由胶带输送机送至预均化堆场。

卖方供货范围：板式给料机、破碎机、两者的电气控制部分。

2. 原料

（1）原料类别及化学成分。

第Ⅰ矿层：薄层泥质粉砂岩、粉砂质泥岩、含粉砂质页岩。

第Ⅱ矿层：中厚层细粒长石石英砂岩为主，夹少量薄层泥质粉砂岩、粉砂质泥岩。

第Ⅲ矿层：薄层泥质粉砂岩、夹少量中厚层细粒长石石英砂岩、粉砂质泥岩和页岩。

第Ⅰ、Ⅲ矿层称为硅铝质原料，第Ⅱ矿层称为硅质原料，其化学成分见表 10 - 11。

**表 10 - 11 原料化学成分** （%）

| 成　分 | LOI | $SiO_2$ | $Al_2O_3$ | $Fe_2O_3$ | CaO | MgO | $K_2O$ | $Na_2O$ | $SO_3$ | $Cl^-$ |
|---|---|---|---|---|---|---|---|---|---|---|
| 硅铝质 | 4.06 | 68.19 | 14.28 | 6.48 | 0.59 | 1.37 | 3.22 | 0.30 | 0.11 | 0.005 |
| 硅　质 | 2.93 | 78.88 | 8.64 | 5.20 | 0.42 | 1.03 | 1.75 | 0.19 | 0.01 | 0.005 |

硅铝质原料占 32%，硅质原料占总储量的 68%。

（2）原料物理性质。

1）抗压强度。

Ⅰ矿层：56~46MPa，Ⅱ矿层：73.2~40.8MPa，Ⅲ矿层：47.6~26.4MPa。

上述各矿层抗压强度值摘自地质报告。

2）体重。

体重（未经湿度校正）为2.63t/m³。

3）湿度（原岩）。

硅铝质平均为5.0%，硅质平均为1.4%。

由于硅铝质矿石为薄层状，遇水易崩解，其中的页岩易泥化，结合本地区多雨（年平均降雨天数为130天，最长连续降雨天数为13天。年最大降雨量为1463.5mm，最小为525.5mm，平均为980.18mm），雨季在6月中旬~7月上旬，雨季矿石水分必将增加，因此，雨季水分按硅铝质矿石15%，硅质矿石5%考虑。

4）重新取样进行的试验。

抗压强度是委托天津地质研究所测得，结果如下：湿态抗压强度66.2~83.3MPa，干态为105.8~182.7MPa，大大超过了地质报告中的数值。经做磨蚀性测试，粉砂岩的 $Ai = 0.09905$，石英砂岩的 $Ai = 0.7322$。

3. 规模

年处理砂岩15万吨，破碎系统的平均生产能力为100t/h。砂岩用自卸汽车运来，最大粒度为700mm，产品粒度为50mm。

## （二）破碎系统的制定

鉴于本矿年降雨量较大，矿床中有较多的泥质岩，雨季易泥化，这种原料最适用的破碎机型应是齿辊式破碎机。但是齿辊式破碎机不适于破碎强度高的矿石，为慎重起见，我们对矿床中的硅质矿层重新取样做了湿态和干态的抗压强度测试，结果表明干态强度较湿态高出一倍，而且这种既硬、磨蚀性又高的原料并不适于齿辊式破碎机破碎，因此不予选用。

前已述及，本砂岩矿床的石英砂岩、泥质粉砂岩和页岩呈互层产出，且质硬的石英砂岩为中厚层结构，质软的泥质粉砂岩和页岩为薄层结构，因此爆破后粗块多是石英砂岩，而细碎料多是泥质粉砂岩和页岩以及表土。进行预筛分将细碎料和泥土筛除后可选用适于破碎单一性质矿石的破碎机，这种分析也由我们进行的筛析试验得到证实。因此，本项目决定采用带预筛分的单段破碎机的破碎系统，其破碎机为抗磨型硬料的单段破碎机，预筛分机需要具有防堵功能、能将黏湿料筛除。

## （三）机型的选择

1. 破碎机

KRUPP（O&K）公司、KHD公司、F. L. Smith公司等世界知名水泥机械制造商对破碎机的选型都有明确的介绍。我国曾由O&K公司引进了MAMMUT单段锤式破碎机制造技术，该公司已明确说明这种机型只适于破碎硅含量小于8%、抗压强度小于200MPa的脆性矿石，在本处不能选用。

按挤压原理工作的颚式和旋回式破碎机对高硅质原料能够适应，但是它们的破碎比小，需要两段破碎才能达到要求的出料粒度，从而使系统复杂，投资增加，也不宜采用。

常规的反击式破碎机也不适于破碎这种高硅原料，但是一些专业的破碎机制造商生产一种高抗磨型反击式破碎机可用于破碎花岗岩、玄武岩和砂岩，通常在建筑骨料的破碎筛分厂使用。例如，KHD公司的Hardopact破碎机是中碎机型，HAZEMAG公司的AP-PKM破碎机是粗碎机型，AP-KM破碎机是中碎机型。这种破碎机因具有特殊结构和采用高耐磨性材料制造板锤、反击板和衬板，获得了高抗磨性能。我们将借鉴国外的经验开发高破碎比的抗磨型粗碎用硬料反击式破碎机以填补这方面的空白。

2. 预筛分机

常见的振动筛不具备筛分黏湿料的能力（除非冲水筛洗），不能作为本系统的预筛分机型。辊轴筛，因为可以制作得坚固结实，而且结构简单，在国内有用作石灰石预筛分除土的案例（例如，北京西山大灰厂、首钢石灰石矿）。据报道，在国外有一种波动辊式筛分机，因其辊盘为椭圆形，在运转中使料层产生颠簸作用，加强了碎料的分离，又由于辊子下面装有剔料装置，可以使辊缝保持洁净，具有防粘堵功能。拉发基在摩洛哥的 CADEM 水泥公司采用石灰石和黏土混合破碎，由于石灰石和黏土都含有很多细料，从而变得非常黏，特别是雨季（11 月到次年 2 月），黏土含水量达 20%，它们裹住石块，致使破碎机无法使用。工厂在由湿法改干法生产的过程中采用了在给料机和破碎机之间加波动辊式筛分机的做法将黏湿料筛出获得成功，筛分机的规格是 2000 × 5000mm 辊缝为 85 × 120mm，破碎系统的能力是 1000t/h，所使用的破碎机为 KRUPP 公司制造的 Titan72D75K 双转子锤式破碎机，它的生产能力是 400t/h。该系统于 1993 年建成投入使用，效果良好（详见《世界水泥》1997 年第 10 期《黏湿物料的筛分装置的使用效果》）。因此，本处选用波动筛分机作为预筛分设备，筛分辊共 10 支，带有椭圆形辊盘以加强料层的颠簸能力。为了节约建设投资，在筛分辊前增加了一组低速的圆形辊作为给料机构以取代给料机，这种低速的辊子主要起给料作用，同时也有一定的筛分能力，与筛分辊合为一体，结构简单，费用增加不多，成为给料和筛分双重功能齐备的新设备。

### （四）规格和主参数

1. 给料筛分机

型式：辊子式（wobbler roller）。

尺寸：1250mm × 5800mm，其中给料段长约 2.6m。

给料段辊子为圆形，共有 7 支，其速度由首根向后逐步增加以利于将料仓中的矿石拉出。筛分辊为椭圆形，共 10 支，各辊具有相同的转速，但相邻辊椭圆盘的长短轴呈 90° 相位角排列。

筛孔（即辊缝）尺寸：60 × 100mm。

功率：11 + 18.5kW。

机重：约 26t。

2. 破碎机

型式：抗磨型重型反击式。

转子尺寸：$\phi$1300mm × 1300mm（事后设计中改为 $\phi$1400mm × 1200mm）。

进料粒度：小于 700mm。

出料粒度：小于 60mm 占 90%。

生产能力：120t/h。

电动机：YR355 - 6，160kW。

机重（不包括电动机）：约 38t。

反击板、板锤均由含钼高铬铸铁制造，板锤和反击板均可掉头使用。均整板也是采用耐磨的高铬材料铸造。

### （五）经济部分

1. 价格估计

| | |
|---|---|
| 给料筛分机 | 43 万元（人民币） |
| 破碎机 | 81.7 万元 |
| 合计 | 124.7 万元（电气控制部分在工程设计中已计入） |

2. 主要磨耗件寿命估计

| | |
|---|---|
| 板锤（按 10g/t 计） | 3.75 万吨（或 3 个月） |
| 反击板 | 7.5 万吨（或半年） |
| 均整板 | 15 万吨（约一年） |

## 第七节 破碎机的选择

### 一、破碎机的常规使用范围

一些知名公司对它们制造的破碎机的使用范围都有所介绍，现列举如下，可作为参考（见表 10 - 12 和表 10 - 13）。

表 10 - 12 KHD 公司的水泥原料破碎机的基本特性

| 机 型 | 能力/t·h⁻¹ 相应的出料粒度/mm | 物料水分（湿基）/% | 最大进料粒度 | | 莫氏硬度 | 抗压强度/MPa | 破碎比 |
| --- | --- | --- | --- | --- | --- | --- | --- |
| | | | m³ | mm | | | |
| 双转子锤式（HDS） | 3000 \| <80 <br> 1800 \| <25 | 25 | 2.7 | 2600 | <4.5 | <200 | 100:1 |
| 单转子锤式（HES） | 1300 \| <80 <br> 800 \| <25 | 5~10 | 2.0 | 2600 | <4.5 | <200 | 100:1 |
| 粗碎反击式（PEG） | 1500 \| <250 | 5~10 | 2.2 | 1800 | <4.5 | <250 | 18:1 |
| 中碎反击式（PEF） | 750 \| <25 | 5~10 | 0.2 | 750 | <4.5 | <250 | 12:1 |
| 双辊式（WBZS） | 3000 \| <150 <br> 400 \| <25 | 25 | 0.8 | 1200 | <4.5 | <150 | 12:1 |

表 10 - 13 KRUPP 公司破碎机的使用范围

| 机 型 | 最大破碎比 | 抗压强度/MPa | 石英最大含量/% | 含页岩20%下的水分/% |
| --- | --- | --- | --- | --- |
| 单转子锤式（MAMMUT） | 100:1 | <200 | 约8 | <15 |
| 双转子锤式（TITAN） | 100:1 | <200 | 约8 | <20 |
| 可逆锤式（无箅式）（HBK） | 20:1 | <300 | 约25 | <10（不带页岩） |
| 反击式 | 20:1 <br> 60:1（带均整板） | <300 | 约25 | <8 |
| 双齿辊式 | 6:1 | <150 | 几乎不限量 | >25 |
| 轮齿式 | 粗碎6:1 <br> 中碎相向6:1 <br> 相背4:1 | <150 | 不限量 | 粗碎>25 <br> 中碎<15 <br> 相背>20 |
| 颚式 | 6:1 | ≤500 | 不限制 | <5 |
| 旋回式 | 6:1 | ≤500 | 不限制 | <5 |
| 圆锥式 | 6:1 | ≤500 | 不限制 | <5 |

各公司所生产的同类破碎机适用条件的差异是由多种因素造成的，其主要原因是各自在该种破碎机领域投入的研究工作和取得的研究成果不同，因而在结构、参数、选材等诸多方面并不一致，由此反映在机器的使用性能和效果上就有一定的差异（包括生产能力、机件寿命、使用领域的扩展等，且往往会左右破碎机的最终选择）。再者，由各公司的经历而形成的认识乃至使用的衡量指标也是不统一的，因此各自列出的一些量化的数字难以横向对比。本节所介绍的不是泛指的"选型"，而需要具体化为"破碎机的挑选"。

### 二、颚式破碎机

颚式破碎机又称虎口破碎机，它靠可动颚板向固定颚板的迅速冲击运动破碎矿岩。颚式破碎机的主要结构部分如图 10 - 5 和图 10 - 6 所示。

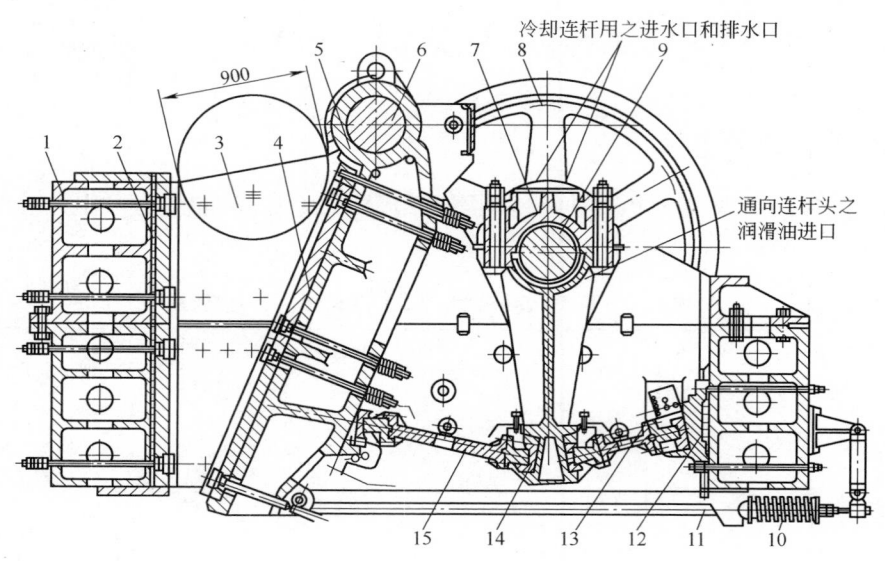

图 10 - 5　简摆颚式破碎机结构示意图
1—机架；2，4—破碎板；3—侧面衬板；5—可动颚板；6—芯轴；7—连杆；8—飞轮；9—偏心轴；
10—缓冲弹簧；11—拉杆；12—楔铁；13—后推力板；14—肘板座；15—前推力板

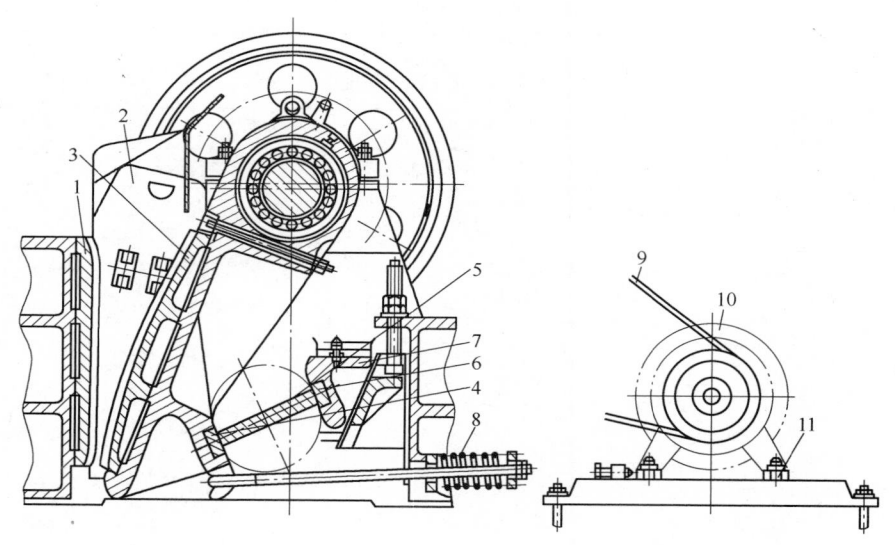

图 10 - 6　复摆颚式破碎机结构示意图
1—固定颚板；2—边护板；3—破碎板；4，6—肘板座；5—推力板；7—楔铁；
8—缓冲弹簧；9—三角皮带；10—电动机；11—导轨

　　颚式破碎机的主要优点是：结构简单，两颚衬板和肘板易于更换，便于操作和维修；动颚上部的作用力随着与固定颚板的接近而增加，推力板形成的钝角越大（接近于180°），此力也越大。在动颚上部形成的最大力，使得较大的矿块先被破碎，因而对于破碎坚硬矿岩颇为有效。

　　颚式破碎机的缺点是：工作时振动大，必须把破碎机安装在固定的坚实基础上；破碎机前要设置给矿机，要求给矿机粒度均匀，以免破碎机被矿岩卡住；它适宜破碎块状矿岩，对条状或片状矿岩有时排出粒度过大。

　　颚式破碎机的尺寸是以给矿口的宽度和长度表示。破碎机的处理能力，可视其轴的转速（动颚摇动次数）和破碎比（调节排矿口）以及其他因素而定。

　　颚式破碎机有双肘和单肘两种基本类别，已往大中型颚式破碎机都是双肘的，因为这种结构的动颚上部产生的破碎力大，可以破碎强度很高的矿石，它的挤压轨迹近乎直线，磨损小。单肘颚式破碎机动颚的摆幅则是上部大于下部，影响了对进料的破碎力，但是下部的垂直摆幅比水平摆幅大 1～2 倍，有利于物料的排出，它的生产能力比同规格双肘颚式破碎机高 20%～30%，出料也比较均匀。它的重量比双肘型轻 20%～30%，是中小型常见的结构。随着技术的发展，有的制造商采取抬高动颚支点、增大肘板倾角等方式提高了上颚对进料的破碎力，已能破碎很硬的石料（花岗石），腔形和支撑结构的改进和更耐磨材料的应用，提高了它的耐磨性，已实现了单肘颚式破碎机的大型化（Metso 公司最大规格已达 1500mm×2000 mm，生产能力已超过 1000t/h），国内很多矿山机械公司都生产单肘颚式破碎机。此外，北京某公司还开发了一种外动颚式破碎机，动颚外置可使动颚运动轨迹更加合理，降低了齿板的磨损，提高了破碎能力，也可以选用。

## 三、圆锥式破碎机和旋回式破碎机

中碎和细碎用的圆锥式破碎机是金属选矿厂、建筑骨料加工厂中常见的机型，也可用于水泥厂的多段破碎中，传统的圆锥式破碎机，按圆锥腔进料的开口大小有标准型、中型和短头型三种，它们已沿用了近百年之久。现在，一些制造商在原有基础上，又开发了新的产品。例如，瑞典 SANDVIK 公司的 Hydracone 型液压支承圆锥式破碎机，Metso 公司最新结构的 HP 系列的圆锥破碎机，后者的专利包括独特的腔形、增大的偏心距和转速、更高的破碎力、平衡偏心装置等，且具有液压排口动态调节、铁件释放和清腔功能。这种破碎机尺寸更紧凑、生产能力高而重量轻，使用更方便。

我国一些矿山机械厂也生产具有自身特点的圆锥式破碎机可供选用，如图 10-7 所示。

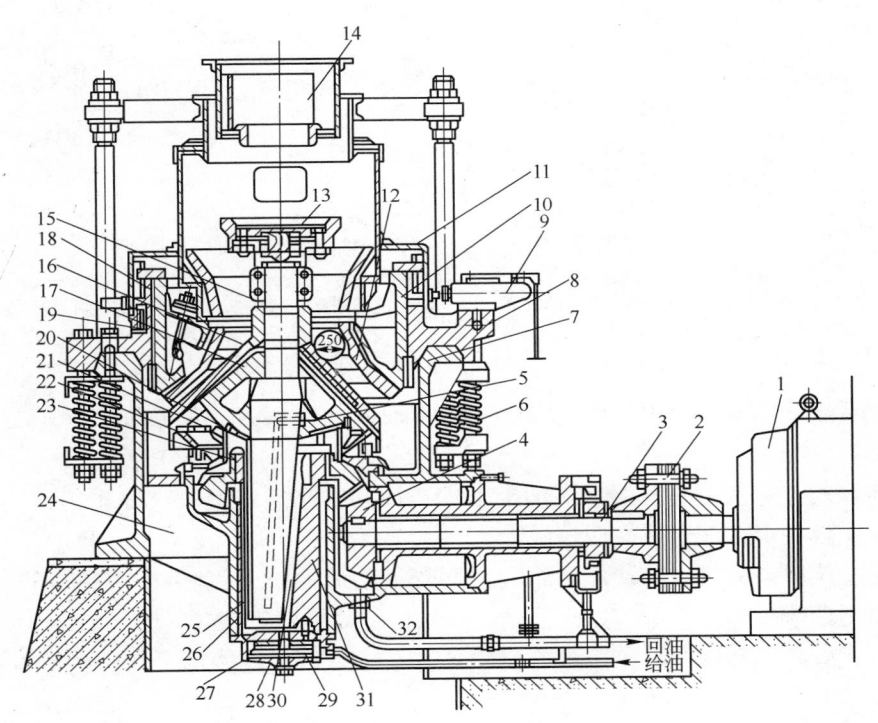

图 10-7 圆锥式破碎机结构示意图

1—电动机；2—联轴节；3—传动轴；4—小圆锥齿轮；5—油道；6—弹簧；7—机架；8—支承环；9—推动液压缸；10—调整环；11—防尘罩；12—衬板；13—给料盘；14—给料箱；15—主轴；16—锥体衬套；17—破碎锥体；18—锁紧螺母；19—活塞；20—球面轴瓦；21—球面轴承座；22—球面颈圈；23—大圆锥齿轮；24—筋板；25—中心套筒；26—衬套；27—止推轴承；28—机架下盘；29—进油孔；30—锥形衬套；31—偏心轴套；32—排油孔

旋回式破碎机是一种粗碎用的圆锥式破碎机，在相同的进料粒度下生产能力大致是颚式破碎机的两倍半，是大型矿山常用的粗碎机。Metso、SANDVIK、Krupp、中信重工、北方重工集团沈阳重机公司均生产此种设备，可供选用。

旋回破碎机的构造特点是：圆锥体转子（动锥）与缸筒形定子（定锥）形成越向下越小的环形破碎腔；动锥悬挂于搭在定锥上口的横梁上，当破碎机下部的偏心轴套旋转时，就使动锥偏心回旋而沿圆锥面破碎矿岩。一般旋回破碎机的结构如图 10 - 8 所示。

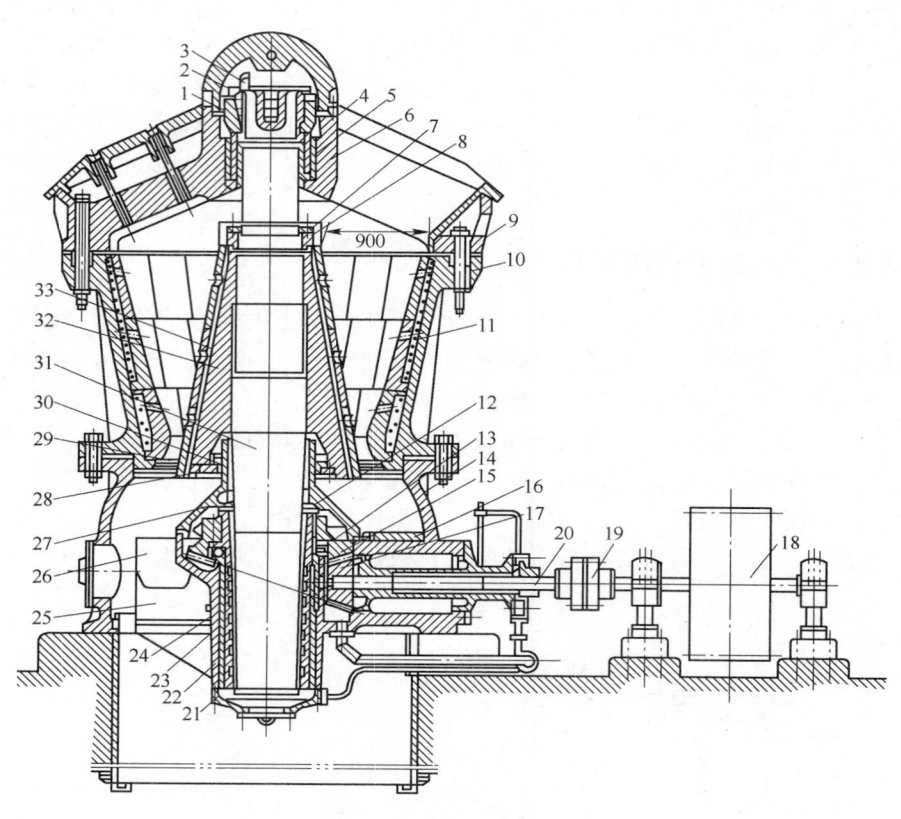

图 10 - 8 旋回破碎机结构示意图

1—锥形压套；2—锥形螺帽；3—楔形键；4，23—衬套；5—锥形衬套；6—支承环；7—锁紧板；8—螺帽；9—横梁；
10—固定锥（中部机架）；11，33—衬板；12—挡油环；13—青铜止推圆盘；14—机座；15—大圆锥齿轮；16，26—护板；
17—圆锥小齿轮；18—皮带轮；19—联轴节；20—传动轴；21—机架下盖；22—偏心轴套；
24—中心套筒；25—筋板；27—压盖；28～30—密封套环；31—主轴；32—破碎锥

旋回破碎机进行破碎作业时，由于矿石和动锥工作面间的摩擦力比偏心轴套和轴之间的摩擦力大得多，动锥会反向旋转。

旋回破碎机与颚式破碎机不同，由于可动锥是偏心回转、趋近定锥时破碎矿岩，工作是连续而均匀的；生产率较高，能耗较少，破岩适应性较好。

近年出现的液压旋回破碎机，其外形和结构与同规格的旋回破碎机相同，只是局部改变并增加一套液压装置，其作用是调节破碎机的排矿口，且可自动保护破碎机不致过载损坏。

综上所述，颚式破碎机和旋回破碎机各有优缺点，在矿山被广泛选用，它们的特点比较列于表 10 - 14 中。

表 10 - 14 颚式破碎机和旋回破碎机的特点比较

| 项 目 | 颚式破碎机 | 旋回破碎机 | 项 目 | 颚式破碎机 | 旋回破碎机 |
|---|---|---|---|---|---|
| 破碎机机体外形 | 小 | 大 | 受矿条件 | 需设置给矿机 | 可直接受矿 |
| 破碎机重量 | 轻 | 重 | 产品粒度 | 不均匀 | 较均匀 |
| 维护检修 | 方便 | 较困难 | 破碎片状条状矿石的效果 | 差 | 较好 |
| 基建投资 | 少 | 多 | 振动状况 | 强烈 | 一般 |
| 每吨矿石耗电量 | 较多 | 较少 | 适应的破碎规模 | 小 | 大 |

### 四、双齿辊破碎机和轮齿式破碎机

双齿辊破碎机采用相对较高的转速（6~8m/s）和较低扭矩方式、较矮的辊齿将物料咬碎，适于破碎软物料和抗压强度小于100~120MPa的低中硬物料（少量峰值150~200MPa的较硬物料），对黏湿料能适应，磨损小，对性杂的表土适应能力强，并有液压机构调节排料口宽度和使不能破碎的异物通过破碎机时自动退让，防止过载。

轮齿式筛分破碎机适于软性和中硬物料的破碎。采取较低的转速（2~3m/s）和较高的扭矩、采取高而少的辊齿，将粗料进行破碎而碎料则可通过。与双齿辊破碎机不同之处还在于它的两根辊轴是固定的，轴间距不能调整，且一旦有铁器或其他不能破碎的异物进机时，需要采取反转将卡住的物料松开，如果重复数次不见效时，需人工清除。

上述两种破碎机在露天煤矿覆盖剥离物、煤的预处理中常被采用。轮齿式筛分破碎机产品的过粉碎少，成品率高，也可用于生产活性石灰的石灰石加工。

辊式破碎机结构如图10-9所示。

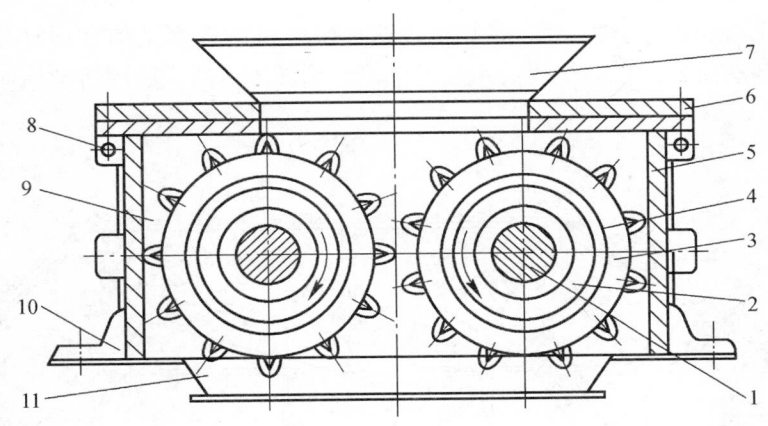

图10-9　辊式破碎机结构示意图

1—传动轴；2—辊筒；3—辊套；4—齿头；5—机体；6—机盖；7—装料溜槽；8—吊耳；9—侧板；10—固定座；11—排料溜槽

### 五、锤式和反击式破碎机

锤式和反击式破碎机是水泥行业使用最为普遍的机型。两者都靠冲击原理破碎物料，它们都具有粗、中、细碎以及大破碎比的粗＋中碎机型。其主要区别是前者依靠悬挂在转子上的锤头打击物料，而后者是靠刚性固定在转子上的板锤打击物料。

水泥生料制备中需要对原料实施破碎和粉磨。入厂原料一般都是块状的，需要先经过破碎然后粉磨成生料粉。因此，破碎机的出料粒度取决于磨机的类型。当工厂使用立式磨粉磨生料时，破碎机的出料粒度可达65~75mm。当使用球磨机时，破碎机的出料粒度应不超过25~30mm。当使用辊压机时，粒度居于两者之间。使用立磨时破碎比只需要20:1，而使用球磨时则达60:1左右。凡是能承纳大块的原矿，而出料又符合磨机的入料粒度的破碎机称为单段破碎机。以冲击原理工作的这类破碎机能达到上述破碎比，而使破碎系统最为简单。但是这类破碎机也有它的合理使用范围：一般是中等强度以下的脆性矿石，它的磨蚀性不能过大、打击件的工作寿命不宜少于3~4个月，原料中的黏湿物含量、水分不得造成机腔的堵塞，在不慎进入铁件时不致造成机器的严重损坏等是判断的主要标准。同为单段锤式破碎机，有的结构壮实，允许破碎强度达200MPa的矿石；有的单薄而达不到；有的排料算子可调节，其锤头的有效利用率高于排料算子不可调的机型，从而锤头可破碎更多的矿石；有的具有给料辊，进机的大块矿石不是直接落在转子上，允许破碎大块含量较多的矿石，且转子的负载较轻，运转更平稳，转子寿命更长；双转子锤式破碎机的进料口位于两个转子之间，黏湿料不易附着在机腔内，因此可以破碎含土量较多、水分较高的矿石，更是破碎混合料的首选机型；排料粒度及颗粒级配除了与矿岩自身结构有关外，又与转速、锤头稀密度、算缝大小有关。所以，各厂家生产的同类破碎机不可能是一样的。

反击式破碎机的打击件是刚性固定在转子上，可以直接利用转子的惯量，因而机器的重量较相同能力的锤式破碎机为轻，但是刚性板锤的转子在转动中相邻板锤扫过进料点的瞬间石块滑入打击圈的深度较浅，其打击力的作用方式是从石块的边缘铣削（同时也在着力点周边的裂纹处产生分离），而锤式破碎机的锤头能够避让入锤盘，容许大块矿石下落到锤盘上接受锤头的打击。对石块而论，打击点提高了，冲击能得到更好的利用。因此，锤式破碎机能够有效地破碎很大的料块，而反击式破碎机的应用则有所限制。反击式破碎机工作时，板锤将物料抛掷到反击板上，若其中含有较多的黏湿料将粘贴在反击面上形成垫层，严重时将堵塞机腔，因此，不宜破碎含土量多的矿石，这种料的水分也有限制。HAZEMAG 公司采取热油加温反击板和进料溜子（油温 220℃）的办法使粘贴物料在贴附面上干燥而脱落，其最高水分可达 15%，但是这套装置需要增加更多的电耗。对于高磨蚀性矿石，传统方式是颚式和圆锥式的两级破碎，HAZEMAG 公司开发了 AP-PKM 型破碎机，可以将大块的花岗岩、玄武岩破碎到 56mm 以下，扩展了这类破碎机的使用范围。随着我国水泥生产水平的提高，需要用砂岩等高硅原料配料，天津水泥设计研究院也开发了这种抗磨型的重型反击式破碎机，这种破碎机的内部结构和用材则不同于常规的机型。由上可见，两种机型各有所长，可以根据使用条件选用。单转子反击式破碎机结构如图 10-10 所示。

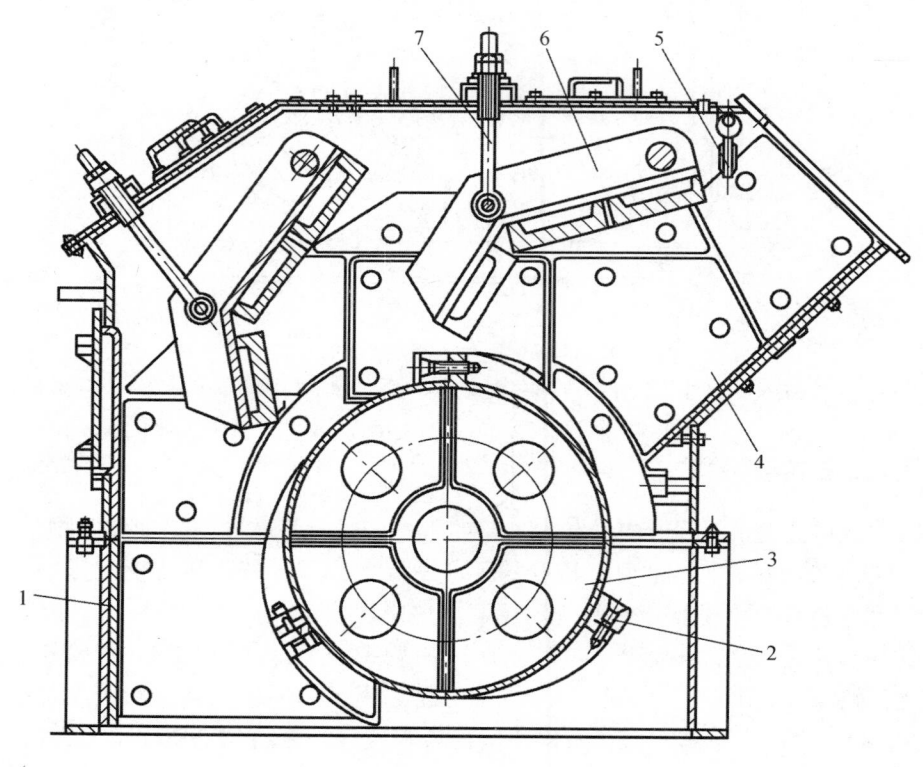

图 10-10 单转子反击式破碎机结构示意图

1—机体；2—板锤；3—转子；4—给料斗；5—链幕；6—反击板；7—拉杆

## 六、请咨询部门为用户做好挑选的参谋

各厂家在投标文件中对所推荐的破碎系统的论证和对推荐机型及性能的介绍，汇集到用户处可能是十分杂乱的，甚至是相互矛盾的。为了去伪存真，有必要邀请咨询部门有权威的专家参与调查、访问和谈判，进行深入细致的分析：例如，是否作过原料的加工试验和具有原料的可破碎性研究报告？所推荐

的破碎系统的论据是否充分和可信? 推荐机型的各项性能数据是否完整、依据是否充分等。以最为简单的一项参数——最大允许入料粒度为例,多数厂家提出体积、单块质量或单块三边尺寸,但也有只提单边尺寸的,具体检查就可发现该尺寸实为破碎机进料口一边的尺寸。由于料块进机方向是随机的,这就意味着两个尺寸有相遇的可能,一旦发生就会卡住,可见上述标准实为一种商业行为。经过咨询部门客观的分析和评价之后,用户就有了更大的把握,可根据性价比和自身财力状况做出正确的选择。

## 七、常见破碎机的主要技术参数

我国能够制造破碎机的厂家(公司)很多,产品种类规格齐全,质量可靠,基本可以满足各类矿山生产需要。

常见国产颚式破碎机的主要技术参数(一)、(二)分别见表 10-15 及表 10-16。

表 10-15  常见国产颚式破碎机的主要技术参数(一)

| 类型 | 型号 | 进料口尺寸 (长×宽)/mm | 最大进料粒度/mm | 排料口调整范围/mm | 处理能力/m³·h⁻¹ | 偏心轴转速/r·min⁻¹ | 电动机功率/kW | 整机重量(不包括电动机)/t | 主要生产厂家 |
|---|---|---|---|---|---|---|---|---|---|
| 复摆 | PE-150×250 | 150×250 | 125 | 10~40 | 0.6~3 | 300 | 5.5 | 0.81 | 中材装备集团、中信重型机械公司、上海路桥建机公司、一重机械集团公司 |
| | PE-250×400 | 250×400 | 210 | 20~60 | 3~13 | 300 | 15 | 2.8 | |
| | PE-250×500 Ⅰ | 250×500 | 210 | 20~80 | 5.7~31 | 300 | 18.5 | 3.25 | |
| | PE-250×500 Ⅱ | 250×500 | 210 | 20~80 | 5.7~31 | 300 | 18.5 | 3.36 | |
| | PE-400×600 | 400×600 | 340 | 40~100 | 10~34 | 275 | 30 | 6.5 | |
| | PE-430×600 | 430×600 | 400 | 90~140 | 35~60 | 275 | 37 | 6.5 | |
| | PE-475×1050 | 475×1050 | 400 | 90~140 | 37.5~81 | 275 | 55 | 11.7 | |
| | PE-500×750 | 500×750 | 425 | 50~100 | 20~52 | 275 | 55 | 10.3 | |
| | PE-600×750 | 600×750 | 500 | 150~200 | 50~100 | 250 | 55 | 12 | |
| | PE-600×900 | 600×900 | 500 | 65~160 | 30~75 | 250 | 55~75 | 15.5 | |
| | PE-620×900 | 620×900 | 500 | 95~145 | 31~70 | 250 | 55~75 | 14.3 | |
| | PE-670×900 | 670×900 | 520 | 195~245 | 66~83 | 250 | 55~75 | 14.8 | |
| | PE-750×1060 | 750×1060 | 630 | 80~140 | 72~130 | 250 | 110 | 28 | |
| | PE-800×1060 | 800×1060 | 640 | 100~200 | 85~143 | 250 | 110 | 30 | |
| | PE-870×1060 | 870×1060 | 660 | 200~260 | 181~210 | 250 | 110 | 30.5 | |
| | PE-900×1060 | 900×1060 | 685 | 230~290 | 100~250 | 250 | 110 | 31 | |
| | PE-900×1200 | 900×1200 | 750 | 95~165 | 87~164 | 200 | 110 | 50 | |
| | PE-1000×1200 | 1000×1200 | 850 | 195~265 | 197~214 | 200 | 110 | 51 | |
| | PE-1200×1500 | 1200×1500 | 1020 | 150~300 | 250~500 | 180 | 160 | 100.9 | |
| | PEF-150×250 | 150×250 | 125 | 10~40 | 0.8~2 | 300 | 5.5 | 1.07 | |
| | PEF-250×350 | 250×350 | 160 | 10~50 | 1~3 | 300 | 7.5 | 2.8 | |
| | PEF-250×400 | 250×400 | 200 | 20~80 | 4~10 | 300 | 17 | 3.0 | |
| | PEF-400×600 | 400×600 | 320 | 40~100 | 10~40 | 250 | 30 | 6.5 | |
| | PEF-600×900 | 600×900 | 480 | 60~200 | 30~100 | 250 | 80 | 18.5 | |
| | PEF-900×1200 | 900×1200 | 750 | 100~200 | 80~160 | 225 | 110 | 48 | |
| | PEF-1200×1500 | 1200×1500 | 850 | 150~250 | 100~180 | 180 | 180 | 118 | |
| | PEF-1500×2100 | 1500×2100 | 1250 | 300~450 | 150~350 | 150 | 245 | 152 | |

表10-16 常见国产颚式破碎机的主要技术参数（二）

| 类型 | 型号 | 进料口尺寸（长×宽）/mm | 最大进料粒度/mm | 排料口调整范围/mm | 处理能力/m³·h⁻¹ | 偏心轴转速/r·min⁻¹ | 电动机功率/kW | 整机重量（不包括电动机）/t | 主要生产厂家 |
|---|---|---|---|---|---|---|---|---|---|
| 复摆细碎 | PEX-100×160 | 100×160 | 80 | 7~21 | 2~8 | 330 | 7.5 | 0.9 | 中信重型机械公司、上海路桥建机公司、一重机械集团公司 |
| | PEX-150×750 | 150×750 | 120 | 18~48 | 5~16 | 320 | 15 | 3.5 | |
| | PEX-200×1000 | 200×1000 | 160 | 20~55 | 6.9~23.8 | 330 | 22 | 6.5 | |
| | PEX-250×700 | 250×700 | 210 | 25~60 | 8~22 | 330 | 22 | 4.9 | |
| | PEX-250×1000 | 250×1000 | 210 | 25~60 | 10~32 | 330 | 30~37 | 6.5 | |
| | PEX-250×1200 | 250×1200 | 210 | 25~60 | 13~38 | 330 | 37 | 7.7 | |
| | PEX-300×1300 | 300×1300 | 250 | 20~90 | 10~65 | 300 | 75 | 11 | |
| | PEV-430×650 | 430×650 | 380 | 40~100 | 25~75 | 275 | 45 | 5.1 | |
| | PEV-500×900 | 500×900 | 430 | 50~100 | 31~69 | 275 | 55 | 10 | |
| | PEV-600×900 | 600×900 | 500 | 70~130 | 53~106 | 250 | 75 | 13 | |
| | PEV-750×1060 | 750×1060 | 650 | 80~140 | 72~140 | 250 | 110 | 24.2 | |
| 简摆 | PEJ-900×1200 | 900×1200 | 750 | 100~180 | 60~100 | 180 | 110 | 62 | |
| | PEJ-1200×1500 | 1200×1500 | 850 | 130~180 | 70~100 | 135 | 180 | 128 | |
| | PEJ-1500×2100 | 1500×2100 | 1250 | 170~220 | 200~250 | 100 | 260 | 220 | |
| | PEJZ-500×800 | 500×800 | 400 | 60~120 | 10~40 | 300 | 80 | 22 | |
| | PEJZ-1200×1500 | 1200×1500 | 850 | 170~280 | 90~180 | 250 | 155 | 110 | |
| | PEJZ-1500×2100 | 1500×2100 | 1250 | 240~380 | 200~300 | 250 | 245 | 220 | |

常见国外颚式破碎机的主要技术参数见表10-17。

表10-17 常见国外颚式破碎机的主要技术参数

| 类型 | 型号 | 进料口尺寸 长/mm | 宽/mm | 最大进料粒度（长×宽）/mm | 转速/r·min⁻¹ | 电动机功率/kW | 整机重量/kg | 各种排矿口（开口侧）的生产能力/m³·h⁻¹ 25mm | 30mm | 40mm | 50mm | 80mm | 100mm | 120mm | 150mm | 220mm | 250mm | 280mm |
|---|---|---|---|---|---|---|---|---|---|---|---|---|---|---|---|---|---|---|
| 简摆 | 5K | 500 | 315 | 420×270 | 300 | 22 | 5500 | 10.5 | 12.5 | 17 | | | | | | | | |
| | 6K | 630 | 400 | 560×340 | 280 | 30 | 10800 | 13 | 15.5 | 21 | 26 | | | | | | | |
| | 8K | 800 | 630 | 700×550 | 260 | 75 | 22500 | | | 34 | 54 | 67 | | | | | | |
| | 10K | 1000 | 800 | 900×700 | 240 | 90 | 41500 | | | | | 70 | 87 | 104 | 130 | | | |
| | 12K-9 | 1200 | 900 | 1100×800 | 220 | 110 | 58200 | | | | | | 100 | 115 | 145 | 215 | | |
| | 12K | 1200 | 1000 | 1000×900 | 220 | 132 | 63200 | | | | | | 100 | 115 | 145 | 215 | | |
| | 15K | 1500 | 1200 | 1400×1100 | 200 | 160 | 120000 | | | | | | | 140 | 175 | 255 | 290 | 325 |
| | 16K | 1600 | 1300 | 1500×1200 | 200 | 160 | 143200 | | | | | | | 150 | 185 | 265 | 305 | 340 |
| | 18K | 1800 | 1400 | 1700×1300 | 180 | 200 | 185000 | | | | | | | | | 285 | 325 | 365 |
| 复摆 | 3E | 300 | 200 | 250×180 | 320 | 7.5 | 1700 | 3.5 | 4.5 | | | | | | | | | |
| | 4E | 400 | 250 | 340×220 | 300 | 11 | 2800 | 5.5 | 6.5 | | | | | | | | | |
| | 5E | 500 | 315 | 420×270 | 300 | 22 | 5300 | 8 | 11 | 15 | 21 | | | | | | | |
| | 6E | 630 | 400 | 560×340 | 280 | 30 | 8500 | | | 19 | 25 | 40 | 46 | | | | | |
| | 8E | 800 | 630 | 700×550 | 260 | 75 | 17500 | | | | 46 | 58 | 72 | | | | | |
| | 10E | 1000 | 800 | 900×700 | 240 | 90 | 31800 | | | | | 73 | 90 | 115 | | | | |
| | 12E-9 | 1200 | 900 | 1100×800 | 220 | 110 | 46800 | | | | | | | 120 | 150 | 215 | | |
| | 12E | 1200 | 1000 | 1100×900 | 220 | 110 | 49700 | | | | | | | 120 | 150 | 215 | | |
| | 15E | 1500 | 1200 | 1400×1100 | 200 | 160 | 85000 | | | | | | | | | 200 | 300 | 350 |
| | 18E | 1800 | 1400 | 1700×1300 | 180 | 200 | 140000 | | | | | | | | | 330 | 380 | 440 |

注：表中所列主要是德国克虏伯公司的产品。

常见国产旋回式破碎机的主要技术参数见表 10-18。

**表 10-18 常见国产旋回式破碎机的主要技术参数**

| 类型 | 型号 | 给料口尺寸/mm | 排料口尺寸/mm | 最大给料尺寸/mm | 排料口调整范围/mm | 生产能力/t·h⁻¹ | 破碎圆锥底部直径/mm | 主电动机 型号 | 功率/kW | 转速/r·min⁻¹ | 电压/V | 润滑站规格/L·min⁻¹ | 冷却水耗量/m³·h⁻¹ | 主要生产厂家 |
|---|---|---|---|---|---|---|---|---|---|---|---|---|---|---|
| 普通中型 | PXZ700/100 | 700 | 100 | 580 | 100~130 | 310~400 | 1400 | JR136-8 | 145 | 730 | 380 | 40 | 92 | 沈阳重型机械公司、一重机械集团公司、沈阳有色机械总厂 |
| | PXZ900/130 | 900 | 130 | 750 | 130~160 | 625~800 | 1650 | JR137-8 | 210 | 730 | 380 | 63 | 142 | |
| | PXZ1200/160 | 1200 | 160 | 1000 | 170~190 | 1250~1480 | 2000 | JR158-10 | 310 | 590 | 6000 | 125 | 230 | |
| | PXZ1200/210 | 1200 | 210 | 1000 | 160~190 | 1560~1720 | 2000 | JR158-10 | 310 | 590 | 6000 | 125 | 230 | |
| | PXZ1400/170 | 1400 | 170 | 1200 | 210~230 | 1750~2060 | 2200 | JR1510-10 | 400 | 590 | 6000 | 125 | 315 | |
| | PXZ1400/220 | 1400 | 220 | 1200 | 170~200 | 2160~2370 | 2200 | JR1510-10 | 400 | 590 | 6000 | 125 | 306 | |
| | PXZ1600/180 | 1600 | 180 | 1350 | 210~230 | 2400~2800 | 2500 | JR1512-8 | 570 | 730 | 6000 | 125 | 480 | |
| | PXZ1600/230 | 1600 | 230 | 1350 | 180~210 | 2950~3200 | 2500 | JR1512-8 | 570 | 730 | 6000 | 125 | 480 | |
| | PXZ1850/220 | 1850 | 220 | 1450 | 220~250 | 4000~4550 | 2800 | JR1512-6 | 780 | 970 | 6000 | 125 | 700 | |
| | PXZ1850/270 | 1850 | 270 | 1450 | 220~250 | 4700~5000 | 2800 | JR1512-6 | 780 | 970 | 6000 | 125 | 700 | |
| | PXF5475 | 1372 | 152 | 1150 | 130~180 | 1740 | 1880 | YR400-12/1180 | 400 | 490 | 6000 | 250 | 22.5 | |
| | PXF5484 | 1372 | 203 | 1150 | 200~230 | 2500 | 2134 | YR500-12/1180 | 500 | 490 | 6000 | 250 | 22.5 | |
| | PXF6089 | 1524 | 178 | 1300 | 150~220 | 3000 | 2260 | YR118/46-12 | 500 | 490 | 6000 | 400 | 23.52 | |
| | PXF60110 | 1524 | 178 | 1300 | 150~220 | 4000 | 2794 | YR500-12 | 355×2 | 490 | 6000 | 400 | 23.52 | |
| | PXF7293 | 1829 | 178 | 1550 | 200~250 | 2620 | 2363 | YR500-20/1730 | 500 | 295 | 6000 | 400 | 23.52 | |
| 普通轻型 | PXQ0710 | 700 | 100 | 580 | 100~120 | 200~240 | 1200 | JR128-10 | 130 | 585 | 380 | 40 | 3 | |
| | PXQ0910 | 900 | 100 | 650 | 110~140 | 250~300 | 1200 | JR136-8 | 145 | 730 | 380 | 40 | 3 | |
| | PXQ0913 | 900 | 130 | 750 | 130~150 | 350~400 | 1400 | JR128-8 | 155 | 730 | 380 | 40 | 3 | |
| | PXQ1215 | 1200 | 150 | 1000 | 150~170 | 720~810 | 1650 | JR137-8 | 210 | 735 | 380 | 63 | 6 | |
| 液压型 | PXZ500/60 | 500 | 75 | 420 | 60~75 | 140~170 | 1200 | JR128-10 | 130 | 590 | 380 | 63 | 3 | |
| | PXZ700/100 | 700 | 130 | 580 | 100~130 | 310~400 | 1400 | JR128-8 | 155 | 730 | 380 | 63 | 3 | |
| | PXZ900/90 | 900 | 110 | 750 | 90 | 380~510 | 1650 | JR137-8 | 210 | 730 | 380 | 63 | 3 | |
| | PXZ900/130 | 900 | 160 | 750 | 130~160 | 625~770 | 1650 | JR137-8 | 210 | 730 | 380 | 63 | 3 | |
| | PXZ900/170 | 900 | 190 | 750 | 170~190 | 815~910 | 1650 | JR137-8 | 210 | 730 | 380 | 63 | 3 | |
| | PXZ1200/160 | 1200 | 190 | 1000 | 160~190 | 1250~1480 | 2000 | JR158-10 | 310 | 590 | 6000 | 125 | 6 | |
| | PXZ1200/210 | 1200 | 230 | 1000 | 210~230 | 1640~1800 | 2000 | JR158-10 | 310 | 590 | 6000 | 125 | 6 | |
| | PXZ1400/170 | 1400 | 200 | 1200 | 170~200 | 1750~2060 | 2200 | JR1510-10 | 430 | 590 | 6000 | 125 | 6 | |

常见国产圆锥式破碎机的主要技术参数见表 10-19。

**表 10-19 常见国产圆锥式破碎机的主要技术参数**

| 类型 | 型号 | 破碎锥直径/mm | 给料口尺寸/mm | 给料尺寸/mm | 排料口调整范围/mm | 主电动机功率/kW | 偏心套转速/r·min⁻¹ | 生产能力①/t·h⁻¹ | 整机重量②/t | 主要生产厂家 |
|---|---|---|---|---|---|---|---|---|---|---|
| 弹簧标准型 | PYB-600/75 | 600 | 75 | 65 | 12~25 | 30 | 396 | 40 | 5.5 | 沈阳有色机械总厂 |
| | PYB-900/135 | 900 | 135 | 110 | 15~50 | 55 | 330 | 50~90 | 9.6 | |
| | PYB-1200/170 | 1200 | 170 | 145 | 20~50 | 110 | 300 | 110~168 | 24.6 | |
| | PYB-1750/250 | 1750 | 250 | 215 | 25~60 | 155 | 245 | 280~480 | 50.5 | |
| | PYB-2100/350 | 2100 | 350 | 300 | 30~60 | 280/210 | 202 | 500~800 | 71.2 | |
| | PYB-2200/350 | 2200 | 350 | 300 | 30~60 | 280 | 220 | 500~1000 | 84 | |
| 弹簧中型 | PYZ-900/70 | 900 | 70 | 60 | 8~20 | 55 | 330 | 20~65 | 9.6 | |
| | PYZ-1200/115 | 1200 | 115 | 100 | 8~25 | 110 | 300 | 42~135 | 25 | |
| | PYZ-1750/215 | 1750 | 215 | 180 | 10~30 | 155 | 245 | 175~320 | 51 | |
| | PYZ-2200/275 | 2200 | 275 | 230 | 10~30 | 280 | 220 | 200~580 | 84 | |

续表 10 - 19

| 类型 | 型　号 | 破碎锥直径/mm | 给料口尺寸/mm | 给料尺寸/mm | 排料口调整范围/mm | 主电动机功率/kW | 偏心套转速/r·min⁻¹ | 生产能力①/t·h⁻¹ | 整机重量②/t | 主要生产厂家 |
|---|---|---|---|---|---|---|---|---|---|---|
| 弹簧短头型 | PYD - 600/40 | 600 | 40 | 35 | 3 ~ 13 | 30 | 396 | 12 ~ 23 | 5.5 | 沈阳有色机械总厂 |
| | PYD - 900/50 | 900 | 50 | 40 | 3 ~ 13 | 55 | 330 | 15 ~ 50 | 9.7 | |
| | PYD - 1200/60 | 1200 | 60 | 50 | 3 ~ 15 | 110 | 300 | 18 ~ 105 | 25.3 | |
| | PYD - 1750/100 | 1750 | 100 | 85 | 5 ~ 15 | 155 | 245 | 75 ~ 230 | 50.5 | |
| | PYD - 2200/130 | 2200 | 130 | 100 | 5 ~ 15 | 280 | 220 | 125 ~ 350 | 85 | |
| 液压标准型 | PYY - BY0913 | 900 | 135 | 115 | 15 ~ 40 | 75 | 335 | 40 ~ 100 | 8.4 | 沈阳重型机械公司 |
| | PYY - BY1219 | 1200 | 190 | 160 | 20 ~ 45 | 110 | 300 | 90 ~ 200 | 8.3 | |
| | PYY - BY1628 | 1650 | 285 | 240 | 25 ~ 50 | 155 | 250 | 210 ~ 425 | 8.3 | |
| | PYY - BY2235 | 2200 | 350 | 300 | 30 ~ 60 | 280 | 220 | 450 ~ 900 | 17.9 | |
| 液压中型 | PYY - ZT0907 | 900 | 75 | 65 | 6 ~ 20 | 75 | 335 | 17 ~ 55 | 17.6 | |
| | PYY - ZT1215 | 1200 | 150 | 130 | 9 ~ 25 | 110 | 300 | 45 ~ 120 | 17.5 | |
| | PYY - ZT1623 | 1650 | 230 | 195 | 13 ~ 30 | 155 | 250 | 120 ~ 280 | 35.8 | |
| | PYY - ZT2229 | 2200 | 290 | 230 | 15 ~ 35 | 280 | 220 | 250 ~ 580 | 35.7 | |
| 液压短头型 | PYY - DT0906 | 900 | 60 | 50 | 4 ~ 12 | 75 | 335 | 15 ~ 50 | 35.6 | |
| | PYY - DT1208 | 1200 | 80 | 70 | 5 ~ 13 | 110 | 300 | 40 ~ 100 | 74.5 | |
| | PYY - DT1610 | 1650 | 100 | 85 | 7 ~ 14 | 155 | 250 | 100 ~ 200 | 73.7 | |
| | PYY - DT2213 | 2200 | 130 | 110 | 8 ~ 15 | 280 | 220 | 200 ~ 380 | 73.4 | |

①生产能力以矿岩松散容重为 $1.6t/m^3$ 计;

②整机重量不包括电动机。

常见国外旋回式破碎机的主要技术参数见表 10 - 20。

**表 10 - 20　常见国外旋回式破碎机的主要技术参数**

| 破碎机类型 | | 破碎机外形尺寸（长×宽）/mm | 生产能力/t·h⁻¹ | 给料粒度/mm | 排料粒度/mm | 最大功率/kW | 转速/r·min⁻¹ | 整机重量/t |
|---|---|---|---|---|---|---|---|---|
| 美国 A – C 公司 | 50 × 109 | 1524 × 2768 | 3870 ~ 5940 | 1371 | 215 ~ 304 | 750 | 110 | 570 |
| | 60 × 89 | 1524 × 2260 | 2250 ~ 3240 | 1371 | 152 ~ 228 | 480 | 125 | 390 |
| | 54 × 74 | 1371 × 1879 | 1620 ~ 2295 | 1117 | 139 ~ 203 | 400 | 135 | 242 |
| | 48 × 74 | 1219 × 1879 | 1530 ~ 2430 | 1016 | 127 ~ 203 | 400 | 135 | 228 |
| | 42 × 65 | 1066 × 1651 | 747 ~ 1485 | 914 | 114 ~ 177 | 320 | 150 | 120 |
| | 36 × 55 | 914 × 1397 | 540 ~ 765 | 762 | 101 ~ 139 | 250 | 175 | 74 |
| | 30 × 55 | 762 × 1397 | 378 ~ 810 | 533 | 63 ~ 139 | 250 | 175 | 67 |
| 美国雷克斯诺德公司 | 60 × 102 | 1524 × 2590 | 4198 ~ 6480 | 1350 | 200 ~ 300 | 750 | 115 | 544 |
| | 60 × 102 | 1524 × 2590 | 4198 ~ 6480 | 1350 | 200 ~ 300 | 600 | 115 | 441 |
| | 60 × 90 | 1524 × 2286 | 2497 ~ 3600 | 1300 | 180 ~ 250 | 550 | 115 | 383 |
| | 54 × 80 | 1371 × 2032 | 2281 ~ 3393 | 1100 | 150 ~ 200 | 400 | 140 | 238 |
| | 54 × 75 | 1371 × 1905 | 2038 ~ 2605 | 1100 | 100 ~ 150 | 360 | 140 | 206 |
| | 48 × 75 | 1219 × 1905 | 1795 ~ 2484 | 1000 | 100 ~ 150 | 360 | 140 | 192 |
| | 42 × 70 | 1066 × 1778 | 936 ~ 1530 | 900 | 100 ~ 120 | 320 | 137 | 141 |
| | 42 × 70 | 1066 × 1778 | 936 ~ 1530 | 900 | 80 ~ 100 | 250 | 137 | 118 |

| 破碎机类型 | | 破碎机外形尺寸<br>（长×宽）/mm | 生产能力/t·h⁻¹ | 给料粒度<br>/mm | 排料粒度<br>/mm | 最大功率<br>/kW | 转速<br>/r·min⁻¹ | 整机重量/t |
|---|---|---|---|---|---|---|---|---|
| 美国富勒<br>公司 | 72 | 1828 × 2887 | 2340 ~ 3870 | 1500 | 152 ~ 279 | 550 | 135 | 441 |
| | 60 | 1524 × 2590 | 1935 ~ 3690 | 1300 | 127 ~ 279 | 400 | 135 | 360 |
| | 34 | 1371 × 2030 | 1125 ~ 2430 | 1200 | 101 ~ 254 | 320 | 125 | 270 |
| | 48 | 1219 × 1879 | 850 ~ 1890 | 1100 | 84 ~ 228 | 280 | 125 | 225 |
| | 42 | 1066 × 1651 | 607 ~ 1395 | 900 | 76 ~ 203 | 200 | 125 | 142 |
| | 36 | 914 × 1397 | 454 ~ 1098 | 800 | 63 ~ 177 | 200 | 115 | 126 |
| | 30 | 762 × 1397 | 310 ~ 819 | 600 | 52 ~ 152 | 160 | 115 | 90 |
| 德国克虏<br>伯公司 | KB87 - 170 | 2045 × 3850 | 2000 ~ 3000 | 810 | 89 ~ 120 | 315 | 145 | 124 |
| | KB105 - 190 | 2475 × 4410 | 2200 ~ 3100 | 1050 | 100 ~ 120 | 400 | 134 | 185 |
| | KB137 - 190 | 2385 × 4600 | 2200 ~ 3200 | 1370 | 120 ~ 150 | 600 | 134 | 210 |
| | KB152 - 230 | 2700 × 5600 | 3000 ~ 3500 | 1520 | 120 ~ 150 | 600 | 125 | 365 |
| | KB152 - 280 | 3190 × 6030 | 3500 ~ 4000 | 1520 | 150 ~ 200 | 900 | 125 | 575 |
| | KB160 - 290 | 3225 × 6240 | 4500 ~ 6000 | 1600 | 150 ~ 220 | 1100 | 127 | 563 |
| 日本川崎<br>重工 | KG - 09516 | 950 × 2380 | 800 ~ 1350 | 1260 | 115 ~ 180 | 270 | 150 | 120 |
| | KG - 10517 | 1050 × 2730 | 900 ~ 1670 | 1400 | 115 ~ 190 | 320 | 140 | 130 |
| | KG - 12518 | 1250 × 3060 | 1460 ~ 2210 | 1600 | 125 ~ 190 | 350 | 140 | 140 |
| | KG - 13519 | 1350 × 3360 | 1670 ~ 2600 | 1800 | 140 ~ 230 | 370 | 140 | 150 |
| | KG - 15022 | 1500 × 3750 | 2150 ~ 3670 | 2000 | 140 ~ 245 | 450 | 140 | 190 |
| | KG - 15027 | 1500 × 3870 | 3920 ~ 6000 | 2000 | 215 ~ 305 | 750 | 140 | 410 |

常见国产反击式破碎机的主要技术参数见表 10 - 21。

**表 10 - 21　常见国产反击式破碎机的主要技术参数**

| 类型 | 型　号 | 给料粒度<br>/mm | 排料粒度<br>/mm | 生产能力<br>/m³·h⁻¹ | 转子转速<br>/r·min⁻¹ | 电机型号 | 电机功率/kW | 电机转速<br>/r·min⁻¹ | 整机重量<br>/t | 主要生产厂家 |
|---|---|---|---|---|---|---|---|---|---|---|
| 单转子 | PF - 54 | <100 | <20 | 10 | 960 | Y160L - 6 | 7. 5 | 970 | 1. 35 | 上海重型机械公司、沈阳重型机械公司 |
| | PF - 107 | <250 | <30 | 30 | 680 | Y250M - 6 | 37 | 970 | 5. 54 | |
| | PF - 1210 | <250 | <50 | 80 | 475 | JS126 - 8 | 95 | 740 | 15. 25 | |
| | PF - 1416 | <350 | <50 | 100 | 545 | JS130 - 8 | 155 | 740 | 35. 5 | |
| | PF - 1614 | <500 | <60 | 200 | 456 | JS130 - 8 | 155 | 740 | 35. 7 | |
| 双转子 | 2PF - 1212 | <650 | <20 | 150 | 565 | JS130 - 6 | 155, 130 | 970 | 58. 1 | |
| | 2PF - 1416 | <750 | <30 | 200 | 545 | JS130 - 6 | 2 × 155 | 970 | 54. 1 | |
| | 2PF - 1820 | <850 | <50 | 300 ~ 350 | 438 | JS138 - 6 | 2 × 280 | 970 | 83. 1 | |
| 煤炭用 | PF - M0705 | <80 | <30 占80% | 20 | 740 | Y200C - 4 | 30 | 1470 | 2. 66 | 沈阳重型机械公司 |
| | PF - M0807 | <100 | <40 | 25 | 650 | Y180L - 6 | 22 | 970 | 3. 14 | |
| | PF - M1007 | <200 | <30 | 30 | 670 | Y250M - 6 | 37 | 970 | 6. 58 | |
| | PF - M1415 | <300 | <25 | 300 | 740 | JSQ158 - 8 | 380 | 740 | 13. 2 | |
| | 2PF - S1212 | <700 | <20 | 150 | 480 | JS137 - 8 | 210 | 740 | 54. 1 | |

常见国产锤式破碎机的主要技术参数（一）见表 10 - 22。

**表 10 - 22　常见国产锤式破碎机的主要技术参数（一）**

| 类型 | 型　号 | 给料粒度/mm | 排料粒度/mm | 生产能力/t·h⁻¹ | 转子直径/mm | 转子长度/mm | 转子转速/r·min⁻¹ | 主电动机 型号 | 主电动机 功率/kW | 主电动机 转速/r·min⁻¹ | 主电动机 电压/V | 主要生产厂家 |
|---|---|---|---|---|---|---|---|---|---|---|---|---|
| 矿岩用 | PCK - 1413 | ≤80 | ≤3 | 400 | 1430 | 1300 | 985 | JS1410 - 6 / JS158 - 6 | 520 / 550 | 985 | 3000 / 6000 | 沈阳重型机械公司、上海重型机械公司 |
| 矿岩用 | PCK - 1416 | ≤80 | ≤3 | 400 | 1410 | 1608 | 985 | Y500 - 6 | 560 | 985 | 6000 | |
| 矿岩用 | PCK - 1413 | ≤80 | ≤3 | 200 | 1430 | 1300 | 735 / 740 | JS158 - 8 / JS1410 - 8 | 370 / 380 | 735 / 740 | 3000 / 6000 | |
| 矿岩用 | PCK - M1010 | ≤80 | ≤3 | 100 ~ 150 | 1000 | 1000 | 980 / 1000 | JS - 138 - 6 / Y400 - 3 - 6 | 280 | 980 / 1000 | 3000 / 6000 | |
| 矿岩用 | PCK - M1212 | ≤80 | ≤3 | 150 ~ 200 | 1250 | 1250 | 740 | JS148 - 8 / JSQ158 - 8 | 310 / 320 | 735 / 740 | 3000 / 6000 | |
| 煤炭用 | PCM - 1316 | <300 | 0 ~ 10 | 150 ~ 200 | 1300 | 1600 | 740 / 590 / 735 | JS147 - 8 / JS147 - 10 / JS137 - 8 | 200 / 200 / 210 | 740 / 590 / 735 | 6000 / 3000 / 380 | |
| 煤炭用 | PCM - 1818 | <300 | <40 | 500 | 1800 | 1800 | 590 | JR1512 - 10 | 480 | 590 | 6000 | |
| 煤炭用 | PCM - 1825 | <300 | <25 | 700 ~ 750 | 1800 | 2500 | 590 | YR800 - 10/1430 | 800 | 590 | 6000/3000 | |
| 石灰石用 | PC - S0604 | <100 | <35 | 12 ~ 15 | 600 | 400 | 1019 | Y180L - 4 | 22 | 1470 | 380 | |
| 石灰石用 | PC - S0806 | ≤120 | ≤15 | 20 ~ 25 | 800 | 600 | 980 | Y280M - 6 | 55 | 980 | 380 | |
| 石灰石用 | PC - S0806 | ≤120 | ≤12 | 18 ~ 24 | 800 | 600 | 1100 | JO₂ - 92 - 4 | 75 | 1470 | 380 | |
| 石灰石用 | PC - S0808 | ≤120 | ≤15 | 35 ~ 45 | 800 | 800 | 980 | JO₂ - 92 - 6 | 75 | 980 | 380 | |
| 石灰石用 | PC - S1212 | ≤200 | ≤20 | 100 | 1250 | 1250 | 735 | JSQ - 136 - 8 | 180 | 735 | 380 | |
| 石灰石用 | PC - S1414 | ≤250 | ≤20 | 170 | 1400 | 1400 | 740 | JSQ1410 - 8 | 280 | 74 | 6000 | |
| 石灰石用 | PC - S1616 | ≤350 | ≤20 | 250 | 1600 | 1600 | 595 | JSQ - 1512 - 10 | 480 | 595 | 6000 | |

注：1. 对于煤用锤式破碎机，生产能力指被碎物料抗压强度极限为 12MPa、表面水分小于 9%、松散容重为 0.8 ~ 1t/m³ 时的生产能力；

2. 对于石灰石用锤式破碎机，生产能力指被碎物料抗压强度极限为 120MPa、表面水分小于 2%、松散容重为 1.6t/m³ 时的生产能力；

3. 转子直径指转子在工作状态时锤头端的运动轨迹。

常见国产锤式破碎机的主要技术参数（二）见表 10 - 23。

**表 10 - 23　常见国产锤式破碎机的主要技术参数（二）**

| 型　号 | | 生产能力/t·h⁻¹ | 最大进料度/mm | 出料粒度（筛余 <10%）/mm | 是否有给料辊 | 破碎物料 | 类型 | 生产厂家 |
|---|---|---|---|---|---|---|---|---|
| TkPC | 22D28 | 1600 ~ 1900 | 1200 × 1400 × 1800 | 25 ~ 75 | 无 | 石灰石和类似物料 | 双转子单段锤式破碎机 | 中材装备集团 |
| | 22D25 | 1400 ~ 1800 | 1200 × 1400 × 1800 | | | | | |
| | 20D22 | 1200 ~ 1400 | 1200 × 1200 × 1500 | | | | | |
| | 20D20 | 1100 ~ 1300 | 1100 × 1200 × 1500 | | | | | |
| | 20D18 | 1100 ~ 1200 | 1100 × 1200 × 1500 | | | | | |
| | 18D20 | 900 ~ 1100 | 1000 × 1200 × 1500 | | | | | |
| | 18D18 | 800 ~ 1000 | 1000 × 1200 × 1500 | | | | | |
| | 16D16 | 500 ~ 700 | 800 × 800 × 1200 | | | | | |
| | 16D14 | 350 ~ 500 | 700 × 700 × 1000 | | | | | |
| | 14D16 | 300 ~ 400 | 600 × 600 × 800 | | | | | |
| | 14D14 | 250 ~ 300 | 600 × 600 × 800 | | | | | |
| | 14D12 | 200 ~ 250 | 600 × 600 × 800 | | | | | |
| | 20.22 | 550 ~ 700 | 1000 × 1000 × 1250 | | | | 单转子单段锤式破碎机 | |
| | 20.18 | 350 ~ 550 | 800 × 1000 × 1250 | | | | | |
| | 14.12 | 80 ~ 130 | 600 × 1600 × 900 | | 有 | | | |
| LPC | 1020R22 | 600 ~ 1000 | 1100 × 1100 × 1500 | | | | | |
| | 1020R20 | 500 ~ 800 | | | | | | |
| | 2012.11 | 50 ~ 80 | <500 | 30 | 无 | 石膏 | | |

LPF 型石灰石用反击式破碎机主要技术参数见表 10 - 24。

表 10 - 24　LPF 型石灰石用反击式破碎机

| 型　号 | | 生产能力/t·h⁻¹ | 最大进料粒度/mm | 出料粒度（筛余 <10%）/mm | 破碎物料 | 生产厂家 |
|---|---|---|---|---|---|---|
| 粗碎型 | LPF | | | | | |
| | | 1016. 16 | 400 | 1000 | 0 ~ 70 | 中等强度的石灰石 | 中材装备集团 |
| | | 1016. 2 | 500 | 1000 | 0 ~ 70 | | |
| | | 1018. 18 | 600 | 1200 | 0 ~ 80 | | |
| | | 1018. 22 | 750 | 1200 | 0 ~ 80 | | |
| | | 1020. 22 | 1000 | 1500 | 0 ~ 80 | | |
| | | 1020. 25 | 1200 | 1500 | 0 ~ 80 | | |
| | | 1022. 25 | 1500 | 1500 | 0 ~ 80 | | |
| | | 1025. 25 | 1800 | 1500 | 0 ~ 80 | | |
| 中碎型 | LPF | 1113. 13 | 200 | 300 | 0 ~ 40 | | |
| | | 1113. 15 | 250 | 300 | 0 ~ 40 | | |
| | | 1114. 46 | 400 | 350 | 0 ~ 40 | | |
| | | 1114. 24 | 600 | 350 | 0 ~ 40 | | |
| | | 1114. 3 | 750 | 350 | 0 ~ 40 | | |
| | | 1116. 24 | 750 | 350 | 0 ~ 40 | | |
| | | 1116. 3 | 940 | 350 | 0 ~ 40 | | |

常见国产硬物料用反击式破碎机主要技术参数见表 10 - 25。

表 10 - 25　常见国产硬物料用反击式破碎机

| 型　号 | TkPF14. 12 | TkPF14. 16 | LPF16. 16 |
|---|---|---|---|
| 生产能力/t·h⁻¹ | 110 ~ 150 | 180 ~ 220 | 220 ~ 300 |
| 最大进料粒度/mm | <600 | <600 | <600 |
| 出料粒度（筛余 <10%）/mm | 40 ~ 70 | 40 ~ 70 | 40 ~ 70 |
| 破碎物料 | 粉砂岩、砂岩、硅质板岩等磨蚀性高的矿石 | | |
| 生产厂家 | 中材装备集团 | | |

国产 JC 系列颚式破碎机生产能力见表 10 - 26。

表 10 - 26　国产 JC 系列颚式破碎机生产能力表　　　　　　　　　　　　　　　　（t/h）

| 紧边开口 CSS | | 破 碎 机 型 号 | | | | | | | | |
|---|---|---|---|---|---|---|---|---|---|---|
| mm | in | JC806 | JC907 | JC1206 | JC1108 | JC1208 | JC1211 | JC1312 | JC1511 | JC1513 |
| 50 | 2 | 75 ~ 110 | 85 ~ 115 | | | | | | | |
| 75 | 3 | 95 ~ 150 | 100 ~ 160 | 145 ~ 220 | 140 ~ 200 | 160 ~ 220 | | | | |
| 100 | 4 | 115 ~ 160 | 125 ~ 200 | 180 ~ 250 | 200 ~ 290 | 220 ~ 290 | | | | |
| 125 | 5 | 145 ~ 210 | 160 ~ 235 | 220 ~ 320 | 245 ~ 325 | 270 ~ 355 | 300 ~ 395 | 330 ~ 430 | 375 ~ 495 | |
| 150 | 6 | 160 ~ 250 | 175 ~ 275 | 255 ~ 380 | 295 ~ 390 | 320 ~ 415 | 355 ~ 470 | 685 ~ 505 | 445 ~ 590 | 480 ~ 625 |
| 175 | 7 | | | 280 ~ 415 | 340 ~ 445 | 385 ~ 505 | 405 ~ 530 | 440 ~ 575 | 505 ~ 665 | 545 ~ 710 |
| 200 | 8 | | | 325 ~ 475 | 385 ~ 505 | 445 ~ 580 | 455 ~ 595 | 495 ~ 650 | 570 ~ 745 | 610 ~ 800 |
| 225 | 9 | | | | 495 ~ 650 | 505 ~ 660 | 570 ~ 745 | 630 ~ 825 | 675 ~ 885 |
| 250 | 10 | | | | | 550 ~ 720 | 560 ~ 735 | 605 ~ 840 | 700 ~ 920 | 745 ~ 975 |
| 275 | 11 | | | | | | | | 765 ~ 1000 | 820 ~ 1070 |
| 300 | 12 | | | | | | | | 825 ~ 1085 | 885 ~ 1160 |

生产厂家：唐山冀东装备工程股份有限公司

国产 PFW 反击式破碎机生产能力见表 10 – 27。

**表 10 – 27 国产 PFW 反击式破碎机生产能力表** （t/h）

**粗 碎 系 列**

| PFW 机型 | 最大给料粒径（800mm） | | 最大给料粒径（600 mm） | |
|---|---|---|---|---|
| | 最终产品粒径（≤200 mm） | 最终产品粒径（≤100 mm） | 最终产品粒径（≤200 mm） | 最终产品粒径（≤100 mm） |
| PFW1313 | 450 | 300 | 480 | 320 |
| PFW1415 | 560 | 365 | 600 | 400 |
| PFW1620 | 870 | 570 | 930 | 620 |
| PFW2023 | 1780 | 1160 | 1970 | 1270 |

**中 碎 系 列**

| PFW 机型 | 最大给料粒径（400 mm） | | 最大给料粒径（200 mm） | |
|---|---|---|---|---|
| | 最终产品粒径（≤60 mm） | 最终产品粒径（≤40 mm） | 最终产品粒径（≤40 mm） | 最终产品粒径（≤20 mm） |
| PFW1110 | 190 | 150 | 210 | 450 |
| PFW1213 | 250 | 200 | 450 | 450 |
| PFW1315 | 315 | 250 | 450 | 450 |
| PFW1520 | 500 | 400 | 450 | 450 |

生产厂家：唐山冀东装备工程股份有限公司

注：表中能力基于瞬时取样的结果。

国产 HCS 圆锥式破碎机生产能力见表 10 – 28。

**表 10 – 28 国产 HCS 圆锥式破碎机生产能力表** （t/h）

| 型 号 | 产 量 | | | | | | | |
|---|---|---|---|---|---|---|---|---|
| HCS100 | 排料口（c. s. s） | 8mm | 10mm | 15mm | 20mm | 25mm | 30mm | 35mm |
| | 冲程 16mm | 40 ~ 50 | 45 ~ 55 | 60 ~ 70 | 80 ~ 90 | 85 ~ 95 | | |
| | 20mm | 50 ~ 55 | 50 ~ 60 | 70 ~ 80 | 95 ~ 105 | | | |
| | 25mm | | 55 ~ 65 | 75 ~ 90 | 105 ~ 120 | | | |
| HCS11F | 排料口（c. s. s） | 8mm | 10mm | 15mm | 20mm | 25mm | 30mm | 35mm |
| | 冲程 20mm | 80 ~ 100 | 85 ~ 105 | 105 ~ 125 | 120 ~ 145 | 150 ~ 170 | 170 ~ 190 | |
| | 25mm | | 100 ~ 120 | 130 ~ 150 | 160 ~ 180 | 180 ~ 210 | | |
| | 30mm | | | 160 ~ 180 | 190 ~ 210 | 210 ~ 230 | | |
| HCS11M | 排料口（c. s. s） | 15mm | 20mm | 25mm | 30mm | 35mm | 40mm | 45mm |
| | 冲程 20mm | 105 ~ 125 | 120 ~ 145 | 150 ~ 170 | 170 ~ 190 | 180 ~ 200 | 200 ~ 220 | 220 ~ 250 |
| | 25mm | | 160 ~ 180 | 180 | 95 ~ 105 | 220 ~ 250 | 250 ~ 280 | 280 ~ 310 |
| | 30mm | | 190 ~ 210 | 75 ~ 90 | 105 ~ 120 | 270 ~ 310 | 300 ~ 340 | 330 ~ 360 |
| HCS200 | 排料口（c. s. s） | 8mm | 10mm | 15mm | 20mm | 25mm | 30mm | 35mm |
| | 冲程 18mm | 60 ~ 70 | 70 ~ 90 | 80 ~ 105 | 100 ~ 125 | 135 ~ 150 | 160 ~ 175 | 185 ~ 200 |
| | 25mm | | 90 ~ 110 | 100 ~ 130 | 130 ~ 155 | 160 ~ 180 | 185 ~ 210 | |
| | 32mm | | | 140 ~ 160 | 170 ~ 190 | 190 ~ 220 | | |
| | 40mm | | | | 200 ~ 220 | 220 ~ 240 | | |

| 型 号 | 产 量 | | | | | | | |
|---|---|---|---|---|---|---|---|---|
| HCS300 | 排料口（c. s. s） | 8mm | 10mm | 15mm | 20mm | 25mm | 30mm | 35mm |
| | 冲程 25mm | 100~120 | 110~130 | 135~155 | 160~180 | 190~210 | 210~235 | 240~260 |
| | 冲程 32mm | 100~130 | 120~150 | 165~195 | 195~225 | 230~260 | 265~295 | 300~330 |
| | 冲程 40mm | | 150~170 | 205~235 | 245~275 | 290~320 | 325~355 | |
| HCS550 | 排料口（c. s. s） | 10mm | 15mm | 20mm | 25mm | 30mm | 35mm | 40mm |
| | 冲程 25mm | 140~160 | 160~180 | 190~210 | 240~260 | 270~290 | 310~330 | 350~370 |
| | 冲程 32mm | | 230~250 | 270~290 | 310~330 | 340~370 | 380~410 | 430~450 |
| | 冲程 40mm | | 290~310 | 320~340 | 380~410 | 430~460 | 480~510 | |

生产厂家：唐山冀东装备工程股份有限公司

注：产量和最小排料口数据是基于 1.6t/m³ 的物料而言，由于给料、粒级、岩石类型和物料含水量的不同，实际结果会有差异。

# 第八节　车间的工艺设计

## 一、系统能力的匹配

在破碎车间工艺设计中，系统内各设备生产能力的平衡是一项很重要的工作。如果各设备的能力匹配不当，则破碎机内在的能力发挥不出来。例如，珠江水泥厂的石灰石破碎，因运料胶带输送机能力不足，经常过载造成事故而不得不限产。破碎机的生产能力一般是它的平均能力，由于来料粒度是不均匀的，时粗时碎；时而泥多时而无泥；时而遇到难破的石头需要减速，料碎好破时破碎机负荷低又应提速，因此破碎机的瞬时能力是变化的，时而高时而低。不论是给料机或后续的胶带输送机都要适应破碎机的这种工作特点，具有比破碎机的生产能力更大的能力才能与之匹配。根据国外公司的经验，它们的富裕能力一般不小于 50%，我们在系统设计中也应留有不少于 25%~50% 的余量。当采用二段破碎时，若第二段破碎机的能力比第一段大 25%，可以直接相连，否则应设中间仓加以均衡。

当破碎车间距工厂较远，用长钢芯胶带输送机运料时，为了节省胶带输送机投资，需要减小胶带输送机规格，应在它与破碎系统之间设置储料仓，否则输送机仍应保持不少于 25% 的富裕能力。

目前，有一些工程并没有按这种模式设计，生产中也不按破碎机的负荷调节喂料量（电气控制上没有自动调节装置，也没有专职的调节工），实际上是在低产高耗下运转，增加了生产成本。

## 二、位置和车间的类型

破碎车间一般位于矿山或工厂，要便于矿石进厂，料流顺畅，且具有适于建设的地形和场地、良好的工程地质条件。

由于原矿是用重型车辆运来，其道路和卸车场难以凌空高架，而车间进出料口高差在 7~20m 左右，车间布置设计的第一步就是确定它的类型和基准标高。车间具有台阶式、平面式和地坑式三种基本类型（见图 10-11）。台阶式是坡地使用的类型，它充分利用地形，高进低出布置紧凑，建筑工程量小，使用也方便。在矿山多采用这种类型，厂区边有合适的坡地时也可使用。平面式和地坑式都是平坦地形使用的类型，多在厂区内使用。前者进料和主机都在地面上，需要有很长的板式给料机；后者主机设计在地坑内，建筑工程量大，且要求地下水位较低时才宜采用。三种类型使用于不同的条件，需要因地制宜、合理应用。当破碎系统由多段组成时，也要结合地形，确定各车间的合理标高。目前，有的建设部门不懂这个道理，强求将山坡削平使几个车间都处于同一标高上，其结果是大大增加了建设工程量和使用费。

## 三、车间的内部配置

下面以最常见的单段破碎机为例介绍车间的内部配置。破碎车间由卸料斗、给料机、破碎机、出料胶带输送机、除尘系统、维修设施及厂房组成（见图 10 - 12）。

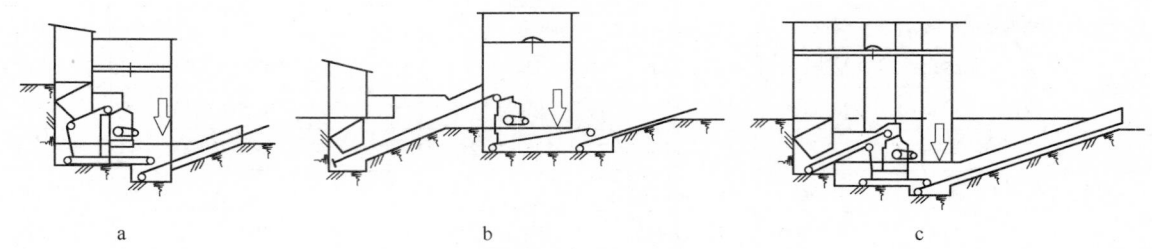

图 10 - 11  破碎车间的三种基本类型
a—台阶式；b—平面式；c—地坑式

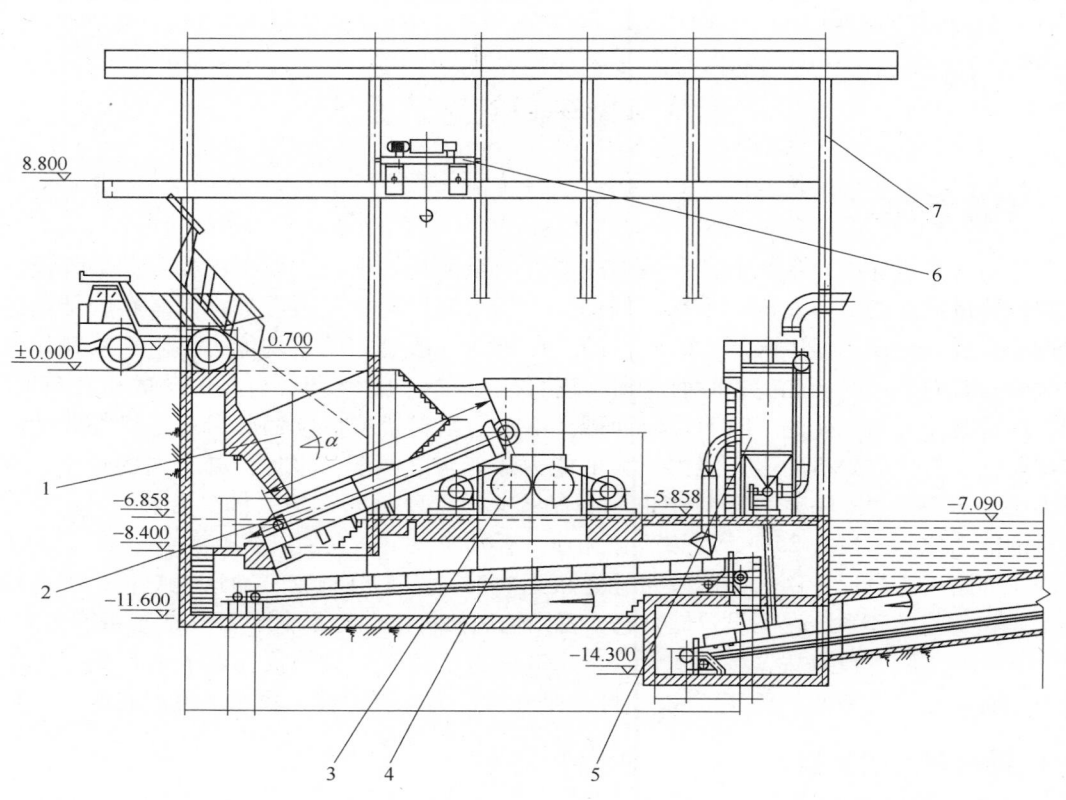

图 10 - 12  破碎车间布置图
1—卸料斗；2—给料机；3—破碎机；4—出料胶带输送机；
5—除尘系统；6—检修吊车；7—厂房

## 四、卸料斗

### （一）有效容积

卸料斗是承纳运输车辆卸下矿石，并由给料机将矿石卸出供给破碎机的一种特殊构筑物。卸料斗的容积起着调节运输和破碎两者不均衡引起的彼此影响的作用。毫无疑问，卸料斗容积大，两者的相互牵制就小。然而，大的料斗占据空间大，特别是占用高度的增加将导致给料机增长、建筑物工程量增大，从而投资也增大。因此，需要有一个合理的配置。

卸料斗的有效容积，建议按以下因素考虑：主要按破碎机的生产能力确定它的有效容积，通常宜不少于破碎机连续运转 7.5 ~ 15min 的工作量（大机型取小值），并按运输车辆载重量校核。通常应容纳不小于 3 ~ 5 辆车的容量（就近供料可取小值）。所用车型不宜过小，以达到每小时卸车次数不超过 30 次，这样就可以采用单边卸车。

根据以上观点，破碎车间卸料斗有效容积和车辆最小载重量选取建议见表 10 - 29。

**表 10 - 29　卸料斗有效容积和车辆最小载重量选取建议**

| 车间规模/t·h⁻¹ | 200 | 400 | 600 ~ 800 | 1000 ~ 1200 | 1400 ~ 1600 | 2000 ~ 2500 |
|---|---|---|---|---|---|---|
| 卸料斗有效容积/t | 45 | 80 | 130 | 160 | 200 | 300 |
| 车辆最小载重量/t | 10 | 15 ~ 20 | 30 | 40 | 50 | 80 |

### （二）卸车方向和车位

卸车方向和车位都与选用车的载重量有关，车型如果与生产规模不匹配，势必需要在侧面增加卸车车位，而侧面卸车带来泥石分离，大块石滚落到卸车车位的对面，而碎料和泥土滑落在卸车一侧，造成破碎机转子宽度上负荷不等、锤头磨损不均匀，而泥土在一侧的富集也易引起排料算子的堵塞，这是破碎机使用中忌讳的事情。再者，卸料斗的侧壁难以持久用料层保护，裸露的侧壁在侧面卸料时正好遭受大块石迎面的冲击，很容易损坏，这也是尽量避免侧面卸车的又一个原因。

我国很多正面单车位卸车的卸料斗的使用经验表明，只要车型合理，配车充足，都能满足破碎机的正常供料。

如果由于车辆偏小，每小时卸车量超过 30 车，或者运输组织方面的原因，来料不均匀，而需要两边甚至三边卸料时，可使用一种双边或三边卸料的端面卸车料斗，在国外一些大型破碎站，它们能形成很好的料堆。常熟仕名重机公司提供给台湾幸福水泥公司破碎站的卸料斗即为双斜边卸料斗（载重 30t 的箱式车厢卸车），不论是双边同时使用或集中一边使用，料堆的排出厚度都基本一致，便于破碎机给料的自动控制（见图 10 - 13 和图 10 - 14）。

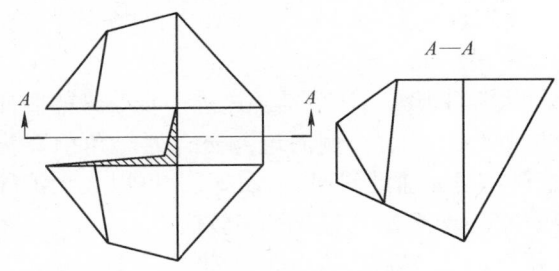

图 10 - 13　台湾幸福水泥公司双边卸料的端面卸料斗

图 10 - 14　双边卸料和卸料斗中的料堆

### （三）出料口

出料口的宽度取决于给料机的有效宽度，出料口的长度应不小于最大块平均粒径的 3 倍。若以 $d_{max}$ 表示最大块的平均粒径，$a$、$b$、$t$ 表示最大块的三边尺寸，则：

$$d_{max} = (a + b + t)/3$$

出料口长 $L \geqslant 3d_{max}$。

出料口宽 $b$ = 给料机导料槽内有效宽度。

卸料斗前壁开口高应保证不阻挡料斗内矿石的前移。即它处于料斗内堆积的矿石的自然休止角之上，且 $H_2 \geqslant 2 ~ 2.5d_{max}$。前壁开口两侧与侧壁取齐，不得出现阻挡矿石前移的死角，目前，常见有一些卸料斗的前壁开口制作成等宽的门型，一旦遇到两个大块同时出现时就很容易卡在门内，造成出料的减少，甚至中断（见图 10 - 15）。

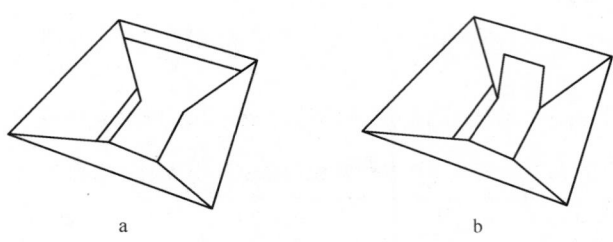

图 10 - 15　卸料斗前壁的两种形式
a—顺畅的；b—不顺畅的

## （四）卸料斗的几何形状

卸料斗的几何形状应注意长、宽、深比例适宜，能保持较厚的料层、活料较多。

卸料斗目前有 7 种形状，如图 10 - 16 所示。A 为石匣子型；B 为前壁门形出料口的四面形，它是经常见到的卸料仓形状；C ~ F 的前壁均具有顺畅的梯形出料口：C 为四面形卸料斗；D 为改进的四面形卸料斗；E 为六面形卸料斗；F 为七面形卸料斗；G 为无前壁的五面形卸料斗。

卸料斗的评价标准主要是看防卡堵性和充填率，前者是它的使用性能，后者是经济性能。现分析如下：

石匣子（A 型）卸料斗以黎塘水泥厂为例。该料斗 $A = 9$m、$B = 8.5$m、$H_1 = 2.5$m、$H_2 = 2.0$m、$L = 6.0$m、$b = 2.2$m、$\alpha = 12°$。建筑容积为 330m³，有效容积 90m³，填充率 27%，料斗深 $D = H_1 + H_2 + L\sin\alpha = 5.747$m。前壁开口为门形，大块矿石易卡。石匣子形结构可以堆积一些石料作为永久垫层，卸料仓内护衬的金属用量较少，但是它也影响矿石的流动，若矿石含土量较多时，则出料不顺畅。

B 型是较为常见的卸料斗。现将某日产 2500t 熟料生产线工厂石灰石破碎车间（400t/h）的卸料斗尺寸列出如下：$A = 6.8$m、$B_1 = 6$m、$B_2 = 4.237$m、$H_1 = 1.305$m、$H_2 = 2.0$m、$L = 4.0$m、$b = 1.6$m、$\alpha = 18°$，料斗深 $D = H_1 + H_2 + L\sin\alpha = 4.541$m，料斗斜坡角 $\beta = 56.6°$。建筑容积为 94.43m³，有效容积 46m³，填充率 48%。该料斗前壁开口为门形，仍存在大块矿石易卡现象。

C 型是经过修改了前壁开口的四面形卸料斗，它有利于消除卡料现象。D 型是经过进一步改进的四面形卸料斗。如此修改是因为 $a_1$ 与 $a_3(a_4)$ 的斜面交合处斜角更小，以前一例而论，交合处斜角已降为 50.7°。矿石受两个方向斜面下滑力的作用，在此地带更易棚料。增加辅助斜面 $a_{13}$ 及 $a_{14}$，可以大大消除棚料现象。这种卸料斗在 F. L. Smidth 公司提供的设计中被采用，其主要缺点是充填率较低。

E 型为六面形卸料斗，由 Krupp 公司提供的这种卸料斗用于冀东水泥厂 700t/h 破碎站，它具有如下尺寸：$A = 8$m、$B = 7.5$m、$H_1 = 2.3$m、$H_2 = 3.432$m、$L = 4.871$m、$b = 2.16$m、$\alpha = 25°$，料斗深 $D = H_1 + H_2 + L\sin\alpha = 7.79$m。料斗斜坡角 65°。建筑容积为 244.7m³，有效容积为 165m³，填充率为 67.4%。料斗具有陡的斜坡角，即使在矿石含土较多的情况下也能顺利使用。

G 型为五面形卸料斗，它与 E 型极相似，只是无前壁。亚东水泥公司 900t/h 破碎站所采用的尺寸如下：$A = 6.9$m、$B = 6.6$m、$H = 4.792$m、$L = 3.67$m、$b = 2.2$m、$\alpha = 23°$，料斗深 $D = H + L\sin\alpha = 6.226$m。料斗斜坡角 60°。建筑容积为 153m³，有效容积为 98m³，填充率 64%。

F 型为七面形卸料斗，它是将 E 型卸料斗 $a_1$ 面上段改为立面而成，由此可将汽车的卸料点前移，从而增加卸料斗内料层的厚度。KHD 公司提供的这种卸料斗用于京阳水泥公司 1200t/h 破碎站的尺寸如下：$A = 6.33$m、$B = 6$m、$H_1 = 1.48$m、$H_2 = 3.7$m、$L = 4.181$m、$b = 2.18$m、$\alpha = 23°$，料斗深 $D = H_1 + H_2 + L\sin\alpha = 6.777$m。料斗斜坡角 53.7°，建筑容积为 171m³，有效容积为 130m³，填充率为 76%。

设计图纸中为某厂石灰石破碎站（450t/h）提供的 F 型卸料斗的尺寸如下：$A = 6$m、$B = 7$m、$H = 5.226$m、$L = 3.725$m、$b = 1.78$m、$\alpha = 20°$，料斗深 $D = 6.5$m。料斗斜坡角 55°，建筑容积为 175m³，有效容积为 133m³，填充率为 76%。

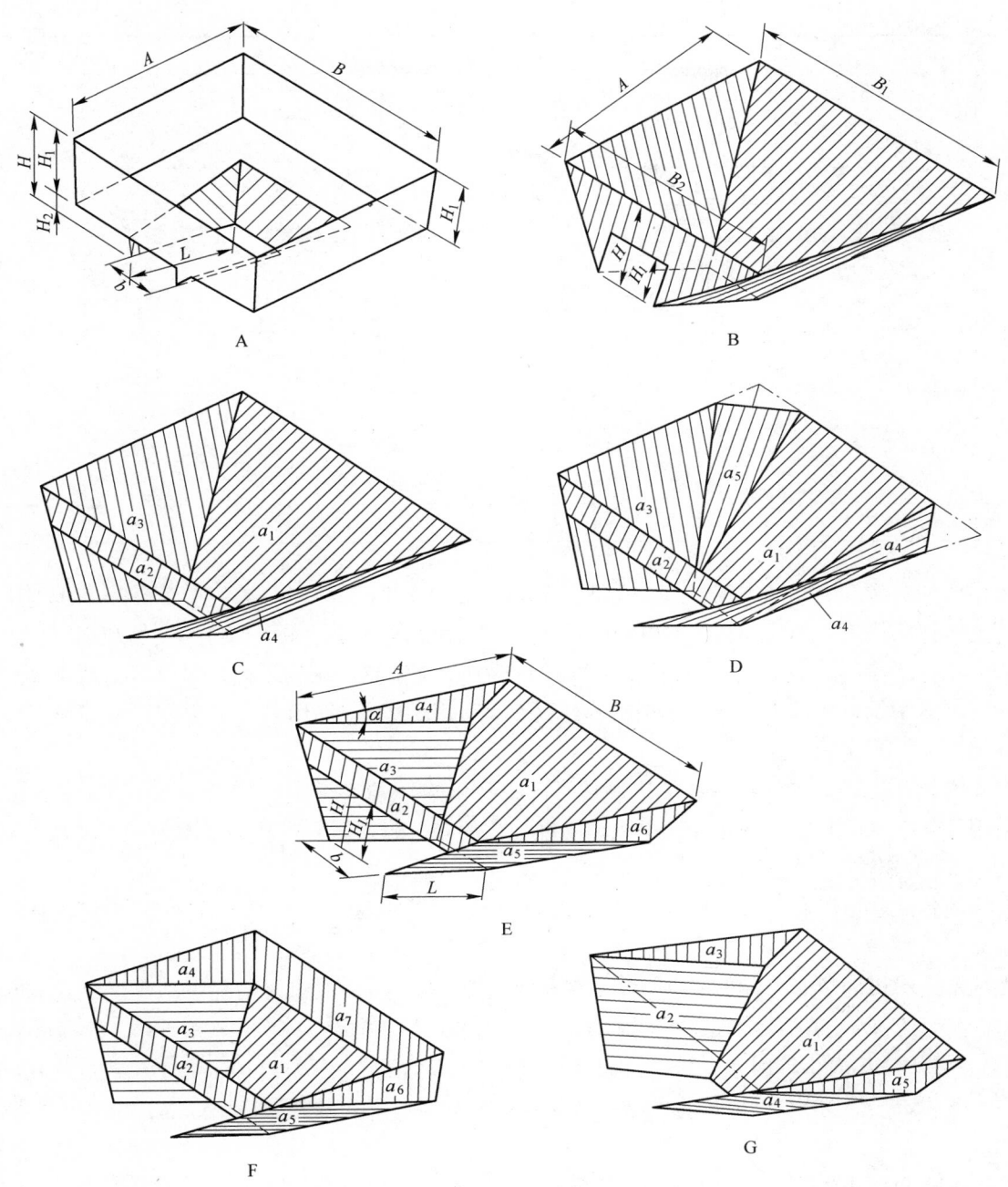

图 10 - 16　几种常见的卸料斗的形状

　　上述有效容积的计算条件是：正面卸料，所用车的车厢伸入卸料斗边距离为 1m，堆积料上部延伸量为 1m，卸料斗内堆积料顶宽比料斗宽收窄 2m，料堆与料斗上口持平。矿石堆积休止角为 35°，料堆塌落到前壁外的部分不计入有效容积内。

　　现将各型卸料斗的参数和容积列于表 10 - 30 中。

表 10 - 30　各型卸料斗的参数及容积

| 卸料斗类型 | A | B | E | G | F | |
|---|---|---|---|---|---|---|
| 使用厂 | 黎塘老线 | 兰溪六水 | 冀东二线 | 亚东 | 京阳 | 英德宝江 |
| 规模/t·h⁻¹ | 500 | 400 | 700 | 900 | 1200 | 450 |

| 卸料斗类型 | | A | B | E | G | | F |
|---|---|---|---|---|---|---|---|
| 基本参数 | $A/m$ | 9 | 6.8 | 8 | 6.9 | 6.33 | 6 |
| | $B/m$ | 8.5 | $B_1 = 6$<br>$B_2 = 4.237$ | 7.5 | 6.6 | 6 | 7 |
| | $H/m$ | 4.5 | 3.305 | 5.732 | 4.792 | 5.18 | 5.226 |
| | $D/m$ | 5.747 | 4.541 | 7.79 | 6.226 | 6.777 | 6.5 |
| | $\alpha/(°)$ | 12 | 18 | 25 | 23 | 23 | 20 |
| | $\beta/(°)$ | 53 | 56.6 | 65 | 60 | 53.7 | 55 |
| | $b/m$ | 2.2 | 1.6 | 2.16 | 2.2 | 2.18 | 1.78 |
| | $L/m$ | 6 | 4 | 4.871 | 3.67 | 4.18 | 3.725 |
| | $H_2/m$ | 2 | 2 | 3.432 | 4.792 | 3.7 | 2.8 |
| | $V_建/m^3$ | 330 | 94.43 | 244.7 | 153 | 171 | 175 |
| | $V_效/m^3$ | 90 | 46 | 165 | 98 | 130 | 133 |
| | 填充率/% | 27 | 48 | 67.4 | 64 | 76 | 76 |

由表中所列各型卸料斗的数据可见，A 型料斗的填充率最低，不足 1/3。为了节省一点护衬耗费了大量的混凝土，得不偿失，而且物料流动性差，已不再有人使用。B 型是希望保持一定的卸车宽度，但又要求料斗浅的条件下使用的类型，这种类型应按 C、D 或它们无前壁的结构设计，以改善出料条件。由于这类卸料斗的填充率低，只适于厂区的小型破碎站（如 250t/h 以下）使用。大中型破碎站宜采用 E、F、G 型卸料斗。

卸料斗的设计还需要注意各参数的比例适宜。料斗斜坡倾角 $\beta$ 一般不应低于 55°，如果料中含土较多，应采用更陡一些的倾角。倾角较大也有利于增加它的有效容积。广州越堡水泥公司石灰石卸料斗（G 型）采用了 80° 的倾角，就是基于以上的考虑。

卸料斗的各尺寸可以有多种选择，本处只能够提出一般的做法。现将 E、F、G 型卸料斗基本尺寸的确定介绍如下：

首先选定给料机仰角 $\alpha$、料斗底帮斜坡角 $\beta$ 及两侧帮斜倾角 $\gamma$。在正常情况下，建议取 $\alpha = 23°$，$\beta$ 和 $\gamma$ 与矿石的含土量和水分等因素有关，一般 $\beta$ 在 55° 以上，本例中取为 65°，$\gamma$ 取 58°。根据破碎站规模（生产能力、使用汽车大小等因素）选定卸料斗宽 $B$，通常大型破碎站 $B \approx 7 \sim 8m$，中型破碎站 $6 \sim 7m$，小型破碎站 $4.5 \sim 5m$。本处以 600t/h 的中型破碎站为例，取 $B = 7m$，给料机宽 2.2m，出料口 $b$ 取 2.1m，$d'_{max} = 1.2m$。

按 E（G）型卸料斗作图，如图 10 - 17a 所示。

设出料口最低点 $O$ 为基点，可知

卸料斗的最小深度

$$D_{min} = L'\tan\alpha + (B - b)\tan\gamma/2 \tag{10 - 12}$$

卸料斗长

$$A = L' + D/\tan\beta \tag{10 - 13}$$

式中  $L'$——卸料口 $L$ 的水平投影线段。

因为 $L \geqslant 3d'_{max} = 3.6m$      $L' = L\cos\alpha \geqslant 3.6 \times 0.92 \geqslant 3.312m$

取 $L' = 3.5m$      $L = L'/\cos\alpha = 3.8m$

$D_{min} = L'\tan\alpha + (B - b)\tan\gamma = 1.486 + 3.92 = 5.406m$      取 5.4m

$A = L' + D/\tan\beta = 3.5 + 5.4/\tan65° = 6.018m$      取 6m

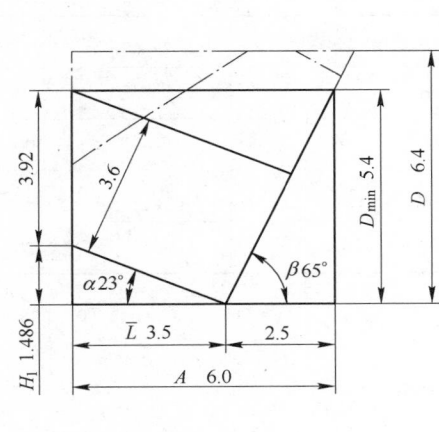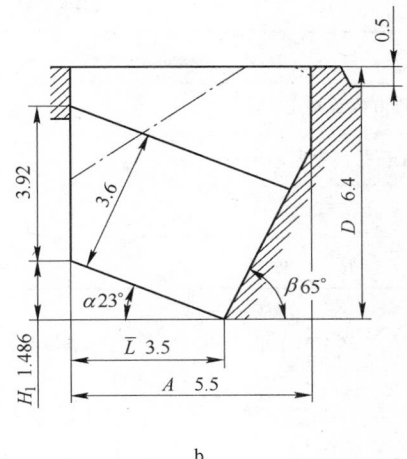

图 10-17 卸料斗的几何尺寸图

a—E(G) 型卸料斗；b—F 型卸料斗

前壁出料口高 $H_2$：

当采用 E 型卸料斗时 $\qquad H_2 \geqslant 2.4 \sim 3\text{m}$ 取 3m

当采用 G 型卸料斗时 $\qquad H_2 = H = 3.92\text{m}$

前壁出料口为梯形，下部宽 $b = 2.1\text{m}$，

$$上部宽\ b' = (B - b)(H_2 - 0.1)/(H - 0.1) + b$$
$$= (7 - 2.1) \times (3 - 0.1)/(3.92 - 0.1) + 2.1 = 3.72 + 2.1 = 5.82\text{m}$$

卸料斗的建筑容积 $V = 123.4\text{m}^3$

显然，这个容积小于预期值，需要调整有关参数予以增加。最为简便的方式是加深卸料斗。若加深 1m，即可获得 $42\text{m}^3$ 的容量。加深后建筑容积为 $165.4\text{m}^3$，有效容积为 $114\text{m}^3$，填充率 69%。

E(G) 型卸料斗若改为 F 型可以提高它的有效容积。上述尺寸的卸料斗若将卸料点前移 0.5m，$A$ 由 6m 改为 5.5m（见图 10-17b），其建筑容积为 $160\text{m}^3$，有效容积为 $126\text{m}^3$，填充率为 79%。由于填充率很高，为了保证出料顺畅，前壁出口高度应加高到 3.6m。

## （五）卸料斗的出料接口

由于出料口宽度与料块最大粒度的比值已经小于 2，在料斗两斜壁间棚料是很容易发生的（见图 10-18）。为了保证有效地卸料，应采用浅的出料接口，则可借助于板式给料机的牵引力，利用槽板上行走的料块将棚料破坏。现将 Krupp 公司和 KHD 公司提供的两个案例中的卸料斗的出料口宽度、深度（包括导料溜子高在内）列于表 10-31 中。

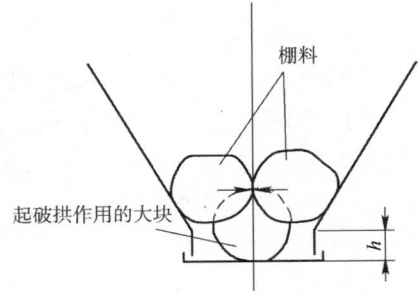

图 10-18 出料口平行带与破拱的关系

表 10 - 31    案例卸料斗参数

| 项　目 | 冀东二线 | 京　阳 |
|---|---|---|
| 卸料斗出口宽 $b/m$ | 2.16 | 2.18 |
| 料斗出口平行带高度 $h_1/mm$ | 100 | 100 |
| 导料溜子高度 $h_2/mm$ | 280 | 320 |
| 合计平行带高度 $h/mm$ | 380 | 420 |

由表列值可见出料接口平行带高度以不超过 $D_{80}$ 之半为宜。

## （六）内衬

卸料斗要承受大块矿石的冲击，因此斗壁需有金属内衬保护。目前，有钢轨和钢板两类内衬，以钢轨作内衬时常按如图 10 - 19 所示进行布置。处于后壁与侧壁交汇线上侧壁的钢轨恰好是以它的侧面承受卸入料块的冲击，因而常有一些石块卡在沟缝中，阻碍了矿石下滑。以钢板作为内衬时不存在这种现象，Krupp 公司采取一种特殊方式将钢板预埋在卸料斗内，经在一些工程中实际使用，效果良好。该方法是将裁割的钢板背面按 600 ~ 700mm 的网距焊上锚固爪作为料斗的模板浇注混凝土。所使用的钢板厚 25 ~ 30mm，锚固爪如图 10 - 20 所示。它用 250 × 50、δ10 的扁钢制成。端面用钢轨、侧面用钢板的混合型内衬也是一种很可取的护衬方式。

图 10 - 19    钢轨内衬铺设图

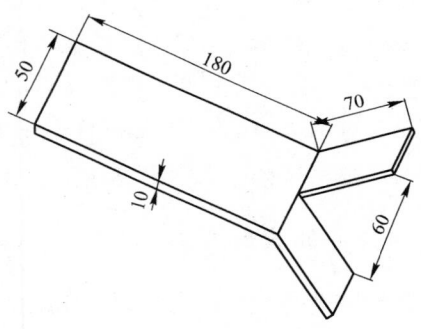

图 10 - 20    锚固爪图

对于黏土、页岩等矿石，料斗内贴铺聚酯衬板，可减少湿料黏附的机会。

## 五、给料机

适用于大块物料的给料机有重型板式给料机、重型推动式给料机、重型振动式给料机等。板式给料机具有向上坡度，可以克服一定的高差，是平面式和地坑式车间最适用的给料机，台阶式车间也常采用。其坡度取决于给料机槽板结构，光面式不大于 15°，波形和带方钢筋条的槽板可达 25°。推动式和振动式是水平或带负角（小于 -10°）的给料机，它们只在台阶式车间使用，其结构简单、重量轻、造价便宜。我国目前主要使用重型板式给料机。

以往选型时给料机宽度由最大粒度而定（$B \geqslant 2d_{max} + 200mm$），如今单段破碎机可破碎尺寸达转子直径的 60% 的大块，按上述方式确定的给料机宽度已大大超过破碎机的进料口尺寸，两者难以衔接，要处理好它与卸料斗下的出料口的关系，才能减少大块悬空不能被给料机槽板曳出的现象。其解决方法是使卸料斗出口平行带高度 $h$ 不大于料块的 $D_{80}$ 之半（见图 10-19）。$D_{80}$ 为通过量 $80\%$ 的粒度。若 $D_{80} = 1\text{m}$，出料口平行带高 $h \leqslant 500\text{mm}$。板式给料机的长度（见图 10-21）可由式（10-14）确定：

$$L_{\min} = L_1 + L_2 + L_3 \qquad\qquad (10-14)$$

式中　$L_1$——尾段长度，$L_1 \geqslant 3t$（$t$ 为链和槽板节距）；

　　　$L_2$——卸料带长度，$L_2 \geqslant (2.5 \sim 3)d_{\max}$；

　　　$L_3$——头段长度，$L_3 = H/\cos\alpha(\tan\alpha + 0.364)$；

　　　$H$——前壁开口高度，mm；

　　　$\alpha$——给料机仰角，（°）。

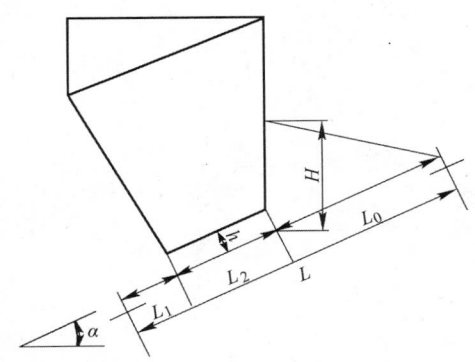

图 10-21　确定板式给料机长度的几何图

当板式给料机挑出距离和高度不足以安置破碎机时，其长度应予以增加。它的给料能力不仅与宽度 $B$ 和速度 $v$ 有关，也与料层厚度有关，而料层厚度又与卸料斗几何形状有关，因此工艺设计中必须核算，方能恰如其分地与破碎机相匹配，在这方面我们已经有过多次教训。

给料机必须正面全宽度喂料，且尽量减少料块进入破碎机的落差，溜子必须具有足够的倾角，防止碎料和泥土堆积、黏附。

确定给料机的头轮位置在车间工艺设计中十分重要。头轮位置是指它与破碎机转子之间的相对位置。头轮位置的实质在于获得料块正确的进入点。

单段锤式破碎机处理的是相当大的块状矿石，小型机的单块矿石最大重量已近 1t，大型机甚至达到 4t。如此大的料块落入机内给转子造成的冲击力是相当大的，落差越小，对转子的冲击载荷就越小。因此，国外的破碎机供应商对给料机的头轮位置都有要求。以 Krupp 公司为例，该公司的 MAMMUT 破碎机的进料口居于转子顶上，其给料机头轮架设高度以它的大梁底面与进料口间稍有空隙为准。该公司供给冀东二线的 70/90 型破碎机，大梁底面与进料口法兰的最小间隙不足 100mm。头轮中心与转子中心的水平距离达 1.8m，这样不仅矿石进机的落差最小，而且矿石落入点在转子的后半部，可以防止未被打碎的大块矿石被转子带到和前壁形成的空间钳制（见图 10-22）。F. L. Smidth 公司的 EV 型破碎机是一种在进料口下设有给料辊的单段破碎机，给料辊内具有减震胶块。即使如此，它的给料机只将头轮伸入进料口，而不是将大梁架在进料口上，这种配置方式又省去了大梁架设占用的部分高度。它的料块进机落差比 MAMMUT 破碎机更小。实际上每减少 390mm 高度就相当于节省 1m 长的给料机，既节省设备购置费，又减少了建筑空间，也减轻了对破碎机的冲击力。

反观我们有些工程的车间设计，头轮架设甚高，有的仅进料溜子高度已几乎与破碎机高度相近。现将笔者观察到的一个比较普遍的架设高度与 Krupp 公司提供车间设计的架设高度对比示于图 10-23 中。

头轮架设偏高无疑对保护破碎机十分不利。其直接后果是锤轴易断，锤盘端面磨损加快，锤头寿命缩短，轴承寿命也受影响。进料点偏前还容易造成壳体前壁开裂、锤盘受损等事故。

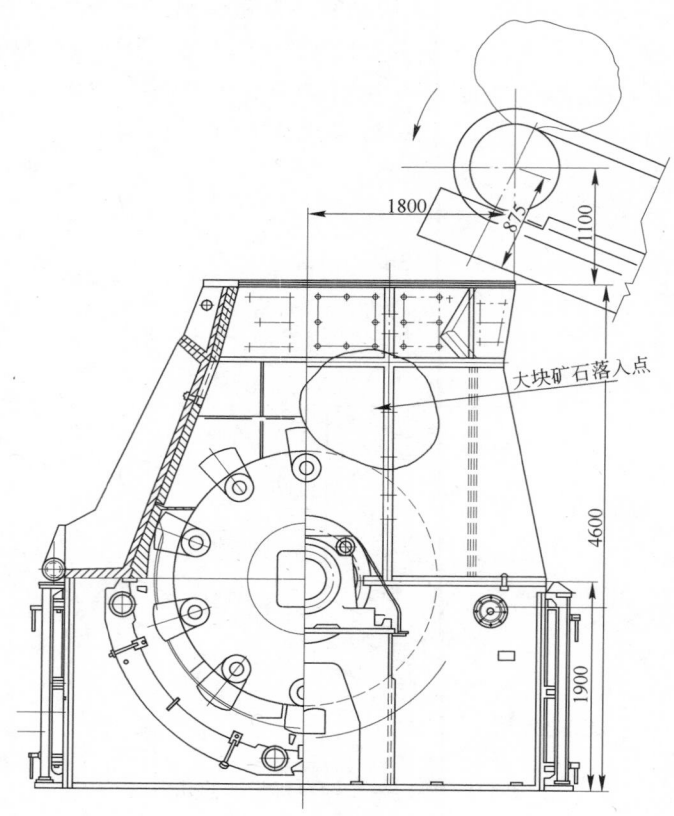

图 10 - 22 MAMMUT70/90 破碎机的给料机头轮位置及矿石落入点

 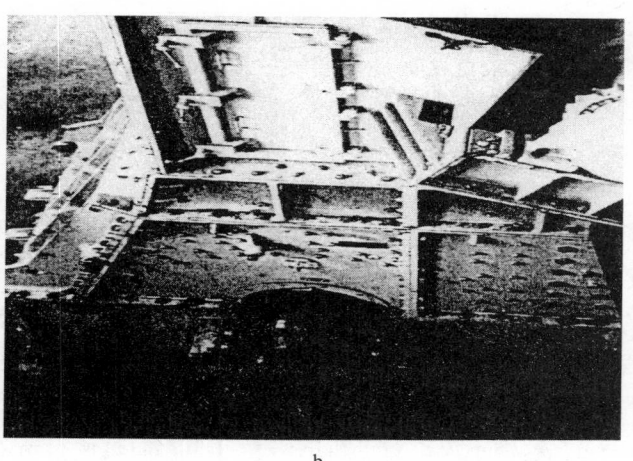

a                                b

图 10 - 23 给料机头轮架设位置对比图

a—某厂 TkPC20.18 破碎机的给料机头轮位置；b—冀东水泥厂二线 MAMMUT70/90 破碎机的给料机头轮位置

对于双转子锤式破碎机，头轮位置正确与否还直接与两个转子的负荷是否均衡有关。笔者曾见到过国外某厂一台破碎机两个转子的负荷几乎相差一倍，我们在接手更新改造时调整了位置，使其达到了均衡。

给料机头轮位置应由破碎机制造厂提出，建议工程设计部门不要轻易改动，以免影响破碎机的使用效果。

当采用混合破碎时，泥质料给料机的卸料点必须在石灰质料给料机槽横断面的中部，不得偏斜，确保进入破碎机的两种原料在转子轴向基本均衡。泥质料给料机的速度也应随主给料机速度的变化而相应变化，以保证两种原料的配比符合需要。

给料机的速度必须可调，除液力驱动外，目前主要采用交流电机的变频调速，以及直流电机调速。后者在要求严格的调速时使用，一般均用变频调速。给料机的调速信号取自破碎机的负荷，当破碎机的负荷低时，给料机自动加快速度，当破碎机进入大块矿石电机负荷超过某给定值时，板式给料机自动减速，如果负荷仍居高不下，则给料机自动停止。负荷低于该给定值的下限时，给料机随即加快喂料速度，如此可使破碎机处于最佳状态下运转，既充分发挥了能力，又可防止过载。据笔者经验，人工调速生产能力相差20%甚至更多。某厂煤破碎机的设计仅由人工调速，且工人所在位置又无法观察来料状况，曾因操作人员离开岗位，排料箅子被湿煤堵塞而无人知晓，给料机仍不断地喂料，导致电机过载烧毁事故。

物料潮湿时，给料机槽板常被细料黏附，待槽板转到回程时沿途洒落。这部分料末可在给料机下用刮板机收集，卸入出料胶带输送机上。另一种办法是将出料胶带输送机延伸到给料机下部，收集洒落的料末。

## 六、头罩

头罩是给料机与破碎机结合的非标件，通常都在施工现场制作。有关部门要做好头罩的设计，其要点是：

（1）要具有相当的强度和刚度。钢板不能太薄，尤其是它的前墙所用钢板应厚于其他部位的钢板，顶部钢板次之。

（2）不能漏料。通常最易发生漏料的部位是它与给料机结合的侧面和底面，要给予特殊处理。

（3）头罩内要悬挂链幕。它起着防止飞石反弹的作用，有些破碎机还需要靠它规范矿石进机的落入点。为了形成挡料幕，链条通常是双层错位排列，并具有相当的重量。如果导料槽顶是敞开的，在链幕外还应加一道胶帘。以确保使用安全和防止灰尘外逸。如果头罩上需要开设吸尘口，吸尘口应处于链幕和胶帘之间。若将吸尘口开在链幕内侧，则很易被飞石冲刷损坏。

## 七、出料胶带输送机

不同于一般胶带输送机的地方是它处于破碎机出料斗之下，为了减少对胶带的冲刷和防止湿料黏附在料斗侧壁上，它的特点是宽带、低速（$v=0.7\sim1.0\text{m/s}$）、厚料层、全封闭，胶带以选用抗冲击性能较好的EP材料为佳。由于料层厚，且要求胶带垂度小，以利于导料槽的密封，故托辊布置应加密间距（约300mm）。出料胶带输送机还需要具有在料斗充满料的情况下重载启动的能力。出料胶带机不必很长，只要具备上述功能即可。其他胶带机也应能重载启动。

## 八、除尘

破碎车间清除粉尘效果的优劣直接影响到车间的环境卫生状况。欲获得满意的效果，应该处理好以下三个环节：好的密封和导流；正确的捕尘位置；足够的吸风量和有效的除尘设施。

关于密封和导流问题。密封是车间设计、非标准件制作和安装人员都极易忽略的，殊不知这一环节的疏忽势将导致整个除尘系统的失效。除了破碎机壳体要严密之外，胶带机导料槽、吸风罩、管道等的结合面均须严密连接，不得草草从事。当板式给料机不附有刮板机时，其下料溜子处应装锁风器；板式给料机的细末由出料胶带机直接收集时，此段与破碎机出料段之间应添加隔帘，防止破碎机出料口涌出的气流反窜外逸。

破碎车间的捕尘点，各公司有不同的作法。F.L.S公司是"上一下三"，即上面一处设在破碎机进料头罩上，下面三处是破碎机出料斗前后各一处，出料胶带机与外运胶带机间的溜子一处，管道显得十分繁杂。克虏伯（Krupp）公司是"上一下一（或二）"，它与F.L.S公司不同之处是将破碎机出料斗后部的捕尘点取消，有时出料斗前部捕尘点与胶带机溜子捕尘点合并。洪堡（KHD）公司则只在下部设一个捕尘点。根据我们的经验上部捕尘点完全可以取消，其条件是系统密封良好，下部吸风量充足，在这种情况下破碎机进料口并不冒灰。取消上部捕尘点和管道可以使车间更为简洁，也不致因管道干扰检修吊车的通行。只需在出料斗前设一处捕尘点，必要时在胶带机溜子处添加一个辅助捕尘点。当设两个捕尘点时，主风道的风量应占总量的 80% 左右，副风道占 20% 左右。

破碎车间收尘系统的吸风量取决于破碎机的规格，设由破碎机的吸风量 $Q_1$（$\mathrm{m^3/h}$）为：

$$Q_1 = 60DBhn$$

式中　$h$——锤头搅动气流计算厚度，它取决于转子工作圆直径。

因此

$$Q_1 = kD^2Bn$$

系数 $k$ 对于单段锤式破碎机不小于 $6.4 \sim 8$；

$$Q_2 = 0.25\,Q_1$$

因为 $Q = Q_1 + Q_2$，故

$$Q = 8D^2Bn \tag{10-15}$$

式中　$D$——转子工作圆直径，m；

　　　$B$——转子有效宽度，m；

　　　$n$——转速，r/min。

风管的倾角不得小于 50°，气流速度一般应保持在 $14 \sim 18\mathrm{m/s}$。破碎车间一般采用单级除尘，由于捕尘浓度约为 $120 \sim 190\mathrm{g/m^3}$，应该选用处理浓度高的袋式收尘器。目前，有些收尘器的回灰绞刀输送能力偏小，不能及时排除收下的粉料，需要改进。有些外国公司采取加大吸风管前一段导料槽的断面面积的措施，可降低粉尘在这段路径中的移动速度而使悬浮的粗粒子沉降下来，可降低吸入气体的含量浓度，是值得仿效的。

卸料斗宜采用喷淋法湿润矿石，防止粉尘飞扬。

## 九、其他

控制室可设于主机平面或卸料平台上。设在主机平面上可便于操作人员就近巡视破碎机的工作状态，但卸料平台要另设岗位监视汽车卸料状态，防止料斗内物料保护层卸空而使板式给料机裸露受砸。控制室可设于车间内，也可与之毗连，均要有通道相通，并有视线良好的窗户观察车间内有关设备的运转状况，建立直观感觉以弥补仪表功能的不足。

车间应有足够的空间，并具有检修时放置拆散设备的位置，要有大件进出的门和通道。巡视线路顺畅、行走安全，过道的最窄宽度不得小于 0.7m，架空通道和梯子均应有扶栏。排风管最好不要靠近主要通道。

电缆沟、进排水管应统筹布置，不得妨碍重物的搬运，不要遗漏通往吊车梁的爬梯，车间主平面通向卸车平台要有联络道路。

车间应按设备检修的最大件（通常是破碎机的转子）重量配置检修吊车。

要正确地标出各设备的载荷（包括静载荷、动载荷），如果需要在楼面上放置检修的重物体（如转子等），也应予以标注，以供设计建筑物之用。

## 十、实例

（1）苏莱曼尼亚石灰石、黏土混合破碎车间布置图（见图 10-24）。

（2）亚泰双阳水泥公司石灰石中碎车间布置图（见图 10-25）。

（3）四川亚东水泥公司粉砂岩破碎车间布置图（见图 10-26）。

（4）×××项目黏土破碎车间（资料图）（见图 10-27）。

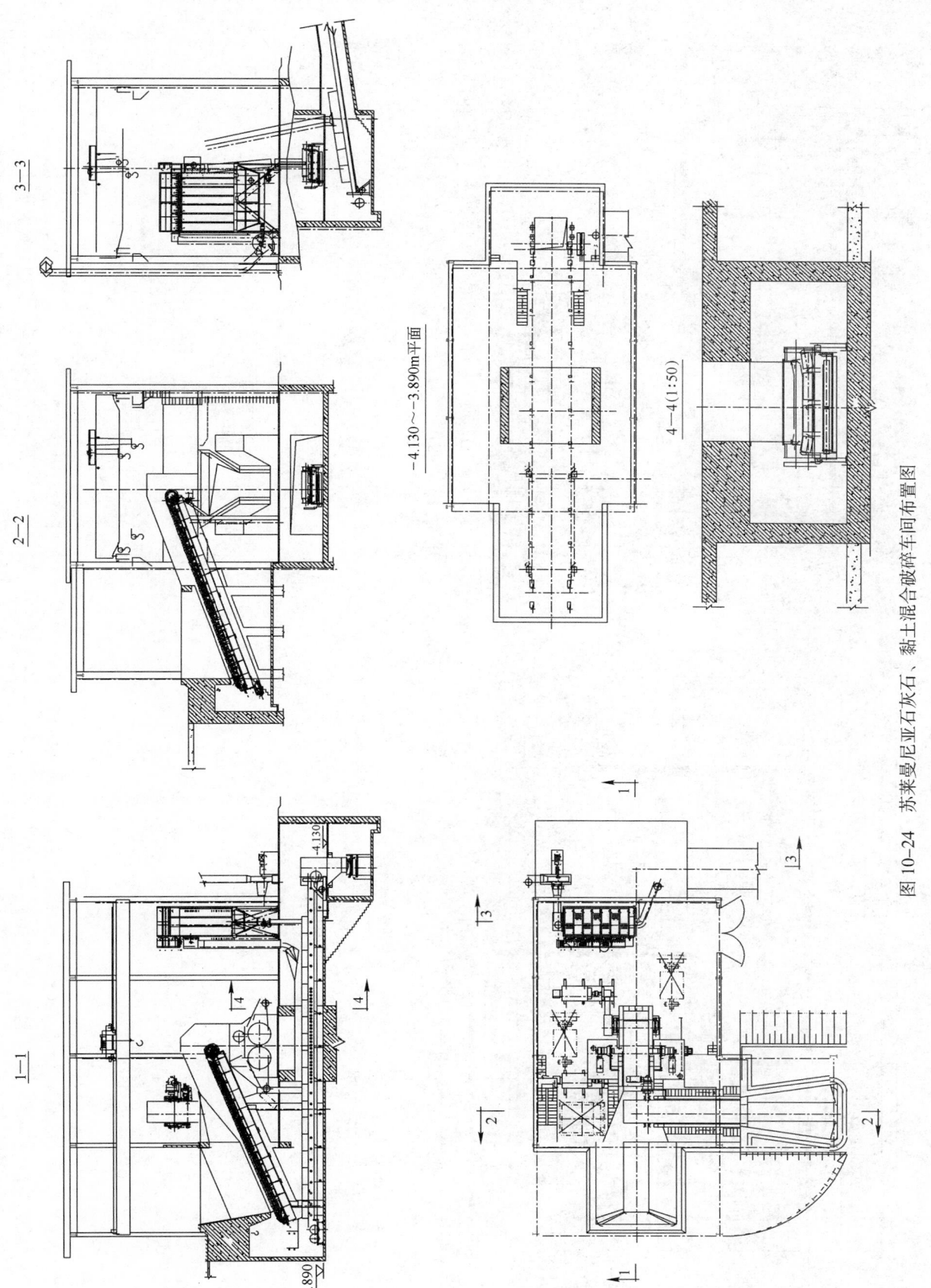

图 10-24 苏莱曼尼亚石灰石、黏土混合破碎车间布置图

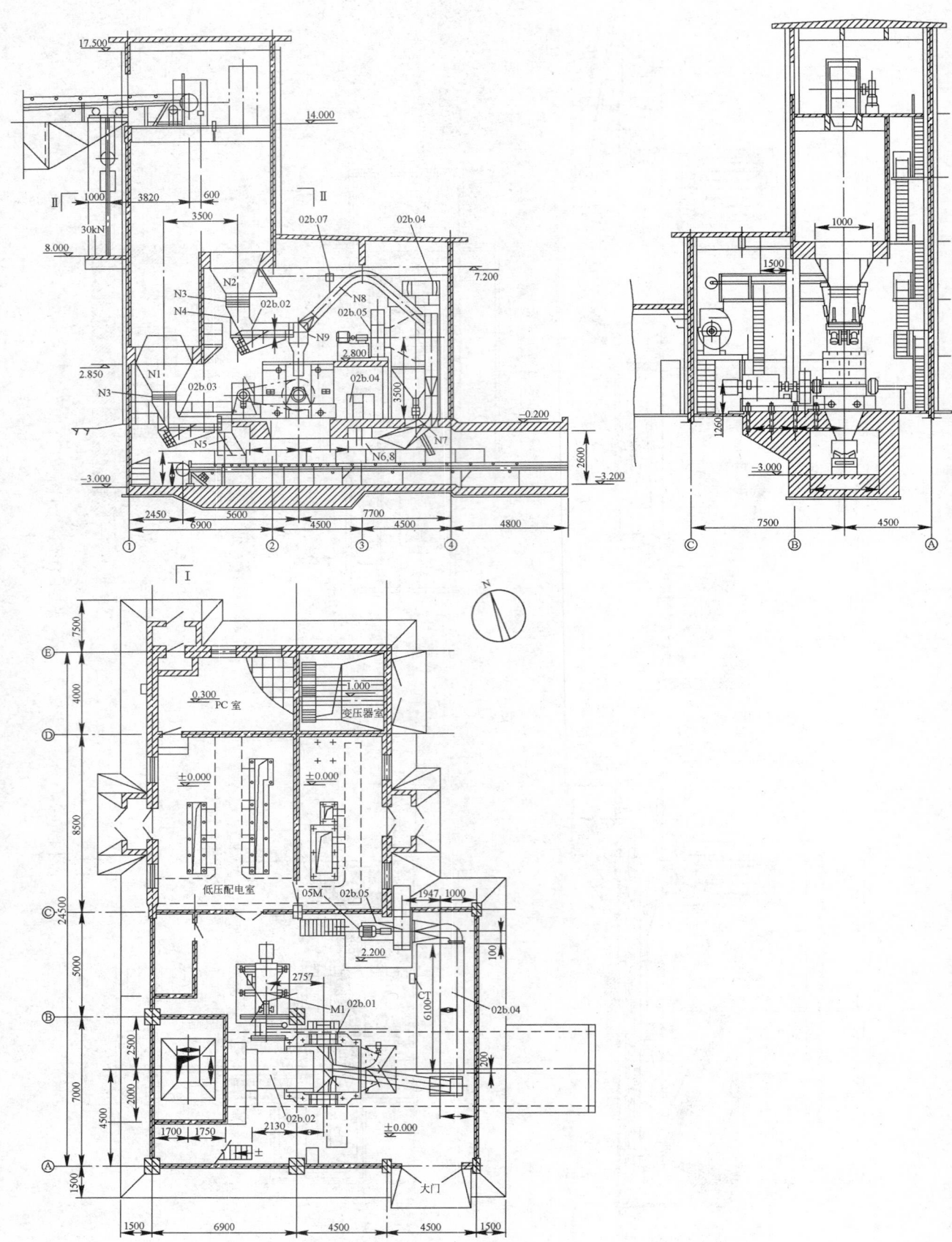

图 10 – 25 亚泰双阳水泥公司石灰石中碎车间布置图

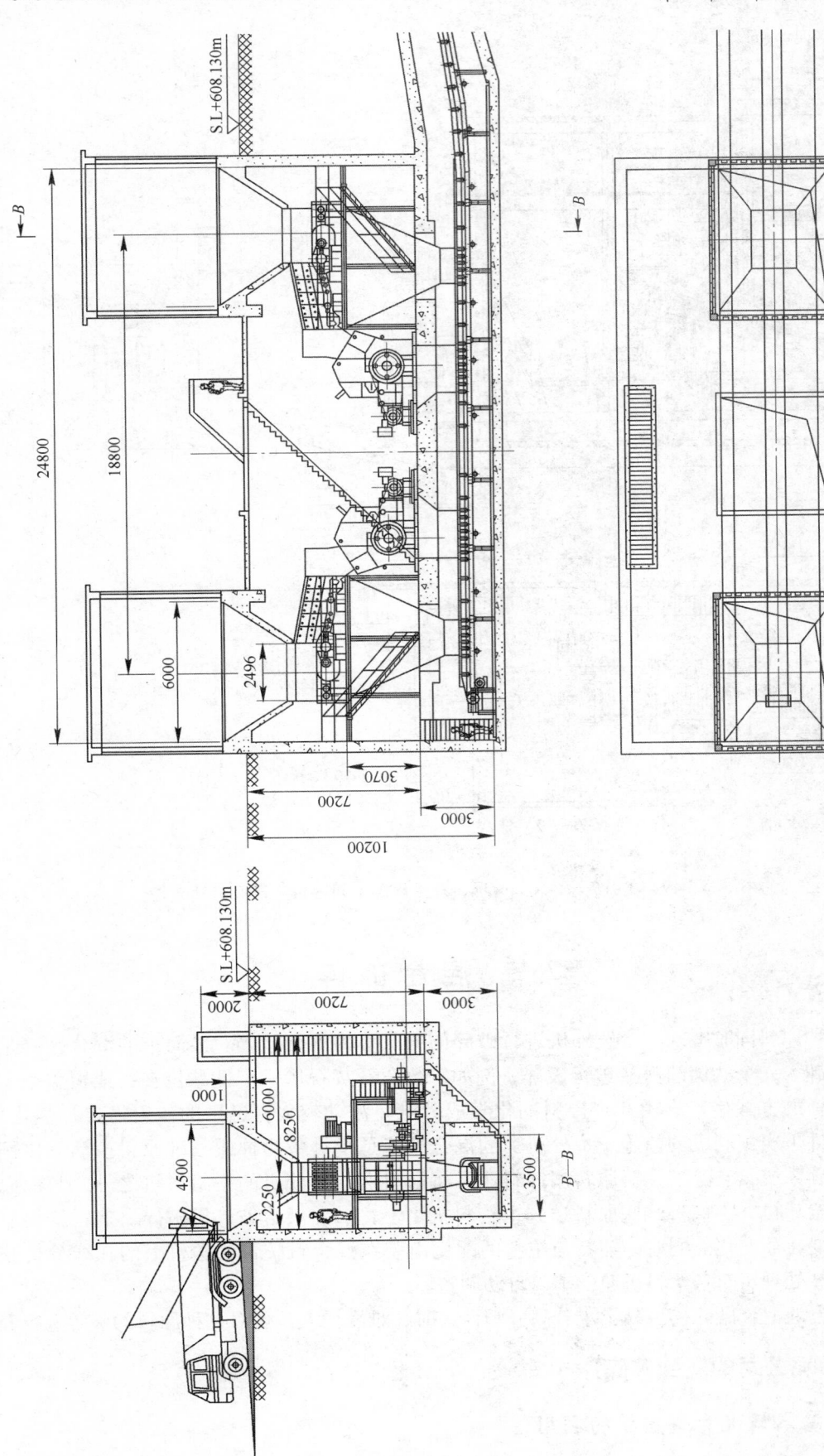

图 10-26 四川亚东水泥公司粉砂岩破碎车间布置图

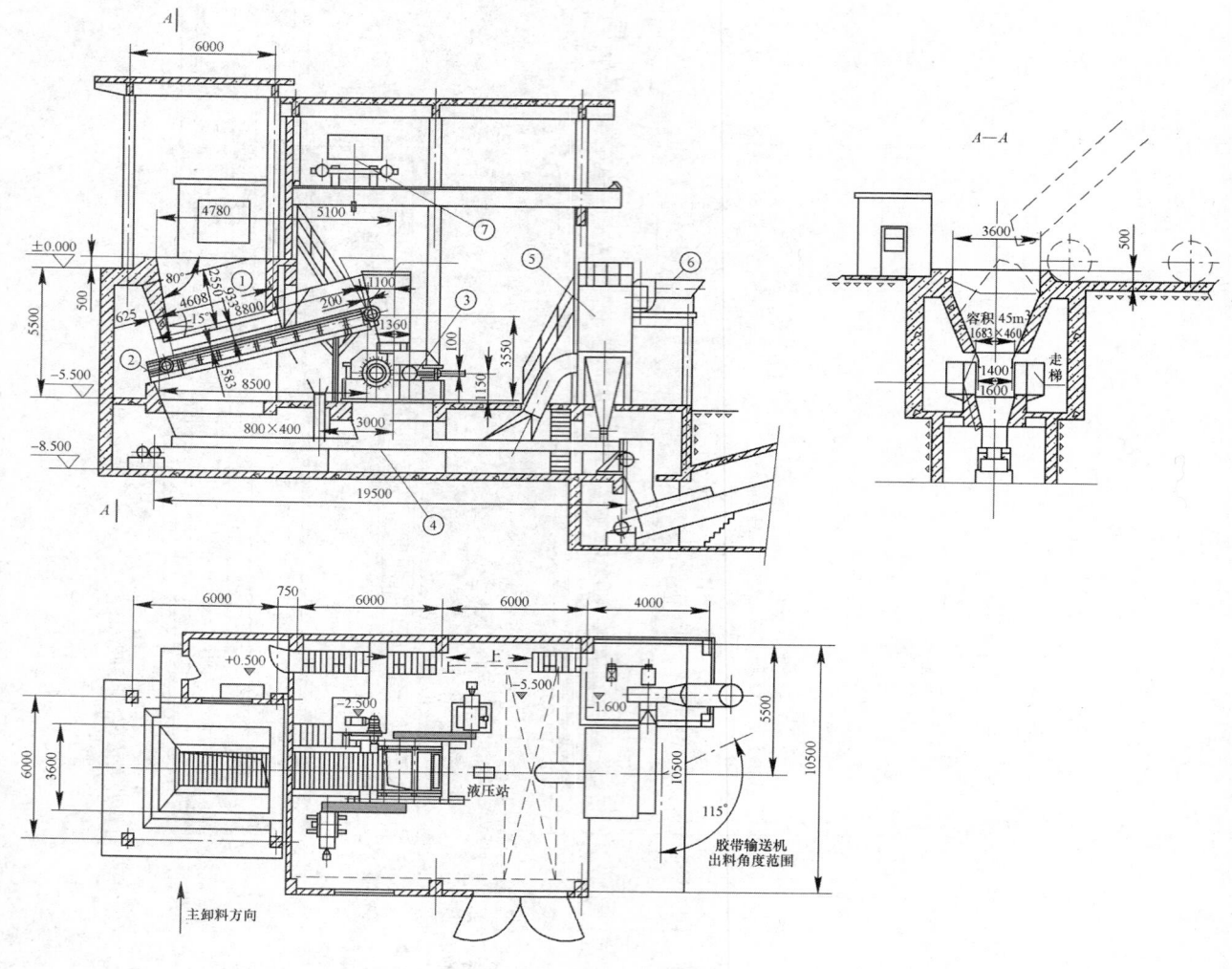

图 10-27 ××××项目黏土破碎车间（资料图）

# 第九节 混合破碎

将两种或三种原料同时喂入一台破碎机进行破碎的方式称为混合破碎。最简单的混合破碎是将两种原料按一定比例卸入一个共用的料斗进行破碎，例如，数车石灰石掺一车低品位夹石或覆盖土。几乎所有的矿山都有这样的方式生产。由此产出料的化学成分难免波动较大，进厂的矿石需要加强均化调制，它是基于现有条件下实施利废的措施。本处所称的混合破碎是指具备两种或三种原料按动态比例配合而后破碎的正规破碎系统，它除了主要原料用卸料斗和将原料送给破碎机的主给料机之外，其他原料也有各自的卸料斗和给料机，它们将这些原料送到主给料机之上，一并供给破碎机破碎。辅料给料机需要随主给料机的速度变化而变化。同时，辅料与主料的配比由装在混合料胶带输送机上的在线分析装置获取化学成分信息，经处理后对各给料机速度予以自动调整。

石灰石和黏土的混合破碎，当黏土水分高、塑性大时，难度增大。现对这种原料的破碎进行介绍。

## 一、越堡水泥公司的混合破碎

### （一）矿区基本情况和覆盖物的利用

矿山位于花都区炭步镇辖区，与工厂相距约 9km，当地人口稠密，土地稀缺。矿床位于洪水冲击平地，地势低洼，矿区地表大部分为鱼塘。石灰岩层的初采标高已低于海平面。开采境界是在征地范围内圈定的，其上部的第四纪覆盖层平均厚15.87m，最厚30.82m，总量达 $2800 \times 10^4 \mathrm{m}^3$。覆盖物主要是黏土、淤泥和砂层。当地没有堆置这些覆盖物的场地，而它们的化学成分又符合配料要求。这就需要研究和解决它的加工处理方法，达到零排放的要求。

根据深井的揭露，第四纪覆盖物除地表腐植层（厚约0.5m）外，其下部共有六层。YJ-1、YJ-4、YJ-6为黏土，层厚分别为2.4m、1.0m、2.8m，主要为浅灰色、质软而有很大塑性，水分大致在15%～20%之间。YJ-3为淤泥层，厚4.9m，含有约7%有机质，色黑、膏状、塑性大，AM为2.52，水分高达80.5%～90.4%。YJ-2、YJ-5为细砂层，层厚分别为1.2m、1.3m，为浅黄至浅灰色，AM分别为13.73和24.67。

由于黏土的AM波动大（2.5～4.6），需要根据不同地段的产出成分，搭配不等的细砂。因此，细砂单独开采，且不需破碎。采用单独处理方式，分采分运，利用长9km的胶带输送机空闲时间进厂，单独存取，按需配入原料中。

黏土和淤泥即使均匀混合，其水分也高达27%左右，因其很高的水分和塑性，单独处理，不仅需要另增一套破碎系统，又因为这种物料不能用胶带输送机运输，需要专门的运输车辆，又因为高的水分和塑性引起的压实性，在厂内存放和挖取均很困难。可见另搞一套加工系统不仅投资高，经营费高，而且使用中困难重重，工厂无法正常生产。

将黏土掺入石灰石一并破碎是一种新的加工方法，根据国外某些资料介绍，掺入的黏土在破碎过程中被石粉和碎粒石料拌和，其塑性和黏附性大大减轻，物性发生改变，因此加工后的这种混合料可用传统的胶带输送机运输，同时后续的储取工作也不困难。但是像这种性质的黏土的混合破碎尚未见有报道。业主要求供应商提供的原料破碎机具有适用于对付这种特别黏的第四纪物料的自清能力。

常熟中材装备重型机械公司以其对破碎系统独有的配置和对给料机、破碎机的特殊结构设计获得业主的认可，成为该系统主要设备的供应方。

**（二）混合破碎的工艺介绍**

石灰石和黏土都各有一台给料机。石灰石用量占总量的80%左右，其卸料斗、给料机与破碎机居于同一轴线上（可称为主轴线，此给料机也称主给料机），黏土用量较少，其卸料斗和给料机居于侧面，并与主轴线垂直，它将黏土喂到石灰石给料机的前段。由此，将黏土铺到主给料机的石灰石上面，一并送入破碎机。两台给料机均由变频调速电机驱动，由在线分析装置测出混合料的化学成分之后，对两种原料的配比进行自动调节，以确保混合料的成分（见图10-28）。

图10-28 广州越堡水泥公司混合破碎
a—石灰石与黏土原料同时进料；b—破碎车间布置

本系统加工的石灰石入料粒度小于 1500mm，黏土入料粒度小于 800mm，要求出料粒度小于 80mm 占 90%，极限最大粒度小于 100mm。设计处理能力为 1200t/h。

根据原料条件和生产规模选用适应性最好的机型，即双转子锤式破碎机来处理这种混合料。破碎机具有两个相向转动的转子，两个转子之间具有承击砧，由于物料的破碎是发生在两个转子之间，使黏湿物料黏附在固定腔壁的机会大大减少。破碎机的壳体进行了专门设计，降低了高度，减少了大块物料对转子的冲击，独特设计的算子调整方便，便于黏湿料的通过。除了锤头抽取装置之外，增添了独创的液力盘车装置，两者配合使用，使锤头的更换工作更轻便、更安全。

大泥团坠入破碎机很容易将排料算缝顷刻间糊住，这种情况的发展将造成破碎机的堵塞。为了防止这种现象的产生，在黏土给料机上添加了切泥机，经切碎的泥料小于 300mm。鉴于本矿的覆盖物中难免有大于 300mm 的石块存在，它们的出现将给切碎机工作造成困难。本切碎机的独特结构是旋刀轴装在悬臂上，一旦遇到石块可抬升避让。

石灰石卸料斗端壁倾角达 80°，落差 6.5m，采用重型汽车运矿（目前汽车载重量是 45t，今后将改用 60t 汽车），卸矿时对给料机的冲击载荷相当大。本给料机是重型结构，受料段为带有减震装置的浮动床。槽板底面用自润滑滑道支承，槽板搭接处带有防漏唇边，底部用"H"型钢加强，并用履带式牵引链牵引。驱动的行星齿轮减速器悬挂在轴端，不用另设基础。大梁为很结实的自承重结构，除后部支承在混凝土基础上之外，前端托在破碎机壳体上，中部不用立柱支撑，给料机倾角为 23°。

黏土卸料斗端壁倾角 90°，落差 4.2m，料斗斗壁均铺上聚酯板以减轻黏土附着。黏土给料机与石灰石给料机具有相同的结构。考虑到黏土水分高，采用了较缓的倾角（15°）。其下部装有刮料机以防止碎料撒落。

破碎机出料漏斗斗壁是直立的，以减少碎料附着，因此出料胶带输送机带宽达 2600mm，其后的胶带输送机则为正常带宽。

### （三）使用效果及完善措施

1. 调试中出现的问题

尽管我们对加工这种原料可能出现的问题作了多种设想，并作了相应的处置，但是不尽如人意的情况仍在所难免，这些问题在调试期间逐个暴露出来。经越堡水泥公司、中材建设公司和常熟中材装备重型机械有限公司三方的共同努力，逐一解决，从而很快达到可使用的状态。

调试以破碎单一的石灰石开始，运转表明，两个转子的负荷相近。破碎机顺利达到预期的生产能力，并有很大潜力。之后添加黏土，发现破碎机因算缝和算板后部空腔逐步积料，造成锤盘转子及锤头受阻面积增大，工作负荷增高（2 号转子负载电流超出额定值），未能达到预定的设计产能。

2. 原因分析、改进措施及效果

由于物料黏性大，含水量高，黏性物料进入破碎机的分配位置至关重要。分布不匀造成了机内局部黏性物料比例过大，而堆积堵塞。然后逐步扩大堵塞范围，加剧了转子及锤头受阻的程度。

分布不匀主要与给料机下料点有关。首先是黏土落入主给料机导料槽内时偏向外侧，经修改溜子后，得以纠正。主给料机头轮位置与分配到两个转子物料的多少有关，调试中发现当只破碎石灰石时，两个转子的负荷是基本相近的，但是一旦掺加黏土，两个转子的负荷即发生变化，2 号转子的负荷明显增加，这表明黏性物料主要偏向 2 号转子，从而使它的工作恶化。根据这种情况在破碎机进料口上方的头罩内添加了链幕以调节落料点。同时适当放宽了算缝，修改了算子形状。算板后部机壳加装衬板，改善了黏性物料的排出条件，减少了转子与积料的摩擦。

经上述改进措施之后，破碎机的运行状态得到了根本性的改善，在保证物料条件及比例在满足设计控制范围的条件下，产能已经达到设计 1200t/h 的能力，主机负荷较均匀地保持在较低的水平。1 号转子平均电流约为 20A，2 号转子平均电流约为 30A。

3. 使用经验

破碎混合料的破碎机有别于一般只破碎石灰石的破碎机，它既要具有很高的排料和防堵塞能力，又要防止粗料排出。两者的矛盾给破碎机的使用提出了更高的要求。越堡公司矿山部在使用中采取了如下措施：

（1）采取多种措施尽量减少进入破碎机的黏土的含水量。

（2）算板与锤头的间隙过大易使出料变粗，为了防止粗料排出，经常检查和调节算子，使间隙保持在 5 ~ 10mm 之间（说明书原规定的间隙是小于 25mm）。

（3）锤头的破碎效率和它磨损面形状有很大关系。锤头磨损后角度过大将过分偏离正常碰撞点，并改变物料受碰后的运动轨迹，因此采取了勤掉边的措施，每付锤头都掉边数次（而有些工厂只掉边一次），达到能保持锤头最佳打击受力点的作用。使得锤头单位磨损金属的破碎量更大。

采取以上措施后，锤头的使用寿命得到了延长，基本达到了 125 万吨/付的设计预期寿命。且出料粒度总体上达到了设计指标的要求，只有个别物料超出最大控制粒径。

## 二、混合破碎的优化

由于混合破碎具有很大的经济效益和社会效益，随后土耳其 Askale（两套）、也门 UCC、伊拉克苏莱曼尼亚、俄罗斯 Tula 等工程也采用了这种破碎工艺。而且黏土掺入量也从 15% 逐步提高，其中伊拉克苏莱曼尼亚（陆续提供了三套）的黏土掺入量达 28.2%，均取得了成功应用。

苏莱曼尼亚的原料情况如下：

|  | 石灰石 | 黏土 |
|---|---|---|
| 进料粒度/mm | < 1000 × 1000 × 1000 | < 500 × 500 × 500 |
| 水分/% | ≤5 | ≤20 |
| 混合比/% | 71.8 | 28.2 |
| 出料粒度/mm | ≤80 不少于 90% | |

混合破碎的优化具有如下要点：

（1）选用适应性最佳的双转子锤式破碎机作为这种原料的破碎机。

（2）应对原料情况采用合理的设备配置。例如，越堡水泥公司的黏土黏性大、水分高、分散性差，大块泥团进机是打不散的，势必顷刻糊死算缝。对于这种原料，宜在黏土板式给料机上装设切碎机，把泥团切碎到 200 ~ 300mm 以下。越堡的掺入量为 15%，土耳其 Askale 的掺土量为 20%（黏土的黏湿性不及越堡），更多的掺入量应加设混配机。混配机装在破碎机的进料口上方（见图 10 - 29），它的功能是将原来板式给料机的送来料进行一次预混合，提供两个转子相同的原料，一改原来只有 2 号转子破碎掺土料而为两个转子都破碎同样的掺土料，从而使掺土量提高了一倍。目前，伊拉克苏莱曼尼亚的三条生产线和俄罗斯 Tula 的混合破碎均装有这种混配机。

（3）必须能顺利地将辅料喂进主板式给料机，并且获得合理的混合料层高度是实现混合破碎的重要问题。例如，某单位设计的混合破碎系统在调试时发现主板式给料机上的石灰石料层已高达辅料板式给料机下料口的高度，辅料无法喂入，这个事例必须引起我们重视。主板式给料机石灰石料层厚度主要与卸料斗的几何形状、车辆卸料堆积线位置、料块大小及粒度组成状态等因素有关，在工程设计时应该有个预判。总的要求是石灰石料层不宜过厚，以便于为辅料留出足够的空间。辅料给料机的头轮高度也要满足这一要求，允许通过调整溜子使辅料堆积在石灰石料层居中位置。

（4）根据预判的料层高度确定给料机头轮与破碎机中轴线的水平距离，使破碎机的两个转子负载基本相等。

（5）破碎机出料漏斗宜采用直立的斗壁，以减少碎料附着，出料胶带输送机的带宽要满足这一要求。

破碎机出料

混配辊

图 10 – 29　伊拉克苏莱曼尼亚项目的混合破碎

# 第十节　预筛分破碎

在如下的情况下值得预筛：预筛分抛尾，去除有害组分，使死矿变成活矿；预筛分去除不适破碎物，使得系统通畅；预筛分减少破碎量，提高系统生产能力，降低能耗和材料消耗量；预筛分减少过粉碎，提高成品率。

## 一、预筛分抛尾

去除有害组分，使死矿变成活矿。

前已叙及，印度海德堡集团 Damoh 水泥厂的 Patharia 矿就是一个典型的例子。该矿是一个低钙矿床，其中含有一些泥灰岩夹层，使得 CaO 平均品位更低。由于泥灰岩质软易碎，爆破后细料的 CaO 含量低于粗料，因此筛除细料后矿石则可以使用。该矿开采的难度不仅在于低钙夹层，而且还有大量的土难以剥净，土的水分为 15% ~ 20%，预计混入量达 20%。印海技术中心经过研究后决定将抛尾界限划定在 20mm，并提出了如图 10 – 30 所示的生产流程。原矿先进行预筛分（波动预筛分机），将小于 75mm 料筛下，大于 75mm 料进破碎机破碎。筛下料进二级筛分机（该筛分机具有抗黏功能），将小于 20mm 细料筛除并排弃，大于 20mm 碎料返回主生产线。当地雨季长达 3 个月，为了保证生产不致中断，还要求在矿山建一个 43 万吨容量的应急堆场。

中材国际工程公司承建的沙特南方水泥公司（SPCC）项目，所使用的石灰石矿床为 $SiO_2$ 含量较高的低钙石灰石，其中高品位矿石的 CaO 含量也仅有 46%，平均品位达不到使用要求（低于 42%）。为此，采用了抛尾措施，在破碎机前设有波动辊式筛分机，将小于 80mm 的料分离出来再筛分除土，破碎机出来的料也进行一道筛选。除去了碎石和夹土之后，石灰石品位得以提高，据介绍，筛分处理的废弃碎石的 CaO 为 36.98%，筛分后的成品石灰石 CaO 达到 42.87%，满足了生产的需要。

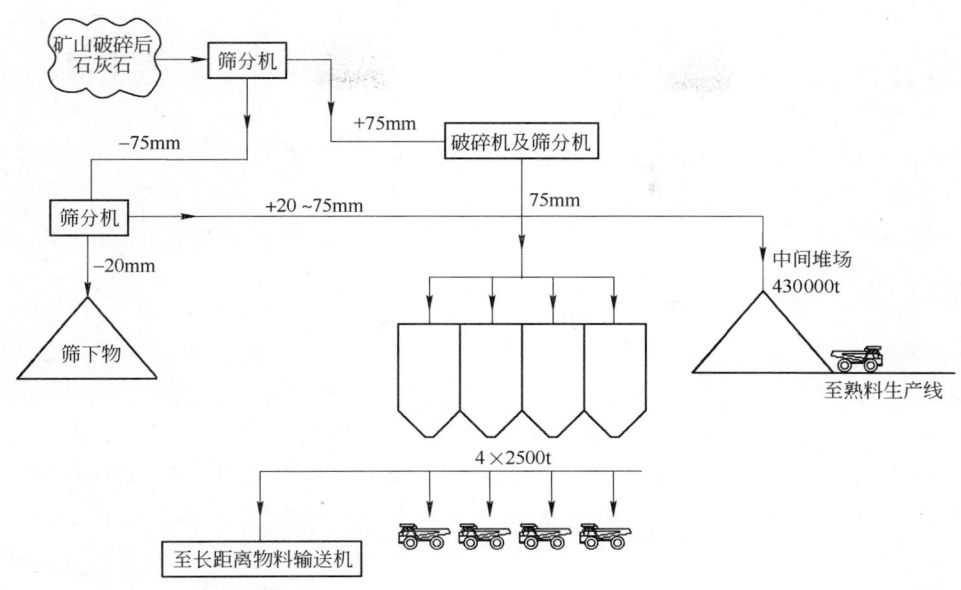

图 10 - 30  Patharia 矿山石灰石筛分破碎系统流程图

## 二、预筛分的去除功能

预筛分去除不适破碎物，使系统通畅。

我国水泥用硅质原料矿床常是砂页岩互层产出，表面强度风化吸水而成为黏湿料和高磨蚀性料的混合物。例如，柳州水泥厂的牯牛岭砂岩矿和亚东水泥公司的砂岩矿均属于这类矿床。将黏湿料预先筛除，方可使用抗磨型高破碎比的破碎机进行单段破碎。东亚水泥公司的波动辊式筛分给料机和硬料反击式破碎机组成的破碎系统如图 10 - 31 所示。目前，这种生产方式在国内也得到较为广泛的使用，其规模覆盖

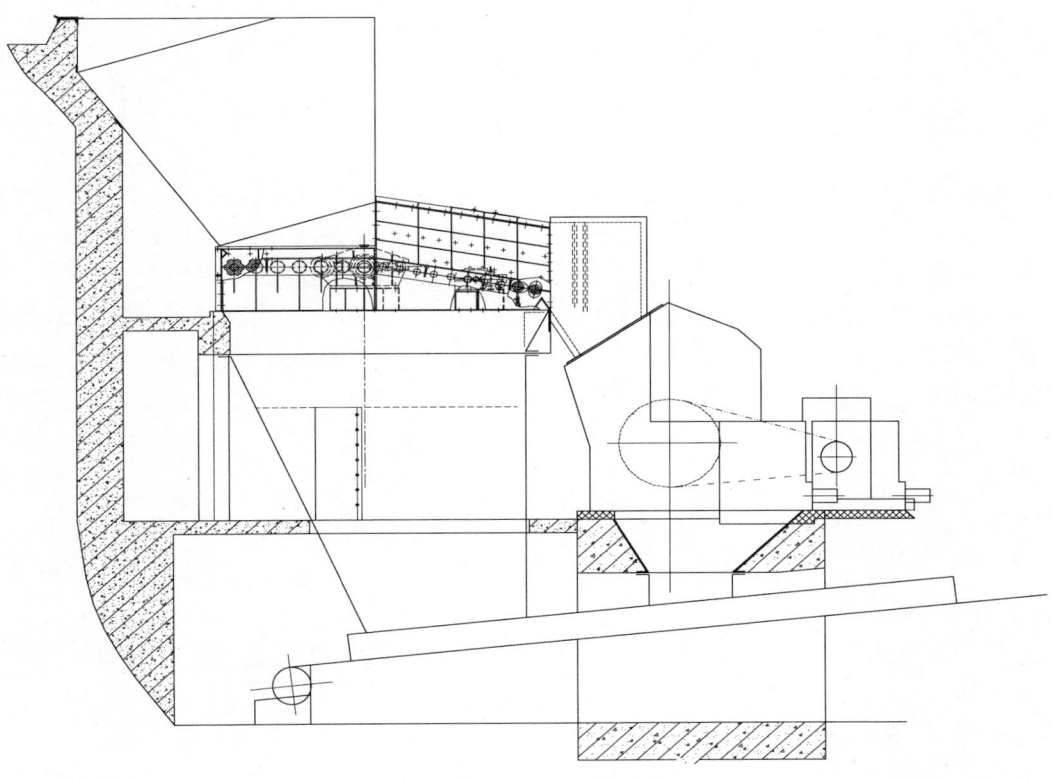

图 10 - 31  破碎系统图

2000~10000t/d 生产线。但是，使用中还需要注意，若主体矿石是硬质砂岩、石英岩，当前的抗磨型反击式破碎机的抗磨蚀能力还显不足，预筛分机辊子的耐磨性也需要进一步提高。有的单位采用常规结构的反击式破碎机，板锤寿命只有一周，更不恰当。

预筛分去除黏湿料也是防止石灰石破碎机堵塞的有效途径，可以与单转子锤式破碎机配合使用，其筛分功能主要在于改善破碎机的工作条件，减少堵塞而达到高的破碎效率，并不在于其筛分量的多少。筛分机的辊子可酌情减少，一般约6支即可。

### 三、预筛分的减少破碎量功能

预筛分减少破碎量，提高系统生产能力，降低消耗。

由于添加预筛分机增加了一个生产环节，只有带来更多的好处才值得实施，其中也包括提高系统生产能力、降低消耗。一般认为原矿中合格料占20%以上即可添加预筛分机。

前已叙及，拉法基摩洛哥 CADEM 水泥公司一套能力为1000t/h 的混合破碎系统中，因为使用了预筛分机把黏湿料和碎料筛分出来，破碎机的负荷只有400t/h，因此配用了规格较小的双转子锤式破碎机（Titan72D75k）。

台湾幸福水泥公司和仁矿的石灰石粒度组成见表10-32。

表10-32　台湾幸福水泥公司和仁矿的石灰石粒度组成

| 方形筛孔 | 三菱报告通过率/% | 现场测量值通过率/% | 设计使用值通过率/% |
|---|---|---|---|
| 1200 | 100 | 100 | 100 |
| 1000 | 100 | 93 | 100 |
| 900 | 90 | 81 | 80 |
| 700 | 69 | 69 | 70 |
| 300 | 58 | 54 | 50 |
| 200 | 50 | 39 | 40 |
| 100 | 38 | 30 | 30 |
| 80 | 36 | 24 | 25 |
| 50 | 30 | 20 | 20 |

根据业主提供的资料，原矿中合格料（<100mm）已占30%，设计时在破碎系统中装设了波动辊式筛分机。筛上料进入双转子锤式破碎机破碎。筛分机的出料口配置在最佳位置，以尽量减少大块料进机的落差，而且使破碎机两个转子的负载基本一致，按照如上理念设计的破碎系统投入使用，效果良好。在给料机75%~85%转速运转下，破碎机的负荷基本在120~200kW 范围内波动。现将2010年1月23日实测负荷及运转记录列于表10-33和表10-34中。整个破碎系统5天的平均电耗仅为0.37kW·h/t。由于业主指定选用了大规格的破碎机，因而它的负荷很低，只有20%~22%，但是节能效果仍很明显。

表10-33　破碎机实时负荷

| 日期 | 时间 | 直井口6号第二套次碎机 M1-M2 | | 裙绳机 | 日期 | 时间 | 直井口6号第二套次碎机 M1-M2 | | 裙绳机 |
|---|---|---|---|---|---|---|---|---|---|
| | | 3A115M1-KW | 3A115M2-KW | 3A113M1-RPM | | | 3A115M1-KW | 3A115M2-KW | 3A113M1-RPM |
| 2010/1/23 | 10:00:30 | 126.1 | 123.3 | 900 | 2010/1/23 | 10:03:00 | 235.1 | 221.2 | 900 |
| 2010/1/23 | 10:01:00 | 113.8 | 120.4 | 900 | 2010/1/23 | 10:03:30 | 148.1 | 149.2 | 900 |
| 2010/1/23 | 10:01:30 | 263.7 | 270.1 | 900 | 2010/1/23 | 10:04:00 | 154.3 | 155.2 | 900 |
| 2010/1/23 | 10:02:00 | 139.2 | 138.1 | 900 | 2010/1/23 | 10:04:30 | 181.4 | 189.5 | 900 |
| 2010/1/23 | 10:02:30 | 196.5 | 195.2 | 900 | 2010/1/23 | 10:05:00 | 133.1 | 134.3 | 900 |

| 日期 | 时间 | 直井口6号第二套次碎机 M1-M2 | | 裙绳机 | 日期 | 时间 | 直井口6号第二套次碎机 M1-M2 | | 裙绳机 |
|---|---|---|---|---|---|---|---|---|---|
| | | 3A115M1-KW | 3A115M2-KW | 3A113M1-RPM | | | 3A115M1-KW | 3A115M2-KW | 3A113M1-RPM |
| 2010/1/23 | 10:05:30 | 127.1 | 131.2 | 900 | 2010/1/23 | 10:18:00 | 160.1 | 151.2 | 900 |
| 2010/1/23 | 10:06:00 | 117.8 | 111.8 | 900 | 2010/1/23 | 10:18:30 | 174.5 | 168.3 | 900 |
| 2010/1/23 | 10:06:30 | 124.5 | 123.1 | 900 | 2010/1/23 | 10:19:00 | 182.1 | 173.1 | 900 |
| 2010/1/23 | 10:07:00 | 188.1 | 188.6 | 900 | 2010/1/23 | 10:19:30 | 140.6 | 147.2 | 900 |
| 2010/1/23 | 10:07:30 | 305.1 | 351.2 | 900 | 2010/1/23 | 10:20:00 | 110.8 | 116.7 | 900 |
| 2010/1/23 | 10:08:00 | 163.5 | 161.1 | 900 | 2010/1/23 | 10:20:30 | 160.3 | 155.2 | 900 |
| 2010/1/23 | 10:08:30 | 144.6 | 148.5 | 900 | 2010/1/23 | 10:21:00 | 148.9 | 151.1 | 900 |
| 2010/1/23 | 10:09:00 | 122.1 | 117.5 | 900 | 2010/1/23 | 10:21:30 | 178.5 | 171.3 | 900 |
| 2010/1/23 | 10:09:30 | 129.7 | 126.4 | 900 | 2010/1/23 | 10:22:00 | 175.1 | 169.9 | 900 |
| 2010/1/23 | 10:10:00 | 113.1 | 109.2 | 900 | 2010/1/23 | 10:22:30 | 109.4 | 105.2 | 900 |
| 2010/1/23 | 10:10:30 | 252.1 | 261.3 | 900 | 2010/1/23 | 10:23:00 | 250.1 | 233.1 | 900 |
| 2010/1/23 | 10:11:00 | 113.1 | 114.7 | 900 | 2010/1/23 | 10:23:30 | 178.2 | 170.4 | 900 |
| 2010/1/23 | 10:11:30 | 137.4 | 131.5 | 900 | 2010/1/23 | 10:24:00 | 165.1 | 161.3 | 900 |
| 2010/1/23 | 10:12:00 | 126.3 | 130.1 | 900 | 2010/1/23 | 10:24:30 | 146.2 | 150.1 | 900 |
| 2010/1/23 | 10:12:30 | 148.5 | 143.2 | 900 | 2010/1/23 | 10:25:00 | 118.1 | 118.2 | 900 |
| 2010/1/23 | 10:13:00 | 223.4 | 229.7 | 900 | 2010/1/23 | 10:25:30 | 120.3 | 109.5 | 900 |
| 2010/1/23 | 10:13:30 | 214.5 | 219.3 | 900 | 2010/1/23 | 10:26:00 | 140.2 | 140.1 | 900 |
| 2010/1/23 | 10:14:00 | 129.2 | 124.3 | 900 | 2010/1/23 | 10:26:30 | 108.5 | 109.1 | 900 |
| 2010/1/23 | 10:14:30 | 195.4 | 200.2 | 900 | 2010/1/23 | 10:27:00 | 99.8 | 96.7 | 900 |
| 2010/1/23 | 10:15:00 | 166.1 | 158.5 | 900 | 2010/1/23 | 10:27:30 | 129.1 | 127.5 | 900 |
| 2010/1/23 | 10:15:30 | 204.5 | 191.1 | 900 | 2010/1/23 | 10:28:00 | 122.9 | 124.1 | 900 |
| 2010/1/23 | 10:16:00 | 116.4 | 108.2 | 900 | 2010/1/23 | 10:28:30 | 280.4 | 251.3 | 900 |
| 2010/1/23 | 10:16:30 | 149.1 | 134.5 | 900 | 2010/1/23 | 10:29:00 | 259.6 | 238.2 | 900 |
| 2010/1/23 | 10:17:00 | 143.2 | 144.6 | 900 | 2010/1/23 | 10:29:30 | 156.1 | 154.1 | 900 |
| 2010/1/23 | 10:17:30 | 287.4 | 269.5 | 900 | 2010/1/23 | 10:30:00 | 151.3 | 149.5 | 900 |

**表 10-34 破碎机运转记录表**

| 日 期 | 运转时数/h | 耗电量/kW·h | 产量/t | 平均能力/t·h$^{-1}$ | 单耗/kW·h·t$^{-1}$ |
|---|---|---|---|---|---|
| 1月20日 | 9.40 | 2394 | 6720 | 695 | 0.35625 |
| 1月21日 | 7.45 | 1609 | 4760 | 614 | 0.3380 |
| 1月22日 | 7.45 | 1919 | 4410 | 569 | 0.4351 |
| 1月23日 | 8.20 | 2439 | 7490 | 899 | 0.32563 |
| 1月24日 | 8.15 | 2103 | 4865 | 590 | 0.43227 |

注：因春节前派车少，影响了产量。

之后在青海祁连山水泥公司的石灰石系统中采用预筛分机时，适当地减小了破碎机的规格。使用一台 LPC1020R20 单转子锤式破碎机加波动辊式筛分机的系统能力为 1200t/h，与传统破碎系统相比，主要设备重量基本相当，装机功率由 1495kW 减小为 1015kW，减少了 32%，投产后效果良好，能耗和材料消耗都有明显降低。

事实上，由于矿山采出矿石粒度很难一直保持稳定，对于这种破碎系统，配置破碎机时要留有一定的富余量，以免一旦合格料比例减少时生产被动。

# 第十一节　移动和半移动破碎站

露天矿山采场破碎站种类很多，按其工作系统设置模式不同可分为移动式、半移动式和固定式三种装备系统。随着开采技术的飞速发展，近年来移动式破碎站越来越多。

移动和半移动破碎是指在矿山采场内进行的一种破碎方式。矿石被破碎成碎块之后就可以用胶带输送机替代重型汽车将矿石运出采场，直到工厂。

在矿山生产中，燃油消耗量是很大的，节省燃油具有重要意义，它不仅可以降低生产成本，还可以减轻碳排放量，改善空气质量，而且是企业大型化、高效化的重要手段。这种生产工艺已成为当今金属、非金属、煤炭开采都十分重视和研究的课题。

世界上最早采用移动破碎开采的是德国汉诺威北方水泥公司（1956 年）一种装在履带行走机构上的250t/h 破碎装置。之后其类型不断增多，使用范围也从水泥业扩展到煤炭和金属矿，地域遍及欧、亚、美、非。目前，最大的半移动破碎站的能力可达万吨/小时。

在我国大型露天煤矿、金属矿采用半移动破碎站的项目急骤增加，它们的装备主要来自德国 Krupp 公司和英国 MMD 公司，价格昂贵。我国水泥业界赴欧考察的同仁对水泥厂采用移动破碎带来的高效率都有深刻体会，但以前都因资金限制而难以付诸实施。但近年来，随着我国水泥业界企业的资金实力不断增强，已经开始有少数企业开始购买并使用。

## 一、移动式破碎站的类别及使用条件

移动式破碎站是将移动破碎机组安放在露天采场工作水平上，随着采剥工作面推进和向下开采延伸到一定距离，用履带运输车等牵引设备将移动破碎机组整体牵引移动；较小型的破碎站可以依靠本身匹配的驱动装置，自行转移工作地点。移动式破碎站有给料、破碎和卸料装置。其工艺流程是：采剥工作面爆破后，用挖掘机（或装载机）将矿岩装入汽车，运至采场移动破碎站卸入给料装置，矿岩进入破碎机系统被粗碎；碎后的合格矿岩装上胶带输送机运至指定地点。常见国外露天矿移动破碎站的类型与生产能力见表10 - 35。几种常见移动式破碎站及其结构如图10 - 32 ~ 图10 - 35 所示。

表 10 - 35　常见国外移动破碎站的类型与生产能力

| 公 司 名 称 | 生产能力/t·h⁻¹ | 破碎机类型 | 移 动 方 式 |
|---|---|---|---|
| 阿泰克拉公司（法国） | 1500 以内 | 颚式、反击式 | 自行式（轮胎），移动式 |
| 奥尔曼·贝克舒特公司（德国） | 3000 以内 | 颚式、反击式、辊式 | 自行式（轮胎、履带），移动式 |
| 杜瓦尔技术公司（美国） | 3600 以内 | 旋回 | 移动式 |
| 山鹰破碎机公司（美国） | 3000 以内 | 颚式、反击式、锤式、辊式 | 自行式（轮胎） |
| 海默磨机制造公司（美国） | 1200 以内 | 颚式、反击式 | 自行式（轮胎） |
| 依阿华公司（美国） | 1000 以内 | 颚式、反击式 | 自行式（轮胎） |
| 柯恩公司（芬兰） | 1500 以内 | 颚式 | 自行式（轮胎） |
| 克房伯工业技术公司（德国） | 6000 以上 | 颚式、反击式、锤式、辊式 | 自行式（履带、迈步），移动式 |
| 马拉松公司（美国） | 3000 | 反击式 | 移动式 |
| 山州矿物企业（美国） | 3600 | 旋回 | 移动式 |
| 奥伦斯坦·柯佩尔股份公司（德国） | 5000 以上 | 旋回、反击式、锤式、辊式 | 自行式（履带、迈步），移动式 |
| 波尔蒂克开发部（美国） | 3000 | 颚式、反击式 | 自行式（轮胎） |
| 威泽许特公司（德国） | 3000 以内 | 旋回、颚式、锤式 | 自行式（履带、迈步、轨轮），移动式 |
| 斯坦姆勒公司（美国） | 3000 以内 | 锤式 | 自行式（履带） |

| 公司名称 | 生产能力/t·h$^{-1}$ | 破碎机类型 | 移动方式 |
|---|---|---|---|
| 斯蒂芬斯·艾当逊公司（美国） | 2000 以上 | 旋回 | 自行式（履带、迈步、轨轮） |
| 巴件·格林公司泰勒斯密矿物公司（美国） | 3000 以内 | 颚式、反击式 | 自行式（轮胎） |
| 泰特劳特工程公司（美国） | 1200 以内 | 颚式、反击式 | 自行式（轮胎） |
| 顿涅茨机器制造厂（俄罗斯） | 1000 | 颚式 | 自行式 |
| 新克拉马托尔机器制造厂（俄罗斯） | 5000 | 旋回 | 自行式 |

图 10 - 32　正在现场工作的大型移动式破碎站

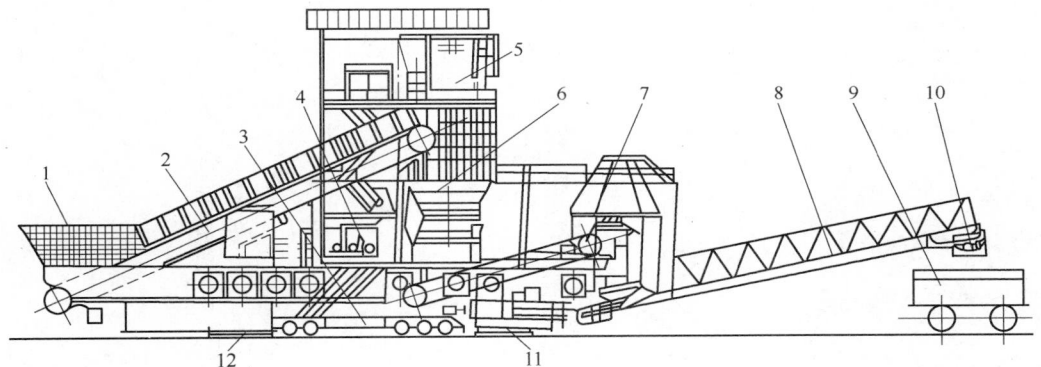

图 10 - 33　移动式破碎站结构示意图

1—装料斗；2—上料带式输送机；3—行走机构；4—液压站；5—监控室；6—破碎机；7—中间输送机；
8—末端输送机；9—运输车辆；10—装车料斗；11，12—液压支承装置

图 10 - 34　小型履带移动式破碎站

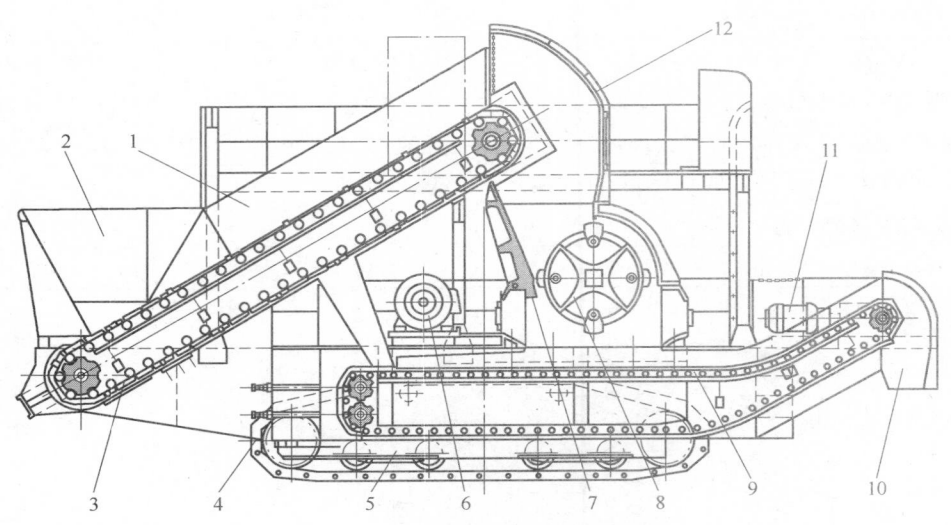

图 10 - 35    履带移动式破碎站结构示意图

1—机棚；2—上料斗；3—上料输送机；4—行走履带；5—履带架；6—电动机；7—破碎机体；

8—破碎机转子；9—下料输送机；10—卸料斗；11—电动机；12—防尘罩

常见移动式破碎站按结构类型分类如下：

大型移动式破碎站一般由三个相互独立的部分组成，即破碎机、给料装置和卸料装置，另外还包括维修系统和运输车。破碎站的三个部分各成独立系统，分别借助运输车移设。可移式破碎站一般只有设备与金属结构构件，没有混凝土及其基础工程。

## 二、自行式移动破碎站

破碎站本身具有行走机构，它在采掘工作面内工作，由装载设备（如挖掘机等）直接给料；当采矿工作面向前推进时，它随着装载设备一起向前移动。破碎站的移设频率，取决于装载设备的推进速度。由于破碎站移动频繁，因而需要装置具有高度灵活的带式输送机系统，以便相随配套工作。

按行走方式分类，自行式移动破碎机有液轮式、轨轮式、轮胎式、履带式、迈步式等几种。在选用时应综合考虑矿山的地质条件、行走机构承受的负荷、移动的频繁性、道路坡度、开采工作面位置和开采进度等因素。

（1）液轮自行式破碎站的车轮支腿上均装有液压伸缩机构，每个轮子上都有各自的液压驱动马达。支腿能自动调节机组底盘的高度，使破碎站保持水平状态。由于车轮对地面的压力（0.4～0.9MPa）较大，所以只能用于地面承受压力允许的场所（见图10-33）。

（2）轨轮式移动破碎站适用于单向进路采矿和坡度小于3%的场合，其轨道承载能力和机组运行不受气候条件的影响。这种破碎站移动坡度受到限制，因而适应范围较小。

（3）轮胎式移动破碎站的搬迁移动需借助牵引车、拖拉机或推土机牵引，移动速度为8～16km/h，轮胎充气压力为0.5～0.6MPa；其机组的载荷受其转运机构和轮胎承载能力的限制，一般适用于小型破碎站，其处理能力多在400t/h以下。这种破碎站结构简单，移动方便，投资较少，使用安全可靠（见图10-32）。

（4）履带式移动破碎站行走机构结构坚固、对地面不平度的适应性较强，对地压力小（约为轮胎式的1/3），行走速度约为轮胎式的1/3，道路坡度可达10%（见图10-34）。

（5）迈步式移动破碎站多采用液压机构拖动，类似迈步式索斗挖掘机的行走机构。通常这种自行式机组是借助三组各具有一垂直油缸和水平油缸的机构驱动行走盘而移动。其移动速度为 70~90m/h，能爬 10% 的坡道。对地压力为 0.15~0.25MPa，适用于各种不同耐力的工作场所。这种机组运转时，底盘直接与地面接触，不用行走机构支撑。其步行机构用静液压驱动，移动速度较慢。与其他移动方式相比，具有底盘低、稳定性好、重量轻、磨损小、维修量不大的优点，这是较常用的一种移动式破碎站。

### 三、可移式破碎站

这种破碎站本身不能自行，需要为其配备专门的移动设备——履带运输车或轮胎运输车。运输车可行驶到破碎站下面，用液压装置将破碎站顶起，并将其移至新的地点。这种破碎站在采场内靠近采矿工作水平的中心位置；它可以根据需要几个月或几年移动一次，以便同采掘工作面保持一定的距离和高差。整体可移式破碎站能将整个机组整体搬迁，其移设工作可在 40~50h 内完成。一般可移式破碎站将机组分成给料装置、破碎机和卸料装置三部分，也可拆卸成尺寸和质量更小的组件来搬运。拆卸和重新安装约需 30 天左右，每移设一次的使用期限不超过 3~5 年。

全移动、半移动和可搬式三类破碎站的使用条件各不相同，需要从多方面考虑之后才能选定，即性能优良的破碎机和合理的破碎站型式。破碎机的性能（包括破碎程序）必须要适应矿石条件，否则一切都谈不上。

现在把破碎站的型式按使用方法分类列于表 10-36 中。

**表 10-36　破碎站的型式按使用方法分类**

| 使用方法 | 破碎站型式 | 矿石质量 | 采矿场平面形状 | 工作台阶数 | 装载设备类型 | 单条的生产规模 |
|---|---|---|---|---|---|---|
| 随行式 | 履带式 | 质量均匀，无搭配要求 | 形状规整，便于铺设工作面胶带输送机 | 1 | 单斗挖掘机（1台工作） | 可达 360 万吨/年 |
| 围绕装料式 | 步行式，胶轮行走式，履带式 | 质量均匀，无搭配要求 | 规整性不如前者的严格，但要能铺设工作面胶带输送机 | 1 | 轮式装载机（2台工作，有效活动半径50m） | 可达 600 万~1000 万吨/年 |
| 车辆供料式 | 驮迁式，组装式 | 不限 | 不限 | 不限 | 不限 | 可达 1500 万吨/年或更大 |

表 10-36 只用了一套破碎站。若规模较大，拟采用两套破碎站，在质量搭配上易于实现，则随行式和围绕装料式的应用范围将有所扩大。

当采用随行式破碎时，破碎机必须紧跟单斗挖掘机，使挖掘的矿石能卸进破碎站的装料斗。挖掘机与破碎站是一对一的关系，挖掘机的移动也需要破碎站亦步亦趋，随行式破碎主要使用履带自行式的破碎站，并且装载和卸出均处在同一平台上。破碎后的矿石需要经过转载机、工作面胶带输送机、干线胶带输送机运出采场，并要配备胶带机的移铺设备，生产组织是比较复杂的。

采用围绕装料的破碎方式时，所使用的破碎站的移动频度可以降低，它大体可以供半径在 50m 范围（大致拥有 20 万吨矿石）的装载机服务。一般配用两台轮式装载机供料。因为装载机具有多点挖料的灵活性，也可适量搭配少量的低品质矿石，破碎后的矿石也需要经过转载机、工作面胶带运输机、干线胶带机运出采场，但是搬移次数大为减少，铺移难度也随之降低。围绕装料破碎方式最为常用的是步行式破碎站，也可使用胶轮自行式或履带式破碎站。

车辆供料破碎方式的破碎站一般可每 3~5 年挪动一次，其位置尽量靠近采挖区，破碎站浮搁在地面，没有基础。它的特点是上一平台供料，主机站立平台出料。尽管采场内免不了还用汽车，但是它比数十年不动的永久性破碎站还是大大地减少了车辆数量，大大地减少了燃油消耗。不论采场形状是山坡或是凹陷，矿石品级分布是否复杂，工作台阶不局限于一个，因此适应性最好，使用最简单，易于实现。这类破碎站的搬迁间隔数年才有一次，通常不自带行走机构，而是依靠外力完成，称为半移动式破碎站。按拆迁方式，有驮迁式和组装式两种。半移动破碎站的设计制造比较简单，造价也低，因此具有更广泛的使用前景，也可为我国设计制造自行式破碎站积累经验。

图 10-36 是德国 Deuna 水泥公司按围绕装料方式使用的步行式破碎站，它的处理能力是 2000t/h。

图 10-36　Deuna 水泥公司的液压步行式破碎站

鞍钢齐大山铁矿按车辆供料方式使用的半移动破碎站（由两个单体组成，见图 10-37）和首钢水厂铁矿半移动破碎站（直立式，见图 10-38）前者由两个单体组成，后者是直立的一个单体，没有给料机。它们的生产能力是 3000~4500t/h，都是由德国 Krupp 公司制造的。

图 10-37　齐大山铁矿的半移动破碎站

图 10-38　首钢水厂铁矿的半移动破碎站

常熟中材装备重型机械有限公司制造的半移动破碎站（两套）用于台湾幸福水泥公司，如图 10-39 所示；用于四川亚东水泥公司，如图 10-40 所示。

图 10-39　台湾幸福水泥公司的半移动破碎站

图 10-40　四川亚东水泥公司的半移动破碎站

## 四、关键技术及创新点

### （一）选择最适合的破碎系统和破碎机

（1）根据台湾花莲和仁矿的矿石特点，成功地做到预筛分破碎系统在移动破碎站上的应用。国外知名公司带预筛分的破碎系统的车间布置需要占用很大的空间（见图10-41）。因为筛分机是从一端向破碎机中部的进料口供料，它需有一个斜溜道，从而两者之间产生一个很大的落差，这种布置方式使得块石进机冲击力大，而且又造成两个转子负担的破碎量不平衡，因此至今未发现在移动破碎中使用的案例。

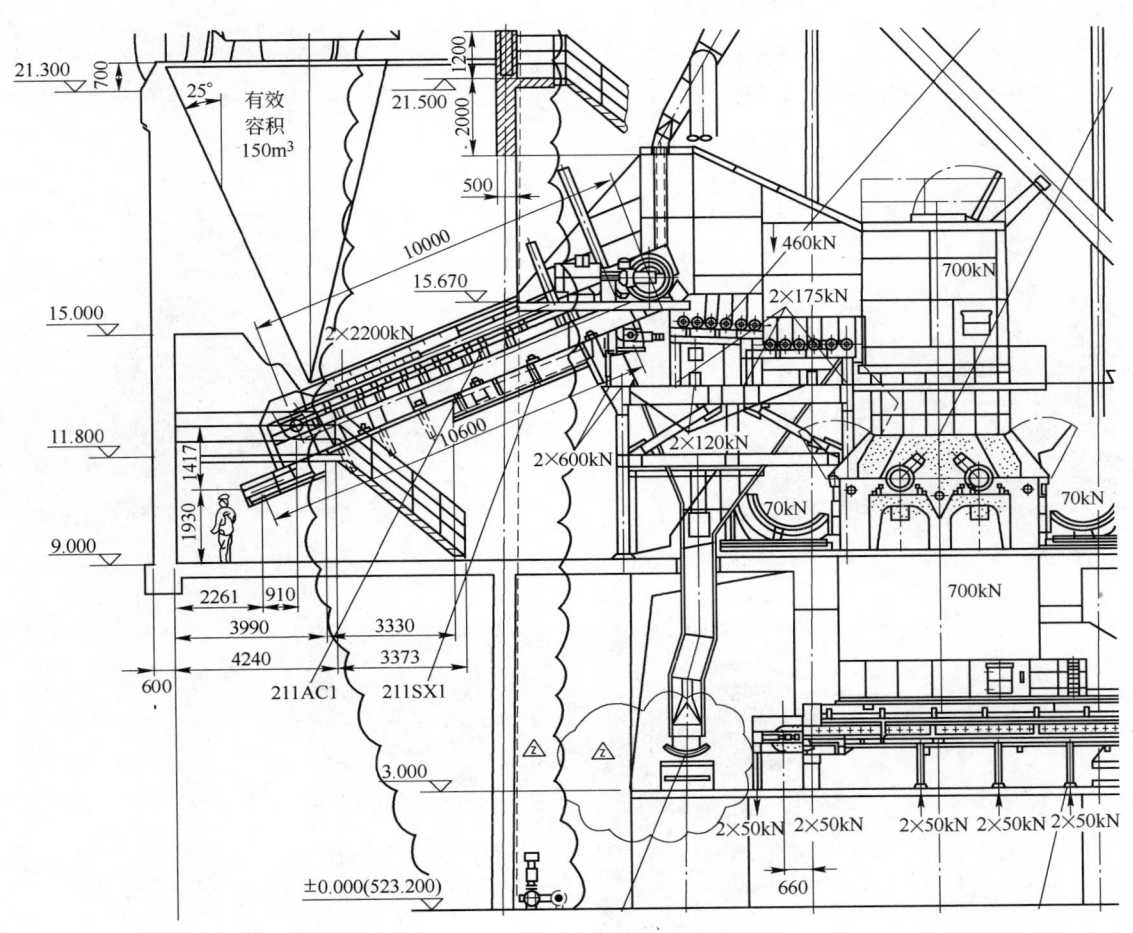

图10-41　带有预筛分的破碎系统的车间布置

采取将两台设备拼合一起的方式进行结构设计，将筛分机摆在最理想的位置给破碎机喂料。在这种前提下处理筛下料流与破碎机壳之间的关系（壳体部分位置因两侧均有料流，采用了特殊耐磨材料制造），解决1号转子的排料算子抽出通道与筛下料流通道的干扰（见图10-42）。做到两机的无缝连接，合为一体（见图10-43）。与国外某工程车间内的布置相比，矿石的进机落差减少近1m，对破碎机转子的冲击力大大减少，两个转子的负荷也达到了平衡，其优点是非常明显的。

（2）四川亚东水泥公司卧牛坪矿山具有大量覆盖土和低品位夹石，业主要求尽量搭配使用。当地雨量多，覆盖土和矿石水分高、黏性大，为此成功地制造出适应黏湿料的双转子锤式破碎机。它的转子、机腔和算子等方面都进行了专门设计，使得它既保持了足够的打击几率，又不致引起腔内挂料、算缝堵塞，从而性能大大优于原有的1号、2号机，使原来需要排弃的覆盖土和废料得到了掺入使用（见图10-44~图10-46），获得了很大的经济效益。

图 10-42　从溜道内取出算子图

图 10-43　预筛分机与破碎机的连体结构

图 10-44　50t 自卸车卸入石灰石

图 10-45　17t 自卸车卸入剥离物

图 10-46　破碎站的出料情况

## （二）半移动破碎站的实施

半移动破碎需要借助外力搬迁，大型半移动破碎站通常都由 2~3 个单体组成，以减轻搬迁难度。上述半移动破碎站主体均分解为两个单体，料仓和给料机为一个单体，筛分机、破碎机和出料胶带输送机为第二单体，物料从第一单体用给料机和刮板机送给第二单体的进料口。两个单体在运转中如果各自晃动或者蠕动，都将使结合部位相互拉扯损坏，影响使用，是极为重要的问题。

（1）在各个受冲击部位都进行了吸震缓冲装置的设计（包括给料机的承载段、筛分机的进料段和破碎机等），其中后两者应属首创。这些缓冲装置对减轻冲击载荷、保护机器和实现平稳运转发挥了重要作用，也减轻了对钢构的动荷载。

（2）合理的结构设计，防止了自振频率与机器运转频率相叠加。采用了较低的着地比压和支撑范围，保证了各单体的稳定和运转平稳。

（3）采用紧凑型设计，并研究出连体形设备，起到了降低高度、节省空间和减轻重量的作用。常规固定厂房的破碎车间，由卸料平台到出料平台的高度在 15～21m 范围内。而在采场内使用，其高度应紧缩到一般开采台阶的高度 10～12m，本机达到了这个要求。

（4）解决了破碎站浮搁地面（没有基础）使用的技术，可以根据开采的需要在采场内挪迁，从而能缩短汽车的运距。

### 五、主要技术经济指标

移动和半移动破碎站没有标准产品，一般都是根据业主要求而设计。很难找到工作条件完全相似的工程进行对比。现与德国 O&K 公司、Krupp 公司的两个接近的半移动破碎站进行对比，见表 10-37。

表 10-37 主要指标对照表

| 制造厂 | 德国 O&K 公司 | 德国 Krupp 公司 | 常熟中材重机公司 | |
| --- | --- | --- | --- | --- |
| 使用地点 | 德国海德堡 Weisenau 工厂 | 印度 Vikram 水泥公司 | 台湾幸福水泥公司 | 四川亚东水泥公司 |
| 破碎物料 | 石灰石 | 石灰石 | 石灰石 | 石灰石 |
| 能力/t·h⁻¹ | 1400 | 850 | 1200 | 1400 |
| 进料粒度/mm | 0～2000 | 0～1300 | 0～1500 | 0～1500 |
| 出料粒度/mm | 0～80 | 0～50 | 0～100 | 0～75 |
| 破碎机类型 | 双转子锤式 | 单转子锤式 | 双转子锤式带预筛分 | 双转子锤式 |
| 支撑结构 | 单体，需要固定在地面，搬迁要解体 | 双体，比压 145kPa | 双体，比压 140kPa | 双体，比压 140kPa |
| 总装机功率/kW | | 1300 | 1791 | 1732 |
| 质量/t | 605 | 450 | 661 | 543 |

由表 10-37 中指标对比可以看出，基本性能是相当的。而我方的两种破碎站更有其独到的特点。带预筛分的破碎站具有明显的节能效果，测定期系统平均单耗只有 $0.37kW·h/t$，大大低于一般（$0.8kW·h/t$）水平。

四川亚东破碎站的破碎机具有破碎黏湿料的功能，使得原本需要排弃的覆土得到了掺入使用，带来了很好的经济效益（根据投入使用 17 个月的统计，节能利废节省费用即达 750 万元）。

常熟中材装备重型机械有限公司半移动破碎站的成功使用与产品内部的特殊设计是分不开的。其中预筛分机和破碎机的减震装置，破碎机的防堵结构，无缝拼合型结构均为独创技术。整个破碎站均为自主开发，填补了国内的空白。

在采场内破碎，再由胶带输送机外运是水泥矿山节能降耗的一种手段，而半移动破碎站是实现它的重要装备，当今只有少数国家能够生产，我国解决了自行生产可以成倍降低购价，有利于这种生产工艺的推广利用，也具有在国外工程中应用的前景。

## 第十二节 移动破碎站的布置和移设

目前，移动破碎站在水泥矿山行业只有极少量的在应用，而且还没有一套成熟的技术工艺流程，而我国其他矿山行业使用得相对比较多，鉴于主要的技术流程等基本类似，因此下面对其他行业以及国外使用移动式破碎站的一些比较成熟的技术参数与经验进行阐述，供水泥行业同仁们参考借鉴。

在露天矿采场，不论是固定破碎站还是移动破碎站，其主要功能都是将爆后岩堆中的大块矿岩，按照要求的粒度破碎成小块，以利于矿用汽车、有轨车辆或胶带输送机向外运输，提高生产效率并避免大块矿岩对运输设备的损伤。为了克服固定破碎站转移建设周期长、移设安装工程量大、投资费用较高、矿岩运输成本随着开采延深而逐渐增加的缺点，近年来，各种类型的移动式破碎站在国内外露天矿山得到越来越广泛的应用。

在露天采场，破碎站机组上承装载设备（如挖掘机、装载机等），下接运输设备（如专用车辆和胶带输送机等），同时又是破碎矿岩的转载站，所以也称破碎转载站。它最适宜用于露天开采中的连续运输工艺和半连续运输工艺。

破碎转载站在露天矿采场占据一定场地，构成"转载平台"，以完成爆后矿岩的破碎、转载、调车和设备维修工作。破碎站的空间位置、平台尺寸和破碎站的移设步距是合理确定露天矿山连续或半连续运输系统，并使其充分提高综合生产能力和降低矿岩运营成本的重要因素。

## 一、露天矿运输工艺特点

### （一）连续运输工艺

连续运输工艺系统构成模式为"装载机—移动式破碎站—移动式胶带机—固定式胶带机"。采剥工作面装矿设备（如挖掘机、前装机或运矿汽车等）将矿岩运载到移动破碎站，经破碎后的矿岩转载至移动式胶带机，完成采场工作面内部运输；再将矿岩转载至固定在边坡的输送机，运至矿仓或生产矿山的下一个工艺环节。

由"挖掘机—移动式破碎站—可移式胶带机—固定式胶带机"也可构成连续运输工艺，其设备布置状况如图 10 – 47 所示，所要求的破碎转载平台的相关尺寸如图 10 – 48 所示。

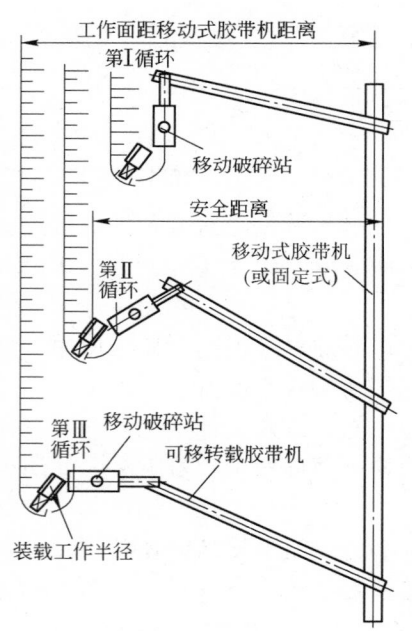

图 10 – 47 连续生产工艺布置示意图

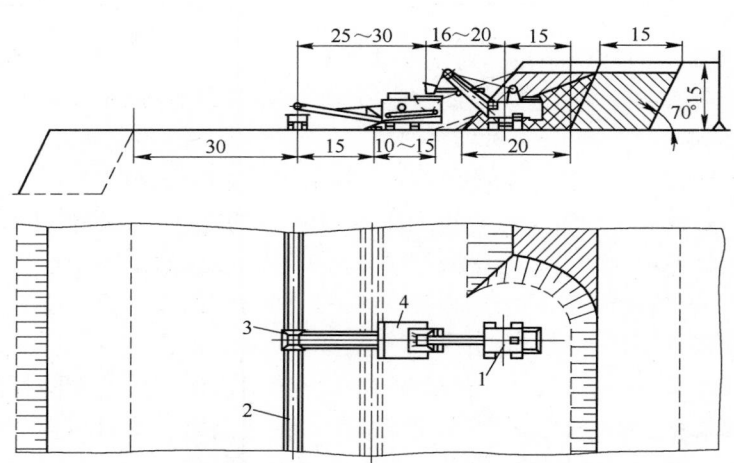

图 10 – 48 采矿工作面上电铲与移动破碎和胶带机联合作业
1—电铲；2—胶带输送机；3—漏斗；4—移动破碎站

### （二）半连续运输工艺

半连续运输工艺也称"间断 – 连续运输"工艺。它的系统构成为"挖掘机—汽车—半固定式破碎站—固定式胶带机"。

挖掘机将矿岩装上汽车，由汽车完成露天采场内部的水平运输，将矿岩运至边坡的半固定式破碎站，经破碎转载至斜坡胶带输送机（此实属"汽车 – 胶带机联合运输"方案）。在此方案中，汽车运距短，提高了汽车的运输效率，并发挥了胶带机的优势。所以"汽车－胶带机联合运输"方案是目前各国采用较多的运输方案之一。

在间断－连续运输工艺中，半固定式破碎站是转载矿岩的关键环节，它可以随露天采场水平延伸而定期下移，但在设计时应考虑尽量减少破碎站的移动次数。因为这种方案移动时技术问题较多，工作量较大。

## 二、破碎转载站的构建和位置选择

### （一）破碎站的构建要求

（1）控制室应位于卸料仓一侧上方，且有良好的视角，能看清各卸载口、矿仓内状况及碎石机的工作情况，以便指挥车辆进、出卸载及进行翻卸作业；操作碎石机破碎矿仓内的大块物料和控制破碎机运转。

（2）对不合格的大块矿岩，可在粗破碎矿仓顶装设碎石机进行破碎。

（3）矿山大多采用不连续工作制，每日二班作业，为缩短停机时间，大都采用整体部件更换检修制。因而要求粗碎矿仓一侧留有足够的更换部件（如动锥、横梁、架体、机座、偏心套、伞齿轮、衬板等）堆放和检修的场地。

（4）破碎机除由粗碎矿仓的控制室控制外，在破碎机室内应设置就地进行操纵的控制间。所设破碎机四周的检修平台应为可拆卸式。为了防止破碎机作业时，粉尘从堆体底部液压装置检修道逸出，需设置密封性能良好的可拆卸密闭隔板。在地形条件允许时，破碎机室应设置大门直通外面，以加强通风、采光，便于安装、检修时运送部件。

（5）为调节所用破碎机的排矿及带式输送机作业的均衡状况，应设置缓冲矿仓；缓冲矿仓内设有高、低料位计。

（6）缓冲矿仓底的给矿机要与输送机相匹配。使用板式给料机时，其尾轮中心至溜槽外侧净距应能容纳3块以上的槽板。为便于检修，尾轮上方应设置起重梁。在板式给矿机前护罩一侧观察窗旁的操作室，应为密封可拆卸式。

（7）粗碎矿仓上料卸载时产生粉尘，在各卸矿点应设置高压水喷嘴进行喷雾降尘，使物料通过水幕后落入矿仓。喷嘴的位置和水管的铺设应防止被卸下的物料砸坏。所产生的粉尘常用抽出式通风机和湿式吸尘器净化，使缓冲矿仓保持负压状态，以获得较好的收尘效果。

### （二）破碎转载站的位置选择

破碎转载站位置的合理选择关系到基建投资大小、生产是否正常顺畅、运输能力能否发挥、运输系统的布置是否合理以及运输费用高低等，应慎重决策。一般情况下，选择破碎转载站应遵循以下原则：

（1）尽量节省汽车运输耗能，设法延伸铁路车辆和胶带机的运距，缩短汽车运距和爬坡，使汽车运距控制在3km左右，爬高控制在150m以内，否则会显著影响汽车运输效率，使矿岩运费大量增加。

（2）不影响或少影响采场的推进及扩帮过渡，便于上下两段运输工作的衔接顺畅。

（3）尽量利用采场内的合适地形、采空区及采场内的空旷平台等位置设置破碎转载站，以利于施工并节省工程量。

（4）应使每个破碎转载站能集运较多开采水平的矿岩，使用延续时间较长，而且便于向下个预定位置转移。破碎转载站的位置可在采场外，也可在采场内，根据采场的具体条件而定。在一般露天矿山，通常把破碎转载站设在露天采场的两端或非工作帮，这样对工作帮的推进影响较小。如果几个台阶共用一个破碎站，则应设在集运水平上。

破碎转载站所服务台阶数目的确定，主要应考虑两方面因素：其一是能使破碎站在同一水平上的工作时间最长，破碎站的移设次数和费用最少；其二是能尽量缩小矿岩在露天矿内部的运输距离，减少矿岩运费。生产实践证明，破碎站的移设间隔为 80 ~ 100m 比较合理。

### （三）破碎转载站的移设步距确定

移设步距是指破碎站在露天采场内延深方向的迁移垂直距离。破碎站移设步距的大小关系到基建投资和运营费用；移设步距小，则采场内汽车运距缩短，节省矿岩的运费，但破碎站的移设费用增加。移设步距大，移动的次数较少，基建投资可减少，但汽车运距增加，运费则增加。合理地确定破碎站的移设步距，可使采场内单位矿岩费用与移设费之和为最小，即达到最佳的经济效果。

一般情况下，确定移设步距应遵循以下原则：

（1）合理分布露天矿开采境界范围内各开采阶段的矿岩量，使各时期逐年采出的矿岩量与选择的胶带输送机开拓运输系统相适应。

（2）尽量减少和避免"开采境界分期过渡"与"半连续运输系统续建"两者之间的干扰，合理安排露天开采境界的过渡与破碎转载站续建的衔接关系。

（3）全面分析半连续运输系统中各项技术经济指标。在满足采场空间、有利于破碎转载站及胶带运输机安设的条件下，力求工程量和基建费用最低。

确定"移设步距"可采用"综合费用分析比较法"，即根据运营费和基建投资二者的关系确定破碎站的移动时间和步距，其表达式为：

$$\sum_2^n \Delta A_2 + \Delta A_3 + \cdots + \Delta A_n \approx D \qquad (10-16)$$

式中　$\Delta A_2$——破碎站投产第二年与第一年汽车运输费之差；

$\Delta A_3$——破碎站投产第三年与第二年汽车运输费之差；

$\Delta A_n$——破碎站投产第 $n$ 年与第 $n-1$ 年汽车运输费之差；

$n$——投产后从第一年开始往后的第 $n$ 年；

$D$——破碎站基建投资。

当满足式（10-16）时，$n$ 即为需要移动破碎站的最佳时间，移动的步距 $H(\text{m})$ 则为：

$$H = (n-1)v + h$$

式中　$v$——采场下降速度，m/a；

$h$——采场阶段高度，m。

所求出的 $H$ 应取开采段高的整数倍。因破碎站建设需要较长时间，应考虑加一个 $h$ 值。构建破碎站需在生产延伸到其所处的水平时才能开始基建，到建成投产时，正常的生产已降到破碎站所处的水平以下，因此在开采进度计划中最好能将需要建站的位置提前剥离，为基建争取时间；基建也应准备充分，尽量缩短周期，以免出现因基建拖延而赶不上生产需要的局面。

某些采用移动破碎站的露天矿山，对多次移设步距数据进行了统计分析，认为可用更简明的经验算式（10-17）确定移动破碎站的合理移设步距 $H(\text{m})$：

$$H = 1.414\sqrt{\frac{iZ}{CF\rho k}} \qquad (10-17)$$

式中　$i$——汽车道路坡度，‰；

$Z$——破碎站移设总费用，元；

$C$——汽车运输单位里程费用，元/(t·km)；

$F$——采场内爆后岩堆的平均面积，m²；

$\rho$——矿岩平均容重，t/m³；

$k$——汽车道路展线系数，由矿山实际运输系统确定。

在露天矿边帮设置破碎站时，边帮要进行扩帮。扩帮量不但与破碎转载站深度和面积有关，还与破碎站的长度与宽度之比有关。为了减少扩帮工作量，应使平行边帮的长度大一些，垂直边帮的宽度小些。国内外有些矿山用设在工作面的移动式破碎站取代汽车运输，这种方案与配有汽车的半连续运输系统相比，运输费用可节省 20%，基建投资可节省 30%。

关于破碎转载站的移动步距，国内外有关文献介绍的经验认为：一般取作 6 ~ 8 个台阶较好，但不宜超过 120m。

### (四) 破碎转载平台的尺寸确定

破碎转载平台尺寸除取决于破碎站型式及结构外，主要取决于破碎站胶带输送机配套运输车辆的调车及翻卸方式。

自卸汽车与"破碎站 – 胶带运输机"配套是"半连续开拓运输系统"工艺中最优化的配套形式。合理确定破碎转载平台的尺寸，可提高生产系统的综合生产能力，减少露天矿山的剥岩量和运输量。

当采用自卸汽车与破碎站配套时，其卸载平台的最小宽度 $B(\mathrm{m})$ 可用式 (10 – 18) 计算：

$$B = R + Z + b/2 + e \tag{10 – 18}$$

式中　$R$——汽车回转半径，m；

$Z$——汽车轴距，m；

$b$——汽车宽度，m；

$e$——附加安全值，m，可取 1 ~ 2m。

### (五) 采场内移动破碎站的移置

露天采场每向下延深一个阶段，移动破碎站需要向下移置一次；移置一次约需 40 ~ 50h。移置前需要做好如下准备工作：

(1) 沿移动式胶带机的轴线向下挖掘铺设胶带机的斜坡道，然后铺设机架和尾部滚筒。

(2) 当下部阶段已形成可布置破碎站的空间时，即应着手调平三个柱脚区并进行测量。

(3) 挖掘出布置板式给矿机尾部的沟槽及附加工作空间。

停机期间需完成如下工作：

(1) 移走移动式胶带给料机、转载料槽及辅助设施，协调移后空间。

(2) 移置胶带机的尾部滚筒，接长移动胶带机，延伸到主胶带机的位置。

(3) 接通外部电源后，使给料胶带机从破碎机下面自行到新位置。

(4) 用牵引车将移动式破碎站拖运到新位置，定位后重新接上电缆和仪表控制线路。当形成板式给矿机的翻卸坑后，全系统即可在新的位置上恢复正常工作。

## 三、以移动式破碎机为核心构建连续化生产工艺的典型配置

### (一) 移置式带式输送机

移置式带式输送机是由传统固定式带式输送机进行结构上的部分改造而来，尤其是针对带式输送机的安装形式所进行的有效改变。其主要进行改造的目的是为了适应带式输送机地形或其短期应用，极大地降低了安装周期与成本。改造去除了固定式带式输送机建设周期较长的土建基础部分，用混凝土枕木取代，适用于起伏频率较高的地形；在矿山开采中尤其适用。在连续化开采中，随着采面的剥离推进，输送机面临需不断移位的问题。而移置式输送机的使用，使得这项工作无论是在时间上，还是资金人力上都得到了大量的节省。

此外，移置式带式输送机应选用悬挂式托辊的形式，缓解无固定土建基础所带来的安装误差。在移置式带式输送机的设计上应该注意的是应具有紧跟开采工艺，充分考虑矿山开采路线，预留充足的储备功率；分段设计制作，考虑移位时起重机吨位能力；各部件可拆卸联接，便于皮带机延长使用。

### (二) 移动式带式输送机

在大多数较发达国家，随着经济的发展，矿山开采业普遍采用了移动破碎设备，实现了矿石资源的

连续化开采，取得了大量的生产经验，同时获得的经济、社会效益更是显而易见的。据测算，使用移动破碎＋移动皮带的连续化开采方案，其矿山开采成本与固定破碎设备＋汽车运输相比至少节约1/3左右。

移动破碎设备应用于矿石的开采，在未来的一段时间内必将得到飞速发展。与移动破碎设备相关配套的移动皮带技术在国内尚属于技术与市场的空白区，以下将简单介绍移动皮带的设计理念及一些方式方法。

1. 传统简易移动带式输送机

传统简易移动带式输送机在粮食输送、码头、车站应用较多，输送能力低，设备较轻，智能化程度低。

矿山连续化开采用简易移动带式输送机不同于传统意义上的传统简易式移动带式输送机，在这里所谓的移动皮带没有单独的动力，不与移动破碎机或其他带动力设备相连，仅仅是在入料端拥有一个集料斗，该料斗有支架直接放置地面上，靠近出料端有两个被动行走轮。此移动皮带的转场行走、避炮等完全依靠于外部设备动力，整体长度约30～40m左右，采用标准模块化设计，可多节连续使用，最大程度地提高了移动皮带的移动可靠性，尤为重要的是设备成本低、维护简单方便、可与破碎机等设备实现智能化连锁控制，很好地保证了移动皮带矿山恶劣环境下使用的可靠性。一定程度的运输距离上它可以取代移置式带式输送机。

2. 拖动式双节带式输送机

拖动式双节带式输送机的结构见图10－49。转盘机构2与回转连接机构7中的核心部件均为转盘轴承，转盘机构2的回转实现了设备的行走转向功能，回转连接机构7实现了两节皮带之间工作时可存在一定范围内的夹角，使得入料点与出料点之间的距离调节范围大；桁架一、桁架二采用模块化设计制造，根据皮带的输送能力进行规格调整，长度可定制；铰接机构9的存在增强了中置行走轮8对恶劣地面情况的适应能力，升降机构12应用液压系统对出料装置14的物料落点进行高度调整；中置行走轮8采用四轮实心橡胶轮方案，各轮独立悬挂，增强对地面适应力，后置行走轮13采用两轮实心轮方案，在该机构上增加机械限位锁死，以便在升降机构12调整到位后，对下料高度锁死；入料装置1、中置下料装置6与出料装置14的内壁均采用耐磨材料，并在结构上设计为阶梯状下料方式；输送皮带与桁架之间采用独特的柔性连接结构，减小了皮带跑偏对系统工作的影响。

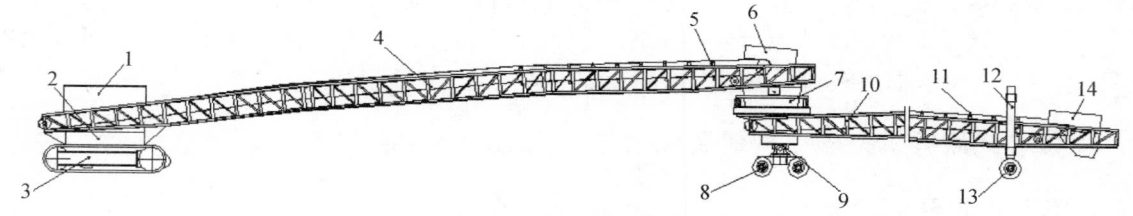

图10－49 拖动式双节带式输送机结构示意图

1—入料装置；2—转盘机构；3—履带底盘；4—桁架一；5—输送皮带一；6—中置下料装置；7—回转连接机构；8—中置行走轮；9—铰接机构；10—桁架二；11—输送皮带二；12—升降机构；13—后置行走轮；14—出料装置

在具体设计计算之中，也可考虑去除履带底盘3的结构，设计为移动皮带与破碎机直接连接，由破碎机提供动力；也可将履带底盘结构设计成转向轮机构，由其他工程机械提供动力，总之无论采用何种动力形式，其移动皮带整体结构形式都为两节或三节，每节长度30～50m，实际工作总长达100m左右，设计时要充分考虑皮带的运输及工作面上的转场移位问题。

以冀东装备的MC1236型移动皮带为例，整个系统含两节移动式皮带，每节长度36m，皮带宽度1.2m，配套功率55kW，皮带输送能力最大1000t/h，所输送的最大块状石料块度为350mm；其整个系统组成部分有：皮带机、连接转盘系统、行走小车系统、卸料系统、控制系统、皮带行走部分、皮带转向系统等。

需要注意的是，采用移动皮带与移动破碎机配合使用时，对场地要求较为严格，要求料场面积较大、场地平整度高，否则移动设备的布置及工作时的移动较困难，其工作效率会受到很大影响。

矿山开采爆破时，由于移动皮带机系统较长，存在设备避炮问题，因此设备的布置、矿山开采方案与爆破工艺设计等较困难，需要预先严谨的规划，尽量加大一次爆破方量。为此而耽搁的时间较长，造成移动破碎站系统单位生产量下降，达不到铭牌产量，不能充分发挥其预计效能

### 3. 履带底盘式移动皮带

履带底盘式移动皮带的结构见图 10 - 50。块状物料由入料装置 1 落入皮带输送机 4 上；皮带输送机 4 由头部滚筒、尾部滚筒、张紧装置、上下托辊、改向滚筒等部件组成，托辊架与桁架 5 刚性连接，托辊与托辊架采用柔性连接，与传统皮带输送机相比，大大增强了皮带对不平地面的适应性，抑制了皮带跑偏情况；桁架 5 结构针对皮带输送机独特设计，对不同能力的皮带适应性强，对场地的平整度要求低，长度可依使用情况随意定制；转盘机构 2 连接桁架 5 与履带底盘 3，履带底盘 3 由液压马达驱动，负责移动式皮带机的动力输出，转盘机构 2 实现了移动皮带的行走转向功能；铰接机构 6 连接桁架 5 与行走轮 7，通过铰接机构 6 内的关节轴承来调节桁架 5 对不平整地起伏度的适应能力，实现桁架 5 在一定范围内的俯仰动作；行走轮 7 采用了 4 轮行走机构，承载力强，行走稳定；入料装置 1 与出料装置 8 局部采用耐磨材料，结构细节上最大限度地避免物料对设备所造成的磨损。

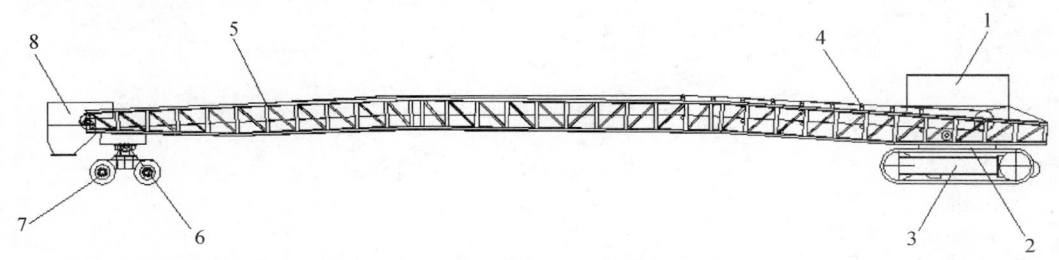

图 10 - 50 履带底盘式移动皮带结构示意图

1—入料装置；2—转盘机构；3—履带底盘；4—皮带输送机；5—桁架；6—铰接机构；7—行走轮；8—出料装置

该设备使用时，首先依靠履带底盘 3 的动力输出及转盘机构 2 的方向调节功能使得整台履带移动式输送机运行到指定地点；物料通过入料装置 1 进入皮带输送机 4，皮带输送机 4 通过头部滚筒提供动力，驱动皮带运送物料，通过出料装置 8 输出物料；当所开采区域物料输送完毕时，该设备可快速转场，实现避炮等操作，随后可再次运行到指定地点，进行物料的输送。

履带液压马达提供动力，分段设计，可自由连接。该类设备在整体设计方案上较为全面的考虑了矿山的实际应用方案，突出了移动皮带的自行走能力，在矿石开采工艺的设计上提供了更好的选择。产品单节皮带前段拥有履带底盘，在后端设置了可调高度的两个被动轮胎行走轮，在整体桁架的设计上更加合理，理论上使得简支梁的桁架设计更换为一端简支梁一端悬臂梁的设计，可以在同等桁架型材结构的条件下，使得移动皮带的长度可以做得更长。

移动皮带的连接更加方便可靠，由于其拥有了自行走能力，使得移动破碎机上不再需要考虑移动皮带的连接结构及拖拽移动皮带所额外增加的破碎机功率。

### 4. 伸缩臂式移动皮带

目前资料显示，其大型移动皮带机多为可伸缩多行走轮式设计，产品应用很广，但大多使用场合类似于水泥矿山石灰石原料堆料机的应用。其特点是自动化程度较高，拥有独特的行走装置专利，运输、行走转场方便，皮带伸缩式设计结构，产品单节皮带现场应用可达 30 ~ 60m、皮带产能最大 5000t/h。

## （三）反击式移动破碎机

反击式破碎机的工作原理与锤式破碎机基本相同，它们都是利用高速冲击作用破碎物料，但结构与工作过程略有差异。

反击式破碎机特别适合于破碎中等硬度的脆性物料，特别是由于其节能、破碎比大及自重较轻的突

出优点，必将使其在矿山开采业中得到越来越多的应用。所以，在连续化开采工艺设备的选型上，当优先选择反击式破碎机破碎物料。

1. 工作原理

反击式移动破碎机结构见图 10-51。反击式移动破碎机的行走依靠柴油发电机组 5 提供动力源，给履带底盘 9 中的液压马达供给高压液压油，驱动履带，进而带动全套设备进行行走移位。该设备移动到位后，反击式破碎机 4 以及主输送皮带 7 等部件连锁启动。启动完成后，由装载机向入料装置 1 中装载矿石物料，入料装置 1 中设有振动给料装置，在该装置的运行下，物料运行至筛分装置 2 处，经过筛板的分选，合格粒度的矿石落至筛板破碎机底部由反击式破碎机 4 下方的振动给料 8 运送至主输送皮带 7，进而被输送皮带运走；经过筛板的分选，粒度较大的矿石通过破碎机进料口 3 进入反击式破碎机 4，经过破碎机破碎后落至振动给料 8 上，后运送至主皮带 7，进而被输送皮带运走。

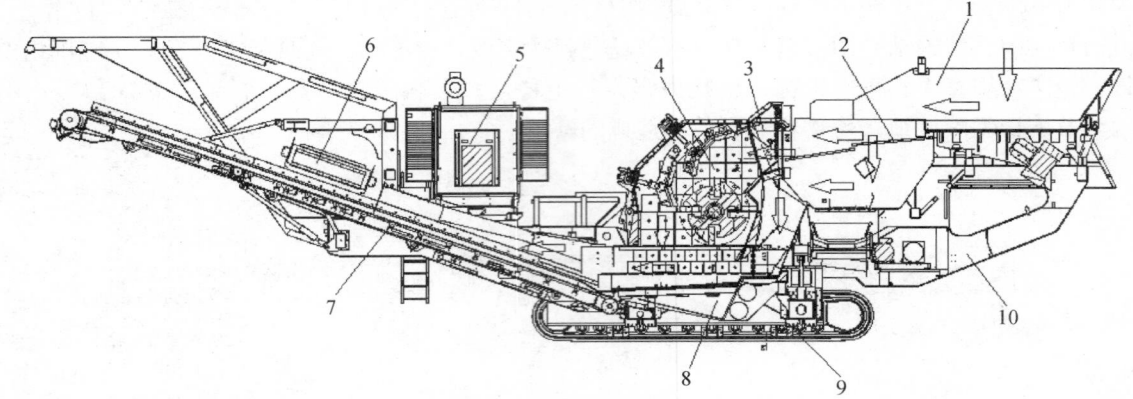

图 10-51 反击式移动破碎机结构示意图

1—入料装置；2—筛分装置；3—破碎机进料口；4—反击式破碎机；5—柴油发电机组；
6—磁选机；7—主输送皮带；8—振动给料；9—履带底盘；10—主机架

其中，筛分装置 2 可根据不同业主对矿石成品粒度的要求而进行有针对的设计、调节筛板间隙，反击式破碎机的出料间隙也可由液压装置进行调节，以便适应不同的产品粒度。

2. 设备规格介绍

以冀东装备所生产的反击式移动破碎机为例，其主要有以下几种规格型号，见表 10-38。

表 10-38 移动式反击式破碎机规格型号

| 移动式反击式破碎机型号 | RCI100. 100T | RCI100. 130T | RCI130. 130TV | RCI140. 160TV |
|---|---|---|---|---|
| 进料粒度/mm | 600×600 | 600×600 | 800×800 | 900×900 |
| 容量/t·h⁻¹ | 200 | 250 | 330 | 650 |
| 最终粒度/mm | 0/45~0/100 | 0/45~0/100 | 0/63~0/120 | 0/63~0/120 |
| 进料口/mm | 670×1020 | 850×1360 | 950×1360 | 970×1660 |
| 转子直径/mm | 1000 | 1000 | 1330 | 1380 |
| 重量/t | 32 | 39 | 63 | 92 |
| 驱动功率/kW | 225 | 225 | 400 | 600 |
| 运输尺寸（长×宽×高）/m | 12. 10×2. 60×3. 40 | 14. 10×2. 55×3. 70 | 19. 10×3. 20×4. 12 | 21. 40×3. 60×4. 20 |

### （四）连续化开采环保解决方案

随着国内外对环境保护注重程度的与日俱增，对于新产品的开发也必须要充分考虑环保解决方案，环保不过关的产品必将被市场淘汰。

矿山开采业的环境污染主要来自于粉尘污染，表 10-39 中对于开采过程中的常见污染源进行了统计。

表 10－39　不同开采工艺粉尘污染程度分类表

| 开采工艺 | 常见污染源 | 粉尘污染程度 | | |
|---|---|---|---|---|
| | | 较低 | 一般 | 严重 |
| 间断开采工艺 | 矿山爆破 | | | √ |
| | 矿车铲装 | | | √ |
| | 矿车运输 | | | √ |
| | 矿车卸料 | | | √ |
| | 破碎机破碎 | | √ | |
| | 皮带运输 | √ | | |
| 半连续化开采工艺 | 矿山爆破 | | | √ |
| | 矿车铲装 | | | √ |
| | 矿车运输 | | √ | |
| | 矿车卸料 | | | √ |
| | 破碎机破碎 | | √ | |
| | 皮带运输 | √ | | |
| 连续化开采工艺 | 矿山爆破 | | | √ |
| | 矿车铲装 | | | √ |
| | 移动式破碎机 | √ | | |
| | 移动式皮带机 | √ | | |
| | 移置式皮带机 | √ | | |
| | 皮带运输 | √ | | |

由表 10－39 可知，连续化开采工艺与其他开采方法相比，粉尘污染程度已经得到了很大的控制。在矿石通过破碎机的后续阶段把扬尘的污染降到了较低的程度，再通过破碎机进出料喷淋、皮带机加装防护罩等手段，扬尘基本得到了有效的控制。但针对矿山爆破及矿车铲装环节所造成的环境污染还是要给予足够的重视。

对矿山爆破所造成的噪声和扬尘污染，目前仍然没有特别积极有效的处理手段。只有在爆破工艺上进行尽量抑制，传统的收尘手段如袋式除尘、电除尘等对矿山开采这种露天大作业面的现场工作情况并不适用。

针对这种特殊情况，目前出现了一种较为新型的室外降尘设备——水雾抑尘系统。对该设备的理解不应仅仅是简单的喷水降尘，现代的科技手段可以使得通过有效手段对工作现场的灰尘颗粒级别配比进行检测，后根据灰尘颗粒配比数据，通过调整水雾抑尘系统喷淋设备上不同规格大小的喷嘴喷射 $20\sim200\mu m$ 的细小水雾，不同颗粒大小的水雾捕捉碰撞不同直径的灰尘颗粒，使其在重力作用下落到地面。通过这种手段对于不同的扬尘场合，水雾抑尘系统可减少 50% 以上的尘埃微粒，尤为重要的是，此种手段可充分有效的利用水资源，在使用适当的情况下最大程度降尘而不会造成场地污水横流。多台此类设备的连锁使用，可使矿山开采的作业环境得到彻底改变，实现矿山绿色开采。

# 第十三节　新型单段筛分破碎机的应用

石灰石不仅水泥厂需要，金属冶炼、发电厂脱硫、电石生产等所使用的活性石灰，也是由一定粒度的石灰石颗粒在窑炉中煅烧而得的，由于筛选后剩余的碎料只能作其他用途，因此不希望破碎机把矿石破碎得很碎（过粉碎）。目前，为了防止过粉碎都采用多段破碎，相应的生产流程比较复杂，建设投资也大。

应青海盐湖集团海纳化工有限公司的要求，常熟中材装备重型机械有限公司开发了这种过粉碎较少的单段筛分破碎机。该公司的门旦峡石灰石矿山是生产电石灰岩和水泥灰岩的原料基地。两种产品的化学成分要求见表 10 - 40 和表 10 - 41。

表 10 - 40  电石灰岩化学成分  （%）

| 品位界限 | CaO | MgO | SO₂ | R₂O₃ | P | S |
|---|---|---|---|---|---|---|
| 边界品位 | ≥52 | ≤1.0 | ≤1.0 | ≤1.0 | ≤0.06 | ≤0.10 |
| 工业品位 | ≥54 | ≤1.0 | ≤1.0 | ≤1.0 | ≤0.06 | ≤0.10 |

表 10 - 41  水泥用灰岩化学成分  （%）

| 类　别 | CaO | MgO | K₂O + Na₂O | SO₃ | fSiO₂ | |
|---|---|---|---|---|---|---|
| | | | | | 石英质 | 燧石质 |
| Ⅰ级品 | ≥48 | ≤3 | ≤0.6 | ≤1 | ≤6 | ≤4 |
| Ⅱ级品 | ≥45 | ≤3.5 | ≤0.8 | ≤1 | ≤6 | ≤4 |

石灰岩矿体赋存于中元古界花石山群克素尔组下部。矿体在地貌上形成几个基本独立的陡峭山脊，矿体内夹层较多。

Ⅰ矿体分布于矿区南部，走向延伸 960 ~ 1010m，倾向出露宽 143 ~ 228m。倾角 50° ~ 75°。CaO：49.8% ~ 55.79%，平均 53.54%；MgO：0.09% ~ 3.71%，平均 1.42%。

Ⅱ矿体分布于矿区中部，走向延伸 810 ~ 1100m，倾向出露宽 90 ~ 320m。倾角 46° ~ 73°。CaO：48.5% ~ 55.65%，平均 53.28%；MgO：0.13% ~ 4.95%，平均 1.49%。

矿体下盘围岩分布于矿区北部，由薄层含白云砂质灰岩组成。CaO：43.22%，MgO：2.14%，SiO₂：6.83%，可以综合利用。

矿体上盘围岩分布于矿区南部，为含砂灰质白云岩及白云岩化灰岩组成。

矿体内夹石有两种，一种是含砂灰质白云岩，另一种是白云岩化灰岩，前者 CaO 含量在 44% ~ 50% 之间，MgO 在 3% ~ 8% 之间，可以综合利用于水泥生产。

Ⅰ矿体的矿石呈灰 - 深灰色、粉晶 - 细晶结构，中厚层状构造。Ⅱ矿体的矿石为灰 - 深灰色，以深灰为主，粉晶 - 细晶结构，薄层 - 中厚层状构造。

矿区内的废石主要是未能搭配净的高镁夹层、开采境界内的顶底板岩石和第四纪表土。

设计开采境界内的电石灰岩为 3972 万吨，水泥灰岩 5738 万吨，废石 2433 万吨，可供生产 24 年用量。由于电石灰岩只占总量的 40%，尤为珍贵，加工中应尽量减少过粉碎，提高成品率是本机的首要任务。

本机的进料粒度为小于 1000mm × 1000mm × 1000mm，排料粒度为小于 80mm 占 90% 以上。当加工电石灰岩时，需要将破碎后的碎石进行一次筛分，把大于 40mm 的粗料筛出供生产电石使用，筛下细料用于生产水泥。破碎机也用于破碎水泥灰岩，此时不用再筛分。此种机型同时签了两套合同，其生产能力分别是 800t/h 和 1200t/h。

单段筛分破碎机是一种特殊形式的锤式破碎机（见图 10 - 52）。其中心思路是采取多种途径尽量减少过粉碎。它采取自始至终都离不开筛分的结构，破碎机的前一部分是一组筛分辊，在这里先把矿石中那些已达到需要的料粒筛出来，使它们不再遭受破碎，从而保证了这一部分料不产生过粉碎。筛上料被送进主破碎区，主破碎区由转子和居于它正前方的格栅破碎室组成。破碎室的底面为较缓倾斜的格栅，送进破碎室的料块在格栅斜坡道上逐步前移，当行进到打击带后受到锤头的打击，击碎料瞬间即可从底部的格栅通道排出而不致滞留。大块料在格栅斜坡道上借助自身的下滑力和后面料块的推力逐步推进到打击带而被击裂、脱落、打碎和排出。因此，它具有随破随排的特征。格栅体的上端铰接在主破碎室的侧壁上，下端与转子工作圆的距离是可调的，这样可以控制排出粒度，控制在格栅破碎室的停留时间。排料箅子居于转子的下方，由格栅破碎室送来的未透筛料在进入箅子与转子形成的工作区后，继续受到锤头的打击，并在这个过程中也是随破随排，不致堆积。因为与担负的较少破碎量相比，箅子具有较大的通过面积。箅筛包角根据要求的排料粒度和原料的易碎性而定，排料粗、矿石易碎时箅筛包角可以减少，甚至取消。

转子采用较低的速度和较稀的锤头排列，其目的也是为了尽量减少粉料的产生。

1200t/h 的破碎系统设在峒室内，因工程量很大，尚未完工。

800t/h 的破碎系统于 2012 年 6 月初完成基建工作，经调试后投入了使用，同时根据试生产中发现的一些问题，对某些部件进行改进设计，并于 11 月初检修期中予以更换，达到了设计要求。本机破碎电石灰岩料时，当给料机处于 40Hz 左右运转时，破碎系统的产量为 750～800t/h，破碎机主电机的负荷约为 20A。破碎水泥灰岩料时，当给料机在 43～45Hz 左右运转时，破碎系统的产量为 800～1050t/h，破碎机主电机的负荷为 18.5～20.5A。破碎系统的出料如图 10－53 所示。新型齿式筛分破碎机主要技术参数见表 10－42。

图 10－52　新型单段筛分破碎机

图 10－53　新型单段筛分破碎机的出料

表 10－42　新型齿式筛分破碎机主要技术参数

| 型　号 | TkPS－1000 粗碎系列 | TkPS－600 中碎系列 | | | TkPS－600 细碎系列 | | |
|---|---|---|---|---|---|---|---|
| | | 短型 | 标准型 | 加长型 | 短型 | 标准型 | 加长型 |
| 破碎物料 | 中硬石灰石、页岩、黏土、冻土等 | | | | | | |
| 转子数量 | 2 | 2 | | | 2 | | |
| 转子尺寸/mm | $\phi1250 \times 1800$ | $\phi660 \times 600$ | $\phi660 \times 1200$ | $\phi660 \times 1800$ | $\phi660 \times 600$ | $\phi660 \times 1200$ | $\phi660 \times 1800$ |
| 进料口尺寸/mm | $1800 \times 2340$ | $1350 \times 610$ | $1350 \times 1210$ | $1350 \times 1810$ | $1350 \times 610$ | $1350 \times 1210$ | $1350 \times 1810$ |
| 最大进料粒度/mm | $1000 \times 800 \times 600$（80%≤800） | $250 \times 200 \times 200$（80%≤200） | | | ≤100，最大 120 | | |
| 出料粒度/mm | ≤300（占 90%） | ≤90，最大 120 | | | ≤40 | | |
| 电机功率/kW | 355 | 90 | 160 | 250 | 90 | 160 | 250 |
| 生产能力/t·h⁻¹ | 700 | 120 | 250 | 400 | 120 | 250 | 400 |

# 第十四节　可逆式中碎、细碎机的使用

LPC11××.××N 系列是一种专为水泥工厂石灰石中碎和细碎使用的锤式破碎机。前已叙及，当石灰石的磨蚀性较高时，不宜采用单段破碎，而需要两级破碎。该机即可作为与颚式破碎机配套使用的中碎机。

整机是按照能加工磨蚀性较高的原料而设计的，采用可逆式结构，壳体内具有两套破碎板，一套在转子顺时针方向旋转时工作，另一套在转子逆时针方向旋转时工作，这样无疑使破碎板的使用周期延长了一倍，而且锤头工作边磨损后不存在翻边问题，只需要改变驱动电机的旋转方向即可，因此大大地减少了维修时间。破碎板的下部是可调的，调节它与转子工作圆的距离，即可控制排料粒度，使用方便。由于没有排料算子，锤头的磨损大大减轻，以葛洲坝水泥公司的第二级破碎为例，原有中碎机的锤头寿命不足 15 万吨，而且出料粒度粗，影响磨机的生产，经更换为本中碎机后，出料粒度减小，锤头寿命提高了一倍以上。破碎机的锤头材质可根据原料磨蚀性选择，可用高锰钢或更耐磨的合金钢制造。辽宁金刚白山水泥公司使用的 LPC1120.18N 中碎机的锤头寿命达到了 120 万吨。

这种破碎机由于具有优良的破碎性能，也常被用来作为细碎机使用，将现有单段破碎机的来料进一步破碎到小于 15mm 的细料，以提高球磨机的生产能力。例如，辽宁本溪工源水泥公司，即采用了一套能力为 800t/h 的细碎机。

湖南双峰海螺水泥公司用它作为水泥添加料的破碎机使用，将已经过单段破碎机破碎的石灰石再破碎一次。破碎系统设有预筛分机，型号为 WRS1534 的波动辊式筛分机可将小于 25mm 的碎料筛分出来，100～25mm 的粗料进入破碎机破碎，筛分机的能力是 300t/h，型号为 LPC1114.14N 的中碎机的生产能力是 150～200t/h。利用较小规格的破碎机达到了较高的产能。

湖北荆门葛洲坝水泥公司使用的 LPC1116.16N 中碎机和重庆拉法基水泥公司使用的同型号细碎机的出料粒度如图 10-54 所示。LPC 系列中碎用锤式破碎机的参数见表 10-43。

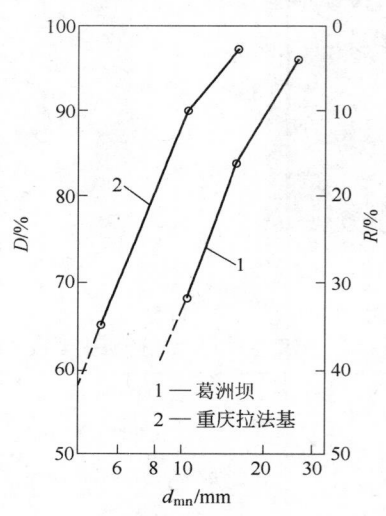

图 10-54　LPC1116.16N 破碎机的出料粒度

**表 10-43　LPC 系列中碎用锤式破碎机的参数**

| 型　　号 | LPC1120.20N | LPC1120.18N | LPC1116.16N | LPC1114.14N |
|---|---|---|---|---|
| 最大生产能力/t·h⁻¹ | 800 | 600 | 350 | 200 |
| 最大进料粒度/mm | 250 | 250 | 250 | 100 |
| 出料粒度（筛余 <10%）/mm | ≤25 | ≤25 | ≤25 | ≤25 |
| 机内结构 | 具有可逆结构 | | | |
| 破碎物料 | 石灰石 | | | |
| 生产厂家 | 中材装备集团 | | | |

撰稿、审定：廖正光（常熟仕名重型机械有限公司）

　　　　　　王荣祥（太原科技大学）

　　　　　　黄东方（天津水泥工业设计研究院有限公司）

# 第十一章　矿山带式输送机

## 第一节　带式输送机的应用和分类

### 一、带式输送机的应用特点

目前，带式输送机（胶带机）正在我国水泥矿山行业大面积使用。近些年，各种技术更先进、适应工况条件更广泛的不同类型的带式输送机正在得到越来越多的应用。这种运输方式以其环保经济等特性在很大程度上替代了原有的汽车运输方式，对我国水泥行业的健康发展起到了极大的促进作用。

#### （一）矿山采用带式输送机运输的优点

（1）带式输送机可实现运输连续化，具有输送能力大、爬坡能力强、操作简单、安全可靠、自动化程度高、设备维护检修容易等优点，与汽车和铁路运输相比，可以缩短运距、减少能耗、降低成本。在开采深度大、运输距离长和矿岩运量大的矿山时，采用高强度带式输送机是一种较理想的运输设备。

（2）高强度带式输送机与汽车或铁路运输配合，可通过破碎转载站，形成一个联合运输系统。其联合运输的工艺流程是将采场的矿岩由汽车或铁路运至破碎矿仓，经破碎机后排出合格的块度，然后由带式输送机运往指定的装卸点。这种联合运输系统是国内外矿山比较先进的运输方式。

（3）运输能力大，效率高。钢绳芯胶带放置在槽形托辊上时，成槽性好，钢绳芯胶带单位面积上运输的货载量较大，运量每小时可达几千吨，而且是连续不断地运送。这是机车、汽车运输望尘莫及的。

（4）运距长。带式输送机运送距离主要取决于胶带的抗张强度。目前采用的钢绳芯胶带，其抗张强度可达 4kN/cm 以上，适用于大运量、长距离、坡度较陡的条件下及坚硬矿石的运输。单机长度有十几公里，中间可无任何转载点。连续输送长度则可达几十公里甚至更长。

（5）结构及维护简单。钢绳芯带式输送机拉紧装置和传动机构紧凑、简单，故障率低，维修工作量也较小。整个带式输送机系统可以实现由中央控制室集中控制。

（6）钢绳芯带式输送机与载重汽车、铁路运输和索道运输相比，其安全性和经济性较好，特别是重载向上运输时更为经济可靠。而且，自动化程度高，劳动强度低，工作条件好。

经过实践对比表明，水平运距在 10km 以下时，虽然带式输送机的设备投资大于汽车运输的设备投资，但其转运费用，不论运距长短，都比汽车运输低 25% ~ 45%。

#### （二）带式输送机的不足与缺点

（1）单机输送距离有一定限制，当运输设备距离较大时，需采取特殊技术措施；而且要求良好的配套的装卸设施。

（2）胶带接头联结比较困难和复杂。一般采用硫化接头，需要能源和较多的设备，而且笨重，硫化接头工艺比较复杂；接头施工要求有较大的空间。这些问题都给现场处理接头带来一定困难，比较费时费工。

（3）胶带及配件的磨损比较严重，维修耗材较多，而且时有撒料和污染环境的问题。

### （三）带式输送机运输系统的应用特点

（1）在矿山适用范围广。如用于采场工作面矿石、废石运输，可适应凹凸不平的各种地形条件；增设有关装置和保护措施后，还可用于运送人员。

（2）适用于距离长、运量大、坡度大的工作场所的矿岩及其他物料的运输。

（3）高强度带式输送机适用于水平和倾斜运输，倾斜的角度依矿岩等物料性质不同和输送带表面形状不同而异，与普通型相比，高强度带式输送机更适用于各种硬度的小块矿岩。各种矿岩物料所允许的带式输送机最大倾角见表11-1。

**表11-1　各种矿岩物料所允许的带式输送机最大倾角**

| 物料名称 | 0～120mm 矿石 | 块煤 | 水泥 | 块状干黏土 | 干矿 | 湿沙 | 湿精矿 | 干精矿 | 筛分后石灰石 |
|---|---|---|---|---|---|---|---|---|---|
| 最大倾角[①]/(°) | 18 | 18 | 20 | 15～18 | 15 | 23 | 20 | 18 | 12 |

①表中给出的最大倾角是物料向上运输时的倾角，向下运输时最大倾角要减小。

钢绳芯带式输送机是高强度带式输送机的一种，输送带是由钢丝绳作带芯外加覆盖胶层而成。由于它具有强度大、使用寿命长等优点，矿山应优先采用钢绳芯带式输送机。

## 二、带式输送机的分类

### （一）按带式输送机的结构外形分类

（1）平行和槽形带式输送机。我国现行标准分别是DT-Ⅱ型和DT-75型带式输送机，主要有固定式和移动式两大类。

（2）夹带式带式输送机（见图11-1）。该机实际上是两个槽形链式输送机相扣在一起，即在普通槽形带式输送机上再加一条压带，各有一套驱动装置，或者公用一套。压带可使用泡沫塑料带、绳带和橡胶输送带。一般可达到大倾角和垂直90°提升运输的要求。

（3）波纹挡边带式输送机（见图11-2）。在平行橡胶链两边再冷黏或硫化上波纹挡边，中间隔一段用橡胶隔板分开成斗形。在转弯处用压轮压住波纹挡边外缘，能够垂直提升运输，适用于散料、干料；如果输送湿料，需在头处装设振打器。

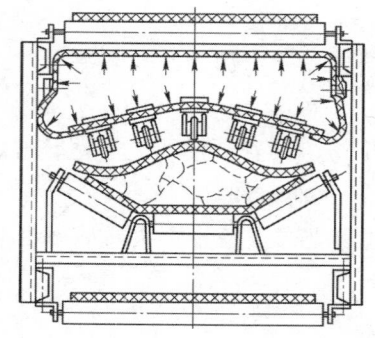

图11-1　夹带式胶带输送机断面图

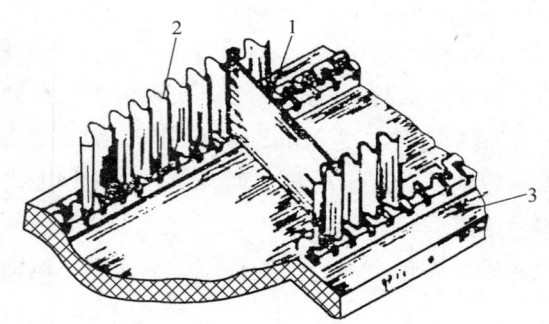

图11-2　带侧挡边和横隔板的输送带
1—横隔板；2—波形挡边；3—导向边

（4）吊装式蛋管形带式输送机。物料装入输送带后，输送带两边合拢成立式椭圆形，将输送带两边吊挂于小滑车上，滑车装在工字纵梁上，用钢丝绳牵引滑车拖动输送带运动，在机头和机尾处均设有大转盘，使输送带打开或合拢，有如上山缆车装置。

（5）固定式圆管形带式输送机（见图11-3）。该机输送带卷成圆管形运料，可在托辊上运行，也可在磁辊上运行，所以称为固定式。托辊成六角形安装。输送带装料后逐渐被卷成圆管形，犹如一根管线，它可以水平转弯、垂直转弯和做三维方向路线变化。当卸料时，输送带又打开成为平板形。卸完料又卷成圆形返回机尾。

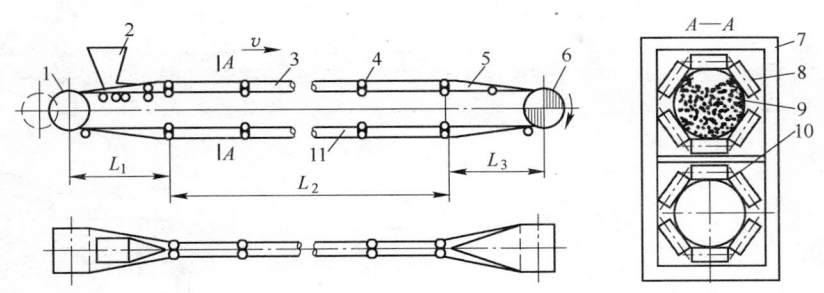

图 11-3 圆管式胶带输送机原理图

1—尾部滚筒；2—加料口；3—有载分支；4—六边形托辊；5—卸料区段；6—驱动辊筒；7—结构架；
8—托辊；9—物料；10—胶带；11—无载分支；$L_1$、$L_3$—过渡段；$L_2$—输送段

### （二）按带式输送机的驱动方式分类

（1）有辊式驱动，输送机装有驱动滚筒（或电动滚筒），输送带全由托辊支撑运转。

（2）无辊式驱动，输送带靠气垫（见图 11-4）、磁垫、水垫支撑运转。

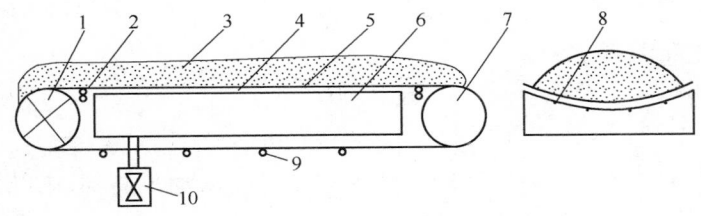

图 11-4 气垫式胶带输送机原理图

1—驱动滚筒；2—过渡托辊；3—物料；4—气膜；5—输送带；6—气箱；7—改向滚筒；8—气孔；9—下托辊；10—鼓风机

还有的输送机采用中间摩擦驱动方式，即在带式输送机中部再加若干个短带式输送机，靠输送带之间的摩擦力驱动输送带运转，因而承载带的拉力被几台中间摩擦驱动机分担，如图 11-4 所示。

（3）直接驱动方式，将旋转电动机驱动变为直线电动机驱动方式，转子线圈放在带内，定子线圈放在带外，当转子运转时输送带即同时运动。

### 三、带式输送机的基本参数

按照 GB987 标准规范，带式输送机的基本参数及尺寸如下：

（1）带宽：300mm，400mm，500mm，650mm，800mm，1000mm，1200mm，1400mm，1600mm，1800mm，2000mm，2200mm，2400mm，2600mm，2800mm。

（2）名义带速：0.2m/s，0.25m/s，0.315m/s，0.4m/s，0.63m/s，0.8m/s，1.0m/s，1.25m/s，1.6m/s，2.0m/s，2.5m/s，3.15m/s，4.0m/s，5.0m/s，6.3m/s，7.1m/s。

（3）滚筒直径：200mm，250mm，315mm，400mm，500mm，630mm，800mm，1000mm，1250mm，1400mm，1600mm，1800mm。

（4）托辊直径：63.5mm，76mm，89mm，108mm，133mm，159mm，194mm，219mm。

## 第二节 钢绳芯胶带输送机的工作原理与主要结构

钢绳芯胶带输送机的工作原理与普通带式输送机 DT 型胶带机相同，都是通过传动滚筒与胶带之间的

摩擦力来传递牵引力。其主要由驱动装置、改向滚筒、托辊支架、拉紧装置、胶带和保护装置等组成。钢绳芯胶带输送机总体布置如图 11-5 所示。

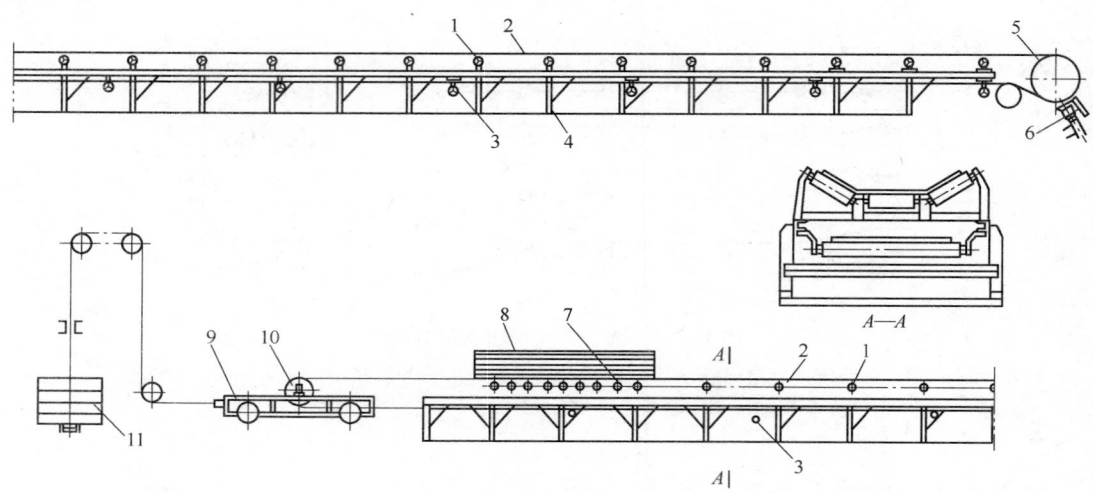

图 11-5  钢绳芯胶带输送机总体布置图

1—槽型托辊；2—胶带；3—平托辊（或双托辊、槽型托辊）；4—支架；5—驱动滚筒；
6—清扫器；7—缓冲托辊；8—导料拦板；9—改向滚筒；10—张紧车；11—重锤

## 一、传动滚筒与改向滚筒

### （一）传动滚筒的分类

按驱动方式不同，传动滚筒可分为外驱动式和内驱动式（电动滚筒）；按功能不同可分为真空、磁力、轮胎及陶瓷滚筒。

### （二）传动滚筒和改向滚筒的基本参数

按 ISO 标准，滚筒已规格化和系列化。滚筒的基本直径和长度见表 11-2。

表 11-2  滚筒的基本直径和长度 （mm）

| 基本直径 | 400 | 500 | 630 | 800 | 1000 | 1600 | 1800 | 2000 | 2200 | 2400 | 2600 |
|---|---|---|---|---|---|---|---|---|---|---|---|
| 长　度 | 500 | 600 | 750 | 950 | 1150 | 1800 | 2000 | 2200 | 2500 | 2700 | 2900 |

传动滚筒直径依据胶带强度（带强）$G_x$ 的大小来决定，要求胶带中钢绳绕经滚筒时所受到的反复弯曲应力为最小。滚筒直径不应小于钢绳直径的 150 倍，同时要求滚筒施加给胶带表面的压力 $P \leqslant 1\text{MPa}$。

滚筒直径 $D(\text{mm})$ 可用式（11-1）估算：

$$D = \frac{(1500 \sim 1800)d_1}{m_2} \tag{11-1}$$

式中　$d_1$——胶带中钢绳直径，mm；

$m_2$——胶带安全系数，取 $m_2 = 10$。

改向滚筒直径 $D_g$，应根据滚筒两侧所受胶带张力之和的大小选定；当受力为 $100\% G_x B/m_2$ 时（$B$ 为带宽），$D_g$ 与 $D$ 同级；当受力为 $80\% G_x B/m_2$ 时，$D_g$ 比 $D$ 小一级。受力越小，$D_g$ 越小。

改向滚筒与传动滚筒的合理匹配，还与胶带在改向滚筒上的包角有关：包角越大，$D_g$ 越小；包角越小，$D_g$ 越小。

改向滚筒及传动滚筒与胶带强度 $G_x$ 值的合理组配见表 11-3。

**表 11-3　改向滚筒及传动滚筒与胶带强度的合理组配**

传动滚筒直径 D/mm：800（对应 Gx 650~1250），1000（1600~2000），1250（2500），1400（3000~3500），1600（4000）；下列各 Gx 列的数值为改向滚筒直径 $D_g$/mm。

| 带宽 B/mm | 使用张力百分数/% | 包角 α/(°) | 650 | 800 | 1000 | 1250 | 1600 | 2000 | 2500 | 3000 | 3500 | 4000 |
|---|---|---|---|---|---|---|---|---|---|---|---|---|
| 800 | 100 | 180 | 800 |  | 800 |  | 1000 |  | 1250 | 1400 |  | 1600 |
|  |  | 30 | 500 |  | 500 |  | 500 |  | 630 | 800 |  | 1000 |
|  | 50 | 180 | 630 |  | 800 |  | 1000 |  | 1000 | 1250 |  | 1400 |
|  |  | 30 | 400 |  | 400 |  | 500 |  | 500 | 630 |  | 800 |
|  | 30 | 180 | 500 |  | 630 |  | 800 |  | 800 | 1000 |  | 1250 |
|  |  | 30 | 400 |  | 400 |  | 400 |  | 500 | 500 |  | 630 |
| 1000 | 100 | 180 | 800 |  | 800 |  | 1000 |  | 1250 | 1400 |  | 1600 |
|  |  | 30 | 500 |  | 500 |  | 500 |  | 630 | 800 |  | 1000 |
|  | 50 | 180 | 630 |  | 800 |  | 1000 |  | 1000 | 1250 |  | 1400 |
|  |  | 30 | 400 |  | 400 |  | 500 |  | 500 | 630 |  | 800 |
|  | 30 | 180 | 500 |  | 630 |  | 800 |  | 800 | 1000 |  | 1250 |
|  |  | 30 | 400 |  | 400 |  | 400 |  | 500 | 500 |  | 630 |
| 1200 | 100 | 180 |  |  | 800 |  | 1000 |  | 1250 | 1400 |  | 1600 |
|  |  | 30 |  |  | 500 |  | 500 |  | 630 | 800 |  | 1000 |
|  | 50 | 180 |  |  | 800 |  | 1000 |  | 1000 | 1250 |  | 1400 |
|  |  | 30 |  |  | 400 |  | 500 |  | 500 | 630 |  | 800 |
|  | 30 | 180 |  |  | 630 |  | 800 |  | 800 | 1000 |  | 1250 |
|  |  | 30 |  |  | 400 |  | 400 |  | 400 | 500 |  | 630 |
| 1400 | 100 | 180 |  |  | 800 |  | 1000 |  | 1250 | 1400 |  | 1600 |
|  |  | 30 |  |  | 500 |  | 500 |  | 630 | 800 |  | 1000 |
|  | 50 | 180 |  |  | 800 |  | 1000 |  | 1000 | 1250 |  | 1400 |
|  |  | 30 |  |  | 400 |  | 500 |  | 500 | 630 |  | 800 |
|  | 30 | 180 |  |  | 630 |  | 800 |  | 800 | 1000 |  | 1250 |
|  |  | 30 |  |  | 400 |  | 400 |  | 500 | 500 |  | 630 |
| 1600 | 100 | 180 |  |  |  |  | 1000 |  | 1250 | 1400 |  | 1600 |
|  |  | 30 |  |  |  |  | 500 |  | 630 | 800 |  | 1000 |
|  | 50 | 180 |  |  |  |  | 1000 |  | 1000 | 1250 |  | 1400 |
|  |  | 30 |  |  |  |  | 500 |  | 500 | 630 |  | 800 |
|  | 30 | 180 |  |  |  |  | 800 |  | 800 | 1000 |  | 1250 |
|  |  | 30 |  |  |  |  | 500 |  | 500 | 500 |  | 630 |
| 1800 | 100 | 180 |  |  |  |  | 1000 |  | 1250 | 1400 |  | 1600 |
|  |  | 30 |  |  |  |  | 500 |  | 630 | 800 |  | 1000 |
|  | 50 | 180 |  |  |  |  | 1000 |  | 1000 | 1250 |  | 1400 |
|  |  | 30 |  |  |  |  | 500 |  | 500 | 630 |  | 800 |
|  | 30 | 180 |  |  |  |  | 800 |  | 800 | 1000 |  | 1250 |
|  |  | 30 |  |  |  |  | 500 |  | 500 | 500 |  | 630 |
| 2000 | 100 | 180 |  |  |  |  | 1000 |  | 1250 | 1400 |  | 1600 |
|  |  | 30 |  |  |  |  | 630 |  | 630 | 800 |  | 1000 |
|  | 50 | 180 |  |  |  |  | 1000 |  | 1000 | 1250 |  | 1400 |
|  |  | 30 |  |  |  |  | 630 |  | 630 | 630 |  | 800 |
|  | 30 | 180 |  |  |  |  | 800 |  | 1000 | 1000 |  | 1250 |
|  |  | 30 |  |  |  |  | 630 |  | 630 | 630 |  | 630 |

　　传动滚筒直径也可根据带宽、传递的扭矩和滚筒所受合力选定，见式（11-2）：

$$Z = S_y + S_1 \qquad (11-2)$$

式中　$Z$——传动滚筒组所受合力，N；

　　　$S_y$——胶带进入滚筒点张力，N；

　　　$S_1$——胶带离开滚筒点张力，N。

　　传动滚筒组参数选择见表 11-4。改向滚筒组参数选择见表 11-5。

表 11－4　传动滚筒组参数选择表

| 宽度 B/mm | 直径 D/mm | 许用扭矩 M/t·m | 许用合力 Z/t | $GD^2$/N·m² | 质量/kg |
|---|---|---|---|---|---|
| 800 | 1250 | 5 | 38 | 11700 | 2668 |
| | | 12 | 36 | 18400 | 4198 |
| | | 2×5 | 38 | 12000 | 2711 |
| | 1400 | 8 | 53 | 18800 | 3620 |
| | | 16 | 50 | 29800 | 5535 |
| | | 2×8 | 53 | 25200 | 3845 |
| | 1600 | 5 | 60 | 39400 | 5400 |
| | | 8 | 57 | 39500 | 5411 |
| | | 12 | 60 | 39800 | 5436 |
| | | 20 | 57 | 43500 | 5969 |
| | | 2×5 | 60 | 40000 | 5468 |
| | | 2×12 | 60 | 41000 | 5649 |
| 1000 | 800 | 2 | 24 | 3900 | 1616 |
| | | 3 | 18 | 6800 | 2847 |
| | | 5 | 23 | 5300 | 2221 |
| | | 2×2 | 24 | 2720 | 1659 |
| | 1000 | 3 | 38 | 5900 | 2471 |
| | | 8 | 36 | 7100 | 2954 |
| | | 2×3 | 38 | 5850 | 2445 |
| | 1250 | 5 | 47 | 14600 | 3332 |
| | | 12 | 45 | 19600 | 4450 |
| | | 2×5 | 47 | 15300 | 3497 |
| | 1400 | 8 | 66 | 21800 | 4193 |
| | | 20 | 54 | 30700 | 5901 |
| | | 2×8 | 66 | 22200 | 4287 |
| | 1600 | 8 | 76 | 46000 | 6335 |
| | | 12 | 72 | 46000 | 6335 |
| | | 16 | 76 | 46800 | 6395 |
| | | 24 | 72 | 46500 | 6369 |
| | | 2×8 | 76 | 47800 | 6532 |
| | | 2×16 | 76 | 48700 | 6673 |
| 1200 | 800 | 2 | 29 | 3420 | 2093 |
| | | 5 | 27 | 4200 | 2554 |
| | | 2×2 | 29 | 3560 | 2175 |
| | 1000 | 5 | 45 | 7300 | 3054 |
| | | 12 | 43 | 11300 | 4729 |
| | | 2×5 | 45 | 7750 | 3227 |
| | 1250 | 3 | 57 | 18200 | 4146 |
| | | 8 | 57 | 17500 | 3979 |
| | | 16 | 54 | 27000 | 6168 |
| | | 2×3 | 57 | 17800 | 4047 |
| | | 2×8 | 57 | 18700 | 4252 |
| | 1400 | 5 | 80 | 32500 | 6279 |
| | | 8 | 65 | 33400 | 6423 |
| | | 12 | 80 | 34000 | 6535 |
| | | 20 | 65 | 35600 | 6866 |
| | | 2×5 | 80 | 33400 | 6449 |
| | | 2×12 | 80 | 33600 | 6479 |
| | 1600 | 8 | 90 | 52500 | 7195 |
| | | 12 | 87 | 55500 | 7580 |
| | | 16 | 90 | 54500 | 7464 |
| | | 24 | 87 | 55500 | 7627 |
| | | 2×8 | 90 | 54000 | 7383 |
| | | 2×16 | 90 | 55500 | 7590 |

| 宽度 B/mm | 直径 D/mm | 许用扭矩 M/t·m | 许用合力 Z/t | $GD^2$/N·m² | 质量/kg |
|---|---|---|---|---|---|
| 1400 | 800 | 2 | 33 | 3580 | 2187 |
| | | 5 | 30 | 4400 | 2686 |
| | | 2×2 | 33 | 3700 | 2254 |
| | 1000 | 5 | 53 | 9000 | 3762 |
| | | 12 | 50 | 12200 | 5091 |
| | | 2×5 | 53 | 9200 | 3838 |
| | 1250 | 8 | 66 | 22600 | 5175 |
| | | 20 | 63 | 27800 | 6331 |
| | | 2×8 | 66 | 22800 | 5180 |
| | 1400 | 8 | 93 | 36800 | 7083 |
| | | 20 | 93 | 37200 | 7414 |
| | | 2×8 | 93 | 38200 | 7360 |
| | | 2×16 | 93 | 38700 | 7470 |
| | 1600 | 8 | 105 | 56000 | 7692 |
| | | 12 | 100 | 56500 | 7709 |
| | | 16 | 105 | 58500 | 8023 |
| | | 24 | 100 | 57500 | 7904 |
| | | 2×8 | 105 | 59500 | 8162 |
| | | 2×16 | 105 | 58600 | 8061 |
| 1600 | 1000 | 5 | 60 | 10000 | 4213 |
| | | 12 | 57 | 12800 | 5345 |
| | | 2×5 | 60 | 10000 | 4197 |
| | 1250 | 8 | 75 | 28200 | 6428 |
| | | 12 | 75 | 28500 | 6503 |
| | | 20 | 72 | 29500 | 6710 |
| | | 2×8 | 75 | 28800 | 6536 |
| | | 2×12 | 75 | 29400 | 6671 |
| | 1400 | 8 | 105 | 41000 | 7939 |
| | | 16 | 105 | 41700 | 8038 |
| | | 20 | 88 | 38800 | 7448 |
| | | 2×8 | 105 | 41700 | 8056 |
| | | 2×16 | 105 | 43000 | 8277 |
| | 1600 | 8 | 120 | 62800 | 8619 |
| | | 20 | 120 | 63500 | 8725 |
| | | 24 | 110 | 60000 | 8272 |
| | | 2×8 | 120 | 63500 | 8707 |
| | | 2×20 | 120 | 65000 | 8930 |
| 1800 | 1000 | 8 | 68 | 13100 | 5440 |
| | | 12 | 65 | 13400 | 5614 |
| | | 2×8 | 68 | 13300 | 5542 |
| | 1250 | 12 | 85 | 29400 | 6688 |
| | | 20 | 80 | 30600 | 6975 |
| | | 2×12 | 85 | 30000 | 6857 |
| | 1400 | 8 | 120 | 41000 | 7927 |
| | | 20 | 120 | 43000 | 8289 |
| | | 2×8 | 120 | 41800 | 8047 |
| | | 2×20 | 120 | 43600 | 8414 |
| | 1600 | 8 | 137 | 68500 | 9381 |
| | | 20 | 137 | 69000 | 9454 |
| | | 2×8 | 137 | 70000 | 9497 |
| | | 2×20 | 137 | 70000 | 9534 |
| 2000 | 1000 | 8 | 75 | 15000 | 6348 |
| | | 12 | 70 | 15000 | 6365 |
| | | 2×8 | 75 | 15400 | 6477 |

表 11-5　改向滚筒组参数选择表

| 传动滚筒直径 D/mm | | | 800 | 800 | 1000 | 1250 | 1400 | 1600 |
|---|---|---|---|---|---|---|---|---|
| 胶带强度 $G_x$/N·mm⁻¹ | | | 650 / 800 | 1000 / 1250 | 1600 / 2000 | 2500 | 3000 / 3500 | 4000 |
| 带宽 B/mm | $C^{①}$/% | 包角 α/(°) | 改向滚筒直径 $D_g$/mm | | | | | |
| 800 | 100 | 180 | 800 | 800 | 1000 | 1250 | 1400 | 1600 |
| | | 30 | 500 | 500 | 500 | 630 | 800 | 1000 |
| | 50 | 180 | 630 | 800 | 1000 | 1000 | 1250 | 1400 |
| | | 30 | 400 | 400 | 500 | 500 | 630 | 800 |
| | 30 | 180 | 500 | 630 | 800 | 800 | 1000 | 1250 |
| | | 30 | 400 | 400 | 400 | 500 | 500 | 630 |
| 1000 | 100 | 180 | 800 | 800 | 1000 | 1250 | 1400 | 1600 |
| | | 30 | 500 | 500 | 500 | 630 | 800 | 1000 |
| | 50 | 180 | 630 | 800 | 1000 | 1000 | 1250 | 1400 |
| | | 30 | 400 | 400 | 500 | 500 | 630 | 800 |
| | 30 | 180 | 500 | 630 | 800 | 800 | 1000 | 1250 |
| | | 30 | 400 | 400 | 400 | 500 | 500 | 630 |
| 1200 | 100 | 180 | | 800 | 1000 | 1250 | 1400 | 1600 |
| | | 30 | | 500 | 500 | 630 | 800 | 1000 |
| | 50 | 180 | | 800 | 1000 | 1000 | 1250 | 1400 |
| | | 30 | | 400 | 500 | 500 | 630 | 800 |
| | 30 | 180 | | 630 | 800 | 800 | 1000 | 1250 |
| | | 30 | | 400 | 400 | 500 | 500 | 630 |
| 1400 | 100 | 180 | | 800 | 1000 | 1250 | 1400 | 1600 |
| | | 30 | | 500 | 500 | 630 | 800 | 1000 |
| | 50 | 180 | | 800 | 1000 | 1000 | 1250 | 1400 |
| | | 30 | | 400 | 500 | 500 | 630 | 800 |
| | 30 | 180 | | 630 | 800 | 800 | 1000 | 1250 |
| | | 30 | | 400 | 400 | 500 | 500 | 630 |
| 1600 | 100 | 180 | | | 1000 | 1250 | 1400 | 1600 |
| | | 30 | | | 500 | 630 | 800 | 1000 |
| | 50 | 180 | | | 1000 | 1000 | 1250 | 1400 |
| | | 30 | | | 500 | 500 | 630 | 800 |
| | 30 | 180 | | | 800 | 800 | 1000 | 1250 |
| | | 30 | | | 500 | 500 | 500 | 630 |
| 1800 | 100 | 180 | | | 1000 | 1250 | 1400 | 1600 |
| | | 30 | | | 500 | 630 | 800 | 1000 |
| | 50 | 180 | | | 1000 | 1000 | 1250 | 1400 |
| | | 30 | | | 500 | 500 | 630 | 800 |
| | 30 | 180 | | | 800 | 800 | 1000 | 1250 |
| | | 30 | | | 500 | 500 | 500 | 630 |
| 2000 | 100 | 180 | | | 1000 | 1250 | 1400 | 1600 |
| | | 30 | | | 630 | 630 | 800 | 1000 |
| | 50 | 180 | | | 1000 | 1000 | 1250 | 1400 |
| | | 30 | | | 630 | 630 | 630 | 800 |
| | 30 | 180 | | | 800 | 1000 | 1000 | 1250 |
| | | 30 | | | 630 | 630 | 630 | 630 |

①$C = Z / \left( \dfrac{G_x B}{10} \times 2 \right)$，$Z$ 为改向滚筒组实际受力大小。

## 二、胶带托辊

托辊是带式输送机的重要部件，其种类多、数量大，约占整台带式输送机总成本的35%，运行中呈现70%以上的阻力，所以托辊运转必须灵活可靠，高效节能。

按托辊的用途不同，可分为槽形托辊、平行托辊、调心托辊和缓冲托辊及过渡托辊等几种。

槽形托辊：三托辊式槽角为30°，二托辊式槽角为15°。平行托辊用于输送成件物品和胶带回程；调心托辊用于保持胶带运行中不跑偏；缓冲托辊设在输送机装载段；过渡托辊用在接近头尾部张力大的过渡区段。承载托辊组可前倾2.5°～4.5°。

上托辊组和过渡上托辊组规格见图11-6和表11-6。槽形下托辊组规格见图11-7和表11-7。槽形调心托辊组规格见图11-8和表11-8。缓冲托辊组见图11-9和表11-9。

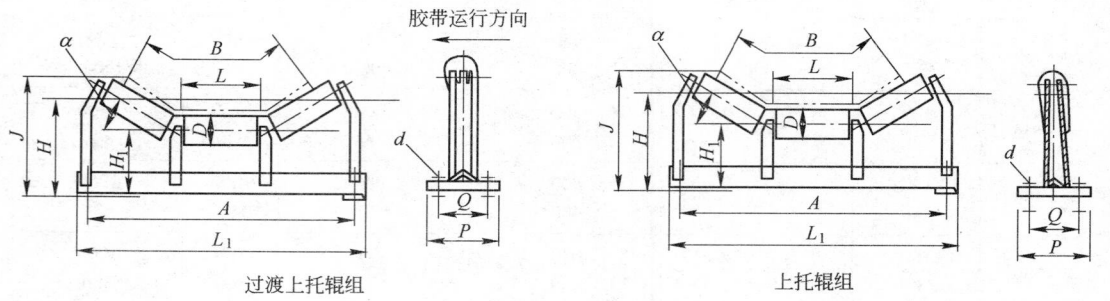

图11-6　上托辊组和过渡上托辊组结构图

**表11-6　上托辊和过渡上托辊组的规格参数**

| 宽度 B/mm | A | L | L₁ | H₁ | D | Q | P | d | 轴承型号 | 托辊组承载能力/N | 上托辊组 α=30° | | | 过渡上托辊组 α=20° | | | α=10° | | |
|---|---|---|---|---|---|---|---|---|---|---|---|---|---|---|---|---|---|---|---|
| | | | | | | | | | | | H | J | 质量①/kg | H | J | 质量①/kg | H | J | 质量/kg |
| 800 | 1070 | 305 | 1110 | 125.5 | 80 | 130 | 170 | M12 | 204 | 27000 | 240 | 323 | 26 (23) | 215 | | | 195 | | |
| 1000 | 1300 | 375 | 1350 | 156 | 108 | 170 | 220 | | 305 | 43000 | 300 | 400 | 45 (42) | 265 | 343 | 45 (42) | 240 | | |
| 1200 | 1550 | 455 | 1610 | 176 | | 200 | 260 | | | 48000 | 330 | 460 | 58 (55) | 295 | 392 | 58 (55) | 260 | | |
| 1400 | 1750 | 525 | 1850 | 200 | 133 | | | M16 | 406 | 71000 | 370 | 535 | 73 | 345 | 453 | 92 | 300 | 362 | 89 |
| 1600 | 1990 | 600 | 2000 | | | | | | | 92000 | 400 | 590 | 109 | 370 | 494 | 104 | 320 | 380 | 103 |
| 1800 | 2210 | 675 | 2280 | 215 | 159 | 240 | 300 | | | 116000 | 430 | 637 | 140 | 395 | 532 | 135 | 335 | 415 | 134 |
| 2000 | 2400 | 750 | 2480 | | | | | | 407 | 113000 | 445 | 680 | 153 | 405 | 558 | 146 | 340 | 429 | 149 |

① 带括号的为钢板冲击轴承座的质量；不带括号的为铸铁轴承座的质量。

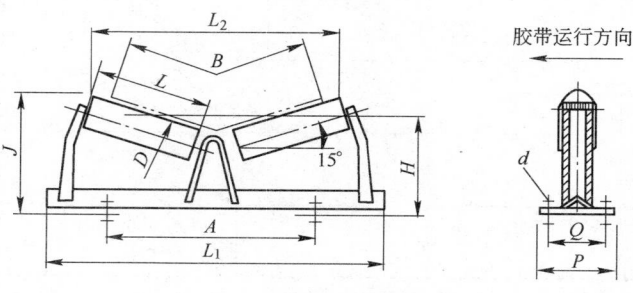

图11-7　下托辊组结构图

表 11 - 7　下托辊组的规格参数

| 带宽 B/mm | A | L | $L_1$ | $L_2$ | J | H | D | P | Q | d | 轴承型号 | 质量/kg |
|---|---|---|---|---|---|---|---|---|---|---|---|---|
| 1400 | 1400 | 790 | 1780 | 1560 | 453 | 335 | 133 | 260 | 200 | M16 | 406 | 74.24 |
| 1600 | 1700 | 900 | 1990 | 1770 | 500 | 368 | | | | | | 78.62 |
| 1800 | 1900 | 1010 | 2230 | 1980 | 540 | 404 | 159 | | | | 407 | 106.44 |
| 2000 | 2100 | 1120 | 2420 | 2190 | 570 | 417 | | | | | | 113.74 |

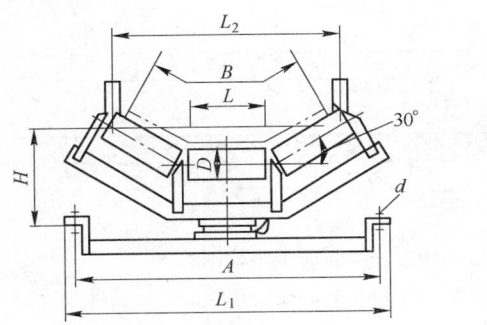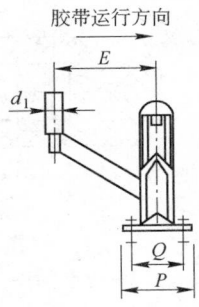

图 11 - 8　槽形调心托辊组结构图

表 11 - 8　槽形调心托辊组的规格参数

| 带宽 B/mm | A | L | $L_1$ | $L_2$ | D | H | E | P | Q | d | $d_1$ | 轴承型号 | 质量/kg |
|---|---|---|---|---|---|---|---|---|---|---|---|---|---|
| 1400 | 1750 | 525 | 1810 | 1464 | 133 | 372 | 230 | 260 | 220 | M16 | 80 | 406 | 175 |
| 1600 | 1990 | 600 | 2050 | 1620 | | 402 | | | | | | | 219 |
| 1800 | 2210 | 675 | 2270 | 1790 | 159 | 430 | 300 | 300 | 240 | | | 407 | 264 |
| 2000 | 2400 | 750 | 2460 | 2000 | | 445 | | | | | | | 275 |

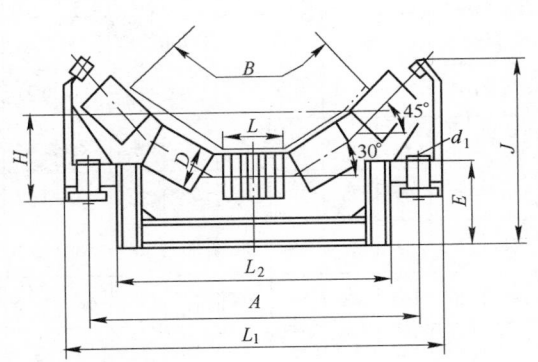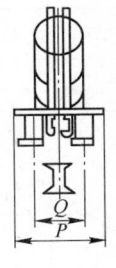

图 11 - 9　缓冲托辊组结构图

表 11 - 9　缓冲托辊组的规格参数

| 带宽 B/mm | A | L | $L_1$ | $L_2$ | D | H | E | J | Q | P | d | 质量/kg |
|---|---|---|---|---|---|---|---|---|---|---|---|---|
| 1400 | 1750 | 285 | 1848 | 1542 | 220 | 350 | 370 | 880 | 260 | 390 | M18 | 233 |
| 1600 | 1990 | 322 | 2110 | 1682 | | 420 | 400 | 985 | | | | 245 |
| 1800 | 2210 | 359 | 2430 | 2002 | | 490 | 420 | 1085 | | | | 294 |
| 2000 | 2400 | 396 | 2620 | 2192 | | 515 | 420 | 1110 | | | | 411 |

### 三、输送胶带

输送胶带的寿命是由胶带的扩张强度、模量、伸长率及覆盖胶的抗冲击性、耐磨性、疲劳强度决定的，胶带的骨架是保证带式输送机使用寿命的关键。

为了提高胶带强度，在钢绳芯胶带中沿长度方向夹排一列钢绳，这些钢绳没有纤维芯体结构，而且钢丝要经过镀铜或镀锌处理，用以防锈并提高与胶层的黏结力。

钢绳芯胶带结构如图 11 - 10 所示。ST（DX）型系列钢绳芯胶带参数见表 11 - 10。

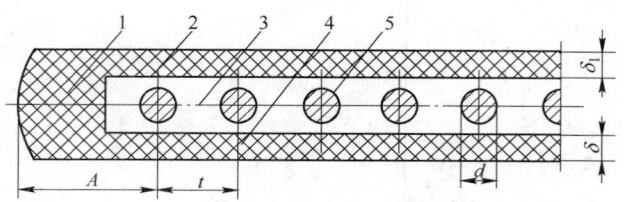

图 11 - 10　钢绳芯胶带结构图
1—边胶；2—覆盖胶；3—充填胶；4—下覆盖胶；5—钢绳

**表 11 - 10　ST（DX）型系列钢绳芯胶带参数**

| 型　号 | GX650 | GX800 | GX1000 | GX1250 | GX1600 | GX2000 | GX2500 | GX3000 | GX3500 | GX4000 |
|---|---|---|---|---|---|---|---|---|---|---|
| 胶带强度/N·mm$^{-1}$ | 650 | 800 | 1000 | 1250 | 1600 | 2000 | 2500 | 3000 | 3500 | 4000 |
| 上下覆盖胶厚度/mm | 6+6 | | | | 7+7 | | 8+8 | 8+8 | | 8+8 |
| 每根钢绳强度/N | 14000 | | | | 33000 | | 43000 | 55000 | | 69000 |
| 钢绳直径/mm | 4.5 | | | | 6.75 | | 8.1 | 9.18 | | 10.3 |
| 钢绳质量/kg·(100m)$^{-1}$ | 65 | | | | 165 | | 226 | 263 | | 332.2 |
| 黏着力/N·m$^{-1}$ | 56 | | | | 86 | | 102 | 116 | | 130 |
| 钢绳间距/mm | 20 | 17 | 13.5 | 11 | 20 | 16 | 17 | 18 | 15.5 | 17 |
| 胶带质量/kg·m$^{-2}$ | 23.54 | 24.33 | 24.63 | 25.33 | 32.25 | 33.42 | 39.93 | 41.51 | 43.23 | 47.10 |

钢绳根数 Z、边胶宽 A（胶带宽度 B/mm）

| 胶带宽度 B/mm | GX650 Z | GX650 A | GX800 Z | GX800 A | GX1000 Z | GX1000 A | GX1250 Z | GX1250 A | GX1600 Z | GX1600 A | GX2000 Z | GX2000 A | GX2500 Z | GX2500 A | GX3000 Z | GX3000 A | GX3500 Z | GX3500 A | GX4000 Z | GX4000 A |
|---|---|---|---|---|---|---|---|---|---|---|---|---|---|---|---|---|---|---|---|---|
| 800 | 28 | 30 | 45 | 26 | 56 | 28.7 | 69 | 26 | 38 | 30 | 47 | 32 | 44 | 34.5 | 42 | 31 | 48 | 35.8 | 44 | 34.5 |
| 1000 | | | 57 | 24 | 71 | 27.5 | 87 | 27 | 48 | 30 | 60 | 28 | 56 | 32.5 | 53 | 32 | 62 | 35 | 55 | 36 |
| 1200 | | | | | 86 | 26 | 105 | 28 | 58 | 30 | 72 | 32 | 68 | 30.5 | 64 | 33 | 74 | 34 | 67 | 39 |
| 1400 | | | | | | | 122 | 34.5 | 68 | 30 | 84 | 36 | 79 | 37 | 75 | 34 | 87 | 33.5 | 79 | 37 |
| 1600 | | | | | | | | | 78 | 30 | 97 | 32 | 91 | 35 | 86 | 35 | 100 | 33 | 91 | 35 |
| 1800 | | | | | | | | | 87 | 40 | 109 | 36 | 103 | 33 | 97 | 36 | 112 | 39 | 102 | 41.6 |
| 2000 | | | | | | | | | | | 121 | 40 | 114 | 39.5 | 108 | 37 | 125 | 39 | 114 | 40 |

注：钢绳结构除 $d$ = 4.5 为 7×7×3，其余全为 7×7×7。

### 四、胶带输送机的维修及故障排除

带式输送机的常见故障及其排除方法见表 11 - 11。

表 11-11　带式输送机的常见故障及其排除方法

| 故障现象 | 产生原因 | 排除或处理方法 |
|---|---|---|
| 胶带跑偏 | 1. 胶带质量不好，钢绳芯受力不均匀；<br>2. 胶带接口与胶面中心不垂直；<br>3. 有的托辊及滚筒轴线与胶带机中心线不垂直；<br>4. 滚筒上黏结物料太多，使工作面直径不相等；<br>5. 装载物料偏向胶带一侧 | 1. 更换质量符合要求的胶带；<br>2. 重新接好接口；<br>3. 调整托辊及滚筒的安装轴线；<br>4. 清扫滚筒及胶带工作面；<br>5. 装料正位均匀 |
| 胶带在主动滚筒上打滑 | 1. 胶带比较松弛，摩擦力太小；<br>2. 滚筒、托辊或胶带上粘有物料，使摩擦系数降低；<br>3. 胶带被大块物料或杂物卡住；<br>4. 主动滚筒上粘有水或油等污物 | 1. 调整胶带的松紧程度，使之合适；<br>2. 清扫滚筒、托辊或胶带工作面；<br>3. 检查清理障碍物；<br>4. 彻底清扫滚筒工作面 |
| 托辊转动不灵活或不转动 | 1. 轴承支座变形，托辊轴线方向出现较大偏差；<br>2. 托辊周围黏结大量物料或杂物；<br>3. 密封损坏，润滑不良，污物进入轴承；<br>4. 制造装配质量不符合要求 | 1. 检修和调整托辊支座；<br>2. 清扫托辊；<br>3. 检查和更换密封件并加足润滑油；<br>4. 换装质量较好的托辊 |
| 电机启动时有剧烈响声或不能启动 | 1. 熔断器或接触子烧坏；<br>2. 传动齿轮损坏，卡滞；<br>3. 主动滚筒处有杂物，阻力过大 | 1. 检修或更换；<br>2. 检查传动系统，更换已损齿轮；<br>3. 清扫滚筒周围 |
| 减速箱有噪声且发热 | 1. 传动齿轮啮合不良；<br>2. 齿轮或轴承过度磨损；<br>3. 润滑油太脏或变质；<br>4. 散热不好，冷却不良 | 1. 调整齿轮啮合侧隙；<br>2. 更换已损齿轮或轴承；<br>3. 清洗箱体，换装新润滑油；<br>4. 清扫箱体表面及周围 |
| 机尾滚筒不转 | 1. 有物料或杂物卡滞；<br>2. 轴承密封损坏；<br>3. 润滑不良 | 1. 清扫滚筒周围；<br>2. 检修轴承并更换已损密封件；<br>3. 加足润滑油 |
| 减速器漏油 | 1. 箱体或轴承盖密封损坏；<br>2. 减速器箱体台面不严，合箱螺栓紧固力不均；<br>3. 轴承盖螺钉不紧或紧固力不均 | 1. 更换已损密封件；<br>2. 校正箱体台面并调整各连接螺栓的紧固力；<br>3. 拧紧螺钉并使其紧固力均匀 |

# 第三节　矿山带式输送机的选择和线路布置形式

## 一、矿山带式输送机的选型

胶带输送机的选型主要是依据使用条件、物料特性及特殊工作要求。服务时间较长的工作场所选用固定式；经常移动的工作面选用移动式或半移动式。如果运量大、运距长，可选用高强度胶带输送机，矿岩硬度较大、块度较大时，应选用钢绳芯胶带输送机。

（1）高强度胶带输送机与普通胶带机比较。普通胶带机的单机运距较短（200~300m），中间托辊多，设备质量大，能量消耗大。高强度的胶带输送机（如钢绳芯带式输送机）的单机运距可达5km以上，能量消耗较普通胶带机约低25%，年经营费低20%，运输成本降低20%~30%，橡胶消耗降低60%，钢材消耗降低45%，定员减少50%；但设备投资较普通胶带机略有增加，一般高出2%~5%。

（2）与汽车运输方案比较。在露天矿开拓运输设计中，汽车运输线路坡度的最大纵坡规定为7%~9%，以露天矿山二级道路为准，其最大纵坡规定为8%，高强度胶带输送机运送物料（矿岩）在最大坡度，向上不大于15°、向下不大于12°、纵坡分别达27%、21%，相同高度时，高强度胶带输送机运距仅为汽车运距的1/2左右。而且，汽车的维修量大，运输成本高，作业环境差，生产定员较多。

（3）钢绳芯和钢绳牵引胶带输送机比较。钢绳芯胶带输送机 DX 型系列和钢绳牵引胶带输送机 GD（DS）型系列的主要技术性能比较见表 11-12。由于后者的缺点较多，近年来使用它的矿山越来越少。

表 11 -12　两种胶带输送机主要技术性能比较

| 型　号 | | DX 型系列 | GD（DS）型系列 | 备　注 |
|---|---|---|---|---|
| 驱动设备质量 | | 小 | 大 | 以系列为准 |
| 拖动与调速装置 | | 简单 | 复杂 | |
| 胶带寿命 | | 10 年左右 | 5～6 年 | 以正常工况计算 |
| 钢绳消耗 | | | 大 | |
| 中间支架重量 | | 重 | 轻 | 以每米平均计算 |
| 拉紧行程长度 | | 15m 左右 | 30m 左右 | |
| 胶带承载断面积 | | 大 | 小 | DX 型相应运量大 |
| 单机最大运距 | | 约 7.5km | 约 5km | 国外可达 20km |
| 运人情况 | | 否 | 可 | |
| 移动情况 | | 可为移动式 | 不便 | 在大型露天矿山主干运输线一般很少移动 |
| 对线路变化的适应性 | 纵坡变化 | 好 | 差 | |
| | 水平转弯 | 差 | 好 | |
| 功率消耗 | | 大 | 小 | 约相差 20%～30%（以相同带宽比较） |
| 机械设备投资 | | 较低 | 较高 | |
| 运输成本 | | 较高 | 较低 | |

　　近些年，钢绳芯胶带输送机发展较快，已在我国各类矿山中推广使用。为提高运输能力，可采用加大带宽与增大托辊槽角和提高带速的方法。为加长单机输送长度，可采用增大输送带与滚筒表面间的摩擦系数、加大围包角以及采用多滚筒驱动等方法。为提高带式输送机的倾角，可采用花纹输送带，加横隔板的输送带和压带式的胶带输送机。在国外，长距离大运量干线胶带输送机的宽度已达 3.2m，运输量达 37500t/h，带速为 8m/s，总装机容量为 12000kW，胶带强度达 60kN/cm。吨公里单位能耗为 0.1kW·h。此外，还可采用多机串联以提高输送线的总长度。

## 二、钢绳芯胶带输送机的线路布置形式

### （一）胶带机的几种典型系统布置

　　根据运输条件要求，运输方式主要有水平、向上、向下和弧线运输四种；由于传动滚筒的功率配比不同，又分单滚筒、双滚筒和多滚筒驱动；由此可以组成多种布置系统。布置系统形式的确定应符合下列条件：

　　（1）采用多滚筒传动时，不要用"S"形布置，以免胶带中钢绳反向疲劳而降低胶带和滚筒包胶的使用寿命，同时不致使物料粘到传动滚筒上，影响功率平衡和加快滚筒磨损。

　　（2）水平输送机采用多电机分别启动时，拉紧装置应装在首先启动的传动滚筒且张力较小的一侧。

　　（3）胶带在传动滚筒上的围包角 α 值的确定，主要根据布置条件的可能性，并符合滚筒传动等功率单元法的圆周力分配要求。

　　（4）胶带机应尽可能布置成直线形系统，避免呈现大凸弧和深凹弧的布置形式。

　　（5）根据矿岩物料性质和矿山地区具体气候条件，输送机线路可设计成敞开、半敞开和全封闭的通廊，或者仅在驱动站采取防雨防风措施。

　　常见带式输送机的典型布置形式及功率配比见表 11 -13。

表 11 −13　带式输送机的典型布置形式及功率配比

| 型　式 | 传动方式 | 典型布置简图 | 出轴形式与功率配比 |
|---|---|---|---|
| 水平运输 | 单滚筒传动 | $\alpha \geqslant 210°$（上图）；$\alpha \geqslant 210°$（下图） | 单出轴单电动机<br>双出轴双电动机 |
| | 双滚筒传动 | I　$\alpha_1 = 170°$，II　$\alpha_2 \geqslant 200°$（上图）；II $\alpha_2 \geqslant 200°$，I $\alpha_1 = 170°$（下图） | 功率配比：<br>$N_{\mathrm{I}} : N_{\mathrm{II}} = 1 : 1$<br>$N_{\mathrm{I}} : N_{\mathrm{II}} = 2 : 1$<br>$N_{\mathrm{I}} : N_{\mathrm{II}} = 2 : 2$ |
| | 三滚筒传动 | I　$\alpha_1 \geqslant 170°$，III $\alpha_1 \geqslant 210°$，II $\alpha_2 \geqslant 200°$ | 功率配比：<br>$N_{\mathrm{I}} : N_{\mathrm{II}} : N_{\mathrm{III}} = 2 : 1 : 1$<br>$N_{\mathrm{I}} : N_{\mathrm{II}} : N_{\mathrm{III}} = 2 : 2 : 1$<br>$N_{\mathrm{I}} : N_{\mathrm{II}} : N_{\mathrm{III}} = 2 : 1 : 2$<br>$N_{\mathrm{I}} : N_{\mathrm{II}} : N_{\mathrm{III}} = 2 : 2 : 2$ |
| 向上运输 | 单滚筒传动 | $\alpha \geqslant 210°$ | 单出轴单电动机<br>双出轴双电动机 |
| | 双滚筒传动 | I　$\alpha_1 \geqslant 170°$，II $\alpha_2 \geqslant 200°$ | $N_{\mathrm{I}} : N_{\mathrm{II}} = 1 : 1$<br>$N_{\mathrm{I}} : N_{\mathrm{II}} = 2 : 1$<br>$N_{\mathrm{I}} : N_{\mathrm{II}} = 2 : 2$ |
| 向下运输 | 单滚筒传动 | $\alpha \geqslant 210°$ | 单出轴单电动机<br>双出轴双电动机 |
| | 双滚筒传动 | I　$\alpha_1 \geqslant 210°$，II $\alpha_1 \geqslant 200°$ | 功率配比：<br>$N_{\mathrm{I}} : N_{\mathrm{II}} = 1 : 1$<br>$N_{\mathrm{I}} : N_{\mathrm{II}} = 2 : 1$<br>$N_{\mathrm{I}} : N_{\mathrm{II}} = 2 : 2$ |

## （二）单机运输长度

DX 系列胶带输送机的允许最大长度 $L_{\max}$，受输送机运输倾角 $\beta$、胶带强度 $G_x$ 和最大电动机功率的限制。当上运倾角 $\beta$ 为 18° ，运量 $Q_s$ 为 500t/h、1000t/h、1500t/h、2000t/h 时，则最大允许单机长度 $L_{\max}$ 分别为 1.2km、1.0km、0.8km、0.6km。

在水平运输条件下，胶带宽 $B$、胶带强度 $G_x$、相应带速 $v$、小时运量 $Q_s$ 相配合的允许单机长度见表 11 −14。

表 11 −14　水平运输单机最大长度 $L_{\max}$ 值

| $B$/mm | $G_x$/N·mm$^{-1}$ | $v$/m·s$^{-1}$ | $Q_s$/t·h$^{-1}$ | $L_{\max}$/km | 计　算　条　件 |
|---|---|---|---|---|---|
| 800 | 2500 | 3.15 | 900 | 5.0 | $G_x$ 用足，载荷截面 $F$ 用足 |
| 1000 | 3500 | 3.15 | 1420 | 7.5 | $G_x$ 用足，载荷截面 $F$ 用足 |
| 1200 | 4000 | 3.15 | 1800 | 5.6 | $G_x$ 用足，功率 $N$ 用足，载荷截面 $F$ 未用足 |
| 1400 | 4000 | 2.5 | 2300 | 5.0 | $G_x$ 用足，功率 $N$ 用足，载荷截面 $F$ 未用足 |
| 1600 | 4000 | 2.5 | 3100 | 5.0 | $G_x$ 用足，功率 $N$ 用足，载荷截面 $F$ 未用足 |

续表 11 – 14

| $B$/mm | $G_x$/N·mm$^{-1}$ | $v$/m·s$^{-1}$ | $Q_s$/t·h$^{-1}$ | $L_{max}$/km | 计 算 条 件 |
|---|---|---|---|---|---|
| 1800 | 3000 | 3.15 | 4000 | 3.1 | 只用 $G_x$=3000，功率 $N$ 用足，截面 $F$ 未用足 |
| 2000 | 2500 | 3.15 | 5000 | 2.6 | 只用 $G_x$=2500，功率 $N$ 用足，截面 $F$ 未用足 |

### （三）输送机的倾角

钢绳芯胶带机的运送倾角增大，受到运行速度、物料块度和大块率、矿石含泥水情况等多种因素的影响，很难用计算式表达。根据有色金属采矿设计规范规定，国内向上运输使用的最大倾角小于 15°，下行小于 12°。

试验和使用情况表明：向上运输时，最大倾角可以达到 18°～20°，但倾角在 14°以下综合经济效果最好。向下运输时，倾角不应超过 12°。

倾角的确定，要根据具体条件计算分析。要增大倾角时，必须采取相应措施，如对矿岩加强破碎、降低大块率或采用特殊承载表面的胶带等。

### （四）托辊组间距

胶带在托辊间的挠度一般规定不超过托辊间距的 1%～2.5%。挠度确定后，托辊间距与张力成正比。当最小张力处的挠度超过允许值时，可缩小托辊间距和增大张力。在输送机线路变坡处，适当减小托辊间距，并相应地改变槽角，可降低胶带和托辊的磨损。

当槽角 $\alpha$ =30°时，托辊间距 $L_t$ =1.0～1.5m，一般重载荷取小值，张力大则取大值。

### （五）线路变坡段曲率半径

（1）凹弧段的最小曲率半径。输送机胶带在凹弧段不能抬离托辊，以防止造成跑偏和脱带，其最小曲率半径（m）按式（11 – 3）计算：

$$R'_{min} \geq \frac{S'}{(q + q_j)\cos\alpha'} \tag{11-3}$$

式中 $S'$——凹弧段胶带张力，N；

$q$——每米输送带的质量，kg/m；

$q_j$——每米输送物料的质量，kg/m；

$\alpha'$——凹弧段边坡角，（°）。

（2）凸弧段的最小曲率半径。输送机胶带在通过凸弧段时，因受多种外力作用，使胶带产生复杂的内应力。要保证胶带边沿强度和胶带中心张力不出现负值，最小曲率半径一般按式（11 – 4）计算：

$$R'' \geq (75 \sim 85)B \tag{11-4}$$

式中 $R''$——凸弧段的最小曲率半径，m；

$B$——带宽，m。

### （六）胶带机的计算运输能力

DX 型胶带输送机的计算运输能力见表 11 – 15。

**表 11 – 15　DX 型胶带输送机的计算运输能力 $Q_0$** 　　　　　　　（m³/h）

| 宽度 $B$/mm | 动堆积角 $\rho_\alpha$/(°) | 带速 $v$ | | | | |
|---|---|---|---|---|---|---|
| | | 2.0m/s | 2.5m/s | 3.15m/s | 4.0m/s | 5.0m/s |
| 800 | 25 | 504 | 630 | 794 | | |
| | 30 | 554 | 693 | 870 | | |

| 宽度 $B$/mm | 动堆积角 $\rho_\alpha$/(°) | 带速 $v$ | | | | |
|---|---|---|---|---|---|---|
| | | 2.0m/s | 2.5m/s | 3.15m/s | 4.0m/s | 5.0m/s |
| 1000 | 25 | 814 | 1017 | 1281 | | |
| | 30 | 893 | 1116 | 1406 | | |
| 1200 | 25 | 1202 | 1503 | 1894 | 2405 | |
| | 30 | 1318 | 1647 | 2075 | 2635 | |
| 1400 | 25 | 1656 | 2070 | 2608 | 3312 | 4140 |
| | 30 | 1814 | 2268 | 2858 | 3629 | 4536 |
| 1600 | 25 | 2189 | 2736 | 3440 | 4378 | 5472 |
| | 30 | 2405 | 3006 | 3738 | 4810 | 6012 |
| 1800 | 25 | 2800 | 3501 | 4411 | 5600 | 7002 |
| | 30 | 3067 | 3834 | 4831 | 6134 | 7668 |
| 2000 | 25 | 3485 | 4356 | 5489 | 6970 | 8712 |
| | 30 | 3816 | 4770 | 6010 | 7632 | 9540 |

## （七）钢绳芯输送带系列产品的主要技术参数

国内几个厂家生产的钢绳芯输送带主要技术参数见表 11 – 16 ~ 表 11 – 20。

**表 11 – 16　钢绳芯输送带标准系列**

| 型　号 | 抗拉强度 /N·mm$^{-2}$ | 钢绳芯最大公称直径/mm | 覆盖较厚/mm | | 钢绳芯中心距/mm | 参考质量/kg·m$^{-2}$ |
|---|---|---|---|---|---|---|
| | | | 上 | 下 | | |
| GX630 | 630 | 3.0 | 5 | 5 | 10 | 18.0 |
| GX800 | 800 | 3.5 | 5 | 5 | 10 | 19.5 |
| GX1000 | 1000 | 4.0 | 6 | 6 | 12 | 22.2 |
| GX1250 | 1250 | 4.5 | 6 | 6 | 12 | 24.5 |
| GX1600 | 1600 | 5.0 | 6 | 6 | 12 | 6.1 |
| GX2000 | 2000 | 6.0 | 8 | 6 | 12 | 33.1 |
| GX2500 | 2500 | 7.5 | 8 | 6 | 15 | 35.3 |
| GX3150 | 3150 | 8.1 | 8 | 8 | 15 | 41.1 |
| GX4000 | 4000 | 9.1 | 8 | 8 | 17 | 45.0 |

**表 11 – 17　强度规格系列（GB/T 9770—2001）**

| 项　目 | ST630 | ST800 | ST1000 | ST1250 | ST1600 | ST2000 | ST2500 | ST3150 | ST3500 | ST4000 | ST4500 | ST5000 | ST5400 |
|---|---|---|---|---|---|---|---|---|---|---|---|---|---|
| 纵向拉伸强度 /N·mm$^{-1}$ | 630 | 800 | 1000 | 1250 | 1600 | 2000 | 2500 | 3150 | 3500 | 4000 | 4500 | 5000 | 5400 |
| 钢丝绳最大公称直径/mm | 3.0 | 3.5 | 4.0 | 4.5 | 5.0 | 6.0 | 7.2 | 8.1 | 8.6 | 8.9 | 9.7 | 10.9 | 11.3 |
| 钢丝绳间距/mm | 10±1.5 | 10±1.5 | 12±1.5 | 12±1.5 | 12±1.5 | 12±1.5 | 15±1.5 | 15±1.5 | 15±1.5 | 15±1.5 | 16±1.5 | 17±1.5 | 17±1.5 |
| 上覆盖层厚度/mm | 5 | 5 | 6 | 6 | 6 | 8 | 8 | 8 | 8 | 8 | 8 | 8.5 | 9 |
| 下覆盖层厚度/mm | 5 | 5 | 6 | 6 | 6 | 6 | 6 | 8 | 8 | 8 | 8 | 8.5 | 9 |

注：输送带规格用字母"ST"和纵向拉伸强度（N/mm）的标称表示。

第十一章 矿山带式输送机

表 11-18 宽度规格系列（GB/T 9770—2001）

| 宽度规格/mm | 钢丝绳根数 | | | | | | | | | | | | |
|---|---|---|---|---|---|---|---|---|---|---|---|---|---|
| | ST630 | ST800 | ST1000 | ST1250 | ST1600 | ST2000 | ST2500 | ST3150 | ST3500 | ST4000 | ST4500 | ST5000 | ST5400 |
| 800 | 75 | 75 | 63 | 63 | 63 | 63 | 50 | 50 | 50 | | | | |
| 1000 | 95 | 95 | 79 | 79 | 79 | 79 | 64 | 64 | 64 | 64 | 59 | 55 | 55 |
| 1200 | 113 | 113 | 94 | 94 | 94 | 94 | 76 | 76 | 77 | 77 | 71 | 66 | 66 |
| 1400 | 133 | 133 | 111 | 111 | 111 | 111 | 89 | 89 | 90 | 90 | 84 | 78 | 78 |
| 1600 | 151 | 151 | 126 | 126 | 126 | 126 | 101 | 101 | 104 | 104 | 96 | 90 | 90 |
| 1800 | | 171 | 143 | 143 | 143 | 143 | 114 | 114 | 117 | 117 | 109 | 102 | 102 |
| 2000 | | | 159 | 159 | 159 | 159 | 128 | 128 | 130 | 130 | 121 | 113 | 113 |
| 2200 | | | | | | 176 | 141 | 141 | 144 | 144 | 134 | 125 | 125 |
| 2400 | | | | | | 193 | 155 | 155 | 157 | 157 | 146 | 137 | 137 |
| 2600 | | | | | | 209 | 168 | 168 | 170 | 170 | 159 | 149 | 149 |
| 2800 | | | | | | | | | 194 | 194 | 171 | 161 | 161 |

表 11-19 覆盖层性能（GB/T 9770—2001）

| 等级代号① | 拉最低点强度/MPa | 拉断伸长率/% | 磨耗量/mm³ |
|---|---|---|---|
| D | ≥18 | ≥400 | ≤90 |
| H | ≥25 | ≥450 | ≤120 |
| L | ≥20 | ≥400 | ≤150 |
| P | ≥14 | ≥350 | ≤200 |

①等级代号：D—强磨损工作条件；H—强划裂工作条件；L—一般工作条件；P—耐油、耐热、耐酸碱、耐寒和一般难燃的输送带。

表 11-20 煤炭和软岩用钢丝绳芯输送带的主要技术参数（MT 668—1997）

| 规格 | MST630 | MST800 | MST1000 | MST1250 | MST1600 | MST2000 | MST2500 | MST3150 | MST3500① | MST4000 | MST4500① | MST5000① | MST5400① |
|---|---|---|---|---|---|---|---|---|---|---|---|---|---|
| 纵向拉伸强度/N·mm⁻¹ | 630 | 800 | 1000 | 1250 | 1600 | 2000 | 2500 | 3150 | 3500 | 4000 | 4500 | 5000 | 5400 |
| 钢丝绳最大公称直径/mm | 3.0 | 3.5 | 4.0 | 4.5 | 5.0 | 6.0 | 7.5 | 8.1 | 8.6 | 9.1 | 9.7 | 10.6 | 11.3 |
| 钢丝绳间距/mm | 10 | 10 | 12 | 12 | 12 | 12 | 15 | 15 | 15 | 15 | 16 | 16 | 17 |
| 上覆盖层厚度/mm | 5.0 | 5.0 | 6.0 | 6.0 | 6.0 | 8.0 | 8.0 | 8.0 | 8.0 | 8.0 | 8.0 | 8.5 | 9.0 |
| 下覆盖层厚度/mm | 5.0 | 5.0 | 6.0 | 6.0 | 6.0 | 8.0 | 8.0 | 8.0 | 8.0 | 8.0 | 8.0 | 8.5 | 9.0 |
| 输送带参考质量②/kg·m⁻² | 21 | 22 | 27 | 29 | 31 | 37 | 42.5 | 49 | 51 | 52.5 | 58.5 | 63 | 68 |
| 宽度规格/mm | 钢丝绳根数 | | | | | | | | | | | | |
| 800 | 75 | 75 | 63 | 63 | 63 | 63 | 50 | 50 | | | | | |
| 1000 | 95 | 95 | 79 | 79 | 79 | 79 | 64 | 64 | 64 | 56 | 59 | 59 | 56 |
| 1200 | 113 | 113 | 94 | 94 | 94 | 94 | 76 | 76 | 76 | 68 | 71 | 71 | 68 |
| 1400 | 133 | 133 | 111 | 111 | 111 | 111 | 89 | 89 | 89 | 79 | 83 | 83 | 79 |
| 1600 | 151 | 151 | 126 | 126 | 126 | 126 | 101 | 101 | 101 | 91 | 95 | 95 | 91 |
| 1800 | | 171 | 143 | 143 | 143 | 143 | 114 | 114 | 114 | 103 | 107 | 107 | 103 |
| 2000 | | | 159 | 159 | 159 | 159 | 128 | 128 | 128 | 114 | 120 | 120 | 114 |
| 2200 | | | | | | 176 | 141 | 141 | 141 | 125 | 132 | 132 | 125 |

①参数可供用户选择；
②输送带的质量根据覆盖层厚度、密度变化。

### 三、钢绳芯胶带机在矿山生产中的应用效果

钢绳芯胶带输送机曾在齐大山铁矿得到良好的应用。该矿是生产多年的大型深凹露天矿，矿石产量为1700万吨/年，破碎废石量2550万吨/年，已形成完整的铁路和公路运输系统及相应的主体设备及辅助设施。为了达到最佳效果，对扩建后的开拓运输系统方案进行了深入的研究。对"移动破碎－带式输送机运输"方案和"汽车直排运输"方案进行了比较（见表11－21）。从表中可以看出"移动破碎－胶带输送机方案"在技术上和经济上都明显优于"汽车直排运输方案"。

表11－21　齐大山铁矿扩建排岩运输方案比较

| 项　目 | 移动破碎—胶带输送机方案 | 汽车直排运输方案 | 差值备注 |
|---|---|---|---|
| 岩石量/万吨 | 41433 | 41433 | |
| 汽车数量/台 | 24 | 40 | 16（减少） |
| 推土机数量/台 | 12 | 16 | 4（减少） |
| 公路长度/km | 9.91 | 17.66 | 7.75（减少） |
| 胶带机最大长度/km | 3.10 | | |
| 汽车运距（平均）/km | 1.55 | 5.98 | 4.43（减少） |
| 建设投资比例/% | 98.3 | 100 | 1.7（减少） |
| 一期投资比例/% | 118.4 | 100 | 18.4（增加） |
| 后期投资比例/% | 18.1 | 100 | 81.9（减少） |
| 更新设备费用比例/% | 58.5 | 100 | 41.5（减少） |
| 25年内总运输费用比例/% | 51.5 | 100 | 48.5（减少） |

由于钢绳芯胶带输送机具有很多优点，在一些条件适宜的矿山逐步得到推广，而且取得了很好的技术经济效果。国内几座矿山使用钢绳芯胶带输送机的情况见表11－22。国外部分矿山使用钢绳芯胶带输送机的情况见表11－23。

表11－22　国内几座矿山使用钢绳芯胶带输送机的情况

| 项　目 | 大孤山铁矿一期 | 大孤山铁矿一期 | 大孤山铁矿一期 | 昆阳磷矿 | 永登水泥厂大闸子石灰石矿1号 | 永登水泥厂大闸子石灰石矿2号 |
|---|---|---|---|---|---|---|
| 运输物料 | 铁矿石（2.26t/m³） | 岩石（1.73t/m³） | 岩石（1.73t/m³） | 磷矿石 | 石灰石 | 石灰石 |
| 输送机长度/m | 1183.45 | 519.2 | 686 | 574 | 2897.25 | 1967.48 |
| 输送机倾角 | 升高125.36m | 升高94m | 0~12°36′ | −12°，−5°，+8° | 0~1°8′45″ | 0°21′38″~1°39′40″ |
| 带宽/mm | 1400 | 1400 | 1400 | 800 | 800 | 800 |
| 带速/m·s⁻¹ | 2.0 | 2.0 | 2.0 | 2.5 | 2.5 | 2.5 |
| 运输量/t·h⁻¹ | 1323 | 1795 | 2170 | 600~900 | 686 | 686 |
| 带强/kN·cm⁻¹ | G40 | G40 | G40 | G10 | G12.5 | G12.5 |
| 驱动滚筒直径/mm | 1640 | 1640 | | 800 | 1000 | 1000 |
| 滚筒摩擦系数 | 0.3 | 0.3 | | 0.3 | 0.35 | 0.35 |
| 托辊阻力系数 | 0.04 | 0.04 | | 0.03 | 0.35 | 0.35 |
| 最大张力/kN | 579 | 403 | | 103.06 | 79.524 | 79.524 |
| 最小张力/kN | | | | | 17.651 | 17.651 |
| 驱动方式 | 头部双滚筒三电动机 | 头部双滚筒三电动机 | 2:1双滚筒 | 单滚筒单电动机 | 三滚筒三电动机头尾 | 二滚筒二电动机头部 |
| 电动机型号 | JRQ1510－8 | JRQ1510－8 | | JS136－4 | JS－114－4 | JS－114－4 |

续表 11－22

| 项 目 | 大孤山铁矿一期 | 大孤山铁矿一期 | 大孤山铁矿一期 | 昆阳磷矿 | 永登水泥厂大闸子石灰石矿1号 | 永登水泥厂大闸子石灰石矿2号 |
|---|---|---|---|---|---|---|
| 电动机功率/kW | 475×3 | 475×3 | 475×3 | 115×4 | 115×3 | 115×2 |
| 机架形式 | 固定式 | 固定式 | | 固定式 | 固定式 | 固定式 |
| 拉紧方式 | 绞车式自动拉紧 | 绞车式自动拉紧 | | 液压拉紧 | 自动绞车拉紧 | 自动绞车拉紧 |
| 生产厂家（公司） | 唐山冶金机械厂 | | | 上海起重运输机械厂 | | |

**表 11－23 国外部分矿山使用钢绳芯胶带输送机的情况**

| 用户和机号 | | 物料及块度/mm | 机长/m | 高差/m | 带速/m·min⁻¹ | 带宽/mm | 运量/t·h⁻¹ | 胶带规格 | 槽角/(°) | 电动机功率/kW | 驱动系统和驱动轮直径/mm | 备 注 |
|---|---|---|---|---|---|---|---|---|---|---|---|---|
| 秘鲁马科纳铁矿 | 1A | 铁矿100 | 5013 | −73 | 180 | 900 | 2000 | ST－2220 | 30 | 5×200 | 头部和尾部双滚筒φ1300 | 德国克房伯（Krupp）公司和日本NKK联合公司承建 |
| | 2 | 铁矿100 | 738 | −140 | 183 | 915 | 2000 | ST－3000 | 25 | 3×224 | 尾部双滚筒φ1300 | |
| | 5 | 铁矿100 | 735 | −141 | 183 | 915 | 2000 | ST－3000 | 25 | 3×224 | 尾部双滚筒φ1300 | |
| | 6B | 铁矿100 | 4360 | −185 | 180 | 900 | 2000 | ST－2220 | 30 | 3×200 | 头部双滚筒头部单滚筒φ1300（衬垫） | |
| | 7B | 铁矿100 | 2104 | 87 | 180 | 900 | 2000 | ST－2220 | 30 | 4×200 | 头部双滚筒头部单滚筒φ1300（衬垫） | |
| 安哥拉卡松格铁矿 | 1A | 铁矿400 | 3750 | 102 | 220 | 900 | 1500 | ST－1250 | 30 | 4×132 | 头部双滚筒和尾部单滚筒驱动φ1000（衬垫） | 1. 日本承建；2. 胶带采用翻转清扫 |
| | 1B | 铁矿400 | 3285 | 48 | 220 | 900 | 1500 | ST－1250 | 30 | 4×132 | | |
| | 10 | 铁矿400 | 3085 | | 220 | 900 | 1500 | ST－1250 | 30 | 4×132 | | |
| 美国Sierrita铜钼矿 | 2 | 废石 | 2400 | | | 1840 | 8000 | ST－3150 ～ ST－1000 | | 4×833 4×277 | | |
| 新喀里多尼亚镍矿 | SD | 镍矿250 | 13136 | 23 | 240 | 800 | 800 | ST－2500 | 30 | 6×350 | 头部和尾部双滚筒驱动φ1200（衬板） | 1. 电动拉紧装置；2. 胶带采用了翻转清扫 |
| | TP | 镍矿250 | 387 | 3.5 | 210 | 1400 | 3100 | ST－500 | 30 | 1×240 | 单滚筒φ630（衬板） | |
| 意大利 | | 剥离岩石 | 单机最大3700 | 单机最大高差37 | 300 | 1400 | 3500 | ST－2000 | | 4×400 | 头部双滚筒尾部单滚筒 | 德国设计承制 |
| 德国特丹 | | 矿石 | 210000单机最大7000 | | 288 | 1400 | 7200 | ST－6300 | | 30×5000 | | 德国设计安装 |
| 利比里亚宁巴铁矿 | 1号 | 100 | 250 | −65 | 180 | 1200 | 3600 | ST－4400 | 30 | 2×460 | 尾部双滚筒 | 德国承建 |
| | 2号 | 100 | 639 | −150 | 180 | 1200 | 3600 | ST－4400 | 30 | 3×460 | 尾部双滚筒 | |
| 德国莱茵矿 | | 褐煤 | 3620 | | 312 | 3600 | 48000 | ST－10300 | | 72000 | | 德国设计安装 |
| 日 本 | | 石灰石25 | 7712 | −143 | 200 | 900 | 1000 | ST－1200 | | | 驱动轮φ900 | 最大张力146kN |

# 第四节　矿山带式输送机使用案例

## 一、案例1——驻马店市豫龙水泥有限公司石灰石矿山8.139km带式输送机

### (一) 项目概况

驻马店市豫龙水泥有限公司是河南省建设投资总公司、驻马店市投资公司、豫龙水泥有限公司、驻马店市龙山水泥厂共同参股的股份制水泥生产企业。根据河南省的总体规划和水泥工业调整战略,2004年驻马店市豫龙水泥有限公司在河南省驻马店市确山县建设一条5000t/d熟料的水泥生产线,随后建设了第二条5000t/d熟料水泥生产线。

独山石灰石矿隶属于驻马店市豫龙水泥有限公司,是该公司5000t/d熟料水泥生产线石灰质原料矿山。矿区位于确山县东南12km,属确山县刘店乡独山村管辖,矿山距离水泥生产线厂区直距约10km。本长距离带式输送机是从石灰石矿山破碎车间至厂区附近转运站,单机水平长度为8139.112m,沿线经过28个行政村,跨越京珠高速公路及307国道,从下穿220kV高压线两条、110kV高压线两条、35kV高压线一条、10kV高压线8条,通讯电缆10条,380V电压线10余条,另外还有跨越乡间道路(或通道)19条,30m宽河沟两处,带式输送机运行线路较复杂。

### (二) 设计原则

(1) 设计中尽量避免带式输送机穿越村庄并尽量避开高压线路,减少带式输送机生产对沿线居民及其生活交通的影响,减少基建及二期投资,力求施工便捷,运行平稳。

(2) 带式输送机从高速公路上穿越,高速公路路面以上净空为6m,跨度满足高速公路8车道行车要求。其他乡村等运输通道满足通车要求。

(3) 在两条重要的220kV、110kV高压线处满足供电线安全距离要求,带式输送机从其下面穿过,该地段带式输送机廊道为封闭式。10kV及35kV高压线处满足供电线安全距离要求。

(4) 带式输送机廊道按钢结构设计,其正常段廊道为敞开式,廊道下净空约2.2~3.5m;廊道靠地面时设计为封闭式,廊道下有道路时净空约4.5m(按规范设计)。

(5) 一期5000t/d熟料水泥生产线需要的石灰石时,带式输送机设计:带式输送机带宽$B=1200m$,带速$v=3.5m/s$,输送能力$Q=900t/h$,但带式输送机胶带、托辊、支腿等按二期$2\times5000t/d$熟料水泥生产线需要的石灰石运量要求一次性设计,且驱动装置基础一、二期一起设计,安装一期驱动装置,预留二期基础。

### (三) 基本参数

| | |
|---|---|
| 输送物料 | 石灰石碎石(粒度0~80mm占90%) |
| 物料容重 | 1.45t/m³ |
| 带式输送机水平长度 | $L=8139.112m$ |
| 提升高度 | 28.6m |
| 倾角 | $-1.9688°~2.2906°$ |
| 输送能力 | 一期:900t/h;二期:1800t/h |

### (四) 带式输送机技术参数

| | |
|---|---|
| 胶带宽度 | $B=1200mm$ |
| 带速 | 3.5m/s |
| 带强 | ST2500 |

| 装机功率 | 一期：4×560kW；二期：5×560kW |
| CST | 一期：4台560K；二期：5台560K，速比 $i=28$ |
| 胶带安全系数 | 一期：8.3；二期：7.1 |

### （五）工艺设计

#### 1. 带式输送机选线

在本带式输送机设计过程中充分考虑到其技术性能及经济性，选线时结合矿山开采开拓运输系统、当地地形条件及沿线建构筑物的分布特点，在线路条件非常复杂的情况下，多次现场踏勘，因地制宜，确定了合理的运行线路，尽量避免了对环境的不利影响。整条线路除3户农户需搬迁外，对其他建构筑物没有任何影响，且工程地质条件良好。

#### 2. 输送机布置

为了降低输送带的强度、张力，降低投资和运输成本，结合工况条件，进行多种布置方案计算比较，确定带式输送机驱动系统采用头部双滚筒驱动和中间双滚筒驱动方式，并把拉紧装置放在靠近头部驱动，拉紧装置选用液压绞车自动拉紧装置（ZLY-02-20/30型），在输送机工作中能按一定的要求自动调节拉紧力的拉紧，使输送带具有合理的张力，自动补偿输送带的弹性变形和塑性变形，尤其是在启动时可以增大拉紧，防止启动过程中输送带打滑，并可实现远程集控。带式输送机头尾设胶带翻转装置，胶带翻转装置是将回程胶带在头部附近及尾部附近强制翻转180°运行，避免回程托辊接触脏污的胶带承载面，并能实现对胶带承载面脏污物的清扫，从而保证胶带以其干净一面沿下托辊运行。

在带式输送机头部及中部转载点，分别设有高效袋收尘器，其中头中部袋收尘器处理风量为 $11600\text{m}^3/\text{h}$，可避免物料转运中扬尘；在带式输送机尾部设金属探测仪及除铁器，除掉物料中的铁件，保护胶带；带式输送机尾部还并装有计量用的电子皮带秤。另外，带式输送机上设遮阳防雨用防护罩（彩钢）。

其具体布置示意图如图11-11所示。

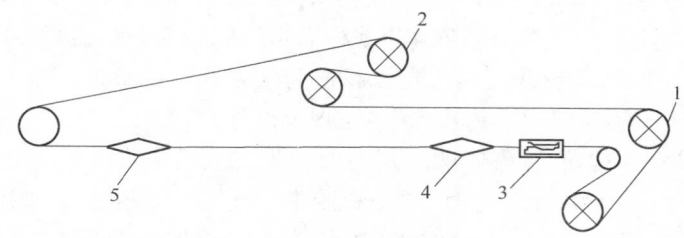

图11-11　带式输送机具体布置示意图

1—头部驱动（3×560kW）；2—中部助力驱动（2×560kW）；3—拉紧装置；4—头部翻转装置；5—尾部翻转装置

#### 3. 软启动制动

为了减少启动时带式输送机的惯性力和有效降低起、制动过程的动张力，降低带强，同时减少启动过程中各种承载部件的动载荷，软启动可选用目前性能优越的CST可控软启动装置，型号为CST630K（$i=28.0$）。CST是电-液反馈控制及齿轮减速器、湿式离合器构成的机电一体化传动装置，启动过程按其设定的"S"速度曲线启动，胶带启动时，电机空载顺序启动，降低电机启动时对电网的冲击，把启动时的胶带能量储存减到最少，实现平稳启动；运行过程中，多驱动功率不平衡可降到±2%，实现电机功率平衡；带式输送机停车时，能延长停车时间，可按设定的减速度曲线停车；在突然断电时按能接受的最大减速度设定紧急停车曲线。

### （六）动态分析

对于长距离、大运量、地形复杂的带式输送机，输送带是黏弹性体，其动力学特性更为复杂，采用刚体动力学方法进行分析，其精度已不能满足实际工程的需要。因此，必须对长距离带式输送机的动力状态进行分析，建立输送机动力学数学模型，求得输送机在启动和制动过程中，输送带上的不同点随时间的推移所发生的速度、加速度和张力的变化，对设计提出改进和调整措施，确定优化的设计和控制参数，剔除不确定因素带来的隐患。

在本带式输送机设计的同时，提供参数给 ACT 公司对本机的满载/空载启动、满载/空载停机、满载/空载自由停机、满载制动停机、紧急停机进行动态分析，结果如下：

（1）装机功率 5×560kW 和胶带带强 ST2500 完全满足设计运量要求。

（2）驱动装置布置合理，驱动及托辊不会产生共振现象。

（3）中部驱动滚筒直径比头部驱动滚筒直径大约 5%。

（4）正常启动：驱动滚筒的启动顺序为头部双驱动滚筒、头部单驱动滚筒、中部滚筒，其中，后两个滚筒的启动时间为第 1 滚筒启动后的 8s 和 25s 左右。启动时间可设定为 250s，控制停机时间为 60s。

（5）为防止输送带张力偏小，建议在尾部设置制动器，正常停机 60s，速度降到正常值的 5% 时，用尾部制动器制动。

### （七）集控系统

**1. 控制系统**

带式输送机控制系统采用 Siemens 公司 S7-400 作控制主站，ET-200 作远程 I/O，通过 PROFIBUS 总线（传输介质光缆）构成集控系统，采用工控机作 S7-400 主机的上位机，在工控机上配置 WINCC 组态软件，实现人机界面，全程动态显示，还可完成数据存储、打印、与全厂网络通讯，全部控制由计算机鼠标软操作完成。为了防止计算机病毒及死机，另外还特配置 Siemens 触摸屏 HMI，作为备用控制和显示用，配置工业电视对带式输送机重要部位进行实时监控。

本系统与 CST 可控启动装置结合，设计按照"S"形启动曲线，以最小动张力使带式输送机实现软启动，为确保中间驱动与头部驱动的同步，PROFIBUS 总线采集中部驱动部分张力传感器和速度传感器的数据；在高压开关柜内设置电流变送器，检测各主电机电流，由 PROFIBUS 总线采集数据送至主站 PLC 通过软件运算，由主站的 PLC 控制 CST 实现，以保证多台电机功率平衡。

控制系统图如图 11-12 所示。

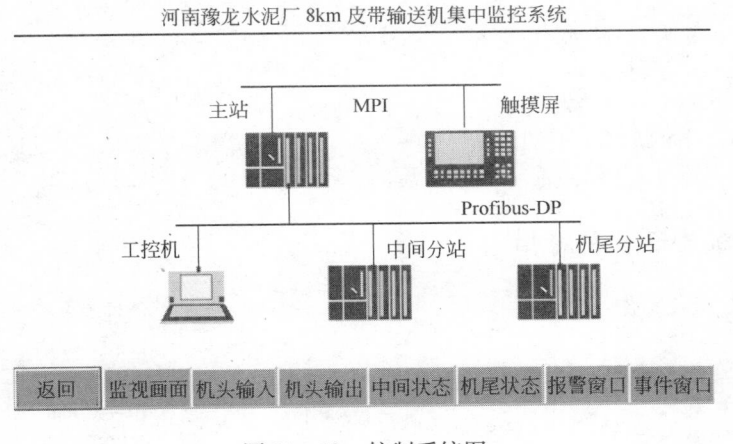

图 11-12 控制系统图

**2. 保护系统**

带式输送机保护配置了沿线智能跑偏开关、智能拉绳开关，并在显示器上对应显示故障电位。机尾设有纵向防撕裂保护装置和堆料传感器；头部及中部驱动设速度传感器和轴编码器；头部及中部驱动电机、滚筒轴承座均设温度保护，由 PLC 完成多路信号采集、显示及保护。

**3. 控制方式**

控制系统具有集控、自动、手动控制方式。集控可以 DCS 和硬接点（有、无源接点，4~20mA）与中央控制室联网，并接受中控室对带式输送机的控制；集控系统的单机运行方式，可由触摸屏完成所有控制和显示，实现系统全自动化运行；在调试阶段、设备维修以及出现故障无法自动运行时，所有设备的启停均可由操作人员按正确流程实现人工控制。

### （八）工程使用情况

自投产以来，本带式输送机生产运行状况非常好，是一条技术先进、节能环保、低能耗、高效率的长距离带式输送机，从设计、调试到正常运行，各项技术指标达到了国内先进水平。

## 二、案例2——太钢东山矿管状胶带机

### （一）工程项目概况

太原钢铁（集团）有限公司（太钢）矿业分公司东山石灰石矿管式胶带（管带）机项目为新建150万吨不锈钢工程配套石灰窑技术改造项目的石灰输送部分，项目是太钢唯一的石灰石原料生产基地。太钢决定在东山矿采场建设3×1000t/d回转窑及其配套的活性石灰的运输和储存设施。其中，活性石灰运输采用一条全密封管式胶带运输机。项目位于山西省太原市杏花岭区中涧河乡，距太原市12km。气候特点如下：

| | |
|---|---|
| 年平均气温 | 10.1℃ |
| 极端最高气温 | 40.5℃ |
| 极端最低气温 | −29.5℃ |
| 最热月月平均相对湿度 | 79% |
| 最冷月月平均相对湿度 | 71% |
| 夏季平均大气压 | 915hPa |
| 冬季平均大气压 | 930hPa |
| 年平均大气压 | 922.5hPa |
| 最高年蒸发量 | 1556.2mm |
| 最低年蒸发量 | 1191.8mm |
| 日最大年降雨量 | 62.3mm |
| 平均年降雨量 | 447mm |
| 最大积雪深度 | 30cm |
| 年平均风速 | 2.2m/s |
| 30年一遇最大风速 | 23.4m/s |
| 全年最多风向及其频率 | 北风、西北风 |
| 最大冻土深度 | 120cm |

### （二）带式输送机输送物料特性

| | |
|---|---|
| 输送物料 | 活性石灰 |
| 物料特性 | 性脆、易碎、易潮 |
| 堆积密度 | 0.93t/m³ |
| 粒度 | 10~40mm |
| 物料温度 | ≤90℃ |
| 管径 | 250mm |
| 水平投影长度 | 4402m |
| 提升高度 | −161m |
| 输送物料 | （上行/下行）熟石灰/无 |
| 输送能力 | 200t/h |
| 驱动功率 | 2×315kW |
| 带速 | 1.9m/s |
| 胶带型号 | ST1250（6+5） |

## （三）带式输送机设备配置

带式输送机设备配置见表11-24。

**表11-24　带式输送机设备配置表**

| 序号 | 设备名称 | 规格 | 数量 |
|---|---|---|---|
| 1 | 电机 | 315kW，变频 | 2 |
| 2 | 减速机 | B3DH14 | 2 |
| 3 | 联轴器 | | 2 |
| 4 | 制动器 | | 0 |
| 5 | 驱动滚筒 | 1030×1200 | 2 |
| 6 | 改向滚筒 | 650×1200 | 2 |
| 7 | 张紧滚筒 | 520×1200 | 1 |
| 8 | 增面滚筒 | 630×1200 | 2 |
| 9 | 展开段托辊 | $\phi89×380$ | 60 |
| 10 | 缓冲托辊 | $\phi89×380$ | 24 |
| 11 | 成管压辊 | $\phi89×240$ | 4 |
| 12 | 安全挡板托辊 | $\phi89×230$ | 12 |
| 13 | 管带机专用托辊 | $\phi89×250$ | 38100个 |
| 14 | 主清扫器 | | 2 |
| 15 | 空段清扫器 | | 1 |
| 16 | 毛刷清扫器 | | 1 |
| 17 | 机架 | | |
| 18 | 头部塔架 | | 1 |
| 19 | 导料槽 | | 1 |
| 20 | 卸料漏斗 | | 1 |
| 21 | 重锤拉紧装置 | | 1 |
| 22 | 拉紧小车 | | 1 |
| 23 | 钢结构支柱 | | 218 |
| 24 | 走道格栅板（单侧） | | |
| 25 | 顶部盖板 | | |
| 26 | 收灰刮板（卸料端） | | |
| 27 | 收灰刮板（给料端） | | |
| 28 | 管带机专用胶带 | St1250（6+6） | 8940m |
| 29 | 变频器 | | 2台 |
| 30 | 控制系统 | | 1套 |
| 31 | 低压电器 | | 1套 |
| 32 | 监视系统 | | 1套 |
| 33 | 其他 | | 1套 |

## （四）项目图片

项目图片（总体、特征局部）如图11-13和图11-14所示。

图11-13　太钢项目胶带机实景之一（总体）　　　图11-14　太钢项目胶带机实景之二（特征局部）

## （五）工程使用情况

管带机投产后已运行 6 年，无任何故障，只更换了少量托辊和 50m 胶带。

## 三、案例 3——U 型转弯胶带机

### （一）工程项目概况

蒙西物流乌海石灰石输送长距离带式输送机项目输送机起点为鄂尔多斯市鄂托克旗敖包特水泥灰岩矿，沿途经过京藏高速公路、千新铁路，乌海机场路、新千公路，终点为蒙西高新技术工业园区的蒙西水泥公司生产经营中心厂区内。该项目胶带机共分为 6 条，分别为 0 号机、1 号机、2 号机、3 号机、4 号机、5 号机，全长约 13km。其中 3 号机、4 号机为 U 型水平转弯带式输送机。3 号机水平转弯半径 $R =$ 700m，共有 4 个水平转弯；4 号机共有三个水平转弯，转弯半径 $R = 200m$。胶带机每天连续工作时间为 14～16h，运输物料为石灰石碎石（≤75mm）。

### （二）当地气象条件

| | |
|---|---|
| 年平均气温 | 9.2℃ |
| 年极端最低气温 | -32.6℃ |
| 年极端最高气温 | 39.4℃ |
| 年平均降雨量 | 267.6mm |
| 年平均相对湿度 | 43% |
| 年最大风速 | 28m/s |
| 最大土壤冻结深度 | 178cm |
| 海拔标高 | 1600～1000m |
| 地震烈度 | 八度 |

### （三）配电电压

| | |
|---|---|
| 总降压站受电电压 | 110kV 50Hz |
| 配电站受电电压 | 10.5kV 50Hz |
| 高压配电电压 | 10.5kV 50Hz |
| 高压电动机电压 | 10kV 50Hz |
| 低压变频电动机电压 | 690V 50Hz |
| 低压配电电压 | 0.4kV 50Hz |
| 低压电动机电压 | 0.38kV 50Hz |
| 直流电动机电压 | 660VDC |
| 直流操作电源电压 | 220VDC |
| 照明电压 | 220V 50Hz |
| 检修照明电压 | 36V/12V 50Hz |

### （四）输送机技术参数

（1）3 号胶带机技术参数见表 11-25。

**表 11-25 3 号胶带机技术参数**

| | | | |
|---|---|---|---|
| 带宽/mm | 1200 | 装机功率/kW | 3×315 |
| 带速/m·s$^{-1}$ | 4.0 | 电动机型号 | QABP355L4.6P-B3 |
| 输送能力/t·h$^{-1}$ | 1500 | 减速器型号 | H2SH10+F |
| 输送物料 | 石灰石 | 高速联轴器型号 | ML10（WH03） |
| 水平长度/m | 3534.115 | 制动器型号 | 2×SHI107 |
| 提升高度/m | -29.8 | 低速联轴器型号 | ZL13（WH03） |

| 传动滚筒图号 | YJ05A7204 | 尾部传动滚筒直径/mm | 1000 |
| --- | --- | --- | --- |
| 传动滚筒直径/mm | 1000 | 尾部传动滚筒轴承型号 | 22240CC/W33 |
| 传动滚筒轴承型号 | 22240CC/W33 | 胶带参数 | ST800，B1200 |
| 尾部传动滚筒图号 | YJ05A7204S | 拉紧装置型式 | 头部重锤拉紧装置 |

（2）4 号胶带机技术参数见表 11 - 26。

**表 11 - 26　4 号胶带机技术参数**

| 带宽/m | 1000 | 制动器型号 | KZP - 1000/31 |
| --- | --- | --- | --- |
| 带速/m·s⁻¹ | 3.15 | 低速联轴器型号 | ZL9（WH04） |
| 输送能力/t·h⁻¹ | 850 | 传动滚筒图号 | YJ04A6144 |
| 输送物料 | 石灰石 | 传动滚筒直径/m | 800 |
| 水平长度/m | 829.008 | 传动滚筒轴承型号 | 22228CC/W33 |
| 提升高度/m | 0.5 | 尾部传动滚筒图号 | YJ04A5144 |
| 装机功率/kW | 200 | 尾部传动滚筒直径/m | 630 |
| 电动机型号 | QABP315L4.6.8P | 尾部传动滚筒轴承型号 | 22228CC/W33 |
| 减速器型号 | B3SH09 + Fan | 胶带参数 | EP300B1000 ×4（4.5 + 1.5） |
| 高速联轴器型号 | ML10（WH04） | 拉紧装置型式 | 头部液压拉紧装置 |

（3）项目图片。

项目图片（总体、特征局部）如图 11 - 15 和图 11 - 16 所示。

图 11 - 15　乌海项目胶带机实景之一（总体）

图 11 - 16　乌海项目胶带机实景之二
（特征局部）

## （五）输送机设备配置

### 1. 输送带

胶带机采用耐寒性钢丝绳胶带，脆性温度 - 40℃；盖胶为防磨 Y 型，覆盖胶的拉伸强度不小于 26MPa，拉断伸长率不小于 450%，磨耗量不超过 120mm³，抗臭氧 0 级。带内需采用法尔胜钢丝绳，开放式结构。钢丝绳的粘合强度不小于 130/120（老化前/老化后），覆盖层与带芯层粘合强度不小于 14N/mm。4 号机采用 EP300 输送带。

### 2. 电机

电机采用 ABB 变频电机，防护等级 IP54，冷却方式：空 - 空冷却，绝缘等级 F 级。电机轴承和绕组安装测温元件。电机轴承采用 SKF 轴承。

3. 减速机

减速器采用 FLENDER 品牌，采用高性能耐磨 SKF 或 FAG 轴承，可靠性高，外壳采用铸钢结构，轴承和齿轮采用油浴润滑。同时，考虑连续运行的工况特点及夏季运行时散热和冬季低温下的启动，配置 PT100 及防冷凝加热器。

4. 滚筒

滚筒铸胶采用耐寒铸胶，滚筒表面有热硫化橡胶层，并有菱形字花纹，滚筒橡胶层的硬度为邵氏 65 ±5（A）。大型滚筒采用铸焊结构，传动滚筒轴承采用 SKF 轴承，轴承设计寿命不小于 100000h。

5. 托辊

输送机承载托辊采用 U 型托辊，下分支采用普通托辊。采用防尘托辊，筒体采用托辊专用管与冲压托辊端盖焊制。托辊轴两端带安装沟槽。维修方便，基本不使用专用工具，就能够轻松的拆下和重新安装托辊，托辊架与支架之间的连接型式，满足允许校正胶带平直的要求。托辊辊子转速低于 550r/min，正常使用情况下，使用寿命不低于 40000h，损坏率（失效率）不大于 8%。胶带机上托辊、下托辊外径均为 159mm。正常布置上托辊间距：2000mm，下托辊间距：4000mm。托辊采用防雨水的防尘高密封结构，转弯段托辊较正常段加密。

6. 拉紧装置

拉紧方式：塔架重锤张紧。

7. 安全保护装置

带式输送机保护装置具备超速保护和失电保护。在供电系统故障停电时，能自动进入失电保护工况。可进行计算机集中控制，保证设备的安全运行。保护装置包括以下设备：

（1）智能型双向拉绳开关，间距 50m。

（2）智能型两级跑偏开关，根据需要配置。

（3）纵向撕裂检测器，各设置两套：A 型一套，B 型一套。

（4）打滑检测装置，各设置一套。

（5）速度检测仪，各设置一套。

（6）溜槽堵塞检测器，各设置一套。

（7）电机、减速机温度保护。

（8）减速机、制动器油压检测及保护。

（9）驱动滚筒轴承温升检测及保护。

（10）变频装置能提供电动机所需的过载、过流、过压、欠压、过热、缺相等保护。

（11）报警：在胶带机沿线安装报警器，启动前皮带机沿线自动发出声光报警信号。

8. 设备电气

胶带机电气部分包括 DCS、变频器、变频器专用供电变压器、低压 MMC 控制柜、中转站之间的光缆、自动化过程控制设备、温度显示仪表、安装采用的电缆、电缆桥架。变频器专用供电变压器。

控制系统能够完成数据采集、控制、数据传送、状态监视等工作。电控系统与厂区控制系统之间通过工业以太网通讯完成设备状态及相关数据的交换，通过可编程序器的通讯接口和上位监控系统联网，进行数据交换，实现胶带输送机的集中控制和连锁综合保护。控制系统包括控制系统、编程器、编程软件、应用软件、PLC 控制器、传感器等。

9. 监视系统

输送机配置工业电视对胶带机重要部位进行实时监控，监视系统在胶带机受料点位置、驱动位置、拉紧位置、翻带位置设监测点。中间监视器要求带云台、可调焦、加热器。

每个驱动站布置 2 台彩色高清晰大红外枪式摄像机（红外距离 80～100m），胶带机沿线布置智能高速全方位台式摄像机，每个配电站室内布置两台彩色高清晰大红外枪式摄像机；各站采用光缆光端机相连，全线设三个终端显示。

### （六）工程使用情况及应用前景

2011年6月整个线路投入使用，设备已经运行了一年多，这一年多的运行为使用单位节约了大量的运输经费，降低了水泥的生产成本，为提高企业的竞争力做出了巨大贡献。

大型U型曲线带式输送机的研制成功为带式输送机开辟了新的篇章，为带式输送机家族增添了一个新机种，体现了我国技术人员的创新精神。U型带式输送机具有运量大、爬坡角度大、拐弯半径小、节能、环保、投资小、布置灵活等诸多优点。今后，面对长距离空间曲线输送机设计，U型带式输送机将是一种更佳的选择。U型带式输送机的研制成功将会加快我国从带式输送机大国向带式输送机强国转变的进程。它的推广和大量应用将给我国带来巨大的社会效益和经济效益。

撰稿、审定：王荣祥　任效乾　张晶晶（太原科技大学）

王光荣（天津水泥工业设计研究院有限公司）

李爱峰（太原重型机械集团）

王巨堂（山西平朔露天矿）

# 第十二章 矿山辅助作业设备

露天矿辅助机械设备在生产中占有重要地位，它不仅能协助、补充主体设备的不足，而且能完成主体设备难以胜任的工作，协调各生产环节以保证生产的顺利进行。

一般辅助设备自身吨位小，造价远低于电铲、钻机等主体设备。利用专用的廉价辅助设备代替主体设备清理工作场地、筛选不合格的大块矿岩、填平塌陷区、掩盖废弃岩堆、修筑通道等工作是合适的。

随着重型汽车在矿山的广泛应用，对运输道路系统提出了较高的技术要求；道路构筑和养护设备能保证运输道路质量和降低运输成本，提高矿山生产能力，并有利于行车安全。

某些专用的辅助工作机械化设备，如装药车、填孔机、二次破碎设备等，对减轻工人劳动强度、降低矿山基建投资、提高生产率和降低矿山生产成本起着重要作用。因此，国内外大中型露天矿山都十分重视辅助设备的配套，并已取得了较好的经济效果。

## 第一节 推 土 机

### 一、推土机的特点与分类

推土机的牵引力大，机动灵活，越野性强，具有挖、填、压实和短距离运、卸作业的功能；常用来规整料堆、修筑道路、清理和平整工作面，作为牵引和顶推其他设备的动力车等，是露天矿必备的辅助机械设备。大中型推土机的后端多装有松土齿，可劈松硬土、冻土和较软的岩层，给其他设备提供工作条件，提高生产率。

### （一）按行走装置分类

推土机的结构型式通常都是把工作装置（即推土铲刀）装于类似于拖拉机的行走装置上。按其行走装置不同，可分为履带式推土机（见图12-1）和轮胎式推土机（见图12-2）两大类。

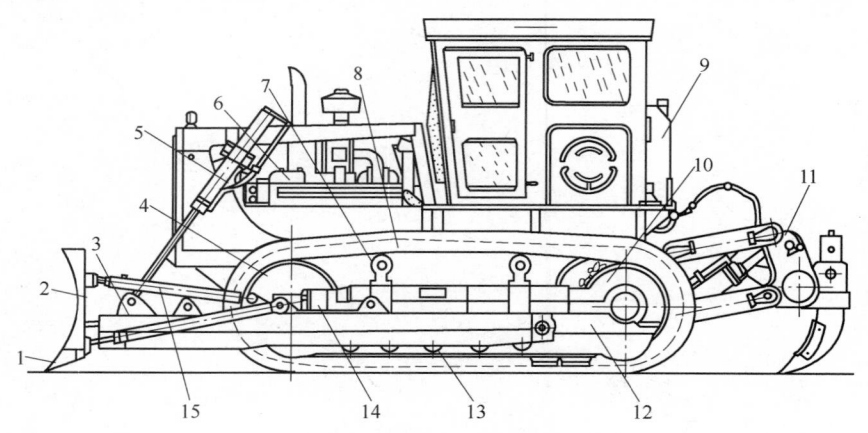

图 12-1 履带式推土机结构示意图

1—铲刀刃；2—推土板；3—推土板框架；4—导向轮；5—推板油缸；6—发动机；7—拖带轮；8—行走履带；

9—油箱；10—驱动轮；11—松土器；12—推架；13—支重轮；14—张紧调节器；15—支撑杆

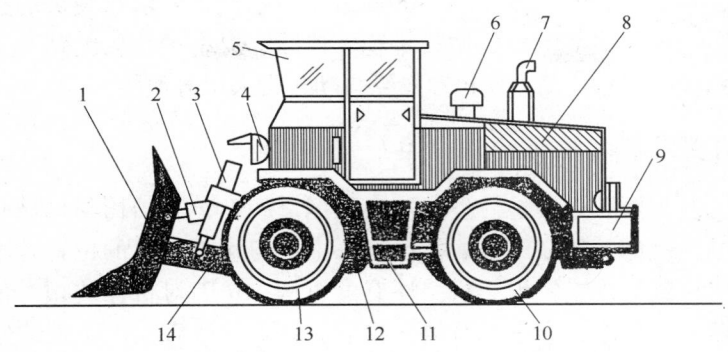

图 12 - 2 轮胎式推土机结构示意图

1—推土板；2—推土板倾角油缸；3—推架升降油缸；4—照明灯；5—司机室；6—空气过滤器；7—排烟管；
8—发动机；9—缓冲器；10—后车轮；11—踏梯；12—传动装置；13—前车轮；14—推架

履带式推土机的牵引力大，对地面的比压小，能在无路条件下的坚硬和松软地面工作，得到了广泛的应用。其缺点是履带行走机构的结构复杂，履带自身内部阻力损失大，运动速度低，机动性能较差，运动时对良好的路面易造成损坏，远距离转移工作场地需借助大型平板车等运输设备。

在履带式推土机中，按履带对地面的比压不同，分为高比压（0.1MPa 以上）推土机（常用于大、中型土方工程）、中比压（0.06 ~ 0.1MPa）推土机（适用于一般土方工程）、低比压（0.01 ~ 0.03 MPa）推土机（适用于湿地和沼泽地作业）。

轮胎式推土机对地面的比压大（0.2MPa 以上），牵引能力及在松软路面的通过能力均较差，在坚硬锐利的岩石地面作业时，轮胎磨损严重。当前露天矿使用不多。其优点是运动速度快、机动性能较好、行走机构维修量小、燃油的消耗量低。它常用于土方施工，抢修道路等工程。随着露天矿采场的逐步扩大，设备调整频繁，需长距离行走，促进了对轮胎式推土机性能的研究和改进，其在矿山的应用有发展的趋势。

### （二）按吨位和功率分类

按吨位和功率不同，推土机分为小型、中型、大型（重型）和超重型几种。国内习惯称最大功率在 75kW 左右的为中型，150kW 左右的为重型。推土机的吨位越大，经济效益越好。目前世界上最大履带式推土机的功率为 600kW，使用重量为 136t。

推土机的工作能力主要取决于它的吨位。吨位与发动机最大功率和最大牵引力均呈线性关系，与工作装置尺寸成正比。推土机铲刀的高度 $H$(mm) 和发动机额定功率 $N_{ea}$(kW) 的关系一般在下述范围内：

固定式推土机

$$H = (222 ~ 278) \sqrt[3]{N_{ea}} \qquad (12-1)$$

回转式推土机

$$H = (111 ~ 222) \sqrt[3]{N_{ea}} \qquad (12-2)$$

推土机铲刀的宽度 $B$(mm) 与高度 $H$(mm) 的关系如下：

固定式推土机

$$B = (2.8 ~ 3)H \qquad (12-3)$$

回转式推土机

$$B = (3.5 ~ 4)H \qquad (12-4)$$

### （三）按传动形式分类

推土机底盘传动系统的结构型式对整机性能有重要影响，纯机械式传动多用在小型设备上，而大型设备均采用液力机械传动。特大型设备也有采用电气传动的。

纯机械式传动制造成本低，总传动效率高，但操纵使用不便，要求驾驶员的技术水平较高。液力机械式传动操纵性较好，传动过程中牵引力的增长平稳、连续，提高了在较差路面上的通过能力；零部件的使用寿命较长，维修量少，同时给动力换挡和操纵自动化带来了方便。

### （四）按工作机构型式及其操纵方法分类

推土机工作机构型式及其操纵方法是分类的主要依据之一。铲刀结构与机械吨位有密切关系。中小吨位的工作机构组成及其在机体上的联结方式，在工作中铲刀相对机体的位置基本上是固定不变的，称为固定式工作机构，整机称直铲或正铲推土机。还有的机构，铲刀对机体的相对位置是可以改变的。铲刀可在水平面内左右旋转一定角度，推土机呈斜铲作业。铲刀在垂直面内也能旋转一定的角度，呈侧铲作业。铲刀可在水平面内回转的称为回转式推土机。同时具备两个方向回转能力的推土机称为万能推土机。特大型推土机铲刀在宽度方向可以不是一个整体结构，多是制成相互铰接的三段，两侧对中段可在水平面内转动一定角度，以便形成近似斜铲的型式。

对铲刀的操纵有机械操纵和液压操纵之分，常见推土机以液压操纵居多；其操纵轻便，故障少，称为液压操纵推土机。

大、中型推土机的后部可以另装有液压操纵升降的松土器。松土器有单齿、多齿之分，可以劈松较硬的表层，以利于推土作业。

## 二、推土机的应用

推土机适于推运松散物料，但当表面坚实程度超过Ⅳ级土壤时必须预松。推土机对土堆的推运作业方式有四种。

### （一）直铲作业

它是推土机的主要工作方式，可用于向前铲推土壤、碎石、矿石，平整场地，破除植被，清理树根，填、挖坑穴等。推运过程中被推物料可以由刀侧外泄，运距越大，外泄越多。各种吨位和尺寸的推土机都有合理的推运距离：小型机的运距不超过50m，大、中型为50~100m，最大不超过120~150m。工作时应避免上坡作业，实在不可避免的，合理运距应取小值。轮式推土机运距一般为50~80m，不超过150m。合理选择经济运距可以提高生产效率。运距过大时生产效率急剧下降，则应用其他运送手段代替推土机的工作。图12-3给出了几种推土机的运距与生产率间的关系。

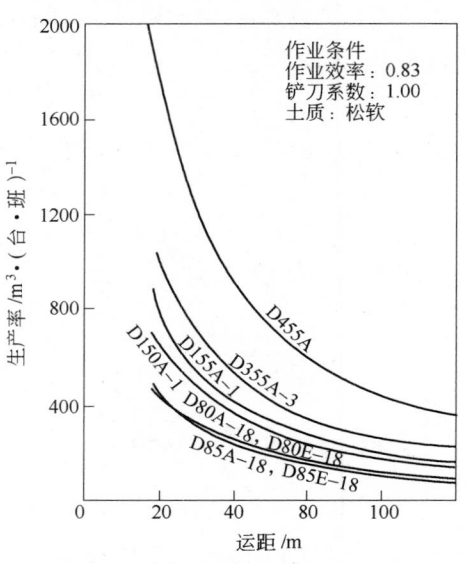

图 12-3　生产率与运距的关系

## （二）斜铲作业

这种工作方式常用于崩落土石方的横向推运。推运过程中物料沿已斜置一个角度的铲刀移向机械的一侧。斜角越小，越接近直铲作业。斜铲特别适用于旁坡推运及傍山的道路构筑，它可将土石方侧卸于下坡方向。

## （三）侧铲作业

侧铲时铲刀绕机械纵轴线在垂直面内摆过一定角度，一般不超过 ±9°。工作时铲刀较低一侧的侧刃参加工作。侧铲常用于铲土作业，特别是构筑道路的边沟。

## （四）松土器的劈松作业

松土器是可以随时拆装的工作部件，可用于破松较坚硬的表土及软岩。单齿松土器的铲掘能力大。在使用中选用单齿还是多齿，取决于岩土的物理力学性能，应能保证较高的生产效率。用重型单齿松土器劈松岩土的效率比常规的钻孔爆破法要高。劈松作业要求牵引力大，必要时可利用另一台推土机助推。

## 三、生产率的计算

推土机的生产能力与施工组织、机械的工作方式、操纵人员技术水平及机械的完好状态等许多因素有关。为了对不同推土机的比较和评价，也为选型配套提供理论依据，常用每小时推运物料的体积作为生产率的指标。生产率的数学统计计算只是一种参考数据，准确的确定方法是现场实测。

推土机工作方法有多种，最有代表性的是直铲推运作业，使用的场所也最多。斜铲作业的工作性质与平地机相似，生产率的计算可参考直铲作业生产率计算。

### （一）直铲作业生产率

推土机直铲推运过程有四个阶段：推、运、卸和回程。在露天矿使用时，如只是推运松散物料，可能不存在第一个阶段。推土机的生产率，根据每个工作循环完成土石方的体积 $q$ 与每一循环所用的时间算得；习惯用的单位是每小时立方米数（$m^3/h$）。

推送一次的土石方体积称为推土机的容量，实质上即是铲刀的容量。计算时取为铲刀前堆集物料的体积 $V$（见图 12 - 4）。如铲刀宽度用 $B$ 表示，则体积 $V(m^3)$ 的表达式为：

$$V = \frac{H^2 B}{2\tan\varphi} \qquad (12-5)$$

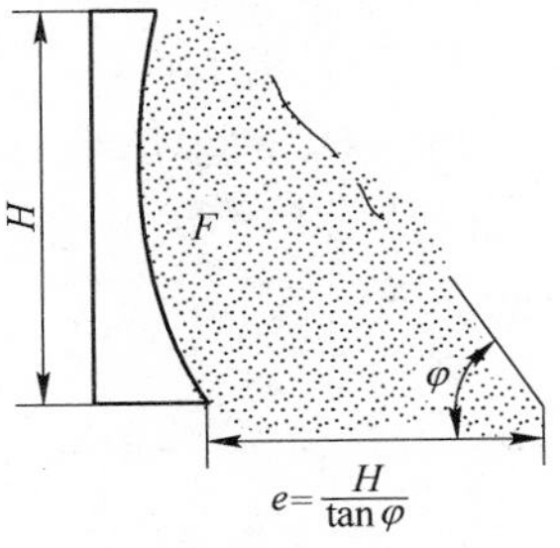

式中　$H$——铲刀高，m，如图 12 - 4 所示；

　　　$B$——铲刀宽度，m；

　　　$\varphi$——堆料自然坡度角，(°)。

图 12 - 4　铲刀容量计

土方机械计算生产率时，习惯采用土方的实体体积；利用式（12 - 5）计算时，需除以松散系数 $K_p$（$K_p = 1.08 \sim 1.35$）。推土机在推运过程中，被推送的物料不断由铲刀两侧泄漏。考虑到这一现象，计算每个循环的推运量 $q$ 时，应乘以漏失系数 $K_n$（$K_n = 0.75 \sim 0.95$）。因此每个循环的物料体积（$m^3$）表达式为：

$$q = \frac{HBK_n}{2\tan\varphi K_p} \qquad (12-6)$$

推土机每一循环所需要的时间 $t$ 通常以分（min）为单位。它由工作的四个阶段和一些辅助时间（min）总计得到：

$$t = \frac{H_1}{V_1} + \frac{L_2}{V_2} + \frac{L_1 + L_2}{V_3} + 2(t_1 + t_2) \qquad (12-7)$$

式中　$L_1$——铲土距离，m，一般为 6 ~ 10m；

$L_2$——运土距离，m；

$V_1$——铲土速度，m/min；

$V_2$——推运速度，m/min，常用次低挡；

$V_3$——返程速度，m/min，应选用较快挡；

$t_1$——一次换挡时间，人工机械换挡的推土机 $t_1 \approx 0.1$min；

$t_2$——一次调头时间，约为 0.15min，穿梭工作时此项不计。

$L_1$ 和 $V_1$ 可以通过土壤性质、铲刀参数和功率算得。推土机在铲土阶段常用最低挡。

这样，直铲作业生产率 $Q_1(\mathrm{m^3/h})$ 的计算公式就可写成如下形式：

$$Q_1 = \frac{60H^2 B K_n}{2\tan K_p} K_B K_y \tag{12-8}$$

式中　$K_B$——时间利用系数，一般取 0.8～0.85（该系数是考虑工作中偶然原因导致的临时停机、地面特殊障碍须调整铲刀高度、降速或变速等）；

$K_y$——坡度影响系数，平地时取 $K_y = 1.0$，上坡时取 $K_y = 0.5～0.7$（坡度为 5%～10%），下坡时取 $K_y = 1.3～3.3$（坡度为 5%～15%）。

矿岩生产率习惯上用每小时生产的吨数（t/h）表示，应用上述公式计算需乘以物料的松散容重。关于时间的计算，视具体情况可能没有铲土阶段。

### （二）推土机平整场地时的生产率

生产率用 $Q_2(\mathrm{m^3/h})$ 表示，计算公式如下：

$$Q_2 = \frac{60L(B\cos\alpha - b)H}{n(V/L + t_2)} K_B \tag{12-9}$$

式中　$L$——平整地段长，m；

$n$——同一地段平整次数；

$V$——推土机运行速度，m/min；

$b$——相邻平整段重叠部分宽，m，通常取 $b = 0.3～0.5$m；

$\alpha$——推土板在水平面内的回转角，(°)。

其余符号同前。

生产率 $Q_2$ 的单位与 $Q_1$ 相同。平整地面时，由于地表的凹凸不平，铲刀容量可能得不到充分发挥，但计算时认为是铲满的，因此，公式只作为参考依据。实际使用的生产率单位可以有各种型式，它们均可由前面的公式导出。表 12-1 给出了履带推土机功率与运距和台班生产率的关系。

**表 12-1　推土机台班生产率**　　　　　　　　　　　　　　　(m³/(台·班))

| 运距 | | 15m | 30m | 45m | 60m | 75m | 100m |
|---|---|---|---|---|---|---|---|
| 功率 | 40kW | 410 | 270 | 210 | 150 | 128 | 75 |
| | 150kW | 720 | 410 | 300 | 220 | 190 | 140 |
| | 200kW | 850 | 550 | 390 | 300 | 240 | 170 |
| | 280kW | 1300 | 830 | 600 | 480 | 380 | 240 |

## 四、矿山推土机的选配

矿山选用推土机的数量应与主体设备挖掘机（或前装机）和钻机的数量配套。一台主体设备所配推土机的台数，国内外经验不尽相同。国外经验，通常一台大型主体设备配一台推土机。主体设备台数与推土机台数之比一般为 1:(0.8～1.4)，最大为 1:2.4。国内的统计比值较小，大型露天矿平均为 1:(0.4～0.6)，小型露天矿为 1:(0.35～0.5)。其选配原则是能保证正常生产。

如果主体设备是铲运机，上述配套数据不适用于这种情况。在用铲运机为主体机械的露天开采机械化配套的情况下，其他机械如松土机、助铲机、平地机等机种当中，推土机尤其占有重要地位，它可以带动松土器及作为助推机械工作，也可以拖动铲运机，用量较大。

## 五、常用推土机的主要技术参数

常见国产推土机的主要技术参数见表 12-2。

表 12-2　常见国产推土机的主要技术参数

| 机　型 | T-100 | T-120 | T-140 | T-180 | T-200 | T-220 | TY-140 | TY-200 | TY-220 | TS-140 | TS-200 | JULI320 | TL-180 |
|---|---|---|---|---|---|---|---|---|---|---|---|---|---|
| 发动机功率/kW | 90 | 90 | 103 | 162 | 147 | 162 | 103 | 147 | 162 | 103 | 147 | 235 | 154 |
| 最大牵引力/kN | 90 | 130 | 140 | 235 | 196 | 235 | 140 | 219 | 251 | 121 | 216 | 380 | 134 |
| 接地比压/kPa | 68.1 | 62.7 | 66 | 72.5 | 71.5 | 74.5 | 66 | 72.5 | 75.5 | 27.5 | 28.4 | | |
| 行驶速度/km·h⁻¹ | 2.3~10.1 | 2.3~10.5 | 0.5~10.5 | ~10.4 | ~10.1 | ~9.9 | 3.5~10.8 | ~12.3 | ~9.9 | 2.7~11.5 | ~10.1 | 3.7~11.8 | 4.9~21.3 |
| 爬坡能力/(°) | 30 | 33 | 30 | 30 | 30 | 30 | 30 | 30 | 30 | 30 | 30 | 30 | 25 |
| 最大切土深度/mm | 180 | 550 | 400 | 540 | 540 | 540 | 400 | 680 | 540 | 400 | 550 | 560 | 380 |
| 推土板提升高度/mm | 900 | 1000 | 1000 | 1020 | 1020 | 1210 | 1000 | 1050 | 1210 | 1000 | 1130 | 1560 | 1000 |
| 推土板尺寸(宽×高)/mm | 3030×1100 | 3760×1100 | 3760×1030 | 4360×1030 | 4360×1030 | 4360×1050 | 3760×1030 | 4360×1030 | 4360×1050 | 4000×960 | 4750×1150 | 4130×1590 | 3354×1195 |
| 履带中心距/mm | 1650 | 1700 | 1800 | 1950 | 2100 | 2200 | 1880 | 2150 | 2200 | 2300 | 2100 | 2300 | 轴距3470 |
| 最小离地间隙/mm | 300 | 300 | 400 | 405 | 405 | 405 | 400 | 405 | 405 | 450 | 450 | 450 | 400 |
| 整机重量/t | 16.8 | 15.7 | 16.8 | 22.6 | 22.5 | 23.5 | 16.8 | 22.5 | 23.7 | 16.9 | 24.1 | 40 | 17.4 |
| 外形尺寸/mm　长 | 6910 | 6400 | 5550 | 6030 | 6030 | 6060 | 5550 | 6030 | 6060 | 5300 | 6080 | 8435 | 7390 |
| 宽 | 3810 | 3800 | 3760 | 4360 | 4360 | 4370 | 3760 | 4360 | 4370 | 4000 | 4750 | 4130 | 3354 |
| 高 | 2990 | 2900 | 2840 | 3360 | 3360 | 3460 | 2840 | 3360 | 3460 | 2880 | 3110 | 3710 | 3320 |

常见进口履带式推土机的主要技术参数见表 12-3。

表 12-3　常见进口履带式推土机的主要技术参数

| 机　型 | 工作重量/t | 发动机型号 | 功率/kW | 铲车型式 | 尺寸(宽×高)/mm | 底盘传动 | 挡数 | 速度/km·h⁻¹ | 比压/MPa | 生产厂 |
|---|---|---|---|---|---|---|---|---|---|---|
| D80A-12 | 22.09 | NH220-C1 | 132 | 回转 | 3620×1280 | 液力机械 | 前后各3 | 0~10<br>0~12 | 0.072 | |
| D85A-18 | 18.95 | NT855 | 162 | 万能 | 4365×1055 | 液力机械 | 前后各3 | 0~11.2<br>0~13.2 | 0.062 | |
| D155A-1 | 33.2 | S6D155 | 235 | 万能 | 4430×1590 | 液力机械 | 前后各3 | 0~11.8<br>0~13.7 | 0.094 | |
| D355A-1 | 44.7 | SA6D155 | 301 | 万能 | 4315×1875 | 液力机械 | 前3后4 | 0~12.7<br>0~12.6 | 0.11 | 小松<br>(日本) |
| D455A-1 | 68.42 | 456 | 456 | 万能 | 4800×2135 | 液力机械 | 前后各4 | 0~14.6<br>0~14.4 | 0.12 | |
| D65AR-6[①] | 15.75 | NH220 | 103 | 回转 | 3970×1050 | 液力机械 | 前后各3 | 0~10.3<br>0~13.2 | 0.064 | |
| D155AR-1[①] | 33.58 | SD155 | 235 | 万能 | 4130×1590 | 液力机械 | 前后各3 | 0~11.8<br>0~13.7 | 0.095 | |

| 机 型 | 工作重量/t | 发动机 | | 铲 车 | | 底 盘 | | | 比压/MPa | 生产厂 |
|---|---|---|---|---|---|---|---|---|---|---|
| | | 型 号 | 功率/kW | 型式 | 尺寸（宽×高）/mm | 传动 | 挡数 | 速度/km·h⁻¹ | | |
| D3 | 6.1 | CAT3204 | 46.3 | 回转 | 2415×740 | 液力机械 | 前3后1 | 0~11.1<br>0~5.1 | 0.046 | 卡特皮勒（美国） |
| D4D | 8.2 | CAT3304 | 56 | 回转 | 3125×700 | 机械 | 前后各5 | 2.8~9.4<br>3.3~11.1 | 0.053 | |
| D5 | 11.4 | CAT3306 | 78 | 回转 | 3705×855 | 机械 | 前5后4 | 2.7~11.1<br>3.4~10.1 | 0.056 | |
| D6C | 13.85 | CAT3306 | 104.1 | 万能 | 3210×1145 | 机械 | 前5后4 | 4~11.1<br>3.4~9.7 | 0.058 | |
| D7G | 20.6 | CAT3306 | 149 | 万能 | | 机械 | 前5后4 | 3.7~10.2<br>3.0~9.3 | 0.068 | |
| D8K | 31.6 | CAT D342 | 223 | 万能 | 3240×1520 | 液力机械 | 前后各3 | 0~10.6<br>0~13.2 | 0.090 | |
| D9H | 42.1 | CAT D353 | 306 | 万能 | 4390×1800 | 液力机械 | 前后各3 | 0~10.8<br>0~13.2 | 0.103 | |
| D10 | 86.32 | D348 | 514.5 | | 5486×2159 | | 前后各3 | 0~11.6<br>0~13.3 | | |
| 8 | 9.18 | OMCO/3 130MT | 64.7 | 回转 | 3252×865 | 机械 | 前后各4 | 2.7~9.0<br>3.2~10.9 | 0.048 | 菲亚特·阿里斯（意大利） |
| 10-B | 12.08 | DMCP3 | 81 | 回转 | 3580×865 | 机械 | 前4后3 | 2.5~3.6<br>3.0~10.3 | 0.050 | |
| 14 | 15.56 | 8205 1700 | 110.3 | 回转 | 3890×1056 | 液力机械 | 前后各3 | 0~10.5<br>0~11.47 | 0.056 | |
| 16B（PS） | 20.859 | MANRH 21000 | 143.3 | 回转 | 4216×978 | 液力机械 | 前后各3 | 0~10.1<br>0~11.3 | 0.058 | |
| 21-C | 31.797 | MKH | 221 | 回转 | 3960×1535 | 液力机械 | 前后各3 | 0~10.3<br>0~12.2 | 0.080 | |
| 31 | 49.38 | RT-1150-C | 312.4 | 固定 | 4801×1880 | 液力机械 | 前后各3 | 0~10.8<br>0~12.1 | | |
| 41-B | 59.3 | VT-1701C | 385.1 | 固定 | 5180×2160 | 液力机械 | 前后各3 | 0~10.5<br>0~11.9 | 0.081（拖拉机） | |

①为无线电遥控推土机。

常见进口轮胎式推土机的主要技术参数见表 12-4。

### 表 12-4  常见进口轮胎式推土机的主要技术参数

| 机 型 | | 814 | 815 | 821 | 825 | 280ART | 380ART | V220 | WD140-1 |
|---|---|---|---|---|---|---|---|---|---|
| 发动机 | 型 号 | CAT3306 | CAT3306 | CAT D343 | CAT D343 | CUMHT855-C | CUMVT1710 | GMDD16V149T | NH220 |
| | 功率/kW | 125 | 125 | 221 | 221 | 246 | 286 | 1077 | 132 |
| 传动型式 | | 液力机械 | 液力机械 | 液力机械 | 液力机械 | 动力换挡 | 动力换挡 | 电传动 | 液力机械 |
| 挡 数 | | 前后各4 | 前后各4 | 前后各3 | 前后各3 | 前8后4 | 前6后3 | 无级 | 前后各4 |
| 最高行速/km·h⁻¹ | 前 | 37.5 | 35.0 | 29.7 | 27.3 | 40.3 | 32.6 | 24.1 | 50 |
| | 后 | 31.8 | 30.0 | 29.7 | 27.3 | 45.2 | 31.9 | 24.1 | 43 |
| 铲刀（宽×高）/mm | | 2010×1030 | 3620×860 | 4020×1220 | 4260×1020 | 4050×1320 | 4970×1650 | 7900×2730 | 3000×1150 |
| 侧倾角 β/（°） | | 25 | | 23 | | 7.5 | 6 | 11 | 400mm① |
| 轮胎规格 | | 23.5-25 | | 20.5-29 | | 29.5-25 | 33.25-35 | 40.00-57 | 23.5-25 |
| 轮距/mm | | 2160 | 2230 | 2320 | 2490 | 2680 | 2680 | | 2150 |
| 轴距/mm | | 3100 | 3100 | 3550 | 3550 | 3800 | 4670 | 6640 | 3460 |
| 空机重量/t | | 15.6 | 16.9 | 28.4 | 29.0 | 27.4 | 46.3 | 118.0 | 18.0 |
| 工作重量/t | | 18.4 | 17.3 | 32.6 | 30.0 | 31.6 | 52.7 | 136.0 | 18.0 |
| 生产厂家（公司） | | 卡特皮勒（美国） | | | | 密西根（美国） | | 伟康（美国） | 小松（日本） |

①侧倾时一端离地高度。

## 六、推土机常见故障的排除

履带式推土机的常见故障及其排除方法见表12 – 5。

表12 – 5　履带式推土机的常见故障及排除方法

| 故障现象 | 产　生　原　因 | 排除或处理方法 |
|---|---|---|
| 推土机跑偏 | 1. 左右履带板和销轴磨损不均，张紧程度不同；<br>2. 左右驱动轮牙齿严重磨损或磨损不均；<br>3. 引导轮轴或车架大梁变形；<br>4. 转向轮离合器打滑或操纵杆调整不当 | 1. 更换履带板和销轴，不要新旧混用；<br>2. 修理或更换驱动轮；<br>3. 校正或更换车架大梁；<br>4. 调整或修理离合器及操纵杆 |
| 齿轮打坏，机身抖动 | 1. 铲刀吃土过深或一侧吃土，偏载太大；<br>2. 大减速齿轮与驱动轮的连接螺栓松动；<br>3. 齿轮箱严重缺油 | 1. 正确掌握操纵杆，扳动应缓和；<br>2. 更换并紧固连接螺栓；<br>3. 修理更换已损齿轮，加足润滑油 |
| 履带脱轨 | 1. 履带太松，垂度过大；<br>2. 导向转拐轴弯曲变形；<br>3. 导向轮轴及轴承严重磨损；<br>4. 张紧装置的缓冲弹簧过松或弹性变弱；<br>5. 导向轮轴与车架大梁的固定螺栓松动；<br>6. 驱动轮的轮齿严重磨损，节距增加 | 1. 调整履带松紧，使垂度不超过50mm；<br>2. 修理或更换变形件；<br>3. 更换磨损超限的轮轴及轴承；<br>4. 调整弹簧压力或更换弹簧；<br>5. 校正导向轮轴，紧固连接螺栓；<br>6. 修理或更换驱动轮 |
| 液压系统油温过高 | 1. 油箱中油不足；<br>2. 油箱滤清器太脏，滤油网堵塞；<br>3. 分配器、滑阀上下弹簧座装反 | 1. 添加机油；<br>2. 清洗滤清器；<br>3. 重新装配 |
| 油起泡沫并从油箱加油口盖的通气孔中溢出，液压系统有响声 | 1. 油箱油太多；<br>2. 油箱中的油太少；<br>3. 油路中吸入空气；<br>4. 油箱加油口盖通气孔堵塞；<br>5. 油泵自紧油封损坏 | 1. 放出过多的油；<br>2. 添加机油至规定油面高度；<br>3. 检查并拧紧从油箱到油泵的油管接头；<br>4. 清洗通气孔及填料；<br>5. 更换新油封 |
| 液压系统油耗增高 | 1. 油泵紧固螺栓松动；<br>2. 油泵接合面处密封环损坏；<br>3. 油泵主动齿轮自紧油封损坏，此时发动机曲轴箱机油增多；<br>4. 分配器螺栓松动或垫片损坏；<br>5. 分配器操作手柄球形杠杆密封环损坏；<br>6. 分配器油管接头的密封圈损坏；<br>7. 油缸活塞杆人字形密封环损坏；<br>8. 油缸输油管密封环损坏；<br>9. 油缸导向套密封环损坏 | 1. 拧紧螺栓；<br>2. 更换密封环；<br>3. 更换自紧油封；<br>4. 拧紧螺栓或更换垫片；<br>5. 更换密封环；<br>6. 更换密封圈；<br>7. 更换人字形密封环；<br>8. 更换密封环；<br>9. 更换密封环 |
| 推土铲不能提升或提升很慢 | 1. 油箱中油不足；<br>2. 油泵未接通；<br>3. 油温过低或过高（低于30℃或高于70℃）；<br>4. 油路中吸入空气；<br>5. 分配器回油阀卡住或回油阀座配合面上粘有污物；<br><br><br>6. 安全阀漏油或开启压力过低；<br>7. 油泵卸压片密封环损坏使容积效率和压力下降；<br>8. 油泵磨损过重，使容积效率和压力下降 | 1. 添加机油；<br>2. 将油泵分离接合杠杆置于接合位置；<br>3. 使油温处于正常；<br>4. 检查并拧紧从油箱到油泵的油管接头；<br>5. 用木棒轻轻敲打回油阀盖。如仍不能提升，则取出回油阀清洗干净，拆下回油管用清洁柴油冲洗阀座，重新装上回油阀并检查回油阀在导管内的活动情况；<br>6. 检查并调整安全阀压力至10MPa；<br>7. 更换密封环；<br>8. 在油泵壳体和轴套间适当地加垫片或更换油泵 |
| 推土铲提升时有跳动现象 | 1. 油箱中油不足；<br>2. 油温过高（超过70℃）；<br>3. 油路中有空气 | 1. 添加机油至规定油面高度；<br>2. 冷却至30～40℃；<br>3. 检查并拧紧从油箱至油泵的油管接头，升降数次，如不能消除，则需将油缸上腔软管接头松开，放出空气 |
| 推土铲不能保持提升位置 | 1. 油温过高（超过70℃）；<br>2. 油缸活塞密封环损坏；<br>3. 分配器滑阀与壳体磨损 | 1. 冷却至30～40℃；<br>2. 更换密封环；<br>3. 更换分配器 |

轮胎式推土机的常见故障及其排除方法见表12-6。

表12-6 轮胎式推土机的常见故障及排除方法

| 故障现象 | 产 生 原 因 | 排除或处理方法 |
|---|---|---|
| 发动机不能正常启动 | 1. 燃油断绝或不足，喷油泵上不上油；<br>2. 松开放气螺塞后，无燃油流出；<br>3. 松开放气螺塞后，有气泡出现 | 1. 检查燃油箱油位，不足则添；<br>2. 清洗燃油管，检查燃油泵的功能；<br>3. 放出液压系统混入的空气 |
| 发动机能够正常运转，但机器不能正常行驶工作 | 1. 手刹车闸把未松开；<br>2. 换向或变速操纵杆未推上；<br>3. 换速离合齿轮未合上；<br>4. 变矩器和变速箱中的油位过低；<br>5. 压力调节器的活塞卡在开口位置；<br>6. 供油泵流量过小或损坏；<br>7. 变速箱油槽中的粗滤油器堵塞；<br>8. 缸体中柱塞卡在切断油路的位置；<br>9. 离合器活塞环断裂和磨损量超限；<br>10. 管接头松弛或吸油管损坏，油泵吸入空气 | 1. 松开手刹车闸把；<br>2. 推上换向或变速操纵杆；<br>3. 将操纵杆扳到所需挡位的极限位置；<br>4. 加油至需要油位；<br>5. 清洗活塞和阀体；<br>6. 更换供油泵；<br>7. 清洗粗滤油器和油槽；<br>8. 更换复位弹簧，清洗柱塞和缸体；<br>9. 更换损坏或失效的活塞环；<br>10. 拧紧所有管接头或更换损坏的油管 |
| 机器只能单方向正常运行 | 1. 后退离合器摩擦片卡住；<br>2. 后退离合器活塞卡住；<br>3. 操作杆推拉不到位；<br>4. 换向阀操作联动杆系安装不适当；<br>5. 离合器内有泄漏 | 1. 检查和修理离合器摩擦片；<br>2. 检查和修理离合器活塞；<br>3. 将操作杆推拉到挡位的极限位置；<br>4. 检查和处理操作杆系的故障；<br>5. 检查阀弹簧和密封件 |
| 机器行驶操纵不灵或失效 | 1. 离合器摩擦片粘住，不能正常停车；<br>2. 操纵杆件空行程间隙过大；<br>3. 换向阀芯卡住；<br>4. 操纵杆变形或断裂 | 1. 拆检离合器，更换摩擦片；<br>2. 调整杆系，更换磨损超限的杆件；<br>3. 拆检换向阀，更换失效零件；<br>4. 修焊或更换操纵杆 |
| 变矩器和变速箱声音不正常 | 1. 传动齿轮磨损超限；<br>2. 油泵零件磨损超限；<br>3. 轴承磨损超限或损坏；<br>4. 箱内混入被损零件的碎屑 | 1. 更换磨损的齿轮；<br>2. 更换磨损的油泵零件；<br>3. 更换磨损或损坏的轴承；<br>4. 清洗变速箱并换新油 |
| 铲板不能正常升降 | 1. 油泵不上油或油压过低；<br>2. 油箱油位过低；<br>3. 液压系统密封不好；<br>4. 阀孔关闭或溢流阀卡住；<br>5. 大臂油缸工作不正常 | 1. 检查油泵工作状况，使之正常运转；<br>2. 加油到规定油位；<br>3. 检查或更换损坏的密封件及管件；<br>4. 检查阀体并调整有关调节螺丝；<br>5. 检查油封，活塞杆密封圈，并更换已损件 |
| 铲板不能正常倾摆 | 1. 液压工作系统油压过低；<br>2. 转斗油缸工作不正常 | 1. 检查阀、管件及密封件；<br>2. 检查油封、活塞杆密封圈及活塞杆，更换变形或损坏者 |
| 转向系统工作失灵 | 1. 泵的流量不足，使系统油压过低；<br>2. 液压系统密封不好；<br>3. 阀孔关闭或溢流阀柱塞卡滞；<br>4. 转向油缸不能正常工作；<br>5. 油箱油位过低 | 1. 检修油泵，使之正常运转；<br>2. 检查或更换损坏的密封件及管件；<br>3. 拆检阀体，清洗孔道，并作调整；<br>4. 检查油封、活塞杆密封圈并更换已损件；<br>5. 加油到规定油位 |

# 第二节 平路机

平路机也称平地机，在矿山主要用来修筑道路和平整场地，通常属于筑路机械。我国水泥矿山中，绝大多数没有配备这种设备，目前只是在少数特大型矿山中才配备使用。

国内外一些露天矿的生产经验证明，随着重型汽车的广泛应用，应当配备足够的筑路机械设备，确保路面经常处于完好状态，以延长车辆寿命，减少用车数量，提高运输效率，降低运输成本。为评价筑路机械在矿山生产中的地位与作用，国外曾做过理论上的模拟计算，选用的矿用汽车为载重85t的CAT777型，增设一台平路机（16G型），正常跟班作业可使道路运行阻力系数保持在3%左右。当平路机工作减半时阻力系数则为7%。不用平路机时，其他设备条件不变，阻力系数为11%。在上述各种情况下，每台汽车的运矿量相应为384t/h、367t/h和192t/h；后者的矿岩运费比前者增加30%；当阻力系数为3%时，用3台车，当阻力系数为11%时，可完成同样的运输任务，需用6台车。可见，添置筑路机械设备可以大大降低运输成本，这是个值得关注的问题。

## 一、平路机的结构特点与分类

平路机是一种连续作业的筑路机械设备。它常装有多种可更换的作业装置，如耙子、推土铲刀、犁场器、扫雪器、延长刮刀等。功能较多，应用面很广。它的刮刀十分灵活，能连续、大幅度地改变平面角和倾斜角，且可向机身一侧伸出，用来刮削取土路基（路基面低于周围地面）的边坡、拱形路面和边沟等。此外，还能大面积平整场地。

平路机有拖式（自己不备有动力）和自行式之分；应用较多的是自行式。图12-5为自行式平路机结构示意图。整机各部件装于纵贯全长的车架上。该机为三轴、全轮驱动、三桥转向的轮式设备。图中有两种工作装置，即刮土刀和松土器。刮刀在平面内的回转角为360°，在垂直面内的倾角为90°；切土角变化范围为45°~70°，各角度的变化及刮土刀的升降全部为液压操纵。

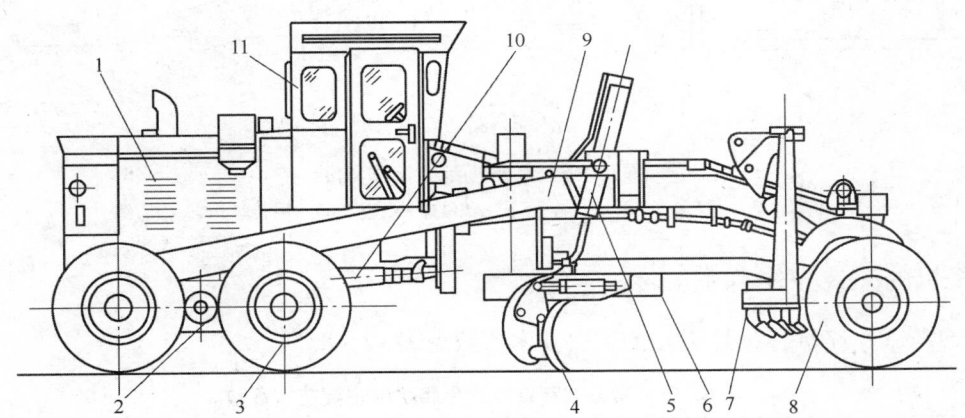

图12-5 自行式平地机结构示意图

1—发动机；2—平衡箱；3—后轮；4—刮土刀；5—刮土刀升降油缸；6—刮土刀回转盘；
7—松土器；8—前轮；9—车架；10—传动轴；11—司机室

自行式平路机有双轴和三轴之分，双轴常为轻型，三轴常为大中型。平路机的驱动桥可能是前桥、中桥、后桥或全桥；转向桥可能是单桥或全桥。

平路机按发动机功率、吨位或刮刀尺寸进行分类时，可分为轻型、中型和重型，分类情况见表12-7。

表 12 – 7　平路机按发动机功率和刮刀尺寸分类

| 类　型 | 拖式平路机 | 自行式平路机 | | |
|---|---|---|---|---|
| | 刮刀长/mm | 刮刀长/mm | 功率/kW | 机重/t |
| 轻　型 | 180 ~ 2000 | 3000 | 45 ~ 100 | 5 ~ 10 |
| 中　型 | 200 ~ 3000 | 2000 ~ 3700 | 100 ~ 150 | 10 ~ 15 |
| 重　型 | 300 ~ 4000 | 3700 ~ 4200 | 150 ~ 300 | 15 ~ 20 |

　　按工作装置操纵和转向操纵的方式不同，平路机分为机械操纵和液压操纵两种。目前，中、重型平路机多采用液压操纵。

## 二、平路机的生产率计算

　　平路机的工作方式很多，平整场地时常以单位时间内平整场地面积（m²/h）作为生产率指标，其计算公式如下：

$$Q = \frac{L(B\cos\alpha - 0.5)K_{\mathrm{B}}}{n\left(\dfrac{L}{V} + t_1\right)} \tag{12 – 10}$$

式中　$L$——平整地段长度，m；

　　　$B$——刮刀宽度，m，有时也称刮刀长度；

　　　$K_{\mathrm{B}}$——时间利用系数；

　　　$\alpha$——刮刀平面角，（°），如图 12 – 6 所示；

　　　$V$——平整地面时采用的速度，m/min；

　　　$t_1$——一次调头所需时间，min。

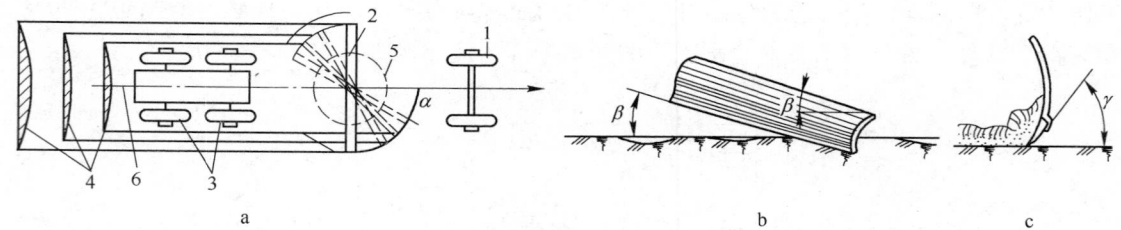

图 12 – 6　平路机刮刀工作角度
1—前桥；2—刮刀；3—后桥；4—不同 α 角的铲取宽度；5—回转盘；6—中心线

## 三、平路机的主要技术参数

　　常见国产自行式平路机（平地机）的主要技术参数见表 12 – 8。

表 12 – 8　常见国产自行式平路机的主要技术参数

| 机　型 | P90 (P190) | PY160 (P2160) | F – 205 | PY – 250 | GD825A |
|---|---|---|---|---|---|
| 发动机功率/kW | 90 | 120 | 136 | 186 | 210 |
| 铲刀宽度/mm | 3700 | 3970 | 3960 | 4920 | 4870 |
| 铲刀高度/mm | 540 | 630 | 650 | 870 | 860 |
| 切土深度/mm | 200 | 530 | 600 | 750 | 850 |
| 提升高度/mm | 400 | 350 | 400 | 450 | 450 |
| 行走速度/km·h⁻¹ | 3.5 ~ 28.7 | 4.3 ~ 34.8 | 4.5 ~ 28.5 | 4.3 ~ 31.5 | 4.0 ~ 47.9 |
| 爬坡能力/(°) | 20 | 20 | 22 | 25 | 24 |

| 机 型 | | P90（P190） | PY160（P2160） | F - 205 | PY - 250 | GD825A |
|---|---|---|---|---|---|---|
| 整机重量/t | | 14.1 | 14.7 | 15.7 | 24.8 | 29.6 |
| 外形尺寸/mm | 长 | 8200 | 8130 | 9200 | 9980 | 11470 |
| | 宽 | 2460 | 2610 | 2910 | 3150 | 3310 |
| | 高 | 3200 | 3210 | 3280 | 3350 | 3550 |

常见进口平路机（平地机）的主要技术参数见表 12 - 9。

**表 12 - 9　常见进口平路机的主要技术参数**

| 型 号 | 功率/kW | 刮刀（宽×高）/mm | 使用重量/t | 机长/mm | 生产厂家（公司） |
|---|---|---|---|---|---|
| GD22AC | 47.8 | 2200×425 | 5.1 | 5520 | 小松（日本） |
| GD28AC | 55.2 | 3100×500 | 7.5 | 6700 | |
| GD31RC - 3A | 80.9 | 3100×520 | 9.5 | 6750 | |
| GD500R | 91.9 | 3660×530 | 10.5 | 7750 | |
| GD600R | 106.6 | 3710×620 | 12.5 | 8270 | |
| GD650R | 121.3 | 4010×700 | 12.38 | 8270 | |
| GD40HT | 121.3 | 4010×530 | 15.04 | 8480 | |
| 120G | 91.9 | 3660×610 | 11.476 | 7892 | 卡特皮勒（美国） |
| 130G | 99.2 | | 12.347 | 8300 | |
| 140G | 110.3 | | 13.540 | 8300 | |
| 14G | 132.3 | | 18.439 | 9200 | |
| 16G | 184 | | 24.520 | 9980 | |
| 200 | 117.6 | 3968×610 | 13.495 | | 菲亚特·阿里斯（意大利） |
| TG001 | 99.2 | 3657×571 | 11.113 | 7722 | 阿瓦林·巴尔弗德（英国） |
| ASG018 | 211.7 | 3962×710 | 18.371 | 8312 | |
| 301S | 107.3 | 3962×660 | 12.7 | | 克拉克（美国） |

## 四、平路机常见故障的排除

自行式平路机（平地机）的常见故障及其排除方法见表 12 - 10。

**表 12 - 10　自行式平路机的常见故障及其排除方法**

| 故障现象 | 产 生 原 因 | 排除或处理方法 |
|---|---|---|
| 铲土刀动作不灵活 | 1. 铲刀提升油缸产生故障，不能提降铲刀；<br>2. 铲刀变角机构产生故障，不能变换铲刀铲土角；<br>3. 铲刀不能向两侧引出；<br>4. 铲刀不能沿本身纵向倾斜 | 1. 检测油压是否正常，拆检油缸，更换密封圈等磨损件；<br>2. 拆检变角油缸及三角块滑套，更换已损和变形件；<br>3. 检查油缸及联结构件，更换已损零件；<br>4. 拆检油缸，更换严重磨损的零件 |
| 松土器工作不正常 | 1. 耙体升降油缸产生故障；<br>2. 球铰构件变形或损坏；<br>3. 耙齿严重磨损 | 1. 检查油压，拆检油缸，更换已损件；<br>2. 拆检球铰构件，更换变形或已损件；<br>3. 在可调范围内将耙齿延长，如耙齿已属报废，则应换装新件 |
| 推土装置工作不正常 | 1. 连杆变形或损坏；<br>2. 摇臂或轴承损坏；<br>3. 套管销子变形或损坏；<br>4. 铲板刀片严重磨损 | 1. 拆检或更换损坏的连杆；<br>2. 检查轴承和摇臂，更换已损件；<br>3. 拆检套管及销子，更换损坏的销子，校正变形的套管；<br>4. 更换磨损的铲刀刀片及联结螺栓 |
| 铲刀架不能回转 | 1. 回转圈变形或损坏；<br>2. 回转驱动油缸控制杆损坏；<br>3. 油缸换向阀损坏；<br>4. 驱动油缸产生故障 | 1. 检查回转圈及附件，修复变形部分；<br>2. 更换或修复油缸控制杆；<br>3. 拆检换向阀，更换严重磨损件；<br>4. 拆检油缸，更换密封圈等磨损件 |

续表 12 – 10

| 故障现象 | 产 生 原 因 | 排除或处理方法 |
|---|---|---|
| 机器行驶操纵失灵 | 1. 离合摩擦片产生热黏结，操纵杆在"中位"，但不能停车；<br>2. 操纵杆件空行程间隙过大；<br>3. 换向阀芯卡住；<br>4. 操纵杆变形或断裂 | 1. 拆检离合器，更换磨损的摩擦片，并更换已经脏污的工作油；<br>2. 调整杆系，更换磨损超限的杆件；<br>3. 拆检换向阀，更换失效的零件；<br>4. 修复或更换损坏的杆件 |
| 变矩器和变速箱温升过高 | 1. 变矩器和变速箱中的油量不足；<br>2. 传动系统过载，发动机过热；<br>3. 换向和变速离合器中的油压过低，离合器打滑磨损严重；<br>4. 油泵损坏或吸油管漏气；<br>5. 变矩器旁通安全阀损坏或阀体部分开裂；<br>6. 冷却器旁通安全阀堵塞或回油管不畅通；<br>7. 离合器的主、从动摩擦片在结合位置自锁 | 1. 加足工作油至规定油位；<br>2. 调整铲土刀位置减少负荷，并检查冷却系统是否有故障，提高冷却效率；<br>3. 检查或更换阀弹簧和密封件，消除泄漏并调节至合适压力；<br>4. 检查或修理油泵、吸油管及管接头；<br>5. 检查球形阀的工作状况，更换已损弹簧；<br>6. 检修或清洗冷却器及油管；<br>7. 停机检修，更换损坏的摩擦片及有关联结附件 |

# 第三节　移动式起重机

## 一、移动式起重机的结构特点与分类

在露天矿生产中，起重机主要用于各种机械设备的拆装和维修保养工作，是必不可少的辅助机械设备之一。为了适应工作点流动的特点，常采用移动式起重机，即汽车起重机（见图 12 – 7 和图 12 – 8）、履带式起重机（见图 12 – 9）和轮胎式起重机（见图 12 – 10）。前两者的区别主要是底盘不同。汽车式与轮胎式都为充气轮胎底盘，前者具有与汽车编队行驶的速度，桥（轴）荷及外形尺寸符合公路桥梁通过的要求，是自行式全回转起重机，常由现有汽车底盘改装而成，行驶的驾驶室与起重操纵室分置。因车辆行驶要求的弹性悬架系统对起重工作是不利的，起重时均需放下刚性支腿，消除整机支承弹性，增加支承面积。因而，汽车起重机工作时整机不能移动。而轮胎式起重机的发动机及工作机构均在转台上部，其总布置类似于轮式挖掘机，有统一的驾驶室，轴距较短，在一定载荷范围内可以吊重行驶。但长距离转移工作场地时需其他车辆拖运或装运。近年来，小吨位轮胎起重机已逐渐被汽车起重机所代替。

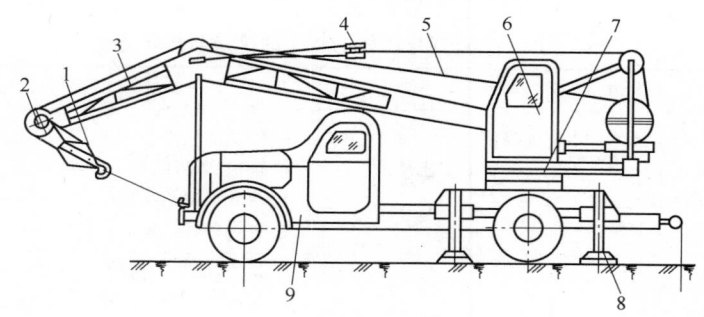

图 12 – 7　汽车起重机结构示意图
1—吊钩；2—起重臂顶端滑轮组；3—起重臂；4—变幅钢丝绳；5—起重钢丝绳；
6—操纵室；7—回转转盘；8—支腿；9—载重汽车

各种起重机工作部分的结构原理大同小异，主要由三部分组成：行走部分（即汽车底盘）、回转平台与支承部分、工作装置。小吨位起重机一般采用标准汽车底盘，大、中吨位则采用特别汽车底盘。起重机的汽车底盘均加支腿。回转支承部分和回转平台部分与挖掘机相同。回转平台上装有起重机动臂和完成各种动作的驱动机构及操纵室。起重机的动作主要有提升、变幅和回转。

起重机的重要参数之一是起重量。起重量受限于整机稳定性和动臂的强度极限。前者称稳定起重量，

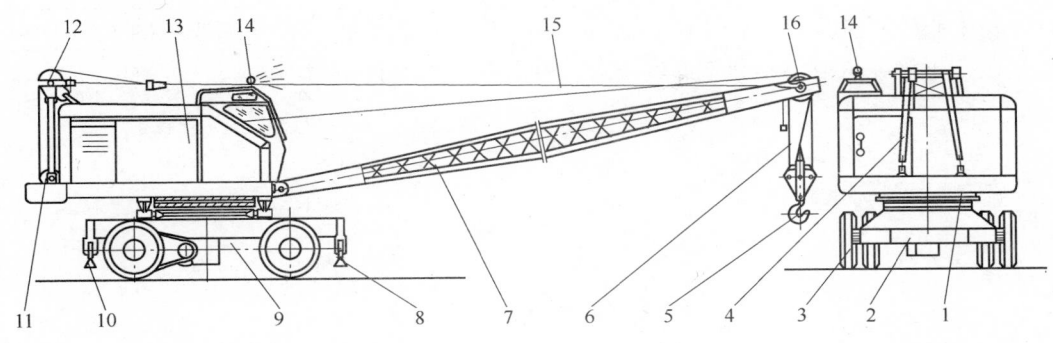

图 12-8　液压伸缩臂汽车起重机结构示意图

1—回转台；2—轮轴；3—车轮；4—支架；5—吊钩；6—提升钢丝绳；7—起重臂；8—前支腿；9—车架；
10—后支腿；11—绷绳绞车；12—滑轮；13—机棚；14—照明灯；15—绷绳；16—天轮

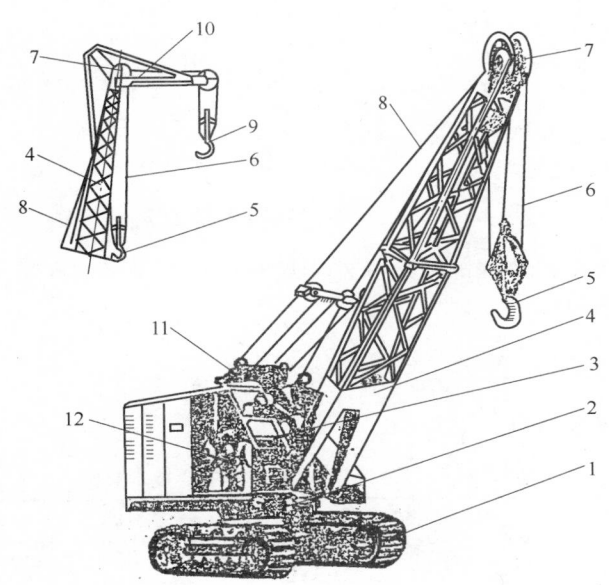

图 12-9　履带式起重机结构示意图

1—履带；2—回转台；3—机棚；4—起重臂；5—吊钩；6—提升钢丝绳；7—天轮；
8—绷绳；9—副钩；10—横伸臂；11—双足支架；12—座椅

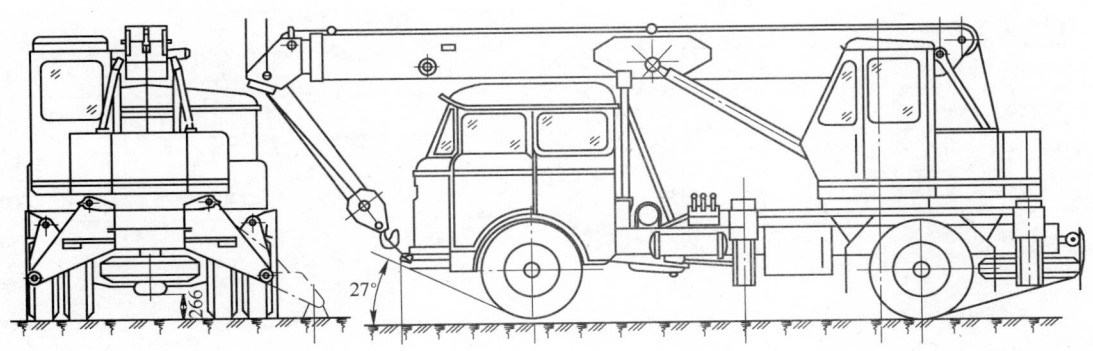

图 12-10　轮胎式起重机结构示意图

后者无专门名称，但性能参数中可以指明。起重机吊装物的外伸距离不同，起重量也不同。外伸距离以重物至平台回转中心的距离（即工作半径）表示。W-100 型起重机的工作曲线如图 12-11 所示。露天矿所用起重机多在中等吨位以下：起重高度不大，带副臂的起重机应用不多。

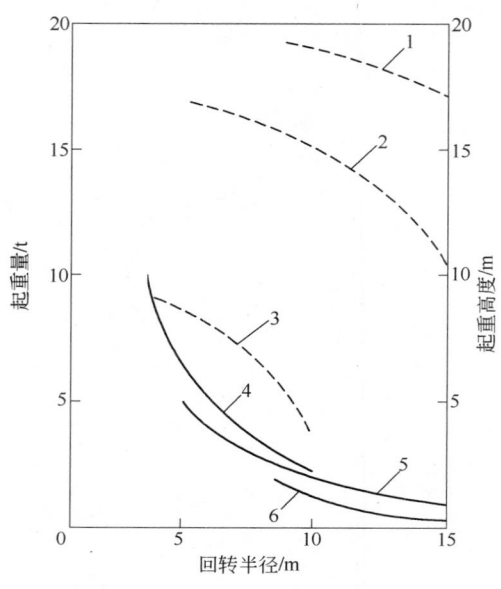

图 12-11　W-100 型起重机的工作曲线

选择起重机的主要依据是被吊物件的吨位和外形尺寸；其次要考虑在吊重物情况下是否要求整机移动，从而选择行走底盘的结构型式。

## 二、常用起重机的主要技术参数

履带式起重机的主要技术参数见表 12-11。

表 12-11　常用履带式起重机主要技术参数

| 起 重 机 型 号 | W-50 | W-60 | W-100 | W-200 |
|---|---|---|---|---|
| 最大起重量/t | 15 | 17 | 19 | 50 |
| 履带牵引力/t | 13.5 | 15.9 | 24.1 | 51.2 |
| 履带支承面积/m² | 32500 | 40500 | 48500 | 60540 |
| 最大爬坡度/m² | 22 | 20 | 20 | 15 |
| 转台回转角度/(°) | 360 | 360 | 360 | 360 |
| 回转速度/r·min⁻¹ | 3.1~7.1 | 2.1~6.1 | 2.1~6.1 | 1.5~5.0 |
| 最大提升速度/m·s⁻¹ | 0.3 | 0.4 | 0.7 | 0.6 |
| 最大提升高度/m | 15 | 19 | 19 | 35 |
| 行走速度/km·h⁻¹ | 1.5~3.6 | 1.5~2.0 | 1.5~3.6 | 1.5~5.0 |
| 液压系统最大压力/kg·cm⁻² | 40 | 40 | 40 | 40 |
| 柴油机功率/kW | 65 | 90 | 140 | 200 |
| 电动机功率/kW | 50 | 75 | 100 | 150 |
| 电动机转速/r·min⁻¹ | 1450 | 1460 | 1460 | 1460 |
| 配重重量/t | 2500 | 3200 | 300 | 5200 |
| 机体总重/t | 20110 | 22500 | 37000 | 79140 |

汽车式起重机的主要技术参数见表 12-12。

表 12-12  常见汽车式起重机的主要技术参数

| 型号 | | Q2-3 | Q2-5 | Q2-8 | Q2-12 | Q2-16 | QY-16 | QY-20 | Q2-32 | Q3-100 |
|---|---|---|---|---|---|---|---|---|---|---|
| 最大起重量/t | | 3 | 5 | 10 | 12 | 16 | 16 | 20(2) | 32(3) | 100(6) |
| 起重臂长/m | | 6.0 | 6.98 | 6.95 8.5 10.15 11.7 | 8.5 10.8 13.2 | 8.2 14.1 20 | 9.8 23.5 31.4 | 10.1 24.4 31.4 | 9.5 16.5 23.5 30 | 12 42 60 |
| 最大起升高度/m | | 5.5 | 6.5 | 12 | 12.5 | 20 | 29.7 | 30.12 | 29.5 | 50 |
| 起重幅度范围/m | | 3~5 | 3~5.5 | 3.2~10.5 | 3.6~10 | 3.5~18 | 3.7~24 | 3~23 | 3.5~26 | 4~53 |
| 工作速度 | 起升/m·min⁻¹ | 12 | 9 | 8 | 7.5 | 8.75~26.2 | 14~27 | 9.8~19.76 | 0.3~5.87 | 2~8 |
| | 回转/r·min⁻¹ | 2.5 | 2 | 2.8 | 2.8 | 3 | 2.5 | 2.18 | 2.5 | 1.5 |
| 变幅 | 速度/m·min⁻¹ | | | | | | | | | |
| | 时间(起/落)/s | 12(起) | 12(起) | 19~27/9~13 | 18/28 | 50~120 | 20/30 | 52/20 | 55/30 | 140~160 |
| 伸臂缩臂时间(伸/缩)/s | | 50/25 | 29(共) | 53/15 | 22/33 | 90~180/60~150 | 30/40 | 91/40 | 100/50 | 120/60 |
| 放腿收腿时间/s | | 8 | 30(放) | 6/4 | 25/22 | | 15/10 | 14/7 | 18/10 | 25/15 |
| 行驶性能 | 行驶速度(无负荷时)/km·h⁻¹ | 40 | 30 | 60 | 60 | 60 | 61 | 61 | 55 | 50 |
| | 最大爬坡度/(°) | 21 | 28 | 15 | 15 | 28 | 20 | 20 | 15 | 13 |
| | 最小转弯半径/m | 9.2 | 11.2 | 9.2 | 11.1 | 11.2 | 11.2 | 11.2 | 12.5 | 14.5 |
| 发动机 | 型号 | 490Q | CA-30 | 6135Q | 6135Q | 6135Q | 6135Q | 6135Q | 6135Q-1 | 6135Q |
| | 功率/kW | 60 | 81.4 | 118.4 | 118.4 | 81.4 | 118.4 | 118.4 | 162.8 | 162.8 |
| | 转速/r·min⁻¹ | 2800 | 2800 | 1800 | 1800 | 2800 | 2800 | 2800 | 2200 | 2200 |
| | 扭矩/N·m | 300 | 350 | 700 | 700 | 350 | 700 | 700 | 800 | 800 |
| 轮胎规格 | | 750-16 | 900-20 | 1000-20 | 1000-20 | 1100-20 | 1100-20 | 1100-20 | 1200-22 | 1400-24 |
| 整机重量/t | | 4.35 | 8.59 | 15.6 | 17.3 | 22.1 | 22.3 | 22.6 | 35.5 | 81.5 |

轮胎式起重机的主要技术参数见表 12-13。

表 12-13  常用轮胎式起重机的主要技术参数

| 名称 | | | QL-15 | QL-16 | QL-25 | QL-40 |
|---|---|---|---|---|---|---|
| 发动机 | 内燃机 | 功率/kW | 70 | 60 | 60 | 120 |
| | | 最大扭矩/kg·m | 38 | 38 | 38 | 60 |
| | | 最高转速/r·min⁻¹ | 1500 | 1500 | 1500 | 1500 |
| | 发电机 | 功率/kW | 65 | 45 | 45 | 115 |
| | | 最大扭矩/kg·m | 30 | 28 | 28 | 55 |
| | | 最高转速/r·min⁻¹ | 1700 | 1800 | 1800 | 1450 |
| 起吊能力 | 最大起重量/t | | 15 | 16 | 25 | 40 |
| | 最大起升高度/m | | 13 | 18 | 30 | 37 |
| | 起重臂长度/m | | 15 | 20 | 32 | 42 |
| | 起重幅度范围/m | | 3.5~15.5 | 3.4~20 | 4~21 | 4.5~25 |
| 工作速度 | 起重速度/m·min⁻¹ | 滑轮组倍率为2时上升 | 32.4 | (有载)70 | 31.5 | (有载)5 |
| | | 滑轮组倍率为2时下降 | 20.8 | | | |
| | | 滑轮组倍率为3时上升 | 21.6 | (无载)126 | (倍率为9)7 | (无载)9 |
| | | 滑轮组倍率为3时下降 | 13.4 | | | |
| | 变幅速度/s | 高速自最大幅度到最小幅度 | 70.6 | 70 | 45 | 90 |
| | | 低速自最大幅度到最小幅度 | 106 | 100 | 50 | 90 |
| | 回转速度/r·min⁻¹ | 高速 | 1.7 | 3 | 2 | 3 |
| | | 低速 | 1.13 | 1.5 | 1 | 1 |

续表 12 – 13

| 名　　称 | | QL – 15 | QL – 16 | QL – 25 | QL – 40 |
|---|---|---|---|---|---|
| 行驶速度 | 低速/km·h⁻¹ | 1.88 | 1.8 | 9 | 7.5 |
| | 中速/km·h⁻¹ | 5.52 | 5.5 | 14 | 12 |
| | 高速/km·h⁻¹ | 8.28 | 8.3 | 18 | 15 |
| 外形尺寸 | 长/mm | 6070 | 5386 | 6820 | 9600 |
| | 宽/mm | 3389 | 3176 | 3200 | 3500 |
| | 高/mm | 3954 | 3485 | 3430 | 3910 |
| 其他 | 爬坡度/(°) | 13 | 7 | 10 | 13 |
| | 最小转弯半径/m | 10 | 7.5 | 9.0 | 10.5 |
| | 轮距/mm | 2500 | 2383 | 2400 | 前2520，后2650 |
| | 轴距/mm | 2870 | 2800 | 3400 | 4570，1600 |
| | 支腿纵向距离/mm | 4590 | 4600 | 5430 | 5910 |
| | 支腿横向距离/mm | 4100 | 4100 | 5000 | 5550 |
| | 轮胎规格 | 1200 – 20 | 1200 – 20 | 1200 – 20 | 1400 – 20 |
| | 总重（臂长10m）/t | 28 | 22 | 28 | 54 |
| 起吊能力 | 最大起重量/t | 15 | 16 | 25 | 40 |
| | 最大起升高度/m | 13 | 18 | 30 | 37 |
| | 起重臂长度/m | 15 | 20 | 32 | 42 |
| | 起重幅度范围/m | 3.5 ~ 15.5 | 3.4 ~ 20 | 4 ~ 21 | 4.5 ~ 25 |

## 三、起重机常见故障的排除

汽车起重机的常见故障及其排除方法见表 12 – 14。

**表 12 – 14　汽车起重机的常见故障原因及其排除方法**

| 故障现象 | 产 生 原 因 | 排除或处理方法 |
|---|---|---|
| 支腿操作不灵活且吊重时下沉 | 1. 油泵排量不足；<br>2. 双向液压锁失灵；<br>3. 溢流阀失灵或溢流压力偏低；<br>4. 油缸密封圈损坏，有内漏；<br>5. 旋阀操作不到位；<br>6. 油缸内有空气 | 1. 检修油泵或提高转速；<br>2. 检修或换装新件；<br>3. 检修或更换溢流阀，调整溢流开启压力；<br>4. 拆检油缸，更换损坏的密封圈；<br>5. 将旋阀旋至全闭位置；<br>6. 往返运动油缸排除空气 |
| 吊钩不能起升 | 1. 常闭式制动器间隙太小；<br>2. 钢丝绳脱槽或被卡住；<br>3. 系统的工作压力太低；<br>4. 管路堵塞，油流不畅通 | 1. 调整闸带与闸轮之间的制动间隙；<br>2. 调整钢丝绳与滑轮，消除卡滞现象；<br>3. 调整溢流阀的溢流压力；<br>4. 疏通和清洗管道及附件 |
| 吊重物下降时振动较大 | 1. 操作不规范；<br>2. 限速液压锁整定值不适当；<br>3. 发动机油门工作不稳定 | 1. 掌握工作系统规律，动作要稳、准、缓；<br>2. 重新调整控制压力；<br>3. 检修和调整油门操纵装置 |
| 吊重物停留时自动下降 | 1. 制动瓦与制动轮工作面接触不良；<br>2. 制动器的制动能力不够；<br>3. 起重量超过规定范围 | 1. 检修制动瓦和制动轮工作面，使接触面积不少于70%；<br>2. 调整制动器，增大制动力矩；<br>3. 减少起重量 |
| 变幅时起重臂不起升 | 1. 溢流阀溢流压力过低；<br>2. 管路堵塞，油流不通畅；<br>3. 油缸内漏严重 | 1. 重新调整溢流阀的溢流开启压力；<br>2. 疏通和清洗管道及附件；<br>3. 拆检油缸，更换已损坏的密封圈 |
| 变幅时起重臂不下降或振动严重 | 1. 限速液压锁中的控制压力太高；<br>2. 油缸内混入空气；<br>3. 管路不畅通，油流受阻 | 1. 重新调整液压锁的整定值；<br>2. 打开排气阀排除空气（或空载动作油缸排气）；<br>3. 疏通和清洗管道及附件 |

| 故障现象 | 产 生 原 因 | 排除或处理方法 |
|---|---|---|
| 变幅油缸自行下沉 | 1. 限速液压锁失灵；<br>2. 管路接头漏油；<br>3. 油缸中密封件损坏，内漏 | 1. 检修或更换失效零件；<br>2. 修补和紧固接头，换装密封件；<br>3. 拆检油缸，更换已损坏的密封件 |
| 起重臂伸缩时过紧或振动 | 1. 平衡阀脏污，阻尼孔堵塞；<br>2. 基本臂与伸缩臂摩擦力过大或卡滞；<br>3. 托辊调整不适当 | 1. 清洗平衡阀，疏通阻尼孔；<br>2. 检修基本臂和伸缩臂的工作面；<br>3. 重新调整托辊安装状况 |
| 气压取力装置的油泵排挡失灵 | 1. 工作气压不足；<br>2. 气路漏气或堵塞；<br>3. 手动气阀失灵 | 1. 检查供气系统，提高工作气压；<br>2. 检修和疏通气路；<br>3. 检修或更换气阀 |
| 液压系统油路漏油 | 1. 油路接头松动；<br>2. 密封件损坏；<br>3. 油管及附件破裂 | 1. 检修并紧固各接头；<br>2. 检查各密封件，更换已损件；<br>3. 检修或更换破裂的油管及附件 |
| 工作油压升不高（不符合要求） | 1. 油箱液面过低或吸油管堵塞；<br>2. 溢流阀溢流压力过低；<br>3. 油泵排油量不足；<br>4. 压力管路与回油管路窜通或元件泄漏严重；<br>5. 油泵产生故障或损坏 | 1. 清洗吸油管，加足工作油；<br>2. 重新调整溢流阀开启压力；<br>3. 检修油泵并增加转数；<br>4. 检修油路、阀和马达等，更换已损坏失效的元件；<br>5. 检修或更换油泵 |
| 液压系统有严重噪声 | 1. 管路系统混入空气；<br>2. 管路及元件连接不紧，管卡松动；<br>3. 工作油温度太低；<br>4. 滤油器或滤油网堵塞；<br>5. 油箱油液不足 | 1. 检查滤油网和吸油管，排除空气；<br>2. 紧固各连接件及管卡；<br>3. 适当预热油液或换油；<br>4. 清洗滤芯（或滤网），换装新油；<br>5. 加油至规定油面标高 |
| 液压系统的压力表失灵 | 1. 减摆器失灵；<br>2. 进油管堵死或泄漏；<br>3. 油泵零件磨损严重；<br>4. 压力表损坏失效；<br>5. 系统工作压力失稳 | 1. 检修并重新调整减摆器；<br>2. 检修和清洗油管，完善密封；<br>3. 检修油泵，更换磨损件；<br>4. 更换压力表；<br>5. 检测油压，普查油路 |

履带式起重机的常见故障及其排除方法见表 12 - 15。

**表 12 - 15  履带式起重机的常见故障及其排除方法**

| 故障现象 | 产 生 原 因 | 排除或处理方法 |
|---|---|---|
| 柴油机转速不均匀 | 1. 各气缸供油量不够均匀；<br>2. 有的喷油嘴烧死或有滴油现象；<br>3. 油路系统混有水分或空气；<br>4. 调节器弹簧变形失效；<br>5. 调节器飞铁销轴松动；<br>6. 调速器飞铁开与收的距离不一致；<br>7. 喷油泵上有高压管螺钉过紧；<br>8. 有的喷油柱塞调节尺杆不灵；<br>9. 有的喷油柱塞调节臂不灵活 | 1. 调节喷油泵拉杆及附件；<br>2. 检修或更换已损坏的喷油嘴；<br>3. 调节阀门排除水分和气体；<br>4. 更换已经失效的弹簧；<br>5. 检修或更换磨损严重的销轴；<br>6. 调整飞铁联动机构，使之动作协调；<br>7. 调整螺钉的松紧程度；<br>8. 调节柱塞套在泵体内的安装垂直度；<br>9. 调整调节臂及其附件 |
| 柴油机排气管冒黑烟 | 1. 起重机超负荷工作；<br>2. 喷油器雾化不良或油嘴烧死；<br>3. 喷油系统供油过迟；<br>4. 气路供气量不足；<br>5. 喷油泵调节尺杆行程过大；<br>6. 气门或出油阀泄漏；<br>7. 喷油泵的供油量失调；<br>8. 活塞与缸壁配合间隙过大；<br>9. 配气凸轮的高度磨损超限 | 1. 减轻起重机的起吊重量；<br>2. 调整喷油压力使之雾化良好；<br>3. 更换已严重磨损的传动齿轮；<br>4. 清洗空气过滤器使之畅通；<br>5. 调整尺杆和拉杆的行程；<br>6. 检修气门或更换严重磨损的阀体；<br>7. 调整尺圈螺钉使拐臂松紧合适；<br>8. 磨修缸或更换严重磨损的活塞环；<br>9. 检修或更换配气凸轮 |

| 故障现象 | 产 生 原 因 | 排除或处理方法 |
|---|---|---|
| 柴油机排气管冒白烟 | 1. 喷油器磨损或喷口破裂；<br>2. 出油阀门滞后滴油；<br>3. 配气凸轮的高度尺寸不合适；<br>4. 供油质量不符合要求；<br>5. 柴油机结构质量不符合要求 | 1. 检查或更换已损坏的附件；<br>2. 磨修或更换严重磨损的阀件；<br>3. 检查并调整凸轮尺寸使之符合要求；<br>4. 试用并选择合适的柴油；<br>5. 大修或更换柴油机 |
| 油泵不能正常供油 | 1. 液压系统混入空气；<br>2. 油泵叶片动作不灵；<br>3. 定子内工作面粗糙或严重磨损；<br>4. 轴承因磨损而间隙过大；<br>5. 油的黏度不合适或已恶化 | 1. 检查油箱与油泵之间管路，排除气体并完善各处密封件；<br>2. 清扫油泵转子，使叶片动作无阻；<br>3. 用细砂纸打磨或镗修；<br>4. 更换严重磨损的轴承；<br>5. 检测或更换液压油 |
| 液压系统的压力损失过大 | 1. 油阀构件动作不到位；<br>2. 管路内进入空气或水分；<br>3. 油箱内的油位太低；<br>4. 液压油调配阀及管路漏渗；<br>5. 止回阀失灵反油 | 1. 清洗阀件使之动作灵活到位；<br>2. 排除水分和空气并完善各密封件；<br>3. 检查油箱并加足油量；<br>4. 检修或更换失效的管件及阀件；<br>5. 检查或更换失效的阀件 |
| 操纵油阀工作不平稳 | 1. 阀杆损坏或卡住；<br>2. 调整弹簧失效；<br>3. 操纵台及附件有松动处；<br>4. 旋转接头有渗漏现象；<br>5. 工作油缸及管路漏油 | 1. 清洗阀件并更换已损构件；<br>2. 检查或更换已经失效的弹簧；<br>3. 检查并拧紧各联结螺丝；<br>4. 调整密封垫圈并拧紧螺丝；<br>5. 检测油缸及管路油压并更换已损坏密封件 |
| 提升卷筒制动力不足 | 1. 油缸及管路中进入空气；<br>2. 油箱内油位过低使供油量不足；<br>3. 油缸皮碗或活塞环损坏；<br>4. 供油质量不符合要求；<br>5. 制动闸构件有松动现象 | 1. 检查油缸及管路，排出空气；<br>2. 检查油箱并加油到规定位置；<br>3. 检查或更换已损件；<br>4. 检测油质，换装合格油品；<br>5. 检修各构件，更换已损构件 |
| 起重机回转台有异常现象 | 1. 滚轮润滑不良或严重磨损；<br>2. 滚轮挡板防松螺丝松动；<br>3. 回转主轴下套松动；<br>4. 回转主轴大螺帽松动；<br>5. 大齿圈或小齿轮牙齿磨损超限 | 1. 更换磨损严重的滚轮并加足润滑；<br>2. 更换已损螺丝并逐个紧固；<br>3. 检修或更换轴套；<br>4. 检查螺帽状态并适当紧固；<br>5. 检修或更换已损构件 |

轮胎式起重机的常见故障及其排除方法见表 12 - 16。

表 12 - 16　轮胎式起重机的常见故障及其排除方法

| 故障现象 | 产 生 原 因 | 排除或处理方法 |
|---|---|---|
| 重物微动下降时，忽停忽降发生冲击 | 1. 制动瓦块与制动轮之间的间隙过大；<br>2. 衔铁的工作行程过大；<br>3. 矩形弹簧调得太紧，制动力过大，引起电磁铁放出电流过大；<br>4. 以上两种或三种原因同时存在 | 1. 减少其间隙；<br>2. 减少其行程；<br>3. 放松弹簧使压力合适；<br>4. 同时采取以上两项或三项措施 |
| 提升、变幅、回转电动机上的制动轮过热 | 1. 矩形弹簧调得太紧，制动瓦打不开；<br>2. 衔铁的工作行程不够，制动瓦打不开；<br>3. 制动瓦块与制动轮之间的间隙过小；<br>4. 以上两种或三种原因同时存在 | 1. 松开弹簧；<br>2. 增加其行程；<br>3. 增大其间隙；<br>4. 同时采取以上两项或三项措施 |
| 起重臂微动下降时忽停忽降发生冲击 | 变幅卷扬蜗杆轴上的制动器太松 | 调整弹簧，使制动力合适 |
| 回转停止时冲击过大 | 1. 制动力过大；<br>2. 操作过猛 | 1. 调整弹簧；<br>2. 停车前预先松开油门，然后放回手柄 |

| 故障现象 | 产生原因 | 排除或处理方法 |
|---|---|---|
| 提升机构只能下降，不能上升 | 1. 高度限位器线路未接通；<br>2. 上升接触器损坏或线路有故障； | 1. 将其接通；<br>2. 修理、更换或检修线路 |
| 全部电气操纵系统失灵 | 1. 搭铁开关未接通；<br>2. 电瓶没电或线路不通 | 1. 将其接通；<br>2. 充电或检修其线路 |
| 液压系统的油压过低 | 1. 油泵发生故障；<br>2. 传动胶带松弛；<br>3. 卸荷阀不补压；<br>4. 卸荷阀弹簧调得过松 | 1. 修理或更换已损件；<br>2. 调整胶带松紧度；<br>3. 修理或更换失效件；<br>4. 调整弹簧使松紧适当 |
| 液压系统不工作时油泵补油的周期过短 | 1. 蓄能器发生故障；<br>2. 管路漏损过大 | 1. 检修或清洗蓄能器；<br>2. 清洗管路，完善密封 |
| 气压表所指示压力小于5kg/cm² | 1. 空气压缩机发生故障；<br>2. 气路系统漏气；<br>3. 三角传动胶带太松；<br>4. 气压表发生故障 | 1. 修理空气压缩机；<br>2. 紧固接头或更换；<br>3. 调整空气压缩机距离；<br>4. 修理或更换 |
| 操作、操纵手柄失灵或工作不准确 | 1. 管路没有接对；<br>2. 操纵阀没有打开；<br>3. 离合器发生故障；<br>4. 气压不足；<br>5. 作用缸发生故障 | 1. 纠正接法；<br>2. 调整拉杆；<br>3. 修理离合器；<br>4. 修理气路系统；<br>5. 修理或更换 |
| 制动器工作失灵并有发热现象 | 1. 间隙过大；<br>2. 制动带上有油；<br>3. 弹簧过松；<br>4. 制动带磨损；<br>5. 间隙过小 | 1. 调整；<br>2. 取下清洗；<br>3. 调整弹簧压力；<br>4. 更换已损构件；<br>5. 调整或检修 |
| 摩擦离合器失灵并有发热现象 | 1. 间隙过大；<br>2. 摩擦片带有油污；<br>3. 摩擦片磨损；<br>4. 作用缸发生故障；<br>5. 间隙过小或打滑 | 1. 调整摩擦片间隙；<br>2. 取下清洗；<br>3. 更换已磨损的摩擦片；<br>4. 检查缸的工作情况；<br>5. 调整或检修 |
| 轴承发热 | 1. 润滑油不足或脏；<br>2. 间隙过小 | 1. 加油或清洗更换；<br>2. 调整轴承间隙 |
| 转向操纵失灵 | 1. 油压力小；<br>2. 操纵阀发生故障；<br>3. 管路发生故障 | 1. 按照规定调整压力；<br>2. 检查和修理阀及管接头；<br>3. 检查修理 |
| 上部转向随动缸移动，轮不转 | 1. 手动开关未关闭；<br>2. 油缸静压腔无油或油不足 | 1. 关上开关到规定位置；<br>2. 打开手动开关，将方向盘往左转补足后，将手动开关关闭 |
| 左、右最大转弯半径相差过多 | 1. 油缸静压腔过多；<br>2. 油缸静压油不足；<br><br>3. 下部转向作用缸左右行程不合适 | 1. 打开手动开关，将方向盘右转，调好后，将手动开关关闭；<br>2. 打开手动开关，将方向盘往左转，调好后，将手动开关关闭；<br>3. 调整活塞杆的连接叉 |
| 转向速度过慢 | 1. 油泵输出流量过小；<br>2. 油路系统漏损过大 | 1. 检修油泵，更换已损件；<br>2. 调整管路，完善密封 |
| 齿轮箱有强烈噪声 | 1. 轴承间隙过大；<br>2. 润滑不足；<br>3. 齿磨损过多 | 1. 调整更换；<br>2. 加油；<br>3. 换齿轮 |

## 第四节　移动式碎石机

在露天矿采场大爆破之后，爆堆中常有大块矿岩，最大块度可达 5～6m。大块矿岩影响铲装设备的工作效率，而且容易砸损运输设备；有时对于特大块矿岩无法进行铲装。在这种情况下必须实施二次破碎。为了解决这一问题，可采用适用的碎石器。

### 一、碎石器的种类及结构特点

#### （一）风动碎石冲击器

风动碎石冲击器是风动冲击器的一种应用型式，它广泛用于矿山、建筑和交通等部门；其工作原理与凿岩机、潜孔钻的冲击器相近，但无其中的排渣环节和钻杆的旋转机构，是单一完成冲击动作的机械；它的工作空间不受限制，作业效率高。通过设计也可使之具有较大的冲击功，以提高破碎效率。

碎石器分为移动式和固定式两大类。

移动式碎石器（机）一般与专用移动设备组装在一起进行工作，如装在液压挖掘机等机体上（见图 12-12）。这种设备可在工作面流动使用，机动灵活，操作简便，效率较高。

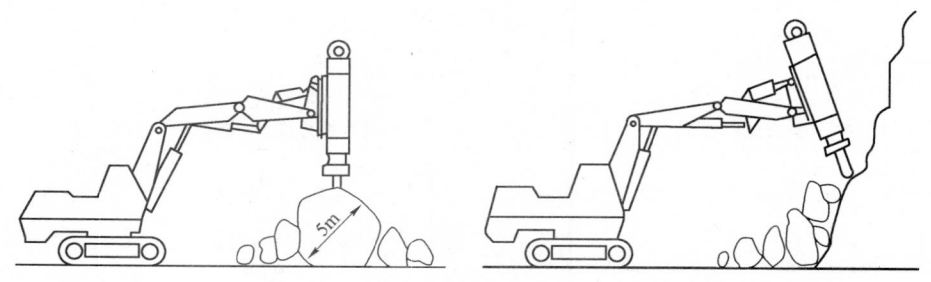

图 12-12　移动式碎石器（机）工作示意图

固定式碎石器一般能在较小范围内移动冲击器，可把冲击器装在现有设备（如吊车等）上，或自行设计能在一定范围内移动的导轨上（见图 12-13）。为了使冲击器能对准被破碎的岩石，设备必须能适当移位。

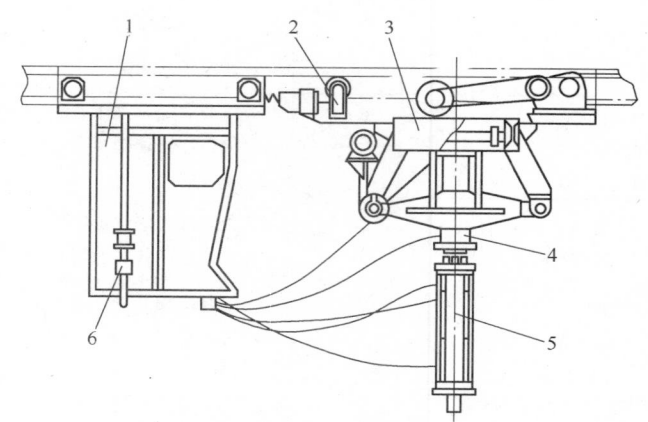

图 12-13　固定式碎石器结构示意图

1—操纵室；2—悬吊轨轮；3—移动小车；4—调节气缸；5—碎石器锤头；6—供气阀门

#### （二）液压碎石器

液压式碎石器应用很广泛，与风动碎石器相比较，它的优点是经济效益高，在同样生产率情况下，功率消耗为气动的 1/4～1/3，所用冲击功比风动碎石器大，机动性能好，工作噪声较低，适应性较强。工作可靠性高，维修工作量较少，操作人员的工作条件得到了改善。正在工作的液压碎石器（机）如图 12－14 所示。

图 12－14　正在工作的液压碎石器（机）

## 二、碎石器（机）的主要技术参数

国内外几种风动碎石器的主要技术参数见表 12－17。

表 12－17　国内外几种风动碎石器的主要技术参数

| 型　式 | | 内径 /mm | 行程 /mm | 冲击次数 /r·min⁻¹ | 冲击功 /kJ | 耗风量 /m³·min⁻¹ | 风压 /MPa | 活塞重量 /kg | 总重 /kg | 风管直径 /mm | 锤具直径 /mm | 阀型 | 国别 |
|---|---|---|---|---|---|---|---|---|---|---|---|---|---|
| TB | TB－1 | 110 | 250 | 520 | | 5～6 | 0.5 | | 150 | 38.1 | 64 | 碗状阀 | 日本 |
| | TB－2 | 118 | 300 | 450 | | 7～8 | 0.5 | | 260 | 38.1 | 70 | | |
| | TB－3 | 143 | 350 | 360 | | 10 | 0.5 | | 390 | 38.1 | 90 | | |
| | TB－4 | 160 | 450 | 350 | | 10～11 | 0.5 | | 700 | 38.1 | 102 | | |
| | TB－5 | 180 | 420 | 350 | | 15～16 | 0.5 | | 840 | 50.4 | 118 | | |
| | TB－8 | 250 | 570 | 约300 | | 26～34 | 0.5 | | 2600 | 50.4×2 | 170 | | |
| MCB | MCB－90 | 90 | 240 | 530 | 450 | 4.5 | | | 150 | | | 混合阀 | 日本 |
| | MCB－120 | 120 | 305 | 470 | 1500 | 10 | | | 380 | | | | |
| | MCB－180A | 180 | 420 | 360 | 3800 | 17 | | | 1160 | | | | |
| | MCB－180W | 180 | 420 | 360 | 4500 | 72 | | | 1200 | | | | |
| NPH | MCB－200W | 200 | 420 | 400 | | 25 | | | 1300 | | | | |
| | NPH－1500 | 95 | 140 | 900 | | 4.6 | 0.5 | 8.6 | 136 | 25 | | | |
| | NPH－3500 | 116 | 200 | 530 | | 5.0 | 0.6 | 25 | 260 | 25 | | | |
| | NPH－4500H | 130 | 200 | 650 | | 7.2 | 0.6 | 30 | 455 | 38.1 | | | |
| | NPH－4500L | 130 | 320 | 500 | | 7.2 | 0.6 | 30 | 485 | 38.1 | | | |
| | NPH－6500H | 160 | 200 | 600 | | 10.1 | 0.6 | 45 | 585 | 38.1 | | | |
| | NPH－6500L | 160 | 250 | 500 | | 10.1 | 0.6 | 45 | 610 | 38.1 | | | |
| | NPH－7500 | 160 | 320 | 430 | | 13 | 0.6 | 45 | 640 | 38.1 | | | |
| | NPH－9000 | 176 | 280 | 400 | | 16 | 0.6 | 70 | 860 | 50.8 | | | |

| 型　式 | | 内径/mm | 行程/mm | 冲击次数/r·min⁻¹ | 冲击功/kJ | 耗风量/m³·min⁻¹ | 风压/MPa | 活塞重量/kg | 总重/kg | 风管直径/mm | 锤具直径/mm | 阀型 | 国别 |
|---|---|---|---|---|---|---|---|---|---|---|---|---|---|
| RAM | RAM. 900 | 117.5 | 381 | 600 | 1387 | | 0.5 | | 376 | 38.1 | 88.9 | | 美国 |
| | RAM. 2000 | 165.1 | 393.7 | 600 | 2770 | 22 | 0.5 | | 744 | 50.8 | 133.4 | | |
| KB | KB – 555 | 64 | 121 | 600 | 690 | 4.3 | | | 220 | | 95 | | |
| | KB – 999 | 89 | 381 | 600 | 1380 | 7.1 | | | 376 | | 117 | | |
| | KB – 2000 | 133 | 394 | 600 | 2760 | 17 | | | 744 | | 165 | | |
| FC | FC – 100 | 125 | 310 | 336 | 1000 | 8.4 | 0.5 | 28.5 | 336 | 25 | 125 | 混合阀 | 中国 |
| | FC – 200 | 155 | 390 | 270 | 2000 | 13 | 0.5 | 54 | 592 | 38.1 | 150 | | |
| | FC – 300 | 180 | 450 | 245 | 3000 | 17.4 | 0.5 | 84 | 853 | 50.8 | 150 | | |
| | FC – +20 | 200 | 480 | 220 | 4200 | 21.8 | 0.5 | 110 | 953 | 56 | 160 | | |

国内外几种液压碎石器的主要技术参数见表 12 – 18 和表 12 – 19。

**表 12 – 18　国内外几种液压碎石器的主要技术参数（一）**

| 国别 | 厂商 | 型号 | 本机重量/kg | 需配流量/L·min⁻¹ | 工作油压/MPa | 冲击能量/kJ | 每分钟冲击次数 |
|---|---|---|---|---|---|---|---|
| 法国 | Monta – Bert | BRH250B | 440（550） | 35/90 | 10（14） | 1000 | 230/600 |
| | | BRH250C | | 90/130 | 7.5（11） | | 490/600 |
| | | BRH501L. A | 800（1000）2000 | 60/80 | 13（16） | 2000 | 320/450 |
| | | BRH501L. B | | 80/120 | 11（14） | | 350/480 |
| | | BRH501L. C | | 110/140 | 8（12） | | 410/500 |
| | | BRH1000 | | | 5/16 | 4000 | 400 |
| 德国 | KRUPP | HM200 | 255 | 55 | 120/150 | 700 | 650 |
| | | HM401 | 380 | 60/70 | 12/15 | 720 | 550 |
| | | HM600 | 430 | 90 | 16 | 2000 | 480 |
| | | HM800 | 1000（1500） | 95/120 | 15/18 | 3200（1500） | 300/450（600/900） |
| | | HM800N | | 160/170 | 12/13 | | |
| | | HM1000 | 2000 | 140/160 | 18 | 6000 | 200 |
| 日本 | 油谷重工 | YB600 – 90 – 15 | 520 | | 21 | 900 | |
| | | YB600 – 90 – 10 | | | 14 | | |
| | | YB1000 – 150 – 15 | 850 | | 25 | 1500 | 200/400 |
| | 日本风动工具 | 602HB | 730 | 40/60 | 25/32 | 2100 | 300/400 |
| | | 802HB | 900 | 110/140 | | 2800 | |
| 美国 | JOY | 206 | 350 | | | 1380 | 200 |
| | | 411 | 1089 | | | 8290 | |
| | | 514 | 1200 | 113/132 | 17 | 27650 | 30 |
| | Ingersoll – RAND | G500 | 220 | 50/85 | 14/21 | 700 | 400/600 |
| | | G1100 | 339 | 165 | 14 | 1930 | 60/600 |
| | | G3200 | | | | 4150 | 220/250 |
| 英国 | Cullick – DOBSON | | 750 | 100 | 14/17 | 3900 | 320/822 |
| | | GD3000 | 703 | 185 | 14 | 4150 | 600 |
| 中国 | 嘉兴冶金机械厂 | SYD – 400 | 490 | 90 | 15 | 4000 | 45 |

表 12 - 19　国内外几种液压碎石机的主要技术参数（二）

| 型　号 | SKB500 | SAM500 | GTP400 | BRH625 |
|---|---|---|---|---|
| 整机高度/mm | 3600 | 4500 | 3000 | 3450 |
| 最佳工作距离/mm | 2150 ~ 4850 | 3000 ~ 6000 | 2000 ~ 4000 | 3000 ~ 6000 |
| 打击次数/r·min⁻¹ | 400 ~ 1100 | 350 ~ 700 | 300 ~ 600 | 400 ~ 800 |
| 锤杆规格/mm | $\phi 70 \times 700$ | $\phi 80 \times 700$ | $\phi 70 \times 600$ | $\phi 118 \times 800$ |
| 系统压力/MPa | 12 ~ 16 | 16 ~ 18 | 12 ~ 16 | 12 ~ 16 |
| 额定流量/L·min⁻¹ | 92 | 92 | 90 | 130 |
| 油箱容积/L | 700 | 800 | 600 | 1100 |
| 动臂摆角/(°) | ±90 | ±90 | ±90 | ±90 |
| 碎石器摆角/(°) | ±90 | ±90 | ±90 | ±90 |
| 碎石器油缸流量/L·min⁻¹ | 2.8 | 3.0 | 2.5 | 3.5 |
| 底盘型式 | 移动 | 固定 | 固定 | 移动 |

# 第五节　露天洒水车

露天矿的采装运作业会产生大量粉尘，危害工作人员的身体健康。为了减少粉尘，改善工作条件，露天矿都应配备足够数量的洒水车。洒水车也经常用于市政环境工程。

常见露天洒水车的主要技术参数见表 12 - 20。

表 12 - 20　常见露天洒水车的主要技术参数

| 型　号 | | H140 | ZB076 | SP440 |
|---|---|---|---|---|
| 容量/m³ | | 4 | 4.8 | 3.55 |
| 自重/t | | 4.75 | 6.0 | 4.0 |
| 外形尺寸/m | 长 | 6.59 | 7.405 | 6.8 |
| | 宽 | 2.35 | 2.40 | 2.27 |
| | 高 | 2.05 | 2.75 | 2.18 |
| 发动机功率/kW | | 69.8 | 136 | 52.1 |
| 洒水速度/km·h⁻¹ | | 20 ~ 25 | 25 ~ 30 | 18 ~ 20 |
| 洒水宽度/m | | 14 ~ 18 | 16 ~ 18 | 15 |
| 制造厂 | | 武汉消防器材厂 | 郑州宇通重工公司 | 四平机械厂 |

撰稿、审定：王荣祥　任效乾　王正谊　王志霞（太原科技大学）

王任大（天津柯顿（九安）电工电器公司）

梁江涛（深圳奥意建筑工程设计公司）

# 第十三章　矿山设备现代化管理

## 第一节　矿山设备工作条件及设备管理

### 一、矿山设备的工作条件

#### （一）矿山设备工作条件

在一般工程的施工过程中，大部分工作设备的分布比较分散而且移动频繁；工作环境恶劣，工作条件变化多端。由于施工地点有时远离施工队伍基地，设备检修条件受到限制，设备的维修保养质量也受到影响。

矿山设备的工作条件包括工作场地及道路的准备质量、工作对象的性质和状态以及气候和地理环境等。工程实践证明，矿山设备的合理运用和科学管理，主要取决于工作条件、人员操作和施工组织三个环节。

不同矿山设备对工作场地大小有不同的要求，必须相互适应。场地太大则浪费资金和准备时间；场地太小则影响设备效率及安全。工作场地的准备质量应满足平整、无大块岩石阻碍及运行安全要求，要利于矿山设备作业，以免加速损坏轮胎和履带装置以及造成人身伤害和设备事故。对于汽车、装载机和有轨运输等设备，其道路的修筑和养护应符合设计技术质量标准。场地道路质量好，则可提高行驶速度，延长发动机、变速器、轮胎、悬挂装置、履带板和机架等零部件的使用寿命，并可减少设备事故，从而提高运输效率和降低维修费用。同时，也使工作人员的生理机能处于良好状态。

矿山设备的运行状态与气候条件的关系也极为密切。北方的气温较低，会使矿山设备的构件呈现低温脆性，影响其强度和刚度；而且低温会增加准备工作场地和启动内燃设备的困难。严重的低温会使人的行动不便，感觉失真，影响操作质量，增加不安全因素。载运泥沙的车辆容易冻结，倾卸不干净，必须随时处理。而南方的气温较高，空气潮湿，雨水较多，设备容易锈蚀，润滑容易失效，空气闷浊，易影响操作人员工作和设备运用。

矿山设备工作场地的标高也影响某些设备性能。比如四冲程内燃机，在标高为300m以上的场所工作时，如果没有增压器，每升高300m其功率会降低3%；如果有蜗轮增压器，工作场所标高在1700m以下时，设备所受影响较小。在高山地区工作时，其气候条件对电气设备的正常运行影响更大，会使设备寿命显著缩短。

施工接触对象与设备的性能发挥及使用寿命关系更为密切。比如在土石方工程中，石料的硬度、堆高、块度、磨蚀性，土层的坚实程度、土质的黏结性、松散性，岩层的节理、裂隙和渗水性等，都直接影响设备的工作效率、构件的磨损及破坏程度。同时，因产生粉尘、废气和废水，会严重污染环境。

由上述可知，合理使用和科学管理矿山设备，首先要经济合理地为设备创造良好的工作条件，即根据设备规格、性能和作业条件选定合理的作业参数，使工作场地和道路质量良好，气、水、电、油供应充足，并应采取有效的通风、防尘、防污染、防腐蚀、防寒、防暑、防雷、防洪和避炮等措施。

#### （二）矿山生产组织工作

矿山生产系统是由各种不同用途的设备在空间和时间上彼此联系起来而构成的特殊工艺系统。为了保证系统的综合矿山生产能力，要研究设备的合理选择、科学配套和人员配备问题，使各个环节的设备能力彼此相适应，都能充分发挥其功能。在满足综合能力要求的前提下，各个环节投入的设备数量越少越好，型号越少（统一）越好。但应注意，每个矿山生产环节都要有一定数量的备用设备，以免因设备事故和停机检修而影响整个施工系统的工程进度。

工程系统的矿山设备数量和规格，一般是在工程开始时便已按设计规模配齐的。但工程前期、中期与后期，其工作条件和工程量是不相同的，所用设备数量和规格也应随之不同；暂不用的设备可以封存或改作他用。一般认为最好的方案是：根据矿山生产规模的不断扩大，逐步增加设备数量和调整设备规格，而不要在施工初期把所有设备都集聚于施工场所。

对于矿山生产中的运输设备，应根据工作场所的运距变化不断进行合理调度，以满足不同时段的工作要求。调度作业要不断地监控运输线路和装运设备状况，以便确定最佳配车方案，在矿山生产条件不断变化的情况下，选择能够提供最佳车流的线路。这是一种复杂的动态生产设备实时优化问题，因此，近年来出现了电子计算机网络自动调度系统。这种系统可应用线性规划模型，及时计算装载效率、运行时间、装卸时间及停车时间，从而可以得到矿山生产现场结构的最佳选择。

在安排矿山生产计划时，应当留足设备的日常维护保养和检查修理时间，维修计划一经确定，生产调度和管理部门就要严格执行。安排矿山生产计划时，还应考虑场地、道路和气候变化等因素对工程进度的影响。例如，在高山或严寒季节，要相应增加备用设备和维修人员，加强防寒防冻工作；在多雨季节，要加强防洪和护路工作，对设备防潮和润滑工作也应倍加注意。

矿山生产设备（特别是主体设备），一般是多班多人操作运行。为此必须建立严格的交接班制度，不但要出色地完成任务，还要对设备进行状态监视和点检，科学地使用和维护设备，并将本班设备作业的具体情况和技术状态，以及下个班应注意的事项，准确地反映出来，引起接班人员的注意。对于本班发现的问题，要及时研究解决，不要推给下个班。凡是不能解决的问题，要及时报告有关管理部门，寻求妥善处理。

## 二、加强设备管理的重大意义

在矿山企业中，使用的机电设备是多种多样的。这些设备在生产过程中，均在不同条件下承担着一定的载荷运转着。设备经过长期运转，机件的配合表面，由于摩擦力作用和其他与机器正常运转有关的因素（如温度、湿度、腐蚀、润滑不良、长时间过负荷、机件疲劳等）的影响，其几何尺寸和几何形状不可避免地会产生磨损甚至损坏。机件的磨损在一定的范围内虽不至于妨碍机器的工作，但当磨损配合面的间隙超过允许值时，必将导致机器正常工作的恶化与破坏。特别是对那些几何形状精度要求很高的机件，几何尺寸的改变是不允许的。否则，将严重影响传动的平稳性和均匀性，并使传动效率显著降低，进而可能导致生产的中断。所以，加强对设备的维护和管理，提高修理工作质量，在设备的设计制造阶段即考虑运用管理因素，不仅可以保持设备的正常运转，而且在很大程度上决定着设备的生产效率和使用寿命，直接关系着设备的生产安全和工作质量。随着现代机电设备的大量采用以及修理队伍的日益壮大，合理组织设备运用管理，减少运营费用，对降低生产成本也具有重要意义。

现代设备管理理论认为，设备综合运用管理是系统工程方法论在设备管理中的具体应用。设备一生全过程可以看成一个系统，而设备的设计、研制、生产、安装、调试、使用、维修、更新的各阶段，则可看成是各个子系统。系统局部优化不一定全局最优，只有全系统优化才是合理的。所以，注重机电设备的综合运用管理，才能最大限度地提高经济效益。其原因主要如下：

（1）加强设备运用管理是补偿设备损耗、维持简单再生产的必要手段。设备是企业生产的物质技术基础，必须及时补偿其运转中的自然磨损，否则生产就要受到损失，甚至连简单再生产也无法维持。

（2）设备管理、改造和更新旧设备耗资巨大，占用人力很多；如能加以改进，就可能节约大量劳力、资金、原材料、加工机床和欲更新设备，实际上是延长了设备的服务年限。

（3）设备运用管理水平直接影响着企业的各项技术经济指标。企业工程进度、产品的产量、质量、成本以及安全环保和职工劳动情绪等都受到设备状态的制约，而且涉及设备运用管理的人、财、物在企业中都占有很大比重，所以它对企业经济技术指标的影响是很明显的。

各种机械设备在生产施工中处于不断地损耗状态。这种损耗使设备逐渐失去使用价值，需要及时给予补偿，否则生产就要受到损失，甚至无法维持日常规定的生产。机械设备损耗的快慢，使用寿命的长短，则取决于设计、制造、选型、维护修理及改造更新等多环节工作的质量。所以，科学的设备管理应是"设备一生"的"综合管理"。

各个国家的生产实践都证明，矿山设备管理耗资巨大，直接影响着国民经济的发展。改造更新旧设备需要占用国家产出的大量新设备；设备维修则要消耗大批的人力、物力和财力。在施工生产中，发达国家的设备维修费一般为资产原值的 3% ~ 7%。我国现有工业企业约 40 万个，固定资产达 8000 亿元，其中机械设备占 60% ~ 70%，约有 5000 多亿元，维修费每年为 350 多亿元。这些数据说明，设备的运用管理消耗着大量的社会财富。若能加以改进，就有可能将节省的大批劳动力和大量财力物力，转而用于发展国民经济。运行设备通过技术检测和故障分析，进而排除故障和修理改造，就能恢复或提高技术性能，其费用比购买同类型设备的费用低得多，是节约更新资金、提高企业设备现代化水平的重要途径之一。在我国国民经济发展的现阶段，企业设备更新欠账多，资金不足，有时又无足够的新型设备供选择和更新，因此加强现有设备的技术管理，科学地进行维修和技术改造，对实现我国的现代化建设目标具有重要的战略意义。

### 三、现代化设备管理的基本内容

机电设备运用管理工作应实行目标管理法则，采用计划、实施、检查和总结（PDCA）的循环方式。要善于调动职工的积极性，鼓励职工对工作提出合理化建议；定期组织工作成果表彰活动，对有突出贡献的个人给予奖励。这样可以不断提高工作水平和效率，保证企业获得较高的经济效益。下面对机电设备运用管理工作的主要内容进行阐述：

#### （一）设备资产管理

设备资产是企业有形固定资产中的主要组成部分。设备资产的管理业务主要有：对新购进或在用的全部生产设备进行编号、登记、设卡、建账；办理设备的企业内转移和企业外调拨；新设备安装前后的清点、交接、检查、验收；对闲置设备的集运、封存和保养；组织对老旧设备的鉴定、报废或修复等。

#### （二）设备前期管理

这是综合运用管理对传统管理内容的延伸，包括设备的设计研制调查、选型配套方案选择、经济技术论证、安装调试、投产和有关的信息反馈等。对于世界先进国家相应的设备运用管理经验也应该有所了解。

#### （三）设备的技术状态管理

通过设备检查和监测等手段，收集、分析和处理有关设备技术状态变化的信息，及早发现或预测设备功能的失效和故障，适时地采取维修或更换对策，以保证设备处于良好的技术状态。这一工作包括传统管理工作中的设备使用、检查、维护、检修、润滑等管理工作内容，以保证设备正常运转。

#### （四）设备的润滑保养管理

设备润滑保养管理的主要内容是建立各项润滑保养工作制度；编制润滑保养工作计划和方法；检测并分析润滑系统的运行参数和故障；学习先进经验，保管油料，回收利用废油等。特别是废油的回收利用，不但可以节约油料，降低运营费用和生产成本，获得很可观的经济效益，而且有利于环境保护。

#### （五）设备的计划管理

设备的计划管理包括各种维护、修理、技改计划的编制和实施，具体内容可分为以下几个方面：

（1）根据"专群结合"的维修体制，组织"专管成线、群管成网"的设备管理维修体系。

（2）制定设备运用管理和维修工作中的各项流程，明确各机电岗位工作人员在设备运用维护管理流程实施中的责任。

（3）建立健全的设备运用管理和维修的规章、制度、规程及细则，并认真组织贯彻执行。

（4）制定机电设备运用管理和维修的各种定额和指标，并规定相应的测试、统计、考核、分析、评级和奖惩办法。

（5）根据修理、改造更新相结合的方针，编制企业各种修理计划和有关改造、更新的规划，并组织贯彻实施或进一步补充完善。

## （六）设备的备件管理

设备的备件管理包括自制备件、外购备件以及有关备件制造毛坯的管理。由于现代化机电设备的结构日趋复杂，维修所用的备件已包括机械、电子、液压、集成电路等元件，其运输、储存和回收技术装备要求也越来越高，加强备件管理对降低设备运营费和生产成本将起到明显的作用。

## （七）设备的维修技术管理

设备的维修技术管理包括设备前期管理、状态管理、计划管理等工作中有关技术工作的实施。例如日常维修中故障的分析及修理方案的确定、改善性修理措施的选择、各类计划修理前的预检、修理工艺的编制、专用研检工具的设计制造、修理过程的现场施工服务、修理后的调试交验、设备更新改造工作中的可行性分析、自制设备及配套装置的设计、外购设备选型配套的技术经济论证等。

近年来，由于各个企业对设备管理的重视和不断探讨，以及科学技术和工业生产的迅速发展，设备管理模式也在进步，目前在行业中已形成了"设备综合管理"理论，建立了现代设备化管理模式。它与传统的设备管理模式不同，其主要区别见表13-1。

表13-1 传统设备管理与现代化设备管理的区别

| 项　目 | 传统设备管理 | 现代化设备管理 |
|---|---|---|
| 管理目标 | 为生产施工服务，确保完成生产计划 | 保证完成生产计划，追求最低的设备寿命周期费用和最高的经济效益 |
| 管理范围 | 主要是设备的后期管理，其设计、选型、维修、技改等各个环节脱节 | 管理设备的一生，既加强设备的后期管理，也注意设备的前期管理，形成设备管理系统工程 |
| 管理业务之间的关系 | 设备管理工作中的技术、经济、组织工作三者联系不紧密 | 在设备一生的管理过程中，注重技术、经济、组织三者之间的紧密联系，并不断以价值工程观点进行协调 |
| 组织管理 | 专业人员管理和操作人员管理相结合 | 专业人员管理和操作人员管理相结合，且技术管理和经济管理相结合 |
| 技术管理 | 注重设备维修技术管理，但只考虑技术可行性，很少考虑经济合理性 | 在选择设备维修和技术改造方案时，要进行技术经济可行性分析，注重分析设备的可靠性和维修性，并力求设备寿命周期费用的经济性 |
| 经济管理 | 经济管理处于从属地位，不考虑设备前期与后期管理的经济联系 | 认为技术和经济同样是可行性分析的重要组成部分，在设备前期工作中，就考虑到设备维修费用等经济因素 |
| 信息管理 | 局限于统计工作的范围，为企业的上级管理部门服务，对矿山生产很少有反馈及促进 | 重视信息反馈及管理，对设备的技术性能和管理费用进行分析，作为提高设备可靠性、维修性和改进管理工作的依据 |
| 维修计划管理 | 全部设备统一实施计划预修，按修理周期结构进行各种维护修理，容易产生维修过剩或失修现象 | 运用ABC分析法将设备分类，根据不同情况分别采用预防维修和事后维修；经常检测运行设备的技术状态，注重实施针对性修理，提高经济效益 |
| 维修与技术改造的关系 | 设备维修与技术改造脱节，力求恢复设备原来性能，但往往使设备性能日渐恶化 | 设备维修与技术改造相结合，通过现代化检测手段，分析设备性能信息反馈，科学地改造设备的不合理之处，提高其技术性能 |
| 维修实施管理 | 以组织企业内部维修力量为主，往往形成"小而全"的修理设施，而且修理质量低劣，成本较高，经济效益较差 | 重视设备检测和维修专业化，加强横向协作，发挥各自的优势，组织信息联网反馈，以工业化的科学生产方式组织实施设备维修 |

# 第二节　机电设备的运行维护和检查制度

## 一、机电设备故障分析管理

机电设备在运行状况下，其零部件或系统丧失了规定性能，称为设备故障。判断设备是否处于故障状态，首先要明确设备应保持的规定性能的具体内容，即必须有具体的判别标准。

当机电设备发生故障时，首先呈现的是故障现象。故障现象是故障过程的结果。每种故障都有其主要特征，称为故障模式。矿山设备在实际工作中常见的故障模式为：（1）异常振动；（2）异常声响；（3）油质劣化；（4）绝缘失效；（5）严重磨损；（6）材质疲劳；（7）构件破裂；（8）过度变形；（9）腐蚀剥落；（10）渗漏堵塞；（11）松弛移位；（12）其他异常。不同类型的设备，其各种故障模式所占的比例也不同，根据国内外一些设备运行记录资料统计，大致情况见表 13-2。

**表 13-2　不同类型设备各种故障模式所占比例**　　　　　　　　　　（%）

| 故障模式 | 静止设备 | 回转设备 | 往复设备 |
| --- | --- | --- | --- |
| 异常振动 | 0 | 30.4 | 3.1 |
| 异常声响 | 1.1 | 11.4 | 6.5 |
| 油质劣化 | 3.6 | 3.1 | 4.3 |
| 绝缘失效 | 3.2 | 2.1 | 4.5 |
| 严重磨损 | 7.4 | 19.8 | 17.8 |
| 材质疲劳 | 6.8 | 8.6 | 8.2 |
| 构件破裂 | 18.3 | 8.4 | 16.9 |
| 过度变形 | 2.6 | 2.8 | 2.1 |
| 腐蚀剥落 | 35.8 | 4.3 | 17.5 |
| 渗漏堵塞 | 12.5 | 2.5 | 9.8 |
| 松弛移位 | 1.5 | 3.3 | 3.5 |
| 其他异常 | 7.2 | 3.3 | 5.8 |
| 合　计 | 100 | 100 | 100 |

当机电设备的工作条件和环境条件等方面的能量积累一旦超过某一界限时，就会产生故障。产生故障的原因有硬件方面的，也有软件方面的，或者是硬件与软件不匹配等。设备故障的发生受空间、时间、设备内部和外界诸多因素的影响，可能是某一种因素起主导作用，也可能是几种因素综合作用的结果。故障现象、故障机理和故障诱因三者密切相关。但是，这种关系及其发生发展过程十分复杂，而且没有固定规律可循。比如，故障模式相同，但发生故障的原因和机理不一定相同；同一诱因也可能引起两种以上的失效机理。一般说来，任何一种故障损坏，只有当故障件的材料所承受的载荷（包括机械载荷、热载荷、腐蚀及综合载荷等），超过了它所允许的承载能力，或材料性能过度降低时才会发生。通过长期的对设备故障的检测和鉴定，产生故障的原因大致可以归纳如下：

（1）设计有错误。比如构件应力过高，应力集中现象严重，材料、配合和润滑方式选用不当，对使用条件和环境影响因素考虑不周等。

（2）选用的材料有缺陷。比如材料不符合技术条件，铸、锻件有隐患，热处理产生变形或热处理有缺陷等。

（3）构件制造有缺陷。比如构件的切削和压力加工有缺陷，装配不合理，热处理不合乎要求，焊接和电镀有缺陷，存在预应力和热应力等。

（4）设备违章运行。比如设备过载、过热和润滑不良，产生松脱振动、腐蚀、漏水、漏气和漏电，操作失误和维护修理不当等。

机械设备故障主要产生原因的比例如图 13-1 所示。

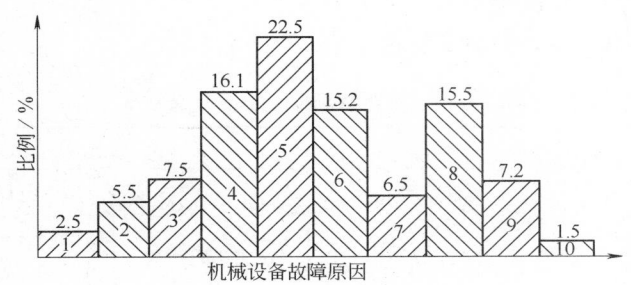

图 13-1　机械设备故障原因比例
1—原设计不良；2—制造装配不良；3—超载和过热；4—自然磨损；5—润滑不良；6—维护保养不良；
7—操作不熟练；8—违章作业；9—修理质量不良；10—原因不明

当设备发生故障后，不但要对每一项具体的设备故障进行分析，查明发生故障的原因和机理，采取措施及时排除，还要针对故障性质，制定管理办法，预防或减少故障，改善设备技术状态。故障分析及管理主要从两个方面着手。

### （一）故障发生的频率统计

（1）一般故障及发生频率。设备发生故障与许多外部因素的影响有关，如环境因素、物质条件、有关工作人员素质、管理水平、人机关系、人为因素、设备本身的质量等。不掌握这些外部因素及其造成的故障所占的比例，就不能了解问题的性质和重点，也无从采取有效对策。但应强调，故障的宏观（数量）分析是以每一起具体故障的分析为基础的，对故障外部原因的分析是以故障机理的分析为基础的，不了解故障机理，就不能判定外部原因对故障的实际影响及其程度，也就不能从根本上解决问题。

进行故障原因分析时，对故障原因种类的划分应有统一原则，要结合本系统（或本企业）拥有的设备种类和故障管理的实际需要。分得过粗或过细，都不利于管理工作；其准则应是根据所划分的故障原因种类，较容易地看出每种故障的主要原因或存在的问题。

为了掌握设备使用过程中不同时间内的故障发展趋势，要对规定时间内的故障频率进行分析。故障频率与设备的负荷强度有直接关系。但是，每个企业生产设备的种类及每台设备承担的任务是多种多样的，很难单纯地以其负荷强度（或生产率）作为分析依据。然而，对于一个车间、一个工区或一个企业，产量与设备运转台时是成正比的。所以，一般以设备运转台时的故障停机小时数来评价，叫做故障强度率（见式 13-1）：

$$故障强度率 = \frac{同期设备故障停机小时数}{设备实际运行台时数} \times 100\% \qquad (13-1)$$

（2）设备的主要故障问题数量分析。只要认真积累设备运转记录资料，经过分析就会发现，每一种设备发生故障的部位和故障模式往往有一定的规律性；每一种设备总有几种故障，发生次数远远超过其他故障；这些故障占 50% 以上，称为主要故障问题。

主要故障问题也是有变化的，一个问题解决之后可能会出现新的问题。但是，通过对设备实际故障的统计分析，可以了解每种设备的主要故障内容和故障模式，使故障分析和管理工作目标明确，预防故障得力，排除故障及时。

### （二）设备的事故处理、报废和档案

凡因非正常损坏，以致设备的精度、效能或性能降低的，导致停产的，均称为设备事故。一般根据设备的损坏程度，事故发生的情节和性质、造成减产损失和修复费用的大小划分为两大类：普通（一般）事故和重大事故。在不同的企业和行业里，事故的区分标准也不完全一样。例如，某些大型连续生产的

化工生产线，停产1s就称为重大事故；而对普通矿山生产设备，则不能称为重大事故。在我国多数矿山生产企业中，行业规定设备非正常损坏时，致使生产中断而停机修理达5d以上的；企业供电设备发生故障而中断供电10min以上的均为重大事故。

我国某矿区车辆制造厂规定的事故分类标准见表13-3。

表13-3    某车辆制造厂事故分类标准

| 损 坏 类 型 | | 一般事故 | 重大事故 |
|---|---|---|---|
| 设备损坏停歇时间 | 一般设备 | 5h以上 | 5d以上 |
| | 关键设备 | 2h以上 | 2d以上 |
| | 其中：大型铲挖设备 | 20min以上 | 40min以上 |
| | 装载设备、运输设备、平整设备 | 30min以上 | 1h以上 |
| 设备非正常磨损严重影响设备使用寿命、技术性能及质量降低者 | 一般设备导轨研损体积 | $0.5 \sim 1cm^3$ | $1cm^3$ |
| | 大型、重要设备导轨研损体积 | $1 \sim 2cm^3$ | $2cm^3$ |
| 精密设备导轨研损体积 | | $0.5cm^3$以下 | $0.5cm^3$以上 |
| 动力设备漏损严重，参数低于规定的下限时间 | | $10 \sim 30min$ | 30min以上 |
| 动力设备出力降低 | | 10%以下 | 10%以上 |
| 电气绝缘击穿、烧毁：鼠笼式电机 | | 0.6kW以上 | 40kW以上 |
| 其他电机（包括直流电机） | | 0.6kW以上 | 16kW以上 |
| 电力供应系统中断 | | $5 \sim 10min$ | 10min以上 |
| 热力网路和热能停运间断 | | 20min以上 | 40min以上 |
| 采暖网路供应中断 | | 1h以上 | 2h以上 |

设备虽出现非正常停歇或效能降低，但损失和停歇时间低于上述事故规定范围，则称为故障，不应按事故论处。

设备事故一旦发生，应积极组织抢修，采取措施，以最快速度完成修复工作；同时认真分析原因，严肃处理，从中吸取经验教训，采取措施防止类似事故的发生。对于重大事故，要坚决做到"三不放过"，即事故原因不清不放过；事故责任者与广大群众未接受不放过；没有防护措施不放过。

## 二、机电设备维修工作组织原则

### （一）以使用维护为主，以修理为辅，维护和修理并重

这个原则的实质是强调在机电设备的维修工作中，贯彻以预防为主的方针，争取主动，把可能发生的设备事故消灭在事故发生之前。

认真做好设备的日常维护保养工作，可避免零部件的过度磨损，杜绝在生产中发生事故，延长大修间隔期及设备的使用年限，保证设备经常处于良好的工作状态。但是，机电设备在使用中总是要磨损的，这是自然规律。所以，在零部件尚未达到不能使用之前，必须进行预防性修理，以避免设备事故。

### （二）群众性维护与专业性检修相结合，以群众性维护为基础

这一原则强调机电设备的维修工作应该依靠群众，重视群众的实践工作经验。

机电设备的直接操作者或看管者，最了解设备性能、运转状态和存在的隐患。所以，他们能够提供对改善设备运用管理工作最有价值的信息；他们对机电设备的精心使用和照管是专业检修工作者力所不及的；搞好群众性的日常维护工作，就会减少设备事故和检修工作量。同时还应推广"用—修—管"相结合的经验，促使人人都关心设备。

考虑到设备检修和管理工作的繁重性及复杂性，企业还必须有专业队伍从事机电设备的检修工作。他们是设备运用管理工作的骨干力量，是搞好维修工作的主要组成部分，对于保证及时地、迅速地、集中地、高质量地进行检修工作具有重要意义。同时，对于指导群众性的日常维修管理工作，也有一定作用。因此，应使"群众性"与"专业性"密切结合起来，不应片面地强调一方面而忽视另一方面。

### （三）企业管理应"既抓生产，又抓维修"

加强机电设备运用管理及维修，使设备保持正常运转，这是为了完成企业的生产任务；但若进行维修工作，就必须占用一部分生产时间，两者既是统一的，也是矛盾的。贯彻"既抓生产，又抓维修"的原则，就是要求在组织完成生产任务的同时，必须搞好机电设备的维修工作；但组织维修工作也必须服从企业生产任务的总体安排，要有计划的分片、分线、分机轮流进行检修；应利用节假日或某些生产间断时间进行检修，做到不影响或少影响正常生产的进程。

## 三、机电设备使用维护规程

设备使用维护规程对保证设备的正确操作、提高可利用率、防止故障和事故的发生、延长设备使用寿命等起着重要作用。因此，凡是主要生产设备，都应制定使用维护规程。操作人员必须熟悉掌握维护规程，并经理论和实际操作考试合格后，方可独立操作和维护设备。设备使用维护规程的内容编制应注意下列几点：

（1）内容要结合生产操作实际，且突出重点，文字要力求简练、通畅、易懂、易记。

（2）内容条目的先后顺序力求与操作顺序一致，使之可以对应检验。

（3）要吃透设备说明书的要求，并考虑生产具体情况和工作环境的变化特点。

设备使用维护规程的编制方法主要有以下几种：

（1）针对某台具体设备，将操作维护内容按操作顺序及维护要求，详细地逐条依次排列。这种编制方式虽可保证内容全面、系统，但未能按类别归纳使之条理化，不利于贯彻和培训，不易记忆。如果设备种类很多，则会使文件繁琐。

（2）把设备分成"一般无特殊要求的设备"和"有特殊要求的主要设备"，分别将各类设备的通用技术操作维护方法、要领和每种机型的具体操作维修方法制定为两种规程。这种编制方式能使内容大为简化，且能突出特点，但未能使规程形成一个整体，执行和记忆有些不便。

（3）把同类（或近似）机型的操作维护内容从理论到实际进行分类归纳，成为一项完整的规程，如可以归纳为"十不准"、"十个必须"、"操作注意事项"、"日常维护制度"等。这样既好贯彻，又好记忆，而且会提高人们对设备管理工作的兴趣。

## 四、机电设备使用维护制度

设备的使用维护管理应实行责任制，要明确各级人员、各个岗位对设备维护的责任。一般可分为日常维护、定期维护、对重点设备进行日常点检和群众性评比检查等。

### （一）设备的日常维护

要求操作人员在每班生产中必须做到：班前对设备进行检查、加油；班中要严格按操作规程使用设备，尤其要注意设备运转时发生的声音、振动、温升、油压、异味等信号，以及限位、安全装置等情况，发现问题及时处理或报告。下班前对设备进行认真清扫擦拭，并将设备状况记录在交接班记录本上。日常维护是设备维护的基础，是预防故障或事故发生的积极措施，应当严格制度化。

有些设备可以执行周末维护，主要工作内容与前者基本相同，但要求的范围及程度高于日常维护。周末维护一般规定在周末下班前进行，主要目标是清洁、紧固、调整、润滑、整容和防腐。

## （二）设备的定期维护

目的是减少设备磨损、消除事故隐患，延长使用寿命。维护工作以操作工人为主，由维修工人辅导，按计划进行。

定期维护工作的主要内容为：对设备易保养部位和重点部位进行拆卸和检查；彻底清洗设备外表和内部，疏通油、水、气路；清洗和更换密封零件和过滤元件；检查和调整各配合部分的间隙；紧固各部位的连接或相关零件；由维修电工按要求对电气部分进行维护保养，并进行相关的各种试验。

定期维护完成后，应对调整、修理、更换的零件及部位做出记录，尤须将未解决的问题记录清楚。关于维护周期，一般为工作 500h 进行一次。维护周期及每次维护时间还应根据设备结构、生产条件、维护水平等不同情况合理地确定，并经常结合实际工作情况加以调整。

可将定期维护内容归纳为"四要"、"六无"以便记忆：

"四要"：部件清洗要解体，传动部位要灵活，配合间隙要调整，安全装置要稳妥。

"六无"：紧固部件无松动，各部清洗无死角，导轨滑道无油垢，油路畅通无滴冒，冷却系统无漏水，记录详细无遗掉。

## 五、机电设备技术检查制度

进行设备技术状况检查，就是对设备的性能、精度及磨损程度等测试察验，了解设备运行的技术状态，及时发现和消除设备隐患，以防止突发故障和事故；这是实行设备状态监测维修的有效手段，是保证设备正常运行的重要工作。

设备检查周期一般可分为随机检查和定期检查；按检查项目性质可分为性能检查和精度检查；按检查方法不同可分为停机检查和不停机检查；按检查手段不同可分为人工检查和仪器检查。

### （一）日常检查

由操作工人每天对设备进行检查，其目的是及时发现设备运行的不正常情况并予以排除。检查方法主要是利用人的感官、简单工具、设备附设仪表和信号标志，如压力、温度、湿度、电压、噪声的检测仪表和油标、水标等。检查时间是在交接班的过程中，由交接双方共同进行。此外，设备操作人员还应在运行中对设备状况进行随机检查。日常检查的主要部位如下：

（1）易磨损或松动的零件；

（2）影响人身或设备安全的保护装置；

（3）在运行过程中需要经常调整的部位；

（4）易于堵塞、泄漏和污染的部位；

（5）容易老化变质或腐朽的零部件；

（6）受力特别恶劣的零部件；

（7）运行参数和技术状况的指示装置；

（8）需要经常清洗、位移或更换的零部件。

合理地确定检查点是提高点检效果的关键。如果被检查的部位长期不发生异常现象，而且同类设备都是这样，那么就应取消这个检查点。反之，如果某部位经常发生异常现象而未列入点检范围，就应增加该点为检查点，并记入设备技术档案。

### （二）定期检查

定期检查是以专业维修人员为主、操作人员参加、定期对设备进行的检查。其目的是发现和记录设备异常、损坏和磨损情况，以便确定修理的部位、更换的零部件、修理的种类和时间，据此安排计划修理。

定期检查的手段除用人的感官、工具和仪器外，还配备必要的振动、色谱、绝缘、温度等诊断仪器，以便更准确地掌握设备的运行性能和技术状态，为提高维修质量提供条件。

## （三）修理前检查

修理前检查是许多企业广泛采用的检查方法。它是指在年终的时候，对企业的主要设备进行一次较普遍的检查，以摸清设备技术状态的实际情况，作为编制下年度修理计划和进行修理准备工作的重要依据。

某些矿山生产企业常常利用测定设备精度指数的办法，来分别确定修理类别。设备精度指数是根据设备定期精度检查项目，按精度检查表的要求，将精度检查记录的实测值、精度容许值和测定项目数求出其计算方法见式（13-2）：

$$T = \sqrt{\frac{\sum\left(\frac{T_p}{T_s}\right)^2}{n}} \tag{13-2}$$

式中　$T$——设备精度指数；

$T_p$——精度实测值；

$T_s$——精度容许值；

$n$——测定项目数。

并规定：$T \leqslant 0.5$，为新设备的验收条件之一（常称为完好设备）；

$T \leqslant 1$，为大修理、重点修理后的设备验收条件；

$T \leqslant 2$，仍可继续使用，但须注意调整；

$2 < T < 2.5$，设备需进行重点修理或大修理；

$T < 3$，设备需进行大修理或更新换代。

合理地规定检查项目和准确地记录检查结果是十分重要的。某企业的岗位责任制规定，普通矿山生产设备，每4h（半个班）检查一次，检查电机、挂轮箱、内燃机、减速箱、传动轴、工作油缸、冷却泵等6个部位；交接班时，除上述6个部位以外，还要检查铰接销轴、联轴器、连杆系、附件、照明灯等5个部位的情况，并严格地做好记录。某厂工地制订的交接班检查记录表见表13-4。

**表13-4　交接班检查记录表**

| 一、清扫情况 | 1. 设备上各部分的岩土是否扫净；<br>2. 各轨道面上是否有杂物；<br>3. 滴漏的油和水是否擦干净 | ①已扫净　②不彻底<br>①无杂物　②有杂物<br>①干净　②不干净 |
|---|---|---|
| 二、润滑情况 | 1. 设备的润滑部位是否缺油剂；<br>2. 油孔是否堵塞 | ①不缺　②缺少<br>①未堵　②堵塞 |
| 三、使用情况 | 1. 传动机构有无异状（噪声、发热、振动、窜动、控制不灵）；<br>2. 设备的零部件有无损坏；<br>3. 附件、工具有无损失；<br>4. 是否有特殊磨耗；<br>5. 上述情况是否已报告 | ①有　②无<br>①有　②无<br>①没有　②有损失<br>①有　②无<br>①已报告　②没有报告 |

四、生产上需要交接事宜（下一班必须解决的问题）

五、其他事宜（需要转告的有关生产、设备、人员、备品等方面的问题）

交接班制度规定，进行了各项检查，同意按上述情况接班，所有未尽事宜，由本人负责清理；班内发生任何问题，概由本人负责。

交班人：　　　　　　　接班人：

接班时间　　年　　月　　日　　第　　班班长：

## 第三节 机电设备的润滑防腐和噪声防治

### 一、机电设备的润滑防腐管理

设备润滑工作是设备维护工作中极其重要的组成部分。及时、正确、合理地对运行设备进行润滑，能够减少机件摩擦阻力，降低动力消耗，缓解磨损，延长设备使用寿命。这样不但能充分发挥设备效能，而且有助于设备安全运行。加强设备润滑管理的工作内容如下：

（1）贯彻设备润滑管理的基本原则和"五定"、"三过滤"管理办法。"五定"是：定员、定人、定质、定量、定期；"三过滤"是：领油时过滤、油转桶时过滤、加油时过滤。

（2）建立健全各项润滑管理制度，包括润滑维护人员的职责条例和工作细则、清洗换油制度、润滑油和冷却液的检验制度、润滑剂的种类及代用品规定等。

（3）检查设备润滑状况，及时解决润滑系统存在的问题；配备和更换损坏的润滑零件、装置和工具；对润滑及清洗换油情况进行记录和分析，不断改善润滑维护工作。

（4）采取措施防止设备润滑系统泄漏；在治漏过程中要抓好"查、治、管"三个环节，达到有关技术规定要求的治漏标准。

（5）积极推广实施有关设备润滑的新油脂、新添加剂、新密封材料、新耐磨材料、新润滑装置等新技术的试验与应用，并认真学习有关业务的基础知识和方法。

目前，各国企业已普遍认识到，设备的合理润滑管理与节约能源、材料和劳动力以及提高生产率、可靠性、使用寿命和安全运行都有直接关系；过去把设备润滑简单地视为加油或换油，现已提高到摩擦磨损学的理论高度重新加以认识。但我国与先进国家相比，在这一领域内的科学研究、实施技术、人员培训及开发应用等尚有较大差距，必须努力改善这种状况。

设备的防腐蚀工作是设备管理的重要环节，尤其在石油炼制、化学工业等生产设备系统更为重要。构件的腐蚀会导致设备损坏，设备效率下降，影响工艺流程安全可靠运行，甚至造成严重的设备和人身事故。设备泄漏是发生腐蚀的导因，应有妥善的防止措施。防止设备的泄漏是指防止设备的跑（风）、冒（气）、滴（水）、漏（油）。这是任何一台设备都要做好的工作。

加强防腐管理和防止设备泄漏，首先是提高各级管理干部和广大职工对这项管理工作重要性的认识，各层面都要加强责任心。要建立和健全有关的规章制度和组织机构，做好设备的维护保养工作。为了搞好设备的防腐工作，还要建立设备的防腐档案，做好防腐的培训工作。

检查和考核设备跑、冒、滴、漏的指标是泄漏率，可用式（13-3）进行计算：

$$泄漏率 = \frac{泄漏点总数}{静密封点总数} \times 100\% \qquad (13-3)$$

所谓静密封点就是指设备的结合部位，例如法兰、阀门、丝堵、活接头和仪表接头等点处。

机械设备离不开润滑油；各个运转机件润滑工作面的润滑油，携带着设备运行状态的大量信息，可用以提示机器中零件磨损的类型、部位和程度，进行工况监控和故障诊断。目前，进行润滑油样分析时，常采用光谱分析法、铁谱分析法和磁塞检查法。

（1）油样光谱分析法是利用原子吸收或发散光谱不同来分析润滑油中散落的各种金属的成分和含量，判断磨损的零件及其磨损程度的方法。这种方法对有色金属构件比较适用。常采用的监测分析仪器是标准光谱分析仪。这种方法的局限性较大，不能获得磨损颗粒的形貌细节，所分析的磨粒一般只能小于 $10\mu m$。

（2）油样铁谱分析法是利用在磁力作用下不同大小的磨粒所移动距离不同的原理，根据油样中磨粒沉淀的状况来判断零件磨损程度的方法。采用光电显微镜可以观察残渣的形貌和色泽，可提供磨粒的数量、粒度、形态和成分等信息。铁谱分析所使用的仪器价格比较低廉，提供的信息比较丰富，应用很广泛。但它对于非铁磁材料不够敏感，且需要熟练的操作人员和严格遵守一定的操作步骤，才能使分析结果具有可比性。这种方法适用于检测粒度为 $10 \sim 50\mu m$ 的磨损颗粒。

（3）磁塞检查法是用磁性塞头插入润滑系统的管路内收集油中的磨粒，靠人眼直接观察磨粒的大小、数量和形态，以判断设备零件磨损状态的方法。这种方法适用于磨粒大于 $50\mu m$ 的油样检测。一般来说，设备零件磨损后期通常出现较大尺寸的磨粒，该方法即成为重要的检测手段。

在进行润滑油样分析时，对于各种不同的磨损颗粒的特征，可作如下区分：

（1）正常滑动磨损磨粒。这种磨粒是机械设备正常滑动状态下的磨粒，是剪切混合层（厚度约为 $1\mu m$ 的薄层）的疲劳剥落碎片，其尺寸在 $0.5 \sim 15\mu m$ 范围内或更小。

（2）切削磨损磨粒。这是一种非正常磨损磨粒，其形状如同切屑，是因较硬杂物颗粒进入润滑工作面而产生的。这种磨粒的尺寸范围较大，一般为 $2 \sim 100\mu m$。

（3）滚动疲劳磨粒。这是由运转的滚动轴承产生的疲劳磨粒，主要分为疲劳剥落碎片、层状疲劳磨粒和球状疲劳磨粒三种。前两种磨粒的尺寸范围为 $1 \sim 5\mu m$，在滚动轴承的整个运转期间都会产生，当数量增加时即可作为轴承故障的初期预报。球状疲劳磨粒的尺寸范围为 $5 \sim 20\mu m$，当其大量增加时，即可断定已是滚动轴承产生故障。

（4）滚滑疲劳磨粒。这是由啮合齿轮节圆附近出现滚动疲劳和滑动擦伤所产生的磨粒。这种磨粒呈贝壳状，具有粗糙的条纹表面和锯齿形的周边，其宽度与厚度之比为 $4:1 \sim 10:1$ 之间。

（5）严重滑动磨损磨粒。这是由于滑动表面的负荷过大或速度过高，以致应力变得过大而产生的磨粒。这种工况使润滑工作面的剪切混合层变得不稳定，并出现大磨粒剥落面使磨损加剧，最后导致破坏。这种磨粒的尺寸在 $20\mu m$ 以上，其表面有滑动条纹和整齐的刃口。

## 二、机电设备的噪声防治及管理

随着工业技术的飞速发展和装备规模的不断扩大，噪声已成为环境污染公害之一，而机电产品运转所产生的噪声，则是这一污染的主要来源。

随着现代化工业的发展，高速和大功率的机电产品日益增多，导致噪声污染越发严重。因此，机电产品的噪声控制问题，已引起人们的普遍重视。

近20多年来，噪声控制工程已从采用传统的隔声、吸声等消极办法，转向对机电产品噪声源识别和控制的研究，并逐步开展了低噪声机电产品设计的工作。这不仅为从根本上控制机电设备噪声指出了方向，而且对提高机电设备的性能、节约能源有着重要意义。

声系统的构成，主要有声源、传播途径和接受者三个环节。噪声控制也是围绕这三个方面进行的，即从声源上根治噪声，在传播途径上采取控制措施，在接受者上进行防护。但从噪声源本身治理噪声是最彻底的措施，我们称之为积极降噪，其他措施都属于消极降噪。

为了说明机械噪声的激励和辐射过程，我们先对齿轮箱的传播实例做分析。

图 13-2 为一个齿轮变速箱。一对啮合的齿轮，由于啮合冲击或在交变负荷作用下，齿轮产生圆周方向振动。在它的诱发下，又产生径向振动及轴向振动，这些振动都会由轮体辐射出噪声。齿轮箱中一部分噪声透过箱壁，箱壁上的窗口及缝隙传到箱外，这种噪声通常称为一次空气声。另一部分噪声被箱壁反射回箱内。齿轮箱内的噪声和齿轮的振动还能以固体声的形式，由齿轮传到轴，再传到轴承，通过轴承传到轴承座、箱体、盖板及罩壳等。这些零部件都有很大的辐射面积，很容易被激发产生振动和噪声，通常称此噪声为

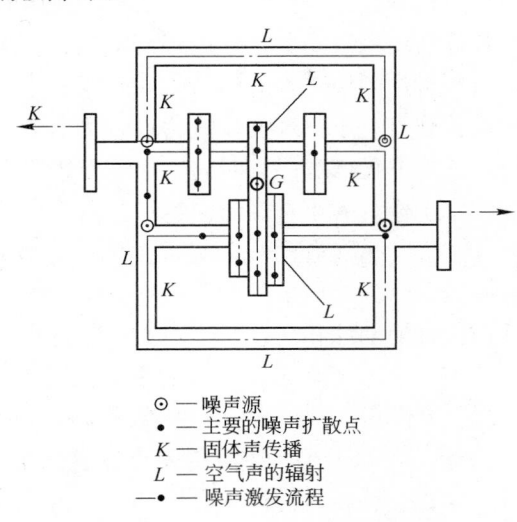

⊙ — 噪声源
● — 主要的噪声扩散点
K — 固体声传播
L — 空气声的辐射
—●— 噪声激发流程

图 13-2　齿轮箱中噪声的传播

二次空气声。如果声源频率与箱体、盖板的固有频率一致或接近时，将产生共振，使箱壁或盖板发出很高的噪声。

因此，对于机械噪声源，噪声控制的根本办法主要是抑制机械零部件的振动。振动的控制应包括机械本身的振动和振动的传播（即固有声传播）。前者是机械系统的合理设计和制造问题，后者则是隔振措施的设计问题。

常见矿山生产设备的噪声声压级见表 13 - 5。

表 13 - 5　常见矿山生产设备的噪声声压级　　　　　　　（dB）

| 设备名称 | 频带中心频率 | | | | | | | | 每班噪声暴露时间 |
|---|---|---|---|---|---|---|---|---|---|
| | 63Hz | 125Hz | 250Hz | 500Hz | 1000Hz | 2000Hz | 4000Hz | 8000Hz | |
| 凿岩机械 | 110 | 122 | 121 | 121 | 115 | 116 | 117 | 117 | >4h |
| 装载机械 | 105 | 120 | 118 | 115 | 117 | 114 | 112 | 112 | >4h |
| 电机车 | 95 | 98 | 100 | 98 | 87 | 81 | 75 | 70 | >5h |
| 破碎机 | 103 | 104 | 100 | 99 | 96 | 94 | 90 | 86 | >5h |
| 空气压缩机 | 94 | 111 | 102 | 107 | 113 | 111 | 103 | 93 | >5h |
| 钻孔机械 | 106 | 101 | 101 | 104 | 100 | 97 | 95 | 91 | >4h |
| 挖掘机 | 105 | 99 | 97 | 95 | 90 | 88 | 85 | 80 | >4h |
| 装载机 | 105 | 100 | 100 | 98 | 98 | 95 | 90 | 90 | >4h |
| 推土机 | 106 | 101 | 101 | 100 | 100 | 97 | 95 | 95 | >2h |
| 自卸汽车 | 111 | 110 | 107 | 105 | 104 | 101 | 92 | 85 | >4h |
| 电机车 | 92 | 90 | 89 | 95 | 84 | 80 | 75 | 70 | >4h |
| 输送机械 | 105 | 103 | 105 | 103 | 101 | 100 | 93 | 90 | >4h |
| 螺旋分级机 | 108 | 110 | 113 | 112 | 114 | 109 | 102 | 95 | >4h |
| 振动筛 | 116 | 107 | 106 | 106 | 108 | 104 | 94 | 90 | >4h |
| 皮带运输机 | 95 | 90 | 90 | 95 | 89 | 85 | 80 | 80 | >5h |

# 第四节　机电设备的计划预防检修管理

## 一、设备的计划预防检修制度

计划预防检修制度是企业组织固定资产检修的基本制度。这一制度是建立在既不违反技术使用规范、又不超过容许使用期限的综合理论基础上的；实施计划预防检修是企业机电系统的重要任务之一。这种制度的特点是有计划地对设备进行维护、检查和修理工作，使预防和修理相结合，而以预防为主。合理的预防维修计划有利于合理安排人力、物力和财力，及早做好修前准备，适时进行维修作业，保证生产顺利进行，并能缩短修理停歇时间，减少维修费用和停机损失。

按照维修工作量大小、维修内容和技术要求不同，维修工作可分为小修、中修和大修三类。

（1）小修。小修工作是比较经常性的对一般简单机件的更换和修理；其目的是消除某些设备的不协调和一般故障。小修工作量较少，基本上不拆卸设备的复杂部分，只更换及修复使用寿命不长、最易磨损的零件，调整松动件和配合间隙，更换润滑油并进行擦洗工作。

（2）中修。中修工作是对设备的主要机件进行更换和解体修理。其工作内容除包括小修的全部工作外，还要清洗全部机件和油箱，更换成套部件和组件，更换轴承和轴瓦，更换电机线圈及绝缘配件等。

（3）大修。大修工作是使设备完全恢复到正常状态和额定技术能力而进行全部解体的恢复性修理；设备经过大修后，要达到新设备所具有的技术性能指标。大修工作除包括中修的全部工作内容外，还要对机壳、机座及大（重）型机件进行修整、加固和更换，调整和校正整个机器和机组的基础；拆检和修理连接部分、操纵控制部分；全部更换电气设备的线圈和绝缘零部件。其目的是消除在运行中和检查中所发现的一切缺陷、损坏和隐患；有时还要做技术改进或改装工作。

机电设备经过中修或大修之后要进行试运转，维修人员要提出在正常情况下的保证使用期限，经技术鉴定和验收后才能投入生产。

我国经济建设发展的方针，强调以企业内部扩大再生产为主，要最大限度地发挥现有设备的潜力，获取最佳的经济效益。由于机械制造业水平和企业资金所限，往往使设备更新改造的速度难以补偿设备的无形磨损，大部分设备不可能及时得到更换，故尤须加强设备维修工作。对于已经更新和改造的设备，由于机械化和自动化程度更高，维修工作显得更重要。现代设备可靠性和维修性的提高，使维修工作量相对减少，但对维修技术的要求提高了。所以，近年来许多国家都在致力于设备维修技术的研究，加速维修技术的现代化。综合国内外状况，对设备维修现代化可做如下展望：

（1）对于设备产品开发，追求"无维修设计"，从根本上减少设备的修理工作量，从而缩短停产期，节约大量人力、物力和财力。

（2）加强对设备工作条件的研究及改善，提高零部件寿命，延长服务周期，从而减少维修工作量。

（3）重新认识传统的维修周期结构，迅速发展"状态监测维修"，克服定期维修存在的缺点。

（4）将电子计算机引入设备维修管理系统，及时提供设备运转和维修信息，加强维修计划的准确性及科学性。

（5）发展设备部件或总成预装维修，广泛采用网络计划和线性规划技术，以系统论和控制论指导设备维修工作。

（6）迅速开发和应用新型材料及机械化施工机具，改革维修工艺，推行价值工程，提高设备全寿命周期的整体经济效益。

评价企业的设备管理和维修水平是一个很复杂的问题，迄今还没有一种简捷妥善的办法。其主要原因是，在包括维修工作的设备管理系统工程中，投入和产出均有为数众多的变量，而且有些是不能测定的。所以，一般只能针对各个环节的管理职能选择一些相关的指标，从时间、空间和标准数值的关系上进行分析对比，并结合企业对设备管理的认识水平、管理组织、管理方法和管理手段的先进性进行评价。为了便于叙述和明确一些概念，这里列出一些常用的评价指标，并将主要矿山设备及其日历时间的分配编排绘制成图 13 - 3。

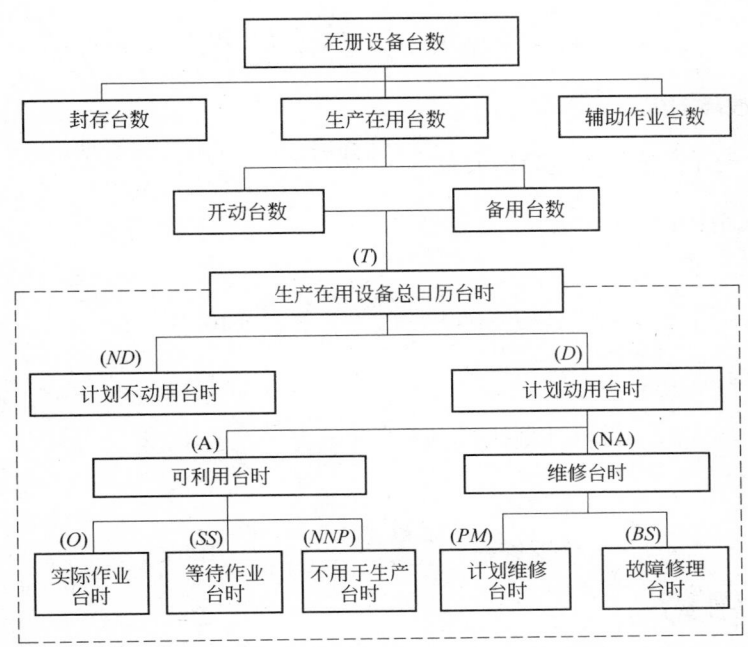

图 13 - 3　主要矿山设备及其日历时间的分配编排

（1）矿山设备生产效率指标：

1）设备台日（或台班／台时）效率：

$$设备台日（或台班／台时）效率 = \frac{实际完成工作量}{实际作业台日（或台班／台时）数} \times 100\% \tag{13-4}$$

2）设备台年（或台月）效率：

$$设备台年（或台月）效率 = \frac{年（或月）实际完成工作量}{年（或月）实际作业台日（或台班／台时）数} \times 100\% \tag{13-5}$$

（2）设备日历台时利用指标：

1）设备作业率：

$$设备作业率 = \frac{O}{D} \times 100\% \tag{13-6}$$

2）设备可利用率：

$$设备可利用率 = \frac{A}{D} \times 100\% \tag{13-7}$$

3）设备有效利用率：

$$设备有效利用率 = \frac{O}{O+PM+BS} \times 100\% \tag{13-8}$$

4）设备计划修理停修率：

$$设备计划修理停修率 = \frac{PM}{O+PM+BS} \times 100\% \tag{13-9}$$

5）设备非计划修理停修率：

$$设备非计划修理停修率 = \frac{BS}{O+PM+BS} \times 100\% \tag{13-10}$$

（3）设备故障指标：

1）主要设备故障停机率：

$$主要设备故障停机率 = \frac{BS}{O+BS} \times 100\% \tag{13-11}$$

2）千元产值维修费：

$$千元产值维修费 = \frac{维修总费用（元）}{同期产品产值（千元）} \tag{13-12}$$

3）千元产值设备故障损失费：

$$千元产值设备故障损失费 = \frac{维修费（元）+减产损失费（元）}{产品总产值（千元）} \tag{13-13}$$

（4）设备技术状况指标：

1）设备完好率：

$$设备完好率 = \frac{完好设备台数}{考核设备台数} \times 100\% \tag{13-14}$$

2）维修计划执行率：

$$维修计划执行率 = \frac{实际竣工台数}{计划维修台数} \times 100\% \tag{13-15}$$

3）大修返修率：

$$大修返修率 = \frac{返修耗用总工时}{大修耗用总工时} \times 100\% \tag{13-16}$$

4）千元产值消耗备件费：

$$千元产值消耗备件费 = \frac{全年消耗备件费（元）}{全年产品总产值（千元）} \tag{13-17}$$

## 二、设备修理周期结构及管理

### （一）修理周期结构

修理周期结构是指在一个修理周期内，大修、中修、小修的次数及其排列次序。

修理周期是指设备相邻两次大修之间机器的工作时间。对新投产的设备来说，就是从开始使用到第一次大修之间的工作时间。

修理间隔期是指设备相邻两次修理（不论是大修、中修或小修）工作之间机器的正常工作时间。

在机电设备运用管理工作中，最关心的是修理间隔期。新设备投产之后，在十几年的使用管理过程中，设备维修的工作定额、材料定额、人力组织及定员、检修停机时间等计划都是根据设备修理间隔期做出的，修理间隔期的划分一定要合理、科学。

常见机电设备检修间隔周期见表13-6。

表13-6　常见机电设备检修间隔周期　　　　　　　　　　　　　　　（月）

| 设备名称 | 检修间隔周期 | | | 设备名称 | 检修间隔周期 | | |
|---|---|---|---|---|---|---|---|
| | 小修 | 中修 | 大修 | | 小修 | 中修 | 大修 |
| 凿岩机、风镐 | 10d | 3 | 6 | 刮板输送机 | 2～3 | 6～10 | 24 |
| 凿岩台车 | 1 | 6 | 12 | 胶带输送机 | 2 | 12 | 24 |
| 大型钻机 | 2～3 | 9～12 | 24 | 各类有轨车辆 | 1 | 6 | 18 |
| 发电机、电动机 | 3～6 | 12～18 | 36～54 | 大型提升机 | 6～12 | 24～36 | 48～60 |
| 装岩机、装运机 | 1 | 6 | 12 | 空气压缩机 | 3～6 | 12～24 | 48～60 |
| 轮式装载机 | 3 | 12 | 24 | 通风机、鼓风机 | 3～6 | 12～24 | 48～60 |
| 挖掘机、筑路机 | 3～6 | 12 | 48 | 供排水泵 | 3～6 | 12～24 | 48～60 |
| 推土机、铲运机 | 1 | 6 | 12 | 破碎机、筛分机 | 3～6 | 10～20 | 60～84 |
| 牵引电机车 | 2 | 6～10 | 24 | 螺旋分级机 | 6 | 12～24 | 72～84 |
| 重型汽车 | 1000km | 5000km | 100000km | 电力变压器 | 6 | 12～24 | 36～48 |

### （二）设备维修的技术管理

在设备维修工作中，有效的技术管理是提高设备维修技术经济效果的重要保证。技术管理的主要技术任务是：组织强有力的和高效率的工作队伍，制订先进的和可行的技术方案，保证设备维修和改造的工作质量；缩短停修时间，降低维修费用；积累设备维修技术资料，健全或修订各种维修技术标准；为设备的技术改造及新增设备选型提供经济技术可行性分析的信息基础。

1. 修前技术管理

修前技术管理主要是针对具体设备维修的技术准备工作。根据年度设备修理计划或修理准备工作计划，对实行状态监测维修的设备，可分析过去的故障修理记录、定期检修和技术状态诊断记录，确定修理内容和编制修理技术文件；对实行定期维修的设备，一般应先调查修前设备技术状态，然后分析确定修理内容和编制修理技术文件；对大型、复杂、关键设备的大修方案，必要时应从技术上和经济的角度做可行性分析。

2. 质量标准管理

各类维修工作都有特定内容；各项工作内容完成后，都有质量要求和评定标准；企业工作人员应遵循这些标准进行工作。随着矿山生产和设备技术的不断发展，设备维修工作应注意采用新技术、新材料和新工艺。对提高经济效益、缩短停修时间等能起很大作用的专用仪器设备应该积极使用和推广。应特别注意，随着人类社会的发展，环保要求越来越高，所以还应加强对设备的排废及噪声污染的监测。

### 三、设备送修和竣工验收管理

#### (一) 设备送修检查

(1) 设备送进大修厂后，应由双方人员共同对设备外部主要部件进行全面检查，详细记录缺失部分和破损情况。

(2) 检查设备的零件、附件、仪表等是否齐全；有编号的零部件应在拆卸前仔细地登记编号顺序和特殊记号。

(3) 对于可以发动运行的设备，应进行试运转，以考察其性能变化情况。

(4) 解体检查各个总成的安装、配合、紧固及性能状况。

(5) 清洗拆下的零件，记录各处磨损变形尺寸；进行探伤、硬度、压力、密封等性能试验，并测试绝缘及阻抗状况。

(6) 检查人员应对零部件的修复尺寸、工艺方法和技术要求，提出具体意见并记入技术管理档案，以备修后考核。

#### (二) 检修竣工验收

竣工验收是设备修理完竣出厂前的一次全面的系统的质量鉴定，它是保证设备交付使用后有良好的动力性能、经济性能、安全可靠性能以及操纵性能的重要环节。一般要求交付验收的设备，除最后一次喷漆外，必须完成全部工序。

设备竣工验收检查分为空载试运转、负荷试运转及试运转后检查等三个步骤进行。

(1) 空载试运转。空载试运转是检查各部的连接，紧固和运转情况，试验操纵系统、调节、控制系统以及安全装置的动作和作用，并做适当调整。对于未经过总成性能试验者，要分总成逐步试运转。试运转所发现的故障及不正常的响声、温升及跳动未经消除，不许进行负荷试运转。

(2) 负荷试运转。负荷试运转是设备竣工验收的主要步骤。通过负荷运转，以确定设备的动力性能、经济性能、运转状况以及操纵、调整、控制和安全等装置的作用是否达到运行要求。

(3) 试运转后检查。设备经过负荷运转之后，必须对各部分可能产生的形变、松动、过热、破损，以及其他如密封性和摩擦面的接触情况等进行详细检查。

起重机械、压气机、锅炉、高压容器及电力设备等竣工验收，除进行上述的试运转和检查外，还需按照国家有关技术安全及劳动保护规定进行安全试验或检查。

经大修出厂的设备，承修厂应在设备明显位置做出修理标记。其内容包括：1）修理厂名；2）修理类别；3）修竣日期。

#### (三) 设备走合期的养护管理

设备大修后的使用寿命及工作性能，在很大程度上取决于使用初期的走合是否正确。因此，设备保有单位必须注意设备走合期的养护工作。

在走合期间使用设备，必须遵守下列规定：

(1) 采用清洁而符合设备性质的燃油。

(2) 按季节更换润滑油，要求品质合格，符合季节要求。

(3) 内燃机初发动时，转速不能过高或过低，等水温上升到规定值后，才允许带负荷或起步行驶。

(4) 在走合期内设备所带负荷应为额定负荷的 75%～80%，汽车行驶速度不得超过额定时速的 50%。

(5) 设备在走合期内，应经常注意各连接部分的松紧、摩擦零件的接触、传动部件的润滑及运转情况，并随时加以紧固和调整。

（6）设备走合期满后，必须更换内燃机油，应进行一次彻底清洗（如彻底清洗油底壳及机油滤清器；有精滤器者，应更换滤芯等），并详细检查各部件，确认状况良好后，才能取消限速或减载，投入正常运行。

## 四、设备维修备品配件库存管理

在设备维修过程中，要使用各种各样的资源，如备品配件、维修装备、工器具和劳动力等。资源水平的调整和控制是制定设备维修计划时应该重视的主要因素。由于维修工作对各种备件的需求量与供应量往往不能完全协调，供需时间也很难一致，所以要用储备的方法来调节供需关系。如果不储备备品配件，直接费用很低（或为零），但设备的有效利用率将会降低，造成间接费用很高；如果储备的备品配件很多，设备利用率可以提高，但直接费用却很高。所以，控制备品配件库存量的合理目标，可使各项有关的直接费用和间接费用之和最低。

备品配件的种类繁多，价格幅度变化很大。有些周转速度较快的备品配件，储存量虽然较大，但并不占用很多资源；有的虽然只有一两件，但是周转很慢，且是高价品。基于上述事实，就应科学地协调备品配件的库存量。

近年发展起来的 ABC 库存管理办法，简明易行，效果很好。这种方法把库存物资分为三类，使它们的库存数量占有不同的百分数，同时考虑其资金总额比例。

A 级：库存物资品种累计数约占品种总数的 5% ~ 10%，而累计资金占库存资金总额的 60% ~ 70%。这类物资的需要数量很少，但价值很高。

B 级：库存物资品种累计数约占品种总数的 20% ~ 30%，而累计资金占库存资金总额的 20% 左右。这类物资的需要量及其累计价值所占的百分比可视为相同。

C 级：库存物资品种累计数约占品种总数的 60% ~ 70%，而资金累计数只占库存资金总额的 20% 左右。这类物资品种需要量很大，但价值很低。

分类标准可根据本企业生产设备的具体状况、库存管理要求、允许库存资金数额，进行综合分析后确定。同时，要给"修旧利废"和"建立行业和地区的备件库"创造有利条件。

"修旧利废"是扩大备件来源的重要途径。某企业在全矿区建立了集中修旧与分散修旧、专业修旧和群众修旧相结合的修旧网点；通用零件采用集中修旧的方法，建立了以焊、补、喷、镀、铆、镶、改、校、胀、缩、粘为主体的修复作业线；专用零件采用分散修旧的方法，在各单位建立了"修旧车间"，经济效益很好。

"建立行业和地区的备件库"就是从整个社会的角度，把各方面的力量组织起来，进行备件的合理生产和储备。在这方面，南京、天津等地创造了很好的经验。他们建立了集中管理的设备维修备品配件库，在所属企业为寻找备件派采购人员满天飞的现象基本杜绝。减少了各企业重复储备和积压现象，回收了各企业多余的备件，从而使各企业库存资金总额比建库前下降了 28%。为了方便用户，备件库还实行"电话预购，预约送货"等制度。此外，还帮助一些条件较差的小型企业，查找备件图号和图纸，提供有关技术资料，为设备管理和维修提供了许多方便条件。

## 五、设备维修和管理的技术经济指标

设备管理的实质是设备运动过程的管理。在这个运动过程中有两种形态：一是物质运动形态，二是价值运动形态。这两种运动形态同时并存，同时进行，形成两种管理：一是设备的技术管理，二是设备的经济管理。而反映两种管理的成果，一是技术成果，即设备的技术状态最好；二是经济成果，即费用支出最少。在设备管理制度中，设备技术状态的指标用设备完好率来表示，即：

$$设备完好率 = \frac{完好设备总台数}{设备总台数} \times 100\% \tag{13-18}$$

完好设备总台数是在单项完好设备基础上汇总起来的。单项设备完好标准是：

（1）设备性能良好。例如，动力设备的出力能够达到原设计的标准；机械设备的精度能够满足生产工艺要求；设备运转无超温、超压现象。

（2）设备运转正常，零部件齐全，磨损、腐蚀程度不超过技术规定的标准，主要的计量仪器、仪表和润滑系统正常。

（3）原料、燃料、油料等消耗正常，基本没有漏油、漏气、漏水、漏电现象。

设备总台数包括在用、停用、封存的设备在册台数。在计算设备完好率时，除按全部设备计算外，还应分别计算各类设备的完好率，尤其应注意精密、大型、稀有、关键设备的完好状况。

以上单项设备完好标准只是一般原则规定，结合每种类型的设备，还要进一步规定较明确、具体的标准，以利于进行检查、考核。比如，铲装运输设备的单项设备完好标准规定如下：

（1）精度、性能能满足生产工艺要求，技术精湛设备的主要精度、性能达到出厂标准；

（2）各传动系统运转正常，变速齐全；

（3）各操作系统动作灵敏可靠，滑动部位运动正常；

（4）润滑系统装置齐全，管道完整，油路畅通，油标醒目；

（5）电气系统装置齐全，管线完整，性能灵敏，运行可靠；

（6）各滑动部位及零件无严重锈蚀，无严重拉、研、碰、伤；

（7）设备内外清洁，无油垢，无锈蚀，油质符合要求；

（8）零部件完整，随机附件齐全，保管妥善；

（9）安全防护装置齐全可靠。

除此之外，还可以用设备工时利用率或开动台时来反映设备的技术状况。在油品和化工生产装置中，还可利用静密封点泄漏率、生产装置运转周期等指标反映设备的技术状况。

在我国机电制造行业中，经常用设备维修费用定额来控制和检查设备维修工作的经济成果。它分为维护费用定额和修理费用定额两大内容：

（1）维护费用定额（元/每个修理复杂系统每班每月）就是每个修理复杂系统每班每月维护设备所需支出的费用标准。材料备用消耗费一般也包括在内。

（2）修理费用定额（元/每个修理复杂系统）就是每个修理复杂系统进行某种修理所需支付的费用标准。这些指标的优点是同设备的复杂程度联系起来，设备越复杂，维修费用也应越多。但它的突出缺点是只能进行分项控制和检查，不能全面综合地反映整个企业维修工作的经济成果，没有同企业矿山生产成果联系起来。

国外某些企业采用以下指标来反映企业设备维修和管理总的经济成果。

（1）单位产品（或工作量）维修费用：

$$单位产品维修费用 = \frac{全部维修费用}{产品总产值} \tag{13-19}$$

采用单位产品（或工作量）维修费用指标可以综合地反映整个企业或某一矿山生产单位设备维修工作的经济成果。如铸造厂可以计算平均每吨铸件支出多少设备维修费用；施工队可计算平均每立方土方支出多少设备维修费用。利用这个指标可以进行本单位历史状况对比，也可以进行同类型企业对比。如果总产量改为总产值，即成为平均每百元产值支付多少维修费用，则可比性更加广泛。这个指标已把设备维修工作同生产成果紧密结合起来，有利于督促设备部门职工更好地为生产服务，积极主动地关心矿山生产成果。

（2）维修费用率：

$$维修费用率 = \frac{全部维修费用}{总生产费用} \times 100\% \tag{13-20}$$

（3）停机费用损失率：

$$停机费用损失率 = \frac{设备停歇造成的费用损失}{企业总产值} \times 100\% \tag{13-21}$$

（4）故障经费比率：

$$故障经费比率 = \frac{故障修理费 + 减产损失金额}{总生产费用} \times 100\% \qquad (13-22)$$

# 第五节　设备检修安排策略和管理人员素质要求

## 一、生产设备检修安排策略

在矿山生产中，大多数工序是连续相接的，就好似由许多链环组成的链条一样。所以，在生产工艺进行过程中，如果某个环节出现了故障，在未修复或更新之前，所有的其他环节就必然被迫停闲下来。矿山生产的连续性是由各生产环节的各类设备凝结而成的，是一个技术性和可靠性随机变化的系统。为了维持正常生产并取得高效益，就要求各矿山生产设备安全可靠，以保证设备系统的连续性和可靠性。

提高生产设备的可靠性，就是要提高其正常运转时间与事故停机时间之比。设备的正常运转时间包括实际生产时间和工艺间歇时间。设备的实际生产时间即是设备利用率，其比例并不大，一般设备的利用率仅为每班作业时间的 30% ~ 60%。

矿山生产设备呈现非正常状态，就必须及时进行维护处理或检修。设备维修作业是保证矿山生产顺利进行的必不可少的一个方面。所谓维修，广义地讲就是为了使设备保持在运用状态以及排除故障和隐患所进行的一切处理工作和有关活动。

现代设备管理，强调设备维修具有很强的"目的意识"，并使这种作业从过去那种"个别现场处理"、"习惯手段"或"临时应付"的状态下解脱出来，成为提高经济效益的普遍性的、计划性的技术管理对象。要应用系统工程、可靠性工程和维修性工程技术，在维修方针、计划、作业、管理等领域内制定出合理的维修程序。

设备维修是多环节、多项目流程作业，这种工作的计划及施工管理，最适合采用网络统筹方法（PERT - CPM）。PERT 着重研究施工工期，而 CPM 兼顾工期与费用。我国学者华罗庚从 20 世纪后期即着力推广网络统筹方法，取得了大量应用成果。

采用网络统筹方法安排设备检修项目的计划与施工，要注意以下几点：

（1）对于设备检修项目涉及的工序及各工序之间的相互关系，必须有周密的调查研究，避免漏项或误排；对于各工序有关的时间参数及费用参数，也要通过现场调查和统计分析作出尽可能确切的估计。

（2）在制定统筹网络图时，应对检修项目各工序作必要的分解与合并，并设置某些虚点工序（如图13 - 4 中时间参数为 0 的工序）。较大工序经分解，可编制局部统筹计划，比如大型单斗挖掘机的行走装置、工作装置和电气系统等，都可以编制局部统筹计划。

（3）检修计划及工序实施的"关键路径"不是唯一的。特别是在具有某些非确定性因素的条件下，必须在进行具体分析后确定。

（4）统筹计划的"组织实施"与其编制相比，在一定意义上是更重要的环节。否则，再好的统筹计划也只是一纸空文。因此，要求设备检修项目的组织者，要随时掌握工序"关键路径"的进展状况，保证这条主要矛盾线上各工序及时开工和竣工，同时要注意"主要矛盾线"与"次要矛盾线"有相互转化的可能性，应适时地采取积极措施，进行科学协调。

从系统论出发，采用网络统筹方法组织大型设备的检修，可举诸多实例。比如对于大型单斗挖掘机的检修工作，可列出 60 道工序，其统筹网络及其时间参数分别如图 13 - 4 和表 13 - 7 所示。该型单斗挖掘机的传统检修工作，大修一次占用人工 58 人，耗费工时 720h；采用网络统筹方法之后，只用 51 人、320h 完成任务；且检修质量得以提高。

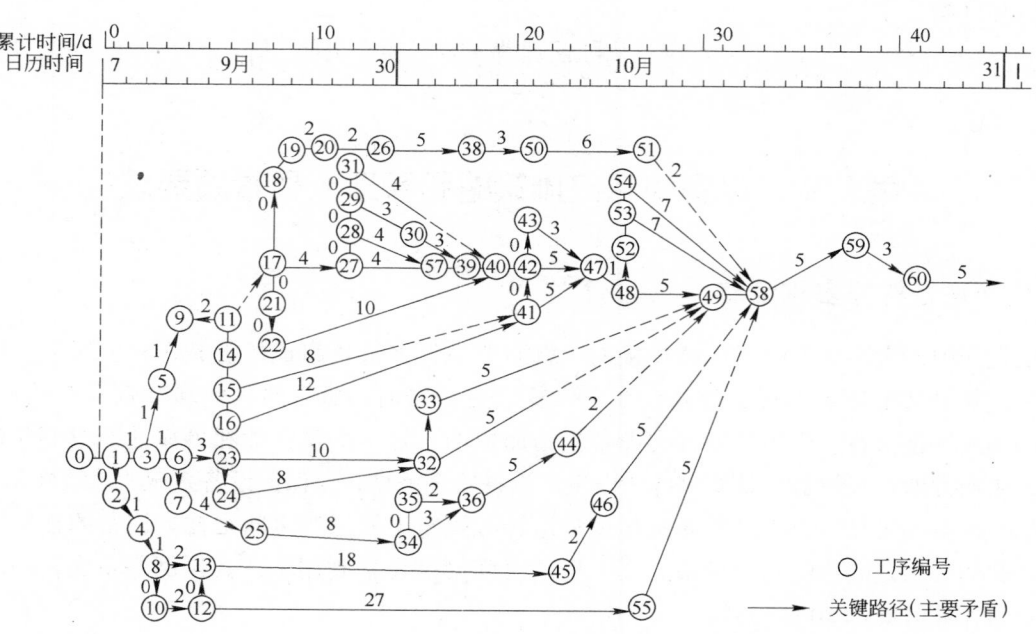

图 13-4　单斗挖掘机大修施工进度网络图

表 13-7　单斗挖掘机大修工序及时间参数

| 工序编号 | 工 艺 项 目 | 延时间/d | 最早开始时间 | 最晚开始时间 | 时差 |
|---|---|---|---|---|---|
| 0 | 平整检修场地，运工具，搭帐篷，测量电压 | | | | |
| 1 | 挖检修沟，停车，打开履带，卸中心轴帽，垫好配重箱，落大架子 | 1 | 0 | 0 | 0 |
| 2 | 拆除行走圆型减速箱、电机和抱闸及抽铲杆 | 1 | 0 | 1 | 1 |
| 3 | 抽卷扬大绳、崩绳，拆除照明线路和灯、车棚顶、扶柄 | 1 | 1 | 1 | 0 |
| 4 | 拆除二车电机、风扇电机、油泵电机、二车大轴、二轴及齿轮 | 1 | 1 | 2 | 1 |
| 5 | 拆除周围车棚、梯子和栏杆 | 1 | 2 | 2 | 0 |
| 6 | 分解二车传动轴轮、扶柄和分解铲杆铲斗 | 3 | 2 | 12 | 10 |
| 7 | 拆除天轮及天轮轴与轴承和平衡轮及轴 | 4 | 2 | 7 | 5 |
| 8 | 拆除卷扬电机、旋转电机和电机组、操作开关电闸 | 0 | 2 | 5 | 3 |
| 9 | 拆除 A 型架卷扬滚筒及二轴、减速机、旋转减速机、车上油泵油箱 | 0 | 2 | 3 | 0 |
| 10 | 拆除交直流盘、变压器、高压开关箱和操作各线路电线 | 2 | 2 | 3 | 1 |
| 11 | 卸掉大架子、配重箱和两侧走廊，抽掉中心轴，拿开旋转台 | 2 | 5 | 5 | 0 |
| 12 | 交流配电盘和直流配电盘配线，安仪表，配管线，修油开关 | 22 | 4 | 5 | 1 |
| 13 | 各电机、变压器、电机组运回电修间分解修理 | 18 | 4 | 7 | 3 |
| 14 | 分解旋转减速机，换齿轮、轴和轴承，立轴修理轴套，处理套位不正 | 8 | 5 | 11 | 6 |
| 15 | 分解卷扬滚筒，修理绳槽和大轴，滚筒穿绳孔大小处理 | 3 | 5 | 11 | 6 |
| 16 | 卷扬闸皮及弹簧更换，闸架调直，二车修理，换轴承，一轴及轴承更换 | 12 | 5 | 7 | 2 |
| 17 | 垫起底盘，拆除光轮及轴，拿掉大方轴及滚子圆盘，大方轴运回机修间 | 4 | 7 | 7 | 0 |
| 18 | 拆除高压集电环，清除底盘上的油污，抽出中心轴套 | 1 | 7 | 11 | 4 |
| 19 | 卸掉锥型减速箱、三节中间轴、拨轮，拆除一、二顺轴及齿轮 | 2 | 8 | 12 | 4 |
| 20 | 分解履带减速箱、中间轴伞齿轮及拨轮，检查边轮与齿轮，抽出边轴套 | 2 | 10 | 14 | 4 |
| 21 | 检查修理圆型轨道，分解辊子圆盘，修理圆盘内圈，换小轴及辊轮 | 10 | 7 | 8 | 1 |

| 工序编号 | 工 艺 项 目 | 延时间/d | 最早开始时间 | 最晚开始时间 | 时差 |
|---|---|---|---|---|---|
| 22 | 安装起落大架子卷扬机 | 10 | 7 | 8 | 1 |
| 23 | 组装新铲杆，焊接固定器、齿条和前后保险牙 | 10 | | 15 | 10 |
| 24 | 铲斗、提梁和弯梁的销孔焊补加工，换钢套和横梁，吊绳轮换钢套 | 8 | 5 | 17 | 12 |
| 25 | 大架子鞍型轴承座大轴孔焊补扩孔镶钢套 | 8 | 6 | 11 | 5 |
| 26 | 修理边轴（车光）和边轴齿轮，换铜套，修一二顺轴，换轴承及齿轮 | 5 | 12 | 16 | 4 |
| 27 | 大方轴车光，镶钢套，光轮轴检查及修理（大方轴镶好套并运回检修场地） | 4 | 11 | 11 | 0 |
| 28 | 焊接光轮，更换铜套 | 4 | 11 | 11 | 0 |
| 29 | 更换轨板、销轴及横销 | 3 | 11 | 11 | 0 |
| 30 | 修中心轴，换铜套、挡铁和螺钉 | 3 | 14 | 14 | 0 |
| 31 | 更换大跨固定螺丝，紧固大卧轮螺丝 | 3 | 11 | 14 | 3 |
| 32 | 合装铲斗、铲杆、底门和拉门机构 | 5 | 15 | 25 | 10 |
| 33 | 修理检查拉门机小滚筒和链环，更换拉门机细钢绳 | 5 | 15 | 25 | 10 |
| 34 | 更换推压轴和扶柄大小齿轮，换铜套、滑板和螺钉 | 3 | 14 | 19 | 5 |
| 35 | 大架根检查，开焊处补焊并校直，换缓冲器二个，修缓冲器两个 | 2 | 14 | 20 | 6 |
| 36 | 推压二轴、小牙轮、电机小牙轮、轴承和闸带更换，牙轮罩修整 | 5 | 17 | 22 | 5 |
| 37 | 安装光轮及轴、大方轴和大光轮 | 2 | 15 | 15 | 0 |
| 38 | 回装刮研中间轴大瓦，换伞齿轮，修理拨轮换螺丝 | 3 | 17 | 21 | 4 |
| 39 | 落底盘，安装高压集电环，回装滚子圆盘 | 1 | 17 | 17 | 0 |
| 40 | 回装旋转台，连接大架子，安装配重箱，装侧走廊 | 1 | 18 | 18 | 0 |
| 41 | 安装旋转减速机并打销钉孔配销钉，回装立轴及小跑轮 | 5 | 19 | 19 | 0 |
| 42 | 安装卷扬减速箱及滚筒，找正和处理滚筒串动 | 5 | 19 | 19 | 0 |
| 43 | 安装前半部车棚，修理 A 型架上部轮及轴，检查水平轮及销子 | 3 | 19 | 21 | 2 |
| 44 | 安装天轮、轴和轴承，回装平衡轮及轴 | 3 | 22 | 27 | 5 |
| 45 | 安装卷扬电机，换对轮胶板及螺丝 | 2 | 22 | 25 | 3 |
| 46 | 安装旋转电机、抱闸和各部位电机 | 5 | 24 | 27 | 3 |
| 47 | 安装 A 型架、电机组、变压器和高压开关箱 | 1 | 24 | 24 | 0 |
| 48 | 安装后半部车棚、顶部车棚，安梯子栏杆、照明灯和线路 | 5 | 25 | 25 | 0 |
| 49 | 穿崩绳、卷扬绳，装配重铁，起大架、穿铲杆，连接履带板 | 2 | 30 | 30 | 0 |
| 50 | 行走圆型减速机分解检查，换齿轮及轴承 | 6 | 20 | 24 | 4 |
| 51 | 安装行走圆型减速机、电机及抱闸 | 2 | 26 | 30 | 4 |
| 52 | 司机室镶木板、安地板、装窗户和玻璃，安司机座 | 7 | 25 | 25 | 0 |
| 53 | 车上车下油泵检修、换齿轮和对轮，清洗油缸、换皮碗、活塞分油器检修 | 7 | 25 | 25 | 0 |
| 54 | 油箱油管清洗、换压力表，部分油管作压力实验，车下添油管移到车上 | 7 | 25 | 25 | 0 |
| 55 | 安装交直流配电盘，安管线，装操作台各线路及操作开关和电闸 | 5 | 26 | 27 | 1 |
| 58 | 电气调整试验及试空车 | 5 | 32 | 32 | 0 |
| 59 | 重负荷试车 | 3 | 37 | 37 | 0 |
| 60 | 调整、刷漆和最后喷漆 | 3 | 40 | 40 | 0 |

## 二、对设备管理人员的业务素质要求

企业的设备运用管理和维修组织确定以后，工作质量水平和效率高低主要取决于工作人员的素质。人员素质要求的特点与他们所从事的工作直接有关。对机电工作人员的素质要求主要如下：

（1）具有必需的技术理论知识和丰富的实践经验。矿山生产设备的种类比较复杂，按大类分为机械设备、电气设备和动力设备。近年来又开发出机电一体化设备，对选型配套、使用维护、检修技改以及管理工作水平的要求日益提高。而且，我国的设备制造业与先进国家相比尚有一定差距，需引进一定数量的新技术和新设备，这些方面都要求工作人员具有丰富的专业知识和熟练技能，能够解决随时出现的各种问题。

（2）懂得设备管理和技术经济基本准则。设备运用管理和维修不仅是一项技术工作，而且大量涉及管理和经济工作。例如，设备投资的论证和决策、设备运营费及修理成本的核算、设备折旧基金和大修基金的合理使用、设备报废和更新方案、各种设备管理规章制度的制订和贯彻执行等，不懂管理和技术经济是难以完成任务的。

（3）要具有关于生产设备的综合性知识。设备运用管理和维修工作内容十分广泛，如修理计划的编制、维修备件和原材料预算、维修新技术的推广应用、维护修理技术管理、设备更新规划、设备的竣工验收以及经济核算等。在工作上涉及企业的生产、技术、安全、计划、财务、质检等有关职能部门，业务上接触的范围很广，因此要求工作人员应具备较全面的技术业务知识。

根据以上分析可知，对机电设备运用管理和维修人员素质的要求是：既要精通一门技术业务，又要掌握关于生产的综合知识，对工作有较强的适应性。应按钳修、铆焊、电气、保养润滑、安装调整等工作要求进行业务培训，并向机电一体化方向发展。

根据现代社会和科技发展的要求，工程师大致可以分成科学家、革新发明家、现场工程专家、管理规划工程师和经营型工程师等五种类型。理想的工程师应具备以下知识结构：

（1）应掌握自然辩证法的基本原理，认识科学技术的发展规律；认真学习自然科学方法论，掌握科研工作的特点、规律和一般方法。

（2）掌握国家有关科技工作的方针、政策和法令、规定、条例等。

（3）力求系统地掌握本行业的基本理论与科技知识，并广泛了解相邻专业的一般知识；掌握国内外有关本行业的科技发展水平及发展趋势，了解新的科技领域及其发展动向。

（4）学习并掌握系统设计、优化设计、功能－成本设计、可靠性设计、自动化设计等现代工程技术方法，掌握基本的工程管理方法。

（5）系统学习技术管理、生产管理、质量管理、基建管理、技术开发管理、管理数学等管理工程知识；掌握基本的工程管理方法。

（6）了解技术经济的基本概念和经济效果的一般原理；掌握相关行业的技术经济的评价标准、比较原理及计算方法。

（7）了解计算机的一般工作原理和发展概况，掌握微处理机的操作技术，常用的程序设计语言、应用软件的编制方法以及模拟、预测与决策、图像处理、情报检索等应用技术。

（8）能源与环境保护是工程技术领域面临的共同问题。合格的工程师应学习能源技术与环保技术的基础知识，掌握与本专业有关的节能技术和环保技术。

（9）科技情报的检索利用和科技文件的写作是现代工程师必备的两大技能，必须系统学习有关知识，并在工作中熟练运用。

（10）学习与科技工作有关的社会科学知识，如经济学、社会学、法学、美学及心理学等。

（11）学习掌握有关市场营销学的基本知识。

（12）根据本专业的需要，熟悉并掌握一门外国语。

### 三、提高机电系统工作人员的可靠性

在机电系统中，由于人为差错引起的失效事故占 30% ~ 50%；其中人为机械失效占 60% ~ 70%，人为电器失效占 30% ~ 40%。这说明人员的可靠程度具有一定局限性。

机电工作人员在完成某项任务时对于技术要求的适应性，其素质构成具有生理自然局限性。当超过正常人的这些限度时，差错发生的概率就会增加。为了使人为差错发生的次数降到最低，在设计制造和管理人员的早期工作中，就应考虑机电系统的有关工作人员的能力限度和特征。

#### （一）人员的压力因素影响

人员承受的压力状况是影响人的动作及其可靠性的一个重要方面。显然，一个人承受着过重的压力，就有较大的可能性造成差错。有关科学的研究成果表明，人的工作效率与忧虑或压力之间的关系如图 13 – 5 所示。

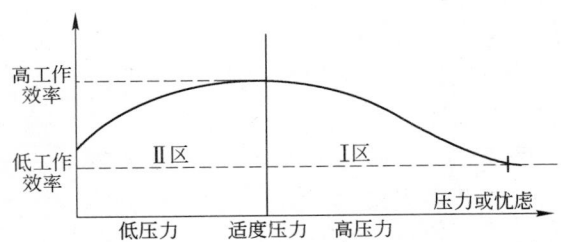

图 13 – 5　人员工作效率与压力或忧虑之间的关系

由图 13 – 5 中曲线 I 区可知，当人员承受的压力过大时，将引起工作效率急剧下降；下降的原因多是忧虑、恐惧或其他心理上的刺激。由图 13 – 5 也应看到，在曲线 II 区，由于压力增大，可使人的工作效率达到最佳状态。这是因为，压力过轻时人员会觉得没有"挑战"或变得"迟钝"，使其表现不会处于高峰状态。但要注意，在曲线 II 区，压力增加是指"适当的"。最终结论是：压力超过"适度"值，工作差错概率就会大幅度增高。

当机电设备投入运行之后，操作人员的可靠性对设备技术状态及使用寿命影响很大。而人的可靠性决定于压力，压力的特征主要表现为：

（1）要求完成的某项任务所需要的步骤和次序较长而复杂；

（2）要求非常迅速地比较两个或两个以上的技术显示结果；

（3）系统反馈信息不充分，不足以使操作人员校正动作；

（4）允许操作人员作出决策的时间太短；

（5）两个或两个以上的技术显示结果不易区别；

（6）要求以极高速度完成两个或两个以上的控制；

（7）要求根据不同来源的数据记录作出判断和决策；

（8）要求经常延长监测时间；

（9）要求高速度地完成操作步骤。

当上述因素成为人的压力时，人体将产生一些不良反应，如头痛、背痛、血压增高、喉咙干燥、局部溃疡、食欲锐减、肌肉紧张、心跳加速、胸部燥热等，即呈现健康不佳状况，致使承受能力减弱，工作效率下降，而且容易发生事故。

#### （二）人为差错及其原因

在机电设备的设计、制造和运行中，人员起着重要作用。人员作用的重要程度对于不同的设备系统，

对于同一系统的不同阶段都可能是不同的。人员在不同系统和不同阶段中能够以许多不同的方式去做许多不同的动作和事情，也正因如此，在有些诱发因素存在时，就可能产生人为差错。导致人为差错的原因主要是：

（1）工作场所照明不符合要求，光线不足；

（2）工作场所的环境温度太高；

（3）设备系统及周围设施产生的噪声太大；

（4）工作场所的必要活动空间太拥挤；

（5）设备系统有关工作的具体安排不适当；

（6）直接人员和相关人员缺乏必要的训练和技能；

（7）设备系统的设计、制造和安装存有隐患；

（8）有关设备操作和维修的规章制度不健全或不科学；

（9）操作不合理和管理不善；

（10）工作任务过于复杂，且使工作人员动力不足。

当有上述因素存在时，人员的动作响应就可能是：

（1）对出现的困难问题做出不正确的决策；

（2）没有符合某一必要的功能要求；

（3）实施了一项不应有的工作；

（4）对意外事故的反应迟钝和动作笨拙；

（5）没有觉察到出现的危险情况和后果。

当有上述因素存在时，人员将可能产生：（1）设计差错；（2）装配差错；（3）安装差错；（4）检验差错；（5）操作差错；（6）维修差错等。据统计，在机电设备的拆卸和调整工作中，人员的平均可靠度为 0.983。

一些典型活动的差错性质及差错数量见表 13 - 8。

表 13 - 8　典型活动的差错性质及差错数量

| 差错性质 | 差错次数/$10^6$ 次动作 | 差错性质 | 差错次数/$10^6$ 次动作 |
| --- | --- | --- | --- |
| 不正确地阅读测量仪表 | 5500 | 拧紧螺栓螺母时不符合要求 | 5280 |
| 不适当地操作机械手柄 | 1980 | 调整机械链时不符合要求 | 18300 |
| 不适当地启动或关闭电器开关 | 1240 | 零部件安装时不符合要求 | 4410 |
| 不适当地焊接连接物件 | 7110 | 连接管路时不符合要求 | 5140 |

在机电设备系统发生的故障中，不同差错原因所占比例如图 13 - 6 所示。

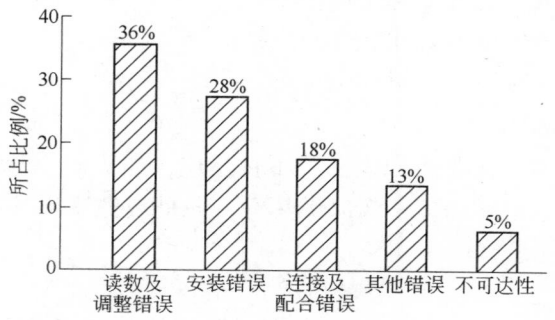

图 13 - 6　不同差错原因所占比例

## （三）人为差错预防

生产实践和有关研究表明，在机电设备全寿命周期的各阶段（设计、制造、调试、使用、维修）都应充分考虑人为因素的影响，即要重视人员可靠性的研究。应特别指出，在使用较复杂的机电设备时，系统发生的人为差错绝大部分是由产品设计或设备技术改造引起的，在这个工作中如能适当注意人为因素，人为差错可以显著减少。比如应考虑：

（1）机电设备的用户是谁？工作环境如何？

（2）设备必须具备哪些功能？为实现其功能，操作和维修人员需要哪些信息？如何获得？

（3）设备系统完成任务的步骤怎样？操作者应具备哪些技能？

（4）当发生故障时，为能迅速修复，有哪些可采用的有效手段？

（5）尖峰负荷时，最多运行设备台数是多少？

当机电设备投入制造和生产运行之后，操作和维修过程中的人为差错则成为主要方面。如何发现、排除故障是有关人员应具备的技能，在这一过程中，涉及加工、装配、调试、检验、搬运、使用和维修等人员，必须使他们增强"为减少人为差错"的参与意识，并明确着重点是如何预防人为差错，而不是发生差错之后的补救措施。为此，应有如图 13 - 7 所示的系统任务实施程序步骤规划。

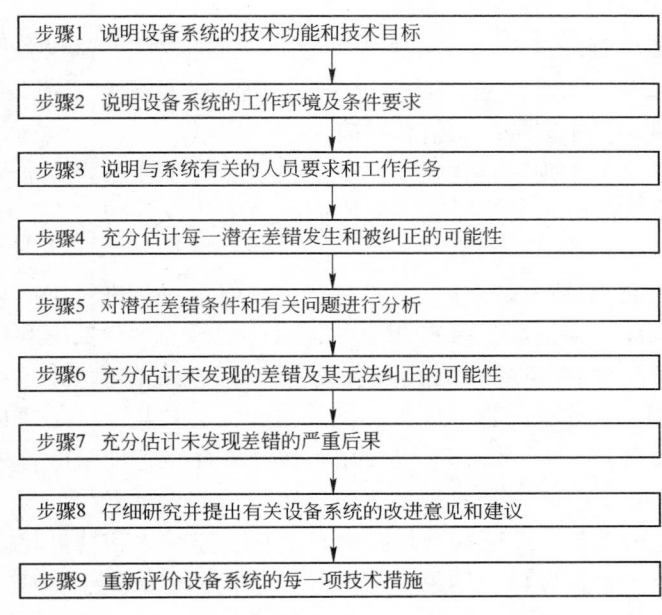

图 13 - 7　设备系统任务实施程序步骤规划示意框图

为了实现图 13 - 7 所示的规划，减少人为差错，提高机电设备系统的可靠性，应该做到：

（1）对机电设备系统提出防止差错发生的要求和措施。

（2）拟定差错调查计划，并经常交流差错发生的信息。

（3）设计方案和技改措施应由专门管理部门实施。

（4）对每个与设备系统有关的人员进行培训，不但要提高技术水平，还要增强成本、价值和效益观念。

（5）培训有关人员认识生理及心理上的压力，并能自我控制和减轻这些压力。

（6）避免人员在不良环境条件下工作或超负荷工作。

（7）充分健全和利用必要的工作规范、程序和辅助手段，例如手册、文件和音像培训教材等。

（8）详细记录设备系统发生的人为差错和差错萌芽状况，经常积累有关数据并进行技术分析，为防患于未然奠定基础。

## 第六节 注重矿山设备装备系统的总体研究

矿山生产有许多环节，各生产环节都有特定的设备装备。要把这些设备装备的总和看作一个系统来管理，全面改善各环节设备寿命周期各阶段的机能，追求全系统的效率最高，这种管理方法的实质是认为整个矿山生产企业是把各种设备有机地组织起来的一个大系统，各种设备又是其中的一个个子系统。在这个系统中，从矿山设备的研究设计开始就考虑设备可发事故的预防和维修；在使用过程中对于重点设备实行日常点检和定期点检为先导，随后进行以维修为基本内容的预防维护检修；对于重复发生故障的设备采取改善维修或技术改造；对于某些设备，如果技术上合理可行，也可采取事后修理。把这些环节有机地结合起来，使之形成一个完整的设备维修体系，并在整个系统中组织信息反馈，不但追求提高设备装备系统效率，而且促进矿山设备产品性能和产品质量的逐步提高，构成一个又一个的"PQCDSM"系统，不断完善矿山设备的系统管理工作。

根据国内外矿山生产经验，矿山设备全员设备管理的主要活动内容如下：

（1）形成完整的设备管理和设备维修组织体系，健全责任制度。合理安排技术人员和维修人员力量，明确责任范围，消除多头要求和多头汇报现象。使组织体系的信息反馈及处理系统迅速、实用，防止搞繁琐哲学。

（2）明确重点设备，突出管理重点。采用强制性全面打分的办法，从设备用途、性能、质量、安全及故障损失大小等方面评估生产设备，选定重点设备，进行重点管理。要有设备台账，设备专人管理，贯彻"以预防为主"的制度，并不断地组织信息反馈。

（3）强调操作、维修人员的主观能动作用。培养严肃认真的工作作风，加强自检与岗位日常维护保养。同时要不断地总结和提高他们的实践经验，使他们成为生产设备的主人，把切身利益和企业经济效益联系在一起。

（4）重视设备日常运行和维护记录工作。设备运行和维修记录是进行生产和维修工作的基础，要求对设备的整个寿命周期（从设计到报废）都有相应的记录。记录的大量数据和资料，可反映出设备使用中产生的问题，对于提高维修水平和质量、提高设备效率起着重要的信息反馈作用。

（5）重视岗位教育及岗位成才。教育会产生经济效益和社会效益，一定要从长计议，不断培养熟练工人和技术人才；重使用重培养，干中学，学以致用。在这方面，管理干部首先要有正确认识，同时要有行动，要有投入。

如前所述，当今世界矿山设备的发展特点是高度自动化、连续化和精湛化。这些高度完善及技术上先进的设备，不可能是某单一学科发展的结果，而是综合了机械、电气、材料、电子学、自动控制等专门技术学科发展的结果。此外，伴随着机械设备高精尖技术的发展，形成资金密集、人才密集、技术密集，对企业生产起到举足轻重的作用。因此，由于这些机电设备故障造成的损失、公害、能源短缺及其影响等问题较以往更为突出，更加受到人们的关心和重视。传统的设计理论、设备管理方法、维修制度和维修方式已不能适应新形势的要求。因此，近年来产生了一门新兴的边缘科学——设备综合工程学。

设备综合工程学是在设备使用维修管理的基础上发展起来的，以设备的整个寿命周期为研究对象，有计划地改善与设备的设计、制造、使用和研究等有关的各个环节，以提高设备的效率和改善经济效益，使设备的寿命周期费用达到最少为最终目标。在设备的正常使用周期内，装备系统由于维修而消耗的备品、材料、人工等运营费用总额，相当于购置全额的10倍之多。随着机械化水平的提高，设备维修费用也将剧增。因此，设备的使用效率及检修管理费用与企业的经济效益极为密切，在整个国民经济中也是十分重要的一个方面，必须全力加强这方面的工作。

我国矿山生产设备的管理现状、维修体制和维修技术水平，比工业发达国家约落后15～20年，这与当前国民经济迅速发展、设备技术水平迅速提高及设备数量急剧增加形成了极为矛盾的势态，是大幅度提高装备系统经济效益和社会效益的巨大障碍。

造成上述状态的主要原因是缺乏现代化的管理和对设备科学的深入研究。以经济效益作为杠杆，把与设备有关的不同部门和不同学科有机地联系起来，追求设备最佳经济效益的观点还没有被多数人所认识。

近几年来，计划评审技术及价值工程科学的逐步普及和推广，以及电子计算机应用技术的普及和推广，都为我国矿山设备的现代设计和管理奠定了初步基础。为了更快地提高水平，在此基础上我们还必须做好以下几方面的工作：

（1）大力普及对设备科学进行综合研究的基本观点，从设备设计研究开始便追求设备整个寿命周期费用最低。对主要生产设备不仅有设计制造技术评价，更重要的是随时掌握技术经济状态信息，要积极地推广运用电子计算机作为日常管理手段，分析和积累主要生产设备的技术及经济状况变化规律。

（2）开展设备可靠性研究和设计。可靠性研究和可靠性理论是揭示机电系统进入工作过程后的运动规律和设计、维修战略决策的依据。施工主要设备的使用维修费常常超过其购置费，多是由于故障率较高所造成；必须在设计制造阶段就充分考虑可靠性的要求。在各方面采取相应措施，虽然可能使造价提高，但使用维修费用却能随可靠性的提高而大大降低。

许多年来，施工主要设备在制造厂和生产现场均缺乏有关性能、运转、故障、修理及使用等台机原始记录，给可靠性研究及计算机管理等工作造成一定的困难，这种局面必须迅速改变。

（3）大力开展设备监测技术，进行故障物理学的研究。施工主要生产设备由于缺乏基础数据的积累及可靠性研究，使现代化设计研究和计划修理制度仍具有一定的盲目性。为了合理地使用资金和发展设备科学，必须开展故障物理学的研究，从微观物质性的角度来探究零件和机构的故障原因。近代发展起来的设备状态监测技术能够及时反映出设备状态的变化，使改进设计和维修工作有的放矢，处理及时。因此，大力开展设备监测技术及故障物理学的研究，是建立科学设计和维修工作理论基础的必要手段。

（4）培养设备综合型工程师，培养既有较好的专业设计研究知识，又有较宽的相关科学知识，懂得工程心理学和人机关系学的人才。此外，大力提高维修人员的技术水平，开拓他们的知识面，提高维修质量，也是提高设备利用率和充分发挥设备效能的重要方面。

总之，未来的矿山设备设计和使用维修应与现代化的科学生产技术相适应，要树立设备科学的综合研究观点。加强矿山机械行业系统工程管理，考察和改善设备整个寿命周期的全系统的技术状态，追求较高的综合经济效益是各部门的共同奋斗目标。

# 第七节　加强生产设备的计算机管理信息系统建设

当前，电子信息技术犹如水银泻地，对各行各业技术经济的渗透程度已成为行业技术进步和现代化的重要标志。不认识这一点而丧失发展时机，必将酿成历史性错误。就矿山生产设备运行工作而言，毫无疑义，计算机信息系统技术的应用同样具有重大意义，行业同仁应该达成共识，积极促进这一现代技术的发展。

## 一、开发计算机管理信息系统是矿山设备运行工作的当务之急

由于大部分矿山设备的作业地点比较分散，生产设备流动性强，所以生产过程的自动控制技术还不能像某些生产工艺流水线那样成熟。目前较为现实且可以付诸实施的是计算机信息系统在设备运行管理工作中的应用。矿山设备作业地点的分散性和多移性，致使工作条件多变，在实践上及空间上呈现立体交叉。管理部门必须掌握各种实时信息，了解设备动态及面临问题，及时采取相应对策，以适应工作条件的变化，满足生产需要。因此，发展计算机管理信息系统，对行业和企业的管理部门具有极为积极的意义。

在一般情况下，行业或企业的投入产出系数与信息设备及信息应用之间成正比关系。企业信息化水平高低，主要用三项指标来衡量：

$$硬件装备率（金额/人）= \frac{企业的计算机设备投资额}{企业的在职人员数} \qquad (13-23)$$

$$软件装备率（金额/人）= \frac{企业的五年合计软件费用额}{企业的在职人员数} \qquad (13-24)$$

$$新型网络装置率（bps 值）= \frac{企业的信息线路容量}{企业的在职人员数} \qquad (13-25)$$

近二十年来，世界上一些工业先进国家都已把信息化作为提高某些行业技术水平的主攻方向。美、英、法、日等国家的某些行业硬件装备率、软件装备率和信息网络装备率都在迅速提高（见表 13-9～表 13-11）。

表 13-9　几个先进国家的硬件装备率　　　　　　　　　　　　（美元/人）

| 国　别 | 1980 年 | 1990 年 | 2000 年 | 2002 年 | 2004 年 | 2006 年 | 2008 年 |
|---|---|---|---|---|---|---|---|
| 美　国 | 345.5 | 703.1 | 1345.6 | 1883.8 | 2880.5 | 4032.7 | 8868.7 |
| 英　国 | 135.6 | 443.8 | 1107.5 | 1550.5 | 2416.6 | 3866.5 | 8506.3 |
| 法　国 | 175.8 | 631.2 | 1245.6 | 1743.8 | 2601.6 | 4162.6 | 9108.2 |
| 德　国 | 310.3 | 697.8 | 2010.1 | 2814.4 | 2312.1 | 3699.4 | 9809.5 |
| 日　本 | 891.1 | 1724.3 | 6960.9 | 9745.3 | 9948.8 | 11938.6 | 14326.7 |

表 13-10　几个先进国家的软件装备率　　　　　　　　　　　（美元/人）

| 国　别 | 1980 年 | 1990 年 | 2000 年 | 2002 年 | 2004 年 | 2006 年 | 2008 年 |
|---|---|---|---|---|---|---|---|
| 美　国 | 798.5 | 2825.1 | 4876.3 | 5386.4 | 6010.7 | 7849.6 | 9315.9 |
| 英　国 | 80.5 | 283.2 | 543.6 | 1107.7 | 4313.4 | 6978.7 | 9010.1 |
| 法　国 | 93.8 | 332.4 | 687.5 | 1374.5 | 5269.6 | 7033.4 | 9145.1 |
| 德　国 | 115.6 | 408.4 | 832.6 | 1644.2 | 5878.8 | 9981.2 | 11011.2 |
| 日　本 | 998.7 | 4576.8 | 6756.7 | 8766.8 | 9873.4 | 14591.1 | 16775.6 |

表 13-11　几个先进国家的信息网络装备率　　　　　　　　　　（bps 值）

| 国　别 | 1980 年 | 1990 年 | 2000 年 | 2002 年 | 2004 年 | 2006 年 | 2008 年 |
|---|---|---|---|---|---|---|---|
| 美　国 | 75.6 | 661.3 | 1760.3 | 1977.1 | 2583.3 | 2890.5 | 3613.6 |
| 英　国 | 63.1 | 669.2 | 1750.1 | 1889.3 | 2679.2 | 2977.6 | 3518.1 |
| 法　国 | 64.5 | 712.3 | 1780.6 | 1998.4 | 2711.1 | 2875.8 | 3329.7 |
| 德　国 | 73.6 | 711.2 | 1821.4 | 2011.5 | 2944.5 | 3211.3 | 3889.5 |
| 日　本 | 83.1 | 669.8 | 1975.5 | 2198.6 | 3411.7 | 3804.1 | 6976.8 |

由表 13-9～表 13-11 可以看出，世界上一些先进国家对行业信息化非常重视，从 20 世纪 80 年代初即有大量投入。其中日本的行业信息化水平遥遥领先。而近几年来，欧美一些国家开始以高速奋起直追。在地矿行业比较发达的国家，探矿、开采、矿物加工和设备运行等工艺环节的计算机管理信息系统已相当完善，并已取得可观的经济效益（见表 13-12）。他们成功地采用了装有新型传感器的微型计算机系统，对矿山采掘运输设备的运行状况进行监测和控制，如牙轮钻机和凿岩钻车穿孔工作制度参数的自动控制、挖掘装载设备工况参数监控、电动轮卡车的自动化调度系统以及胶带输送机系统的检测和自动控制等。这些事例都证明，我们必须加速开发矿山计算机管理信息系统，缩短与先进国家的差距。

表 13 – 12　一些先进国家矿山的计算机管理信息系统使用概况

| 地 矿 部 门 | 矿物种类 | 所在地点 | 启用及换代年份 | 效率增长/% |
|---|---|---|---|---|
| 加拿大地矿公司 | 铁 | 加拿大纽芬兰省 | 1988 年第一代，1998 年换代 | 23.1 |
| 奇诺矿山公司 | 铜 | 美国新墨西哥州 | 1988 年第一代，1998 年换代 | 18.9 |
| 帝国铁矿公司 | 铁 | 美国密歇根州 | 1989 年第一代，1997 年换代 | 16.5 |
| 邦格矿山公司 | 铁 | 利比里亚 | 1989 年第一代，1996 年换代 | 16.2 |
| 巴里克金矿公司 | 金 | 美国内华达州 | 1990 年第一代，1999 年换代 | 15.1 |
| 莫伦西矿山公司 | 铜 | 美国亚利桑那州 | 1990 年第一代，1997 年换代 | 16.8 |
| 同盟煤矿公司 | 煤 | 澳新南威尔斯 | 1991 年第一代，2000 年换代 | 18.3 |
| 威斯登矿山公司 | 煤 | 加拿大哥伦比亚 | 1991 年第一代，2000 年换代 | 18.7 |
| 南秘鲁铜公司 | 铜 | 秘鲁 | 1992 年第一代，2002 年换代 | 16.6 |
| 德比尔斯矿山公司 | 钻石 | 南非 | 1992 年第一代，2002 年换代 | 15.9 |

## 二、利用现有软件资源构建适用的计算机管理信息系统

目前，在矿业比较发达的国家，矿山设备管理所需要的计算机应用软件多数已能自立开发，总括起来主要内容类别如下：

（1）设备运行和设备检修工作的年、季、月、周、日计划和统计报表系统。其技术基础是数据库技术、CAD 技术、运筹排队方法、数学规划方法等。

（2）矿山生产工作实时调度指挥系统。其技术基础是数据库技术、数学规划方法、运行图形显示及绘图技术、远程通讯技术、无线话音及数据通讯技术等。

（3）机电设备供应、材料备品供应、质量监督、安全环保、成本资金和人事劳资管理系统。其技术基础是数据库技术、库存控制策略、运筹学及维修更新优化决策等。

（4）工作站网络及总控制系统。其技术基础是控制论、系统论、网络技术、线性规划、排队决策和模拟仿真等。

关于设备选型配套问题，近年来有的矿山把排队论与可靠性理论综合在一起，采用计算机模拟方法研究各种大型设备之间的随机配套模式，然后再使寿命周期费用和生产效率等因素趋于最佳状态，取得了很好的经济效益，也使得计算机模拟方法具有了新的活力。

图 13 – 8 中所示地点信号标注，一般设在工作区域道路网的关键部位，例如钻机工作台、装运机设备点、排土场及道交叉点等处。它由电源及低功率发射机组成，以高频连续发射该工作地点的各种规定信号。

车载台安装在专用车辆上，由电源、无线数传机和微型终端组成。当车载台进入信号标注范围时，便接受信标发射的信息，经过校验、解调、编序，然后调制成超高频信号发射给调度台，再传输给中央计算机站，使总调度室掌握实时工作点的生产状况及车载台的运行线路。经中央计算机站优化调度后再将指令发射给车载台，以决定该工作点的持续动向。

调度台为一大功率无线数据传输机，通过它可沟通车载台与中央计算站。调度台一般临近或并进总调度室，这样工作方便，布置紧凑。

我国有些矿山的计算机信息管理系统开发和应用已比较成功，其中包括地质测量、年季采剥计划、月周日生产计划、生产工作调度、设备维护检修、材料备品管理、成本资金管理、网络及数据库等，分别设置在地测科、计划科、生产科、机动科、供应科、财务科、生产现场调度室、公共图形及资料处理中心、计算中心和总调度室。这个系统基本包括了矿山管理的各主要环节，具有较强的功能。根据需要，只要适当加以调整和完善，就可以构成适合具体条件的设备管理部门的计算机管理信息系统。

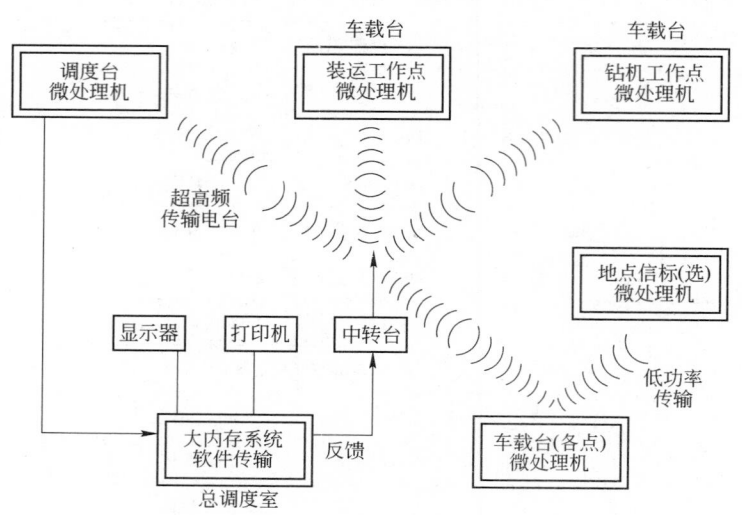

图 13 – 8　典型自动调度系统的配置方案

## 三、矿山设备运行部门管理模式要适应计算机信息管理系统

矿山设备运行部门要实现生产经营与管理的总目标，就必须加强目标科学管理。首先要将目标层层分解到各级部门，只要各部门完成了承诺指标，总目标即可完成。但由于各部门的制约条件不同，解决问题的速度也不同。这种"发展不平衡"导致系统出现"动态管理"问题，依靠人工管理很难解决。如果建立一个将效率、消耗和成本等总指标向二级部门分解的数学模型，以及对这些实际指标的采集、监控和计划滚动等动态调整方法，就会使问题由繁变简，易于解决，获得事半功倍的效果。

在分解经营管理总目标的同时，还必须建立技术经济指标分析模型。计算机管理信息系统可拥有大量信息，但目前呈现的多为统计功能和人工判断。如果要充分发挥计算机信息系统的能力，就应研究建立适合于具体矿山设备运行部门的有关指标的分析模型，如设备选型配套、设备维护检修计划、设备备用系数和材料配件库存储备系数等。

从国内外一些矿山设备运行部门的计算机管理信息系统的实施经验来看，计算机软件系统既要尽量符合人工管理的习惯与流程，也要适应计算机管理的独特要求。设备运行部门的管理工作在诸多方面应遵循计算机管理的特定规律，概括起来应注意以下几点：

（1）指挥人员必须介入计算机管理信息系统。从系统构件中的目标需求设计和规范制定开始，直到系统的实施和校验为止，都要明确贯彻既定的意图。

（2）强化计算机管理信息系统的职能。建立计算机管理系统领导小组和稳定的工作室，以及执行部门决策和指令的中心计算站。

（3）建立完善的管理员体制，即在中心计算站设置总管理员，各工作站设置子系统管理员，负责岗位责任制的贯彻和计算机软硬件的维护。

（4）建立专业化的硬件维修队伍，配备适量的工具与仪表、打印纸和装帧工具等，并按区域建立维修点。

（5）建立管理工作的各种规章制度。特别要重视规范岗位责任制、操作规程、软硬件维修管理制度、病毒防治制度、备品备件管理制度等，并将应用维修与开发工作分别管理。

（6）及时改变不适应计算机信息管理的工作流程与智能划分。适时修改和完善汇总报表制度，减少书面图纸及报表，尽量利用屏幕接口来传递管理系统的各种信息。

（7）不断完善微机 CAD 软件的功能，扩充应用范围，加强软件的智能化研究开发，广泛应用网络技术，使矿山各类数据实现一机多用和数据共享，减少和避免数据传递误差，保证数据应用的可靠性和安全性，提高整体计算机管理信息系统的应用水平。

矿业开发与进步是国民经济发展的有力基础，一些先进国家正对其实施高科技投入。世界科学技术的飞速发展，将给我们带来更为严峻的挑战。只有努力的研究、跟踪并应用高新技术，加速实现行业计算机管理信息化，才能缩小与先进国家的差距，立于不败之地。

# 第八节 矿山设备改造和更新决策

## 一、设备改造更新决策原则

任何机电设备，无论在设计及制造时考虑得如何完善，采用的新技术如何先进，由于各企业对于设备的使用要求、使用条件、技术经济指标及劳动组织形式是多种多样的，设备总会呈现出不够完善、甚至不能满足使用要求的问题。这就提出了从技术上进行设备改造或更新的必要，而且必须重视和解决好这个问题。对于单台机电设备，若设备改造和更新两种措施在技术、资金、货源上均可采用，且能满足矿山生产需要，便应对"改造"和"更新"进行经济分析。在实际实施过程中，除仔细考虑单台设备的经济效果外，还应比较由此而引起的整个矿山生产设备系统的技术经济效益，即应把局部效果放到整体中去考察。`

绝大部分的机电设备，均可通过设备的技术改造来提高技术经济性能，但当出现完全不同于现有生产工艺方法而必须采用另一设备时，或为了进行设备改造必须基本改变原设备结构、能保留的零部件只有极少数、且需加工修理后方能继续使用时，设备改造就成为不可能或不经济了。总之，设备改造和更新适用条件不同，各有利弊，不同企业应根据各自的具体条件妥善决策。进行设备更新工作时，购置设备和器具时应标明的条件见表13-13。

表13-13 购置设备和器具应标明的条件

| 产品类型 | 计量单位 | 购置时应标明的技术条件 |
|---|---|---|
| 钻孔机械设备 | 台/t | 钻孔直径、钻孔深度、钻具规格和数量、工作条件和防尘要求、动力（电动机、风动机、柴油机）、行走方式、生产效率 |
| 挖掘机械设备 | 台/t | 铲斗容积、挖掘高度、卸载高度、回转半径、生产效率、动力（电动机、柴油机）、工作条件、行走方式 |
| 装载机械设备 | 台/t | 铲斗容积、生产效率、卸载高度、行走速度、行走方式、工作条件、轨距、配用车辆、动力（电动机、风动机、柴油机）、外形尺寸 |
| 提升机械设备 | 台/t | 型号、用途、最大静拉力、提升速度、卷筒直径、卷筒宽度、电机型号及功率、安装方式、外形尺寸 |
| 炸药加工设备 | 台/t | 型号、用途、最大静载荷、运转速度、容料量、动力（电动机、风动机）、安装方式、外形尺寸 |
| 带式运输设备 | 台/t | 型号、用途、带宽、带速、生产效率、外形尺寸、电动机及减速机型号、功率、安装倾角 |
| 板式运输设备 | 台/t | 型号、用途、板宽或槽宽、板链、生产效率、外形尺寸、电动机及减速机型号 |
| 运输车辆 | 台/t | 型式、容量、结构、行速、轨距或行走方式、连接方式和联结高度、卸载方式 |
| 颚式破碎机 | 台/t | 型式、（单摆、复摆）、进出料口宽度及长度、生产效率、电动机型号及功率 |
| 圆锥破碎机 | 台/t | 型式（标准型、中型、短头型）、圆锥直径、进出料口特征尺寸、生产效率、电动机型号及功率 |
| 螺旋分级机 | 台/t | 型号、型式（单双螺旋、高堰式、沉没式）、螺旋直径、适应条件、螺旋结构长度、电动机型号及功率 |
| 离心式水泵 | 台/t | 名称、型号、扬程、流量、电动机和功率 |
| 通风机、鼓风机 | 台/t | 名称、型号、风压、风量、风口方向、叶片角度和转速、段数、叶轮传动方式 |
| 电工仪表类 | 台 | 名称、型号、量限（伏、毫伏、安、毫安、瓦、千瓦）、频率、精密级、安装要求 |

在传统的设备管理模式中，由于管理部门不去参与设备的选购，即使有关部门购进了很不理想的设备，也得硬着头皮成年累月地进行无休止的维修。这样，不仅增加了设备管理部门的工作负担，也严重地影响了生产。实践证明，设备管理部门把自己的工作局限在设备维修这个传统的小圈子内，是造成自己工作被动忙乱的重要原因之一。设备综合管理学主张对设备全过程进行管理，以及把设备管理部门变

成对设备进行全面管理的综合机构的观点，是解决这类问题的科学构想。

综上所述，选择设备总的原则是：技术上先进，经济上合理。采用先进设备的目的是为了获得最大的经济效益，不是片面地追求技术先进。只有技术先进和经济合理两者一致时，先进设备才有发展的生命力。一般来说，技术先进和经济合理是统一的。因为技术上先进往往表现为设备的生产效率较高，能够保证产品质量较好。但是，由于种种原因，有时两者的表现又是矛盾的。例如，某台设备的效率比较高，但可能能源消耗量大，或者设备零部件磨损快，因而从全面经济效果来衡量就不一定适宜。再如，某些先进设备自动化水平和生产效率都很高，适合大型矿山生产；但若在矿山生产的规模还不够的情况下使用，往往会负荷不足；而且这类设备价格又高，还要缴纳较多的固定资产税等，从经济效果角度看是不合算的。所以，在选择机电设备时，必须全面地考虑到技术和经济要求。

下面对选择设备应考虑的因素进行详细阐述。

### （一）生产性

生产性主要是指设备的生产工作率。一般以设备在单位时间（小时、工班、昼夜、年）内的有效产量来表示。例如，备砂工艺的细砂机（使细砂和粗砂、碎石分开）生产率为 6000~10000kg/h；路面沙灰铺撒装置的生产率为 30t/班。对成组设备来说，如流水线生产、自动化生产等，则以节拍来表示该组成设备统一的生产率。节拍就是先后两件产品或零件之间生产的间隔时间。设备的生产率是由设备的效率和设备的工作时间决定的。设备的效率表现为功率、行程、速率等一系列技术参数。目前，在提高设备生产率方面的主要途径有大型化、高速化、自动化等。在选购设备时，要根据企业的生产需要，对这些方面提出合适的要求。

设备大型化是提高设备生产率的重要途径。大型设备可以进行大批量生产，劳动生产率高，节省制造设备的钢材和投资，产品成本低，有利于采用新技术。例如，一台年装载量为 60 万吨的装载机，与两台年装置量为 30 万吨的装载机相比较，设备总重量减少 30%~40%，投资降低 35%，劳动生产率提高 50%~60%。因此，只要满负荷连续生产，中小型设备是无法与大型设备相比拟的。但是，设备大型化受到某些技术经济因素的限制。设备生产量大，相应的原材料、产品和废料的吞吐量也增大，受到一定地区、资源、市场、消费能力、运输能力的制约。在现有工艺条件下，有些设备大型化到一定程度后，已不能显著地提高技术经济指标水平；同时设备大型化造成环境污染也较严重，增加了环境保护的困难。如果操作运转不正常，产量损失也相应增大。因此，某些设备的大型化开始出现发展缓慢或停滞现象，这时应该注重从革新工艺入手，来提高设备的生产率。

设备高速化，也是提高设备生产率的重要途径。在技术发展史上，工作速度快的设备代替工作速度慢的设备，使后者被逐步淘汰的事例是屡见不鲜的。目前，在工矿矿山生产中，无轨设备正逐渐替代有轨设备。无轨设备机动灵活，调度方便，转移迅速，工作速度快。实践证明，设备高速化可以大大提高设备的生产率。但是，随着设备工作速度的提高，驱动设备的能源消耗量大大增加，有些设备的电力消耗量的增长速度，甚至超过转速的提高。

如果电费比较贵，电力供应比较紧张，由提高设备运转速度获得的经济效果，不一定是最好的。此外，由于转速快，对设备的材质、附件、工具的质量要求也相应提高；由于速度快，还导致人工操作比较困难，要求自动控制；而自动控制装置的投资较多等。因此，设备的高速化，有时并不一定能带来相应的经济效果。这是在选择设备时必须注意的。

设备的自动化、电子化的经济效果是很显著的。例如，据有关方面统计，同普通机床相比较，数控机床的效率可提高 2~3 倍，调整时间和零件加工时间可缩短 20%~70%，材料消耗可减少 30%~45%，质量控制费可降低 70%~80%。因此，设备的电子化、自动化是生产现代化的重要标志。依据各国工人工资费用测算，采用一台数控电铲在美国能节省 2.4 人，在日本能节省 3.7 人，在英国能节省 3.5 人，在德国能节省 4.7 人。但要考虑到：这类设备的价格昂贵，投资费用大；维修工作繁重，要有较强的维修力量；能源费用多；要求较高的管理水平等。这说明，采用自动化、电子化设备，是要具备一定条件的，在条件不够成熟时，过急地采用这类设备在经济上是不利的。

## （二）可靠性

可靠性是产品质量管理的一个重要范畴。广义上它指的是精度和准确度的保持性、零件耐用性、安全可靠性等。因此，首先要求机电设备能够生产高质量的产品，或完成高质量的工程。一般以设备所加工的产品、零部件的物理性能和化学成分以及所完成的工程可靠性等技术参数来表示。对金属结构部件的加工设备来说，要求不断提高决定零件使用性能的最终加工精度，包括尺寸精度、几何精度和表面质量。对于某些矿山机械，则要求提高防斜能力，如钻探、打桩设备等。其次，要求设备减少故障，提高准确性。例如，电子计算机要求运算数据的准确、可靠，提高可靠度。可靠度就是在规定时间内，在规定的使用条件下，无故障的发挥规定功能的概率。可靠度是用来表示零件、设备、装置等可靠性程度的重要指标；用它来作为测量、比较、选择设备的重要依据。利用电子计算机监督、控制设备的过程，可以及时、可靠地掌握工艺过程迅速发展变化的状态，为保证矿山生产工作的高质量提供有利条件。

## （三）安全性

在生产中使用机器设备大大减轻了人们劳动的繁重程度，但由于技术上经济上的种种原因，同时也带来了新的不安全因素。比如，在设计机器时，设备的安全性能没有完全解决，本身存在着不安全因素。此外，设备高速化使操作者容易疲劳，也会因操作失误而出现事故。设备大型化，大则能量大，设备事故造成的破坏性也大。设备自动化使设备结构复杂，发生故障的可能性也会增多。为了提高经济性，有时片面追求省料，过分强调设备重量轻，可能造成设备失稳。因此，在选择设备时还要考虑到：是否安装有自动控制装置，以提高设备操作失误后防止事故的能力，如自动切断电流、自动停车装置等。对容易造成事故的设备，如压力机和掘进机，要求设计机械手或机器人承担较危险部分的工作。

## （四）节能性

节能性是指设备要节省能源消耗。能源消耗包括驱动设备的一次能源消耗和二次能源消耗。前者如原煤、焦炭、原油等；后者如汽油、柴油、电力、蒸汽等。一般以机器设备单位开动时间的能源消耗来表示，如小时耗电量、耗气量；也有以单位产量的能源消耗量来评价设备的，如混凝土搅拌装置以每吨混凝土耗电量来表示，而汽车则以吨百公里的耗油量来表示。机电设备的技术进步过程，从某种意义上说，也是热效率不断提高和能源不断节约的过程。此外，还要考虑设备对原材料资源的利用性能，如木材加工设备和金属压延设备的成材率以及金属铆焊设备的产品成品率、采矿铲挖设备的（斗容）比功率等，都是评价设备是否优越的重要指标。目前在金属结构件中，少切割和无切削加工设备正在逐步代替传统的金属切削加工设备，如仿形构建、工程塑料、挤压、冷拉和轧制等设备。由于它们可以节约大量原材料，采用这类设备的比重正在迅速增加。

## （五）耐用性

耐用性即设备的使用寿命要长。这里指的是设备在使用过程中由于物质磨损所造成的自然寿命周期（或物质寿命周期）。随着科学技术的发展，新工艺和新材料的出现，设备性能质量不断提高，机电设备的使用寿命日趋延长。同时，新型设备的价格比同类老设备的价格要贵得多，因而希望老设备的自然寿命能够延长。设备的使用寿命越长，每年分摊的折旧费越少，每小时所消耗的设备投资费用也越少。设备寿命期可用"小时设备投资"来衡量，即：

$$每一工作小时的设备投资费（元）= \frac{设备投资费（元）}{设备使用寿命（小时）} \qquad (13-26)$$

由此可见，设备的使用寿命越长，在小时生产费用的构成中，平均每一工作小时的设备投资费所占比重越少。

### （六）维修性

机电设备运转一定时间后，由于零部件磨损，修理工作是不可避免的。在选择设备时，要考虑维修的难易。维修的难易用维修性来表示，它直接影响设备维护保养和修理的劳动量和费用。维修性好的设备，其结构简单、零部件组合合理；维修时零部件容易拆卸，易于检查；通用化和标准化程度高。一般说来，设备越是高级和精密，维护和修理的难度越大，对维护和修理的专门知识和技术、所需的润滑油品种、设备配件等物质器材的要求也越高。因此，在选择设备时要考虑供方提供有关材料、技术、器材的可能性和持续时间，以免给设备管理和维护检修造成困难。

### （七）环保性

环保性是指设备的噪声和设备排放的有害物质对环境污染的程度。随着大工业生产的发展，噪声已成为城市环境公害之一。在选择设备时，一定要求把噪声控制在保护人体健康的卫生标准范围内，对于某些设备还要附带消声、隔声等技术装置。设备排放的废气、废渣、废水是环境污染的重要源头，特别是化工、冶炼设备，因而要求配备有相应的治理三废的附属设备和配套工程。某些设备如果难于实现污染控制，或控制装置投资费太大，则在生产中不宜继续使用这些设备，应逐步淘汰，更新换代。

### （八）成套性

成套性是指设备性能和规格要配套成龙。如果工艺系统设备数量很多，但设备之间不配套，不仅设备性能不能充分发挥，而且经济上可能造成很大浪费。只有使各种设备在性能、能力等方面相互配套，才能收到较好的技术经济效果。设备的配套大致分为单机配套、机组配套和项目配套。单机配套是指一台机器中各种随机工具、附件、部件配备成套。这对万能型设备更加重要。例如，万能钻机、万能铲挖机的多功能，主要依靠随机附件、工具、部件的齐全程度。机组配套是指一套机器设备的主机、辅机、控制设备以及其他设备的组合成套。这在联动设备（如成型机、连续矿山生产装置等）工艺系统显得很重要。项目配套是指一个新建项目所需各种机器设备的成龙配套，如工艺设备、动力设备和其他辅助生产设备的配套等。

### （九）灵活性

灵活性所包含的内容是：在工作对象固定的条件下，设备能够适应不同的工作条件和环境，操作和使用比较灵活方便。例如，矿山设备要求适应不同区域和地质状况。这类设备目前向轮胎式、外形流线和双向驾驶等方向发展。对于工作对象可变的矿山设备，要求能够呈现多种施工性能，通用性强。另外还有结构紧凑、重量轻、体积小的一类设备，它们的优点是价格便宜、占用场地面积少、搬动方便，适用于小型企业或生产场地并不宽阔的企业，用以完成工作不太复杂的生产环节。

以上是选择机电设备要考虑的一些主要因素。对这些因素要统筹兼顾，要坚持从本企业的实际出发，不能盲目地追求高、大、精、尖，要精打细算，讲究实效，多方位全面权衡利弊。

## 二、选购设备的经济评价

本节主要阐述机电设备选购阶段的经济效果评价。在选购设备时，要对比几种设备的优劣。通过几种方案的对比、分析，选择最优方案，选购经济性最好的设备。下面介绍三种简便的方法。

### （一）投资回收期法

首先计算不同设备的投资费，其中最主要的部分是设备的价格。同时还要把由于采用新设备而带来的劳动生产率的提高、能耗消耗的节约、工作质量的保证、劳动力的节省等方面的节约额考虑在内。依据设备投资费与节约额计算不同设备的投资回收期。在其他条件相同的情况下，选择投资回收期最短的设备为最优设备。投资回收期的计算方法如下：

$$设备投资回收期（年）= \frac{设备投资费（元）}{采用新设备后年节约额（元/年）} \quad (13-27)$$

从式（13-27）中可以看出，回收期越短，设备投资效果越好。随着科学技术的不断发展，机电设备的更新速度加快，因此要求投资回收期也相应地缩短。

## （二）费用换算法

运用这种方法时，首先要了解不同设备在购买时支付的最初一次投资费是多少，然后估算不同设备的投入使用以后，平均每年必须支出的能源消耗费、维修保养费、运转劳务费等，这些费用的总称称为维持费。最常用的费用换算法称为"年费法"。

运用"年费法"时首先把购置设备一次支出的最初投资费，依据设备的寿命期，按复利利率计算，换算成相当于每年费用的支出。然后加上每年的维持费，得出不同设备的总费用，据此进行比较分析，选择最优设备。例如，有两台设备，其各种费用支出分别如下：

最初投资费：设备 A 为 70000 元，设备 B 为 100000 元；每年维持费用支出：设备 A 为 25000 元，设备 B 为 20000 元。利率为 6%，估计寿命期为 10 年。则利率 $i = 6\%$，寿命期 $n = 10$ 的资本回收系数为 0.13587（资本回收系数可用公式计算：$i(1+i)^n / [(1+i)^n - 1]$）。

每年设备 A 和设备 B 的总费用支出见表 13-14。

**表 13-14 设备选择对照表**

| 投 资 | 设备 A | 设备 B |
|---|---|---|
| 每年投资费用/元 | 70000 × 0.13587 = 9510 | 100000 × 0.13587 = 13590 |
| 每年维持费用/元 | 25000 | 20000 |
| 每年总费用/元 | 34510 | 33590 |

将两台设备的经济运行情况相比较，易知选择设备 B 较好。

## （三）费用效率分析法

费用效率分析法（或寿命周期费用法）的表示方法如下：

$$费用效率 = \frac{系统效率}{寿命周期费用} \quad (13-28)$$

式（13-28）中的系统效率是反映某项设备总的效果的。它包括设备的生产效率、可靠率、可靠度、安全程度、能源节约、耐用寿命期、维修难易程度、对环境的污染程度等，也就是要从设备系统的全面效果来衡量。

寿命周期费用是指设备寿命期内的总费用，包括从设备的研究设计开始，一直到报废为止的费用总计。它由设备的设置费和设备的维持费两项组成。如果设备是由企业自行研制的，设备的设置费应包括研究、设计、试制、制造、安装、试验，以及设备使用说明书和维修技术资料的制作费用等。如果设备是购买的，则设备的购置费应包括设备的售价和运输、安装费用，它包括操作工人工资、能源消耗费、维修费、发生故障的停产损失费、保险费和固定资产税金等。某些国家规定，设备产品投入市场出售时，要在标明售价的同时标明该设备的维持费用。凡是没有维持费用明确数据的设备不能进入市场。

计算寿命周期费用，可以使用户和制造者追求在设备的整个寿命周期内花最少的费用。对于使用单位来说，在选购设备时，不能只考虑设备的价格，还要考虑使用期间的各种费用支出，即应从设备总费用的角度来评价。

例如，有三种设备，其寿命周期费用、生产效率分别见表 13-15。

表 13 – 15　A、B、C 三种设备相关参数表

| 设备名称 | 寿命周期费用/万元 | 生产效率/t·d⁻¹ |
|---|---|---|
| A | 120 | 1620 |
| B | 120 | 1410 |
| C | 100 | 1410 |

则设备 A 的费用效率为 1620/120 = 13.5t/(d·万元)；设备 B 为 1410/120 = 11.75t/(d·万元)；设备 C 为 1410/100 = 14.1t/(d·万元)，由此可以看出，费用效率表示的是单位费用支出所能取得的效果。同样支出两万元费用，但取得的日产量不同。其中设备 C 最好、设备 A 次之、设备 B 最差。

对于设备的系统效率的计算，凡是不能用数量表示的，如成套性、灵活性等因素，则可以进行定性分析，按因素对每台设备进行评分，最后以得分最多者为最优设备。例如，系统效率所包括的内容为生产效率、成品率、安全程度等 9 个因素，总分为 100，则每个因素平均分为 100/9 = 11.11，依据三台设备的各个因素情况及其应得分数，分别见表 13 – 16。

表 13 – 16　选择设备的评分表

| 序号 | 项　目 | 设备 A | | 设备 B | | 设备 C | |
|---|---|---|---|---|---|---|---|
| | | 效率 | 应得分数 | 效率 | 应得分数 | 效率 | 应得分数 |
| 1 | 生产性（费用生产效率）/t·(d·万元)⁻¹ | 13.5 | 10 | 11.75 | 8 | 14.1 | 11 |
| 2 | 可靠性（成品率、技术参数） | 90% | 7 | 95% | 9 | 93% | 8 |
| 3 | 安全性（自动保护装置） | 事故较少 | 9 | 一般 | 8 | 较安全 | 10 |
| 4 | 节能性（单位产量耗电）/kW·h·t⁻¹ | 100 | 6 | 90 | 9 | 70 | 10 |
| 5 | 耐用性（寿命期）/年 | 15 | 8 | 20 | 11 | 20 | 11 |
| 6 | 维修性（保修年限、间隔期） | 10 | 9 | 10 | 9 | 15 | 11 |
| 7 | 环保性（隔振、消声装置） | 有 | 11 | 无 | 5 | 无 | 5 |
| 8 | 成套性（附件、工具） | 齐全 | 11 | 不齐全 | 5 | 齐全 | 11 |
| 9 | 灵活性（多种功能、适应条件） | 良好 | 10 | 一般 | 8 | 良好 | 10 |
| | 总　计 | | 81 | | 72 | | 87 |

三台设备相比，设备 A 得 81 分，设备 B 得 72 分，设备 C 得 87 分，显然设备 C 为最优设备。

## 三、压缩设备购置量的主要措施

企业在一定时期内的财力是有限的，所以在选购设备时，一定要精打细算，讲究经济效果，使有限的资金投放在经济效果最好的项目上。为此，要充分挖掘企业内部潜力，利用本地区各个部门的各种有利条件，尽量减少设备的购置数量。其主要措施有以下三个方面。

### （一）加强管理工作，提高企业设备利用率

不少企业存在设备积压、停用的现象，利用率低。特别是一些高性能设备，利用率更低。设备停用的原因很多：有的是属于多余设备，还有的是属于修理质量不高，故障多，无法正常使用的设备。这就要求加强企业的设备维修工作，提高维修技术水平。同时，要注意组织均衡生产，克服设备负荷不均的现象，多余设备要及时处理。总之，要从多方面着手来提高设备的利用率，尽可能地压缩设备的购置量。

### （二）做好现有设备的技术革新和技术改造工作

由于企业不断发展新项目，原有设备有可能无法满足生产需要，在这种情况下，添置一些新设备是必要的。但是，要尽量革新改造原有设备，减少新设备的购置量。工业发达国家的企业，在项目变更时，

也不会大量购置新设备，而是尽可能地改装原有设备来满足生产需要。例如，日本某汽车公司 4D30 型新发动机的缸体机械加工生产线由 52 台机床组成，它是利用 6DS 型发动机缸体机械加工生产线改造而成的。在这条生产线上，新设备占 25%，改造的老设备占 51%，原有设备占 24%。改造后的新生产线可以同时生产新旧两种发动机。这个例子说明，在发展新项目过程中，就算是在专业化程度较高、专用设备较多的生产线上，也可以做到把新添设备量压缩到最小限度。

### （三）争取外协加工，在本地区和本部门内组织协作

在一般企业中，精密、大型、稀有设备以及科研测试设备的利用率最低。提高这类设备的利用率，充分发挥这部分设备的潜力，是充分利用现有物质技术基础、加速实现四个现代化的重要问题。因此，要打破各系统"条条"的束缚和限制，组织企业同企业之间、企业同科研机关、高等院校之间的协作，充分发挥社会主义的团队精神，把这部分设备管好、用好。对企业来说，要充分争取外协生产加工或专业机构科研测试，充分利用社会力量提高自身技术水平，这对压缩设备购置费、节省大量设备投资具有重大意义。

## 第九节　设备管理人员应关注社会因素影响

多年来，矿山设备工作者在设备研制、选型配套、安装调试和运行维修等活动中，很熟悉并习惯于适应有关技术因素的约束。但随着人类社会不断发展和科学技术水平的迅速提高，现代工业工程大多需由一个群体来完成。在群体内部以及群体与服务对象之间，都存在着人与人的协调问题，受到诸多社会因素的约束。技术人员不仅要有较高的工程技术水平和业务素质，还要有较强的法制观念、良好的职业道德和高度的责任感，只有这样才能保证获得生产及工程的高效率和高质量。

### 一、技术人员与标准及规范

标准及规范是国家的技术法令，它为技术人员提供了有关行业的具体工作指南和规则。技术人员所设计的产品和实施的工程，必须符合整个社会为了生产社会化和发展生产技术所规定的各种标准及规范，不能随心所欲，不能随意规划和任意取值。

标准及规范的原则是"力求统一"，限制随意的多样化，使技术人员在工作中受有"自由局限"，因而有人认为这样会阻碍新产品的开发创造和行业的技术进步，但只要经过辩证思考，就会排除这种顾虑。

首先我们应该看到，正因为有了标准及规范，才使专业工作人员摆脱了许多例行的一般思考过程，从而更好地集中精力解决产品和工程系统的关键问题，强化思考的创造性，提高智慧成果的工程价值，避免因小失大、舍本逐末和事倍功半。

我们还应该看到，随着科学技术的不断发展，行业的重点和方向正在逐步转移，有些标准及规范也在不断更新和完善。例如，在现代矿山设备制造生产中，机型品种日益"多样化"，而中间产品（如各种元件）则趋向"简单化"；标准及规范的重点也随之转移到中间产品上。以往未有足够重视的软件成为急剧发展、迫切要求标准化的一个领域。软硬件科学的交叉组合，导致大量组合接口产生；要求规范和化简接口成为标准化发展的关键问题。所以，标准和规范不是太多，也并不阻碍行业的创新发展，而是随着工程技术的不断发展，进一步完善标准及规范，促进行业更好地创新发展。

标准及规范是在一定科学技术水平基础上制定出来的。它反映了当时行业工作者对科技领域内某些事物的认识水平和解决实践问题的能力。但是随着科学技术的发展和人们认识水平的提高，标准及规范也应随之变化。比如，由于材料科学某些关键技术的突破，材料强度及其破坏形式的有关概念也有所变化，必然引起构件寿命和安全系数等一系列标准及规范的变化。人类社会不断进步，信息技术日新月异，技术交流和共享正朝着全球化发展。已有的标准及规范是某个历史时段的产物，具有相对稳定性，行业工作者必须达成共识，共同遵守。但是，随着科技成果和行业产品的更新换代，又必须去完善和修正标

准及规范，或待时机成熟时制定新的标准及规范，促使有关产品向更高水平发展。

## 二、技术人员与产品外观适应性

随着社会生产的发展和生活水平的提高，人们对精神需求和感受质量的要求也越来越高。无论在工作环境或是生活当中，都不希望使用那些看来呆板、单调和缺乏亲近感的产品。产品的外观适应性优劣，已成为评价产品质量和能否占领市场、创造高效益的重要指标。

产品的材质、结构和加工工艺等物质技术条件是产品外观适应性的物质基础，它在某种程度上会限制产品的外观设计。但新材料和新工艺的应用，也会促进产品功能和外观的变革。例如，某些车辆外形的改进可利于提高车速，从而迫使改进车轮及悬挂系统，以减少行车的振动冲击；同时需改进操纵系统，保证车辆行驶的灵活性和可靠性。而所有这些车辆性能及结构的变革，必然又会促进车辆工程技术的发展。所以，产品的外观适应性依附于产品的功能要求并建立在一定的物质技术条件之上，但同时又具有自身能动性，协调人机关系，改善工作者的心理状态，提高工作效率。

在工程实践中，对于复杂的结构，为了实现等强度设计或增大强度重量比值，常采用"切除"或"加强"措施，比如开孔或局部断面缩小、加支撑杆或筋条板等，以达到减轻重量、节省材料或增加强度的目的。对于较薄的金属板件，可采用表面网纹结构，不但可以增加强度和刚度，还可以改善散热性、摩擦性或更美观。近年来研制的某些金属材料，不但性能可满足有关专业要求，而且容易注塑成型、热塑成型和吹塑成型，从而使构件具有更好的外观适应性。

社会生产实践表明，没有一个技术方案是无懈可击的，多是瑕瑜互见。专业人员首先接受的是一大堆关于基本功能和外观形状要求的普通表述语言，设计者应善于抓住本质，对问题进行综合抽象，去求得使用的"优化方案"。比如要求设计大型工程载重汽车，首先要清楚它与普通载重汽车有什么区别，有什么特殊要求，必须深透了解这种专用汽车载重量大、物料块大坚硬、道路凹凸不平、坡道及弯道多、车棚需密封且防砸等特点，才能研制出功能和外观形状均满足要求的优质产品。

## 三、技术人员与专利法规

专利是一种工业产权，即产品发明创造人在一定期间对其产品技术使用和销售的专有权利。国家制定专利法的目的是为了保护技术知识产权，鼓励人们攀登科技高峰，更多地发明创造，并积极地推广应用，促进行业技术迅速发展。但专利法并不保护所有的发明创造：不保护违反国家法律、有悖社会公德或妨碍国家利益者；因执行单位任务或主要利用本单位的物质条件所完成的发明创造不授予个人专利权；如果两个以上的单位或个人分别就同样的发明创造提出专利申请，只对最先申请人授予专利权。

由上述可知，专利文献是最迅速、最详细、最可靠的技术情报，比其他情报资料一般可早公布 2～3 年。经常关注和查阅与行业有关的专利文献，可以从中得到最直接的启发；可以促进科技信息交流，避免重复的研究设计过程；同时有利于引进国外先进技术，节约研制费用和缩短产品周期。

国家专利法明确规定，在有些情况下研制和销售专利产品时，虽未经许可也不作为侵权处理。例如，只为科研和试验以检验科技发明的效果，或以已有发明为基础去研制更好的产品。这正说明，制定专利法的目的之一是要有利于促进学术交流和科学技术的迅速发展，科学有效地使用专利是开发高质量新产品的成功之路。

## 四、技术人员与经济合同法

经济合同法是调整合同关系的法律规范的总称。《中华人民共和国经济法》第二条指出："经济合同是法人之间为实现一定的目的，明确相互权力、义务关系的协议。"由此定义可知，签订经济合同的目的，在于明确双方的权利与义务，通过双方意见一致地协调，确定当事人的权利和义务。通过经济合同法的签订与执行，来保护经济技术活动双方的合法权益，维护社会经济秩序，保证国家、地方和有关部门计划的执行，提高经济效益和社会效益，促进社会主义现代化建设的发展。

签订经济合同必须遵守国家法律、符合国家政策和有关计划要求；必须坚持平等互利、协商共处和等价有偿原则。一旦签订了合同，就必须认真履行合同，重合同守信用。不履行合同是不负责任的表现，甚至是犯罪行为。如果在履行合同的过程中客观情况发生了变化，使合同的一部分或全部不能履行时，则必须根据经济合同法有关条款的规定，变更和解除合同，不能随意变更或终止执行。需求方应认识到新产品开发中的困难；研制者应充分估计会遇到的问题并量力自身的把握程度，既然是新东西，就不能过于乐观或忽视困难。

技术人员在执行合同的过程中，主要是提供表现为一定成果的物化劳动，这种成果是具有一定价值的实体。合同所规定的对成果（产品）的性能要求或技术条件，应是技术人员最关心的问题，也是决定产品成本和时间周期的重要依据。在签订合同时，为了满足成本、时间和性能要求，常需谈判协商，缓解矛盾；或是保证性能要求而增加成本，或是降低性能要求来满足成本或时间指标。为了达成某种协议，技术人员应提供充分有力的分析证据，不应把某些限制和要求都看成是消极的东西。这些矛盾的解决往往会激发技术人员的创造力，在克服困难的过程中开辟出新途径，使研制成果（产品）达到更高的水平。

## 五、技术人员与职业道德规范

现代产品设计和工程实施很难由一个人完成。工程技术人员所从事的业务活动总要涉及人际关系，比如同行之间、上下级之间、供需方之间以及个人与集体或国家之间的关系。

这些关系中有些明显属于合法与非法、犯罪与非罪问题，应受法律约束并靠法制解决。但在社会实践中更大量的则属"是与非"问题，这些问题的解决，只能根据社会上应共同遵守的道德准则来评判，靠社会舆论与信念的力量来约束不正确的思想和行为。技术人员对某项业务不能只讲是否合法，还必须注意自己的道德规范，跟上时代物质文明和精神文明发展的要求。很难设想，一个技术人员缺乏职业道德的单位，会成为一个和谐的整体并研制出高质量的产品或完成大型重要工程。

在科技发展一日千里的新形势下，技术人员必须努力扩展行业知识，不断充实自己。要严肃认真地对待自己承担的任务，本着实事求是的精神，在尊重别人成果的前提下去创新，在学习同行长处的基础上去竞争。要保证所承担任务的质量和进度；设计方案必须确保使用者的安全与健康，并符合环卫工作要求。在产品研制和工程实施过程中，局部应服从整体；要善于与别人合作共事，汲取同类产品的优点，完善自己的方案；而且力求节约人力、物力和财力。如果供需双方产生矛盾，发生合同纠纷，应始终站在公正的立场上。

目前，我国只能有一种法律体系和裁定依据规范，但人们头脑中的道德观念则不止一种，对是非界定也各有张弛。在行业技术人员中应强调精神文明，崇尚职业道德，树立敬业思想，为高质量、高效率地完成任务提供动力保障，使国家、集体和个人都获得显著效益。

撰稿、审定：王荣祥　任效乾　王正谊　王志霞（太原科技大学）
　　　　　　李爱峰（太原重型机械集团）
　　　　　　王巨堂（山西平朔露天矿）

# 第十四章　矿山工程电气及自动化

## 第一节　矿山工程供电系统及变配电所

### 一、矿山工程供电系统

矿山工程常用的供电系统，有放射式、干线式、环形以及混合供电方式。采用哪种接线方式，要根据矿（厂）区用电负荷的分布、负荷的级别和生产工艺流程的特点来确定。

### （一）放射式系统

放射式系统的优点是：线路铺设简单，维护方便，供电可靠性高；缺点是：高压设备（如断路器）较多，配电装置的结构复杂，总投资大，接线如图14-1所示。

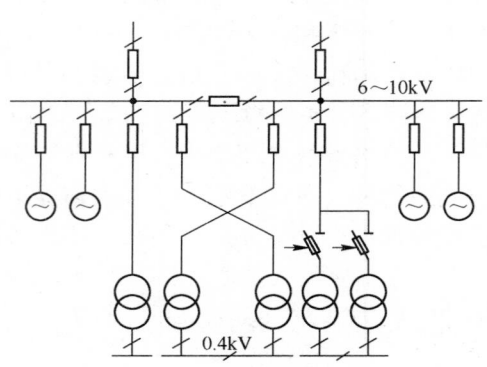

图 14-1　放射式系统

### （二）干线式系统

1. 单侧供电单回路干线

单侧供电单回路干线系统能简化配电系统，减少变（配）电所的出线回路，节省有色金属，节省投资，但供电可靠性较差。接在干线上的分支线，一般不宜超过五个，如图14-2所示。

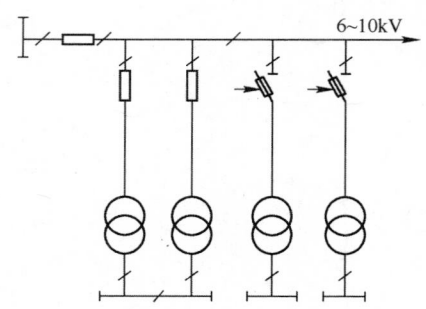

图 14-2　单侧供电单回路干线

## 2. 两侧供电的单干线系统

两侧供电的单干线系统的供电可靠性较高，可以互为备用，但接点较多，操作复杂，恢复供电的时间较长，一般可用在二级负荷的供电，如图 14 - 3 所示。

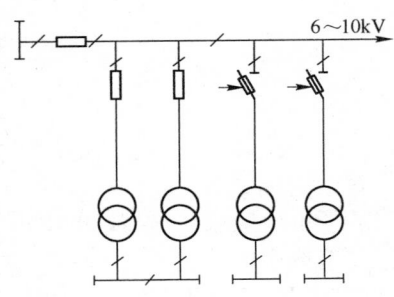

图 14 - 3　两侧供电的单干线系统

## 3. 双干线系统

双干线供电系统与单干线系统相比，供电可靠性较高，操作方便。可用于较重要的二级负荷的系统中，但分支不宜过多，一般以三至五个为宜。

图 14 - 4 所示为断路器受电，单母线断路器分段的系统，操作方便、灵活，不仅适用于中小型矿山，也可用于大型矿山企业。

图 14 - 5 所示为隔离开关受电，单母线隔离开关分段的系统。在一般情况下，操作时须停电切换负荷。

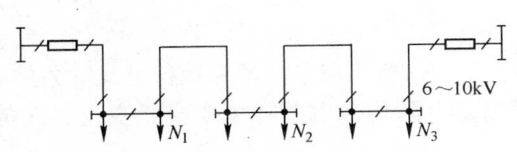

图 14 - 4　双干线系统、断路器受电和分段

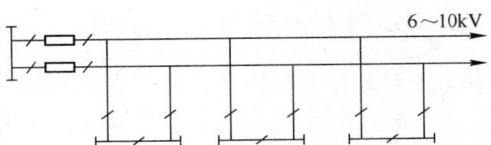

图 14 - 5　双干线系统、隔离开关受电和分段

## （三）环形系统

环形系统是干线式系统的变形，矿（厂）区内布置成环形，适用于对主要车间沿矿（厂）区大道布置的矿山或露天采矿场的供电，如图 14 - 6 所示。

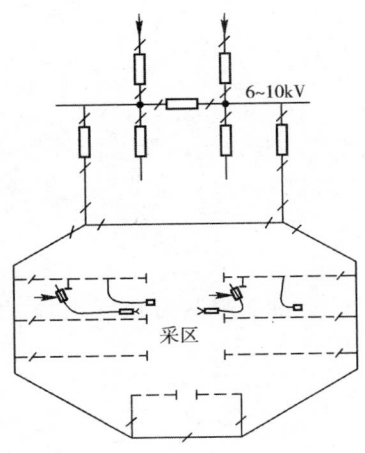

图 14 - 6　露天矿环形供电系统

## 二、矿山变电所和配电所

### （一）变、配电所位置的确定

1. 变电所的所址

变电所的所址应符合下列要求：

（1）尽量靠近矿（厂）区用电负荷分布中心。

（2）便于线路的引入和引出。

（3）便于运输主变压器和其他主要设备。

（4）周围环境清洁，如空气污秽时，变电所应设在污秽源的上风侧，或采取防污措施。

（5）应留有扩建和发展的余地，但要节约用地。

（6）应避开采矿场爆破危险区、炸药库危险区、塌陷区和有剧烈震动的场所。

（7）应考虑土石方工程量及其费用的多少。

根据上述要求，大、中型露天矿的变电所一般设在工业场区；大、中型采选联合企业的变电所一般设在选矿厂附近；大型坑内矿的变电所一般设在主井的井口；建材矿山的变电所一般设在露天采场附近。

2. 配电所的位置

配电所的位置应符合下列要求：

（1）应靠近高压用电设备较集中的车间或厂房，以缩短配电线及控制线（或电缆）的长度。

（2）便于管理，检修及维护方便，有扩建及增加馈出线的余地。

（3）应尽量避开震动较大、多尘及生产用水易漏的场所，当受布置所限，需在上述场所配置高压配电所时，应采取必要的措施。

### （二）主变压器台数及容量的确定

（1）主变压器的台数和容量，应根据矿区供电条件、负荷性质、用电容量和运行方式等条件确定。

（2）在有一级用电负荷的大、中型矿山企业中，当两路电源均需由总降压变电所主变二次母线供电时，应选两台。

（3）无一级用电负荷的矿山，或虽有一级负荷但容量较小，其备用电源不经主变时，对大型矿山一般选两台，小型矿山一般选一台。

（4）在涌水量及洪水量较大的矿山，当排水用电负荷很大时，经技术经济比较合理时也可选两台或两台以上的主变压器。

（5）装有两台及以上主变压器的变电所中，当断开一台时，其余主变压器的容量应能保证全部一级负荷及大部分二级负荷的用电需要。当主变压器为一台时，应留有 15%～25% 的富裕容量。

### （三）变、配电所的布置

1. 35kV 及 35kV 以上的配电装置

35kV 及以上高压配电装置的布置型式，分为屋内型及屋外型两种。通常是采用屋外型的布置型式。屋外型的优点是结线明了，便于操作，可减少误操作及节省基建费用等；其缺点是占地面积大及维护条件较差。

2. 6～10kV 配电装置

通常采用屋内单层布置，在需要装设电抗器限制短路电流时，宜采用两层布置。变电所的屋内部分一般为独立的建筑物，也可与生产厂房毗连。

3. 屋内配电装置

（1）一般要求：

1）一般采取标准跨单层或两层布置。建筑物的净空高度，通常由配电装置所需的最低要求确定。

2）需经常操作、巡视的设备及相互关联密切的房间，应尽量靠近，便于管理维护，并应留有扩建的余地。

3）屋内配电装置应保证适宜的温度，在我国的北方需考虑保温与采暖，而在南方则要考虑夏季的通风及降温等措施，以确保设备的可靠运行。

4）地震烈度为7度以上的地区，配电装置应采取抗震措施。如电气设备之间用软导体或伸缩补偿装置连接；引下线过长时，应增设固定支点；尽量降低电气设备的安装高度，并加强与基础的固定等。

5）断路器及隔离开关操作机构的布置应考虑操作方便，运行安全，其安装高度应在0.6～1.4m，一般采用1.05m。当隔离开关刀刃向操作人员打开时，机构应安在左边。

6）硬母线在温度变化时，可能产生危险应力，应考虑消除措施，对铜母线长为30～50m、铝母线20～30m及钢母线35～60m，应加装母线补偿器。

7）各房间应有适当的自然采光，主控室应有足够的自然采光，以便监视信号及电气仪表的运行状况。

（2）布置规定指标：屋内配电装置的各项安全净距，不应小于表14-1所列数值，并应符合图14-7的要求。

表14-1　屋内配电装置的最小安全净距　　　　　　　　　　　　（mm）

| 额定电压/kV | 1～3 | 6 | 10 | 35 | 60 | 110J | 110 |
|---|---|---|---|---|---|---|---|
| 带电部分至接地部分（$A_1$） | 75 | 100 | 125 | 300 | 550 | 850 | 950 |
| 不同相的带电部分之间（$A_2$） | 75 | 100 | 125 | 300 | 550 | 900 | 1000 |
| 带电部分至栅栏（$B_1$） | 825 | 850 | 875 | 1050 | 1300 | 1600 | 1700 |
| 带电部分至网状遮栏（$B_2$） | 175 | 200 | 225 | 400 | 650 | 950 | 1050 |
| 带电部分至无孔遮栏（$B_3$） | 105 | 130 | 155 | 330 | 580 | 880 | 980 |
| 无遮栏裸导体至地（楼）板（$C$） | 2375 | 2400 | 2425 | 2600 | 2850 | 3150 | 3250 |
| 需要不同时停电检修的无遮栏裸导体间水平净距（$D$） | 1875 | 1900 | 1925 | 2100 | 2350 | 650 | 2750 |
| 出线套管至有通道的屋外地面（$E$） | 4000 | 4000 | 4000 | 4000 | 4500 | 5000 | 5000 |

注：1. 110J是指中性点直接接地系统；

2. 海拔超过1000m时，本表所列 A 值，应按每升高100m增加1%进行修正，B、C、D 值应分别增加 $A_1$ 值的修正差值；

3. 本表所列各值不适用于制造厂生产的成套配电装置。

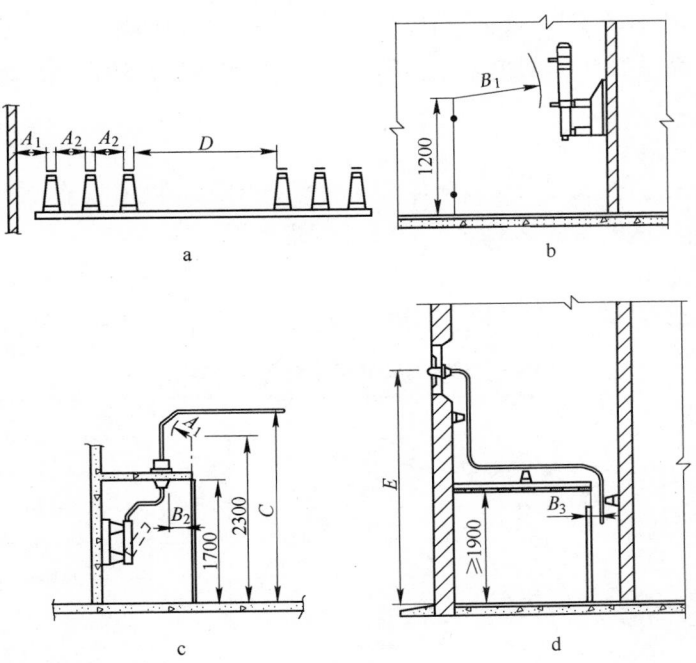

图14-7　屋内配电装置最小安全净距校验图

（3）走廊及围栏的要求：

1）屋内配电装置的遮栏高度不应低于1.7m，栅栏高度不应低于1.2m，遮栏应有门锁，遮栏网孔不应大于40mm×40mm，栅条间距和栅栏最低栏杆至地面的距离，不应小于200mm。

2）走廊的净空宽度，应保证设备搬运和维护方便，一般考虑比最大设备的宽度加0.4m，对电抗器则加0.5m，但不应小于表14－2所列的数值。

**表14－2　3~10kV 配电装置操作走廊的尺寸**　　　　　　（mm）

| 配电装置型式 | 操作走廊 | | | | 维护走廊 | | 通往防爆间隔通道 |
| --- | --- | --- | --- | --- | --- | --- | --- |
| | 设备单列布置 | | 设备双列布置 | | | | |
| | 最小 | 推荐 | 最小 | 推荐 | 最小 | 推荐 | 最小 |
| 固定式高压开关柜 | 1500 | 2000 | 2000 | 2500 | 800 | 1000 | 1200 |
| 手车式高压开关柜 | 单车长＋900 | 2500 | 双车长＋600 | 3000 | 800 | 1000 | 1200 |

注：表中数值是从通常用的开关柜的盘面算起（即突出部分已包括在表中数值内）。

3）配电装置长度在7m以内时，允许只有一个出口。长度大于7m时，至少应有两个出口，且每两个出口间的距离不应超过60m。

4）走廊的净高不应小于1.9m。

（4）配电装置的布置及安装：当前较广泛的采用成套开关柜，可布置成单列的，也可布置成双列的。一般的情况下，间隔数量较多时，应布置成双列。标准的成套开关柜安装方法，可依工程需要，做成靠墙安装和离墙安装两种。当变电所有架空出线时，应采取离墙安装的方式，如为电缆出线，宜采用靠墙安装，以利缩小配电装置的建筑面积。变电所的出线方式，可根据变电所的安装容量，出线回路数的多少及过电压保护的要求并结合工程的具体情况加以确定。一般在小容量且出线回路较少的变电所，宜采取架空的出线方式；当变电所近旁有高压旋转电机时，架空线不能满足过电压保护规程的需求时，应采用电缆出线；变电所出线回路较多或受地形所限无法架空出线时，也应采取电缆出线的方式。

（5）对土壤结构有如下要求：

1）室内地坪标高至少应较室外地坪高150mm以上，以防止地表水或地下水渗入室内。

2）配电装置室的耐火等级，不应低于二级。变压器室应为一级。

3）带电设备的房间，门应向外开或向其他房间开，且不允许设门槛。

4）屋面应防水，屋檐严防雨水沿墙流下。寒带地区应考虑保温，热带则应取通风及降温措施（如采用通风屋面等）。

5）配电室间的门应向两个方向开启。

电缆沟应采取防水措施，在地下水较高的地区，电缆沟内应有0.3%~0.5%的坡度，以便排除积水。电缆沟的盖板，应采用花纹钢板或重量不超过40kg的混凝土板。

4. 屋外配电装置

（1）配电装置的布置：目前35~110kV屋外配电装置的布置，广泛采用如下尺寸，见表14－3。

**表14－3　35~110kV 配电装置中的有关尺寸**　　　　　　（m）

| 电压等级/kV | | 35 | 60 | 110 |
| --- | --- | --- | --- | --- |
| 弧垂 | 母　线 | 1.0 | 1.1 | 0.9~1.1 |
| | 出　线 | 0.7 | 0.8 | 0.9~1.1 |
| 线间距离 | 冖形母线架 | 1.6 | 2.6 | 3.0 |
| | 门形母线架 | — | 1.6 | 2.2 |
| | 出线架 | 1.3 | 1.6 | 2.2 |
| 构架高度 | 母线构架 | 5.5 | 7.0 | 7.3 |
| | 出线构架 | 7.3 | 9.0 | 10.0 |
| | 双层构架 | — | 12.5 | 13.0 |

| | 电压等级/kV | 35 | 60 | 110 |
|---|---|---|---|---|
| 构架宽度 | □形母线架 | 3.2 | 5.2 | 6.0 |
| | 门形母线架 | 5.0 | 6.0 | 8.0 |
| | 出线架 | 5.0 | 6.0 | 8.0 |
| 支架高度 | 隔离开关 | 3.0 | 3.0 | 2.7 |
| | 电压互感器 | 2.5 | 2.5 | 2.5 |
| | 电流互感器 | 3.0 | 2.5 | 2.5 |
| | 熔断器及电阻 | 3.5 | — | — |
| | 避雷器 | 2.5 | 2.5 | 2.5 |
| | 耦合电容器 | — | 3.0 | 2.5 |
| 基础宽度 | DW$_1$-35D | 0.8 | — | — |
| | DW$_1$-35 | 0.3 | — | — |
| | SW$_2$-60 | — | 2.0 | — |
| | DW$_3$-110 | — | — | 0.2 |
| | SW$_2$-35 | 1.65（高压）<br>0.6（低压） | — | — |
| | DW$_3$-110 | — | — | 2.1（高压）<br>0.5（低压） |

（2）绝缘子及金具的要求：

1）屋外配电装置的悬式绝缘子和金具强度的安全系数不应小于4；对支柱绝缘子，其强度安全系数对破坏荷重来说，不应小于1.7。

2）不同海拔高度处，屋外配电装置所选用的绝缘子片数见表14-4。

3）污秽地区选用的绝缘子水平要求，见表14-5。

表14-4 配电装置在不同海拔处用X-4.5绝缘子片数

| 海拔高度/m | 电压/kV | | |
|---|---|---|---|
| | 35 | 60 | 110 |
| <1000 | 4 | 6 | 8 |
| 1001~1500 | 4 | 6 | 8 |
| 1501~2000 | 4 | 7 | 9 |
| 2001~2500 | 5 | 7 | 9 |

表14-5 污秽地区绝缘子串的绝缘水平

| 污秽等级 | 污秽情况 | 每千伏线电压泄漏距离/mm·kV$^{-1}$ |
|---|---|---|
| 1 | 空气污秽的工业区附近；重雾地区；炉烟污秽地区 | 2.2~2.5 |
| 2 | 空气污秽较严重地区；沿海地带及盐场附近；空气污秽地区附近，而又有重雾的地带；距化学性污染源300m以外的地区 | 2.6~3.2 |
| 3 | 导电率很高的空气污秽地区（如大型化工厂和冶金企业附近）；位于大型发电厂烟囱附近，且附近有冷却水塔时；严重的烟雾侵袭地区，距化学性污染源300m以内地区 | >3.8 |

（3）布置的一般要求：

1）间隔距离及有关规定：屋外配电装置的各项安全净距，不应小于表14-6所列数值，并应符合图14-8的要求。具体要求为：

①电气设备的套管和绝缘子最低部位至地面的净距小于2.5m时，应装设固定围栏。

②围栏向上延伸线距地2.5m处与围栏上方带电部分的净距，不应小于表14-6所列的A值。

③设备运输时，其外廓至无遮栏裸导体的净距，不应小于表 14-6 中的 $B_1$ 值。

④需要不同时停电检修时，导线间的垂直交叉净距，不应小于表 14-6 中的 $B_1$ 值。

⑤带电部分至围墙顶部的净距和带电部分至建筑物的净距，不应小于表 14-6 中的 $D$ 值。

表 14-6　屋外配电装置的最小安全净距　（mm）

| 额定电压/kV | 1~10 | 35 | 60 | 110J | 110 |
|---|---|---|---|---|---|
| 带电部分至接地部分（$A_1$） | 200 | 400 | 600 | 900 | 1000 |
| 不同相的带电部分之间（$A_2$） | 200 | 400 | 600 | 1000 | 1100 |
| 带电部分至栅栏（$B_1$） | 950 | 1150 | 1350 | 1650 | 1750 |
| 带电部分至网状遮栏（$B_2$） | 300 | 500 | 700 | 1000 | 1100 |
| 无遮栏裸导体至地面（$C$） | 2700 | 2900 | 3100 | 3400 | 3500 |
| 不同时停电检修的无遮栏裸导体间水平净距（$D$） | 2200 | 2400 | 2600 | 2900 | 3000 |

注：1. 110J 是指中性点直接接地电力网；

　　2. 海拔超过 1000m 时本表所列 $A$ 值，应按每升高 100m 增大 1% 进行修正，$B$、$C$、$D$ 值应分别增加 $A_1$ 值的修正差值，但对 35kV 及以下的 $A$ 值，可在海拔超过 2000m 进行修正；

　　3. 本表所列各值不适用于制造厂生产的成套配电装置。

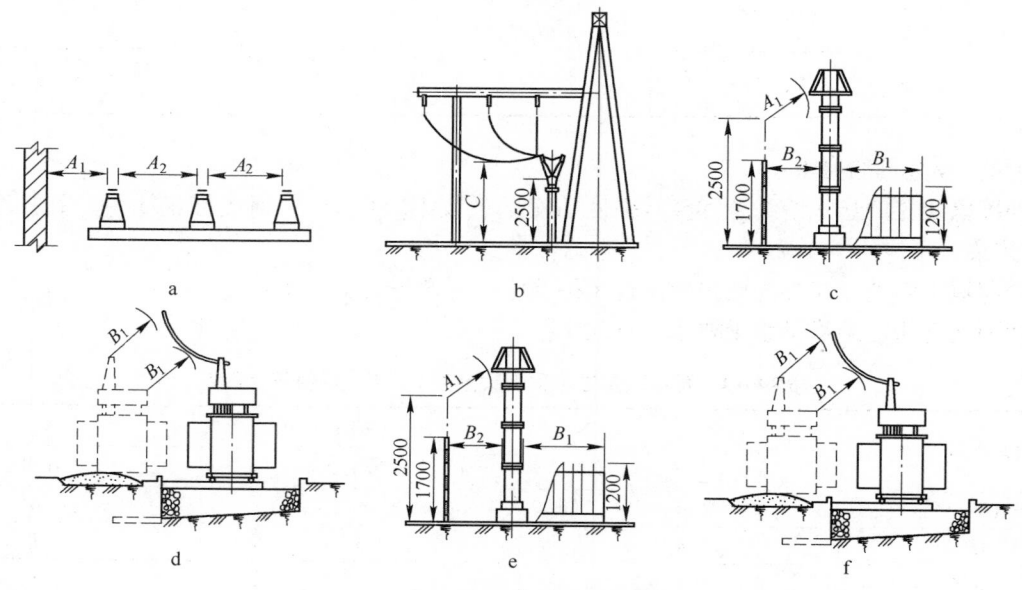

图 14-8　屋外配电装置最小安全净距校验图
a—不同相的带电部分之间和带电部分至接地部分的净距；b—带电部分和绝缘子最低绝缘部位对地面的净距；
c—带电部分至栅栏的距离；d—设备运输时，其外廓至无遮栏裸导体的净距；
e—不同平面上不同回路导电部分之间和不同时停电检修的无遮栏裸导体之间的水平垂直交叉净距；
f—带电部分至建筑物和围墙顶部的净距

⑥对于软导线，应根据大气过电压、操作过电压及最大工作电压三个条件考虑不同相导体间及带电部分至接地部分间的距离。对水平排列的软导线，其中心间的最小距离 $d$（mm）为：

$$d = K\sqrt{f} + A$$

式中　$K$——系数，铜与青铜线 $K=7.5$，铝、铝合金及铜芯铝线 $K=10$；

　　　$f$——最大驰度，mm；

　　　$A$——不同相导体间距离，由表 14-1 中查得。

⑦两导体的额定电压不同时，应按较高的额定电压确定两者的距离。

⑧变压器设在建筑物附近时，应保证变压器发生事故时不危及建筑物，变压器的外壳距墙应不小于 0.8m，且在 10m 范围内的墙壁应为防火材料，门及窗应为难燃性材料，并应采取防止外物落到变压器上的保护措施。

⑨油量大于 2.5t 的两台相邻变压器，其净距应不小于 10m。当受到条件限制不能满足时，可考虑加

隔墙或改变变压器事故喷油孔方向等措施。

⑩配电装置中导线允许的最小截面，钢绞线为16mm²、铜绞线为16mm²、铝绞线和钢绞线为25 mm²。

2）通道及围栏要求为：

①屋外配电装置内应有供检修、操作及巡视等用的通道，宽度一般采取0.8～1m。

②在主变压器前或两侧设有搬运道路，一般应不小于3m宽。

③屋外配电装置一般不设专门的围栏，只设变电所的外围墙，高度为2m。

3）储油坑的要求为：

①单筒油量为600kg及以上的充油电气设备下面应有油坑，坑内应铺设厚度小于250mm的卵石层（卵石的直径为30～50mm）。坑的尺寸一般较设备外廓大1m。

②储油坑内应设排油管，以便在设备发生事故时，迅速将油排至安全处所，不考虑油回收设施。

③为防止泥水流入坑内，应使储油坑的四周壁高出地坪50～100mm，以水泥抹面。

（4）屋外配电装置常用的几种布置方案：

1）单回路受电，变压器一次侧采用熔断器保护的35kV屋外配电装置，如图14－9所示。RW5－35

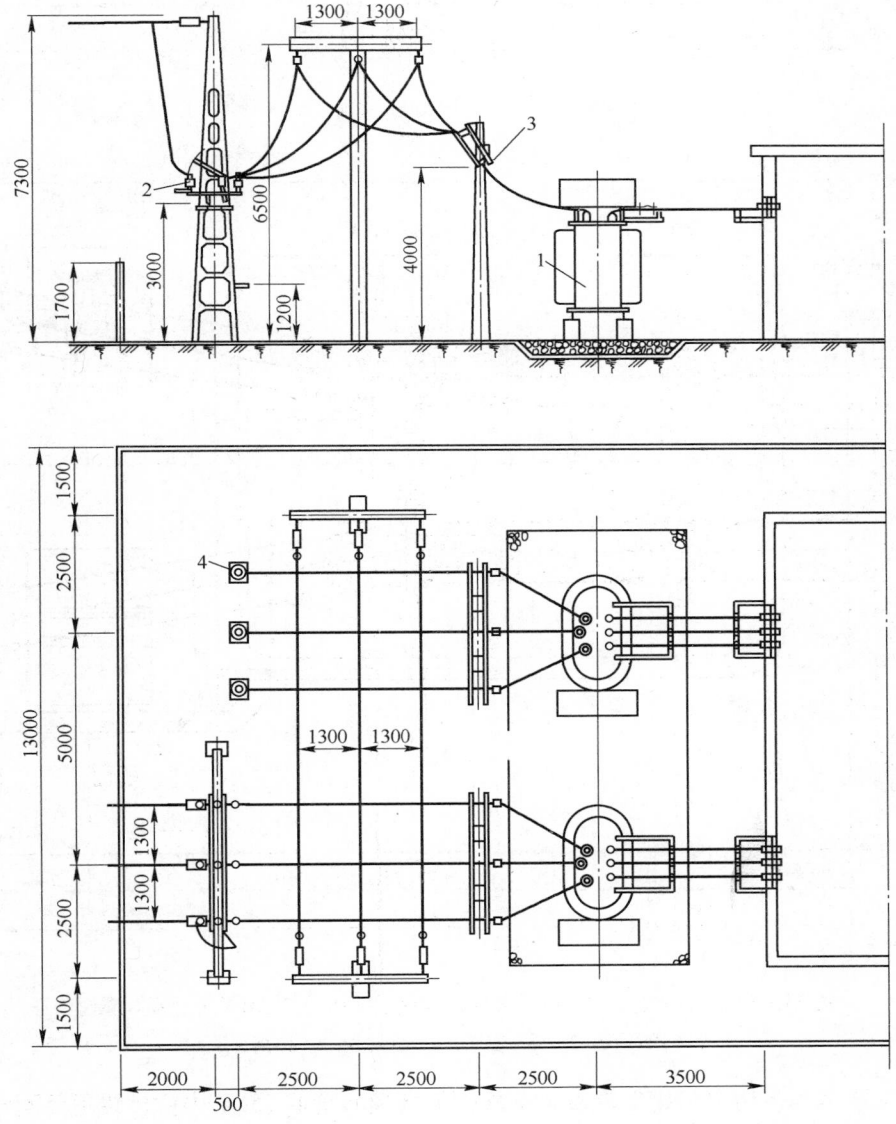

图14－9　单向线受电变压器一次侧采用熔断器保护的35kV屋外配电装置

1—变压器；2—隔离开关；3—熔断器；4—避雷器

型熔断器可开断5600kV·A及以下变压器的空载电流。这种方案有结构简单、便于施工安装及投资少等优点，但高压熔断器具有三次遮断额定断流容量须更换熔管、运行3~6个月须更换熔丝、不能带负荷合闸和带负荷分闸操作较麻烦等缺点。在矿山企业中，变压器容量较小的变电所，条件允许时可以采用。

2）图14-10所示为两回线受电，外桥接线，两台主变压器的35kV屋外配电装置。

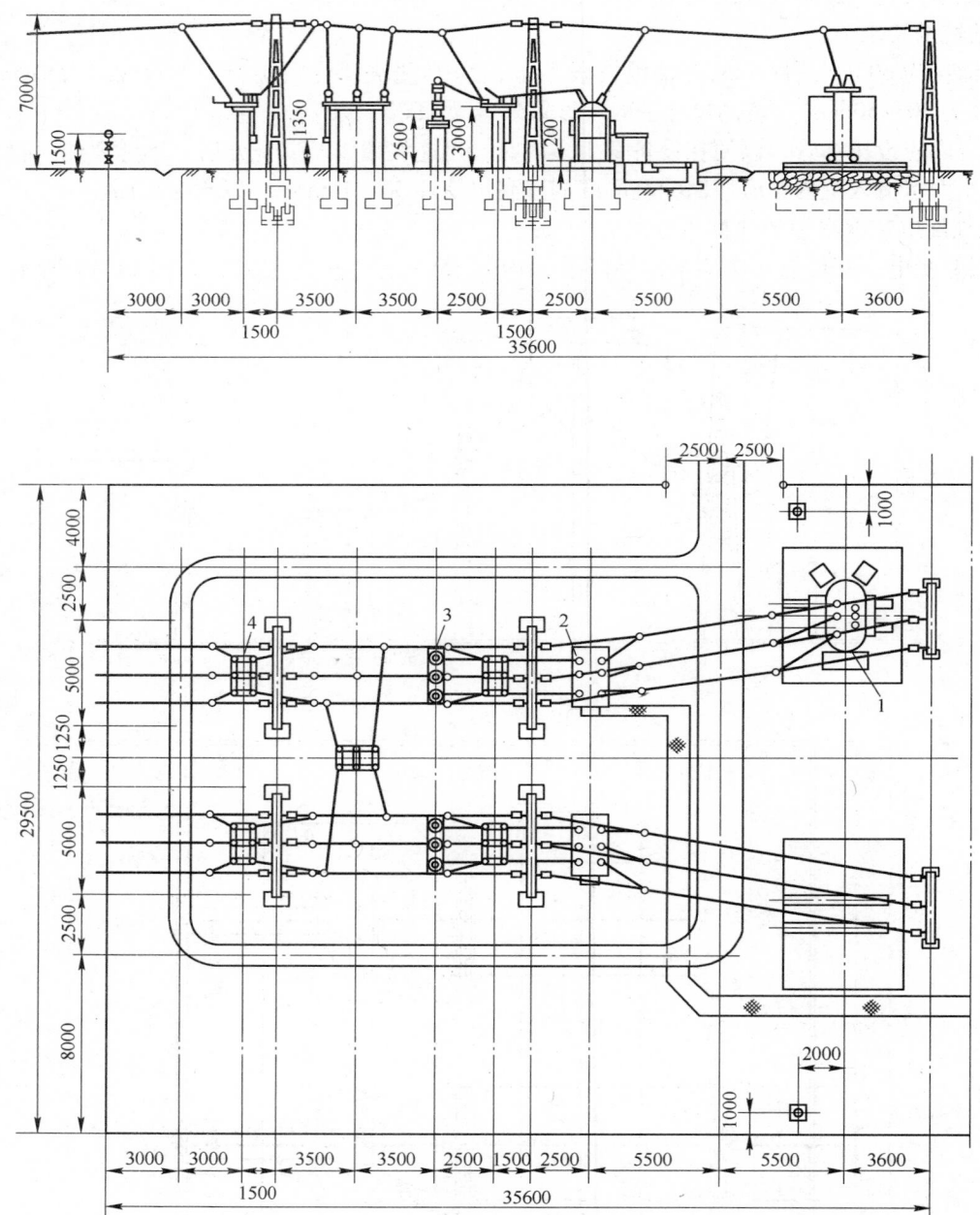

图14-10 两回线受电，外桥接线，两台主变压器的35kV屋外配电装置

1—变压器；2—油断路器；3—避雷器；4—隔离开关

3）图14-11所示为采用环形钢筋混凝土支柱构架低型布置的35kV内桥接线屋外配电装置。

4）图14-12所示为高压熔断器保护的线路——变压器组60kV屋外配电装置。

5）图14-13所示为采用人工接地刀和快分隔离开关的线路——变压器组60kV屋外配电装置。

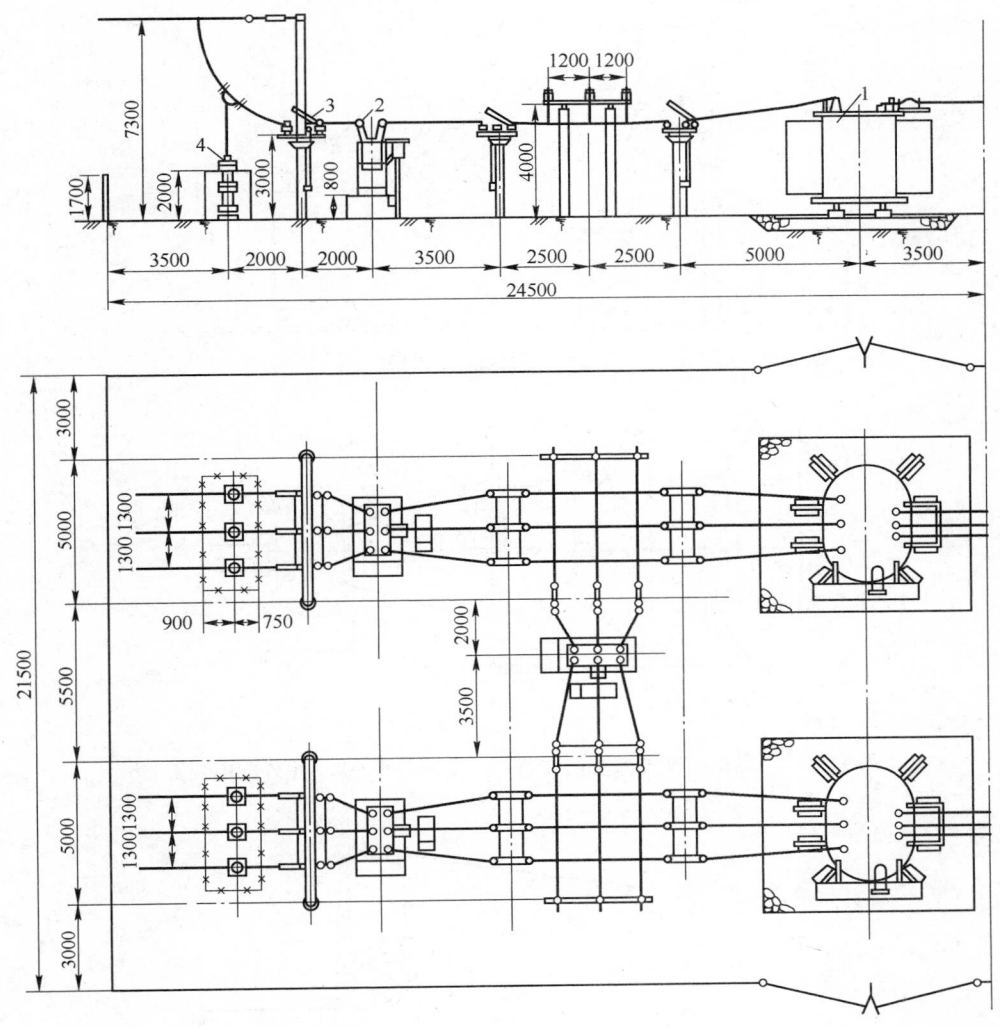

图 14-11 采用环形钢筋混凝土支柱构架的低型布置的 35kV 内桥接线屋外配电装置

1—变压器；2—油断路器；3—隔离开关；4—避雷器

## (四) 高压电器设备的选择

### 1. 选择电器设备的技术条件

为了保证电器设备的可靠运行，并在事故可能通过最大的短路电流时，不致受到损坏，除了应根据设备的额定电压、额定电流和遮断容量等条件选择外，还要根据短路电流进行动稳定及热稳定的校验，但在下列情况下允许不按短路电流进行校验：用熔断器保护的导体和电器，可不验算热稳定；装设在电压互感器回路内的裸导体和电器，可不验算动、热稳定；到非重要用电场所的导体，当电源变压器容量在 1250kV·A 及以下，高压侧电压为 10kV 及 10kV 以下，且不致因短路故障损坏导体而产生严重后果，如引起爆炸、修复困难或生产混乱时，可不验算动、热稳定。

### 2. 开关设备的确定

确定开关设备时，应针对被控制设备或线路的特点、重要程度以及与电力系统的配合，按下列原则确定：

(1) 保护装置的接线应力求简单可靠，满足系统运行的要求，操作维护方便。

(2) 在满足技术特性（如电压、电流、遮断容量及动、热稳定等）的情况下，应尽可能选用轻型的开关设备或熔断器，以代替断路器及断电保护装置。

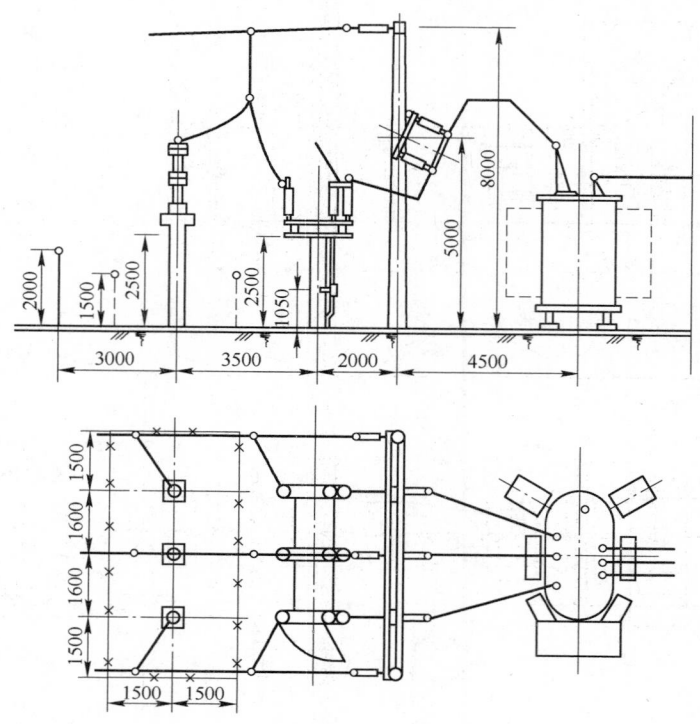

图 14-12 高压熔断器保护的线路——变压器组 60kV 屋外配电装置

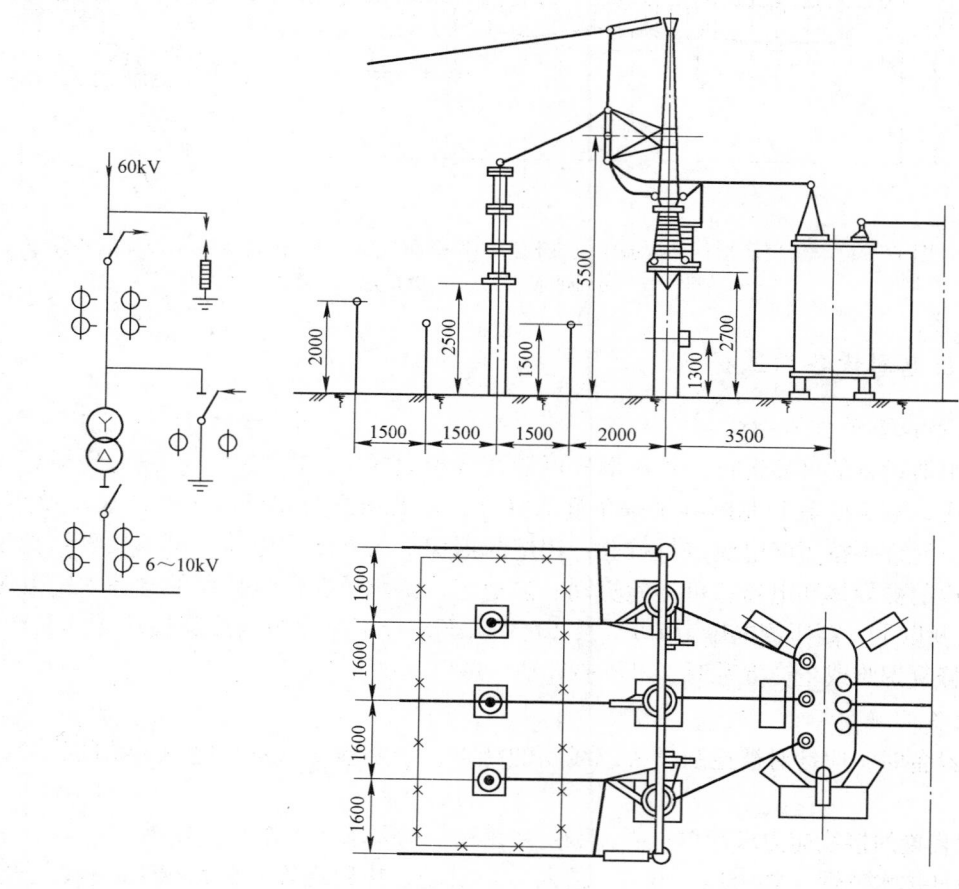

图 14-13 采用人工接地刀和快分隔离开关的线路——变压器组 60kV 屋外配电装置

在 6 ~ 10kV 变（配）电所中，一般选用如下的开关设备：

（1）供电给二、三级用电负荷的变（配）电所，其受电和母线分段，一般可选用隔离开关，当馈出线回路在五回及五回以上时，为了操作方便，分段开关宜选用断路器。

（2）供电给一级负荷的变（配）电所，其受电和母线分段，应选用断路器。

（3）电源为干线式供电的受电开关，应选用断路器。

（4）电源引自电力部门或其他企业时，受电应选用断路器。

（5）送往下一级变（配）电所的馈出开关，应选用断路器。

（6）馈电回路为干线式时，应选用断路器。

（7）馈电给高压静电电容器的回路，当容量在 400kvar 及 400kvar 以下时，可选用带熔断器的负荷开关，当容量在 400kvar 以上时，应选用断路器。

（8）电源联络回路，一般选用断路器。

（9）馈电给三相变压器的回路，当容量在 315kV·A 以下时，宜选用隔离开关熔断器；当容量在 500kV·A 及 500kV·A 以下时，宜选用带熔断器的负荷开关，当容量在 630kV·A 及 630kV·A 以上时，宜选用断路器。

（10）在有反馈可能的 6 ~ 10kV 出线上，应装设线路隔离开关。

3. 操作方式的确定

变电所的操作方式，主要由接线系统、运行方式，主变压器的台数和容量及馈出回路的多少等因素决定，一般选择如下：

（1）一次电压为 35kV 的变电所，一路受电，一次无断路器，主变压器容量较小及送出回路不多，一般采用手动式操作机构。

（2）一次电压为 35kV 及 35kV 以上的变电所，两路受电，主变压器为两台时，且二次送出回路在 10 回以上时，宜采用直流电动式操作机构。

（3）35kV 及 35kV 以上，两路受电，并列运行或有转送的变电所，宜采用直流电动式操作机构。

（4）6 ~ 10kV 的断路器，一般采用手动式的操作机构。当具有下列条件之一时，应采用直流电动式或交流弹簧蓄能式操作机构：

1）具有自动重合闸装置或备用电源自动合闸装置的断路器；

2）远方操作的断路器；

3）容量为 600kW 及 600kW 以上的电动机；

4）容量小于 600kW，但高压电动机台数较多时。

交流弹簧式操作机构，不宜广泛采用，只有在台数很少，操作不频繁时（如备用电源自动合闸装置，主通风机等）可以采用。

4. 高海拔地区电器设备的选择

高海拔地区的特殊气候，对靠空气散热及以空气为绝缘介质的高压电器的主要影响是温升和外部绝缘强度问题：

（1）温升问题：高压电器设备在高海拔地区使用，各部件的温升将随海拔高度的升高而递增（递增率小于 0.4℃/100m），且环境温度随海拔高度的升高而递减（递减率小于 0.5℃/100m），从上述可知温升可相互补偿。所以非高原系列的高压电器设备使用于海拔 1000 ~ 4000m 地区时，其额定电流值可以保持不变。

（2）外绝缘问题：高压电器设备在高海拔地区使用时，其外绝缘强度随海拔的升高而降低，为了保证外绝缘水平不变，在 1000m 以下地点试验用于 1000m 以上高海拔地区的高压电器设备及电瓷产品，其冲击和工频的试验电压应按下式校正（根据 JB/Z 102—71 标准）：

$$u = u_0\left(1 + 0.01 \times \frac{H - 1000}{100}\right) \qquad (\text{kV})$$

式中　$u$——在海拔低于 1000m 试验时，高压电器应能承受的试验电压校正值，kV（冲击：为最大值；工频：为有效值）；

　　　$u_0$——在标准状况下的合格标准试验电压，kV（冲击：为最大值；工频：为有效值）；

　　　$H$——产品使用地点的海拔高度，m。

在目前缺乏高原电器设备产品的情况下，根据水电部的实际运行试验，对高海拔地区配电装置的外绝缘选择，建议采取下述暂时措施：

1）对海拔高度在 1000～1500m，电压为 110kV 及 110kV 以下和海拔高度在 1500～2000m，电压为 35kV 及 35kV 以下应用的电力变压器、断路器、互感器等电器设备，鉴于目前运行尚未发生过由于高海拔的影响造成绝缘不良事故，实践证明设备的绝缘尚有一定的裕度，因此在计算中可暂选用一般产品。

2）对海拔在 1500～2000m，电压为 110kV 的电器设备，按目前运行情况虽未发生绝缘事故，但放电较严重，似有加强绝缘的必要性。鉴于目前运行经验及分析研究还不够，建议在设计中根据变电所的重要程度和实际海拔高度来决定。需加强绝缘时，可采取提高一级绝缘或按上述修正公式提高试验电压的办法。

3）当海拔在 2000～3000m，电压为 110kV 及 110kV 以下所用的电器设备，需加强绝缘，其方法可与制造厂具体商量解决。

### （五）防雷接地

变电所的防雷保护，主要应注意以下几点：

（1）变电所的屋外配电装置，包括架空线、组合导线和母线廊道的直击雷保护，一般可采用避雷针和避雷线。峡谷地区的变电所，宜用避雷线保护。已在相邻高建筑保护范围内的设备，可不装设直击雷保护装置。

（2）35kV 配电装置宜装设独立的避雷针或避雷线。独立避雷针宜设独立的接地装置。在非高土壤电阻率的地区，其接地电阻不宜超过 10Ω。当有困难时，该接地装置可与主接地网连线，但避雷针接地线与主接地网的地下连接点至 35kV 及 35kV 以下设备与主接地网的地下连接点，沿接地体的长度，不得小于 15m。

装有避雷针、避雷线的照明灯塔上的电源线，必须采用直接埋入地下的带金属外皮的电缆或穿入金属管中的导线，电缆外皮或金属管埋地长度在 10m 以上时，才允许与 35kV 以下配电装置的接地网及低压配电装置相连接。

严禁在装有避雷针、避雷线的构筑物上架设通讯线、广播线及低压线。

独立避雷针不应设在人员经常通行的地方。避雷针及其接地装置与道路或出入口等的距离不宜小于 3m，否则应采取均压措施，或铺设砾石或沥青地面。

（3）110kV 及以上的屋外配电装置，可将避雷针安装在配电装置的构架或屋顶上。但当土壤电阻率大于 1000Ω·m 时，宜采用独立的避雷针保护。

60kV 的屋外配电装置构架上允许装设避雷针，但土壤电阻率大于 500Ω·m 时，宜采用独立避雷针保护。

35kV 的屋外配电装置的构架上不宜装设避雷针。

在变压器的门形构架上不得装置避雷针、避雷线。

（4）110kV 及 110kV 以上的屋外配电装置，可将线路的避雷线引到配电装置的进线门形架上。当土壤电阻率大于 1000Ω·m 时，应装设集中的接地装置。

35～60kV 的配电装置，当土壤电阻率不大于 500Ω·m 时，也允许将线路的避雷线引到配电装置的进线门形架上，但应装设集中的接地装置。

当避雷线不能引入时，避雷线应在线路的终端杆（塔）终止，从终端杆（塔）到进线门形架这段线路的保护，可采用独立避雷针保护，也可在终端杆（塔）上安装避雷针。

（5）安装避雷针的构架支柱应与配电装置的接地网相连接，在避雷针的支柱附近，应设置辅助的集中接地装置，接地电阻不应大于$10\Omega$，其接地部分与导电部分之间的空气距离不得小于绝缘子串的长度。由避雷针与接地网连接处起至变压器接地极与接地网连接处止，沿接地线的地中距离不得小于15m。

（6）独立避雷针、避雷线与配电装置带电部分间的空气中距离以及独立避雷针、避雷线的接地装置与接地网间的地中距离，应符合下列要求：

1）独立避雷针与配电装置的带电部分、变电所电力设备的接地部分、架构的接地部分之间的空气中距离，应符合下式要求：

$$S_K \geqslant 0.3R_{ch} + 0.1h \qquad (m)$$

式中　$S_K$——空气中距离，m；

$R_{ch}$——独立避雷针的冲击接地电阻，$\Omega$；

$h$——避雷针校验点的高度，m。

2）独立避雷针的接地装置与变电所的接地网间的地中距离：

$$S_d \geqslant 0.3R_{ch} \qquad (m)$$

式中　$S_d$——地中距离，m。

3）避雷线与配电装置的带电部分、变电所电力设备的接地部分以及架构的接地部分间的空气中距离应符合下式要求。

对一端绝缘另一端接地的避雷线：

$$S_K \geqslant 0.3R_{ch} + 0.16(h + \Delta l) \qquad (m)$$

式中　$R_{ch}$——避雷线的冲击接地电阻，$\Omega$；

$h$——避雷线支柱的高度，m；

$\Delta l$——避雷线上校验的雷击点与接地支柱间的距离，m。

对两端接地的避雷针：

$$S_K \geqslant \beta'[0.3R_{ch} + 0.16(h + \Delta l)] \qquad (m)$$

式中　$\beta'$——避雷线分流系数；

$\Delta l$——避雷线上校验的雷击点与最近支柱间的距离，m。

避雷线分流系数可按下式计算：

$$\beta' = \frac{1 + \dfrac{\tau_t R_{ch}}{12.4(l_2 + h)}}{1 + \dfrac{\Delta l + h}{l_2 + h} + \dfrac{\tau_t R_{ch}}{6.2(l_2 + h)}} \approx \frac{l_2 + h}{l_2 + \Delta l + 2h}$$

式中　$l_2$——避雷线上校验的雷击点与另一端支柱间的距离，$l_2 = l - \Delta l$，m；

$l$——避雷线两支柱间的距离，m；

$\tau_t$——雷电流波头长度，一般取$2.6\mu s$。

4）避雷线的接地装置与变电所接地网间的地中距离应符合下列要求：

对一端绝缘另一端接地的避雷线，应按式$S_d \geqslant 0.3R_{ch}$进行校验。

对两端接地的避雷线：

$$S_d \geqslant 0.3\beta'R_{ch} \qquad (m)$$

对避雷针和避雷线，$S_K$不宜小于5m，$S_d$不宜小于3m。

对60kV及60kV以下的配电装置，包括组合导线、母线廊道等，当条件许可时，$S_K$应尽量增大，以便降低感应过电压。

（7）变压器中性点的保护。运行于大接地短路电流（单相短路电流或同点两相短路电流大于500A）系统中的中性点不接地的变压器，当三相有雷电侵入波时，就会在中性点上出现很高的电压，最高可达线端电压幅值的190%；若变压器的中性点绝缘不是按线电压设计的，则应在其中性点装设阀式避雷器保护。

当变电所为单进线且为单台变压器运行时，虽然变压器的中性点绝缘按线电压设计，但波侵入变电所时，会由于反射作用使电压升高一倍，也应在中性点装设阀式避雷器。

运行于小接地短路电流系统中的变压器中性点，一般不需加装避雷器，但多雷区、单进线变电所宜装阀式避雷器。中性点上装有消弧线圈，且该变压器有单进线运行的可能时，则应加装避雷器保护。

变压器中性点用阀式避雷器的选择见表 14 - 7 和表 14 - 8。

表 14 - 7　中性点非直接接地系统中变压器中性点用避雷器

| 变压器额定电压/kV | 35 | 60 | 110 |
|---|---|---|---|
| 中性点避雷器型式 | FZ - 35 或 FZ - 30 或 FZ - 15 + FZ - 10 | FZ - 40 | FZ - 110J |

表 14 - 8　中性点直接接地系统中变压器中性点用避雷器

| 变压器额定电压/kV | 110 | |
|---|---|---|
| 变压器中性点绝缘 | 全绝缘 | 分级绝缘 |
| 中性点避雷器型式 | FZ - 110J 或 FZ - 60 | 可采用灭弧电压 70kV 或性能接近的非标准组合避雷器等保护装置 |

（8）变电所内 3 ~ 10kV 配电装置的防雷保护。为了防止雷电波沿线路侵入变电所，应在变电所的每组母线和每路出线上装设阀式避雷器。保护接线如图 14 - 14 所示。

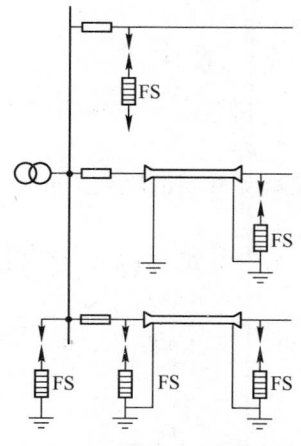

图 14 - 14　3 ~ 10kV 配电装置防止侵入波保护接线图

母线上阀式避雷器至主变压器的电气距离不宜大于表 14 - 9 内数据。

表 14 - 9　母线阀式避雷器至主变压器的电气距离

| 雷电季节中经常运行的出线数 | 1 | 2 | 3 | 4 及 4 以上 |
|---|---|---|---|---|
| 最大电气距离/m | 15 | 23 | 27 | 30 |

如各架空出线均有电缆段，阀式避雷器与主变压器的电气距离不受限制。

有电缆段的架空线，阀式避雷器装设在架空线与电缆的连接处，其接地应与电缆的金属外皮及变电所的接地网相连接。对于没有电缆段的架空线路，阀式避雷器装设在线路的隔离开关前。若出线上有电抗器时，在电抗器连接处装设阀式避雷器。出线处阀式避雷器的接地除应以最短的距离与变电所的接地网相连接外（包括通过电缆金属外皮相连），还应在其附近装设集中的接地装置。

小容量变电所的简化保护，应符合下列要求：

1）35 ~ 60kV 负荷不很重要且容量在 1000kV·A 及 1000kV·A 以下的变电所可采用如图 14 - 15 所示的保护接线。

2）35 ~ 60kV 负荷不很重要且容量在 3150kV·A 及以下的"T"接变电所，可采用如图 14 - 16 所示的保护接线。

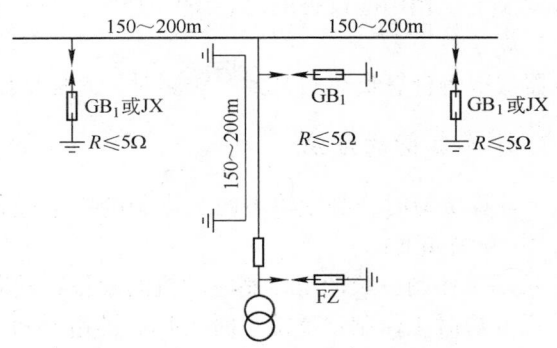

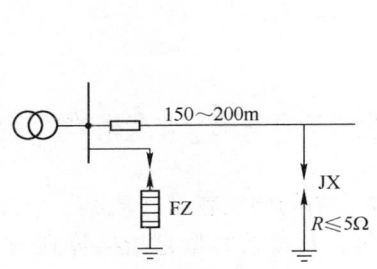

图 14-15 1000kV·A 及以下变电所的保护接线

图 14-16 35~60kV 容量为 3150kV·A
及以下"T"接变电所的保护

3）防雷保护接线简化的变电所，由阀式避雷器到主变压器和电压互感器的最大允许电气距离一般不宜超过 10m，3~10kV 侧配电装置的保护仍应按如图 14-14 所示接线，不宜再简化。

# 第二节 矿山工程电力负荷计算

## 一、电力负荷计算方法的选择

### （一）电力负荷计算的主要目的

计算最大负荷，用来按发热条件选择供电变压器、馈电线路及电气元件，计算电能消耗和选用无功补偿装置。最大计算负荷是指最大负荷班内半小时平均负荷中的最大值，区分为：

最大有功负荷 $P_{js}$（kW）；

最大无功负荷 $Q_{js}$（kvar）；

最大视在负荷 $S_{js}$（kV·A）；

最大计算电流 $I_{js}$（A）。

计算尖峰电流，作为检验电压水平和选择保护设备的依据。尖峰电流 $I_f$ 是指该用设备或用电设备组可能出现的最大瞬时电流。

### （二）电力负荷的计算

目前，矿山工程电力负荷的计算，一般采用需要系数法，其优点是计算简单，对初步设计和施工图设计阶段同样适用。二项式法，一般在确定矿山机修车间中用电设备较少和容量差别大的配电系统及车间支、干线的计算负荷时采用，以弥补需要系数法的不足。在方案设计阶段，在进行采、选、烧车间用电负荷的估算时，宜采用单位产品耗电量法。

用需要系数法确定计算负荷的步骤是：根据供配电系统，从分支馈电线逐级向矿山降压变电所（配电所）推算，但生产车间内专门用于检修的电焊机及吊车或生产的备用设备，不列入计算之内。

用二项式法确定计算负荷时，不应采用从分支线开始计算，然后逐级相加的办法，这样计算的结果，不是线路或变（配）电所的最大计算负荷，而是各线段最大计算负荷之和，数值偏大。

当用电设备在三台及三台以下时，最大计算负荷即为用电设备额定容量的总和；对于具有冲击性载荷的用电设备，应根据工艺资料和负荷曲线，进行特殊的统计计算。

当按需要系数法计算负荷，如计算电流小于其中最大一台设备的额定电流时，则应适当加大，其值可取其中三台最大的用电设备的额定电流之和。

当单相用电设备总容量小于三相用电设备总容量的 15% 时，全部按三相对称负荷计算；当单相用电设备总容量大于三相用电设备的总容量的15%，且三相具有明显的不对称时，应经换算后再同三相用电设备一起计算。

变压器二次侧计算负荷归算到一次侧时，需加变压器损耗。

### （三）计算负荷的方法

在确定计算负荷时，必须将不同工作制的用电设备的额定功率，换算为统一暂载率的额定功率（计算功率），其方法如下：

（1）长期工作制：长期工作制电动机的设备容量即为铭牌上所注明的额定容量（$P_e$）。

（2）反复短时工作制：反复短时工作制的电动机，如起重机等，其设备容量是指换算到统一暂载率的额定功率。

当采用需要系数法或二项式法计算时，应统一换算到 $JC = 25\%$ 时的额定功率，其换算关系如下：

反复短时工作制的电动机的设备容量：

$$P_e = P_{eJC}\sqrt{\frac{JC_e}{JC_{25}}} = 2P_{eJC}\sqrt{JC_e} \qquad (kW)$$

式中　$P_e$——换算后的用电设备的设备容量（计算功率），kW；

$P_{eJC}$——额定暂载率为 $JC_e$ 时的电动机额定（铭牌）功率，kW；

$JC_e$——电动机的额定暂载率，以相对单位表示。

（3）电焊机及电焊变压器的设备容量，应统一换算到 $JC = 100\%$ 时的额定有功功率，其换算关系如下：

$$P_e = S_{eJC}\sqrt{JC_e}\cos\varphi_e \qquad (kW)$$

式中　$S_{eJC}$——额定暂载率 $JC_e$ 时的电焊机及电焊变压器的额定视在功率，kV·A；

$JC_e$——电焊机及电焊变压器的额定暂载率，以相对单位表示；

$\cos\varphi_e$——额定功率因数。

（4）电焊变压器的设备容量是指额定因数时的有功功率，即：

$$P_e = S_e\cos\varphi_e \qquad (kW)$$

式中　$S_e$——电炉变压器的额定视在功率（指铭牌数据），kV·A；

$\cos\varphi_e$——额定功率因数。

（5）照明用电设备的设备容量，是指灯头或灯泡上标出的额定容量，它等于在额定电压下取自电网的最大功率。

（6）成组用电设备的设备容量，是指不包括备用在内的所有单个用电设备的额定功率之和，即：

$$P_e = \sum P_{ei} \qquad (kW)$$

式中　$P_{ei}$——单个用电设备的额定功率，kW。

## 二、单位产品耗电量负荷计算法

在编制矿山工程的方案设计时，由于缺乏全面的用电设备资料，只能采用单位产品耗电量法粗略地估算企业的计算负荷。其计算方法如下：

（1）计算车间年电能需要量：

$$W_n = W_d M \qquad (kW \cdot h)$$

（2）确定车间平均负荷：

$$P_p = \frac{W_n}{T_n} \qquad (kW)$$

（3）确定车间最大负荷：

$$P_{js} = \frac{W_n}{T_{max}} \qquad (kW)$$

式中　$W_d$——车间单位产品电能消耗量，以 $kW \cdot h/(t\,矿岩)$ 表示，见表 14-10；

　　　$M$——车间产品年产量，以吨矿岩表示；

　　　$T_n$——车间年实际工作小时数（节假日、修理时间等除外）；

　　$T_{max}$——车间最大负荷利用小时数，见表 14-11 和表 14-12。

表 14-10　矿山车间单位耗电量指标

| 车间名称 | | 单　位 | 单位产品耗电量 | |
| --- | --- | --- | --- | --- |
| | | | 推荐指标 | 实测值 |
| 露天矿<br>（电机车运输） | 大　型 | $kW \cdot h/(t\,矿岩)$ | 1.5~2.0 | 1.11~2.7 |
| | 中　型 | $kW \cdot h/(t\,矿岩)$ | 2.5~3.0 | 1.8~3.8 |
| | 小　型 | $kW \cdot h/(t\,矿岩)$ | 1.5~2.5 | 1.2~3.4 |
| 露天矿<br>（汽车运输） | 大　型 | $kW \cdot h/(t\,矿岩)$ | 1.5~2.0 | 1.2~2.3 |
| | 中　型 | $kW \cdot h/(t\,矿岩)$ | 1.5~2.0 | 1.2~2.3 |
| | 小　型 | $kW \cdot h/(t\,矿岩)$ | 1.5~2.0 | 1.2~2.3 |
| 烧结车间 | 冷　矿 | $kW \cdot h/(t\,烧结矿)$ | 25~30 | |
| | 热　矿 | $kW \cdot h/(t\,烧结矿)$ | 18~24 | |
| 黏土露天矿 | | $kW \cdot h/(t\,矿岩)$ | 1.5~3.0 | 0.8~4.4 |
| 石灰石矿 | 大　型 | $kW \cdot h/(t\,矿岩)$ | 1.5~2.0 | 1.16~2.3 |
| | 中　型 | $kW \cdot h/(t\,矿岩)$ | 2.0~2.5 | 1.8~2.7 |
| | 小　型 | $kW \cdot h/(t\,矿岩)$ | 2.0~2.5 | 1.5~3.0 |
| 单独破碎筛分车间 | | $kW \cdot h/(t\,原矿)$ | 1.5~2.0 | 三段 |

注：1. 当露天矿无破碎车间，且机修主要靠选矿厂或外单位协作时，耗电指标可取 $3~5\,kW \cdot h/(t\,矿岩)$；

　　2. 露天矿（当套用实测指标时）在矿区地形复杂的情况下取上限，简单的取下限；中小型矿山采用铁路电机车运输时取上限；采用平硐溜井开拓时取下限。

表 14-11　用电设备最大负荷年利用小时数及 $K_m$、$\alpha$ 系数

| 车间名称 | $\alpha$（三班制生产） | $K_m$ | $T_{max}/h$ | | |
| --- | --- | --- | --- | --- | --- |
| | | | 一班制 | 二班制 | 三班制 |
| 露天矿 | 0.65 | 1.10 | 1200~1500 | 2500~3000 | 4000~5000 |
| 破碎筛分 | 0.75 | 1.15 | | | 4000~5000 |
| 烧　结 | 0.75 | 1.15 | | | 6000~7000 |
| 机修辅助 | 0.55 | 1.10 | 2000 | 2500 | 3400 |

表 14-12　照明最大负荷利用小时数

| 名　称 | | 年利用小时数/h | 名　称 | 年利用小时数/h |
| --- | --- | --- | --- | --- |
| 室内工作照明 | 一班 | 650 | 室外工作照明 | 3600 |
| | 二班 | 2300 | 生活区室内照明 | 1800 |
| | 三班 | 4600 | | |

若矿山工程的年电能利用率 $\alpha$ 和最大系数 $K_m$ 可查得的话，也可由下式确定计算负荷：

$$P_{js} = K_m \frac{W_d M}{\alpha T_n} \quad (kW)$$

式中　$K_m$——最大系数，即最大计算负荷与最大负荷班的平均负荷之比，见表 14-11；

α——年电能利用率，即年平均负荷与最大负荷班的平均负荷之比，见表 14 – 11。

各车间的计算负荷确定后，企业的总计算负荷按下式求得：

$$P_{js\Sigma} = K_{\Sigma} \sum P_{js} \qquad (\text{kW})$$

$$Q_{js\Sigma} = P_{js\Sigma} \tan\varphi_p \qquad (\text{kvar})$$

$$S_{js\Sigma} = \sqrt{(P_{js\Sigma})^2 + (Q_{js\Sigma})^2} \qquad (\text{kV} \cdot \text{A})$$

式中　$\sum P_{js}$——企业各车间有功计算负荷之和，kW；

$P_{js\Sigma}$——企业全部有功计算负荷，kW；

$Q_{js\Sigma}$——企业全部无功计算负荷，kvar；

$S_{js\Sigma}$——企业全部视在计算负荷，kV · A；

$\tan\varphi_p$——企业的平均功率因数角的正切函数，按补偿后的功率因数 $\cos\varphi_p = 0.9 \sim 0.92$ 考虑；

$K_{\Sigma}$——最大负荷的同时系数，见表 14 – 13。

**表 14 – 13　有功功率和无功功率同时系数**

| 车间名称 | $K_{\Sigma Y}$ | | $K_{\Sigma W}$ | |
|---|---|---|---|---|
| | 二次变电所 | 总降压变电所 | 二次变电所 | 总降压变电所 |
| 露天矿 | 0.85 ~ 0.90 | 0.85 ~ 0.95 | 0.93 ~ 0.97 | 0.93 ~ 1.0 |
| 破碎筛分 | 0.85 ~ 0.90 | 0.85 ~ 0.95 | 0.93 ~ 0.97 | 0.93 ~ 1.0 |
| 烧　结 | 0.85 ~ 0.90 | 0.85 ~ 0.95 | 0.93 ~ 0.97 | 0.93 ~ 1.0 |
| 机修及辅助车间 | 0.80 ~ 0.90 | 0.80 ~ 0.95 | 0.90 ~ 0.95 | 0.93 ~ 0.95 |

## 三、需要系数负荷计算法

### （一）确定动力设备的计算负荷

在已知设备容量和需要系数后，即可求出计算负荷。

1. 单组用电设备的计算负荷

有功计算负荷：

$$\sum P_{js} = K_{\Sigma Y} \sum (K_X P_e) \qquad (\text{kW})$$

无功计算负荷：

$$\sum Q_{js} = K_{\Sigma W} \sum (K_X P_e \tan\varphi) \qquad (\text{kvar})$$

视在计算负荷：

$$\sum S_{js} = \sqrt{(\sum P_{js})^2 + (\sum Q_{js})^2} \qquad (\text{kV} \cdot \text{A})$$

式中　$P_e$——电气设备的额定容量，kW；

$K_X$——电气设备的需要系数，见表 14 – 14；

$\tan\varphi$——功率因数角的正切值，见表 14 – 14。

**表 14 – 14　矿山工程电气设备的需要系数和功率因数**

| 用电设备名称 | | 计　算　数　据 | | |
|---|---|---|---|---|
| | | $K_X$ | $\cos\varphi$ | $\tan\varphi$ |
| 交流传动装置的单斗挖掘机 | 1 台 | 0.65 | 0.65 | 1.17 |
| | 2 ~ 4 台 | 0.60 | 0.65 | 1.17 |
| | 5 ~ 10 台 | 0.55 | 0.65 | 1.17 |
| | 11 ~ 16 台 | 0.50 | 0.65 | 1.17 |

| 用电设备名称 | | 计 算 数 据 | | |
|---|---|---|---|---|
| | | $K_X$ | $\cos\varphi$ | $\tan\varphi$ |
| 直流传动装置的单斗挖掘机 | 1 台 | 0.75 | 0.70 | 1.02 |
| | 2～4 台 | 0.70 | 0.70 | 1.02 |
| | 5～10 台 | 0.63 | 0.70 | 1.02 |
| | 11～16 台 | 0.57 | 0.70 | 1.02 |
| 移动式空压机 | 1 台 | 0.80 | 0.70 | 1.02 |
| | 2～4 台 | 0.70 | 0.70 | 1.02 |
| | 4 台以上 | 0.60 * | 0.70 | 1.02 |
| 固定式空压机 | 1 台 | 0.85 | 0.78 | 0.81 |
| | 2～4 台 | 0.78 | 0.78 | 0.81 |
| | 4 台以上 | 0.70 * | 0.78 | 0.81 |
| 功率小于 50kW 的水泵 | 1 台 | 0.80 | 0.75 | 0.88 |
| | 2～4 台 | 0.70 | 0.75 | 0.88 |
| | 5～10 台 | 0.60 | 0.75 | 0.88 |
| 功率大于 50kW 的水泵 | 1 台 | 0.85 | 0.80 | 0.75 |
| | 2～4 台 | 0.75 | 0.80 | 0.75 |
| | 4 台以上 | 0.65 * | 0.80 | 0.75 |
| 电耙绞车、刮斗卷扬机 | 1 台 | 0.40 | 0.70 | 1.02 |
| | 2～4 台 | 0.35 | 0.70 | 1.02 |
| | 5～10 台 | 0.30 | 0.70 | 1.02 |
| 斜坡卷扬机 | | 0.60 | 0.70 | 1.02 |
| 牵引用电动发电机组 | | 0.70 | 0.80 | 0.75 |
| 牵引用硅整流器 | | 0.80 | 0.92 | 0.42 |
| 电焊变压器 | 1 台 | 0.35 | 0.35 | 2.67 |
| | 2～4 台 | 0.30 | 0.35 | 2.67 |
| 牙轮钻机 | 1 台 | 0.55 | 0.60 | 1.34 |
| | 2～4 台 | 0.50 | 0.60 | 1.34 |
| | 5～10 台 | 0.45 | 0.60 | 1.34 |
| | 11～16 台 | 0.40 | 0.60 | 1.34 |
| 潜孔钻机 | 1 台 | 0.50 | 0.70 | 1.02 |
| | 2～4 台 | 0.45 | 0.70 | 1.02 |
| | 5～10 台 | 0.40 | 0.70 | 1.02 |
| | 11 台以上 | 0.35 | 0.70 | 1.02 |
| 翻车机、推车机 | | 0.40 | 0.50 | 1.73 |
| 铲斗式装岩机、耙斗式装岩机、装载机、连续装载机 | | 0.40 | 0.65 | 1.17 |
| 功率在 4.5kW 以下的轻型胶带机 | | 0.40 | 0.60 | 1.34 |
| 宽度 1400mm 以下的重型胶带机 | | 0.65 | 0.75 | 0.88 |
| 粗破碎机 | 具有双电动机传动的颚式破碎机 | 0.50 | 0.62 | 1.27 |
| | 具有双电动机传动的圆锥破碎机 | 0.50 | 0.62 | 1.27 |
| | 具有单电动机传动的圆锥破碎机 | 0.65 | 0.75 * | 0.88 * |
| | 链式破碎机 | 0.65 | 0.74 | 0.91 |

| 用电设备名称 | | 计 算 数 据 | | |
|---|---|---|---|---|
| | | $K_X$ | $\cos\varphi$ | $\tan\varphi$ |
| 中破碎机 | 圆锥式破碎机、颚式破碎机 | 0.65 | 0.75 * | 0.88 * |
| 细破碎机 | 圆锥式破碎机、四辊破碎机 | 0.70 | 0.75 * | 0.88 * |
| | 单辊破碎机 | 0.65 | 0.75 * | 0.88 * |
| 给矿机 | 板式给矿机、盘式给矿机 | 0.65 | 0.75 | 0.88 |
| | 带式给矿机、筒式、摆式给矿机 | 0.50 | 0.65 | 1.17 |
| | 槽式给矿机、链式给矿机 | 0.50 | 0.65 | 1.17 |
| 各种筛 | | 0.50 | 0.65 | 1.17 |
| 胶带运输机 | 功率在 4.5kW 以下的轻型胶带机 | 0.40 | 0.60 | 1.34 |
| | 宽度在 1400mm 以下的重型胶带机 | 0.65 | 0.75 | 0.88 |
| | 宽度在 1600~2000mm 的超重型胶带机 | 0.80 | 0.85 * | 0.62 |
| 机修间 | 翻车机、吊车、修理机床、电磁铁 | 0.15 | 0.50 | 1.73 |
| | 机 床 | 0.25 | 0.50 | 1.73 |
| | 吊 车 | 0.20 | 0.50 | 1.73 |
| | 通风机 | 0.65 | 0.80 | 0.75 |
| | 空压机 | 0.70 | 0.80 | 0.75 |
| 铆焊锻造间 | 空气锤 | 0.80 | 0.80 | 0.75 |
| | 联合冲剪机、砂轮机 | 0.40 | 0.65 | 1.17 |
| | 三辊卷板机 | 0.70 | 0.85 | 0.62 |
| | 直流电焊机、鼓风机 | 0.70 | 0.80 | 0.75 |
| | 电焊变压器 | 0.35 | 0.35 | 2.67 |
| 铸造间 | 混砂机 | 0.40 | 0.65 | 1.17 |
| | 碾砂机 | 0.70 | 0.75 | 0.88 |
| | 筛砂机、洗砂机、松砂机 | 0.75 | 0.80 | 0.75 |
| | 移动式砂轮机 | 0.40 | 0.65 | 1.17 |
| | 加料装置 | 0.21 | 0.80 | 0.75 |
| | 电炉变压器 | 0.85 | 0.92 | 0.42 |
| | 倾动电动机 | 0.20 | 0.80 | 0.75 |
| | 功率放大机组 | 0.70 | 0.80 | 0.75 |
| 木模间 | 木工车间 | 0.40 | 0.65 | 1.17 |
| | 圆 锯 | 0.80 | 0.75 | 0.88 |
| | 木工刨床 | 0.50 | 0.65 | 1.17 |
| | 电阻炉 | 0.90 | 1.00 | 0.00 |
| 电修间 | 滤纸烘干箱、滤油机 | 0.70 | 0.70 | 1.02 |
| | 台 钻 | 0.40 | 0.65 | 1.17 |
| | 包砂机、车床、电动绕线机 | 0.25 | 0.50 | 1.73 |
| | 对焊机 | 0.50 | 0.70 | 1.02 |
| | 干燥机 | 0.80 | 0.95 | 0.33 |
| | 电动葫芦 | 0.20 | 0.50 | 1.73 |
| | 吊 车 | 0.20 | 0.50 | 1.73 |
| | 砂轮机、冲床、剪床 | 0.40 | 0.65 | 1.17 |
| | 感应调压器 | 0.60 | 0.50 | 1.73 |

| 用电设备名称 | | | 计 算 数 据 | | |
|---|---|---|---|---|---|
| | | | $K_X$ | $\cos\varphi$ | $\tan\varphi$ |
| 热处理间 | | 高频感应电炉 | 0.70 | 0.65 | 1.17 |
| | | 低频感应电炉 | 0.80 | 0.35 | 2.67 |
| | | 自动装料电阻炉 | 0.70 | 0.95 | 0.33 |
| | | 非自动装料电阻炉 | 0.60 | 0.95 | 0.33 |
| 化、检验室 | | 电热板、干燥橱、马弗炉 | 0.80 | 0.95 | 0.33 |
| | | 干燥箱、蒸馏器、管式电炉 | 0.80 | 0.95 | 0.33 |
| | | 圆盘破碎机 | 0.75 | 0.80 | 0.75 |
| | | 颚式破碎机 | 0.65 | 0.75 | 0.88 |
| | | 分析用振动筛 | 0.40 | 0.70 | 1.02 |
| | | 锤式破碎机、单辊破碎机 | 0.70 | 0.75 | 0.88 |
| 锅炉房 | | 引风机、鼓风机、通风机、二次水泵、盐水泵、比例泵、冲灰水泵、磨煤机 | 0.85 | 0.80 | 0.75 |
| | | 抛煤机、扒煤机、运煤胶带机 | 0.60 | 0.80 | 0.75 |
| | | 斗式提升机 | 0.65 | 0.75 | 0.88 |

注：＊表示实测参考值。

2. 多组用电设备（确定车间变电所）的计算负荷

有功计算负荷：

$$\sum P_{js} = K_{\sum Y} \sum (K_X P_e) \qquad (kW)$$

无功计算负荷：

$$\sum Q_{js} = K_{\sum W} \sum (K_X P_e \tan\varphi) \qquad (kvar)$$

视在计算负荷：

$$\sum S_{js} = \sqrt{(\sum P_{js})^2 + (\sum Q_{js})^2} \qquad (kV \cdot A)$$

式中　$K_{\sum Y}$——最大负荷的有功功率同时系数，见表 14 – 13；

　　　$K_{\sum W}$——最大负荷的无功功率同时系数，见表 14 – 13。

求出最大负荷班内半小时平均负荷的最大视在负荷后，计算电流可按下式确定：

$$I_{js} = \frac{S_{js}}{\sqrt{3} U_{ex}} \qquad (A)$$

式中　$I_{js}$——最大负荷班内半小时平均负荷最大值的计算电流，A；

　　　$U_{ex}$——额定线电压，kV。

## （二）确定照明设备的计算负荷

1. 用需要系数法确定照明的计算负荷

照明支线的计算负荷为：

$$P_{js} = P_e \qquad (kW)$$

式中　$P_e$——支线上装灯容量，kW。

照明干线的计算负荷为：

$$P_{js} = K_X P_e \qquad (kW)$$

式中　$K_X$——照明需要系数，见表 14 – 15。

表 14 – 15 照明需要系数

| 建筑物名称 | 需要系数（$K_X$） | 建筑物名称 | 需要系数（$K_X$） |
|---|---|---|---|
| 露天采矿场、排废场 | 0.80 | 仓库、设备仓库 | 0.75 |
| 地面胶带通廊 | 0.85 ~ 0.95 | 道路照明 | 0.80 |
| 筛分、焙烧 | 0.80 ~ 0.95 | 警卫照明 | 0.90 |
| 空压站、水泵站 | 0.85 ~ 0.95 | 锅炉房、机修间 | 0.85 |
| 化验室、检验室、变电所 | 0.80 | 单身宿舍 | 0.80 ~ 0.90 |
| 办公室、车库、食堂 | 0.90 | 家属住宅 | 0.70 ~ 0.80 |

如各相负荷分布不均匀，计算负荷为：

$$P_{js} = K_X 3 P_{emax} \qquad (kW)$$

式中　$P_{emax}$——最大一相的装灯容量，kW。

当采用荧光灯及高压钠灯照明时，由于镇流器的功率消耗，其计算负荷分别增加约 20% 及 8%。

2. 用单位面积照明容量法确定照明计算负荷

在进行方案设计及初步设计时，一般采用单位建筑面积照明容量法估算照明负荷。计算公式如下：

$$P_{js} = 10^{-3} S P_d \qquad (kW)$$

式中　$S$——照明面积，$m^2$；

$P_d$——单位建筑面积所需的照明容量，$W/m^2$，见表 14 – 16。

表 14 – 16　车间照明容量指标　　　　　　　　　　　　（$W/m^2$）

| 建筑物名称 | 容量 | 建筑物名称 | 容量 |
|---|---|---|---|
| 露天采矿场 | 0.5 ~ 1.0 | 办公室 | 8 ~ 10 |
| 排废场 | 0.2 ~ 0.3 | 宿舍 | 5 ~ 6 |
| 破碎车间 | 8 ~ 10 | 车库 | 5 ~ 6 |
| 烧结车间 | 8 ~ 10 | 汽车路 | 4 ~ 5 |
| 胶带通廊 | 4 ~ 5 | 人行路 | 2 ~ 3 |
| 机修车间 | 6 ~ 8 | 食堂 | 6 ~ 8 |
| 仓库 | 4 ~ 6 | 学校 | 12 ~ 15 |
| 变电所 | 10 ~ 12 | 医院 | 9 ~ 12 |

## （三）尖峰电流的计算

在用电设备（指电动机）启动时产生的最大瞬时负荷值称为尖峰负荷，与其相对应的电流称为尖峰电流。尖峰电流是计算电压波动、电压损失（尖峰电流时）及选择熔断器、继电保护等的重要依据。一般仅在直接对用电设备供电的支线或干线中进行计算。

（1）引至单台电动机的支线：

$$I_{if} = K I_e \qquad (A)$$

式中　$I_{if}$——尖峰电流，A；

$K$——启动电流与额定电流之比，鼠笼型电动机由产品样本查得，绕线型电动机一般为 2 ~ 2.5 倍；

$I_e$——电动机的额定电流，A。

（2）引至链式供电给数台电动机的支线：

$$I_{if} = \sum I_e + (K - 1) I_{emax} \qquad (A)$$

式中　$\sum I_e$——各台电动机额定电流之和，A；

$I_{emax}$——启动电流最大一台电动机的额定电流，A。

（3）引至接有多台连续运行工作制用电设备组的线路：

$$I_{if} = I_{js} + (K - 1)I_{emax} \qquad (A)$$

或

$$I_{if} = I_{js} + I_{emax}\left(K - \frac{I_{js}}{\sum I_e}\right) \qquad (A)$$

式中　$I_{js}$——计算电流，A。

（4）引至供电给吊车滑触线的线路：

当采用需要系数法或二项式法计算时：

$$I_{if} = I_{fg} + I_{25}\left(K - \frac{I_{fg}}{\sum I_{25}}\right) \qquad (A)$$

式中　$I_{fg}$——滑触线中的均方根电流，可采用 $I_{js}$，A；

　　$I_{25}$——容量最大一台电动机在 $JC = 25\%$ 时的额定电流，A；

　　$\sum I_{25}$——滑触线上所有吊车电动机在 $JC = 25\%$ 时的额定电流之和，A。

由于 $\dfrac{I_{fg}}{\sum I_{25}}$ 值通常在 $0.2 \sim 0.5$，所以可以忽略不计。

（5）对于自启动的电动机组而言，其尖峰电流应为所有参与自启动电动机的启动电流之和：

$$I_{if} = \sum KI_e \qquad (A)$$

（6）当用电设备组中有功率很大的同步电动机，组内台数少，而容量相差又很大，则尖峰电流的计算如下式：

$$I_{if} = KI_{emax} + K'_{max}\frac{\sqrt{(\sum P_P - P_{Pmax})^2 + (\sum Q_P - Q_{Pmax})^2}}{\sqrt{3}U_e} \qquad (A)$$

式中　$KI_{emax}$——组内最大一台电动机的启动电流，A；

　　$\sum P_P$——组内全部用电设备总的平均有功负荷，kW；

　　$\sum Q_P$——组内全部用电设备总的平均无功负荷，kvar；

　　$P_{Pmax}$——具有最大启动电流的电动机的平均有功负荷，kW；

　　$Q_{Pmax}$——具有最大启动电流的电动机的平均无功负荷，kvar；

　　$K'_{max}$——组内除掉启动电动机后的用电设备组的最大系数，在实际计算中可采用等于全组用电设备的最大系数，即 $K'_{max} = K_{max}$。

## 四、二项式负荷计算法

机修车间的供电设计，一般按二项式法确定计算负荷。二项式法是考虑了用电设备的数量和大容量设备对负荷的影响的经验公式，较需要系数法稍为准确，但有时由于过分突出了最大用电设备的影响，往往使计算负荷较实际偏大。

### （一）对同类工作制的单组用电设备的负荷计算

有功计算负荷：

$$P_{js} = cP_{n_x} + bP_e \qquad (kW)$$

无功计算负荷：

$$Q_{js} = P_{js}\tan\varphi \qquad (kvar)$$

式中　$P_{n_x}$——该用电设备组中 $n_x$ 台容量最大用电设备的设备容量之和，kW，$n_x$ 值见表 14 - 17；

　　$P_e$——该设备组设备容量之和，kW；

　　$c$，$b$——根据用电设备组类别而定的二项式系数，见表 14 - 17。

当用电设备台数 $n = n_x \leqslant 3$ 时，则将用电设备的设备容量总和作为最大计算负荷。

表 14 – 17　矿山机修间各类车床二项式系数和功率因数

| 用 电 设 备 名 称 | 计 算 公 式 | $\cos\varphi$ | $\tan\varphi$ |
|---|---|---|---|
| 小批和单独生产的金属冷加工车床 | $0.4P_5 + 0.14P_e$ | 0.5 | 1.73 |
| 大批和流水生产的金属冷加工车床 | $0.5P_5 + 0.14P_e$ | 0.5 | 1.73 |
| 泵、通风机、空压机、电动发电机组 | $0.25P_5 + 0.65P_e$ | 0.8 | 0.75 |
| 大批和流水生产的金属热加工车床 | $0.5P_5 + 0.26P_e$ | 0.65 | 1.17 |
| 连续运输机械（连锁） | $0.2P_5 + 0.6P_e$ | 0.75 | 0.88 |
| 连续运输机械（不连锁） | $0.4P_5 + 0.4P_e$ | 0.75 | 0.88 |
| 锅炉房、机修、装配间的吊车（$JC = 25\%$） | $0.2P_3 + 0.06P_e$ | 0.5 | 1.73 |
| 铸工间吊车（$JC = 25\%$） | $0.3P_3 + 0.09P_e$ | 0.5 | 1.73 |
| 仓库吊车 | $0.3P_3 + 0.18P_e$ | 0.5 | 1.73 |
| 自动装料的电阻炉（连续） | $0.3P_2 + 0.7P_e$ | 0.95 | 0.33 |
| 非自动装料的电阻炉（不连续） | $0.5P_1 + 0.5P_e$ | 0.95 | 0.33 |
| 实验室用的小型电热设备 | $0 + 0.7P_e$ | 1 | — |
| 单头焊接变压器 | $0 + 0.35P_e$ | 0.4 | 2.3 |
| 多头焊接变压器 | $0 + (0.7 \sim 0.9)P_e$ | 0.5 | 1.73 |
| 点焊和缝焊机 | $0 + 0.35P_e$ | 0.6 | 1.33 |
| 对焊机及铆钉加热器 | $0 + 0.35P_e$ | 0.7 | 1.02 |
| 自动弧焊变压器 | $0 + 0.5P_e$ | 0.5 | 1.73 |
| 单头焊接电动发电机组 | $0 + 0.35P_e$ | 0.6 | 1.33 |
| 多头焊接电动发电机组 | $0 + (0.7 \sim 0.9)P_e$ | 0.75 | 0.88 |

注：表内计算公式中第一项 $P$ 的脚注数字为改组的 $n_x$，如 $P_5$ 时 $n_x = 5$。

## （二）对不同工作制的多组用电设备的负荷计算

有功计算负荷：

$$P_{js} = (CP_{n_x})_{max} + \sum bP_e \qquad (kW)$$

无功计算负荷：

$$Q_{js} = (CP_{n_x})_{max}\tan\varphi_x + \sum(bP_e\tan\varphi) \qquad (kvar)$$

视在计算负荷：

$$S_{js} = \sqrt{P_{js}^2 + Q_{js}^2} \qquad (kV \cdot A)$$

式中　$(CP_{n_x})_{max}$——从各用电设备组计算公式的第一项中选出的最大值，kW；

$\sum bP_e$——各用电设备组中计算公式的第二项值的总和，kW；

$\tan\varphi_x$——与 $(CP_{n_x})_{max}$ 相对应的功率因数角的正切函数；

$\tan\varphi$——与 $P_e$ 相对应的功率因数角的正切函数。

由计算负荷的视在功率 $S_{js}$，可求得计算电流：

$$I_{js} = \frac{S_{js}}{\sqrt{3}U_e} \qquad (A)$$

用二项式法计算时，应将计算范围内的所有用电设备统一分组，不应逐级计算后再代数相加；计算的最后结果，不再乘入同时系数；因为二项式法是由总平均功率加最大一组附加功率之和，与需要系数法的各组用电设备的半小时最大平均负荷的代数和不同。

如果表14-17每组中的用电设备数量小于 $n_x$，则采用小于 $n_x$ 的两组或更多组中最大的用电设备的第一项的总和作为计算的有效容量的第一项。

# 第三节 露天采场供配电

## 一、高压架空线路

采场外的电源线与环形线为固定线路，采用钢筋混凝土电杆，用标准杆型；但环形线电杆需在横担下0.5m处架设架空接地干线。采场内的横跨线为半固定线路，一般采用埋地式木电杆，埋地深度通常为1~1.5m，为使电杆稳定，可用废石垒固或加拉线；当采用可拆卸式架线时，其电杆需做成耐张型，并在沿线路方向两侧加拉线，其杆型如图14-17所示（适用导线为LGJ-70以下，挡距不超过70m）。纵架线为移动线路，一般采用埋地式或底座式的木电杆，其杆型如图14-18及图14-19所示。为增加电杆的稳定，底座式电杆的底座上需压以石块。采场线路不采用瓷横担。

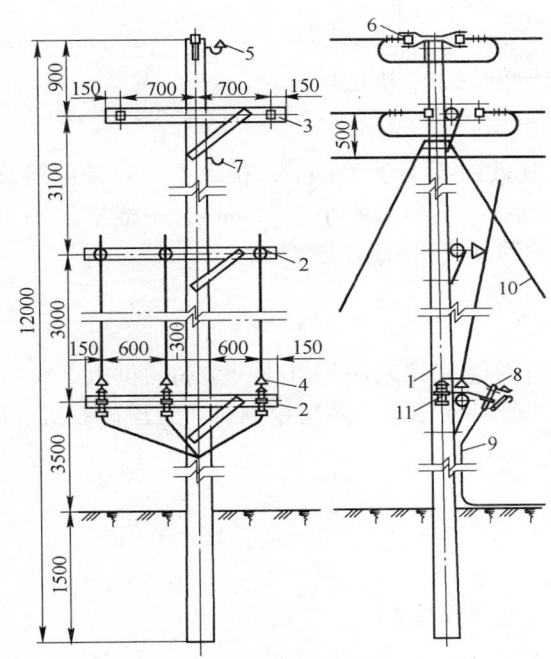

图14-17 横跨线用可拆卸式架线电杆
1—木杆 $\phi$160m，长12m；2—木横担 $\phi$120m，长1.8m；
3—木横担 $\phi$140m，长1.7m；4—针式绝缘子P-10；
5—弯脚绝缘子P-10；6—蝴蝶绝缘子F-10附拉板穿钉；7—铁弯脚；
8—跌开式保险器；9—橡套电缆UCH-6000；10—拉线；11—避雷器

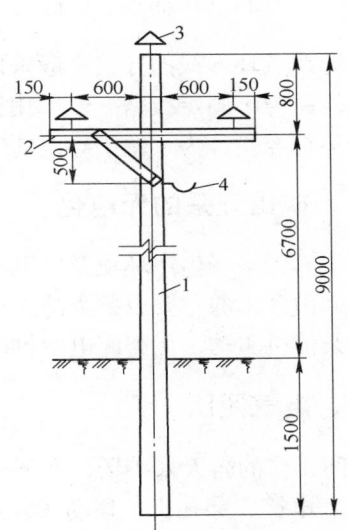

图14-18 纵架线用直线杆
（适用导线LGJ-70以下；挡距不超过40m）
1—木杆 $\phi$140m，长9m；
2—方木横担100m×100m×1500m；
3—针式绝缘子P-10；4—铁弯脚

在山坡型露天矿中，有时为加快基建初期上部覆盖岩层的剥离，而采用大爆破方法。为避免环形线及电源线遭到破坏，有关场所附近的固定电路，宜在大爆破之后施工。

导线对地最小允许距离，按底层导线计算，建议采用以下数字：

| | |
|---|---|
| 环形线 | 5.5m |
| 横跨线 | 6.5m |
| 纵架线 | 5.5m |
| 交叉跨越处 | 按规程规定 |

纵架线杆距宜为30~40m，这样杆塔可以较低，便于移动；横跨线杆距与采矿工作平台宽度有关，宜为50m左右。

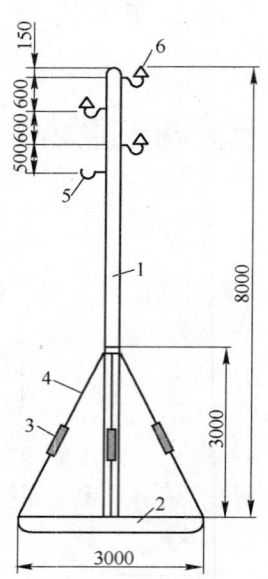

图 14 - 19　纵架线用底座式移动电杆

1—木杆 φ140m，长 8m；2—木底座；3—花篮螺丝；4—镀锌铁线；5—铁弯脚；6—弯脚绝缘子 P - 10

电源线及环形线的导线一般采用钢芯铝绞线，其截面不小于 35mm²；排废场一般采用铝绞线；采场内移动线路与半固定线路一般采用钢芯铝绞线或铝绞线，其截面不小于 35mm²，一般不大于 70mm²。根据现场运行经验，为了便于导线的安装和拆迁，推荐移动线路采用铝绞线。

## 二、矿山开采的无电化

鉴于露天采场生产环境及供电特点，目前矿山开采越来越趋向无电化，采场的供电系统得以极大的简化。矿山开采的主要设备为液压潜孔钻机、风动履带潜孔钻车、液压挖掘机，液压碎石机、碎石锤等，均采用柴油机驱动，无需配电所供电。

## 三、电气照明

夜间工作的露天采矿场，在下列地点应设照明：

（1）电铲、穿孔机、移动或固定式空压机及水泵的工作地点。

（2）运输机道、斜坡卷扬机道、人行梯及人行道。

（3）汽车运输的装卸车处、人工装卸车地点和排废场的卸车线。

（4）凿岩机工作地点。

（5）调车场及会让站。

露天采矿场各处的照明标准可参照表 14 - 18。

表 14 - 18　露天采场照明标准

| 照 明 地 点 | 照度/Lx | 规定照明平面 |
| --- | --- | --- |
| 人工作业和装车点、汽车装卸车处 | 1 | 地表水平或垂直面 |
| 电铲工作地点 | 3 | 掘进地点以及卸矿高度上水平面 |
| 电铲工作地点 | 10 | 垂直面 |
| 人工挑选地点的运输机 | 10 | 运输机水平面 |
| 采矿场和排土场轨道 | 0.2 | 地表水平面 |
| 机械凿岩 | 10 | 在整个钻机高度范围内的垂直面上 |
| 机械凿岩 | 3 | 地表水平面 |

| 照 明 地 点 | 照度/Lx | 规定照明平面 |
|---|---|---|
| 手工凿岩 | 3 | 钎子垂直面和地表水平面 |
| 梯子上下阶段通路 | 3 | 梯子垂直面、人行道地表水平面 |
| 主要人行道和行车道 | 0.5 | 地表水平面 |
| 次要人行道和行车道 | 0.2 | 地表水平面 |
| 斜坡卷扬道 | 20 | 地表水平面 |
| 空压机和其他移动机械 | 10 | 地表水平面 |
| 调车场及会让站 | 0.5 | 地表水平面 |

露天采矿场照明网路电压一般采用220V，行灯照明电压不超过36V。采场内一般采用路灯、投光灯和手携式作业灯。人行道、斜坡卷扬机道、排废场作用点及运输机道一般采用路灯；采矿工作面、人工作业和装车处、凿岩处和调车场及会让站一般采用投光灯。应当充分利用电铲、穿孔机自带的照明设施。一般采用下列导线：固定式架空线采用裸铝绞线或钢线；移动架空线采用绝缘铝导线；移动式灯器采用橡套电缆。

平硐的照明用220V电源，应由380/230V专用变压器供电。其二次线圈应为△接线，仅设备外壳接地。地面上TN系统的220V电源不应引进平硐作为照明电源；平硐内的照明线路，当可能有机械损伤时，应采用钢带铠装电缆；移动式照明应采用橡套电缆；使用架线式电机车的平硐、硐室及硐内破碎机房等固定式照明线路，可采用塑料绝缘导线敷设在绝缘子上，也可穿管敷设；人行通道的照明开关，应装设在平硐出口处或平硐口附近的建筑物上，如平硐较长时，可在平硐内分段控制；主平硐照明灯具的安装高度宜在2.8m以上，宜设在人行道的侧上方；平硐内有危险的硐、巷道等地点，应设红色警戒指示灯。

爆破材料库、雷管库区的警卫照明，应采用路灯或投光灯；爆破材料库和雷管库内照明，应采用斜照型灯具，且应装设在窗外，开关应选用装在室外的密封式防水开关。爆破器材开箱及发放室、爆破工药袋储放室、雷管准备室、防火器材室等仓库应采用防爆灯具。照明线路应采用铠装电缆，并应沿地下直埋敷设，且进库前应进行单独接地。

灯具均应采用高压钠灯或其他高效节能光源。

照明线路应分区铺设，以便根据需要控制每个区的照明电源。

# 第四节　矿山工程实例介绍

## 一、供配电系统

某石灰石项目采矿破碎工程为一条自粗碎车间至碎石储库及输送车间的石灰采矿破碎生产线，矿山采矿规模为350万吨/年。供电电源引自业主新建与工厂生产线配套的35kV变电所，距离矿山工业场地2km，以10kV单回路电缆方式（桥架）受电。与矿山工程配套的新建配电所为屋内型，位于矿山工业场地，配电系统图如图14-20所示。

配电所以10kV线路放射式向各车间10/0.4-0.23kV变压器、10kV高压电动机供电；主要生产车间再由各车间电力室向低压电动机和用电设备放射式配电；非主要车间低压电动机和用电设备由附近车间电力室配电。

10kV母线：设接地监视信号；10kV线路：设过流保护、电流速断保护、零序电流监视信号；10kV真空断路器：设操作过电压保护。电能计量设在配电站10kV进线侧；10kV回路：设有功电度、无功电度、有功功率、电流等功能的电表。配电变压器选用高效节能油浸式变压器S11系列。10/0.4kV变压器：设瓦斯保护、过负荷保护、电流速断保护和带时限过电流保护，设零序电流监视信号。

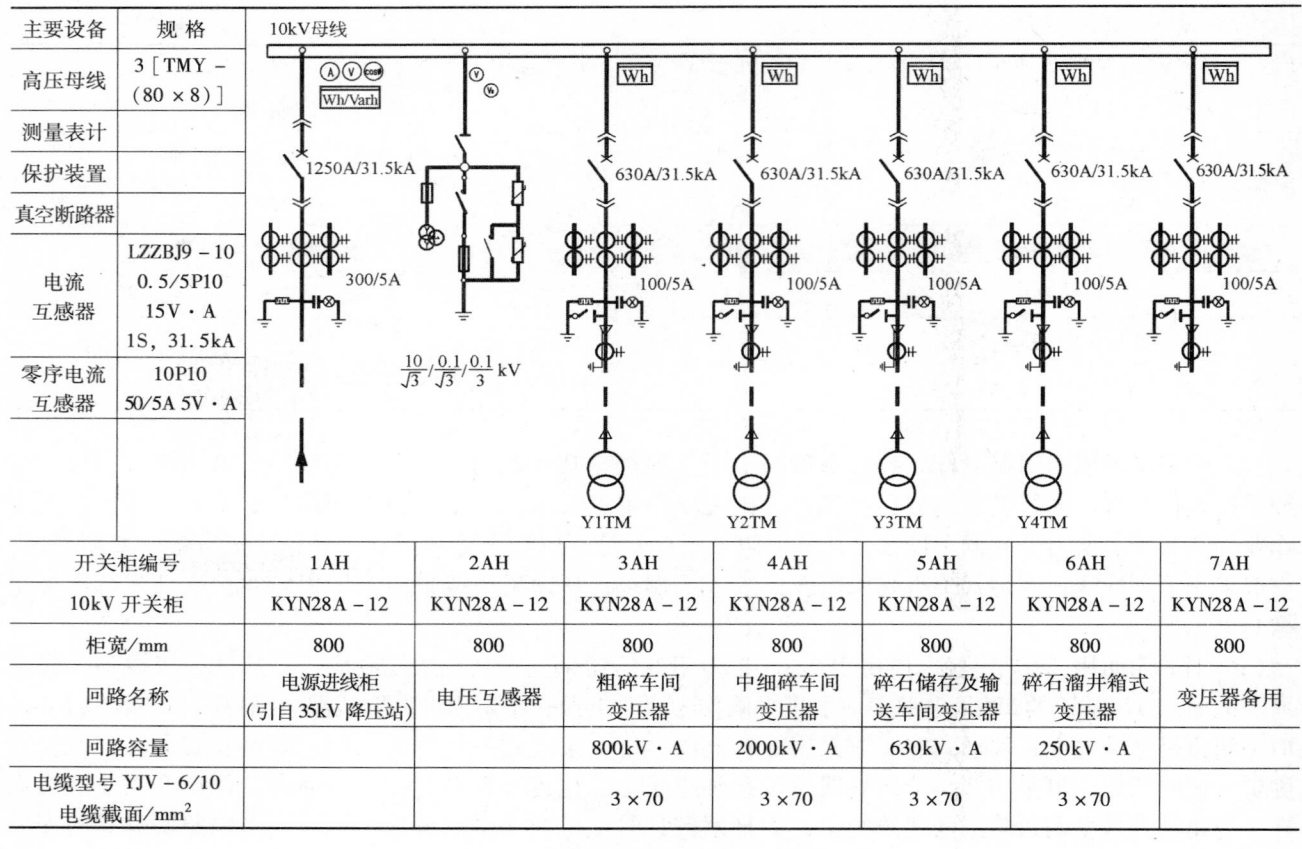

| 主要设备 | 规格 | | | | | | |
|---|---|---|---|---|---|---|---|
| 高压母线 | 3［TMY－(80×8)］ | | | | | | |
| 测量表计 | | | | | | | |
| 保护装置 | | | | | | | |
| 真空断路器 | | 1250A/31.5kA | | 630A/31.5kA | 630A/31.5kA | 630A/31.5kA | 630A/31.5kA | 630A/31.5kA |
| 电流互感器 | LZZBJ9－10 0.5/5P10 15V·A 1S，31.5kA | 300/5A | | 100/5A | 100/5A | 100/5A | 100/5A | 100/5A |
| 零序电流互感器 | 10P10 50/5A 5V·A | | | | | | | |

| 开关柜编号 | 1AH | 2AH | 3AH | 4AH | 5AH | 6AH | 7AH |
|---|---|---|---|---|---|---|---|
| 10kV 开关柜 | KYN28A－12 | KYN28A－12 | KYN28A－12 | KYN28A－12 | KYN28A－12 | KYN28A－12 | KYN28A－12 |
| 柜宽/mm | 800 | 800 | 800 | 800 | 800 | 800 | 800 |
| 回路名称 | 电源进线柜 (引自 35kV 降压站) | 电压互感器 | 粗碎车间变压器 | 中细碎车间变压器 | 碎石储存及输送车间变压器 | 碎石溜井箱式变压器 | 变压器备用 |
| 回路容量 | | | 800kV·A | 2000kV·A | 630kV·A | 250kV·A | |
| 电缆型号 YJV－6/10 电缆截面/mm² | | | 3×70 | 3×70 | 3×70 | 3×70 | |

图 14－20　项目采矿破碎工程配电系统图

## 二、主要供电设备及其他电气设备的选择配置

配电所进线侧装设断路器，中压母线采用单母线不分段接线方式，采用中置移开式开关柜。

车间变电所进线侧装设负荷开关或隔离开关。其低压母线采用单母线不分段接线方式。

配电所直流操作电源，采用一组免维护铅酸蓄电池，并具有充电、浮充电的硅整流装置。电池容量应满足合闸、分闸、信号和继电保护的要求。

配电所的站用电源引自就近变压器低压侧的配电回路，在无法取得低压电源时另设站用变压器。

中压配电装置选用带安全闭锁装置及连锁装置，其布置便于设备的操作、搬运、检修和实验，并保证进出线方便。

车间设置两台变压器时，从配电所二段母线取得电源，低压侧为单母线分段运行。单台变压器时，在低压侧（380/220V）从邻近电力室取得联络电源，作为备用。

室内外配电装置满足最小电气安全净距。高压配电室内通道满足最小宽度要求。

配电室长度大于7m 时柜后通道设两个出口。

油浸式变压器室的门为防火门。变压器室的通风窗，采用非燃烧材料。油浸式变压器室设置储油池。变压器室、配电室、电容器室的门向外开启，相邻配电室之间有门时为双向开启。

配电所、变电所的电缆夹层、电缆沟和电缆室，采取防水、排水措施。

高、低压配电室、变压器室、电容器室、控制室内，没有无关管道和线路通过。

## 三、电力拖动

电动机选型及启动方式，功率在 250kW 以上的电动机采用 10kV 高压电动机，功率在 250kW 及以下的电动机采用 380V 低压电动机，电动机根据启动条件选择绕线电动机或鼠笼型电动机。绕线型电动机采用液体变阻器启动装置，鼠笼型电动机采用全压直接启动方式，启动困难的电动机可选用软启动装置启动。

交流调速电动机采用全数字式变频调速控制装置进行控制。

电动机的保护：采用低压断路器的电磁脱扣器作为短路保护；三相热继电器作为过负荷保护；接触器线圈作为失压保护。

### 四、电器设备的接地、防漏电、防过流、防过压、防静电、防雷保护安全措施

#### （一）接地

矿山工程中，10kV（6kV）为中性点不接地的小电流接地系统。电气设备在正常情况下不带电的金属外壳、支架、网栏、格网以及人可能触及的金属装备，均设保护接地。其接地电阻不大于4Ω。

工业场地配电所和车间电力室（变电所）的工作接地，通过矿（厂）区电缆隧道、电缆沟或电缆桥架中的接地干线、铠装电缆的金属外壳、低压电缆中的PE线做可靠的电气连接，形成闭合的全矿（厂）区电气保护接地网。

车间电力室（变电所）变压器低压侧（400/230V）中性点直接接地，在室外设工作接地极，接地电阻不大于4Ω。

变压器中性点与室外接地极间用两根扁钢连接。低压采用TN-S系统，在变压器中性点与低压电源柜底水平敷设的PE保护线之间，沿室内地坪或电缆沟敷设一根铜排，作为低压总受电回路的PE保护线，铜排规格与N线相同。铜排两端分别与变压器的中性点和电源柜柜底水平PE保护线做成良好的电气通路。

为确保TN-S系统中PE主保护线的可靠连接，在车间电力室（变电所）的抽屉柜（或非标柜等）柜底水平PE保护线的两端与变压器室外工作接地极之间，沿室内地坪（或电缆沟）及室外地坪内再敷设两根-60mm×5mm镀锌扁钢，其两端分别与柜底水平PE线和室外地下接地极做电气连接，作为供电主回路的辅助PE保护线。

所有抽屉式配电柜（或非标柜等）内均设垂直PE保护线，并与水平PE保护线在柜内做良好电气通路。

各馈电或电动机回路的五芯或四芯电缆中的PE线均与柜内垂直PE保护线分别做良好的电气连接，同时将电缆中的PE线的另一端引至用电设备，并与用电设备正常不带电的金属外壳做良好的电气连接。

TN-S整个系统中的中性线N与保护线PE分开。车间内的穿线钢管、铠装电缆的金属外壳、电缆桥架中的接地扁钢、电缆支架预埋件及电缆沟中的接地扁（圆）钢与PE保护线做良好电气连接，并兼做接地线。所有电气装置的外露导电部分和装置可导电部分，即车间内所有正常不带电的电气设备的金属外壳、箱盘底座、电气设备基础、金属支架、金属围栏等均通过PE线可靠接地。

根据水泥原料矿山工程设计规范（GB 50598—2010）关于"平硐内供电应采用中性点不接地的IT系统，不得采用TN或TT系统。地面上中性点直接接地的变压器或发电机，不得向平硐供电"的规定：碎石溜井平硐工程车间须采用中性点不接地的IT系统，其特点为：电气装置的外露导电部分应单独接地的系统；设置能迅速反应故障的绝缘监控装置；控制电源及照明系统均应采用独立的控制或照明变压器。

IT系统的变压器的低压（0.4kV）侧装设自动切断电源的漏电检测装置。当IT系统出现第一次接地故障时，隔爆检漏继电器应发出信号；当出现第二次接地故障（异相）时，隔爆检漏继电器应作用于进线电源断路器跳闸（进线断路器设分励脱扣器装置）。

在TT系统中性点接地，IT系统中性点不接地或经过高阻抗接地，其设备金属外壳均为接地保护。检漏装置包括漏电保护器和绝缘监察器。IT系统变压器的低压（0.4kV）侧应装绝缘监察器和漏电保护器，第一次接地故障时，通过绝缘监察器动作于信号，第二次故障时漏电保护器切断电源。如矿山对信号无法监视时，第一次接地故障可以切断电源，以确保人员安全。

矿山工程配套建设的办公建筑设置总等电位联结，办公建筑和居住建筑的特殊场所，如卫生间、浴

室等除采取总等电位联结外，还设置局部等电位联结。

### （二）防漏电

在装有手持电器的插座前，均应设有漏电保护装置。

检修电源回路：在车间现场电源箱内设额定电流为 $I_n=100A$ 的电磁脱扣器，断路器漏电动作电流 $I_{\Delta n}=30mA$。电动葫芦回路：车间现场电源箱根据负荷内设带漏电的断路器，断路器漏电动作电流 $I_{\Delta n}=30mA$。潜水泵插座回路：在线路末端潜水泵附近设插座箱，装带漏电保护的断路器，动作电流 $I_{\Delta n}=30mA$。

电动葫芦的电源线，采用安全滑触线供电方式。

采用树干式配电的用电设备，在小型非标准箱内安装开关、控制元件或用综合磁力启动器。

### （三）防过电流和过电压

在变压器低压侧出口，即低压电源进线柜处装设三段选择型保护的低压断路器。

用短路短延时脱扣作短路保护，并兼做母线单相接地保护。延时时限为 0.2s，并与下级短路保护配合。

用长延时过电流脱扣器作过负荷保护，以变压器低压侧额定电流为整定值。

用低压断路器的电磁脱扣器作馈电线路的短路保护。

单相接地保护：当被保护线路末端的单相接地电流 $I_k$ 值与低压断路器的电磁脱扣器的整定电流之比不小于1.3时，则无需另设单相接地保护，而以短路保护兼之。

电动机保护：装设短路、过载、接地故障、断相和失压保护。用电动机保护型低压断路器的电磁脱扣器作电动机的短路保护。当线路末端单相接地电流与其线路首端断路器的瞬动电流整定值之比不小于1.3时，不另设单相接地保护器，而以其瞬动保护兼做单相接地保护。

利用热继电器（带断相保护）做过负荷和断相保护。

接触器的电磁线圈兼作失压保护。对于长皮带检修用配电线路（硫化器等），在 MCC 柜内设漏电断路器其动作电流 $I_{\Delta n}$ 取值100mA，大于线路正常泄漏电流，延时0.2s。在线路末端，检修开关选用漏电断路器，漏电动作电流整定 $I_{\Delta n}=30mA$。检修开关金属外壳单独接地。

### （四）防静电

工业场地中央控制室采用防静电地板。中央控制室内所有设备的金属外壳、金属管道、金属线槽、建筑物金属结构等进行等电位联结并接地。在中央控制室内预埋等电位连接板。中央控制室配电线路和分支线路采用 TN-S 系统。工厂控制系统主机集中在中央控制室。

### （五）防电伤

为确保电气设备的正常运行及操作工人的安全，工程设计中采取了多种防电伤措施：车间变电所和车间内带电裸导体的绝缘距离，对地的安全距离等均按照《3～110kV 高压配电装置设计规范》进行设计；车间内所有正常不带电的电器设备（包括电动机）金属外壳均做接地保护；高压电器的裸露部分设安全防护围栏。

工程中凡是由中央控制室集中控制的电动机，在控制室设有正常和事故报警装置的声光信号，在电动机启动前发出声光开车信号。非生产流程中单台运行的电动机，其控制、保护设备设在机旁。为便于检修和试车，所有集中遥控的电机均在机旁设有紧急停车和可以解除遥控的带钥匙的按钮盒，以防误操作。长距离胶带机每隔一定距离设一个拉绳开关，作紧急停车用。生产设备的传动件及传动机构都设保护罩以防机械伤害，在易发生机伤和电伤处以及开关、按钮箱处设安全标志，以利安全生产。

## （六）防雷

本矿山工程所在地区年平均雷爆日约为 40 天。

防雷分类：矿山工程中建筑物按其重要性，使用性质及雷电事故的可能性和后果分三类。炸药库、雷管库、硝酸铵库等属于第一类防雷建筑物。氧气、乙炔气瓶库、炸药加工、燃油及储油系统等属于第二类防雷建筑物。易燃物露天堆场当年预计雷击次数不小于 0.05 时，采用独立接闪杆防直击雷。独立接闪杆保护范围的滚球半径取 100m。计算雷击次数时，建筑物的高度按物料堆放高度，长度和宽度按物料堆放面积的长度和宽度。

对矿山工程中的一般性工业建筑物和住宅、办公楼等一般性民用建筑物，当年预计雷击次数 $N > 0.25$ 次/年时为第二类防雷建筑物。当 0.25 次/年 $\geq$ 年预计雷击次数 $N \geq 0.05$ 次/年时为第三类防雷建筑物。

对于烟囱、水塔等高耸孤立建筑物，年雷暴日 15d/a 以上的地区，高度在 15m 及以上者，年雷暴日 15d/a 及以下的地区，高度 20m 及以上者，为第三类防雷建筑物。

防雷措施：各类防雷建筑物设防直击雷的外部防雷装置，并采取防闪电电涌侵入的措施。各类防雷建筑物设内部防雷装置，在建筑物的地下室和地面层处，对建筑物金属体、金属装置、进出建筑物的金属管线与防雷装置做防雷等电位连接。

对炸药库等第一类防雷建筑物，设 $\phi20mm$ 热镀锌圆钢独立接闪杆，利用金属杆塔作引下线，设独立接地装置。每一引下线冲击接地电阻 $R \leq 10\Omega$。室内外均设等电位连接环，所有引下线、建筑物的金属结构和金属设备均连到等电位连接环。入建筑物电缆采用直埋方式。

对氧气、乙炔气瓶库、炸药加工，燃油及储油系统等第二类防雷建筑物，在屋面，沿屋角、屋脊、屋檐等易受雷击处装设接闪杆与接闪网混合组成的接闪器，其接闪网格不大于 10m×10m。引下线不少于两根，沿建筑物四周均匀布置或对称布置，其平均间距不大于 18m。屋面突出金属物不装接闪器，与屋面接闪网连接。每根引下线冲击接地电阻不大于 $10\Omega$。

第二类防雷建筑物室内外均设等电位连接环，所有引下线、建筑物的金属结构和金属设备均连到等电位连接环。外部防雷装置的接地与防雷电感应、内部防雷装置、电气和电子系统等接地共用接地装置，并与引入的金属管线做等电位连接。外部防雷装置的专设接地装置围建筑物敷设成环形接地体。

当矿（厂）区厂房和住宅、办公楼等建筑物为现浇或预制钢筋混凝土结构时，第三类防雷建筑物在屋面，沿屋角、屋脊、屋檐等易受雷击处装设接闪杆与接闪网混合组成的接闪器，其接闪网格不大于 20m×20m。可利用钢筋混凝土梁、柱，基础内的钢筋作引下线和接地装置，每根引下线利用柱内 2 根大于 $\phi10mm$ 圆钢主筋，引下线应沿建筑物四周均匀布置，引下线平均间距：第二类防雷建筑物不大于 18m，第三类防雷建筑物不大于 25m。所利用的主筋在连接处，搭接、绑扎，或焊接构成良好电气通路。每根引下线在距室外地坪 0.5m 处，以及在墙内距室内地坪 0.3m 处分别预埋一块与柱主筋相焊接的 100mm×100mm×8mm 钢板。作为检测接地电阻和补打人工接地极。作接地体的钢筋表面总和 $S$ 满足：第二类防雷建筑物 $S \geq 1.85m^2$，第三类防雷建筑物 $S \geq 0.82m^2$。在建筑物顶部，将柱内两根主筋留出长 100mm 的钢筋头，与屋面上的金属管道、栏杆、设备连接。

防雷接地电阻：第二类防雷建筑物每根引下线的冲击接地电阻 $R \leq 10\Omega$。第三类防雷建筑物每根引下线的冲击接地电阻 $R \leq 30\Omega$。不满足要求时补打接地极。

金属屋面储库、堆棚等利用屋面作接闪器，非易燃物储库的屋面钢板厚度不小于 0.5mm。易燃物储库的钢板厚度不小于 4mm。屋面钢板之间构成良好电气通路。

对于钢筋混凝土筒仓，在库壁外侧设 $\phi12mm$ 镀锌圆钢作专用引下线，不利用库壁内钢筋作引下线。

当建筑物周边无基础钢筋作接地体时，在条形基础素混凝土垫层内设环形人工接地体。接地体规格为 −50mm×4mm 扁钢。

对库顶平面及库顶厂房高度超过 45m 的钢筋混凝土结构、钢结构建筑物，防侧击和等电位的保护措施为：

（1）金属管道及金属物的顶端和底端，用φ12mm圆钢与引下线连接。

（2）钢构架和混凝土的钢筋或 - 25mm×4mm 等电位扁钢互相连接。

（3）利用钢柱或柱内钢筋作防雷装置引下线。

（4）库顶建筑物门窗、栏杆作等电位连接。

对第二类、第三类防雷建筑物设防雷电流反击措施，在低压总配电箱装设Ⅰ级试验的电涌保护器SPD，SPD电压保护值不大于2.5kV；SPD冲击电流值不小于12.5kA。

防接触电压：外露引下线，距地面2.7m以下用3mm厚的交联聚乙烯层隔离。

防跨步电压：引下线3m范围内敷设5cm厚沥青或15cm厚砾石层。

全矿（厂）区防雷装置材料选用统一，防雷装置材料均选用热镀锌钢材质。接闪杆统一选用φ20mm圆钢。接闪带、接闪网、等电位连接选用 - 25mm×4mm 扁钢。专用引下线选用φ12mm圆钢。无钢筋基础人工接地体选用 - 50mm×4mm 扁钢。接地极垂直接地体：L50mm×50mm×3mm角钢，长度2.5m，间距5m。接地极水平接地体选用 - 25mm×4mm 扁钢。

## 五、不同场合电线、电缆选择说明

高压电力电缆采用 YJV - 6/10 铜芯电缆，截面根据系统参数确定。低压电力电缆采用 YJV - 0.6/1 铜芯电缆，截面根据导体敷设处的环境温度和敷设时的并列系数确定。

电缆温度校正：

（1）直埋电缆按埋深处的历年最热月的月平均温度校正。

（2）敷设在空气中的电缆，按敷设处的历年最热月的日最高温度平均值较正。

低压电力电缆芯数：TN - C - S 系统中，电动机回路选三芯电缆，用电缆保护钢管作 PE 线。在380/220V 配电回路，用四芯电缆，当保护线材质与相线相同时，PE 线最小截面符合表 14 - 19 规定。TN - S 系统中，电动机回路选用四芯电缆，其中一芯用作 PE 线。在380/220V 配电回路，用五芯电缆，当保护线材质与相线相同时，PE 线最小截面符合表 14 - 19。

表 14 - 19  PE 线最小截面

| 相线截面 $S/\text{mm}^2$ | PE 线最小截面/$\text{mm}^2$ |
|---|---|
| $S \leq 16$ | $S$ |
| $16 < S \leq 35$ | 16 |
| $S > 35$ | $S/2$ |

正常运行线路压降一般不大于5%，启动线路压降一般不大于10%。

线缆敷设方式：

（1）电缆路径避免机械损伤，尽量走捷径。

（2）电缆线路便于维护。

（3）电缆在电缆沟或隧道内敷设时，支架最小净距符合表 14 - 20。

表 14 - 20  支架最小净距不宜小于下表所列数值 　　　　　　　　　　　（mm）

| 敷 设 方 式 | | 电缆隧道净高 | 电 缆 沟 | |
|---|---|---|---|---|
| | | ≥1900 | 沟深≤600 | 沟深>600 |
| 通道宽度 | 两边设支架 | 1000 | 300 | 500 |
| | 一侧设支架 | 900 | 300 | 450 |
| 支架层间的垂直净距 | 电力电缆 35kV | 250 | 200 | 200 |
| | 电力电缆 <10kV | 200 | 150 | 150 |
| | 控制电缆 | 120 | 100 | 100 |
| 电力电缆间的水平净距（单心电缆品字型布置时除外） | | 35 但不小于电缆外径 | | |

（4）敷设方式以电缆沟和电缆桥架敷设为主。在回路较少而且长度较短时，用钢管配线。

（5）在车间内 ±0.000 平面、电动机布置集中的局部地段设置电缆沟；在楼层平面，当同一路径的电缆数量在 7 根及以上时，采用电缆桥架敷设。

（6）1kV 及以下的电力电缆及控制电缆与 1kV 以上电力电缆分开敷设。

电缆在多层支架上敷设时，电缆的排列自上而下：

第一层为高压电缆，高压变频电缆与一般高压电缆分桥架敷设或加隔板隔离。

第二层为低压电力电缆，低压变频电缆与一般低压电缆加隔板隔离。

第三层为控制电缆。

第四层为仪表电缆。

当低压电力电缆与仪表电缆在同一层敷设时，加隔板隔离。计算机通讯同轴电缆，全长均需屏蔽采用封闭线槽。当两侧都有支架时，1kV 及以下电力电缆和控制电缆、仪表电缆、计算机通讯电缆与 1kV 以上的高压电缆分别敷设在不同侧的支架上。

（7）电缆在同层支架敷设时，控制电缆和信号电缆可紧靠或多层叠置。同回路单芯电力电缆采用品字形布置，同回路多根电力电缆不叠置。电缆在梯架内敷设时，电缆总截面积和梯架横断面面积之比，电力电缆不大于 40%，控制电缆不大于 50%。

（8）电缆直埋时，同一壕沟内埋设的电缆根数不超过 8 根。

（9）当同一地点同一装置的控制线数量较多时，合并用一根多芯电缆引至现场分线盒，再由分线盒进行分支。

（10）车间内电缆桥架，距地高度不低于 2.5m。

## 六、电气设备防火、事故应急照明等措施

本工程项目中，氧气瓶库、乙炔气瓶库、燃油泵房等为 2 区爆炸性环境危险区域。

爆炸火灾危险防范措施：

2 区爆炸性环境危险区域采用防爆式灯具，灯开关放在门外侧。不安装插座。

消防安全措施：消防水泵、重要或危险场所的应急照明按一级负荷供电。一般在中控室、办公楼、宿舍楼、配电站、电力室、控制室等处设消防应急照明灯和应急疏散指示灯。应急疏散指示灯符合现行国家标准《消防安全标志》（GB 13495）和《消防应急灯具》（GB 17945）的有关规定。

消防应急照明灯规格：220VAC/50Hz；双光源；高效反射罩；免维护镍镉电池；应急时间不小于 30min。

应急疏散指示灯规格：220VAC/50Hz；高亮度 LED 光源；功率小于 3W；应急转换小于 1s；应急时间不小于 30min。

中央控制室设置火灾自动报警系统。火灾自动报警系统的设计遵照《火灾自动报警系统设计规范》（GB 50116）的有关规定。

本工程电缆沟及电缆隧道在进出主厂房、主控制楼、配电装置室时，在建筑物外墙处设置防火墙。建（构）筑物中电缆引至电气柜、盘或控制屏、台的开孔部位，电缆贯穿隔墙、楼板的孔洞采用电缆防火封堵材料进行封堵。

在电缆竖井中，每间隔 7m 设置防火封堵。在电缆隧道或电缆沟的分支处、电缆沟内每间距 100m 处、建筑物的入口处、厂区围墙处设置防火墙。

当电缆采用架空敷设时，在架空敷设每间距 100m 处、电缆桥架分支处设置阻火措施。

## 七、计算机自动化控制系统及操作控制室的设置

自动控制装备应与生产工艺及主机设备相适应，以满足生产使用要求。为此，采用性能可靠、技术先进的集散计算机控制系统对生产进行集中管理，分散控制；对工艺测点较为分散且适宜的生产过程，

采用计算机现场总线的配置方式作为计算机集散系统的一部分便于监控和维修。

根据项目采矿破碎工程工艺生产流程、生产车间在总图上的布置，控制系统配置如图 14-21 所示。

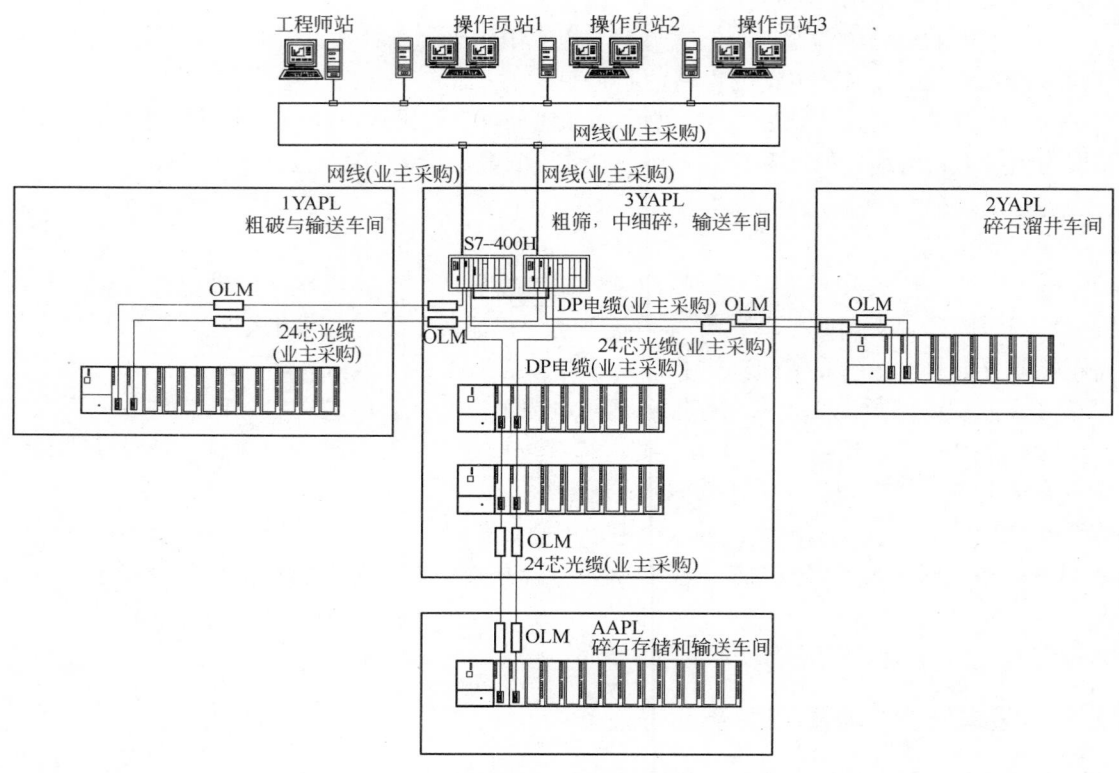

图 14-21 采矿破碎工程控制系统图

## （一）现场控制站

现场控制站设于工业场地电力室内，控制初筛、中细碎及输送车间等。远程控制站包括：

1 号站：设于粗碎与输送车间电力室内，控制粗破与输送的生产过程。

2 号站：设于碎石溜井平硐工程电力室内，控制碎石溜井平硐的生产过程。

3 号站：设于成品库电力室内，控制成品库及三筛的生产过程。

## （二）控制管理级

控制管理级设中央控制室，配置 3 个操作员站完成从石灰石粗碎至成品库的监控。另设工程师站 1 个。

## （三）计算机网络

计算机网络完成计算机系统连接及网络的通讯。

## （四）系统功能

控制系统的功能由三部分组成：过程控制级由各控制站组成，分别设置在其相应的电力室中，主要是完成数据采集、过程控制、设备监控、系统测试和诊断等功能。

控制管理级的操作站设于中央控制室内，完成对其所控制范围生产流程的监控。操作站之间可以相互备份，并可完成如下控制功能：数据、图形和状态的显示；历史数据的存档；故障声响报警、记录打印、状态显示；定时报表打印；实时动态调整回路参数；优化控制参数等。

集散型计算机控制系统具有快速实时响应的能力、高可靠性和适应恶劣工业现场环境的特点。

计算机网络：所有现场控制站及中央控制室的操作站，均作为计算机控制系统网络上的一个节点。

## 八、胶带机保护装置的通讯设计

项目采矿破碎工程中，粗碎出料胶带机（1 号）、石灰石堆棚槽式输送机（10 号）保护装置不采用总线通讯，跑偏开关和拉绳开关用的是普通型、手动复位，信号点引入对应现场控制站或远程控制站。其他胶带机（2 ~ 9 号胶带机）采用总线通讯，其总线配置如图 14 – 22 所示。

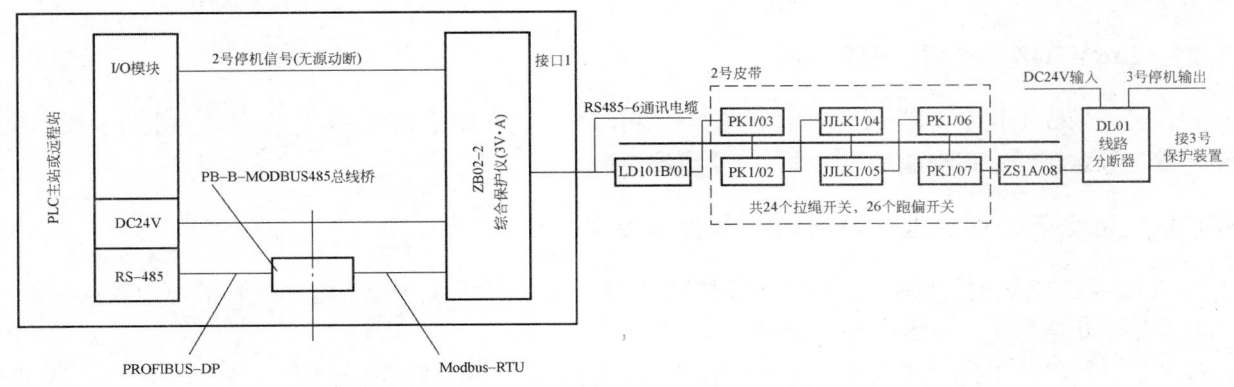

图 14 – 22 采矿破碎工程胶带机保护装置系统图

图中，胶带机保护装置均采用沈阳东华胶带机研究所产品。保护装置编号对应为：产品型号/地址码 LD101B 系列溜槽堵塞检测器主要用于防止带式输送机溜槽堵塞，产品适用于煤矿、码头、电厂、建材、化工、冶金等行业，输送散料用带式输送机，可联网通信。

PK1 跑偏开关利用胶带跑偏时产生的横向位移使立辊偏转，当立辊偏转角达到12°时，1 级开关动作，输出轻跑偏报警信号；当偏转角达到25°时，2 级开关动作，输出跑偏停机信号。PK1 系列跑偏开关是具有通信和自检能力的智能化装置，不仅能向用户提供自身的相关信息，同时还能提供线路故障的准确信息——断点地址。

JJLK1 系列拉绳开关是带式输送机常用的安全保护装置，主要用于带式输送机的紧急停机及保护现场防止误启动，产品具有网络通信功能，能自动检测线路故障并提供线路故障的准确地址。

ZS1 系列纵向撕裂检测器主要用于检测带式输送机胶带纵向撕裂，当胶带发生纵向撕裂时能及时发出停机信号以防止撕裂事故扩大化，产品适用于码头、煤矿、电力、建材、化工等行业输送散料用的带式输送机。

本工程中，以上胶带机保护装置均选用 RS485 通讯协议。通讯系统由一台胶带机综合保护仪、三台线路分断器和保护装置组成。综合保护仪、线路分断器需 DC24V 电源。线路分断器前面的开关由综合保护仪提供 DC24V 电源；连接在线路分断器后面的开关由线路分断器提供 DC24V 电源。电缆不超过 1000m 时不需要中继器，超过 1000m 时每增加 1000m 需增加一台中继器。同一总线上中继器的数量超过 4 台时，自胶带机综合保护仪起第 3 台应选用增强型中继器。

ZB02 型胶带机综合保护仪是专为带式输送机保护装置现场总线化控制而设计的。综保仪以微处理器为核心，综合了计算机技术、自动控制技术和通信技术的专用自动化装置，是 ZB02 现场总线控制系统的核心设备。综保仪把单个分散在现场的保护装置作为网络的节点，以 ZB02 现场总线为纽带，连接成可以相互沟通信息，共同完成带式输送机安全保护任务的现场总线控制系统。

综保仪采用双 CPU、双通信接口结构。对现场设备，综保仪是主站，可自动完成对现场设备的数据采集、分析和处理。对上位机（PLC 或 PC），综保仪是从站、可执行上位机的读写指令。综保仪不需用户编程，用户在使用前只需设置本机地址、波特率和节点（现场保护装置）总数即可。综保仪通过仪表窗口显示和与上位机通信两种方式向用户提供以下信息：

（1）运行正常。

（2）故障种类，包括拉绳停机、跑偏、溜槽堵塞、胶带打滑、胶带纵向撕裂、元件（保护装置）故障、线路故障、写总线控制器（操作犁式卸料器、液压推杆等）失败等。

（3）故障等级，包括报警故障、停机故障。

（4）各类故障的实际地址。

（5）支持机侧操作，提供即时（无延迟）硬停机信号（继电器无源接点输出）。

综保仪带有两个 RS－485 通讯接口。接口 1 为主机接口，可与现场的带式输送机保护装置通讯；接口 2 为从机接口，可挂接在用户的 Modbus－RTU、DP（经总线桥）总线上与上位机通讯。

### 九、10kV 架空配电及光缆线路

项目采矿破碎工程中，矿山工业场地配电站至粗碎与输送车间电力室 10kV 线路与工业场地现场控制站至粗碎与输送车间远程控制站的光缆共架空线路敷设。

#### （一）光缆敷设附挂电力杆路的一般技术要求

（1）在与电力线同杆架设时，只容许与 10kV 以下（不包括二线一地式电力线）的电力线同杆架设，但仍必须采取相应的防护技术措施。

（2）与 1～10kV 电力线合杆时，电力线在上，光缆线在下，两线间净距不得小于 2.5m。与 1kV 电力线合杆时，电力线也应在上，光缆线在下，两线间净距不得小于 1.5m。

#### （二）附挂电力杆路施工要求

附挂电力杆路地段（500m 以上）一般采用过塑钢绞线，挂钩采用特制喷塑挂钩。过塑钢绞线的施工要求如下：

（1）在直线杆及偏转角小于 30°的角杆处，不需剖开钢绞线的过塑层；在偏转角大于 30°的角杆及钢绞线接续或终端时，需剖开钢绞线的过塑层，并将开口用扎线扎牢。

（2）钢绞线在过双杆变压器时，吊线应作终结，并在吊线上采用 PE 塑料绝缘管加以保护，保护长度应伸出两侧电杆的外侧不小于 1m。光缆应沿电杆引下至变压器承重横担，沿变压器承重横担到另一边电杆引上，要求双方线路的最小间距不得小于 0.6m。

（3）过塑钢绞线应每隔 500m 左右设置一处接地体，引线采用 7/2.2 钢绞线，全段用隔电子将钢绞线电气断开。

#### （三）架空光缆的防护

架空吊线接地与电杆避雷线尽量在不同电杆处进行分设，避雷线与吊线不进行连通，具体要求如下：

（1）架空吊线每隔 1000m 左右采用角钢扁钢接地一次，在终端杆处通过拉线抱箍直接入地。

（2）易受雷击的电杆及通信杆路每隔 500m 设置一处直埋式或拉线式地线，遇有拉线时宜采用拉线式地线代替，拉线式或直埋式地线不宜与吊线相连。终端杆宜单独加装直埋式地线。

（3）另 10m 以上电杆、与 10kV 以上高压输电线路交越的两侧电杆应设置直埋式（地气棒）直接入地。

（4）光缆接头处两侧金属构件不作电气连通，局站内的光缆金属构件应接防雷保护地端子，对使用终端盒的站要求终端盒接地，其进入的光缆金属构件要求接地。

（5）对于利用旧杆路，要求新设吊线应与原接地装置相连，否则应新设接地装置。

根据《6～10kV 铁横担架空线路安装》（GB 86D172）及上述光缆架空、附挂 10kV 电力杆敷设原则，采矿破碎工程架空线路杆型设计如图 14－23 所示。

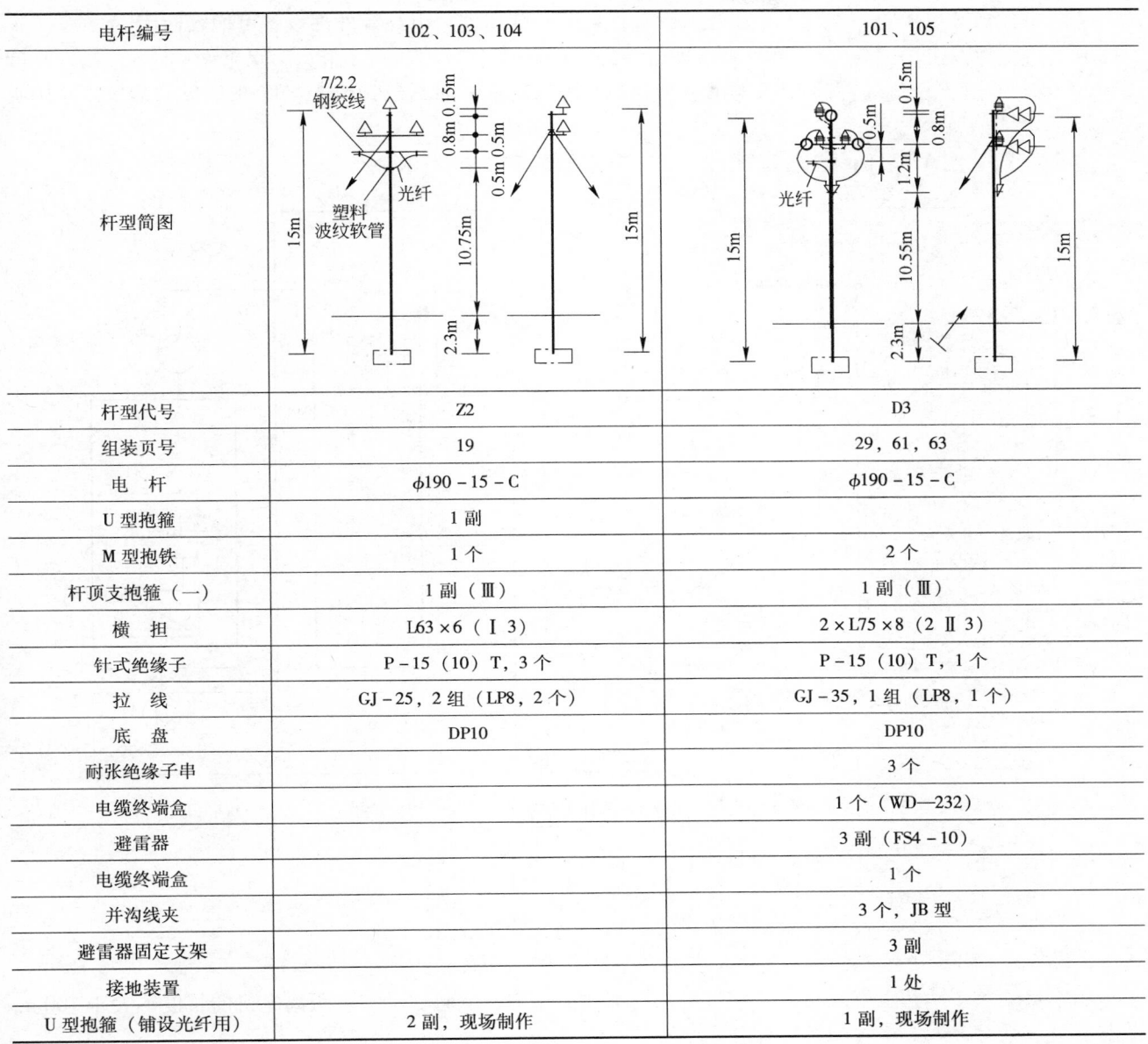

| 电杆编号 | 102、103、104 | 101、105 |
|---|---|---|
| 杆型简图 | | |
| 杆型代号 | Z2 | D3 |
| 组装页号 | 19 | 29、61、63 |
| 电 杆 | $\phi190-15-C$ | $\phi190-15-C$ |
| U 型抱箍 | 1 副 | |
| M 型抱铁 | 1 个 | 2 个 |
| 杆顶支抱箍（一） | 1 副（Ⅲ） | 1 副（Ⅲ） |
| 横 担 | L63×6（Ⅰ3） | 2×L75×8（2 Ⅱ3） |
| 针式绝缘子 | P-15（10）T，3 个 | P-15（10）T，1 个 |
| 拉 线 | GJ-25，2 组（LP8，2 个） | GJ-35，1 组（LP8，1 个） |
| 底 盘 | DP10 | DP10 |
| 耐张绝缘子串 | | 3 个 |
| 电缆终端盒 | | 1 个（WD—232） |
| 避雷器 | | 3 副（FS4-10） |
| 电缆终端盒 | | 1 个 |
| 并沟线夹 | | 3 个，JB 型 |
| 避雷器固定支架 | | 3 副 |
| 接地装置 | | 1 处 |
| U 型抱箍（铺设光纤用） | 2 副，现场制作 | 1 副，现场制作 |

图 14-23 采矿破碎工程架空线路杆型设计
（本杆型图 101、105 杆为面向电源，其余均为背向电源）

## 十、矿山下行皮带的节能应用

在矿山工程中，经常采用长皮带进行原料的运输，而破碎车间经常位于矿山，海拔一般高于成品区。因此，自破碎入成品区胶带机往往采用下行皮带，存在势能，电机往往运行于发电状态。如何有效地利用这部分电能，使之回馈到电网，是非常有必要的。

现代先进的下坡设备以调速驱动装置为基础，它具有四象限（4Q）性，可以实现正向加速和制动，反向加速和制动。采用四象限驱动系统，当速度降低为零时，扭矩的极性不产生变化。速度的变化总是会引起皮带的打滑，采用 4Q 驱动装置，速度能被调低至零速，甚至可以定位。

为了满足市场对高质量电网的需求，电力变速驱动装置领域进行了大量开发。其中，包括供电部件的优化。一种新的供电技术通常称为主动前端技术（AFE），它是由智能 IGBT 调制器和 LCL 滤波技术组成，能产生几乎纯的正弦电流波形。在外部供电装置上无需附加的外部无源或有源滤波器就可满足 IEEE519 和 EAG5/4 的技术要求，在低谐波含量中仅检出 40 次谐波。与此同时，任何负载点的功率因数被控制并保持在 1。由于 $\cos\varphi = 1$ 和正弦波形，损耗低，变压器、电缆等外部设备可增容使用。

　　陕西生态水泥矿山 2 号胶带机，设备规格为 $B1200\text{mm} \times 4127207\text{mm}$（带宽×水平中心距），提升高度 $-165.5\text{m}$，带速 3.5m/s。该胶带机采用头尾驱动，驱动功率头部 1 台 315kW、尾部 2 台 315kW，采用头部液压拉紧方式。

　　该胶带机采用 690V 四象限变频驱动装置，方案如图 14-24 所示。

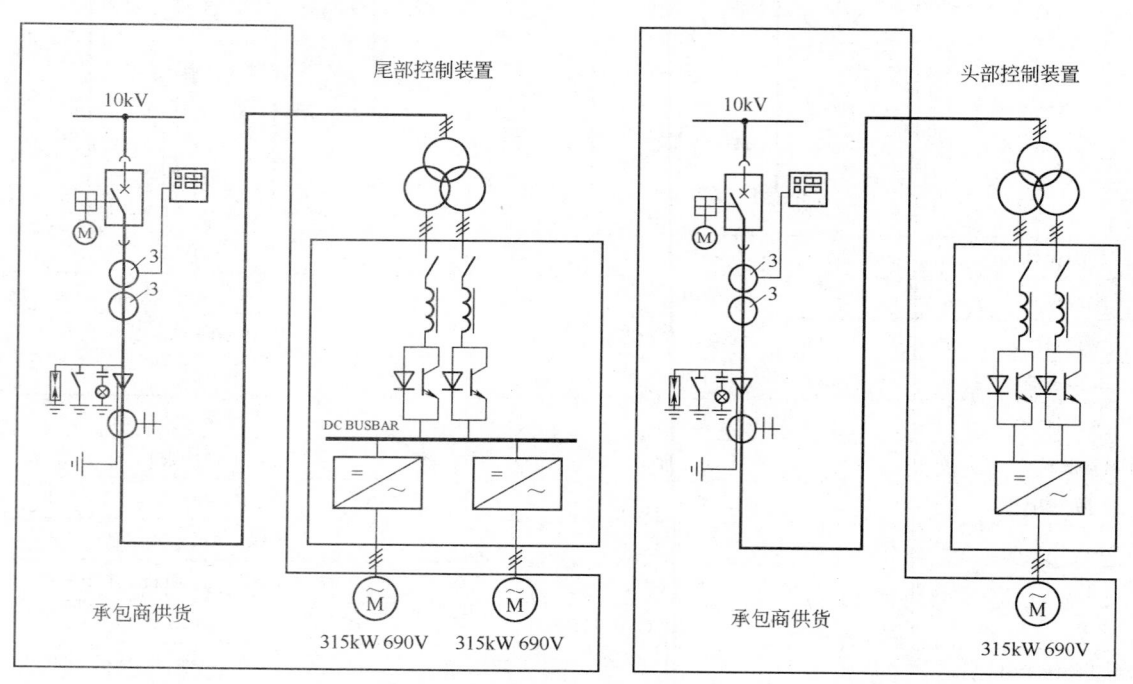

图 14-24　690V 四象限变频驱动装置控制方案图

　　整流变压器：要求采用干式，三卷；

　　四象限变频驱动装置：12 脉冲；

　　尾部四象限变频驱动装置：采用直流母线加两个逆变装置。

　　IGBT 采用 UPS 独立供电，以保证发电状态下四象限变频驱动装置的独立运行。

　　四象限变频驱动装置安装在 2 号胶带机头尾部电力室内，变频驱动装置距离电机的长度不大于 100m。谐波分量 THD<4%（采用 AFE 前端技术）。

　　该胶带机电气包括控制系统、保护系统、监视系统、照明系统，需实现的功能如下：

　　（1）胶带机具有集控、就地、检修、手动、闭锁工作方式。

　　（2）采用变频调速软启动方式实现胶带机正常工况软启动及软停车。

　　（3）控制系统实现启动报警、启动、停车、紧急停车、故障（跑偏、撕裂、溜槽堵塞、超速等）保护功能。

　　（4）电机发电时，四象限变频器可将所发的电整形成完好的三相正弦交流电返回电网。

　　（5）控制系统实现各设备运行参数、故障状态（性质和位置）实时显示（报警）、保存和打印功能。

　　（6）控制系统能实现超速保护和失电保护。

　　（7）控制系统能实现低速验带。

　　（8）控制系统各电机功能平衡。

　　（9）控制系统实现本机与前后设备的连锁控制。

　　胶带机电气控制要求如下：

　　（1）启动准备：启动前，胶带机各设备及电气元件进行系统检测。胶带机各设备状态显示正常，拉紧装置进行拉紧，张力传感器回馈型号，达到设定张力状态。若有故障，能实现故障报警，并应在故障排除后方可进行启动。

（2）启动报警：胶带机启动前，沿线声光报警，报警时间不小于30s。

（3）启动：

1）松开盘式制动器，数秒后（约5s），若速度（加速度）低于预设值，电机做正功，则变频器控制电机启动，从0.5Hz开始逐渐达到50Hz（如时间设为60s，或根据测速值进行控制），逐渐达到额定带速。

分时启动电机，先启动尾部主电机（尾部电机主从设计），再启动从电机，待头部张力传感器达到设定值时，启动头部电机。电机转速超过同步转速时（编码器），电机发电制动，提供反向力矩，保证胶带机平稳运行，胶带机启动加速度小于 $0.05\text{m/s}^2$。

2）松开盘式制动器，数秒后（约5s），若胶带机速度（加速度）高于预设值，胶带机负功率工况（此时，胶带机下坡段上存有足够量的物料，如满载），则变频器控制电机启动，并按预先设定加速度逐渐给电机加速，此时电机由于皮带的带动，其转速将大于变频器控制的电机同步转速，电机处于发电状态，所发电量通过变频器整流后返回电网，因此胶带机将承受适当阻力矩，使其按预设加速度平稳加速，逐渐达到额定带速。

（4）满载额定运行：输送系统完成启动过程，进入额定运行状态。由于皮带及物料的下向运行，电机速度逐渐增加并超过同步转速，电机进入超同步发电状态。此时，电机产生回馈制动转矩。当回馈制动转矩与皮带下放势能转矩平衡后，系统进入平稳运行状态，电机通过变频器向电网回馈能量。由于采用矢量变频器及测速编码器进行控制，电机的同步转速可精确设定。

（5）正常制动：变频器控制皮带机按预设的减加速度（如 $a = -0.05\text{m/s}^2$）缓慢停机，或在料卸净后变频器控制电机在预设时间内（如30s）从50Hz匀速停机，然后电机断电。当电机转速低于某一值（趋于0）时，盘式制动器投入运行，盘式制动器实现软制动，胶带机停机。

（6）紧急制动：胶带机发生跑偏、纵撕、打滑、超速等需要带料紧急停机，胶带机减速度 $-0.3\text{m/s}^2$，设定制动，当电机转速低于某一值时，盘式制动器投入运行，盘式制动器实现软制动，胶带机停机。

（7）失电保护：胶带机失电时，控制系统在UPS下继续控制，各保护装置投入，盘式制动器投入运行，盘式制动器实现制动，胶带机停机。

（8）低速验带：在胶带机空载时，胶带机可设定以0.5m/s的带速运行。

撰稿、审定：王荣祥　任效乾　王守信（太原科技大学）

高振刚　李蔚光　李金海　叶小卫（天津水泥工业设计研究院有限公司）

王任大（天津柯顿（九安）电工电器公司）

梁江涛（深圳奥意建筑工程设计公司）

# 第十五章　矿山防水与排水

## 第一节　露天采场水量计算

露天采场水量由地下水涌水量和降雨径流量两部分组成。地下水涌水量与矿坑系统涌水量计算方法基本相同。

露天采场降雨径流量，应根据排水方式所确定的泵站担负的最大汇水面积，按正常降雨径流量和设计暴雨径流量分别计算。

### 一、降雨径流量计算方法

正常降雨径流量 $Q$ 计算见下式：

$$Q = FH\psi \quad (m^3/d) \tag{15-1}$$

设计暴雨径流量 $Q$ 计算见下式：

$$Q = FH_P\psi \quad (m^3/min \ 或 \ m^3/d) \tag{15-2}$$

式中　$F$——汇水面积，$m^2$；

$\quad\quad H$——历年雨季日平均降雨量，$m/d$；

$\quad\quad \psi$——正常降雨或暴雨地表径流系数，无实测资料时，按表15-1查得；

$\quad\quad H_P$——设计频率的暴雨量，$m/min$ 或 $m/d$，一般可根据地区暴雨等值线图查得，无资料时，可用公式 $H_P = St^{1-n}$ 进行计算。

表 15-1　地表径流系数表

| 黏土类别 | 地表径流系数 $\psi$ |
|---|---|
| 重黏土、页岩 | 0.9 |
| 轻黏土、凝灰岩、砂页岩、玄武岩、花岗岩 | 0.8~0.9 |
| 表土、砂岩、石灰岩、黄土、亚黏土 | 0.6~0.8 |
| 亚黏土、大孔性黄土 | 0.6~0.7 |
| 粉砂 | 0.2~0.5 |
| 细砂、中砂 | 0~0.2 |
| 粗砂、砾石 | 0~0.4 |
| 坑内排土场，以土壤为主 | 0.2~0.4 |
| 坑内排土场，以岩石为主 | 0~0.2 |

注：1. 适用暴雨径流量计算，对正常降雨径流量计算应将表中数值减去 0.1~0.2；
　　2. 表土指腐植土，表中未包括岩土，则按类似岩土性质采用；
　　3. 当岩石有少量裂隙时，表中数值减 0.1~0.2，中等裂隙时减 0.2，裂隙发育时减 0.3~0.4；
　　4. 当表土、黏性土壤中含砂时，按其含量适当将表中地表径流系数值减 0.1~0.2。

### 二、设计频率暴雨量计算

#### （一）短历时暴雨量

一般采用日暴雨量利用式（15-3）、式（15-4）进行推算：

$$H_P = St^{1-n} \qquad (\text{m}) \qquad\qquad (15-3)$$

$$S = \frac{\overline{H}(1 + \phi C_v)}{t^{1-n}} \qquad (\text{m/min}) \qquad\qquad (15-4)$$

式中　$H_P$——一定频率的日暴雨量，m；

　　　$S$——雨力，m/min，各地最大24h雨量比最大日雨量大10%左右，故采用1.1$S$；

　　　$t$——降雨历时，min；

　　　$n$——暴雨强度递减指数，由地区 $n$ 值等值线图查得；

　　　$\overline{H}$——历年日最大降雨量的平均值，m；

　　　$\phi$——皮尔逊Ⅲ型曲线的离均系数，是 $P$ 与 $C_s$ 的函数，由表15-2查得；

　　　$C_s$——偏差系数，$C_s = (2 \sim 4)C_v$，根据当地 $C_s$ 与 $C_v$ 关系确定，无该资料时，可按下式计算：

$$C_s = \frac{\sum(K-1)^2}{(N-1)\,C_v^3} \qquad\qquad (15-5)$$

　　　$C_v$——变差系数，利用当地 $C_{v24}$ 等值线图查得或利用下式计算：

$$C_v = \sqrt{\frac{\sum(K-1)^2}{N-1}} \qquad\qquad (15-6)$$

　　　$K$——变率，$K = \dfrac{H}{\overline{H}}$；

　　　$H$——统计系列中某年的日最大降雨量，m；

　　　$N$——统计年份数。

表15-2　皮尔逊Ⅲ型曲线的离均系数 $\phi$ 值表

| $C_s$ ＼ $P/\%$ | 0.01 | 0.1 | 0.2 | 0.33 | 0.5 | 1 | 2 | 5 | 10 | 20 | 50 | 75 | 90 | 95 | 99 |
|---|---|---|---|---|---|---|---|---|---|---|---|---|---|---|---|
| 0.0 | 3.72 | 3.09 | 2.88 | 2.71 | 2.58 | 2.33 | 2.05 | 1.64 | 1.28 | 0.84 | 0.00 | -0.67 | -1.28 | -1.64 | -2.33 |
| 0.1 | 3.94 | 3.23 | 3.00 | 2.82 | 2.67 | 2.40 | 2.11 | 1.67 | 1.29 | 0.84 | -0.02 | -0.68 | -1.27 | -1.62 | -2.25 |
| 0.2 | 4.16 | 3.38 | 3.12 | 2.92 | 2.76 | 2.47 | 2.16 | 1.70 | 1.30 | 0.83 | -0.03 | -0.69 | -1.26 | -1.59 | -2.18 |
| 0.3 | 4.38 | 3.52 | 3.24 | 3.03 | 2.86 | 2.54 | 2.21 | 1.73 | 1.31 | 0.82 | -0.05 | -0.70 | -1.24 | -1.55 | -2.10 |
| 0.4 | 4.61 | 3.67 | 3.36 | 3.14 | 2.95 | 2.62 | 2.26 | 1.75 | 1.32 | 0.82 | -0.07 | -0.71 | -1.23 | -1.52 | -2.03 |
| 0.5 | 4.83 | 3.81 | 3.48 | 3.25 | 3.04 | 2.68 | 2.31 | 1.77 | 1.32 | 0.81 | -0.08 | -0.71 | -1.22 | -1.49 | -1.96 |
| 0.6 | 5.05 | 3.96 | 3.60 | 3.35 | 3.13 | 2.75 | 2.35 | 1.80 | 1.33 | 0.80 | -0.10 | -0.72 | -1.20 | -1.45 | -1.88 |
| 0.7 | 5.28 | 4.10 | 3.72 | 3.45 | 3.22 | 2.82 | 2.40 | 1.82 | 1.33 | 0.79 | -0.12 | -0.72 | -1.18 | -1.42 | -1.81 |
| 0.8 | 5.50 | 4.24 | 3.85 | 3.55 | 3.31 | 2.89 | 2.45 | 1.84 | 1.34 | 0.78 | -0.13 | -0.73 | -1.17 | -1.38 | -1.74 |
| 0.9 | 5.73 | 4.39 | 3.97 | 3.65 | 3.40 | 2.96 | 2.50 | 1.86 | 1.34 | 0.77 | -0.15 | -0.73 | -1.15 | -1.35 | -1.66 |
| 1.0 | 5.96 | 4.53 | 4.09 | 3.76 | 3.49 | 3.02 | 2.54 | 1.88 | 1.34 | 0.76 | -0.16 | -0.73 | -1.13 | -1.32 | -1.59 |
| 1.1 | 6.18 | 4.67 | 4.20 | 3.86 | 3.58 | 3.09 | 2.58 | 1.89 | 1.34 | 0.74 | -0.18 | -0.74 | -1.10 | -1.28 | -1.52 |
| 1.2 | 6.41 | 4.81 | 4.32 | 3.95 | 3.66 | 3.15 | 2.62 | 1.91 | 1.34 | 0.73 | -0.19 | -0.74 | -1.08 | -1.24 | -1.45 |
| 1.3 | 6.64 | 4.95 | 4.44 | 4.05 | 3.74 | 3.21 | 2.67 | 1.92 | 1.34 | 0.72 | -0.21 | -0.74 | -1.06 | -1.20 | -1.38 |
| 1.4 | 6.87 | 5.09 | 4.56 | 4.15 | 3.83 | 3.27 | 2.71 | 1.94 | 1.33 | 0.71 | -0.22 | -0.73 | -1.04 | -1.17 | -1.32 |
| 1.5 | 7.09 | 5.23 | 4.68 | 4.24 | 3.91 | 3.33 | 2.74 | 1.95 | 1.33 | 0.69 | -0.24 | -0.73 | -1.02 | -1.13 | -1.26 |
| 1.6 | 7.31 | 5.37 | 4.80 | 4.34 | 3.99 | 3.39 | 2.78 | 1.96 | 1.33 | 0.68 | -0.25 | -0.73 | -0.99 | -1.10 | -1.20 |
| 1.7 | 7.54 | 5.50 | 4.91 | 4.43 | 4.07 | 3.44 | 2.82 | 1.97 | 1.32 | 0.66 | -0.27 | -0.72 | -0.97 | -1.06 | -1.14 |
| 1.8 | 7.76 | 5.64 | 5.01 | 4.52 | 4.15 | 3.50 | 2.85 | 1.98 | 1.32 | 0.64 | -0.28 | -0.72 | -0.94 | -1.02 | -1.09 |
| 1.9 | 7.98 | 5.77 | 5.12 | 4.61 | 4.23 | 3.55 | 2.88 | 1.99 | 1.31 | 0.63 | -0.29 | -0.72 | -0.92 | -0.98 | -1.04 |

| $C_s$ \ $P/\%$ | 0.01 | 0.1 | 0.2 | 0.33 | 0.5 | 1 | 2 | 5 | 10 | 20 | 50 | 75 | 90 | 95 | 99 |
|---|---|---|---|---|---|---|---|---|---|---|---|---|---|---|---|
| 2.0 | 8.21 | 5.91 | 5.22 | 4.70 | 4.30 | 3.61 | 2.91 | 2.00 | 1.30 | 0.61 | −0.31 | −0.71 | −0.895 | −0.946 | −0.989 |
| 2.1 | 8.43 | 6.04 | 5.33 | 4.79 | 4.37 | 3.66 | 2.93 | 2.00 | 1.29 | 0.59 | −0.32 | −0.71 | −0.869 | −0.914 | −0.945 |
| 2.2 | 8.65 | 6.17 | 5.43 | 4.88 | 4.44 | 3.71 | 2.96 | 2.00 | 1.28 | 0.57 | −0.33 | −0.70 | −0.844 | −0.879 | −0.905 |
| 2.3 | 8.87 | 6.30 | 5.53 | 4.97 | 4.51 | 3.76 | 2.99 | 2.00 | 1.27 | 0.55 | −0.34 | −0.69 | −0.820 | −0.849 | −0.867 |
| 2.4 | 9.08 | 6.42 | 5.63 | 5.05 | 4.58 | 3.81 | 3.02 | 2.01 | 1.26 | 0.54 | −0.35 | −0.68 | −0.795 | −0.820 | −0.831 |
| 2.5 | 9.30 | 6.55 | 5.73 | 5.13 | 4.65 | 3.85 | 3.04 | 2.01 | 1.25 | 0.52 | −0.36 | −0.67 | −0.772 | −0.791 | −0.800 |
| 2.6 | 9.51 | 6.67 | 5.82 | 5.20 | 4.72 | 3.89 | 3.06 | 2.01 | 1.23 | 0.50 | −0.37 | −0.66 | −0.748 | −0.764 | −0.769 |
| 2.7 | 9.72 | 6.79 | 5.92 | 5.28 | 4.78 | 3.93 | 3.09 | 2.01 | 1.22 | 0.48 | −0.37 | −0.65 | −0.726 | −0.736 | −0.740 |
| 2.8 | 9.93 | 6.91 | 6.01 | 5.36 | 4.84 | 3.97 | 3.11 | 2.01 | 1.21 | 0.46 | −0.38 | −0.64 | −0.702 | −0.710 | −0.714 |
| 2.9 | 10.14 | 7.03 | 6.10 | 5.44 | 4.90 | 4.01 | 3.13 | 2.01 | 1.20 | 0.44 | −0.39 | −0.63 | −0.680 | −0.687 | −0.690 |
| 3.0 | 10.35 | 7.15 | 6.20 | 5.51 | 4.96 | 4.05 | 3.15 | 2.00 | 1.18 | 0.42 | −0.39 | −0.62 | −0.658 | −0.665 | −0.667 |
| 3.1 | 10.56 | 7.26 | 6.30 | 5.59 | 5.02 | 4.08 | 3.17 | 2.00 | 1.16 | 0.40 | −0.40 | −0.60 | −0.639 | −0.644 | −0.645 |
| 3.2 | 10.77 | 7.38 | 6.39 | 5.66 | 5.08 | 4.12 | 3.19 | 2.00 | 1.14 | 0.38 | −0.40 | −0.59 | −0.621 | −0.624 | −0.625 |
| 3.3 | 10.97 | 7.49 | 6.48 | 5.74 | 5.14 | 4.15 | 3.21 | 1.99 | 1.12 | 0.36 | −0.40 | −0.58 | −0.604 | −0.606 | −0.606 |
| 3.4 | 11.17 | 7.60 | 6.56 | 5.80 | 5.20 | 4.18 | 3.22 | 1.98 | 1.11 | 0.34 | −0.41 | −0.57 | −0.587 | −0.588 | −0.588 |
| 3.5 | 11.37 | 7.72 | 6.65 | 5.86 | 5.25 | 4.22 | 3.23 | 1.97 | 1.09 | 0.32 | −0.41 | −0.55 | −0.570 | −0.571 | −0.571 |
| 3.6 | 11.57 | 7.83 | 6.73 | 5.93 | 5.30 | 4.25 | 3.24 | 1.96 | 1.08 | 0.30 | −0.41 | −0.54 | −0.555 | −0.556 | −0.556 |
| 3.7 | 11.77 | 7.94 | 6.81 | 5.99 | 5.35 | 4.28 | 3.25 | 1.95 | 1.06 | 0.28 | −0.42 | −0.53 | −0.540 | −0.541 | −0.541 |
| 3.8 | 11.97 | 8.05 | 6.89 | 6.05 | 5.40 | 4.31 | 3.26 | 1.94 | 1.04 | 0.26 | −0.42 | −0.52 | −0.526 | −0.526 | −0.526 |
| 3.9 | 12.16 | 8.15 | 6.97 | 6.11 | 5.45 | 4.34 | 3.27 | 1.93 | 1.02 | 0.24 | −0.41 | −0.506 | −0.513 | −0.513 | −0.513 |
| 4.0 | 12.36 | 8.25 | 7.05 | 6.18 | 5.50 | 4.37 | 3.27 | 1.92 | 1.00 | 0.23 | −0.41 | −0.495 | −0.500 | −0.500 | −0.500 |
| 4.1 | 12.55 | 8.35 | 7.13 | 6.24 | 5.54 | 4.39 | 3.28 | 1.91 | 0.98 | 0.21 | −0.41 | −0.484 | −0.488 | −0.488 | −0.488 |
| 4.2 | 12.74 | 8.45 | 7.21 | 6.30 | 5.59 | 4.41 | 3.29 | 1.90 | 0.96 | 0.19 | −0.41 | −0.473 | −0.476 | −0.476 | −0.476 |
| 4.3 | 12.93 | 8.55 | 7.29 | 6.36 | 5.63 | 4.44 | 3.29 | 1.88 | 0.94 | 0.17 | −0.41 | −0.462 | −0.465 | −0.465 | −0.465 |
| 4.4 | 13.12 | 8.65 | 7.36 | 6.41 | 5.68 | 4.46 | 3.30 | 1.87 | 0.92 | 0.16 | −0.40 | −0.453 | −0.455 | −0.455 | −0.455 |
| 4.5 | 13.30 | 8.75 | 7.43 | 6.46 | 5.72 | 4.48 | 3.30 | 1.85 | 0.90 | 0.14 | −0.40 | −0.444 | −0.444 | −0.444 | −0.444 |
| 4.6 | 13.49 | 8.85 | 7.50 | 6.52 | 5.76 | 4.50 | 3.30 | 1.84 | 0.88 | 0.13 | −0.40 | −0.435 | −0.435 | −0.435 | −0.435 |
| 4.7 | 13.67 | 8.95 | 7.57 | 6.57 | 5.80 | 4.52 | 3.30 | 1.82 | 0.86 | 0.11 | −0.39 | −0.426 | −0.426 | −0.426 | −0.426 |
| 4.8 | 13.85 | 9.04 | 7.64 | 6.63 | 5.84 | 4.54 | 3.30 | 1.80 | 0.84 | 0.09 | −0.39 | −0.417 | −0.417 | −0.417 | −0.417 |
| 4.9 | 14.04 | 9.13 | 7.70 | 6.68 | 5.88 | 4.55 | 3.30 | 1.78 | 0.82 | 0.08 | −0.38 | −0.408 | −0.408 | −0.408 | −0.408 |
| 5.0 | 14.22 | 9.22 | 7.77 | 6.73 | 5.92 | 4.57 | 3.30 | 1.77 | 0.80 | 0.06 | −0.379 | −0.400 | −0.400 | −0.400 | −0.400 |
| 5.1 | 14.40 | 9.31 | 7.84 | 6.78 | 5.95 | 4.58 | 3.30 | 1.75 | 0.78 | 0.05 | −0.374 | −0.392 | −0.392 | −0.392 | −0.392 |
| 5.2 | 14.57 | 9.40 | 7.90 | 6.83 | 5.99 | 4.59 | 3.30 | 1.73 | 0.76 | 0.03 | −0.369 | −0.385 | −0.385 | −0.385 | −0.385 |
| 5.3 | 14.75 | 9.49 | 7.96 | 6.87 | 6.02 | 4.60 | 3.30 | 1.72 | 0.74 | 0.02 | −0.363 | −0.377 | −0.377 | −0.377 | −0.377 |
| 5.4 | 14.92 | 9.57 | 8.02 | 6.91 | 6.05 | 4.62 | 3.29 | 1.70 | 0.72 | 0.00 | −0.358 | −0.370 | −0.370 | −0.370 | −0.370 |
| 5.5 | 15.10 | 9.66 | 8.08 | 6.96 | 6.08 | 4.63 | 3.28 | 1.68 | 0.70 | −0.01 | −0.353 | −0.364 | −0.364 | −0.364 | −0.364 |
| 5.6 | 15.27 | 9.74 | 8.14 | 7.00 | 6.11 | 4.64 | 3.28 | 1.66 | 0.67 | −0.03 | −0.349 | −0.357 | −0.357 | −0.357 | −0.357 |
| 5.7 | 15.45 | 9.82 | 8.21 | 7.04 | 6.14 | 4.65 | 3.27 | 1.65 | 0.65 | −0.04 | −0.344 | −0.351 | −0.351 | −0.351 | −0.351 |
| 5.8 | 15.60 | 9.91 | 8.27 | 7.08 | 6.17 | 4.67 | 3.27 | 1.63 | 0.63 | −0.05 | −0.339 | −0.345 | −0.345 | −0.345 | −0.345 |

| $P/\%$ $C_s$ | 0.01 | 0.1 | 0.2 | 0.33 | 0.5 | 1 | 2 | 5 | 10 | 20 | 50 | 75 | 90 | 95 | 99 |
|---|---|---|---|---|---|---|---|---|---|---|---|---|---|---|---|
| 5.9 | 15.78 | 9.99 | 8.32 | 7.12 | 6.20 | 4.68 | 3.26 | 1.61 | 0.61 | -0.06 | -0.334 | -0.339 | -0.339 | -0.339 | -0.339 |
| 6.0 | 15.94 | 10.07 | 8.38 | 7.15 | 6.23 | 4.68 | 3.25 | 1.59 | 0.59 | -0.07 | -0.329 | -0.333 | -0.333 | -0.333 | -0.333 |
| 6.1 | 16.11 | 10.15 | 8.43 | 7.19 | 6.26 | 4.69 | 3.24 | 1.57 | 0.57 | -0.08 | -0.325 | -0.328 | -0.328 | -0.328 | -0.328 |
| 6.2 | 16.28 | 10.22 | 8.49 | 7.23 | 6.28 | 4.70 | 3.23 | 1.55 | 0.55 | -0.09 | -0.320 | -0.323 | -0.323 | -0.323 | -0.323 |
| 6.3 | 16.45 | 10.30 | 8.54 | 7.26 | 6.30 | 4.70 | 3.22 | 1.53 | 0.53 | -0.10 | -0.315 | -0.317 | -0.317 | -0.317 | -0.317 |
| 6.4 | 16.61 | 10.38 | 8.60 | 7.30 | 6.32 | 4.71 | 3.21 | 1.51 | 0.51 | -0.11 | -0.311 | -0.313 | -0.313 | -0.313 | -0.313 |

## (二) 长历时暴雨量

历时为 $T$ 的降雨量 $H_T$ 用下式计算:

$$H_T = H_{24P} T^{m_1} \quad (\text{m}) \tag{15-7}$$

式中　$H_{24P}$——一定频率 24h 暴雨量, m;

　　　$T$——暴雨历时, d, 设计取与允许淹没日数相同的历时;

　　　$m_1$——地区暴雨参数, 由地区 $m_1$ 等值线图查得。

如某深凹露天矿, 采用汇水面积 $0.44 \text{km}^2$, 已收集到 23 年日最大降雨量资料, 求 $P = 2\%$、$P = 5\%$、$P = 10\%$ 各频率的短历时不同时段的采场暴雨径流量。

将 23 年的资料, 按日最大降雨量由大到小顺序排列成表 15 - 3, 并将求得的各年变率也列入表中。

表 15 - 3　所得资料的计算值

| 顺序 | 年份 | 日最大降雨量/mm | $K$ | $K-1$ | $(K-1)^2$ |
|---|---|---|---|---|---|
| 1 | 1996 | 208.6 | 2.1217 | 1.1217 | 1.2582 |
| 2 | 1997 | 194.7 | 1.9803 | 0.9803 | 0.9610 |
| 3 | 1995 | 137.8 | 1.4016 | 0.4016 | 0.1613 |
| 4 | 1998 | 117.5 | 1.1951 | 0.1951 | 0.0381 |
| 5 | 2007 | 116.1 | 1.1809 | 0.1809 | 0.0327 |
| 6 | 2001 | 116.0 | 1.1799 | 0.1799 | 0.0324 |
| 7 | 1979 | 112.0 | 1.1392 | 0.1392 | 0.0196 |
| 8 | 2005 | 102.3 | 1.0405 | 0.0405 | 0.0016 |
| 9 | 1994 | 100.2 | 1.0191 | 0.0191 | 0.00307 |
| 10 | 1992 | 99.6 | 1.0130 | 0.0130 | 0.00017 |
| 11 | 1993 | 97.9 | 0.9958 | -0.0042 | 0.00018 |
| 12 | 1990 | 92.8 | 0.9439 | -0.0561 | 0.0032 |
| 13 | 2008 | 89.8 | 0.9134 | -0.0866 | 0.0075 |
| 14 | 2004 | 81.6 | 0.8300 | -0.1700 | 0.0285 |
| 15 | 2006 | 81.1 | 0.8249 | -0.1751 | 0.0307 |
| 16 | 2000 | 80.4 | 0.8178 | -0.1822 | 0.0332 |
| 17 | 1991 | 76.7 | 0.7801 | -0.2199 | 0.0484 |
| 18 | 2003 | 76.7 | 0.7801 | -0.2199 | 0.0484 |
| 19 | 1999 | 73.0 | 0.7425 | -0.2575 | 0.0663 |
| 20 | 2002 | 60.0 | 0.6103 | -0.3897 | 0.1519 |

续表 15 - 3

| 顺 序 | 年 份 | 日最大降雨量/mm | $K$ | $K-1$ | $(K-1)^2$ |
|---|---|---|---|---|---|
| 21 | 1978 | 50.0 | 0.5086 | -0.4914 | 0.2415 |
| 22 | 1977 | 49.0 | 0.4984 | -0.5016 | 0.2516 |
| 23 | 1980 | 47.5 | 0.4831 | -0.5169 | 0.2672 |
| $\Sigma$ | | 2261.3 | 23.002 | | 3.6943 |

求历年日最大降雨量的均值 $\overline{H}$，见下式：

$$\overline{H} = \frac{\sum H}{N} = \frac{2261.3}{23} = 98.3 \qquad (\text{mm}) \tag{15-8}$$

则变差系数 $C_v$ 应按下式计算：

$$C_v = \sqrt{\frac{\sum(K-1)^2}{N-1}} = \sqrt{\frac{3.6943}{22}} = 0.41 \tag{15-9}$$

用地区暴雨参数检验 $C_v$ 值取 0.45。

偏差系数参照矿山所在地区的 $C_s$ 与 $C_v$ 关系确定，见下式：

$$C_s = 3.5C_v = 3.5 \times 0.45 = 1.58 \tag{15-10}$$

暴雨强度 $n$ 值由地区 $n$ 值等值线图查得为 0.65。同时求得不同频率的雨力 $S$，见下式：

$$S = \frac{\overline{H}(1+\phi C_v)}{t^{1-n}} = \frac{98.32(1+0.45\phi)}{1440^{1-0.65}} = 7.71(1+0.45\phi) \tag{15-11}$$

$\phi$ 值查表 15-2；求得雨力计算值列于表 15-4。各时段雨量的计算结果列于表 15-5。露天采场暴雨径流量计算结果列于表 15-6。

表 15-4 $\phi$ 值和 $S$ 值计算表

| 频率 $P$/% | $\phi$ | $1+0.45\phi$ | 雨力 $S$/mm·min$^{-1}$ | $1.1S$ |
|---|---|---|---|---|
| 2 | 2.78 | 2.25 | 17.36 | 19.10 |
| 5 | 1.96 | 1.88 | 14.51 | 15.96 |
| 10 | 1.33 | 1.60 | 12.33 | 13.56 |

表 15-5 各时段雨量 (m³)

| 频率/% | 雨力/mm·min$^{-1}$ | 历时/min | | | | | | |
|---|---|---|---|---|---|---|---|---|
| | | 60 | 120 | 180 | 240 | 360 | 720 | 1440 |
| 2 | 19.10 | 80.0 | 102.0 | 117.7 | 130.1 | 169.9 | 191.0 | 243.5 |
| 5 | 15.96 | 66.9 | 85.2 | 98.3 | 108.7 | 125.3 | 159.6 | 203.5 |
| 10 | 11.08 | 56.8 | 72.4 | 83.5 | 92.3 | 106.5 | 135.6 | 172.9 |

表 15-6 露天采场暴雨径流量 (m³)

| 频率/% | 历时/h | | | | | | |
|---|---|---|---|---|---|---|---|
| | 1 | 2 | 3 | 4 | 6 | 12 | 24 |
| 2 | 33440 | 42800 | 49900 | 54500 | 62800 | 79600 | 101800 |
| 5 | 28000 | 35600 | 41200 | 45500 | 52500 | 66500 | 84800 |
| 10 | 23800 | 30200 | 35000 | 38600 | 44600 | 56600 | 72000 |

## 三、露天采场允许淹没程度的确定

### (一) 排水设计频率标准的确定

暴雨频率设计标准，应根据矿山具体情况，找出其有利和不利因素，通过技术经济和综合分析确定。

一般情况下，可从以下几个主要方面进行分析研究：

（1）露天采矿下降速度与完成产量的时间紧张与否。

（2）矿山重要性对安全状况和持续生产有无特殊要求。

（3）分析淹没后果，即考虑对边坡稳定和开采技术条件有无特殊的不良后果，能否淹没大型采装运设备等。

（4）生产矿山类型、服务年限，以及是否分期采矿生产等。

（5）不同频率的排水工程基建投资差值大小。

（6）地区降雨量多少，雨季长短，年出现暴雨次数及特点等因素。

我国露天矿排水常用频率为：大型露天矿取 1∶20；中型露天矿取 1∶10；小型露天矿取 1∶5。

### （二）露天采场允许淹没程度的确定

露天采场在暴雨时的允许淹没程度，是设计露天矿排水的一项重要参数。确定露天采场的允许淹没程度要综合考虑多方面的因素，其中主要有对露天矿延深工程的影响；对矿山出矿的影响以及受淹没后可能造成的损失。

允许淹没程度主要用允许淹没时间表示，但要考虑淹没高度对排水方式的影响。

1. 允许淹没时间的确定

鉴于露天采场排水量波动悬殊的特点，一般情况下，暴雨出现时，应允许坑底储水，短时间淹没最低工作水平，其限期排水时间可以考虑 1~7 天。

多雨地区的露天矿，对于受淹后造成的后果严重，采掘延深工程紧张，采矿工作面少或重要矿种对安全状况的持续生产有特殊要求的矿山，其受淹时间可选择"小于一天"的较高标准进行设计。

2. 允许淹没高度的确定

根据采场受淹而排水作业不停止的原则，露天矿最低工作水平允许淹没高度，主要取决于采用的排水设备及排水方式：

（1）露天采场最低工作水平淹没高度不影响排水设备工作时，如移动式水泵、潜水泵、水泵船或井巷排水等排水方式时，不受淹没高度条件限制。

（2）对于设计采用受淹没高度限制的排水设备和排水方式时，采场最低工作水平的淹没高度不允许超过水泵吸程。

淹没高度 $H$ 可按受淹时间与排水量累计（储水量累计）关系曲线通过下式计算得出：

$$H = \frac{Q}{F} \qquad (m) \tag{15-12}$$

式中　$Q$——储排不能平衡的多余水量，$m^3/d$；

　　　$F$——排水方式所保证的最不利的坑底汇水面积，$m^2$。

当计算出的采场最低工作水平可能受淹高度与采用的排水方式不相适应时，应适当缩短受淹时间，增加排水设备，以保证矿山生产正常进行和排水设施安全。

# 第二节　矿区地表水的治理

## 一、矿区地表水治理工程的特点与原则

矿区地表水的治理，是一项技术性和政策性很强的工程。治理工程的规格和质量直接关系到矿山生产效率和人员设备安全，同时影响农牧业发展、生态环保及矿山企业可持续发展问题，应予以足够重视和努力实施。

## （一）地表水治理工程的特点

矿区地面防水工程是防止降雨汇水和地表水流涌入露天采矿场和井下开采塌陷区，以减少采场排水量，确保安全，节约能源，改善采掘工作条件的技术措施。

为保证矿床正常开采所进行的地面防水工程，多为汇水面积小的坡面径流或小型河流（季节性河流、溪流或沟谷等），雨季水量骤增，旱季水流很小，甚至干枯无水，一般均缺乏实测水文资料，在进行洪水计算时，主要依据洪痕调查、地区性经验公式或由暴雨量进行推算等方法。因为流域小、集流快，所以一般不推求暴雨点面关系，以点雨量为全流域雨量，按全面积均匀降雨计算。

对于大型地表水体（大、中型河流、湖泊等）的防水工程，由于问题复杂，涉及范围广，当设计中遇到此种情况时，应专题解决。

由于地表水治理是一项很复杂的工程，必须备齐完整和符合质量要求的基础资料。如应有：地形地貌资料、汇水区内现场综合踏勘资料、气象水文资料、工程地质及水文地质资料、地下水位水质及污染状况资料、堤坝材料的物理力学指标资料等。此外，还应详细了解与地表水治理工程有关方面的情况，如灌溉、水利、公路、铁路等设施对矿山治水防洪工程的要求等。

## （二）地表水治理原则

矿区地面防水工程设计，必须贯彻保护农田水利和生态平衡、有利于可持续发展的方针，尽量不占或少占农田及牧区草原；当农田水利有要求时，在保证矿山治水防洪工程实施的前提下，应予适当考虑，兼顾双赢。

矿区地面防水工程设计必须与矿山排水，矿床疏干统筹安排，并应贯彻以防为主，防排结合的原则。凡是能以防水工程拦截的地面水流，一般不允许流入露天采矿场或坑内开采塌陷区。地面水的具体处理原则如下：

（1）为防止坡面降雨汇水涌入采矿场，可修筑截水沟，将其水流导出矿区以外。

（2）当采掘工作遇到下列情况之一时，需要在开采设计中考虑移设措施：

1）河流穿越露天境界或开采塌陷区范围以内时；

2）河流虽在上述范围以外，但由于河水大量渗入采区，对边坡或开采有严重不良影响，采用防渗措施不利时。

（3）露天采矿场或开采塌陷区，在横断小型地表水流情况下，当地形条件不允许采用移设方案或者技术经济上不合理时，则应考虑水库拦洪。

（4）当露天采矿场位置在地表水体的最高历史洪水位或采用频率的最高洪水位以下时，应考虑修筑防洪堤；当有内涝水发生可能时，应设置排除内涝水的设施。

## 二、截水沟的设置

### （一）最大设计流量计算

当工程涉及面积小于 $30km^2$ 时，一般有两种计算方法可以用于截水防水工程的初步设计计算。

1. 径流厚度计算法

径流厚度计算法的计算式为：

$$Q = \varphi(h - z)^{1.5}F^{0.8}\beta\delta\gamma \qquad (m^3/s) \qquad (15-13)$$

式中　$\varphi$——地貌系数，与主河沟的平均坡度 $i$ 有关，见表 15-7；

$h$——径流厚度，mm，根据暴雨分区、洪水频率、土壤吸水类属（表 15-8）及汇流时间（表 15-9）等因素，查表 15-10 和表 15-11 确定；

$z$——被植物或洼地滞留的径流厚度，mm，见表 15-12；

$F$——汇水面积，$km^2$；

$\delta$——湖泊、水库所起调节作用的折减系数，见表 15－13；

$\gamma$——汇水区降雨量不均匀折减系数，当汇水面积长度或宽度大于 5km 时，须考虑降雨量不均匀造成径流量和体积减小的作用，见表 15－14；

$\beta$——考虑洪水传播的流量折减系数。当汇水面积重心到桥涵等建筑物处的距离 $L_0 > 1km$ 时，所求流量见表 15－15 加以折减。

当 $F \leqslant 10km^2$ 时，可不考虑 $\gamma$、$\delta$、$\beta$ 的影响。

表 15－7　地貌系数 $\varphi$ 值

| 地　形 | 主河沟平均坡度 $i/\%$ | | 汇水面积 $F/km^2$ | | |
|---|---|---|---|---|---|
| | | | $F < 10$ | $10 < F < 20$ | $20 < F < 30$ |
| 平　地 | 1、2 | | 0.05 | 0.05 | 0.05 |
| 平　原 | 3、4、6 | | 0.07 | 0.06 | 0.06 |
| 丘　陵 | 10、14、20 | | 0.09 | 0.07 | 0.06 |
| 山　地 | 27、35、45 | | 0.10 | 0.09 | 0.07 |
| 山　岭 | 60～100 | 0.13 | | | |
| | 100～200 | 0.14 | $i > 100‰$ 的 $\varphi$ 值是参考径流模量计算公式中数值拟定，供试用 | | |
| | 200～400 | 0.15 | | | |
| | 400～800 | 0.16 | | | |
| | 800～1200 | 0.17 | | | |

表 15－8　土壤吸水类属表

| 类属编号 | 土　壤　名　称 | 含砂率/% |
|---|---|---|
| I | 无裂缝岩石、沥青面、混凝土面、冻土、重黏土、冰沼土、沼泽土、水稻土 | 0～5 |
| II | 黏土、盐土、碱土、龟裂土、山地草甸土 | 5～15 |
| III | 壤土（砂黏土）、红壤、黄壤、紫色土、灰化土、灰钙土、漠钙土 | 15～35 |
| IV | 黑钙土、黄土性土壤、栗钙土、灰色森林土、棕色森林土（棕壤）、森林棕钙土（褐土）、生草砂壤土、冲积性土壤 | 35～65 |
| V | 砂壤土（黏砂土）、生草的砂 | 65～85 |
| VI | 砂、多砂细砾混合土 | 85～100 |

注：砂的粒径为 0.05～3mm。

表 15－9　汇流时间表

| 汇水面积/$km^2$ | 汇流时间/min |
|---|---|
| $F \leqslant 10$ | 30 |
| $10 < F \leqslant 20$ | 45 |
| $20 < F \leqslant 30$ | 80 |

表 15－10　暴雨分区各区范围表

| 区　别 | 分　区　界　线 | | | | 分区范围 |
|---|---|---|---|---|---|
| | 东 | 南 | 西 | 北 | |
| 第一区 | 由海河入海处起至太行山东麓 | 黄河 | 五台山、太行山 | 燕山山脉 | 主要是太行山东面山区，包括河北西北部，河南西北角，山西东部一小部分 |

| 区 别 | 分 区 界 线 | | | | 分 区 范 围 |
|---|---|---|---|---|---|
| | 东 | 南 | 西 | 北 | |
| 第二区 | 黄河 | 黄河 | 由海河入海处起至太行山东麓 | | 华北平原，包括河北大部分，山东黄河以北，河南黄河以北的东北角一小部分 |
| 第三区 | 黄河 | 沂河 | 运河 | 黄河、渤海 | 山东半岛，包括山东大部分，江苏北部一小部分 |
| 第四区 | 黄河 | 天目山、黄山、大别山、大洪山、荆山 | 武当山、巫山 | 沂河、运河、黄河、嵩山 | 淮河流域和长江下游平原，包括江苏全部，安徽、河南的绝大部分，湖北北部一小部分，山东西南角 |
| 第五区 | 武夷山 | 大夷岭和沿广西北部省界山脉 | 武陵山脉 | 黄山、大别山、大洪山、荆山 | 长江流域中游平原，包括湖南全部，江西、湖北一部分，安徽西南角，浙江一部分 |
| 第六区 | 括苍山、截云山 | 罗浮山、九连山 | 武夷山、大夷岭、北江、西江分水岭 | 天目山 | 东南丘陵区，包括浙江、福建、广东大部分、江西东南角 |
| 第七区 | 东海、台湾海峡 | 韩江、九龙江分水岭 | 括苍山、截云山 | 杭州湾 | 东南丘陵区，包括浙江、福建一部分 |
| 第八区 | 韩江、九龙江分水岭 | 南海 | 南海 | 罗浮山、九连山、云开大山、十万大山 | 东南丘陵区，包括广东一大部分，广西南部一小部分 |
| 第九区 | 北江、西江分水岭 | 云开大山、十万大山 | 沿经度106°山脉 | 沿省界山脉、苗岭山脉 | 东南丘陵区，包括广东西部一小部分 |
| 第十区 | 武陵山脉 | 苗岭、国界 | 沿经度107°山脉、大娄山、沿经度104°山脉 | 大巴山 | 云贵高原区，包括贵州全部、陕西、湖北、四川、云南的一部分和广西西北角 |
| 第十一区 | 沿经度104°山脉 | 国界 | 国界 | 纬度28° | 云贵高原区，包括云南大部分，四川一小部分 |
| 第十二区 | 沿经度107°山脉 | 大娄山 | 茶坪山、邛崃山、夹金山、大相岭 | 来苍山、摩天岭 | 四川盆地区，包括四川一大部分 |
| 第十三区 | 大兴安岭、太行山、五台山、武当山、巫山 | 大巴山 | 洛河、泾河发源山脉分水岭 | 长城 | 黄土高原区，包括山西大部分，河北、陕西、甘肃的大部分 |
| 第十四区 | 大兴安岭 | 太行山、五台山 | 贺兰山、六盘山 | 阴山、锡林浩特国界 | 北部高原和黄土高原，包括内蒙古自治区大部分，河北、山西、甘肃的一小部分 |
| 第十五区 | 小兴安岭 | 小兴安岭南麓 | 大兴安岭 | 国界 | 黑龙江和内蒙古的一部分 |
| 第十六区 | 国界 | 国界、龙江山、公主山、双山、燕山山脉 | 大兴安岭 | 国界、大小兴安岭南麓 | 松花江平原，包括黑龙江，吉林，辽宁，内蒙古的一部分 |
| 第十七区 | 龙江山、公主岭 | 千山、辽东湾 | 大兴安岭东麓 | 双山 | 辽河平原区，包括辽宁的大部分，吉林，内蒙古，河北的一部分 |
| 第十八区 | 鸭绿江 | 西朝鲜湾 | | 九龙山、千山 | 辽东半岛区，包括辽宁的一部分 |

注：1. 海南岛地区用第八区暴雨资料，兰州可用第十四区暴雨资料；
    2. 区内山区迎风坡常出现大暴雨，分区用的降雨量—历时—重现期曲线是代表平均情况，因此，在使用时应该注意。

表 15－11　常用径流厚度 $h$ 值表

| 区别 | 土壤类别 | 频率 1:15 汇流时间/min 30 | 45 | 80 | 1:25 30 | 45 | 80 | 1:50 30 | 45 | 80 | 1:100 30 | 45 | 80 | 1:300 30 | 45 | 80 |
|---|---|---|---|---|---|---|---|---|---|---|---|---|---|---|---|---|
| 第一区 | I | 38 | 47 | 62 | 41 | 50 | 65 | 45 | 56 | 73 | 48 | 59 | 78 | 54 | 65 | 86 |
| | II | 29 | 35 | 45 | 32 | 35 | 47 | 36 | 44 | 55 | 39 | 48 | 61 | 45 | 54 | 70 |
| | III | 24 | 29 | 38 | 27 | 32 | 41 | 31 | 38 | 49 | 35 | 42 | 55 | 40 | 50 | 60 |
| | IV | 17 | 21 | 30 | 20 | 26 | 32 | 25 | 30 | 39 | 28 | 33 | 46 | 32 | 40 | 54 |
| | V | 11 | 13 | 16 | 13 | 15 | 18 | 18 | 20 | 25 | 19 | 24 | 32 | 24 | 29 | 38 |
| | VI | 2 | 2 | 5 | 3 | 5 | 7 | 7 | 9 | 13 | 9 | 12 | 20 | 11 | 16 | 25 |
| 第二区 | I | 43 | 53 | 68 | 48 | 58 | 70 | 51 | 63 | 79 | 57 | 68 | 86 | 61 | 75 | 96 |
| | II | 34 | 42 | 51 | 38 | 45 | 54 | 43 | 51 | 62 | 48 | 57 | 69 | 53 | 62 | 77 |
| | III | 28 | 36 | 45 | 32 | 38 | 42 | 37 | 45 | 55 | 43 | 51 | 61 | 46 | 57 | 71 |
| | IV | 22 | 28 | 34 | 27 | 31 | 37 | 30 | 38 | 45 | 36 | 43 | 51 | 40 | 50 | 62 |
| | V | 15 | 18 | 16 | 18 | 21 | 20 | 22 | 26 | 28 | 28 | 32 | 35 | 31 | 38 | 45 |
| | VI | — | — | — | 3 | — | — | 8 | 9 | 7 | 12 | 13 | 15 | 15 | 20 | 24 |
| 第三区 | I | 47 | 61 | 79 | 52 | 66 | 86 | 56 | 70 | 93 | 60 | 75 | 100 | 65 | 82 | 112 |
| | II | 38 | 48 | 63 | 37 | 54 | 70 | 48 | 59 | 77 | 52 | 63 | 84 | 56 | 71 | 97 |
| | III | 32 | 42 | 55 | 37 | 48 | 64 | 41 | 52 | 70 | 46 | 57 | 75 | 50 | 64 | 89 |
| | IV | 28 | 36 | 46 | 32 | 41 | 54 | 37 | 46 | 60 | 41 | 50 | 67 | 44 | 56 | 80 |
| | V | 19 | 25 | 30 | 24 | 31 | 40 | 28 | 34 | 44 | 31 | 39 | 52 | 37 | 47 | 64 |
| | VI | 8 | 11 | 16 | 13 | 17 | 24 | 15 | 20 | 30 | 19 | 26 | 40 | 24 | 34 | 51 |
| 第四区 | I | 45 | 57 | 76 | 52 | 64 | 84 | 56 | 70 | 97 | 60 | 78 | 109 | 67 | 88 | 124 |
| | II | 38 | 46 | 63 | 44 | 54 | 72 | 48 | 62 | 82 | 52 | 68 | 95 | 59 | 77 | 109 |
| | III | 32 | 40 | 55 | 39 | 50 | 64 | 43 | 35 | 75 | 46 | 63 | 90 | 54 | 71 | 100 |
| | IV | 24 | 32 | 44 | 32 | 40 | 53 | 35 | 45 | 64 | 41 | 54 | 77 | 46 | 62 | 89 |
| | V | 14 | 20 | 31 | 20 | 25 | 37 | 23 | 32 | 53 | 31 | 40 | 60 | 35 | 48 | 73 |
| | VI | 7 | 10 | 11 | 12 | 14 | 18 | 16 | 21 | 30 | 21 | 28 | 41 | 25 | 35 | 55 |
| 第五区 | I | 40 | 51 | 66 | 43 | 55 | 72 | 48 | 60 | 78 | 56 | 69 | 89 | 61 | 77 | 102 |
| | II | 32 | 40 | 53 | 35 | 44 | 60 | 40 | 50 | 65 | 48 | 59 | 77 | 54 | 68 | 89 |
| | III | 27 | 35 | 44 | 30 | 39 | 52 | 35 | 43 | 57 | 43 | 52 | 68 | 48 | 61 | 80 |
| | IV | 21 | 27 | 35 | 24 | 31 | 42 | 27 | 34 | 47 | 35 | 44 | 59 | 40 | 51 | 68 |
| | V | 11 | 15 | 20 | 14 | 19 | 26 | 17 | 23 | 32 | 24 | 31 | 42 | 28 | 36 | 53 |
| | VI | 3 | 4 | 6 | 5 | 6 | 9 | 7 | 9 | 15 | 12 | 15 | 22 | 17 | 22 | 32 |
| 第六区 | I | 42 | 51 | 65 | 48 | 57 | 71 | 52 | 61 | 79 | 57 | 69 | 86 | 62 | 75 | 94 |
| | II | 34 | 40 | 50 | 40 | 47 | 57 | 44 | 51 | 65 | 49 | 60 | 72 | 54 | 65 | 83 |
| | III | 30 | 35 | 43 | 35 | 41 | 50 | 39 | 46 | 56 | 43 | 52 | 64 | 49 | 58 | 73 |
| | IV | 21 | 26 | 31 | 27 | 32 | 37 | 31 | 36 | 44 | 36 | 44 | 54 | 42 | 51 | 63 |
| | V | 12 | 15 | 15 | 16 | 19 | 21 | 22 | 23 | 27 | 27 | 30 | 35 | 30 | 35 | 44 |
| | VI | 1 | 2 | 3 | 2 | 3 | 5 | 5 | 6 | 9 | 11 | 11 | 14 | 15 | 18 | 25 |
| 第七区 | I | 48 | 59 | 77 | 54 | 68 | 85 | 60 | 75 | 96 | 66 | 83 | 105 | 70 | 92 | 122 |
| | II | 40 | 50 | 64 | 46 | 57 | 71 | 52 | 66 | 82 | 59 | 74 | 94 | 62 | 81 | 108 |
| | III | 35 | 43 | 55 | 41 | 51 | 63 | 47 | 59 | 74 | 53 | 66 | 84 | 56 | 75 | 100 |
| | IV | 27 | 34 | 45 | 34 | 41 | 51 | 39 | 50 | 61 | 46 | 58 | 72 | 50 | 66 | 89 |
| | V | 15 | 19 | 25 | 21 | 26 | 35 | 29 | 35 | 46 | 33 | 40 | 52 | 39 | 52 | 70 |
| | VI | 6 | 7 | 9 | 9 | 10 | 13 | 17 | 19 | 23 | 19 | 24 | 30 | 26 | 36 | 47 |

| 区别 | 土壤类别 | 频率 1:15 | | | 1:25 | | | 1:50 | | | 1:100 | | | 1:300 | | |
|---|---|---|---|---|---|---|---|---|---|---|---|---|---|---|---|---|
| | 汇流时间/min | 30 | 45 | 80 | 30 | 45 | 80 | 30 | 45 | 80 | 30 | 45 | 80 | 30 | 45 | 80 |
| 第八区 | I | 55 | 73 | 99 | 59 | 77 | 105 | 65 | 85 | 116 | 70 | 92 | 131 | 80 | 108 | 153 |
| | II | 47 | 62 | 85 | 52 | 67 | 92 | 58 | 76 | 103 | 63 | 82 | 118 | 73 | 98 | 138 |
| | III | 43 | 57 | 80 | 47 | 61 | 83 | 53 | 69 | 95 | 58 | 76 | 110 | 68 | 91 | 130 |
| | IV | 35 | 48 | 67 | 39 | 51 | 72 | 45 | 59 | 82 | 49 | 66 | 96 | 59 | 80 | 119 |
| | V | 25 | 35 | 51 | 27 | 36 | 56 | 34 | 45 | 63 | 39 | 53 | 79 | 47 | 68 | 103 |
| | VI | 17 | 22 | 32 | 18 | 25 | 38 | 24 | 33 | 49 | 30 | 42 | 63 | 39 | 55 | 81 |
| 第九区 | I | 53 | 63 | 74 | 58 | 69 | 81 | 63 | 74 | 86 | 70 | 80 | 94 | 76 | 89 | 103 |
| | II | 46 | 53 | 61 | 50 | 59 | 67 | 56 | 64 | 72 | 63 | 71 | 82 | 70 | 79 | 90 |
| | III | 40 | 45 | 53 | 46 | 53 | 59 | 51 | 58 | 66 | 57 | 64 | 73 | 65 | 72 | 81 |
| | IV | 32 | 36 | 41 | 38 | 42 | 47 | 43 | 48 | 53 | 48 | 55 | 59 | 56 | 67 | 70 |
| | V | 20 | 22 | 23 | 26 | 28 | 28 | 30 | 32 | 34 | 37 | 40 | 41 | 42 | 48 | 49 |
| | VI | 3 | 4 | 5 | 5 | 6 | 9 | 10 | 9 | 15 | 18 | 19 | 22 | 22 | 22 | 25 |
| 第十区 | I | 40 | 49 | 60 | 43 | 54 | 67 | 46 | 57 | 71 | 52 | 64 | 79 | 55 | 69 | 90 |
| | II | 32 | 38 | 47 | 35 | 43 | 53 | 38 | 46 | 57 | 44 | 54 | 65 | 48 | 60 | 75 |
| | III | 27 | 32 | 39 | 30 | 38 | 46 | 34 | 41 | 50 | 39 | 48 | 57 | 42 | 53 | 66 |
| | IV | 20 | 24 | 28 | 24 | 29 | 33 | 27 | 32 | 38 | 34 | 40 | 45 | 35 | 45 | 54 |
| | V | 10 | 10 | 10 | 13 | 16 | 16 | 15 | 19 | 21 | 21 | 25 | 27 | 22 | 30 | 36 |
| | VI | — | — | — | — | — | — | — | — | — | 4 | 4 | — | 12 | 11 | 11 |
| 第十一区 | I | 36 | 45 | 60 | 40 | 50 | 64 | 43 | 56 | 68 | 45 | 55 | 73 | 48 | 60 | 79 |
| | II | 29 | 36 | 46 | 31 | 39 | 50 | 34 | 43 | 55 | 38 | 48 | 62 | 40 | 50 | 65 |
| | III | 23 | 29 | 36 | 27 | 34 | 42 | 28 | 36 | 46 | 32 | 40 | 51 | 34 | 44 | 57 |
| | IV | 16 | 21 | 27 | 16 | 24 | 30 | 20 | 26 | 35 | 25 | 31 | 41 | 27 | 34 | 47 |
| | V | 8 | 8 | 7 | 9 | 15 | 11 | 12 | 15 | 19 | 15 | 20 | 25 | 16 | 22 | 32 |
| | VI | — | — | — | — | — | — | — | — | — | — | — | — | 7 | 8 | 9 |
| 第十二区 | I | 45 | 53 | 67 | 48 | 58 | 72 | 53 | 62 | 78 | 59 | 71 | 84 | 66 | 77 | 94 |
| | II | 38 | 44 | 53 | 41 | 48 | 58 | 45 | 52 | 64 | 51 | 61 | 73 | 58 | 67 | 79 |
| | III | 31 | 36 | 45 | 35 | 41 | 50 | 41 | 48 | 57 | 46 | 53 | 64 | 53 | 61 | 71 |
| | IV | 25 | 28 | 34 | 27 | 32 | 39 | 33 | 38 | 44 | 38 | 45 | 53 | 45 | 51 | 60 |
| | V | 13 | 15 | 17 | 15 | 19 | 21 | 21 | 23 | 26 | 26 | 30 | 35 | 31 | 36 | 41 |
| | VI | 2 | 2 | 3 | 2 | 2 | 4 | 5 | 5 | 7 | 10 | 10 | 12 | 14 | 15 | 18 |
| 第十三区 | I | 32 | 38 | 44 | 35 | 41 | 48 | 40 | 47 | 54 | 46 | 52 | 61 | 50 | 58 | 68 |
| | II | 24 | 26 | 27 | 26 | 29 | 32 | 31 | 35 | 37 | 37 | 41 | 44 | 41 | 46 | 52 |
| | III | 19 | 20 | 20 | 21 | 24 | 24 | 26 | 30 | 30 | 31 | 35 | 37 | 36 | 40 | 44 |
| | IV | 12 | 11 | 9 | 14 | 15 | 14 | 20 | 21 | 20 | 25 | 26 | 27 | 29 | 32 | 34 |
| | V | — | — | — | 2 | — | — | 9 | 6 | 1 | 16 | 14 | 6 | 20 | 20 | 15 |
| | VI | — | — | — | — | — | — | — | — | — | — | — | — | 1 | — | — |
| 第十四区 | I | 27 | 33 | 41 | 30 | 35 | 45 | 34 | 41 | 50 | 38 | 46 | 57 | 41 | 50 | 60 |
| | II | 19 | 23 | 24 | 21 | 25 | 27 | 25 | 29 | 34 | 30 | 35 | 39 | 33 | 38 | 43 |
| | III | 15 | 16 | 16 | 16 | 19 | 20 | 20 | 23 | 25 | 24 | 29 | 32 | 27 | 32 | 30 |
| | IV | 3 | 5 | 4 | 3 | 6 | 9 | 14 | 16 | 15 | 17 | 21 | 22 | 20 | 24 | 26 |
| | V | — | — | — | — | — | — | 6 | 5 | 1 | 10 | 8 | 3 | 13 | 12 | 6 |
| | VI | — | — | — | — | — | — | — | — | — | — | — | — | 1 | 1 | 2 |

| 区别 | 频率<br>汇流时间/min<br>土壤类别 | 1:15 | | | 1:25 | | | 1:50 | | | 1:100 | | | 1:300 | | |
|---|---|---|---|---|---|---|---|---|---|---|---|---|---|---|---|---|
| | | 30 | 45 | 80 | 30 | 45 | 80 | 30 | 45 | 80 | 30 | 45 | 80 | 30 | 45 | 80 |
| 第十五区 | I | 33 | 41 | 51 | 37 | 46 | 56 | 39 | 49 | 63 | 44 | 54 | 69 | 53 | 65 | 81 |
| | II | 25 | 30 | 35 | 29 | 35 | 39 | 31 | 39 | 48 | 36 | 43 | 52 | 44 | 54 | 66 |
| | III | 19 | 24 | 26 | 23 | 29 | 33 | 25 | 32 | 39 | 30 | 36 | 44 | 39 | 48 | 58 |
| | IV | 13 | 16 | 18 | 17 | 20 | 22 | 19 | 24 | 29 | 23 | 29 | 35 | 33 | 40 | 47 |
| | V | 7 | — | — | 10 | 9 | — | 13 | 16 | — | 15 | 19 | 16 | 25 | 30 | 30 |
| | VI | — | — | — | — | — | — | — | — | — | — | — | — | 10 | — | — |
| 第十六区 | I | 34 | 42 | 53 | 36 | 45 | 56 | 41 | 50 | 63 | 45 | 56 | 71 | 53 | 64 | 80 |
| | II | 25 | 30 | 36 | 28 | 34 | 41 | 32 | 38 | 47 | 36 | 44 | 54 | 44 | 53 | 65 |
| | III | 20 | 24 | 29 | 23 | 28 | 33 | 27 | 33 | 40 | 31 | 38 | 49 | 39 | 47 | 57 |
| | IV | 15 | 17 | 19 | 16 | 20 | 24 | 21 | 26 | 31 | 25 | 30 | 37 | 32 | 39 | 47 |
| | V | 7 | 5 | — | 9 | 10 | — | 13 | 15 | 13 | 18 | 21 | 21 | 24 | 28 | 31 |
| | VI | — | — | — | — | — | — | — | — | — | 2 | 1 | — | 9 | 10 | 4 |
| 第十七区 | I | 48 | 58 | 70 | 52 | 64 | 76 | 58 | 70 | 85 | 66 | 79 | 93 | 73 | 89 | 106 |
| | II | 39 | 46 | 54 | 44 | 52 | 61 | 50 | 59 | 68 | 58 | 67 | 76 | 65 | 77 | 92 |
| | III | 35 | 42 | 45 | 39 | 45 | 53 | 44 | 53 | 60 | 52 | 61 | 69 | 60 | 71 | 83 |
| | IV | 28 | 33 | 35 | 32 | 37 | 42 | 32 | 45 | 50 | 45 | 53 | 59 | 52 | 63 | 72 |
| | V | 21 | 22 | 16 | 24 | 28 | 26 | 29 | 34 | 32 | 38 | 43 | 42 | 43 | 51 | 56 |
| | VI | 1 | 1 | 2 | 6 | 2 | 2 | 12 | 9 | 5 | 19 | 19 | 13 | 27 | 30 | 29 |
| 第十八区 | I | 44 | 52 | 69 | 46 | 57 | 75 | 52 | 64 | 81 | 57 | 69 | 87 | 62 | 76 | 98 |
| | II | 35 | 44 | 53 | 37 | 46 | 58 | 43 | 53 | 64 | 49 | 58 | 70 | 53 | 64 | 80 |
| | III | 31 | 38 | 46 | 32 | 40 | 51 | 37 | 46 | 57 | 43 | 52 | 64 | 48 | 59 | 74 |
| | IV | 25 | 30 | 37 | 28 | 33 | 41 | 33 | 39 | 47 | 37 | 45 | 55 | 43 | 52 | 64 |
| | V | 16 | 20 | 21 | 20 | 22 | 25 | 24 | 28 | 31 | 28 | 33 | 39 | 34 | 40 | 48 |
| | VI | 6 | 5 | 3 | 7 | 8 | 6 | 10 | 12 | 11 | 16 | 18 | 21 | 19 | 25 | 32 |

### 表 15 - 12　被植物滞留的径流厚度 $z$ 值表

| 地　面　特　征 | $z$/mm |
|---|---|
| 密草高（1.0m 以下）、稀灌木丛、幼林（高 1.5m 以下） | 5 |
| 幼林（高 1.5m 以上）、灌木丛 | 10 |
| 稀林（郁闭度 40%） | 15 |
| 中等稠密林（郁闭度 60% 左右） | 25 |
| 密林（郁闭度 80% 以上） | 35 |
| 阻塞地、青苔沼泽地、洪水时期长有农作物的耕地 | 20 ~ 40 |
| 根浅茎细的旱田农作物和麦类 | 5 |
| 根深茎粗的旱田农作物（如高粱） | 10 |
| 山地水稻田（梯田） | 10 |
| 平地水稻田 | 20 |

注：郁闭度为树冠所遮盖的面积占汇水面积的百分比。

**表 15-13　折减系数 δ 表**

| 湖泊或水库面积占汇水面积的比例/% | 湖泊或水库对桥涵的相对位置 | |
|---|---|---|
| | 位于汇水区的下游（近桥涵处） | 位于汇水区的上游（远桥涵处） |
| 2 | 0.9 | 1.0 |
| 4 | 0.7 | 0.9 |
| 6 | 0.5 | 0.8 |
| 8 | 0.4 | 0.7 |
| 10 | 0.3 | 0.6 |

**表 15-14　折减系数 γ 表**

| 汇流时间 $t$/min | 季候风气候地区 | | | | 西北和内蒙古地区 | | | |
|---|---|---|---|---|---|---|---|---|
| | 汇水面积，长度或宽度/km | | | | | | | |
| | 25 | 35 | 50 | 100 | 5 | 10 | 20 | 35 |
| 30 | 1.0 | 0.9 | 0.8 | 0.8 | 0.9 | 0.8 | 0.7 | 0.6 |
| 45 | | 1.0 | 0.9 | 0.9 | 1.0 | 0.9 | 0.8 | 0.7 |
| 60 | | | 1.0 | 0.9 | | 0.9 | 0.8 | 0.7 |
| 80 | | | | 1.0 | | 1.0 | 0.9 | 0.8 |
| 100 | | | | | | | 0.9 | 0.8 |
| 150 | | | | | | | 1.0 | 0.9 |
| 200 | | | | | | | | 1.0 |

注：将整个汇水面积比作翻开的书本一样，分为左右近似相等的两边。书本中间装订方向的长度即为汇水面积长度。

**表 15-15　折减系数 β 表**

| 汇水面积重心至桥涵的距离 $L_0$/km | 1 | 2 | 3 | 4 | 5 | 6 | 7 | 10 |
|---|---|---|---|---|---|---|---|---|
| 平地及丘陵汇水区 | 1 | 0.95 | 0.9 | 0.85 | 0.80 | 0.75 | 0.70 | 0.60 |
| 山地及山岭汇水区 | 1 | 1 | 1 | 0.95 | 0.90 | 0.85 | 0.80 | 0.70 |

**2. 径流模量计算法**

径流模量计算法的计算式为：

$$Q = Q_1 C_1 C_2 C_3 C_4 F^m \qquad (m^3/s) \qquad (15-14)$$

式中　$Q_1$——径流模量；按汇水面积为 $1km^2$，主河沟的平均坡度 $i=20‰$，第Ⅲ类土壤，洪水河槽断面边坡坡度 $\alpha=5$，以及各地点百年一遇的暴雨最大流量；

　　　$C_1$——不同频率流量的换算系数，见表 15-16；

　　　$C_2$——土壤类属的校正系数，见表 15-17；

　　　$C_3$——主河沟平均坡度 $i(‰)$ 的校正系数，见表 15-18；

　　　$C_4$——洪水河槽横断面边坡坡度 $\alpha$ 的校正系数，见表 15-19；

　　　$F$——汇水面积，取 $km^2$；

　　　$m$——面积参数，随 $Q_1$ 值而异，见表 15-20。

**表 15-16　系数 $C_1$ 值表**

| 洪水频率 | $C_1$ | 洪水频率 | $C_1$ |
|---|---|---|---|
| 1:10 | 0.3 | 1:50 | 0.8 |
| 1:20 | 0.5 | 1:100 | 1.0 |
| 1:25 | 0.6 | 1:300 | 1.25 |

表 15 – 17　系数 $C_2$ 值表

| 土壤类属 | $C_2$ | 土壤类属 | $C_2$ |
|---|---|---|---|
| I | 1.30 | IV | 0.86 |
| II | 1.08 | V | 0.57 |
| III | 1.00 | VI | 0.32 |

表 15 – 18　系数 $C_3$ 值表

| 坡度 $i$/‰ | $C_3$ | 坡度 $i$/‰ | $C_3$ |
|---|---|---|---|
| 1 | 0.67 | 85 | 1.2 |
| 1.5 | 0.7 | 140 | 1.3 |
| 4 | 0.8 | 270 | 1.4 |
| 9 | 0.9 | 400 | 1.5 |
| 20 | 1.0 | 750 | 1.6 |
| 40 | 1.1 | 1100 | 1.7 |

表 15 – 19　系数 $C_4$ 值表

| 边坡坡度 $\alpha$ | $C_4$ | 侧坡平均坡度/% | 边坡坡度 $\alpha$ | $C_4$ | 侧坡平均坡度/% |
|---|---|---|---|---|---|
| 0.1 | 0.9 | | 50 | 0.7 | 12 ~ 25 |
| 0.2 | 1.0 | | 100 | 0.6 | 8 ~ 12 |
| 0.5 | 1.1 | | 150 | 0.5 | 4 ~ 8 |
| 1 | 1.2 | 400 ~ 600 | 1000 | 0.4 | 1 ~ 4 |
| 2 | 1.1 | 280 ~ 400 | | | |
| 5 | 1.0 | 140 ~ 280 | | | |
| 8 | 0.9 | 70 ~ 140 | | | |
| 15 | 0.8 | 25 ~ 70 | | | |

$\alpha$ 如图所示

表 15 – 20　参数 $m$ 值表

| $Q_1$ | $m$ | $Q_1$ | $m$ | $Q_1$ | $m$ |
|---|---|---|---|---|---|
| ≥20 | 0.86 | 20 ~ 40 | 0.82 | <10 | 0.78 |

## (二) 平面布置

(1) 截水沟设计应与采矿场排水设计统筹考虑，应最大限度地减少采矿场汇水面积；截水沟距露天采矿场或开采塌陷区的距离，依防渗滑坡等因素确定。

(2) 制订截水沟布置方案时，依采掘工程的发展要求，通过技术经济比较决定截水沟的性质及数量。在满足矿山生产要求的前提下，应遵循分期分批建设，近期与长远相结合的原则。

(3) 设计中应充分利用各种自然有利条件，因地制宜的布置有关工程及构筑物；当截水沟需要改变自然水流方向时，应注意防止对其下游村庄、农田水利等方面产生的不良影响。

(4) 截水沟出口与河沟交汇时，其交汇角对下游方向应大于 90° 并形成弧形；沟出口底部标高，最好在河沟相应频率的洪水位以上，一般应在常水位以上，尽量避免低于常水位。

(5) 截水沟通过坡度较大地段并对下游建筑物或其他地面设施有不利影响时，应根据具体地形条件，设置跌水或陡槽等跌水消能设施，跌水和陡槽不设在沟的转弯处。

(6) 为避免水沟淤塞和冲刷，水沟转弯时，其转角不宜大于 45°，其最小允许半径一般不应小于沟内水面宽度的 5 倍；有加固措施的不应小于宽度的 2.5 倍。

### （三）沟渠断面的水力计算

**1. 一般要求**

（1）截水沟的水力计算按明渠均匀流计算，多采用梯形断面；当截水沟较长时，应按不同流量分段计算其断面。

（2）截水沟的纵坡应根据工程所在位置的地形、岩土性质、冲刷等因素，进行综合分析经计算确定，但为了防止淤塞，其纵坡不应小于2‰。

（3）截水沟最小底宽依施工条件要求而定；若沟底宽度有突变段时应设置渐变段，其长度一般为5~20倍的底宽差。

（4）水沟的边坡可见表15-21。

表 15-21　水沟边坡表

| 岩石类别 | 边坡 | 岩石类别 | 边坡 |
|---|---|---|---|
| 粉砂 | 1:3~1:3.5 | 砾石、卵石 | 1:2.5~1:1.5 |
| 松散或普通密度的粗中细砂 | 1:2~1:2.5 | 半岩性耐水土 | 1:0.5~1:1 |
| 密实的粗中细砂 | 1:1.5~1:2 | 风化岩石 | 1:0.25~1:0.5 |
| 亚砂土 | 1:1.5~1:2 | 未风化岩石 | 1:0.1~1:0.25 |
| 亚黏土、黄土、黏土 | 1:2.5~1:1.5 | | |

（5）截水沟允许利用开挖堆弃物在采场一侧筑堤作为安全超高；堤顶应留有适当宽度以方便交通，便于维护和保证安全。

**2. 截面设计的水力计算**

水力上最经济的梯形断面见表15-22。断面形状如图15-1所示。

表 15-22　水沟边坡表

| 边坡与水平所成角 α | 沟的边坡 | 水沟宽度 b | 流水断面的上宽 b' | 流水横断面积 ω | 流水周边长度 x | 水力半径 R |
|---|---|---|---|---|---|---|
| 63°26' | 1:0.5 | 1.24h | 2.24h | 1.74h² | 3.48h | 0.5h |
| 45°00' | 1:1 | 0.82h | 2.82h | 1.82h² | 3.64h | 0.5h |
| 33°41' | 1:1.5 | 0.60h | 3.60h | 2.10h² | 4.20h | 0.5h |
| 29°45' | 1:1.75 | 0.54h | 4.04h | 2.29h² | 4.58h | 0.5h |
| 26°34' | 1:2 | 0.48h | 4.48h | 2.48h² | 4.96h | 0.5h |
| 21°48' | 1:2.5 | 0.38h | 5.38h | 2.88h² | 5.76h | 0.5h |
| 18°26' | 1:3 | 0.32h | 6.32h | 3.32h² | 6.64h | 0.5h |

断面的水力面积ω计算见式（15-15）、式（15-16）：

$$\omega = \frac{Q}{v} \qquad (\text{m}^2) \qquad (15-15)$$

梯形断面：

$$\omega = \frac{b + b'}{2}h \qquad (15-16)$$

式中　$Q$——流量，m³/s；

$v$——平均流速，m/s，它不应大于允许冲刷流速（表15-23）：

$$v = C\sqrt{Ri}$$

$b$——底宽，m：

$$b = h(K - 2m)$$

$$K = 2\sqrt{1 + m^2}$$

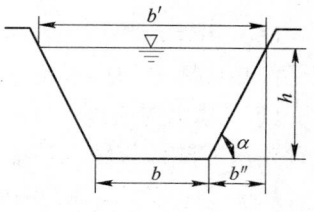

图 15-1　断面尺寸示意图

$b'$——上宽，m：

$$b' = b + 2mh$$

$h$——水深，m；

$C$——流速系数，与水沟形状、大小和粗糙度 $n$ 有关，可查表 15 – 24：

$$C = \frac{1}{n}R^y$$

$$y = 2.5\sqrt{n} - 0.13 - 0.75\sqrt{R}(\sqrt{n} - 0.1)$$

$R$——水力半径，m：

$$R = \frac{\omega}{x}$$

$i$——水沟的纵向坡度，即计算段的起终点的高差与该段长度之比；

$m$——边坡系数；

$$m = \frac{b''}{h}$$

$$b'' = \frac{1}{2}(b' - b)$$

$n$——粗糙系数，可查表 15 – 25；

$x$——湿润周长，m：

$$x = b + Kh$$

表 15 – 23　各类渠道最大允许平均流速

| 水 质 构 造 | 最大允许流速/m·s$^{-1}$ | 水 质 构 造 | 最大允许流速/m·s$^{-1}$ |
|---|---|---|---|
| 黏质砂土 | 0.4 | 沟底边坡草皮护面 | 1.6 |
| 砂质黏土 | 1.0 | 干砌块石 | 2.0 |
| 黏 土 | 1.2 | 浆砌块石或浆砌砖 | 3.0 |
| 岩 石 | 4.0 | 混凝土 | 4.0 |
| 沟底草皮护面 | 1.0 | | |

注：当水深小于 0.4m 或超过 1.0m 时，表中流速应乘以下列系数：
当 $h < 0.4$m 时，0.85；
当 $h > 1.0$m 时，1.25；
当 $h \geqslant 2.0$m 时，1.4。

表 15 – 24　流速系数 $C$ 值表

| 序号 | $R$ | $n$ | | | | | | | | | | | | | |
|---|---|---|---|---|---|---|---|---|---|---|---|---|---|---|---|
| | | 0.011 | 0.012 | 0.013 | 0.014 | 0.015 | 0.017 | 0.018 | 0.02 | 0.0225 | 0.025 | 0.0275 | 0.03 | 0.035 | 0.04 |
| 1 | 0.01 | 49.55 | 43.09 | 37.86 | 32.51 | 29.85 | 24.11 | 21.82 | 18.11 | | | | | | |
| 2 | 0.02 | 54.30 | 47.64 | 42.18 | 37.62 | 33.78 | 27.68 | 25.23 | 21.21 | | | | | | |
| 3 | 0.03 | 57.19 | 50.53 | 44.96 | 40.17 | 36.31 | 30.01 | 27.45 | 23.26 | | | | | | |
| 4 | 0.04 | 59.54 | 52.69 | 47.03 | 42.26 | 38.22 | 31.77 | 29.15 | 24.84 | | | | | | |
| 5 | 0.05 | 61.17 | 54.41 | 48.69 | 43.87 | 39.77 | 33.21 | 30.54 | 26.13 | | | | | | |
| 6 | 0.06 | 62.83 | 55.88 | 50.10 | 45.24 | 41.08 | 34.43 | 31.72 | 27.23 | | | | | | |
| 7 | 0.07 | 64.14 | 57.13 | 51.31 | 46.41 | 42.25 | 35.51 | 32.75 | 28.22 | | | | | | |
| 8 | 0.08 | 65.17 | 58.25 | 52.40 | 47.46 | 43.24 | 36.45 | 33.68 | 29.07 | | | | | | |
| 9 | 0.09 | 66.30 | 59.24 | 53.37 | 48.40 | 44.16 | 37.31 | 34.51 | 29.85 | | | | | | |
| 10 | 0.10 | 67.36 | 60.33 | 54.46 | 49.43 | 45.07 | 38.00 | 35.06 | 30.85 | 26.00 | 22.4 | 19.6 | 17.3 | 13.8 | 11.2 |

| 序号 | R | n 0.011 | 0.012 | 0.013 | 0.014 | 0.015 | 0.017 | 0.018 | 0.02 | 0.0225 | 0.025 | 0.0275 | 0.03 | 0.035 | 0.04 |
|---|---|---|---|---|---|---|---|---|---|---|---|---|---|---|---|
| 11 | 0.12 | 69.00 | 61.92 | 56.00 | 50.86 | 46.47 | 39.29 | 36.34 | 32.05 | 27.1 | 23.5 | 20.6 | 18.3 | 14.7 | 12.1 |
| 12 | 0.14 | 70.36 | 63.25 | 57.30 | 52.14 | 47.74 | 40.47 | 37.50 | 33.10 | 28.2 | 24.0 | 21.6 | 19.9 | 15.4 | 12.8 |
| 13 | 0.16 | 71.64 | 64.50 | 58.46 | 53.29 | 48.80 | 41.53 | 38.50 | 34.05 | 29.1 | 25.4 | 22.4 | 19.9 | 16.1 | 13.4 |
| 14 | 0.18 | 72.73 | 65.58 | 59.46 | 54.29 | 49.80 | 42.47 | 39.45 | 34.90 | 30.2 | 26.2 | 23.1 | 20.6 | 16.8 | 14.0 |
| 15 | 0.20 | 73.73 | 66.50 | 60.46 | 55.21 | 50.74 | 43.35 | 40.28 | 35.65 | 30.8 | 26.9 | 23.8 | 21.3 | 17.4 | 14.5 |
| 16 | 0.22 | 74.64 | 67.42 | 61.31 | 56.07 | 51.54 | 44.11 | 40.89 | 36.40 | 31.5 | 27.6 | 24.2 | 21.9 | 17.9 | 15.0 |
| 17 | 0.24 | 75.55 | 68.23 | 62.08 | 56.86 | 52.34 | 44.88 | 41.78 | 37.05 | 32.5 | 28.3 | 25.0 | 22.5 | 18.5 | 15.5 |
| 18 | 0.26 | 76.27 | 69.00 | 62.85 | 57.75 | 53.00 | 45.53 | 42.45 | 37.70 | 32.8 | 28.8 | 25.6 | 23.0 | 18.9 | 16.0 |
| 19 | 0.28 | 77.00 | 69.75 | 63.54 | 58.29 | 53.67 | 46.17 | 43.06 | 38.25 | 33.4 | 29.4 | 26.2 | 23.5 | 19.4 | 16.4 |
| 20 | 0.30 | 77.73 | 70.42 | 64.23 | 58.93 | 54.34 | 46.82 | 43.67 | 38.85 | 33.9 | 29.9 | 26.6 | 24.0 | 19.9 | 16.8 |
| 21 | 0.32 | 78.36 | 71.08 | 64.85 | 59.50 | 54.94 | 47.35 | 44.23 | 39.35 | | | | | | |
| 22 | 0.34 | 79.00 | 71.67 | 65.46 | 60.07 | 55.47 | 47.94 | 44.78 | 39.85 | | | | | | |
| 23 | 0.36 | 79.64 | 72.25 | 66.00 | 60.64 | 56.07 | 48.47 | 45.28 | 40.35 | | | | | | |
| 24 | 0.38 | 80.18 | 72.75 | 66.54 | 61.22 | 56.54 | 48.94 | 45.78 | 40.80 | | | | | | |
| 25 | 0.40 | 80.73 | 73.33 | 67.08 | 61.72 | 57.07 | 49.41 | 46.28 | 41.25 | 36.1 | 32.2 | 28.8 | 26.0 | 21.8 | 18.6 |
| 26 | 0.45 | 81.91 | 74.50 | 68.23 | 62.86 | 58.20 | 50.53 | 47.34 | 42.30 | 37.5 | 33.1 | 29.1 | 26.9 | 22.6 | 19.4 |
| 27 | 0.50 | 83.09 | 75.67 | 68.31 | 63.30 | 59.27 | 51.59 | 48.39 | 43.25 | 38.2 | 34.0 | 30.6 | 27.8 | 23.4 | 20.1 |
| 28 | 0.55 | 84.09 | 76.67 | 70.31 | 64.93 | 60.20 | 52.53 | 49.28 | 44.10 | 39.0 | 34.8 | 31.3 | 28.5 | 24.0 | 20.7 |
| 29 | 0.60 | 85.09 | 77.58 | 71.23 | 65.86 | 61.14 | 53.41 | 50.17 | 44.90 | 39.8 | 35.5 | 32.0 | 29.2 | 24.7 | 21.3 |
| 30 | 0.65 | 86.00 | 78.42 | 72.08 | 66.64 | 61.94 | 54.17 | 50.95 | 45.70 | 40.4 | 36.2 | 32.7 | 29.8 | 25.3 | 21.9 |
| 31 | 0.70 | 86.82 | 79.25 | 72.93 | 67.50 | 62.74 | 54.94 | 51.73 | 46.40 | 41.0 | 36.9 | 33.3 | 30.4 | 25.8 | 22.4 |
| 32 | 0.75 | 87.55 | 80.00 | 73.69 | 68.22 | 63.47 | 55.70 | 52.45 | 47.05 | 41.8 | 37.5 | 33.9 | 31.0 | 26.3 | 22.7 |
| 33 | 0.80 | 88.27 | 80.75 | 74.46 | 68.93 | 64.20 | 56.35 | 53.12 | 47.70 | 42.3 | 38.0 | 34.5 | 31.5 | 26.8 | 23.4 |
| 34 | 0.85 | 89.00 | 81.50 | 75.08 | 69.57 | 64.87 | 57.06 | 53.78 | 48.30 | 42.9 | 38.5 | 35.0 | 31.9 | 27.2 | 23.6 |
| 35 | 0.90 | 89.64 | 82.17 | 75.69 | 70.22 | 65.47 | 57.64 | 54.39 | 48.90 | 43.5 | 38.9 | 35.4 | 32.3 | 27.6 | 24.1 |
| 36 | 0.95 | 90.27 | 82.50 | 76.31 | 70.86 | 66.07 | 58.23 | 54.90 | 49.50 | 44.1 | 39.5 | 36.0 | 32.8 | 28.1 | 24.6 |
| 37 | 1.00 | 90.91 | 83.33 | 76.92 | 71.41 | 66.67 | 58.82 | 55.56 | 50.00 | 44.6 | 40.0 | 36.5 | 33.3 | 28.6 | 25.0 |

### 表 15 - 25　人工槽（渠）粗糙系数 n 值表

| 壁面性质 | 壁面情况 良好 | 普通 | 壁面性质 | 壁面情况 良好 | 普通 |
|---|---|---|---|---|---|
| 混凝土渠 | 0.014 | 0.016 | 干砌块石砌体 | 0.030 | 0.033 |
| 抹水泥砂浆的砖砌体 | 0.013 | 0.015 | 形状规则的土渠 | 0.020 | 0.0225 |
| 水泥砂浆砌的普通块石砌体 | 0.02 | 0.025 | 缓流弯曲的土渠 | 0.025 | 0.0275 |
| 纯水泥抹面 | 0.011 | 0.012 | 挖沟机挖成的水渠 | 0.0275 | 0.030 |
| 水泥砂浆抹面 | 0.012 | 0.013 | 形状规则而清洁的凿石渠 | 0.030 | 0.033 |
| 木板渠（光木板） | 0.012 | 0.013 | 土底石砌坡岸的渠 | 0.030 | 0.033 |
| 木板渠（光木板） | 0.013 | 0014 | | | |

## 三、堤坝拦水工程

当有小溪或小河流经露天采区范围之内，或者流经露采境界边缘，或者流经坑采较浅矿床地表时，应考虑构筑适用的堤坝拦水。设坝时，如地形有利，落差大，可采用多级筑坝。凡用堤坝拦水必须附设溢洪道。在有多处流量不大或有时干涸的小溪流经露采坑内时，也可分别筑小型简易堤坝拦水。

### （一）过水流量计算

**1. 洪水调查和洪痕调查**

调查近百年内的地方志、碑志等，详细了解洪水发生的日期、强度、洪痕的具体标志，洪水重现期，选择并测量河槽断面，水面比降，计算流速，推求洪峰流量。

根据河槽两岸遗留的条状痕迹，或河槽附近居民住房墙上所留下的洪水浸湿线，以及两岸大树干上黏附的淤泥痕迹与漂浮物来判断洪水位，有时也可根据易受冲刷的陡岸上转折点或河湾地段平均洪水位高度来判断洪水位。

**2. 形态断面的选择和测量**

为了确定洪水时的过水断面，需要选择适当的地点作为形态断面进行测量。

形态断面的选择，一般只选择一个。不论是按水力学方法还是按沉积物粒径决定流速，断面均宜选择在河段较顺直，河床较稳定，河床比降没有急剧变化及河槽平面上无大的收缩或扩张的地段。若使用水力学法，断面还应选择在无大量树枝、柴草等漂浮物堵塞和无大块石的地段；不受下游河流涌水量影响或影响甚微的地段；无支流汇入的地段等。

形态断面测量应在断面选定后进行。测点标高一般应在洪水痕迹线以上 $1 \sim 2m$。当选择断面处无洪水痕迹线时，可将其断面附近上下游的同一次洪水痕迹点相连，从中得出形态断面处的洪水位。水面比降也同时测定，对比降大的矿山区域，其施测长度应在形态断面上游 $50 \sim 100m$，下游 $25 \sim 50m$ 范围内施测。

**3. 流速的确定**

按水力学公式计算流速 $v_s$，即下式：

$$v_s = c\sqrt{R^i} \quad (m/s) \tag{15-17}$$

式中　$R$——水力半径，m，$R = \dfrac{W}{P}$；

$\quad W$——过水断面面积，$m^2$；

$\quad P$——湿润周长，m；

$\quad i$——水面比降，‰；

$\quad c$——流速系数，$c = \dfrac{50}{\alpha}R_0^x$；

$\quad \alpha$——悬砂系数。对于常温清水 $\alpha = 1$，对于密流型泥石流则按式（15-18）及式（15-19）计算：

$$\alpha = (\varphi\gamma_{ns} + 1)^{1/2} \tag{15-18}$$

$$\varphi = \frac{\gamma_{nj} - 1}{\gamma_{ns} - \gamma_{nj}} \tag{15-19}$$

$\quad \gamma_{ns}$——泥砂容重，$t/m^3$；

$\quad \gamma_{nj}$——泥浆（浑水）容重，$t/m^3$，近似计算 $\alpha \approx \gamma_{nj}$；

$\quad x$——可变指数，当水位升高，全河的粗糙度变化甚微时，$x = \dfrac{\sqrt{b}}{6}$，当粗糙度显著增大时（如有密林的河滩，含砂量很大，河岸阻力很大等），则 $x = \dfrac{i}{6}$；

$b$——河槽系数，与一般粗糙系数 $n$ 的关系为 $b = 50n$；

$n$——河槽粗糙系数。

按沉积物估算流速：在形态断面处的浅滩上找 $3 \sim 5$ 个最大石块，按其平均直径和比重，确定夹带石块的洪水平均流速。但必须肯定该石块确是洪水冲下，而不是因河岸冲崩或从山坡上滑落。一般沉积的石块直径从上游向下游逐渐减小，而崩落的石块则无此规律。

平均流速 $v_s$ 按下面的计算式（不适于泥石流河沟）近似计算：

$$v_s = \sqrt{20(\gamma_s - 1)d_s} \qquad (\mathrm{m/s}) \qquad (15-20)$$

式中 $\gamma_s$——石块容重，$\mathrm{t/m^3}$；

$d_s$——最大石块的平均直径，m。

当 $\gamma_s = 2.65\mathrm{t/m^3}$ 时，上面的计算式简化为下式：

$$v_s = 5.5\sqrt{d_s} \qquad (\mathrm{m/s}) \qquad (15-21)$$

设计洪峰流量计算：由洪水痕迹及相应过水断面面积 $W$ 和平均流速 $v_s$ 计算洪峰流量 $Q_h$，即：

$$Q_h = Wv_s \qquad (\mathrm{m^3/s}) \qquad (15-22)$$

## （二）拦水堤坝设计

1. 坝址选择原则

（1）坝址应选在工程地质、水文地质条件均好，有利于堤坝稳固的地段。

（2）尽可能将周围汇水面积内的地表水引入坝区内。

（3）选择在工程量最小的咽喉断面，并避开河槽可能的塌方地段。

2. 坝基和堤坝参数计算

根据最大洪峰流量和水电筑坝资料计算，并应尽可能地考虑水源的综合利用，如有泥石流发生的地段，更要审慎周密研究。

坝体结构材料要选择抗渗性好、经固结后具有较高的抗压强度和抗腐蚀的性能，能承受洪峰压头的水平推力和浪涛冲刷力，价廉又能就地取材为最理想。

坝高 $H$ 的计算式为：

$$H = h + h_1 + h_2 \qquad (\mathrm{m}) \qquad (15-23)$$

式中 $h$——设计水深，m；

$h_1$——波浪高度，m；

$h_2$——安全超高，m。

波浪高度 $h_1$ 的计算式为：

$$h_1 = 0.028v^{5/4}L^{1/3} \qquad (\mathrm{m}) \qquad (15-24)$$

式中 $v$——计算风速，$\mathrm{m/s}$，取多年最大风速平均值的 1.5 倍；

$L$——洪水期沿计算风速方向波浪扩展至对岸的距离，km。

波浪爬高值 $h_P$ 的计算式为：

$$h_P = 3.2h_1K - \tan\alpha \qquad (\mathrm{m}) \qquad (15-25)$$

式中 $\tan\alpha$——坝边坡对水平线的倾角正切；

$K$——依边坡粗糙率而定的系数，根据边坡类型取值如下：

混凝土砌面或土坡 $K = 0.95 \sim 1.0$

铺砌与铺草的边坡 $K = 0.85 \sim 0.90$

投石堆成的边坡 $K = 0.75 \sim 0.80$

最常用的边坡波浪爬高值见表 15-26。

表 15 - 26　常用边坡波浪爬高值

| 浪程长度/L·km⁻¹ | 风速/m·s⁻¹ | | | | | |
|---|---|---|---|---|---|---|
| | 13 | | | 17 | | |
| | 平均水深/m | | | | | |
| | 2 | 5 | 8 | 2 | 5 | 8 |
| 10 | 0.75 | 1.3 | 1.6 | 0.8 | 1.3 | 2.25 |
| 5 | 0.75 | 1.3 | 1.3 | 0.8 | 1.3 | 1.8 |
| 2 | 0.75 | 0.95 | 0.95 | 0.8 | 1.3 | 1.3 |
| 1 | 0.75 | 0.75 | 0.75 | 0.8 | 1.05 | 1.05 |
| 0.5 | 0.60 | 0.60 | 0.60 | 0.8 | 0.8 | 0.8 |

安全超高值见表 15 - 27。

表 15 - 27　安全超高值表

| 水库库容/万立方米 | | | |
|---|---|---|---|
| <100 | 100 ~ 1000 | <100 | 100 ~ 1000 |
| 超过静水位/m | | 超过波浪标高/m | |
| 0.7 | 1.0 | 0.4 | 0.5 |

注：1. 按表内两超高值计算所得的两个坝高，应采用其中大值；
　　2. 本表适用于土坝、堆石坝及干砌石坝。

坝顶宽度 $B$ 随坝高 $H$ 变化而定，取值如下：

$H < 10m$　　　　　　　$B = 2.5m$

$H = 10 ~ 20m$　　　　　$B = 3.0m$

$H = 20 ~ 30m$　　　　　$B = 3.5m$

坝边坡角应根据筑坝材料和稳定性计算确定。

设置防洪堤应注意以下几点：

（1）防洪堤应设在最大限度阻截洪流的地段。

（2）防洪堤的轴线应尽量和洪水流向平行。

（3）主要工业场地标高，应高于当地历史洪水水位 1m 以上，未达到者，应考虑设置防洪堤坝及内涝排除设施。

（4）大型堤坝的设计必须具有专门的工程地质勘察资料。

## 四、自然河流改道

河流改道牵涉的工程面宽，工程量大，只有当河道直接通过露天开采境界而上游又无筑坝或难于筑坝的条件时才采用。此外，也应考虑河道下游的工矿企业和农业、居民生活对该河道水源的依赖程度，经过仔细地技术经济比较之后再确定方案。

### （一）河道断面形式

（1）河道的断面形式，一般均采用梯形断面设计。如果河床紧靠采矿场而地形地质条件允许时，为了减轻洪水对堤坝的威胁，河床断面形状可设计成梯形断面的复式河槽。几种稳定河床的断面形式如图 15 - 2 所示供设计参考。在河湾段可设计成非对称的复式河槽，将平台置于被保护区的一侧（见图 15 - 2e），使水流离采场远些。

（2）当确定最终流水断面尺寸时，必须参照原河上下游有相同地质条件的河床断面进行考虑。如果由于一些特殊条件的限制，必须压缩河床断面时，也不应小于河床极限断面。极限断面是在河道上，符

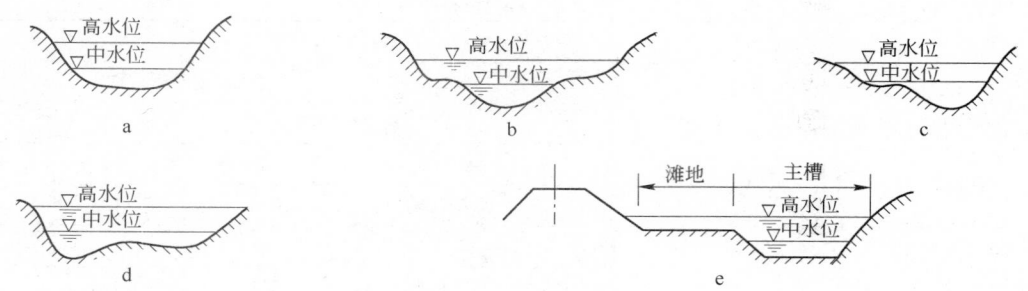

图 15 - 2　河床断面形式图

a，b—直段河槽的形状；c，d—曲段河槽的形状；e—非对称复式河槽形状

合河床允许的最小断面。每条河在每一段的极限断面不尽相同，在断面设计时，可参考上下游地层类似的最小断面作为标准。

当假设水深进行断面计算时，应考虑上下游或相邻两段之间不宜相差过大。

（3）河床边坡坡度的选择，应根据岩石性质和结构特性、工程水文地质、河流性质、自然河槽坡度及边坡高度等条件综合分析确定。一般地质条件下，在边坡高度小于 5m 时，可参照表 15 - 21 设计。当边坡高度较大时，则需通过稳定计算确定。

## （二）河流改道及河床防渗的原则要求

河流改道应注意以下几点：

（1）遇到下列情况之一时，应考虑河流改道：

1）河流直接在矿体上方流过，对开采的矿床不能保证安全或经济上不合理时。

2）河流穿过露天境界边缘或地下开采崩落区，以及因排水影响造成的塌陷区时。

3）因河水大量渗入采区，对边坡或开采有严重不良影响，采用防渗措施不利时。

（2）新河道线路选择：在满足对防洪要求的前提下，改河线路应是线路最短，避免走斜坡，尽量穿越洼地，尽可能避开滑坡、流沙等不稳定土层地段或渗漏严重的地层起终点。应力求顺应河势，交角不要过大。

（3）新河道与采矿境界线距离要求：

1）新河道应遵循尽量远离开采境界的原则。

2）距露天矿境界为 100 ~ 200m，最小不应少于 30m。

3）距地下开采矿山最终错动线为 50m，最小不得少于 20m。

河床防渗应注意以下几点：

（1）河流位于矿体上方或附近，河床渗漏致使矿坑涌水量增加，或降低露天矿边坡的稳定性，恶化开采技术条件，甚至河水直接灌入矿坑，将会造成水淹事故，严重影响矿山安全生产，应进行河床渗漏的防治工作。

（2）对于不宜进行河床改道的渗漏河床，应采用人工防渗河槽或渡槽，防治河水渗漏。

（3）防渗河槽的修建，应有专门设计，并经过上级有关部门审批后实施。

（4）防渗河槽工作期间，每年都要检查是否有槽底渗流、渗漏问题发生，进行水文观测；同时还要逐年测量河槽底板的冲刷腐蚀速度。

## 五、矿山塌陷地区和废石场的地表水防治

### （一）矿山塌陷地区地表水的防治

矿山塌陷地区地表水的防治主要措施有下列几条，可根据不同情况选用：

（1）从地表挖明沟截流地表水，并引导至塌陷区以外。

（2）采用黏土、废石及其他固体废料充填。充填方法有水力、风力、机械、爆破、人工等。要求充填后能防止地表水由塌陷区流入采矿地段。

（3）根据具体条件，采取适当疏干措施。

### （二）矿山废石、排弃场地表水的防治

矿床开采过程中必须挖掘出大量的废石和表土，这些废弃物一般多利用山谷和洼地堆放，其结果是改变了大气降水的天然流动条件，造成地表水在堆场中滞留，加上岩土毛细管浸润作用，使堆场蓄水量增大，有时可达饱和状态，导致堆场的不稳定。若堆场中泥土含量达到造浆条件，一旦山洪暴发，还可能诱发泥石流，因此，有必要对地表水加以防治。

不论是内部还是外部排弃废石场，均须环绕其周围挖掘明沟截流地表水。若排弃场上游方向坡度大，江水面积宽，降水量下泄汹涌，要考虑局部筑坝与明沟系统联合防治。如果山坡水土流失严重，尚须考虑植被或其他保持水土措施。若采用内部废石场，必要时还须考虑废石场地底板上预设滤水明沟引水集流工程，将积水引流至废石场区以外。

地表防渗有以下几种：

（1）矿坑排水也可引起地面沉降、开裂及塌陷、降雨或地表水由此渗入补给矿坑，使矿坑涌水量增大时，应及时用土料、混凝土、钢筋混凝土等封堵措施严密堵塞封堵开口裂隙。

（2）在裸露型岩溶矿区，应特别注意做好地面防渗工作。对汇水面积内的落水洞、漏斗、溶洞和宽大裂隙等应尽可能的严密封死，以防水患。

（3）可以采取其他新技术，防止和减少地面沉降及塌陷（如采取自然充气防塌，利用人工双层水位条件防塌）。

### 六、治理地表水的其他方法

#### （一）采用钻孔泄水

一般情况下，钻孔泄水很少单独采用，只有当用凹陷露天开采且采场又位于低洼集水地区或位于沼泽、湖滩地带而开采深度又较浅时，才可单独采用周边布置或丛状布置垂直钻孔进行疏水。露天台阶坡面的水平或斜孔常与台阶上的截流明沟结合起来导水。

#### （二）综合防治系统与措施

不言而喻，综合防治系统既有地面工程又有地下工程甚至兼有各类防渗帷幕。因此，整个系统较为复杂，它适用于地面水量大，积水多，地下涌水量大或岩溶水多的矿区开采。采用的具体方案应根据矿床赋存特点和地质、水文地质构造的具体情况通过技术经济分析比较而定。特殊情况应有如下考虑：

（1）在雨季前，矿山可超前掘出按储排平衡曲线要求的最小储水容积；在雨季最低工作水平可以停产，或最低工作水平采用机动性强的装备等情况下，允许淹没时间可取上限7天。

（2）当矿山采掘工作紧张，采矿工作台阶少，淹没损失较大，对安全持续生产有特殊要求的矿山，其允许淹没时间采用短历时的较高标准，即等于或小于1天。

（3）特殊情况下，如设计暴雨径流量特别大时，对是否允许淹没本水平或上水平挖掘机主电机，应通过技术经济比较来确定。

## 第三节　降低水位的矿床疏干措施

在矿床水文地质条件复杂的矿山，为了防止地下水及流砂突然涌出而造成露天矿场淹没事故，或是保证露天矿边坡的稳定，都应采取疏干或降压的综合技术措施，降低预定开采地段的地下水位。

矿床疏干按其与开拓（剥离）、生产顺序先后，通常分为预先疏干和平行疏干两类。

矿床疏干方法主要有地表疏干、放水孔疏干、降压孔疏干和联合疏干等，主要采用地表疏干方法。

## 一、深井降水孔疏干法

深井降水孔疏干，是对矿床在地表开凿大口径钻孔，孔内装设深井泵或潜水泵抽水，人工降低地下水位，达到保证采掘作业安全进行的一种疏干方法。

### （一）深井疏干的适用条件

（1）矿床含水层的富水性和渗透性好，当潜水含水层的渗透系数大于 2.5～3m/d，承压含水层的渗透系数大于 0.5～1m/d，并有良好的补给条件，可采用此方法疏干矿床。

（2）下列情况应优先考虑深井疏干：

1）开采深度不大或矿层顶底板均为含水丰富、渗透性较强的含水层时；

2）在矿山基建前要求在疏干保护之下进行开拓工程时；

3）含水层厚度大，静压水头高，其他疏干方法不宜采用时。

（3）岩溶充水矿床，疏干排水后地面产生强烈沉降和塌陷而又难以处理时，应慎用。

（4）地下水水质能造成井管严重腐蚀或使水泵、过滤器严重结垢、堵塞而难以处理时，应慎用。

### （二）深井疏干系统的布置

（1）布置方式一般有采场外周边布置和采矿场内布置两种模式：

1）采矿场外周边布置方式：深井降水孔布置在露天开采最终境界或地下开采错动带之外，一般要求其距离为 20～50m。

2）采矿场内布置方式：深井降水孔布置情况与上述相反，且疏干系统分期建立，随着采掘工作面的推进而移设。水孔排水服务年限，一般不应少于 10 年。

（2）孔位布置在平面上有单线、双线、环形式以及不规则离散式等多种布置形式，应根据工程需求及地下水条件而定。

（3）降水孔深度必须保证疏干降落漏斗在纵横剖面上的地下水降落曲线低于相应时期内采掘水平标高允许的剩余水头标高。

（4）深井孔的孔间距离，应经过技术经济计算比较后确定：

1）在均质含水层中，深井孔可按等间距布置。

2）在非均质含水层中，特别是在岩溶发育不均一的矿区，降水孔间距不能按等间距布置。应先钻进小井径井位选择孔，根据其揭露含水层的水文地质观测资料和抽水试验资料对预定的深井大口径降水孔位进行必要的调整。

3）深井孔施工的顺序及其间距，一般应遵循由稀至密的原则和充分发挥降水孔系统疏干能力的原则。

### （三）深井疏干孔结构

深井疏干孔的结构，主要包括疏干孔的开孔及终孔直径、孔深、变径深度、井壁管及过滤管的直径、过滤器的结构类型、沉砂管、井管材料等。具体要求如下：

（1）深井疏干孔的开孔、终孔直径，孔深及变径要求，应根据疏干要求来决定。当孔深为 100～200m 时，开孔直径为 500～1000mm；终孔直径为 273～800mm。变径不得超过 5 段。

（2）深井疏干孔所选用的井壁管应符合经济耐用的原则，应视疏干孔所穿过的含水层性质决定是否安装与使用。

（3）过滤器在正常情况下是同井壁管一起连接使用的，以保持水量稳定，防止孔壁坍塌，降低排水的含砂量及减少泥砂对水泵的磨损。

（4）过滤器的选择使用，应依据含水层的地质特征选择适宜的滤水器的类型、长度、直径、孔隙率等。

深井降水疏干孔直径，过滤器类型及规格的综合选择，可参照表15-28。

表15-28　各种含水层中降水孔适宜口径及过滤器类型选用表

| 岩层名称 | 粉细砂层 | 中砂层 | 粗砂、砾石层 | 卵石、砾石层 | 基岩层 |
|---|---|---|---|---|---|
| 岩层结构成分 | 颗粒较均匀，$d_{50}$ = 0.1 ~ 0.2mm，渗透系数为 5 ~ 20m/d | 颗粒较均匀，$d_{50}$ = 0.25 ~ 0.4mm，渗透系数为 30 ~ 50m/d | 颗粒较不均匀，$d_{50}$ = 0.5 ~ 1.25mm，渗透系数为 100 ~ 200m/d | 颗粒较不均匀，$d_{50}$ = 1.25 ~ 50mm，渗透系数为 200 ~ 1000m/d | 溶洞裂隙发育的石灰岩，溶洞内为清水，无填充物 |
| 井的口径 | 井壁管和过滤器/mm | | | | 上部最大开口 500mm，依次缩小口径为 426mm、377mm、325mm、273mm、219mm 等口径 |
| 井的口径 | 150 ~ 200mm，上部井管为了装泵，有时为 300mm | 200 ~ 300mm，上部井管为了装泵，有时为 350 ~ 400mm | 300 ~ 400mm，上部井管为了装泵，有时为 450 ~ 500mm | 450 ~ 1000mm，上部井管为了装泵，有时为 1200mm | |
| 过滤器的长度：一般范围/m | 20 ~ 40 | 20 ~ 40 | 20 ~ 50 | 20 ~ 50 | |
| 过滤器的长度：较大出水量的有效长度/m | 40 ~ 50 | 40 ~ 50 | 50 ~ 60 | 50 ~ 60 | |
| 过滤器的种类 | 填砾过滤器 | 填砾过滤器 | 缠丝过滤器 填砾过滤器 | 缠丝过滤器 填砾过滤器 | 带圆孔钢管 填砾过滤器 |
| 井的单位下降出水量/$m^3 \cdot (d \cdot m)^{-1}$ | 50 ~ 200 | 200 ~ 300 | 300 ~ 500 | 500 ~ 2000 | 1000 ~ 10000 |

（5）在疏干孔的底部应设置与过滤器、井管连接而构成的封闭的沉砂管，或在基岩含水层孔底换径，钻进一定深度直接用作沉砂段。沉砂管或沉砂段的长度由含水层的岩性与孔深来决定，一般应大于3 ~ 10m。

## 二、吸水孔疏干法

吸水孔疏干法是使钻孔穿过上部一个或数个需要疏干的含水层，把地下水疏泄到下部具有较高导水能力的吸收层中，借以降低含水层地下水位的一种疏干方法。

### （一）吸水孔疏干的适用条件

（1）上部需要疏干的含水层与下部吸收层没有直接的水力联系，二者之间由可靠的隔水层分开。

（2）下部吸收层的水位标高低于上部疏干层的水位标高，吸收层与疏干层的水位差值越大，吸水孔的效率越高。

（3）下部吸收层的渗透性要比上部疏干层的渗透性好，其差值越大越好。

（4）吸水层厚度大，分布广，具有良好的储水空间和排泄条件。

### （二）吸水孔的结构

（1）孔径可参照降水孔或直通式放水孔的孔径来确定，但疏干层的口径应大于吸收层，吸收层中的孔径不得小于91mm。

（2）孔内需要安置过滤器，应考虑选用的过滤器类型对孔径的要求。滤水结构有设置过滤器及填砾过滤器两种。

## （三）吸水孔布置原则

（1）吸水孔作为辅助疏干措施配合降水孔使用时，应按降水孔的形式布置。

（2）吸水孔应尽量布置在需要疏干含水层底板的低洼地段，以延长吸水孔的服务期限。

（3）如果上部需要疏干的含水层涌水量大，为增加疏干泄水能力，吸水孔应选择布置在吸水层厚大的部位。

### 三、明沟疏干法

明沟疏干法，是在地表或露天采矿场台阶上开挖疏水沟，拦截流入采矿场的地下水或地表径流而采取的一种疏干方法。

#### （一）明沟疏干的适用条件

（1）明沟疏干适用于疏干露天矿或地下开采崩落区松散孔隙充水含水层。

（2）在疏干的含水层下，应有坚实致密分布稳定的隔水层，且含水层与隔水层的接触面比较平缓。

（3）当含水层为流砂层时，因明沟开挖施工较困难，宜慎用。

#### （二）明沟布置原则

（1）明沟应布置在露天采矿场或地下开采崩落区之外，并垂直于来水方向；其两帮应嵌入下伏隔水岩层中。

（2）露天采矿场内的疏水明沟，可布置在非工作帮和工作帮平台上。明沟位置应与采矿场推进线保持一定距离，即随着采矿工作线的推进，每隔1~2年开挖一条疏水明沟。

（3）应选择有利地形，使明沟汇集的地下水自流排出矿区，或选择适宜地点设置集水池，使水泵扬程趋小，降低排水费用。

（4）应特别注意，明沟必须布置在露天采矿场可能产生滑坡的范围之外。

#### （三）明沟的结构及主要技术参数

（1）明沟断面一般采用梯形和矩形两种形式。断面大小应根据设计流量和沟的纵坡，按水力学方法计算。沟的深度应以含水层埋藏深度不同而异，当嵌入隔水层中的深度尽量满足最大涌水量时，明沟内的水位不超过隔水层顶板。

（2）明沟的纵向坡度一般不得小于0.2%；其横断面形状可参考图15-1确定。

（3）对明沟出水边坡的不稳定地段，应考虑砌护或铺设反滤层以保护出水边坡的稳定性。

### 四、水平孔疏干法

水平孔疏干法，是在露天采场平台边坡底部钻凿水平孔，并揭穿需要疏干的含水层（带），使地下水靠重力自流排出，以达到边坡疏干减压目的的措施。

#### （一）水平孔疏干的适用条件

（1）一般是在露天采矿场边坡形成后，才能采用水平孔疏干，因此应在生产阶段进行。

（2）水平孔可用于疏干孔隙充水含水层，也可用于疏干裂隙或岩溶充水含水层；疏干含水层的渗透系数越大，疏干效果越明显。

（3）水平孔可以作为独立的疏干方法用于露天矿边坡的疏干，也可作为辅助的疏干方法与其他方法联合使用。

## （二）水平孔的结构

（1）在基岩含水层中钻凿水平孔，其孔径不得小于91mm。如果必须装设过滤器，孔径应适当增大到130mm。当在松散含水层中钻凿水平孔时，其孔径可增到200mm。

（2）水平孔深度，一般要求钻到不稳定边坡潜在的滑动面后部。对于孔隙充水的松散含水层，其深度一般不超过50m，而在基岩裂隙含水层中，其深度一般应大于100m。

（3）用水平孔疏干孔隙充水的松散含水层时，必须在孔内装置滤水器。在基岩含水层中，应视孔内含水岩石的完整程度来确定是否装置滤水器，如遇到软岩，构造破碎带、风化带时，则必须放置穿孔滤水管。

在水平孔中使用的滤水管，一般均是具有一定孔隙度的穿孔管。大多采用聚氯乙烯滤水管。

## （三）水平孔的布置原则

（1）钻孔布置应垂直边帮方向；一般要求仰角为1°~5°，最大不超过10°。

（2）排列方式：应视含水层渗透性各向均质程度布置成平行孔、扇形孔或上下台阶分层布置。

要特别注意，不管哪类矿山，在矿床疏干过程中，总要排放矿岩层内含水或矿坑积水。当把这些水作为工业废水排放时，应符合国家规定的《污水综合排放标准》。对高悬浮物（>400mg/L）、高矿化物（>3000mg/L）、放射性水体，必须经水质净化处理并达到排放标准后才允许排放。对于酸性水，必须与非酸性水分开排放，或者采用以中和法为主的酸性水处理措施，使其达到卫生排放标准。同时应考虑，对于腐蚀性较强的水体，应使用耐腐蚀的排水设备和其他有关的施工设备。

# 第四节　露天矿坑排水工程

## 一、露天矿坑排水的重要性

矿山涌水，其水源有多个途径；它们可能是矿岩空隙中所含的地下水，也可能是直接流入或间接渗入的地下水，不论是哪类生产矿山，防治水患都是很重要的工作。非正常水流及积水会给采矿作业带来许多困难，工作环境恶化，使设备效率和劳动生产率降低，采矿成本增高；有时会造成设备损坏和人员伤亡，甚至迫使矿山停产。

露天矿生产暴露在地球表面，直接与大自然联结；除有矿坑内部的涌水之外，还承接天空降水和周围地面的汇流过水，如果不妥善防治，可能给矿山开采带来多方面的严重影响。渗水、过流和积水给露天矿生产造成的不利因素主要有以下几个方面：

（1）水分能使矿岩的内摩擦角和凝聚力等物理力学性能指标降低，从而降低边坡岩体的抗剪强度，导致滑坡。大面积的滑坡会切断采矿场内的运输道路和排水管路，甚至掩埋作业区使矿山生产中断。

（2）不论是地下水还是降雨，都会降低掘沟速度，给新水平准备工作造成很大困难；特别是暴雨，往往会淹没采掘设备或造成采矿场的停产事故；大暴雨和雷电的袭击，常摧毁供电线路，致使采矿场作业全部陷于瘫痪；洪水的冲刷，可使大段运输线路被冲毁；暴雨期要出动大批人员防洪抢险，雨后则需对设备、线路组织进行大量的抢修工作才能尽快恢复正常生产，带来的经济损失严重。

（3）当所钻炮孔中的水柱超过一定高度时，钻孔机械的钻进效率明显降低；而且孔壁容易坍落，废孔率增高；往往炸药装不到底，爆破效果不好，大块较多，二次爆破量增加。由于炮孔中有水，需要选用价格较高的防水炸药，装药工时多，从而增加了矿岩爆破费用。

（4）当采掘工作面有水时，场面会凹凸不平，路基下沉，恶化工作环境，使铲装设备的工作效率降低，故障增多，而且维修不便。在严寒地区的矿山，由于地面积水结冰，会妨碍运输线路的铺设和拆迁，不但使生产设备工作困难，时间利用率降低，而且增加诸多不安全因素。

露天矿防治水的主要任务，是利用防治水的工程、设施，拦截、疏导地表水使之不能直接流入采区；把地下水隔离在采区之外，或及时把地下水水位降低到允许值，汇集并把它排出露天矿影响区界限之外。

各种类型的地下水，有多种补给来源，但主要与矿区水文地质条件、地表水体的分布以及降雨量密切相关；地下水流和地表径流之间常相互联系，在有些情况下，地表水可以直接渗入地下，补给地下水；特别是在孔隙或岩溶发育的强含水层区，地表水体很可能成为矿坑涌水的主要水源。

降水径流量的大小，与地区降水的性质、降水强度和连续时间有关。历时短、强度大的暴雨，形成的降雨径流量大，易造成淹没采场的事故；而降雨时间长，降水总量大、强度低，对渗入地下有利，使矿坑地下水涌水量增大。一般说来，我国南方矿区受降雨影响大于北方，而对沿海地区矿床的影响又大于内陆地区。

开采位于海、湖泊、水库和河流等地表水体影响范围内的矿产时，既要对地表水体采取严密防范措施，防止其直接溃入采矿场，也要看到地表水体，在适当条件下，可能渗入矿坑成为主要涌水来源的危害。

进行露天矿防治水工程，要依据矿区地形、水文等自然因素和矿区水文地质及工程地质条件，了解水对露天矿开采可能产生的影响。根据矿山自然因素、工艺因素和围岩必需的疏干程度，即根据矿山不同的具体条件，针对露天矿生产涌水来源，因地制宜地进行综合治理，方能在较少的投资和经营费用条件下，获得较好的技术安全效果。

## 二、露天矿坑排水方式的比较

露天矿为了防止水害，首先设置地面及坑内截水系统，尽量防止采场上部可以自流排走的水流流入采场；同时，设置采场内平台水沟系统，预防露天坑内水平运输线路和站场受冲，并防止露天各平台和工作面积水影响边坡的稳定性和恶化采场作业条件。

露天矿采场排水，应以防为前提，储、排结合的原则，确定露天采场的技术经济合理的排水方案。在排水方式的选择问题上，除考虑暴雨时的安全因素外，还必须考虑为经常的采掘工作创造良好作业条件的问题。从合理地选择排水方式方面讲，既要符合矿山的具体水文地质条件和气象特点，技术上切实可行，同时，又要做到经济合理。对排水方案进行比较时，不仅要对比不同排水方式的直接投资和排水经营费，还必须考虑不同排水方式对采剥各工艺环节效率的影响，以及相应地对总投资和总经营费用的影响，有时后者可能起决定性作用。

露天矿排水分为自流排水和机械排水。按工程布置形式又可分为露天排水（明排）和井巷排水（暗排）两大类。露天排水方式应用的最为普遍，它可分为露天坑底集中排水和分段截流与坑底泵站联合排水方式。

### （一）自流排水方式

自流排水方式不采用任何机械设备，矿坑水沿出口方向有一定坡度的水沟或隧洞，靠水的重力自流排出采场。自流排水方式安全可靠，经营费用低，并且管理简单。

### （二）露天采场坑底集中排水方式

露天采场坑底集中排水系统，是在露天采场底部设储水池和水泵房，使进入到采场的水流全部汇集到坑底储水池，再由水泵经排水管道排至地表。水泵站随露天矿延深而降段。根据泵站移动情况，又可分为半固定式和移动式两类。

1. 坑底储水半固定泵站排水方式

坑底储水半固定泵站是坑内储水池设于坑底，水泵房随采掘降深而移动，而相对于储水池固定的水泵站，即淹没深度不超过水泵的吸程时，水泵站可设在固定位置上，不需要随水池水位的涨落而移设的水泵站。这种排水方式具有泵站结构简单、基建工程量小、投资少等优点。

　　生产实践告诉人们，此种排水方式适用那些地下水涌水量不大和少雨地区的较浅的露天矿；对地下水大、多雨地区和开采深度大的露天矿只能配合疏干工程联合应用，但应尽量避免单独采用这种排水方式。

　　2. 坑底储水移动泵站排水方式

　　坑底储水移动泵站排水方式，储水池设于露天矿最低工作水平，当淹没深度超过一般离心泵吸程时，水泵房设在浮船上或泵车上，随着坑内储水池水位的涨落而移动，以使暴雨和正常时期水泵均能工作。此种方式适用于多雨地区的露天矿排水。具体的分类如下：

　　（1）浮船泵站排水如图 15 - 3 所示。这种浮船泵站排水经国内外矿山多年使用，经验证明有如下优点：

　　1）生产安全可靠，水涨船高，不淹泵站。

　　2）采用套筒式联络管，在矿坑水位涨落幅度很大时也可不换管道接头，由套筒式联络管进行调节（上下左右的摇摆均能调节），生产管理方便。

　　3）泵船可长期使用，工程投资较少。

　　4）水泵吸程小，工作稳定，效率较高。

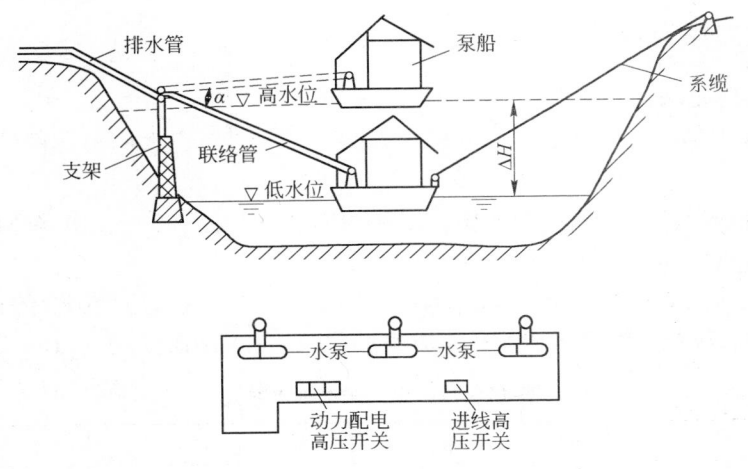

图 15 - 3　浮船泵站布置示意图

　　这种排水方式，在多雨地区长度较大的大型露天矿，矿体呈缓倾斜，矿体和围岩属于强度低的软岩，降深速度不大，有足够的地方作为泵船经常工作和浮动的水池，并有固定帮设置活动接头管道基础及铺设管子的条件时，适用浮动泵站排水。

　　（2）台车泵站排水。台车泵站排水是将普通离心式水泵安设在可移动的水泵车上，利用绞车或其他动力牵引移位。当露天采场沟底水位淹深超过水泵吸程时，水泵可进行移位，避免受淹。其主要缺点是移动不方便，在坑内水位暴涨时，常常来不及移动，使水泵受淹，造成矿山停产。根据使用经验，这种排水方式只适用于小雨地区、汇水面积小的中小型露天矿。

　　（3）坑底储水潜水泵站排水方式。这种方式利用水泵和电机均在水下作业的潜水泵排水，是露天矿采用明排坑底储水方式中较为理想的一种排水设备。

　　**（三）分段截流与坑底泵站联合排水方式**

　　在露天边坡较缓的非工作帮，汇水面积较大或露天开采到较大的深度，在一定标高的水平平台上建立固定的独立或分段接力的泵站，并能通过开拓运输坑线的边沟或建某些引导水沟，将水流引导到泵站的可能工作条件下，采用这种露天边帮分段截流的排水系统是合适的。它可避免水流淌至坑底而增加电力消耗并能减少坑底的储水量。边帮固定泵站还可作为坑底泵站的接力泵站，从而使坑底泵站轻型化，便于搬迁。

实践经验证明，为拦截降雨径流而设置的分段截流泵站，在一般没有特大平台的露天矿，必须有足够大的截水沟和边帮储水池来保证，也就是说既有截流又有储排平衡问题。否则，由于暴雨集中，在水沟较小而且又没有大型储水池的情况下，设在边帮的固定泵站，只能拦截一小部分上部边帮下来的径流，而大部分水流，又会溢流到坑底。

露天矿底部集中排水方式和分段截流系统分别如图 15 - 4 和图 15 - 5 所示。

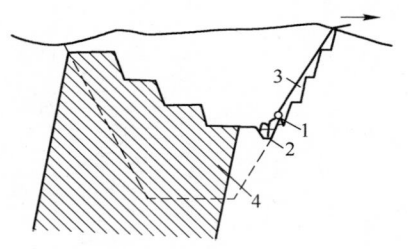

图 15 - 4　露天采矿场底部集中排水方式示意图
1—水泵；2—水仓；3—排水管；4—矿体

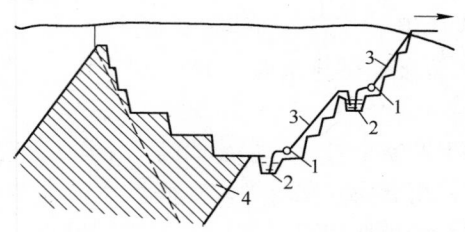

图 15 - 5　露天矿分段截流排水系统
1—水泵；2—水仓；3—排水管；4—矿体

### 三、露天矿排水方案选择原则

露天矿排水方案选择原则一般如下：

（1）有条件的露天矿都应当尽量采用自流排水方案，必要时可以专门开凿部分疏干平硐以形成自流排水系统。

（2）水文地质条件简单和涌水量小的矿山，以采用露天排水方式为宜，但对雨多含泥多的矿山，可采用井下排水方式，以减少对采、装、运、排（土）的影响。

（3）露天采矿场是采用坑底集中排水还是分段截流永久泵站方式，应经综合的技术经济比较后确定。

为了便于比较分析和决策，将露天矿坑排水方案的比较内容简约地列于表 15 - 29。

表 15 - 29　露天矿坑排水方式

| 排水方式 | 优　点 | 缺　点 | 使用条件 |
|---|---|---|---|
| 自流排水方式 | 安全可靠；基建投资少；排水经营费低；管理简单 | 受地形条件限制，有时需做少量开拓工程 | 山坡型露天矿有自流排水条件，部分可利用排水平硐导通 |
| 露天采矿场底部集中排水方式：半固定式泵站 移动式泵站 | 基建工程量小，投资少；移动式泵站不受淹没高度限制；施工较简单 | 泵站移动频繁，露天矿底部作业条件差，开拓延深工程受影响；排水经营费高；半固定式泵站受淹没高度限制 | 汇水面积小，水量小的中、小型露天矿；开采深度浅，下降速度慢或干旱地区的大型露天矿也可采用 |
| 露天采矿场分段截流永久泵站排水方式 | 露天矿底部水平积水较少，开采作业条件和开拓延深工程条件较好；排水经营费低 | 泵站多、分散；最低工作水平仍需有临时泵站配合；需开挖大容积储水池、水沟等工程，基建工程量较大 | 汇水面积大，水量大的露天矿；开采深度大，下降速度快的露天矿 |

### 四、排水工程构筑物

#### （一）排水沟

露天采矿场的排水沟按服务时间长短分为永久排水沟和临时排水沟。

1. 排水沟的布置

（1）永久排水沟：为永久固定泵站服务的排水沟，是保证储排平衡的重要组成部分。它的作用不仅将泵站担负的汇水面积上的水流集中引导到储水池或水仓中去，而且也起到露天采矿场内截水沟的作用。一般情况下，在非工作帮的下列位置应考虑设沟：

1）在主要含水层的底板所在的水平设沟。

2）每个永久固定泵站所在水平要设沟。至于两个固定泵站之间的各阶段平台是否都需要设沟，要根据边坡稳定情况，汇水量大小以及采掘运输工作要求而定。

（2）临时排水沟：为疏导采矿场工作帮水流和新水平准备时为最大限度地减少开沟时水量而在上一水平沿沟边设置。

2. 排水沟流量计算及断面设计

排水沟流量计算应包括地下水流量和降雨径流量，其计算方法和参数标准与新水平过渡排水相同。

排水沟断面设计原则如下：

（1）水沟坡度，一般小于3‰。

（2）水沟的充满度采用0.75。

（3）护砌的水沟建议采用矩形断面，不护砌的水沟一般采用梯形断面。

（4）水沟设计流速不应超过土壤最大允许流速数值。

## （二）储水池或水仓

储水池或水仓按工作状态可分为起调蓄作用和不起调蓄作用两种储水池。前者应用在永久固定泵站，后者适用于坑底最低工作水平的临时泵站。

### 1. 起调蓄作用的储水池

起调蓄作用的储水池的作用，是集中排水沟引导来的水流，供水泵排除，当流量超过设备能力时，储水池有一定储水能力，可起调节作用。

储水池设在露天端帮或非工作帮的与采矿无干扰的适宜地方。一般情况下只考虑在平台上开挖露天储水池，当无适宜地点布置时，如开挖水池可能引起大量土方工程或者储水池维护在技术上不可能或存在其他困难时，才考虑硐室储水方式。

储水池的容积，应根据排水设备能力，矿坑涌水量的大小，以储排平衡观点，进行经济技术分析后合理地确定。

储、排的合理容积，取决于设计暴雨频率和水泵排除采矿场涌水所需的时间。

储水池的调节容积，一般可用图解法确定，如图15-6所示。

以横坐标代表时间 $t$，纵坐标代表水量 $Q$，在图上绘制水泵排水量曲线（直线）和径流量（降雨径流量和地下涌水量之和）累积曲线（抛物线），两线交点所对应的时间，就是水泵将全部径流量排除所需的时间。在此以前两曲线间在纵坐标上的差值，就是在不同的时间内径流量超过排水量的部分，也就是需要由储水池调节平衡的水量。在矿坑水排除时间确定之后，两曲线间在纵坐标的最大差值，就是储水池的调节容积。

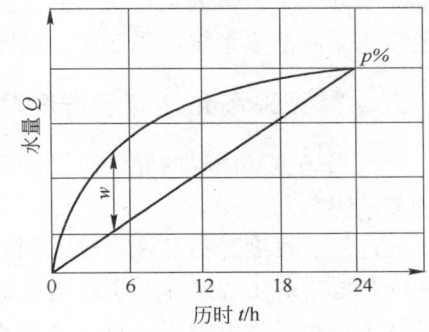

图15-6 调节容积图解法示意图

从图15-6中可以看出，排水设备所不能担负的水量的最大差值不是固定不变的常数，对同一径流量曲线，当选择的水泵能力不同时，即排除径流量所需的时间变化时，其值也随之变化。由于排水设备与储水池工程的造价各不相同，这就形成了经济上有可比因素。但是合理的储排容量，单纯的经济比较，并不是在所有的情况下都是合理的，设计中必须考虑到电源、设备来源、储水池工程布置的条件和施工难易程度、矿坑水的来源及特点、设备利用率等因素，综合分析确定。

对于地下井巷排水方式，储水池由地下水仓巷道代替（暴雨时期巷道也允许储水），其容积同储水池一样，用合理的储排平衡确定。但当坑底允许短时间内受淹，则设计可以利用坑底容积作部分储水池，从而节省大量巷道工程量。

2. 不起调蓄作用的储水池

储水池仅起集水井的作用，而对排水量不起调节作用。一般取半小时涌水量的容积即可。

这种储水池适用于坑底集中排水方式和临时泵站或者倒段泵站。

### （三）井巷排水方式的泄水构筑物

1. 泄水构筑物类型

井巷排水方式的泄水构筑物，是将露天采场水流引入坑内排水巷道中的构筑物。

国内深部露天矿现有两种形式，其一为在非工作帮围岩中打泄水天井（场外泄水方式），泄水天井与露天采场各水平有引水平硐与之沟通；另外一种形式是场内泄水方式，利用在采场中间开凿的斜井或天井直接将采场内的矿坑水放入地下排水巷道，可以节省引水平硐，但维护工作条件较差，有时妨碍运输工作。所开凿的井巷，其断面应满足施工、泄水及工程的检查维护的要求。

2. 泄水方式的选择

泄水方式的选择，应根据排水和采矿工程的具体布置情况，仔细进行技术经济比较之后确定。一般来说，当开采深度较大和水量较大的矿山，井巷泄水系统安全可靠，排泄涌水的效率较高，应优先考虑选择。

泄水系统底部处于高压水冲击之下时，需根据围岩地质条件，考虑消能措施，一般可采用跌水井、消能平巷或分段泄水消能。

### （四）新水平过渡排水设施

露天矿深部排水不论采用任何方式，都不能满足新水平准备阶段的排水要求。因此设计中需要单独考虑开斜沟、堑沟和局部扩帮阶段的排水问题。

降雨径流量计算与露天采矿场降雨径流量的计算方法相同。但其中的汇水面积应采用露天坑底最低工作水平泵站投入运转前的最不利时期的汇水面积（包括上一水平的临时排水沟圈定的面积）；而设计暴雨量选择为1h的暴雨量，当设计采用避开雨季开沟时，则可按多年1天最大降雨量的平均值计算。

根据露天采场新水平准备的工程特点，应采用能适应排水设施移动频繁的低扬程轻便的排水设备。

如果采用入车沟全长一次爆破分层铲装开沟法，可在沟头或其他适宜地点设置集水井，使沟内水流全部流于井中，泵体固定在集水井上而不必多次移设。而对地下井巷排水方式，一次长区段爆破可能很快使新水平同泄水系统联系起来，则降雨径流和地下水可通过爆堆渗透到泄水系统中去。

## 五、露天采场允许淹没程度及排水量的确定

露天采场在暴雨时的允许淹没程度的确定，主要应考虑它对露天矿延深工程、采场出矿和被淹后可能造成的影响。

允许淹没程度是指允许淹没时间。一般情况下，暴雨出现时，应允许最低工作水平储水，允许淹没时间应视对采矿工程延深和生产需要而定，但最长不得超过一周时间，若采用固定泵站排水时，暴雨淹没高度不得超过水泵吸程。对于移动式水泵、潜水泵、水泵船和地下固定式水泵，则不受淹没高度条件的限制。

当径流量超过排水量的最大水量时，就应由储水池和露天坑底允许受淹的储水容积共同承担储调作用。故允许淹没高度 $H$ 计算如下式：

$$H = \frac{Q_d}{F} \leq H_x \tag{15-26}$$

式中　$H$——允许淹没高度，m；

$Q_d$——储排不能平衡的多余水量，$m^3/d$；

$F$——排水工程和设备所能控制的坑底汇水面积，$m^2$；

$H_x$——水泵吸水高度，m。

在露天矿正常生产过程中需要排出的水量称为正常排水量（Q），其值可用下式计算：

$$Q = \frac{\overline{H}CF}{30 \times 20} + q \qquad (\text{m}^3/\text{h}) \qquad\qquad (15-27)$$

式中　$\overline{H}$——多年雨季月平均降雨量，m；

　　　$C$——径流系数；

　　　$F$——汇水面积，$\text{m}^2$；

　　　$q$——地下水涌水量，$\text{m}^3/\text{h}$。

当选择排水设备时，必须考虑露天矿坑内可能出现的最大积水量，以及必须排除的最短时间，以保证恢复矿山正常生产。

露天矿排水设备主要指排水泵，常用的有离心式多级泵、离心式深井泵和离心式潜水泵。选用排水泵时主要根据露天采场的正常排水量和暴雨排水量，以及水泵站标高总扬程及排水管路直径等因素进行计算。

泵的数量应包括备用泵及检修泵，泵的正常工作时间为每日 20h，一般暴雨不设备用泵。

排水管路垂直铺设选用钢管，沿斜井（坡）铺设时，若工作压力小于 1MPa，可用铸铁管，大于 1MPa 时用钢管。

当生产矿山需排水量较大、服务年限较长时，主要排水管道至少设两条，其中每条管道均能排出正常水量。

# 第五节　排水设备的选择计算

## 一、水泵选择计算

### （一）按正常涌水量确定排水设备所必需的排水能力

排水设备所必需的排水能力 $Q_1$ 用式（15-28）及式（15-29）计算：

$$Q_1 = \frac{Q_r}{20} \qquad (\text{m}^3/\text{h}) \qquad\qquad (15-28)$$

$$H_1 = K(H_h + 5.5) \qquad (\text{m}) \qquad\qquad (15-29)$$

式中　$Q_r$——矿井正常涌水量，$\text{m}^3/\text{d}$；

　　　$K$——扬程损失系数，对于竖井，$K=1.1$，对于斜井 $K=1.20\sim1.35$，倾角大时取小值；

　　　$H_h$——井筒深度，m。

根据 $Q_1$ 和 $H_1$ 初选水泵型号，确定其流量 $Q(\text{m}^3/\text{h})$ 和扬程 $H(\text{m})$。

### （二）所需水泵台数

正常涌水量期间所需水泵的工作台数 $n_r$ 由下式确定：

$$n_r = \frac{Q_1}{Q} \qquad (\text{台}) \qquad\qquad (15-30)$$

式中　$Q$——一台水泵的排水能力，$\text{m}^3/\text{h}$。

### （三）水泵工作时间

正常涌水量期间一昼夜内水泵工作时间 $T_r$ 用下式计算：

$$T_r = \frac{Q_r}{n_r Q} \qquad (\text{h}) \qquad\qquad (15-31)$$

式中　$n_r$——正常涌水量时的水泵工作台数。

### （四）排水管直径

依下式计算值选取标准管径（公称直径）$D_g$：

$$D_g = \sqrt{\frac{4Q}{3600\pi v_d}} \qquad (m) \qquad (15-32)$$

式中　$v_d$——排水管中水流速度，m/s。

根据最有利的排水管流速取 $v_d = 1.5 \sim 2.2$ m/s。

### （五）水流速度

排水管中的实际水流速度 $v_d$ 用下式计算：

$$v_d = \frac{4Q}{3600\pi D_g^2} \qquad (m/s) \qquad (15-33)$$

常用管径、流速与流量的关系见表 15-30。如超过表中最大值，将使管路损失显著增加。一定管路直径的最大流量及流速限制见表 15-31。

表 15-30　常用管径 $D_g$、流速 $v_d$ 与流量 $Q$ 的关系

| 流速 $v_d$/m·s$^{-1}$ | 管径 $D_g$/mm | | | | | | | |
|---|---|---|---|---|---|---|---|---|
| | 75 | 100 | 125 | 150 | 200 | 225 | 250 | 300 |
| | 流量 $Q$/m³·h$^{-1}$ | | | | | | | |
| 1.5 | 24 | 43 | 67 | 95 | 170 | 216 | 265 | 383 |
| 1.75 | 28 | 50 | 78 | 110 | 198 | 252 | 310 | 446 |
| 2 | 32 | 57 | 89 | 128 | 227 | 288 | 364 | 510 |
| 2.2 | 35 | 63 | 98 | 140 | 249 | 317 | 390 | 562 |

表 15-31　管路最大流量及流速限制

| 管路直径/mm | 最大流量/L·s$^{-1}$ | 最大流速/m·s$^{-1}$ | 管路直径/mm | 最大流量/L·s$^{-1}$ | 最大流速/m·s$^{-1}$ |
|---|---|---|---|---|---|
| 25 | 1 | 2.04 | 125 | 30.0 | 2.44 |
| 38 | 2.5 | 2.21 | 150 | 43.0 | 2.45 |
| 50 | 4.17 | 2.12 | 175 | 60.0 | 2.49 |
| 65 | 6.67 | 2.01 | 200 | 83.3 | 2.69 |
| 75 | 10.00 | 2.26 | 250 | 133.3 | 2.72 |
| 100 | 18.4 | 2.33 | 300 | 192.0 | 2.71 |

### （六）吸水管直径

吸水管直径 $d_s$ 一般比排水管直径 $D_g$ 大一级，即：

$$d_s = D_g + 25 \qquad (mm) \qquad (15-34)$$

根据计算值 $d_s$，从管材产品明细表中选取标准管径。

### （七）吸水管流速

水泵吸水管的实际流速 $v_s$ 用下式计算：

$$v_s = \frac{4Q}{3600\pi d_s^2} \qquad (m/s) \qquad (15-35)$$

吸水管中实际流速一般取 $0.8 \sim 1.5 \mathrm{m/s}$。

## （八）扬程损失

管路系统的总扬程损失用下式计算：

$$H_{af} + H_{st} = R_T Q^2 = \lambda \frac{L_j}{D_g} \cdot \frac{v_d^2}{2g} \qquad (\mathrm{mH_2O}) \qquad (15-36)$$

式中
$H_{at}$——排水管路扬程损失，$\mathrm{mH_2O}$（$1\mathrm{mH_2O} = 9800\mathrm{Pa}$，下同）；

$H_{st}$——吸水管路吸程损失，$\mathrm{mH_2O}$；

$L_j$——管路计算长度，等于实际长度加上底阀、异形管、逆止阀、闸阀及其他部分补充损失的等值长度，m，管件折合成直线管路的等值长度，见表 15 - 32；

$\lambda$——水与管壁摩擦的阻力系数，查表 15 - 33 或由下式计算：

$$\lambda = \frac{1}{\left(1.74 + 2\lg\dfrac{D_g}{2K_1}\right)^2} \qquad (15-37)$$

$K_1$——管材影响系数，mm，焊接管，取 $K_1 = 1.1 \sim 1.3\mathrm{mm}$，无缝钢管，取 $K_1 = 1.01 \sim 1.07\mathrm{mm}$。

表 15-32　管件等值长度

| 管 件 名 称 | 管件内径/mm | | | | | | | | | | |
|---|---|---|---|---|---|---|---|---|---|---|---|
| | 75 | 100 | 125 | 150 | 200 | 250 | 300 | 350 | 400 | 450 | 500 |
| | 管件的等值长度（$L_j = \dfrac{\varphi D_g}{\lambda}$）/m | | | | | | | | | | |
| 带滤网的底阀 | 15 | 18 | 23 | 27 | 34 | 39 | 41 | 45 | 50 | 52 | 53 |
| 闸 阀 | 0.45 | 0.66 | 0.87 | 1.31 | 1.64 | 2.20 | 2.78 | 3.40 | 4.00 | 4.67 | 5.34 |
| 逆止阀（开启40°） | 25 | 31 | 36 | 43 | 48 | 52 | 56 | 60 | 64 | 68 | 72 |
| 逆止阀（开启50°） | 20 | 21 | 24 | 29 | 36 | 39 | 41 | 45 | 50 | 54 | 58 |
| 弯 头 | 0.45 | 0.66 | 0.89 | 1.31 | 1.64 | 2.20 | 2.78 | 3.40 | 4.00 | 4.67 | 5.34 |
| 异径管 | 1.79 | 2.63 | 3.55 | 4.52 | 6.58 | 8.80 | 11.10 | 13.60 | 16.00 | 18.70 | 21.40 |
| 合流三通 | 5.38 | 7.89 | 10.65 | 13.55 | 19.73 | 26.41 | 33.30 | 40.70 | 48.00 | 56.00 | 64.10 |
| 单流三通 | 3.59 | 5.26 | 7.10 | 9.04 | 13.16 | 17.61 | 22.20 | 27.10 | 32.00 | 37.30 | 42.30 |
| 分流三通 | 2.69 | 3.95 | 5.33 | 6.78 | 9.83 | 13.20 | 16.70 | 20.40 | 24.00 | 28.00 | 32.00 |
| 直流三通 | 1.79 | 2.63 | 3.55 | 4.52 | 6.58 | 8.80 | 11.10 | 13.60 | 16.00 | 18.70 | — |

表 15-33　水和管壁摩擦的阻力系数 λ 值

| 管路直径/mm | λ | 管路直径/mm | λ | 管路直径/mm | λ | 管路直径/mm | λ |
|---|---|---|---|---|---|---|---|
| 50 | 0.0455 | 150 | 0.0332 | 250 | 0.0284 | 350 | 0.0258 |
| 75 | 0.0418 | 175 | 0.0316 | 275 | 0.0276 | 400 | 0.025 |
| 100 | 0.0380 | 200 | 0.0304 | 300 | 0.0270 | 450 | 0.0241 |
| 125 | 0.0352 | 225 | 0.0293 | 325 | 0.0263 | 500 | 0.0234 |

管路总损失计算如下：

（1）排水管中扬程损失 $H_{at}$ 计算如下式：

$$H_{at} = \left(\varphi_1 + \varphi_2 + n_3\varphi_3 + n_4\varphi_4 + \varphi_5\right)\frac{v_d^2}{2g} \qquad (\text{mH}_2\text{O}) \qquad (15-38)$$

式中　$\varphi_1$——速度压头系数，取 $\varphi_1 = 1$；

　　　$\varphi_2$——直管阻力系数，$\varphi_2 = \lambda\dfrac{L_d}{D_g}$；

　　　$\varphi_3$——弯管阻力系数，见表 15 - 34；

　　　$n_3$——弯管数量，个；

　　　$\varphi_4$——闸阀阻力系数，见表 15 - 34；

　　　$n_4$——闸阀数量，个；

　　　$\varphi_5$——逆止阀阻力系数，见表 15 - 34。

　　排水直管总长 $L_d$ 计算如下式：

$$L_d = H_h + L_1 + L_2 + L_3 + h_1 + h_2 \qquad (\text{m}) \qquad (15-39)$$

式中　$H_h$——井筒深度或斜井长度，m；

　　　$L_1$——水泵房长度，m；

　　　$L_2$——地面上的排水管长，m；

　　　$L_3$——斜巷道长度，m；

　　　$h_1$——从井底车场至支承弯管间的高度，m；

　　　$h_2$——管子超出井口水平高度，m。

（2）吸水管中吸程损失 $H_{st}$ 计算如下式：

$$H_{st} = \left(\varphi_2' + n_3'\varphi_3' + \varphi_4'\right)\frac{v_s^2}{2g} \qquad (\text{mH}_2\text{O}) \qquad (15-40)$$

式中　$\varphi_2'$——吸水管直管阻力系数，$\varphi_2' = \lambda\dfrac{L_s}{d_s}$；

　　　$L_s$——吸水管长度，m；

　　　$\varphi_3'$——吸水管弯管阻力系数，见表 15 - 34；

　　　$n_3'$——吸水管上的弯管数量，个；

　　　$\varphi_4'$——逆止阀和滤网的阻力系数，见表 15 - 34。

表 15 - 34　局部阻力系数表

| 异形管件与零件名称 | 图　例 | 阻力系数 | 异形管件与零件名称 | 图　例 | 阻力系数 |
|---|---|---|---|---|---|
| 单流三通管 | | 2.0 | 锐边进入管 | | 0.5 |
| 合流三通管 | | 3.0 | 圆滑锐边进入管 | | 0.25 |
| 分流三通管 | | 1.5 | 扩张异径管 | | 0.22 ~ 0.91 |
| 直流三通管 | | 0.05 ~ 0.1 | 收缩异径管 | | 0.16 ~ 0.36 |
| 斜下支流三通管 | | 0.5 | 锐边突出进入管 | | 0.25 |
| 斜上支流三通管 | | 1.0 | 进入水槽管 | | 1.0 |
| 斜下锐角支流三通管 | | 3.0 | 弯　管 | | 0.76 ~ 1.0 |
| 斜直流三通管 | | 0.05 ~ 0.1 | 弯　头 | | 0.88 ~ 1.22 |

| 异形管件与零件名称 | 图 例 | 阻力系数 | 异形管件与零件名称 | 图 例 | 阻力系数 |
|---|---|---|---|---|---|
| 急 胀 | | 0～0.81 | 球形阀 | | 3.9 |
| 急 缩 | | 0～0.5 | 弯角阀 | | 2.5 |
| 闸 阀 | | 0.25～0.5 | 直角阀 | | 0.5～1.6 |
| 旋转阀 | | 1.0 | 伸缩节 | | 0.21 |
| 逆止阀 | | 5～14 | 管子的焊缝 | | 0.03 |
| 底阀（带格阀） | | 5～10 | 无底阀的滤水网 | | 2～3 |

## （九）吸水高度

吸水高度受海拔高度影响，海拔高度越高，吸水高度越小。地处高山地区，应按下式求出水泵的几何吸水高度 $H_s$：

$$H_s = H_{st} - (10 - H_w) - H'_{sf} - \frac{v_s^2}{2g} + (0.24 - H_0) \qquad (m) \qquad (15-41)$$

式中 　$H_{st}$——水泵样本中的最大允许吸上真空高度，m；

　　　$H_w$——水泵安装地点的大气压力水头，m，见表 15－35；

　　　$H_0$——饱和蒸汽压力水头，m，其值与水温有关，见表 15－36；

　　　$H'_{sf}$——吸水管路及局部水头损失之和，m；

　　　0.24——水温为 20℃时的饱和蒸汽压力水头，m。

**表 15－35　按海拔高度而定的大气压力**

| 海拔高度/m | −600 | 0 | 100 | 200 | 300 | 400 | 500 | 600 | 700 |
|---|---|---|---|---|---|---|---|---|---|
| 大气压力/mH₂O | 11.3 | 10.3 | 10.2 | 10.1 | 10.0 | 9.8 | 9.7 | 9.6 | 9.5 |
| 海拔高度/m | 800 | 900 | 1000 | 1500 | 2000 | 3000 | 4000 | 5000 | — |
| 大气压力/mH₂O | 9.4 | 9.3 | 9.2 | 8.6 | 8.4 | 7.3 | 6.3 | 5.5 | — |

**表 15－36　按水温而定的饱和蒸汽压力**

| 水温/℃ | 0 | 5 | 10 | 15 | 20 | 30 | 40 | 50 | 60 | 70 | 80 | 90 | 100 |
|---|---|---|---|---|---|---|---|---|---|---|---|---|---|
| 饱和蒸汽压力/mH₂O | 0.06 | 0.09 | 0.12 | 0.17 | 0.24 | 0.43 | 0.75 | 1.25 | 2.0 | 3.17 | 4.8 | 7.1 | 10.33 |

## （十）水泵总扬程

运行水泵的总扬程 $H$ 可由下式计算：

$$H = H_a + H_s + H_{af} + H_{st} \qquad (m) \qquad (15-42)$$

式中 　$H_a$——水泵轴中心至排水管地面出水口的高差。

## （十一）选择水泵

选择水泵的扬程应比计算值大 5%～8%，这是考虑水泵经过磨损使扬程降低、管壁积垢、阻力增加时所需的余量扬程。新泵的工作工况点最好在水泵最高效率点的右侧。工况点效率不应低于最高效率的0.85 倍。

水泵工况点的确定顺序如下：

（1）确定水泵级数：

水泵级数 $n_a$ 计算如下式：

$$n_a = \frac{H}{H_e} \quad \text{（取整数）} \quad (15-43)$$

式中    $H_e$——所选水泵一级的额定扬程，m，一般水泵每级扬程为 $20\sim40$m。

（2）确定水泵工况点：

管路阻力 $R$ 计算如下式：

$$R = \frac{H - H_t}{Q^2 n_a} \quad (15-44)$$

式中    $H_t$——吸水面至排水口几何高差，m，$H_t = H_a + H_s$；

$n_a$——所选水泵级数。

按 $H = H_t + RQ^2$，在水泵特性曲线上绘出管路特性曲线，如图 15-7 所示。两条曲线的交点 $M$ 为水泵的工况点。该点对应的 $Q_I$、$H_I$ 和 $\eta_I$ 即为水泵工作时的流量、扬程和效率。

## （十二）水泵轴功率

运行水泵的轴功率 $N_\phi$ 应由下式计算：

$$N_\phi = \frac{Q_I H_I \gamma_0}{3600 \times 102 \eta_I} \quad \text{（kW）} \quad (15-45)$$

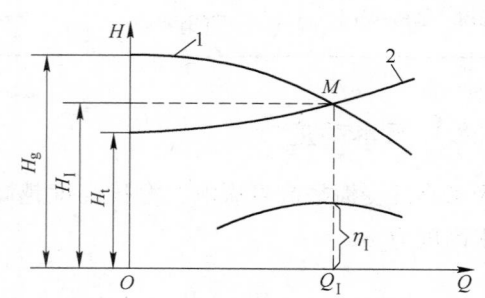

图 15-7  水泵工作时特性曲线图
1—$Q$-$H$ 特性曲线；2—管路特性曲线

式中    $\gamma_0$——矿井水的容重，kg/m³，一般取 1050kg/m³。

为了计算的简便，可以按表 15-32 和表 15-37 估算每 100m 直管摩擦损失值。

**表 15-37   100m 长度的直管摩擦损失估算表**                （mm）

| 管径 /mm | 流量/L·s⁻¹ | | | | | | | | | | | | | | | | | | |
|---|---|---|---|---|---|---|---|---|---|---|---|---|---|---|---|---|---|---|---|
| | 1 | 2 | 4 | 6 | 8 | 10 | | | | | | | | | | | | | |
| 25 | 32.7 | 130 | | | | | 此表磨损值以新钢管为标准，旧管加倍 | | | | | | | | | | | | |
| 38 | 3.5 | 14 | 55 | | 15 | 20 | | | | | | | | | | | | | |
| 50 | 0.8 | 3.1 | 13 | 29 | | | 25 | 30 | | | | | | | | | | | |
| 65 | | 0.8 | 3.2 | 7.1 | 13 | 20 | | | 40 | 50 | | | | | | | | | |
| 75 | | 0.54 | 1.6 | 3.3 | 5.9 | 9.6 | 21.6 | | | | 60 | 70 | | | | | | | |
| 100 | | | 0.4 | 0.8 | 1.3 | 2.1 | 6.8 | 8.6 | 13 | 19.4 | | | 80 | 90 | | | | | |
| 125 | | | | 0.23 | 0.4 | 0.63 | 1.3 | 2.7 | 4.1 | 5.9 | 10.7 | | | | 100 | 110 | | | |
| 150 | | | | | 0.16 | 0.26 | 0.58 | 1.1 | 1.6 | 2.3 | 4.2 | 6.4 | 9.4 | | | | 120 | 130 | |
| 175 | | | | | | 0.11 | 0.27 | 0.5 | 0.74 | 1.05 | 1.9 | 2.9 | 4.3 | 5.8 | 7.7 | 9.6 | | | 140 | 160 |
| 200 | | | | | | | 0.13 | 0.26 | 0.37 | 0.53 | 0.95 | 1.5 | 2.1 | 2.9 | 3.7 | 4.7 | 6.1 | 7.2 | 8.5 | | | 180 | 200 |
| 250 | | | | | | | | 0.07 | 0.12 | 0.18 | 0.30 | 0.48 | 0.68 | 0.93 | 1.2 | 1.5 | 1.9 | 2.3 | 2.8 | 3.3 | 3.7 | 4.9 | 6.3 |
| 300 | | | | | | | | | 0.07 | 0.12 | 0.19 | 0.27 | 0.37 | 0.49 | 0.61 | 0.76 | 0.9 | 1.1 | 1.3 | 1.5 | 2.0 | 2.4 | 3.0 |

注：若矿井水质易使排水管淤泥而增加排水阻力时，应将计算管路损失乘以 1.5 的系数。

### （十三）电动机容量

电机容量 $N_c$ 可用下式计算：

$$N_c = k \frac{N_\varphi}{\eta_c} \qquad (\text{kW}) \tag{15-46}$$

式中　$\eta_c$——传动效率，对于直联取1，用联轴节取 $0.95 \sim 0.98$；

　　　　$k$——储备系数：

$$
\begin{aligned}
&Q < 20\text{m}^3/\text{h} &&k = 1.5 \\
&Q = 25 \sim 80\text{m}^3/\text{h} &&k = 1.3 \sim 1.2 \\
&Q = 80 \sim 300\text{m}^3/\text{h} &&k = 1.2 \sim 1.15 \\
&Q > 300\text{m}^3/\text{h} &&k = 1.1
\end{aligned}
$$

按 $N_c$ 和水泵转速选择标准电动机。

### （十四）年耗电量

运行水泵全年耗电量 $E$ 用下式计算：

$$E = \frac{Q_1 H_1 \times 365 t \gamma_0}{3600 \times 102 \eta_1 \eta_d \eta_x} \qquad (\text{kW} \cdot \text{h}/\text{a}) \tag{15-47}$$

式中　$\eta_d$——电动机效率，对于大电动机取 $0.9 \sim 0.94$，小电动机取 $0.82 \sim 0.9$；

　　　　$\eta_x$——电网效率，取0.95；

　　　　$t$——平均每天运转小时数。

### （十五）单位电耗量

每吨矿物所耗电量 $E_T$ 用下式计算：

$$E_T = \frac{E}{A} \qquad (\text{kW} \cdot \text{h}/\text{t}) \tag{15-48}$$

式中　$A$——年产量，t/a。

## 二、排水管路设置

### （一）管壁厚度计算及管材选择

管壁厚度 $\delta$ 用下式计算：

$$\delta = 0.5 d_N \left( \sqrt{\frac{R_X + 0.4 P_Y}{R_X - 1.3 P_Y}} - 1 \right) + a_F \qquad (\text{cm}) \tag{15-49}$$

式中　$R_X$——许用应力，MPa，对于铸铁管取20MPa，焊接钢管取60MPa，无缝钢管取80MPa；

　　　　$P_Y$——管道最低点的压力，MPa；

　　　　$a_F$——考虑管道受腐蚀及管道制造有误差的附加厚度，cm，对铸铁管取 $0.7 \sim 0.9$cm，钢管取 $0.1 \sim 0.2$cm；

　　　　$d_N$——管子内径，cm。

在选择排水系统的管材时，应注意以下方面：

（1）排水管选用焊接钢管或无缝钢管，其强度应经校核合格。

（2）可根据其压力大小选择管材，一般情况下，压力小于1MPa可用铸铁管；压力大于1MPa时应选用焊接钢管和无缝钢管。

### （二）排水管路条数的确定及其铺设

（1）大中型或涌水量较大（矿山正常涌水量大于 $50m^3/h$）、服务年限较长的矿山，主要排水管路至少应设两条，其中一条检修时，其余管路能在 20h 内排出 24h 的正常涌水量，全部管路的排水能力，能在 20h 内排出 24h 的矿井最大涌水量。

（2）排水管长度在 200m 以内时，应设有金属弯管支座，用以承担管重及水柱重。为避免管道纵向弯曲，需设有导向管夹子。管长度在 200m 以上时，每隔 150~200m，需装置伸缩接头。

（3）水管直径大于 200mm 时，可安设在专用木座或混凝土墩上，管径小于 200mm 如需架设于巷道壁上时，需固定在专设的管子支架上。

平巷中供水管以铁丝绑吊时，固定间距一般为 4~6m。

（4）每条排水管应设放闸阀，以便在检修时能将排水管中的水放出。

（5）吸水阀应设置在最低水面 500mm 以下，其底面应高出吸水井井底 800mm。

铺设好管道投入使用之后，由于某些环境因素变化，可能发生伸长现象，其伸长量 $\Delta L$ 可用下式计算：

$$\Delta L = \alpha_X L_D \Delta t \qquad （mm） \tag{15-50}$$

式中    $\alpha_X$——管线膨胀系数，钢取 0.012，铸铁取 0.009；

       $L_D$——管段长度，m；

       $\Delta t$——水与空气的最大温差，℃。

同时应注意，如矿内水为 pH 值小于 5 的酸性水，应对排水管道系统和设备采取防酸措施。某些矿山已取得一定的防酸经验：如在管道内外壁涂生漆；在管道内壁离心浇注水泥层（厚度为 5mm）；在管道外表涂沥青等。也有的矿山采用可承受压力大于 1MPa 的铸铁管，或吸水管用喷塑料防酸的办法。

## 三、水泵的经济运行

### （一）水泵自动化

水泵自动化控制已在我国矿山排水设备中得到较广泛的应用，矿山排水设备自动控制应能完成下列工作过程：

（1）水泵的启动和停车由水仓中的水位继电器自动控制，水位应设最低水位、正常水位和最大水位三级。

（2）在正常工作中，各台水泵能够自动地依次轮换地进行工作，使水泵的使用情况均等，以保证可靠的备用量，并且当水仓中水位达到最大水位时，自动接入几台水泵同时运转。

（3）设监视水泵工作的仪表装置，当流量、压力、水泵和电动机的轴承温度等不正常时，及时发出信号并自动停车。

水泵自动控制对中小型排水设备，运行简单，容易实现。而对于大型水泵（流量大于 $300m^3/h$，扬程为 250~300m）必须关闭闸阀启动，而后慢慢打开，停车前也须慢慢关闸门，以免水力冲击，这将使水泵自动控制比较复杂。

水泵在启动前必须充满水，常用自动控制充水的方式如下：

（1）自动打开排水管上的逆止阀的旁通管开关自动灌水。

（2）利用真空泵抽出水泵和吸水管中的空气自动灌水。

（3）采用负标高水泵房，即靠水的压力自动灌水。

使用经验证明，采用上述方法（1）自动灌水，运转情况良好。

### （二）水泵的经济运行

有些矿山，其排水设备在生产过程中所消耗的电量，一般可占矿山生产总用电量的 15%~20%。所以努力改善矿井排水工作，合理选择水泵的工况点，实现经济运行，从各方面提高排水系统的效能，不仅有利于矿山的安全生产，而且是节约用电的一项重要措施。

1. 合理选择水泵的工况点

水泵的运行工况，离开设计工况越远，效率则越低。因此在整条特性曲线上，只有最佳效率的一段，才符合这一要求，如图 15-8 所示。水泵的正常运行区域，最好选在最佳效率点 $M$ 的右侧（$M-M_2$）。如选在最佳效率点，在运行过程中，由于水泵叶轮等部件的磨损，以及管路积垢等原因，工况点会左移（$M'$点），这时效率将明显下降；如选在右侧，工况点左移后，接近最佳效率点，而在 $M-M_2$ 区域。水泵效率虽然低于最佳效率，但系统效率较高，每排 $1m^3$ 水的电耗仍然较低。

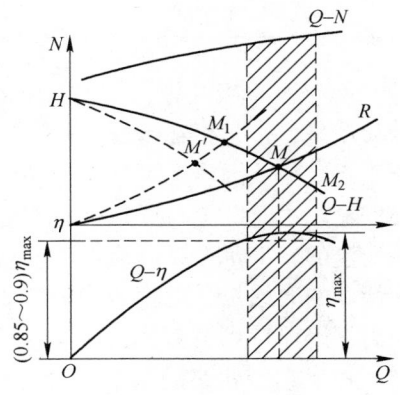

图 15-8　水泵正常工作区域

管路阻力越小，工况点也越向右移，电耗也就越低。但不能超过水泵合理工作区域，否则电动机可能过载或产生汽蚀现象。水泵运行时出现汽蚀，会使效率明显下降，并损坏叶轮，甚至不能正常运行。

对运行中的水泵，由于部件磨损、管路积垢等，工况点将会偏离，效率下降，因此应定期对水泵进行技术测定，以考核其工作状态。

2. 保证各部配合间隙

（1）水泵工作过程中不可避免的会产生容积损失、水力损失和机械损失。容积损失包括密封缝隙循环流损，填料和平衡盘的泄漏损失等。叶轮大小口径的配合间隙对水泵特性和效率的影响较大。当口环间隙增大后，泄漏损失增大，而叶轮流量 $Q$ 仍保持不变，则吸水量 $Q_1$ 减少。如果运行过程中不能保持允许的间隙值，则吸水量减少，将使水泵特性恶化，效率下降。如大口环间隙由 0.3mm 增加到 0.5mm，效率约下降 4%；小口径间隙由 0.25mm 增加到 0.7mm 后，效率下降 5% 左右（表 15-38）。

表 15-38　大小口环配合间隙　　　　　　　　　　　　　　　（mm）

| 口 环 内 径 | 半 径 间 隙 | 最大磨损半径间隙 |
|---|---|---|
| 80~120 | 0.15~0.22 | 0.44 |
| 120~150 | 0.175~0.225 | 0.51 |
| 150~180 | 0.20~0.28 | 0.56 |
| 180~220 | 0.225~0.315 | 0.63 |
| 220~260 | 0.25~0.34 | 0.68 |
| 260~290 | 0.25~0.35 | 0.70 |
| 290~320 | 0.275~0.375 | 0.75 |
| 320~360 | 0.30~0.40 | 0.80 |

口环是易损件，应按检修周期，定期更换，以保持原来的水泵效率和特性曲线，从今后发展方向看，应尽量改善口环材质，延长使用周期。大小口环配合间隙见表 15-38。

通过密封填料和平衡盘外泄的水量属于泄漏损失。吸水量 $Q_1$ 与排水量 $Q$ 之间的差别，主要是平衡盘的漏损。控制平衡盘各部配合间隙，可以减少泄漏损失。平衡盘尾套外径和串水套内径的间隙，对清水泵一般采用 0.2~0.4mm。对矿用泵，当水中含有微量泥砂时，应适当加大间隙，可采用 0.4~0.5mm。最大间隙达 0.75mm 时应进行更换。平衡盘与平衡环进行研磨，接触面积应达到 70% 以上。平衡盘端面跳动允差见表 15-39。

**表 15 – 39　平衡盘端面跳动允差**　　　　　　　　　　　　　　（mm）

| 名义尺寸 | 50 ~ 120 | 121 ~ 260 | 261 ~ 500 |
|---|---|---|---|
| 平衡盘端面跳动允差 | 0.04 | 0.05 | 0.06 |

（2）多级泵单吸叶轮，因两侧压力不等而产生轴向力，使泵的转子发生串动。串动量是泵的转子沿轴向的移动量，也是泵在运行过程中应有的轴向间隙。轴向串动量过大，会造成壳体与转子的碰磨，使泵不能正常工作。因转子不会长时间停留在一定的位置上，而是缓慢地向前移动，使叶轮出口与导翼入口中心偏离。这时叶轮与导翼中心不对中，造成较大的水力损失，对泵的效率和特性影响较大。

平衡盘的磨损量，可用检查联轴器端面间隙的方法测量出来。因为叶轮离开与导翼轮的中心线距离，就是平衡盘的磨损量，也就是水泵侧的半联轴器端面的前向串动量。在组装时，可使叶轮的中心线向排水侧偏离，以保持当平衡盘磨损量达到极限时仍有较好的对中性。

（3）电动机与水泵的联轴器端面间隙，一般规定为水泵最大串动量加 2 ~ 3mm。水泵的最大串动量是水泵转子的前向串动量与后向串动量之和，外加 2 ~ 3mm 的数值，是水泵的前向串动量（向联轴器侧）已达极限时，应具有的安全余量。

在确定两联轴器间隙时，可将水泵侧半联轴器拨远到极限位置（向平衡盘侧），或将水泵侧半联轴器拨近（向电机侧），以确定其间隙值。表 15 – 40 是三种情况的联轴器间隙与串动量变化关系。

由表 15 – 40 可见，在前后串动量达到磨损极限时，电动机与水泵联轴器仍不会相碰。

**表 15 – 40　水泵轴的串动量与联轴器间隙的关系**

| 方　法 | 串动量变化 | | 联轴器间隙 | 备　注 |
|---|---|---|---|---|
| 以电动机侧半联轴器端面为基面，拨动水泵侧半联轴器 | 示意图 | 变　化 | $E$ 值 | |
| 水泵半联轴器拨近 | | $S_1 = 0$，$S_2 = $ 最大 | $E = 2 ~ 3$ | 前向串动量达极限位置 |
| 水泵半联轴器拨中 | | $S_1$、$S_2$ 标准间隙 | $E = (2 ~ 3) + S_1$ | 叶轮与导翼对中 |
| 水泵半联轴器拨远 | | $S_1 = $ 最大，$S_2 = 0$ | $E = (2 ~ 3) + S_1 + S_2$ | 后向串动量达极限位置 |

3. 调整水泵的扬程

当水泵选择不当，扬程过高时，为防止过负荷或汽蚀现象的发生，有的采取关小闸阀的方法来控制流量，这是非常不经济的。此时应调整水泵扬程，使之与实际需要扬程相适应。调整方法主要有两种：

（1）减少叶轮数目降低水泵的扬程。当水泵的正常工作扬程大于矿井需要的扬程时，如超过一个以上叶轮所产生的扬程时，应考虑减少叶轮数目，以调节水泵的工作扬程。

减少叶轮时应注意以下两点：

1）水泵剩余扬程的计算，不能简单地以额定扬程与矿井实际需要扬程的差数为依据，还要考虑到水泵部件磨损、管路积垢等运行条件，以及电力网频率变化等情况，否则可能出现排不出水的现象。

2）应在排水侧拆除叶轮，不能拆除吸水侧的叶轮，以免吸水侧阻力增大，发生汽蚀现象。叶轮拆除后，在该处安装一个与叶轮宽度相等的过流套筒，用来流通水量。

（2）切削叶轮外径降低水泵的扬程。当水泵产生的扬程大于矿井需要的扬程时，但又不足一个叶轮产生的扬程时，也可以利用切削叶轮外径的方法调节扬程。

当叶轮外径 $D_2$ 切削后，其圆周速度变小，流量、扬程、功率也随之改变，其关系如下：

$$Q' = Q\frac{D'_2}{D_2}, \quad H' = H\left(\frac{D'_2}{D_2}\right), \quad N' = N\left(\frac{D'_2}{D_2}\right)^3$$

式中　$Q$——切削叶轮前的流量；

　　　$Q'$——切削叶轮后的流量；

　　　$D_2$——切削叶轮前的叶轮直径；

　　　$D'_2$——切削叶轮后的叶轮直径；

　　　$H$——切削叶轮前的扬程；

　　　$H'$——切削叶轮后的扬程；

　　　$N$——切削叶轮前的功率；

　　　$N'$——切削叶轮后的功率。

切削叶轮外径，可以扩大水泵的工作区域，这就给用户提供更加广泛的使用范围。但是，如果叶轮外径切削过多，效率降低的也多。切削量的大小，与比转数有关。一般 $n_s = 60 \sim 80$ 的水泵，切削量不应超过 $D'_2 = 0.8D_2$；$n_s = 200 \sim 300$ 的叶轮外径，切削量不超过 $D'_2 = (0.85 \sim 0.9)D_2$ 为宜。

叶轮外径的切削，指两壁间的叶翅，不能同时切掉两侧壁板。

4. 降低排水管路阻力改善网路特性

降低排水管阻力，可以使管路阻力变缓，排水系统工作工况点右移，阻力损失减少，流量增加，系统效率提高，排水单耗下降。新建排水系统，采用大管径管路，阻力损失小，可以降低运行费用。但管路投资费用高，因此选择管路时，应做经济技术比较。对已有排水系统，降低管路阻力，主要有如下方法：

（1）清扫排水管路积垢。排水管路积垢会使管路阻力增加，管路特性曲线变陡，工况点左移，排水单耗显著增加，这时要清扫管路，改善工况。

（2）实行多管排水。矿山排水设备一般都配有备用管路。为降低管路阻力，在排水时，应充分利用备用管路，将其投入运行。

实行多管排水，必须注意单管排水时，水泵的实际工况点。如果工况点在最佳效率点的左侧，实行多管排水效率显著；若单管排水工况点已经在最佳效率点的右侧，多管排水后的工况点继续右移，流量增大，若不出现汽蚀，电动机也不过负荷，多管排水仍是经济的。如超出最大流量点，出现汽蚀现象，则效率显著下降。

5. 降低系统吸上真空高度减少吸程阻力

水泵的总扬程包括吸水和排水几何高度和管路阻力损失。但吸上真空高度对排水系统效率的影响不仅是几何吸水高度和阻力损失，而且与水泵结构、吸水特性有关。水泵工作工况必须与吸上真空高度相适应，保持必需的汽蚀余量，才能充分发挥排水效率。

汽蚀现象是排水系统设计和运行中应充分注意的一个问题。离心水泵第一级叶轮的水流进口处通常为压力最低区，加上水进入叶轮时的压降和损失，使该区最容易发生汽蚀。当进口处的最低压头低于饱和蒸汽压力时，就开始汽蚀。为保证水泵不产生汽蚀，必须有一定的汽蚀余量。

为降低系统吸上真空高度，有以下几种方法：

（1）采用无底阀排水。无底阀排水就是取消水泵底阀，利用真空泵或射流泵，抽出吸水管和泵内空气，而使泵体内充水，然后开动水泵。这种排水方式操作简单，便于实现自动化，并减少了由于底阀而产生的各种故障。

无底阀排水，因取消底阀、吸水阻力减少，降低吸上真空高度可提高排水效率。根据底阀阻力的等值长度计算，当吸水管内流速为 $1 \sim 1.5$ m/s 时，底阀阻力为 $0.3 \sim 1$ m 左右。无底阀排水主要作用是降低吸上真空高度，增大了汽蚀余量。对汽蚀余量较小的排水系统，采用无底阀排水后效率显著；根据测定，效率可提高 1% ~3%。

（2）采用正压排水。将水池布置在泵房水平以上，利用位置静压向水泵内注水，可显著提高排水系统效率，减少吸水故障。如漏气、灌不满水等。正压排水启动时不需灌水，操作简单，便于实现自动化。特别是对高转速、高效能水泵，吸上真空高度很低，甚至是负值。此时必须考虑采用正压排水。

（3）及时清理吸水水池。如果吸水水池内含有泥砂等杂物，不仅增加吸水阻力，泥砂吸入水泵体内还会加速叶轮、平衡盘等部件的磨损，使水泵的运行尚未达到规定的检修周期时，效率就会下降。所以应根据具体情况，制定水池的清扫周期，并坚持执行。

# 第六节　矿山防排水常用水泵

## 一、常用水泵的型式与结构

根据泵的工作原理和结构特性，泵的类型可分为如下几种：

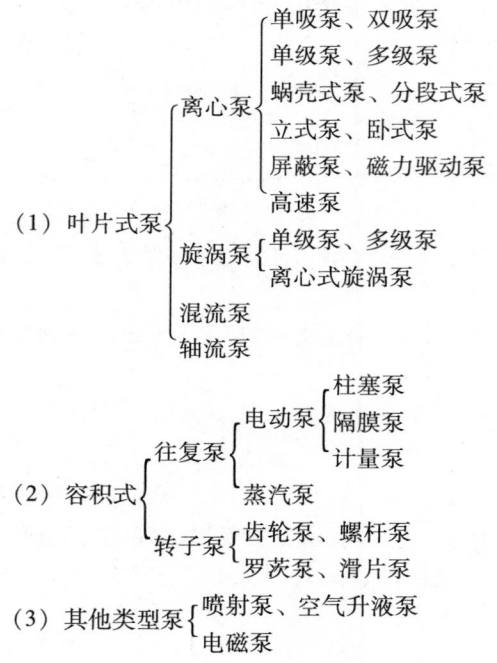

泵的适用范围和特性如图 15-9 和表 15-41 所示（根据国外工业实验和生产统计资料绘制）。

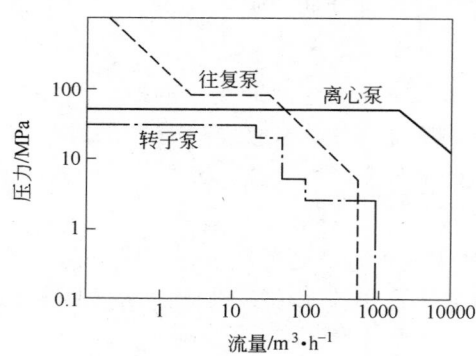

图 15-9　泵的适用范围

表 15-41 泵的特性

| 指 标 | | 叶片式泵 | | | 容积式泵 | |
|---|---|---|---|---|---|---|
| | | 离心泵 | 轴流泵 | 旋涡泵 | 往复泵 | 转子泵 |
| 流量 | 均匀性 | 均匀 | | | 不均匀 | 比较均匀 |
| | 稳定性 | 不恒定，随管路情况变化而变化 | | | 恒定 | |
| | 范围/m³·h⁻¹ | 1.6~30000 | 150~245000 | 0.4~10 | 0~600 | 1~600 |
| 扬程 | 特点 | 对应一定流量，只能达到一定的扬程 | | | 对应一定流量可达到不同扬程，由管路系统确定 | |
| | 范围 | 10~2600m | 2~20m | 8~150m | 0.2~100MPa | 0.2~60MPa |
| 效率 | 特点 | 在设计点最高，偏离越远，效率越低 | | | 扬程高时，效率降低较小 | 扬程高时，效率降低较大 |
| | 范围（最高点） | 0.5~0.8 | 0.7~0.9 | 0.25~0.5 | 0.7~0.85 | 0.6~0.8 |
| 结构特点 | | 结构简单，造价低，体积小，重量轻，安装检修方便 | | | 结构复杂，振动大，体积大，造价高 | 同离心泵 |
| 操作与维修 | 流量调节方法 | 出口节流或改变转速 | 出口节流或改变叶片安装角度 | 不能用出口阀调节，只能用旁路调节 | 同旋涡泵，还可调节转速和行程 | 同旋涡泵 |
| | 自吸作用 | 一般没有 | 没有 | 部分型号有 | 有 | 有 |
| | 启动 | 出口阀关闭 | 出口阀全开 | | 出口阀全开 | |
| | 维修 | 简便 | | | 复杂 | 简便 |
| 适用范围 | | 黏度较低的各种介质 | 特别适用于大流量，低扬程、黏度较低的介质 | 特别适用于各种小流量、较高压力的低黏度清洁介质 | 适用于高压力、小流量的清洁介质（悬浮液或需无泄漏用隔膜泵） | 适用于中低压力、中小流量尤其适用于黏性高的介质 |
| 性能曲线形状（H—扬程；Q—流量；η—效率；N—轴功率） | | | | | | |

矿山防排水应用最多的是单级和多级离心式水泵。当排水量和扬程都较小时，宜选用单级单吸离心式水泵；当排水量较大、扬程较小时，宜选用单级双吸离心式水泵；如果所需扬程较大，则应选用多级离心式水泵。在有些场所，也有使用轴流式水泵和潜水泵的。

## 二、常用水泵的主要技术参数

常用水泵的主要技术参数见表 15-42~表 15-44。

表 15-42 IS 系列单级单吸离心泵的主要技术参数

| 型 号 | 流 量 | | 扬程/m | 转速/r·min⁻¹ | 功率/kW | | 效率/% | 汽蚀余量/m | 质量/kg |
|---|---|---|---|---|---|---|---|---|---|
| | m³/h | L/s | | | 轴 | 电动机 | | | |
| IS50-32-125 | 12.5 | 3.47 | 20 | 2900 | 1.13 | 2.2 | 60 | 2.0 | 72 |
| | 11.2 | 3.11 | 16 | | 0.84 | 1.5 | 58 | 2.0 | |
| IS50-32-125 | 6.3 | 1.74 | 5 | 1450 | 0.16 | 0.75 | 54 | 2.0 | |
| | 5.6 | 1.56 | 4 | | 0.12 | 0.75 | 52 | 2.0 | |

| 型 号 | 流 量 | | 扬程/m | 转速/r·min⁻¹ | 功率/kW | | 效率/% | 汽蚀余量/m | 质量/kg |
|---|---|---|---|---|---|---|---|---|---|
| | m³/h | L/s | | | 轴 | 电动机 | | | |
| IS50-32-160 | 12.5 | 3.47 | 32 | 2900 | 2.02 | 3 | 54 | 2.0 | 76 |
| | 11.7 | 3.25 | 28 | | 1.72 | 3 | 52 | 2.0 | |
| | 10.8 | 3.01 | 24 | | 1.41 | 2.2 | 50 | 2.0 | |
| IS50-32-160 | 6.3 | 1.74 | 8 | 1450 | 0.28 | 0.75 | 48 | 2.0 | |
| | 5.9 | 1.64 | 7 | | 0.24 | 0.75 | 46 | 2.0 | |
| | 5.4 | 1.5 | 6 | | 0.20 | 0.75 | 44 | 2.0 | |
| IS50-32-200 | 12.5 | 3.47 | 50 | 2900 | 3.54 | 5.5 | 48 | 2.0 | 81 |
| | 11.7 | 3.25 | 44 | | 3.04 | 4 | 46 | 2.0 | |
| | 10.8 | 3.01 | 38 | | 2.54 | 4 | 44 | 2.0 | |
| IS50-32-200 | 6.3 | 1.74 | 12.5 | 1450 | 0.51 | 1.1 | 42 | 2.0 | |
| | 5.9 | 1.64 | 11 | | 0.44 | 1.1 | 40 | 2.0 | |
| | 5.4 | 1.5 | 9.5 | | 0.37 | 0.75 | 38 | 2.0 | |
| IS50-32-250 | 12.5 | 3.47 | 80 | 2900 | 7.16 | 11 | 38 | 2.0 | 154 |
| | 11.7 | 3.25 | 70 | | 6.19 | 11 | 36 | 2.0 | |
| | 10.8 | 3.01 | 60 | | 5.19 | 7.5 | 34 | 2.0 | |
| IS50-32-250 | 6.3 | 1.74 | 20 | 1450 | 1.07 | 1.5 | 32 | 2.0 | |
| | 5.9 | 1.64 | 17.5 | | 0.94 | 1.5 | 32 | 2.0 | |
| | 5.4 | 1.5 | 15 | | 0.79 | 1.1 | 28 | 2.0 | |
| IS65-50-125 | 25 | 6.94 | 20 | 2900 | 1.97 | 3 | 69 | 2.0 | 78 |
| | 22.4 | 6.22 | 16 | | 1.46 | 2.2 | 69 | 2.0 | |
| IS65-50-125 | 12.5 | 3.47 | 5 | 1450 | 0.27 | 0.75 | 64 | 2.0 | |
| | 11.2 | 3.11 | 4 | | 0.20 | 0.75 | 64 | 2.0 | |
| IS65-50-160 | 25 | 6.94 | 32 | 2900 | 3.35 | 5.5 | 65 | 2.0 | 84 |
| | 23.4 | 6.5 | 28 | | 2.83 | 4 | 63 | 2.0 | |
| | 21.7 | 6.03 | 24 | | 2.32 | 4 | 61 | 2.0 | |
| IS65-50-160 | 12.5 | 3.47 | 8 | 1450 | 0.45 | 0.75 | 60 | 2.0 | |
| | 11.7 | 3.25 | 7 | | 0.38 | 0.75 | 58 | 2.0 | |
| | 10.8 | 3.01 | 6 | | 0.32 | 0.75 | 56 | 2.0 | |
| IS65-40-200 | 25 | 6.94 | 50 | 2900 | 5.67 | 7.5 | 60 | 2.0 | 88 |
| | 23.4 | 6.5 | 44 | | 4.83 | 7.5 | 58 | 2.0 | |
| | 21.7 | 6.03 | 38 | | 4.00 | 5.5 | 56 | 2.0 | |
| IS65-40-200 | 12.5 | 3.47 | 12.5 | 1450 | 0.77 | 1.5 | 55 | 2.0 | |
| | 11.7 | 3.25 | 11 | | 0.66 | 1.1 | 53 | 2.0 | |
| | 10.8 | 3.01 | 9.5 | | 0.55 | 1.1 | 51 | 2.0 | |

| 型　号 | 流　量 | | 扬程/m | 转速/r·min⁻¹ | 功率/kW | | 效率/% | 汽蚀余量/m | 质量/kg |
|---|---|---|---|---|---|---|---|---|---|
| | m³/h | L/s | | | 轴 | 电动机 | | | |
| IS65－40－250 | 25 | 6.94 | 80 | 2900 | 10.3 | 15 | 53 | 2.0 | 172 |
| | 23.4 | 6.5 | 70 | | 8.74 | 11 | 51 | 2.0 | |
| | 21.7 | 6.03 | 60 | | 7.23 | 11 | 49 | 2.0 | |
| IS65－40－250 | 12.5 | 4.47 | 20 | 1450 | 1.42 | 2.2 | 48 | 2.0 | |
| | 11.7 | 3.25 | 17.5 | | 1.21 | 2.2 | 46 | 2.0 | |
| | 10.8 | 3.01 | 15 | | 1.00 | 1.5 | 44 | 2.0 | |
| IS65－40－315 | 15 | 4.17 | 127 | 2900 | 18.5 | 30 | 28 | 2.5 | 40 |
| | 25 | 6.94 | 125 | | 21.3 | | 40 | 2.5 | |
| | 30 | 8.33 | 123 | | 22.8 | | 44 | 3.0 | |
| IS65－40－315 | 7.5 | 2.08 | 32.3 | 1450 | 2.63 | 4 | 25 | 2.5 | |
| | 12.5 | 3.47 | 32.0 | | 2.94 | | 37 | 2.5 | |
| | 15 | 4.17 | 31.7 | | 3.16 | | 41 | 3.0 | |
| IS80－65－125 | 30 | 8.33 | 22.5 | 2900 | 2.87 | 5.5 | 64 | 3.0 | 35 |
| | 50 | 13.9 | 20 | | 3.63 | | 75 | 3.0 | |
| | 60 | 16.7 | 18 | | 3.98 | | 74 | 3.5 | |
| IS80－65－125 | 15 | 4.17 | 5.6 | 1450 | 0.42 | 0.75 | 55 | 2.5 | |
| | 25 | 6.94 | 5 | | 0.48 | | 71 | 2.5 | |
| | 30 | 8.33 | 4.5 | | 0.51 | | 72 | 3.0 | |
| IS80－65－160 | 30 | 8.33 | 36 | 2900 | 4.82 | 7.5 | 61 | 2.5 | 41 |
| | 50 | 13.9 | 32 | | 5.97 | | 73 | 2.0 | |
| | 60 | 16.7 | 29 | | 6.59 | | 72 | 3.0 | |
| IS80－65－160 | 15 | 4.17 | 9 | 1450 | 0.67 | 1.5 | 55 | 2.5 | |
| | 25 | 6.94 | 8 | | 0.79 | | 69 | 2.5 | |
| | 30 | 8.33 | 7.2 | | 0.86 | | 68 | 3.0 | |
| IS80－50－200 | 30 | 8.33 | 53 | 2900 | 7.87 | 15 | 55 | 2.5 | 51 |
| | 50 | 13.9 | 50 | | 9.87 | | 69 | 2.5 | |
| | 60 | 16.7 | 47 | | 10.8 | | 71 | 3.0 | |
| IS80－50－200 | 15 | 4.17 | 13.2 | 1450 | 1.06 | 2.2 | 51 | 2.5 | |
| | 25 | 6.94 | 12.5 | | 1.31 | | 65 | 2.5 | |
| | 30 | 8.33 | 11.8 | | 1.44 | | 67 | 3.0 | |
| IS80－50－250 | 30 | 8.33 | 84 | 2900 | 13.2 | 22 | 52 | 2.5 | 87 |
| | 50 | 13.9 | 80 | | 17.3 | | 63 | 2.5 | |
| | 60 | 16.7 | 75 | | 19.2 | | 64 | 3.0 | |
| IS80－50－250 | 15 | 4.17 | 21 | 1450 | 1.75 | 3 | 49 | 2.5 | |
| | 25 | 6.94 | 20 | | 2.27 | | 60 | 2.5 | |
| | 30 | 8.33 | 18.8 | | 2.52 | | 61 | 3.0 | |
| IS80－50－315 | 30 | 8.33 | 128 | 2900 | 25.5 | 37 | 41 | 2.5 | 90 |
| | 50 | 13.9 | 125 | | 31.5 | | 54 | 2.5 | |
| | 60 | 16.7 | 123 | | 35.3 | | 57 | 3.0 | |
| IS80－50－315 | 15 | 4.17 | 32.5 | 1450 | 3.4 | 5.5 | 39 | 2.5 | |
| | 25 | 6.94 | 32 | | 4.19 | | 52 | 2.5 | |
| | 30 | 8.33 | 31.5 | | 4.6 | | 56 | 3.0 | |

| 型号 | 流量 | | 扬程/m | 转速/r·min⁻¹ | 功率/kW | | 效率/% | 汽蚀余量/m | 质量/kg |
| --- | --- | --- | --- | --- | --- | --- | --- | --- | --- |
| | m³/h | L/s | | | 轴 | 电动机 | | | |
| IS100－80－125 | 60 | 16.7 | 24 | 2900 | 5.86 | 11 | 67 | 4.0 | 50 |
| | 100 | 27.8 | 20 | | 7.00 | | 78 | 4.5 | |
| | 120 | 33.3 | 16.5 | | 7.28 | | 74 | 5.0 | |
| IS100－80－125 | 30 | 8.33 | 6 | 1450 | 0.77 | 1.5 | 64 | 2.5 | |
| | 50 | 13.9 | 5 | | 0.91 | | 75 | 2.5 | |
| | 60 | 16.7 | 4 | | 0.92 | | 71 | 3.0 | |
| IS100－80－160 | 60 | 16.7 | 36 | 2900 | 8.42 | 15 | 70 | 3.5 | 82.5 |
| | 100 | 27.8 | 32 | | 11.2 | | 78 | 4.0 | |
| | 120 | 33.3 | 28 | | 12.2 | | 75 | 5.0 | |
| IS100－80－160 | 30 | 8.33 | 9.2 | 1450 | 1.12 | 2.2 | 67 | 2.0 | |
| | 50 | 13.9 | 8.0 | | 1.45 | | 75 | 2.5 | |
| | 60 | 16.7 | 6.8 | | 1.57 | | 71 | 3.5 | |
| IS100－65－200 | 60 | 16.7 | 54 | 2900 | 13.6 | 22 | 65 | 3.0 | 83 |
| | 100 | 27.8 | 50 | | 17.9 | | 76 | 3.6 | |
| | 120 | 33.3 | 47 | | 19.9 | | 77 | 4.8 | |
| IS100－65－200 | 30 | 8.33 | 13.5 | 1450 | 1.84 | 4 | 60 | 2.0 | 83 |
| | 50 | 13.9 | 12.5 | | 2.33 | | 73 | 2.0 | |
| | 60 | 16.7 | 11.8 | | 2.61 | | 74 | 2.5 | |
| IS100－65－250 | 60 | 16.7 | 87 | 2900 | 23.4 | 37 | 61 | 3.5 | 108 |
| | 100 | 27.8 | 80 | | 30.3 | | 72 | 3.8 | |
| | 120 | 33.3 | 74.5 | | 33.3 | | 73 | 4.8 | |
| IS100－65－250 | 30 | 8.33 | 21.3 | 1450 | 3.16 | 5.5 | 55 | 2.0 | |
| | 50 | 13.9 | 20 | | 4.00 | | 68 | 2.0 | |
| | 60 | 16.7 | 19 | | 4.44 | | 70 | 2.5 | |
| IS100－65－315 | 60 | 16.7 | 133 | 2900 | 39.6 | 75 | 55 | 3.0 | 130 |
| | 100 | 27.8 | 125 | | 51.6 | | 66 | 3.6 | |
| | 120 | 33.3 | 118 | | 57.5 | | 67 | 4.2 | |
| IS100－65－315 | 30 | 8.33 | 34 | 1450 | 5.44 | 11 | 51 | 2.0 | |
| | 50 | 13.9 | 32 | | 6.92 | | 63 | 2.0 | |
| | 60 | 16.7 | 30 | | 7.67 | | 64 | 2.5 | |
| IS125－100－200 | 120 | 33.3 | 57.5 | 2900 | 28.0 | 45 | 67 | 4.5 | 96 |
| | 200 | 55.5 | 50 | | 33.6 | | 81 | 4.5 | |
| | 240 | 66.7 | 44.5 | | 36.4 | | 80 | 5.0 | |
| IS125－100－200 | 60 | 16.7 | 14.5 | 1450 | 3.83 | 7.5 | 62 | 2.5 | |
| | 100 | 27.8 | 12.5 | | 4.48 | | 76 | 2.5 | |
| | 120 | 33.3 | 11.0 | | 4.79 | | 75 | 3.0 | |
| IS125－100－250 | 120 | 33.3 | 87 | 2900 | 43.0 | 75 | 66 | 3.8 | 108 |
| | 200 | 55.5 | 80 | | 55.9 | | 78 | 4.2 | |
| | 240 | 66.7 | 72 | | 62.8 | | 75 | 5.0 | |
| IS125－100－250 | 60 | 16.7 | 21.5 | 1450 | 5.59 | 11 | 63 | 2.5 | |
| | 100 | 27.8 | 20 | | 7.17 | | 76 | 2.5 | |
| | 120 | 33.3 | 18.5 | | 7.84 | | 77 | 3.0 | |

| 型　号 | 流　量 | | 扬程/m | 转速/r·min⁻¹ | 功率/kW | | 效率/% | 汽蚀余量/m | 质量/kg |
|---|---|---|---|---|---|---|---|---|---|
| | m³/h | L/s | | | 轴 | 电动机 | | | |
| IS125 - 100 - 315 | 120 | 33.3 | 132.5 | 2900 | 72.1 | 110 | 60 | 4.0 | 140 |
| | 200 | 55.6 | 125 | | 90.8 | | 75 | 4.5 | |
| | 240 | 66.7 | 120 | | 101.9 | | 77 | 5.0 | |
| IS125 - 100 - 315 | 60 | 16.7 | 33.5 | 1450 | 9.4 | 15 | 58 | 2.5 | |
| | 100 | 27.8 | 32 | | 11.9 | | 73 | 2.5 | |
| | 120 | 33.3 | 30.5 | | 13.5 | | 74 | 3.0 | |
| IS125 - 100 - 400 | 60 | 16.7 | 52 | 1450 | 16.1 | 30 | 53 | 2.5 | 90 |
| | 100 | 27.8 | 50 | | 21.0 | | 65 | 2.5 | |
| | 120 | 33.3 | 48.5 | | 23.6 | | 67 | 3.0 | |
| IS150 - 125 - 250 | 120 | 33.3 | 22.5 | 1450 | 10.4 | 18.5 | 71 | 3.0 | |
| | 200 | 55.6 | 20 | | 13.5 | | 81 | 3.0 | |
| | 240 | 66.7 | 17.5 | | 14.7 | | 78 | 3.5 | |
| IS150 - 125 - 315 | 120 | 33.3 | 34 | 1450 | 15.86 | 30 | 70 | 2.5 | 96 |
| | 200 | 55.6 | 32 | | 22.08 | | 79 | 2.8 | |
| | 240 | 66.7 | 29 | | 23.71 | | 80 | 3.0 | |
| IS150 - 125 - 400 | 120 | 33.3 | 53 | 1450 | 27.9 | 45 | 62 | 2.0 | |
| | 200 | 55.6 | 50 | | 36.6 | | 75 | 2.8 | |
| | 240 | 66.7 | 46 | | 40.6 | | 47 | 3.5 | |

**表 15 - 43　Sh 型、S 型单级双吸离心泵的主要技术参数**

| 型　号 | 流　量 | | 扬程/m | 转速/r·min⁻¹ | 功率/kW | | 效率/% | 汽蚀余量/m | 口径/mm | | 质量/kg |
|---|---|---|---|---|---|---|---|---|---|---|---|
| | m³/h | L/s | | | 轴 | 电动机 | | | 进 | 出 | |
| 12Sh - 6 | 590 | 164 | 98 | 1480 | 213 | 300 | 74 | 4.6 | 300 | 200 | 970 |
| | 792 | 220 | 90 | | 245 | | 80 | 5.5 | | | |
| | 936 | 260 | 82 | | 279 | | 75 | 6.5 | | | |
| 12Sh - 9 | 576 | 160 | 65 | 1485 | 128 | 180 | 80 | 5.9 | 300 | 200 | 790 |
| | 792 | 220 | 58 | | 149 | | 84 | 6.1 | | | |
| | 972 | 270 | 50 | | 168 | | 79 | 6.3 | | | |
| 12Sh - 13 | 612 | 170 | 38 | 1480 | 76.2 | 90 | 83 | 5.5 | 300 | 250 | 610 |
| | 792 | 220 | 32.2 | | 79.8 | | 87 | | | | |
| | 900 | 250 | 25.5 | | 78.1 | | 80 | | | | |
| 12Sh - 19 | 612 | 170 | 23 | 1480 | 47.3 | 55 | 81 | 5.5 | 300 | 250 | 480 |
| | 792 | 220 | 19.4 | | 49.8 | | 84 | | | | |
| | 935 | 260 | 14 | | 47.6 | | 75 | | | | |
| 12Sh - 28 | 611 | 170 | 14.5 | 1480 | 30.3 | 37 | 80 | 5.5 | 300 | 250 | 470 |
| | 792 | 220 | 12 | | 31.2 | | 83 | | | | |
| | 900 | 250 | 10 | | 33.1 | | 74 | | | | |
| 14Sh - 6 | 850 | 236 | 140 | 1485 | 450 | 680 | 72 | 6.5 | 350 | 200 | 1830 |
| | 1250 | 347 | 125 | | 525 | | 81 | | | | |
| | 1663 | 461 | 100 | | 620 | | 73 | | | | |
| 14Sh - 9 | 972 | 270 | 80 | | 268 | 400 | 79 | 6.5 | 350 | 250 | 1500 |
| | 1260 | 350 | 75 | | 306 | | 84 | | | | |
| | 1440 | 400 | 65 | | 319 | | 80 | | | | |

| 型 号 | 流 量 | | 扬程 /m | 转速 /r·min⁻¹ | 功率/kW | | 效率/% | 汽蚀余量/m | 口径/mm | | 质量/kg |
|---|---|---|---|---|---|---|---|---|---|---|---|
| | m³/h | L/s | | | 轴 | 电动机 | | | 进 | 出 | |
| 14Sh-13 | 972 | 270 | 50 | 1480 | 164 | 220 | 81 | 6.5 | 350 | 300 | 1105 |
| | 1260 | 350 | 43.8 | | 179 | | 84 | | | | |
| | 1480 | 410 | 37 | | 188 | | 79 | | | | |
| 14Sh-19 | 971 | 270 | 32 | 1485 | 99.7 | 132 | 85 | 6.5 | 350 | 300 | 900 |
| | 1260 | 350 | 26 | | 102 | | 88 | | | | |
| | 1440 | 400 | 22 | | 95.7 | | 82 | | | | |
| 14Sh-28 | 971 | 270 | 20 | 1480 | 64.4 | 75 | 82 | 6.5 | 350 | 300 | 760 |
| | 1260 | 350 | 16.2 | | 65.3 | | 85 | | | | |
| | 1440 | 400 | 13.4 | | 70 | | 75 | | | | |
| 16SA-9 | 1080 | 300 | 98 | 1485 | 403 | 500 | 71.5 | 5.5 | 400 | 350 | 1910 |
| | 1260 | 350 | 96 | | 428 | | 77 | | | | |
| | 1620 | 450 | 90 | | 473 | | 84 | | | | |
| 500S98 | 1450 | 403 | 108 | 990 | 585 | 800 | 72.5 | 6.0 | 500 | 300 | 3000 |
| | 2016 | 560 | 98.4 | | 680 | | 79.5 | | | | |
| | 2300 | 640 | 89 | | 735 | | 76 | | | | |
| 20Sh-9 | 1150 | 430 | 66 | 990 | 340 | 500 | 82 | 6.0 | 500 | 300 | 3800 |
| | 2016 | 560 | 59 | | 390 | | 83 | | | | |
| | 2450 | 680 | 50 | | 433 | | 77 | | | | |
| 20Sh-13 | 1550 | 430 | 40 | 985 | 206 | 280 | 82 | 6.0 | 500 | 350 | 2340 |
| | 2016 | 560 | 35.1 | | 219 | | 88 | | | | |
| | 2410 | 670 | 30 | | 247 | | 80 | | | | |
| 20Sh-19 | 1620 | 450 | 27 | 985 | 148 | 185 | 80 | 6.0 | 500 | 400 | 1950 |
| | 2016 | 560 | 22 | | 147 | | 82 | | | | |
| | 2340 | 650 | 15 | | 137 | | 70 | | | | |
| 20Sh-28 | 1620 | 450 | 15.2 | 970 | 78.9 | 110 | 85 | 6.0 | 500 | 400 | 1890 |
| | 2016 | 560 | 12.8 | | 79 | | 89 | | | | |
| | 2325 | 646 | 10.6 | | 78 | | 86 | | | | |
| 24Sh-9 | 2750 | 764 | 80 | 960 | 699 | 900 | 87 | 6.5 | 600 | 400 | 4200 |
| | 3170 | 880 | 75 | | 711 | | 91 | | | | |
| | 3930 | 1092 | 60 | | 730 | | 88 | | | | |
| 600S47 | 2502 | 695 | 56 | 970 | 460 | 550 | 83 | 7.5 | 600 | 400 | 3500 |
| | 3168 | 880 | 47.4 | | 465 | | 88 | | | | |
| | 3499 | 972 | 38 | | 426 | | 80 | | | | |
| 24Sh-15 | 2500 | 694 | 33.5 | 740 | 316.7 | 420 | 70 | 5.0 | 600 | 500 | 3100 |
| | 3600 | 1000 | 30 | | 345.9 | | 85 | 5.5 | | | |
| | 4000 | 1111 | 28.5 | | 374 | | 83 | 5.8 | | | |
| 24Sh-19 | 2485 | 700 | 27 | 970 | 295 | 380 | 86 | 7.5 | 600 | 500 | 2250 |
| | 3170 | 880 | 32 | | 310 | | 89 | | | | |
| | 3960 | 1100 | 22 | | 279 | | 85 | | | | |

续表 15－43

| 型　号 | 流　量 | | 扬程 /m | 转速 /r·min⁻¹ | 功率/kW | | 效率/% | 汽蚀余量/m | 口径/mm | | 质量/kg |
|---|---|---|---|---|---|---|---|---|---|---|---|
| | m³/h | L/s | | | 轴 | 电动机 | | | 进 | 出 | |
| 24Sh－20 | 2500 | 694.4 | 24.5 | 740 | 238.3 | 340 | 70 | 5.0 | 600 | 500 | 3030 |
| | 3600 | 1000 | 21 | | 248 | | 83 | | | | |
| | 3800 | 1055 | 20.4 | | 256 | | 82.5 | | | | |
| 24Sh－24 | 2500 | 694 | 18.4 | 745 | 181 | 220 | 69.3 | 4.6 | 600 | 500 | 2800 |
| | 3600 | 1000 | 13.4 | | 170 | | 77.1 | 5.6 | | | |
| | 3800 | 1055 | 12.3 | | 169 | | 75.3 | 6.0 | | | |
| 24Sh－28 | 2340 | 650 | 23.5 | 970 | 187 | 250 | 80 | 7.5 | 600 | 500 | 2180 |
| | 2880 | 800 | 21 | | 195 | | 84.5 | | | | |
| | 3420 | 950 | 18 | | 207 | | 81 | | | | |
| 28SA－10 | 3715 | 1032 | 99.5 | 980 | 1157 | 1600 | 87 | 6.4 | 700 | 500 | 5800 |
| | 4700 | 1306 | 90 | | 1252 | | 92 | 9.5 | | | |
| | 4896 | 1360 | 87 | | 1296 | | 89.5 | 10.4 | | | |
| 32Sh－9 | 4400 | 1222 | 82 | 740 | 1128 | 1600 | 87 | 8.0 | 800 | 600 | 8000 |
| | 5500 | 1528 | 76 | | 1250 | | 91 | | | | |
| | 6600 | 1722 | 68 | | 1384 | | 88 | | | | |
| 32SA－10 | 4680 | 1300 | 84 | 740 | 1216 | 1600 | 88 | 8.5 | 800 | 600 | 8300 |
| | 6330 | 1758 | 75 | | 1405 | | 92 | | | | |
| | 7200 | 2000 | 67.5 | | 1478 | | 90 | | | | |
| 32Sh－19 | 4700 | 1305 | 35 | 730 | 575 | 730 | 78 | 6.5 | 800 | 600 | 5100 |
| | 5500 | 1530 | 32.5 | | 580 | | 84 | | | | |
| | 6460 | 1795 | 25.4 | | 555 | | 80.5 | | | | |
| 800S22 | 4320 | 1200 | 25 | 730 | 359 | 450 | 82 | 6 | 800 | 600 | 5500 |
| | 5500 | 1528 | 22 | | 370 | | 89 | 7 | | | |
| | 6480 | 1800 | 19 | | 390 | | 86 | 7.8 | | | |
| 32Sh－30 | 4320 | 1200 | 15 | 600 | 223 | 250 | 79.3 | 6.0 | 800 | 800 | 4900 |
| | 5400 | 1500 | 12 | | 214 | | 82.6 | 6.5 | | | |
| | 6120 | 1700 | 10.6 | | 217 | | 81.4 | 7.3 | | | |
| 1000S46 | 6600 | 1833 | 52 | 600 | 1112 | 1250 | 84 | 6.0 | 1000 | 800 | 10000 |
| | 8250 | 2292 | 46 | | 1174 | | 88 | | | | |
| | 9900 | 2750 | 37 | | 1246 | | 80 | | | | |
| 1200S85 | 9360 | 2600 | 95.7 | 745 | 2903 | 3450 | 84 | 11 | 1200 | 800 | 16000 |
| | 12240 | 3400 | 85 | | 3147 | | 90 | 12 | | | |
| | 14400 | 4000 | 70 | | 3228 | | 85 | 12.4 | | | |
| 1200S56 | 8640 | 2400 | 60.5 | 600 | 1736 | 2240 | 82 | 7.5 | 1200 | 800 | 16000 |
| | 10800 | 3000 | 56 | | 1871 | | 88 | | | | |
| | 12960 | 3600 | 47.5 | | 1960 | | 86 | | | | |
| 1200S32 | 8640 | 2400 | 35 | 600 | 992 | 1400 | 83 | 7.1 | 1200 | 800 | 13000 |
| | 10800 | 3000 | 32 | | 1082 | | 87 | | | | |
| | 12960 | 3600 | 26 | | 1073 | | 85.5 | | | | |
| 1200S22 | 7920 | 2200 | 26 | 500 | 651 | 800 | 86 | 5.5 | 1200 | 800 | 12500 |
| | 9612 | 2670 | 22 | | 662 | | 87 | | | | |
| | 10800 | 3000 | 18 | | 638 | | 83 | | | | |

续表 15 – 43

| 型 号 | 流 量 | | 扬程/m | 转速/r·min⁻¹ | 功率/kW | | 效率/% | 汽蚀余量/m | 口径/mm | | 质量/kg |
|---|---|---|---|---|---|---|---|---|---|---|---|
| | m³/h | L/s | | | 轴 | 电动机 | | | 进 | 出 | |
| 1200S19 | 15000 | 4167 | 21.8 | 485 | 1074 | 1250 | 83 | 7.9 | 1200 | 1200 | 18000 |
| | 18000 | 5000 | 19 | | 1047 | | 89 | 9.2 | | | |
| | 19000 | 5278 | 17.9 | | 1030 | | 90 | 10 | | | |

**表 15 – 44 DA₁ 系列单吸多级分段式离心泵的主要技术参数**

| 型 号 | 级数 | 流量/m³·h⁻¹ | 扬程/m | 转速/r·min⁻¹ | 功率/kW | | 效率/% | 汽蚀余量/m | 质量/kg |
|---|---|---|---|---|---|---|---|---|---|
| | | | | | 轴 | 电动机 | | | |
| DA₁ – 50 | 2 | 12.6 | 23 | 2950 | 1.43 | 2.2 | 55 | 2.0 | 127 |
| | | 18 | 19 | | 1.5 | | 62 | | |
| | | 23.4 | 13 | | 1.48 | | 56 | | |
| | 3 | 12.6 | 34.5 | 2950 | 2.15 | 3 | 55 | 2.0 | 150 |
| | | 18 | 28.5 | | 2.25 | | 62 | | |
| | | 23.4 | 19.5 | | 2.22 | | 56 | | |
| | 4 | 12.6 | 46 | 2950 | 2.68 | 4 | 55 | 2.0 | 180 |
| | | 18 | 38 | | 3 | | 62 | | |
| | | 23.4 | 26 | | 2.96 | | 56 | | |
| | 5 | 12.6 | 57.5 | 2950 | 3.58 | 5.5 | 55 | 2.0 | 210 |
| | | 18 | 47.5 | | 3.75 | | 62 | | |
| | | 23.4 | 32.5 | | 3.70 | | 56 | | |
| | 6 | 12.6 | 69 | 2950 | 4.29 | 5.5 | 55 | 2.0 | 220 |
| | | 18 | 57 | | 4.5 | | 62 | | |
| | | 23.4 | 39 | | 4.44 | | 56 | | |
| | 7 | 12.6 | 80.5 | 2950 | 5.01 | 7.5 | 55 | 2.0 | 250 |
| | | 18 | 66.5 | | 5.25 | | 62 | | |
| | | 23.4 | 45.5 | | 5.18 | | 56 | | |
| | 8 | 12.6 | 92 | 2950 | 5.72 | 7.5 | 55 | 2.0 | 260 |
| | | 18 | 76 | | 6 | | 62 | | |
| | | 23.4 | 52 | | 5.92 | | 56 | | |
| | 9 | 12.6 | 103.5 | 2950 | 6.44 | 7.5 | 55 | 2.0 | 270 |
| | | 18 | 85.5 | | 6.75 | | 62 | | |
| | | 23.4 | 58.5 | | 6.66 | | 56 | | |
| | 10 | 12.6 | 115 | 2950 | 7.15 | 11 | 55 | 2.0 | 345 |
| | | 18 | 95 | | 7.5 | | 62 | | |
| | | 23.4 | 65 | | 7.4 | | 56 | | |
| | 11 | 12.6 | 127 | 2950 | 7.93 | 11 | 55 | 2.0 | 355 |
| | | 18 | 105 | | 8.31 | | 62 | | |
| | | 23.4 | 71.5 | | 8.14 | | 56 | | |
| | 12 | 12.6 | 138 | 2950 | 8.61 | 11 | 55 | 2.0 | 365 |
| | | 18 | 114 | | 9.02 | | 62 | | |
| | | 23.4 | 78 | | 8.88 | | 56 | | |

| 型　号 | 级数 | 流量/m³·h⁻¹ | 扬程/m | 转速/r·min⁻¹ | 功率/kW | | 效率/% | 汽蚀余量/m | 质量/kg |
| --- | --- | --- | --- | --- | --- | --- | --- | --- | --- |
| | | | | | 轴 | 电动机 | | | |
| DA₁-80 | 2 | 25.2 | 25.6 | 2920 | 2.68 | 3 | 65.5 | 2.5 | 195 |
| | | 32.4 | 22.7 | | 2.67 | | 75 | | |
| | | 39.6 | 17.6 | | 2.69 | | 70.5 | | |
| | 3 | 25.2 | 38.4 | 2920 | 4.03 | 5.5 | 65.5 | 2.5 | 250 |
| | | 32.4 | 34.1 | | 4.01 | | 75 | | |
| | | 39.6 | 26.4 | | 4.04 | | 70.5 | | |
| | 4 | 25.2 | 51.2 | 2920 | 5.31 | 7.5 | 65.5 | 2.5 | 275 |
| | | 32.4 | 45.4 | | 5.34 | | 75 | | |
| | | 39.6 | 35.2 | | 5.39 | | 70.5 | | |
| | 5 | 25.2 | 64 | 2920 | 6.71 | 7.5 | 65.5 | 2.5 | 295 |
| | | 32.4 | 56.8 | | 6.7 | | 75 | | |
| | | 39.6 | 44 | | 6.73 | | 70.5 | | |
| | 6 | 25.2 | 76.8 | 2920 | 8.05 | 11 | 65.5 | 2.5 | 375 |
| | | 32.4 | 68.1 | | 8.02 | | 75 | | |
| | | 39.6 | 52.8 | | 8.08 | | 70.5 | | |
| | 7 | 25.2 | 89.6 | 2920 | 9.39 | 15 | 65.5 | 2.5 | 410 |
| | | 32.4 | 79.5 | | 9.36 | | 75 | | |
| | | 39.6 | 61.6 | | 9.42 | | 70.5 | | |
| | 8 | 25.2 | 102 | 2920 | 10.69 | 15 | 65.5 | 2.5 | 430 |
| | | 32.4 | 90.8 | | 10.7 | | 75 | | |
| | | 39.6 | 70.4 | | 10.78 | | 70.5 | | |
| | 9 | 25.2 | 115 | 2920 | 12.06 | 15 | 65.5 | 2.5 | 445 |
| | | 32.4 | 102 | | 12.01 | | 75 | | |
| | | 39.6 | 79.2 | | 12.12 | | 70.5 | | |
| | 10 | 25.2 | 128 | 2920 | 13.42 | 18.5 | 65.5 | 2.5 | 190 |
| | | 32.4 | 114 | | 13.42 | | 75 | | |
| | | 39.6 | 88 | | 13.47 | | 70.5 | | |
| | 11 | 25.2 | 141 | 2920 | 14.78 | 18.5 | 65.5 | 2.5 | 510 |
| | | 32.4 | 125 | | 14.72 | | 75 | | |
| | | 39.6 | 96.8 | | 14.82 | | 70.5 | | |
| | 12 | 25.2 | 154 | 2920 | 16.15 | 18.5 | 65.5 | 2.5 | 550 |
| | | 32.4 | 136 | | 16.01 | | 75 | | |
| | | 39.6 | 106 | | 16.22 | | 70.5 | | |
| DA₁-100 | 2 | 36 | 38.8 | 2940 | 6.57 | 11 | 58 | 3.0 | 365 |
| | | 54 | 35.4 | | 9 | | 71.5 | | |
| | | 72 | 28.4 | | 7.58 | | 73.5 | | |
| | 3 | 36 | 58.2 | 2940 | 9.84 | 15 | 58 | 3.0 | 395 |
| | | 54 | 52.8 | | 10.81 | | 71.5 | | |
| | | 72 | 42.6 | | 11.37 | | 73.5 | | |

| 型　号 | 级数 | 流量/m³·h⁻¹ | 扬程/m | 转速/r·min⁻¹ | 功率/kW | | 效率/% | 汽蚀余量/m | 质量/kg |
|---|---|---|---|---|---|---|---|---|---|
| | | | | | 轴 | 电动机 | | | |
| DA₁－100 | 4 | 36 | 77.6 | 2940 | 13.2 | 18.5 | 58 | 3.0 | 450 |
| | | 54 | 70.4 | | 14.4 | | 71.5 | | |
| | | 72 | 56.8 | | 15.3 | | 73.5 | | |
| | 5 | 36 | 97 | 2940 | 16.41 | 22 | 58 | 3.0 | 515 |
| | | 54 | 88 | | 11 | | 71.5 | | |
| | | 72 | 71 | | 18.95 | | 73.5 | | |
| | 6 | 36 | 116 | 2940 | 19.8 | 30 | 58 | 3.0 | 630 |
| | | 54 | 106 | | 21.6 | | 71.5 | | |
| | | 72 | 85.2 | | 22.9 | | 73.5 | | |
| | 7 | 36 | 136 | 2940 | 23.1 | 37 | 58 | 3.0 | 670 |
| | | 54 | 123 | | 25.2 | | 71.5 | | |
| | | 72 | 99.4 | | 26.53 | | 73.5 | | |
| | 8 | 36 | 155 | 2940 | 26.4 | 37 | 58 | 3.0 | 685 |
| | | 54 | 141 | | 29.0 | | 71.5 | | |
| | | 72 | 114 | | 30.5 | | 73.5 | | |
| | 9 | 36 | 175 | 2940 | 29.7 | 45 | 58 | 3.0 | 795 |
| | | 54 | 158 | | 32.4 | | 71.5 | | |
| | | 72 | 128 | | 34.4 | | 73.5 | | |
| | 10 | 36 | 194 | 2940 | 32.8 | 45 | 58 | 3.0 | 820 |
| | | 54 | 176 | | 36.2 | | 71.5 | | |
| | | 72 | 142 | | 37.9 | | 73.5 | | |
| | 11 | 36 | 213 | 2940 | 36.03 | 55 | 58 | 3.0 | 970 |
| | | 54 | 194 | | 39.93 | | 71.5 | | |
| | | 72 | 156 | | 41.64 | | 73.5 | | |
| | 12 | 36 | 233 | 2940 | 39.4 | 55 | 58 | 3.0 | 995 |
| | | 54 | 211 | | 43.4 | | 71.5 | | |
| | | 72 | 170 | | 45.4 | | 73.5 | | |
| DA₁－125 | 2 | 90 | 46 | 2950 | 15.2 | 22 | 75 | 2.8 | 550 |
| | | 108 | 40 | | 15.6 | | 76 | 3.2 | |
| | | 126 | 30 | | 14.1 | | 73 | 4.5 | |
| | 3 | 90 | 69 | 2950 | 22.8 | 30 | 75 | 2.8 | 665 |
| | | 108 | 60 | | 23.4 | | 76 | 3.2 | |
| | | 126 | 45 | | 21.2 | | 73 | 4.5 | |
| | 4 | 90 | 92 | 2950 | 30.4 | 37 | 75 | 2.8 | 725 |
| | | 108 | 80 | | 31.2 | | 76 | 3.2 | |
| | | 126 | 62 | | 29.2 | | 73 | 4.5 | |
| | 5 | 90 | 116 | 2950 | 38 | 45 | 75 | 2.8 | 810 |
| | | 108 | 100 | | 39 | | 76 | 3.2 | |
| | | 126 | 75 | | 35.3 | | 73 | 4.5 | |

续表 15-44

| 型　号 | 级数 | 流量/m³·h⁻¹ | 扬程/m | 转速/r·min⁻¹ | 功率/kW | | 效率/% | 汽蚀余量/m | 质量/kg |
|---|---|---|---|---|---|---|---|---|---|
| | | | | | 轴 | 电动机 | | | |
| DA₁-125 | 6 | 90 | 138 | 2950 | 45.6 | 55 | 75 | 2.8 | 1020 |
| | | 108 | 120 | | 46.8 | | 76 | 3.2 | |
| | | 126 | 90 | | 42.3 | | 73 | 4.5 | |
| | 7 | 90 | 161 | 2950 | 53.2 | 75 | 75 | 2.8 | 1265 |
| | | 108 | 140 | | 54.6 | | 76 | 3.2 | |
| | | 126 | 105 | | 49.4 | | 73 | 4.5 | |
| | 8 | 90 | 184 | 2950 | 60.8 | 75 | 75 | 2.8 | 1310 |
| | | 108 | 160 | | 62.4 | | 76 | 3.2 | |
| | | 126 | 120 | | 56.4 | | 73 | 4.5 | |
| | 9 | 90 | 207 | 2950 | 68.4 | 90 | 75 | 2.8 | 1450 |
| | | 108 | 180 | | 70.2 | | 76 | 3.2 | |
| | | 126 | 135 | | 63.5 | | 73 | 4.5 | |
| | 10 | 90 | 230 | 2950 | 76 | 90 | 75 | 2.8 | 1495 |
| | | 108 | 200 | | 78 | | 76 | 3.2 | |
| | | 126 | 150 | | 70.6 | | 73 | 4.5 | |
| | 11 | 90 | 253 | 2950 | 83.6 | 110 | 75 | 2.8 | 1920 |
| | | 108 | 220 | | 85.8 | | 76 | 3.2 | |
| | | 126 | 165 | | 77.6 | | 73 | 4.5 | |
| | 12 | 90 | 276 | 2950 | 91.2 | 110 | 75 | 2.8 | 1965 |
| | | 108 | 240 | | 93.6 | | 76 | 3.2 | |
| | | 126 | 180 | | 84.7 | | 73 | 4.5 | |
| DA₁-150 | 2 | 126 | 35 | 2950 | 30.4 | 40 | 68.6 | 6.5 | 325 |
| | | 144 | 40 | | 31.2 | | 72.7 | 6.4 | |
| | | 162 | 45 | | 31.46 | | 76.6 | 6.2 | |
| | | 180 | 50 | | 31.44 | | 76.8 | 6 | |
| | 3 | 126 | 35 | 2950 | 45.6 | 55 | 68.6 | 6.5 | 380 |
| | | 144 | 40 | | 46.8 | | 72.7 | 6.4 | |
| | | 162 | 45 | | 47.19 | | 76.6 | 6.2 | |
| | | 180 | 50 | | 47.16 | | 76.8 | 6 | |
| | 4 | 126 | 35 | 2950 | 60.8 | 75 | 68.6 | 6.5 | 435 |
| | | 144 | 40 | | 62.4 | | 72.7 | 6.4 | |
| | | 162 | 45 | | 62.92 | | 76.6 | 6.2 | |
| | | 180 | 50 | | 62.88 | | 76.8 | 6 | |
| | 5 | 126 | 35 | 2950 | 76 | 100 | 68.6 | 6.5 | 490 |
| | | 144 | 40 | | 78 | | 72.7 | 6.4 | |
| | | 162 | 45 | | 78.65 | | 76.6 | 6.2 | |

撰稿、审定：王荣祥　任效乾　张晶晶　王志霞（太原科技大学）

张万昌（天津水泥工业设计研究院有限公司）

李爱峰（太原重型机械集团）

王任中　梁江涛（深圳电子工程设计院）

# 第十六章 矿山安全

## 第一节 石灰石矿山安全技术论述

### 一、行业安全形势简述

目前我国水泥矿山行业总体安全形势是好的，因为水泥石灰岩矿山露天开采的工艺特点和比较独特的地质特性，比起其他矿种尤其是采取地下开采方法的矿山来说，达到安全生产目标相对来说要容易一些。一般来说，只要是矿山管理者思想上重视，行动上落实，在安全上达标都可以做到。矿山安全与其实际运作模式息息相关。目前我国水泥矿山企业大大小小超千家，既有年开采量超千万吨的特大型矿山，也有大量的年开采量仅数十万吨的小型矿山。矿山基建既有投资数亿元、建设成大型正规化现代化模式进行开采的，也有干脆直接转包出去以维持生产为目的的，还有为数不少的直接收购矿石而对矿山的实际生产不闻不问的。

近些年我国水泥矿山的恶性事故也时有发生，造成了一定的人员伤亡与财产损失。综合情况来看，原因是多方面的，既有天灾等自然因素，也有管理不到位或技术存缺陷等人为原因。目前我国针对矿山企业安全领域的法律法规已经是比较健全了，安全大法主要有《中华人民共和国安全生产法》、《中华人民共和国矿山安全法》、《中华人民共和国矿山安全法实施条例》等，各省安全部门均出台了各自的安全生产条例，另外国家安全生产监督管理总局与国家煤矿安全监察局还颁布了《非煤矿矿山企业安全生产许可证实施办法》——《国家安全生产监督管理局、国家煤矿安全监察局令》，从此水泥原料矿山开始依法实施矿山企业安全生产许可证制度。这是我国水泥矿山行业安全领域的一件标志性大事。2009 年 6 月 8 日，国家安全生产监督管理总局发布 20 号令，颁布实施新的《非煤矿矿山企业安全生产许可证实施办法》，从而对非煤矿山安全生产许可证的实施办法进行了新的规定，对我国非煤矿山行业的进一步规范化管理起到了引领性的作用。

总结我国目前中大型石灰石矿山企业的各种生产运营情况，以以下两种情况为主：

（1）进行了正规的设计，按设计完成了基建投资，自己组织并培训矿山生产队伍，进行正规化矿山生产。这样的矿山所属企业一般均重视矿山生产，其矿山配置设备比较先进，管理也较到位，能正确处理开采过程中的采矿与剥离的关系，矿石供应也能得到充分的保证，生产成本处于较低水平，安全形势比较好。这样的企业代表了我国水泥矿山的发展方向。能做到这样的主要是一些大型企业集团所属矿山，例如海螺、冀东、华新、华润集团等，部分中等及小规模的矿山也能做到这点。

（2）委托了正规设计，完成基建投资中的土石方部分与固定设施部分，然后将矿山生产外包给专业化的矿山公司或具备生产能力的联合承包体进行矿山生产，双方签订一定期限的生产责任书。生产过程中甲方按协议价格收购承包方开采的矿石。这种模式下基本上能做到矿山的有序组织与管理。一般来说，针对矿山地质与地形情况均比较简单时，这种模式的矿山生产不会产生多大问题；如果地质情况复杂，矿岩搭配困难或剥采比较大时，且合同双方不能很好地处理这些关系时，就容易产生很多问题，从而带来安全方面的隐患。

### 二、矿山安全应注意的问题

矿山安全是个综合性的问题，需要项目建设各方的积极参与。相比较矿山行业的其他矿种，石灰石矿山的安全性问题相对来说要好一些，这主要是因为石灰岩的独特地质特性造成的。但是在实际中，部分矿山企业存在的安全隐患也不少。一般认为，做好矿山安全工作应注意以下四个方面问题。

## （一）建设程序要合规

总的来说，是程序合规，过程合法，结果合格。

项目建设的各个环节，从项目立项，到地质勘查、设计、施工、安装，到实际生产，各环节的所有报批手续、招投标工作，都要规范化，做好过程控制非常重要，结果均应合格，这样可以从根本上来保证项目的安全。安全生产，预防为主，讲的就是要在项目建成以前做好各项工作，为今后的安全生产打下一个良好的基础。

## （二）设计过程要严谨

应遵守相关法律法规标准规范，设计手段要先进，过程要严谨，结果应优良。

现在国内从事矿山设计的院所不少，水平参差不齐，对项目建设的责任精神也不尽相同，设计成果的优良直接影响到项目的建设效果。

设计过程中最为基础的也是最为必需的，是应该遵守国家及行业的相关法律法规、标准规范，其中安全方面的规范或条文是最为重要的。另外先进的设计手段与完善的设计质量控制体系是优秀设计成果的可靠保证，现在设计正在由二维设计向三维设计方向迈进，天津水泥工业设计研究院有限公司矿山工程设计研究所近些年在这个方面付出了很多的努力，也取得了丰富成果。

## （三）施工安装过程应合格

应服从设计，遵从监理。

一般来说，企业规模大资质水平高的施工安装单位来进行工程的施工，质量比较容易得到保证。

## （四）生产过程应守规

应服从设计、遵守规程、接受监管、严格管理。

一般来说，石灰石矿山企业容易出现安全问题的地方，爆破环节与溜井平硐的使用是两个主要点。另外采矿的其他环节如果不按规程生产，也容易产生安全隐患。

地质勘查环节比较容易受到被业主压价太多，甚至低于合理价位，业主其他不合理要求，以及地质勘查部门自身水平等因素的影响，而造成地质结果偏离真实情况，给项目顺利建设带来不小的负面影响。设计环节主要是受设计水平高低及负责任态度等而造成设计结果的好坏。施工安装过程比较复杂，各节点质量均易受各种因素干扰。实际生产环节中，主要是要从思想上重视生产安全，并能落实到行动中是关键。

矿山工程，建设单位是责任主体。

## 三、矿山工程安全风险提示

矿山工程安全风险因素存在于工程的每个环节之中，现列举如下。

### （一）环境地质对矿山开采的影响

矿山周边的环境地质的影响，一般来说在地质勘查环节应该很好的调查清楚，设计中应给出良好的预防建议，生产中加以预防。

### （二）地质构造对矿山开采的影响

矿山地层中，断层、节理、裂隙的发育程度对于矿山各种类型的边坡安全影响巨大，应采取合理的设计，施工与生产过程中应严格按设计进行，如遇到设计中未明确的情况，应具体情况具体分析，应避免滑坡、泥石流等给正常生产带来不利影响。

### （三）矿区水文地质条件及喀斯特构造对矿山开采的影响

我国不少石灰石矿山都存在此类问题，针对复杂的水文地质条件，设计文件中都会提出具体的对策。喀斯特等现象对边坡、地下工程、正常生产的安全影响很大，正常生产中应遵循设计，预防为主。

### （四）不良气候条件对开采安全的影响

不同地区不良气候条件产生的影响不同，南方地区一般易受暴雨洪灾的影响，北方地区则是冰冻。南方地区的矿山相对来说，矿山防排洪设计是重点，北方地区则应多考虑冬季给生产带来的不利影响，包括采矿运输设备的选型。

### （五）矿床开采技术条件对开采安全的影响

选择合理的开采技术条件非常重要，一般包括开采方法、边坡要素、台阶高度、推进方向、爆破方向等，要与矿山的工程地质条件相适应。

### （六）开采工艺各环节对开采安全的影响

矿山生产的各个环节都对安全有着具体的影响，钻孔—爆破—铲装—运输—破碎—输送—储运等7大环节，其中某个环节如果做不好，既在自身环节上容易出问题外，有时候还经常会把隐患带给下面的工序。抓好安全，生产管理是关键。

### （七）矿山工程的影响

矿山主要工程包括工作面、道路、废石场、溜井平硐、破碎输送工程、储存设施、辅助生产设施等。工作面应合理布置，道路应按相关标准设计与施工，废石场的安全防护设施应到位，溜井平硐工程从最初的选位到生产中的管理应符合相应要求。关于溜井平硐工程，该系统的确能节省巨大的生产成本，但是如果仍然按照一般的生产设施来管理，将会产生极大的安全隐患。应该说设计院这些年在不断完善设计，但是光有好的设计还远远不够，好的生产管理尤为重要。溜井平硐的安全使用从钻孔环节就应该开始，应严格控制大块率，控制黏性物料的集中入井，阴雨天一般不应让黏性物料卸入溜井，对开采运输过程应进行精细化管理。另外发生堵井事故后，应采取合理的方法来处理，不应在溜井底部的矿仓中进行爆破，一般推荐采用从井口加压或溜井底部使用火箭弹等相对安全的方法，井口注水的方法也可采用，但使用过程应慎重。

其他工程如破碎与输送工程等，在设计环节中已做好的防护工程，则应在施工与安装过程中予以具体的实施，生产中注意维护与维修。

### （八）废石场的安全

废石场应选址合理、设计可靠，生产中应按计划进行有序排放。

选址前应进行工程地质勘察工作，根据工程地质勘察结果进行合理的设计。实际施工与生产中，为了节省运输成本，或者管理不到位，经常能发现乱挖乱排的现象，造成的安全隐患极大。

### （九）总平面布置对矿山安全的影响

矿山开采境界线与爆破安全界线的划定应根据矿山的实际情况，在满足国家标准要求的基础上来划定。矿山加油站与爆破器材库属于危险等级比较高的设施，对于外部的安全防护距离应满足相关标准的要求，工业场地与爆破器材库的选址与废石场的选址同样重要。建议有条件的地方，最好不要再自行建设爆破器材库，改由当地民爆公司等来负责统一送配。关于工业场地，能简化则简化，只需配备一些必需的设施即可。

### （十）矿山其他辅助设施

矿山的机械设备、电气控制、供配电及供排水设施、建筑结构形式等均与安全息息相关。

现在采矿运输设备的性能与以前相比较，尤其是进口或合资的设备，在安全保证方面已经是上了一个大的档次，国产设备近些年也是精彩纷呈，技术性能不断提升，建议选择那些已经经过市场检验，技术与安全性能过关的产品。电气自动化方面，现在已经有很成熟的工艺与设备，遵守相关标准，安全操作最重要。

### （十一）安全设施与措施

矿山安全方面的投资费用应占到矿山总投资的8%以上。矿山企业应建立健全安全管理制度，配备完善的安全机构与人员配备，抓好日常安全教育培训，对于特殊工种，应坚持持证上岗并定期做好继续教育。应具备完善的应急救援体系，包括应急预案、应急设施与设备、人员配备等。

### （十二）矿山消防

现在的矿山设计，很多省市都要求进行消防专篇的设计，应把专篇中所设计的所有措施在实际工程中贯彻到位，包括消防设施与措施、消防人员的配置等。

以上所列举的十二个方面基本上涵盖了石灰石矿种的涉及安全的主要方面。矿山安全既是个系统性的问题，也要注重各个细节；既与参与矿山工程建设的方方面面有关，但主要责任在于项目的建设单位。现在在设计中均要求在安全方面要列出专项资金，且资金占比要达标，在项目建设与实际生产过程中应做到专款专用。

# 第二节 矿山安全生产规章与规程

我国水泥矿山所属企业截至目前，历经几十年持续发展，在各级生产管理者的不断探索下，已经摸索出一套行之有效的石灰石矿山安全的管理办法，有力地促进了我国水泥矿山的健康发展。现结合我国部分主要水泥矿山企业的管理做法，将目前正被广泛采用的部分矿山管理规程与规章公布如下，供各矿山企业参考。

## 一、矿山安全管理方针和目标

### （一）管理方针

（1）以人为本，文明生产。

（2）预防为主，保护环境。

### （二）安全管理目标

（1）全年无重大人身、设备安全事故，重大伤亡率为0。

（2）生产性轻伤事故千人负伤率控制3‰以下。

（3）安全、环境意识培训率100%。

（4）特种作业持证上岗率100%。

（5）新增职业病发病率为0。

## 二、矿山安全生产方针和目标管理制度

（1）制定方针和确立目标要全员动员、全员参与、全员认可。

（2）为确保目标的实现，需不断加强岗位安全生产责任制和各项规章制度的落实。

（3）制定的方针和目标要张贴在矿区的显著位置，易被公众获取。

（4）该方针与目标每年年初进行一次复审。

（5）该方针与目标应由矿山最高管理者签发。

## 三、安全会议管理制度

为了加强安全生产工作，及时有效协调和处理生产组织过程中存在的问题，确保安全生产，结合具体情况制定本安全会议制度。

（1）每周召开一次安全生产例会，每月召开一次安全生产会议，会议精神要形成记录以备查阅，并应送达至各岗位。

（2）以下人员应参加会议：矿山最高主管、安全员、工程师、相关管理人员、各班组长及相关岗位人员，矿山其他人员视情况参加。

（3）参加会议人员采用到会人员签名制。对无故不参加会议者，按公司有关规定进行通报、处罚。

（4）安全生产会议上，总结考评前一段时间的安全工作并布置下一段安全生产工作。

## 四、矿山安全检查制度

本制度规定了安全检查的目的、分类、组织和整改的具体要求，本标准适用矿山的安全检查管理。

### （一）安全检查基本要求

（1）安全检查是搞好安全生产的重要手段，其基本任务是：发现和查明各种危害和隐患，督促整改；监督各项安全规章制度的实施，制止违章指挥、违章作业、防范和整改隐患。

（2）对生产中的安全工作，除进行经常性的检查外，每年还要进行综合检查，专业检查和季节及节假日前的安全检查。

（3）安全检查必须要有明确的目的、要求和具体计划，必须建立由部门领导负责并由有关人员参加的安全检查组织，以加强领导，做好检查工作。

（4）安全检查应贯彻领导与职工相结合的原则，达到"群查、群管、群防、群治"的目的。以查思想、查纪律、查制度、查领导、查隐患为中心，依靠职工边检查、边整改并及时总结和推广先进经验。

（5）各级检查组织和人员要认真负责，坚持原则，要敢于揭露矛盾，有权要求受检查单位汇报安全生产情况和提供资料及有权制止违章指挥和违章作业行为，对重大隐患问题有权让受检单位采取临时性措施，并提出限期整改的要求。

### （二）日常检查的内容

（1）日常安全检查是保证安全生产的重要手段之一，是安全检查的主要形式。日常安全检查分车间、班组、岗位三级；时间安排是车间每周进行一次，班组每班进行一次，岗位每小时进行一次。

（2）车间日常安全检查由车间主任组织，采取自检的方法，但检查要有记录。车间日常安全检查的内容如下：

1）各工序是否严格执行各项规章制度、各项纪律及工艺指标。

2）各班组安全教育和安全活动的开展情况如何，记录是否完整。

3）各班组安全生产情况，交接班安全检查情况，隐患诊查情况和整改情况。

4）各类安全设施、防护和消防器材的维护情况，应急措施的掌握情况，交接班记录情况等。

（3）班组日常安全检查由值班长组织。其检查内容如下：

1）本班各项规章制度的执行情况，劳动纪律、操作纪律、工艺纪律情况。

2）本班安全教育和安全活动情况，记录要完整，内容要针对实际情况。

3）本班各岗位巡检情况，交接班检查情况，隐患诊查情况和整改情况。

4）本班责任区内安全设施、防护和消防器材使用和维护情况，应急措施学习和演练情况。

（4）岗位日常性安全检查由在岗人员以巡回检查的方式进行，其检查内容如下：

1）本岗位各项制度和纪律的执行情况，交接班安全检查情况，重点部位特护情况，岗位分管区域内隐患诊查情况和整改情况，记录要求详细、准确。

2）本岗位分管区域内安全设施、防护和消防器材使用和维护情况，岗位应急措施学习及演练情况。

3）本岗位现场管线、设备运行情况，现场一次表及各就地液面、压力、温度、电流、转速等参数是否正常，各阀门现场是否有滴漏，是否处于正常运行状态。

## （三）节日检查的内容

（1）节日前安全检查是保证节日期间安全生产的重要手段，同时也是安全生产检查的主要形式之一。其目的是保证节假日期间装置运行达到最安全状态。

（2）节前安全检查分部门、车间两级，检查方法实行部门检查和车间自检相结合。时间安排是车间级节日前安全检查提前四五天进行，采取自检的方式；部门级节日前安全检查在节日前一至两天进行。

（3）部门级节日前安全检查由主管安全的部长组织，其他有关管理人员参加。其检查内容如下：

1）节日期间的各项规章制度及各项纪律要求是否完善，值班安排是否符合要求。

2）各类安全设施、防护和消防器材是否完善好用，生产原料准备是否充足，备用设备是否处于完好状态，各项应急措施是否完善落实。

3）事故及设备隐患的诊查情况和整改情况如何，消防道路是否畅通，节假日施工单位、施工人员管理措施是否完善落实。

4）劳动纪律执行情况，有无缺员、串岗、换岗、酒后上班等违纪现象。

（4）车间节日前安全检查由车间主任组织，其他各职能人员参加采取自检的方法，其检查内容同部门级节日前安全检查内容。

## （四）季节性安全检查

（1）季节性安全检查是针对季节变化对装置的影响进行的专项检查，是保证装置安全、稳定、长久、满负荷、优质运行的重要手段。

（2）季节性安全检查分部门、车间两级。在时间上分有春季安全检查、夏季安全检查、秋季安全检查和冬季安全检查。

（3）部门级安全检查由主管安全的部长组织，其他有关管理人员参加。其检查内容应包括：

1）春季安全大检查以防火、防爆、防雷、防解冻、防冒漏、防静电、防风、防建筑物倒塌为重点。内容有消防设施及器材、厂区施工动火及明火管理、可燃物料排放、管线及室外设备防解冻、跑漏物料的检查，各种防雷设施、防静电设施的检查，各种构筑物、建筑物基础的检查，各分厂巡检情况、隐患整改情况检查。

2）夏季安全大检查以防雨、防暑降温为重点。

3）秋冬季安全大检查以防火、防寒和防护物质（设备防寒级油品、防雪防冻用工业用盐等）的储备情况。

## （五）其他

（1）安全检查不到位、部门（含车间）安全检查整改指令未落实的，按矿山安全奖惩规定处罚。

（2）各车间安全检查区域将根据矿山生产和管理区域划分。

### 五、安全教育管理制度

（1）公司和各生产单位每月召开一次安全生产经济分析会议，传达贯彻公司及上级有关文件会议要求，总结布置公司安全生产工作。

（2）新职工（新毕业学生、外单位调入职工及代培人员等）入厂后，在上岗前首先要进行"三级"安全教育，经过单位（车间及组织）安全教育，考试合格后方可分配工作。考试试卷及成绩装入所在车间职工个人安全档案。

（3）一级安全教育由公司安全生产部负责，应讲解国家的安全生产法律法规与方针政策、公司的安全管理制度、公司典型事故案例及教训、安全生产基本防护知识等。

（4）二级安全教育由部门安全员负责，讲解部门的生产性质、制度和安全注意事项，以及危险岗位的安全预防知识。

（5）三级安全教育由班组长负责，理论讲解与实际操作相结合，讲解本岗位设备性能、安全技术操作规程、安全装置和劳保用品的使用与保管方法及本岗位发生事故情况和预防办法。

（6）新职工通过"三级"安全教育并通过车间级安全考试合格后方可分配上岗，上岗确定工种后，由师傅带领工作，待掌握了安全操作基本知识，并且具备独立操作能力后，经单位组织安全技术理论和实际操作考试，合格后由班组评定，车间主任批准，方准独立上岗操作。

（7）调动岗位和改变工种工人的安全教育：在公司内部调动岗位、改变工种、单位临时调动及使用新技术、新设备或新工艺时，公司、部门领导全员须对工人进行二级、三级安全教育，在掌握操作知识和安全技术操作规程后，并经单位组织考试合格后方可独立操作。

（8）经常性的安全教育：公司经常对其他各级管理人员、工程技术人员和工人进行安全教育，组织学习国家的安全生产方针、政策、法令、法规及公司内部各项规章制度及操作规程。并每年组织一次全员安全考试，考试试卷装入工人安全档案，不断提高生产管理人员的安全管理水平和员工的安全操作知识。

（9）复工安全教育：

1）因工伤、休假等离岗六个月以上复工的人员返回工作岗位之前，由公司生产管理部进行复工安全教育，并填写安全教育记录，再回本单位进行二级、三级教育后方可上岗。

2）因工伤、病假等离岗三个月以上六个月以内者，复工安全教育由本单位主管安全的领导或专（兼）职安全员进行教育，并将填写的教育情况记录，存入本人档案。

3）因工伤、病假等离岗三个月以内者，可以不进行专门的复工安全教育。

（10）培训、实习、参观人员的安全管理：

1）来公司培训、实习、参观人员，均须经主管领导批准，有关单位接洽，根据单位实际生产情况，统一安排。

2）培训、实习人员上岗前必须穿戴规定的安全防护用品。

3）培训、实习人员在岗位学习期间不得单独工作，必须在师傅带领下进行，不准串岗。

4）外国专家来厂进行工作，负责接待的部门首先要对外国专家进行必要的入厂安全注意事项教育，外国专家到生产区域，接待部门必须派专人进行陪同，并做好外国专家的安全防护和保护工作。

### 六、矿山职业危害预防制度

为对生产过程中职工职业健康的控制、预防和消除职业危害，保证矿山职工的职业健康和劳动法中规定的女职工的特殊权益和保护，特制定本制度。

### （一）职工职业健康检查

根据《中华人民共和国职业病防治法》及地方职业病防治法规的有关规定制定，定期组织相关人员进行职工职业健康检查。

## （二）职业健康档案管理

（1）建立健全职工的职业健康体检档案，对职工的职业健康检查结果进行记录和存档。

（2）职业健康体检档案由专人负责，并做好分类、登记、查阅、保管工作。

（3）每年对职业健康档案进行检查，每年不少于一次。

## （三）职业病防治

（1）对本企业职工进行职业健康知识的宣传，增强职工的职业危害防护意识，严格执行岗位操作规程，正确使用和维护个人使用的职业病防护用品。

（2）安全生产科组织本单位职工进行岗前的职业健康知识的培训。

（3）组织实行职业健康安全负责制，设立相应的劳动卫生管理组织和专（兼）职人员，具体承担职业病防治工作。

（4）组织协同地方职业病防治机构按规定做好职工的职业病防治工作，对职业危害因素检测实施质量控制，并进行抽查测定。

（5）有职业禁忌的职工调离其所禁忌的工作岗位；对职业病人调离原有害工作岗位。

（6）对职业病人应及时进行治疗、康复和定期复查；对疑似职业病的职工，要及时组织复查和治疗。

## （四）职业病防治监督检查

（1）检测人员必须执行国家的卫生标准，检测技术应科学、规范，结果必须真实、不得弄虚作假。

（2）按照国家和卫生行政部门的有关规定，将作业场所职业危害因素浓度或者强度的检测结果，及时报告地方卫生行政部门和有关行政主管部门，并及时向职工公布。

（3）应协同上级卫生行政部门依法对职业病防治工作进行监督检查，并公布职业卫生监督检查和职业病情况。

## （五）女职工的特殊权益和保护

劳动管理部门应依据劳动法对女职工在"四期"和因生理特点所承担的社会特殊责任而规定的应享有的权益给以保护。

## 七、矿山危险源监控管理制度

为了落实"安全第一，预防为主，综合治理"的安全生产方针，实现危险部位、场所、设备、设施等不安全因素的危险预知预控，确保安全生产，特制定本制度。

（1）危险源管理是以控制危险因素为核心，针对生产过程中每个危险源点的危险物质、设备设施状态、作业环境、人的行为和安全管理等因素，实施有效的控制管理，并分级负责和督促检查。

（2）危险源的确定一般考虑以下几种情况：

1）容易发生人身伤亡、火灾、爆炸、急性中毒等事故；

2）设备安全度低、作业环境不良、事故发生率高；

3）具有一定的事故频率和严重度，作业密度高；

4）其他潜在危险大。

（3）根据危险源可能造成的伤害程度，可将危险源分为三个级别：

A级：可能造成多人伤亡或引起火灾、爆炸、设备及厂房设施毁灭性破坏。

B级：可能造成死亡，或永久性全部丧失劳动能力（终身致残性重伤），或可能造成生产中断（一个班时间以上）。

C级：可能造成人员永久性局部丧失劳动能力（伤愈后能工作但不能从事原岗位工作的重伤），或可能造成生产暂时性中断（一个班时间以内）。

（4）对危险源的危险分析可运用危险因素分析方法和事故模式分析方法。

（5）安全措施应根据"假想事故原因和条件分析"的结果制定。

（6）危险源确定后，由安全技术科组织填写《危险源登记卡》。

（7）A级危险源控制点，由矿长审批；B级、C级由车间组织验收，报矿安全生产科备案。矿及车间按验收合格签署验收意见的《危险源登记卡》，分类分级归档建立专门档案。

（8）对新投产项目必须在试生产期间开展危险源辨识及危险源判定工作。

（9）危险源的控制管理应体现持续改进的管理思想。矿山每年将根据生产工艺、设备设施、作业环境的变化情况，组织对危险源危险因素进行分析、确认，对其控制措施、对策的有效性、完备性进行评价，并予以完善。

（10）危险源的异动含升级、降级与撤点。

（11）危险源拟异动前，应组织专业人员对危险因素及其危险性、安全控制管理情况等进行综合评价，根据评价结果确认是否提出异动申请。

（12）提出异动申请时，应填报《危险源异动卡》；升降级异动需同时填报《危险源登记卡》。

（13）A级、B级危险源的异动由车间报矿部安全技术科审定批准；C级危险源的异动由车间审定。

（14）在危险源控制区域醒目处应设立危险源警示牌。警示牌内容应包含危险源主要危险因素、可能的事故伤害模式及应采取的主要措施对策。

（15）A级、B级危险源均要制订《危险源检查表》，由矿安全技术科审查、备案。《危险源检查表》的内容应具体，针对性、可操作性强，要突出对重点部位、关键环节的安全控制，安全检查与设备点检应互为补充。

（16）危险源出现异常，应按填写《危险源异常信息反馈卡》上报矿安全生产科。安全生产科应组织对异常情况进行分析，制订有效措施，及时消除隐患。

（17）矿安全技术科及相关管理人员每月对本单位的A级、B级危险源控制点至少检查一次。

（18）矿山安全员每周对本车间的A级、B级、C级危险源控制点至少检查一次。

## 八、安全设施"三同时"管理制度

为保证建设项目的安全设施与主体工程同时设计、同时施工、同时投入生产和使用，特做本项规定。

（1）凡是全公司所有新建、改建、扩建工程项目和革新、升级的技改项目，都必须有保证安全生产和消除有毒、有害物质的措施和设施。这些设施都要与主体工程同时设计、同时施工、同时投产（即"三同时"）。

（2）工程设计部门、技术部门在设计各项工程项目时，都必须有符合国家相关法规要求的安全、环保、卫生设施，在工程设计论证时，必须征求安全、环保、卫生部门意见，认真填写"三同时"审批表，按审批权限报主管部门批准。

（3）设计部门和工程管理部门，不认真履行"三同时"审批手续，未经安全部门认可批准，财务部门不予拨款，物资供应部门不予供料。

（4）施工单位和施工管理部门，在实施各项工程中，必须严格按照"三同时"要求标准进行施工，对于各种安全、环保、卫生项目内容的工程，不得无故削减项目，必须坚持与主体工程同时设计、同时施工、同时验收交付使用。

（5）安全、环保部门要参加各项工程项目竣工验收工作，对凡不符合安全、环保要求的工程不予验收并有权制止其投入使用。

（6）在进行各项工程设计、施工、拨款、供料、验收等项工作中，凡不按上述规定执行的单位或个人，公司要追究责任，对因此而发生和造成重大经济损失的要追究责任者的行政或法律责任。

## 九、安全生产"五同时"制度

为了进一步贯彻安全生产方针，加强各级生产经营活动工作的领导和管理，确保职工的安全和健康，保证生产的正常进行，认真贯彻执行国务院在安全生产工作中的"五同时"要求，特做本规定。

（1）全公司各级生产组织的领导人员在组织生产的同时，必须负责安全管理工作。要认真贯彻执行国家有关劳动安全法规和制度，在计划、布置、检查、总结和评比生产工作时，应同时列入安全工作（即"五同时"）。

（2）各生产单位和职能管理部门，必须在各自的业务范围之内，对生产安全负责。特别强调管生产的管理者必须同时管安全，各部门行政"一把手"是该单位的安全第一负责人，各级部门进行月、季、年度工作总结时，必须要有安全工作的内容。

（3）各生产单位在进行设备检修时，要同时检查设备的安全装置和环保设备，在安排检修计划时，要同时安排检修环保设备和安全装置。

（4）公司、生产部门召开有关生产工作的会议，必须要求安全人员参加。在研究生产时，必须同时研究有关的安全工作。制定的安全措施要与生产任务同时下达给生产部门。在考核生产任务时，也要同时考核安全指标，以及安全措施制度落实完成情况。

（5）公司及生产单位安全专兼职人员和工会劳动保护干部，要认真协助行政领导做好本部门的安全工作，保证各项安全制度和安全措施的正确贯彻执行。在遇有特别紧急的不安全情况时，有权指令先停止工作，并应立即报告有关领导。

（6）公司、工会组织劳动生产竞赛和评比先进生产工作者时，要有劳动保护、实现安全生产的内容。安全工作做得不好的单位和个人均不能评为先进。

## 十、事故隐患检查及整改制度

为了贯彻"安全第一，预防为主"的方针，全面落实公司安全生产责任制，加强对事故隐患的检查与整改，明确各级各部门的职责，有效保证职工在生产劳动中的安全与健康，特制定本制度。

（1）隐患检查与整改工作是防止事故的重要措施，必须坚持"谁主管，谁负责"的原则。

（2）矿山分厂每季度、车间每月、班组每日至少应对本单位、本岗位各种设备、设施、建构筑物、危险源点及作业环境等进行一次全面的检查，并记录备案。

（3）矿山生产、安全、设备、技术等管理人员要定期组织专业性隐患检查，每月不少于1次。

（4）车间、科室均要建立隐患检查登记台账，对检查出的隐患应及时登记，登记内容分检查人员、检查时间、隐患部位及危险状态、临时控制措施、整改责任人和整改期限等7项内容。

（5）凡检查出的隐患经确认本单位无力整改的，应立即向上一级主管领导汇报，并在登记台账上注明上报领导姓名及时间等。

（6）凡矿山检查出的事故隐患，由矿山安全技术科下达《隐患整改通知书》，限期责任单位组织整改；凡车间检查出的事故隐患，由车间下达《隐患整改通知书》，责任班组应组织限期整改。

（7）隐患的分级管理：

1）隐患的管理分三级，即矿山分厂级、车间级、班组级。凡超出车间整改能力范围的隐患属矿山分厂级；超出班组整改能力范围的属车间级；其余的属班组级。

2）隐患的检查与整改工作要坚持"四定两不交"原则，即定项目、定措施、定责任人、定完成时间；班组能整改的不交车间，车间能整改的不交矿山。

（8）隐患的分类管理：

1）依照"谁主管、谁负责"的原则，凡属设备、建构筑物、起重设备、压力容器等存在的隐患，由维修车间归口管理；凡属采矿、开拓、爆破、运输等原因造成的隐患，由采石归口管理；属火灾隐患的项目归口矿安全技术科管理；轧运系统存在的岗位隐患，由轧运车间归口管理。

2）凡本级无力整改的隐患，应按分类管理原则报上级主管领导，同时记入本级隐患登记台账；矿山无力整改的隐患，写专题报告，报公司主管领导协调解决。

（9）凡由矿山主管部门确定为重大事故隐患的，各级均应建立专门台账，按要求落实整改，并报矿山安全技术科备案。

（10）生产过程中隐患的整改：

1）各单位发现隐患后，应根据分级、分类管理原则，及时确定整改级别和整改部门，制定整改方案，落实整改负责人，规定整改期限，并制定出整改前切实可靠的防范措施，落实到具体人员执行。

2）各单位在收到下一级隐患报告后，要及时进行确认，及时安排整改计划，均不得借故推诿和拖延。凡属矿山分厂级整改的隐患项目，在未整改前由矿主管部门及隐患所在单位制定相应的防范措施。

（11）隐患项目的整改须经主管人员和矿山负责人确认后，才算整改完毕，同时在台账上记清确认人员及时间。

（12）在隐患与检查整改工作中出现以下情形的，参照矿山安全生产奖惩制度对相关部门、管理人员进行处罚：

1）各级各单位未按规定进行隐患检查工作的；

2）对已立项整改的隐患项目未按"四定"要求按期整改的；

3）建设项目在交工前未及时将留下的隐患整改完毕而验收签字的；

4）凡上级主管收到下级报送的隐患报告后未及时做出答复的。

（13）因隐患整改不及时或失控，或因人为原因造成伤亡事故的，将严格按照矿山事故管理办法对责任部门和责任人进行处理。

（14）安全技术科、工会小组对各单位隐患的检查与整改工作要加强监督检查，对整改不及时的要随时督办，对造成事故的要及时组织调查，追究有关人员责任。

（15）对隐患整改成绩突出的单位和个人，以及及时消除隐患避免重大事故的有功人员，公司将予以奖励。

### 十一、特种作业安全管理制度

（1）特种作业是指在劳动过程中对安全有特殊要求并容易发生伤亡事故，对操作者本人，以及对他人和周围设施的安全有重大危险的作业。从事特殊工种作业的人员称为特种作业人员。

（2）特种作业范围：

1）起重机械作业；

2）厂内机动车辆驾驶；

3）电工作业；

4）金属焊接（气割）作业；

5）爆破作业；

6）水质化验；

7）锅炉司炉；

8）压力容器操作；

9）建筑登高架设作业。

（3）特种作业人员应具备下列条件：

1）工作认真负责，遵章守纪；

2）年满十八周岁；

3）初中以上文化程度；

4）按上岗要求的技术业务理论考核和实际操作技能考核成绩合格，并取得相应特种作业操作证书；

5）身体健康，无妨碍从事本工种作业的疾病和生理缺陷。

（4）从业人员的考核、复审及签证由安全生产部负责组织。每两年进行一次。

（5）人力资源部和各单位应按有关的规定，配足、配好定员，并应保持稳定，根据岗位设定及工作需要，确定特种作业人员的数量。

（6）特种作业人员设定后，不可随意变动其岗位，如因工作需要变动的，必须报公司人力资源部批准，再报公司安全生产部办理相关手续。

（7）人力资源部、安全生产管理部必须建立特种作业人员的管理档案。

（8）特种作业人员必须持证上岗，严禁无证操作。

（9）人力资源部、安全生产管理部和各用人单位要加强对特种作业人员的管理，做好申报、培训、考核、复审的组织工作和日常的检查工作。

（10）《特种作业人员操作证》不得伪造、涂改或转借。

（11）特种作业人员违章作业，应视情节，给予批评吊扣，吊销其操作证并责令下岗，造成严重后果者，应按有关规定进行处罚。

## 十二、安全生产档案管理制度

### （一）部门保管的资料

（1）各车间的原始记录、报表必须保存完好，交给部门，由部门清理汇总后，上交给公司档案室保存。

（2）各类安全技术图纸、资料由部门负责保管或上交给公司档案室保存。

（3）各类有关安全方面的文件、资料由部门负责保管。

（4）矿山安全事故事件相关资料、图片，原件公司需要存档的，部门必须备份存档，其他的应将原件存档。

（5）员工体检结果、劳保用品的发放登记、安全器材上午记录资料，部门均必须存档；其中员工体检资料必须保密。

（6）特种设备检验记录、粉尘噪声检测记录等检测类资料，部门备份备查。

（7）安全隐患整改情况记录，部门应存档备查。

### （二）车间保管的资料

（1）各车间的安全会议记录，安全学习记录，由各车间主任负责保管。

（2）部门安全会议记录，安全检查记录，安全学习记录，安全考试资料、试卷等由安全技术科负责保管。

### （三）资料的移交

（1）部门或车间若发生人事变动，必须移交所保管的资料。

（2）资料不得丢失或损坏。若积累过多，不便保存，应汇总后上交给公司档案室保存。

（3）资料的保管期限，必须服从公司行政管理部档案室的统一管理。

## 十三、工伤事故管理制度

（1）事故分类：

1）人身事故：在生产区域内发生的与生产有关的人身伤亡事故（包括隐性中毒事故）。

2）爆炸事故：在生产过程中由于某种原因引起的爆炸，造成人身伤亡或物资财产损失的事故。

3）设备事故：由于各种原因构成机械、动力、电讯、仪表、容器、运输设备及管道、建筑物及构筑物等损坏的事故。

4）生产事故：违反工艺规程、岗位操作规程和指挥错误以及停电、停水、停气、停风等造成停产、跑料、串料等事故。

（2）事故管理与职责分工：

1）生产管理部：人身事故、生产事故（包括非计划停产事故）。

技术管理部：设备事故。

保卫部：火灾事故、爆炸事故、交通事故。

2）事故的调查与处理：发生人身事故或非计划生产停机，应以生产管理部为主，有关单位配合；设备损坏与停机事故同时发生的，应以技术管理部为主，其他部门配合。

3）各生产单位和主管职能部门要建立、健全事故管理台账和重大事故档案，做好数据管理，做到有据可查，指导工作。

4）事故月报表由各主管职能部门按规定上报。

5）各单位不得隐瞒或拖延报告事故，如发现隐瞒、迟报，除责成补报外，对责任者视其情节轻重予以处罚。

（3）工伤事故抢救及报告：

生产工作岗位发生的人身伤害事故，操作人员和发现者要立即报告当班领导和公司生产管理部，并保护现场，迅速采取措施予以消除或防止事故扩大，对伤害人员立即进行抢救。

对于死亡事故，公司生产管理部应迅速报告公司领导，最迟在24小时内负责报告上级主管部门、市安全部门、市总工会、市公安局。公司领导及主管部门领导和有关人员在接到事故报告后要立即赶到事故现场进行组织抢救和调查事故情况。轻伤事故现场保护由安全生产部负责，重伤事故由上级安全部门负责。

发生重伤以上事故，由公司领导分工，立即成立事故调配组，善后抢救组，恢复生产组，同时开展工作。

（4）发生轻伤事故，分厂、车间要立即向公司安全生产部报告，安全生产部会同车间一起进行事故调查，调查清楚后，分厂、车间要在48小时内填写"工伤事故登记表"报公司安全生产部。

（5）发生重伤、死亡事故，部门要保护好事故现场，并立即将事故发生的详细情况向公司生产管理部报告（不能迟于30分钟）。生产管理部接到报告后，要立即赶赴现场进行现场调查，未经生产管理部同意，不准恢复生产。生产管理部在搞清事故情况后，要立即向主管领导报告。由主管领导主持，组成事故调查组，死亡事故请政府主管部门、安全管理部门、公安部门、工会部门参加调查。调查组要查清原因，分清责任，制定防范措施，对事故责任者提出处理意见。最终形成事故报告报上级主管部门批准结案。

（6）发生重大人身伤害未遂事故，除向公司生产管理部报告外，并要认真调查分析，从中吸取教训，对造成未遂事故的责任者，视情节轻重分别提出给予经济处罚或行政处分。

（7）凡是发生事故的单位，不管事故大小，伤势轻重，部门主管安全的领导要在两天内填写工伤事故报告表报生产管理部，并要组织发生事故的部门、班组，按"四不放过"的原则立即召开事故分析会，查清事故发生的原因，提出对事故责任者的处理意见。拟定出预防类似事故再次发生的措施，并及时报告生产管理部。

（8）员工发生工伤事故，单位迟报和隐瞒不报以及有关人员弄虚作假、推卸责任、嫁祸于人、袒护、包庇事故责任者，要追究责任，责任单位和责任人要受到公司经济处罚或纪律处分。

（9）员工因工伤休息，必须由市级以上医院开诊断书，并凭单位工伤报告表和公司生产管理部办理的工伤认定手续证明，方可按工伤考勤，没有办理工伤手续的按病假处理。

（10）员工发生工伤事故，不按规定时间报告或隐瞒事故不报的，事后伤情发作，要求补报工伤者，一律不按工伤对待。

（11）对员工因工受伤部位造成后遗症的，按国家规定对其进行评残和医疗鉴定。

（12）经医疗鉴定认为有后遗症者不能正常工作或残废不能正常上班者，可按伤残者有关规定处理，其标准按国家文件执行。

（13）因工伤经医疗鉴定后，确诊认为已痊愈后，同时伤者医疗期已满，仍不上班的，公司不按工伤处理。

（14）凡工伤痊愈需要矫形者（假肢、假脚、假手、假眼、假牙等和需要支架、护膝、代步车等医疗用具）必须有市级以上医院确诊的具体意见，个人和单位写出申请，报生产管理部审批备案，经公司领导批准，方可购买，否则不予报销。

（15）因工伤造成残废的善后一切工作均由发生事故的单位负责处理。

（16）经医疗鉴定、根据残废程度，不能从事原工作的，由人力资源部给予妥善安排，对疑难问题，经公司劳动鉴定委员会进行研究决定。

（17）对工伤范围及其认定，按国家文件规定执行。

## 十四、安全生产奖惩制度

### （一）惩罚级别的划分

（1）一般违章：指违章但未造成不良后果，并且其违章行为未给他人或自己造成伤亡事故。

一般违章的惩罚：50～100元罚款。

（2）严重违章：一般违章已经造成不良后果，并且已近发生设备事故或人员伤害，或违章未造成不良后果，但其违章行为足以给他人或自己造成伤亡事故的。

严重违章的惩罚：100～200元罚款。

（3）特别严重违章：指已经造成伤亡事故或造成重大设备财产损失的。或者违章行为恶劣触犯国家法律，负面影响较大的。

特别严重违章的惩罚：提请公司决定。

### （二）奖励级别的划分

（1）一般贡献：本职工作完成优秀，为矿山尽职尽责工作。建议或意见被采纳并节省或创收经济效益1万元以上。

一般贡献的奖励：50～100元奖金。

（2）突出贡献：应急救援中作用突出有效降低伤亡和经济损失的人员；提出安全事故隐患并得到矿部认可；对管理人员的重大违章行为检举揭发并属实等。

突出贡献的奖励：100～200元奖金。

（3）特别突出贡献：应急救援中方法得当、作用突出并成功救援，避免伤亡事故发生。对矿山安全管理工作提出突破性的建议，成功避免了伤亡事故的发生。

特别突出贡献的奖励：提请公司决定。

### （三）安全事故责任追究

矿山事故处罚实行连带责任追究制度。班组内发生轻伤事故（导致员工缺勤，下同）的，班长负连带责任；车间内一月发生两起轻伤事故的，车间主任负连带责任；部门内一月发生三起或以上轻伤事故的，部门安全员负连带责任；部门内连续三个月发生安全事故的，安全员负连带责任；发生重伤事故的，相关班长、主任及矿山安全网络小组成员负连带责任，部门领导由公司处罚。发生较大、重大安全事件的，班长、主任、安全员负连带责任。

全年发生重伤以上安全事故、重大设备安全事故和重大安全事件的，矿山安全员、相关车间主任、相关班长取消当年参与各种厂级以上先进评比资格；全年班组发生三次以上轻伤事故的，班长取消当年参与各种厂级以上先进评比资格；全年发生重伤事故的个人和导致重伤事故的个人，将取消当年参与各种厂级以上先进的评比资格；全年发生有重伤事故或重大安全事件的单位，取消年终评选先进集体的资格。

## （四）其他规定

（1）矿山安全奖罚适用于所有员工。

（2）员工因安全原因，被公司进行安全奖罚的，矿山不再奖罚。

## （五）惩罚细则

（1）当班人员，进入生产现场不戴安全帽的，粉尘较大的场所不戴防尘口罩的，每发生一人次，罚款50元，主任、工程师等管理人员加倍罚款。

（2）当班人员无故不参加班前会、无故不参加安全学习、无故不参加安全考试、无故不参加体检的，每次罚款50元。

（3）高空作业不系安全带、无证违章驾驶机动车、将机动车交给无权驾驶的人员驾驶的，每次罚款200元。

（4）车间安全学习每月至少两次，并做好学习记录。每缺一次，对该车间主任罚款50元。

（5）由于员工工作不力，未及时发现安全隐患或未及时完成生产任务而导致的安全隐患，责任人处罚50元；未完成安全隐患限期整改任务的单位或个人，责任人罚款50元；重大隐患在具备整改条件而未及时整改的，责任人罚款100元。

（6）违反通用安全管理规定，不按照部门规定参加各种安全检查，不按照管理人员的指令纠正安全违规行为的，每次处罚50元。管理人员违章指挥，不听员工劝阻的，导致安全事故或重大安全事件发生的，对相关管理人员加倍处罚。

（7）矿山安全事故、重大安全事件将按责任认定对相关人员进行处罚；矿山安全事故未按要求及时召开事故分析会的，对车间主任处以100元的罚款。

（8）非矿山内部员工，因工作进入矿区的，必须按照公司规定戴好安全帽和穿好黄马夹，违者，对矿山带队人员处以100元的罚款。

（9）毁坏矿山安全设施，按情节处以50~200元的罚款，移动设备毁坏运矿、上山公路、台阶边坡防护栏杆（墩）的，对操作人员加倍处罚。因维修原因，安全防护栏杆和设施未按时恢复的，处所属车间主任和维修主任各50~100元的罚款，运矿、上山公路、台阶边坡防护栏杆（墩）未按时恢复的，加倍处罚。

（10）涉及各专业口，违反各专业安全管理规定的，按各专业规定处罚；没有相关规定的，按通用规定处罚。

## 十五、机械设备安全管理制度

（1）新设计制造的安全防护装置和改造模具、工艺夹具上的安全措施等必须经过制造技术（工艺）部门、技术管理部、生产管理部和使用单位共同鉴定，确认安全可靠后，方可投入使用。

（2）传动带、明齿轮、砂轮、电锯联轴节，转轴、皮带轴和飞轮等危险部位都要有安全防护装置，无安全防护装置不得使用。

（3）投入使用的安全防护装置图纸资料必须齐全。对于防护装置，各设备单位要纳入工艺管理程序，同时纳入维修计划。

（4）投入使用的安全防护装置，不得随意拆卸，不得丢失。检修时需要拆除的，检修后要按原标准装好。如有损坏和丢失，要查清责任，对责任人要严肃处理，并要恢复原状，否则不得开动。

（5）设备使用部门对所管辖的每台设备的安全防护装置要经常检查，保证生产安全，并要加强维护。由于设备和安全防护装置失灵或起不到防护作用造成事故的，要追究设备使用部门主管领导责任。

（6）技术管理部要定期对起重设备、电梯等特殊设备组织安全技术性能检验，检验技术档案要纳入技术档案管理。

## 十六、矿山消防器材管理规定

（1）矿山分厂应根据需要在生产、办公、生活、库房、炸药库、工程车等设施设备上配置消防器材。

（2）消防器材按矿山规定的地点放置，登记造册，到公司备案。

（3）消防器材由专人负责管理，定时进行维护。

（4）消防器材使用后要及时还原、复位，做好使用情况、原因记录。

（5）消防器材内药品使用完和药物已过有效期后，要及时报告，及时装（换）药。

（6）消防器材损坏、丢失后，要及时申领、补足数量。

（7）对拿消防器材进行玩耍、取乐或损坏消防器材的，按公司有关规定处罚。

## 十七、电气安全管理制度

（1）电气工作人员必须认真遵守和执行以下规程：

1）电子工业部颁发的《电气安全工作规程》；

2）水利电力部颁发的《电气防火规程》；

3）能源部颁发的《电业安全工作规程》；

4）本公司制定的各种有关电气安全规程、电气设备拆修标准工艺等。

（2）电气作业人员的基本条件：

1）电工属特种作业，必须年满十八岁以上，具有初中以上文化程度；

2）身体健康，没有妨碍本工种作业的禁忌等疾病和生理缺陷；

3）工作认真负责具有本专业所需安全生产专业技术知识及实践经验；

4）必须经过有关部门专业培训，经考试合格后取得操作证者，方可操作；

5）凡对电气设备进行安装修理、拆除工作，必须由持有操作证的电工严格按照电气安全技术规程规定进行工作。

（3）电气人员工作必须遵守下列事项：

1）特种作业操作证必须随身携带，随时接受有关部门的检查，特种作业操作证不准涂改和转借他人，丢失应立即声明，向生产管理部申请补发。

2）未经电力主管单位批准，电气人员不得私自改装或安装电气设备。各单位调入电气工作人员时，必须查清是否有电工特种作业操作证，如有还必须在所从事电气作业岗位上跟老师傅学习半年以后，方准独立从事电气作业，否则不准从事电气工作。

（4）凡电气工作人员不准从事下列违章作业：

1）私自设置临时用电设备或不经批准架设用电线路。

2）让电器带病异常运行或使用不合乎安全要求的器材。

3）违反安全操作规程、冒险作业、不听劝阻或唆使他人违章作业，用低压测验器具测试高压设备电源或线路。

4）存在各种事故隐患、漏洞，经有关主管部门提出整改意见后仍拖延不改。

5）值班时未经领导批准，擅自离开工作岗位。

6）擅自动用变电间、低压间的安全防护用具和灭火工具。

7）在变电间、低压间内存放易燃、易爆油类及长、大及无关物品。

8）对保护装置未经有关部门批准，起封、起印、私自调动。

9）不遵守安全操作规程，单人巡视高压，进入高压遮拦以及单人执行配电室开关和线路停、送电操作或倒闸操作。

10）安装手持式电动工具和安装临时配电箱不装或装不符合要求的漏电保护。

11）不严格履行停送电手续、不进行检查确认而随意送电。

（5）架设的临时线路应符合下列要求：

1）临时线路必须保证绝缘性能良好，使用负荷正确，接头处包扎完好，全线无裸露。架设高度必须符合安全要求。

2）采取悬架或沿墙架设时，户内离地面高度不得低于2.5m，户外不得低于3.5m。架设时需要设专用电杆或专用瓷瓶固定，禁止在顶棚、楼上、脚手架上或其他不安全的地方挂线，严禁在有高压线、易燃、易爆、刺割、腐蚀、浇铸、辗压等场地架设临时电气线路。

3）临时线不得任意拖地，如确实需要拖地应加装可靠的安全套管，以防止移动磨损、辗压或割断电线。

4）临时线与设备水管、门窗等安全距离应保持0.3m以上，跨越交通路口不得低于6m，并用电杆和瓷瓶固定。临时线地面架设需要跨越交通道路时，必须在外面加钢管理置地面以下。

5）安装好的临时线路，未经技术管理部、生产管理部同意，任何部门和人员不得擅自改动或搭接其他临时线。

（6）电气安装检修安全规定：电气检修工作一般应停电进行。如特殊情况必须带电作业时，应有妥善的安全措施，并须经所在单位主管领导批准，在电气技术人员的监督下方可带电作业。

（7）停电、送电时，应严格按用电规程规定执行：

1）全部停电和部分停电的电器检修工作前，应安装防护装置（持警告牌和临时接地线）。在拆装接地线时，应按电气安全技术规程规定执行。

2）对高压电气设备检修和维护工作必须贯彻执行工作票制度，同时严格按照专用规程执行。

3）高空作业时，必须系安全带，戴好安全帽，穿好防护鞋等个人防护用品，确保人身安全，人体与带电体必须保持安全距离。

4）检修机电设备时，应先由电工填写《检修工作票》，履行停电手续，在验电、放电确认无误，做好封地后再拆电源，且必须在电闸手柄上挂"有人检修不准合闸"的警示牌，防止有人误合电闸送电发生人身事故。

5）检修生产设备时，必须首先由岗位工履行停电手续，将需要检修的电源确认，并断开电源开关，挂好"有人工作，禁止合闸"停电牌。经电工检查确认无误，由岗位工打好闭锁，方可作业。

6）巡视或维修电源线路时，无论电源线停电与否，均应视为有电或随时有来电的可能；对线路的故障点必须当有电对待，必须制止任何人靠近线路断落点，在8m以外留专人看守并迅速报告上级妥善处理。

7）现场接检修电源时，必须明确责任人，一种电气开关只能控制一台电气设备，严禁一闸多用。

## 十八、矿车安全管理制度

### （一）班前会议

严格执行交接班制度，由各班班组长组织召开。具体内容如下：

（1）由上一班人员向接班人员进行设备使用情况交底，要求对所要驾驶车辆的安全状况做到心中有数。

（2）认真阅读交接班记录，并做记录，填写矿车运行的各项数据、记录要真实、有效、准确。

（3）根据具体工作任务由本班班长组织召开班前安全会议，会议内容为安全注意事项，并由本班班长做记录。

（4）上岗前佩戴好劳动保护用品。

### （二）班前检查

严格执行交接班检查制度。具体内容如下：

（1）各驾驶员应对照上一班交班记录所列事项内容，对所要驾驶车辆做认真、细致的全面检查。

（2）发动机油位、水位及液压系统制动系统等进行全面检查。

（3）仪表、照明的工作情况及发动机，方向盘转向、轮胎、气压等进行认真检查。

（4）车辆各部位及性能应保持完好、消防器具应完好有效，确认安全后方准正常工作。

### （三）班中检查

（1）利用等铲装料空间（检查车辆应与铲的作业地点保持一定的安全距离，避免影响铲装作业或发生安全事故），或其他空间时间下车检查，一班应不少于3次（如轮胎、悬缸、发动机、液压系统、制动系统等是否有漏气或漏油现象）。

（2）驾驶过程中应提高警惕，多"听、看、嗅"，听发动机工作情况及其他声音是否正常；经常注意察看仪表显示的油温、水温、液压油温度、气压等是否正常；行驶过程中如嗅到有异味（如焦味、油味等）应及时靠边停车检查，并排除故障后方可作业。

### （四）班后检查

（1）在下班收车时，应把车辆停在指定位置，不准随意乱停。

（2）对所驾驶的车辆各部位进行详细检查，并把检查后的内容如实做好记录。

（3）将所驾驶车辆的详细情况向接班司机介绍并说明注意事项做好记录。

### （五）安全行车注意事项

（1）必须遵守厂内交通规则及厂内《机动车辆安全管理制度》及《矿车安全操作规程》。

（2）严禁司机酒后作业。

（3）操作要严格按操作技术要领执行，任何人不得违章作业，并有权拒绝和制止他人违章指挥和违章作业。

（4）严禁将车辆交由其他岗位人员驾驶，有权拒绝其他岗位人员驾驶矿车。

（5）矿车加油时应选择远离有火源及易燃易爆的位置，加油过程中严禁吸烟和打手机。

（6）装车时不应检查、维护车辆，驾驶员不应离开驾驶室，不应将头和手臂伸出驾驶室外。

（7）车辆在行驶过程中打开闭气的状态下严禁换挡变速。

（8）不应采用溜车方式发动车辆，下坡行驶不应空挡滑行。在坡道上停车时，司机不应离开，应使用停车制动，并用石块等物塞固轮胎。

（9）矿车进入工作面装车，应停在挖掘机尾部回转范围0.5m以外，防止挖掘机回转撞坏车辆。

（10）严禁矿车在运行中升降车厢。

（11）严格遵守机动车辆载人规定，驾驶室外平台、脚踏板及车斗不应载人。

（12）冰雪或多雨季节道路较滑时，应有防滑措施并减速行驶，前后车距应不小于50m；拖挂其他车辆时，应采取有效的安全措施，并有专人指挥。

（13）通向装卸地点道路的坡度大于10%时，禁止矿车倒车行驶。

（14）矿车上下坡行驶时，应保持一定的安全距离，下坡时优先使用发动机废气刹车。

（15）除特殊情况批准外，生产车辆禁止驶入厂区或社会其他公路上。

## 十九、防排水管理制度

（1）矿山防排水工作应在矿山部长和公司水文地质管理技术人员的领导下进行。

（2）矿山设立的防排水机构，人员由各车间主任组成。各人对各自责任范围内的防排水工作负责。具体分工如下：采石车间对边坡、采区、运矿道路、卸料场区域的防排水工作负责；轧运车间对轧石机、中控室、平硐范围的防排水负责；维修车间对临时工业场区的防排水工作负责；办公室对临时办公点、上山道路的防排水工作负责。

（3）各车间、办公室必须配置防排水器材，并对所辖区域的防排水器材进行经常性的检查、维护和及时更换，保证排水渠道的畅通。

（4）办公室对大雨、暴雨的预报工作负责，及时将大、暴雨的信息反馈到各车间，各车间必须及时做好防排水的各项应急准备工作。

（5）遇大、暴雨，出现险情时，矿山应急分队必须无条件服从科领导指挥，各种外勤、运输、工程车辆必须服从管理人员的调度，在最短时间内赶赴应急现场。

（6）各车间管理人员必须了解所辖范围的防排水情况，掌握防排水的相关知识。

（7）对在防排水工作中表现突出的员工由部门对其奖励；对在特殊时期，不服从工作安排的员工，依照公司有关规定，从严处罚。对在防排水工作中，因玩忽职守给公司造成重大损失的，将依照有关法律、法规，由有关部门进行处罚。

## 二十、爆破审批制度

（1）凡进行爆破（二次爆破除外），都必须在爆破前制订《爆破设计》。无《爆破设计》严禁进行爆破。

（2）在制订《爆破设计》前，制订《爆破设计》人员，必须对爆破的孔数、孔距、抵抗线等数据与爆破山场情况进行勘察核实。按实际情况与设计效果，并征得爆破工的意见，编制用药量、连线方式与安全措施。

（3）填报《爆破设计》的份数与期限：

1）须经市公安局审批的 10t 以上用药量的爆破，填制《爆破设计》5 份，于爆破 6 日前报厂部，在两天内生产管理部、保卫部、公司领导审批后返回矿山，矿山派人报市公安局审批。经市公安局审批后送交公司、保卫部门、生产管理部各 1 份存档。

2）用药量在 5t 以上 10t 以下，由公司审批的爆破，填制《爆破设计》4 份于爆破前 4 天报公司，经生产管理部、保卫部门、公司在两天审批后，各留 1 份存档，返回矿山 1 份。

3）本矿自行审批用药量五吨以下的爆破，在爆破前一天填制《爆破设计》1 份，经矿山主任与爆破工程师审批后，方准组织爆破施工。《爆破设计》由矿山生产技术组存档。

4）在爆破前爆破技术人员要组织爆破工贯彻《爆破设计》，进行安全教育，并做好爆破前的准备工作。

5）爆破工必须按《爆破设计》进行加工药包、填装炸药、连线、警戒等爆破作业。除遇有特殊情况，事先经爆破工程师提出变更方案，有关领导和部门同意者外，任何人不准变更《爆破设计》。

6）在石灰石矿以外的地点爆破，严格按照《股份公司石灰石矿以外爆破安全管理制度》执行。

## 二十一、危险作业管理制度

（1）石灰石矿山的爆破、公司内从事清理料仓和料库、爆破处理各种险情、吊装、在禁火区进行明火或易燃易爆作业、高空作业等一切对人身安全有潜在威胁的作业均属危险作业。

（2）进行危险作业时，负责施工的单位必须提出该项作业的书面施工报告，报告内容包括所施工项目的组织负责人、安全负责人及施工作业的安全保证措施，报生产管理部审批。不征得公司生产管理部同意，不得擅自处理。

（3）从事危险作业前，负责组织施工的单位，必须建立由单位领导任组长的安全生产领导小组，负责具体危险作业的全部领导，领导小组成员要和作业人员倒班，负责当班的全部安全工作。

（4）危险作业施工前，施工负责人必须深入作业现场，调查研究，制定危险作业的安全操作规程和遇险逃离办法，报生产管理部备案（必要时生产管理部同时参加安全措施的制定），单位施工负责人负责具体组织落实，公司安全部门负责监督检查安全作业规程执行。

（5）所有危险作业必须安排专门人员进行现场安全管理，确保操作规程的遵守和安全措施的落实。

（6）凡从事高空作业（2m以上）和多层作业，必须采取有效的安全防护措施。作业人员必须带安全绳，必要时放设隔层防护板。高空作业，在脚手板下面和侧面均要架设安全网，以防坠落伤人。

（7）石灰石矿爆破应遵守《爆破审批程序规定》。在厂内由于生产需要，用爆破进行清结皮或清堵塞故障时，生产单位应先报公司生产管理部批准，未履行手续和安全生产部人员未到场，爆破不准进行。无论何时何地爆破，爆破工作技术人员均要做爆破设计，并必须在白天进行。特殊情况下，需在夜间进行的，必须经公司主管安全生产的副总经理批准。

## 二十二、爆破作业管理制度

（1）矿山必须严格遵守国标《爆破安全规程》（GB 6722—2011）进行爆破设计和施工。

（2）矿山穿孔装备一般选用效率高、操作及移动方便的液压钻。

（3）爆破作业现场应设置坚固的人员避炮设施，其设置地点、结构及拆移时间，应经矿长批准。

（4）爆破前，应将钻机、挖掘机等移动设备转移到安全地点，并停止运转。

（5）露天矿中深孔多排微差爆破，具有扩大爆破规模、提高爆破质量、减少爆破有害作业的显著优点，是矿山生产爆破的主要爆破方法。各个矿山应根据矿体赋存条件、矿岩特点、开采方法，不断总结经验，优化爆破参数，力求获得最佳爆破效果。一般矿岩爆破炸药单耗应不大于 $0.45kg/m^3$。

（6）中深孔爆破效果应满足以下基本要求：

1）爆堆大块率控制在7%以内，矿石粒度级配应有利于提高铲装和破碎的效率；

2）爆破松散度、尺寸和形状应有利于高效率挖掘和安全作业；

3）爆破平台的标高、尺寸和台段坡面角的误差应在允许范围内；

4）爆破地震、飞石和空气冲击波作用应控制在允许范围内。

（7）矿山重要工程爆破及定向爆破等，应根据爆破工作性质所要求的内容与深度编写爆破设计书，并经相关部门批准后方能施工。

（8）矿山经常性的中深孔爆破，其生产循环爆破设计说明书，应由矿山矿长审批。

（9）凡从事爆破作业的人员，必须经过专业培训，考试合格，并持有合格证或安全资格证书才能上岗。

（10）矿长负责主持制定爆破工程的全面工作计划与实施，组织领导重大爆破工程的设计、施工与总结。组织爆破业务，爆破安全的培训工作与审查，考核爆破相关人员。监督本单位爆破工作人员执行安全规章制度，组织领导安全检查，确保爆破工程质量。主持制定重大或特殊爆破工程的安全细则与相应的管理条例。参加爆破事故的调查与处理。

（11）爆破工程技术人员负责爆破工程设计和总结，指导施工，检查爆破质量。制定爆破安全技术措施，检查实施情况。负责制定盲炮处理的技术措施，进行盲炮处理的技术指导。参加爆破事故的调查与处理。

（12）安全员负责矿山的安全技术工作，协助矿长贯彻执行安全生产的规章制度，并监督检查执行情况。检查爆破器材现场的使用情况和剩余爆破器材的及时退库工作。爆破后检查工作面，发现盲炮和其他不安全因素应及时上报或处理，有权制止违章作业，并立即报请矿长处理。爆破结束后，将剩余的爆破器材如数及时交回炸药库。参加爆破事故的调查和处理。

（13）爆破班长组织带领爆破工进行爆破工作，监督爆破工切实遵守爆破安全细则和爆破器材的保管、使用和搬运制度。有权制止无证的人员进行爆破工作。

（14）爆破工保管所领取的爆破器材，不得遗失或转交他人，不准擅自销毁和挪作他用。按照爆破指令和爆破设计规定进行爆破作业。

（15）炸药库保管员负责验收、发放、统计和保管爆破器材，对无证人员有权拒绝发给爆破器材。及时上报质量可疑及过期的爆破器材。组织或参加爆破器材的销毁工作。检查库区安全情况，消防设施和避雷装置，发现问题要及时上报。

（16）距离最终边坡30m范围内，宜采用光面控制爆破，减少爆破对边坡的破坏作用，使边坡面比较平整、稳固。

（17）为了提高炸药性能利用率，矿山应根据具体条件，积极推广运用爆破间隔器和填塞设备，以优化爆破效果。

（18）为减少大块二次爆破作业的危害，宜采用液压碎石机，用机械破碎等非爆破的方法进行大块的二次破碎。

（19）爆破作业地点有下列情形之一者，禁止进行爆破工作：

1）爆破参数或施工质量不符合设计要求；

2）危及设备或建筑物安全，无有效防护措施；

3）危险区边界未设立警戒；

4）光线不足；

5）大雾或雷雨。

（20）根据爆破方法、规模、地形和地物特征应划定矿山爆破危险区边界、爆破（抛掷爆破除外）时，个别飞散物对人员的安全距离：

1）破碎大块岩矿：裸露药包爆破法为400m，浅孔爆法为300m；

2）台阶浅孔爆破为200m（复杂地质条件下或未形成台阶工作面时不小于300m）；

3）浅孔药壶爆破为300m；

4）中深孔爆破按设计，但不小于200m。

沿山坡爆破时，上述数据下坡方向的飞石安全距离应增大50%。

（21）可采用手持式凿岩机用于清除根底、修建联络道路、采准工程和边角矿体的局部处理，也可选用液压碎石锤来处理。

（22）常规性爆破时间应固定，不要随意，必须确定危险区的边界，设置明显醒目的标示牌，并说明爆破时间及应注意的安全事项。非固定时间的爆破，特别要加强四周的爆破警戒。

（23）爆破前后应严格遵守爆破警戒的三次警报信号，即爆破前的预告信号，爆破时的起爆信号及爆破后确认安全后的解除警戒信号。

### 二十三、各类边坡安全管理规定

（1）矿山分厂应组织对现存及将来出现的各类边坡进行类型划分，以确定其性质及危险等级。

（2）边坡的管理工作在部长的领导下进行，具体管理工作由矿山工艺管理人员负责实施。

（3）边坡的形成必须按照工艺开采的设计文件进行。

（4）临近最终边坡作业时，必须预留符合矿山设计要求的安全平台、运输平台和清扫平台，以确保工程车辆的工作安全。

（5）在最终边坡附近从事爆破作业时，严禁进行大型爆破，尽量减少炮孔装药量，采用微差、预裂或其他先进爆破方法，以减少对边坡的影响。

（6）在最终边坡处工作时，严禁从事超挖坡底等危害边坡稳定性的行为。

（7）正常情况下，边坡管理人员每月对边坡检查一次；遇雨季、大雨、暴雨雪时，对不稳定的坡段要及时进行检查巡视。

（8）检查边坡，发现滑坡征兆或其他险情时，应及时汇报、设置安全警戒线，并撤离危险区域内的设备和人员，严禁非相关工作人员进入该区域。

（9）当边坡出现滑坡和其他危险征兆后，要及时采取措施，立即进行治理。

（10）严禁从事危害边坡的行为。对该行为，矿山任何人都有权予以制止。

（11）矿山工艺管理人员要督促相关的人员和车间，搞好最终边坡的排水、复垦（最终边坡形成后，及时申报资金支出计划，对最终边坡进行复垦）等边坡保护工作。对工作、调度不力，给公司造成损失的，根据公司相关规定进行处罚。

### 二十四、车辆调度管理制度

为实现公司生产的制度化、规范化管理，明确车辆调度管理的责权范围和组织管理程序，特制定本制度。

（1）在分厂厂长、副厂长的领导下，生产调度全面主持分厂矿车和装载机的生产指挥、协调和调度工作。

（2）严格遵守公司相关各项管理制度和安全、设备等管理规程，任何情况下不得违章违规指挥。

（3）负责编制车辆每月的大宗原燃材料需求计划、生产作业计划，并会同设备人员编制主机设备的检修计划。

（4）对车辆的各项生产活动应做到有计划、有组织、全面、系统地安排落实，及时协调处理生产过程中因车辆出现的问题，确保实现稳定、高效和安全生产。

（5）负责收集整理车辆的生产数据、作业完成情况等信息，并进行统计，及时报送到有关领导及统计员处。

（6）安排车辆工作时处理好设备、安全、环保等之间的关系和工作协调，如遇紧迫和急需解决的临时性生产问题时，解决问题的优先级别是：人身安全→设备设施安全→环境保护。

（7）组织召开班前安全生产会议，必须对安全生产提出具体要求和工作部署并做好记录。班前安全会议记录每月上交一次，交至分厂安全管理室，由安全员整理后存档。

（8）现场管理检查：检查作业人员是否按规定正确佩戴劳动防护用品，检查生产作业记录、交接班记录等相关制度的落实情况，现场检查有无安全隐患、违章操作和违反劳动纪律现象等。

（9）组织各种突发事件及自然灾害的抢险工作，紧急情况下，可调度分厂各种可利用资源，确保分厂在事件当中受到最小程度的影响。紧急时可先采取处置措施然后及时向分厂相关领导汇报。

（10）根据分厂的考核制度，对驾驶员进行生产任务的完成情况、车辆的出车率、维修率等情况实施考核。

### 二十五、安全确认制

安全事故发生的主要原因之一就是管理因素。由于管理不完善、不到位导致现场存在的隐患未被发现，作业人员违章作业、盲目施工，从而使事故发生概率增加。有效的安全管理能够减少或避免事故的发生。

安全管理确认制度就是专业技术管理人员对相关作业现场、作业方法、作业程序以及作业工器具等进行系统安全确认。在一些事故案例调查分析中，经常会提到安全确认不到位，导致事故的发生。从中可以看出安全确认的重要性。安全确认制是实现安全生产的根本要求。把安全确认落到实处，是生产稳定顺利进行的有力保障，是企业安全管理的一项重要举措，要将安全确认制贯穿于每一项工作的全过程。具体工作中应贯彻落实如下几点：

（1）上岗前进行安全确认，这是保证安全的基础。包括职工的精神状态、劳保用品的穿戴、随身使用的工具、工作任务安排及需要注意事项等。

（2）到岗后进行安全确认，这是岗前确认的一个延续。包括对作业场地环境进行确认，所使用的设备、设施进行确认，作业对象的确认等。对新工作场地要逐步熟悉、适应环境，提前做到心里有数，有的放矢，并为开始工作扫清事故隐患。

（3）在工作中（施工作业中）进行确认，这是安全确认的关键。工作或施工过程中是极易发生事故的阶段，也是容易产生隐患的阶段，所以要严格按照岗位操作规程逐项进行检查确认，规范操作，万万不可盲目操作，特别是在启动使用电器设备前，一定要确认设备周边的环境和安全状态，做到万无一失，方可安全启动运行。在生产运行当中，时时观察，时时确认，进行动态确认，做到"眼勤、手勤、腿勤、嘴勤"，发现问题及时处理。生产工作中的确认，是整个安全确认的重要一环，所以要求作业者在工作中要严谨、缜密、精力集中，切不可浮躁、麻痹大意。

（4）做好完工后的确认，也就是收尾工作的确认。工作结束后，要对使用的设备是否停用、是否拉闸断电、使用工具是否全部回收、是否做到工完场净等方面进行确认。

（5）下班前的确认。通过对一个班或一项工作的回顾和总结，为今后的安全生产积累经验和教训，同时做好下一班次的交接工作，将确认情况记录清楚，指导下一步的安全生产工作。

总之，安全确认制要贯穿于每一项工作的全过程，从思想上保证把安全确认看成是每一项工作的第一步，从时间上保证留出足够的安全确认的时间，最终达到安全生产的目的。

## 二十六、平硐放矿工岗位职责和安全技术操作规程

### （一）岗位职责

（1）认真遵守安全操作规程。

（2）经常检查设备各部件及安全防护措施，搞好设备润滑。

（3）佩戴好个人防护用品，搞好清洁，保管好工具、材料。

（4）认真填写好设备运转记录，执行交接班制度，做好交接班工作。

### 、（二）安全技术操作规程

（1）作业时间内，装矿硐室严禁一切行人。如果有人参观或局部检修时，参观人员或检修人员要和有关负责人联系好，此时要停止硐内作业，方准人员进入硐室内。

（2）对"卡矿"进行处理时，应由受专门安全教育的人进行，防止撬棍伤人。如用凿岩机打眼，必须有安全措施才能进行，并应有人监护。

（3）溜井"棚矿"时，未经批准，严禁人员进入井内察看和处理。

（4）处理"卡矿"和"棚矿"需放炮时，事先要选好放炮位置，药量要适当。如遇特殊情况需要加大药量，应请示有关领导。放炮时要做好一切安全防护工作，人员要撤到指定安全点避炮。

（5）认真执行，严格遵守爆破器材的支领、使用和保管制度。认真执行爆破安全技术规程。

（6）硐内应有足够的照明。

## 二十七、边帮浮石清理规定

（1）采石车间主任和值班班长及矿山安全员要经常对边帮进行检查，发现边帮有浮石或边帮不稳定时，要及时通知相关人员进行处理。铲运、钻爆及矿山其他人员发现边帮浮石等隐患的，要及时向采石车间主任通报。

（2）当发现边帮浮石及边帮的不稳定等对帮底和平台上方人员设备的安全有威胁时，要在危险区域之外设置警戒标志。

（3）边帮浮石和不稳定的边帮未处理以前，铲运设备不得进入其下方从事铲运作业，平台上方的钻机和工程设备不得进入危险区域。

（4）边帮浮石的清理原则是从上到下清理。边帮浮石尽可能用机械设备进行清理。清理时，要有专人指挥，下方不得留有设备和人员。

（5）用人工进行浮石清理时，撬石工必须根据需要系好安全绳，并要有专人照应。

（6）边帮浮石和不稳定边坡对矿山人员和设备造成损害的，将直接追究采石车间主任、值班长和相关责任人的责任。

# 第三节 矿山安全标准化工作案例

华新水泥股份有限公司始创于 1907 年，被誉为"中国水泥工业的摇篮"。在一百多年的发展历程中，不论历史风云如何变幻，华新始终站在行业的前端，引领着中国水泥工业的发展，为国家和地方经济建设做出了突出贡献。该公司长期以来十分重视对矿山的建设，其旗下几十个矿山的地质条件特点各异，所采用的开拓系统各不相同，但在严格管理、精心治矿的理念引导下，自行摸索出了多套行之有效的矿山管理方法。

现以该公司旗下的宜昌分厂为例，将相关实例及该公司对于溜井—平硐系统管理的方法一同列出，供同行们参考。

## 一、石灰石矿山概况

华新水泥（宜昌）有限公司成立于 2002 年 4 月，石灰石矿山位于宜都市松木坪镇南 2km，距公司总部 27km。矿区南北长 800m，宽 500m，矿山占地面积 1700 亩（1 亩 = 666.67m²，下同）。该矿山为露天矿山，属中高山区，矿体厚度 220m，石灰石储量 23430 万吨，设计开采年限为 50 年。

矿山现有正式职工 61 人，其中专职管理人员 5 人，有矿山爆破、工程车驾驶、中控操作、电工、电焊氧割、维修工等特殊工种，操作人员的持证上岗率达到 100%。特殊工种操作人员持证率达到 100%。

矿山主机设备：1 台锤式破碎机，台产 600t/h，9 台矿车（TEREX3303B 型车），5 台铲装设备（2 台小松 WA600、1 台小松 WA380、1 台 DH200 反铲、1 台 964 液压铲），3 台钻机（1 台英格索兰 CM341、2 台 SWDB165），1 台推土机，加油车、洒水车、通勤车等后勤保障车辆 5 台。

## 二、矿山安全管理

### （一）领导重视，安全生产管理常抓不懈

该矿山自建矿以来，各级领导高度重视安全，始终坚持"以人为本、安全第一"的指导思想，实行严格、科学的制度化管理，将安全管理工作作为矿山的头等大事。自从 2002 年筹建至今，矿山从事大小爆破上千余多次，石灰石碎石生产 1600 万吨，废渣排弃 240 多万立方米，没有发生过一起工伤、工亡事故，完成了公司下达的"死亡、重伤、轻伤——0、0、0"的安全生产目标。2007 年还被评国家"一级安全标准化矿山"。

为了保证矿山生产的安全，矿山依据《安全生产法》规定，确定以部门领导为安全第一责任人，对矿山的安全事故负领导责任，提高了部门领导的安全责任感和工作危机感；同时，部门、各科室车间领导在工作中，严格按照公司制度的规定，认真履行自己的安全管理职责。

为了落实部门安全责任制，矿山部制定了安全管理制度，要求员工在工作中严守安全操作规程，对违章、违规、违纪员工严格按照公司安全生产规章制度进行处罚，对违章指挥、违章操作的管理人员给予从重、从严处罚。以"安全第一，质量第二，进度第三"的工作方针开展安全管理工作，从制度上解决了生产与安全的矛盾。

### （二）建立健全管理机构，完善安全监督管理保障体系

该石灰石矿山在公司安全生产管理委员会和安全环保职能部门的领导下，根据《安全生产法》和《矿山安全法》的规定，配置了专职安全管理人员，负责具体管理矿山的安全工作，并建立了以部门领导、专职安全员、各车间主任、班组长以及兼职安全员为主体的安全管理网络，形成了公司安委会、矿山安全工作领导小组、各科室车间、班组四级安全监督管理保障体系。

为了进一步规范安全管理，做到有法可依，有规可循，根据矿山新标准的要求，对矿山岗位工作标准、岗位安全操作规程、安全检查、职业病预防、安全教育、应急救援、溶洞边坡治理、安全经济责任

制进行更新完善，并将专项安全管理工作落实到人，实现安全工作和经济责任制的有效结合。

### （三）提高安全意识，加强培训学习

公司多次外派矿山员工参加省、市、总部举办的各种安全培训班、矿山安全经验交流会。同时，严格执行班前会、安全周例会、事故分析会和员工安全培训制度。让员工在班前会、安全例会中了解未来工作中可能存在的不安全因素，过去工作中存在的不安全行为；为了提高员工的安全防范意识，矿山还举办了多期野外作业、消防、防雷、紧急救护、防暑、应急救援等安全教育培训班，极大地提高了员工的安全意识，丰富了员工在安全方面的阅历。为了提高员工的岗位技能，公司对员工不定期进行有针对性的培训，提高了员工的整体素质，为安全生产提供保证。

### （四）加大安全投入，推进工艺技术革新，保障安全生产

矿山部安全生产工作的顺利开展，安全投入是有力的保证。建矿以来，公司多次聘请矿山安全顾问机构、环境地质机构专家和大学教授来矿山进行现场工作指导，提供安全生产参考方案，推进工艺技术革新，为安全生产保驾护航，在生产过程中，矿山不断学习先进的工艺开采技术和先进的安全管理思想，从基础工作中不断总结、不断革新。

短短几年，矿山爆破工艺从排间微差爆破发展到孔间微差爆破，再从空气间隔逐孔爆破发展到非电起爆工艺，提前淘汰电雷管；2009 年矿山成立爆破工艺研究项目小组，开始研究实验水封爆破工艺，成功后将进一步降低爆破成本同时降低爆破过程中产生的震动、粉尘、飞石等有害效应。

在硬件上，公司不惜代价对矿山设备进行技术改造，对矿山工作环境进行改善，仅矿车安全制动系统一项，9 台矿车投入安全技术改造费用达 30 万元。为提高矿车运行安全，投资 20 万元在 3303B 矿车发动机安装了下坡缓行器，既降低了安全隐患，也降低了矿车的运行成本。据不完全统计，矿山成立八年来，公司用于矿山安全措施投资在百万元以上。

### （五）对高危作业点进行重点防范

矿山生产是一个动态的过程，其安全管理工作的重点也是不断转移的。石灰石矿山在生产过程中，始终将石灰石矿采准剥离过程作为安全管理工作的重点，严格按照民用爆破物品管理规程规定，对涉爆人员的聘用严格把关，对爆炸物品的领退、运输、存放、使用过程实行全程监控，确保爆破作业安全、有序进行。同时，为了将矿山民爆物品的管理、使用工作做得更好，矿山与地方公安、安全监管部门密切联系，共同参与民爆物品的监管，从而实现内、外监管相结合，提高矿山民爆物品的管理水平。建矿八年来，作为本地区最大的民爆物品使用单位，消耗雷管 10 万多发，炸药 4000 余吨，从未流失过任何雷管与炸药，确保了一方平安。

### （六）加强环境治理、确保和谐建矿

矿山自成立以来，一直非常重视环境治理工作。早在 2005 年，就进行绿化复垦规划并于当年开始实施，在排土场护坡等地种植赤槐、大叶女贞等灌木，以保持水土不流失，2008 年，针对排土场滑坡迹象，公司投资近 800 万元，对排土场进行整治，两边从上到下埋设了排洪暗管，修筑了钢筋混凝土隔栅坝，并定期实地监测，确保排土场下方几十户居民的生命财产安全。2010 年开始，又投资近 50 万元，对采区护坡进行整治，以实现"在开采中保护、在保护中开采"的和谐建矿思路。据不完全统计，矿山在环境治理方面所花费用已近千万元。

### 三、石灰石矿安全标准化建设情况

2009 年年初开始，公司为创建安全标准化矿山成立了以执行总经理为组长，公司安全主管、矿山部部长为副组长，公司部分业务主管和矿山各科室主任为组员的工作领导小组，并于 2009 年 3 月 12 日召开

创建安全标准化矿山专题会，确定了实施方案。在安全标准化建设方面，矿山进行了如下几项卓有成效的工作：

（1）完善各项资料准备。矿山对照《规范》要求，对国家各种非金属矿山常用法律法规定进行了清理并装订成册，以便进行集中学习，对矿权资料进行了重新清理，对矿山44项安全管理制度进行了重新完善，并新增添了《保安管理细则》、《摩托车管理规定》、《空调使用管理规定》、《手套口罩发放管理规定》等规章制度并下发各车间班组落实执行。对矿山危险源和影响环境因素进行了重新识别，共清理出高等级危险源22个，一般危险源125个，影响环境因素33个。对劳保档案、民用爆炸物品登记台账、危险作业监护表、停送电通知单、动火审批表、车辆维修保养记录等软件材料进行了整理完善，并重新规范了各种安全检查记录表以及其他各种登、统计表共21种。

（2）开展创建活动自评，不断改进安全绩效。2009年下半年开始，矿山为创建安全标准化，每月召开创建安全标准化矿山自评活动，总结经验、查找不足、理清工作思路。2010年3月，矿山聘请外部安全技术咨询有限公司有关专家来矿山进行创建活动技术指导，专家们通过摸底，共发现33处与相关规范要求不相符，针对摸底结果专家们为矿山员工进行了系列化的安全管理知识内容授课。2010年3月，公司再次聘请外部认证中心专家对矿山质量、环境与职业健康安全管理体系运行情况进行认证，专家们通过查资料、现场提问、现场察看等形式，对矿山安全管理情况进行了认证。

（3）以安全标准化创建为契机，全面进行现场整治与隐患排查。2009年开始，矿山通过周生产会、周"四区三库一场"（即采区、工业场区、破碎机区、生活区、火药库、油库、石子库、排土场）巡查、月度综合大检查等形式，进行现场安全监管，对发现的安全隐患及时进行整改、排除。2010年3月，矿山对部分陈旧的安全标志，结合企业文化和国家标准，重新进行了更换，从而大大增强了矿山安全视觉效果。

该企业将一如既往地把安全标准化工作进行到底，将《规范》的要求作为日常工作的重要行为准则，通过企业管理体系的有效运行，来实现安全标准化，最终达到降低职业风险，提高本质安全目的。

## 四、华新水泥有限公司溜井平硐系统安全生产管理方法

该管理方法共分为7大条24小条18款。

### （一）总则

（1）为贯彻执行公司安全生产方针，保障矿山安全持续有效进行生产，特制定本办法。

（2）华新水泥股份有限公司各分子公司矿山使用平硐竖井破碎系统的操作都必须遵守本办法的规定。

（3）分子公司对矿山、矿山内部应制定严格的经济责任制考核办法，确保本办法的实施。

### （二）主体与职责

（1）本办法实施运行主体主要为矿山采石车间、破碎车间，责任人依次为矿山分厂厂长/车间主任/岗位人员；分厂厂长负责全面的协调、管理和考核。矿山分厂厂长不在时，由其指定的人员负责。

（2）矿山根据本办法管理规定依据矿山的生产特点制定平硐竖井系统安全生产实施办法，落实各项工作的责任人，定人定责。

（3）平硐竖井的破碎系统由各矿山破碎车间进行日常的生产及管理及维护。

（4）采石车间负责按照质量部门的要求控制石灰石的质量，合理安排不同品位矿石的质量搭配，并按照破碎车间进料控制要求组织生产。

（5）爆破质量直接影响竖井系统生产安全。采石车间应加强爆破质量控制，在确保爆破安全的情况下，调整孔网参数，爆破块石粒度400mm以下的要达到90%以上，大块率控制在3%以内（>1000mm）；对大块及时进行二次破碎处理；铲装作业发现大块时严禁装车。

（6）采石车间和破碎车间值班人员必须详细填写本班装运记录和平硐竖井系统运行记录，矿山分厂

厂长每周收集运行记录，评估平硐竖井系统运行情况，作为月度/年度矿山内部经济责任制考核依据。

（7）矿山采石车间和破碎车间必须通力协作，保持通讯畅通，确保铲装运输和破碎工序按照本办法规定组织生产，确保平硐竖井系统生产安全。

（8）分子公司制定矿山考核管理办法每月对矿山进行包括竖井平硐破碎系统运行情况在内的考核。

（9）事业部/区域矿山副总监监督矿山管理办法的执行情况，责任制考核情况，及时发现纠正执行过程中出现的问题并每季度一次报告给生产副总监和地矿部。

### （三）操作及管理办法原则

矿山必须保证破碎系统处于良好的运行状态，对存在的机械/电气隐患及时整改，避免故障停机对料位控制带来的不利影响。

矿山必须保证矿仓检查巷道可通行，安全门完好无损随时可开启/关闭状态。

1. 破碎机开车前准备

（1）检查破碎系统设备（详见破碎机操作规程）润滑并记录。

（2）根据上一班次的生产记录，复核、计算矿仓料位，通报给矿山分厂厂长和采石车间生产值班人员。

（3）确认并记录山上生产值班人员及联络方法。

2. 运行控制

（1）确认检查完毕，具备开车条件后通知山上采石车间准备运输作业；刚开始的进料作业应铲装不少于200t的细碎矿石（200mm以下，下同），降低在计算的料位可能存在误差时进料作业对矿仓的冲击作用。

破碎机开机前采场可预先倾倒1~3车矿石，此时破碎车间应安排巡检人员（或通过安装的磨音监听仪器）在破碎硐室倾听矿石下落的声音，判断矿仓内矿石料位的大致情况，通过电话及时通知中控，中控操作人员将巡检人员反映的情况与料位控制记录进行对照核实，决定破碎机的开启与采场进料的先后依据。

当判定料位在矿仓以内时，应先进一定的细碎矿石再开车；当判定料位在矿仓以上并确认采场已做好生产准备时可开车并通报采石车间值班人员当前的破碎喂料量，以保证采场进料量的及时跟进（调整）。

（2）启动程序及开车操作见破碎机操作规程。

（3）随时掌握竖井进料情况。采石车间生产值班人员至少2h一次向破碎中控人员通报铲装运输量，中控人员应立即计算竖井/矿仓矿石存量反馈给采石车间；不正常的生产等特殊情况时随时通报，破碎车间中控人员根据进料情况及时调整破碎产量，保证料位在规定的范围。

采石车间每天不少于3次的料位测量工作。其中中饭和晚饭时间各测一次，收班时间测量一次，测量结果报破碎车间中控，中控人员在运行报表上予以记录，记录数据包括竖井或矿仓空尺/记录时间等；根据每一次的测量情况决定再一次的开车和进料顺序。

采石车间严格控制黏性矿石（如黏土或大量的粉末状矿石）集中进入竖井和矿仓；采准回收部分的矿石含有黏土时应与正常的平台开采矿石按照一定的比例均匀进入竖井和矿仓。当天生产结束前停止生产含有黏土的矿石，按照矿仓的有效容量一半的矿量生产细碎矿石，确保停车时在竖井内的矿石不含黏土，以避免发生堵井事故。

雨天生产作业时严禁进含黏土的矿石。

（4）矿仓料位超过规定要求时，中控人员应立即通知山上生产值班人员控制竖井进料速度，提高喂料速度，以维持矿仓内料位平衡。

（5）矿仓料位低于控制料位时，中控人员应立即通知山上生产值班人员采取措施加快竖井进料速度并确认。当山上运输不具备加快进料速度条件时，破碎机操作人员应降低喂料速度，必要时采取停喂措施确保矿仓内安全料位。

（6）破碎系统因故临时停机或矿石黏土量大使破碎能力下降需要暂停进料时，应及时通知山上生产值班人员。

（7）破碎车间中控人员应时刻关注板喂机和破碎机的电流变化情况。正常喂料情况下发现电流与空车运行电流接近时，即可能发生空仓或堵井事故，应立即停车病通知巡检人员检查。发生竖井堵塞事故时，立即停机，通知采场停止生产并向矿山分厂厂长汇报。矿山分厂厂长应及时向工厂经理汇报并提出处理方案，经工厂经理认可后组织人员、设备实施。

（8）处理竖井堵料事故时严禁人员进入破碎硐室和观察巷道，避免竖井矿山突然垮落产生的空气冲击波和其他不可预料情况对人员带来伤害。

（9）竖井堵塞事故处理完毕后应有专项事故分析报告提交公司及区域领导和地质矿山部。

3. 停车

（1）当生产任务完成或需要检修或上级要求停车后，应检查确认破碎腔无矿石。

（2）停车前根据进料记录和破碎量计算料位情况，同时通报采场生产值班人员。采场值班人员应立即安排在竖井口的测量工作，测量结果通知中控人员，由中控人员对测量料位和计算料位进行对比和调整并记录。在规定的料位时，立即停止运输作业；低于规定料位时，确定竖井仍需进料量并通知采场生产值班人员执行，当竖井料位超过规定时，破碎机必须继续生产至规定的矿仓料位范围内方可停车。

（3）按照开车的逆顺序进行停车作业。

（4）详细填写本班生产作业记录，注明下一班生产应该处理的问题和注意的事项，评价本班破碎生产及竖井进料情况，每周汇总后交矿山分厂厂长，作为经济责任制考核依据。

4. 检修

（1）破碎车间会同维修车间制定破碎系统检修计划报矿山分厂厂长审批确认并通报采场生产值班人员。

（2）破碎系统检修时间允许时，在确保安全的情况下，矿山应组织人员应清理观察巷道积石，检查矿仓磨损情况；必要时可将矿仓放空，清理矿仓壁积料，通过观察巷道全面检查矿仓磨损情况，拍摄照片记录。检查情况专项书面报告至公司领导/区域领导以及地质矿山部。

5. 其他

（1）为准确计量，根据矿山开采岩性变化情况，矿山需对运输设备的有效载重量进行标定（按照石灰石/泥灰岩/土夹石或其他岩石分别标定）；破碎系统的出料皮带或入库（堆场）皮带安装皮带秤并定期对皮带秤计量精度进行校核；皮带秤数据通讯到破碎中控操作台。

（2）在竖井口安装有效的测量仪器并定期对测量仪器进行校验，提高测量的准确性；条件许可时，将测量结果通过通讯电缆直接与中控连接并在中控屏幕设立窗口显示；在破碎硐室安装视频监控和磨音监听设备，除用于日常生产观察以外，在处理堵井事故时代替人员对硐室情况的观察监控。

（3）禁止未经矿山第一责任人许可将矿仓放空。

（4）矿仓长时间的运行会产生积料，积料使矿仓矿石存量的计算产生偏差。在可信的测量仪器安装前，矿山可摸索本矿山的物料特点，确定矿仓放空周期（不少于一周）以消除计算偏差；可信的测量仪器安装后，非特殊情况不放空矿仓。

（5）出现矿仓放空情况时，应在竖井进料前在安全措施到位的情况下，在板喂机上铺垫不少于 1m 厚度的缓冲保护层（100mm 以下矿石或其他松散材料或通过竖井进 100mm 左右的细碎物料）。竖井开始的进料应控制在 100mm 以下，进料量不少于矿仓容量，100mm 以下的矿石量不能满足时，可通过采场特别的爆破提供要求的物料；时间紧迫时由 200mm 以下矿石补充，将矿石对板喂机的冲击减小到最低程度。

（6）采石车间、破碎中控以及破碎硐室必须保持电话通讯畅通，有条件的矿山配备对讲机等及时通讯设备。

（7）确保平硐、硐室及观察巷的照明完好。

6. 奖惩措施

经济责任制考核办法由各矿山制定报请工厂经理批准后执行。

## 第四节　溜井—平硐系统安全问题简述

矿山的安全是个系统性的问题，但这个系统中，无疑溜井—平硐系统是最受关注的一个环节，也是目前水泥矿山行业比较容易出现安全事故的一个环节。该系统目前正越来越广泛地被使用在水泥矿山中，该系统以其低碳环保、节能经济的特点正被越来越多的业主所接受。据天津水泥工业设计研究院有限公司历年的矿山设计资料统计，自 1954 年在大同水泥厂七峰山石灰石矿设计出我国水泥矿山第一条溜井—平硐系统以来，目前我国中大型水泥矿山中采用溜井—平硐系统（含碎石溜井）的项目数比率约在 15% 左右，且近些年随着碎石溜井系统的应用，有迅速增多的趋势。理论上矿山开采比高超过 150m，便有采用溜井—平硐系统的可能性。以为 5000t/d 水泥熟料生产线供应石灰石矿石的矿山为例，如果建设一套井深为 150m 的溜井—平硐系统，按汽车吨公里运费 0.7 元计算，每年运费就可以节约 350 万元左右，十年下来就是 3500 万元，费用惊人。从我国水泥矿山正在使用的所有溜井—平硐系统的情况来看，总体还是不错的，安全可靠，正在不断发挥它的节能效益的同时，也培养出了一大批使用该系统经验丰富的矿山管理与技术人才。与此同时，行业设计院例如天津院针对该系统的设计优化工作一直没有停止，经过多年的设计探索，现在对于该系统在各个方面的设计参数基本上均已做到最优化，从而从理论上可以确保该系统的长期安全顺利使用。

但是该系统在为企业带来丰厚经济回报的同时，也是需要矿山企业做出一定付出的，尤其是管理要跟上。没有精细化的管理是万万不行的。如果仍以传统的公路—汽车开拓运输系统的管理模式来进行，则很容易出现问题，甚至酿成事故。最近我国的水泥矿山的溜井—平硐系统相继出现了程度不一的事故，综合发现都有一个相同的特点——都是近几年刚刚投产的新矿山。相反一些已使用了几十年的老矿山的溜井—平硐系统都使用得非常顺利。理论上分析，新建成的矿山需要同时面对的是新的管理者、新的地质情况、新的操作工人、新的矿山管理程序等，如果再加上这些刚投产不久的矿山还面临非常大的生产压力的话，这些环节的问题若不能得到及时的化解，就很容易带来严重的安全隐患，甚至发生安全事故。其实"堵井"就是安全事故，很多矿山都发生过，但是能引起矿山管理者真正加以重视并彻底消除其原因的并不多。很多人认为只要及时消除就行了，其实每一次这样事故的发生，其背后必然有某个环节的问题存在。从钻孔至爆破、装载、运输及配矿中的任一个环节的不负责任，都有可能导致溜井堵塞事故的发生。钻进的孔网参数的不合理、爆破效果的不佳容易导致大块率上升。而大块与黏性物料的集中是导致溜井堵塞的两大主要原因。装载环节中如果把超标大块装进汽车，还容易损坏装载设备的液压系统和汽车车厢。天气不佳尤其是阴雨天时，应避免过多地把黏性物料集中装卸入溜井等。

结合我国水泥矿山目前使用的溜井—平硐系统，一般地，该系统具有以下几个特点：

（1）节能降耗，低碳高效。由于利用了地形高差，溜井（溜槽）—平硐开拓系统因为使用的是矿石自重运输方式，因而使得矿山能节能降耗，低碳高效，从而能取得较高的效益。

（2）矿山产量高，溜井通过能力大。一般，使用溜井（溜槽）—平硐开拓系统的矿山产量为 200~500 万吨/年，属于大型或特大型的矿山。有的溜井，虽然使用仅 3~4 年，但通过溜井的矿石已超过千万吨，甚至接近 2 千万吨。

（3）矿山生产强度高，溜井连续生产，没有充分的检修时间。目前，水泥熟料生产线的年运转率较高，有的甚至达到 330 天。在工厂效益很好时，停产 1 天，其产值减少就是几百万元，而矿山与厂区又没有足够的矿石储存空间。为不影响工厂的供料，致使溜井要连续生产，溜井系统就没有充分的检修时间。

（4）矿山一般采用单溜井，仅有一条生产通道。矿山一般采用单溜井，仅有一条生产通道。由于没有其他备用的生产通道，一旦"溜井—破碎机"系统出现问题（甚至是严重生产事故），矿山则无法生产，如超过堆场的储存期，工厂只有断料停窑。

（5）破碎机地下硐室大型化。采用破碎机进入平硐的溜井系统的矿山，其破碎机地下硐室的开挖方量为 0.8 ~ 1.0 万立方米。地下硐室逐步大型化，已是一个事实，对相应岩层的地质特性的要求也越来越高。

以上的特点客观存在，保证溜井—平硐系统的安全使用，避免安全事故的发生，设计是关键，生产管理是保证，二者缺一不可。经总结，以下一些方面的问题需要矿山从业人员加以研究。

## 一、设计之前应进行专门的溜井—平硐系统工程地质勘察工作

目前国家标准《水泥原料矿山工程设计规范》（GB 50598—2010）中的相应条款已经对此进行了专门的规定。今后若设计单位未经工程地质勘察工作便进行该系统的设计，便是违背国家标准。在复杂地质条件下，此点尤为重要。对"溜井—平硐"工程的地层形态、岩石性质、地质特性等都应予以探明，是否有不良地质构造、是否有软弱地层等要清楚。对"溜井—平硐"定位及不良工程地质现象，应由工程地质勘察部门提出结论性意见。溜井布置时，要注意溜井井壁围岩的情况，若出现断层破碎带，应进行特殊防护设计，进行加固处理。井壁若有不良地质构造（如断层、节理和裂隙等）的存在，在溜井使用过程中，会经由矿石冲击、碰撞和腐蚀而造成井壁局部塌方而产生"棚矿"及其他的生产事故。若矿山的溜井穿过断层破碎带，则片帮脱落的大块岩石会导致溜井经常堵塞。

曾经有一个矿山的施工，到破碎硐室时，发现其上方有 6×22m 的大裂纹，裂纹被泥沙所充填。施工中采取打锚杆、挂网和喷浆稳固边帮，再加上工字钢做成拱梁，硐室再做钢筋混凝土支护等措施，较好地处理了这一不良工程地质现象。

若矿山由于工程地质情况不明，工程进行中遇到断层及软弱地层，以致发生了较大的塌方时，此时应将地下破碎硐室及溜井井位进行移位处理。

有条件时，工程地质勘察要与资源地质勘查结合进行。如布置资源地质勘探钻孔时，可以结合溜井的井位进行。

## 二、严格控制入井矿石的块度是保证溜井安全运行的一个重要要素

（1）设计时应正确选择溜井直径：溜井直径应与入井矿石的最大块度成倍数关系，过去设计规范石灰石为大于 3 倍。现在实际操作中都不小于 5 倍，有的达到 7 倍。

由于采矿设备的大型化，必然入井矿石的块度也趋大。石灰石矿山设计的溜井直径以不小于 5m 为宜，生产能力不小于 200 万吨/年的矿山，一般设计溜井直径为 6m。对于在溜井口设"格筛"，控制入井物料粒度在 900mm 以下的溜井，其直径可以取为 5m。

（2）在溜井口，加设"条形格筛"是较好的方法。生产实践表明，入井物料粒度的控制，是溜井安全生产的关键。按照已有矿山的经验（如华盛昌江所属石灰石矿山），在溜井口加"条形格筛"是控制入井物料粒度不会过大，不会超限的有效手段。

（3）对穿孔爆破的参数进行研究，努力降低大块率，从源头上进行控制。

（4）入井矿石含泥量要进行控制。晴天可以按比例适当搭配入井；阴雨天时，因为工作面上的黏土往往含水量较高，应避免入井，以免泥土黏结而造成"棚矿"。

## 三、"连续生产"是溜井系统安全运行的又一个要素

溜井生产应遵循"计划倒矿、均衡输出"的原则。溜井矿石输出应均衡，停出时间不宜过长，以保持井内矿石的松散性。若长时间不出矿，特别是井筒内储矿较多时，易发生"结拱堵塞"现象。

例如近年投产的某矿山，月初即将溜井储矿满井。但工厂到下旬才投料生产。近万吨的物料在溜井内储存近一个月。此间，又逢雨季，不能避免地有雨水灌入溜井内。溜井生产后，发生了"堵井"。所以，即使溜井不生产，也要一两天让放矿设备动一动，以保持井内矿石不要压实，保持一定的松散性。

### 四、溜井矿仓两侧最好设置双检查平巷

设计考虑在矿仓设双检查巷，并安装"料位计"。但有的矿山取消了检查副巷。从现场情况可以看出，这也是一个安全通道，一个"泄气孔"，检查副巷最好不要取消。

在矿仓中部的检查巷设置"料位计"。"料位计"与硐内破碎系统联动，即物料低于一定标高时，破碎系统的板式喂料机与破碎机自动停车。保证溜井底最小存矿量的存矿高度不低于矿仓检查平巷水平，确保溜井不放空。

### 五、加强施工管理，从工程本身开始防止溜井事故的出现

溜井施工中，容易出现的问题如下：

（1）溜井施工中，使用的构筑材料未全部清理拆除。

（2）溜井施工不严格。在掘进中未按设计断面施工，井壁施工质量差，凹凸不平，如有的尺寸打得过小，有的打成葫芦形或龙形。这样，出矿时，矿石在溜井规格变小或拐弯处容易造成堵塞。

（3）矿仓加固的质量差，不符合规范要求。混凝土施工质量差或未打锚杆，造成混凝土大片脱落，堵塞溜井。

## 第五节　溜井—平硐系统的常见安全问题及处理

经过多年总结，我国水泥矿山溜井—平硐系统使用过程中，经常出现如下一些安全问题，现陈述如下，供同行们参考：

（1）经常空井或低井位运行，是造成"堵矿、卡矿、跑矿及磨损"的主要原因。具体分析如下：

1）物料在溜井内部的运动轨迹问题。早在1964年的"设计革命"时，溜井专家——冶金部鞍山矿山设计院郭宝昆就在专题报告中指出，物料满井时，物料在溜井内是翻转运动的；在溜井，不断形成拱平衡，又不断破坏拱平衡，在此过程中，物料翻转运动。为了保护井壁和矿仓，为了防止溜井出现"堵矿、卡矿、跑矿及磨损"，其关键就是，溜井要"满井运行"。如果经常"空井或低井位运行"，重达几吨的矿石，从百米以上高度落下，其强大的冲击力，必然要砸坏井壁和矿仓，甚至砸坏井下的设备。其结果是"堵矿、卡矿"经常发生，严重的时候"跑矿"事故就有可能到来。这一点，已经为个别矿山发生的溜井事故所证明。

对溜井内物料运动的规律存在认识上的误区，经常"空井或低井位运行"，是造成"堵矿、卡矿、跑矿及磨损"的主要原因。认识物料在溜井内的运动规律，正确使用溜井，是溜井安全运行的基本保证。

这就是大部分溜井系统几十年都在安全运行，可有的矿山运行不长时间，就出现井壁严重磨损，矿仓护壁重型钢轨脱落，甚至于出现"跑矿"事故，造成人员与设备的伤害。这就是同样的设计方案，同样的工程验收，为什么会出现不同的运行结果的答案。

2）矿仓护壁重型钢轨脱落，往往是发生更大事故的"前兆"。如果溜井系统出现井壁严重磨损、矿仓护壁重型钢轨脱落，这往往是发生更大事故的"前兆"。此时，应下决心停产检修，防止造成更大的损失。

3）任何溜井都不准许放空。在矿仓中部要有"料位计"，该"料位计"要与硐内破碎系统联动，即物料低于一定标高时，破碎系统的板式喂料机与破碎机自动停车，溜井底最小存矿量应保证存矿高度不低于矿仓检查平巷水平为宜。

（2）溜井的堵矿，大多发生在矿仓喇叭口之上10~30m处。如大闸子矿，羊圈顶子矿等矿山堵矿情况的统计，大体上都是这种情况。溜井的堵井有一个规律。溜井的"棚矿、卡矿、堵矿"大多发生在矿仓喇叭口之上10~30m处。针对这种情况，设计可以在矿仓喇叭口之上10~30m处，设置检查巷道。为了保障处理堵井时的人员安全，增设检查平巷及检查井，以下方法可供参考：

1）将矿仓的检查井可以适当向上延伸。将检查井向上延伸到矿仓喇叭口之上 30～40m 处，并每隔 10m 打一个水平检查巷道。如果在发生堵井时，便于人员从水平检查巷道处理"堵矿"。

2）在矿仓喇叭口之上 10～30m 处，加设检查平巷。检查平巷在矿山合适的部位开凿，通往溜井侧壁。同时在矿仓喇叭口之上 10m 水平、20m 水平及 30m 水平，设置检查巷或检查井。

由于作业人员在"堵矿"的上部或同部位，不必在硐室内作业，而且有另外一条向外的通路，就保证了人员的安全。

例如某矿山在 252m 水平（矿仓喇叭口之上 20m 水平）加设检查平巷。据现场实测，检查平巷长度约 100m。检查平巷通往溜井侧壁，同时在 252m 水平、242m 水平及 262m 水平，设置了检查巷（井）。在 242m 水平的检查孔，设置料位计。当井内物料低于 242m 的标高时（矿仓上约 10m），料位计发出信号报警，提醒操作人员注意。

因此有条件时，应优先采取在矿仓喇叭口之上 10～30m 处，设检查平巷的措施，具体应以设计图纸为准。

（3）"堵井"或"棚矿"问题的处理，国内同行方法都差不多大同小异，一般处理方法如下：

1）放矿溜井发生"棚矿"现象后，应立即停止上井口卸矿作业，并组织人员查清"棚矿"状况（"棚矿"位置和"棚矿"形态）。清查时清查人员在没有摸清情况前，均不准进入井内观察，只可在溜井侧壁处停留观察。

2）在查清"棚矿"位置与状态后的处理方法，首先推荐采用从井口"加压"（即卸入一定量的矿石）的方法，静待竖井中的压力拱慢慢变化直至破裂，千万不能着急蛮干。此时禁止任何人员进入平硐。井口注水的方法视情况而定，但一定要慎重使用。

3）以上方法不能奏效时，可以采用裸露药包爆破震动处理，其药包尽可能靠近"棚矿"处。药包放置方法多采用竹竿挑送方式（如上空太高，也可用氢气球将药包吊升靠近棚矿处）。一次不行，可进行多次震爆，直到"棚矿"下塌为止。

4）绝对禁止在矿仓中进行爆破，以防对仓壁造成破坏。

5）参与上述措施人员（指"棚矿"点附近）禁止单人行动，必须要有监护进行，不准多人扎堆进行。

此外，造成"棚矿"的另一原因，就是溜井在施工中没有注意井壁地质构造（如断层、节理和轻度破碎等）的存在，在使用过程中，镜框式碰撞和腐蚀而造成井壁局部塌方而形成"棚矿"。因此，溜井施工中应加强这方面的管理，并对其进行加固处理。

撰稿、审定：黄东方（天津水泥工业设计研究院有限公司）
　　　　　　张兴斌（冀东水泥集团）
　　　　　　石斌宏（华新水泥股份有限公司）

# 第十七章　环境保护与节能减排

## 第一节　矿区环境质量标准及大气污染控制

### 一、矿山开发对环境的影响

矿物资源是人类社会文明必需的物质基础。矿物资源的开发、加工和使用过程，不可避免地给生态环境和人身健康带来直接和间接、近期和远期、急性和慢性的不利影响。事实证明，一些国家或地区的环境污染状况是和该国家或地区的矿物资源消耗水平一致的。所以，开发矿物所面临的环境问题，日益引起各国的重视。一方面是保护矿山环境，防治污染；一方面是合理开发利用，保护矿物资源。这两方面是矿山环境问题研究的主要内容。开发矿物对周围环境产生的影响如下：

（1）对于矿山生产，特别是露天开采时对矿山大气的污染甚为严重。开采规模的大型化，高效率采掘设备的使用，以及露天开采向深部发展，使矿山大气环境面临一系列新问题。大型穿孔设备、挖掘设备、汽车运输产生大量粉尘；爆破作业产生大量有毒、有害气体等污染物，在深凹露天矿坑内积聚，以致粉尘和有毒气体结合形成剧毒粉尘，这也是加速导致矿工尘肺病的主要原因。

废石场废石的氧化和自然释放出的大量有害气体，废石风化形成的粉尘在干燥大风作用下会产生尘暴，矿物加工排放的大量烟气、化石燃料的燃烧，特别是含硫多的燃料燃烧，均会造成严重的区域环境大气污染。

（2）对土地资源的破坏很严重，特别是地处平原地区或江湖流域土地肥沃的矿山，造成的损失更大。据《中国 21 世纪议程》提供的数字，我国因大规模的矿物采掘产生的废弃物的乱堆滥放造成压占、采空塌陷等损毁土地面积已达 200 万公顷，现每年仍以 2.5 万公顷的速度发展，破坏了大面积的地貌景观和植被。特别是矿物的露天采掘和废石的大量堆放都要占用大量土地，危害生物；淤塞河道，污染水体；飞扬灰尘，污染大气。如开采建筑材料的采石场，对石灰石、花岗石、石膏、玻璃用砂的大量开采，会造成生态环境的严重破坏，特别是在采矿结束后，一些地方不进行回填复垦及恢复植被工作，破坏了矿山及周围地区的自然环境，并且造成土地资源的浪费。

（3）采掘过程产生大量工业废水，排放后引起地下水和地表水水体的污染。侵入周围农田形成大量绝产田；排入江河，使鱼类大量死亡，并严重地危害人民生命和健康。

由于采矿生产活动，固体废物的日晒雨淋及风化作用，使地表水或地下水含酸性和有害元素，这种污染的矿山水通称为矿山污水，矿山污水危及矿山周围河道、土壤，甚至破坏整个水系，影响生活用水、工农业用水。由采矿造成的土壤、岩石裸露可能加剧侵蚀，使泥沙入河、淤塞河道。

（4）采剥工作破坏地表或山头植被，引起水体流失；开掘或地表剥离破坏岩层应力平衡状态，在一定条件下引起地表移动、沉降、塌陷和露天矿边坡不稳定，严重地破坏矿区地形地貌和影响矿物资源的开发。特别是开采后地表下沉和塌陷引起地表水和地下水源的水力联系，容易酿成水灾事故。

（5）矿物采掘的噪声污染极为严重。噪声不仅妨碍听觉，导致职业性耳聋，而且掩盖音响信号和事故前的征兆，会引起伤亡事故的发生。此外，还引起神经系统、心血管系统、消化系统等疾病。

可见，人类对矿物资源的大量开发，虽然可以大大提高人类的物质生活水平，同时不合理的开发也会造成对自然资源的破坏和对环境的污染。因此，有效地抑制矿物资源的不合理开发，减少矿物资源开采中的环境代价，已成为我国矿物资源可持续利用中的紧迫任务。

### 二、矿区环境质量标准

#### （一）水环境质量标准

矿山开采过程中，不应该对矿区周边水环境造成污染，地面水环境质量标准应符合国家标准（GB 3838—2002）的相应要求。地面水中有害物质的最高容许浓度不得超过相应的国家标准。地面水卫生要求应符合表 17 – 1 的规定。

表 17 – 1　地面水水质卫生要求

| 指　标 | 卫　生　要　求 |
| --- | --- |
| 悬浮物质色、臭、味 | 含有大量悬浮物质的工业废水，不得直接排入地面水体，不得呈现工业废水和生活污水所特有的颜色、异臭或异味 |
| 漂浮物质 | 水面上不得出现较明显的油膜和浮沫 |
| pH 值 | 6.5 ~ 8.5 |
| 生化需氧量（5 日，20℃） | 不超过 3 ~ 4mg/L |
| 溶解氧 | 不低于 4mg/L |
| 有害物质 | 不超过行业规定的最高容许浓度 |
| 病原体 | 含有病原体的工业废水和医院污水，必须经过处理和严格消毒，彻底消灭病原体后方准排入地面水体 |

地下水水质应进行定期监测。检验方法，按国家标准《生活饮用水标准检验方法》（GB/T 5750—2006）执行。

监测项目为：pH 值、氨氮、硝酸盐、亚硝酸盐、挥发性酚类、氰化物、砷、汞、铬（六价）、总硬度、铅、氟、镉、铁、锰、溶解性总固体、高锰酸盐指数、硫酸盐、氯化物、大肠菌群，以及反映本地区主要水质问题的其他项目。

在新建、扩建、改建集中式给水时，供水单位的主管部门必须会同卫生、环境保护、规划、城建和水利等单位共同研究用水规划，确定水源选择、水源防护和工程设计方案，认真审查、设计，做好竣工验收，经卫生防疫站同意后，方可投入使用。

各级公安、规划、卫生、环境保护等单位必须协同供水单位，按标准规定的防护地带要求，做好水源保护工作，防止污染。生活饮用水水质，不应超过表 17 – 1 所规定的限量。

#### （二）环境空气质量标准

环境空气质量功能区分类：
一类区为自然保护区、风景名胜区和其他需要特殊保护的地区。
二类区为城镇规划中确定的居住区、商业交通居民混合区、文化区、一般工业区和农村地区。
三类区为特定工业区。
环境空气质量标准分级：
一级标准：为保护自然生态和人群健康，在长期接触情况下，不发生任何危害影响的空气质量要求。
二级标准：为保护人群健康和城市、乡村的动、植物，在长期和短期接触情况下，不发生伤害的空气质量要求。
三级标准：为保护人群不发生急、慢性中毒和城市一般动、植物（敏感者除外）正常生长的空气质量要求。
空气污染三级标准浓度限值列于表 17 – 2。

**表 17-2　空气中各项污染物的浓度限制**

| 污染物名称 | 取值时间 | 浓度限值 | | | 浓度单位 |
| --- | --- | --- | --- | --- | --- |
| | | 一级标准 | 二级标准 | 三级标准 | |
| 二氧化硫 $SO_2$ | 年平均 | 0.02 | 0.06 | 0.10 | mg/m³（标准状态） |
| | 日平均 | 0.05 | 0.15 | 0.25 | |
| | 小时平均 | 0.15 | 0.50 | 0.70 | |
| 总悬浮颗粒物 TSP | 年平均 | 0.08 | 0.20 | 0.30 | |
| | 日平均 | 0.12 | 0.30 | 0.50 | |
| 可吸入颗粒物 $PM_{10}$ | 年平均 | 0.04 | 0.10 | 0.15 | |
| | 日平均 | 0.05 | 0.15 | 0.25 | |
| 氮化物 $NO_x$ | 年平均 | 0.05 | 0.05 | 0.10 | |
| | 日平均 | 0.10 | 0.10 | 0.15 | |
| | 小时平均 | 0.15 | 0.15 | 0.30 | |
| 二氧化氮 $NO_2$ | 年平均 | 0.04 | 0.04 | 0.08 | |
| | 日平均 | 0.08 | 0.08 | 0.12 | |
| | 小时平均 | 0.12 | 0.12 | 0.24 | |
| 一氧化碳 CO | 日平均 | 4.00 | 4.00 | 6.00 | |
| | 小时平均 | 10.00 | 10.00 | 20.00 | |
| 臭氧 $O_3$ | 小时平均 | 0.12 | 0.16 | 0.20 | |
| 铅 Pb | 季平均 | 1.50 | | | mg/m³（标准状态） |
| | 年平均 | 1.00 | | | |
| 苯并［α］芘 B［α］P | 日平均 | 0.01 | | | |
| 氟化物 F | 日平均 | 7 | | | |
| | 小时平均 | 20 | | | |
| | 月平均 | 1.8 | 3.0 | | mg/(dm²·d) |
| | 植物生长季平均 | 1.2 | 2.0 | | |

　　大气环境质量区的划分及其执行标准的级别应根据各地区的地理、气候、生态、政治、经济和大气污染程度确定。凡位于二类区内的工业企业，应执行二级标准；凡位于三类区内的非规划的居民区，应执行三级标准。

　　大气监测中的布点、采样、分析、数据处理等具体方法和工作程序，按国务院环境保护领导小组办公室颁布的《环境监测标准分析方法（试行）》的有关规定进行。各类生产企业应加强空气质量标准的实施与管理，各级标准由地方确定其达标期限，并制定实现的规划。三级标准为任何大气环境必须达到的起码标准。

　　在被污染的环境中，无论是老弱病残或是健康的成年人均会受其影响。90%以上的癌症与环境污染有关；职业病、地方病均是因环境中某些物质过量或缺少而造成的。

　　空气污染对人的中毒，其主要症状是呼吸道病（如支气管炎、肺气肿、肺水肿、尘肺等）和生理机能障碍或对眼等黏膜组织的刺激，可造成慢性中毒或急性中毒或至死亡，如世界上已发生过多次的大气污染所造成的公害。

　　工业有害物进入大气后，使暴露于环境中的各种器物、建筑物等的表面发生化学反应，引起变质，长期作用会损坏器物。

# 第二节 矿区大气污染影响因素分析

## 一、大气污染源

矿山大气污染是指由于采掘生产过程产生的某些物质进入矿山大气中，具有足够的浓度，维持足够长的时间，并达到有害程度的现象。

污染源是向环境排放物理的、化学的或生物的有害物质或对环境产生有害影响的场所、设备和装置的总称。矿山大气的主要污染源有：

（1）燃料燃烧，如矿区火电站及矿山火灾等。

（2）生产工艺过程，矿石生产加工过程，如矿岩破碎、筛分，采矿场排风，原废料堆存等。

（3）交通运输中如内燃机械废气、风吹采矿场和矿石运输道路扬尘等。

矿山大气中气态污染物见表 17 - 3。

表 17 - 3　矿山大气中气态污染物

| 一次污染物 | 来　源 | 生成二次污染物 |
|---|---|---|
| 含硫化合物：$SO_2$、$H_2S$ | 燃料燃烧，矿石爆破，含硫矿岩氧化自热自燃 | $SO_3$、$H_2SO_4$、$MSO_4$（M 代表金属离子，下同） |
| 碳的氧化物：CO、$CO_2$ | 燃料燃烧，矿山火灾，内燃机械废气，爆破，废石堆，煤堆自燃 | 无 |
| 氮氧化物：NO、$NH_3$ | 矿岩爆破，焙烧，内燃机械废气 | $N_2O$、$NO_2$、$HNO_3$、$MNO_3$ |
| 碳氢化物：$C_mH_n$ | 内燃机械废气，矿物加工过程 | 醛、酮、PAN |
| 卤素化合物：HF、HCl | 矿石焙烧，萤矿石生产工艺 | 无 |

## 二、大气污染的控制策略

环境管理实质上就是把保护自然资源和控制环境污染结合起来，并通过全面规划，合理布局的办法，以防止自然资源的破坏和环境的污染。

在进行矿业开发和基本建设时，同时注意防治污染，切实贯彻环境保护设施与主体工程同时设计、同时施工、同时投产即"三同时"原则。

矿山大气污染控制的综合措施包括全局性措施、扩散稀释和局部控制。

全局性措施主要包括：

（1）严格环境管理，建立完整的立法、监测和执法环境管理体系。

（2）把环境保护纳入国民经济计划和管理的轨道，实行全面规划，合理布局。

（3）做好基本建设项目的环境规划工作，把好新建企业这一关，不再增加新污染源。

（4）制定控制环境污染的技术政策，包括改革采、选工艺，优先发展和采用无污染或少污染的工艺；禁止和限制使用剧毒药剂；减少燃料用量，改变能源结构，积极推广节能、高热效、少污染型烧煤锅炉；搞好矿物资源的综合回收利用，余热回收等。

（5）用经济手段管理环境，包括逐步增加矿山环保投资，对治理项目采取经济上优惠政策，并执行排污收费等。

扩散稀释：研究矿区污染与地区气象的关系，利用大气传输、扩散、稀释等净化能力来防止污染，保护矿区环境。

局部控制：在污染源排放污染物前进行工程技术治理，使污染物浓度降低到容许浓度，或对污染物进行回收利用，再经专用烟道排入大气。

### 三、露天采场大气污染特点及主要污染源

露天采场内的空气，其主要成分和含量与地面大气无显著区别：氧气占 20.96%，氮气占 79%，二氧化碳占 0.04%，此外含有微量的惰性气体和约 1% 的水蒸气。

在露天矿开采过程中，由于使用各种大型移动式机械设备，包括柴油机动力设备，促使露天矿内的空气发生一系列的尘毒污染。矿物和岩石的风化与氧化等过程也增加了露天矿大气的毒化作用。

露天矿大气中混入的主要污染物质是有毒有害气体和粉尘。如果不采取防止污染的措施，或者防尘和防毒的措施不利，露天矿内空气中的有害物质必将大大超过国家卫生标准规定的最高允许浓度，因而对矿工的安全健康和对附近居民的生活环境都将造成严重危害。

露天矿大气的局部污染，主要发生于下列工序和生产过程：深孔凿岩，包括牙轮钻机、潜孔钻机、钢绳冲击式穿孔机、凿岩钻车等的钻进；用于二次破碎的浅孔凿岩和爆破推土机运行、铁路运输、汽车运输或皮带运输过程；碎石机、装车机以及漏斗放矿等工作；汽车柴油发动机的排气；大型移动式机械的运行；高频碎矿以及处理火药等过程。

当气象条件恶化、露天矿自然通风不良、局部除尘措施不利、柴油机车或大型运矿汽车往返频繁而且无净化装置，或净化装置失效时，局部污染能转化为露天矿的全面污染。

能促使露天矿全面污染的情况，主要有以下几种：露天矿大爆破、大面积外因火灾或自燃、岩石风化、矿物氧化等都能产生大量有毒有害气体，而且随风蔓延全矿。

### 四、露天矿大气中的主要有害气体

露天矿大气中混入的主要有毒有害气体有：氮氧化物（$NO_x$）、一氧化碳（CO）、二氧化硫（$SO_2$）、硫化氢（$H_2S$）、甲醛（HCHO）等醛类。个别矿山还有放射性气体：氡、钍、锕射气。吸入上述有毒有害气体能使工人发生急性和慢性中毒，并可导致职业病。

露天矿有毒气体的来源：露天矿大气中混入有毒有害气体是由于爆破作业、柴油机械运行、台阶发生火灾时产生的，以及从矿岩中涌出和从露天矿内水中析出的。

露天矿爆破后所产生的有毒气体，其主要成分是一氧化碳和氮氧化合物。如果将爆破后产生的毒气都折合成一氧化碳，则 1kg 炸药能产生 80 ~ 120L 毒气。柴油机械工作时所产生的废气，其成分比较复杂，它是柴油在高温高压下进行燃烧时产生的混合气体。其中以氧化氮、一氧化碳、醛类和油烟为主。

露天矿发生火灾时，往往引燃木材和油质，从而产生大量一氧化碳。另外，从露天矿邻近的工厂烟囱中吹入矿区的烟，其主要成分也是一氧化碳。

露天矿污染源的另一个重要的有害物质，就是矿尘和烟尘，统称为粉尘。

### 五、露天矿粉尘污染的危害

因为所有露天矿使用的大型移动式机器，如钻机、电铲、推土机、汽车等都在运行中产生粉尘，所以露天矿生产第一线的大多数工种都属于接尘作业。

露天矿大气染尘的扩展范围较广，粉尘飞扬也较井下采场严重，其原因是露天矿的大气风速比井下巷道风速大，特别是在干旱炎热地区或干燥季节，加之地面无植物覆盖时，风沙较大，风流速度较快，露天矿区风速一般为 3 ~ 4m/s，甚至高达 6 ~ 7m/s。此外，露天矿由于开采强度大，机械化强度高，又受地面气象条件影响，不仅有大量生产性粉尘随风飘扬，而且还从地面吹进大量风沙。沉降后的粉尘又易再次飞扬。所以，露天矿的粉尘危害和尘肺病发生的可能性不可低估。

矽肺病是矿山工作人员的一种主要尘肺病，它是由于吸入大量含游离二氧化硅的粉尘（又称矽尘）而引起的。矿山所产生矿尘的粒度不同，对人体的危害也不相同。一般大于 10μm 的尘粒多滞留于上呼吸道的黏液层中，并随痰液排出；10 ~ 5μm 的尘粒大部分沉积于气管、支气管中，少部分沉降于肺泡中。

小于 $5\mu m$ 的微尘称为呼吸性粉尘，能随气流进入肺泡，小于 $2\mu m$ 的尘粒的危险性最大。矿尘的分散度越高，对人体的危害性就越大。矽肺病的发病时间，因劳动环境、防护情况、个人身体条件而不同，短则 $3\sim5$ 年，长则 $7\sim8$ 年。

国内外露天矿的粉尘分布与含尘量的研究表明，当没有防尘措施或除尘装置不完善时，多数产尘地点的空气含尘量都大大超过国家卫生标准。

### 六、露天矿所在地区的气象条件对污染的影响

气象条件如风向、风速和气温等是影响空气污染的重要因素。例如长时间的无风或微风，特别是温度的逆转，能促使露天矿内大气的成分发生严重恶化。风流速度和阳光辐射强度是确定露天矿自然通风方案的主要气象资料。为了评价它们对大气污染的影响，应当研究露天矿区的常年风向、风速和气温的变化。

高山露天矿区的气象瞬息万变，冬季特别是夜间的变化幅度更大。国外有些露天矿山每年有 $40\sim50$ 天出现气象逆转现象，这种现象 $89\%$ 发生在寒冷季节，其中 $34\%$ 发生在 1 月份，致使露天矿大气污染严重，其最大特点是发生在夜间和凌晨。

炎热地区的气象，对形成空气对流，加强通风和降低粉尘与毒气的浓度都是有利的。有强烈对流的地区，露天矿通风较好且不易发生气象逆转。

### 七、降雨量的影响

由于季节不同，降雨量不一，以致空气湿度和矿岩中的水分各异。随着急风暴雨的来临，露天风速和降雨量增加，矿岩水分和空气湿度加大，从而显著地降低了露天矿的污染，雨季时由于降雨次数增多，显著减少了粉尘污染，并且改善了露天矿大气的组成。

我国一些露天铁矿的测试证明，夏季干旱无雨时，空气含尘量比雨季高得多，也比冬季高；冬雪覆盖大地时，空气含尘量显著下降。春风大时，粉尘弥漫，大气寒干，劳动条件极为恶劣。

### 八、风速和风向对露天矿空气污染的影响

在尘源和毒气产生强度不变的条件下，露天矿大气局部污染程度是下列因素的函数：产尘点的风速、风向，紊流脉动幅度，尘源到取样点的距离以及露天矿入风风流中的污染情况。

露天矿工作台阶上的风速取决于自然通风的方式、气象条件和露天台阶布置状况。

露天矿越往下开采，下降的深度越大时，自然风力的强度就越低，因而深凹露天矿的污染相当严重。露天坑内风速普遍低于坑外风速；堑沟内平均风速仅为地面风速的 $60\%$，夜晚的无风频率个别测点达 $37\%\sim53\%$。至于气温，露天矿底部较上部高 $2.5\ ℃$ 左右。

有毒气体和粉尘的浓度变化的过程，受不同的风流速度所制约。随风速的增加，空气含尘量和有毒气体浓度则不断下降。由于粉尘沉降有个过程，所以空气含尘量的降低滞后于风速开始增高之时。有毒气体含量虽然随风速的提高而继续下降，但空气含尘量却因为沉尘的二次飞扬而有所回升。这种空气含尘量的变化特征，既符合局部污染条件，也适应全矿污染的情况，如图 17-1 所示。

### 九、地形、地貌的影响

露天矿区的地形和地貌对露天矿通风效果有着重要影响。例如在山坡上开发的露天矿，最终也形不成闭合深凹，在这种地形条件下之所以对通风有利，是因为没有通风死角，而且送入露天矿的自然风流的风速几乎相等，即使发生风向转变和天气突变，冷空气也照常沿露天斜面和山坡流向谷地，并把露天区内的粉尘和毒气带走。反之，如露天矿地处盆地，四周有山丘围阻，则露天矿越向下开发，所造成的深凹也越大，这不仅是使常年平均风速降低，而且会造成露天深部通风风量不足，从而引起严重的空气污染，且易经常逆转风向。这是因为进入露天矿周围山丘之间的冷空气，不易从中流出，从而减弱了通

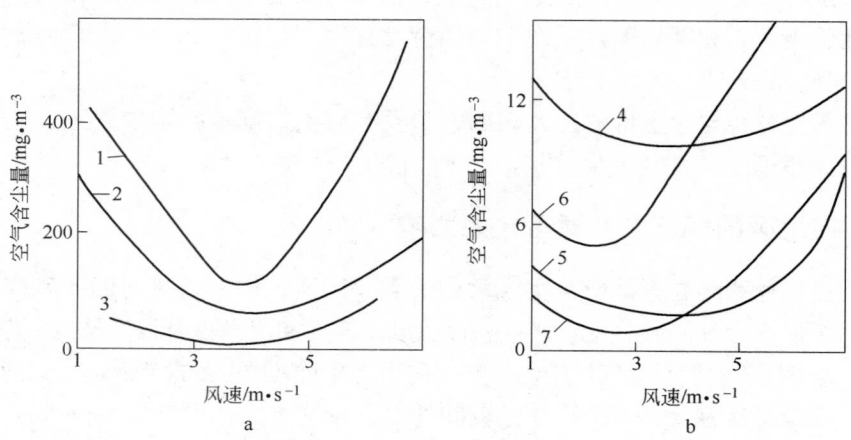

图 17-1　风向、风速变化与空气含尘量的关系

1—碎矿机下风侧；2—碎矿机上风侧；3—钻机下风侧；4—电铲装矿；5—电铲司机室；6，7—全矿污染

风气流。如果废石场的位置较高，而且与露天矿坑凹的距离小于其高度的四倍时，废石场将成为露天通风的阻力物，造成了通风不良，污染严重的不利局面。

一些丘陵、山峦及高地废石场，如与露天矿边界相毗邻，不仅能降低空气流动，影响通风效果，而且促成了露天采区蓄积高浓度的有害气体，造成了露天矿的全面污染。

### 十、地质条件和采矿技术的影响

矿床的地质条件是影响露天矿大气污染程度的因素之一。因为矿山地质条件是确定剥离和开采技术方案的依据，而开采方向、阶段高和边坡角以及由此引起的气流相对方向和光照情况又影响着大气污染程度。此外，矿岩的含瓦斯性、有毒气体析出强度和涌出量也都与露天矿环境污染有直接关系。矿物岩石的形态、构造、硬度、湿度又都严重影响着露天矿大气中的空气含尘量。

在其他条件相同时，露天矿的空气污染程度随阶段高度和露天开采深度的增加而趋向严重，如图17-2所示。

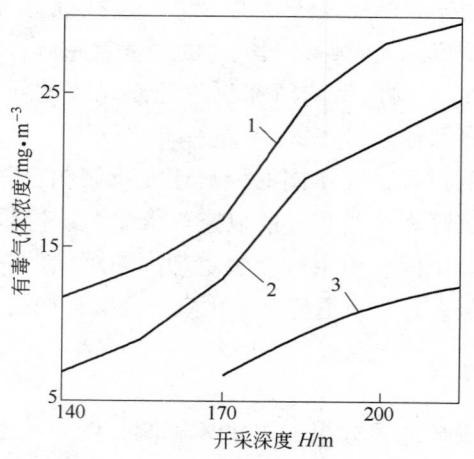

图 17-2　露天开采随深度增加有毒气体的浓度变化

1—醛类；2—$NO_x$；3—黑烟

露天矿的劳动卫生条件可以随采矿技术工艺的改革而发生根本变化。例如，用水力开采可大幅度地消除粉尘的污染；变汽车运输为电机车运输则能显著降低空气的污染程度。

## 第三节 露天矿生产设备的除尘及汽车的尾气净化

露天矿生产使用潜孔钻机、牙轮钻机、挖掘机和重型卡车等大型设备，它们在运行中产生大量粉尘，不但严重污染矿山大气，而且直接威胁工作人员的生命安全，必须设法排除。露天矿生产设备产生粉尘的分布情况见表17-4。

表17-4 露天矿生产设备产生粉尘的分布情况

| 尘源 | 产尘机械设备名称 | 测尘位置 | 粉尘浓度/mg·m⁻³ 范围 | 平均值 | 备注 |
|---|---|---|---|---|---|
| 钻机穿孔 | YQ-150潜孔钻机 KQ-200潜孔钻机 | 除尘系统排风口 | 500~1700 | 1000 | 干式捕尘，末级为多管旋风，出口浓度为国家标准100mg/m³的10倍 |
| | | | 3.0~27.0 | 10 | 干式捕尘，末级为脉冲布袋除尘器 |
| | | 钻机周围工作地带 | 66.8~1373.3 | 448.9 | 孔口捕尘罩不严密，落地灰遇风二次飞扬 |
| | | | 8.0~22.0 | 7.5 | 孔口捕尘罩严密，向落地灰上洒水，但路面上扬尘 |
| | YQ-150潜孔钻机 KQ-200潜孔钻机 | 司机室 | 1.9~49.4 | 20.8 | 无司机室空气净化装置，有时开窗向外观察 |
| | | | 1.5~1.7 | 1.6 | 有司机室空气净化装置，有时开窗向外观察 |
| | | 机械室 | 5.0~78.0 | 10.0 | 机械室不密封，双门大开，无空气净化增压装置，钻机位于主溜矿井下风侧时粉尘浓度最大 |
| 钻机 | 45-R牙轮钻机 KY-310牙轮钻机 | 除尘系统排风口 | 1000~2000 | 1600 | 干式捕尘，末级为机械离心除尘器 |
| | | 钻机周围工作地带 | 10~50 | 271.0 | 风—水混合湿式凿岩，湿润后粉尘为球团状 |
| 电铲铲装 | WK-10电铲 195B挖掘机 WK-4电铲 | 采场附近 | 50~100 | 80.7 | 微风，矿石较干 |
| | | 机械室 | 5.0~50 | 19.8 | 无空气净化增压装置门开 |
| | | 司机室 | 2.5~37.8 | 9.3 | 无空气净化除尘装置 |
| | | | 0.4~1.9 | 1.0 | 有空气净化除尘装置 |
| 自卸汽车运矿 | 自卸汽车 | 运矿汽车路旁 | 2.3~15.1 | 5.5 | 汽车运行和风吹扬尘，雨后或洒水后粉尘浓度下降 |
| | | 司机室 | 12.0~30.0 | 21.0 | 无空气净化除尘装置 |
| 汽车自翻卸矿 | 自卸汽车 | 明溜槽下风侧 | 652.0~939.0 | 799.0 | 矿石干燥、地面风速大时粉尘浓度高，扩散范围大 |
| 破碎机 | 颚式破碎机 圆锥破碎机 | 密封运控操作室 | 2.0~8.0 | 4.0 | 门窗严密、室内卫生情况较好时，粉尘浓度接近国家标准 |
| | | | 1.0~2.0 | <2.0 | 门窗严密，有空气净化增压装置 |

### 一、潜孔钻机除尘系统

潜孔钻机除尘的原则与方法同牙轮钻机，也分为干式、湿式及干湿混合三种。图17-3所示方案为较好的干式捕尘系统。这两个捕尘器方案采用小罩。该罩顶部与定心环相连，旁侧排尘管管口装有胶圈，它可在沉降箱侧壁上自由滑动，借助风机在箱内形成负压，可使之紧贴在沉降箱吸风口上而不致漏风。在更换钻头时只需升降定心环，捕尘罩便能随之起落。捕尘罩结构如图17-4所示。捕尘器效率为99%，排风口粉尘浓度完全达到了卫生标准。所用脉冲布袋除尘器共24个布袋，过滤面积18m²，配QMY-2KC气动仪表和四组气动阀和脉冲阀，实现定期脉冲喷吹清尘。为防止落地灰遇风二次飞扬，利用钻机上的水泵和切线式喷雾器进行洒水，孔外喷水装置如图17-5所示。

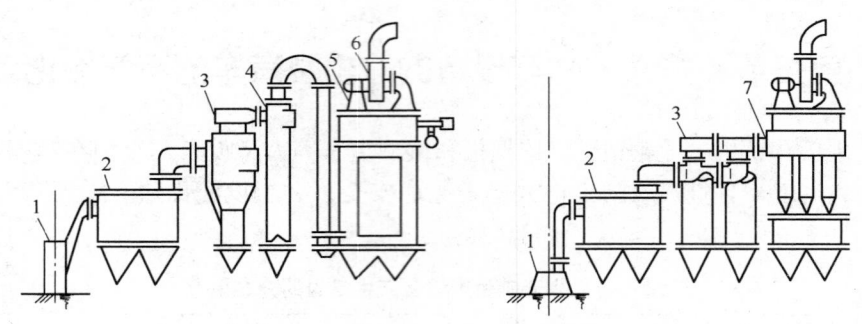

图 17 – 3　钻机干式捕尘系统

1—小型捕尘罩；2—沉降箱；3—CLT 旋风除尘器；4—小圆筒旋风除尘器；

5—MC－24 袋滤器；6—8－18No6 离心风机；7—CLG 多管旋风除尘器

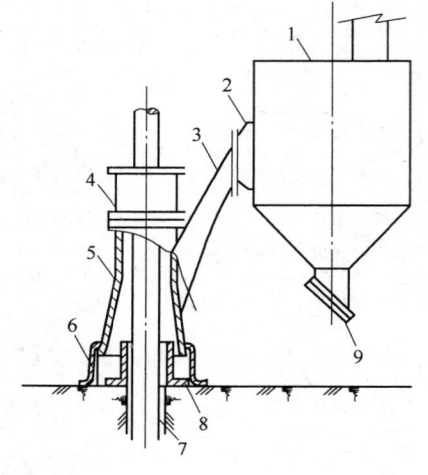

图 17 – 4　捕尘罩

1—沉降箱；2—胶圈；3—吸尘管；4—定心环；5—捕尘罩；

6—裙座；7—钻杆；8—挡碴筒；9—放灰阀

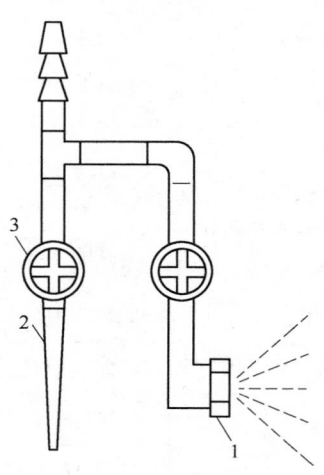

图 17 – 5　喷雾洒水装置

1—切线式喷雾器；2—水枪；3—水门

## 二、电铲作业时的除尘

电铲在卸载高度较大时，铲装工作中粉尘飞扬相当严重。经实测，在装卸过程产生的粉尘中粒径大于 $10\mu m$ 的粉尘占 85%（重量粒度分级）以上，用水雾处理这种粉尘可获得良好效果。因此，在电铲铲装前，可向爆堆表面洒水或爆堆内注入高压水。实践表明，这种方法可使矿石的含湿量由 4% 提高到 8%，即矿岩含湿量可增加一倍。此时，铲装工作面的粉尘浓度由 $200mg/m^3$ 下降到 $20mg/m^3$，即粉尘浓度减少到 1/10。对于水量充分，供水方便的矿山应优先采用这种方法。而且可在爆堆上安装可任意旋转的强力喷雾装置（图 17 –6）。

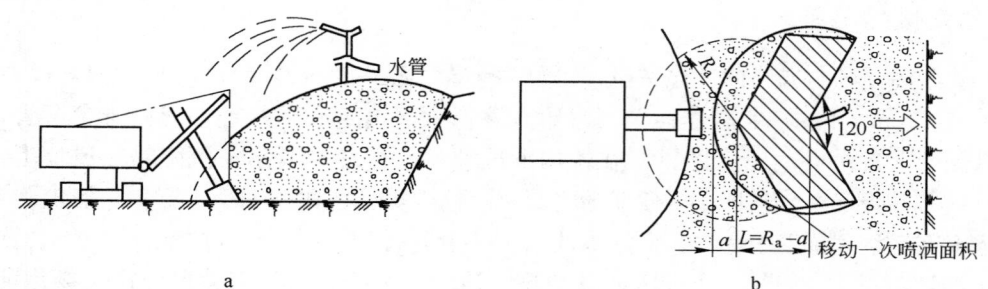

图 17 – 6　爆堆喷水及移动方式

我国有些露天矿在电铲上曾试装了喷雾洒水装置，将电铲尾部配置箱的一个间隔改作水箱，容积约 $4m^3$，利用水泵将水加压后，经管道送至两组喷雾器：一组装在天轮下部，共 12 个喷嘴，向铲斗方向喷水；另一组装在司机室前窗下部，共 4 个喷嘴。

采用这种喷雾洒水措施后，铲装工作面粉尘浓度由 145 $mg/m^3$ 下降到 12.9 $mg/m^3$，电铲司机室粉尘浓度由 11.9 $mg/m^3$ 下降到 2.9 $mg/m^3$。

### 三、牙轮钻机除尘

根据牙轮钻机的产尘特点及露天矿区的气温和供水条件，目前采用的除尘措施可以分为干式捕尘、湿式除尘及干湿结合除尘三种。选用时要因时因地制宜。

干式捕尘以布袋过滤为末级的捕尘系统为最好。湿式除尘主要是气水混合除尘，该方式设备简单，操作方便，能保证作业场所达到国家卫生标准。但是，寒冷地区必须防冻，而且有降低穿孔速度和影响钻头寿命的缺点。干湿结合除尘，是往钻孔中注入少量水而使细粒粉尘凝聚，并用离心捕尘器收捕粉尘，或采用洗涤器、文氏管等湿式除尘器与干式除尘装置串联使用的一种综合除尘方式。目前国外牙轮钻机趋向于孔外捕尘，其中大多采用离心机和布袋过滤，只有俄罗斯一些矿山采用干湿结合的除尘系统。

### 四、汽车运输过程的除尘

露天矿的行车公路上经常沉积大量粉尘，当大风干燥天气和汽车运行时，尘土弥漫，粉尘飞扬，汽车通过后的瞬间，空气中的粉尘浓度每立方米高达几十甚至几百毫克。

国内外路面除尘的最简易办法就是用洒水车喷洒路面。一些露天矿的研究表明，要使路面粉尘不再飞扬，除非使道路上的尘土含水量占 10% 以上，而路面粉尘干燥的速度主要取决于空气的湿度和风速。若遇干旱的大风天气，洒水后极易蒸发，往往事倍而功半。

### 五、露天矿汽车尾气的成分

汽车尾气的有毒成分对露天矿大气的污染相当严重，它比大爆破后的炮烟污染的持续时间长，而且有毒成分也较复杂。

在太钢东山矿区的露天矿以 BJ-370 型汽车为例，针对不同工况、运行时间及气缸排气量测定了尾气中有害气体的浓度和各成分的百分比，列于表 17-5。

**表 17-5　汽车尾气成分（BJ-370 型）**

| 工作状态 | 运行时间/min | | 每个气缸排气量 | | 排气中有害气体的平均浓度/mg·L$^{-1}$ | | | | | 各成分百分比/% | | | |
|---|---|---|---|---|---|---|---|---|---|---|---|---|---|
| | 个别 | 平均 | 个别 /m$^3$·min$^{-1}$ | 总计/m$^3$ | C | CO | NO$_x$ | COH | CH | CO | NO$_x$ | COH | CH |
| 驶入矿区（空载下坡） | 2.5~7 | 4.75 | 0.98 | 4.66 | 0.03 | 0.31 | 0.60 | 0.011 | 0.048 | 8.7 | 85.0 | 6.1 | 0.20 |
| 装矿 | 2.5 | 2.5 | 0.42 | 1.05 | 0.02 | 0.71 | 0.17 | 0.024 | 0.048 | 34.7 | 41.0 | 22.2 | 2.10 |
| 回程（重载上坡） | 3.5~13 | 8.25 | 1.22 | 10.07 | 0.35 | 0.88 | 1.60 | 0.005 | 0.076 | 5.72 | 93.33 | 0.88 | 0.07 |
| 卸载 | 1.5 | 1.5 | 1.15 | 1.73 | 0.04 | 0.25 | 0.64 | 0.008 | 0.048 | 6.9 | 88.45 | 4.35 | 0.30 |
| 合计 | 10.24 | 17 | 3.77 | 17.51 | | | | | | 13 | 85 | 2.0 | 0.07 |

从表 17-5 可见，汽车从驶入矿区、装矿、回程以及进行卸矿作业等工作一个循环中，发动机的每个气缸的排气量为 $17m^3$ 左右，其中有毒气体 35.4g，NO$_x$ 占 85%，CO 占 13%。醛类和碳化氢虽少，但它们参与化学反应形成毒雾，危害较大。

对露天矿汽车尾气中的有毒成分的研究指出，色谱分析出 14 种折光物质，其中大部分是芳香族的多环化合物及非芳香族的链属化合物及衍生物，但主要成分还是 NO$_x$、CO、CO$_2$、CH、SO$_2$、H$_2$S 及醛类。

依空转、加速、定速、减速等运转条件分别列出汽油发动机和柴油发动机主要有害成分的浓度，详见表 17 - 6。

表 17 - 6  汽车发动机尾气的主要有害成分

| 发动机种类 | 运转条件 | 主要有害成分的浓度/% | | |
|---|---|---|---|---|
| | | CO | 乙 烷 | $NO_x$ |
| 汽油发动机 | 空 转 | 2 ~ 8 | $300 \times 10^{-4} \sim 2000 \times 10^{-4}$ | $50 \times 10^{-4} \sim 600 \times 10^{-4}$ |
| | 加速（0 ~ 40km/h） | 0.7 ~ 5.0 | $250 \times 10^{-4} \sim 600 \times 10^{-4}$ | $1000 \times 10^{-4} \sim 4000 \times 10^{-4}$ |
| | 定速（40km/h） | 0.3 ~ 4.0 | $200 \times 10^{-4} \sim 400 \times 10^{-4}$ | $1500 \times 10^{-4} \sim 3000 \times 10^{-4}$ |
| | 减速（40 ~ 0km/h） | 1.5 ~ 0.7 | $1500 \times 10^{-4} \sim 3000 \times 10^{-4}$ | $10 \times 10^{-4} \sim 100 \times 10^{-4}$ |
| 柴油发送机 | 空 转 | 0.05 | $30 \times 10^{-4} \sim 100 \times 10^{-4}$ | $100 \times 10^{-4} \sim 150 \times 10^{-4}$ |
| | 加 速 | 0.1 ~ 0.2 | $30 \times 10^{-4} \sim 100 \times 10^{-4}$ | $500 \times 10^{-4} \sim 1000 \times 10^{-4}$ |
| | 定 速 | — | $20 \times 10^{-4} \sim 50 \times 10^{-4}$ | $250 \times 10^{-4} \sim 500 \times 10^{-4}$ |
| | 减 速 | — | $50 \times 10^{-4} \sim 100 \times 10^{-4}$ | $30 \times 10^{-4} \sim 100 \times 10^{-4}$ |

### 六、机内和机外的净化

对汽车尾气污染的消除措施，国内外大致从两方面着手：机内净化和机外净化。

机内净化主要是改善气缸的工作状况、改变燃料的种类和成分、改装发动机及改变喷油超前角等。机外净化又分催化法和中和法两种，即使用催化剂和液体中和剂消除尾气中的有毒成分。

常用的机内净化措施有：减少柴油机喷油超前角，以降低热循环过程的最大温度，从而使 $NO_x$ 的浓度显著下降；在燃料中加一定量的水，形成水油胶体燃料。加水的办法，一种是向柴油机吸气口内喷雾，另一种是向燃料中加水或加入某种物质的水溶液。由于油水胶体的作用，可使 $NO_x$、醛类、黑烟等浓度分别降低 57.2%、70.2%、34.1%；喷水蒸气时，可使 CO 浓度降低 73.1%，$NO_x$ 降低 89%，醛类降低 20%。

当前，西欧和美日等国正研制无公害汽车。日本研究用丙烷作为燃料，加装尾气净化装置以减少污染。氢气较适宜作为燃料，它可以达到稳定燃烧，可将尾气中有毒成分减少到最低限度。各国多在燃料中加入消烟添加剂，以达到消烟降毒的作用。例如比利时的钡添加剂可使产烟量减少 50% ~ 80% 而保持其他成分不变。机外净化的催化法及湿式排气净化法分述于下。

### 七、用催化法净化尾气

催化法一般用白金作为触媒，将白金镀在载体上，称为靶，载体可为 5 ~ 6mm 直径的空心陶瓷珠或陶瓷圆柱。把具有白金膜的催化小珠装在盒子里，用管路连接在汽车排气管上，并使气流能均匀地通过白金催化剂的表面，由于催化作用使尾气中的不饱和的碳氢化物、醛类、一氧化碳进行氧化，CO 氧化成 $CO_2$。白金催化器的作用温度在 225℃ 以上，安装一次至少可以使用三个月，经过表面清洗后仍可使用。有的国家用充电方法使附着在催化剂表面的碳完全燃烧，用以达到净化表面的目的。

英美等国多用氧化铝作白金催化剂的载体。由于使用贵金属的催化器，使尾气净化的成本大为提高，故多寻求用普通金属氧化物制造触媒。例如，有一种含有氧化锆（$ZrO_2$）的氧化铜催化器，它是以特种三氧化二铝（$\gamma - Al_2O_3$）作为载体，敷以 $ZrO_2$ 层，再以扩散方式向载体内侵染适当厚度的氧化铜层。另外，碱金属氧化物也可作为单一载体，上面镀以贵金属的触媒，活性良好而且经济。

对于稀土元素作为催化剂，近年研究的相当广泛且已取得较好成效。稀土元素是较良好的催化剂，它可以减轻汽车排气造成的大气污染，但也有派生的副作用，即硫的化合物经白金催化可生成三氧化硫，而三氧化硫对人体有更大的危害。

### 八、湿式排气净化法

湿式排气净化器，主要是作为催化剂的补充装置来使用的。它的主要作用在于净化催化剂所不能消

除的 $NO_x$ 气体，而且对未完全燃烧的碳粒—烟、碳化氢、醛类也有一定的净化作用，尤其对醛类臭味的消除更有良好效果。

湿式排气净化器有用纯水的，也有在水中添加化学药剂的。纯水对捕捉尾气中的固体物质及 $NO_x$ 都有作用；添加化学药剂主要是用以中和氮氧化物和氢氧化钠等。

除上述方法外，还可根据具体情况采用二次燃烧法、补充燃烧法和磁场法等，但其净化效果均不如上面介绍的几种方法，而且成本较高。

# 第四节　矿区环境影响因素及绿化

## 一、固体废弃物的危害

我国水泥矿山企业生产过程中所产生的固体废物，主要是覆盖土、基建工程产生的剥离物和生产中的废石，目前尚无准确资料记载每年产生出多少废石，但据多年资料统计，随着我国近些年逐步加大对矿产资源利用的综合管理，水泥矿山吨水泥矿山排废量呈现逐步下降的趋势，现在随着加大资源综合利用的深度，已经有越来越多的矿山开始能做到零排废。但是大部分矿山仍然需要进行废石排弃。一般露天采矿的剥采比约在 $0:1 \sim 0.3:1$。按截至 2011 年年底我国水泥总产量来进行推算，我国水泥矿山每年排废总量应该在 $3.5 \sim 5$ 亿吨。如此大量堆积的固体废物，不仅侵占了良田、耕地，而且往往由于处置不当而淤塞河道，或经风雨侵蚀后尘沙飞扬。对土壤、地下水或空气造成污染，形成对国家和人民生命财产的严重危害。

随着人类文明的进步，对环境的质量要求越来越高。人们对固体废物的治理和利用问题也日趋重视。固体废物的正确治理既可保护环境，又可减少对人类的危害。固体废物的综合利用又可变"废"为宝，增加财富。因此，加强对固体废物的治理方法和综合利用措施的实施以及对有关新技术的研究，是一项对国家、对人类都极有意义的工作。

### （一）对土壤的污染

大量废渣的堆积毁坏了农田和森林，而且其中的有害成分又会随着雨水渗入土壤，以致使植物中有害物质含量超标。这种植物势必祸及人类和畜类。大量的堆积物，大量毁坏农田并造成严重经济损失。

### （二）对水体的污染

有些地方将固体废物直接倾倒于江河湖海之中，不但会淤塞河道，而且其中的有害成分又会影响水生生物的生存，造成生物死亡。长期大量堆积的废渣，在雨水的作用下，往往会将其有害成分浸出并渗入地下，造成对地下水的污染，危害人们的生活和农业正常发展。

### （三）对大气的污染

固体废物对大气的污染主要是两个方面：一是废渣在干旱或大风天气下会造成严重的扬尘；另一方面是有些废渣在某些情况下会产生有害气体，从而造成对大气的污染。

## 二、矿山固体废弃物的处置措施

### （一）建立废石场

建立废石场是将废石堆置在矿山附近的一个场地上（即废石场）。场地大多是山谷型，为此，需要在堆置场的上坡边缘修建完整而有效的排（防）洪沟系统，以保证雨洪不致进入废石堆。在废石堆的下边缘还要修建拦石墙（坝），既保证堆石边坡的稳定，又可避免洪水将废石堆冲毁而污染环境。

对于含有有用或有害物质的废石堆，一方面力争运用堆浸等先进技术将有用物质提取出来，将有害物质分离出去。另一方面要在废石堆表面覆土，在覆土层上再进行人工植被（种草、植树），以减轻其对大气、水体等的污染。在这方面国内外都已有很多成功的实例。

### （二）充填采空区

利用采矿废石充填矿山采空区是一种既经济又安全的处置方法。很多矿山都采用了这一方法。例如我国国营711铀矿在这方面已有数十年实践经验，可将采矿废石百分之百地回填于矿井采空区内，既节省了大量资金又减轻了对周围环境的放射性污染。

### 三、露天开采对土地资源的破坏

矿山建设往往占地面积较大，难免要破坏耕地、森林等资源。在开采结束后，不仅破坏了矿山原有的地形、地貌和自然景观，留下荒芜的采矿场或塌陷的采空区，并增加了废石堆场，使矿区环境恶化，生态平衡破坏，大气、水体、土壤污染，人们的正常生活受到干扰，甚至达到非常严重的程度。

我国的国土总面积约9.6亿公顷，耕地面积只占全国土地的1/10，平均每人只有耕地0.1公顷，不足世界平均数0.32公顷的1/3。随着工业的发展，我国可耕地越来越少。发展采掘工业要占用和破坏大量的土地。据统计，全世界已有300万公顷土地被露天采矿所破坏或荒芜。因露天开采每年破坏的土地约0.7万~1万公顷，我国采掘工业每年破坏土地估计有1.3万~2万公顷。一座大型矿山平均占地达18~20公顷，小矿山也要几公顷或十几公顷。

采矿工业与其他工业城镇建设有所不同，后者占用的土地一般不能再利用；而采矿工业占用地随着矿山生产活动日趋结束，绝大部分经过恢复后仍可用于农、林、牧、渔业或旅游业，在条件合适的情况下，也可作为发展其他工业或城乡建设用地。恢复、再利用矿山开采所破坏的土地称为矿山复垦。世界各国，特别是主要的采矿工业国家都十分重视恢复被采矿工业破坏的土地，并取得了十分可观的成绩。近几年来，我国政府先后颁发了《土地使用管理法》和《土地复垦规定》，明确指出被采矿破坏的土地必须复垦，为我国矿山土地复垦工作提供了依据和指南。

### 四、露天矿采空区复垦

缓倾斜或水平赋存矿体的露天矿采空区复垦工作分四个步骤。

### （一）采区的合理划分

一般可安排两个或两个以上的采区，每个采区沿矿体走向再划分成若干个采场或开采块段，当第一采区开采时，第二采区进行剥离，交替连续进行，采剥互不干扰，但是每个采区分别有计划地做到剥离、采矿和废石回填互相配合，将废岩土填在采区内，避免往返运输和二次搬运，缩短覆盖物剥离回填的运距，提高工效，加速复垦周期，降低复垦成本，有条件的矿区，可以划分成剥离、采矿、回填三个采区，提高工效更快。

### （二）表土储存

采区表层为适合植被生长的肥沃土壤是采后复垦再种植成败的关键。应将底土和废石分别堆放，以免土质恶化，尽可能地做到回填后保持原有土壤结构，以利于进行种植。表土运往就近的临时堆场储存，一般有下面几种方法：

（1）临时堆场设在开采阶段的上部平台。当小型露天矿生产能力较小时，可以用推土机或铲运机将表土运往上部平台堆场储存。

（2）表土临时堆场设在先行阶段工作面上。随着工作面的推进，推土机把耕植土层推运到工作面上堆存，经过一段时间之后，再运往复垦地点铺撒。

（3）表土直接运往复垦区铺覆。在国外，大型露天矿采用了带可伸缩排土皮带的选排运输排土桥，能把表土排铺在复垦区上部，而把硬岩排铺在采空区底部。

### （三）回填与整平

采空区的回填是利用剥离的岩土恢复被破坏的土地。回填时，应将大块岩石或有害含毒岩土堆置在采空区的底部，块度小的堆置在上面，组成合理的级配。在覆盖表层土前要进行平整和修整边坡，其边坡角要小于自然安息角，并根据复垦内容，保证边坡角能使农业和林业生产技术装备正常工作。

### （四）表土铺覆

露天采矿场复垦的最后一道工序是表土铺覆，有条件的矿山可以在表土铺覆前先铺一层底土，以保持原有的土壤结构。

表土铺覆的方法，可分为机械铺覆与制浆灌铺两种。机械铺覆即用铲运机、推土机、前端式装载机或汽车等机械设备将表土从临时堆场或直接从剥离区运往已回填整平的复垦区，均匀撒铺，一般至少铺覆表土 15～20cm；制浆灌铺是将大片复垦区用土堤划分成若干地块，每块面积约 2～4m$^2$，通过管道灌注配制好的泥浆，一般是分几次灌注泥浆便于疏水晒干，最终达到复垦区设计标高。

完成了第一阶段的技术复垦后，应尽量快地开展第二阶段的土地再利用工作，以防止水土流失。

## 五、废石场复垦

废石场的复垦工作是整治废石堆场，增加废石稳定性，控制废石堆场对周围环境的影响，回收土地，恢复植被。露天矿废石场的复垦主要有两种形式：内部废石场的复垦和外部废石场的复垦。

影响废石场复垦的因素很多，主要有废石场与采矿场及剥离工作面的相对位置和距离；废石场的地形条件、占地面积和废石场的几何尺寸；剥离物的性质和废石堆置顺序等。

废石场复垦的第一步是在剥离时必须仔细地分析采集和储存肥沃表土和底土，混采会降低土壤的肥力，采土作业应尽量避免在雨季和冰冻状态下进行。按传统的采剥和堆置，表土和底土必然被压在废石场的底部或混入剥离岩石中，这样会增加废石场的不稳定因素，给滑坡、塌方和泥石流的发生留下隐患，又失去了废石场复垦的物质基础——土壤。采集起来的土壤应尽量直接运到准备好的复垦地点铺覆。需储存时，要将土壤堆存在平坦干燥的地方，否则应设置有效的排水设施。为了防止堆存土壤的质量恶化，表土堆存高度一般为 5～10m，底土的堆置高度不宜超过 30m，长期保存的土堆还要栽种一年或多年生的草类，以防止风和水的侵蚀。

剥离物的合理堆置除了要保证废石场的稳定外，还必须考虑对今后复垦的影响。剥离物堆置可采用分层堆置和顺序分层堆置：

（1）分层堆置法，一般适用于第四纪覆土层较厚的矿山，当表土和底土采集储存后，矿山还需剥离较厚的土层。这样，在废石堆置场，先覆盖厚 50cm 的填土，随后一层废石一层填土交替堆置，废石堆的边坡按其自然安息角，并在边坡上也覆盖土壤，随着废石堆的逐渐堆高，在已覆盖的边坡上播种草类，以保护边坡，达到废石场设计标高后，在顶部覆盖底土和表土，种植植物、树木，形成一个完整的表土保护层。

（2）顺序分层堆置法，是按覆盖岩层的上下顺序进行废石堆置，一般是下岩上土；大块度的岩石在下，小块或细粒径的岩石在上；酸性碱性岩土在下，中性岩土在上；易风化的岩石在上，不易风化的岩土在下；肥沃土在上，贫瘠的岩土在下。废石场顶部在覆土前需用推土机推平压实。推土后的地面坡度不宜大于 1%，以免地面径流冲刷表土。覆土后的废石堆用于再种植时，需考虑排水灌溉设施。

复垦工程设计一般应与矿山开采设计一并考虑，选取开采与复垦均优的方法，包括采区的合理划分，表土储存，剥离与回填工艺，剥采和复垦的通用设备，采空区、废石场的复垦方法与工序等。复垦工程结束后，土地资源再利用包括种植与复垦区的综合利用。种植可以种植的农作物、恢复原有植被、栽种树木和牧草等，也可根据矿山与周围环境的具体情况决定土地资源的再利用，如养鱼塘、避暑胜地等。

复垦设计涉及面较广，往往要有农、林、牧、水利、旅游、城乡建设或其他工业部门会同参加设计，根据我国现实情况，复垦设计必须与矿区所在地方政府密切配合，综合农村、牧区、林区规划进行，方可取得预期的效果。

矿山复垦在一般情况下可以分为技术复垦与土地资源再利用两大部分。从广义上讲复垦是采矿工程的延续和组成部分，最佳的复垦方法应与采矿工艺密切配合、统一规划、协调进行，既满足采矿生产的要求，又符合复垦的要求，从而达到较佳的总体经济效益。

矿山在开采前先进行全面规划，将矿区分为耕植土及底土储存区，采矿区和最终复垦区，形成一个较完整循环的采矿复垦作业工序，基本上做到征地、采矿、复垦三者之间的相互平衡。

## 六、矿区绿化对环境的保护作用

绿化在防止污染，保护和改善环境方面，起着特殊的作用。

绿化具有较好的调温、调湿、吸收尘毒、改善小气候、净化空气、减弱噪声等功能。绿化植物对矿山环境的保护作用见表 17-7。

表 17-7　绿化植物对环境的保护作用

| 作　用 | 简　要　说　明 |
|---|---|
| 吸收 $CO_2$、放出 $O_2$ | 1 公顷阔叶林在生长季节，一天可吸收 1t $CO_2$，放出 0.73t $O_2$。10m² 的草坪可消耗 1 个人排出的 $CO_2$，并提供所需 $O_2$ |
| 吸收有毒、有害气体，如 $SO_2$、$H_2F$、$NH_3$、臭氧等十几种有毒有害气体 | 1 公顷柳杉每年可吸收 720kg $SO_2$，吸收 $SO_2$ 能力较强的植物有垂柳、悬铃木等；$H_2F$ 通过 40m 宽的刺槐林带后，其浓度可降低 50%；放射性物质通过树林后，背面的放射性物质只有迎面的 1/4；大叶黄杨可吸收氯气；豆类植物可吸收 $NH_3$；夹竹桃、桑树可吸收汞蒸气 |
| 吸　尘 | 1 公顷山毛榉、松树、云杉每年分别可滤尘 68t、36t、32t |
| 杀　菌 | 黑松、柏树、樟树都有较强的杀菌作用，医院绿化后比未绿化时细菌减少 62% |
| 减弱噪声 | 12m 宽行道林可减弱噪声 5dB，36m 宽雪松可减弱噪声 15dB |
| 净化水质 | 径流通过 30~40m 宽的林带，$NH_3$ 含量减少 1/2，细菌减少 1/2 |
| 调节和改善小气候 | 夏季高温季节绿化地区气温比非绿化地区低 3~5℃，绿化地区相对湿度比非绿化地区大 10%~20% |

此外，绿化植物对环境还有监测作用。试验研究证明，可用于监测二氧化硫的敏感植物有：美洲五针松、紫花苜蓿、灰菜、向日葵及苔藓等植物；可用于监测光化学烟雾的敏感植物有：早熟禾、矮牵牛、烟草等植物；可用于监测氟化物的敏感植物有：唐菖蒲、郁金香和雪松等植物。南京植物研究所利用金荞麦做成的氟化物和二氧化硫"植物监测计"，其测定精度达到仪器测定的精度水平。

## 七、绿化矿区的实施

矿区绿化方案及施工设计应遵循下列基本原则：

（1）绿化设计要执行《中华人民共和国环境保护法》第六条的规定，并应符合矿区地面总平面设计规范、防火规范。

（2）绿化设计应根据矿区总平面布置并按车间功能分区。重点美化区的绿化布置还应与该地区的建筑群造型相协调。

（3）绿化设计要做到净化和美化相结合，贯彻实用、经济、美观的原则。因地制宜，合理选择树种。对矿区原有树木应尽量保护。

（4）树种选择应使常绿树与落叶树结合；乔木与灌木结合；速生树与慢生树相结合；阳性树和阴性树相结合。

为充分发挥绿化对矿区环境的保护作用，保证矿区环境的空气清洁，气候宜人，根据国家《森林法》规定标准，厂矿企业生活区绿化覆盖率达到 30% 以上。根据上述标准和矿区绿化设计基本原则，结合本矿区性质和特点，选择抗污染能力较强的树种进行植树造林，绿化和美化矿区环境，见表 17 - 8。

表 17 - 8　主要防污染的绿化树种

| 防污染种类 | 绿 化 树 种 |
|---|---|
| 防尘 | 构树、桑树、广玉兰、刺槐、银桦、槐树、梧桐、泡桐、女贞、乌桕、桧柏、夹竹桃、沙枣、榆树、侧柏、山毛榉、松树、云杉等 |
| $SO_2$ | 夹竹桃、海桐、大叶黄杨、广玉兰、山茶、女贞、冬青、珊瑚树、棕榈、梧桐、银杏、刺槐、垂柳、悬铃木、构树、沙枣、加拿大白杨、樟树、苹果树、杨树、合欢、云杉、桑树、泡桐、桂树、侧柏、柳杉等 |
| $NO_2$ | 大叶黄杨、构树、凤尾兰、无花果、榆树、沙枣、槐树等 |
| $CO_2$ | 构树、夹竹桃、山毛榉等 |
| $H_2F$ | 唐菖蒲、郁金香、雪松、金荞麦、刺槐等 |
| $Cl_2$ | 大叶黄杨、夹竹桃、凤尾兰、构树、无花果等 |
| $H_2S$ | 构树、桑树、泡桐、海桐等 |
| $O_3$ | 樟树、银杏、柳杉、海桐、冬青、日本女贞、梨树等 |

## 八、坚持矿山文明生产

坚持矿山文明生产，保护矿区环境是矿山建设应遵循的基本原则，是企业管理的重要组成部分，是社会主义企业精神风貌的体现。

矿山文明生产及绿化，是关系到职工身心健康及企业经济效益、环境效益的一件大事。搞好矿山文明生产及绿化、美化矿区，创建良好的安全生产条件和优美、舒适的工作、生活环境，对吸引职工安心矿山工作，树立以矿为家的思想；调动职工的生产积极性，不断提高劳动生产率和经济效益，确保国家计划和企业各项任务的完成，具有深远的现实意义。

为实现矿山文明生产，必须采取相应的组织、技术和管理措施，具体如下：

（1）建立文明生产管理体系：

1）根据厂长负责制的原则，实行由正职主管文明生产和环境绿化，副职（副矿长、副经理）按所管业务口，抓安全文明生产、环境绿化的分工负责制，形成一个权威高、指挥灵、决策快的领导体系。

2）实行全员文明生产管理体系。文明生产、环境绿化是企业经营管理水平的综合反映，应实行企业各部门齐抓共管，并相应制订各自的文明生产、环境绿化责任制，形成全部门的管理体系；各企业部门实行部门包保制，负责本系统整个生产过程的文明生产环境绿化工作，形成全过程的管理体系；组织和动员职工、家属都为文明生产、环境绿化出谋献策，形成全员管理体系。

3）实行文明生产、环境绿化目标管理。把文明生产、环境绿化的各项标准、指标，纳入矿长（经理）任期目标的内容，并分解到基层、工区（段）、班组和个人，层层落实。

（2）健全规章制度，严格检查考核。根据实际情况，建立文明生产、环境管理规章制度，健全各级组织、各岗位工种和个人文明生产、环境绿化责任制，把指标纳入基层单位、岗位、个人的经济责任制中，定期检查考核，按期及时处理解决。

（3）推广新工艺、新技术，不断完善技术措施。采取有效措施，消除设备、管道等各种设施的跑、冒、滴、漏现象；切实贯彻综合防尘措施；不断进行技术改造，改进工艺流程，推广应用新技术，更新改造旧设备以及净化措施，防止"三废"（废气、废水、废渣）污染。

（4）常抓不懈，巩固提高。把文明生产，环境绿化列入议事日程和经常性的工作，并同企业管理紧密结合起来。具体方法为：

1）把文明生产、环境绿化的定期检查整改同经常性的宣传教育、巩固提高相结合。

2）把文明生产同质量管理相结合，并纳入质量保证体系的重要内容。

3）把文明生产、环境绿化同生产经营工作相结合，坚持在研究、布置、检查、总结生产经营工作的同时，研究、布置、检查、总结文明生产、环境绿化工作。

4）把文明生产、环境绿化同生产劳动竞赛相结合，并纳入生产劳动竞赛的重要内容之中。

# 第五节　水泥矿山企业节能减排的主要途径

进入 21 世纪以来，我国政府提出"以人为本，全面协调，可持续发展"的科学发展观，作为我国全面实现小康社会发展目标的重要战略思想。胡锦涛同志指出："要加快转变经济增长方式，将循环经济的发展理念贯穿到区域经济发展、城乡建设和产品生产中，使资源得到最有效的利用。"节能减排、发展循环经济符合可持续发展理念的经济增长模式，是对"大量生产，大量消费，大量废弃"传统增长模式的根本变革；对于解决我国资源状况对经济发展的瓶颈制约具有十分重要的现实意义。

国家审时度势，已把"节约能源"作为国民经济发展的一项长远战略方针，明确提出在"十一五"期间，国民经济（GDP）万元产值的能耗要下降 20%，这是各类企业实体实现可持续发展的基本措施之一。矿山企业是能源消耗大户，多年的生产实践证明，节能工作必须在"减量化用能、提高能源利用率和提高二次能源回收利用水平"三个方面下工夫。"减量化用能"居节能工作的首位，是节能成效最大的层面。矿山燃料消耗、生产用电与用水是企业耗能的主要构成部分；节能工作必须从"管理节能、结构节能、技术节能"三个方面入手，要科学合理地评价企业用能节能标准，根据本企业的实际情况制订节能发展计划，优化用能耗能结构，进行系统节能减排，以实现矿山企业利润最大化。

一般来说，矿山企业节能减排，主要从以下几方面入手。

## 一、矿山与工厂的相对位置应合理

在水泥工厂建设时，科学决策矿山与工厂的相关位置，使矿山与水泥熟料生产线有尽可能短的距离，是水泥矿山节能的重要因素。

水泥熟料生产，一般需 80% 的石灰质原料。如一个日产 5000t 水泥熟料的工厂，每年需石灰石 200 万～260 万吨。

在选择水泥熟料生产线工厂位置时，使其尽可能靠近矿山，这是一个非常重要的选址原则。而水泥粉磨站则可以灵活设置，一般水泥粉磨站可设在接近市场的地方。这样运输熟料，就比运输石灰石节省了 40% 的能源消耗。

海螺、山水、冀东、华新等水泥企业集团，都掌握了这样一条选择厂址及矿址的基本规律。水泥熟料基地都与矿山设置在一起。而水泥粉磨站设在最接近市场的地方。

但是，近年来所建设的大、中型水泥工厂（除了历史情况外），矿山距工厂 30km 以上的却不乏其例（有的甚至达 100 多公里）。以前，工厂规模小、运输费用低、水泥短缺；现在工厂规模大、运输费用高、水泥市场竞争激烈。远距离的水泥原料运输，势必增加了能源消耗，增加了成本，降低了企业在市场上的竞争能力。

## 二、选择合理的节能开拓运输系统

充分研究矿山地形地质条件，采用矿石的"自重运输方式——溜（槽）井—平硐开拓运输方式"，是水泥矿山节能方式的重要选择。

我国采矿界认为，当山坡露天矿底的比高大 120m 时，选用"溜（槽）井—平硐开拓运输方式"是适宜的。而水泥矿山大多为山坡露天矿床，其比高一般为 200～700m。所以依据矿山地形地质条件，选择矿石的"自重运输方式"是水泥矿山独具的优势。这是对比高较大的山坡露天矿床开采的一种行之有效的开拓方案，是水泥矿山节能方式的重要选择。

在 20 世纪 50～80 年代前期，选择"溜（槽）井—平硐开拓运输方式"的水泥矿山有永登、大同、邯郸、华新、太原狮头、青海、江南、北京凤山、赛口、周口店、江西万年、本溪火连寨、天津蓟县等多个水泥矿山。当时溜井下部矿仓卸料采用指型闸门、链锤式闸门或板式喂料机，平硐运输一般用电机车、部分矿山采用重型箕斗或大块胶带输送机。

从 80 年代至今，为解决平硐运输中矿石块度问题，由天津水泥设计研究院自主开发设计出了如下方案：开凿大型破碎机硐室，单段破碎机进入平硐，矿石由溜井下部矿仓进入破碎机后，被破碎成小块矿石，再由胶带输送机经平硐运出的设计方案。

这一设计方案，解决了平硐内的大块运输问题，其节能降耗效果的优势很快就凸显出来。至今已有双阳、大同（新线）、新疆艾维尔沟、华新 4 号线、西藏加木沟，冀东滦县、冀东泾阳、华新武穴、华新赤壁、光宇富平、辽阳千山、双马宜宾、海南天涯等多个水泥矿山先后采用。

另外，亚东瑞昌、亚东彭州的矿山，选用了破碎机置放在溜井口的碎石溜井设计方案，拉法基都江堰矿山选用了"长溜槽—装载机装车—破碎机破碎—碎石溜井"的方案。永登大闸子、海南昌江选用了"一破进硐"的方案。这些都是矿石的"自重运输"的一种方式。

但是，目前国内一些水泥矿山，由于种种原因，放弃了矿山有 200m 以上地形高差可以利用、放弃了矿石有"自重运输"的条件，而采用了汽车运输矿石下山等方案。其结果是能源消耗增加，成本上升。

有时，采用"溜（槽）井—平硐开拓系统"的投资较大，是否定矿石"自重运输方式"的一种理由。但随着建材施工单位对井巷开凿技术的熟练掌握，井巷开拓工程的投资不断下降。如天津矿山工程公司已经成功地完成了 10 余个井巷开拓工程，积累了开凿大型破碎硐室的丰富经验，创出公司的品牌。目前，矿山一般采用大型运矿卡车运输，运矿公路的路面较宽。经实践证明，水泥矿山采用"溜（槽）井—平硐"开拓运输系统的投资，比起采用公路开拓系统与汽车运输方案的投资，相差无几（有的条件下甚至于更低）。这也给"溜（槽）井—平硐开拓运输方案"的大规模应用创造了条件。

例如西藏加木沟矿山为山坡露天矿，比高较大，地形陡峭，经多方案比较，采用了"自重运输方式"，即"溜槽—溜井—平硐—硐内破碎—钢芯胶带输送机"开拓运输方案。矿山已投产两年，实践证明，这一方案是成功的。其优势为：

（1）运输成本低，矿石"自重运输方式"成本仅为"汽车运输方式"的 17%。

（2）生产安全，可靠性高。由于矿山比高大（达 700m），山体小，道路的回头弯较多，采用"汽车下山方案"时行车安全性低。

（3）有利于生产的均衡稳定。溜井及矿仓的矿石储存量约 3000t，可以保证破碎机的连续供料。

（4）有利于矿石的质量搭配。夹层可按比例搭配入溜井，在溜井中实现矿石与夹石的初步均化。

（5）基建投资小。由于矿山地形坡度较陡（一般为 45°~60°），运矿道路的工程量巨大；运矿道路达 6km 以上，生产汽车辆数增加，如采用汽车下山方案，其投资额已大于溜槽—溜井平硐系统的基建投资额。

## 三、合理利用矿产资源

综合利用矿产资源，是水泥矿山节能的一项重要举措。

目前，不少水泥矿山的"废石"剥离量仍达 10%~50%（个矿山别甚至于达 200%）。对于低钙高硅灰岩、低钙高镁灰岩、其他泥质灰岩、覆盖土与各类夹层等经过采取措施能够达到水泥生料要求的"废料"，仍然采取了"一扔了之"的做法。

某新建日产 5000t 水泥熟料生产线，矿山供料时，发现有部分 CaO 46.4%、$SiO_2$ 10.9%（隐晶质二氧化硅）、MgO 1.22%、$R_2O$（$K_2O+Na_2O$）的含量很低（一般低于 0.1%）的原料进厂，厂化验室主任（立窑厂调来）称这种原料应该排弃，不能进厂，认为"这种低钙高硅原料的塑性指数低，不易成球，不适合于煅烧"。但是预分解窑不是立窑，上述品位的矿石正是适合于预分解窑煅烧极好的水泥原料。

通过技术措施，可以使原来不能使用的"废石"变为有用的水泥原料，已经生产实践所证明。

天津蓟县东营房矿区（天津水泥石矿），属Ⅲ类复杂地质类型矿床，生产初期剥采比曾达 1.49:1(t/t)。通过采取技术措施与科研开发，目前矿石利用率达 97%（做水泥原料），资源回收率达 100%（综合利用剥离物），达到了零排废。

天山云浮日产 5000t 水泥熟料生产线，在资深原料专家的指导下，使用了其他厂废弃不用的化学品位为 CaO 42%～45%、$SiO_2$ 16% 的中生代泥盆纪低钙高硅泥质灰岩做主要原料，与部分高钙灰岩搭配，成功地烧出了高标号优质水泥熟料；同时，也改进了工厂的工艺系统，降低了基建投资与生产成本。这也进一步证明，不少水泥矿山的废料，只是"放错了地方的合格资源"。

### 四、优良的设计是前提

精心做好工程设计，为矿山节能创造前提条件，具体要求包括：

（1）工程设计是企业建设的重要环节。只有精心做好工程设计，不断优化设计方案，注重总图布置、配料方案、生产工艺、矿床开采及开拓运输系统的合理选择；只有依据地形地质条件，在采矿工艺各流程设计中采用合理的方案，才能为工厂与矿山节能创造必要的前提条件。

（2）在矿山的物料运输中，如采用胶带输送机或电机车运输方案，宜充分利用地形条件，采用重载下坡运输。在设备重载下坡运行，可反馈发电，减少能源消耗。

例如某矿使用"溜井—平硐开拓运输方式"，平硐内电机车按 5‰ 的下坡重车运行，使电耗下降，矿石运输成本很低。在该矿，此种运输方式比公路开拓方案汽车运输方式，运输成本可降低 3～4 元/吨。仅此项设计选择，每年可减少经营费用上千万元。

（3）当矿石由汽车运输进厂时，接受矿石的破碎机位置，宜选择在距入厂矿石方向最近的地方，以减少物料在朝向厂区方向的反向运输距离。

某厂矿石由汽车运输进厂，原设计方案将破碎机放在工厂最里面，矿石在厂内需多运输约 1km 左右。这样数以百万吨计的物料，将在几十年的生产中，白白在工厂里绕圈穿行，能源就被无故地消耗掉了。经设计方案的优化，破碎车间重新选址在入厂方向最近的地方，减少了能源消耗。

（4）选择破碎比大，入料粒度大，电能消耗低，与所破物料相适应，与工厂规模相适应的破碎机是节能的另一个重要因素。

经多年的努力，天津水泥工业设计研究院研制成功了适合水泥矿山各类物料的多种规格的单段锤式破碎机、反击式破碎机、齿辊式破碎机。这些破碎机在全国的使用与推广，给水泥矿山带来了巨大的经济效益，也给水泥矿山节能创造了条件。

### 五、选择节能设备

选择节能的设备是矿山节能的一个重要方面，具体措施包括：

（1）矿山是选择电动设备还是内燃设备，应根据具体情况慎重选择。在我国的具体条件下，在有条件供电的矿山，选择电动钻机、电动挖掘机、电动空气压缩机等设备具有维修量小，能耗较低的优点，但是操作不太方便；内燃设备移动方便，但有时耗能较大。具体矿山、具体时点，具体分析，应尊重设计院的结论。

（2）选择移动式空压机比固定式空压机能显著节电。水泥矿山以前基本上是由固定式空压机供风，由于供风管道长，风量损失大，风压由出风点的 0.8MPa 到用风点时降低为 0.4MPa。而且不管山上用不用风，固定式空压机都要处在开动状态。目前我国水泥矿山大多数已改用移动式空压机（新型的钻机已与空压机一体化）。据部分矿山统计，改用移动空压机，生产每吨矿石可降低电耗 1kW·h 左右。

（3）选择大吨位的运矿卡车，比使用小吨位运矿卡车能大幅节能。据某矿山统计，在采用 SGA3722 型载重 42t 的矿用卡车后，其柴油消耗与原来小吨位的 20t 矿用卡车相应无几，而载重却增加了 1 倍多，据统计每吨矿石可少用柴油 30%～40%，效果显著。

（4）选择品质卓越的矿山设备。现在大型矿山移动设备生产厂商，均在降低单位产能的油耗上下工夫，例如 VOLVO、卡特等，通过对设备初期投资与后期年经营费综合比较，经营成本的降低在很大程度上可抵消设备增大的投资。

## 六、采用设备健康管理新模式

设备健康管理的新模式是水泥矿山节能降耗的基础环节之一。中国矿用汽车学会介绍了设备健康管理新模式"TnPM"——节能，具体含义为：

（1）"TnPM"是以追求管理、技术和经济效益最优化为核心，以设备综合效率和完善有效生产率为目的，以全系统的预防维修系统为载体，以"设备全寿命健康而经济的运行"为目标，以员工的行为规范为过程，以全员参与为基础的生产、设备维护、保养和维修制度。

以企业的资源节约、环境保护为切入点，"TnPM"追求"6Z"目标：质量零缺陷、材料零库存、安全零事故、工作零差错、设备零故障、生产零浪费。

（2）"TnPM"运用设备健康管理理论、模式和技术方法，是解决水泥矿山及工厂中"人的不节能行为和物的不节能状态"的有效措施。

（3）"TnPM"考虑"机、电、油、水、气"五大结构要素、各要素要处于完好的状态和机能，同时也需各个要素的和谐配合。

## 七、矿山节能是趋势

水泥矿山节能是一种必然的选择。

一般生产每吨石灰石（包括破碎）需要电力 1.5~4kW·h，柴油 0.1~0.4kg、炸药 0.18~0.22kg。降低电耗，柴油与炸药消耗就会给水泥企业的生存与发展带来更多的机会；给水泥矿山职工的福利与待遇带来更多条件。

目前，各种原材料不断涨价。国家对石灰石所征收的各种税费也不断调高（有的地区，每吨石灰石收取税费已达4.8元），如加上按规定每吨石灰石提取4元的维简费，再加上国家收取的矿山探矿权、采矿权价款等，水泥企业为水泥原料付出的总成本越来越大。所以节能降耗、降低矿石成本，已是水泥矿山一种必然的选择。

## 八、矿山电网系统的节能降耗措施

矿山企业是用电大户，随着矿业开发规模的不断增大，供电负荷迅速增加。因此，如何在满足负荷要求的基础上，减量用电、降低网损和电容器投资，提高供电质量，使矿山电网系统安全经济地运行，是企业节能工作应予重视的重要方面。

矿山电网的负荷大，10kV 低压配电网出线多，负荷不均匀，线路损耗较大，其用能简约、无功补偿容量及位置优化，是一个多目标、多变量、多约束的混合非线性规划问题。矿山生产实践证明，采用分散补偿法和变压器分接头挡位，是较好的有效节能降耗方式。统计数据表明，在一般情况下，补偿点越多，线损减少越多，网损越小；如果能够在较大负荷结点配置相应补偿器，就地进行补偿，使无功功率不在供电线路上流动，其补偿效果最好。

## 九、矿山节水措施与管理

矿山企业节水，要树立"资源有限，节约无限，管理出效益"的创新思维，紧紧依靠技术创新、管理创新和观念创新，工序优化整合，用水源头减量，节水和环保并行，循环系统科学控制管理。要加强对重点用水系统的平衡测试工作，明确用水量的分布；通过对用水量的分析，掌握对供排水总量影响较大的用户，对其进行技术分析和经营分析，有针对性地提出节水措施，细化单元用水情报。要经常对用水情况进行检查和严格考核；重点用水系统和有关设备应配置计量水表和控制仪表，明确计量和控制精度，完善部门之间的计量系统，为节水技术工作和管理工作提供更准确的数据。积极建立推广用水和节水计算机管理系统；根据企业实际条件，鼓励采用高氨氮及高 COD 等废水处理、含油高盐废水处理回用等技术，争取在节约用水方面有更大突破。

### 十、矿山生产用油及燃煤系统的节能管理

矿山生产消耗大量油料和煤炭等能源物资，矿山企业所购入的能源材料，在运输过程中肯定会存在物资损失情况。因此，国家有关部门规定，散装煤炭、细砂、矿粉和水泥运输过程中的物资亏损在2%以内视为合理值，可以充销企业账目。但是应积极采取措施，使物资损失越少越好。

矿山企业在做设备选型配套设计时要严格考核把关，应选择"低耗能、排废少"的设备；特别是内燃机驱动的无轨设备和燃煤锅炉等，要科学仔细地检测耗能指标和主要技术性能。对于在用时间较长的设备，要定期检测工作状况，及时排除故障和定期维修；对于"跑、冒、漏、渗"严重的设备，要及时进行技术改造，保证生产设备经常处于技术性能良好和节能减排的工作状态。这是企业持续的、大面积的节能工作，应予足够重视。一般来说，以下两个方面可供参考。

#### （一）矿山生产建设工程通风设备的调速节能

多年的传统办法是，通风系统的风机和引风机均为满负荷定速运转，通过调节风挡来控制鼓风量和引风量，以保证通风系统的微负压。然而随着风挡限制了空气流量，风路压力也随之上升。如果采用变频调速器，则可以简化调速过程，改变系统控制状态，节约能源。变频调速器不是人为地降低风挡的压力来调节风量，而是通过改变鼓风机和引风机电机的速度，直接控制风机的速度和流量，以得到所需要的准确空气流量和压力，从而使空气满足整个系统的需要。采用变频调速器，可以轻而易举地纠正规格过大的风机以及优化通风系统的工况。

#### （二）采用变频调速装置进行节能

电动机在我国矿山的实际应用中，机组效率一般仅为75%~80%；它有着极大的节能潜力，推行电动机节能措施势在必行。电动机的节能措施很多，而变频调速装置顺应了工业生产自动化发展的要求，开创了一个节能降耗的新时代，是目前电动机节能运行的首选。

变频调速系统是集自动控制、电力电子等技术于一体的高科技装置。采用变频驱动的电动机系统与传统调速设施相比，可节能20%~25%，而且调控方便，维护简便。用户实践证明，100kW（380V）电动机的变频调速系统的初期投资，只需11个月即可收回。可见，这是一种节约电能和提高经济效益的较好的办法，值得推广。

空气压缩机是为各种气动设备提供动力的设备，由于气动设备效率低、能耗多，因此，如何管好、用好空气压缩机，合理铺设管道，选择管径及其附件，以减小压气量和气压损失，提高空气压缩机和气动设备的效率，最大限度地减少气动设备的使用范围，是空气压缩机达到安全经济运行的重要途径。

为了实现空气压缩机安全经济运行，必须做到：一更新（及时更新效率低的老旧型空气压缩机）；三无（无漏水、无漏气、无漏油）；三合理（管道布局合理、管径及附件选择合理、用气合理）；三齐全（安全保护装置齐全、润滑保护装置齐全、管道附件装置齐全）；四及时（检修及时、堵塞漏气及时、调整负荷及时、随生产情况的变化调整管道及时）。

### 十一、水泥矿山应向企业管理要节能

（1）加强采矿工作面的管理，保持采矿工作面的平整。（一般要求工作面的水平标高为设计标高的±0.25m。）为此，需严格控制穿孔参数，尤其是控制合理的超深，以期提高矿石开采质量，降低材料消耗。

（2）不断优化矿山爆破参数，改善爆破效果，提高爆破质量，减少根底、大块及伞岩的发生，降低炸药与其他火工材料的消耗，减少各种爆破危害效应，以提高开采效率，降低生产成本。

（3）制定并严格执行安全技术操作规程及安全生产责任制，减少或杜绝安全责任事故的发生。

（4）加强矿山生产管理，完善并严格执行生产岗位责任制、材料进出库制度、原燃料消耗定额管理等制度，向管理要节能。

例如山水集团从一个困难重重的水泥企业，一跃而成国内前几大水泥集团，其原因是多方面的。而企业管理之严格与高效是其中一个重要的原因。目前山水集团实行的"人、单、酬"合一制度，使企业每个员工的每天工作指标、节能指标都明确在单子上，且要实际履行，并视完成指标情况来取得报酬。这样的企业管理模式，必定给节能工作带来有益的效应。

# 第六节　绿色矿山概述及布查特花园启示

## 一、绿色矿山的概念及其建设意义

矿区的开发建设，强烈的人为活动，使得环境发生了巨大的变化，形成了独特的矿区生态环境问题。产生的负面影响一般有以下几个方面：

（1）农田以及建构筑物的破坏；

（2）村庄的迁徙；

（3）废石堆积如山；

（4）河川径流量减少，地下水水源枯竭，土地荒漠化；

（5）矿物内的有害物质流入地下水。

以上情况可以看出，绿色矿山的产生及发展是时代发展的必然。

绿色矿山的发展经历了三个阶段。第一阶段，早在19世纪，英、美等西方国家就提出了"绿色矿山"的概念。此时"绿色矿山"的概念仅仅停留在单纯的对矿区植被的保护，以及对矿区周边环境的美化上。这一时期的"绿色矿山"要素其实就仅仅是环境。第二阶段，二战以后，社会经济快速发展，人类社会对自然资源的消耗速度前所未有。一些有识之士指出，"地球的资源，特别是能源、矿产资源等是有限的，因此，提高资源的利用率应该被列为重要的研究课题"。此时的"绿色矿山"概念已经从单纯的环境保护延伸到"资源的综合利用"。第三阶段，当代，资源问题已经成为制约世界各国发展的重要问题，综合利用资源的课题也取得了众多进展；由于工业文明对地球的污染与破坏已经引起了全人类的重视，节能减排与环境保护成为重要话题；经济的空前发展，带来了人权的高度发展，"以人为本"已经成为全世界共同认可的基本准则；科学技术是第一生产力，全世界已经达成了"科技创新是人类发展与进步的唯一途径"这一共识。

绿色矿山建设是一项复杂的系统工程。它代表了一个地区矿业开发利用总体水平和可持续发展潜力，以及维护生态平衡的能力。它着力于科学、有序、合理的开发利用矿山资源的过程中，对其必然产生的污染、矿山地质灾害、生态破坏失衡，最大程度的予以恢复治理或转化创新。

绿色矿山，一般是指在矿山全寿命的开采过程中，既应按照科学规划实施有序开采，又要把对矿山及其周边环境的扰动控制在环境的可控制范围之内。对于扰动的部分，应当通过先进的设计技术、合理的生产技术措施，来确保在矿山生产过程中，始终与周边环境相协调，创建一个持续生产发展、四周环境友好的良好的企业形象。

建设绿色矿山，一般具有如下社会意义：

（1）建设绿色矿山是贯彻科学发展观，推动矿山企业经济发展方式转变的必然选择。随着近些年我国经济的快速发展，尤其是近些年我国经济发展走的是规模扩张性的路子，这种发展方式下，对各种资源的需求急速上升，资源开采对环境保护的压力日益增大。因此促进资源开发与经济社会全面协调可持续发展，必须将资源开发与保护放到经济社会发展的战略高度；如何通过开源节流、高效利用、创新体制机制，来改变矿业发展方式，推动矿业经济发展向主要依靠提高资源利用效率带动转变，就显得尤为重要。发展绿色矿业、建设绿色矿山，既是立足国内提高能源资源保障能力的现实选择，也是转变发展方式的必然要求，具有十分重要的现实意义和深远的战略意义。

（2）建设绿色矿山是转变目前矿业企业单一追求目标的有效途径。目前我国大多数矿山企业都是以单纯追求眼前经济效益为目的，而忽视社会效益与长久利益。建设绿色矿山、发展绿色矿业，是以资源合理利用、节能减排、保护生态环境和促进矿地和谐为主要目标，以开采方式科学化、资源利用高效化、企业管理规范化、生产工艺环保化、矿山环境生态化为基本要求，将绿色矿业理念贯穿于矿产资源开发利用全过程，推行循环经济发展模式，实现资源开发的经济效益、生态效益和社会效益协调统一，为转变单纯以消耗资源、破坏生态为代价的开发利用方式提供了有效途径。

（3）建设绿色矿山是推行落实企业责任，保证矿山行业健康发展的重要手段。发展绿色矿业、建设绿色矿山，关键在于充分调动矿山企业的积极性，加强行业自律，促进矿山企业依法办矿，规范管理，加强科技创新，建设企业文化，使矿山企业将高效利用资源、保护环境、促进矿地和谐的外在要求转化为企业发展的内在动力，自觉承担起节约利用资源、节能减排、环境重建、土地复垦、带动地方经济社会发展的企业责任。建设绿色矿山，是矿山企业经营管理方式的一次变革，对于完善矿产资源管理共同责任机制，全面规范矿产资源开发秩序，加快构建保障和促进科学发展新机制具有重要意义。

## 二、创建绿色矿山的基本条件及行业现状

对矿山生产从传统的粗放式经营管理，到文明生产建设绿色矿山，既是科学技术发展的结果，也是人类发展的必然。2010 年 8 月，国土资源部制定的《国家级绿色矿山基本条件》正式发布。文件从依法办矿、规范管理、综合利用、技术创新、节能减排、环境保护、土地复垦、社区和谐、企业文化九个方面对绿色矿山的基本条件进行规定。具体规定如下：

（1）依法办矿。一是严格遵守《矿产资源法》等法律法规，合法经营，证照齐全，遵纪守法。二是矿产资源开发利用活动符合矿产资源规划的要求和规定，符合国家产业政策。三是认真执行《矿产资源开发利用方案》、《矿山地质环境保护与治理恢复方案》、《矿山土地复垦方案》等。四是三年内未受到相关的行政处罚，未发生严重违法事件。

（2）规范管理。一是积极加入并自觉遵守《绿色矿业公约》，制定有切实可行的绿色矿山建设规划，目标明确，措施得当，责任到位，成效显著。二是具有健全完善的矿产资源开发利用、环境保护、土地复垦、生态重建、安全生产等规章制度和保障措施。三是推行企业健康、安全、环保认证和产品质量体系认证，实现矿山管理的科学化、制度化和规范化。

（3）综合利用。一是按照矿产资源开发规划和设计，较好地完成了资源开发与综合利用指标，技术经济水平居国内同类矿山先进行列。二是资源利用率达到矿产资源规划要求，矿山开发利用工艺、技术和设备符合矿产资源节约与综合利用鼓励、限制、淘汰技术目录的要求，"三率"指标达到或超过国家规定标准。三是节约资源，保护资源，大力开展矿产资源综合利用，资源利用达国内同行业先进水平。

（4）技术创新。一是积极开展科技创新和技术革新，矿山企业每年用于科技创新的资金投入不低于矿山企业总产值的 1%。二是不断改进和优化工艺流程，淘汰落后工艺与产能，生产技术居国内同类矿山先进水平。三是重视科技进步，发展循环经济，矿山企业的社会、经济和环境效益显著。

（5）节能减排。一是积极开展节能降耗、节能减排工作，节能降耗达国家规定标准。二是采用无废或少废工艺，成果突出，"三废"排放达标，矿山选矿废水重复利用率达到 90% 以上或实现零排放，矿山固体废弃物综合利用率达到国内同类矿山先进水平。

（6）环境保护。一是认真落实矿山恢复治理保证金制度，严格执行环境保护"三同时"制度，矿区及周边自然环境得到有效保护。二是制订矿山环境保护与治理恢复方案，目的明确，措施得当，矿山地质环境恢复治理水平明显高于矿产资源规划确定的本区域平均水平。重视矿山地质灾害防治工作，近三年内未发生重大地质灾害。三是矿区环境优美，绿化覆盖率达到可绿化区域面积的 80% 以上。

（7）土地复垦。一是矿山企业在矿产资源开发设计、开采各阶段中，有切实可行的矿山土地保护和土地复垦方案与措施，并严格实施。二是坚持"边开采，边复垦"，土地复垦技术先进，资金到位，对矿山压占、损毁而可复垦的土地应得到全面复垦利用，因地制宜，尽可能优先复垦为耕地或农用地。

（8）社区和谐。一是履行矿山企业社会责任，具有良好的企业形象。二是矿山在生产过程中，及时

调整影响社区生活的生产作业，共同应对损害公共利益的重大事件。三是与当地社区建立磋商和协作机制，及时妥善解决各类矛盾，社区关系和谐。

（9）企业文化。一是企业应创建有一套符合企业特点和推进实现企业发展战略目标的企业文化。二是拥有一个团结战斗、锐意进取、求真务实的企业领导班子和一支高素质的职工队伍。三是企业职工文明建设和职工技术培训体系健全，职工物质、体育、文化生活丰富。

由国土资源部、中国矿业联合会联合主办的"2012年中国矿业循环经济暨绿色矿山建设工作经验交流会"在内蒙古满洲里落下帷幕，会议上确定了我国绿色矿山建设的目标是2020年全国绿色矿山格局基本形成。国土资源部总工程师钟自然指出，几年来全国初步形成了上下联动共创绿色矿山的新局面，初步制定了绿色矿业发展配套政策，树立了一批绿色矿山建设典型模式，各地要全力推进绿色矿山建设。今后要进一步扩大试点示范范围，今后国家级试点将逐步从省级试点中遴选确定；适时开展首批国家级绿色矿山建设试点评估，达到标准的明确"国家级绿色矿山"称号；建立完善相关标准体系，使绿色矿山建设逐步走上规范化、制度化管理的轨道；加强政策支持，力争在税费、财政、资源配置、矿业用地等方面逐步出台一批鼓励政策，构建绿色矿业发展的长效机制；继续充分发挥协会作用，加强业务技术支撑；充分发挥矿山企业的主体作用，将绿色矿山建设落到实处。

根据规划，我国绿色矿山建设的目标是到2020年全国绿色矿山格局基本形成，大中型矿山基本达到绿色矿山标准，小型矿山企业按照绿色矿山条件严格规范管理。资源集约节约利用水平显著提高，矿山环境得到有效保护，矿区土地复垦水平全面提升，矿山企业与地方社区和谐发展。

该次会议为第二批共183家"国家级绿色矿山试点单位"代表授牌，至此，我国已确定两批共220家矿山企业为国家级绿色矿山试点单位。

水泥行业已被列入"绿色矿山"名单的有：北京水泥厂有限责任公司凤山矿、安徽铜陵海螺水泥有限公司石灰石矿、四川峨胜水泥集团股份有限责任公司峨胜采矿场、江苏句容台泥水泥有限公司矽锅顶水泥灰岩矿、浙江富阳山亚南方水泥有限公司大同石灰岩矿、浙江湖州南方矿业有限公司大煤山石灰石矿等。这些矿山是水泥行业创建绿色矿山行动中的率先垂范者，这也是对这些水泥矿山人从事绿色矿山建设的高度肯定和认可。

中国水泥协会秘书长孔祥忠在2011年水泥矿山行业年会上发言指出，水泥是国民经济建设中不可缺少的基础材料，石灰石则是生产水泥的主要原料，我国的石灰石与石油和煤炭资源一样具有不可再生的特性。目前水泥矿山存在一些问题，如开采过程中排放大量粉尘和颗粒物，并对地表植被带来损毁，造成水土流失、生物量和生物多样性锐减等生态环境问题。这些环境问题如不及时采取措施治理，将会严重制约了水泥行业的可持续发展。水泥可持续发展倡议行动组织（CSI）是由全球主要水泥生产商组成的一个国际性组织。CSI成员把企业发展战略与可持续发展相结合，企业在追求盈利的同时承担社会和环境责任。在过去十多年的发展历程中，CSI通过应对全球气候变化、燃料消耗、员工健康与安全、气体排放、混凝土循环利用和矿山开采管理等，致力于了解、管理并降低水泥生产和使用过程中对环境的负面影响。

CSI提出了如下六项指标：

（1）水泥原料（钙质和硅铝质）矿山复垦以及矿区周边生态或生物多样性重建工程，建成湖泊、沼泽、湿地或丛林等。

（2）水泥中的熟料含量百分数，意在鼓励生产混合水泥，多掺混合材。

（3）采用各种废料废渣用作替代水泥原料，节约天然矿物原料资源。

（4）采用各种可燃废料用作替代燃料，节约天然化石燃料资源。

（5）煅烧熟料时各种有害物（$CO_2$、$SO_2$、$NO_2$、粉尘、重金属、二噁英、呋喃等）的控制。

（6）降低吨水泥的水资源消耗量。

孔祥忠指出，生物多样性也是衡量人类可持续发展的重要指标，欧洲水泥企业已经做到70%~90%的原料矿山在开采过程中都已进行着复垦与植被恢复工程，20%~70%的矿区周边环境正在进行生态或生物多样性重建工程。石灰岩作为重要的矿物原料或石料，大量的矿石开采给环境造成较大影响。矿山生态恢复已成为世界各国共同关注的课题，受到业界的高度关注。我国是水泥生产大国，石灰石矿山开采在其中具有举足轻重的地位。加强对矿区绿化复垦，对水泥行业可持续发展具有重要的现实意义。

绿色矿山建设的核心内容包括三个方面：一是要做到珍惜矿产资源，集约高效利用资源。二是要做到保护矿山环境、开展生态重建。三是要在矿山建设过程中不断促进地方经济建设和社会和谐。

多年来我国水泥矿山工作者也在矿山复垦绿化方面进行了探索创新，在此列举一二。

华新水泥股份有限公司编制了生态环境保护计划，在矿山开采过程中注重矿山复垦，培育生物多样性。他们在矿区种植当地植物，以利于矿山周边复垦；蓝天、绿地、繁花似锦的厂区内，悠然自得的蜜蜂、蝴蝶等昆虫成群飞舞；世界自然保护联盟的专家定期在华新矿区进行实地考察，向当地居民咨询矿区周边的生态群落情况。华新黄石分公司逐年投资，对该公司矿山 240m、255m 和 270m 等三个台段，全长 4310m 的开采塘口进行了复垦绿化。华新水泥西藏公司为保护好雪域高原的原生态，有计划将公司矿山将打造成西藏唯一海拔 3700m 以上拥有树木覆盖的绿色矿山，成为青藏高原工业企业可持续发展的又一亮点。从华新的相关调查报告显示，没有任何濒于灭绝的物种受到采矿的影响。华新和它的合作伙伴豪瑞集团在生物多样性领域的经验已受到国际相关组织关注。

句容台泥（原嘉新京阳）创建生态模范矿场。自建矿以来，合理开发利用矿产资源、植树造林、有效保护生态环境，实施矿场年度绿化规划，矿场专门成立了由 6 人组成的绿化及维护专业队伍。"每年必须种植绿化苗木 3 万棵！"旨在把矿场建成并持续保持国内领先、国际一流的生态模范矿场。

拉法基瑞安在开采矿山时，企业一律采取矿山复垦的方式重新植树造林，为矿山重新披上绿装。拉法基水泥在编制的"矿山资源合理开发利用计划"中提出，每采 1t 石灰石矿石，将拿出 0.1 元作为植被恢复资金。

位于大连市泡崖地区，曾是建新水泥厂和金星石材厂旧址的废弃矿坑已成为这个市废弃矿坑改造的成功例证。早在 2000 年，新型集团就投资 8000 万元对矿坑进行了综合整治，使这里成为小区居民休闲娱乐的北宸公园。

枣庄中联实施生态园工程，建设环境友好型企业。公司因地制宜，对厂区依山就势进行净化、美化、绿化和亮化。在矿山复垦区以雪松、草皮、迎春等绿化草木为主，在办公区以百日红、国槐、石榴等观赏性树种为主，众多花草及少许仿古墙、凉亭、假山、水池点缀其间，各式灯盏交相辉映，美轮美奂。公司还在厂区周边构建集生态工业、生态农业、生态人居、休闲观光旅游于一体的生态文明园区，以此为促进地方经济又好又快发展和生态环境保护做出新贡献。

但面对以上成绩的同时，我们也应清醒地看到，石灰石矿山行业所面临的还是大部分的粗放式的开采局面，"晴天满天灰，雨天满地泥"的景象极其普遍，矿山企业主舍不得在矿山上花钱，许多是该花的钱也不花，很多连最基本的资源综合利用都难以做到，更别说去创建绿色矿山了。的确，全行业在创建绿色矿山的道路上，还任重而道远。

### 三、布查特花园的启示

不列颠哥伦比亚省是加拿大最西边的省，当地人习惯用 British Columbia 的首字母把它简称为"B. C. 省"。温哥华岛是 B. C. 省西南部一个狭长的岛。在岛的东南角是 B. C. 省的省会维多利亚。维多利亚北郊 20 公里处，就是在国际园林界享有盛誉的布查特花园。

温哥华岛上公园密布，维多利亚以"花园城市"著称，有公园 50 余处。布查特花园何以能从这众多的园林中脱颖而出成为世界名园并且被评为"加拿大国家历史遗址"呢？这不得不从它的"身世"说起。原来，布查特花园是利用一个废弃的采石场建成的。也许，人们欣赏的不仅是花园本身，而且是其从采矿废坑"华丽变身"的传奇历程。

布查特花园是以其创建人珍妮·布查特夫人的名字命名的。她的丈夫罗伯特·皮姆·布查特于 1865

年生于安大略省，他在温哥华岛发现了丰富的石灰石矿，办起了一家水泥厂，赚得了大笔财富。布查特夫人面对因采挖石灰石而留下的一个个矿坑，心情十分沮丧。她怀着忏悔的心，开始在房前屋后撒下一些豌豆和玫瑰花的种子。绿叶和鲜花给布查特夫人带来了莫大的惊喜，一个在废矿坑上建造美丽花园的梦想在她心中萌发。在丈夫支持下，布查特夫人把采完石灰石的矿坑填上肥土，种上各种各样的花卉；把巨大的深坑灌满清水，形成了一个美丽的湖。她还让人在悬崖峭壁的石缝中种上常青藤和其他植物。从1904年开始建造花园，至今已经107年，经过几代人的共同努力，布查特花园成为世界上最美丽的花园之一。

布查特花园是由一组花园组成的，分为英国玫瑰园、日本庭园和意大利花园等，而最精彩的是"新境花园"，也就是由废矿坑改造成的"下陷花园"。在这个安静、优美的花园里，欣赏着那些鲜艳的花儿，谁会想到它从前是一片废矿坑呢？作为世界名园，布查特花园每年有上百万人前来参观游览，由旅游及其衍生服务、出售花种、花束等所产生的效益要比它作为水泥矿带来的收益多出不知多少倍，环境治理和生态恢复带来的效益同样可观。

布查特花园之所以被评为"加拿大国家历史遗址"，是因为它反映了这个国家从"矿坑"到"花园"的发展模式、发展理念的转变过程。很多国家在发展过程中都不可避免地留下了大大小小、各种各样的"矿坑"，这其中既有物质上的"矿坑"，也有精神、文化、心灵上的"矿坑"。是让这一个个环境污染、生态破坏、资源枯竭的"矿坑"就此留下，还是把它们变成一处处百花齐放、鸟语花香、生机盎然的"花园"，这是很多国家都在思考并亟待解决的一个问题。

布查特花园是水泥企业家凭着执著和努力，实现人类与自然的和谐发展，树立水泥工业环境友好型发展的典范。从中我们得到启发，废弃矿山也是资源！

布查特花园如图17-7～图17-12所示。

图17-7 漂亮的布查特花园一景

图17-8 昔日水泥厂废弃的矿山

图17-9 今日美丽的花园

图17-10 昔日废弃的矿坑

图 17 - 11  今日漂亮的喷泉

图 17 - 12  依原开采台阶地形而建的花园一角

# 第七节  国家级绿色矿山——北京水泥厂凤山矿案例

北京水泥厂凤山石灰石矿山是我国建材矿山行业最早一批荣获国家级绿色矿山称号的单位。该矿多年以来，一直以安全生产、节约资源、节能减排、生态恢复、环境优美为出发点，始终把矿山企业可持续发展当做企业的战略要务紧抓不放，在取得良好经济效益的同时，也得到了国家各级政府部门及社会的高度认可，所获各种荣誉良多，成为我国建材矿山行业创建绿色矿山的佼佼者。下面以该矿多年的实践经验为例，举例剖析，供行业同仁们借鉴。

## 一、企业概况

北京水泥厂有限责任公司凤山矿始建于 1971 年，初称"北京市水泥综合矿"，经过近十年的基本建设，于 1980 年 12 月建成投产，并更名为"北京市凤山石灰石矿"，为独立建制单位，隶属于原北京市建筑材料工业局，1984 年 5 月划归北京市琉璃河水泥厂，同时易名为"北京市琉璃河水泥厂凤山矿"。1994年 6 月成为北京水泥厂有限责任公司石灰石原料供应基地，现全称为北京水泥厂有限责任公司凤山矿。

北京水泥厂有限责任公司，是该矿的上级主管单位，曾经荣获多项国家级荣誉称号。多年来一直奉行清洁生产，规范化管理，视科学环保发展为己任，在利用水泥窑处置废弃物方面，技术水平领先于全国，为保护首都的碧水蓝天做出了积极的贡献，也因此在全国水泥企业中享有很高声誉，是全国循环经济试点企业之一。

矿区位于北京市昌平城东北约 13 公里的崔村镇八家村北，矿山与矿部之间有公路相通，交通较为便利。厂区位于昌平东北方向约 6 公里，南邵镇营坊村北，毗邻十三陵水库。截至目前，矿山累计采矿2000.6 万吨，废石剥离量为 2176.1 万吨，平均剥采比高达 1.09∶1。

矿区属中低山地形，地势起伏较大，海拔高度 110～550m，高差约 350m，由于地质构造作用，差异风化及暴雨冲刷作用，常形成悬崖陡壁。山脉近东西向。1971 年，国家建材局地质勘探队对矿区进行了普勘，初步探明矿区总储量约 24173 万吨，后又陆续进行了进一步的勘探。矿区被文殊峪分隔为东、西两个矿区。现开采采场为东矿区中南矿段。采场最高开采水平为 506m，生产台段分别为 506m、492m、478m、466m、454m、440m、398m、384m、370m、356m，除两个台段段高 12m 外，其余台段段高均为

14m，现已开采至356m水平。设计开采至250m水平。采场共有南北两个排废场，分别坐落于采场南部默河峪和北部坛子峪，有效容积约为1800万立方米。

## 二、企业荣誉历程

面对需要大量排废的不利局面，该矿于1999年成立了废石利用专题调研小组，委托有资质部门对废石进行物理抗压实验和化学成分测试，结果显示，绝大部分废石可以作为建筑石料，从而确定了对废石综合利用的产品开发方向。自2000年开始，该矿采取灵活的建厂方式，从各车间抽调技术人员，自行设计、自行土建施工、设备安装调试，直至2005年，先后建设了一条年产20万吨的石料生产线、一条年产50万吨石料生产线、一条年产10万吨的混料厂、一条年产10万吨机制砂生产线以及一条主要利用石粉的年产2000万块机制砖生产线。随着这些年国家取缔河道沙石厂力度的加大，这些石渣销售形势日益看好，销售量与利润均大幅增加。

由于在综合利用方面取得了骄人业绩，2006年获得国土资源部颁发的"首届全国矿产资源合理开发利用先进矿山企业"称号，如图17-13所示。

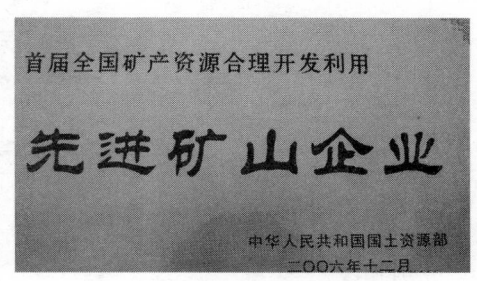

图17-13 "先进矿山企业"牌匾

1995年，该矿决定对荒山荒坡进行绿化美化，在原有办公楼的基础上建设"凤山矿旅游度假村"。这既能彻底改变废弃荒山的面貌，又能营造出良好的生态环境，还能解决职工的就业问题。之后全矿职工迅速动员起来，利用休息日和生产间歇，种草栽树，装修房屋时经常加班到深夜。1995年5月底度假村接待了第一批客人。为了度假村的进一步发展，该矿自筹资金打了一口深3800m的热水井，投资637万元。为了扩大绿化范围，在方圆300多亩的荒山坡地上进行了美化绿化。经过多年的奋斗，共投入资金6000多万元，2002年度假村初具规模。花草盈盈、绿树成荫、潺潺溪流、红色别墅矗立在鲜花和绿色的草坪中，接待着休闲度假的客人，这里变成了名副其实的温泉度假村。由于度假村毗邻举世闻名的十三陵风景区，站在度假村的高处西望，仅与度假村一路之隔的十三陵水库大坝，熙熙攘攘的中外游客及周围整齐有序的停着各种色彩的旅游大巴，又构成了一幅美丽的风景，更衬托着凤山度假村的美丽、古朴、幽静。

经过多年的精心经营，现北京凤山温泉度假村已声名远播，效益显著。

图17-14所示为度假村的别墅区，谁能想到，这么漂亮的景区竟是由矿区改造而来。

图17-14 北京凤山温泉度假村的别墅区一景

经过二十多年的企业多元化发展，企业经济效益增加，矿山环境也得到了改善，极大提升了企业形象。

2009年底经北京市矿业协会组织专家评审，该矿被授予"绿色矿山"企业称号。

2010 年上半年，北京市矿业协会将该单位推荐上报首届全国"绿色矿山"评选组委会。

2010 年 10 月，在全国首届"绿色矿山"评选会上，经与会人员打分、专家评审等程序获得全国首届"绿色矿山"试点单位称号。

2011 年 11 月 20 日，国土资源部与中国矿联在政协礼堂，正式授予该矿全国首届"绿色矿山"试点单位牌匾和荣誉证书，如图 17 - 15 所示。

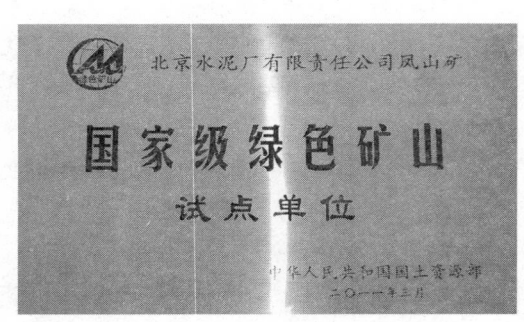

图 17 - 15 国家级绿色矿山试点单位牌匾

### 三、创建绿色矿山之路

根据国家级绿色矿山基本条件，结合北京市安监局提出的"安全、绿色、健康、和谐"的矿山建设理念，凤山矿制定了矿山建设的"六化四体系"实施方案，全员参与，从每一个生产细节着手，严格按照方案的内容进行落实。

"六化"具体实施内容如下：

（1）采矿生产工艺过程规范化。规范实施采场各要素，禁止随意更改各种参数。改善爆破质量，规范爆破网度参数，保证根底率为零，大块率控制在 1‰，减少了二次破碎成本；提高铲装质量，保持采场底板整体平整；规范采场内的运输道路，最终达到有主路、有分支路，主运输道路设有专人修复，提高了生产效率，降低了运营成本。

（2）生产作业机械化。淘汰了大量老旧设备，更新为现代化新设备。如淘汰了 4 台老旧无收尘潜孔钻机，淘汰了老旧的 2 立方电铲；新购置了大运量的自卸汽车；原有燃油空压机更新为电动空压机；成品仓由手动放料改为视频监控放料；更新变压器 9 台，改装、新装电表 41 块，加装水表 24 块等。

（3）生产过程低尘化。解决无组织排放问题，降低了粉尘对环境的污染；对矿区裸露的进行绿化和硬化；对产品进行棚化或建仓储存；利用监控、隔离等手段，努力开展工作，最终达到控制标准，改善职工的工作环境；原成品仓放料改造为视频监控系统，职工远离粉尘作业环境；硬化道路总计 4500m 长，投资达 1100 万元，减少了扬尘。

图 17 - 16 和图 17 - 17 所示为道路硬化改造前后对比，差别一目了然。

图 17 - 16 道路改造之前　　　　　　　　　　图 17 - 17 道路改造之后

（4）生产管理信息化。为了提高矿山开采过程中的信息化程度，提高开采安全性。2012年，建设了矿山物联网，充分利用信息手段，实现矿山科学管理；野外监控摄像头均采用风与光发电的供电系统，如图17-18和图17-19所示。

图17-18　凤山矿监控中心

图17-19　野外设置的监控摄像头

（5）矿山环境绿色化。注重安全环境、综合利用、水土保持和绿化植被工作，对开采终了的采矿区进行绿化、复垦和生态恢复；并对生产过程中陆续产生的永久性边坡，实施植被绿化；按照边开采边恢复的原则，一边生产一边绿化，裸土地块及时进行覆盖或种植速生草种。

根据规划，矿山将植被恢复区域划分为三期，植被恢复总面积约90000平方米，如图17-20～图17-26所示。

图17-20　一期植被恢复进行中

图17-21　植被恢复实际效果图

图17-22　二期恢复之前原貌

图17-23　二期恢复绿化效果

图 17－24  未治理的原有矿山边坡

图 17－25  治理之后的 3 号、4 号边坡

图 17－26  4 号边坡绿化后效果图

除去以上绿化改造项目之外，一些细部的改造工作也进行得有条不紊，该矿共改造排水沟约 2000m 长；对老油库也进行了翻新改造；拆除了原有职工休息室，新建了整洁美观的职工休息室，如图 17－27 所示；新建了矿区观景台，如图 17－28 所示。

图 17－27  新建的职工休息室

图 17－28  绿色包围之中的矿区观景台

（6）生产过程无废化。该矿地质品位偏低，因而在建矿之后的较长一段时间内，剥采比相当高，生产成本压力很大。根据地质报告，高品位矿石只有Ⅱ矿体能够满足低碱水泥生产需要，Ⅲ矿体属于高钙高碱矿体，若满足低碱水泥生产需要，就必须做好质量搭配工作。该矿员工经过多年摸索，终于找到了一条最佳的配矿方法。具体的做法是：五点化验（岩粉、爆堆、电铲、拖带、出厂），二级控制（入井、出厂），两反馈（矿化验室、公司化验室结果反馈）。车间化验室负责穿孔岩粉、爆堆和电铲铲装位置的

取样化验，化验结果报车间专职配矿员，车间配矿员将岩粉、爆堆化验结果标于地质平面图上，了解每个矿块的质量分布，以此作为配矿铲装设备布局的依据，来合理调配铲装位置，然后根据每日铲装位置的化验结果和厂部化验室的拖带化验结果，调整每日的各个铲装设备的铲装比例。事实证明，该方法行之有效，高效合理。

2012 年该公司再投入 3000 万元，将原有的建筑石料生产线进行提产改造，新建一条 150 万吨的石料生产线，使产能达到年产 200 万～250 万吨。基本可实现当年废石零排放，还可逐步将原堆放废石全部回收处理。石料厂布置如图 17-29 所示。

除去以上"六化"方案之外，该矿建立的"四体系"文件具体内容如下：

（1）建立责任制规章制度体系；

（2）健全隐患排查体系；

（3）创新安全教育培训体系；

（4）完善应急救援体系。

该"四体系"文件分为以下四级文件：一级文件为"六化"、"四体系"实施方案；二级文件为安全管理机构、责任制及各项制度；三级文件为部门职责及考核标准；四级文件为操作规程及考核标准。该文件制定完成后，以单行本形式发放到了每个职工手中，以保证每个员工能认真理解并贯彻落实到自己的岗位工作中去，如图 17-30 所示。

图 17-29　整洁有序的石料加工厂　　　　　　图 17-30　"六化四体系"手册

该矿山企业目前已走上了一条健康发展之路，其过往的许多做法已多次被各级政府称赞，其可持续发展之路必将越走越宽。

## 第八节　开采与保护并重——绿色生态矿山案例

句容台泥水泥有限公司是江苏省一家大型台商独资企业。位于江苏省的该项目首期投资 2.65 亿美元建设一条 6700t/d 水泥熟料生产线，年产优质水泥 280 万吨。1995 年 8 月 31 日正式开工建设，1997 年 12 月 2 日点火开始投入商业运营。

## 一、公司简介

公司地理位置优越，矿源丰富。厂区位于江苏省句容市桥头镇，北临长江，拥有 30000t 和 5000t 码头各一座，南毗 312 国道、沪宁高速公路及沪宁铁路，陆运便捷。矿场位于句容市大卓、黄梅两镇接壤处之矽锅顶。矿山与工厂之间由一条法国雷伊公司（REI）设计的具有世界先进水平的长达 16km 无中转曲线远程皮带运输机相连（设计能力 1260t/h）。

公司技术力量雄厚，生产工艺先进、环境优美，享有"绿色工厂"之美誉。水泥生产线采用国际最先进干法窑生产工艺，主机设备全部由德国洪堡公司（KHD）进口，生产过程由中央控制室 PRODUX 系统自动控制。水泥质量、能源消耗和环境保护均具国际先进水平。公司在投产仅一年多的时间即于 1999 年 8 月通过了 ISO9002 质量管理体系及产品质量认证审核，2002 年成功取得 ISO9002 质量管理体系 2000 版换版认证。公司十分重视环境保护工作，全厂粉尘排放指标控制在 $50mg/m^3$（标态）以内，远低于国家 $150mg/m^3$ 的排放标准，全厂绿化率达 31.5%。2002 年 6 月通过了 ISO14001 环境管理体系认证。

## 二、矿场概述

公司石灰石矿场位于句容市大卓、黄梅两镇接壤处之矽锅顶，东西长约 3200m，南北宽约 1600m，面积约 $4.97km^2$，开采面积 $1.12km^2$。矿场有公路与句容—桥头公路相接，南距句容市 15km，北距沪宁铁路桥头车站 24km，矿场至桥头公司厂区直线距离约 17km，交通十分便利。

矿区为低山丘陵区，矽锅顶原最高海拔 +259.02m，最低海拔 +48.3m。矿石储量丰富，达 3.2 亿吨，CaO 品位高，平均达 54% 以上。矿场岩脉不发育，开采技术条件简单，水文地质条件中等偏简单，属一特大型优质露天石灰石矿山。矿场 +55m 标高以上为山顶露天开采，+55～−40m 将转入凹陷露天开采，矿山开采台段顶面标高 +240m，最低开采标高 −40m。矿山开采境界南北宽 160～730m，东西长 2300m。

矿场于 1991 年 6 月底完成地质勘探工作，1994 年 12 月取得原地矿部核发之采矿许可证，1995 年初委托南京水泥工业设计研究院进行开采规划设计，并于 1995 年 10 月开始基建采准剥离工作。于 1997 年 10 月正式建成投产，设计开采能力为 220 万吨/年，2001 年以来为配合窑系统提产要求，开采能力已提高至 272 万吨并继续提升。

矿场自投产以来，引进先进的采矿运输及环保设备，采用现代化的管理手段，在矿产资源开发过程中严格执行矿产资源法、科学规划、合理开发利用矿产资源、有效保护生态环境，合理开采、节约土地。如今的嘉新京阳矽锅顶矿场，呈现在人们面前的是：工业场地鲜花锦簇、绿树成荫，运矿道路平坦开阔、错落有致，采场布置协调合理、平整清洁、各类精良设备作业井然有序且和谐搭配，边坡稳定、水土保持及安全设施安全，资源合理开发利用、植生绿化成果显著。参观过矿场的国内矿山同行一致认为：公司矿场无论开采规划、技术管理、资源综合利用、植生绿化、安全卫生管理、设备维护保养都处于国内领先水平。

## 三、矿场生产流程及主要采运设备

矿床开采采用自上而下水平分层开采，台阶高度 15m，台阶坡面角 75°，最终坡面角小于 52°。矿场开采工艺流程为：潜孔钻穿孔→铵油炸药混装车制药、装药→非电起爆系统深孔微差爆破→推土机整理爆破工作面→轮式装载机装车→自卸车运输→破碎机破碎→皮带运输机运输至厂区。

矿场各类采掘重型机械装备精良，均为当时世界上同类型之先进设备：3 台美国 INGERSOLL–RAND CM695 型全液压潜孔钻机（钻机直径 $\phi130mm$），1 台 INGERSOLL–RAND CM345 型潜孔钻机（钻孔直径 $\phi76mm$），1 台 BC–7 型铵油炸药混制装药车，2 台 CATERPILLAR D8R 型推土机，2 台美国 CATERPILLAR 988F 型轮式装载机（斗容 $6.3m^3$），10 台 CATERPILLAR 771D 型、1 台日本 KOMATSU HD405 型自卸车（载重均为 40t），1 台日本 KOMATSU PC750 挖掘机（斗容 $4.3m^3$），1 台 CATERPILLAR345B 挖掘机（斗容 $1.8m^3$），2 台日本 KOMATSU PC450 挖掘机（斗容 $1.8m^3$），1 台 KOMATSU PC350 挖掘机（斗容 $1.4m^3$）。其中 CATERPILLAR 345B 挖掘机配有 CATERPILLAR H160 型碎石器。1 台 PC450 挖掘机配有 IN-

GERSOLL – RAND BRV43 型碎石器。1 台 KOMATSU YZJ12 型平地机，1 套德国洪堡公司（KHD）产能为 1200t/d 双轴锤式石灰石破碎机，同时还配有 2 台洒水车及运油车、工程车、压路机、平地机等一系列生产辅助设备。

一流的采矿设备、先进的管理方法，确保了生产的高效率。

## 四、资源综合利用

资源不可再生，虽然该矿场石灰石资源较为丰富，但生产管理中丝毫没有放松对资源的合理开发和综合利用，矿场制定了完备的资源生产搭配及综合利用制度，并成立了由 6 人组成的地测管理小组，对各区域爆破前炮孔岩粉进行抽样分析，准确掌握采场各生产部位品位状况，以指导生产过程中的矿石搭配，每天必须由管理人员现场确定搭配方案后方可进行生产。由于该矿场高品位石灰石所占比例较大，根据这一优势，对混有地表土、夹层土或废石的低品位矿石全部予以搭配使用，并对部分原勘探和设计时圈定为废石的 Fn2 大破碎带的可再利用部分予以回收搭配；同时对 1995～1997 年基建期采准剥离的矿废石制订计划，逐年以高品位矿石搭配使用，预计 10 年全部搭配完毕。而对品位过低的废石中夹含的矿石也以挖掘机挑出搭配利用，以最大限度地节约和合理使用资源，通过以上资源综合利用管理措施的有效实施，该矿场资源回采率连年达 99% 以上。

## 五、矿场植生绿化

砂锅顶石灰石矿场，占地 3km$^2$，目前开采面积为 0.24km$^2$。矿区地表原生植被基本均为低矮灌木，由于公司基建及生产期间对部分地段地表植被造成破坏，为有效保持水土涵养，维护矿区生态平衡，公司迅速自觉地承担起了复垦绿化的责任。

自 1998 年起矿区每年均制定周详的植生绿化规划，经总经理核准后切实遵照执行。绿化的重点区域主要有工业区周围及边坡、运矿道路边坡、采场终了边坡及废石场边坡四部分。绿化原则，首先是因地制宜，由于矿场基本为石灰石及砂页岩层，含土量极少，土地十分贫瘠，因此必须首先选择种植适合当地特殊条件生长生存的原生植物，如槐树、松树、柳树等；其次是草、木并举，在大范围种植原生植物的同时，公司于 1999 年自台湾引进了耐干旱、耐贫瘠的白喜草草籽，并于当地采集水土保持功效较好的野生蚂蚁草籽广为播种，起到了草木立体绿化效果；第三是先绿化，再美化，消灭绿化死角，培育优势林种，进一步改善矿区生态环境，几年来在大量种植原生植物的基础上，为优化矿区种植品种结构，并逐渐向美化矿区方向发展，注重引进培育优势林种，以进一步改善矿区生态环境。近两年来，公司陆续引进了上万株常绿、美绿化树木，如香樟、高干女贞、夹竹桃等，换填客土种植，目前普遍长势良好。

为长效实施矿区年度植生绿化规划，矿区专门成立了由 6 人组成的绿化及维护专业队伍，六年来，绿化投入总费用 106 万元，累计填换客土约 5.5×10$^4$m$^2$，种植各类美绿化苗木 71756 余棵，播种白喜草、蚂蚁草籽等 1361kg，边坡铺种草坪 11130m$^2$，具体种植方式有以下 5 种：

（1）采场终了边坡：于坡底堆覆含地表土较多的剥离层，密植槐树、垂柳、女贞并播种草籽，于坡角种植爬藤。

（2）运矿道路填方边坡：最外层覆盖含地表土较多的剥离层种植刺槐、垂柳、松树、女贞并遍种草籽。

（3）运矿道路挖方边坡：对缓坡岩石边坡填覆客土植树并播种草籽或栽种草坪，陡坡段下方砌筑挡墙（累计砌筑挡墙约 1500m），内覆客土植树种草并于坡角种植爬藤。

（4）运矿道路路肩：沿运矿公路两侧路肩以剥离表土堆筑防护土堤，既可保障车辆运行安全，同时种植垂柳、高干女贞、夹竹桃、香樟等美绿化植物，以期形成道路风景。

（5）对永久性弃土场于坡底砌筑挡砂坝，于排土顶面及坡面密植槐树、松树并播种草籽，以保固水土。

## 六、安全环保措施

为保障矿场安全生产及有效保护环境，防止污染，矿场采取了以下一系列防护措施：

（1）采场开采境界线外 200m 内设爆破安全警戒区，并采用塑料导爆管深孔微差爆破，提高了爆破安全性，降低了爆破地震效应。

（2）采场配备了液压碎石机用于大块矿石的二次破碎，避免了传统的二次爆破给周围环境带来的飞石、噪声、粉尘及有毒有害气体给周围环境带来的危害。

（3）采场还配备由先进的 BC－7 型铵油炸药混制车，自动混制并向炮孔内装药，较传统的人工装药相比，杜绝了炸药在炮孔周围残存现象，避免了周围水体受到污染。

（4）配有 2 台专用洒水车，晴天保持不间断洒水，确保采场现场及运矿道路无扬尘发生。

（5）工业场地、运矿公路排洪沟汇水处建设有两座沉淀池，容积 400m³，同时在沉淀池下游再建有拦沙坝，确保雨水中泥土经沉淀和过滤后再排往低洼地。

（6）破碎系统配有 3 台先进的袋式收尘器及喷水装置，确保石灰石破碎及皮带运输全过程无粉尘污染。

（7）运矿道路两旁设有防护土堤，确保运矿卡车刹车及方向转向系统意外时使用，并于运矿道路两侧间隔 10m 设有反光路肩标志，确保夜间或大雾期间行车安全。

（8）爆炸物品库区四周设有防护刺网、报警电话、避雷设施、地上消火栓、灭火器、防护土堤，库房内配有红外线警报系统。且与句容市公安局自动报警系统联网，确保了爆炸物品的安全储存。

## 七、成效

由于该公司矿场重视做好对矿产资源的合理开发利用，并通过对低品位矿石、地表土及废石的综合搭配，不但减少了因排废对土地的占用、植被的破坏，还有效降低了矿石的开采成品，经测算矿山每吨成品降低达 0.2 元，每年可减少剥离费用 53 万元，并且延长了矿山服务年限。

通过持续不断、见缝插针式的种草植树，不但有效保持了水土，改善了环境，还确保了开采终了边坡、废石场边坡的稳定性，并且矿场长达 5km 的运矿道路填、挖方边坡从未因雨水的影响而发生坍塌冲毁事故，保障了矿山的连续稳定生产。将含表土较多的剥离物堆填于运矿道路两侧作为防护土堤，植草种树，节省了排废占地，保障了矿车行车安全，又美化了道路环境。

经过几年来不断努力，矿场在植生绿化工作上取得了显著成绩，受到了各级国土资源、水利、林业、环保等部门的充分肯定和表扬。由于成绩突出，公司矿场于 1999 年 6 月在国土资源部全国保护和合理利用矿产资源现场会上受到一致称赞与好评，同年 9 月又被江苏省矿业秩序治理整顿领导小组授予矿业秩序治理整顿先进单位。2001 年 7 月及 2002 年 3 月国家安全生产监督管理局领导先后两次到矿场参观后都给予了极高的评价，特别是 2002 年 6 月 19 日国家安全生产监督管理在镇江召开的全国非煤矿山安全生产现场整治会议上，将公司矿场作为安全环保示范矿场向全国推广。句容市该年在进行创建国家生态矿山活动中，将该矿山纳入到其创建活动的重要组成部分。

## 八、发展设想

"没有最好，只有更好"，今后句容台泥公司在继续做好矿产资源合理开发利用基础上，将一如既往地贯彻国家"在开发中保护，在保护中开发"这一矿产资源开发利用基本方针，进一步做好矿山复垦绿化及生态环境治理保护工作，计划每年投入不低于 20 万元复垦绿化费用，种植绿化苗木 2 万棵以上，播种草籽 200kg，力争将公司矿场建成并持续保持国内领先、国际一流的生态模范矿场。

撰稿、审定：黄东方（天津水泥工业设计研究院有限公司）
　　　　　　王荣祥　任效乾　王守信（太原科技大学）
　　　　　　孙建成（北京金隅矿业有限公司）
　　　　　　王任中　梁江涛（深圳电子工程设计院）

# 第十八章 边坡工程

水泥矿山边坡工程通常是指采场边坡、道路边坡、场地平整开挖边坡工程等。采场边坡也称为采场边帮，即采场四周的坡面，由采场内诸台阶、倾斜干线的坡面及平台所组成的表面总体。位于矿床顶板一侧的边帮称顶帮，位于矿床底板一侧的边帮称底帮，位于矿床端部一侧的边帮称端帮。

## 第一节 水泥矿山边坡工程综述

### 一、边坡工程的重要性

水泥矿山采场边坡稳定问题是一项不亚于矿山正常生产的重要课题。

水泥矿山边坡工程，是矿山安全的重要组成部分。根据我国国家标准《水泥原料矿山工程设计规范》（GB 50598—2010）的强制性条款规定：矿山工程的安全设施必须与主体工程同时设计、同时施工、同时投入生产与使用；必须在稳定的边帮地段，布置出入沟，供人员暨设备的安全出入等。

众所周知，石灰质资源无法再生利用。经过近些年水泥工业的快速发展，随着水泥工业对矿产资源的大量需要，开采条件较好的矿产资源也越来越少；边坡工程设计也越来越难，很多水泥矿山边坡工程出现了"高、陡、难"的特点。如何确保水泥矿山边坡工程的安全，同时最大限度地利用资源，减少边坡工程所占用矿量的体积，扩大可利用矿产资源量/储量，降低剥采比，同时还要节省生产企业的投资，降低生产企业的开采成本，这些的确需要好好规划。即：一方面要保护边坡工程的安全，另一方面还要尽可能多采出矿石，是水泥矿山设计工作必须妥善处理的一个问题，也是工作的重中之重。

譬如：一些水泥厂的矿山都必须进行凹陷开采，才能满足水泥生产要求，水泥矿山边坡工程设计难度越来越大，而矿山边坡工程设计又不能千篇一律地复制套用。因此，需要投入大量的人力、物力、精力及时间去研究论证方案，做多方案比较选择，更需要敢于创新，善于创新，才能研究出最佳方案，以确保边坡稳定。

### 二、边坡工程设计资料的搜集

水泥矿山边坡工程设计的原始资料的搜集除了资源地质勘探报告之外，还必须搜集水泥矿山边坡工程地质及水文地质勘察报告，并在设计前期配合中，有针对性地编制矿山资料收集提纲，实地收集第一手资料，针对一些影响边坡安全的因素，设计中应提出合理的预防措施。

水泥矿山边坡工程设计之前的资料收集提纲一般应包括以下主要内容：资源地质勘探报告、水泥矿山边坡工程地质及水文地质勘察报告、地震资料、矿区有无异常地质活动情况、气象资料、矿区周边高速公路、高压线、铁路、军事、工农业生产等设施分布情况、矿区周边居民点分布情况、矿区周围是否有需要保护的其他设施及文物古迹、风景名胜等。

在凹陷开采的露天矿，如果工程地质及水文地质条件不好的话，周边的地下水体有可能通过裂隙、透水层等与矿区连成一体，导致在矿山开采过程中，周围岩体中所含水体通过采矿工作面不断涌出，从而导致周围地下水位不断下降或地面塌陷等；矿山设计时应根据水文地质勘察报告的成果，在矿区周边的合理的位置设计隔水帷幕等，来阻断矿区内外地下水体的联络通道，以防止水泥矿山边坡遇水弱化或部分土壤液化，确保水泥矿山边坡工程安全，进而保证矿山生产的正常进行。

### 三、边坡稳定系数

众所周知，水泥原料矿山采场边坡设计，应根据工程地质和水文地质条件，确定最优边坡范围，对于工程地质条件复杂，存在断层、裂隙、岩溶发育等，或地质报告未能查清矿床地质构造，或地质构造对矿山采矿场边坡稳定性、安全性存在潜在威胁时，即有不利于边坡稳定的岩体结构、构造、软弱夹层、地震、动载荷、爆破等因素时，还应进行专门的边坡工程地质勘探及岩土物理力学试验，并以此作为矿山设计的依据；应根据工程地质报告和边坡稳定性评价报告判断可能的潜在滑面和边坡的滑落模式；应确定采掘场最终边坡角及其与稳定系数 $K$ 之间的曲线；必要时，应根据岩层的岩性、赋存条件、地质构造、边坡外形轮廓，对不同深度、不同部位边坡进行稳定性验算。

边坡稳定系数 $K$ 可按表 18 - 1 选用。

表 18 - 1　边坡稳定系数 $K$

| 边坡类型 | 服务年限/年 | 稳定系数 $K$ |
|---|---|---|
| 边坡上有特别重要建筑物或边坡滑落会造成生命财产重大损失者 | >20 | >1.5 |
| 采场最终边坡 | >20 | 1.3 ~ 1.5 |
| 非工作帮边坡 | <10 | 1.1 ~ 1.2 |
| | 10 ~ 20 | 1.2 ~ 1.3 |
| | >20 | 1.3 ~ 1.5 |
| 工作帮边坡 | 临时 | 1.0 ~ 1.2 |
| 外排土场边坡 | >20 | 1.2 ~ 1.5 |
| 内排土场边坡 | <10 | 1.2 |
| | ≥10 | 1.3 |

### 四、最终边坡角的确定

最终边坡角的确定，应符合下列规定：

（1）可采用极限平衡法进行计算。

（2）边坡工程地质条件简单，高度小于 100m，暴露时间小于 15 年的露天矿边坡，可采用类比法确定边坡要素和边坡角。

（3）对具有水压的边坡应计算水压对边坡稳定性的影响，必要时应进行有水压变化的边坡稳定性的敏感度分析。

（4）对弱层强度随不同含水率有明显变化的边坡，应进行强度随含水率变化的边坡稳定性、敏感度分析。

（5）对复杂形状边坡，应对其轮廓形状进行计算分析。

台段工作坡面角、台段最终坡面角以及最终边坡角这三个角度的正确选取是关乎采场安全的重要因素之一，应遵循设计原则来选取相应的参数，使采场最终边坡角在安全合理范围以内，特殊边坡的角度还应就安全性进行专门的论证，对采场永久性坡面采取安全稳定的处理措施，保证露天矿开采边坡的稳定，以防止发生水土流失、滑坡或其他次生地质灾害。

矿床开采应根据岩层的结构、构造和赋存情况及矿岩层的物理力学性质、地质构造、水文地质条件、工程地质条件、开采深度、矿（岩）层倾角、倾向、边坡存在期等因素综合确定最终边坡角及台阶坡面角。

矿山边坡角的设计参考值，可参见表 18 - 2 选取。

表 18 - 2　矿山边坡角的设计参考值

| 岩石硬度系数（$f$） | 最终边坡角/(°)（考虑开采深度） | | | | 台段坡面角/(°) |
|---|---|---|---|---|---|
| | 90m 以内 | 180m 以内 | 240m 以内 | 300m 以内 | |
| 15 ~ 20 | 60 ~ 80 | 57 ~ 65 | 53 ~ 60 | 48 ~ 54 | 70 ~ 75 |
| 8 ~ 14 | 50 ~ 60 | 48 ~ 57 | 45 ~ 53 | 42 ~ 48 | 65 ~ 70 |

| 岩石硬度系数（f） | 最终边坡角/（°）（考虑开采深度） | | | | 台段坡面角/（°） |
|---|---|---|---|---|---|
| | 90m 以内 | 180m 以内 | 240m 以内 | 300m 以内 | |
| 3 ~ 7 | 43 ~ 50 | 41 ~ 48 | 39 ~ 45 | 36 ~ 42 | 60 ~ 65 |
| 1 ~ 2 | 30 ~ 43 | 28 ~ 41 | 26 ~ 39 | 24 ~ 36 | 48 ~ 60 |
| 0.6 ~ 0.8 | 21 ~ 28 | — | — | — | 48 |

## 五、其他应考虑的因素

水泥原料矿山采场边坡还应考虑以下因素：在地震烈度为 6 度及以上地区，根据边坡稳定性评价报告，需考虑地震对边坡稳定性的影响。

在降水量丰沛的地区，采取措施防止地表水渗入边帮岩体的弱层裂隙或直接冲刷边坡，边帮岩体有含水层时，应采取疏干措施。

对运输和行人的非工作帮、服务年限长的高边坡、不稳定边坡（有潜在危害性边坡）和最终边坡一侧有重要建筑物、构筑物的重点部位，需采取监测、加固、防滑等措施；必须建立健全边坡管理和检查制度，对边坡应进行定点定期安全稳定性检查、观测，地测部门应及时提供有关边坡的资料，对采场工作帮应每月度检查一次，高陡边帮应每周检查一次，不稳定区段在暴雨过后应及时检查，发现坍塌或滑落等异常征兆，应立即采取有效的安全处理措施，并报告有关主管部门。

根据荷载作用于边坡的距离及方向，一般在边坡顶部附近为受力敏感区域，故此范围以内严格禁止设计新的设施等；在此范围之外的临近区域，仍应当根据边坡的形式、岩层的产状以及新设施的荷载等来综合计算，谨慎确定；在采场边坡顶部附近严禁设置各种类型的堆场、废石场、建筑物或构筑物。

水泥原料矿山生产实践证明：临近最终边坡的采掘作业，必须按设计确定的宽度预留安全、清扫、运输平台；要保持阶段的安全坡面角，不得超挖坡底；安全平台宽度不应小于 4 ~ 6m，每隔 1 ~ 2 个安全平台应设一个清扫平台；清扫平台宽度应根据清扫设备的规格确定，不应小于 8m；人工清扫时不应小于 6m；每个阶段采掘结束，均须及时清理平台上的疏松岩土和坡面上的悬石、浮石及伞檐等，清理期间，边坡下方禁止任何人员与设备驻留，并组织有关部门验收。

露天矿最终边坡采用多阶段并段时，若台阶高度为 12m 时，其并段数宜为 2 ~ 3 个（见图 18 – 1）；若台阶高度为 14m 时，其并段数宜为 2 个；采矿场必须具有安全稳定的最终边坡。

图 18 – 1 某矿边坡扩帮并段后的效果图

水泥矿山边坡工程不利的地质环境因素包括各种不稳定地层、断层破碎带、极发育的溶蚀裂隙与地下水等，而不稳岩层、软弱地层以及地震活动等均是影响边坡稳定的重大因素，资源地质勘探工作却很难对此类特殊岩层等勘查清楚，故设计单位应当根据专门的工程地质勘察报告来进行边坡工程的设计。

在设计各种类型的边坡工程时，应根据工程地质报告中的钻孔柱状图所描绘的岩溶位置、大小等，并结合工程地质勘探报告中的文字描述，提出针对性的水泥矿山边坡工程设计预案，生产单位在生产中还应加强生产勘探，把地质勘探与生产勘探的成果结合在一起，以增强对生产的指导性，确保人员及矿山设备的作业安全。

常见的边坡处理方法如下：锚杆（索）、锚杆（索）挡墙支护、岩石锚喷支护、重力式挡墙、扶壁式挡墙或以上几种方法的联合应用等。高度较大的边坡应分级开挖放坡或加设安全平台，分级放坡时应验算边坡整体和各级边坡的稳定性。

边帮岩层的不稳定因素中，除了地质因素等非人为因素之外，不恰当的爆破方式是主要的人为因素，为减少对边坡岩体的破坏，维持边帮岩层稳定，采取控制爆破的方式可以将人为对边坡的不利影响减少到最低限度；在最终边坡附近爆破，必须采用控制爆破和采取减震措施，严禁采用大爆破，以确保边坡稳定（见图 18 - 2 ~ 图 18 - 5）。

图 18 - 2    采用控制爆破技术形成的 890m 水平的永久性边坡

图 18 - 3    890m 水平永久边坡局部图

图 18 - 4    残留半孔效果图

图 18 - 5    矿山一侧边坡效果图

例如：某矿区 890m 水平需预留永久性边坡，而 890m 水平以上岩体极度破碎、风化，岩层稳定性差，是典型的危岩。为了确保边坡稳定，必须采用控制爆破技术，需特别注意的是，此区域的边坡高度不一致，最高为32m，最低为8m。这给采用控制爆破技术带来了很大困难，根据地质、地形及岩体的物理力学性能，经反复论证研究决定：实施整体边坡深孔预裂爆破，达到边坡一次性成型；但由于最大高差为32m，这就给钻孔凿岩造成了很大的困难，而根据预裂爆破实践表明，预裂面的不平整度和超欠挖主要取决于钻孔精度和钻孔质量，这就对钻孔精度和钻孔质量有很高的要求：当钻孔施工平面放样误差不大于3mm时，钻孔角度能及时调整，由于大部分钻孔最大深度在33m，故穿孔质量对于上述预裂爆破的成功起着决定性的作用；因此，在施工中对钻机机械性能、施工中控制钻孔角度和操作工人技术水平进行了层层的严格把关，同时要一直精准地监控钻孔的放样、定位和钻孔施工角度的控制。

从爆破效果来看，整个轮廓线整齐，裂缝贯通性好，形成了平顺、整齐的台阶坡面，不平整度中部以上在10cm以内，坡面底部最大不平整度小于15cm，预裂孔残留率在80%左右。

虽然边坡高度大，施工工序控制难度大，但是经过深入细致的专题论证及现场测控，此次预裂爆破没有出现盲炮和不耦合装药的断爆现象；预裂形成的边坡稳定，无裂缝延伸和边坡破碎现象；半孔残留率好，边坡无伞檐，无挂石。此次采用控制爆破技术形成的890m水平的永久性边坡是比较成功的。

## 六、水泥矿山边坡工程爆破震动监测

需要特别注意的是，在临近最终边坡时，应采取控制爆破技术，以减小爆破对于边坡岩体的震动。而部分水泥矿山企业不太重视上述事宜，在临近最终边坡时，没采取控制爆破技术，导致爆破对边坡岩体的震动破坏。这样一来，即使设计院设计得再好，也无法保证边坡的稳定性。

鉴于上述，对已靠帮边坡和已有边坡加固工程，应进行质点振动速度监测，分析采场生产爆破作业对边坡稳定性及已有加固设施的影响。

采矿爆破作业或削坡减载采用爆破法施工时，应采取有效措施减小爆破对边坡和已有加固设施的震动影响。

当地质条件复杂、边坡稳定性差、爆破震害较严重时，须采用预裂爆破或光面爆破的方式，条件充分时，宜部分或全部采用人工开挖方案。

对坡顶爆破影响范围内有重要建（构）筑物、稳定性较差的边坡，爆破震动效应宜通过爆破震动效应监测或试爆试验确定。

地震基本强度为6度和6度以上地区，或附近有爆破作业的采场边坡，应进行地震反应或质点振动速度检测。

水泥原料矿山通常采用的质点振动速度传播规律的经验公式如下：

$$v = K(W^{1/3}/D)^a \tag{18-1}$$

式中　$v$——质点振动速度，cm/s；

　　　$W$——爆破装药量，齐发爆破时取总装药量，分段延时爆破时视具体条件取有关段的或最大一段的装药量，kg；

　　　$D$——爆破区药量分布的几何中心至观测点或建筑物、防护目标的距离，m；

　　$K$，$a$——与场地地质条件、岩体特性、爆破条件以及爆破区与观测点或建筑物、防护目标相对位置等有关的常数，由爆破试验确定；初选时，可参考表18-3中的数值。

表18-3　爆破区不同岩性的 K、a 参考值

| 岩　性 | $K$ | $a$ |
|---|---|---|
| 坚硬岩石 | 50~150 | 1.3~1.5 |
| 中硬岩石 | 150~250 | 1.5~1.8 |
| 软岩石 | 250~350 | 1.8~20 |

## 第二节　水泥矿山边坡稳定性技术分析

### 一、边坡稳定性分析方法

一般来说，我国水泥原料露天矿的边坡特点为边坡形状复杂、边坡规模较大。也就是说，边坡不仅高度大，而且边坡长度长。而这两个边坡要素是研究边坡稳定性的重要因素。这是因为边坡稳定性的研究方法和钻探深度大多数与边坡高度有关，而边坡长度又涉及布设工程地质勘探点的数量。因此，边坡规模通常采用这两个指标来划分，以利于研究时针对不同规模的边坡，提出相应的要求，安排对应的工作量。

一般而言，我国目前水泥原料露天矿边坡，按最终高度划分为三级：高边坡高度大于300m；中边坡高度为100~300m；低边坡高度小于100m。

边坡长度按各帮上部境界的长度分为三级：长边坡的长度大于1000m；中长边坡长度为500~1000m；短边坡长度小于500m。

众所周知，边坡稳定性分析可分为定性分析和定量分析，需深入细致地专题研究大量的基础资料，采用成熟的边坡理论和类似工程经验进行综合论证，并进行多种方案比选。而这里的定性分析是边坡稳定性分析的重要步骤和定量分析的基础。定量分析可采用解析法、图解法或数值法；若考虑安全储备时，则可采用定值法或概率法。

水泥原料露天矿边坡稳定性评价应以各个边坡分区为单元分别进行。在边坡稳定性分析计算之前，考虑到破坏模式和计算参数的确定会直接影响分析计算的结果和计算结果符合实际条件的程度，这项工作是整个评价工作中一个十分重要的环节。因此，应由工程技术负责人根据调查和试验结果，进行破坏模式和各项计算参数的确定工作，并进行综合分析研究确定。

边坡稳定性计算方法分为可靠性分析方法、条分法、有限单元法、极限平衡法等。可靠性分析方法在对边坡进行可靠性分析时，需用大量的试验数据来建立试验指标的分布，所以需做岩石力学试验的工作量很大。由于受试验经费和条件等因素的限制，岩石力学试验数据的数量往往不能满足该计算的要求。此外，目前工程界对破坏概率使用限值的确定还缺乏成熟的经验，这就大大影响了该方法的有效使用。以条分法为基础建立的力学分析模型是一种静不定问题，由于使用不同的假定而出现了许多边坡稳定性计算公式，这些公式在使用时应与一定的破坏模式相适应，例如瑞典条分法和毕肖普法适用于圆弧形滑动面，简布法可适用于任意弧形或不规则滑动面，不平衡力递推法适用于折线状的滑动面，当坡体内有定向弱面时使用萨尔玛法能获得最好的效果等。鉴于上述，条分法不常用。有限单元法不能对边坡整体的稳定性做出评价，且计算工作量较大，计算结果取决于难以获得的岩体变形指标的精度。因此，对于高边坡应进行此项分析，对其他较低类型的边坡可不进行此项分析。

水泥原料露天矿边坡稳定性评价可采用极限平衡法，它是被广泛应用的边坡稳定性计算方法，该方法以边坡的整体稳定性为研究对象，以确定性的物理力学参数作为计算参数，并以安全系数作为稳定性评价指标。使用确定性计算参数带有一定的随意性，但此法在工程界已被广泛应用多年，对计算参数和安全系数的选用已具有较为成熟的经验。因此，在目前条件下极限平衡法仍不失为水泥原料露天矿边坡稳定分析计算的适用方法。

### 二、边坡分区和有关力学参数的确定

边坡工程地质分区是以岩性、构造、水文地质条件等主要因素基本相同或一致为依据进行划分的，这有利于勘察场区工程地质评价，并可为边坡分区奠定基础。尤其值得一提的是，在进行工程地质分区

时，只考虑研究地段的工程地质条件，而对其在采矿场所处的部位、边坡的几何形状等与工程地质条件无关的因素不予考虑，并将工程地质分区表示在工程地质图上。

进行边坡分区的目的在于进行边坡稳定性的计算。边坡稳定性的计算需要根据计算剖面和各项计算参数进行。因此要求在各分区内不仅其工程地质条件应相同，而且边坡的几何形状、坡面倾向也应基本一致，以保证各分区的边坡能用单一的剖面和相同的计算参数来表征。边坡分区应在规划设计采坑平面图上表示，边坡稳定性计算按边坡分区逐区进行。

对致密的岩石，可测定其干密度；对含水量较大的泥质岩石，应测定其保持天然含水量状态下的湿密度；反分析方法应采用边坡滑动后实测的主滑面进行计算；对正在滑动的滑体，其稳定系数可取0.95 ~ 1.00；对还处于暂时稳定的滑坡，稳定系数取1.00 ~ 1.05；宜根据室内原状滑动面（带）土的抗剪强度的试验结果及经验数据，给定黏聚力 $c$ 或内摩擦角 $\phi$，反求另一值。

### 三、边坡稳定性分析与计算原则

选用随机变量岩土参数时，应注意岩土体的非均质性、各向异性、参数测定方法、测定条件与工程原型之间的差异、参数随时间和环境的改变，以及工程建设而可能的变化等。

对于地震基本强度不小于6度地区的边坡，通常的做法是对边坡采用拟静力法进行分析，只考虑滑动方向的水平地震力的作用。边坡在地震作用下的稳定性分析还无成熟的计算方法，重要的问题之一是如何考虑地震加速度（包括爆破震动引起的地震加速度）沿高度的放大效应，这对于边坡按高度和陡度的分类和稳定性评价也是重要的依据。在进行稳定性计算时，可通过敏感性分析来研究各有关参数，如坡高、坡角、地下水压、锚固力、抗剪程度等的改变对安全系数值的影响，并可根据敏感性分析结果做设计方案的比较研究，进行边坡的优化设计，提出需要采取的补救措施。此外，这种分析方法还在一定程度上弥补了使用确定性计算参数的不足。

对于稳定边坡的综合评价要考虑边坡加陡潜力的挖掘，而对于已有滑动迹象的岩体或滑坡稳定性综合评价应根据滑坡所处的构造部位，滑坡区的工程地质和水文地质条件，滑坡体的规模、位置，滑坡变形的主导因素、滑坡前兆以及稳定验算结果进行，并应分析发展趋势和危害程度，提出防治方案和建议。

### 四、边坡稳定性评价

由于水泥原料露天矿山生产爆破频繁，因此应考虑爆破震动所产生的动荷载，但这种动荷载往往大于地震作用所产生的荷载。在基本组合中考虑了爆破震动作用就相当于考虑了地震作用，这样做只能使计算结果更偏于安全或者更接近真值。如果偶然组合考虑了地震作用，就没必要再考虑爆破震动作用，因为地震与爆破同时发生的几率太低了。

因为岩体本身的复杂性和勘察工作所能获取信息的局限性，很难根据某一种计算分析的结果做出可靠的评价。多种方法计算分析的结果可相互补充和印证。

熟悉现场的实际情况和已具有的工程经验有助于做出适宜的工程判定。只有全面考虑这些结果，进行综合评价，才可能提出合理的边坡角和稳坡措施的建议。

## 第三节　水泥矿山边坡滑坡治理案例分析

众所周知，滑坡的发生通常分为三个阶段：一是酝酿阶段或蠕动变形阶段；二是突变阶段或剧烈滑动阶段；三是残余变形或渐趋稳定阶段。

水泥矿山边坡滑坡，主要是由于矿区内岩体破碎、岩层节理裂隙发育等不良工程地质因素，或者在矿山开采过程中，爆破震动、边坡坡脚被切等人为因素造成的。尤其是，矿区位于降水充沛、潮湿多雨的地区时，则雨水及岩溶水源源不断地渗入岩体的裂隙中，更容易导致岩体崩塌滑落和边坡顺层滑动。基于上述，本书以典型的滑坡治理案例结合抗滑理论进行分析，以指导安全生产。

## 一、矿山概况

某降雨充沛的石灰石矿区工程地质条件较差，且矿山滑坡区的边坡为顺层的高边坡，其矿体呈层状分布，矿岩分界线明显，层间有软弱夹层存在，在地质构造上由于受外围断裂所控制，岩层在矿区下部形成倒转背斜。

早在 20 世纪 80 年代初，该矿山企业委托设计院对矿区西采区边坡做了稳定性分析和滑坡整治方案的研究，该矿山企业随后按设计的全削坡治理方案开始进行西采区边坡的整治。但直至 1992 年，全削坡方案尚未得到全部实施，却又在东、西采区进行了 6 次大的硐室爆破，其中东采区 3 次装药量均超过了 50t，小型硐室爆破至少不下 5 次，导致东采区 720m 边坡的坡脚严重破坏，致使 1995 年和 2000 年先后发生两次较大面积滑坡，其滑坡方量均在 30 万 ~ 50 万立方米。随着矿山的不断开采，当时在矿山边坡区域的高程 700 ~ 890m 范围内，相继多次发生了不同规模的顺层滑坡和局部岩体崩塌，危及安全生产。

## 二、石灰石矿山滑坡的主要原因

该矿山滑坡的主要原因如下：

（1）内因——工程地质条件较差。从上述降水充沛、潮湿多雨的矿山现场观察到的石灰岩倒转背斜和玄武岩逆掩断层，不难判断：此处岩体曾被强烈挤压过，因而岩体中储存了较强的地应力；特别是在背斜轴部附近的采区，岩体中储存的地应力更强，其岩层被挤压得更为强烈。因此，节理密集组数多，小型张裂隙发育，岩体破碎不稳，工程地质条件较差。一旦有外力扰动，极易发生滑坡事故。除此之外，岩体的强烈裂隙化，给岩体水蚀、风蚀创造了先决条件。裂隙越深，水蚀越严重，就越容易形成地表水和地下水的侵蚀通道。水蚀通道越多，水蚀化程度越严重，岩体的破碎裂隙率越高，越广泛，风蚀程度也就越厉害。岩体越破碎，越容易被风化，形成恶性循环。日积月累，在上述的裂隙中充满了风化后的松散物质，经雪水或雨水长期浸泡后，很容易液化形成了滑坡体与母岩之间的天然润滑剂，大大降低了其岩石的物理力学特性。

尤其值得一提的是，该矿山西采区滑坡区存在软弱夹层和大量节理裂隙，而且边坡为顺层的高边坡，即岩层倾向与坡向一致的高边坡。根据矿山岩石的力学理论分析，岩层倾向顺层时，板裂状岩体倾角在 30° ~ 60° 范围为不稳定范围；特别是岩层倾角为 45° 时，在顺层方向压应力最为集中，岩体最易滑动失稳。该矿山西采区岩层倾角约为 33°，倾角小于坡角，属不稳定结构，岩体容易滑动失稳。

（2）外因——多次无减震措施的大爆破及坡脚被切。为了减少震害，临近边帮的采矿及剥离生产爆破，采用微差爆破、斜孔爆破、减少炮孔超深的爆破、减少装药量、限制最大段药量和总装药量等综合措施，达到减震的目的。通常减震爆破与预裂爆破、光面爆破、缓冲爆破技术联合使用。

该矿在原境界线处进行了多次炸药量达上百吨的大爆破，且无减震措施。岩体受到爆破震动的严重影响，导致原本破碎的岩体更加碎裂，加重了原有节理裂隙化程度，采场边坡更不稳定，易滑坡。

在采矿及剥离生产的过程中，坡脚被切，导致失去支撑的岩体下滑力增大，尤其是滑体与母岩之间存在的软弱夹层和节理裂隙中松散物在雨水等的作用下液化成"润滑剂"，使滑体结构面间摩擦力大幅度减弱，更容易导致岩体无支撑而失控下滑。

## 三、设计文件中对于该矿山防止滑坡的几点建议与意见

（1）"治坡先治水"。矿山生产实践表明，地下水对边坡稳定至关重要，其影响程度一般可使总体边坡角计算值减缓 5° ~ 7°；治水是改善滑坡岩土物理力学性质的主要途径，也是滑坡治本的具体体现。我国有些矿山的矿床含水量大，为了确保矿山的正常开采和矿山边坡的稳定，这些矿山企业成功地实施了大范围的防治地下水工程，得出了"无水不滑坡"、"治坡先治水"的结论，积累了丰富而又宝贵经验，

这些均可借鉴和参考。

一般来说，地表水的防治首先是夯实裂缝、堵塞渗漏通道，砌筑截排水沟，防止地表水转化成地下水。地表排水系统工程造价不高，但效果不显著；矿山的地下排水可修筑截水盲沟、支撑盲沟、渗沟、排水截槽和虹吸等排水设施，或钻凿仰斜孔、水平排水孔来排除地下水。当地下水比较发育时，为阻隔地下水渗透与侵入，可采用水泥注浆防水帷幕，这些可明显起到稳坡的效果。

矿山设计时应根据水文地质勘察报告的成果，在矿区周边的合理位置设计隔水帷幕等，来阻断矿区内外地下水体的联络通道，以防止水泥矿山边坡遇水弱化或部分土壤液化，确保矿山边坡工程安全，进而保证矿山生产的正常进行。

（2）"先治坡、后采矿"。经过勘探，上部第五、六层中存在多层软弱原生结构面和构造节理裂隙构成易顺层滑动的不稳定的岩体，若矿山不采取有效措施治理滑坡，而继续采用大级别的爆破作业开采降段时，则会形成新的岩体隐患，最终会导致大型岩体滑坡，严重地威胁矿山的生产人员和采掘设备安全，直接影响矿山的安全生产。因此，生产前，必须做到"先治坡、后采矿"。

（3）合理设计开采境界。设计前，熟读经审批的资源勘探地质报告及工程地质勘察报告是十分重要的设计准备工作。弄清在顶底板附近是否有不良的软弱岩层、影响边坡稳定的构造断层等，以便合理设计开采境界，确保边坡稳定。以该矿为例，分析如下。

为了消除滑坡隐患、充分利用矿产资源、大幅减少生产剥离，需全面考虑矿山南边坡底板的 $P_1^6$ 层，其中的 $P_1^{1\sim3}$、$P_1^5$、$P_1^6$ 有 5 组软弱岩层，这是南部边坡主要的不稳定因素，也是将来滑坡的潜在危险。因此，应在设计阶段千方百计地消除这种不利因素；通过深入细致地分析 1994 年的地质勘探资料，在矿层 $P_1^{1\sim3}$ 下部和底部赋存有 2.65~7.78m 的灰黑色薄层泥质灰岩和灰色泥岩（即第 V 软弱原生结构面），它们在矿区内分布较连续；仅在东部 VII 号勘探线缺失，为该矿层的直接底板，其物理力学性能差，是构成上部岩体顺层滑动的第 V 软弱岩组。考虑到矿层的间接底板为奥陶系下统大乘寺组顶部的石英砂岩，厚 2~13m，岩体完整，其物理力学性能好，抗压强度高，其产状和矿层产状基本一致，鉴于上述，应扩大南部开采境界，清除软弱结构面，将奥陶系下统大乘寺组顶部的石英砂岩作为本次南部扩大开采境界底板，可以确保南边坡稳定。

（4）临近边帮应减少装药量、限制最大段药量和总装药量，而靠近最终边帮应采用控制爆破技术。

为了最大限度地减少震害，临近边帮的采矿及剥离生产爆破，采用微差爆破、斜孔爆破、减少炮孔超深的爆破、减少装药量、限制最大段药量和总装药量等综合措施，达到减震的目的，通常减震爆破与预裂爆破、光面爆破、缓冲爆破技术可联合使用。

严格禁止在临近边坡区域，进行大级别的爆破作业，而应采用控制爆破技术，最大限度地减少爆破震害，确保边坡稳定。

（5）贯彻"安全第一，预防为主，综合治理"的边坡安全管理方针。水泥矿山企业应认真贯彻执行《中华人民共和国安全生产法》、《中华人民共和国矿山安全法》和"安全第一，预防为主，综合治理"的安全生产方针，从防着手，防治结合，把问题消灭在萌芽状态中，这样可做到投入小，收效大，事半功倍，确保安全。由于该矿的边坡工程属于重要的安全设施，它必须与主体工程同时设计、同时施工、同时投入生产和使用，树立"生产必须安全，安全促进生产"的安全生产理念；根据《金属非金属矿山安全标准化规范》等，做好矿山边坡工程等设施的安全标准化的建设，而不是将安全设施"摆摆样子"。

1）建立健全边坡安全组织机构。该水泥原料露天矿山应遵循《水泥工业劳动安全卫生设计规定》，按不少于矿山职工 1% 的比例配备专职安全生产管理人员，并在生产班组设兼职安全员，同时负责本矿职工的安全教育和劳动保护，其中的边坡安全管理人员应做到专人专职，发现问题及时解决，并依此建立矿山安全档案，对边坡治理情况进行分析总结，为边坡的管理和维护提供依据。

2）边坡安全教育常态化：

①矿山主要负责人、安全生产管理人员的安全生产知识和管理能力经安全监督部门培训考核，取得

合格证后持证上岗；并每年按规定参加主管、行业局（公司）、企业组织的安全知识复训考核，做到不积压、不延迟、不补课、不遗漏，边坡安全继续教育内容按有关规定编写。相关资料应该归档。凡在边坡治理工程中采用新技术、新工艺、新材料、新产品时，必须对从事边坡维护的工人进行安全知识和技能的教育培训。

②制定边坡治理的定期教育和长期培训计划，建立边坡治理的从业人员安全教育和培训档案。领导应重视培训教育，安全部门每年对边坡治理的从业人员进行一定形式的、有针对性的安全知识及安全管理的业务培训。提高思想认识，明确职责分工，切实加强边坡的安全管理工作。

③根据矿山企业的实际情况，矿区内要有固定的边坡安全教育培训场所和定期的宣传形式（黑板报、安全简报、电影、电视、展览、图片、宣传专栏等）。

3）制定边坡安全管理制度。矿山企业必须建立健全行之有效的边坡管理制度。制定主要负责人、分管负责人、安全生产管理人员、生产岗位等各级人员安全生产责任制，进行安全生产目标管理。

①基本制度主要有：边坡安全办公会议制度，建立安全活动日制度，建立年、季、月边坡安全例会制度，边坡安全教育培训制度，边坡安全检查制度，边坡安全事故处理制度，重大危险源监控制度，事故隐患整改制度，边坡管理及检查制度，防洪排水措施及计划，边坡安全技术措施管理制度。

②制定边坡坍塌等各种事故及采矿诱发地质灾害等事故的应急救援预案。

③制定边坡安全档案管理制度，各类安全管理资料齐全，包括计划、总结、会议记录、试验检测报告、报表、地质勘探及设计资料、图表和档案管理完善，内容准确，记载及时；设置档案室，并按目录，分类存放档案。

4）边坡安全技术措施计划：

①建立提取安全费用制度，企业应在设备更新改造资金中，每年提取 10% ～20% 的比例用于边坡等设施的安全技术措施开支。

②安全技术措施计划应做到设计、资金、材料、施工四落实；该矿山项目应做到与主体工程"三同时"。

5）边坡安全检查：

①每个季度必须由单位负责人或安全生产管理部门组织边坡安全大检查；矿山分厂或车间组织每月边坡安全检查；班组开展每周边坡安全检查。各级检查必须认真记录，做出整改计划。

②企业在定期检查时还应安排专业性检查、季节性检查、节日检查、事故性检查，由有关部门参加制定计划，并落实整改。认真对待每次检查、整改及时并按时上报。

③各级检查必须有记录，并做出整改计划。边坡安全检查发现的事故隐患应限期整改，落实整改情况。对危险较大边坡可制定因果分析图，事故多发点可制定安全检查表。

6）边坡事故统计报告及处理：

①由于滑坡等事故导致的工伤事故按分类要求填报准确、及时、无漏报，资料建档，全年有分析汇总。

②因滑坡等事故导致的轻伤事故由车间会同有关部门报告；发生重伤、死亡事故，必须立即如实报告其主管部门及当地安全生产监督管理等部门。

③边坡发生安全事故后，应迅速采取有效措施组织抢救，防止事故扩大，减少人员伤亡和财产损失。

④企业应建立边坡事故应急救援组织，配备必要的应急救援器材、设备，并定期进行演练；同时配备应急救援人员，或与邻近的事故应急救援组织签订救护协议。

⑤应按边坡安全管理制度定期监测边坡的安全。

7）边坡治理作业环境安全管理：

①边坡治理区域内应装设指示、警告、禁令和禁止警告牌。

②为了确保边坡安全，矿山从基建到生产，建立一支高素质的专职或兼职人员组成的救护队，配备

必要的装备、器材。每年应对职工进行自救互救的训练。

总而言之，矿山企业应认真执行边坡安全管理责任制，加强对矿山作业人员边坡安全知识及业务技能的培训管理，制定并完善边坡管理各项规章制度，坚持边坡安全检查，执行边坡事故报告及处理规定，进一步加强边坡的管理及监测，避免发生事故。

### 四、滑坡监测与防治措施

为了防止边坡的滑坡，全面贯彻"安全第一，预防为主，综合治理"的边坡安全管理方针，提前做好边坡监测工作是至关重要的，常用的滑坡监测方法如下。

露天矿边坡监测包括位移监测、应力监测和地下水监测，并以位移监测为主。位移监测包括地表及地下位移监测，通常采用激光经纬仪、光电测距仪和精密水准仪定期对地表及坡面进行水平和垂直位移测量，对变形明显的滑坡部位或潜在滑坡宜采用钻孔多点伸长计和钻孔倾斜仪等进行岩体内部的位移检测。对于重要的高大复杂的边坡及大型复杂的滑坡可采用全球定位系统（GPS）监测。位移监测网和地下水钻孔压力监测网站宜在矿山开采初期建立，以便监测数据对边坡变形趋势做出估计和分析。

当具备相应的条件时，露天矿边坡治理应优先采用排水及既经济又有实效的削坡减载压脚的治坡方法（如果有压坡脚的条件，其效果更佳），并配合采用诸如预应力锚杆（索）、抗滑桩、挡墙和格构锚固等支挡方式或联合作用支挡的加固形式。由于采取支挡工程时，其造价高昂，因此，治理方案须经过精心的技术经济多方案比选、动态设计、信息法施工。

在通常情况下，中小型滑坡可用抗滑挡土墙，或结合支撑盲沟；对大中型滑坡则应采用预应力锚索、抗滑桩或预应力锚索抗滑桩等。

伴随着水泥原料矿山的不断开采降段，逐渐形成的边坡暴露的面积越来越大，而边坡的地层岩性、地质构造、水文条件、边坡应力状态也随之发生相应的变化，加之爆破震动等人为因素的影响，这大大增加了边坡的安全隐患，边坡易产生失稳滑坡。

该矿山采矿形成的首段边坡高度大于14m，由于该矿采用从上部往下的分台阶开采的顺序，滑坡的防治就显得相对较为简单，只需对5组软弱结构面等因素采取相关工程措施即可，因此，该矿山可供参考的防治滑坡的措施有如下：

（1）疏干、防排水工程措施。边坡的地表防水、截水和排水系统是边坡综合治理的重要组成部分。治水是最经济的重要工程措施，并且可结合坡面防护和边坡加固做好排水系统的规划布置，边坡疏干、防排水工程设计应在边坡、滑坡防治总体方案的基础上，结合工程、水文地质条件及气象条件，制订地表排水、地下排水或两者结合的方案。因为实践经验表明，对已经滑动的滑坡，仅用减重而不用地下排水和支挡工程的，不能长久稳定滑坡，几年或十数年后滑坡仍会滑动。其原因是已经滑动的滑坡，滑动面已贯通，滑带土岩强度已降低，若无排水措施提高滑带土岩强度，或做支挡工程增加其抗滑力，减重只起减少重量的作用，因为摩擦系数是一样的。所以采用减重措施时还应同时辅以相应的支挡工程，更要注重排水的重要性，才能永久稳定住滑坡体。

边坡地表截、排水设计主要包括下列方案：

1）在距矿山最终开采境界线20m之外设置截洪沟，以防地表水汇入采区。

2）生产形成固定帮的部分，在清扫平台上修筑矩形排水沟。水沟横断面大小根据降雨强度、频率和集水面积等因素来确定，一般来说，根据工程的重要性选择2~20年一遇降水强度设计计算排水流量。为防止台阶积水，生产台阶的坡度应保持在2‰~3‰。开拓公路等部位采用水沟疏导。

3）在矿区周边的合理位置设计隔水帷幕等，来阻断矿区内外地下水体的联络通道，以防止水泥矿山边坡遇水弱化或部分土壤液化，确保边坡稳定。

4）鉴于矿山的土质、堆积层和全、强风化岩质边坡易受降雨形成的地表径流冲刷，应做覆盖保护。

5）为了加强排水效果，对于该矿高度大于100m重要的永久性高边坡，根据边坡岩体的透水性，可充分利用当时找矿时遗留的钻孔等形成立体的排水孔幕，确保排水降压。

（2）削坡减载及压坡脚—坡底回填。所谓的"削坡"通常指放缓边坡坡率而使边坡坡率适应于岩土的工程性质而保持稳定。"减载"一般是指在滑坡体的上部主滑段和牵引段挖去部分岩土以减轻滑体质量和滑坡推力的工程措施。

当边坡角过陡，滑体上部滑坡推力太大，而需整治相应的土石方时，削坡减载的方法是行之有效的滑坡防治方法。这种方法对滑动面及边坡角上陡下缓的滑体效果更好。

如果有压坡脚—坡底回填的条件时，应尽量采用这种稳定边坡的办法。具体办法是：用剥离物堆置并分层夯实于滑体下部，以支撑滑体或增加滑体下部滑动面上的摩擦力，从而提高滑体的稳定性。

（3）预应力锚杆（或锚索）加固方案。采用预应力锚杆（或锚索）加固岩质边坡滑坡体是目前国内外广泛应用的一种工程措施，通过预应力的施加，不仅发挥结构本身强度，而且增加潜在滑动面上的法向应力，有效控制边坡卸荷松弛变形，增强结构面的天然紧密状态和凝聚力，增大抗滑力。目前在松散地层滑坡加固中也有应用。对于开挖边坡，预应力施加的最好时机是开挖边坡岩体弹性卸荷基本完成、塑性变形即将开始时。

当边坡稳定要求的总抗滑力和锚固深度已知时，可采用小吨位、小间距、大数量的锚索加固，也可以采用大吨位、大间距、小数量的锚索加固，因而要进行技术经济比较。实际经验证明，锚固深度过大或吨位过大将使施工难度增大，以致影响质量和工期；若吨位较小，间距也小，将使造孔、灌浆等工作量加大。

预应力锚索与钢筋混凝土梁、肋、格构、墙、桩联合作用的抗滑结构在国内外地基、矿山、边坡等较普遍地使用，效果较好。用这种加固方法能将裂隙、破碎岩体固结成一个整体，是一种主动积极的加固方法，虽然它的施工工艺复杂，需要使用多种机械设备，但加固效果好。

尤其值得一提的是，锚杆（索）材料可根据锚固工程性质、锚固部位和工程规模等因素，选择高强度、低松弛的普通钢筋、高强度精轧螺纹钢筋、预应力钢丝或钢绞线。预应力锚索材料宜采用低松弛高强度钢绞线加工。预应力锚索设置必须保证达到所设计的锁定锚固力要求，避免因钢绞线松弛而被滑坡剪断，同时必须保证预应力钢绞线有效防腐，避免因钢绞线锈蚀导致锚索强度降低。

（4）抗滑桩抗滑方案。抗滑桩的使用条件为：抗滑桩要求边坡滑面以下为稳定的基岩或密实的土层，能提供可靠的锚固力。抗滑桩的形状以矩形为主，矩形截面一般宽 1.5~3.5m，长 2.0~5.0m，其较窄一边应与岩土体滑动方向正交。抗滑桩按受弯构件设计。

抗滑桩不宜用在塑性流动性较大的土质边坡内。对于土质边坡，抗滑桩宜布置成一条直线，以减少桩间距，充分发挥土体自然拱作用。对于岩质边坡，利用岩体的整体性和有效传力特点，抗滑桩的排列可有一定灵活性。可以适当选择滑面埋藏较浅，或下盘岩体完整，或易于施工的位置布置抗滑桩，但是要保证边坡抗力分布均匀，避免偏心力的作用。

抗滑桩的种类及优缺点：抗滑桩主要有钢筋混凝土桩和钢轨抗滑桩两种。与钢筋混凝土桩相比，钢轨抗滑桩具有施工工艺简单、速度快、工程量小和投资省等优点，而且可以和其他支挡结构灵活配合使用，所以在我国不少矿山大量使用。钢轨抗滑桩就是用穿孔机在需要加固的地段，按设计规格穿孔，穿过滑体、进入滑床，然后将钢轨投入孔中，再浇灌混凝土，使其起到抗滑的作用。

（5）格构锚固技术。为了解决预应力锚杆（锚索）及全钢轨抗滑桩加固滑坡体时在边坡台阶安置过密而造成对边坡的切割，在条件允许时，可采用格构锚固技术，它适用于各种类型的边坡。除较低缓的边坡可采用浆砌块石格构进行护坡外，对于那些边坡高、陡、峭，浅层岩土体难以在坡面固定，存在严重的浅层稳定性问题。钢筋混凝土格构护坡是指在坡面现浇钢筋混凝土格构（框架）或者将预制好的钢筋混凝土构件铺设在坡面以形成格构，格构的结点用锚杆或锚索来固定。

预应力锚杆（管）格构既有加固浅层土体的作用，又有加固深层岩体的作用。但由于造价高，仅在那些浅层稳定性差的边坡中采用。对于那些浅层稳定性较好的坡体，可不用格构而只用地梁，将横梁取消。

预应力锚索格构加固适用于那些稳定性很差的高陡岩石边坡，用锚杆不足以稳定坡面且不能将钢筋混凝土格构固定于坡面，此时采用预应力锚索，既固定格构又加固坡体。该法适用于必须用锚索加固的高陡岩石边坡，其边坡陡度大于 1：0.5，高度不受限制。

# 第四节　水泥矿山边坡扩帮工程设计案例

亚泰集团哈尔滨水泥有限公司新明石灰石矿山是建材行业地质构造复杂、开采极为困难的特大型复杂凹陷露天矿，加之边坡高度极高，天津水泥工业设计研究院曾多次组织矿山专家对此进行深入细致的专题研究。针对该矿出露的不良碎裂层、高边坡压矿、工作面涌水的难题，全面综合分析矿区地质赋存条件、地质构造、矿石质量分布、地形地貌等特点，并经实地踏勘、考察，提出了行之有效的扩帮、降段、排水等设计方案，设计了"资源节约型、环境友好型"生态环保矿山。

## 一、矿区工程地质特征

矿体为巨厚层状，呈近北东—南西向单斜产出，长 1180.0m，宽 300～472.0m，平均宽 389.0m。矿体产状：总体倾向 SE90°～130°，倾角 55°～70°。矿层厚度稳定，脉岩主要为斜长花岗岩脉、闪长玢岩、矽卡岩类蚀变带，多分布勘探线两侧、采场的掌子面上，少量夹于矿体中。脉岩厚度不大，长一般在 100～350.0m，平均宽 5.00～14.86m。矿体和脉岩均为坚硬岩（矿）石，岩性坚硬致密，完整性好，均具有较好的稳固性能。

在开采工作面和所施工的钻孔中均未发现大的溶洞、构造破碎带、软弱结构面和软弱夹层，只在钻孔岩芯中见有少量溶蚀现象，发育有溶坑和溶孔。在原 ZK0303、ZKf101 孔附近有溶洞（直径在 0.2～3.00m）被黏土、砂砾石、岩石碎块充填。在矿区北东部 334.0m 台段标高上发育有一近椭圆形（长 2.30m，宽 1.50m）竖直溶洞，洞深 15.20m，洞内有水，水深 1.69m，未见水流动。在 ZK0104 号钻孔的 37.40～38.20m、54.10～58.25m 处，岩芯被溶蚀，岩性硬度低，松软、破碎，手捻成面状，为软弱夹层，可能为溶洞的边缘部位，开采时需加以注意。

## 二、工程地质初步评价

根据目前开采工作面边坡调查（320.0～368.0m 台段），各台段段高均为 14.0m，开采台段边坡角一般在 80°以上，大部分处于直立状态。岩（矿）石坚硬、致密、完整，边坡稳固性能好，属工程地质条件简单类型矿床。但开采至 ZK0104 号钻孔附近，37.40～38.20m、54.10～58.25m 深度范围时，有软弱夹层和溶洞出现，对岩体的完整性产生了较大的影响。

## 三、区域水文地质

区域地貌形态为低山丘陵区地形，海拔标高为 320.0～533.0m。气象特征为中温带大陆性季风气候。区域地表水系属阿什河水系，在矿区西侧 4km 有一小河流，为二道河子小河，汇入阿什河。区域含水层主要为第四系松散沉积物孔隙潜水含水层和基岩裂隙潜水含水层。

### （一）第四系松散沉积物孔隙潜水含水层

第四系松散沉积物孔隙潜水含水层分布于 1：10000 矿区水文地质图的西、北西部的平原区，由黏土、亚黏土、中细砂、砂砾石组成。厚度变化较大，一般在 5.0～30.0m，含水层厚度 2.0～10.0m，井深一般在 4.50～7.00m，水位埋深 2.50～4.70m，水温在 6.0～7.0℃，水化学类型为 $HCO_3 \cdot SO_4 - Ca$ 型水。地下水受基岩裂隙水和大气降水的渗入补给，以地下径流和蒸发的形式排泄。隔水层为含水层下部的黏土、亚黏土层，为中等富水区。

### （二）基岩裂隙潜水含水层

**1. 大理岩溶蚀风化裂隙潜水含水层（段）**

大理岩溶蚀风化裂隙潜水含水层（段）分布于1:10000矿区水文地质图的中部和北东部，主要由大理岩、变质砂岩、板岩组成，节理裂隙一般在60.0m以内较为发育，局部发育有溶蚀裂隙和小型溶洞，节理裂隙最大发育深度120.80m，随深度增加，裂隙减少。钻孔单位涌水量在0.016～0.935L/(s·m)，为弱富水到中等富水区。水化学类型为$HCO_3$-Ca型水，大理岩溶蚀裂隙水受大气降水渗入补给和山区花岗岩风化裂隙水的径流补给，以地下径流和蒸发的形式排泄。其隔水层为含水层下部新鲜完整的大理岩、闪长玢岩、矽卡岩。

**2. 花岗岩风化裂隙水**

花岗岩风化裂隙水分布于图幅北、东、南侧的山体上，出露面积广。岩性由花岗岩、斑状花岗闪长岩、白岗质花岗岩、斜长花岗斑岩等组成。发育有风化裂隙水，风化带深度一般在30.0m左右。受大气降水渗入补给，在沟谷处常有少量泉水出露，流量很小，一般在0.26～0.483L/s，为弱富水区。地下水物理性质为无色、无味、无嗅、透明、水温2.0～8.0℃，水温、流量受季节性变化明显。地下水化学类型为$HCO_3$-Ca型水。隔水层为其下部完整的花岗岩类。

## 四、矿区水文地质

矿区（床）位于1:10000矿区水文地质图的中部，属基岩裂隙水的补给、径流区，矿区最低侵蚀基准面标高320.0m，矿坑自然排泄面标高320.0m。首采地段（第一期开拓水平）的标高306.0m，储量计算的底界标高（最低开采标高）为180.0m。矿区的水文地质边界以北、东、南侧的花岗岩为边界，底界以大理岩节理裂隙发育深度范围内（71.79～120.80m），即201.5～253.06m标高以上。

含水层（段）的岩性为大理岩矿体，厚度在68.39～119.17m，平均厚度为97.0m。矿体产状：总体倾向SE90°～130°，倾角55°～70°，分布于320.0m台段标高以下。320.0m标高以上的矿石已快采完，需扩边和向深部开采。

由于大理岩溶蚀、节理裂隙发育的不均一性和地下水补给通道的不同，连通性不好，富水性不均，使之含水层（段）的裂隙率、单位涌水量和渗透系数、影响半径等差异性较大，符合基岩裂隙水的发育特点和规律。

根据施工的4个钻孔抽水试验资料，水位埋深1.63～3.74m，最大降深1.07～57.56m，钻孔单位涌水量在0.015～0.935L/(s·m)，平均为0.254L/(s·m)，泉流量0.544L/s，为弱富水性到中等富水性。渗透系数在0.322～9.155m/d，平均为3.351m/d。含水层（段）裂隙率在0.602%～1.255%，平均为0.898%，节理裂隙一般在60.0m以内较为发育，局部发育溶蚀裂隙，随深度增加，裂隙减少，节理裂隙最大发育深度为120.80m。

在此次勘查深度范围内，未发现大的溶洞，仅在ZK0104、ZK0102号钻孔中的岩芯见有溶蚀现象以及溶坑和溶孔（直径为0.5～5.0cm）。在ZK0104号孔的37.40～38.20m、54.10～58.25m两段岩芯被溶蚀，岩性硬度低，松软，手捻成面状，可能为溶洞的边缘部位。

在矿区（床）的北东部（东北角），334.0m台段上有一长2.30m、宽1.50m近椭圆形的竖直溶洞，深15.20m，洞内有水，为死水，水深1.69m。裂隙及岩溶发育不均一，控制裂隙、岩溶发育的因素主要为岩性、构造、地下水、气候环境等条件。

在采场地形低洼处有一处泉水和4处水文点（出水点、汇水坑）出露，在矿区南西侧q3号泉为上升泉，流量为0.544L/s。水文点（出水点）水深一般在0.50～1.50m，SW4号水文点水深5.00m左右。水文点受地下水补给，冬季泉水和水文点（出水点）结冰。钻孔水位埋深在 1.63～3.40m。水文点（出水点）和钻孔的水位标高在 318.43～322.16m。地下水物理性质为：水清、透明、无色、无味、无嗅，水温 6.0～8.0℃，水化学类型为 $HCO_3-Ca$ 型水，总硬度 6.006mmol/L，总碱度 2.651mmol/L，pH 值为 7.34，矿化度为 0.46g/L，属低矿化中性淡水。

地下水主要受大气降水渗入补给和山区花岗岩裂隙水的径流补给，径流为自东向西、自北东向南西流动，以地下径流和蒸发的形式排泄。降水后，东侧采场掌子面常有水从裂隙中渗出，流量较小，冬季流水部位常结成冰溜。隔水层为其含水层（段）下部新鲜、完整的大理岩，分布埋藏于含水层（段）之下，产状与上部大理岩矿体产状相同，具有较好的稳定性与隔水性能。矿床充水主要含水层即为大理岩矿体的溶蚀裂隙含水层（段）。据动态观测，地下水位变幅在 0.45～3.77m（6月、10～12月）。

在采场开采工作面和钻孔中均未发现破碎带。仅在 ZK0104 号钻孔 44.72～45.40m、46.02～47.50m 的深度见有 2.16m 厚的角砾岩，起阻水作用。

矿区（床）附近地表水不发育，地表水对矿床充水无影响。

该矿床为露天凹陷开采，最大开采深度 140.0m，最低开采标高为 180.0m，开采面积为近 600000m²。矿坑充水来源主要为大气降水汇入量、周围地下水以径流的方式流入量及疏干大理岩矿体本身溶蚀裂隙水的静储量的消耗量。

## 五、环境地质

矿区及附近周围无地震活动历史，地貌单元为低山丘陵区地形，新构造活动不频繁。地震基本烈度为 6 度。山坡树林茂密丛生，植被发育，不会产生山洪、崩塌、滑坡、泥石流等地质灾害，矿区安全，稳定性较好。

地下水水质良好，矿坑排水对地下水、地表水无污染。岩（矿）石无有毒、有害成分。矿区污染源主要为人类生活、生产废水污染和废石排放。其污染源较弱，对地下水、地表水影响很小。地下水、地表水的环境质量良好，为一级。预测矿山长期排水所产生的矿区地下水位下降的深度为 140.0m，疏干降落漏斗的扩展范围小于 500.0m。

矿床疏干排水后不会引起地面塌陷、地面沉降和山体开裂等现象的发生。

## 六、溶蚀（溶洞）物探资料

此次物探工作是对西矿体可能出现的溶蚀（溶洞）地段进行物探工作，对该矿区敷设物探勘查网路，进行了物探扫面工作，共投入了电测深、对称四极、中间梯度、联合剖面、甚低频等物探手段。共敷设基线一条，长 1050m；测线 106 条，总长 31800m，8360 个物理点。工作面积 0.33km²，工作比例尺 1:1000。物探网敷设为 10×5。采用综合物探方法作为相互验证的手段，以求物探参数的一致性，提高物探推断工作的统一性。

## 七、边坡工程设计

综上所述，矿区内有较多的溶洞，个别溶洞还很大；边坡表层岩土风化严重，这些给边坡设计带来了很多困难。设计中，充分考虑了边坡溶洞塌陷、表层岩土严重风化等要素，优化、细化了设计，从而确保边坡的稳定。

该矿床为露天凹陷开采，最终采场为长 1200m，宽 400～600m，北东—南西向采坑。因此，设计院全面研究了水文地质资料：矿体位于半山坡，矿床最低开采标高为 180.0m。当地最低侵蚀基准面标高 320.0m。320.0m 标高以上的开采区，充水水源主要为大气降水，地形有利于自然排水。当开采至 320.0m 标高以下时，为凹陷开采，汇入矿坑的涌水量有三部分，主要是大气降水、周围地下水以及矿体中的岩溶水。

矿床开采过程中，当采至180.0m标高时，由于排水使局部地下水位下降后，易引起局部岩溶、溶洞塌陷和山体崩裂、滑坡的产生，但不会引起区域性水位下降，但是可能会产生倒塌、泥石流、地面沉降等现象，所以应引起高度重视。

由于扩帮现场施工开挖区域的岩性等与地质报告资料之间存在较大出入，设计院多次组织矿山专业专家对扩帮工程进行了全面深入细致的专题研究，并与业主进行了广泛交流，采纳了宝贵的建议，科学合理地设计了矿山边坡工程，主要体现在如下几点：

（1）合理设计坡面角。为减少工程量，进而节省投资，并确保边坡安全，在东帮扩帮工程地表境界不变的情况下，将上部362m水平每个台段的坡面角调整成45°，切实避免了表层岩土严重风化而产生滚石的危险。

（2）合理设计安全平台、清扫平台。东帮扩帮工程每隔两个安全平台，设一个清扫平台，东部边帮的安全平台宽度5m、清扫平台宽度15m，该清扫平台兼作边坡救援通道。

（3）合理采用控制爆破技术。东帮扩帮工程的最终边坡角根据开采深度的不同而设计成39°~45°，扩帮工程必须按施工规范采用预裂爆破，在进行预裂爆破前，应按施工规范，在不同岩性、不同施工条件的区域，多次进行爆破试验（严禁在临近最终边坡做试验，以免破坏最终边坡），以获得相应的最佳的爆破参数。

扩帮工程必须按施工规范，严格控制单段最大起爆炸药量和总装药量，确保边坡稳定。

（4）委托监理公司进行过程控制。由于施工条件艰巨，为确保施工人员及设备安全，须彻底清除最终边坡的伞檐暨浮石；在东帮中部的山沟内，严禁堆存任何剥离物，确保施工及今后生产顺利进行；施工中，业主委托监理公司进行过程控制，确保边坡稳定。

（5）建立边坡日常监测制度。建立边坡日常监测制度，必须按规范要求，进行长期多点、定点严密监测，确保人员及设备安全。

上述设计措施完整且规范，但是鉴于该矿边坡工程的复杂性，设计院建议业主应根据实际生产中发生的情况，必要时，可委托工程地质勘查单位对该矿的边坡进行专门的工程地质勘察，并进行相应的边坡稳定性分析评估，以确保安全。

经过几年的生产实践检验，该露天矿的边坡设计是成功的（见图18-6和图18-7），这对类似水泥矿山边坡设计起到了示范作用。

该石灰石矿山的一、二期工程先后两次获得全国建材行业工程咨询优秀奖。

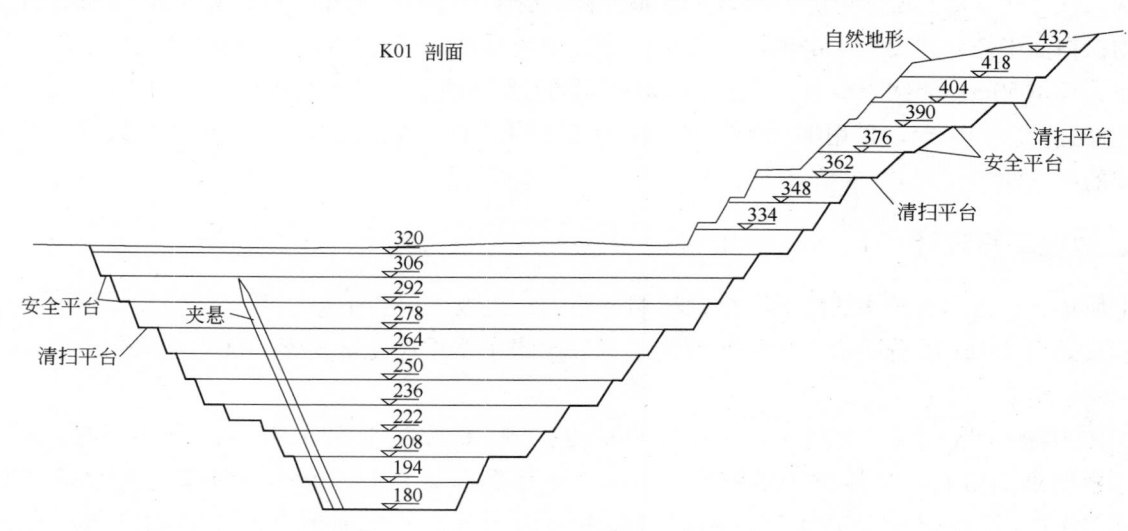

图18-6 矿山边坡横剖面图

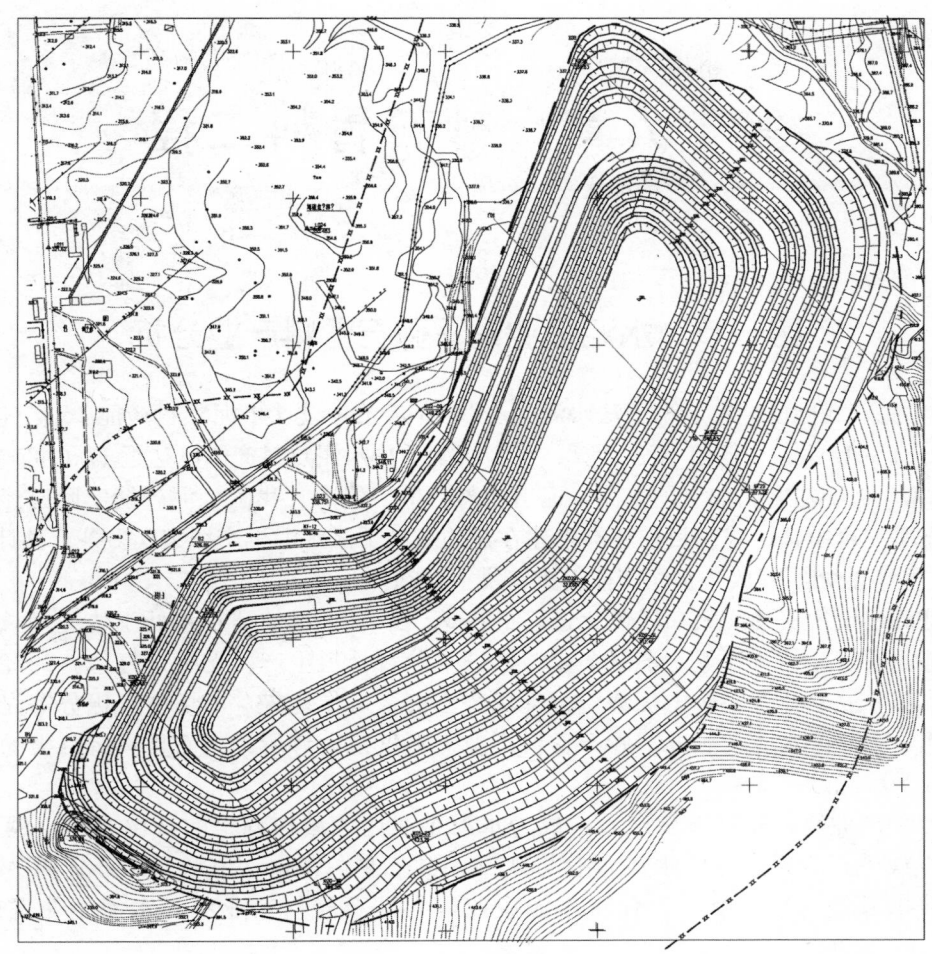

图 18 - 7　矿山采剥终了平面图

撰稿、审定：谢宪中（天津水泥工业设计研究院有限公司）

# 第十九章 砂石骨料工程

## 第一节 水泥企业进军砂石骨料产业分析

截至 2012 年底，我国已拥有新型干法水泥生产线 1637 条，设计水泥熟料产能 16 亿吨。实际产能均超出设计产能 10% ~ 15%，按低值 10% 计算，我国新型干法水泥熟料产能已达近 17.6 亿吨，新型干法水泥实际产能为 28.9 亿吨左右，如果加上尚未退出的落后生产能力，我国水泥产能实际已经超出当年水泥需求 8 亿吨。据不完全统计，我国目前还有拟建在建的新型干法水泥生产线 200 多条，预计新增熟料产能 3 亿吨，如果这些产能如期释放，水泥产能过剩将雪上加霜。

随着国家基础建设投资的加大和城镇化进程的提速，砂石骨料的需求正处于快速增长的势头，且有供不应求的趋势。在这样的背景下，水泥企业转型进军砂石骨料生产，无疑是打造新的经济增长点的一个极佳选择。水泥企业已拥有的矿山优势、管理优势、资金运作优势、市场占有优势等先天优势将得到更好发挥和利用。因此，水泥企业进军砂石骨料产业，不仅是大势所趋，而且具有巨大的市场空间和竞争优势，前景极为广阔。

水泥企业延伸产业链，拓展下游产品，成为水泥企业产业结构调整的必由之路。越来越多的水泥企业开始注重发展砂石骨料产业，水泥企业与砂石骨料产业在客户、市场、矿产资源、工艺与装备以及人力资源高度的互补与整合优势，使得水泥企业进入砂石骨料产业成为水泥企业发展的重要模式之一。

### 一、砂石骨料行业发展现状

砂石行业所指的砂石是为建设用砂石，俗称的建筑用骨料，它主要用于工程基础设施建设、混凝土、砂浆和相应制品。砂石骨料有天然和人工两大类，多数河流上都有天然砂石料场，只要将采集到的砂砾石进行适当的筛选和加工，即可用作混凝土的天然砂石骨料。用机械的方法将岩石破碎加工制成的砂石骨料称为人工砂石骨料。人工砂石骨料开采岩种单一，级配控制方便，骨料表面粗糙，与水泥黏结性能好，有利于提高混凝土的抗裂性能，可以常年加工开采，目前已被广泛应用。

天然砂石骨料是短时期内不可再生资源、一种地方性材料，不宜长距离运输。随着国家对环境保护力度的逐步加强，相应出台了河道采砂管理办法，打击乱采滥挖，采取采砂许可证制度，限时、限量、限区域开采。虽然河道采砂得到了初步整顿，但并未从根本解决砂石资源和质量问题。建筑市场砂石用量还在猛增，砂石骨料供需矛盾尤其突出。

随着现代混凝土和高速铁路等重点建设工程对砂石的技术要求越来越高，能满足其要求的天然砂石数量越来越少，甚至没有。为了补充砂石市场的刚性需求，人工砂石骨料成了建设用料的首选。人工砂石不仅填补了天然砂石缺乏的问题，而且是高质量建设工程的重要的基础原材料。

近几年，人工砂石骨料发展迅速，国内已有年产百万吨砂石机械化生产线几百条，国内外人工砂石生产设备的企业已有几十家。2002 年起实施的《建筑用砂》（GB/T 14684—2001）和《建筑用卵石、碎石》（GB/T 14685—2001）国家标准明确规定了人工砂石的种类和技术要求。这都为砂石行业的发展打下了基础。

"十一五"期间，我国砂石工业是 1949 年以来发展最快的时期之一，也是行业整体进步和经济效益最好的一个五年期。2010 年全国砂石产量 112.8 亿吨，是 2005 年的 1.7 倍，年均增长 11.9%。砂石企业完成销售收入产值达 3000 多亿元。砂石行业不但满足了经济发展的需要，还拉动其他相关产业的发展，仅对运输产业就拉动 2000 个亿，为国家及社会的发展做出了重要贡献。

"十一五"期间，我国砂石工业取得了长足的进步，在一定程度上逐步扭转了整个行业"大而不强"的局面。根据中国砂石协会的有关资料，可以知道，主要体现如下：

（1）结构调整取得一定进展，生产集中度进一步提高。随着天然砂资源的日渐枯竭，各级政府在加强环境保护的同时加大了打击、关闭非法盗采天然砂的工作力度，传统的天然砂开采逐渐受到遏制。产业结构向机制砂石调整转型，机制砂石成为行业发展的主要方向。新建机制砂石生产企业基本按照行业提出的规模建设，即年产量在 100 万吨及以上的大企业占 30%，年产量 50 万~100 万吨以上的中企业占 50%，年产量在 30 万~50 万吨以上的小企业占 20%。企业最大规模产量已达 1000 万吨/年。

机制砂石产业规模的快速成长，行业逐渐进入工业化发展轨道，产业集中度进一步提高。

（2）产业结构比例进一步优化。传统的天然砂石生产比重下降是"十一五"时期砂石工业结构发生变化的又一个显著特征。2010 年机制砂产量比重达到 50%，比 2005 年提高 30 个百分点；砂石工业企业传统生产天然砂的比重从 2002 年的 90% 下降为 2005 年的 80%，2010 年下降到 50%；机制砂开采的发展速度远超过了传统的开采方式的增长速度。

在国家实施环保、大气质量、资源配置和产业转移等政策引领下，各地区的砂石产业布局进一步优化。

（3）节能减排、综合利用成效显著。2010 年砂石工业主要污染物粉尘排放量总体呈下降趋势，收尘、降尘设备大量应用，砂石粉尘得到一定程度的有效利用，有些企业已达到零排放。协同处置城市建筑垃圾、尾矿等综合利用技术，加速了城市建筑垃圾综合利用程度，成效显著，各地陆续启动并建成了一批利用各类固体废弃物的示范生产基地。

（4）生产技术和装备水平显著提高、参与国际竞争的能力进一步提高。"十一五"期间，我国大型破碎机、筛分机等设备的设计、生产工艺技术整体水平有了显著提高，具备了成套装备的生产制造能力。规模企业依托自主开发的成套技术，广泛参与生产线建设工程总承包，带动了成套砂石装备的整体水平。新式收尘、除尘技术及电控设施等关键设备大量应用于新建和改建生产线。砂石企业在节能开采、筛分、原料输送、自动化控制和环境保护等方面实现了现代化。现代开采平台技术，实现了日产万吨级砂石大型化生产规模。

国产碎石装备技术和设备进步显著，从设计、装备制造到安装都接近或达到了先进水平，提升了行业在国际竞争中的影响力。有些企业启动实施了海外投资战略，瞄准海外市场，"走出去"积极参与国际市场竞争，有些成套设备已批量出口。

但是整个行业的发展，仍然存在的诸多的问题和不足，主要表现在以下几个方面：

一是砂石作为全国产用量最大的资源性工业产品，未得到应有的重视。作为地方性产品很多地方没有长期规划或布局不尽合理，只堵不疏，造成产品质量、价格波动大，盗采盗挖不止，企业短期行为严重，落后和非法产能仍有生存空间，影响了行业的进步。

二是产业准入门槛低，全行业整体生产技术落后，产业链短，产品附加值低，产品质量执行国家标准力度薄弱，政府和行业管理力度亟待加强，行业发展尚未受到各级政府和全社会的高度重视。

三是节能减排力度亟待加强，小规模企业能耗高，产业转变发展方式缓慢。企业社会责任意识亟待提高，资源的综合利用任务有待进一步提高。

四是技术创新投入不足，人才匮乏，自主知识产权少，科技对行业发展贡献率较低。

五是砂石行业产业的市场信息匮乏，急需建立行业市场信息体系，拓展行业发展空间。

"十二五"是我国加快转变经济发展方式的关键时期，是我国工业化向现代工业化发展、经济社会向"资源节约型和环境友好型"发展的重要时期，也是砂石工业坚持科学发展，加快转变发展方式，实施

"资源、环保、安全、和谐"发展战略，实现产业转型升级的重要时期。

根据工业和信息化部组织制定的《建材工业"十二五"发展规划》和中国建筑材料联合会系统制定的"十二五"发展规划，中国砂石协会经调查和研究制定了《砂石工业"十二五"发展规划》，为我国砂石行业的规范健康发展指明了方向。

根据中国砂石协会《砂石工业"十二五"发展规划》，对砂石行业制定了详尽的发展规划，具体如下：

（1）建立稳定、大型、现代化砂石产业供应基地。在各级政府明确砂石的产业地位和进行规划的前提下，各地按合理布局建立规模在年产100万吨级以上的机制砂石稳定的生产示范基地和供应基地。在全行业打造100家规模在年产百万吨级以上的"绿色环保"企业。

（2）建立现代化碎石生产设备生产基地。按照砂石产品的国家标准，研制机制砂石专用设备，提升机制砂石生产技术和设备的整体水平。主要碎石设备和整机装备水平接近或基本达到世界先进水平，建立现代化碎石生产设备生产基地。

（3）再生资源的综合利用。研究和开发再生资源的综合利用（如废石、尾矿、建筑垃圾等），并与下游产品配套建设，建设运输成本和对环境的影响。砂石工业综合利用和协同处置固体废弃物总量比2010年增加6亿吨。

（4）实施行业准入制度、制定相应标准。制定"机制砂石行业生产准入制度"和相关的系列标准，提高准入门槛，努力将砂石行业纳入国家工业化循环经济的发展轨道。

（5）推动绿色矿山建设与发展。实行绿色生产方式，边开采、边复绿，使砂石行业成为造地和绿化的主力，通过推动绿色矿山建设与发展，实现开采方式科学化、生产工艺环保化、资源利用集约化、企业管理规范化。节能减排，发展循环经济。

（6）发展企业信用体系建设。倡导行业讲诚信，重信誉，开展企业信用体系建设工作。力争在"十二五"期间建立起行业的信用体系，为行业发展进步发挥作用。形成科工贸一体化经营与服务的国际化经营新格局，提升在国际市场的占有率和影响力。

## 二、水泥企业进军砂石骨料的优势

面对以上的客观前景和发展空间，水泥企业发展砂石骨料生产不仅有着天然独特的优势，而且发展前景广阔，有着可观的经济效益。其原因是：

（1）现有的大中型水泥企业都有着雄厚的资本运作能力，有充足的资金支持，较之个体小型的砂石骨料加工行业，有着明显的资本支撑，具备了参与砂石骨料生产强劲的竞争力。

（2）现有水泥企业，都拥有足够熟练的工人及管理人员，他们已掌握了较成熟的实践技能和较完善的管理经验，加之专业科技人才的及时跟进，有效保证了生产线的完好运转，能最大限度地避免因技术管理的滞后而导致生产环节中的故障，导致低效率运行。

（3）安全环保升级有保证。因为现有大中型水泥企业，在投产前后，已在安全生产、环境保护方面，有了先期投入和有效治理，并且在水泥生产的过程中，已完善了各种保障因素，设置了相对完善的安全生产设施和器材，因此，再上砂石骨料生产线项目，安全环保已是有备而无患了。

（4）矿山资源有充分的保证。因大中型水泥生产企业，在建厂选址时，已优先考虑了矿石资源的保证系数，大多都选建设在山区和资源丰富的地质带。加之目前我国大多数水泥生产企业的矿山都存在"排废"的问题。废石的排放，既要占用额外的征地，加重企业生产成本；另外保持废石场的长久安全稳定也是一大难题。废石的采出，和矿石的开采一样，也要付出相同的生产成本。有一个得天独厚的有利条件是，我们水泥厂矿山的大部分废石都是合格的骨料生产原料，它们从化学成分、强度与硬度物理特性等主要参数都符合建筑骨料的生产条件。因此，在上砂石骨料生产线项目时，可以说是废石的综合利用和变废为宝。面对几乎是取之不尽用之不竭的矿山资源，砂石生产线可以高枕无忧地开足马力满负荷生产，这是水泥企业大上快上该项目的一个得天独厚的优势。

（5）有相对稳定的产业链（砂石＋水泥＋混凝土＋水泥制品），能取得协同双赢的效益。因为水泥企业与建筑、工程、基础设施、道路交通、市政工程等部门都有着相对稳定的供需关系，而这些单位所使用的水泥砂浆骨料混凝土等成分，还需要另外生产企业供给，如果水泥企业有了骨料砂石产品，就可以利用自身的水泥产品，直接合成出混凝土产品和其他水泥制品，为不同需求的各类客户，打造出一个全方位的供需渠道，形成一条龙服务体系。这也为产品质量、时间保证和后续服务，构建了一个快捷的统一平台。减少了另辟蹊径、多头供应、分头结算等诸多环节的成本，无疑能产生理想的双赢效益。

纵观以上诸方面的分析，水泥企业抢抓时机快上砂石骨料生产线，不仅占得天时，独得地利，聚得人和，而且前景可观，是水泥行业在今后长期发展中的一个新的经济亮点。

### 三、目前水泥企业进军砂石骨料行业的现状

目前我国几乎所有水泥企业都把目光投向了砂石骨料生产这一领域，而且有很多大的企业集团已在此方面占得先机，大展身手，例如安徽海螺、济南山水、中国联合水泥、北京金隅、湖北华新、河北冀东、华润集团、河南天瑞、拉法基瑞安等。

与我国目前现状相比较，世界顶尖的水泥企业集团早已走在前列。水泥企业进入混凝土与砂石骨料产业，是企业价值链整合的需要。水泥企业与混凝土砂石骨料行业在客户、市场、矿产资源、工艺与装备以及人力资源高度的互补与整合优势，使得水泥企业进入混凝土砂石骨料产业成为水泥企业发展、做大做强的重要模式之一。目前高品质混凝土不仅需要力学性能高、化学成分合格的骨料，更对骨料的颗粒级配、细度模数（砂）、颗粒形状、洁净度提出了更高的要求。因而同处建材行业，具有先进管理水平、掌握先进生产工艺、装备的水泥企业，进入砂石骨料产业是企业价值链整合的共赢模式。

据相关资料显示，现在全行业面临水泥价格下滑，企业利润率急剧减少甚至亏损等困境。水泥企业延伸产业链，发展下游产品，成为水泥企业产业结构调整的必由之路。越来越多的水泥企业开始注重发展混凝土及砂石骨料产业，在新建水泥生产线的同时，建立混凝土搅拌站，掌控下游市场，为企业可持续发展打造坚强基础。

作为世界建材行业的领导者，拉法基的水泥和屋面系统位居世界第一、混凝土与骨料位居世界第二、石膏建材位居世界第三。其中 2004 年水泥与混凝土、砂石骨料年产量分别为：水泥 13800 万吨；骨料 21400 万吨；混凝土 3400 万立方米。

北京金隅集团旗下的位于北京地区的水泥矿山企业，先后投资建设了多条建筑砂石骨料生产线，2012 年，该集团旗下企业又建成一条年产 150 万吨的砂石骨料生产线，现在位于北京房山区还有一条年产 500 万吨的骨料生产线正在建设之中。这些砂石生产线的建设，基本上把相应矿山的每年排废量都消耗掉了，极大地为企业降低了矿山生产成本，提升了社会形象，满足了当地市场对于高端砂石骨料产品的需求。

河北冀东集团，近年来大力开拓混凝土业务，该集团公司把开拓商品混凝土，做大做强混凝土产业当作发展的一个重要目标。针对旗下众多矿山每年大量的排废量，近年来大力发展砂石骨料产业，专门成立了相应的部门，组织了一批精干力量，来从事砂石骨料生产线的建设与生产管理。该集团把发展砂石骨料当成一项事业来做，应该能够给其他同行们一个启示。

华新集团多年以来，把发展砂石与混凝土作为企业的一个重要方向，成立了专门的混凝土骨料事业部。积极向下游产业拓展，彰显了华新融水泥制造与混凝土应用一体化的全新理念。华新水泥是水泥行业里开展产业链延伸比较早，也比较完善的企业之一。已从传统的水泥生产企业蜕变为集环保、混凝土、骨料、装备制造为一体的综合性集团。在其他水泥企业还在探索进入混凝土市场的时候，华新水泥的混凝土业务已经开展得有声有色，产能规模位居行业前列。目前，该公司拥有 47 个搅拌站，70 条生产线，遍布湖南、湖北、江西、河南、云南、西藏和川渝，总产能超过 2000 万立方米。2012 年，华新混凝土取得了历史最高的发展速度，产能与上年同期相比增加了 86%，销量达到 362 万立方米，增加了 76%，毛利率为 22.98%。虽然比公司整体毛利率 24.4% 要低，然而在

同行业中，华新混凝土板块的盈利能力仍是比较强的。目前，华新还在稳步推动混凝土板块与水泥产能相匹配的扩张和发展。

# 第二节 矿山砂石骨料行业标准及规范

经过多年发展，砂石骨料行业正在形成规范管理的准入制度、综合管理条例和系统的标准体系。水泥企业发展砂石骨料首先要了解砂石骨料行业的标准规范，这样才能科学规划，合理布局，发展适合区域需求的机制砂石产品，提升产品质量，提升行业发展质量和效益，为基础建设提供坚实材料保障。

现将砂石骨料行业的主要标准及规范简介如下。

## 一、《建设用砂》（GB/T 14684—2011）

《建设用砂》（GB/T 14684—2011）于 2011 年 6 月 11 日发布，2012 年 2 月 1 日起开始实施。该标准规定了建设用砂的术语和定义、分类与规格、技术要求、试验方法、检验规则、标志、储存和运输等。适用于建设工程中混凝土及其制品和普通砂浆用砂。

现将有关规定摘录如下。

### （一）术语和定义

（1）天然砂：自然生成的，经人工开采和筛分的粒径小于 4.75mm 的岩石颗粒，包括河砂、湖砂、山砂、淡化海砂，但不包括软质、风化的岩石颗粒。

（2）机制砂：经除土处理，由机械破碎、筛分制成的，粒径小于 4.75mm 的岩石、矿山尾矿或工业废渣颗粒，但不包括软质、风化的颗粒，俗称人工砂。

（3）碱集料反应：水泥、外加剂等混凝土组成物及环境中的碱与集料中碱活性矿物在潮湿环境下缓慢发生并导致混凝土开裂破坏的膨胀反应。

（4）亚甲蓝（MB）值：用于判定机制砂中粒径小于 75μm 颗粒的吸附性能的指标。

### （二）分类与规格

（1）分类：砂按产源分为天然砂、机制砂两类。

（2）规格：砂按细度模数分为粗、中、细三种规格，其细度模数 $M_x$ 分别为：粗：$M_x = 3.7 \sim 3.1$；中：$M_x = 3.0 \sim 2.3$；细：$M_x = 2.2 \sim 1.6$。

（3）类别：砂按技术要求分为 I 类、II 类和 III 类。

### （三）一般要求

砂中有害物质包括云母、轻物质、有机物、硫化物及硫酸盐、氯化物、贝壳等，用矿山尾矿、工业废渣生产的机制砂有害物质限量除应符合 GB/T 14684—2011 的规定外，并应符合我国环保和安全相关标准和规范，不应对人体、生物、环境及混凝土、砂浆性能产生有害影响。

### （四）技术要求

1. 颗粒级配

砂的颗粒级配应符合表 19 - 1 的规定。砂的级配类别应符合表 19 - 2 的规定。对于砂浆用砂，4.75mm 筛孔的累计筛余量应为 0。砂的实际颗粒级配除 4.75mm 和 600μm 筛档外，可以略有超出，但各级累计筛余超出值总和应不大于 5%。

表 19-1　颗粒级配

| 砂的分类 | 天 然 砂 | | | 机 制 砂 | | |
|---|---|---|---|---|---|---|
| 级配区 | 1 区 | 2 区 | 3 区 | 1 区 | 2 区 | 3 区 |
| 方筛孔 | 累计筛余/% | | | | | |
| 4.75mm | 10～0 | 10～0 | 10～0 | 10～0 | 10～0 | 10～0 |
| 2.36mm | 35～5 | 25～0 | 15～0 | 35～5 | 25～0 | 15～0 |
| 1.18mm | 65～35 | 50～10 | 25～0 | 65～35 | 50～10 | 25～0 |
| 600μm | 85～71 | 70～41 | 40～16 | 85～71 | 70～41 | 40～16 |
| 300μm | 95～80 | 92～70 | 85～55 | 95～80 | 92～70 | 85～55 |
| 150μm | 100～90 | 100～90 | 100～90 | 97～85 | 94～80 | 94～75 |

表 19-2　级配类别

| 类　别 | I | II | III |
|---|---|---|---|
| 级配区 | 2 区 | 1、2、3 区 | |

## 2. 坚固性

采用硫酸钠溶液法进行试验，砂的质量损失应符合表 19-3 的规定。

表 19-3　坚固性指标

| 类　别 | I | II | III |
|---|---|---|---|
| 质量损失/% | ≤8 | | ≤10 |

机制砂除了要满足表 19-3 中的规定外，压碎指标还应满足表 19-4 的规定。

表 19-4　压碎指标

| 类　别 | I | II | III |
|---|---|---|---|
| 单级最大压碎指标/% | ≤20 | ≤25 | ≤30 |

## 3. 表观密度、松散堆积密度、空隙率

砂表观密度、松散堆积密度应符合如下规定：表观密度不小于 2500kg/m³；松散堆积密度不小于 1400kg/m³；空隙率不大于 44%。

## 4. 碱集料反应

经碱集料反应试验后，试件应无裂缝、酥裂、胶体外溢等现象，在规定的试验龄期膨胀率应小于 0.10%。

## （五）试验方法

（1）试样取样方法：在料堆上取样时，取样部位应均匀分布。取样前先将取样部位表层铲除，然后从不同部位随机抽取大致等量的砂 8 份，组成一组样品。从皮带运输机上取样时，应用与皮带等宽的接料器在皮带运输机机头出料处全断面定时随机抽取大致等量的砂 4 份，组成一组样品。从火车、汽车、货船上取样时，从不同部位和深度随机抽取大致等量的砂 8 份，组成一组样品。

（2）颗粒级配：根据各号筛的累计筛余百分率，采用修约值比较法评定该试样的颗粒级配。

（3）含泥量：取两个试样的试验结果算术平均值作为测定值，采用修约值比较法进行测定。

## （六）检验规则

（1）检验分类：检验分为出厂检验和型式检验。

（2）判定规则：试验结果均符合该标准的相应类别规定时，可判为该批产品合格。

### （七）标志、储存和运输

（1）砂出厂时，供需双方在厂内验收产品，生产厂应提供产品质量合格证书。

（2）砂应按分类、规格、类别分别堆放和运输，防止人为碾压、混合及污染产品。

（3）运输时，应有必要的防遗撒设施，严禁污染环境。

## 二、《建设用卵石、碎石》（GB/T 14685—2011）

《建设用卵石、碎石》（GB/T 14685—2011）于 2011 年 6 月 11 日发布，2012 年 2 月 1 日起开始实施。该标准规定了建设用卵石、碎石的术语和定义、分类、技术要求、试验方法、检验规则、标志、储存和运输等。适用于建设工程（除水工建筑物）中水泥混凝土及其制品用卵石、碎石。

现将有关规定摘录如下。

### （一）术语和定义

（1）卵石：由自然风化、水流搬运和分选、堆积形成的，粒径大于 4.75mm 的岩石颗粒。

（2）碎石：天然岩石、卵石或矿山废石经机械破碎、筛分制成的，粒径大于 4.75mm 的岩石颗粒。

（3）针、片状颗粒：卵石、碎石颗粒的长度大于该颗粒所属相应粒级的平均粒径 2.4 倍者为针状颗粒；厚度小于平均粒径 0.4 倍者为片状颗粒。

（4）坚固性：卵石、碎石在自然风化和其他外界物理化学因素作用下抵抗破裂的能力。

### （二）分类

（1）分类：建设用石分为卵石和碎石。

（2）类别：卵石、碎石按技术要求分为 Ⅰ 类、Ⅱ 类和 Ⅲ 类。

### （三）一般要求

用矿山废石生产的碎石有害物质应符合有关规定外，还应符合我国环保和安全相关的标准和规范，不应对人体、生物、环境及混凝土性能产生有害影响。卵石、碎石的放射性应符合 GB 6566 的规定。

### （四）技术要求

1. 颗粒级配

卵石、碎石的颗粒级配应符合表 19 - 5 的规定。

表 19 - 5　颗粒级配

| 公称粒级/mm | | 累计筛余/% | | | | | | | | | | | |
|---|---|---|---|---|---|---|---|---|---|---|---|---|---|
| | | 方筛孔/mm | | | | | | | | | | | |
| | | 2.36 | 4.75 | 9.50 | 16.0 | 19.0 | 26.5 | 31.5 | 37.5 | 53.0 | 63.0 | 75.0 | 90 |
| 连续粒级 | 5～16 | 95～100 | 85～100 | 30～60 | 0～10 | 0 | | | | | | | |
| | 5～20 | 95～100 | 90～100 | 40～80 | — | 0～10 | 0 | | | | | | |
| | 5～25 | 95～100 | 90～100 | — | 30～70 | — | 0～5 | 0 | | | | | |
| | 5～31.5 | 95～100 | 90～100 | 70～90 | — | 15～45 | — | 0～5 | 0 | | | | |
| | 5～40 | — | 95～100 | 70～90 | — | 30～65 | — | — | 0～5 | 0 | | | |

| 公称粒级/mm | | 累计筛余/% | | | | | | | | | | | |
|---|---|---|---|---|---|---|---|---|---|---|---|---|---|
| | | 方筛孔/mm | | | | | | | | | | | |
| | | 2.36 | 4.75 | 9.50 | 16.0 | 19.0 | 26.5 | 31.5 | 37.5 | 53.0 | 63.0 | 75.0 | 90 |
| 单粒粒级 | 5～10 | 95～100 | 80～100 | 0～15 | 0 | | | | | | | | |
| | 10～16 | | 95～100 | 80～100 | 0～15 | | | | | | | | |
| | 10～20 | | 95～100 | 85～100 | | 0～15 | 0 | | | | | | |
| | 16～25 | | | 95～100 | 55～70 | 25～40 | 0～10 | | | | | | |
| | 16～31.5 | | 95～100 | | 85～100 | | | 0～10 | 0 | | | | |
| | 20～40 | | | 95～100 | | 80～100 | | | 0～10 | 0 | | | |
| | 40～80 | | | | | 95～100 | | | 70～100 | | 30～60 | 0～10 | 0 |

## 2. 针、片状颗粒含量

卵石、碎石的针、片状颗粒含量应符合表19－6的规定。

**表19－6　针、片状颗粒含量**

| 类　别 | Ⅰ | Ⅱ | Ⅲ |
|---|---|---|---|
| 针、片状颗粒总含量（按质量计）/% | ≤5 | ≤10 | ≤15 |

## 3. 坚固性

采用硫酸钠溶液法进行试验，卵石、碎石的质量损失应符合表19－7的规定。

**表19－7　坚固性指标**

| 类　别 | Ⅰ | Ⅱ | Ⅲ |
|---|---|---|---|
| 质量损失/% | ≤5 | ≤8 | ≤12 |

## 4. 强度

岩石抗压强度：在水饱和状态下，其抗压强度火成岩应不小于80MPa，变质岩应不小于60MPa，水成岩应不小于30MPa。

压碎指标：压碎指标应符合表19－8的规定。

**表19－8　压碎指标**

| 类　别 | Ⅰ | Ⅱ | Ⅲ |
|---|---|---|---|
| 碎石压碎指标/% | ≤10 | ≤20 | ≤30 |
| 卵石压碎指标/% | ≤12 | ≤14 | ≤16 |

## （五）试验方法

（1）试样取样方法：在料堆上取样时，取样部位应均匀分布。取样前先将取样部位表层铲除，然后从不同部位随机抽取大致等量的石子15份（在料堆的顶部、中部和底部均匀分布的15个不同部位取得）组成一组样品。从皮带运输机上取样时，应用接料器在皮带运输机机头出料处用与皮带等宽的容器，全断面定时随机抽取大致等量的石子8份，组成一组样品。从火车、汽车、货船上取样时，从不同部位和深度抽取大致等量的石子16份，组成一组样品。

（2）颗粒级配：根据各号筛的累计筛余百分率，采用修约值比较法评定该试样的颗粒级配。

（3）含泥量：取两次试验结果的算术平均值，精确至0.1%，采用修约值比较法进行测定。

### （六）检验规则

（1）检验分类：检验分为出厂检验和型式检验。

（2）判定规则：试验结果均符合该标准的相应类别规定时，可判为该批产品合格。

### （七）标志、储存和运输

（1）卵石、碎石出厂时，供需双方在厂内验收产品，生产厂应提供产品质量合格证书。

（2）卵石、碎石应按分类、类别、公称粒级分别堆放和运输，防止人为碾压及污染产品。

（3）运输时，应有必要的防遗撒设施，严禁污染环境。

## 三、《混凝土和砂浆用再生细骨料》（GB/T 25176—2010）

《混凝土和砂浆用再生细骨料》（GB/T 25176—2010）于 2010 年 9 月 26 日发布，2011 年 8 月 1 日起开始实施。该标准规定了混凝土和砂浆用再生细骨料的术语和定义、分类和规格、要求、试验方法、检验规则、标志、储存和运输。适用于配制混凝土和砂浆的再生细骨料。

现将有关规定摘录如下。

### （一）术语和定义

（1）混凝土和砂浆用再生细骨料：由建（构）筑废物中的混凝土、砂浆、石、砖瓦等加工而成，用于配制混凝土和砂浆的粒径不大于 4.75mm 的颗粒。

（2）微粉含量：再生细骨料中粒径小于 75μm 的颗粒含量。

（3）细度模数：衡量再生细骨料粗细程度的指标。

（4）亚甲蓝值（MB 值）：用于确定再生细骨料中粒径小于 75μm 的颗粒中高岭土含量的指标。

### （二）分类和规格

（1）分类：混凝土和砂浆用再生细骨料（以下简称再生细骨料）按性能要求分为 I 类、II 类、III 类。

（2）规格：再生细骨料按细度模数分为粗、中、细三种规格，其细度模数 $M_x$ 分别为：粗：$M_x = 3.7 \sim 3.1$；中：$M_x = 3.0 \sim 2.3$；细：$M_x = 2.2 \sim 1.6$。

### （三）一般要求

1. 颗粒级配

再生细骨料的颗粒级配应符合表 19-9 的规定。

表 19-9　颗粒级配

| 方孔筛筛孔边长 | 累计筛余/% | | |
|---|---|---|---|
| | 1 级配区 | 2 级配区 | 3 级配区 |
| 9.50mm | 0 | 0 | 0 |
| 4.75mm | 10~0 | 10~0 | 10~0 |
| 2.36mm | 35~5 | 25~0 | 15~0 |
| 1.18mm | 65~35 | 50~10 | 25~0 |
| 600μm | 85~71 | 70~41 | 40~16 |
| 300μm | 95~80 | 92~70 | 85~55 |
| 150μm | 100~85 | 100~80 | 100~75 |

注：再生细骨料的实际颗粒级配与表中所列数字相比，除 4.75mm 和 600μm 筛档外，可以略有超出，但是超出总量应小于 5%。

## 2. 微粉含量和泥块含量

根据亚甲蓝试验结果的不同，再生细骨料的微粉含量和泥块含量应符合表19-10的规定。

表19-10 微粉含量和泥块含量

| 项 目 | | I 类 | II 类 | III 类 |
|---|---|---|---|---|
| 微粉含量（按质量计）/% | MB 值小于1.4 或合格 | <5.0 | <7.0 | <10.0 |
| | MB 值不小于1.4 或不合格 | <1.0 | <3.0 | <5.0 |
| 泥块含量（按质量计）/% | | <1.0 | <2.0 | <3.0 |

## 3. 压碎指标

再生细骨料压碎指标应符合表19-11的规定。

表19-11 压碎指标

| 项 目 | I | II | III |
|---|---|---|---|
| 单级最大压碎指标值/% | <20 | <25 | <30 |

## 4. 碱集料反应

经碱集料反应试验后，由再生细骨料制备的试件应无裂缝、酥裂或胶体外溢等现象，膨胀率应小于0.10%。

### （四）试验方法

（1）试样取样方法：按照 GB/T 14684 中规定的取样方法执行。

（2）试验环境和试验用筛、颗粒级配和细度模数、微粉含量、泥块含量、云母含量、轻物质含量、有机物含量、硫化物与硫酸盐含量、氯化物含量、坚固性、压碎指标均按照 GB/T 14684 中规定的试验方法进行。

### （五）检验规则

（1）检验分类：检验分为出厂检验和型式检验。出厂检验项目包括颗粒级配、细度模数、微粉含量、泥块含量、再生胶砂需水量比、表观密度、堆积密度和空隙率。

（2）判定规则：检验后（含复检），各项指标都符合该标准的相应类别规定时，可判为合格品。

### （六）标志、储存和运输

（1）出厂产品应提供产品质量合格证。

（2）再生细骨料应按类别、规格分别堆放，防止人为碾压和产品污染。

（3）运输时，应认真清扫车船等运输设备，并采取设施防止混入杂物，防止粉尘飞扬。

## 四、《混凝土用再生粗骨料》（GB/T 25177—2010）

《混凝土用再生粗骨料》（GB/T 25177—2010）于2010年9月26日发布，2011年8月1日起开始实施。该标准规定了混凝土用再生粗骨料的术语和定义、分类和规格、要求、试验方法、检验规则、标志、储存和运输。适用于配制混凝土的再生粗骨料。

现将有关规定摘录如下。

### （一）术语和定义

（1）混凝土用再生粗骨料：由建（构）筑废物中的混凝土、砂浆、石、砖瓦等加工而成，用于配制混凝土的粒径大于4.75mm 的颗粒。

（2）微粉含量：混凝土用再生粗骨料中粒径小于75μm的颗粒含量。

（3）针片状颗粒：混凝土用再生粗骨料的长度大于该颗粒所属相应粒级的平均粒径2.4倍者为针状颗粒；厚度小于平均粒径0.4倍者为片状颗粒（平均粒径指该粒级上、下限粒径的平均值）。

（4）吸水率：混凝土用再生粗骨料饱和面干状态时所含水的质量占绝干状态质量的百分数。

## （二）分类和规格

（1）分类：混凝土用再生粗骨料（以下简称再生粗骨料）按性能要求分为Ⅰ类、Ⅱ类、Ⅲ类。

（2）规格：再生粗骨料按粒径尺寸分为连续粒级和单粒级。连续粒级分为5～16mm、5～20mm、5～25mm、5～31.5mm四种规格，单粒级分为5～10mm、10～20mm和16～31.5mm三种规格。

## （三）要求

### 1. 颗粒级配

再生粗骨料的颗粒级配应符合表19-12的规定。

表19-12　颗粒级配

| 公称粒级/mm | | 累计筛余/% | | | | | | | |
|---|---|---|---|---|---|---|---|---|---|
| | | 方孔筛筛孔边长/mm | | | | | | | |
| | | 2.36 | 4.75 | 9.50 | 16.0 | 19.0 | 26.5 | 31.5 | 37.5 |
| 连续粒级 | 5～16 | 95～100 | 85～100 | 30～60 | 0～10 | 0 | | | |
| | 5～20 | 95～100 | 90～100 | 40～80 | — | 0～10 | 0 | | |
| | 5～25 | 95～100 | 90～100 | — | 30～70 | — | 0～5 | 0 | |
| | 5～31.5 | 95～100 | 90～100 | 70～90 | | 15～45 | — | 0～5 | 0 |
| 单粒级 | 5～10 | 95～100 | 80～100 | 0～15 | 0 | | | | |
| | 10～20 | | 95～100 | 85～100 | | 0～15 | 0 | | |
| | 16～31.5 | | | 95～100 | 85～100 | | | 0～10 | 0 |

### 2. 微粉含量和泥块含量

再生粗骨料的微粉含量和泥块含量应符合表19-13的规定。

表19-13　微粉含量和泥块含量

| 项　　目 | Ⅰ类 | Ⅱ类 | Ⅲ类 |
|---|---|---|---|
| 微粉含量（按质量计）/% | <1.0 | <2.0 | <3..0 |
| 泥块含量（按质量计）/% | <0.5 | <0.7 | <1.0 |

### 3. 吸水率

再生粗骨料的吸水率应符合表19-14的规定。

表19-14　吸水率

| 项　　目 | Ⅰ类 | Ⅱ类 | Ⅲ类 |
|---|---|---|---|
| 吸水率（按质量计）/% | <3.0 | <5.0 | <8.0 |

### 4. 针片状颗粒含量

再生粗骨料的针片状颗粒含量应符合表19-15的规定。

表19-15　针片状颗粒含量

| 项　　目 | Ⅰ类 | Ⅱ类 | Ⅲ类 |
|---|---|---|---|
| 针片状颗粒（按质量计）/% | | <10 | |

## （四）试验方法

（1）试样取样方法：按照 GB/T 14685 中规定的取样方法执行。

（2）试验处理、试验环境和试验用筛、颗粒级配、微粉含量、泥块含量、吸水率、针片状颗粒含量、有机物含量、硫化物与硫酸盐含量、氯化物含量、坚固性、压碎指标、表观密度、空隙率、碱集料反应均按照 GB/T 14685 中规定的试验方法执行。

## （五）检验规则

（1）检验分类：检验分为出厂检验和型式检验。出厂检验项目包括颗粒级配、微粉含量、泥块含量、吸水率、压碎指标、表观密度、空隙率。

（2）判定规则：检验（含复检）后，各项指标都符合该标准的相应类别规定时，可判为合格品。

## （六）标志、储存和运输

（1）出厂产品应提供产品质量合格证。

（2）储存时，再生粗骨料应按类别、规格分别堆放，防止人为碾压和产品污染。

（3）运输时，应认真清扫车船等运输设备，并采取设施防止混入杂物，防止粉尘飞扬。

## 五、《普通混凝土用砂、石质量及检验方法标准》（JGJ 52—2006）

《普通混凝土用砂、石质量及检验方法标准》（JGJ 52—2006）于 2006 年 12 月 19 日发布，2007 年 6 月 1 日起开始实施。该标准适用于一般工业与民用建筑和构筑物中普通混凝土用砂和石的质量要求和检验。其内容包含总则、术语、符号、质量要求、验收、运输和堆放、取样与缩分、砂的检验方法、石的检验方法及附录。

现将有关规定摘录如下。

### （一）术语、符号

（1）天然砂：由自然条件作用而形成的，公称粒径小于 5.00mm 的岩石颗粒。按其产源不同，可分为河砂、海砂、山砂。

（2）人工砂：岩石经除土开采、机械破碎、筛分而成的，公称粒径小于 5.00mm 的岩石颗粒。

（3）混合砂：由天然砂和人工砂按一定比例组合而成的砂。

（4）碎石：由天然岩石或卵石经破碎、筛分而得的，公称粒径大于 5.00mm 的岩石颗粒。

（5）卵石：由自然条件作用而形成的，公称粒径大于 5.00mm 的岩石颗粒。

（6）坚固性：骨料在气候、环境变化或其他物理因素作用下抵抗破裂的能力。

（7）针、片状颗粒：凡岩石颗粒的长度大于该颗粒所属粒级的平均粒径 2.4 倍者为针状颗粒；厚度小于平均粒径 0.4 倍者为片状颗粒。平均粒径指该粒级上、下限粒径的平均值。

（8）碱活性骨料：能在一定条件下与混凝土中的碱发生化学反应导致混凝土产生膨胀、开裂甚至破坏的骨料。

### （二）质量要求

（1）砂的质量要求：砂的粗细程度按细度模数 $\mu_f$ 分为粗、中、细、特细四级，其范围应符合下列规定：粗砂：$\mu_f=3.7\sim3.1$；中砂：$\mu_f=3.0\sim2.3$；细砂：$\mu_f=2.2\sim1.6$；特细砂：$\mu_f=1.5\sim0.7$。砂筛应选用方孔筛。天然砂中含泥量、砂中泥块含量、人工砂或混合砂中石粉含量、砂的坚固性均应按照相关规定执行。人工砂的总压碎值指标应小于 30%。

（2）石的质量要求：石筛应采用方孔筛。碎石或卵石中针、片状颗粒含量、碎石或卵石中含泥量、碎石或卵石中泥块含量、碎石或卵石的坚固性、碎石或卵石中的硫化物和硫酸盐含量均应按照相关规定执行。对于长期处于潮湿环境的重要结构混凝土，其所使用的碎石或卵石应进行碱活性检验。

### （三）验收、运输和堆放

（1）供货单位应提供砂或石的产品合格证及质量检验报告。

（2）每验收批砂石至少应进行颗粒级配、含泥量、泥块含量检验。

（3）砂或石的数量验收，可按质量计算，也可按体积计算。

（4）砂或石在运输、装卸和堆放过程中，应防止颗粒离析、混入杂质，并应按产地、种类和规格分别堆放。

### （四）取样与缩分

（1）取样：每验收批取样方法应按下列规定执行：在料堆上取样时，取样部位应均匀分布。取样前应先将取样部位表层铲除，然后由各部位抽取大致相等的砂8份、石16份，组成各自一组样品。从皮带运输机上取样时，应在皮带运输机机尾的出料处用接料器定时抽取砂4份、石8份组成各自一组样品。从火车、汽车、货船上取样时，应从不同部位和深度抽取大致相等的砂8份、石16份组成各自一组样品。

每组样品应妥善包装，避免细料散失，防止污染，并附样品卡片，标明样品的编号、取样时间、代表数量、产地、样品量、要求检验项目及取样方式等。

（2）样品的缩分：砂的样品缩分方法可选择下列两种方法之一：用分料器缩分及人工四分法缩分。碎石或卵石缩分时，应将样品置于平板上，在自然状态下拌均匀，并堆成锥体，然后沿互相垂直的两条直径把锥体分成大致相等的4份，取其对角的两份重新拌匀，再堆成锥体。重复上述过程，直至把样品缩分至试验所需量为止。

砂、碎石或卵石的含水率、堆积密度、紧密密度检验所用的试样，可不经缩分，拌匀后直接进行试验。

### （五）砂的检验方法

砂的筛分析试验、砂的表观密度试验、砂的吸水率试验、砂的堆积密度和紧密密度试验、砂的含水率试验、砂的含泥量试验、砂中泥块含量试验、人工砂及混合砂中石粉含量试验、人工砂压碎值指标试验、砂中有机物含量试验、砂中云母含量试验、砂中轻物质含量试验、砂的坚固性试验、砂中硫酸盐及硫化物含量试验、砂中氯离子含量试验、海砂中贝壳含量试验、砂的碱活性试验均按照规定的试验方法进行。

### （六）石的检验方法

碎石或卵石的筛分析试验、碎石或卵石的表观密度试验、碎石或卵石的含水率试验、碎石或卵石的吸水率试验、碎石或卵石的堆积密度和紧密密度试验、碎石或卵石的含泥量试验、碎石或卵石中泥块含量试验、碎石或卵石中针状和片状颗粒的总含量试验、卵石中有机物含量试验、碎石或卵石的坚固性试验、岩石的抗压强度试验、碎石或卵石的压碎值指标试验、碎石或卵石中硫化物及硫酸盐含量试验、碎石或卵石的碱活性试验、碳酸盐骨料的碱活性试验均按照规定的试验方法进行。

## 六、《水电水利工程人工砂石加工系统施工技术规范》（DL/T 5271—2012）

《水电水利工程人工砂石加工系统施工技术规范》（DL/T 5271—2012）于2012年4月6日发布，2012年7月1日起开始实施。该标准适用于大中型水电水利工程人工砂石加工系统设计和施工，其他工程人工砂石加工系统可参照执行。其内容包含范围、规范性引用文件、术语和主要符号、总则、工艺流程、设备选型、总体布置、主要设备安装、系统调试及附录。

现将有关条例摘录如下。

## (一) 术语

(1) 破碎比：破碎机给料中的最大粒径与产品中的最大粒径的比。

(2) 成品率：生产的成品砂石料与其所用毛料的质量比。

(3) 筛分效率：筛下物料与进筛物料中所含小于筛孔尺寸物料的质量比。

(4) 系统处理能力：初次破碎车间设计的小时处理量。

(5) 人工骨料：料场开采的石料经过机械破碎、筛分分级、冲洗脱水而制成的混凝土骨料。

(6) 粗骨料：粒径大于等于 5mm 的混凝土骨料，分为 5～20mm、20～40mm、40～80mm、80～150mm 粒径级。

(7) 细骨料：粒径小于 5mm 的混凝土骨料，细度模数 $M_x$ 在 2.2～3.0。

## (二) 总则

(1) 为规范水电水利工程人工砂石加工系统的设计与施工，制订该标准。

(2) 砂石加工系统厂址选择应根据料场、混凝土生产系统所在位置，并结合选用厂址的地形、地质、水文、交通运输、供水、供电等条件，进行多方案的技术经济比较后选定。

## (三) 工艺流程

(1) 人工砂石加工系统一般由粗碎车间、中碎车间、细碎车间、制砂车间、筛分车间及废水处理设施等组成。

(2) 人工砂石加工系统采用湿法加工工艺时，宜配置石粉回收设备；采用干法加工工艺时，应有解决粉尘污染、粗骨料裹粉等问题的技术措施。

(3) 工艺流程选择：在满足各级成品骨料需用量的前提下，应尽可能降低流程的循环负荷量；流程中各段破碎的设备配置和负荷分配宜相对均衡；大型砂石加工系统宜采用湿法加工工艺，并配置石粉回收设备；大、中型人工砂石加工系统宜采用分段闭路流程生产粗骨料；小型人工砂石加工系统可采用全闭路或开路流程生产粗骨料；大、中型人工砂石加工系统宜采用超细碎破碎机为主棒磨机为辅生产细骨料工艺，小型人工砂石加工系统可采用超细碎破碎机生产；小型人工砂石加工系统宜采用湿法或干法生产工艺；成品粗骨料可能发生针片状含量超标时，应采用整形工艺。

## (四) 设备选型

(1) 选用设备的类型、规格、数量应满足系统产品产量和质量要求，并经技术经济比较确定。

(2) 设备配置应满足工艺流程要求，对砂石料源的岩性变化及级配波动有一定的适应性，避免成品骨料级配失调和超逊径含量超标。

(3) 破碎设备选型应根据料源的强度、可碎（磨）性、磨蚀性和给料粒径选择合适的类型。在计算产品的粒度特性和设备处理能力时，应充分考虑料源岩性。

(4) 难破碎岩石宜采用旋回破碎机、颚式破碎机或圆锥破碎机；中等可碎岩石和易碎岩石宜采用反击式破碎机；对加工中易产生针片状的岩石，宜采用旋回破碎机、圆锥破碎机或反击式破碎机。

(5) 制砂设备的选型应综合考虑制砂原料的物理性质、所需的处理能力、细骨料的质量要求；大、中型人工砂石加工系统宜采用立轴冲击式破碎机和棒磨机联合制砂。单独采用立轴冲击式破碎机制砂时，宜设高线速度立轴冲击式破碎机对粗砂进行整形；小型人工砂石加工系统可单独采用反击式破碎机、立轴冲击式破碎机或棒磨机制砂。

(6) 筛分设备的类型应与筛分骨料所需的处理能力、筛分效率、使用工况等要求相适应。半成品料的筛分分级宜采用重型普通圆振筛；粗颗粒物料的筛分分级可采用普通圆振筛，细颗粒物料的筛分分级宜优先采用高频振动筛，也可采用普通圆振筛或直线筛；选用直线筛用于脱水时，同面积的宜选窄长型。

（7）应根据砂石原料的含泥量、可洗性、所需的处理能力和被清洗物料的最大粒径确定砂石清洗设备的类型；人工砂石加工系统可采用圆筒洗石机或槽式洗石机。

## （五）总体布置

（1）应根据工艺流程特点，做到投资省、建设快、指标先进、运行可靠、生产安全并符合环境保护要求。既要集中紧凑，以减少征地，又要留有一定余地，以利于运行与维护。应合理利用地形，为物料的自流运输创造条件，并应尽量简化内部物料运输环节。

各车间和附属设施应结合对外和厂内运输道路进行布置。辅助车间应尽量靠近服务对象，水电设施宜靠近主要用户布置。应避免在溶洞、滑坡、泥石流及填方地段布置破碎、筛分及制砂等重要生产车间，如必须在上述地段布置时，应进行充分的技术经济论证，并采取可靠的处理措施。

应有一定灵活性，既能提前形成生产能力，满足施工前期砂石料需要，还可及时调整生产方式，适应原料粒度变化及不同骨料级配要求。

（2）设备布置间距应满足安装、操作和维修要求。除寒冷地区外，破碎、筛分、制砂车间可露天设置，但电气设备应适当保护。

成品砂仓宜设防雨棚。采用干法生产工艺或干湿结合生产工艺时，相应的车间及调节料仓应设防雨设施。粗碎车间宜靠近主料场设置，但必须留有足够的安全距离。

大、中型旋回破碎机，可采用直接入仓挤满给料方式，机下应设缓冲料仓，其活容积不宜少于两个车厢的卸料量。小型旋回破碎机和颚式破碎机，应采用连续给料方式，受料仓下须设给料设备。

筛分车间布置，应综合考虑与半成品料仓、成品料仓、中细碎车间及制砂车间之间的平面和立面的联系，应尽量减少骨料转运环节和落差，避免带式输送机下行。中、细碎与筛分设备构成闭路流程生产时，宜将中、细碎设备配置在一个车间内。成品料仓宜靠近混凝土生产系统。

## （六）主要设备安装

（1）设备一般安装在钢结构或混凝土基础上，基础验收合格后方可开始设备安装。

（2）基础混凝土与设备底座之间应浇筑二期混凝土，二期混凝土宜采用一级配或砂浆，其强度应比基础混凝土强度高一级。

（3）现场应设置安全警示标志和安全操作规程。

## （七）系统调试

（1）设备安装完毕，施工记录及资料齐全，安装质量符合设计、施工规范和验收标准的要求。能源、介质、材料、工器具、检测仪器、安全防护设施及用具等均符合试运转的要求。

电气系统接线正确，电气试验结果符合现行国家标准规范要求。主要设备试运行方案和试运转操作规程已编制完成。参加试运转的人员，已掌握系统设备安全操作规程。

（2）系统调试包括单机调试、联动调试。设备及其润滑、液压、冷却、气（汽）动、加热和电气控制等系统均应进行检测。单机调试应在各部件检测合格后进行，单机调试应先进行空载运行，合格后方可重载运行。

联动调试应在单机调试合格后进行。

（3）单机调试完成后，先分片区（车间）空载联动，再系统空载联动，检验系统控制逻辑是否符合要求。

（4）确认空载联动无问题后，才能进行重载联动，重载联动采用逐步加载的方式进行，可按照设计处理能力的 35%、70%、100% 逐步增加荷载。

## 第三节　砂石骨料生产线工艺技术及设备选型

### 一、砂石骨料生产线工艺流程简述

简单地说，砂石骨料的生产就是将品质合格的大块石料通过相应的破碎筛分及输送设备，分解成符合产品规模及粒径大小的过程。比较常见的生产工艺流程是：大块石料经料仓由给料机均匀地送进初次破碎机进行粗碎，粗碎后的石料由胶带输送机送到第二道破碎机进行进一步破碎；细碎后的石料由胶带输送机送进振动筛进行筛分，筛分出几种不同规格的石子，满足粒度要求的石子由成品胶带输送机送往成品料堆；不满足粒度要求的石子由胶带输送机返料送到破碎机进行再次破碎，形成闭路多次循环。成品粒度可按照用户的需求进行组合和分级，为保护环境，可配备辅助的除尘设备等。

大块石料的来源包括石灰岩、白云岩、花岗石、玄武岩、河卵石等多种物料，产品的应用范围涵盖水电、建材、高速公路、高铁、码头及城市建设等多个行业。

### 二、砂石骨料的物化特性要求

随着国内大型建设工程的增多，混凝土集料的用量越来越大，对集料物化性能指标的要求也在提高，尤其是集料的碱活性指标成为一些大型建设工程用集料的颠覆性指标。如核电工程混凝土绝不使用具有活性或疑似碱活性的集料；水电大坝也严格控制活性集料的使用；南水北调工程对混凝土集料专门研究制定了操作性规范，严禁使用碱碳活性的集料，对沿途确实无法避免使用具有疑似碱硅活性集料的，要求混凝土碱含量控制在 $2.5kg/m^3$ 以下，并使用硅灰等抑制剂。工程建设之所以对碱活性如此重视，是因为国内外已有多起受碱集料反应而破坏的工程实例，专家估计，全世界每年因碱集料反应而造成的工程损失高达 1500 亿美元。预防混凝土工程碱集料反应危害的最有效方法是避免使用活性集料，为此，多国科学家已制定了多种多样行之有效的集料碱活性鉴定方法，应用得当完全可以满足工程建设的实际需要。

对混凝土用骨料在技术上的一般要求如下：

（1）具有良好的颗粒级配，以尽量减小空隙率。

（2）要求表面干净，以保证与水泥浆更好的黏结。

（3）含有害杂质少，以保证混凝土的强度和耐久性。

（4）要求具有足够的强度和坚固性，以保证起到充分的骨架和传力作用。

碱活性集料是指能与水泥或混凝土中的碱发生化学反应的集料。碱骨料反应是指混凝土中水泥、外加剂、掺合料或拌和水中的可溶性碱（K、Na）溶于混凝土空隙液中，与骨料中能与碱反应的活性成分（如 $SiO_2$）在混凝土凝结硬化后逐渐发生反应，生成含碱的胶凝体，吸水膨胀，使混凝土产生内应力而开裂。它可使混凝土地耐久性严重下降。既难以阻止其发展，又难以修补。

碱骨料反应一般来自两个方面：

（1）骨料中的活性 $SiO_2$ 过高，如玉髓、玛瑙、鳞石英、方石英等材料。

（2）水泥原料中碱含量（以 $Na_2O$ 计）过高。

在我国广西红水河地区、辽宁锦州地区、北京地区、沱江地区等地的骨料含较高活性成分。碱骨料反应发生的质量事故遍及全世界，各国都深受其害。我国近年来令人担忧的趋向是：

（1）水泥自身含碱量有提高的倾向。

（2）施工中普遍使用减水剂，而其含碱量很高。

关键是碱骨料反应往往数年甚至上十年才发挥威力，很难引起足够重视。特别是在地下防水工程中要注意碱活性骨料的使用。碱骨料破坏一旦发生，一般难以控制，后果很严重。

掺加足量的矿物细掺料。使用矿物细掺料是配制高性能混凝土的一个重要手段。其目的是为了抑制混凝土中碱骨料反应的危害。一般认为，矿物细掺料是高性能混凝土的主要组成材料之一，它起着根本改变常规混凝土性能的作用。已经有许多研究结果表明，在混凝土中掺入足够的含有活性 $SiO_2$ 的矿物细掺料能够使混凝土中的碱骨料反应完全得到抑制。常用的矿物细掺料为硅粉、粉煤灰、沸石粉、矿渣粉、磷矿粉等。掺加矿物细掺料还有助于提高混凝土的密实性能，增强硬化混凝土的抗化学侵蚀性能；水泥的水化是一个由水泥颗粒表面向水泥内部发展的逐步进行的过程，但 28 天以后，水泥中各种矿物成分的水化程度仅为 11% ~ 84%，水泥的实际利用率约为 60% ~ 80%。由此可见，在配制高性能混凝土时，掺入部分活性矿物细掺料可以促进水泥水化生成物的进一步转化。改善硬化混凝土的孔结构，提高混凝土的密实性能。应该注意，矿物细掺料的使用不是简单的对水泥的代替。应该根据具体情况确定矿物细掺料的品种与掺量。研究表明，将两种以上的矿物细掺料复合使用时，其综合效果优于其分别单独使用的总和，这就是超叠加效应。

对混凝土中碱骨料反应的研究结果表明，引起混凝土中碱骨料反应的三个主要条件是使用了碱活性骨料、使用了高含碱量的水泥和混凝土结构所在处的环境中有水存在。其中结构使用环境中有水存在是发生碱骨料反应的必要条件。碱骨料反应除了可以应用复合使用矿物细掺料的方法加以抑制外，也可以破坏其产生的条件来加以避免。例如，用于室内的不接触水的结构，可以不考虑碱骨料反应的危害；对于用于室外的混凝土结构，我们也可以将使用碱活性骨料配制成钢管混凝土，由于环境中的水很难渗透进钢管里，因此碱骨料反应就难以发生。含有碱活性成分的骨料也是可以使用的。这就为我们找到了合理利用高碱活性骨料的新途径。对北京地区生产的骨料的碱活性调查表明，低碱活性骨料已经越来越少，如果我们不能合理地充分地利用这些骨料，对于这些资源来说也是一种巨大的浪费。

对于集料碱活性鉴定方法，国内外有多种方法可供借鉴。当取到集料样品后，首先应该做岩相法，方法标准有：ASTM C295—89、GB/T 14684—2011、GB 14685—2011、JDJ 52—2006、JDJ 53—2006。岩相法可以检测判定出集料中是否含有碱活性组分、其含量的多少，以及属于哪一类型的碱活性组分，是碱硅活性或碱碳酸岩活性，它适用于哪种方法做进一步的检测。岩相法认为集料为非活性时，可以作为最终结果，认为集料是非活性的时，这也有样品数量，代表性的问题，只有两者都符合要求时，结论才是可靠的。但也有的项目工程，不论岩相法的结论如何，一律只把岩相法的鉴定结果作为初步的判断结果，继而再选择合适的测长方法来进行测长试验，这是因为岩相法每一个薄片都是一个独立事件，多少个独立事件综合才能准确代表整体是个未知数，而测长法样品可以采集足够多以保证代表性，工程技术人员也愿意接受测长法的结果，测长的结果直接是膨胀率。以上这些标准所描述的岩相方法的原理和实质是相同的，但内容是有变化的。

岩相法的工具是偏光显微镜。其速度快，成本低，可以多采集样品多做试验，以利于了解矿山的岩石全貌。岩相法定为活性的集料不作为最终结论，需要做相应的测长法来进行最终判断；而确定为非碱活性集料的可作为最终结论，不需要进一步测长试验。因此，岩相法相应地对作出非碱活性集料判断时应更加慎重，从严把控。岩相法所用的薄片一般是一个 20mm × 30mm 的面积范围，要用它们来代表一个采场，一座矿山，可想而知样品代表性的重要性，即取样工作的重要性，否则偏差甚至错误难免。

### 三、工作制度

砂石生产线的工作制度可参照表 19 - 16 选取。

表 19 - 16　工作制度参照表

| 月工作日数 | 日工作班数 | 日有效工作小时数 | 月工作小时数 |
| --- | --- | --- | --- |
| 25 | 2 | 14 | 350 |
| 25 | 3 | 20 | 500 |

选取工作制度时，还应参考下列条件：

（1）天然骨料的超径处理或人工骨料的粗碎加工段，一般直接承受矿山开采工作面的矿石来料，其作业应与采场的采运工作制度一致。

（2）筛洗和中细碎工段一般采用两班制。

（3）制砂车间要求产品级配稳定，如用棒磨机，宜用连续三班工作制。如采用其他制砂设备制砂时，则可采用与中细碎车间相同的工作制度。

## 四、破碎机特性参数

### （一）破碎段数和破碎比

砂石骨料加工一般设粗碎、中碎、细碎和超细碎四段破碎，各段破碎粒径范围参见表19-17。

表19-17　粗、中、细碎、超细碎的粒径范围　（mm）

| 项　目 | 进料粒径 | 出料粒径 |
|---|---|---|
| 粗　碎 | 350~1200 | <250 |
| 中　碎 | 80~250 | <150 |
| 细　碎 | 20~80 | <20 |
| 超细碎 | 20~60 | <20 |

最终产品粒径用产品的最大粒径表示，如只需生产碎石时，其最终产品粒径为最大的骨料粒径；生产人工砂时，则为制砂设备的最优给料粒径，以20mm为宜。

破碎作业的总破碎比 $i_s$ 等于各段破碎比 $i_1$，$i_2$，…的乘积，即下式：

$$i_s = i_1 i_2 i_3 \cdots \tag{19-1}$$

各段破碎比为

$$i = D/d$$

式中　$D$——进料中的最大粒径，mm；

$d$——产品中的最大粒径，mm。

各类破碎设备都有一定的破碎比范围、实际采用的破碎比大小还和石料可碎性及生产流程有关，难碎岩石取较小值，易碎岩石取较大值。表19-18是常用破碎机的破碎比范围。

表19-18　常用破碎机的破碎比范围

| 作　业 | 破碎机机型 | 工作条件 | 破碎比范围 |
|---|---|---|---|
| 粗　碎 | 大型颚式破碎机 | 开　路 | 3~5 |
|  | 旋回式破碎机 | 开　路 | 3~5 |
|  | 中小型颚式破碎机 | 开　路 | 3~6 |
|  | 锤式破碎机 | 开　路 | 8~25 |
|  | 反击式破碎机 | 开　路 | 8~25 |
| 中　碎 | 标准圆锥破碎机 | 开　路 | 3~5 |
|  | 中型圆锥破碎机 | 开　路 | 3~6 |
|  | 中型圆锥破碎机 | 闭　路 | 4~8 |
|  | 锤式破碎机 | 闭　路 | 8~40 |
|  | 反击式破碎机 | 闭　路 | 8~40 |
| 细　碎 | 短头圆锥破碎机 | 开　路 | 3~6 |
|  | 短头圆锥破碎机 | 闭　路 | 4~8 |
|  | 对辊破碎机 | 闭　路 | 3~15 |
|  | 锤式破碎机 | 闭　路 | 4~10 |
|  | 反击式破碎机 | 闭　路 | 4~10 |
| 超细碎 | 液压圆锥破碎机 | 闭　路 | 6~10 |
|  | 旋盘式破碎机 | 闭　路 | 6~10 |
|  | 超重型圆锥破碎机 | 闭　路 | 6~10 |
|  | 惯性破碎机 | 开　路 | 10~20 |
|  | 高压破碎机 | 开　路 | 10~20 |

天然砂石料处理超径石时，一般只用一段破碎。如级配不平衡时，需设二或三段破碎调整级配平衡。

一般碎石生产的总破碎比为 5～15。需要制砂时，需要生产大量 20mm 以下的制砂原料，其总破碎比约为 38～60，因此需增加一段细碎工序。

## （二）破碎机排料口的开度

破碎机的排料口开度，开路生产时按下式计算：

$$e = D/Z \tag{19-2}$$

式中　$e$——破碎机的排料口开度，mm；

　　　$D$——产品的最大粒径，mm；

　　　$Z$——产品最大粒径与排料口开度的比值，参见表 19-19。

表 19-19　破碎产品中大于排料口的颗粒含量 $\beta$ 和 $Z$ 值的关系

| 岩石可碎性 | 旋回破碎机 | | 颚式破碎机 | | 标准圆锥破碎机 | | 短头圆锥破碎机 | |
|---|---|---|---|---|---|---|---|---|
| | $\beta$/% | $Z$ | $\beta$/% | $Z$ | $\beta$/% | $Z$ | $\beta$/% | $Z$ |
| 难碎岩石 | 35 | 1.65 | 38 | 1.75 | 53 | 2.4 | 75 | 2.9～3.0 |
| 中等可碎岩石 | 20 | 1.45 | 25 | 1.6 | 35 | 1.9 | 60 | 2.2～2.7 |
| 易碎岩石 | 12 | 1.25 | 13 | 1.4 | 22 | 1.6 | 38 | 1.8～2.2 |

## （三）破碎产品的粒度特性

1. 典型的粒度特性曲线

当无原料的破碎试验资料时，可根据典型的粒度特性或厂家提供的粒度特性进行粗略的计算。

2. 粒度特性方程

在工艺流程计算（特别是采用电算）时，通常以相对粒径表示的粒度方程描述，如下式：

$$y = AZ^K \tag{19-3}$$

式中　$y$——筛下物的累计含量，以小数计；

　　　$Z$——相对粒径，$Z = d/e$；

　　　$d$——筛孔尺寸，mm；

　　　$e$——破碎机的排料口开度，mm；

　$A$，$K$——粒度特性数见表 19-20，参数 $A$ 在数值上等于破碎产品中小于破碎机排料口开度的颗粒含量。

表 19-20　破碎产品典型粒度特性方程中参数 $A$ 和 $K$ 值

| 岩石可碎性 | 旋回破碎机 | | 颚式破碎机 | | 标准圆锥破碎机 | | 短头圆锥破碎机 | |
|---|---|---|---|---|---|---|---|---|
| | $A$ | $K$ | $A$ | $K$ | $A$ | $K$ | $A$ | $K$ |
| 难碎岩石 | 0.66 | 1.32 | 0.63 | 1.00 | 0.47 | 1.57 | 0.20 | 1.42 |
| 中等可碎岩石 | 0.79 | 0.79 | 0.75 | 0.64 | 0.65 | 0.85 | 0.34 | 1.20 |
| 易碎岩石 | 0.87 | 0.44 | 0.86 | 0.34 | 0.77 | 0.54 | 0.55 | 0.87 |

# 五、筛分与水洗

## （一）筛分作业的类型

在工程中一般分为预筛分、分级筛分和检查筛分三种：

（1）预筛分是物料进入破碎机之前的筛分作业，主要用于预先筛除细粒，可防止过粉碎，相应提高破碎机的生产能力。

（2）分级筛分是将原料或破碎后的产品通过各级筛网进行筛分分级，分成大小不同的几级产品，作为混凝土骨料。

（3）检查筛分目的是控制破碎产品的粒径。一般与破碎机构成闭路，以调整级配和控制产品最大粒径。

## （二）粗骨料的冲洗

常见的骨料冲洗方法见表19-21。

表 19-21　砂石骨料的冲洗方法

| 可行性 | 黏土附着状态 | 按黏土的塑性指数 | 按黏土的黏聚系数/kN·m⁻¹ | 一般使用的冲洗方法 |
|---|---|---|---|---|
| 易洗 | 带有砂质黏土 | <5 | <5 | 振动筛冲水 |
| 中等可洗 | 带有黏土，在手上能擦碎的 | 5~10 | 5~20 | 槽式或圆筒式洗石机一次擦洗 |
| 难洗 | 带有黏土，泥团在手上难擦碎的 | >10 | 20~100 | 槽式洗石机二次擦洗或圆筒式、水枪与槽式洗石机配合使用 |

## （三）筛分效率

一般所说的筛分效率是指总筛分效率，它是筛下物料的含量与进筛物料中所含筛下物料含量的比值。

固定条筛的筛分效率一般只有50%~70%，圆筒筛约为60%，振动筛的最高筛分效率可按下式估算：

$$E = eK_1K_2K_3 \tag{19-4}$$

式中　　　$e$——一般条件下的筛分效率，顺转斜筛取0.87，逆转斜筛取0.92，直线振动筛取0.90；

$K_1$，$K_2$，$K_3$——修正系数，参见表19-22。

表 19-22　筛分效率修正系数

| 倾角修正系数 | 倾角/(°) | <12 | 15 | 18 | 21 | 24 | | |
|---|---|---|---|---|---|---|---|---|
| | $K_1$ | 1.03 | 1.02 | 1.00 | 0.96 | 0.90 | | |
| 筛下物含量修正系数 | 含量/% | 20 | 30 | 40 | 50 | 60 | 70 | 80 |
| | $K_2$ | 0.86 | 0.90 | 0.91 | 0.97 | 1.00 | 1.015 | 1.02 |
| 筛下物中小于筛孔孔径之半含量的修正系数 | 含量/% | 20 | 30 | 40 | 50 | 60 | 70 | 80 |
| | $K_3$ | 0.90 | 0.91 | 0.98 | 1.00 | 1.01 | 1.02 | 1.03 |

## 六、工艺线主要设备选型原则

在设备选型时应考虑以下原则：

（1）用设备的类型、规格、数量应满足产品的质量和数量要求，若有多种满足要求的设备可供选择，宜通过技术经济比较后确定。

（2）上、下道工序所选用的设备、负荷应均衡，同一作业设备的类型和规格应尽量统一。

（3）大型砂石加工厂应选用与生产规模相适应的大型设备，但同一作业设备数量不宜少于2台。

（4）主要设备选型计算，一般可考虑适当的负荷系数，不应考虑整机备用，符合下列条件之一时，应考虑设备的整机备用：人工砂石原料抗压强度高、硬度大、磨蚀性强；选择冲击型破碎机作为中、细碎设备；同一作业设备数量超过3台。

## 七、破碎设备选型

### (一) 破碎机的类型

根据破碎机的工作原理、工艺特性和机器的结构特征，目前在工业上广泛使用的破碎机可分为电能破碎机、颚式破碎机、旋回破碎机、辊式破碎机、转筒破碎机、圆锥破碎、冲击式破碎机等。

### (二) 破碎机的选型

破碎设备选型应根据料源的可碎（磨）性、磨蚀性和给料粒径选择合适的类型。

粗碎设备一般选用旋回破碎机或颚式破碎机，较软的岩石也可用反击式破碎机。给料粒径不大于破碎机进口宽度的 0.85 倍，其负荷系数可取 0.65～0.75，三班工作时取较低值。在粗碎车间之前如设有毛料堆时，可取高于 0.75 的负荷系数。

中细碎破碎设备一般采用圆锥破碎机或冲击式破碎机。其设备负荷系数可取 0.75～0.85。

常见各种破碎机的设备参数及规格等可查阅本手册相关章节。

常用破碎机的特点和适用条件见表 19－23。

**表 19－23 常用破碎机类型、特点和适用范围**

| 类 型 | 特 点 | 适用范围 |
|---|---|---|
| 颚式破碎机 | 主要型式有双肘简单摆动和单肘复杂摆动两种。<br>优点：结构简单，工作可靠。自重较轻，价格低，外形尺寸小，配置高度低，进料口尺寸大，排料口开度容易调整。<br>缺点：衬板容易磨损，产品中针片状含量较高，处理能力较低，一般均需配置给料设备 | 能破碎各种硬度岩石，广泛用作各类砂石加工厂的粗碎设备。小型颚式破碎机也可用作中碎设备 |
| 旋回破碎机 | 一般有重型和轻型两类，其动锥的支承方式又有普通型和液压型两种。<br>优点：处理能力大，相同排料口开度的处理能力较颚式破碎机大 1.5～2.0 倍。产品的粒形好，单位产品的能耗低，大中型机可挤满给料，无需配给料设备。<br>缺点：结构复杂，自重大，机体高，价格贵，维修复杂，土建工程量大，允许进料尺寸小，大中型机要设排料缓冲仓和给料机 | 重型适于破碎机各种硬度岩石，轻型适于中硬以下岩石。一般用作大型砂石厂的粗碎设备，小型机也可用作中碎 |
| 颚式旋回机 | 具有颚式破碎机进口大，旋回破碎机处理能力高的优点，但目前产品不宜破碎坚硬和黏性大的岩石 | 可用作中硬岩石的粗碎设备 |
| 圆锥破碎机 | 有标准、中型、短头三种破碎机，弹簧和液压两种支承方式。<br>优点：工作可靠，轻，扬尘少，不易过粉碎。<br>缺点：结构和维修都较复杂，机体高，价格贵 | 适于破碎各种硬度的岩石，是砂石厂中最常用的中、细碎设备 |
| 超细圆锥破碎机 | 结构与普通圆锥机类似，其破碎腔比短头窄而长，产品粒度比短头细，处理能力较棒磨机高，能耗、钢耗低，是新型制砂设备。但生产的人工砂粒径偏粗 | 适于干式制砂 |
| 锤式破碎机 | 有单转子、双转子、可逆和不可逆式，锤式铰接和固定式，单排、双排和多排圆盘等型式，砂石厂常用的是单转子、铰接、多排圆盘的锤式破碎机。<br>优点：破碎比大，产品细、粒形好，产量高。<br>缺点：锤头易磨损，更换维修量大，扬尘严重，不适于破碎含水量在 12% 以上和黏性的物料 | 适于破碎中硬岩石如石灰岩，白云石。有篦条时，用于制砂，无篦条时用作细碎 |
| 反击式破碎机 | 有单转子和双转子，单转子又有可逆和不可逆式，双转子则有同向和异向转动等型式，砂石厂常用单转子不可逆式破碎机。<br>优点：破碎比大，产品细，粒形好，产量高，能耗低，结构简单。<br>缺点：板锤和衬板容易磨损，更换和维修工作量大，扬尘严重，不宜破碎塑性和黏性物料 | 适于破碎中硬岩石，用作中细碎和制砂设备 |

## 八、筛分设备选型

筛分设备的类型应与筛分骨料所需的处理能力、筛分效率、使用工况及设备的配置要求相适应。筛分设备的处理能力计算应考虑给料量的波动，多层筛的处理能力应按控制筛层计算，并校核筛分设备出料端的料层厚度。

### （一）筛分方法

目前常用的筛分方法有普通筛分法、薄层筛分法、概率筛分法、厚层筛分法和概率厚层筛分法等。砂石加工厂中一般采用的是普通筛分法。

### （二）筛分机的分类

筛分机按其原理分为普通筛分机、薄层筛分机、概率筛分机、厚层筛分机和概率厚层筛分机；按其工作机构的结构形式及运动形式分为固定筛、滚轴筛、筒筛、摇动筛、振动筛和共振筛。砂石加工厂中一般采用振动筛和固定筛。

### （三）普通振动筛

普通振动筛有偏心、惯性和电磁振动三种。电磁振动只用于很细的物料筛分，偏心筛的惯性力很难平衡，现在常用的则是惯性振动筛。

惯性筛是由电机带动的偏心块产生离心力使筛子振动。根据其运动轨迹可分为圆振动筛和直线型振动筛。圆振动筛只有一个偏心块作圆运动，直线运动是由两个转速相等，转向相反的偏心块组合而成。

普通振动筛一般由一个或几个筛面组成。圆振动筛的筛面一般是倾斜安装，物料沿筛面连滚带跳地运动。对预筛分倾角可达15°~25°，分级筛分为10°~20°。直线筛有很大的抛掷力，物料在筛面跳跃前进。筛面一般水平安装，最大倾角不超过10°；用做脱水、脱泥时还宜向上有2°~3°的倾斜角，物料在这种筛子的运动速度可以控制，筛分效率高，适于较细料的筛分、脱水、脱泥和脱介。普通振动筛的规格及性能见表19-24~表19-27。

表 19-24　YA 型圆振动筛规格及性能表

| 型　号 | 筛　面 | | | | 给料粒度 /mm | 处理量 /t·h⁻¹ | 功率/kW | 总重/t |
| --- | --- | --- | --- | --- | --- | --- | --- | --- |
| | 层数 | 面积/m² | 倾角/(°) | 筛孔尺寸/mm | | | | |
| YA1236 | 1 | 4.3 | 20 | 6~50 | ≤200 | 80~240 | 11 | 4.905 |
| 2YA1236 | 2 | 4.3 | 20 | 6~50 | ≤200 | 80~240 | 11 | 5.311 |
| YA1530 | 1 | 4.5 | 20 | 6~50 | ≤200 | 80~240 | 11 | 4.675 |
| YA1536 | 1 | 5.4 | 20 | 6~50 | ≤200 | 100~350 | 11 | 5.137 |
| 2YA1536 | 2 | 5.4 | 20 | 6~50 | ≤400 | 100~350 | 15 | 5.624 |
| YAH1536 | 1 | 5.4 | 20 | 30~150 | ≤400 | 160~650 | 11 | 5.621 |
| 2YAH1536 | 2 | 5.4 | 20 | 30~200 6~50 | ≤400 | 160~650 | 15 | 6.045 |
| YA1542 | 1 | 6.5 | 20 | 6~50 | ≤200 | 110~385 | 11 | 5.515 |
| 2YA1542 | 2 | 6.5 | 20 | 30~150 | ≤200 | 110~385 | 15 | 6.098 |
| YA1548 | 1 | 7.2 | 20 | 6~50 | ≤200 | 120~420 | 15 | 5.918 |
| 2YA1548 | 2 | 7.2 | 20 | 6~50 | ≤200 | 120~420 | 15 | 6.321 |
| YAH1548 | 1 | 7.2 | 20 | 30~150 | ≤400 | 200~780 | 15 | 6.842 |
| 2YAH1548 | 2 | 7.2 | 20 | 30~150 | ≤400 | 200~780 | 15 | 7.404 |
| YA1836 | 1 | 6.5 | 20 | 30~150 | ≤200 | 140~220 | 11 | 5.205 |

续表 19 - 24

| 型　号 | 筛　面 | | | | 给料粒度/mm | 处理量/t·h⁻¹ | 功率/kW | 总重/t |
|---|---|---|---|---|---|---|---|---|
| | 层数 | 面积/m² | 倾角/(°) | 筛孔尺寸/mm | | | | |
| 2YA1836 | 2 | 6.5 | 20 | 30~150 | ≤200 | 140~220 | 15 | 5.946 |
| YAH1836 | 1 | 6.5 | 20 | 30~150 | ≤400 | 220~910 | 11 | 5.900 |
| 2YAH1836 | 2 | 6.5 | 20 | 30~200 6~50 | ≤400 | 220~900 | 15 | 6.353 |
| YA1842 | 1 | 7.6 | 20 | 6~150 | ≤200 | 140~490 | 15 | 5.829 |
| 2YA1842 | 2 | 7.6 | 20 | 6~150 | ≤200 | 140~490 | 15 | 6.437 |
| YAH1842 | 1 | 7.6 | 20 | 30~150 | ≤400 | 450~800 | 15 | 6.352 |
| 2YAH1842 | 2 | 7.6 | 20 | 30~150 | ≤400 | 450~800 | 15 | 7.037 |
| YA1848 | 1 | 8.6 | 20 | 6~50 | ≤200 | 150~525 | 15 | 6.289 |
| 2YA1848 | 2 | 8.6 | 20 | 6~50 | ≤200 | 150~525 | 15 | 6.624 |
| YAH1848 | 1 | 8.6 | 20 | 30~150 | 0~150 | 250~1000 | 15 | 7.122 |
| 2YAH1848 | 2 | 8.6 | 20 | 30~150 | ≤400 | 250~1000 | 15 | 7.740 |
| YA2148 | 1 | 10 | 20 | 6~50 | ≤210 | 180~630 | 18.5 | 9.033 |
| 2YA2148 | 2 | 10 | 20 | 6~50 | ≤210 | 180~630 | 22 | 10.532 |
| YAH2148 | 1 | 10 | 20 | 13~200 | ≤400 | 270~1200 | 18.5 | 10.43 |
| 2YAH2148 | 2 | 10 | 20 | 30~150 | ≤400 | 270~1200 | 22 | 11.19 |
| YA2160 | 1 | 12.6 | 20 | 3~80 | ≤200 | 230~800 | 18.5 | 9.926 |
| 2YA2160 | 2 | 12.6 | 20 | 6~50 | ≤200 | 230~800 | 22 | 11.249 |
| YAH2160 | 1 | 12.6 | 20 | 30~150 | ≤400 | 350~1500 | 30 | 12.49 |
| 2YAH2160 | 2 | 12.6 | 20 | 30~150 | ≤400 | 350~450 | 30 | 13.858 |
| YA2448 | 1 | 11.5 | 20 | 6~50 | ≤200 | 200~700 | 18.5 | 9.834 |
| YAH2448 | 1 | 11.5 | 20 | 6~50 | ≤400 | 310~1300 | 30 | 11.83 |
| 2YAH2448 | 2 | 11.5 | 20 | 30~150 | ≤400 | 310~1300 | 30 | 13.012 |
| YA2460 | 1 | 14.4 | 20 | 6~50 | ≤200 | 260~780 | 30 | 12.24 |
| 2YA2460 | 2 | 14.4 | 20 | 6~50 | ≤200 | 260~780 | 30 | 13.583 |
| YAH2460 | 1 | 14.4 | 20 | 30~150 | ≤400 | 400~1700 | 30 | 13.096 |
| 2YAH2460 | 2 | 14.6 | 20 | 30~150 | ≤400 | 400~1700 | 30 | 14.455 |

### 表 19 - 25　YK 型圆振动筛规格及性能表

| 型　号 | 筛　面 | | | | 给料粒度/mm | 处理量/t·h⁻¹ | 功率/kW | 总重/t |
|---|---|---|---|---|---|---|---|---|
| | 层数 | 面积/m² | 倾角/(°) | 筛孔尺寸/mm | | | | |
| YK1230 | 1 | 3.6 | 15~30 | 3~50 | ≤200 | 233 | 7.5 | 2.050 |
| 2YK1230 | 2 | 3.6 | 15~30 | 3~50 | ≤200 | 233 | 11 | 3.218 |
| YK1445 | 1 | 6.3 | 15~30 | 3~50 | ≤200 | 272 | 11 | 3.06 |
| 2YK1445 | 2 | 6.3 | 15~30 | 3~50 | ≤200 | 272 | 18.5 | 4.9 |
| YK1645 | 1 | 7.2 | 15~30 | 3~50 | ≤200 | 310 | 15 | 3.59 |
| 2YK1645 | 2 | 7.2 | 15~30 | 3~50 | ≤200 | 310 | 18.5 | 5.75 |
| YK1845 | 1 | 8.1 | 15~30 | 3~50 | ≤200 | 350 | 15 | 3.98 |
| 2YK1845 | 2 | 8.1 | 15~30 | 6~100 | ≤400 | 524 | 22 | 6.68 |
| YK2045 | 1 | 9.0 | 15~30 | 3~50 | ≤200 | 388 | 15 | 4.2 |

| 型 号 | 筛 面 | | | | 给料粒度 /mm | 处理量 /t·h⁻¹ | 功率/kW | 总重/t |
|---|---|---|---|---|---|---|---|---|
| | 层数 | 面积/m² | 倾角/(°) | 筛孔尺寸/mm | | | | |
| 2YK2045 | 2 | 9.0 | 15~30 | 6~100 | ≤400 | 582 | 22 | 6.78 |
| YK2060 | 1 | 12 | 15~30 | 3~50 | ≤200 | 388 | 18.5 | 5.7 |
| 2YK2060 | 2 | 12 | 15~30 | 6~100 | ≤400 | 582 | 30 | 9.15 |
| YK2445 | 1 | 10.8 | 15~30 | 3~50 | ≤200 | 466 | 18.5 | 5.68 |
| 2YK2445 | 2 | 10.8 | 15~30 | 6~100 | ≤400 | 700 | 30 | 8.128 |
| YK2460 | 1 | 14.4 | 15~30 | 6~100 | ≤400 | 700 | 22 | 6.59 |
| 2YK2460 | 2 | 14.4 | 15~30 | 6~100 | ≤400 | 700 | 37 | 9.15 |
| YK3052 | 1 | 15.75 | 15~30 | 6~100 | ≤400 | 875 | 30 | 7.07 |
| 2YK3052 | 2 | 15.75 | 15~30 | 6~100 | ≤400 | 875 | 37 | 11.16 |
| YK3060 | 1 | 18 | 15~30 | 6~100 | ≤400 | 875 | 30 | 8.5 |
| YK3652 | 1 | 18.9 | 15~30 | 6~100 | ≤400 | 1050 | 30 | 8.195 |

注：处理量是对松散密度为 0.85~0.9t/m³ 的煤按上层最大筛孔进行干式分级计算的，此时筛机的安装角度为 20°。

**表 19-26 ZKX 型直线振动筛规格及性能表**

| 型 号 | 筛 面 | | | | 给料粒度 /mm | 处理量 /t·h⁻¹ | 功率/kW | 总重/t |
|---|---|---|---|---|---|---|---|---|
| | 层数 | 面积/m² | 倾角/(°) | 筛孔尺寸/mm | | | | |
| ZKX936 | 1 | 3 | 0 | 0.5~13 | 0~100 | 20~35 | 7.5 | 4.998 |
| 2ZKX936 | 2 | 3 | 0 | 3~80<br>0.5~13 | ≤300 | 20~35 | 7.5 | 5.486 |
| ZKX1236 | 1 | 4 | 0 | 0.5~13 | 0~100 | 30~50 | 7.5 | 4.843 |
| 2ZKX1236 | 2 | 4 | 0 | 3~80<br>0.5~13 | ≤300 | 30~50 | 7.5 | 5.825 |
| ZKX1248 | 1 | 5.8 | 0 | 0.5~13 | ≤300 | 33~53 | 7.5 | 5.58 |
| 2ZKX1248 | 2 | 5.8 | 0 | 30~80<br>0.5~13 | ≤300 | 33~53 | 11 | 7.286 |
| ZKX1536 | 1 | 5.4 | 0 | 0.5~13 | ≤300 | 35~55 | 7.5 | 5.307 |
| 2ZKX1536 | 2 | 5.4 | 0 | 3~80<br>0.5~13 | ≤300 | 35~55 | 11 | 7.215 |
| 2ZKX1542 | 2 | 6 | 0 | 3~80<br>0.5~13 | ≤300 | 40~55 | 11 | 7.07 |
| ZKX1548 | 1 | 7 | 0 | 0.5~13 | ≤300 | 42~70 | 11 | 6.611 |
| 2ZKX1548 | 2 | 7 | 0 | 3~80<br>0.5~13 | ≤300 | 42~70 | 11 | 8.026 |
| ZKX1836 | 1 | 6.5 | 0 | 0.5~13 | ≤300 | 45~85 | 7.5 | 5.715 |
| 2ZKX1836 | 2 | 6.5 | 0 | 3~80<br>0.5~13 | ≤300 | 45~85 | 11 | 7.463 |
| 2ZKX1842 | 2 | 7.6 | 0 | 3~80<br>0.5~13 | ≤300 | 50~90 | 11 | 8.816 |
| ZKX1848 | 1 | 8.5 | 0 | 0.5~13 | 0~100 | 60~100 | 11 | 6.919 |

| 型 号 | 筛 面 | | | | 给料粒度/mm | 处理量/t·h⁻¹ | 功率/kW | 总重/t |
|---|---|---|---|---|---|---|---|---|
| | 层数 | 面积/m² | 倾角/(°) | 筛孔尺寸/mm | | | | |
| 2ZKX1848 | 2 | 8.5 | 0 | 3 ~ 80<br>0.5 ~ 13 | 0 ~ 150 | 60 ~ 100 | 15 | 10.074 |
| ZKX2148 | 1 | 10 | 0 | 0.5 ~ 13 | 0 ~ 100 | 70 ~ 110 | 11 | 8.738 |
| 2ZKX2148 | 2 | 10 | 0 | 3 ~ 80<br>0.5 ~ 13 | 0 ~ 150 | 70 ~ 110 | 22 | 14.085 |
| 2ZKX2160 | 2 | 13 | 0 | 13 ~ 80<br>0.5 ~ 13 | ≤300 | 90 ~ 150 | 30 | 13.788 |
| ZKX2160 | 1 | 13 | 0 | 0.5 ~ 13 | ≤300 | 90 ~ 150 | 22 | 10.439 |
| ZKX2448 | 1 | 12 | 0 | 0.5 ~ 13 | ≤300 | 80 ~ 125 | 15 | 9.228 |
| 2ZKX2448 | 2 | 12 | 0 | 3 ~ 80<br>0.5 ~ 13 | ≤300 | 80 ~ 120 | 22 | 13.755 |
| ZKX2460 | 1 | 14 | 0 | 0.5 ~ 13 | 0 ~ 100 | 95 ~ 170 | 22 | 13.33 |
| 2ZKX2460 | 2 | 14 | 0 | 3 ~ 18<br>0.5 ~ 13 | ≤300 | 95 ~ 170 | 30 | 15.246 |

**表 19 – 27　ZKR 型直线振动筛规格及性能表**

| 型 号 | 筛 面 | | | | 给料粒度/mm | 处理量/t·h⁻¹ | 功率/kW | 总重/t |
|---|---|---|---|---|---|---|---|---|
| | 层数 | 面积/m² | 倾角/(°) | 筛孔尺寸/mm | | | | |
| ZKR1022 | 1 | 2.25 | -5 ~ 5 | 0.25 ~ 50 | 300 | 4.5 ~ 90 | 2×3 | 1.65 |
| 2ZKR1022 | 2 | 2.25 | -5 ~ 5 | 0.25 ~ 50 | 300 | 4.5 ~ 90 | 2×5.5 | 2.98 |
| ZKR1230 | 1 | 3.6 | -5 ~ 5 | 0.25 ~ 50 | 300 | 7.2 ~ 144 | 2×4 | 2.2 |
| 2ZKR1230 | 2 | 3.6 | -5 ~ 5 | 0.25 ~ 50 | 300 | 7.2 ~ 144 | 2×7.5 | 4.00 |
| ZKR1237 | 1 | 4.5 | -5 ~ 5 | 0.25 ~ 50 | 300 | 9 ~ 180 | 2×5.5 | 2.7 |
| 2ZKR1237 | 2 | 4.5 | -5 ~ 5 | 0.25 ~ 50 | 300 | 9 ~ 180 | 2×7.5 | 4.61 |
| ZKR1437 | 1 | 5.25 | -5 ~ 5 | 0.25 ~ 50 | 300 | 10.5 ~ 210 | 2×5.5 | 3.21 |
| 2ZKR1437 | 2 | 5.25 | -5 ~ 5 | 0.25 ~ 50 | 300 | 10.5 ~ 210 | 2×11 | 5.91 |
| ZKR1445 | 1 | 6.3 | -5 ~ 5 | 0.25 ~ 50 | 300 | 12.6 ~ 250 | 2×7.5 | 3.63 |
| 2ZKR1445 | 2 | 6.3 | -5 ~ 5 | 0.25 ~ 50 | 300 | 12.6 ~ 250 | 2×15 | 6.98 |
| ZKR1637 | 1 | 6 | -5 ~ 5 | 0.25 ~ 50 | 300 | 12 ~ 240 | 2×7.5 | 3.7 |
| 2ZKR1637 | 2 | 6 | -5 ~ 5 | 0.25 ~ 50 | 300 | 12 ~ 240 | 2×15 | 6.99 |
| ZKR1645 | 1 | 7.2 | -5 ~ 5 | 0.25 ~ 50 | 300 | 14.4 ~ 288 | 2×7.5 | 4.1 |
| 2ZKR1645 | 2 | 7.2 | -5 ~ 5 | 0.25 ~ 50 | 300 | 14.4 ~ 288 | 2×15 | 7.26 |
| ZKR1652 | 1 | 8.4 | -5 ~ 5 | 0.25 ~ 50 | 300 | 16.8 ~ 336 | 2×7.5 | 4.5 |
| ZKR1845 | 1 | 8.1 | -5 ~ 5 | 0.25 ~ 50 | 300 | 16.2 ~ 324 | 2×7.5 | 4.21 |
| 2ZKR1845 | 2 | 8.1 | -5 ~ 5 | 0.25 ~ 50 | 300 | 16.2 ~ 324 | 2×15 | 7.5 |
| ZKR1852 | 1 | 9.45 | -5 ~ 5 | 0.25 ~ 50 | 300 | 18.9 ~ 378 | 2×11 | 4.6 |
| 2ZKR1852 | 2 | 9.45 | -5 ~ 5 | 0.25 ~ 50 | 300 | 18.9 ~ 378 | 2×15 | 7.69 |
| ZKR1860 | 1 | 10.8 | -5 ~ 5 | 0.25 ~ 50 | 300 | 21.6 ~ 432 | 2×11 | 5.8 |
| ZKR2045 | 1 | 9 | -5 ~ 5 | 0.25 ~ 50 | 300 | 18 ~ 360 | 2×15 | 4.98 |

| 型　号 | 筛　面 | | | | 给料粒度 /mm | 处理量 /t·h⁻¹ | 功率/kW | 总重/t |
|---|---|---|---|---|---|---|---|---|
| | 层数 | 面积/m² | 倾角/(°) | 筛孔尺寸/mm | | | | |
| 2ZKR2045 | 2 | 9 | −5～5 | 0.25～50 | 300 | 18～360 | 2×11 | 8.0 |
| ZKR2052 | 1 | 10.5 | −5～5 | 0.25～50 | 300 | 21～420 | 2×11 | 5.55 |
| 2ZKR2052 | 2 | 10.5 | −5～5 | 0.25～50 | 300 | 21～420 | 2×18 | 9.0 |
| ZKR2060 | 1 | 12 | −5～5 | 0.25～50 | 300 | 24～480 | 2×11 | 6.5 |
| 2ZKR2060 | 2 | 12 | −5～5 | 0.25～50 | 300 | 24～480 | 2×18.5 | 10.0 |
| ZKR2445 | 1 | 10.8 | −5～5 | 0.25～50 | 300 | 21.6～432 | 2×11 | 6.5 |
| 2ZKR2445 | 2 | 10.8 | −5～5 | 0.25～50 | 300 | 21.6～432 | 2×18.5 | 10.0 |
| ZKR2452 | 1 | 12.6 | −5～5 | 0.25～50 | 300 | 25.2～504 | 2×15 | 6.85 |
| 2ZKR2452 | 2 | 12.6 | −5～5 | 0.25～50 | 300 | 25.2～504 | 2×18.5 | 11.0 |
| ZKR2460 | 1 | 14.4 | −5～5 | 0.25～50 | 300 | 28.8～576 | 2×15 | 7.61 |
| 2ZKR2460 | 2 | 14.4 | −5～5 | 0.25～50 | 300 | 27～540 | 2×22 | 11.8 |
| ZKR3045 | 1 | 13.5 | −5～5 | 0.25～50 | 300 | 27～540 | 2×15 | 7.5 |
| 2ZKR3045 | 2 | 13.5 | −5～5 | 0.25～50 | 300 | 31.5～630 | 2×22 | 11.5 |
| ZKR3052 | 1 | 15.7 | −5～5 | 0.25～50 | 300 | 31.5～630 | 2×15 | 8.2 |
| 2ZKR3052 | 2 | 15.7 | −5～5 | 0.25～50 | 300 | 36～720 | 2×22 | 13.1 |
| ZKR3060 | 1 | 18 | −5～5 | 0.25～50 | 300 | 36～720 | 2×18.5 | 9.1 |
| 2ZKR3060 | 2 | 18 | −5～5 | 0.25～50 | 300 | 32.4～648 | 2×30 | 15.0 |
| ZKR3645 | 1 | 16.2 | −5～5 | 0.25～50 | 300 | 32.4～648 | 2×18.5 | 9.7 |
| 2ZKR3645 | 2 | 16.2 | −5～5 | 0.25～50 | 300 | 37.8～756 | 2×30 | 15.5 |
| ZKR3652 | 1 | 18.9 | −5～5 | 0.25～50 | 300 | 37.8～756 | 2×22 | 11.5 |
| 2ZKR3652 | 2 | 18.9 | −5～5 | 0.25～50 | 300 | 43.2～864 | 2×37 | 17.8 |
| ZKR3660 | 1 | 21.6 | −5～5 | 0.25～50 | 300 | 43.2～864 | 2×22 | 12.0 |
| 2ZKR3660 | 2 | 21.6 | −5～5 | 0.25～50 | 300 | 54～1080 | 2×37 | 20.8 |
| ZKR3675 | 1 | 27 | −5～5 | 0.25～50 | 300 | 54～1080 | 2×30 | 14.5 |
| 2ZKR3675 | 2 | 27 | −5～5 | 0.25～50 | 300 | 54～1080 | 2×37 | 22.5 |
| ZKR4252 | 1 | 22.05 | −5～5 | 0.25～50 | 300 | 44.1～882 | 2×30 | 14.6 |
| ZKR4260 | 1 | 25.2 | −5～5 | 0.25～50 | 300 | 50.4～1008 | 2×30 | 16.7 |
| ZKR4275 | 1 | 31.5 | −5～5 | 0.25～50 | 300 | 63～1260 | 2×37 | 19.0 |

## （四）细筛

为了提高分级效率，国内外正在研究用细筛替代传统的螺旋分级机和水力旋流器进行湿式分级。目前研制的细筛有双轴直线振动细筛、单轴圆振动细筛、电磁振动细筛、立式圆筒细筛等。

细筛按频率可分为中频振动细筛和高频振动细筛。中频细筛的频率一般为 800～1200 次/分；高频细筛一般为 1400～3000 次/分。国内的中频细筛已经大型化，高频细筛的大型化正在研制中。大型高频细筛的频率有从 3000 次/分降至 1500 次/分的趋势。

振动细筛和螺旋分级机相比，不但具有占地面积小、设备重量轻、装机功率小、设备结构简单、维护检修方便等优点，更主要的是直线振动筛的分级效率可比螺旋分级机提高一倍以上。同时，可使产品粒度均匀化和产品泥化现象减少，使选别指标变好。

和普通振动筛相比，振动细筛所处理的物料粒度小而振动频率高，同时又采用湿式筛分，一般往往采用多路给料方式，可充分地利用筛面，从而提高了单位面积的处理能力。表 19 – 28 为 ZKBX 型振动细筛的规格和性能。

表 19 – 28　ZKBX 型振动细筛规格及性能表

| 型　号 | 筛　面 | | | | 给料粒度/mm | 处理量/t·h⁻¹ | 功率/kW | 总重/t |
|---|---|---|---|---|---|---|---|---|
| | 层数 | 面积/m² | 倾角/(°) | 筛孔尺寸/mm | | | | |
| ZKBX1545 | 1 | 6.23 | -5 | 0.4 ~ 1.5 | ≤13 | 50 ~ 120 | 7.5 × 2 | 5.45 |
| ZKBX2163 | 1 | 13.23 | -15 | 0.4 ~ 1.5 | ≤13 | 110 ~ 260 | 15 × 2 | 9.028 |
| ZKBX1856 | 1 | 10.08 | 0 | 0.4 ~ 1.5 | ≤13 | 80 ~ 200 | 11 × 2 | 6.49 |
| ZKBX2460 | 1 | 14.4 | 0 | 0.4 ~ 1.5 | ≤13 | 180 ~ 325 | 18.5 × 2 | 10.12 |

注：处理量为参考值，以松散密度为 $1.6t/m^3$ 的精矿作为计算依据。

## 九、给料设备

给料设备的主要作用是使系统在稳定的负荷下进行正常的生产。当给料机停止动作时，又能起到闸门的作用，制止物料流动。

砂石加工厂常用的给料设备有电磁和惯性振动给料机、板式给料机、槽式给料机、圆盘给料机、链式给料机、胶带给料机和机动弧形门等。

### （一）各类给料机的特点和适用条件

各类给料机的特点和适用条件见表 19 – 29。

表 19 – 29　各类给料机的特点和适用条件

| 设备名称 | 特　点 | 适用范围 |
|---|---|---|
| 电磁和惯性振动给料机 | 体积小，重量轻，结构简单，安装方便，无机械摩擦，维护简便，运转费用低，便于自动控制。但噪声大（惯性振动给料机噪声低），不宜输送黏性物料 | 给料粒径范围 0.6 ~ 500mm（粒径 50mm 以上给料能力减少），不能直接承受仓内的料柱压力 |
| 板式给料机 | 可承受料仓中料柱的压力，给料均匀，允许给料粒径可达 1500mm。但设备笨重，价格高，维修工作量大 | 需承受料柱压力，适用于给料粒径大的场合 |
| 槽式给料机 | 结构简单，给料均匀，运行可靠，维修方便，可调节给料量和承受仓的料柱压力，适用于黏性物料的给料。但设备动力和结构尺寸较大 | 适用于 450mm 以下中等粒径物料的给料 |
| 圆盘给料机 | 系容积计量的给料设备。给料均匀，调整容易，管理方便。但结构较复杂，价格高，布置空间大 | 适用于细粒非黏性物料的给料，一般用作棒磨机的给料 |
| 胶带给料机 | 给料均匀，给料距离可长可短，工艺布置有较大的灵活性，但不能承受料柱的压力，物料粒径大时，胶带磨损较快 | 适用于 20mm 以下粒径的给料 |
| 振动给料筛 | 结构简单，使用寿命长，振幅和激振力大，给料粒度可达 1m，生产能力可达 900t/h，兼有预筛分和给料作用 | 可代替预筛分和给料机 |

### （二）给料设备的技术性能

各种给料设备技术性能见表 19 – 30 ~ 表 19 – 35。

表 19－30　GZ 系列电磁振动给料机系列参数

| 类型 | 型号 | 给料能力/t·h⁻¹ | | 给料粒径/mm | 双振幅/mm | 供电电压/V | 电流/A | | 有功功率/kW | 配套控制箱型号 | 设备总重/kg |
|---|---|---|---|---|---|---|---|---|---|---|---|
| | | 水平 | -10° | | | | 工作电流 | 表示电流 | | | |
| 基本型 | GZ1 | 5 | 7 | 50 | 1.75 | 220 | 1.34 | 1.0 | 0.06 | XKZ5/2 | 77 |
| | GZ2 | 10 | 14 | 50 | 1.75 | 220 | 3.0 | 2.3 | 0.15 | XKZ5/2 | 151 |
| | GZ3 | 25 | 35 | 75 | 1.75 | 220 | 4.6 | 3.8 | 0.20 | XKZ5/2 | 233 |
| | GZ4 | 50 | 70 | 100 | 1.75 | 220 | 8.4 | 7.0 | 0.45 | XKZ20/2 | 460 |
| | GZ5 | 100 | 140 | 150 | 1.75 | 220 | 12.7 | 10.6 | 0.65 | XKZ20/2 | 668 |
| | GZ6 | 150 | 210 | 200 | 1.5 | 380 | 16.4 | 13.3 | 1.50 | XKZ20/3 | 1271 |
| | GZ7 | 250 | 350 | 300 | 1.5 | 380 | 24.6 | 20.0 | 2.50 | XKZ70/3 | 1920 |
| | GZ8 | 400 | 560 | 300 | 1.5 | 380 | 39.4 | 32.0 | 4.00 | XKZ70/3 | 3040 |
| | GZ9 | 600 | 840 | 500 | 1.5 | 380 | 47.6 | 38.6 | 5.50 | XKZ70/3 | 3750 |
| | GZ10 | 750 | 1050 | 500 | 1.5 | 380 | 39.4 ×2 | 32 ×2 | 4 ×2 | | 6491 |
| | GZ11 | 1000 | 1400 | 500 | 1.5 | 380 | 47.6 ×2 | 38.6 ×2 | 5.5 ×2 | | 7680 |
| 上振型 | GZ3S | 25 | 35 | 75 | 1.75 | 220 | 4.6 | 3.8 | 0.20 | XKZ5/2 | 242 |
| | GZ4S | 50 | 70 | 100 | 1.75 | 220 | 8.4 | 7.0 | 0.45 | XKZ20/2 | 457 |
| | GZ5S | 100 | 140 | 150 | 1.75 | 220 | 12.7 | 10.6 | 0.65 | XKZ20/2 | 666 |
| | GZ6S | 150 | 210 | 200 | 1.5 | 380 | 16.4 | 13.3 | 1.50 | XKZ20/3 | 1246 |
| | GZ7S | 250 | 350 | 250 | 1.5 | 380 | 24.6 | 20.0 | 2.50 | XKZ70/3 | 1963 |
| | GZ8S | 400 | 560 | 300 | 1.5 | 380 | 39.4 | 32.0 | 4.00 | XKZ70/3 | 3306 |
| 封闭型 | GZ1F | 4 | 5.6 | 40 | 1.75 | 220 | 1.34 | 1.0 | 0.06 | XKZ5/2 | 78 |
| | GZ2F | 8 | 11.2 | 40 | 1.75 | 220 | 3.0 | 2.3 | 0.50 | XKZ5/2 | 154 |
| | GZ3F | 20 | 28 | 60 | 1.75 | 220 | 4.6 | 3.8 | 0.20 | XKZ5/2 | 247 |
| | GZ4F | 40 | 50 | 60 | 1.75 | 220 | 8.4 | 7.0 | 0.45 | XKZ20/2 | 464 |
| | GZ5F | 80 | 112 | 80 | 1.75 | 220 | 12.7 | 10.6 | 0.65 | XKZ20/2 | 668 |
| | GZ6F | 120 | 168 | 80 | 1.5 | 380 | 16.4 | 13.3 | 1.50 | XKZ20/3 | 1278 |
| 轻槽型 | GZ5Q | 100 | 140 | 200 | 1.75 | 220 | 12.7 | 10.6 | 0.65 | XKZ20/2 | 653 |
| | GZ6Q | 150 | 200 | 250 | 1.5 | 380 | 16.4 | 13.3 | 1.50 | XKZ20/3 | 1326 |
| | GZ7Q | 250 | 350 | 300 | 1.5 | 380 | 24.6 | 20.0 | 3.00 | XKZ70/3 | 1992 |
| | GZ8Q | 400 | 560 | 350 | 1.5 | 380 | 39.4 | 32.0 | 4.00 | XKZ70/3 | 3046 |
| 平槽型 | 633　GZ5P | 50 | 70 | 100 | 1.5 | 220 | 12.7 | 10.6 | 0.65 | XKZ20/2 | |
| | GZ6P | 75 | 105 | 100 | 1.5 | 380 | 16.4 | 13.3 | 1.50 | XKZ20/3 | 1238 |
| | GZ7P | 125 | 175 | 100 | 1.5 | | 24.6 | 20.0 | 3.00 | XKZ70/3 | 1858 |
| 宽槽型 | GZ5K1 | · | 200 | 100 | 1.5 | 220 | 12.7 ×2 | 10.6 ×2 | 0.65 ×2 | XKZ20/2 | 1316 |
| | GZ5K2 | | 240 | 100 | 1.5 | 220 | 12.7 ×2 | 10.6 ×2 | 0.65 ×2 | XKZ20/2 | 1343 |
| | GZ5K3 | | 270 | 100 | 1.5 | 220 | 12.7 ×2 | 10.6 ×2 | 0.65 ×2 | XKZ20/2 | 1376 |
| | GZ5K4 | | 300 | 100 | 1.5 | 220 | 12.7 ×2 | 10.6 ×2 | 0.65 ×2 | XKZ20/2 | 1408 |

注：振动频率 3000 次/min，振动角 20°，调谐值 0.9，电源频率 50Hz，功率因数 $\cos\varphi = 0.8$。

表 19 – 31　GZG 系列自同步惯性振动给料机技术参数

| 型　号 | 槽型尺寸（宽×长×高）/mm | 生产率/t·h⁻¹ 水平 | 生产率/t·h⁻¹ -10° | 最大给粒粒度/mm | 振动频率/次·min⁻¹ | 双振幅/mm | 振动器型号 | 额定电流/A | 功率/kW | 整机重量/kg |
|---|---|---|---|---|---|---|---|---|---|---|
| GZG403 | 400×1000×200 | 30 | 40 | 100 | 1450 | 4 | ZG405 | 2×0.73 | 2×0.25 | 171 |
| GZG503 | 500×1000×200 | 60 | 85 | 150 | 1450 | 4 | ZG405 | 2×0.73 | 2×0.25 | 202 |
| GZG633 | 630×1250×250 | 110 | 150 | 200 | 1450 | 4 | ZG410 | 2×1.53 | 2×0.55 | 379 |
| GZG703# | 700×1029×250 | 120 | 170 | 200 | 1450 | 4 | ZG410 | 2×1.53 | 2×0.55 | 389 |
| GZG803 | 800×1500×250 | 160 | 230 | 250 | 1450 | 4 | ZG415 | 2×1.95 | 2×0.75 | 563 |
| GZG903# | 900×1483×250 | 180 | 250 | 250 | 1450 | 4 | ZG415 | 2×1.95 | 2×0.75 | 613 |
| GZG1003 | 1000×1750×250 | 270 | 380 | 300 | 1450 | 4 | ZG420 | 2×2.71 | 2×1.1 | 762 |
| GZG1103# | 1100×1673×250 | 300 | 420 | 300 | 1450 | 4 | ZG420 | 2×2.71 | 2×1.1 | 854 |
| GZG1253 | 1250×2000×315 | 460 | 650 | 350 | 1450 | 4 | ZG432 | 2×3.51 | 2×1.5 | 1099 |
| GZG1303# | 1300×2040×300 | 480 | 670 | 350 | 1450 | 4 | ZG432 | 2×3.51 | 2×1.5 | 1117 |
| GZG1503# | 1500×2250×300 | 720 | 1000 | 500 | 1450 | 3.5 | ZG440 | 2×5.19 | 2×2.2 | 1477 |
| GZG1603 | 1600×2500×315 | 770 | 1100 | 500 | 1450 | 4 | ZG450 | 2×6.82 | 2×3.0 | 1555 |
| GZG1803# | 1800×2325×375 | 900 | 1200 | 500 | 1450 | 3 | ZG450 | 2×6.82 | 2×3.0 | 2350 |
| GZG2003 | 2000×3000×400 | 1000 | 1400 | 500 | 1450 | 2.5 | ZG450 | 2×6.82 | 2×3.0 | 2705 |
| GZG705# | 700×1029×250 | 130 | 180 | 200 | 960 | 5 | ZG609 | 2×1.66 | 2×0.55 | 385 |
| GZG805 | 800×1500×250 | 170 | 250 | 250 | 960 | 5 | ZG609 | 2×1.66 | 2×0.55 | 510 |
| GZG905# | 900×1483×250 | 200 | 270 | 250 | 960 | 5 | ZG609 | 2×1.66 | 2×0.55 | 561 |
| GZG1005 | 1000×1750×250 | 290 | 410 | 300 | 960 | 5 | ZG612 | 2×2.14 | 2×0.75 | 652 |
| GZG1105# | 1100×1673×250 | 320 | 450 | 300 | 960 | 5 | ZG618 | 2×2.97 | 2×1.1 | 795 |
| GZG1255 | 1250×2000×315 | 500 | 700 | 350 | 960 | 5 | ZG618 | 2×2.97 | 2×1.1 | 1002 |
| GZG1305# | 1300×2040×300 | 520 | 720 | 350 | 960 | 5 | ZG625 | 2×3.84 | 2×1.5 | 1070 |
| GZG1505# | 1500×2250×300 | 780 | 1080 | 500 | 960 | 5 | ZG636 | 2×5.55 | 2×2.2 | 1414 |
| GZG1605 | 1600×2500×315 | 830 | 1190 | 500 | 960 | 5 | ZG636 | 2×5.55 | 2×2.2 | 1720 |
| GZG1805# | 1800×2325×375 | 970 | 1320 | 500 | 960 | 5 | ZG645 | 2×7.28 | 2×3.0 | 2288 |
| GZG1256 | 1250×2000×315 | 500 | 700 | 350 | | 5 | ZG625 | 2×3.84 | 2×1.5 | 1081 |
| GZG1306# | 1300×2040×300 | 520 | 730 | 350 | | 5 | ZG625 | 2×3.84 | 2×1.5 | 1117 |
| GZG1506# | 1500×2250×300 | 780 | 1080 | 500 | | 5 | ZG636 | 2×5.55 | 2×2.2 | 1654 |
| GZG1606 | 1600×2500×315 | 830 | 1190 | 500 | | 5 | ZG636 | 2×5.55 | 2×2.2 | 1720 |
| GZG1806# | 1800×2325×375 | 970 | 1300 | 500 | | 5 | ZG660 | 2×9.56 | 2×4.0 | 2985 |
| GZG2006 | 2000×3000×400 | 1300 | 1800 | 500 | | 5 | ZG660 | 2×9.56 | 2×4.0 | 3166 |

注：1. 型号末尾数字"3、4"为四极惯性电机，"5、6"为六极惯性电机；

2. 型号末尾数字奇数"3、5"为轻型给料槽，偶数"4、6"为重型给料槽；

3. 带"#"的型号，其槽体采用电磁振动给料机系列相应尺寸；不带"#"的型号，其槽体采用国际标准槽型；

4. 例如，GZG403 为槽宽 400、配用四极惯性电机、轻型给料槽；

5. 本表引自产品使用说明书，额定电压均为 380V，电源频率均为 50Hz。

表 19-32　ZBG 系列重型板式给料机的规格性能

| 链板宽度 B /mm | 链轮中心距 L/mm | 链板速度 /m·s⁻¹ | 给料粒径 /mm | 给料能力 /m³·h⁻¹ | 电动机 | | | 减速机传动比 | 开式齿轮传动比 | 总传动比 | 重量/kg |
|---|---|---|---|---|---|---|---|---|---|---|---|
| | | | | | 型　号 | 功率 /kW | 转速 /r·min⁻¹ | | | | |
| 1200 | 4500 | 0.05 | ≤500 | 120 | 2JQO-61-4 | 13 | 1450 | 276.82 | 3.24 | 896.89 | 31375 |
| 1200 | 5000 | 0.05 | ≤500 | 120 | 2JQO-61-4 | 13 | 1450 | 276.82 | 3.24 | 896.89 | 33183 |
| 1200 | 5600 | 0.05 | ≤500 | 120 | 2JQO-61-4 | 13 | 1450 | 276.82 | 3.24 | 896.89 | 34233 |
| 1200 | 6000 | 0.05 | ≤500 | 120 | 2JQO-61-4 | 13 | 1450 | 276.82 | 3.24 | 896.89 | 35456 |
| 1200 | 8000 | 0.05 | ≤500 | 120 | 2JQO-71-4 | 22 | 1460 | 276.82 | 3.24 | 896.89 | 40622 |
| 1200 | 8700 | 0.05 | ≤500 | 120 | 2JQO-71-4 | 22 | 1460 | 276.82 | 3.24 | 896.89 | 42972 |
| 1200 | 10000 | 0.05 | ≤500 | 120 | 2JQO-71-4 | 22 | 1460 | 276.82 | 3.24 | 896.89 | 47139 |
| 1200 | 12000 | 0.05 | ≤500 | 120 | 2JQO-72-4 | 30 | 1460 | 276.82 | 3.24 | 896.89 | 51456 |
| 1200 | 15000 | 0.05 | ≤500 | 120 | 2JQO-82-4 | 40 | 1470 | 284.66 | 3.24 | 922.92 | 62428 |
| 1500 | 4000 | 0.05 | ≤600 | 150 | 2JQO-61-4 | 13 | 1460 | 276.82 | 3.24 | 896.89 | 33997 |
| 1500 | 6000 | 0.05 | ≤600 | 150 | 2JQO-61-4 | 13 | 1460 | 276.82 | 3.24 | 896.89 | 39143 |
| 1500 | 7000 | 0.05 | ≤600 | 150 | 2JQO-71-4 | 22 | 1460 | | 3.24 | 922.29 | 42885 |
| 1500 | 8000 | 0.05 | ≤600 | 150 | 2JQO-72-4 | 30 | 1460 | | 3.24 | 922.29 | 46056 |
| 1500 | 9000 | 0.05 | ≤600 | 150 | 2JQO-82-4 | 40 | 1470 | 284.66 | 3.24 | 922.29 | 50348 |
| 1500 | 12000 | 0.05 | ≤600 | 150 | 2JQO-82-4 | 40 | 1470 | 284.66 | 3.24 | 922.29 | 60675 |
| 1800 | 8000 | 0.05 | ≤800 | 180 | 2JQO-82-4 | 40 | 1470 | 284.66 | 3.24 | 922.29 | 50952 |
| 1800 | 9600 | 0.05 | ≤800 | 180 | 2JQO-82-4 | 40 | 1470 | 284.66 | 3.24 | 922.29 | 57539 |
| 1800 | 10000 | 0.05 | ≤800 | 180 | 2JQO-82-4 | 40 | 1470 | 284.66 | 3.24 | 922.29 | 59711 |
| 1800 | 12000 | 0.05 | ≤800 | 180 | 2JQO-82-4 | 40 | 1470 | 284.66 | 3.24 | 922.29 | 65221 |
| 2400 | 4000 | 0.05 | ≤1000 | 240 | 2JQO-71-4 | 22 | 1460 | 284.66 | 3.24 | 922.29 | 45076 |
| 2400 | 5000 | 0.05 | ≤1000 | 240 | 2JQO-72-4 | 30 | 1460 | 284.66 | 3.24 | 922.29 | 50360 |
| 2400 | 5600 | 0.05 | ≤1000 | 240 | 2JQO-72-4 | 30 | 1460 | 284.66 | 3.24 | 922.29 | 51863 |
| 2400 | 10000 | 0.05 | ≤1000 | 240 | 2JQO-82-4 | 40 | 1470 | 284.66 | 3.24 | 922.29 | 72490 |
| 2400 | 12000 | 0.05 | ≤1000 | 240 | 2JQO-82-4 | 40 | 1470 | 284.66 | 3.24 | 922.29 | 84289 |
| 3400 | 8000 | 0.109 | ≤1200 | 1667 | JZR-63-10 | 2×40 | 600 | 171.639 | | | 89500 |

注：1. 安装最大倾角 α=15°；

　　2. 3400mm×8000mm 重型板式给料机为双传动，无开式齿轮，传动基础图参见沈阳矿山机械厂 D32P 图。

表 19-33　槽式给料机规格性能

| 参数名称 | 单　位 | 规格/mm | | | | | |
|---|---|---|---|---|---|---|---|
| | | 400×1200 | 500×1200 | 600×1450 | 750×1650 | 900×2100 | 1000×1500 |
| 出料口宽度 | mm | 400 | 500 | 600 | 750 | 900 | 1000 |
| 出料口高度 | mm | 450 | 550 | 650 | 750 | 800 | 槽板长1500 |
| 往复次数 | 次/min | 48.5 | 48.5 | 48.5 | 48.5 | 48.5 | 48.5 |
| 最大给料粒径 | mm | 150 | 175 | 200 | 250 | 300 | 400 |
| 物料密度 | t/m³ | 2.6 | 2.6 | 2.6 | 2.6 | 2.6 | 2.6 |
| 可调行程 | mm | 10~80 | 10~80 | 10~80 | 20~80 | 20~80 | 220，240，260 |
| 给料能力 | m³/h | 3.6~29.3 | 5.6~44.8 | 7.9~63.6 | 22.9~88 | 33~132 | 115.4~269.3 |
| 电动机功率 | kW | 1.5 | 1.5 | 3 | 5.5 | 7.5 | |
| 机器总重 | kg | 870 | 960 | 1130 | 1900 | 2450 | |

**表 19 – 34 胶带给料机技术性能**

| 胶带宽度/mm | 胶带速度/m·s⁻¹ | 给料能力/m³·h⁻¹ |
|---|---|---|
| 500 | 0.8 ~ 2.5 | 59 ~ 217 |
| 650 | 0.8 ~ 2.5 | 127 ~ 397 |
| 800 | 0.8 ~ 3.15 | 198 ~ 781 |
| 1000 | 0.8 ~ 4 | 324 ~ 1622 |
| 1200 | 1.0 ~ 5.0 | 593 ~ 2971 |

注：输送能力值系按水平运输，动堆积角为20°，托辊槽角为35°时计算的。

**表 19 – 35 部分国外生产的振动给料筛技术性能**

| 型 号 | 给料能力/t·h⁻¹ | 电机型号 | 功率/kW | 最大筛条间距/mm | 最大给料块尺寸/mm |
|---|---|---|---|---|---|
| KYGF6 – 18 | 50 ~ 80 | KEB – 16 – 4 | 0.75 × 2 | 60 ~ 80 | 300 |
| KYGF7 – 18 | 70 ~ 120 | KEB – 32 – 4T | 1.5 × 2 | 60 ~ 80 | 300 |
| KYGF8 – 18 | 80 ~ 130 | KEB – 32 – 4T | 1.5 × 2 | 60 ~ 80 | 300 |
| KYGF9 – 18 | 90 ~ 140 | KEB – 30 – 6T | 2.2 × 2 | 60 ~ 80 | 400 |
| KYGF9 – 24 | 90 ~ 140 | KEB – 30 – 6T | 2.2 × 2 | 60 ~ 80 | 400 |
| KYGF10 – 20 | 100 ~ 160 | KEB – 30 – 6T | 2.2 × 2 | 80 ~ 100 | 400 |
| KYGF10 – 30 | 100 ~ 160 | KEB – 50 – 6T | 3.7 × 2 | 80 ~ 100 | 400 |
| KYGF12 – 24H | 120 ~ 200 | KEB – 50 – 6T | 3.7 × 2 | 40 ~ 60 | 500 |
| KYGF12 – 30H | 120 ~ 200 | KEB – 50 – 6T | 3.7 × 2 | 100 ~ 120 | 500 |
| KYGF15 – 30 | 150 ~ 250 | KEB – 100 – 6T | 7.5 × 2 | 100 ~ 150 | 500 |
| KYGF18 – 40H | 300 | KEB – 130 – 6T | 7.5 × 2 | 100 ~ 150 | 900 |
| KVF1542（1500×4200） | 400 ~ 600 | 转速：600 ~ 900r/min | 30 | 50 ~ 150 | 600 × 800 × 1100 |
| KVF1848（1800×4800） | 500 ~ 700 | 转速：600 ~ 900r/min | 37 | 50 ~ 150 | 800 × 950 × 1200 |
| KVF2154（2100×5400） | 600 ~ 900 | 转速：600 ~ 900r/min | 55 | 50 ~ 150 | 900 × 1100 × 1500 |

# 第四节 砂石骨料工程案例介绍

## 一、重庆金九

### （一）项目概况

重庆水波洞建材有限公司隶属于重庆金九控股集团有限公司，是一个集加工及销售碎石、石粉、片石于一体的加工制造企业，位于重庆市合川区盐井街道办事处水波洞村，占地面积30亩，设计产能500万吨/年。公司牛背脊骨料线已建成，待二期观音坝骨料线建成后将达到年产1600万吨的产量，产品销售范围完全覆盖合川地区及重庆周边60公里范围内地区。

重庆水波洞建材有限公司根据企业现今发展情况，同时根据重庆市及合川区的工业规划，决定发挥企业的资源优势和管理优势，在牛背脊和观音坝分别进行矿山开采，其中牛背脊矿床地质品位较低，用于制造纯骨料；观音坝建设场地的石灰石品位有高有低，用于水泥生产线和骨料加工。该项目建设投产后，将形成从矿石原料开发、运输、水泥加工、混凝土配比及水泥制品产业链条，将过去传统的仅仅从事水泥生产的活动延伸到下游产业——混凝土搅拌站系统。而且混凝土搅拌站系统也从过去单一搅拌混凝土改为从源头矿石开采、生产建筑集料、混凝土搅拌全过程加工，产品质量控制标准化，管理制度化、集中化。

## （二）系统简介

项目位于重庆市合川区盐井镇，矿石为石灰岩和白云岩。成品堆放区的地面标高为446m高程，目前整个工程都已建成投产。重庆金九水波洞项目砂石加工系统占地面积约3.6万平方米（含加工区、成品堆放区等）。

重庆金九水波洞砂石骨料系统由牛背脊骨料矿山和牛背脊骨料生产车间两部分组成，承担牛背脊砂石骨料的生产任务。本砂石加工系统设计处理规模1200t/h，成品骨料生产能力为1100t/h（其中人工砂300t/h，骨料800t/h），生产系统设备总装机功率为4453kW。

## （三）骨料系统工艺流程设计

### 1. 总体工艺流程介绍

工艺流程设计按合理、可靠、可调、保证产品质量为原则，根据矿石岩性和混凝土用碎石砂的标准特点，工艺流程采用为"三段破碎"工艺，粗骨料成品生产采用"两级筛分"工艺，人工砂成品采用"干法"立轴破碎工艺，能够保证工程建设对人工砂石骨料的质量要求。

牛背脊骨料加工系统主要由一破、一筛、二破、二筛、三破、三筛以及成品堆场等车间组成。生产流程如图19-1所示。

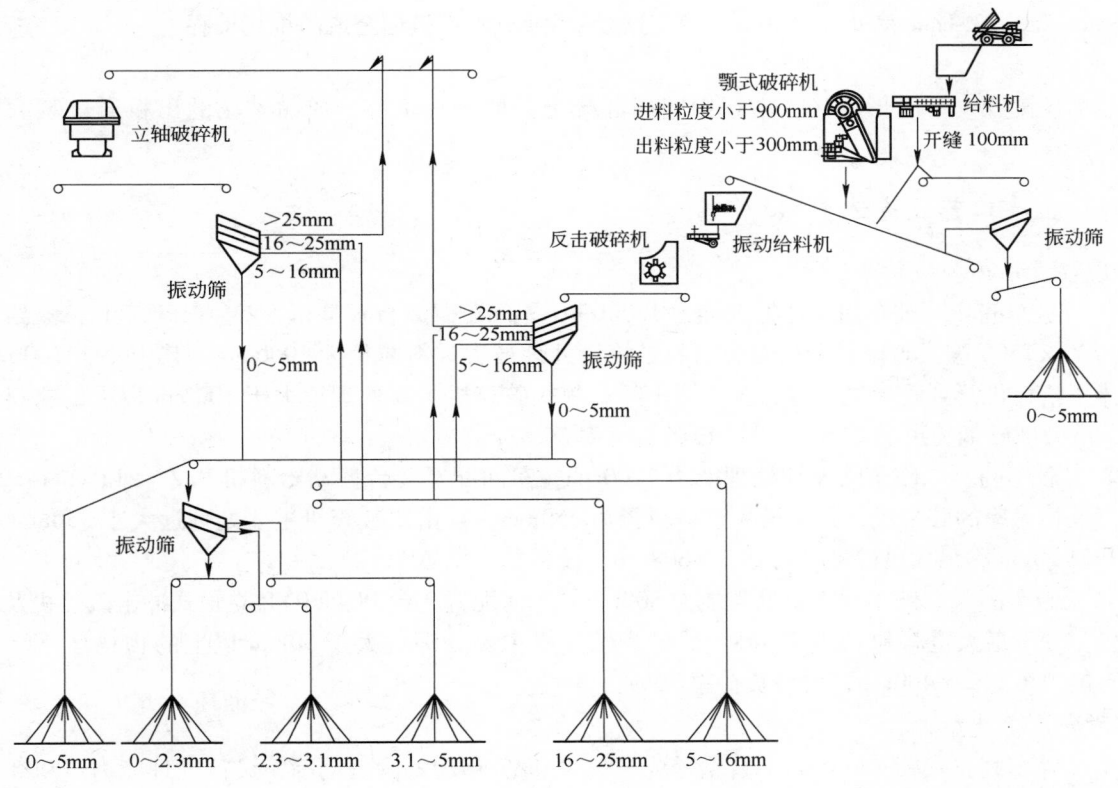

图19-1 项目生产线工艺流程图

### 2. 破碎工艺

破碎采用一破、二破、三破三段破碎工艺，一破和二破采用开路系统，三破和相应的筛分车间形成闭路循环生产系统。可满足各种级配混凝土对各种粒径骨料的不均衡需求。

一破车间设计处理能力为1200t/h，分为两条生产线平行布置，单条生产线的处理能力为600t/h，采用板喂机、棒条给料机加破碎机布置方式，棒条间距为50mm，一破车间设置两台颚式破碎机，设计排料

口开度 $CSS=150mm$ 时，最终产品粒度远小于 250mm，破碎比 $i=4$。一破旁边还设置一筛车间，用来筛分棒条给料机下的物料，筛网工艺孔径 5mm，粒度小于 5mm 的毛料由其筛分分级后作为弃料运输至废料堆，粒径大于 5mm 及一破后的物料经过胶带机运输至二破中间仓。

二破车间选用两台反击破，设计处理能力 1200t/h，两条线平行布置，单台反击破碎机处理能力为 600t/h，其上部设置一个公用的中间仓。来自一破的骨料运至中间仓后，经振动给料机调节进入破碎机的破碎给料量，二破产品由胶带机运至二筛筛车间进行筛分分级，二破破碎机设计排料口开度 $CSS=35mm$，最终产品粒度远小于 50mm，破碎比 $i=3$。

三破车间选用两台立轴破，设计处理能力 800t/h，两条线平行布置，单台反击破碎机处理能力为 400t/h，其上部设置一个公用的中间仓。三破设备破碎后产品由胶带机运至三筛车间进行筛分分级。

3. 筛分工艺

一筛车间主要负责一破车间产品分级，设计处理能力 200t/h，一筛车间将一破产品分层大于 5mm 和小于 5mm 两部分，大于 5mm 产品由胶带机运至二破车间，小于 5mm 产品由胶带机运至废料堆。

二筛车间主要负责二破车间产品的筛分分级，设计处理能力 2000t/h，二筛车间将产品筛分分级成大于 25mm、16～25mm、5～16mm 和小于 5mm 四部分，大于 25mm 的产品由胶带机运至三破车间继续破碎整形，16～25mm 和 5～16mm 的产品由胶带机运至成品堆场堆存，小于 5mm 的产品由胶带机运至三筛车间。

三筛车间设计处理能力 400t/h，主要用于小于 5mm 的产品筛分分级，三筛车间将产品筛分分级成 3.1～5mm、2.3～3.1mm 和小于 2.3mm 三部分，然后通过胶带机运至成品堆场堆存。

4. 成品堆场

成品堆场设置 5 个圆形堆场，堆场中间用混凝土挡墙分开堆存。成品堆场的出料通过装载机出料方式。

（四）主要工艺设备选型

1. 破碎设备选型设计

（1）一破车间：一破车间设计处理能力 1200t/h，车间配置 2 台板喂机、2 台 HPF1560 棒条给料机和 2 台 PE1200×1500 颚式破碎机及相对应的胶带机。处理最大进料粒径为 1000mm，其中小于 100mm 的物料通过棒条给料机下到胶带机上输送至一筛车间。颚式破碎机主要处理远大于 100mm 以上的物料，开口 100mm，最大破碎能力可达 $2×800t/h$，设备负荷率 66.7%。

（2）二破车间：二破车间设计处理能力 1200t/h，车间配置 2 台振动给料机和 2 台 LPF1114.24 反击式破碎机及相对应的胶带机。处理最大进料粒径为 350mm。反击式破碎机主要处理远大于 350mm 以上的物料，开口 50mm，最大破碎能力可达 $2×600t/h$，设备负荷率 70%。

（3）三破车间：三破车间设计处理能力 800t/h，车间配置 2 台 PL9500YP 立轴式冲击破碎机及相对应的胶带机。处理最大进料粒径为 70mm。反击式破碎机主要处理远大于 50mm 以上的物料，开口 25mm，最大破碎能力可达 $2×400t/h$，设备负荷率 70%。

2. 筛分设备选型设计

（1）一筛车间：一筛车间配置 1 台型号为 ZXF2461AT 移动式圆振动筛，设计处理能力 200t/h，分级范围为大于 5mm 和小于 5mm 两个粒级。

（2）二筛车间：二筛车间配置 3 台型号为 3YKR3075NJ 圆振动筛，设计处理能力 182～1824t/h，分级范围为大于 25mm、16～25mm、5～16mm 和小于 5mm 四个粒级。

（3）三筛车间：三筛车间配置 2 台型号为 2ZXF3061 香蕉筛，设计处理能力 200t/h，分级范围为 3.1～5mm、2.3～3.1mm 和小于 2.3mm 三个粒级。

3. 主要设备配置

主要设备配置见表 19-36。

表 19 - 36 项目主要设备配置

| 序 号 | 类 型 | 型 号 | 能力/t·h⁻¹ | 数量 | 使用车间 |
|---|---|---|---|---|---|
| 1 | 重型板式给料机 | 1800 × 1800 | 0 ~ 650 | 2 | 一破车间 |
| 2 | 给料机 | HPF1560 | 450 ~ 800 | 2 | |
| 3 | 颚式破碎机 | PE - 1200 × 1500 | 300 ~ 800 | 2 | |
| 4 | 移动式圆振动筛 | ZXF2461AT（单层） | 150 ~ 200 | 1 | 一筛车间 |
| 5 | 振动给料机 | GZG150 - 6 | 720 | 2 | 二破车间 |
| 6 | 反击式破碎机 | LPF1114. 24 | 600 | 2 | |
| 7 | 圆振动筛 | 3YKR3075NJ（三层） | 182 ~ 1824 | 3 | 二筛车间 |
| 8 | 立轴式冲击破碎机 | PL9500YP | 300 ~ 450 | 1 | 三破车间 |
| 9 | 香蕉筛 | 2ZXF3061（双层） | 150 ~ 200 | 2 | 三筛车间 |
| 10 | 袋式收尘器 | | | 8 | |
| 11 | 离心式通风机 | | | 8 | |
| 12 | 胶带机 | | | 19 | |

## （五）总平面布置

项目位于重庆市合川区盐井镇，矿石为石灰岩和白云岩。工作内容为破碎、筛分等完整的骨料生产线项目，该项目在满足工艺生产线布置要求的前提下，充分利用地形条件，将厂区沿山坡整平成 3 个平台，第一个平台为卸料区，设计标高为 465m，第二平台破碎、筛分区，设计标高为 457m，第三平台为成品区，设计标高为 446m，减小整平工程量和占地面积，降低了投资。总平面布置了一破车间、一筛车间、二破车间、二筛车间、三破车间、三筛车间、电力室和空气压缩站八个车间，各车间的具体布置的平面布置如图 19 - 2 所示。

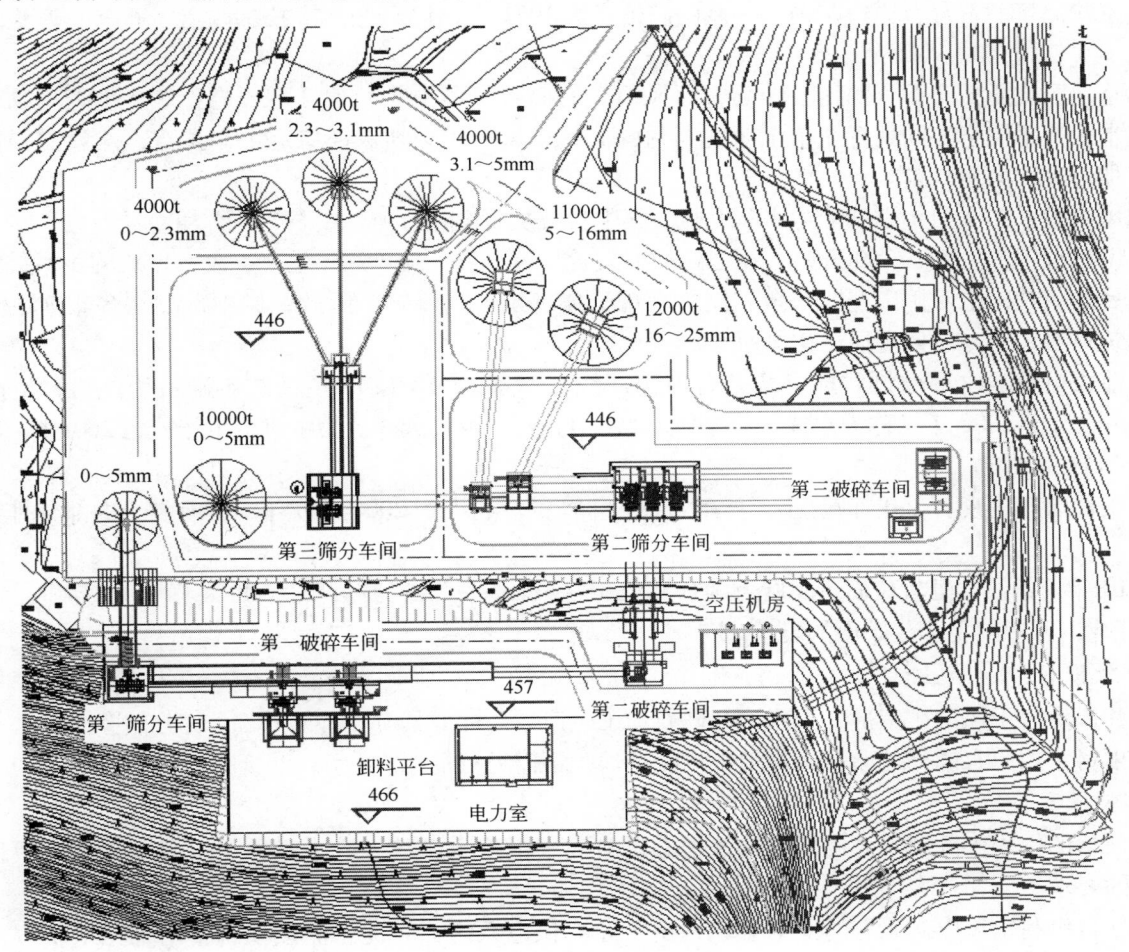

图 19 - 2 项目平面布置图

## （六）运行情况

该项目投产后，运行情况良好，在不到半年的时间内，取得了很好的经济效益。

## 二、北京凤山矿

### （一）项目概况

北京水泥厂有限责任公司（简称北水）是北京金隅股份有限公司的全资子公司，北水所属凤山矿地处昌平区十三陵旅游观光区，现保有储量约6000万吨，采剥比1∶1.8，每年供应北水石灰石约140万吨，产生废石250万吨。北京水泥厂凤山矿石灰石生产过程中剥离出的废石，因其化学成分无法满足水泥生产对石灰质原料质量的要求，只能排弃在废石场内。废石场不但占用了宝贵的土地资源，而且存在产生地质灾害的安全隐患，浪费了资源。同时，为了保障废石场的安全，企业每年投入资金进行治理，增加了企业负担。

该项目将剥离物进行综合利用加工成建筑石料供应北京市场，实现矿山生产零排放，无需新增资源开采和另外申请资源，以现有废石为基础。同时废土、废渣全部回收用于矿山环境治理和生态修复，确保矿山生产无固废排放，矿山资源利用率达到100%。实现矿产资源利用的最大化。

### （二）矿山建设条件

1. 采矿场现状

北京水泥厂的石灰石原料矿山——凤山矿始建于1971年，已历经多次技术改造，石灰石产量逐渐提高到了140万吨/年。

北京地区优质石灰石资源比较缺乏，而凤山矿的矿石仅属中等品位，不可避免地产生剥离物。为了满足北水依托水泥窑协同处置城市工业废弃物的需求，凤山矿必须保证稳定供应矿石，这就需要提高采剥比，加大废石的排放量。

现凤山矿采矿车间年生产能力400万吨。其中，石灰石140万吨，废石260万吨。

凤山矿每年产生废石260万吨，在建厂初期设置了废石场，随着逐年生产，废石排放的积累成为制约企业发展的瓶颈，也对矿山企业安全和周边环境造成一定不良影响。因此，凤山矿早在多年前成立北京博旺建筑材料厂，专门处理凤山矿废石。

目前凤山博旺建筑材料厂拥有两条骨料生产线，一条以MB28/45型锤式破碎机为主机，生产能力100t/h，建设于2000年，称为一线。一条以LPC1016.18型锤式破碎机为主机，生产能力200t/h，建设于2008年，称为二线。

矿山目前产生废石260万吨/年，可用于骨料生产的废石大约200万吨/年，夹有黏土的部分排弃至排土场。

2010年两条线共处置废石近100万吨。其中5～25mm石子55万吨，5～10mm石子15万吨，5mm以下30万吨，不能满足示范矿山的要求。

2. 建设场地

拟建厂址位于凤山矿南部，为原博旺砂石加工生产线厂址。具有完善的外部公路运输条件。

该项目利用原有的一处砂石料加工生产线场地，不需另行征地。

3. 供水及供电

该项目的供水水源使用矿山原有的水源，已有完善的供水系统。其水量、水质完全满足该项目生产和生活的要求。

该项目仍利用凤山矿原有的供电系统，由于原有供电系统比较完备。该项目不增加用电扩容，采用错峰运行方式。

4. 地震烈度

该建设区域的抗震设防烈度为Ⅶ度。

## （三）加工生产工艺

1. 设计原则

（1）生产工艺先进。

（2）选用节能、高效的设备。

（3）安全设施完备。

（4）环保设施配套设计。

2. 综合利用生产工艺的选择

凤山矿废石综合利用技术改造工程是北京水泥厂凤山矿建设"绿色矿山"工程的配套项目，不仅是国家资源、环境政策的体现，更是企业自身的发展需求，同时也是企业勇于承担社会责任的具体表现。

3. 综合利用方案的确定

北京地区用电紧张，尤其是白天用电负荷较大。该项目场址位于深山沟内，远离居民点，因此该项目具有夜间生产错峰用电的条件，不对北京地区的用电负荷产生不利影响。

考虑到生产的不均衡性，废石处理能力为5000t/d，最大5500t/d。生产线设备工作时间为12～14h。除去可直接利用的土质，系统生产能力确定为400t/h。

凤山矿废石综合利用技术改造工程主要由破碎车间、一筛车间、二筛车间、成品储存及空压机房组成。

## （四）主要生产工艺流程

骨料生产流程为：矿用自卸汽车将取自矿山排弃场的废石，送到破碎车间受料仓。废石经由板喂机、波辊式筛分给料机，送到单段锤式破碎机内破碎，破碎后产品由出料胶带机送到成品筛分机分级，合格产品送到碎石储存仓内储存，不合格产品由胶带机输送至破碎机再次破碎。而在进入破碎机之前，波辊式筛分给料机筛除的0～40mm的物料通过胶带机输送至除土用的筛分车间，经筛分机筛分分级，10mm以下的土质送到临时堆场用作复垦及绿化，10～40mm的物料汇同来自成品筛分机上25mm以上的超过要求规格的物料，由胶带机输送至单段锤式破碎机继续破碎，破碎后产品经过生产线筛分分级后分别送到碎石储存仓。

## （五）加工生产车间

1. 破碎车间

破碎车间布置在拟建厂址的北端，靠近现有运输道路。为了减少投资，车间露天布置。卸料平台标高为285m，破碎车间标高为273m。系统生产能力为400t/h，采用重型板式给料机＋波辊筛＋破碎机的布置方式，波辊筛开口算缝40mm，破碎车间配备1台锤式破碎机，排料口开度为25mm，车间配备如下设备：

（1）B2200×10000重型板式给料机。板喂机置于卸料仓下，起到稳定给料、提高破碎机效率的有效设备。

（2）WRS2128波辊筛。置于板喂机下游，具有给料和筛分双重功能，可以把富含腐殖土的碎料有效地挑选出来。该设备与传统的棒条筛分给料机工作机理完全不同，设备具有自清理算缝的功能。不仅给料可控，也提高了筛分效率。

小于40mm的筛下物通过胶带机送到第一筛分车间，大于40mm的筛上物进入破碎机。

（3）TkPC型单转子锤式破碎机，这种机型在国产设备中属于成熟机型，广泛使用。根据生产流程，经预筛分进入破碎机的物料和筛分后返回的物料合计达到400t/h。

（4）B1400×57000mm出料胶带输送机。出料胶带输送机具有仓下负荷出料、磨损集中的特点。根据工艺布置，长度为57m。

2. 第一筛分车间

第一筛分车间用于清除废石中的黏土。经过筛分分级以后，粒度小于10mm的土质，通过皮带输送机暂时堆存在路边的临时堆料场，其他经清土环节的10～40mm物料，送回破碎机破碎。

为了适应雨天的气候，该车间筛分机增设1套筛孔10mm的筛面。

该车间配备1台筛分机、1台收尘器，以及1条胶带输送机。

3. 第二筛分车间

根据产品品种和物料特性，该车间设置两级筛分。第一级筛分机为单层筛网结构，第一级筛分网孔为25mm；第二级筛分为双层筛网结构，第二级筛分机网孔分别为10mm、5mm。此外该车间还需配备两台袋式收尘器以及多条转载胶带输送机。

经第一级筛分后，大于25mm物料通过胶带机运往原有40万吨骨料生产线的料仓进行二次破碎。小于25mm通过溜子运往第二级筛分再行筛分。

经第二级筛分后，物料被分为三个部分，分别为10～25mm、5～10mm、0～5mm三种成品料。

为了取得全面的、真实的生产数据，在筛分车间的胶带输送机上配备电子皮带秤。

4. 成品储存

成品储存设置大石、小石两个钢仓及一个废土堆棚。经过第二级筛分后产品通过胶带机输送至成品储存车间，10～25mm和5～10mm成品物料通过提升机运往钢板仓，0～5mm成品物料通过胶带机运输至堆棚。

为了节省投资，0～5mm成品骨料采用大棚堆放，产品由装载机倒运汽车运走。由于场地受限，本次设计堆场按一天的存量考虑。堆场大棚设计直径20m，高10m。

5. 空压机房

空压机房布置在二筛车间附近，配置1台螺杆式空压机，需要压缩空气流量10m³/min，压力1MPa。压缩后的气体经净化干燥，作为气动阀门、脉冲阀及仪表等的用气气源。

6. 总平面图布置

该项目在满足工艺生产线布置要求的前提下，充分利用地形条件，将生产线沿山坡整平成3个平台，第一个平台为卸料区，设计标高为285m，第二平台为破碎、一筛车间，设计标高为273m，第三平台为二筛车间和成品区，设计标高为263m，台阶设置减小了整平工程量和占地面积，降低了投资。总平面布置了破碎车间、一筛车间、二筛车间、成品堆棚及成品钢板仓、电力室和空压机室7个车间，各车间的具体布置的平面布置如图19-3所示。

## （六）主要工艺设备选型

1. 破碎设备选型

破碎车间设计处理能力为400t/h，车间内配置1台重型板式给料机、1台波辊筛和1台锤式破碎机及相应的胶带输送机，处理最大进料粒径为1000mm。其中小于40mm的物料通过胶带机进入一筛车间进行分级，锤式破碎机主要处理大于40mm的物料，开口为25mm。最大破碎能力可达700t/h。

2. 筛分设备选型

一筛车间设置1台型号为USK2.4×6.0的圆振动筛，设计处理能力为420t/h。分级范围为大于10mm和小于10mm两个粒级产品。

二筛车间设置2台型号为3YAF2460的振动筛，设计处理能力为450t/h。分级范围为大于25mm、10～25mm、5～10mm和小于5mm四个粒级产品。

3. 储存设备选型

由于场地有限，成品储存利用提升机提升至钢仓来储存，钢仓下配置散装头进行装车。

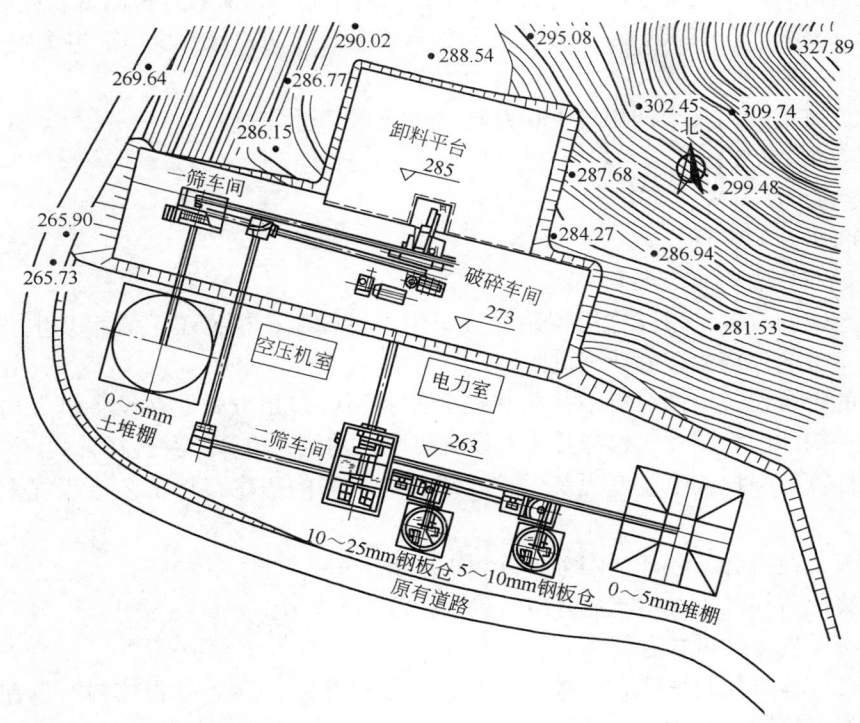

图 19-3 骨料生产线平面布置图

### 4. 收尘设备选型

按照环保需求，所有物料下料点可能导致粉尘的地方，均考虑配备干式除尘设备，配用高压离心风机。成品堆棚由于面积较大，采用密闭式布置方式，同时通过上部喷淋装置来降尘，整个生产系统不会产生粉尘污染。

### 5. 主要设备配置

主要设备配置见表 19-37。

表 19-37 骨料生产线主要设备配置

| 序 号 | 类 型 | 型 号 | 能力/t·h$^{-1}$ | 数量 | 使用车间 |
|---|---|---|---|---|---|
| 1 | 重型板式给料机 | B2200×10000 | 650~850 | 1 | 破碎车间 |
| 2 | 波辊式给料机 | 2400×2300 | 650~850 | 1 | |
| 3 | 锤式破碎机 | NPC2025 | 700 | 1 | |
| 4 | 圆振动筛 | USK2.4×6.0 | 31~646 | 1 | 一筛车间 |
| 5 | 振动筛 | 3YAF2460 | | 2 | 二筛车间 |
| 6 | 板链式提升机 | | | 2 | 储存车间 |
| 7 | 袋式收尘器 | | | 8 | |
| 8 | 离心式通风机 | | | 8 | |
| 9 | 胶带机 | | | 11 | |

## （七）电气及生产过程自动化

该项目供电电源引自附近 10kV 配电站，距离小于 1km。

根据老厂现有条件，利用原有的 10kV 配电站引出两个回路，向变压器及锤式破碎机以放射式方式配电。

根据矿山用电负荷的特点及工艺设备用电需要，在负荷中心反击式破碎机附近新建电力室 1 座，考虑矿山设备容量很大，需配 1 台 1250kV·A 变压器给低压设备及照明检修等供电。电力室内 1 台进线柜，1 台电容器柜，9 台 MCC 柜。

矿山设备用电负荷及电耗（生产规模 150 万吨/年计）如下：

装机总容量约为 2120kW；

计算有功容量约为 1654kW；

年耗电量约 508.8 万 kW·h；

矿山石灰石单位综合电耗约 3.4kW·h/t。

该项目主要生产线的设备采用计算机控制系统集中进行控制，根据工艺流程及生产特点，全厂设一个控制室，以实现主工艺生产流程的计算机监控。

由计算机控制的每台设备均设有集中控制和机旁控制两种控制方式。在设备机旁均设有按钮盒或控制箱，并装有带统一钥匙的控制方式选择开关，设有集中、零位、机旁三种选择方式。

集中控制时，计算机根据按工艺流程及保护要求预先编制的程序，将工艺流程线上的设备成组启动与停车。

机旁控制时，人工在机旁单独开、停车，以利于单机试车。

零位方式时，集中遥控及机旁均不能开车，确保检修人员安全。

故障时，中控室及机旁均可紧急停车。

控制室内设一套计算机控制系统，在控制室内设现场操作站一套。过程控制站设在控制室内，完成破碎及骨料的生产过程控制。

## （八）运行情况

该项目投产后迅速达产，整条工艺线及设备运行情况良好，达到了预期目的。

撰稿、审定：黄东方　廖正彪（天津水泥工业设计研究院有限公司）

# 第二十章　矿山经济技术评价

矿山建设项目经济评价是建设项目决策的重要依据，对于提高建设项目决策的科学化水平、引导和促进各类资源的合理有效配置，优化投资结构，充分发挥投资效益具有重要作用。对于建材行业矿山而言，就是工程咨询单位在为业主提供技术方案的同时，需要对该方案进行的技术经济评价与分析，以实现项目投资效益、社会效益、资源利用率的最大化；确定合理的融资方式，保证项目融资成本低、风险低；对项目的抗风险能力与抵御风险能力等分析论证。

## 第一节　水泥矿山项目经济技术评价体系

### 一、财务效益与费用估算

财务效益与费用估算是财务分析的重要基础，其估算的准确性与可靠程度直接影响财务分析结论。

财务效益与费用估算应遵循"有无对比"的原则，正确识别和估算"有项目"和"无项目"状态的财务效益与费用，计算依据要符合国家规定，参数选取要合理，方法要适宜，并能反映建材矿山开采行业建设项目的特点。

为与财务分析相协调，进行融资前分析时，应先估算建设投资及营业收入，然后是经营成本和流动资金，在进行融资后分析时，应在初步融资方案的基础上估算建设期利息，最后完成总成本费用估算。

#### （一）营业收入

项目的财务效益与项目目标有直接关系，项目目标不同，财务效益包含的内容也不同。对于建材行业的矿山项目而言，独立核算的矿山按矿石的销售价格计算营业收入，非独立核算的矿山可按内部核算价计算营业收入。

$$销售额 = 销售量 \times 销售价格$$

#### （二）费用估算

1. 建设投资

建设投资是项目费用的重要组成，是项目财务分析的基础数据，可根据项目前期研究的不同阶段、对投资估算精度的要求及相关规定进行估算。

建设投资由工程费用、工程建设其他费用和预备费三部分构成。其中工程费用又由建筑工程费用、设备购置费（含工器具及生产家具购置费）和安装工程费构成；工程建设其他费用内容较多，随项目的不同有所区别；预备费包括基本预备费和涨价预备费。

2. 建设期利息

建设期利息是指项目在建设期间内发生并计入固定资产的利息，主要是建设期发生的支付银行贷款、出口信贷、债券等的借款利息和融资费用。

为了简化计算，在编制投资估算时通常假定借款均在每年的年中支用，借款第一年按半年计息，其余各年份按全年计息。

计算公式如下：

$$Q = \sum_{j=1}^{n} (P_{j-1} + A_j/2) i \tag{20-1}$$

式中　　$Q$——建设期借款利息；

$P_{j-1}$——建设期第 $j-1$ 年末借款本息累计；

$A_j$——建设期第 $j$ 年借款金额；

$i$——借款年利率；

$n$——建设期。

3. 流动资金

流动资金是指营运期内长时间占用并周转使用的营运资金，即流动资产中扣除流动负债的差额。

流动资金估算方法可采用扩大指标估算法或分项详细估算法：

（1）扩大指标估算法。可参照同类矿山企业流动资金占营业收入、经营成本的比率来估算。

（2）分项详细估算法。可按式（20-2）~ 式（20-13）来进行具体计算：

$$流动资金 = 流动资产 - 流动负债 \tag{20-2}$$

$$流动资产 = 应收账款 + 预付账款 + 存货 + 现金 \tag{20-3}$$

其中：

$$应收账款 = 年经营成本/应收账款周转次数$$

$$存货 = 外购原材料、燃料 + 其他材料 + 在产品 + 产成品 \tag{20-4}$$

$$外购原材料、燃料 = 年外购原材料、燃料费用/分项周转次数 \tag{20-5}$$

材料的周转天数及周转次数见表 20-1。

表 20-1　材料周转天数及周转次数

| 项　目 | 周转天数 | 周转次数 | 项　目 | 周转天数 | 周转次数 |
|---|---|---|---|---|---|
| 柴　油 | 20 ~ 30 | 18 ~ 12 | 轮　胎 | 180 | 2 |
| 汽　油 | 20 ~ 30 | 18 ~ 12 | 钻　头 | 60 ~ 90 | 6 ~ 4 |
| 润滑油 | 20 ~ 30 | 18 ~ 12 | 钻　杆 | 60 ~ 90 | 6 ~ 4 |
| 硝铵炸药 | 45 ~ 90 | 8 ~ 4 | 冲击器外套 | 60 ~ 90 | 6 ~ 4 |
| 导爆管 | 45 ~ 90 | 8 ~ 4 | 铲　牙 | 60 ~ 90 | 6 ~ 4 |
| 雷　管 | 45 ~ 90 | 8 ~ 4 | 金属材料 | 60 ~ 90 | 6 ~ 4 |
| 电　线 | 45 ~ 90 | 8 ~ 4 | | | |

$$在产品 = （经营成本 - 管理费用 - 营业费用）/在产品周转次数 \tag{20-6}$$

周转天数为 4 ~ 6 天，周转次数为 60 ~ 90 次。

$$产成品 = （年经营成本 - 年营业费用）/产成品周转次数 \tag{20-7}$$

周转天数为 6 ~ 8 天，周转次数为 60 ~ 90 次。

$$现金 = （年工资及福利费 + 年其他费用）/现金周转次数 \tag{20-8}$$

周转天数为 8 ~ 10 天，周转次数为 60 ~ 90 次。

$$年其他费用 = 制造费用 + 管理费用 + 营业费用 - 年折旧费 - 年摊销费 - 年修理费） \tag{20-9}$$

$$流动负债 = 应付账款 + 预收账款 \tag{20-10}$$

$$应付账款 = （年外购材料、燃料、动力费用）/应付账款周转次数 \tag{20-11}$$

周转天数为 10 ~ 15 天，周转次数为 24 ~ 36 次。

$$预收账款 = 预收的营业收入年金额/预收账款周转次数 \tag{20-12}$$

一般情况下不计算预售款，但是外卖矿石且产品供不应求地区，可视实际情况酌情计算。

$$流动资金本年增加额 = 本年流动资金 - 上年流动资金 \qquad (20-13)$$

4. 总成本费用

总成本费用是指在运营期内为生产和销售产品提供劳务发生的全部费用，包括经营成本、折旧费、摊销费和财务费用之和。

总成本费用估算可采用生产要素估算法，也可采用生产成本价期间费用估算法。建材矿山企业经济评价中通常采用生产要素估算法估算总成本费用。各分项的内容和估算要点如下：

（1）外购原材料和燃料动力。矿山生产企业主要包括外购柴油、炸药、雷管、导爆管、轮胎、钻头、钻杆、铲牙、钢材及电等。估算时需要相关专业提供外购原材料和燃料动力年耗量，选用的价格时点和价格体系应与营业收入的估算一致。

（2）工资及福利费。工资及福利费是指企业为获得职工提供的服务而给予的各种形式的报酬以及其他相关支出，通常包括职工工资、奖金、津贴和补贴。职工福利费可按工资总额的14%计提。为简便计算，全部职工的工资及福利费合并估算。定员可按矿山生产需要，采用岗位工方式配置。也可参照同类型同规模的矿山的定员大致估算。

（3）固定资产折旧费。固定资产在使用过程中会受到磨损，其价值损失通常是通过提取折旧的方式得以补偿。

建材矿山企业的固定资产折旧费可按年限平均法计算，计算公式见下式：

$$年折旧额 = 固定资产原值 \times （1 - 预计净残值）/ 折旧年限 \qquad (20-14)$$

建材矿山企业不提取维简费，其他行业的矿山可根据相关规定提取维简费或折旧。

固定资产可分为房屋和建筑物及机器设备。

房屋主要包括各类生产厂房、仓库、矿山工业场地和炸药库等，按照财务制度的规定，折旧年限一般不超过35年。建筑物主要包括储库、皮带机走廊及转运站、道路广场和桥涵、水池水塔、各类支架、地沟、汽车衡房、加油站、防洪设施、雨水排除、挡土墙、土石方工程等。按照财务制度的规定，折旧年限一般不超过20年。

房屋和建筑物占建筑工程总值的比例为：房屋28%~35%，建筑物65%~72%，根据矿山的开采规模、开采方案及工业场地的规模，适当调整上述比例。

矿山的机械设备主要包括开采、破碎及输送等，折旧年限可统一按8年考虑，也可根据实际情况适当调整。

（4）修理费。修理费是指为保持固定资产的正常运转和使用，充分发挥使用功能，对其进行必要修理所发生的费用。

建材矿山企业的修理费可按固定资产原值的一定比例估算。一般可按照设备到厂购置原价的3%~5%计算。

（5）无形资产和其他资产摊销。无形资产和其他资产的摊销费一般采用平均年限法，不计残值。无形资产包括土地使用权、长期摊销费用、外部工程、专有技术等，按使用期限或财务制度的有关规定平均摊销，无法确定使用年限的可按10年平均摊销。

无形资产摊销年限表见表20-2。

表 20-2　无形资产摊销年限表

| 序号 | 无形资产内容 | 摊销年限 |
| --- | --- | --- |
| 1 | 土地使用权 | 矿山开采经营期或财务评价确定的生产经营期 |
| 2 | 长期摊销费用 | 财务评价确定的生产经营期 |
| 3 | 外部工程 | 10年 |
| 4 | 专有技术 | 10年 |

（6）其他费用估算。其他费用是指在制造费用、管理费用、营业费用中扣除工资及福利费、折旧费、修理费、摊销费以后的其余费用：

1）其他制造费用。其他制造费用是指企业为生产产品和提供劳务而发生的各项间接费用，包括生产单位管理人员工资和福利、折旧费、修理费（管理用房屋、建筑物、设备）、办公费、水电费、机物料消耗、劳动保护费、季节性和修理期间的停工损失等，但不包括企业行政管理部门为组织和管理生产活动而发生的管理费用。一般按照固定资产原值的 0.5%~1.0% 计算。

2）其他管理费用。其他管理费用是指企业为管理和组织生产经营活动所发生的各项费用，包括公司经费、工会经费、职工教育经费、五险一金、业务招待费、董事会费、咨询费、技术转让费、矿产资源补偿费、矿山安全费、房产税、车船使用税、印花税、无形资产与其他资产摊销、计提的坏账准备和存货跌价准备等。一般按照营业收入的 2%~2.5% 加上按工资总额计取的"五险一金"计算。"五险一金"的计算方式参照当地规定，一般为工资总额的 30%~50%。

3）其他营业费用。其他营业费用是指企业在销售商品过程中发生的各项费用以及专设销售机构的各项经费。如果是附属于水泥企业建设的矿山此项费用可不计算。

（7）财务费用。财务费用是指企业为筹集资金而发生的各项费用，包括利息净支出、汇兑损失以及相关的手续费等。在项目经济评价时，通常只考虑利息净支出。利息支出包括长期借款利息、流动资金借款利息和短期借款利息三部分。

根据成本费用与产量的关系可以将总成本费用分解为可变成本和固定成本。一般将工资和福利费、制造费用、管理费用、财务费用和营业费用视为固定成本。外购原材料、辅助材料及动力费等视为可变成本。

5. 税金

建材矿山企业主要征收的税金包括增值税、营业税金附加、资源税和所得税等。营业税金附加主要指城市维护建设税和教育费附加，见式（20-15）~式（20-21）。

$$增值税额 = 销项税额 - 进项税额 \tag{20-15}$$
$$销项税额 = 销售额 \times 销项税率 \tag{20-16}$$
$$进项税额 = 外购价格 \times 扣税率 \tag{20-17}$$
$$城市维护建设税 = 应缴增值税 \times 适用税率 \tag{20-18}$$
$$教育费附加 = 应缴增值税 \times 适用费率 \tag{20-19}$$
$$资源税 = 开采数量 \times 适用税率 \tag{20-20}$$
$$所得税 = 应纳税所得额 \times 适用税率 \tag{20-21}$$

## 二、资金来源与融资方案

在投资估算的基础上，资金来源与融资方案应分析项目总投资的来源渠道及筹措方式，并在明确项目融资主体的基础上，设定初步融资方案。通过对初步融资方案的资金结构、融资成本和融资风险的分析，结合融资后财务分析，比选、确定融资方案，为财务分析提供必需的基础数据。

项目总投资包含着项目资本金和债务资金两个部分，是资金筹措的总额。

项目资本金是指由投资者认缴的出资额，对于建设项目来说是非债务性资金，项目法人不承担这部分资金的任何利息和债务；投资者可按其出资的比例依法享有所有者权益，也可转让其出资及其相应权益，但不得以任何方式抽回，是确定项目产权关系的依据，也是项目获得债务资金的信用基础。项目资本金的出资方式可以是货币出资，也可以是实物、工业产权、非专利技术、土地使用权及资源开采权。其中以工业产权和非专利技术作价出资的比例一般不得超过项目资本金总额的 20%。

水泥项目的资本金占项目总投资的比例不得低于 35%，建材矿山项目的建设遵循同一比例。

债务资金是指以负债方式从金融机构、证券市场等资本市场取得的资金，包括长期借款、流动资金借款。债务资金主要通过商业银行贷款、政策性银行贷款、企业债券和融资租赁等渠道和方式筹措。

按照融资主体的不同，项目的融资可分为既有法人融资和新设法人融资两种方式。

既有法人融资方式是以既有法人为融资主体的融资方式。基本特点是：由既有法人发起项目、组织融资活动并承担融资责任和风险；建设项目所需的资金，来源于既有法人内部融资、新增资本金和新增债务资金；新增债务资金依靠既有法人整体（包括拟建项目）的盈利能力来偿还，并以既有法人整体的资产和信用承担债务担保。

新设法人融资方式是以新组建的具有独立法人资格的项目公司为融资主体的融资方式。基本特点是：由项目发起人（企业或政府）发起组建新的具有独立法人资格的项目公司，由新组建的项目公司承担融资责任和风险；建设项目所需资金的来源，包括项目公司股东投入的资本金和项目公司承担的债务资金；依靠项目自身的盈利能力来偿还债务；一般以项目投资形成的资产、未来收益或权益作为融资担保的基础。

### 三、财务评价

财务评价是根据国家现行财税制度和现行价格体系，在财务效益与费用估算以及编制财务辅助报表的基础上，编制财务报表，计算财务分析指标，考察和分析项目的盈利能力、偿债能力和财务生存能力，判断项目的财务可行性，明确项目对财务主体的价值以及对投资者的贡献，为投资决策、融资决策以及银行审贷提供依据。

财务评价可分为融资前分析和融资后分析。融资前分析是指在考虑融资方案前就开始进行的财务评价，即不考虑债务融资条件下进行的财务评价。在融资前分析结论满足的情况下，初步设定融资方案，再进行融资后分析，融资后分析是指以设定的融资方案为基础进行的财务评价。

融资前分析只进行盈利能力分析，并以项目投资者折现现金流量分析为主，计算项目投资内部收益率和净现值指标，也可计算投资回收期指标（静态）。

融资后分析要考察项目在拟定融资条件下的盈利能力、偿债能力和财务生存能力，判断项目方案在融资条件下的可行性。

融资后的盈利能力分析，包括动态分析（折现现金流量分析）和静态分析（非折现盈利能力分析）

动态分析应在拟定的融资方案下，从项目资本金出资者整体的角度，确定其现金流入与现金流出，编制项目资本金现金流量表，利用资金时间价值的原理进行折现，计算项目资本金财务内部收益率指标，考察出资者可获得的收益水平。

静态分析是指不采取折现方式处理数据，以及利润与利润分配表计算总投资收益率、项目资本金净利润率、投资利润率和投资利税率等指标。

盈利能力分析的主要指标包括项目投资财务内部收益率和财务净现值、项目资本金财务内部收益率、投资回收期、总投资收益率、项目资本金净利润率等：

（1）财务内部收益率（$FIRR$），即项目在整个计算期内各年净现金流量现值累计等于零时的折现率，它反映了项目所占用资金的盈利率，是考察项目盈利能力的主要动态评价指标。计算公式见下式：

$$\sum_{t=1}^{n}(CI-CO)_t(1+FIRR)^{-t}=0 \qquad (20-22)$$

式中　　$CI$——现金流入量；

$CO$——现金流出量；

$(CI-CO)_t$——第 $t$ 年的净现金流量；

$n$——计算期年数。

项目投资财务内部收益率、项目资本金财务内部收益率和投资各方财务内部收益率都依据上式计算，但所用的现金流入流出不同。当求得的财务内部收益率大于或等于行业基准收益率 $i_c$ 时，项目在财务上可以考虑接受。

（2）财务净现值（FNPV），指按行业的基准收益率或设定的折现率，计算项目计算期内净现金流量的现值之和。计算公式见下式：

$$FNPV = \sum_{t=1}^{n} (CI - CO)_t (1 + i_c)^{-t} \qquad (20-23)$$

式中　　$CI$——现金流入量；

　　　　$CO$——现金流出量；

$(CI - CO)_t$——第 $t$ 年的净现金流量；

　　　　$n$——计算期年数；

　　　　$i_c$——设定的折现率。

按照设定的折现率计算的财务净现值大于或等于零时，项目方案在财务上可以考虑接受。

（3）投资回收期（$P_t$），是指以项目的净收益回收项目投资所需要的时间，一般一年为单位，从项目建设开始年算起。计算公式见下式：

$$\sum_{t=1}^{P_t} (CI - CO)_t = 0 \qquad (20-24)$$

投资回收期可根据现金流量表计算，项目投资现金流量表中累计净现金流量由负值变为零时，即为项目的投资回收期。计算公式见下式：

$$P_t = T - 1 + \frac{\left| \sum_{i=1}^{T-1} (CI - CO)_i \right|}{(CI - CO)_T} \qquad (20-25)$$

式中　$T$——各年累计净现金流量首次为正值或零的年数。

投资回收期越短，表明项目投资回收越快，抗风险能力越强。

（4）总投资收益率（ROI），是指项目达到设计能力后正常年份的年息税前利润或营运期内年平均息税前利润（EBIT）与项目总投资（TI）的比率。计算公式见下式：

$$ROI = \frac{EBIT}{TI} \times 100\% \qquad (20-26)$$

（5）资本金净利润率（ROE），表示项目资本金的盈利水平，是指项目达到设计能力后正常年份的净利润或年平均净利润与项目资本金的比例。计算公式见下式：

$$ROE = \frac{NP}{EC} \times 100\% \qquad (20-27)$$

式中　$NP$——正常年份的净利润或年平均净利润；

　　　$EC$——项目资本金。

若项目资本金净利润高于同行业的净利润率参考值，表明项目的盈利能力满足要求。

偿债能力分析主要是通过计算利息备付率、偿债备付率、资产负债率等指标，分析判断项目的偿债能力。上述指标按下列公式计算：

（1）利息备付率（ICR），是指借款偿还期内的息税前利润与应付利息的比值，从付息资金来源的充裕性角度反映项目偿付债务利息的保障程度。计算公式见下式：

$$ICR = \frac{EBIT}{PI} \qquad (20-28)$$

式中　$EBIT$——息税前利润；

　　　$PI$——计入总成本费用的应付利息。

（2）偿债备付率（DSCR），是指项目在借款期内，可用于还本付息的资金与应还本付息金额的比值，表示可用于还本付息的资金偿还借款本息的保障程度。计算公式见下式：

$$DSCR = \frac{EBITAD - T_{AX}}{FD} \qquad (20-29)$$

式中　$EBITAD$——息税前利润加折旧和摊销；

　　　$T_{AX}$——企业所得税；

　　　$FD$——应还本付息金额，包括还本金额和计入总成本费用的全部利息。融资租赁费用可视同借款偿还，运营期内的短期借款本息也应纳入计算。

　　偿债备付率应分年计算，偿债备付率高，表明可用于还本付息的资金保障程度高。

　　偿债备付率应大于1，并结合债权人的要求确定。

　　（3）资产负债率（$LOAR$），是指各期末负债总额与资产总额的比率。计算公式见下式：

$$LOAR = \frac{TL}{TA} \times 100\% \qquad (20-30)$$

式中　$TL$——期末负债总额；

　　　$TA$——期末资产总额。

　　适度的资产负债率，表明企业经营安全、稳健，具有较强的筹资能力，也表明企业和债权人的风险较小。项目财务分析中，在长期债务还清后，可不再计算资产负债率。

　　财务生存能力分析，是在编制财务现金流量表的基础上，通过考察项目计算期内的投资、融资和经营活动所产生的各项现金流入流出，计算净现金流量和累计盈余资金，分析项目是否有足够的净现金流量维持正常营运，以实现财务可持续性。

　　财务可持续性应首先体现在有足够大的经营活动净现金流量、其次各年累计盈余资金不应出现负值。若出现负值，应进行短期借款，同时分析该短期借款的年份长短和数额大小，进一步判断项目的财务生存能力。短期借款应体现在财务计划现金流量表，其利息应计入财务费用。为维持项目正常运营，还应分析短期借款的可靠性。

## 四、不确定性分析与风险分析

　　建材矿山工业建设项目评价所采用的数据大部分都来自估算和预测，有一定程度的不确定性。为了分析不确定性因素的变化对经济评价指标的影响，估计可能存在的风险，需要进行不确定性分析。

　　不确定性分析主要包括盈亏平衡分析和敏感性分析。

　　盈亏平衡分析是指通过计算项目的盈亏平衡点，分析项目成本与收入的关系，判断项目对产出品数量变化的适应能力和抗风险能力。盈亏平衡点可采用生产能力利用率与产量表示，按式（20-31）及式（20-32）来计算：

$$BEP_{生产能力利用率} = 年固定成本/（年营业收入 - 年可变成本 - 年营业税及附加） \times 100\%$$

$$(20-31)$$

$$BEP_{产量} = 年固定成本/（单位产品价格 - 单位产品可变成本 - 单位产品营业税及附加） \quad (20-32)$$

　　敏感性分析是指通过分析不确定因素发生增减变化时，对项目评价指标的影响。分析评价指标对该因素的敏感程度，并分析该因素达到临界点时项目的承受能力。敏感性分析通过敏感度系数来评估。敏感度系数是指项目评价指标变化率与不确定性因素变化率之比，计算公式见下式：

$$S_{AF} = \frac{\Delta A/A}{\Delta F/F} \qquad (20-33)$$

式中　$\Delta F/F$——不确定因素 $F$ 的变化率；

　　　$\Delta A/A$——不确定因素 $F$ 发生 $\Delta F$ 变化时，评价指标 $A$ 的相应变化率。

　　敏感度系数越大，表示项目效益对该不确定因素的敏感程度越高。

　　临界点转换值是指不确定因素的变化是项目由可行变为不可行的临界数值，一般采用不确定性因素相对基本方案的变化率或其相对应的具体数值表示。

### 五、方案经济比选

方案经济比选是寻求合理的经济和技术方案的必要手段，也是项目评价的重要内容。在项目经济评价中对规模、设备、工艺、厂址等的不同方案进行比选，根据比选结果，结合其他因素进行技术方案的最后决策。

方案经济比选可采用效益比选法、费用比选法和最低价格法。

效益比选法包括净现值比较法、净年值比较法、差额投资内部收益率比较法：

（1）净现值比较法，比较备选方案的财务净现值或经济净现值，以净现值大的方案为优。比较净现值时应采用相同的折现率。

（2）净年值比较法，比较备选方案净年值的，以净年值大的方案为优。比较净年值时应采用相同的折现率。

（3）差额投资财务内部收益率法，使用备选方案差额现金流，计算公式见下式：

$$\sum_{t=1}^{n}\left[(CI-CO)_{大}-(CI-CO)_{小}\right](1+\Delta FIRR)^{-t}=0 \tag{20-34}$$

式中　$(CI-CO)_{大}$——投资大的方案的财务净现金流量；

　　　$(CI-CO)_{小}$——投资小的方案的财务净现金流量；

　　　$\Delta FIRR$——差额投资财务内部收益率。

计算出差额投资财务内部收益率后，与设定的基准收益率进行比较，当差额投资财务内部收益率大于或等于设定的基准收益率，以投资大的方案为优，反之投资小的方案为优。在进行多方案比较时，应先按投资大小，由小到大排序，再依次就相邻方案两两比较，从中选出最优方案。

费用比选方法包括费用现值比较法、费用年值比较法：

（1）费用现值比较法，计算备选方案的总费用现值并进行对比，以费用现值较低的方案为优。

（2）费用年值比较法，计算备选方案的费用年值并进行对比，以费用年值较低的方案为优。

最低价格比较法，在相同产品方案比选中，以净现值为零推算备选方案的产品最低价格，应以最低产品价格较低的方案为优。

## 第二节　水泥石灰石矿山经济评价案例

### 一、概述

该项目为某水泥有限公司石灰石矿山工程，设计规模为 250 万吨/年。矿山采用露天开采方式，为长胶带运输。产品为水泥熟料用石灰石（破碎后）。

尽管该矿山是该水泥有限公司的配套矿山，但矿山在财务上独立核算，因此，该财务评价将其设定为独立的矿山生产企业，并按照《建设项目经济评价方法与参数》（第三版）、《建材工业建设项目经济评价实施细则》和现行企业的有关法律、法规及财务制度进行经济评价。评价指标汇总表见附表 20 - 1。

### 二、项目总投资及资金筹措

#### （一）项目总投资及构成

项目建设规模总投资由建设投资、建设期利息和铺底流动资金三部分构成，建设规模总投资估算为 25052 万元；项目总投资由建设投资、建设期利息和流动资金三部分构成，总投资估算为 25991 万元，构成见表 20 - 3。

**表 20 - 3　项目总投资的构成** （万元）

| 投　资　项　目 | 投　资　额 |
|---|---|
| （1）建设投资 | 24297 |
| （2）建设期利息 | 554 |
| （3）流动资金 | 1140 |
| 　　其中：铺底流动资金 | 201 |
| 　　　　　流动资金借款 | 939 |
| 　　　　　总投资（建设投资＋建设期利息＋流动资金） | 25991 |
| 　　　　　建设规模总投资（建设投资＋建设期利息＋铺底流动资金） | 25052 |

## （二）资金筹措

### 1. 资本金

该项目资本金 8768 万元，占项目总投资的 35%，符合建材行业资本金不得低于 35% 的有关规定。

项目资本金由该水泥有限公司以自有资金投入该项目。其中用于建设投资 8567 万元，用于铺底流动资金 201 万元。

### 2. 银行借款

剩余建设投资 16284 万元全部申请银行借款，其中借款本金 15729 万元，建设期借款利息 554 万元，借款年利率 7.05%。

### 3. 流动资金借款

预计该项目正常生产年需要流动资金 1341 万元，按照银行的相关规定，流动资金中应有不低于 30% 的自有铺底资金，计 402 万元，其中由建设投资中的备品备件转入 202 万元，其余由项目资本金支付；另外 70% 申请流动资金借款，计 939 万元，借款年利率 6.56%。

以上资金来源合计 25991 万元。

投资计划与资金筹措详见附表 20 - 2。

## 三、总成本费用

（1）矿山原材料：矿山原材料价格由该水泥有限公司提供。消耗量根据设计指标和生产负荷计算。

（2）工资及福利基金：矿山工程需定员 108 人，人均年工资 18000 元；福利费按工资总额的 14% 计提。

（3）修理费：按照设备到厂原价的 5% 计算修理费。

（4）其他制造费：按照固定资产原价的 0.5% 计算其他制造费用

（5）其他管理费用：按照营业收入的 2.2% 加上按工资总额计取的"五险一金"计算。

（6）其他营业费用：其他营业费用主要包括包装材料费、广告费用和其他费用。

（7）折旧费：固定资产主要包括房屋、建构筑物和各类机器设备。为简化计算，在不影响总成本费用计算结果的前提下，将全部折旧费合并在一起计算。按分类固定资产原值和分类折旧年限，采用直线折旧法计算折旧费。固定资产净残值率为 5%。

（8）摊销费：摊销费主要包括无形资产摊销费和其他资产摊销费。无形资产主要指征地费用、外部工程等。其他资产是指开办费支出，主要包括生产职工培训费、试生产期间消耗的备品备件等。按照有效使用期限或财务制度规定的摊销年限计算无形资产和其他资产摊销费。

（9）财务费用：主要指生产期利息净支出，包括长期借款，短期借款和流动资金借款的当年应计利息，根据前一年度年末借款余额和借款利率分年计算前一年度银行借款利息支出。

总成本费用由以上部分组成，总成本费用汇总详见附表 20 - 3。

生产期年平均总成本费用为 6021 万元，平均单位成本费用为 24.20 元/吨，年经营成本费用为 4594 万元，平均单位经营成本费用为 18.47 元/吨。

单位矿石总成本费用构成见表 20 - 4。

表 20 - 4　单位矿石总成本费用构成　　　　　　　　　（元/吨）

| 项　目 | 单位成本费用 | 备　注 |
|---|---|---|
| 矿山材料 | 12.42 | 生产期 20 年平均 |
| 动　力 | 1.53 | 生产期 20 年平均 |
| 工资及福利 | 0.89 | 生产期 20 年平均 |
| 折旧费、摊销费 | 4.55 | 生产期 20 年平均 |
| 修理费 | 2.19 | 生产期 20 年平均 |
| 其他制造费 | 0.36 | 生产期 20 年平均 |
| 其他管理费用 | 1.08 | 生产期 20 年平均 |
| 财务费用 | 1.18 | 生产期 20 年平均 |
| 合　计 | 24.20 | 生产期 20 年平均 |

## 四、财务评价

### （一）销售收入

1. 矿石产量及售价（表 20 - 5）

表 20 - 5　矿石产量及售价

| 矿石名称 | 产量/万吨 | 售价（不含税）/元·吨$^{-1}$ |
|---|---|---|
| 石灰石 | 250 | 36.00 |

2. 税收

增值税：执行现行增值税条例；

城建税：按增值税额的 7% 计提；

教育费附加：按增值税额的 3% 计提；

所得税：按应纳税所得额的 25% 计提；

资源税：石灰石 2 元/吨。

税后利润提取 10% 的法定盈余公积金，法定盈余公积金的提取数额累计达到资本金的 50% 时不再提取。

3. 计算负荷

财务评价中设定项目投产后第一年计算负荷为 90%，以后各年计算负荷为 100%。

4. 计算期

项目计算期为 21 年，其中建设期 1 年，生产经营期 20 年。

### （二）损益计算

项目投产后第一年在计算负荷为 90%，各项成本费用负担最大的条件下实现税后利润 431 万元，以后各年呈逐年递增的趋势。生产期主要损益指标见表20-6。

表20-6 生产期主要损益指标

| 指标名称 | 单位 | 生产期总计 | 生产期年平均 |
| --- | --- | --- | --- |
| 销售收入（不含增值税） | 万元 | 179100 | 8955 |
| 总成本费用（不含增值税） | 万元 | 120411 | 6021 |
| 利润总额 | 万元 | 47094 | 2355 |
| 税后利润 | 万元 | 35320 | 1766 |
| 法定盈余公积金 | 万元 | 3532 | 177 |
| 任意盈余公积金 | 万元 | 1766 | 88 |
| 可分配利润 | 万元 | 30022 | 1501 |
| 所得税 | 万元 | 11773 | 589 |
| 增值税及附加 | 万元 | 28051 | 1403 |

由损益指标测得项目生产期平均投资利润率为9.06%，平均投资利税率为14.46%，上述指标说明项目的创利税能力是比较强的。

## （三）盈利能力分析（表20-7）

表20-7 主要盈利能力指标

| 项目 | 数据 |
| --- | --- |
| （1）财务内部收益率 | |
| 全投资 | 13.73% |
| 资本金 | 13.62% |
| 投资者 | 12.02% |
| （2）投资回收期（年） | |
| 全投资 | 7.81 |
| 资本金 | 10.07 |
| 投资者 | 10.65 |

注：表中投资回收期含建设期1年。

从指标看，项目有一定的盈利能力。

## （四）清偿能力指标

1. 资产负债分析

项目投产第一年资产负债率最高为66.3%，资产负债水平在比较合理的范围内，以后年度随长期负债的逐年减少和折摊费的逐年变化，资产负债率以较快的速度降低，至还清长期借款年资产负债率降到了6.3%。流动比率和速动比率的计算结果表明，在计算期内流动比率和速动比率的计算结果都在比较合理的范围内，未出现较大的异常变动数据，说明项目偿付短期债务和快速变现的能力较强。

结果表明，由于注入了35%的资本金，项目在正常的运作之下，债务风险维持在比较合理的水平，债务风险相对较小。

2. 清偿能力分析

项目归还自筹资金及长期借款本金的资金由以下三部分组成：

（1）固定资产折旧费；

（2）无形资产、递延资产摊销费；

（3）可分配利润。

建设投资借款偿还平衡的结果表明该项目可在 7.64 年内偿清银行贷款的本息（含 1 年建设期），说明项目具有较好的偿还长期借款的能力。

## 五、结论

总的来说，该项目投资较少，产品成本较低，诸多有利因素使得项目有一定的创利税能力；财务评价的结果显示出项目具有比较理想的投资回报并具有较强的清偿能力和相对较小的债务风险。

从财务角度讲，项目是可行的。

## 六、财务评价附表目录

附表20 - 1　评价指标汇总表

附表20 - 2　投资计划与资金筹措表

附表20 - 3　总成本费用汇总表

附表20 - 4　利润及利润分配表

附表20 - 5　资产负债表

附表20 - 6　项目投资财务现金流量表

### 附表20 - 1　评价指标汇总表

| 序号 | 项　　目 | 单位 | 数据 | 备　　注 |
|---|---|---|---|---|
| 1 | 生产能力 | | | |
| 1.1 | 年产品产量 | 万吨 | 250.00 | |
| 2 | 项目投资指标 | | | |
| 2.1 | 投资总额 | 万元 | 25991 | |
| | 　其中：建设投资 | 万元 | 24297 | |
| | 　　　　建设期利息 | 万元 | 554 | |
| | 　　　　流动资金 | 万元 | 1140 | |
| 2.2 | 项目总投资 | 万元 | 25052 | |
| 2.3 | 投资指标 | | | |
| | 　单位产品建设投资 | 元/吨 | 97.19 | |
| 3 | 平均单位产品售价 | 元/吨 | 36.00 | |
| 4 | 平均单位产品成本费用 | 元/吨 | 24.20 | 生产期平均 |
| 5 | 主要损益指标 | | | |
| 5.1 | 年营业收入 | 万元 | 8955 | 生产期平均 |
| 5.2 | 年增值税 | 万元 | 823 | 生产期平均 |
| 5.3 | 年营业税金与附加 | 万元 | 580 | 生产期平均 |
| 5.4 | 年利润总额 | 万元 | 2355 | 生产期平均 |
| 5.5 | 年所得税 | 万元 | 589 | 生产期平均 |
| 5.6 | 年税后利润 | 万元 | 1766 | 生产期平均 |
| | 　其中：用于分配的利润 | 万元 | 1501 | 生产期平均 |

续附表 20 - 1

| 序号 | 项　目 | 单位 | 数据 | 备　注 |
|------|--------|------|------|--------|
| 6 | 主要利税指标 | | | |
| 6.1 | 投资利润率 | % | 9.06 | 生产期平均 |
| 6.2 | 投资利税率 | % | 14.46 | 生产期平均 |
| 6.3 | 总投资收益率 | % | 10.19 | 生产期平均 |
| 6.4 | 资本金净利润率 | % | 20.14 | 生产期平均 |
| 7 | 财务内部收益率 | | | |
| 7.1 | 金投资：所得税前 | % | 13.73 | |
| | 　　　　所得税后 | % | 11.03 | |
| 7.2 | 资本金 | % | 13.62 | |
| 7.3 | 投资者 | % | 12.02 | |
| 8 | 投资回收期 | | | |
| 8.1 | 全投资：所得税前 | 年 | 7.81 | 包括建设期 |
| | 　　　　所得税后 | 年 | 8.98 | 包括建设期 |
| 8.2 | 资本金 | 年 | 10.07 | 包括建设期 |
| 8.3 | 投资者 | 年 | 10.65 | 包括建设期 |
| 9 | 全投资财务净现值：所得税前 | 万元 | 3546 | 基准折现率 11.00% |
| 10 | 资本金财务净现值 | 万元 | 1136 | 基准折现率 12.00% |
| 11 | 建设投资借款偿还期 | | | |
| 11.1 | 借款偿还期 | 年 | 7.64 | 包括建设期 |

**附表 20 - 2　投资计划与资金筹措表**　　　　　　　（万元）

| 序号 | 项　目 | 利率 | 1 | 2 | 3 | 合　计 |
|------|--------|------|------|------|------|--------|
| 1 | 投资计划 | | | | | |
| | 建设投资使用计划 | | 100% | | | 100% |
| 1.1 | 建设投资 | | 24296.6 | | | 24297 |
| 1.2 | 建设期利息 | | 554.5 | | | 554 |
| 1.3 | 流动资金 | | 1031.8 | 107.8 | 0.0 | 1140 |
| | 资金运用合计 | | 25883 | 108 | 0 | 25991 |
| 2 | 资金筹措 | | | | | |
| 2.1 | 资本金 | | 8768 | | | 8768 |
| | 其中：用于建设投资 | 8567.4 | | | 8567 | |
| | 　　　铺底流动资金 | | 200.8 | | | 201 |
| 2.2 | 建设投资借款 | | 15729 | | | 15729 |
| | 银行贷款 | 15729.3 | | | 15729 | |
| 2.3 | 建设期利息 | | 554 | | | 554 |
| | 银行贷款 | 7.05% | 554.5 | | | 554 |
| 2.4 | 流动资金借款 | | 831 | 108 | 0 | 939 |
| | 资金来源合计 | | 25883 | 108 | 0 | 25991 |
| 3 | 投资指标 | | | | | |
| | 吨产品建设投资/元·吨$^{-1}$ | | 97.19 | | | |

附表20-3　总成本费用汇总表

（万元）

| 序号 | 项目 | 1 | 2 | 3 | 4 | 5 | 6 | 7 | 8 | 9 | 10 | 11 | 12 | 13 | 14 | 15 | 16 | 17 | 18 | 19 | 20 | 合计 |
|---|---|---|---|---|---|---|---|---|---|---|---|---|---|---|---|---|---|---|---|---|---|---|
| | 计算负荷/% | 90 | 100 | 100 | 100 | 100 | 100 | 100 | 100 | 100 | 100 | 100 | 100 | 100 | 100 | 100 | 100 | 100 | 100 | 100 | 100 | |
| 1 | 原燃材料及动力 | | | | | | | | | | | | | | | | | | | | | |
| | 矿山材料 | 2795.2 | 3105.8 | 3105.8 | 3105.8 | 3105.8 | 3105.8 | 3105.8 | 3105.8 | 3105.8 | 3105.8 | 3105.8 | 3105.8 | 3105.8 | 3105.8 | 3105.8 | 3105.8 | 3105.8 | 3105.8 | 3105.8 | 3105.8 | 61805 |
| | 原材料 | 0.0 | 0.0 | 0.0 | 0.0 | 0.0 | 0.0 | 0.0 | 0.0 | 0.0 | 0.0 | 0.0 | 0.0 | 0.0 | 0.0 | 0.0 | 0.0 | 0.0 | 0.0 | 0.0 | 0.0 | 0 |
| | 燃料 | 0.0 | 0.0 | 0.0 | 0.0 | 0.0 | 0.0 | 0.0 | 0.0 | 0.0 | 0.0 | 0.0 | 0.0 | 0.0 | 0.0 | 0.0 | 0.0 | 0.0 | 0.0 | 0.0 | 0.0 | 0 |
| | 动力与水 | 344.4 | 382.7 | 382.7 | 382.7 | 382.7 | 382.7 | 382.7 | 382.7 | 382.7 | 382.7 | 382.7 | 382.7 | 382.7 | 382.7 | 382.7 | 382.7 | 382.7 | 382.7 | 382.7 | 382.7 | 7615 |
| | 小计 | 3140 | 3488 | 3488 | 3488 | 3488 | 3488 | 3488 | 3488 | 3488 | 3488 | 3488 | 3488 | 3488 | 3488 | 3488 | 3488 | 3488 | 3488 | 3488 | 3488 | 69420 |
| 2 | 工资及福利费 | | | | | | | | | | | | | | | | | | | | | |
| | 工资 | 194.4 | 194.4 | 194.4 | 194.4 | 194.4 | 194.4 | 194.4 | 194.4 | 194.4 | 194.4 | 194.4 | 194.4 | 194.4 | 194.4 | 194.4 | 194.4 | 194.4 | 194.4 | 194.4 | 194.4 | 3888 |
| | 福利费 | 27.2 | 27.2 | 27.2 | 27.2 | 27.2 | 27.2 | 27.2 | 27.2 | 27.2 | 27.2 | 27.2 | 27.2 | 27.2 | 27.2 | 27.2 | 27.2 | 27.2 | 27.2 | 27.2 | 27.2 | 544 |
| | 小计 | 222 | 222 | 222 | 222 | 222 | 222 | 222 | 222 | 222 | 222 | 222 | 222 | 222 | 222 | 222 | 222 | 222 | 222 | 222 | 222 | 4432 |
| 3 | 修理费用 | 544.3 | 544.3 | 544.3 | 544.3 | 544.3 | 544.3 | 544.3 | 544.3 | 544.3 | 544.3 | 544.3 | 544.3 | 544.3 | 544.3 | 544.3 | 544.3 | 544.3 | 544.3 | 544.3 | 544.3 | 10887 |
| 4 | 其他制造费用 | 88.9 | 88.9 | 88.9 | 88.9 | 88.9 | 88.9 | 88.9 | 88.9 | 88.9 | 88.9 | 88.9 | 88.9 | 88.9 | 88.9 | 88.9 | 88.9 | 88.9 | 88.9 | 88.9 | 88.9 | 1778 |
| 5 | 其他管理费用 | 268.6 | 268.6 | 268.6 | 268.6 | 268.6 | 268.6 | 268.6 | 268.6 | 268.6 | 268.6 | 268.6 | 268.6 | 268.6 | 268.6 | 268.6 | 268.6 | 268.6 | 268.6 | 268.6 | 268.6 | 5371 |
| 6 | 其他营业费用 | 0.0 | 0.0 | 0.0 | 0.0 | 0.0 | 0.0 | 0.0 | 0.0 | 0.0 | 0.0 | 0.0 | 0.0 | 0.0 | 0.0 | 0.0 | 0.0 | 0.0 | 0.0 | 0.0 | 0.0 | 0 |
| 7 | 折旧费 | 1221.2 | 1221.2 | 1221.2 | 1221.2 | 1221.2 | 1221.2 | 1221.2 | 1221.2 | 1221.2 | 1221.2 | 1221.2 | 1221.2 | 0.0 | 0.0 | 0.0 | 0.0 | 0.0 | 0.0 | 0.0 | 0.0 | 17039 |
| 8 | 摊销费 | 268.8 | 268.8 | 268.8 | 268.8 | 268.8 | 268.8 | 268.8 | 268.8 | 268.8 | 268.8 | 268.8 | 268.8 | 268.8 | 268.8 | 268.8 | 268.8 | 268.8 | 268.8 | 268.8 | 268.8 | 5606 |
| 9 | 财务费用 | 1202.5 | 1075.5 | 913.5 | 744.3 | 567.5 | 382.7 | 190.8 | 61.6 | 61.6 | 61.6 | 61.6 | 61.6 | 61.6 | 61.6 | 61.6 | 61.6 | 61.6 | 61.6 | 61.6 | 61.6 | 5877 |
| 10 | 不得抵扣的进项税额 | 0 | 0 | 0 | 0 | 0 | 0 | 0 | 0 | 0 | 0 | 0 | 0 | 0 | 0 | 0 | 0 | 0 | 0 | 0 | 0 | 0 |
| 11 | 总成本费用合计 | 7001 | 7223 | 7061 | 6892 | 6715 | 6485 | 6293 | 6163 | 6163 | 6163 | 6163 | 6163 | 5240 | 5240 | 5240 | 5240 | 5240 | 5240 | 5240 | 5240 | 120411 |
| | 其中：可变成本费用 | 3140 | 3488 | 3488 | 3488 | 3488 | 3488 | 3488 | 3488 | 3488 | 3488 | 3488 | 3488 | 3488 | 3488 | 3488 | 3488 | 3488 | 3488 | 3488 | 3488 | 69420 |
| | 固定成本费用 | 3862 | 3735 | 3573 | 3404 | 3227 | 2996 | 2804 | 2675 | 2675 | 2675 | 2675 | 2675 | 1752 | 1752 | 1752 | 1752 | 1752 | 1752 | 1752 | 1752 | 50991 |
| 11.1 | 平均单位成本费用 | 31.12 | 28.89 | 28.25 | 27.57 | 26.86 | 25.94 | 25.17 | 24.65 | 24.65 | 24.65 | 24.65 | 24.65 | 20.96 | 20.96 | 20.96 | 20.96 | 20.96 | 20.96 | 20.96 | 20.96 | 24.20 |
| 12 | 经营成本 | 4263 | 4612 | 4612 | 4612 | 4612 | 4612 | 4612 | 4612 | 4612 | 4612 | 4612 | 4612 | 4612 | 4612 | 4612 | 4612 | 4612 | 4612 | 4612 | 4612 | 91888 |
| 12.1 | 平均单位经营成本费用 | 18.95 | 18.45 | 18.45 | 18.45 | 18.45 | 18.45 | 18.45 | 18.45 | 18.45 | 18.45 | 18.45 | 18.45 | 18.45 | 18.45 | 18.45 | 18.45 | 18.45 | 18.45 | 18.45 | 18.45 | 18.47 |

附表20-4　利润及利润分配表

（万元）

| 序号 | 项目 | 1 | 2 | 3 | 4 | 5 | 6 | 7 | 8 | 9 | 10 | 11 | 12 | 13 | 14 | 15 | 16 | 17 | 18 | 19 | 20 | 合计 |
|---|---|---|---|---|---|---|---|---|---|---|---|---|---|---|---|---|---|---|---|---|---|---|
| | 计算负荷/% | 90 | 100 | 100 | 100 | 100 | 100 | 100 | 100 | 100 | 100 | 100 | 100 | 100 | 100 | 100 | 100 | 100 | 100 | 100 | 100 | |
| 1 | 营业收入 | 8100 | 9000 | 9000 | 9000 | 9000 | 9000 | 9000 | 9000 | 9000 | 9000 | 9000 | 9000 | 9000 | 9000 | 9000 | 9000 | 9000 | 9000 | 9000 | 9000 | 179100 |
| 2 | 增值税 | 734 | 827 | 827 | 827 | 827 | 827 | 827 | 827 | 827 | 827 | 827 | 827 | 827 | 827 | 827 | 827 | 827 | 827 | 827 | 827 | 16455 |
| 2.1 | 销项税额 | 1377.0 | 1530.0 | 1530.0 | 1530.0 | 1530.0 | 1530.0 | 1530.0 | 1530.0 | 1530.0 | 1530.0 | 1530.0 | 1530.0 | 1530.0 | 1530.0 | 1530.0 | 1530.0 | 1530.0 | 1530.0 | 1530.0 | 1530.0 | 30447 |
| 2.2 | 允许抵扣的进项税额 | 643.2 | 702.5 | 702.5 | 702.5 | 702.5 | 702.5 | 702.5 | 702.5 | 702.5 | 702.5 | 702.5 | 702.5 | 702.5 | 702.5 | 702.5 | 702.5 | 702.5 | 702.5 | 702.5 | 702.5 | 13992 |
| 3 | 营业税及附加 | 523 | 583 | 583 | 583 | 583 | 583 | 583 | 583 | 583 | 583 | 583 | 583 | 583 | 583 | 583 | 583 | 583 | 583 | 583 | 583 | 11596 |
| 4 | 总成本费用 | 7001 | 7223 | 7061 | 6892 | 6715 | 6485 | 6293 | 6163 | 6163 | 6163 | 6163 | 6163 | 5240 | 5240 | 5240 | 5240 | 5240 | 5240 | 5240 | 5240 | 120411 |
| 5 | 营业利润（1-3-4） | 575 | 1194 | 1356 | 1525 | 1702 | 1933 | 2125 | 2254 | 2254 | 2254 | 2254 | 2254 | 3177 | 3177 | 3177 | 3177 | 3177 | 3177 | 3177 | 3177 | 47094 |
| 5.1 | 营业外净支出 | 0.0 | 0.0 | 0.0 | 0.0 | 0.0 | 0.0 | 0.0 | 0.0 | 0.0 | 0.0 | 0.0 | 0.0 | 0.0 | 0.0 | 0.0 | 0.0 | 0.0 | 0.0 | 0.0 | 0.0 | 0 |
| 6 | 利润总额 | 575 | 1194 | 1356 | 1525 | 1702 | 1933 | 2125 | 2254 | 2254 | 2254 | 2254 | 2254 | 3177 | 3177 | 3177 | 3177 | 3177 | 3177 | 3177 | 3177 | 47094 |
| 6.1 | 税收前弥补以上年度亏损 | 0.0 | 0.0 | 0.0 | 0.0 | 0.0 | 0.0 | 0.0 | 0.0 | 0.0 | 0.0 | 0.0 | 0.0 | 0.0 | 0.0 | 0.0 | 0.0 | 0.0 | 0.0 | 0.0 | 0.0 | 0 |
| 6.2 | 应纳税所得额 | 575.2 | 1194.1 | 1356.0 | 1525.2 | 1702.1 | 1932.7 | 2124.6 | 2253.8 | 2253.8 | 2253.8 | 2253.8 | 2253.8 | 3176.9 | 3176.9 | 3176.9 | 3176.9 | 3176.9 | 3176.9 | 3176.9 | 3176.9 | 47094 |
| 6.3 | 所得税 | 143.8 | 298.5 | 339.0 | 381.3 | 425.5 | 483.2 | 531.2 | 563.5 | 563.5 | 563.5 | 563.5 | 563.5 | 794.2 | 794.2 | 794.2 | 794.2 | 794.2 | 794.2 | 794.2 | 794.2 | 11773 |
| 7 | 税后利润 | 431 | 896 | 1017 | 1144 | 1277 | 1450 | 1593 | 1690 | 1690 | 1690 | 1690 | 1690 | 2383 | 2383 | 2383 | 2383 | 2383 | 2383 | 2383 | 2383 | 35320 |
| 7.1 | 税后弥补以上年度亏损 | 0.0 | 0.0 | 0.0 | 0.0 | 0.0 | 0.0 | 0.0 | 0.0 | 0.0 | 0.0 | 0.0 | 0.0 | 0.0 | 0.0 | 0.0 | 0.0 | 0.0 | 0.0 | 0.0 | 0.0 | 0 |
| 7.2 | 提取法定盈余公积金 | 43.1 | 89.6 | 101.7 | 114.4 | 127.7 | 145.0 | 159.3 | 169.0 | 169.0 | 169.0 | 169.0 | 169.0 | 238.3 | 238.3 | 238.3 | 238.3 | 238.3 | 238.3 | 238.3 | 238.3 | 3532 |
| 7.3 | 提取任意盈余公积金 | 21.6 | 44.8 | 50.9 | 57.2 | 63.8 | 72.5 | 79.7 | 84.5 | 84.5 | 84.5 | 84.5 | 84.5 | 119.1 | 119.1 | 119.1 | 119.1 | 119.1 | 119.1 | 119.1 | 119.1 | 1766 |
| 8 | 可分配利润 | 367 | 761 | 864 | 972 | 1085 | 1232 | 1354 | 1437 | 1437 | 1437 | 1437 | 1437 | 2025 | 2025 | 2025 | 2025 | 2025 | 2025 | 2025 | 2025 | 30022 |
| 8.1 | 用于分配的利润 | 0.0 | 0.0 | 0.0 | 0.0 | 0.0 | 0.0 | 1012.0 | 2926.8 | 2926.8 | 2926.8 | 2591.2 | 1436.8 | 2025.2 | 2025.2 | 2025.2 | 2025.2 | 2025.2 | 2025.2 | 2025.2 | 2025.2 | 30022 |
| 9 | 未分配利润 | 367 | 761 | 864 | 972 | 1085 | 1232 | 342 | -1490 | -1490 | -1490 | -1154 | 0 | 0 | 0 | 0 | 0 | 0 | 0 | 0 | 0 | - 0 |
| 10 | 盈亏平衡点 | | | | | | | | | | | | | | | | | | | | | |
| | BEP（产量）/万吨 | 195.83 | 189.44 | 181.22 | 172.64 | 163.67 | 151.97 | 142.23 | 135.68 | 135.68 | 135.68 | 135.68 | 135.68 | 88.86 | 88.86 | 88.86 | 88.86 | 88.86 | 88.86 | 88.86 | 88.86 | |
| | BEP（生产能力利用率）/% | 78.33 | 75.77 | 72.49 | 69.05 | 65.47 | 60.79 | 56.89 | 54.27 | 54.27 | 54.27 | 54.27 | 54.27 | 35.55 | 35.55 | 35.55 | 35.55 | 35.55 | 35.55 | 35.55 | 35.55 | |
| 11 | 盈利能力指标 | | | | | | | | | | | | | | | | | | | | | |
| 11.1 | 投资利润率/% | 2.21 | 4.59 | 5.22 | 5.87 | 6.55 | 7.44 | 8.17 | 8.67 | 8.67 | 8.67 | 8.67 | 8.67 | 12.22 | 12.22 | 12.22 | 12.22 | 12.22 | 12.22 | 12.22 | 12.22 | 9.06 |
| 11.2 | 投资利税率/% | 7.05 | 10.02 | 10.64 | 11.29 | 11.97 | 12.86 | 13.60 | 14.10 | 14.10 | 14.10 | 14.10 | 14.10 | 17.65 | 17.65 | 17.65 | 17.65 | 17.65 | 17.65 | 17.65 | 17.65 | 14.46 |
| 11.3 | 总投资收益率/% | 6.84 | 8.73 | 8.73 | 8.73 | 8.73 | 8.91 | 8.91 | 8.91 | 8.91 | 8.91 | 8.91 | 8.91 | 12.46 | 12.46 | 12.46 | 12.46 | 12.46 | 12.46 | 12.46 | 12.46 | 10.19 |
| 11.4 | 资本金净利润率/% | 4.92 | 10.21 | 11.60 | 13.05 | 14.56 | 16.53 | 18.17 | 19.28 | 19.28 | 19.28 | 19.28 | 19.28 | 27.17 | 27.17 | 27.17 | 27.17 | 27.17 | 27.17 | 27.17 | 27.17 | 20.14 |

附表 20-5　资产负债表

（万元）

| 序号 | 项目 | 1 | 2 | 3 | 4 | 5 | 6 | 7 | 8 | 9 | 10 | 11 | 12 | 13 | 14 | 15 | 16 | 17 | 18 | 19 | 20 | 21 |
|---|---|---|---|---|---|---|---|---|---|---|---|---|---|---|---|---|---|---|---|---|---|---|
| 1 | 资产 | | | | | | | | | | | | | | | | | | | | | |
| 1.1 | 流动资产 | 1338 | 1518 | 1652 | 1805 | 1977 | 2168 | 2385 | 2624 | 2878 | 3132 | 3385 | 3974 | 5718 | 6642 | 7567 | 8491 | 9415 | 10340 | 11264 | 12188 | 14066 |
| 1.1.1 | 流动资产需用额 | 1337.6 | 1453.3 | 1453.3 | 1453.3 | 1453.3 | 1453.3 | 1453.3 | 1453.3 | 1453.3 | 1453.3 | 1453.3 | 1453.3 | 1453.3 | 1453.3 | 1453.3 | 1453.3 | 1453.3 | 1453.3 | 1453.3 | 1453.3 | 0.0 |
| 1.1.2 | 其他流动资产 | 0.0 | 64.7 | 199.0 | 351.6 | 523.2 | 714.7 | 932.1 | 1171.1 | 1424.7 | 1678.2 | 1931.8 | 2521.0 | 4264.5 | 5188.9 | 6113.2 | 7037.6 | 7961.9 | 8886.3 | 9810.6 | 10735.0 | 14066.2 |
| | 其中：留用的折旧费 | | 0.0 | 0.0 | 0.0 | 0.0 | 0.0 | 0.0 | 0.0 | 0.0 | 0.0 | 0.0 | 335.6 | 1825.9 | 2392.6 | 2959.5 | 3526.5 | 4093.5 | 4660.4 | 5227.4 | 5794.3 | 6361.3 |
| | 法定盈余公积金 | | 43.1 | 132.7 | 234.4 | 348.8 | 476.4 | 621.4 | 780.7 | 979.8 | 1118.8 | 1287.9 | 1456.9 | 1625.9 | 1864.2 | 2102.5 | 2340.7 | 2579.0 | 2817.3 | 3055.5 | 3293.8 | 3532.0 |
| | 任意公积金 | | 21.6 | 66.3 | 117.2 | 174.4 | 238.2 | 310.7 | 390.4 | 474.9 | 559.4 | 643.9 | 728.4 | 813.0 | 932.1 | 1051.2 | 1170.4 | 1289.5 | 1408.6 | 1527.8 | 1646.9 | 1766.0 |
| | 留用残值回收 | | | | | | | | | | | | | | | | | | | | | 2004.5 |
| | 回收自有流动资金 | | | | | | | | | | | | | | | | | | | | | 402.3 |
| 1.2 | 在建工程 | | | | | | | | | | | | | | | | | | | | | |
| 1.3 | 固定资产净值 | 19044 | 17823 | 16602 | 15380 | 14159 | 12938 | 11717 | 10496 | 9275 | 8053 | 6832 | 5611 | 4390 | 4092 | 3793 | 3495 | 3197 | 2899 | 2601 | 2303 | 0 |
| 1.4 | 无形资产与其他资产净值 | 5606 | 5291 | 4976 | 4661 | 4347 | 4032 | 3763 | 3494 | 3226 | 2957 | 2688 | 2419 | 2150 | 1882 | 1613 | 1344 | 1075 | 806 | 538 | 269 | 0 |
| | 资产合计 | 25987 | 24632 | 23230 | 21847 | 20482 | 19138 | 17866 | 16615 | 15378 | 14142 | 12905 | 12004 | 12258 | 12615 | 12973 | 13330 | 13688 | 14045 | 14402 | 14760 | 14066 |
| 2 | 负债与所有者权益 | | | | | | | | | | | | | | | | | | | | | |
| 2.1 | 负债 | | | | | | | | | | | | | | | | | | | | | |
| 2.1.1 | 流动负债 | 935.2 | 1051.0 | 1051.0 | 1051.0 | 1051.0 | 1051.0 | 1051.0 | 1051.0 | 1051.0 | 1051.0 | 1051.0 | 1051.0 | 1051.0 | 1051.0 | 1051.0 | 1051.0 | 1051.0 | 1051.0 | 1051.0 | 1051.0 | 0.0 |
| | 应付账款 | 104.3 | 112.2 | 112.2 | 112.2 | 112.2 | 112.2 | 112.2 | 112.2 | 112.2 | 112.2 | 112.2 | 112.2 | 112.2 | 112.2 | 112.2 | 112.2 | 112.2 | 112.2 | 112.2 | 112.2 | 112.2 |
| | 预收款 | 0.0 | | | | | | | | | | | | | | | | | | | | |
| | 流动资金借款 | 831.0 | 938.8 | 938.8 | 938.8 | 938.8 | 938.8 | 938.8 | 938.8 | 938.8 | 938.8 | 938.8 | 938.8 | 938.8 | 938.8 | 938.8 | 938.8 | 938.8 | 938.8 | 938.8 | 938.8 | 938.8 |
| | 短期借款 | | -0.0 | -0.0 | -0.0 | -0.0 | -0.0 | -0.0 | 0.0 | -0.0 | -0.0 | -0.0 | 0.0 | -0.0 | -0.0 | -0.0 | -0.0 | -0.0 | -0.0 | -0.0 | -0.0 | -0.0 |
| 2.1.2 | 建设投资借款 | 16283.7 | 14381.1 | 12084.0 | 9683.7 | 7175.5 | 4554.5 | 1832.4 | | | | | | | | | | | | | | |
| | 负债合计 | 17219 | 15432 | 13135 | 10735 | 8226 | 5606 | 2883 | 1051 | 1051 | 1051 | 1051 | 1051 | 1051 | 1051 | 1051 | 1051 | 1051 | 1051 | 1051 | 1051 | 0 |
| 2.2 | 所有者权益 | | | | | | | | | | | | | | | | | | | | | |
| 2.2.1 | 资本金 | 8768.2 | 8768.2 | 8768.2 | 8768.2 | 8768.2 | 8768.2 | 8768.2 | 8768.2 | 8768.2 | 8768.2 | 8768.2 | 8768.2 | 8768.2 | 8768.2 | 8768.2 | 8768.2 | 8768.2 | 8768.2 | 8768.2 | 8768.2 | 8768.2 |
| 2.2.2 | 累计法定盈余公积金 | | 43.1 | 132.7 | 234.4 | 348.8 | 476.4 | 621.4 | 780.7 | 949.8 | 1118.8 | 1287.9 | 1456.9 | 1625.9 | 1864.1 | 2102.5 | 2340.7 | 2579.0 | 2817.3 | 3055.5 | 3293.8 | 3532.0 |
| 2.2.3 | 累计任意公积金 | | 21.6 | 66.3 | 117.2 | 174.4 | 238.2 | 310.7 | 390.4 | 474.9 | 559.4 | 643.9 | 728.4 | 813.0 | 932.1 | 1051.2 | 1170.4 | 1289.5 | 1408.6 | 1527.8 | 1646.9 | 1766.0 |
| 2.2.4 | 累计未分配利润 | | 366.7 | 1127.9 | 1992.4 | 2964.7 | 4049.7 | 5281.9 | 5624.3 | 4134.3 | 2644.3 | 1154.3 | -0.0 | -0.0 | -0.0 | -0.0 | -0.0 | -0.0 | -0.0 | -0.0 | -0.0 | -0.0 |
| | 所有者权益合计 | 8768 | 9200 | 10095 | 11112 | 12256 | 13533 | 14982 | 15564 | 14327 | 13091 | 11854 | 10953 | 11207 | 11564 | 11922 | 12279 | 12637 | 12994 | 13351 | 13709 | 14066 |
| | 负债与所有者权益合计 | 25987 | 24632 | 23230 | 21847 | 20482 | 19138 | 17866 | 16615 | 15378 | 14142 | 12905 | 12004 | 12258 | 12615 | 12973 | 13330 | 13688 | 14045 | 14402 | 14760 | 14066 |
| 3 | 计算指标 | | | | | | | | | | | | | | | | | | | | | |
| | 资产负债率/% | 66.3 | 62.7 | 56.5 | 49.1 | 40.2 | 29.3 | 16.1 | 6.3 | 6.8 | 7.4 | 8.1 | 8.8 | 8.6 | 8.3 | 8.1 | 7.9 | 7.7 | 7.5 | 7.3 | 7.1 | |
| | 流动比率/% | 143 | 144 | 157 | 172 | 188 | 206 | 227 | 250 | 274 | 298 | 322 | 378 | 544 | 632 | 720 | 808 | 896 | 984 | 1072 | 1160 | |
| | 速动比率/% | 143 | 67 | 74 | 89 | 105 | 123 | 144 | 167 | 191 | 215 | 239 | 295 | 461 | 549 | 637 | 725 | 813 | 901 | 989 | 1077 | |

附表20-6 项目投资财务现金流量表

（万元）

| 序号 | 项目 | 1 | 2 | 3 | 4 | 5 | 6 | 7 | 8 | 9 | 10 | 11 | 12 | 13 | 14 | 15 | 16 | 17 | 18 | 19 | 20 | 21 | 合计 |
|---|---|---|---|---|---|---|---|---|---|---|---|---|---|---|---|---|---|---|---|---|---|---|---|
| | 计算负荷/% | | 90 | 100 | 100 | 100 | 100 | 100 | 100 | 100 | 100 | 100 | 100 | 100 | 100 | 100 | 100 | 100 | 100 | 100 | 100 | 100 |
| 1 | 现金流入 | | | | | | | | | | | | | | | | | | | | | | |
| 1.1 | 营业收入 | | 8100.0 | 9000.0 | 9000.0 | 9000.0 | 9000.0 | 9000.0 | 9000.0 | 9000.0 | 9000.0 | 9000.0 | 9000.0 | 9000.0 | 9000.0 | 9000.0 | 9000.0 | 9000.0 | 9000.0 | 9000.0 | 9000.0 | 179100 |
| 1.2 | 回收固定资产余值 | | | | | | | | | | | | | | | | | | | | 2004.5 | 2005 |
| 1.3 | 无形资产与其他资产余值 | | | | | | | | | | | | | | | | | | | | -0.0 | -0 |
| 1.4 | 回收流动资金 | | | | | | | | | | | | | | | | | | | | 1341.1 | 1341 |
| 1.5 | 其他收入 | | | | | | | | | | | | | | | | | | | | 0.0 | 0 |
| | 现金流入小计 | 0 | 8100 | 9000 | 9000 | 9000 | 9000 | 9000 | 9000 | 9000 | 9000 | 9000 | 9000 | 9000 | 9000 | 9000 | 9000 | 9000 | 9000 | 9000 | 9000 | 12346 | 182446 |
| 2 | 现金流出 | | | | | | | | | | | | | | | | | | | | | | |
| 2.1 | 建设投资 | 24296.6 | | | | | | | | | | | | | | | | | | | | | 24297 |
| 2.2 | 流动资金 | 1031.8 | 107.8 | 0.0 | | | | | | | | | | | | | | | | | | | 1140 |
| 2.3 | 经营成本费用 | | 4263.0 | 4611.9 | 4611.9 | 4611.9 | 4611.9 | 4611.9 | 4611.9 | 4611.9 | 4611.9 | 4611.9 | 4611.9 | 4611.9 | 4611.9 | 4611.9 | 4611.9 | 4611.9 | 4611.9 | 4611.9 | 4611.9 | 4611.9 | 91888 |
| 2.4 | 营业税及附加 | | 523.4 | 582.7 | 582.7 | 582.7 | 582.7 | 582.7 | 582.7 | 582.7 | 582.7 | 582.7 | 582.7 | 582.7 | 582.7 | 582.7 | 582.7 | 582.7 | 582.7 | 582.7 | 582.7 | 582.7 | 11596 |
| 2.5 | 营业外净支出 | | 0.0 | 0.0 | 0.0 | 0.0 | 0.0 | 0.0 | 0.0 | 0.0 | 0.0 | 0.0 | 0.0 | 0.0 | 0.0 | 0.0 | 0.0 | 0.0 | 0.0 | 0.0 | 0.0 | 0.0 | 0 |
| 2.6 | 调整所得税 | | 444.4 | 567.4 | 567.4 | 567.4 | 567.4 | 578.9 | 578.9 | 578.9 | 578.9 | 578.9 | 578.9 | 578.9 | 809.6 | 809.6 | 809.6 | 809.6 | 809.6 | 809.6 | 809.6 | 809.6 | 13243 |
| | 所得税前现金流出小计 | 25328 | 4894 | 5195 | 5195 | 5195 | 5195 | 5195 | 5195 | 5195 | 5195 | 5195 | 5195 | 5195 | 5195 | 5195 | 5195 | 5195 | 5195 | 5195 | 5195 | 5195 | 128920 |
| | 所得税后现金流出小计 | 25328 | 5339 | 5762 | 5762 | 5762 | 5762 | 5773 | 5773 | 5773 | 5773 | 5773 | 5773 | 5773 | 6004 | 6004 | 6004 | 6004 | 6004 | 6004 | 6004 | 6004 | 142163 |
| 3 | 所得税前净现金流量 | -25328 | 3206 | 3805 | 3805 | 3805 | 3805 | 3805 | 3805 | 3805 | 3805 | 3805 | 3805 | 3805 | 3805 | 3805 | 3805 | 3805 | 3805 | 3805 | 3805 | 3805 | 53526 |
| 4 | 累计所得税前净现金流量 | -25328 | -22123 | -18317 | -14512 | -10706 | -6901 | -3096 | 710 | 4515 | 8321 | 12126 | 15931 | 19737 | 23542 | 27348 | 31153 | 34958 | 38764 | 42569 | 46375 | 53526 | |
| 5 | 所得税后净现金流量 | -25328 | 2761 | 3238 | 3238 | 3238 | 3238 | 3227 | 3227 | 3227 | 3227 | 3227 | 3227 | 3227 | 2996 | 2996 | 2996 | 2996 | 2996 | 2996 | 2996 | 2996 | 40283 |
| 6 | 累计所得税后净现金流量 | -25328 | -22567 | -19329 | -16091 | -12853 | -9615 | -6388 | -3162 | 65 | 3291 | 6518 | 9744 | 12971 | 15967 | 18962 | 21958 | 24954 | 27950 | 30946 | 33941 | 40283 | |
| 7 | 计算指标 | | | | | | | | | | | | | | | | | | | | | | |
| | 财务内部收益率：所得税前/% | 13.73 | | | | | | | | 3.73 | 5.99 | 7.70 | 9.01 | 10.04 | 10.86 | 11.51 | 12.04 | 12.47 | 12.82 | 13.12 | 13.36 | 13.73 | |
| | 财务内部收益率：所得税后/% | 11.03 | | | | | | | | 0.06 | 2.48 | 4.34 | 5.78 | 6.93 | 7.78 | 8.48 | 9.05 | 9.53 | 9.93 | 10.26 | 10.54 | 11.03 | |
| | 财务净值：所得税前（折现率11.00%） | 3546 | | | | | | | | -4596 | -3508 | -2528 | -1645 | -580 | -134 | 512 | 1094 | 1617 | 2089 | 2515 | 2898 | 3546 | |
| | 所得税后（折现率11.00%） | 40 | | | | | | | | -6662 | -5740 | -4909 | -4160 | -3486 | -2922 | -2411 | -1956 | -1543 | -1172 | -837 | -535 | 40 | |
| | 投资回收期：所得税前/年 | 7.81 | | | | | | | | | | | | | | | | | | | | | |
| | 所得税后/年 | 8.98 | | | | | | | | | | | | | | | | | | | | | |

## 第三节 非建材行业石灰石矿山经济评价案例

### 一、概述

该项目为某石灰项目采矿破碎工程,设计规模为 171 万吨/年。矿山采用公路开拓—汽车运输—碎石井—平硐方案,产品为石灰石碎石。

财务评价主要依据《建设项目经济评价方法与参数》(第三版)、《建材工业建设项目经济评价实施细则》和现行的有关法律、法规及财务制度进行。

财务评价仅对与该项目直接相关的投入与产出进行对比分析,求得项目的经济效益。评价指标汇总表见附表 20 – 7。

### 二、项目总投资及资金筹措

#### (一) 项目总投资及构成

项目总投资由建设投资、建设期利息和铺底流动资金三部分构成,建设规模总投资估算为 35511 万元;投资总额由建设投资、建设期利息和流动资金三部分构成,总投资估算为 37330 万元,构成见表 20 – 8。

表 20 – 8 项目总投资的构成 (万元)

| 投 资 项 目 | 投 资 额 |
|---|---|
| (1) 建设投资 | 34234 |
| (2) 建设期利息 | 725 |
| (3) 流动资金 | 2371 |
| 其中:铺底流动资金 | 546 |
| 流动资金借款 | 1825 |
| 总投资(建设投资＋建设期利息＋流动资金) | 37330 |
| 建设规模总投资(建设投资＋建设期利息＋铺底流动资金) | 35511 |

#### (二) 资金筹措

1. 资本金

该项目资本金 14202 万元,占项目总投资的 40%。其中用于建设投资 13656 万元,用于铺底流动资金 546 万元。

2. 银行借款

剩余建设投资 21303 万元全部申请银行借款,其中借款本金 20578 万元,建设期借款利息 725 万元,借款年利率 7.05%。

3. 流动资金借款

预计该项目正常生产年需要流动资金 2607 万元,按照银行的相关规定,流动资金中应有不低于 30% 的自有铺底资金,计 782 万元,其中由建设投资中的备品备件转 236 万元,其余由项目资本金支付;另外 70% 申请流动资金借款,计 1825 万元,借款年利率 6.56%。

以上资金来源合计 37330 万元。

投资计划与资金筹措详见附表 20 – 8。

## 三、总成本费用

（1）矿山原材料：矿山原材料价格由该项目所有方的上属集团公司提供。消耗量根据设计指标和生产负荷计算。

（2）工资及福利基金：矿山工程需定员 212 人，人均年工资 52000 元；福利费按工资总额的 14% 计提。

（3）修理费：按照设备到厂原价的 7% 计算修理费。

（4）其他制造费用及维检费：按照固定资产原价的 0.5% 计算其他制造费用。维检费按每吨矿石 5 元计算。

（5）其他管理费用：按照营业收入的 2.2% 加上按工资总额计取的"五险一金"计算。

（6）其他营业费用：其他营业费用主要包括包装材料费、广告费用和其他费用。

（7）折旧费：固定资产主要包括房屋、建构筑物和各类机器设备。为简化计算，在不影响总成本费用计算结果的前提下，将全部折旧费用合并在一起计算。按分类固定资产原值和分类折旧年限，采用直线折旧法计算折旧费。固定资产净残值率为 5%。

（8）摊销费：摊销费主要包括无形资产摊销费和其他资产摊销费。无形资产主要指征地费用、外部工程等。其他资产是指开办费支出，主要包括生产职工培训费、试生产期间消耗的备品备件等。按照有效使用期限或财务制度规定的摊销年限计算无形资产和其他资产摊销费。

（9）财务费用：主要指生产期利息净支出，包括长期借款，短期借款和流动资金借款的当年应计利息，根据前一年度年末借款余额和借款利率分年计算前一年度银行借款利息支出。

生产期年平均总成本费用为 10363 万元，平均单位成本费用为 60.90 元/吨，年经营成本费用为 8448 万元，平均单位经营成本费用为 49.65 元/吨。

单位矿石总成本费用构成见表 20－9。

总成本费用由以上部分组成，总成本费用汇总详见附表 20－9。

表 20－9　单位矿石总成本费用构成　　　　　　　　　　（元/吨）

| 项　目 | 单位成本费用 | 备　注 |
|---|---|---|
| 矿山材料 | 23.11 | 生产期 20 年平均 |
| 动　力 | 3.28 | 生产期 20 年平均 |
| 工资及福利 | 7.39 | 生产期 20 年平均 |
| 折旧费、摊销费 | 8.96 | 生产期 20 年平均 |
| 修理费 | 5.71 | 生产期 20 年平均 |
| 其他制造费 | 5.93 | 生产期 20 年平均 |
| 其他管理费用 | 4.23 | 生产期 20 年平均 |
| 财务费用 | 2.29 | 生产期 20 年平均 |
| 合　计 | 60.90 | 生产期 20 年平均 |

## 四、财务评价

### （一）销售收入

1. 矿石产量及售价（表 20－10）

表 20－10　矿石产量及售价

| 矿石名称 | 产量/万吨 | 售价（不含税）/元·吨$^{-1}$ |
|---|---|---|
| 石灰石 | 171 | 85.00 |

2. 税收

增值税：执行现行增值税条例；

城建税：按增值税额的 7% 计提；

教育费附加：按增值税额的 3% 计提；

所得税：按应纳税所得额的 25% 计提；

资源税：石灰石 0.6 元/吨。

税后利润提取 10% 的法定盈余公积金，法定盈余公积金的提取数额累计达到资本金的 50% 时不再提取。

3. 计算负荷

财务评价中设定项目投产后第一年计算负荷为 90%，以后各年计算负荷为 100%。

4. 计算期

项目计算期为 21 年，其中建设期 1 年，生产经营期 20 年。

## （二）损益计算

项目投产后第一年在计算负荷为 90%，各项成本费用负担最大的条件下实现税后利润 899 万元，以后各年呈逐年递增的趋势。生产期主要损益指标见表 20 - 11。

表 20 - 11　生产期主要损益指标

| 指 标 名 称 | 单 位 | 生产期总计 | 生产期年平均 |
|---|---|---|---|
| 销售收入（不含增值税） | 万元 | 289247 | 14462 |
| 总成本费用（不含增值税） | 万元 | 207251 | 10363 |
| 利润总额 | 万元 | 77086 | 3854 |
| 税后利润 | 万元 | 57814 | 2891 |
| 法定盈余公积金 | 万元 | 5781 | 289 |
| 任意盈余公积金 | 万元 | 2891 | 145 |
| 可分配利润 | 万元 | 49142 | 2457 |
| 所得税 | 万元 | 19271 | 964 |
| 增值税及附加 | 万元 | 33589 | 1679 |

由损益指标测得项目生产期平均投资利润率为 10.33%，平均投资利税率为 14.82%，上述指标说明项目的创利税能力是比较强的。

## （三）盈利能力分析（表 20 - 12）

表 20 - 12　主要盈利能力指标

| 项 目 | 数 据 |
|---|---|
| （1）财务内部收益率 | |
| 全投资 | 14.72% |
| 资本金 | 14.27% |
| 投资者 | 12.56% |
| （2）投资回收期（年） | |
| 全投资 | 7.46 |
| 资本金 | 9.73 |
| 投资者 | 10.07 |

注：表中投资回收期含建设期 1 年。

从指标看，项目有一定的盈利能力。

### （四）清偿能力指标

1. 资产负债分析

项目投产第一年资产负债率最高为61.9%，资产负债水平在比较合理的范围内，以后年度随长期负债的逐年减少和折摊费的逐年变化，资产负债率以较快的速度降低，至还清长期借款年资产负债率降到了7.3%。流动比率和速动比率的计算结果表明，在计算期内流动比率和速动比率的计算结果都在比较合理的范围内，未出现较大的异常变动数据，说明项目偿付短期债务和快速变现的能力较强。

结果表明，由于注入了40%的资本金，项目在正常的运作之下，债务风险维持在比较合理的水平，债务风险相对较小。

2. 清偿能力分析

项目归还自筹资金及长期借款本金的资金由以下三部分组成：

（1）固定资产折旧费；

（2）无形资产、递延资产摊销费；

（3）可分配利润。

建设投资借款偿还平衡的结果表明该项目可在6.80年内偿清银行贷款的本息（含1年建设期），说明项目具有较好的偿还长期借款的能力。

### 五、结论

总的来说，该项目投资较少，产品成本较低，诸多有利因素使得项目有一定的创利税能力；财务评价的结果显示出项目具有比较理想的投资回报并具有较强的清偿能力和相对较小的债务风险。

从财务角度讲，项目是可行的。

### 六、财务评价附表目录

附表20-7  评价指标汇总表
附表20-8  投资计划与资金筹措表
附表20-9  总成本费用汇总表
附表20-10  利润及利润分配表
附表20-11  资产负债表
附表20-12  项目投资财务现金流量表

#### 附表20-7  评价指标汇总表

| 序号 | 项目 | 单位 | 数据 | 备注 |
|---|---|---|---|---|
| 1 | 生产能力 | | | |
| 1.1 | 年产品产量 | 万吨 | 171.00 | |
| 2 | 项目投资指标 | | | |
| 2.1 | 投资总额 | 万元 | 37330 | |
| | 其中：建设投资 | 万元 | 34234 | |
| | 建设期利息 | 万元 | 725 | |
| | 流动资金 | 万元 | 2370 | |
| 2.2 | 项目总投资 | 万元 | 35505 | |
| 2.3 | 投资指标 | | | |
| | 单位产品建设投资 | 元/吨 | 200.20 | |
| 3 | 平均单位产品售价 | 元/吨 | 85.00 | |
| 4 | 平均单位产品成本费用 | 元/吨 | 60.90 | 生产期平均 |
| 5 | 主要损益指标 | | | |

| 序号 | 项 目 | 单位 | 数据 | 备 注 |
|------|--------|------|------|--------|
| 5.1 | 年营业投入 | 万元 | 14462 | 生产期平均 |
| 5.2 | 年增值税 | 万元 | 1434 | 生产期平均 |
| 5.3 | 年营业税金与附加 | 万元 | 245 | 生产期平均 |
| 5.4 | 年利润总额 | 万元 | 3854 | 生产期平均 |
| 5.5 | 年所得税 | 万元 | 964 | 生产期平均 |
| 5.6 | 年税后利润 | 万元 | 2891 | 生产期平均 |
|  | 其中：用于分配的利润 | 万元 | 2457 | 生产期平均 |
| 6 | 主要利税指标 |  |  |  |
| 6.1 | 投资利润率 | % | 10.33 | 生产期平均 |
| 6.2 | 投资利税率 | % | 14.82 | 生产期平均 |
| 6.3 | 总投资收益率 | % | 11.37 | 生产期平均 |
| 6.4 | 资本金净利润率 | % | 20.35 | 生产期平均 |
| 7 | 财务内部收益率 |  |  |  |
| 7.1 | 全投资：所得税前 | % | 14.72 |  |
|  | 所得税后 | % | 11.76 |  |
| 7.2 | 资本金 | % | 14.27 |  |
| 7.3 | 投资者 | % | 12.56 |  |
| 8 | 投资回收期 |  |  |  |
| 8.1 | 全投资：所得税前 | 年 | 7.46 | 包括建设期 |
|  | 所得税后 | 年 | 8.67 | 包括建设期 |
| 8.2 | 资本金 | 年 | 9.43 | 包括建设期 |
| 8.3 | 投资者 | 年 | 10.07 | 包括建设期 |
| 9 | 全投资财务净现值：所得税前 | 万元 | 7101 | 基准折现率11.00% |
| 10 | 资本金财务净现值 | 万元 | 2507 | 基准折现率12.00% |
| 11 | 建设投资借款偿还期 |  |  |  |
| 11.1 | 借款偿还期 | 年 | 6.80 | 包括建设期 |

**附表 20 - 8　投资计划与资金筹措表**　　　　　　　　　　（万元）

| 序号 | 项 目 | 利率 | 1 | 2 | 3 | 合计 |
|------|--------|------|------|------|------|------|
| 1 | 投资计划 |  |  |  |  |  |
|  | 建设投资使用计划 |  | 100% |  |  | 100% |
| 1.1 | 建设投资 |  | 34233.8 |  |  | 34234 |
| 1.2 | 建设期利息 |  | 725.4 |  |  | 725 |
| 1.3 | 流动资金 |  | 2168.06 | 201.8 | 0.0 | 2370 |
|  | 资金运用合计 |  | 37128 | 202 | 0 | 37330 |
| 2 | 资金筹措 |  |  |  |  |  |
| 2.1 | 资本金 |  | 14202 |  |  | 14202 |
|  | 其中：用于建设投资 |  | 13656.3 |  |  | 13656 |
|  | 铺底流动资金 |  | 545.6 |  |  | 546 |
| 2.2 | 建设投资借款 |  | 20578 |  |  | 20578 |
|  | 银行贷款 |  | 20577.5 |  |  | 20578 |
| 2.3 | 建设期利息 |  | 725 |  |  | 725 |
|  | 银行贷款 | 7.05% | 725.4 |  |  | 725 |
| 2.4 | 流动资金借款 |  | 1623 | 202 | 0 | 1825 |
|  | 资金来源合计 |  | 37128 | 202 | 0 | 37330 |
| 3 | 投资指标 |  |  |  |  |  |
|  | 吨产品建设投资/元·吨$^{-1}$ |  |  |  |  | 200.20 |

附表20-9 总成本费用汇总表

(万元)

| 序号 | 项目 | 1 | 2 | 3 | 4 | 5 | 6 | 7 | 8 | 9 | 10 | 11 | 12 | 13 | 14 | 15 | 16 | 17 | 18 | 19 | 20 | 合计 |
|---|---|---|---|---|---|---|---|---|---|---|---|---|---|---|---|---|---|---|---|---|---|---|
| | 计算负荷/% | 90 | 100 | 100 | 100 | 100 | 100 | 100 | 100 | 100 | 100 | 100 | 100 | 100 | 100 | 100 | 100 | 100 | 100 | 100 | 100 | 100 |
| 1 | 原材料及动力 | | | | | | | | | | | | | | | | | | | | | |
| | 矿山材料 | 3556.2 | 3951.4 | 3951.4 | 3951.4 | 3951.4 | 3951.4 | 3951.4 | 3951.4 | 3951.4 | 3951.4 | 3951.4 | 3951.4 | 3951.4 | 3951.4 | 3951.4 | 3951.4 | 3951.4 | 3951.4 | 3951.4 | 3951.4 | 78632 |
| | 原材料 | 0.0 | 0.0 | 0.0 | 0.0 | 0.0 | 0.0 | 0.0 | 0.0 | 0.0 | 0.0 | 0.0 | 0.0 | 0.0 | 0.0 | 0.0 | 0.0 | 0.0 | 0.0 | 0.0 | 0.0 | 0 |
| | 燃料 | 0.0 | 0.0 | 0.0 | 0.0 | 0.0 | 0.0 | 0.0 | 0.0 | 0.0 | 0.0 | 0.0 | 0.0 | 0.0 | 0.0 | 0.0 | 0.0 | 0.0 | 0.0 | 0.0 | 0.0 | 0 |
| | 动力与水 | 505.1 | 561.2 | 561.2 | 561.2 | 561.2 | 561.2 | 561.2 | 561.2 | 561.2 | 561.2 | 561.2 | 561.2 | 561.2 | 561.2 | 561.2 | 561.2 | 561.2 | 561.2 | 561.2 | 561.2 | 11168 |
| | 小计 | 4061 | 4513 | 4513 | 4513 | 4513 | 4513 | 4513 | 4513 | 4513 | 4513 | 4513 | 4513 | 4513 | 4513 | 4513 | 4513 | 4513 | 4513 | 4513 | 4513 | 89800 |
| 2 | 工资及福利费 | | | | | | | | | | | | | | | | | | | | | |
| | 工资 | 1102.4 | 1102.4 | 1102.4 | 1102.4 | 1102.4 | 1102.4 | 1102.4 | 1102.4 | 1102.4 | 1102.4 | 1102.4 | 1102.4 | 1102.4 | 1102.4 | 1102.4 | 1102.4 | 1102.4 | 1102.4 | 1102.4 | 1102.4 | 22048 |
| | 福利费 | 154.3 | 154.3 | 154.3 | 154.3 | 154.3 | 154.3 | 154.3 | 154.3 | 154.3 | 154.3 | 154.3 | 154.3 | 154.3 | 154.3 | 154.3 | 154.3 | 154.3 | 154.3 | 154.3 | 154.3 | 3087 |
| | 小计 | 1257 | 1257 | 1257 | 1257 | 1257 | 1257 | 1257 | 1257 | 1257 | 1257 | 1257 | 1257 | 1257 | 1257 | 1257 | 1257 | 1257 | 1257 | 1257 | 1257 | 25135 |
| 3 | 修理费用 | 972.0 | 972.0 | 972.0 | 972.0 | 972.0 | 972.0 | 972.0 | 972.0 | 972.0 | 972.0 | 972.0 | 972.0 | 972.0 | 972.0 | 972.0 | 972.0 | 972.0 | 972.0 | 972.0 | 972.0 | 19440 |
| 4 | 其他制造费用 | 1009.5 | 1009.5 | 1009.5 | 1009.5 | 1009.5 | 1009.5 | 1009.5 | 1009.5 | 1009.5 | 1009.5 | 1009.5 | 1009.5 | 1009.5 | 1009.5 | 1009.5 | 1009.5 | 1009.5 | 1009.5 | 1009.5 | 1009.5 | 20189 |
| 5 | 其他管理费用 | 719.9 | 719.9 | 719.9 | 719.9 | 719.9 | 719.9 | 719.9 | 719.9 | 719.9 | 719.9 | 719.9 | 719.9 | 719.9 | 719.9 | 719.9 | 719.9 | 719.9 | 719.9 | 719.9 | 719.9 | 14399 |
| 6 | 其他营业费用 | 0.0 | 0.0 | 0.0 | 0.0 | 0.0 | 0.0 | 0.0 | 0.0 | 0.0 | 0.0 | 0.0 | 0.0 | 0.0 | 0.0 | 0.0 | 0.0 | 0.0 | 0.0 | 0.0 | 0.0 | 0 |
| 7 | 折旧费 | 1903.9 | 1903.9 | 1903.9 | 1903.9 | 1903.9 | 1903.9 | 1903.9 | 1903.9 | 1903.9 | 1903.9 | 1903.9 | 1903.9 | 732.0 | 732.0 | 732.0 | 732.0 | 732.0 | 732.0 | 732.0 | 732.0 | 28703 |
| 8 | 摊销费 | 132.1 | 132.1 | 132.1 | 132.1 | 132.1 | 75.3 | 75.3 | 75.3 | 75.3 | 75.3 | 75.3 | 75.3 | 75.3 | 75.3 | 75.3 | 75.3 | 75.3 | 75.3 | 75.3 | 75.3 | 1789 |
| 9 | 财务费用 | 1608.3 | 1424.7 | 1174.7 | 914.0 | 641.6 | 356.9 | 119.7 | 119.7 | 119.7 | 119.7 | 119.7 | 119.7 | 119.7 | 119.7 | 119.7 | 119.7 | 119.7 | 119.7 | 119.7 | 119.7 | 7795 |
| 10 | 不得抵扣的进项税额 | 0 | 0 | 0 | 0 | 0 | 0 | 0 | 0 | 0 | 0 | 0 | 0 | 0 | 0 | 0 | 0 | 0 | 0 | 0 | 0 | 0 |
| 11 | 总成本费用合计 | 11664 | 11931 | 11681 | 11421 | 11148 | 10807 | 10570 | 10570 | 10570 | 10570 | 10570 | 10570 | 9398 | 9398 | 9398 | 9398 | 9398 | 9398 | 9398 | 9398 | 207251 |
| | 其中：可变成本费用 | 4061 | 4513 | 4513 | 4513 | 4513 | 4513 | 4513 | 4513 | 4513 | 4513 | 4513 | 4513 | 4513 | 4513 | 4513 | 4513 | 4513 | 4513 | 4513 | 4513 | 89800 |
| | 固定成本费用 | 7603 | 7418 | 7169 | 6908 | 6636 | 6294 | 6057 | 6057 | 6057 | 6057 | 6057 | 6057 | 4885 | 4885 | 4885 | 4885 | 4885 | 4885 | 4885 | 4885 | 117451 |
| 11.1 | 平均单位成本费用 | 75.79 | 69.77 | 68.31 | 66.79 | 65.19 | 63.20 | 61.81 | 61.81 | 61.81 | 61.81 | 61.81 | 61.81 | 54.96 | 54.96 | 54.96 | 54.96 | 54.96 | 54.96 | 54.96 | 54.96 | 60.90 |
| 12 | 经营成本 | 8019 | 8471 | 8471 | 8471 | 8471 | 8471 | 8471 | 8471 | 8471 | 8471 | 8471 | 8471 | 8471 | 8471 | 8471 | 8471 | 8471 | 8471 | 8471 | 8471 | 168963 |
| 12.1 | 平均单位经营成本费用 | 52.11 | 49.54 | 49.54 | 49.54 | 49.54 | 49.54 | 49.54 | 49.54 | 49.54 | 49.54 | 49.54 | 49.54 | 49.54 | 49.54 | 49.54 | 49.54 | 49.54 | 49.54 | 49.54 | 49.54 | 49.65 |

附表 20 - 10　利润及利润分配表

（万元）

| 序号 | 项目 | 1 | 2 | 3 | 4 | 5 | 6 | 7 | 8 | 9 | 10 | 11 | 12 | 13 | 14 | 15 | 16 | 17 | 18 | 19 | 20 | 合计 |
|---|---|---|---|---|---|---|---|---|---|---|---|---|---|---|---|---|---|---|---|---|---|---|
|  | 计算负荷/% | 90 | 100 | 100 | 100 | 100 | 100 | 100 | 100 | 100 | 100 | 100 | 100 | 100 | 100 | 100 | 100 | 100 | 100 | 100 | 100 | 100 |
| 1 | 营业收入 | 13082 | 14535 | 14535 | 14535 | 14535 | 14535 | 14535 | 14535 | 14535 | 14535 | 14535 | 14535 | 14535 | 14535 | 14535 | 14535 | 14535 | 14535 | 14535 | 14535 | 289247 |
| 2 | 增值税 | 1269 | 1443 | 1443 | 1443 | 1443 | 1443 | 1443 | 1443 | 1443 | 1443 | 1443 | 1443 | 1443 | 1443 | 1443 | 1443 | 1443 | 1443 | 1443 | 1443 | 28679 |
| 2.1 | 销项税额 | 2223.9 | 2471.0 | 2471.0 | 2471.0 | 2471.0 | 2471.0 | 2471.0 | 2471.0 | 2471.0 | 2471.0 | 2471.0 | 2471.0 | 2471.0 | 2471.0 | 2471.0 | 2471.0 | 2471.0 | 2471.0 | 2471.0 | 2471.0 | 49172 |
| 2.2 | 允许抵扣的进项税额 | 954.7 | 1028.3 | 1028.3 | 1028.3 | 1028.3 | 1028.3 | 1028.3 | 1028.3 | 1028.3 | 1028.3 | 1028.3 | 1028.3 | 1028.3 | 1028.3 | 1028.3 | 1028.3 | 1028.3 | 1028.3 | 1028.3 | 1028.3 | 20493 |
| 3 | 营业税及附加 | 219 | 247 | 247 | 247 | 247 | 247 | 247 | 247 | 247 | 247 | 247 | 247 | 247 | 247 | 247 | 247 | 247 | 247 | 247 | 247 | 4910 |
| 4 | 总成本费用 | 11664 | 11931 | 11681 | 11421 | 11148 | 10807 | 10570 | 10570 | 10570 | 10570 | 10570 | 10570 | 9398 | 9398 | 9398 | 9398 | 9398 | 9398 | 9398 | 9398 | 207251 |
| 5 | 营业利润（1-3-4） | 1198 | 2357 | 2607 | 2867 | 3140 | 3481 | 3749 | 3719 | 3719 | 3719 | 3719 | 3719 | 4890 | 4890 | 4890 | 4890 | 4890 | 4890 | 4890 | 4890 | 77086 |
| 5.1 | 营业外净支出 | 0.0 | 0.0 | 0.0 | 0.0 | 0.0 | 0.0 | 0.0 | 0.0 | 0.0 | 0.0 | 0.0 | 0.0 | 0.0 | 0.0 | 0.0 | 0.0 | 0.0 | 0.0 | 0.0 | 0.0 | 0 |
| 6 | 利润总额 | 1198 | 2357 | 2607 | 2867 | 3140 | 3481 | 3719 | 3719 | 3719 | 3719 | 3719 | 3719 | 4890 | 4890 | 4890 | 4890 | 4890 | 4890 | 4890 | 4890 | 77086 |
| 6.1 | 税前弥补以上年度亏损 | 0.0 | 0.0 | 0.0 | 0.0 | 0.0 | 0.0 | 0.0 | 0.0 | 0.0 | 0.0 | 0.0 | 0.0 | 0.0 | 0.0 | 0.0 | 0.0 | 0.0 | 0.0 | 0.0 | 0.0 | 0 |
| 6.2 | 应纳税所得额 | 1198.4 | 2357.2 | 2606.7 | 2867.4 | 3139.8 | 3481.3 | 3718.5 | 3718.5 | 3718.5 | 3718.5 | 3718.5 | 3718.5 | 4890.5 | 4890.5 | 4890.5 | 4890.5 | 4890.5 | 4890.5 | 4890.5 | 4890.5 | 77086 |
| 6.3 | 所得税 | 299.6 | 589.3 | 651.7 | 716.8 | 784.9 | 870.3 | 929.6 | 929.6 | 929.6 | 929.6 | 929.6 | 929.6 | 1222.6 | 1222.6 | 1222.6 | 1222.6 | 1222.6 | 1222.6 | 1222.6 | 1222.6 | 19271 |
| 7 | 税后利润 | 899 | 1768 | 1955 | 2151 | 2355 | 2611 | 2789 | 2789 | 2789 | 2789 | 2789 | 2789 | 3668 | 3668 | 3668 | 3668 | 3668 | 3668 | 3668 | 3668 | 57814 |
| 7.1 | 税后弥补以上年度亏损 | 0.0 | 0.0 | 0.0 | 0.0 | 0.0 | 0.0 | 0.0 | 0.0 | 0.0 | 0.0 | 0.0 | 0.0 | 0.0 | 0.0 | 0.0 | 0.0 | 0.0 | 0.0 | 0.0 | 0.0 | 0 |
| 7.2 | 提取法定盈余公积金 | 89.9 | 176.8 | 195.5 | 215.1 | 235.5 | 261.1 | 278.9 | 278.9 | 278.9 | 278.9 | 278.9 | 278.9 | 366.8 | 366.8 | 366.8 | 366.8 | 366.8 | 366.8 | 366.8 | 366.8 | 5781 |
| 7.3 | 提取任意盈余公积金 | 44.9 | 88.4 | 97.8 | 107.5 | 117.7 | 130.5 | 139.4 | 139.4 | 139.4 | 139.4 | 139.4 | 139.4 | 183.4 | 183.4 | 183.4 | 183.4 | 183.4 | 183.4 | 183.4 | 183.4 | 2891 |
| 8 | 可分配利润 | 764 | 1503 | 1662 | 1828 | 2002 | 2219 | 2371 | 2371 | 2371 | 2371 | 2371 | 2371 | 3118 | 3118 | 3118 | 3118 | 3118 | 3118 | 3118 | 3118 | 49142 |
| 8.1 | 用于分配的利润 | 0.0 | 0.0 | 0.0 | 0.0 | 0.0 | 834.0 | 4349.8 | 4349.8 | 4349.8 | 4349.8 | 3597.1 | 2370.6 | 3117.7 | 3117.7 | 3117.7 | 3117.7 | 3117.7 | 3117.7 | 3117.7 | 3117.7 | 49142 |
| 9 | 未分配利润 | 764 | 1503 | 1662 | 1828 | 2002 | 1385 | -1979 | -1979 | -1979 | -1979 | -1227 | 0 | 0 | 0 | 0 | 0 | 0 | 0 | 0 | 0 | 0 |
| 10 | 盈亏平衡点 |  |  |  |  |  |  |  |  |  |  |  |  |  |  |  |  |  |  |  |  |  |
|  | BEP（产量）/万吨 | 132.94 | 129.77 | 125.40 | 120.84 | 116.08 | 110.10 | 105.95 | 105.95 | 105.95 | 105.95 | 105.95 | 105.95 | 84.45 | 84.45 | 84.45 | 84.45 | 84.45 | 84.45 | 84.45 | 84.45 |  |
|  | BEP（生产能力利用率）/% | 77.74 | 75.89 | 73.33 | 70.67 | 67.88 | 64.39 | 61.96 | 61.96 | 61.96 | 61.96 | 61.96 | 61.96 | 49.97 | 49.97 | 49.97 | 49.97 | 49.97 | 49.97 | 49.97 | 49.97 |  |
| 11 | 盈利能力指标 |  |  |  |  |  |  |  |  |  |  |  |  |  |  |  |  |  |  |  |  |  |
| 11.1 | 投资利润率/% | 3.21 | 6.31 | 6.98 | 7.68 | 8.41 | 9.33 | 9.96 | 9.96 | 9.96 | 9.96 | 9.96 | 9.96 | 13.10 | 13.10 | 13.10 | 13.10 | 13.10 | 13.10 | 13.10 | 13.10 | 10.33 |
| 11.2 | 投资利税率/% | 7.20 | 10.84 | 11.51 | 12.21 | 12.94 | 13.85 | 14.49 | 14.49 | 14.49 | 14.49 | 14.49 | 14.49 | 17.63 | 17.63 | 17.63 | 17.63 | 17.63 | 17.63 | 17.63 | 17.63 | 14.82 |
| 11.3 | 总投资收益率/% | 7.52 | 10.13 | 10.13 | 10.13 | 10.13 | 10.28 | 10.28 | 10.28 | 10.28 | 10.28 | 10.28 | 10.28 | 13.42 | 13.42 | 13.42 | 13.42 | 13.42 | 13.42 | 13.42 | 13.42 | 11.37 |
| 11.4 | 资本金净利润率/% | 6.33 | 12.45 | 13.77 | 15.14 | 16.58 | 18.38 | 19.64 | 19.64 | 19.64 | 19.64 | 19.64 | 19.64 | 25.83 | 25.83 | 25.83 | 25.83 | 25.83 | 25.83 | 25.83 | 25.83 | 20.35 |

附表20-11　资产负债表

（万元）

| 序号 | 项目 | 1 | 2 | 3 | 4 | 5 | 6 | 7 | 8 | 9 | 10 | 11 | 12 | 13 | 14 | 15 | 16 | 17 | 18 | 19 | 20 | 21 |
|---|---|---|---|---|---|---|---|---|---|---|---|---|---|---|---|---|---|---|---|---|---|---|
| 1 | 资产 | | | | | | | | | | | | | | | | | | | | | |
| 1.1 | 流动资产 | 2555 | 2903 | 3169 | 3462 | 3784 | 4138 | 4520 | 4948 | 5366 | 5784 | 6203 | 7373 | 9771 | 11128 | 12486 | 13843 | 15201 | 16558 | 17916 | 19273 | 22874 |
| 1.1.1 | 流动资产需用额 | 2554.7 | 2768.5 | 2768.5 | 2768.5 | 2768.5 | 2768.5 | 2768.5 | 2768.5 | 2768.5 | 2768.5 | 2768.5 | 2768.5 | 2768.5 | 2768.5 | 2768.5 | 2768.5 | 2768.5 | 2768.5 | 2768.5 | 2768.5 | 0.0 |
| 1.1.2 | 其他流动资产 | 0.0 | 134.8 | 400.0 | 693.3 | 1015.8 | 1369.1 | 1760.7 | 2179.0 | 2597.4 | 3015.0 | 3434.1 | 4605.0 | 7002.5 | 8359.9 | 9717.4 | 11074.8 | 12432.2 | 13789.6 | 15147.0 | 16504.5 | 22874.1 |
| | 其中：留用的折摊费 | | 0.0 | 0.0 | 0.0 | 0.0 | 0.0 | 0.0 | 0.0 | 0.0 | 0.0 | 0.0 | 752.6 | 2731.8 | 3539.0 | 4346.3 | 5153.5 | 5960.8 | 6768.0 | 7575.2 | 8382.5 | 9189.7 |
| | 法定盈余公积金 | | 89.9 | 266.7 | 462.2 | 677.2 | 912.7 | 1173.8 | 1452.7 | 1731.6 | 2010.6 | 2289.4 | 2568.3 | 2847.1 | 3213.6 | 3580.7 | 3947.6 | 4314.3 | 4681.3 | 5047.9 | 5414.6 | 5781.4 |
| | 任意公积金 | | 44.9 | 133.3 | 231.1 | 338.6 | 456.4 | 586.9 | 726.3 | 865.8 | 1005.2 | 1144.7 | 1284.1 | 1423.6 | 1607.0 | 1790.4 | 1973.8 | 2157.1 | 2340.5 | 2523.9 | 2707.3 | 2890.7 |
| | 留用自有流动资金 | | | | | | | | | | | | | | | | | | | | | 4230.2 |
| | 回收自有流动资金 | | | | | | | | | | | | | | | | | | | | | 782.0 |
| 1.2 | 在建工程 | | | | | | | | | | | | | | | | | | | | | |
| 1.3 | 固定资产净值 | 32933 | 31029 | 29126 | 27222 | 25318 | 23414 | 21510 | 19606 | 17702 | 15798 | 13894 | 11990 | 10086 | 9354 | 8622 | 7890 | 7158 | 6426 | 5694 | 4962 | 0 |
| 1.4 | 无形资产与其他资产净值 | 1789 | 1657 | 1525 | 1393 | 1261 | 1129 | 1054 | 978 | 903 | 828 | 753 | 677 | 602 | 527 | 452 | 376 | 301 | 226 | 151 | 75 | 0 |
| | 资产合计 | 37277 | 35590 | 33819 | 32076 | 30363 | 28680 | 27092 | 25532 | 23971 | 22410 | 20849 | 20041 | 20459 | 21009 | 21559 | 22110 | 22660 | 23210 | 23760 | 24310 | 22874 |
| 2 | 负债与所有者权益 | | | | | | | | | | | | | | | | | | | | | |
| 2.1 | 负债 | | | | | | | | | | | | | | | | | | | | | |
| 2.1.1 | 流动负债 | 1772.7 | 1986.5 | 1986.5 | 1986.5 | 1986.5 | 1986.5 | 1986.5 | 1986.5 | 1986.5 | 1986.5 | 1986.5 | 1986.5 | 1986.5 | 1986.5 | 1986.5 | 1986.5 | 1986.5 | 1986.5 | 1986.5 | 1986.5 | 0.0 |
| | 应付账款 | 149.7 | 161.7 | 161.7 | 161.7 | 161.7 | 161.7 | 161.7 | 161.7 | 161.7 | 161.7 | 161.7 | 161.7 | 161.7 | 161.7 | 161.7 | 161.7 | 161.7 | 161.7 | 161.7 | 161.7 | 0.0 |
| | 预收款 | 0.0 | 0.0 | 0.0 | 0.0 | 0.0 | 0.0 | 0.0 | 0.0 | 0.0 | 0.0 | 0.0 | 0.0 | 0.0 | 0.0 | 0.0 | 0.0 | 0.0 | 0.0 | 0.0 | 0.0 | 0.0 |
| | 流动资金借款 | 1623.0 | 1824.7 | 1824.7 | 1824.7 | 1824.7 | 1824.7 | 1824.7 | 1824.7 | 1824.7 | 1824.7 | 1824.7 | 1824.7 | 1824.7 | 1824.7 | 1824.7 | 1824.7 | 1824.7 | 1824.7 | 1824.7 | 1824.7 | 0.0 |
| | 短期借款 | | -0.0 | -0.0 | -0.0 | -0.0 | | 0.0 | 0.0 | -0.0 | -0.0 | -0.0 | -0.0 | -0.0 | -0.0 | -0.0 | -0.0 | -0.0 | -0.0 | -0.0 | -0.0 | -0.0 |
| 2.1.2 | 建设投资借款 | 21302.9 | 18502.8 | 14964.1 | 11266.2 | 7402.2 | 3364.5 | | | | | | | | | | | | | | | |
| | 负债合计 | 23076 | 20489 | 16951 | 13253 | 9389 | 5351 | 1986 | 1986 | 1986 | 1986 | 1986 | 1986 | 1986 | 1986 | 1986 | 1986 | 1986 | 1986 | 1986 | 1986 | 0 |
| 2.2 | 所有者权益 | | | | | | | | | | | | | | | | | | | | | |
| 2.2.1 | 资本金 | 14201.9 | 14201.9 | 14201.9 | 14201.9 | 14201.9 | 14201.9 | 14201.9 | 14201.9 | 14201.9 | 14201.9 | 14201.9 | 14201.9 | 14201.9 | 14201.9 | 14201.9 | 14201.9 | 14201.9 | 14201.9 | 14201.9 | 14201.9 | 14201.9 |
| 2.2.2 | 累计法定盈余公积金 | | 89.9 | 266.7 | 462.2 | 677.2 | 912.7 | 1173.8 | 1452.7 | 1731.6 | 2010.6 | 2289.4 | 2568.3 | 2847.1 | 3213.6 | 3580.7 | 3947.5 | 4314.3 | 4681.3 | 5047.9 | 5414.6 | 5781.4 |
| 2.2.3 | 累计任意公积金 | | 44.9 | 133.3 | 231.1 | 338.6 | 456.4 | 586.9 | 726.3 | 865.8 | 1005.2 | 1144.7 | 1284.1 | 1423.6 | 1607.0 | 1790.4 | 1973.8 | 2157.1 | 2340.5 | 2523.9 | 2707.3 | 2890.7 |
| 2.2.4 | 累计未分配利润 | | 764.0 | 2266.7 | 3928.5 | 5756.4 | 7758.0 | 9143.4 | 7164.2 | 5185.0 | 3205.8 | 1226.6 | | | | | | | | | | |
| | 所有者权益合计 | 14202 | 15101 | 16869 | 18824 | 20974 | 23329 | 25106 | 23545 | 21984 | 20423 | 18863 | 18054 | 18473 | 19023 | 19573 | 20123 | 20673 | 21224 | 21774 | 22324 | 22874 |
| | 负债与所有者权益合计 | 37277 | 35590 | 33819 | 32076 | 30363 | 28680 | 27092 | 25532 | 23971 | 22410 | 20849 | 20041 | 20459 | 21009 | 21559 | 22110 | 22660 | 23210 | 23760 | 24310 | 22874 |
| 3 | 计算指标 | | | | | | | | | | | | | | | | | | | | | |
| | 资产负债率/% | 61.9 | 57.6 | 50.1 | 41.3 | 30.9 | 18.7 | 7.3 | 7.8 | 8.3 | 8.9 | 9.5 | 9.9 | 9.7 | 9.5 | 9.2 | 9.0 | 8.8 | 8.6 | 8.4 | 8.2 | |
| | 流动比率/% | 144 | 146 | 160 | 174 | 191 | 208 | 228 | 249 | 270 | 291 | 312 | 371 | 492 | 560 | 629 | 697 | 765 | 834 | 902 | 970 | |
| | 速动比率/% | 144 | 80 | 88 | 103 | 119 | 137 | 157 | 178 | 199 | 220 | 241 | 300 | 421 | 489 | 557 | 626 | 694 | 762 | 831 | 899 | |

**附表 20-12　项目投资财务现金流量表**

（万元）

| 序号 | 项目 | 1 | 2 | 3 | 4 | 5 | 6 | 7 | 8 | 9 | 10 | 11 | 12 | 13 | 14 | 15 | 16 | 17 | 18 | 19 | 20 | 21 | 合计 |
|---|---|---|---|---|---|---|---|---|---|---|---|---|---|---|---|---|---|---|---|---|---|---|---|
| 1 | 现金流入 | | | | | | | | | | | | | | | | | | | | | | |
| | 计算负荷/% | | 90 | 100 | 100 | 100 | 100 | 100 | 100 | 100 | 100 | 100 | 100 | 100 | 100 | 100 | 100 | 100 | 100 | 100 | 100 | 100 | |
| 1.1 | 营业收入 | | 13081.5 | 14535.0 | 14535.0 | 14535.0 | 14535.0 | 14535.0 | 14535.0 | 14535.0 | 14535.0 | 14535.0 | 14535.0 | 14535.0 | 14535.0 | 14535.0 | 14535.0 | 14535.0 | 14535.0 | 14535.0 | 14535.0 | 14535.0 | 289247 |
| 1.2 | 回收固定资产余值 | | | | | | | | | | | | | | | | | | | | | 4230.2 | 4230 |
| 1.3 | 无形资产与其他资产余值 | | | | | | | | | | | | | | | | | | | | | -0.0 | 0 |
| 1.4 | 回收流动资金 | | | | | | | | | | | | | | | | | | | | | 2606.8 | 2607 |
| 1.5 | 其他收入 | | | | | | | | | | | | | | | | | | | | | 0.0 | 0 |
| | 现金流入小计 | 0 | 13082 | 14535 | 14535 | 14535 | 14535 | 14535 | 14535 | 14535 | 14535 | 14535 | 14535 | 14535 | 14535 | 14535 | 14535 | 14535 | 14535 | 14535 | 14535 | 21372 | 296083 |
| 2 | 现金流出 | | | | | | | | | | | | | | | | | | | | | | |
| 2.1 | 建设投资 | 34233.8 | | | | | | | | | | | | | | | | | | | | | 34234 |
| 2.2 | 流动资金 | 2168.6 | 201.8 | 0.0 | | | | | | | | | | | | | | | | | | | 2370 |
| 2.3 | 经营成本费用 | | 8019.5 | 8470.7 | 8470.7 | 8470.7 | 8470.7 | 8470.7 | 8470.7 | 8470.7 | 8470.7 | 8470.7 | 8470.7 | 8470.7 | 8470.7 | 8470.7 | 8470.7 | 8470.7 | 8470.7 | 8470.7 | 8470.7 | 8470.7 | 168963 |
| 2.4 | 营业税及附加 | | 219.3 | 246.9 | 246.9 | 246.9 | 246.9 | 246.9 | 246.9 | 246.9 | 246.9 | 246.9 | 246.9 | 246.9 | 246.9 | 246.9 | 246.9 | 246.9 | 246.9 | 246.9 | 246.9 | 246.9 | 4910 |
| 2.5 | 营业外净支出 | | 0.0 | 0.0 | 0.0 | 0.0 | 0.0 | 0.0 | 0.0 | 0.0 | 0.0 | 0.0 | 0.0 | 0.0 | 0.0 | 0.0 | 0.0 | 0.0 | 0.0 | 0.0 | 0.0 | 0.0 | 0 |
| 2.6 | 调整所得税 | | 701.7 | 945.3 | 945.3 | 945.3 | 945.3 | 959.6 | 959.6 | 959.6 | 959.6 | 959.6 | 959.6 | 959.6 | 1252.5 | 1252.5 | 1252.5 | 1252.5 | 1252.5 | 1252.5 | 1252.5 | 1252.5 | 21220 |
| | 所得税前现金流出小计 | 36042 | 8440 | 8718 | 8718 | 8718 | 8718 | 8718 | 8718 | 8718 | 8718 | 8718 | 8718 | 8718 | 8718 | 8718 | 8718 | 8718 | 8718 | 8718 | 8718 | 8718 | 210477 |
| | 所得税后现金流出小计 | 36042 | 9142 | 9663 | 9663 | 9663 | 9663 | 9677 | 9677 | 9677 | 9677 | 9677 | 9677 | 9677 | 9970 | 9970 | 9970 | 9970 | 9970 | 9970 | 9970 | 9970 | 231697 |
| 3 | 所得税前净现金流量 | -36402 | 4641 | 5817 | 5817 | 5817 | 5817 | 5817 | 5817 | 5817 | 5817 | 5817 | 5817 | 5817 | 5817 | 5817 | 5817 | 5817 | 5817 | 5817 | 5817 | 12654 | 85607 |
| 4 | 累计所得税前净现金流量 | -36402 | -31761 | -25944 | -20127 | -14309 | -8492 | -2674 | 3143 | 8961 | 14778 | 20595 | 26413 | 32230 | 38048 | 43865 | 49683 | 55500 | 61317 | 67135 | 72952 | 85607 | |
| 5 | 所得税后净现金流量 | -36402 | 3939 | 4872 | 4872 | 4872 | 4872 | 4858 | 4858 | 4858 | 4858 | 4858 | 4858 | 4858 | 4565 | 4565 | 4565 | 4565 | 4565 | 4565 | 4565 | 11402 | 64386 |
| 6 | 累计所得税后净现金流量 | -36402 | -32463 | -27591 | -22719 | -17847 | -12975 | -8117 | -3259 | 1599 | 6457 | 11315 | 16172 | 21030 | 25595 | 30160 | 34725 | 39290 | 43855 | 48420 | 52984 | 64386 | |
| 7 | 计算指标 | | | | | | | | | | | | | | | | | | | | | | |
| | 财务内部收益率： | | | | | | | | | | | | | | | | | | | | | | |
| | 所得税前/% | 14.72 | | | | | | | | 5.05 | 7.25 | 8.91 | 10.18 | 11.17 | 11.95 | 12.58 | 13.08 | 13.49 | 13.82 | 14.09 | 14.32 | 14.72 | |
| | 所得税后/% | 11.76 | | | | | | | | 0.95 | 3.33 | 5.16 | 6.57 | 7.69 | 8.53 | 9.21 | 9.77 | 10.23 | 10.62 | 10.94 | 11.21 | 11.76 | |
| | 财务净现值：所得税前（折现率11.00%） | 7101 | | | | | | | | -5502 | -3839 | -2341 | -992 | 224 | 1320 | 2306 | 3195 | 3996 | 4718 | 5368 | 5954 | 7101 | |
| | 所得税后（折现率11.00%） | 1398 | | | | | | | | -8914 | -7525 | -6274 | -5147 | -4132 | -3273 | -2498 | -1821 | -1172 | -606 | -96 | 364 | 1398 | |
| | 投资回收期：所得税前/年 | 7.46 | | | | | | | | | | | | | | | | | | | | | |
| | 所得税后/年 | 8.67 | | | | | | | | | | | | | | | | | | | | | |

# 第四节 建材行业砂石骨料项目经济评价案例

## 一、概述

该项目为某公司所属120万吨砂石骨料生产线，设计规模为年产砂石骨料120万吨/年。

该财务评价按照《建设项目经济评价方法与参数》（第三版）、《建材工业建设项目经济评价实施细则》和现行企业的有关法律、法规及财务制度进行经济评价。评价指标汇总表见附表20－13。

## 二、项目总投资及资金筹措

### （一）项目总投资及构成

项目建设规模总投资由建设投资、建设期利息和铺底流动资金三部分构成，建设规模总投资估算为4166万元；项目总投资由建设投资、建设期利息和流动资金三部分构成，总投资估算为4578万元，构成见表20－13。

**表20－13 项目总投资的构成**　　　　　　　　　　　　　　　　（万元）

| 投 资 项 目 | 投 资 额 |
|---|---|
| （1）建设投资 | 3932 |
| （2）建设期利息 | 92 |
| （3）流动资金 | 554 |
| 其中：铺底流动资金 | 142 |
| 流动资金借款 | 412 |
| 总投资（建设投资＋建设期利息＋流动资金） | 4578 |
| 建设规模总投资（建设投资＋建设期利息＋铺底流动资金） | 4166 |

### （二）资金筹措

**1. 资本金**

该项目资本金1458万元，占项目总投资的35%，符合建材行业资本金不得低于35%的有关规定。

**2. 银行借款**

剩余建设投资2708万元全部申请银行借款，其中借款本金2616万元，建设期借款利息92万元，借款年利率7.05%。

**3. 流动资金借款**

预计该项目正常生产年需要流动资金588万元，按照银行的相关规定，流动资金中应有不低于30%的自有铺底资金，计176万元，其中由建设投资中的备品备件转入34万元，其余由项目资本金支付；另外70%申请流动资金借款，计412万元，借款年利率6.56%。

以上资金来源合计4578万元。

投资计划与资金筹措详见附表20－14。

## 三、总成本费用

（1）矿山原材料：矿山原材料价格由该水泥股份有限公司提供。消耗量根据设计指标和生产负荷计算。

（2）工资及福利基金：矿山工程需定员38人，人均年工资36000元；福利费按工资总额的14%

计提。

（3）修理费：按照设备到厂原价的4%计算修理费。

（4）其他制造费用：按照固定资产原价的0.5%计算其他制造费用。

（5）其他管理费用：按照营业收入的2.2%加上按工资总额计取的"五险一金"计算。

（6）其他营业费用：其他营业费用主要包括包装材料费、广告费用和其他费用。

（7）折旧费：固定资产主要包括房屋、建构筑物和各类机器设备。为简化计算，在不影响总成本费用计算结果的前提下，将全部折旧费用合并在一起计算。按分类固定资产原值和分类折旧年限，采用直线折旧法计算折旧费。固定资产净残值率为5%。

（8）摊销费：摊销费主要包括无形资产摊销费和其他资产摊销费。无形资产主要指征地费用、外部工程等。其他资产是指开办费支出，主要包括生产职工培训费、试生产期间消耗的备品备件等。按照有效使用期限或财务制度规定的摊销年限计算无形资产和其他资产摊销费。

（9）财务费用：主要指生产期利息净支出，包括长期借款，短期借款和流动资金借款的当年应计利息，根据前一年度年末借款余额和借款利率分年计算前一年度银行借款利息支出。

总成本费用由以上部分组成，总成本费用汇总详见附表20-15。

生产期年平均总成本费用为2505万元，平均单位成本费用为21.01元/吨，年经营成本费用为2266万元，平均单位经营成本费用为18.98元/吨。

单位矿石总成本费用构成见表20-14。

表20-14　单位矿石总成本费用构成　　　　　　　　　　（元/吨）

| 项　　目 | 单位成本费用 | 备　　注 |
|---|---|---|
| 矿山材料 | 14.66 | 生产期20年平均 |
| 动　力 | 2.05 | 生产期20年平均 |
| 工资及福利 | 1.31 | 生产期20年平均 |
| 折旧费、摊销费 | 1.49 | 生产期20年平均 |
| 修理费 | 0.37 | 生产期20年平均 |
| 其他制造费 | 0.15 | 生产期20年平均 |
| 其他管理费用 | 0.44 | 生产期20年平均 |
| 财务费用 | 0.53 | 生产期20年平均 |
| 合　计 | 21.01 | 生产期20年平均 |

## 四、财务评价

### （一）销售收入

1. 矿石产量及售价（表20-15）

表20-15　矿石产量及售价

| 矿石名称 | 产量/万吨 | 售价（不含税）/元·吨$^{-1}$ |
|---|---|---|
| 骨　料 | 120 | 24.79 |

2. 税收

增值税：执行现行增值税条例；

城建税：按增值税额的7%计提；

教育费附加：按增值税额的 3% 计提；

所得税：按应纳税所得额的 25% 计提。

税后利润提取 10% 的法定盈余公积金，法定盈余公积金的提取数额累计达到资本金的 50% 时不再提取。

3. 计算负荷

财务评价中设定项目投产后第一年即可达到设计产量，计算负荷为 100%。

4. 计算期

项目计算期为 21 年，其中建设期 1.0 年，生产经营期 20 年。

## （二）损益计算

损益计算详见附表 20-16。

项目投产后第一年在计算负荷为 90%，各项成本费用负担最大的条件下实现税后利润 66 万元，以后各年呈逐年递增的趋势。生产期主要损益指标见表 20-16。

表 20-16 生产期主要损益指标

| 指标名称 | 单位 | 生产期总计 | 生产期年平均 |
|---|---|---|---|
| 销售收入（不含增值税） | 万元 | 59190 | 2959 |
| 总成本费用（不含增值税） | 万元 | 50174 | 2509 |
| 利润总额 | 万元 | 8116 | 406 |
| 税后利润 | 万元 | 6087 | 304 |
| 法定盈余公积金 | 万元 | 609 | 30 |
| 任意盈余公积金 | 万元 | 304 | 15 |
| 可分配利润 | 万元 | 5174 | 259 |
| 所得税 | 万元 | 2029 | 101 |
| 增值税及附加 | 万元 | 9893 | 495 |

由损益指标测得项目生产期平均投资利润率为 8.92%，平均投资利税率为 19.80%，上述指标说明项目的创利税能力是比较强的。

## （三）盈利能力分析（表 20-17）

表 20-17 主要盈利能力指标

| 项 目 | 数 据 |
|---|---|
| （1）财务内部收益率 | |
| 全投资 | 13.49% |
| 资本金 | 13.85% |
| 投资者 | 12.27% |
| （2）投资回收期（年） | |
| 全投资 | 7.97 |
| 资本金 | 9.98 |
| 投资者 | 10.54 |

注：表中投资回收期含建设期 1 年。

从指标看，项目有一定的盈利能力。

### （四）清偿能力指标

建设投资借款偿还平衡见附表20－17。

经计算，项目的借款偿还期为7.57年（包括建设期1年）。

## 五、结论

总的来说，该项目投资较少，产品成本较低，诸多有利因素使得项目有一定的创利税能力；财务评价的结果显示出项目具有比较理想的投资回报并具有较强的清偿能力和相对较小的债务风险。

从财务角度讲，项目是可行的。

## 六、财务评价附表目录

附表20－13 评价指标汇总表

| 序号 | 项　　目 | 单位 | 数据 | 备　　注 |
|---|---|---|---|---|
| 1 | 生产能力 | | | |
| 1.1 | 年熟料产量 | 万吨 | 120.00 | |
| 1.2 | 年产品产量 | 万吨 | 120.00 | |
| 2 | 项目投资指标 | | | |
| 2.1 | 项目总投资 | 万元 | 4548 | |
| | 其中：建设投资 | 万元 | 3932 | |
| | 建设期利息 | 万元 | 92 | |
| | 流动资金 | 万元 | 524 | |
| 2.2 | 建设规模总投资 | 万元 | 4157 | |
| 2.3 | 投资指标 | | | |
| | 单位产品建设投资 | 元/吨 | 32.76 | |
| 3 | 平均单位产品售价 | 元/吨 | 24.79 | |
| 4 | 平均单位产品成本费用 | 元/吨 | 21.01 | 生产期平均 |
| 5 | 主要损益指标 | | | |
| 5.1 | 年营业收入 | 万元 | 2959 | 生产期平均 |
| 5.2 | 年增值税 | 万元 | 450 | 生产期平均 |
| 5.3 | 年营业税金与附加 | 万元 | 45 | 生产期平均 |
| 5.4 | 年利润总额 | 万元 | 406 | 生产期平均 |
| 5.5 | 年所得税 | 万元 | 101 | 生产期平均 |
| 5.6 | 年税后利润 | 万元 | 304 | 生产期平均 |
| | 其中：用于分配的利润 | 万元 | 259 | 生产期平均 |

| 序号 | 项 目 | 单位 | 数据 | 备 注 |
|---|---|---|---|---|
| 6 | 主要利税指标 | | | |
| 6.1 | 投资利润率 | % | 8.92 | 生产期平均 |
| 6.2 | 投资利税率 | % | 19.80 | 生产期平均 |
| 6.3 | 总投资收益率 | % | 10.33 | 生产期平均 |
| 6.4 | 资本金净利润率 | % | 20.92 | 生产期平均 |
| 7 | 财务内部收益率 | | | |
| 7.1 | 全投资：所得税前 | % | 13.49 | |
| | 所得税后 | % | 10.82 | |
| 7.2 | 资本金 | % | 13.85 | |
| 7.3 | 投资者 | % | 12.27 | |
| 8 | 投资回收期 | | | |
| 8.1 | 全投资：所得税前 | 年 | 7.97 | 包括建设期 |
| | 所得税后 | 年 | 9.17 | 包括建设期 |
| 8.2 | 资本金 | 年 | 9.98 | 包括建设期 |
| 8.3 | 投资者 | 年 | 10.54 | 包括建设期 |
| 9 | 全投资财务净现值：所得税前 | 万元 | 574 | 基准折现率 11.00% |
| 10 | 资本金财务净现值 | 万元 | 218 | 基准折现率 12.00% |
| 11 | 建设投资借款偿还期 | | | |
| 11.1 | 借款偿还期 | 年 | 7.57 | 包括建设期 |

**附表 20 - 14　投资计划与资金筹措表**　　　　　　　　　　　　　　（万元）

| 序号 | 项 目 | 利率 | 0 | 1 | 2 | 3 | 合 计 |
|---|---|---|---|---|---|---|---|
| 1 | 投资计划 | | | | | | |
| | 建设投资使用计划 | | 0% | 100% | | | 100% |
| 1.1 | 建设投资 | | 0 | 3931.7 | | | 3932 |
| 1.2 | 建设期利息 | | 0.0 | 92.0 | | 92 | |
| 1.3 | 流动资金 | | | 475.0 | 49.3 | 0.0 | 524 |
| | 资金运用合计 | | 0 | 4499 | 49 | 0 | 4548 |
| 2 | 资金筹措 | | | | | | |
| 2.1 | 资本金 | | 0 | 1455 | | | 1455 |
| | 其中：用于建设投资 | | 0.0 | 1321.7 | | | 1322 |
| | 铺底流动资金 | | | 133.3 | | | 133 |
| 2.2 | 建设投资借款 | | 0 | 2610 | | | 2610 |
| | 银行贷款 | | 0.0 | 2610.0 | | | 2610 |
| 2.3 | 建设期利息 | | | 0 | 92 | | 92 |
| | 银行贷款 | 7.05% | 0.0 | 92.0 | | | 92 |
| 2.4 | 流动资金借款 | | | 342 | 49 | 0 | 391 |
| | 资金来源合计 | | 0 | 4499 | 49 | 0 | 4548 |
| 3 | 投资指标 | | | | | | |
| | 吨产品建设投资/元·吨$^{-1}$ | | | 32.76 | | | |

附表 20-15　总成本费用汇总表

（万元）

| 序号 | 项目 | 1 | 2 | 3 | 4 | 5 | 6 | 7 | 8 | 9 | 10 | 11 | 12 | 13 | 14 | 15 | 16 | 17 | 18 | 19 | 20 | 合计 |
|---|---|---|---|---|---|---|---|---|---|---|---|---|---|---|---|---|---|---|---|---|---|---|
| | 计算负荷/% | 90 | 100 | 100 | 100 | 100 | 100 | 100 | 100 | 100 | 100 | 100 | 100 | 100 | 100 | 100 | 100 | 100 | 100 | 100 | 100 | |
| 1 | 原燃材料及动力 | | | | | | | | | | | | | | | | | | | | | |
| | 矿山材料 | 1583.6 | 1759.6 | 1759.6 | 1759.6 | 1759.6 | 1759.6 | 1759.6 | 1759.6 | 1759.6 | 1759.6 | 1759.6 | 1759.6 | 1759.6 | 1759.6 | 1759.6 | 1759.6 | 1759.6 | 1759.6 | 1759.6 | 1759.6 | 35016 |
| | 原材料 | 0.0 | 0.0 | 0.0 | 0.0 | 0.0 | 0.0 | 0.0 | 0.0 | 0.0 | 0.0 | 0.0 | 0.0 | 0.0 | 0.0 | 0.0 | 0.0 | 0.0 | 0.0 | 0.0 | 0.0 | 0 |
| | 燃料 | 0.0 | 0.0 | 0.0 | 0.0 | 0.0 | 0.0 | 0.0 | 0.0 | 0.0 | 0.0 | 0.0 | 0.0 | 0.0 | 0.0 | 0.0 | 0.0 | 0.0 | 0.0 | 0.0 | 0.0 | 0 |
| | 动力与水 | 221.5 | 246.2 | 246.2 | 246.2 | 246.2 | 246.2 | 246.2 | 246.2 | 246.2 | 246.2 | 246.2 | 246.2 | 246.2 | 246.2 | 246.2 | 246.2 | 246.2 | 246.2 | 246.2 | 246.2 | 4898 |
| | 小计 | 1805 | 2006 | 2006 | 2006 | 2006 | 2006 | 2006 | 2006 | 2006 | 2006 | 2006 | 2006 | 2006 | 2006 | 2006 | 2006 | 2006 | 2006 | 2006 | 2006 | 39914 |
| 2 | 工资及福利费 | | | | | | | | | | | | | | | | | | | | | |
| | 工资 | 136.8 | 136.8 | 136.8 | 136.8 | 136.8 | 136.8 | 136.8 | 136.8 | 136.8 | 136.8 | 136.8 | 136.8 | 136.8 | 136.8 | 136.8 | 136.8 | 136.8 | 136.8 | 136.8 | 136.8 | 2736 |
| | 福利费 | 19.2 | 19.2 | 19.2 | 19.2 | 19.2 | 19.2 | 19.2 | 19.2 | 19.2 | 19.2 | 19.2 | 19.2 | 19.2 | 19.2 | 19.2 | 19.2 | 19.2 | 19.2 | 19.2 | 19.2 | 383 |
| | 小计 | 156 | 156 | 156 | 156 | 156 | 156 | 156 | 156 | 156 | 156 | 156 | 156 | 156 | 156 | 156 | 156 | 156 | 156 | 156 | 156 | 3119 |
| 3 | 修理费用 | 44.0 | 44.0 | 44.0 | 44.0 | 44.0 | 44.0 | 44.0 | 44.0 | 44.0 | 44.0 | 44.0 | 44.0 | 44.0 | 44.0 | 44.0 | 44.0 | 44.0 | 44.0 | 44.0 | 44.0 | 880 |
| 4 | 其他制造费用 | 18.2 | 18.2 | 18.2 | 18.2 | 18.2 | 18.2 | 18.2 | 18.2 | 18.2 | 18.2 | 18.2 | 18.2 | 18.2 | 18.2 | 18.2 | 18.2 | 18.2 | 18.2 | 18.2 | 18.2 | 364 |
| 5 | 其他管理费用 | 52.6 | 52.6 | 52.6 | 52.6 | 52.6 | 52.6 | 52.6 | 52.6 | 52.6 | 52.6 | 52.6 | 52.6 | 52.6 | 52.6 | 52.6 | 52.6 | 52.6 | 52.6 | 52.6 | 52.6 | 1053 |
| 6 | 其他营业费用 | 0.0 | 0.0 | 0.0 | 0.0 | 0.0 | 0.0 | 0.0 | 0.0 | 0.0 | 0.0 | 0.0 | 0.0 | 0.0 | 0.0 | 0.0 | 0.0 | 0.0 | 0.0 | 0.0 | 0.0 | 0 |
| 7 | 折旧费 | 252.2 | 252.2 | 252.2 | 252.2 | 252.2 | 252.2 | 252.2 | 252.2 | 252.2 | 252.2 | 252.2 | 252.2 | 63.0 | 63.0 | 63.0 | 63.0 | 63.0 | 63.0 | 63.0 | 63.0 | 3530 |
| 8 | 摊销费 | 7.8 | 7.8 | 7.8 | 7.8 | 7.8 | 0.0 | 0.0 | 0.0 | 0.0 | 0.0 | 0.0 | 0.0 | 0.0 | 0.0 | 0.0 | 0.0 | 0.0 | 0.0 | 0.0 | 0.0 | 39 |
| 9 | 财务费用 | 212.9 | 193.9 | 166.6 | 138.1 | 108.4 | 77.2 | 44.9 | 25.7 | 25.7 | 25.7 | 25.7 | 25.7 | 25.7 | 25.7 | 25.7 | 25.7 | 25.7 | 25.7 | 25.7 | 25.7 | 1276 |
| 10 | 不得抵扣的进项税额 | 0 | 0 | 0 | 0 | 0 | 0 | 0 | 0 | 0 | 0 | 0 | 0 | 0 | 0 | 0 | 0 | 0 | 0 | 0 | 0 | 0 |
| 11 | 总成本费用合计 | 2549 | 2730 | 2703 | 2675 | 2645 | 2606 | 2574 | 2554 | 2554 | 2554 | 2554 | 2554 | 2365 | 2365 | 2365 | 2365 | 2365 | 2365 | 2365 | 2365 | 50174 |
| | 其中：可变成本费用 | 1805 | 2006 | 2006 | 2006 | 2006 | 2006 | 2006 | 2006 | 2006 | 2006 | 2006 | 2006 | 2006 | 2006 | 2006 | 2006 | 2006 | 2006 | 2006 | 2006 | 39914 |
| | 固定成本费用 | 744 | 725 | 697 | 669 | 639 | 600 | 568 | 549 | 549 | 549 | 549 | 549 | 359 | 359 | 359 | 359 | 359 | 359 | 359 | 359 | 10260 |
| 11.1 | 平均单位成本费用 | 23.60 | 22.75 | 22.53 | 22.29 | 22.04 | 21.72 | 21.45 | 21.29 | 21.29 | 21.29 | 21.29 | 21.29 | 19.71 | 19.71 | 19.71 | 19.71 | 19.71 | 19.71 | 19.71 | 19.71 | 21.01 |
| 12 | 经营成本费用 | 2076 | 2276 | 2276 | 2276 | 2276 | 2276 | 2276 | 2276 | 2276 | 2276 | 2276 | 2276 | 2276 | 2276 | 2276 | 2276 | 2276 | 2276 | 2276 | 2276 | 45329 |
| 12.1 | 平均单位经营成本费用 | 19.22 | 18.97 | 18.97 | 18.97 | 18.97 | 18.97 | 18.97 | 18.97 | 18.97 | 18.97 | 18.97 | 18.97 | 18.97 | 18.97 | 18.97 | 18.97 | 18.97 | 18.97 | 18.97 | 18.97 | 18.98 |

附表 20-16　利润及利润分配表

（万元）

| 序号 | 项目 | 1 | 2 | 3 | 4 | 5 | 6 | 7 | 8 | 9 | 10 | 11 | 12 | 13 | 14 | 15 | 16 | 17 | 18 | 19 | 20 | 合计 |
|---|---|---|---|---|---|---|---|---|---|---|---|---|---|---|---|---|---|---|---|---|---|---|
| | 计算负荷/% | 90 | 100 | 100 | 100 | 100 | 100 | 100 | 100 | 100 | 100 | 100 | 100 | 100 | 100 | 100 | 100 | 100 | 100 | 100 | 100 | |
| 1 | 营业收入 | 2677 | 2974 | 2974 | 2974 | 2974 | 2974 | 2974 | 2974 | 2974 | 2974 | 2974 | 2974 | 2974 | 2974 | 2974 | 2974 | 2974 | 2974 | 2974 | 2974 | 59190 |
| 2 | 增值税 | 406 | 452 | 452 | 452 | 452 | 452 | 452 | 452 | 452 | 452 | 452 | 452 | 452 | 452 | 452 | 452 | 452 | 452 | 452 | 452 | 8994 |
| 2.1 | 销项税额 | 455.1 | 505.6 | 505.6 | 505.6 | 505.6 | 505.6 | 505.6 | 505.6 | 505.6 | 505.6 | 505.6 | 505.6 | 505.6 | 505.6 | 505.6 | 505.6 | 505.6 | 505.6 | 505.6 | 505.6 | 10062 |
| 2.2 | 允许抵扣的进项税额 | 49.5 | 53.6 | 53.6 | 53.6 | 53.6 | 53.6 | 53.6 | 53.6 | 53.6 | 53.6 | 53.6 | 53.6 | 53.6 | 53.6 | 53.6 | 53.6 | 53.6 | 53.6 | 53.6 | 53.6 | 1069 |
| 3 | 营业税及附加 | 41 | 45 | 45 | 45 | 45 | 45 | 45 | 45 | 45 | 45 | 45 | 45 | 45 | 45 | 45 | 45 | 45 | 45 | 45 | 45 | 899 |
| 4 | 总成本费用 | 2549 | 2730 | 2703 | 2675 | 2645 | 2606 | 2574 | 2554 | 2554 | 2554 | 2554 | 2554 | 2365 | 2365 | 2365 | 2365 | 2365 | 2365 | 2365 | 2365 | 50174 |
| 5 | 营业利润（1-3-4） | 88 | 199 | 226 | 255 | 284 | 323 | 356 | 375 | 375 | 375 | 375 | 375 | 564 | 564 | 564 | 564 | 564 | 564 | 564 | 564 | 8116 |
| 5.1 | 营业外净支出 | 0.0 | 0.0 | 0.0 | 0.0 | 0.0 | 0.0 | 0.0 | 0.0 | 0.0 | 0.0 | 0.0 | 0.0 | 0.0 | 0.0 | 0.0 | 0.0 | 0.0 | 0.0 | 0.0 | 0.0 | 0 |
| 6 | 利润总额 | 88 | 199 | 226 | 255 | 284 | 323 | 356 | 375 | 375 | 375 | 375 | 375 | 564 | 564 | 564 | 564 | 564 | 564 | 564 | 564 | 8116 |
| 6.1 | 税前弥补以上年度亏损 | 0.0 | 0.0 | 0.0 | 0.0 | 0.0 | 0.0 | 0.0 | 0.0 | 0.0 | 0.0 | 0.0 | 0.0 | 0.0 | 0.0 | 0.0 | 0.0 | 0.0 | 0.0 | 0.0 | 0.0 | 0 |
| 6.2 | 应纳税所得额 | 87.5 | 198.8 | 226.1 | 254.5 | 284.3 | 323.2 | 355.6 | 374.8 | 374.8 | 374.8 | 374.8 | 374.8 | 564.0 | 564.0 | 564.0 | 564.0 | 564.0 | 564.0 | 564.0 | 564.0 | 8116 |
| 6.3 | 所得税 | 21.9 | 49.7 | 56.5 | 63.6 | 71.7 | 80.8 | 88.9 | 93.7 | 93.7 | 93.7 | 93.7 | 93.7 | 141.0 | 141.0 | 141.0 | 141.0 | 141.0 | 141.0 | 141.0 | 141.0 | 2029 |
| 7 | 税后利润 | 66 | 149 | 170 | 191 | 213 | 242 | 267 | 281 | 281 | 281 | 281 | 281 | 423 | 423 | 423 | 423 | 423 | 423 | 423 | 423 | 6087 |
| 7.1 | 税后弥补以上年度亏损 | 0.0 | 0.0 | 0.0 | 0.0 | 0.0 | 0.0 | 0.0 | 0.0 | 0.0 | 0.0 | 0.0 | 0.0 | 0.0 | 0.0 | 0.0 | 0.0 | 0.0 | 0.0 | 0.0 | 0.0 | 0 |
| 7.2 | 提取法定盈余公积金 | 6.6 | 14.9 | 17.0 | 19.1 | 21.3 | 24.2 | 26.7 | 28.1 | 28.1 | 28.1 | 28.1 | 28.1 | 42.3 | 42.3 | 42.3 | 42.3 | 42.3 | 42.3 | 42.3 | 42.3 | 609 |
| 7.3 | 提取任意盈余公积金 | 3.3 | 7.5 | 8.5 | 9.5 | 10.7 | 12.1 | 13.3 | 14.1 | 14.1 | 14.1 | 14.1 | 14.1 | 21.1 | 21.1 | 21.1 | 21.1 | 21.1 | 21.1 | 21.1 | 21.1 | 304 |
| 8 | 可分配利润 | 56 | 127 | 144 | 162 | 181 | 206 | 227 | 239 | 239 | 239 | 239 | 239 | 360 | 360 | 360 | 360 | 360 | 360 | 360 | 360 | 5174 |
| 8.1 | 用于分配的利润 | 0.0 | 0.0 | 0.0 | 0.0 | 0.0 | 206 | 205.2 | 491.1 | 491.1 | 491.1 | 380.1 | 239.0 | 359.5 | 359.5 | 359.5 | 359.5 | 359.5 | 359.5 | 359.5 | 359.5 | 5174 |
| 9 | 未分配利润 | 56 | 127 | 144 | 162 | 181 | 206 | 21 | -252 | -252 | -252 | -141 | 0 | 0 | 0 | 0 | 0 | 0 | 0 | 0 | 0 | 0 |
| 10 | 盈亏平衡点 | | | | | | | | | | | | | | | | | | | | | |
| | BEP（产量）/万吨 | 96.63 | 94.17 | 90.62 | 86.92 | 83.05 | 77.99 | 73.80 | 71.29 | 71.29 | 71.29 | 71.29 | 71.29 | 46.71 | 46.71 | 46.71 | 46.71 | 46.71 | 46.71 | 46.71 | 46.71 | |
| | BEP（生产能力利用率）/% | 80.52 | 78.47 | 75.52 | 72.43 | 69.21 | 64.99 | 61.50 | 59.41 | 59.41 | 59.41 | 59.41 | 59.41 | 38.92 | 38.92 | 38.92 | 38.92 | 38.92 | 38.92 | 38.92 | 38.92 | |
| 11 | 盈利能力指标 | | | | | | | | | | | | | | | | | | | | | |
| 11.1 | 投资利润率/% | 1.92 | 4.37 | 4.97 | 5.60 | 6.25 | 7.11 | 7.82 | 8.24 | 8.24 | 8.24 | 8.24 | 8.24 | 12.40 | 12.40 | 12.40 | 12.40 | 12.40 | 12.40 | 12.40 | 12.40 | 8.92 |
| 11.2 | 投资利税率/% | 11.74 | 15.30 | 15.90 | 16.53 | 17.18 | 18.04 | 18.75 | 19.17 | 19.17 | 19.17 | 19.17 | 19.17 | 23.33 | 23.33 | 23.33 | 23.33 | 23.33 | 23.33 | 23.33 | 23.33 | 19.80 |
| 11.3 | 总投资收益率/% | 6.61 | 8.63 | 8.63 | 8.63 | 8.63 | 8.81 | 8.81 | 8.81 | 8.81 | 8.81 | 8.81 | 8.81 | 12.96 | 12.96 | 12.96 | 12.96 | 12.96 | 12.96 | 12.96 | 12.96 | 10.33 |
| 11.4 | 资本金净利润率/% | 4.51 | 10.25 | 11.65 | 13.12 | 14.66 | 16.66 | 18.33 | 19.32 | 19.32 | 19.32 | 19.32 | 19.32 | 29.07 | 29.07 | 29.07 | 29.07 | 29.07 | 29.07 | 29.07 | 29.07 | 20.92 |

附表20－17　资产负债表

（万元）

| 序号 | 项目 | 1 | 2 | 3 | 4 | 5 | 6 | 7 | 8 | 9 | 10 | 11 | 12 | 13 | 14 | 15 | 16 | 17 | 18 | 19 | 20 | 21 |
|---|---|---|---|---|---|---|---|---|---|---|---|---|---|---|---|---|---|---|---|---|---|---|
| 1 | 资产 | | | | | | | | | | | | | | | | | | | | | |
| 1.1 | 流动资产 | 537 | 598 | 620 | 646 | 675 | 707 | 743 | 783 | 825 | 867 | 909 | 1063 | 1357 | 1483 | 1610 | 1736 | 1863 | 1989 | 2116 | 2242 | 2368 |
| 1.1.1 | 流动资产需用额 | 536.6 | 588.3 | 588.3 | 588.3 | 588.3 | 588.3 | 588.3 | 588.3 | 588.3 | 588.3 | 588.3 | 588.3 | 588.3 | 588.3 | 588.3 | 588.3 | 588.3 | 588.3 | 588.3 | 588.3 | 0.0 |
| 1.1.2 | 其他流动资产 | 0.0 | 9.8 | 32.2 | 57.6 | 86.3 | 118.3 | 154.6 | 194.6 | 236.8 | 279.0 | 321.1 | 474.3 | 768.7 | 895.2 | 1021.6 | 1148.1 | 1274.6 | 1401.1 | 1527.5 | 1654.0 | 2368.0 |
| | 其中：留用的折旧费 | | 0.0 | 0.0 | 0.0 | 0.0 | 0.0 | 0.0 | 0.0 | 0.0 | 0.0 | 0.0 | 111.0 | 363.2 | 426.2 | 489.3 | 552.3 | 615.3 | 678.3 | 741.4 | 804.4 | 867.4 |
| | 法定盈余公积金 | | 6.6 | 21.5 | 38.4 | 57.5 | 78.8 | 103.1 | 129.8 | 157.9 | 186.0 | 214.1 | 242.2 | 270.3 | 312.6 | 354.9 | 397.2 | 439.5 | 481.8 | 524.1 | 566.4 | 608.7 |
| | 任意公积金 | | 3.3 | 10.7 | 19.2 | 28.8 | 39.4 | 51.5 | 64.9 | 78.9 | 93.0 | 107.0 | 121.1 | 135.2 | 156.3 | 177.5 | 198.6 | 219.8 | 240.9 | 262.1 | 283.2 | 304.4 |
| | 留用残值回收 | | | | | | | | | | | | | | | | | | | | | 420.0 |
| | 回收自有流动资金 | | | | | | | | | | | | | | | | | | | | | 167.6 |
| 1.2 | 在建工程 | | | | | | | | | | | | | | | | | | | | | |
| 1.3 | 固定资产净值 | 3950 | 3698 | 3446 | 3194 | 2942 | 2689 | 2437 | 2185 | 1933 | 1681 | 1429 | 1176 | 924 | 861 | 798 | 735 | 672 | 609 | 546 | 483 | 0 |
| 1.4 | 无形资产与其他资产净值 | 39 | 31 | 23 | 16 | 8 | 0 | 0 | 0 | 0 | 0 | 0 | 0 | 0 | 0 | 0 | 0 | 0 | 0 | 0 | 0 | 0 |
| | 资产合计 | 4528 | 4328 | 4090 | 3855 | 3624 | 3396 | 3180 | 2968 | 2758 | 2548 | 2338 | 2239 | 2281 | 2345 | 2405 | 2471 | 2535 | 2598 | 2662 | 2725 | 2368 |
| 2 | 负债与所有者权益 | | | | | | | | | | | | | | | | | | | | | |
| 2.1 | 负债 | | | | | | | | | | | | | | | | | | | | | |
| 2.1.1 | 流动负债 | 369.1 | 420.7 | 420.7 | 420.7 | 420.7 | 420.7 | 420.7 | 420.7 | 420.7 | 420.7 | 420.7 | 420.7 | 420.7 | 420.7 | 420.7 | 420.7 | 420.7 | 420.7 | 420.7 | 420.7 | 0.0 |
| | 应付账款 | 27.4 | 29.7 | 29.7 | 29.7 | 29.7 | 29.7 | 29.7 | 29.7 | 29.7 | 29.7 | 29.7 | 29.7 | 29.7 | 29.7 | 29.7 | 29.7 | 29.7 | 29.7 | 29.7 | 29.7 | 0.0 |
| | 预收款 | 0.0 | 0.0 | 0.0 | 0.0 | 0.0 | 0.0 | 0.0 | 0.0 | 0.0 | 0.0 | 0.0 | 0.0 | 0.0 | 0.0 | 0.0 | 0.0 | 0.0 | 0.0 | 0.0 | 0.0 | 0.0 |
| | 流动资金借款 | 341.7 | 391.0 | 391.0 | 391.0 | 391.0 | 391.0 | 391.0 | 391.0 | 391.0 | 391.0 | 391.0 | 391.0 | 391.0 | 391.0 | 391.0 | 391.0 | 391.0 | 391.0 | 391.0 | 391.0 | 0.0 |
| | 短期借款 | | -0.0 | -0.0 | -0.0 | -0.0 | -0.0 | -0.0 | 0.0 | -0.0 | -0.0 | -0.0 | -0.0 | -0.0 | -0.0 | -0.0 | -0.0 | -0.0 | -0.0 | -0.0 | -0.0 | -0.0 |
| 2.1.2 | 建设投资借款 | 2702.0 | 2386.2 | 1999.5 | 1595.4 | 1173.1 | 731.9 | 273.6 | | | | | | | | | | | | | | |
| | 负债合计 | 3071 | 2807 | 2420 | 2016 | 1594 | 1153 | 694 | 421 | 421 | 421 | 421 | 421 | 421 | 421 | 421 | 421 | 421 | 421 | 421 | 421 | 0 |
| 2.2 | 所有者权益 | | | | | | | | | | | | | | | | | | | | | |
| 2.2.1 | 资本金 | 1454.9 | 1454.9 | 1454.9 | 1454.9 | 1454.9 | 1454.9 | 1454.9 | 1454.9 | 1454.9 | 1454.9 | 1454.9 | 1454.9 | 1454.9 | 1454.9 | 1454.9 | 1454.9 | 1454.9 | 1454.9 | 1454.9 | 1454.9 | 1454.9 |
| 2.2.2 | 累计法定盈余公积金 | | 6.6 | 21.5 | 38.4 | 57.5 | 78.8 | 103.1 | 129.8 | 157.9 | 186.0 | 214.1 | 242.2 | 270.3 | 312.6 | 354.9 | 397.2 | 439.5 | 481.8 | 524.1 | 566.4 | 608.7 |
| 2.2.3 | 累计任意公积金 | | 3.3 | 10.7 | 19.2 | 28.8 | 39.4 | 51.5 | 64.9 | 78.9 | 93.0 | 107.0 | 121.1 | 135.2 | 156.3 | 177.5 | 198.6 | 219.8 | 240.9 | 262.1 | 283.2 | 304.4 |
| 2.2.4 | 累计未分配利润 | | 55.8 | 182.5 | 326.7 | 488.9 | 670.2 | 876.2 | 897.7 | 645.5 | 393.3 | 141.1 | 0.0 | 0.0 | 0.0 | 0.0 | 0.0 | 0.0 | 0.0 | 0.0 | 0.0 | 0.0 |
| | 所有者权益合计 | 1455 | 1521 | 1670 | 1839 | 2030 | 2243 | 2486 | 2547 | 2337 | 2127 | 1917 | 1818 | 1860 | 1924 | 1987 | 2051 | 2114 | 2178 | 2241 | 2305 | 2368 |
| | 负债与所有者权益合计 | 4526 | 4328 | 4090 | 3855 | 3624 | 3396 | 3180 | 2968 | 2758 | 2548 | 2338 | 2239 | 2281 | 2345 | 2405 | 2471 | 2535 | 2598 | 2662 | 2725 | 2368 |
| 3 | 计算指标 | | | | | | | | | | | | | | | | | | | | | |
| | 资产负债率/% | 67.9 | 64.9 | 59.2 | 52.3 | 44.0 | 33.9 | 21.8 | 14.2 | 15.3 | 16.5 | 18.0 | 18.8 | 18.4 | 17.9 | 17.5 | 17.0 | 16.6 | 16.2 | 15.8 | 15.4 | |
| | 流动比率/% | 145 | 142 | 147 | 154 | 160 | 168 | 177 | 186 | 196 | 206 | 216 | 253 | 323 | 353 | 383 | 413 | 443 | 473 | 503 | 533 | |
| | 速动比率/% | 145 | 76 | 75 | 81 | 88 | 96 | 104 | 114 | 124 | 134 | 144 | 180 | 250 | 280 | 310 | 340 | 371 | 401 | 431 | 461 | |

附表20-18　项目投资财务现金流量表

(万元)

| 序号 | 项目 | 1 | 2 | 3 | 4 | 5 | 6 | 7 | 8 | 9 | 10 | 11 | 12 | 13 | 14 | 15 | 16 | 17 | 18 | 19 | 20 | 21 | 合计 |
|---|---|---|---|---|---|---|---|---|---|---|---|---|---|---|---|---|---|---|---|---|---|---|---|
| | 计算负荷/% | | 90 | 100 | 100 | 100 | 100 | 100 | 100 | 100 | 100 | 100 | 100 | 100 | 100 | 100 | 100 | 100 | 100 | 100 | 100 | 100 | |
| 1 | 现金流入 | | | | | | | | | | | | | | | | | | | | | | |
| 1.1 | 营业收入 | | 2676.9 | 2974.4 | 2974.4 | 2974.4 | 2974.4 | 2974.4 | 2974.4 | 2974.4 | 2974.4 | 2974.4 | 2974.4 | 2974.4 | 2974.4 | 2974.4 | 2974.4 | 2974.4 | 2974.4 | 2974.4 | 2974.4 | 2974.4 | 59190 |
| 1.2 | 回收固定资产余值 | | | | | | | | | | | | | | | | | | | | | 420.0 | 420 |
| 1.3 | 无形资产与其他资产余值 | | | | | | | | | | | | | | | | | | | | | 0.0 | 0 |
| 1.4 | 回收流动资金 | | | | | | | | | | | | | | | | | | | | | 558.6 | 559 |
| 1.5 | 其他收入 | | | | | | | | | | | | | | | | | | | | | 0.0 | 0 |
| | 现金流入小计 | 0 | 2677 | 2974 | 2974 | 2974 | 2974 | 2974 | 2974 | 2974 | 2974 | 2974 | 2974 | 2974 | 2974 | 2974 | 2974 | 2974 | 2974 | 2974 | 2974 | 3953 | 60168 |
| 2 | 现金流出 | | | | | | | | | | | | | | | | | | | | | | |
| 2.1 | 建设投资 | 3931.7 | 49.3 | | | | | | | | | | | | | | | | | | | | 3932 |
| 2.2 | 流动资金 | | 475.0 | 0.0 | | | | | | | | | | | | | | | | | | | 524 |
| 2.3 | 经营成本费用 | | 2075.9 | 2276.5 | 2276.5 | 2276.5 | 2276.5 | 2276.5 | 2276.5 | 2276.5 | 2276.5 | 2276.5 | 2276.5 | 2276.5 | 2276.5 | 2276.5 | 2276.5 | 2276.5 | 2276.5 | 2276.5 | 2276.5 | 2276.5 | 45329 |
| 2.4 | 营业税金及附加 | | 40.6 | 45.2 | 45.2 | 45.2 | 45.2 | 45.2 | 45.2 | 45.2 | 45.2 | 45.2 | 45.2 | 45.2 | 45.2 | 45.2 | 45.2 | 45.2 | 45.2 | 45.2 | 45.2 | 45.2 | 899 |
| 2.5 | 营业外净支出 | | 0.0 | 0.0 | 0.0 | 0.0 | 0.0 | 0.0 | 0.0 | 0.0 | 0.0 | 0.0 | 0.0 | 0.0 | 0.0 | 0.0 | 0.0 | 0.0 | 0.0 | 0.0 | 0.0 | 0.0 | |
| 2.6 | 调整所得税 | | 75.1 | 98.2 | 98.2 | 98.2 | 98.2 | 100.1 | 100.1 | 100.1 | 100.1 | 100.1 | 100.1 | 100.1 | 147.4 | 147.4 | 147.4 | 147.4 | 147.4 | 147.4 | 147.4 | 147.4 | 2348 |
| | 所得税前现金流出小计 | 4407 | 2166 | 2322 | 2322 | 2322 | 2322 | 2322 | 2322 | 2322 | 2322 | 2322 | 2322 | 2322 | 2322 | 2322 | 2322 | 2322 | 2322 | 2322 | 2322 | 2322 | 50685 |
| | 所得税后现金流出小计 | 4407 | 2241 | 2420 | 2420 | 2420 | 2420 | 2422 | 2422 | 2422 | 2422 | 2422 | 2422 | 2422 | 2469 | 2469 | 2469 | 2469 | 2469 | 2469 | 2469 | 2469 | 53032 |
| 3 | 所得税前净现金流量 | -4407 | 511 | 653 | 653 | 653 | 653 | 653 | 653 | 653 | 653 | 653 | 653 | 653 | 653 | 653 | 653 | 653 | 653 | 653 | 653 | 1631 | 9484 |
| 4 | 累计所得税前净现金流量 | -4407 | -3896 | -3243 | -2590 | -1938 | -1285 | -632 | 20 | 673 | 1326 | 1979 | 2631 | 3284 | 3937 | 4589 | 5242 | 5895 | 6547 | 7200 | 7583 | 9484 | |
| 5 | 所得税后净现金流量 | -4407 | 436 | 555 | 555 | 555 | 555 | 553 | 553 | 553 | 553 | 553 | 553 | 553 | 505 | 505 | 505 | 505 | 505 | 505 | 505 | 1484 | 7136 |
| 6 | 累计所得税后净现金流量 | -4407 | -3917 | -3416 | -2862 | -2307 | -1753 | -1200 | -648 | -95 | 458 | 1010 | 1563 | 2115 | 2620 | 3126 | 3631 | 4136 | 4641 | 5147 | 5652 | 7136 | |
| 7 | 计算指标 | | | | | | | | | | | | | | | | | | | | | | |

计算指标：

财务内部收益率：所得税前/% 13.49　所得税后/% 10.82

财务净现值：所得税前 574（折现率11.00%）-40　所得税后 574（折现率11.00%）-40

投资回收期：所得税前/年 7.97　所得税后/年 9.17

撰稿、审定：洪　卓（天津水泥工业设计研究院有限公司）

# 第二十一章　矿山建设工程

## 第一节　矿山施工综述

水泥矿山项目施工主要是在项目部的组织和管理下，完成对项目的目标、资源、合同及信息等多元素的控制。施工管理贯穿于项目的施工准备、施工、竣工验收、保修等阶段，主要内容包含技术、进度、质量、安全、文明施工及经济分析。

水泥矿山施工依据开拓方式的不同可分为公路开拓系统施工和溜井平硐开拓系统施工辅以相应的土建机电设备安装工程。

### 一、矿山项目施工程序

矿山项目施工的基本程序为：签订项目合同、施工场地布置、施工图纸会审、技术质量安全方案制定、各单项工程的施工、破碎机及长胶带输送机试运行、竣工验收、经济分析。

#### （一）施工场地布置

主要包括现场生产设施，现场办公及生活区的布置，现场临时水、电的布置，施工机具的停放，施工材料堆放等内容。

#### （二）施工图纸会审

施工图会审人员应依据法律、法规和国家与地方的技术标准认真履行审查职责，会审人员对审查的图纸质量负相应的审查责任，但不代替设计单位承担设计质量责任。施工图会审主要包括以下内容：

（1）建筑物的稳定性、安全性审查，包括地基基础和主体结构体系是否安全、可靠。

（2）是否符合消防、节能、环保、抗震、卫生、人防等有关强制性标准、规范。

（3）施工图是否达到规定的深度要求。

#### （三）技术质量安全方案的制定

技术质量安全方案的制定是整个矿山项目施工组织设计的核心内容，主要包括：总的施工程序、施工过程及展开顺序、施工区段划分、施工方法选定、施工质量要求、安全控制措施等内容。

#### （四）破碎机及输送机的试运行

破碎机及长胶带输送机的所有机电设备安装完成后，要对破碎机和胶带输送机分别进行空负荷运转，破碎机空负荷运转包括板喂机单机运转、破碎机单机运转、出料胶带机单机运转以及上述设备的联动，长胶带输送机由多条组成的应分别进行空负荷运转及联动。破碎机及长胶带输送机空负荷运转正常后，可进行带负荷运转，负荷应采用逐渐增加的方式，直到整个系统达到满负荷运转。

#### （五）项目竣工验收

1. 成立交工验收组织机构

对于规模较大的矿山工程项目，交工验收阶段仍有大量繁杂和琐碎的收尾工作和验收工作要做，这要求先做好组织管理工作。为此，施工总承包单位应成立交工验收领导小组，由项目经理任组长，项目副经理和现场经理任副组长，成员为项目管理部各部门人员。

2. 交工验收领导小组的主要任务

交工验收领导小组的主要任务包括：

（1）与业主、监理进行交工业务联系，制订交工计划，协商交工工作流程，申报交工项目，讨论交工验收过程中的特定事项和制定规章制度等工作。

（2）组织清理施工遗留下来的未完项目。

（3）组织完成交工资料和技术文件的汇总整理，装订成册，向业主移交。

（4）办理中间交工验收证书和资料签证手续。

3. 交工验收步骤

交工验收步骤包括：

（1）准备。交工前，由交工验收领导小组组织有关人员根据施工图及其他有关资料对工程进行预验收，作一次彻底清查，并及时处理发现的问题。同时对所有的技术文件和资料进行全面系统的整理，为工程交工创造条件。

（2）提交竣工报告。具备竣工验收条件后，项目部向业主提交书面通知即竣工报告。在交工验收领导小组领导下，开展工程交工验收的各项工作。

（3）竣工检查。交工验收领导小组应根据施工图纸、其他有关资料和施工验收规范的要求，会同业主、监理、设计院等对矿山施工项目进行一次全面、彻底的检查，对影响生产或使用的问题进行限时整改，检查确认合格后，即可签署竣工报告。

（4）办理交工手续。以上工作完成后，即请业主签署交工验收证书，工程正式交付生产使用，工程的营运、警卫工作也全部移交业主和现场保卫部门负责。

对于国外项目，交工验收一般分两步进行。第一步是指矿山项目建成后，基本达到合同要求，业主同意接收，同时颁发初步验收证书（即PAC证书）；第二步是矿山项目在约定的质保期内达到业主的要求，业主同意接收该矿山项目，项目合同全部结束，同时业主颁发最终验收证书（即FAC证书）。

## 二、公路开拓系统的施工

公路开拓方式是水泥矿山最为广泛的开拓方式，其主要包括上山道路、主运矿道路、通往平台道路、联络道路、采准、剥离及相应的附属工程等。施工一般依道路开拓和采准剥离工程量高度集中的工程为关键路线进行。首先形成道路和采准剥离工程的人员设备材料运输系统，然后依据合同工期和各单位工程的工程量配置与之相应的人员设备展开施工。施工方案主要包括道路施工方案、采准、剥离施工方案、附属工程施工方案。

### （一）道路施工

道路施工方案要根据道路施工现场的条件选择合理的爆破方法、岩石剥离运输方法、安全保证措施。

1. 爆破方法

根据现场地形、地貌条件以及周边环境情况，可选用浅孔爆破、中深孔爆破、控制爆破等方法。

2. 岩土运输方法

具体施工中可采用推土机推运、挖掘机挖运、挖掘机装载机配合汽车运输等多种方式进行岩土运输。

3. 安全保证措施

依据现场条件和有关安全规程要求制定符合实际的安全保证措施。

4. 道路施工方法

（1）土方路基。采用推土机推运和挖掘机甩方作业。边坡采用挖掘机铲斗进行刷坡处理，最后人工整平。对于软土路基，必要时应更换地基土，并按照填方段施工方法进行施工。路基需要更换地基土时，应要求业主、监理、设计院确认。

（2）石方路基。对于路基挖方深度不大（小于5m）时可采用手风钻进行穿孔，对于路基挖方深度较大且具备一定作业条件的，可采用潜孔钻机进行穿孔。

（3）泥结碎石路面。泥结碎石路面施工方法有灌浆法和拌和法两种，鉴于灌浆法施工难度大，现已被大多数施工企业摒弃。拌和法施工工艺为：路基验收──→测量放线──→关闭道路──→集料运输──→摊铺──→拌和──→洒水──→整平──→碾压──→通车。

## （二）采准、削顶工程施工

上山道路毛路开通后，在满足设备、人员、材料运输通行条件下，方能进行基建削顶、采准施工工作。

采准、削顶工程施工方法为：平台切边──→潜孔钻机穿孔──→爆破──→液压挖掘机铲装──→自卸汽车运输。

对于采准、削顶工程中为合格矿石的，可按设计要求将其运往临时堆场或直接留在采准、削顶工作面，待矿山投产后首先将其回收利用，对于不能回收利用的应运输至废石场排弃。

## 三、平硐溜井开拓系统施工

平硐溜井开拓系统，在我国比高较大的山坡露天矿应用广泛。它是利用矿区地形，布置溜井和平硐，建立采矿场与水泥厂之间的联系，具有节能降耗、均衡生产的特点，符合国家产业政策。主要由溜井、储矿仓、破碎硐室或出矿硐室、平硐、通风井等组成。施工中应根据实际情况，选择开挖重点，尽早实现通风回路，通常以平硐、通风井、硐室贯通构筑通风回路后，才进行破碎硐室开挖及后续工作。

### （一）溜井施工

1. 井颈施工

首先应对设计选择的溜井位置进行测量放线，用十字标桩法标定溜井中心，进行溜井中心和高程控制，同时根据设计图纸进行溜井平台的开挖。

施工中一般按 $\phi6.0m$ 直径掘进（当溜井直径为5.0m时），当掘至3.0m深度后进行井颈混凝土衬砌，同时进行井架基础和主卷扬机基础等附属设施的施工。井颈混凝土井圈厚度一般为0.5m，深3.0m。井颈圈施工完成后，按溜井设计直径继续开挖，光面爆破一次成井，汽车吊垂直提升排渣。当掘至10m深度时，安设井口平台，进行溜井口锁口，安装井架、卷扬机、防护盘及其他附属设施。

2. 井筒施工

井口锁口和其他附属设施完成后，即可进行井筒施工。

（1）溜井出渣。溜井出渣一般采用吊罐法，采用单钩双吊罐提升装置进行出渣，井口铺设轨道，人工推运矿车排渣。施工前应根据地质资料打超前探孔，准确掌握溜井的工程地质和水文地质情况，做好穿越不良围岩的技术储备。

（2）通风。采用轴流风机（安装风筒）压入式通风。

（3）排水。根据所提供地质资料，预测涌水量，如有涌水可在井底设置水窝，采用潜水泵将水抽至吊桶中，再提至地表。

### （二）平硐施工

1. 场地平整

平硐施工前先要进行场地平整，并对硐口边坡进行锚喷支护，同时布置必要的临时设施。

2. 硐身掘进

（1）测量：采用激光指向仪指示方向和高程。

（2）开挖：一般采用全断面开挖、光面爆破一次成巷。

（3）通风：采用混合式通风。

（4）出渣：根据平硐长度，决定出渣方式。对于平硐长度小于500m时，施工中宜采用装载机或铲运机进行出渣。对于平硐长度较大时，可采用装载机配合汽车进行出渣。

（5）排水：顺坡掘进，采用设计排水沟排水。硐室基坑开挖时根据涌水量，在硐室内设集水坑，采用潜水泵或离心式水泵铺设管道排至平硐外。

3. 特殊围岩施工方法

平硐施工过程中，应采用超前水平探孔查明平硐是否会穿越断层、破碎带、含水层以及其他不可预见情况，确定具体施工方法。施工中常用的施工方法如下：

（1）超前水平探孔技术措施；

（2）超前小型导管注浆方法；

（3）围岩冒顶后施工方法；

（4）人工假顶施工方法。

## （三）通风斜井施工

1. 场地平整

通风斜井施工前要对斜井口进行场地平整，并对井口边坡进行锚喷支护，同时布置必要的临时设施。

2. 掘进工作

（1）测量：采用激光指向仪指示方向和高程。

（2）开挖：一般采用全断面开挖、光面爆破一次成巷。

（3）通风：采用轴流风机（安装风筒）压入式通风。

（4）出渣：采用中速提升卷扬机牵引斜坡箕斗，以斜坡卷扬方式进行出渣。

（5）排水：在斜井一侧设集水坑，采用潜水泵或离心式水泵铺设管道排至斜井外。

## （四）矿仓、破碎硐室施工

1. 开挖顺序

破碎硐室开挖──→矿仓开挖──→破碎硐室及矿仓支护──→检查巷及联络巷支护。

2. 施工方法

溜井、平硐、通风斜井三方交会测量后，自上而下进行台阶式矿仓及装矿硐室的刷大成形，周边采用光面爆破，爆岩自溜至措施井中，不能自溜的采用电耙耙至措施井中。爆岩通过措施井溜到底部，装载机运至硐室外。为保证破碎硐室内的施工安全，在进行拉顶及台阶式施工的同时，视围岩情况，应适时进行硐顶及边帮锚固作业，锚喷支护随开挖刷大一并跟进。与此同时，进行检查平巷、天井、通风机硐室、变压器硐室等的开挖工作。

3. 出渣顺序

措施平巷──→溜渣天井──→破碎硐室底部──→平硐──→排土场，溜渣天井依重力溜放，措施平巷安设电耙子转运，硐室底部由装载机直接铲装端运。

井巷施工顺序图如图21-1所示。

4. 通风

在溜井、通风斜井贯通前，可采用平硐混合式通风方式排出污风，贯通后可采用自然通风。

5. 支护

矿仓和硐室一般采用二次支护方式，即临时支护和永久支护。临时支护一般采用喷锚支护，随硐室开挖一并进行。永久支护一般采用钢筋混凝土浇筑，采用自下而上逐层进行，以破碎机硐室为施工重点，其他硐室为辅穿插施工。施工中应利用溜井、平硐两个运输通道负担施工材料的运输，并充分利用空间和机械，保证施工进度。

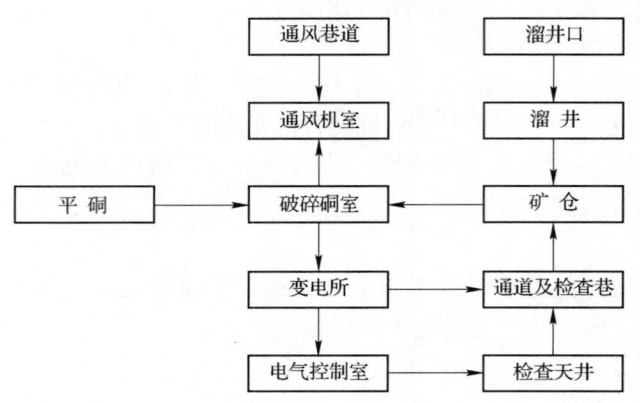

图 21 – 1　井巷施工顺序

# 第二节　施工组织与管理

## 一、施工组织准备工作

### （一）施工准备工作分类

1. 按准备工作范围分类

施工准备工作可分为：全场性施工准备、单位工程施工条件准备、分部（项）工程作业条件准备。

全场性施工准备是以一个矿山工程为对象而进行的各项施工准备，其目的是为全场性施工服务的，它不仅要为全场性的施工活动创造有利条件，而且要兼顾单位工程施工条件的准备。

单位工程施工条件准备是以一个建筑物或构筑物（如上山道路、采准等）为对象而进行的施工准备，其目的是为该单位工程服务的，它既要为单位工程做好开工前的一切准备，又要为其分部（项）工程施工条件进行准备。

分部（项）工程作业条件准备是以一个分部（项）工程或冬、雨季施工工程为对象而进行的作业条件准备。

2. 按工程所处施工阶段分类

开工前的施工准备工作是在拟建工程正式开工前所进行的一切施工准备，其目的是为工程正式开工创造必要的施工条件，它既包括全场性的施工准备，又包括单位工程施工条件的准备。

开工后的施工准备工作是在拟建工程开工后，每个施工阶段正式开始之前所进行的施工准备。

### （二）施工准备工作内容

1. 技术准备

（1）认真做好初步设计方案的审查工作。任务确定以后，应提前与设计单位结合，掌握初步设计方案编制情况，使方案的设计，在质量、功能、工艺技术等方面均能适应建材行业当前的发展水平，为施工扫除障碍。

（2）熟悉和审查施工图纸：

1）审查施工图纸是否完整和齐全。

2）审查施工图纸与其说明书在内容上是否一致，施工图各组成部分间有无错误。

3）审查建筑图与其相关的结构图，在尺寸、坐标、标高和说明方面是否一致，技术要求是否明确。

4）熟悉矿山项目的生产工艺流程和技术要求，掌握配套投产的先后次序和相互关系；审查设备安装图纸与其相配合的土建图纸，在坐标和标高尺寸上是否一致，土建施工的质量标准能否满足设备安装的工艺要求。

5）基础设计或地基处理方案同建造地点的工程地质和水文地质条件是否一致，弄清建筑物与地下构筑物、管线间的相互关系。

6）掌握拟建工程的建筑和结构的形式和特点，需要采取哪些新技术；复核主要承重结构或构件的强度、刚度和稳定性能否满足施工要求；对于工程复杂、施工难度大和技术要求高的分部（项）工程，要审查现有施工技术和管理水平能否满足工程质量和工期要求；建筑设备及加工订货有何种特殊要求等。

熟悉和审查施工图纸主要是为编制施工组织设计提供各项依据，通常按图纸自审、会审和现场签证等三个阶段进行。图纸自审由施工单位主持，并写出图纸自审记录；图纸会审由建设单位主持，设计和施工单位共同参加，形成"图纸会审纪要"，由建设单位正式行文，三方共同会签并加盖公章，作为指导施工和工程结算的依据；图纸现场签证是在工程施工中，遵循技术核定和设计变更签证制度，对所发现的问题进行现场签证，作为指导施工、竣工验收和结算的依据。

（3）原始资料调查分析：

1）自然条件调查分析包括建设地区的气象、建设场地的地形、工程地质和水文地质、施工现场上和地下障碍物状况、周围民宅的坚固程度及其居民的健康状况等项调查，为编制施工现场的"三通一平"计划提供依据。

2）技术经济条件调查分析包括地方资源、交通运输、水电及其他资源、主要设备租赁市场情况等项调查。

（4）编制施工图预算和施工预算。施工图预算应按照施工图纸所确定的工程量、施工组织设计拟定的施工方法、工程预算定额和有关费用定额，由施工单位编制。

### 2. 物资准备

物资准备工作包括建筑材料准备、构（配）件和制品加工准备、建筑施工机具准备、生产工艺设备准备等。

### 3. 劳动组织准备

（1）建立项目领导机构。根据工程规模、结构特点和复杂程度，确定项目领导机构的人选和名额；遵循合理分工与密切协作、因事设职与因职选人的原则，建立有施工经验、有开拓精神和工作效率高的项目领导机构。

（2）建立精干的工作队组。根据采用的施工组织方式，确定合理的劳动组织，建立相应的专业或混合工作队组。

（3）集结施工力量，组织劳动力进场。按照开工日期和劳动力需要量计划，组织工人进场，安排好职工生活，并进行安全、防火和文明施工等教育。

（4）做好职工入场教育工作。为落实施工计划和技术责任制，应按管理系统逐级进行交底。同时进行进场人员的安全教育和安全交底。

### 4. 施工现场准备

（1）施工现场控制网测量。根据给定永久性坐标和高程，按照矿山总平面图要求，进行施工场地控制网测量，设置场区永久性控制测量标桩。

（2）做好"三通一平"，认真设置消火栓。确保施工现场水通、电通、道路通畅和场地平整，按消防要求设置足够数量的消火栓。

（3）建造临时设施。按照施工平面图和临时设施需要量计划，建造各项临时设施，为项目正式开工准备好生产生活设施。

（4）组织施工机具进场。根据施工机具需要量计划，按施工平面图要求，组织施工机械、设备和工具进场，按规定地点和方式存放，并应进行相应的保养和试运转等项工作。

（5）组织建筑材料进场。根据建筑材料、构（配）件和制品需要量计划，组织其进场，按规定地点和方式储存或堆放。

（6）拟定有关试验，试制项目计划。建筑材料进场后，应进行各项材料的试验、检验。对于新技术项目，应拟定相应试制和试验计划，并均应在开工前实施。

（7）做好季节性施工准备。按照施工组织设计要求，认真落实雨、雪和高温季节施工项目的临时设施和技术组织措施。

## 二、施工组织设计工作

### （一）施工组织设计分类

施工组织设计按其用途可分为施工组织总设计、单位工程施工组织设计、分部（项）工程作业设计。

1. 施工组织总设计

施工组织总设计是以一个矿山工程为编制对象，用以指导施工项目全过程各项活动的技术、经济和组织的综合性文件，是施工技术与施工项目管理有机结合的产物，它能保证工程开工后施工活动有序、高效、科学合理进行。

2. 单位工程施工组织设计

单位工程施工组织设计是以一个建筑物、构筑物或一个交竣工系统为编制对象，用以指导其施工全过程各项活动的技术、经济的综合性文件。它是施工企业年度施工计划和施工组织总设计的具体化，其内容更详细。它是在施工图完成后，由工程项目主管工程师负责编制，作为施工单位编制季度、月份和分部（项）工程作业设计的依据。

3. 分部（项）工程作业设计

分部（项）工程作业设计是以分部（项）工程为编制对象，用以指导其各项施工活动的技术经济文件。它结合施工企业的月、旬作业计划，把单位工程施工组织设计进一步具体化，是专业工程的具体施工设施设计。

### （二）施工组织设计编制原则

（1）认真贯彻国家对工程建设的各项方针和政策，严格执行建设程序。

（2）遵循建筑施工工艺及其技术规律，坚持合理的施工程序和施工顺序。

（3）采用流水施工法、网络计划技术和线性规划法等组织有节奏、均衡和连续地施工。

（4）科学地安排冬、雨季施工项目，保证项目施工的均衡性和连续性。

（5）认真执行工厂集中预制和现场预制相结合的方针，提高建筑工业化程度。

（6）充分利用现场已有机械设备，扩大机械化施工范围，提高机械化程度，改善劳动条件，提高劳动生产率。

（7）采用国内、外先进的施工技术，科学地确定施工方案，提高工程质量，确保安全施工，缩短施工周期，降低工程成本。

（8）尽量减少临时设施，合理储备物资，减少物资倒运量；科学地布置施工平面图，减少施工用地。

### （三）施工组织设计的贯彻

（1）做好施工组织设计交底。

（2）制订有关贯彻施工组织设计的规章制度。

（3）推行技术经济承包制。

（4）统筹安排，综合平衡。

## （四）施工组织设计检查

### 1. 主要指标完成情况检查

通常采用比较法，将各项指标完成情况同规定指标相对比。检查内容包括：工程制度、工程质量、材料消耗、劳动消耗、机械使用和成本费用等情况。要把主要指标的数量检查与其相应的施工内容、方法等检查结合起来，发现其差异；然后采用分析法和综合法，研究差异或问题的产生原因，找出影响施工组织设计贯彻的障碍，拟定切实可行的改进措施。

### 2. 施工平面图合理性检查

施工开始后，必须加强施工平面图的管理，严格执行其管理制度，随时检查其合理性。要根据施工阶段不同，及时制订改进方案，报请有关部门批准并实施。

## （五）施工组织设计的调整

根据对施工组织设计执行情况检查发现的问题及其产生原因，拟定改进措施，对其相关部分及其指标，逐项进行调整；对施工平面图的不合理部分，也要进行相应的修改；使施工组织设计适应变化需要，在新的基础上实现新的平衡。

施工组织设计的贯彻、检查和调整是一项经常性工作，必须加强反馈，随时决策，使其贯穿整个施工过程的始终。

# 三、施工组织总设计

## （一）编制依据

### 1. 建设项目基础文件

（1）建设项目可行性研究报告及其批准文件；

（2）建设项目用地批准文件；

（3）建设项目勘察设计任务书、图纸和说明书；

（4）建设项目初步设计或技术设计批准文件，以及设计图纸和说明书；

（5）建设项目总概算；

（6）建设项目施工招标文件和工程承包合同文件。

### 2. 国家现行的规范及规程

（1）《工程测量规范》GBJ 50026—2007；

（2）《金属非金属矿山安全规程》GB 16423—2006；

（3）《爆破安全规程》GB 6722—2011；

（4）《汽车加油加气站设计与施工规范》GB 50156—2012；

（5）《土方与爆破工程施工及验收规范》GB 50201—2012；

（6）《建材矿山工程施工及验收规范》GB 50842—2013；

（7）《建筑边坡工程技术规范》GB 50330—2002；

（8）《建筑地基基础工程施工质量验收规范》GB 50202—2002；

（9）《混凝土结构施工质量验收规范》GB 50204—2010；

（10）《混凝土强度评定标准》GB/T 50107—2010；

（11）《水泥混凝土路面施工及验收规范》GBJ 97—87；

（12）《矿山井巷工程施工及验收规范》GBJ 213—90；

（13）《公路勘测规范》JTGC 10—2007；

（14）《公路路面基层施工技术规范》JTJ 034—2000。

3. 建设地区原始调查资料

（1）地区气象资料；

（2）工程地形、工程地质和水文地质资料；

（3）地区交通运输能力和价格资料；

（4）地区建筑材料、构配件和半成品供应状况资料；

（5）地区进口设备和材料到货口岸及其转运方式资料；

（6）地区供水、供电、通信和供热能力和价格资料；

（7）地区土建和安装施工企业状况资料。

4. 类似施工项目经验资料

（1）类似施工项目成本控制资料；

（2）类似施工项目工期控制资料；

（3）类似施工项目质量控制资料；

（4）类似施工项目安全、环保控制资料；

（5）类似施工项目技术新成果资料；

（6）类似施工项目管理新经验资料。

## （二）编制内容

施工组织总设计编制内容包括：工程概况、施工部署和施工方案、施工进度计划、物资与人力资源计划、施工总平面图、主要技术经济指标等部分。

1. 工程概况

（1）建设项目基本情况。主要包括：矿山建设地点、工程性质、建设规模、设计概况、设计单位、监理单位、勘察单位、建设期限、承包方式、矿山工程主要工程量、建筑结构特点。

（2）建设地区特征：

1）气象、地形、地质和水文情况。

2）劳动力和生活设施情况。可作为施工用的宿舍、食堂、办公室等现有建筑物情况，水电暖卫设备情况及其位置以及这些建筑物或设备的适宜用途；邻近医疗单位至建设场地距离，为矿山施工提供服务的可行性调查；周围有无有害气体和污染企业；地方疾病情况等；少数民族地区的风俗习惯。

3）地方劳动力资源情况。

4）交通运输条件。

5）水、电和其他动力条件。

（3）施工条件。说明主要设备、材料和特殊物质供应情况。

2. 施工部署和施工方案

施工部署和施工方案内容包括施工任务的组织分工和安排，确定施工先后顺序和施工线路、重点单位工程施工方案，主要工程的施工方法。

（1）施工任务的组织分工和安排。明确机构体制，建立统一的工程指挥系统，确定综合的或专业的施工组织，划分各施工单位的任务项目和施工区段，明确主攻项目和穿插施工的项目及其建设时限。

（2）重点单位工程施工方案。根据设计方案和拟采用的新结构、新技术，明确重点单位工程拟采用的施工方法。

（3）主要工程的施工方法。确定矿山主要工程（如道路、平硐、溜井、硐室、采准、削顶等工程）拟采取的施工方法。

要努力提高施工机械化程度。在充分利用并发挥现有机械能力的基础上，针对薄弱的环节，制定成龙配套和改造更新的规划，增添新型的高效能机械、以提高机械动力的装备程度。在安排和选用施工机械时，应注意：

1）主导施工机械的型号和性能要能满足矿山施工能力、施工环境需要，又能发挥其生产效率；

2）辅助配套施工机械的性能和生产效率要与之相适应；

3）工程量大时宜选用专用机械，工程量小时宜选用一专多用的机械；

4）注意贯彻大中小型机械相结合。

（4）"三通一平"规划。即水通、电通、道路畅通和场地平整，包括：材料、构件和设备的运输主干道，矿区内临时道路，生产和生活用水、用电的引入，全矿山的排水防洪干线的设置以及场地平整等。

3. 施工总进度计划

施工总进度计划也称为施工总控制网络计划，是根据施工部署和施工方案，合理确定各主要单位工程的控制日期以及各单位工程间的衔接关系和时间，其编制要点如下：

（1）计算所有项目的工程量，填入工程量总表。项目划分不宜过多，应突出主要项目，一些附属、辅助工程可予以合并。

（2）确定建设总工期和单位工程工期。

（3）根据使用要求和施工可能，结合物资供应情况及施工准备条件，分期分批组织施工，并明确每个施工阶段的主要施工项目和开、竣工时间。

（4）同一时期的开工项目不应过多，以免人力、物力分散。同时，对于在生产（或使用）上有重大意义的主体工程，工程规模较大、施工难度较大、施工周期较长的项目，以及需要先期配套使用或可供施工使用的项目（如矿山道路等）应优先安排施工。

（5）力求做到均衡施工：

1）充分估计设计出图和材料、设备的到货情况，务必使每个施工项目的施工准备、土建施工、设备安装和试生产（运转）的时间能合理衔接。

2）确定一些调剂项目（如工业场地、辅助车间等），作为既能保证重点又能实现均衡施工的措施。

（6）在施工顺序安排上，一般要做到先深后浅，先干线后支线。在场地平整挖方区，应先平整场地后挖管线土方；在填方区，应由远及近先做管线后平整场地。同时要考虑季节影响，一般大规模土方和深基础施工应避开雨季。寒冷地区入冬前应做好围护结构。

（7）按照上述各条进行综合平衡，调整进度计划或网络计划，编制施工总进度计划和主要分部（项）工程流水施工进度计划或网络计划。

4. 物资和人力资源计划

（1）人力资源计划。按照施工准备工作计划、施工总进度计划和主要分部（项）工程进度计划和定额或经验资料计算所需的劳动力人数，编制人力资源计划；同时要提出解决劳动力不足的有关措施，如开展技术革新、加强技术培训、加强调度管理等。

（2）主要材料和预制加工品用量计划。根据拟建的不同结构类型的工程项目和工程量总表，参照建设项目地区定额或类似的经验资料，计算出各种材料的需要量，以及有关大型临时设计施工和拟采取的各种施工技术措施用料，编制主要材料用量计划。

（3）主要材料、预制加工品运输量计划。进行运输工具的选用和运输量的计算，编制主要材料、预制加工品运输量计划。

（4）主要施工机具用量计划。根据施工部署、施工方案，施工总进度计划，确定主要工种工程量和主要材料、预制加工品运输量计划，选定施工机具设备并计算其需要量，编制主要施工机具设备用量计划。提出解决的办法和进场日期，如计划中应用电动设备需注明电动机功率，以便于选择变压器容量。

（5）大型临时设施计划。本着尽量利用已有或拟建工程为施工服务的原则，按照施工部署、施工方案和各种资源需要量计划，计算所需的一切生产和生活临时设施，并编制大型临时设施计划。

5. 施工总平面图

施工总平面图主要解决建筑群施工所需的各项设施和永久建筑（拟建的和已有的）相互间的合理布局，按照施工部署、施工方案和施工总进度计划，将各项生产、生活设施（包括房屋建筑、临时加工预制场、材料仓库、堆场、水电源、动力管线和运输道路等）在现场平面上进行周密规划和布置。绘图的比例一般为1:1000或1:2000。

（1）施工总平面图内容：

1）利用原有地形图，保留一切已有的地上、地下建筑物和构筑物，铁路、道路和各种管线，测量的基准点、钻井和探坑等。

2）标明拟建的永久性建筑物、构筑物，地上地下管线和建筑坐标网。

3）绘出施工用的一切临时设施，包括各类加工厂，机械化装置，建筑材料、半成品、工具等仓库和堆场，行政管理和文化生活福利用房，临时给水、排水管线，防洪设施，供电线路，压缩空气管道，安全防火设施以及取土弃土地点。

（2）施工总平面图设计要点。设计施工总平面图时，应尽量不占或少占农田，充分利用山地、荒地，重复使用空地；在弃土、清场时，有条件的应结合施工为民造田、复田；充分利用已有或拟建房屋、管线、道路为施工服务；有利生产、方便生活，临时设施的布置要不影响正式工程的施工，工人在工地上往返（如取料具）时间要短，居住区至施工区的距离要近；改、扩建矿山还应考虑企业生产与工程施工互不妨碍，符合劳动保护、技术安全和防火要求。

1）运输道路的布置。运输道路应与材料仓库、工作生活区、爆破材料仓库的位置结合布置，并与场外道路连接。

2）仓库的布置。一般应接近使用地点，其纵向宜与线路平行，装卸时间长的仓库不宜紧靠路边。

①一般材料仓库应邻近公路和施工区，并应有适当的堆场。

②水泥库和砂、石堆场应布置在搅拌站附近。

③工具库应布置在加工区与施工区之间交通方便处，零星、小件、专用工具库可分设于各施工区段。

④油料、氧气、电石库应布置在边远、人少的安全地点，易燃材料库要设于拟建工程的下风向。

⑤临时或永久爆破材料库的设置应符合《爆破安全规程》（GB 6722—2011）和《民用爆破器材工厂设计安全规范》（GB 50089—2007）的规定。

3）场内临时道路的布置：

①尽量利用永久道路，提前修建永久路基和简单路面。

②必须修建的临时道路满足矿山施工设备运行能力要求。

③一般过路管线应先铺设。

④临时道路应避免与已有公路或铁路交叉，必须时宜以直角相交，交角至少应大于30°。

4）临时行政、生活福利设施的布置：

①大型矿山项目工地办公楼宜设在现场入口处或中心地区，现场办公室应靠近施工地点。

②工人宿舍和文化生活福利房，一般设在场外，距工地500～1000m为宜，并避免设在低洼潮湿、有烟尘和有害健康的地方。

③食堂宜布置在生活区，也可设在工地与生活区之间，视具体条件决定。

④商店、小卖部应设在生活区或工人上下班路过的地方。

5）临时水电管网和其他动力线路的布置。应尽量利用已有的和提前修建的永久线路。若必须设置临时线路时，应取最短线路。

6. 主要技术组织措施

根据拟建矿山工程特点和施工条件，结合《建材矿山施工及验收规范》、《建筑工程安全操作规程》施工工期和降低成本等项要求，具体拟定出以下措施：

（1）保证工程质量措施。

（2）保证施工安全措施。

（3）保证施工进度措施。

（4）冬雨季施工措施。

（5）降低成本措施。

（6）节约三大材料措施。

（7）施工总平面图管理措施。

## 四、单位工程施工组织设计

### （一）编制依据

（1）施工设计图纸，包括单位工程的全部施工图纸，以及所需的标准图。

（2）工程预算，应有详细的分部、分项工程量。

（3）施工组织总设计对本工程规定的有关内容。

（4）工程地质勘探报告以及地形图测量控制网。

（5）有关国家的规定、规范、规程，各省、市、地区预算定额。

（6）有关技术新成果和类似工程的经验资料等。

### （二）编制内容

单位工程施工组织设计的编制内容包括工程概况、施工方案和施工方法、施工进度计划、施工准备工作计划、物质和人力资源计划、施工平面图等部分。对于较简单的矿山工程，其单位工程施工组织设计的内容可以简化，只包括主要施工方法、施工进度计划和施工平面图。单位工程施工组织设计的编制内容如下：

1. 工程概况

（1）工程特点。矿山单位工程主要参数、工程量、主要分项工程量和交付生产、使用的期限。

（2）建设地点的特征。位置、地形、工程地质、不同深度的土壤分析，冻结期与冻层厚、地下水水位、水质、气温、冬雨季时间、主导风向、风力和地震烈度等特征。

（3）施工条件。三通一平（水、电、道路通畅和场地平整）情况、材料、预制加工品的供应情况以及施工单位的机械、运输、劳动力和企业管理情况等。

对以上各点要结合调查研究进行详细分析，找出关键性问题加以说明。

2. 施工方案和施工方法

施工方案和施工方法的制定，要根据工期要求，材料、构件、机具和劳动力的供应情况，以及协作单位的施工配合条件和其他现场条件进行周密的考虑。

（1）施工方案的选择。施工方案的选择，应在拟定的几个可行的施工方案中突出主要矛盾进行分析比较，从中选用最优方案。

（2）主要分部、分项工程施工方法的选择。

1）土石方工程：

①矿山土石方施工，一般应采用机械化施工。

②石方爆破方法及所需钻机型号和主要爆破材料。

③钻、挖、运所需的机械设备的型号和数量应验算设备的生产能力。

④大量土石方的平衡调配，需以图表表示其分区挖、填、运数量，并汇总编制土石方平衡调配表。

2）混凝土和钢筋混凝土工程。应着重于模板工程的工具化和钢筋、混凝土施工的机械化。

（3）特殊项目的施工方法和技术措施。如采用新结构、新材料、新工艺和新技术，岩土爆破、控制爆破以及深基、软弱地基项目等应单独编制，其主要内容应符合相关要求。

（4）质量和安全技术措施。在严格执行现行施工规范、规程的前提下，针对工程施工的特点，明确有关措施内容。

1）工程质量方面：

①对于采用的新工艺、新材料、新技术和新结构，需制订有针对性的技术措施，保证工程质量。

②确保放线定位正确无误的措施。

③确保地基基础，特别是软弱地基、坑穴上的基础、复杂基础的技术措施。

④保证主体结构中关键部位的质量措施。

⑤复杂的、特殊的工程施工技术措施等。

2）安全施工方面：

①对于采用的新工艺、新材料、新技术和新结构，需制订有针对性的、行之有效的专门安全技术措施，以确保施工安全。

②预防自然灾害的措施。如沿海防台风，雨季防雷击，山区防洪排水，夏季防暑降温，冬季防冻、防寒、防滑等措施。

③防火防爆措施。明火作业（焊接、切割、熬制沥青等）要选择安全地点，使用氧气要防振、防暴晒，使用乙炔防回火等。

④高空或立体交叉作业须有防护和保护措施。如在同一空间上下层操作时，应设置隔层或其他防护措施；人员上下要设专用电梯和行走马道等。

⑤安全用电和机电设备的保护措施。如电焊机、电动机、变压器（室外型除外）应有防雨防潮设施和接地、接零措施；传动齿轮和传送皮带要有防护设施；潮湿环境下和手动工具所用的电源线须采用防水绝缘胶皮线或电缆；施工现场临时布线有关电杆距离，架设高度、线路的交叉跨越以及高空作业地点距千伏以上高压线的距离均需按有关规定执行等，以保证安全施工。

各分部、分项（或工种）工程的保证工程质量和安全施工的具体内容和技术措施参见本手册有关章节。

（5）降低成本技术措施。根据年季度技术组织措施计划，结合用于本工程的项目、工程量，计算出经济效果和指标。

3. 施工进度计划

施工进度计划用施工网络计划的内容和图表形式。

编制单位工程施工进度计划或施工网络计划时，应在满足工期要求的情况下，对选定的施工方案和施工方法，材料、构件和加工、半成品的供应情况，能够投入的劳动力、机械数量及其效率，协作单位配合施工的能力和时间等因素做综合研究。根据下述步骤确定各项因素，最后编制进度计划图表，并检查与调整施工进度计划：

（1）确定施工顺序。应根据矿山工程特点、施工条件和工程量，做到尽量争取时间，充分利用空间，处理好各施工项目（或工序）间合理的施工顺序，加速施工进度。

（2）划分施工项目。应根据矿山工程特点、已定的施工方法和劳动组织，并适应进度计划编制的需要，确定拟建工程的施工项目和工序名称。

（3）划分流水施工段。应根据矿山工程特点合理地划分流水作业施工段。

（4）计算工程量。一般可采用施工图预算的数据。

（5）计算劳动量和机械台班量。

（6）确定各施工项目（或工序）的作业时间。根据劳动力和机械需要量，各工序每天可能的出勤人数与机械量，并考虑工作面的大小，确定各工序的作业时间。

（7）组织各施工项目（或工序）间的搭接关系，编制进度图表。

（8）检查和调整施工进度计划。无论采用流水作业法还是网络法，对初步安排的施工进度计划及图表均应进行检查。检查的内容主要有：是否满足工期要求，施工的均衡性（即是否出现劳动力、机械和材料需要量较大的不均衡现象）以及施工顺序、平行搭接和技术间歇是否合理等。

根据检查的结果，针对主要矛盾采取有效的技术措施或组织措施（网络法的经验是：向主要矛盾线要时间，从时差中找均衡，措施如增减劳动力或机械用量、现场改预制、采用新技术等），使有关工序的持续时间延长或缩短，以满足工期和均衡施工的要求。

另外，在施工进度计划执行过程中，往往由于人力、物资供应和自然条件等因素的影响，打破了原来的计划，因此，在施工过程中，也应随时掌握施工动态，经常检查和调整计划。

4. 施工准备工作计划

单位工程施工前，可以根据施工具体需要和要求，编制施工准备工作计划。其主要项目内容如下：

（1）技术准备。熟悉与会审图纸，编制和审定施工组织设计，编制施工预算，各种加工半成品技术资料的准备和计划申请，新技术项目的试验试制等。

（2）现场准备。测量放线，拆除障碍物，场地平整，临时道路和临时供水、供电、供热等管线的铺设，有关生产、生活临时设施的搭设，水平和垂直运输设备的搭设。

（3）劳动力、机具、材料和构件加工半成品的准备。调整劳动组织，进行计划、技术安全交底，组织施工机具、材料、构件和加工半成品的进场。

（4）其他与专业施工单位（边坡加固、桩基）的联系和落实工作等。

5. 各项资源需要量计划

（1）材料用量计划。作为备料、供料和确定仓库、堆场面积及组织运输的依据，可根据工程预算、预算定额和施工进度计划编制。

（2）人力资源计划。作为安排劳动力的平衡、调配和衡量劳动力耗用指标的依据，可根据工程预算、劳动定额和施工进度计划编制。

（3）构件和加工半成品需要量计划。用于落实加工单位，并按所需规格、数量和需要时间，组织加工和货源进场，可根据施工图（包括定型图、标准图）及施工进度计划编制。

（4）施工机具用量计划。提出机具型号、规格，用以落实机具来源、组织机具进场，可根据施工方案、施工方法和施工进度计划编制。

（5）运输计划。用于组织运输力量，保证货源按时进场，可根据材料、构件和加工品、半成品、机具计划，货源地点和施工进度计划编制。

6. 施工平面图

施工平面图应表式出单位工程施工所需的施工机械，加工场地，材料、加工半成品和构件堆放场地以及临时运输道路和其他临时设施等的合理布置情况。绘制施工平面图，一般用 1∶200～1∶500 的比例。

（1）施工平面图的内容：

1）地上及地下一切建筑、构建物和管线。

2）测量放线标桩，地形等高线，土方取、弃场地。

3）材料、加工半成品、构件和机具堆场。

4）生产、生活用临时设施（包括搅拌站、钢筋棚、木工棚、仓库、办公室、供水供电线路和道路等）并附一览表，一览表中应分别列出名称、规格和数量。

5）安全、防火设施。

上述内容可根据建筑总平面图、施工图，现场地形地物（包括地下管线、墓坑、防空洞等）、现有水电源、道路、施工组织总设计及各项临时设施（包括房屋、作业棚、堆场、水电线路等）的计算资料绘制。

（2）施工平面图设计要点：

1）调查研究。熟悉了解设计图纸、施工方案和施工进度计划的要求，以及现场地形、地物等实际情况。

2）搅拌站、加工厂、仓库和材料、构件堆场的布置。

①搅拌站以靠近混凝土浇灌地点为宜，附近要有相应的砂石堆场和水泥库。

②木工棚、钢筋棚和水电加工棚宜设置在建筑物四周稍远处，并有相应的木材、钢筋、水电材料及其成品的堆场。

③仓库、堆场的布置，易燃易爆品仓库及堆场的布置，须遵守防火、防爆安全距离的要求。

3）运输道路应按上述材料、构件运输的需要，沿其仓库和堆场进行布置，使之畅通无阻，布置时应尽可能考虑采用环行线，还应结合地形在道路两侧设置排水沟。

4）门岗或收发室应设在现场出入口处，办公室应靠近施工现场，工人休息室应设在工人作业区。

5）临时供水供电线路一般由已有的水电源接通到使用地点，力求线路最短。临时变压器的设置，应距地面不小于30cm，并应在2m以外设置高度大于1.7m的保护围栏。

7. 主要技术组织措施

根据工程特点和施工条件，制订以下具体措施：

（1）保证工程质量措施。

（2）保证施工安全措施。

（3）保证施工进度措施。

（4）冬雨季施工措施。

（5）降低成本措施。

（6）提高劳动生产率措施。

（7）节约三大材料措施。

### 五、施工管理

#### （一）施工目标管理

施工目标管理包括进度管理、质量管理、成本管理、安全管理。

#### （二）施工要素管理

施工要素管理包括劳动力管理、材料管理、机械设备管理、技术管理、资金管理。

## 第三节 矿山施工测量

20世纪90年代以前，测绘技术主要是利用光学、几何、光电、红外线、微电子等原理，使用钢尺、经纬仪、花杆、水准仪、测距仪、塔尺等测量工具进行测角量边来实现矿山地形图的测绘、矿山道路及建筑物（构筑物）的施工放线。进入90年代中期，以红外线技术、激光技术为原理，并在原有光学仪器的基础上，形成了以全站仪、GPS为代表的测量新技术，极大地推动了矿山测量水平的发展。

### 一、测量仪器的用途和精度指标

当前，使用最普遍的测量仪器是水准仪、全站仪和GPS，下面对这几种测量仪器简要介绍如下。

#### （一）水准仪

水准仪是用来测量地面上两点之间高差的仪器，按仪器的精度可分为普通水准仪和精密水准仪，主要性能指标为每公里往返测高差偶然中误差，单位为mm/km。普通水准仪用于一般工程、地形、国家三、四等水准测量，如S3、S10等水准仪。精密水准仪用于国家一、二等水准测量及特种工程测量，如S05、S1等水准仪。在矿山工程中最为常用的仪器为S3水准仪，字母"S"代表水准仪的拼音第一字母，"3"代表每公里往返测高差偶然中误差为±3mm。

随着科技水平的提高，已研制出了许多高性能水准仪，如：自动安平水准仪、激光水准仪、数字水准仪等。随着水准仪的不断更新，消除了原有仪器因人为读数误差的问题，其测量外业操作时间比原来的光学仪器节省一半左右，实现了内外业一体化和无纸化作业，极大地方便了矿山测量工作。

## （二）全站仪

近十几年以来，全站仪在大地测量、变形观测、大型设备的安装、道路测量放线等方面得到了广泛应用。目前矿山测量中常用全站仪的性能指标为：测角精度2″，测距精度2mm+2ppm较为普遍。补偿系统为双轴液体光电式，补偿范围3′，补偿精度为1″。仪器重量约为6kg，防水防尘等级可达到IP55级，免棱镜有效测程350m，单棱镜测程3km。

## （三）测量型GPS接收机

测量型GPS接收机应用较为广泛的是GPS RTK，其水平精度±1cm+1ppm，垂直精度为±2cm+1ppm；静态、快速静态平面精度为±2.5cm+1ppm，静态、快速静态高程精度为±5cm+1ppm。

在卫星能够接收4颗以上的地区，可以取代全站仪进行工程测量。

## 二、矿山测量的步骤

### （一）矿区测量基准点复核

矿山施工测量前，首先要求建设单位提供两个以上可通视的测量基准点，检查是否满足矿区工程精度要求。基准点可采用全站仪或动态GPS进行复核。下面结合具体矿山简要介绍用全站仪对测量基准点进行复核的情况。

某建设单位提供的矿山测量基准点资料见表21-1。

表21-1 某矿山测量基准点资料

| 点名 | 标石类型 | 等级 | 纵坐标 X | 横坐标 Y | 高程 H | 备 注 |
|---|---|---|---|---|---|---|
| SB | 刻石 | Ⅲ等 | 3859999.210 | 37592761.400 | 629.000 | 国家点 |
| G002 | 刻石 | 5″ | 3859982.740 | 37592135.660 | 611.360 | |

在SB点，架设全站仪，对中整平，实测仪器高$i=1.473$m。在G002架设棱镜，对中整平，实测棱镜高$v=1.500$m，$HD_{(理论)}=625.956$m，$VD_{(理论)}=-17.613$m；

盘左：$HD_{(左实测)}=625.930$m，$VD_{(左实测)}=-17.591$m；

盘右：$HD_{(右实测)}=625.968$m，$VD_{(右实测)}=-17.621$m；

平均值：$HD_{(平均实测)}=625.930+625.968=625.949$m；

$$VD_{(平均实测)}=（-17.591）+（-17.621）=-17.606m；$$

平距相对误差：$625.949-625.956=-0.007$m，$0.007÷625.956=1/8.9$万，满足精度要求；

高程相对误差：$（-17.591）-（-17.621）=-0.03$m，满足精度要求。

经检验，建设单位提供的测量基准点复核精度要求，可以利用其作为基准点进行测量放线。

### （二）建立测区首级控制网

矿山测量时，应建立满足矿山施工的首级控制网。当测量范围在0.5km²以内、施工精度要求较低的矿山，也可以直接利用测量基准点进行测绘地形图及放样。对于施工测量精度要求较高、矿区测量基础条件薄弱的地区，可以利用静态GPS技术建立首级控制网。下面结合某工程实践，简要介绍建立测区首级控制网的方法要点。

某建设单位提供的当地PRS92坐标系统下的矿山征地坐标见表21-2，并提供了《PRS 92和WGS84经纬度坐标对照表》如下：

$$WGS84 纬度=PRS 纬度-5.6″ \tag{21-1}$$

$$WGS84 经度=PRS 经度+4.85″ \tag{21-2}$$

表 21 - 2 某矿山 PRS92 坐标系统下的征地坐标

| 点 名 | PRS92 经度 | PRS92 纬度 | 点 名 | PRS92 经度 | PRS92 纬度 |
|---|---|---|---|---|---|
| 113 - 1 | 120°2′30″ | 15°12′22.5″ | 114 - 1 | 120°2′30″ | 15°12′37.5″ |
| 113 - 2 | 120°2′30″ | 15°12′37.5″ | 114 - 2 | 120°2′30″ | 15°12′52.5″ |
| 113 - 3 | 120°2′45″ | 15°12′37.5″ | 114 - 3 | 120°2′45″ | 15°12′52.5″ |
| 113 - 4 | 120°2′45″ | 15°12′22.5″ | 114 - 4 | 120°2′45″ | 15°12′37.5″ |

测量中，根据式（21 - 1）、式（21 - 2）把征地坐标转换为 WGS84 系统下的坐标见表 21 - 3。

表 21 - 3 某矿山 WGS84 坐标系统下的征地坐标

| 点 名 | PRS92 经度 | PRS92 纬度 | WGS84 经度 | WGS84 纬度 |
|---|---|---|---|---|
| 113 - 1 | 120°2′30″ | 15°12′22.5″ | 120°2′34.82″ | 15°12′16.85″ |
| 113 - 2 | 120°2′30″ | 15°12′37.5″ | 120°2′34.82″ | 15°12′31.85″ |
| 113 - 3 | 120°2′45″ | 15°12′37.5″ | 120°2′49.83″ | 15°12′31.85″ |
| 113 - 4 | 120°2′45″ | 15°12′22.5″ | 120°2′49.83″ | 15°12′16.85″ |
| 114 - 1 | 120°2′30″ | 15°12′37.5″ | 120°2′34.82″ | 15°12′31.85″ |
| 114 - 2 | 120°2′30″ | 15°12′52.5″ | 120°2′34.82″ | 15°12′46.85″ |
| 114 - 3 | 120°2′45″ | 15°12′52.5″ | 120°2′49.83″ | 15°12′46.85″ |
| 114 - 4 | 120°2′45″ | 15°12′37.5″ | 120°2′49.83″ | 15°12′31.85″ |

**1. 图形设计**

按 GPS 控制网 E 级精度的要求布设。布设三个普通标石，分别为 K01(5823)、K02(5615) 和 K03(7393)，如图 21 - 2 所示。

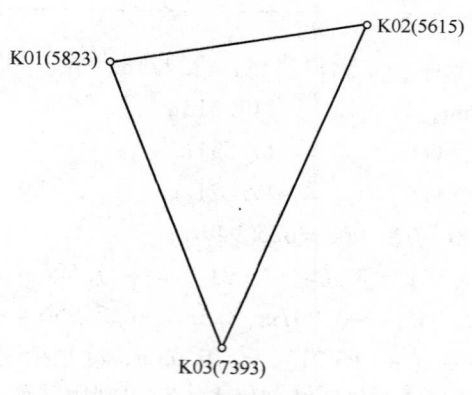

图 21 - 2 某测区首级控制网

**2. 选点埋石的基本要求**

（1）周围应便于安置接收设备和操作，视野开阔，视场内障碍物的高度角不宜超过 15°。

（2）远离高压输电线和微波无线电信号传输通道。

（3）交通方便，并有利于其他测量手段扩展和联测。

（4）地面基础稳定，易于点的保存。

**3. 静态测量**

静态 GPS 控制测量就是通过在多个测站上进行若干时段同步观测，确定测站之间相对位置的 GPS 定位测量。

三个人分别同时在三个标石点上架设 GPS 接收机，设置为"静态模式"，同时开机。观测时段为 1h，在观测前、观测中和观测后，分别用钢尺测量仪器高，以其平均值，作为本站仪器高。

4. 数据处理

把 3 个 GPS 接收机野外测得的数据，利用仪器自带处理软件"南方测绘 GPS 数据处理软件"下载到电脑上，进行处理，其 WGS84 坐标和高程结果见表 21 - 4。

表 21 - 4　WGS84 坐标和高程结果

| ID | 坐标 X | 坐标 Y | 高程 H | 点名 |
|---|---|---|---|---|
| 5823 | 1682074.2870 | 503223.6930 | 46.1470 | 5823（K01） |
| 5615 | 1682295.2850 | 504670.1598 | 59.8170 | 5615（K02） |
| 7393 | 1680440.0350 | 503863.7172 | 43.5086 | 7393（K03） |

获得了 WGS84 坐标系下的坐标和高程后，就可以用常规测量方法，进行测量放线工作了。

## 三、地形测绘

测绘地形图是矿山测量的基础工作之一，也是复核设计工程量的方法之一。矿山施工单位经常要进行大比例尺地形图测绘。

目前测绘工作，已经由原来的手绘转化为用电脑软件自动成图。外业数据采集，已经由原来的经纬仪、测距仪等测量方法改为用全站仪和棱镜，自动存储数据。或者用动态 GPS 技术，进行碎部测量，自动存储数据。

### （一）外业数据的采集

1. 全站仪测图

（1）宜使用 2″级全站仪，其测距标称精度，固定误差不应大于 10mm，比例误差系数不应大于 5ppm。

（2）测图方法可采用编码法、草图法或内外业一体化实时测图。

（3）当布设的图根点不能满足测图需要时，可采用极坐标法增加少量测站点。

（4）全站仪测图的仪器安置及测站检核，应符合下列要求：

1）仪器的对中偏差不应大于 5mm，仪器高和反光镜高的量取应精确至 1mm。

2）应选择较远的图根点作为测站定向点，并实测另一个图根点的坐标和高程，作为测站检核。检核点的平面位置较差不应大于图上 0.2mm，高程较差不应大于基本等高距的 1/5。

3）作业过程中和作业结束前，应对定向方位进行检查。

（5）全站仪测图的测距长度，不应超过表 21 - 5 的规定。

表 21 - 5　最大测距长度　　　　　　　　　　　　　（m）

| 比例尺 | 最大测距长度 | | 比例尺 | 最大测距长度 | |
|---|---|---|---|---|---|
| | 地物点 | 地形点 | | 地物点 | 地形点 |
| 1:500 | 160 | 300 | 1:2000 | 450 | 700 |
| 1:1000 | 300 | 500 | 1:5000 | 700 | 1000 |

（6）采用草图法作业时，应按测站绘制草图，并对测点进行编号。测点编号应与仪器的记录点号一致。

（7）对采集的数据应进行检查处理，删除或标注作废数据，重测超限数据，补测错漏数据。对检查修改后的数据，应及时与计算机联机通信，生成原始数据文件并做备份。

2. GPS - RTK 测图

（1）测量前应搜集的资料：

1）测区的控制点成果及 GPS 测量资料。

2）测区的坐标系统和高程基准参数，包括参考椭球参数，中央子午线精度，纵、横坐标的加常数，投影面正常高，平均高程异常等。

3）WGS84 坐标系与测区地方坐标系的转换参数及 WGS84 坐标系的大地高基准与测区的地方高程基准的转换参数。

（2）基准转换，可采用重合点求定参数（七参数或三参数）的方法进行。

（3）参考站点位的选择：

1）根据测区面积、地形地貌和数据链的通信覆盖范围，均匀布设参考站。

2）参考站点的地势应相对较高，周围无高度角超过 15°的障碍物和强烈干扰接收机卫星信号或反射卫星信号的物体。

3）参考站的有效作业半径，不应超过 10km。

（4）流动站的作业：

1）流动站作业的有效卫星数不宜少于 4 个，PDOP 值应小于 3，并应在固定解状态下，进行数据采集。

2）正确设置和选择测量模式、基准参数、转化参数和数据链的通信频率。

3）作业前，应检测 2 个以上不低于图根精度的已知点。

4）作业中，如出现卫星失锁，应重新初始化，并经已知点复测合格后，方能作业。

5）每日观测结束，应及时转存测量数据至计算机并做好数据备份。

6）对采集的数据应进行检查处理，删除或标注作废数据，重测超限，补测错漏。

## （二）内业成图

1. 地形的类别划分和地形图基本等高距

首先，要根据地面倾角（$\alpha$）大小，确定地形类别。测量规范规定：平坦地 $\alpha < 3°$，丘陵地 $3° \leqslant \alpha < 10°$，山地 $10° \leqslant \alpha < 25°$，高山地：$\alpha \geqslant 25°$。地形类别确定后，可以按表 21 - 6 确定地形图的基本等高距。

表 21 -6　地形图基本等高距　　　　　　　　（m）

| 地形类别 | 比例尺 | | | | 地形类别 | 比例尺 | | | |
|---|---|---|---|---|---|---|---|---|---|
| | 1:500 | 1:1000 | 1:2000 | 1:5000 | | 1:500 | 1:1000 | 1:2000 | 1:5000 |
| 平坦地 | 0.5 | 0.5 | 1 | 2 | 山　地 | 1 | 1 | 2 | 5 |
| 丘陵地 | 0.5 | 1 | 2 | 5 | 高山地 | 1 | 2 | 2 | 5 |

2. 地形图

地形图是按一定比例尺表示地貌、地物平面位置和高程的一种正射投影图。地貌一般用等高线表示，能反映地面的实际高度、起伏状态，具有一定的立体感，能满足图上分析研究地形的需要；地物用规定的地物符号表示。

3. 地形图的基本绘制流程

原始数据输入——绘制地物符号——建立 DTM，绘制等高线——数据输出。

通常，只要根据测量仪器的操作说明书进行外业测量和内业整理，一幅好的地形图就能自动生成。

## 四、测设（放样）

传统的施工放样，依据图纸进行内业计算，再用极坐标法、坐标法等进行外业放样。内业计算主要完成放样点的平距和坐标方位角。

某道路工程数据见表 21 -7。

**表 21 - 7　道路工程数据表之一**

| 点　名 | X | Y | 点　名 | X | Y |
|---|---|---|---|---|---|
| 0 + 606. 193 | 4280778. 496 | 601114. 369 | 0 + 660 | 4280733. 612 | 601089. 696 |
| 0 + 620. 568 | 4280764. 266 | 601113. 863 | 0 + 680 | 4280719. 037 | 601076. 000 |
| 0 + 634. 943 | 4280751. 872 | 601106. 854 | | | |

测站坐标为 $X = 4280728.002$，$Y = 601198.148$，后视定向坐标为：$X = 4281310.006$，$Y = 600957.210$。用极坐标法计算放样数据见表 21 - 8。

**表 21 - 8　道路工程数据表之二**

| 点　名 | 平距（HD） | 方位角（HR） | 点　名 | 平距（HD） | 方位角（HR） |
|---|---|---|---|---|---|
| 0 + 606. 193 | 97. 819 | 301°04′39″ | 0 + 660 | 108. 597 | 272°57′40″ |
| 0 + 620. 568 | 91. 755 | 293°16′48″ | 0 + 680 | 122. 476 | 265°48′08″ |
| 0 + 634. 943 | 94. 362 | 284°39′09″ | | | |

目前随着仪器软件技术发展，全站仪、GPS_ RTK 等仪器内部都有自带的计算程序，只要输入待放样点的坐标后，就能直接在现场放样。

为了检查测量工作的可追溯性，防止计算错误的发生，建议测量时携带《外业测量记录薄》，随时记录每天的外业计算数据和实测数据，确保测量工作万无一失。

## 五、平硐溜井系统施工测量

### （一）测量内容和步骤

1. 建立首级控制测量网

为了保证测量工作有序进行、限制误差传播和累积，建立首级控制测量网时，在布局上要从整体到局部、在次序上先控制后碎部，同时要做好与上山公路、运矿道路、胶带机等工程的衔接。例如某矿山首级控制点坐标见表 21 - 9，平硐溜井系统关键点坐标见表 21 - 10。

**表 21 - 9　首级测量控制点坐标**

| 点　名 | X | Y | H | 备　注 |
|---|---|---|---|---|
| S7 | 2752232. 900 | 39419365. 220 | 477. 020 | 混凝土浇筑控制点 |
| SB | 2751841. 970 | 39419138. 090 | 352. 070 | 混凝土浇筑控制点 |
| S9 | 2752046. 100 | 39419008. 230 | 371. 180 | 混凝土浇筑控制点 |

**表 21 - 10　平硐溜井系统关键点坐标**

| 点　名 | X | Y | H | 备　注 |
|---|---|---|---|---|
| 溜井中心 | 2752242. 365 | 39419285. 051 | 465. 000 | 待定 |
| 转运点 | 2752042. 439 | 39419235. 538 | 355. 000 | 待定 |
| 平硐口中心 | 2752113. 569 | 39420089. 393 | 355. 000 | - 8.0m |
| 平硐终点 | 2752217. 395 | 39420115. 107 | 355. 000 | - 7.5 m |
| 通风巷道出口 | 2752110. 812 | 39420100. 527 | 363. 000 | ±0m |
| 通风巷道尾点 | 2752214. 637 | 39420126. 241 | 363. 000 | ±0m |

各中心线间的坐标方位角和平距为：

$\alpha_{溜井中心-转运站中心} = 13°54'35.3''$　　$S_{溜井中心-转运站中心} = 205.965\text{m}$

$\alpha_{平硐口中心-平硐终点} = 13°54'36.8''$　　$S_{平硐口中心-平硐终点} = 106.962\text{m}$

$\alpha_{通风巷道出口-通风巷道尾点} = 13°54'36.8''$　　$S_{通风巷道出口-通风巷道尾点} = 106.962\text{m}$

各中心线间的间距为：平硐中心线与胶带机带中心线为 0.9m，平硐中心线与通风巷道中心线为 11.47m，转运站点和溜井中心点在胶带机带中心线上。

2. 地面模拟贯通

（1）在基准点上架设全站仪，放样溜井中心点、转运站点、平硐终点、平硐口点、通风巷道出口点和通风巷道尾点，现场标示后，固定好花杆。

（2）在转运站上架设全站仪，后视定向后，以设计的方位角 13°54'35.3'' 检查溜井中心点，是否在一条直线上，再检查平硐终点、平硐口点是否在直线外偏 0.9m 的距离处，如果都在，说明这两条中心线地面贯通合格，如果误差超限，则要重复第一步工作；用同样的办法，在通风巷道出口点架设全站仪，以设计的方位角 13°54'36.8'' 检查两点是否在一条直线上。

（3）计算设计开挖顶部与山体地表标高差值，控制并预防施工过程中的"冒顶"发生。

3. 平硐、通风斜井硐口钢板桩埋设

在通风斜井出口的场坪上，放样通风斜井中心线上的某一点，挖一个深度 30cm × 30cm × 30cm 的坑，加工一个 20cm × 20cm × 8mm 钢板桩，放在坑中，用混凝土浇筑好，确保在施工的整个过程中不变形、移动或遭到破坏，钢板桩命名为"通1"；用同样的办法在在平硐口场坪的适当位置，在胶带机中心线适当的位置上，埋好一个钢板桩，命名为"胶1"；用同样的办法在平硐中心线的适当位置上，埋好钢板桩，命名为"平1"。

等待钢板桩充分凝固后（约为7天，并洒水养护），在钢板桩上放样点，刻好"＋"或"。"丝宽或点的大小不超过 0.5mm。

4. 平硐、通风巷道的断面、腰线测量

（1）通常用 1m 腰线，来控制平硐地板高程，为断面测量提供基础数据。

（2）全站仪架设在硐口控制点上，"短前视，长后视"确定平硐中心线，在硐口的适当位置安装"激光指向仪"，依腰线和中心线，在开挖面上，画出开挖轮廓线，从而穿孔爆破，延伸平硐开挖。

（3）由于硐内光线较暗，平硐或通风斜井在延伸到约为 60m 左右，在硐外的控制点上，向硐内难以观测，通常要在硐内再做一个钢板桩控制点，用同样的方法，在钢板上刻好"＋"或"。"。

（4）在硐内做测站时，后视硐外更远的控制点。

5. 溜井中心线测量

（1）溜井在开挖之前，在溜井附近约 20m 范围之内，在四个方向上作 4 个点，用钢尺丈量溜井的位置。

（2）溜井口塔架和封口板安装结束后，在塔架和封口板上，用全站仪在基准点上，放样溜井中心点，测出实际位置和高程，并做好标示。

（3）溜井向下延伸开挖时，用 5kg 垂球，在中心点投下去，再用小钢尺画圆，标示开挖线。

（4）用测绳控制溜井的深度。

（5）溜井贯通前 6m 左右，要精确测定溜井底板与矿仓顶板的实际位置和贯通量。

（6）在贯通前 5m 左右，用 6m 的钻杆进行"单孔贯通"，确保贯通后，再在矿仓顶板确定贯通点平面位置和高程。

（二）平硐溜井系统测量注意事项

（1）硐内钢板桩控制点在埋设的时候，钢板面不能高于实际开挖面。

（2）每次爆破后，要再次测量超、欠挖数据，绘制实测图形，提供给相关技术人员。

（3）测量工序、通风工序、钻孔工序、爆破工序、出渣工序，要紧密协调，要留有足够的作业时间，杜绝没有测量而盲目施工。

## 六、特殊矿山地形的测绘技术

### （一）全站仪激光免棱镜系统在特殊地形测绘中的应用

在陡坎、悬崖、高边坡掌子面边上测量非常危险，持镜人员难以到达，前视持镜人员存在严重的安全隐患。在保证测绘精度和测绘人员安全的前提下，可以采用全站仪的免棱镜系统，进行外业采集数据，内业编绘图纸的方法。

目前测量仪器市场上，免棱镜功能非常普遍，下面以某工程为例，选用南方测绘公司的 NTS－662R 型全站仪，测角精度 2″，测距精度 2mm＋2ppm，免棱镜 350m。图 21－3 所示的某矿山高边坡掌子面地形图就可以采用全站仪激光免棱镜系统进行测绘。

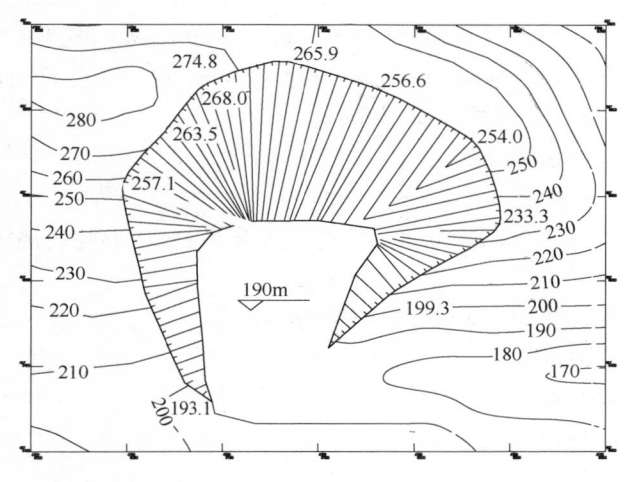

图 21－3　某矿山高边坡掌子面地形图

目前，国内全站仪的激光免棱镜功能标称为 350m，国外如莱卡全站仪、索佳全站仪标称激光免棱镜功能可达 1000m。这些测量功能的出现，为矿山复杂地形的测绘，提供了便利的条件。

### （二）三维激光扫描仪在特殊地形中的应用

对于矿山的复杂地形，采用全站仪和 GPS 等传统的测量手段进行高精度测绘，就显得费时费力了。近年来快速发展的三维激光扫描技术为解决复杂矿山地形测量提供了新的技术手段。这个技术与免棱镜技术相比：成本大、内业成图操作复杂，但速度快、精度高，是目前对大面积复杂地形测量的首选仪器。

目前国内普遍使用的仪器为 Riegl 公司的远距离三维激光测距仪 LMS－420 Ⅰ。该扫描系统包含一台快速准确的激光测距仪和一组可以引导激光以等角速度扫描的反射镜，激光测距仪可以主动发射激光。针对每一个扫描点可以测得测站到扫描点与测站之间的三维空间相对坐标差，若测站的三维坐标已知，则可以求得每一个扫描点的三维坐标。该激光扫描仪的有效距离最大可达 1000m，最小扫描范围为 2m，最远距离测量精度为 ±10mm（单点），平均测量精度为 ±5mm，水平扫描范围为 0°～360°，垂直扫描范围为 0°～80°，激光等级为 Ⅰ级。

将扫描获取的激光点数据导入 LIDARVIEW 软件，利用该软件一次完成坐标转换和多站拼接后，将非地面点数据过滤获得地表数据，进而快速生成该矿山不同比例用途的地形等高线图。

# 第四节　明挖工程施工案例

## 一、工程概况

　　某水泥有限公司计划建设一条日产5000t水泥熟料生产线，拟对石灰石矿山的基建施工对外发包。该矿山采用公路——汽车开拓运输方案，破碎机设在山脚下，破碎后的石灰石成品矿由胶带输送机运送至水泥厂，本项目施工招标内容包括：基建采准削顶工程、运矿道路、至破碎站卸料平台联络道路、废石场及道路、破碎车间场地平整及卸料平台、破碎车间土建工程，具体参数及工程量如下：

　　（1）321国道至该项目破碎站之联络道长度约2km，已有公路连接，路面宽度5.0m，泥结碎石路面，平均纵坡为5.0%，施工中可利用此道路，不必进行拓宽改造。

　　（2）矿山占地面积约750亩，最低开采标高▽750m，削顶平台标高▽940m；石灰石储量4845万吨，其中331级储量2691万吨，332级储量710万吨，333级储量1444万吨。

　　（3）运矿道路总长2886m，泥结碎石路面，双车道，路面宽8m，路基宽10m。平均纵坡5.5%，最大纵坡9.0%，平曲线最小半径15m，会车视距大于40m，按汽40级、露天矿三类标准设计。

　　泥结碎石路面结构：砂质磨耗层3cm，泥结碎石面层15cm，块石基层20cm；

　　道路边沟开挖量918m³，浆砌毛石挡土墙185m³；

　　路基挖石方量174500m³，填方量2452m³；

　　道路设3座钢筋混凝土盖板涵洞。

　　（4）矿山建设规模，石灰石年开采量为200万吨，月开采量24万吨，最大开采量约10000t/d，平均开采量约8000t/d。

　　（5）基建采准削顶工程量合计316500m³，具体组成如下：

　　940m标高以上削顶工程：107400m³；

　　925m水平采准工程量：78000m³；

　　910m水平采准工程量：75800m³；

　　895m水平采准工程量：55300m³。

　　（6）破碎车间场地开挖工程量：35000m³。

　　（7）爆破安全警戒距离：200~300m。

　　（8）项目建设总工期：150天。

## 二、施工组织与管理

### （一）施工进度安排

#### 1. 施工总体部署

　　该矿山工程为典型的水泥厂矿山公路运输系统工程，其特点是：矿山总开挖量526000m³，作业内容简单，作业点分散。为加快施工进度，首先利用15天人工抬运小型设备分各段同时施工运矿道路，达到毛路通车。然后路基拓宽、采区削顶及采准、卸料平台等工作同步展开，整个施工工期5个月完成，施工期间合格的矿石按业主要求回收利用或合理堆放到指定地点，为业主提供优质的服务。

　　根据本工程的工作内容施工分三个作业区分别为道路工程、采准与剥离工程和平台工程，4个作业面同时进行施工，以保证本工程的施工进度。

　　第1作业面：运矿道路，毛路面、拓宽及其路面工作；

　　第2作业面：废石场道路，毛路面、拓宽及其路面工作；

　　第3作业面：矿山采准与剥离工作；

　　第4作业面：工业场地场坪、破碎平台及卸料平台开挖工作。

施工安排：首先进行上山道路、运矿道路、至废石场道路毛路通车，然后进行路基拓宽与采准开拓平行施工，保证施工进度。平台工程基建依据情况依次逐步展开。排渣土作业应分层（1~1.5m）排弃，逐层用推土机碾压，达到稳定要求。

施工关键线路：运矿道路毛路面——→940m 水平以上削顶——→910m 水平基建。

其他工作围绕这一中心工作同步展开，使各工序紧密衔接，为下一步工程创造条件。施工总工期计划：5 个月（150 天）。

2. 施工进度计划

（1）编制依据：

1）招标公司提供的招标文件；

2）工程所采用的技术方案；

3）矿山现场考察情况；

4）拟投入的施工力量；

5）施工单位所承建的同类型矿山工程施工经验；

6）主要施工设备生产能力。

（2）工期计划保证措施：

1）开工前做好施工人员、机具、设备调迁、临时设施的修建及"三通一平"工作，以保证主体工程顺利开工；

2）加强施工调度工作，使施工人员、机具、设备处于满负荷工作状态；

3）加强施工设备的维护、保养，使其保持良好运行状态；

4）加强工序控制，以工作质量保证工序质量，以工序质量保证工程质量；

5）加强安全管理，确保矿山建设工程安全顺利进行。

3. 施工进度计划网络图

施工进度计划网络图如图 21-4 所示。

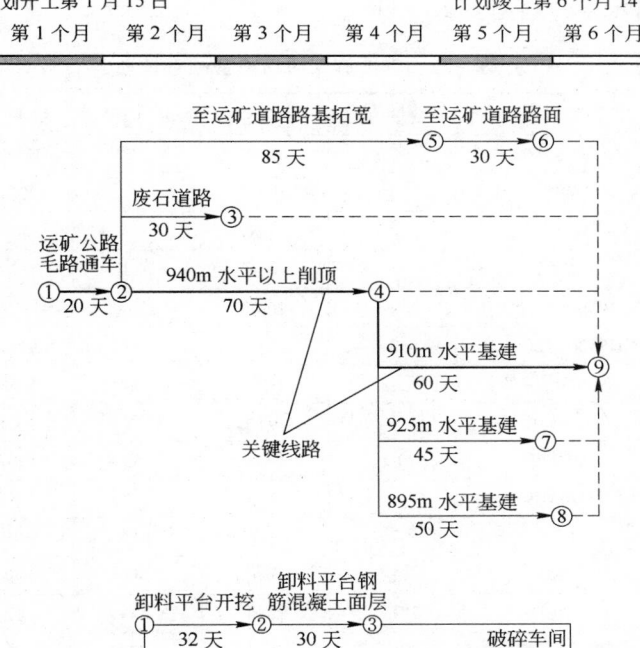

图 21-4　施工进度计划网络图

## （二）施工组织与施工设备、人员投入计划

**1. 施工组织机构**

项目施工组织机构如图 21-5 所示。

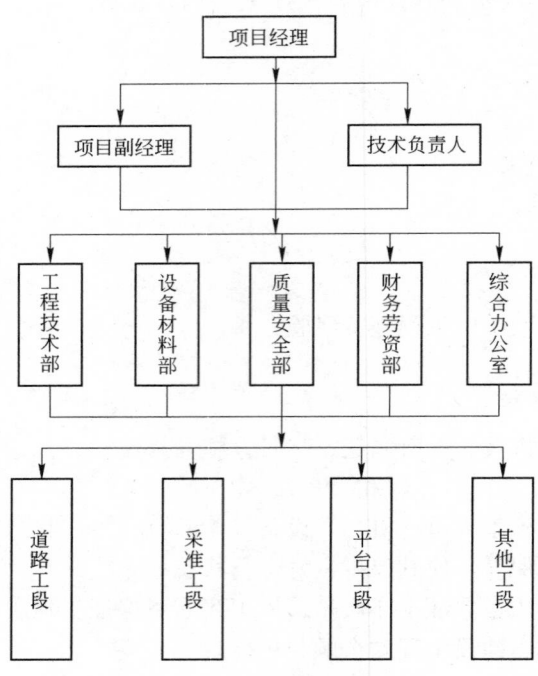

图 21-5 施工组织机构图

**2. 主要施工设备配备计划**

项目主要施工机械设备配备计划见表 21-11。

表 21-11 主要施工机械设备配备计划

| 序号 | 机械或设备名称 | 型号规格 | 数量/台 | 产地 | 额定功率/kW | 生产能力 | 用于施工部位 |
|---|---|---|---|---|---|---|---|
| 1 | 潜孔钻 | ROC D7 | 2 | 瑞典 | 298 | 1700m³ | 道路、采准 |
| 2 | 潜孔钻 | CM351 | 1 | 中国 | | 700m³ | 道路、采准 |
| 3 | 凿岩机 | YT-28 | 10 | 甘肃 | | 40m³ | 道路、采准 |
| 4 | 空压机 | 寿力 | 1 | 美国 | 224 | 22m³/min | 道路、采准 |
| 5 | 空压机 | WY9/7-Ⅱ | 2 | 山东 | 73.5 | 9 m³/min | 道路、采准 |
| 6 | 挖掘机 | DH5500-LC-7 | 2 | 韩国 | 147 | 914m³ | 道路、采准 |
| 7 | 挖掘机 | 小 PC360-7 | 1 | 日本 | 134 | 678m³ | 道路、采准 |
| 8 | 装载机 | ZL-50C | 1 | 厦门 | 162 | 400m³ | 道路、采准 |
| 9 | 自卸汽车 | CA3225 | 10 | 长春 | 155 | 180m³ | 道路、采准 |
| 10 | 载重汽车 | BJ1041S | 1 | 北京 | 73 | 5t | 道路、采准 |
| 11 | 推土机 | SD22 | 2 | 山东 | 162 | 500m³ | 道路、采准 |
| 12 | 吊车 | QY8B | 1 | 徐州 | 99 | 8t | 道路 |
| 13 | 压路机 | YZ16J | 1 | 徐州 | 74 | 12t | 道路 |
| 14 | 水车 | WX-140AS | 1 | 武汉 | 99 | 8t | 道路、采准 |
| 15 | 油车 | CA-10B | 1 | 济南 | 104 | 8t | 道路、采准 |
| 16 | 越野车 | 现代 | 1 | 北京 | 133 | | 行政 |
| 17 | 发电机 | 150GF | 1 | 江苏 | 150 | 150kW | 道路、采准 |

3. 施工人员配备计划

按工程施工进展情况，项目按月需投入的人员计划见表21-12，施工人员动态如图21-6所示。

表 21-12　施工人员配备计划表

| 序号 | 工种名称 | 第1个月 | 第2个月 | 第3个月 | 第4个月 | 第5个月 | 第6个月 |
|---|---|---|---|---|---|---|---|
| 1 | 潜孔钻工 | 2 | 6 | 6 | 6 | 4 | 2 |
| 2 | 钻工 | 3 | 9 | 9 | 9 | 6 | 3 |
| 3 | 空压机工 | 2 | 6 | 6 | 6 | 4 | 2 |
| 4 | 炮工 | 1 | 3 | 3 | 3 | 2 | 1 |
| 5 | 推土机工 | 2 | 2 | 2 | 2 | 2 | 2 |
| 6 | 挖掘机工 | 2 | 6 | 6 | 6 | 4 | 2 |
| 7 | 装载机工 | 2 | 2 | 2 | 2 | 2 | 2 |
| 8 | 汽车司机 | 6 | 18 | 18 | 18 | 12 | 6 |
| 9 | 模板工 | | | 2 | 2 | 2 | |
| 10 | 钢筋工 | | | 3 | 3 | 5 | |
| 11 | 混凝土工 | | | 3 | 3 | 2 | |
| 12 | 瓦工 | | | 10 | 10 | 10 | 10 |
| 13 | 架子工 | | | 3 | 3 | 5 | 5 |
| 14 | 压路机司机 | | | | 2 | 2 | 2 |
| 15 | 吊车司机 | 2 | 2 | 2 | 2 | 2 | 2 |
| 16 | 电工 | 1 | 3 | 3 | 3 | 2 | 1 |
| 17 | 电焊工 | 2 | 2 | 2 | 2 | 2 | 2 |
| 18 | 测量工 | 3 | 3 | 3 | 3 | 3 | 3 |
| 19 | 修理工 | 3 | 9 | 9 | 9 | 6 | 3 |
| 20 | 普工 | 16 | 36 | 46 | 47 | 39 | 24 |
| 21 | 管理办公 | 9 | 9 | 9 | 9 | 9 | 9 |
| 22 | 后勤 | 3 | 6 | 7 | 8 | 6 | 4 |
| 23 | 合计 | 59 | 122 | 154 | 158 | 131 | 85 |

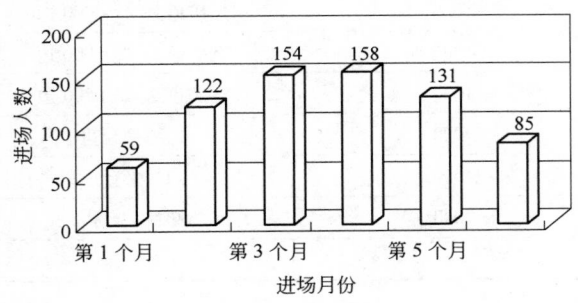

图 21-6　施工人员动态

## （三）施工总平面图

首先应布置好矿山施工总平面图。

## （四）临时设施布置

1. 办公区及生活区临时设施

为尽早进入施工现场，减少施工准备时间，拟租用附近村庄部分房屋，作为办公室及施工人员宿舍，水、电计费使用。工人宿舍集中安排以强化管理、提高效率，保证工程按计划优质完成。

**2. 材料库及维修车间**

为方便管理和使用，施工现场设置材料堆放棚，存放小型机具及一些机械零配件和易损件。

施工初期配置一台10t油罐车运送柴油，工程全面展开后，设置两台15t柴油罐储存柴油，汽油采用油桶储存，四周用铁刺网围墙与外界隔开。

在施工现场材料库附近，设置一简易检修车间，满足设备维修需要。图21-7所示为修理间、材料临建布置。

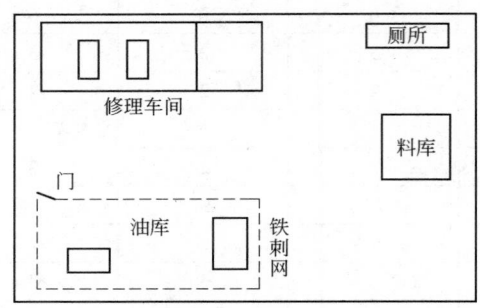

图21-7 修理间、材料临建布置

**3. 炸药存放**

炸药等火工材料由当地民爆公司提供，施工现场购专用防爆柜临时存储。火工材料的领取、退库保管工作按照《中华人民共和国民用爆炸物品管理条例》规定和当地公安部门的要求执行。

**4. 场地设施布置**

场地布置主要设施有空压机房、4m³水箱一个等。

**5. 临时用地**

施工临时用地情况见表21-13。

表21-13 施工临时用地情况

| 用　　途 | 面积/m² | 位　　置 | 需用时间/月 |
|---|---|---|---|
| 临时休息棚 | 1000 | 卸料平台边 | 6 |
| | 1000 | 运矿道路K1+000边 | 6 |
| | 1000 | 运矿道路K2+000边 | 6 |
| | 1000 | 运矿道路K2+800边 | 6 |
| 临时修理间 | 4000 | 卸料平台边 | 6 |
| 临时材料库 | 4000 | 卸料平台边 | 6 |
| 临时油库 | 2000 | 卸料平台边 | 6 |
| 小　计 | 14000 | | |

## （五）施工准备

**1. 施工用电**

施工用电由建设单位提供的电源接口装表计量向各作业点供电。

**2. 施工用水**

施工用水由建设单位提供的水源点装表计量，采用洒水车拉水，向各作业点供水。

**3. 施工用气**

施工现场布置4台22m³/min油动空压机供气，分别布置在采准平台、施工道路等两个开挖集中的部位，其他分散的道路及截洪沟等部位采用2台油动9m³/min柴油气压机供应。

4. 通讯

项目部综合办公室及项目经理办公室各设程控电话或卫星电话一部，用于与外部联系，各施工点配备对讲机及手机，用于施工内部协调。

5. 施工测量

利用建设方提供的测量资料，建立满足施工及工程验收要求的测量控制网。

（1）控制网布设程序：

1）对提供的参照基准点、线、标高及测量资料进行复查，计算核实；

2）根据已知点和施工工程范围，在平面图上布置测量控制网；

3）进行现场实地控制网布设，用电子全站仪进行角度、边长测量，用水准仪控制标高，造标埋石，对图纸上不合适的点位，根据现场实际情况调整确定；

外业测量完成后，进行平差，取得控制网点的成果（坐标和高程）。

（2）控制网布设原则：

1）精度满足施工放线及工程验收的要求；

2）控制点稳固，便于保护；

3）控制点周围的杂草清除，以利测量仪器架设和测量通视。

（3）工程放线。利用已建立的测量控制网，根据施工图纸对主要施工控制点位，采用电子全站仪施设点线，水准仪控制高程，检测点位的方向及高程。

（4）测量仪器配备计划。测量仪器配备计划见表 21 - 14。

**表 21 - 14　测量仪器配备计划**

| 序　号 | 仪器名称 | 型　号 | 数量/台 |
|---|---|---|---|
| 1 | GPS 测绘系统 | 灵锐 S82 | 1 |
| 2 | 电子全站仪 | PTS Ⅲ - 03 | 1 |
| 3 | 水准仪 | S3 | 1 |

## 三、施工方法

### （一）道路施工

运矿道路工程是整个矿山工程的运输通道，担负着材料运输、废石排弃以及运送施工人员和机具等重要任务。运矿道路毛路通车即打通了外界与矿山工程的通道，将不再制约整项工程的进展。统筹考虑整项工程施工的资源配置，以达到高效、低耗的目的，计划路基拓宽作业安排在采准平台切边等作业完成后进行。

1. 道路放线

（1）用全站仪或经纬仪测定点、线，水准仪进行找平。

（2）在施工中经常检查中线、底边线及高程，保证施工质量。

2. 表层施工

人工砍伐树木，用机械（人工配合）清除腐殖土及树根杂草等。

3. 土方路基开挖施工

采用推土机推运和挖掘机甩方作业。边坡采用挖掘机铲斗进行刷坡处理，最后人工整平。对于软土路基，必要时更换地基土，使用质量较好的物料来更换现存的软层，并按照填方段施工方法进行施工。

4. 石方路基开挖施工

采用潜孔钻或手风钻进行穿孔凿岩，采用硝铵炸药进行爆破。以下参数均按 $f = 8$ 选取，现场可根据实际情况，依照爆破试验做适当调整。

（1）手风钻爆破参数：

1）炸药单耗（$q$）：取 $0.37 \text{kg/m}^3$。

2）炮孔深度（$L$）：取 $L \leqslant 5\text{m}$。

3）底盘抵抗线（$W$）：$W = 0.6H$。

4）炮孔超深（$h$）：$h = 0.1H$。

5）炮孔间距（$a$）：$a = 0.7L$。

手风钻作业如图 21-8 所示。

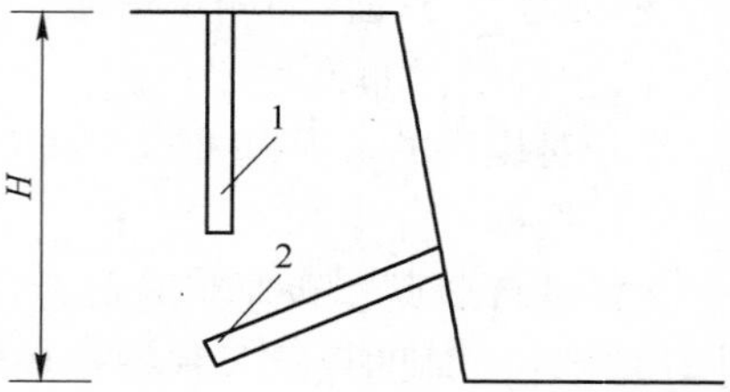

（2）药壶爆破参数：

1）药壶装药量（$Q$）：

$$Q = q_{标} W^3 f(n)$$
$$Q = q_{松} aHW$$

2）最小抵抗线（$W$）：

$$W = 0.8H$$

3）药包间距（$a$）：

$$a = 0.5W(1 + n)$$

4）药包排距（$b$）：

$$b = a$$

5）扩壶次数与装药量。扩壶次数与装药量见表 21-15，药壶爆破如图 21-9 所示。

图 21-8 手风钻作业示意图

1—垂直炮孔；2—倾斜炮孔；

$H$—台阶高度

表 21-15 扩壶次数与装药量

| 岩石等级分类 | 扩壶次数与装药量/g | | | | | | |
|---|---|---|---|---|---|---|---|
| | 1 | 2 | 3 | 4 | 5 | 6 | 7 |
| V | 100~200 | 200 | | | | | |
| V~VI | 200 | 200 | 300 | | | | |
| VII~VIII | 100 | 200 | 400 | 600 | | | |
| IX~X | 100 | 200 | 400 | 600 | 800 | 900 | 1000 |

（3）潜孔钻机穿孔平台的修筑。潜孔钻机穿孔前，要先用手风钻爆破法进行切边，爆渣外填以尽可能增加平台的宽度，如图 21-9 所示，必须保证潜孔钻安全作业的宽度和平整度。图 21-10 所示为潜孔钻机作业平台示意图。

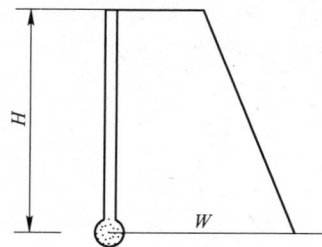

图 21-9 药壶爆破示意图

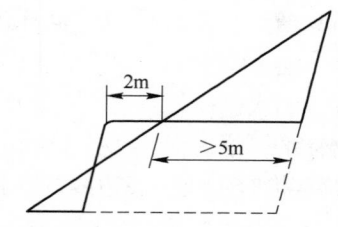

图 21-10 潜孔钻机作业平台示意图

潜孔钻爆破参数如下：

1）炸药单耗见表 21-16。

表 21-16 炸药单耗

| $H$ | 0.8~2 | 2~4 | 5 | 6 | 8 | 10 | 12 | 14 | 16 | 20 |
|---|---|---|---|---|---|---|---|---|---|---|
| $Q$ | 0.3 | 0.33 | 0.36 | 0.4 | 0.43 | 0.46 | 0.5 | 0.54 | 0.57 | 0.6 |

2）梯段高度：$H > 4\mathrm{m}$。

3）底盘抵抗线：$W_\mathrm{a} = 0.7H$。

4）孔距：$a = 1.2W$。

5）排距：一般取 $b = W$。

6）超深：$h = 0.15W$。

5. 土石方运输

表土及表层由推土机推运，其余由挖掘机装车，自卸汽车运输到业主指定地点排弃。

6. 填方路基施工

与回填地段接触的地面要进行表层处理，将表层的杂草、腐殖土清除干净，并按设计挖出防滑台阶。就近取渣，分层回填并压实，采用灌砂法进行压实度检验。

（1）土方路基：

1）土质必须符合设计要求，最大限度地利用挖方地段的土方。

2）分层填筑厚度为 $20 \sim 30\mathrm{cm}$。

（2）石方路基：

1）石块最大粒径不得大于每层铺厚的 2/3，大块不应集中，也不得填筑在填方与山坡接合处。

2）用不易风化的石块填筑时，路基下 $1.2\mathrm{m}$ 内应分层填筑，其上部 $30\mathrm{cm}$ 内不得使用大于 $15\mathrm{cm}$ 的石块，其他部分可倾填，边坡一般要以较大的石块码砌。

3）用易风化的石块填筑路堤时，应分层填筑，并压实。

4）土、石混合填筑，每层厚度不大于 $50\mathrm{cm}$，整平后压实，当含石量小于 30% 时，应按土方碾压方法压实，当含石量大于 30% 时，按石方压实方法压实。

7. 路基排水

（1）挖方区，在路基开挖时依照设计修筑排水沟，以保证排水畅通。

（2）路堤横坡 3∶2，保证路基表面不积水。

8. 边坡施工

对边坡保护采用预裂爆破，台阶高度小于 $5\mathrm{m}$ 的采用浅孔预裂爆破，手风钻穿孔，孔间距 $500\mathrm{mm}$，不耦合系数为 1.7。台阶高度超过 $5\mathrm{m}$ 的采用中深孔预裂爆破，潜孔钻机穿孔，孔间距为 $700\mathrm{mm}$，不耦合系数为 2。

9. 泥结碎石路面施工

采用拌和法施工，施工工艺为：路基验收──测量放线──关闭道路──集料运输──摊铺──拌和──洒水──整平──碾压──通车。

（1）黏土应选用黏性大，渗透性小，不含腐殖质或其他杂质的黏土。

（2）施工段长度一般 $10 \sim 20\mathrm{m}$，自卸汽车运输集料，推土机摊铺，拌和机拌和，人工平整。

（3）洒水车洒水，洒水量应通过试验确定。

（4）洒水后稍加整平，待表面稍干，土不粘滚筒时，再进行碾压，直至压实为止。

（5）碎石和嵌缝料的级配必须符合设计要求。

## （二）涵洞工程

涵洞是修建在路基、堤坝或塘堰当中，由洞身及洞口建筑组成的排水构造物。

1. 涵洞结构形式

按构造形式不同，涵洞可分为圆管涵、拱涵、盖板涵、箱涵等。矿山道路常采用圆管涵和盖板涵。

（1）圆管涵。圆管涵的直径一般为 $0.5 \sim 1.5\mathrm{m}$。圆管涵受力情况和适应基础的性能较好，两端仅需设置端墙，不需设置墩台，用工数量少，造价低，但低路堤使用受到限制。

（2）盖板涵。盖板涵在结构形式方面有利于在低路堤上使用，当填土较小时可做成明涵。

2. 涵洞的组成

涵洞由洞身、洞口、基础三部分和附属工程组成。在地面以下，防止沉陷和冲刷的部分称作基础；建筑在基础之上，挡住路基填土，以形成流水孔道的部分称为洞身；设在洞身两端，用以集散水流，保护洞身和路基使之不被水流破坏的建筑物称为洞口，它包括端墙、翼墙、护坡等。

为防止由于荷载分布不均及基底土壤性质不同引起的不均匀沉陷而导致涵洞不规则的断裂，将涵洞全长分为若干段，每段之间以及洞身与端墙之间设置沉降缝，使各段可以独自沉落而互不影响。沉降缝间嵌塞浸涂沥青的木板或填塞浸以沥青的麻絮。

（1）涵洞的构造。洞身是涵洞的主要部分，它的截面形式有圆形、拱形、矩形（箱形）三大类。

一般情况同一涵洞的洞身截面不变，但为充分发挥洞身截面的泄水能力，有时在涵洞进口处采用提高节。圆形截面不便设置提高节，所以圆形管涵不采用提高节。

洞底应有适当的纵坡，其最小值为 0.4%，一般不宜大于 5%，特别是圆管涵的纵坡不宜过大，以免管壁受急流冲刷。当洞底纵坡大于 5% 时，其基础底部宜每隔 3~5m 设防滑横墙，或将基础做成阶梯形；当洞底纵坡大于 10% 时，涵洞洞身及基础应分段做成阶梯形，并且前后两段涵洞盖板或拱圈的搭接高度不得小于其厚度的 1/4。

（2）洞口建筑。洞口建筑在洞身两端，连接洞身与路基边坡。

1）涵洞与路线正交的洞口建筑。涵洞与路线正交时，常用的洞口建筑形式有端墙式、八字式、井口式。

①端墙式。端墙式洞口建筑为垂直涵洞轴线的矮墙，用以挡住路堤边坡填土。墙前洞口两侧砌筑片石锥体护坡，构造简单，但泄水能力较小，适用于流量较小的人工渠道或不受冲刷影响的岩石河沟上。

②八字式。八字式洞口除有端墙外，端墙前洞口两侧还有张开成八字形的翼墙。八字翼墙泄水能力较端墙式洞口好，多用于较大孔径的涵洞。

③井口式。当洞身底低于路基边沟（河沟）底时，进口可采用井口式洞口。水流汇入井内后，再经涵洞排走。

2）涵洞与路线斜交的洞口建筑。涵洞与路线斜交时，洞口建筑仍可采用正交涵洞的洞口形式，根据洞口与路基边坡相连的情况不同，有斜洞口和正洞口之分。

斜洞口涵洞端部与线路中线平行，而与涵洞轴线相交。斜洞口能适应水流条件，且外形较美观，虽建筑费工较多，但常被采用。

正洞口涵洞端部与涵洞轴线互相垂直。正洞口只在管涵或斜度较大的拱涵为避免涵洞端部施工困难时才采用。

（3）涵洞的基础。涵洞的基础一般采用浅基防护办法，即不允许水流冲刷，只考虑天然地基的承载力。除石拱涵外，一般将涵洞的基础埋在允许承压应力为 200kPa 以上的天然地基上。

1）洞身基础。

①圆管涵基础。圆管涵基础根据土壤性质、地下水位及冰冻深度等情况，设计为有基及无基两种。有基涵洞采用混凝土管座。出入口端墙、翼墙及出入口管节一般都为有基。有下列情况之一者，不得采用无基：岩石地基外，洞顶填土高度超过 5m；最大流量时，涵前积水深度超过 2.5m 者；经常有水的河沟；沼泽地区；沟底纵坡大于 5%。

②盖板涵基础。盖板涵基础一般都采用整体式基础，当基岩表面接近于涵洞流水槽面标高时，孔径等于或大于 2m 的盖板涵，可采用分离式基础。

2）洞口建筑基础。一般来说，涵洞出入口附近的河床，特别是下游，水流流速大并易出现旋涡，为防止洞口基底被水淘空而引起涵洞毁坏，进出口应设置洞口铺砌以加固，并在铺砌层末端设置浆砌片石截水墙（垂裙）来保护铺砌部分。

（4）沉降缝。沉降缝端面应整齐、方正，不得交错。沉降缝应以有弹性和不透水的材料填塞，并应紧密填实。

（5）附属工程。涵洞的附属工程包括：锥体护坡、河床铺砌、路基边坡铺砌及人工水道等。

（6）挡土墙施工。

1）块石砌筑挡土墙。挡土墙基坑采用人工或机械开挖，人工整修，随挖随砌。挖基避开雨季，保证槽壁平整坚实，基底平顺，无积水。基坑回填采用砂石黏土填料，在结构物达到规定强度后分层回填，采用打夯机夯实并达到规定的压实标准。施工时保证砌体坚实牢固，按规定施作沉降缝，保证勾缝平顺，无脱落，泄水孔坡度向外，无堵塞，沉降缝整齐垂直，上下贯通。

挡土墙墙背根据墙背岩土、填料类别，设置反滤层及隔水层。凡墙背为土质、软质岩石、含泥质岩石、易风化岩石及填料为细粒土时设置0.3m厚的砂砾石、土工合成材料作为反滤层。膨胀土地段挡土墙反滤层厚度不小于0.5m。反滤层顶部与下部设置隔水层。

浆砌片石挡墙采用坚硬不易风化的片石挤浆法砌筑，片石选用干净、强度不低于30MPa、块径不小于30cm的石料。墙身采用拌和机拌制砂浆、人工挂线挤浆砌筑、人工勾缝、草袋覆盖、洒水养护。厚层砌体采用砂浆捣固棒捣固。施工时墙面保持平整，各部位尺寸符合设计要求，砂浆饱满，勾缝均匀，灰缝宽度、错缝符合规范要求，并按设计预留泄水孔。

2）混凝土挡墙。采用人工立模板，机械拌制混凝土，混凝土搅拌运输车运送混凝土，机械提升混凝土或合格的片石，料斗入模，机械振捣，草袋覆盖，洒水养护。混凝土挡墙施工时，按规定施作沉降缝并预留泄水孔。

涵洞挡土墙施工工艺如图21-11所示。

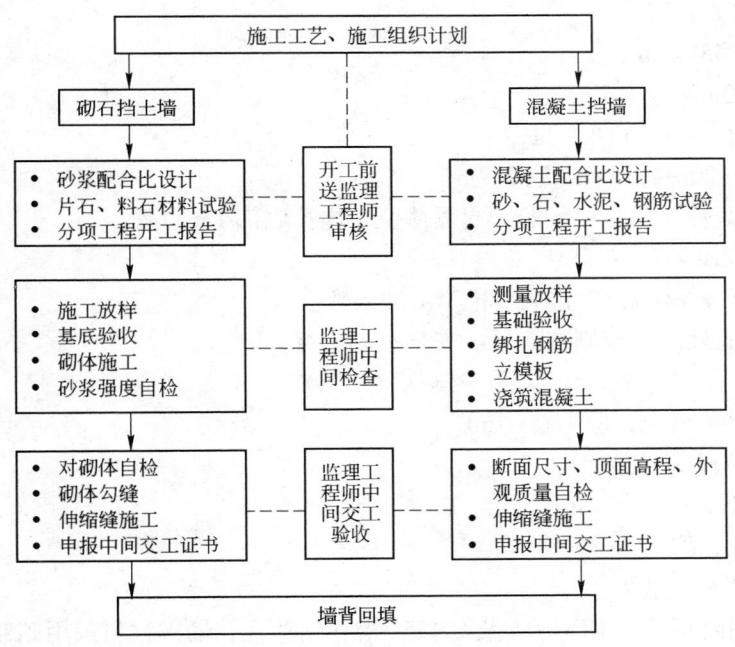

图21-11　涵洞挡土墙施工工艺

### （三）基建采准削顶工程施工

1. 施工组织

首先钻机上山道路开通毛路，保证设备人员材料运输，然后进行基建削顶、采准施工。

采准施工顺序为：钻机上山道路——平台切边——钻机平台。

钻机平台修筑必须完善，使穿孔爆破保证爆破效果，由高效的阿特拉斯潜孔钻机穿孔，液压挖掘机装车，自卸汽车运输，合格矿石存储到采准、削顶平台或设计确定的临时堆场，岩石或盖层排弃到废石场。

2. 施工方法及技术措施

（1）测量放线。利用已建立的测量控制网，地形复测后，对施工的控制点进行标桩，并测出高程，对现场施工人员进行交桩。

（2）表土清除。人工伐树之后，用人工配合推土机清除树根、腐殖物及表土，装载机配自卸汽车运至废石场。

（3）中深孔爆破方法。

1）切边工作。切边工作主要为潜孔钻爆破创造良好的自由面，切边高度以适应潜孔钻机进行穿孔为宜，一般为4m左右，尽量减少切边工作量。切边以手风钻爆破为主，推运辅以挖运。

2）修筑钻机平台。修筑钻机平台主要是为潜孔钻穿孔作业提供工作面，宽度不小于5m，坡度不宜过大，保证潜孔钻安全作业，布置钻孔平台时尽量减少修筑工程量。修筑平台采用手风钻进行穿孔爆破，辅以推土机推运。

3）爆破参数：

①孔径：$D = 110mm$。

②倾角：$\alpha = 75°$。

③底盘抵抗线：$W_a = (24 \sim 34)d$，取2.6m。

④前排抵抗线：$W = 2.2m$。

⑤孔距：$b = (1 \sim 2)W$，取3m。

⑥排距：$a = W$，取2m。

⑦炸药单耗：$q = 0.55kg/m^3$。

⑧台阶高度：$H = 10m$。

⑨超深：$L_c = (0.15 \sim 0.35)W$，取1m。

⑩堵塞长度：$L_T = (20 \sim 38)d$，取2.2m。

⑪装药结构：采用线性结构集中装药，起爆体位于炮孔底部1m位置。

⑫炮孔长度：$L = H/\sin 75° + L_c$。

⑬单孔药量计算：$Q = qWha$，后排取前排1.1的系数。

⑭单段装药量应检验地震波控制装药量。安全振动速度：

$$v = K(Q^m/R)^\alpha$$

式中　$K$——与装药量有关系数，取150~250；

　　　$Q$——装药量（单段），kg；

　　　$R$——测点距爆破中心距离，m；

　　　$m$——装药量指数，取1/3；

　　　$\alpha$——与地质条件有关系数。

4）施工。穿孔采用阿特拉斯ROC D7及CM351潜孔钻穿孔，爆破材料采用硝铵炸药，非电导爆雷管和电雷管引爆。

5）中深孔爆破施工工艺流程（图21-12）。

（4）手风钻爆破参数：

1）单耗（$q$）：取0.3kg/m³。

2）孔深（$L$）：取$L \leq 5m$。

3）底盘抵抗线（$W_a$）：$W_a = (0.4 \sim 1.0)H$。

4）超深（$h$）：$h = (0.1 \sim 0.15)H$。

5）间距（$a$）：$a = (0.5 \sim 1.0)L$。

（5）挖运工作。采用挖掘机配20t自卸汽车运输，排弃至废石场或业主指定地点，另外安排一台ZL50装载机进行机动配合。

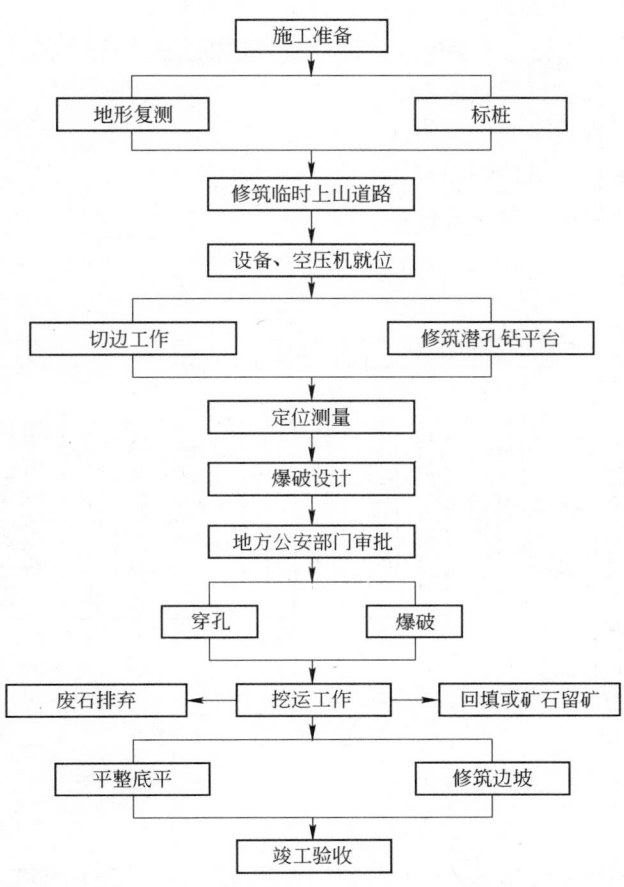

图 21 - 12　中深孔爆破施工工艺流程

（6）最终边坡保护。对边坡采用预裂爆破法施工，台阶高度小于 5m 的采用浅孔预裂爆破，手风钻穿孔，孔间距为 500mm，不耦合装药系数为 1.7。台阶高度超过 5m 的采用中深孔预留光面层爆破，潜孔钻机穿孔，孔间距为 700mm，不耦合系数为 2。

## 四、施工质量保证措施

施工前认真做好定位测量，用 GPS 测绘系统和 PTS—Ⅲ03 电子全站仪、N3 水准仪进行定位打桩，验证平台测定的点位、方向、高程及转角的准确性。施工过程中采取跟踪测量，确保线路边界准确。

（1）手风钻作业按照爆破设计要求进行，确保钻孔质量，防止雨水和岩渣落进孔内，影响爆破效果。

（2）采用毫秒微差控制爆破。装药前对各钻孔进行全面检查，发现堵孔或充水现象应提前处理，处理不力时，应采取措施，调整炮孔布置以提高爆破效果。严格控制装药、堵塞、爆破连线等工序，保证爆破效果。

（3）爆破后检查爆破效果，总结完善设计。

（4）永久边坡采用预裂爆破，以保持边坡的平整和稳定性。

（5）道路路基施工，必须做好清底工作，选择好回填材料，分层压实，采用灌砂法，测定压实度，达到施工规范要求，确保路基稳定。

（6）泥结碎石路面施工中必须选用良好级配的碎石和指数合格的黏性土作为路面施工材料，采用拌和法施工。

（7）边沟施工采用浅孔控制爆破，保证边沟平整，顺直。流水坡不能有明显的凹凸现象，抹面时要处理好风化层、浮土、松动石块，并填空补洞，保证边沟稳定。

（8）做好施工记录、检验和试验记录，竣工时归入技术档案。

（9）通过试验确定混凝土配合比，保证结构设计所规定的强度等级和施工和易性及坍落度的要求。

图 21-13 所示为露天工程质量控制体系。

图 21-14 所示为矿山工程质量管理网络。

图 21-15 所示为矿山工程质量检查流程。

图 21-16 所示为原材料供应质量保证体系。

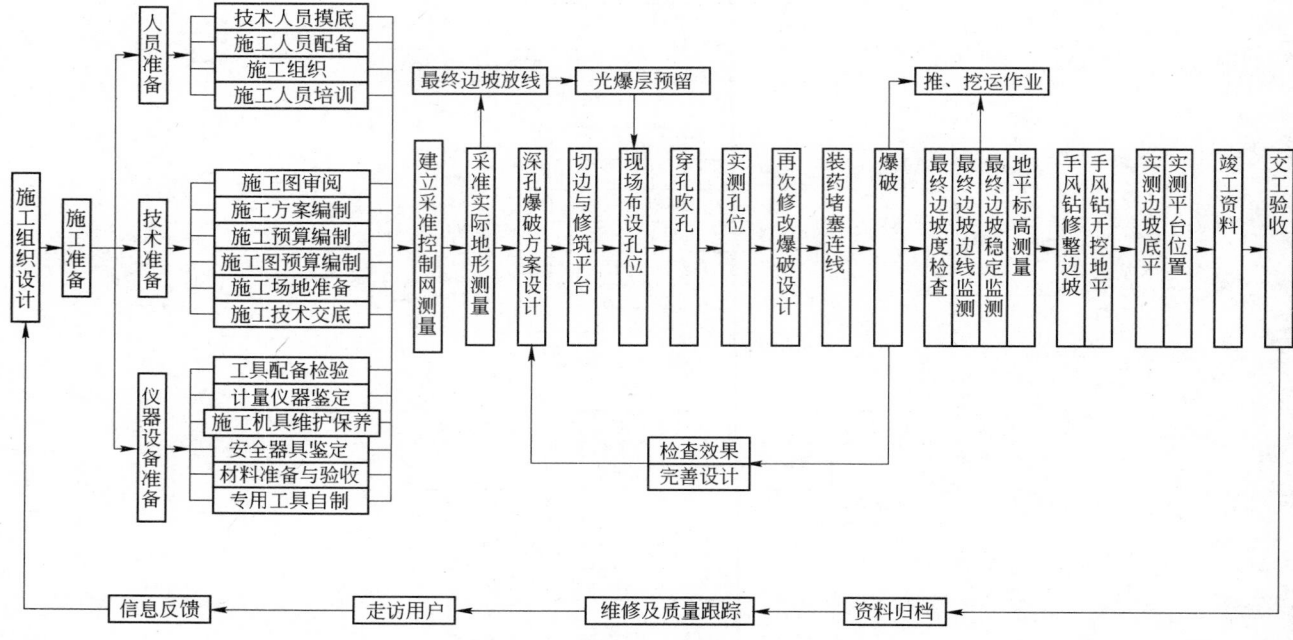

图 21-13　露天工程质量控制体系

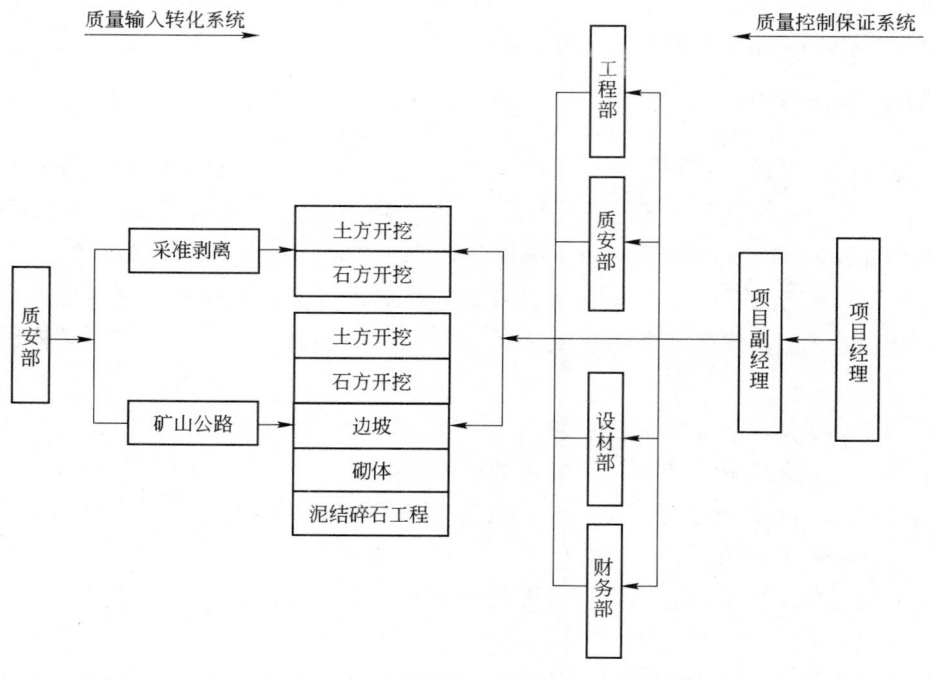

图 21-14　矿山工程质量管理网络

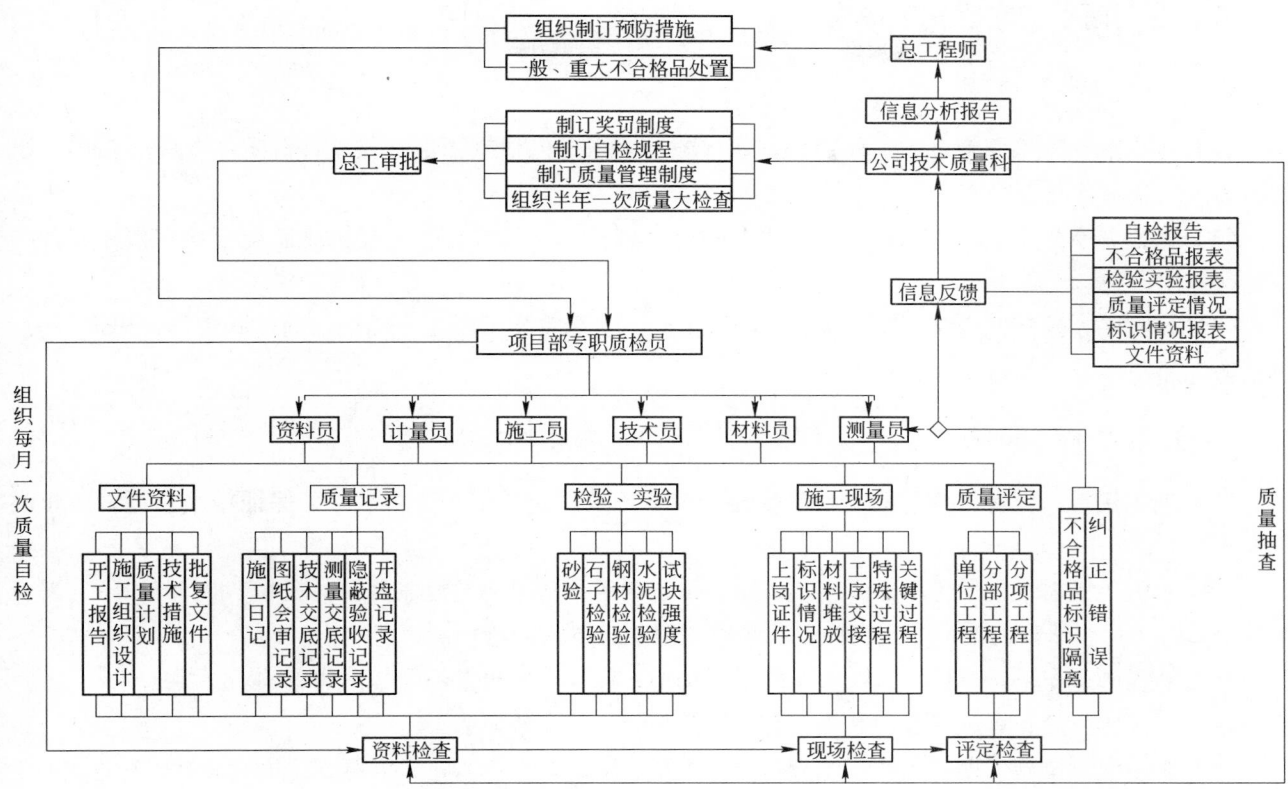

图 21－15　矿山工程质量检查流程

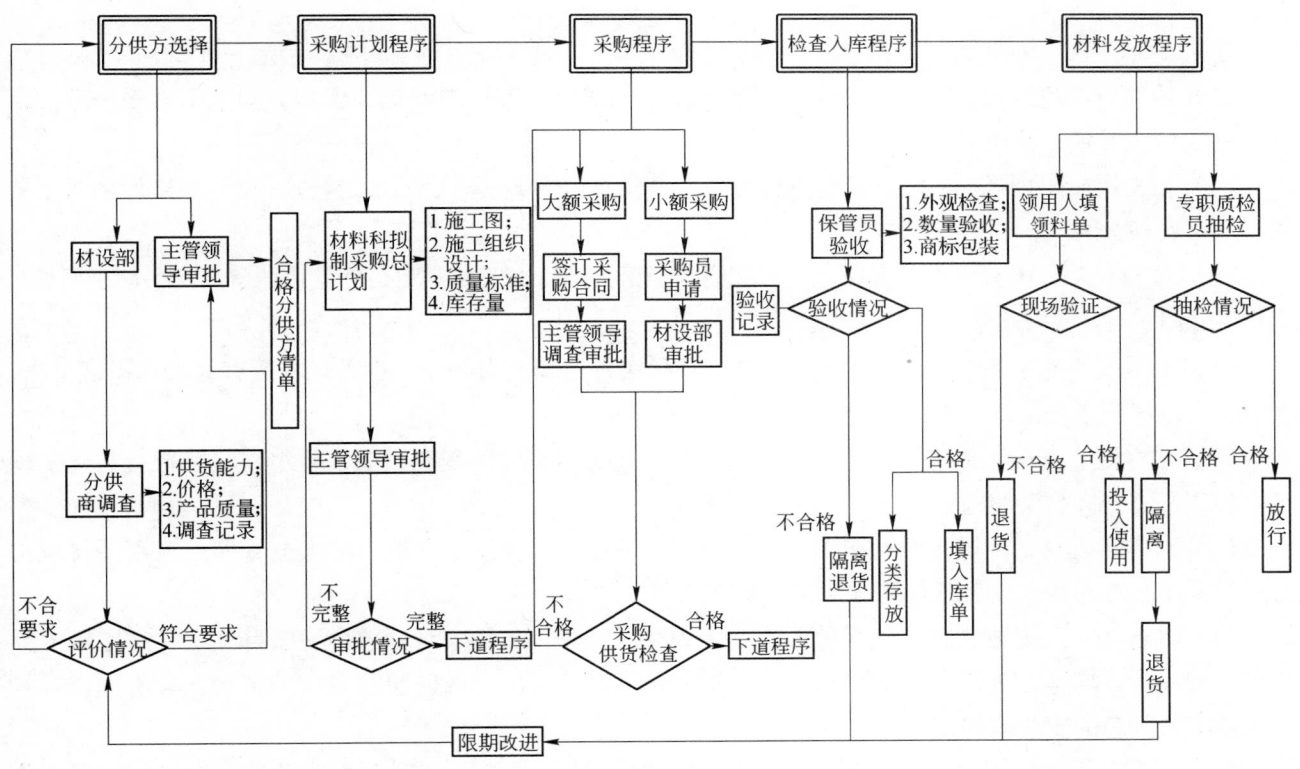

图 21－16　原材料供应质量保证体系

## 五、冬、雨季和文明施工措施

### (一) 冬季施工措施

(1) 进入冬季施工期施工的工程项目，在入冬前组织专人根据当地气候条件制定冬季施工措施，组织有关人员学习并向班组交底。

(2) 做好冬季施工期施工混凝土、砂浆及掺外加剂的试配试验工作，提出施工配合比，搭建各种冬季加热保温设施。

(3) 作好冬季施工期道路、施工场地的防滑措施，雪后将架子及工作面的积雪清扫干净，电源开关、控制箱等加锁并专人管理，以防漏电触电。

### (二) 雨季施工措施

(1) 施工场地、设备材料仓库及堆放场地周围开挖或砌筑排水沟、积水井，保证排水畅通，防止洪水灌入。

(2) 水泥、钢材、钢筋等不露天堆放，露天加工场所预备雨前的覆盖材料（帆布、塑料布等）。露天堆放的设备、材料垫高离地面一定高度，防潮设备用苫布覆盖，防止日晒雨淋。

(3) 搭设施工车辆停车棚，选在安全防洪的场地，保证车辆出勤不受暴雨的影响。

(4) 雷雨天气禁止爆破作业、结构吊装以及其他露天高空作业。

(5) 雨季混凝土施工期间实测粗细骨料的含水量，随时调整用水量，混凝土运输时加盖以防进水。

(6) 雷雨天严禁钢结构吊装施工。

### (三) 文明施工保证

1. 组织机构

(1) 成立以项目经理为组长的各副经理和各施工工段负责人在内的施工现场文明施工管理小组，全面负责现场文明施工管理工作。

(2) 把文明施工列入单位经济承包责任制中，并每月组织 1～2 次综合大检查，填写表格计算评比结果，制表张榜公布。

(3) 每月召开一次文明施工会议，分析文明施工情况，针对实际制定措施，协调解决文明施工问题。

2. 措 施

(1) 加强文明施工的教育和宣传工作，施工现场实行挂牌上岗制度，进入现场所有人员都持证上岗，尤其是对临时用工的管理，保证有做工证。

(2) 建立健全资料管理制度，对于施工组织设计施工方案的编制审批及实施严格贯彻执行。施工现场有施工日志，并有文明施工内容。

(3) 对施工现场平面进行合理布置，诸如仓库、料场、搅拌站、场地内的水电管网以及雨季排水沟等进行科学合理布局，使之既使用方便又文明有序。

(4) 在各施工段显要位置设置标牌，说明工程名称、建设单位、设计单位、项目经理或施工负责人姓名、开竣工日期等，对施工现场管理人员、各作业区责任人员配戴证明其身份的证卡，对不同工种的工人用不同颜色的安全帽加以区分。

(5) 根据工程进展情况，对作业面的人员、机械、设备、材料等进行适时的清理，对于暂不需用的模板、钢筋、支架等清理到指定地点堆放整齐。

# 第五节　井巷工程施工案例

## 一、工程概况

某水泥有限公司计划建设一条日产 5000t 水泥熟料生产线，因石灰石矿山比高较大，地形险峻，设计院推荐采用溜井——平硐开拓运输系统，破碎机布置在硐室内，破碎后的石灰石矿石由胶带输送机运至工厂石灰石预均化堆场。经工程地质勘察，拟建溜井平硐系统围岩为 II 类围岩，适合进行井巷工程的开挖。据此，建设单位对该溜井平硐工程的基建施工对外发包。该矿山溜井平硐系统主要参数及工程量如下：

(1) 溜井：直径 $\phi6.0m$，井深 140m，掘进工程量 $3958.4m^3$。

(2) 平硐：长 290m，断面积 $20.5m^2$，掘进工程量 $5945.0m^3$。

(3) 矿仓：断面尺寸 $8.5m \times 8.5m$，高度 25m，掘进工程量 $2650m^3$。

(4) 破碎硐室：掘进工程量 $9000m^3$（包括破碎硐室、破碎机基础、通风机室等）。

(5) 通风斜井：长度 274m，断面积 $5.08m^3$，掘进工程量 $1764m^3$。

平硐、矿仓、破碎硐室、通风斜井要进行支护，溜井不需要考虑支护，整套系统建设工期为 10 个月。

## 二、施工组织与管理

### (一) 施工进度安排

#### 1. 施工总体部署

制约溜井平硐系统工期的关键线路和施工难点是以破碎硐室为中心的平硐溜井系统工程，且上山道路和卸料平台不在本标段内，溜井施工只能安排在上山道路通车及溜井平台开挖完成后才能实施，这将对硐室施工和整个项目工期造成很大压力。建设单位应尽快提供上山道路通车，给溜井施工创造前提条件。溜井施工首先采用全断面开挖施工方法，做到溜井与硐室及早贯通，为硐室施工创造回风条件，以便保证整项工程顺利如期完成。为此，在施工准备阶段，一方面进行人员、设备、机具的调遣；另一方面做好施工测量控制点的复核和测量控制网的布设工作，同时在此阶段还要做好火工材料使用的相关手续，一旦具备条件，首先修筑到平硐、溜井、通风斜井的施工便道，进行施工场地的平整作业，创造好平硐、溜井、斜井的施工作业面，尽早实现平硐、溜井、斜井三个作业面在破碎硐室内贯通。

结合同类工程施工经验，在充分论证并确定技术方案的基础上，利用各种相关工程控制原理进行系统优化，各项工程施工安排如下：

(1) 平硐。平硐长 290m，根据建材行业施工同类工程的经验，出渣采用装载机直接端运方式，为此，计划配备 2 台 ZL-50c 装载机交替出渣，硐口配 3 台自卸汽车转运。开挖设备采用 2 台 $20m^3/min$ 电动空压机（一台供应溜井用气）和 1 台 $9m^3/min$ 油动空压机供气，8 部 YT-28 手风钻穿孔。

平硐开挖至破碎硐室后，上掘 $1.5m \times 1.5m$ 溜渣天井及 $1.5m \times 1.8m$ 拉顶巷道，配 1 台耙斗装岩机耙渣，为大规模组织硐室内施工做好准备。

计划工期：平硐掘进 2.5 个月。

(2) 溜井。为尽早实现溜井与硐室贯通，改善硐室内通风质量，因此，开工伊始即安排溜井的施工组织。

具备施工条件后，立即修筑至溜井口联络道路及竖井口场地平整作业，为保证施工安全，计划在溜井掘进 15m 后进行井口段混凝土衬砌（包括硐脸修筑），衬砌长度 5m。

计划工期：至溜井口临时路毛路修筑及井口场地开挖布置时间 85 天，溜井口段掘进 15m 时间 15 天，溜井口段 5m 混凝土支护时间 3 天，溜井掘进工期计划 3 个月。

（3）硐室及矿仓。平硐直接掘进到破碎硐室底部，然后沿破碎硐室外壁及溜井中心线掘进两条 $\phi 2m$ 盲天井，再沿破碎硐室顶部拉一条 $1.5m \times 1.8m$ 措施平巷，利用拉顶巷道与 $\phi 2m$ 措施井在硐室内进行台阶式开挖。一方面由措施井上部成漏斗状刷大，逐步拓展溜渣空间；另一方面沿平硐方向继续掘进至硐室壁（硐室壁留 3m 安全墙），增大堆渣空间，爆渣由铲车从底部排出。

硐室拱顶成形后，垂直凿岩类似露天台阶爆破，周边孔采用光面爆破。为保证破碎硐室内的施工安全，在进行拉顶及台阶式施工的同时，进行硐顶及边帮锚固作业。

随着硐室开挖的进展，为防止岩渣不能自溜，装载机铲运困难，出渣速度过慢，在硐室内设一简易电耙，利用铲车出渣间隙，将其岩渣清出，再由装载机排出，空间够大时可配备自卸汽车运输。

计划工期：硐室开挖 110 天。

（4）通风斜井。计划采用全断面掘进方式进行斜井施工，斜井施工首先进行至井口场地道路的开挖施工，道路及场地施工完毕后，立即进行斜井开挖及场地布置作业。

斜井掘进用气：在井口场地安排 1 台 9m³/min 油动空压机供气卷扬机提升箕斗排渣。

计划工期：斜井口场地布置 3 天，斜井口段 15m 掘进和支护 15 天，井筒掘进计划 90 天。

（5）硐内衬砌及安装。混凝土浇筑采用组合钢模板做模，混凝土输送泵入模的方式进行。配备 HBT50A 混凝土输送泵 1 台，PLD800 型混凝土配料机 1 台，强制式 JS500 型混凝土搅拌机 2 台，ZL-50 装载机 2 台，平硐、硐室、矿仓依次浇筑完成。

平硐衬砌严格按施工图施工，硐口段及硐里稳定性差的地段采用 C30 钢筋混凝土衬砌，其余为喷射厚混凝土，不稳固段采用锚杆加固。喷射混凝土采用 2 台 HBG-5 混凝土喷射机同时施工。破碎硐室和矿仓衬砌采用钢筋混凝土支护，支护形式和厚度依设计院施工图纸确定。

计划工期：90 天。

2. 施工进度计划

（1）编制依据：

1）业主提供的招标文件及业主对工期的要求；

2）工程所采用的技术方案；

3）矿山现场考察情况；

4）拟投入的施工力量；

5）施工单位所承建的同类型矿山工程施工经验；

6）主要施工设备生产能力。

（2）工期计划保证措施：

1）开工前做好施工人员、机具、设备调遣、临时设施的修建及"三通一平"工作，以保证主体工程顺利开工；

2）加强施工调度工作，使施工人员、机具、设备处于满负荷工作状态；

3）加强施工设备的维护、保养、使其保持良好运行状态；

4）加强工序控制，以工作质量保证工序质量，以工序质量保证工程质量；

5）加强安全管理，确保工程安全顺利进行。

3. 施工进度计划网络图

施工进度计划网络图如图 21-17 所示。

## （二）施工组织与施工设备、人员投入计划

1. 施工组织机构

项目施工组织机构如图 21-18 所示。

2. 主要施工机械设备配备计划表

项目主要施工机械设备配备计划见表 21-17。

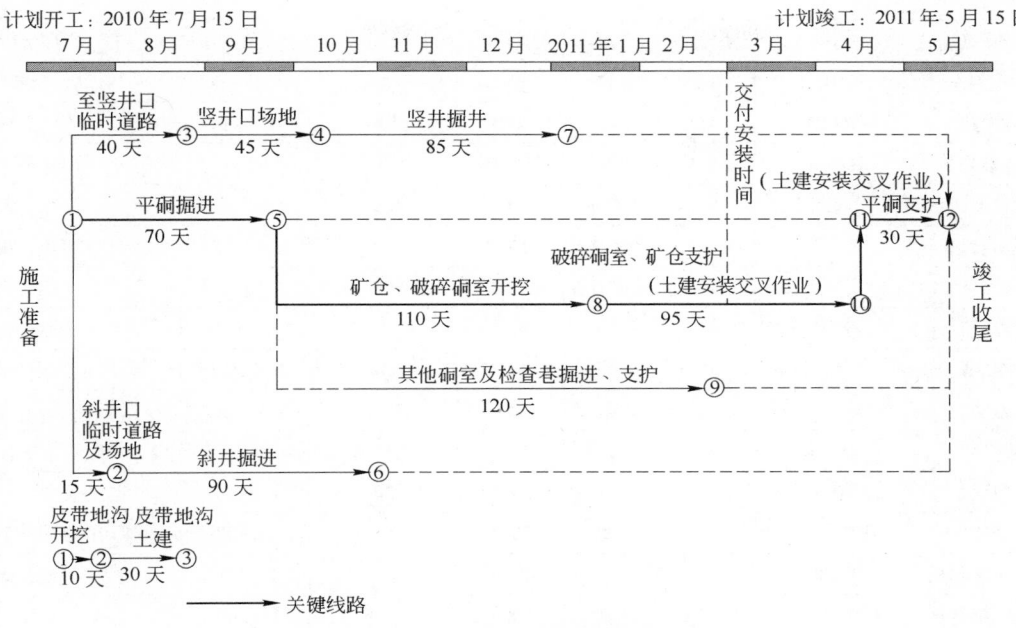

图 21 - 17　施工进度计划网络图

注：本进度按常规可靠的围岩（f≥8）条件下编制的，如果施工中遇地质状况不良及有较大的破碎带等情况时，施工安全增加钢结构等临时支护措施，则相应工期顺延。

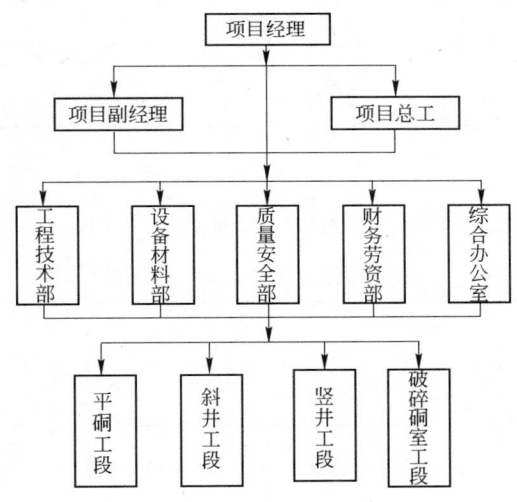

图 21 - 18　施工组织机构

**表 21 - 17　主要施工机械设备配备计划**

| 序号 | 机械或设备名称 | 型号规格 | 数量 | 产地 | 制造年份 | 额定功率/kW | 生产能力 | 用于施工部位 |
|---|---|---|---|---|---|---|---|---|
| 1 | 推土机 | ST22 | 1 | 山东 | 2004 | 162 | 500m³ | 道路、场地 |
| 2 | 装载机 | ZL - 50C | 3 | 厦门 | 2004 | 162 | 400m³ | 平硐，硐室 |
| 3 | 挖掘机 | pc400 | 1 | 日本 | 2005 | 288 | 500m³ | 硐口、道路 |
| 4 | 自卸汽车 | Ccj3225 | 4 | 长春 | 2002 | 155 | 180m³ | 平硐口 |
| 5 | 水车 | WX - 140AS | 1 | 武汉 | 2003 | 99 | 8t | 平硐、硐室 |
| 6 | 吊车 | QY8B | 1 | 徐州 | 2003 | 99 | 8t | 溜井 |
| 7 | 油车 | CA - 10B | 1 | 济南 | 2004 | 104 | 8t | 平硐、溜井 |
| 8 | 越野车 | 现代 | 1 | 北京 | 2006 | 133 | | 行政 |

| 序号 | 机械或设备名称 | 型号规格 | 数量 | 产地 | 制造年份 | 额定功率/kW | 生产能力 | 用于施工部位 |
|---|---|---|---|---|---|---|---|---|
| 9 | 载重汽车 | BJ1041S | 1 | 北京 | 2002 | 73 | 5t | 行政 |
| 10 | 发电机 | 100GF | 1 | 江苏 | 2005 | 100 | 100kW | 溜井 |
| 11 | 耙斗装岩机 | P - 60B | 1 | 上海 | 2002 | 30 | 300m³ | 硐室 |
| 12 | 轴流风机 | JBT2 - 2 | 6 | 佳木斯 | 2003 | 11 | | 平硐、斜井 |
| 13 | 钢筋切割机 | | 1 | 石家庄 | 2003 | 7.5 | | 平硐、硐室 |
| 14 | 钢筋弯曲机 | | 1 | 石家庄 | 2003 | 7.5 | | 平硐、硐室 |
| 15 | 空压机 | 开山牌 | 4 | 浙江 | 2004 | 5 | 3m³/min | 平硐、硐室 |
| 16 | 空压机 | L.3.5 - 20/8 | 2 | 常德 | 2003 | 110 | 20m³/min | 平硐、硐室 |
| 17 | 空压机 | WY9/7 - Ⅱ | 3 | 山东 | 2005 | 73.5 | 9m³/min | 平硐、硐室 |
| 18 | 卷扬机 | JK1.6 | 4 | 北京 | 2002 | 11 | 2t | 溜井 |
| 19 | 卷扬机 | JK5 | 2 | 北京 | 2005 | 30 | 5t | 溜井、斜井 |
| 20 | 混凝土喷射机 | HPZV - 5B | 1 | 常德 | 2003 | 2.2 | 2.2kW | 平硐、硐室 |
| 21 | 混凝土配料机 | PLD800 | 1 | 郑州 | 2004 | 2.2 | 2.2kW | 平硐、硐室 |
| 22 | 混凝土搅拌机 | JS500 | 2 | 郑州 | 2004 | 18.5 | 18.5kW | 平硐、硐室 |
| 23 | 混凝土输送泵 | HBTD3 - 06 - 41 | 1 | 郑州 | 2003 | 30 | 30kW | 平硐、硐室 |
| 24 | 凿岩机 | YT - 28 | 20 | 甘肃 | 2005 | | 40m³ | 平硐、硐室 |
| 25 | 竖井井架 | 专用自制 | 1 | | 2005 | | | 溜井 |
| 26 | 交流电焊机 | BX1 - 500 - 2 | 4 | 北京 | 2002 | 10 | 10kW | 平硐、硐室 |
| 27 | 自制箕斗 | | 1 | | | | 2m³ | 斜井 |
| 28 | 自制吊桶 | | 2 | | | | 1m³ | 溜井 |

## 3. 施工人员配备

按工程施工进展情况，项目按月需投入的人员计划见表 21 - 18。

**表 21 - 18 施工人员配备计划**

| 序号 | 工种 | 2010 年 | | | | | | 2011 年 | | | | |
|---|---|---|---|---|---|---|---|---|---|---|---|
| | | 7 月 | 8 月 | 9 月 | 10 月 | 11 月 | 12 月 | 1 月 | 2 月 | 3 月 | 4 月 | 5 月 |
| 1 | 挖掘机工 | 2 | 2 | | | | | | | | | |
| 2 | 汽车司机 | 4 | 4 | | | | | | | | | |
| 3 | 装载机工 | 4 | 4 | 4 | 4 | 4 | 4 | 4 | 2 | 2 | 2 | 2 |
| 4 | 空压机工 | 3 | 7 | 7 | 7 | 6 | 6 | 5 | 3 | 3 | 3 | |
| 5 | 卷扬机工 | | 3 | 6 | 6 | 6 | 6 | 3 | 3 | | | |
| 6 | 耙斗工 | | | | 1 | 2 | 2 | 2 | 2 | 2 | 1 | |
| 7 | 爆破工 | 2 | 6 | 6 | 6 | 4 | 4 | 2 | 2 | 2 | 1 | |
| 8 | 电工 | 3 | 3 | 3 | 3 | 3 | 3 | 3 | 3 | 3 | 3 | 3 |
| 9 | 电焊工 | 3 | 3 | 3 | 3 | 3 | 3 | 3 | 3 | 3 | 3 | 3 |
| 10 | 钢筋工 | | | 2 | 2 | 4 | 20 | 20 | 20 | 20 | 20 | 20 |
| 11 | 模板工 | | | 2 | 2 | 4 | 40 | 40 | 40 | 40 | 40 | 40 |
| 12 | 架子工 | | | 2 | 2 | 2 | 10 | 10 | 10 | 10 | 10 | 10 |
| 13 | 抹灰工 | | | | | | | | | 2 | 2 | 2 |
| 14 | 混凝土工 | | | 1 | 1 | 1 | 1 | 1 | 1 | 3 | 3 | 3 |

| 序号 | 工　种 | 2010 年 | | | | | | 2011 年 | | | | |
|---|---|---|---|---|---|---|---|---|---|---|---|---|
| | | 7月 | 8月 | 9月 | 10月 | 11月 | 12月 | 1月 | 2月 | 3月 | 4月 | 5月 |
| 15 | 钻　工 | 21 | 40 | 63 | 63 | 51 | 51 | 30 | 30 | 3 | | |
| 16 | 普　工 | 14 | 24 | 31 | 33 | 29 | 30 | 41 | 40 | 31 | 29 | 28 |
| 17 | 测量工 | 3 | 3 | 3 | 3 | 3 | 3 | 3 | 3 | 3 | 3 | 3 |
| 18 | 修理工 | 3 | 3 | 3 | 3 | 3 | 3 | 3 | 3 | 3 | 3 | 3 |
| 19 | 7 大员 | 7 | 7 | 7 | 7 | 7 | 7 | 7 | 7 | 7 | 7 | 7 |
| 20 | 管理办公 | 10 | 10 | 10 | 10 | 10 | 10 | 10 | 10 | 10 | 10 | 10 |
| 21 | 后　勤 | 4 | 6 | 7 | 8 | 7 | 7 | 9 | 9 | 7 | 7 | 7 |
| 22 | 合　计 | 83 | 125 | 154 | 164 | 145 | 150 | 196 | 191 | 154 | 147 | 141 |

### （三）临时设施布置

1. 办公区及生活区临时设施

为尽早进入施工现场，减少施工准备时间，拟租用附近村庄部分房屋，作为办公室及施工人员宿舍，水、电计费使用。工人宿舍集中安排以强化管理、提高效率，保证工程按计划优质完成。

2. 材料库及维修车间

为方便管理和使用，施工现场设置材料堆放棚，存放小型机具及一些机械零配件和易损件。

在施工现场材料库附近，设置一简易检修车间，满足设备维修需要。

3. 炸药存放

炸药等火工材料由当地民爆公司提供，施工现场购专用防爆柜临时存储。火工材料的领取、退库保管工作按照《中华人民共和国民用爆炸物品管理条例》规定和当地公安部门的要求执行。

4. 场地设施布置

利用平硐口调车场开挖与明硐开挖过程中形成的场地，进行硐口布置。硐口场地布置主要设施有气压机房、木工房、钢筋加工房、工具房、临时炸药加工房、搅拌站、水泥库、工人休息室、4m³水箱一个等。平硐口场地布置如图21-19所示。

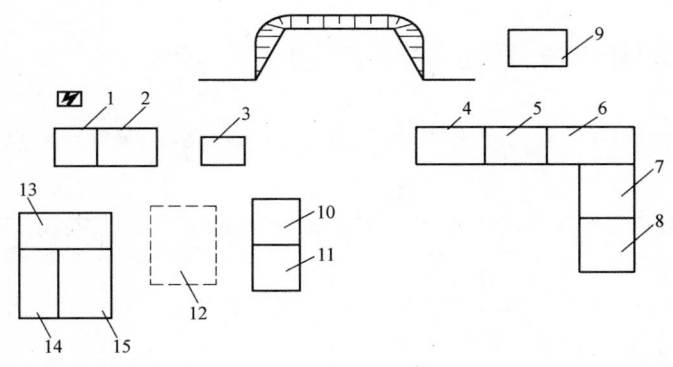

图21-19　平硐口场地布置

1—变压器；2—气压机房；3—水池；4—值班室；5—工具房；6—工人休息室；7—木工房；8—钢筋加工房；
9—临时炸药加工房；10—水泥库；11—搅拌站；12—砂石堆料场；13—材料库；14—加工车间；15—材料堆场

施工现场主要建构筑物设施见表21-19。

**表 21-19 施工现场主要建构筑物设施**

| 序 号 | 设施名称 | 结构形式 | 建筑面积/m² | 座 数 | 合计面积/m² | 备 注 |
|---|---|---|---|---|---|---|
| 1 | 气压机房 | 搭棚 | 50 | 1 | 100 | 平硐口 |
| 2 | 工具房 | 搭棚 | 10 | 3 | 100 | 平硐口 |
| 3 | 木工房 | 搭棚 | 20 | 1 | 200 | 平硐口 |
| 4 | 水泥库 | 搭棚 | 30 | 2 | 100 | 平硐口 |
| 5 | 钢筋加工房 | 搭棚 | 30 | 1 | 100 | 平硐口 |
| 6 | 搅拌站 | 搭棚 | 50 | 1 | 150 | 平硐口 |
| 7 | 炸药加工房 | 砖木 | 20 | 2 | 60 | 平硐口 |
| 8 | 工人休息室 | 搭棚 | 100 | 1 | 200 | 平硐口 |
| 合 计 | | | | | 1010 | |

施工临时用地计划见表 21-20。

**表 21-20 施工临时用地计划**

| 序 号 | 临时用地项目 | 用地面积/m² | 备 注 |
|---|---|---|---|
| 1 | 平硐口场地 | 1500 | |
| 2 | 溜井口场地 | 750 | 卸料平台上 |
| 3 | 斜井口场地 | 300 | |
| 4 | 临时路用地 | 45000 | 正式路以外用地 |
| 5 | 生活办公区 | 2100 | 含租房占地 |
| 6 | 炸药临时存放点 | 100 | |
| 7 | 平硐排渣场地 | 2000 | |
| 8 | 溜井口排渣场地 | 1000 | |
| 9 | 斜井口排渣场地 | 800 | |
| 10 | 工业场地施工场地 | 1000 | 工业场地内 |
| 合 计 | | 54550 | |

### （四）施工准备

1. 施工用电

施工用电由建设单位提供的电源接口装表计量向各作业点供电。

2. 施工用水

施工用水由建设单位提供的水源点装表计量，采用洒水车拉水，向各作业点供水。

3. 施工用气

施工现场布置 2 台 20m³/min 电动空压机和 1 台 9m³/min 油动空压机供气。

4. 通信

项目部综合办公室及项目经理办公室各设程控电话或卫星电话一部，用于与外部联系，各施工点配备对讲机及手机，用于施工内部协调。

5. 施工测量

利用建设单位提供的测量资料，建立满足施工及工程验收要求的测量控制网。

（1）控制网布设程序：

1）对提供的参照基准点、线、标高及测量资料进行复查，计算核实。

2）根据已知点和施工工程范围，在平面图上布置测量控制网。

3）进行现场实地控制网布设，用电子全站仪进行角度、边长测量、水准仪控制标高，造标埋石，对图纸上不合适的点位，根据现场实际情况，调整确定。

4）外业测量完成后，进行平差，取得控制网点的成果（坐标和高程）。

（2）控制网布设原则：

1）精度满足施工放线及工程验收的要求。

2）控制点稳固，便于保护。

3）控制点周围的杂草清除，以利测量仪器架设和测量通视。

（3）工程放线。利用已建立的测量控制网，根据施工图纸对主要施工控制点位，采用电子全站仪施设点线，水准仪控制高程，检测点位的方向及高程。

（4）测量仪器配备计划。测量仪器配备计划见表 21 - 21。

表 21 - 21　测量仪器配备计划

| 序　号 | 仪器名称 | 型　号 | 数量/台 |
|---|---|---|---|
| 1 | GPS 测绘系统 | 灵锐 S82 | 1 |
| 2 | 电子全站仪 | PTSⅢ - 03 | 1 |
| 3 | 水准仪 | S3 | 1 |

## （五）施工总平面图

应布置好溜井平硐系统施工总平面图。

## 三、施工方法

### （一）溜井施工

**1. 溜井井筒中心线标定**

井筒中心线标定采用"十字标桩法"标定。

**2. 井颈施工**

测量放线，用十字标桩法标定溜井中心，进行溜井中心和高程控制。按 $\phi7.0m$ 掘进，掘至 3.0m 深度，进行井颈混凝土衬砌，同时进行井架基础和主卷扬机基础等附属设施的施工。井颈混凝土井圈厚度 0.5m，深 3.0m。井颈圈施工完成后，按 $\phi6.0m$ 继续开挖，光面爆破一次成井，8t 汽车吊垂直提升排渣。掘至 10m 深时，安设井口平台，进行锁口，安装井架、卷扬机、防护盘及附属设施。

井架采用亭式井架。

井架混凝土基础规格为 1000mm × 1000mm × 800mm。

**3. 井筒施工**

井口锁口和附属设施完成后，即可进行井筒施工。

（1）井筒掘进爆破方法。工作面布设 5 台 YT - 28 凿岩机，非电导爆网络系统，硝铵炸药（如有渗水，采用有抗水性能的铵沥蜡炸药），其导爆管分别为 1 段、3 段 4m，5 段、7 段 6m，用 2 发瞬发电雷管起爆，即采取全断面掘进光面爆破一次成井施工方法。

（2）溜井掘进爆破参数：

1）炮孔直径 $d = 42mm$。

2）炮孔平均深度 $L = 1.5m$。

3）掏槽方式：中空直孔掏槽。

4）周边孔光爆参数：

周边孔间距：$E = 500 \sim 600mm$；

周边孔抵抗线：$W = 700mm$；

辅助孔间距：$E' = 700 \sim 800mm$；

周边孔密集系数：$m = E'/W = 0.7 \sim 0.75$。

（3）井筒掘进方法。采用吊罐法，单钩双吊罐提升出渣，井口铺设轨道，人工推运 $0.6m^3$ 矿车排渣。施工前根据地质资料打超前探孔，准确掌握地质和水文地质情况，做好穿过不良围岩的技术准备。

4. 溜井掘进工期验算

溜井爆破原始条件见表 21-22，预期爆破效果见表 21-23。

表 21-22 溜井爆破原始条件

| 名　称 | 数　量 | 名　称 | 数　量 |
|---|---|---|---|
| 井筒深度/m | 140 | 掏槽孔深度/m | 1.8 |
| 掘进断面/m² | 28.27 | 炮孔数目/个 | 72 |
| 岩石坚固性系数 $f$ | 8 ~ 12 | 2 号岩石炸药/kg | 87.25 |
| YT-28 凿岩机/台 | 7 | 导爆管雷管/个 | 71 |
| 平均炮孔深度/m | 1.6 | 电雷管/个 | 2 |

表 21-23 预期爆破效果

| 序号 | 名　称 | 数　量 | 序号 | 名　称 | 数　量 |
|---|---|---|---|---|---|
| 1 | 炮孔利用率/% | 85 | 5 | 每延米炸药消耗量/kg·m⁻¹ | 64.2 |
| 2 | 平均每循环进尺/m | 1.36 | 6 | 每循环炮孔总长度/m | 116.2 |
| 3 | 每循环爆破岩石实体/m³ | 38.45 | 7 | 每延米雷管消耗量/个·m⁻¹ | 53.68 |
| 4 | 单耗/kg·m⁻³ | 2.27 | 8 | 每 m³ 岩体雷管消耗量/个·m⁻¹ | 1.9 |

溜井掘进工期计算如下：

（1）纯凿岩时间：

$$T = L/(N\eta\eta_1) = 116.2/(6 \times 8 \times 0.9) = 2.6 \approx 3h \tag{21-1}$$

式中　$L$——炮孔总长度（根据同类计算需穿孔 72 个，炮孔总长度 116.2m）；

　　　$N$——同时工作凿岩机台数，取 6 台；

　　　$\eta$——凿岩机实际凿岩效率，取 8m/h；

　　　$\eta_1$——同时凿岩系数，取 0.9。

（2）纯出渣时间。爆破后岩渣松散系数为 1.6，则每循环爆破松散岩体为 $38.45 \times 1.6 = 61.52m^3$，吊罐平均每 10min 一趟，则每小时装岩为 $7.2m^3/h$，则纯出渣时间 $T_t = 61.52/7.2 = 8.54 \approx 9h$。

（3）其他工序所需时间：

交接班：10 min；

安全检查：10min；

定孔位：10 min；

装药爆破：30min；

通风：30min；

排水：30min。

$$T_t = 120/60 = 2h$$

每循环用时：3 + 9 + 2 = 14h。

每日循环次数：24/14 = 1.7，取 1.5 个。

（4）进度：

$$T_{月掘} = LNn\eta_2 = 1.6 \times 30 \times 1.5 \times 0.85 = 61.2m \tag{21-2}$$

式中 $L$——炮孔平均深度，取 1.6m；

$N$——每月工作天数，取 30 天；

$n$——每天完成的循环数，取 1.5；

$\eta_2$——炮孔利用系数，取 0.85。

（5）施工工期：

$$Q = L/T = 140/61.2 = 2.3 \approx 2.5 \ \text{月} \tag{21-3}$$

溜井正常围岩下循环图表见表 21-24。

表 21-24 溜井正常围岩下循环图表

| 序号 | 工序名称 | 作业时间 | 1 | 2 | 3 | 4 | 5 | 6 | 7 | 8 | 9 | 10 | 11 | 12 | 13 | 14 |
|---|---|---|---|---|---|---|---|---|---|---|---|---|---|---|---|---|
| 1 | 交接班 | 10min | | | | | | | | | | | | | | |
| 2 | 安全检查 | 10min | | | | | | | | | | | | | | |
| 3 | 定孔位 | 10min | | | | | | | | | | | | | | |
| 4 | 凿岩 | 180min | | | | | | | | | | | | | | |
| 5 | 装药/爆破 | 30min | | | | | | | | | | | | | | |
| 6 | 通风 | 30min | | | | | | | | | | | | | | |
| 7 | 排水 | 30min | | | | | | | | | | | | | | |
| 8 | 出渣 | 540min | | | | | | | | | | | | | | |

## 5. 劳动组织

溜井掘进采用综合施工的形式，凿岩工同时是出渣工，每日三班作业，每班 8h 工作制。

溜井施工人员配备见表 21-25，主要施工设备配备见表 21-26。

表 21-25 溜井施工人员配备

| 序号 | 工程名称 | 早 | 中 | 晚 | 合计 | 序号 | 工程名称 | 早 | 中 | 晚 | 合计 |
|---|---|---|---|---|---|---|---|---|---|---|---|
| 1 | 凿岩出渣工 | 7 | 7 | 7 | 21 | 6 | 空压机工 | 1 | | 1 | 2 |
| 2 | 炮工 | 1 | | | 1 | 7 | 洗钻工 | 1 | | | 1 |
| 3 | 推车工 | 2 | | 2 | 4 | 8 | 电工 | 1 | 1 | 1 | 3 |
| 4 | 信号工（卷扬机工） | 1 | 1 | 1 | 3 | 9 | 合 计 | 15 | 9 | 12 | 36 |
| 5 | 技术员 | 1 | | | 1 | | | | | | |

表 21-26 主要施工设备配备

| 序 号 | 设备名称 | 规 格 | 数 量 | 备 注 |
|---|---|---|---|---|
| 1 | 井架/座 | 自制 | 1 | |
| 2 | 主卷扬机/台 | 5t 中速 | 1 | |
| 3 | 辅助卷扬机/台 | 手动 | 2 | |
| 4 | 通风机/台 | ZBKJ56. No. 6 | 1 | |
| 5 | 吊罐/个 | 1.2m³ | 2 | |
| 6 | 矿车/辆 | 0.6m³ | 1 | |
| 7 | 双层防护盘/个 | φ4.5m | 1 | |
| 8 | 电铃/副 | | 2 | 备用 1 副 |
| 9 | 电话/个 | 对讲机 | 2 | |
| 10 | 空压机/台 | 4L-20/8 | 1 | |

| 序　号 | 设 备 名 称 | 规　格 | 数　量 | 备　注 |
|---|---|---|---|---|
| 11 | 凿岩机/台 | 手持式 | 6 | 备用2台 |
| 12 | 混凝土喷射机/台 | HBG－5 | 1 | |
| 13 | 起爆器/台 | | 1 | |
| 14 | 电焊机/台 | BX3－500－2 | 1 | |

6. 通风

采用28kW轴流风机（安装风筒）压入式通风。

7. 排水

根据招标资料所提供资料，涌水量不会很大，如有涌水可在井底设置500mm×500mm的水窝，采用QBD550型潜水泵将水抽至吊桶中，再提至地表。

### （二）平硐施工

根据现场勘察和同类工程的施工经验，平硐工程需进行一定的切边和明槽施工，创造成硐条件。所以，施工中应先进行明槽开挖，然后再用混凝土砌旋成硐。

当明槽开挖达到硐底标高以上6m左右岩层时，开始进硐。做5～10m混凝土衬砌顶靠进硐围岩，并对进硐边坡用锚喷围护。进硐根据围岩的稳定性，采用短掘短砌（超前锚杆和钢支撑等），混凝土衬砌跟进5～10m或适当延伸。

明槽边坡按1:3（水平:垂直）放坡，开挖由小松PC200型挖掘机配15t自卸汽车完成，挖弃土石方运至指定弃渣场。

由于平硐断面较大，长度不大，为加快工程进度，保证工期要求，施工中采用ZL－30装载机直接出渣，平硐口需要转运时由挖掘机装自卸汽车运至废石场场排弃。

1. 测量

采用激光指向仪指示方向和高程，每班班前检查激光指向仪，巷道每掘进50m校核一次中、腰线，并设固定钢板测量控制点。

2. 凿岩爆破

用YT－28气腿式凿岩机、上导坑踩爆堆凿岩，清完渣后将其余孔补齐。采用硝铵或乳化炸药、非电导爆雷管、光面爆破一次成巷。

爆破参数：

（1）炮孔直径$d = 42mm$。

（2）炮孔平均深度。

（3）掏槽孔布置采用中心空孔菱形直孔掏槽。

（4）周边光爆参数：

周边孔间距：$E = 500 \sim 600mm$；

周边孔抵抗线：$W = 800mm$；

炮孔密集系数：$m = 0.86$；

辅助孔间距：$800 \sim 900mm$。

3. 通风

采用混合式通风，硐口布置一台11kW轴流风机，硐内布置一台11kW轴流风机。硐内风机数量由计算可得，图21－20所示为平硐混合式通风示意图。

4. 爆岩装运

根据同类工程的施工经验，平硐长290m，采用两台装载机交替出渣，这样既可缩短掘进循环时间又

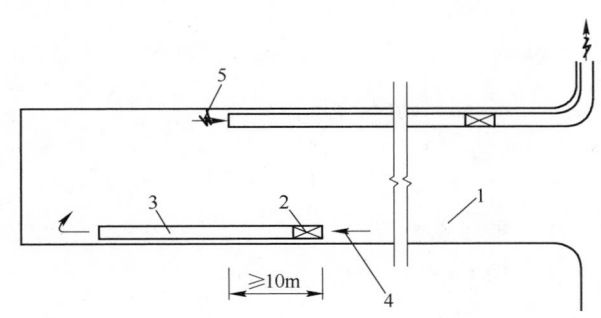

图 21 - 20 平硐混合式通风示意图

1—平硐；2—轴流风机；3—风筒；4—净风流向；5—污风流向

可加快施工进度。

5. 排水

顺坡掘进，采用设计排水沟排水。硐室基坑开挖时，根据涌水量在硐室内设集水坑，采用 QBD 550 型潜水泵或 80D30×5 离心式水泵铺设管道排水至硐外。

6. 平硐掘进循环图表

平硐爆破原始条件见表 21 - 27，炮孔排列及装药量见表 21 - 28，预期爆破效果见表 21 - 29。

表 21 - 27 平硐爆破原始条件

| 名　　称 | 数量 | 名　　称 | 数量 |
|---|---|---|---|
| 掘进断面/m² | 20.5 | 岩石坚固系数 $f$ | 8 ~ 10 |
| 平均炮孔深度/m | 2.3 | 2 号岩石炸药/kg | 55.65 |
| 掏槽孔深度/m | 2.5 | 非电导爆雷管/个 | 54 |
| 炮孔数目/个 | 55 | 火雷管/个 | 2 |

表 21 - 28 炮孔排列及装药量

| 孔　　号 | 炮孔名称 | 炮孔深度/m | 炮孔个数/个 | 装药量 | | | 爆破顺序/段 |
|---|---|---|---|---|---|---|---|
| | | | | 卷/孔 | kg/孔 | 小计/kg | |
| 1 | 中空孔 | 2.5 | 1 | | | | |
| 2 ~ 5 | 掏槽孔 | 2.5 | 4 | 10 | 1.5 | 6.0 | 1 |
| 6 ~ 10 | 辅助孔 | 2.3 | 5 | 9 | 1.35 | 6.75 | 3 |
| 11 ~ 24 | 崩落孔 | 2.3 | 14 | 8 | 1.2 | 16.8 | 5 |
| 25 ~ 43 | 周边孔 | 2.3 | 19 | 6 | 0.9 | 17.1 | 7 |
| 44 ~ 51 | 底 孔 | 2.3 | 8 | 5 | 0.75 | 6.0 | 9 |
| 52 ~ 55 | 墙墩炮孔 | 2.3 | 4 | 5 | 0.75 | 3.0 | 9 |
| 合　计 | | 127.5 | 55 | | | 55.65 | |

表 21 - 29 预期爆破效果

| 序号 | 名　　称 | 数量 | 序号 | 名　　称 | 数量 |
|---|---|---|---|---|---|
| 1 | 炮孔利用率/% | 90 | 6 | 每循环炮孔长度/m | 127.5 |
| 2 | 平均循环进尺/m | 2.07 | 7 | 岩体雷管消耗量/个·m⁻³ | 1.6 |
| 3 | 每循环爆破岩石实体/m³ | 34.98 | 8 | 每延米雷管消耗量/个·m⁻¹ | 25.63 |
| 4 | 岩体炸药消耗/kg·m⁻³ | 1.59 | 9 | 每月进尺/m | 167.67 |
| 5 | 每延米炸药消耗量/kg·m⁻¹ | 26.88 | | | |

7. 平硐掘进工期验算

（1）纯凿岩时间。

$$T_z = L/(N\eta\eta_1) \tag{21-4}$$

式中　$T_z$——纯凿岩时间，h；

　　　$L$——炮孔总长度；

　　　$N$——同时工作凿岩机台数，取 4 台；

　　　$\eta$——凿岩机实际凿岩效率，取 8m/h；

　　　$\eta_1$——同时凿岩系数，取 0.9。

（2）纯出渣时间。根据爆破后岩渣松散体积及采用出渣设备的效率情况，计算纯出渣时间。

（3）其他工序所需时间：

交接班：10 min；

安全检查：10min；

定孔位：10 min；

装药爆破：60min；

通风：30 min。

考虑平硐工期，采取凿岩、出渣平行作业，即：在凿岩的同时，完成出渣工作。每循环 8h，每日三个循环，爆破作业循环图表见表 21-30。

表 21-30　平硐正常围岩下循环图表

| 序号 | 工序名称 | 作业时间 | 1 | 2 | 3 | 4 | 5 | 6 | 7 |
|---|---|---|---|---|---|---|---|---|---|
| 1 | 交接班 | 10min | | | | | | | |
| 2 | 安全检查 | 10min | | | | | | | |
| 3 | 定孔位 | 10min | | | | | | | |
| 4 | 凿岩 | 180min | | | | | | | |
| 5 | 装药 | 30min | | | | | | | |
| 6 | 爆破 | 30min | | | | | | | |
| 7 | 通风 | 30min | | | | | | | |
| 8 | 出渣 | 120min | | | | | | | |

（4）月进度：

$$T_{月掘} = LNn\eta_1\eta_2 \tag{21-5}$$

式中　$T_{月掘}$——月进尺，m/月；

　　　$L$——炮孔平均深度，m；

　　　$N$——每天完成的循环数；

　　　$n$——每月天数，取 30 天；

　　　$\eta_1$——正规循环率，90%；

　　　$\eta_2$——炮孔利用系数，取 0.9。

（5）工期计算：

$$Q = L_{平硐}/T_{月掘} \tag{21-6}$$

式中　$Q$——计算工期，月；

　　　$T_{月掘}$——平均月进尺，m/月；

　　　$L_{平硐}$——平硐长度，m。

8. 劳动组织

平硐掘进采用综合施工的形式，每日三班作业，每班 8h 工作制。

平硐施工人员配备见表 21 - 31。

表 21 - 31　平硐施工人员配备

| 工程名称 | 早 | 中 | 晚 | 合　计 |
|---|---|---|---|---|
| 凿　岩 | 8 | 8 | 8 | 24 |
| 出渣工 | 6 | 6 | 6 | 18 |
| 炮　工 | 1 | 1 | 1 | 3 |
| 技术员 | 1 | 1 |  | 2 |
| 电　工 | 1 | 1 | 1 | 3 |
| 空压机工 | 1 | 1 | 1 | 3 |
| 洗钻工 | 1 |  |  | 1 |
| 合　计 | 19 | 18 | 17 | 54 |

## （三）通风斜井施工

首先，修筑至斜井口施工便道，然后进行斜井口场地平整工作。施工中拟配置 1 台 T - 220 推土机，1 台 9m³/min 油动空压机。

斜井口场地平整及临时设施布置完成后，即开始斜井的掘进。斜井衬砌长度初步定为硐口段 15m，计划在斜井掘进 20m 后进行井口段衬砌（包括硐脸修筑），以保证施工安全。

1. 斜井口施工

清除斜井口附近植被及边坡浮石，大块浮石要先破碎后再清理。

测量定位放线，根据井口围岩的稳定性，对井口边坡进行锚喷围护，以保证施工安全。

2. 井身掘进

（1）测量。采用激光指向仪指示方向和高程，每班班前检查激光指向仪，每掘进 50m 校核一次中、腰线，并设固定钢板测量控制点。

（2）凿岩爆破。用 YT - 28 气腿式凿岩机进行穿孔，2 号岩石硝铵炸药、非电雷管、光面爆破一次成巷。斜井掘进爆破参数如下：

1）炮孔直径 $d = 42mm$。

2）炮孔平均深度 $L = 1.0m$。

3）掏槽孔布置采用中心空孔菱形直孔掏槽。

4）周边光爆参数：

周边孔间距：$E = 500 \sim 600mm$；

周边孔抵抗线：$W = 700mm$；

炮孔密集系数：$m = 0.86$；

辅助孔间距：$700 \sim 800mm$。

（3）通风。采用 11kW 轴流风机（安装风筒）压入式通风。

（4）爆岩装运。采用 5t 中速提升卷扬机牵引斜坡箕斗，斜坡卷扬方式出渣。

（5）排水。掘进时，在巷道一侧设集水坑，采用 QBD550 型潜水泵或 80D30 × 5 离心式水泵铺设管道排水至斜井外。

（6）通风斜井掘进循环。斜井爆破原始条件见表 21 - 32，炮孔排列及装药量见表 21 - 33，预期爆破效果见表 21 - 34。

表 21-32 斜井爆破原始条件

| 名　称 | 数量 | 名　称 | 数量 |
|---|---|---|---|
| 通风斜井长度/m | 274 | 掘槽孔深度/m | 1.4 |
| 掘进断面/m² | 6.44 | 炮孔数目/个 | 30 |
| 岩石硬度系数 $f$ | 8~12 | 2号岩石炸药/kg | 20.2 |
| 凿岩设备/台 | 3 | 导爆管/个 | 29 |
| 平均炮孔深度/m | 1.2 | 电雷管/个 | 2 |

表 21-33 炮孔排列及装药量

| 序　号 | 孔　号 | 名　称 | 炮孔深度/m | 数目/个 | 装药量 卷/孔 | 装药量 kg/孔 | 装药量 小计/kg | 起爆顺序/段 |
|---|---|---|---|---|---|---|---|---|
| 1 | 1 | 中空眼 | 1.4 | 1 | — | — | — | — |
| 2 | 2~5 | 掘槽眼 | 1.4 | 4 | 5 | 1 | 4 | 1 |
| 3 | 6~11 | 辅助眼 | 1.2 | 6 | 4 | 0.8 | 4.8 | 3 |
| 4 | 12~30 | 周边眼 | 1.2 | 19 | 4 | 0.6 | 11.4 | 5 |
| 合　计 | | | 37 | 30 | | | 20.2 | |

表 21-34 预期爆破效果

| 序号 | 名　称 | 数量 | 序号 | 名　称 | 数量 |
|---|---|---|---|---|---|
| 1 | 炮孔利用率/% | 85 | 5 | 每延米炸药消耗量/kg·m⁻¹ | 19.8 |
| 2 | 平均每循环进尺/m | 1.02 | 6 | 每循环炮孔总长度/m | 37 |
| 3 | 每循环爆破岩石实体/m³ | 6.57 | 7 | 每延米雷管消耗量/个·m⁻¹ | 30.39 |
| 4 | 单耗/kg·m⁻³ | 3.07 | 8 | 每m³岩体雷管消耗量/个·m⁻³ | 4.71 |

（7）斜井掘进工期验算。

1）纯凿岩时间：

$$T_z = L/(N\eta\eta_1) = 37/(2 \times 8 \times 0.9) = 2.57 \approx 3h \tag{21-7}$$

式中　$T_z$——凿岩时间，h；

　　$L$——炮孔总长度（根据同类计算需穿孔30个，炮孔总长度37m）；

　　$N$——同时工作凿岩机台数，取2台；

　　$\eta$——凿岩机实际凿岩效率，取8m/h；

　　$\eta_1$——同时凿岩系数，取0.9。

2）纯出渣时间。爆破后岩渣松散系数为1.6，则每循环爆破松散岩体为 $6.57 \times 1.6 = 10.51m^3$，斜井卷扬1.0m³装岩小车，平均每30min一趟，则每小时装岩为2m³/h，则纯出渣时间 $T_t = 10.51/2 = 5.3 \approx 5.5h$。

3）其他工序所需时间：

交接班：10 min；

安全检查：10min；

定孔位：10 min；

装药爆破：60min；

通风：30min；

排水：60min。

$$T_t = 180/60 = 3h$$

每循环用时：$3 + 5.5 + 3 = 11.5h$。

每日循环次数：$24/11.5 = 2.09$，取 2.0 次。

通风斜井每日两个循环，爆破作业循环图表见表 21-35。

表 21-35 通风斜井正常围岩下循环图表

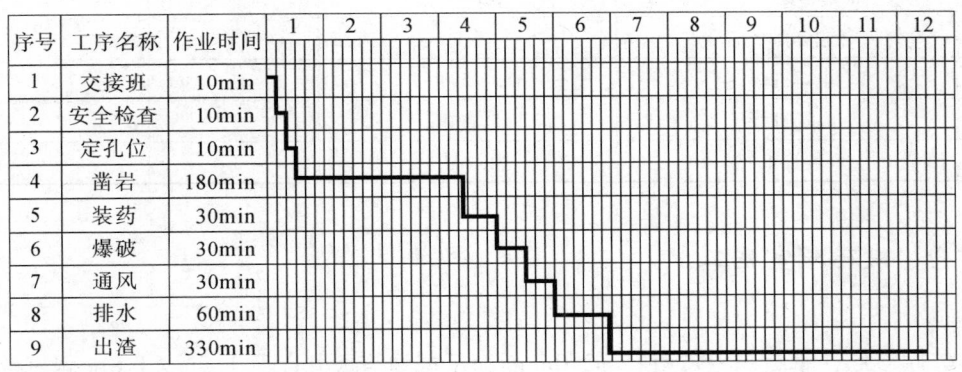

4）施工进度：

$$T_{月掘} = LNn\eta_1 = 1.2 \times 30 \times 2 \times 0.85 = 61.2m \tag{21-8}$$

式中    $T_{月掘}$——斜井月进尺，m/月；

     $L$——炮孔平均深度，$L = 1.2m$；

     $N$——每月工作天数，$N = 30$；

     $n$——每天完成的循环数，$n = 2$；

     $\eta_1$——炮孔利用系数，$\eta_1 = 0.85$。

5）斜井掘进时间：

$$Q = L/T = 274/61.2 = 4.48 \text{月} \approx 4.5 \text{月} \tag{21-9}$$

式中    $Q$——斜井掘进时间，月；

     $L$——斜井深度，$L = 274m$；

     $T$——斜井施工进度，$T = 61.2m/月$。

（8）劳动组织。采用综合施工的形式，每日三班作业，每班 8h 工作制。

斜井施工人员配备见表 21-36，主要施工设备配备见表 21-37。

表 21-36 斜井主要施工人员配备

| 序 号 | 工程名称 | 早 | 中 | 晚 | 合 计 |
|---|---|---|---|---|---|
| 1 | 凿岩出渣工 | 4 | 4 | 4 | 12 |
| 2 | 炮 工 | 1 | | | 1 |
| 3 | 技术员 | 1 | | | 1 |
| 4 | 电 工 | 1 | | | 1 |
| 5 | 空压机工 | 1 | 1 | 1 | 3 |
| 6 | 卷扬机工 | 1 | 1 | 1 | 3 |
| 7 | 洗钻工 | 1 | | | 1 |
| 合 计 | | 10 | 6 | 6 | 22 |

表 21-37 斜井主要施工设备配备

| 序 号 | 设备名称 | 规 格 | 数 量 | 备 注 |
|---|---|---|---|---|
| 1 | 空压机/台 | XAS160Dd | 1 | |
| 2 | 通风机/台 | ZBKJ56. No. 6 | 1 | |

| 序　号 | 设备名称 | 规　格 | 数　量 | 备　注 |
|---|---|---|---|---|
| 3 | 电话/个 | 对讲机 | 2 | |
| 4 | 凿岩机/台 | 手持式 | 4 | 备用 2 台 |
| 5 | 混凝土喷射机/台 | HBG – 5 | 1 | |
| 6 | 起爆器/台 | | 1 | |
| 7 | 电焊机/台 | BX3 – 500 – 2 | 1 | |
| 8 | 卷扬机/台 | 5t 慢速 | 1 | |
| 9 | 斜坡箕斗/台 | 1.2m³ | 1 | |

### （四）矿仓、破碎硐室施工

1. 施工顺序

（1）至破碎硐室后，垂直向上按直径 $\phi2.0m$ 断面反掘溜渣天井以及 1.5m×1.8m 硐室拉顶巷道。

（2）溜井、平硐、通风斜井三方交会测量，布置硐室开挖控制点。

（3）自上而下进行台阶式矿仓及装矿硐室的刷大成形，周边预留光爆层爆破，爆岩自溜至措施井中，不能自溜的采用电耙将爆岩耙至措施井中。爆岩通过措施井溜到底部，装载机运至硐外。为保证破碎硐室内的施工安全，在进行拉顶及台阶式施工的同时，视围岩情况，进行硐顶及边帮锚固作业。锚喷支护随开挖刷大跟进，这样既保证了开挖、锚喷质量，又保证了施工安全。同时进行检查平巷、天井、通风机室等的开挖。

2. 凿岩爆破

采用 YT – 28 气腿式凿岩机凿岩，检查井、措施井用 SP45 型凿岩机，2 号岩石硝铵炸药（水孔采用水胶炸药），电雷管起爆，周边预留光爆层爆破。

3. 出渣

采用 P – 60B 型耙斗式装岩机装渣，S8 型梭式矿车，12t 电瓶车牵引，由平硐运输至排渣场。

4. 通风

与溜井、斜井贯通前，由平硐混合式通风排出污风，贯通后，采用自然通风。

### （五）支护

溜井平硐工程考虑两种支护形式，即锚喷支护和混凝土浇筑支护，锚喷支护作为临时支护，随巷道掘进及硐室开挖需要而跟进。

1. 溜井临时支护措施

溜井掘进时，如遇到夹层或破碎层，且锚喷支护不能保证施工安全和井筒稳定时，采用混凝土衬砌结合壁后注浆的方式维护围岩稳固。

（1）壁后注浆施工布置。注浆设备设在井内吊盘上，图 21 – 21 所示为注浆设备井内布置图。

1）采用 YT – 28 钻机进行穿孔。

2）采用 VS30 注浆泵注浆。

3）布置原则：

①保持吊盘平衡条件下，注浆泵尽量设置在吊盘中心或两侧；

②储浆桶设在泵口附近；

③输浆管尽量缩短，各接头连接紧密；

④吊盘上只放注浆设备，便于操作；

⑤各种设备不得占用吊桶位置，保证正常提升。

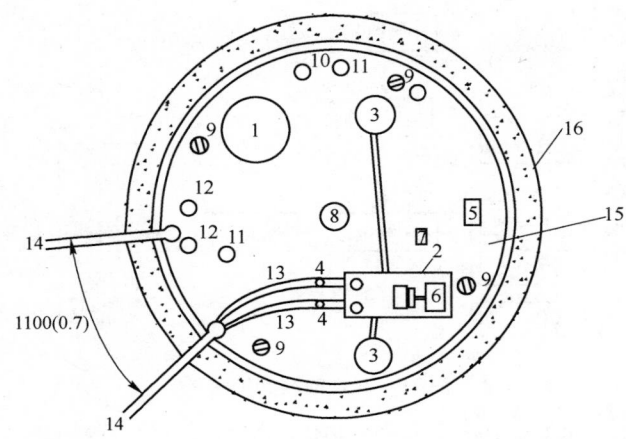

图 21 - 21　注浆设备井内布置

1—0.6m³ 吊桶；2—注浆泵；3—储液桶；4—空气室；5—电动机开关；6—电动机；7—信号；8—梯子口；9—吊盘绳；
10—电动电缆；11—风水管；12—运浆桶；13—高压胶管；14—注浆管；15—吊盘；16—混凝土

（2）注浆。注浆孔采用梅花形均匀布置，间距：正常位置 1.1m 孔距、破碎带 0.7m 孔距，保证不出现无浆带。

注浆导管采用马牙扣形注浆管，钻好孔后，在马牙扣处缠以沾铅油的麻，给注浆管戴帽后打入孔内，管子外露 50mm，最后用 CS 双快水泥封孔，待注浆结束后将外露部分割掉。

注浆管埋设好后，进行压染色水试验，并记录下井壁或附近其他孔见染色水时间，作为注浆时参考数据。

注浆前作好清水试压和测定静水压力。

注浆结束：注浆管少量吸浆或不吸浆，注浆终压达到 0.6 ~ 0.8MPa，并稳定 10min，即可结束注浆。注浆液现场配制参数见表 21 - 38，注浆参数见表 21 - 39。

表 21 - 38　注浆液现场配制参数

| 水灰比 | 水泥/袋 | 40Be 水玻璃/桶 | 水/L | 制成浆量/m³ |
|---|---|---|---|---|
| 0.5:1 | 24 | 2.5 | 563 | 1.000 |
| 0.6:1 | 22 | 2 | 630 | 1.026 |
| 0.75:1 | 19 | 2 | 682 | 1.029 |
| 1:1 | 15 | 1.5 | 727 | 1.000 |
| 1.25:1 | 13 | 1.5 | 790 | 1.029 |

注：1. 浆液用 32.5 级普通硅酸盐水泥，每袋 50kg；

2. 每桶水玻璃 15L。

表 21 - 39　注浆参数

| 序号 | 名称 | 数值 | 序号 | 名称 | 数值 |
|---|---|---|---|---|---|
| 1 | 初压/MPa | 0.1 ~ 0.3 | 4 | 单位进浆量/L·(孔·min)$^{-1}$ | 30 ~ 50 |
| 2 | 正常注压/MPa | 0.4 ~ 0.5 | 5 | 穿孔深度/L·(孔·min)$^{-1}$ | 1.6 |
| 3 | 终压/MPa | 0.6 ~ 0.8 | | | |

注：1. 穿孔深度不包括已衬混凝土厚度。

2. 单位进浆量在破碎带可适当增加到 80L/(孔·min)。

封孔作业：停泵后立即封闭孔口阀门，拆卸和清洗管路，待浆液凝固后，用 CS 双快水泥封堵孔口。

2. 喷锚支护

（1）喷锚支护顺序如图 21 - 22 所示。

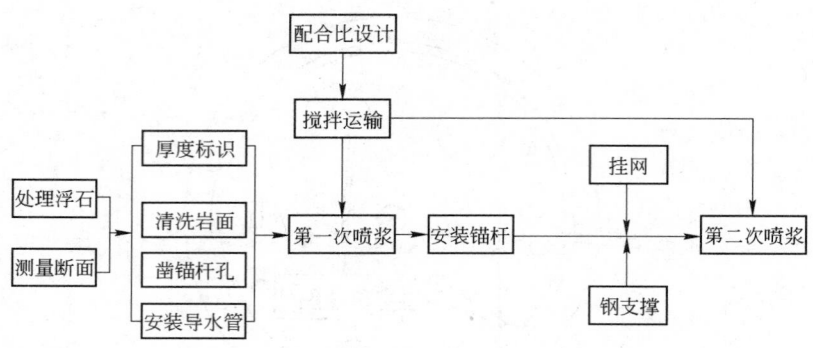

图 21-22　锚喷支护顺序

（2）锚杆安装。初次喷混凝土完成后，按设计纵横间距和深度打锚杆孔，锚杆孔尽量与岩层交叉，而后安好锚杆，孔内注入砂浆。

（3）砂浆锚杆。

1）施工程序。

①钻孔：YT-28 凿岩机按设计布孔，孔径 $\phi42mm$；

②注入砂浆：MJ-2 注浆机注浆，将孔内注满；

③打入锚杆：$\phi22$ 钢锚杆打入孔内，用胶泥（CS 双快水泥）将孔口封严；

④上挑锚杆：孔口采用橡胶垫块、螺丝旋紧结合双快水泥封口（图 21-23）。

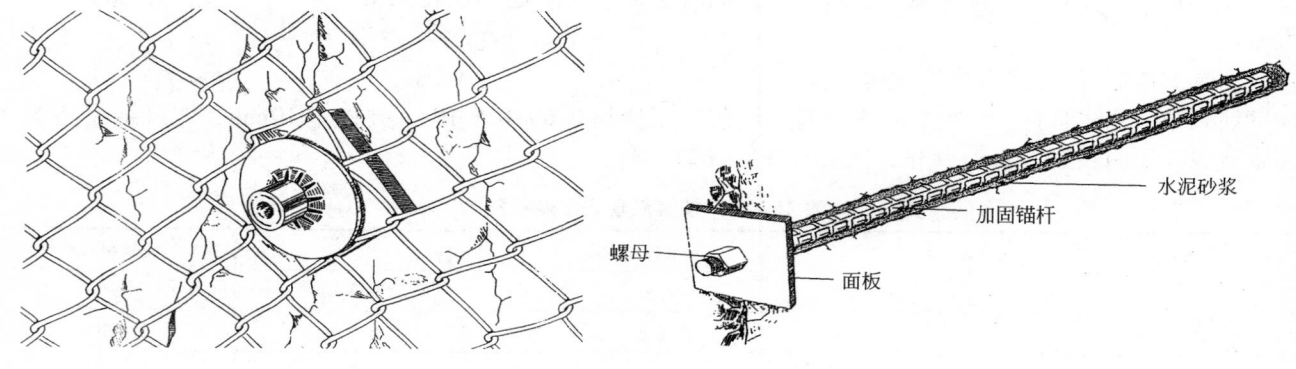

图 21-23　砂浆锚杆施工示意图

2）施工要点。

①注浆用 32.5 级普通硅酸盐水泥制成 C25 砂浆；

②注浆时，将注浆管插入孔底，注浆管随注浆压力缓缓拔出；

③锚杆用 $\phi22$；

④注浆设备布置在工作面上；

⑤上挑孔锚杆加上 150mm，做成螺扣，垫板采用 6mm×60mm×50mm 橡胶块；

⑥封孔：水平孔用双快水泥（CS）封口，上挑孔用双快水泥结合垫板封孔。

3. 平硐、斜井混凝土浇筑支护

（1）搅拌。在硐口设搅拌站，采用 PLD800 型配料机配料，JS500 型搅拌机搅拌，混凝土配比根据设计要求配制。

（2）运输。平硐采用 HBT30A 型混凝土输送泵，斜井采用卷扬机牵引 $1.2m^3$ 箕斗运输。

（3）模板。采用组合钢模板，型号为 P3015、P2015、P1015。

（4）支撑。平硐采用搭设脚手架支撑，斜井采用木楂胎固定支撑。

（5）混凝土入模。平硐采用 HBT50A 型混凝土输送泵使混凝土入模，斜井采用扣锹法使混凝土入模。

（6）混凝土振捣。采用 HZ－50 型插入式振捣棒振捣。

（7）混凝土养生。采用自然养生。

（8）防排水。混凝土施工缝设止水带，铺设纵横管沟，与硐内排水沟相连通。

（9）混凝土浇筑支护施工顺序。

**4. 破碎硐室、矿仓混凝土浇筑**

（1）施工程序。整个工程自下而上逐层进行，以破碎机硐室为施工重点，其他硐室为辅穿插施工。施工时必须保证混凝土浇筑工作面，充分利用空间和机械，保证施工进度。利用溜井、平硐两个运输通道负担施工材料运输。平硐口设搅拌站，配 PLD800 型配料机，JS500 型搅拌机，HBT50A 型混凝土输送泵使混凝土入模。平硐负担人员、施工用具、混凝土、锰钢板、钢轨及其他材料的运输。在施工中采用满堂脚手架，组合钢模板。为了垂直运输方便在矿仓下口设提升机。

（2）施工要点。

1）墙部混凝土水平台阶式浇注，不留垂直施工缝。

2）采用混凝土输送泵输送混凝土连续浇注。

3）矿仓施工中，用锰钢衬板做内模板。施工时预先将预埋件和锰钢板安装就位，防止跑浆，用密封条填充锰钢板夹缝。钢轨安装待矿仓混凝土拆模后直接焊接在预埋件上。

混凝土浇筑支护施工顺序与平硐、斜井相同。图 21－24 所示为破碎硐室及矿仓施工布置示意图。

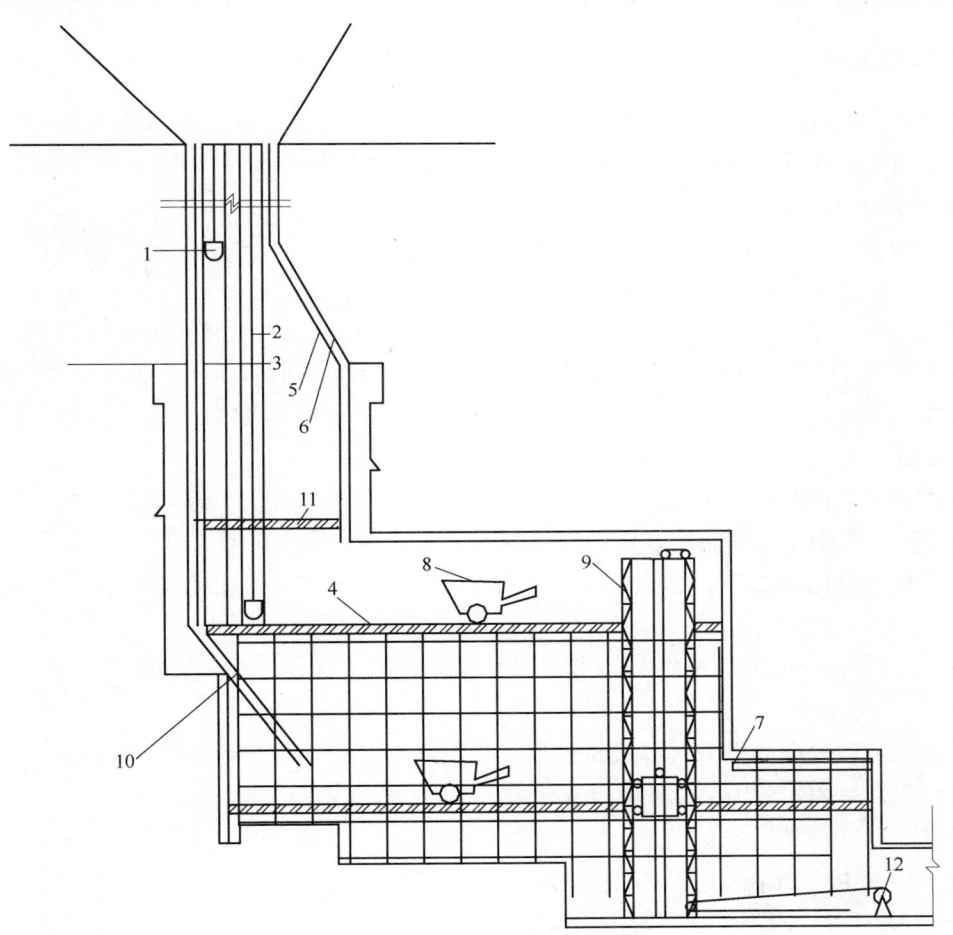

图 21－24　装矿硐室及矿仓施工布置示意图

1—吊罐；2—主钢丝绳；3—稳绳；4—工作平台；5—设计混凝土墙面；6—锚喷支护表面；
7—木制活动拱胎；8—小推车；9—提升机；10—钢管脚手架；11—防护盘；12—卷扬机

### （六）关键工序、复杂环节技术措施

**1. 关键工序**

平硐开挖——→破碎硐室开挖——→矿仓开挖——→硐室及矿仓支护——→检查巷及联络巷支护。

**2. 施工重点**

施工重点为破碎硐室及矿仓开挖，依据以往类似工程施工经验，因破碎硐室、矿仓开挖尺寸大，相对于平硐位置高，通风除尘非常困难，施工中一方面要采取加强通风除尘，保证硐室、矿仓开挖顺利进行；另一方面要加大溜井、斜井施工力度，通过加大人员投入，严格控制穿孔、爆破、通风、出渣各工序的紧密衔接，力争在硐室掘进开始时打通溜井或斜井，改善硐室、矿仓作业通风条件。

**3. 复杂环节**

硐室、矿仓因开挖尺寸大，顶、底板相对高差大，因此具有相当的施工难度和挑战性。施工中要保证开挖时顶、底板及边帮稳定，具此设计了便于施工的溜渣天井及措施平巷，溜渣天井直达矿仓的仓颈上部，开挖由上而下刷大推进；边部及顶板采用光面控制爆破，以减轻爆破对顶板边部围岩振动，对破碎带可及时采取锚喷或挂网加固，确保施工安全；出渣顺序是：溜渣天井——→措施平巷——→溜渣天井——→破碎硐室底部——→平硐——→排土场，溜渣天井依重力溜放，措施平巷安设电耙子转运，硐室底部由装载机直接铲装端运。破碎硐室同样是通过措施平巷由上而下刷大，不稳固顶板及时采取以上加固形式，施工方法及顺序同上。

### （七）特殊围岩施工方法

巷道穿过断层、围岩破碎带、含水层等，以及受不可预见因素影响，采用超前探孔探明围岩破碎程度及涌水情况，确定具体施工方法。下面介绍超前水平探孔及穿过不同类型围岩的几种施工方法。

**1. 超前水平探孔技术措施**

（1）探孔的位置、方向、数目、每次钻进深度、超前距离、根据水压大小、岩层和矿层硬度、厚度和节理发育等，做好记录，并标注在巷道平面图上。

（2）正常施工时，水平探孔长度10m，孔径50mm，根据探孔及时摸清围岩变化情况。

（3）当掘进发现水文地质情况异常，加大水平探孔勘探力度。水平探孔长度增加为20m。

（4）当探水压异常时，再加大探查力度，由1个中心水平探孔增加为4个孔，三个孔分别布置于拱顶及两侧，与巷道中心呈30°～40°夹角。

（5）水压大到从岩隙喷出的情况，在探孔钻进前，先装好孔口管、三通阀门、水压表。当水压过大，对钻杆有反推力时，采用反压和防喷装置钻进。以水平探孔作为排水孔排水。

（6）钻进中根据地质剖面图、钻孔位置、水质、气体化验的结果进行综合分析，预计透水时间，并加强防护工作。

（7）凿岩机具选择。圆盘式钻架：FJY27配YGZ100钻机，孔径：50～80mm。

**2. 超前小型导管注浆方法**

（1）适用范围。较松散的围岩破碎带及冒顶区选用此方案。

（2）注浆材料。采用CS单液水泥浆。

（3）施工方法。

1）喷射混凝土封闭工作面，喷射厚度50mm。

2）支金属支架支腿稳固，拱墙部与围岩被实。

3）凿注浆机孔。选用YT-28气腿式凿岩机，交错布置两排，第一排上倾10°，第二排上倾15°，孔距400～500mm，排距300～400mm。

4）安装超前小型导管。小型导管为φ38mm钢管，长度3m左右，钢管周壁钻φ10mm的孔。图21-

25 所示为小导管结构图。

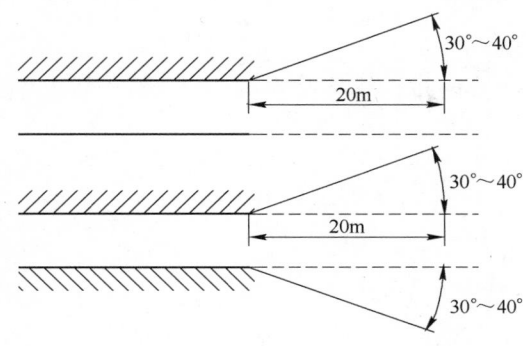

图 21 - 25　小导管结构

5）喷止浆墙。止浆墙厚度 80 ~ 100mm，喷射混凝土前用软管将导管尾部包堵，防止喷射物堵塞导管。

6）注浆作业。注浆材料为单液水泥浆液（加早强剂），作业初压 0.1 ~ 0.3MPa。

7）注浆后，小导管周围形成固结壳体，导管本身又可起到超前锚杆作用，达到一定强度后，视地压情况，用风镐或减弱装药量爆破进行开挖。

8）支金属支架。每开挖 600 ~ 800mm 支一榀金属支架。开挖 2m 左右重复以上作业。

图 21 - 26 所示为超前小导管注浆施工布置图。

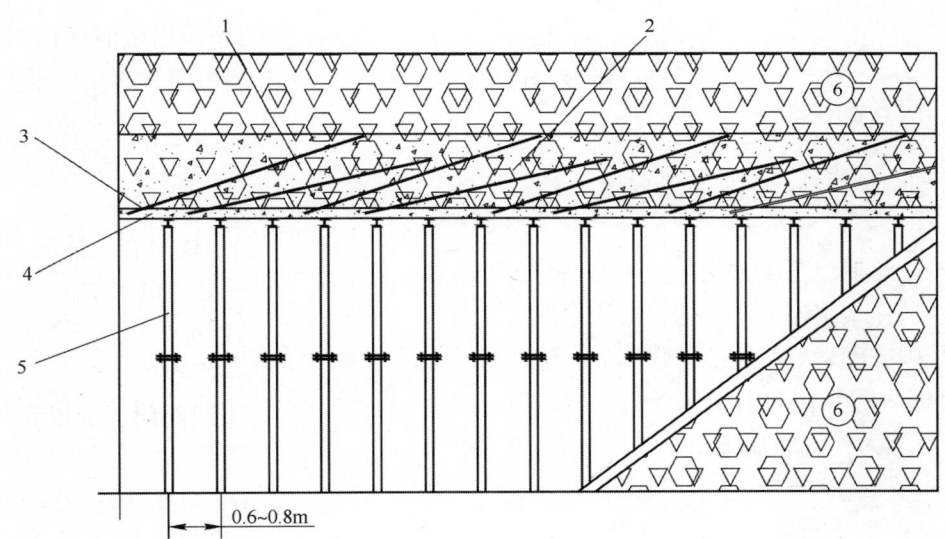

图 21 - 26　超前小导管注浆施工布置
1—超前小型导管；2—水泥浆液固结壳体；3—初喷混凝土；4—止浆墙；5—金属支架；6—松散破碎岩体

3. 围岩冒顶后施工方法

（1）金属撞楔法。

1）适用范围：围岩破碎形成冒顶区，宜选用此施工方案。

2）施工要点。

①紧贴掘进工作面，支金属支架。

②在金属支架上，上倾 10°左右撞入撞楔（采用 12 号工字钢或 15kg/m 钢轨）形成假顶。

③视围岩情况从两侧开始清渣，清出 0.6 ~ 0.8m 支金属支架，墙部用木背板被实。

④一般支 3~4 组金属支架至撞楔长度的 2/3 左右，视地压情况进行砌筑作业或重复以上作业，直至通过冒顶区段。

3）主要技术参数。

①撞楔长度：3~4m，交错布置两排，第一排上倾 10°，第二排上倾 15°，孔距 400~500mm，排距 300~400mm。

②撞楔间距：300~400mm。

③上倾角：10° 左右。

④金属支架间距：600~800mm。

图 21-27 所示为金属撞楔法施工工艺布置。

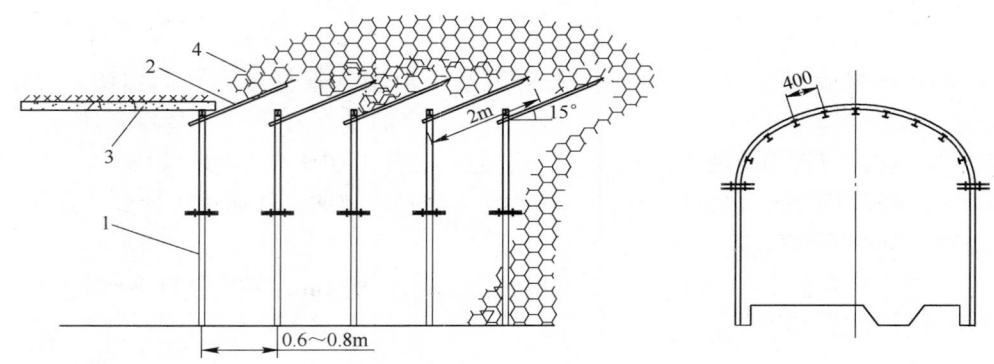

图 21-27 金属撞楔法施工工艺布置
1—钢支撑；2—撞楔；3—喷混凝土；4—塌体

（2）人工假顶施工。

1）适用范围：围岩破碎的冒顶段选用此方案。

2）施工方法。

①采用砌石或喷射混凝土方法封闭工作面，预留注浆孔。

②注浆作业，注浆浆液视涌水情况选用单液水泥浆液（加早强剂）或水泥-水玻璃浆液。

③待浆液与破碎围岩凝结成一定强度后，进行风镐或减弱装药爆破掘进。

④每开挖 600~800mm 进行金属支架支护，喷射混凝土跟进，视地压情况进行短掘短砌作业。

图 21-28 所示为人工假顶施工布置。

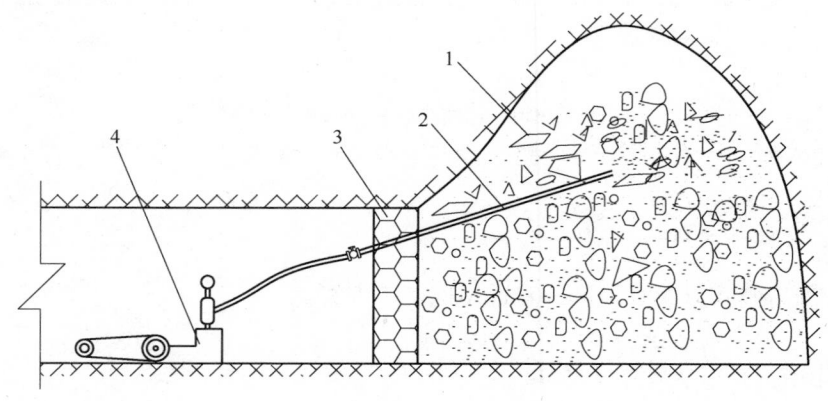

图 21-28 人工假顶施工布置
1—塌体；2—注浆管；3—片石墙；4—注浆泵

# 第六节 矿山土建工程施工案例

## 一、工程概况

某石灰石破碎站位于矿山上山公路终点处，坐落在山坡上，地表覆盖草丛灌木，上层有较薄一层腐殖土，下为岩石层，地下水不发育。破碎站属构筑物，包括：地坑、设备基础、挡墙及料仓、胶带暗箱及设备顶部钢棚等几部分。

该破碎站地坑为封闭式钢筋混凝土结构，分 -3.800m 平面及 -8.500m 平面两层，地坑净空面积分别为 21.2m×4.5m×1 层、13m×8m×2 层；底板厚度除破碎基础下为 1100mm，其余为 800mm；地坑壁厚度除破碎基础下为 1100mm，其余为 500mm；±0.000m 平面有板喂机、破碎机及收尘器等设备基础。挡土墙为钢筋混凝土结构，呈 U 形布置，墙厚 700~900mm，基础深 4.6m，与地坑连成一体，墙身高 10.55m，上部与漏斗形悬挂式喂料仓连成一体。设备及料仓围护结构为钢结构柱及顶棚。

胶带输送中心线、破碎中心线和板喂中心线在同一条直线上，出 -8.500m 地坑的 30m 长胶带输送为钢筋混凝土暗箱，分上下两层，箱体壁厚 500mm，水平无坡度。

本项目工程量见表 21-40。

**表 21-40 工程量表**

| 序 号 | 工 程 内 容 | 数 量 | 备 注 |
|---|---|---|---|
| 1 | 场坪开挖/m³ | 10000 | |
| 2 | 基础开挖/m³ | 9000 | |
| 3 | 钢筋混凝土/m³ | 2200 | |
| 4 | 钢筋/t | 250 | |
| 5 | 砌体/m³ | 100 | |
| 6 | 预埋铁件/t | 10 | |
| 7 | 钢结构/t | 90 | 钢棚、衬轨、钢梯、栏杆 |
| 8 | 支模面积/m² | 4500 | |
| 9 | 钢管脚手架/m² | 400 | |

## 二、施工准备

### (一) 三通一平

1. 水通

施工及生活用水由 4t 水车运至现场蓄水池。现场 143 平台设 25m³ 砖砌蓄水池一个（施工用），3m³ 活动水箱一个（生活用）。

2. 电通

施工用电由架空线路沿皮带廊从厂区引至破碎场坪 133m 平面，再分支至各用电部位的配电箱。

3. 路通

进入施工现场有两条通道，一条是由上山公路进入 143m 卸料平台的正式路；一条是由矿山 1 号临时路进入至 195 运矿道路，到达 143m 卸料平台，临时路路面窄且坡度较大，大量的材料及设备运输宜从上山公路进入。

4. 场地平整

施工用场地条件较好，卸料平台及破碎平台均可作为施工用场地。由于开挖后的场地均为岩石层，所以不需另外做场地硬化处理。

卸料平台主要用于临建，是施工现场的生活区。一期卸料平台及破碎场坪主要用于混凝土搅拌，大批周转材料及原材的堆放，钢筋、木模板的加工制作等。

### （二）主要临建工程量

主要临建工程量见表21-41。

**表21-41 主要临建工程量**

| 序 号 | 临建工程名称 | 建筑面积 | 结构类型 | 备 注 |
|---|---|---|---|---|
| 1 | 现场办公室/m² | 20 | 砖木 | |
| 2 | 工人宿舍/m² | 200 | | 租用民房 |
| 3 | 库房/m² | 10 | 砖木 | |
| 4 | 厕所/m² | 7 | 砖砌 | |
| 5 | 水池/座 | 1 | 砖砌体 | 蓄水25m³ |

## 三、施工布置

### （一）施工总平面布置图

施工总平面布置如图21-29所示。

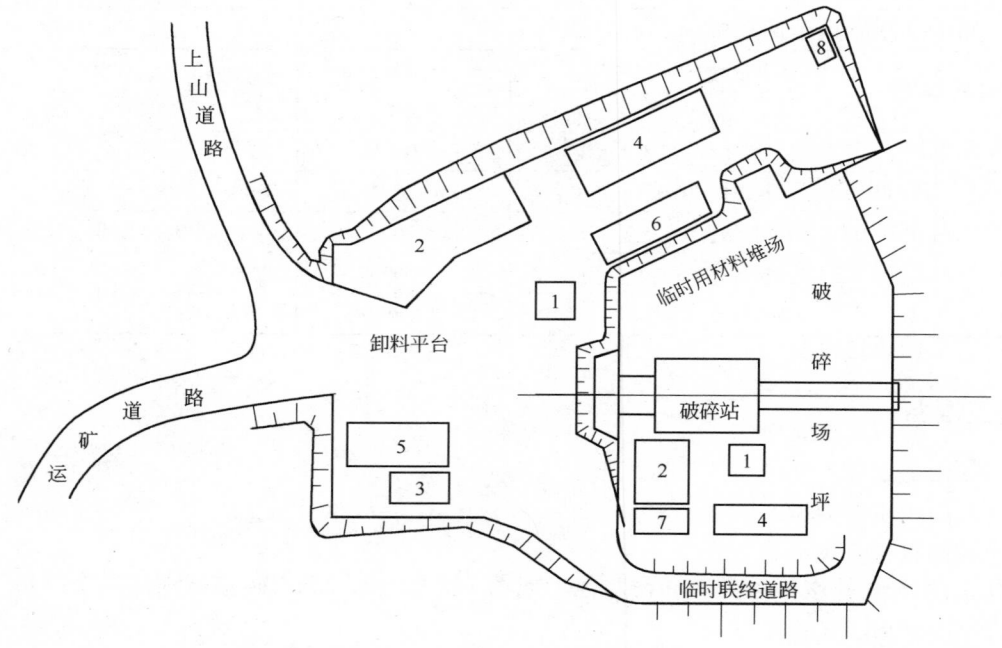

图21-29 施工总平面布置图

1—混凝土搅拌站；2—砂石料堆场；3—25m³蓄水池；4——钢筋堆放及加工场地；5—木工加工场地；
6—周转材料堆场；7—现场办公室及库房；8—厕所

### （二）施工顺序

该工程按照先下后上、先里后外、先主体后维护结构、先土建后设备安装的基本顺序，将设备安装合理地穿插于土建施工之中，并确定先期以土建施工为主，后期以设备安装为主的基本原则进行施工。

1. 施工顺序

地坑底板及挡墙基础——地坑壁及 ±0.000m 以下挡墙身——地坑顶板、破碎和板喂基础及 ±0.000m 以上挡墙身——地坑及挡墙背回填，板喂机、破碎机吊装就位——喂料仓、±0.000m 以上围护结构——门窗、平台钢梯安装——楼地面、抹灰、刷白、油漆——扫尾清退场。

2. 施工工序

（1）基础及底板：垫层——测量放线——绑筋——支模——浇混凝土——养护。

（2）墙、柱：测量放线——绑筋——支模——模板校正——浇混凝土——养护。

（3）梁、板：测量放线——支模——测量放线——绑筋——（支模及校正、加固）——浇混凝土——养护。

（4）喂料仓：搭平台——测量放线——支底模——埋件安装及钢筋绑扎——支内模及浇混凝土——模板拆除挂钢轨。

## 四、土建施工方法

### （一）基坑开挖工程

挡土墙、地坑及设备基础基槽共同构成一个大基坑，按底标高大致分成 −4.70m、−9.10m 及 −8.30m 三段。开挖后坑底四周确保宽出基础 0.30m 作为工作面，开挖边坡岩石按 1:0.3 放坡，土方或虚渣按 1:0.5 放坡。采用手风钻钻孔爆破，DH220 挖掘机挖渣（装车），黄河 220 推土机进行推运，自卸汽车外运排渣。并辅以人工进行清边、清底工作。

在卸料平台及破碎机场地上可先堆放一部分石渣，以备基础回填时使用。基坑回填时局部设备无法到达的部位，用手推车倒运至回填部位，并打夯机分层进行夯实。

### （二）钢筋工程

钢筋进入现场时，由专门人员对钢筋规格、数量、质量进行验收后放置于钢筋棚中，下垫 200mm × 200mm 方木或圆木，四周设排水沟。

按设计图纸对钢筋进行编号、配料、核实无误后下料加工，制作成型钢筋按料单挂上料牌，按结构部位，钢筋型号规整码放。优先采用接焊；绑扎搭接时除设计注明外，搭接长度按 45$d$（$d$ 为钢筋直径）进行施工。

当受力钢筋采用焊接接头时，相互错开设置同一构件内的焊接接头。在任一焊接接头中心至 35$d$ 且不小于 500mm 的区段内，同一根钢筋不得有两个接头；该区段内有接头的受力钢筋截面面积占受力钢筋总截面积的百分率，受拉区不大于 50%，受压区不限制。

相互错开各受力钢筋之间的绑扎接头位置。从任一绑扎接头中心至 1.3 倍搭接长度范围内，有绑扎接头的受力钢筋截面积占受力钢筋总截面的百分率，受拉区不大于 25%；受压区 50%。接头处钢筋的横向净距不应小于钢筋直径且不小于 25mm。

钢筋绑扎采用 20 号镀锌铁丝，设 30mm × 30mm 或 50mm × 50mm 砂浆垫块或混凝土垫块，保证设计或规范要求的结构保护层。为保证结构尺寸及绑扎质量，提高绑扎速度，挡墙基础、地坑底板面筋设马凳，间距为 1.0m。

1. 施工工艺

（1）工艺流程。钢筋放样——钢筋制作——钢筋半成品运输——基础垫层——弹钢筋定位线——钢筋绑扎——钢筋验收、隐蔽。

（2）完成基础垫层施工后，将基础垫层清扫干净，用石笔和墨斗弹放钢筋位置线。

（3）按钢筋位置线布放基础钢筋。

（4）绑扎钢筋。

（5）由监理工程师（建设单位项目负责人）组织施工单位项目专业质量（技术）负责人进行验收。

2. 施工要求

（1）钢筋网的绑扎。四周两行钢筋交叉点应每点扎牢，中间部分交叉点可相隔交错扎牢，但应保证受力钢筋不位移。双向主筋的钢筋网，则须将全部钢筋相交点扎牢。绑扎时应注意相邻绑扎点的钢丝扣要成八字形，以免网片歪斜变形。

（2）基础底板采用双层钢筋网时，在上层钢筋网下面应设置钢筋撑脚，以保证钢筋位置正确。

（3）钢筋的弯钩应朝上，不要倒向一边，但双层钢筋网的上层钢筋弯钩应朝下。

（4）独立柱基础为双向钢筋时，其底面短边的钢筋应放在长边钢筋的上面。

（5）现浇柱与基础连接用的插筋，一定要固定牢靠，位置准确，以免造成柱轴线偏移。

（6）基础纵向受力钢筋的混凝土保护层厚度应按设计要求，且不应小于40mm；当无垫层时，不应小于70mm。

（7）钢筋的连接：

1）受力钢筋的接头宜设置在受力较小处。在同一根纵向受力钢筋上不宜设置两个或两个以上接头。接头末端至钢筋弯起点的距离不应小于钢筋直径的10倍。

2）若采用绑扎搭接接头，则接头相邻纵向受力钢筋的绑扎接头宜相互错开。钢筋绑扎接头连接区段的长度为1.3倍搭接长度。凡搭接接头中点位于该区段的搭接接头均属于同一连接区段。位于同一区段内的受拉钢筋搭接接头面积百分率为25%。

3）当受拉钢筋的直径 $d > 28mm$ 及受压钢筋的直径 $d > 32mm$ 时，不宜采用绑扎接头，宜采用焊接或机械连接接头。

3. 钢筋代换

（1）代换原则：

1）等强度代换或等面积代换。

2）当构件配筋受强度控制时，按钢筋代换前后强度相等的原则进行代换。

3）当构件按最小配筋率配筋时，或同钢号钢筋之间的代换，按钢筋代换前后面积相等的原则进行代换。

4）当构件受裂缝宽度或挠度控制时，代换前后应进行裂缝宽度和挠度验算。

（2）钢筋代换时，应征得设计单位和建设单位的同意，相应费用按有关合同规定并办理相应手续。代换后钢筋的间距、锚固长度、最小钢筋直径、数量等构造要求和受力、变形情况均应符合相应规范要求。

4. 钢筋连接

钢筋的连接方法有焊接、机械连接和绑扎连接三种。

（1）钢筋的焊接。常用的焊接方法有：闪光对焊、电弧焊（包括帮条焊、搭接焊、熔槽焊、剖口焊、预埋件角焊和塞孔焊等）、电渣压力焊、气压焊、埋弧压力焊和电阻点焊等。直接承受动力荷载的结构构件中，纵向钢筋不宜采用焊接接头。

（2）钢筋机械连接。有钢筋套筒挤压连接、钢筋锥螺纹套筒连接和钢筋直螺纹套筒连接（包括钢筋镦粗直螺纹套筒连接、钢筋剥肋滚压直螺纹套筒连接）等三种方法。

钢筋机械连接通常适用的钢筋级别为HRB335、HRB400、RRB400；钢筋最小直径宜为16mm。

（3）钢筋绑扎连接（或搭接）。钢筋搭接长度应符合规范要求。当受拉钢筋直径大于28mm、受压钢筋直径大于32mm时，不宜采用绑扎搭接接头。轴心受拉及小偏心受拉杆件（如桁架和拱架的拉杆等）的纵向受力钢筋和直接承受动力荷载结构中的纵向受力钢筋均不得采用绑扎搭接接头。

钢筋接头位置宜设置在受力较小处。同一纵向受力钢筋不宜设置两个或两个以上接头。接头末端至钢筋弯起点的距离不应小于钢筋直径的10倍。构件同一截面内钢筋接头数应符合设计和规范要求。

在施工现场，应按国家现行标准抽取钢筋机械连接接头、焊接接头试件作力学性能检验，其质量应符合有关规程的规定。

5. 钢筋加工

（1）钢筋加工包括调直、除锈、下料切断、接长、弯曲成型等。

（2）钢筋调直可采用机械调直和冷拉调直。当采用冷拉调直时，必须控制钢筋的伸长率。对 HPB235 级钢筋，冷拉伸长率不宜大于 4%；对于 HRB335 级、HRB400 级和 RRB400 级钢筋，冷拉伸长率不宜大于 1%。

（3）钢筋除锈。一是在钢筋冷拉或调直过程中除锈；二是可采用机械除锈机除锈、喷砂除锈、酸洗除锈和手工除锈等。

（4）钢筋下料切断可采用钢筋切断机或手动液压切断器进行；钢筋的切断口不得有马蹄形或起弯等现象。

（5）钢筋弯曲成型可采用钢筋弯曲机、四头弯筋机及手工弯曲工具等进行。

6. 钢筋安装

（1）准备工作：

1）现场弹线，并剔凿、清理接头处表面混凝土浮浆、松动石子、混凝土块等，整理接头处插筋。

2）核对需绑钢筋的规格、直径、形状、尺寸和数量等是否与料单、料牌和图纸相符。

3）准备绑扎用的钢丝、工具和绑扎架等。

（2）柱钢筋绑扎：

1）柱钢筋的绑扎应在柱模板安装前进行。

2）框架梁、牛腿及柱帽等钢筋，应放在柱子纵向钢筋内侧。

3）柱中的竖向钢筋搭接时，角部钢筋的弯钩应与模板成 45°（多边形柱为模板内角的平分角，圆形柱应与模板切线垂直），中间钢筋的弯钩应与模板成 90°。

4）箍筋的接头（弯钩叠合处）应交错布置在四角纵向钢筋上；箍筋转角与纵向钢筋交叉点均应扎牢（箍筋平直部分与纵向钢筋交叉点可间隔扎牢），绑扎箍筋时绑扣相互间应成八字形。

（3）墙钢筋绑扎：

1）墙钢筋的绑扎，应在模板安装前进行。

2）墙（包括水塔壁、烟囱筒身、池壁等）的垂直钢筋每段长度不宜超过 4m（钢筋直径≤12mm）或 6m（直径＞12mm）或层高加搭接长度，水平钢筋每段长度不宜超过 8m，以利绑扎，钢筋的弯钩应朝向混凝土内。

3）采用双层钢筋网时，在两层钢筋间应设置撑铁或绑扎架，以固定钢筋间距。

（4）梁、板钢筋绑扎：

1）当梁的高度较小时，梁的钢筋架空在梁模板顶上绑扎，然后再落位；当梁的高度较大（≥1.0m）时，梁的钢筋宜在梁底模上绑扎，其两侧模板或一侧模板后装。板的钢筋在模板安装后绑扎。

2）梁纵向受力钢筋采用双层排列时，两排钢筋之间应垫以 $\phi25mm$ 以上的短钢筋，以保持其设计距离。箍筋的接头（弯钩叠合处）应交错布置在两根架立钢筋上，其余同柱。

3）板的钢筋网绑扎，四周两行钢筋交叉点应每点扎牢，中间部分交叉点可相隔交错扎牢，但必须保证受力钢筋不移位。双向主筋的钢筋网，则须将全部钢筋相交点扎牢。采用双层钢筋网时，在上层钢筋网下面应设置钢筋撑脚，以保证钢筋位置正确。绑扎时应注意相邻绑扎点的钢丝扣要成八字形，以免网片歪斜变形。

4）应注意板上部的负筋，防止被踩下；特别是雨篷、挑檐、阳台等悬臂板，要严格控制负筋位置，以免拆模后断裂。

5）板、次梁与主梁交叉处，板的钢筋在上，次梁的钢筋居中，主梁的钢筋在下；当有圈梁或垫梁时，主梁的钢筋在上。

6）框架节点处钢筋穿插十分稠密时，应特别注意梁顶面主筋间的净距要有 30mm，以利浇筑混凝土。

7）梁板钢筋绑扎时，应防止水电管线影响钢筋位置。

### （三）模板工程

混凝土基础模板通常采用组合式钢模板、钢框木（竹）胶合板模板、胶合板模板等，在箱形基础施工中有时采用工具式大模板。

模板主要采用木模板，局部采用钢模和木模拼装。模板在支设之前涂刷脱模剂，从美观上要求，外露混凝土面模板不准用废机油作为脱模剂。木模在支设后，浇水充分湿润。拆模时间根据天气及养护条件确定。

根据设计施工图纸放线、弹墨，按墨线支模，保证结构位置及外形尺寸无误，校核加固。按施工规范侧重控制其垂直度及表面平整度，注意预留孔洞的埋设。

破碎车间所有预留螺栓孔洞均采用0.25mm厚花纹钢板作成1:0.25倒楔形箱体（带花纹面朝里），大头朝下埋于设备基础内与混凝土浇于一体，一次性消耗。

在卸料仓模板支设时，首先搭设满堂脚手架作为支撑，根据设计施工图纸找到卸料仓上、下口四个角点，挂线，搭设平台，支底模及卸料口端模。再进行底口埋件安装，绑筋；然后在料仓内埋设钢衬板，校核加固后边支内模边进行混凝土浇筑。

现浇结构的模板及其支架的拆除时间按设计要求施工。当设计无具体要求时，在柱、墙、基础等混凝土强度能保证其表面及棱角不因拆模而受损坏后，方可拆除侧模；板及次梁底模不少于7天，主梁底模不少于28天。

1. 施工工艺

模板制作——定位放线——模板安装、加固——模板验收——模板拆除——模板的清理、保养。

2. 施工要求

（1）模板安装位置、尺寸，必须满足图纸要求，且应拼缝严密、表面平整并刷隔离剂。

（2）模板及其支撑应具有足够的承载能力、刚度和稳定性，能可靠地承受浇筑混凝土的重量、侧压力以及施工荷载。

（3）在浇筑混凝土之前，应对模板工程进行验收。模板安装和浇筑混凝土时，应对模板及其支撑进行观察和维护。

（4）模板及其支撑拆除的顺序原则为：后支先拆、先支后拆，具体应按施工技术方案执行。

### （四）混凝土工程

1. 工艺流程

混凝土搅拌——混凝土运输、泵送与布料——混凝土浇筑、振捣和表面抹压——混凝土养护。

2. 混凝土搅拌

搅拌混凝土前，宜将搅拌筒充分润滑；严格计量、控制水灰比和坍落度；冬期拌制混凝土应优先采用加热水的方法。

混凝土搅拌装料顺序：石子——水泥——沙子——水。

3. 普通混凝土

普通混凝土是以胶凝材料（水泥）、水、细骨料（沙）、粗骨料（石子），需要时掺入外加剂和矿物掺和料，按适当比例配合，经过均匀拌制，密实成型及养护硬化而成的人工石材。

（1）普通混凝土常用水泥有硅酸盐水泥、普通硅酸盐水泥、矿渣硅酸盐水泥、火山灰质酸盐水泥、粉煤灰硅酸盐水泥和复合硅酸盐水泥。

水泥进场时应对其品种、级别、包装或散装仓号、出厂日期等进行检查，并应对其强度、安定性及其他必要的性能指标进行复验，其质量必须符合现行国家标准的规定。

当在使用中对水泥质量有怀疑或水泥出厂超过三个月（快硬硅酸盐水泥超过一个月）时，应进行复验，并按复验结果使用。

水泥储存应做好防潮措施，避免水泥受潮；不同品种的水泥不得混掺使用；水泥不得和石灰石、石膏、白垩等粉状物料混放在一起。

（2）沙：按其产源可分为天然沙（河沙、湖沙、海沙和山沙）、人工沙，按沙的粒径（或细度模数）可分为粗沙、中沙和细沙。

（3）石子：普通混凝土用石子可分为碎石和卵石，石子粒径大于5mm。

（4）水：拌制混凝土宜采用饮用水。当采用其他水源时，水质应符合国家现行标准《混凝土用水标准》JGJ 63的规定。

（5）矿物掺和料：通常有粉煤灰、磨细矿渣（高炉矿渣）、沸石粉、硅粉、复合及其他矿物掺和料等。

在混凝土中掺入矿物掺和料可以代替部分水泥、改善混凝土的物理、力学性能与耐久性。通常在混凝土中掺入适量的磨细矿物掺和料后，可以起到降低温升，改善和易性，增进后期强度，改善混凝土内部结构，提高耐久性，并可代替部分水泥，节约资源等作用。掺加某些磨细矿物掺和料还能起到抑制碱骨料反应的作用。

（6）混凝土外加剂按其主要功能分为如下四类：

1）改善混凝土拌和物流动性能的外加剂，包括各种减水剂、引气剂和泵送剂等。

2）调节混凝土凝结时间、硬化性能的外加剂，包括缓凝剂、早强剂、速凝剂、防冻剂等。

3）改善混凝土耐久性的外加剂，包括引气剂、防水剂和阻锈剂等。

4）改善混凝土其他性能的外加剂，包括加气剂、膨胀剂、着色剂、防水剂和泵送剂等。

外加剂的选用应根据设计和施工要求，并通过试验及技术经济比较确定。不同品种外加剂复合使用，应注意其相容性及对混凝土性能的影响，使用前应进行试验，满足要求方可使用。

为了预防混凝土碱骨料反应所造成的危害，应控制外加剂的碱总量满足国家标准要求（防水类应不大于$0.7kg/m^3$，非防水类应不大于$1.0kg/m^3$）。

为了防止外加剂对混凝土中钢筋锈蚀产生不良影响，应控制外加剂中氯离子含量满足国家标准要求（预应力混凝土限制在$0.02kg/m^3$以下，普通钢筋混凝土限制在$0.02\sim0.2kg/m^3$，无筋混凝土限制在$0.2\sim0.6kg/m^3$）。

混凝土外加剂中包含的游离甲醛、游离萘等有害身体健康的成分，含量应控制在国家有关标准规定范围内。对于含有尿素、氨类等有刺激性气味成分的外加剂，不得用于房屋建筑工程中。

（7）普通混凝土配合比。普通混凝土配合比应根据原材料性能及对混凝土的技术要求（强度等级、耐久性和工作性等），由具有资质的试验室进行计算，并经试配调整后确定。

4. 混凝土运输、泵送和布料

混凝土水平运输设备主要有手推车、机动翻斗车、混凝土搅拌输送车等，垂直运输设备主要有井架、混凝土提升机等，泵送设备主要有汽车泵（移动泵）、固定泵，为了提高生产效率，混凝土输送泵管道终端通常同混凝土布料机（布料杆）连接，共同完成混凝土浇筑时的布料工作。

（1）混凝土的搅拌与运输：

1）混凝土搅拌一般宜由场外商品混凝土搅拌站或现场搅拌站搅拌，应严格掌握混凝土配合比，确保各种原材料合格，计量偏差符合标准规定要求，投料顺序、搅拌时间合理、准确，最终确保混凝土搅拌质量满足设计、施工要求。当掺有外加剂时，搅拌时间适当延长。

2）混凝土在运输中不宜发生分层、离析现象；否则，应在浇筑前两次搅拌。

3）要尽量减少混凝土的运输时间和转运次数，确保混凝土在初凝前运至现场并浇筑完毕。

（2）泵送混凝土：

1）泵送混凝土是利用混凝土泵的压力将混凝土通过管道输送到浇筑地点，一次完成水平运输和垂直运输。泵送混凝土具有输送能力大、效率高、连续作业、节省人力等优点。

2）混凝土泵有活塞泵、气压泵和挤压泵等。目前应用较多的是活塞泵，活塞泵按其构造原理的不同，又可以分为机械式和液压式两种。

3）混凝土汽车泵是将液压活塞式混凝土泵固定安装在汽车底盘上，并装有全回转三段折叠臂架式的布料杆、操作系统、传动系统、清洗系统等，使用时开至需要施工的地点，进行混凝土泵送作业。

4）进行泵送混凝土配合比设计。泵送混凝土的坍落度不低于100mm，外加剂主要有泵送剂、减水剂和引气剂等。

5）混凝土泵或泵车设置处，应场地平整、坚实，具有通车行走条件。混凝土泵或泵车应尽可能靠近浇筑地点，浇筑时由远至近进行。

6）混凝土供应要保证泵能连续工作。输送管线宜直，转弯宜缓，接头应严密，并要注意预防输送管线堵塞。

5. 混凝土浇筑

（1）混凝土浇筑前注意事项：

1）混凝土浇筑前应根据施工方案认真交底，并做好浇筑前的各项准备工作，尤其应对模板、支撑、钢筋、预埋件等认真细致检查，检查合格并做好相关隐蔽验收后，才可浇筑混凝土。

2）混凝土自高处倾落的自由高度，不宜超过2m。

3）在浇筑竖向结构混凝土前，应先在底部填以50～100mm厚与混凝土内砂浆成分相同的水泥砂浆；浇筑中不得发生离析现象；当浇筑高度超过3m时，应采用串筒、溜槽、溜管或振动溜管，使混凝土下落。

4）浇筑混凝土应连续进行。当必须间歇时，其间歇时间宜尽量缩短，并应在前层混凝土初凝之前，将次层混凝土浇筑完毕；否则，应留置施工缝。

5）混凝土宜分层浇筑，分层振捣。每一振点的振捣延续时间，应使混凝土不再往上冒气泡，表面呈现浮浆和不再沉落时为止。当采用插入式振捣器振捣普通混凝土时，应快插慢拔，移动间距不宜大于振捣器作用半径的1.5倍，与模板的距离不应大于其作用半径的0.5倍，并应避免碰撞钢筋、模板、芯管、吊环、预埋件等，振捣器插入下层混凝土内的深度应不小于50mm。当采用表面平板振动器时，其移动间距应保证捣动器的平板能覆盖已振实部分的边缘。

6）混凝土浇筑过程中，应经常观察模板、支架、钢筋、预埋件和预留孔洞的情况；当发现有变形、移位时，应及时采取措施进行处理。

7）在浇筑与柱和墙连成整体的梁和板时，应在柱和墙浇筑完毕后停歇1～1.5h，再继续浇筑。

8）梁和板宜同时浇筑混凝土，有主次梁的楼板宜顺着次梁方向浇筑，单向板宜沿着板的长边方向浇筑；拱和高度大于1.0m时的梁等结构，可单独浇筑混凝土。

9）浇筑混凝土前，对地基应事先按设计标高和轴线进行校正，并应清除淤泥和杂物；同时，注意基坑降排水，以防冲刷新浇的混凝土。

（2）单独基础浇筑：

1）台阶式基础施工，可按台阶分层一次浇筑完毕（预制柱的高杯口基础的高台部分应另行分层），不允许留设施工缝。每层混凝土要一次浇筑，顺序是先边角后中间，务必使砂浆充满模板。

2）浇筑台阶式柱基时，为防止垂直交角处可能出现吊脚（上层台阶与下口混凝土脱空）现象，可采取如下措施：

①在第一级混凝土捣固下沉2～30mm后暂不填平，继续浇筑第二级。先用铁锹沿第二级模板底圈做成内外坡，然后再分层浇筑，外圈边坡的混凝土于第二级振捣过程中自动摊平，待第二级混凝土浇筑后，再将第一级混凝土齐模板顶边拍实抹平。

②捣完第一级后拍平表面，在第二级模板外先压以200mm×100mm的压角混凝土并加以捣实后，再继续浇筑第二级。

③如条件许可，宜采用柱基流水作业方式，即先浇一排杯基第一级混凝土，再回转依次浇第二级。这样对已浇好的第一级将有一个下沉的时间，但必须保证每个柱基混凝土在初凝之前连续施工。

3）为保证杯形基础杯口底标高的正确性，宜先将杯口底混凝土振实并稍停片刻，再浇筑振捣杯口模四周的混凝土，振动时间尽可能缩短；同时，还应特别注意杯口模板的位置，在两侧对称浇筑，以免杯口模挤向上一侧或由于混凝土泛起而使芯模上升。

4）高杯口基础，由于这一级台阶较高且配置钢筋较多，可采用后安装杯口模的方法，即当混凝土浇捣到接近杯口底时，再安杯口模板后继续浇捣。

5）锥式基础，应注意斜坡部位混凝土的捣固质量，在振捣器振捣完毕后，用人工将斜坡表面拍平，使其符合设计要求。

6）为提高杯口芯模周转利用率，可在混凝土初凝后终凝前将芯模拔出，并将杯壁划毛。

7）现浇柱下基础时，要特别注意连接钢筋的位置，防止移位和倾斜，发生偏差时及时纠正。

（3）条形基础浇筑：

1）浇筑前，应根据混凝土基础顶面的标高在两侧木模上弹出标高线；如采用原槽土模时，应在基槽两侧的土壁上交错打入长100mm左右的标杆，并露出20～30mm，标杆面与基础顶面标高平，标杆之间的距离约3m。

2）根据基础深度宜分段分层连续浇筑混凝土，一般不留施工缝。各段层间应相互衔接，每段间浇筑长度控制在2～3m距离，做到逐段逐层呈阶梯形向前推进。

（4）设备基础浇筑：

1）一般应分层浇筑，并保证上下层之间不留施工缝，每层混凝土的厚度为200～300mm。每层浇筑顺序应从低处开始，沿长边方向自一端向另一端浇筑，也可采取中间向两端或两端向中间浇筑的顺序。

2）对特殊部位，如地脚螺栓、预留螺栓孔、预埋管等，浇筑混凝土时要控制好混凝土上升速度，使其均匀上升；同时，防止碰撞，以免发生位移或歪斜。对于大直径地脚螺栓，在混凝土浇筑过程中，应用经纬仪随时观测，发现偏差及时纠正。在钢筋、模板工序完成以后，自检确认无尺寸错误、埋件遗漏，经建设方、监理验收合格后进行混凝土浇筑。

混凝土的实验室配合比换算成施工配合比后，在混凝土搅拌台设施工配合比标志牌，并设专人进行配比计量，同时控制混凝土搅拌时间，确保混凝土的和易性及流动性。计量偏差砂石料±3%，水、外加剂、水泥及其他混合材料为±2%；混凝土的搅拌时间不小于90s。混凝土入模竖向自由倾落高度控制在2m以内，浇筑高度超过2m时设串筒或溜槽。混凝土的振捣由专业人员执行，要求做到快插慢拔、直上直下、插点均匀，分层依次推进振捣，上层振捣时插入下层50～100mm。杜绝漏振、过振现象。

在混凝土浇筑之前确定施工缝留设位置，在结构受剪力较小且便于施工的部位或按设计要求进行施工，特殊情况留设施工缝时一定先征得设计、监理、建设方等单位同意。

施工缝部位混凝土浇筑时，先凿除表面松动石子，清水冲净后，铺一层20mm厚水泥浆或与混凝土成分相同的水泥砂浆，再进行混凝土的浇筑。

混凝土浇筑后养护一般不低于7天，正常气温情况下，在养护期内加以覆盖并浇水保持混凝土表面湿润。冬季施工期间（平均气温在5℃以下），表面密封塑料薄膜加厚草垫养护。

（5）大体积混凝土工程：

1）大体积混凝土的浇筑方案。大体积混凝土浇筑时，为保证结构的整体性和施工的连续性，采用分层浇筑时，应保证在下层混凝土初凝前将上层混凝土浇筑完毕。浇筑方案根据整体性要求、结构大小、钢筋疏密及混凝土供应等情况可以选择全面分层、分段分层、斜面分层等三种方式。

①全面分层：在整个模板内，将结构分成若干个厚度相等的浇筑层，浇筑区的面积即为基础平面面积。浇筑混凝土时从短边开始，沿长边方向进行浇筑，要求在逐层浇筑过程中，第二层混凝土要在第一层混凝土初凝前浇筑完毕。

②分段分层：如果用全面分层方案时浇筑强度很大，现场混凝土搅拌机、运输和振捣设备均不能满足施工要求时，可采用分段分层方案。浇筑混凝土时结构沿长边方向分成若干段，浇筑工作从底层开始，当第一层混凝土浇筑一段长度后，便回头浇筑第二层，当第二层浇筑一段长度后，回头浇筑第三层，如

此向前呈阶梯形推进。分段分层方案适用于结构厚度不大而面积或长度较大时采用。

③斜面分层：采用斜面分层方案时，混凝土一次浇筑到顶，由于混凝土自然流淌而形成斜面。混凝土振捣工作从浇筑层下端开始逐渐上移。斜面分层方案多用于长度较大的结构。大体积混凝土宜采用斜面式薄层浇捣，利用自然流淌形成斜坡，并应采取有效措施，防止混凝土将钢筋推离设计位置。

2）大体积混凝土的振捣。应采取振捣棒振捣，在振动界限以前对混凝土进行二次振捣，排除混凝土因泌水在粗骨料、水平钢筋下部生成的水分和空隙，提高混凝土与钢筋的握裹力，防止因混凝土沉落而出现的裂缝，减少内部微裂，增加混凝土密实度，使混凝土抗压强度提高，从而提高抗裂性。

3）大体积混凝土的养护。养护方法分为保温法和保湿法两种。为了确保新浇筑的混凝土有适宜的硬化条件，防止在早期由于干缩而产生裂缝，大体积混凝土浇筑完毕后，应在12h内加以覆盖和浇水。普通硅酸盐水泥拌制的混凝土养护时间不得少于14天；矿渣水泥、火山灰水泥等拌制的混凝土养护时间不得少于21天。

4）大体积混凝土裂缝的控制：

①优先选用低水化热的矿渣水泥拌制混凝土，并适当使用缓凝减水剂。

②在保证混凝土设计强度等级前提下，适当降低水灰比，减少水泥用量。

③降低混凝土的入模温度，控制混凝土内外的温差（当设计无要求时，控制在25℃以内）。如降低拌和水温度（拌和水中加冰屑或用地下水）；骨料用水冲洗降温，避免暴晒。

④及时对混凝土覆盖保温、保湿材料，并进行养护。

⑤可预埋冷却水管，通入循环水将混凝土内部热量带出，进行人工导热。

⑥在拌和混凝土时，还可掺入适量的微膨胀剂或膨胀水泥，使混凝土得到补偿收缩，减少混凝土的温度应力。

⑦设置后浇缝。当大体积混凝土平面尺寸过大，在设计许可时，可以适当设置后浇缝，以减小外应力和温度应力；同时，也有利于散热，降低混凝土的内部温度。

⑧大体积混凝土必须进行二次抹面工作，减少表面收缩裂缝。

6. 施工缝

（1）施工缝的位置应在混凝土浇筑之前确定，并宜留置在结构受剪力较小且便于施工的部位。施工缝的留置位置应符合下列规定：

1）柱：宜留置在基础、楼板、梁的顶面，梁和吊车梁牛腿、无梁楼板柱帽的下面。

2）与板连成整体的大截面梁（高超过1m），宜留置在板底面以下20~30mm处。当板下有梁托时，留置在梁托下部。

3）单向板：留置在平行于板的短边的任何位置。

4）有主次梁的楼板，施工缝应留置在次梁跨中1/3范围内。

5）墙：留置在门洞口过梁跨中1/3范围内，也可留在纵横墙的交接处。

6）双向受力板、大体积混凝土结构、拱、穹拱、薄壳、蓄水池、斗仓、多层钢架及其他结构复杂的工程，施工缝的位置应按设计要求留置。

（2）在施工缝处继续浇筑混凝土时，应符合下列规定：

1）已浇筑的混凝土，其抗压强度不应小于1.2N/mm²。

2）在已硬化的混凝土表面上，应清除水泥薄膜和松动石子以及软弱混凝土层，并加以充分湿润和冲洗干净，且不得积水。

3）在浇筑混凝土前，宜先在施工缝处刷一层水泥浆（可掺适量界面剂）或铺一层与混凝土内成分相同的水泥砂浆。

4）混凝土应细致捣实，使新旧混凝土紧密结合。

7. 后浇带的设置和处理

后浇带是为在现浇钢筋混凝土结构施工过程中，克服由于温度、收缩等而可能产生有害裂缝而设置的临时施工缝。后浇带通常根据设计要求留设，并保留一段时间（若设计无要求，则至少保留28天）后再浇筑，将结构连成整体。

填充后浇带，可采用微膨胀混凝土、强度等级比原结构强度提高一级，并保持至少15天的湿润养护。后浇带接缝处按施工缝的要求处理。

8. 混凝土的养护

（1）混凝土的养护方法有自然养护和加热养护两大类。现场施工一般为自然养护。自然养护又可分覆盖浇水养护、薄膜布养护和养生液养护等。

（2）对已浇筑完毕的混凝土，应在混凝土终凝前（通常为混凝土浇筑完毕后8～12h内），开始进行自然养护。

（3）混凝土采用覆盖浇水养护的时间：对采用硅酸盐水泥、普通硅酸盐水泥或矿渣硅酸盐水泥拌制的混凝土，不得少于7天；对火山灰质硅酸盐水泥、粉煤灰硅酸盐水泥拌制的混凝土，不得少于14天；对掺用缓凝型外加剂、矿物掺和料或有抗渗性要求的混凝土，不得少于14天。浇水次数应能保持混凝土处于润湿状态，混凝土的养护用水应与拌制用水相同。

（4）当采用塑料薄膜布养护时，其外表面全部应覆盖包裹严密，并应保持塑料布内有凝结水。

（5）采用养生液养护时，应按产品使用要求，均匀喷刷在混凝土外表面，不得漏喷刷。

（6）在已浇筑的混凝土强度未达到1.2MPa以前，不得在其上踩踏或安装模板及支架等。

## （五）脚手架工程及混凝土的运输

脚手架采用扣件式钢管脚手架。地坑、暗箱内部采用满堂脚手架，挡墙两侧、地坑开挖侧及其他部位搭设双排脚手架，在上下重叠作业时中间设安全网。满堂脚手架立杆间距为1.2m×1.2m，水平杆步距1.5m，运输马道立杆间距为1.5m，水平杆步距1.9m。运输脚手架与支撑加固模板用脚手架分别搭设，以避免因过激的施工动荷载造成结构支撑位移。所有的脚手架在其竖向适当设置纵横剪刀撑，以保证其整体性和具有足够的刚度。

混凝土的水平运输采用小推车运输，用钢管脚手架上铺50mm厚杨木板搭设水平运输马道。马道宽1.5m，两侧设防护栏杆，并挂安全网。垂直运输分别在两个水平面利用自重由漏斗口入模，高差大于2m时加设铁皮串桶。

## （六）砌体工程

采用砖、砌块和砂浆砌筑而成的结构称为砌体结构。

1. 砌筑砂浆原材料要求

（1）水泥：宜采用普通硅酸盐水泥或矿渣硅酸盐水泥。水泥进场使用前应有出厂合格证和复试合格报告，强度等级应根据设计要求选择。水泥砂浆采用的水泥，其强度等级不宜大于32.5级；水泥混合砂浆采用的水泥，其强度等级不宜大于42.5级。

（2）沙：通常宜用中沙，但毛石砌体宜用粗沙。砂浆用沙不得含有有害杂物，含泥量应符合规范要求。

（3）石灰膏：生石灰熟化成石灰膏时，应用孔径不大于3mm×3mm的网过滤，熟化时间不得少于7天，磨细生石灰粉的熟化时间不少于2天。配制水泥石灰砂浆时，不得采用脱水硬化的石灰膏，消石灰粉不得直接使用于砌筑砂浆中。

（4）黏土膏：采用黏土或粉质黏土制备黏土膏时，宜用搅拌机加水搅拌，通过孔径不大于3mm×3mm的网过筛，用比色法鉴定黏土中的有机物含量时应浅于标准色。

（5）电石膏：制作电石膏的电石渣应用孔径不大于3mm×3mm的网过筛，检验时应加热至70℃并保持20min，没有乙炔气味后，方可使用。

（6）粉煤灰：应采用Ⅰ、Ⅱ、Ⅲ级粉煤灰。

（7）水：宜采用自来水，水质应符合现行行业标准《混凝土用水标准》JGJ 63 的规定。

（8）外加剂：均应经检验和试配符合要求后，方可使用。有机塑化剂应有砌体强度的形式检验报告。

2. 砂浆配合比

（1）砌筑砂浆配合比应通过有资质的试验室，根据现场的实际情况进行计算和试配确定，并同时满足稠度、分层度和抗压强度的要求。

（2）砌筑砂浆的稠度（流动性）宜按表 21-42 选用。

表 21-42 砌筑砂浆的稠度（流动性）

| 序 号 | 砌体种类 | 砂浆稠度/mm | 序 号 | 砌体种类 | 砂浆稠度/mm |
|---|---|---|---|---|---|
| 1 | 烧结精通砖砌体 | 70~90 | 3 | 烧结多孔砖、实心砖砌体 | 60~80 |
| 2 | 轻骨料混凝土小型空心砖砌体 | 60~90 | 4 | 混凝土砌体 | 30~50 |

当砌筑材料为粗糙多孔且吸水较大的块料或在干热条件下砌筑时，应选用较大稠度值的砂浆；反之，应选用较小稠度值的砂浆。

（3）砌筑砂浆的分层度不得大于 30mm，确保砂浆具有良好的保水性。

（4）施工中当采用水泥砂浆代替水泥混合砂浆时，应重新确定砂浆强度等级，并应征得设计确认。

3. 砂浆的拌制及使用

（1）砂浆现场拌制时，各组分材料应用质量计量。

（2）砂浆应采用机械搅拌，搅拌时间自投料完算起，应为：

1）水泥砂浆和水泥混合砂浆，不得少于 2min；

2）水泥粉煤灰砂浆和掺用外加剂的砂浆，不得少于 3min；

3）掺用有机塑化剂的砂浆，应为 3~5min。

（3）砂浆应随拌随用，水泥砂浆和水泥混合砂浆应分别在 3h 和 4h 内使用完毕；当施工期间最高气温超过 30℃时，应分别在拌成后 2h 和 3h 内使用完毕。对掺用缓凝剂的砂浆，其使用时间可根据具体情况延长。

4. 砂浆强度

由边长为 7.07mm 的正方体试件，经过 28 天标准养护，测得一组六块的抗压强度值来评定。

砂浆试块应在搅拌机出料口随机取样、制作，同盘砂浆只应制作一组试块。

每一检验批且不超过 250m³ 砌体的各种类型及强度等级的砌筑砂浆，每台搅拌机应至少抽验一次。

5. 砌筑用砖

常用砌筑用砖有烧结普通砖、煤渣砖、烧结多孔砖、烧结空心砖、蒸压灰砂砖等种类。烧结普通砖按主要原料分为黏土砖、页岩砖、煤矸石砖和粉煤灰砖。

烧结普通砖根据抗压强度分为 MU30、MU25、MU20、MU15、MU10 五个强度等级。烧结普通砖根据尺寸偏差、外观质量、泛霜和石灰爆裂分为优等品、一等品、合格品三个质量等级。优等品适用于清水墙，一等品、合格品可用于混水墙。

烧结普通砖的外形为直角六面体，其公称尺寸为：长 240mm、宽 115mm、高 53mm。

6. 烧结普通砖砌体

（1）砌筑前，砖应提前 1~2h 浇水湿润，砖含水率宜为 10%~15%。

（2）砌筑方法有"三一"砌筑法、挤浆法（铺浆法）、刮浆法和满口灰法四种。通常宜采用"三一"砌筑法，即一铲灰、一块砖、一揉压的砌筑方法。当采用铺浆法砌筑时，铺浆长度不得超过 750mm，施工期间气温超过 30℃时，铺浆长度不得超过 500mm。

（3）设置皮数杆：在砖砌体转角处、交接处应设置皮数杆，皮数杆上标明砖皮数，灰缝厚度以及竖向构造的变化部位。皮数杆间距不应大于 15m。在相对两皮数杆上砖上边线处拉水准线。

（4）砖墙砌筑形式：根据砖墙厚度不同，可采用全顺、两平一侧、全丁、一顺一丁、梅花丁或三顺一丁等砌筑形式。

（5）一砖厚承重墙的每层墙的最上一皮砖、砖墙阶台水平面上及挑出层，应整砖丁砌。砖墙挑出层每次挑出宽度应不大于60mm。

（6）砖墙灰缝宽度宜为10mm，且不应小于8mm，也不应大于12mm。

（7）砖墙的水平灰缝砂浆饱满度不得小于80%；垂直灰缝宜采用挤浆或加浆方法，不得出现透明缝、瞎缝和假缝。

（8）在砖墙上留置临时施工洞口，其侧边离交接处墙面不应小于500mm，洞口净宽不应超过1m。临时施工洞口应做好补砌。

（9）不得在下列墙体或部位设置脚手孔：

1）120mm厚墙、料石清水墙和独立柱；

2）过梁上与过梁成60度角的三角形范围及过梁净跨度1/2的高度范围内；

3）宽度小于1m的窗间墙；

4）砌体门窗洞口两侧200mm（石砌体为300mm）和转角处450mm（石砌体为600mm）范围内；

5）梁或梁垫下及其左右500mm范围内；

6）设计不允许设置脚手孔的部位。

施工脚手孔补砌时，灰缝应填满砂浆，不得用于砖填塞。

（10）砖墙的转角处和交接处应同时砌筑，严禁无可靠措施的内外墙分砌施工。对不能同时砌筑而又必须留置的临时间断处应砌成斜槎，斜槎水平投影长度不应小于高度的2/3。

（11）非抗震设防及抗震设防烈度为6度、7度地区的临时间断处，当不能留斜槎时，除转角处外，可留直槎，但直槎必须做成凸槎。留直槎处应加设拉结钢筋，拉结钢筋的数量为每120mm墙厚放置1$\phi$6拉结钢筋（240mm厚墙放置2$\phi$6拉结钢筋），间距沿墙高不应超过500mm；埋入长度从留槎处算起每边均不应小于500mm，对抗震设防烈度6度、7度地区，不应小于1000mm；末端应有90°弯钩。

（12）设有钢筋混凝土构造柱的抗振多层砖房，应先绑扎钢筋，而后砌砖墙，最后浇筑混凝土。墙与柱应沿高度方向每500mm设2如钢筋（一砖墙），每边伸入墙内不应少于1m；构造柱应与圈梁连接；砖墙应砌成马牙槎，每一马牙槎沿高度方向的尺寸不超过300mm，马牙槎从每层柱脚开始，应先退后进。该层构造柱混凝土浇筑完之后，才能进行上一层的施工。

（13）砖墙工作段的分段位置，宜设在变形缝、构造柱或门窗洞口处；相邻工作段的砌筑高度不得超过一个楼层高度，也不宜大于4m。

（14）砖墙每日砌筑高度不宜超过1.8m；雨天施工时不宜超过1.2m。尚未施工楼板或屋面的墙或柱，当可能遇到大风时，其允许自由高度不得超过规范规定；否则，必须采取临时支撑等有效措施。

7. 砖柱

（1）砖柱应选用整砖砌筑。砖柱断面宜为方形或矩形。

（2）砖柱砌筑应保证砖柱外表面上下皮垂直灰缝相互错开1/4砖长，砖柱不得采用包心砌法。

8. 砖垛

砖垛应与所附砖墙同时砌筑。砖垛与砖墙搭砌时，搭砌长度应不小于1/4砖长。砖垛外表面上下皮垂直灰缝应相互错开1/2砖长。

9. 多孔砖

多孔砖的孔洞应垂直于受压面砌筑。

10. 空心砖墙

空心砖墙砌筑时，空心砖孔应沿墙呈水平方向，上下皮垂直灰缝相互错开1/2一砖长。空心砖墙底部宜砌3皮烧结普通砖。

空心砖墙与烧结普通砖墙交接处，应从普通砖墙引出不小于240mm长与空心砖墙相接，并与隔2皮空心砖高在交接处的水平灰缝中设置2$\phi$6拉结钢筋，拉结钢筋在空心砖墙中的长度不小于空心砖长加 240mm。

空心砖墙的转角处，应用烧结普通砖砌筑，砌筑长度角边不小于 240mm。

空心砖墙砌筑不得留槎，中途停歇时，应将墙顶砌平。

空心砖墙中不得留置脚手孔，不得对空心砖及墙进行砍凿。

11. 混凝土小型空心砌块砌体

（1）混凝土小型空心砌块分普通混凝土小型空心砌块和轻骨料混凝土小型空心砌块两种。

（2）普通混凝土小砌块施工前一般不宜浇水；当天气干燥炎热时，可提前洒水湿润小砌块；轻骨料混凝土小砌块施工前可洒水湿润，但不宜过多。龄期不足 28 天及表面有浮水的小砌块不得施工。

（3）小砌块施工时，必须与砖砌体施工一样设立皮数杆、拉水准线。

（4）小砌块砌筑应从转角或定位处开始，内外墙同时砌筑，纵横交错搭接。外墙转角处应使小砌块隔皮露端面；T 字交接处应使横墙小砌块隔皮露端面。

（5）小砌块施工应对孔错缝搭砌，灰缝应横平竖直，宽度宜 8 ~ 12mm。砌体水平灰缝的砂浆饱满度，按净面积计算不得低于 90%，竖向灰缝饱满度不得低于 80%，不得出现瞎缝、透明缝等。

（6）小砌块砌体临时间断处应砌成斜槎，斜槎长度不应小于斜槎高度的 2/3，如留斜槎有困难，除外墙转角处及抗震设防地区，砌体临时间断处不应留直槎外，可从砌体面伸出 200mm 砌成阴阳槎，并沿砌体高每 3 皮砌块（600mm）设拉结筋或钢筋网片。

12. 加气混凝土砌块

（1）加气混凝土砌块砌筑前，应根据建筑物的平面、立面图绘制砌块排列图。砌筑时必须设置皮数杆、拉水准线。

（2）加气混凝土砌块的砌筑面上应提前适量洒水润湿。砌筑时宜采用专用工具，上下皮砌块的竖向灰缝应相互错开，并不小于 150mm。如不能满足时，应在水平灰缝设置 2φ6 的拉结钢筋或网片，长度不应小于 700mm。

（3）灰缝应横平竖直，砂浆饱满，水平灰缝砂浆饱满度不应小于 90%，宽度宜为 15mm；竖向灰缝砂浆饱满度不应小于 80%，宽度宜为 20mm。

（4）加气混凝土砌块墙的转角处，应使纵横墙的砌块相互搭砌，隔皮砌块露端面。加气混凝土砌块墙的 T 字交接处，应使横墙砌块隔皮露端面，并坐中于纵墙砌块。

（5）加气混凝土砌块墙如无切实有效措施，不得使用于下列部位：

1）建筑物室内地面标高以下部位；

2）长期浸水或经常受干湿交替部位；

3）受化学环境侵蚀（如强酸、强碱）或高浓度二氧化碳等环境；

4）砌块表面经常处于 80℃ 以上的高温环境。

（6）加气混凝土墙上不得留设脚手孔。每一楼层内的砌块墙应连续砌完，不留接槎。如必须留槎时，应留斜槎。

## （七）屋面防水工程

屋面防水工程一般包括屋面卷材防水、屋面涂膜防水、屋面刚性防水、瓦屋面防水、屋面接缝密封防水。屋面防水层严禁在雨天、雪天和五级风及其以上时施工。

1. 屋面卷材防水施工

（1）找平层的排水坡度。找平层的排水坡度应符合设计要求，平屋面采用结构找坡不应小于 3%，采用材料找坡宜为 2%；天沟、檐沟纵向找坡不应小于 1%，沟底水落差不得超过 200mm。基层与突出屋面结构（女儿墙、山墙、天窗壁、变形缝、烟囱等）的交接处和基层的转角处，找平层均应做成圆弧形，圆弧半径可参照表 21 - 43 选取。

**表 21 - 43　圆弧半径**

| 卷 材 种 类 | 圆弧半径/mm | 卷 材 种 类 | 圆弧半径/mm |
|---|---|---|---|
| 沥青防水卷材 | 100 ~ 150 | 合成高分子防水卷材 | 20 |
| 高聚物改性沥青防水卷材 | 50 | | |

找平层宜设分格缝，并嵌填密封材料。

分格缝应留设在板端缝处，其纵横缝的最大间距：水泥砂浆或细石混凝土找平层，不宜大于6m；沥青砂浆找平层，不宜大于4m。

（2）卷材铺贴方向。屋面坡度小于3%时，卷材宜平行屋脊铺贴；屋面坡度在3% ~ 15%时，卷材可平行或垂直屋脊铺贴；屋面坡度大于15%或屋面受振动时，沥青防水卷材应垂直屋脊铺贴，高聚物改性沥青防水卷材和合成高分子防水卷材可平行或垂直屋脊铺贴；上下层卷材不得相互垂直铺贴。

（3）卷材的铺贴方法。卷材防水层上有重物覆盖或基层变形较大时，应优先采用空铺法、点粘法、条粘法或机械固定法，但距屋面周边800mm内以及叠层铺贴的各层卷材之间应满粘；防水层采取满粘法施工时，找平层的分格缝处宜空铺，空铺的宽度宜为100mm；在坡度大于25%的屋面上采用卷材做防水层时，应采取防止卷材下滑的固定措施。

屋面卷材防水层施工时，应先做好节点、附加层和屋面排水比较集中等部位的处理；然后，由屋面最低处向上进行。铺贴天沟、檐沟卷材时，宜顺天沟、檐沟方向，减少卷材的搭接。当铺贴连续多跨的屋面卷材时，应按先高跨后低跨、先远后近的次序。

铺贴卷材应采用搭接法。平行于屋脊的搭接缝，应顺流水方向搭接；垂直于屋脊的搭接缝，应顺年最大频率风向搭接。叠层铺贴的各层卷材，在天沟与屋面的交接处，应采用叉接法搭接，搭接缝应错开；搭接缝宜留在屋面或天沟侧面，不宜留在沟底。上下层及相邻两幅卷材的搭接缝应错开，各种卷材的搭接宽度应符合表21 - 44的要求。

**表 21 - 44　卷材搭接宽度**　　　　　　　　　　　　　　　　　　　　　　　　　　（mm）

| 卷 材 种 类 | | 铺 贴 方 法 | | | |
|---|---|---|---|---|---|
| | | 短边搭接 | | 长边搭接 | |
| | | 满粘法 | 空铺、点粘、条粘法 | 满粘法 | 空铺、点粘、条粘法 |
| 沥青防水卷材 | | 100 | 150 | 70 | 100 |
| 高聚物改性沥青防水卷材 | | 80 | 100 | 80 | 100 |
| 自粘聚合物改性沥青防水卷材 | | 60 | | 60 | |
| 胶粘剂 | | 80 | 100 | 80 | 100 |
| 合成高分子胶粘带 | | 50 | 60 | 50 | 60 |
| 防水卷材 | 单缝焊 | 60，有效焊接宽度不小于25 | | | |
| | 双缝焊 | 80，有效焊接宽度10 ×2 + 空腔宽 | | | |

天沟、檐沟、檐口、泛水和立面卷材收头的端部应裁齐，塞入预留凹槽内，用金属压条钉压固定，最大钉距不应大于900mm，并用密封材料嵌填封严。

（4）保护层施工。卷材防水层完工并经验收合格后，应做好成品保护。保护层的施工应符合下列规定：

1）绿豆砂应清洁、预热、铺撒均匀，并使其与沥青玛碲脂黏结牢固，不得残留未黏结的绿豆砂。

2）云母或蛭石保护层不得有粉料，铺撒应均匀，不得露底，多余的云母或蛭石应清除。

3）水泥砂浆保护层的表面应抹平压光，并设表面分格缝，分格面积宜为$1m^2$。

4）块体材料保护层应留设分格缝，分格面积不宜大于$100m^2$，分格缝宽度不宜小于20mm。

5）细石混凝土保护层，混凝土应密实，表面抹平压光，并留设分格缝，分格面积不大于$36m^2$。

6）浅色涂料保护层应与卷材黏结牢固，厚薄均匀，不得漏涂。

7）水泥砂浆、块材或细石混凝土保护层与防水层之间应设置隔离层。

8）刚性保护层与女儿墙、山墙之间应预留宽度为30mm的缝隙，并用密封材料嵌填严密。

2. 屋面涂膜防水施工

屋面基层的干燥程度应视所用涂料特性确定。当采用溶剂型涂料时，屋面基层应干燥。

防水涂膜应分遍涂布，不得一次涂成。应待先涂布的涂料干燥成膜后，方可涂布后一遍涂料，且前后两遍涂料的涂布方向应相互垂直。

需铺设胎体增强材料时，当屋面坡度小于15%，可平行屋脊铺设；当屋面坡度大于15%，应垂直于屋脊铺设，并由屋面最低处向上进行。胎体增强材料长边搭接宽度不得小于50mm，短边搭接宽度不得小于70mm。采用两层胎体增强材料时，上下层不得相互垂直铺设，搭接缝应错开，其间距不应小于幅宽的1/3。

涂膜防水层的收头，应用防水涂料多遍涂刷或用密封材料封严。

涂膜防水屋面应设置保护层。保护层材料可采用细砂、云母、蛭石、浅色涂料、水泥砂浆、块体材料或细石混凝土等。采用水泥砂浆、块体材料或细石混凝土时，应在涂膜与保护层之间设置隔离层。水泥砂浆保护层厚度不宜小于20mm。

3. 屋面刚性防水施工

屋面刚性防水层主要分为普通细石混凝土防水层、补偿收缩混凝土防水层、块体刚性防水层、预应力混凝土防水层、钢纤维混凝土防水层，尤以前两种应用最为广泛。

刚性防水屋面应采用结构找坡，坡度宜为2%～3%。天沟、檐沟应用水泥砂浆找坡，找坡厚度大于20mm时，宜采用细石混凝土。刚性防水层内严禁埋设管线。刚性防水层应设置分格缝，分格缝内应嵌填密封材料。分格缝应设在屋面板的支承端、屋面转折处、防水层与突出屋面结构的交接处，并应与板缝对齐。普通细石混凝土和补偿收缩混凝土防水层的分格缝，宽度宜为5～30mm，纵横间距不宜大于6m，上部应设置保护层。

刚性防水层与山墙、女儿墙、变形缝两侧墙体等突出屋面结构的交接处，应留宽度为30mm的缝隙，并应用密封材料嵌填；泛水处应铺设卷材或涂膜附加层。

细石混凝土防水层与基层间宜设置隔离层，隔离层可采用纸筋灰、麻刀灰、低强度等级砂浆、干铺卷材等。

### （八）地面与楼面工程

地面与楼面工程包括混凝土垫层、水泥砖碎焦渣、四合土垫层及钢筋混凝土楼板面上的饰面工程。

基层必须坚实、清洁（无油渍、污垢、灰尘以及杂物等），如抹灰基层为光滑的混凝土表面应预凿毛，使基层具有粗糙的表面。做底层前，必须提前一天用清水洗擦干净基层，保持湿润而无积水。影响面层厚度的凸出部位要凿平并洗擦干净。楼地面孔洞、板缝等过度凹陷部位应事先用细石混凝土填补严实或用设计配合比相同的砂浆分层抹压找平。

1. 水泥砂浆面层工艺流程

工艺流程：处理、润湿基层──打灰饼、做冲筋──基层刷素水泥浆结合层──铺面层水泥砂浆──第一遍压光──第二遍压光──第三遍压光──抹踢脚线面层──养护。

（1）打灰饼、做冲筋。根据地面设计标高和抹灰厚度以及预先在墙面弹定的标高基准墨线，在地面四周做灰饼，然后拉线打中间灰饼再用干硬性水泥砂浆做冲筋，冲筋间距约1.5m。在有地漏和坡度要求的地面，应按设计要求做泛水和坡度。对于面积较大的地面，应用水准仪测出基层的平均标高并计算面层厚度，然后边测标高边做灰饼。

（2）刷素水泥浆结合层。宜刷水灰比为0.4～0.5的素水泥浆，也可在基层上均匀洒水湿润后，再撒水泥粉，用竹扫帚均匀涂刷，随刷随做面层，但一次涂刷面积不宜过大。

（3）水泥砂浆地面操作。

1）混凝土基层通常用干硬性水泥砂浆，砂浆外表湿润松散，手握成团、不泌水为准，水泥焦渣基层可用一般水泥砂浆。水泥砂浆配比为 1:2（水泥:砂），操作时先在两冲筋之间均匀地铺上砂浆，比冲筋面略高，然后用压尺以冲筋为准刮平，并对低凹处填补砂浆，并用木抹子搓压、拍实，待表面水分稍干后（禁止用水泥粉砂水催干），用木抹子打磨，要求把砂眼、凹坑、脚印打磨掉，操作人员在操作半径内打磨完后，即用纯水泥浆（水灰比约为 0.6～0.8）均匀满涂地面上（约 1～2mm 厚），再用铁抹子抹光。向后退着操作，在水泥砂浆初凝前完成。

2）第二遍压光：在水泥浆初凝前人站在上面有脚印但不下陷，即可用铁抹子压抹第二遍，要求不漏压，做到压实、压光；凹坑、砂眼和脚印都要填补压平。

3）第三遍压光：在水泥砂浆终凝前，此时人踩上去有细微脚印，当试抹无抹纹时，即可用铁抹子抹压第三遍，压时用劲稍大一些，把第二遍压光时留下的抹纹、细孔等抹平，封闭表面孔隙，达到压平、压实、压光。

4）养护：水泥砂浆压抹完毕后，要适时（夏季宜在 24h、冬季在 48h 后）表面覆盖湿润养护，使用矿渣水泥时尤应注意加强养护。养护期间不得上人或使用。

2. 水磨石面层工艺流程

工艺流程：处理、润湿基层——打灰饼、做冲筋——抹找平层——养护——嵌镶分格条——铺水泥石子浆——养护试磨——磨第一遍并补浆——磨第二遍并补浆——磨第三遍并养护——过草酸上蜡抛光。

（1）做找平层。

1）打灰饼、做冲筋：做法同楼地面水泥砂浆抹面。

2）刷素水泥浆结合层：做法同楼地面水泥砂浆抹面。

3）铺抹水泥砂浆找平层：找平层用 1:3 干硬性水泥砂浆，先将砂浆摊平，再用压尺按冲筋刮平，随即用木抹子磨平压实，要求表面平整密实、保持粗糙，找平层抹好后，第二天应浇水养护至少一天。

（2）分格条镶嵌。

1）找平层养护一天后，先在找平层上按设计要求弹出纵横两向或图案墨线，然后按墨线截分格条。

2）用纯水泥浆在分格条下部抹成八字角通长座嵌牢固（与找平层约成 30°角），铜条穿的铁丝要埋好。纯水泥浆的涂抹高度比分格条低 3～5mm。分格条应镶嵌牢固，接头严密，顶面在同一平面上，并通线检查其平整度及顺直。

3）分格条镶嵌好以后，隔 12h 开始浇水养护，最少应养护两天。

（3）抹石子浆面层。

1）水泥石子浆应严格按照配合比计量。彩色水磨石应先按配合比将白水泥和颜料反复干拌均匀，拌完后密筛多次，使颜料均匀混合在白水泥中，并调足供补浆之用的备用量，最后按配合比与石米搅拌均匀，并加水搅拌。

2）铺水泥石子浆前一天，洒水湿润基层。将分格条内的积水和浮砂清除干净，并涂素刷水泥浆一遍，水泥品种与石子浆的水泥品种一致，随即将水泥石子浆先铺在分格条旁边，将分格条边约 100mm 内的水泥石子浆（石子浆配合比一般为 1:1.25 或 1:1.50）轻轻抹平压实，以保护分格条，然后再整格铺抹，用木磨板子或铁抹子抹平压实，但不应用压尺刮。面层应比分格条高 5mm 左右，如局部石子浆过厚，应用铁抹子挖去，再将周围的石子浆刮平压实，对局部水泥浆较厚处，应适当补撒一些石子，并压平压实，要达到表面平整，石子分布均匀。

3）石子浆面至少要经两次用毛横扫粘拉开面浆，检查石粒均匀（若过于稀疏应及时补上石子）后，再用铁抹子抹平压实，至泛浆为止。要求将波纹压平，分格条顶面上的石子应清除掉。

4）在同一平面上如有几种颜色图案时，应先做深色，后做浅色。待前一种色浆凝固后，再抹后一种色浆。两种颜色的色浆不应同时铺抹，避免串色。但间隔时间不宜过长，一般可隔日铺抹。

5）养护：石子浆铺抹完成后，次日起应进行浇水养护，并应设警戒线严防人行践踏。

（4）磨光。

1）大面积施工宜用机械磨石机研磨，小面积、边角处可使用小型手提式磨机研磨，对局部无法使用机械研磨时，可用手工研磨。开磨前应试磨，若试磨后石粒不松动，即可开磨。一般开磨时间同气温、水泥标号品种有关，可参考表21-45。

表21-45 水磨石面层开磨参考时间

| 平均温度/℃ | 开磨参考时间/d | | 平均温度/℃ | 开磨参考时间/d | |
|---|---|---|---|---|---|
| | 机 磨 | 人工磨 | | 机 磨 | 人工磨 |
| 20~30 | 3~4 | 2~3 | 5~10 | 5~6 | 4~5 |
| 10~20 | 4~5 | 3~4 | | | |

2）磨光作业应采用"二浆三磨"方法进行，即整个磨光过程分为磨光三遍，补浆两次。

①用60~80号粗石磨第一遍，随磨随用清水冲洗，并将磨出的浆液及时扫除。对整个水磨面，要磨匀、磨平、磨透，使石粒面及全部分格条顶面外露。

②磨完后要及时将泥浆水冲洗干净，稍干后，涂刷一层同颜色水泥浆（即补浆），用以填补砂眼和凹痕，对个别脱石部位要填补好，不同颜色上浆时，要按先深后浅的顺序进行。

③补浆后需养护3~4天，再用100~150号磨石进行第二遍研磨，方法同第一遍。要求磨至表面平滑、无模糊不清之感为止。

④经磨完清洗干净后，再涂刷一层同色水泥浆。继续养护3~4天后，用180~240号细磨石进行第三遍研磨，要求磨至石子粒粒显露，表面平整光滑，无砂眼细孔为止，再用清水将其冲洗干净并养护。

3）过草酸出光。对研磨完成的水磨石面层，经检查达到平整度、光滑度要求后，即可进行擦草酸打磨出光。操作时可涂刷10%~15%的草酸溶液，或直接在水磨石面层上浇适量水及撒草酸粉，随后用280~320号细油石细磨，磨至出白浆、表面光滑为止。然后用布擦去白浆，并用清水冲洗干净并晾干。

4）上蜡抛光。按蜡:煤油=1:4的比例将其热熔化，并掺入松香水适量后调成稀糊状，用布将蜡薄薄地均匀涂刷在水磨石面上。待蜡干后，用包有麻布的木块代替油石装在磨石机的磨盘上进行磨光，直到水磨石表面光滑洁亮为止。

3. 大理石、花岗石、预制水磨石铺贴工艺流程

工艺流程：清理、润湿基层及板材——预排编号、挂线——铺贴标准行——挂线——铺水泥砂浆结合层——铺板材——灌缝、擦缝——养护。

（1）先将石板块背面刷干净，铺贴时保持湿润。

（2）根据水平线、中心线（十字线），按预排编号铺好铺贴区域、走廊左右两侧标准行后，再进行拉线铺贴。

（3）铺贴前应先将基层浇水湿润，再刷素水泥浆（水灰比为0.5左右），水泥浆应随刷随铺砂浆，并不得有风干现象。

（4）铺干硬性水泥砂浆（一般配合比为1:3，以湿润松散、手握成团不泌水为准）找平层，松铺厚度以25~30mm为宜，放上石板时高出预定完成面约3~4mm为宜，用铁抹子拍实找平，然后预铺石板，并对准纵横缝，用木槌适度着力敲击板中部，振实砂浆至铺设高度后，将石板掀起，检查砂浆表面与石板底相吻合后（如有空虚处，应用砂浆填补），砂浆表面适量洒水，再均匀撒一层水泥粉，把石板对准铺贴。铺贴时四角要同时着落，并用木槌适度着力敲击至平正。

（5）铺贴顺序应从里向外逐行挂线铺贴。缝隙宽度如设计没有要求时，花岗石、大理石不应大于1mm，水磨石块不应大于2mm。

（6）铺贴完成24h后，经检查石板表面无断裂、空鼓后，用稀水泥（颜色与石板调和）刷浆填缝填饱满，并随即用干布擦至无残灰、污迹为止。铺好石板两天内禁止行人和堆放物品。

（7）镶贴踢脚板。

1）镶贴前先将石板块刷水湿润，阳角接口板按设计要求处理或割成45°角。

2）将基层浇水湿透，均匀涂擦素水泥浆，边刷边贴。

3）在墙两端先各镶贴一块踢脚板，其上楞（上口）高度应在同一水平线，突出墙面厚度应一致。然后沿两块踢脚板上楞拉基准线，用1:2水泥砂浆逐块依次镶贴踢脚板。

4）镶贴时应检查踢脚板的平顺和垂直度。

5）板间接缝应与地面缝对齐，擦缝做法同地面。

4. 釉面砖、水泥花阶砖、陶瓷锦砖（马赛克）铺贴工艺流程

处理、润湿基层──→打灰饼、做冲筋──→铺结合层砂浆──→挂控制线──→铺砖（已浸水）──→敲击至平整──→处理砖缝。

（1）抹结合层：

1）根据标高基准水平线，打灰饼及用压尺做好冲筋。

2）浇水湿润基层，再刷水灰比为0.5素水泥浆。

3）根据冲筋厚度，用1:3干硬性水泥砂浆（以手握成团不沁水为准）抹铺结合层。结合层应用压尺及木抹子压平打实（抹铺结合层时，基层应保持湿润，已刷素水泥浆不得有风干现象，结合层抹好后，以人站上面只有轻微脚印而无凹陷为准）。

4）对照中心线（十字线）在结合层面上弹饰面块料控制线（靠墙一行面块料与墙边距离应保持一致，一般纵横每五块面料设置一度控制线）。

（2）饰面块料铺贴：

1）釉面砖和水泥花阶砖：

①根据控制线先铺贴好左右靠边基准行的块料，以后根据基准行由内向外挂线逐行铺贴。

②用水泥膏（约2~3mm厚）满涂块料背面，对准挂线及缝子，将块料铺贴上，用木槌适度用力敲击至平正。

③挤出的水泥膏及时清干净（缝子经砖面凹1mm为宜）。

2）陶瓷锦砖（马赛克、纸皮石）：

①根据控制线先铺贴好左右靠边基准行（封路）的块料，以后根据基准行由内向外挂线逐行铺贴。

②用毛刷湿水适量将块料表面（沿贴纸的一面）灰尘扫净，在结合层上均匀抹一层水泥膏后，将块料贴上，并用平整木板压在块料上用木槌敲击平正。

③将挤出的水泥膏及时清干净。

④块料贴上后，在纸面刷水湿润，将纸揭去（一般待15~30min），并及时将纸屑清干净；拨正歪斜缝子，铺上平正木板，用木槌拍平打实。

（3）灌缝：待粘贴水泥膏凝固后，用白水泥、颜料（色泽根据面料颜色调配）填平缝子（过大缝子要拌细砂填灌），用锯末（木糠），棉丝将表面擦干净至不留残灰为止。

## （九）门窗工程

1. 钢窗安装操作工艺

（1）画线。按设计图纸划定窗台安装位置的尺寸标高，一般以窗安装位置为准。如工程为多或高层建筑时，以顶层窗安装位置为准，可用线锤将顶层分出窗线垂吊下来，每层按此垂线弹好引线，并引好垂线。

（2）钢窗就位。按图要求的型号、尺寸及窗的开启方向等，将钢窗运到安装点，并及时靠垫牢固。

（3）立钢窗。将钢窗就位，用木楔临时固定，使其铁脚插入预留孔洞，然后根据窗安装位置线及水平线进行支垫，并用托线板吊垂直。

阳台门窗安装时，可以事先预拼好后再安装，也可以边拼边装。

（4）焊接、堵孔。钢窗立好后，校正水平和侧垂直后，即可将上框铁脚与过梁预埋铁焊牢，框两侧

铁脚插入洞内用水将洞内淋湿，采用1:3水泥砂浆，将其堵塞密实，洒水养护，过3天之后方可将四周木楔取出。

（5）安装五金配件。钢窗五金安装一般应在安装玻璃前进行。

2. 铝合金门窗安装操作工艺

（1）防腐处理：

1）门窗框侧面防腐处理如设计要求时，按设计要求执行。如设计无专门的要求时，在门窗框四周侧面涂防腐沥青漆。

2）连接铁件、固定件等安装用金属零件，除不锈钢外，均应进行防腐处理。

（2）就位和临时固定。根据门窗安装位置墨线，将铝门窗装入洞口就位，将木楔塞入门窗框和四周墙体间的安装缝隙，调整好门窗框的水平、垂直、对角线长度等位置及形状偏差符合检评标准，用木楔或其他器具临时固定。

（3）门窗框与墙体的连接固定：

1）连接铁件与预埋件焊接固定：适用于钢筋混凝土和砖墙结构。

2）连接铁件用紧固件固定：

①金属膨胀螺栓：适用于混凝土结构。

②塑料膨胀螺栓：适用于混凝土结构。

③不论采用哪种方法固定，铁脚至窗角的距离不应大于180mm，铁脚间距应按设计要求，间距应不大于600mm。

（4）门窗框与墙体安装缝隙的密封：

1）钢门窗安装固定后，应先进行隐蔽工程验收，检查合格后再进行门窗框与墙体安装缝隙的密封处理。

2）门窗框与墙体安装缝隙的处理，如设计有规定时，按设计规定执行。如设计未规定填缝材料时，应填塞水泥砂浆，如室外侧留密封槽口，填嵌防水密封胶。

（5）安装五金配件齐全，并保证其使用灵活。

（6）安装门窗扇及门窗玻璃：

1）门窗扇及门窗玻璃的安装应在洞口墙体表面装饰工程完工后进行。

2）地弹簧门应在门框及弹簧主机入口安装固定好之后安装门窗，先将玻璃嵌入门扇构架并一起入框就位，调整好框扇缝隙，最后再将门扇上的玻璃填嵌密封胶。

3）平开门窗一般在框与扇构架组装上墙，安装固定好之后安装玻璃，先调整好框与扇的缝隙，再将玻璃入扇调整，最后镶嵌密封条和填嵌密封胶。

4）推拉门窗一般在门窗框安装固定好之后，将配好的门窗扇整体安装，即将玻璃入扇镶装密封完毕，再入框安装，调整好框与扇的缝隙。

## （十）装饰工程

1. 一般墙面抹灰工艺流程

工艺流程：基层处理──→套方、吊直、做灰及冲筋──→做护角──→抹底层和中层砂浆──→抹罩面层灰。

（1）基层处理。清除墙面的灰尘、污垢、碱膜、砂浆块等附着物，要洒水润湿。对用钢模板施工过于光滑的混凝土墙面，可采用墙面凿毛或用喷、扫的方法将1:1的水泥砂浆分散均匀地喷射到墙面上，待结硬后才进行底层抹灰作业，以增强底层灰与墙体的附着力。

（2）套方、吊直，做灰饼。抹底层灰前必须先找好规矩，即四角规方，横线找平，立线吊直，弹出基准线和墙裙、踢脚板线。属于中级和高级抹灰时，可先用托线板检查墙面平整、垂直程度，并在控制阳角方正的情况下大致确定抹灰厚度后（最薄处一般不小于7mm），挂线做灰饼（灰饼厚度应不包括面层）。对于高级抹灰，应先将房间规方，一般可先在地面上弹出十字线作为基准线，并结合墙面平整、垂直程度大致确定墙面抹灰厚度，并吊线"做灰饼"，"做灰饼"时应先在左右墙角上各做一个标准饼，然后用线锤吊垂直线做墙下角两个标准饼（高低位置一般在踢脚线上口），再在墙角左右两个标准饼面之间通线，每隔 1.2～1.5m 左右及在门窗口阳角等处上下各补做若干个灰饼。

（3）墙面冲筋。待灰饼结硬后，使用与抹灰层相同的砂浆，在上下灰饼之间做宽约 30～50mm 的灰浆带，并以上下灰饼为准用压尺推平。冲筋完成后应待其稍干后才能进行墙面底层抹灰作业。

（4）做护角。根据砂浆墩和门框边离墙面的空隙，用方尺规方后，分别在阳角两边吊直和固定好靠尺板，抹出水泥砂浆护角，并用阴角抹子推出小圆角，最后利用靠尺板，在阳角两边 50mm 以外位置，以 40°斜角将多余砂浆切除、清净。

（5）抹底层灰和中层灰。在墙体湿润的情况下抹底层灰，对混凝土墙体表面宜先刷水泥浆一遍，随刷随抹底层灰。底层灰宜用 1:1.6 水泥混合砂浆（或按设计要求），厚度宜为 5～7mm，待底层灰稍干后，再以同样砂浆抹中层灰，厚度宜为 7～9mm。若中层灰过厚，则应分遍涂抹。然后以冲筋为准，用压尺刮平找直，用木磨板磨平。中层灰抹完磨平后，应全面检查其垂直度、平整度、阴阳角是否方正、顺直，发现问题要及时修补（或返工）处理，对于后做踢脚线的上口及管道背后位置等应及时清理干净。

（6）抹罩面层：

1）面层抹纸筋灰：待中层灰达到七成干后（即用手按不软但有指印时），即可抹纸筋灰罩面层（如间隔时间过长，中层灰过干时，应洒水湿润）。纸筋灰罩面层厚度不得大于 2mm，抹灰时要压实抹平。待灰浆稍干"收身"时（即经过铁抹子磨压而灰浆层不会变成糊状），要及时压实压光，并可视灰浆干湿程度用铁抹子蘸水抹压、溜光，使面层更为细腻光滑。窗洞口阳角、墙面阴角等部位要分别用阴阳角抹子推顺溜光。纸筋灰罩面层要黏结牢固，不得有匙痕、气泡、纸粒和接缝不平等现象，与墙边或梁边相交的阴角应成一条直线。

2）面层抹石灰砂浆：等中层有七成干后，用 1:3 石灰砂浆抹罩面层，厚度为 4～5mm，分两遍压实磨光，先用铁抹子抹上砂浆，然后用刮尺刮平，待灰浆"收身"后再淋稀石灰水，并用磨板打磨起浆后，用灰匙赶平压光至表面平整光滑。

2. 墙面抹水泥砂浆工艺流程

工艺流程：基层处理——套方、吊直、做灰饼及冲筋——抹底层和中层砂浆——抹面层水泥砂浆并压光。

（1）基层处理：吊直、套方、做灰饼、墙面冲筋、抹底层灰和中层灰等工序的做法与墙面抹纸筋灰浆时基本相同，但底层灰和中层灰用 1:2.5 水泥砂浆或水泥混合砂浆涂抹，并用木抹子搓平带毛面，在砂浆凝固之前，表面用扫帚扫毛或用钢抹子每隔一定距离交叉画出斜线。

（2）抹水泥砂浆面层：中层砂浆抹好后第二天，用 1:2.5 水泥砂浆或按设计要求的水泥混合砂浆抹面层，厚度为 5～8mm。操作时先将墙面湿润，然后用砂浆薄刮一道使其与中层灰粘牢，接着抹第二遍，达到要求的厚度，用压尺刮平找直待其"收身"后，用铁抹子压实压光并养护。

3. 墙面抹建筑石膏工艺流程

工艺流程：基层处理——套方、吊直、做灰饼及冲筋——抹底层砂浆——第一遍抹石膏灰面层——第二遍抹石膏灰面层。

（1）基层处理、吊直套方、打墩、墙面冲筋，抹底层灰等工序与墙面抹纸筋灰、石灰砂浆基本相同。与墙面抹纸筋灰和石灰砂浆相比较，底层应平整稍粗，不得有明显的凹凸坑陷痕迹。

（2）石膏灰配制：罩面石膏灰应掺入缓凝剂，如硼砂或牛皮胶、柠檬酸等。缓凝剂掺入量应由试验确定，一般控制在 15～20min 内凝结。当掺入硼砂时，先将硼砂与水搅拌均匀，随后按配合比加入石膏粉，随加随拌至均匀为止。当掺入牛皮胶时，要先按比例将牛皮胶加水后加热熬制，待牛皮胶完全溶解后再按规定比例加入石膏粉拌匀使用。

石膏浆应随拌随抹，应注意控制每次拌制的数量不要太多。施工时最好先估算每个抹灰面大约需要的石膏浆量，按配合比要求计算出每次投料数量后才进行拌制。以利于操作和保证质量，减少返工损失。

抹石膏灰罩面层：石膏灰罩面层厚度不得大于2mm。涂抹时应分两遍连续进行，第一遍应涂抹在干燥的中层上，在其未"收水"时即应进行第二遍涂抹，并即用灰匙赶平压光至表面密实光滑。每个抹灰面应一次完成，不留接槎。已经凝结的石膏面层不得再湿水翻磨。

4. 现浇混凝土楼板顶棚（天花）抹灰抹纸筋灰工程

工艺流程：基层处理——→弹水平基准线——→润湿基层——→刷水泥浆——→抹底层砂浆——→抹纸筋灰面层。

（1）基层处理：对采用钢模板施工的板底凿毛，并用钢丝刷满刷一遍，再浇水湿润。

（2）根据墙柱上弹出的标高基准墨线，用粉线在顶板下100mm的四周墙面上弹出一条水平线，作为顶板抹灰的水平控制线。对于面积较大的楼盖顶或质量要求较高的顶棚，宜通线设置灰饼。

（3）抹底灰：在顶板混凝湿润的情况下，先刷素水泥浆一道，随刷随打底，打底采用1:1:6水泥混合砂浆。对顶板凹度较大的部位，先大致找平并压实，待其干后，再抹大面底层灰，其厚度每遍不宜超过8mm。操作时需用力抹压，然后用压尺刮抹顺平，再用木磨板磨平，要求平整稍毛，不必光滑，但不得过于粗糙，不许有凹陷深痕。

（4）抹罩面灰：待底灰约六、七成干时，即可抹面层纸筋灰。如停歇时间长，底层过分干燥则应用水润湿。涂抹时先分两遍抹平，压实，其厚度不应大于2mm。

待面层稍干，"收身"时（即经过铁抹子压磨灰浆表层不会变为糊状时）要及时压光，不得有匙痕、气泡、接缝不平等现象。天花板与墙边或梁边相交的阴角应成一条水平直线，梁端与墙面，梁边相交处应成垂直线。

## （十一）涂料工程

操作工艺：基层处理——→润色水粉。

1. 基层处理

清除表面的尘土和油污，如粘有机油，可用汽油、擦洗干净。由于门窗扇与门窗框安装时间先后不同，木材表面色泽也不一致（一般是门窗框发黑、木色料深），所以还要用砂纸打磨门窗框，可以一面打磨一面用清水擦洗。打磨时砂纸要压紧，用力要轻，直到磨出表面污迹，现出木材原色。有棕眼的木材还要用热水揩擦，使木材受热，木刺膨胀出来，再用砂纸打磨就较光滑。木门等面积较大处，可用砂纸包木块须木纹打磨，磨出木材面上的刨迹使其平整，磨后打扫干净。

2. 润色水粉

水粉是用福粉、纤维素少量和水混合搅拌成糊状（颜色同样板颜色）操作方法是用棉纱团蘸水粉，来回多次揩擦木面，有棕眼的地方要注意擦满棕眼。因水粉内有颜色，揩擦可逐面分段进行，以求一个面上的颜色一致，较大的面要一次完成，以保证颜色一致。擦后即用竹丝碱或细软藤丝将木面上多余的水粉揩擦干净。线角等擦不净的地方，可用竹片或小木刮干净。

## （十二）给排水工程

1. 施工程序

安装工程以土建为基础，根据工程计划总进度，配合土建工程整体施工、水电、消防等安装做到下列安装程序的安排。

操作工艺：施工准备——→主体预埋——→管道安装——→室外工程——→室内管道——→零星收尾——→工程竣工。

2. 给水管道安装

（1）管道穿越建筑物的地下室基础墙、楼板和暗装的墙槽应配合土建预留、埋设，位置要符合要求。

（2）钢管穿越楼板、地下室连续混凝土时应预埋套管，顶部高出地面20mm，底部与楼板地面平齐，地下室外连续混凝土应做防水套管，防水套管用5mm钢板制作防水翼环，防水翼环按套管的规格用气割割好孔洞，套在套管中间，双面焊接在套管上，焊缝与套管两面用沥青防腐漆两遍防腐，套与管道的空隙应用棉绳或沥青油麻石棉水泥封填凿打严密。

（3）管道安装。

1）根据设计图管道的测量的标高，走向制作支架，支架制作严禁用气割割断，割孔应用砂轮机、台钻等工具。制作支架按测量好标高把前后支架安装好，用纱线拉平吊垂直安装，中间支架、吊托架间距，按管道管径大小与施工规范施工，有阀门两边加密支架安装。

2）水平干管道安装在安装层的结构顶板完成后进行，沿管线的吊托架卡件均安装牢固，位置正确，按现场测量制作好的管段逐段安装，按图安装各类阀门，阀门安装位置准确，容易检修，朝向正确。

3）立管安装应在主体结构完成后进行，高层建筑在主体结构达到安装条件后适当插入安装，每层应有明确的标高线，连接按现场测量制作好的管段逐段向上安装，竖井内法兰焊接钢管，因场地操作不方便，应分段吊装焊接，然后在适当的位置拼装焊接。

（4）塑料PP－R给水管施工质量技术措施。

1）生活用水塑料管道选用的管材应具备卫生检验部门的检验报告或认证文件，具有质量检验部门的质量合格证，并应有明显标志表明生产厂家的名称和规格。包装上应标有批号、数量、生产日期和检验代号。

2）管材和管件颜色应一致，无色泽不匀及分解变色线，内外壁应光滑、平整、无气泡、裂口、裂纹、脱皮和严重冷斑及明显的纹痕，凹陷。管件的壁厚不得小于相应管材的壁厚。

3）管材和管件的承插熔接接面，必须表面平整，尺寸准确，以保证接口的密封性能。

4）塑料管道与金属管配件连接的塑料转换接头所承受的强度实验压力不应低于管道的实验压力，其所承受的水密性实验压力不应低于管道的系统工作压力，其螺纹应符合现行国家标准的规定。

5）管材和管件应在同一批中抽样进行规格尺寸及必要的外观性能检查。如不能达到规定的质量要求，应按国家标准，由指定的检测单位进行检验。

6）不得使用有损坏迹象的材料，长期存放的材料，在使用前必须进行外观检查，若发现异常，应进行技术鉴定或复检。

7）管道电熔连接时，应采用管道生产厂的电熔管件，并由生产厂提供专用配套的电熔连接机具。电熔连接机具应安全可行，便于操作，并附有产品合格证书和使用说明书。

（5）PP－R给水管道施工方法。

1）管道安装前，应了解建筑物的结构，熟悉设计图纸及其他工程的配套措施，安装人员必须熟悉PP－R塑料管的一般性能，掌握基本的操作要求，严禁盲目施工。

2）管道安装前，应对材料的外观和接头配合的公差还是误差进行仔细的检查，必须清除管材及管件内外的污垢，沥青等有机污染物与塑料管材管件的接触。

3）当管道采用电熔连接时，应符合下列规定：

①应保持电熔管件与管材的熔合部位不受潮。

②电熔承插连接管材的连接端应切割垂直，并应用洁净棉布擦净管材的连接面上的污物，并标记插入深度，割除其表皮。

③校直两对应在连接件，使其处于同一轴线上。

④电熔连接机具与电熔管件的导线连通应正确。连接前，应检查通电加热的电压，加热时间应符合电熔连接机具与电熔管件生产厂家的有关规定。

⑤在熔合及冷却过程中，不得移动、转动电熔管件和熔合的管道，不得在连接件上施行任何压力。

⑥电熔连接的标准加热时间应由生产厂家提供，并应随环境温度的不同而加以调整。若电熔机具有温度自动补偿功能，则不需调整加热时间。

（6）给水镀锌钢塑管道安装。

1）材料的质量要求与检验。

①生活饮用水镀锌钢塑管选用材应具备卫生检验部门的检验报告或认证文件、合格证、生产厂的名称和规格、批号数量、生产日期。

②管件的壁厚不得小于相应管材的厚度。

2）镀锌钢塑管道施工方法。

①管道安装前，应了解建筑物的结构，熟悉设计图纸及其他工程的配合措施，安装人员必须熟悉镀锌管的一般性能，掌握基本操作要点，严禁盲目施工。

②安装时，可以从下往上安装，先用细铁丝从上向下吊成直线，安排好管子位置，制作管道管卡。位置应准确，埋设应平整、牢固，管卡与管道接触应紧密，但不得损伤管道表面。

③管道安装完毕，必须进行试压及冲洗，合格后填写好隐蔽资料以备存档。

3）塑料管与金属管配件的连接。

①塑料管与金属管配件采用螺纹连接的管道系统，其连接部位管道的管径不应大于63mm。

②塑料管与金属管配件连接采用螺纹接时，应采用注射成型的螺纹塑料管件。

③注射成型的螺纹塑料管件与金属配件螺接时，宜将塑料管件作为外螺纹，金属管配件为内螺纹端外部嵌有金属加固圈的塑料连接件。注射塑料管件螺纹处最小壁厚尺寸参见表21-46。

④注射成型的螺纹塑料管件与金属管配件螺接时，宜采用聚四氟乙烯生料带作为密封填充物，不宜使用厚的白漆、麻丝。

表 21-46 注射塑料管件螺纹处最小壁厚尺寸 （mm）

| 塑料管外径 | 20 | 25 | 32 | 40 | 50 | 63 |
|---|---|---|---|---|---|---|
| 螺纹处厚度 | 4.5 | 4.83 | 5.1 | 5.5 | 6.0 | 6.5 |

（7）室内给水管道的敷设。

1）室内明敷设管道应在土建粉饰完毕后进行安装对调，安装前应复核预留孔洞的位置是否正确。

2）管道安装前，宜按要求先设置管卡。位置应准确，埋设应平整、牢固，管卡与管道接触应紧密，但不得损伤管道表面。

3）若采用金属管卡固定管道时，金属管卡与塑料管间应采用塑料带或橡胶物隔垫。

4）在金属管配件与塑料连接部位，管卡应设置在金属管配件一端，并尽量靠近金属管配件。

5）塑料管道的立管和水平管的最大支撑间距参见表21-47。

表 21-47 塑料管道的最大支撑间距 （mm）

| 外 径 | 20 | 25 | 32 | 40 | 50 | 63 | 75 | 90 | 110 |
|---|---|---|---|---|---|---|---|---|---|
| 水平管 | 500 | 700 | 800 | 900 | 1000 | 1100 | 1200 | 1350 | 1550 |
| 立 管 | 900 | 1000 | 1100 | 1300 | 1600 | 1800 | 2000 | 2200 | 2400 |

6）塑料管道穿过楼板时，应设置套管，套管可采用塑料管，穿屋面时应采用金属套管。套管应高出地面、屋面不小于100mm，并采用严格的防水措施。

7）管道敷设严禁有轴向扭曲。穿墙或楼板时不得强制校正。

8）室内暗敷的塑料管道墙槽必须采用1:2水泥砂浆填补。

9）在塑料管道的各配水点、受力点处，必须采取可靠的固定措施。

10）管道熔接操作场所，禁止明火吸烟；通风必须良好，集中操作场所宜设置排风设施。

11）管道熔接时，操作人员应站在上风向，并应佩戴防护手套和口罩等，避免皮肤与熔接器、人身与熔接过程的烟气直接接触。

（8）给水系统的试验与冲洗。

1）给水系统的试压。主要是为了验证管道的耐压强度严密性，确保系统投入运行后的可靠程度。室内给水管道的水压试验必须符合设计要求。当设计未注明时，各种材质的给水管道系统试验压力均为工作压力的 1.5 倍，但不小于 0.6MPa。

金属及复合管给水管道系统在试验压力下观测 10min，压力降不应大于 0.02MPa，然后降到工作压力进行检查，应不渗不漏；塑料管道给水系统应在试验压力下稳压 1h，压力降不得超过 0.05MPa，然后在工作压力 1.15 倍状态下稳压 2h，压力降不得超过 0.03MPa，同时检查各连接处不得渗漏为合格。

系统试压及渗水量测定的结果，应如实做好原始记录，并经有关质量监督工程师验收签证。

2）给水系统冲洗。系统冲洗的目的是为了将内部的堵塞物清除干净，以免系统投入运行后，因局部遭受堵塞而影响使用功能。冲洗一般用清洁水作介质为好，冲洗水的排放管应接入可靠的排水或沟内，且保证排水时的畅通和安全，因此，排放管的截面积不应小于冲洗管的 60%。水冲洗应以管内可达到的最大流速或不小于 1.7m/s 的流速进行。冲洗应连续进行，以目测方法检查，当出口水色和透析度与入水口处一致时，即为合格。

室内系统的试压与冲洗与室外的程序基本相同，但当室内立管数量多，管网较复杂时系统的试压应分段、分楼层进行。试压、冲洗工作完成时，同样也应及时填写相应的记录，并经有关质量监督工程师验收记录。

## 五、破碎及输送设备安装

### （一）破碎机安装

1. 安装准备

（1）土建基础验收。

1）组织有关技术人员熟悉图纸及安装说明书等有关资料，熟悉设备堆放位置和安装地点。

2）施工用的电源、工具、机具、准备齐全。

3）施工图纸会审。

4）基础验收。安装之前由建设单位，监理单位，安装、土建施工单位共同参加，对设备基础进行验收，合格后方可施工，并做好会检记录，留作档案备查。

（2）基础放线。

1）根据建筑结构图纸确定基础的纵横中心线。

2）根据其他设备的纵横向中心线，确定各设备的中心线位置。

3）基准线确定以后，再放地脚孔，以及辅助设备的纵横中心线。

（3）设备验收出库。为确保安装质量及合理安排施工，在设备安装前施工技术人员应会同业主有关部门，共同对设备进行验收。设备验收内容如下：

1）零部件的清点。

2）质量检验，包括如下内容：

①外观质量检查；

②重要零部件仔细检验，做好记录。

（4）设备运输。地面以上破碎站进行设备安装时，一般是采用重型载重汽车将破碎机拆卸后运往拟建破碎站位置。当矿山采用块石溜井平硐系统时，破碎机设在破碎硐室内，此时对破碎机的运输常常采用窄轨铁路配合自制运输车进行。

2. 设备安装

安装准备工作就绪后，就可开始在基础上安装施工，安装前根据有关图纸资料，了解和熟悉破碎机安装的技术要求，以便顺利进行安装工作，保证安装质量。

（1）下机架的安装。首先把下机架吊装到基础上，根据基准线找正设备。通常，机座的横向（主轴方向）安装水平不应大于 0.10/1000，纵向安装水平不应大于 0.50/1000。

1）打砂墩。为保证设备的安装质量，可采用砂堆垫铁。将平垫铁捣入砂墩内，在砂墩上测平垫铁的标高偏差不大于±0.5mm。砂墩制作后要注意每天浇水养护，以达到理想强度和使用效果。

2）垫铁设置。垫铁设置前要清洗干净，无毛刺，垫铁应在地脚螺栓两侧一组，尽量靠近地脚螺栓，机架在校准水平度时，应把轴承座孔的平面作为测量基准面，用水平尺和水准仪进行测量检查。当机架校准调平后，即可进行地脚螺栓的一次灌浆。当灌浆后的养护期到后，就可拧紧地脚螺栓螺母，复查机架水平度，进行精确校平，然后基础灌浆抹面。

（2）衬板的安装。

1）衬板是为护机而设计的高强度耐磨钢板，衬板应按要求逐一安装，螺栓处应有防止污灰措施。

2）衬板安装的同时，应装上算板，注意算板的开口方向。

（3）主轴及转子盘的安装。

1）首先，按标号把转子盘装上主轴，把主轴上涂上润滑油，用卡尺量好配合尺寸，方可进行装配，转子上的锤头装配，应按制造厂所注明的标记装配，以免转动时，产生不平衡现象，从而引起振动。装上轴承以后，方可吊装入下机架体内，转子体对机座与上架体结合全面的平行度每米不应大于0.20mm，主轴安装水平不应大于0.10/1000。

2）转子上的锤头顶端与算条之间和算条与算条之间的间隙应符合设备技术文件的规定。测量时应将锤头用楔子固定于转子的臂盘上，动臂盘在任意位置，均能使每个锤头保持与主轴垂直，然后检查两者之间的间隙。

（4）上机体的安装。把衬板装配到上机体后，然后一起吊装到下机体上。首先，用定位销找正，方可进行连接，注意上、下机架体的结合处和所有门盖与机架的结合处的密封均应严密，不得有泄漏现象。

（5）安装联轴器。

（6）安装减速机和主电机。

（7）安装润滑及冷却系统。

3. 试运转

试运转应在二次灌浆混凝土达到足够的强度后才允许进行。检查设备以后，确认一切正常，先转动电动机，然后进行空载运转，连续运转6h。如果一切正常，就进行负载运行8h。负载运转正常后，停止喂料，料排空后，方可停车，停车检查并拧紧各部螺栓。

## （二）胶带输送机安装

胶带输送机安装工艺步骤如图21-30所示。

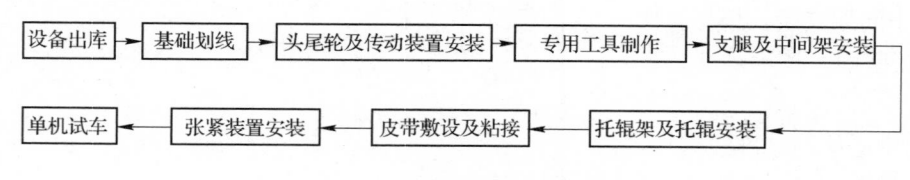

图21-30　胶带输送机安装工艺步骤

1. 安装准备工作

（1）设备出库验收。设备出库验收工作包括外观检查和开箱检查。

1）外观检查主要内容。施工单位根据所需出库的设备明细表会同建设单位认真查对设备的编号、规格、数量及设备外观有无缺陷，同时与建设单位办理出库手续，填写设备检查记录。

2）设备开箱检查的主要内容。箱装设备的检查程序与裸装设备的检查程序基本一致，对于箱装设备，安装单位应会同建设单位共同开箱检查。

①设备出库时，随机所带的技术文件（如产品说明书），建设单位应及时提供给安装单位以作为安装单位的技术参考和交工资料。

②随机带来的专用工具及多供应的易损、易耗件，在验收时应做记录，并先交安装单位使用，安装完毕后，专用工具及多余零件应退还给建设单位，并办理移交手续。

③设备出库验收时，如发现设备数量和质量有问题，除做好记录外，建设单位应负责及时解决并明确解决期限。

④验收时，难以检查的设备内部零部件，在安装清洗过程中，如发现有缺陷或质量问题，应由建设单位负责解决，也可书面委托安装单位处理。

⑤验收合格后，进行设备的搬运工作。

（2）基础验收及划线。

1）基础验收。根据工艺图纸所示位置及相应的规范要求进行基础验收，具体要求如下：

①基础坐标位置（纵横轴线）：±20mm。

②基础各不同平面的标高：–20mm。

③基础平面外形尺寸：±30mm。

④中心线间的距离：±1mm。

⑤基础孔的中心位置：±10mm。

⑥地脚孔深度：+20mm。

2）基础划线。根据工艺图纸所示位置及相应的规范要求进行基础划线，具体如下：

①中心标板所指示的纵横中心线与设计图纸上的纵横中心线偏差不得大于±1mm。

②中心线距离偏差不大于±3mm。

③标高基准点偏差不大于±5mm。

④划完线后在预埋板上打样冲孔，要小于0.5mm。

3）设备现场运输。用汽车配合吊车把设备各零部件运至指定地点，以便安装。

2．设备安装

（1）头尾轮及传动装置安装。根据设备图和施工工艺图进行头尾轮及传动装置的安装，技术要求如下：

1）头轮传动滚筒母线水平度偏差不大于0.1mm。

2）滚筒纵向中心线与基准中心线偏差不大于0.5mm。

3）滚筒上表面标高偏差不大于10mm。

4）传动装置找正须符合带式输送机安装规范。

（2）支腿及中间架安装。根据基础所划纵横中心线及工艺图纸所示支腿编号对支腿进行找正固定后，对中间架进行连接坚固。技术要求如下：

1）支腿纵向中心线与基准线偏差。

2）支腿横向中心线与基准线偏差不大于10mm。

3）中间架连接坚固后，要求中间架上与上托辊架相连的螺栓孔中心之对角线长度偏差不大于2mm，两侧平行的中间架上表面水平度要求不大于0.5mm。

（3）托辊架及托辊安装。根据工艺图要求分清缓冲区段及自由区段进行上、下托辊架及托辊安装，同时注意托辊架前倾、后倾方向，以及合理布置调心托辊的位置。

（4）皮带敷设及专用工具制作。用槽钢等材料制作一移动小车，宽度小于胶带机中间架宽度，用此支撑牵引皮带的卷扬机。

（5）上、下表面皮带敷设及粘接。

1）为了加快工程进度，上、下表面皮带可同时敷设和粘接。在敷设过程中，用移动小车配合卷扬机进行。

2）在皮带上、下表面敷设完毕后，把尾轮处留有足够的余量反转至上表面后用专用工具进行固定，以免发生意外事故。

（6）张紧装置安装。根据工艺图纸要求进行张紧装置安装，技术要求如下：

1）滚筒母线水平度偏差不大于0.1mm。

2）滚筒纵向中心线与基准中心线偏差不大于0.5mm。

3）滚筒上表面标高偏差不大于5mm。

4）张紧装置的方向不得装反。

（7）皮带头粘接：

1）粘接准备：

①粘接辅助材料的准备，制作专用防尘保温棚。

②根据钢芯接头的扒接法，按规范进行皮带头制作。

③用压缩空气吹净皮带粘接表面，均匀布置生胶板。

2）硫化机进行粘接。

3）按规范加温至140~160℃左右，保温4h。

4）拆开硫化机，检查接头质量。

3. 单机试车

（1）准备工作。试车前做好各部分检查，确认无任何杂物；要求按皮带机纵向方向均布，每隔一定距离安排一位调试人员；所有试车人员必须服从统一指挥，坚守岗位；准备好必要工具，如手电、扳手、锤头等；准备良好的通信工具，以保证联络的通畅。

图21-31所示为胶带机单机试车网络计划。

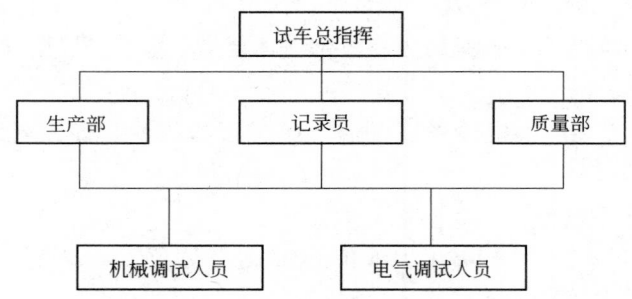

图21-31　胶带机单机试车网络计划

（2）安全措施：

1）所有进入现场的施工人员必须配戴安全护具。

2）在各种设备的吊装过程中，必须有相应的吊装方案和技术措施。

3）相关人员必须接受完整的施工安全教育。

4）在与土建等其他施工活动的交叉过程中要组织协调好几方关系，做到安全工作万无一失。

（3）主要施工机具。主要施工机具见表21-48。

表21-48　主要施工机具

| 序　号 | 名　称 | 型　号 | 数量/台 | 序　号 | 名　称 | 型　号 | 数量/台 |
|---|---|---|---|---|---|---|---|
| 1 | 吊车 | 20t、8t | 各1 | 4 | 电焊机 | 500A | 10 |
| 2 | 汽车 | 8t、5t | 各1 | 5 | 硫化机 | | 4 |
| 3 | 卷扬机 | 1t | 2 | | | | |

注：表中设备数量根据胶带机长度酌情增加。

（4）人员计划。人员计划见表21-49。

表 21-49　人员计划

| 序　号 | 名　称 | 数　量 | 序　号 | 名　称 | 数　量 |
|---|---|---|---|---|---|
| 1 | 钳　工 | 15 | 4 | 力　工 | 30 |
| 2 | 铆　工 | 5 | 5 | 其　他 | |
| 3 | 焊　工 | 10 | | | |

注：表中人员数量应根据胶带机长度酌情增加或减少。

# 第七节　矿山施工企业经济运营与成本分析

## 一、概述

依据施工实践和现行工程分类标准，施工企业通常按单项工程分类，分为矿山单项、土建单项。

矿山单项分为露天矿山削顶工程、采准工程、道路工程、排废场工程、截水沟工程及暗挖工程（平硐工程、硐室工程、溜井工程、斜井工程）等单位工程；土建单项分为破碎车间工程、皮带廊工程、转运站工程、均化库工程等单位工程。

目前，矿山施工企业基本以矿山土石方工程施工为主体，土建工程和安装工程为辅助的基建格局。结合现行财税制度、企业会计制度、现行工程造价计价方法，进行矿山施工企业经济运营与成本分析。

## 二、经济运营与成本分析指标选取

下面，按对标管理方法来进行经济运营与成本分析。

对标管理又称标杆管理，所谓对标就是对比标杆找差距。实行对标管理，就是要把企业的目光瞄准在业界的最好水平，明确自身与业界最佳的差距，从而指明工作的总体方向。标杆除了是业界的最好水平以外，还可以将企业自身的最好水平也作为内部标杆。作为施工企业，拟选用经营绩效对标和工程回款率对标。

经营绩效对标由项目部名称、项目产值、施工成本、毛利率、在册平均人数、设备使用费、设备费用与产值比率、上交公司款项构成。

工程回款率对标由项目部名称、应收账款期初余额、本年应收、本年已收、期末应收账款、回款率构成。

选择以上指标，有利于对以往施工实践和行业内的指标，进行纵向、横向的比较，在此基础上，深入查找和分析自身存在的差距与不足，进而改进现有的施工组织设计或施工方案、管理制度和作业流程，挖掘内部潜力，达到节支增效、提高竞争力的目的。

## 三、工程费用内容及构成

我国现行建筑安装工程费用主要由四部分组成：直接费、间接费、利润和税金。

### （一）直接费

直接费由直接工程费和措施费组成。

1. 直接工程费

直接工程费是指施工过程中耗费的直接构成工程实体的各项费用，包括人工费、材料费、施工机械使用费。

2. 措施费

措施费是指实际施工中必须发生的施工准备和施工过程中技术、生活、安全、环境保护等方面的非工程实体的费用。所谓非实体性项目，是指其费用的发生和金额的大小与使用时间、施工方法或者两个以上工序相关，并且不形成最终的实体工程，如大型机械设备进出场及安拆、文明施工和安全保护、临时设施等。措施费项目的构成需要考虑多种因素，除工程本身的因素外，还涉及水文、气象、环境、安全等因素。综合《建筑安装工程费用项目组成》、《建设工程工程量清单计价规范》（GB 50500—2008）以及《建筑工程安全防护、文明施工措施费用及使用管理规定》（建办〔2005〕89号）的规定，措施项目费可以归纳为以下几项：

(1) 安全、文明施工费；

(2) 夜间施工增加费；

(3) 二次搬运费；

(4) 冬雨季施工增加费；

(5) 大型机械设备进出场及安拆费；

(6) 施工排水费；

(7) 施工降水费；

(8) 地下地上设施、建筑物的临时保护设施费；

(9) 已完工程及设备保护费。

## （二）间接费

建筑安装工程间接费是指虽不直接由施工的工艺过程所引起，但却与工程的总体条件有关，建筑安装企业为组织施工和进行经营管理，以及间接为建筑安装生产服务的各项费用。

建筑安装工程间接费由规费和企业管理费组成。

规费是指政府和有关权力部门规定必须缴纳的费用，包括工程排污费、社会保障费（三险一金和意外保险）。

企业管理费是指建筑安装企业组织施工生产和经营管理所需费用，包括管理人员工资、办公费、差旅交通费、固定资产使用费、工具用具使用费、劳动保险费、工会经费、职工教育经费、财产保险费、财务费、税金（企业按规定缴纳的房产税、车船使用税、土地使用税、印花税等）、其他（包括技术转让费、技术开发费、业务招待费、绿化费、法律顾问费、审计费、咨询费等）。

其中，规费为非竞争性费用，企业管理费是竞争性费用。

## （三）利润及税金

建筑安装工程费用中的利润及税金是建筑安装企业职工为社会劳动所创造的那部分价值在建筑安装工程造价中的体现。

1. 利润

利润是指施工企业完成所承包工程获得的盈利。在建筑产品的市场定价过程中，应根据市场的竞争状况适当确定利润水平。确定的利润水平过高可能会导致丧失一定的市场机会，确定的利润水平过低又会面临很大的市场风险，相对于固定的成本水平来说，利润率的选定体现了企业的定价政策，利润率确定的是否合理也反映出企业的市场成熟度。

2. 税金

税金是指国家税法规定的应计入建筑安装工程费用的营业税，城市维护建设税、教育费附加。

(1) 营业税是按计税营业额乘以营业税税率确定。税率为3%，其计算公式为：

$$应纳营业税 = 计税营业额 \times 3\% \tag{21-10}$$

计税营业额是含税营业额，指从事建筑、安装、修缮、装饰及其他工程作业收取的全部收入，包括建筑、修缮、装饰工程所用材料及其他物资和动力的价款。当安装的设备的价值作为安装工程产值时，也包括所安装设备的价款。但建筑安装工程总承包方将工程分包给他人的，其营业额中不包括付给分包或转包方的价款。营业税的纳税地点为应税劳务的发生地。

（2）城市维护建设税是为筹集城市维护和建设资金，稳定和扩大城市、乡镇维护建设的资金来源，而对有经营收入的单位和个人征收的一种税。计算公式为：

$$应纳税额 = 应纳营业税额 × 适用税率(\%) \tag{21 - 11}$$

城市维护建设税的纳税地点在市区的，其适用税率为营业额的 7%；所在地为县镇的，其适用税率为营业额的 5%；所在地为农村的，其适用税率为营业额的 1%；城建税的纳税地点与营业税纳税地点相同。

（3）教育费附加是按应纳营业额乘以 3% 确定，计算公式为：

$$应纳税额 = 应纳营业税额 × 3\% \tag{21 - 12}$$

教育费附加要与其营业税同时缴纳。

（4）在实际工程实践中，通常直接将三种税合并为一个综合税率，按式（21 - 13）计算：

$$应纳税额 = (直接费 + 间接费 + 利润) × 综合税率(\%) \tag{21 - 13}$$

综合税率的计算因企业所在地的不同而不同。

1）纳税地点在市区的企业综合税率的计算：

$$税率(\%) = \frac{1}{1 - 3\% - (3\% × 7\%) - (3\% × 3\%)} - 1 = 3.41\%$$

2）纳税地点在县城、镇的企业综合税率的计算：

$$税率(\%) = \frac{1}{1 - 3\% - (3\% × 5\%) - (3\% × 3\%)} - 1 = 3.34\%$$

3）纳税地点不在市区、县城、镇的企业综合税率的计算：

$$税率(\%) = \frac{1}{1 - 3\% - (3\% × 1\%) - (3\% × 3\%)} - 1 = 3.22\%$$

## （四）实例

某矿山施工企业承接的矿山工程 2011 年 1 ~ 12 月经营绩效对标见表 21 - 50，矿山工程回款率对标见表 21 - 51，年度完成目标对标见表 21 - 52。

表 21 - 50　经营绩效对标

| 序号 | 项目部名称 | 产值/万元 | 施工成本/万元 | 毛利率/% | 在册平均人数 | 设备使用费/万元 | 设备费用/产值比 | 上交公司/万元 |
|---|---|---|---|---|---|---|---|---|
| 1 | | | | | | | | |
| 2 | | | | | | | | |
| 3 | | | | | | | | |
| 4 | | | | | | | | |
| 5 | 小　计 | | | | | | | |

表 21 - 51　矿山工程回款率对标　　　　　　　　　　　　　　（万元）

| 序号 | 项目部 | 应收账款期初余额 | 本年应收账款 | 本年已收账款 | 期末应收账款 | 回款率/% |
|---|---|---|---|---|---|---|
| 1 | | | | | | |
| 2 | | | | | | |
| 3 | | | | | | |
| 4 | | | | | | |
| 5 | 合　计 | | | | | |

**表 21-52　年度完成目标对标**

| 项　目 | 2011 年 1~4 季度 | 自开工累计完成 | 备　注 |
|---|---|---|---|
| 合同金额/万元 | | | |
| 完工百分比/% | | | |
| 主营业务收入/万元 | | | |
| 主营业务成本/万元 | | | |
| 毛利率 | | | |
| 营业税金及附加/万元 | | | |
| 管理费/万元 | | | |
| 财务费/万元 | | | |
| 营业利润/万元 | | | |
| 工资总额/万元 | | | |
| 在册职工平均人数 | | | |
| 人均工资/万元 | | | |
| 人均产值/万元 | | | |
| 安全费支出/万元 | | | |
| 固定资产投入/台 | | | |
| 设备有偿使用费/产值/% | | | |
| 科技投入/万元 | | | |
| 应收账款期初数/万元 | | | |
| 应收账款期末数/万元 | | | |
| 应付账款期初数/万元 | | | |
| 应付账款期末数/万元 | | | |
| 上交公司款/万元 | | | |

## 四、报价分析

### （一）矿山设备安装工程量清单汇总表

矿山设备安装工程量清单汇总表见表 21-53。

**表 21-53　矿山设备安装工程量清单汇总表**

| 序号 | 工程费用内容 | 数量 | 安装费用综合单价/元 | 安装费用合价/元 | 备　注 |
|---|---|---|---|---|---|
| A | B | C | D | E = C × D | |
| 一 | 机械设备安装/t | | | | |
| 二 | 管道安装/t | | | | |
| 三 | 非标准件制作安装/t | | | | |
| 四 | 电气、自动化安装 | | | | |
| 1 | 电控设备安装/台（套） | | | | |
| 2 | 变配电设备安装/kV·A | | | | |
| 3 | 车间自控设备安装/台（套） | | | | |
| 4 | 电缆敷设/m | | | | |
| 5 | 其他电气设备/ kW | | | | |
| 五 | 厂区、厂房照明/盏 | | | | |
| | 一~五项合计 | | | | |
| | 总报价金额（大写） | | | | |

## （二）矿山土建单项工程费汇总表

矿山土建单项工程费汇总表见表21-54。

**表21-54 矿山土建单项工程费汇总表**

| 序号 | 项目名称 | 工程量 | 综合单价 | 合价 | 备注 |
|---|---|---|---|---|---|
| 一 | 石灰石矿山卸料平台、破碎车间土石方工程 | | | | |
| 1 | 卸料平台石方开挖/m³ | | | | |
| 2 | 卸料平台土方开挖/m³ | | | | |
| 3 | 卸料平台土石方回填/m³ | | | | |
| 4 | 破碎车间石方开挖/m³ | | | | |
| 5 | 破碎车间土方开挖/m³ | | | | |
| 6 | 破碎车间土石方填方/m³ | | | | |
| 7 | 防滑台阶石方开挖/m³ | | | | |
| 8 | 防滑台阶土方开挖/m³ | | | | |
| 小计 | | | | | |
| 二 | 砌筑工程 | | | | |
| 1 | 空心黏土砖墙/m³ | | | | |
| 2 | 实心黏土砖墙/m³ | | | | |
| 3 | M5.0水泥砂浆砌块石护坡/m³ | | | | 根据现场实际确定 |
| 4 | M5.0水泥砂浆砌块石挡土墙/m³ | | | | |
| 小计 | | | | | |
| 三 | 混凝土工程 | | | | |
| 1 | C10基础垫层/m³ | | | | |
| 2 | C30钢筋混凝土条形基础/m³ | | | | |
| 3 | C30挡墙混凝土/m³ | | | | |
| 4 | C30现浇混凝土独立基础/m³ | | | | |
| 5 | C30钢筋混凝土基础梁/m³ | | | | |
| 6 | C30钢筋混凝土矩形柱/m³ | | | | |
| 7 | C30钢筋混凝土框架梁/m³ | | | | |
| 8 | C30破碎机基础混凝土/m³ | | | | |
| 9 | C30板式喂料机基础混凝土/m³ | | | | |
| 10 | C30现浇混凝土设备基础/m³ | | | | |
| 11 | C30输送地沟混凝土/m³ | | | | |
| 12 | C30钢筋混凝土有梁板/m³ | | | | |
| 13 | C30钢筋混凝土构造柱/m³ | | | | |
| 14 | C30钢筋混凝土圈梁/m³ | | | | |
| 15 | C30钢筋混凝土过梁/m³ | | | | |
| 16 | C30钢筋混凝土雨棚/m³ | | | | |
| 17 | C30钢筋混凝土挑檐/m³ | | | | |
| 18 | C30钢筋混凝土门框/m³ | | | | |
| 19 | C30混凝土楼梯/m³ | | | | |
| 20 | C30石灰石喂料仓/m³ | | | | |
| 小计 | | | | | |

| 序号 | 项目名称 | 工程量 | 综合单价 | 合价 | 备注 |
|---|---|---|---|---|---|
| 四 | 钢筋、铁件工程 | | | | |
| 1 | 钢筋、铁件/t | | | | |
| 2 | 石灰石喂料仓壁竖向铺钢轨/t | | | | |
| 3 | 预埋螺栓/t | | | | |
| 小计 | | | | | |
| 五 | 钢结构工程 | | | | |
| 1 | 钢平台/t | | | | |
| 2 | 吊车梁/t | | | | |
| 3 | 钢踏步梯/t | | | | |
| 4 | 钢爬梯/t | | | | |
| 5 | 钢栏杆/t | | | | |
| 6 | 钢盖板/t | | | | |
| 7 | 钢檩条/t | | | | |
| 小计 | | | | | |
| 六 | 门窗工程 | | | | |
| 1 | 平开钢大门/m² | | | | |
| 2 | 普通钢窗/m² | | | | |
| 3 | 普通钢门/m² | | | | |
| 小计 | | | | | |
| 七 | 地面工程 | | | | |
| 1 | 地面 C15 混凝土 150 厚，混凝土地面一次抹光/m² | | | | |
| 2 | 防滑坡道：C20 混凝土 200 厚，面层随打随抹/m² | | | | |
| 3 | 散水 C10 混凝土 100 厚、面层加浆压光 随打随抹/m² | | | | |
| 小计 | | | | | |
| 八 | 屋面防水工程 | | | | |
| 1 | 4mm 厚 SBS 聚酯胎防水卷材/m² | | | | |
| 2 | 刚性防水屋面/m² | | | | |
| 小计 | | | | | |
| 九 | 桩基工程 | | | | |
| 1 | 人工挖孔钢筋混凝土灌注桩/m³ | | | | |
| 小计 | | | | | |
| 十 | 地基处理 | | | | |
| 1 | C15 毛石混凝土/m³ | | | | |
| 2 | 三七灰土/m³ | | | | |
| 小计 | | | | | |
| 十一 | 总计 | | | | |

## （三）分部分项工程量清单计价及综合单价分析表

### 1. 矿运皮带走廊及转运站土建工程

矿运皮带走廊及转运站土建工程分部分项工程量清单计价及综合单价分析表见表 21 - 55。

表 21-55 分部分项工程量清单计价及综合单价分析表一

| 序号 | 项 目 名 称 | 工程量 | 综合单价 | 合价 | 备 注 |
|---|---|---|---|---|---|
| 施工占地面积　　　m² | | | | | |
| 一　土石方工程 | | | | | |
| 1 | 土、石方开挖及回填/m³ | | | | |
| 二　砌筑工程 | | | | | |
| 1 | 空心黏土砖墙/m³ | | | | |
| 2 | 实心黏土砖墙/m³ | | | | |
| 3 | M5.0 水泥砂浆砌块石护坡/m³ | | | | |
| 4 | M5.0 水泥砂浆砌块石挡土墙/m³ | | | | |
| 三　混凝土工程 | | | | | |
| 1 | C10 基础垫层/m³ | | | | |
| 2 | C30 现浇混凝土独立基础/m³ | | | | |
| 3 | C30 钢筋混凝土矩形柱/m³ | | | | |
| 4 | C30 钢筋混凝土框架梁/m³ | | | | |
| 5 | C30 现浇混凝土设备基础/m³ | | | | |
| 6 | C30 钢筋混凝土构造柱/m³ | | | | |
| 四　钢筋、铁件工程 | | | | | |
| 1 | 钢筋/t | | | | |
| 2 | 铁件/ | | | | |
| 3 | 预埋螺栓/t | | | | |
| 五　钢结构工程 | | | | | |
| 1 | 钢走道平台/t | | | | |
| 2 | 钢支架/t | | | | |
| 3 | 输送钢桁架/t | | | | |
| 4 | 滚动支座/t | | | | |
| 5 | 钢踏步梯/t | | | | |
| 6 | 钢爬梯/t | | | | |
| 7 | 钢栏杆/t | | | | |
| 8 | 钢梁/t | | | | |
| 9 | 钢柱/t | | | | |
| 六　地面工程 | | | | | |
| 1 | 地面 C15 混凝土 150 厚，混凝土地面一次抹光/m² | | | | |
| 2 | 防滑坡道：C20 混凝土 200 厚，面层随打随抹/m² | | | | |
| 七　屋面防水工程 | | | | | |
| 1 | 4mm 厚 SBS 聚酯胎防水卷材，无保温层/m² | | | | |
| 八　桩基工程 | | | | | |
| 1 | 人工挖孔钢筋混凝土灌注桩/m³ | | | | |
| 九　地基处理 | | | | | |
| 1 | C15 毛石混凝土/m³ | | | | |
| 2 | 三七灰土/m³ | | | | |
| 3 | 天然级配砂夹石/m³ | | | | |
| 十　总计 | | | | | |

## 2. 平硐土建工程

平硐土建工程分部分项工程量清单计价及综合单价分析表详见表21-56。

**表21-56 分部分项工程量清单计价及综合单价分析表二**

| 序号 | 项目名称 | 工程量 | 综合单价 | 合价 | 备注 |
|---|---|---|---|---|---|
| 一 | 土石方工程 | | | | |
| 1 | 石方开挖/m³ | | | | |
| 2 | 土方开挖/m³ | | | | |
| 3 | 土石方回填/m³ | | | | |
| 二 | 砌筑工程 | | | | |
| 1 | M5.0 水泥砂浆砌块石护坡/m³ | | | | |
| 2 | M5.0 水泥砂浆砌块石挡土墙/m³ | | | | |
| 三 | 平硐掘进工程 ($f=6\sim8$) | | | | |
| 1 | 开挖/m³ | | | | |
| 2 | 平硐墙基掘进/m³ | | | | |
| 3 | 平硐排水沟掘进/m³ | | | | |
| 四 | 混凝土工程 | | | | |
| 1 | 预制混凝土沟盖板/m³ | | | | |
| 2 | 平硐排水沟混凝土 200 厚（净断面 400mm×400mm）/m³ | | | | |
| 3 | C30 钢筋混凝土支护/m³ | | | | |
| 4 | C25 钢筋混凝土支护/m³ | | | | |
| 5 | C20 素混凝土支护/m³ | | | | |
| 6 | C20 混凝土地面/m³ | | | | |
| 五 | 硐门工程 | | | | |
| 1 | 硐门/m³ | | | | |
| 六 | 钢筋、铁件工程 | | | | |
| 1 | 钢筋、铁件/t | | | | |
| 2 | 预埋螺栓/t | | | | |
| 七 | 总计 | | | | |

## （四）道路、采准工程分部分项工程量清单计价及综合单价分析表

道路、采准工程分部分项工程量清单计价及综合单价分析表见表21-57。

**表21-57 道路、采准工程分部分项工程量清单计价及综合单价分析表**

| 序号 | 项目或费用名称 | 工程量 | 单价/元 | 合价/元 | 备注 |
|---|---|---|---|---|---|
| 一 | 运矿道路（一）路面 8m、路基 10.5m | | | | |
| 1 | 路基挖方/m³ | | | | |
| 2 | 路基填方/m³ | | | | |
| 3 | 泥结碎石面层/m³ | | | | |
| 4 | 手摆片石垫层/m³ | | | | |
| 5 | 水沟挖方/m³ | | | | |
| 6 | 路槽挖方/m³ | | | | |
| 7 | 毛石挡土墙/m³ | | | | |
| 小计 | | | | | |

| 序号 | 项目或费用名称 | 工程量 | 单价/元 | 合价/元 | 备　注 |
|---|---|---|---|---|---|
| 二 | 采准 | | | | |
| 1 | ×××m 标高削顶工程/m³ | | | | |
| 2 | ×××m 标高削顶工程/m³ | | | | |
| 3 | ×××m 水平采准工程/m³ | | | | |
| 4 | ×××m 水平采准工程/m³ | | | | |
| 5 | ×××m 水平采准工程/m³ | | | | |
| 小 | 计 | | | | |
| 总 | 计 | | | | |

## （五）石灰石开采运营综合单价报价表

石灰石开采运营综合单价报价表见表 21 – 58。

表 21 – 58　石灰石开采运营综合单价报价表

| 序号 | 项目名称 | | 单价 | 单耗 | 每吨单价/元 | 说　明 |
|---|---|---|---|---|---|---|
| 分项报价 | | | | | | |
| 1 | 矿石穿孔爆破/t | | | | | |
| 其中 | (1) | 柴油/kg | | | | |
| | (2) | 炸药/kg | | | | |
| | (3) | 其他火工材料（电雷管、导爆管等）/元 | | | | |
| | (4) | 电/kW·h | | | | |
| | (5) | 维修及钻头、钻杆等/元 | | | | |
| | (6) | 人工/工·日 | | | | |
| | (7) | 设备折旧/元 | | | | |
| 2 | 装车/t | | | | | |
| 其中 | (1) | 柴油/kg | | | | |
| | (2) | 维修及其他/元 | | | | |
| | (3) | 人工/工·日 | | | | |
| | (4) | 设备折旧/元 | | | | |
| 3 | 运输（1km）/t | | | | | |
| 其中 | (1) | 柴油/kg | | | | |
| | (2) | 轮胎、维修及其他/元 | | | | |
| | (3) | 人工/工·日 | | | | |
| | (4) | 设备折旧/t | | | | |
| 4 | 其他附属设备折旧/元 | | | | | |
| 5 | 取暖及其他费用/元 | | | | | |
| 6 | 管理费用5%/元 | | | | | |
| 7 | 安全费用2.5%/元 | | | | | |
| 8 | 计划利润8%/元 | | | | | |
| 9 | 以上合计（不含税矿石报价） | | | | | |
| 10 | 增值税/元 | | | | | 开具17%增值税发票 |
| 11 | 含税矿石综合单价 | | | | | |

### （六）石灰石破碎及皮带廊运营综合单价报价表

石灰石破碎及皮带廊运营综合单价报价表详见表21-59。

**表21-59　石灰石破碎及皮带廊运营综合单价报价表**

| 序号 | | 项 目 名 称 | 单价 | 单耗 | 每吨单价/元 | 说　明 |
|---|---|---|---|---|---|---|
| 分项报价 | | | | | | |
| 1 | | 破碎及皮带廊运营管理 | | | | |
| 其中 | （1） | 电/kW·h | | | | |
| | （2） | 锤头/元 | | | | |
| | （3） | 日常维修费/元 | | | | |
| | （4） | 人工费/工·日 | | | | |
| | （5） | 其他费用/元 | | | | |
| 2 | | 管理费用5%/元 | | | | |
| 3 | | 安全费用2%/元 | | | | |
| 4 | | 计划利润8%/元 | | | | |
| 5 | | 以上合计（不含税矿石报价） | | | | |
| 6 | | 增值税/元 | | | | 开具17%增值税发票 |
| 7 | | 含税矿石综合单价/元 | | | | |

说明：本报价为××石灰石矿生产运营承包报价，承包期限为10年，承包工作内容包括石灰石破碎机、入厂皮带廊（1公里左右）运营管理的费用，不含固定资产投入和设备大、中修费用。

# 第八节　矿山施工安全管理

## 一、内业资料与管理

### （一）安全保障体系

1. 安全组织机构

矿山施工企业应成立安全领导小组，并以文件形式发布，安全组织机构上墙；安全领导小组应定期召开安全生产会议，总结施工过程安全管理工作。

2. 方针目标管理

实行安全目标管理，各单位在施工过程中，应制定职业健康安全与环境保护目标。

（1）职业健康安全目标应包括但不限于以下内容：

1）重伤以上事故率；

2）职业病发生率；

3）消防火灾、爆炸事故率；

4）损失××万元以上非人身伤害机械设备事故率；

5）安全教育培训覆盖率、特业持证上岗率及设备完好率等。

（2）环境保护目标应包括但不限于以下内容：

1）有毒有害废弃物实行分类管理，不形成二次污染；

2）噪声达标排放，施工现场夜间无声光污染；

3）降低机动车（施工车辆）的尾气排放；

4）控制施工现场扬尘。

3. 建立健全安全生产责任制

安全生产责任制是各项安全生产规章制度的核心，在编制安全生产责任制时，应根据各部门和人员职责分工来确定具体内容，要充分体现责权相统一的原则，要"横向到边，纵向到底，不留死角"，形成全员、全面、全过程安全管理的完整责任体系。责任制应上墙，并由责任人签字后装订成册。安全生产责任制是安全培训内容之一，安全生产责任制应包括但不限于以下内容：

（1）项目经理安全生产责任制；

（2）分管副经理安全生产责任制；

（3）安全生产管理人员安全生产责任制；

（4）涉爆人员安全生产责任制；

（5）工程技术人员安全生产责任制；

（6）班组长安全生产责任制；

（7）岗位工人安全生产责任制；

（8）电工安全生产责任制；

（9）机修工安全生产责任制。

4. 安全规章制度

应制订安全生产规章制度，安全规章制度应由安全管理人员编写，经批准后向员工发布，主要制度应上墙，所有制度装订成册。安全规章制度是安全培训的内容之一，至少包括（但不限于）如下内容：

（1）安全生产责任制度；

（2）安全教育培训制度；

（3）安全检查和隐患整改制度；

（4）安全奖惩制度；

（5）易燃易爆危险品管理制度；

（6）生产设备、设施安全管理制度；

（7）劳动防护用具（品）和保健品发放管理制度；

（8）伤亡事故报告、抢救和处理制度；

（9）职业卫生管理制度；

（10）爆破管理制度；

（11）安全生产会议制度；

（12）危险源辨识与风险评价制度；

（13）重要危险源监控和整改制度；

（14）事故、事件调查与跟踪制度；

（15）边坡、排土场安全管理制度；

（16）电气安全管理制度；

（17）协作队伍安全管理制度。

5. 安全操作规程

根据有关标准、技术规范及公司操作规程，结合项目生产工艺、技术、设备特点等实际情况由技术部门负责编写，由总工程师审批后发布实施；操作规程应上墙，有条件的在岗位上树立规程牌。必须做到各岗位均有章可循，规范从业人员的操作行为，控制风险，避免事故的发生，安全操作规程是安全培训的内容之一。

## （二）安全教育培训

定期组织安全教育培训，建立从业人员的安全生产教育培训档案，保证安全生产教育培训所需人员、资金和设施，确保从业人员具备必要的安全生产知识，熟悉有关的安全生产规章制度和安全操作规程，掌握本岗位的安全操作技能。

1. 管理人员教育培训

项目经理和安全生产管理人员，应具备与本单位所从事的生产经营活动相适应的安全生产知识和管理能力，由有关主管部门对其安全生产知识和管理能力考核合格后方可任职。

2. 一般从业人员教育培训

项目部应对从业人员进行安全生产教育培训，告知作业场所和工作岗位存在的危险因素，防范措施以及事故应急措施；保证其具备必要的安全生产知识和能力，熟悉有关的安全生产管理制度和安全操作规程，掌握本岗位的安全操作技能。

特种作业人员必须按照国家有关规定经专门的安全作业培训，取得特种作业操作资格证书，方可上岗作业，并定期参加复审。

新工艺、新技术、新装置、新产品投产前，主管部门应组织编制新的安全技术操作规程，并对从业人员进行专门培训，使其了解掌握其安全技术特性。有关人员经考试合格，方可上岗操作。

未经安全生产教育培训的从业人员，或培训考核不合格者，不得上岗。

3. 新入职（或离职六个月以上重新上岗）员工教育培训

对新入职（或离职六个月以上重新上岗）员工要进行"三级"安全教育培训，即公司级、项目级、班组级安全培训，培训时间不少于72h。

### （三）施工组织设计

1. 施工组织设计编制

（1）编制内容。

1）施工前应由工程技术人员、安全管理人员编制文明施工专项方案。

2）文明施工专项方案应由施工单位技术负责人审批，项目总监理工程师、建设单位项目负责人审核并签字确认。

3）文明施工专项方案应包括围挡墙、临时设施搭设、场容场貌、卫生管理、环境保护、消防等主要内容。

（2）方案编制流程。方案编制流程如图 21-32 所示。

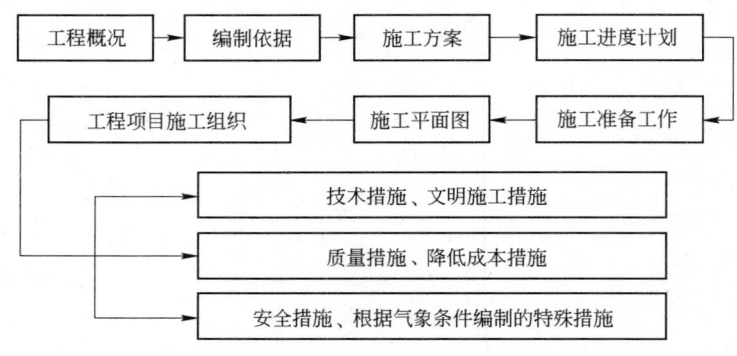

图 21-32  方案编制流程图

2. 分部（分项）工程安全技术交底

安全技术交底要根据施工组织设计中规定的工艺流程和施工方法进行编写，分阶段与技术交底同时进行，交底要具有针对性和可操作性，并形成书面材料，并由项目负责人、安全员、交底人和接受交底人签字生效。

### （四）安全生产检查

安全生产检查分为：巡回检查、专业检查、例行检查、季节性检查、综合检查。

## （五）安全认可奖励与违章处罚

（1）建立安全认可奖励与处罚制度。

（2）对员工安全表现进行认可与奖励，对违章者根据制度规定进行经济处罚。

（3）公告牌或电子信息媒介，展示安全正面信息。

（4）让所有施工人员认可安全表现，调动工作积极性，提高工作效率，禁止违章作业。

## （六）安全投入

企业应制定安全生产投入使用计划，严格按《企业安全生产费用提取和使用管理办法》（财企〔2012〕16号）规定的提取标准及使用范围，按计划提取和使用，建立专门账户，统一管理，专款专用，并建立安全费用使用台账，对专款使用情况做好记录工作。

## （七）风险管理及工伤保险

树立一切事故都是可以避免的安全理念，不间断的识别生产经营活动中的风险和隐患，并科学地进行评价，确定重大风险及可能产生的后果，采取有效的风险控制措施，将风险降到最低或控制在可以容忍的程度，避免事故的发生。风险管理包括风险评价、危险源辨识、风险控制措施、关键任务识别和分析、任务观察等。

有分包队的项目须与分包队签署安全协议，协议中明确安全责任的划分与承担，但协议仍然不能排除所属公司的连带责任，项目部必须履行监管责任。

所属公司及项目部须为从业人员购买工伤保险和意外伤害险，使风险转移（分包队从业人员必须全员购买意外伤害险）。

## （八）应急管理

项目部应根据作业环境与施工现场危险源辨识结果，做好如下工作：

（1）成立救援机构和队伍。

（2）制定项目部综合应急预案、专项应急预案以及现场处置方案。

（3）准备应急物资。

（4）定期进行应急培训、训练和演习（每年至少组织一次但不限于一次），根据演练结果修订补充所编预案的不足之处，使应急救援预案不断完善。

（5）发生事故立即启动相关应急预案，积极开展事故救援。

## （九）事故报告及事故调查处理

发生事故后，要立即有组织地抢救伤员，保护现场，并直接或逐级报告给项目经理和企业负责人，项目经理根据相应的应急预案，进行相应级别响应，采取措施防止事态扩大。

项目经理接到重伤、死亡事故报告后，应当立即报告企业负责人、业主；项目经理代表企业负责人向项目部所在地安监部门、劳动部门、公安部门、人民检察院、工会报告；企业负责人向企业主管部门报告。

所属公司、项目部均需建立工伤事故档案。事故发生后，按规定成立事故调查组。轻伤事故项目部组织事故调查；重伤以上事故按《生产安全事故报告和调查处理条例》规定的事故等级由相应级别政府有关部门组织事故调查，企业及项目部要积极配合并落实改正措施。

发生事故，出现人身伤害的，要及时向保险公司报案，联系有关保险赔偿事宜。

## （十）档案管理

项目部应建立健全安全管理档案，对主要安全生产过程、事件、活动进行记录归档，安全档案应符合以下规定：

（1）内容真实、准确、清晰；

（2）填写及时、签署完整；

（3）编号清晰、标识明确；

（4）易于识别与检索；

（5）完整反映相应过程；

（6）明确保存期限。

## 二、文明施工

### （一）办公、生活、施工区域围挡

办公、生活区域的四周宜设置围挡，围挡的高度 2.5m，围挡材料要坚固、稳定、整洁、美观；也可根据现场条件设置警戒条或彩旗围挡，将办公区域、生活区域、施工区域相互隔开，并符合《建筑设计防火规范》（GB 50016）的规定。

### （二）封闭管理

施工现场实施封闭式管理或半封闭管理。设置大门，有门卫和门卫制度，门口要设置企业标志或在场内悬挂企业标志旗，大门处设置"六牌一图"和安全宣传牌，采场区域根据作业现场情况，在道路交叉口、人行通道与爆破安全警戒线交叉处设置警示标志，并在爆破安全警戒线处拉设警戒条或彩旗进行围挡警示。

### （三）材料堆放

建筑材料、构件、料具要按总平面布置图的布局，分门别类，堆放整齐，并挂牌标名。工完料净场地清，建筑垃圾也要分出类别，堆放整齐，挂牌标出名称；易燃易爆物品分类存放，专人保管。

### （四）施工现场防火

施工现场应制订消防管理制度，严格履行动火作业审批手续；生活区、仓库、配电室（箱）、木制作区等易燃易爆场所必须配置相应的消防器材、消防器材应定期检查，确保完好有效。

施工现场应制订易燃易爆及有毒物品管理制度，购领、运输、保管、发放、使用等环节应设专人负责，并建立台账。

### （五）"六牌一图"的设置

工地大门入门处设置"六牌一图"，依次排列，保证牢固可靠，美观大方。

"六牌"指的是公司简介牌、工程概况牌、安全生产牌、文明施工牌、爆破警示牌、管理人员名单及监督电话牌；"一图"为施工现场平面布置图。

### （六）安全防护用品配备

任何人员进入现场必须正确佩戴安全帽，高处作业时必须系好安全带，并使用合格的防护用品。

## 三、露天矿现场安全管理

### （一）安全警示标志的设置

（1）露天矿边界宜拉设警戒条或彩旗，在临边处应设置可靠的围栏或醒目的"注意安全"、"当心滑坡"、"当心坠落"等警示标志。

（2）开采境界内有坠落危险的钻孔、溶洞、陷坑和水仓加盖等，应设"注意安全"、"当心坠落"等警示标志。

（3）上山道路、交叉路口应设置警戒条或"注意安全"、"施工重地闲人免进"等警示标志，防止非作业人员进入发生安全事故。

（4）进行爆破作业时，在能进入爆破区域的路口需设置"爆破警示牌"、"爆破警戒线"标志，拉设警戒条。

（5）采准作业区设置"施工重地闲人免进"安全告示牌，采场边坡坡底设置"禁止停留"标志。

### （二）爆破安全管理

1. 爆破作业安全措施

（1）爆破作业人员必须经过专业的培训，并持有公安机关颁发的作业证。

（2）施工人员必须按照爆破设计施工，不得随意变更，如有特殊情况不能实施或需变更时，必须经过爆破设计人员或总工批准方可变更。

（3）爆破材料进入工地后，需安排专人负责看管，防止其他无关人员进入。

（4）每次爆破应确定安全距离，警戒人员负责疏散警戒区内的人员。

（5）发现盲炮及时报告爆破负责人，处理盲炮时必须严格遵守《爆破安全规程》。爆破后，经检查确认安全后方可解除警报。

（6）在大雨天、雾天、黄昏和夜晚禁止爆破。遇雷雨时应停止爆破作业，并迅速撤离危险区。

2. 爆破器材的管理

爆破器材应严格按照有关规定进行管理，建立严格的爆破器材管理制度、发放制度、使用制度、清退制度，明确爆破器材管理人员职责、巡守员职责、库管员职责。制度职责上墙，并严格执行。炸药、雷管库做到"物防、技防、犬防、人防"，定期进行检查并接受公安、安监部门的监督检查。

## 四、井巷工程现场安全管理

### （一）平硐、斜井施工安全管理

1. 警示标志

平硐口、斜井口平台应拉设警戒条或彩旗，在临边处应设置可靠的围栏或醒目的"注意安全"、"爆破危险"、"施工重地闲人免进"等警示标志。

2. 开挖掘进规定

（1）平硐、斜井开挖的硐口边坡上不应存在浮石、危石及倒悬石。

（2）作业施工环境和条件相对较差时，施工前应制定全方位的安全技术措施，并对作业人员进行交底。

（3）硐口削坡，应按照明挖要求进行。不得上下同时作业，并做好坡面加固及排水等工作。

（4）进硐前，应对硐脸岩体进行察看，确认稳定或采取可靠措施后方可开挖硐口。

（5）硐口应设置防护棚。其顺硐轴方向的长度，可依据实际地形、地质和硐型断面选定，一般不宜小于5m。

（6）自硐口计起，当硐挖长度不超过15～20m时，应依据地质条件、断面尺寸，及时做好硐口永久性或临时性支护。支护长度一般不得小于10m。当地质条件不良、全部硐身应进行支护时，硐口段则应进行永久性支护。

（7）暗挖作业中，在遇到不良地质构造或易发生塌方地段、有害气体逸出及地下涌水等突发事件，应立即停工，作业人员撤至安全地点。

（8）暗挖作业设置的风、水、电等管线路应符合相关安全规定。

（9）每次放炮后，应立即进行全方位的安全检查，并清除危石、浮石，若发现非撬挖所能排除的险情时，应采取其他措施进行处理。硐内进行安全处理时，应有专人监护。

（10）倾斜巷道施工时，每掘进40m，应设躲避硐室并有防止跑车的安全措施：

1）安全绳法。在提升钢丝绳的尾部钩头以上连接一根环形的钢丝绳（安全绳），提升时把安全绳套在矿车上，以免脱钩跑车。

2）挡车器。它是由重型钢轨弯制成的挡杆，它架在插入巷道两帮的横梁上，并可沿梁回转，横梁两端有可伸缩的套管便于在不同的巷道内使用。提升矿车时，挡杆被矿车带起，车过后借自重而落在轨道上。

3. 通风及排水规定

（1）平硐、斜井施工时，应及时向工作面供应每人每分钟 $4m^3$ 的新鲜空气。

（2）硐深长度大于硐径 3～5 倍时，应采取强制通风措施，否则不得继续施工。

（3）采用自然通风，需尽快打通导硐。导硐未打通前应有临时通风措施；工作面风速不得小于0.15m/s，最大风速：硐井斜井为4m/s，运输硐通风处为6m/s，升降人员与器材的井筒为8m/s。

（4）通风机吸风口，应设铅丝护网。

（5）采用压风通风时，风管端头距开挖工作面在10m以内为宜；若采取吸风时，风管端距开挖工作面以5m为宜。

4. 巷道贯通安全技术措施

巷道施工中，有时为加快掘进采取对头掘进的方法，对头掘进快要贯通时应采取如下安全技术措施：

（1）即将贯通的巷道相距20m时，必须停止其中的一个掘进工作面的施工，做好通风的准备工作。

（2）项目经理应指定技术人员在现场统一指挥，停止的工作面保持正常通风，设置栅栏和警示标牌，禁止人员进入。

（3）如巷道有瓦斯，每次爆破前必须派专人和检查员共同到停止施工的工作面检查瓦斯浓度是否超过1%，爆破前，两个工作面的入口必须派专人警戒。

### （二）溜井施工现场安全管理

在矿山掘进施工中，溜井施工由于是独头掘进，通风及撬浮石工作困难，工作条件差、劳动强度大、危险性较大，因此施工中应编制施工组织设计及施工设计图，精心施工，精心管理，并采取如下安全措施：

（1）炮工放炮要使用非电导爆管在平巷中一次起爆。

（2）支柱工按要求把横撑打好，具体要求如下：

1）横撑圆木 $\phi0.12～0.16m$；

2）两侧横撑层间距1.8～2.0m；

3）中间一排横撑层间距0.9～1.0m；

4）横撑窝要剔得足够深（不小于3cm）；

5）斜槽开凿方向要正确；

6）每班支柱工都要对固定平台以上的横撑安全情况进行检查，发现松动、损坏等现象要及时修理。

（3）天井行人间和溜渣间的隔断要跟进到"安全棚子"高度（最上一层靠下盘处的两块木板只做简单固定）。

（4）天井溜渣间存渣量高度（距离"临时平台"）不大于2.0m。

## 五、施工用电管理

### （一）外电防护

在建工程的外侧边缘与外电架空线路的边线间小于安全操作距离时，在建工程要设置防护措施。不得在外电线路正下方施工作业搭设作业棚、建造生活设施或堆放物料器材。

## （二）接地与接零保护系统

严格执行《施工现场临时用电安全技术规范》（JGJ 46）的规定，采用电源中性点直接接地，工作零线与保护零线分开，不得混接，保护零线作重复接地（不小于三处）的三相五线（TN－S）系统接零保护系统。

## （三）配电箱、开关箱

临时用电实行三级配电，两级保护。开关箱要做到"一箱、一机、一闸、一漏"，有门，有锁和防雨、防尘。电箱安置要适当，周围不得有杂物。开关箱内漏电保护器的额定漏电动作电流不应大于30mA，额定漏电动作时间不应大于0.1s，潮湿、腐蚀环境下额定漏电动作电流不应大于15mA。总配电箱内漏电保护器的额定漏电动作电流应大于30mA，额定漏电动作时间应大于0.1s，但其乘积不得大于30mA·s。

## （四）现场照明

（1）施工现场要保证充足的照明。

（2）手持照明灯应使用36V及以下安全电压，地下工程掌子面及潮湿作业场所照明应使用36V及以下安全电压，导线接头处用绝缘胶带包好。

## （五）电气火灾

（1）施工现场电气设备着火，应立即切断电源，使用二氧化碳灭火器、干粉灭火器或干砂灭火，严禁用水或泡沫灭火器灭火。

（2）发生电气火灾时，人员必须与带电设备保持足够安全距离，对架空线路等空中设备进行灭火时，人体位置与带电体之间的仰角应不超过45°，以防止导线断落危及灭火人员的安全。

（3）加强安全检查，排除用电隐患，防止线路因老化发生火灾事故。

## 六、职业健康

矿山施工职业健康问题主要有：粉尘、噪声、中暑、爆破冲击波等，施工中应从如下方面采取控制措施：

（1）控制粉尘排放。

钻孔采取有效粉尘收集措施，避免无收尘排放；道路洒水，避免尘土飞扬；破碎机产尘点进行密闭及负压电除尘，定期清理除尘布袋，确保除尘效率。

（2）相应防护措施：

1）有尘岗位配备合格防护口罩；

2）采取防暑降温措施；

3）确保冲击波安全距离等。

（3）职业卫生检查及职业卫生管理。施工企业应对从事接触职业病危害因素的作业人员进行上岗前、在岗期间、离岗和退休职业健康检查，发现健康状况不适者，应立即通知不得从事该项工作，避免职业伤害。

# 第九节 施工企业市场风险及规避

随着市场竞争日趋激烈，施工企业作为市场竞争的主体，风险无处不在，如何加强风险的预防和控制，减少和避免风险损失，是现代企业需要研究的重要课题。尤其是矿山施工企业，其承担的工程项目的特殊性，加强其风险的预防和控制，就更需要认真的研究，为今后矿山施工企业的发展探索一些路径。

## 一、矿山施工企业面临的主要风险

### （一）合同风险

建设工程施工合同是建设单位与施工企业通过设定的条款，明确双方的权利和义务关系的特殊的承揽合同，由于建筑市场实行的先定价后成交的期货式交易的特殊性决定了建筑行业的高风险性。同时，由于建设工程具有投资大、工期长、材料设备消耗多、产品固定地点、受自然和环境影响约束等具有经济性技术性的特点，再加上多年的市场化，市场对业主的约束和规范较少，合同存在着单方面的约束性，责权利不平衡，使施工承包方在市场交易中处于明显的弱势和不利地位。

### （二）法律法规的风险

施工合同所依照的是否为有效的法律法规、合同主体是否合格、当事人意思表述是否真实、合同内容和形式是否合法等问题，通常会影响合同的效力；有的合同未能针对性地拟订解决建设工程价款的结算、工程的保险、工程款的拨付、合同解除等具体情况的条款，只是列入《招标投标法》、《建筑法》等原则性条规，与合同当事人一旦发生争议，施工企业将陷入有法无据的尴尬和风险。

### （三）不平衡责权利的风险

合同存在着单方面的约束性，责权利不平衡，使施工承包方在苛刻的条件下，被动地承受着质量、工期等方面的诸多风险。

### （四）先定价后成交的价格风险

建筑工程的合同标的往往需要一定的过程才能完成，受市场多种因素的影响建筑材料的价格有时会发生剧烈波动，合同的固定价、包死价均给施工方带来较大的风险。

### （五）履约过程中的变更、签证风险

由于建设单位的原因，引起设计更改，施工的自然条件和作业条件的意外变化等，施工工程量的增加，而建设单位不按时签证或回复联系单，给施工方带来利益损失的风险。

### （六）业主违约、拖欠工程款的风险

由于业主的资信存在问题，建设资金缺乏或违规工程的存在，使后续资金不能到位。

### （七）项目跟踪与投标的风险

随着我国经济改革的不断深入，国内市场的逐步规范和完善，原有的地区和行业保护被彻底打破，企业可以跨地区、跨行业流动并承揽任务，这些加剧了建筑业市场的竞争。因此施工企业为了承接工程，到处撒网，四面出击，一有工程信息，不管其投资多少、规模大小、施工难易、利润肥瘦就进行盲目投标，造成企业中标率很低，而且花费了大量的费用。

一些民营企业为了节省投资和尽快回收投资的行为，在建厂初期往往不注重矿山的建设，少投入或者不投入矿山基建费用，引入一些个体的或不规范的矿山施工单位参与项目竞争，扰乱了市场，使多年跟踪的项目泡汤。

### （八）低报价中标的效益风险

工程投标的竞争，很大程度上取决于价格的竞争。特别是实行工程量清单报价以后，建设单位基本

上都实行所谓合理低价的单因素招标，因此施工企业为了中标，不惜花血本、走关系、摸标底，竞相压低报价，对成本、利润缺乏科学、缜密的分析和预测，隐含了一些不可见的让利因素，现在施工企业让利的平均幅度高出工程造价的 15% 以上，有的甚至降到 40% 多。现在业主都是实行固定总价包干，企业想利用索赔获得补偿已不太可能。还有一些资金不到位、手续不齐全的垫资项目等，企业的效益更是无法保证。如果企业在管理上再存在漏洞，不能很好地消化投标时的让利因素，势必出现亏损的风险。

### （九）履行合同承诺的信誉风险

市场经济的本质特征是依法经营、履约经营。工程一旦中标，合同一经签订，施工企业作为合同的主体，必须全面履行合同条款，兑现对业主的承诺。但由于市场僧多粥少，施工企业总处于劣势地位，所签订合同出现许多"霸王"条款，造成施工企业履约的难度越来越大。比如，在工期上，因工程款拨付不及时、征地拆迁不到位、驻地群众干扰施工等，影响总体工期目标，即便不是施工企业的责任，业主也将责任推给施工企业，不但不给施工企业索赔反而给施工企业出示"黄牌"甚至"红牌"，使企业信誉受损。在质量创优上，如今国家的质量标准越来越高，业主的质量要求越来越严，施工企业所需的投入也就越来越大，但市场却没有实行优质优价，这使得本来就"油水"不大的项目难有更多的投入实现创优目标，甚至可能由于甲方指定分包商、材料供应商而造成的质量缺陷，使施工企业面临巨额的质量等级违约处罚。还有的业主规定中标单位必须在开工前提前打入数额极大的保证金，使施工单位的履约风险更大。再有一些高、难、新、尖工程，特别是对周边建筑物和人身安全具有重大影响的项目，如果缺乏强有力的技术支持和资金支持而出现闪失，就会惹出大祸，使企业苦心经营多年的品牌毁于一旦，蒙受不可估量的损失。

### （十）结算不及时的诉讼风险

工程完工后，建设单位由于投资不足或投资超预算，不履行合同条款，对施工企业报送的工程结算书不及时审计，或表面履行合同条款，而将施工企业的结算一审再审甚至三审，故意拖延结算时间，达到长期拖欠的目的。施工企业即使想拿起法律武器讨个说法，也存在诸多问题，一是可能已丧失诉讼时效，超过我国法律规定的 2 年有效期，特别是可能丧失我国《合同法》第 286 条规定的优先受偿权；二是证据不足，失去法院和仲裁机构应有的支持；三是审判或仲裁旷日持久，远水不解近渴，还有可能出现施工企业胜诉后执行难，既要发生各种名目的执行费，还可能碰到无法执行和执行不了的问题。这样，对施工企业来说极有可能产生形成坏账的风险。同时，这种拖欠还将导致施工企业对分包商和材料供应商的价款结算不能及时进行，而他们为追偿施工企业拖欠的分包工程款和材料价款，根本不会顾及建设单位是否拖欠，而是一纸诉状将施工企业推上被告席，其结果是施工企业"赔了夫人又折兵"，不但工程没赚钱，反而要从企业里拿钱替建设单位赔付工程款，而且这种诉讼还将危及企业的社会信誉。

### （十一）企业管理过程中的投资风险

作为现代施工企业，要想在施工中站稳脚步，必须不断提升自身的管理水平。但这必须以投入为代价，以投资作保证。如企业为了提高机械化程度，花巨资购买一些先进设备，当不能及时承接到工程时，企业就面临承担设备闲置浪费的风险；还有在投资开发高新技术方面，有成果难以转化为现实生产力的风险；另外企业为了加快知识更新和人才培养的投入，要冒人才流失的风险，特别是我国加入 WTO 后，国外建筑承包商对国内企业人才的争夺，将会使国内施工企业付出极其沉重的代价。

## 二、矿山施工企业防范风险的对策

矿山施工企业要想谋求良性发展，就必须解决好如何规避风险的问题。首先，要加强风险的分析、预测，建立风险预警系统，做好风险的防范工作；其次，当风险发生之后，要做好风险的控制和转移，努力化解、分散风险，把风险降低到最低程度；第三，企业通过苦练内功，强身健体，提高免疫力和竞争力，无论风吹雨打、惊涛骇浪，都能抵御、抗击风险。具体地讲，矿山施工企业在应对风险上有以下几种对策。

### （一）首先解决好"防"的问题

**1. 风险意识要提高**

在市场经济条件下，企业各级领导必须树立强烈的风险意识和危机意识，深刻认识风险的危害性，面对复杂多变的市场形势，时刻保持清醒头脑，分析方方面面的风险，制订应对风险的有效措施，做到在顺境中居安思危，在逆境中居险思变，化解、控制风险，使企业在风险中稳步发展。

**2. 风险分析要超前**

规避风险首要的环节必须做好预测，把可能产生的风险分析透彻。这种风险既有企业某一经营行为可能产生的单体风险，又有企业生存发展所面临的总体风险；既有一般风险，又有重大风险；既有当前风险，又有未来风险；既有可见风险，又有隐性风险等。企业要从自身的实际情况出发，分析风险的大小和危害程度，为实施风险决策提供比较可靠的依据。

**3. 风险决策要慎重**

为避免风险决策失误，要有可靠的依据支持风险决策，要充分征求方方面面的意见和建议，如对涉及投标问题的决策，要重点听取经营人员的意见；对涉及投资问题的决策，要重点听取财务和相关人员的意见。

**4. 提高法律意识、把好签订合同关**

合同是约束双方行为、履行约定条款的法律文件，一经签订，任何一方不得违背。因此，在合同签订前，必须熟悉和掌握国家有关法律法规，认真研究条款，分析合同文本，通过合同谈判的方式，对条款进行拾遗补缺，避免损害自身利益的条款存在，虽然处于弱势地位的施工企业在许多情况下确实难以做出更多的选择，但也应避免饮鸩止渴的风险。

**5. 加强法律学习、提高防范能力**

从现有的市场环境来看，施工企业承担太多不应承担的市场风险，但市场的有序、完善和规范，有一个渐进的过程。

施工企业应从领导开始到有关部门及人员学透与建设工程密切相关的《建筑法》、《合同法》、《招标投标法》等基本法律，还需深刻理解和熟练运用像《最高人民法院关于审理建设工程施工合同纠纷案件适用法律问题的解释》、《建筑工程施工发包与承包计价管理办法》等作为法院判决和法官直接引用的具体法律根据，并具体落实到企业的施工合同管理中，练好保护自身权益的内功。这样，就能最大限度地减少市场经济中合同和法律诉讼的风险，万一被诉讼，也能用法律保护自己。这就要靠施工企业在合同管理中有效用好《最高人民法院关于审理建设工程施工合同纠纷案件适用法律问题的解释》等类似适用法律的相关规定。

### （二）健全和完善合同管理制度

施工企业就合同管理全过程的每个环节和程序，建立和健全具体的可操作流程，这些程序和环节应包括：介绍信的开具、招标信息的跟踪、中标情况的汇总、合同的草拟、洽谈、评审、用印、履约跟踪、变更、违约、解除、终止等。除了总公司有健全的合同管理制度和操作流程，有分公司设立的企业，还必须根据实际情况补充增加自己的管理制度，这样可使合同管理的细节有章可循，有案可查，减少不必要的失误和盲目所带来的市场风险。

### （三）建立符合企业实际的合同管理体系

大中型施工企业应建立专门的合同管理机构，分公司或项目部应设立合同管理岗位，应由专人专责管理。合同管理人员首先要具备相应的法律、法规知识和运用法律、法规的能力，熟悉合同签订和变更、索赔程序，同时还要具备工程管理、造价管理知识和实际运用能力。

### （四）应采用统一的合同文本

最好直接套用建设部和国家工商局推荐的施工合同示范文本。其特点是规范、全面、严谨、准确，具有较强的操作性。采用这个文本，将有利于避免因管理人员水平不高或疏忽而产生的漏洞，有利于明确合同主体双方的权利和义务，也有利于合同争议的解决。但在市场中处于强势地位的那些业主和发包方往往不愿采用该文本，常常喜欢自己拟订合同。这时施工企业要引起高度重视，对拟订的每个条款，特别是合同中的免责条款，加以仔细斟酌，以免无效合同和错漏、歧义的产生，尽量限制业主风险的转嫁，尽力保护自己的合法权益，因为合同中的任一条款都有可能给当事人带来较大风险和重大的损失。

### （五）要从程序和实体上把好合同评审关并严格评审

要充分研究招标技术文件。招标文件是要约邀请，其中很多关于技术性的要约条款，涉及发包人、承包人的权利义务，并将成为合同的主要内容。评审招标文件的主要内容应是项目的合法性、工程承接的可能性、施工难易的程度、资信状况、风险程度以及业主或发包方以往的经营业绩与履约能力等，企业的合同主管部门与相关部门应作出明确的评审结论，确定是否参加招标。

如投标中标，从程序细节上对合约签订权的要求，作出对应的规范化的操作标准和流程。在主体上，根据招标文件和要求规定的合约条款，做逐条的综合评审。并根据合约标的和项目规模的大小，由企业内部合同主管部门协同相关部门以会议会审的方式加以评审。针对合同涉及的法律依据、施工和材料要求、免责条款、条文词句，进行严格审核或修改。对施工企业法人代表的授权代理人，要有严格的条件限制，保证企业法人授权行为的规范。

### （六）建立严格的印章使用制度

企业的合同专用章是代表企业在经营活动中对外行使权利、承担义务、签订合同的凭证。因此，企业要实行合同专用章审批和使用分离的规定：由企业主要领导负责审批；指定专人做好登记、用印以及合同专用章的保管。

### （七）加强履约合同过程中的管理

根据建设施工合同持续时间长，标的额度比较大，而且合同履行过程中干扰事件和市场因素多变，变更、增补合同和施工签证频繁，施工企业要应用好《最高人民法院关于审理建设工程施工合同纠纷案件适用法律问题的解释》第16～19条，指导项目部加强签证管理，及时收集和整理好原始凭证。这是减少合同双方纷争和施工企业经济损失的唯一途径，也是合法合理转移合同风险的主要手段，更是合同当事人保护自身权益的最好办法。

### （八）提高企业自身管理水平，增强抵御风险的能力

一个企业管理水平的高低，直接反映抵御风险能力的大小。因此，强化管理、提高管理水平，不仅能够有效地抵御风险，而且还能减小风险造成的损失。通过精细管理，改变粗放型管理方式，将工程项目作为企业效益的源头，以项目管理为主线，以按标准体系运行和成本控制为切入点，强化施工过程中的质量、成本、工期控制，通过全面贯彻质量、职业健康安全、环境体系，使之渗透到项目管理的方方面面，并延伸至班组、工序，以确保体系有效运行，从而规范公司管理，同时通过实行项目目标承包责任制等方法加强项目成本控制，重视"二次经营"，以实现效益最大化，避免低报价中标带来的效益风险，使企业呈现良性发展的态势。

### （九）以人为本培养一批有技术、懂经营、会管理的高素质人才

企业在市场上的竞争能力越强，其防范风险、控制风险、化解风险、规避风险的能力就越强。而企

业之间的竞争，关键取决于人才的竞争。所以作为一个施工企业，一是要重视选人，要选一批素质高、学习能力强、知识面广、责任心强的技术管理队伍；二是鼓励他们加强理论学习，通过学习各种法律法规知识、专业理论知识提高他们的理论水平；三是要以机制激励人，明确各级技术管理人员的责、权、利，建立完善岗位竞争机制和奖惩机制，以机制激励人，保证生产要素的最优组合；四是注重在实践中培养、锻炼、造就人，在企业内部营造吸引人才、留住人才、用好人才的良好氛围。企业有这样一批高素质的人才在生产经营过程中就能避免许多风险的出现。

### （十）建立现代企业制度、构筑整个企业风险防范的"防火墙"

建立现代企业制度是一项长期而艰巨的任务，要通过制度创新，使企业的管理水平和综合实力真正跃上一个新的台阶，把企业做大做强。

（1）加快改制步伐，规范公司运作行为。要遵照《公司法》明确的股东会、董事会、监事会和经理层的职责，规范运作，减少董事会和经理层之间的交叉任职；充分发挥董事会的决策作用，建立董事会议事规则，确保公司规范、健康运行。

（2）强化资本经营，实现资本有效增值。施工企业除了坚持以生产经营为主外，还必须结合行业特点，走资本经营之路。如投资有发展前景的相关产业，参股回报率高的建设项目，将应收款、拖欠工程款转为股权，参与证券市场投资等形式，拓宽资本收益渠道。通过实行生产经营、资本经营并举，互相补充，以规避单一经营的风险。

（3）坚持强强联合，壮大企业经营能力。本着"扬长避短、优势互补、形式多样、互利互惠、风险共担"的原则，利用科研设计单位、大专院校的科技攻关优势，进行新技术开发的联合；利用实力雄厚的大企业的"品牌"优势，进行"集团式"的战略联盟；利用开发商融资能力强的优势，进行"股份式"的联合；还可利用国外建筑承包商的资金、管理优势，进行多领域、多项目的联合等。以改变"单打独斗、难成气候"的局面，增强企业抗风险的能力。

（4）优化组织结构，完善企业管理体制。施工企业组织结构的调整优化要与深化项目管理体制改革有机结合，通过实施管理层与操作层分离，将从事项目管理的人员与从事施工的作业人员从组织体制上分离，逐步形成内部相对独立的适应各类工程需要的专业分包或劳务分包队伍，进而向"小而专"、"小而精"、"小而强"的方向发展。通过合理配置企业内部各种要素，发挥其最大效能，合力抵抗各种风险。

（5）拓展矿山施工企业的业务范围，开发新的利润增长点，规避企业单一经营的风险。

1）延伸项目建设的服务链条。由于大部分投资商在建厂初期只重视厂区建设，对于矿山建设较为忽略，尤其是近年发展较快的水泥行业，因石灰石矿相对较为丰富，许多民营企业建厂时根本就不考虑矿山问题。所以一个现实问题是，投资方在与设计院签订设计合同时，往往合同只是工厂的设计，而把矿山设计甩了出来。当投资方急于进行矿山建设时，才发现没有矿山设计，而此时工厂已快要"等米下锅"了。作为矿山施工企业，尤其是有实力的大中型矿山施工企业，应该在产品提供的服务链上延伸，在工厂建厂初期的矿山咨询、设计、设备选型等为业主提供服务，扩大企业的服务范围。

2）从纯矿山施工企业向施工与矿山生产运营承包复合式经营企业转变。由于近年国家经济建设的需要，水泥厂的建设规模越来越大，伴随着水泥矿山日常生产出现了一种新的运行模式——由专业矿山公司承担水泥矿山工程建设与生产"一条龙"服务的模式。这样矿山施工企业发挥自身特长，工期相对拉长，增强了企业抗风险能力。

3）由单一行业的矿山施工企业向类似的金属、非金属矿山施工、生产延伸。我国传统矿山施工企业的服务对象一般都是某行业的某类固定矿山，这样做在计划经济时代有其优势，但在市场经济时代就有受行业景气周期的影响，不利于矿山施工企业的平稳发展。因此，企业在扩大传统行业份额的同时，不断关注和参与相关行业矿山的施工与承包经营，拓展其他行业矿山业务，将会不断提高公司承接业务范围，有利于公司抵抗行业不景气带来的风险。

4）开拓国外矿山施工、生产项目。目前，国内建设速度相当快，已经到了发展的顶峰期，国内矿山资源也是有限的，作为矿山施工企业，需要另辟新的市场，因此，开拓海外市场就要进入企业领导者的视野。

　　做强海外市场，海外商务、营销等人才的培养是关键，对于新进公司的人员，要第一时间派往国外，接受国外先进市场理念和经营理念的熏陶。今后要培养集工程施工、国际商务、外交语言多方面发展为一体的综合性人才，形成海外人才的层次梯队，在稳定经营的同时，形成本土化经营的理念，将公司融入当地的社会，密切联系当地政府、当地社会组织，建立良好的社会关系网，逐步走出国门。矿山施工企业要有到国外做市场的理念，以现有市场为发展的基地，以主业为根，努力开拓多元化经营，创造更多的利润。这样，可以避开国内部分恶性竞争的不利局面。

撰稿、审定：郝汝铤　张汉武　尚凤川　鲁承贵　赵学红　曾建军　郑天玲

　　　　　　李　久　董瑞丰　杨云龙　赵云福　李少杰　黄林超　马荣玖

　　　　　　张贵春　夏春生　祝廷然　张福源　刘学博　高兆飞　周文林

　　　　　　梁　栋（天津矿山工程有限公司）

# 第二十二章 矿山开采法规、规范和规程

## 第一节 概 述

我国水泥矿山行业经过几十年的发展，尤其是近十几年的快速发展，目前已成为我国年开采量最大的单一矿种，行业的规范发展已成为首要的任务。截至目前，我国政府及行业管理部门先后颁布实施了多项法规规范及规程，从根本上对水泥矿山行业的健康顺利发展起到了关键的引领作用。与水泥矿山行业相关的法律法规等非常繁多，下面将主要的法律法规等进行列举，供广大水泥矿山从业者在工作中参考。

### 一、国家主要相关法律法规及条例（表22-1）

表22-1 水泥矿山行业的国家主要相关法律法规及条例

| 序号 | 名 称 | 颁布机构 | 开始实施日期 |
|---|---|---|---|
| 1 | 《中华人民共和国安全生产法》 | 2002年6月29日中华人民共和国主席令第70号 | 2002年11月1日 |
| 2 | 《中华人民共和国矿山安全法》 | 1992年11月7日中华人民共和国主席令七届第65号 | 1993年5月1日 |
| 3 | 《中华人民共和国矿产资源法》（修正本） | 1996年8月29日中华人民共和国主席令第74号 | 1996年8月29日 |
| 4 | 《中华人民共和国建筑法》 | 1997年11月1日中华人民共和国主席令第46号 | 1998年3月1日 |
| 5 | 《中华人民共和国环境保护法》 | 1989年12月26日中华人民共和国主席令七届第22号 | 1989年12月26日 |
| 6 | 《中华人民共和国节约能源法》 | 2007年10月28日中华人民共和国主席令第77号 | 2008年4月1日 |
| 7 | 《中华人民共和国水土保持法》 | 2010年12月25日中华人民共和国主席令第39号 | 2011年3月1日 |
| 8 | 《安全生产许可证条例》 | 国务院第397号令 | 2004年1月7日 |
| 9 | 《中华人民共和国矿山安全法实施条例》 | 1996年10月30日劳动部令第4号发布 | 1996年10月30日 |
| 10 | 《建设工程安全生产管理条例》 | 2003年12月国务院第393号令 | 2004年2月1日 |
| 11 | 《矿产资源开采登记管理办法》 | 1998年2月12日国务院第241号令 | 1998年2月12日 |
| 12 | 《地质灾害防治条例》 | 2003年11月24日国务院第394号令 | 2004年3月1日 |
| 13 | 《民用爆炸物品安全管理条例》 | 2006年5月10日国务院第466号令 | 2006年9月1日 |
| 14 | 《生产安全事故报告和调查处理条例》 | 2007年4月9日国务院第493号令 | 2007年6月1日 |
| 15 | 《非煤矿山企业安全生产许可证实施办法》 | 2009年6月国家安全生产监督管理局20号令 | 2009年4月30日 |
| 16 | 《民用爆炸物品管理条例》 | 2006年4月26日国务院第466号令 | 2006年9月1日 |
| 17 | 《中华人民共和国消防法》 | 2008年10月28日中华人民共和国主席令第6号 | 2009年5月1日 |
| 18 | 《中华人民共和国大气污染防治法》 | 2000年4月29日中华人民共和国主席令第32号 | 2000年9月1日 |
| 19 | 《中华人民共和国水污染防治法》 | 2008年2月28日中华人民共和国主席令第87号 | 2008年6月1日 |
| 20 | 《中华人民共和国环境噪声污染防治法》 | 1996年10月29日中华人民共和国主席令第77号 | 1997年3月1日 |
| 21 | 《中华人民共和国环境影响评价法》 | 2002年10月28日中华人民共和国主席令第77号 | 2003年9月1日 |
| 22 | 《中华人民共和国固体废物污染环境防治法》 | 2004年12月29日中华人民共和国主席令第31号 | 2005年4月1日 |
| 23 | 《中华人民共和国劳动法》 | 2007年6月29日中华人民共和国主席令第65号 | 2008年1月1日 |
| 24 | 《中华人民共和国土地管理法》 | 2004年8月28日中华人民共和国主席令第28号 | 2004年8月28日 |

| 序号 | 名　　　称 | 颁布机构 | 开始实施日期 |
|---|---|---|---|
| 25 | 《中华人民共和国清洁生产促进法》 | 2012 年 2 月 29 日中华人民共和国主席令第 54 号 | 2012 年 7 月 1 日 |
| 26 | 《中华人民共和国水法》 | 2002 年 8 月 29 日中华人民共和国主席令第 74 号 | 2002 年 10 月 1 日 |
| 27 | 《建设项目环境保护管理办法》 | 1986 年 3 月国务院环境保护委员会、国家计划委员会、国家经济委员会发布 | 1986 年 3 月 26 日 |

## 二、主要相关技术标准、规范及规程（表 22 - 2）

表 22 - 2　水泥矿山行业的主要相关技术标准、规范及规程

| 序号 | 名　　　称 | 标准代号（或颁布部门） | 开始实施日期 |
|---|---|---|---|
| 1 | 《金属非金属矿山安全规程》 | GB 16423—2006 | 2006 年 9 月 1 日 |
| 2 | 《爆破安全规程》 | GB 6722—2003 | 2004 年 5 月 1 日 |
| 3 | 《水泥原料矿山管理规程》 | 原国家建筑材料工业局 | 1991 年 6 月 22 日 |
| 4 | 《水泥原料矿山工程设计规范》 | GB 50598—2010 | 2011 年 2 月 1 日 |
| 5 | 《建筑设计防火规范》 | GB 50016—2006 | 2006 年 12 月 1 日 |
| 6 | 《建筑结构荷载规范》 | GB 50009—2001 | 2002 年 3 月 1 日 |
| 7 | 《室外排水设计规范》 | GB 50014—2006 | 2006 年 6 月 1 日 |
| 8 | 《建筑给水排水设计规范》 | GB 50015—2003（2009 修订版） | 2010 年 4 月 1 日 |
| 9 | 《采暖通风与空气调节设计规范》 | GB 50019—2003 | 2004 年 4 月 1 日 |
| 10 | 《岩土工程勘查规范》 | GB 50021—2001 | 2002 年 3 月 1 日 |
| 11 | 《锅炉房设计规范》 | GB 50041—2008 | 2008 年 2 月 3 日 |
| 12 | 《工业循环冷却水处理设计规范》 | GB 50050—2007 | 2008 年 5 月 1 日 |
| 13 | 《66kV 及以下架空电力线路设计规范》 | GB 50061—2010 | 2010 年 7 月 1 日 |
| 14 | 《汽车库、修车库、停车场设计防火规范》 | GB 50067—97 | |
| 15 | 《矿山电力设计规范》 | GB 50070—2009 | 2009 年 12 月 1 日 |
| 16 | 《防洪标准》 | GB 50201—94 | 1995 年 1 月 1 日 |
| 17 | 《汽车加油加气站设计与施工规范》 | GB 50516—2012 | 2012 年 3 月 1 日 |
| 18 | 《水泥工业大气污染物排放标准》 | GB 4915—2004 | 2005 年 1 月 1 日 |
| 19 | 《生活饮用水卫生标准》 | GB 5749—2006 | 2007 年 7 月 1 日 |
| 20 | 《污水综合排放标准》 | GB 8978—1996 | 1997 年 4 月 15 日 |
| 21 | 《工业企业厂界噪声标准》 | GB 12348—2008 | 2008 年 10 月 1 日 |
| 22 | 《厂矿道路设计规范》 | GBJ 22—87 | 1988 年 8 月 1 日 |
| 23 | 《固体矿产地质勘查规范总则》 | GB/T 13908—2002 | 2003 年 1 月 1 日 |
| 24 | 《固体矿产资源/储量分类》 | GB/T 17766—1999 | 1999 年 12 月 1 日 |
| 25 | 《冶金、化工石灰岩及白云岩、水泥原料矿产地质勘查规范》 | DZ/T 0213—2002 | 2003 年 3 月 1 日 |

# 第二节　国家法律法规及条例

## 一、《中华人民共和国安全生产法》相关规定

为了加强安全生产监督管理，防止和减少生产安全事故，保障人民群众生命和财产安全，促进经济发展，2002 年 6 月 29 日第九届全国人民代表大会常务委员会第二十八次会议通过《中华人民共和国安全

生产法》（以下简称"安全生产法"），自 2002 年 11 月 1 日起施行。

安全生产法适用于在中华人民共和国领域内从事生产经营活动的单位（以下统称"生产经营单位"）的安全生产，共包括七章九十七条，分别为总则、生产经营单位的安全生产保障、从业人员的权利和义务、安全生产的监督管理、生产安全事故的应急救援与调查处理、法律责任和附则。

现将有关矿山开采的条例摘录如下。

### （一）生产经营单位的安全生产保障

生产经营单位必须遵守安全生产法和其他有关安全生产的法律、法规，加强安全生产管理，建立、健全安全生产责任制度，完善安全生产条件，确保安全生产。生产经营单位必须执行依法制定的保障安全生产的国家标准或者行业标准。

生产经营单位的主要负责人对本单位安全生产工作负有下列职责：

（1）建立、健全本单位安全生产责任制。

（2）组织制定本单位安全生产规章制度和操作规程。

（3）保证本单位安全生产投入的有效实施。

（4）督促、检查本单位的安全生产工作，及时消除生产安全事故隐患。

（5）组织制定并实施本单位的生产安全事故应急救援预案。

（6）及时、如实报告生产安全事故。

生产经营单位应当对从业人员进行安全生产教育和培训，保证从业人员具备必要的安全生产知识，熟悉有关的安全生产规章制度和安全操作规程，掌握本岗位的安全操作技能。未经安全生产教育和培训合格的从业人员，不得上岗作业。

### （二）从业人员的权利和义务

生产经营单位与从业人员订立的劳动合同，应当载明有关保障从业人员劳动安全、防止职业危害的事项，以及依法为从业人员办理工伤社会保险的事项。

生产经营单位不得以任何形式与从业人员订立协议，免除或者减轻其对从业人员因生产安全事故伤亡依法应承担的责任。

从业人员发现直接危及人身安全的紧急情况时，有权停止作业或者在采取可能的应急措施后撤离作业场所。

从业人员应当接受安全生产教育和培训，掌握本职工作所需的安全生产知识，提高安全生产技能，增强事故预防和应急处理能力。

### （三）安全生产的监督管理

县级以上地方各级人民政府应当根据本行政区域内的安全生产状况，组织有关部门按照职责分工，对本行政区域内容易发生重大生产安全事故的生产经营单位进行严格检查；发现事故隐患，应当及时处理。

负有安全生产监督管理职责的部门依法对生产经营单位执行有关安全生产的法律、法规和国家标准或者行业标准的情况进行监督检查，行使以下职权：

（1）进入生产经营单位进行检查，调阅有关资料，向有关单位和人员了解情况。

（2）对检查中发现的安全生产违法行为，当场予以纠正或者要求限期改正；对依法应当给予行政处罚的行为，依照本法和其他有关法律、行政法规的规定作出行政处罚决定。

（3）对检查中发现的事故隐患，应当责令立即排除；重大事故隐患排除前或者排除过程中无法保证安全的，应当责令从危险区域内撤出作业人员，责令暂时停产停业或者停止使用；重大事故隐患排除后，经审查同意，方可恢复生产经营和使用。

（4）对有根据认为不符合保障安全生产的国家标准或者行业标准的设施、设备、器材予以查封或者扣押，并应当在十五日内依法作出处理决定。

监督检查不得影响被检查单位的正常生产经营活动。

## （四）生产安全事故的应急救援与调查处理

县级以上地方各级人民政府应当组织有关部门制定本行政区域内特大生产安全事故应急救援预案，建立应急救援体系。

生产经营单位发生生产安全事故后，事故现场有关人员应当立即报告本单位负责人。单位负责人接到事故报告后，应当迅速采取有效措施，组织抢救，防止事故扩大，减少人员伤亡和财产损失，并按照国家有关规定立即如实报告当地负有安全生产监督管理职责的部门，不得隐瞒不报、谎报或者拖延不报，不得故意破坏事故现场、毁灭有关证据。

县级以上地方各级人民政府负责安全生产监督管理的部门应当定期统计分析本行政区域内发生生产安全事故的情况，并定期向社会公布。

## （五）法律责任

负有安全生产监督管理职责的部门的工作人员，有下列行为之一的，给予降级或者撤职的行政处分；构成犯罪的，依照刑法有关规定追究刑事责任：

（1）对不符合法定安全生产条件的涉及安全生产的事项予以批准或者验收通过的。

（2）发现未依法取得批准、验收的单位擅自从事有关活动或者接到举报后不予取缔或者不依法予以处理的。

（3）对已经依法取得批准的单位不履行监督管理职责，发现其不再具备安全生产条件而不撤销原批准或者发现安全生产违法行为不予查处的。

生产经营单位的决策机构、主要负责人、个人经营的投资人不依照本法规定保证安全生产所必需的资金投入，致使生产经营单位不具备安全生产条件的，责令限期改正，提供必需的资金；逾期未改正的，责令生产经营单位停产停业整顿。

生产经营单位有下列行为之一的，责令限期改正；逾期未改正的，责令停产停业整顿，可以并处二万元以下的罚款：

（1）未按照规定设立安全生产管理机构或者配备安全生产管理人员的。

（2）危险物品的生产、经营、储存单位以及矿山、建筑施工单位的主要负责人和安全生产管理人员未按照规定经考核合格的。

（3）未按照本法第二十一条、第二十二条的规定对从业人员进行安全生产教育和培训，或者未按照本法第三十六条的规定如实告知从业人员有关的安全生产事项的。

（4）特种作业人员未按照规定经专门的安全作业培训并取得特种作业操作资格证书，上岗作业的。

未经依法批准，擅自生产、经营、储存危险物品的，责令停止违法行为或者予以关闭，没收违法所得，违法所得十万元以上的，并处违法所得一倍以上五倍以下的罚款，没有违法所得或者违法所得不足十万元的，单处或者并处二万元以上十万元以下的罚款；造成严重后果，构成犯罪的，依照刑法有关规定追究刑事责任。

生产经营单位有下列行为之一的，责令限期改正；逾期未改正的，责令停产停业整顿；造成严重后果，构成犯罪的，依照刑法有关规定追究刑事责任：

（1）生产、经营、储存、使用危险物品的车间、商店、仓库与员工宿舍在同一座建筑内，或者与员工宿舍的距离不符合安全要求的。

（2）生产经营场所和员工宿舍未设有符合紧急疏散需要、标志明显、保持畅通的出口，或者封闭、堵塞生产经营场所或者员工宿舍出口的。

生产经营单位主要负责人在本单位发生重大生产安全事故时，不立即组织抢救或者在事故调查处理期间擅离职守或者逃匿的，给予降职、撤职的处分，对逃匿的处十五日以下拘留；构成犯罪的，依照刑法有关规定追究刑事责任。

生产经营单位发生生产安全事故造成人员伤亡、他人财产损失的，应当依法承担赔偿责任；拒不承担或者其负责人逃匿的，由人民法院依法强制执行。

### 二、《中华人民共和国矿山安全法》相关规定

为了保障矿山生产安全，防止矿山事故，保护矿山职工人身安全，促进采矿业的发展，1992 年 11 月 7 日第七届全国人民代表大会常务委员会第二十八次会议通过《中华人民共和国矿山安全法》（以下简称"矿山安全法"），自 1993 年 5 月 1 日起施行。

矿山安全法适用于在中华人民共和国领域和中华人民共和国管辖的其他海域从事矿产资源开采的活动，共包括八章五十条，分别为总则、矿山建设的安全保障、矿山开采的安全保障、矿山企业的安全管理、矿山安全的监督和管理、矿山事故处理、法律责任和附则。

现将有关矿山开采的条例摘录如下。

#### （一）矿山建设的安全保障

（1）矿山建设工程的安全设施必须和主体工程同时设计、同时施工、同时投入生产和使用。

（2）矿山建设工程的设计文件，必须符合矿山安全规程和行业技术规范，并按照国家规定经管理矿山企业的主管部门批准；不符合矿山安全规程和行业技术规范的，不得批准。

矿山建设工程安全设施的设计必须有劳动行政主管部门参加审查。

矿山安全规程和行业技术规范，由国务院管理矿山企业的主管部门制定。

（3）矿山设计下列项目必须符合矿山安全规程和行业技术规范：

1）矿井的通风系统和供风量、风质、风速；

2）露天矿的边坡角和台阶的宽度、高度；

3）供电系统；

4）提升、运输系统；

5）防水、排水系统和防火、灭火系统；

6）防瓦斯系统和防尘系统；

7）有关矿山安全的其他项目。

#### （二）矿山开采的安全保障

（1）矿山开采必须具备保障安全生产的条件，执行开采不同矿种的矿山安全规程和行业技术规范。

（2）矿山使用的有特殊安全要求的设备、器材、防护用品和安全检测仪器，必须符合国家安全标准或者行业安全标准；不符合国家安全标准或者行业安全标准的，不得使用。

（3）矿山企业必须对下列危害安全的事故隐患采取预防措施：

1）冒顶、片帮、边坡滑落和地表塌陷；

2）瓦斯爆炸、煤尘爆炸；

3）冲击地压、瓦斯突出、井喷；

4）地面和井下的火灾、水害；

5）爆破器材和爆破作业发生的危害；

6）粉尘、有毒有害气体、放射性物质和其他有害物质引起的危害；

7）其他危害。

（4）矿山企业对使用机械、电气设备，排土场、矸石山、尾矿库和矿山闭坑后可能引起的危害，应

当采取预防措施。

### （三）矿山企业的安全管理

（1）矿山企业必须建立、健全安全生产责任制。

矿长对本企业的安全生产工作负责。

（2）矿山企业工会发现企业行政方面违章指挥、强令工人冒险作业或者生产过程中发现明显重大事故隐患和职业危害，有权提出解决的建议；发现危及职工生命安全的情况时，有权向矿山企业行政方面建议组织职工撤离危险现场，矿山企业行政方面必须及时做出处理决定。

（3）矿山企业应当建立由专职或者兼职人员组成的救护和医疗急救组织，配备必要的装备、器材和药物。

### （四）矿山安全的监督和管理

（1）县级以上各级人民政府劳动行政主管部门对矿山安全工作行使下列监督职责：

1）检查矿山企业和管理矿山企业的主管部门贯彻执行矿山安全法律、法规的情况；

2）参加矿山建设工程安全设施的设计审查和竣工验收；

3）检查矿山劳动条件和安全状况；

4）检查矿山企业职工安全教育、培训工作；

5）监督矿山企业提取和使用安全技术措施专项费用的情况；

6）参加并监督矿山事故的调查和处理；

7）法律、行政法规规定的其他监督职责。

（2）县级以上人民政府管理矿山企业的主管部门对矿山安全工作行使下列管理职责：

1）检查矿山企业贯彻执行矿山安全法律、法规的情况；

2）审查批准矿山建设工程安全设施的设计；

3）负责矿山建设工程安全设施的竣工验收；

4）组织矿长和矿山企业安全工作人员的培训工作；

5）调查和处理重大矿山事故；

6）法律、行政法规规定的其他管理职责。

（3）劳动行政主管部门的矿山安全监督人员有权进入矿山企业，在现场检查安全状况；发现有危及职工安全的紧急险情时，应当要求矿山企业立即处理。

### （五）矿山事故处理及法律责任

（1）发生矿山事故，矿山企业必须立即组织抢救，防止事故扩大，减少人员伤亡和财产损失，对伤亡事故必须立即如实报告劳动行政主管部门和管理矿山企业的主管部门。

（2）矿山事故发生后，应当尽快消除现场危险，查明事故原因，提出防范措施。现场危险消除后，方可恢复生产。

（3）违反本法规定，有下列行为之一的，由劳动行政主管部门责令改正，可以并处罚款；情节严重的，提请县级以上人民政府决定责令停产整顿；对主管人员和直接责任人员由其所在单位或者上级主管机关给予行政处分：

1）未对职工进行安全教育、培训，分配职工上岗作业的；

2）使用不符合国家安全标准或者行业安全标准的设备、器材、防护用品、安全检测仪器的；

3）未按照规定提取或者使用安全技术措施专项费用的；

4）拒绝矿山安全监督人员现场检查或者在被检查时隐瞒事故隐患、不如实反映情况的；

5）未按照规定及时、如实报告矿山事故的。

（4）矿山建设工程的安全设施未经验收或者验收不合格擅自投入生产的，由劳动行政主管部门会同管理矿山企业的主管部门责令停止生产，并由劳动行政主管部门处以罚款；拒不停止生产的，由劳动行政主管部门提请县级以上人民政府决定由有关主管部门吊销其采矿许可证和营业执照。

（5）矿山企业主管人员违章指挥、强令工人冒险作业，因而发生重大伤亡事故的，依照刑法第一百一十四条的规定追究刑事责任。

### 三、《中华人民共和国矿产资源法》相关规定

为了发展矿业，加强矿产资源的勘查、开发利用和保护工作，保障社会主义现代化建设的当前和长远的需要，1996 年 8 月 29 日经第八届全国人民代表大会常务委员会第二十一次会议通过，《中华人民共和国矿产资源法》（修正本）（以下简称"矿产资源法"）自 1997 年 1 月 1 日起施行。

矿产资源法适用于在中华人民共和国领域及管辖海域勘查、开采矿产资源等活动，共包括七章共五十三条，分别为总则、矿产资源勘查的登记和开采的审批、矿山资源的勘查、矿产资源的开采、集体矿山企业和个体采矿、法律责任、附则。实施细则由国务院制定。

现将有关矿山开采的条例摘录如下。

#### （一）总则

（1）矿产资源属于国家所有，由国务院行使国家对矿产资源的所有权。地表或者地下的矿产资源的国家所有权，不因其所依附的土地的所有权或者使用权的不同而改变。

国家保障矿产资源的合理开发利用。禁止任何组织或者个人用任何手段侵占或者破坏矿产资源。各级人民政府必须加强矿产资源的保护工作。

勘查、开采矿产资源，必须依法分别申请、经批准取得探矿权、采矿权，并办理登记；但是，已经依法申请取得采矿权的矿山企业在划定的矿区范围内为本企业的生产而进行的勘查除外。

国家保护探矿权和采矿权不受侵犯，保障矿区和勘查作业区的生产秩序、工作秩序不受影响和破坏。

从事矿产资源勘查和开采的，必须符合规定的资质条件。

（2）国家保障依法设立的矿山企业开采矿产资源的合法权益。

国有矿山企业是开采矿产资源的主体。国家保障国有矿业经济的巩固和发展。

（3）国家实行探矿权、采矿权有偿取得的制度；但是，国家对探矿权、采矿权有偿取得的费用，可以根据不同情况规定予以减缴、免缴。具体办法和实施步骤由国务院规定。开采矿产资源，必须按照国家有关规定缴纳资源税和资源补偿费。

（4）国家在民族自治地方开采矿产资源，应当照顾民族自治地方的利益，作出有利于民族自治地方经济建设的安排，照顾当地少数民族群众的生产和生活。

民族自治地方的自治机关根据法律规定和国家的统一规划，对可以由本地方开发的矿产资源，优先合理开发利用。

#### （二）矿产资源勘查的登记和开采的审批

（1）国家对矿产资源勘查实行统一的区块登记管理制度。矿产资源勘查登记工作，由国务院地质矿产主管部门负责；特定矿种的矿产资源勘查登记工作，可以由国务院授权有关主管部门负责。矿产资源勘查区块登记管理办法由国务院制定。

（2）国务院矿产储量审批机构或者省、自治区、直辖市矿产储量审批机构负责审查批准供矿山建设设计使用的勘探报告，并在规定的期限内批复报送单位。勘探报告未经批准，不得作为矿山建设设计的依据。

（3）设立矿山企业，必须符合国家规定的资质条件，并依照法律和国家有关规定，由审批机关对其矿区范围、矿山设计或者开采方案、生产技术条件、安全措施和环境保护措施等进行审查；审查合格的，

方予批准。

（4）国家规划矿区的范围、对国民经济具有重要价值的矿区的范围、矿山企业矿区的范围依法划定后，由划定矿区范围的主管机关通知有关县级人民政府予以公告。

矿山企业变更矿区范围，必须报请原审批机关批准，并报请原颁发采矿许可证的机关重新核发采矿许可证。

（5）关闭矿山，必须提出矿山闭坑报告及有关采掘工程、安全隐患、土地复垦利用、环境保护的资料，并按照国家规定报请审查批准。

### （三）矿产资源的勘查

（1）矿产资源普查在完成主要矿种普查任务的同时，应当对工作区内包括共生或者伴生矿产的成矿地质条件和矿床工业远景做出初步综合评价。

（2）矿床勘探必须对矿区内具有工业价值的共生和伴生矿产进行综合评价，并计算其储量。未做综合评价的勘探报告不予批准。但是，国务院计划部门另有规定的矿床勘探项目除外。

（3）矿产资源勘查的原始地质编录和图件，岩矿心、测试样品和其他实物标本资料，各种勘查标志，应当按照有关规定保护和保存。

### （四）矿产资源的开采

（1）开采矿产资源，必须采取合理的开采顺序、开采方法和选矿工艺。矿山企业的开采回采率、采矿贫化率和选矿回收率应当达到设计要求。

（2）开采矿产资源，必须遵守国家劳动安全卫生规定，具备保障安全生产的必要条件。

（3）在建设铁路、工厂、水库、输油管道、输电线路和各种大型建筑物或者建筑群之前，建设单位必须向所在省、自治区、直辖市地质矿产主管部门了解拟建工程所在地区的矿产资源分布和开采情况。非经国务院授权的部门批准，不得压覆重要矿床。

### （五）集体矿山企业和个体采矿

（1）国家对集体矿山企业和个体采矿实行积极扶持、合理规划、正确引导、加强管理的方针，鼓励集体矿山企业开采国家指定范围内的矿产资源，允许个人采挖零星分散资源和只能用作普通建筑材料的砂、石、黏土以及为生活自用采挖少量矿产。

矿产储量规模适宜由矿山企业开采的矿产资源、国家规定实行保护性开采的特定矿种和国家规定禁止个人开采的其他矿产资源，个人不得开采。

国家指导、帮助集体矿山企业和个体采矿不断提高技术水平、资源利用率和经济效益。

地质矿产主管部门、地质工作单位和国有矿山企业应当按照积极支持、有偿互惠的原则向集体矿山企业和个体采矿提供地质资料和技术服务。

（2）国务院和国务院有关主管部门批准开办的矿山企业矿区范围内已有的集体矿山企业，应当关闭或者到指定的其他地点开采，由矿山建设单位给予合理的补偿，并妥善安置群众生活；也可以按照该矿山企业的统筹安排，实行联合经营。

### （六）法律责任

（1）违反本法规定，未取得采矿许可证擅自采矿的，擅自进入国家规划矿区、对国民经济具有重要价值的矿区范围采矿的，擅自开采国家规定实行保护性开采的特定矿种的，责令停止开采、赔偿损失，没收采出的矿产品和违法所得，可以并处罚款；拒不停止开采，造成矿产资源破坏的，依照刑法第一百五十六条的规定对直接责任人员追究刑事责任。

单位和个人进入他人依法设立的国有矿山企业和其他矿山企业矿区范围内采矿的，依照前款规定处罚。

（2）超越批准的矿区范围采矿的，责令退回本矿区范围内开采、赔偿损失，没收越界开采的矿产品和违法所得，可以并处罚款；拒不退回本矿区范围内开采，造成矿产资源破坏的，吊销采矿许可证，依照刑法第一百五十六条的规定对直接责任人员追究刑事责任。

（3）负责矿产资源勘查、开采监督管理工作的国家工作人员和其他有关国家工作人员徇私舞弊、滥用职权或者玩忽职守，违反本法规定批准勘查、开采矿产资源和颁发勘查许可证、采矿许可证，或者对违法采矿行为不依法予以制止、处罚，构成犯罪的，依法追究刑事责任；不构成犯罪的，给予行政处分。违法颁发的勘查许可证、采矿许可证，上级人民政府地质矿产主管部门有权予以撤销。

### 四、《中华人民共和国环境保护法》相关规定

为保护和改善生活环境与生态环境，防治污染和其他公害，保障人体健康，促进社会主义现代化建设的发展，1989 年 12 月 26 日经第七届全国人民代表大会常务委员会第十一次会议通过，《中华人民共和国环境保护法》（以下简称"环境保护法"）自公布之日起施行。

环境保护法适用于中华人民共和国领域和中华人民共和国管辖的其他海域，共包括六章共四十七条，分别为总则、环境监督管理、保护和改善环境、防治环境污染和其他公害、法律责任、附则。

现将有关矿山开采的条例摘录如下。

#### （一）总则

（1）国家制定的环境保护规划必须纳入国民经济和社会发展计划，国家采取有利于环境保护的经济、技术政策和措施，使环境保护工作同经济建设和社会发展相协调。

（2）国务院环境保护行政主管部门，对全国环境保护工作实施统一监督管理。

县级以上地方人民政府环境保护行政主管部门，对本辖区的环境保护工作实施统一监督管理。

国家海洋行政主管部门、港务监督、渔政渔港监督、军队环境保护部门和各级公安、交通、铁道、民航管理部门，依照有关法律的规定对环境污染防治实施监督管理。

县级以上人民政府的土地、矿产、林业、农业、水利行政主管部门，依照有关法律的规定对资源的保护实施监督管理。

#### （二）环境监督管理

（1）国务院环境保护行政主管部门制定国家环境质量标准。

省、自治区、直辖市人民政府对国家环境质量标准中未做规定的项目，可以制定地方环境质量标准，并报国务院环境保护行政主管部门备案。

（2）国务院环境保护行政主管部门建立监测制度，制定监测规范，会同有关部门组织监测网络，加强对环境监测和管理。国务院和省、自治区、直辖市人民政府的环境保护行政主管部门，应当定期发布环境状况公报。

（3）建设污染环境的项目，必须遵守国家有关建设项目环境保护管理的规定。建设项目的环境影响报告书，必须对建设项目产生的污染和对环境的影响作出评价，规定防治措施，经项目主管部门预审并依照规定的程序报环境保护行政主管部门批准。环境影响报告书经批准后，计划部门方可批准建设项目设计任务书。

#### （三）保护和改善环境

（1）在国务院、国务院有关主管部门和省、自治区、直辖市人民政府划定的风景名胜区、自然保护区和其他需要特别保护的区域内，不得建设污染环境的工业生产设施；建设其他设施，其污染物排放不得超过规定的排放标准。已经建成的设施，其污染物排放超过规定的排放标准的，限期治理。

（2）开发利用自然资源，必须采取措施保护生态环境。

（3）城乡建设应当结合当地自然环境的特点，保护植被、水域和自然景观，加强城市园林、绿地和风景名胜区的建设。

### （四）防治环境污染和其他公害

（1）新建工业企业和现有工业企业的技术改造，应当采用资源利用率高、污染物排放量少的设备和工艺，采用经济合理的废弃物综合利用技术和污染物处理技术。

（2）建设项目中防治污染的设施，必须与主体工程同时设计、同时施工、同时投产使用。防治污染的设施必须经原审批环境影响报告书的环境保护行政主管部门验收合格后，该建设项目方可投入生产或者使用。

防治污染的设施不得擅自拆除或者闲置，确有必要拆除或者闲置的，必须征得所在地的环境保护行政主管部门同意。

（3）因发生事故或者其他突然性事件，造成或者可能造成污染事故的单位，必须立即采取措施处理，及时通报可能受到污染危害的单位和居民，并向当地环境保护行政主管部门和有关部门报告，接受调查处理。

可能发生重大污染事故的企业事业单位，应当采取措施，加强防范。

### （五）法律责任

（1）建设项目的防治污染设施没有建成或者没有达到国家规定的要求，投入生产或者使用的，由批准该建设项目的环境影响报告书的环境保护行政主管部门责令停止生产或者使用，可以并处罚款。

（2）未经环境保护行政主管部门同意，擅自拆除或者闲置防治污染的设施，污染物排放超过规定的排放标准的，由环境保护行政主管部门责令重新安装使用，并处罚款。

（3）造成环境污染危害的，有责任排除危害，并对直接受到损害的单位或者个人赔偿损失。

赔偿责任和赔偿金额的纠纷，可以根据当事人的请求，由环境保护行政主管部门或者其他依照本法律规定行使环境监督管理权的部门处理；当事人对处理决定不服的，可以向人民法院起诉。当事人也可以直接向人民法院起诉。

完全由于不可抗拒的自然灾害，并经及时采取合理措施，仍然不能避免造成环境污染损害的，免予承担责任。

### 五、《中华人民共和国节约能源法》相关规定

为了推动全社会节约能源，提高能源利用效率，保护和改善环境，促进经济社会全面协调可持续发展，1997年11月1日第八届全国人民代表大会常务委员会第二十八次会议通过2007年10月28日第十届全国人民代表大会常务委员会第三十次会议修订通过，《中华人民共和国节约能源法》（以下简称"节约能源法"）自2008年4月1日起施行。

节约能源法节约能源是指加强用能管理，采取技术上可行、经济上合理以及环境和社会可以承受的措施，从能源生产到消费的各个环节，降低消耗、减少损失和污染物排放、制止浪费，有效、合理地利用能源，共包括七章共八十七条，分别为总则、节能管理、合理使用与节约能源、节能技术进步、激励措施、法律责任、附则。

现将有关矿山开采的条例摘录如下。

### （一）总则

（1）国家实行有利于节能和环境保护的产业政策，限制发展高耗能、高污染行业，发展节能环保型产业。

国务院和省、自治区、直辖市人民政府应当加强节能工作，合理调整产业结构、企业结构、产品结构和能源消费结构，推动企业降低单位产值能耗和单位产品能耗，淘汰落后的生产能力，改进能源的开发、加工、转换、输送、储存和供应，提高能源利用效率。

国家鼓励、支持开发和利用新能源、可再生能源。

（2）国务院管理节能工作的部门主管全国的节能监督管理工作。国务院有关部门在各自的职责范围内负责节能监督管理工作，并接受国务院管理节能工作的部门的指导。

县级以上地方各级人民政府管理节能工作的部门负责本行政区域内的节能监督管理工作。县级以上地方各级人民政府有关部门在各自的职责范围内负责节能监督管理工作，并接受同级管理节能工作的部门的指导。

## （二）节能管理

（1）国务院和县级以上地方各级人民政府应当加强对节能工作的领导，部署、协调、监督、检查、推动节能工作。

（2）县级以上人民政府管理节能工作的部门和有关部门应当在各自的职责范围内，加强对节能法律、法规和节能标准执行情况的监督检查，依法查处违法用能行为。

履行节能监督管理职责不得向监督管理对象收取费用。

（3）建筑节能的国家标准、行业标准由国务院建设主管部门组织制定，并依照法定程序发布。

省、自治区、直辖市人民政府建设主管部门可以根据本地实际情况，制定严于国家标准或者行业标准的地方建筑节能标准，并报国务院标准化主管部门和国务院建设主管部门备案。

（4）国家对落后的耗能过高的用能产品、设备和生产工艺实行淘汰制度。淘汰的用能产品、设备、生产工艺的目录和实施办法，由国务院管理节能工作的部门会同国务院有关部门制定并公布。

生产过程中耗能高的产品的生产单位，应当执行单位产品能耗限额标准。对超过单位产品能耗限额标准用能的生产单位，由管理节能工作的部门按照国务院规定的权限责令限期治理。

对高耗能的特种设备，按照国务院的规定实行节能审查和监管。

（5）用能产品的生产者、销售者，可以根据自愿原则，按照国家有关节能产品认证的规定，向经国务院认证认可监督管理部门认可的从事节能产品认证的机构提出节能产品认证申请；经认证合格后，取得节能产品认证证书，可以在用能产品或者其包装物上使用节能产品认证标志。

禁止使用伪造的节能产品认证标志或者冒用节能产品认证标志。

## （三）合理使用与节约能源

（1）用能单位应当按照合理用能的原则，加强节能管理，制定并实施节能计划和节能技术措施，降低能源消耗。

（2）能源生产经营单位不得向本单位职工无偿提供能源。任何单位不得对能源消费实行包费制。

（3）国务院和省、自治区、直辖市人民政府推进能源资源优化开发利用和合理配置，推进有利于节能的行业结构调整，优化用能结构和企业布局。

（4）国务院管理节能工作的部门会同国务院有关部门制定电力、钢铁、有色金属、建材、石油加工、化工、煤炭等主要耗能行业的节能技术政策，推动企业节能技术改造。

（5）建筑工程的建设、设计、施工和监理单位应当遵守建筑节能标准。

不符合建筑节能标准的建筑工程，建设主管部门不得批准开工建设；已经开工建设的，应当责令停止施工、限期改正；已经建成的，不得销售或者使用。

建设主管部门应当加强对在建建筑工程执行建筑节能标准情况的监督检查。

（6）国务院有关交通运输主管部门应当加强交通运输组织管理，引导道路、水路、航空运输企业提高运输组织化程度和集约化水平，提高能源利用效率。

（7）国家加强对重点用能单位的节能管理。

下列用能单位为重点用能单位：

1）年综合能源消费总量一万吨标准煤以上的用能单位；

2）国务院有关部门或者省、自治区、直辖市人民政府管理节能工作的部门指定的年综合能源消费总量五千吨以上不满一万吨标准煤的用能单位。

重点用能单位节能管理办法，由国务院管理节能工作的部门会同国务院有关部门制定。

### （四）节能技术进步及激励措施

（1）国务院管理节能工作的部门会同国务院科技主管部门发布节能技术政策大纲，指导节能技术研究、开发和推广应用。

（2）县级以上各级人民政府应当把节能技术研究开发作为政府科技投入的重点领域，支持科研单位和企业开展节能技术应用研究，制定节能标准，开发节能共性和关键技术，促进节能技术创新与成果转化。

（3）中央财政和省级地方财政安排节能专项资金，支持节能技术研究开发、节能技术和产品的示范与推广、重点节能工程的实施、节能宣传培训、信息服务和表彰奖励等。

（4）国家实行有利于节能的价格政策，引导用能单位和个人节能。

国家运用财税、价格等政策，支持推广电力需求侧管理、合同能源管理、节能自愿协议等节能办法。

国家实行峰谷分时电价、季节性电价、可中断负荷电价制度，鼓励电力用户合理调整用电负荷；对钢铁、有色金属、建材、化工和其他主要耗能行业的企业，分淘汰、限制、允许和鼓励类实行差别电价政策。

### （五）法律责任

（1）负责审批或者核准固定资产投资项目的机关违反本法规定，对不符合强制性节能标准的项目予以批准或者核准建设的，对直接负责的主管人员和其他直接责任人员依法给予处分。

固定资产投资项目建设单位开工建设不符合强制性节能标准的项目或者将该项目投入生产、使用的，由管理节能工作的部门责令停止建设或者停止生产、使用，限期改造；不能改造或者逾期不改造的生产性项目，由管理节能工作的部门报请本级人民政府按照国务院规定的权限责令关闭。

（2）使用国家明令淘汰的用能设备或者生产工艺的，由管理节能工作的部门责令停止使用，没收国家明令淘汰的用能设备；情节严重的，可以由管理节能工作的部门提出意见，报请本级人民政府按照国务院规定的权限责令停业整顿或者关闭。

（3）建设单位违反建筑节能标准的，由建设主管部门责令改正，处二十万元以上五十万元以下罚款。

设计单位、施工单位、监理单位违反建筑节能标准的，由建设主管部门责令改正，处十万元以上五十万元以下罚款；情节严重的，由颁发资质证书的部门降低资质等级或者吊销资质证书；造成损失的，依法承担赔偿责任。

（4）重点用能单位未按照本法规定设立能源管理岗位，聘任能源管理负责人，并报管理节能工作的部门和有关部门备案的，由管理节能工作的部门责令改正；拒不改正的，处一万元以上三万元以下罚款。

## 六、《中华人民共和国水土保持法》相关规定

为了预防和治理水土流失，保护和合理利用水土资源，减轻水、旱、风沙灾害，改善生态环境，保障经济社会可持续发展，1991年6月29日第七届全国人民代表大会常务委员会第二十次会议通过，2010年12月25日第十一届全国人民代表大会常务委员会第十八次会议修订通过，《中华人民共和国水土保持法》（以下简称"水土保持法"）自2011年3月1日起施行。

水土保持法适用于在中华人民共和国境内从事水土保持的活动，共包括七章共六十条，分别为总则、

规划、预防、治理、监测和监督、法律责任、附则。

现将有关矿山开采的条例摘录如下。

**（一）总则**

（1）水土保持工作实行预防为主、保护优先、全面规划、综合治理、因地制宜、突出重点、科学管理、注重效益的方针。

（2）县级以上人民政府应当加强对水土保持工作的统一领导，将水土保持工作纳入本级国民经济和社会发展规划，对水土保持规划确定的任务，安排专项资金，并组织实施。

国家在水土流失重点预防区和重点治理区，实行地方各级人民政府水土保持目标责任制和考核奖惩制度。

（3）国务院水行政主管部门主管全国的水土保持工作。

国务院水行政主管部门在国家确定的重要江河、湖泊设立的流域管理机构（以下简称流域管理机构），在所管辖范围内依法承担水土保持监督管理职责。

县级以上地方人民政府水行政主管部门主管本行政区域的水土保持工作。

县级以上人民政府林业、农业、国土资源等有关部门按照各自职责，做好有关的水土流失预防和治理工作。

（4）任何单位和个人都有保护水土资源、预防和治理水土流失的义务，并有权对破坏水土资源、造成水土流失的行为进行举报。

**（二）规划**

（1）水土保持规划应当在水土流失调查结果及水土流失重点预防区和重点治理区划定的基础上，遵循统筹协调、分类指导的原则编制。

（2）县级以上人民政府应当依据水土流失调查结果划定并公告水土流失重点预防区和重点治理区。

对水土流失潜在危险较大的区域，应当划定为水土流失重点预防区；对水土流失严重的区域，应当划定为水土流失重点治理区。

（3）有关基础设施建设、矿产资源开发、城镇建设、公共服务设施建设等方面的规划，在实施过程中可能造成水土流失的，规划的组织编制机关应当在规划中提出水土流失预防和治理的对策和措施，并在规划报请审批前征求本级人民政府水行政主管部门的意见。

**（三）预防**

（1）地方各级人民政府应当按照水土保持规划，采取封育保护、自然修复等措施，组织单位和个人植树种草，扩大林草覆盖面积，涵养水源，预防和减轻水土流失。

（2）禁止在二十五度以上陡坡地开垦种植农作物。在二十五度以上陡坡地种植经济林的，应当科学选择树种，合理确定规模，采取水土保持措施，防止造成水土流失。

省、自治区、直辖市根据本行政区域的实际情况，可以规定小于二十五度的禁止开垦坡度。禁止开垦的陡坡地的范围由当地县级人民政府划定并公告。

（3）生产建设项目选址、选线应当避让水土流失重点预防区和重点治理区；无法避让的，应当提高防治标准，优化施工工艺，减少地表扰动和植被损坏范围，有效控制可能造成的水土流失。

（4）依法应当编制水土保持方案的生产建设项目，生产建设单位未编制水土保持方案或者水土保持方案未经水行政主管部门批准的，生产建设项目不得开工建设。

**（四）治理**

（1）开办生产建设项目或者从事其他生产建设活动造成水土流失的，应当进行治理。

在山区、丘陵区、风沙区以及水土保持规划确定的容易发生水土流失的其他区域开办生产建设项目或者从事其他生产建设活动，损坏水土保持设施、地貌植被，不能恢复原有水土保持功能的，应当缴纳水土保持补偿费，专项用于水土流失预防和治理。专项水土流失预防和治理由水行政主管部门负责组织实施。水土保持补偿费的收取使用管理办法由国务院财政部门、国务院价格主管部门会同国务院水行政主管部门制定。

生产建设项目在建设过程中和生产过程中发生的水土保持费用，按照国家统一的财务会计制度处理。

（2）已在禁止开垦的陡坡地上开垦种植农作物的，应当按照国家有关规定退耕，植树种草；耕地短缺、退耕确有困难的，应当修建梯田或者采取其他水土保持措施。

在禁止开垦坡度以下的坡耕地上开垦种植农作物的，应当根据不同情况，采取修建梯田、坡面水系整治、蓄水保土耕作或者退耕等措施。

（3）对生产建设活动所占用土地的地表土应当进行分层剥离、保存和利用，做到土石方挖填平衡，减少地表扰动范围；对废弃的砂、石、土、矸石、尾矿、废渣等存放地，应当采取拦挡、坡面防护、防洪排导等措施。生产建设活动结束后，应当及时在取土场、开挖面和存放地的裸露土地上植树种草、恢复植被，对闭库的尾矿库进行复垦。

在干旱缺水地区从事生产建设活动，应当采取防止风力侵蚀措施，设置降水蓄渗设施，充分利用降水资源。

### （五）监测和监督

（1）县级以上人民政府水行政主管部门应当加强水土保持监测工作，发挥水土保持监测工作在政府决策、经济社会发展和社会公众服务中的作用。县级以上人民政府应当保障水土保持监测工作经费。

国务院水行政主管部门应当完善全国水土保持监测网络，对全国水土流失进行动态监测。

（2）对可能造成严重水土流失的大中型生产建设项目，生产建设单位应当自行或者委托具备水土保持监测资质的机构，对生产建设活动造成的水土流失进行监测，并将监测情况定期上报当地水行政主管部门。

从事水土保持监测活动应当遵守国家有关技术标准、规范和规程，保证监测质量。

（3）不同行政区域之间发生水土流失纠纷应当协商解决；协商不成的，由共同的上一级人民政府裁决。

### （六）法律责任

（1）水行政主管部门或者其他依照本法规定行使监督管理权的部门，不依法做出行政许可决定或者办理批准文件的，发现违法行为或者接到对违法行为的举报不予查处的，或者有其他未依照本法规定履行职责的行为的，对直接负责的主管人员和其他直接责任人员依法给予处分。

（2）违反本法规定，在崩塌、滑坡危险区或者泥石流易发区从事取土、挖砂、采石等可能造成水土流失的活动的，由县级以上地方人民政府水行政主管部门责令停止违法行为，没收违法所得，对个人处一千元以上一万元以下的罚款，对单位处二万元以上二十万元以下的罚款。

（3）违反本法规定，开办生产建设项目或者从事其他生产建设活动造成水土流失，不进行治理的，由县级以上人民政府水行政主管部门责令限期治理；逾期仍不治理的，县级以上人民政府水行政主管部门可以指定有治理能力的单位代为治理，所需费用由违法行为人承担。

## 七、《安全生产许可证条例》相关规定

为了严格规范安全生产条件，进一步加强安全生产监督管理，防止和减少生产安全事故，根据《中华人民共和国安全生产法》的有关规定，经2004年1月7日国务院第34次常务会议通过《安全生产许可证条例》，自公布之日起施行。

国家对矿山企业、建筑施工企业和危险化学品、烟花爆竹、民用爆破器材生产企业（以下统称企业）实行安全生产许可制度。

本条例共二十四条，现将有关矿山开采的条例摘录如下：

（1）国务院安全生产监督管理部门负责中央管理的非煤矿矿山企业和危险化学品、烟花爆竹生产企业安全生产许可证的颁发和管理。

省、自治区、直辖市人民政府安全生产监督管理部门负责前款规定以外的非煤矿矿山企业和危险化学品、烟花爆竹生产企业安全生产许可证的颁发和管理，并接受国务院安全生产监督管理部门的指导和监督。

（2）企业进行生产前，应当依照本条例的规定向安全生产许可证颁发管理机关申请领取安全生产许可证，并提供本条例第六条规定的相关文件、资料。安全生产许可证颁发管理机关应当自收到申请之日起45日内审查完毕，经审查符合本条例规定的安全生产条件的，颁发安全生产许可证；不符合本条例规定的安全生产条件的，不予颁发安全生产许可证，书面通知企业并说明理由。

（3）企业取得安全生产许可证后，不得降低安全生产条件，并应当加强日常安全生产管理，接受安全生产许可证颁发管理机关的监督检查。

安全生产许可证颁发管理机关应当加强对取得安全生产许可证的企业的监督检查，发现其不再具备本条例规定的安全生产条件的，应当暂扣或者吊销安全生产许可证。

## 八、《中华人民共和国矿山安全法实施条例》相关规定

根据《中华人民共和国矿山安全法》（以下简称"矿山安全法"），制定《中华人民共和国矿山安全法实施条例》，自1996年10月30日施行。

本条例共五十九条，现将有关矿山开采的条例摘录如下。

### （一）总则

国家采取政策和措施，支持发展矿山安全教育，鼓励矿山安全开采技术、安全管理方法、安全设备与仪器的研究和推广，促进矿山安全科学技术进步。

### （二）矿山建设的安全保障

（1）矿山设计使用的地质勘探报告书，应当包括下列技术资料：

1）较大的断层、破碎带、滑坡、泥石流的性质和规模；

2）含水层（包括溶洞）和隔水层的岩性、层厚、产状，含水层之间、地面水和地下水之间的水力联系，地下水的潜水位、水质、水量和流向，地面水流系统和有关水利工程的疏水能力以及当地历年降水量和最高洪水位；

3）矿山设计范围内原有小窑、老窑的分布范围、开采深度和积水情况；

4）沼气、二氧化碳赋存情况，矿物自然发火和矿尘爆炸的可能性；

5）对人体有害的矿物组分、含量和变化规律，勘探区至少一年的天然放射性本底数据；

6）地温异常和热水矿区的岩石热导率、地温梯度、热水来源、水温、水压和水量，以及圈定的热害区范围；

7）工业、生活用水的水源和水质；

8）钻孔封孔资料；

9）矿山设计需要的其他资料。

（2）编制矿山建设项目的可行性研究报告和总体设计，应当对矿山开采的安全条件进行论证。

矿山建设项目的初步设计，应当编制安全专篇。安全专篇的编写要求，由国务院劳动行政主管部门规定。

（3）矿山建设工程应当按照经批准的设计文件施工，保证施工质量；工程竣工后，应当按照国家有关规定申请验收。

建设单位应当在验收前60日向管理矿山企业的主管部门、劳动行政主管部门报送矿山建设工程安全设施施工、竣工情况的综合报告。

### （三）矿山开采的安全保障

（1）采掘作业应当编制作业规程，规定保证作业人员安全的技术措施和组织措施，并在情况变化时及时予以修改和补充。

（2）矿山开采应当有下列图纸资料：

1）地质图（包括水文地质图和工程地质图）；

2）矿山总布置图和矿井井上、井下对照图；

3）矿井、巷道、采场布置图；

4）矿山生产和安全保障的主要系统图。

（3）井下采掘作业，必须按照作业规程的规定管理顶帮。采掘作业通过地质破碎带或者其他顶帮破碎地点时，应当加强支护。

露天采剥作业，应当按照设计规定，控制采剥工作面的阶段高度、宽度、边坡角和最终边坡角。采剥作业和排土作业，不得对深部或者邻近井巷造成危害。

（4）矿山的爆破作业和爆破材料的制造、储存、运输、试验及销毁，必须严格执行国家有关规定。

（5）矿山企业应当根据需要，设置安全机构或者配备专职安全工作人员。专职安全工作人员应当经过培训，具备必要的安全专业知识和矿山安全工作经验，能胜任现场安全检查工作。

（6）矿山企业应当每年编制矿山灾害预防和应急计划；在每季度末，应当根据实际情况对计划及时进行修改，制定相应的措施。

矿山企业应当使每个职工熟悉矿山灾害预防和应急计划，并且每年至少组织一次矿山救灾演习。

矿山企业应当根据国家有关规定，按照不同作业场所的要求，设置矿山安全标志。

### （四）矿山安全的监督和管理

（1）县级以上各级人民政府劳动行政主管部门，应当根据矿山安全监督工作的实际需要，配备矿山安全监督人员。

矿山安全监督人员必须熟悉矿山安全技术知识，具有矿山安全工作经验，能胜任矿山安全检查工作。

矿山安全监督证件和专用标志由国务院劳动行政主管部门统一制作。

（2）矿山安全监督人员在执行职务时，有权进入现场检查，参加有关会议，无偿调阅有关资料，向有关单位和人员了解情况。

矿山安全监督人员进入现场检查，发现有危及职工安全健康的情况时，有权要求矿山企业立即改正或者限期解决；情况紧急时，有权要求矿山企业立即停止作业，从危险区内撤出作业人员。

劳动行政主管部门可以委托检测机构对矿山作业场所和危险性较大的在用设备、仪器、器材进行抽检。

劳动行政主管部门对检查中发现的违反矿山安全法和本条例以及其他法律、法规有关矿山安全的规定的情况，应当依法提出处理意见。

### （五）矿山事故处理及法律责任

（1）矿山发生事故后，事故现场有关人员应当立即报告矿长或者有关主管人员；矿长或者有关主管人员接到事故报告后，必须立即采取有效措施，组织抢救，防止事故扩大，尽力减少人员伤亡和财产损失。

（2）发生伤亡事故，矿山企业和有关单位应当保护事故现场；因抢救事故，需要移动现场部分物品时，必须做出标志，绘制事故现场图，并详细记录；在消除现场危险，采取防范措施后，方可恢复生产。

（3）矿山企业主管人员有下列行为之一，造成矿山事故的，按照规定给予纪律处分；构成犯罪的，由司法机关依法追究刑事责任：

1）违章指挥、强令工人违章、冒险作业的；

2）对工人屡次违章作业熟视无睹，不加制止的；

3）对重大事故预兆或者已发现的隐患不及时采取措施的；

4）不执行劳动行政主管部门的监督指令或者不采纳有关部门提出的整顿意见，造成严重后果的。

## 九、《建设工程安全生产管理条例》相关规定

为了加强建设工程安全生产监督管理，保障人民群众生命和财产安全，根据《中华人民共和国建筑法》、《中华人民共和国安全生产法》，2003 年 11 月 12 日国务院第 28 次常务会议通过《建设工程安全生产管理条例》，自 2004 年 2 月 1 日起施行。

《建设工程安全生产管理条例》适用于在中华人民共和国境内从事建设工程的新建、扩建、改建和拆除等有关活动及实施对建设工程安全生产的监督管理，共包括八章七十一条，分别为总则、建设单位的安全责任、勘察、设计、工程监理及其他有关单位的安全责任、施工单位的安全责任、监督管理、生产安全事故的应急救援和调查处理、法律责任和附则。

现将有关矿山开采的条例摘录如下。

### （一）总则

（1）建设工程安全生产管理，坚持安全第一、预防为主的方针。

（2）建设单位、勘察单位、设计单位、施工单位、工程监理单位及其他与建设工程安全生产有关的单位，必须遵守安全生产法律、法规的规定，保证建设工程安全生产，依法承担建设工程安全生产责任。

### （二）建设单位的安全责任

（1）建设单位应当向施工单位提供施工现场及毗邻区域内供水、排水、供电、供气、供热、通信、广播电视等地下管线资料，气象和水文观测资料，相邻建筑物和构筑物、地下工程的有关资料，并保证资料的真实、准确、完整。

建设单位因建设工程需要，向有关部门或者单位查询前款规定的资料时，有关部门或者单位应当及时提供。

（2）建设单位在申请领取施工许可证时，应当提供建设工程有关安全施工措施的资料。

依法批准开工报告的建设工程，建设单位应当自开工报告批准之日起 15 日内，将保证安全施工的措施报送建设工程所在地的县级以上地方人民政府建设行政主管部门或者其他有关部门备案。

（3）建设单位应当将拆除工程发包给具有相应资质等级的施工单位。

建设单位应当在拆除工程施工 15 日前，将下列资料报送建设工程所在地的县级以上地方人民政府建设行政主管部门或者其他有关部门备案：

1）施工单位资质等级证明；

2）拟拆除建筑物、构筑物及可能危及毗邻建筑的说明；

3）拆除施工组织方案；

4）堆放、清除废弃物的措施。

实施爆破作业的，应当遵守国家有关民用爆炸物品管理的规定。

### （三）勘察、设计、工程监理及其他有关单位的安全责任

（1）勘察单位应当按照法律、法规和工程建设强制性标准进行勘察，提供的勘察文件应当真实、准

确，满足建设工程安全生产的需要。

勘察单位在勘察作业时，应当严格执行操作规程，采取措施保证各类管线、设施和周边建筑物、构筑物的安全。

（2）设计单位应当按照法律、法规和工程建设强制性标准进行设计，防止因设计不合理导致生产安全事故的发生。

设计单位应当考虑施工安全操作和防护的需要，对涉及施工安全的重点部位和环节在设计文件中注明，并对防范生产安全事故提出指导意见。

采用新结构、新材料、新工艺的建设工程和特殊结构的建设工程，设计单位应当在设计中提出保障施工作业人员安全和预防生产安全事故的措施建议。

设计单位和注册建筑师等注册执业人员应当对其设计负责。

### （四）施工单位的安全责任

（1）施工单位从事建设工程的新建、扩建、改建和拆除等活动，应当具备国家规定的注册资本、专业技术人员、技术装备和安全生产等条件，依法取得相应等级的资质证书，并在其资质等级许可的范围内承揽工程。

（2）施工单位主要负责人依法对本单位的安全生产工作全面负责。施工单位应当建立健全安全生产责任制度和安全生产教育培训制度，制定安全生产规章制度和操作规程，保证本单位安全生产条件所需资金的投入，对所承担的建设工程进行定期和专项安全检查，并做好安全检查记录。

施工单位的项目负责人应当由取得相应执业资格的人员担任，对建设工程项目的安全施工负责，落实安全生产责任制度、安全生产规章制度和操作规程，确保安全生产费用的有效使用，并根据工程的特点组织制定安全施工措施，消除安全事故隐患，及时、如实报告生产安全事故。

（3）建设工程实行施工总承包的，由总承包单位对施工现场的安全生产负总责。

总承包单位应当自行完成建设工程主体结构的施工。

总承包单位依法将建设工程分包给其他单位的，分包合同中应当明确各自的安全生产方面的权利、义务。总承包单位和分包单位对分包工程的安全生产承担连带责任。

分包单位应当服从总承包单位的安全生产管理，分包单位不服从管理导致生产安全事故的，由分包单位承担主要责任。

（4）施工单位应当在施工现场建立消防安全责任制度，确定消防安全责任人，制定用火、用电、使用易燃易爆材料等各项消防安全管理制度和操作规程，设置消防通道、消防水源，配备消防设施和灭火器材，并在施工现场入口处设置明显标志。

（5）作业人员应当遵守安全施工的强制性标准、规章制度和操作规程，正确使用安全防护用具、机械设备等。

（6）施工单位的主要负责人、项目负责人、专职安全生产管理人员应当经建设行政主管部门或者其他有关部门考核合格后方可任职。

施工单位应当对管理人员和作业人员每年至少进行一次安全生产教育培训，其教育培训情况记入个人工作档案。安全生产教育培训考核不合格的人员，不得上岗。

### （五）监督管理

（1）国务院负责安全生产监督管理的部门依照《中华人民共和国安全生产法》的规定，对全国建设工程安全生产工作实施综合监督管理。

县级以上地方人民政府负责安全生产监督管理的部门依照《中华人民共和国安全生产法》的规定，对本行政区域内建设工程安全生产工作实施综合监督管理。

（2）建设行政主管部门在审核发放施工许可证时，应当对建设工程是否有安全施工措施进行审查，对没有安全施工措施的，不得颁发施工许可证。

建设行政主管部门或者其他有关部门对建设工程是否有安全施工措施进行审查时，不得收取费用。

（3）国家对严重危及施工安全的工艺、设备、材料实行淘汰制度。具体目录由国务院建设行政主管部门会同国务院其他有关部门制定并公布。

### （六）生产安全事故的应急救援和调查处理

（1）县级以上地方人民政府建设行政主管部门应当根据本级人民政府的要求，制定本行政区域内建设工程特大生产安全事故应急救援预案。

（2）施工单位应当根据建设工程施工的特点、范围，对施工现场易发生重大事故的部位、环节进行监控，制定施工现场生产安全事故应急救援预案。实行施工总承包的，由总承包单位统一组织编制建设工程生产安全事故应急救援预案，工程总承包单位和分包单位按照应急救援预案，各自建立应急救援组织或者配备应急救援人员，配备救援器材、设备，并定期组织演练。

（3）发生生产安全事故后，施工单位应当采取措施防止事故扩大，保护事故现场。需要移动现场物品时，应当做出标记和书面记录，妥善保管有关证物。

### （七）法律责任

（1）违反本条例的规定，县级以上人民政府建设行政主管部门或者其他有关行政管理部门的工作人员，有下列行为之一的，给予降级或者撤职的行政处分；构成犯罪的，依照刑法有关规定追究刑事责任：

1）对不具备安全生产条件的施工单位颁发资质证书的；

2）对没有安全施工措施的建设工程颁发施工许可证的；

3）发现违法行为不予查处的；

4）不依法履行监督管理职责的其他行为。

（2）违反本条例的规定，建设单位未提供建设工程安全生产作业环境及安全施工措施所需费用的，责令限期改正；逾期未改正的，责令该建设工程停止施工。建设单位未将保证安全施工的措施或者拆除工程的有关资料报送有关部门备案的，责令限期改正，给予警告。

（3）注册执业人员未执行法律、法规和工程建设强制性标准的，责令停止执业3个月以上1年以下；情节严重的，吊销执业资格证书，5年内不予注册；造成重大安全事故的，终身不予注册；构成犯罪的，依照刑法有关规定追究刑事责任。

（4）施工单位取得资质证书后，降低安全生产条件的，责令限期改正；经整改仍未达到与其资质等级相适应的安全生产条件的，责令停业整顿，降低其资质等级直至吊销资质证书。

## 十、《矿产资源开采登记管理办法》相关规定

为了加强对矿产资源开采的管理，保护采矿权人的合法权益，维护矿产资源开采秩序，促进矿业发展，根据《中华人民共和国矿产资源法》，制定《矿产资源开采登记管理办法》，自1998年2月12日起施行。《矿产资源开采登记管理办法》适用于在中华人民共和国领域及管辖的其他海域开采矿产资源。

本条例共三十四条，现将有关矿山开采的条例摘录如下：

（1）采矿权申请人在提出采矿权申请前，应当根据经批准的地质勘查储量报告，向登记管理机关申请划定矿区范围。

需要申请立项，设立矿山企业的，应当根据划定的矿区范围，按照国家规定办理有关手续。

（2）采矿权可以通过招标投标的方式有偿取得。

登记管理机关依照本办法第三条规定的权限确定招标的矿区范围，发布招标公告，提出投标要求和截止日期；但是，对境外招标的矿区范围由国务院地质矿产主管部门确定。

登记管理机关组织评标，采取择优原则确定中标人。中标人缴纳本办法第九条、第十条规定的费用

后，办理登记手续，领取采矿许可证，成为采矿权人，并履行标书中承诺的义务。

（3）采矿许可证由国务院地质矿产主管部门统一印制。申请登记书、变更申请登记书和注销申请登记书的格式，由国务院地质矿产主管部门统一制定。

### 十一、《地质灾害防治条例》相关规定

为了防治地质灾害，避免和减轻地质灾害造成的损失，维护人民生命和财产安全，促进经济和社会的可持续发展，制定《地质灾害防治条例》，自2004年3月1日起施行。

本条例共七章四十九条，现将有关矿山开采的条例摘录如下。

#### （一）总则

（1）地质灾害防治工作，应当坚持预防为主、避让与治理相结合和全面规划、突出重点的原则。

（2）县级以上人民政府应当加强对地质灾害防治工作的领导，组织有关部门采取措施，做好地质灾害防治工作。

县级以上人民政府应当组织有关部门开展地质灾害防治知识的宣传教育，增强公众的地质灾害防治意识和自救、互救能力。

#### （二）地质灾害防治规划

（1）国家实行地质灾害调查制度。

国务院国土资源主管部门会同国务院建设、水利、铁路、交通等部门结合地质环境状况组织开展全国的地质灾害调查。

县级以上地方人民政府国土资源主管部门会同同级建设、水利、交通等部门结合地质环境状况组织开展本行政区域的地质灾害调查。

（2）编制和实施土地利用总体规划、矿产资源规划以及水利、铁路、交通、能源等重大建设工程项目规划，应当充分考虑地质灾害防治要求，避免和减轻地质灾害造成的损失。

编制城市总体规划、村庄和集镇规划，应当将地质灾害防治规划作为其组成部分。

#### （三）地质灾害预防

（1）国家建立地质灾害监测网络和预警信息系统。

县级以上人民政府国土资源主管部门应当会同建设、水利、交通等部门加强对地质灾害险情的动态监测。

因工程建设可能引发地质灾害的，建设单位应当加强地质灾害监测。

（2）对出现地质灾害前兆、可能造成人员伤亡或者重大财产损失的区域和地段，县级人民政府应当及时划定为地质灾害危险区，予以公告，并在地质灾害危险区的边界设置明显警示标志。

在地质灾害危险区内，禁止爆破、削坡、进行工程建设以及从事其他可能引发地质灾害的活动。

县级以上人民政府应当组织有关部门及时采取工程治理或者搬迁避让措施，保证地质灾害危险区内居民的生命和财产安全。

（3）对经评估认为可能引发地质灾害或者可能遭受地质灾害危害的建设工程，应当配套建设地质灾害治理工程。地质灾害治理工程的设计、施工和验收应当与主体工程的设计、施工、验收同时进行。

配套的地质灾害治理工程未经验收或者经验收不合格的，主体工程不得投入生产或者使用。

#### （四）地质灾害应急

（1）国务院国土资源主管部门会同国务院建设、水利、铁路、交通等部门拟订全国突发性地质灾害应急预案，报国务院批准后公布。

县级以上地方人民政府国土资源主管部门会同同级建设、水利、交通等部门拟订本行政区域的突发性地质灾害应急预案，报本级人民政府批准后公布。

（2）发现地质灾害险情或者灾情的单位和个人，应当立即向当地人民政府或者国土资源主管部门报告。其他部门或者基层群众自治组织接到报告的，应当立即转报当地人民政府。

当地人民政府或者县级人民政府国土资源主管部门接到报告后，应当立即派人赶赴现场，进行现场调查，采取有效措施，防止灾害发生或者灾情扩大，并按照国务院国土资源主管部门关于地质灾害灾情分级报告的规定，向上级人民政府和国土资源主管部门报告。

（3）县级以上人民政府有关部门应当按照突发性地质灾害应急预案的分工，做好相应的应急工作。

国土资源主管部门应当会同同级建设、水利、交通等部门尽快查明地质灾害发生原因、影响范围等情况，提出应急治理措施，减轻和控制地质灾害灾情。

民政、卫生、食品药品监督管理、商务、公安部门，应当及时设置避难场所和救济物资供应点，妥善安排灾民生活，做好医疗救护、卫生防疫、药品供应、社会治安工作；气象主管机构应当做好气象服务保障工作；通信、航空、铁路、交通部门应当保证地质灾害应急的通信畅通和救灾物资、设备、药物、食品的运送。

## （五）地质灾害治理

（1）因自然因素造成的特大型地质灾害，确需治理的，由国务院国土资源主管部门会同灾害发生地的省、自治区、直辖市人民政府组织治理。

因自然因素造成的其他地质灾害，确需治理的，在县级以上地方人民政府的领导下，由本级人民政府国土资源主管部门组织治理。

因自然因素造成的跨行政区域的地质灾害，确需治理的，由所跨行政区域的地方人民政府国土资源主管部门共同组织治理。

（2）地质灾害治理工程的确定，应当与地质灾害形成的原因、规模以及对人民生命和财产安全的危害程度相适应。

承担专项地质灾害治理工程勘查、设计、施工和监理的单位，应当具备下列条件，经省级以上人民政府国土资源主管部门资质审查合格，取得国土资源主管部门颁发的相应等级的资质证书后，方可在资质等级许可的范围内从事地质灾害治理工程的勘查、设计、施工和监理活动，并承担相应的责任：

1）有独立的法人资格；

2）有一定数量的水文地质、环境地质、工程地质等相应专业的技术人员；

3）有相应的技术装备；

4）有完善的工程质量管理制度。

地质灾害治理工程的勘查、设计、施工和监理应当符合国家有关标准和技术规范。

（3）政府投资的地质灾害治理工程竣工后，由县级以上人民政府国土资源主管部门组织竣工验收。其他地质灾害治理工程竣工后，由责任单位组织竣工验收；竣工验收时，应当有国土资源主管部门参加。

## （六）法律责任

（1）违反本条例规定，有关县级以上地方人民政府、国土资源主管部门和其他有关部门有下列行为之一的，对直接负责的主管人员和其他直接责任人员，依法给予降级或者撤职的行政处分；造成地质灾害导致人员伤亡和重大财产损失的，依法给予开除的行政处分；构成犯罪的，依法追究刑事责任：

1）未按照规定编制突发性地质灾害应急预案，或者未按照突发性地质灾害应急预案的要求采取有关措施、履行有关义务的；

2）在编制地质灾害易发区内的城市总体规划、村庄和集镇规划时，未按照规定对规划区进行地质灾害危险性评估的；

3）批准未包含地质灾害危险性评估结果的可行性研究报告的；

4）隐瞒、谎报或者授意他人隐瞒、谎报地质灾害灾情，或者擅自发布地质灾害预报的；

5）给不符合条件的单位颁发地质灾害危险性评估资质证书或者地质灾害治理工程勘查、设计、施工、监理资质证书的；

6）在地质灾害防治工作中有其他渎职行为的。

（2）违反本条例规定，对工程建设等人为活动引发的地质灾害不予治理的，由县级以上人民政府国土资源主管部门责令限期治理；逾期不治理或者治理不符合要求的，由责令限期治理的国土资源主管部门组织治理，所需费用由责任单位承担，处十万元以上五十万元以下的罚款；给他人造成损失的，依法承担赔偿责任。

（3）违反本条例规定，在地质灾害危险区内爆破、削坡、进行工程建设以及从事其他可能引发地质灾害活动的，由县级以上地方人民政府国土资源主管部门责令停止违法行为，对单位处五万元以上二十万元以下的罚款，对个人处一万元以上五万元以下的罚款；构成犯罪的，依法追究刑事责任；给他人造成损失的，依法承担赔偿责任。

### 十二、《民用爆炸物品安全管理条例》相关规定

为了加强对民用爆炸物品的安全管理，预防爆炸事故发生，保障公民生命、财产安全和公共安全，经 2006 年 4 月 26 日国务院第 134 次常务会议通过，制定《民用爆炸物品安全管理条例》，自 2006 年 9 月 1 日起施行。适用于民用爆炸物品的生产、销售、购买、进出口、运输、爆破作业和储存以及硝酸铵的销售、购买。

本条例共八章五十五条，现将有关矿山开采的条例摘录如下。

#### （一）总则

（1）国家对民用爆炸物品的生产、销售、购买、运输和爆破作业实行许可证制度。

未经许可，任何单位或者个人不得生产、销售、购买、运输民用爆炸物品，不得从事爆破作业。

严禁转让、出借、转借、抵押、赠送、私藏或者非法持有民用爆炸物品。

（2）国家建立民用爆炸物品信息管理系统，对民用爆炸物品实行标识管理，监控民用爆炸物品流向。

民用爆炸物品生产企业、销售企业和爆破作业单位应当建立民用爆炸物品登记制度，如实将本单位生产、销售、购买、运输、储存、使用民用爆炸物品的品种、数量和流向信息输入计算机系统。

#### （二）生产

（1）设立民用爆炸物品生产企业，应当遵循统筹规划、合理布局的原则。

（2）民用爆炸物品生产企业应当严格按照《民用爆炸物品生产许可证》核定的品种和产量进行生产，生产作业应当严格执行安全技术规程的规定。

（3）民用爆炸物品生产企业应当建立健全产品检验制度，保证民用爆炸物品的质量符合相关标准。民用爆炸物品的包装，应当符合法律、行政法规的规定以及相关标准。

#### （三）销售和购买

（1）申请从事民用爆炸物品销售的企业，应当向所在地省、自治区、直辖市人民政府国防科技工业主管部门提交申请书、可行性研究报告以及能够证明其符合本条例第十八条规定条件的有关材料。省、自治区、直辖市人民政府国防科技工业主管部门应当自受理申请之日起 30 日内进行审查，并对申请单位的销售场所和专用仓库等经营设施进行查验，对符合条件的，核发《民用爆炸物品销售许可证》；对不符合条件的，不予核发《民用爆炸物品销售许可证》，书面向申请人说明理由。

民用爆炸物品销售企业持《民用爆炸物品销售许可证》到工商行政管理部门办理工商登记后，方可

销售民用爆炸物品。

民用爆炸物品销售企业应当在办理工商登记后 3 日内，向所在地县级人民政府公安机关备案。

（2）民用爆炸物品生产企业凭《民用爆炸物品生产许可证》，可以销售本企业生产的民用爆炸物品。民用爆炸物品生产企业销售本企业生产的民用爆炸物品，不得超出核定的品种、产量。

（3）民用爆炸物品生产企业凭《民用爆炸物品生产许可证》购买属于民用爆炸物品的原料，民用爆炸物品销售企业凭《民用爆炸物品销售许可证》向民用爆炸物品生产企业购买民用爆炸物品，民用爆炸物品使用单位凭《民用爆炸物品购买许可证》购买民用爆炸物品，还应当提供经办人的身份证明。

销售民用爆炸物品的企业，应当查验前款规定的许可证和经办人的身份证明；对持《民用爆炸物品购买许可证》购买的，应当按照许可的品种、数量销售。

## （四）运输

（1）运输民用爆炸物品，收货单位应当向运达地县级人民政府公安机关提出申请，并提交包括下列内容的材料：

1）民用爆炸物品生产企业、销售企业、使用单位以及进出口单位分别提供的《民用爆炸物品生产许可证》、《民用爆炸物品销售许可证》、《民用爆炸物品购买许可证》或者进出口批准证明；

2）运输民用爆炸物品的品种、数量、包装材料和包装方式；

3）运输民用爆炸物品的特性、出现险情的应急处置方法；

4）运输时间、起始地点、运输路线、经停地点。

受理申请的公安机关应当自受理申请之日起 3 日内对提交的有关材料进行审查，对符合条件的，核发《民用爆炸物品运输许可证》；对不符合条件的，不予核发《民用爆炸物品运输许可证》，书面向申请人说明理由。

《民用爆炸物品运输许可证》应当载明收货单位、销售企业、承运人，一次性运输有效期限、起始地点、运输路线、经停地点，民用爆炸物品的品种、数量。

（2）民用爆炸物品运达目的地，收货单位应当进行验收后在《民用爆炸物品运输许可证》上签注，并在 3 日内将《民用爆炸物品运输许可证》交回发证机关核销。

## （五）爆破作业

（1）申请从事爆破作业的单位，应当具备下列条件：

1）爆破作业属于合法的生产活动；

2）有符合国家有关标准和规范的民用爆炸物品专用仓库；

3）有具备相应资格的安全管理人员、仓库管理人员和具备国家规定执业资格的爆破作业人员；

4）有健全的安全管理制度、岗位安全责任制度；

5）有符合国家标准、行业标准的爆破作业专用设备；

6）法律、行政法规规定的其他条件。

（2）申请从事爆破作业的单位，应当按照国务院公安部门的规定，向有关人民政府公安机关提出申请，并提供能够证明其符合本条例第三十一条规定条件的有关材料。受理申请的公安机关应当自受理申请之日起 20 日内进行审查，对符合条件的，核发《爆破作业单位许可证》；对不符合条件的，不予核发《爆破作业单位许可证》，书面向申请人说明理由。

营业性爆破作业单位持《爆破作业单位许可证》到工商行政管理部门办理工商登记后，方可从事营业性爆破作业活动。

爆破作业单位应当在办理工商登记后 3 日内，向所在地县级人民政府公安机关备案。

（3）爆破作业单位应当如实记载领取、发放民用爆炸物品的品种、数量、编号以及领取、发放人员姓名。领取民用爆炸物品的数量不得超过当班用量，作业后剩余的民用爆炸物品必须当班清退回库。

爆破作业单位应当将领取、发放民用爆炸物品的原始记录保存2年备查。

### （六）储存

（1）民用爆炸物品应当储存在专用仓库内，并按照国家规定设置技术防范设施。

（2）在爆破作业现场临时存放民用爆炸物品的，应当具备临时存放民用爆炸物品的条件，并设专人管理、看护，不得在不具备安全存放条件的场所存放民用爆炸物品。

（3）民用爆炸物品变质和过期失效的，应当及时清理出库，并予以销毁。销毁前应当登记造册，提出销毁实施方案，报省、自治区、直辖市人民政府国防科技工业主管部门、所在地县级人民政府公安机关组织监督销毁。

### （七）法律责任

（1）非法制造、买卖、运输、储存民用爆炸物品，构成犯罪的，依法追究刑事责任；尚不构成犯罪，有违反治安管理行为的，依法给予治安管理处罚。

违反本条例规定，在生产、储存、运输、使用民用爆炸物品中发生重大事故，造成严重后果或者后果特别严重，构成犯罪的，依法追究刑事责任。

违反本条例规定，未经许可生产、销售民用爆炸物品的，由国防科技工业主管部门责令停止非法生产、销售活动，处十万元以上五十万元以下的罚款，并没收非法生产、销售的民用爆炸物品及其违法所得。

违反本条例规定，未经许可购买、运输民用爆炸物品或者从事爆破作业的，由公安机关责令停止非法购买、运输、爆破作业活动，处五万元以上二十万元以下的罚款，并没收非法购买、运输以及从事爆破作业使用的民用爆炸物品及其违法所得。

国防科技工业主管部门、公安机关对没收的非法民用爆炸物品，应当组织销毁。

（2）违反本条例规定，生产、销售民用爆炸物品的企业有下列行为之一的，由国防科技工业主管部门责令限期改正，处十万元以上五十万元以下的罚款；逾期不改正的，责令停产停业整顿；情节严重的，吊销《民用爆炸物品生产许可证》或者《民用爆炸物品销售许可证》：

1）超出生产许可的品种、产量进行生产、销售的；

2）违反安全技术规程生产作业的；

3）民用爆炸物品的质量不符合相关标准的；

4）民用爆炸物品的包装不符合法律、行政法规的规定以及相关标准的；

5）超出购买许可的品种、数量销售民用爆炸物品的；

6）向没有《民用爆炸物品生产许可证》、《民用爆炸物品销售许可证》、《民用爆炸物品购买许可证》的单位销售民用爆炸物品的；

7）民用爆炸物品生产企业销售本企业生产的民用爆炸物品未按照规定向国防科技工业主管部门备案的；

8）未经审批进出口民用爆炸物品的。

（3）违反本条例规定，从事爆破作业的单位有下列情形之一的，由公安机关责令停止违法行为或者限期改正，处十万元以上五十万元以下的罚款；逾期不改正的，责令停产停业整顿；情节严重的，吊销《爆破作业单位许可证》：

1）爆破作业单位未按照其资质等级从事爆破作业的；

2）营业性爆破作业单位跨省、自治区、直辖市行政区域实施爆破作业，未按照规定事先向爆破作业所在地的县级人民政府公安机关报告的；

3）爆破作业单位未按照规定建立民用爆炸物品领取登记制度、保存领取登记记录的；

4）违反国家有关标准和规范实施爆破作业的。

爆破作业人员违反国家有关标准和规范的规定实施爆破作业的，由公安机关责令限期改正，情节严重的，吊销《爆破作业人员许可证》。

### 十三、《生产安全事故报告和调查处理条例》相关规定

为了规范生产安全事故的报告和调查处理，落实生产安全事故责任追究制度，防止和减少生产安全事故，根据《中华人民共和国安全生产法》和有关法律，经 2007 年 3 月 28 日国务院第 172 次常务会议通过，制定《生产安全事故报告和调查处理条例》，自 2007 年 6 月 1 日起施行。适用于经营活动中发生的造成人身伤亡或者直接经济损失的生产安全事故的报告和调查处理，环境污染事故、核设施事故、国防科研生产事故的报告和调查处理不适用本条例。

本条例共六章四十六条，现将有关矿山开采的条例摘录如下。

#### （一）总则

（1）事故报告应当及时、准确、完整，任何单位和个人对事故不得迟报、漏报、谎报或者瞒报。

事故调查处理应当坚持实事求是、尊重科学的原则，及时、准确地查清事故经过、事故原因和事故损失，查明事故性质，认定事故责任，总结事故教训，提出整改措施，并对事故责任者依法追究责任。

（2）县级以上人民政府应当依照本条例的规定，严格履行职责，及时、准确地完成事故调查处理工作。

事故发生地有关地方人民政府应当支持、配合上级人民政府或者有关部门的事故调查处理工作，并提供必要的便利条件。

参加事故调查处理的部门和单位应当互相配合，提高事故调查处理工作的效率。

（3）对事故报告和调查处理中的违法行为，任何单位和个人有权向安全生产监督管理部门、监察机关或者其他有关部门举报，接到举报的部门应当依法及时处理。

#### （二）事故报告

（1）事故发生后，事故现场有关人员应当立即向本单位负责人报告；单位负责人接到报告后，应当于 1 小时内向事故发生地县级以上人民政府安全生产监督管理部门和负有安全生产监督管理职责的有关部门报告。

情况紧急时，事故现场有关人员可以直接向事故发生地县级以上人民政府安全生产监督管理部门和负有安全生产监督管理职责的有关部门报告。

（2）报告事故应当包括下列内容：

1）事故发生单位概况；

2）事故发生的时间、地点以及事故现场情况；

3）事故的简要经过；

4）事故已经造成或者可能造成的伤亡人数（包括下落不明的人数）和初步估计的直接经济损失；

5）已经采取的措施；

6）其他应当报告的情况。

（3）事故发生单位负责人接到事故报告后，应当立即启动事故相应应急预案，或者采取有效措施，组织抢救，防止事故扩大，减少人员伤亡和财产损失。

#### （三）事故调查

（1）特别重大事故由国务院或者国务院授权有关部门组织事故调查组进行调查。

重大事故、较大事故、一般事故分别由事故发生地省级人民政府、设区的市级人民政府、县级人民政府负责调查。省级人民政府、设区的市级人民政府、县级人民政府可以直接组织事故调查组进行调查，

也可以授权或者委托有关部门组织事故调查组进行调查。

未造成人员伤亡的一般事故，县级人民政府也可以委托事故发生单位组织事故调查组进行调查。

（2）事故调查组的组成应当遵循精简、效能的原则。

根据事故的具体情况，事故调查组由有关人民政府、安全生产监督管理部门、负有安全生产监督管理职责的有关部门、监察机关、公安机关以及工会派人组成，并应当邀请人民检察院派人参加。

事故调查组可以聘请有关专家参与调查。

（3）事故调查组成员在事故调查工作中应当诚信公正、恪尽职守，遵守事故调查组的纪律，保守事故调查的秘密。

未经事故调查组组长允许，事故调查组成员不得擅自发布有关事故的信息。

（4）事故调查报告应当包括下列内容：

1）事故发生单位概况；

2）事故发生经过和事故救援情况；

3）事故造成的人员伤亡和直接经济损失；

4）事故发生的原因和事故性质；

5）事故责任的认定以及对事故责任者的处理建议；

6）事故防范和整改措施。

事故调查报告应当附具有关证据材料。事故调查组成员应当在事故调查报告上签名。

## （四）事故处理

（1）重大事故、较大事故、一般事故，负责事故调查的人民政府应当自收到事故调查报告之日起15日内做出批复；特别重大事故，30日内做出批复，特殊情况下，批复时间可以适当延长，但延长的时间最长不超过30日。

有关机关应当按照人民政府的批复，依照法律、行政法规规定的权限和程序，对事故发生单位和有关人员进行行政处罚，对负有事故责任的国家工作人员进行处分。

事故发生单位应当按照负责事故调查的人民政府的批复，对本单位负有事故责任的人员进行处理。

负有事故责任的人员涉嫌犯罪的，依法追究刑事责任。

（2）事故发生单位应当认真吸取事故教训，落实防范和整改措施，防止事故再次发生。防范和整改措施的落实情况应当接受工会和职工的监督。

安全生产监督管理部门和负有安全生产监督管理职责的有关部门应当对事故发生单位落实防范和整改措施的情况进行监督检查。

## （五）法律责任

（1）事故发生单位主要负责人有下列行为之一的，处上一年年收入40%至80%的罚款；属于国家工作人员的，并依法给予处分；构成犯罪的，依法追究刑事责任：

1）不立即组织事故抢救的；

2）迟报或者漏报事故的；

3）在事故调查处理期间擅离职守的。

（2）有关地方人民政府、安全生产监督管理部门和负有安全生产监督管理职责的有关部门有下列行为之一的，对直接负责的主管人员和其他直接责任人员依法给予处分；构成犯罪的，依法追究刑事责任：

1）不立即组织事故抢救的；

2）迟报、漏报、谎报或者瞒报事故的；

3）阻碍、干涉事故调查工作的；

4）在事故调查中作伪证或者指使他人作伪证的。

## 十四、《非煤矿矿山企业安全生产许可证实施办法》相关规定

为了严格规范非煤矿矿山企业安全生产条件，做好非煤矿矿山企业安全生产许可证的颁发管理工作，根据《安全生产许可证条例》等法律、行政法规，经 2009 年 4 月 30 日国家安全生产监督管理总局局长办公会议审议通过，制定《非煤矿矿山企业安全生产许可证实施办法》，自公布之日起施行。

本条例共七章五十一条，现将有关矿山开采的条例摘录如下。

### （一）总则

国家安全生产监督管理总局指导、监督全国非煤矿矿山企业安全生产许可证的颁发管理工作，负责中央管理的非煤矿矿山企业总部（包括集团公司、总公司和上市公司，下同）及其下属的跨省（自治区、直辖市）运营的石油天然气管道储运分（子）公司和海洋石油天然气企业安全生产许可证的颁发和管理。

省、自治区、直辖市人民政府安全生产监督管理部门（以下简称省级安全生产许可证颁发管理机关）负责本行政区域内除本条第一款规定以外的非煤矿矿山企业安全生产许可证的颁发和管理。

省级安全生产许可证颁发管理机关可以委托设区的市级安全生产监督管理部门实施非煤矿矿山企业安全生产许可证的颁发管理工作；但中央管理企业所属非煤矿矿山的安全生产许可证颁发管理工作不得委托实施。

### （二）安全生产条件和申请

（1）非煤矿矿山企业取得安全生产许可证，应当具备下列安全生产条件：

1）建立健全主要负责人、分管负责人、安全生产管理人员、职能部门、岗位安全生产责任制；制定安全检查制度、职业危害预防制度、安全教育培训制度、生产安全事故管理制度、重大危险源监控和重大隐患整改制度、设备安全管理制度、安全生产档案管理制度、安全生产奖惩制度等规章制度；制定作业安全规程和各工种操作规程；

2）安全投入符合安全生产要求，依照国家有关规定足额提取安全生产费用、缴纳并专户存储安全生产风险抵押金；

3）设置安全生产管理机构，或者配备专职安全生产管理人员；

4）主要负责人和安全生产管理人员经安全生产监督管理部门考核合格，取得安全资格证书；

5）特种作业人员经有关业务主管部门考核合格，取得特种作业操作资格证书；

6）其他从业人员依照规定接受安全生产教育和培训，并经考试合格；

7）依法参加工伤保险，为从业人员缴纳保险费；

8）制定防治职业危害的具体措施，并为从业人员配备符合国家标准或者行业标准的劳动防护用品；

9）新建、改建、扩建工程项目依法进行安全评价，其安全设施经安全生产监督管理部门验收合格；

10）危险性较大的设备、设施按照国家有关规定进行定期检测检验；

11）制定事故应急救援预案，建立事故应急救援组织，配备必要的应急救援器材、设备，生产规模较小可以不建立事故应急救援组织的，应当指定兼职的应急救援人员，并与邻近的矿山救护队或者其他应急救援组织签订救护协议；

12）符合有关国家标准、行业标准规定的其他条件。

（2）非煤矿矿山企业申请领取安全生产许可证，应当提交下列文件、资料：

1）安全生产许可证申请书；

2）工商营业执照复印件；

3）采矿许可证复印件；

4）各种安全生产责任制复印件；

5）安全生产规章制度和操作规程目录清单；

6）设置安全生产管理机构或者配备专职安全生产管理人员的文件复印件；

7）主要负责人和安全生产管理人员安全资格证书复印件；

8）特种作业人员操作资格证书复印件；

9）足额提取安全生产费用、缴纳并存储安全生产风险抵押金的证明材料；

10）为从业人员缴纳工伤保险费的证明材料，因特殊情况不能办理工伤保险的，可以出具办理安全生产责任保险或者雇主责任保险的证明材料；

11）危险性较大的设备、设施由具备相应资质的检测检验机构出具合格的检测检验报告；

12）事故应急救援预案，设立事故应急救援组织的文件或者与矿山救护队、其他应急救援组织签订的救护协议；

13）矿山建设项目安全设施经安全生产监督管理部门验收合格的证明材料。

第九条非煤矿矿山企业总部申请领取安全生产许可证，不需要提交本实施办法第八条第3）、8）、9）、10）、11）、12）、13）项规定的文件、资料。

（3）金属非金属矿山企业从事爆破作业的，除应当依照本实施办法第八条的规定提交相应文件、资料外，还应当提交《爆破作业单位许可证》。

（4）非煤矿矿山企业应当对其向安全生产许可证颁发管理机关提交的文件、资料实质内容的真实性负责。

从事安全评价、检测检验的中介机构应当对其出具的安全评价报告、检测检验结果负责。

## （三）受理、审核和颁发

（1）安全生产许可证颁发管理机关对非煤矿矿山企业提交的申请书及文件、资料，应当依照下列规定分别处理：

1）申请事项不属于本机关职权范围的，应当即时作出不予受理的决定，并告知申请人向有关机关申请。

2）申请材料存在可以当场更正的错误的，应当允许或者要求申请人当场更正，并即时出具受理的书面凭证。

3）申请材料不齐全或者不符合要求的，应当当场或者在5个工作日内一次性书面告知申请人需要补正的全部内容，逾期不告知的，自收到申请材料之日起即为受理。

4）申请材料齐全、符合要求或者依照要求全部补正的，自收到申请材料或者全部补正材料之日起为受理。

（2）安全生产许可证颁发管理机关应当依照下列规定颁发非煤矿矿山企业安全生产许可证：

1）对中央管理的金属非金属矿山企业总部，向企业总部颁发安全生产许可证。

2）对金属非金属矿山企业，向企业及其所属各独立生产系统分别颁发安全生产许可证；对于只有一个独立生产系统的企业，只向企业颁发安全生产许可证。

3）对中央管理的陆上石油天然气企业，向企业总部及其直接管理的分公司、子公司以及下一级与油气勘探、开发生产、储运直接相关的生产作业单位分别颁发安全生产许可证；对设有分公司、子公司的地方石油天然气企业，向企业总部及其分公司、子公司颁发安全生产许可证；对其他陆上石油天然气企业，向具有法人资格的企业颁发安全生产许可证。

4）对海洋石油天然气企业，向企业及其直接管理的分公司、子公司以及下一级与油气开发生产直接相关的生产作业单位、独立生产系统分别颁发安全生产许可证；对其他海洋石油天然气企业，向具有法人资格的企业颁发安全生产许可证。

5）对地质勘探单位，向最下级具有企事业法人资格的单位颁发安全生产许可证。对采掘施工企业，向企业颁发安全生产许可证。

6）对尾矿库单独颁发安全生产许可证。

### （四）安全生产许可证延期和变更

（1）安全生产许可证的有效期为3年。安全生产许可证有效期满后需要延期的，非煤矿矿山企业应当在安全生产许可证有效期届满前3个月向原安全生产许可证颁发管理机关申请办理延期手续，并提交下列文件、资料：

1）延期申请书；

2）安全生产许可证正本和副本；

3）本实施办法第二章规定的相应文件、资料。

金属非金属矿山独立生产系统和尾矿库，以及石油天然气独立生产系统和作业单位还应当提交由具备相应资质的中介服务机构出具的合格的安全现状评价报告。

金属非金属矿山独立生产系统和尾矿库在提出延期申请之前6个月内经考评合格达到安全标准化等级的，可以不提交安全现状评价报告，但需要提交安全标准化等级的证明材料。

安全生产许可证颁发管理机关应当依照本实施办法第十六条、第十七条的规定，对非煤矿矿山企业提交的材料进行审查，并做出是否准予延期的决定。决定准予延期的，应当收回原安全生产许可证，换发新的安全生产许可证；决定不准予延期的，应当书面告知申请人并说明理由。

（2）非煤矿矿山企业符合下列条件的，当安全生产许可证有效期届满申请延期时，经原安全生产许可证颁发管理机关同意，不再审查，直接办理延期手续：

1）严格遵守有关安全生产的法律法规的；

2）取得安全生产许可证后，加强日常安全生产管理，未降低安全生产条件，并达到安全标准化等级二级以上的；

3）接受安全生产许可证颁发管理机关及所在地人民政府安全生产监督管理部门的监督检查的；

4）未发生死亡事故的。

### （五）安全生产许可证的监督管理

（1）非煤矿矿山企业取得安全生产许可证后，应当加强日常安全生产管理，不得降低安全生产条件，并接受所在地县级以上安全生产监督管理部门的监督检查。

（2）非煤矿矿山企业不得转让、冒用、买卖、出租、出借或者使用伪造的安全生产许可证。

（3）安全生产许可证颁发管理机关应当坚持公开、公平、公正的原则，严格依照本实施办法的规定审查、颁发安全生产许可证。

安全生产许可证颁发管理机关工作人员在安全生产许可证颁发、管理和监督检查工作中，不得索取或者接受非煤矿矿山企业的财物，不得谋取其他利益。

（4）非煤矿矿山企业隐瞒有关情况或者提供虚假材料申请安全生产许可证的，安全生产许可证颁发管理机关不予受理，该企业在1年内不得再次申请安全生产许可证。

非煤矿矿山企业以欺骗、贿赂等不正当手段取得安全生产许可证后被依法予以撤销的，该企业3年内不得再次申请安全生产许可证。

### （六）罚则

（1）安全生产许可证颁发管理机关工作人员有下列行为之一的，给予降级或者撤职的行政处分；构成犯罪的，依法追究刑事责任：

1）向不符合本实施办法规定的安全生产条件的非煤矿矿山企业颁发安全生产许可证的；

2）发现非煤矿矿山企业未依法取得安全生产许可证擅自从事生产活动，不依法处理的；

3）发现取得安全生产许可证的非煤矿矿山企业不再具备本实施办法规定的安全生产条件，不依法处理的；

4）接到对违反本实施办法规定行为的举报后，不及时处理的；

5）在安全生产许可证颁发、管理和监督检查工作中，索取或者接受非煤矿矿山企业的财物，或者谋取其他利益的。

（2）非煤矿矿山企业在安全生产许可证有效期内出现采矿许可证有效期届满和采矿许可证被暂扣、撤销、吊销、注销的情况，未依照本实施办法第二十八条的规定向安全生产许可证颁发管理机关报告并交回安全生产许可证的，处一万元以上三万元以下罚款。

非煤矿矿山企业在安全生产许可证有效期内，出现需要变更安全生产许可证的情形，未按本实施办法第二十一条的规定申请、办理变更手续的，责令限期办理变更手续，并处一万元以上三万元以下罚款。

地质勘探单位、采掘施工单位在登记注册地以外进行跨省作业，以及跨省（自治区、直辖市）运营的石油天然气管道管理的单位，未按照本实施办法第二十六条的规定登记备案的，责令限期办理登记备案手续，并处一万元以上三万元以下的罚款。

# 第三节　技术标准、规范及规程

## 一、《金属非金属矿山安全规程》相关规定

《金属非金属矿山安全规程》（GB 16423—2006）于 2006 年 6 月 22 日发布，2006 年 9 月 1 日起开始实施。本标准适用于金属非金属矿山的设计、建设和开采，其内容包含适用范围、规范性引用文件、术语和定义、总则、露天部分、地下部分和职业危害防治，是目前建材非金属矿山行业矿山设计、建设和开采过程中的主要依据和执行的标准，有着重要的作用。

现将主要条款摘录如下。

### （一）总则

（1）矿山企业应遵守国家有关安全生产的法律、法规、规章、规程、标准和技术规范。

矿山企业应建立健全各级领导安全生产责任制、职能机构安全生产责任制和岗位人员安全生产责任制。

矿山企业应建立健全安全活动日制度、安全目标管理制度、安全奖惩制度、安全技术审批制度、危险源监控和安全隐患排查制度、安全检查制度、安全教育培训制度、安全办公会议制度等，严格执行值班制和交接班制。

（2）矿山企业应设置安全生产管理机构或配备专职安全生产管理人员。

专职安全生产管理人员，应由不低于中等专业学校毕业（或具有同等学力）、具有必要的安全生产专业知识和安全生产工作经验、从事矿山专业工作五年以上并能适应现场工作环境的人员担任。

（3）矿山企业应对职工进行安全生产教育和培训，保证其具备必要的安全生产知识，熟悉有关的安全生产规章制度和安全操作规程，掌握本岗位的安全操作技能。未经安全生产教育和培训合格的，不应上岗作业。

（4）矿山企业的要害岗位、重要设备和设施及危险区域，应根据其可能出现的事故模式，设置相应的、符合 GB 14161 要求的安全警示标志。未经主管部门许可，不应任意拆除或移动安全警示标志。设备的裸露转动部分，应设防护罩或栅栏。

（5）矿山企业应对重大危险源登记建档，进行定期检测、评估、监控，制定应急预案，并根据实际情况对预案及时进行修改。

矿山企业应使每个职工熟悉应急预案，并且每年至少组织一次矿山救灾演习。

（6）矿山企业的新建、改建、扩建工程，应经过安全条件论证及安全、职业危害评价。新建、改建、扩建工程的安全设施，应与主体工程同时设计、同时施工、同时投入生产和使用。安全设施投资，应纳

入工程概算。

发生特别重大生产安全事故，或出现严重影响安全生产的情况，或停产 6 个月以上恢复生产的地下矿山，应进行安全条件论证和安全评价。

（7）露天矿山，应保存下列图纸，并根据实际情况的变化及时更新：

1）地形地质图；

2）采剥工程年末图；

3）防排水系统及排水设备布置图。

（8）矿山企业应建立由专职或兼职人员组成的事故应急救援组织，配备必要的应急救援器材和设备。生产规模较小不必建立事故应急救援组织的，应指定兼职的应急救援人员，并与邻近的事故应急救援组织签订救援协议。

（9）矿山企业发生重大生产安全事故时，企业的主要负责人应立即组织抢救，采取有效措施迅速处理，并及时分析原因，认真总结经验教训，提出防止同类事故发生的措施。

事故发生后，应按国家有关规定及时、如实报告。

## （二）基本规定

（1）露天开采应遵循自上而下的开采顺序，分台阶开采，并坚持"采剥并举，剥离先行"的原则。

（2）靠近矿山铁路修筑建构筑物，跨越矿山铁路、横穿路基或桥涵架设电线和管道等，以及临时在矿山铁路附近施工，均应事先征得矿山运输和安全部门同意，并制定施工安全措施，经批准方可实施。

（3）露天矿边界应设可靠的围栏或醒目的警示标志，防止无关人员误入。露天矿边界上 2m 范围内，可能危及人员安全的树木及其他植物、不稳固材料和岩石等，应予清除。露天矿边界上覆盖的松散岩土层厚度超过 2m 时，其倾角应小于自然安息角。

（4）使用采掘、运输、排土和其他机械设备，应遵守下列规定：

1）设备运转时，不应对其转动部分进行检修、注油和清扫；

2）设备移动时，不应上下人员，在可能危及人员安全的地点，不应有人停留或通行；

3）终止作业时，应切断动力电源，关闭水、气阀门。

（5）露天爆破作业应遵守 GB 6722 的规定。爆破作业现场应设置坚固的人员避炮设施，其设置地点、结构及拆移时间，应在采掘计划中规定，并经主管矿长批准。

## （三）露天开采

（1）生产台阶高度应符合表 22 - 3 的规定。

表 22 - 3 生产台阶高度的确定

| 矿 岩 性 质 | 采掘作业方式 | | 台 阶 高 度 |
|---|---|---|---|
| 松软的岩土 | | 不爆破 | 不大于机械的最大挖掘高度 |
| 坚硬稳固的矿岩 | 机械铲装 | 爆 破 | 不大于机械的最大挖掘高度的 1.5 倍 |
| 砂状的矿岩 | 人工开采 | | 不大于 1.8m |
| 松软的矿岩 | | | 不大于 3.0m |
| 坚硬稳固的矿岩 | | | 不大于 6.0m |

开采结束，并段后的台阶高度超过表 22 - 3 的规定时，应经过技术论证，在保证安全的前提下，由设计确定。

挖掘机或装载机铲装时，爆堆高度应不大于机械最大挖掘高度的 1.5 倍。

（2）钻机稳车时，应与台阶坡顶线保持足够的安全距离。千斤顶中心至台阶坡顶线的最小距离：台车为 1m，牙轮钻、潜孔钻、钢绳冲击钻机为 2.5m，松软岩体为 3.5m。千斤顶下不应垫块石，并确保台阶坡面的稳定。钻机作业时，其平台上不应有人，非操作人员不应在其周围停留。钻机与下部台阶接近坡底线的电铲不应同时作业。钻机长时间停机，应切断机上电源。

穿凿第一排孔时，钻机的中轴线与台阶坡顶线的夹角应不小于 45°。

（3）挖掘机作业时，发现悬浮岩块或崩塌征兆、盲炮等情况，应立即停止作业，并将设备开到安全地带。

（4）推土机在倾斜工作面上作业时，允许的最大作业坡度，应小于其技术性能所能达到的坡度。

（5）开采境界内和最终边坡邻近地段的废弃巷道、采空区和溶洞，应及时标在矿山平面图上，并随着采掘作业的进行，及时设置明显的警示标志。

（6）边坡监测系统设计，应根据最终边坡的稳定类型、分区特点确定各区监测级别。对边坡应进行定点定期观测，包括坡体表面和内部位移观测、地下水位动态观测、爆破震动观测等。技术管理部门应及时整理边坡观测资料，据以指导采场安全生产。对存在不稳定因素的最终边坡应长期监测，发现问题及时处理。

## （四）排土场

（1）矿山排土场应由有资质的中介机构进行设计。

（2）排土场（包括水力排土场）位置的选择，应遵守以下原则：

保证排弃土岩时不致因滚石、滑坡、塌方等威胁采矿场、工业场地（厂区）、居民点、铁路、道路、输电网线和通讯干线、耕种区、水域、隧道涵洞、旅游景区、固定标志及永久性建筑等的安全，其安全距离在设计中规定：

1）依据的工程地质资料可靠，不宜设在工程地质或水文地质条件不良的地带，若因地基不良而影响安全，应采取有效措施。

2）依山而建的排土场，坡度大于 1:5 且山坡有植被或第四系软弱层时，最终境界 100m 内的植被或第四系软弱层应全部清除，将地基削成阶梯状。

3）避免排土场成为矿山泥石流重大危险源，必要时，采取有效控制措施。

4）排土场位置要符合相应的环保要求，排土场场址不应设在居民区或工业建筑主导风向的上风侧和生活水源的上游，含有污染物的废石要按照 GB 18599 要求进行堆放、处置。

（3）排土场位置选定后，应进行专门的地质勘探工作。

（4）排土场进行排弃作业时，应圈定危险范围，并设立警戒标志，无关人员不应进入危险范围内。

任何人均不应在排土场作业区或排土场危险区内从事捡矿石、捡石材和其他活动。

未经设计或技术论证，任何单位不应在排土场内回采低品位矿石和石材。

（5）排土场关闭，应遵守下列规定：

1）矿山企业在排土场服务年限结束时，整理排土场资料、编制排土场关闭报告。

2）排土场资料包括排土场设计资料、排土场最终平面图、排土场工程地质与水文地质资料、排土场安全稳定性评价资料及排土场复垦规划资料等。

3）排土场关闭报告包括结束时的排土场平面图、结束时的排土场安全稳定性评价报告、结束时的排土场周围状况及排土场复垦规划等。

4）排土场关闭前，由中介服务机构进行安全稳定性评价；不符合安全条件的，评价单位应提出治理措施；企业应按措施要求进行治理，并报省级以上安全生产监督管理部门审查。

5）排土场关闭后，安全管理工作由原企业负责；破产企业关闭后的排土场，由当地政府落实负责管理的单位或企业。

6）关闭后的排土场重新启用或改作他用时，应经过可行性设计论证，并报安全生产监督管理部门审查批准。

## （五）电气安全

（1）矿山电力装置，应符合 GB 50070 和 DL408 的要求。

（2）移动式电气设备，应使用矿用橡套电缆。

（3）变电所应有独立的防雷系统和防火、防潮及防止小动物窜入带电部位的措施。

（4）夜间工作时，所有作业点及危险点，均应有足够的照明。

（5）露天矿采矿场和排土场的高压电力网配电电压，应采取 6kV 或 10kV。当有大型采矿设备或采用连续开采工艺并经技术经济比较合理时，可采用其他等级的电压。

（6）采矿场的供电线路不宜少于两回路。两班生产的采矿场或小型采矿场可采用一回路。排土场的供电线路可采用一回路。两回路供电的线路，每回路的供电能力不应小于全部负荷的 70%。当采用三回路供电线路时，每回路的供电能力不应小于全部负荷的 50%。

## （六）防排水和防灭火

（1）露天矿山应设置防、排水机构。大、中型露天矿应设专职水文地质人员，建立水文地质资料档案。每年应制定防排水措施，并定期检查措施执行情况。

（2）露天采场的总出入沟口、平硐口、排水井口和工业场地，均应采取妥善的防洪措施。

（3）矿山应按设计要求建立排水系统。上方应设截水沟；有滑坡可能的矿山，应加强防排水措施；应防止地表、地下水渗漏到采场。

（4）应采取措施防止地表水渗入边坡岩体的软弱结构面或直接冲刷边坡。边坡岩体存在含水层并影响边坡稳定时，应采取疏干降水措施。

（5）矿山的建（构）筑物和重要设备，应按 GBJ 16 和国家发布的其他有关防火规定，以及当地消防部门的要求，建立消防隔离设施，设置消防设备和器材。消防通道上不应堆放杂物。

（6）应结合生活供水管设计地面消防水管系统，水池容积和管道规格应考虑两者的需要。

## （七）职业危害防治

（1）矿山企业应加强职业危害的防治与管理，做好作业场所的职业卫生和劳动保护工作，采取有效措施控制职业危害，保证作业场所符合国家职业卫生标准。

（2）工作场所操作人员每天连续接触噪声的时间，应随噪声声级的不同而异，并应符合表 22-4 的规定，但最高限值不应超过 115dB（A）。接触碰撞和冲击等的脉冲噪声，应不超过表 22-5 的规定。

表 22-4  允许噪声暴露

| 日接触噪声时间/h | 卫生限值/dB（A） |
| --- | --- |
| 8 | 85 |
| 4 | 88 |
| 2 | 91 |
| 1 | 94 |
| 1/2 | 97 |
| 1/4 | 100 |
| 1/8 | 103 |

表 22-5  工作地点脉冲噪声声级的卫生限值

| 工作日接触脉冲次数 | 峰值/dB |
| --- | --- |
| 100 | 140 |
| 1000 | 130 |
| 10000 | 120 |

（3）露天矿破碎场、排土场等粉尘和有毒有害气体污染源，应位于工业场地和居民区的最小频率风向的上风侧。

（4）露天矿汽车运输的道路，应采取防尘措施。

（5）矿山企业应按国家有关法律、法规的规定，对新人矿工人应进行职业健康检查（如胸透、听力测定、血液化验等指标），并建立健康档案；对接尘工人的职业健康检查应拍照胸大片；不适合从事矿山、井下作业者不应录用。

（6）对职工的健康检查，应每两年进行一次，并建立职工健康档案。对检查出的职业病患者，应按国家规定及时给予治疗、疗养和调离有害作业岗位。

## 二、《爆破安全规程》相关规定

《爆破安全规程》（GB 6722—2011）于2003年9月12日发布，2004年5月1日起开始实施。本标准适用于各种民用爆破作业和中国人民解放军、中国人民武装警察部队从事的非军事目的的工程爆破，其内容包含适用范围、规范性引用文件、术语和定义、爆破作业的基本规定、各类爆破作业的安全规定、安全允许距离与环境影响评价、爆破器材的安全管理以及附录，是目前建材非金属矿山行业在爆破工程设计、爆破工程管理和爆破器材运输及管理的主要依据和执行的标准，有着重要的作用。

现将有关矿山开采的条例摘录如下。

### （一）爆破工程分级与管理

爆破工程按工程类别、一次爆破总药量、爆破环境复杂程度和爆破物特征，分A、B、C、D四个级别，实行分级管理。工程分级列于表22-6。

表22-6 爆破工程分级表

| 作业范围 | 分级计量标准 | 单位 | 级别 | | | |
|---|---|---|---|---|---|---|
| | | | A | B | C | D |
| 岩石爆破 | 一次爆破总药量 $Q$[①] | t | $Q \geq 200$ | $50 \leq Q < 200$ | $10 \leq Q < 50$ | $1 \leq Q < 10$ |
| 拆除爆破 | 高度 $H$[②] | m | $H \geq 70$ | $40 \leq H < 70$ | $15 \leq H < 40$ | $H < 15$ |
| | 一次爆破总药量 $Q$[③] | t | $Q \geq 2.0$ | $1.0 \leq Q < 2.0$ | $0.1 \leq Q < 1.0$ | $Q < 0.1$ |
| 特种爆破 | 单张复合板使用药量 $Q$ | | $Q \geq 0.6$ | $0.3 \leq Q < 0.6$ | $Q < 0.3$ | |

① 表中药量对应的级别指露天深孔爆破；露天硐室爆破相应级别对应的总药量应增大至5倍；地下深孔爆破相应级别对应的总药量应减半；地下硐室爆破相应级别对应的总药量应增大至2倍；复杂环境深孔爆破相应级别对应的总药量应减至四分之一；水下爆破相应级别对应的总药量应减至二十分之一。

② 表中高度对应的级别指楼房、厂房的拆除爆破；烟囱拆除爆破相应级别对应的高度应增大至2倍；水塔及冷却塔拆除爆破相应级别对应的高度应增大至1.5倍。

③ 拆除爆破按一次爆破总药量进行分级的工程类别包括桥梁、支撑、基础、地坪、单体结构等；城镇浅孔爆破也按此标准分级；围堰拆除爆破相应级别对应的总药量应增大至20倍。

### （二）爆破企业与爆破作业人员要求

（1）爆破作业单位应向有关公安机关申请领取《爆破作业单位许可证》后，方可从事爆破作业活动。未经许可，任何单位或者个人不得从事爆破作业。

（2）爆破从业人员均应持相应证件上岗。不得以个人许可证承接设计、施工、安全评估和安全监理。

（3）爆破作业人员应参加专门培训，经考核取得安全作业证后，方可从事爆破作业。

### （三）爆破设计、安全评估与安全监理

（1）爆破设计、安全评估与安全监理应由具备相应资质和作业范围的爆破作业单位承担。

（2）从事爆破设计、安全评估与安全监理的爆破作业单位，应当按照有关法律、法规和本标准的规定实施爆破设计、安全评估与安全监理，并承担相应的法律责任和连带赔偿责任。

（3）进行爆破设计应遵守本标准的规定及有关行业规范、地方法规的规定，按设计委托书或合同书要求的深度和内容编写。爆破工程均应编制爆破技术设计文件。

（4）凡需报公安机关审批的爆破工程均应进行安全评估。

（5）经安全评估审批通过的爆破设计，施工时不得任意更改。经安全评估否定的爆破设计，应重新设计，重新评估。施工中如发现实际情况与评估时提交的资料不符，需修改原设计文件时，对重大修改部分应重新上报评估。

（6）凡需报公安机关审批的爆破工程均应由建设单位委托具有相应资质的监理单位进行安全监理。

### （四）爆破作业环境

（1）爆破前应对爆区周围的自然条件和环境状况进行调查，了解危及安全的不利环境因素，并采取必要的安全防范措施。

（2）在有关法规不允许进行常规爆破作业的场合，但又必须进行爆破时，应做好安全防护，制定应急预案并与有关部门协调一致。

（3）采用电爆网路时，应对高压电、射频电等进行调查，对杂散电进行测试；发现存在危险，应立即采取预防或排除措施。

（4）浅孔爆破应采用湿式凿岩，深孔爆破凿岩机应配收尘设备；在残孔附近钻孔时应避免凿穿残留炮孔，在任何情况下不应钻残孔。

（5）露天浅孔、深孔、特种爆破，爆后应超过 5min，方准许检查人员进入爆破作业地点；如不能确认有无盲炮，应经 15min 后才能进入爆区检查。

### （五）露天爆破作业安全

露天爆破作业时，应建立避炮掩体，避炮掩体应设在冲击波危险范围之外，结构应坚固紧密；掩体位置和方向应能防止飞石和有害气体的危害；通达避炮掩体的道路不应有任何障碍。起爆站应设在避炮掩体内或设在警戒区外的安全地点。露天爆破时，起爆前应将机械设备撤至安全地点或采用就地保护措施。露天爆破严禁采用裸露药包。具体要求如下：

（1）深孔爆破验孔时，应将孔口周围 0.5m 范围内的碎石、杂物清除干净，孔口岩壁不稳者，应进行维护。深孔验收标准：孔深允许误差 ±0.2m，间排距允许误差 ±0.2m，偏斜度允许误差 2%；发现不合格钻孔应及时处理，未达验收标准不得装药。

（2）爆破员应按爆破设计说明书的规定进行操作，不得自行增减药量或改变填塞长度；如确需调整，应征得现场爆破工程技术人员同意并作好变更记录。

（3）装药过程中炮孔可容纳药量与设计装药量不符时，应及时报告，由爆破工程技术人员检查校核处理。

（4）装药过程中出现堵塞等现象时，应停止装药并及时疏通。如已装入雷管或起爆药包，不应强行疏通，应注意保护好雷管或起爆药包并采取其他补救措施。

（5）装药结束后，应进行检查验收，未经检查验收不得进行填塞作业。

（6）临近永久边坡和堑沟、基坑、基槽爆破，应采用预裂爆破或光面爆破技术，并在主炮孔和预裂孔（光面孔）之间布设缓冲孔；运用该技术时，验孔、装药等应在现场爆破工程技术人员指导监督下由熟练爆破员操作。

（7）预裂孔、光面孔应按设计图纸钻凿在一个布孔面上，钻孔偏斜误差不得超过 1.5%。

（8）布置在同一控制面上的预裂孔，宜用导爆索网路同时起爆，如同时起爆药量超过安全允许药量时，也可分段起爆。

（9）预裂爆破、光面爆破孔应按设计进行填塞。

（10）预裂爆破孔与相邻主爆破孔或缓冲爆破孔起爆时差应不小于 75ms。

（11）露天浅孔开挖应采用台阶法爆破。

（12）在台阶形成之前进行爆破应加大填塞长度和警戒范围。

（13）采用浅孔爆破平整场地时，应尽量使爆破方向指向一个临空面，并避免指向重要建（构）筑物。

## （六）地下爆破

（1）地下爆破可能引起地面塌陷和山坡滚石时，应在通往塌陷区和滚石区的道路上设置警戒，树立醒目的警示标志，防止人员误入。

（2）用爆破法处理溜井堵塞，不允许作业人员进入溜井，应采用竹、木等材料制作的长杆把炸药包送到堵头表面进行爆破振动处理。

（3）当溜井堵塞、矿石粘壁，经多次爆振仍未塌落，准备采用特殊方法处理时，应制定和采取可靠安全措施，经爆破技术负责人批准后，在安全部门监护下作业。

## （七）安全允许距离与对环境影响的控制

（1）爆破地点与人员和其他保护对象之间的安全允许距离，应按各种爆破有害效应（地震波、冲击波、个别飞散物等）分别核定，并取最大值。确定爆破安全允许距离时，应考虑爆破可能诱发的滑坡、滚石、雪崩、涌浪、爆堆滑移等次生灾害的影响，适当扩大安全允许距离或针对具体情况划定附加的危险区。

（2）地面建筑物、电站（厂）中心控制室设备、隧道与巷道、岩石高边坡和新浇大体积混凝土的爆破振动判据，采用保护对象所在地基础质点峰值振动速度和主振频率。安全允许标准见表 22 - 7。

表 22 - 7　爆破振动安全允许标准

| 序号 | 保护对象类别 | | 安全允许质点振动速度 $v/\text{cm} \cdot \text{s}^{-1}$ | | |
|---|---|---|---|---|---|
| | | | $f \leqslant 10\text{Hz}$ | $10\text{Hz} \leqslant f \leqslant 50\text{Hz}$ | $f > 50\text{ Hz}$ |
| 1 | 土窑洞、土坯房、毛石房屋 | | 0.15 ~ 0.45 | 0.45 ~ 0.9 | 0.9 ~ 1.5 |
| 2 | 一般民用建筑物 | | 1.5 ~ 2.0 | 2.0 ~ 2.5 | 2.5 ~ 3.0 |
| 3 | 工业和商业建筑物 | | 2.5 ~ 3.5 | 3.5 ~ 4.5 | 4.2 ~ 5.0 |
| 4 | 一般古建筑与古迹 | | 0.1 ~ 0.2 | 0.2 ~ 0.3 | 0.3 ~ 0.5 |
| 5 | 运行中的水电站及发电厂中心控制室设备 | | 0.5 ~ 0.6 | 0.6 ~ 0.7 | 0.7 ~ 0.9 |
| 6 | 水工隧洞 | | 7 ~ 8 | 8 ~ 10 | 10 ~ 15 |
| 7 | 交通隧道 | | 10 ~ 12 | 12 ~ 15 | 15 ~ 20 |
| 8 | 矿山巷道 | | 15 ~ 18 | 18 ~ 25 | 20 ~ 30 |
| 9 | 永久性岩石高边坡 | | 5 ~ 9 | 8 ~ 12 | 10 ~ 15 |
| 10 | 新浇大体积混凝土（C20） | 龄期：初凝约 3 天 | 1.5 ~ 2.0 | 2.0 ~ 2.5 | 2.5 ~ 3.0 |
| | | 龄期：3 ~ 7 天 | 3.0 ~ 4.0 | 4.0 ~ 5.0 | 5.0 ~ 7.0 |
| | | 龄期：7 ~ 28 天 | 7.0 ~ 8.0 | 8.0 ~ 10.0 | 10.0 ~ 12 |

注：1. 表中质点振动速度为三分量中的最大值；振动频率为主振频率。

　　2. 频率范围根据现场实测波形确定或按如下数据选取：硐室爆破 $f < 20\text{Hz}$；露天深孔爆破 $f = 10 \sim 60\text{Hz}$；露天浅孔爆破 $f = 40 \sim 100\text{Hz}$；地下深孔爆破 $f = 30 \sim 100\text{Hz}$；地下浅孔爆破 $f = 60 \sim 300\text{Hz}$。

　　3. 爆破振动监测应同时测定质点振动相互垂直的三个分量。

（3）露天地表爆破一次爆破炸药量不超过 25kg 时，应按式（22 - 1）确定空气冲击波对在掩体内避炮作业人员的安全允许距离。

$$R_k = 25 \sqrt[3]{Q} \qquad\qquad (22 - 1)$$

式中　$R_k$——空气冲击波对掩体内人员的最小允许距离，m；

　　　　$Q$——一次爆破的梯恩梯炸药当量，秒延时爆破为最大一段药量，毫秒延时爆破为总药量，kg。

（4）爆炸加工或特殊工程需要在地表进行大当量爆炸时，应核算不同保护对象所承受的空气冲击波超压值，并确定相应的安全允许距离。在平坦地形条件下爆破时，可按式（22-2）计算超压。

$$\Delta p = 14\frac{Q}{R^3} + 4.3\frac{Q^{\frac{2}{3}}}{R^2} + 1.1\frac{Q^{\frac{1}{3}}}{R} \tag{22-2}$$

式中 $\Delta p$——空气冲击波超压值，其值为 105Pa；

$Q$——一次爆破的梯恩梯炸药当量，秒延时爆破为最大一段药量，毫秒延时爆破为总药量，kg；

$R$——爆源至保护对象的距离，m。

空气冲击波超压的安全允许标准：对非作业人员为 $0.02 \times 10^5$Pa，掩体中的作业人员为 $0.1 \times 10^5$Pa；建筑物的破坏程度与超压的关系列入表 22-8。空气冲击波安全允许距离，应根据保护对象、所用炸药品种、药量、地形和气象条件由设计确定。

表 22-8 建筑物的破坏程度与超压关系

| 破坏等级 | | 1 | 2 | 3 | 4 | 5 | 6 | 7 |
|---|---|---|---|---|---|---|---|---|
| 破坏等级名称 | | 基本无破坏 | 次轻度破坏 | 轻度破坏 | 中等破坏 | 次严重破坏 | 严重破坏 | 完全破坏 |
| 超压 $\Delta p$/Pa | | $<0.02 \times 10^5$ | $0.02 \times 10^5 \sim 0.09 \times 10^5$ | $0.09 \times 10^5 \sim 0.25 \times 10^5$ | $0.25 \times 10^5 \sim 0.40 \times 10^5$ | $0.40 \times 10^5 \sim 0.55 \times 10^5$ | $0.55 \times 10^5 \sim 0.76 \times 10^5$ | $>0.76 \times 10^5$ |
| 建筑物破坏程度 | 玻璃 | 偶然破坏 | 少部分破碎呈大块，大部分呈小块 | 大部分破碎呈小块到粉碎 | 粉碎 | — | — | — |
| | 木门窗 | 无损坏 | 窗扇少量破坏 | 窗扇大量破坏，门扇、窗框破坏 | 窗扇掉落、内倒，窗框、门扇大量破坏 | 门、窗扇摧毁，窗框掉落 | — | — |
| | 砖外墙 | 无损坏 | 无损坏 | 出现小裂缝，宽度小于5mm，稍有倾斜 | 出现较大裂缝，缝宽5~50mm，明显倾斜，砖垛出现小裂缝 | 出现大于50mm的大裂缝，严重倾斜，砖垛出现较大裂缝 | 部分倒塌 | 大部分或全部倒塌 |
| | 木屋盖 | 无损坏 | 无损坏 | 木屋面板变形，偶见折裂 | 木屋面板、木檩条折裂，木屋架支座松动 | 木檩条折断，木屋架杆件偶见折断，支座错位 | 部分倒塌 | 全部倒塌 |
| | 瓦屋面 | 无损坏 | 少量移动 | 大量移动 | 大量移动到全部掀动 | — | — | — |
| | 钢筋混凝土屋盖 | 无损坏 | 无损坏 | 无损坏 | 出现小于1mm的小裂缝 | 出现1~2mm宽的裂缝，修复后可继续使用 | 出现大于2mm的裂缝 | 承重砖墙全部倒塌，钢筋混凝土承重柱严重破坏 |
| | 顶棚 | 无损坏 | 抹灰少量掉落 | 抹灰大量掉落 | 木龙骨部分破坏，出现下垂缝 | 塌落 | — | — |
| | 内墙 | 无损坏 | 板条墙抹灰少量掉落 | 板条墙抹灰大量掉落 | 砖内墙出现小裂缝 | 砖内墙出现大裂缝 | 砖内墙出现严重裂缝至部分倒塌 | 砖内墙大部分倒塌 |
| | 钢筋混凝土柱 | 无损坏 | 无损坏 | 无损坏 | 无损坏 | 无损坏 | 有倾斜 | 有较大倾斜 |

（5）露天及地下爆破作业，对人员和其他保护对象的空气冲击波安全允许距离由设计确定。

（6）爆破突发噪声判据，采用保护对象所在地最大声级，其控制标准见表 22-9。

表 22-9 爆破噪声控制标准 （dB（A））

| 声环境功类别 | 对 应 区 域 | 不同时段控制标准 | |
|---|---|---|---|
| | | 昼间 | 夜间 |
| 0类 | 康复疗养区、有重病号的医疗卫生区或生活区。养殖动物区（冬眠期） | 65 | 55 |
| 1类 | 居民住宅、一般医疗卫生、文化教育、科研设计、行政办公为主要功能，需要保持安静的区域 | 90 | 70 |

| 声环境功类别 | 对 应 区 域 | 不同时段控制标准 | |
|---|---|---|---|
| | | 昼间 | 夜间 |
| 2 类 | 以商业金融、集市贸易为主要功能，或者居住、商业、工业混杂，需要维护住宅安静的区域。噪声敏感动物集中养殖区，如养鸡场等 | 100 | 80 |
| 3 类 | 以工业生产、仓储物流为主要功能，需要防止工业噪声对周围环境产生严重影响的区域 | 110 | 85 |
| 4 类 | 人员警戒边界，非噪声敏感动物集中养殖区，如养猪场等 | 120 | 90 |
| 施工作业区 | 矿山、水利、交通、铁道、基建工程和爆炸加工的施工场区内 | 125 | 110 |

（7）在 0 ~ 2 类区域进行爆破时，应采取降噪措施并进行必要的爆破噪声监测。监测应采用爆破噪声测试专用的 A 计权声压计及记录仪；监测点宜布置在敏感建筑物附近和敏感建筑物室内。

（8）爆破时，个别飞散物对人员的安全距离不应小于表 22 - 10 的规定。对设备或建（构）筑物的安全允许距离，应由设计确定。

表 22 - 10　爆破个别飞散物对人员的安全允许距离

| 爆破类型和方法 | | 最小安全允许距离/m |
|---|---|---|
| 露天岩石爆破 | 裸露药包爆破法破大块<br>浅孔爆破法破大块 | 400<br>300 |
| | 浅孔台阶爆破 | 200（复杂地质条件下或未形成<br>台阶工作面时不小于 300） |
| | 深孔台阶爆破 | 按设计，但不小于 200 |
| | 硐室爆破 | 按设计，但不小于 300 |
| 水下爆破 | 水深小于 1.5m | 与露天岩石爆破相同 |
| | 水深 1.5 ~ 6m | 由设计确定 |
| | 水深大于 6m | 可不考虑飞石对地面或水面以上人员的影响 |
| 破冰工程 | 爆破薄冰凌 | 50 |
| | 爆破覆冰 | 100 |
| | 爆破阻塞的流冰 | 200 |
| | 爆破厚度大于 2m 的冰层或爆破<br>阻塞流冰，一次用药量超过 300kg | 300 |
| 爆破金属物 | 在露天爆破场 | 1500 |
| | 在装甲爆破坑中 | 150 |
| | 在厂区内的空场中 | 由设计确定 |
| | 爆破热凝结物和爆破压接 | 按设计，但不小于 30 |
| | 爆炸加工 | 由设计确定 |
| 拆除爆破、城镇浅孔爆破及复杂环境深孔爆破 | | 由设计确定 |
| 地震勘探爆破 | 浅井或地表爆破 | 按设计，但不小于 100 |
| | 在深孔中爆破 | 按设计，但不小于 30 |

注：沿山坡爆破时，下坡方向的个别飞散物安全允许距离应增大 50%。

## 三、《水泥原料矿山工程设计规范》相关规定

《水泥原料矿山工程设计规范》（GB 50598—2010）于 2010 年 7 月 15 日发布，2011 年 2 月 1 日起开始实施。本规范适用于新建、改建、扩建大中型水泥原料矿山工程的设计，也可用于为其他生产目的而开采的石灰质、硅质及黏土质原料矿山的工程设计，其内容包含总则、术语、基本规定、矿山开采、矿山开拓运输、破碎及带式输送机输送、废石场、矿山防洪与排水、矿山总图及辅助生产设施、其他相关

专业、矿山环境保护、矿山安全与职业卫生以及附录，是目前水泥原料矿山工程设计的主要依据和执行的规范，有着重要的作用。

现将主要条款摘录如下。

## （一）基本规定

（1）水泥原料矿山工程设计应对矿山的开发进行总体规划。

（2）矿山开采应采用机械化生产，其装备水平宜与所配套的水泥工厂装备水平相适应。

（3）大中型水泥厂原料矿山储量的服务年限不宜小于 30 年。

（4）矿山工程的安全设施必须与主体工程同时设计、同时施工、同时投入生产与使用，并应建立安全机构和卫生保健系统。

## （二）矿山地质

（1）矿山设计人员应配合矿山前期的地质勘查工作，并应着重进行以下工作：

应就矿点选择提出合理的建议；应参与拟建矿床的地质资源储量及计算工业指标的制定；应配合地质勘查单位，研究和熟悉矿床地质情况，提出勘查范围、勘查类型、勘查网度、储量级别、高级储量的分布等建议；对于共生或伴生矿床，设计单位应提出综合勘查、综合评价的建议；应参加地质勘查设计的审查工作及地质勘查报告的评审会议。

（2）水泥原料矿山设计所依据的地质勘查报告应经矿产主管部门审查通过并备案。

（3）矿山建设项目的可行性研究与初步设计，应根据批准的详查或勘探地质报告进行；初步设计中应对勘探工作、开采条件、工程地质、水文地质及经济意义作出评价，并应对资源综合利用情况加以说明。

## （三）矿山开采

（1）水泥原料露天矿山应采用自上而下、水平分层台阶开采方法，做到"采剥并举，剥离先行"。

（2）初期开采部位宜布置在地质勘查划定的高级储量位置。

（3）水泥原料露天矿山的储备矿量应符合表 22 – 11 的规定。

表 22 – 11　水泥原料矿山的储备矿量

| 工 程 项 目 | 开 拓 矿 量 | 可 采 矿 量 |
|---|---|---|
| 新建、改扩建矿山 | 12 个月矿石产量 | 6 个月矿石产量 |

（4）水泥原料矿山开采境界的圈定应符合下列规定：

1）开采境界应保证已探明的资源量得到充分的利用；

2）平均剥采比不宜超过项目经济合理剥采比；

3）圈定的矿产储量应满足矿山服务年限的要求；

4）开采范围与国家铁路、公路、工厂、居民区及主要建筑物之间的距离，应符合现行国家标准《爆破安全规程》（GB 6722）的有关规定；

5）采矿场必须具有安全稳定的最终边坡；

6）开采境界应能保证矿床得到综合开发利用；

7）采用分期开采的矿山，宜保证第一期位于勘探程度高、开采条件好、矿石质量好、剥采比及基建工程量小的采区，并应做到生产过渡期不出现剥离高峰。

（5）矿山生产能力应根据所配套水泥工厂设计能力确定。矿山年产矿石量可按下式进行计算：

$$A = A_0(1 + K_1 + K_2) \tag{22-3}$$

式中　$A$——矿山计算年生产矿石量，吨/年；

$A_0$——水泥厂年需矿石量，吨/年；

$K_1$——矿山开采损失率，取 $1\% \sim 4\%$；

$K_2$——矿山运输损失率，取 $0.5\% \sim 3\%$。

（6）台阶高度应根据开采工艺确定，并应符合表 22 – 12 的规定。

表22 – 12 台阶高度的确定

| 矿 岩 性 质 | 采掘作业方式 | | 台 阶 高 度 |
| --- | --- | --- | --- |
| 松软的岩土 | 机械铲装 | 不爆破 | 不大于机械的最大挖掘高度 |
| 坚硬稳固的矿岩 | | 爆 破 | 不大于机械的最大挖掘高度的1.5倍 |

挖掘机或装载机采装时，爆堆高度不应大于机械最大挖掘高度的 1.5 倍。

（7）矿山爆破安全警戒线应根据爆破方法、规模、地形和地物特征等确定。除抛掷爆破外，爆破时，个别飞散物对人员的最小安全距离应符合下列规定：

1）破碎大块矿岩时，裸露药包爆破法应为 400m，浅孔爆破法应为 300m；

2）浅孔爆破应为 200m，复杂地质条件下或未形成台阶工作面时不应小于 300m；

3）深孔爆破不应小于 200m；

4）沿山坡爆破时，下坡方向的飞石安全距离应在以上最小安全距离的基础上再增大 50%。

### （四）矿山开拓运输

（1）水泥原料矿山开拓方法的选择应符合下列规定：

1）基建周期短，投产快；

2）生产流程简单、可靠，技术先进，节约能源；

3）在确保形成生产能力的前提下，减少基建工程量，节省基建投资；

4）投产后生产经营费用相对较低；

5）充分利用地形高差条件；

6）不占良田、少占耕地与林地；

7）便于扩大生产规模及后期开拓系统的衔接；

8）改善环保条件，改善操作条件，提高劳动生产率。

（2）汽车运输的设备选型应根据运输量、运输距离、运输条件等确定，并应与采装设备的规格相匹配。同一矿山宜配置相同型号的自卸汽车。

（3）露天矿山道路，在高路堤两侧和地形险峻的半路堑路段外侧，应设置挡车堆、墙式护栏或柱式护栏等安全设施，挡车堆、墙式护栏或柱式护栏的高度不应低于 1.0m。

（4）设计溜井位置应有专门的工程地质勘察报告作为设计依据，在溜井的位置应进行工程地质勘察钻孔。工程地质勘察钻孔的布置应符合现行国家标准《岩土工程勘查规范》（GB 50021）的要求。若溜井周围 15m 范围内已有工程地质检查钻孔表明岩质坚硬（$f \geq 6$）、整体性好、水文地质条件简单时，可不打工程地质钻孔。

（5）平硐（包括斜硐）的截面形式可根据使用要求和围岩性质选用三心拱、圆弧拱、抛物线拱和椭圆拱。设计应根据岩层的性质和稳定性选择支护方法，平硐（包括斜硐）底板标高应位于当地最高洪水位之上，水沟坡度不应小于 5‰，平硐内最大风速不得超过 5m/s，运输平硐内应留有宽度不小于 1.0m 的人行道，装车场所用轨道宜采用整体式道床，平硐内应设置照明设施和联络信号。

（6）水泥原料矿山外部运输方式应根据矿山规模、服务年限、运输距离、沿线地形、工程地质和气象条件进行多方案技术经济比较确定。可采用带式输送机、公路、铁路、水路、索道的运输方式。

### （五）破碎及带式输送机输送

（1）破碎及输送系统应选择技术可靠、节能环保、经济高效、管理维护方便的工艺流程和设备。

（2）破碎车间的位置，应根据水泥原料矿山开采条件、外部运输条件、矿山与厂区位置关系以及场地工程地质等条件确定。

（3）破碎段数的选择应根据矿石物理性质、破碎后物料粒度和产品粒度要求确定。石灰石破碎宜选用单段破碎系统。当采用多段破碎系统时，一段破碎宜选用颚式破碎机、旋回式破碎机等，二、三段破碎宜选用锤式破碎机、反击式破碎机或圆锥式破碎机等；黏土、页岩的破碎宜选用齿辊式破碎机。

（4）带式输送机的选择应根据破碎系统的布置、地形条件、生产能力、环保要求等因素并经技术经济比较后确定。除选用普通带式输送机外，根据适用条件，也可选用大倾角带式输送机、平面转弯带式输送机、管状输送机等。

（5）带式输送机应设置防止输送带跑偏、撕裂、打滑、溜槽堵塞等保护装置。对易发生逆转的带式输送机，应设置防逆转的安全装置。下运带式输送机应设防止超速和飞车的安全装置。

## （六）废石场

（1）废石场的设计应符合矿山建设的总体规划，并应做到安全可靠、保护环境、布置合理。

（2）水泥原料矿山废石场宜采用汽车运输、推土机排弃工艺。

（3）废石场堆置高度与各台阶高度应根据剥离物的物理力学性质、地形、工程地质及水文地质条件等确定。汽车运输—推土机排弃时，剥离物堆置台阶高度可按表 22-13 的规定确定。

表 22-13　剥离物堆置台阶高度

| 岩石类别 | 台阶高度/m | 岩石类别 | 台阶高度/m |
|---|---|---|---|
| 坚硬块石 | ≤150 | 松散硬质黏土 | 20 ~ 30 |
| 混合土石 | ≤80 | 松散软质黏土 | 10 ~ 15 |

（4）废石场应设置防洪、排水设施。

## （七）矿山防洪与排水

（1）露天采矿场各项主要及辅助生产设施的防洪与排水设计，应综合考虑矿区降水量大小、水文地质条件、开采方式、开拓运输方案、开采规模和服务年限等因素后确定。

（2）凹陷露天采矿场防水，应采取留设防水矿柱、堵截及防渗、矿床疏干等措施。

（3）采矿场排水，当有地形高差时，应采用自流排水方式。

## （八）矿山总图及辅助生产设施

（1）矿山总图布置应遵循生产流程简单、运行安全可靠、建设周期短、投资省、效益好的总体原则，并应根据矿山地形地质条件、与厂区的关系及周围乡镇的发展规划要求，选择经济合理的开采及开拓运输系统、破碎及输送系统、废石场、矿山工业场地及炸药库区的总图布置方案，必要时应进行多方案技术经济比较。与厂区较近的矿山总图宜与厂区总平面统一规划，并应充分利用厂区的辅助生产设施和生活设施。

（2）矿山主要建筑物和构筑物宜布置在采矿场爆破安全警戒线以外的安全地带。如设在爆破安全警戒线以内时，应避开主要爆破方向，并应采取防护措施。

## （九）矿山环境保护

（1）水泥原料矿山的选址及总体布局应符合所在地的区域发展规划。开采设计方案应充分利用矿产资源，防止环境污染和生态环境破坏，避免产生地质灾害。

（2）矿山设计应落实和保证环境保护投资。环境保护设计的投资估（概）算，应由相关专业单独列出工程量，由概算专业汇总列入项目投资。矿山正常生产中的环境保护投入应计入生产成本。

（3）废石场的设计应符合现行国家标准《金属非金属矿山安全规程》（GB 16423）中对废石场的技术要求。

（4）矿山应配备洒水降尘设备与装置，在爆堆、采矿工作面、运输道路及其他扬尘点进行洒水（或喷水）降尘。主要钻机应选择有集尘功能的设备。

（5）矿山工业场地建设应遵循保护耕地、节约用地和提高土地利用率的原则。工业场地宜利用劣质地、荒地或坡地，并应进行绿化。场地内的生产及生活排水应集中处理，并宜用于工业场地绿化。必须外排的废水应经处理并符合现行国家标准《污水综合排放标准》（GB 8978）的要求后排放。

### （十）矿山安全与职业卫生

（1）矿山设计的各个环节均应把安全生产放在首位，并应符合现行国家标准《金属非金属矿山安全规程》（GB 16423）的有关规定。

（2）对设计在不稳岩层及软弱地层中的边坡，或位于地震活动带区域、有可能在安全稳定方面造成危害的边坡，应先进行工程地质勘察工作，并应根据勘察报告进行边坡特殊设计，同时应进行稳定性分析与评价。

（3）矿山宜配备上下班客车、救护车及材料运输车等，山上应设置避炮棚，工业场地应设置医务室，并应配备救护人员。同时应制订事故应急预案。

### 四、《水泥原料矿山管理规程》相关规定

《水泥原料矿山管理规程》由原国家建筑材料工业局发布，1991 年 6 月 22 日起开始实施。本规程主要为加强水泥原料矿山管理，提高开采技术水平和管理水平而制定，其内容包含总则、矿产资源、采矿准备、矿床开采、穿孔爆破、装载运输、破碎储存、设备管理、环保与安全、科学技术、奖惩及附则，是目前水泥原料矿山管理的主要规程，有着重要的作用。

现将有关矿山开采的条例摘录如下。

### （一）总则

（1）新建或扩建矿山，要遵守基本建设程序。各级主管部门要按照"矿山先行"的原则，优先安排矿山建设工作。生产矿山必须严格遵守"采剥并举，剥离先行"的原则，保持合理的"三量"（开拓矿量、准备矿量、可采矿量）关系。要抓好计划开采、穿爆工作和设备管理工作。

（2）矿山必须严格执行颁布的有关法律、法规，保证安全生产。矿山主任（矿长）必须全面负责安全工作，建立健全安全生产体系，增强全面安全意识，确保矿山安全生产。

### （二）矿产资源

（1）企业应办理采矿登记手续，核定或划定矿区范围，领取采矿许可证，取得采矿权。

国家保护矿山合法采矿权，不允许任何其他单位和个人在矿区范围内采矿，抢夺矿产品。

（2）矿山生产过程中，企业应根据矿体特点和生产需要，在地质勘探基础上，进行生产地质勘探工作，提高矿床的控制程度，为编制采掘计划，提供可靠的地质依据。

为加强生产地质工作，企业应建立地质测量机构，开展矿山地测工作。

### （三）采矿准备

（1）为了均衡地、持续地开采矿石，必须有计划地进行采矿准备工作，认真贯彻"采剥并举，剥离先行"，先剥离、采准而后采矿的原则，必须保持一定的开拓矿量、准备矿量和可采矿量。各级矿量至少保持下列数值：

开拓矿量——24 个月矿石产量；

准备矿量——12 个月矿石产量；

可采矿量——6 个月矿石产量。

新建矿山基建投产，准备矿量、可采矿量应相应提高一倍的矿石产量。

（2）矿山采掘工作面参数应符合下列要求：

1）台段高度：

在保证安全的前提下，根据矿岩稳定性、穿爆方法、采掘设备技术性能等因素，确定合理的台段高度。

采用浅孔爆破高台段一次推进的矿山，台段高度不宜过高，以 30～4m 米为宜，坡面角不大于 75°，并应分成若干分段，分段高度以 4～6m 为宜。

采用中深孔爆破的矿山，台段高度可根据各种有关因素，在 10～20m 范围内选取。一般条件下，以 12～15m 为宜。

2）工作平台宽度：

工作平台宽度，应根据采掘设备规格、运输方式、台段高度和爆堆高度确定。台段高度在 15m 以下，采用较小型设备矿山，平台初始宽度可为 25～30m；台段高度在 15m 以上，平台初始宽度可为 30～35m。

正常生产时，最小工作台宽度应根据矿山具体条件确定。一般情况下应保持下列范围：

台段高度在 15m 以下时为 35～40m；

台段高度在 15m 以上时为 45～50m。

3）工作线长度：

依照穿孔、爆破和采装作业互不干扰的原则，根据设备类型、推进方式和爆破规模，采用横向开采和无爆破开采的矿山，在满足生产要求的条件下，可适当减小最小工作线长度。

## （四）矿床开采

（1）矿山必须根据矿山设计，认真编制采掘计划，确定合理的开采顺序，及时达到、提高采准新水平，保持均衡的采剥比，把矿山各个生产环节有机地组织起来，实现人力、物力、财力的合理布置和使用。

矿山年度开采计划应经企业领导批准，并报请上级领导机关备案。

（2）采矿场应有防洪、排水系统，工作面平台要保持一定的排水坡度。

（3）矿山必须加强边坡管理工作，作好边坡监测和治理，加强边坡的清扫和维护工作，以保持边坡的稳定。

## （五）穿孔爆破

（1）露天矿中深孔多排微差爆破，具有扩大爆破规模、提高爆破质量、减少爆破有害作业的显著优点，是矿山生产爆破的主要爆破方法。各个矿山应根据矿体赋存条件、矿岩特点、开采方法，不断总结经验，优化爆破参数，力求获得最佳爆破效果。

（2）矿山重要工程爆破，如硐室爆破、定向爆破，应根据爆破工作性质所要求的内容与深度编写爆破设计书，并由企业主管技术负责人批准后，方能施工。

矿山经常性的生产循环爆破设计说明书，由矿山负责人批准编写。

（3）爆破作业地点有下列情形之一者，禁止进行爆破工作：

1）爆破参数或施工质量不符合设计要求；

2）危及设备或建筑物安全，无有效防护措施；

3）危险区边界未设置警戒；

4）光线不足；

5）大雾或雷雨。

## （六）装载运输

（1）在确保安全的前提下，合理选择挖掘设备与汽车的相对工作位置，缩短装运设备辅助作业时间。

（2）严禁用挖掘设备挖掘未经松动的矿岩和根底。超过规定的大块石料不准装车，不准在有伞岩和偏滑危险的作业面进行作业和停留。

（3）采用长皮带运输的矿山，要加强维护管理和巡回检查，必须设置自动检测系统、报警系统和紧急停车装置。一般情况下长皮带的倾角为：

上向运输时小于18°；

下向运输时小于14°。

## （七）破碎储存

（1）矿山破碎设备必须满足生产能力和碎石粒度的要求，并适应矿山物理性能的需要。为了简化破碎工艺流程，减少扬尘点，在满足破碎比的要求下，应尽量用单段破碎设备。

（2）采用多段破碎，应通过各级破碎能力的平衡，在合理破碎比范围内，规定各级破碎机出口粒度和相应的小时产量，求得最佳综合破碎效果。

（3）各级破碎机与运输设备之间，必须有联络信号，设置除铁安全装置，防止铁器进入破碎机。事故停机实现自控、连锁、保证设备安全。

## （八）环保与安全

（1）企业必须严格执行《中华人民共和国环境保护法》，保护和改善生产环境。新建、扩建和改造矿山，必须遵守国家有关建设项目环境保护等管理的规定；生产矿山必须做好环境污染治理工作。

（2）企业必须建立矿山安全组织和机构，配置专职人员负责安全工作。企业和矿山至少每季组织一次安全大检查。各级领导和职能部门应建立经常性安全巡回检查制度，对存在的不安全问题，必须指定人员限期解决，切实消除事故隐患。

（3）加强安全教育，学习矿山安全基础知识和安全技术理论。对爆破、动力、运输和压力容器等重要岗位特殊工种，应实行强制性安全技术培训，经考试合格并取得合格证书，方能上岗作业。

## 五、《金属非金属矿山安全标准化规范导则》相关规定

《金属非金属矿山安全标准化规范导则》（AQ 2007.1—2006）于2006年10月1日发布，2007年7月1日起开始实施。

本标准适用于金属非金属矿山企业或其独立生产系统，不适用于从事液态或气态矿藏、煤系或与煤共生矿藏、砖瓦黏土和河道砂石开采的企业，其内容包含范围、规范性引用文件、术语和定义、一般要求、核心内容及其要求，是目前金属非金属矿山安全标准化系统的创建原则，有着重要的作用。

现将有关矿山开采的条例摘录如下：

（1）企业应结合自身特点，依据本规范的要求，建立与保持安全标准化系统。

（2）安全标准化系统的内容包括：

1）安全生产方针和目标；

2）安全生产法律法规与其他要求；

3）安全生产组织保障；

4）危险源辨识与风险评价；

5）安全教育培训；

6）生产工艺系统安全管理；

7）设备设施安全管理；

8）作业现场安全管理；

9）职业卫生管理；

10）安全投入、安全科技与工伤保险；

11）检查；

12）应急管理；

13）事故、事件调查与分析；

14）绩效测量与评价。

（3）安全标准化系统的建设，应注重科学性、规范性和系统性，立足于危险源辨识和风险评价，充分体现风险管理和事故预防的思想，并与企业其他方面的管理有机结合。

（4）安全标准化的创建过程包括准备、策划、实施与运行、监督与评价、改进与提高。

（5）安全标准化评定指标包括标准化得分、百万工时伤害率和百万工时死亡率。

（6）政府安全生产监督管理部门对安全标准化的实施进行监督，对不符合安全标准化要求的提出改进意见，以促进安全标准化的实施效果。

（7）应根据"安全第一、预防为主、综合治理"的方针，遵循以人为本、风险控制、持续改进的原则，制定企业安全生产方针和目标，并为实现安全生产方针和目标提供所需的资源和能力，建立有效的支持保障机制。

（8）企业应建立相应机制，识别适用的安全生产法律法规与其他要求。

（9）企业应设置安全管理机构或配备专职安全管理人员，明确规定相关人员的安全生产职责和权限，尤其是高级管理人员的职责。

（10）危险源辨识与风险评价是安全生产管理工作的基础，是创建并保持安全标准化系统的核心和关键。

（11）企业应识别可能发生的事故和紧急情况，确保应急救援的针对性、有效性和科学性。

（12）建立和完善制度，明确有关职责和权限，调查、分析各种事故、事件和其他不良安全绩效表现的原因、趋势与共同特征，为改进提供依据。

（13）建立并完善制度，对企业的安全生产绩效进行测量，为安全标准化系统的完善提供足够信息。

（14）安全标准化是动态完善的过程，企业应根据内外部条件的变化，定期和不定期对安全标准化系统进行评定，不断提高和完善安全标准化的水平，持续改进安全绩效。

### 六、《矿山电力设计规范》相关规定

《矿山电力设计规范》（GB 50070—2009）于2009年5月13日发布，2009年12月1日起开始实施。本标准适用于新建、扩建的矿山工程电力设计，不适用于石油矿电力设计，其内容包含总则、术语、基本规定、矿井井下、露天采矿场和排废场、电力牵引、选矿厂和主要固定设备，是目前矿山工程电力设计过程中的主要依据和执行的规范，有着重要的作用。

现将主要条款摘录如下。

#### （一）总则

（1）矿山电力设计方案和装备水平应按矿山规模、工艺特点、负荷性质、用电容量和地区供电条件合理确定。

（2）矿山电力设计应根据矿山工程规模、服务年限和发展规划，正确处理矿山电力建设近期和远期发展的关系，以近期为主，合理地兼顾远期建设。条件允许时，应使基本建设与生产用电设施相结合。

## （二）基本规定

（1）矿山企业电源的供电电压宜采用 10～110kV；经技术经济比较确定合理时，可采用其他等级电压。当两种电压经济技术指标相差不大时，宜采用较高等级电压。

（2）矿山企业地面主变（配）电所的位置选择，应符合下列规定：

1）靠近负荷中心、进出线便利；

2）节约用地；

3）不压或少压地下资源；

4）远离污秽及火灾、爆炸危险环境和噪声、震动环境；

5）具有适宜的地质、地形和地貌条件，避开断层、滑坡、沉陷区等不良地质地带；

6）所址防洪设计高程应按 100 年洪水重现期的计算水位加安全高度；

7）距露天矿采矿场开采边界的距离不应小于200m，与标准轨距铁路的距离不应小于40m。

（3）在选择矿山固定式高压架空电力线路的路径时，除应符合国家和电力行业的有关规定外，尚应符合下列要求：

1）不应架设在爆破作业区和未稳定的排废区内，并应与其保持适当安全距离；

2）宜利用井（矿）田境界、断层矿柱或其他矿柱；当无矿柱可利用时，线路宜减少通过矿井地表的路段长度和避免通过初期沉陷区；

3）当受条件限制必须通过沉陷区时，应减少通过沉陷区的路段长度，并应使通过沉陷区两回电源线路之间有足够的安全距离和采取其他必要的安全措施；同杆（塔）架设的矿井电源线路不宜通过可能产生沉陷的地区和尚未稳定的沉陷地区。

## （三）露天矿采矿场和排废场

（1）采矿场的供电线路不宜少于两回路；两班生产的采矿场或小型采矿场可采用一回路。排废场的供电线路可采用一回路。当采用两回路供电的线路时，每回路的供电能力不应小于全部负荷的70%。当采用三回路供电线路时，每回路的供电能力不应小于全部负荷的50%。

（2）连续开采工艺和非连续开采工艺的配电线路宜分别架设。

（3）采矿场和排废场供电线路的设置宜符合下列规定：

1）沿采矿场边缘宜架设环形或半环形的固定式、干线式或放射式供电线路；

2）排废场可采用干线式供电线路；

3）固定式供电线路与采矿场最终边界线之间的距离宜大于10m；

4）当采矿场宽度较大且开采时间较长，架设在最终边界线以外不合理时，可架设在最终边界线以内。

（4）向移动式设备供电的低压配电系统接地形式宜采用IT系统，向固定式设备供电的低压配电系统接地形式宜采用TN-S、TT或IT系统。

（5）采矿场、排废场的高、低压电气设备可共用接地装置。

## （四）主要固定设备

（1）大型矿山空气压缩机站宜由两回电源线路供电。

（2）空气压缩机电控系统宜采用计算机控制技术，并具有联网通讯功能。

（3）大、中型带式输送机的供电线路，宜采用两回电源线路供电。

（4）大、中型带式输送机的电控系统应满足重载启动和可设定加速度的软启动要求，对下运带式运输机还应满足软制动要求。

（5）需调速运行的大型带式运输机的传动装置宜采用交流变频传动系统。

（6）带式输送机电控系统宜采用计算机控制技术，并具有联网通讯功能。

### 七、《金属非金属矿山排土场安全生产规则》相关规定

《金属非金属矿山排土场安全生产规则》（AQ 2005—2005）于 2005 年 2 月 21 日发布，2005 年 5 月 1 日起开始实施。本规范适用于新建、改建、扩建大中型水泥原料矿山工程的设计，也可用于为其他生产目的而开采的石灰质、硅质及黏土质原料矿山的工程设计，其内容包含主题内容和适用范围、引用标准、定义、排土场安全管理、排土场的设计、排土场的运行、排土场排洪与防震、排土场关闭与复垦、排土场安全检查、排土场安全评价及附则，是目前水泥原料矿山工程设计的主要依据和执行的规范，有着重要的作用。

现将有关矿山开采的条例摘录如下。

#### （一）排土场安全管理

（1）建立健全适合本单位排土场实际情况的规章制度，包括排土场安全目标管理制度，排土场安全生产责任制度，排土场安全生产检查制度，排土场安全技术措施实施计划，排土场安全操作以及有关安全培训、教育制度和安全评价制度。

（2）未经技术论证和安全生产监督管理部门的批准，任何单位和个人不得随意变更排土场设计或设计推荐的有关参数。

（3）排土场最终境界应排弃大块岩石以确保排土场结束后的安全稳定，防止发生泥石流灾害。

#### （二）排土场的设计

（1）矿山排土场必须由具有相应资质条件的技术服务机构进行设计。

（2）排土场位置选定后，应进行专门的工程、水文地质勘探，进行地形测绘，并分析确定排土参数。

（3）在矿山建设过程中，修建公路和工业场地的废石应选择地点集中排放，不能就近排弃在公路边和工业场地边，以避免形成泥石流。

（4）排土场的阶段高度、总堆置高度、安全平台宽度、总边坡角、相邻阶段同时作业的超前堆置高度等参数，应满足安全生产的要求在设计中明确规定。

#### （三）排土场的运行

（1）排土场平台必须平整，排土线应整体均衡推进，坡顶线应呈直线形或弧形，排土工作面向坡顶线方向应有3%～5%的反坡。

（2）排土作业区必须配备足够数量且质量合格、适应汽车突发事故应急的钢丝绳（不少于四根）、大卸扣（不少于四个）、灭火器等应急工具。

（3）推排作业线上排土犁、犁板和支出机构上，严禁有人。

（4）排土机必须在稳定的平盘上作业，外侧履带与台阶坡顶线之间必须保持一定的安全距离。

#### （四）排土场排洪与防震

（1）山坡排土场周围应修筑可靠的截洪和排水设施拦截山坡汇水。

（2）排土场内平台应实施2%～3%的反坡，并在排土场平台修筑排水沟拦截平台表面山坡汇水。

（3）排土场泥石流拦挡坝原设计抗震标准低于现行标准时，必须进行加固处理。

#### （五）排土场关闭与复垦

（1）排土场关闭报告应包括结束时的排土场平面图、结束时排土场安全稳定性评价报告、结束时的排土场周围状况、排土场复垦规划等。

（2）关闭后的排土场安全管理工作由原企业负责，破产企业关闭后的排土场，由当地政府落实负责管理的单位或企业。关闭后的排土场重新启用或改作他用时，必须经过可行性设计论证，并报安全生产监督管理部门审查批准。

（3）排土场复垦规划要包括场地的整备、表土的采集与铺垫、覆土厚度、适宜生长植物的选择等。

### （六）排土场安全检查

（1）排土场稳定性安全检查的内容包括排土参数、变形、裂缝、底鼓、滑坡等。

（2）检查排土场坡脚外围滚石安全距离范围内是否有建（构）筑物，是否有耕种地，不得在该范围内从事任何活动。

（3）排土场下游设有泥石流拦挡设施的，检查拦挡坝是否完好，拦挡坝的断面尺寸及淤积库容。

### （七）排土场安全评价

（1）排土场安全度分类，主要根据排土场的高度、排土场地形、排土场地基软弱层厚度和排土场稳定性确定。安全度分为危险、病级和正常。

（2）企业必须把排土场安全评价工作纳入矿山安全评价工作中。在企业申领和换发非煤矿矿山安全生产许可证时，应由具有相应资质的中介技术服务机构对排土场进行安全评价。

## 八、《厂矿道路设计规范》相关规定

《厂矿道路设计规范》（GBJ 22—87）于1988年8月1日起开始实施。本规范适用于新建、改建的厂矿道路设计，不适用于林区道路设计，其内容包含总则、路线、路基、路面、桥涵、路线交叉、沿线设施及其他工程及附录。

现将有关矿山开采的条例摘录如下。

### （一）总则

（1）厂矿道路宜按下列规定划分为厂外道路、厂内道路和露天矿山道路。

1）厂外道路为厂矿企业与公路、城市道路、车站、港口、原料基地、其他厂矿企业等相连接的对外道路；或本厂矿企业（露天矿除外）分散的厂（场）区、居住区等之间的联络道路；或通往本厂矿企业（露天矿除外）外部各种辅助设施的辅助道路。

2）厂内道路为厂（场）区、库区、站区、港区等的内部道路。

3）露天矿山道路为矿区范围内采矿场与卸车点之间、厂（场）区之间行驶自卸汽车的道路；或通往附属厂（车间）和各种辅助设施行驶各类汽车的道路。

（2）厂矿道路设计，应适合厂矿企业生产（包括检修、安装）和其他交通运输的需要。对厂矿基本建设期间的超限货物（大件、重件）运输，可根据具体情况，予以适当考虑。

厂矿道路等级及其主要技术指标的采用，应根据厂矿规模、企业类型、道路性质、使用要求（包括道路服务年限）、交通量（包括行人）、车种和车型，并综合考虑将来的发展确定。当道路较长且沿线情况变化较大时，可按不同的等级和技术指标分段设计。

需要分期修建的厂矿道路设计，应使前期工程在后期仍能充分利用。

### （二）路线

（1）厂矿道路路线设计，应符合厂矿企业总体规划或总平面布置的要求，并应根据道路性质和使用要求，合理利用地形，正确运用技术指标。

（2）厂矿道路路线设计，应综合考虑平、纵、横三方面情况，做到平面顺适、纵坡均衡、横面合理。路线设计，不得损坏重要历史文物，并应少拆房屋，避开地震台站及其他重要地物标志。

（3）露天矿山道路设计，应根据矿山地形、地质、开采境界、开采推进方向、各开采台阶（阶段）标高以及卸矿点和废石场（排土场）位置，并密切配合采矿工艺，全面考虑山坡开采或深部开采要求，合理布设路线。

当地形或地质复杂时，采用纸上定线后，应到现场核实、校正。

在矿山开采境界线内，宜采用挖方路基。

（4）露天矿山道路宜划分为生产干线、生产支线、联络线和辅助线。

1）生产干线为采矿场各开采台阶通往卸矿点或废石场的共用道路。

2）生产支线为开采台阶或废石场与生产干线相连接的道路；或一个开采台阶直接到卸矿点或废石场的道路。

3）联络线为经常行驶露天矿生产所用自卸汽车的其他道路。

4）辅助线为通往矿区范围内的附属厂（车间）和各种辅助设施行驶各类汽车的道路。

## （三）路基

（1）路基设计，应根据厂矿道路性质、使用要求、材料供应、自然条件（包括气候、地质、水文）等，结合施工方法和当地经验，提出技术先进、经济合理的设计。

设计的路基，应具有足够的强度和良好的稳定性。对影响路基强度和稳定性的地面水和地下水，必须采取相应的排水措施，并应综合考虑附近农田排灌的需要。

修筑路基取土和弃土时，应不占或少占耕地，防止水土流失和淤塞河道，并宜将取土坑、弃土堆平整为可耕地或绿化用地。

（2）厂矿道路应根据沿线地面水和地下水的实际情况，设置必要的边沟、截水沟、排水沟、渗沟等路基排水设施。厂矿道路，必要时可采用暗式排水系统，设置雨水口、雨水管等排水设施。

厂内道路的排水设计，还应与厂区排水制度相配合。

## （四）路面

（1）路面设计，应根据厂矿道路性质、使用要求、交通量及其组成、自然条件、材料供应、施工能力、养护条件等，结合路基进行综合设计，并应参考条件类似的厂矿道路的使用经验和当地经验，提出技术先进、经济合理的设计。

路面设计，应根据厂矿企业不同时期的使用要求、交通量发展变化、基本建设计划及投资等，按一次建成或分期修建进行设计。

设计的路面，应具有足够的强度和良好的稳定性，其表面应平整、密实和粗糙度适当。

（2）行驶一般载重汽车（包括一般自卸汽车）的厂矿道路水泥混凝土路面设计，应按现行的有关公路水泥混凝土路面的设计规范执行。

## （五）桥涵

（1）桥涵设计，应根据厂矿道路性质、使用要求和将来的发展需要，按适用、经济、安全和美观的要求设计；必要时应进行方案比较，确定合理的方案。

桥涵形式的采用，应根据地形、地质、水文等情况，并符合因地制宜、就地取材、便于施工和养护的原则。

桥涵设计，应适当考虑农田排灌的需要。对靠近村镇、城市、铁路、公路和水利设施的桥梁，应结合各有关方面的要求，适当考虑综合利用。

（2）大、中桥桥位的选择，宜服从路线总方向，综合考虑路、桥两方面，并宜符合下列规定：

1）宜选择在河道顺直稳定、滩地较窄较高，且河槽能通过大部分设计流量的地段；宜避免选择在河汊、岛屿、沙洲、故河道、急湾、汇合口及易形成流冰、流木阻塞的地段。

2）宜选择在河床地质良好、地基土的承载力较高的地段；宜避免选择在岩溶、滑坡、泥沼、盐渍土及其他地质不良地段。

3）宜使桥梁纵轴线与洪水主流方向正交。当需要斜交时，洪水主流方向的法线与桥梁纵轴线的交角，不宜大于45°。通航河流上的桥梁纵轴线的法线与通航水位主流方向的交角，不宜大于5°。

选择桥位时，还应根据河流特性和桥址具体情况作全面分析比较。特殊地区选择桥位时，应综合考虑各种因素。

小桥涵位置的选择，应服从路线布设。

## （六）路线交叉

露天矿山道路分岔的形式，应根据运输流向、交通量、道路服务年限、地形等确定。

由主线同一分岔点所分出的岔线，不宜超过两条。

分岔的主线和岔线，宜采用直线及较大的分岔角。

分岔点宜设在纵坡不大于2%的平缓路段。紧接平缓路段的道路纵坡，不宜大于5%。当受地形等条件限制时，分岔点亦可设在纵坡大于5%（一级露天矿山道路，不得大于7%；二、三级露天矿山道路，不得大于8%）的路段上，但必须采取安全措施。

当分岔的岔线与主线的坡向相同时，岔线纵坡应与主线一致。

当分岔的岔线与主线的坡向不相同时，岔线应有一段与主线纵坡相同的过渡段。在地形困难地段，从分岔点开始两者之间可有1%～2%的纵坡差（当分岔角小于、等于30°时，可采用1%；当分岔角大于30°时，可采用2%）。

## （七）沿线设施及其他工程

（1）厂矿道路主标志宜划分为警告标志、禁令标志、指示标志和指路标志。各种厂矿道路主标志，应根据道路沿线具体情况采用。

（2）露天矿山道路，在固定的卸矿点（如溜井、溜槽、储矿漏斗等），应设置坚固的车挡。废石场和堆置段高较高的储矿场的边缘，应设置防滑堆。

（3）厂矿道路的两侧、中间带、交叉口、停车场及其他附属设施等，宜进行绿化。厂矿道路绿化，应符合建筑限界和视距的规定。

撰稿、审定：廖正彪（天津水泥工业设计研究院有限公司）

# 附录 矿山工程常用技术资料和数据

## 附录1 地壳的组成

附表1 地壳的组成　　　　　　　　　　　　　　　　（%）

| 元素 | 质量百分数 | 元素 | 质量百分数 | 元素 | 质量百分数 | 元素 | 质量百分数 |
|---|---|---|---|---|---|---|---|
| 氧 | 49.5 | 氯 | 0.19 | 硅 | 25.7 | 磷 | 0.12 |
| 铝 | 7.5 | 碳 | 0.09 | 铁 | 4.7 | 锰 | 0.08 |
| 钙 | 3.4 | 钡 | 0.05 | 钠 | 2.6 | 硫 | 0.05 |
| 钾 | 2.4 | 铬 | 0.03 | 镁 | 1.9 | 氟 | 0.03 |
| 氢 | 0.88 | 氮 | 0.03 | 钛 | 0.58 | 其他 | 0.15 |

## 附录2 地层与地质年代

附表2 地层与地质年代

| 界（代） | 系（纪） | | 统（世） | | 构造运动 | 距今年龄/亿年 |
|---|---|---|---|---|---|---|
| 新生界（代）$K_z$ | 第四系（纪）Q | | | 全新统（世）$Q_4$ 或 $Q_h$ | 喜马拉雅期 | 0.02~0.03 |
| | | 更新统（世）$Q_p$ | 上（晚）更新统（世）$Q_3$ | | | |
| | | | 中更新统（世）$Q_2$ | | | |
| | | | 下（早）更新统（世）$Q_1$ | | | |
| | 第三系（纪）R | 上（晚）第三系（纪）N | 上新统（世）$N_2$ | | | 0.12 |
| | | | 中新统（世）$N_1$ | | | 0.12~0.25 |
| | | | 渐新统（世）$E_3$ | | | 0.25~0.40 |
| | | 下（早）第三系（纪）E | 始新统（世）$E_2$ | | | 0.40~0.60 |
| | | | 古新统（世）$E_1$ | | | 0.60~0.80 |
| 中生界（代）$M_z$ | 白垩系（纪）K | | 上（晚）白垩统（世）$K_2$ | | 燕山期 | 0.80~1.40 |
| | | | 下（早）白垩统（世）$K_1$ | | | |
| | 侏罗系（纪）J | | 上（晚）侏罗统（世）$J_3$ | | | 1.40~1.95 |
| | | | 中侏罗统（世）$J_2$ | | | |
| | | | 下（早）侏罗统（世）$J_1$ | | | |
| | 三叠系（纪）T | | 上（晚）三叠统（世）$T_3$ | | 印支期 | 1.95~2.30 |
| | | | 中三叠统（世）$T_2$ | | | |
| | | | 下（早）三叠统（世）$T_1$ | | | |
| 古生界（代）$P_z$ | 上古生界（晚古生代）$P_{z2}$ | 二叠系（纪）P | 上（晚）二叠统（世）$P_2$ | | 华力西期 | 2.30~2.80 |
| | | | 下（早）二叠统（世）$P_1$ | | | |
| | | 石炭系（纪）C | 上（晚）石炭统（世）$C_3$ | | | 2.80~3.50 |
| | | | 中石炭统（世）$C_2$ | | | |
| | | | 下（早）石炭统（世）$C_1$ | | | |
| | | 泥盆系（纪）D | 上（晚）泥盆统（世）$D_3$ | | | 3.50~4.10 |
| | | | 中泥盆统（世）$D_2$ | | | |
| | | | 下（早）泥盆统（世）$D_1$ | | | |

| 界（代） | | 系（纪） | 统（世） | 构造运动 | 距今年龄/亿年 |
|---|---|---|---|---|---|
| 古生界<br>（代）$P_z$ | 下古生界<br>（早古生代）<br>$P_{z1}$ | 志留系（纪）S | 上（晚）志留统（世）$S_3$ | 加里东期 | 4.10 ~ 4.40 |
| | | | 中志留统（世）$S_2$ | | |
| | | | 下（早）志留统（世）$S_1$ | | |
| | | 奥陶系（纪）O | 上（晚）奥陶统（世）$O_3$ | | 4.40 ~ 5.00 |
| | | | 中奥陶统（世）$O_2$ | | |
| | | | 下（早）奥陶统（世）$O_1$ | | |
| | | 寒武系（纪）∈ | 上（晚）寒武统（世）$∈_3$ | | 5.00 ~ 6.00 |
| | | | 中寒武统（世）$∈_2$ | | |
| | | | 下（早）寒武统（世）$∈_1$ | | |
| 元古界<br>（代）<br>$P_t$ | 上元古界<br>（晚元古代）<br>$P_{t2}$ | 震旦系（纪）Z | 上（晚）震旦统（世）$Z_3$ 或 $Z_b$ | 蓟县 | 6.00 ~ 17.00 |
| | | | 中震旦统（世）$Z_2$ | | |
| | | | 下（早）震旦统（世）$Z_1$ 或 $Z_a$ | | |
| | 下（早）元古界（代）$P_{t1}$ | | | 吕梁 | 17.00 ~ 25.00 |
| 太古界（代）Ar | | | | 五台，泰山 | 25.00 ~ 35.00 |
| 远太古界（代） | | | | | >35.00 |

# 附录 3　岩石的物理性质指标

**附表 3　岩石的物理性质指标**

| 岩石名称 | 相对密度 $d_s$ | 天然密度 $\rho/g \cdot cm^{-3}$ | 孔隙率 $n/\%$ | 吸水率 $W_1/\%$ | 饱和系数 $K_w$ |
|---|---|---|---|---|---|
| 花岗岩 | 2.5 ~ 2.84 | 2.3 ~ 2.8 | 0.04 ~ 2.80 | 0.10 ~ 0.70 | 0.55 |
| 正长岩 | | 2.5 ~ 3.0 | | 0.47 ~ 1.94 | |
| 闪长岩 | 2.6 ~ 3.1 | 2.52 ~ 2.96 | 0.25 左右 | 0.3 ~ 0.38 | 0.59 |
| 辉长岩 | 2.7 ~ 3.2 | 2.55 ~ 2.98 | 0.29 ~ 1.13 | | |
| 斑 岩 | 2.3 ~ 2.8 | | 0.29 ~ 2.75 | | 0.82 |
| 玢 岩 | 2.6 ~ 2.9 | 2.4 ~ 2.86 | | 0.07 ~ 0.65 | |
| 辉绿岩 | 2.6 ~ 3.1 | 2.53 ~ 2.97 | 0.29 ~ 1.13 | 0.80 ~ 5.0 | |
| 玄武岩 | 2.5 ~ 3.3 | 2.6 ~ 3.1 | 0.3 ~ 21.8 | 0.30 左右 | 0.69 |
| 砾 岩 | | 1.9 ~ 2.3 | | 1.0 ~ 5.0 | |
| 砂 岩 | 1.8 ~ 2.75 | 2.2 ~ 2.6 | 1.6 ~ 28.3 | 0.2 ~ 7.0 | 0.60 |
| 页 岩 | 2.63 ~ 2.73 | 2.4 ~ 2.7 | 0.7 ~ 1.87 | | |
| 石灰岩 | 2.48 ~ 2.76 | 1.8 ~ 2.6 | 0.53 ~ 27.0 | 0.1 ~ 4.45 | 0.35 |
| 泥灰岩 | 2.7 ~ 2.8 | 2.3 ~ 2.5 | 16.0 ~ 52.0 | 2.14 ~ 8.16 | |
| 白云岩 | 2.8 左右 | 2.1 ~ 2.7 | 0.3 ~ 25.0 | | 0.80 |
| 凝灰岩 | 2.6 左右 | 0.75 ~ 1.4 | 25 | | |
| 片麻岩 | 2.6 ~ 3.1 | 2.6 ~ 2.9 | 0.3 ~ 2.4 | 0.1 ~ 0.7 | |
| 片 岩 | 2.6 ~ 2.9 | 2.3 ~ 2.6 | 0.02 ~ 1.85 | 0.1 ~ 0.2 | 0.92 |
| 板 岩 | 2.7 ~ 2.84 | 2.6 ~ 2.7 | 0.45 左右 | 0.1 ~ 0.3 | |
| 大理岩 | 2.7 ~ 2.87 | 2.7 左右 | 0.1 ~ 6.0 | 0.1 ~ 0.8 | |
| 石英岩 | 2.63 ~ 2.84 | 2.8 ~ 3.3 | 0.8 左右 | 0.1 ~ 1.45 | |
| 蛇纹岩 | 2.4 ~ 2.8 | 2.6 左右 | 0.56 左右 | | |

### 附录4 矿山散粒物料常用特性

附表4 矿山散粒物料常用特性

| 物料名称 | 堆积密度 $\gamma/t \cdot m^{-3}$ | 静止堆积角 $\alpha/(°)$ | 流动堆积角 $\rho/(°)$ |
|---|---|---|---|
| 石灰石 | 1.5 ~ 1.9 | 45 | 30 |
| 生石灰 | 1.01 | 43 | 30 |
| 烟煤 | 0.8 ~ 1.0 | 35 ~ 40 | |
| 无烟煤 | 1.0 ~ 1.25 | 35 ~ 40 | |
| 褐煤 | 0.65 ~ 0.87 | 50 | 35 |
| 泥煤 | 0.29 ~ 0.5 | 45 | 35 |
| 煤渣 | 0.64 | 45 | 35 |
| 富铁矿 | 2.4 ~ 2.9 | 40 | 30 ~ 35 |
| 贫铁矿 | 2.2 | 38 ~ 40 | 30 ~ 35 |
| 磁铁矿 | 2.5 ~ 3.5 | 40 ~ 45 | 30 ~ 35 |
| 赤铁矿 | 2.0 ~ 2.8 | 40 ~ 45 | 30 ~ 35 |
| 褐铁矿 | 1.2 ~ 2.1 | 40 ~ 45 | 30 ~ 35 |
| 铜矿 | 1.7 ~ 2.1 | 35 ~ 45 | |
| 锰矿 | 1.7 ~ 1.9 | 35 ~ 45 | |
| 镁矿 | 2.2 ~ 2.5 | 40 ~ 42 | |
| 铅精矿 | 1.9 ~ 2.4 | 40 | |
| 锌精矿 | 1.3 ~ 1.7 | 40 | |

注：1. 物料堆积密度和堆积角随物料水分、粒度的不同而有差异，实测为准，本表数据仅供参考；

2. 一般可认为流动堆积角为静止堆积角的70%。

### 附录5 物料强度分类

附表5 物料强度分类

| 软质物料 | 中硬物料 | 坚硬物料 | 最坚硬物料 |
|---|---|---|---|
| 石棉矿 | 石灰石 | 花岗石，石英岩 | 铁燧石，硬质石英岩 |
| 石膏矿 | 白云石 | 铁矿石，暗色石 | 花岗岩，硬质暗色石 |
| 板石 | 砂岩 | 砾石，玄武岩 | 花岗岩砾石 |
| 软质石灰石 | 泥灰岩 | 斑麻岩，辉绿岩 | 刚玉 |
| 烟煤 | 页岩 | 辉长石，金属矿石 | 碳化硅 |
| 褐煤 | 含有石块的黏土 | 矿渣，电石 | 硬质熟料 |
| 黏土 | | 烧结产品，韧性化工原料 | 烧结镁砂 |

### 附录6 岩体基本质量等级分级

附表6 岩体基本质量等级分级（一）

| 完整程度 | 完整 | 较完整 | 较破碎 | 破碎 | 极破碎 |
|---|---|---|---|---|---|
| 坚硬岩 | I | II | III | IV | V |
| 较硬岩 | II | III | IV | IV | V |
| 较软岩 | III | IV | IV | V | V |
| 软岩 | IV | IV | V | V | V |
| 极软岩 | V | V | V | V | V |

**附表 7　岩体基本质量等级分级（二）**

| 基本质量级别 | 岩体基本质量的定性特性 | 岩体基本质量指标 BQ |
|---|---|---|
| I | 坚硬岩，岩体完整 | >550 |
| II、 | 坚硬岩，岩体较完整；<br>较坚硬岩，岩体完整 | 550～451 |
| III | 坚硬岩，岩体较破碎；<br>较坚硬岩或软硬岩互层，岩体较完整；<br>较软岩，岩体完整 | 450～351 |
| IV | 坚硬岩，岩体破碎；<br>较坚硬岩，岩体较破碎～破碎；<br>较软岩或软硬岩互层，且以软岩为主；<br>岩体较完整～较破碎；<br>软岩，岩体完整～较完整 | 350～251 |
| V | 较软岩，岩体破碎；<br>软岩，岩体较破碎～破碎；<br>全部极软岩及全部极破碎岩 | ≤250 |

# 附录 7　岩石按坚固程度分类

**附表 8　岩石按坚固程度分类**

| 坚硬程度 | 坚硬岩 | 较坚硬岩 | 较软岩 | 软　岩 | 极软岩 |
|---|---|---|---|---|---|
| 饱和单轴抗压强度/MPa | >60 | 60～30 | 30～15 | 15～5 | ≤5 |

注：1. 当无法取得饱和单轴抗压强度数据时，可用点荷载试验强度换算，换算方法按现行国家标准《工程岩体分级标准》（GB 50218）执行。
　　2. 当岩体完整强度为极破碎时，可不进行坚硬强度分类。

# 附录 8　土壤及岩石的分类

**附表 9　土壤及岩石的分类**

| 类别 | 土　壤　名　称 | 实土自然湿度时的平均容重/t·m$^{-3}$ | 普氏坚固系数 $f$ |
|---|---|---|---|
| I | （1）砂 | 1.50 | 0.5～0.6 |
| | （2）黏砂土 | 1.60 | |
| | （3）种植土 | 1.20 | |
| | （4）泥炭 | 1.60 | |
| II | （1）轻型的和黄土类砂黏土 | 1.60 | 0.6～0.8 |
| | （2）潮湿而松散的黄土，软的盐渍土和碱土 | 1.60 | |
| | （3）15mm 以内的中小砾石 | 1.70 | |
| | （4）带有直径在 30mm 以内的根类的泥炭和种植土 | 1.10 | |
| | （5）带有草根的密实种植土 | 1.40 | |
| | （6）掺杂有卵石、碎石和木屑的砂和种植土 | 1.65 | |
| | （7）带有碎石及卵石混杂物的胶结成块的填土 | 1.75 | |
| | （8）带有碎石、卵石和工程垃圾混杂物的黏砂土 | 1.9 | |
| III | （1）肥熟黏土，其中包括侏罗纪和冰渍黏土 | 1.8 | 0.8～1.0 |
| | （2）重型砂黏土 | 1.75 | |
| | （3）粗砾土、粒径从 15～40mm 的碎石和卵石 | 1.75 | |
| | （4）干黄土和掺杂有砾石或卵石的自然含水量黄土 | 1.80 | |
| | （5）带有直径大于 30mm 根类的种植土或泥炭 | 1.40 | |
| | （6）掺杂有碎石和工程垃圾土壤 | 1.90 | |

续附表9

| 类别 | 土 壤 名 称 | 实土自然湿度时的平均容重/t·m⁻³ | 普氏坚固系数f |
|---|---|---|---|
| IV | (1) 重碎黏土，其中包括侏罗纪黏土和软石炭纪黏土 | 1.95 | 1.0~1.5 |
| | (2) 带有碎石、卵石和工程垃圾的混杂物和重量在25kg以内而含量少于10%的顽石的肥黏土和重型砂黏土 | 1.95 | |
| | (3) 带有重量在50kg以内，体积含量小于10%的巨砾的冰渍黏土 | 2.00 | |
| | (4) 板状黏土 | 2.00 | |
| | (5) 纯的或夹有重达10kg顽石（其尺寸在90mm以内）的粗卵石 | 1.95 | |
| V | (1) 密实的坚硬黄土和坚硬的盐渍土 | 1.80 | 1.5~2.0 |
| | (2) 胶结的土和垃圾 | 1.85 | |
| | (3) 未经风化的高炉矿渣 | 1.50 | |
| | (4) 软泥炭岩和蛋白土 | 1.90 | |
| | (5) 砂砾 | 1.80 | |
| | (6) 带有重量在50kg以内，体积含量在10%以上，30%以内的冰渍土 | 2.10 | |
| | (7) 褐煤 | 1.20 | |
| | (8) 软煤 | 1.30 | |
| | (9) 硅藻土和软的白垩岩 | 1.55 | |
| | (10) 硬石炭纪黏土 | 1.95 | |
| | (11) 胶结力弱的砾石 | 1.9~2.2 | |
| VI | (1) 火山灰和浮石 | 1.10 | 2.0~4.0 |
| | (2) 软而多孔，裂缝甚巨的石炭岩和贝壳岩 | 1.20 | |
| | (3) 密实的白垩岩 | 2.60 | |
| | (4) 无烟煤 | 1.50 | |
| | (5) 中等强度的页岩 | 2.20 | 2.0~4.0 |
| | (6) 中等强度的泥炭岩 | 2.30 | |
| VII | (1) 水成岩卵石经石灰质胶结而成的砾石 | 2.20 | 4.0~6.0 |
| | (2) 风化的节理多的黏土质砂岩 | 2.20 | |
| | (3) 坚硬的泥质页岩 | 2.80 | |
| | (4) 坚实的泥灰岩 | 2.50 | |
| VIII | (1) 角砾状花岗岩 | 2.30 | 6.0~8.0 |
| | (2) 泥灰质石灰岩 | 2.30 | |
| | (3) 黏土质砂岩 | 2.20 | |
| | (4) 云母页岩及移质页岩 | 2.20 | |
| | (5) 硬石膏 | 2.30 | |
| IX | (1) 软的极度风化的花岗岩、片麻岩及正长岩 | 2.50 | 8.0~10.0 |
| | (2) 滑石，蛇纹石 | 2.40 | |
| | (3) 密实的石灰岩 | 2.50 | |
| | (4) 水成岩卵石经硅质胶结的砾岩 | 2.50 | |
| | (5) 砂岩 | 2.50 | |
| | (6) 菱铁矿 | 2.70 | |
| | (7) 砂质石灰质的板岩 | 2.50 | |
| | (8) 菱镁矿 | 3.00 | |

续附表 9

| 类别 | 土 壤 名 称 | 实土自然湿度时的平均容重/t·m⁻³ | 普氏坚固系数ƒ |
|---|---|---|---|
| X | （1）白云岩 | 2.70 | 10.0 ~ 12.0 |
| | （2）坚实的石灰岩 | 2.70 | |
| | （3）大理岩 | 2.70 | |
| | （4）石灰质胶结的密实的砂岩 | 2.60 | |
| | （5）坚硬的砂质的页岩 | 2.60 | |
| XI | （1）粗粒花岗岩 | 3.10 | 12.0 ~ 14.0 |
| | （2）特别坚硬的白云岩 | 2.90 | |
| | （3）蛇纹岩 | 2.60 | |
| | （4）火成岩卵石经石灰质胶结的砾岩 | 2.80 | |
| | （5）石英质胶结的坚实砂岩 | 2.70 | |
| | （6）粗粒正长岩 | 2.70 | |
| XII | （1）有风化痕迹的安山岩与玄武岩 | 2.70 | 14.0 ~ 16.0 |
| | （2）片麻岩 | 2.60 | |
| | （3）特别坚实的石灰岩 | 2.90 | |
| | （4）火成岩卵石经硅质胶结的砾岩 | 2.90 | |
| | （5）粗面岩 | 2.60 | |
| XIII | （1）中粗花岗岩 | 3.10 | 16.0 ~ 18.0 |
| | （2）坚实的片麻岩 | 2.80 | |
| | （3）辉绿岩 | 2.70 | |
| | （4）斑岩 | 2.50 | |
| | （5）坚密的粗面岩 | 2.80 | |
| | （6）中粒正长岩 | 2.80 | |
| XIV | （1）特别坚实的细粒花岗岩 | 3.30 | 18.0 ~ 20.0 |
| | （2）花岗片麻岩 | 2.90 | |
| | （3）闪长岩 | 2.90 | |
| | （4）最坚实的石灰岩 | 3.10 | |
| | （5）坚实的斑岩 | 2.70 | |
| XV | （1）安山岩、玄武岩、坚实的角闪岩 | 3.10 | 20.0 ~ 25.0 |
| | （2）最坚实的辉绿岩及闪长岩 | 2.90 | |
| | （3）坚实的辉岩及石英岩 | 2.80 | |
| XVI | （1）钙钠长石质的及橄榄石质的玄武岩 | 3.30 | >25.0 |
| | （2）特别坚实的辉长岩、辉绿岩、石英岩及斑岩 | 3.00 | |

## 附录 9　建材行业水泥原料矿山建设项目设计规模划分

附表 10　建材行业水泥原料矿山建设项目设计规模划分　　　　　　　（万吨/年）

| 建 设 项 目 | 大　型 | 中　型 | 小　型 |
|---|---|---|---|
| 石灰石矿 | ≥120 | 120 ~ 80 | ≤80 |
| 砂岩矿 | ≥20 | 20 ~ 10 | ≤10 |

## 附录 10 固体矿产资源/储量分类

附表 11 固体矿产资源/储量分类

| 经济意义 | 地质可靠程度 | | | |
|---|---|---|---|---|
| | 查明矿产资源 | | | 潜在矿产资源 |
| | 探明的 | 控制的 | 推断的 | 预测的 |
| 经济的 | 可采储量（111） | | | |
| | 基础储量（111b） | | | |
| | 预可采储量（121） | 预可采储量（122） | | |
| | 基础储量（121b） | 基础储量（122b） | | |
| 边际经济的 | 基础储量（2M11） | | | |
| | 基础储量（2M21） | 基础储量（2M22） | | |
| 次边际经济的 | 资源量（2S11） | | | |
| | 资源量（2S21） | 资源量（2S22） | | |
| 内蕴经济的 | 资源量（331） | 资源量（332） | 资源量（333） | 资源量（334）? |

注：表中所用编码（111~334），第 1 位数表示经济意义，即 1 = 经济的，2M = 边际经济的，2S = 次边际经济的，3 = 内蕴经济的，? = 经济意义未定的；第 2 位数表示可行性评价阶段，即 1 = 可行性研究，2 = 预可行性研究，3 = 概略研究；第 3 位数表示地质可靠程度，即 1 = 探明的，2 = 控制的，3 = 推断的，4 = 预测的，b = 未扣除设计、采矿损失的可采储量。

## 附录 11 水泥原料矿石化学成分一般要求

附表 12 水泥用石灰质原料矿石化学成分一般要求 （质量分数/%）

| 类别 | CaO | MgO | $K_2O + Na_2O$ | $SO_3$ | $fSiO_2$ | |
|---|---|---|---|---|---|---|
| | | | | | 石英质 | 燧石质 |
| I 级品 | ≥48 | ≤3 | ≤0.6 | ≤1 | ≤6 | ≤4 |
| II 级品 | ≥45，<48 | >3，≤3.5 | >0.6，≤0.8 | ≤1 | ≤6 | ≤4 |

附表 13 黏土质、硅质原料矿石化学成分一般要求 （%）

| 类别 | 黏土质原料 | | | | | 硅质原料 | | | |
|---|---|---|---|---|---|---|---|---|---|
| | 硅酸率（SM） | 铝氧率（AM） | MgO | $K_2O + Na_2O$ | $SO_3$ | $SiO_2$ | MgO | $K_2O + Na_2O$ | $SO_3$ |
| 一类 | ≥3，<4 | ≥1.5，≤3.5 | ≤3% | ≤4% | ≤2% | ≥80% | ≤3% | ≤2% | ≤2% |
| 二类 | ≥2，<3 | 不限 | | | | | | | |

注：1. $SM = w(SiO_2)/w(Al_2O_3 + Fe_2O_3)$，$AM = w(Al_2O_3)/w(Fe_2O_3)$；

2. 当采用预热器窑和预分解窑时，要求水泥石灰质原料、黏土质原料、硅质原料中氯质量分数不大于 0.015%。

## 附录 12 常用施工设备代号的含义

附表 14 常用施工设备代号的含义

| 设备代号 | 代号含义 | 设备代号 | 代号含义 |
|---|---|---|---|
| CTJ - 3 | 3 个钻臂轮胎式掘进凿岩台车 | Z - 17 | 铲斗容量为 0.17m³，电动、轨轮式正装后卸式装岩机 |
| KY - 310B | 第二次改进的，孔径为 310mm 的矿用牙轮钻机 | C - 30 | 铲斗容量为 0.3m³，气动、轮胎式标准卸位装运机 |
| KQG - 150 | 孔径为 150mm 的高风压矿用潜孔钻机 | WJ - 2 | 铲斗容量为 2m³，铰接车身、无储仓式铲运机 |

| 设备代号 | 代号含义 | 设备代号 | 代号含义 |
|---|---|---|---|
| 2JK – 3.5/20 | 卷筒直径为 3.5m、速比为 20 的双卷筒矿井提升机 | ZSD – 17.5 | 筛面（宽×长）为 1750mm×4000mm、直线、双轴、吊式振动筛 |
| PJ – 900 | 给矿口（宽×长）为 900mm×1200mm、简单摆动、颚式破碎机 | ZL – 50 | 举升重量为 5t、斗容为 2.5m³、轮胎式前装机 |
| QSG – 918 | 筒体（直径×长）为 φ900mm×1800mm、湿式、格子型球磨机 | WY – 160 | 斗容为 1.6m³、履带式液压反铲挖掘机 |
| ZK10 – 6/250 | 黏着重量为 10t、轨矩为 600mm、电压为 250V、窄轨直流架线式电机车 | Q2 – 16 | 起重量为 16t、双钩装置、汽车吊车 |
| ZG100 – 1500 | 黏着重量为 100t、轨矩为 1435mm、电压为 1500V、准轨直流架线式电机车 | WK – 4 | 斗容为 4m³、单斗机械式履带行走矿用挖掘机 |

# 附录 13　构成十进倍数和分数单位的词头

## 附表 15　常用的构成十进倍数和分数单位的词头

| 所用词头符号 | 词头名称 | 所表示的因数 | 所用词头符号 | 词头名称 | 所表示的因数 |
|---|---|---|---|---|---|
| G | 吉 | $10^9$ | d | 分 | $10^{-1}$ |
| M | 兆 | $10^6$ | c | 厘 | $10^{-2}$ |
| k | 千 | $10^3$ | m | 毫 | $10^{-3}$ |
| h | 百 | $10^2$ | μ | 微 | $10^{-6}$ |
| da | 十 | $10^1$ | n | 纳 | $10^{-9}$ |

# 附录 14　常用法定计量单位

## 附表 16　常用法定计量单位（GB 3102—86）

| 量的名称 | 量的符号 | 类　别 | 单位名称 | 单位符号 | 备　注 |
|---|---|---|---|---|---|
| 长度 | $l$, $(L)$ | ○ | 米 | m | SI 基本单位 |
| | | △ | 海里 | n mile | 1n mile = 1852m |
| | | × | [市] 尺 | | 1 尺 = 1/3 m |
| | | × | 费密 | | 1 费密 = $10^{-15}$ m |
| | | × | 埃 | Å | 1Å = $10^{-10}$ m |
| 质量重量 | $m$ | ○ | 千克（公斤） | kg | SI 基本单位 |
| | | △ | 吨 | t | 1t = $10^3$ kg |
| | | △ | 原子质量单位 | u | 1u ≈ $1.66 \times 10^{-27}$ kg |
| | | × | [米制] 克拉 | | 1 [米制] 克拉 = $2 \times 10^{-4}$ kg |
| | | × | [市] 斤 | | 1 [市] 斤 = 0.5kg |
| 时间 | $t$ | ○ | 秒 | s | SI 基本单位 |
| | | △ | 分 | min | 1min = 60s |
| | | △ | [小] 时 | h | 1h = 3600s |
| | | △ | 天，（日） | d | 1d = 86400s |
| 电流 | $I$ | ○ | 安 [培] | A | SI 基本单位 |
| 热力学温度 | $T$ | ○ | 开 [尔文] | K | SI 基本单位 |
| 物质的量 | $n$ | ○ | 摩 [尔] | mol | SI 基本单位 |
| 发光强度 | $I$, $(I_v)$ | ○ | 坎 [德拉] | cd | SI 基本单位 |

| 量的名称 | 量的符号 | 类 别 | 单位名称 | 单位符号 | 备 注 |
|---|---|---|---|---|---|
| 平面角 | $\alpha$, $\beta$, $\gamma$, $\theta$, $\phi$ 等 | ○ | 弧度 | rad | SI 辅助单位 |
| | | △ | [角] 秒 | (″) | $1'' = (\pi/648000)$ rad |
| | | △ | [角] 分 | (′) | $1' = (\pi/10800)$ rad |
| | | △ | [角] 度 | (°) | $1° = (\pi/180)$ rad |
| 立体角 | $\Omega$ | ○ | 球面度 | sr | SI 辅助单位 |
| 面积 | $A$, $(S)$ | ○ | 平方米 | $m^2$ | SI 导出单位 |
| | | × | 靶恩 | b | $1b = 10^{-28} m^2$ |
| 体积 | $V$ | ○ | 立方米 | $m^3$ | SI 导出单位 |
| | | △ | 升 | L (l) | $1L = 1dm^3 = 10^{-3} m^3$ |
| 速度 | $u$, $v$, $\omega$, $c$ | ○ | 米每秒 | m/s | SI 导出单位 |
| | | △ | 节 | kn | $1kn = 1n$ mile/h $= 0.5144$ m/s |
| 加速度 | $a$ | ○ | 米每二次方秒 | $m/s^2$ | SI 导出单位 |
| | | × | 伽 | Gal | $1Gal = 10^{-2} m/s^2$ |
| 力 重力 | $F$ $W$, $(P, G)$ | ○ | 牛 [顿] | N | |
| | | × | 达因 | dyn | $1dyn = 10^{-5}$ N |
| | | × | 千克力, (公斤力) | kgf | $1kgf = 9.80665N$ |
| | | × | 吨力 | tf | $1tf = 9.80665 \times 10^3 N$ |
| 压力 压强 应力 | $P$ $p$ | ○ | 帕 [斯卡] | Pa | SI 导出单位 |
| | | × | 巴 | bar | $1bar = 10^5 Pa$ |
| | | × | 标准大气压 | atm | $1atm = 101325Pa$ |
| | | × | 毫米汞柱 | mmHg | $1mmHg = 133.322Pa$ |
| | | × | 千克力每平方厘米 | $kgf/cm^2$ | $1kgf/cm^2 = 9.80665 \times 10^4 Pa$ |
| | | × | 工程大气压 | at | $1at = 9.80665 \times 10^4 Pa$ |
| | | × | 毫米水柱 | $mmH_2O$ | $1mmH_2O = 9.80665Pa$ |
| 物质 B 的浓度 | $c_B$ | ○ | 摩尔每立方米 | $mol/m^3$ | SI 导出单位 |
| 密度 | $\rho$ | ○ | 千克每立方米 | $kg/m^3$ | SI 导出单位 |
| [动力] 黏度 | $\eta$, $(\mu)$ | ○ | 帕斯卡·秒 | Pa·s | SI 导出单位 |
| | | × | 泊 | P | $1P = 0.1Pa·s$ |
| 运动黏度 | $v$ | ○ | 二次方米每秒 | $m^2/s$ | SI 导出单位 |
| | | × | 斯 [托克斯] | st | $1st = 10^{-4} m^2/s$ |
| 频率 | $f$, $(v)$ | ○ | 赫 [兹] | Hz | SI 导出单位 |
| 旋转频率 旋转速度 | $n$ | ○ | 每秒 | $s^{-1}$ | SI 导出单位 |
| | | △ | 转每分 | r/min | $1r/min = (1/60)$ $s^{-1}$ |
| 能 [量] 功 热 | $W$, $(A)$ $E$, $(W)$ $Q$ | ○ | 焦 [耳] | J | SI 导出单位 |
| | | △ | 电子伏 [特] | eV | $1eV = 1.6021892 \times 10^{-19} J$ |
| | | △ | 千瓦小时 | kW·h | $1kW·h = 3.6 \times 10^6 J$ |
| | | × | 卡 [路里] | cal | $1cal = 4.1868J$, "卡"指国际蒸汽表卡 |
| | | × | 尔格 | erg | $1erg = 10^{-7} J$ |
| | | × | 千克力米 | kgf·m | $1kgf·m = 9.80665J$ |
| [光] 照度 | $E$, $(E_v)$ | ○ | 勒 [克斯] | lx | SI 导出单位 |
| | | × | 幅透 | ph | $1ph = 10^4 lx$ |

| 量的名称 | 量的符号 | 类　别 | 单位名称 | 单位符号 | 备　注 |
|---|---|---|---|---|---|
| 摄氏温度 | $t$, $\theta$ | ○ | 摄氏度 | ℃ | SI 导出单位 |
| 功率 | $P$ | ○ | 瓦［特］ | W | SI 导出单位 |
|  |  | × | ［米制］马力 |  | 1 马力 = 735.49875 W |
| 电荷量 | $Q$ | ○ | 库［仑］ | C | SI 导出单位 |
| 电位 | $V$, $\phi$ | ○ | 伏［特］ | V | SI 导出单位 |
| 电压 | $U$ | ○ | 伏［特］ | V | SI 导出单位 |
| 电动势 | $E$ | ○ | 伏［特］ | V | SI 导出单位 |
| 电容 | $C$ | ○ | 法［拉］ | F | SI 导出单位 |
| 电阻 | $R$ | ○ | 欧［姆］ | Ω | SI 导出单位 |
| 电导 | $G$ | ○ | 西［门子］ | S | SI 导出单位 |
| 磁通［量］ | $\Phi$ | ○ | 韦［伯］ | Wb | SI 导出单位 |
|  |  | × | 麦克斯韦 | Mx | $1\,\text{Mx} = 10^{-8}\,\text{Wb}$ |
| 磁通［量］密度<br>磁感应强度 | $\beta$ | ○ | 特［斯拉］ | T | SI 导出单位 |
|  |  | × | 高斯 | Gs, G | $1\,\text{Gs} = 10^{-4}\,\text{T}$ |
| 电感 | $L$, $M$ | ○ | 亨［利］ | H | SI 导出单位 |
| 磁通强度 | $H$ | ○ | 安［培］每米 | A/m | SI 导出单位 |
|  |  | × | 奥斯特 | Oe | $1\,\text{Oe} = (1000/\pi)\,\text{A/m} = 80\,\text{A/m}$ |
| 放射性活度 | $A$ | ○ | 贝可［勒尔］ | Bq | SI 导出单位 |
|  |  | × | 居里 | Ci | $1\,\text{Ci} = 3.7 \times 10^{-10}\,\text{Bq}$ |
| 吸收剂量 | $D$ | ○ | 戈［瑞］ | Gy | SI 导出单位 |
|  |  | × | 拉德 | rad（rd） | $1\,\text{rad} = 10^{-2}\,\text{Gy}$ |
| 光通量 | $\Phi$, $(\Phi_\text{v})$ | ○ | 流［明］ | lm | SI 导出单位 |
| 剂量当量 | $H$ | ○ | 希［沃特］ | Sv | SI 导出单位 |
|  |  | × | 雷姆 | rem | $1\,\text{rem} = 10^{-2}\,\text{Sv}$ |
| 照射量 | $X$ | ○ | 库［仑］每千克 | C/kg | SI 导出单位 |
|  |  | × | 伦琴 | R | $1\,\text{R} = 2.85 \times 10^{-4}\,\text{C/kg}$ |
| 声压级 | $L$ | △ | 分贝 | dB | 无量纲量 |
| ［光］亮度 | $L$, $(L_\text{y})$ | ○ | 坎［德拉］每平方米 | cd/m² | SI 导出单位 |
|  |  | × | 尼特 | nt | $1\,\text{nt} = 1\,\text{cd/m}^2$ |

注：SI—国际单位制的基本单位；○—法定计量单位（SI 单位）；△—法定计量单位（非 SI 单位）；×—应废止的常见计量单位。

## 附录 15　公制计量单位与市制及英美制单位换算

### 附表 17　公制计量单位与市制及英美制单位换算

| 类　别 | 名　称 | 代　号 | 对主单位的比 | 折合市制 | 折合英美制 |
|---|---|---|---|---|---|
| 长度 | 微米 | μm | 0.000001m |  | 0.00004 英寸 |
|  | 忽米 | cmm | 0.00001m |  | 0.0004 英寸 |
|  | 丝米 | dmm | 0.0001m | 3 市毫 | 0.0039 英寸 |
|  | 毫米 | mm | 0.001m | 3 市厘 | 0.0394 英寸 |
|  | 厘米 | cm | 0.01m | 3 市分 | 0.3937 英寸 |
|  | 分米 | dm | 0.1m | 3 市寸 | 3.9370 英寸 |
|  | 米 | m | 主单位 | 3 市尺 | 3.2808 英尺 |
|  | 十米 | dam | 10m | 3 市丈 | 10.9361 码 |
|  | 百米 | hm | 100m | 3 市引 | 19.8839 杆 |
|  | 公里［千米］ | km | 1000m | 2 市里 | 0.6214 哩 |

| 类　别 | 名　称 | 代　号 | 对主单位的比 | 折合市制 | 折合英美制 |
|---|---|---|---|---|---|
| 面　积 | 公厘 | ca | 0.01a | 0.15 市厘 | 10.7636 平方英尺 |
| | 公亩 | a | 主单位 | 0.15 市亩 | 0.0247 英亩 |
| | 公顷 | ha | 100a | 0.15 市顷 | 2.4711 英顷 |
| 重　量（质量单位名称同） | 毫克 | mg | 0.000001kg | 2 市丝 | 0.0154 克冷 |
| | 厘克 | cg | 0.00001kg | 2 市毫 | 0.1543 克冷 |
| | 分克 | dg | 0.0001kg | 2 市厘 | 1.5432 克冷 |
| | 克 | g | 0.001kg | 2 市分 | 15.4324 克冷 |
| | 十克 | dag | 0.01kg | 2 市钱 | 5.6438 打兰（英衡） |
| | 百克 | hg | 0.1kg | 2 市两 | 3.5274 盎司（英衡） |
| | 公斤［千克］ | kg | 主单位 | 2 市斤 | 2.2046 英镑 |
| | 公担 | q | 100kg | 2 市担 | 220.4622 英镑 |
| | 吨 | t | 1000 kg | 2000 市斤 | 0.9842 英吨（1.1023 美吨） |
| 容　积 | 毫升 | mL | 0.001L | 1 市撮 | 16.8941 米宁（英） |
| | 厘升 | cL | 0.01L | 1 市勺 | 2.8157 打兰（英） |
| | 分升 | dL | 0.1L | 1 市合 | 3.5196 盎司（英） |
| | 升 | L | 主单位 | 1 市升 | 0.2200 加仑（英） |
| | 十升 | daL | 10L | 1 市斗 | 2.1998 加仑（英） |
| | 百升 | hL | 100L | 1 市石 | 2.7497 蒲式耳（英） |
| | 千升 | kL | 1000L | | |

注：1. 长度：1 国际哩 = 1852 米；1 米 = 1.094 码；1 码 = 2.743 市尺；

　　2. 面积：1 公顷 = 1 平方百米；1 公亩 = 100 平方米；1 公厘 = 1 平方米；

　　3. 容积：1 立方米 = 1 千升；1 升 = 1 立方分米；1 毫升 = 1 立方厘米。

## 附录 16　英制长度单位和容积单位

1 英里 = 1759.93 码 = 5280 英尺

1 海关里 = 14.1 英里 = 45.4 市里

1 海里 = 1.15 英里 = 3.702 市里

1 码 = 3 英尺 = 0.9144 米

1 英尺 = 12 英寸 = 0.914 市尺

1 英寸 = 8 英分 = 25.4 毫米

1 英丝 = 0.001 英寸 = 0.025 毫米

1 纳米 = $10^{-9}$ 米

1 英加仑 = 4 夸脱 = 4.5461 市升

1 蒲式耳 = 4 配克 = 8 加仑

1 品脱 = 4 及耳 = 0.924 瓶

1 英盎司 = 0.0284 升 = 28.4 立方厘米

1 夸脱 = 2 品脱 = 1.1365 升

1 美吨（短吨）= 0.907 吨 = 2000 磅

1 英吨（长吨）= 1.016 吨 = 2240 磅

1 磅 = 16 盎司 = 0.9072 市斤

## 附录 17　角速度单位换算

### 附表 18　角速度单位换算

| 转/分 r/min | 转/秒 r/s | 弧度/秒 rad/s | 度/分 (°)/min | 度/秒 (°)/s |
|---|---|---|---|---|
| 1 | 0.01667 | $\dfrac{\pi}{30}$ | 360 | 6 |
| 60 | 1 | $2\pi$ | 21600 | 360 |
| $\dfrac{60}{2\pi}$ | 0.1596 | 1 | 3437.7467 | 57.2958 |
| 0.002778 | $463 \times 10^{-7}$ | 0.00029 | 1 | 0.01667 |
| 0.16667 | 0.002778 | 0.01745 | 60 | 1 |

注：1 弧度 = 57.3°。

## 附录18 压力单位换算

附表19 压力单位换算

| 巴<br>bar | 工程气压（at）<br>kgf/cm² | 公斤/米²<br>kgf/m² | 标准气压<br>atm | 水银柱高<br>mmHg | 水柱高<br>mmH₂O | 英制压力 | | |
| --- | --- | --- | --- | --- | --- | --- | --- | --- |
| | | | | | | 英磅/英寸²<br>lb/in² | 水柱高（英尺）<br>ftH₂O | 水柱高（英寸）<br>inH₂O |
| 1 | $1.02 \times 10^{-6}$ | $1.02 \times 10^{-2}$ | $9.87 \times 10^{-7}$ | $7.5 \times 10^{-4}$ | $1.02 \times 10^{-2}$ | $14.5078 \times 10^{-6}$ | $0.3346 \times 10^{-4}$ | $4.015 \times 10^{-4}$ |
| $9.81 \times 10^{5}$ | 1 | $10^{4}$ | 0.96784 | 735.56 | $10^{4}$ | 14.2233 | 32.828 | 393.701 |
| 98.1 | $10^{-4}$ | 1 | $9678 \times 10^{-8}$ | $7355 \times 10^{-5}$ | 1 | $1422 \times 10^{-6}$ | $3280 \times 10^{-6}$ | $3937 \times 10^{-5}$ |
| $1.013 \times 10^{6}$ | 1.0332 | 10332.2 | 1 | 760 | 10332.2 | 14.696 | 33.93 | 406.7716 |
| $1.33 \times 10^{3}$ | 0.00136 | 13.6 | 0.00132 | 1 | 13.6 | 0.01934 | 0.0446 | 0.5352 |
| 98.1 | $10^{-4}$ | 1 | $9678 \times 10^{-8}$ | $7355 \times 10^{-5}$ | 1 | $1422 \times 10^{-6}$ | $3280 \times 10^{-6}$ | $3937 \times 10^{-5}$ |
| $6.893 \times 10^{4}$ | 0.07031 | 703.1 | 0.06805 | 51.715 | 703.1 | 1 | 2.309 | 27.708 |
| $2.985 \times 10^{4}$ | 0.03048 | 304.8 | 0.0295 | 22.4118 | 304.8 | 0.4332 | 1 | 12 |
| $2.488 \times 10^{3}$ | 0.00254 | 25.4 | 0.00246 | 1.8676 | 25.4 | 0.03613 | 0.08333 | 1 |

注：$1bar = 10^{5}Pa$。

## 附录19 功、能及热量换算

附表20 功、能及热量换算

| 焦耳<br>J | 公斤米<br>kg·m | 千瓦小时<br>kW·h | 公制马力小时<br>CP·h | 英制马力小时<br>HP·h | 千卡<br>kcal | 英热单位<br>B.T.U | 英尺磅<br>ft·lb |
| --- | --- | --- | --- | --- | --- | --- | --- |
| 1 | 0.10240 | $2.778 \times 10^{-7}$ | $3.777 \times 10^{-7}$ | $3.723 \times 10^{-7}$ | $2.389 \times 10^{-4}$ | $9.48 \times 10^{-4}$ | 0.7376 |
| 9.8 | 1 | $2.722 \times 10^{-6}$ | $3.701 \times 10^{-6}$ | $3.649 \times 10^{-6}$ | $2.341 \times 10^{-3}$ | $9.29 \times 10^{-3}$ | 7.233 |
| $3.6 \times 10^{6}$ | $3.673 \times 10^{6}$ | 1 | 1.36 | 1.34 | 859.9 | 3412.74 | 2656700 |
| $2.648 \times 10^{6}$ | $2.702 \times 10^{5}$ | 0.7355 | 1 | 0.9858 | 632.5 | 2510 | 1952371.92 |
| $2.686 \times 10^{6}$ | $2.741 \times 10^{5}$ | 0.7461 | 1.014 | 1 | 641.6 | 2546 | 1980494.95 |
| 4186 | 427.2 | $1.163 \times 10^{-3}$ | $1.581 \times 10^{-3}$ | $1.558 \times 10^{-3}$ | 1 | 3.968 | 3087.8 |
| 1055 | 107.6 | $2.93 \times 10^{-4}$ | $3.984 \times 10^{-4}$ | $3.927 \times 10^{-4}$ | 0.252 | 1 | 777.975 |
| $13558 \times 10^{3}$ | 0.1383 | $3765 \times 10^{-10}$ | 5120.857 | 5.0576 | $3.239 \times 10^{-4}$ | 12852.98 | 1 |

## 附录20 功率单位换算

附表21 功率单位换算

| 瓦<br>W | 千瓦<br>kW | 英制马力<br>HP | 公制马力<br>CP | 公斤米/秒<br>kg·m/s | 英尺磅/秒<br>ft·lb/s | 千卡/秒<br>kcal/s | 英热单位/秒<br>B.T.U/s |
| --- | --- | --- | --- | --- | --- | --- | --- |
| 1 | 0.001 | 0.00134 | 0.00136 | 0.102 | 0.7376 | 0.000238 | 0.000947 |
| 1000 | 1 | 1.3411 | 1.36 | 102 | 737.612 | 0.238 | 0.947 |
| 745.65 | 0.74565 | 1 | 1.014 | 76.04 | 550 | 0.178 | 0.707 |
| 735.45 | 0.735 | 0.985 | 1 | 75 | 541 | 0.175 | 0.696 |
| 9.8066 | 0.00981 | 0.01315 | 0.01333 | 1 | 7.233 | 0.00234 | 0.0093 |
| 1.356 | 0.001356 | 0.00182 | 0.001843 | 0.1383 | 1 | 0.000324 | 0.00129 |
| 4200 | 4.2 | 5.61 | 5.7 | 427 | 3090 | 1 | 3.968 |
| 1055 | 1.055 | 1.4145 | 0.422 | 107.6 | 778.5 | 0.252 | 1 |

## 附录 21　常用金属材料的熔点

附表 22　常用金属材料的熔点　　　　　　　　（℃）

| 名　称 | 熔　点 | 名　称 | 熔　点 | 名　称 | 熔　点 |
|---|---|---|---|---|---|
| 灰口铁 | 1200 | 青　铜 | 995 | 锡 | 232 |
| 铸　钢 | 1425 | 紫　铜 | 1083 | 锌 | 419 |
| 软　钢 | 1400~1500 | 铝 | 658 | 镍 | 1452 |
| 黄　铜 | 950 | 铅 | 327 | 钨 | 3380 |

## 附录 22　常用金属材料的容重

附表 23　常用金属材料的容重　　　　　　　　（g/cm³）

| 材料名称 | 容　重 | 材料名称 | 容　重 | 材料名称 | 容　重 |
|---|---|---|---|---|---|
| 灰生铁 | 6.6~7.4 | 无锡青铜 | 7.5~7.9 | 锰合金 | 7.8 |
| 白生铁 | 7.4~7.7 | 镍铜合金 | 8.9 | 软焊料 | 7.60~10.7 |
| 可锻铸铁 | 7.2~7.4 | 镍铬合金 | 8.4 | 硬焊料 | 8.1~8.3 |
| 纯　铁 | 7.86 | 铬镍合金 | 8.7 | 银焊料 | 8.5~9.8 |
| 熟　铁 | 7.80 | 电解铜 | 8.9~8.95 | 铸　镍 | 8.4 |
| 铁　丝 | 7.60~7.75 | 铸　锌 | 6.86 | 3 钨钴合金 | 14.9~15.3 |
| 钢 | 7.85 | 铸　铝 | 2.65 | 8 钨钴合金 | 14.4~14.8 |
| 铸　钢 | 7.7~7.9 | 锌　板 | 7.209 | 5 钨钴钛合金 | 12.3~13.2 |
| 铸　铜 | 8.30~8.92 | 锌合金 | 6.2~7.85 | 15 钨钴钛合金 | 11.0~11.7 |
| 锻轧铜 | 8.9~9.0 | 铸造铝合金 | 2.55~2.95 | 工具钢 | 8.25 |
| 铸　锡 | 7.2 | 铝　板 | 2.681 | 镁合金 | 1.80 |
| 58-2 锰黄铜 | 8.5 | 压延铝合金 | 2.65~2.8 | 11-6 锡锑轴承合金 | 7.38 |
| 黄　铜 | 8.6 | 镍铬丝 | 8.57 | 青　铜 | 8.8~8.9 |
| 6-6-3 锡青铜 | 8.82 | 镍合金 | 8.4~9.02 | 铝青铜 | 7.8~8.2 |

## 附录 23　非金属材料的容重

附表 24　非金属材料的容重　　　　　　　　（g/cm³）

| 材料名称 | 容　重 | 材料名称 | 容　重 | 材料名称 | 容　重 |
|---|---|---|---|---|---|
| 填　料 | | 纤维纸板 | 1.05~1.5 | 氯化铵（盐瑙） | 1.5~1.6 |
| 工业用毛毡 | 0.37 | 油漆布 | 1.15~1.30 | 刚　玉 | 3.9~4.0 |
| 石　棉 | 2.5~3.1 | 玻　璃 | | 金刚石 | 3.5~3.6 |
| 石棉混合物 | 0.7~0.8 | 平板玻璃 | 2.5 | 金刚砂 | 4.0 |
| 胶质石棉板 | 2.0 | 有机玻璃 | 1.19 | 陶　瓷 | 2.3~2.45 |
| 橡胶制件 | 1.0~2.0 | 耐高温玻璃 | 2.23 | 白云石 | 2.9 |
| 生橡胶 | 0.92~0.96 | 石英玻璃 | 2.2 | 大理石 | 2.5~2.8 |
| 硬橡胶 | 1.25~1.45 | 燧石玻璃 | 3.86 | 地沥青 | 0.9~1.5 |
| 皮　革 | 0.4~1.2 | 固　体 | | 纯白生石膏 | 2.2~2.9 |
| 压纸板 | 1.0~1.5 | 玛　瑙 | 2.5~2.8 | 电　木 | 1.25 |

| 材料名称 | 容重 | 材料名称 | 容重 | 材料名称 | 容重 |
|---|---|---|---|---|---|
| 碳化钙（电石） | 2.22 | 建筑材料 | | 硫酸 7.5% | 1.05 |
| 碳化物磨料 | 1.16~1.79 | 建筑混凝土 | 1.2~2.4 | 硫酸 27% | 1.20 |
| 硒 | 4.8 | 水玻璃 | 1.5 | 硫酸 50% | 1.40 |
| 硅 | 2.34 | 耐火混凝土 | 1.45~1.75 | 硫酸 100% | 1.84 |
| 食盐 | 2.15~2.17 | 建筑用砖 | 2.6~2.7 | 硝酸（浓） | 1.56 |
| 硫黄 | 2.0 | 硅砖 | 2.3~2.4 | 盐酸 10% | 1.05 |
| 脂肪 | 0.92~0.94 | 镁砖 | 3.4~3.6 | 盐酸（浓） | 1.92 |
| 石英 | 2.5~2.8 | 铬砖 | 3.8~4.2 | 油酸（15℃） | 0.9 |
| 石墨 | 1.9~2.3 | 沥青煤 | 1.2~1.5 | 醋酸（浓） | 1.05 |
| 磷灰石 | 2.87 | 黑铅 | 1.0~1.4 | 磷酸（浓） | 1.87 |
| 萤石 | 2.98 | 原石油 | 0.88 | 氢氟酸（浓） | 0.90 |
| 石灰石 | 2.7 | 液体 | | 氨（液 25%） | 0.91 |

## 附录 24　国产木材的容重

### 附表 25　含水率为 15% 的国产木材的容重　　　　（g/cm³）

| 木材名称 | 容重 | 木材名称 | 容重 |
|---|---|---|---|
| 红松 | 0.44 | 铁坚油杉 | 0.552 |
| 华东马尾松 | 0.476~0.533 | 柳油杉 | 0.341~0.368 |
| 华山松 | 0.437~0.475 | 金钱松 | 0.503 |
| 黄山松 | 0.571 | 柏木（四川） | 0.588 |
| 樟子松 | 0.422 | 建柏 | 0.452 |
| 油松 | 0.548 | 银杏 | 0.437 |
| 东北落叶松 | 0.594~0.641 | 东北桦木 | 0.567~0.746 |
| 四川红杉 | 0.452~0.458 | 四川桦木 | 0.596~0.705 |
| 东北云杉 | 0.417 | 柞栎 | 0.914 |
| 四川云杉 | 0.435~0.512 | 麻栎 | 0.956 |
| 四川铁杉 | 0.475~0.500 | 杉木（湖南、贵州） | 0.336~0.372 |
| 东北冷杉 | 0.384~0.390 | 杉木（四川） | 0.387 |
| 四川冷杉 | 0.433~0.455 | 杉木（安徽） | 0.394 |

### 附表 26　含水率为 25% 的国产木材的容重　　　　（g/cm³）

| 木材名称 | 容重 | 木材名称 | 容重 |
|---|---|---|---|
| 白松 | 0.34~0.4 | 柞木 | 0.72 |
| 红松 | 0.5~0.7 | 三合板 | 0.5 |
| 落叶松 | 0.68 | 夹木胶木 | 1.3~1.4 |
| 鱼鳞松 | 0.46 | 绝缘胶木 | 1.25 |
| 桦木 | 0.64 | 木炭 | 0.3~0.5 |
| 杨木 | 0.35~0.5 | 软木塞 | 0.1~0.4 |
| 梨木 | 0.61~0.73 | | |

## 附录 25　常用材料的弹性模数和泊松比

附表 27　常用材料的弹性模数和泊松比

| 材料名称 | 抗拉弹性模数 $E \times 10^6$/MPa | 剪切弹性模数 $G \times 10^5$/MPa | 泊松比 $\mu$ |
|---|---|---|---|
| 灰口白口铸铁 | 0.08 ~ 0.16 | 0.45 | 0.23 ~ 0.27 |
| 可锻铸铁 | 0.155 | | |
| 碳素钢 | 0.2 ~ 0.21 | 0.81 | 0.24 ~ 0.28 |
| 合金钢 | 0.21 | 0.81 | 0.25 ~ 0.30 |
| 铸钢 | 0.175 | | |
| 压延铜 | 0.11 | 0.4 | 0.31 ~ 0.34 |
| 冷拔铜 | 0.13 | 0.49 | |
| 铸铜 | 0.084 | | |
| 压延磷青铜 | 0.115 | 0.42 | 0.32 ~ 0.35 |
| 冷拔黄铜 | 0.01 ~ 0.1 | 0.35 ~ 0.37 | 0.32 ~ 0.42 |
| 船用压延黄铜 | 0.1 | | 0.36 |
| 压延锰青铜 | 0.11 | 0.4 | 0.35 |
| 压延铝 | 0.009 | 0.26 ~ 0.27 | 0.32 ~ 0.36 |
| 铸铝青铜 | 0.105 | 0.42 | |
| 压延锌 | 0.084 | 0.32 | 0.27 |
| 铅 | 0.005 ~ 0.017 | 0.07 | 0.42 |
| 铝 | 0.063 ~ 0.075 | 0.23 ~ 0.27 | 0.34 |
| 硬铝 | ~ 0.07 | ~ 0.275 | |
| 铂 | 0.16 ~ 0.175 | 0.6 ~ 0.72 | 0.38 |
| 金 | 0.07 ~ 0.095 | 0.26 ~ 0.39 | 0.41 |
| 镍 | 0.2 ~ 0.22 | 0.75 | 0.30 |
| 锡 | 0.04 ~ 0.055 | 0.17 | 0.33 |
| 工具钢 | 0.21 ~ 0.22 | 0.8 ~ 0.85 | 0.29 |
| 特种钢 | 0.22 ~ 0.24 | 0.85 ~ 0.88 | |
| 冰 | 0.01 | 0.028 ~ 0.03 | |
| 玻璃 | 0.056 | 0.22 | 0.25 |
| 顺纹木材 | 0.01 ~ 0.12 | 0.0055 | |
| 横纹木材 | 0.0005 ~ 0.001 | | |
| 橡胶 | 0.000008 | | 0.47 |
| 电木 | 0.002 ~ 0.003 | | |
| 混凝土 | 0.014 ~ 0.04 | 0.05 ~ 0.16 | |

## 附录 26　在各种滑动和滚动情况下的摩擦系数

附表 28　干表面低速滑动摩擦系数

| 材料 | 硬钢 | 软钢 | 铂 | 镍 | 铜 | 黄铜 | 铝 | 玻璃 | 锡 | 铅 |
|---|---|---|---|---|---|---|---|---|---|---|
| 硬钢 | 0.39 | | | | | | | | | |
| 软钢 | 0.41 | 0.41 | | | | | | | | |
| 铂 | 0.40 | 0.43 | 0.45 | | | | | | | |
| 镍 | 0.43 | 0.43 | 0.39 | 0.39 | | | | | | |
| 铜 | 0.55 | 0.53 | 0.50 | 0.56 | 0.60 | | | | | |
| 黄铜 | 0.54 | 0.51 | 0.56 | 0.50 | 0.62 | 0.63 | | | | |
| 铝 | 0.65 | 0.61 | 0.80 | 0.75 | 0.70 | 0.71 | 0.94 | | | |
| 玻璃 | 0.61 | 0.72 | 0.57 | 0.78 | 0.68 | 0.87 | 0.85 | 0.94 | | |
| 锡 | 0.79 | 0.77 | 0.86 | 0.90 | 0.88 | 0.75 | 0.91 | 0.94 | 1.11 | |
| 铅 | 1.96 | 1.93 | 2.07 | 2.15 | 1.95 | 2.11 | 2.00 | 2.40 | 2.20 | 3.30 |

附表 29　滚动摩擦系数

| 滚动材料 | 摩擦系数 | 滚动材料 | 摩擦系数 |
|---|---|---|---|
| 木材对木材 | 0.05 ~ 0.06 | 木材对钢 | 0.03 ~ 0.04 |
| 软钢对软钢 | 0.005 | 淬火钢球对钢 | 0.001 |

附表 30　常用材料的摩擦系数

| 摩擦材料 | 干摩擦 | 润滑摩擦 | 摩擦材料 | 干摩擦 |
|---|---|---|---|---|
| 钢对钢 | 0.11 ~ 0.2 | 0.04 ~ 0.08 | 钢铁对浸沥青夹纱石棉 | 0.35 ~ 0.37 |
| 钢对铸铁 | 0.12 ~ 0.18 | 0.05 ~ 0.1 | 钢铁对浸油夹纱石棉 | 0.35 ~ 0.4 |
| 钢对青铜 | 0.11 ~ 0.18 | 0.04 ~ 0.08 | 钢铁对橡皮 | 0.5 ~ 0.8 |
| 钢铁对铸铁 | 0.1 ~ 0.2 | 0.05 ~ 0.1 | 铸铁对压纸板 | 0.15 ~ 0.4 |
| 青铜对青铜或铸铁 | 0.15 ~ 0.17 | 0.04 ~ 0.12 | 钢对木料 | 0.25 ~ 0.6 |
| 钢对塑料 | 0.2 ~ 0.25 | 0.09 ~ 0.1 | 铸铁对木料 | 0.3 ~ 0.5 |
| 钢铁对纤维板 | 0.15 ~ 0.3 | 0.12 | 铸铁对砖料 | 0.4 ~ 0.45 |
| 钢铁对石棉衬板 | 0.25 ~ 0.45 | 0.08 | 铸铁对石料 | 0.3 ~ 0.7 |
| 皮带对铸铁 | 0.3 ~ 0.5 | 0.12 | 麻绳对木材 | 0.5 |

附表 31　滑动轴承和滚动轴承的摩擦系数

| 轴承形式 | | 摩擦系数 | |
|---|---|---|---|
| | | 没有润滑 | 干油润滑 |
| 滑动 | 钢对钢 | 0.14 ~ 0.16 | 0.09 ~ 0.11 |
| | 钢对铸铁 | 0.13 ~ 0.14 | 0.07 ~ 0.09 |
| | 钢对青铜 | 0.1 | 0.06 ~ 0.08 |
| 滚动 | 滚珠 | 0.01 ~ 0.015 | |
| | 滚柱 | 0.015 ~ 0.020 | |
| | 滚针 | 0.05 ~ 0.07 | |

# 附录 27　固体的线膨胀量

附表 32　固体的线膨胀量　（mm）

| 温度 | −190 ~ 0℃ | 0 ~ 100℃ | 0 ~ 200℃ | 0 ~ 300℃ | 0 ~ 400℃ | 0 ~ 500℃ | 0 ~ 600℃ | 0 ~ 700℃ |
|---|---|---|---|---|---|---|---|---|
| 铝 | −3.43 | 2.38 | 4.94 | 7.68 | 10.60 | 13.70 | 16.67 | |
| 青铜 | −2.84 | 1.75 | 3.58 | 5.50 | 7.51 | 9.61 | | |
| 金 | −2.49 | 1.42 | | | | | | |
| 铜镍合金（康铜） | −2.26 | 1.52 | 3.12 | 4.81 | 6.57 | 8.41 | | |
| 黄铜 | −3.11 | 1.84 | 3.85 | 6.03 | 8.39 | | | |
| 生铁 | −1.67 | 1.20 | 2.51 | 3.92 | 5.44 | 7.06 | 8.79 | 10.63 |
| 铸钢 | −1.64 | 1.17 | 2.45 | 3.83 | 5.31 | 6.91 | 8.60 | 10.40 |
| 镁 | −4.01 | 2.59 | 5.39 | 8.36 | 11.53 | 14.88 | | |
| 灰铸铁 | −1.61 | 1.04 | 2.19 | 3.45 | 4.82 | 6.31 | 7.91 | |
| 紫铜 | −2.66 | 1.65 | 3.38 | 5.18 | 7.07 | 9.04 | 11.09 | |
| 镍 | −1.89 | | | 4.34 | 5.91 | 7.56 | 9.27 | 11.05 |
| 锡 | −4.24 | 2.67 | | | | | | |

| 温 度 | -190~0℃ | 0~100℃ | 0~200℃ | 0~300℃ | 0~400℃ | 0~500℃ | 0~600℃ | 0~700℃ |
|---|---|---|---|---|---|---|---|---|
| 铂 | -1.51 | 0.90 | 1.83 | 2.78 | 3.76 | 4.77 | 5.80 | 6.86 |
| 80%:20%铂铱合金 | -1.43 | 0.83 | 1.70 | 2.59 | 3.51 | 4.45 | 5.43 | 6.43 |
| 石英玻璃 | 0.0 | 0.05 | 0.12 | 0.19 | 0.25 | 0.31 | 0.36 | 0.40 |
| 银 | -3.21 | 1.97 | 4.00 | 6.08 | 8.23 | 10.43 | 12.69 | 15.14 |
| 锌 | -1.85 | 1.65 | | | | | | |
| 球墨铸铁和合金铸铁 | -1.59 | 1.04 | 2.21 | 3.49 | 4.90 | 6.44 | 8.09 | 9.87 |
| 烧黏土耐火砖及其制品 | | | | 0.58 | | | | |

注：如果固体在 0℃时为 1m，当温度为 0~t℃时的线膨胀量按本表确定。

## 附录 28 钢丝绳磨损限度值

附表 33 钢丝绳磨损限度值 （mm）

| 钢绳直径 | 磨损后平均直径 | 钢绳直径 | 磨损后平均直径 |
|---|---|---|---|
| 8 | 7 | 26 | 23 |
| 10 | 9 | 28 | 25 |
| 12 | 11 | 30 | 27 |
| 14 | 12.5 | 32 | 28.5 |
| 16 | 14 | 34 | 30 |
| 18 | 16 | 36 | 32 |
| 19 | 17 | 38 | 34 |
| 20 | 18 | 40 | 36 |
| 22 | 19.5 | 42 | 37.5 |
| 24 | 21.5 | 44 | 39 |
| 25 | 22 | 46 | 41 |

## 附录 29 中国线规参数

附表 34 中国线规参数 （mm）

| 直 径 | 标称截面 | 实际截面 | 实际截面对标称之差度 | 直 径 | 标称截面 | 实际截面 | 实际截面对标称之差度 |
|---|---|---|---|---|---|---|---|
| 0.050 | 0.0020 | 0.001964 | -1.8 | 0.200 | 0.032 | 0.03142 | -1.8 |
| 0.056 | 0.0025 | 0.002463 | -1.5 | 0.224 | 0.040 | 0.03941 | -1.5 |
| 0.063 | 0.0032 | 0.003117 | -2.6 | 0.250 | 0.050 | 0.04909 | -1.8 |
| 0.071 | 0.0040 | 0.003959 | -1.0 | 0.280 | 0.063 | 0.06158 | -2.3 |
| 0.080 | 0.0050 | 0.005027 | +0.5 | 0.315 | 0.080 | 0.07794 | -2.6 |
| 0.090 | 0.0063 | 0.006362 | +1.0 | 0.355 | 0.100 | 0.09896 | -1.0 |
| 0.100 | 0.0080 | 0.007854 | -1.8 | 0.400 | 0.125 | 0.1257 | +0.6 |
| 0.112 | 0.0100 | 0.009849 | -1.5 | 0.450 | 0.160 | 0.1590 | -0.6 |
| 0.125 | 0.012 | 0.01228 | +2.3 | 0.500 | 0.200 | 0.1964 | -1.8 |
| 0.140 | 0.016 | 0.01539 | -3.8 | 0.560 | 0.250 | 0.2463 | -1.5 |
| 0.160 | 0.020 | 0.02011 | +0.6 | 0.630 | 0.315 | 0.3117 | -1.0 |
| 0.180 | 0.025 | 0.02545 | +1.8 | 0.710 | 0.400 | 0.3959 | -1.0 |

| 直　径 | 标称截面 | 实际截面 | 实际截面对标称之差度 | 直　径 | 标称截面 | 实际截面 | 实际截面对标称之差度 |
|---|---|---|---|---|---|---|---|
| 0.800 | 0.500 | 0.5027 | +0.5 | 3.15 | 8.00 | 7.794 | -2.6 |
| 0.900 | 0.630 | 0.6362 | +1.0 | 3.55 | 10.0 | 9.896 | -1.0 |
| 1.000 | 0.800 | 0.7854 | -1.8 | 4.00 | 12.5 | 12.57 | +0.6 |
| 1.12 | 1.00 | 0.9852 | -1.5 | 4.50 | 16.0 | 15.90 | -0.6 |
| 1.25 | 1.25 | 1.227 | -1.8 | 5.00 | 20.0 | 19.64 | -0.8 |
| 1.40 | 1.60 | 1.539 | -3.8 | 5.60 | 25.0 | 24.63 | -1.5 |
| 1.60 | 2.00 | 2.011 | +0.6 | 6.30 | 31.5 | 31.17 | -1.0 |
| 1.80 | 2.50 | 2.545 | +1.8 | 7.10 | 40.0 | 39.59 | -1.0 |
| 2.00 | 3.15 | 3.142 | -0.3 | 8.00 | 50.0 | 50.27 | +0.5 |
| 2.24 | 4.00 | 3.941 | -1.5 | 9.00 | 63.0 | 63.62 | +1.0 |
| 2.50 | 5.00 | 4.909 | -1.8 | 10.00 | 80.0 | 78.54 | -1.8 |
| 2.80 | 6.30 | 6.158 | -2.3 | 11.20 | 100.0 | 98.49 | -1.5 |

## 附录 30　常见液体的密度

附表 35　常见液体的密度

| 名　称 | 温度/℃ | 密度/kg·dm$^{-3}$ | 名　称 | 温度/℃ | 密度/kg·dm$^{-3}$ | 名　称 | 温度/℃ | 密度/kg·dm$^{-3}$ |
|---|---|---|---|---|---|---|---|---|
| 汽油：航空油 | 15 | 0.72 | 机油：轻质油 | 15 | 0.88~0.90 | 委内瑞拉 | — | 0.935 |
| 轻油 | 15 | 0.68~0.72 | 中质油 | 15 | 0.91~0.935 | 硅油 | 20 | 0.94 |
| 普通油 | 15 | 0.72~0.74 | 海水 | 15 | 1.02~1.03 | 柏油 | 25 | 1.22~1.24 |
| 重油 | 15 | 0.75 | 牛奶 | 15 | 1.02~1.05 | 焦油：褐煤 | 20 | 0.88~0.92 |
| 高级汽油 | 15 | 0.75~0.78 | 矿物润滑油 | 20 | 0.88~0.96 | 沥青煤 | 20 | 0.9~1.1 |
| 啤酒 | 15 | 1.02~1.04 | 萘 | 19 | 0.76 | 葡萄酒 | 15 | 0.99~1.0 |
| 发动机燃料油 | 15 | 0.82~0.84 | 萘 | 20 | 0.90~1.02 | 糖溶液：10% | 20 | 1.04 |
| 柴油 | 15 | 0.85~0.89 | 石油 | 15 | 0.79~0.82 | 20% | 20 | 1.08 |
| 齿轮油 | 15 | 0.92 | 菜油 | 15 | 0.90~0.97 | 40% | 20 | 1.18 |
| 燃料油：特轻油 | 15 | 0.83~0.85 | 原油：（范围） | 20 | 0.7~1.04 | 60% | 20 | 1.28 |
| 轻油 | 15 | 0.86~0.91 | 沙特阿拉伯 | — | 0.85 | 糖浆：成品茶 | 80 | 1.3~1.4 |
| 中量油 | 15 | 0.92~0.99 | 伊朗 | — | 0.835 | 浓浆 | 80 | 1.3 |
| 重油 | 15 | 0.95~1.0 | 科威特 | — | 0.87 | 薄浆 | 20 | 1.08 |
| 渣油 | 20 | 0.89~0.98 | 利比亚 | — | 0.83 | 粗浆 | 20 | 1.05 |
| 液压油 | 20 | 0.875 | 罗马尼亚 | — | 0.854 | 浊浆 | 80 | 1.1~1.2 |
| 煤油 | 15 | 0.78~0.82 | 特立尼达 | — | 0.885 | | | |

## 附录 31　各种硬度数值对照

附表 36　各种硬度数值对照

| 洛氏硬度 HR | | 布氏硬度 | | 维氏硬度 | 肖氏硬度 | 各种钢材抗张强度/kg·mm$^{-2}$ | | |
|---|---|---|---|---|---|---|---|---|
| HRC | HRA | 印痕直径/mm | 硬度数值 HB | HV | HS | 碳素钢 | 铬钢 | 镍钢和铬镍钢 |
| 72 | 89 | 2.20 | 780 | 1220 | 107 | — | — | — |
| 70 | 87 | 2.25 | 745 | 1114 | 100 | — | — | — |
| 68 | 85 | 2.30 | 712 | 1021 | 96 | — | — | — |

续附表36

| 洛氏硬度 HR | | 布氏硬度 | | 维氏硬度 | 肖氏硬度 | 各种钢材抗张强度/kg·mm⁻² | | |
|---|---|---|---|---|---|---|---|---|
| HRC | HRA | 印痕直径/mm | 硬度数值 HB | HV | HS | 碳素钢 | 铬钢 | 镍钢和铬镍钢 |
| 66 | 84 | 2.35 | 682 | 940 | 92 | — | — | — |
| 64 | 83 | 2.40 | 652 | 867 | 88 | — | — | — |
| 62 | 82 | 2.45 | 627 | 803 | 85 | — | — | — |
| 60 | 81 | 2.50 | 600 | 746 | 81 | — | 210 | 204 |
| 58 | 80 | 2.55 | 578 | 694 | 78 | — | 203 | 197 |
| 56 | 79 | 2.60 | 555 | 649 | 75 | — | 195 | 189 |
| 54 | 78 | 2.65 | 532 | 606 | 72 | — | 185 | 180 |
| 52 | 77 | 2.70 | 512 | 587 | 70 | — | 178 | 173 |
| 50 | 76 | 2.75 | 495 | 551 | 68 | — | 173 | 168 |
| 49 | 76 | 2.80 | 477 | 534 | 66 | — | — | — |
| 48 | 75 | 2.85 | 460 | 502 | 64 | — | — | 156 |
| 47 | 74 | 2.90 | 444 | 474 | 61 | — | 156 | — |
| 45 | 73 | 2.95 | 430 | 460 | 59 | — | 150 | 146 |
| 44 | 73 | 3.00 | 418 | 435 | 57 | 151 | 147 | 143 |
| 43 | 72 | 3.05 | 402 | 423 | 55 | 145 | 141 | 138 |
| 42 | 71 | 3.10 | 387 | 401 | 53 | 140 | 136 | 132 |
| 40 | 70 | 3.15 | 375 | 390 | 52 | 134 | 131 | 127 |
| 39 | 69 | 3.20 | 364 | 380 | 50 | 131 | 127 | 124 |
| 38 | 69 | 3.25 | 351 | 361 | 49 | 126 | 123 | 119 |
| 37 | 69 | 3.30 | 340 | 344 | 47 | 123 | 119 | 116 |
| 36 | 68 | 3.35 | 332 | 335 | 46 | 120 | 117 | 114 |
| 35 | 68 | 3.40 | 321 | 320 | 45 | 116 | 112 | 109 |
| 34 | 67 | 3.45 | 311 | 312 | 44 | 113 | 110 | 107 |
| 33 | 67 | 3.50 | 302 | 305 | 42 | 109 | 106 | 103 |
| 31 | 66 | 3.55 | 293 | 291 | 41 | 105 | 102 | 100 |
| 30 | 66 | 3.60 | 286 | 285 | 40 | 103 | 100 | 97 |
| 29 | 65 | 3.65 | 277 | 278 | 39 | 100 | 98 | 95 |
| 28 | 65 | 3.70 | 269 | 272 | 38 | 97 | 94 | 92 |
| 27 | 64 | 3.75 | 262 | 261 | 37 | 95 | 92 | 90 |
| 26 | 64 | 3.80 | 255 | 255 | 36 | 92 | 89 | 87 |
| 25 | 63 | 3.85 | 248 | 250 | 36 | 90 | 87 | 85 |

# 附录32　自然风力的分级

**附表37　自然风力分级**

| 风 级 | 风 名 | 风速/m·s⁻¹ | 风压/kg·m⁻² | 风 的 特 征 |
|---|---|---|---|---|
| 0 | 无 风 | 0~0.2 | 0~0.0025 | 静，烟直上 |
| 1 | 软 风 | 0.3~1.5 | 0.0056~0.014 | 人能辨别风向，但风标不能转动 |
| 2 | 轻 风 | 1.6~3.3 | 0.016~0.68 | 人面感觉有风，树叶有微响，风标能转动 |
| 3 | 微 风 | 3.4~5.4 | 0.72~1.82 | 树叶及微枝摇动不息，旌旗展开 |
| 4 | 和 风 | 5.5~7.9 | 1.89~3.90 | 能吹起地面灰尘和纸张，树的小枝摇动 |
| 5 | 清 风 | 8.0~10.7 | 4.0~7.16 | 有叶的小树摇摆，内陆的水面有小波 |
| 6 | 强 风 | 10.8~13.8 | 7.29~11.9 | 大树叶枝摇摆，电线呼呼有声，举伞有困难 |

续附表37

| 风级 | 风名 | 风速/m·s⁻¹ | 风压/kg·m⁻² | 风的特征 |
|---|---|---|---|---|
| 7 | 疾风 | 13.9~17.1 | 12.08~18.28 | 全树摇动，迎风行走感觉不便 |
| 8 | 大风 | 17.2~20.7 | 18.49~26.78 | 微枝折毁，人向前行感觉阻力甚大 |
| 9 | 烈风 | 20.8~24.4 | 27.04~37.21 | 建筑物有小损坏，烟囱顶部及屋顶瓦片移动 |
| 10 | 狂风 | 24.5~28.4 | 37.52~50.41 | 陆上少见，见时可使树木拔起或将建筑物摧毁 |
| 11 | 暴风 | 28.5~32.6 | 50.77~66.42 | 陆上很少，有则必是重大损毁 |
| 12 | 飓风 | >32.6 | 大于66.42 | 陆上绝少，其摧毁力极大 |

## 附录33 煤炭产品的品种规格

附表38 煤炭产品的品种规格

| 产品类别 | 品种名称 | 质量规格 粒度/mm | 灰分 $A_d$/% | 备注 |
|---|---|---|---|---|
| 精煤 | 冶炼用炼焦精煤 | <50，<80或<100 | ≤12.50 | 经洗选加工后供炼焦用的煤炭产品 |
| | 其他用炼焦精煤 | <50，<80或<100 | 12.51~16.00 | |
| 粒级煤 | 洗中块 | 25~50，20~60 | ≤40 | 经过洗选或筛选加工，清除了大部分杂质与矸石，粒度在6mm以上 |
| | 中块 | 25~50 | ≤40 | |
| | 洗混中块 | 13~50，13~80 | ≤40 | |
| | 混中块 | 13~50，13~80 | ≤40 | |
| | 洗混块 | >13，>25 | ≤40 | |
| | 混块 | >13，>25 | ≤40 | |
| | 洗大块 | 50~100，>50 | ≤40 | |
| | 大块 | 50~100，>50 | ≤40 | |
| | 洗特大块 | >100 | ≤40 | |
| | 特大块 | >100 | ≤40 | |
| | 洗小块 | 13~25，13~20 | ≤40 | |
| | 小块 | 13~25 | ≤40 | |
| | 洗粒煤 | 6~13 | ≤40 | |
| | 粒煤 | 6~13 | ≤40 | |
| 洗选煤 | 洗原煤 | ≤300 | ≤40 | 动力煤选煤厂的洗混煤灰分≤40%，按发热量计价的洗混煤达到其低位发热量≥14.5MJ/kg |
| | 洗混煤 | >0~50 | ≤32 | |
| | 混煤 | >0~50 | ≤40 | |
| | 洗末煤 | >0~13，>0~20，>0~25 | ≤40 | |
| | 末煤 | >0~13，>0~20，>0~25 | ≤40 | |
| | 洗粉煤 | >0~6 | ≤40 | |
| | 粉煤 | >0~6 | ≥40 | |
| 原煤 | 原煤 | >0~100 | ≤40 | |
| | 水采原煤 | >0~50 | | |
| 低质煤 | 原煤 | >0~50 | ≥40.01~49 | 按发热量计价的中煤达到其低位发热量<14.5MJ/kg |
| | 中煤 | >0~1 | ≥32.01~49 | |
| | 煤泥（水采煤泥） | >0~0.5 | ≥16.01~49 | |

## 附录34 中国主要城市的海拔高度和大气压力

附表39 中国主要城市的海拔高度和大气压力

| 地 名 | 海拔高度/m | 大气压力/mH₂O | 地 名 | 海拔高度/m | 大气压力/mH₂O |
|---|---|---|---|---|---|
| 黑龙江省 | | | 哈密 | 738 | 9.43 |
| 齐齐哈尔 | 147 | 10.15 | 和田 | 1382 | 8.76 |
| 安达 | 151 | 10.16 | 伊宁 | 670 | 9.59 |
| 哈尔滨 | 146 | 10.17 | 吐鲁番 | 35 | 10.34 |
| 鸡西 | 233 | 10.07 | 克拉玛依 | 433 | 9.87 |
| 牡丹江 | | 10.06 | 甘肃省 | | |
| 嫩江 | 222 | 10.06 | 酒泉 | 1477 | 8.65 |
| 海伦 | 240 | 10.04 | 张掖 | 1469 | 8.64 |
| 绥芬河 | | 9.71 | 兰州 | 1517 | 8.68 |
| 鹤岗 | 228 | 10.04 | 玉门 | 1526 | 8.68 |
| 海拉尔 | 613 | 9.55 | 敦煌 | 1139 | 9.00 |
| 博克图 | 739 | 9.44 | 天水 | 1192 | 9.05 |
| 吉林省 | | | 宁夏回族自治区 | | |
| 长春 | 237 | 10.07 | 中宁 | 1185 | 9.00 |
| 吉林 | 184 | 13 | 银川 | 1112 | 9.08 |
| 四平 | 164 | 10.15 | 青海省 | | |
| 通化 | 403 | 9.8 | 西宁 | 2261 | 7.91 |
| 通辽 | 180 | 10.15 | 陕西省 | | |
| 浙江省 | | | 西安 | 397 | 9.87 |
| 杭州 | | 10.35 | 宝鸡 | 616 | 9.58 |
| 温州 | | 10.34 | 延安 | 958 | 9.25 |
| 宁波 | | 10.35 | 河北省 | | |
| 金华 | 64 | 10.27 | 承德 | 375 | 9.91 |
| 辽宁省 | | | 张家口 | 712 | 9.53 |
| 阜新 | 88 | 10.19 | 保定 | 17 | 10.33 |
| 抚顺 | 82 | 10.25 | 河北省 | | |
| 沈阳 | 42 | 10.31 | 石家庄 | 82 | 10.27 |
| 锦州 | 66 | 10.30 | 山西省 | | |
| 鞍山 | 22 | 10.32 | 大同 | 1068 | 9.12 |
| 营口 | 4 | 10.36 | 太原 | 784 | 9.44 |
| 丹东 | 15 | 10.34 | 阳泉 | 691 | 9.53 |
| 大连 | 62 | 10.27 | 福建省 | | 24 |
| 内蒙古自治区 | | | 福州 | 188 | 10.31 |
| 赤峰 | 571 | 9.67 | 厦门 | 23 | 10.27 |
| 呼和浩特 | 1063 | 9.19 | 河南省 | | |
| 锡林浩特 | 990 | 9.18 | 安阳 | 76 | 10.27 |
| 新疆维吾尔自治区 | | | 开封 | 70 | 10.27 |
| 乌鲁木齐 | 654 | 9.33 | 洛阳 | 138 | 10.19 |

| 地 名 | 海拔高度/m | 大气压力/mH₂O | 地 名 | 海拔高度/m | 大气压力/mH₂O |
|---|---|---|---|---|---|
| 郑州 | 109 | 10.25 | 云南省 | | |
| 许昌 | 72 | 10.26 | 昆明 | 1891 | 9.11 |
| 湖北省 | | | 蒙自 | 1301 | 8.85 |
| 汉口 | 23 | 10.32 | 大理 | 1991 | 8.14 |
| 宜昌 | 70 | 10.24 | 贵州省 | | |
| 湖南省 | | | 贵阳 | 1071 | 9.11 |
| 长沙 | 81 | 10.28 | 遵义 | 844 | 9.35 |
| 衡阳 | 103 | 10.25 | 江苏省 | | |
| 湘潭 | 86 | | 徐州 | 34 | 10.32 |
| 江西省 | | | 南京 | 9 | 10.31 |
| 南昌 | 49 | 10.30 | 南通 | 6 | 10.35 |
| 景德镇 | 46 | 10.30 | 常州 | 9 | 10.35 |
| 九江 | 32 | 10.32 | 安徽省 | | |
| 广西壮族自治区 | | | 合肥 | 24 | 10.32 |
| 桂林 | 167 | 10.11 | 芜湖 | 15 | 10.33 |
| 南宁 | 123 | 10.21 | 安庆 | 41 | 10.31 |
| 广东省 | | | 蚌埠 | 21 | 10.32 |
| 广州 | 6 | 10.32 | 山东省 | | |
| 汕头 | 4 | 10.32 | 济南 | 55 | 10.32 |
| 湛江 | 26 | 10.29 | 青岛 | 17 | 10.30 |
| 海口 | 18 | 10.28 | 西藏自治区 | | |
| 四川省 | | | 拉萨 | 3958 | 6.62 |
| 成都 | 506 | 9.74 | 北京市 | 52 | 10.30 |
| 甘孜 | 3326 | 6.86 | 天津市 | 3 | 10.35 |
| 内江 | 352 | 9.93 | 上海市 | 5 | 10.35 |
| 宜宾 | 341 | 9.97 | 重庆市 | 261 | 10.00 |
| 泸州 | 335 | 9.98 | 台湾省 | | |
| 康定 | 2616 | 7.55 | 台北 | 42 | 10.31 |

注：1mH₂O = 10kPa。

## 附录35 气体的密度

### 附表40 气体的密度（标态） （kg/m³）

| 氧气 O₂ | 氮气 N₂ | 氢气 H₂ | 空气 | 一氧化碳 CO | 二氧化碳 CO₂ | 二氧化硫 SO₂ | 水蒸气 H₂O |
|---|---|---|---|---|---|---|---|
| 1.429 | 1.251 | 0.088 | 1.293 | 1.250 | 1.977 | 2.926 | 0.805 |

## 附录36 某些气体的密度和比容

### 附表41 某些气体的密度和比容

| 气体名称 | 密度/kg·m⁻³ | 比容/m²·kg | 气体名称 | 密度/kg·m⁻³ | 比容/m²·kg |
|---|---|---|---|---|---|
| CO | 1.250 | 0.800 | H₂O | 0.804 | 1.244 |
| CO₂ | 1.964 | 0.5091 | 空气 | 1.293 | 0.7734 |
| H₂ | 0.089 | 11.20 | N₂（大气中） | 1.257 | 0.7965 |

| 气体名称 | 密度/kg·m⁻³ | 比容/m²·kg | 气体名称 | 密度/kg·m⁻³ | 比容/m²·kg |
|---|---|---|---|---|---|
| $O_2$ | 1.4286 | 0.700 | $C_2H_6$ | 1.339 | 0.747 |
| C 气化 | 0.5357 | 1.8667 | $H_2S$ | 1.518 | 0.659 |
| $CH_4$ | 0.714 | 1.400 | | | |

## 附录 37 空气的饱和水蒸气含量

附表 42 空气的饱和水蒸气含量

| 温度/℃ | 饱和时蒸气压力/kPa | $1m^3$ 空气（煤气）（标态）中含水气量 | | | |
|---|---|---|---|---|---|
| | | 质量/g·m⁻³ | | 气体百分数/% | |
| | | 对干气体 | 对湿气体 | 对干气体 | 对湿气体 |
| −20 | 0.103 | 0.82 | 0.81 | 0.102 | 0.101 |
| −15 | 0.165 | 1.32 | 1.31 | 0.164 | 0.163 |
| −10 | 0.259 | 2.07 | 2.05 | 0.257 | 0.256 |
| −8 | 0.309 | 2.46 | 2.45 | 0.306 | 0.305 |
| −6 | 0.368 | 2.85 | 2.84 | 0.354 | 0.353 |
| −5 | 0.401 | 3.19 | 3.18 | 0.397 | 0.395 |
| −4 | 0.437 | 3.48 | 3.46 | 0.432 | 0.430 |
| −3 | 0.475 | 3.79 | 3.77 | 0.471 | 0.459 |
| −2 | 0.517 | 4.12 | 4.10 | 0.512 | 0.510 |
| −1 | 0.562 | 4.49 | 4.46 | 0.558 | 0.555 |
| 0 | 0.610 | 4.87 | 4.84 | 0.605 | 0.602 |
| 1 | 0.657 | 5.24 | 5.21 | 0.652 | 0.648 |
| 2 | 0.706 | 5.64 | 5.60 | 0.701 | 0.697 |
| 3 | 0.758 | 6.05 | 6.01 | 0.753 | 0.748 |
| 4 | 0.813 | 6.51 | 6.46 | 0.810 | 0.804 |
| 5 | 0.872 | 6.97 | 6.91 | 0.868 | 0.860 |
| 6 | 0.935 | 7.48 | 7.42 | 0.930 | 0.922 |
| 7 | 1.002 | 8.02 | 7.94 | 0.998 | 0.988 |
| 8 | 1.073 | 8.59 | 8.52 | 1.070 | 1.060 |
| 9 | 1.148 | 9.17 | 9.10 | 1.140 | 1.130 |
| 10 | 1.228 | 9.81 | 9.73 | 1.220 | 1.210 |
| 11 | 1.318 | 10.50 | 10.40 | 1.310 | 1.290 |
| 12 | 1.403 | 11.2 | 11.1 | 1.40 | 1.38 |
| 13 | 1.497 | 12.1 | 11.9 | 1.50 | 1.48 |
| 14 | 1.599 | 12.9 | 12.7 | 1.60 | 1.58 |
| 15 | 1.705 | 13.7 | 13.5 | 1.71 | 1.68 |
| 16 | 1.817 | 14.6 | 14.4 | 1.82 | 1.79 |
| 17 | 1.937 | 15.7 | 15.5 | 1.95 | 1.93 |
| 18 | 2.064 | 16.7 | 16.4 | 2.08 | 2.04 |
| 19 | 2.197 | 17.8 | 17.4 | 2.22 | 2.17 |

## 附录 38　可燃性气体的着火点和混合气体的爆炸范围

附表 43　可燃气体着火点和混合气体爆炸范围

| 气体（蒸气） | 着火点（燃点）/℃ | 混合物中爆炸界限 | |
|---|---|---|---|
| | | 与空气混合 | 与氧气混合 |
| 一氧化碳 CO | 650 | 12.5 ~ 75 | 13 ~ 96 |
| 氢气 $H_2$ | 585 | 4.1 ~ 75 | 4.5 ~ 95 |
| 硫化氢 $H_2S$ | 260 | 4.3 ~ 45.4 | — |
| 氨 $NH_3$ | 650 | 15.7 ~ 27.4 | 14.8 ~ 79 |
| 甲烷 $CH_4$ | 537 | 5.0 ~ 15 | 5 ~ 60 |
| 乙烷 $C_2H_6$ | 510 | 3.0 ~ 14 | 4 ~ 50 |
| 丙烷 $C_3H_8$ | | 2.1 ~ 9.5 | — |
| 丁烷 $C_4H_{10}$ | | 1.5 ~ 8.5 | |
| 甲醇 $CH_3OH$ | 427 | 6.0 ~ 36.5 | — |
| 乙醇 $C_2H_5OH$ | 558 | 4.0 ~ 18 | — |
| 乙烯 $C_2H_4$ | 450 | 3.0 ~ 33.5 | 3 ~ 80 |
| 丙烯 $C_3H_6$ | | 2.2 ~ 11.1 | — |
| 乙炔 $C_2H_2$ | 335 | 2.3 ~ 82 | 2.8 ~ 93 |
| 乙醚 $C_4H_{10}O$ | 343 | 1.8 ~ 40 | — |
| 苯 $C_6H_6$ | 538 | 1.4 ~ 8.0 | — |

注：在化验室里，有时碰到一些可燃性气体与空气或氧气的混合气体，在点火或其他条件下会发生爆炸，为安全起见，本表列出某些气体的着火点和混合气体的爆炸范围（在一个大气压下）。

## 附录 39　燃料在空气中的着火温度

附表 44　燃料在空气中的着火温度

| 固体燃料 | | 液体燃料 | | 气体燃料 | | |
|---|---|---|---|---|---|---|
| 名　称 | 温度/℃ | 名　称 | 温度/℃ | 名　称 | 温度/℃ | 体积浓度/% |
| 褐煤 | 250 ~ 450 | 石油 | 531 ~ 590 | 高炉煤气 | 650 ~ 700 | 35.0 ~ 73.5 |
| 泥煤 | 225 ~ 280 | 煤油 | 604 ~ 609 | 焦炉煤气 | 550 ~ 650 | 5.6 ~ 30.8 |
| 木材 | 250 ~ 300 | $C_{14}H_{10}$ | 540 | 天然气 | 482 ~ 632 | 5.1 ~ 13.9 |
| 煤 | 400 ~ 500 | | | 乙炔（$C_2H_2$） | 335 | 2.5 ~ 8.1 |
| 木炭 | 350 | | | 甲烷（$CH_4$） | 537 | 5.0 ~ 15.0 |
| 焦炭 | 700 | | | 氢 | 530 ~ 585 | 4.0 ~ 74.2 |

## 附录 40　室内空气中有害气体、蒸气及粉尘的最高容许浓度

附表 45　室内空气中有害气体、蒸气及粉尘最高容许浓度　　　　　　　　　（$mg/m^3$）

| 编号 | 物　质　名　称 | 最高容许浓度 | 编号 | 物　质　名　称 | 最高容许浓度 |
|---|---|---|---|---|---|
| 一、气体及蒸气 | | | | | |
| 1 | 1059（O，O′-二乙基-乙硫醇基乙基硫代磷酸酯，硫铜基及硫醇基异构体的混合物） | 0.02 | 4 | 乙醚 | 600 |
| 2 | 1605（O，O′-二乙基-O（对硝基苯基）硫代磷酸酯） | 0.05 | 5 | 二甲苯 | 100 |
| 3 | 一氧化碳 | 30 | 6 | 二氧化硫 | 20 |

| 编号 | 物 质 名 称 | 最高容许浓度 | 编号 | 物 质 名 称 | 最高容许浓度 |
|---|---|---|---|---|---|
| 7 | 二硫化碳 | 10 | 34 | 酚 | 5 |
| 8 | 二氯丙醇 | 5 | 35 | 萘烷，四氢化萘 | 100 |
| 9 | 丁二烯，假丁烯 | 100 | 36 | 黄磷 | 0.03 |
| 10 | 五氧化二磷 | 1 | 37 | 氰化氢及氢氰酸盐（换算成 HCN） | 0.3 |
| 11 | 四乙铅 | 0.005 | 38 | 硫化氢 | 10 |
| 12 | 甲苯 | 100 | 39 | 硫酸及三氧化硫 | 2 |
| 13 | 甲醛 | 5 | 40 | 氯 | 2 |
| 14 | 丙酮 | 400 | 41 | 氯化氢及盐酸 | 15 |
| 15 | 丙烯醛 | 0.7 | 42 | 二氯乙烷 | 50 |
| 16 | 白节油，石油，煤油，矿物油（换算成 C） | 300 | 43 | 三氯乙烷 | 50 |
| 17 | 光气 | 0.5 | 44 | 四氯化碳 | 50 |
| 18 | 溶剂汽油（换算成 C） | 300 | 45 | 氯乙烯 | 30 |
| 19 | 页岩汽油（换算成 C） | 100 | 46 | 氯戊烯 | 2 |
| 20 | 松节油 | 300 | 47 | 氯苯 | 50 |
| 21 | 环氧氯丙烷 | 1 | 48 | 氯萘及氯联苯 | 1 |
| 22 | 苯 | 50 | 49 | 溶剂石脑油 | 100 |
| 23 | 苯及其同系物的一硝基化合物（硝基苯及硝基甲苯等） | 5 | 50 | 甲醇 | 50 |
| 24 | 苯及其同系物的二及三硝基化合物（二硝基苯及三硝基甲苯等） | 1 | 51 | 乙醇 | 1500 |
| 25 | 苯的硝基及二硝基氯化物（一硝基氯苯、二硝基氯苯等） | 1 | 52 | 丙醇 | 200 |
| 26 | 苯胺，甲苯胺，二甲苯胺 | 5 | 53 | 丁醇 | 200 |
| 27 | 金属汞 | 0.01 | 54 | 戊醇 | 100 |
| 28 | 氟化氢 | 1 | 55 | 醋酸甲酯 | 100 |
| 29 | 氨 | 30 | 56 | 醋酸乙酯 | 200 |
| 30 | 氧化氮（换算成 $N_2O_5$） | 5 | 57 | 醋酸丙酯 | 200 |
| 31 | 砷化氢 | 0.3 | 58 | 醋酸丁酯 | 200 |
| 32 | 脂肪族不饱和醇类（丙烯醇，巴豆醇） | 2 | 59 | 醋酸戊酯 | 100 |
| 33 | 氢氟酸的盐类（换算成 HF） | 1 | 60 | 磷化氢 | 0.3 |

二、粉尘及其他气溶胶

（一）矿物粉尘及有机粉尘

| 1 | 含有 10% 以上游离二氧化硅的粉尘（石英，石英岩等） | 2 | 7 | 丙体六六六（六氯环乙烷，r 同分异构体） | 0.05 |
|---|---|---|---|---|---|
| 2 | 石棉粉尘及含有 10% 以上石棉的粉尘 | 2 | 8 | 烟草及茶叶粉尘 | 3 |
| 3 | 含有 10% 以下游离二氧化硅的滑石粉尘 | 4 | 9 | 氯化乙基汞 | 0.005 |
| 4 | 含有 10% 以下游离二氧化硅的水泥粉尘 | 6 | 10 | 磷酸乙基汞 | 0.005 |
| 5 | 含有 10% 以下游离二氧化硅的煤尘 | 10 | 11 | 其他各种粉尘 | 10 |
| 6 | 六六六（六氯环乙烷，同分异构体的混合物） | 0.1 | | | |

（二）金属、非金属及其他化合物的气溶胶

| 12 | 二氧化硒 | 0.1 | 14 | 三氧化铬，铬酸盐，重铬酸盐（换算成 $Cr_2O_3$） | 0.1 |
|---|---|---|---|---|---|
| 13 | 三氯化二砷及五氧化二砷 | 0.3 | 15 | 升汞 | 0.1 |

| 编号 | 物 质 名 称 | 最高容许浓度 | 编号 | 物 质 名 称 | 最高容许浓度 |
|---|---|---|---|---|---|
| 16 | 氧化锌 | 7 | 25 | 铍及其化合物 | 0.001 |
| 17 | 氧化镉 | 0.1 | 26 | 铀（可溶性化合物） | 0.015 |
| 18 | 钍 | 0.05 | 27 | 铀（不溶性化合物） | 0.075 |
| 19 | 五氧化二钒烟 | 0.1 | 28 | 钼（不溶性化合物） | 6 |
| 20 | 五氧化二钒粉尘 | 0.5 | 29 | 钼（可溶性化合物） | 4 |
| 21 | 钒铁合金 | 1 | 30 | 铝，氧化铝，铝合金 | 2 |
| 22 | 硫化铅 | 0.5 | 31 | 锰及其化合物（换算成 $MnO_2$） | 0.3 |
| 23 | 碱性气溶胶（换算成 NaOH） | 0.5 | 32 | 钨及碳化钨 | 6 |
| 24 | 铅及其无机化合物 | 0.01 | | | |

## 附录41　气体的动力黏度和导热系数

附表46　气体的动力黏度　　　　　　　　（ $\times 10^{-5} kg/(m \cdot s)$ ）

| 温　度 | 氧 $O_2$ | 氮 $N_2$ | 氢 $H_2$ | 空气 | 二氧化碳 $CO_2$ | 水蒸气 $H_2O$ |
|---|---|---|---|---|---|---|
| 0℃ | 1.943 | 1.667 | 0.850 | 1.721 | 1.384 | 0.818 |
| 100℃ | 2.460 | 2.101 | 1.052 | 2.192 | 1.846 | 1.208 |
| 200℃ | 2.910 | 2.478 | 1.226 | 2.604 | 2.262 | 1.605 |
| 300℃ | 3.312 | 2.815 | 1.381 | 2.973 | 2.642 | 2.000 |
| 400℃ | 3.677 | 3.121 | 1.521 | 3.308 | 2.991 | 2.390 |
| 500℃ | 4.014 | 3.402 | 1.651 | 3.617 | 3.316 | 2.772 |
| 600℃ | 4.327 | 3.664 | 1.771 | 3.905 | 3.620 | 3.145 |
| 700℃ | 4.622 | 3.911 | 1.884 | 4.175 | 3.906 | 3.510 |
| 800℃ | 4.900 | 4.143 | 1.991 | 4.430 | 4.177 | 3.864 |
| 900℃ | 5.164 | 4.364 | 2.093 | 4.672 | 4.435 | 4.210 |
| 1000℃ | 5.416 | 4.575 | 2.190 | 4.904 | 4.681 | 4.547 |
| 1100℃ | 5.657 | 4.777 | 2.283 | 5.125 | 4.917 | 4.874 |
| 1200℃ | 5.889 | 4.972 | 2.373 | 5.338 | 5.143 | 5.194 |
| 1300℃ | 6.113 | 5.158 | | | 5.361 | 5.507 |
| 1400℃ | 6.327 | 5.339 | | | 5.572 | 5.809 |
| 1500℃ | 6.535 | 5.512 | | | 5.773 | 6.102 |
| 1600℃ | 6.741 | 5.685 | | | 5.974 | 6.397 |
| 1700℃ | 6.939 | 5.850 | | | 6.166 | 6.679 |
| 1800℃ | 7.129 | 6.010 | | | 6.352 | 6.956 |
| 1900℃ | 7.323 | 6.173 | | | 6.542 | 7.233 |
| 2000℃ | 7.500 | 6.321 | | | 6.712 | 7.495 |

**附表 47　气体的导热系数**　　　　　　　　　　　　　　（cal/(m·h·℃)）

| 温　度 | 氧 $O_2$ | 氮 $N_2$ | 氢 $H_2$ | 空气 | 二氧化碳 $CO_2$ | 水蒸气 $H_2O$ |
|---|---|---|---|---|---|---|
| 0℃ | 21.55 | 21.38 | 150 | 21.36 | 12.42 | 13.89 |
| 100℃ | 27.99 | 27.09 | 186 | 27.40 | 19.52 | 21.19 |
| 200℃ | 34.37 | 32.30 | 222 | 32.91 | 26.70 | 28.94 |
| 300℃ | 40.64 | 37.31 | 258 | 38.28 | 33.86 | 39.24 |
| 400℃ | 46.65 | 42.44 | 294 | 43.45 | 40.84 | 49.06 |
| 500℃ | 52.40 | 47.47 | 330 | 48.38 | 47.60 | 60.16 |
| 600℃ | 57.72 | 52.35 | 366 | 53.22 | 54.07 | 72.10 |
| 700℃ | 62.82 | 57.08 | 402 | 57.81 | 60.27 | 84.68 |
| 800℃ | 67.69 | 61.63 | 438 | 62.21 | 66.12 | 98.10 |
| 900℃ | 72.00 | 66.03 | 474 | 66.40 | 71.74 | 111.90 |
| 1000℃ | 76.36 | 70.27 | 510 | 70.50 | 77.10 | 126.10 |
| 1100℃ | 80.60 | 74.29 | 546 | 74.32 | 82.26 | 140.50 |
| 1200℃ | 84.60 | 78.17 | 582 | 78.10 | 87.11 | 155.00 |
| 1300℃ | 88.94 | 82.27 | | | 91.30 | 169.40 |
| 1400℃ | 92.75 | 85.90 | | | 95.73 | 183.63 |
| 1500℃ | 96.59 | 89.30 | | | 99.99 | 197.83 |
| 1600℃ | 100.37 | 92.72 | | | 104.12 | 218.8 |
| 1700℃ | 104.09 | 95.94 | | | 108.09 | 226.1 |
| 1800℃ | 107.65 | 99.04 | | | 111.92 | 239.8 |
| 1900℃ | 111.38 | 102.22 | | | 115.92 | 253.4 |
| 2000℃ | 114.90 | 105.06 | | | 119.14 | 266.6 |

撰稿、审定：黄东方（天津水泥工业设计研究院有限公司）

　　　　　　王荣祥　任效乾　张晶晶（太原科技大学）

# 参 考 文 献

[1] 工程地质手册编委会. 工程地质手册（第4版）［M］. 北京：中国建筑工业出版社，2007.

[2] 北京有色冶金设计研究总院. 采矿设计手册［M］. 北京：中国建筑工业出版社，1987.

[3] 王运敏，等. 现代采矿手册（上、中、下）［M］. 北京：冶金工业出版社，2011.

[4] 王运敏，等. 中国采矿设备手册［M］. 北京：科学出版社，2009.

[5] 中国选矿设备编委会. 中国选矿设备手册［M］. 北京：科学出版社，2006.

[6] 于兴敏. 新型干法水泥实用技术全书［M］. 北京：中国建材工业出版社，2006.

[7] 中国工程爆破协会. 爆破设计与施工［M］. 北京：冶金工业出版社，2012.

[8] 王荣祥，任效乾. 矿山机电设备运用管理［M］. 北京：冶金工业出版社，2000.

[9] 王荣祥，任效乾. 矿山工程设备技术［M］. 北京：冶金工业出版社，2007.

[10] 张栋林，等. 地下铲运机［M］. 北京：冶金工业出版社，2007.

[11] 毕洪特，李大康. 综合利用矿产资源　实现矿山可持续发展［J］. 中国水泥，2006（1）：90.

[12] 黄东方. 从设计角度看矿山安全［J］. 中国水泥，2012（4）：89.

[13] 郝汝铤. 水泥矿山节能途经之探讨［J］. 中国水泥，2007（1）：83.

[14] 郝汝铤，于宝池，梁刚，等. 水泥矿山"溜井—平硐系统"安全运行若干问题的探讨［J］. 中国水泥，2011（4）：79.

[15] 孔祥忠. 从布查特花园看矿山生态恢复［J］. 中国水泥，2012（7）：71.

[16] 杨富全，刘安法，田大枝. 合理开发矿产资源　有效保护生态环境［J］. 中国水泥，2004（2）：71.

[17] 中国工程爆破协会. GB 6722—2011 爆破安全规程［S］. 北京：中国计划出版社，2011.

[18] 天津水泥工业设计研究院有限公司. GB 50598—2010 水泥原料矿山工程设计规范［S］. 北京：中国计划出版社，2010.

[19] 中煤国际工程集团北京华宇工程有限公司. GB 50070—2009 矿山电力设计规范［S］. 北京：中国计划出版社，2009.

# 承载期待
# Cat®（卡特）卡车扬帆启程

**CATERPILLAR**

唯有重量级的贡献，才能满足您重量级的期待！新型 Cat®（卡特）770G/772G 工程卡车，重装上阵，其出色的性能、稳定的品质必将成为您在重型工程建筑及采石等作业中的高效助手。改进的中央安装式驾驶室和 ROPS 结构，让驾驶员拥有更宽视野，更佳舒适、安全操作体验；卓越的节油环保设计、超长维修间隔时间，大幅降低您的运营成本；性能强劲，帮您提高生产效率；全方位代理商网络，随时为您提供高效快捷的支持，让您后顾无忧。

了解更多相关信息，敬请联系 Cat 当地代理商或访问 www.china.cat.com
全新的性能，卓越的价值。

# 阿特拉斯·科普柯ROC系列钻机

## ROC L6$^{25}$和ROC L6$^{30}$全液压潜孔式露天钻机

ROC系列钻机是阿特拉斯·科普柯公司非常成熟的露天钻系列，ROC L6$^{25}$和ROC L6$^{30}$即是此系列产品中的履带式多方位全液压潜孔钻机。配置高风压空压机，适用于露天矿山、采石场及各种台阶开挖中软岩、中硬岩及极硬岩石的爆破钻孔，满足高生产率的要求。孔径范围92～152mm。ROC L6$^{25}$和ROC L6$^{30}$钻机在世界各地都有广泛应用，在中国已在各大水泥矿山、露天金属矿山和采石场使用，其先进的技术、高效的生产率及运动的灵活性等，深受用户的好评。

**阿特拉斯·科普柯(上海)贸易有限公司**

矿山与岩石开挖技术部
北京办事处
地址：北京市东城区王府井大街138号
　　　新东安写字楼T2座809室
邮编：100006

电话：010-65280517
传真：010-65280526
网址：www.atlascopco.com.cn
电子邮箱：mr.cn@cn.atlascopco.com

*Sustainable Productivity*

**Atlas Copco**

秉承"品质 安全 环保"的核心价值
铸就享誉世界的建筑设备领先品牌！

沃尔沃建筑设备（中国）有限公司
地址：上海市浦东新区金京路 2095 号　　邮编：201206
电话：+86-21-61829888　　传真：+86-21-61829666　　中文网站：www.volvoce.com.cn

# JIDD
## JI DONG Development
## 冀东装备工程股份有限公司

    唐山冀东装备工程股份有限公司为冀东发展集团控股子公司，是 2011 年将冀东发展集团公司所持的唐山盾石机械有限责任公司、唐山盾石建筑有限责任公司、唐山盾石筑炉有限责任公司和唐山盾石电气有限责任公司的股权置入唐山陶瓷股份有限公司后，成立的上市公司。

    公司实施"以技术创新为龙头，以节能装备、特色维修为主攻方向的差异化发展战略"，已经发展成为拥有装备技术研发、装备制造、建筑与维修工程三大业务板块，集水泥装备研发、生产线设计，节能装备、新能源装备、建材装备制造，国内外建筑、维修工程于一体的上市公司。公司具备日产 2000~10000 吨新型干法水泥熟料生产线的工艺设计、装备制造、建筑、安装、调试、保驾、维修、技改的立体"保姆式"服务能力和海外水泥生产线 EPC "交钥匙"总包工程资质，是国内一流，世界知名的水泥装备制造商与水泥建筑、维修工程服务商。

    公司旗下拥有：唐山盾石机械制造有限责任公司、唐山盾石电气有限责任公司、唐山盾石建筑工程有限责任公司、唐山盾石筑炉工程有限责任公司等企业。

    "十二五"期间，公司将积极利用先进技术提升技术实力，努力提高市场掌控能力，做大、做强具有特色的维修服务产业；充分利用水泥行业海外大发展的历史机遇，迅速打开国外机械装备与工程建设市场；加快公司的产品优化升级，提高公司的整体实力，力争用 5~10 年的时间，将冀东装备工程股份有限公司打造成为国际知名、国内一流的装备制造与工程服务企业集团。

# 建筑安装

# SiNOMA 中材装备集团有限公司
## Sinoma Technology & Equipment Group Co.,Ltd.

**半移动式破碎系统**

　　中材装备集团有限公司破碎机板块技术力量雄厚，在破碎装备领域拥有强大的研发实力和制造能力,有专业的售后服务队伍，产品为各种破碎设备和给料设备，拥有多项专利技术，主要用于国内外大中型水泥矿山及非金属、金属矿山，为用户提供先进的成套装备和完善的技术服务。

　　目前主要产品系列包括：锤式破碎机、反击破碎机、齿辊式破碎机、颚式破碎机、圆锥式破碎机、中碎机、重型板喂机、波动辊式给料机、波动辊式筛分机等设备，并不断有新产品问世，骨料生产用反击式破碎机、齿式筛分破碎机、锤式筛分破碎机都已得到很好应用，多辊破碎机、垃圾破碎机也已研制成功。

　　同时，公司不断拓展应用领域，根据不同矿山的具体情况和客户要求，提供最合理的选型和系统解决方案，为客户实现更高价值提供专业化服务。

地址：天津市北辰区北辰大厦C座6层
邮编：300400
电话：+86-022-26915213　26915198　26915210
传真：+86-022-26915923

混合破碎系统

锤式筛分破碎机

预筛分破碎系统

板喂机

波动辊式筛分机

波动辊式给料机

双转子锤式破碎机

石灰石用反击式破碎机

新型齿式筛分破碎机

硬物料用反击式破碎机

齿辊式破碎机

中碎用锤式破碎机

# 四川省自贡运输机械集团股份有限公司
## Sichuan Zigong Conveying Machine Group Co., Ltd.

吴友华董事长

四川省自贡运输机械集团股份有限公司创建于2003年9月，系收购四川省自贡运输机械总厂而新组建的股份制企业集团，是中国散料输送机械设计、制造和安装领军企业之一，国家火炬计划重点高新技术企业，中国西部地区最大的输送机械设计、制造商。

公司主要从事通用带式输送机、管状带式输送机、曲线带式输送机、斗式提升机、螺旋输送机、驱动装置和逆止装置的设计制造和系统EPC。公司占地面积287亩，总建筑面积15万平方米，拥有专业技术人员近100人，员工千余人，拥有一支优秀的技术研发人才团队和高素质的专业制造团队，其中有享受国务院特殊津贴专家2人，中高级技术职称50余人。

公司自创立以来，始终致力于为广大客户提供可靠、稳定的散料输送解决方案，构建了完善的散料输送设备制造体系以及科学合理的产品链，产品涉及电力、钢铁、煤炭、交通、水利、化工、冶金、石油、建材等领域，并出口印度、尼日利亚、塞内加尔、巴基斯坦、印尼、老挝、越南、马来西亚、美国、马里、缅甸等国家，取得了良好业绩。

公司现已成为中国散料输送机械市场极具创造力和发展的品牌，并以对技术发展方向及客户需求的精准把握，顺应节能环保的需要，成为国内散料输送机械设计制造方面的领军者之一。

未来，公司将继续以品牌创新、管理创新、技术创新作为依托，将员工视为亲人，将客户的满意度视为生命，建立起科学的管理体系和产品链，打造拥有强大市场驾驭能力与核心竞争力的民族品牌，成为产权清晰、责权明确、管理科学，并具时代气息、时代文化的现代化散料输送机械制造商。

公司滚筒焊接设备

公司厂房内设备

公司大型立车

# 跨越空间 输送无极限

缅甸矿石输送 DTII 型带式输送机

山西蒲县矿石输送管状带式输送机系统

陕西勉县水泥管状带式输送机

西乡尧柏水泥 DQX 型曲线带式输送机

贵阳息烽矿山管状带式输送机

川铁水泥 DTII 型带式输送机

塞内加尔石灰石输送高强度带式输送机

华润罗定水泥 DQX 型曲线带式输送机

缅甸矿石输送下运管状带式输送机

四川锦屏砂石料输送
大管径管状带式输送机

尼日利亚石灰石输送曲线带式输送机

安康尧柏水泥管状带式输送机

地址：四川省自贡市高新工业园区富川路 3 号　　邮编：643000
电话：0813-8233666　传真：0813-8236317　网址：www.zgcmc.com

# 上海山美重型矿山机械有限公司（德国哈兹马克合资公司）
## SHANGHAI SANME MINING MACHINERY CO., LTD.（JV WITH HAZEMAG GERMANY）

# 中国领先的破碎筛分设备制造商
## Leading crushing and screening equipment manufacturer in China

# 德国技术　中国制造

由山美工程师和德国专家共同研发的高性能、高可靠性液压圆锥破碎机和移动式破碎站在矿山、骨料加工领域得到广泛应用

地址： 上海市奉贤区青村镇奉村路 258 号
邮编： 201414
电话： 021–57591166　57591188
传真： 021–57566188　58200089
网址： www.shsmzj.com
电邮： info@sanmecrusher.com

Add: No.258, Fengcun Road, Qingcun County,
　　　Fengxian District, Shanghai 201414, China
Tel: +86-21-57121166　57591188
Fax: +86-21-57566188　58200089
Website: www.sanmecrusher.com
E-mail: sales@sanmecrusher.com

# 诚征代理

可靠承载重打

**40** 品质典范
吨震撼上市

临工挖掘机系列产品是由中外专家在充分吸收沃尔沃先进设计和制造技术的基础上，潜心研制的适合多种恶劣工况的产品。该系列产品采取高端配置、全球采购、精心制造，充分保障了产品的高可靠性和高回报性。

SDLG
山东临工

地址：山东省临沂经济技术开发区临工工业园　电话：0539-8785523
客服：800-8607999(固定电话拨打) 400-6587999(市话收费)　网址：www.sdlg.cn